FACHLEXIKON FORSCHER UND ERFINDER

FACHLEXIKON FORSCHER UND ERFINDER

Nikol Verlagsgesellschaft mbH & Co. KG
Hamburg
www.nikol-verlag.de

Herausgeber

Wußing, Hans-Ludwig (Leiter des Redaktionskollegiums)
Prof. Dr. rer. nat. habil.

Dietrich, Hans
Dr. phil.

Purkert, Walter
Prof. Dr. rer. nat. habil.

Tutzke, Dietrich
Prof. em. Dr. med. habil.

Fachlexikon Forscher und Erfinder
3., vollständig überarbeitete und erweiterte Auflage

Genehmigte Lizenzausgabe für
Nikol Verlagsgesellschaft mbH & Co. KG,
Hamburg 2005
www.nikol-verlag.de

Einband- und Schutzumschlaggestaltung: Thomas Jarzina, Köln
Titelabbildungen: Archiv für Kunst und Geschichte (AKG), Berlin

ISBN 10: 3-937872-12-4
ISBN 13: 978-3-937872-12-4

Vorwort

In den letzten drei Jahrzehnten ist in aller Welt das Interesse an Wissenschaftsgeschichte ständig gewachsen. Das war nicht zuletzt durch die Erkenntnis bedingt, daß die Orientierung in der sehr komplexen und komplizierten modernen Wissenschaftslandschaft ohne eingehende Analyse der Vergangenheit immer schwieriger ist. Die biographische Literatur hat dabei stets einen hohen Stellenwert innegehabt, ist doch der Gelehrte, die Persönlichkeit des Wissenschaftlers, der Wegbereiter jeden wissenschaftlichen Fortschritts.

Der Ausgangspunkt bei der Erarbeitung des vorliegenden Lexikons war die Überlegung, daß in den meisten Lehrbüchern zur Geschichte der Mathematik, Physik, Chemie, Biologie, Medizin und Technikwissenschaften das biographische Element aus Platzgründen nur sehr knapp behandelt wird, so daß eine Ergänzung in biographischer Hinsicht wünschenswert erschien. Zugleich kam das Vorhaben einem langgehegten Wunsch des Verlags entgegen, der ein solches Buch als wesentliche Ergänzung seiner Fachlexika-Palette betrachtet, weil Werke wie ABC Physik, ABC Chemie und ABC Biologie keine biographischen Artikel enthalten. Das Buch wendet sich demnach an einen breiten Leserkreis, insbesondere an Studenten, Lehrer und Wissenschaftler der einschlägigen Fachrichtungen sowie Schüler und an historischer Literatur Interessierte. Es enthält Angaben zu Persönlichkeit und Werk von über 800 Mathematikern, Naturforschern, Medizinern und Technikern. Das vorliegende Lexikon soll allgemeine Informationsbedürfnisse befriedigen. Es kann und soll dem forschenden Wissenschaftshistoriker nicht die großen biographisch-bibliographischen Werke, wie etwa den »Poggendorff« oder das Dictionary of Scientific Biography, ersetzen.

Es wurde versucht, die Biographien nach einem einheitlichen Schema zu gestalten. Auf die Angaben der Lebensdaten folgt eine Kurzcharakterisierung der Hauptleistung des entsprechenden Gelehrten. Daran schließt sich ein kurzer Überblick über den Lebenslauf an. Den Hauptteil der Biographie bildet die Darstellung der wissenschaftlichen Leistungen, ihrer Voraussetzungen und ihrer Folgen. In einem letzten Teil sind – soweit es der jeweilige Autor für erwähnenswert hielt – weitere Angaben zur Persönlichkeit, wie außerwissenschaftliche Interessen, organisatorische oder sonstige Leistungen und Ehrungen, beigefügt. Trotz dieses mehr oder weniger kanonischen Aufbaus der Biographien und der Beschränkung der Länge auf maximal 250 Zeilen blieb es bei den über 100 Autoren nicht aus, daß verschiedene Handschriften und ein unterschiedliches Herangehen spürbar sind. Die Herausgeber haben nicht versucht, bis ins Letzte Einheitlichkeit zu erzwingen. Jeder Biographie ist im allgemeinen – soweit beschaffbar – ein Porträt beigefügt; einige Biographien wurden durch weitere Abbildungen von Versuchsanordnungen o. ä. illustriert. Ferner enthalten fast alle Biographien Angaben zur Primärliteratur: Wo vorhanden, werden die Werkausgaben angegeben, ansonsten wird auf einige der wichtigsten Arbeiten des betreffenden Gelehrten bzw. auf Bibliographien verwiesen. Einige Angaben zur Sekundärliteratur runden die Biographien ab. Sekundärliteratur, die für mehrere Biographien von Interesse ist (wie Handbücher, Biographiensammlungen, historische Gesamtdarstellungen) wird nicht nach den Einzelartikeln aufgeführt, sondern in einem separaten Literaturverzeichnis.

Das komplizierteste Problem bei der Erarbeitung eines Lexikons der genannten Art ist die Auswahl der Personen. Auf dem Gebiet der Medizin wurden solche Persönlichkeiten ausgewählt, die durch neue Erkenntnisse und Arbeitsmethoden zum Fortschritt der medizinischen Wissenschaft entscheidend beigetragen haben. Unter den vielen Erfindern und Ingenieurwissenschaftlern, die einen Beitrag zum technischen Fortschritt leisteten, werden vor allem solche Persönlichkeiten vorgestellt, die durch markante, unmittelbar produktionswirksame Erfindungen oder durch für die Ingenieurpraxis bedeutsame theoretische Erkenntnisse wesentlichen Anteil an der Entwicklung der Technik hatten. Es wurde durch zahlreiche Konsultationen versucht, auf allen im Lexikon vertretenen Gebieten eine möglichst objektive Auswahl zu treffen. Trotzdem wird es nicht ausbleiben, daß man diesen oder jenen Gelehrten vermißt, andere vielleicht für überflüssig hält. Die Herausgeber hoffen jedoch, mit allen Lesern so weit Konsens zu erreichen, daß keiner der ganz Großen vergessen und kein völlig Unbedeutender aufgenommen wurde.

Das Buch enthält ein Verzeichnis aller in den Biographien vorkommenden Personen, wobei diejenigen mit eigenem Artikel drucktechnisch hervorgehoben sind. Ferner ist eine Liste der Nobelpreisträger beigefügt. Im Interesse des breiten Leserkreises wird in den Biographien für Wörter, die im Original in kyrillischer Schrift geschrieben werden, die Transkription verwendet. In der jeweiligen Kopfleiste ist jedoch die bibliographische Transkription (Transliteration) für Personennamen mit angegeben.

Die Herausgeber danken allen Autoren für ihre Mühe und ihr Entgegenkommen, besonders den Herren Prof. Dr. sc. D. B. Herrmann, Doz. Dr. rer. nat. H. Remane, Dr. M. Franke und Dr. G. Zirnstein, die auf ihren Gebieten Koordinierungsfunktionen wahrnahmen. Ein herzlicher Dank geht an den Gutacher, Herrn Prof. Dr. sc. M. Guntau, für seine Hinweise und Verbesserungsvorschläge sowie Frau R. Exner (†) und Frau Ch.-M. Eulitz vom Lektorat für die konstruktive und verständnisvolle Zusammenarbeit. Ganz besonders herzlich danken wir Herrn Dipl.-Lehrer G. Bittner, der über Jahre in selbstloser Weise die Geschäfte des Redaktionssekretärs führte und damit wesentlich Anteil an der Entstehung des Werkes hat.

Die Herausgeber

Verzeichnis der Mitarbeiter

Herausgeber

Wußing, Hans-Ludwig (Leiter des Redaktionskollegiums)
Prof. Dr. rer. nat. habil., Leipzig
Dietrich, Hans
Dr. phil., Leipzig
Purkert, Walter
Prof. Dr. rer. nat. habil., Leipzig
Tutzke, Dietrich
Prof. em. Dr. med. habil., Berlin

Federführende Autoren

Franke, Martin
Dr. rer. nat., Leipzig
Herrmann, Dieter B.
Prof. Dr. rer. nat. et Dr. sc. phil., Berlin-Treptow
Remane, Horst
Doz. Dr. rer. nat. habil., Halle
Zirnstein, Gottfried
Dr. rer. nat., Leipzig

Gutachter

Guntau, Martin
Prof. Dr. sc. phil., Rostock

Autoren
(voranstehend Autorsignaturen)

Ar Arendarski, Andrzej
Dr., Warschau
As Asser, Günter
Prof. Dr. rer. nat. habil., Greifswald
Bb Babkow (Babkoff), Wassili Wassiljewitsch
Prof. Dr., Moskau
Ba Baríková, Hana
Prag
Be Bernhardt, Hannelore
Doz. Dr. rer. nat. et Dr. sc. phil., Berlin
Bn Biermann, K.-R.
Prof. em. Dr. rer. nat. habil., Berlin-Buch
Bi Bittner, Gerhard
Dipl.-Lehrer, Köthen
Bo Bode, Herbert
Dr. rer. nat., Dessau
Br Brentjes, Sonja
Dr. sc. nat., Leipzig
Ck Ciok, Zbigniew
Mgr., Warschau
Cu Cuřínová, Ludmila
Prag
Die Dietrich, Hans
Dr. phil., Leipzig
Do Dobrzycki, Jerzy
Prof. Dr., Warschau
DM Donke-Müller, Monika
Dr. phil., Berlin
Du Dunsch, Lothar
Dr. rer. nat., Dresden
Dk Duschek, Christian
Dr. rer. nat., Leipzig
Ecc Eccarius, Wolfgang
Doz. Dr. rer. nat. et Dr. phil. habil., Eisenach
Eh Ehlers, Dietrich
Dr. sc. phil., Berlin
Ew Engewald, Gisela-Ruth
Dr. oec., Freiberg
En Enskonatus, Peter
Dr. rer. nat., Berlin
Fa Fabian, Eginhard
Prof. Dr. sc. nat., Greifswald
Fe Felber, Hans-Joachim
Dr. rer. nat., Potsdam
Fi Fischer, Karlheinz
Dr. paed., Potsdam
Fo Folta, Jaroslav
Dr., Prag
Fk Franke, Martin
Dr. rer. nat., Leipzig
Fr Friedrich, Christoph
Priv.-Doz. Dr. rer. nat. habil., Dipl.-Historiker, Greifswald
Fd Friedrich, Klaus †
Dipl.-Lehrer, Berlin
Gei Geiseler, Gerhard
Prof. Dr. rer. nat. habil.
Gß Geißler, Erhard
Prof. Dr. rer. nat. habil., Berlin

Ge Gelius, Rolf
Doz. Dr. rer. nat. habil., Greifswald
Gi Girnus, Wolfgang
Dr., Berlin
Gl Glatz, Peter
Doz. Dr. phil. habil., Erfurt
Gö Göbel, Wolfgang
Dr. sc. nat., Dresden
Gd Gottwald, Siegfried
Prof. Dr. rer. nat. habil., Leipzig
Gr Greiner, Anneliese
Dr. rer. nat., Dipl.-Ing. Berlin
Gu Guntau, Martin
Prof. Dr. sc. phil., Rostock
Ha Hamel, Jürgen
Dr. phil., Berlin-Treptow
Hth Hänseroth, Thomas
Doz. Dr. oec. habil., Dresden
Hei Heidel, Günter
Prof. Dr. med. habil., Dresden
Hck Herneck, Friedrich
Prof. em. Dr. phil. habil., Berlin
Her Herrmann, Dieter B.
Prof. Dr. rer. nat. et Dr. sc. phil., Berlin-Treptow
Ho Hoffmann, Dieter
Dr. sc. phil., Berlin
Hn Hoffmann, Matthias
Dipl.-Lehrer, Gotha
Hx Höxtermann, Ekkehard
Dr. rer. nat., Berlin
Hu Hupałowska, Danuta
Mgr., Warschau
Il Ilgauds, Hans-Joachim
Dipl.-Lehrer, Leipzig
Jck Jackisch, Gerhard
Dr. rer. nat., Sonneberg
Ja Jahn, Ilse
Univ.-Doz. Dr. sc. nat., Berlin
Ji Jakubowski, Peter
Dr. rer. nat., Rostock
Jo Janko, Jan
Dr., Prag
Jü Jürß, Fritz
Prof. Dr. sc. phil., Berlin
Ka Kant, Horst
Dr. rer. pol., Berlin
Kt Kästner, Ingrid
Doz. Dr. med. habil., Leipzig
Ke Ketting, Michael
Dr. phil., Dipl.-Ing., Lengenfeld/Vogtland
Ki Kirmse, Eva Maria
Prof. Dr. rer. nat. habil., Köthen
Kk Kirschke, Siegfried
Doz. Dr. phil., Halle
Ko Koch, Hans-Theodor
MR Dr. med., Merseburg
Kö Körber, Hans-Günther
Dr. rer. nat., Potsdam
Kß Krauße, Erika
Dr. rer. nat., Jena
Ks Kreiser, Lothar
Prof. Dr. sc., Leipzig
Kr Krüger, Peter
Dr. rer. nat., Berlin

Krz Krzemieńska, Barbara
Dr., Prag

Ku Kuźnicki, Leszek
Prof. Dr., Warschau

Lai Laitko, Hubert
Prof. Dr. sc. phil., Berlin

La Lammel, Hans-Uwe
Dr. med., Berlin

Le Lennig, Petra
Dr. phil., Berlin

Li Linke, Max
Prof. Dr. rer. nat. habil., Weißenfels

Lo Lohmann, Hans-Dieter
Dr. rer. nat., Dr.-Ing., Chemnitz

Lz Lorenz, Martina
Dr. phil., Leipzig

Ls Löser, Bettina
Dr. rer. nat., Leipzig

Ma Mathé, Gerhard
Dr. rer. nat., Dresden

Mb Mauersberger, Klaus
Dr.-Ing., Dresden

Mei Meischner, Wolfram
Prof. Dr. phil. habil., Leipzig

Mi Militzer, Heinz
Prof. em. Dr. rer. nat. habil., Freiberg

Mö Möbus, Günter
Prof. em. Dr. rer. nat. habil., Greifswald

Mc Mocek, Reinhard
Prof. Dr. sc. phil., Halle

Mo Mosebach, Anita
Leipzig

Na Nabielek, Rainer
Dr. med., Berlin

Neu Neumann, Olaf
Doz. Dr. sc. nat., Jena

No Nolte, Peter
Dr., Berlin

Ny Nový, Luboš
Dr., Prag

Or Orłowski, Bolesław
Dr.-Ing., Warschau

Pa Parthier, Benno
Prof. Dr. rer. nat. habil., Halle

Ptz Pätz, Herbert
Doz. Dr. rer. nat. habil., Freiberg

Pf Pfeiffer, Ludwig
Prof. Dr. rer. nat., Freiberg

Pi Pieper, Herbert
Dr. rer. nat., Berlin

Po Posselt, Doris
Dr. rer. nat., Jena

Pu Purkert, Walter
Prof. Dr. rer. nat. habil., Leipzig

Re Remane, Horst
Doz. Dr. rer. nat. habil., Halle

Ri Richter, Jochen
Dr. phil., Berlin

Rö Rösler, Hans Jürgen
Prof. Dr. em. rer. nat. habil., Freiberg

Ro Róziewicz, Jerzy
Doz. Dr., Warschau

Ru Ruff, Peter Wolfgang
Dr. sc. med., Berlin

Sche Schenk, Günter
Prof. Dr. sc. phil., Halle

Schl Schlote, Karl-Heinz
Dr. rer. nat. habil., Altenburg

Schmidt, Rudolf
Ing.-Ök., Leipzig

Schm Schmidt, Peter
Dr. rer. nat., Freiberg

Schk Schneck, Peter
Prof. Dr. sc. med., Dr. phil., Berlin

Schn Schneider, Bernd
Dr. phil., Freiberg

Schd Schneider, Jörg
Prof. Dr. sc., Freiberg

Schz Scholz, Hartmut
Dr. sc. phil., Berlin

Schö Schön, Jürgen
Prof. Dr. rer. nat. habil., Leoben

Schb Schreiber, Peter
Doz. Dr. sc. nat., Stralsund

Schi Schreier, Wolfgang
Doz. Dr. rer. nat. habil., Leipzig

Schr Schröder, Christina
Dr. phil. habil., Leipzig

Schu Schubert, Peter
Doz. Dr. phil. habil., et Dr.-Ing., Dresden

Schw Schwaiberger, Rüdiger
Dr. rer. nat., Halle-Neustadt

Si Siegmund-Schultze, Reinhard
Dr. sc. phil. et Dr. rer. nat., Berlin

So Sonnemann, Rolf
Prof. em. Dr. rer. oec. et phil. habil., Manching

Sz Stolz, Rüdiger
Prof. Dr. rer. nat. habil., Jena

Sb Štrbáňová, Soňa
Dr., Prag

Sm Strohmaier, Gotthard
Dr. phil. habil., Berlin

St Strube, Irene
Doz. Dr. sc. nat., Leipzig

Su Sucker, Ulrich
Dr. phil. habil., Berlin

Te Teššínská, Emilie
Prag

Th Thom, Martina
Prof. Dr. phil. habil., Leipzig

To Tobies, Renate
Dr. paed. habil., Leipzig

Tr Tröger, Karl-Armin
Prof. Dr. rer. nat. habil., Freiberg

Vo Vogt, Annette
Dr. rer. nat., Berlin

Wä Wächtler, Eberhard
Prof. Dr. phil. habil., Dresden

Wb Wagenbreth, Otfried
Prof. Dr. rer. nat. habil., Freiberg

Wa Wagner, Dieter
Dr. sc. med., Berlin

Wr Weber, Wolfgang
Doz. Dr. sc. nat., Freiberg

We Welsch, Fritz
Prof. Dr. rer. nat., Köthen

Wl Wendel, Günter
Prof. Dr. sc. phil., Berlin

Wi Wittig, Joachim
Dr. rer. nat., Jena

Wu Wußing, Hans-Ludwig
Prof. Dr. rer. nat. habil., Leipzig

Za Zamecki, Stefan
Doz. Dr., Warschau

Zi Zirnstein, Gottfried
Dr. rer. nat., Leipzig

Zo Zott, Regine
Dr. phil., Berlin

Verlagsredaktion

Eulitz, Christa-Maria
Exner, Roselore †
Scheuermann, Sigrid

Graphiker und Zeichner

Saß, Karl, Leipzig

Hinweise für die Benutzung

Abkürzungen

Die **Stichwörter (Personennamen)** sind nach dem Alphabet geordnet. Die Umlaute ä, ö, ü gelten in der alphabetischen Reihenfolge wie die einzelnen Buchstaben a, o, u; die Doppelbuchstaben ai, au, äu, ei, eu, ae, oe, ue (auch wie die Umlaute gesprochen) werden wie getrennte Buchstaben behandelt, ebenso sch, st, sp; ß gilt wie ss. So folgen z. B. aufeinander die Stichwörter Gödel, Goethe, Goldschmidt, Görges.

Bei Personen, die in der deutschsprachigen Literatur unter mehreren Namen bekannt sind oder deren Namen in unterschiedlicher Umschrift angegeben werden können, stehen nach dem Stichwort die anderen Namensformen. Diese Namensvarianten erscheinen nochmals an entsprechender Stelle im Alphabet mit einem Verweispfeil auf das Stichwort, unter dem die Person abgehandelt wird, z. B. Kelvin of Largs, → Thomson, Sir William; Ibn Sina, → Avicenna; Čičibabin, → Tschitschibabin. Im Artikeltext ist das Stichwort stets mit dem Anfangsbuchstaben abgekürzt.

Lebensdaten von Personen, die im zaristischen Rußland gelebt haben, werden gegebenenfalls sowohl nach dem Julianischen Kalender als auch dahinter in Klammern nach dem Gregorianischen Kalender angegeben, denen von Personen arabischer Herkunft folgt in Klammern die auf die Hedschra bezogene Angabe.

Geographische Namen werden in der Regel in der Form aufgeführt, die zu Lebzeiten der behandelten Person amtlich war, in Klammern sind die heute amtlichen Namen angegeben, z. B. Breslau (Wrocław); Kristiania (Oslo). Ebenfalls in Klammern erscheint die Zugehörigkeit zu administrativen Einheiten, z. B. Romny (Gouv. Poltawa); Berkeley (Gloucestershire); Århus (Dänemark).

Die den Biographien angefügte **Literatur** bringt eine Auswahl der Primär- und der Sekundärliteratur. Für die Abkürzungen der bibliographischen Angaben wurden weitestgehend allgemeinverbindliche Vorschriften für die Kürzung der Titel von Zeitschriften, Schriftenreihen u. ä. zugrunde gelegt. Ein Verzeichnis von Sammelwerken und Periodika ist nach den Biographien und der Liste der Nobelpreisträger aufgeführt. Bei den bibliographischen Angaben wird für Wörter, die im Original in kyrillischer Schrift geschrieben werden, die Transliteration verwendet.

Abb.	Abbildung
Abk.	Abkürzung
AdW der DDR	Akademie der Wissenschaften (nur für DDR in der Zeit von 1973 bis 1990)
Ak. d. Wiss.	Akademie der Wissenschaften
ao. Prof.	außerordentlicher Professor
Aufl.	Auflage
Ausg.	Ausgabe
Bd.	Band
Bde.	Bände
bzw.	beziehungsweise
d. Ä.	der Ältere
DAdW	Deutsche Akademie der Wissenschaften zu Berlin (bis 1972)
Dep.	Departement
d. h.	das heißt
d. i.	das ist
Dipl.-	Diplom-
Dir.	Direktor(en)
d. J.	der Jüngere
Doz.	Dozent(en)
d. s.	das sind
ETH	Eidgenössische Technische Hochschule
f., ff.	folgend(e)
geb.	geboren
gest.	gestorben
Gouv.	Gouvernement
Handb.	Handbu(e)ch(er) (auch in Zitaten)
Hrsg. (hrsg.)	Herausgeber (herausgegeben)
im allg.	im allgemeinen
Ing.	Ingenieur(e)
IUPAC	Internationale Union für Reine und Angewandte Chemie
J.	Journal
Jahrb.	Jahrbu(e)ch(er) (auch in Zitaten)
Jh.	Jahrhundert (auch in Zitaten)
Jt.	Jahrtausend (auch in Zitaten)
Kgl. (kgl.)	Königlich (königlich)
Kurzz.	Kurzzeichen
Lehrb.	Lehrbu(e)ch(er) (auch in Zitaten)
Mill.	Million
Mitgl.	Mitglied(er)
Mrd.	Milliarde
o. Prof.	ordentlicher Professor
o. a.	oder andere(s)
o. dgl.	oder dergleichen
Prof.	Professor(en)
s. o.	siehe oben
s. u.	siehe unten
Suppl.	Supplement
svw.	soviel wie
Tab.	Tabelle
Taschenb.	Taschenbu(e)ch(er) (auch in Zitaten)
TH	Technische Hochschule(n)
Tl(e)	Teil(e)
TU	Technische Universität(en)
u. a.	und andere(s)
u. ä.	und ähnliche(s)
Übers.	Übersicht
u. dgl.	und dergleichen
Univ.	Universität(en)
usw.	und so weiter
u. Z.	unsere(r) Zeitrechnung
v.	von (Adelstitel, außer im Kopf eines Artikels)
vgl.	vergleiche
v. u. Z.	vor unserer Zeitrechnung
Wörterb.	Wörterbu(e)ch(er) (auch in Zitaten)
Z.	Zeitschrift (bei Literaturangaben)
z. B.	zum Beispiel
z. T.	zum Teil
Ztg.	Zeitung (bei Literaturangaben)
Ztschr.	Zeitschrift(en) (im laufenden Text)
z. Z.	zur Zeit

Außerdem wurden alle Ableitungen von geographischen Namen durch Weglassen der Endung abgekürzt.

A

Abbe, Ernst Carl, Physiker und technischer Optiker, geb. 23.1.1840 Eisenach, gest. 14.1.1905 Jena.

A. begründete in Gemeinschaft mit C. Zeiss 1871/72 den wissenschaftlichen Mikroskopbau und schuf gemeinsam mit O. Schott 1881–1883 die wissenschaftliche Grundlage der Herstellung optischen Glases, die ab 1886 fabrikmäßig erfolgte.

A., hochbegabter und fleißiger Sohn eines Textilarbeiters, absolvierte das Realgymnasium in Eisenach bereits als 18jähriger, studierte anschließend Mathematik und Physik bei K. Snell und H. Schaeffer in Jena, ab 1859 bei B. Riemann und W. Weber in Göttingen, wo er 1861 promovierte. Nach einer kurzen Tätigkeit als Doz. am Physikalischen Verein Frankfurt (Main) habilitierte er sich 1863 in Jena. Danach war er Privatdoz., ab 1870 ao. Prof., 1878 o. Honorarprof. und 1877–1900 Dir. der Sternwarte in Jena. Daneben wirkte er ab 1866 als wissenschaftlicher Mitarbeiter und ab 1875/76 als stiller Teilhaber der Optischen Werkstätte Carl Zeiss, deren alleiniger Leiter er ab 1889 war. Im gleichen Jahr gründete er die Carl-Zeiss-Stiftung, die 1891 Inhaber des Zeiss-Werkes und Mitinhaber (zur Hälfte) des 1884 von Schott gemeinsam mit Zeiss, dessen Sohn Roderich und A. gegründeten Glaswerkes Schott & Gen. wurde. A. selbst war dann bis 1903 Bevollmächtigter und einer der drei Geschäftsführer dieser Stiftung.

Mit Beginn seiner Tätigkeit als Hochschullehrer – die durch eine Geldspende eines Privatgelehrten und später durch eine jährliche staatliche Unterstützung ermöglicht wurde – kam A. in Arbeitskontakt mit Zeiss, der als Universitätsmechanikus (seit 1860) Meßgeräte nach den Wünschen der Gelehrten fertigte. Für A. baute er nach dessen Konstruktion einen für Vorlesungszwecke universell einsetzbaren Apparat zur Messung elektrischer Ströme und des Magnetismus. Von hier aus kam es bald zu einer engen und fruchtbaren Gemeinschaftsarbeit, um den Mikroskopbau, mit dem sich Zeiss in seiner Werkstätte von Anfang an (seit 1846) befaßte, von der handwerklichen Empirie wegzuführen und ihn auf wissenschaftliche Grundlagen zu stellen. Vorbild hierfür war der wissenschaftliche Fernrohrbau in München, der im ersten Viertel des 19. Jh. durch J. v. Fraunhofer begründet wurde. Dabei wiederholte sich in Jena der gleiche Entwicklungsgang. Als erstes wurde eine höhere Arbeitsqualität durch die Einführung der Arbeitsteilung und die Vervollkommnung der Arbeitsmethoden angestrebt. Von A. wurden hierzu mehrere Meß- und Prüfgeräte, z. B. Komparator, Sphärometer, Refraktometer und Apertometer, entwickelt. Als nächstes waren die theoretischen Grundlagen zu vertiefen, insbesondere mußte eine Theorie des Mikroskops geschaffen werden. Dabei waren Fragen der mikroskopischen Abbildung zu klären. Neben dem weiteren Ausbau der geometrischen und technischen Optik (auch weit über 1871/72 hinaus), wozu Fundierung der kollinearen Abbildung, Entdeckung der Sinusbedingung, Behandlung der Strahlenbegrenzung und der Aberrationen mit Invarianten gehören, mußte A. bei den enorm großen Öffnungswinkeln des Mikroskopobjektivs auch die Wellentheorie des Lichtes einbeziehen. Die am Objekt gebeugten Lichtbündel waren zu berücksichtigen, die in das Objektiv eintreten und in dessen hinterer Brennebene oder in unmittelbarer Nähe Beugungsbilder der Lichtquelle erzeugen. Diese primären Zwischenbilder beeinflussen entscheidend durch Interferenz das in der Objektiv-Bildebene entstehende reelle (sekundäre) Zwischenbild, das mit dem Okular betrachtet wird. Aus derartigen Betrachtungen konnte A. eine fundamentale Beziehung für die Auflösungsgrenze des Mikroskops ableiten, die für schiefen Lichteinfall durch die Formel

$$d = \frac{\lambda}{2n \sin \alpha}$$

beschrieben wird. Hierbei bedeuten d den geometrischen Abstand der gerade noch erkennbaren Details eines Objekts, λ die Lichtwellenlänge, n die Brechzahl des Mediums (Luft, Flüssigkeit) zwischen Objekt und Objektiv, α den halben Öffnungswinkel und $n \sin \alpha$ die numerische Apertur des Objektivs. Danach ist das Auflösungsvermögen eines Mikroskops um so größer, je größer die numerische Apertur und je kleiner die Lichtwellenlänge ist. Diese Beziehung gilt für alle Arten von Mikroskopen, auch für die viel später entwickelten Elektronenmikroskope. Aus ihr konnte A. wichtige Schlüsse für eine rationelle Konstruktion der Mikroskopobjektive ziehen. Ab 1871/72 erfolgte dann ihre Fertigung in der Zeiss-Werkstätte nach A.s theoretischen Berechnungen.

In der Folgezeit war A. ständig bemüht, die Mikroskopobjektive weiter zu vervollkommnen. Mit den beiden damals verfügbaren Glasarten Kron und Flint war zwar durch die Einführung der homogenen Immersion 1878 ein weiterer Fortschritt erzielt worden, doch waren neue optische Gläser unbedingt erforderlich. Daher kam es 1881 zwischen A. und Schott zu einer intensiven Gemeinschaftsarbeit, die in wenigen Jahren zur vollen Beherrschung der »Glasschmelzkunst« und damit zur Bereitstellung einer breiten Palette von optischen Spezialgläsern führte. Auf der Grundlage dieser Gläser und unter Verwendung von Flußspat schuf A. 1886 leistungsstärkere Objektive, die Apochromate. Mit den neuen optischen Gläsern waren auch die Voraussetzungen für den Übergang zum allgemeinen wissenschaftlichen Gerätebau gegeben, der unter Leitung von A. noch am Ende des 19. Jh. in Jena vollzogen wurde. Dabei ging es A. neben der Bereitstellung neuer Geräte für Wissenschaft und Technik hauptsächlich um »Erhaltung, Fortbildung und dauernde Sicherung« seines Lebenswerkes »als Sache von öffentlichem Interesse«, wofür der alleinige Mikroskopbau eine zu schmale Basis bot. Dieser Zielsetzung diente auch die von ihm gegründete Carl-Zeiss-Stiftung, der er fast sein gesamtes Vermögen gegen eine entsprechende Abfindung abtrat und in der anstelle des Unternehmers das entpersonifizierte Stiftungskapital trat. Die Carl-Zeiss-Stiftung, der 1886 die Errichtung des »Ministerialfonds für wissenschaftliche Zwecke« vorausging, hat auch durch ihre jährlichen Zuwendungen die Entwicklung der Univ. Jena beträchtlich gefördert. Als Humanist versuchte A., die Lage der Arbeiter mit sozialreformerischen Maßnahmen zu verbessern.

A. vertrat bürgerlich-demokratische, antimilitaristische und atheistisch-freisinnige Anschauungen. Wi

Literatur: Abbe, E.: Gesammelte Abhandlungen, 5 Bde. (Jena 1904–1940), Die Lehre von der Bildentstehung im Mikroskop (Hrsg. Lummer, O., u. F. Reiche, Braunschweig 1910), Ernst Abbe – Briefe an seine Jugend- und Studienfreunde Carl Martin und Harald Schütz 1858–1865 (Hrsg. u. Bearb. Wahl, V., u. J. Wittig, unter Mitwirkung von B. Schweinitz u. A. Vogt, Berlin 1986).

Auerbach, F.: Ernst Abbe. Sein Leben, sein Wirken, seine Persönlichkeit nach den Quellen und aus eigener Erfahrung geschildert (Leipzig 1918); Czapski, S.: Theorie der optischen Instrumente nach Abbe (Breslau 1893); Rohr, M. v.: Ernst Abbe (Jena 1940), Zur Geschichte der Zeissischen Werkstätte bis zum Tode Ernst Abbes, in: Forschungen zur Geschichte der Optik, Beilageh. Z. für Instrumentenkunde, 2. Bd. (2. Aufl. Jena 1936); Wittig, J.: Ernst Abbe (Leipzig 1989).

Abegg, Richard Wilhelm Heinrich, Physikochemiker, geb. 9. 1. 1869 Danzig (Gdańsk), gest. 3./4. 4. 1910 Tessin, Kreis Köslin (Koszalin).

A. ist durch seine physikochemischen Arbeiten über die Natur der chemischen Valenz bekannt geworden. Ferner untersuchte er das Diffusionsverhalten gelöster Stoffe, beschäftigte sich mit der Messung von Dielektrizitätskonstanten, mit elektro- und photochemischen Problemen, ermittelte experimentell chemische Gleichgewichte, bearbeitete aber auch anorganisch-chemische Probleme und wirkte an der methodischen und didaktischen Durchdringung der Ausbildung von Physikochemikern mit.

A., Sohn eines Kommerzien- und Admiralitätsrates, absolvierte in Berlin das Wilhelm-Gymnasium, studierte ab 1886 in Berlin, Tübingen, Kiel, dann wieder in Berlin und promovierte 1891 an der Univ. Berlin mit einer unter der Leitung von A.W. v. Hofmann ausgeführten Arbeit »Über das Chrysen und seine Derivate«. Angeregt durch die »Modernen Theorien der Chemie« von L. Meyer widmete er sich anschließend physikochemischen Problemen und arbeitete dazu zeitweilig bei W. Ostwald in Leipzig und S. Arrhenius in Stockholm. Auf Empfehlung von H. Landolt wurde er zunächst Privatassistent bei W. Nernst und vorübergehend auch Assistent an dem von Nernst geleiteten Institut für physikalische Chemie und Elektrochemie an der Univ. Göttingen. 1899 wurde A. als ao. Prof. und Abteilungsvorsteher an das chemische Institut der Univ. Breslau (Wrocław) berufen. Eine Berufung nach Kristiania (Oslo) als Nachfolger von P. Waage lehnte er 1900 ab. 1909 wurde er zum Ordinarius für physikalische Chemie an die neu zu gründende TH Breslau (Wrocław) berufen. Die Eröffnung des für ihn errichteten Instituts für physikalische Chemie erlebte er nicht mehr. 1910 verunglückte er tödlich bei einer Freiballonfahrt.

Von 1901 bis zu seinem Tode redigierte er die »Ztschr. für Elektrochemie«. Ferner war er Herausgeber eines Handb. der anorganischen Chemie, das nach seinem Tode von F. Auerbach und J. Koppel weitergeführt wurde.

Als sich A. nach seinen organisch-chemischen Arbeiten für die Dissertation mit physikochemischen Problemen zu beschäftigen begann, konsolidierte sich die physikalische Chemie gerade als Wissenschaftsdisziplin. Unter den vielfältigen neuen Arbeitsmöglichkeiten, die die junge Disziplin bot, nahm das Problem der chemischen Affinität eine zentrale Stellung ein. A.s Aufmerksamkeit wurde durch seine Beschäftigung mit elektrochemischen Fragen und insbes. durch experimentelle Bestimmungen chemischer Gleichgewichte darauf gelenkt. 1899 veröffentlichte er gemeinsam mit G. Bodländer eine Studie über »Die Elektroaffinität, ein neues Prinzip der chemischen Systematik«. Darin schloß er an J. Berzelius an und analysierte die Beziehungen zwischen dem elektrochemischen Verhalten der Elemente und der chemischen Affinität. Die Frage nach der Natur der chemischen Valenz beantwortete er in seiner in der Folgezeit ausgearbeiteten Valenztheorie. Danach sind chemische Reaktionen auf die Anziehung und gegenseitige Ergänzung der polaren Valenzen der Elemente zu einer Oktett-Konfiguration außerordentlicher Stabilität zurückzuführen. Die von A. entwickelten Vorstellungen bilden die direkte Vorstufe zu der von G.N. Lewis und W. Kossel 1916 unabhängig voneinander und von A. auf der Grundlage des Bohrschen Atommodells ausgearbeiteten modernen Elektronentheorie der Valenz. Zu Recht hat Nernst schon 1913 A.s Vorstellungen als kühn charakterisiert und gemeint, daß »Abeggs Auffassung der Valenz, auch wenn sie erheblich modifiziert werden sollte, ihren Platz in der Geschichte chemischer Theorien behaupten« wird.

Gi

Literatur: Abegg, R. (mit G. Bodländer): Die Elektroaffinität, ein neues Prinzip der chemischen Systematik, in: Z. anorgan. Chem., 20 (1899), 453, Versuch einer Theorie der Valenz und der Molekularverbindungen (Kristiania 1902), Chemische Affinität, Valenzen und das natürliche System der Elemente, in: Scientia (Bologna), 8 (1910); Handb. der anorganischen Chemie. 4 Bde. (Hrsg. R. Abegg, F. Auerbach u. J. Koppel, Leipzig 1905–1935).

Arrhenius, S.: Richard Abegg, in: Z. Elektrochem., 16 (1910), 554–557; Nernst, W.: Richard Abegg, in: Ber. Dtsch Chem. Ges. 46 (1913), 619–628.

Abel, Niels Henrik, Mathematiker, geb. 5. 8. 1802 Finnö (Südnorwegen), gest. 6. 4. 1829 Froland (Südostnorwegen).

A. lieferte grundlegende Arbeiten zur Auflösungstheorie algebraischer Gleichungen, über elliptische Funktionen und zur Reihenlehre und erfaßte damit bewußt und in klarer Absicht objektive Entwicklungstendenzen der Mathematik seiner Zeit.

A. entstammte einer alten norweg. Beamten- und Pfarrersfamilie, die in sehr beschränkten materiellen Verhältnissen lebte. Sein Vater starb bereits 1820, wodurch die Familie in große wirtschaftliche Schwierigkeiten geriet. Bis zu diesem Zeitpunkt besuchte A. die Kathedralschule in Kristiania (Oslo), nachdem er anfänglich vom Vater unterrichtet worden war. Dort erkannte der seit 1818 angestellte Lehrer B. Holmboe sein mathematisches Talent und förderte ihn auf jede erdenkliche Weise, insbesondere regte er ihn zum Privatstudium der Werke von L. Euler, J. L. Lagrange und einzelner Arbeiten von C. F. Gauss, S. F. Lacroix, S. D. Poisson u. a. an. Außerdem machte er verschiedene Prof. der 1811 gegründeten Univ. Kristiania auf ihn aufmerksam. Dadurch erhielt A. 1820 eine Freistelle an der Univ., und es gelang, den völlig Mittellosen auch materiell zu unterstützen. Näheren Anschluß fand A. insbesondere an die Familie des Astronomen Ch. Hansteen. Den Universitätsbesuch sollte A. nach den Intentionen seiner Förderer in erster Linie dazu nutzen, sich sprachlich auf einen Studienaufenthalt in Deutschland und Frankreich vorzubereiten, denn in Kristiania wurden zu dieser Zeit noch keine eigentlichen mathematischen Vorlesungen gehalten. Nachdem A. mit ersten eigenen Forschungen hervorgetreten war, unterstützten die norwegischen Behörden diesen Plan durch ein Reisestipendium für die Dauer von zwei Jahren. A. verließ Norwegen im September 1825 ohne Universitätsabschluß und reiste über Dänemark nach Berlin, wo er mit A. L. Crelle zusammentraf, der sehr schnell die außerordentliche Begabung seines Besuchers erkannte und ihn als Mitarbeiter für das im Entstehen begriffene »Journal für die reine und angewandte Mathematik« (Crelles Journal) zu gewinnen verstand, woraus enge, freundschaftliche Beziehungen zwischen beiden entstanden. In Crelles Bibliothek fand A. für mehrere Monate ausgezeichnete Arbeitsbedingungen, und auf den von Crelle organisierten Zusammenkünften Berliner Mathematiker ergaben sich vielfältige Möglichkeiten des Gedankenaustausches, vor allem mit J. Steiner. A. hat wiederholt die fünf Monate seines dortigen Aufenthaltes als die glücklichsten seines Lebens bezeichnet, wenngleich er keine ihm kongenialen

E.C. Abbe

R.W.H. Abegg

N.H. Abel

F.K. Achard

Gesprächspartner für seine spezielle Forschungsrichtung gefunden hat. Im Frühjahr 1826 reiste A. zusammen mit einigen Freunden über Süddeutschland, Italien und die Schweiz nach Paris, der zweiten geplanten Station seines Auslandsaufenthaltes. Als er im Juli 1826 dort eintraf, war er zwar mathematisch wieder hochproduktiv, es gelang ihm aber kaum, Anschluß an das wissenschaftliche Leben der franz. Hauptstadt zu finden. Besonders bedrückend empfand er den Umstand, daß seiner für die Pariser Akademie ausgearbeiteten großen Abhandlung von A. L. CAUCHY, der zum Gutachter bestellt war, keinerlei Beachtung geschenkt wurde, so daß er schließlich tief enttäuscht Ende 1826 die Heimreise antrat, die ihn wieder über Berlin führte. Dort versuchte CRELLE, ihn zu einem ständigen Aufenthalt zu bewegen, obwohl er A. zunächst wenig Aussicht auf eine gesicherte Existenz bieten konnte. A. fühlte sich jedoch zur Rückkehr nach Norwegen verpflichtet, da seine Freunde ihm die Studienreise auch zu dem Zwecke vermittelt hatten, um in Zukunft eine eigenständige mathematische Ausbildung und Forschung an der Univ. Kristiania mit A. als Zentralfigur aufbauen zu können. Bei seiner Ankunft Ende Mai 1827 stellte sich jedoch heraus, daß zur Verwirklichung dieses Planes wenig Aussicht bestand, so daß er schnell in große finanzielle Bedrängnis geriet, aus der er sich nur teilweise befreien konnte, als er 1828 für die Dauer eines Jahres die Stellvertretung für den zu einer Forschungsreise beurlaubten HANSTEEN übernahm. In der Zwischenzeit war CRELLE unermüdlich tätig gewesen, um dem inzwischen an Tuberkulose erkrankten A. in Berlin die Fortsetzung seiner Arbeit zu ermöglichen. Als es ihm endlich gelungen war, für A. eine besoldete Anstellung an der Univ. Berlin durchzusetzen, war dieser wenige Tage zuvor im Alter von 26 Jahren seiner Erkrankung erlegen.

Die drei großen Problemkreise des mathematischen Schaffens von A. lassen sich in gewissem Sinne auf einen gemeinsamen Ursprung zurückführen. Es war dies das Problem, welches A. schon als Schüler beschäftigt hatte: die Auflösung der allgemeinen Gleichung 5. Grades durch Radikale. Nachdem er vorübergehend (1823) eine Lösung gefunden zu haben glaubte, gelangte er 1824 (unter dem Einfluß von LAGRANGE und GAUSS, aber ohne Kenntnis der Arbeit P. RUFFINIS) zu der klaren Erkenntnis, daß eine solche Lösung unmöglich ist. 1826 konnte er schließlich die Nichtauflösbarkeit für alle den 4. Grad übersteigenden allgemeinen algebraischen Gleichungen nachweisen und bis 1828 durch Umkehrung der Fragestellung das Problem weit vorantreiben, die gesamte Klasse der speziellen durch Radikale auflösbaren algebraischen Gleichungen aufstellen. A. gelangte dabei zu Fortschritten im impliziten Gebrauch gruppentheoretischer Denkweisen, die auch seine Studien über elliptische Funktionen in starkem Maße befruchteten. In Anknüpfung an EULER und insbesondere A.-M. LEGENDRE und fast gleichzeitig (in einem für seine Gesundheit zerstörerischen Wettlauf) mit C.G. JACOBI faßte A. als Erster (da GAUSS seine diesbezüglichen Resultate nicht publiziert hatte) die Idee der Inversion der elliptischen Integrale und erkannte die doppelte Periodizität sowie weitere wichtige Eigenschaften der dadurch erzeugten neuen Funktionen, die nach ihm im Verlaufe des 19. Jh. einen Zentralpunkt mathematischer Forschung darstellten. Darüber hinaus hatte A. bereits früher (während seines Pariser Aufenthaltes) eine sehr weitgehende Verallgemeinerung des Additionstheorems der elliptischen Integrale (das ABELsche Theorem) gefunden. Die Behandlung der Reihenkonvergenz (ABELscher Stetigkeitssatz), eine Frucht seines ersten Berliner Aufenthaltes und des Studiums der einschlägigen Arbeiten CAUCHYS, läßt auch allgemeine pädagogische Einflüsse auf A.s Schaffen spürbar werden, die von CRELLE herrühren dürften. A. erkannte völlig klar, daß die bisher fast allgemein geübte Praxis, alle Operationen, die auf endliche Ausdrücke angewendet wurden, ohne jede Prüfung auch auf Reihen anzuwenden, zu Fehlern führte. Das Programm A.s, in den Grundlagen der Analysis Intuition durch klare Begriffsbildungen und Beweise auch für bisher als selbstverständlich angesehene Zusammenhänge zu ersetzen und dadurch die Lehrbarkeit der Mathematik auf eine neue Basis zu stellen, blieb wie vieles andere seines Werkes infolge seines frühzeitigen Todes zum großen Teil unvollendet.

Als Persönlichkeit war A. von frappierender Offenheit, aber auch von tiefer Melancholie und großer Zurückhaltung, ja Schüchternheit, im Umgang mit anderen Menschen auch von einer gewissen Naivität geprägt. Er hat es ängstlich vermieden, mit GAUSS persönlichen Kontakt aufzunehmen, obwohl dazu mehrmals Gelegenheit bestand. Es ist vor allem das Verdienst CRELLES, wenn dieser außerordentliche Mathematiker, »dessen Geist die Kraft hatte, sich in die Lüfte zu erheben und in scheinbar mühelosem Flug, alles überschauend, noch allgemeineren Zielen zuzuschweben« (F. KLEIN), wenigstens für kurze Zeit die volle Kraft seines Genies ausschöpfen konnte. Ecc

Literatur: Abel, N. H.: Œuvres complètes. Publiée aux frais des l'état Norvegien par MM. L. Sylow et S. Lie, 2 Bde. (Christiania 1881), Memorial puplié à l'occasion du centenaire de sa naissance (Christiania, Paris, Leipzig, London 1902; enthält auch die Korrespondenz von A.).

Bjerknes, C. A.: Niels Henrik Abel. Eine Schilderung seines Lebens und seiner Arbeit (Berlin 1930); Ore, O.: Niels Henrik Abel, Mathematician Extraordinary (Minneapolis 1957).

Abu Kamil, AL-HASIB AL-MISRI, Schudscha ibn Aslam ibn Muhammad ibn Schudscha (Abū Kāmil, al-Ḥāsib al-Miṣrī, Šuǧā' ibn Aslam ibn Muḥammad ibn Šuǧā'), Mathematiker, geb. um 850 (235 Hedschra), gest. um 930 (318 Hedschra).

A. K. war einer der bedeutendsten Algebraiker des 9./10. Jh. und beeinflußte die spätere Entwicklung der Algebra nachhaltig.

Über sein Leben ist nur bekannt, daß er ein jüngerer Zeitgenosse von AL-CHOREZMI war. Seine Namensgebung »al-Hasib al-Misri« (der Rechner von Ägypten) deutet darauf hin, daß er sich dort aufgehalten haben muß.

A. K. befaßte sich mit algebraischen Problemen in Fortsetzung der Schrift von AL-CHOREZMI. Er ging über diesen hinaus, indem er höhere Potenzen der Unbekannten, mehrere Variable und irrationale Zahlen als Koeffizienten benutzte. Wahrscheinlich ohne die Arbeit des DIOPHANTOS VON ALEXANDRIA zu kennen, schrieb A. K. über unbestimmte lineare Gleichungssysteme, für die er eindeutige und mehrdeutige Lösungen sowie Unlösbarkeit im Bereich der natürlichen Zahlen unterschied. Seine Schriften, die auch ins Hebräische, Spanische und Lateinische übersetzt worden sind, beeinflußten vor allem AL-KARADSCHI und L. FIBONACCI, aber auch viele andere mittelalterliche Mathematiker. Br

Literatur: Levey, M.: The Algebra of Abū Kāmil (Kitāb fi'l-jabr wa'l-muqābala) in a Commentary by Mordechai Finzi (Madison, Wisc., 1966).

Abu'l-Wafa' al-Buzdschani (Abū'l-Wafā' al-Buzǧānī oder Buzjānī), Muhammad ibn Muhammad ibn Yahya ibn Isma'il ibn al-'Abbas, Mathematiker und Astronom, geb. 10. 6. 940 (329 Hedschra) Buzdschan, Abbasidenkalifat (heute Iran), gest. 997/98 (381/82 Hedschra) Bagdad, Abbasidenkalifat (heute Irak).

A.-W. systematisierte und bereicherte die angewandte Arithmetik und Geometrie, trug zum Fortschritt der Trigonometrie bei und erarbeitete zur Algebra und Zahlentheorie zusammenfassende Werke.

A.-W. zog 959 nach Bagdad, schloß sich dem dortigen wissenschaftlichen Kreis an, beteiligte sich am astronomischen Beobachtungs- und Forschungsprogramm und bemühte sich um die mathematische Qualifizierung der Kaufleute, Finanzbeamten, Sekretäre, Architekten und Handwerker entsprechend den Bedürfnissen ihrer Berufe. Seine beiden Schriften »Über das, was von der Arithmetik für Sekretäre und Praktiker erforderlich ist« und »Über das, was für den Meister an geometrischen Konstruktionen notwendig ist« sind die ältesten bekannten und erhaltenen mathematischen Werke mit dieser Zielrichtung aus dem gräko-islamischen Kulturgebiet. In der Algebra folgte A.-W. AL-CHOREZMI und anderen islamischen Vorläufern, in der Zahlentheorie kombinierte er EUKLID und NIKOMACHOS unter Bevorzugung der euklidischen Definitionen. Er soll auch einen Kommentar zur Arithmetik des DIOPHANTOS VON ALEXANDRIA geschrieben haben. In der Geometrie benutzte er neben den Arbeiten von EUKLID und ARCHIMEDES auch die von HERON VON ALEXANDRIA, THEODOSIUS and PAPPOS sowie möglicherweise indische Quellen. In der Astronomie steht A.-W. in der Tradition des Almagest von PTOLEMAIOS, den er kommentierte und bearbeitete. Er entwickelte zur Tabellierung der Sinusfunktion eine eigene Interpolationsmethode, die genauere Näherungswerte liefert als die des PTOLEMAIOS. A.-W. vereinfachte Lösungsmethoden der sphärischen Trigonometrie, bewies den Tangenssatz sowie den von ihm allgemein formulierten Sinussatz der sphärischen Trigonometrie für einen Spezialfall. Damit vollzog er einen wichtigen Schritt zur Herausbildung der Trigonometrie als eigenständige mathematische Disziplin.

Zu Ehren von A.-W. wurde ein Mondkrater benannt. Br

Literatur: Krasnova, S. A.: Abu-l-Vafa al-Buzdžani, kniga o tom, čto neobhodimo remeslenniku iz geometričeskih postroenij, in: Fizikomatematičeskie nauki v stranah vostoka I(IV) (1966), 42–140; Matvieskaâ, G. P.: Traktat Abu-l-Vafa al-Buzdžani ob osnovnyh opredelniâh teoretičeskoj arifmetiki, in: Iz istorii tocnyh nauk na srednevekovom Bližnem i Srednem Vostoke (Taschkent 1972), 76–87; Suter, H.: Das Buch der geometrischen Konstruktionen des Abûl Wefâ, in: Abh.Gesch. Naturwiss. Med. (1922), 94–109.

Carra de Vaux, B.: L'Almageste d' Abū'l-Wéfā al-Buzjani, in: J. asiatique, 8 ième sér., 19 (1892), 408–471; Medovoj, M. I.: Ob arifmetičeskom traktate Abu-l-Vafy, in: Istorikomatematičeskie issledovaniâ 13 (1960), 253–324; Woepcke, F.: Sur une mésure de la circonférence du cercle due aux astronomes arabes et fondée sur un calcul d' Aboûl Wefâ, in: J. asiatique, 5 ième sér., 15 (1860), 281–320.

Achard, Franz Karl, Physiker und Chemiker, geb. 28. 4. 1753 Berlin, gest. 20. 4. 1821 Kunern (Konary, Polen).

A.s bekannteste wissenschaftliche Leistung ist die Entwicklung der Rübenzuckergewinnung von einem meist bäuerlichen Nebengewerbe zu industriemäßiger Produktion.

A., einer Pastorenfamilie entstammend, war Schüler von A. S. MARGGRAF, Mitgl. der Preuß. Ak. d. Wiss. zu Berlin und Dir. deren physikalischer Klasse, gehörte 17 weiteren Akademien sowie anderen Gelehrtengesellschaften an. Er trug durch Vorlesungen, Demonstrationen und Schriften zur Verbreitung naturwissenschaftlicher Kenntnisse, zur Erhöhung ihrer gesellschaftlichen Anerkennung und der Anwendung ihrer Ergebnisse für die Entwicklung der industriellen Produktion, besonders auf dem Gebiete der Chemie, bei.

Entsprechend der Situation der Naturwissenschaften in der Zeit der beginnenden industriellen Revolution, einer Periode bedeutender experimenteller Fortschritte und tiefgreifender Veränderungen in den Naturwissenschaften, kann A. nicht einer bestimmten naturwissenschaftlichen Disziplin zugeordnet werden. Er arbeitete auf den Gebieten Physik, Chemie, Biologie (Landwirtschaft), Physiologie, Hygiene u. a., die er als einheitlichen Komplex betrachtete. A. besaß einen tiefen Einblick in den Entwicklungsstand der Naturwissenschaften seiner Zeit, wog herkömmliche und neue theoretische Ansichten gegeneinander ab, verwarf die Verbreitung spekulativer Auffassungen und forderte den experimentellen Beleg. Er anerkannte Gesetzmäßigkeiten des Naturgeschehens, war sich des Mangels in bezug auf die Erkenntnis der Ursachen der Prozesse bewußt und sah in der naturwissenschaftlichen Arbeit das Mittel zur Überwindung dieses Mangels. Deshalb experimentierte er selbst mit außergewöhnlichem Fleiß. Auf physikalischem Gebiet beschäftigte er sich mit elektrischen Erscheinungen, entwickelte ein Elektrometer, deutete die Parallelität von Optik und Akustik durch Ausbreitung von Schwingungen in einem hypothetischen Äther bzw. Luft und arbeitete über chemische und physikalische Eigenschaften von Gasen sowie deren physiologische Bedeutung. Im Zusammenhang damit stand der von ihm im Dezember 1783 im Berliner Lustgarten durchgeführte Aufstieg eines mit Wasserstoff gefüllten Ballons von etwa 1 m Durchmesser. In der Zeit der Überwindung der Phlogistontheorie interessierte er sich für die physikalisch-chemisch-biologischen Zusammenhänge in bezug auf Feuer, Licht und Wärme. Von seinem Lehrer MARGGRAF übernahm A. das Arbeitsgebiet der korrosionsbeständigen Stoffe und führte Tausende von Versuchen zu Metallegierungen aus. Nach mehreren Einzelveröffentlichungen zwischen 1779 und 1788 erschien dazu 1788 seine grundlegende Monographie. Im Ergebnis 15jähriger Bemühungen konnte A. 1798 den ersten vollwertigen Rübenzucker vorstellen. Bereits hier verwies er auf die Verwertung der Nebenprodukte. 1801 richtete er auf seinem Gut in Kunern, das er mit staatlicher Hilfe erwerben konnte, eine kleine Zuckerfabrik ein. Von Kunern aus verbreitete sich sein Verfahren in anderen deutschen Ländern und im Ausland. Außer dem Anbau der Runkelrüben förderte A. auch den Tabakanbau in Preußen. A. trug mit der Rübenzuckerherstellung in der Zeit des frühen Kapitalismus dazu bei, das Monopol der Rohrzucker verarbeitenden Raffinerien zu brechen, schadete sich aber dadurch, daß er für eigene Entdeckungen eine weitgehende Monopolstellung zu erlangen suchte. We

Literatur: Achard, F. K.: Chemisch-physikalische Schriften (Berlin 1780), Sammlung physikalischer und chemischer Abhandlungen (Berlin 1784), Bestimmung der Bestandteile einiger Edelgesteine (Berlin 1779), Recherches sur les propriétés des alliages metalliques (Berlin 1788), Vorlesungen über die Experimental-Physik (Berlin 1791), Die Zucker- und Sirupfabrikation aus Runkelrüben ... (Selbstverlag 1810), Anleitung zum Anbau der zur Zuckerfabrikation anwendbaren Runkelrübe und zur vorteilhaften Gewinnung des Zuckers aus denselben (Breslau 1803).

Hofmann, A. W.: Chemische Erinnerungen aus der Berliner Vergangenheit (Berlin 1882); Lippmann, E. O. v.: Einige Worte zum Andenken Achards, in: Die Deutsche Zuckerindustrie, 29. Jg. (1904), 902f; Speter, M.: Bibliographie von Zeitschriften-, Zeitungs-, Bücher-, Broschüren- u. dgl. Veröffentlichungen F. C. Achards, in: Die Deutsche Zuckerindustrie, 63. Jg. (1938), 69, 152, 315, 407, 592.

Agassiz, Louis, Paläontologe und Naturforscher, geb. 28. 5. 1807 Motier en Vuly (Kanton Waadt, Schweiz), gest. 14. 12. 1873 Cambridge (Massachusetts, USA).

A. war einer der führenden Paläontologen des 19. Jh., der die Fische zur besterforschten Gruppe von Fossilien machte und daraus auch allgemeine Gesetzmäßigkeiten der Fossilabfolge ableitete, aber die Evolutionstheorie verwarf. Außerdem war er einer der ersten Glaziologen.

Er entstammte einem Pfarrhaus und war in seinem Denken stark religiös geprägt.

Nach dem Besuch der höheren Lehranstalten in Biel und Lausanne studierte A. ab 1824 an den Univ. Zürich, Heidelberg und München Medizin und Naturwissenschaften. 1829 promovierte er an der Univ. Erlangen zum Dr. phil., 1830 an der Univ. München zum Dr. med. Für seine Forschungen fand der ziemlich mittellose A. Förderung durch A. v. Humboldt. A. wurde in starkem Maße von G. Cuvier beeinflußt, bei dem er in Paris kürzere Zeit weilte. 1832 erhielt A. eine Professur an der neugegründeten Akademie (später Univ.) in Neuenburg (Neuchâtel), das damals noch preußische Enklave im Schweizer Territorium war.

1846 unternahm er eine Vortragsreise an das Lowell Institute in Boston (USA). Danach übernahm er eine Professur an der Harvard-Univ.

A.s erster großer Forschungsgegenstand war die Ichthyologie. Er bearbeitete die von J. B. v. Spix und K. F. P. v. Martius in Brasilien gesammelten präparierten Fische. Anschließend wurde A., teilweise unter Mithilfe von K. Vogt, der führende Erforscher der fossilen Fische; hierzu besuchte A. die verschiedensten Sammlungen. In seinem Werk »Recherches sur les poissons fossiles« (Forschungen über die fossilen Fische) sind über 1700 fossile Fischarten beschrieben. Eine 16monatige Expedition nach Brasilien (ab 1865) brachte die Kenntnis von etwa 1800 neuen Fischarten aus dem Flußgebiet des Amazonas. 1871/72 fuhr A. auf einem Vermessungsdampfer rund um Südamerika.

A. erforschte auch andere fossile Meerestiere, insbesondere Stachelhäuter. Für A. waren die lebende und die fossile Organismenwelt Ausdruck eines göttlichen Planes. Er lehnte lebenslang die Evolutionstheorie Ch. Darwins ab. A. stellte aber allgemeine Phänomene und Gesetzmäßigkeiten in der Fossilabfolge auf, sah z. B. die Parallelen zwischen ontogenetischen Entwicklungsstadien und Höherentwicklung in der Erdgeschichte; er unterschied bei den Fossilien »embryonische, prophetische, progressive, synthetische« Typen (unter anderem 1849). Angeblich sollte es aber keine verschiedene Gruppen verbindende »Zwischenformen« geben, wie die Evolutionstheorie sie fordert, obwohl auch A.

L. Agassiz

G. Agricola

von »Typen« schreibt, welche die Eigenschaften heute getrennter Tiergruppen verbinden (bei A. z. B. Ichthyosaurier, Pterodactylus). Auch die verschiedenen Menschenrassen betrachtete A. als getrennte, unabhängig voneinander entstandene Arten. In den USA diente die Lehre von der getrennten Herkunft der Menschenrassen aber auch zur Rechtfertigung der Sklaverei der Farbigen durch die weißen Plantagenbesitzer.

Ab 1836 wurde A. führend in der Gletscherforschung. Im Sommer 1840 lebte A. mit 5 Gefährten für mehrere Wochen in einer auf dem Aaregletscher errichteten einfachen Steinhütte (»Hotel des Neuchâtelois«) und kehrte auch in den folgenden Jahren wieder dahin zurück. Hier wurden erstmals Daten und Meßwerte über die Beschaffenheit des Gletschereises, die Eisdicke, die Temperaturen und die Wasserzirkulation im Gletscher sowie über die Bewegung des Eises an verschiedenen Stellen des Gletschers gewonnen. A. nahm unter anderem aus Anregungen von I. Venetz und J. de Charpentier als einer der ersten Forscher die Existenz einer früheren »Eiszeit« (der Begriff stammt von K. Schimper) an, interpretierte sie aber phantasievoll im Sinne der Katastrophentheorie, als plötzliches Ereignis, das der Alpenhebung vorausgegangen sein soll.

In den USA wurde A. zu einem Vorläufer der Erforschung von Naturräumen, er verglich den Artenbestand (z. B. bei Fischen) der Alten und Neuen Welt, schrieb eine Monographie über den Lake Superior (Oberer See). 1859 entstand an der Harvard University durch den Einfluß von A. das Museum of Comparative Zoology (Museum der Vergleichenden Zoologie). A. entfaltete ein umfangreiches Wirken in der Öffentlichkeit. Zi

Literatur: Agassiz, L.: Recherches sur les poissons fossiles (Forschungen über fossile Fische), 5 Bde. (Neuchâtel 1833–1843), Études critiques sur les mollusques fossiles, 2 Tle (1840–1845), Études sur les glaciers (Paris 1840), dtsch: Gletscherstudien (Solothurn 1842), Système glaciaire (Paris 1847), Contributions to the natural history of the United States of North America, 4 Bde. (New York 1857–1862).

Agricola, Georgius (eigentlich Pawer, auch Bauer, Georg), Schulmeister, Arzt und Begründer der Bergbauwissenschaften, geb. 24. 3. 1494 Glauchau, gest. 21. 11. 1555 Chemnitz.

A. hat als einer der führenden Gelehrten während der Zeit der frühbürgerlichen Revolution in den unterschiedlichsten Wissensgebieten herausragende Leistungen vollbracht: in der Pädagogik, den Montanwissenschaften, der Mineralogie, der Medizin und der Metrologie.

A., Sohn eines Tuchmachers und Färbers, erhielt seine Schulbildung zunächst an der Lateinschule seiner Geburtsstadt; die Grundkenntnisse der griech. Sprache erlernte er vermutlich an der Chemnitzer Schule. 1511 weilte er in Magdeburg. Im Sommersemester 1514 ließ er sich als »Georgius Pawer de Glauchaw« in die Matrikel der Leipziger

Univ. einschreiben und legte bereits am 4.9.1515 den unteren akademischen Grad des »baccalaureus artium« ab. Gleichzeitig änderte er seinen Namen in Georgius Agricola. Zunächst blieb A. bis Ende 1517 als Lehrer der griech. Literatur an der Artistenfakultät der Leipziger Univ. 1518 wurde er zum stellvertretenden Rektor an der Zwickauer Lateinschule ernannt und bereits im Februar 1519 mit der Leitung der durch den Zwickauer Rat neu gegründeten Griechischschule betraut. Diese neue Stadtschule emanzipierte sich durch A.s Wirken vom kirchlichen Einfluß. A. begründete durch neue pädagogische Unterrichtsmethoden und durch die Aufnahme von auf Produktion und Handel bezogenen Fächern in den Unterrichtsplan den guten Ruf der Zwickauer Schulbildung. In Zwickau stellte er 1520 sein erstes Werk fertig, ein Lehrb. für Anfänger zum Erlernen des Lateins. Doch seine Umgestaltung des Unterrichtes im Sinne der humanistischen Ideen stieß nicht bei allen Bürgern Zwickaus auf Verständnis, und A. verließ am 1. Mai 1522 die Stadt. Nachdem er sich zunächst einige Monate in Leipzig aufgehalten hatte, begab er sich nach Italien und studierte ab Herbst 1522 an der Univ. Bologna Medizin und Sprachen. Vom Frühjahr 1524 an weilte er zwei Jahre in Venedig und arbeitete in dem berühmten venezian. Verlagshaus des A. Manutius, der Officina Manutiana, an Überarbeitung und Herausgabe der Werke der antiken Ärzte Galen und Hippokrates mit. Gleichzeitig vervollständigte er hier in den städtischen Krankenhäusern seine praktischen medizinischen Kenntnisse. Während seines Aufenthaltes in Italien und besonders durch die Benutzung der umfangreichen Bibliothek in der Officina Manutiana sammelte A. eine Fülle von Hinweisen zur Nutzung der Minerale in der Heilkunde der Antike, zu Problemen der Verwendung von Maßen und Gewichten bei der Arzneimittelherstellung in Vergangenheit und Gegenwart, aber auch der Mischung von Farben aus Mineralien in den venezian. Malerateliers, der Glasherstellung in Murano u. a. m.

Im Herbst 1526 kehrte A. in seine sächs. Heimat zurück. Nach kurzem Aufenthalt in Zwickau im September 1526 verbrachte er in Chemnitz ein Jahr und wurde 1527 Stadtarzt und -apotheker in St. Joachimsthal (Jàchymov). A. nutzte die Bekanntschaft mit Berg- und Hüttenleuten, um sich Kenntnisse über deren Arbeit anzueignen, aber auch, um sich über die geologischen Bedingungen und Lagerungsverhältnisse und über Fragen des Bergrechtes zu informieren. Hier begann er, systematisch die Manuskripte seiner in den späteren Jahren herausgegebenen Werke anzulegen. In seinem 1528 fertiggestellten Werk »Bermannus – sive de re metallica« (»Bermannus, oder über den Bergbau«) fällt auf, daß A. der eigenen Beobachtung der Natur und des berg- und hüttenmännischen Produktionsprozesses eine größere Wertung gibt als der Meinung der antiken Gelehrten, deren Auffassungen er als Vergleich heranzieht. Dieses von Plateanus 1530 mit einem Vorwort von Erasmus von Rotterdam herausgegebene Werk hat A.s Ruhm als Bergbausachverständiger begründet. A. setzte seine geologisch-mineralogischen Kenntnisse auch ökonomisch um: Er erwarb Bergwerksanteile (Kuxe) von neueröffneten Silbergruben und verdiente gut an deren Ausbeute. Auch zu aktuell-politischen Ereignissen äußerte er sich: Als Suleiman II. 1529 mit seinen Truppen bis Wien vorrückte, verfaßte A. seine »Türkenrede«, in der er zum Zusammenschluß aller deutschen Fürsten gegen den Vormarsch der Türken aufrief. Bei erneuten Vorstößen der Türken nach Europa in späteren Jahren wurde die Rede 1538 und 1593–1603 nochmals aufgelegt.

1530 siedelte A. nach Chemnitz über und wirkte dort bis an sein Lebensende als Stadtarzt. Hier entstanden seine bedeutendsten Werke. Schon 1533 erschien im Verlag von J. Froben zu Basel ein Werk über Maße und Gewichte in der Antike. Das Werk hatte einen außerordentlich großen Erfolg und wurde 1534 in Paris und Venedig nachgedruckt. 1550 gab es A. überarbeitet und erweitert nochmals in einem Sammelband mit anderen metrologischen Schriften heraus. In den Jahren bis 1546 beschäftigte sich A. sehr intensiv mit Problemen des Bergbaus, der Mineralogie und der Geologie und gab 1544–1546 seine geologisch-mineralogischen Sammelbände bei Froben heraus. Auch in diesen Werken setzte er sich mit den Auffassungen der antiken Gelehrten zu geowissenschaftlichen Fragen auseinander und verglich sie mit eigenen Beobachtungen. Dabei kam er zu Schlußfolgerungen, die weit über die Interessensphäre seiner Zeitgenossen hinausgingen. Den Sammelband schloß er mit einer »Epistula ad Meurerum« (»Brief an Meurer«) ab, einem lat.-deutschen Vokabular mit Erläuterungen der von A. genutzten bzw. geprägten Fachausdrücke, das als Vorläufer unserer heutigen Wörterb. gilt.

Im Mai 1546 wurde A. auf Anordnung des Herzogs Moritz von Sachsen als Bürgermeister in Chemnitz eingesetzt. Auch in den Jahren 1547/48, 1551/52 und 1553/54 bekleidete er auf höchsten Befehl dieses Amt und nahm als Vertreter seiner Stadt an den Sitzungen der sächs. Landstände teil. Neben dieser Tätigkeit gelang es ihm, bis Ende 1550 den Textteil seines Hauptwerkes »De re metallica« (»Bergbau und Hüttenkunde«) fertigzustellen. Die Anfertigung der 292 Skizzen verzögerte jedoch die Übersendung des Manuskriptes an Froben bis 1553, und das Werk erschien erst 1556. A. gliederte den bergbaulichen und hüttenmännischen Produktionsprozeß in zwölf Kapitel und stellte darin als erster die körperlich schwere Arbeit des Bergmannes dar. Das Werk galt 200 Jahre als Lehrb. der Montanwissenschaften. A.s langjährige Forschertätigkeit auf den verschiedensten Gebieten schloß auch die Sammlung von Detailkenntnissen auf medizinisch-praktischem Gebiet ein. So unterscheidet er z. B. 1554 in seinem Werk »De peste« (»Die Pest«) drei Arten dieser Krankheit aufgrund des Krankenbildes und Krankheitsverlaufes einschließlich der Ansteckung und versuchte mit diesem aufklärenden Werk, die in diesen Jahren immer wieder auftretenden Pestseuchen einzudämmen.

A. war auch nach Einführung der Reformation in Sachsen (1539–1541) Katholik geblieben. Als er am 21.11.1555 in Chemnitz verstarb, untersagte der evangelische Landesherr, Kurfürst August, die Beerdigung im Kurfürstentum Sachsen, obwohl A. als ehemaligem Bürgermeister der Stadt traditionell das Begräbnis in Chemnitz zustand. Durch die Vermittlung seines Freundes, des Bischofs von Zeitz, Julius von Pflug, wurde A. am 25.11.1555 in der Domkirche Zeitz beigesetzt.

Auch wenn A.s Werke, vom gegenwärtigen Standpunkt aus betrachtet, nicht frei von Unzulänglichkeiten und Irrtümern sind, so zeichnet sie doch aus, daß philosophische Träumerei, alchimistische Zauberei und religiöse Verbrämung darin keinen Platz haben. Sein Wissen war Spezialwissen. A. war ein berühmter, geachteter und allgemein anerkannter Gelehrter und Humanist. Auf montanwissenschaftlichem und geologisch-mineralogischem Gebiet schuf er wissenschaftlichen Vorlauf. Erst spätere Generationen griffen auf sein Gedankengut zurück. Ew

Literatur: Prescher, H. (Hrsg.): Georgius Agricola – ausgewählte Werke. Gedenkausg. des Staatl. Museums für Mineralogie und Geologie zu Dresden, Bd. I–X (Berlin 1956–1974).

Engewald, G.-R.: Georgius Agricola (Leipzig 1982); Wilsdorf, H.: Georg Agricola und seine Zeit, in: Georgius Agricola – ausgewählte Werke. Gedenkausg. des Staatl. Museums für Mineralogie und Geologie zu Dresden, Bd. I (Berlin 1956); Prescher, H.: Georgius Agricola – Leben und Werke, in: Sächs. Heimatbl. 27 (1981) 2.

Aiken, Howard Hathaway, Mathematiker und Computertechniker, geb. 8.3.1900 Hoboken (New Jersey, USA), gest. 14.3.1973 Fort Lauderdale (Florida, USA).

A. gehört zu den führenden Vertretern der modernen elektronischen Rechentechnik.

A. wollte die Laufbahn als Ing. einschlagen und begann seine Studien an der Arsenal Technical High School in Indianapolis. Bereits 1919 wurde er als Ing. für Energieversorgung bei einer Gesellschaft in Madison angestellt, studierte jedoch dann Elektrotechnik an der Univ. von Wisconsin und wurde 1923 Bachelor of Science. 1923–1932 war er als Konstrukteur, hauptsächlich von Starkstromgeneratoren, bei großen amerik. Konzernen angestellt; daneben hatte er 1931 an der Univ. Chicago ein Studium der Mathematik und Physik aufgenommen; seit 1932 an der Harvard-Univ., wurde er 1937 Master of Science, 1939 Ph.D. und war auch seit 1937 an dieser Univ. angestellt (1937–1941 Doz., 1941–1946 ao. Prof. für Nachrichtentechnik und Physik). Während des zweiten Weltkrieges nahm er gleichzeitig eine militärische Stellung in der Marine der USA ein (Commander bei der US Naval Reserve). 1946 wurde A. zum o. Prof. für angewandte Mathematik an der Harvard-Univ. ernannt und leitete seit 1949 das Rechenanlagenlabor der Univ. Nach seiner Emeritierung 1961 wirkte er als Prof. für Informationstechnik in Miami. Die Hauptleistung A.s war die Entwicklung eines Relaisrechners, des ersten amerik. Großrechners Mark I; die Anlage wurde 1937 geplant, 1939–1944 gebaut und später ständig verbessert. Mark I war die erste Großrechenanlage überhaupt. Ab 1945 entwickelte A. noch die Anlagen Mark II und Mark III (1947–1950). Theoretische Arbeiten A.s betrafen die Schalttheorie und die automatische Datenverarbeitung (Programmierung, Kodierung). Il

Literatur: Aiken, H.H.: Proposed Automatic Calculating Machine (1937), in: IEEE Spectrum (Aug. 1964), 62–69.

Albategnius, → Battani.

al-Battani, → Battani.

Albertus Magnus, Albert Graf von Bollstädt, Theologe und Naturforscher, geb. 1193 (oder 1205) Lauingen/Donau, gest. 15.11.1280 Köln.

Neben den theologischen Aufgaben widmete sich A. M. als Magister in Paris und Köln der Interpretation der naturwissenschaftlichen Schriften des Aristoteles und ergänzte sie durch eigene Naturbeobachtungen.

Nach einem Studium an der Univ. Padua, wo er mit der arab.-islamischen Philosophie und den naturwissenschaftlichen Schriften der Antike, insbesondere Aristoteles' und des Arabers Ibn Sīna, bekannt wurde, trat A.M. 1223 in den Dominikanerorden ein. Als Magister wirkte er 1228–1245 am Bischofssitz in Köln, 1245–1248 an der Univ. Paris und ab 1248 am Studium Generale in Köln. 1254 in Worms zum Ordensprovinzial in Deutschland ernannt, führten ihn zahlreiche Reisen durch Nord- und Süddeutschland, 1256/57 auch nach Italien, was ihm Gelegenheit zu eigenen Naturbeobachtungen bot. 1260–1262 war A.M. Bischof von Regensburg; danach lehrte er in Würzburg und Straßburg. Etwa ab 1270 blieb er bis zu seinem Tode in Köln.

Zu Beginn des 13. Jh., als A. M. seine theologische Ausbildung an der Univ. Padua empfing, hatte die durch arab. Kommentatoren bzw. deren lat. Übersetzung vermittelte Rezeption der antiken naturwissenschaftlichen Kenntnisse die christlich-mythologisch gefärbte Tradition der »Bestiarien« und »Herbarien«, die unter anderem auf dem »Physiologus« fußten, zu verdrängen begonnen. Als Lehrer und Forscher bemühte sich A. M., das überlieferte antike Wis-

H.H. Aiken

Albertus Magnus

sen mit den christlichen Glaubenslehren zu vereinen und gegen islamisch-philosophische Dogmen abzugrenzen. In seiner Einleitung zur »Physica« des Aristoteles motiviert er sein Vorhaben mit dem Wunsch seiner Ordensbrüder nach einer naturwissenschaftlichen Schrift, nach der sie »auch die Bücher des Aristoteles richtig verstehen« könnten. Er erreichte dieses Ziel und trug maßgeblich dazu bei, daß auch in Paris alle aristotelischen Schriften (die seit 1210 an der Univ. verboten waren) schon um 1250 wieder gelehrt werden durften.

Das Werk des A. M. geht über bloße »Kommentare« weit hinaus. Er prüfte überlieferte Angaben meist kritisch und ergänzte sie durch eigene Naturstudien, so daß besonders seine zoologische Schrift »De animalibus libri XXVI« zum Beginn einer neuen Naturrezeption wurde. Sie gliedert sich in drei Teile: Die ersten 19 Bücher enthalten die zoologischen Schriften des Aristoteles mit ergänzenden Kommentaren, Buch 20/21 enthält die eigenen Ansichten von

Thierbuch.
Alberti Magni / Von Art Natur
vnd Eygenschafft der Thierer / Als nemlich Von Vier
füssigen / Vögeln / Fyschen / Schlangen oder kriechenden
Thieren / Vnd von den kleinen gewürmen die man
Insecta nennet / Durch Waltherum
Ryff verteutscht.
Mit jhren Contrafactur
Figuren.

Hierin findestu auch viel Artznei krancker Roß vnd anders haußuiehes
Auch wider die schedliche gifft der Schlangen vnd
anderer gewürme.

Begnadet mit Keyserlicher freiheit in Syben
Jar nit nach zutrucken.

Titelblatt der ersten deutschen Übersetzung des »Thierbuches« von W. Ryff, 1545

A. M. über Tierkörper und ihre Formkräfte, über die Stufen der Vollkommenheit der Tiere und die Stellung des Menschen. In Buch 22/26, fußend auf T. v. Cantimpré, werden die Tiere in fünf große Gruppen entsprechend ihrer Fortbewegungsweise eingeteilt: Schreittiere (gressibilia) mit dem Menschen, Flugtiere (volatilia), Wassertiere (aquatica), Kriechtiere (serpentes) und Würmer (vermes); innerhalb dieser Großgruppen, die nicht den heutigen Verwandtschaftsgruppen entsprechen, werden die Tierarten in alphabetischer Reihenfolge geschildert, darunter viele mitteleuropäische Vogel- und Fischarten erstmalig. Diese letzten fünf Bücher (Kapitel) wurden bereits 1545 in deutscher Sprache gedruckt (Abb.). In seinem botanischen Werk »De vegetabilibus libri VII« stützte sich A. M. auf die pseudoaristotelische Schrift »De plantis« von N. Damascenus, den Kanon der Medizin von Ibn Sīna und weitere medizinische Kräuterbücher, die auf Paracelsus fußen. Wie dieser unterscheidet auch A. M. die großen Gruppen der Bäume (arbores), Sträucher (arbusta), Stauden (olera) und Kräuter (herbae) und fügt als »unvollkommenste« Pflanzen die Pilze (fungi) hinzu, eine Klassifikation, die bis zum Ende des 17. Jh. erhalten blieb. Innerhalb dieser Großgruppen werden etwa 390 Arten alphabetisch beschrieben, wobei Gestalt, Stellung und Farbe der Blätter, Blüten und Früchte, die Einflüsse von Boden, Klima und Gestirnen dargestellt werden. Eingehend widmet sich A. M. der Entwicklung der Pflanzen und der mutmaßlichen Umwandlung (transmutatio) von einer Art in eine andere, erkennt jedoch nicht die sexuelle Vermehrung der Pflanzen. Großes Gewicht legte A. M. auf kosmische Einflüsse (Sonne und Mond, Planeten und Tierkreis) als Ursache für Organbildung, Zeugung und physiologische Prozesse. Mit einer Schrift über die Gesteine »De mineralibus libri V« hat A. M. die Darstellung der »drei Naturreiche« abgerundet, die nach der Einschätzung von H. Balss als das umfangreichste und trotz aller Mängel das beste mineralogische Werk des abendländischen Mittelalters bezeichnet werden kann (Balss 1947).

Die naturwissenschaftlichen Schriften des A. M. waren im 16. und 17. Jh. an den philosophischen Fakultäten der europ. Univ. Lehrstoff für das propädeutische Fach Naturlehre.

Ja

Literatur: Albertus Magnus: De animalibus (Hrsg. Fernandus Cordubensis, Rom 1478), dtsch Thierbuch Alberti Magni. Von Art Natur und Eygenschafft der Thiere (Frankfurt a. M. 1545). Gesamtausgaben: Hrsg. Jammy (Lyon 1651), Hrsg. Borgnet (Paris 1891), Hrsg. H. Stadler (nach der Kölner Urschrift; Münster i. Westf. 1916–1920).

Balss, H.: Albertus Magnus als Zoologe, in: Münch. Beitr. Gesch. Lit. Naturwiss. Med., Heft 11/12 (1928), Albertus Magnus als Biologe. Werk und Ursprung (Stuttgart 1947); Stadler, H.: Albertus Magnus als selbständiger Naturforscher, in: Forsch. Gesch. Bayerns 14 (1906), 95–144.

al-Biruni, → Biruni.

al-Chayyami, → Chayyami.

al-Chazini, → Chazini.

al-Chorezmi, → Chorezmi.

Aldrovandi, Ulysse, Mediziner und Naturforscher, geb. 11. 9. 1522 Bologna, gest. 4. 5. 1605 Bologna.

A. schuf als Mediziner im Rahmen der »Materia medica« einen der ersten botanischen Universitätsgärten (1567) und eines der frühesten Naturalienkabinette und Herbarien, widmete sich später der enzyklopädischen Darstellung der Tiere und gehört dadurch zu den »Vätern der Zoologie«.

Zunächst hatte A., Sohn eines Edelmannes, der Notar und Sekretär des Senats von Bologna war, den Kaufmannsberuf erlernt, studierte dann ab 1538 alte Sprachen und Jura in Bologna, ab 1548 Philosophie, Mathematik und Medizin in Padua und Rom, wo er, der Ketzerei verdächtigt, 1549 kurze Zeit inhaftiert wurde. Nach Bologna zurückgekehrt, wurde er durch den Mediziner L. Ghini aus Pisa für Botanik interessiert und 1550 durch G. Rondelet aus Montpellier (der damals als Leibarzt des Kardinals Tournon Italien bereiste) in die Zoologie der Meerestiere eingeführt. Diese Studien bildeten den Anfang seiner Naturaliensammlungen. Nachdem A. 1553 in Bologna zum Dr. phil. und Dr. med. promoviert worden war, wirkte er dort ab 1554 als Lektor, seit 1555 als Prof. für Philosophie, zunächst zusammen mit dem Mediziner C. Odoni, nach dessen Tod 1571–1600 auf dem Lehrstuhl für Medizin, speziell für Materia medica (Heilmittellehre). Mit Studenten führte er Sammelexkursionen in die Veroneser Alpen, nach Livorno und zur Insel Elba durch (damals noch ungewöhnlich!) und hinterließ neben seinem Regionalherbarium auch botanische Manuskripte der Vorlesungen, die erst 1897 ediert wurden.

Erst in den letzten Lebensjahren begann A. mit einem enzyklopädischen Vorhaben, der Beschreibung aller bis dahin bekannt gewordenen Tiere. Dieses Werk begründete seinen Ruhm als »Vater der Zoologie« und war zusammen mit C. Gesners Tierbuch bis zum Beginn des 18. Jh. eine der wichtigsten Quellen zoologischer Artenkenntnis. Es

Abbildungen aus dem Buch U. Aldrovandi »De quadrupedibus omnium bisulcorium« (Hrsg. Uterverio, Tamburino u. Dempster), 1621

enthielt bereits auch Angaben über neuentdeckte Vögel und Säugetiere aus Amerika, Afrika und Indien und stützte sich auf Werke von Zoographen wie P. Belon (1555), Rondelet (1554), A. Thevet (1575) und J. de Acosta (1589); A. übernahm aber auch unkritischer als Gesner Angaben über Fabelwesen und legendäre Berichte. Von den geplanten 11 Titeln konnte er nur 5 (Vögel; Insekten und übrige Wirbellose) noch selbst zum Druck fertigstellen; weitere Bände edierten Schüler und Nachfolger. Bemerkenswert war A.s Versuch, die alphabetische Anordnung seiner Vorgänger aufzugeben und nach Platons Grundsätzen ein neues Klassifikationssystem zu finden, das jedoch mangels eigener anatomischer Studien hinter den Kenntnissen des Aristoteles zurückblieb und schon 70 Jahre später von J. Ray überholt wurde. Ja

Literatur: Aldrovandi, U.: Ornithologia hoc est de avibus historiae libri XII (sämtlich Bologna, Bd. 1 1599, Bd. 2 1600, Bd. 3 1603), De animalibus insectis (1602), De reliquis animalibus exsanguinibus (1606), De piscibus et de Cetis (Hrsg. C. Uterverio, 1612/13), De quadrupedibus solidepedibus (Hrsg. Uterverio und Tamburino, 1616), De quadrupedibus omnium bisulcorum (Hrsg. Uterverio, Tamburino und Dempster, 1621), De quadrupedibus digitatis viviparis (Hrsg. B. Ambrosinus, 1637), De quadrupedibus digitatis oviparis (Hrsg. B. Ambrosinus, 1637), Serpentium et Draconum Historiae libri duo (Hrsg. B. Ambrosinus, 1639), Monstrorum Historia ... (Hrsg. B. Ambrosinus, 1642), Museum Metallicum ... (Hrsg. B. Ambrosinus, 1648), Dendrologiae naturalis scilicet Arborum Historiae libri duo (Hrsg. O. Montalbi, 1667). (In obiger Reihenfolge: Ornithologie, oder Naturgeschichte der Vögel in 12 Büchern [= 3 Bde.]; Über Insekten; Über die übrigen blutlosen Tiere; Über Fische und Wale; Über einhufige Vierfüßer; Über Vierfüßer mit gespaltenen Hufen; Über vielzehige, lebendgebärende Vierfüßer; Über vielzehige eierlegende Vierfüßer; Zwei Bücher über die Geschichte der Schlangen und Drachen; Über die Geschichte der Monstren (Mißbildungen); Museum der Metalle und Dendrologie, d. h. Naturgeschichte der Bäume in zwei Büchern.)

Andres, A.: I meriti zoologici di Ulisse Aldrovandi (Rom 1908); Baldani, A. u. a.: Intorno alle vita e alle Opere die Ulisse Aldrovandi (Bologna 1907); Olmi, G.: Ulisse Aldrovandi. Scienza e natura nel secondo cinquecento (Trento 1976), Osservazione della natura e raffigurazione in Ulisse Aldrovandi (1522–1605), in: Annali dell'Istituto storico italo-germanico in Trento III (1977), 105–181.

Alembert, Jean le Rond d', Mathematiker, Physiker und Philosoph, geb. 16.(17.) 11. 1717 Paris, gest. 29. 10. 1783 Paris.

A. wurde durch seine Leistungen auf dem Gebiet der Mathematik und der theoretischen Mechanik bekannt und erwarb Weltruhm durch die von ihm gemeinsam mit D. Diderot herausgegebene »Encyclopèdie«. (Er gehörte der Gruppierung der »philosophes« an, die die franz. Aufklärung im zweiten Drittel des 18. Jh. repräsentierte, aber schon nicht mehr unmittelbar in die geistige Vorbereitung der französischen bürgerlichen Revolution eingriff.)

Als uneheliches Kind eines Generals, des Grafen Destouches-Canon, und der Madame de Tencin, die in Paris einen literarischen Salon unterhielt, auf den Stufen der Kirche Saint-Jean-Le-Rond ausgesetzt, wuchs A. in einer Handwerkerfamilie auf. Sein Vater ermöglichte ihm die Ausbildung am renommierten Collège de Quatre Nations bei jansenistisch und cartesianisch eingestellten Lehrern. Nach Studien in Theologie, Jura und Medizin wandte er sich der Mathematik und Mechanik zu und gelangte frühzeitig zu selbständigen Forschungsleistungen. Mit 23 Jahren wurde er 1741 in die Kgl. Ak. d. Wiss. aufgenommen, nachdem er ihr in den beiden vorhergehenden Jahren Abhandlungen über die Bewegung fester Körper in einer Flüssigkeit und über Methoden der Integration von Differentialgleichungen vorgelegt hatte.

U. Aldrovandi d'Alembert

Seit 1754 war A. »secrétaire perpétuel« der Kgl. Ak. d. Wiss., die neben den Akademien in Berlin und in St. Petersburg (Leningrad) damals das bedeutendste Forschungszentrum der Welt war, und nahm maßgeblichen Einfluß auf das wissenschaftliche Leben des Landes. 1772 wurde ihm zudem noch die Aufgabe des ständigen Sekretärs der Académie Française übertragen; in dieser Funktion verfaßte er die Würdigungen der verstorbenen Akademiemitglieder.

A. war ein hervorragender Mathematiker; dabei galt sein Interesse in erster Linie der Anwendung der Mathematik zur Lösung mechanischer und anderer physikalischer Probleme. Seine Sicht des Verhältnisses von Mathematik und Wirklichkeit war von seiner sensualistischen Erkenntnisauffassung geprägt, die er an J. Locke anknüpfend und über ihn hinausgehend in materialistischer Richtung entwikkelte.

Seine erfolgreichste Leistung in der theoretischen Mechanik war sein Beitrag zu deren mathematischer Durchbildung, der die später von J. L. Lagrange, P. S. de Laplace u. a. vollendete zweite Etappe in der Entwicklung der klassischen Mechanik – die Etappe der analytischen Dynamik – einleitete. Die Grundgedanken waren in seinem »Traité de dynamique« (1743) enthalten. Dieses im Bewußtsein des ständigen Prioritätswettstreits mit A. C. Clairaut sehr schnell fertiggestellte Werk enthielt einen abweichenden Entwurf vom Newtonschen System der theoretischen Mechanik. Der Entwurf beruhte auf folgenden 3 Grundgesetzen: dem Trägheitsgesetz, dem Gesetz der Addition der Bewegungen und dem Gleichgewichtsgesetz. Die beiden ersteren suchte A. mit rein geometrischen Argumenten darzulegen; erst beim dritten zog er physikalische Gesichtspunkte heran, die die Idee der Impulserhaltung enthielten und den Massebegriff implizit einführten. Weiter wurde hier das später nach ihm bezeichnete d'Alembertsche Prinzip entwickelt, das als eine Regel zum Umgang mit den zuvor aufgestellten Bewegungsgesetzen zu betrachten ist und die Dynamik starrer Körper auf die Behandlung von Gleichgewichtsproblemen reduziert. Damit wurde die Lösung der damals als außerordentlich schwierig geltenden Aufgabe der Bewegung von Systemen gekoppelter Körper ermöglicht. Auf diese Weise wollte A. den Kraftbegriff, der ihm unklar und verwirrend erschien, aus der Mechanik eliminieren. Spätere Ansätze einer »kräftefreien« Darstellung des Systems der Mechanik (H. Hertz, E. Mach) knüpften hier an.

1744 veröffentlichte A. eine Abhandlung über das Gleichgewicht und die Bewegung der Flüssigkeiten. In seiner 1747 publizierten und von der Berliner Ak. d. Wiss. preisgekrönten Untersuchung zur Theorie der Winde vertrat er die Ansicht, die Verteilung der Winde auf der Erde sei Resultat von Gezeitenwirkungen auf die Atmosphäre. In einer weiteren Arbeit dieses Jahres befaßte er sich mit der

Theorie der schwingenden Saite. Darin wurde erstmalig die Wellengleichung eingeführt. A. erkannte, daß die Schwingung einer Saite durch Angabe der Anfangs- und Randbedingungen vollständig bestimmt ist. Damit wurde er gemeinsam mit D. BERNOULLI und L. EULER zum Begründer der Theorie der partiellen Differentialgleichungen, und er schuf auch das Verfahren ihrer Lösung durch Separation der Variablen. Eingehend beschäftigte er sich mit der Himmelsmechanik und speziell mit dem Dreikörperproblem und fand zu letzterem Lösungen für konkrete Fälle. In seiner Arbeit »Recherches sur la précession des équinoxes et sur la nutation de la terre« (1749) gab er eine genauere Erklärung der Präzession als I. NEWTON; seine mathematische Analyse der Nutation der Erdachse wurde ein Jahrhundert lang nicht überboten. In seinem »Essai d'une nouvelle théorie de la résistance des fluides« (1752) analysierte A. die Bewegung eines Körpers durch ein homogenes Medium, verwendete dabei bereits Funktionen einer komplexen Variablen und formulierte das hydrodynamische Paradoxon; seine Formulierung der hydrodynamischen Gleichungen nahm die später nach A. L. CAUCHY und B. RIEMANN benannten Differentialgleichungen vorweg. Ab 1751 gab A. gemeinsam mit DIDEROT die »Encyclopédie ou Dictionnaire raisonné des sciences, des arts et des métiers« (28 Bde., Paris 1751–1772; 5 Suppl.-Bde., Amsterdam 1776/77; Table analytique, 2 Bde., Paris 1780) heraus. Dieses enorme Werk der Aufklärung war einerseits als Zusammenfassung des Gesamtwissens der Menschheit, andererseits als Instrument kritischen Vernunftgebrauchs gedacht. A. war speziell für die mathematischen und physikalischen Abschnitte verantwortlich und verfaßte selbst zahlreiche Beiträge. Von ihm stammt auch die programmatische Einleitung »Discours préliminaire ...« (1751), in der er ein an F. BACON anknüpfendes Konzept der Wissenschaft vertrat, das diese zu den anderen Arten der geistigen Aneignung der Welt in Beziehung setzte und ihre Orientierung auf die Bedürfnisse der Menschen und den Fortschritt der Menschheit durch zunehmenden Vernunftgebrauch aussprach. Verstärkte Angriffe auf die Encyclopédie als das Zentrum intellektueller Opposition gegen das »ancien régime« führten zu deren zeitweiligem Verbot; A. zog sich daraufhin 1758 von der Leitung dieses Unternehmens zurück.

Zahlreiche Arbeiten zur Mathematik und zur mathematischen Physik waren in A.s »Opuscules mathématiques« (8 Bde., 1761–1780) enthalten. Zu seinen größten mathematischen Leistungen zählt die in einem Encyclopédieartikel enthaltene exakte Definition des Grenzwertbegriffs, die in bewußter Distanz zum Fluxionsbegriff formuliert wurde und an die CAUCHY bei der Einführung des Begriffs der Ableitung einer Funktion anknüpfte. 1746 gab A. einen Beweisversuch für den Fundamentalsatz der Algebra an. Er beschäftigte sich auch (weniger erfolgreich) mit der Grundlegung der Wahrscheinlichkeitstheorie.

Seit den 50er Jahren verlagerte sich sein Interesse stärker auf philosophische, literarische und ästhetische Probleme. Sein musiktheoretisches Werk »Élémens de musique théorique et pratique suivant les principes de M. RAMEAU« (1752) trug wesentlich dazu bei, das RAMEAUsche System in Europa zu verbreiten. Aus seinem Werk »Mélanges de littérature et de philosophie« (5 Bde., 1753–1767) geht hervor, daß seine philosophische Haltung erheblich weniger konsequent war als jene DIDEROTS. Er war mit dem engl. Philosophen D. HUME befreundet, nahm skeptizistische Gedankengänge auf und vertrat zur philosophischen Grundfrage und im Zusammenhang damit zur Frage der Existenz Gottes eine unentschiedene Position. Auf diese Eigenart seiner Philosophie, die in dem 1759 auf Veranlassung des preuß. Königs FRIEDRICH II. verfaßten »Essai sur les élémens de philosophie« konzentriert in Erscheinung trat, berief sich der Positivismus des 19. Jh. DIDEROT unterzog A.s kompromißlerischen Standpunkt in mehreren Arbeiten einer scharfen Kritik. Es gibt jedoch Hinweise darauf, daß sich A. um 1770 den von DIDEROT und dem HOLBACH-Kreis vertretenen materialistischen Positionen annäherte. Auch im Ausland genoß A. hohes Ansehen und war Mitgl. der Berliner und der St. Petersburger Akademie. Er schlug zwar das Angebot FRIEDRICHS II. aus, nach P. L. M. DE MAUPERTUIS' Tod das Amt des Akademiepräsidenten zu übernehmen, doch er beriet den preuß. König brieflich in allen die Wissenschaft betreffenden Fragen, besuchte 1763 selbst Berlin und galt angesichts seines großen Einflusses als »heimlicher Präsident« der Berliner Akademie. Lai

Literatur: Alembert, J. d': Œuvres philosophiques, historiques et littéraires, 18 Bde. (Paris 1805), Œuvres, 5 Bde. (Paris 1821/22), Œuvres et correspondances inédites (Paris 1852), Opuscules mathématiques, 8 Bde. (Paris 1761–1780), Einleitende Abhandlung zur Enzyklopädie (Hrsg. G. Klaus, Berlin 1958).

Bertrand, J.: D'Alembert (Paris 1889); Briggs, J. M.: D'Alembert. Mechanics, Matter, and Morals (New York 1962); Grimsley, R.: Jean d'Alembert (Oxford 1963); Jarrett, H.: D'Alembert and the Encyclopédie (Durham, N. C. 1962); Litvinova, J. F.: D'Alembert: Ego žizn' i naučnaâ deâtel'nost' (St. Petersburg 1891); Muller, M.: Essai sur la philosophie de Jean d'Alembert (Paris 1926).

al-Haitham, → Ibn al-Haitham.

Alhazen, → Ibn al-Haitham.

al-Khayyam(i), → Chayyami.

Ambarzumjan (Ambarcumân), Wiktor Amasaspowitsch, Astrophysiker, geb. 5. (18.) 9. 1908 Tiflis (Tbilissi).

A. ist der Entdecker der Sternassoziationen. Er entwickelte neuartige Vorstellungen über kosmogonische Prozesse im Weltall und leistete bedeutende Beiträge zu vielen Gebieten der Astrophysik.

A., Sohn eines höheren Justizbeamten, studierte 1925–1928 in Leningrad Physik, Mathematik und Astronomie. Er ist Prof. sowie Dir. des Observatoriums Bjurakan seit dessen Gründung 1946. A. ist Präsident der Ak. d. Wiss. der Armen. SSR und Mitgl. der Ak. d. Wiss. der UdSSR. 1961–1964 war er Präsident der Internationalen Astronomischen Union. A. erhielt 1967 den Leninpreis.

A.s originärste Entdeckung ist die der Sternassoziationen im Jahre 1947. Es gelang ihm, anhand der scheinbaren Verteilung von Sternen des Spektraltyps O bis B und der T Tauri-Sterne zu zeigen, daß es lokale Anhäufungen dieser Sterntypen an bestimmten Stellen der Himmelskugel gibt. A. konnte recht genaue physikalische Parameter bestimmen, die unter anderem zeigten, daß die Sternassoziationen kosmogonisch junge Gebilde sind, deren Alter nur wenige Millionen Jahre beträgt und deren Lebenserwartung infolge Auflösung nur 10 bis 20 Mill. Jahre betragen wird. Er leistete hiermit einen entscheidenden Beitrag zum Verständnis der Kosmogonie unseres Sternsystems und zur Theorie der Sternentstehung. So konnte er beweisen, daß die Prozesse der Sternentstehung heute noch in der Galaxis wirksam sind und die Sterne in Gruppen entstehen. A. entwickelte, angeregt durch die Entdeckung der Sternassoziationen, besonders zwischen 1970 und 1980, eine eigene Hypothese zur Sternentstehung. Er nimmt an, daß es bis jetzt unbekannte überdichte protostellare Materie geben muß, die durch Fragmentation neue Sterne bildet, und nicht, wie heute theoretisch fundiert allgemein dargelegt wird, daß Sterne durch Kondensationsprozesse in Gaswolken entstehen. Zur Klärung dieser Probleme mißt er den instabilen Phänomenen bei jungen kosmischen Objekten große Bedeutung bei. A. wies bereits 1937 auf die Bedeutung instabiler Vorgänge in Sternsystemen hin. Er war einer der ersten (1954), der die Zuordnung starker Quellen kosmischer Radiostrahlung zu Galaxien durch W. Baade und H. Minkowski als kosmogonische Aktivität ihrer Kerne erklärte. Die umfangreichen weiteren Arbeiten von A. befassen sich mit der Theorie der Novaausbrüche, mit den Wolf-Rayet-Sternen, mit der Physik der Sternatmosphären, mit dem Leuchten planetarischer und galaktischer Nebel, mit der Lichtabsorption im interstellaren Medium, mit dem inneren Aufbau der Sterne und mit der Dynamik der Sternsysteme. Der Schwerpunkt dieser Forschungen lag etwa zwischen 1930 und 1960. Zur Bewältigung der zahlreichen Arbeiten hat es A. verstanden, an der Sternwarte Bjurakan eine Anzahl ebenfalls erfolgreich arbeitender Astrophysiker um sich zu scharen sowie eine moderne astrophysikalische Schule zu gründen. Jck

Literatur: Ambarcumân, A. V.: Die Sternassoziationen und die Entstehung der Sterne, in: Abh. DAW, Kl. Math. allg. Naturwiss., Jahrg. 1950, Nr. 2 (Berlin 1951), Discours introductif au symposium sur l'évolution des étoiles, in: Trans. Int. Astronom. VIII, (1952), 665–681, als Mithrsg.: Theoretische Astrophysik (Berlin 1957), als Hrsg.: Probleme der modernen Kosmogonie (Berlin 1976).

Tovmasân, G. M.: Bûrakanskaâ Observatoriâ (Jerewan 1977); Wahsner, R.: Mensch und Kosmos, WTB Texte u. Studien, Bd. 213 (Berlin 1978).

Ampère, André-Marie, Physiker und Mathematiker, geb. 20. 1. 1775 Lyon, gest. 10. 6. 1836 Marseille.

A.s Hauptwerk ist die Begründung der Elektrodynamik. Daneben leistete er bedeutende Beiträge zur Mathematik und Chemie sowie zur Logik und Wissenschaftsphilosophie.

A., Sohn eines reichen Lyoner Seidenhändlers, wurde auf dem Landgut seiner Eltern nach den Erziehungsprinzipien J. J. Rousseaus im Sinne der franz. Aufklärung durch seinen Vater erzogen und gebildet, ohne je eine Schule zu besuchen. Er arbeitete die von D. Diderot und J. d'Alembert herausgegebene »Enzyklopädie« durch und konnte noch ein halbes Jahrhundert später ganze Passagen dieses umfassenden Werkes über Wissenschaft, Künste und Handwerk auswendig wiedergeben. Sein Wissensdrang führte ihn zu Werken L. Eulers und der Bernoullis, die in Latein, einer ihm unbekannten Sprache, verfaßt waren. Binnen weniger Wochen lernte er Latein und versuchte auch, eine allgemeinverständliche »Universalsprache« zu schaffen. A. befaßte sich auch mit der klassischen Literatur und wuchs, trotz der Systemlosigkeit der Wissensaneignung, zu einem universell gebildeten Menschen heran, an dem die Züge eines »Wunderkindes« nicht zu verkennen waren. Einen tiefen Einschnitt in seinem Leben bedeutete 1793 die Hinrichtung seines Vaters, der als Girondist am Aufstand der Stadt Lyon gegen die Revolutionsregierung teilgenommen hatte. A. verfiel in Apathie. Erst eine glückliche Ehe (Heirat 1799) und die Geburt eines Sohnes weckten wieder seine Lebenszuversicht. Vermögenslos geworden, war A. ab 1802 Lehrer an der Kreisschule in Bourg, und ab 1803 Mathematiklehrer am Lyoner Gymnasium. Nach dem Tod seiner Frau übersiedelte er 1804 nach Paris und – bekanntgeworden durch seine Arbeiten zur Wahrscheinlichkeitsrechnung – wurde er zum Repetitor, dann zum Prof. für Analysis an der École Polytechnique in Paris ernannt. Für seine vielseitige wissenschaftliche Arbeit wurde er 1814 zum Mitgl. der Franz. Ak. d. Wiss. gewählt. 1826 wurde A. als weltweit anerkannter Erforscher der Elektrodynamik auf den Lehrstuhl für Physik am Collège de France berufen. Als Generalinspekteur der Univ. Paris hatte er fast 30 Jahre Aufsichtspflichten über franz. Univ., was ihm, der kein be-

W. A. Ambarzumjan

A.-M. Ampère

fähigter Organisator war, zur Last wurde. Schon längere Zeit kränkelnd und zur Melancholie neigend, verstarb er 1836 auf einer Inspektionsreise in Marseille.

A.s Frühwerk war der Theorie der Glücksspiele als Teil der Wahrscheinlichkeitsrechnung und der Integration von partiellen Differentialgleichungen (Monge-Ampèresche Theorie) gewidmet. Vermöge seiner Fähigkeit, sich rasch in neue Arbeitsgebiete einzuarbeiten, wandte er sich nach Arbeiten J. Daltons und J. L. Gay-Lussacs der theoretischen Chemie und den Gasreaktionen zu. Etwa um die gleiche Zeit wie A. Avogadro kam er zur Hypothese, daß gleiche Volumina der Gase unter gleichen Bedingungen die gleiche Anzahl von Teilchen enthalten. Er schrieb über mathematische Gesetze chemischer Verbindungen und äußerte erste Gedanken zur Dynamik der Gase.

Seine bedeutendsten Forschungen lagen auf dem von ihm als »Elektrodynamik« bezeichneten Gebiet, die er unmittelbar nach Ch. Œrsteds Entdeckung 1820 in Angriff nahm. In wenigen Wochen präzisierte er die Begriffe Stromstärke und Spannung, legte die bis heute gültige Stromrichtung in bezug auf die Ablenkung der Magnetnadel fest und benutzte diesen Effekt zur Stromstärkemessung. Seine berühmteste Versuchsreihe mit den »Ampèreschen Gestellen« erlangte über den Œrsted-Effekt hinausgehende Bedeutung. Mit ihnen zeigte er die Wechselwirkungen stromdurchflossener Leiter in Abhängigkeit von der Stromrichtung und -stärke. 1825–1826 leitete A. aus diesen Versuchen in Analogie zum Newtonschen Gravitationsgesetz das »Grundgesetz der Elektrodynamik« als Pendant zu den Coulombschen Gesetzen der Elektro- und Magnetostatik ab. A.s Gesetz erfaßte die ponderomotorischen Kräfte zwischen Elementen stromdurchflossener Leiter und bildete einen Ausgangspunkt für die Entwicklung der Fernwirkungstheorie der Elektrophysik durch W. Weber u. a., enthielt aber auch Ansätze für J. C. Maxwells Aufbau der elektromagnetischen Feldtheorie.

Aus der Erfindung des »Solenoids«, einer röhrenförmigen Spule, die sich wie ein Stabmagnet verhielt, leitete er die Molekularstromhypothese ab, nach der in Eisen widerstandslos fließende kreisförmige Molekularströme den Magnetismus hervorbringen, wenn sie beim Magnetisieren ausgerichtet werden. Diese, erst um 1850 in der Physik rezipierte Annahme führte alle magnetischen Phänomene auf elektrische zurück.

Nach 1826 wandte sich A. wieder anderen Arbeitsgebieten zu, z. B. der Logik und kristalloptischen und biologischen Problemen. Er verfocht die Fresnelsche Lichtwellentheorie und unterstützte Ansichten, die im Vorfeld der Darwinschen Abstammungslehre lagen. Hervorzuheben ist sein Versuch einer allgemeinen Wissenschaftsklassifikation, in der er unter anderem auf neu zu schaffende Wissenschaftszweige hinwies. Während sein Vorschlag für die Entwicklung einer technischen Kinematik schon bald realisiert wurde, erlangte die von ihm als Kybernetik bezeichnete Wissenschaft erst im 20. Jh. Bedeutung.

In diesem Sinne gehört A. zu den Universalgelehrten in der ersten Hälfte des 19. Jh., die durch ihre rationale Forschungsweise die Entwicklung der Wissenschaft auf vielfältige Weise prägten und in manchen Überlegungen ihrer Zeit weit voraus waren. Schi

Literatur: Ampère, A. M.: Théorie Mathematique des Phénomènes Électrodynamiques. Uniquement deduite de l'experience (Paris 1827, Neudruck Paris 1958), Correspondance du Grand Ampère, 3 Bde. (Paris 1936–1943).

Arago, F.: Ampère, in: Franz Aragos sämmtliche Werke. Bd. 2 (Leipzig 1854); Broglie, L. de: A. M. Ampère, in: Die Elementarteilchen (Hamburg 1954), 245–269; Schreier, W.: A. M. Ampère – Begründer der Elektrodynamik, in: NTM 13 (1976), 101.

Anderson, Carl David, Physiker, geb. 3. 9. 1905 New York.

A.s Hauptleistung ist die Entdeckung des Positrons in der kosmischen Strahlung.

A., dessen Eltern von Schweden nach Nordamerika auswanderten, studierte Physik am California Institute of Technology in Pasadena, wo er 1930 promovierte. Ab 1933 war er Forschungsmitarbeiter und zugleich Prof. am selben Institut. Während des zweiten Weltkrieges arbeitete er an Forschungen über militärische Projekte.

Mit seinem Lehrer R. A. Millikan begann A. 1930 die Untersuchung der kosmischen Strahlung mit Nebelkammern. Im September 1932 entdeckte er auf diese Weise das Positron, das P. A. M. Dirac in seiner Löchertheorie vorausgesagt hatte. 1933 wies er die »Paarerzeugung« von Elektron und Positron durch Gammastrahlen exakt nach. 1937 entdeckte er in der kosmischen Strahlung das μ-Meson (Myon). Zusammen mit V. F. Hess, dem früheren Erforscher der kosmischen Strahlung, erhielt er 1936 den Nobelpreis für Physik. Schi

Ångström, Anders Jonas, Physiker, geb. 13. 8. 1814 Lögdö (Westnorrland), gest. 21. 6. 1874 Uppsala.

Å. arbeitete vorwiegend auf dem Gebiet der optischen Spektroskopie und zählt zu den Wegbereitern der wissenschaftlichen Spektralanalyse und der Astrophysik.

Å, zweiter Sohn eines schwed. Ministers, studierte nach dem Schulbesuch in Härnösand ab 1833 an der Univ. Uppsala Mathematik und Physik, promovierte 1839 und wurde anschließend Privatdoz. in Uppsala. 1842 ging er an das Observatorium in Stockholm, um sich Kenntnisse in praktischer Astronomie anzueignen. Im folgenden Jahr wurde Å. Observator der Sternwarte Uppsala und unternahm 1843/44 eine Studienreise nach Deutschland, England und Frankreich. Von 1858 bis zu seinem Tode war er Prof. für Physik an der Univ. Uppsala.

In seiner ersten wissenschaftlichen Arbeit »Optiska undersökningar«, die er 1853 der Stockholmer Akademie vorlegte, zeigte Å., daß sich die Spektren von Metallegierungen als Überlagerungen der Spektren der Bestandteile ergeben und verglich die Linien irdischer Emissionsspektren mit den Fraunhoferschen Linien im Sonnenspektrum. Ausgehend von den Überlegungen L. Eulers schlußfolgerte Å., daß sich die Linien im Emissionsspektrum eines Gases mit denen des Absorptionsspektrums decken. Er vertrat die Ansicht, daß das Spektrum eines gegebenen Elements von den äußeren Bedingungen unabhängig sei. Alle diese Erkenntnisse waren wichtige Ansatzpunkte für die Spektralanalyse, deren wissenschaftliche Grundlagen wenig später von G. R. Kirchhoff und R. Bunsen erarbeitet wurden. Im Sonnenspektrum wies Å. die Linien von Wasserstoff, Aluminium, Titanium und anderen Elementen nach. Als Ergebnis intensiven Studiums des Sonnenspektrums entstand 1868 mit »Recherches sur le spectre solaire« ein Atlas von rund 1000 Linien des Sonnenspektrums, für die Å. durch die Verwendung von Beugungsgittern die Wellenlängen gemessen hatte. Damit konnte jetzt unabhängig von der verwendeten Apparatur exakt die Lage einer Spektrallinie angegeben werden. Diese Untersuchungen zählen zusammen mit den erstmals von Å. durchgeführten spektroskopischen Messungen am Polarlicht zu den ersten grundlegenden Arbeiten der Astrophysik. Außerdem beschäftigte sich Å. mit dem Erdmagnetismus und der Wärmeleitung. Å. benutzte 10^{-10} m als Einheit der Wellenlänge, die später nach ihm benannt wurde, heute jedoch als SI-fremde Einheit nicht mehr verwendet werden darf. Fk

Literatur: Ångström, A. J.: Optiska undersökningar, in: Phil. Mag. 9 (1855), 327–342, New Method of Determining the Thermal Conductivity of Bodies, in: Phil. Mag. 25 (1863), 130–142, Recherches sur le spectre solaire (Uppsala 1868), Spectrum of the Aurora Borealis, in: Phil. Mag. 38 (1869), 246–247, On the spectra of Simple Gases, in: Phil. Mag. 42 (1871), 395–399.

Apianus, Petrus, Apian, eigentlich Bienewitz oder Pennewitz, Astronom und Geograph, geb. 1495 oder 21. 4. 1501 Leisnig (Sachsen), gest. 21. 4. oder 21. 7. 1552 Ingolstadt.

A. ist Autor zahlreicher astronomischer und geographischer Schriften und Konstrukteur wissenschaftlicher Instrumente.

A. besuchte die Schule in Rochlitz, ab 1516 die Univ. Leipzig. Später wechselte er nach Wien und wurde Schüler von G. Tannstetter. 1523 siedelte A. nach Ingolstadt über, wo er vier Jahre später Prof. der dortigen Landesuniv. wurde, eine Stellung, die er bis zum Lebensende bekleidete.

Schon für seine ersten Schriften entwickelte A. Lehrgeräte aus Papierscheiben und Bindfäden, mit deren Hilfe z. B. Gestirnskonstellationen bestimmt werden konnten. Auch andere eigene Entwicklungen von Instrumenten sowie altbekannte Typen beschrieb er, z. B. Sonnen- und Monduhren, Quadranten und ein Torquetrum. Seine Beschreibungen gaben vorwiegend Anleitung zum praktischen Gebrauch sowohl für Astronomen als auch für Landvermesser und Militärbaumeister. Auf diesen Leserkreis waren auch seine zahlreichen deutschsprachigen Veröffentlichungen zugeschnitten.

Vermutlich unter dem Einfluß Tannstetters wandte sich A. in seinen ersten Veröffentlichungen geographischen Problemen zu. 1524 erschien erstmals die »Cosmographia« von A., die in verschiedenen Bearbeitungen bis 1584 zahlreiche Aufl. erlebte. Diese Schrift war als Einleitung in die Kosmographie gedacht und als Lehrb. weit verbreitet. Neben Problemen der Geographie behandelt es auch die Grundlagen der Astronomie. Sehr bekannt wurde A. weiterhin durch sein 1540 erschienenes »Astronomicum Caesareum«. Es ist ein Lehrb. der Astronomie auf geozentrischer Grundlage, das kaum mit mathematischen Ableitungen operiert. Alle Bestimmungen der Gestirne und auch Finsternisse werden mittels papierner Demonstrations- und Rechengeräte ausgeführt. Die Zielstellung des Werkes besteht darin, vor allem für astrologische Zwecke den Lauf der Himmelskörper ohne Himmelsbeobachtungen zu ermitteln. Das Werk enthält auch eine genaue Analyse der Lage der Kometenschweife. Hier entwickelte A. die schon 1532 kurz publizierte Entdeckung, daß die Kometenschweife stets von der Sonne abgewandt sind, was in der Geschichte der Kometenforschung von großer Bedeutung war. Von diesem umfangreichen Buch erschien noch 1540 von A. eine deutschsprachige Gebrauchsanleitung.

Erwähnenswert ist, daß A. 1534 gemeinsam mit B. Amantius eine Sammlung religiöser Inschriften zum Druck gab, mit der er sich als Mann von hoher klassischer Bildung aus-

C. D. Anderson

A. J. Ångström

P. Apianus

D. F. J. Arago

wies. Auch als Herausgeber hat A. sich betätigt. So erschienen unter anderem unter seiner Ägide 1528 die »Novae theoricae planetarum« des G. Peurbach, 1533 das Traktat von den Gewichten des J. de Nemorarius und 1535 die Optik des Witelo. Ha

Literatur: Apianus, P.: Typus Orbis universalis juxta Ptolemaei Cosmographi Traditionem et Americi Vespucci aliorumque lustrationes (Wien 1524), Cosmographicus liber (Landshut 1524), Cosmographia Petri Apiani, per Gemmam Frisium illustrata (Antwerpen 1532 und 1584), Astronomicum Caesareum (Ingolstadt 1540, photomechanischer Nachdruck Leipzig 1967), Inscriptiones sacrosanctae (Ingolstadt 1534, 2. Aufl. 1561).

Ortroy, F. van: Bibliographie de l'œuvre de Pierre Apian (Amsterdam 1902, photomechanischer Nachdruck 1963).

Apollonios von Perge (Apollonius), Mathematiker und Astronom, geb. um 260 v. u. Z., gest. um 190 v. u. Z.

A. gehört zu den bedeutendsten Mathematikern in der hellenistischen Periode der griech. Mathematik. Seine Hauptleistung ist eine neuartige, systematische Darlegung der Kegelschnittslehre.

Über das Leben des A. ist kaum etwas bekannt, nur wenige Daten gelten als gesichert. Er soll in Perge, einem kleinen griech. Städtchen im Süden Kleinasiens, geboren worden sein. Die Namen der Eltern, die sozialen Verhältnisse sowie die weiteren Lebensumstände sind unbekannt. Aus seinen Werken weiß man, daß er längere Zeit in Alexandria lebte, Reisen nach Pergamon und Ephesos unternahm und mindestens einen Sohn namens Apollonios hatte. Weiterhin kann man schließen, daß die Periode seiner mathematischen Aktivität auf das letzte Drittel des 3. und das frühe 2. Jh. v. u. Z. fällt. Während er bereits am Anfang dieses Zeitraums für seine astronomischen Studien berühmt war, entstanden die Bücher über die Kegelschnitte wohl erst im frühen 2. Jh. v. u. Z.

A.' Ruhm in heutiger Zeit fußt vor allem auf dem von ihm verfaßten, 8 Bücher umfassenden Werk über Kegelschnitte »Conica«. Dies war keineswegs die erste Schrift über Kegelschnitte, und ihre Bedeutung resultiert nicht daraus, daß es eine besonders umfassende Zusammenstellung der erzielten Resultate war, sondern aus der neuen Art der Herleitung. Untersuchungen über Kegelschnitte und deren Eigenschaften reichen in der griech. Mathematik mindestens bis in die Mitte des 4. Jh. v. u. Z. zurück, und seit Anfang des 3. Jh. existieren auch Zusammenfassungen zu diesem Thema. Archimedes konnte in seinen Arbeiten bereits eine gewisse Vertrautheit mit diesem Problemkreis voraussetzen und gab eine Reihe der benutzten Eigenschaften ohne Beweis an. Die drei Kurven, die heute als Parabel, Ellipse bzw. Hyperbel bezeichnet werden, wurden jedoch stets durch den Schnitt eines geraden Kreiskegels mit einer Ebene erhalten, wobei diese Schnittebene senkrecht zur Erzeugenden des Kreiskegels stand. In Abhängigkeit, ob der Winkel an der Spitze des Kreiskegels ein spitzer, rechter oder stumpfer war, wurde von Ellipse, Parabel oder Hyperbel bzw. vom Schnitt eines spitzwinkligen Kegels, Schnitt eines rechtwinkligen Kegels oder Schnitt eines stumpfwinkligen Kegels gesprochen. Die Schnittkurve konnte dann durch das »Symptom« charakterisiert werden, einer konstanten Relation zwischen verschiedenen, von der Position des Punktes auf der Kurve abhängigen Größen (in moderner Interpretation entspricht dem die Gleichung der Kurve bezüglich eines rechtwinkligen Koordinatensystems). A. leitete alle drei Kurven durch Schnitte an ein und demselben schiefen Kreiskegel her; die verschiedenen Kegelschnitte ergeben sich in Abhängigkeit von dem Winkel, mit dem die Schnittebene die Mantelfläche schneidet. Diese neue Art der Erzeugung ermöglichte A. eine durchgängige einheitliche Behandlung der Kegelschnitte, er konnte sie alle mittels der Methode der Flächenanlegung charakterisieren. Diese in der griech. Mathematik sehr verbreitete Methode lieferte auch die heutigen Bezeichnungen für die Kegelschnitte. Je nachdem, ob die Flächenanlegung vollständig, mit »Überschuß« oder mit »Defekt« durchführbar war, sprachen die griech. Mathematiker von »parabolein«, »hyperbole« bzw. »elleipsis«, und A. formulierte daraus den Namen für den jeweiligen Kegelschnitt. (In der modernen Interpretation bedeutet A.' Herleitung, daß die Gleichung der Kurven auf ein Koordinatensystem bezogen wird, dessen eine Achse ein Durchmesser des Kegelschnitts und dessen andere die Tangente an die Kurve in einem der Endpunkte des Durchmessers ist.) Gleichzeitig stellte A. fest (Buch I der »Conica«, Satz 1), daß die Angabe des Symptoms unabhängig von dem gewählten Durchmesser ist; für jeden Durchmesser eines Kegelschnitts erhielt er also das für die jeweilige Kurve typische Symptom. Während das Herangehen und eine Reihe von Definitionen neu waren, traf dies nicht für die abgeleiteten Resultate zu. Die ersten vier Bücher der »Conica« enthalten eine, wie A. selbst schrieb, elementare Einführung. Abgesehen von einigen durch A. vorgenommenen Verallgemeinerungen und der Systematisierung der Fakten dürfte der Inhalt dieser Bücher bereits den Vorgängern von A. bekannt gewesen sein. Da er jedoch den gesamten Stoff nach seiner Methode bearbeitete, ist es kaum möglich festzustellen, aus welchen Quellen er schöpfte. Auch muß beachtet werden, daß es nicht sein Ziel war, ein enzyklopädisches Werk über die Kegelschnittslehre zu schreiben, sondern eine systematische Darstellung der Grundlagen und der darauf aufbauenden eigenen Forschungsresultate zu geben. Es gibt Sachverhalte, die bereits vor A. den Mathematikern vertraut waren und die keine Aufnahme in die »Conica« fanden. Die Bücher V bis VIII basieren hauptsächlich auf den Forschungen von A., die noch heute Bewunderung verdienen. Die »Conica« gehört zu den bedeutendsten Werken der antiken Geometrie und hat noch im 17. Jh. führende Mathematiker, wie P. de Fermat, I. Newton, E. Halley, nachhaltig beeinflußt. Die Bücher I bis IV wurden im griech. Text überliefert, die Bücher V bis VII in einer arab. Übersetzung, und das Buch VIII ging verloren, jedoch können aus den bei Pappos angegebenen Lemmata einige Rückschlüsse auf den Inhalt gezogen werden.

Die übrigen mathematischen Schriften des A. sind bis auf eine Ausnahme verloren gegangen, jedoch lassen die von Pappos gemachten Angaben eine hinreichend genaue Bestimmung ihres Inhalts zu. Sie sind alle der ausführlichen Erörterung ein oder mehrerer allgemeiner Probleme gewidmet und haben teilweise enge Beziehungen zur Kegelschnittslehre. So untersuchte A. im »Verhältnisschnitt« die folgende Aufgabe: Auf zwei beliebigen Geraden sei je ein Punkt A bzw. B gegeben und außerhalb der Geraden ein dritter Punkt P. Durch P ziehe man eine Gerade, die die vorgegebenen Geraden in den Punkten X bzw. Y so schneidet, daß die Strecken AX und BY in einem gegebenen Verhältnis stehen. Im »Raumschnitt« (auch »Flächenschnitt«) steht die analoge Aufgabe, nur daß statt des Verhältnisses das Produkt der Abschnitte vorgegeben ist. Schließlich ist beim »unbestimmten Schnitt« ein Punkt X auf einer Geraden gesucht, so daß für die mit vier auf der Geraden gegebenen Punkten A, B, C, D gebildeten Abschnitte AX, BX, CX, DX die Produkte $AX \cdot BX$ und $CX \cdot DX$ ein gegebenes Verhältnis haben. Die berühmte Berührungsaufgabe (einen Kreis zu konstruieren, der drei gegebene Punkte berührt) und einige Variationen dazu sind Inhalt der Schrift über »Berührungen«. Der Kreis des A. ist in den beiden Büchern über »ebene Örter« enthalten (nach der griech. Terminologie über Kreis und Gerade), in denen A. verschiedene Bedingungen angibt, die auf diese Örter führen. In dem sechsten geometrischen Werk über »Einschiebungen« setzte sich A. mit einem sehr bekannten mechanischen Konstruktionsverfahren auseinander, das die Griechen häufig dann benutzten, wenn eine Konstruktion nicht mit Zirkel und Lineal ausführbar war. A. beschränkte sich nun genau auf solche Einschiebungsaufgaben, die auch mit Zirkel und Lineal lösbar waren.

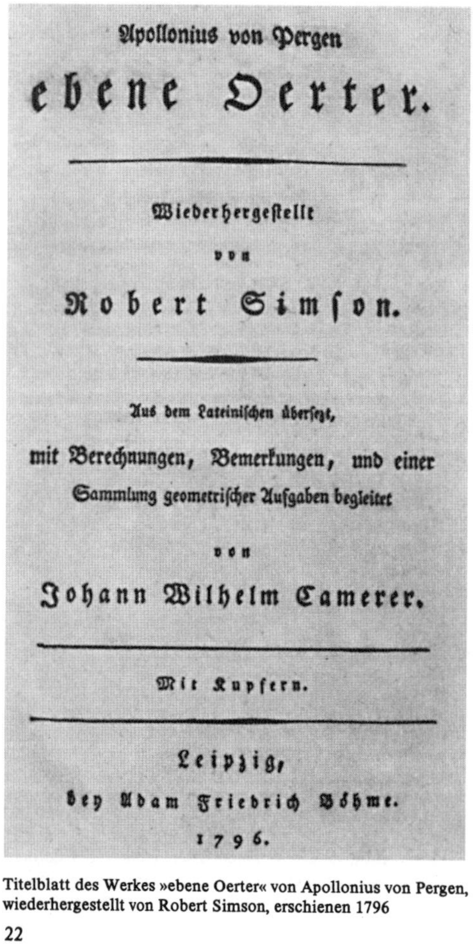
Apollonius von Pergen
ebene Oerter.
Wiederhergestellt
von
Robert Simson.
Aus dem Lateinischen übersetzt,
mit Berechnungen, Bemerkungen, und einer
Sammlung geometrischer Aufgaben begleitet
von
Johann Wilhelm Camerer.
Mit Kupfern.
Leipzig,
bey Adam Friedrich Böhme.
1796.

Titelblatt des Werkes »ebene Oerter« von Apollonius von Pergen, wiederhergestellt von Robert Simson, erschienen 1796

Es gilt als sicher, daß A. zu allen Gebieten der damaligen Mathematik geforscht hat; erwähnenswert sind die Schriften über das Dodekaeder und Ikosaeder, die Kreismessung (Berechnung von π), das Zahlensystem. In Bruchstücken erhalten geblieben ist eine Abhandlung über optische Fragen (Brennspiegel u. a.).

Das zweite große Arbeitsgebiet des A. war die theoretische Astronomie; auch hier existieren nur Sekundärquellen über seine Forschungen. In jener Zeit dominierte ein nichtheliozentrisches Weltbild, und nur Kreisbahnen waren für die Bewegung der Himmelskörper zugelassen. Diese Modelle führten zu gewissen Schwierigkeiten bei der Erklärung der beobachteten Planetenbewegung, etwa der Marsbahn. Qualitativ behoben Herakleides und A. die Mängel mit der von ihnen entwickelten Epizyklentheorie, gemäß der sich die Planeten auf Kreisbahnen bewegen, deren Mittelpunkte wiederum auf Kreisbahnen um die Erde laufen. Wie Ptolemaios später bemerkte, hatte A. sogar ein zum Epizyklenmodell äquivalentes Exzentermodell angegeben und verschiedene Aussagen übertragen. Ptolemaios hat bei der Schaffung seiner Theorie diese Ideen aufgegriffen und rechnerisch durchgebildet. Welche Vorarbeit A. dazu geleistet hat, ist unklar; bekannt ist nur, daß er die Mondbewegung genau studierte und die Entfernung zwischen Erde und Mond berechnete.

A.' Werk hat in der Antike keinen Nachfolger gefunden. Unter den zahlreichen Kommentatoren ragt Pappos als einziger heraus, der die mathematische Fähigkeit besaß, die Ergebnisse entsprechend zu würdigen. In Europa wurden nur Teile der Kegelschnittslehre und die Kommentare des Pappos bekannt und wirksam. Die Bücher V bis VII der »Conica« lieferten keine direkten Impulse zur Entwicklung der Mathematik in Europa, doch hat die Tatsache, daß bis 1661 keine Übersetzung dieser Bücher aus dem Arabischen vorlag, viele Mathematiker zu Rekonstruktionsversuchen angeregt. In der Folgezeit wurden zahlreiche Übersetzungen angefertigt, im 19./20. Jh. auch Teilübersetzungen ins Deutsche. Wichtige Anwendung fand die Kegelschnittslehre bei den Arabern zur Lösung kubischer Gleichungen, als mathematische Grundlage optischer Studien auch im europäischen Mittelalter und in der Renaissance. Schl

Literatur: Apollonii Pergaei Conicorum libre VII (Florenz 1661), Apollonii Pergaei Conicorum libri quattuor, ... (übersetzt und kommentiert von F. Commandino, Bologna 1566); als qualitativ beste Übersetzungen gelten die von Halley (Oxford 1710) und die von Heiberg (Leipzig 1890/93).

Kliem, F.: Apollonius von Perge (Berlin 1927); Neugebauer, O.: Apollonius-Studien, in: Quellen und Studien zur Geschichte der Mathematik. Abt. B: Studien Bd. 2 (1933), 215–233.

Arago, Dominique François Jean, Astronom und Physiker, geb. 26.2.1786 Estagel bei Perpignan, gest. 2.10.1853 Paris.

Das Wirken von A. ist durch umfangreiche, besonders geodätische, meteorologische, astronomische und physikalische Arbeiten – vielfach in Zusammenarbeit mit anderen Wissenschaftlern – gekennzeichnet.

A., Sohn eines Rechtsanwalts und Weinbergbesitzers, wollte ursprünglich die militärische Laufbahn einschlagen. Während seiner Schulzeit bereitete er sich zielstrebig durch zusätzliche mathematische Studien auf den Besuch der École Polytechnique vor, deren hervorragender Schüler er 1803/04 (formal bis 1809) wurde. 1804–1806 beteiligte sich A. als Sekretär der Pariser Sternwarte an den Beobachtungen mit dem Mittagsfernrohr und Mauerquadranten. Gleichzeitig war er noch Mitarbeiter bei J. B. Biot, mit dem er 1806–1808 die Meridianmessung in Spanien fortsetzte und allein vollendete. 1809 wurde A. Mitgl. der Pariser Akademie, Adjunkt beim Bureau des longitudes für Astronomie und Prof. der École Polytechnique als Nachfolger von G. Monge, 1830 »beständiger Sekretär der Akademie für die mathematischen Wissenschaften« und als Nachfolger von P. S. de Laplace Dir. der Pariser Sternwarte. Wegen der Häufung der Ämter legte er seine Professur an der École Polytechnique nieder. Ab 1831 war A. Mitgl. der Deputiertenkammer und wurde 1848 Marine- und Kriegsminister der Provisorischen Regierung.

1803 begann P.-F.-A. Méchain, die 1791 beschlossene und in der Folgezeit von ihm und anfangs auch von J. B. J. Delambre durchgeführte Meridianmessung von Dunkerque bis Barcelona zur Festsetzung des Meters als Naturmaß nun bis zu den Islands Baleares (Balearische Inseln, Formentera) auszudehnen. Sein Tod 1804 vereitelte dieses Vorhaben, was dann einige Jahre später von A. und Biot ausgeführt wurde. Dabei kam A. auch in lebensgefährliche Situationen, vor allem 1808/09 während des nationalen Befreiungskampfes Spaniens gegen die franz. Fremdherrschaft.

Im Schaffen A.s nimmt die Optik eine zentrale Rolle ein, mit der er sich zeit seines Lebens beschäftigte. 1811 entdeckte er die chromatische Polarisation weißen polarisierten Lichtes in Kristallen. Sie führte ihn von Refraktionsmessungen an Gasen zu verschiedenen meteorologischen, photometrischen und Polarisationsuntersuchungen des Lichts über gemeinsam mit A. J. Fresnel durchgeführte Interferenzexperimente bis hin zu den Vorbereitungen der Messung der Lichtgeschwindigkeit ab 1838, die er wegen der plötzlich verringerten Sehkraft seiner Augen selbst nicht mehr ausführen konnte. Die Umsetzung seiner Idee, die einen weiteren Beweis für die Wellentheorie des Lichts liefern sollte, konnte er durch die Versuche J. B. L. Foucaults 1850 und A. H. Fizeaus 1851 noch erleben. Dagegen hatte A. für den Elektromagnetismus nur vorübergehendes Interesse. 1820 entdeckte er die Magnetisierung von Eisen durch einen stromdurchflossenen Leiter und 1824 den Rotationsmagnetismus (Aragoscher Versuch). Der von ihm beobachtete Einfluß einer ruhenden oder rotierenden Metallscheibe auf eine schwingende bzw. ruhende Magnetnadel konnte erst durch M. Faraday mittels seines Induktionsgesetzes 1831 erklärt werden.

A., der »für die Gelehrten die Gränzen des Wissens hinausrückte, besaß ... andererseits eine wunderbare Kunst, die erworbenen Kenntnisse um sich her zu verbreiten« (A. v. Humboldt, 1853). Große Berühmtheit erlangten seine öffentlichen Vorlesungen an der Pariser Sternwarte über populäre Astronomie 1812 bis 1845 sowie seine zahlreichen Gedenkreden, die er als Sekretär der Akademie ab 1830 gehalten hat.

Als Politiker setzte sich A. für das Gemeinwohl ein, förderte Wirtschaft und Wissenschaft, erwirkte z. B. staatliche Zuschüsse für L. J. M. Daguerre, den Miterfinder der Photographie, und für die Drucklegung der Werke von P. de Fermat und Laplace. Er war ein überzeugter Republikaner, der sowohl 1804 Napoleon I. als auch 1852 Napoleon III. den Treueeid verweigerte. Wi

Literatur: Arago, F.: Œuvres complètes, 17 Bde. (Hrsg. J. A. Barral, Paris u. Leipzig 1854–1862), Franz Arago's sämmtliche Werke, 16 Bde. (Hrsg. W. G. Hankel, Leipzig 1854–1860).
Georgi, J.: François Arago, in: Phys. Bl. 10 (1954), 9, 408–412.

Archimedes, Mathematiker, Physiker und Ingenieur, geb. um 287 v. u. Z. Syrakus, gest. 212 v. u. Z. Syrakus.

A., der bedeutendste antike Mathematiker, begründete die Hydrostatik und die geometrische Statik, die er zur Entdeckung und zum Beweis neuer mathematischer Sätze benutzte, und schuf verschiedene technische Geräte, die ihn berühmt machten.

Vom Leben des A. ist nur wenig überliefert. Er kannte König Hieron II., den Herrscher von Syrakus, dessen Verwandter er möglicherweise war. A.' Vater war der Astronom Phidias, bei dem er seine erste Ausbildung erhalten haben soll. Es gilt als fast sicher, daß A. einige Zeit in Alexandria weilte, da er die Mehrzahl seiner erhaltenen Schriften in Form von Briefen aus Syrakus an Mathematiker in Alexandria, wie Konon, Eratosthenes und Dositheos, geschrieben hat. Er starb während der Einnahme von Syrakus durch die Römer, nachdem er die zweijährige Verteidigung der Stadt durch die Konstruktion von Steinschleudern u. ä. aktiv und erfolgreich unterstützt haben soll. Um sein Leben und seinen Tod ranken sich in der antiken Literatur viele Legenden, deren Wahrheitsgehalt heute als gering angesehen wird. Zu den falschen Berichten zählen die Geschichte über die Entdeckung des Auftriebsgesetzes anhand der Überprüfung des Gold- und Silbergehaltes eines von Hieron II. in Auftrag gegebenen Kranzes, die Anfertigung von Brennspiegeln und ihr Einsatz bei der Verteidigung von Syrakus, die Erzählungen, daß A. beim Zeichnen geometrischer Figuren in den Sand durch einen Römer erschlagen worden sei, sowie die von Plutarch überlieferte Behauptung, A. hätte das Bauen von Instrumenten, Wurfeinrichtungen u. ä. sowie die praktische Anwendung mathematischer Methoden gering geschätzt.

Von A. sind elf Werke erhalten, die man thematisch in drei Hauptgruppen einteilen kann: 1) Arbeiten über den Inhalt krummliniger Flächen und Körper (»Über Kugel und Zylinder«, »Kreismessung«, »Über Konoide und Sphäroide«, »Über Spiralen«, »Quadratur der Parabel« ab Satz 18); 2) Arbeiten zur geometrischen Statik und Hydrostatik (die Sätze 1 bis 17 aus der »Quadratur der Parabel«, »Über das Gleichgewicht ebener Flächen« I und II, »Über schwimmende Körper« I und II sowie Methodenlehre); 3) arithmetische und andere Arbeiten (»Der Sandrechner«, »Das Rinderproblem«, das Fragment »Stomachion«). Einige der verlorenen Arbeiten des A. lassen sich z. T. aus Zitaten von späteren griech. Autoren rekonstruieren, z. B. frühere Fassungen der Werke »Über Spiralen« und »Über das Gleichgewicht ebener Flächen« sowie eine Abhandlung über den Schwerpunkt von Körpern; andere werden nur dem Titel nach zitiert. Weitere Arbeiten sind A. von arab.-islamischen Autoren zugeschrieben worden und vielfach auch arab. erhalten; sie dürften allerdings in der Regel eher über- oder bearbeitete Fassungen der Texte des A. sein. Die bekanntesten dieser arab. Schriften sind »Die Lemmata« und »Über die Teilung des Kreises in 7 gleiche Teile«.

In dem Werk »Über Kugel und Zylinder« beweist A. Sätze über die Berechnung der Oberfläche und des Inhalts der Kugel, des Kugelsegments und des Kugelsektors. Der wohl wichtigste Satz besagt, daß »der Zylinder, der die gleiche Grundfläche besitzt mit dem größten Kreise einer Kugel, dessen Höhe aber gleich dem Durchmesser der Kugel ist, ... sowohl seinem Inhalte als auch seiner Oberfläche nach $1\frac{1}{2}$mal so groß ist wie die Kugel«. Die Schrift »Über Konoide und Sphäroide« befaßt sich mit dem Inhalt von

Segmenten von Rotationsparaboloiden, zweischaligen Rotationshyperboloiden (beides sind bei A. Konoide) und Rotationsellipsoiden (bei A. Sphäroide), die auf den Inhalt von Kegeln bzw. Kegelsegmenten mit gleicher Grundfläche und Höhe zurückgeführt werden. In der Arbeit »Über Spiralen« bestimmt A. den Inhalt des Flächenstückes, das von der archimedischen Spirale (Abb. 1) und der Strecke *AB* be-

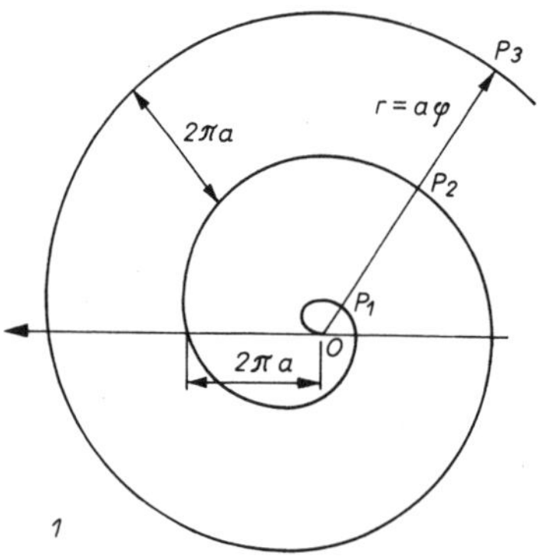

1

grenzt wird, als dritten Teil des Kreises mit Radius *AB* um *A*, behandelt Eigenschaften von Tangenten an die Spirale und benutzt sie zur Rektifikation von Kreisbögen. Pappos schrieb die Entdeckung der Spirale Konon zu. In der »Quadratur der Parabel« ermittelt A. mit zwei grundsätzlich ver-

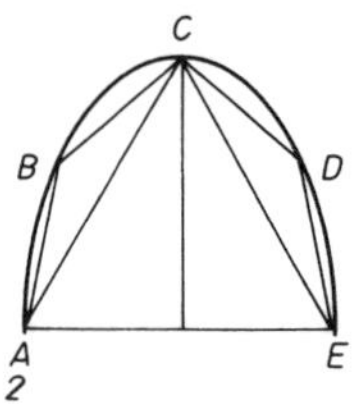

2

schiedenen Methoden den Inhalt eines Parabelsegmentes *ABCDE* (Abb. 2) als $4/3$ des Inhalts des Dreiecks *ACE*, das mit ihm die gleiche Grundlinie und Höhe hat (Satz 17 und Satz 24). In den Sätzen 18 bis 24 werden rein geometrische Methoden eingesetzt. Dem Parabelsegment wird eine Folge von Dreiecken derart einbeschrieben, daß sie auf eine unendliche geometrische Reihe mit dem Quotienten $1/4$ führt, und gezeigt, daß deren Summe, die gleich $4/3$ des größten Gliedes der Reihe ist, d. h. $4/3$ des Inhalts des Dreiecks *ACE*, weder größer noch kleiner als der Inhalt des Segments sein kann. Dabei ist zu berücksichtigen, daß A. nicht die Summe der unendlichen Reihe, sondern nur endlich vieler Glieder berechnete. In den Sätzen 1 bis 17 der »Quadratur der Parabel« wird dasselbe Ergebnis unter Anwendung des Hebelgesetzes, der Kenntnisse über den Schwerpunkt von Dreieck und Trapez und der typisch indirekten Gestaltung des Beweises erzielt. Die Grundlage bilden Sätze aus der Arbeit »Über den Schwerpunkt ebener Flächen«, in der das Hebelgesetz für den idealisierten gewichtlosen Hebel getrennt für kommensurable und inkommensurable Größen als Satz 6 und 7 formuliert, allerdings nicht vollständig richtig bewiesen wurde. Die neuere mathematikhistorische Forschung hat überzeugend dargelegt, daß die mathematische Beweistechnik durch A. eine tiefgehende Bereicherung erfahren hat und er nicht lediglich als virtuoser Nutzer von Euklids Methoden anzusehen ist. A. erweiterte auch die mathematischen Axiome und Postulate um neue, in den »Elementen« nicht vorhandene, z. B. das Eudoxos-Archimedes-Axiom. Es besagt, daß zu zwei Größen a, b mit $a < b$ eine natürliche Zahl n existiert, so daß $na > b$ gilt. Dieses Axiom läßt sich sowohl in der antiken als auch in der mittelalterlichen Mathematik in verschiedenen Fassungen nachweisen und ist auch in der modernen Mathematik von fundamentaler Bedeutung. Es bildete z. B. eine wesentliche Grundlage der Exhaustionsmethode, des Beweises des Satzes über die Existenz einer vierten Proportionale zu drei vorgegebenen Größen und einer Richtung zum Beweis des Parallelenpostulats. Erst Mathematikern des 20. Jh. gelang der Nachweis, daß mathematische Objekte wie die nichtarchimedischen Körper existieren, für die dieses Axiom keine Gültigkeit hat. Auf dieser Grundlage wurde die Nichtstandard-Analysis entwickelt.

A. führte auch Postulate in die Statik und Hydrostatik ein. Deshalb und wegen der mathematischen Ableitung statischer und hydrostatischer Sätze gilt A. aus heutiger Sicht auch als Begründer eines Teils der mathematischen Physik, obwohl er diese Untersuchungen lediglich zur Gewinnung neuer mathematischer Sätze und ihres Beweises ausführte. In der »Methodenlehre« bestätigte A. diese Zielstellung: »Da ich Dich ... als einen hervorragenden Forscher ... kennengelernt habe, ... habe ich beschlossen, die Eigenart einer bestimmten Methode in diesem Buche auseinanderzusetzen, mit deren Hilfe Du imstande sein wirst, gewisse mathematische Betrachtungen mittels der ›Mechanik‹ (Statik) anzustellen. Ich bin aber überzeugt, daß die Methode nicht weniger nützlich ist zum Beweis der Theoreme selbst. Denn Einiges von dem, was mir auf ›mechanische‹ Weise klar wurde, wurde später auf geometrische Art bewiesen, weil die Betrachtungsweise dieser (›mechanischen‹) Art der (strengen) Beweiskraft entbehrt.«

In seinem Werk »Über schwimmende Körper« erörterte A. in Buch I auf der Grundlage eines etwas verschwommenen hydrostatischen Postulats und der Lehren des Aristoteles über die Schwere und das Gewicht das Schweben, Schwimmen und Sinken von Körpern in Flüssigkeiten. Er formulierte das Auftriebsgesetz, das Archimedische Prinzip, das jedoch erst später in die heute übliche Form gebracht worden ist. In seiner Schrift »Der Sandrechner« erweiterte A. Begriffe und Notation für das Zahlensystem, die bisher nur Zahlen bis 10^8 erfaßten, auf Zahlen von 10^8 bis 10^{63} und bemerkte ausdrücklich, daß die natürlichen Zahlen bis ins Unendliche fortführbar seien. Als Motivation wählte er die Frage, wieviel Sandkörner die Fixsternsphäre ausfüllen. Er befaßte sich mit dem Problem astronomischer Entfernungen und soll auch die Länge des tropischen Jahres und den scheinbaren Durchmesser der Sonne berechnet haben, wobei er auf die heliozentrischen Ansichten des Aristarchos von Samos einging. Ferner soll er einen Himmelsglobus, ein hydraulisch bewegtes Planetarium, konstruiert haben. Weitere Arbeiten von A. führten auf die Behandlung einer Pellschen Gleichung im Zusammenhang mit dem »Rinderproblem«, auf halbreguläre Polyeder, möglicherweise auf die Heronsche Formel für den Flächeninhalt von Dreiecken, auf die mathematische Untersuchung eines Ostomachia genannten griech. Spiels u. a. m.

Die erste Ausgabe der Werke von A. umfaßte die drei verbreitetsten Schriften (»Über Kugel und Zylinder«, »Kreismessung«, »Über das Gleichgewicht ebener Figuren«) und ihre Kommentare durch Eutokios von Askalon. Sie wurde offenkundig von Isidor von Milet angefertigt. Die heutige Textkenntnis geht auf die Kompilation von Leon von Thessalonika aus dem 9. Jh., eine zweite Sammlung der mechanischen Schriften und eine Zusammenstellung aus dem 10. Jh. sowie arab. und lat. Übersetzungen zurück. Das dritte Manuskript wurde erst 1906 von

J. L. Heiberg wieder entdeckt; es enthält als einziges die »Methodenlehre« und war den lat. Übersetzern unbekannt. Im 15./16. Jh. wurden neue Übersetzungen der Arbeiten von A. auch ins Deutsche, Italienische und Französische angefertigt und gedruckt. Sie regten ein intensiveres Studium der Erkenntnisse und Methoden von A. und vor allem die Entwicklung infinitesimaler Methoden sowie der Statik, Hydrostatik und Dynamik z.B. durch J. Kepler, G. Galilei und E. Torricelli an. Br

Literatur: Opera Omnia, 3 Bde. (Hrsg. J. L. Heiberg, Leipzig 1910–1915, Reprint Stuttgart 1972), Werke (dtsch Berlin 1914); neuere deutsche Übersetzungen in: Ostwalds Klassiker der exakten Wissenschaften Nr. 201, 202, 203, 210, 213.

Clagett, M.: Archimedes in the Middle Ages, 4 Bde. (Madison/Wisc. 1964, 1976, 1978, 1980); Dijksterhuis, E. J.: Archimedes, in: Euclides, Kap. I–V, XV–XVII, XX (Groningen 1938, engl. Kopenhagen 1956); Knorr, W. R.: Archimedes and the Elements, Proposal for a Revised Chronological Ordering of the Archimedean Corpus, in: Arch. Hist. Exact Sci. 19 (1978), 211–291, Archimedes and the Spirals. The Heuristic Background, in: Hist. Math. 5 (1978), 43–75.

Ardenne, Manfred Baron von, Physiker, geb. 20. 1. 1907 Hamburg.

A. ist durch zahlreiche Erfindungen auf dem Gebiet der elektronischen Technik und der Elektronenphysik bekannt geworden, unter anderem gehört er auch zu den Pionieren des elektronischen Fernsehens und der Elektronenmikroskopie.

A. verlebte eine unbeschwerte Jugend und konnte sich schon sehr früh intensiv mit anspruchsvollen radiotechnischen Arbeiten vor Beginn des Rundfunks befassen. Der Vater war Offizier und Regierungsbeamter, die Mutter kam aus einer Hamburger Patrizierfamilie. Trotzdem war er gezwungen, die materiellen Voraussetzungen für solche Beschäftigung und die Beschaffung der dazu benötigten Materialien und Geräte aus den Ergebnissen eigener Arbeit zu finanzieren. A. besuchte in Berlin, wohin die Eltern übergesiedelt waren, ein Realgymnasium bis zur Primareife und arbeitete dann 1923–1925 im eigenen Labor in der elterlichen Wohnung an rundfunktechnischen Entwicklungen, wozu er sich handwerklich in einer Feinmechanikerwerkstatt ausbilden ließ. Mit einer besonderen Zulassung wegen des fehlenden Abiturs, die W. Nernst erwirkte, begann A. 1925 ein viersemestriges Grundlagenstudium in Physik, Chemie und Mathematik. Diesem Studium folgte eine lebenslange autodidaktische Weiterbildung an den Forschungsaufgaben des Tages. 1928 gründete er in Berlin-Lichterfelde ein Institut für Elektronenphysik. Nach dem zweiten Weltkrieg war A. zehn Jahre lang in der Sowjetunion als Direktor des Institutes für Verfahren zur industriellen Isotopentrennung (Uranium 235) bei Suchumi tätig. Seit 1955 leitet er das Forschungsinstitut »Manfred von Ardenne« in Dresden. Im Laufe seiner Forschungen wandte sich A. nacheinander und z.T. sich überschneidend folgenden Arbeitsgebieten zu: Rundfunktechnik, Elektronenstrahloszillographie, elektronisches Fernsehen, Elektronenmikroskopie, Teilchenbeschleunigung, Isotopentrennung/Kernphysik, Elektronenstrahltechnologie, biomedizinische Elektronik, Krebsforschung und Sauerstoff-Mehrschritt-Therapie.

Seine erste weittragende Erfindung im Alter von 19 Jahren war die in Millionen Stück hergestellte Dreifachradioröhre, der erste integrierte Schaltkreis der Elektronik (1926). Seine Vorstellungen zum störungsarmen UKW-Rundfunk (1930) fanden dagegen damals bei der Industrie wegen Gefährdung des Verkaufs teurer Geräte keinen Anklang. Ende 1930 erzielte A. den entscheidenden Durchbruch in der Fernsehtechnik, indem er anstelle der bis da-

M. von Ardenne

F. W. A. Argelander

hin genutzten mechanischen Vorrichtungen zur Bildzerlegung und -zusammensetzung von ihm entwickelte Elektronenstrahlröhren mit Glühkatode und Lichtsteuerelektrode einsetzte. Das Arbeitsprinzip seines Leuchtfleckabtasters (flying spot scanner) wird noch heute in der elektronischen Technik viel verwendet. 1934 erfand A. den elektronisch-optischen Bildwandler, mit dem die optische Wahrnehmung im Infrarotbereich und die Verstärkung von Röntgenbildern möglich wurde. 1937 erfand und entwickelte er das Raster-Elektronen-Mikroskop zur Oberflächen- und auch zur Durchstrahlungsabbildung, 1939/40 das erste Elektronen-Stereo-Mikroskop. In der Sowjetunion entstand 1948 die Duoplasmatron-Ionenquelle, die erstmals eine nahezu vollständige Umwandlung von Neutralgas oder Dampf in Ionenstrahlen gestattete und schnell Verbreitung fand. Ein Präzisions-Elektronenstrahloszillograph mit 3 µm Fleckdurchmesser, Isotopentrenner für hohen Massentransport, Massenspektrographen, Elektronenstrahl-Mehrkammer-Öfen verschiedener Bauart und Plasmafeinstrahlbrenner waren Arbeitsergebnisse der 50er und der ersten 60er Jahre, nun z. T. schon mit dem größeren Arbeitskollektiv des Dresdner Instituts. Durch die Anwendung seiner Erfindungen in der Medizin war A. schon früher mit der medizinischen Technik in Berührung gekommen und wandte sich mehr und mehr der medizinischen Forschung zu. 1958 erfand er den verschluckbaren Intestinalsender (Endoradiosonde) zur Registrierung des Druckes, der Temperatur und des pH-Wertes im Magen-Darm-Trakt. 1961 gründete er die Gesellschaft für Bio-Medizinische Technik der DDR und wurde deren Vorsitzender. Innerhalb seines Institutes schuf er ein kleines Institut für Biomedizinische Grundlagenforschung. Ab 1964 wandte er sich auf Anregung von O. H. Warburg und an dessen Arbeiten anknüpfend vollständig der medizinischen Forschung zu. Die Ergebnisse spiegeln sich in 4 Büchern und bisher 390 wissenschaftlichen Veröffentlichungen wider. Seit 1965 entstand die Sauerstoff-Mehrschritt-Therapie, welche mit geringem Zeitaufwand den Energie-Status des Menschen für Monate bis Jahre stark zu verbessern gestattet und die Energiemangel-Krankheiten äußerst wirksam bekämpft. Es entstand ferner der Prozeß der Sauerstoff-Mehrschritt-Immunstimulation, der sich auf dem Wege zu einer unverzichtbaren Ergänzung der konventionellen Krebstherapie befindet, weil er die Krebszellen-Vernichtungsleistung der körpereigenen Krebsabwehr um einen Faktor 10000 bis 100000 erhöht. Schließlich entstand die Krebs-Mehrschritt-Therapie mit Hyperthermie und Hyperglykämie, deren Effizienz gegen spätere Tumorstadien gegenwärtig weltweit erforscht wird.

A. erhielt hohe staatliche Auszeichnungen, darunter den Leninpreis der UdSSR und den Nationalpreis I. und II. Klasse der DDR, die Dieselmedaille in Gold der BRD und zahlreiche weitere Auszeichnungen. Die

Literatur: Ardenne, M. v.: Mein Leben für Forschung und Fortschritt (7. Aufl. Berlin 1988), Arbeiten zur Elektronik, in: Ostwalds Klassiker der exakten Wissenschaften 264 (Leipzig 1984), Theoretische und experimentelle Grundlagen der Krebs-Mehrschritt-Therapie (2. Aufl. Berlin 1970/71), Sauerstoff-Mehrschritt-Therapie (4. Aufl. Stuttgart 1987).

Argelander, Friedrich Wilhelm August, Astronom, geb. 22. 3. 1799 Memel (Klaipéda, Litauische SSR), gest. 17. 2. 1875 Bonn.

Als Schüler F. W. Bessels war A. ein Vertreter der klassischen Positionsastronomie und Himmelsmechanik. Seine Untersuchungen veränderlicher Sterne und das von ihm begründete Katalogwerk »Bonner Durchmusterung« (BD) haben bis heute eine große Bedeutung behalten.

A. genoß als Sohn einer wohlhabenden Kaufmannsfamilie ausgezeichnete Bildungsmöglichkeiten. Nach dem Besuch des Gymnasiums in Elbing (Elblag, Polen) sowie des Collegium Fridericianum in Königsberg (Kaliningrad, UdSSR) studierte er ab 1817 an der dortigen Univ. Cameral-(Staats-)wissenschaften. Doch schon bald wechselte A., angeregt durch Vorlesungen von Bessel zur Astronomie und übernahm nach kurzer Zeit Berechnungen und Beobachtungen. Ab 1820 wirkte A. als Gehilfe, dann als fest angestellter Assistent an der Sternwarte Königsberg. A. beteiligte sich an den Zonenbeobachtungen Bessels und promovierte 1822 mit einer Arbeit über die früheren Positionsbestimmungen von Sternen im Katalog des Engländers J. Flamsteed. Bereits ein Jahr später habilitierte er sich mit der Bahnberechnung des großen Kometen von 1811 und folgte der Berufung zum Observator an die Sternwarte in Abo (Finnland, zu dieser Zeit unter russ. Protektorat). A. komplettierte das noch im Aufbau befindliche Observatorium instrumentell und begann mit Beobachtungsreihen zum Studium der Eigenbewegung (EB) von 560 Sternen. Die Arbeiten wurden jedoch durch einen Stadtbrand unterbrochen, der zur späteren Verlegung des Observatoriums an die Univ. der neuen Hauptstadt Helsingfors (Helsinki) führte.

1828 wurde A. o. Prof. Neben der Lehrtätigkeit widmete er sich erneut Positionsmessungen und deren mathematischer Reduktion bzw. der konstruktiven Beseitigung von dabei auftretenden Instrumentenfehlern. 1837 veröffentlichte er eine Methode, aus sorgfältig bestimmten EB-Werten von 390 Sternen »die eigene Bewegung des Sonnensystems« und dessen Zielpunkt zu bestimmen. Im selben Jahr folgte A. dem Ruf zur Übernahme eines Lehrstuhls für Astronomie nach Bonn und zur Leitung der neuen Universitätssternwarte, die in den folgenden 8 Jahren auf- und ausgebaut wurde. In Bonn entstand die historisch bedeutsame Arbeit über Sternkartensammlungen »De fide Uranometriae Bayeri« (1842) und der 17 Karten umfassende Himmelsatlas »Uranometria nova« (Berlin 1843).

In wachsendem Maße beobachtete und erfaßte A. veränderliche Sterne, wobei er die Helligkeitsunterschiede durch Zahlenwerte ausdrückte. Seine »Stufenschätzungsmethode« ist in der visuellen Photometrie noch heute bei Amateurbeobachtungen gebräuchlich. 1850 publizierte A. mit E. Schönfeld eine der ersten wichtigen Nomenklaturen für veränderliche Sterne. Darin führte A. die Buchstabenkennzeichnung für Veränderliche je Sternbild ein, die später mit der anwachsenden Anzahl neuer Entdeckungen von anderen Autoren erweitert und spezifiziert wurde.

Noch während des Baus der neuen Sternwarte führte A. in Fortsetzung des Besselschen Zonenunternehmens auf einer provisorischen Station photometrische und Positionsbestimmungen von 39000 Sternen bis zur Größe $9\overset{m}{.}1$ aus (m = scheinbare Helligkeit, lat. magnitudo ›Größe‹). Ab 1852 durchmusterte A. mit seinen Mitarbeitern Schönfeld und A. Krüger 7 Jahre lang 324189 Sterne vom Himmelsnordpol bis zu einer Deklination von $-2°$ und herab bis zu einer Grenzhelligkeit von $9\overset{m}{.}5$. Die Genauigkeit der Koordinaten betrug in Rektaszension 1^s, in Deklination 0;5. Die Helligkeitsangaben wurden dezimal unterteilt. Der auf nahezu 1 Mio Beobachtungen basierende Katalog erschien von 1859 bis 1862 in Verbindung mit einem 40 Karten umfassenden Katalog. Schönfeld erweiterte später die als »Bonner Durchmusterung« (BD) in die Geschichte eingegangene photometrische Bestandsaufnahme um weitere 133659 Sterne bis zur Deklination von $-22°$ auf Bereiche des Südhimmels (1886). Durchmusterungen und Sternkataloge dienten schon bald stellarstatistischen Untersuchungen und photometrischen Studien in Verbindung mit Fragen zur Natur der Sterne.

1864, ein Jahr nach Gründung der Astronomischen Gesellschaft (AG), an deren Konstituierung A. maßgeblich mitgewirkt hatte, wurde er bis 1871 deren Vorsitzender. A. galt als ausgezeichneter Praktiker. Unter seiner Anleitung bildeten sich eine Reihe junger Astronomen zu befähigten und produktiven Wissenschaftlern heraus. Zu den zahlreichen Ehrungen durch Univ. und wissenschaftliche Gesellschaften gehören der Dimidow-Preis der russ. Ak. d. Wiss. (1838) und die Goldmedaille der brit. Royal Astronomical Society (1863).

Fd

Literatur: Argelander, K. F.: Neue Uranometrie (Berlin 1843), Astronomische Beobachtungen auf der Sternwarte ... zu Bonn, Bd. 1 (1846) ff., zahlreiche Beiträge in: Astronomische Nachrichten.

Aristarchos von Samos (Aristarch), Astronom und Mathematiker, geb. um 310 v. u. Z., gest. um 230 v. u. Z.

A. vertrat die Hypothese einer zweifachen Erdbewegung und bestimmte das Verhältnis der Entfernungen Sonne – Erde zu Mond – Erde.

Über das Leben des griech. Gelehrten ist wenig bekannt. A. beobachtete die Sonnenwende des Jahres 280 und war Hörer des Straton von Lampsakos, der zwischen 288 und 270 als zweiter Nachfolger des Aristoteles den Peripatos leitete. Der zeitgenössische Stoiker Kleanthes schrieb ein Buch »Gegen Aristarchos«, das eine Anklage wegen Gottlosigkeit enthielt.

Erhalten blieb nur A.' Schrift »Über die Größen und Entfernungen von Sonne und Mond«. Sie geht von der Überlegung aus, daß bei Halbmond Beobachter, Mond- und Sonnenmittelpunkt (B, M und S) ein rechtwinkliges Dreieck bilden, dessen Seitenverhältnis berechnet werden kann, wenn ein weiterer Winkel bekannt ist (Abb.). Angenommen wird, der Winkel MBS sei 87° (tatsächlich etwa 89°50'), Sonne und Mond haben nahezu gleiche scheinbare Durchmesser, und die Breite des Erdschattens betrage zwei Mondbreiten. Falls dies richtig ist, sei folgendes bewiesen:

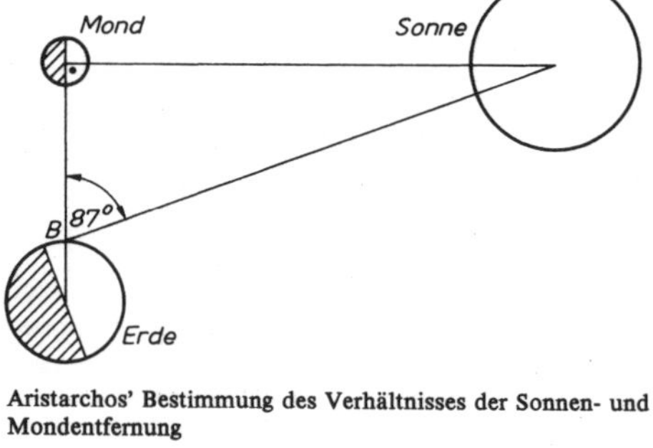

Aristarchos' Bestimmung des Verhältnisses der Sonnen- und Mondentfernung

1. Die Entfernung Sonne – Erde ist mehr als achtzehnmal, aber weniger als zwanzigmal so groß wie die Entfernung Mond – Erde. 2. Der Durchmesser der Sonne steht zu dem des Mondes in demselben Verhältnis. 3. Der Durchmesser der Sonne hat zu dem der Erde ein Verhältnis, das größer ist als 38:6, aber kleiner als 43:6. Die Unbestimmtheit der Ergebnisse ist rechnerisch bedingt, da sich A. eines geometrischen Näherungsverfahrens bediente. Heute würde man $ME : SE = \cos 87° = 0{,}0523 = 1:19$ rechnen. An der Richtigkeit dieses Resultats, das spätere Astronomen zu $1 : 18\frac{4}{5}$ präzisierten, zweifelte erst J. Kepler, der die Neubestimmung des astronomischen Grundmaßes anregte, das bei etwa 1:400 liegt. Ferner leitete A. ab, die Sonne übertreffe ihrem Volumen nach die Erde um etwa den Faktor 300, da das Verhältnis ihrer Volumina dem der Kubikzahlen ihrer Durchmesser gleiche. Die Auffassung, daß unter den Gestirnen die Sonne größer als die Erde sei, wurde bereits an der Platonischen Akademie gelehrt und unter den Philosophen nur von den Epikureern bestritten, welche die mathematische Astronomie ablehnten. Weltanschaulich brisanter wirkte ein anderes Buch, in dem A. von der Annahme der Erdbewegung ausging. Nach Plutarch wollte Kleanthes A. sogar wegen Gottlosigkeit vor Gericht bringen, »weil er ›den Herd des Kosmos bewege‹ – denn Aristarch versuchte die Phänomene zu retten, indem er annahm, daß der Fixsternhimmel stillstehe, die Erde aber in einem schiefen Kreise umlaufe und sich dabei gleichzeitig um ihre eigene Achse drehe«. Es ist unbekannt, ob diese religiösen Bedenken ernst genommen wurden. Archimedes berichtet, der Fixsternhimmel sei nach A. so groß, daß die bei einer Bewegung um die Sonne zu erwartenden parallaktischen Verschiebungen an den Fixsternen unsichtbar bleiben, denn aus ihrer Entfernung betrachtet schrumpfe nicht nur die Erde, sondern auch der Erdbahnkreis gleichsam zu einem Punkt zusammen.

Die kühne heliozentrische Hypothese des A. fand keine günstige Aufnahme; sie wurde im Altertum nur noch von Seleukos von Seleukeia vertreten. Die besonders von Hipparchos von Nikaia und Ptolemaios auf geozentrischer Grundlage entwickelten Modelle zur Erklärung und Berechnung der Planetenbewegung waren astronomisch praktikabel und blieben bis in die Renaissance hinein jeder anderen Darstellung der Planetenbewegung überlegen. Eh

Literatur: Heath, Thomas L.: Aristarchus of Samos – the ancient Copernicus (enthält griech. Text »Über die Größen und Entfernungen ...« u. engl. Übersetz.) (Oxford 1913); Wall, B. E.: Anatomy of a precursor. The historiography of Aristarchos of Samos, in: Studies hist. philos. sci. 6 (1975), 201–228.

Aristoteles, Philosoph und Naturforscher, geb. 384 v. u. Z. Stageiros, gest. 322 v. u. Z. Chalkis.

A. war der bedeutendste Philosoph der Antike. Er begründete die formale Logik und wirkte durch die von ihm geschaffene wissenschaftliche Terminologie sowie durch umfangreiche empirische Forschungen auf zahlreichen Wissensgebieten bahnbrechend.

A. kam 367 nach Athen, wo er 20 Jahre lang der Platonischen Akademie angehörte. Seine Forschungen setzte er in Assos, Mytilene und Stageiros fort, bis er 343 zum Lehrer Alexanders des Grossen (356–323 v. u. Z.) an den makedonischen Hof in Pella berufen wurde. 335 kehrte er nach Athen zurück und gründete am Lykeion eine eigene Schule, den Peripatos. Zu den bedeutendsten Vertretern der peripatetischen Schule gehören Theophrastos aus Eresos und Straton von Lampsakos, die ersten Nachfolger des A. Als sich 323 durch Alexanders Tod die politische Lage in Athen zuspitzte, ging A. nach Chalkis auf Euböa ins Exil.

Die von A. selbst veröffentlichten Schriften sind bis auf Fragmente verloren. Erhalten blieben zahlreiche, für den internen Schulgebrauch bestimmte Manuskripte, die Lehrschriften, die der zehnte Nachfolger des A., Andronikos von Rhodos, wiederentdeckte, ordnete und um 70 v. u. Z. herausgab. Das »Organon« (»Werkzeug«) faßt die Schriften zur Erkenntnistheorie und Logik zusammen; zu ihnen zählen die »Erste Analytik«, welche die Syllogistik behandelt, die »Zweite Analytik«, in der es um die Methode des Beweisens und Definierens geht, die »Topik« und die »Sophistischen Widerlegungen« über Wahrscheinlichkeits- und Trugschlüsse. Die »Physikvorlesung«, in der Grundlagenfragen der Naturwissenschaft und Grundbegriffe wie Natur, Bewegung, Raum und Zeit erörtert werden, leitet eine Reihe naturwissenschaftlicher Abhandlungen spezielleren Inhalts ein: »Über den Himmel«, »Über Werden und Vergehen«, »Meteorologie«, »Über die Seele«, umfangreiche zoologische und acht kleine, »Parva naturalia« genannte Schriften. Darauf folgt ein philosophisch-kosmologisches Sammelwerk, das wegen seiner Stellung im Korpus, nach der »Physik«, den Titel »Metaphysik« erhielt. Hinzu kommen Schriften, die sich wie die »Nikomachische Ethik« und die »Politik« auf das menschliche Handeln beziehen, sowie »Über die Dichtkunst«, die »Rhetorik« und die erst 1891 wieder aufgefundene »Verfassung der Athener«.

Römische Marmorkopie des Aristoteles nach einem griechischen Original aus dem 4. Jh. v. u. Z. (Rom, Palazzo Spada)

Das Universum begriff A. im Gegensatz zu den Atomisten als eine kontinuierlich mit Stoff ausgefüllte Kugel, die alles, was es gibt, enthalte. Die Fixsternsphäre erscheint somit als äußerste Begrenzung der Welt, die A. in einen sublunaren und einen supralunaren Bereich teilte, denn von der inneren Grenze, d. h. dem Welt- bzw. Erdmittelpunkt, bis zur Sphäre des Mondes bestehe sie aus einer Mischung von Feuer, Luft, Wasser und Erde, während der Bereich vom Mond bis zu den Fixsternen aus einem besonderen Element gebildet sei, das er »Körper der Kreisbewegung« oder »Äther« nannte; das ist das 5. Element oder die »Quintessenz« der späteren aristotelischen Tradition. Demnach steht der irdischen Welt vielfältigen Werdens und Vergehens eine unveränderliche himmlische gegenüber, in der ausschließlich gleichförmige Kreisbewegungen stattfinden, womit der Periodizität der Planetenbewegung Rechnung getragen werden sollte; das wohlgeordnete Weltganze, der Kosmos, ist zwar räumlich begrenzt, zeitlich jedoch ohne Anfang und Ende. A. lehnte nicht nur den Schöpfungsgedanken ab, sondern auch die Annahme eines präkosmischen Zustandes, aus dem erst die Welt geworden sei.

In seiner für viele Wissensgebiete wichtigen Elementenlehre knüpfte A. an Empedokles an. Unter den vier Elementen verstand A. einfache Körper, die in reiner Form in der Natur nicht vorkommen, also nicht mit der sinnlich wahrgenommenen Erde und Luft oder dem wirklichen Wasser und Feuer identisch sind. Einfach oder elementar sind diese Grundkörper auch nur im Hinblick auf die aus ihnen zusammengesetzten Dinge. Wie ihm »Natur« generell als Kompositum aus Stoff und Form galt, so bestehen die Elemente selbst aus einem Grundstoff und den jeweils von den Gegensatzpaaren Warm-Kalt und Feucht-Trocken geprägten Formen: Das Feuer hat die Grundqualitäten Warm und Trocken, die Luft Warm und Feucht, das Wasser Kalt und Feucht und die Erde Kalt und Trocken. Die Vielfalt der bei den Stoffen oder Materialien anzutreffenden Eigenschaften der wirklichen Dinge erklärt sich aus dem Mischungsverhältnis der einfachen Körper, die sich ferner ineinander umwandeln können, z. B. Luft in Wasser und umgekehrt. Entstehen und Vergehen sind im Verständnis des A. lediglich verschiedene Phasen in einem zyklisch ablaufenden Umwandlungsprozeß.

Den Elementen oder einfachen Körpern entsprechen nach A. einfache Bewegungen. Für die irdischen Elementarkörper sei dies die geradlinige Bewegung zur Weltmitte hin bzw. von ihr weg: Was vorwiegend aus den Elementen Erde und Wasser besteht, fällt; entsprechend steigt, was luft- und feuerartig ist. Dagegen sei dem weder leichten noch schweren Himmelselement, aus dem Mond, Sonne, Planeten und ihre zahlreichen Sphären bestehen, ewige und gleichförmige Bewegung um die Weltmitte eigentümlich. Der Begriff des Schweren und des Leichten ist derart an die natürliche (nicht wie beim Wurf gewaltsame) Bewegung gebunden, daß das Schwere zur Mitte und das Leichte von ihr weg strebe. Danach ist nur die Erde schlechthin schwer bzw. nur das Feuer schlechthin leicht, und zwar wegen ihrer stets vorhandenen Tendenz zur Aufwärts- bzw. Abwärtsbewegung; schwer sind Wasser in Luft und Luft in Feuer, leicht dagegen Wasser in Erde und Luft in Wasser. Daß die Erde weder scheiben-, trommel- oder paukenförmig, sondern eine Kugel sei, die notwendig in der Weltmitte ruhe, ergibt sich zwanglos aus dieser Sicht der Schwerebewegung ihrer Teile. Die von A. angeführten empirischen Hinweise auf die Form der Erde sind jedoch zutreffend (z. B. Form des bei Mondfinsternissen sichtbaren Erdschattens, Höhe des Polarsterns in Abhängigkeit von der geographischen Breite), ebenso seine Überzeugung, die Erde sei nicht groß im Vergleich zu den Gestirnen, z. B. zur Sonne.

Die Kosmologie des A. stützt sich auf das von Eudoxos entworfene und von Kallippos weiterentwickelte mathematische Modell der Planetenbewegung. Für dieses Modell ist die Annahme eines einzigen Bewegungszentrums, des Erdmittelpunktes, typisch. Nach Kallippos werden ausgehend von der Fixsternsphäre Saturn und Jupiter von je 4, Mars, Venus, Merkur, Sonne und Mond von je 5 ineinandergeschachtelten Sphären bewegt. A. hielt darüber hinaus aus physikalischen (naturphilosophischen) Gründen die Einführung von insgesamt 22 zurückrollenden Sphären und eines in der Fixsternsphäre lokalisierten selbst unbewegten Ersten Bewegenden für notwendig. Die astronomischen Unzulänglichkeiten dieses geostatisch-homozentrischen Modells haben außer Aristarchos von Samos, der eine zweifache Erdbewegung annahm, auch solche Astronomen, die wie Hipparchos von Nikaia und Ptolemaios Geozentriker blieben, durch die epizyklisch-exzentrische Hypothese zu überwinden versucht.

Während A. als Logiker fast zu allen Zeiten hoch geschätzt wurde und die Fülle des von ihm verarbeiteten zoologischen Materials in der Antike unübertroffen blieb, ist seine Kosmologie mit dem besonderen Himmelselement, den natürlichen und erzwungenen Bewegungen der irdischen Elemente, der notwendigen Ruhelage der Erdkugel im Zentrum des vom absoluten Nichts umgebenen und vom Ersten Bewegenden ewig in Schwung gehaltenen Alls eine recht eigenwillige Konstruktion, die nicht nur seitens der Fachastronomen, sondern auch im eigenen Schülerkreis abgelehnt oder modifiziert wurde. Nachdem A. zum Klassiker geworden und mit der Wahrheit selbst identifiziert wurde, geriet diese förderliche Kritik weitgehend in Vergessenheit, so daß die Renaissancegelehrten Mühe hatten, gegen die eingeschliffenen Denkmuster der späteren aristotelischen Tradition dem Fortschritt Bahn zu brechen. Angeregt hat A. stets jene Generationen, die ihn richtig, als Problemdenker, verstanden. Eh

Literatur: Aristotelis Opera. Ex recensione Immanuelis Bekkeri edidit Academia regia borussica, Bd. 1–5 (in Bd. 1 u. 2 griech. Text, in Bd. 5 Index Aristotelicus von H. Bonitz) (Berlin 1831–1870, Nachdr. Berlin/West 1960/61), Aristoteles' Werke in deutscher Übersetz., begründet v. E. Grumach (noch nicht vollständig) (Berlin 1956ff), Die Lehrschriften (hrsg., übertragen u. in ihrer Entstehung erläutert v. Paul Gohlke) (Paderborn 1947ff), Metaphysik (Hrsg. R. Steindl, Berlin 1989).

Düring, I.: Aristoteles. Darstellung und Interpretation seines Denkens (Heidelberg 1966); Jürß, F. u. Ehlers, D.: Aristoteles (Leipzig 1982, 3., bearb. Aufl. Leipzig 1989); Kullmann, W.: Wissenschaft und Methode. Interpretationen zur aristotelischen Theorie der Naturwissenschaft (Berlin/West–New York 1974); Wieland, W.: Die aristotelische Physik (2., durchges. Aufl. Göttingen 1970).

Arkwright, Richard, Textilmaschinenbauer, geb. 23. 12. 1732 Preston (Lancashire, Großbritannien), gest. 3. 8. 1792 Cromford (Derbyshire).

A. schuf auf der Grundlage von Erfindungen anderer eine kontinuierlich arbeitende, mechanisch angetriebene Spinnmaschine und legte damit den Grundstein zur fabrikmäßig betriebenen Baumwollindustrie, die er selbst maßgeblich mit aufbaute. A. gehört damit zu den Wegbereitern der industriellen Revolution.

A. war das letzte von 13 Kindern armer Eltern. Seine Bildung war deshalb äußerst mangelhaft, und noch im hohen Alter hatte er Schwierigkeiten mit dem Schreiben. Viel ist über seine jungen Jahre nicht bekannt. A. soll bei einem Barbier in Preston gelernt und sich um 1750 in Bolton selbständig gemacht haben, wo er 1755 die Tochter eines Schullehrers heiratete. Durch seine zweite Heirat 1761 kam er zu etwas Geld, das ihm ermöglichte, sein Geschäft zu erweitern. Er betätigte sich auch als Perückenmacher und kam in den Besitz einer Chemikalie, mit der er das Haar präparierte und färbte. Damit konnte er einige Jahre gute Geschäfte machen. Perücken kamen um diese Zeit jedoch aus der Mode, weshalb er sich nach anderen Profitquellen umzusehen begann. Auf seinen Reisen war er mit den Problemen der Weber und Spinner vertraut geworden und hatte die Erfindung einer leistungsfähigen Spinnmaschine als gewinnträchtiges Unternehmen erkannt. Welche Kenntnis A. von den um diese Zeit vielfach unternommenen Versuchen zur Mechanisierung des Spinnens im einzelnen hatte, ist nicht belegt. Tatsache ist, daß die Maschine, die er 1767/68 mit Hilfe eines von ihm angestellten Uhrmachers und mit Unterstützung befreundeter Geschäftsleute in relativ kurzer Zeit schuf, keine grundsätzlich neue Idee enthielt, sondern nur bereits bekannte Mechanismen in einer für den industriellen Einsatz sehr zweckmäßigen Weise kombinierte. Er nutzte ein Zylinderstreckwerk, wie es 1735 von J. Wyatt erfunden und dann von L. Paul patentiert und praktisch angewendet worden war. In diesem Streckwerk durchläuft ein aus parallel gerichteten, lockeren Baumwollfasern bestehendes Krempelband mehrere Walzenpaare, die sich mit unterschiedlicher Geschwindigkeit drehen und es dadurch strekken und festigen. In A.s Maschine wurde dieses Vorgarn von einer Flügelspindel, wie sie seit dem 15. Jh. in Deutschland und Italien bekannt war, zusammengedreht und auf eine Spule aufgewickelt. Im Gegensatz zur »Spinning Jenny« von J. Hargreaves arbeitete diese Maschine, genannt »Spinning Throstle« (Kettenstuhl), also kontinuierlich; A. konnte sie daher von vornherein für den Antrieb durch Wasserkraft auslegen. Das damit hergestellte Garn hieß watertwist; es war fester als das mit der »Spinning Jenny« hergestellte Garn und konnte deshalb in der Weberei vielseitiger eingesetzt werden. Als A. 1769 ein Patent auf seine Maschine erhalten hatte und mit finanzieller Beteiligung anderer in Nottingham eine eigene Spinnerei einrichtete, nutzte er zunächst Pferdegöpel zum Antrieb; später war der Einsatz von Dampfmaschinen ohne weiteres möglich. Diese Eignung der Maschine für mechanischen Antrieb jeder Art und damit für den Fabrikbetrieb großen Stils war die Grundlage für A.s Erfolg.

A. selbst schritt bei der Entwicklung des Fabriksystems zielstrebig voran. Schon 1771 gründete er in Cromford (Derbyshire) ein zweites größeres Werk, trieb die Arbeitsteilung für die einzelnen Etappen des Spinnprozesses weiter voran und schuf dafür entsprechende Arbeitsmittel. So erwarb er z. B. 1775 ein weiteres Patent für eine vollmechanisierte Kardiermaschine zur Aufbereitung der rohen Baumwollfasern zu Krempelband. Anfang der 80er Jahre wurden A. aber alle Patentrechte vom Gericht wieder aberkannt, da er zu sehr die Ideen anderer ausgebeutet und noch dazu seine Patentanträge unzulässig verfälscht hatte. Auch mehrere Berufungen halfen A. nichts. Man hat ihn deshalb zu Recht als den größten Dieb fremder Erfindungen und als den gemeinsten Kerl unter den großen Erfindern des 18. Jh. bezeichnet. A. hatte aber geschäftlichen Erfolg damit, da er auch seine Arbeiter (zuletzt waren es etwa 1000) auszunutzen verstand und dafür eine Fabrikordnung einführte, die mit ihren Geldstrafen und anderen Disziplinarmaßnahmen schnell zum Vorbild der engl. Industriebourgeoisie wurde. Obwohl also in den Patentprozessen als Betrüger entlarvt, galt A. unter den Industriellen als Ehrenmann und wurde 1786 vom engl. König Georg III. in den Adelsstand erhoben. Bei seinem Tode hinterließ A., der zum mächtigsten Textilfabrikanten seiner Zeit geworden war, ein Millionenvermögen. Die

ar-Rāzī, → Rhazes.

R. Arkwright

S. A. Arrhenius

Arrhenius, Svante August, Physikochemiker, geb. 19. 2. 1859 Wijk bei Uppsala, gest. 2. 10. 1927 Stockholm.

A. gehört zu den Mitbegründern der physikalischen Chemie. Mit seinen elektrochemischen Forschungen und insbesondere durch seine Theorie der elektrolytischen Dissoziation hat er die Entwicklung der jungen Disziplin entscheidend geprägt. Darüber hinaus verdankt ihm die Immunochemie wichtige Anregungen für weiterführende Forschungen. Mit seinen Arbeiten zur Astrophysik leistete er einen Beitrag bei der Suche nach allgemeinen, inneren Zusammenhängen im Komplex der astronomischen, meteorologischen und geologischen Erscheinungen.

A., Sohn eines Landvermessers, absolvierte das Gymnasium in Uppsala und studierte dort anschließend Physik. Schon während der Schulzeit hatte er Talent und Interesse für die Naturwissenschaften und Mathematik gezeigt. Obwohl er die Examen des Grundlagenstudiums schon nach kurzer Zeit absolviert hatte, hemmten sein ausgelassenes Studentenleben, vor allem aber die ungünstigen Studienbedingungen das weitere Fortkommen. Sein Physikprof. T. R. Thalén lehnte es ab, ihm einen Platz für Arbeiten zur Verfügung zu stellen, die nicht im Bereich des von ihm selbst bearbeiteten Gebietes lagen. Deshalb ging A. 1881 nach Stockholm, wo er bei E. Edlund im physikalischen Laboratorium der Ak. d. Wiss. die elektrische Leitfähigkeit stark verdünnter wäßriger Elektrolytlösungen untersuchte. Sein Ziel war eine neue Methode zur Bestimmung der Molekülmasse von Elektrolyten. 1883 legte A. die Ergebnisse der Ak. d. Wiss. vor und reichte die zweiteilige Abhandlung anschließend als Inaugural-Dissertation ein. Im letzten Kapitel des ersten Teils und im zweiten Teil formulierte er insgesamt 56 Thesen, die die Theorie der elektrolytischen Dissoziation in ihren Grundzügen enthielten. Vorsichtig brachte er seine Vorstellungen über die Dissoziation der Elektrolyte als den Zerfall von Molekülkomplexen in Moleküle und nicht als die Aufspaltung der Moleküle in Ionen zum Ausdruck. Er ging damit einen Kompromiß zwischen den Dissoziationsauffassungen der Physiker, die von den Chemikern abgelehnt wurden, und seinen eigenen Vorstellungen ein. Für die Mehrzahl der Chemiker war die Vorstellung der Existenz von Atomen in einem besonderen Zustand, wie sie die freien geladenen Ionen in Lösungen darstellen, unvereinbar mit ihrer Auffassung von der Unveränderlichkeit der Natur der Atome. Durch seinen Kompromiß hatte sich A. den Zugang zu einer scharfen Abgrenzung der Begriffe Atom und Ion versperrt. So blieb den Chemikern z. B. unklar, weshalb gerade Stoffe, bei denen die chemische Affinität zwischen ihren Bestandteilen am größten ist, z. B. Salze oder starke Säuren und Basen, bei ihrer Auflösung freiwillig oder leichter in Ionen zerfallen als andere, oder warum die »Atome« von Natrium oder Kalium frei in wäßrigen Lösungen existieren sollten, ohne solche stürmische Reaktionen hervorzurufen, wie sie von der Auflösung der metallischen Elemente in Wasser bekannt waren. Deshalb stießen A.' Gedanken auf den Widerstand und die Ablehnung vieler seiner Fachgenossen, und seine Dissertation erhielt im Mai 1884 eine derart schlechte Beurteilung, daß sie ihn nicht zur Lehrtätigkeit berechtigte. Dennoch ließ sich A. nicht davon abhalten, weiterführende Schlüsse zu ziehen. Er definierte den Dissoziationsgrad in der noch heute gültigen Form, konnte zeigen, daß die elektrische Leitfähigkeit und das Reaktionsvermögen gelöster Elektrolyte von der Anzahl der freien, geladenen Ionen abhängt, die sich in der Lösung befinden, und wies nach, daß die elektrische Leitfähigkeit der Säuren als das Maß ihrer Stärke angenommen werden kann. Dem jungen Rigaer Prof. W. Ostwald ist es zu verdanken, daß A. im November 1884 die Gelegenheit erhielt, eigene Vorlesungen zu halten. Ostwald hatten A.' Gedanken tief beeindruckt. Er hielt die Dissertation von A. für die bedeutendste Arbeit auf dem Gebiet der Affinitätslehre jener Zeit und teilte seine Ansicht auch anläßlich eines persönlichen Besuchs bei A. im August 1884 den Repräsentanten der Chemie an der Univ. Uppsala mit.

1886 erhielt A. von der Schwed. Ak. d. Wiss. ein Reisestipendium. Damit begann für ihn eine außerordentlich fruchtbare Zeit von Lehr- und Wanderjahren, die ihn zunächst zu Ostwald nach Riga, im Wintersemester 1886/87 zu F. W. G. Kohlrausch nach Würzburg und im Sommersemester 1887 zu L. Boltzmann nach Graz, zu J. H. van't Hoff nach Amsterdam und wieder zu Ostwald führten, der inzwischen nach Leipzig berufen worden war. 1888 besuchte er M. Planck in Kiel und arbeitete wiederum bei van't Hoff. In Würzburg lernte A. die ebenfalls dort arbeitenden jungen Assistenten W. Nernst und G. H. J. A. Tammann kennen. Mit beiden, insbesondere aber mit Tammann, verband ihn seither eine lebenslange Freundschaft.

Bei seinem Aufenthalt in Würzburg wurde A. im März 1887 mit den van't Hoffschen Arbeiten über die osmotische Lösungstheorie bekannt. Sofort erkannte er einen Zusammenhang zu den eigenen Arbeiten über die elektrolytische Dissoziation und seine Bedeutung für beide Theorien. van't Hoffs Theorie lieferte ihm den wichtigsten Beweis für die Ionendissoziation der Elektrolyte in wäßrigen Lösungen, und diese Tatsache lieferte umgekehrt die gesuchte Erklärung des bis dahin jeweils empirisch bestimmten Korrekturfaktors i aus der van't Hoffschen Gleichung $p \cdot V = i \cdot R \cdot T$. A. teilte van't Hoff seine Erkenntnisse umgehend mit, und es entwickelte sich zwischen beiden Wissenschaftlern eine rege und wissenschaftlich außerordentlich fruchtbare Korrespondenz, die zu den klassisch gewordenen Aufsätzen »Über die Dissociation der in Wasser gelösten Stoffe« von A. und »Die Rolle des osmotischen Druckes in der Analogie zwischen Lösungen und Gasen« von van't Hoff im Jahre 1887 führten. Mit A.' Veröffentlichung, in der er nun klar die Dissoziation der Moleküle in Ionen aussprach, kann man die Ausarbeitung der Theorie der elektrolytischen Dissoziation im wesentlichen als abgeschlossen ansehen. Die Theorie der elektrolytischen Dissoziation und die osmotische Lösungstheorie eröffneten schon jede für sich genommen den Zugang zur wissenschaftlichen Bearbeitung zahlreicher physikochemischer Phänomene. Die erfolgreiche Verknüpfung beider erhöhte das wissenschaftliche Gewicht einer jeden und bildete das Schlüsselergebnis für die Konstituierung der physikalischen Chemie als Wissenschaftsdisziplin. Die Symbiose der beiden Theorien war so fruchtbar, daß Ostwald als ihr erster und bedeutendster Propagandist die gesamte wissenschaftliche Arbeit seines Instituts über ein Jahrzehnt erfolgreich auf die damit im Zusammenhang stehenden Probleme orientierte und Nernst auf ihrer Grundlage z. B. die thermodynamische Theorie der Elektrodenprozesse und der elektromotorischen Kraft (EMK) entwickelte. Dennoch mußten die »Ionier« noch einige Jahre engagiert streiten, bis ihre neuen Gedanken allgemeine Anerkennung in der Wissenschaft fanden. Erst als A. 1891 eine Berufung zum Prof. an der Univ. Gießen abgelehnt hatte, bekam er in Stockholm eine Stelle als Leiter eines physikalischen Laboratoriums, die 1895 in eine Professur umgewandelt wurde. Von 1896 bis 1902 war er Rektor der Stockholmer Hochschule. 1905 erhielt er eine Berufung als Nachfolger von H. Landolt an die Univ. Berlin, lehnte sie jedoch zugunsten der Leitung des Nobel-Instituts für physikalische Chemie in Stockholm ab, das 1909 eingeweiht wurde und dem A. bis zu seinem Tode vorstand.

Seit den 90er Jahren beschäftigte sich A. auch mit Problemen der kosmischen Physik, Astronomie und Immunchemie. Seine weitgefaßten und komplexen Fragestellungen führten ihn zu tiefgründigen Analysen des Verhältnisses von kosmischen und physiologischen Erscheinungen sowie der Genesis von Himmelskörpern. Dabei führte er seine streng wissenschaftliche Betrachtungsweise mit einer populären Darstellung zu einer gelungenen Synthese. Sein Buch »Das Werden der Welten« (1907) fand in mehreren Sprachen weite Verbreitung. Entschieden lehnte er die Hypothese vom Wärmetod des Weltalls ab. Auf biologischem Gebiet versuchte er Erkenntnisse und Methoden aus der physikalischen Chemie in die Erforschung von Nahrungsaufnahme- und Verdauungsvorgängen sowie der Immunität einzuführen. 1903/04 untersuchte A. bei P. Ehrlich im Institut für experimentelle Therapie in Frankfurt/M. das Verhalten der Toxine und die Bildung von Antitoxinen im tierischen Organismus. Wenn auch das Ergebnis dieser Arbeiten, seine physikalisch-chemische Theorie der Immunität, wegen der damals kaum erfaßbaren Komplexität dieser Naturerscheinungen fehlerhaft war, konnte er doch neue Anregungen für weiterführende Forschungen vermitteln.

A. war ein Wissenschaftler seltener Universalität und Denkkraft. Seine Einfachheit und natürliche Freundlichkeit wurden hoch geschätzt. Es war stets sein Bestreben, durch Vertiefung und Verbreitung der naturwissenschaftlichen Kenntnisse den Fortschritt der Menschheit zu fördern und Kriege in die Geschichte verbannen zu helfen. Sein wissenschaftliches Werk und seine menschliche Größe lassen uns noch heute Achtung und Sympathie empfinden.

1903 erhielt A. als erster Schwede für seine Theorie der elektrolytischen Dissoziation den Nobelpreis für Chemie. Gi

Literatur: Arrhenius, S.: Ueber die Dissociation der in Wasser gelösten Stoffe, in: Z. phys. Chem. 1 (1887), 631, Theorien der Chemie (Leipzig 1906), Aus meiner Jugendzeit (Leipzig 1903), Chemie und das moderne Leben (Leipzig 1922), Immunochemie. Anwendung der physikalischen Chemie auf die Lehre von den physiologischen Antikörpern (Leipzig 1907), Das Werden der Welten (Leipzig 1907).

Nernst, W.: Svante Arrhenius, in: Z. Elektrochem. 33 (1927), 537–539; Walden, P.: Svante Arrhenius, in: Naturwiss. 16 (1928), 325–333; Riesenfeld, E. H.: Svante Arrhenius (1859–1927), in: Ber. Dtsch. Chem. Ges. 63A (1930), 1–40, Euler, H. von: Svante Arrhenius. 1859–1927, in: Swedish Men of Science (Hrsg. S. Lindroth, Stockholm 1952, S. 226–238).

Arsenjew (Arsen'ev), Konstantin Iwanowitsch, Geograph, Historiker und Statistiker, geb. 12.(25.)10.1789 Mirachanow (Gouv. Kostroma), gest. 29.11.(11.12.) 1865 St. Petersburg (Leningrad).

A. gilt als Begründer eines neuen Systems der Erfassung und Verarbeitung statistischer Daten in Rußland und hat sich als Verfasser geographischer Arbeiten und Lehrbücher sowie als Mitbegründer der Russischen Geographischen Gesellschaft und der Statistischen Gouvernements-Komitees einen Namen gemacht.

Als Sohn eines Dorfgeistlichen besuchte A. nach der Grundschulausbildung im Priesterseminar Kostroma 1806–1811 das Pädagogische Institut in St. Petersburg. 1811 erfolgte die Ernennung zum Doz. für Geographie und Statistik an der St. Petersburger Univ. Infolge wissenschaftlicher und politischer Unstimmigkeiten mit Vorgesetzten wurde seine Ernennung zum Adjunkt verzögert; erst 1817 erhielt er den Titel Adjunkt-Prof. Wegen gemäßigter Kritik an der Leibeigenschaft wurde er 1821 zusammen mit anderen progressiven Prof. aus dem Universitätsdienst entlassen. Danach war er Doz. für Geschichte, Geographie und Statistik an St. Petersburger militärischen Lehranstalten.

1826 wurde A. zum korrespondierenden, 1836 zum ordentlichen Mitgl. der Russ. Ak. d. Wiss. gewählt. 1828 erhielt A. die Ernennung zum Lehrer für Geschichte und Statistik des russ. Thronfolgers, des späteren Zaren Alexander II. In dieser Eigenschaft verfügte er über die staatlichen Archive und die gesamten statistischen Angaben, die in den staatlichen Ämtern und Institutionen zusammenliefen, was ihm die wissenschaftliche Bearbeitung wesentlich erleichterte.

Ein wichtiger Abschnitt seines Lebens ist mit der Tätigkeit in der Hauptabteilung Statistik des Ministerium für Inneres verknüpft. 1835–1853 führte A. hier umfangreiche statistische Arbeiten über Rußland durch. Wichtigste Aufgabe dieser Hauptabteilung war die genaue Erfassung und Beschreibung aller Landesteile, wozu unter wesentlicher Beteiligung A.s die Statistischen Gouvernements-Komitees gegründet wurden. 1832/33 reiste er zweimal durch Rußland, um die Unterschiede der einzelnen Gebiete kennenzulernen. Er wurde von seinem Freund, dem Forscher und Dichter Shukowski (Žukovskij), begleitet und traf in Wjatka mit dem dorthin verbannten revolutionär-demokratischen Dichter J. A. Herzen (Gercen) zusammen. Eine weitere Reise durch Rußland unternahm A. 1844. In den letzten Lebensjahren schrieb er eine Reihe Bücher zur Geschichte Rußlands.

Seine größten wissenschaftlichen Leistungen erbrachte A. auf dem Gebiet der Geographie und der Statistik. 1818 erschien von ihm das Lehrb. »Kurze allgemeine Geographie«, das 20 Aufl. erlebte und bis 1849 Hochschullehrbuch war. 1818/19 veröffentlichte A. sein Werk »Grundriß der Statistik des Russ. Staates« (2 Tle.). Hierin äußerte er sich mehrfach im Sinne bürgerlich-liberaler Ideen gegen die Leibeigenschaft, für ökonomische und bürgerliche Freiheiten.

Sowohl im Lehrb. als auch im »Grundriß« erarbeitete A. die Grundlagen einer Rayonierung Rußlands nach natürlichen und ökonomischen Bedingungen, wobei er das Territorium des Russ. Reiches in 10 Rayons unterteilte. Seine Klassifizierung beruhte auf eingehenden Studien der natürlichen und wirtschaftlichen Bedingungen und der Bevölkerung. Dabei erweiterte er das Netz ökonomisch-statistischer Angaben über Rußland zur ökonomischen Geographie auf wissenschaftlicher Grundlage. 1832 erschien »Hydrographisch-statistische Beschreibung der Städte des Russischen Imperiums ...«. Die Geographie der Städte stellte A. als besonderen Zweig der Geographie heraus.

A. hatte aktiven Anteil an der Tätigkeit der Russischen Geographischen Gesellschaft. Er war ihr Gründungsmitgl., 1845/46 Ratsmitgl., 1850–1854 Gehilfe des Vorsitzenden. 1849 erhielt A. den Shukowskij-Preis der Geographischen Gesellschaft für sein statistisches Hauptwerk. Kr

Literatur: Arsen'ev, K. I.: Kratkaâ vseobŝaâ geografiâ (Kurze allgemeine Geographie) (St. Petersburg 1818), Načertanie statistiki Rossijskogo gosudarstva (Grundriß der Statistik des Russischen Staates) (St. Petersburg 1818/1819), Gidrografičesko-statističeskoe opisanie gorodov Rossijskoj imperii ... (Hydrographisch-statistische Beschreibung der Städte des Russischen Imperiums ...) (St. Petersburg 1832), Istoriko-statističeskij očerk narodnoj obrazowannosti v Rossii (Historisch-statistischer Abriß der Volksbildung in Rußland) (St. Petersburg 1854).

Baranskij, N. N.: K. I. Arsen'ev Izvestiâ Akademii Nauk SSSR, ser. geografičeskaâ, Moskva 2 (1954), 69–72.

Artin, Emil, Mathematiker, geb. 3. 3. 1898 Wien, gest. 20. 12. 1962 Hamburg.

A. ist mit Forschungsergebnissen zur Zahlentheorie und Algebra, aber auch zur Topologie hervorgetreten.

A., Sohn eines Kunsthändlers, studierte in Wien und Leipzig; 1921 promovierte er an der Univ. Leipzig bei G. Herglotz mit einer zahlentheoretischen Arbeit. Anschließend ging er für ein Jahr nach Göttingen, dann an die Univ. Hamburg, wo W. Blaschke und E. Hecke wirkten. 1923 habilitierte er sich dort, wurde 1925 ao. und 1926 o. Prof. Bis 1937 leitete er mit Blaschke und Hecke das Mathematische Seminar der Univ. Hamburg. Danach emigrierte er in die USA, wo er an der University of Notre Dame, an der Indiana University (1938–1946) und an der Princeton University wirkte. Seit 1958 war er wieder an der Univ. Hamburg tätig.

A. hat annähernd 50 Abhandlungen sowie 13 Bücher bzw. Lecture notes veröffentlicht. In seiner Dissertation »Quadratische Körper im Gebiet der höheren Kongruenzen« übertrug A. die arithmetische und analytische Theorie der quadratischen Körpererweiterungen des Körpers der rationalen Zahlen auf quadratische Erweiterungen des Körpers der rationalen Funktionen in einer Unbestimmten mit Koeffizienten aus dem Restklassenkörper nach einer Primzahl. Er entdeckte an den Zetafunktionen dieser Körper bemerkenswerte Analogien zur klassischen Riemannschen Zetafunktion und bestätigte mehrere Spezialfälle des Analogons der Riemannschen Vermutung. In seiner Habilitationsschrift »Über eine neue Art von L-Reihen« untersuchte A. Verallgemeinerungen von zahlentheoretisch bedeutsamen klassischen Funktionen. Hierauf aufbauend gab er 1927 eine neue kanonische Formulierung der zuvor von Ph. Furtwängler und T. Takagi aufgestellten Klassenkörpertheorie bekannt. Das Artinsche Reziprozitätsgesetz umfaßt alle vorher bekannten Reziprozitätsgesetze, insbesondere das schon von L. Euler und A.-M. Legendre aufgestellte, zuerst von C. F. Gauss bewiesene quadratische Reziprozitätsgesetz. A. war an der weiteren Entwicklung der Klassenkörpertheorie maßgeblich beteiligt (Artin-Tate-Seminar 1951/52). In der deutschen Schule von E. Noether und A. wurde 1921–1933 die moderne Algebra geschaffen, insbesondere wurde die Axiomatisierung der Algebra, die mit R. Dedekind und D. Hilbert begonnen hatte, weiter betrieben. Zusammen mit O. Schreier schuf A. eine abstrakte Theorie der geordneten Körper, mit deren Hilfe ihm die Lösung des 17. Hilbertschen Problems der definiten Funktionen gelang. Auf der Grundlage der Ideen von H. Brandt hat A. die Arithmetik der Algebren allgemein begründet. Mit A. vollzog sich die Linearisierung der Galois-Theorie. Pi

Literatur: Artin, E.: Einführung in die Theorie der Gammafunktion (Hamburg 1931), Algebraic numbers and algebraic functions (New York 1935), Galois theory (Notre Dame 1942, dtsch Leipzig 1959), Geometric algebra (New York 1957), Collected papers (Hrsg. S. Lang u. J. Tate, Reading/Mass. 1965), (mit J. Tate): Class field theory (Harvard 1961, New York–Amsterdam 1967), (mit C. J. Nesbitt und R. M. Thrall): Rings with minimum condition (Michigan 1948),

Brauer, R.: Artin, in: Bull. Amer. Math. Soc. 73 (1967), 27–43; Cartan, H.: Artin, in: Abh. Math. Seminar Univ. Hamburg 28 (1965), 1–6; Schoenberg, B.: Artin, in: Math.-physik. Seminarber. 10 (1964), 1–10.

Aryabhata I (Āryabhaṭa), Astronom und Mathematiker, geb. 476 wahrscheinlich im Gebiet Aschmaka (Südindien), Todesjahr unbekannt.

A.s Bedeutung besteht vor allem darin, daß in seinem Werk der bemerkenswerte Aufschwung der Astronomie und Mathematik in Indien in der Mitte des 1. Jt. erstmalig dokumentiert wird.

Von A.s Schriften ist nur sein Hauptwerk, die »Aryabhatiya«, verfaßt 499, erhalten. Es ist in Versform, einer für die ind. Literatur typischen Darstellungsweise, geschrieben und umfaßt neben einer Einleitung zwei astronomische Teile und ein mathematisches Kapitel. Die Planetenmodelle A.s benutzen epizyklische und exzentrische Bahnen, wie sie aus der griech. Astronomie bekannt sind. A. stellte eine richtige Gleichung zur Berechnung der Planetenbahnen mit Hilfe der Apsiden auf, führte als einer der ersten die Sinusfunktion in die Astronomie ein und stellte eine Sinustafel zusammen. Er formulierte eine Regel zur Bestimmung desjenigen Teils der Mondscheibe, der im Verlaufe einer Finsternis bedeckt wird, und erklärte als erster ind. Astronom Finsternisse korrekt auf der Grundlage naturwissenschaftlicher Überlegungen. Dies und seine Hypothese, die Erde stünde nicht im Zentrum des Universums und rotiere um ihre eigene Achse, mit der er die scheinbare tägliche Bewegung der Fixsterne erklärte, trug ihm heftige Kritik seiner Nachfolger, insbesondere BRAHMAGUPTAS, ein. Die Hypothese wurde auch von islamischen Astronomen mehrfach diskutiert, so z. B. von AL-BIRUNI. A.s Wert der Länge des Sonnenjahres ist 365,2586805 Tage und dem tatsächlichen Wert bedeutend näher als die ptolemäische. A. gilt als der Begründer zweier für die ind. Astronomie charakteristischer Systeme zur Fixierung des Anfangs eines Tages: des Mitternachts- und des Sonnenaufgangssystems. Während letzteres noch heute benutzt wird und auch in anderen Kulturen verbreitet war, ist ersteres eine spezifische ind. Form. In dem mathematischen Kapitel finden sich erste Regeln zum Rechnen mit dem dezimalen Positionssystem, allgemeine Regeln zum Ziehen von Quadrat- und Kubikwurzeln, Regeln zur Lösung linearer unbestimmter Gleichungen mit zwei Unbekannten in ganzen Zahlen und allgemeine Vorschriften zur Berechnung des allgemeinen Gliedes, der Summe und der Anzahl der Glieder arithmetischer Reihen, die neben ihrer astronomischen Bedeutung vor allem in der ind. Poesie eine große Rolle spielten. Die mathematischen Probleme, die A. behandelt, weisen enge Bezüge zu chines. Aufgaben aus, ohne daß die wechselseitigen Transmissionswege bisher ausreichend erforscht worden sind.

A.s Wirkung auf die ind. Mathematik und Astronomie war sehr groß, z. B. durch die Übersetzung in verschiedene ind. Sprachen und durch die mehrfache Kommentierung vom 6. bis 19. Jh., insbesondere von südind. Wissenschaftlern. Durch die Übersetzung ins Arabische Ende des 8./Anfang des 9. Jh. beeinflußte A.s Werk sowohl die Mathematik als auch die Astronomie in der islamischen Welt und über sie die Wissenschaft im latein. Westeuropa. Im heutigen Indien, das A. als den »COPERNICUS des Ostens« feiert, erhielt der erste Satellit seinen Namen. Br

Literatur: Āryabhaṭiya. A manual of astronomy also called Āryasiddhānta with the commentary Bhaṭadīpikā of Paramādīšvara (Hrsg. H. Kern, Leiden 1874); Āryabhaṭiya of Āryabhata (engl. u. mit Anmerk. v. W. Clark, Chicago 1930); Āryabhaṭiya. A manual of astronomy with commentary of Nīlakaṇṭha Somasutvan (Tle 1 u. 2 Hrsg. K. Sāmbašiva Šāstrī, Trivandrum 1930/31, Tl 3 Hrsg. Suranad Kunjan Pillai, Trivandrum 1957, Neuaufl. Hrsg. B. Mishra, Patna 1966).

Bag, A. K., Mathematics in Ancient and Medieval India (o. Jahr, o. Ort).

Aston, Francis William, Physiker und Chemiker, geb. 1. 9. 1877 Harborne bei Birmingham (England), gest. 20. 11. 1945 Cambridge (England).

A.s Hauptleistung ist die Entwicklung des Massenspektrographen und der damit erfolgte direkte Nachweis der Isotopie. Er entdeckte überdies eine große Anzahl von Isotopen der nichtradioaktiven Elemente.

A., Sohn eines Metallwarenhändlers und Landwirts, studierte in Birmingham bei W. A. TILDEN und P. F. FRANKLAND Chemie und bei J. H. POYNTING Physik. Ein Stipendium ermöglichte ihm 1898, bei FRANKLAND auf dem Gebiet der Stereochemie zu arbeiten. 1900–1903 war er als Chemiker in einer Brauerei tätig, dann fünf Jahre Forschungsstudent bei POYNTING. 1908 unternahm A. seine erste Weltreise und wurde 1909 Assistent an der Univ. Birmingham. Auf Einladung von J. J. THOMSON war er 1910–1919 dessen Assistent am Cavendish Laboratorium in Cambridge, von wo er während des ersten Weltkrieges zur Luftwaffe als technischer Assistent abkommandiert wurde. 1920 war er Fellow am Trinity College in Cambridge.

Unter POYNTING beschäftigte sich A. mit Gasentladungen in GEISSLER-Röhren und untersuchte insbesondere die Ausdehnung des CROOKESschen (oder HITTORFschen) Dunkelraumes; 1908 fand er den unmittelbar an der Katode liegenden später nach ihm benannten Dunkelraum. Bei Untersuchungen über die Ablenkung von Kanalstrahlen in elektrischen und magnetischen Feldern fand A. gemeinsam mit THOMSON, daß Neon aus zwei Isotopen besteht (1912). Das widersprach F. SODDYS Hypothese, nach der nur radioaktive Elemente als Isotope vorliegen. Um die Hypothese der natürlichen Isotopie zu bestätigen, entwickelte A. THOMSONS Apparatur 1919 so weiter, daß in Analogie zur wellenlängenabhängigen Beugung des Lichtes im Prisma die positiven Teilchenstrahlen (Kanalstrahlen) entsprechend den relativen Massen ihrer Isotope aufgespalten und auf einer Photoplatte aufgezeichnet werden konnten. Die erste Apparatur lieferte eine Genauigkeit von $1:10^3$ (Auflösungsvermögen $1:10^2$), die dritte 1927 bereits $1:10^5$ (Auflösungsvermögen 1:2000). Im Laufe der Jahre bestimmte A. nahezu alle Isotope der bekannten chemischen Elemente. Dabei fand er das Gesetz der ganzen Zahlen für die Isotopenmassen sowie die nach ihm benannte Isotopieregel über die Anzahl der zu geraden bzw. zu ungeraden Ordnungszahlen gehörenden stabilen Isotope.

Für die Entdeckung zahlreicher Isotope in mehreren nicht radioaktiven Elementen und des Gesetzes der Ganzzähligkeit erhielt A. 1922 den Nobelpreis für Chemie. Er war Mitgl. verschiedener Akademien (unter anderem der Royal Society und der Ak. d. Wiss. der UdSSR). A. galt als Individualist und politisch konservativ; Fortschritt sei zwar gut, solle aber sehr langsam vonstatten gehen. Er war ein ausgezeichneter Photograph und Sportler, spielte Klavier und Geige und wirkte auch als Musikkritiker. Ka

Literatur: Aston, F. W.: Isotopes (London 1922, dtsch Leipzig 1923), überarbeitete Fassung: Mass-spectra and isotopes (London 1933).

de Hevesy, G. C.: Francis William Aston, in: Obituary Notices of Fellows of the Royal Soc., 5 (1945–1948), 635–651; Thomson, G. P.: Francis William Aston, in: Nature 157 (1946), 290–292.

at-Tusi, → Tusi.

Avicenna, latinisiert aus IBN SINA, Abu Ali al-Hussain ibn Abdallah, Philosoph, Arzt und Naturforscher, geb. 980 Afschana bei Buchara, gest. 1037 Hamadan.

A. hat als einer der bedeutendsten Universalgelehrten des arabisch-islamischen Mittelalters zu gelten. Sein enzyklopädisches Werk beeinflußte sowohl die Entwicklung der Wissenschaft im arabisch-islamischen Kulturbezirk als

E. Artin

F. W. Aston

Avicenna

A. Avogadro

auch in Europa nachhaltig, wobei nach dem heutigen Erkenntnisstand nicht so sehr völlig neue Einsichten von A. ausschlaggebend waren als vielmehr seine Funktion als Vermittler und Kommentator aristotelischen Gedankengutes.

Im Gegensatz zu vielen Gelehrten der Antike und des Mittelalters ist der Lebensweg des A. durch eine von ihm z. T. selbst autorisierte Autobiographie bekannt. A. stammte aus einer Beamtenfamilie, gehörte also zu den materiell gesicherten und sich durch eine hohe Bildung auszeichnenden Kreisen der islamischen Gesellschaft. Er wurde von verschiedenen Privatlehrern umfassend ausgebildet und erwarb sich als Siebzehnjähriger dank einer erfolgreich durchgeführten medizinischen Behandlung des Regenten von Buchara, Nūh ibn Mansūr, dessen Gunst. Fortan stand ihm die reichhaltige Hofbibliothek zur Verfügung, so daß er schon als Achtzehnjähriger das gesamte Wissen seiner Zeit beherrscht haben soll. Mit dem Zusammenbruch der Dynastie der Samaniden (874–999), unter deren Herrschaft ein Aufschwung von Wissenschaft und Kultur stattgefunden hatte, veränderte sich das politisch-weltanschauliche Klima, so daß A. Buchara verließ und nach Dshurdshanija ging. Sein Lebensweg war von nun an durch einen ständigen Wechsel seiner Aufenthaltsorte geprägt. Trotz dieses sehr bewegten Lebens, das er als Hofrat, Astronom, Minister, sogar kurzzeitig als Gefangener führte, entwickelte er eine überaus fruchtbare schriftstellerische Tätigkeit, von der vor allem seine philosophischen, medizinischen und naturkundlichen Arbeiten von Bedeutung waren.

Um die Jahrtausendwende fanden sich in Zentralasien bedeutende Gelehrte, die das Schaffen A.s beeinflußten, z. B. al-Farabi, dessen Kommentar zur Metaphysik des Aristoteles A. den erkenntnismäßigen Zugang zum Werk des großen antiken Philosophen sehr erleichtert hat, und al-Biruni, mit dem A. persönlich bekannt war. Zur literarischen Aufarbeitung seines Wissens entwickelte A. seine Klassifikation der Wissenschaften, die er nach dem Vorbild des Aristoteles in praktische (Leitung des Staates mit Einschluß von Gesetzeskunde und Politik sowie Ökonomik und Führung des eigenen Ichs) und theoretische (Metaphysik, Mathematik und Naturphilosophie) unterteilte. Letztere hat A. gemeinsam mit der Logik am umfassendsten in seinem philosophischen Hauptwerk, dem »Kitāb aššifā'« (»Buch der Genesung«), 18 Bde., dargestellt, wobei er sich als in jeder Hinsicht ganz dem Aristoteles verpflichtet erweist. A.s Zugehörigkeit zu den falāsifa, d. h. den sich in ihren Anschauungen auf antike Lehren stützenden Philosophen, erklärt die relativ rationale und realitätsbezogene Art seines Denkens. Er wandte sich z. B. gegen den Dämonenglauben und lehnte in seiner berühmten Abhandlung über die Minerale die Möglichkeit ab, ein Metall in ein anderes umwandeln zu können. Ähnlich wie Aristoteles, der, ohne selbst den Boden des Idealismus zu verlassen, durch seine Kritik an der platonischen Ideenlehre das weitere Vordringen philosophisch-materialistischer Gedanken zu fördern vermochte, bildeten auch Überlegungen von A. Ansatzpunkte für fortschrittsbezogenes Handeln und Denken. Zur endgültigen Beantwortung der Frage, ob und inwieweit A. z. B. tatsächlich den aristotelischen Materiebegriff weiterentwickelt hat, wie von einigen Autoren postuliert wird, bedarf es weiterer gründlicher Untersuchungen. Das gilt ebenso in Hinblick auf die angeblich von A. im Bereich naturwissenschaftlicher und medizinischer Forschung angewandte experimentelle Methode. Da bis in die jüngste Vergangenheit die meisten Schriften A.s kaum zugänglich, geschweige denn in textkritischen Ausgaben vorhanden waren, sind ernsthafte, auf dem arabischen oder persischen Original beruhende Studien äußerst selten. Es ist daher verfrüht, ein Urteil über die wirklichen Leistungen A.s zu fällen, solange weder sein Werk im speziellen noch die Wissenschaft der arabisch-islamischen Periode des Mittelalters ausreichend erforscht und bekannt sind.

Als originäre Leistung A.s gelten unter anderem seine Ansichten über die Entstehung von Gebirgen, die noch von Ch. Lyell reflektiert wurden. Am weitreichendsten war zweifellos A.s Wirken auf dem Gebiet der Medizin. Diesen Wissenschaftszweig hatte er in seinem »Buch der Genesung« nicht abgehandelt, sondern widmete ihm mehrere gesonderte Schriften. Mit dem »Al-Qānūn fi t-tibb« (»Kanon der Heilkunde«) legte A. eine Gesamtdarstellung aller medizinischer Fachgebiete – einschließlich der Chirurgie – in fünf Büchern vor. Dieses Werk wurde bereits ca. 100 Jahre nach seinem Tod von Gerhard von Cremona ins Lateinische übersetzt und erschien Ende des 15. Jh. gedruckt, bis zum 16. Jh. in insgesamt 36 Aufl. Es galt über Jahrhunderte als das Lehrb. der Medizin schlechthin. Medizinhistorisch ist allerdings der Kanon ebenfalls noch nicht umfassend bearbeitet worden, da bis heute keine textkritische Ausgabe davon existiert. Obgleich man gelegentlich aus diesem Werk in z. T. überschwenglicher und übertriebener Weise neue und originelle Ansichten des A. herauslesen zu können glaubt, kann vieles davon einer kritischen Analyse nicht standhalten. Da sich die Medizin der arabisch-islamischen Periode auf das engste an die theoretischen Grundlagen der antiken Medizin anschloß, konnte aufgrund fehlender induktiver Forschung kaum über das in der Antike erreichte theoretische Niveau hinausgegangen werden. So wurden z. B. Anatomie, Physiologie und Pathologie im Prinzip unverändert übernommen. A.s medizinisches System ist weitgehend an Galen orientiert. Zuweilen übernimmt er aber, wie im Falle der Anatomie des Herzens, die Ansichten des Aristoteles und bleibt damit sogar unter dem bereits erreichten Wissensstand seiner Zeit. Damit soll und kann aber in keiner Weise die Bedeutung des mittelasiatischen Gelehrten für die Medizin geschmälert werden. Seine Leistung bestand aber nur zum geringsten in der Entdekkung neuer medizinischer Fakten, sondern sein eigentliches und größtes Verdienst war die von ihm vorgenommene umfassende Darstellung des medizinischen Wissens und dessen Systematisierung.

1952 war A. aus Anlaß seines 1000. Geburtstages (nach islam. Zeitrechnung) gewürdigt worden. Na

Literatur: Avicenna: Kitāb aš-šifā' (Kairo 1960ff.), Kitāb al-Qānūn fi t-tipp, Bd. I u. II (Rom 1593, Bd. 1-3 (Būlāq 1294 Hidschra = 1872 u. Z.); Poème de la médecine, cantica Avicennae, texte arabe, tradiction française, trad. latine du XIIIe siècle avec introductions, notes et index par Henri Jahier et Abdelkader Noureddine (Paris 1956); Psychologie d'Ibn Sina (Avicenne). D'après son œuvre aš-Šifā (Hrsg. Ján Bakoš) 2 Bde. (franz. Prag 1956).

Übersetzungen von Werken Avicennas: Abu Ali ibn Sina (Avicenna), Kanon vračebnoj nauki, 5 Bde. (russ. Taschkent 1954-1960, 2. Aufl. 1979ff.); Babahanova, Z., u. Karimov, U.I.: Abu Ali Ibn Sina, Traktat po gigiene (russ. Taschkent 1982); Gruner, O.C.: A treatise on the Canon of Medicine of Avicenna incorporating a translation of the first book (London 1930); Horten, M.: Buch der Genesung der Seele. Die Metaphysik Avicennas (Halle/New York 1907); Morewedge, P.: Dânish Nama-i 'Ala'i (Buch des Wissens), in: The Metaphysica of Avicenna (engl. London 1973); Ibn Sina. Avicenna, Izbrannye filosofskije proizvedeniâ (russ. Moskau 1980); Opitz, K.: Avicenna. Das Lehrgedicht über die Heilkunde (Canticum de Medicina), in: Quellen u. Studien zur Geschichte der Naturwiss. und der Medizin 7 (1940) 304-374; Krueger, H. C.: Avicenna's Poem on Medicine Springfield (engl. Illinois 1963); Strižkov, N., u. Farchade, R.: Poema o medicine (urdžuza), in: Ibn Sinā Izbrannoe (russ. Taschkent 1981).

Afnan, S. M.: Avicenna, His Life and Works (London 1958); Brentjes, B., u. Brentjes S.: Ibn Sina (Avicenna). Der fürstliche Meister aus Buchara (Leipzig 1979); Kraus, P.: Eine arabische Biographie Avicennas, in: Klin. Wochenschr. 11 (1932) 45, 1880-1884; Lüling, G.: Avicenna und seine buddhistische Herkunft, zwei Aufsätze zur Religions- und Geistesgeschichte (Erlangen 1977); Petrov, B. D.: Ibn Sina (Avicenna) 980-1037 (Moskau 1980); Šidfar, B.J.: Ibn Sina (Moskau 1980); Weisser, U.: Ibn Sina und die Medizin des arabisch-islamischen Mittelalters - Alte und neue Urteile und Vorurteile, in: Medizinhistor. J. 18 (1983) 4, 283-305.

Avogadro, Amedeo, Conte di Quaregna, Physiker, geb. 9. 8. 1776 Turin, gest. 9. 7. 1856 Turin.

A. ist der Begründer der nach ihm benannten Molekularhypothese, die wesentlichen Anteil an der Entwicklung der klassischen Chemie hatte.

A., Sohn des Grafen Filippo A., beendete zunächst 1796 ein Jurastudium und arbeitete als Armenadvokat. Von den Entdeckungen A. Voltas angeregt, studierte er seit 1800 noch Mathematik und Physik, wurde 1806 Assistent an der Turiner Akademie und 1809 Prof. für Philosophie an der Hochschule von Vercelli (Oberitalien). Hier publizierte er ab 1811 seine Arbeiten zur Atom- und Moleküllehre. 1820 wurde A. als Prof. auf den neugeschaffenen Lehrstuhl für Mathematische Physik an der Univ. Turin berufen, der, 1822 wieder liquidiert, 1832 erneut eingerichtet, jedoch zunächst mit A. L. Cauchy besetzt wurde. A. lehrte hier von 1834 bis 1850. Die Turiner Akademie hatte ihn 1804 zum korrespondierenden, 1819 zum ordentlichen Mitgl. gewählt.

A. griff im Jahre 1811 mit seiner Arbeit »Abhandlung über eine Methode, die relativen Massen der Element-Molekeln der Stoffe und die Proportionen zu bestimmen, nach denen sie in Verbindungen eintreten« (Original in Französisch) in die Bemühungen der Naturwissenschaftler ein, quantitative Aussagen über die Mengen der verschiedenen Elemente zu treffen, die an chemischen Reaktionen teilnehmen und in die Verbindungen eingehen. Er ging von der Annahme aus, daß gleiche Volumina gasförmiger Elemente die gleiche Anzahl von Doppelatomen (molécules constituantes genannt) enthalten. Mit seiner 1811 formulierten Hypothese, »daß die Anzahl der zusammengesetzten Molekeln (von Elementen wie von Verbindungen, letztere molécules integrantes genannt) in jedem Gase bei gleichem Volumen stets dieselbe sei oder stets proportional dem Volum«, gelang es ihm außerdem, die relativen Atommassen gasförmiger Elemente experimentell zu ermitteln sowie die relative Anzahl der Atome (molécules élémentaires) zu bestimmen, die in eine Verbindung eintreten. Seine Ermittlung der relativen Atommassen ging von der Überlegung aus, daß »die Verhältnisse der Massen der Molekeln ... gleich denen der Dichtigkeit der verschiedenen Gase bei gleichem Druck und gleicher Temperatur« sind, also gilt:

$$\frac{\text{Molmasse } X_2 = d_{X_2}}{\text{Molmasse } H_2 = d_{H_2}}.$$

Für die molekulare Masse von $H_2 = 1$ berechnete A. aus Dampfdichtebestimmungen z. B. für $Cl_2 = 33{,}36$, für $O_2 = 15{,}074$, für $N_2 = 13{,}238$. Da A. diese Werte für eine Molekel festgesetzt hatte, ergaben sich als molekulare Massen z. B. für HCl 17,18 und für H_2O 8,537. Mit A.s Methode konnte das Verhältnis der Elemente in Verbindungen atomtheoretisch richtig widergespiegelt werden, wodurch die Entwicklung der klassischen Chemie eine sichere Basis erhielt. Seine Lehre erhielt jedoch erst um 1860 durch S. Cannizzaro volle Anerkennung. Durch seine Bemühungen, Beziehungen zwischen den spezifischen Volumina von Gasen und ihren Affinitäten zum Wärmestoff zu ermitteln (Gaspartikeln wurden als von einer Wärmehülle umgeben gedacht), gehört A. zu den Vorläufern der physikalischen Chemie im 19. Jh. St

Literatur: Opere Scelte di Amedeo Avogadro publicate dalla R. Accademia delle science di Torino (Turin 1911); Avogadro, A.: Essai d'une manière de déterminer les masses relatives des molécules élémentaires des corps, et les proportions selon lesquelles elles entrent dans ces combinaisons (Versuch einer Methode, die relativen Massen der Elementarmolekeln der Stoffe und die Verhältnisse, nach welchen sie in Verbindungen eintreten, zu bestimmen), in: J. phys. 73 (1811), 58-76, Fisica de' corpi ponderabili, ossia trattato della costituzione generale de' corpi (Physik der wägbaren Stoffe oder Abhandlung über die allgemeine Konstitution der Stoffe), 4 Bde. (Turin 1837-1841).

Guareschi, J.: A. Avogadro ... (Turin 1911), dtsch: Amedeo Avogadro und die Molekulartheorie, in: Monographien aus der Geschichte der Chemie von G. W. A. Kahlbaum, 7. Heft, 137-194 (Leipzig 1903).

B

Baade, Wilhelm Heinrich Walter, Astronom, geb. 24. 3. 1893 Schöttinghausen, gest. 25. 6. 1960 Salzuflen.

B. war einer der bedeutendsten beobachtenden Astronomen des 20. Jh. Seine Forschungsergebnisse prägten wesentlich die gegenwärtigen Vorstellungen über die Entwicklung der Sterne und Sternsysteme.

B., Sohn eines Lehrers, besuchte von 1903 bis 1912 das Gymnasium in Herford. Obwohl er dem Wunsch seiner Eltern folgend Theologe werden sollte, interessierte er sich schon früh für Astronomie. B. studierte Astronomie in Göttingen und wurde für 3 Jahre Assistent von F. Klein.

Vom aktiven Militärdienst im ersten Weltkrieg befreit, mußte er sich 1917 mit dem Test von Flugzeugmodellen beschäftigen. Nach seinem Examen 1919 wurde er wissenschaftlicher Assistent von R. Schorr in Hamburg, wo er auch unter Leitung von J. Hartmann seine Dissertation über die Bahnbestimmung des spektroskopischen Doppelsterns Lyrae schrieb (1921). 1920 begegnete B. H. Shapley und ging 1926 für ein Jahr nach Kalifornien. Danach wirkte er wieder in Deutschland (Jena, Hamburg). Bei Gelegenheit der totalen Sonnenfinsternis vom 9. Mai 1928 lernte er den Optiker B. Schmidt persönlich kennen. 1931 ging B. endgültig in die USA (Kalifornien). Hier arbeitete er mit den besten Teleskopen, die damals existierten, einschließlich des 1948 in Betrieb genommenen 5-m-Palomar-Spiegelteleskops. 1958 war B. 6 Monate am 74-inch-Teleskop von Mount Stromlo (Australien) und ging dann bis zu seinem Tode nach Göttingen.

B. entdeckte 1925 den Kleinen Planeten 944 Hidalgo und 1949 den Kleinen Planeten 1566 Icarus. Zu den herausragenden Leistungen von B. gehört die Auflösung der Kerngebiete des Andromedanebels M 31 im Jahre 1944. Er entdeckte dabei, daß die hellsten Sterne des Kerns gegenüber den hellen blauen Objekten der Spiralarme rötlicher erschienen, und führte in diesem Zusammenhang den Begriff der Sternpopulationen ein (Population I und Population II). Bei der Einweihung des 5-m-Spiegels entwarf er ein Forschungsprogramm zur umfassenden Nutzung des Instruments, unter anderem auch mit dem Ziel einer genauen Untersuchung der Entfernungskriterien. Unter Benutzung des 5-m-Spiegels fand B., daß die für extragalaktische Distanz-Messungen benutzten Cepheiden der Randpartien von M 31 eine andere Perioden-Helligkeitsbeziehung befolgen als die für die Ableitung der Entfernung von M 31 benutzten Cepheiden der Großen Magellanschen Wolke. Daraus ergab sich 1952 eine Revision der gesamten kosmischen Entfernungsskale etwa um den Faktor 2. In Verbindung damit mußten auch die Vorstellungen über die Dimensionen extragalaktischer Objekte sowie das »Weltalter« (Zeitspanne seit Beginn der kosmischen Expansion) korrigiert werden.

1952 konnte B. zeigen, daß die Typ I-Sterne jünger sind als die Typ II-Sterne. Für das Verständnis der Sternentwicklung waren diese Erkenntnisse, die von dem sowjet. Astronomen B. W. Kukarkin präzisiert wurden, von größter Bedeutung. B. gelang es auch, erstmals Objekte optisch zu identifizieren, die mit Hilfe von Radioteleskopen entdeckt worden waren, darunter die Radioquelle Cygnus A, deren extragalaktische Natur er erkannte.

B. erhielt zahlreiche Auszeichnungen und Anerkennungen, darunter die Goldmedaille der Royal Astronomical Society (1954), die Bruce-Medaille der Astronomical Society of Pacific. B. war Mitgl. der Akademien von Amsterdam, Göttingen, Lund, München und Mainz. Her

Literatur: Heckmann, O.: Walter Baade, in: Mitt. Astronom. Ges. (1960/61), 5–11.

Babbage, Charles, Mathematiker, Rechentechniker, Ökonom und Wissenschaftsorganisator, geb. 26. 12. 1792 Teignmounth (Devonshire), gest. 18. 10. 1871 London.

B. vollbrachte seine bedeutendste Leistung mit der Erfindung der ersten programmgesteuerten Rechenmaschine. Obwohl die praktische Realisierung seiner Konstruktion noch an den technischen Unzulänglichkeiten seiner Zeit scheiterte, gilt er als geistiger Vater der modernen Rechentechnik.

W. H. W. Baade

Ch. Babbage

Als Kind wohlhabender Eltern erhielt B. eine ausgezeichnete Privatausbildung. 1810 begann er sein Studium an der Univ. Cambridge, wo er 1812 zusammen mit G. Peacock und J. F. W. Herschel die »Analytical Society« gründete, die u. a. der Verbreitung des Leibnizschen Differentialkalküls in England und seiner Durchsetzung gegenüber der bis dahin vorherrschenden Newtonschen Fluxionenmethode diente. 1816 wurde B. Mitgl. der Royal Society, 1827/28 erhielt er die Lucas-Professur (Lucasion Chair) an der Univ. Cambridge (den Lehrstuhl, den auch I. Newton innehatte), hielt dort jedoch niemals Vorlesungen. Etwa ab 1822 beschäftigte er sich mit dem Bau von Rechenmaschinen, zunächst (bis 1843) mit der »difference engine«, etwa ab 1834 mit der »analytical engine«.

B. gehörte zu den Gründern der »Astronomical Society« (1820) und der »British Association for the Advancement of Science« (1831); im Rahmen der letztgenannten Vereinigung wurde 1834 unter Mitwirkung von B. die »Statistical Society of London« gebildet. Ein problemreiches, kritisches, aber von Einseitigkeiten nicht freies Bild vom Zustand der »Royal Society« lieferte B. mit seinem Buch »Reflections on the Decline of Science in England« (Reflexionen über den Verfall der Wissenschaft), das 1830 in London erschien. Die vielfältigen ökonomischen Untersuchungen B.s fanden ihren Niederschlag in seinem Werk »On the Economy of Machinery and Manufactures« (London 1832).

Während einer Europareise nahm B. 1828 an der 7. Tagung der Gesellschaft Deutscher Naturforscher und Ärzte in Berlin teil, wo er neben A. v. Humboldt auch den Mathematiker G. Dirichlet kennenlernte. Bei seiner 1840 unternommenen Italienreise stellte er seine Pläne zum Bau der »analytical engine« vor; auf Grund von Mitschriften konnten davon in den Jahren 1842/43 Beschreibungen veröffentlicht werden.

Die Liste der rein mathematischen Abhandlungen von B. (insgesamt 16) umfaßt den Zeitraum von 1813/15 bis 1827/30; darin behandelte er Fragen der Analysis, den Funktionenkalkül und angewandte Probleme. Unter den unpublizierten Arbeiten B.s befindet sich auch ein Abriß zur Geschichte des Funktionenkalküls. Es erging ihm hier jedoch genauso wie später mit den Maschinenprojekten: Er war ein genialer Vorläufer, der erst nach vollendeter Entwicklung wiederentdeckt wurde.

Die Überlegung, monotone Rechenarbeiten von Maschinen ausführen zu lassen, ist relativ alt; erste einfache Maschinen wurden schon im 17. Jh. konstruiert. Bereits als Student kam B. auf die Idee, zur Vermeidung von Fehlern die Berechnung von Tafeln mittels spezieller Maschinen durchzuführen; seine Autobiographie gestattet die Rekonstruktion des Ablaufs seiner Arbeiten dazu. Die Anregungen für die Realisierung seiner Projekte entnahm er seinen ökonomischen Untersuchungen. Weil er bei der ersten Maschine die Differenzenmethode verwendete, nannte er sie »difference engine«. Trotz jahrelanger Bemühungen und finanzieller Unterstützung vermochte es B. nicht, die technischen Schwierigkeiten zu überwinden und ein funktionstüchtiges Gerät fertigzustellen. Nach seinen Ideen bauten 1855 die Schweden G. (Vater) und E. (Sohn) SCHEUTZ eine funktionierende Differenzenmaschine. Noch kompliziertere technische Probleme hatte B. bei den Versuchen zu bewältigen, eine leistungsfähigere und schnellere Maschine (»analytical engine«) zu bauen; bis zu seinem Tod beschäftigte er sich allein und ohne Unterstützung damit. Mit dem Grundschema dieser Maschine: Steuerung durch ein Programm, Speicherwerk, Verwendung von Zwischenergebnissen und Ausdruck der Ergebnisse, entsprach B. den modernen Prinzipien einer automatischen Rechenmaschine, auch wenn er noch das Dezimalsystem verwendete. Nach dem Tode von B. veröffentlichte sein Sohn, Generalmajor HENRY PREVOST B., Materialien aus dem Nachlaß seines Vaters und baute mit Freunden nach vorhandenen Zeichnungen und Instruktionen ein kleines analytisches Rechenwerk und einen Drucker, die im Science Museum London zu besichtigen sind. Vo

Literatur: Babbage, C.: Passages from the life of a philosopher (Autobiographie, enthält die Liste seiner Publikationen, London 1864, Nachdrucke 1928, 1968), Reflections on the Decline of Science in England (London 1830), On the Economy of Manufactures and Machinery (London 1832, dtsch Berlin 1833).

Apokin, I. A., Majstrov, L. E., Edlin, I. S., Čarl'z Bebidž (Moskau 1981, russ.); Dubbey, J. M.: The mathematical work of Charles Babbage (Cambridge 1978).

Bacon, Francis, BARON VON VERULAM, Philosoph, geb. 22. 1. 1561 London, gest. 9. 4. 1626 London.

B.s Ruf nach systematischem Sammeln, Beobachten und Experimentieren brachte das Leitprinzip der neuzeitlichen naturwissenschaftlichen Erkenntnisgewinnung zum Ausdruck und ließ ihn zu einem wichtigen Protagonisten der modernen Naturwissenschaft werden.

Als Sohn eines hohen Staatsbeamten geboren, studierte B. an der Univ. Cambridge Jura und betätigte sich im Anschluß daran mit großem Ehrgeiz in Politik und Wissenschaft. Nach schwierigen Anfangsjahren als Rechtsanwalt begann 1603 sein steiler politischer Aufstieg. Am Hofe des engl. Königs JACOB I. wurde B. 1607 oberster Anwalt der Krone, 1613 Generalstaatsanwalt, 1617 Großsiegelbewahrer und im folgenden Jahr sogar Lordkanzler. 1621, der Korruption und anderer Delikte vom Parlament angeklagt und überführt, endete seine politische Karriere abrupt. Seine Verurteilung, die indes vom König nie in Kraft gesetzt wurde, war bereits ein »Prolog der Revolution« von 1648/49 in England. Nach seinem Sturz widmete er sich fast ausschließlich naturwissenschaftlichen und philosophischen Studien, die er bereits als 30jähriger begonnen hatte.

B.s mit großem Anspruch und in prägnant aphoristischer Form verfaßte Schriften waren eine Aufforderung an seine Zeitgenossen und deren Nachfolger, der scholastischen Buchstabengelehrsamkeit zu entsagen und an ihre Stelle das systematische Studium der Natur zu setzen. Für letzteres erarbeitete er eine neue Erkenntnismethodik, die ausgehend vom Sammeln möglichst vieler Indizien diese im induktiven Verfahren in Listen bzw. Tafeln zusammenfaßte, um dann durch logisches Schließen und Vergleichen zu einem sachgerechten Urteil über das Wesen der Erscheinung zu gelangen. Zwar erwies sich seine induktive Methode für den naturwissenschaftlichen Erkenntnisprozeß als wenig geeignet – B. lehnte sich hier allzu stark an den Prozeß der Urteilsfindung des Juristen an –, doch lenkte sie die Aufmerksamkeit auf den Wert des – meist qualitativ beschreibenden – Experiments bei der Analyse der Natur: »Alle richtigere Interpretation der Natur kommt durch Einzelfälle und geeignete durchführbare Experimente zustande«.

B. hat sein Verfahren unter anderem bei der Untersuchung der Wärmeerscheinungen demonstriert und ist hierbei zu der bemerkenswerten Erkenntnis geführt worden, daß »die Wärme eine ausdehnende, gehemmte und sich auf die kleineren Teile stützende Bewegung« ist. Allerdings waren seine Schlußfolgerungen noch so unbestimmt und unpräzise sowie mit vielen unwichtigen oder falschen Fakten überfrachtet, daß die an sich richtige B.sche Erkenntnis über die Natur der Wärme keinen Einfluß auf die Entwicklung der Wärmelehre genommen hat. Die experimentelle Naturwissenschaft ist nie so betrieben worden, wie B. es vorschwebte; nicht zuletzt fehlte ihm ein tieferes Verständnis für die Rolle der Mathematik im modernen naturwissenschaftlichen Erkenntnisprozeß.

Obwohl B. so auf naturwissenschaftlichem Gebiet keine nennenswerten Erfolge erzielt hat und den Leistungen seiner berühmten Zeitgenossen W. GILBERT, G. GALILEI, W. HARVEY und J. KEPLER sogar beinahe verständnislos gegenüberstand, vermochte er das, was diese erfolgreich praktizierten, in schlüssiger Weise darzustellen und zum Programm zu erheben. Durch seine generelle Denkrichtung wirkte B. auf die neuzeitliche Naturforschung ungemein anregend und eröffnete den Wissenschaften eine Perspektive, die bis heute nachwirkt.

Vor dem Hintergrund einer Zeit gewaltiger gesellschaftlicher Umwälzungen, in der Übergangsperiode vom Feudalismus zum Kapitalismus, wies B. der Wissenschaft nicht nur eine neue Richtung, sondern verknüpfte sie zudem mit dem Fortschritt der materiellen Produktion. Er erkannte, daß »das wahre und gesetzmäßige Ziel der Wissenschaft ist, das menschliche Leben mit neuen Erfindungen und Mitteln zu bereichern« und damit »zur Erhebung des Menschen in einen höheren Stand seines Daseins« beizutragen.

B. war sich darüber im klaren, daß die weitgesteckten Ziele und Aufgaben der neuen Wissenschaft nur durch zweckentsprechende Organisationsformen der wissenschaftlichen Arbeit zu realisieren sind. In seiner Utopie »Neu-Atlantis« entwickelte er folgerichtig auch Vorstellungen, wie die Wissenschaft am besten im Produktionsprozeß angewendet werden könne. Im Zentrum dieser utopischen Erzählung steht eine bemerkenswerte Einrichtung, das »Haus Salomon«, das »zur Erforschung der wahren Natur aller Dinge« gegründet, gleichzeitig »den Menschen großen Nutzen aus dem Gebrauch derselben zu verschaffen« sucht. Die Struktur der Einrichtung ähnelt in gewisser Hinsicht der, wie sie uns heute in großen wissenschaftlichen Forschungszentren begegnet: eine Gruppe von Wissenschaftlern beschäftigt sich mit genau umrissenen Problemen und Aufgabenstellungen, die von der Grundlagenforschung bis zur angewandten Forschung reichen und insbesondere Fragen ihrer praktischen Anwendung nicht ausschließen.

Verschiedene im Verlaufe des 17. Jh. in England entstandene wissenschaftliche Gemeinschaften versuchten, B.s Vorstellungen zur Grundlage ihrer Arbeiten zu machen, und insbesondere die 1662 gegründete Royal Society verstand sich als eine Verwirklichung des B.schen Ideals organisierter wissenschaftlicher Zusammenarbeit. B.s Phantasie vermochte so auch in diesem Bereich die Entwicklungsrichtung und das Wesen dessen zu erahnen, was heute als moderne Wissenschaft bezeichnet wird.

Obwohl B.s Werk vor allem ausgangs des 19. Jh., unter anderem durch J. v. LIEBIG, eine kritische Wertung erfuhr und nicht unumstritten blieb, ragt es als ein markanter Wegweiser am Beginn des neuen Weges der Naturwissenschaften hervor. Ho

Literatur: Bacon, F.: Gesamtausgabe, 14 Bde. (Hrsg. J. Spedding, R. L. Ellis, D. D. Heath, London 1858–1874), Das neue Organon (Berlin 1962), Neu-Atlantis (Berlin 1959), Essays (Leipzig 1979).

Cochrane, R. C.: Francis Bacon an the Rise of the mechanical Arts in Eighteenth-Century England, in: Annals of Science 12 (1956) 2, 137–156; Farrington, B.: F. Bacon, Philosopher of Industrial Science (London 1951); Liebig, J. v.: Über Bacon von Verulam und die Methode der Naturforschung (München 1863).

F. Bacon

K. E. von Baer

Baer, Karl Ernst von, Biologe, geb. 17. (28.) 2. 1792 auf dem väterlichen Gute Piep (heutige Estnische SSR), gest. 16. (28.) 11. 1876 Dorpat (Tartu).

B. war einer der führenden Naturforscher des 19. Jh., von großem Einfluß auf die beschreibende Embryologie, aber auch in anderen naturwissenschaftlichen Disziplinen erfolgreich tätig.

B. war das 4. von 10 Kindern eines Rittergutsbesitzers und verlebte die Kindheit bis zum Alter von 8 Jahren auf dem Gute seines Onkels. Der Unterricht erfolgte dann auf dem väterlichen Gute durch Hauslehrer. 1807 bis 1810 besuchte er die Domschule in Reval (Tallinn). Im Sommer 1810 begann er das Studium der Medizin an der 1802 durch Zar Alexander I. neu gegründeten Univ. Dorpat (Tartu). Zu seinen Lehrern gehörte auch der Physiologe K. F. Burdach. 1812 beteiligte sich B. als ärztlicher Helfer in Riga während der dort im Gefolge des Krieges gegen Napoleon ausgebrochenen Flecktyphusepidemie. 1814 promovierte B. in Dorpat (Tartu) zum Dr. med. Danach reiste er nach Wien zum Besuch von Kliniken. Bald aber folgte er seiner Neigung zu den Naturwissenschaften und unternahm Studienausflüge in die Alpen. Er traf dabei den Botaniker K. F. Ph. v. Martius und ging auf dessen Rat zu dem Embryologen I. Döllinger an die Univ. Würzburg, wo er 1815/16 verblieb. Hier lernte er Ch. H. Panders embryologische Arbeiten kennen. 1817 folgte er einer Aufforderung Burdachs, der Prof. an der Univ. Königsberg (Kaliningrad) geworden war, bei ihm Prosektor an der neuen »Anatomischen Anstalt« zu werden. Hier begann B. mit anatomischen Untersuchungen an Tieren, erhielt den Auftrag zu Vorlesungen in Zoologie, wurde 1819 ao. Prof. der Anatomie und begründete das zoologische Museum der Univ. Er hielt auch öffentliche Vorträge. 1822 wurde er o. Prof. für Naturgeschichte und Zoologie. 1834 übersiedelte B. nach St. Petersburg (Leningrad), wo er ordentliches besoldetes Mitgl. der Akademie geworden war. Er erhielt 1841 eine Professur für vergleichende Anatomie und Physiologie an der Medizinisch-chirurgischen Akademie, die er 1852 infolge der schlechten Zustände an dieser Institution aufgab. Im Auftrage der Akademie wurde B. Forschungsreisender teilweise mit praktischer Zielsetzung. 1837 unternahm er eine Expedition nach Nowaja Semlja, 1838 bereiste er Finnland und die Küsten Finnlands und Estlands, 1839 forschte er im Finnischen Meerbusen, 1840 auf der Kolahalbinsel und in Lappland, 1845 und 1846 unternahm er embryologische Studien an Meerestieren in Genua und Triest. Zur Untersuchung des Rückganges der Fischereierträge bereiste B. 1851 die Ufer des Peipussees und die Ostseeküste in Estland und Livland, 1853–1857 viermal das Kaspische Meer und das untere Wolgagebiet. 1862 folgte noch eine Reise an das Asowsche Meer. 1867–1876 wohnte B. in Dorpat.

1819 begann B. mit eigenen embryologischen Untersuchungen, zuerst wie seine Lehrer Döllinger und Pander am Hühnchen, wobei er zunächst einige Fehler Panders richtigstellen wollte. Er führte die Arbeit aber weiter und klärte schwierige Entwicklungsvorgänge einiger Organe auf, so bei Lunge und Leber. Vor allem versuchte B. die Grundvorgänge der Embryonalentwicklung, das Hervorgehen der Organe aus den einzelnen Keimblättern, zu klären. Als allgemeines Grundgesetz leitete B. dabei ab, daß die Entwicklung vom homogenen Allgemeinen zum heterogenen Besonderen abläuft; zunächst werden die allgemeinen Merkmale des Typus (Bauplans) angelegt, danach die Merkmale der Klasse, der Ordnung, der Familie und schließlich der Gattung und Art. Dadurch erscheine es, als ob der Organismus in der Embryogenese Stadien durchlaufe, die einfacheren Organismengruppen als er selbst ist, entsprechen (J. F. Meckel). B. entdeckte die Chorda dorsalis (»Rückensaite«) als allen Wirbeltierembryonen zukommendes Gebilde. 1827 fand er in einem Bläschen des Graafschen Follikels einer Hündin eindeutig ein Ei und klärte damit die noch umstrittene Frage nach den Eiern der Säugetiere und deren Entstehung. 1845 unternahm er in Genua Versuche zur künstlichen Befruchtung der Eier von Aszidien und Seeigeln.

Auf seinen Expeditionen entwickelte B. Ansätze zu einer ökologischen Forschung. Mit seinen Untersuchungen über die Ursachen des Rückganges der Fischereierträge im Peipussee und an der Ostseeküste der baltischen Provinzen Rußlands leistete B. einen wichtigen Beitrag zur angewandten Ichthyologie (Fischkunde). Ein anderes Ergebnis seiner Forschungen war das »Baersche Gesetz« (1860), das »Allgemeine Gesetz in der Gestaltung der Flußbetten«. Er führte das hohe rechte und das niedrige linke Ufer der russischen Ströme auf die Ablenkung der Wassermassen durch die Umdrehungen der Erde um ihre Achse (Corioliskraft) zurück. In der zweiten Hälfte der fünfziger Jahre widmete sich B. zunehmend anthropologischen Problemen.

Zur Evolutionstheorie Ch. Darwins äußerte er sich kritisch, was bei B.s Autorität nicht ohne Bedeutung war. Vor allem hielt es B. für nicht gegeben, daß durch die Zufallswirkung der Selektion die Zweckmäßigkeit der Organismen, die Harmonien im Körperbau zustande kämen und glaubte, daß man auf ein teleologisches Prinzip in den Organismen nicht verzichten könne. Orthodoxe Religion aber lehnte er ab. Seine Weltanschauung kann als Pantheismus bezeichnet werden. Allgemeine, umfassende Ideen, »Systeme«, von denen er so manche (F. W. J. v. Schelling, F. J. Gall, A. Schopenhauer u. a.) in seinem Leben hatte aufsteigen und fallen sehen, betrachtete der alte B. skeptisch. B. schrieb auch über Bildungsfragen, so beispielsweise über die Grenzen und Möglichkeiten erzieherischen Einflusses, Staatsverfassungen u. a. Er leistete außerdem wissenschaftsorganisatorische Arbeit in der Petersburger Akademie.

Zi

Literatur: Baer, K. E. v.: Nachrichten über Leben und Schriften des Herrn Geheimrathes Dr. Karl Ernst von Baer, mitgetheilt von ihm selbst. Veröffentlicht bei Gelegenheit des fünfzigjährigen Doctor-Jubiläums am 29. August 1864, von der Ritterschaft Ehstlands (St. Petersburg 1865), Ueber die Entwicklungsgeschichte der Thiere. Beobachtung und Reflexion. 1. Theil (Königsberg 1828),

2. Theil (Königsberg 1837), Reden gehalten in wissenschaftlichen Versammlungen und kleinere Aufsätze vermischten Inhalts. 1. Theil (St. Petersburg 1864), 2. Theil (St. Petersburg 1876).

Baeyer, Johann Friedrich Wilhelm Adolf von, Chemiker, geb. 31.10.1835 Berlin, gest. 20.8.1917 Starnberg (Bayern).

B. leistete bedeutende Beiträge zur Farbstoffchemie (insbesondere zum Indigo) und zur Chemie der hydroaromatischen Verbindungen.

B., Sohn eines Offiziers und Geodäten, interessierte sich schon in der Schulzeit für chemische Experimente, studierte aber zunächst an der Berliner Univ. Mathematik und Physik. Nach Unterbrechung durch den einjährigen Militärdienst wandte er sich der Chemie zu und ging 1856 an die damals bedeutendste chemische Lehranstalt, zu R. BUNSEN nach Heidelberg. Da BUNSENS Forschungen sich aber hauptsächlich der physikalisch-chemischen Richtung zuwandten, schloß sich B. bald A. KEKULÉ V. STRADONITZ an und arbeitete in dessen Privatlaboratorium in Heidelberg. 1858 verteidigte er in Berlin seine Dissertation über organische Arsenverbindungen und folgte dann KEKULÉ, der als Prof. nach Gent berufen worden war. 1860 kehrte B. nach Berlin zurück, habilitierte sich und übernahm die neu eingerichtete Lehrstelle für organische Chemie am Gewerbeinstitut (die spätere TH Charlottenburg). Nach zwölfjähriger Tätigkeit wurde er an die Univ. Straßburg berufen und trat 1875 die Nachfolge J. v. LIEBIGS in München an. Hier war er noch 40 Jahre erfolgreich tätig.

B.s großes Lebenswerk umfaßt sowohl die Bearbeitung weiter Gebiete der organischen Chemie als auch die Förderung des chemischen Unterrichts sowie der Farbstoffindustrie. Der Hauptteil seiner wissenschaftlichen Untersuchungen läßt sich in folgende Gebiete einordnen: Harnsäure, Indigo, Kondensationsreaktionen und Phthaleine, Konstitution des Benzens und hydroaromatischer Verbindungen, Terpene, Polyine, Nitrosoverbindungen, Carboniumverbindungen, Oxoniumsalze, Spannungstheorie.

Der Beginn von B.s Tätigkeit am Berliner Gewerbeinstitut fiel in eine Zeit, in der durch KEKULÉ und A. M. BUTLEROW die grundlegende Theorie auf organisch-chemischem Gebiet, die Strukturtheorie, aufgestellt wurde. Zu ihren großen Förderern gehörte bald B., wofür zwei Gesichtspunkte wesentlich waren: B. hatte das Werden des neuen Gebäudes bei KEKULÉ unmittelbar miterlebt; über dessen Einfluß auf theoretischem Gebiet sagte er: »In dieser Beziehung ging mir in seinen Vorlesungen und im Verkehr mit ihm eine neue Welt auf.« B.s Forschungsmethode war die des unvoreingenommenen chemischen Experimentierens. Er ließ sich von einer meisterhaften Naturbeobachtung, von einzelnen interessanten Erscheinungen leiten. Die Verbindung dieses empirischen Herangehens mit einer unkonventionellen Nutzung der neuen theoretischen Vorstellungen stellte die Eigenart und sicher auch die Größe seiner Forschungen dar. Die Theorie bildete für B. nie ein Dogma, er betrachtete sie »als den wechselnden schmiegsamen Ausdruck für das Beobachtete und Hilfsmittel für das neue Experiment« (R. WILLSTÄTTER).

B. beschäftigte sich in den ersten Berliner Jahren hauptsächlich mit den bereits in Gent begonnenen Untersuchungen der Harnsäurederivate, insbesondere der Alloxangruppe. Sie führten zu verschiedenen Derivaten (z. B. Entdeckung der Barbitursäure) und deren Konstitutionsermittlung. Daraufhin konnte B. eine erste Systematik der Harnsäurederivate vornehmen.

Die eingeschlagene chemisch-physiologische Richtung wurde durch die Untersuchungen über Reaktionen des Acetons weiterverfolgt und führte zu den Kondensationsreaktionen. Dabei gelangte B. 1870 zur Erklärung der Kohlendioxidfixierung bei Pflanzen durch die Annahme einer Formaldehydzwischenstufe und anschließender Kondensation zum Zucker. Das weitere Studium richtete sich auf die Kondensation der Aldehyde mit Phenolen und Kohlenwasserstoffen. Bei diesen Versuchen entdeckte B. die ersten Phthaleinfarbstoffe, wovon das Fluorescein in Form des Eosins schnell technische Bedeutung erlangte. Schließlich wurde die Struktur der Phthaleine als Triphenylmethanderivate nachgewiesen und das Gebiet auf die Anthrachinonfarbstoffe ausgedehnt.

Mit den Phthaleinen in Beziehung stand die Inangriffnahme der Forschungen über Benzen und dessen Derivate. Den Ausgangspunkt bildete die Aufklärung der Konstitution der Mellithsäure als Benzenhexacarbonsäure. B. entdeckte dann mehrere mehrbasige Benzencarbonsäuren und gelangte so zu einer fast vollständigen Systematik dieser Säuren. Die hydrierten Benzenderivate, insbesondere die hydrierten Phthalsäuren, brachten später Klarheit in die Chemie der hydroaromatischen Verbindungen und spielten eine wichtige Rolle bei der Diskussion der Benzenstruktur. Mit diesen Arbeiten konnte zwar die Prismenformel A. LADENBURGS widerlegt werden, aber auch B. konnte durch die Aufstellung seiner zentrischen Formel, die er auf chemischem Wege entwickelt hatte, die Benzenstruktur nicht klären.

Seine berühmten Untersuchungen über den »König der Farbstoffe«, den Indigo, begann B. 1865 mit dem Studium der Reaktionsprodukte des Isatins, das A. LAURENT 1841 durch Oxidation des Indigos erhalten hatte. Durch Einführung der Zinkstaubdestillationsmethode gelang die Reduktion bis zum vorhergesagten Indol (1866). Nun folgten die Synthese des Indols und die Darstellung des Indigos aus Isatin. Da KEKULÉ zur gleichen Zeit Versuche zur Isatinsynthese angekündigt hatte, unterbrach B. diese Forschungen und nahm sie erst wieder auf, als KEKULÉ keinen Erfolg hatte. 1878 synthetisierte B. Isatin, womit erstmals die vollständige Indigodarstellung möglich war. Danach wurden mehrere einfache Synthesen entwickelt, und 1883 konnte B. bekanntgeben, daß »jetzt der Platz eines jeden Atoms im Molekül dieses Farbstoffs auf experimentellem Wege festgestellt« ist. Eine technisch brauchbare Synthese gelang B. jedoch nicht, obwohl die deutsche Farbstoffindustrie seit 1880 sehr daran interessiert war und mit B. zusammenarbeitete. Technischen Erfolg brachte erst nach 1890 die Ausarbeitung des Verfahrens von K. HEUMANN, als B. sich schon lange anderen Problemen zugewandt hatte. Ab 1898 kam durch die BASF und die Farbwerke Hoechst der synthetisch hergestellte Indigo auf den Markt.

1885 untersuchte B. Polyine. Überlegungen zur Ursache ihrer Reaktivität führten ihn unter Nutzung des LE-BEL-VAN'T-HOFFschen Tetraedermodells des Kohlenstoffs zur Deutung der Natur der Doppel- und Dreifachbindung sowie der unterschiedlichen Stabilität von Cycloalkanen. B. ging dabei von der Hypothese aus, daß Abweichungen vom Tetraederwinkel möglich sind, die aber zunehmend Spannungen der Bindungen verursachen (BAEYERsche Spannungstheorie). Er berechnete am Modell die Abweichungen für drei- bis sechsgliedrige Ringe und faßte auch die Doppelbindung als zweigliedrigen Ring auf. Dadurch erhielt in der organischen Chemie die Bearbeitung der Ringschlüsse großen Auftrieb. Ausgehend von den hydroaromatischen Verbindungen, beschäftigte sich B. mit der Terpenchemie und leistete 1893–1901 wesentliche Beiträge zur Konstitutionsermittlung der Terpene.

Waren die bisher behandelten Gebiete hauptsächlich Fortsetzungen der schon in der Berliner Periode begonnenen Arbeiten, so betrat B. um die Jahrhundertwende noch neue Wege. Die Anwendung der CAROschen Säure auf Ketone lieferte Peroxide und richtete seine Aufmerksamkeit auf die neuen Erkenntnisse über vierwertigen Sauerstoff, die zu seinen Untersuchungen über Oxoniumsalze führten. Seine letzten Arbeiten befaßten sich mit den Carboniumverbindungen, um den Zusammenhang zwischen Konstitution und Farbe aufzuklären.

B. hat die Strukturtheorie durch die Beiträge zur Spannungstheorie, zu den hydroaromatischen Verbindungen, den Terpenen u. a. außerordentlich gefördert. Dabei wurden die Ergebnisse stets mit einfachsten Methoden erzielt. Ebenso bedeutend war seine Stellung als Lehrer. Der Neubau des Münchner Laboratoriums galt lange als Muster. B.s Ideenreichtum ließ ihn zum Begründer einer chemischen Schule werden, die der Liebigs gleichzusetzen ist. Interessanterweise hat B. zwar etwa 300 Abhandlungen, aber kein Lehrb. verfaßt. Schließlich förderte B. die deutsche Farbstoffindustrie durch die Entdeckung der Phthaleine und die Synthese des Indigos, aber auch durch die Darstellung der Nitrosoverbindungen und die Anwendung der Zinkstaubdestillation auf das Alizarinproblem (C. Graebe, C. Liebermann) in großem Maße.

B. war Mitgl. vieler wissenschaftlicher Gesellschaften und gehörte zu den Gründern der Deutschen Chemischen Gesellschaft. Seine Leistungen wurden durch viele Auszeichnungen hoch geehrt. Besonders hervorzuheben ist dabei der Nobelpreis für Chemie, den er für die o. a. Arbeiten 1905 als zweiter deutscher Chemiker erhielt. Schz

Literatur: Baeyer, J. F. W. A. v.: Gesammelte Werke, Bd. 1 und 2 (Braunschweig 1905).

Schmorl, K.: Adolf von Baeyer (Stuttgart 1952); Rupe, H.: Adolf von Baeyer als Lehrer und Forscher, in: Sammlung chemischer und chemisch-technischer Vorträge (Stuttgart 1932); Partington, J. R.: Adolf von Baeyer, in: Nature 136 (1935), 669; Willstätter, R.: Zum Gedächtnis Adolf von Baeyers, in: Z. angew. Chemie 30 (1917), 229; Wieland, H.: Zu Adolf von Baeyers achtzigstem Geburtstag, in: Chemiker-Ztg. 39 (1915), 829; Graebe, C.: Zum achtzigsten Geburtstag von Adolf von Baeyer, in: Z. angew. Chemie 28 (1915), 433.

Baire, René Louis, Mathematiker, geb. 21. 1. 1874 Paris, gest. 5. 7. 1932 Chambéry bei Grenoble.

B. ist einer der Mitbegründer der Theorie der reellen Funktionen und der Punktmengentopologie.

Er war eines von drei Kindern einer einfachen Handwerkersfamilie, die ihm nur unter Opfern den Besuch der mathematischen Spezialklasse am Lyzeum Henry IV. (1891) ermöglichen konnte. 1892 erfüllte B. die Aufnahmebedingungen für die École Polytechnique und die École Normale und wählte letztere. Nach der Abschlußprüfung 1895 ging B. in den Schuldienst und promovierte 1899. 1902 erhielt B. einen Lehrauftrag in Montpellier und wurde 1905 Prof. an der Univ. Dijon. Krankheitshalber seit 1914 beurlaubt, lebte B. nach Kriegsbeginn in Lausanne. 1922 wählte ihn die Académie des Sciences zum korrespondierenden Mitgl.

Bei der Abschlußprüfung der École Normale 1895 hatte B. den Begriff der Stetigkeit nicht, wie seit K. Weierstrass bereits gefordert, ausgehend von der allgemeinen Definition einer Funktion entwickelt, so daß er nur auf den dritten Platz gesetzt wurde. Aufgrund dieser Enttäuschung beschäftigte sich B. von nun an um so intensiver mit den Grundbegriffen der Funktionentheorie. Er war schließlich »der erste, der seine ganze wissenschaftliche Aktivität der Theorie der Funktionen reeller Variabler widmete« (H. L. Lebesgue). Studienaufenthalte in Italien brachten B. mit der ital. Schule der von U. Dini und V. Volterra mengentheoretisch begründeten Funktionentheorie in Berührung. Diese Schule konnte auf ältere Traditionen verweisen als die franz. Die von B. in den Jahren nach 1895 erzielten und sukzessive in kleinen Arbeiten veröffentlichten Ergebnisse,

J. F. W. A. von Baeyer

R. L. Baire

die den Kern seines Lebenswerkes darstellen, legte er in seiner Dissertation (1899) nieder, die er Volterra widmete. Ebenso wie die einflußreichen Dissertationen von Lebesgue und M. Fréchet erschien B.s Dissertation in einem ital. Journal. B. bemerkt, daß in seiner Arbeit »jedes Problem der Funktionentheorie auf gewisse Fragen in der Mengenlehre führt«. Diese Dualität offenbart sich bei ihm in den parallelen Untersuchungen der durch Grenzwertbildung (punktweise Konvergenz) aus der Menge der stetigen Funktionen sich herleitenden »Klassen« unstetiger Funktionen (deren Ordnungen der I. bzw. II. Cantorschen Zahlenklassen angehören können) einerseits und der sukzessiven (Cantorschen) »Ableitung« gewisser Mengen von Unstetigkeitsstellen andererseits. Damit wurde die allgemeine Mengenlehre von G. Cantor, deren mathematischer Keim bekanntlich der Begriff der Mengenableitung (von möglicherweise transfiniter Ordnungsstufe) ist, zur wesentlichen methodischen Grundlage der berühmten »Klassifikation« von B. Nicht zuletzt auch die Notwendigkeit der Verwendung transfiniter Induktion zwang B., sich sehr gründlich Rechenschaft über die Legitimität und die Implikationen der mengentheoretischen Methoden in der Mathematik zu geben. So forderte B. in einem bekannten offenen Brief an J. S. Hadamard (1905), daß sich »in letzter Instanz Alles auf das Endliche zurückführen« lassen müsse. Der im Gegensatz zu dem Vorgehen von É. Borel und Lebesgue qualitativ orientierte, »topologische« Zusammenhang zur Funktionentheorie bestimmte maßgeblich die Bedeutung der Arbeiten B.s für die Entstehung einer allgemeinen (nicht mehr wie bei B. auf den $\mathbf{R}^n$ beschränkten) Punktmengentopologie und der Funktionalanalysis. Letztere profitierte über Fréchet auch von dem bereits 1896 definierten B.schen Begriff der Halbstetigkeit einer Funktion. Dieser erlangte z. B. beim funktionalanalytischen Zugang zur Integrationstheorie, aber auch bei der Weiterentwicklung der direkten Methoden der Variationsrechnung in den 20er Jahren durch L. Tonelli Bedeutung.

Wegen ihrer Neuartigkeit, Vielfalt und Tiefe wurden viele Resultate von B. erst geraume Zeit später in weiteren Bereichen der Mathematik rezipiert. Dies gilt besonders für die neben der »Klassifikation« als zweites Hauptresultat der B.schen Arbeiten anzusehende Einführung des Begriffs der »Kategorie« einer Punktmenge (1898) und den Beweis des Kategorientheorems (zunächst im $\mathbf{R}^1$). Die kategorientheoretischen Gesichtspunkte wurden erst in den 20er Jahren in die Funktionalanalysis eingeführt, z. B. in der polnischen Schule beim Beweis eines zentralen Banachschen Satzes über die Abbildung offener Mengen. Eine Abrundung und erste Anerkennung erfuhren B.s Resultate mit ihrer Veröffentlichung als Monographie in der berühmten Collection Borel (1905).

B.s Leben war von einem schweren, sich schrittweise verschlimmernden Nervenleiden überschattet, das körperlich von einer qualvollen Verengung der Speiseröhre begleitet war. Zweifellos macht diese Krankheit viele in der damaligen bürgerlichen Endzeitstimmung ohnehin latenten Charakterzüge B.s verständlicher, seine Menschenscheu, seinen Kulturpessimismus und philosophischen Agnostizismus, von denen Zeitgenossen berichten. Obwohl B. nur etwas mehr als 10 Jahre im Vollbesitz seiner Schaffenskraft war, reichte dieser Zeitraum dafür aus, ihn zu einem der tiefsinnigsten, in der modernen Mathematik noch immer unmittelbar wirkenden Analytiker werden zu lassen. Si

Literatur: Baire, R. L.: Sur les fonctions de variables réelles, in: Ann. di mat. pura ed applicata (3), 3 (1899), 1–123, Leçons sur les fonctions discontinues (Paris 1905).

Baire-Nekrologe von: Buhl, A. in: Enseignement math. 31 (1932), 5–13; Lebesgue, H. in: C. R. Acad. Sci. 195 (1932), 86–88; Marijon, A. in: Annu. Assoc. amicale ... de l'École Normale (1933), 82–87.

Balmer, Johann Jakob, Physiker, geb. 1. 5. 1825 Lausen (Kanton Basel), gest. 13. 3. 1898 Basel.

B.s für die moderne Atomphysik bedeutsame Leistung bestand in der Aufstellung einer ersten Serienformel für die Spektrallinien des Wasserstoffs.

B., Sohn eines Richters, besuchte in Basel die Oberschule, studierte Mathematik in Karlsruhe und Berlin und promovierte 1849 in Basel mit einer Arbeit über die Zykloiden. Neben seiner Haupttätigkeit als Lehrer an der höheren Töchterschule in Basel von 1859 bis zu seinem Tode war er auch zwischen 1865 und 1890 Lektor an der dortigen Univ. Seine besondere Neigung galt der Geometrie und der Architektur. Er konstruierte Bauten nach historischen Quellen und publizierte eine Schrift mit verbesserten Grundrissen für Arbeiterwohnungen.

Nach fehlgeschlagenen Versuchen, mit akustischen Analogien Gesetze für Spektrallinienserien aufzustellen, erarbeitete B. 1885 empirisch eine Formel für die ersten vier Wasserstofflinien, die sich dem kurzwelligen Ende des Spektrums in immer dichterer Folge nähern. Er ging dabei von einer Grundzahl aus, die mit gesetzmäßig zunehmenden Brüchen multipliziert wurde. Nach B.s Vorhersage wurden später weitere Wasserstofflinienserien gefunden. B.s Ansatz diente als Vorbild für verallgemeinerte Serienformeln von J. Rydberg und H. Kayser sowie für das Kombinationsprinzip von W. Ritz. B.s Formel und die Rydberg-Konstante bildeten für N. Bohr einen wesentlichen Anhaltspunkt bei der Aufstellung seines Atommodells. Schi

Literatur: Balmer, J. J.: Notiz über die Spektrallinien des Wasserstoffs, in: Ann. Phys., 3. Folge, 25 (1885), 80–85, Eine neue Formel für Spektralwellen, in: Ann. Phys., 3. Folge, 60 (1897), 380–391.

Balmer, H.: Johann Jakob Balmer, in: Elemente der Mathematik 16 (1961), 49–60.

Banach, Stefan, Mathematiker, geb. 30. 3. 1892 Krakau (Kraków), gest. 31. 8. 1945 Lwów.

B. war Mitbegründer der Funktionalanalysis und einer der führenden Gelehrten der Lwówer Mathematischen Schule.

B. war ein Autodidakt, als Mathematiker wurde er von H. Steinhaus entdeckt. 1920 nahm A. M. Łomnicki ihn als seinen Assistenten an die TH Lwów, obwohl B. kein beendetes Hochschulstudium hatte. In demselben Jahr legte B. seine Dissertation vor; 1922 wurde er Universitätsprof. Seit 1924 war B. korrespondierendes Mitgl. der Poln. Ak. d. Wiss. Unter seiner und Steinhaus' Leitung entstand die berühmte Lwówer Mathematische Schule, in der wesentliche Teile der Funktionalanalysis erarbeitet wurden. Zu seinen Mitarbeitern und Schülern gehörten z. B. S. M. Ulam, J. Schauder, W. Orlicz und S. Mazur. B. war sowohl Mitbegründer der Ztschr. »Studia Mathematica«, die im wesentlichen der Funktionalanalysis gewidmet war, als auch der bekannten Serie »Mathematische Monographien«. 1940/41 wirkte B. als korrespondierendes Mitgl. der Ak. d. Wiss. der Ukrainischen SSR und als Dekan der Univ. Lwów.

B. hat wesentlichen Anteil an der Herausbildung der Funktionalanalysis als selbständiger mathematischer Disziplin. Er prägte viele ihrer Grundbegriffe, und von ihm stammen auch zahlreiche wichtige Sätze. Besonders hervorzuheben ist die Dissertation »Sur les operations dans les ensembles abstraits et leur application aux équations integrales« von 1922. In ihr subsumierte B. so grundlegende Begriffe wie Zahl, n-Tupel und Funktion unter einem allgemeineren Begriff, der heute als »Punkt im Banach-Raum« bezeichnet wird. Das Hauptwerk von B. ist die Monographie »Théorie des opérations linéaires«, als Bd. 1 der »Mathematischen Monographien« 1932 erschienen. Es war das erste Buch, das allgemein die linearen normierten Räume behandelte. Obwohl dem Buch sowohl das Werk von E. Moore als auch die Untersuchungen von M. Fréchet und F. Riesz vorausgingen, wurde die Theorie erst in ihrem vollen Umfang von B. und seinen Mitarbeitern geschaffen. Gleichzeitig und unabhängig von B. hat N. Wiener das Konzept des normierten Raumes eingeführt; er hat allerdings die Theorie dieser Räume nicht weiter verfolgt. B. formulierte und bewies drei grundlegende Theoreme der linearen Funktionalanalysis: den Satz von Hahn-Banach über die Fortsetzung stetiger linearer Funktionale, das Banach-Steinhaus-Theorem über die gleichmäßige Beschränktheit von Familien beschränkter Abbildungen und den Satz vom abgeschlossenen Graphen. B. führte auch die Begriffe schwache Konvergenz und schwache Abgeschlossenheit ein und gab eine Menge von Anwendungen der allgemeinen Theorie der linearen normierten Räume. Die weitere Entwicklung zeigte zwar, daß die linearen normierten Räume nicht allen Anforderungen der Analysis genügen können, und es wurden allgemeinere Strukturen (lokalkonvexe Räume, metrische Räume) eingeführt. Trotzdem ist die Theorie der Banach-Räume für zahlreiche Anwendungen in der Analysis und der mathematischen Physik die unerläßliche Grundlage geblieben. B. leistete außer zu seinem Hauptarbeitsgebiet, der linearen Funktionalanalysis, auch wichtige Beiträge zur Theorie der Orthogonalreihen, zur allgemeinen Topologie und zur deskriptiven Mengenlehre. Seine Beiträge zur Maß- und Integrationstheorie waren Vorbereitungen zur Entdeckung des Satzes von Radon-Nikodym. Wichtige Arbeiten lieferte B. auch zur Frage der Existenz von Maßen. Banach-Räume werden nach wie vor intensiv studiert. Ein Schwerpunkt der Forschung ist z. B. die Untersuchung konkreter Methoden zur Konstruktion von ε-Netzen in dichten Mengen eines Banach-Raumes. Auch in der numerischen Mathematik spielen die Banach-Räume eine zunehmende Rolle. Hu

Literatur: Banach, S.: Sur le problème de la mesure, in: Fundamenta mathematicae 4 (1923), 7, Théorie des opérations linéaires (Warschau 1932), Mechanika, 2 Bde. (Warschau 1938), engl. Mechanics (Warschau 1951), Œuvres (Warschau 1967).

Steinhaus, H.: Stefan Banach, in: Studia mathematica special series, 1 (1963) 7; Ulam, S.: Stefan Banach 1892–1945, in: Bull. of the Am. Math. Soc. 52 (1946), 600.

Banting, Sir Frederick Grant, Mediziner und Physiologe, geb. 14. 11. 1891 Alliston (Ontario, Kanada), gest. 22. 2. 1941 bei einem Flugzeugunglück über dem Atlantik.

B. gewann zusammen mit dem seinerzeitigen Studenten Ch. H. Best im Laboratorium von J. J. R. Macleod in To-

J.J.Balmer

F.G.Banting

J.Bardeen

G.H.Barkhausen

ronto aus den LANGERHANSschen Inseln des Pankreas (Bauchspeicheldrüse) einen Extrakt zur Heilung des Diabetes (Zuckerkrankheit). Damit war die Existenz eines den Blutzuckergehalt vermindernden Hormons, des Insulins, bewiesen, und es konnten Präparate gewonnen werden, die bei Diabetikern die Symptome der Zuckerkrankheit bei regelmäßiger Zufuhr zum Verschwinden brachten.

B. stammte aus der Familie eines Farmers. Er besuchte das Victoria College in Toronto und studierte anschließend Medizin. 1916 wurde er nach aus Kriegsgründen beschleunigter Ausbildung approbierter Arzt und kam danach als Militärchirurg der kanadischen Truppen in Frankreich zum Einsatz. Mit einer schweren Armverwundung kehrte er zurück. Er erhielt eine Assistentenstelle an der Kinderklinik in Toronto und ließ sich im Juli 1920 als selbständiger ärztlicher Orthopäde in London (Ontario) nieder, aber die Praxis brachte fast keine Einnahmen. Im Oktober 1920 wurde er Demonstrator für Anatomie, Physiologie und Chirurgie an der Univ. Toronto. An der Univ. London wurde er schließlich Repetitor für Physiologie.

Bereits 1889 hatten O. MINKOWSKI und J. v. MERING entdeckt, daß bei Hunden die Entfernung des Pankreas in kurzer Zeit zu schwerem Diabetes (Zuckerkrankheit) führt, und Implantation von gesundem Pankreasgewebe oder Verbindung zum Blutkreislauf gesunder Tiere die Krankheit beseitigt oder mildert. Von etlichen Forschern, so E. PFLÜGER, wurde zwar weiterhin bezweifelt, daß die Exstirpation des Pankreas allein die Zuckerkrankheit auslöst, den bei der Pankreasentfernung gleichzeitig gereizten Nerven die entscheidende Rolle zukommt, aber dem Pankreas galt nun die verstärkte Aufmerksamkeit der Diabetes-Forscher. Da in dem Pankreas verschiedene Enzyme gebildet werden, erhielt man zunächst nur ein Stoffgemisch, in dem die den Zuckerstoffwechsel beeinflussende Substanz zerstört wurde.

B., der 1920 noch keine Forschungserfahrungen hatte, gewann unter Mithilfe von BEST u. a. unter Auswertung der Erfahrungen verschiedenster Forscher im Sommer 1921 einen sehr wirksamen Extrakt nur von den »Inselzellen« des Pankreas von Hunden. Diese »Inselzellen« wurden seit 1893 durch LAGUESSE als Produktionsort des seit 1910 als Insulin bezeichneten Hormons vermutet, das für die Regulation des Traubenzuckers angenommen wurde. B.s und BESTS Erfolg war möglich, weil sie mit Abbindung der Pankreasausführungsgänge den störenden Teil der Pankreaszellen zur Degeneration brachten und eine rasche Zersetzung des Extraktes verhindern konnten. Zur Therapie bei zuckerkranken Menschen gelang es, Rinderinsulin zu gewinnen, und im Januar 1922 wurde der erste Patient behandelt. B. und MACLEOD erhielten 1923 für die Entwicklung der Insulintherapie der Zuckerkrankheit den Nobelpreis für Physiologie und Medizin.

Wie sich später zeigte, gibt es verschiedene Formen von Diabetes und nur ein Teil beruht auf mangelnder Tätigkeit der Inselzellen; beim Altersdiabetes z. B. sind die Rezeptoren des Insulins betroffen; das Symptom »Zuckerkrankheit« erwies sich also als viel komplizierter als vermutet. Zi

Literatur: Banting, F. C.: Diabetes and Insulin. Nobel Lecture (1925), Early Work on Insulin, in: Sci. 85, (1937) No. 2217, 594–596.

Stevenson, L.: Sir Frederick Banting (London/Toronto 1947).

Bardeen, John, Physiker, geb. 23.5.1908 Madison (Wisconsin, USA).

B. ist einer der führenden theoretischen Physiker; er lieferte Beiträge vor allem zur Halbleiterphysik und zur Theorie der Supraleitung.

B., Sohn eines Arztes, beendete 1923 die Madison Central High School und studierte Elektrotechnik an der Univ. von Wisconsin. Nach Abschluß des Studiums blieb er für 2 Jahre als Forschungsstudent an der Univ. und arbeitete über Antennenstrahlung und mathematische Probleme der angewandten Geologie; in dieser Zeit hörte er erste Quantenmechanik-Vorlesungen bei J. H. VAN VLECK, einem der ersten amerik. Vertreter dieses Gebietes. Ab 1930 arbeitete B. in den Forschungslaboratorien von Gulf Oil in Pittsburgh an der Interpretation magnetischer und Gravitations-Erscheinungen zur Erdöllagerstättenerkundung. 1933 wechselte er zur Princeton Univ. und befaßte sich unter E. P. WIGNER mit quantentheoretischen Problemen der Festkörperphysik; 1935–1938 setzte er diese Arbeiten bei VAN VLECK und P. W. BRIDGMAN an der Harward Univ. fort und promovierte 1936. 1938–1941 war B. Prof. an der Univ. von Minnesota. Während des zweiten Weltkrieges arbeitete er im Artillerie-Forschungslabor der Navy.

1945 trat B. der Festkörperforschungsgruppe der Bell-Telephone-Laboratorien bei. Gemeinsam mit W. H. BRATTAIN und W. SHOCKLEY entdeckte er im Dezember 1947 den Transistoreffekt, nachdem er eine Theorie der Oberflächenzustände im Halbleiter aufgestellt hatte. 1950 führte er mit SHOCKLEY den Begriff des Deformationspotentials ein. 1951 wurde B. Prof. für Physik und Elektrotechnik an der Univ. von Illinois. Er nahm nun frühere Arbeiten zur Supraleitung wieder auf. Gemeinsam mit L. N. COOPER und J. R. SCHRIEFFER fand er 1957 in der Paarwechselwirkung der Elektronen auf der Grundlage der von COOPER 1956 erklärten spezifischen Resonanzzustände zweier Metallelektronen, den »COOPER-Paaren«, eine erste theoretisch exakte Erklärung für die Supraleitung (BCS-Theorie). Auf der Grundlage dieser Theorie ließen sich nun supraleitende Legierungen gezielt herstellen und verschiedene Phänomene erklären, z. B. 1962 durch B. D. JOSEPHSON der nach ihm benannte Effekt, der unter anderem in der Mikroelektronik große Bedeutung erlangt hat.

Von weiteren Arbeiten seien das Tunnel-Modell von B. (1961) und die Berechnung der kritischen Felder und

Ströme für dünne Schichten (1962) genannt. Seit 1954 ist B. Mitgl. der National Academy of Sciences, 1968/69 war er Präsident der Amerik. Physikalischen Gesellschaft. 1956 und 1972 erhielt B. den Nobelpreis für Physik. Er ist mehrfacher Ehrendoktor und erhielt unter anderem 1962 den Fritz-London-Preis für Arbeiten zur Tieftemperaturphysik.

Ka

Literatur: Bardeen, J.: Halbleiterforschung auf dem Wege zum Spitzenkontakt-Transistor (Nobelvortrag 1956), in: Phys. Bl. 13 (1957) 10, 436–456, History of superconductivity research, in: Impact of basic research on technology (Hrsg. B. Kursunoglu u. A. Perlmutter, New York/London 1973), Reminiscences of early days in solid state physics, in: Proc. Royal Soc. 371 A (1980), 77–83.

Barkhausen, Georg Heinrich, Schwachstromtechniker, geb. 2.12.1881 Bremen, gest. 20.2.1956 Dresden.

B. war führend an der Schaffung der Theorie der Elektronenröhren und der Kurzwellentechnik beteiligt.

Als Sohn eines Bremer Landgerichtsdir. begann B. seine Ausbildung nach einem halbjährigen Praktikum an der Ingenieurschule in Bremen, wo ihn vor allem die Physik fesselte. 1901–1906 studierte er in München, Berlin und Göttingen, wo er 1907 am Institut für angewandte Elektrizität mit einer Arbeit zum Problem der Schwingungserzeugung promovierte. Durch seine Dissertation empfohlen, arbeitete er anschließend vier Jahre lang im Forschungslabor des Siemens-Konzerns und ein Jahr an der TH Berlin-Charlottenburg. Mit diesen praktischen Erfahrungen ausgerüstet, wurde B. 1911 an die TH Dresden auf den ersten Lehrstuhl für Schwachstromtechnik berufen. In Dresden gründete und leitete B. das erste Institut für Schwachstromtechnik an einer deutschen Hochschule; das zu einer Zeit, als vor allem die Starkstromtechnik Physiker und Techniker in ihren Bann zog. Nach seiner Zerstörung im Jahre 1945 wurde das Dresdener Institut unter B.s Leitung wieder aufgebaut. Mit seinem Wirken begründete B. die Schwachstromtechnik als wissenschaftliche Disziplin, aus der sich die moderne Elektronik entwickelt hat.

Nach der Entdeckung der elektromagnetischen Wellen durch H. Hertz 1886 und deren erster Anwendung zur drahtlosen Telegrafie durch A. S. Popow und G. Marconi im Jahre 1900 war 1906 empirisch die Triode als Verstärkerelement von L. de Forest gefunden worden. B. lieferte wichtige Beiträge zur Theorie der Elektronenröhren als einer wesentlichen Grundlage für die stürmische Entwicklung der drahtlosen Nachrichtenübermittlung. Mit seiner Röhrengleichung verknüpfte B. die von ihm definierten Kenngrößen einer Röhre miteinander, die für die richtige Dimensionierung einer elektronischen Schaltung maßgebend sind. An der Entwicklung der Schaltungstechnik für kurze und ultrakurze elektromagnetische Wellen war B. führend beteiligt und eröffnete damit immer umfassendere Nutzungsmöglichkeiten der Hochfrequenztechnik. Die von B. gemeinsam mit K. Kurz im Jahre 1920 entdeckten Barkhausen-Kurz-Schwingungen und die Aufklärung ihrer Entstehung führten zur Ausnutzung der Geschwindigkeitsmodulation eines Elektronenstrahls als Wirkprinzip zahlreicher Spezialröhren der Höchstfrequenz- und Mikrowellentechnik. Auf dem Gebiet des Magnetismus entdeckte B. mit akustischen Methoden die bei der Magnetisierung ferromagnetischer Materialien auftretenden Diskontinuitäten, die einen wichtigen Hinweis auf das Vorhandensein von Bereichen unterschiedlicher Magnetisierungsrichtungen und auf das plötzliche Umklappen dieser Domänen darstellten. B. erarbeitete auch wichtige Meßverfahren in der Akustik und führte die Maßeinheit Phon für die subjektive Schallempfindung ein.

Ek

Literatur: Barkhausen, G. H.: Lehrb. der Elektronenröhren, 4 Bde. (Leipzig 1924, 1925, 1929, 1934; zuletzt 1953, 1954, 1954, 1951).

Barrande, Joachim, Paläontologe, geb. 11.8.1799 Saugues (Dep. Haute-Loire, Frankreich), gest. 5.10.1883 Schloß Frohsdorf bei Wien.

B. erwarb sich insbesondere Verdienste mit seinen Studien über die Stratigraphie der paläozoischen Formationen in Böhmen.

B. stammte aus einer vermögenden Gutsbesitzerfamilie. 1819–1824 studierte er an der École Polytechnique und der École des Ponts et Chaussées. Zunächst arbeitete er als Ing., dann als Erzieher des Enkels von Karl X. Nach der Julirevolution 1830 floh B. mit der kgl. Familie nach Prag, wo er auch nach deren Abreise blieb. Er arbeitete wieder als Ing. und beteiligte sich an der Vermessung der Pferdeeisenbahn von Prag über die Krivoklát-Wälder. Dabei lernte er die lokalen geologischen Schichten kennen und begann, sich für ihre reiche fossile Fauna zu interessieren. Seither war die Erforschung der Stratigraphie der Prager Umgebung B.s hauptsächliche Lebensbeschäftigung.

Mehr als vierzig Jahre lang befaßte sich B. mit dem Sammeln und der Beschreibung von Fossilien des Mittelböhmischen Beckens. Die ersten Ergebnisse seiner Arbeit gab er 1846 als »Notice Préliminaire, sur le Système Dilurien et les Trilobites de Bohême« heraus. Er teilte hier das »böhmische Silur« in 8 mit den Buchstaben A–H bezeichnete Schichten auf und verglich diese Aufteilung mit der engl. paläozoischen Schichtfolge, die zu dieser Zeit von R. J. Murchison beschrieben worden war. Heute weiß man, daß B.s Silur A–H mehrere geologische Formationen umfaßte und Schichten des Kambriums, Ordoviziums, Silurs und Devons einbegriff. Das Hauptlebenswerk B.s ist die mehrbändige, fünfzig Jahre lang erscheinende Monographie »Système Silurien du Centre de la Bohême«, die ihrer genauen Zeichnungen und detaillierten Beschreibungen wegen bis heute benutzt wird (die ganze Arbeit hat einen Umfang von 4369 Seiten und enthält 1125 Großformattabellen). In ihr beschrieb B. mehr als viertausend neue Fossilarten (für deren Terminologie er jedoch nicht den Beschluß des internationalen geologischen Kongresses über Terminologie in Bologna respektierte, sondern tschech. Namen benutzte). Er unterschied z. B. Metamorphosen in mehreren Trilobitgattungen und identifizierte sogar deren embryonale Stadien. Was seine Anschauung anbetrifft, vertrat B. sein ganzes Leben lang G. Cuviers Konzeption der Beständigkeit der Arten und verteidigte auch beharrlich seine »Kolonientheorie«, wonach das Vorkommen von jüngeren Faunen zwischen älteren Schichten durch Migrationen und nicht durch anomale tektonische Schichtenverwerfung erklärt wird. B.s umfangreiche Sammlung wurde nach seinem Tod dem Prager Nationalmuseum (Nàrodni museum) übergeben. Seinem Testament gemäß sollten die übrigen von ihm vorbereiteten Monographiebände vom Nationalmuseum herausgegeben werden.

B.s Forschungsarbeiten beeinflußten zeitgenössische geologische Theorien, z. B. die von Ch. Lyell, und trugen wesentlich zur Paläontologie der 1. Hälfte des 19. Jh. bei. Zum Andenken an seine Arbeit wurde das Gebiet, in dem er sein Leben lang seine Forschungen betrieb, Barrandien benannt.

Ba

Literatur: Barrande, J.: Notice Préliminaire sur le Système Silurien et les Trilobites de Bohême (Leipzig 1846), Système Silurien du Centre de la Bohême (Prag 1852–1902), Défense des colonies (Prag 1861–1881).

Boucek, B.: Personalité et l'œuvre scientifique de Joachim Barrande, in: Casopis pro mineralogii a geologii 15 (1970), 12–19, Liste des publications sur Joachim Barrande, in: Casopis pro mine-

J. Barrande

I. Barrow

A. de Bary

N. G. Basow

ralogii a geologii 15 (1970), 74–76; Svoboda, J., u. F. Prantl: Barrandium: Geologie des mittelböhmischen Silur und Devon (Prag 1958).

Barrow, Isaac, Mathematiker und Theologe, geb. Oktober 1630 London, gest. 4. 5. 1677 London.

B. war einer der bedeutenden Vorläufer I. Newtons bei der Entwicklung grundlegender Methoden der Analysis.

B., Sohn eines Tuchhändlers, studierte in Cambridge alte Sprachen, Theologie und Mathematik. Er wurde 1648 Bachelor of Arts und 1652 Magister Artium; er wirkte als Lehrer am Trinity College. 1655–1659 war B. auf Reisen, unter anderem in Frankreich, Italien, Deutschland und im vorderen Orient. 1660 wurde B. in Oxford Prof. des Griechischen, später der Philosophie, dann Prof. der Geometrie in London (1662) und 1663 Prof. der Mathematik in Cambridge. 1669 verzichtete B. zu Gunsten Newtons auf seine Professur; er war der einzige bedeutende Lehrer Newtons gewesen, hatte dessen außerordentliche Begabung erkannt und ihn zur modernen Naturwissenschaft und Mathematik geführt. Bald nach ihrer Bekanntschaft waren B. und Newton freundschaftlich verbunden. B. war schon 1660 zum Priester geweiht worden und wirkte nach seinem Abschied vom wissenschaftl. Lehramt als Hofprediger des engl. Königs.

B.s erste bedeutende Leistung, die »Lectiones mathematicae« (1664–1666), war eine Abhandlung der Grundlagen der Mathematik vom »griech. Standpunkt« unter Einbeziehung zeitgenössischer Arbeiten zu diesem Thema. 1668/69 hielt B. in Cambridge seine berühmten »Lectiones geometricae«, die 1670 erstmals veröffentlicht wurden. Darin faßte B. die gesamte vorhandene Literatur über infinitesimale Probleme zusammen und verwendete zur Darstellung ausschließlich geometrische Verfahren. In den »Lectiones« behandelte B. das charakteristische Dreieck, Subtangenten- und inverse Tangentenaufgaben, einfache Differentialgleichungen, Variablensubstitutionen, die logarithmische Spirale und die Bernoullische Ungleichung. Von grundlegender Bedeutung war seine Erkenntnis, daß Tangentenproblem und Quadraturproblem inverse Aufgaben sind. Auch heute noch können viele der Deduktionen B.s als durchaus streng angesehen werden. Der Einfluß Barrowscher Ideen ist bei Newton unverkennbar, während G. W. Leibniz erst nach der Abfassung eigener grundlegender Abhandlungen die Arbeiten von B. zu Gesicht bekam.

Die in den »Lectiones opticae« (1669) zusammengefaßten optischen Arbeiten von B. hatten nur geringen Einfluß auf die Entwicklung der Optik, weil sie durch die Ergebnisse Newtons bald in Vergessenheit gerieten. Allerdings haben B.s Schriften zur Optik die Methodologie von Newtons Untersuchungen stark beeinflußt. Die »Lectiones« zeugen von B.s guter Kenntnis der einschlägigen historischen Literatur, während sie an eigenen Beiträgen nur bestimmte Punktkonstruktionen enthalten, die Vorlaufcharakter für die geometrische Optik haben. Großes Interesse hatte B. an antiken mathematischen und philosophischen Schriften. Er veröffentlichte als erste Schrift überhaupt »Euclidis Elementorum libri XV breviter demonstrati«, später Euklids »Data« (1657), Schriften von Archimedes (1666), Appolonios (1675) und Theodosios (1675). Il

Literatur: The Mathematical Works of Isaac Barrow D. D. (Hrsg. W. Whewell, Cambridge 1860), Theological Works, 9 Bde. (Hrsg. A. Napier, Cambridge 1859).

Bary, Anton de, Biologe, geb. 26. 1. 1831 Frankfurt/Main, gest. 19. 1. 1888 Straßburg (Strasbourg).

B. ist einer der Hauptbegründer der Mykologie (Pilzkunde) und wirkte bahnbrechend als Erforscher der parasitischen Pilze.

B. war der Sohn eines kinderreichen Arztes aus wallonischer Familie; schon als Schüler gewann er großes Interesse an Botanik und wurde, angeregt von dem Frankfurter Arzt und Botaniker J. B. G. Fresenius, auf die noch weniger erforschten niederen Pflanzen gelenkt. B. studierte Medizin, ab 1849 an der Univ. Heidelberg, 1849/50 an der Univ. Marburg, ab Wintersemester 1850/51 an der Univ. Berlin. Er war aber weiterhin botanisch tätig und wurde in Berlin von A. Braun, auch Ch. G. Ehrenberg und J. Müller beeinflußt. Im März 1853 promovierte B. zum Dr. med., legte bald darauf in Frankfurt a. M. das medizinische Staatsexamen ab und ließ sich hier für kurze Zeit als praktischer Arzt nieder. Noch im gleichen Jahr habilitierte er sich für Botanik an der Univ. Tübingen und wurde hier Privatdoz. für Botanik. Im Herbst 1855 folgte er einem Rufe als ao. Prof. an die Univ. Freiburg im Breisgau, wo er 1859 eine o. Professur erhielt. 1867 wurde er o. Prof. an der Univ. Halle. 1872 ging er als o. Prof. an die neue Univ. Straßburg und erreichte hier die Höhepunkte seiner Erfolge. Bei ihm arbeiteten viele Studenten aus verschiedenen Ländern, die z. T. ebenfalls bedeutende Forscher wurden, so die russ. Mykologen M. S. Woronin und S. N. Winogradski. B.s erste Untersuchung galt dem Pilz Achlya prolifera. 1853 veröffentlichte er ein Buch über die Brandpilze, in dem deren Pilznatur (Myzel) nachgewiesen wurde. Im Laufe der folgenden Jahre klärte er die ontogenetische Entwicklung einer Reihe von parasitischen Pilzen, ein Gebiet, auf dem die Brüder L. R. und Ch. Tulasne in Frankreich schon Pionierarbeit geleistet hatten. Wegen der großen Ertragsausfälle, die manche parasitischen Pilze an Kulturpflanzen verursachten, war deren Erforschung von großer wirtschaftlicher Bedeutung; B.s Lebenswerk wurde deshalb mit dem von L. Pasteur verglichen. B. wies klar nach, daß parasitische Pilze nicht, wie bisher oft behauptet, aus entarteter Substanz ihrer Wirtspflanzen entstehen, sondern nur aus ihren eigenen Fortpflanzungskörpern (Sporen) und daß die parasitischen Pilze in wohldefinierte Arten getrennt werden können, wogegen z. B. E. H. Hallier polemisierte.

B. klärte den Lebenszyklus des Erregers der Hungersnöte verursachenden Kartoffelfäule, der Phytophthora; er beobachtete, wie die Sporen Keimschläuche bilden, diese in die Spaltöffnungen der Wirtspflanze eindringen, im Inneren dieser ihr Myzel ausbilden und die Pflanze zerstört wird. Bei Sklerotien wies er nach, wie vom Pilz ausgeschiedene Stoffe die Mittellamelle der Zellwände auflösen und die Pflanzengewebe zersetzen, wobei sich die einzelnen Wirtspflanzen als unterschiedlich anfällig erwiesen (1886). Von besonderer Bedeutung war die Aufklärung des Entwicklungszyklus des Getreideschwarzrostes, Puccinia graminis, dessen verschiedene Generationen auf verschiedenen Wirtspflanzen, nämlich Getreide bzw. Quecke und Berberitze, leben. B. fand die Berberitze als Zwischenwirt, indem er der alten Erfahrung nachging, daß die Beseitigung der Berberitzensträucher in der Nähe von Getreidefeldern den Befall mit Getreideschwarzrost vermindert. B. zeigte experimentell, daß von Getreidepflanzen stammende Rostsporen (Teleutosporen) nach der Winterruhe nicht auf Gras keimten, wohl aber auf Berberitzenblättern. Von dort war der Pilz wieder auf Getreide übertragbar. B. erbrachte damit den ersten einwandfreien Nachweis des Wirtswechsels parasitischer Pilze (1864, 1865). Er konnte das auch für weitere Rostpilze ermitteln.

Bereits am Beginn seiner Laufbahn hatte B. die als eigenständige Gruppe erkannten Schleimpilze (Myxomycetes) (bei B. »Mycetozoen«) eingehend erforscht (1858). 1877 veröffentlichte er auch eine »Vergleichende Anatomie der Vegetationsorgane der Pflanzen«. 1878 prägte B. den Begriff der »Symbiose« für die Erscheinung, daß zwei Organismenarten für ihr Überleben aufeinander angewiesen sind; damit hatte er einen Grundbegriff der Ökologie geprägt, faßte ihn aber weiter, als es heute üblich ist.

Als einer der ersten in Deutschland betrieb B. in Freiburg botanische Laboratoriumsforschung. Zi

Literatur: de Bary, A.: Untersuchungen über die Brandpilze (Berlin 1853), Vergleichende Morphologie und Biologie der Pilze, Mycetozoen und Bacterien (Leipzig 1884), Vorlesungen über Bacterien (Leipzig 1885, 1887).

Bassow (Basov), Nikolai Gennadijewitsch, Physiker, geb. 14.12.1922 Woronesh (UdSSR).

B. ist einer der Pioniere der Quantenelektronik und entwickelte gemeinsam mit A. M. Prochorow (und unabhängig von Ch. H. Townes in den USA) den ersten Maser.

B. wuchs in Woronesh auf, wo der Vater Prof. am Forstinstitut war. Nach Ausbruch des zweiten Weltkrieges ging B., statt ein geplantes Physikstudium aufzunehmen, auf die Militärakademie, die er 1943 als Leutnant des Sanitätswesens verließ. Danach kämpfte er an der ukrain. Front. 1946 nahm B. ein Physikstudium am Moskauer Ing.-physikalischen Institut auf. Noch während des Studiums arbeitete er im Moskauer Physikalischen Institut der Ak. d. Wiss. der UdSSR im Schwingungslaboratorium unter M. A. Leontowitsch. Nach Abschluß des Ing.-Studiums wurde er 1950 dort Assistent, schrieb 1953 bei Prochorow auf dem neuen Gebiet der Radiospektroskopie seine Kandidatendissertation und promovierte 1956 zum Doktor der Wissenschaften. 1962 wurde B. Laborleiter. 1958–1972 war er stellvertretender Dir. des Instituts, seit 1973 ist er Dir. Seit 1963 lehrt er als Prof. am Ing.-physikalischen Institut. 1962 wählte man B. zum korrespondierenden, 1966 zum ordentlichen Mitgl. der Ak. d. Wiss. der UdSSR.

Anfang der 50er Jahre erarbeiteten B. und Prochorow die Grundlagen für die Erzeugung und Verstärkung elektromagnetischer Strahlung in Quantensystemen (Maser-Prinzip) und bauten 1954 ein entsprechendes Gerät mit Ammoniak als Arbeitsmittel. 1955 diskutierten sie die 3-Niveau-Methode zur Erzeugung angeregter Nichtgleichgewichtszustände, die besonders für den optischen Bereich interessant wurde. In den folgenden Jahren leisteten sie wesentliche theoretische Beiträge zur Übertragung des Maser-Prinzips auf optische Frequenzbereiche; 1958 schlug B. den Halbleiterlaser vor und diskutierte die verschiedenartigsten Anregungsarten. 1961 entstanden die ersten Vorstellungen zum Injektionslaser (1962 realisiert) sowie zum Hochleistungslaser (1963 realisiert). Seit Anfang der 60er Jahre befaßt sich B. mit der lasergesteuerten Kernfusion. Zugleich entstanden grundlegende Arbeiten zu chemischen Lasern.

Neben der Forschungsarbeit fördert B. zielstrebig die Popularisierung wissenschaftlicher Erkenntnisse. Er ist Chefredakteur der Ztschr. »Priroda« und seit 1978 Vorsitzender der populärwissenschaftlichen Allunionsgesellschaft »Snanije«. Außerdem ist er Herausgeber der Ztschr. »Kwantowaja Elektronika«.

Zu seinen zahlreichen Ehrungen gehören der Nobelpreis für Physik 1964, der Leninpreis und die Mitgliedschaft in verschiedenen Akademien. Ka

Literatur: Basov, N. G.: Halbleiterlaser (Nobelvortrag 1964), russ. in: Uspehi fizičeskih nauk 85 (1965) 4, 585–598, dtsch (gekürzt) in: Umschau 65 (1965) 9, 257–261, Quantenelektronik – Entwicklung und Perspektiven, in: Wiss. u. Fortschr. 25 (1975) 5, 202–207; Laser steuern Kernfusion, in: Wiss. u. Fortschr. 29 (1979), 220–225, O kvantovoj èlektronike (Stat'i i vystuplenià) (Moskau 1987).

Radunskaâ, I. L.: Der gefesselte Lichtstrahl (Moskau u. Leipzig 1974); Wul, B. M., u. a.: Nikolai Gennadiewič Basov, in: Uspehi fizičeskih nauk 138 (1982) 4, 683–684.

Bateson, William, Biologe, geb. 8. 8. 1861 Whitby bei Yorkshire (England), gest. 8.2.1926 Merton bei London.

B. war einer der führenden Begründer der klassischen Genetik und prägte 1906 das Wort »Genetik« für die nach 1900 begründete neue Vererbungswissenschaft.

B. war der Sohn eines Hochschullehrers für klassische Sprachen am St. John's College der Univ. Cambridge. An dieser Einrichtung nahm B. 1879 ein Studium der Naturwissenschaften auf. Besonders beeinflußte ihn hier der Embryologe F. M. Balfour, ebenso der Zoologe A. Sedgwick und der Biometriker W. F. R. Weldon.

Nachdem er 1883 den Grad eines Bachelor of Arts (B.A.) erhalten hatte, weilte B. 1883/84 zu Studien- und Forschungszwecken an der Ostküste der USA, in Maryland und Virginia, und arbeitete hier unter Leitung des Zoologen W. K. Brooks. 1886/87 reiste B. zu Forschungszwecken in die Steppengebiete des damaligen asiatischen Rußland, wenige Monate später in das nördliche Ägypten. 1908 erhielt er den für ihn neugegründeten Lehrstuhl für Genetik an der Univ. Cambridge, den ersten Lehrstuhl für dieses Fach. 1910 ging er als Dir. an die damals neugegründete und hauptsächlich aus Privatmitteln finanzierte John Innes Horticultural Institution in Merton bei London, die unter seiner Leitung ein bedeutendes Zentrum der genetischen Forschung wurde.

B. durchlief in seiner wissenschaftlichen Laufbahn drei Perioden. Zunächst betrieb er vergleichend anatomisch-morphologische Forschungen, wie sie für den Aufbau der Evolutionstheorie nach 1860 viel durchgeführt wurden. In diesem Zusammenhang lieferte er als bedeutende phylogenetische Arbeit eine Untersuchung des noch wenig bekannten Eichelwurmes (Balanoglossus), den er an der Atlantikküste Nordamerikas sammeln konnte, und erkannte dessen Bedeutung für die Annahme einer stammesgeschichtlichen Herkunft der Chordatiere (Chordata) von wurmähnlichen Vorfahren. Derartige phylogenetische Untersuchungen erschienen ihm aber nach einiger Zeit als unbefriedigend, da sie keine voll beweisbaren Ergebnisse brachten und nicht zur Aufklärung der Kausalität der Evolution beitrugen. B. wandte sich daher der Erforschung der Variabilität zu. Ausgehend von der Annahme, daß Kleintiere der Gewässer der aralo-kaspischen Salzsteppen, die öfters einem stark wechselnden Salzgehalt unterliegen, gute Aufschlüsse über die Variabilität geben müßten, ging er auf einer Forschungsreise an ihre Untersuchung. B., der danach die »Vererbung erworbener Eigenschaften« noch als gegeben ansah, war von den Ergebnissen dieser Forschungen enttäuscht. Aus der vergleichenden Untersuchung verwandter Organismenformen und aus der Literatur trug er aber zahlreiche Beispiele für die Variabilität zusammen und gelangte wie H. DE VRIES und S. I. KORSCHINSKY zu dem Ergebnis, daß die für die Evolution wichtigen Variationen sprunghaft erfolgen, also diskontinuierlich sind (1891). Darüber gab es Auseinandersetzungen mit den Vertretern der englischen Biometrikerschule, besonders mit WELDON.

Für die weitere Erforschung der diskontinuierlichen Variationen erkannte er als wichtige Methode die Hybridisation. 1897 begann er mit eigenen Kreuzungsexperimenten.

Nach der Wiederentdeckung der MENDELschen Gesetze durch C. E. CORRENS, VRIES, E. v. TSCHERMAK im Jahr 1900 erkannte B., daß sie für die weitere Erforschung der diskreten Abänderungen gut geeignet sind, und begann mit einigen Mitarbeitern eingehende Untersuchungen über die Vererbung und wurde selbst einer der führenden Vererbungsforscher. B. wies neben L. CUÉNOT erstmals die Gültigkeit der MENDELschen Gesetze auch für Tiere nach. Bei Vererbungsexperimenten an der Gartenwicke fand B. zusammen mit R. G. PUNNETT die Faktorenkoppelung; d. h., bestimmte Merkmale und damit deren Erbanlagen werden nur gemeinsam übertragen. Diese Koppelung wurde für T. H. MORGAN Beweis für die Richtigkeit der Chromosomentheorie der Vererbung. Der von T. BOVERI und W. S. SUTTON aufgestellten Chromosomentheorie stand B. aber fast lebenslang skeptisch gegenüber, da sie ihm unzureichend bewiesen erschien. 1902 verfaßte er ein erstes Einführungsbuch in die mendelistische Vererbungslehre und bot dem englischsprachigen Leser auch die Übersetzung von J. G. MENDELS Originalarbeit. B. prägte auch bedeutende Fachtermini der Genetik, die bis heute benutzt werden: Allele, Gameten, Zygote, homozygot-heterozygot, epistatisch-hypostatisch. Zuletzt forschte er über Pflanzenchimären.

Die Dominanz und Rezessivität in der Vererbung erklärte B. durch eine »Presence-Absence-Hypothese«. Danach gibt es für jedes Merkmal und dessen Erbanlagen nur zwei Alternativen, vorhanden oder nicht vorhanden. Aber diese einfache Erklärung ließ sich nicht aufrecht erhalten, es gibt auch mehr als zwei Varianten eines Erbfaktors, multiple Allelie.

Zusammen mit PUNNETT war B. Herausgeber des 1910 gegründeten »Journal of Genetics«, einer der ersten Fachzeitschriften der Genetik.

B. war vielseitig gebildet, sammelte Kunstwerke, aber seine gesellschaftskritischen Ansichten bei Betonung der Rolle einer intellektuellen Elite führten ihn auch in eine gewisse Isolierung. Zi

Literatur: Bateson, W.: Materials for the Study of Variation ... (London 1894), Mendel's principles of Heredity (Cambrigde 1909 u. 1913), dtsch Mendels Vererbungstheorien (Leipzig 1914), Scientific Papers of William Bateson (Hrsg. R. C. Punnett) 2 Bde. (Cambrigde 1928), B. Bateson (ed.): William Bateson, F.R.S.Naturalist. His Essays and Adresses (mit Biographie, Cambridge 1928).

al-**Battani** (Muḥammad ibn Ǧābir ibn Sinān al-Battānī al-Ḥarrānī aṣ-Ṣābi'), lat. ALBATEGNIUS o. ä., Astronom, gest. 929 (317 Hedschra) Qasr al-Djiss (nördlich von Bagdad).

W. Bateson

E. Baur

B. war einer der bedeutendsten muslimischen Astronomen; in lat. Übersetzung übten seine Werke einen erheblichen Einfluß auf die Entwicklung der europ. Astronomie aus.

Ort und Zeit von B.s Geburt sind unbekannt, jedoch ist überliefert, daß er 877/78 mit seinen Beobachtungen begann. Seine Vorfahren waren syr. Sabier, d. h. Bekenner einer bodenständigen, aber stark hellenisierten Gestirnreligion, deren Zentrum die Stadt Harran im nördlichen Mesopotamien war. Sie waren als präzis arbeitende Handwerker, darunter auch als Hersteller von Astrolabien und Himmelsgloben, geschätzt; bei einem Vertreter dieser Zunft namens DJABIR IBN SINAN handelt es sich wahrscheinlich um B.s Vater. Auch B. konstruierte seine Geräte selbst, so z. B. eine neuartige Armillarsphäre. Er hatte seinen Wohnsitz und seine Sternwarte in dem unweit von Harran gelegenen Raqqa. 901 beobachtete er eine Sonnen- und eine Mondfinsternis in Antiochien. Sonst ist von seinem Leben nichts bekannt, außer daß er sich im vorgerückten Alter wegen eines Rechtsstreites nach Bagdad begab und auf der Rückreise starb. B. scheint gute Beziehungen zum Kalifenhof unterhalten zu haben, denn eine seiner astrologischen Schriften verfaßte er für den mächtigen Wesir ABU'L-HASAN IBN AL-FURAT (855–924). Aus seinem Namen Muhammad geht hervor, daß er Muslim war; bezeichnend ist auch, daß er sich, wie durch Zitate in AL-BIRUNIS »Chronologie« belegt ist, um eine astrologische Verankerung der Lebensdaten des arab. Propheten bemüht hat.

B. gehört in die Rezeptionsgeschichte der griech. Astronomie im mittelalterlichen Islam, insbesondere des Ptolemäischen »Almagest«, der um 800 mehrmals ins Arabische übersetzt worden war. Sein großes astronomisches Tafelwerk, mit einem gängigen Terminus als »al-Zidj« bezeichnet, strebt nicht die systematische Anlage des Vorbildes an, weist auch in der Behandlung der Planetenbewegungen schwere Mängel auf, bietet aber dafür in anderer Hinsicht entscheidende Verbesserungen. Die Schiefe der Ekliptik bestimmte B. mit 23°25′ (genau wie sie zu seiner Zeit tatsächlich war) und stellte im Widerspruch zu PTOLEMAIOS ihre Veränderlichkeit fest. Ebenso widerlegte er dessen Behauptung, daß das Apogäum und die Exzentrizität der Sonne unbeweglich seien, dies offenbar im Anschluß an frühere in Bagdad erarbeitete Methoden. Einen Zusammenhang mit der Präzession des Frühlingspunktes konnte er noch nicht erkennen. Diese gab er, wie schon THABIT IBN QURRA, mit 1° in 66 Jahren genauer an als PTOLEMAIOS, der dafür 100 Jahre angesetzt hatte, jedoch verwarf er THABITS Theorie der sog. Trepidation, womit dieser eine Verlangsamung und schließlich Umkehrung der Präzession vorhersagen wollte. B. machte noch eine Reihe weiterer wichtiger Entdeckungen und Beobachtungen, so z. B. die, daß das Apogäum der Venus dem der Sonne gleichgelagert ist, was jedoch im Rahmen des ptolemäischen Kosmosmodells als zufällig erscheinen mußte. Ausgehend von den genauen Messungen der scheinbaren Durchmesser der Sonne und des Mondes bewies B. die Möglichkeit ringförmiger Sonnenfinsternisse, die nach dem »Almagest« undenkbar waren.

Der »Zidj« wurde im 12. Jh. zweimal ins Lateinische übersetzt, außerdem auf Geheiß von König ALFONSO DEM WEISEN (1252–1282) ins Spanische. Die lat. Version des PLATO VON TIVOLI wurde von den Astronomen der europ. Renaissance, so auch von N. COPERNICUS, häufig zitiert. REGIOMONTANUS entlehnte dem »Zidj« einige elegante Lösungen auf dem Gebiet der sphärischen Trigonometrie. 1749 benutzte R. DUNTHORNE die exakten Beobachtungen B.s, um die säkulare Beschleunigung der mittleren Mondbewegung zu bestimmen. Ein Mondkrater wurde B. zu Ehren Albategnius genannt. Sm

Literatur: Al-Battānī sive Albatenii Opus astronomicum, 3 Bde. (Hrsg. C. A. Nallino, Mailand 1899, 1903, 1907).

Fück, J. (Hrsg.): Documenta Islamica inedita (Berlin 1952), 95f.

Bauer, → Agricola.

Baur, Erwin, Genetiker und Kulturpflanzenzüchter, geb. 16. 4. 1875 Ichenheim (Baden), gest. 2. 12. 1933 Berlin.

B. war einer der Begründer der wissenschaftlichen Pflanzenzüchtung. Durch beispielhafte experimentelle Untersuchungen am Löwenmaul (Antirrhinum) entdeckte er wesentliche genetische Gesetzmäßigkeiten. Er förderte nachhaltig die Entwicklungsrichtungen der Virus-, Mutations- und Evolutionsforschung und bewies die Gültigkeit der MENDELschen Vererbungsregeln für die angewandte Vererbungs- und Züchtungsforschung.

B., Sohn eines Apothekers, studierte 1894–1900 in Heidelberg, Straßburg (Strasbourg) und Kiel Medizin; 1900 erfolgte die Promotion zum Dr. med. Nach kurzer psychiatrischer Tätigkeit wandte er sich der Botanik zu und wurde 1903 zum Dr. phil. promoviert. Er war 1. Assistent am Botanischen Institut der Univ. Berlin bei S. SCHWENDENER. 1905 habilitierte sich B. mit einer Schrift über »Myxobacterienstudien«. 1911 erfolgte die Ernennung zum o. Prof. für Botanik an der Landwirtschaftlichen Hochschule Berlin, und 1914 wurde er hier o. Prof. für Vererbungsforschung und Dir. des neu gegründeten Instituts für Vererbungswissenschaft, des ersten dieser Art in Deutschland. 1926 führte ihn eine wissenschaftliche Sammlungsreise nach Kleinasien. 1927 war B. Präsident des V. Internationalen Genetiker-Kongresses in Berlin. 1928 wurde er Dir. des im gleichen Jahr gegründeten Kaiser-Wilhelm-Instituts für Züchtungsforschung in Müncheberg bei Berlin, das er bis zu seinem Tode leitete.

Durch die ab 1903 in Berlin beginnenden Untersuchungen zur Aufklärung der infektiösen Panaschierung (Buntblättrigkeit) bei Malvazeen und ihrer Übertragung auf verschiedene Pflanzen wuchs B. in die Fragestellungen der sich konstituierenden Vererbungswissenschaft (Genetik) hinein. Er begann, experimentell die Vererbungsverhältnisse in Aurea-Varietäten des Löwenmauls zu untersuchen, das durch ihn zum klassischen genetischen Objekt der Botanik wurde. In der Arbeit über die Buntblättrigkeit der Pelargonie (Pelargonium zonale) entwickelte B. 1909 die Entmischungshypothese und zeigte, daß die im Zellplasma vorhandenen Chromatophoren (Plastiden) selbständige und vom Zellkern unabhängige nichtmendelnde Erbeinheiten sind. Seine genetischen Forschungen widerspiegelten sich auch in der Lehrtätigkeit. So hielt B. ab 1907 erste Vorlesungen über Vererbung, die zur Grundlage seines Lehrb. »Einführung in die experimentelle Vererbungs- und Artbildungslehre« (1911) wurden, das für lange Zeit ein Standardwerk der Vererbungswissenschaft war. Unter seiner Hauptredaktion erschien 1908 als erstes genetisches Periodikum der Welt die »Ztschr. für induktive Abstammungs- und Vererbungslehre«. Als Ergebnis seiner zwanzigjährigen experimentellen genetischen Arbeiten legte B. 1924 die klassische Monographie »Untersuchungen über das Wesen, die Entstehung und Vererbung von Rassenunterschieden bei Antirrhinum majus« vor, die eine umfassende Analyse der Erbfaktoren (Farbvererbung) dieser Pflanzen beinhaltete. Mit dieser Arbeit trug er wesentlich zur Weiterentwicklung der Theorie des Gens bei, er leistete einen wertvollen Beitrag zur Aufklärung der Wirkungsweise von Genen untereinander (Interaktion und Kopplung der Gene), zur Chromosomentopographie sowie zur Erscheinung der multiplen Allelie und bewies an Studien zu spontanen Mutationsraten die Bedeutung der Kleinmutationen im Evolutionsprozeß. Unter B.s Leitung wurden erste Experimente zur künstlichen Mutagenese durchgeführt. So untersuchte seine Mitarbeiterin E. STEIN 1921 die Auswirkungen von Radiumstrahlen auf Antirrhinum. B. erkannte die Bedeutung der Genetik für eine wissenschaftlich fundierte Pflanzen- und Tierzüchtung und formulierte die Theorie, daß die bis dahin in der Praxis betriebene Auslesezüchtung erfolgreich von der Kreuzungszüchtung abgelöst werden kann. Diese These war die wissenschaftliche Zielstellung des Kaiser-Wilhelm-Instituts für Züchtungsforschung (Müncheberg). Besondere Verdienste erwarb sich das Institut bei der Züchtung von neuen Weizen-, Roggen-, Gerstensorten, Obst- und Rebengehölzen und zur Resistenzzüchtung bei Kartoffeln. Ein besonderer Züchtungserfolg gelang B. und seinem Mitarbeiter R. v. SENGBUSCH in Anwendung des »Gesetzes der homologen Reihen« von N. I. WAWILOW mit der Züchtung einer bitterstofffreien Lupine.

Als einer der ersten Genetiker versuchte B. die Genetik für die Heilung bestimmter Krankheiten des Menschen nutzbar zu machen; die Herausbildung der Humangenetik wurde wesentlich durch ihn initiiert. In dem von B. verfaßten genetisch-naturwissenschaftlichen Teil der »Grundlagen der menschlichen Erblichkeitslehre und Rassenhygiene« (1921) wurden erstmals humangenetische Probleme systematisch behandelt; seine biologistischen Interpretationen sozialer Zusammenhänge wurden unter dem Nationalsozialismus mißbraucht. B. war Mitbegründer der »Deutschen Gesellschaft für Vererbungswissenschaft« (1921) und Herausgeber der Fachztschr. »Der Züchter« (1929). Su

Literatur: Baur, E.: Einführung in die experimentelle Vererbungs- und Artbildungslehre (Jena 1911), Lehrb. der Pflanzenzüchtung (Jena 1921). Grundlagen der menschlichen Erblichkeitslehre und Rassenhygiene (Hrsg. E. Fischer, F. Lenz, E. Baur, München 1921). Untersuchung über das Wesen, ... bei Antirrhinum majus, in: Bibl. genet. 4 (1924), 1–170, der Allruss. Kongreß für Genetik, Tier- und Pflanzenzüchtung in Leningrad im Jahre 1929, in: Der Züchter 1 (1929).

Hagemann, R.: Zum 100. Geburtstag des Genetikers E. Baur, in: Leopoldina (Mitt. Dtsch. Akad. Naturforscher Leopoldina), Reihe 3, Jahrg. 21 (1975), 179–187 (Halle 1978).

Bechterew (Behterev), Wladimir Michailowitsch, Neurologe und Psychiater, geb. 20. 1. (1. 2.) 1857 Sorali (Bechterewo), gest. 24. 12. 1927 Moskau.

B.s Ruf als bedeutender russ.-sowjet. Neurologe, Psychiater und klinischer Psychologe begründet sich auf seine grundlegenden Monographien zur normalen und pathologischen Anatomie und Physiologie des Zentralnervensystems sowie zur Psychologie und Pathophysiologie des menschlichen Verhaltens.

B., Sohn eines hohen zaristischen Polizeioffiziers, studierte nach dem Besuch des Gymnasiums in Wjatsk 1873 an der Medizinisch-Chirurgischen Akademie in St. Petersburg (Leningrad) Naturwissenschaften und Medizin. Zur klinischen Weiterbildung arbeitete er ab 1878 an der psychiatrischen und neurologischen Klinik bei I. P. MERSHEJEWSKI, dem Begründer der pathologisch-anatomischen Richtung der russ. Psychiatrie. 1881 verteidigte B. seine Dissertation zu klinischen Untersuchungen der Körpertemperatur bei einigen Formen der Geisteskrankheiten. 1884 für anderthalb Jahre ins Ausland delegiert, arbeitete B. in den Laboratorien von E. DU BOIS-REYMOND, P. FLECHSIG, W. WUNDT und besuchte klinische Demonstrationen bei J. M. CHARCOT und C. WESTPHAL. 1885 wurde B. zum Prof. für Psychiatrie an die Univ. Kasan berufen. 1893 erfolgte seine Berufung zum Lehrstuhlinhaber für Neuropathologie und Psychiatrie an der Militär-Medizinischen Akademie in St. Petersburg. B. gründete dort 1908 das Psychoneurologische Institut und 1918 das Institut für Hirnforschung.

Neben seinen umfangreichen Verpflichtungen als akademischer Lehrer, Kliniker und Organisator der medizinischen Forschung und des Gesundheitswesens richtete B. sein Interesse vor allem auf die Erforschung des Gehirnbaus und der Gehirnfunktionen. Im einzelnen untersuchte er die Anatomie des Rückenmarks, des Hirnstammes sowie des Kleinhirns und analysierte insbesondere Bestand und Verlauf der Leitungsbahnen im Gehirn und Rückenmark. Die Ergebnisse dieser Untersuchungen veröffentlichte B. 1896 in seiner Monographie »Die Leitungsbahnen im Gehirn und Rückenmark« (2 Bde.); sie erschien 1899 ergänzt auch in deutscher sowie 1900 in franz. Sprache und begründete seinen internationalen Ruf als bedeutender Neuroanatom. Der von B. im verlängerten Mark identifizierte Ursprungskern des Vestibularnerven wird heute allgemein als BECHTEREWscher Kern bezeichnet. Da sich mit der Erforschung der auf- und absteigenden Leitungsbahnen die Lokalisation der Hirnfunktionen besonders gut erklären läßt, war es ein folgerichtiger Schritt, daß B. von der Anatomie zu physiologischen Fragestellungen fortschritt. Mit Hilfe von histologischen (Myeloarchitektonik nach FLECHSIG) und physiologischen Untersuchungsmethoden (elektrische Rindenreizung und Läsion) gelang es ihm, eine Reihe von Lokalisationen, z. B. die des Geschmackszentrums, zuverlässig zu bestimmen und fehlerhafte Angaben anderer Autoren zu widerlegen. Über diese Untersuchungen berichtete er in seinem Werk »Grundlagen der Lehre von den Hirnfunktionen« (1903–1907). In seinem 1908 eigens eingerichteten Psychoneurologischen Institut wandte sich B. in einer weiteren Schaffensperiode hauptsächlich der experimentellen Psychologie zu. In Analogie zu der bedingt-reflektorischen Methode von I. P. PAWLOW arbeitete er mit der Methode der erworbenen motorischen Assoziationsreflexe, auf deren Anwendung er eine »objektive Psychologie« gründete, für die er synonym auch die Bezeichnung Reflexologie verwendete. Die Ergebnisse dieser Untersuchungen konnten in einem weiten Anwendungsbereich von der Pädologie und Neuropsychiatrie bis zur Arbeitsphysiologie und für die Erklärung sozialer Verhaltensweisen nutzbar gemacht werden. Auf der Methode der Assoziationsreflexe beruht unter anderem eine spezifische Form der Verhaltenstherapie von Neurosen. In seinem gesamten Schaffen dominiert B. als klinischer Neurologe und Psychiater mit nicht geringem Erfolg. Hier hat er sich um die Erforschung zahlreicher Krankheitsbilder verdient gemacht und deren Diagnose und Therapie um neue Methoden bereichert. Davon zeugen seine Arbeiten über Psychopathien und zyklische Psychosen, zur Psychopathologie der Halluzinationen und Zwangsvorstellungen, über Hypnose als Therapieform u. a. Die aus einer Entzündung der Wirbelgelenke resultie-

W. M. Bechterew

E. O. Beckmann

rende Wirbelsäulenversteifung ist mit seinem Namen verbunden (BECHTEREWsche Krankheit).

B. wurde von Zeitgenossen als ein Mensch mit einer ungeheuren, fast legendären Ausstrahlung beschrieben. Ihn zeichneten überdurchschnittliche Breite des Gesichtskreises, vielfältige Interessen und schöpferische Fähigkeiten sowie außerordentliche Willenskraft aus. Er schrieb Gedichte, war ein hervorragender Bildhauer und veröffentlichte eine Reihe vielbeachteter literaturwissenschaftlicher Arbeiten. Sein über 600 Titel umfassendes wissenschaftliches Werk entstand in einem 50 Jahre lang täglich bis zu 18 Stunden durchgehaltenen Arbeitspensum. Er starb unter ungeklärten Umständen unmittelbar nach dem I. Allunions-Kongreß der Neuropathologen und Psychiater, als dessen Ehrenpräsident er wenige Tage zuvor einen Hauptvortrag gehalten hatte, an den Folgen einer Vergiftung. Seine Asche ruht im Bechterew-Museum in Leningrad. Ri

Literatur: Behterev, V. M.: Provodâŝie puti spinnogo i golovnogo mozga (St. Petersburg 1896–1898), dtsch Die Leitungsbahnen im Gehirn und Rückenmark (Leipzig 1899), Osnovy učeniâ o funkciâh mozga (St. Petersburg 1903–1907), dtsch Die Funktionen der Nervencentra (Jena 1908–1911), Psihika i žizn (St. Petersburg 1904), dtsch Psyche und Leben (Wiesbaden 1908), Ob"ektivnaâ psihologiâ (St. Petersburg 1907–1912), dtsch Objektive Psychologie oder Psychoreflexologie (Leipzig, Berlin 1913), Kollektivnaâ refleksologiâ (Petrograd 1921), dtsch Kollektive Psychologie (Halle 1928), Allgemeine Grundlagen der Reflexologie des Menschen (Leipzig, Wien 1926), Wladimir Bechterew (Autobiographie), in: Die Medizin der Gegenwart in Selbstdarstellungen. Bd. VI (Leipzig 1927), Mozg i ego deâtel'nost' (Das Gehirn und seine Tätigkeit) (Moskau, Leningrad 1928).

Guberman, I.: Behterev: stranici žizni (Moskau 1977); Munipov, V. M.: V. M. Behterev (Moskau 1969); Nikiforov, A. S.: Behterev (Moskau 1986); Osipov, V. P.: Behterev (Moskau 1947).

Beckmann, Ernst Otto, Chemiker, geb. 4. 7. 1853 Solingen, gest. 12. 7. 1923 Berlin.

B. ist besonders bekannt durch die Entdeckung der nach ihm benannten BECKMANNschen Umlagerung sowie durch die Erfindung des BECKMANN-Thermometers.

B., Sohn eines Fabrikbesitzers und Verwandter des Technologen J. BECKMANN, absolvierte zunächst eine Apothekerlehre, studierte danach 1874/75 am Chemischen Laboratorium von C. R. FRESENIUS und 1875/76 an der Univ. Leipzig Pharmazie, danach unter dem Einfluß von H. KOLBE drei Semester Chemie und promovierte 1878 über »Oxydation von Alkalysulfiden« zum Dr. phil. Nach Assistenz an der TH Braunschweig habilitierte er sich 1882 und arbeitete seit 1883 als Privatdoz. an der Univ. Leipzig bei KOLBE, J. WISLICENUS und W. OSTWALD. Er hielt Spezialvorlesungen und leitete mehrere Praktika, unter anderem mit OSTWALD ein »gerichtlich-chemisches« Praktikum. 1891 als ao. Prof. nach Gießen und 1892 als o. Prof. nach Erlangen berufen, kehrte er 1898 als o. Prof. für angewandte Chemie erneut an die Univ. Leipzig zurück, wo ihm die Ausbildung von Chemikern, Medizinern und Pharmazeuten oblag. 1912 wurde er an das Kaiser-Wilhelm-Institut für Chemie nach Berlin berufen.

B. war in der organischen, anorganischen und physikalischen Chemie sowie auf vielen Spezialgebieten lehrend und forschend tätig. Die 1886 von B. entdeckte und nach ihm benannte Umlagerung, eine Verwandlung von Ketoximen in Amide unter Einwirkung von Chlorwasserstoff oder Phosphorpentoxid wurde später zur Grundlage der technischen ε-Caprolactamgewinnung für die Herstellung von Polyamidfasern und -preßstoffen. Das Auffinden von zwei isomeren Benzaldoximen durch B. 1887, die er als strukturverschieden betrachtete, regte die Entwicklung einer Stereochemie des 3wertigen Stickstoffs wesentlich an.

1888 wandte B. die Erkenntnisse insbesondere von F. M. Raoult über Gefrierpunktserniedrigungen von Lösungen zu Molmassebestimmungen an, wobei er das von ihm konstruierte Thermometer einsetzte; ab 1889 nutzte er auch die Siedepunktserhöhungen sowie die Dampfdruckverminderungen dafür aus.

B. entwickelte viele analytische Methoden, unter anderem zur Bestimmung von Fuselöl im Branntwein oder zur Gütebestimmung von Nahrungsmitteln und Drogen. Besonders für Vorlesungszwecke verbesserte er die spektralanalytischen Methoden durch Konstruktion von Spektrallampen sowie eines »Demonstrationstisches für gefärbte Flammen«.

1907/08 verfaßte B. im Auftrag des Vereins Chemische Reichsanstalt eine Schrift »Zur Begründung einer Chemischen Reichsanstalt«. Als daraufhin 1912 das Kaiser-Wilhelm-Institut für Chemie gegründet wurde, berief man den fast 70jährigen B. – neben R. Willstätter und O. Hahn – zu einem ihrer Leiter, nachdem er bereits wesentlich an den Bauplänen des Instituts mitgewirkt hatte. Er wurde gleichzeitig Prof. an der Berliner Univ.; die Preuß. Ak. d. Wiss. ernannte ihn ebenfalls 1912 zu ihrem Mitgl. Während des ersten Weltkrieges forschte B.s Abteilung vorrangig über Ersatzstoffprobleme; insbesondere für Gummiwaren und Futtermittel. St

Literatur (Auswahl): Beckmann, E. O.: Zur Kenntnis der Isonitrosoverbindungen, in: Ber. Dtsch. Chem. Ges. 19 (1886), 988; 20 (1887), 1507, 2580, 2766; 21 (1887), 766; Über die Methode der Molekulargewichtsbestimmung durch Gefrierpunktserniedrigung, in: Z. phys. Chem. 2 (1888), 638, 715; Über die Bestimmung von Molekulargewichten aus Siedepunktserhöhungen, in: Z. phys. Chem. 3 (1889), 603; Das Laboratorium für angewandte Chemie der Univ. Leipzig (Leipzig 1908).

Lockemann, G.: E. Beckmann (1853–1923). Sein Leben und Wirken (Berlin 1927); Ostwald, W.: E. Beckmanns Anfänge als Physiko-Chemiker, in: Z. angew. Chem. 26 (1923), 344.

Beckmann, Johann, Technologe, geb. 4. 6. 1739 Hoya/Weser, gest. 3. 2. 1811 Göttingen.

B. begründete die Technologie als »Wissenschaft, welche die Verarbeitung der Naturalien ... lehrt«; er schuf auch den Begriff Technologie.

B. war der Sohn eines Steuereinnehmers und Postmeisters, der schon 1745 starb. Die Mutter, eine Pfarrerstochter, verstand es trotzdem, ihren drei Kindern eine gute Bildung zu ermöglichen. Zunächst unterrichtete sie sie selbst, später besuchten die beiden Söhne die Lateinschule in Hoya, ab 1754 ging Johann B. auf das Gymnasium in Stade. 1759–1762 studierte B. an der Univ. Göttingen zunächst Theologie, dann aber, seinen Neigungen und dem Einfluß des Mathematikers A. G. Kästner u. a. folgend, Physik, Mathematik, Naturlehre und die Kameralwissenschaften, d. h. die für die Staatsfinanzen bedeutsamen Fragen von Verwaltung und Wirtschaft. Die Göttinger Univ. war damals in dem mit England durch Personalunion verbundenen Kurfürstentum Hannover eine Pflegestätte der Aufklärung, und die Aufgeschlossenheit von B. für die Naturwissenschaft und ihre praktische Anwendung in den verschiedenen Gewerben, besonders in den sich entwickelnden Manufakturen, hat hier entscheidenden Auftrieb erhalten. Das Interesse an diesen Problemen verstärkte sich auf Reisen in das Herzogtum Braunschweig und in die Niederlande im Herbst 1762, wo er ausgiebig Bergwerke, Fabriken und Gewerbeunternehmen aller Art besichtigte und sich zugleich in Univ., Bibliotheken und Sammlungen umsah. 1763 ging B. für zwei Jahre als Lehrer für Mathematik, Physik und Naturlehre an das deutsche lutherische St.-Peters-Gymnasium in St. Petersburg (Leningrad). Anschließend hielt er sich ein Jahr lang in Schweden auf, wo er bei C. v. Linné Studien betrieb und sich vor allem mit dem dortigen Bergbau und der Metallurgie befaßte. 1766 wurde B. zum ao. Prof. der Philosophie an der Univ. Göttingen berufen, 1770 zum o. Prof. der Ökonomie und zum Mitgl. der Kgl. Ak. d. Wiss. zu Göttingen. Unter Ökonomie verstand man damals nur die Landwirtschaft, in der die meisten Menschen beschäftigt waren und aus der die Grundbesitzer ihre unmittelbaren Einkünfte bezogen. B. hatte 1769 darüber auch sein erstes Hochschullehrbuch geschrieben: »Grundsätze der teutschen Landwirtschaft«. Wie schon zwei Jahre vorher in seinen »Gedanken von der Einrichtung Oeconomischer Vorlesungen« betonte er auch hier, die »bloß praktische Kenntnis« sei »oft unsicher, zu sehr eingeschränkt und bei verschiedenen Vorfällen unzulänglich«. Deshalb müßte man die »philosophische Kenntnis« zugrundelegen, d. h. Naturgeschichte, Naturlehre, Chemie und Baukunst als Hilfswissenschaften heranziehen, damit in der Ausbildung sogar beginnen. In gleicher Weise wandte er sich in der Folgezeit den anderen Gewerben zu. B. hatte auf seinen Reisen erkannt, daß mit den herkömmlichen, empirisch entstandenen und von Generation zu Generation vererbten Handwerksregeln und Zunftvorschriften die Produktion kaum weiterzuentwickeln war und daß die sich in den fortgeschrittenen Staaten Westeuropas abzeichnenden neuen Produktionsverfahren nur Erfolg brachten, wenn sie nach wissenschaftlichen Grundsätzen angewendet wurden. Schon die Manufaktur erforderte eine wohldurchdachte Organisation des arbeitsteiligen Fertigungsprozesses; der Einsatz neuer Werkzeuge, Maschinen und Chemikalien verlangte erst recht die Nutzung mathematisch-naturwissenschaftlicher Erkenntnisse. Praxiswirksamkeit forderte B. wiederum von den Naturwissenschaften. Unter diesen Aspekten verwendete B. anstelle des bis dahin üblichen Ausdrucks Kunstgeschichte für die Handwerkswissenschaft 1772 erstmals den Begriff Technologie, 5 Jahre später erschien sein grundlegendes Werk »Anleitung zur Technologie oder zur Kentniß der Handwerke, Fabriken und Manufacturen«, das zu seinen Lebzeiten fünf Auflagen erfuhr. Dieses Buch untersucht die Arbeitsvorgänge der verschiedenen, auf bestimmte Produkte bezogenen Gewerbe. Später kommt er im »Entwurf der allgemeinen Technologie« (3. Stück von »Vorrath kleiner Anmerkungen ...«) zur Untersuchung gleichartiger Arbeitsprozesse unabhängig vom bearbeiteten Material und gewünschten Endprodukt bzw. zur Untersuchung unterschiedlicher Arbeitsprozesse, die ein gleiches Produkt ergeben können. Er zielt damit also bereits auf einen hohen Abstraktionsgrad, wie er für die heutige Technologie charakteristisch ist, die sich als die Wissenschaft von der Fertigungstechnik und Fertigungsorganisation versteht und bei der die Umsetzung wissenschaftlicher Erkenntnisse in die materielle Produktion eine immer größere Rolle spielt.

B. lehrte 45 Jahre an der Univ. Göttingen und war literarisch überaus produktiv. Seine »Beyträge zur Geschichte der Erfindungen« gelten heute noch als wertvolles Quellenwerk. Er war Mitgl. vieler Akademien und wissenschaftlicher Gesellschaften und beherrschte bzw. verstand über ein Dutzend Sprachen. Die

Literatur: Beckmann, J.: Gedanken von der Einrichtung Oeconomischer Vorlesungen (Göttingen 1767), Grundsätze der teutschen Landwirtschaft (Göttingen und Gotha 1769, weitere Aufl. 1775, 1783, 1796, 1802 und 1806), Physikalisch-ökonomische Bibliothek, 23 Bde. (Göttingen 1770–1806), Anleitung zur Technologie oder zur Kentniß der Handwerke, Fabriken und Manufacturen (Göttingen 1777, weitere Aufl. 1780, 1787, 1796 und 1802), Grundriß zu Vorlesungen über die Naturlehre (Göttingen 1779, weitere Aufl. 1785), Beyträge zur Oeconomie, Technologie, Polizey- und Cameralwissenschaft, 4 Bde. (Göttingen 1779–1791), Beyträge zur Geschichte der Erfindungen (Leipzig 1783 bis 1805), Anleitung zur Handlungswissenschaft. Nebst Entwurf zur Handlungsbibliothek (Göttingen 1789); Vorbereitung zur Waarenkunde, 2 Bde. (Göttingen 1793–1800), Vorrath kleiner Anmerkungen über mancherley gelehrte Gegenstände (Leipzig 1795–1806).

Beckert, M.: Johann Beckmann (Leipzig 1983); Exner, W. F.: Johann Beckmann, Begründer der technologischen Wissenschaft (Wien 1878).

Becquerel, Antoine-Henry, Physiker, geb. 15. 12. 1852 Paris, gest. 25. 8. 1908 Les Croisic (Bretagne).

Mit dem Namen B. ist eines der bedeutendsten Ereignisse der jüngeren Physikgeschichte verbunden: die Entdeckung der Radioaktivität. B.s Entdeckung aus dem Jahre 1896, daß das Uranium und seine Verbindungen eine charakteristische und bislang unbekannte Strahlung aussenden, enthüllte nicht nur eine neue Eigenschaft der Materie, sondern leitete unmittelbar zur Herausbildung von Atom- und Kernphysik über. Sie erwies sich damit als eine jener Grundlagen, auf denen sich zu Beginn unseres Jahrhunderts die Revolution der Physik vollzog.

B. entstammt einer der angesehensten französischen Gelehrtenfamilien. Sein Vater, Alexandre Edmond B., und auch sein Großvater, Antoine Cesar B., hatten sich durch Forschungen auf dem Gebiet der Photochemie und Phosphoreszenz bzw. in der Elektrizitätslehre einen Namen gemacht und bekleideten nacheinander den Lehrstuhl für Physik am Musée d'histoire naturelle in Paris. Nach dem Tode des Vaters übernahm B. 1891 ebenfalls diese Professur. Zuvor hatte er von 1872 bis 1874 an der École Polytechnique sowie von 1874 bis 1877 an der École des Ponts et Chaussees studiert und letztere als Ingenieur verlassen. Seit 1878 wirkte er als Assistent am Musée d'histoire naturelle, 1888 verteidigte er an der Pariser Sorbonne seine Dissertation, schon im folgenden Jahr wurde er in die Ak. d. Wiss. gewählt, deren Präsidentenamt er 1907/08 bekleidete.

Die Atmosphäre des Elternhauses machte es dem jungen B. leicht, sich schon frühzeitig der Naturwissenschaft zu widmen. Neben seinem Ingenieurstudium hatte er sich mit physikalischen Untersuchungen beschäftigt: zwischen 1878 und 1880 gelang ihm der Nachweis der magnetischen Drehung der Polarisationsebene des Lichtes in Gasen. 1883 fand er im Sonnenspektrum die Infrarotbanden. Ein weiteres Forschungsfeld betraf die Lichtabsorption in Kristallen, dem auch seine Dissertation gewidmet war. Seit Beginn der 90er Jahre untersuchte er vornehmlich Fluoreszenz- und Phosphoreszenzerscheinungen erhitzter Minerale.

Durch die Entdeckung der Röntgenstrahlen (1895) wurde B. angeregt, nach einem Zusammenhang zwischen diesen und der Fluoreszenz zu suchen und machte dabei die überraschende Beobachtung, daß Uraniumminerale eine charakteristische und bislang unbekannte Strahlung aussenden, deren »Selbstständigkeit und Konstanz eine ganz außergewöhnliche physikalische Erscheinung darstellt«. In seiner ersten, im Sommer 1896 abgeschlossenen Untersu-

J. Beckmann

A.-H. Becquerel

chungsreihe zeigte er, daß die Uraniumstrahlen elektrisch geladene Körper zu entladen, d. h., die Luft zu ionisieren vermochten. Auch auf ihr hohes Durchdringungsvermögen aller festen, flüssigen und gasförmigen Stoffe wies er hin. B. konnte zwar später (1900) noch in der Strahlung das Vorhandensein von Elektronen (Betastrahlen) nachweisen, doch war er an den weiteren Fortschritten auf dem Gebiet der radioaktiven Forschung nicht mehr unmittelbar beteiligt. Allerdings gab er für die Untersuchungen des Ehepaares P. und M. Curie die Anregung. Sie machten die fundamentale Bedeutung der B.schen Entdeckung deutlich und leiteten jene Entwicklung ein, die zur Herausbildung der modernen Atom- und Kernphysik führte. Die Verleihung des Physik-Nobelpreises 1903 an diese drei Forscher trug nicht zuletzt dieser Tatsache Rechnung. Ho

Literatur: Becquerel, A. H.: On radioactivity, a new property of matter. Nobel Lectures Physics 1901–1921 (Amsterdam, London, New York 1967), Recherches sur une proprieté nouvelle de la matière ..., in: Mèmoires de l'Acadèmie des Sciences 46 (1903).

Badash, L.: Becquerel's unexposed photographie plates, in: ISIS 57 (1966), 267–269; Kant, H.: Becquerel und die Frühgeschichte der Radioaktivität, in: Physik in der Schule 15 (1977) 7/8, 291; Kapustinskaâ, K. A.: Henry Becquerel (russ. Moskau 1965).

Behring, Emil von, Bakteriologe, Immunologe und Hygieniker, geb. 15. 3. 1854 Hansdorf bei Deutsch-Eylau (Iława), gest. 31. 3. 1917 Marburg.

B. hat die Bakteriologie und die Lehre von den Infektionskrankheiten um wesentliche immunologische Einsichten bereichert. Mit der Blutserumtherapie schuf er die erste kausal wirksame Behandlung sowie mit seinem Toxin-Antitoxin-Impfstoff das erste moderne aktive Immunisierungsverfahren gegen infektiöse Erkrankungen.

In Hansdorf als Sohn eines Lehrers aufgewachsen, hat B. das Gymnasium in Hohenstein im damaligen Ostpreußen besucht und ab 1874 am Medizinisch-chirurgischen Friedrich-Wilhelm-Institut in Berlin Medizin studiert. 1878 wurde er mit der Dissertation »Neuere Beobachtungen über die Neurotomia opticociliaris« zum Dr. med. promoviert und bestand 1880 das medizinische Staatsexamen. In der Folgezeit hat B. mehrere Jahre als Militärarzt gedient, ab 1880 in Wohlau (Niederschlesien) und Posen (Poznań) sowie ab 1883 in Winzig (Niederschlesien). In dieser Zeit begann B. mit experimentellen Untersuchungen über desinfizierende Mittel. 1885 legte er das Kreisarztexamen in Berlin ab und war danach als Militärarzt in Bojanowo (Wojewodschaft Poznań) tätig. 1887 wurde B. zum Stabsarzt ernannt und an das von K. Binz geleitete Bonner pharmakologische Institut kommandiert. Hier entstanden erste Arbeiten, die von den bereits früher interessierenden desinfizierenden Mitteln überleiten zur spezifischen Behandlung von Infektionskrankheiten mit chemisch-synthetischen antibakteriellen Agenzien und die auch erstmals die Problematik der Immunität berühren (»Über die Ursache der Immunität von weißen Ratten gegen Milzbrand«). 1888 wurde B. Lehrer an der Berliner militärärztlichen Bildungsanstalt und 1889 Assistent von R. Koch am Hygieneinstitut der Berliner Univ. Neben der Milzbrandätiologie beschäftigte er sich hier experimentell mit der Wirksamkeit von antiseptischen Mitteln im Blut. 1889 aus dem Militärdienst ausgeschieden, folgte B. 1891 Koch an das eben eröffnete Institut für Infektionskrankheiten, wo er bis 1894 blieb. Ab 1890 hat sich B. neben den Desinfektionsmitteln einschließlich der bakterienvernichtenden Wirkung des Blutserums speziell den »bakterienfeindlichen Eigenschaften verschiedener Blutserumarten« sowie gemeinsam mit S. Kitasato u. a. der Diphtherie- und Tetanusimmunität bei Tieren gewidmet und auf die therapeutische Nutzung antitoxinhaltiger Sera immunisierter Tiere hingewiesen. 1891 begann B. zusammen mit E. Wernicke mit der Immunisierung von aus eigenen Mitteln beschafften Haustieren, vor allem Schafen. Ab 1892 wurden die Arbeiten durch P. Ehrlich unterstützt, der die Grundlagen für eine exakte Dosierung des Diphtherieserums erarbeitete, dessen Produktion im gleichen Jahr von den Farbwerken in Höchst aufgenommen wurde. Das ab 1892 verfügbare Diphtherieheilserum ist ab 1893 vor allem von H. Kossel und O. Heubner in der Klinik erprobt worden. Die gleichzeitigen Bemühungen um ein Tetanusheilserum führten 1892 zu positiven tierexperimentellen Ergebnissen und ersten Erfolgen am Menschen. Neben weiteren experimentellen und klinischen Untersuchungen hat B. ab 1892 das Konzept und die Ergebnisse der Blutserumtherapie mehrfach monographisch dargestellt. 1893 zum Prof. ernannt, wurde B. 1894 als Extraordinarius der Hygiene nach Halle berufen, wechselte aber bereits 1895 auf den Marburger Lehrstuhl. Angeregt durch das bereits unter Kritik stehende Tuberkulin Kochs wandte sich B. jetzt bevorzugt und längerfristig der Tuberkulosetherapie zu. Die von einer angenommenen Identität des Tuberkulins mit einem »Tuberkulosetoxin« ausgehenden Bemühungen um ein Tuberkuloseheilserum (Antituberkulin) blieben – trotz des 1899 gefundenen vermeintlichen Toxins – erfolglos und wurden ab 1900 nicht fortgesetzt. Da B. die Hauptinfektionsquelle für den Menschen in der Milch tuberkulöser Kühe sah, bemühte er sich ab 1902, dem Tuberkuloseproblem durch Immunisierung der Rinder mit einem »Bovovaccin« genannten Impfstoff beizukommen, wobei in der Milch immunisierter Kühe vermutete Antitoxine einen zusätzlichen Schutz gewähren sollten. Diesbezügliche Arbeiten B.s lassen sich bis in das zweite Jahrzehnt des 20. Jh. verfolgen. Die 1901 nochmals zusammenfassend dargestellte Diphtherieproblematik nahm B. 1913 erneut auf, um ein ungefährliches aktives Immunisierungsverfahren zu entwickeln. Der von ihm vorgeschlagene und noch im gleichen Jahr in den Behringwerken (gegr. 1904) produzierte sowie in der Praxis erprobte Toxin-Antitoxin-Impfstoff wurde zum Ausgangspunkt für die Eradikation der gleichermaßen verbreiteten wie gefürchteten Diphtherie. Ein Jahr vor seinem Tode wurde B. emeritiert.

1889, als B. seine bakteriologische Laufbahn bei Koch begann, war das Diphtherietoxin gerade exakt nachgewiesen und gewonnen worden. 1890 wurde erstmals über das Tetanustoxin berichtet. Durch den von B. und Kitasato experimentell nachgewiesenen Zusammenhang zwischen diesen bakteriellen Produkten und dem Phänomen der Immunität wurde der bis dahin nahezu ausschließlich auf den Nachweis pathogener Erreger beschränkten Bakteriologie die Serologie als ein neues und außerordentlich fruchtbares Forschungsfeld erschlossen. Damit war zugleich ein Weg gefunden, der mit dem Diphtherieheilserum und dem Tetanusheilserum noch vor der Ära der antibakteriellen Chemotherapie die Möglichkeit einer kausalen Behandlung von Infektionskrankheiten eröffnete. Die Serumtherapie ist vor allem bei der Diphtherie über längere Zeit das einzig wirksame und vielfach lebensrettende Behandlungsverfahren geblieben. Erst durch die später entwickelten Chemotherapeutika und Antibiotika sowie außerdem aufgrund der Auswirkungen des von B. 1913 mit seinem Toxin-Antitoxin-Impfstoff inaugurierten ersten modernen aktiven Immunisierungsverfahrens verlor die passive Immunisierung durch Heilsera an Bedeutung. Die ebenfalls der wesentlich von B. begründeten Serologie zu dankenden Möglichkeiten der aktiven Immunisierung wurden zur Grundlage für die faktische Beseitigung der Diphtherie sowie in der Folge weiterer ehedem gefürchteter Infektionskrankheiten. In Anerkennung seiner Verdienste wurden B. 1901 geadelt und erhielt im gleichen Jahr als erster Arzt den Nobelpreis »für seine Arbeit betreffend die Serumtherapie und besonders deren Anwendung gegen Diphtherie«. Hei

Literatur (Auswahl): Behring, E.: Ueber Desinfection, Desinfectionsmittel und Desinfectionsmethoden, in: Z. Hyg. 9 (1890), 395ff., Die practischen Ziele der Blutserumtherapie und die Immunisierungsmethoden zum Zwecke der Gewinnung von Heilserum (Leipzig 1892), Diphtherie, Begriffsbestimmung, Zustandekommen, Erkennung und Verhütung (Berlin 1901), Ueber ein neues Diphtherieschutzmittel, in: Dtsch. med. Wschr. 19 (1913).

Siegert, R.: Behring. Persönlichkeit und Werk, in: Dtsch. med. Wschr. 32 (1967), 1437–1442; Zeiss, H., u. R. Bieling: Behring. Gestalt und Werk (Berlin-Grunewald 1940).

Behterev, → Bechterew.

Beijerinck, Martinus Willem, Mikrobiologe, geb. 16.3.1851 Amsterdam, gest. 1.1.1931 Gorssel.

B., der zunächst erfolgreich als Getreidezüchter tätig war, begründete seinen Ruf vor allem als Mikrobiologe durch mehrere bedeutende Entdeckungen und durch die Gründung einer wissenschaftlichen Schule der Mikrobiologie in Delft.

B. besuchte ab 1869 drei Jahre die Polytechnische Schule in Delft, wo ihn besonders Botanik und Chemie interessierten, und erhielt 1872 sein Ingenieurdiplom für Chemie. Um das 1872 an der Univ. Leiden begonnene Studium zu finanzieren (Promotion 1877), wirkte er ab 1873 zeitweilig als Lehrer in Warffum und Utrecht. Als er 1876 an die Höhere Landbauschule in Wageningen kam, begann er Forschungen über Getreidekultur, die ihn mit G. Mendels Arbeit bekannt machten. Seine Erfolge führten 1884 zur Mitgliedschaft in der Niederländ. Ak. d. Wiss. Anfang 1885 nahm B. eine Tätigkeit als Bakteriologe in der Niederländ. Hefe- und Spiritusfabrik in Delft auf und wurde 1895 als Prof. an die Polytechnische Schule in Delft berufen, wo er bis 1924 wirkte.

B.s Forschungsleistungen wurden von Fragen der angewandten Biologie stimuliert und durch Probleme der landwirtschaftlichen Produktion bestimmt, wobei Ch. Darwins Arbeiten die theoretische Basis boten. Dessen Werk »The Variation of Animals and Plants under Domestication«, 1868 (Das Variieren der Tiere und Pflanzen im Zustande der Domestikation) beeinflußte B.s Arbeiten über den Ursprung der Kultursorten des Weizens und über die Frage, ob Kulturpflanzen durch Kreuzung verbessert werden können (1884, 1886, 1888). Dazu führte B. umfangreiche Kreuzungsversuche durch und experimentierte unter anderem mit Pisum sativum (Erbse), der Versuchspflanze von Mendel. Mit dessen klassischer Arbeit »Versuche über Pflanzen-Hybriden« (1866) wurde er in diesen Jahren bekannt; er besaß einen Sonderdruck, den er H. de Vries übersandte. Mithin wurde durch B., der selbst rückblickend auch über seine »Wiederentdeckung Mendels« sprach, das Bekannt-

E. von Behring

M. W. Beijerinck

F. K. Beilstein

A. G. Bell

werden von MENDELS Vererbungsgesetzen durch DE VRIES bewirkt.

Die Forschungsarbeiten von B. erhielten eine andere Richtung, nachdem er 1885 als Bakteriologe an die Delfter Hefe- und Spiritusfabrik gegangen war. Die Aufgaben der praxisbezogenen Industrieforschung berührten ein erst im Entstehen begriffenes Forschungsgebiet, das – zwei Jahrzehnte vorher durch L. PASTEUR begründet – in den 80er Jahren auch durch R. KOCH und F. COHN aufzublühen begann. B. gehörte ebenfalls zu denen, die theoretisch und methodisch die wissenschaftlichen Fundamente der Mikrobiologie legten und besonders biochemische Aspekte berücksichtigten. Noch in Bezug zur landwirtschaftlichen Praxis stand seine Entdeckung, daß die Wurzelknöllchen der Leguminosen (Schmetterlingsblütler) durch stickstoffbindende Bakterien entstehen, die für die Pflanzen ernährungsphysiologisch unentbehrlich sind. Auch der Tabakmosaikkrankheit widmete B. mehrjährige Untersuchungen und bezeichnete 1898 (sechs Jahre nach D. I. IWANOWSKIS Entdeckung der Infektionsquelle) die »lebende pathogene Flüssigkeit« der erkrankten Pflanzen kurz als »Virus«. Große Bedeutung für die gesamte Mikrobiologie erlangte die von B. entwickelte Methode der »Anreicherung« bestimmter Mikroorganismen in Mischkulturen, durch die Reinkulturen möglich wurden und die S. N. WINOGRADSKI die Entdeckung der autotrophen Bakterien ermöglichte. Sein Interesse für Fragen der Variabilität und Vererbung übertrug B. auf Experimente mit Hefekulturen und beobachtete 1895 erbkonstante »Variationen«, für die DE VRIES später den Begriff »Mutationen« prägte. Von da an vertrat er bereits die Auffassung, daß Mikroorganismen ein viel brauchbareres Material für genetische Experimente seien als höhere Pflanzen und die Anwendung »physiologischer Methoden« gestatten. Aus seinen Bemühungen um eine biochemische Erklärung für Mutationsprozesse entstand eine »Enzym-Theorie der Erblichkeit« (1917), die jedoch wenig Echo fand. Ja

Literatur: Beijerinck, M. W.: Verzamelde Geschriften, Tl 1–6 (s' Gravenhage 1921–1940).
Iterson jr., G. van, Den Dooren de Jong, L. E. u. Kluyver, A. J.: Martinus Willem Beijerinck, his life and his work (The Hague 1940); Jahn, I.: W. O. Focke – M. W. Beijerinck und die Geschichte der Wiederentdeckung Mendels, in: Biol. Rdsch. 3 (1965), 12–25.

Beilstein, Friedrich Konrad, Chemiker, geb. 17. 2. 1838 St. Petersburg (Leningrad), gest. 18. 10. 1906 St. Petersburg.

B. ist der Begründer des nach ihm benannten Handb. der organischen Chemie, in dem alle in der Literatur eindeutig beschriebenen organischen Verbindungen systematisch erfaßt werden.

B., aus einer in St. Petersburg ansässigen deutschen Familie stammend, studierte in Heidelberg, München und Göttingen. Nach der Promotion 1858 setzte B. seine Ausbildung in Paris und Breslau (Wrocław) fort. Er habilitierte sich 1860 in Göttingen und erhielt dort 1865 eine ao. Professur. 1866 folgte B. einem Ruf auf den Lehrstuhl für Chemie am Technologischen Institut in St. Petersburg.

Anfänglich befaßte sich B. mit Untersuchungen über aliphatische und metallorganische Verbindungen. Später konzentrierte er sich auf Arbeiten über aromatische Verbindungen. Dabei erkannte B. die Bedeutung der Reaktionsbedingungen für den Verlauf der Halogenierung von Aromaten. Seine Untersuchungen über Isomerieerscheinungen lieferten experimentelles Material, das für die Anerkennung der KEKULÉschen Benzenformel bedeutsam war. In St. Petersburg setzte B. seine Studien über aromatische Verbindungen fort. Darüber hinaus befaßte er sich mit anorganisch-analytischen Problemen sowie Untersuchungen über das kaukasische Erdöl.

1865–1871 war B. Mitherausgeber der Ztschr. für Chemie. In dieser Zeit reifte in B. der Entschluß, einen Leitfaden der organischen Chemie zu erarbeiten. Damit entsprach er dem Bedürfnis, die seit Beginn der 60er Jahre stark angewachsenen Kenntnisse auf dem Gebiet der organischen Chemie zu systematisieren. Vorbild für B. waren die berühmten, aber unvollendet gebliebenen Lehrb. F. A. KEKULÉS und E. ERLENMEYERS. Ausgehend von der hohen Wertschätzung experimenteller Untersuchungsergebnisse begann B., seine um 1860 für Vorlesungszwecke angelegte Literatursammlung systematisch auszubauen und als Handb., das in straffer Form verläßliche Informationen über alle bekannten organischen Verbindungen liefert, herauszubringen. Die erste, zweibändige Ausgabe dieses Handb. der organischen Chemie erschien 1880–1883 und war bald vergriffen. B.s Werk bezeugt den endgültigen Sieg der Strukturlehre, da sich erwiesen hatte, daß die organischen Verbindungen nur nach den Prinzipien der Strukturtheorie sinnvoll geordnet werden konnten. Die zweite Aufl. erschien 1885–1889 in 3 Bde., und 1892–1899 folgte die dritte Aufl. in 4 Bde. Die große Anzahl organischer Verbindungen, die B. in diesem Werk erfaßt hat, zeugt von seinem unermeßlichen Fleiß und Arbeitsvermögen. Da durch das stetige Anwachsen der Literatur die Fortsetzung des Handb. von B. allein nicht mehr möglich war, fand er 1896 in der Deutschen Chemischen Gesellschaft eine Institution, die bereit war, die Weiterführung seines Werkes zu übernehmen. 1899–1906 erschienen 4 Ergänzungsbände zur dritten Aufl., und 1918 wurde mit der Herausgabe der vierten Aufl. begonnen. Seit 1949 wird B.s Handb. der organischen Chemie vom Beilstein-Institut in Frankfurt/Main herausgegeben. Ls

Literatur: Beilstein, F. K.: Anleitung zur qualitativen chemischen Analyse (Leipzig 1867, 7. Aufl. 1892); Handb. der organischen Chemie (Hamburg, Leipzig 1880–1883, 2. Aufl. 1885–1889, 3. Aufl. 1892–1906).

Krätz, O.: Friedrich Konrad Beilstein 1838–1906, in: Chemie unserer Zeit 4 (1970), 115–119; Luckenbach, R.: Kennen Sie Beilstein? in: Chemie in unserer Zeit 15 (1981), 47–56; Richter, F.: 75 Jahre Beilsteins Handb. der organischen Chemie (Berlin, Göttingen, Heidelberg 1957).

Bell, Alexander Graham, Physiologe und Techniker, geb. 3. 3. 1847 Edinburgh (Schottland), gest. 2. 8. 1922 Beinn Bhreagh bei Baddeck (Neuschottland/Kanada).

B. ist der Erfinder des ersten vollfunktionsfähigen Telefons auf elektromagnetischer Basis.

Nach dem Besuch mehrerer Schulen, unter anderem der Royal High School seiner Heimatstadt, arbeitete B. in London über Probleme der Sprechtechnik, und zwar bei seinem Großvater ALEXANDER B., der, wie auch sein Vater A. MELVILLE B., als Phonetiker international bekannt war. Es folgte eine Lehrertätigkeit, und ab 1867 wurde B. wissenschaftlicher Mitarbeiter seines Vaters in London. Bereits 21jährig hatte B. beachtliche Erfolge als Taubstummenlehrer, die ihm in der Fachwelt Anerkennung brachten. Außer mit Anatomie und Physiologie beschäftigte sich B. auch mit der Physik, insbesondere mit der Akustik. Dabei wurde er mit den Arbeiten CH. WHEATSTONES zur Akustik und mit der HELMHOLTZschen Lehre von den Tonempfindungen bekannt.

1870 erlitt B. eine schwere Lungenerkrankung, worauf sich sein Vater entschloß, nach Kanada auszuwandern, um dem Sohn den dringend notwendigen Klimawechsel zu ermöglichen. Nach seiner Genesung arbeitete B. wiederum mit großem Erfolg als Taubstummenlehrer. 1877 wurde er Prof. für Stimmenphysiologie und Sprechtechnik an der Univ. Boston. Neben seiner Lehr- und Forschungstätigkeit auf diesem Gebiet beschäftigte sich B. nun vornehmlich mit der Entwicklung und dem Bau von Telegrafen. Diese Arbeiten, die er zusammen mit TH. A. WATSON ausführte, verschafften ihm einen immer tieferen Einblick in die Gesetzmäßigkeiten der Elektrotechnik. Bald unternahm er auch Versuche zur Übertragung der menschlichen Sprache mit Hilfe des elektrischen Stromes. B. ging dabei jedoch nicht wie J. PH. REIS, dessen Apparat er kannte, von einer Stromunterbrechung aus, sondern versuchte die Übertragung der umgewandelten akustischen Schwingungen auf induktivem Wege. Auf dieser Grundlage gelang B. am

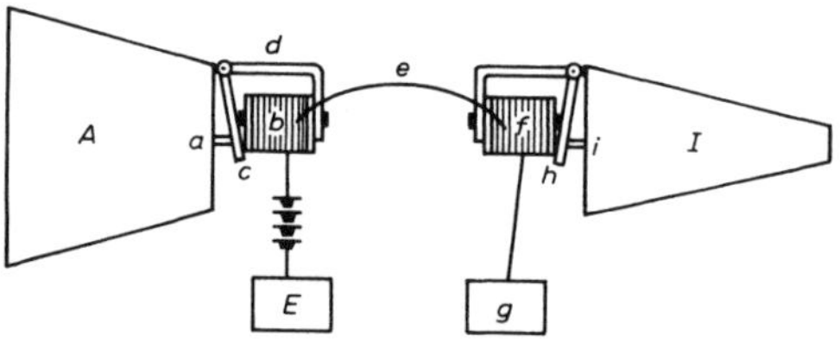

In Bells Patentschrift angegebenes Prinzipschaltbild seines Telefons

10. 3. 1876 die Übermittlung der ersten Worte; sein Mitarbeiter WATSON vernahm im Nachbarraum den Satz: »Mr. Watson, come her; I want you.« B.s Patent, das am 7.3.1876 unter der Nummer 174465 erteilt wurde, ist durch seinen Anwalt bereits am 14. 2., interessanterweise nur wenige Stunden vor der Patentanmeldung zur Beschreibung eines Telefons von E. GRAY, eingereicht worden. Aus der Abb. ist das in B.s Patent angegebene Telefonprinzip ersichtlich. Auf dem Ende eines entsprechend gebogenen Kerns befindet sich die Spule *b*, während am anderen Ende *d* ein Anker *c* beweglich angeordnet ist. Durch Sprechen in den Trichter *A* wird die Membran *a* in Schwingungen versetzt. In der Spule *b* wird eine Spannung induziert, die über den Stromkreis (*Ebefg*) auf die Spule *f* übertragen wird. Aufgrund der durch die Änderung des Magnetfeldes hervorgerufenen, zu *c* adäquaten Bewegung des Ankers *h* schwingt die Membran *i* in einem Resonanzkasten *I* des Empfängers, wodurch die Töne hörbar werden.

In der Folgezeit arbeitete B. ständig an der Verbesserung seiner Erfindung. So konnte bereits am 9.10.1876 die Übertragung des ersten Ferngespräches der Welt auf eine Entfernung von 2 engl. Meilen (etwa 3,2 km) zwischen Boston und Cambridge (USA) erfolgen.

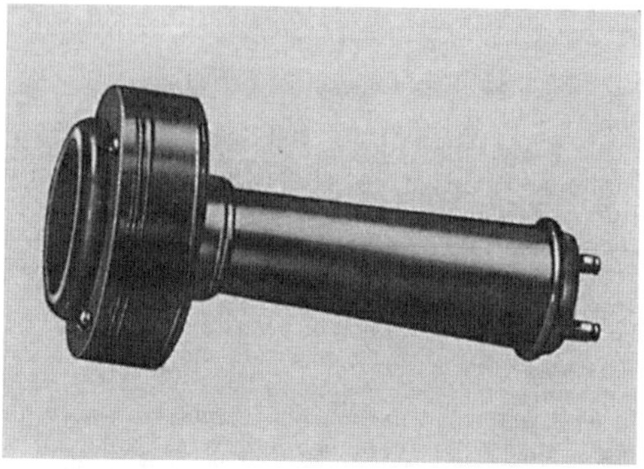

Endgültige Form des Bellschen Telefons

Bei dem von B. eingeführten Telefon (die endgültige äußere Form ist aus der Abb. ersichtlich) war die technische Realisierung des Mikrophons mit der des Hörers identisch. Heute werden nur noch die Fernsprecherhörer nach dem B.schen Prinzip hergestellt. Die Weiterentwicklung der Mikrophone, vor allem im Hinblick auf eine verbesserte Übergangsdämpfung, wurde (1877) durch TH. A. EDISON und E. BERLINER eingeleitet, insbesondere aber (1878) durch D. E. HUGHES, auf dessen Überlegungen die Entwicklung des heute noch verwendeten Kohlemikrophons zurückgeht.

Zur Kommerzialisierung seiner Erfindung gründete B. im Jahre 1879 die New England Telephone Company, die später in die Bell Telephone Company umgewandelt wurde.

B. arbeitete auch noch auf anderen technischen Gebieten. So erfand er unter anderem das Photophon, mit dessen Hilfe es erstmals gelang, die menschliche Stimme mit einem Lichtstrahl zu übertragen, ferner war er an der Entwicklung eines Phonographen beteiligt und betätigte sich als Konstrukteur von Flugzeugen.

Insbesondere für die Erfindung seines Telefons, das durch seine technisch bedingte Leistungsfähigkeit bald zu einem unabdingbaren Bestandteil der Infrastruktur in der ganzen Welt wurde, aber auch für seine Arbeiten als Physiologe erhielt B. zahlreiche z. T. hochdotierte Auszeichnungen des In- und Auslandes. Ke

Literatur: Bell, A. G.: Improvement in Telegraphy, Specification forming part of letters Patent No. 174465, dated March 7, 1876; application field February 14, 1876, in: E. Horstmann: 75 Jahre Fernsprecher in Deutschland (1877–1952) (1952), 87–96, Das Photophon (Leipzig 1880), Upon the production of sound by radiant energy (Washington 1881), Speech-teaching in American schools for the deaf (Washington 1892), The mechanism of speech (New York und London 1907).

Belopolski (Belopol'ckij), Aristarch Apollonowitsch, Astrophysiker, geb. 1. (13.) 7. 1854 Moskau, gest. 16. 5. 1934 Pulkowo (UdSSR).

B. gilt als Pionier der Astrophysik in den letzten Jahrzehnten des zaristischen Rußland. Mit Untersuchungen zur Sonnen- und Sternphysik bis ins hohe Alter beschäftigt, war er auch Nestor der jungen sowjet. Astronomie.

B. war Sohn eines Moskauer Gymnasiallehrers, dessen Medizinstudium aus finanziellen Gründen ohne Abschluß geblieben war. B.s Mutter lehrte Musik. Nach dem Gymnasiumsbesuch studierte B. 1873–1877 an der mathematischen und physikalischen Fakultät der Univ. Moskau und fand Anstellung am Moskauer Observatorium. Dort war er mit astronomischen Untersuchungen und der Anwendung der Astrophotographie vielseitig tätig. Mit Bromidplatten erreichte er vielbeachtete Sternabbildungen bis zur Grenzgröße $8\overset{\mathrm{m}}{,}5$ (m = scheinbare Helligkeit, lat. magnitudo ›Größe‹). Auf photographische Studien der Sonne, deren innere Korona er 1887 nachwies, gründeten sich Bewegungsanalysen von Sonnenflecken (1886). 1888 übersiedelte B. als Assistent an das Observatorium nach Pulkowo (bei Leningrad, heute Hauptobservatorium der Ak. d. Wiss. der UdSSR) und wurde dort 1891, zugleich mit der Übernahme des Direktorats durch F. A. BREDICHIN, leitender Astrophysiker.

Nach anfänglichen Parallaxenbestimmungen wandte sich B. der Spektroskopie zu. Er ermittelte die differentielle Rotation des Jupiter und analysierte Planetenspektren. Mit Untersuchungen zur Bewegung der Saturnringe untermauerte er die Theorie über deren Teilchenaufbau. Die instrumentellen Möglichkeiten erlaubten eine Vertiefung der Arbeiten zur Sonnenphysik, darunter insbesondere zur differentiellen Rotation der Sonne und der Korona. 1914 veröffentlichte er die erste russ. Bestimmung der Temperatur in Sonnenflecken.

Beim Studium von Sternspektren auf der Basis des DOPPLERprinzips entdeckte B. die Phasen- und Amplitudenverschiebung von Helligkeit und Radialgeschwindigkeit bei Delta Cephei-Sternen. Mit seiner Dissertation zu diesem Sachverhalt (1896) ebnete er den Weg zur späteren Pulsationstheorie dieser Sterne. Untersuchungen von Sternspektren, bei deren Aufnahme B. als erster Trockenemulsionen benutzte, führten zu Angaben über die Expansion der Hüllen von Novae-Sternen sowie zur Entdeckung dritter, spektroskopischer Komponenten bei bereits bekannten Doppelsternen (Algol, Polarstern). Zahlreiche Ergebnisse verband B. mit z. T. populär gewordenen Laboratoriumsversuchen.

B. war ab 1902 Redaktionsmitgl. der amerikan. Fachzeitschrift Astrophysical Journal, ab 1904 russ. Kommissionsmitgl. der International Union for Cooperation in Solar Research. Die russ. Ak. d. Wiss. wählte ihn 1903 zum ao. und 1906 zum o. Mitgl. Von 1908 bis 1916 stand er dem Pulkowaer Observatorium als stellvertretender Dir., anschließend bis 1919 als Dir. vor. Von 1933 an war er Ehrendirektor. Fd

Beneden, Edouard van, Biologe, geb. 5. 3. 1846 Leuven (Löwen), gest. 28. 4. 1910 Liège (Lüttich).

B. lieferte wichtige Beiträge zum Verständnis der Zellteilung und schuf damit Voraussetzungen zur Begründung der Chromosomentheorie der Vererbung.

B. war der Sohn des Zoologieprof. PIERRE-JOSEPH VAN B. an der Univ. Louvain (Löwen), der unter anderem bahnbrechende Forschungen über parasitische Würmer durchgeführt hatte. Für B. war eine Laufbahn als Ing. in Aussicht genommen, er wandte sich aber, angeregt von der Arbeit seines Vaters, ebenfalls der Zoologie zu und studierte unter anderem bei R. A. v. KOELLIKER in Würzburg. 1870 wurde B. an der Univ. Liège ao. Prof. 1872 unternahm er eine Forschungsreise nach Brasilien, wobei besonders die Ringelwürmer im Mittelpunkt seiner Aufmerksamkeit standen.

A. A. Belopolski

E. van Beneden

Bei Ostende organisierte er eine bescheidene Station für Forschungen an Meerestieren. 1874 wurde B. Ordinarius an der Univ. Liège. Er war der Herausgeber der »Archives de biologie«.

B. begann mit embryologischen Studien an Meerestieren. Er untersuchte die Bildung der Keimzellen bei Hydroiden (1874) und stellte die allerdings nicht bestätigte Theorie auf, daß männliche und weibliche Keimzellen von verschiedenen Keimblättern stammen (männliche Keimzellen vom Ektoderm, weibliche vom Entoderm).

Zusammen mit CH. JULIN untersuchte B. eingehend Keimentwicklung und Morphologie der Manteltiere (Ascides). Er erkannte die »Mesozoa« (1877) als selbständigen Stamm des Tierreiches.

Zu seinen bedeutendsten Beiträgen gehören die Erkenntnisse über das Verhalten der Chromosomen bei der Kern- und Zellteilung sowie bei der Befruchtung. Als geeignetes Objekt für diese Forschungen erkannte er den Pferdespulwurm (erste Arbeit dazu 1883). B. fand, daß beim Befruchtungsvorgang Eikern und Samenkern die gleiche Anzahl von Chromosomen für die befruchtete Eizelle liefern, daß keine Verschmelzung der Chromosomen eintritt und bei Teilung der befruchteten Eizelle jede Tochterzelle gleichviele väterliche und mütterliche Chromosomenhälften erhält. B. fand auch das Zentrosom und erkannte es als permanentes Zellorganell (1887). Fernerhin erforschte er die Gastrulation des Säugetiereies. Zi

Literatur: Beneden, E. v.: Recherches sur les dicyémides survivants actuels d'un embranchement des mésozoaires, in: Bull. Acad. Roy. Belgique, 41 (1876), 1160–1205 u. 42 (1876), 35–97, L'appareil sexuel femelle de l'ascaride mégalocéphale, in: Arch. Biol., 4 (1883), 95–142.

Benz, Carl Friedrich, Maschinenbauer, geb. 25. 10. 1844 Karlsruhe, gest. 4. 4. 1929 Ladenburg.

B. schuf das erste betriebsfähige Kraftfahrzeug und entwickelte wesentliche Elemente der Kfz-Technik, wie elektrische Zündung mit Zündkerzen und Wasserkühlung des Ottomotors, Ausgleichgetriebe (Differential), Achsschenkellenkung, ferner erste Formen von Kupplung und Gangschaltung.

B. stammte aus einer Familie, die seit Generationen das Schmiedehandwerk betrieb. Sein Vater war in der einsetzenden industriellen Revolution Lokomotivführer geworden, starb jedoch schon zwei Jahre nach der Geburt von B. Auch dieser interessierte sich von klein auf für Naturwissenschaft und Technik, obwohl ihn die Mutter gern als Staatsbeamten gesehen hätte. Nach dem Besuch des Lyzeums begann B. 1860 das Studium an der damaligen Polytechnischen Schule zu Karlsruhe, der späteren TH. Zu seinen Lehrern zählten F. REDTENBACHER und F. GRASHOF. Nach Studienabschluß fand er Arbeit in der Karlsruher Maschinenfabrik, wo er sich die Fertigkeiten der Metallbearbeitung unmittelbar im Produktionsprozeß aneignete, anschließend in Metallbetrieben in Mannheim und Pforzheim. 1871 gründete er in Mannheim eine eigene »Eisengießerei und mechanische Werkstätte«, die er im ersten Jahr noch mit einem zweiten Teilhaber betrieb. Produziert wurden Maschinenteile und Eisenwaren für den Baubedarf. In der Krisensituation der 70er Jahre machte aber auch B. bankrott (1877). Er wandte sich daraufhin einem Gebiet zu, auf dem er sich mehr Erfolg versprach – dem Bau von Motoren, die in Industrie und Handwerk dringend verlangt wurden. Da N. A. Otto gerade das Patent für das Viertaktprinzip erhalten hatte, konstruierte B. einen Zweitaktgasmotor, der bereits zu Silvester 1879 seinen ersten Probelauf bestand. Für die Produktion wurde 1882 eine Aktiengesellschaft gegründet. Wegen Differenzen mit dem Aufsichtsrat schied B. schon nach einem Jahr wieder aus und gründete mit Hilfe anderer Kapitalgeber die Firma »Benz & Co. Rheinische Gasmotorenfabrik Mannheim«, die sich dank ständiger Verbesserung der Motoren erfolgreich entwickelte. Diese Motoren waren für den stationären Einsatz bestimmt mit Anschluß an das Gasnetz. B. beschäftigte sich dann zunehmend mit der Entwicklung eines Automobils, obwohl seine Geschäftspartner das damit verbundene finanzielle Risiko zunächst ablehnten. Bemühungen um einen pferdelosen Wagen gab es schon seit langem. S. Stevin u. a. hatten Segelwagen geschaffen. Der Franzose N. J. Cugnot hatte 1770 erstmals eine Dampfmaschine in einen Wagen eingebaut; viele ähnliche Versuche, unter anderem von R. Trevithick, folgten. Dampfmaschinen erwiesen sich aber als zu schwer und zu umständlich im Betrieb für die Straße und setzten sich nur im Schienenverkehr durch. B. hielt auch seine Motoren noch für zu schwer und erkannte die Notwendigkeit, Motor und Fahrzeug zusammen als möglichst leichte Einheit zu entwickeln. Dabei erkannte er nach eigener Definition folgende Einzelprobleme: 1) Motor, 2) Zündung, 3) Vergaser, 4) Kühler, 5) Kraftübertragung, 6) Leerlaufen des Motors, 7) Kurvennehmen. Als sich abzeichnete, daß Ottos Patent auf das Viertaktprinzip hinfällig wurde, schuf B. in kurzer Zeit einen Viertaktmotor mit liegendem Zylinder und Schwungrad (Drehzahl 250 U/min, Leistung 2/3 PS). Der Motor hatte einen Oberflächenvergaser für Benzin und eine Verdampfungswasserkühlung, die Drehzahl wurde durch eine Veränderung der Zusatzluftmenge geregelt. Die Zündanlage bestand aus Summerspule, Zündkerze und Chromsäureelementen. Der 96 kg schwere Motor war in einen besonders konstruierten leichten Wagen mit vollgummibereiften Speichenrädern eingebaut. Durch Umlegen des Treibriemens von einer Leer- auf eine Vollscheibe der Vorgelegewelle konnte der Motor eingekuppelt und wieder ausgekuppelt werden. Später schuf B. durch die Anordnung mehrerer Scheiben unterschiedlichen Umfangs eine erste Gangschaltung. Die Lenkung eines selbstfahrenden Wagens hatte sich schon vor B. als überaus problematisch erwiesen, da bei der üblichen Anordnung einer festen und einer gelenkten Achse in der Kurve jedes Rad einen anderen Kreisbogen beschreibt. Bei gezogenem Wagen werden Unstimmigkeiten in der Radstellung unter Umständen durch leichtes Rutschen ausgeglichen; bei einem von innen angetriebenen und gelenkten Wagen müssen die Räder jedoch mit der richtigen Geschwindigkeit in der richtigen Spur laufen, sonst ist der Wagen nicht zu beherrschen. Für die beiden Antriebsräder schuf B. deshalb das Ausgleichgetriebe, durch das in der Kurve das äußere Rad schneller läuft als das innere. Für die Lenkung griff er, da der von den Pferdewagen bekannte Drehschemel für die Vorderachse sich hier in Wirkung und Handhabung als unbrauchbar erwiesen hatte, wie schon andere vor ihm zunächst auf eine Dreiradvariante zurück. In den folgenden Jahren konstruierte B. dann die Achsschenkellenkung für den Vierradwagen, die im Prinzip noch heute angewendet wird. Am 29. 1. 1886 erhielt B. auf sein »Fahrzeug mit Gasmotorenantrieb« das erste Patent, weitere Patente folgten. Anfang Juli 1886 begann die praktische Erprobung, in den ersten Jahren allerdings durch polizeiliche Verbote teilweise behindert. Die beiden 15 und 13 Jahre alten Söhne von B. unternahmen in Begleitung der Mutter die erste Kfz-Fernfahrt von Mannheim nach Pforzheim im August 1888 deshalb heimlich. 1888 zeigte B. weiterentwickelte Modelle mit Erfolg auf einer Ausstellung in München und 1889 auf der Weltausstellung in Paris. Zunehmend stellten sich Käufer ein. Der Fabrik wurde eine eigene Abteilung für den zunächst noch rein handwerksmäßigen Fahrzeugbau angegliedert, und bis 1900 war B. trotz wachsender Konkurrenz der größte Automobilhersteller in Deutschland. Die Jahresproduktion stieg z. B. von 67 Wagen im Jahre 1894 auf 603 Wagen im Jahre 1900. Auch Lastkraftwagen und Omnibusse wurden gebaut. In einigen technischen Entwicklungen verhielt sich B. jedoch konservativ, z. B. hielt er lange am Einzylindermotor fest, während G. W. Daimler u. a. günstigere Lösungen fanden. In der Leitung der Aktiengesellschaft, in die der Betrieb 1899 umgewandelt worden war, kam es deswegen zu Auseinandersetzungen, und B. schied 1903 aus dem Vorstand aus, blieb aber der größte Aktionär. 1906 gründete er mit seinen Söhnen in Ladenburg die Firma »C. Benz Söhne«, die auf die Dauer aber nur als Zulieferbetrieb für die Autoindustrie Bedeutung erlangte. Das eigentliche Verdienst von B. besteht somit darin, daß er als erster das Kraftfahrzeug als technische Einheit erkannt und entwickelt hat, wobei er für eine Reihe von Einzelproblemen, z. B. Zündung, Kühlung und Steuerung, die bis heute wegweisenden Lösungsansätze fand.

B. erfuhr viele Ehrungen, unter anderem verlieh ihm die TH Karlsruhe die Ehrendoktorwürde. Die

Literatur: Benz, C. F.: Lebensfahrt eines deutschen Erfinders (Leipzig 1925).

Kirchberg, P. u. Wächtler, E.: Carl Benz – Gottlieb Daimler – Wilhelm Maybach (2. Aufl. Leipzig 1983).

Berger, Hans, Neurologe und Psychiater, geb. 21. 5. 1873 Neuses bei Coburg, gest. 1. 6. 1941 Jena.

B. ist Entdecker des menschlichen Elektroenzephalogramms und einer der Begründer der experimentellen Psychophysiologie.

B. entstammte einer Arztfamilie. Nach dem Besuch des Gymnasiums zu Coburg studierte er 1892 an der Univ. Jena zunächst ein Semester Astronomie, wechselte dann jedoch zur Medizin über. 1897 nahm B. seine ärztliche Tätigkeit an der Psychiatrischen Universitätsklinik Jena auf und wurde 1912 zum Oberarzt ernannt. 1919 erhielt er die Berufung zum o. Prof. für Neurologie und Psychiatrie und zum Dir. der Psychiatrischen Universitätsklinik in Nachfolge von O. Binswanger. 1927/28 war B. zwischenzeitlich Rektor der Univ. Jena. 1938 wurde er zwangsemeritiert.

B.s wissenschaftliches Interesse galt insbesondere den Beziehungen zwischen den psychischen Prozessen und ihrem körperlichen Substrat, d. h., den physiologischen Vorgängen im Gehirn und begleitenden Körperreaktionen. Mit diesem Anliegen wandte er sich zunächst der Untersuchung der Blutzirkulation in der Schädelhöhle des Menschen mittels plethysmographischer Registrierung zu. Als erster Forscher in Deutschland befaßte sich B. seit 1902 mit Tierversuchen zur Ableitung elektrischer Hirnströme, nachdem zunächst der engl. Arzt R. Caton 1875, später österreich., poln. und russ. bzw. sowjet. Physiologen über ihre Befunde in analogen Versuchen berichtet hatten. Weitere Untersuchungen dieser ersten Periode im Schaffen B.s waren unter anderem der Hirntemperatur in Abhängigkeit von psychischer Belastung gewidmet. Seine eigenen Ergebnisse und die anderer Untersucher einzelner psychophysiologischer Wechselbeziehungen zusammenfassend, entwickelte B. in seiner 1921 erschienenen Monographie »Psychophysiologie in zwölf Vorlesungen« die Konturen einer neuen physiologischen Forschungsrichtung, der Psychophysiologie, die sich mit der multivariaten Registrierung der körperlichen Äußerungen psychischer Zustände befaßt. In der Reifeperiode seines Schaffens konzentrierte sich B. nahezu ausschließlich auf die Untersuchung der hirnelektrischen Erscheinungen beim Menschen, für deren Aufzeichnung er den heute üblichen Begriff Elektroenzephalogramm (EEG) prägte. Nach den nicht sehr befriedigenden Vorversuchen an Tieren ging er 1924 zum Versuch am Menschen über. Bei der noch geringen Empfindlichkeit des von B. zunächst benutzten Saitengalvanometers nach W. Einthoven kam der Versuchsanordnung zugute, daß sich in seiner Klinik Patienten befanden, denen zur Beseitigung einer Hirngeschwulst Teile des Schädelknochens entfernt worden waren. Die Hirnströme konnten so ohne wesentliche Abschwächung direkt von der Hirnhaut abgeleitet und gemessen werden. Mit dieser Anordnung gelang es B. am 6. 7. 1924, das erste menschliche Elektroenzephalogramm zu erhalten. Später setzte er das in der Elektrokardiographie bereits eingeführte, empfindlichere Siemens-Spulengalvanometer ein, mit dem die Registrierung auch am intakten Schädel möglich wurde. Damit war der entscheidende Schritt vollzogen, die Elektroenzephalographie zu einem vielseitigen und problemlos anwendbaren klinisch-diagnostischen Routineverfahren zu entwickeln. Es leistet dem Kliniker insbesondere für die Lokalisation von Hirngeschwülsten und Herderkrankungen sowie bei der Diagnose von Anfallsleiden unentbehrliche Hilfe. Darüber hinaus gehört die Elektroenzephalographie zum wichtigsten Bestandteil der modernen psychophysiologischen Forschung. B. gelang es in seinen zahlreichen Arbeiten »Über das Elektrenkephalogramm des Menschen« (1929–1938), alle wesentlichen Eigenschaften der Hirnströme des Menschen einwandfrei zu bestimmen und ihren diagnostischen Aussagewert umfassend darzustellen. Auf B. geht unter anderem die für die Elektroenzephalographie wesentliche Unterscheidung zwischen Alpha-Wellen (Ruhe-Zustand) und Beta-Wellen (Leistungszustand) zurück.

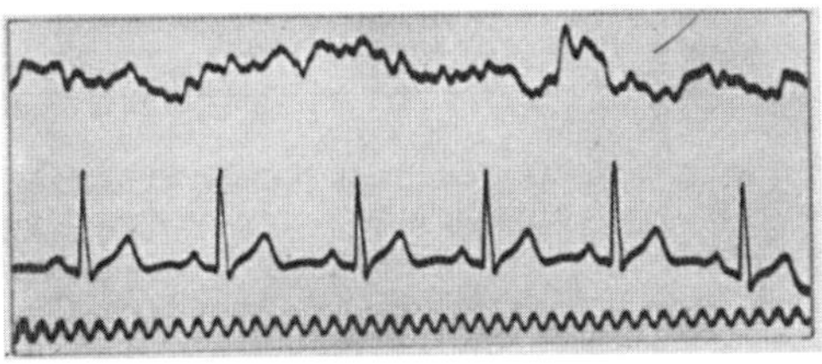

Elektroenzephalogramm von Hans Bergers Sohn Klaus (*oben* EEG, *mitte* EKG, *unten* Zeitmaß)

Als Enkel des Dichters F. Rückert fühlte sich B. in seinem Werk dem menschlichen Seelenleben verpflichtet, das er als Arzt und Naturwissenschaftler zu objektivieren trachtete. So war sein Interesse für die elektrischen Erscheinungen am Gehirn nicht unerheblich dadurch bestimmt, daß B. zeit seines Lebens ein überzeugter Anhänger der Telepathie war. Als deren materielle Grundlage nahm er die Existenz einer besonderen »psychischen Energie« an, die ihrerseits in andere Energieformen transformierbar sei. Trotz dieses obskuren Ausgangspunktes war B. realistisch genug, seine

C. F. Benz

H. Berger

Forschungen über das Elektroenzephalogramm völlig auf dessen medizinische Anwendung zu orientieren. Einer anankastischen (zwanghaften) Persönlichkeitsveranlagung folgend, neigte B. zu Ängstlichkeit und Übervorsicht. Sie erklärt, warum B. mit seinen Ergebnissen erst nach nahezu 30jähriger, streng geheim gehaltener Forschung und 5 Jahre nach der eigentlichen Entdeckung des Elektroenzephalogramms an die Öffentlichkeit trat. Dafür bietet sein Werk ein Bild seltener Geschlossenheit, das (bis auf eine von B. selbst vorgenommene Korrektur) in keinem Punkt revidiert zu werden brauchte. Ri

Literatur: Berger, H.: Zur Lehre von der Blutzirkulation in der Schädelhöhle des Menschen (Jena 1901), Über die körperlichen Äußerungen psychischer Zustände. 1. Tl. (Jena 1904) 2. Tl. (Jena 1907), Untersuchungen über die Temperatur des Gehirns (Jena 1910), Trauma und Psychose (Jena 1915), Psychophysiologie in zwölf Vorlesungen (Jena 1921), Über die Lokalisation im Großhirn. Rektoratsrede (Jena 1927), Über das Elektrenkephalogramm des Menschen, in: Arch. Psychiatrie 87 (1929), 527; 94 (1931), 16; 97 (1932), 6; 98 (1932), 231; 99 (1933), 555; 100 (1933), 301; 101 (1933), 452; 102 (1935), 539; 103 (1935), 678; 106 (1937), 165, 577 u. 508; 108 (1938), 407; J. Psychol. Neurol. 40 (1930); Nova Acta Leopoldina, N. F. 6 (1938), 173; Psyche (Jena 1940).

Brazier, M. A.: A History of the Electrical Activity of the Brain. The first Half Century (London 1961); Richter, J.: Die Entdekkungsgeschichte der Elektroenzephalographie und die Entwicklung ihrer technischen Voraussetzungen. 2. Mitt.: Historische Entwicklungslinien der Elektrophysiologie und die Bergersche Entdeckung des menschlichen Elektroenzephalogramms, in: Dt. Gesund.-Wesen 36 (1981) Heft 32, 1346–1350; Werner, R. (Hrsg.): Jenenser EEG Symposium 30 Jahre Elektroenzephalographie. 17.–19. Oktober 1959 (Berlin 1963).

Bergius, Friedrich Karl Rudolf, chemischer Verfahrenstechniker, geb. 11. 10. 1884 Goldschmieden bei Breslau (Wrocław), gest. 30. 3. 1949 Buenos Aires.

B. ist vor allem durch das von ihm entwickelte Verfahren zur Kohlehydrierung unter hohem Druck, der Kohleverflüssigung, bekannt geworden. Ferner arbeitete er an einem Verfahren zur Holzverzuckerung und führte andere chemisch-technische Arbeiten nach physikochemischen Gesichtspunkten aus.

B., Sohn eines Chemiefabrikanten, besuchte das Realgymnasium, absolvierte ein Praktikum im Laboratorium eines Hüttenbetriebes und studierte anschließend in Breslau (Wrocław) und Leipzig bei A. Ladenburg, R. W. H. Abegg und W. Herz Chemie und chemische Technologie. 1907 promovierte er in Leipzig bei A. Hantzsch »Über absolute Schwefelsäure als Lösungsmittel«. Zu dieser Zeit schien er sich für die akademische Laufbahn entschieden zu haben, denn er wurde 1907 Assistent bei Abegg, war dann zwei Semester lang Assistent bei W. Nernst in Berlin, anschließend bei F. Haber in Karlsruhe und schließlich 1910 bei M. Bodenstein in Hannover. 1913 habilitierte sich B. mit einer Arbeit über »Anwendung hoher Drucke bei chemischen Vorgängen und die Nachbildung des Entstehungsprozesses der Steinkohle« zum Privatdoz. für reine und angewandte physikalische Chemie an der TH Hannover. Ebenfalls 1913 wurde ihm ein Patent über ein Verfahren zur Herstellung kettenförmiger Kohlenwasserstoffe durch Hydrierung von Kohle unter Druck erteilt, das das Grundpatent des entsprechenden großtechnischen BERGIUS-PIER-Verfahrens zur Kraftstoffherstellung bildete. Mit diesem Patent trat B. am 1. Januar 1914 bei der Th. Goldschmidt AG, Essen, als Leiter des Forschungslaboratoriums der Firma ein. Da die Entwicklungsarbeiten an B.s Verfahren erhebliche finanzielle Aufwendungen erforderten, wurde 1918 ein »Konsortium für Kohlechemie« unter Mehrheitsbeteiligung der Th. Goldschmidt AG gegründet, für das B. auch nach dem Rückzug seiner Firma aus dem Konsortium im Winter 1923/24 weiterarbeitete. Als 1926 die IG Farbenindustrie AG sein Patent kaufte, zog er sich aus dem kommerziellen Forschungsbetrieb zurück, stand dem IG Farben-Konzern jedoch jederzeit als Berater zur Verfügung und widmete sich als selbständiger Chemiker vor allem dem Problem der Holzverzuckerung. Nach 1945 war B. als wissenschaftlicher Berater der Nationalen Brennstoff-Direktion der argentinischen Regierung tätig.

Zu Beginn des 20. Jh. verstärkte sich die Anwendung physikochemischer Erkenntnisse in der chemischen Industrie merklich. Das betraf insbesondere die Ausnutzung äußerer Einflußfaktoren, wie Druck, Temperatur oder Konzentration, auf chemische Gleichgewichtsreaktionen. B. hatte 1908/09 bei NERNST und HABER die physikalisch-chemischen Arbeiten zur Ammoniaksynthese unter hohen Drücken kennengelernt und eigene hochdrucktechnische Experimente ausgeführt. Diese Versuche setzte er in Hannover bei der Untersuchung des Kohlebildungsprozesses fort. Die theoretischen Überlegungen, die er an seine physikalisch-chemischen Untersuchungen knüpfte, und die weitgreifende Behandlung der Kohleprobleme führten ihn zu dem Schluß, daß das von den Reaktionsbedingungen stark abhängige Hydrierungs-Dehydrierungs-Gleichgewicht der Kohle sich unter sehr hohem Wasserstoffdruck zu den wasserstoffreicheren Kohlenwasserstoffen vom Typ des Erdöls verschieben und damit eine »Kohleverflüssigung« möglich sein müßte. Damit hatte B. ein Problem theoretisch prinzipiell gelöst, das E. FISCHER noch ein Jahr zuvor als fundamental bezeichnet hatte, »zu dessen Lösung alle Hilfsmittel der modernen Wissenschaft und Technik in Bewegung gesetzt und alle Möglichkeiten durchprobiert werden sollten«. Großtechnisch erwies sich das BERGIUS-Verfahren als äußerst schwierig durchführbar, so daß C. BOSCH von der BASF es 1923 ablehnte (drei Jahre später aber für die IG Farbenindustrie AG doch kaufte). Die BASF hatte mit der Ammoniak- (1913) und der Methanolsynthese (1923) schon zwei katalytische Hochdruckhydrierverfahren entwickelt, in die Produktion übergeführt und verfügte mit M. PIER über einen auf diesem Gebiet erfahrenen chemischen Verfahrenstechniker. Auf ihn geht die Entwicklung einer Reihe spezifisch wirkender Hydrierkatalysatoren und die Ausarbeitung eines technologisch vorteilhaften Zweistufenverfahrens zurück, nach dem 1927 erstmals in Leuna Kraftstoff produziert wurde.

1931 war B. gemeinsam mit BOSCH der Nobelpreis für Chemie für ihre Verdienste um die Entwicklung der Hochdrucktechnik in der chemischen Industrie verliehen worden. Gi

Literatur: Bergius, F.: Die Anwendung hoher Drucke bei chemischen Vorgängen und eine Nachbildung des Entstehungsprozesses der Steinkohle (Halle 1913), Neue Methode zur Verarbeitung von Mineralöl und Kohle, in: Z. angew. Chem. 34 (1921), 341–347.

Fischer, F., u. W. Frey: Über die Hydrierung von Kohlen, insbesondere von Braunkohlenhalbkoks nach Bergius, in: Brennstoff-Chemie ... 6 (1925), 69–79; Schoenemann, K.: Friedrich Bergius' Lebenswerk, in: Brennstoffchemie ... 30 (1949), 177–181.

Berliner, Emile, Elektromechaniker, ursprünglich Drucker, geb. 20. 5. 1851 Hannover, gest. 3. 8. 1928 Washington.

B. beschäftigte sich vornehmlich als Autodidakt mit Problemen der Physik und Elektrotechnik; er leistete unter anderem grundlegende Arbeiten auf dem Gebiet der Fernsprechtechnik und hat entscheidenden Anteil an der Erfindung und Weiterentwicklung des Plattenspielers.

B., dessen Vater Kaufmann und Schriftgelehrter war, besuchte die Schule in Wolfenbüttel. Er lernte anschließend in einer Druckerei und wurde bei einer bald folgenden Tätigkeit in einem Kurzwarengeschäft schon frühzeitig mit kaufmännischen Problem- und Fragestellungen konfrontiert. Bereits zu dieser Zeit zeigte sich seine technische Begabung; so gelang es dem 16jährigen B., selbständig einen Webstuhl zu konstruieren.

Angeregt durch Freunde der Familie, beschloß B. 1870 in die USA auszuwandern. Dort arbeitete er in verschiedenen Stellungen, unter anderem als Laufbursche, Glaswäscher und Buchhalter. Die Freizeit benutzte B. in den ersten Jahren in Amerika vornehmlich, um Kenntnisse auf wissenschaftlichem Gebiet zu erlangen. So beschäftigte er sich mit Physik, Elektrotechnik und Akustik.

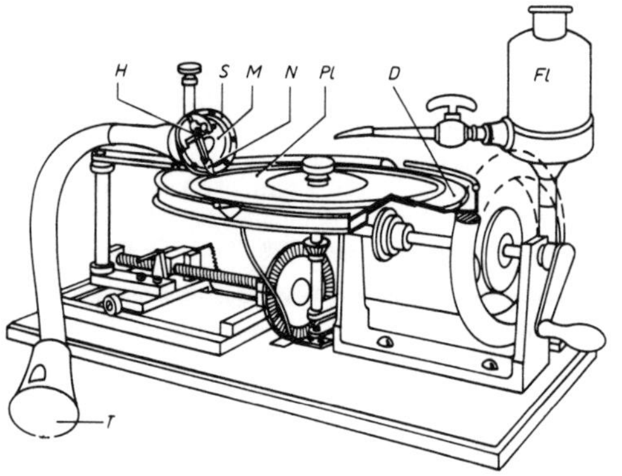

Plattenaufnahmeapparat Berliners. *T* Aufnahmetrichter, *S* Schalldose, *M* Membran, *H* Befestigungshebel, *N* Aufnahmenadel, *D* Drehteller, *Pl* Platte, *Fl* Flüssigkeit zum Entfernen der beim Eingravieren entstehenden Wachsreste

Angeregt durch die Arbeiten von A. G. BELL zur Entwicklung des Telefons realisierte B. als einer der ersten eine Art Kontaktmikrophon mit veränderlichem Übergangswiderstand. Durch fortwährende Versuche gelang es B., die Übertragungseigenschaften des Mikrophons zu verbessern, und er konnte zeigen, daß durch die Verbindung seines Mikrophons mit einer Induktionsspule eine Verstärkung und somit eine entscheidende Verbesserung der Übertragungsqualität möglich ist. Das heute schon allgemein gebräuchliche Prinzip des Übertragers in Fernsprechapparaten geht in seiner Grundüberlegung auf B. zurück. Die Anmeldung von B.s Mikrophonpatent erfolgte interessanterweise nur 2 Wochen vor der Einreichung eines ähnlichen Anspruchs von TH. A. EDISON. Die B. zugeschriebenen Patente wurden von der Bell Telephone Companie erworben, in deren Dienste B. trat. Er war dort für den Bau der Mikrophone verantwortlich. 1881 unternahm B. eine Reise nach Deutschland. Hier gründete er in Hannover eine Firma, die sich hauptsächlich mit der Herstellung von Mikrophonen und Fernsprechapparaten beschäftigte. Die Leitung der Firma übernahmen die Brüder B.s. Der in der Zwischenzeit als Assistent am Massachusetts Institute of Technology tätige B. konstruierte 1887, wohl angeregt durch den EDISONschen Phonographen (1878), die erste brauchbare »Plattensprechmaschine«, die er selbst als »Grammophon« bezeichnete. Im Gegensatz zu EDISON u. a., die Stanniol- oder Wachswalzen benutzten, gravierte bzw. ätzte B. die Tonrillen in Metallplatten. Zu diesem Zweck wurden die meist aus Zink bestehenden Platten mit einer dünnen Wachsschicht versehen. Durch Einritzen des Wachses mit Hilfe einer an einer Membran befestigten Aufnahmenadel entstand eine Art Plattenmatrize (Aufnahmeapparat, Abb.). Dieser wurde in ein Ätzmittel (Chromlösung) getaucht, wodurch die Tonrillen bis zu einer Tiefe von 0,1 mm direkt in das Metall geätzt werden konnten. Durch intensive Arbeit gelang es B., dieses Verfahren weiter zu verbessern. Es kam vor allem darauf an, Vervielfältigungsmöglichkeiten für die bis dahin nur als Original herzustellenden Platten zu schaffen. Auch hier hat B. Pionierarbeit geleistet. Als Plattenmaterial verwendete man auf seinen Vorschlag ab 1897 ein Gemisch von Harzen, Erden, Füllstoffen und Färbemitteln.

Durch die technische Vervollkommnung seines Phonographen konnte EDISON zunächst kommerzielle Erfolge erzielen. B. arbeitete unermüdlich an der Weiterentwicklung des Grammophons (Abb.), so daß bald die entscheidenden Vorteile des Plattenapparates zutage traten. B. selbst stellte

Erstes handelsübliches Grammophon nach Berliner

sein Grammophon im Jahre 1889 der Elektrotechnischen Gesellschaft zu Berlin vor, deren Mitgl. er wurde.

B. war nicht nur Erfinder, sondern er verstand es auch, aufgrund seiner kaufmännischen Erfahrung Nutzen aus seinen Erfindungen zu ziehen. Er arbeitete später auch auf dem Gebiet der Raumakustik und war interessanterweise sehr aktiv in der Gesundheits- und Kinderpflege tätig, was nicht zuletzt auf seinen gütigen Charakter hinweist. Ke

Literatur: Berliner, E.: Conclusions (Philadelphia 1899), Three adresses (Washington 1913).

Bernard, Claude, Physiologe, geb. 12.7.1813 St. Julien bei Villefranche sur Saône, gest. 10.2.1878 Paris.

B. war einer der bedeutendsten Experimentalphysiologen des 19.Jh., der sowohl durch seine experimentellen Beiträge wie durch theoretische Schlußfolgerungen und allgemeine Gedanken zur Forschungsmethodik die Physiologie entscheidend mitbestimmte.

F.K.R.Bergius

E.Berliner

B. war der Sohn eines Weinbauern, der noch während B.s Kindheit starb. Der Pfarrer des Ortes unterrichtete B. in Latein und setzte ihn als Meßdiener ein. 1827 kam B. durch die Vermittlung von zwei mit der Mutter verwandten Äbten als Stipendienschüler in die von Priestern geleitete Schule in Villefranche, darauf in die Stiftsschulen von Thoissey und L'Ain. Mit Beginn des Jahres 1832 wurde B. Apothekerlehrling in Lyon, versuchte sich aber auch, und nicht ganz erfolglos, als Theaterdichter. Nach der Apothekerlehre studierte er in Paris bis 1839 Medizin. Danach arbeitete er im Krankenhaus l'Hotel-Dieu, wurde aber gleichzeitig Präparator bei F. MAGENDIE. Die schlechten Laboratoriumsbedingungen untergruben B.s Gesundheit. 1843 promovierte er. Es kam zu Meinungsverschiedenheiten mit MAGENDIE, und B. gab 1844 seine Stelle auf, was ihn in finanzielle Schwierigkeiten brachte. Nach Versöhnung mit MAGENDIE wurde B. 1848 dessen Stellvertreter am Collège de France. 1854 wurde für B. ein Lehrstuhl für allgemeine Physiologie an der Sorbonne geschaffen. 1855, nach MAGENDIES Tod, wurde er außerdem Inhaber des Lehrstuhls für Medizin am Collège de France, 1868 Mitgl. der Académie Française.

Als Wissenschaftler war B. in Frankreich sehr geachtet. NAPOLEON III. empfing ihn bei Hofe. B. war in gewissen Zügen Vorbild für den »Doktor Pascal« im gleichnamigen Roman von E. ZOLA.

B. erkannte wichtige Lebensvorgänge, die nur durch das Experiment, nicht aber durch die Ausweitung anatomischer Forschungen erklärt werden konnten. Sein Laboratorium in Paris wurde ein internationales wissenschaftliches Zentrum der Physiologie. B. klärte wichtige Sachverhalte des Stoffwechsels. Er wies unter anderem auf die Rolle des Pankreassaftes für die Absorption der Fette hin (1848, 1850). Von Wichtigkeit waren ferner B.s Forschungen über den Stoffwechsel der Kohlenhydrate, namentlich seine Entdeckung des Glycogens in der Leber (1859). Bei seinen Untersuchungen stellte er fest, daß das Blut von Versuchstieren (Kaninchen) auch dann ausreichend Traubenzucker enthielt, wenn kein Zucker mit der Nahrung zugeführt wurde. Die Suche nach dem zuckerliefernden Speicherorgan, das den nahrungsunabhängigen, konstanten Blutzuckerspiegel aufrecht erhält, führte zur Leber, die aber nicht Traubenzucker, sondern Glycogen speichert, das aus dem Traubenzucker entsteht und nach Bedarf wieder in Traubenzucker abgebaut wird. Nachdem die der Leber in der alten Physiologie (GALEN) zugeschriebene Funktion der Blutbildung im 17.Jh. (W. HARVEY, G. ASELLI, J. PECQUET) widerlegt worden war, galt sie nur noch als Drüse zur Galleproduktion. Durch B.s Entdeckung wurde die Leber wieder als wichtiges Organ im Stoffwechselgeschehen, als Glycogenspeicher, erkannt. Der Nachweis von Glycogen in der Leber widerlegte auch die fast zum Dogma gewordene Annahme, daß der Tierkörper nicht zur Synthese chemischer Substanzen befähigt sei. Isoliert wurde das Glycogen 1856 durch V. HENSEN.

B. suchte gezielt nach den Nerven, welche die Freisetzung des Traubenzuckers aus dem Glycogen beeinflussen. 1849 stellte er fest, daß durch Verletzung des vierten Hirnventrikels experimentell Zuckerharnruhr erzeugt werden kann (»Zuckerstich«). Damit schien man zunächst eine Erklärung für die Ursachen des Diabetes (Zuckerkrankheit) gefunden zu haben, ehe die Diabetesforschung später, etwa ab 1890, richtigerweise auf die Bauchspeicheldrüse (Pankreas) gelenkt wurde. B. erkannte die Wirkung der vasomotorischen (gefäßzusammenziehenden) Nerven. Bei Untersuchungen des Speichels stellte er fest, daß die verschiedenen Speicheldrüsen unterschiedliche Sekrete abgeben. 1844–1850 untersuchte B., teilweise zusammen mit T.-J. Pelouze, die Giftwirkung des indianischen Pfeilgiftes Curare. Curare blockiert die Übertragung der Nervenerregung auf die Muskulatur.

B. fand, neben F. E. I. Hoppe-Seyler, die Ursache der Kohlenmonoxid-(CO-)Vergiftung und erkannte dabei, daß Gifte ebenso wie Medikamente im Körper bestimmte Angriffspunkte besitzen, und das Wesen einer Vergiftung also erklärbar ist.

Von großer Bedeutung war B.s Idee des »milieu intérieur«, des »inneren Milieu«, die er zuerst 1857 äußerte und 1878 näher ausführte. Das »innere Milieu« ist die im Körperinneren befindliche Flüssigkeit, welche die Gewebe umspült und durch Regelmechanismen relativ große Konstanz ihrer Eigenschaften aufweist. Die Gewebe des Körperinneren werden dadurch nicht direkt von den wechselnden Außenbedingungen, die den Gesamtorganismus umgeben, beeinflußt, sondern haben ihre eigene innere Umwelt, und die Lebensvorgänge verlaufen, namentlich beim höheren Organismus, konstant. B. hatte seine Konzeption vom »inneren Milieu«, die erst nach seinem Tode (»Homöostase«, W. B. Cannon u. a.) voll gewürdigt wurde, gegen den Vorwurf zu verteidigen, daß sie vitalistisch wäre.

B. äußerte in verschiedenen Schriften wichtige Gedanken über die Gewinnung neuer wissenschaftlicher Erkenntnisse und über Wissenschaft allgemein. Er betonte die Notwendigkeit von Hypothesen und Theorien. Hypothesen als Vermutungen leiten im allgemeinen die Arbeit des Experimentators.

B. glaubte an die Determiniertheit aller Lebenserscheinungen. Scheinbar spontane Erscheinungen führte er auf Unvollkommenheiten des Experimentierens zurück. Für die Keimesentwicklung ließ B. noch vitale Kräfte zu. Durch die Physiologie sollte das Wirken der Ärzte zu einer exakten Tätigkeit werden, in der das intuitive Fingerspitzengefühl zunehmend hinter eindeutigen Verfahren der Diagnose und Therapie zurücktritt.

Religiös erzogen, blieb B. im persönlichen Leben religiösen Vorstellungen verhaftet, ohne diese in seine wissenschaftlichen Arbeiten einfließen zu lassen. Zi

Literatur: Bernard, C.: La science experimentale (Paris 1878), Lecons de physiologie experimentale (Paris 1855), Leçons sur les phénomènes de la vie (Paris 1878).

Bernoulli, aus den Niederlanden stammende protestantische Schweizer Gelehrtenfamilie, die über Generationen hinweg bedeutende Persönlichkeiten in Mathematik, Physik, anderen naturwissenschaftlichen, aber auch geisteswissenschaftlichen und künstlerischen Disziplinen hervorgebracht hat. Zu den bedeutendsten Gelehrten des 18. Jh. gehören Jakob B., sein Bruder Johann B. und dessen Sohn Daniel B.

1) Daniel B., Mathematiker, Mediziner und Physiker, geb. 8. 2. 1700 Groningen, gest. 17. 3. 1782 Basel.

B. leistete bedeutende Beiträge zur Analysis, zur Physiologie, Mechanik und Hydrodynamik.

Obwohl sein Vater Johann B. schon frühzeitig die mathematischen Fähigkeiten seines zweiten Sohnes erkannt hatte, wurde Daniel B. zum Kaufmann bestimmt. Erst nachdem er die Lehre zweimal eigenmächtig aufgegeben hatte, wurde ihm das Medizinstudium gestattet, das er in Basel, später in Strasbourg und Heidelberg absolvierte. Nach vergeblichen Bemühungen um eine Professur in Basel ging er 1723 für zwei Jahre als praktizierender Arzt nach Venedig und folgte 1725 zusammen mit seinem älteren Bruder Nikolaus B. einem von dem Zahlentheoretiker Ch. Goldbach initiierten Ruf an die Akademie in St. Petersburg (Leningrad), an der wenig später auch der Studienfreund der Brüder B., L. Euler, eintraf. Die lebhafte wissenschaftliche Atmosphäre an dieser Institution wurde durch regelmäßige Zusammenkünfte ihrer Mitglieder gefördert, auf denen eigene und vornehmlich in Form von Briefen aus dem In- und Ausland eingegangene, neue wissenschaftliche Ergebnisse ausgetauscht und diskutiert wurden. So zählen die Jahre von 1725–1733 zu den erfolgreichsten und produktivsten im Leben von Daniel B. Infolge des rauhen Klimas kränkelnd, kehrte er 1733 an die Univ. Basel zurück und übernahm den Lehrstuhl für Anatomie und Botanik, 1750 den für Physik. Trotz des mehrfach geäußerten Wunsches, der beengend empfundenen Atmosphäre an der Univ. und dem von Prioritätsstreitigkeiten gekennzeichneten Verhältnis zu seinem Vater zu entrinnen, lehnte Daniel B. alle ehrenden und finanziell großzügigen Berufungen ab; zwischen 1741 und 1747 hatte sich insbesondere die St. Petersburger Akademie mehrfach bemüht, ihn zur Rückkehr zu bewegen. Daniel B. war ein erfolgreicher Hochschullehrer, seine Vorlesungen über Experimentalphysik zählten zeitweise bis zu hundert Hörer. Die letzten Lebensjahrzehnte widmete der unverheiratet gebliebene Gelehrte sorgenfrei und geistig regsam in ständigem brieflichen Gedankenaustausch mit seinen kongenialen Zeitgenossen der wissenschaftlichen Arbeit.

In Daniel B.s wissenschaftlichem Lebenswerk widerspiegelt sich die Vielfalt der Probleme der Mathematik und ihrer Anwendungen auf die Naturwissenschaften. In diesem Sinne gilt er als erster, der I. Newtons naturwissenschaftliche Ideen mit G. W. Leibniz' Differentialkalkül verband, der als Physiker die Mathematik als Hilfsmittel zur Erklärung der Wirklichkeit betrachtete. Ein erstes wichtiges Ergebnis bestand in der Integration der später nach J. Riccati benannten Differentialgleichung.

Das von Daniel B. im Anschluß an B. Taylor erstmals formulierte, empirisch gewonnene Superpositionsprinzip der schwingenden Saite war bedeutsam für die gesamte mathematische Physik, doch zunächst Anlaß zu lebhaften Kontroversen insbesondere mit Euler, der es nicht für möglich hielt, daß eine analytisch gegebene, nichtperiodische Kurve durch eine trigonometrische Reihe dargestellt werden kann.

Daniel B. erhielt zehnmal einen Preis der Pariser Akademie für die Lösung von Schwingungsproblemen und von Aufgabenstellungen, die im Zusammenhang mit der Fortbewegung großer Schiffe, der Schiffsbewegung, der Gezeiten und der Gesetze der Meeresströmung stehen. Die Ausdehnung des Prinzips der Erhaltung der lebendigen Kraft auf Flüssigkeiten und die Einführung des Begriffes der stationären Strömung führten zu weiteren wichtigen Erkenntnissen. Die »Hydrodynamica«, 1738 im Druck erschienen, doch bereits größtenteils in St. Petersburg verfaßt, stellt seine bedeutendste Leistung dar. Wie die »Hydraulica« seines Vaters Johann B. war dieses Werk bahnbrechend für die Behandlung hydrodynamischer Probleme auf der Grundlage allgemeiner mechanischer Prinzipien. Daniel B. formulierte darin die Kontinuitätsgleichung, behandelte die

C. Bernard

D. Bernoulli

Jacob Bernoulli

Johann Bernoulli

Bewegung von Flüssigkeiten in zueinander parallelen Schichten und leitete für den Ausfluß einer Flüssigkeit aus einem Gefäß eine Beziehung zwischen Druck und Geschwindigkeit her, die in verallgemeinerter Form als BERNOULLIsche Gleichung bekannt ist. Der zehnte Abschnitt des Buches enthält nicht nur eine dem BOYLE-MARIOTTEschen Gasgesetz äquivalente Beziehung zwischen Druck und Volumen einer »elastischen Flüssigkeit«, insbesondere der Luft, sondern auch die weittragende Hypothese, daß sich die kleinsten Teilchen eines Gases fortgesetzt und unabhängig voneinander in geradliniger Bewegung befinden, gegeneinander und an die Wandung des Gefäßes wie elastische Kugeln stoßen; diese Hypothese wurde Mitte des 19. Jh. zur Grundlage der kinetischen Gastheorie. Auf medizinischem Gebiet beschäftigte sich Daniel B. unter anderem mit Atemphysiologie und Muskelbewegungen sowie mit der therapeutischen Anwendung von Magnetismus und Elektrizität. Seine Mitgliedschaft in allen großen europ. Akademien erwies die internationale Anerkennung seiner Arbeiten. Be

Literatur: Bernoulli, D.: Exercitationes quaedam mathematicae (Venetiis 1724); Hydrodynamica, sive de viribus et motibus fluidorum commentarii (Argentorati 1738); Analysis, Wahrscheinlichkeitsrechnung (Hrsg. L. P. Bouckaert u. a., Basel 1987), Mechanik (Hrsg. D. Speiser, Basel 1987).

Grigor'ân, A. A., u. Kovalev, B. D.: Daniel Bernoulli 1700–1782 (Moskau 1981); Huber, F.: Daniel Bernoulli (1700–1782) als Physiologe und Statistiker (Basel-Stuttgart 1959).

2) JAKOB B., Mathematiker und Physiker, geb. 27.12.1654 Basel, gest. 16.8.1705 Basel.

Jakob B. verfaßte bedeutende Arbeiten zur Analysis, besonders zur Reihenlehre, zur Variationsrechnung und zur Wahrscheinlichkeitsrechnung.

Dem Wunsche des Vaters NIKOLAUS B., Ratsherr zu Basel, entsprechend, doch ohne innere Neigung, studierte Jakob B. Theologie, beschäftigte sich aber gleichzeitig autodidaktisch intensiv mit Mathematik. Nach Studienabschluß reiste er in den Jahren 1676–1680, seinen Unterhalt als Privatlehrer verdienend, nach Italien, durch die Schweiz und Frankreich und begab sich nach kurzem Zwischenaufenthalt in Basel 1681 auf eine längere Studienreise durch die Niederlande und England, die ihm Gelegenheit bot, bedeutende Naturforscher und die Mathematik und Physik jener Zeit kennenzulernen. Im Oktober 1682 kehrte er nach Basel zurück, begann private, viel besuchte Vorlesungen über Experimentalphysik, insbesondere über die Mechanik fester und flüssiger Körper zu halten und übernahm 1687 den vakanten Lehrstuhl für Mathematik an der Univ., den er bis zu seinem Tode innehatte.

Jakob B. zählt zu den Mathematikern ersten Ranges. Sein 1677 in Genua angelegtes wissenschaftliches Tagebuch, in das er in der Folgezeit alle wichtigen Entdeckungen notierte, gestattet, Entstehung und Werdegang vieler seiner wissenschaftlichen Ideen kennenzulernen. Die von ihm verfaßten 87 Zeitschriftenpublikationen, 16 eigenständige größere Arbeiten sowie 32 teilweise von anderen überarbeitete Manuskripte wurden als seine »Opera omnia« 1744 herausgegeben. Seine ersten wissenschaftlichen Untersuchungen galten astronomischen und experimentalphysikalischen Fragen (z. B. Kometentheorie, Gravitationstheorie, Elastizität und Kompressibilität der Luft). Seine mathematischen Forschungen umfassen drei größere Komplexe: Reihenlehre, Analysis (Variationsrechnung) und Wahrscheinlichkeitsrechnung. Ausgehend vom Studium der mathematischen Werke von Zeitgenossen und unmittelbaren Vorgängern beruhten erste Ergebnisse noch auf den Methoden der traditionellen Mathematik (Kurvenuntersuchungen). Nach 1684 begann er gemeinsam mit seinem Bruder JOHANN B. die ersten Abhandlungen von G. W. LEIBNIZ zur Infinitesimalmathematik durchzuarbeiten, die als bald Grundlage eigener Publikationen zur Quadratur und Rektifikation der parabolischen und logarithmischen Spirale wurden. Der in den folgenden Jahren zwischen den Brüdern BERNOULLI und LEIBNIZ geführte Briefwechsel enthält bedeutende neue Erkenntnisse zur Differential- und Integralrechnung. Die Lösung des öffentlich zur Diskussion vorgelegten Problems der Brachistochrone erwies ebenfalls die Tragweite des Differentialkalküls und stellte gleichzeitig neben der Untersuchung des isoperimetrischen Problems den Ausgangspunkt für die Variationsrechnung dar. In der Reihenlehre, der er fünf große Arbeiten gewidmet hat, sah Jakob B. die nie versagende Möglichkeit, über die Reihenentwicklung Funktionen zu integrieren. Er befaßte sich z. B. mit der harmonischen Reihe (Beweis der Nichtkonvergenz), mit der Reihe der reziproken Quadratzahlen (die Summation gelang erst L. EULER), mit Reihentransformationen und zahlreichen Anwendungen von Potenzreihen. Die Bedeutung des nachgelassenen, erst 1713 veröffentlichten Werkes über Wahrscheinlichkeitsrechnung besteht in dem Versuch, dieses Gebiet über die bislang üblichen Anwendungen auf Glücksspiele hinaus auf »bürgerliche, sittliche und wirtschaftliche Verhältnisse« auszuweiten, der exakten Formulierung des Gesetzes der großen Zahlen, dessen Beweis ihm erst »nach zwanzigjährigem Nachdenken« gelang, und nicht zuletzt in der Definition der Wahrscheinlichkeit selbst als Grad der Gewißheit.

Die Stärke seiner wissenschaftlichen Leistung lag nicht im Aufbau weitreichender Theorien, sondern in der klugen Behandlung von Einzelproblemen durch tiefgründige Überlegungen und Einsichten in mathematische Zusammenhänge. Be

Literatur: Bernoulli, J.: Opera omnia, 2 Bde. (Lausanne 1744), Astronomie, Philosophia naturalis, Bd. 1 (Hrsg. J. O. Flekkenstein, Basel 1969), Elementarmathematik, Bd. 2 (Hrsg. T. Viola

u. C.S.Roero, Basel 1989), Wahrscheinlichkeitsrechnung und Statistik, Bd. 3 (Hrsg. B. L. van der Waerden, Basel 1975).
Hofmann, J. E.: Über Jacob Bernoullis Beiträge zur Infinitesimalmathematik (Genf 1956).

3) JOHANN B., Mathematiker, geb. 6. 8. 1667 Basel, gest. 1. 1. 1748 Basel.

Johann B. leistete wichtige Beiträge zur Entwicklung der Differential- und Integralrechnung und war Mitbegründer der Variationsrechnung.

Johann B., das zehnte Kind der Familie des Ratsherrn NIKOLAUS B., wurde in die Kaufmannslehre gegeben, die er aber aus mangelndem Interesse eigenmächtig nach einem Jahr abbrach. Daraufhin erhielt er die Erlaubnis, Medizin zu studieren. Gleichzeitig arbeitete er sich unter Anleitung und Aufsicht seines älteren Bruders JAKOB B. in die Mathematik seiner Zeit ein. Nach der Approbation 1690 unternahm Johann B. Reisen nach Genf und Paris. Dort galt er als Vertreter der LEIBNIZschen Differentialrechnung, die er als Privatlehrer dem in Mathematik autodidaktisch vorgebildeten franz. G. F. A. MARQUIS DE L'HOSPITAL vermittelte. Das 1696 von letzterem veröffentlichte erste Lehrb. »Analysis der unendlich kleinen Größen« beruhte – wie Nachforschungen bestätigten – auf Mitteilungen mathematischer Kenntnisse und neuester (auch eigener) Entdeckungen, die Johann B. dem vermögenden Feudalherrn gegen ansehnliche finanzielle Zuwendungen vertraulich zugehen ließ. Auf Empfehlung von CH. HUYGENS erhielt Johann B. 1695 eine Berufung an den mathematischen Lehrstuhl nach Groningen, ging jedoch auf Drängen seines Schwiegervaters 1705 nach Basel zurück, um den durch Tod des Bruders JAKOB B. freigewordenen mathematischen Lehrstuhl zu übernehmen. Mehrere ehrenvolle Berufungen an auswärtige Univ. lehnte er aus familiären Gründen ab.

Das Lebenswerk Johanns ist inhaltlich eng mit dem seines Bruders JAKOB B. verflochten, doch war das persönliche Verhältnis der beiden Brüder fast ständig gespannt. Unerfreuliche, nicht selten öffentlich ausgetragene Streitigkeiten entzündeten sich an der Bearbeitung gleicher Probleme. Jedoch besaß jeder der beiden Brüder ein eigenständiges wissenschaftliches Profil. Johann B. war überaus ehrgeizig und rechthaberisch, doch ein einfallsreicher Mathematiker, der elegante Lösungen zu finden wußte und seinem Bruder JAKOB B. in der Beherrschung des mathematischen Apparates überlegen war. Nach des Bruders Tod war Johann B. der Hauptvertreter der LEIBNIZschen Infinitesimalmathematik, der zugleich durch die Heranbildung einer Reihe befähigter Schüler, zu denen seine eigenen Söhne DANIEL B. und NIKOLAUS B. sowie L. EULER zählten, die europ. Mathematik wesentlich beeinflußte. Johann B. trug Bedeutendes zur Entwicklung der Analysis bei und erwarb sich mit Untersuchungen zum Brachistochronen- und isoperimetrischen Problem Verdienste bei der Schaffung der Variationsrechnung, bei der es darum geht, aus einer Schar möglicher Kurven jene herauszufinden, die einen mit ihr gebildeten Integralausdruck zu einem Minimum macht. Im Falle der Brachistochrone erkannte JOHANN B. die Zykloide als gesuchte Kurve, für das zweite Problem fand er, daß der Flächeninhalt einer von einer bestimmten Kurve umschlossenen Fläche ein Maximum werden muß. Es gelangen ihm ferner weiterführende Einsichten in die Integration von Differentialgleichungen, insbesondere behandelte er die nach ihm benannte Bernoullische Differentialgleichung $y' + p(x)y + q(x)y^n = 0$. Er wandte infinitesimale Methoden auf eine Reihe physikalischer und technischer Problemstellungen an, beschäftigte sich mit Kurvenpaaren, mit der Konstruktion algebraischer Kurven, fand Näherungen für den Ellipsenumfang, untersuchte Isogonal- und Orthogonaltrajektorien (Zusammenhang mit HUYGENS' Wellenvorstellungen), die Grundeigenschaften der ballistischen Kurve sowie die in der Optik auftretenden Brennlinien. In seiner, nach neueren Untersuchungen unabhängig von seinem Sohn DANIEL B. zwischen 1738 und 1740 verfaßten »Hydraulica« beschäftigte er sich mit den vielfältigen Erscheinungen des fließenden Wassers, mit Vorgängen beim Ausfließen aus zylindrischen und prismatischen Gefäßen sowie aus Kanälen und Rohren beliebiger Form. Die »Hydraulica« eröffnete den Weg zur Aufstellung der hydrodynamischen Bewegungsgleichungen durch EULER. Auch Johann B. war gleich seinem Bruder Mitgl. aller großen Akademien Europas in London, Paris, Berlin, St. Petersburg und Bologna. Be

Literatur: Bernoulli, J.: Opera omnia, 4 Bde. (Lausanne 1742), Korrespondenz mit Leibniz, 2 Bde. (Geneve und Lausanne 1742).
Merian, P.: Die Mathematiker Bernoulli (Basel 1860); Speiser, A.: Die Baseler Mathematiker (Basel 1939); Spiess, O.: Die Mathematiker Bernoulli (Basel 1948), Der Briefwechsel von Johann I. Bernoulli (Basel 1955).

Bernschtein (BERNŠTEJN), Sergej Natanowitsch, Mathematiker, geb. 6. 3. 1880 Odessa, gest. 26. 10. 1968 Moskau.

B. verfaßte grundlegende Arbeiten zur Differentialgleichungstheorie, zur Approximationstheorie und Wahrscheinlichkeitsrechnung und war Begründer der konstruktiven Funktionentheorie.

B., Sohn eines Doz. für Anatomie und Physiologie, studierte 1898–1902 an der Univ. Paris, zweimal weilte er einen Teil des Jahres in Göttingen. 1908 ging er nach Charkow und verteidigte im gleichen Jahr auf Grund von Ergebnissen, mit denen er bereits in Paris einen akademischen Grad erworben hatte, seine Magisterdissertation. In dieser Arbeit beschäftigte er sich mit der Lösung der Probleme 19 und 20 der von D. HILBERT auf dem internat. Mathematikerkongreß 1900 in Paris vorgetragenen 23 Probleme. Während das 19. Problem die Frage nach der Analytizität der Lösungen regulärer Variationsprobleme aufwirft, befaßt sich Problem 20 inhaltlich anschließend mit der Existenz von Lösungen partieller Differentialgleichungen mit vorgegebenen Randwerten. Die von B. vorgelegten Teillösungen (z. B. entwickelte er die Methode der Fortsetzung der Lösung einer Differentialgleichung nach einem in die Gleichung eingeführten Parameter) wiesen ihn als bedeutenden Gelehrten aus. Nach der Revolution hatte er wesentlichen Anteil an der Entwicklung der Wissenschaft in der Ukraine. 1928 initiierte er die Gründung des ukrainischen wissenschaftlichen Forschungsinstitutes für mathematische Wissenschaften. 1925 wurde er Mitgl. der ukrainischen und 1929 der Ak. d. Wiss. der UdSSR. Letzteres war der Anlaß, 1933 nach Leningrad überzusiedeln. Nach Ende des zweiten Weltkrieges wirkte B. an der Ak. d. Wiss. der UdSSR in Moskau. Die in den 20er Jahren nach Deutschland und Frankreich durchgeführten Reisen (1923/24 las er an der Sorbonne über Wahrscheinlichkeitstheorie) spielten keine geringe Rolle bei der Herstellung von wissenschaftlichen Kontakten zwischen den Mathematikern westeurop. Länder und denen der Sowjetunion.

Obwohl B. durch seine Ausbildung von der franz. mathematischen Schule beeinflußt blieb, stand er insbesondere im Hinblick auf seine Arbeiten zur Wahrscheinlichkeitsrechnung auch in der Tradition der St. Petersburger Schule von P. L. TSCHEBYSCHEW und dessen Nachfolgern A. A. MARKOW und A. M. LJAPUNOW. B. entwickelte erstmals einen Ansatz zur Axiomatisierung der Wahrscheinlichkeitsrechnung auf der Grundlage einer BOOLEschen Algebra, beschäftigte sich mit Grenzwerttheoremen und stochastischen Differentialgleichungen sowie der Anwendung der Wahrscheinlichkeitstheorie unter anderem in der Biologie. Weitere Arbeiten greifen Probleme der Variationsrechnung, der Theorie partieller Differentialgleichungen zweiter Ordnung und Fragen der Funktionalanalysis auf. Auf der Festsitzung zum 220. Gründungsjubiläum der Ak. d. Wiss. der UdSSR hielt B. einen Vortrag, in dem er, an Tschebyschew anknüpfend, eine »neue Richtung« in der Analysis begründete, die sich mit der angenäherten Darstellung beliebiger Funktionen durch analytische Mittel wie algebraische oder trigonometrische Polynome beschäftigte, wobei ein Grundanliegen darin bestand, den Annäherungsgrad der besten Approximation unter verschiedenen Annahmen über die Struktur der angenäherten Funktion zu bestimmen. B. untersuchte insbesondere die Frage, was über die Struktur einer Funktion gesagt werden kann, wenn die Größe des Annäherungsgrades der Approximation, z. B. mit Polynomen, bekannt ist. B. bezeichnete diesen Zweig der Analysis als konstruktive Funktionentheorie. Be

Literatur: Bernštejn, S. N.: Sobranie Sočineniâ, Tl 1 u. 2 (Moskau 1952 u. 1954), Tl 3 (1960), Tl 4 (1964).

P. E. M. Berthelot

C. L. Berthollet

Berthelot, Pierre Eugène Marcelin, Chemiker, geb. 25. 10. 1827 Paris, gest. 18. 3. 1907 Paris.

B. wurde durch seine Synthesen organischer Verbindungen, die nicht in der Natur vorkommen, und durch seine thermochemischen Arbeiten bekannt.

B., Sohn eines Arztes, absolvierte in Paris das Collège Henri IV, besuchte anschließend medizinische und naturwissenschaftliche Vorlesungen und erwarb im Privatlaboratorium von T. J. Pelouze erste praktische chemische Fertigkeiten. 1851–1854 studierte er am Collège de France bei J.-B. Dumas, H. V. Regnault und A. J. Balard und promovierte am 24. 6. 1854 mit seiner Arbeit über »Mémoire sur les combinaisons de la glycérine avec les acides et sur la synthèses des principes immédiats des graisses des animaux«. Danach setzte er seine Studien an der École de Pharmacie fort und legte am 29. 11. 1858 das Apothekerexamen ab. Am 2. 12. 1859 wurde B. als Prof. auf den neugegründeten Lehrstuhl für organische Chemie an der École de Pharmacie berufen. Nach einem von B. gehaltenen, erfolgreichen Vorlesungskurs am Collège de France (1863/64) wurde für ihn 1865 dort ein Lehrstuhl für organische Chemie eingerichtet, den er bis zu seinem Tode einnahm. Während der Belagerung von Paris im deutsch-franz. Krieg 1870/71 war B. Präsident des wissenschaftlichen Verteidigungskomitees, 1886/87 Unterrichtsminister und 1895/96 Frankreichs Außenminister. 1881 ernannte man ihn zum Senator auf Lebenszeit. B. wurde schon zu Lebzeiten in der ganzen Welt geehrt. 1873 wurde er Mitgl. der franz. Ak. d. Naturwiss. und 1889 deren ständiger Sekretär. Dem Vorschlag J. v. Liebigs folgend, ernannte die Bayrische Ak. d. Wiss. als erste ausländische Ak. B. zu ihrem Mitgl. 1894 wurde er zum Ehrenmitgl. der Deutschen Chemischen Gesellschaft gewählt.

Schon mit seinen ersten Arbeiten betrat B. wissenschaftliches Neuland und begründete seinen Ruf als Kapazität auf dem Gebiet der organischen Synthese. Ausgehend von M. E. Chevreuls Fettanalysen, untersuchte B. 1853/54 die Derivate des Glycerols und die Esterbildung anderer mehrwertiger Alkohole. Dabei konnte er die Dreiwertigkeit des Glycerols endgültig aufklären und fand neue Wege für Fettsynthesen. Diese Arbeiten lenkten sein Interesse auf die verschiedenen Zuckerarten, von denen er einige neu isolierte und zeigen konnte, daß ihnen sowohl Alkohol- als auch Aldehydeigenschaften eigen sind. B. prägte den Begriff »Saccharose« für Rohrzucker und unterschied zwischen Mono- und Polysacchariden. In weiteren Arbeiten der 50er Jahre behandelte er die Alkoholsynthese aus Ethen, die Synthese von Methan aus den Elementen sowie neue Wege zur Darstellung von Essig- und Ameisensäure. 1858 veröffentlichte B. eine zusammenfassende Beschreibung der Synthesen des Methans, Ethens, Propens, Butens, Ethans, Propans, Benzens, Naphthalens u. a. Seine praktischen Erfahrungen und theoretischen Überlegungen führten ihn zur strikten Ablehnung der These von der Existenz einer besonderen Lebenskraft (vis vitalis) als Grundeigenschaft organischer Verbindungen. Vom Standpunkt der Synthese aus unterzog er das organisch-chemische Wissen seiner Zeit einer Neubewertung und Neuordnung. Dabei betonte er die Einheit der chemischen Wissensgebiete, indem er die Bedeutung der chemischen Reaktion hervorhob. Nur der empirischen Erfahrung vertrauend, lehnte er die atomistische Strukturtheorie allerdings als Spekulation ab und erkannte erst nach 1897 die modernen Strukturformeln an. 1860 faßte B. die Ergebnisse seiner jahrelangen Forschungen in der bekanntgewordenen, zweibändigen »Chimie organique fondée sur la synthèse« zusammen. Im selben Jahr entdeckte er das Ethin wieder, nannte es Acetylen und fand einen Syntheseweg aus den Elementen im elektrischen Lichtbogen. In den 60er Jahren wandte sich B. mehr und mehr dem Studium der Abhängigkeit chemischer Reaktionen von physikalischen Einflüssen zu. Gemeinsam mit de Saint-Gilles führte er Untersuchungen über die chemische Affinität aus, arbeitete über die chemischen Gleichgewichte und Reaktionsgeschwindigkeiten. Dadurch förderte er die Entdeckung des Massenwirkungsgesetzes 1864 durch C. M. Guldberg und P. Waage. In seinem zweibändigen »Essai de mécanique chimique fondée sur la thermochimie« (1879) leistete er als einer der ersten einen wichtigen Beitrag zur Aufklärung der Bedeutung der Zeit für den Verlauf chemischer Reaktionen und vertrat die Ansicht, daß die chemischen Erscheinungen inneren mechanischen Gesetzmäßigkeiten folgen. Seine Erkenntnisse bereiteten die Entdeckung wichtiger physikochemischer Gesetze vor. Von besonderer Bedeutung sind seine thermochemischen Arbeiten. Auf B. geht die Unterscheidung von endothermen und exothermen Reaktionen zurück, er führte zahlreiche Bestimmungen von Bildungs- und Verbrennungswärmen mit einem selbstentwickelten Kalorimeter durch und stellte 1873 das Prinzip der maximalen Arbeit auf, das später durch das thermodynamisch begründete Prinzip vom beweglichen Gleichgewicht abgelöst wurde. B.s thermodynamische Arbeiten kennzeichnen zusammen mit denen von J. J. Thomsen eine selbständige Entwicklungsetappe in der Geschichte der Thermochemie.

In seinen letzten Lebensjahren beschäftigte sich B. mit physiologisch-chemischen und agrochemischen Fragen. Zunehmend widmete er sich auch chemiehistorischen Studien und veröffentlichte Essays über philosophische Probleme der Wissenschaft, in denen er den fortschrittlichen weltanschaulichen Traditionen der franz. Enzyklopädisten folgte, die aber auch seine Nähe zum Positivismus deutlich machten. Gi

Literatur: Berthelot, M.: Chimie organique fondée sur la synthèse (Die organische Chemie auf der Grundlage der Synthese), 2 Bde. (Paris 1860), Essai de mécanique chimique fondée sur la thermochimie (Versuch einer chemischen Mechanik auf der Grundlage der Thermochemie), 2 Bde. (Paris 1879, Suppl. 1881), Chimie végétale et agricole (Pflanzen- und Landwirtschaftschemie), 2 Bde. (Paris 1899), Archeologie et histoire des sciences (Paris 1906), dtsch Die Chemie im Altertum und im Mittelalter (Leipzig und Wien 1909).

Bredig, G.: Marcelin Berthelot, in: Z. angew. Chem. 20 (1907), 689–694; Graebe, C.: Marcelin Berthelot, in: Ber. Dtsch. Chem. Ges. 41 (1908), 4805–4872.

Berthollet, Claude Louis, Arzt und Chemiker, geb. 9. 12. 1748 Talloire (Dep. Haute-Savoie, Frankreich), gest. 6. 11. 1822 Arcueil bei Paris.

B.s Verdienste liegen besonders auf chemischem Gebiet. Zur Zeit der industriellen Revolution führte er Chlor als Bleichmittel ein und begründete die Bleichmittelindustrie; er arbeitete über das Problem der Affinität und machte auf die Konzentrationsabhängigkeit chemischer Umsetzungen aufmerksam. Neben G. Monge und L. B. Guyton de Morveau war er einer der Begründer der École Polytechnique, die erstmals auch Chemiker systematisch ausbildete.

B., aus einer Adelsfamilie gebürtig, studierte an der Univ. Turin Medizin. Seit 1772 erweiterte er in Paris bei P. J. Macquer besonders sein chemisches Wissen. Beziehungen zum Herzog von Orléans ermöglichten ihm chemische Forschungen im Privatlabor des Palais Royal, wo er A.-L. Lavoisier kennenlernte, der ihn stark beeinflußte. Seit 1778 als Mediziner an der Pariser Univ. tätig, betrieb er auch seine chemischen Forschungen weiter, deren Ergebnisse er bis 1780 in 17 Abhandlungen der franz. Akademie der Naturwissenschaften einreichte, was ihm die Ernennung zu deren Mitgl. einbrachte. 1784 wurde er als Nachfolger Macquers Inspektor der staatlichen Färbereien sowie Dir. der staatlichen Gobelinmanufaktur. 1792 war er Mitgl. einer Kommission zur Reform des Geldsystems, wurde 1793 Mitgl. des Wohlfahrtsausschusses (unter Robespierre), in dem er die Aufgabe übernahm, die einheimische Stahl- und Salpeterproduktion in Gang zu bringen und damit zur Verteidigung der Errungenschaften der Franz. Revolution beizutragen. 1794 wurde er Prof. an der École Normale. Unter Napoleon, der B. sehr schätzte, entwickelte er als Mitgl. einer Kommission zur Restauration von Kunstschätzen chemische Methoden zur Auffrischung alter Gemälde. 1798 begleitete er mit Monge Napoleon auf seinen Reisen durch Ägypten. 1804 wurde er zum Grafen, zum Senator von Montpellier, zum Administrator der Münze und zum Offizier der Ehrenlegion ernannt. 1807 gründete er mit P. S. Laplace in Arcueil bei Paris eine »Société«, in der sich führende Wissenschaftler regelmäßig trafen. Deren wissenschaftliche Schriften gab er bis 1817 heraus.

Besonders als Leiter der Färbereien und der Gobelinmanufaktur beschäftigte sich B. mit der Chemie des Bleichens und Färbens. Es gelang ihm, das von K. W. Scheele entdeckte Chlor zum Bleichen nutzbar zu machen, das er in einer Fabrik in Javel (jetzt zu Paris gehörig) durch Oxidation von Chlorwasserstoff mit Braunstein herstellte und in Pottaschelösung (Kaliumcarbonat) einleitete. Er produzierte damit Kaliumhypochlorit (Eau de Javelle), mit dem er die Rasenbleiche durch eine chemische Bleiche ablöste.

B. hatte sich nach dem Sturz der phlogistischen Systeme der Chemie durch Lavoisier sofort zu dessen neuer antiphlogistischer Chemie bekannt und gemeinsam mit diesem 1787 eine, auf wissenschaftlicher Basis beruhende, neue chemische Nomenklatur erarbeitet und publiziert. Von besonderer Bedeutung wurde B.s 2bändiges Werk »Essai de statique chimique« (Über die chemische Statik), in dem er auf die Konzentrationsabhängigkeit chemischer Reaktionen hinwies und damit zu einem Vorläufer des von Guldberg und Waage gefundenen chemischen Massenwirkungsgesetzes wurde. Im Gegensatz zu J. L. Proust und des von ihm entdeckten Gesetzes der konstanten Proportionen schlußfolgerte B. zunächst, daß chemische Umsetzungen in willkürlich wechselnden Massenverhältnissen ihrer Elemente stattfinden können. Erst eine Vielzahl von Analysen und Synthesen Prousts überzeugten B. 1805 von der Gültigkeit dieses Gesetzes. St

Literatur: Berthollet, C. L., Lavoisier, A. L., de Fourcroy, A. F.: Méthode de nomenclature chimique ... (Paris 1787), dtsch: Methode der chemischen Nomenclatur für das antiphlogistische System und System der chemischen Zeichen für die antiphlogistische Chemie (Hrsg. Hassenfratz und Adet, Wien 1793), Eléments de l'art de la teinture (Paris 1791), dtsch: Anfangsgründe der Färbekunst nebst einer Beschreibung des Bleichens mit oxydierter Salzsäure, Tl 1 u. 2 (Berlin 1806), Description du blanchiment des toiles et des fils par l'acide muriatique oxigéné et des quelques autres propriétés de cette liqueur, relatives aux arts (Beschreibung des Bleichens von Tuchen und Garnen mit oxydierter Salzsäure und anderer Eigentümlichkeiten dieser Flüssigkeit, die die Gewebe betreffen) (Paris 1793); Essai de statique chimique, 2 Bde. (Paris 1803, dtsch 1811).

Bertsch, Heinrich, Chemiker, geb. 11. 1. 1897 Rosenfeld (Württemberg), gest. 19. 3. 1981 Berlin.

B. sulfatierte höhermolekulare Alkanole und fand so den Weg zum ersten synthetischen, neutralen Feinwaschmittel (Fewa) der Welt.

B., Sohn eines Volksschullehrers, nahm nach Entlassung aus dem Militärdienst 1919 das Studium der Chemie an der TH Stuttgart auf. Nach der Promotion – ebenfalls an der TH Stuttgart – erhielt er die Aufgabe, bei der H. Th. Böhme Fettchemie in Chemnitz ein Forschungslaboratorium zu errichten. Seit Erfindung der Seife im Altertum und der sulfonierten Öle durch F. F. Runge Mitte des 19. Jh. war auf diesem Gebiet keine Weiterentwicklung erfolgt. Erst 1917 fand F. K. Günther (BASF) ein Netzmittel für die Färberei, die Naphthalensulfonsäure. B. begann eine systematische Untersuchung der Reaktion von Ölen mit Schwefelsäure. Auf der Suche nach säure- und hartwasserbeständigen Türkischrotölen sowie nach hochwirksamen Netzmitteln wurde das ganze Fettsäuremolekül zum Gegenstand der Forschung gemacht. B. versuchte als erster, die Carboxylgruppe zu eliminieren, da sie mit den Härtebildnern des Wassers reagierte. Durch logisches Vorgehen gelangten er und seine Mitarbeiter zur Sulfatierung von Fettalkanolen. Am 30. 3. 1928 konnte die entscheidende Patentanmeldung zur Herstellung und Verwendung der Alkylsulfate eingereicht werden. Mit den Alkylsulfaten waren alkali-, säure- und temperaturbeständige, hochwirksame Netz- und Waschmittel gefunden worden, die in der Folgezeit rasch Eingang in die Praxis gefunden haben und die Entwicklung der modernen Tensidchemie einleiteten. Dazu bedurfte es eines wirtschaftlichen Weges zur Gewinnung der Fettalkanole. Im Chemnitzer Forschungslaboratorium fand W. Normann ein Verfahren zur katalytischen Reduktion der Carboxylgruppe, so daß schon 1930 die H. Th. Böhme AG mit dem ersten alkalifreien, synthetischen, auf Alkylsulfaten aufgebauten Waschmittel unter der Bezeichnung Fewa auf den Markt trat. Größte Verbreitung fanden die Alkylsulfate in den USA, wo die Firma Procter and Gamble 1932 die Lizenzen erwarb.

Unter Leitung von B. entstanden in Chemnitz und Rodleben umfangreiche neue Produktionsanlagen. Nach

Kriegsende wurde er als Treuhänder eingesetzt und begann sofort gemeinsam mit der Belegschaft, die Produktion in Gang zu setzen.

1953 wurde B. zum ordentlichen Mitgl. der DAdW zu Berlin gewählt, die ihm ein Institut für Fettchemie zur Verfügung stellte. Seine Erfahrung und sein bewährtes Organisationstalent, aber auch seine umfangreiche Bildung stellte er bei der Gründung der Chemischen Gesellschaft in der DDR, als Herausgeber des Chemischen Zentralblattes sowie beim Aufbau der Dokumentation der Akademie zur Verfügung. Mit gleicher wissenschaftlicher Gründlichkeit widmete sich B. bis ins hohe Alter der Photographie und dem photographischen Prozeß, wobei er eng mit dem Forschungslabor der Filmfabrik Wolfen zusammenarbeitete.

Gr

Literatur: Bertsch, H.: Ein Beitrag zur Geschichte der Chemie der Tenside, in: Tenside 5 (1968), 185.

Beruni, → Biruni.

Berzelius, Jöns Jakob, Freiherr von, Chemiker und Mediziner, geb. 20. 8. 1779 Väfversunda Sörgård (Gotland), gest. 7. 8. 1848 Stockholm.

B. gilt als Begründer der Strukturtheorie in der organischen Chemie. Er trug zur Verbreitung der DALTONschen Atomhypothese sowie des Gesetzes der konstanten und multiplen Proportionen bei.

Ferner bestimmte er die Konstitution zahlreicher organischer Verbindungen und entwickelte verschiedene neue Geräte und Analysemethoden. Er entdeckte eine Reihe neuer Elemente und errechnete eine Atommassetabelle. Von ihm stammt eine in ihren Grundzügen noch heute gebräuchliche chemische Zeichensprache. Seine elektrochemischen Forschungen begründeten sein dualistisches Konzept der chemischen Verwandtschaft.

B. verlor frühzeitig seine Eltern. Unter ärmlichen Verhältnissen absolvierte er von 1797 bis 1802 ein Medizinstudium in Uppsala und wirkte dann zunächst als unbesoldeter Adjunkt am Chirurgischen Institut in Stockholm. Die Bekanntschaft mit dem Bergwerksbesitzer und Mineralogen W. HISINGER führte zu gemeinsamer wissenschaftlicher Arbeit. Ab 1806 wurde B. Hochschullehrer für Chemie an der Kriegsacademie zu Carlsberg, ab 1807 Prof. am medicinisch-chirurgischen Institut in Stockholm (später Karolinisch Medicochirurgisches Institut). Er richtete ein Unterrichtslaboratorium ein, in dem mehrere später berühmt gewordene Chemiker seine Schüler wurden, so z. B. F. WÖHLER, E. MITSCHERLICH, C. G. GMELIN, H. ROSE und G. ROSE. Zugleich begann er mit der Arbeit an muttersprachlich abgefaßten Lehrb. für Chemie. 1808 wurde B. Mitgl., 1810 Präsident und ab 1818 ständiger Sekretär der schwed. Ak. d. Wiss. Die neugegründete Landwirtschaftliche Akademie ernannte ihn 1811 zum Mitgl. und Geschäftsführer. Auf einer Englandreise (1808) lernte er H. DAVY, J. WATT, TH. YOUNG u. a. bedeutende Gelehrte kennen. Im Jahre 1817 lehnte er den ehrenvollen Ruf an den Lehrstuhl für Chemie in Berlin ab, die Stelle erhielt sein Schüler MITSCHERLICH. In Frankreich lernte er 1818/19 C. L. BERTHOLLET, L. J. GAY-LUSSAC, A. M. AMPÈRE, A. v. HUMBOLDT u. a. kennen, auf der Rückreise auch J. S. CH. SCHWEIGGER und S. F. HERMBSTAEDT. Ein Kuraufenthalt in Karlsbad führte 1822 eine Begegnung mit J. W. v. GOETHE herbei. 1822 nahm B. an der berühmt gewordenen Berliner Versammlung deutscher Naturforscher und Ärzte teil, und 1830 begann auf der Hamburger Tagung desselben Gremiums die ebenso produktive wie widerspruchsvolle Freundschaft mit J. v. LIEBIG. 1835 erfolgte gelegentlich seiner Vermählung mit J. E. POPPIUS die Baronisierung; bereits 1818 war er geadelt worden.

H. Bertsch

J. J. von Berzelius

Im Zeitraum des Wirkens von B. wurde die phlogistische Ära der Chemie beendet, die Ergänzung qualitativer Vorgehensweisen durch zunehmend exakte quantitative Methoden ermöglichte die Untersuchung der Beziehungen zwischen chemischen Stoffumwandlungen und Zahl-, Maß- und Gewichtsverhältnissen. Diese Arbeiten führten zur Aufdeckung der chemischen Äquivalenz, zu quantitativen Atomhypothesen und zur Grundlegung der Elektrochemie, sie beeinflußten außerdem die naturphilosophischen Debatten jener Zeit.

B. begann seine wissenschaftliche Arbeit mit Untersuchungen der Salzbildungsprozesse in wäßriger Lösung sowie der elektrolytischen Dissoziation von Alkalisalzen als Grundlage seiner später ausgearbeiteten elektrochemischen Theorie und seiner durch die DALTONsche Atomtheorie und die Gesetzmäßigkeiten chemischer Proportionalität gestützten dualistischen Erklärung der chemischen Verbindungen, wonach diese durch neutralisierenden Ausgleich der atomaren elektrischen Polaritäten zustandekommen. Mit zunehmendem Erkenntnisfortschritt in der organischen Chemie wurde dieses Konzept jedoch durch unitare Erklärungsansätze abgelöst. Das 1810 gefundene »Sauerstoffgesetz«, das besagt, daß sich die aus der Säure und aus der Base stammenden Sauerstoffanteile in der Zusammensetzung eines Salzes in einfach-ganzzahligem Verhältnis zueinander befinden, veranlaßte B., in der von ihm errechneten Atommassetabelle (1814) den Sauerstoff als Bezugselement (= 100) zu wählen. Bei späterer Überarbeitung nahm er eine auf den Wasserstoff bezogene Berechnung vor; der von J. S. STAS gefundene Wert setzt O = 16 und H = 1,008.

Die Entdeckung einer Reihe von neuen Elementen ist B. ebenfalls zu verdanken. So fand er zusammen mit HISINGER – und unabhängig von M. H. KLAPROTH – 1803 das Cer (Cerium), 1817 das Selen, 1829 das Thorium sowie zusammen mit N. G. SEFSTRÖM 1830/31 das Vanadium; weiterhin gelang die Darstellung von reinem Silicium, von Zirconium, Titan (Titanium) und Tantal. Für die analytische Laborarbeit führte er Geräte ein, wie sie heute noch gebraucht werden: Fließpapier, Glastrichter, einen Spiritusbrenner, der erst durch den Bunsenbrenner abgelöst wurde, u. a. Weiterhin schlug B. anstelle der von R.-J. HAUY vorgenommenen kristallographischen Einteilung der Minerale eine ihrer chemischen Zusammensetzung gemäße Systematik vor. Eine folgenreiche Leistung war die Einführung einer allgemein handhabbaren chemischen Symbolsprache anstelle der DALTONschen Punkt-Strich-Zeichen, welche ihrerseits aufgrund quantitativer Aussagemöglichkeiten bereits einen Fortschritt gegenüber den alchemistischen und anderen Zeichen mit nur qualitativer Aussagekraft dargestellt hatten. B. verwendete die Anfangsbuchstaben der lateinischen Elementnamen, kennzeichnete die positive oder negative Ladung und schuf die Basis für die heute noch verwendeten Formeln in der Chemie. Er untersuchte weiterhin gleichartige Erscheinungen an ungleichen Stoffen und führte die Bezeichnungen Isometrie, Metamerie, Polymerie, Allotropie ein. Auch der Begriff der katalytischen Kraft ist auf B. zurückzuführen (1836). Seine Untersuchungen der chemischen Prozeßbeschleunigung durch die Anwesenheit von scheinbar dabei unbeteiligten Stoffen lösten kritische Debatten aus und wurden erst später, vor allem durch W. OSTWALD, produktiv weiterführend bestätigt.

Die von B. seit 1821 herausgegebenen »Fortschrittsberichte« für Chemie und Physik erlangten überragende Bedeutung für die wissenschaftliche Kommunikation nicht allein der Chemiker jener Zeit. B. trug durch theoretische, experimentell-praktische sowie durch konzeptionell-systematische Beiträge entscheidend zur wissenschaftlichen Emanzipation der Chemie bei. Z

Literatur: Berzelius, J.J.: Afhandlingar i Fysik, Kemi och Mineralogi, Bd. 1-6 (Stockholm 1806-1818), Föreläsningar i djurkemien, Tle 1 u. 2 (Stockholm 1806 u. 1808), Lärbok i kemien, 6 Bde. (Stockholm 1808-1830), dtsch Lehrb. über die Grundlagen der Chemie in 10 Bdn (Hrsg. F. Wöhler, Dresden 1833-1841), Versuch, die chemischen Ansichten, welche die systematische Aufstellung der Körper in meinem Versuch einer Verbesserung der chemischen Nomenklatur begründen, zu rechtfertigen, in: J. Phys. 6 (1811), 119-176, Om Blåsrörets Användande i Kemien och Mineralogien (Stockholm 1820), dtsch Die Anwendung des Löthrohrs in der Chemie und Mineralogie (Nürnberg 1821), Årsberättelser om framstegen i fysik och kemi, 27 Bde. (Stockholm 1821-1847; Bd. 28 und 29 nach dem Tode von Berzelius durch F. Svandberg hrsg.), dtsch Jahresber. über die Fortschritte der Chemie und Mineralogie (übersetzt von C. G. Gmelin u. F. Wöhler, Tübingen 1822-1848), J. Berzelius. Självbiografiska anteckningar (Hrsg. H. G. Söderbaum, Stockholm 1901), dtsch Jakob Berzelius. Selbstbiographische Aufzeichnungen (Hrsg. H. G. Söderbaum im Auftrage der Kgl. Schwed. Ak. d. Wiss. Nach der wörtlichen Übersetzung von F. Wöhler bearbeitet von G. W. A. Kahlbaum, Leipzig 1903).

Dunsch, L.: Jöns Jakob Berzelius (Leipzig 1986).

Bessel, Friedrich Wilhelm, Astronom, geb. 22. 7. 1784 (lt. Kirchenbuch 21. 6.) Minden, gest. 8. 4. 1846 Königsberg (Kaliningrad/UdSSR).

B. verbesserte durch Neubestimmung astronomischer Konstanten und Berücksichtigung der Instrumentenfehler die Sicherheit astronomischer Beobachtungen, entdeckte die Parallaxe, begründete die physikalische Erforschung der Kometen und bestimmte die Dimensionen des Erdkörpers.

Nach dem vorzeitigen Abgang vom Gymnasium wegen mangelnder Kenntnisse in Latein begann B. seine Lehre als Handelskaufmann in Bremen. 1806 ging er als Inspektor an die Sternwarte J. H. SCHROETERS nach Lilienthal, wo er bis 1810 verblieb und eine Reihe wissenschaftlicher Arbeiten, besonders zur Kometenastronomie, verfaßte. 1810 siedelte er nach Königsberg über, wo er den Aufbau der Universi-

Die Sternwarte Königsberg (Kaliningrad) zur Zeit Bessels

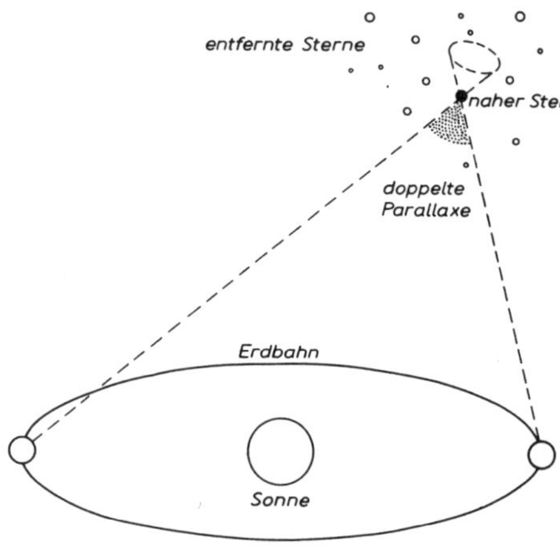

Die Entstehung der Parallaxe: Ein Stern erscheint von zwei gegenüberliegenden Orten der Erdbahn unter einem anderen Blickwinkel

tätssternwarte leitete, deren Dir. er wurde. Außerdem erhielt er die Professur für Astronomie an der dortigen Univ. Diese Funktionen hatte er bis zu seinem Tode inne. B. war Mitgl. zahlreicher wissenschaftlicher Gesellschaften, unter anderem der Berliner Ak. d. Wiss.

Eine ungewöhnlich hartnäckige Arbeitsweise, die aus der Begeisterung für die Astronomie resultierte, ermöglichte es B., sich neben der Tätigkeit als Kaufmannslehrling autodidaktisch das Wissen und Können zur Durchführung komplizierter astronomischer Untersuchungen anzueignen. Seit 1807 bearbeitete er das Beobachtungsmaterial des engl. Astronomen J. BRADLEY, das bis dahin kaum beachtet worden war. Erste Ergebnisse waren verbesserte Werte für Refraktion, Präzession, Nutation und Aberration. Da diese Konstanten in die am Fernrohr direkt gewonnenen Beobachtungen eingehen, konnten die Gestirnspositionen exakter als bisher ermittelt werden. Später wurden so auch Effekte zugänglich, die zuvor in den Grenzen der Meßungenauigkeit verborgen geblieben waren. Das Gesamtwerk erschien 1818 als »Fundamenta Astronomiae«. Den größten Umfang nimmt das Verzeichnis der mittleren Örter von fast 3 300 Sternen ein. Neben Tafeln für astronomische Konstanten findet sich unter anderem eine Liste von Sternen mit großer Eigenbewegung. Der Sternkatalog der »Fundamenta Astronomiae« ist ein Fundamentalkatalog. Er enthält eine relativ geringe Anzahl von Sternen, deren Positionen jedoch mit höchster Genauigkeit bestimmt wurden.

Während der Bearbeitung der BRADLEYschen Beobachtungen lernte B., wie durch eine kritische Analyse der Daten und der an ihnen haftenden Fehler die praktische Astronomie zu hoher Vollkommenheit gelangen kann. Er überzeugte sich davon, daß ein jedes Beobachtungsinstrument, sei es noch so ausgezeichnet, Abweichungen vom Ideal aufweist. B. betrat Neuland, als er eine Theorie der Instrumentenfehler ausarbeitete. Solche Fehler liegen z. B. in einer geringen Ungenauigkeit der Skalenteilung, einer leichten Exzentrizität der Lager oder einer Durchbiegung der Achsen. Sind die Fehler bekannt und weiß man, wie sie sich auswirken, können sie in die Rechnungen einbezogen werden.

1821 begann B. eine Durchmusterung der Sterne der Deklinationszone von + 15° bis − 15°, die zur Registrierung von 32 000 Sternen bis zur 9. Größenklasse führte. Daraus fertigte B. unter Hinzuziehung anderer Sternkataloge für einen kleinen Himmelsausschnitt eine Sternkarte an und sandte sie der Berliner Ak. d. Wiss. Damit war der Plan der »Akademischen Sternkarten« geboren. Die Karten erschienen 1859 als internationales Unternehmen und spielten in der Forschung eine große Rolle.

In den 20er und 30er Jahren beschäftigte sich B. eingehend mit vielen geodätischen Problemen. Gemeinsam mit J. J. Baeyer führte er in Ostpreußen eine Gradmessung aus, die eine Lücke im europ. Vermessungsnetz schloß. Aus dieser sowie neun weiteren Gradmessungen leitete er 1840 außerordentlich genaue Daten für die Erdgestalt ab (Abplattung 1/299, Äquatorradius 6 377,4 km). Im Zusammenhang mit geodätischen Arbeiten kam B. zur Vermutung der Veränderlichkeit der Polhöhe. Eine systematische Untersuchung unterblieb jedoch. So wurde die Polhöhenschwankung erst 1888 definitiv entdeckt.

1826/27 maß B. die Länge des einfachen Sekundenpendels der Sternwarte Königsbergs, später auch Berlins. Damit schuf er die Grundlage für eine eindeutige Definition des Preußischen Fußmaßes. Die Sekundenpendellänge für Berlin ergab sich zu 3 Fuß 2 Zoll 0,1626 Linien. Dadurch war das Fußmaß an ein Naturmaß angeschlossen. B. bemühte sich auch um geeignete Methoden und Instrumente zur Herstellung und Kopierung eines Urmaßstabes.

Besonders bekannt wurde B. durch die Messung der Parallaxe des Sterns 61 Cygni. Die Parallaxe ist ein Effekt, der direkt aus der heliozentrischen Struktur des Planetensystems folgt. Sein fehlender Nachweis war ein schwerwiegendes Argument gegen die Lehre des N. Copernicus. Dennoch bestand die Bedeutung der ersten Parallaxenmessung nicht vorrangig in der Bestätigung des kopernikanischen Weltsystems, da an ihm zu jener Zeit ohnehin nicht mehr zu zweifeln war, sondern in der Möglichkeit, die kosmischen Dimensionen messend zu erfassen.

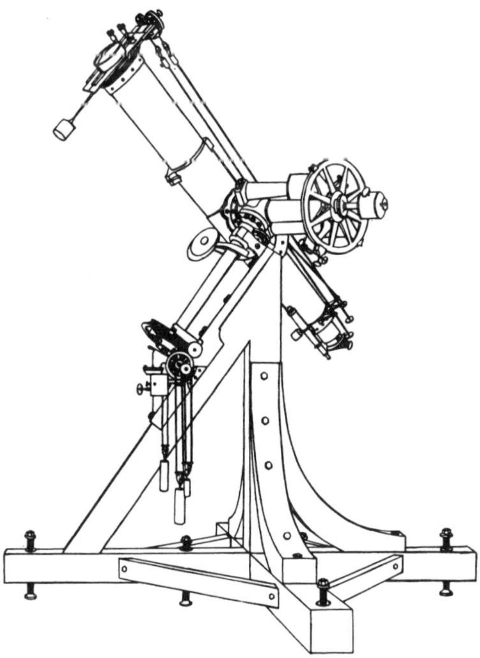

Königsberger Heliometer von J. Fraunhofer (1826)

B. beobachtete 61 Cygni zwischen dem 16. 8. 1837 und dem 2. 10. 1838. 61 Cygni ist ein Doppelstern, dessen Komponenten sich um einen gemeinsamen Schwerpunkt bewegen. Zur Feststellung der Parallaxe maß B. mit Hilfe eines sehr präzis arbeitenden Heliometers von J. v. Fraunhofer den Abstand des optischen Mittelpunktes zwischen den Komponenten des Doppelsterns relativ zu zwei Feldsternen. So mußte sich die Parallaxe in einer charakteristischen Veränderung dieses Abstandes äußern. Als Resultat aus 2 900 Einzelmessungen erhielt B. eine Parallaxe von 0",3136 (± 0",0202), was einer Entfernung von 10,28 Lichtjahren entspricht. Weitere Beobachtungen führten zu einem etwas geringeren Betrag. Mit photographischen Methoden wurde in neuerer Zeit die Entfernung des Sterns mit rund 11 Lichtjahren gemessen. Zeitlich fast parallel gelangen auch Messungen der Parallaxen der Sterne αLyrae und αCentauri durch F. G. W. Struve und T. Henderson.

Während der Sichtbarkeitsperiode des Halleyschen Kometen 1835/36 entwickelte B. eine physikalische Theorie der Schweifentstehung. Er nahm an, daß die Kometen aus einer Ansammlung feinster Teilchen bestehen, die unter dem Einfluß der Sonne mit einer gegen diese gerichteten Anfangsgeschwindigkeit austreten. Bald darauf, so vermutete B., werden sie abgebogen und in die Form des von der Sonne abgewendeten Schweifs gedrängt. Diese Vorgänge sind nicht allein aus der Gravitationskraft erklärbar. Deshalb nahm B. eine dieser entgegen wirkende »Polarkraft« an, die er in Analogie zum Magnetismus und zur Elektrizität setzte. Dieser Grundzug der Kometentheorie B.s, wonach magnetische Felder an der Schweifbildung entscheidend beteiligt sind, hat sich bewährt.

Von den weiteren, umfangreichen Forschungen sei noch die Vorherberechnung der Begleiter von Sirius und Prokyon aus den periodischen Veränderungen ihrer Koordinaten erwähnt. Die lichtschwachen Komponenten dieser Sterne wurden visuell 1862 und 1896 entdeckt. Mit diesen Rechnungen begründete B. die »Astronomie des Unsichtbaren«. Ha

Literatur: Bessel, F. W.: Fundamenta Astronomiae (Königsberg 1818), Darstellung der Untersuchungen und Maassregeln, welche ... durch die Einheit des Preussischen Längenmaasses veranlasst worden sind (Berlin 1839), Populäre Vorlesungen über wissenschaftliche Gegenstände (Hamburg 1848), Briefwechsel zwischen W. Olbers und F. W. Bessel, 2 Bde. (Leipzig 1852), Abhandlungen (mit Bibliographie der Schriften Bessels) Bd. 1–3 (Leipzig 1875/76). Nachlaß von F. W. Bessel, Archiv AdW der DDR (Berlin).

Hamel, J.: Friedrich Wilhelm Bessel (Leipzig 1984).

Bessemer, Henry, Metallurg und Erfinder, geb. 19. 1. 1813 Charlton (Hertfordshire), gest. 15. 3. 1898 Sheffield.

B. entwickelte ein leistungsfähiges und billiges Verfahren zur Umwandlung von Roheisen in Stahl, das erstmals die Massenproduktion homogenen Stahls vorgegebener Qualität ermöglichte.

B.s Vater betrieb eine Schriftgießerei, und dort machte sich B. nach Abschluß der Schule, ohne eine richtige Lehrausbildung zu durchlaufen, mit dem Metallguß und der Metallverarbeitung vertraut. In einer eigens für ihn eingerichteten Werkstatt befaßte er sich mit ersten eigenen kleinen Konstruktionen. 1830 übersiedelte die Familie nach London, dessen Wirtschaftsleben B. viele Anregungen vermittelte. So entwickelte er ein gegen Fälschungen gesichertes Stempelverfahren für Kaufverträge, das von den Behörden auch eingeführt wurde, für das ihm aber keinerlei Anerkennung zuteil wurde. Erste geschäftliche Erfolge hatte er jedoch mit galvanisch verkupferten Metallmedaillons, die er durch Abgüsse von Gemmen herstellte, und durch die Entwicklung des bis heute üblichen Verfahrens zur Produktion von Bleistiftminen. Diese wurden damals im ganzen aus Graphitknollen gesägt und waren sehr teuer. B. kaufte billig das reichlich entstehende Abfallmaterial und konnte es nach vielen Versuchen zu einwandfreien Minen pressen. Diese Erfindung verkaufte er für 200 Pfund Sterling. Gegen eine von ihm erfundene Zeilensetzmaschine, mit der in einer Woche 300000 Lettern gesetzt werden konnten, erhoben die Handsetzer Einspruch, und sie geriet wieder in Vergessenheit. Im Zusammenhang damit verbesserte er aber auch die Letterngießmaschine durch die erstmalige Anwendung des Vakuumgusses. Gute Einnahmen erzielte er durch eine Imitation des berühmten Utrechter Seidensamts mit seinen erhaben eingewebten Mustern. Auf Veranlassung eines Fabrikanten entwickelte er eine Methode, gleiche Effekte durch kurzes Pressen von Samt unter großer Hitze zu erzielen. Da diese Stoffe sich schnell durchsetzten, kaufte ihm die Weberei des Utrecht-Samtes schließlich das Verfahren ab, um die Konkurrenz auszuschalten. Die erste Erfindung, die er selbst allein für Jahrzehnte ausbeutete, war maschinell gefertigtes Bronzepulver, das wesentlich billiger war als von Hand geschlagenes. Um jede Konkurrenz zu vermeiden, hielt er das Verfahren über 40 Jahre lang geheim, indem er kein Patent anmeldete, die erforderlichen Maschinen nur in Einzelteilen in unterschiedlichen Fabriken anfertigen ließ und den Betrieb bereits damals so weit automatisierte, daß statt 70 bis 80 Arbeitskräfte nur noch drei Familienmitglieder zur Bedienung benötigt wurden. B. errang auch einen vom Königshaus ausgesetzten Preis für die Konstruktion einer leichten, aber hochleistungsfähigen Zuckerrohrpresse für die Kolonien. Weiterhin erwarb er Patente für das Walzen von Glasplatten, für eine Backenbremse für Eisenbahnwagen u. a. Nutzen hatte er davon wenig, da er seine Ideen meist als erledigt betrachtete, wenn er eine hinreichende Lösung gefunden hatte, und sie dann nicht weiter vervollkommnete.

Als 1853 der Krimkrieg ausbrach, wurde B. wie andere auch auf die Kriegstechnik gelenkt. Er entwickelte das Kanonenrohr mit Zügen, das einer länglichen Granate einen Drall verleiht, was ein genaueres Schießen ermöglicht. Entsprechende Schießversuche führte er zumeist auf eigenem Gelände durch, da er beim engl. Kriegsministerium auf Ablehnung stieß. Franz. Offiziere griffen jedoch seine Vorschläge auf, und Napoleon III. förderte die Entwicklung. Im Zusammenhang damit tauchten Bedenken auf, ob die bis dahin für Kanonen verwendete Bronze den in gezogenen Rohren erforderlichen höheren Drücken standhielt. Diese Überlegungen führten B. zu der Erfindung, die ihm bleibenden Ruhm sichern sollte, weil sie Voraussetzung der weiteren technisch-ökonomischen Entwicklung war.

B. suchte einen Metallwerkstoff, der die Zähigkeit des im Puddelverfahren von H. Cort gewonnenen Schweißeisens mit der Festigkeit und Elastizität des veredelten Tiegelstahls vereinigte, aber gegossen werden konnte und vor allem billiger war. Bereits nach drei Wochen, im Januar 1855, meldete B. ein Patent auf eine »Verbesserung bei der Herstellung von Eisen und Stahl« an. Dabei handelte es sich zunächst wie auch bei einem weiteren Patent vom Oktober des gleichen Jahres um eine Verbesserung des Herdschmelzverfahrens. In einem von B. konstruierten, im Laufe der Versuche mehrfach umgebauten Flammofen wurde durch reichliche Luftzufuhr zu den über die Schmelze streichenden Verbrennungsgasen eine sehr heiße oxidierende Flamme erhalten, durch die B. mit schwed. Holzkohlenroheisen als Ausgangsmaterial einen sehr festen, feinkörnigen Stahl erschmelzen konnte. Ein daraus hergestelltes Kanonenmodell überreichte er Napoleon III., der ihn dafür auszeichnen wollte und den Bau eines großen Ofens in der staatlichen franz. Kanonengießerei genehmigte. Der engl. Gesandte stimmte dem jedoch nicht zu. Als B. dann zu Hause mit größeren Öfen weiterexperimentierte, gelang ihm der entscheidende Schritt, wie schon bei seinen anderen Erfindungen auch hier ohne Theorie, nur durch aufmerksames Beobachten bei unermüdlichen Versuchen. Es fiel B. auf, daß einige Roheisenstücke in der Nähe der Ofentür allein schon durch die Berührung mit der Luft entkohlt wurden. Daraufhin blies er mit Hilfe eines Tonrohres Luft durch flüssiges Roheisen in einem kleinen beheizten Tiegel und hatte nach einer halben Stunde schmiedbares Eisen. In wenigen Monaten entwickelte er daraus das noch heute für die Gewinnung von Stahl aus Roheisen übliche Verfahren. Flüssiges Roheisen wird in ein birnenförmiges Kippgerät, den Konverter (Bessemerkonverter, Bessemerbirne) gefüllt, durch dessen Boden nach dem Aufrichten Luft gepreßt wird, die die ganze Schmelze durchdringt. Sie oxidiert zunächst das im Roheisen und

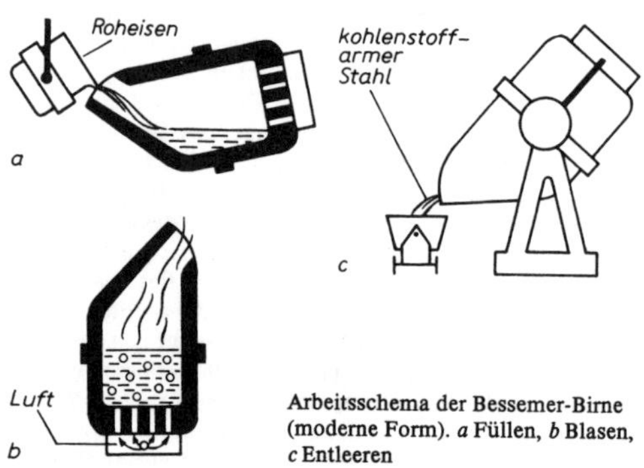

Arbeitsschema der Bessemer-Birne (moderne Form). *a* Füllen, *b* Blasen, *c* Entleeren

z. T. auch in der Birnenauskleidung enthaltene Silicium, dann unter heftiger Flammen- und Funkenbildung den Kohlenstoff. Diese Verbrennungsprozesse dauern auch in großen Konvertern nur 15 bis 20 Minuten und setzen so viel Wärme frei, daß trotz des durch die Entkohlung steigenden Eisenschmelzpunktes keine Wärmezufuhr von außen notwendig ist. Der in Kokillen gegossene Stahl ist völlig homogen. Damit ist dieses Verfahren, als Windfrisch- oder Bessemerverfahren bezeichnet, sehr ökonomisch und technisch vorteilhaft. Im August 1856 machte B. das Verfahren durch einen Vortrag, der auch in der »Times« abgedruckt wurde, öffentlich bekannt. Für die Patente wurden ihm 50000 Pfund (1 Mill. Mark) geboten, er vergab aber nur Lizenzen und errichtete in Sheffield zusammen mit Freunden ein eigenes Stahlwerk. Sehr schnell gab es jedoch ernste Rückschläge, da sich herausstellte, daß das Verfahren für phosphorhaltiges Roheisen nicht geeignet war. Die meisten engl. Erze enthielten aber Phosphor, der den Stahl brüchig machte. Beim Puddeln wurde der Phosphor mit entfernt, im Konverter aber nicht. Trotz Einsatzes großer Mittel vermochte B. dieses Problem nicht zu lösen; dies gelang erst S. G. Thomas. B. stellte jedoch aus phosphorfreiem Roheisen billigen Stahl jeder Qualität her, und so setzte sich das Verfahren vor allem wegen der besseren Stahlqualität im Laufe einiger Jahre durch. B.s Fabrik lieferte Geschütze, Stahlplatten für den Dampfkessel- und Schiffbau, Achsen und Kurbeln für Lokomotiven u.a.m. Am Ende verkaufte er doch noch ein Viertel der Patentrechte für dieselbe Summe, die er einst für alle Rechte geboten bekam. Seine eigenen Einnahmen für Lizenzen von diesem Zeitpunkt an bis zum Ablauf der Patente 1869 betrugen dabei noch 780000 Pfund. Die

Literatur: Richter-Meinhold, H.: Henry Bessemer - Sidney Gilchrist Thomas (Leipzig 1981).

Bhaskara II (Bhāskara), Mathematiker und Astronom, geb. 1114 (1036 der Schaka-Ära) Vijapur (heute Bidschapur, ind. Unionsstaat Maharaschtra), gest. nach 1191.

B. ist einer der bedeutendsten ind. Mathematiker und Astronomen mit besonderen Leistungen in Zahlentheorie, Algebra und Analysis.

B. war der Sohn eines bekannten Brahmanen, der z. B. eine astrologische Abhandlung verfaßt hat. Von ihm wurde er ausgebildet. B. unterhielt enge Kontakte zu Udschdschain, einem seit der Gupta-Dynastie führenden geistigen Zentrum Indiens mit einer großen Univ. Seinen Lebensabend scheint er in Dschaitrapala verbracht zu haben. Jedenfalls wurde er dort im Jahre 1207 durch die Eröffnung einer Bildungsstätte geehrt, die dem Studium seines astronomischen Hauptwerkes diente.

B. setzte die Arbeiten BRAHMAGUPTAS, ARYABHATAS und anderer ind. Wissenschaftler zur Lösung quadratischer Gleichungen, diophantischer Gleichungen und von Gleichungssystemen sowie zur allgemeinen Beschreibung der arithmetischen Grundoperationen, des Rechnens mit Null und des Wesens von Quadratwurzeln fort. Hervorzuheben ist seine Lösungsmethode für die sog. PELLsche Gleichung $Nx^2 + 1 = y^2$ in Anschluß an BRAHMAGUPTAS Näherungslösung. In seiner astronomischen Arbeit »Siddhantaschiromani« beschäftigte sich B. mit der Bewegung eines Planeten in einem beliebig kurzen Zeitintervall über einen beliebig kurzen Weg. Zur Berechnung entwickelte er Methoden, die inhaltlich der Differentiation trigonometrischer Funktionen entsprechen, und formulierte einen Satz, der für diese Funktionenklasse dem Mittelwertsatz der Differentialrechnung gleichkommt. Beweise dazu gab rund 350 Jahre später NILAKANTHA SOMASUTVAN. Bei der Berechnung des Flächeninhalts des Kreises und des Volumens der Kugel zerlegte B. diese jeweils in unendlich viele kleine Dreiecke bzw. Pyramiden mit der Spitze im Mittelpunkt und der Basis auf der Peripherie, die er dann summierte. Auch der Berechnung der Kugeloberfläche lag das Konzept der Zerlegung in unendlich kleine Größen und deren Summierung zugrunde. Es fehlt ein klarer Grenzwertbegriff, der in der ind. Mathematik erstmalig im 16. Jh. in einer Arbeit – vermutlich von DSCHJESHTHADEVA – bei der Berechnung von π mittels unendlicher Reihen in Fortsetzung der Leistungen NILAKANTHA SOMASUTVANS deutlichere Formen annahm. B.s mathematische Arbeiten »Lilavati« (die er einer schönen Frau gewidmet hatte) und »Bidschaganita« sowie sein astronomisches Werk wurden häufig kommentiert, bearbeitet und z. T. ins Persische und in verschiedene ind. Sprachen übersetzt. Darüber hinaus hat er noch einige weitere mathematische und astronomische Schriften verfaßt.

B.s Sohn und Enkel waren gleichfalls anerkannte Gelehrte in hohen staatlichen Positionen. Br

Literatur: Shāstrī, B. u. Wilkimon, L.: Golādhyāya (engl., Calcutta 1861); Dvivedi, S. (Hrsg.): Bījanganita (Benares 1888), Līlāvatī, in: Benares Sanskrit Series 39 (Benares 1912); Colebrooke, H. T.: Līlāvatī of Bhāskarācārya (engl. neu hrsg. v. H. Ch. Banerjee, Allahavad 1967), Algebra with Arithmetic and Mensuration from the Sanscrit of Brahmagupta and Bhascara (London 1817).

Saraswathi, T. A.: The Development of Mathematical Series in India after Bhāskara II, in: Bull. Nat. Instit. Sci. India 21 (1963), 320–343; Shāstrī, B.: Bhāskara's Knowledge of the Differential Calculus, in: J. Asiat. Soc. Bengal 27.3. (1858), 213–216.

Białobrzeski, Czesław, Physiker und Philosoph, geb. 31.8.1878 Powszechoń (Polen), gest. 12.10.1953 Warschau.

F. W. Bessel

M. F. X. Bichat

B. formulierte als erster die Bedingungen für das Gleichgewicht eines Sternes unter dem Einfluß des inneren Strahlungsdrucks. Bei Studien zu philosophischen Grundlagen der Quantenmechanik kam er zu Verallgemeinerungen, die ihn zur Schaffung eines eigenen philosophischen Systems führten.

Nach Abschluß des Physikstudiums an der Kiewer Univ. (1896–1901) beschäftigte sich B. etwa zehn Jahre lang mit Experimentalphysik. Während eines Aufenthaltes in Paris (1908–1910) fertigte er im Labor von P. LANGEVIN eine Reihe von Arbeiten über die Ionisation fester und flüssiger Dielektrika durch Radiumstrahlen an. Nach Kiew zurückgekehrt, setzte er die in Paris begonnenen Forschungen fort. 1914 wurde B. Prof. für Physik und Geophysik an der Kiewer Univ. Seit 1920 hatte er den Lehrstuhl für Physik der Jagiellonischen Univ. in Kraków inne, 1921 übernahm B. den Lehrstuhl für Experimentalphysik an der Warschauer Univ. 1931 nahm mit dem Institut für theoretische Physik an der Warschauer Univ. eine von B. organisierte und geleitete Forschungsstätte ihre Arbeit auf. Dieses Labor beschäftigte sich mit Optik und Leitfähigkeit fester und flüssiger Dielektrika sowie mit der Erforschung der kosmischen Strahlung. Im Labor entstanden etwa hundert Abhandlungen, darunter zwei Dissertationen und eine Habilitationsschrift. Durch den Ausbruch des zweiten Weltkrieges wurde diese Tätigkeit beendet. 1935 wurde B. zum Mitgl. des International Institute of Intellectual Cooperation ernannt. Auf seine Anregung hin wurde in Warschau 1938 eine internationale Konferenz organisiert, die den Grundlagen der Quantenmechanik gewidmet war. An der Diskussion nahmen teil: N. BOHR, CH. G. DARWIN, A. S. EDDINGTON, LANGEVIN, J. V. NEUMANN u. a. Während des zweiten Weltkrieges übte B. eine geheime Tätigkeit in Warschau und 1944/45 in Częstochowa aus. Außer wissenschaftlichen und populärwissenschaftlichen Werken umfaßt sein Nachlaß eine Reihe von Manuskripten und Lehrb.

Die in Paris begonnenen und in Kiew fortgesetzten Forschungen über die Ionisation von Dielektrika ergänzten Untersuchungen von P. CURIE und G. C. JAFFÉ zur Leitfähigkeit von Dielektrika. Nach einer Periode des Interesses für die Experimentalphysik wandte sich B. theoretischen Überlegungen über den Bau der Sterne zu. 1913 veröffentlichte er eine Abhandlung, die die Rolle des Strahlungsdrucks im dynamischen Gleichgewicht der Sterne erklärt. 1916 veröffentlichte EDDINGTON unabhängig von B. einige Arbeiten zu demselben Thema. Nach einer Korrespondenz zwischen beiden Wissenschaftlern räumte EDDINGTON B. die Priorität bei der Entdeckung des Strahlungseinflusses auf das Gleichgewicht der Sterne ein. 1923–1926 veröffentlichte B. eine ganze Reihe von Arbeiten über den Strahlungsdruck, die die vorhergehenden Überlegungen auf der Grundlage der Quantenmechanik präzisierten. Von diesem Zeitpunkt an begann B. Arbeiten über philosophische Probleme der

Physik zu veröffentlichen. Sein philosophisches Interesse konzentrierte sich auf die Interpretation der Quantenmechanik. Durch historische und methodologische Analyse der Arbeiten von N. BOHR, A. EINSTEIN, W. HEISENBERG, NEUMANN, M. PLANCK und E. SCHRÖDINGER schuf er eine ganze Reihe origineller Konzeptionen hinsichtlich der logischen Grundlagen der Quantenmechanik. Mit diesen Konzeptionen zählte B. in den 30er Jahren zu den führenden Physikmethodologen. Seine Überlegungen über die Grundlagen der Quantenmechanik verallgemeinernd, hat er sich eine eigene Naturphilosophie aufgebaut. Vor allem die Forschungsergebnisse über die Stabilität der Sterne wurden zum festen Bestandteil der Astrophysik. Ck, Fk

Literatur: Białobrzeski, C.: Wybór pism (Ausgewählte Schriften) (Warschau 1964), Sur l'equilibre thermodynamique d'un sphère gaseuse libre, in: Bull. Ac. Polon. Sci. série A (1913), 264, La Thermodynamique des Étoiles (Paris 1931), Podstawy poznawcze fizyki świata atomowego (Erkenntnisgrundlagen der Atomphysik) (Warschau 1956).

Scisłowski, W.: Czesław Białobrzeski 1878–1953, in: Postepy Fizyki 5 (1954), 413–422.

Bichat, Marie François Xavier, Arzt, geb. 11.11.1771 Thoirette (Dep. Jura), gest. 22.7.1802 Paris.

B. ist der Begründer der makroskopischen normalen Gewebelehre und der Gewebepathologie; er gehört zu den Wegbereitern der Erkenntnis des Zusammenhangs von Struktur und Funktion.

B., Sohn eines Arztes, studierte in Montpellier und Lyon – mit durch die Ereignisse der bürgerlichen Revolution bedingten Unterbrechungen – Medizin. Von 1791 bis 1793 hat er sich im Hôtel Dieu in Lyon praktisch chirurgisch betätigt. Seit 1793 in Paris, erregte B. die Aufmerksamkeit des Chirurgen P. J. DESAULT; er wurde von ihm großzügig gefördert und mit der Leitung des »Journal de Chirurgie« betraut. 1796 gründete B. mit der Société médicale d'émulation de Paris eine wissenschaftliche Vereinigung jüngerer progressiver Ärzte. 1797 begann er, Kurse in Anatomie, Physiologie und Chirurgie abzuhalten, zu denen bald auch Vorlesungen und Demonstrationen zur pathologischen Anatomie hinzukamen. Seit 1800 als Arzt am Hôtel de Dieu in Paris tätig, bewarb er sich 1801 vergebens um den vakanten Lehrstuhl für Anatomie und Physiologie an der 1794 gegründeten École de santé. Seine Lehrtätigkeit setzte er nunmehr in eigenen Räumlichkeiten fort und begann darüber hinaus mit einer Vielzahl von Tierexperimenten sowie Leichenöffnungen zu wissenschaftlichen Zwekken. Während eines Winters soll B. 600 Leichen seziert und in dieser Zeit auch im Sektionssaal gewohnt und geschlafen haben. In den mit einem gewaltigen Arbeitspensum angefüllten wenigen Jahren, die B. noch bis zu seinem frühen Tod blieben, hat er außerdem die wesentlichen Ergebnisse seiner tierexperimentellen und pathologisch-anatomischen Studien veröffentlicht. Nach zwei bereits 1799 erschienenen Abhandlungen über die Synovialmembran der Gelenke haben B.s Ruhm vor allem seine 1800 erschienenen »Traité des membranes ...« und »Recherches physiologiques sur la vie et la mort« sowie die 1801 herausgegebene »Anatomie générale ...« begründet. Pläne für groß angelegte Untersuchungen über die Wirkung von Arzneimitteln als Grundlage für eine beabsichtigte Umgestaltung der Materia medica hat B. nicht mehr verwirklichen können. Im 31. Lebensjahr ist er – offenbar infolge einer fortgeschrittenen Lungentuberkulose – verstorben.

B.s wissenschaftliche Leistungen und Verdienste waren das Ergebnis der Synthese und schöpferischen Weiterentwicklung von zwei im 18. Jh. wurzelnden Traditionslinien. Das sind der an experimentalphysiologischen Ergebnissen A. v. HALLERS anknüpfende Vitalismus und die von G. B. MORGAGNI begründete makroskopische pathologische Anatomie. Außerdem knüpfte B. unmittelbar an Gedankengut P. PINELS an, der die Krankheiten mit angenommenen anatomischen Elementarstrukturen, aus denen die Organe aufgebaut sein sollten, in Zusammenhang gebracht hatte. Auf der Suche nach solchen Elementarbausteinen des Organismus stieß B. auf makroskopisch erkennbare Substrukturen der Organe, die Gewebe, die er in seinem »Traité des membranes ...« als Membranen bezeichnete. Den von B. unterschiedenen 21 Geweben sollten jeweils spezifische »propriétés vitales« eigen sein, der lebenden Substanz immanente und ihre vitalen Funktionen bestimmende Eigenschaften. Die Lebenserscheinungen des Gesamtorganismus faßte er als die Summe der »propriétés vitales« seiner Gewebe auf, als die Summe aller Funktionen, die dem Tod Widerstand leisten. Die Ursachen der Krankheiten waren nach B. – ebenso wie die der normalen Lebensfunktionen – in bestimmten Geweben und damit nicht in Organen insgesamt zu suchen. All das war – im Gegensatz zu nicht wenigen derzeitigen von der Lebenskraft ausgehenden Hypothesen – durchaus nicht nur ein spekulatives vitalistisches Gedankengebäude, sondern B. hat sich vielmehr durch Anschauung am Sektionstisch und durch eine Fülle von Tierexperimenten Gewißheit zu verschaffen versucht. Obwohl die Mikroskopie in ihrer Bedeutung für Medizin und Biologie noch nicht erkannt und das Methodenrepertoire der kausalanalytischen Physiologie noch nicht verfügbar war, hat er vor allem im Ergebnis dieser Tatsachenuntersuchungen die morphologische Bedeutung der Gewebe und ihre Rolle bei Krankheiten erkennen können. Mit seiner Gewebelehre hat er der bis dahin lediglich makroskopischen Anatomie den zu generell neuen Einsichten notwendigen Weg hin zur Feinstruktur gewiesen, und der pathologischen Anatomie hat er – von MORGAGNIS Organpathologie ausgehend – mit seiner Gewebepathologie die schließlich zu R. VIRCHOWS Zellularpathologie führende Richtung gezeigt. Der Vitalismus hat B. dabei natürlich auch zu Spekulationen führen müssen, andererseits hat er ihn aber zugleich vor einer rein mechanistischen Auffassung des Lebens bewahrt und war ihm hypothetisches Hilfsmittel zur Erklärung der normalen und pathologischen Funktionen der jetzt neu in den Blick gefaßten anatomischen Strukturen. Hei

Literatur: Bichat, X.: Mémoire sur la membrane synoviale des articulations, in: Mémoires de la société médicale d'emulation, Bd. II (Paris 1799), Traité des membranes en général et de diverses membranes en particulier (Paris 1800 u. ff., dtsch Tübingen 1802), Recherches physiologiques sur la vie et la mort (Paris 1800 u. ff., dtsch Dresden 1802 u. Kopenhagen 1802), Tl 2 dtsch von R. Boehm »Physiologische Untersuchungen über den Tod«, in: Klassiker der Medizin, Bd. 16 (Leipzig 1912 u. 1968), Anatomie générale, appliquée à la physiologie et à la médecine (Paris 1801 u. ff., dtsch Leipzig 1802 u. 1803), Traité d'anatomie descriptive. Continué par F. R. Buisson ... (Paris 1819), Anatomie pathologique, dernier cours de X. Bichat, publié avec une note sur la vie et les travaux de Bichat, par F. G. Boisseau (Paris 1825, dtsch Leipzig 1827), Œuvres (Paris 1832).

Bienewitz, → Apianus.

Biot, Jean-Baptiste, Physiker, geb. 21. 4. 1774 Paris; gest. 3.2.1862 Paris.

B. war auf vielen Gebieten der Physik, Mathematik, Astronomie, Geodäsie und auch wissenschaftshistorisch tätig. Als Verfasser mehrbändiger Lehrb. hat er zur Verbreitung der naturwissenschaftlichen Kenntnisse seiner Zeit beigetragen.

Nach dem Abschied aus dem Dienst bei der Artillerie studierte B. ab 1794 an der École Polytechnique bei

G. Monge, P. S. Laplace, J. Lagrange u. a. 1800 wurde er zum Prof. der Physik am Collège de France ernannt. Ab 1809 war er zugleich Prof. der Astronomie an der Univ. Paris. 1803 hat B. durch die Untersuchung von Meteoritengestein viele zunächst skeptische Wissenschaftler von der Existenz von Meteoriten überzeugt. Im August 1804 unternahmen B. und L. J. Gay-Lussac einen Ballonaufstieg, um zu prüfen, ob sich das Magnetfeld der Erde mit der Höhe merklich ändert. Als Mitgl. des Bureau des Longitudes beteiligte er sich 1806 gemeinsam mit F. Arago und P. F. A. Méchain an der franz. Meridianvermessung. Er wirkte an Pendelversuchen zur Schwerkraftmessung mit, untersuchte die Brechungszahlen von Gasen und bestimmte die Ausbreitungsgeschwindigkeit des Schalls in festen Körpern. Im Jahre 1840 erhielt B. die Rumfordmedaille.

B. schrieb zu Ehren seines Lehrers und Gönners Laplace eine einfallsreiche Abhandlung über die Teilchenauffassung des Lichts. Obwohl er die Wellentheorie des Lichts erst sehr spät anerkannte, arbeitete B. vorher schon erfolgreich mit polarisiertem Licht. 1815 wies er nach, daß bestimmte in Lösung befindliche organische Substanzen die Schwingungsebene von polarisiertem Licht drehen. 1835 fand er diesen Effekt auch bei Zuckerlösungen. Damit legte B. den Grundstein für die Polarimetrie. Gemeinsam mit F. Savart formulierte B. 1820 das nach beiden benannte Gesetz über den Zusammenhang zwischen elektrischen Strömen und magnetischen Kräften. Ge

Literatur: Biot, J.-B.: Traité élémentaire d'astronomie physique, 2 Bde. (Paris 1805), Traité de physique expérimentale et mathematique, 4 Bde. (Paris 1816), Précis élémentaire de physique expérimentale, 2 Bde. (Paris 1818–1821), dtsch Anfangsgründe der Erfahrungs-Naturlehre, 2 Bde. (Berlin 1818–1819), Lehrb. der Experimental-Physik oder Erfahrungs-Naturlehre, 4 Bde. (Leipzig 1824/25).

Tricker, R. A. R.: Frühe Elektrodynamik (Berlin 1974).

al-Biruni, al-Beruni, Beruni, Abu Raihan Muhammad ibn Ahmad (al-Bīrūnī, Abū'r-Raiḥān Muḥammad ibn Aḥmad),

al-Biruni

J.-B. Biot

V. F. K. Bjerknes

Mathematiker, geb. 4. 9. 973 (362 Hedschra) Kath, Hauptstadt des Reiches der Choresmschahs (heute Biruni, Karakalpak. ASSR), gest. 9.12.1048 (440 Hedschra) Ghazna (?), Hauptstadt des Reiches der Ghaznaviden (heute Ghazni, Afghanistan).

B. war einer der bedeutendsten Universalgelehrten des Mittelalters, der die Herausbildung der Geodäsie, der Indologie und der vergleichenden Religionsgeschichte als selbständige wissenschaftliche Disziplinen einleitete, zur Ablösung der Trigonometrie von der Astronomie beitrug, sich als Astronom und Geograph sowie mit Arbeiten zur angewandten Mathematik wissenschaftliche Anerkennung erwarb. Er war um die Verbesserung der Meßgenauigkeit astronomischer Instrumente bemüht und verfaßte Schriften zur Mineralogie, Pharmakologie, Mechanik und Naturphilosophie.

Über Herkunft und Kindheit von B. ist nichts bekannt. Seine Jugend verbrachte er bei Abu Nasr Mansur ibn Ali ibn Iraq, einem bedeutenden Mathematiker und Astronomen aus der Dynastie der Irakiden, die bis 995 als Choresmschahs regierten. Dieser unterrichtete B. und förderte dessen kritisches, bevorzugt auf die Beobachtung und Analyse natürlicher und menschlicher Phänomene und Prozesse orientiertes Denken. Als 995 der Emir von Dshurdshanija (Kunja-Urgentsch, Turkmen. SSR) die Dynastie der Irakiden stürzte, mußte B. mit seinem Freund und Lehrer fliehen. Er scheint dann in Raiy (heute Teil von Teheran) gewesen zu sein, wo wahrscheinlich sein wissenschaftlicher Kontakt mit dem Mathematiker und Astronomen al-Chudschandi begann. 997 war er wieder in seiner Geburtsstadt, wo er aufgrund einer Vereinbarung mit dem in Bagdad tätigen Abu'l-Wafa' den Eintritt einer Mondfinsternis nach der jeweiligen Ortszeit bestimmte, um die geographische Länge von Kath zu überprüfen. Gegen Ende dieses Jahres oder Anfang 998 ging B. nach Dshurdshan an den Hof des Ziyaridenfürsten Qabus, dem er sein erstes umfangreiches Buch, in dem er die Zeitrechnung verschiedener Völker behandelte, widmete. In dieser Zeit führte er seinen berühmten Briefwechsel über naturphilosophische Themen mit Avicenna. 1003/04 kehrte B. in seine Heimat zurück. Er erhielt von dem neuen Choresmschah die Mittel, um Instrumente für astronomische und geodätische Beobachtungen und Vermessungen bauen zu lassen, und diente ihm als politischer Berater. Nach der Ermordung des Choresmschahs durch revoltierende Armeemitglieder eroberte der Ghaznavidensultan Mahmud 1017 Choresmien. Neben anderen Persönlichkeiten verschleppte er B. nach Ghazna. Erneut begann für B. ein unstetes Leben. Im Laufe der Zeit erhielt er zwar durch den Hof Unterstützung für seine wissenschaftlichen Arbeiten, mußte aber oft an den Feldzügen Mahmuds nach Indien teilnehmen. B. nutzte sie, um Sanskrit, die indische Wissenschafts- und Literatursprache, zu erlernen, Kenntnisse über indische Mathematik, Astronomie, Philosophie, Religionen und Geschichte zu erlangen, astronomische Beobachtungen und geodätische Vermessungen durchzuführen und Angaben über die Geographie, die Pflanzen, Steine u. dgl. in Indien und den Ländern östlich von Indien zu sammeln. Auch Gesandtschaften, Kaufleute und Pilger befragte B., um seine Kenntnisse zu erweitern. Unter Mahmuds Sohn und Thronfolger Mas'ud verbesserte sich B.s Lage. Er konnte in seine Heimat reisen, kehrte aber wieder nach Ghazna zurück. Er vollendete sein umfangreiches Werk über Indien und schrieb sein astronomisches und mathematisches Hauptwerk »al-Qanun al-mas'udi«. Nach 1040 ging seine Seh- und Hörfähigkeit so stark zurück, daß er nur noch mit Hilfe von Mitarbeitern seine Forschungen fortsetzen konnte. B. schrieb noch wenigstens drei Abhandlungen, wovon zwei zu seinen bedeutendsten Werken gerechnet werden, die Mineralogie und die Pharmakologie, letztere blieb jedoch unvollendet.

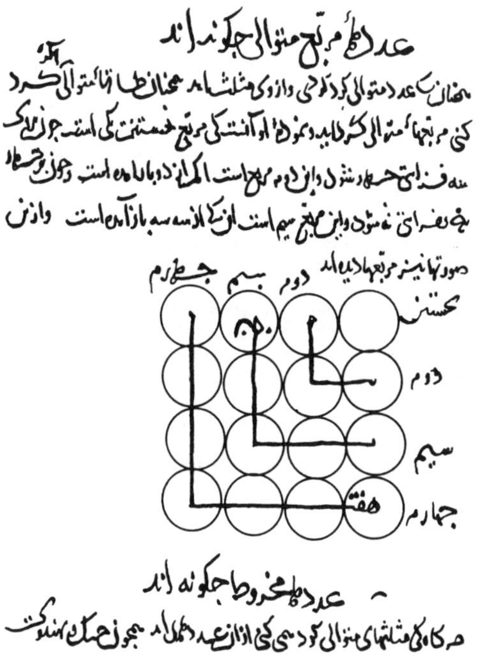

Textseite mit Abbildung aus al-Birunis Buch »Einführung in die Astronomie/Astrologie«

Die Bedeutung B.s für die Wissenschaftsentwicklung ist zweifacher Art. Zum einen trug er zur Erweiterung der Kenntnisse der Menschen über die Natur und die Gesellschaft und zur Entstehung neuer wissenschaftlicher Theorien und Disziplinen bei. Zum anderen gehört er zu den wenigen mittelalterlichen Gelehrten, die eine neue Wissenschaftsauffassung vorbereiten halfen, indem sie exakt auswiesen, welche Erkenntnisse, Hypothesen, Verfahren und Theorien sie von ihren Vorgängern übernommen hatten und welche ihr eigenes geistiges Eigentum waren, indem sie die Formulierung neuer Hypothesen und Theorien an empirisch gewonnenen Ergebnissen orientierten und nicht letztere an bestehende Lehrmeinungen anpaßten oder abwiesen, und indem sie begannen, gezielt Experimente zur Überprüfung von Hypothesen durchzuführen. In den Arbeiten von B. werden diese Ansätze sichtbar, ohne jedoch als eigenständige Wissenschaftstheorie und -methodologie formuliert zu sein. Obwohl B. vorhandene Erklärungsmuster übernahm, entwickelte er vor allem in neuen Forschungsgebieten (z.B. der Indologie) oder bei der Erklärung einzelner Phänomene (z. B. der Entstehung des Amu-Darja-Deltas) theoretische Vorstellungen, die den tatsächlichen Sachverhalten sehr nahe kommen. Durch Verbesserung der Genauigkeit von Beobachtungs- und Meßinstrumenten und durch die Entwicklung genauerer Näherungsverfahren gelangte er zu Daten, die von heutigen Ergebnissen nur wenig abweichen. Beispiele dafür sind seine Bestimmungen des spezifischen Gewichtes (Dichte) von Metallen, Edelsteinen und einigen anderen Stoffen sowie der geographischen Koordinaten von Städten in Mittelasien und Indien. B. scheint nach dem Griechen Krates von Mallos der zweite Gelehrte gewesen zu sein, der einen Erdglobus gebaut hat, in Form einer Halbkugel und die nördliche Hemisphäre darstellend. Er verwandte ihn zur Überprüfung der Daten aus den von ihm benutzten verschiedenartigen Informationsquellen. B. bereicherte auch die Kartographie durch die Erfindung der Zylinderprojektion, die später erneut von G. Mercator entwickelt worden ist und dessen Namen erhielt. Ferner berichtete er über verschiedene Instrumente seiner Vorgänger, unter ihnen das Astrolab von as-Sidschizi, das anscheinend das erste Astrolab war, dem die Erdrotation als Funktionsprinzip zugrundelag. B. selbst hat die Frage nach der Eigenbewegung der Erde wenigstens zweimal diskutiert, sich aber zur geozentrischen Astronomie bekannt. Zwar akzeptierte er die Erdrotation aus astronomischer Sicht als plausible Annahme, lehnte sie aber aufgrund physikalischer Überlegungen ab, die im wesentlichen besagen, daß die bei der Annahme der Erdrotation vorhandene große Geschwindigkeit eines jeden Punktes auf der Erdoberfläche die Bewegungen anderer Körper beeinflussen muß, was im Widerspruch zu den empirisch wahrnehmbaren Gegebenheiten stand. Die wissenschaftliche Selbständigkeit B.s kommt auch in seinen naturphilosophischen Auffassungen zum Ausdruck. B. konnte sich den Argumenten des Aristoteles gegen den Atomismus nicht anschließen und hielt die Frage nach der Struktur der Materie noch für unentschieden. Er hielt die Existenz mehrerer Welten für möglich, zweifelte an der ewigen Stabilität der Himmelssphären und stellte deren kugelförmige Gestalt in Frage. Aufgrund von Beobachtungen und Experimenten neigte er zur Anerkennung des Vakuums, dessen Existenz von den Aristotelikern bestritten wurde. Neben Abu'l-Wafa' war B. der einzige mittelalterliche Mathematiker, der die trigonometrischen Beziehungen am Einheitskreis definierte. Er löste kubische Gleichungen mit Hilfe von Kegelschnitten und Näherungsverfahren, erkannte die Irrationalität der Zahl π, trug zur Anerkennung positiver reeller Größen als Zahlen bei und benutzte als erster Mathematiker des islamischen Mittelalters die quadratische Interpolation. Mehrfach stellte er Überlegungen über die Abhängigkeit einer Größe von anderen an, wodurch er zur Herausbildung des Funktionsbegriffs beitrug. In diesem Zusammenhang stellte B. als erster die Veränderung der Geschwindigkeit der scheinbaren Sonnenbewegung mathematisch dar. Hinter seinen Berechnungen verbergen sich aus heutiger Sicht Grenzwertermittlungen und die Bildung der ersten und zweiten Ableitung.

Insgesamt soll B. etwa 150 Arbeiten verfaßt haben, deren Umfang auf etwa 13 000 Seiten geschätzt wird. Er schrieb in arab. und pers. Sprache, schuf auch arab. Gedichte und lernte die Anfangsgründe der griech., syr. und hebr. Sprache. Seine Muttersprache war ein iran. Dialekt. Während B.s Arbeiten im christlichen Europa (dessen Gelehrtensprache Latein war) im Prinzip unbekannt blieben, war er in den islamischen Gebieten zwischen Spanien und Indien ein vielgelesener Autor. An ihn haben vor allem Nasir ad-

Din at-Tusi und die Astronomen und Mathematiker um Ulugh Beg angeknüpft. Br

Literatur: Alberuni. Chronologie orientalischer Völker (Hrsg. E. Sachau, 2. Aufl. Leipzig 1923); Abu Rajchan al-Biruni. Izbrannye proizvedeniâ, Bd. 1–6 (Taschkent 1957–1976); Schoy, C.: Die trigonometrischen Lehren des persischen Astronomen Abu'l-Raihân Muhammed ibn Ahmed al-Biruni dargestellt nach al-Qanun al-Mas'udi (Hannover 1927); Wiedemann, E. u. Frank, J.: Vorrichtungen zur Teilung von Kreisen und Geraden usw. nach Biruni, in: Z. Instrumentenkd. 41 (1921), 225–236, Allgemeine Betrachtungen von al-Biruni in einem Werk über die Astrolabien, in: Sitzungsber. Phys.-med. Sozietät Erlangen 52/53 (1920/21), 97–121.

Bulgakov, P. G.: Žizn' i trudy Beruni (Taschkent 1972); Rozenfel'd, B. A., Rožanskaâ, M. M. u. Sokolovskaâ, Z. K.: Abu-r-Rajchan al-Biruni (Moskau 1973); Suter, H. u. Wiedemann, E.: Über al-Biruni und seine Schriften, in: Sitzungsber. Phys.-med. Sozietät Erlangen 52/53 (1920/21), 55–96.

Bjerknes, Vilhelm Friman Koren, Physiker und Meteorologe, geb. 14.3.1862 Kristiania (Oslo), gest. 9.4.1951 Oslo.

B. gehörte zu den Begründern der dynamischen Meteorologie und Hydrographie und entwickelte mit seinen Mitarbeitern die Polarfronttheorie, die für die Praxis der Wetteranalyse und -prognose entscheidend wurde.

B. studierte 1880–1888 Mathematik und Physik an der Univ. Kristiania und war dort zugleich engster Mitarbeiter seines Vater, des Hydrodynamikers und Prof. der Mathematik Carl Anton B. Nach seinem Magisterexamen (1889) ging B. nach Paris und hörte bei J. H. Poincaré über Elektrodynamik (1889/90). Anschließend arbeitete er bei H. Hertz in Bonn als Assistent am Physikalischen Institut der Univ. (1890/91). In Kristiania, wo er 1891/92 eine entsprechende Stelle innehatte, wurde er 1892 mit einer Dissertation über die Elektrizitätsbewegung in primären Hertzschen Leitern zum Dr. phil. promoviert. 1893 wurde B. Lektor und 1895 Prof. für Mechanik und mathematische Physik an der Univ. Stockholm. Nach Gastvorlesungen (1905) in den USA erhielt er von 1906 bis 1941 ein jährliches Stipendium der Carnegie Institution in Washington, wodurch er Assistenten beschäftigen konnte, die ihm bei seinen meteorologischen Arbeiten halfen. 1907 wurde B. Prof. für Mechanik und mathematische Physik an der Univ. in Kristiania und 1912 Prof. für Geophysik und Dir. des neugegründeten Geophysikalischen Instituts der Univ. in Leipzig. Wegen der kriegsbedingten Arbeitserschwernisse kehrte er 1917 nach Norwegen zurück und baute in Bergen das Geophysikalische Institut zu einer Wetterdienstzentrale aus, in der die Polarfronttheorie oder Polarfrontmeteorologie durch die Bergener Meteorologenschule unter seiner aktiven Leitung entwickelt wurde. 1926 übernahm B. wieder die Professur für theoretische Physik und die Leitung der theoretischen Abteilung des Physikalischen Instituts der Univ. Oslo bis zu seiner Emeritierung 1932. Danach hatte er bis 1937 noch die gesamte Institutsleitung inne.

Unter Einfluß von Hertz arbeitete B. über die Resonanz elektrischer Wellen, die für die Radiotechnik wichtig wurde (1891–1895). Außerdem führte er die Forschungen seines Vaters über hydrodynamische Fernkräfte intensiv weiter. Von dieser Basis aus konnte er 1898–1902 die Wirbel- bzw. Zirkulationssätze von H. v. Helmholtz bzw. W. Kelvin in den beiden nach ihm benannten Linienintegral-Theoremen (für die kinetische und für die dynamische Zirkulation) verallgemeinern und das »Prinzip der Bildung und Vernichtung von Zirkulations- und Wirbelbewegungen« auf die Atmosphäre und die Ozeane anwenden. Durch Verflechtung »der beobachtenden Meteorologie und der theoretischen Thermo-Hydrodynamik« gab B. in seinem Forschungsprogramm von 1904 als zentrale Aufgabe an: »aus dem gegenwärtigen Zustand der Atmosphäre den künftigen abzuleiten. Dies heißt, das Problem der Wettervorhersage als ein mathematisches Problem aufzustellen und womöglich zu lösen.« 1910/11 erschien sein grundlegendes Werk über die dynamische Meteorologie und Hydrographie, das er mit seinen Mitarbeitern verfaßte. B. trat für die Rationalisierung der meteorologischen Einheiten, speziell in der Aerologie, wo er Millibar und dynamisches Meter einführte, und für die Anwendung des CGS-Systems ein. In Leipzig konnte er die international vereinbarten aerologischen Aufstiege über Europa bearbeiten lassen und damit die dreidimensionale Analyse der atmosphärischen Zustände durchführen, bei der schon Konvergenzlinien gefunden wurden. In Bergen ergaben die täglichen Wetteranalysen aufgrund des kleinen, aber dichten Wetterbeobachtungsnetzes genauere Details der sich an der Luftmassengrenze zwischen Polar- und Tropikluft – der Polarfront – vollziehenden Prozesse. Die Entwicklung der Zyklonen mit ihren Diskontinuitätsflächen, der Warmfront, der Kaltfront und der Okklusion, konnte erkannt und die Polarfronttheorie oder Polarfrontmeteorologie dargelegt werden. Daran waren außer dem Theoretiker und Leiter B. als synoptische Meteorologen T. Bergeron, B.' Sohn Jakob (Jack) B., H. Solberg u. a. beteiligt. In seiner bedeutenden Arbeit über die Dynamik der Wirbel (1921) und in seinem mit seinen Mitarbeitern zusammen verfaßten großen Lehrb. über physikalische Hydrodynamik hat B. diese Zusammenhänge ausführlich dargelegt. Kö

Literatur: Bjerknes, V.: Dynamic meteorology and hydrography, Bd. 1 (mit J. W. Sandström): Statics, Bd. 2 (mit Th. Hesselberg u. O. Devik): Kinematics (Washington 1910/11, dtsch Braunschweig 1912/13), On the dynamics of circular vortex with application to the atmosphere and atmospheric vortex and wave motions (Über die Dynamik kreisförmiger Wirbel und Wellenbewegungen), in: Geofysiske Publikationer, Kristiania 2 (1923), Nr. 4 (1921), (mit H. Solberg u. T. Bergeron): Physikalische Hydrodynamik mit Anwendung auf die dynamische Meteorologie (Berlin 1933).

Bergeron, T.: Vilhelm Bjerknes, in: Småskrifter udgivet af Universitet i Bergen, Nr. 11 (1962), 7–30.

Bloch, Felix, Physiker, geb. 23. 10. 1905 Zürich, gest. 10. 9. 1983 Limmat-Stadt (Schweiz).

B. gehörte zu den herausragenden Physikern im 20. Jh.; seine Forschungen galten grundlegenden Problemen der modernen Festkörperphysik, den magnetischen Eigenschaften der Atomkerne und Fragen der Hochenergiephysik.

B. studierte 1924–1927 an der ETH in Zürich Mathematik und Physik und setzte 1927 seine Studien unter W. Heisenberg an der Univ. Leipzig fort. Von 1928 (Promotion zum Dr. phil.) bis 1933 wirkte er an der Univ. Leipzig und beschäftigte sich in fundamentalen Arbeiten mit dem Verhalten von Elektronen in Kristallgittern. 1928 arbeitete er als Assistent bei W. Pauli in Zürich, als Lorentz-Fellow 1929 in den Niederlanden und 1931 sechs Monate unter N. Bohr in Kopenhagen. 1931 besuchte B. in der Sowjetunion L. D. Landau. Im gleichen Jahr erfolgte die Habilitation. 1932 wurde er Assistent von Heisenberg in Leipzig. 1933 verließ B. Deutschland und ging in die Schweiz, von dort über einige europ. Länder 1934 in die USA, wo er an der Stanford University eine Professur erhielt. 1941–1943 arbeitete er am Manhattan-Projekt, 1943–1945 in Cambridge (USA) am Radio Research Laboratory. 1954/55 war B. Dir. des Europ. Kernforschungsinstituts (CERN) in Genf. B. war unter anderem seit 1948 Mitgl. der National Academy of Sciences in den USA.

B. veröffentlichte 1928 seine bahnbrechenden Arbeiten über das Verhalten von Elektronen in Kristallgittern; darin studierte er auf der Grundlage der Quantenmechanik das Verhalten von Elektronen unter Einfluß eines periodischen

Gitterpotentials und leitete die Eigenfunktion ψ der Elektronen ab (BLOCH-Funktion). R. E. PEIERLS baute diese Theorie dann im bedeutenden Maße aus. 1928 gab B. die später nach ihm benannte BLOCH-Summe an, die eine lineare Kombination von Atomorbitalen (LCAO-Methode) darstellt und zur Berechnung der Bandstruktur und der Energiespektren eines Elektrons im idealen Kristall dient. Mit L. BRILLOUIN begründete B. die Behandlung von Festkörpern in der symmetrischen Elementarzelle eines reziproken Gitters (BRILLOUIN-Zone). 1930 beschäftigte er sich mit Spinwellen und schuf eine Theorie ferromagnetischer Stoffe, deren Temperatur wesentlich unter der CURIE-Temperatur liegt. Im Zusammenhang mit der Erklärung des Ferromagnetismus befaßte sich B. mit den von P. WEISS 1907 hypothetisch vorausgesagten Elementarbezirken (WEISSsche Bezirke) in ferro- und ferrimagnetischen Kristallen. 1932 untersuchte er deren Grenzschicht (BLOCH-Wand), von deren Beweglichkeit maßgeblich die Magnetisierungskurve abhängt. In den folgenden Jahren untersuchte B. unter anderem das Verhalten von langsamen Neutronen beim Durchgang durch Ferromagnetika, wobei er 1936 die Neutronenpolarisation, die Ausrichtung des Neutronenspins in eine bestimmte Richtung, entdeckte und eine Theorie dieser Erscheinung gab. 1940 maßen er und L. W. ALVAREZ das magnetische Moment des freien Neutrons.

Eine besonders weitreichende Entdeckung gelang B., W. W. HANSEN und M. E. PACKARD 1946 mit der magnetischen Kernresonanz (engl. nuclear magnetic resonance), die als wichtige Methode der Hochfrequenzspektroskopie zur Aufklärung der Zusammensetzung, der Struktur und des mikrodynamischen Verhaltens von Flüssigkeiten, Kristallen, Metallen, chemischen Verbindungen u. a. beiträgt. Noch im gleichen Jahr konnte B. ein Gleichungssystem (BLOCHsche Gleichungen) angeben, das eine theoretische Beschreibung des paramagnetischen Resonanzeffektes in der magnetischen Kernresonanz und in der paramagnetischen Elektronenresonanz liefert. In Form von phänomenologisch abgeleiteten Differentialgleichungen wird die Magnetisierung eines Systems unter Einfluß eines starken äußeren Magnetfeldes im Nichtgleichgewichtszustand unter Berücksichtigung statistischer Ausgleichsvorgänge beschrieben. Für diese Arbeit erhielt B. gemeinsam mit E. M. PURCELL 1952 den Nobelpreis für Physik. Letzterer war unabhängig von B. 1946 auf einem anderen Wege zu ähnlichen Ergebnissen in der Beschreibung der magnetischen Kernresonanz gekommen.

Auf dem Gebiet der Hochenergiephysik griff B. das Problem der Abbremsung schwerer Teilchen in stofflichen Medien (Bremsvermögen) auf und beschrieb deren auf elektromagnetischer Wechselwirkung beruhenden mittleren Energieverlust durch eine Differentialgleichung, die heute als BETHE-BLOCH-Formel bekannt ist. Zur Vermeidung der Ultrarotkatastrophe, die das Auftreten von Divergenzen in störungstheoretischen Berechnungen im Rahmen der Quantenelektrodynamik bei Berücksichtigung der verschwindenden Ruhemasse der Photonen beinhaltet, führte B. hypothetisch kleine, von Null verschiedene Massen für die Photonen ein (BLOCH-NORDSIECK-Methode). Ji

Literatur: Bloch, F.: Über die Quantenmechanik der Elektronen im Kristallgitter, in: Z. Phys. 52 (1928), 555ff., Die Elektronentheorie der Metalle, in: Handb. der Radiologie, Bd. 6.1 (Hrsg. E. Marx, 2. Aufl. Leipzig 1933), Über das magnetische Moment des Neutrons, in: Verh. Dtsch. Phys. Ges. 18 (1937), 120ff., Nuclear induction, in: Phys. Rev. 70 (1946), 460–474, Nuclear induction experiment, in: Phys. Rev. 70 (1946), 474–458.

Chodrow, M., Hofstadter, R., Borschach, M. E., Schaulow, A. L. (Hrsg.): Felix Bloch and twentieth-century physics, dedicated to Felix Bloch on the Occasion of his Seventy-Fifth Birthday, in: Rice University Studies, Vol. 66, No. 3 (Houston 1980); Brun, E.: Felix Bloch zum Gedenken, in: Phys. Bl. 11 (1983), 377ff.

Blumenbach, Johann Friedrich, Mediziner und Anthropologe, geb. 11. 5. 1752 Gotha, gest. 22. 1. 1840 Göttingen.

B. beeinflußte durch vergleichend-anatomische Studien – er hielt die erste Vorlesung über vergleichende Anatomie in Deutschland – maßgeblich die Entwicklung der Zoologie und Paläontologie und begründete die Anthropologie.

B., Sohn eines Gymnasialdirektors, studierte 1769–1772 in Jena Medizin, wo er unter anderem durch J. E. I. WALCH und sein Naturalienkabinett für Versteinerungskunde interessiert wurde; danach in Göttingen erhielt er durch

Abbildung aus »De generis humani varietate nativa liber« von J. F. Blumenbach, Göttingen 1777

Ch. W. Büttner Anregungen in Naturgeschichte und wurde 1775 mit einer anthropologischen Dissertation promoviert. Sie war grundlegend für die naturgeschichtliche Betrachtung des Menschen. 1776 wurde B. Kurator der naturgeschichtlichen Sammlungen und ao. Prof., 1778 o. Prof. der Medizin (Anatomie) an der Univ. Göttingen, wo er bis zu seinem Tode wirkte.

In der zweiten Hälfte des 18. Jh. erreichte die »Naturgeschichte der drei Reiche« (Minerale, Pflanzen, Tiere) vor allem durch das Wirken von G. Buffon und C. v. Linné einen Höhepunkt und wissenschaftliche Geltung als Universitätsdisziplin. Damit verbunden war die Entwicklung von Naturaliensammlungen, die die vergleichende Studienmethode förderten und die Weiterentwicklung der zoologischen Systematik bedingten sowie die Herausbildung der Paläontologie bewirkten. In diese Bestrebungen fügt sich das Wirken B.s ein, der für Deutschland als Pionier der vergleichenden Anatomie als Hochschuldisziplin und der physischen Anthropologie gelten muß. Seine Lehr- und Handb. der Naturgeschichte und der vergleichenden Anatomie waren weit verbreitet und wurden als Standardwerke im Universitätsstudium genutzt. Indem B. wie Buffon auch den Menschen als Objekt der Naturgeschichte betrachtete, führte er eine taxonomische Charakteristik der menschlichen Varietäten nach Gestalttypus, Hautfarbe und geographischer Verbreitung ein, die zur Grundlage der Anthropologie im 19. Jh. wurden, und legte eine Schädelsammlung für vergleichend-kraniologische Studien an. Er äußerte auch Vermutungen über die Entstehung der Menschenrassen und über die Variabilität der Tierarten im Laufe der Erdgeschichte, für die er lange Zeiträume annahm. Bemerkenswert ist auch sein Versuch, nach fossilen Tieren und Pflanzen eine geologische Zeitskala zu entwerfen, die sich in analoge Bemühungen z. B. von Buffon oder A. v. Humboldt eingliedert. Seine historische Denkweise kommt auch in Überlegungen zur Entstehung und zum Alter von Parasiten zum Ausdruck. In die Auseinandersetzungen um die Präformationstheorie griff B. zugunsten der Epigenesis ein und erklärte die Entwicklungs-, Wachstums- und Regenerationsprozesse mit dem Vorhandensein eines »Bildungstriebes« (Nisus formativus), worunter er eine Kraft verstand, die die Organismen zweckmäßig modifiziert. Ja

Literatur: Blumenbach, J. F.: De generis humani varietate nativa ... disputavit (Diss. Göttingen 1777), dtsch Über die natürlichen Verschiedenheiten im Menschengeschlechte (Leipzig 1798), Über den Bildungstrieb (Nisus formativus) und seinen Einfluß auf die Generation und Reproduktion, in: Göttinger Magazin d. Wiss. 2 (1780), Über den Bildungstrieb und das Zeugungsgeschäft (Göttingen 1781), Geschichte und Beschreibung der Knochen des menschlichen Körpers (Göttingen 1786), Institutiones physiologicae (Göttingen 1787), dtsch Physiologie des menschlichen Körpers (Wien 1795), Handb. der Vergleichenden Anatomie (Göttingen 1805), Beyträge zur Naturgeschichte (Göttingen 1806–1811).

Baron, W. u. Sticker, B.: Ansätze zur historischen Denkweise in der Naturforschung an der Wende vom 18. zum 19. Jh. I.: Die Anschauungen Johann Friedrich Blumenbachs über die Geschichtlichkeit der Natur, in: Sudhoffs Arch. 47 (1963), 19–26; Dougherty, F. W. P.: Commercium epistolicum J. F. Blumenbachii. Aus einem Briefwechsel des klassischen Zeitalters der Naturgeschichte (Göttingen 1984); Marx, K. F. H.: Zum Andenken an Johann Friedrich Blumenbach (Nekrolog) (Göttingen 1840); Plischke, H.: Johann Friedrich Blumenbachs Einfluß auf die Entdeckungsreisen seiner Zeit, in: Abh. Kgl. Ges. Wiss. Göttingen, Phil. Hist. Kl. 3. Ser. N° 20 (Göttingen 1937).

Bode, Johann Elert, Astronom, geb. 19. 1. 1747 Hamburg, gest. 23. 11. 1826 Berlin.

B. wurde international bekannt durch die Herausgabe des »Berliner Astronomischen Jahrb.«, weiterhin durch

F. Bloch

J. E. Bode

seine Sternkarten und durch populäre Schriften zur Verbreitung astronomischer Kenntnisse.

B.s Vater leitete eine kleine Anstalt zur Ausbildung kaufmännischer Lehrlinge. So kam es, daß B. nie eine eigentliche Schule durchlief. Er erhielt aber durch diese spezielle Ausbildung vielerlei Kenntnisse in rechnerisch-ökonomischer Hinsicht. Bereits 1772 wurde er als akademisch-astronomischer Rechner an die Berliner Sternwarte berufen, 1786 wurde er Mitgl. der Ak. d. Wiss. und 1787 Dir. der Berliner Sternwarte.

B. hatte 1768 seine »Anleitung zur Kenntnis des gestirnten Himmels« herausgegeben, der zahlreiche weitere Auflagen folgten und die lange Zeit als ein Standardwerk der Astronomie galt. Nach Berlin wurde er auf Vorschlag J. H. Lamberts berufen, um in dem von diesem herausgegebenen »Berliner Astronomischen Jahrb.« die Berechnung der Ephemeriden zu übernehmen. Nach dem Tode Lamberts 1777 übernahm B. die Berechnungen und die Herausgabe des Jahrb. allein. Der 1. Bd. erschien 1774 mit den Ephemeriden für 1776. B. gab bis zu seinem Tode insgesamt 54 Bde. heraus. Das Jahrb. war darüber hinaus eines der bedeutendsten Publikationsorgane seiner Zeit für Entdeckungen und wissenschaftliche Abhandlungen auf dem Gebiet der Astronomie. Es erschien bis zum Jahrgang 1959, zuletzt herausgegeben vom Astronomischen Recheninstitut der Ak. d. Wiss. zu Berlin. Gleich nach dem Antritt seines Amtes in Berlin schuf B. mit Herausgabe der »Sammlung astronomischer Tafeln« ein bedeutendes Werk zur Berechnung der Bahnbewegung von Himmelskörpern und Sternörtern.

Nach der Entdeckung des Uranus durch W. Herschel 1781 trug B. wesentlich zu dessen Bahnbestimmung bei, indem er bereits vorliegende ältere Uranusbeobachtungen von J. T. Mayer und J. Flamsteed, die aber als solche nicht erkannt und für Fixsternbeobachtungen gehalten worden waren, in Berechnungen der Umlaufbahn mit einbezog. Ein Komet mit kurzer Umlaufzeit wurde bei seiner Wiederkehr 1795 auf der Berliner Sternwarte entdeckt und trägt seitdem den Namen Bodescher Komet. B. sprach als erster von der Planetennatur der Ceres, die zu den zwischen Mars und Jupiter die Sonne umkreisenden Kleinen Planeten gehört. Sie schließt eine Lücke in den Gliedern der Titius-Bodeschen Reihe, die die mittleren Planetenabstände von der Sonne in Form einer mathematischen Folge angibt. 1800/01 veranlaßte B. den dringend notwendig gewordenen Umbau der veralteten Berliner Sternwarte in der Dorotheenstraße. B. war ein fleißiger Beobachter, der darüber hinaus zahlreiche Beobachtungen anderer Zeitgenossen sammelte und herausgab. Seine Zeit weit überdauernde Verdienste erwarb er sich durch die Herausgabe seiner berühmten Sternkarten. Sein erster Himmelsatlas erschien 1782. Ihm lag der Flamsteedsche »Atlas coelestis« zugrunde. Die ständige Zunahme der Anzahl genau bestimmter Sternörter veranlaßte B. zur Herausgabe eines neuen Himmelsatlas (1797–1801), dem ein umfangreiches Verzeichnis von 17 240 Sternörtern beigefügt war, unter dem Titel »Uranographia«. Auf 20 Blättern sind insgesamt 102 Sternbilder wiedergegeben, die späterhin auf die noch heute gebräuchlichen 88 reduziert wurden. Dieser Atlas übertraf sowohl vom Umfang der auf ihm verzeichneten Sterne her als auch in seiner künstlerischen Gestaltung seine Vorgänger. B. gab ebenfalls Sterngloben heraus, von denen noch zwei in Eisenach und Gotha erhalten sind.

Die Arbeit B.s fand ihre Würdigung durch seine Berufung an die bedeutendsten europäischen Akademien und Gesellschaften, unter anderem London, St. Petersburg (Leningrad), Stockholm, Göttingen, München, Moskau und Kraków. Fe

Literatur: Bode, J. E.: Astronomisches Jahrb. für die Jahre 1776 bis 1829 (Berlin 1774–1826), nebst 4 Suppl.-Bdn. (Berlin 1793, 1795, 1797, 1808), Anleitung zur Kenntnis des gestirnten Himmels (Hamburg 1768), Sammlung astronomischer Tafeln (Berlin 1776), Kurzgefaßte Erläuterung der Sternkunde (Berlin 1778), Anleitung zur physischen, mathematischen und astronomischen Kenntnis der Erdkugel (Berlin 1820), Vorstellung der Gestirne auf 34 Kupfertafeln nebst Fixsternverzeichnis (Berlin 1782), Claudius Ptolemaeus. Beobachtungen und Beschreibungen der Gestirne (Berlin 1795), Uranographie sive Astrorum descriptio, viginti tabulis aeneis incisa, nebst Beschreibung der Gestirne und Verzeichnis von 17 240 Sternen, Doppelsternen etc. (Berlin 1801), Verzeichnis der geraden Aufsteigungen und Abweichungen von 5 505 Sternen nach Piazzi's Beobachtungen (Berlin 1805).

Bodenstein, Max Ernst August, Physikochemiker, geb. 15. 7. 1871 Magdeburg, gest. 3. 9. 1942 Berlin.

B. ist der Begründer der modernen Reaktionskinetik.

B., Sohn eines Brauereibesitzers, studierte 1889–1893 in Heidelberg und Wiesbaden. Nach seiner Promotion 1893 arbeitete er in Charlottenburg und Göttingen. B. habilitierte sich 1899 in Heidelberg und war ab 1900 als Privatdoz. und Assistent am physikalisch-chemischen Institut in Leipzig tätig. 1906 erhielt er eine ao. Professur an der Univ. Berlin. 1908 folgte B. einem Ruf an die TH in Hannover, und von 1923 bis zu seiner Emeritierung 1936 hatte er eine Professur in Berlin inne.

Ende des 19. Jh. waren die kinetischen Gesetze uni-, bi- und trimolekularer Reaktionen aufgrund von Untersuchungen in Lösungen im wesentlichen aufgeklärt. Demgegenüber war die Kinetik von Reaktionen in der Gasphase nur wenig untersucht. Das Verdienst, Pionierarbeit bei der Erforschung von Gasreaktionen geleistet zu haben, kommt B. zu. Im Rahmen seiner Promotionsarbeit, einer Untersuchung über die Bildung von Iodwasserstoff aus den Elementen, gelang es B. erstmals, die Geschwindigkeit einer Gasreaktion reproduzierbar zu messen. In Weiterführung dieser Arbeiten konnte B. 1897–1899 die Gleichgewichtsverhältnisse und Kinetik dieser Reaktion vollständig aufklären. Auf der Grundlage weiterer experimenteller Daten widerlegte B. 1899 die Existenz der »falschen« Gleichgewichte.

Bei der Untersuchung der Chlorknallgasreaktion stellte B. erhebliche Abweichungen vom Äquivalenzgesetz fest, das 1912 von A. Einstein aufgestellt worden war. Die Ausbeute bei dieser Reaktion widersprach der Theorie Einsteins, daß die Absorption eines Lichtquants jeweils einen chemischen Elementarschritt auslöst. Ausgehend von der quantenchemischen Vorstellung, daß sich die chemischen Eigenschaften von Atomen und Molekülen in Abhängigkeit von deren Anregungszustand ändern können, erklärte B. die Abweichungen vom Äquivalenzgesetz 1913 mit Hilfe einer Kettenreaktion. (Der Begriff Kettenreaktion wurde später von J. A. Christiansen geprägt.) B. erkannte, daß die chemische Bruttoformel einer Gasreaktion keine Aussagen über den Gang der Reaktion erlaubt, da diese in Stufen und teilweise in Verzweigungen abläuft. Die Ermittlung des Zeitgesetzes der Gesamtumsetzung ist demnach nur mit Hilfe komplizierter mathematischer Operationen, durch Annäherung der Zeitgesetze hypothetisch angenommener Reaktionsstufen an die experimentellen Daten möglich. Zur Lösung dieses Problems entwickelte B. eine spezielle Versuchstechnik. Außerdem schuf er eine Berechnungsmethode für stationäre Ketten, indem er einen quasi-stationären Zustand annahm, in dem die Geschwindigkeit der Bildung und des Verbrauchs der Zwischenprodukte gleich ist. Die Theorie der Kettenreaktion wurde später von W. Nernst grundlegend ausgebaut.

Mittels kinetischer Messungen versuchte B., Aussagen über die Teilprozesse bei der heterogenen Katalyse zu machen. Er erkannte, daß für die Katalyse neben der Geschwindigkeit der Reaktion am Katalysator die Geschwindigkeit des Transports der umzusetzenden Substanzen an den Katalysator maßgebend ist.

Ausschlaggebend für B.s wissenschaftliche Erfolge bei der Erforschung von Gasreaktionen waren seine experimentellen Fähigkeiten, insbesondere seine Geschicklichkeit beim Apparatebau sowie seine hervorragenden mathematischen Kenntnisse. Seine Arbeiten hatten große Bedeutung für die chemische Technik, da Gasreaktionen in zunehmendem Maße zur Anwendung kamen. B. klärte z. B. die Ammoniakverbrennung am Platinkontakt und Ursachen für Explosionen auf. Darüber hinaus widmete er sich einer Reihe weiterer Aufgaben. Er bestimmte erstmals die Dissoziationswärme eines Moleküls, des Iods, und befaßte sich mit Problemen der Photographie. B. war Mitarbeiter der deutschen Atomgewichtskommission und Mitherausgeber der Ztschr. für physikalische Chemie. Ls

Literatur: Bodenstein, M.: Gasreaktionen in der chemischen Kinetik (Leipzig 1899), Handb. der Katalyse, Bd. 1 (Hrsg. G.-M. Schwab, Wien 1941).

Bonhoeffer, K. F.: Max Bodenstein zum Gedächtnis, in: Naturwiss. 30 (1942), 737–739; Cremer, E.: Max Bodenstein 1871–1942, in: Ber. Dtsch. Chem. Ges. 100 (1967) XCV–CXXVI; Laue, M. v.: Gedächtnisrede auf Max Bodenstein, in: Jahrb. der DAdW zu Berlin 1946–1949, S. 127–138 (Berlin 1950); Schumacher, H. J.: Max Bodenstein und die chemische Kinetik, in: Z. Elektrochem. 47 (1941), 469–475.

Boerhaave, Herman, Mediziner, geb. 31. 12. 1668 Voorhout (Holland), gest. 23. 9. 1738 Leiden.

B., der neben F. Hoffmann und G. E. Stahl den medizinischen Systematikern des 18. Jh. zugeordnet wird, war der erfolgreichste Kliniker und Hochschullehrer seiner Zeit, der communis Europae praeceptor. Sein großes Verdienst bestand darin, von einem kritisch-eklektischen Standpunkt aus in systematischer Weise, aber ohne eigentliche Systembildung, die in der Medizin am Übergang vom 17. zum 18. Jh. vorherrschenden Richtungen, die iatrophysikalische und iatrochemische, die pathologisch-anatomische und mikroskopische, einer Synthese zugeführt und Leidens Ruf als medizinisches Zentrum der Welt begründet zu haben.

Der Vater, ein Landpfarrer, unterwies den Sohn, der gleichfalls Theologe werden sollte, in den klassischen Sprachen, im Hebräischen und Deutschen. Neben philosophischen und theologischen Studien an der Univ. Leiden interessierte sich B. für Mathematik, Physik und Chemie und Botanik, beschäftigte sich mit der Sezierung von Tieren und wurde mit den Werken von R. Descartes bekannt. Obwohl er mit 22 Jahren bereits zum Doktor der Philosophie promovierte, entschloß er sich, noch ein Studium der Medizin aufzunehmen und sich erst dann um ein Predigeramt zu bemühen. Neben einigen Vorlesungen über theoretische Medizin und den Sektionsübungen unter A. Nuck erwarb sich B. das medizinische Wissen zu großen Teilen autodidaktisch. Nachdem er mit 25 Jahren in Harderwijk Doktor der Medizin geworden war, ließ er sich als praktischer Arzt in Leiden nieder, wo er Zeit zu weiterer Ausbildung fand, namentlich in Mathematik. Seit 1701 war seiner Unterrichtstätigkeit als Lektor der theoretischen Medizin und damit Nachfolger seines Lehrers Ch. Drelincourt ein so außerordentlicher Erfolg beschieden – nebenbei gab er private Vorlesungen über Chemie und Anatomie –, daß ihn zwei Jahre später eine Berufung nach Groningen erreichte. Man versprach ihm jedoch in Leiden die Erhöhung des Gehaltes und den nächsten freiwerdenden Lehrstuhl, den er 1709 erhielt und so Ordinarius für medizinische Botanik, 5 Jahre später Prof. für praktische Medizin und 1718 Inhaber des Lehrstuhls für Chemie und Leiter des universitätseigenen Laboratoriums wurde. Diese Arbeitslast bewältigte er 10 Jahre lang, dann zwang ihn die angegriffene Gesundheit – er litt seit 1722 an heftigen Gichtanfällen –, sich mit dem Lehramt der praktischen Medizin zu begnügen. 1725 erfolgte B.s Aufnahme in die franz. Ak. d. Wiss.; 1730 wurde er Mitgl. der Royal Society.

B.s überragende Bedeutung bestand darin, den praktischen Wert der Anatomie und Physiologie beleuchtet und die Aufgaben der Klinik als Sammelstätte und Einigungspunkt jeder medizinischen Beobachtung und Forschung für immer vorgezeichnet zu haben. Die wichtigsten Impulse für seine wissenschaftliche und ärztliche Tätigkeit entstammten dem die Anatomie revolutionierenden Werk A. Vesalius', der Entdeckung des Blutkreislaufes durch W. Harvey und der damit verbundenen Einführung des quantitativen Experimentes in die physiologische Untersuchung, der detaillierten Krankheitsbeschreibungen Th. Sydenhams und nicht zuletzt dem ausführlichen Studium der hippokratischen Schriften. In seiner Antrittsrede »De commendando studio Hippocratio« (1701) bemühte er sich, die Autorität des Hippokrates von Kos wieder herzustellen, schätzte er doch gerade an ihm seine Vorurteilslosigkeit und Methode, nur darüber zu unterrichten, was er wirklich gesehen und in sich aufgenommen hatte. Für die Medizin forderte B. die Anwendung der exakten Wissenschaften auf die am Kranken beobachteten Phänomene, so daß diese von einer wissenschaftlichen Basis aus erklärt werden könnten. Den Studenten vermittelte er also weniger eine neue medizinische Lehre, als vielmehr eine Methode zur Erforschung von medizinischen Problemen; gerade diese Tatsache erklärte die Bedeutung und die unvergleichliche Ausstrahlungskraft, die Leiden als Ausbildungsstätte angehender Ärzte in Europa genoß. Die seit 1636 hier übliche Unterweisung der Studenten am Krankenbett stellte erst B. in einen organisierten akademischen Zusammenhang, wofür ihm im Cäcilienkrankenhaus 2 Säle mit je 6 Betten zur Verfügung standen. Sie bildete gemeinsam mit den theoretischen Vorlesungen, dem Sezieren der Leichen, den Experimenten im chemischen Laboratorium und dem Unterricht im Hortus botanicus ein akademisches Ganzes. B. betreute zwischen 1709 und 1738 allein 178 Doktoranden, neben seinem profunden theoretischen und praktischen Wissen waren vor allem seine glänzende didaktische Begabung und hinreißende Persönlichkeit als Arzt und klinischer Lehrer geschätzt. Seine zahlreichen Schüler, unter ihnen J. O. de Lamettrie, H. D. Gaub, A. v. Haller, L. Heister, wurden bestimmend für die Medizin der 2. Hälfte des 18. Jh., durch sie gelangte der Methodus Leidensis in die medizinischen Zentren Europas, wie sie sich in Wien, Berlin, Edinburgh und Göttingen herauszubilden begannen. B.s medizinische Hauptwerke, die »Aphorismi de cognescendis et curandis morbis« (1709) und die »Institutiones medicae« (1708), wurden bis zum Ende des Jh. von einer Reihe bedeutender

M. E. A. Bodenstein

H. Boerhaave

Hochschullehrer als Lehrb. verwendet: von A. Stoll mit dem Kommentar G. v. Swietens in Wien, von N. Paradijs in Leiden und in der ersten Dekade des 19. Jh. von J. N. Corvisart in Paris. So basierte in der älteren Wiener Schule, die geradezu eine Schola Boerhaaviana war, mit Ausnahme der Anatomie der gesamte medizinische Unterricht auf B.s Büchern. Die Physiologie als akademische Disziplin begründet zu haben, geht ebenfalls auf B. zurück, er gab dem Begriff Physiologie die moderne Bedeutung, und seine »Institutiones medicae« werden als erster, vorrangig der medizinischen Ausbildung gewidmeter Text betrachtet. Ebenso fortschrittlich war die selbständige Bearbeitung der allgemeinen Pathologie, in der sich neben iatrochemischen vor allem iatromechanische Prinzipien finden. Am Krankenbett, an dem B. erstmalig Thermometer und Lupe anwandte, ließ er sich weniger von seiner Theorie als von einem gesunden Empirismus leiten. Er begründete die klassische Form der Krankengeschichte. Da er als enthusiastischer Schüler des Hippokrates von Kos die Heilkraft der Natur in den Vordergrund stellte, war seine Therapie weitgehend diätetisch-expektativ. Mit dem Wahlspruch Simplex veri sigillum wollte er die Pharmakotherapie seiner Vorgänger und Zeitgenossen vereinfachen. Er trat gegen den Mißbrauch der Chininverwendung auf, förderte die Eisenmedikation, aber auch die balneologische und physikalische Therapie. Die Chemie betrachtete B. wie die Botanik, in der er sich als Systematiker ersten Ranges zeigte, nicht als Hilfswissenschaft der Medizin, sondern durchaus als selbständige Erfahrungswissenschaft. Die »Elementa chemiae« stellten das wichtigste chemische Lehrb. dar, das bis dahin überhaupt erschienen war, und übertrafen alle älteren an Reichhaltigkeit der Tatsachen, Klarheit der Darstellung und Planmäßigkeit der Anordnung. La

Literatur: Außer den im Text erwähnten Werken seien noch genannt: Opuscula omnia (Haag 1738), Opera omnia medica (Venedig 1757). Weitere Angaben in G. A. Lindeboom, Bibliographia Boerhaaviana, in: Analecta Boerhaaviana, ed. G. A. Lindeboom, vol. I (Leiden 1959).

Cohen, E.: Herman Boerhaave und seine Bedeutung für die Chemie, in: Janus 23 (1918), 223–290; Diepgen, P.: Hermann Boerhaave und die Medizin seiner Zeit mit besonderer Berücksichtigung seiner Wirkung nach Deutschland, in: Hippokrates 12 (1939), 298–306, 14 (1939), 345–351; Falk, F.: Die specielle Pathologie und Therapie der Systematiker des XVIII. Jahrhunderts, I. Boerhaave (1668–1738), in: Z. klinische Med. Berlin 17 (1890), 178–192, 367–380; Kaiser, W., u. C. Beierlein (Hrsg.): In memoriam Hermann Boerhaave (1668–1738), in: Wiss. Beiträge der Martin-Luther-Univ. Halle-Wittenberg 1969/2, R 10 (Halle 1969); Kroon, J. E.: Boerhaave as Professor-Promotor, in: Janus 23 (1918), 291–311; Kudlien, F.: Agrippa und Boerhaave: Zwei Positionen im Ringen um die certitudo medicinae, in: Gesnerus 23 (1966), 86–96; Lesky, E.: Albrecht von Haller, Gerard van Swieten und Boerhaavens Erbe, Gesnerus 15 (1958), 120–140; Lindeboom, G. A.: Tronchin and Boerhaave, Gesnerus 15 (1958), 141–150.

Bohr, Niels Henrik David, Physiker, geb. 7.10.1885 Kopenhagen, gest. 18.11.1962 Kopenhagen.

B. hat mit dem 1913 von ihm entwickelten Atommodell und mit seinen wichtigen physikalischen und erkenntnistheoretischen Arbeiten die Grundlagen für die Herausbildung und das Verständnis der modernen Physik gelegt.

B., Sohn eines Prof. für Physiologie, studierte seit 1903 an der Univ. Kopenhagen Physik. Für eine experimentelle Untersuchung über die Oberflächenspannung des Wassers wurde er noch als Student 1906 mit einer Goldmedaille der Kgl. Dän. Ak. d. Wiss. ausgezeichnet. 1911 promovierte B. mit einer Arbeit über die Elektronentheorie der Metalle. Im Oktober 1911 ging B. zu einem Studienaufenthalt nach England, zunächst an das Cavendish-Laboratorium der Univ. Cambridge zu J. J. THOMSON, im März 1912 nach Manchester zu E. RUTHERFORD. Ab Herbst 1912 war B. Assistent, ab 1913 Doz. an der Univ. Kopenhagen. Nach einem 2. Aufenthalt in Manchester (1914 Dozentur an der dortigen Univ.) wurde B. 1916 Prof. in Kopenhagen. 1920 richtete man für ihn einen Lehrstuhl für theoretische Physik ein, ein Jahr darauf ein neues Institut am Kopenhagener Blagdamsvej, das unter seiner Leitung sehr bald zum »Mekka für die Atomforscher aller Länder« wurde. Im Sommer 1922 hielt er in Göttingen Vorträge über moderne Physik, die unter der Bezeichnung »BOHR-Festspiele« in die Wissenschaftsgeschichte eingegangen sind. Wenige Monate später erhielt B. den Nobelpreis für Physik. Nach der Besetzung Dänemarks durch die deutsche Wehrmacht (Frühjahr 1940) blieb B. zunächst im Lande. Im September 1943 erhielt er von der dän. Widerstandsbewegung die Nachricht, daß seine Verschleppung nach Deutschland geplant sei. B. entzog sich dem Zugriff der Gestapo durch die Flucht nach Schweden. Über England kam er in die USA, wo er in Los Alamos als Berater an der Entwicklung der amerik. Atombombe mitwirkte. 1945 kehrte B. an seine Wirkungsstätte in Kopenhagen zurück. 1955 war er Gründer und seitdem Dir. der Dän. Atomenergie-Kommission. B. war Mitgl. vieler Gesellschaften und Akademien und hatte 17 Ehrendoktorate. Bei seinem letzten Besuch 1961 in der UdSSR verlieh ihm die Lomonossow-Univ. Moskau die Würde eines Ehren-Prof.

Während seines Aufenthaltes bei RUTHERFORD griff B. dessen Vorstellungen vom Atombau auf. Viele experimentelle und theoretische Ergebnisse bestärkten ihn in der Überzeugung, daß das PLANCKsche Wirkungsquantum der Schlüssel zum Verständnis atomphysikalischer Erscheinungen ist. Zu dieser Vermutung wurde B. auch durch Berichte vom 1. Solvay-Kongreß angeregt, der Ende Oktober 1911 in Brüssel zum Thema »Strahlungstheorie und Quanten« stattgefunden hatte. 1913 legte B. seine berühmte Arbeit »On the constitution of atoms and molecules« vor, in der er Hypothesen für ein Atommodell formulierte (BOHRsche Postulate), die mit Vorstellungen der klassischen Physik brachen. Mit diesen Ansätzen konnte B. ein befriedigendes Modell des Wasserstoffatoms schaffen. Es gelang ihm, die BALMER-Serie und die RYDBERG-Konstante zu berechnen. Wichtige Argumente für die Richtigkeit der BOHRschen Vorstellungen erbrachten zudem die Untersuchungen der charakteristischen Röntgenstrahlung durch H. MOSELEY 1913 und die Elektronenstoßversuche von J. FRANCK und G. HERTZ 1914. Anfangs nahm B. nur Kreisbahnen des Elektrons im Atom an (BOHRsche Bahnen), die er mit einer Quantenzahl beschrieb; bald jedoch wurden, weitere Quantenzahlbedingungen berücksichtigend, kompliziertere Bahnen betrachtet. Als Hilfe für die Ermittlung solcher Bedingungen formulierte B. das Korrespondenzprinzip. Zum Ausbau der von B. begründeten älteren Quantentheorie trug wesentlich A. SOMMERFELD bei. Trotz Verallgemeinerung versagte B.s Theorie bei Atomen mit mehreren Elektronen. Erst durch die moderne Quantentheorie wurde die Grundlage geschaffen, die Elektronenschale jedes Atoms vollständig zu verstehen. Die moderne Quantenphysik W. HEISENBERGS und E. SCHRÖDINGERS stellte die Physiker jedoch vor erhebliche interpretatorische Schwierigkeiten. B. gelang dabei ein entscheidender Fortschritt mit seiner »Kopenhagener Deutung« der Quantentheorie. Er begründete sie mit der 1927 von HEISENBERG formulierten Unschärferelation und seinem Komplementaritätsprinzip. Damit schuf B. eine wichtige Voraussetzung zum Verständnis des Welle-Teilchen-Dualismus von Mikroobjekten. Eine Reihe erkenntnistheoretischer Probleme, die in diesem Zusammenhang aufgeworfen wurden, z. B. nach der Rolle der Meßgeräte und des Beobachters in der Mikrophysik und nach der Bedeutung statistischer Gesetze, sind bis heute in der Diskussion geblieben. Seit 1930 beschäftigte sich B. wieder mehr mit Problemen der Kernphysik. 1936 entwikkelte er die Zwischenkern-Hypothese. 1939 gab er, gemeinsam mit J. A. WHEELER, eine Theorie der Kernspaltung an.

B.s physikalische Arbeit war immer stark philosophisch geprägt. Gegenüber W. PAULI äußerte er einmal, sein Interesse an der Physik sei nicht so sehr das eines Mathematikers als das eines Handwerkers und eines Philosophen.

B. führte ein glückliches Familienleben. Er hatte sechs Söhne, darunter den späteren Nobelpreisträger für Physik (1975) AAGE B. Sein Haus stand vielen Gästen offen und war Zentrum eines regen wissenschaftlichen und kulturellen Lebens. Er half vielen seiner Fachkollegen, die nach 1933 Deutschland verlassen mußten. Nach seiner im Jahre 1945 erfolgten Rückkehr nach Kopenhagen kämpfte B. leidenschaftlich gegen die atomare Aufrüstung in der Welt. In einem offenen Brief an die UNO erhob er 1950 seine Stimme für Frieden und Abrüstung. Ge

Literatur: Bohr, N. H. D.: On the constitution of atoms and molecules, in: Philosophical Magazine 26 (1913), 1–25, 476–502, 857–875, dtsch in: Quantentheorie. Einführung und Originaltexte (Hrsg. ter Haar, D., Berlin, Oxford, Braunschweig 1969), Der Bau der Atome und die physikalischen und chemischen Eigenschaften der Elemente, in: Z. Phys. 9 (1922), 1–67, Atomtheorie und Naturbeschreibung (Berlin 1931), Atomphysik und menschliche Erkenntnis, 2 Bde. (Braunschweig 1964–1966).

Franck, J.: Niels Bohrs Persönlichkeit, in: Naturwiss. 50 (1963), 341–343; Pauli, W.: Niels Bohr zum 60. Geburtstag, in: Pauli, W., Aufsätze und Vorträge über Physik und Erkenntnistheorie (Braunschweig 1961); Rozental, S. (Hrsg.): Niels Bohr. His life and work as seen by his friends and colleagues; Tamm, I. J.: Niels Bohr und die moderne Physik. Zum Andenken an den großen Gelehrten, in: Wissenschaft und Fortschritt 13 (1963), 498–502.

Bois-Reymond, → du Bois-Reymond.

Bollstädt, Graf von, → Albertus Magnus.

Boltzmann, Ludwig, Physiker, geb. 20.4.1844 Wien, gest. 5.9.1906 Duino bei Triest (Trieste).

B. gilt als einer der Begründer der klassischen statistischen Physik; seine bedeutendsten Arbeiten gehören in das Gebiet der kinetischen Gastheorie, der Thermodynamik und der Strahlungstheorie.

B., Sohn eines Staatsbeamten, besuchte in Linz die Mittelschule und studierte anschließend Physik an der Wiener Univ., in Heidelberg und Berlin. In Wien gehörten zu seinen Lehrern J. PETZVAL, A. v. ETTINGHAUSEN und vor allem J. STEFAN. 1866 schloß B. an der Wiener Univ. sein Studium ab, erwarb den Doktorgrad und habilitierte sich hier 1867. Zwei Jahre lang wirkte er als Assistent STEFANS.

Bereits während seiner Studienzeit veröffentlichte er seine ersten Arbeiten. Sie zeugten von seinem außerordentlichen Talent und trugen dazu bei, daß er mit 25 Jahren zum o. Prof. der mathematischen Physik an der Univ. Graz ernannt wurde. Hier wirkte er bis 1873, übernahm anschließend den Lehrstuhl für Mathematik in Wien, wechselte aber schon 3 Jahre später wieder nach Graz, diesmal an den Lehrstuhl für experimentelle Physik. Gleichzeitig wurde er Dir. des physikalischen Instituts. In die Zeit des zweiten Grazer Aufenthalts (1876–1889) fallen B.s bedeutendste wissenschaftliche Arbeiten. Er wurde weltbekannt und zog mehrere junge, talentierte Studenten, z. B. W. Nernst, nach Graz. B.s überwiegendes Interesse für die theoretische Physik führte ihn 1889 an den Lehrstuhl für theoretische Physik der Univ. München. Nach dem Tode Stefans 1894 wurde B. dessen Nachfolger in Wien. Mit Ausnahme einer kurzen Lehrtätigkeit in Leipzig (1900–1902) wirkte er in Wien, bis er 1906 seinem Leben selbst ein Ende setzte. Außer über Physik hielt er in Wien ab 1903 nach dem Ausscheiden von E. Mach auch Vorträge über die Methodologie und allgemeine Theorie der Naturwissenschaften.

Zu den frühen Arbeiten von B. gehört der wichtige Artikel »Über die mechanische Bedeutung des zweiten Hauptsatzes der Wärmetheorie« (1866). Darin wird das Problem formuliert, zu dem B. immer wieder zurückkehrte: eine rein analytische, allgemeine Auslegung des zweiten Hauptsatzes der Wärmelehre zu geben und ein ihm entsprechendes mechanisches Prinzip zu finden. Trotz aller Bemühungen zeigte es sich, daß mechanische Prinzipien für die Interpretation des zweiten Hauptsatzes der Thermodynamik nicht ausreichen. Einen neuen Zugang fand B. erst im Ergebnis seiner Arbeiten über Gleichgewichtsverteilungen idealer Gase. In dem Artikel »Studien über das Gleichgewicht der lebendigen Kraft zwischen bewegten materiellen Punkten« (1868) verallgemeinerte er J. C. Maxwells Ableitung der Geschwindigkeitsverteilung von Molekülen idealer Gase und erweiterte sie für den Fall von Gasen, die sich in einem Kraftfeld mit koordinatenabhängiger potentieller Energie befinden. Als Ergebnis fand er die Maxwell-Boltzmann-Verteilung. 1871 verallgemeinerte er die Lösung auf den Fall mehratomiger Moleküle, zwischen denen Zentralkräfte wirken. 1872 versuchte B. eine allgemeine Lösung für die zeitliche Entwicklung eines Gasmolekülsystems zu finden, das sich nicht im Gleichgewichtszustand befindet, und leitete die Integro-Differential-Gleichung (Boltzmannsche kinetische Transportgleichung) für die zeitliche Änderung der Verteilungsdichte $f(\mathbf{x}, \mathbf{v}, t)$ der Gasmoleküle ab, in der $\mathbf{x}$ den Orts- und $\mathbf{v}$ den Geschwindigkeitsvektor, t die Zeit bezeichnet. Nachfolgend befaßte sich B. mit der Ausarbeitung von Näherungslösungen dieser Gleichung.

B. hatte gezeigt, daß dem stationären Zustand gerade die Maxwellsche Verteilung entspricht. Um die zeitliche Entwicklung einer ganz beliebigen Anfangsverteilung von Gasmolekülen zu finden, führte er die Funktion E (spätere Bezeichnung H) ein, die gleich dem mittleren Logarithmus der Verteilungsdichte $f(\mathbf{x}, \mathbf{v}, t)$ ist. Er bewies, daß E als Funktion der Zeit niemals anwachsen kann, sofern $f(\mathbf{x}, \mathbf{v}, t)$ der Transportgleichung genügt, und daß $f(\mathbf{x}, \mathbf{v}, t)$ mit t asymptotisch der Maxwellschen Verteilung zustrebt (H-Theorem). B. interpretierte E (mit umgekehrtem Vorzeichen) als Analogon zur Entropie und konnte somit die thermodynamische Definition der Entropie auf sich nicht im Gleichgewichtszustand befindende Systeme erweitern.

Über das H-Theorem entwickelten sich intensive Kontroversen. Dabei wurde auf den Widerspruch zwischen der monotonen Änderung der Größe H einerseits und der absoluten Reversibilität in der Mechanik (J. Loschmidt) und den allgemeinen mechanischen Prinzipien (Poincaré-Zermelo-Theorem) andererseits hingewiesen. Das Studium der Voraussetzungen für das H-Theorem führte B. zur Erkenntnis

N. H. D. Bohr

L. Boltzmann

des statistischen Charakters des zweiten Hauptsatzes der Thermodynamik: Der Anstieg der Entropie ist lediglich die wahrscheinlichste Entropieänderung unter den gegebenen Anfangsbedingungen, d. h., im Rahmen statistischer Fluktuationen ist auch ein Absinken der Entropie möglich. Diese Hypothese stellte B. den Betrachtungen über die kosmologischen Folgen des zweiten Hauptsatzes der Thermodynamik entgegen und zeigte, daß sich die Betrachtungen über den Wärmetod des Weltalls auf eine unbegründete Extrapolation von Schlußfolgerungen stützen, die aufgrund unserer Erfahrungen nur für einen begrenzten Teil des Weltalls deduziert worden sind.

Die Diskussion über das H-Theorem trug zur Auffindung eines neuen, auf die Wahrscheinlichkeitstheorie gegründeten Zugangs zur Untersuchung von Systemen im thermodynamischen Gleichgewicht bei, d. h. zur Entfaltung eines Gebietes, das von J. W. Gibbs später statistische Mechanik genannt wurde. Mit der neuen Methode gelang die Ableitung einer Beziehung zwischen der thermodynamischen Wahrscheinlichkeit W eines gegebenen Zustandes und der Entropie S, die später von M. Planck in die Gestalt $S = k \ln W$ umgeschrieben wurde, wobei k die Boltzmann-Konstante ist. Die Betrachtungen stützten sich auf die Voraussetzung der Gleichberechtigung sämtlicher Mikrozustände des gegebenen Systems. Das führte Maxwell und B. zur Ergodenhypothese, d. h. zu der Behauptung, daß das gegebene Makrosystem sukzessiv alle Mikrozustände durchläuft. Die Frage nach der Existenz ergodischer Systeme hat sowohl die Mathematiker als auch die Physiker lange beschäftigt.

Eine weitere umfangreiche Gruppe von B.s Arbeiten bilden Studien zur elektromagnetischen Theorie Maxwells. B. hatte beträchtlichen Anteil an der Durchsetzung dieser Theorie. Während seines Aufenthaltes in Berlin und Graz führte er experimentelle Untersuchungen an Dielektrika durch. Er bestätigte für Isolatoren und Gase die von Maxwell vorausgesagte Beziehung zwischen dem Brechungsindex n eines Stoffes, seiner relativen Dielektrizitätskonstanten ε_r und seiner relativen elektromagnetischen Permeabilität μ_r $(n = \sqrt{\varepsilon_r \mu_r})$. Er führte auch Experimente zu Magnetostriktion, Elektrostriktion und thermoelektrischen Phänomenen durch.

1883 lieferte B. eine theoretische Ableitung der von Stefan empirisch gefundenen Abhängigkeit der Energie der Wärmestrahlung eines Körpers von der 4. Potenz seiner absoluten Temperatur.

B. verteidigte hartnäckig die atomistische (molekularkinetische) Materietheorie gegen die Angriffe von seiten der phänomenologischen Richtung in der Physik (Mach) und des Energetismus (G. Helm, W. Ostwald). Es scheint, daß die aufreibenden Diskussionen zwischen den Atomisten und Energetikern in der Physik an der Wende des 19. zum 20. Jh. eine der Ursachen von B.s Depressionen waren und so zu seinem Freitod beigetragen haben. Te, Fk

Literatur: Boltzmann, L.: Vorlesungen über Gastheorie, 2 Bde. (Leipzig 1896, 1898), Vorlesungen über die Prinzipe der Mechanik, 3 Bde. (Leipzig 1897, 1904, 1920), Vorlesungen über Maxwells Theorie der Elektrizität und des Lichtes, 2 Bde. (Leipzig 1891, 1893), Populäre Schriften (Leipzig 1905), Wissenschaftliche Abhandlungen, 3 Bde. (Hrsg. Hasenöhrl, Leipzig 1909).

Broda, E.: Ludwig Boltzmann, Mensch – Physiker – Philosoph (Berlin 1957); Davydov, B.: Lûdvig Bolcman (1844–1906), in: Bolcman, L., Lekcii po teorii gazov (Moskau 1956); Schöpf, H.-G.: Von Kirchhoff bis Planck. Theorie der Wärmestrahlung in historisch-kritischer Darstellung (Berlin 1979).

Bolyai, János (Johann) von, Mathematiker, geb. 15.12.1802 Kolozsvár (Cluj), gest. 27. 1. 1860 Maros-Vásárhely bei Tîrgu-Mureş (Siebenbürgen).

Nach J. H. LAMBERT und anderen Vorläufern ist B. neben N. I. LOBATSCHEWSKI der eigentliche Begründer der nichteuklidischen Geometrie.

B. absolvierte das evangelisch-reformierte Kollegium (einem deutschen Gymnasium vergleichbar) in Maros-Vásárhely, an dem sein Vater FARKAS (WOLFGANG) v. B. ab 1804 als Prof. für Mathematik, Physik und Chemie tätig war. 1818–1823 besuchte B. die militärische Ing.-Akademie Wien, in deren Ausbildung Mathematik einen zentralen Platz einnahm. 1823–1833 leistete er Offiziersdienste in der österreich. Armee; 1833 wurde er aus gesundheitlichen Gründen im Range eines Hauptmanns vorzeitig pensioniert und verbrachte den Rest seines Lebens teils auf einem kleinen, von der Mutter ererbten Gut, teils in Maros-Vásárhely.

Der Vater, FARKAS v. B., hatte während seines Studiums in Göttingen Freundschaft mit dem zwei Jahre jüngeren C. F. GAUSS geschlossen und blieb ihm in lebenslangem Briefwechsel verbunden; beide beschäftigten sich mit Beweisversuchen für das V. Postulat (XI. Axiom), das Parallelenpostulat des EUKLID, und tauschten ihre Gedanken darüber aus. Von FARKAS v. B. stammt die Erkenntnis, daß dieses Postulat äquivalent zur Existenz eines Kreises durch je drei nicht auf einer Geraden gelegene Punkte ist. FARKAS v. B. erkannte frühzeitig die mathematische Begabung des Sohnes und hegte den Plan, ihn bei GAUSS studieren zu lassen, was jedoch an der reservierten Haltung von GAUSS scheiterte. Trotz Warnungen des Vaters begann B. sich ab 1820 mit dem Parallelenproblem zu beschäftigen und gelangte 1823 zu der revolutionären Erkenntnis, daß die Negation des V. Postulats zu einer von einem Parameter k abhängigen widerspruchsfreien nichteuklidischen Geometrie führt, die für den Grenzfall $k \to \infty$ in die euklidische Geometrie übergeht. B. legte besonderen Wert darauf, daß demzufolge auch im Fall eines nichteuklidischen physikalischen Raumes die euklidische Geometrie als Näherung ihren Sinn behält. 1825 hatte er seine Gedanken in einer lat. Abhandlung niedergelegt, die 1832 als Anhang (Appendix) zum ersten Bd. eines von seinem Vater verfaßten mathematischen Lehrb. »Tentamen« erschien, jedoch schon vorher im Separatdruck und in einer von B. selbst vorgenommenen deutschen Übersetzung in Umlauf kam. Der ausführliche Titel des Appendix lautet in der Übertragung des Autors: »Absolut wahre Raumlehre: unabhängig von der (a priori nie entschieden werdenden) Wahrheit oder Falschheit des XI. Euklidischen Axioms, mit geometrischer Quadratur des Kreises im Falle der Falschheit«. Der Appendix wurde an GAUSS gesandt in der Hoffnung, daß dieser sich öffentlich dafür einsetzen würde. GAUSS lobte zwar das Genie des jungen B. in Briefen an dessen Vater und andere, beanspruchte jedoch, seit 30 bis 35 Jahren die gleichen Gedanken gehabt und sie nur wegen des voraussehbaren Unverständnisses der Zeitgenossen nicht publiziert zu haben. Die Enttäuschung darüber hat zusammen mit einer von der

APPENDIX.

SCIENTIAM SPATII *absolute veram* exhibens:

a veritate aut falsitate Axiomatis XI *Euclidei* (*a priori haud unquam decidenda*) *independentem*: adjecta ad casum falsitatis, quadratura circuli geometrica.

Auctore JOHANNE BOLYAI de eadem, Geometrarum in Exercitu Caesareo Regio Austriaco Castrensium Capitaneo

Titelblatt des von János von Bolyai geschriebenen, 1832 erschienenen Anhanges (Appendix) zum ersten Band des von Farkas von Bolyai verfaßten thematischen Lehrbuchs »Tentamen«

Mutter ererbten psychopathischen Veranlagung zum völligen Verfall der Persönlichkeit von B. geführt. In der Sucht, auf anderen mathematischen Gebieten Ruhm zu erlangen und GAUSS zu übertreffen, beschäftigte er sich in der Folge mit Problemen, deren Unlösbarkeit entweder damals schon bekannt war oder später bekannt wurde, z. B. einer einheitlichen Formel zur Erzeugung aller Primzahlen, der Lösung von algebraischen Gleichungen beliebig hohen Grades oder der elementaren Integration aller elementaren Funktionen. 1837 beteiligte er sich (wie auch sein Vater) erfolglos an einer von der Fürstlich Jablonowskischen Gesellschaft der Wissenschaften zu Leipzig gestellten Preisaufgabe zur geometrischen Deutung der komplexen Arithmetik. Seine letzten Bestrebungen galten der Ausarbeitung einer philosophisch-sozialkritischen Allheillehre.

B. war ein ausgezeichneter Violinspieler und Fechter. Während seiner Studien- und Offiziersjahre erfreute er sich anfangs großer Beliebtheit, wurde aber zunehmend verbittert und streitsüchtig und bestand zahllose Duelle. Er starb unverheiratet, hinterließ jedoch drei Kinder aus einer außerehelichen Verbindung. Ein Bild von B. existiert nicht. Die in der neueren Literatur verbreiteten Pseudoporträts gehen auf Briefmarken mit einem Ersatzbild (vermutlich österreich. Erzherzog) zurück, die 1960 von der ungar. und rumän. Post ausgegeben wurden. Schb

Literatur: Bolyai, W., u. Bolyai, J.: Geometrische Untersuchungen, 2 Tle (Hrsg. P. Stäckel, Leipzig-Berlin 1913; enthält eine ausführliche Biographie).

Bolzano, Bernard, Mathematiker, Philosoph und Sozialethiker, geb. 5. 10. 1781 Prag, gest. 18. 12. 1848 Prag.

B. war einer der originellen Denker, die sich in der ersten Hälfte des 19. Jh. mit den Grundlagen der Mathematik (vor allem der Analysis), der Mengentheorie und mit mathematischer Logik zu beschäftigen begannen. Der Hauptteil seiner Arbeit war jedoch dem Studium der Theologie und Philosophie und dem Streben um Besserung der Gesellschaft gewidmet, die ihn zu sozial-utopischen Ansichten führten.

B.s Vater stammte aus Norditalien; 1776 ließ er sich in Prag nieder und gründete ein Kunsthandelsgeschäft. B.s Mutter entstammte einer Prager Kaufmannsfamilie. Von 12 Kindern erreichten nur B. und ein Bruder das Erwachsenenalter. Seit seiner Jugend litt B. an Tuberkulose, die eine strenge Lebensweise erforderte. B. besuchte in Prag ein Gymnasium; seit 1796 studierte er an der philosophischen Fakultät der Prager Univ. Durch intensives Selbststudium gewann er weitreichende Bildung. Schon in der Jugend setzte er sich als höchstes Sittengesetz, der Menschheit zu dienen. Die Entscheidung, Theologie zu studieren und Priester zu werden oder sich der Wissenschaft, speziell der Mathematik, zu widmen, zu der er mit seiner Begabung zum klaren und abstrakten Denken neigte, fiel ihm nicht leicht. Der entscheidende Wendepunkt trat 1804 ein, als er sich in Prag sowohl um den Lehrstuhl für Elementarmathematik als auch um den Lehrstuhl der Religionswissenschaft bewarb; er wurde auf den letzteren berufen und war dort von 1805 bis Anfang 1820 tätig. Seine Vorlesungen und Predigten enthielten eine ganze Reihe tief humanistischer und sozialer Ideen über die künftige Umgestaltung der Gesellschaft und die Einführung sozialer Gerechtigkeit. Für diese Ansichten wurde B. mit Abberufung von der Professur bestraft. Seit 1820 lebte er zurückgezogen. Ruhe und Fürsorge seiner Freunde wirkten heilbringend auf die Überwindung der Gesundheitskrisen und haben ihm ermöglicht, ein umfassendes Werk zu schaffen, dessen wesentliche Teile aber Manuskript geblieben, einige davon sogar unvollendet geblieben sind.

Unter dem Einfluß der Aufklärungsideen betonte B. die Bedeutung der Wissenschaft für die Entwicklung der Gesellschaft. Weil ihn die damaligen Darlegungen der Wissenschaft nicht befriedigten, versuchte er ein System des Aufbaues wissenschaftlicher Theorien herauszubilden, indem er die begrifflichen Grundlagen der Wissenschaft und die Logik der Ableitung von Sätzen betonte. Diese Aufgabe sollte das vierbändige, 1837 erschienene Werk »Wissenschaftslehre« erfüllen. Er arbeitete an ihm vor allem in den 20er Jahren. B. erweist sich hier als einer der Begründer der mathematischen Logik. Er führte zahlreiche Begriffe ein, z. B. Aussage, Implikation, Aussagefunktion und logische Veränderliche. Sein System ist nicht nur deduktiv, B. legte auch die Grundlagen der induktiven Logik in moderner Auffassung. Diese Teile der »Wissenschaftslehre« sind eng mit B.s Bestrebungen in der Mathematik verbunden. Wie er selbst erklärte, interessierten ihn in der Mathematik vor allem die allgemeinen (philosophischen) Grundfragen. Die Mathematik war für ihn das Fach, in dem man am besten die »richtige« Darlegung realisieren kann. Er hatte hier auch die umfassendsten Erfahrungen, obwohl er – mit wesentlich geringerem Erfolg – auch die Grundlagen einiger weiterer Fächer zu studieren versuchte, z. B. Mechanik, aber auch Biologie und Ästhetik.

Seine wissenschaftliche Arbeit in der Mathematik verteilt sich auf zwei Zeitabschnitte. Vor 1820 publizierte er einige sich mit eng umgrenzten Problemen befassende Aufsätze, in denen er seine anspruchsvolle Auffassung des logisch präzisen Aufbaus von mathematischen Theorien überprüfen wollte. Nach 1820 arbeitete er an einem weitreichenden, später »Größenlehre« genannten Werk, das die ganze damalige Mathematik umfassen sollte. Es blieb aber im Manuskript unvollendet; davon wurden kurz nach seinem Tode nur die »Paradoxien des Unendlichen« (1851) publiziert.

In den Grundlagen der mathematischen Analysis rang er sich zu präzisen Definitionen des Grenzwertes, der Ableitung und der Stetigkeit einer Funktion durch, im wesentlichen in der Form, wie sie aus der von A. L. Cauchy ausgegangenen Tradition bekannt war. Schon 1817 gab er ein notwendiges und hinreichendes Konvergenzkriterium für Folgen (das Bolzano-Cauchysche Konvergenzprinzip) an. Einer der Höhepunkte seiner Arbeit ist die moderne Auffassung der Funktion und die mit dieser Auffassung zusammenhängende Konstruktion einer in einem ganzen Intervall stetigen, aber dort nirgends differenzierbaren Funktion. Das Studium der Grundlagen der Analysis brachte ihn wahrscheinlich auch zu einem Versuch, eine präzise Theorie der reellen Zahlen aufzubauen. Im gewissen Zusammenhang mit diesen Betrachtungen studierte B. in den 40er Jahren einige in die Mengentheorie gehörende Probleme. Als Grundaufgabe versuchte er, den Begriff des »Unendlichen« zu analysieren. Außer dem intuitiven Mengenbegriff findet man hier auch die Einführung der Gleichmächtigkeit von Mengen, die Vorwegnahme des Begriffes Kontinuum u. a. Diese in der Arbeit »Paradoxien des Unendlichen« publizierten Ergebnisse hat G. Cantor später gewürdigt.

In der Geometrie unterzog B. schon in der Jugend die traditionelle Euklidische Darlegung der Elementargeometrie der Kritik und strebte nach präziser Einführung einiger Grundbegriffe, z. B. Linie und Ebene. Als Ausgangspunkt dient ihm ein Punktepaar. In seinen Arbeiten kann man zahlreiche in der weiteren Entwicklung der Geometrie verwirklichte Andeutungen finden, z. B. Ansätze des topologischen Verständnisses für geometrische Vorstellungen.

Die in der Wissenschaftslehre enthaltenen philosophischen Vorstellungen B.s durchdringen auch seine Darlegung der Mathematik. Positiv wirkte sicherlich die Überzeugung von der Möglichkeit eines präzisen logischen Aufbaues, sein ständiges Streben nach der Präzisierung der Begriffe und die Revision der logischen Struktur einer Theorie. Andererseits verstand B. den Aufbau der Theorien als objektiv gegeben. Diese dem objektiven Idealismus sich nähernde und für B. in den Begriffen »Satz an Sich« und »Wahrheit an Sich« gegebene Auffassung zeigt aber auch die Grenzen von B. In der Geometrie z. B. wurde diese Auffassung so ausgedrückt, daß die Euklidische Geometrie für B. objektiv gegeben ist. B. versuchte sogar zu beweisen, daß der Raum notwendig dreidimensional sein muß.

Widersprüche finden sich in B.s sozialem Werk und in seiner gesellschaftlichen Wirkung. Seine Ansichten über die künftige Ordnung der menschlichen Gesellschaft faßte er im Werk »Von dem besten Staate« zusammen (publiziert 1930). Es beinhaltet eine Sozialutopie einer künftigen gerechten Gesellschaft. Allerdings gab er außer der Erziehung zum Guten keine Wege zur Realisierung seiner Utopie an. Im Einklang mit diesem Standpunkt lehnte er auch die Bestrebungen der revolutionären Kräfte von 1848 ab.

B. gehört zu den größten Denkern der ersten Hälfte des 19. Jh. Er schuf vor allem in der Logik und Mathematik ein Werk von bleibender Bedeutung. Ny

Literatur: Bolzano, B.: Gesamtausgabe (Bad Cannstatt 1969).

Folta, J.: Zivot a vedecké snahy Bernarda Bolzana, in: Vojtech Jarnik, Bolzano a základy matematické analýzy (Prag 1981); Lubos Nový, L., u. Folta, J.: Bolzano's Early Mathematical Achievements and Problems of His Historical Appreciation, in: B. Bolzano, Early Mathematical Works XXXII (Prag 1980).

Bonhoeffer, Karl Friedrich, Physikochemiker, geb. 13. 1. 1899 Breslau (Wrocław), gest. 15. 5. 1957 Göttingen.

B.s umfangreiches Arbeitsgebiet umfaßte Untersuchungen photochemischer Vorgänge, die Entdeckung des Parawasserstoffs sowie Studien zur Kinetik von Elektrodenprozessen und von Reaktionsabläufen in lebenden Nerven.

B. war der älteste Sohn des späteren Prof. für Neurologie und Psychiatrie an der Univ. Berlin Karl B. Er studierte 1917–1922 an der Univ. Berlin, wo er 1922 bei W. Nernst mit einer Arbeit über photochemische Sensibilisierungen und das Einsteinsche Äquivalentgesetz promovierte. 1922–1930 arbeitete er als wissenschaftlicher Assistent am damaligen Kaiser-Wilhelm-Institut für physikalische Chemie und Elektrochemie in Berlin-Dahlem. Nach der Habilitation bei F. HABER wurde B. Privatdoz., 1929 ao. Prof. in Berlin, 1930 o. Prof. für physikalische Chemie an der Univ. Frankfurt am Main und Nachfolger von R. LORENZ. 1934 erfolgte die Berufung zum Ordinarius für physikalische Chemie und zum Dir. des Physikalisch-chemischen Instituts der Univ. Leipzig. B. erhielt damit jenen Lehrstuhl, den vor ihm 1887–1906 W. OSTWALD und 1906–1933 M. LE BLANC innehatten. In Leipzig erlebte er die Zerstörung des Physikalisch-chemischen Instituts während eines Luftangriffs am 4. Dezember 1943. Nach dem Ende des zweiten Weltkrieges beteiligte sich B. aktiv am Neuaufbau und an der Neuorganisation des Studiums und des Forschungsbetriebes in Leipzig. Hier wurde ihm im November 1945 das Amt des Dekans der mathematisch-naturwissenschaftlichen Abteilung der Philosophischen Fakultät übertragen. Ab 1947 übernahm er die Leitung des Instituts für physikalische Chemie in Berlin und bald danach auch die Leitung des ehemaligen Kaiser-Wilhelm-Instituts für physikalische Chemie und Elektrochemie in Berlin-Dahlem. Von 1949 bis 1957 war er Dir. des 1949 in Göttingen neugegründeten Max-Planck-Instituts für physikalische Chemie.

B.s wissenschaftliches Werk galt bis etwa 1937 Problemen der physikalischen Chemie der Elementarvorgänge. 1928 gelang ihm eine quantenmechanische Deutung der Prädissoziation. 1929 entdeckte B. gemeinsam mit P. HARTECK den Parawasserstoff. Mit seinen Studien zur Parawasserstoffumwandlung schuf er eine wesentliche Basis zum Verständnis des Ablaufs der heterogenen Katalyse. Nach der Entdeckung des Deuteriums durch H. C. UREY beschäftigte sich B. mit Arbeiten zum Deuteriumaustausch und zum Ablauf chemischer Reaktionen in deuteriummarkierten Verbindungen. Mit dem Nachweis freier OH-Radikale in der Knallgasflamme konnte er wesentliche Voraussetzungen für die Entwicklung der modernen Flammen- und Explosionstheorie schaffen. In eine zweite Phase von B.s Forschertätigkeit, die etwa 1941 begann, gehören die Erarbeitung eines rationalen Modells des lebenden Nervs und seine Arbeiten zur Kinetik der Elektrodenprozesse. Letztere gaben der Elektrochemie, die von der thermodynamischen Basis her einen gewissen Abschluß erreicht hatte, eine neue Zielstellung und verhalfen ihr damit zu einem weiteren Aufschwung. Außerdem beschäftigte sich B. mit der Passivität und der Korrosion an Metallen, mit Ionenaustauschern und mit Arbeiten über Membranen.

Die Familie B. hatte besonders schwer unter dem nationalsozialistischen Regime zu leiden. Kurz vor Kriegsende sind zwei der Brüder B.s, DIETRICH B. (9.4.1945) und KLAUS B., und die Ehemänner zweier Schwestern, F. SCHLEICHER (22.4.1945) und H. v. DOHNANYI (April 1945), wegen ihrer Beteiligung am Widerstand und ihrer Verbindungen zur Aktion des 20. Juli 1944 hingerichtet bzw. im KZ ermordet worden. Re

Literatur: Bonhoeffer, K. F.: Über physikalisch-chemische Modelle von Lebensvorgängen. DAdW zu Berlin, Vorträge und Schriften (Berlin 1948), (mit P. Harteck): Grundlagen der Photochemie (Dresden u. Leipzig 1933).

Schwab, G.-M.: Karl Friedrich Bonhoeffer, in: Z. Elektrochemie 62 (1958), 221–224.

Bonnet, Charles, Naturforscher, geb. 13.3.1720 Genf, gest. 20.6.1793 Gut Genthod (Genfer See).

Durch umfangreiche experimentelle und mikroskopische Studien, besonders durch die Entdeckung der Parthenogenese bei Blattläusen, stützte B. die Präformationstheorie und wurde durch seine späteren philosophischen Arbeiten zum maßgeblichen Vertreter des Stufenleitersystems der Organismen.

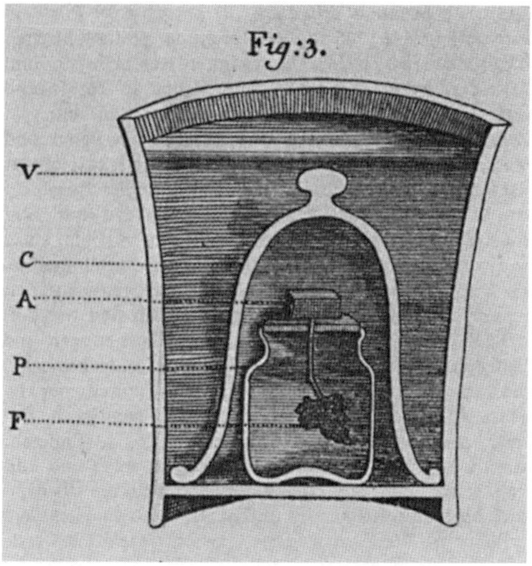

Abbildung aus »Recherches sur l'usage des Feuilles dans les plantes« von Charles Bonnet, Leiden 1754 (Untersuchungen über den Gebrauch der Blätter im Pflanzenreich, Ulm 1803)

Nach einem Jurastudium in seiner Heimatstadt erwarb B., Sohn einer wohlhabenden Genfer Patrizierfamilie, 1743 den Doktorgrad, wandte sich aber unter dem Einfluß naturwissenschaftlicher Schriften (R.-A. RÉAUMUR, J. SWAMMERDAM) und biologisch-philosophischer Streitfragen als Privatgelehrter experimentellen und mikroskopischen Studien zu. Schon seine ersten Untersuchungen und Beobachtungen an Insekten, in zwei Bänden 1745 in Paris veröffentlicht, verschafften ihm wissenschaftliche Anerkennung und bewirkten seine Wahl zum korrespondierenden Mitgl. der Pariser Ak. d. Wiss. Ein schweres Augenleiden hinderte ihn seit 1750 an der Fortsetzung mikroskopischer Studien. Fast erblindet wandte sich B. mehr und mehr theoretischen und philosophischen Fragen zu, baute seine Vorstellungen über das Verhältnis von Körper und Seele als Grundlage physiologischer Prozesse sowie über die Stufenleiteridee nach G. W. LEIBNIZ weiter aus und gewann damit großen Einfluß auf die zeitgenössische Naturanschauung.

Die Entwicklung der Mikroskopie am Ende des 17. Jh. sowie die Entdeckung der Spermatozoen durch A. VAN LEEUWENHOEK und der Insekteneier durch F. REDI hatten das Interesse an der Individualentwicklung von Pflanzen und Tieren geweckt und – z. B. durch die Forschungen von M. MALPIGHI und SWAMMERDAM – eine Fülle neuer Erkenntnisse, besonders über die Insektenentwicklung gebracht. Das in dieser Hinsicht umfangreichste und eindrucksvollste Werk, SWAMMERDAMS »Biblia naturae«, wurde erst postum von H. BOERHAAVE 1737/38 herausgegeben und regte B. zu eigenen mikroskopischen Insektenstudien an. Schon in seiner ersten Arbeit berichtet er über die parthenogenetische Fortpflanzung der Blattläuse, die ohne männlichen Samen Nachkommen erzeugen können, was für die zeitgenössische Problemdiskussion von großer theoretischer Bedeutung war. Die im 17. Jh. aus embryologischen Befunden abgeleitete Präformationstheorie befand sich zu B.s Zeit noch auf dem Höhepunkt des Interesses und wurde von unterschiedlichen Auffassungen geprägt. Während einige ihrer Verfechter den vorgebildeten Keim im Sperma vermuteten (BOERHAAVE, LEEUWENHOEK, LEIBNIZ), glaubten andere, daß allein das Ei diese Funktion erfülle und dem Sperma nur eine stimulierende Rolle zukomme (MAL-

PIGHI, SWAMMERDAM, A. v. HALLER, RÉAUMUR). B.s Entdeckung schien die letztere Ansicht zu stützen und wurde deshalb weithin beachtet, vor allem von HALLER und von RÉAUMUR, dessen umfangreiche Insektenstudien (1737–1742) offenbar B.s experimentelle Arbeiten ausgelöst hatten, da RÉAUMUR bei der Prüfung von SWAMMERDAMS Beobachtungen auch auf Widersprüche gestoßen war. B. griff die Fragestellung RÉAUMURS auf, wie sich die Präformation mit den Regenerationsprozessen vereinbaren lasse. Er stellte deshalb vielfältige Regenerationsversuche mit den unterschiedlichsten Tieren an, unter anderem mit dem erst 1744 entdeckten Süßwasserpolypen Hydra; dessen Fähigkeit, aus Einzelteilen ganze Tiere zu regenerieren, erklärte B. mit der Existenz von »Anlagen« für jeden Teil und einer selbständigen »Seele« für jede Anlage. In seinem »Essai de psychologie« (1754) baute er diese Vorstellungen aus und erläuterte eingehend, wie psychische Vorgänge durch physiologische Prozesse in Nervenfasern verursacht werden (»Fibernpsychologie«), wobei der Einfluß von HALLERS Physiologie unverkennbar ist; die physiologischen Vorgänge insgesamt aber betrachtete B. als Ausdruck einer unsterblichen Seele. Anklänge an die »Fibernpsychologie« finden sich später auch in der Evolutionstheorie J. B. LAMARCKS wieder.

Während die präformationstheoretischen Vorstellungen schon ab 1759 durch C. F. WOLFF widerlegt wurden, was B. ignorierte, gewann die von ihm detailliert auf die Organismenwelt angewandte Idee der Scala naturae (Stufenleiter der Natur), die LEIBNIZ philosophisch begründet hatte, langdauernden Einfluß auf die Biologen des 18. und 19. Jh. und wurde für viele, besonders für Gegner C. v. LINNÉS, zur

IDÉE D'UNE ÉCHELLE	DES ETRES NATURELS
L'HOMME	PLANTES
Orang-Outang	Lychens
Singe	Moisissures
QUADRUPEDES	Champignons, Agarics
Écureuil volant	Truffes
Chauvesouris	Coraux und Coralloides
Autruche	Lithophytes
OISEAUX	Amianthe
Oiseaux aquatiques	Tales, Gyps, Sélénires
Oiseaux amphibies	Ardoises
Poissons volans	PIERRES
POISSONS	Pierres figurées
Poissons rampans	Crystallisations
Anguilles	SELS
Serpens d'eau	Vitriols
SERPENS	METAUX
Limaces	DEMI-METAUX
Limaçons	SOUFRES
COQUILLAGES	Bitumes
Vers à tuyau	TERRES
Teignes	Terre pure
INSECTES	EAU
Gallinsectes	AIR
Taenia, ou Solitaire	FEU
Polypes	Matieres plus subtiles
Orties de Mer	
Sensitive	

Idee der Scala naturae (Stufenleiter der Natur)

K. F. Bonhoeffer

Ch. Bonnet

Grundlage eines »natürlichen Systems«, z. B. auch für LAMARCK. Aus der bei B. noch streng linear gedachten Stufenfolge der Organismen entstanden bereits gegen Ende des 18. Jh. verzweigte Stufenleitern und schließlich Vorstellungen über die sukzessive Entwicklung der höheren Glieder aus niederen im Verlauf der Erdgeschichte (LAMARCK). B. selbst entwickelte jedoch keine Gedanken über eine historische Abfolge der einzelnen Stufen, sondern blieb dem Konstanzgedanken, der auf dem mosaischen Schöpfungsglauben basierte, verhaftet. Danach war die Weltordnung und mithin auch die Ordnung der Organismen auf der Skala naturae statisch und seit Schöpfungsbeginn gleichbleibend. Ja

Literatur: Bonnet, Ch.: Traité d'insectologie, 2 Bde. (Paris 1745), dtsch Abhandlung über Insektenkunde (Lemgo 1773), Recherches sur l'usage des Feuilles dans les plantes (Leiden 1754), dtsch Untersuchungen über den Gebrauch der Blätter im Pflanzenreich (Ulm 1803), Essai de psychologie (Leiden 1754), dtsch Abhandlung über die Psychologie (Leipzig 1773), Considération sur les corps organisès (Genf 1762), dtsch Betrachtungen über die organisierten Körper (Lemgo 1773), Contemplation de la nature, 2 Bde. (Amsterdam 1764/65), dtsch Betrachtung über die Natur (Leipzig 1766), Œuvres d'histoire naturelle et des philosophique, 11 Bde. (Neuchâtel 1779–1788).

Anderson, L.: Charles Bonnet and the order of the known (Dordrecht/Boston/London 1982); Mazzolini, R. u. Roe, Sh. A.: Science against the unbelievers: The correspondence of Bonnet and Needham, 1760–1780 (Oxford 1986); Trembley. A,: Mémoire pour servir à l'histoire de la vie et des ouvrages de Bonnet (Bern 1794, dtsch Halle 1795).

Boole, George, Mathematiker, Logiker und Philosoph, geb. 2. 11. 1815 Lincoln (Lincolnshire), gest. 8. 12. 1864 Ballintemple bei Cork (Irland).

B. gilt als Begründer der algebraischen Logik, d. h. der zweiten Entwicklungsstufe der mathematischen Logik.

B., Sohn eines Schuhmachers, konnte nur wenige Jahre die Schule und kurze Zeit eine Handelsschule besuchen. Er war deshalb bemüht, seine Bildung durch eigene Studien zu verbessern, und erlernte mit einem Freund, dem Buchhändler W. BROOKE, Latein und autodidaktisch Griechisch, Französisch und Deutsch. Mit 14 Jahren veröffentlichte er bereits die Versübersetzung »Ode an den Frühling« von MELEAGER. Mit 16 Jahren wurde er Hilfslehrer an einer Privatschule in Doncaster (Grafschaft York). Seine Neigungen galten jedoch der Mathematik und Optik, und mit 17 Jahren begann er sich systematisch mit Mathematik zu beschäftigen (unterstützt durch seinen Vater und seinen Freund G. S. DICKSON). Ab 1833 war B. als Hauptlehrer einer Schule in Waddington tätig. 1840 gründete er in Lincoln eine eigene Schule. Seine wissenschaftlichen Interessen erstreckten sich zu jener Zeit auf die Gebiete Mathematik, Logik, die »Ethik« von B. SPINOZA, die Philosophie des ARISTOTELES und die Werke M. T. CICEROS. Gleichzeitig studierte er die »Philosophiae naturalis principia mathematica« von I. NEWTON und die »Mécanique analytique« von J. L. LAGRANGE. An der »Mechanik« beeindruckte ihn besonders die Art und Weise der Rückführung physikalischer Probleme auf mathematische Aufgabenstellungen. Durch Briefpartner in Cambridge ermutigt, publizierte er mit 23 Jahren seine erste mathematische Arbeit über analytische Transformationen unter dem Titel: »On a General Method in Analysis«. Dafür erhielt er von der Royal Society eine Goldmedaille. Angeregt durch den Briefwechsel zwischen Sir W. HAMILTON und A. DE MORGAN über die Quantifizierung der Prädikate, entstand seine berühmte Arbeit »The Mathematical Analysis of Logic« (Cambridge 1847). B. gelang es damit erstmals erfolgreich, die algebraische Methode auf die Logik anzuwenden. Eine kalkülmäßige Behandlung dieser Logik erfolgte in der Schrift: »The Calculus of Logic« (Cambridge 1848). 1849 wurde B. ohne akademischen Grad zum Prof. für Mathematik an das neugegründete Queen's College in Cork berufen, wo er bis zu seinem Tode wirkte.

Eine beträchtliche Erweiterung erfuhr die algebraische Logik in B.s Hauptwerk: »An Investigation of the Laws of Thougt, on which are Founded the Mathematical Theories of Logic and Probabilities« (Cambridge 1854). Neu ist vor allem, daß B. das Wahrscheinlichkeitsmaß einer formalen Analyse unterzog und den Häufigkeitsaspekt bis zu einer Grenzhäufigkeitsdefinition der Wahrscheinlichkeit ausbaute. In den beiden Arbeiten: »A Treatise of Differential Equations« (Cambridge 1859) und »A Treatise of the Calculus of Finite Differences« (Cambridge 1861) wandte er seine symbolisch-formale Methode (»symbolical reasoning«) auch auf die Differentiation und Integration an. B. hinterließ mehr als 50 Manuskripte über Mathematik und Wahrscheinlichkeitstheorie, wovon ein Teil in der Sammlung von RHUS RHEES »Studies in Logic and Probability« (London 1952) ediert worden sind. B. war davon überzeugt, daß eine Reform der Logik nur dann Erfolg habe, wenn die Verfahren der modernen Mathematik direkt auf die aristotelische Logik angewendet werden, denn die enge Bindung der Logik an die Philosophie hatte diese in Richtung des Psychologismus getrieben bzw. sie zur bedeutungslosen Disziplin degradiert. Damit nun die Verbindung zwischen formaler Algebra (die es im England des 19. Jh. zu beachtlichen Erfolgen in der reinen Mathematik brachte) und deduktiv-aristotelischer Logik ermöglicht werden konnte, mußte B. zwei Probleme lösen: 1) die vorhandene Merkmalslogik, die seit G. W. LEIBNIZ und J. H. LAMBERT den Begriff des quantitativen Rechnens gebrauchte, in eine extensionale Logik (d. h. Umfangslogik) umwandeln und 2) eine Modifikation in der Arithmetik vornehmen, um der Gleichung $x^n = x$ Geltung zu verschaffen. Dies wurde ermöglicht durch die Hinzunahme des Idempotenzgesetzes zu den arithmetischen Grundoperationen, das mit Hilfe der Algebra die Zweiwertigkeit der Logik erzwingt. Alle weiteren Verfahren entstammen der üblichen Algebra. Die Realisierung dieser Ideen erwies sich als bahnbrechend für die Logik, denn es gelang B., einen Kalkül exakt zu beschreiben (d. h., das Wesen des Formalismus der Logik aufzuweisen), nachzuweisen, daß ein formales System auf verschiedene Weise interpretiert werden kann, und schließlich zu zeigen, daß ein Kalkül zuerst als formales Konstrukt entworfen werden kann, dessen Deutung später, im nachhinein, erfolgt.

Die starke Mathematisierung der Logik ließ auch Schwächen des neuen Systems sichtbar werden. So führte z. B. die ausschließliche Verwendung der Gleichungstheorie für die Beweisführung dazu, daß die logische Funktion der Inklusion nicht verwendet wurde und daß die Klassenlogik als Basis der Logik galt (da die Gleichungen als Beziehungen zwischen Klassen verstanden wurden); dies bedeutete wiederum, die Aussagenlogik als eine sekundäre Interpretation des Kalküls anzusehen.

Begriffe wie BOOLEsche Strukturen und BOOLEsche Algebra (hierzu gehören BOOLEscher Verband und BOOLEscher Ring) finden sich weitverbreitet in der modernen Wissenschaft und Technik, z. B. in der Digitaltechnik einschließlich der Mikroelektronik, in der Logik, der Mengenalgebra, der Wahrscheinlichkeitsrechnung, der Topologie und der Funktionalanalysis. Sche

Literatur: Boole, G.: Collected Logical Works, 2 Bde. (Hrsg. P. E. B. Lourdain, Chicago, New York, London 1916, 3. Aufl. 1951).
Boole, M.: Home side of a Scientific Mind, in: The University Magazine (1878); Feys, R.: Boole as logician, in: Proc. Royal Irish Academie 57, 6 (1955).

Borel, Émile, Mathematiker, geb. 7. 1. 1871 Saint-Affrique (Dep. Aveyron), gest. 3. 2. 1956 Paris.

B. ist einer der Begründer der Maßtheorie; er leistete grundlegende Beiträge zur Funktionen-, Wahrscheinlichkeits- und Spieltheorie.

B., Sohn eines protestantischen Dorfpfarrers, schloß an der Oberschule in Paris Freundschaft mit dem Sohn von G. DARBOUX. 1889 belegte B. die ersten Plätze in den Aufnahmewettbewerben von École Polytechnique und École Normale. Aus wissenschaftlichen Erwägungen trat B. in letztere ein, die er 1893 absolvierte und in die er 1897 als Lektor zurückkehrte. 1894 promoviert, wurde er 1897 Sekretär der Société Mathématique de France, 1905 ihr Präsident. 1901 heiratete B. die Tochter Marguerite des Mathematikers P. APPELL, die unter dem Namen CAMILLE MARBO als Romanschriftstellerin bekannt wurde. Seit 1909 Prof. für Funktionentheorie an der Sorbonne, war B. 1914–1918 im Forschungsbeirat des Kriegsministeriums tätig. 1920 übernahm er den Lehrstuhl für Wahrscheinlichkeitsrechnung und mathematische Physik an der Sorbonne. 1921 wurde er Mitgl. der Académie des Sciences. Seit 1924 linksbürgerliches (radikalsozialistisches) Mitgl. der Abgeordnetenkammer, war B. 1925 Marineminister. Seit 1928 leitete er das auf seine Initiative hin gegründete Institut Poincaré in Paris. 1941 wurde B. von den deutschen Besatzungstruppen inhaftiert.

B. empfing höchste Ehrungen, so die Präsidentschaft der franz. Akademie (1934) und die Resistance-Medaille. Er war Mitgl. zahlreicher internationaler wissenschaftlicher Vereinigungen. – Ausgehend von der CAUCHY-RIEMANNschen Begründungsweise der Theorie der Funktionen einer komplexen Veränderlichen wurde B. zu einem Wegbereiter der Theorie der quasianalytischen Funktionen (A. DENJOY, T. CARLEMAN, S. MANDELBROJT). Schon in seiner 1895 veröffentlichten Dissertation von 1894 zeigte B., daß die Mengenlehre von G. CANTOR Mittel in die Hand gibt, um dem Begriff der analytischen Fortsetzung einer Funktion über eine Barriere von Singularitäten hinaus einen Sinn zu geben. Hierbei wurde die Messung von Mengen erforderlich, denen nach herkömmlichen Inhaltsbegriffen (CANTOR, C. JORDAN) keine Maßzahl zugeordnet werden konnte. Die Problemlage zwang B. damit zu dem in seiner Auswirkung auf die Analysis revolutionären Schritt, statt wie bisher üblich endliche, nunmehr abzählbar unendliche Intervallsummen für die Überdeckung und Messung vorgegebener Mengen zuzulassen. In einer der Dissertation beigefügten Note bewies B. den nach ihm benannten Überdeckungssatz, der seine neue Konzeption legitimierte, indem er z. B. sichert, daß Punktmengen im $\mathbf{R}^1$ von positivem B.schem »Maß« tatsächlich eine hinreichend mächtige, nämlich überabzählbare Mannigfaltigkeit darstellen. Die Bezeichnung »Maß« (mesure) ist jedoch erst in den »Vorlesungen zur Funktio-

G. Boole

E. Borel

G. A. Borelli

M. Born

nentheorie« (1898) enthalten. Obwohl auch darin die maßtheoretischen Fragestellungen eher nebenbei abgehandelt werden, z. B. der Begriff der »offenen Menge« noch nicht herausgearbeitet ist und im Überdeckungssatz durch den des »Inneren Punktes« vertreten wird, war dieses Buch »Ausgangspunkt für die Mehrzahl der Pioniere der Mengenlehre in unserem Jahrhundert« (W. H. Young).

Wiederum mit Hilfe von Begriffen und zum unmittelbaren Nutzen der Theorie der komplexen Funktionen gab B. 1896 eine über die Cesàroschen Ergebnisse (1890) hinausgehende Verallgemeinerung des Begriffs der Summe von unendlichen (insbesondere divergenten) Reihen. Aus den Jahren 1896/97 stammen B.s fundamentale Arbeiten zur metrischen Theorie der Wertverteilung meromorpher Funktionen. Insbesondere gab B. 1896 seinen »elementaren« Beweis des Picardschen Satzes (1879) und führte 1897 den Begriff der »Ordnung« (Typus) einer meromorphen Funktion ein.

Wenn B.s entscheidende Leistungen auch vor 1900 lagen, müssen doch seine Beiträge auf zwei weiteren Gebieten hervorgehoben werden. 1905 wies B. auf den möglichen Nutzen der Maßtheorie in der Wahrscheinlichkeitsrechnung hin und antizipierte einige Gedankengänge von A. N. Kolmogorow aus den 30er Jahren. 1909 stellte B. seinen Begriff der »abzählbaren Wahrscheinlichkeit« vor; er betrachtete dabei in neuartiger Weise die Totalität der Realisierungen von unendlich vielen Zufallsgrößen, bewies auf dieser Grundlage das wichtige »Lemma von Borel-Cantelli« und verschärfte den Satz von J. Bernoulli (1713) zum »Borelschen starken Gesetz der großen Zahlen«. B.s Ruhm als Mitbegründer der Spieltheorie schließlich – er führte zwischen 1921 und 1927 den Begriff des strategischen Spiels ein und bewies das Minimax-Theorem für 3 Spieler – ist durch die wesentlich allgemeineren Resultate von J. v. Neumann (ab 1928) etwas verdunkelt worden.

B. war neben J. S. Hadamard der einflußreichste franz. Mathematiker der ersten Hälfte des 20. Jh. Dies erklärt sich aus seiner enormen publizistischen Produktivität (etwa 300 Originalarbeiten, davon 35 Monographien) auf wissenschaftlichen und populärwissenschaftlichen Gebieten ebenso wie durch sein öffentlich-politisches und wissenschaftsorganisatorisches Wirken. Für B. war die Mathematik kein rein abstraktes Spiel des Geistes, sondern stand in enger Verbindung mit der konkreten Realität. Vermutlich erklärt sich hieraus B.s spätere Beschäftigung mit anwendungsnäheren Fragestellungen. Persönlich zeigte B. eine nie zu erschöpfende Vitalität mit unermüdlicher Einsatzbereitschaft für Schüler und Kollegen sowie eine bisweilen sich in Unduldsamkeit gegenüber anderen äußernde Härte des Arbeitsregimes und der Selbstdisziplin. Si

Literatur: Borel, E.: Sur quelques points de la théorie des fonctions, in: Ann. École Normale (3), 12 (1895), 9 – 55, Leçons sur la théorie des fonctions (Paris 1898).

Medvedev, F. A.: Die französische Schule der Funktionentheorie und Mengenlehre (russ., Moskau 1976); Polišuk, E. M.: Émile Borel (russ., Leningrad 1980); Borel-Nekrologe von: Collingwood, E. F. in: J. London Math. Soc. 34 (1959), 488–512; Maurain, Ch. in: Annu. Assoc. amicale ... de l'École Normale (1957), 29–32; Montel, P. in: C. R. Acad. Sci. 242 (1956), 845–850.

Borelli, Borellus, Giovanni Alfonso, Mathematiker und Kinematiker (in Astronomie, Physik, Physiologie), geb. 28. 1. 1608 Neapel, gest. 31. 12. 1679 Rom.

Überzeugt von der Einheitlichkeit der Naturgesetze, versuchte B. die Vielzahl der Bewegungsformen siderischer und terrestrischer Objekte einschließlich der Lebewesen auf mathematisch-physikalische Gesetze zurückzuführen.

B., Sohn eines Soldaten in span. Diensten, studierte in Rom bei B. Castelli Mathematik und Hydraulik, wurde vor 1640 Prof. der Mathematik in Messina, reiste 1642 nach Florenz zu G. Galilei (der aber im Januar dieses Jahres starb) und E. Torricelli. Auf Sizilien wie später in Pisa widmete sich B. der Erforschung von Seuchen. 1656 an die Univ. Pisa berufen, wurde er 1657 Mitbegründer und wohl bedeutendstes Mitgl. der Accademia del Cimento, die sich besonders dem Messen und Experimentieren widmete. B. machte astronomische Beobachtungen; durch M. Malpighi und F. Redi wurde sein Interesse für die Anatomie geweckt. 1668 ging B. wieder nach Messina zum Studium der Literatur und der Altertümer. Der Teilnahme an einem Aufstand gegen Spanien verdächtig, floh er 1674 nach Rom und gehörte zum Gelehrtenkreis um Christine von Schweden. Seit 1677 wohnte er mittellos im Mutterhaus der Piaristen bei der Kirche San Pantaleo, wo er 1679 an einer Lungenentzündung starb.

B. bemühte sich, eine rationelle Himmelsmechanik unter Anwendung physikalischer Gesetze zu schaffen. Er erklärte die Bewegungen der Planeten und ihrer Satelliten aus Gravitation und Zentrifugalkraft und strebte (vergeblich) eine Lösung zwischen Galilei und J. Kepler an. Die Denktraditionen Galileis hinderten ihn, zu einer Gravitationstheorie wie R. Hooke oder I. Newton vorzustoßen. 1665 nahm B. als erster parabolische Kometenbahnen an. Die Annahme einheitlicher Naturgesetze veranlaßte ihn, die Bewegungsmechanik verschiedenster Körper zu untersuchen und sie mathematisch-physikalisch zu analysieren. Aus 20jährigen Bewegungsstudien an Tieren resultierte sein postum herausgegebenes Hauptwerk. Es behandelt mathematisierend die »äußeren Bewegungen«, das Stehen, Gehen der Zwei- und Vierfüßer, das Springen, Fliegen und Schwimmen, und die »inneren Bewegungen« der Eingeweide des Körpers. B. behandelte als erster die Gelenkmechanik. Er interpretierte die Muskelkontraktion als Verdickung und Verkürzung durch Zufließen von Nervensaft. Wie der Skelettmuskel funktioniere auch der Herzmuskel, analog durch die Herznerven betrieben. B. maß die Temperatur im schlagenden Herzen und versuchte als erster die Herzarbeit zu berechnen. Er war Anhänger W. HARVEYS und machte Versuche und Berechnungen zum Blutkreislauf. Ferner behandelte er Atmung, Verdauung, Drüsen- und Nierentätigkeit. B. entdeckte 1656 die weißen Blutkörperchen (Lymphozyten) in Lymphe und Serum. Er stellte fest, daß der Faserstoff (Fibrin) erst nach dem Austreten des Blutes aus den Gefäßen entsteht. Diese konsequente Anwendung der Physik und Mathematik auf fast alle physiologischen Teilgebiete durch B. war nicht ohne Irrtümer und Mängel, dennoch im prinzipiellen Ansatz oft richtig. Viele seiner Ansichten haben A. v. HALLER überdauert; seine Lehre vom menschlichen Gange wurde erst durch W. und E. WEBER 1837 revidiert. B. war ein Hauptvertreter der von R. DESCARTES spekulativ begründeten Iatrophysik, die bis in das 18. Jh. das ärztliche Denken beeinflußte; B.s Auffassung, die Physiologie sei ein Teil der Physik, erlebte im 19. Jh. eine Erneuerung. Im Unterschied zu unkritischen Fortsetzern vertrat B. keinen einseitigen Physikalismus, sondern zog auch chemische Erklärungen heran. B. achtete stets auf praktische Anwendungen und technischen Fortschritt; er erfand (vor W. v. GRAVESANDE) einen Heliostaten, konzipierte eine Taucherausrüstung und ein Tauchboot. Die Möglichkeit des Menschenfluges mit Muskelkraft verneinte er.

B. wird als außergewöhnlich rechthaberisch und streitsüchtig geschildert; weltanschaulich dagegen hielt er sich zurück und kam als Anhänger der kopernikanischen Lehre nicht mit der Kirche in Konflikt; daraus erklärt sich sein Ausweichen auf die unverfänglichen Jupitermonde als Modell der überall gleichen Planeten- und Satellitenbewegungen. Dieses Verhalten wurde in einer Vorrede zu seinem Hauptwerk von einem kirchlichen Würdenträger ausdrücklich gelobt – vielleicht in der Absicht, es unbehelligt durch die Zensur zu bringen. Ru

Literatur: Borelli, G. A.: Euclides restitutus, sive prisca geometria elementa ... (Der wiederhergestellte Euklid oder die alten Elemente der Geometrie) (Pisa 1658), Lettera del movimento della cometa apparsa il mese di dicembre del 1664 in Pisa (Briefe über die Bewegung des 1664 über Pisa erschienenen Kometen) (Pisa 1665), Theoriae Mediceorum planetarum ex causis physicis deductae (Aus physikalischen Ursachen abgeleitete Theorie der Jupitermonde) (Firenze 1666), De motionibus naturalibus e gravitate pendentibus liber (Über die von der Schwerkraft abhängigen natürlichen Bewegungen) (Reggio 1670/72), De motu animalium (Roma 1680/81), dtsch Die Bewegung der Tiere, Auszug (Leipzig 1927).

Born, Max, Physiker, geb. 11. 12. 1882 Breslau (Wrocław), gest. 5. 1. 1970 Göttingen.

B. war eine der führenden Persönlichkeiten des Übergangs von der klassischen zur modernen Physik. Er wirkte an der Durchsetzung der Relativitätstheorie mit, hatte einen herausragenden Anteil an der Begründung der Quantenmechanik und leistete umfangreiche Beiträge zur Theorie des Festkörpers. Zugleich war er ein erfolgreicher Hochschullehrer, der viele bedeutende Schüler hatte.

1901–1906 studierte B. in Breslau, wo sein Vater eine Professur innehatte, sowie in Heidelberg, Zürich und Göttingen. Sein Hauptinteresse galt mathematischen und physikalischen Vorlesungen, seine wichtigsten Lehrer waren in Breslau F. LONDON und I. ROSANES (die Erinnerung an die bei letzterem gehörte Matrizenrechnung verhalf B. später zu einem entscheidenden Durchbruch in der mathematischen Formulierung der Quantenmechanik), in Heidelberg L. KÖNIGSBERGER, in Zürich A. HURWITZ und in Göttingen D. HILBERT, der ihn zu seinem Privatassistenten machte, sowie F. KLEIN, H. MINKOWSKI, C. RUNGE und W. VOIGT, dessen Vorlesungen sein Interesse auf die Kristall- und Festkörperphysik lenkten. 1906 promovierte B. in Göttingen. Nach einem Studienaufenthalt bei J. J. THOMSON und J. LARMOR am Convill and Cains College in Cambridge wurde er Assistent bei O. LUMMER und P. PRINGSHEIM in Breslau. 1908 nahm B. ein Angebot MINKOWSKIS nach Göttingen an, um gemeinsam mit diesem über das damals neue Gebiet der speziellen Relativitätstheorie zu arbeiten. Nach MINKOWSKIS Tod Anfang 1909 führte B. die Untersuchungen über das Verhalten des Elektrons bei relativistischen Geschwindigkeiten selbständig fort. Zu dieser Thematik habilitierte er sich 1909 und wurde Privatdoz. Gemeinsam mit seinem Freund TH. v. KÁRMÁN forschte B. ab 1912 über die Theorie des Kristalls als dreidimensionales Raumgitter und veröffentlichte die Ergebnisse in seinem ersten Buch »Dynamik der Kristallgitter« (1915). Während des ersten Weltkrieges wurde B. der Artillerie-Prüfungskommission in Berlin zugeteilt und mit der Entwicklung eines akustischen Ortungsverfahrens für Geschütze beauftragt. Zugleich erhielt er auf Initiative von M. PLANCK 1915 eine Professur an der Berliner Univ., die er 1919 mit dem bis dahin von M. v. LAUE besetzten Physikordinariat an der Univ. Frankfurt am Main vertauschte. Er setzte dort seine Arbeiten zur Theorie des Festkörpers fort und befaßte sich mit der Bestimmung chemischer Reaktionswärmen aus physikalischen Daten. Die nach der brit. Sonnenfinsternisexpedition unter A. EDDINGTON, die eine theoretische Vorhersage A. EINSTEINS bestätigte, einsetzenden lebhaften Debatten um die allgemeine Relativitätstheorie veranlaßten B. zu einer Serie von Vorträgen; aus diesen ging ein außerordentlich erfolgreiches Buch (1920) hervor. 1920 folgte B. einer Berufung als Ordinarius für theoretische Physik an die Univ. Göttingen und erwirkte zugleich auch die Berufung seines Freundes J. FRANCK. Gemeinsam mit R. POHL gestalteten beide die bereits durch ihr hohes mathematisches Niveau herausragende Göttinger Univ. nun auch zu einem international führenden Zentrum der Physik, das im Zusammenhang mit seiner exponierten Rolle bei der Schaffung und Ausgestaltung der Quantenmechanik zum Anziehungspunkt für hochtalentierte junge Physiker aus vielen Ländern wurde. Als Assistenten arbeiteten zeitweilig W. HEISENBERG, W. HEITLER, E. HÜCKEL, F. HUND und W. PAULI bei B. Eine ganze Reihe seiner Göttinger Doktoranden errang später Weltruf, so z. B. E. U. CONDON, M. DELBRÜCK, W. A. FOCK, M. GÖPPERT-MAYER, P. JORDAN, R. OPPENHEIMER und V. F. WEISSKOPF.

Nachdem N. BOHR im Juni 1922 in Göttingen eine von B. und FRANCK arrangierte Vortragsreihe über die Theorie des Atoms (»BOHR-Festspiele«) gehalten hatte, wandte sich B. intensiv dieser Problematik zu. Sein gemeinsam mit HEISENBERG unternommener Versuch, mit Methoden der in der Himmelsmechanik ausgebildeten Störungsrechnung das Heliumatom zu berechnen, erbrachte kein zufriedenstellendes Resultat und überzeugte beide von der Notwendigkeit eines grundsätzlich neuartigen Ansatzes. Der Durchbruch zu einer widerspruchsfreien Quantenmechanik (der Terminus stammt von B.) gelang HEISENBERG 1925; B. schaltete sich unverzüglich in die mathematische Ausformung der neuen Theorie ein. Während eines Arbeitsaufenthaltes in den USA im Herbst 1925 dehnte B. gemeinsam mit N. WIENER die Quantenmechanik auf nichtperiodische Vorgänge aus. Seine am MIT gehaltenen Vorlesungen veröffentlichte er 1926 unter dem Titel »Probleme der Atomdynamik«. In der wellenmechanischen Version der Quantenmechanik von E. SCHRÖDINGER erkannte B. eine Möglichkeit, den tieferen physikalischen Inhalt dieser Theorie interpretierend zu erschließen; 1926 entwickelte er die berühmte statistische Interpretation der Quantenmechanik. Danach ist die Intensität der DE-BROGLIE-Welle (Modulquadrat der SCHRÖDINGERschen Wellenfunktion) als Wahrscheinlichkeitsdichte für das Auffinden eines Teilchens in einer Volumeneinheit des Konfigurationsraumes aufzufassen; die Bewegung der Teilchen folgt nach B. Wahrscheinlichkeitsgesetzen, während sich die Wahrscheinlichkeit selbst nach dem Kausalgesetz ausbreitet. Diese Deutung, der sich weder Einstein noch Schrödinger anschlossen, war ein Höhepunkt in der Umwälzung des physikalischen Denkens und wurde von B. in den folgenden Jahrzehnten sowohl physikalisch als auch philosophisch vertieft. B. stand in kritischer Distanz zu positivistischen und aprioristischen Deutungen der Physik. Mit der Hervorhebung der Rolle von Invarianten in der Erkenntnis versuchte er auch einen gegen den Positivismus gerichteten philosophischen Beweis für die objektive Realität der Mikrowelt zu liefern.

1933 verlor B. aufgrund seiner jüdischen Herkunft seinen Lehrstuhl. Nach einem längeren Aufenthalt in Südtirol, wo er eine nichtlineare Theorie des elektromagnetischen Feldes konzipierte, emigrierte er mit seiner Familie nach England. Zunächst las er am Convill and Cains College in Cambridge über seine nichtlineare Elektrodynamik und schuf eine erweiterte Fassung seines mit F. Sauter geschriebenen Buches »Moderne Physik« (1933; engl. »Atomic Physics« 1935). Auf Einladung von Ch. Raman wirkte B. ab September 1935 ein halbes Jahr am Indian Institute of Science in Bangalore. Im Oktober 1936 übernahm er als Nachfolger von Ch. G. Darwin die Peter Guthrie Tait-Professur an der Univ. Edinburgh. Hier vermochte er erneut einen Kreis begabter junger Physiker um sich zu scharen und eine Schule zu bilden, die insbesondere mit Arbeiten zur Theorie der Stabilität von Kristallgittern (1940–1942) und zur Theorie der Flüssigkeiten (1946–1949) hervortrat. Nachdem B. Ende 1938 aus Deutschland ausgebürgert worden war, erwarb er kurz vor Kriegsausbruch die brit. Staatsbürgerschaft und blieb bis zu seiner Emeritierung (1953) in Edinburgh. Dann kehrte er in die Heimat zurück und nahm seinen Wohnsitz in Bad Pyrmont. Die Stadt Göttingen verlieh ihm die Ehrenbürgerschaft. B. war Mitgl. verschiedener Akademien (Göttingen 1920, Ak. d. Wiss. der UdSSR 1924, Berlin 1929, Royal Society 1939) und Ehrendoktor zahlreicher Univ. 1954 erhielt er für seine grundlegenden Untersuchungen über die Quantenmechanik den Nobelpreis für Physik.

B.s bürgerlich demokratische Gesinnung vertiefte sich durch die Erfahrungen seines Lebens zu einer klaren humanistischen Haltung. In seinen späten Jahren wurde er zu einem unermüdlichen Mahner für Frieden, Abrüstung und Völkerverständigung. Gemeinsam mit Heisenberg und O. Hahn verfaßte er 1955 als Antwort auf das Einstein-Russell-Manifest die Mainauer Erklärung der 18 Nobelpreisträger; beide bildeten den geistigen Ausgangspunkt der Pugwash-Bewegung, an der B. aktiv teilnahm. 1957 gehörte er zu den Initiatoren des Göttinger Appells gegen die Pläne zur atomaren Bewaffnung der Bundeswehr. Lai

Literatur: Born, M.: Ausgewählte Abhandlungen, 2 Bde. (Göttingen 1963), Die Relativitätstheorie Einsteins und ihre physikalischen Grundlagen, gemeinverständlich dargestellt (Berlin 1920), Optik. Ein Lehrbuch der elektromagnetischen Lichttheorie (Berlin 1933), Physik im Wandel meiner Zeit (Braunschweig u. Berlin 1957), Physik und Politik (Göttingen 1960), Von der Verantwortung des Naturwissenschaftlers (München 1965); (mit Hedwig Born): Der Luxus des Gewissens. Erlebnisse und Einsichten im Atomzeitalter (München 1969).

Scientific Papers Presented to Max B. on his Retirement from the Tait Chair of the Natural Philosophy in the University of Edinburgh (Edinburgh 1953); Vogel, H.: Physik und Philosophie bei Max Born (Berlin 1968).

Bosch, Carl, Chemiker und Industrieller, geb. 27. 8. 1874 Köln, gest. 26. 4. 1940 Heidelberg.

B. leistete auf dem Gebiet der technischen Chemie (Hochdrucktechnik) Pionierarbeit und war an der Schaffung des weltgrößten Chemiekonzerns, der IG Farbenindustrie A. G., maßgeblich beteiligt.

B. entstammte einem schwäb. Bauerngeschlecht (Neffe von Robert B.); sein Vater war Inhaber einer Installationsgroßhandlung. Nach Abschluß der Oberrealschule erhielt der junge, handwerklich sehr begabte B. eine praktische Ausbildung als Maschinenschlosser. 1894–1896 studierte er Hüttenkunde und Maschinenbau an der Kgl. TH Berlin-Charlottenburg; außerdem hörte er chemische Vorlesungen. Danach wechselte B. zum Chemiestudium an die Univ. Leipzig, wo er 1898 bei J. Wislicenus über ein organisch-chemisches Thema promovierte und anschließend als Assistent tätig war. 1899 trat er als Chemiker in die Badische Anilin- und Soda-Fabrik A. G. (BASF) Ludwigshafen ein. Hier bewährte sich B. zunächst als Mitarbeiter von R. Knietsch, dann als selbständiger Abteilungsleiter hervorragend bei der Lösung schwierigster wissenschaftlicher, betriebstechnischer und organisatorischer Aufgaben. Mit der Ernennung zum Prokuristen (1911) begann seine erfolgreiche Unternehmerkarriere, die ihn in die höchsten Kommandostellen der deutschen chemischen Großindustrie führte (1914 Dir., 1916 ordentliches Vorstandsmitgl., 1919 Vorstandsvorsitzender der BASF; 1926 Vorstandsvorsitzender und 1935 Vorsitzender des Verwaltungs- und Aufsichtsrates des IG-Farbenkonzerns). B. war in zahlreichen wissenschaftlichen, technischen und wissenschaftsfördernden Einrichtungen aktiv tätig, so z. B. als Vorsitzender der Adolf-Baeyer-Gesellschaft zur Förderung der chemischen Literatur und seit 1929 als Vorsitzender des Stifterverbandes der deutschen Forschungsgemeinschaft. 1937 wurde er Nachfolger von M. Planck als Präsident der damaligen Kaiser-Wilhelm-Gesellschaft.

B.s bedeutendste wissenschaftlich-technische Leistung ist die Lösung des Luftstickstoffproblems, d. h. der Herstellung praktisch unbegrenzter Mengen von Stickstoffverbindungen aus Luft und Kohle. Sie lieferte einen entscheidenden Beitrag zur Sicherung der Welternährung. B. widmete sich dieser Aufgabe seit 1902. Aufbauend auf den grundlegenden Untersuchungen F. Habers über das Ammoniakgleichgewicht führte er 1903–1913 zusammen mit A. Mittasch und F. Lappe die Hochdrucksynthese des Ammoniaks unter bis dahin nicht für realisierbar gehaltenen Prozeßbedingungen (500 °C, 30 bis 40 MPa) bis zur großtechnischen Reife (Haber-Bosch-Verfahren; 1913 Produktionsbeginn der Ammoniakfabrik Oppau). Gleichzeitig sorgte er für die Entwicklung verbesserter Mischdünger und für Grundlagenuntersuchungen über die Düngerverwertung durch Nutzpflanzen (1914 Einrichtung der landwirtschaftlichen Versuchsstation Limburgerhof). Auch nachdem sich B. von der aktiven wissenschaftlichen Arbeit zurückgezogen hatte, förderte er entscheidend die technische Verwirklichung weiterer katalytischer Hochdruckverfahren (1923 Methanolsynthese, 1927 Großversuchsanlage zur Kohlehydrierung nach dem Bergius-Verfahren in Leuna). B. unterstützte aber auch nachhaltig Salpetersäure- und Sprengstoffherstellung aus Ammoniak (September 1914 »Salpeterversprechen« an die deutsche Oberste Heeresleitung) und forcierte den Aufbau des Ammoniakwerkes Merseburg (Leuna). Als Unternehmer propagierte er eine liberale, auf internationale Zusammenarbeit ausgerichtete Wirtschaftspolitik. Die Kooperation mit der franz. Chemieindustrie, die er als deutsches Delegationsmitgl. bei den Versailler Friedens- und Reparationsverhandlungen einleitete, trug ihm heftige Angriffe der deutschen Öffentlichkeit ein.

Nach 1933 war B.s Haltung widersprüchlich. Obwohl er besonders die Judenverfolgungen ablehnte und sich für gemaßregelte Wissenschaftler einsetzte, blieb er verantwortlicher Leiter des IG-Farbenkonzerns. Als solcher half er, zumindest bis 1935, die Versorgung der deutschen Rüstungswirtschaft mit synthetischem Benzin, Kautschuk, Zellwolle und Leichtmetallen zu sichern.

B. war ein hervorragender Wirtschaftsorganisator, dessen autoritärer, kompromißloser Leitungsstil weitgehend das Betriebsklima der BASF und später auch des IG-Farbenkonzerns prägte. Gegenüber Titeln, Auszeichnungen (fünffacher Ehrendoktor) und Ehrenmitgliedschaften verhielt er sich gleichgültig. B. hatte vielseitige naturwissenschaftliche Interessen. Auf seinem schloßähnlichen Wohnsitz in Heidelberg unterhielt er umfangreiche Sammlungen, eigene Laboratorien und eine Privatsternwarte, die mehrere Mitarbeiter beschäftigten. Für seine Verdienste um die Schaffung der Hochdrucktechnik erhielt B. 1931 (zusammen mit F. Bergius) den Nobelpreis für Chemie. Ge

Literatur: Bosch, C.: Handelspolitische Notwendigkeiten (Vortrag, gehalten vor dem Verein zur Wahrung der Interessen der chemischen Industrie Deutschlands, als Manuskript gedruckt Berlin 1932), Nobelvortrag (gehalten 21.5.1932 Stockholm), engl. in: Nobel Lectures, Chemistry 1922–1941 (Amsterdam, London, New York 1966), 197–241, dtsch in: Chem. Fabrik 6 (1933), 127–142, Probleme großtechnischer Hydrierverfahren, in: Chem. Fabrik 7 (1934), 1–10.

Beike, H., u. Mitarb.: Zur Rolle von Fritz Haber und Carl Bosch in Politik und Gesellschaft, in: Wiss. Z. TH Chemie Leuna-Merseburg 3 (1960/61), (1), 55–72; Henglein, F. A.: 100 Jahre Stickstoffdünger-Industrie. Fritz Haber und Carl Bosch – zwei Förderer der Ammoniaksynthese II, in: Chem.-Ztg. 75 (1951), 389–392 u. 407–410; Holdermann, K. (bearb. von W. Greiling): Im Banne der Chemie. Carl Bosch – Leben und Werk (2. Aufl. Düsseldorf 1954); Mittasch, A.: Carl Bosch zum Gedächtnis, in: Z. Elektrochem. angew. physik. Chem. 46 (1940), 333–335.

Bose, Satyendra Nath, Physiker, geb. 1. 1. 1894 Calcutta, gest. 4.2.1974 Calcutta.

B.s aus der statistischen Mechanik abgeleiteter Beweis für die Plancksche Strahlungsformel bildete Mitte der 20er Jahre eine der Grundlagen für die Ausarbeitung einer neuen Statistik, der Quantenstatistik. Sie bildet B.s einzigen herausragenden Beitrag zur Physikentwicklung unseres Jahrhunderts, machte indes seinen Namen weltbekannt.

B., der einer Beamtenfamilie des indischen Mittelstandes entstammte, erhielt seine schulische und wissenschaftliche Ausbildung in seinem Heimatland. Mit Auszeichnung beendete er 1915 die Univ. von Calcutta, die auch die erste Stätte seiner akademischen Karriere wurde. Zwischen 1921 und 1945 wirkte er an der Univ. Dacca und kehrte dann wieder an seine Heimatuniv. zurück, an der er bis zur Emeritierung im Jahre 1956 lehrte. B., der einer der Pioniere physikalischer Forschung und Ausbildung in Indien war, wurde 1959 mit dem Titel eines »National-Professors« geehrt; im Jahre zuvor war er bereits in die Londoner Royal Society gewählt worden.

Da die bisherigen Ableitungen der Planckschen Strahlungsformel B. logisch nicht befriedigten, versuchte er diese auf eigene Weise herzuleiten. Dabei legte er seinen Überlegungen eine Statistik der Lichtquanten zugrunde, bei der ein Austausch des Teilchens A durch das Teilchen B keinen neuen Zustand ergeben sollte, d. h., alle Lichtquanten sollten quantenmechanisch ununterscheidbar sein.

B. war sich weder der wissenschaftlichen Tragweite dieses Zugangs bewußt noch erkannte er explizit den fundamentalen Unterschied zur klassischen Boltzmann-Statistik, die jedem Teilchen »Individualität« zugesteht. Da er jedoch der Meinung war, daß seine Ableitung die logische Konsequenz von A. Einsteins entsprechenden Bemühungen darstellte, sandte B. seine Arbeit diesem zu. Einstein las B.s Arbeit, übersetzte sie ins Deutsche und publizierte sie 1924 in der »Zeitschrift für Physik«. Zugleich stellte er in Aussicht, das gleiche, was B. für Lichtquanten nachgewiesen hatte, für beliebige Teilchen mit ganzzahligem Spin zu verallgemeinern. Die nach beiden Forschern benannte Bose-Einstein-Statistik wurde dann zwei Jahre später (1926) noch durch E. Fermi und P. A. M. Dirac in Form einer Statistik für Teilchen mit halbzahligem Spin erweitert. Ho

Literatur: Bose, S. N.: Plancks Gesetz und die Lichtquantenhypothese, in: Z. Phys. 26 (1924), 178.

Mehra, J.: Satyendra Nath Bose, in: Biographical Memoirs of Fellows of the Royal Society 21 (1975), 117–154.

Bothe, Walter Wilhelm Georg, Physiker, geb. 8.1.1891 Oranienburg, gest. 8.2.1957 Heidelberg.

B. entwickelte die Koinzidenzmethode, die einen effektiveren Nachweis geladener Teilchen in der Wilsonschen Nebelkammer gestattet, und entdeckte die Kern-Gammastrahlung.

B., Sohn eines Kaufmanns, studierte 1908–1912 an der Univ. Berlin Physik, Mathematik sowie Grundlagen der Chemie und promovierte 1914 als Assistent von M. Planck. Sein späteres Arbeitsgebiet erschloß sich B. in der Zusammenarbeit mit H. Geiger an der Physikalisch-Technischen Reichsanstalt. Von 1934 an bis zu seinem Tode leitete B. das Institut für Physik am Kaiser-Wilhelm-Institut für medizinische Forschung (Max-Planck-Institut für Kernphysik) in Heidelberg, nachdem er 1931 zunächst nach Gießen und 1932 an die Univ. Heidelberg berufen worden war.

1925 konnte B. mit der Koinzidenzmethode experimentell bestätigen, daß bei der Comptonstreuung Energie- und Impulssatz nicht nur statistisch, sondern auch für den Einzelprozeß erfüllt sind. Für die Aufklärung der künstlichen Kernanregung und die Entdeckung der dabei auftretenden Kern-Gammastrahlung im Jahre 1930 erhielt B. 1954 den Nobelpreis. B. errichtete in seinem Institut eines der ersten Zyklotrone in Deutschland und erarbeitete ab 1941 im Rahmen des »Uranvereins« wesentliche Beiträge zur Reaktortheorie. Nach dem zweiten Weltkrieg beschäftigte sich B. vor allem mit Gammaspektroskopie. Fk

Literatur: Bothe, W. W. G.: Über das Wesen des Comptoneffektes, ein experimenteller Beitrag zur Theorie der Strahlung, in: Z. Phys. 56 (1925), 639–663, Das Wesen der Höhenstrahlung, in: Z. Phys. 56 (1929), 75–77, Künstliche Erzeugung von Kern-γ-Strahlung, in: Z. Phys. 66 (1930), 289–306.

Fleischmann, R.: Walter Bothe und sein Beitrag zur Atomkernforschung, in: Naturwiss. 44 (1957), 457–460.

Böttger, Johann Friedrich, Apotheker und Alchemist, geb. 4.2.1682 Schleiz, gest. 13.3.1719 Dresden.

B. gilt allgemein als der Erfinder des europ. Porzellans. Er führte die dafür notwendigen Laborversuche aus und leitete die manufakturmäßige Herstellung ein.

B. war der Sohn eines Münzmeisters, der bald nach B.s Geburt starb. 1685 heiratete die Mutter den für die Aufsicht über Vermessungs- und Festungsbauarbeiten verantwortlichen Magdeburger Stadtmajor J. F. Thiemann, der dem jungen B. solide mathematische, geometrische und technische Grundkenntnisse vermittelte. Bei den Verwandten B.s war die Metallformung als entscheidende Tätigkeit von Münzmeistern und Edelmetallschmieden eine lebendige Tradition. Von Kindheit an war B. mit der Herstellung von Metallegierungen und mit deren mechanischem, thermischem und chemischem Verhalten vertraut. 1696 kam er als Lehrling zu einem Apotheker in Berlin. Hier erwarb er seine Fertigkeit im Mischen von Mineralien. Er lernte deren Verhalten bei unterschiedlichen Temperaturen und Aggregatzuständen kennen. Synthese und Analyse von Stoffen bestimmten seine Arbeit und sein Denken. So kam er notwendig auch zur Alchemie und in Kontakt zu deren hervor-

C. Bosch

S. N. Bose

W. W. G. Bothe

J. F. Böttger

ragenden Vertretern, z. B. J. Kunckel von Löwenstjern. Da die Alchemisten gelernt hatten, aus Naturprodukten Glas und silicattechnische Werkstoffe herzustellen, die in der Natur nicht existieren, schien ihnen der Traum, auch das Goldrezept zu finden, real. Fieberhaft arbeiteten sie daran nach dem Motto »Löse auf und füge neu zusammen«. Am 1. 10. 1701 »machte« B. in Berlin Gold. Spektakuläre Berichte darüber erregten an vielen Höfen des Reiches Aufsehen. B. entzog sich dem Zugriff des sich in Geldnöten befindenden Königs Friedrich I. in Preußen und floh nach Wittenberg, wo ihn der gleichfalls goldgierige Kurfürst von Sachsen und König von Polen, August der Starke, gefangensetzte und beauftragte, Gold für ihn zu machen. August der Starke gründete 1701 ein »Contubernium«, dem führende Wissenschaftler und Techniker des gewerblich und vor allem montanindustriell entwickelten sächs. Kurstaates angehörten. Bergrat G. Pabst v. Ohain wurde mit der Beaufsichtigung und Unterstützung von B.s alchemistischen Versuchen beauftragt. Im Laufe der Jahre entwickelte sich diese Forschungsgemeinschaft immer stärker zu einem montanistischen (metallhüttenkundlichen und silicattechnischen) Forschungsinstitut. Markante Etappen in dessen Entwicklung sind die Hinzuziehung von Freiberger Berg- und Hüttenarbeitern und 1704 auch des bedeutenden Wissenschaftlers der deutschen Aufklärung E. W. v. Tschirnhaus, der sich schon länger mit der Glasmacherei beschäftigte und dem Gedanken der Porzellanherstellung nachging. So vereinigten sich damals im Contubernium optimal Produktionserfahrung und geowissenschaftliche wie hüttenkundliche Kenntnisse mit alchemistischen Theorien.

Da das um 600 in China erfundene Porzellan als Luxusgegenstand und »weißes Gold« immer stärker in den Blickpunkt der Fürsten Europas rückte, suchte man in vielen Ländern Europas dem Geheimnis seiner Herstellung auf die Spur zu kommen. Auch August der Starke, am Besitz des Porzellans und noch mehr an dessen Produktion in Sachsen interessiert, förderte die von Tschirnhaus angeregte zunehmend silicattechnische Orientierung des Contuberniums. Ab Mai 1706 erarbeiteten sich B., Tschirnhaus und Pabst v. Ohain das Herstellungsprinzip des weißen und roten Porzellans. In Zusammenarbeit mit den Berg- und Hüttenleuten gelang zunächst die Herstellung des letzteren (Böttger-Steinzeug). Ende 1708 glückte dem Contubernium in Dresden die »labormäßige« und doch schon »produktionsnahe« Herstellung von weißem Porzellan. Dieses war Hartporzellan, ein anderer silicattechnischer Werkstoff als das chin. Porzellan. Nach dem Tode von Tschirnhaus (1708) führte B. die Porzellanherstellung in die manufakturmäßige Produktion über, zunächst in Dresden, dann in der 1710 gegründeten Meißner Manufaktur, deren erster Administrator er wurde. Wie kein anderer erkannte B. die Notwendigkeit der Vereinigung von künstlerischem und technischem Schaffen. Gestützt auf die Künstler und Kunsthandwerker am Dresdner Hofe gelang es ihm, technisch wie ästhetisch dem chin. und jap. Porzellan ebenbürtiges, nach der Qualität des Scherbens sogar überlegenes Porzellan zu produzieren. 1714 erhielt B. von August dem Starken seine persönliche Freiheit zurück. Fünf Jahre später starb er nach langer Krankheit, die durch die damals herrschenden Bedingungen bei experimentellen Arbeiten (chronische Vergiftungen) mit verursacht worden war.

B.s experimentelles Schaffen war sicher eine der wichtigsten Voraussetzungen für die Erfindung des europ. Hartporzellans, eines Scherbens, der in China erst knapp 250 Jahre später »nacherfunden« wurde. Wä/Die

Literatur: Hoffmann, K.: Johann Friedrich Böttger – Faszination zwischen Gold und Porzellan (Berlin 1985); Sonnemann, R. u. Wächtler, E. (Hrsg.): Johann Friedrich Böttger – Die Erfindung des europ. Porzellans (Leipzig u. Stuttgart 1982).

Boveri, Theodor, Zoologe, Zytogenetiker und Embryologe, geb. 12. 10. 1862 Bamberg, gest. 15. 10. 1915 Würzburg.

B. leistete bahnbrechende Beiträge zum Vererbungs- und Entwicklungsproblem in der Biologie. Er förderte besonders die Entwicklung der Zytologie, der Entwicklungsgeschichte der Organismen und der Genetik und trug zu deren Integration – z. B. zur Zytogenetik – bei.

B., Sohn eines Arztes, besuchte 1868–1875 die Volks- und Lateinschule in Bamberg und 1875–1881 das Realgymnasium in Nürnberg. 1881–1885 studierte er Medizin und Zoologie an der Univ. München; 1885 erfolgte die Promotion zum Dr. med. 1886–1891 betrieb er embryologische und zytologische Forschungen am Zoologischen Institut in München bei R. Hertwig, unterbrochen von zeitweiligen Studienaufenthalten an der Zoologischen Station in Neapel. Unter Hertwigs Einfluß wandte sich B. endgültig der zellbiologischen Forschung zu. 1887 habilitierte er sich für Zoologie und vergleichende Anatomie. 1891–1893 war B. Assistent bei Hertwig; 1883 erfolgte die Berufung zum Prof. für Zoologie und vergleichende Anatomie am Zoologisch-Zootomischen Institut der Univ. Würzburg, wo er bis zu seinem Tode wirkte. Die Direktion des 1914 gegründeten Kaiser-Wilhelm-Instituts für Biologie in Berlin-Dahlem lehnte er 1913 aus gesundheitlichen Gründen ab. B. war seit 1893 mit der amerik. Biologin M. O'Grady verheiratet. Seine Tochter war die Schriftstellerin Margret B.

Als B. 1885 seine zytogenetischen Forschungen begann, waren das Wesen der Befruchtung auf zellulärer Ebene aufgeklärt und der Zellteilungsprozeß (Längsspaltung der Chromosomen und ihre äquivalente Verteilung auf Tochterzellen) beschrieben. Der Zellkern war als die spezifische materielle Erbsubstanz erkannt, und die weitere genetische Forschung im letzten Drittel des 19. Jh. konzentrierte sich auf die Untersuchung der Strukturen des Zellkerns und des Zellplasmas, zu deren Erforschung B. bahnbrechend beitrug. B. experimentierte mit Eizellen des Pferdespulwurms

(Ascaris megalocephala), da diese nur 4 große und daher mikroskopisch sehr gut beobachtbare Chromosomen enthalten. 1888 gelang ihm der Nachweis, daß sich bei den Zellteilungen befruchteter Ascariseier stets die morphologisch sichtbare gleiche Chromosomenstellung vor und nach der Kernruhe wiederholt. Mit diesen Zellstudien, die er beschreibend-morphologisch durchführte, bewies B., daß Chromosomen individuelle und kontinuierlich wiederkehrende Elemente des Zellkerns sind. Obwohl die Chromosomen zu dieser Zeit im Ruhekern noch nicht erkennbar waren, stellte B. 1888 die These auf, daß sie »selbständige Individuen (seien), die diese Selbständigkeit auch im ruhenden Kern bewahren«. Die experimentellen Ergebnisse verallgemeinerte er zu einer Theorie der Chromosomenindividualität, deren Richtigkeit trotz anfänglicher Kritik bestätigt wurde. In einer weiteren Zellstudie (1890) widmete sich B. den Problemen der Befruchtung. Er konnte die Beobachtung E. van Benedens bestätigen, daß sich bei der Befruchtung der väterliche und der mütterliche Chromosomensatz vereinigen und daß beide bei der Teilung der Eizelle gleichwertig weitergegeben werden. Weiterhin erkannte B. die Bedeutung der Zentrosomen für die Spindelbildung bei der Zellteilung, wobei er jedoch die Rolle des Spermazentrosoms überbewertete. Im Unterschied zu seinen deskriptiv-morphologischen Zellstudien gelang es ihm seit 1899 mittels brillanter entwicklungsphysiologischer Experimente am Seeigelei, die Funktion des Zellkerns als materielle Vererbungssubstanz nachzuweisen. Durch die erfolgreiche Entwicklung von besamten Eifragmenten mit und ohne Zellkern (Merogonie), die zu normalen Seeigellarven heranwuchsen, konnte B. nun auch die entwicklungsphysiologische Gleichwertigkeit des mütterlichen und väterlichen Zellkerns zeigen. Mit diesen erstmaligen Experimenten an befruchteten Eizellfragmenten verschiedener Seeigelarten versuchte er, die Frage nach dem Anteil von Kern und Plasma im Erbgeschehen zu lösen, was aufgrund technisch-experimenteller Schwierigkeiten jedoch nicht gelang, aber er hat damit eine bis in die Gegenwart wirkende Forschungsrichtung initiiert. Das Problem, ob die Chromosomen jeweils allein die gesamte Erbsubstanz repräsentieren oder ob jedes Chromosom nur einen spezifischen Anteil enthält, löste B. ab 1902 in seinen klassisch gewordenen Dispermieversuchen an Seeigeleiern, durch die die qualitative Verschiedenheit der Chromosomen bewiesen wurde. Bis 1910 setzte er die 1887 erstmals begonnenen Versuche an diminuierenden (reduzierenden) Chromosomen von Ascaris megalocephala fort, mit denen die Wechselwirkung von Zellplasma und -kern bei der embryologischen Differenzierung aufgezeigt wurde.

Bezüglich des Zusammenhanges von zytologischer Forschung und den Versuchen G. Mendels formulierte B. 1904: »... so wird die Wahrscheinlichkeit, daß die in den Mendelschen Versuchen verfolgten Merkmale wirklich an bestimmte Chromosomen gebunden sind, ganz außerordentlich groß.« B.s zytogenetische Arbeiten trugen um 1900 wesentlich zur Herausbildung der Genetik als eigenständige biologische Disziplin bei. Su

Literatur: Boveri, Th.: Zellenstudien I–VI, in: Jena. Z. Naturw. Bd. 21 (1887), 423–515, Bd. 22 (1888), 685–882, Bd. 24 (1890), 314–401, Bd. 35 (1901), 1–220, Bd. 39 (1905), 445–524, Bd. 43 (1907), 1–292, Die Blastomerenkerne von Ascaris megalocephala und die Theorie der Chromosomenindividualität, in: Arch. Zellforschung 3 (1909), Nr. 1–2, Über »Geschlechtschromosomen« bei Nematoden, in: Arch. Zellforschung 4 (1909), Nr. 1, Zur Frage der Entstehung maligner Tumoren (Jena 1914).

Baltzer, F.: Theodor Boveri – Leben und Werk eines großen Biologen 1862–1915 (Stuttgart 1962).

Boyle, Robert, Naturforscher, geb. 25. 1. 1627 Lismore (Irland), gest. 30. 12. 1691 London.

B. ist in die Geschichte der Chemie vor allem eingegangen als fundierter Kritiker der chemischen Lehren von den 4 Elementen bzw. von den 3 Prinzipien (Paracelsus) sowie als Begründer neuer chemischer Untersuchungsmethoden. Auf dem Gebiet der Physik arbeitete er besonders über Luftdruck und Vakuum und entdeckte das – nach ihm und seinem Mitentdecker benannte – Boyle-Mariottesche Gasgesetz.

Als jüngstes (14.) Kind des Earl of Cork genoß B. eine sorgfältige Erziehung und Ausbildung (Bildungsreise 1637–1644 durch Frankreich, Schweiz und Italien) und konnte sich seinen späteren Forschungen ohne die Notwendigkeit eines Broterwerbes widmen. Auf seinem Gut in Stalbridge richtete er ein chemisches Laboratorium ein, in dem er von 1645 bis 1654 experimentierte und sich weiterbildete. 1654 übersiedelte er nach Oxford, um in Kontakt mit dem Wadham College zu sein. Sein Assistent wurde R. Hooke. B. gehörte hier zu den Mitbegründern des Invisible College, aus dem 1663 die in London ansässige Royal Society hervorging. Als eines ihrer einflußreichsten Mitglieder (eine Präsidentschaft lehnte B. zeitlebens ab) übersiedelte er 1668 nach London, wo er im Hause einer Schwester lebte. Angeregt durch die revolutionäre Umgestaltung des geozentrischen Weltbildes (N. Copernicus, J. Kepler) und insbesondere durch die Begründung der wissenschaftlichen Mechanik (G. Galilei, I. Newton) überprüfte B. experimentell die in der Chemie vorherrschenden Lehren (Elementenlehre von Empedokles und Aristoteles, Prinzipienlehre von Paracelsus) und übte in seinem 1661 erschienenen Werk »The sceptical chymist« (Der skeptische Chemiker) eine fundierte Kritik an ihrer Gültigkeit. Weder die Stoffe Feuer, Wasser, Luft und Erde noch Schwefel, Quecksilber und Salz erfüllten seiner Meinung nach den von Empedokles definierten Inhalt des Begriffes Element. B. verwarf diesen Elementbegriff als Grundbegriff der Chemie und führte die Ursachen chemischer Veränderungen auf strukturelle Veränderungen verschieden geformter Korpuskeln einer qualitativ einheitlichen Materie zurück. Materie und Bewegung sah B. als letzte Ursache der unterschiedlichen Qualitäten der verschiedenen Stoffe an, die durch den Zusammentritt verschieden geformter Korpuskeln zu unterschiedlichen Strukturen hervorgebracht werden. B. dachte sich auch das Feuer als aus Korpuskeln bestehend und erklärte deshalb die Massevergrößerung beim Oxidieren von Metallen als Vereinigung dieser mit Feuerkorpuskeln. B.s korpuskular-mechanistische Lehre wurde insbesondere von N. Lemery und Newton weiter durchgebildet, von G. E. Stahl als unzureichend kritisiert und letztlich durch die Arbeiten von A. L. Lavoisier und J. Dalton aufgehoben.

B. entdeckte bei seinen chemischen Experimenten viele für die qualitative Analyse geeignete Reaktionen und Indikatoren. Er wurde zum Mitbegründer der analytischen Chemie. Der Einsatz von nachgebauten Luftpumpen, die Hooke verbesserte, ermöglichte B. chemische und physikalische Untersuchungen im Vakuum oder bei verminderten Drücken. Dabei entdeckte er unter anderem das Gesetz $p \cdot v = \text{const.}$ St

Literatur: The Works of the Honourable Robert Boyle, 5 Bde. (Hrsg. Birch, London 1744), 6 Bde. (2. Aufl. London 1772, photomechanischer Nachdr. dieser Aufl. Hildesheim 1965/66).

Boas, M.: Robert Boyle and 17th Century Chemistry (Cambridge 1958); Fulton, John F.: A bibliography of the Honourable Robert Boyle (2. Aufl. Oxford 1961).

Bradley, James, Astronom, geb. 1692 Shireborn bei Gloucester, gest. 13. 7. 1762 Chalford bei Gloucester.

Th. Boveri

R. Boyle

J. Bradley

Tycho Brahe

B. entdeckte die Aberration und Nutation der Gestirne und hat damit entscheidenden Anteil an der Genauigkeit der modernen Positionsastronomie.

B. war schon als junger Pfarrer durch seinen Onkel in die Astronomie eingeführt worden. Er erhielt bereits 1721 die Berufung als Prof. für Astronomie an die Univ. Oxford. Nach E. Halleys Tod wurde er 1742 »Astronomer Royal« (Kgl. Astronom) und Dir. der Sternwarte Greenwich.

Der Liebhaberastronom S. Molyneux hatte sich 1725 von dem bekannten Instrumentenbauer G. Graham auf seiner Privatsternwarte Kew bei London ein Spezialfernrohr für zenitnahe Beobachtungen bauen lassen, um geringe Veränderungen in der Deklination mit großer Genauigkeit messen zu können. An diesen Beobachtungen beteiligte sich B. und führte sie nach dem Ausscheiden von Molyneux allein weiter. Dabei ergab die Beobachtung des Sternes γ Draconis über einen längeren Zeitraum, daß sein scheinbarer Ort am Himmel im Verlaufe eines Jahres eine Ellipse mit einer großen Achse von etwa 40 Bogensekunden beschrieb, die jedoch nicht einer zu erwartenden parallaktischen Bewegung entsprach. B. fand, daß auch andere Sterne eine solche periodische Bewegung in Abhängigkeit von ihrer ekliptikalen Breite zeigten, und konnte sie 1728 mit der Aberration des Sternlichtes durch die Bewegung der Erde in ihrer Bahn um die Sonne erklären. Dies war der erste experimentelle Beweis für die jährliche Bahnbewegung der Erde um die Sonne und damit für die kopernikanische Theorie. Die Fortsetzung der Beobachtungen von γ Draconis über die folgenden Jahre mit einer weiter verbesserten Beobachtungsgenauigkeit ergab eine Restbewegung mit einer Periode von 18,6 Jahren, die auch alle anderen beobachteten Sterne zeigten. Sie wurde von B. 1748 als Nutation der Erdachse erklärt, d. i. eine konische Kreiselbewegung der Erdachse, die durch die Gravitationsanziehung des Mondes auf die abgeplattete Erde verursacht wird und der schon länger bekannten Präzession überlagert ist.

Als Dir. der Sternwarte Greenwich stattete B. diese mit neuen Instrumenten aus. Hervorzuheben ist hier der Mauerquadrant von J. Bird mit einem Radius von 8 Fuß, mit dem B. ab 1750 Meridianbeobachtungen von Sternen, Sonne, Mond und Planeten durchführte, die alle vorangegangenen an Genauigkeit weit übertrafen. Diese Genauigkeit erreichte B. nicht allein durch die verbesserten Instrumente, sondern vor allem durch die Berücksichtigung der äußeren Beobachtungsbedingungen, wie Temperatur und Luftdruck, die er in seinen Beobachtungsbüchern festhielt und die so noch eine spätere Reduktion gestatteten. Nach einem Rechtsstreit zwischen den Erben B.s und der brit. Admiralität wurden die Beobachtungsbücher durch Gerichtsbeschluß der Univ. Oxford zugesprochen und konnten endlich in den Jahren 1798 bis 1805 veröffentlicht werden. Von F. W. Bessel wurden sie dann einer Neureduktion unterzogen und 1818 unter dem Titel »Fundamenta Astronomiae, ex observationibus viri incomparabilis James Bradley« veröffentlicht. Dieser Katalog, mit Positionsfehlern von nur noch wenigen Bogensekunden behaftet, war von grundlegender Bedeutung für die Astronomie des 19. Jh., diente insbesondere zur Berechnung von Eigenbewegungen der Fixsterne und fand als ältester Sternkatalog Eingang in die von A. v. Auwers begründete »Geschichte des Fixsternhimmels«. Fe

Literatur: Bradley, J.: An account of a new discovered motion of the fixed stars, in: Phil. Trans. 1728 (London), On the apparant motion of the fixed stars, in: Phil. Trans. 1748 (London), Astronomical Observations made at the Royal Observatory at Greenwich from 1750–62 (Oxford, Bd. 1 1798, Hrsg. Hornsby, Bd. 2 1805, Hrsg. Robertson), Fundamenta Astronomiae, ex observationibus viri incomparabilis James Bradley (Königsberg 1818, Hrsg. F. W. Bessel).

Brahe, Tycho, Astronom, geb. 14. 12. 1546 Knudstrup (Dänemark), gest. 24. 10. 1601 Prag.

B. war ein bedeutender Astronom, Mathematiker und Konstrukteur astronomischer Geräte. Er machte sich vor allem um den Fortschritt der Beobachtungsastronomie verdient, besonders dadurch, daß er eine Reihe neuer und für seine Zeit sehr genauer Instrumente baute, mit denen er die Örter von Fixsternen und Planeten beobachten konnte.

B. wuchs in Tostrup bei seinem Onkel Jörgen B. auf, der ihn an Kindes Statt aufgenommen hatte und für eine gute Ausbildung seines Neffen sorgte, wozu er ausgewählte Hauslehrer verpflichtete. Ab 1559 studierte B. an der Univ. Kopenhagen Philosophie und Rhetorik, ab 1562 in Leipzig Jura. Nach dem Tode seines Onkels kehrte er 1565 in seine Heimat zurück, um dessen Erbschaft zu übernehmen. Er verließ jedoch bald wieder Dänemark, um sich in Leipzig dem Studium der Sternkunde, der Alchemie und Medizin zu widmen. 1571 kam er wieder nach Dänemark, wo ihm sein Onkel Stenn Bille in Herichswadt ein chemisches Laboratorium und eine Sternwarte aufbaute. Hier beobachtete er am 11. 11. 1572 im Sternbild der Cassiopeia einen neuen Stern, den er später in seiner Schrift »De stella nova« beschrieb. Von Dänemark aus reiste B. nach Deutschland, besuchte die Schweiz, Norditalien, weilte an etlichen europ. Univ. und verkehrte mit führenden Wissenschaftlern. Bei der Krönung des Kaisers Rudolf II. in Regensburg traf er Tadeás Hájek z Hájku, mit dem er Freundschaft schloß. 1575, nach erneuter Rückkehr in die Heimat, bewilligte der dän. König Frederik II. B. eine Jahresrente und gab ihm die kleine Sundinsel Hven zum Lehen. Dort erbaute B. ab 1576 sein erstes bekanntes Observatorium Uraniborg, das in den 80er Jahren des 16. Jh. zu einem weltweit bekannten Zentrum der Astronomie wurde. 1584 baute B. daneben ein zweites Observatorium. Beide Sternwarten hatten hervorragende Instrumente sowie eine sehr gute mechanische Werkstatt, eine mathematische Abteilung, eine umfangreiche Bibliothek, eine eigene Buchdruckerei und sogar eine

Papiermühle. So waren die Sternwarten in der Lage, von der Herstellung der astronomischen Instrumente über experimentelle Beobachtungen und theoretische Verarbeitung der Ergebnisse bis zu deren Publikation autonom zu arbeiten. Auch ein alchemistisches Laboratorium wurde erbaut. Während seiner Arbeit in Uraniborg umgab sich B. mit vielen hervorragenden Gelehrten, Schülern und geschickten Mechanikern. Die durch B. am Observatorium erreichten Ergebnisse bedeuteten einen qualitativen Sprung in den astronomischen Beobachtungen. Da zu seiner Zeit noch keine Optik benutzt wurde, bemühte sich B. um die Erhöhung der Genauigkeit seiner Beobachtungen dadurch, daß er möglichst große Geräte vor allem aus Messing anfertigte, deren Ausmaß ein genaueres Auftragen der Skalen und auch ein genaueres Ablesen der Angaben ermöglichte. Im Vergleich mit anderen Geräten dieser Zeit erreichte B. etwa um das Zwanzigfache genauere Ergebnisse. Das größte und beste Gerät, das er hier verfertigte, war ein Mauerquadrant. Den Großteil seiner Geräte nahm B. dann mit nach Böhmen.

Der Nachfolger von König Frederik II., Kristian IV., kürzte die für die Observatorien bestimmte Unterstützung und zahlte B.s Rente nicht mehr. Hinzu kamen Konflikte mit der Kirche, so daß B. 1597 die mühselig aufgebaute Sternwarte und auch Dänemark verließ. 1599 berief ihn Kaiser Rudolf II. nach Prag als kaiserlichen Mathematiker und Astronomen mit einem Gehalt von 3000 Gulden jährlich. In der Nähe von Prag, in dem Schloß Benátky nad Jizerou, konnte sich B. ein neues Observatorium aufbauen, das jedoch nicht die Qualität von Uraniborg erreichte. In Benátky begegnete B. J. Kepler, für den der Kontakt mit B. zweifellos von großer Bedeutung war. Besonders die Ergebnisse der langjährigen genauen Beobachtungen, die B. nicht in der Lage war, theoretisch zu verarbeiten, wurden von Kepler zur Ableitung der ersten beiden Keplerschen Gesetze benutzt.

Aufgrund zahlreicher Konflikte mit dem Schloßverwalter in Benátky kehrte B. 1600 nach Prag zurück, wo der Kaiser für ihn das Haus des Vizekanzlers Kurz (Curtiushaus) kaufte und umbauen ließ. 1601 siedelte B. dorthin über. Der wiederholte Transport der Geräte und die notwendigen Umbauten verzögerten erneut seine eigene Arbeit. Am 13. 10. 1601 war B. zu einem Festmahl bei Petr Vok aus Rozmberk eingeladen. Allen Anzeichen nach erkrankte er damals an einer akuten Urämie und verstarb kurz danach. In der Teynkirche in Prag wurde er beigesetzt.

B.s Weltsystem stellt einen Kompromiß zwischen Geozentrismus und Heliozentrismus dar. Danach kreisen Merkur, Venus, Mars, Jupiter und Saturn um die Sonne. Die Erde ist bewegungslos, und um sie herum dreht sich der Mond und dann die Sonne. Cu

Literatur: Brahe, T.: Dani de mundi aetherei recentioribus phenomenis lib. II (Uraniborg) 1588, Frankfurt 1610), Astronomiae instauratae progymnasmata … praemissa est Authoris vita. Typis inchoata Uraniburgi Daniae, absoluta (Pragae Bohemiae 1603), Epistolarum astron. libri (Uraniborg 1596), Astronomiae instauratae mechanica (Vansburg 1598), Historia Coelestis (Regensburg 1672).

Bericht über die Saecularfeier der Erinnerung an das vor 300 Jahren erfolgte Ableben des Reformators der beobachtenden Astronomie Tycho Brahe, Praha 1902; Dreyer, J. L. E.: Tycho Brahe (Edinburgh 1890 u. 1894); Hasner, J. V.: Tycho Brahe und J. Kepler in Prag (Prag 1871); Weistritz, Ph. v.: Lebensbeschreibung Tycho Brahe (Leipzig 1756).

Brahmagupta, Astronom und Mathematiker, geb. 598 wahrscheinlich in Bhillamala (heute Bhinmal, ind. Unionsstaat Radschastan), gest. nach 665.

B. bereicherte insbesondere Astronomie, Zahlentheorie, Algebra und Arithmetik. Er betrachtete die Algebra als einen eigenständigen mathematischen Zweig.

Von B. sind zwei Arbeiten überliefert. Den »Brahmasphutasiddhanta« (Brāhmasphutasiddhānta) schrieb er als Dreißigjähriger, der »Khandakhadyaka« (Khaṇḍākhadyaka) entstand 37 Jahre später. In beiden Werken wird die Entwicklung der astronomischen Anschauungen B.s sichtbar: Tritt B. zunächst als überzeugter Hindu auf und lehnt deshalb z. T. Aryabhatas Ideen sowie griech. und andere ind. astronomische Lehren, z. B. des Dschinismus oder der Veden, ab, so argumentiert er als gereifter Wissenschaftler weniger mit religiösen und mehr mit sachlichen Einwänden. In B.s Spätwerk ist kein mathematischer Abschnitt enthalten. Im »Brahmasphutasiddhanta« stellen 18 Kapitel astronomische Probleme, je ein Kapitel Beobachtungsinstrumente, Metrologie und astronomische Systeme anderer Autoren, Religionsgemeinschaften oder Völker sowie zwei Kapitel mathematische Fragen vor. Insgesamt enthält das Werk 1022 Verse und einige Tabellen.

B. behandelte als erster ind. Mathematiker systematisch das Rechnen mit negativen Zahlen bis zum Quadrieren. Damit übertraf er vergleichbare chines. Darstellungen. Er führte als erster für quadratische Gleichungen die kanonische Form $ax^2 + bx = c$ (a positive ganze Zahl, b, c beliebige ganze Zahlen) ein und gab eine positive Lösung in allgemeiner Form an. Es gibt aber auch ein Beispiel, das darauf hindeutet, daß er um die Existenz zweier Lösungen wußte. Im Anschluß an B. betonten Prithudakasvami (Pṛthūdakasvāmī) und Mahavira (Māhāvīra) im 9. Jh., daß eine quadratische Gleichung zwei Lösungen hat, und ordneten einer Quadratwurzel einen positiven und einen negativen Wert zu. Bhaskara II vollendete die ind. Theorie quadratischer Gleichungen und vervollkommnete ein allgemeines Verfahren zur Lösung von $ax^2 + b = y^2$ (1) bzw. $ax^2 + 1 = y^2$ (2) in ganzen Zahlen. Die Grundlagen für letzteres stammen von B., der dabei negative Größen als Lösungen anerkannte. Spezialfälle von (2) sind aus der griech. Mathematik bekannt. Später beschäftigten sich P. de Fermat, L. Euler u. J. L. Lagrange damit. Lagrange gab für (1) ein dem ind. ähnliches Verfahren an und bewies die ihm zugrunde liegenden Sätze, was die Inder nicht gemacht hatten.

Bislang war man der Ansicht, daß B.s Werke Ende des 8. Jh. ins Arabische übersetzt worden seien. Das bestritt kürzlich der amerik. Wissenschaftshistoriker D. Pingree aufgrund von Fragmenten der islamischen Astronomen al-Fazari (al-Fazārī) und Ya'qub ibn Tariq (Ya'qūb ibn Ṭāriq). Sicher ist aber, daß B.s Schriften z. T. in der islamischen Welt bekannt waren. Br

Literatur: Colebrooke, H. T.: Algebra with Arithmetic and Mensuration from the Sanscrit of Brahmagupta and Bhascara (London 1817); Dvivedi, S. (Hrsg.): Brahmagupta. The Brahmasphutasiddhanta (Benares 1902), Chatterjee, B. (Hrsg.): Brahmagupta. The Khandakhadyaka, Bde. 1 u. 2 (Calcutta 1970).

Braun, Alexander Carl Heinrich, Botaniker, geb. 10. 5. 1805 Regensburg, gest. 29. 3. 1877 Berlin.

B. war der Hauptvertreter der sog. »idealistischen Morphologie« der Pflanzen. Er entwickelte wesentlich die Blattstellungstheorie, die Systematik der Kryptogamen und Blütenpflanzen und die Blütenmorphologie. Seine mikroskopischen Studien an Kryptogamen (z. B. Algen) stellten einen bedeutenden Beitrag zur Entwicklung der Zellentheorie dar.

B., der Sohn eines Postbeamten mit vielfältigen naturwissenschaftlichen Interessen, wurde bis zum elften Lebensjahr privat unterrichtet; ab 1816 besuchte er das Lyzeum in Karlsruhe. 1824 begann B. auf Wunsch des Vaters in Heidelberg Medizin als »Brotberuf« zu studieren. Im Mittelpunkt des Studiums stand jedoch die ihn schon viele Jahre intensiv interessierende Botanik; er schloß engen Kontakt zu K. F. SCHIMPER und L. AGASSIZ, die später als Botaniker bzw. Zoologe weltberühmt wurden. Im Jahre 1827 setzten sie ihr Studium in München fort, um die Vorlesungen der dort lehrenden Naturphilosophen L. OKEN und F. W. J. v. SCHELLING zu hören. B. wurde 1829 »in absentia« in Tübingen promoviert. Nach einigen Reise- und Studienjahren (so hörte er 1832 gemeinsam mit AGASSIZ z. B. in Paris Vorlesungen bei G. CUVIER und schloß Bekanntschaft mit den bedeutendsten franz. Naturforschern) nahm er im September 1832 die Stelle eines Lehrers am neugegründeten Polytechnikum in Karlsruhe an. Im Mai 1846 wurde B. auf den Lehrstuhl für Botanik an die Univ. Freiburg im Breisgau berufen. Wesentlich durch J. v. LIEBIG beeinflußt, übernahm er 1847 das Ordinariat für Botanik an der Univ. Gießen. Jedoch erfolgte schon am 14. 4. 1851 die Berufung als Ordinarius für Botanik und Dir. des Kgl. botanischen Gartens und Herbariums an die Berliner Friedrich-Wilhelm-Univ.; 1865/66 war er Rektor. Hier wirkte B. als hervorragender Hochschullehrer 26 Jahre bis zu seinem Tode. Zu seinen Schülern gehörten u. a. E. HAECKEL, A. de BARY und A. W. EICHLER.

Schon als Sechzehnjähriger publizierte B. 1821 seine erste Arbeit über Lebermoose in der ältesten botanischen Zeitschrift Deutschlands, der »Flora«, und er entdeckte neue kryptogame Arten, z. B. Chara braunii Gmel. (Armleuchteralge) und Aspidium braunii Spenn (Brauns Schildfarn). Einen bedeutenden Beitrag leistete B. zur Erneuerung der vergleichenden Morphologie der Pflanzen. Er entwickelte die durch SCHIMPER initiierte Blattstellungstheorie, die in ihren theoretischen Grundlagen heute noch vermittelt wird (SCHIMPER-BRAUNsche Hauptreihe), durch den empirischen Nachweis des in mathematischen Strukturen fixierbaren spiraligen Aufbaus der Angiospermenblüte und ihrer Darstellung in »Blütendiagrammen« (1831) weiter. Seinen Ruf als Botaniker bestätigte B. auch durch seine systematisch-taxonomischen Arbeiten über Charazeen (Armleuchtergewächse), Equisetazeen (Schachtelhalmgewächse), Marsiliazeen (Kleefarne), Isoëtazeen (Brachsenkrautgewächse) und Ophioglossazeen (Natternzungengewächse). Im Zusammenhang mit seinen Forschungen an niederen Algen gelang ihm die Entdeckung der Zoosporen (Schwärmsporen), wodurch er in Überwindung von Fehlern der SCHLEIDEN-SCHWANNschen Zellbildungstheorie zu deren weiterem Ausbau beitrug. In seinem wichtigsten Werk »Betrachtungen über die Erscheinung der Verjüngerung in der Natur« (1851) knüpfte B. an den Metamorphosengedanken J. W. v. GOETHES an, nahm aber im Gegensatz zu diesem sich absolut gegenüberstehende Pflanzenorgane an (Blatt, Stengel, Wurzel). Das bedeutete gegenüber dem erkenntnistheoretischen Modell der »Urpflanze« GOETHES einen Rückschritt. Durch weitere in der Tradition der romantischen Naturphilosophie stehende naturphilosophische Interpretationen geriet B. in Gegensatz zu der seinerzeit vorherrschenden induktiven Forschungsrichtung in der Botanik. Die Morphologie habe die Aufgabe, die angeblich in der Natur herrschende planmäßig wirkende Idee, die der realen Entwicklung zugrunde liege, zu erfassen. Die Entwicklung werde daher nicht durch Zufall – wie es der Darwinismus lehrt – bestimmt. Die biologischen Arten sah B. als veränderlich an, gestützt auch auf seine paläobotanischen Forschungen. Er akzeptierte den Darwinismus aber nicht insgesamt, da Begriffe wie Vererbung, Veränderlichkeit und Kampf ums Dasein noch ungenügend geklärt waren. Die Entwicklungsprozesse seien teleologisch bestimmt. Besonders der Entwicklungsgedanke und die Geschichtlichkeit der Natur waren für B. die Grundlage, wissenschaftstheoretisch eine Verbindung aller Wissenschaftsdisziplinen zu fordern. Damit sollten die Erkenntnisse der Natur- und Geisteswissenschaften verallgemeinert zusammengefaßt werden. So äußerte B. 1855 in einer Universitätsrede in Berlin: »Und wie es für solche Naturbetrachtung wesentlich nur eine Geschichte giebt, die alles natürliche und geistige Dasein umfaßt, so auch nur Eine Wissenschaft, in der jeder einzelne Wissenszweig wurzelt«. Su

A. C. H. Braun

K. F. Braun

Literatur: Braun, A.: Vergleichende Untersuchung über die Ordnung der Schuppen an den Tannenzapfen, als Einleitung zur Untersuchung der Blattstellung überhaupt, in: Nova Acta phys.-med. Acad. Caes. Leop.-Carol. Nat. Cur. 15 (1831), 195–402, Betrachtungen über die Erscheinung der Verjüngerung in der Natur, insbesondere in der Lebens- und Bildungsgeschichte der Pflanze (Leipzig 1851), Über den Zusammenhang der naturwissenschaftlichen Disziplinen unter sich und mit der Wissenschaft im Allgemeinen (Leipzig 1855), Über die Bedeutung der Morphologie (Rede v. 2. 8. 1862 in Berlin, o. J.).

Braun, Karl Ferdinand, Physiker, geb. 6. 6. 1850 Fulda, gest. 20. 4. 1918 New York.

B. wurde vor allem durch seine physikalisch-technischen Arbeiten zur Elektrophysik bekannt. Er entdeckte den Gleichrichtereffekt an Halbleitern, erfand die Katodenstrahlröhre sowie den Kristalldetektor und ist einer der Schöpfer der Hochfrequenzphysik und Funktechnik.

B., sechstes von sieben Kindern eines Justizaktuars, absolvierte das Gymnasium und studierte in Marburg und Berlin Naturwissenschaften. Ab 1870 war er Assistent H. QUINCKES am neugegründeten physikalischen Labor der Berliner Gewerbeakademie. 1872 führte er seine Promotion über Saitenschwingungen bei H. v. HELMHOLTZ zu Ende und ging mit QUINCKE an die Univ. Würzburg. In Marburg legte B. das Staatsexamen als Gymnasiallehrer ab. Da sich zunächst keine Möglichkeit für eine Hochschullehrerlaufbahn bot und sein Vater nicht imstande war, ihn weiterhin finanziell zu unterstützen, nahm er 1874 eine Stellung als Mathematik- und Physiklehrer an der Leipziger Thomasschule an. Mit ersten elektrophysikalischen Untersuchungen und einer populärwissenschaftlichen Arbeit machte er sich einen Namen, so daß er 1877 als ao. Prof. der Physik nach Marburg und 1880 nach Straßburg (Strasbourg) berufen wurde. 1883–1885 war er o. Prof. der Physik am Polytechnikum Karlsruhe und anschließend bis 1895 an der Univ. Tübingen. Hier leitete er die Planung und den Bau eines neuen physikalischen Instituts. Mit seiner Berufung zum o. Prof. für Physik an die Univ. Straßburg (1895) begann die erfolgreichste Forschungsperiode seines Lebens. Er veröffentlichte Arbeiten zur Hochfrequenzphysik und Funktechnik. 1915 fuhr er im Auftrag der Firma Telefunken nach Amerika und mußte dort wegen des Eintritts der USA in den ersten Weltkrieg bleiben. Ein Unfall, bei dem die Operationswunde eines Darmkrebsleidens wieder aufbrach, führte 1918 seinen Tod herbei.

B.s frühe Forschungen galten im Anschluß an M. FARADAY der elektrischen Leitfähigkeit in Elektrolyten, Salzschmelzen und Mineralen. 1874 entdeckte er dabei den Gleichrichtereffekt, d. h. die Abhängigkeit der Stromstärke von der Stromrichtung beim Kontakt zwischen einem Halbleiter (»Schwefelmetall«) und einer Metallspitze. Obwohl eine theoretische Erklärung des Effekts erst durch die Quantenphysik der Festkörper möglich wurde, nutzte B. ihn 1899 zur Konstruktion des Detektors, des ersten Hochfrequenzgleichrichters auf Halbleiterbasis. Er hatte damit ein empfindliches Bauelement für den Hörempfang in die Funktechnik eingeführt, das jedoch bald durch die zuverlässiger funktionierenden Elektronenröhren wieder verdrängt wurde.

B.s Untersuchungen zur Thermodynamik galvanischer Elemente (1878) trugen zur Aufklärung der elektrochemischen Stromentstehung bei. Forschungen über die Abhängigkeit der Löslichkeit von Salzen in Flüssigkeiten vom Druck führten ihn zur Aufstellung jenes Satzes über die Wirkung eines Zwanges bei Zustandsänderungen eines chemischen Systems, der, unabhängig von ihm auch von H. LE CHATELIER (1887) angegeben, den Namen LE CHATELIER-BRAUN-Prinzip erhielt.

Zwischen 1880 und 1900 trug B. durch Konstruktionen verschiedener Geräte zum Fortschritt in der Technik bei. Er baute 1884 ein erstes brauchbares elektrisches Widerstandsfernthermometer, das von der Firma Hartmann und Braun, die B.s Bruder leitete, produziert wurde. Ferner fand das »BRAUNsche Elektrometer« (1891) mit Aluminiumblättchen wegen seiner genauen Eichbarkeit und leichten Handhabung weite Verbreitung. Höhepunkt war jedoch die Konstruktion der Katodenstrahlröhre mit einem phosphoreszierenden Glimmerschirm im Röhrenboden und einer Lochblende sowie einem magnetischen Ablenkungssystem zur Aufzeichnung elektrischer Schwingungen (1897). Anknüpfend an die Resultate der Katodenstrahlforschung schuf B. damit die Urform der Fernseh- und Oszillographenröhre.

B. hat das entscheidende Verdienst, die von A. S. POPOW und G. MARCONI inaugurierte Funktechnik aus dem Stadium des Probierens herausgeführt zu haben, indem er auf der von H. HERTZ gegebenen wissenschaftlichen Grundlage aufbaute. Von einem Industriellen zur Vervollkommnung einer unzulänglichen »Drahtlosen Wassertelegraphie« herangezogen, führte er 1898 den geschlossenen Schwingkreis mit induktiv angekoppeltem Antennenkreis in die Funktechnik ein und verminderte damit die Senderdämpfung. Mit der Verwendung des Kristalldetektors im Empfänger, der Konstruktion erster funktechnischer Meßgeräte (Frequenzmesser) durch Assistenten B.s sowie der Verbesserung der Spulenkerne und der Erfindung der Rahmenantenne zur Richtfunktechnik begann durch B. die wissenschaftlich-technische Entwicklung der Hochfrequenzphysik und -technik. Dafür erhielt er 1909 gemeinsam mit MARCONI den Nobelpreis für Physik.

B. schrieb in seinen Leipziger Jahren ein überaus anregendes populärwissenschaftliches Kinderbuch und war mit satirischen Gedichten in seiner Assistentenzeit gelegentlicher Mitarbeiter der »Fliegenden Blätter«.

Infolge seiner Erfolge auf dem Gebiet der Funktechnik beteiligte er sich 1898 an der Gründung einer funktechnischen Firma (Telebraun), die sich 1900 mit dem finanzstarken Elektrokonzern Siemens & Halske verband. 1903 ging daraus als Tochtergesellschaft von Siemens und der AEG die Telefunken-Gesellschaft hervor, die B.s Patente ausbeutete. Schi

Literatur: Braun, K. F.: Über die Stromleitung durch Schwefelmetalle, in: Ann. Phys. u. Chem. 153 (1874), 556–563, Über ein Verfahren zur Demonstration und zum Studium des zeitlichen Verlaufs variabler Ströme, in: Ann. Phys. u. Chem. 60 (1897), 552–559, Drahtlose Telegraphie durch Wasser und Luft (Leipzig 1899).

Kurylo, F.: Ferdinand Braun (München 1965).

Bredig, Georg, Physikochemiker, geb. 1. 10. 1868 Glogau (Głogów), gest. 24. 4. 1944 New York.

B. war einer der ersten profilierten Vertreter der klassischen physikalischen Chemie. Seine elektrochemischen Arbeiten und insbesondere seine grundlegenden Beiträge zur Theorie und Praxis der Katalyse waren richtungweisend für nachfolgende Forschungen.

B. studierte Chemie in Freiburg im Breisgau (1886), Berlin (1886–1889) und Leipzig (1889–1893), wo er 1894 mit einer Arbeit über die Stöchiometrie der Ionenbeweglichkeit zum Dr. phil. promovierte. In den folgenden sechs Jahren war er Assistent bei W. OSTWALD. In den Jahren 1893–1895 führten ihn Studienreisen zu J. H. VAN'T HOFF und E. COHEN nach Amsterdam, zu M. P. BERTHELOT nach Paris und zu S. ARRHENIUS nach Stockholm. 1901 habilitierte er sich an der Univ. Leipzig mit einer Arbeit über anorganische Enzyme und einer Vorlesung über »Die Chemie der extremen Temperaturen«. Im selben Jahr wurde B. als ao. Prof. an die Univ. Heidelberg berufen, wo er die physikalisch-chemische Abteilung des chemischen Unterrichtslaboratoriums leitete. 1910 erhielt er eine Berufung zum o. Prof. an die Eidgenössische TH Zürich, nahm aber schon ein Jahr später einen Ruf an den Lehrstuhl für physikalische Chemie der TH Karlsruhe an, wo er als Nachfolger von F. HABER bis zu seiner Emeritierung 1934 Dir. des physikalisch-chemischen Instituts war. 1922/23 übte er das Amt des Rektors der Hochschule aus.

Für seine pharmakologisch und physiologisch bedeutsame Entdeckung der Erzeugung hochdisperser wäßriger Metallsole durch Brennen eines Lichtbogens zwischen Metallelektroden unter Wasser wurde er zum Dr. med. h. c. promoviert.

In Leipzig beschäftigte sich B. vor allem mit elektrochemischen Fragen. Er untersuchte die Ionenbeweglichkeit in Abhängigkeit von der Wärmeleitung der Moleküle, die elektromotorischen Kräfte (EMK) chemischer Gleichgewichte, amphotere Elektrolyte, Oxidations- und Reduktionsketten u. a. Angeregt durch OSTWALDS Orientierung auf die Erforschung des Phänomens Katalyse wurden dann aber die damit zusammenhängenden Fragen zu seinem Hauptforschungsgebiet, das er eng praxisbezogen bearbeitete. Mit der ihm eigenen Akribie in Theorie und Experiment widmete er sich der Kinetik katalytischer Vorgänge und untersuchte unter anderem die Einflüsse von Acidität und Basizität, die reversiblen und irreversiblen Vergiftungen von Katalysatoren, ihre Aktivierung durch Beladung sowie die Synthese optisch aktiver Stoffe mit optisch aktiven Katalysatoren.

B. war Herausgeber des »Handb. der angewandten physikalischen Chemie in Einzeldarstellungen«. Außerdem verfaßte er zahlreiche wissenschaftliche Abhandlungen. Ein eigentliches Buch über die Katalyse hat er aber nicht geschrieben.

B.s Emeritierung fiel in die Zeit, als in Deutschland der Nationalsozialismus gerade die Macht ergriffen hatte; schon vorher war ihm das Arbeiten unter den Bedingungen des zunehmend geschürten Antisemitismus immer schwerer geworden. Er emigrierte deshalb 1938 zunächst nach Holland, dann in die USA, wo er seelisch zermürbt und verbittert starb. Gi

Literatur: Bredig, G.: Anorganische Fermente. Darstellung

G. Bredig

F. A. Breithaupt

Chr. F. Brendel

L. V. de Broglie

kolloidaler Metalle auf elektrischem Wege und Untersuchung ihrer katalytischen Eigenschaften. Kontaktchemische Studien (Leipzig 1901). Die Chemie der extremen Temperaturen (Leipzig 1901), Arbeiten aus dem chemischen Institut der Univ. Heidelberg. Festschr. Theodor Curtius zum 25jährigen Doktor-Jubiläum gewidmet (Heidelberg 1907), Denkmethoden der Chemie (Leipzig 1923).

Haber, F.: Georg Bredig zum 60. Geburtstag, in: Z. Elektrochem. 34 (1928), 1–3; Koenig, A.: Georg Bredig, in: TH Fridericiana Karlsruhe. Festschr. S. 27f (Karlsruhe 1950).

Breithaupt, Friedrich August, Mineraloge und Unternehmer, geb. 18. 5. 1791 Probstzella (Frankenwald), gest. 22. 9. 1873 Freiberg (Sachsen).

B. war einer der bekanntesten Mineralogen des 19. Jh. und Mitbegründer des Erzgebirgischen Steinkohlen-Aktienvereins Zwickau.

B. begann 1809 ein naturwissenschaftlich-mathematisches Studium an der Univ. Jena, das er 1811 bei A. G. Werner an der Bergakademie in Freiberg fortsetzte. B.s Interesse und seine hervorragenden studentischen Leistungen auf dem Gebiet der Mineralogie veranlaßten Werner, ihn bereits 1813 als Lehrer für Mineralogie an der Berghauptschule Freiberg und als Administrator der Mineraliensammlung der Bergakademie einzusetzen. Gleichzeitig wurde er Edelsteininspektor. 1826 erhielt er die Professur für Mineralogie an der Bergakademie Freiberg, die er bis zu seiner Emeritierung 1866 innehatte. Als Hochschullehrer kämpfte B. 1826–1839 mündlich und schriftlich gegen die Reglementierung durch das Oberbergamt Freiberg (die Bergakademie unterstand dem Oberbergamt) bei der Gestaltung seiner Lehrveranstaltungen und leistete damit einen Beitrag zur Vorbereitung der später an der Bergakademie durchgeführten Reformen.

B. war als ausgezeichneter Mineralkenner geschätzt und geachtet. Er entdeckte mittels chemischer Untersuchungen und physikalischer Messungen 40 Minerale, mehr als 160 Minerale benannte er neu. Mit seinem Werk »Vollständiges Handb. der Mineralogie« (1836) lieferte er nicht nur eine allgemein von der Fachwelt anerkannte Klassifikation der Minerale, sondern definierte den Gegenstand der Mineralogie als repräsentativ für deren Entwicklungsstand Mitte des 19. Jh.: Erforschung der Gesetzmäßigkeiten der Eigenschaften, des Vorkommens, des natürlichen Entstehens und Vergehens sowie der paragenetischen Verhältnisse der stofflich einheitlichen, unbelebten Bestandteile der festen Erdkruste und des Kosmos, die ohne bewußte Einflußnahme entstanden sind. Diese Definition bedeutete zugleich exakte Abgrenzung zu anderen geowissenschaftlichen Teildisziplinen und damit Herausbildung der Mineralogie als Wissenschaft. 1849 veröffentlichte B. sein Buch »Paragenesis der Mineralien«. Darin geht er nicht nur auf das Erkennen und die Beschreibung des gesetzmäßigen Zusammenvorkommens von Mineralen unter bestimmten geologischen Bedingungen ein, sondern systematisiert sie auch nach dem Lagerstätteninhalt und gibt theoretische und praktische Anleitung zum Suchen und Bestimmen von Mineralen. Damit leistete B. zugleich auch einen wesentlichen Beitrag zur Entwicklung der Lagerstättenlehre, der Geochemie und der Erzmikroskopie.

B. war gemeinsam mit C. A. Kühn der erste, der aufgrund der geologischen Kenntnis eines Kohlenreviers 1837 im Analogieschluß die Fortführung steinkohlenführender, abbauwürdiger Flöze in größerer Teufe (jenseits der Oberhohndorfer Verwerfung bei Zwickau in Sachsen) vermutete und zielgerichtet Tiefbohrungen ansetzte. Dem erfolgreichen Nachweis der Steinkohlenflöze bei Zwickau schlossen beide Wissenschaftler und die Brüder C. und G. Harkort 1840 die Gründung des Erzgebirgischen Steinkohlen-Aktienvereins zu Zwickau an. B. war bis 1873 stellvertretender Vorsitzender des Direktoriums dieser Aktiengesellschaft.

Als 1848 die Deutsche Geologische Gesellschaft zu Berlin gegründet wurde, war B. eines ihrer ersten Mitgl.; er war ferner Mitgl. der Ak. d. Wiss. zu Göttingen, München, Florenz und Madrid, der Kaiserlichen Leopoldinischen Ak. der Naturforscher, der K. u. K. Österr. Geologischen Reichsanstalt, der naturforschenden Gesellschaften zu Erlangen, Jena, Marburg, Bonn, Berlin, Zürich, St. Petersburg (Leningrad), Moskau und New York, außerdem Dr. h. c. der Univ. Jena und Marburg. Ew

Literatur: Breithaupt, A.: Vollständiges Handb. der Mineralogie, 3 Bde. (Dresden u. Leipzig 1836, 1841, 1847), Die Paragenesis der Mineralien (Freiberg 1849).

Probleme der Paragenese von Mineralien, Elementen und Isotopen. Tl. I, Breithaupt-Kolloquium 1966 in Freiberg, in: Freib. Forsch. C 230 (1968); Friedrich August Breithaupt. 1791–1873. Eine Bibliographie seiner Veröffentlichungen (Freiberg 1974); Engewald, G.-R.: Friedrich August Breithaupt (1791–1873). Mineraloge und Unternehmer, in: Leben und Wirken deutscher Geologen im 18. und 19. Jh. (Leipzig 1985).

Brendel, Christian Friedrich, Kunstmeister und Maschinendirektor, geb. 26. 12. 1776 Neustädtel (Erzgebirge), gest. 20. 11. 1861 Freiberg (Sachsen).

B. bestimmte als oberster Maschinenbeamter der sächs. Bergbehörde die maschinentechnische Entwicklung und gehörte durch eigene Konstruktionen zu den Pionieren des Baus von Dampfmaschinen, Wassersäulenmaschinen und Hüttengebläsen zu Beginn des 19. Jh.

B. entstammte einer Schneeberger Bergmannsfamilie und arbeitete selbst anfangs als Bergmann. 1797–1802 studierte er an der Bergakademie Freiberg und unternahm im Auftrag der Bergbehörde danach eine über zweijährige technische Studienreise nach England. In der kurfürstlich-sächs. Saline Dürrenberg hatte er 1805–1814 den Bau des noch heute zur Förderung von Sole benutzten Witzlebenschachtes und der darin 1811–1906 betriebenen Pumpenanlage zu leiten sowie eine Dampfmaschine zu bauen. 1811 wurde B. in Freiberg zum Kunstmeister berufen und hatte damit im gesamten sächs. Erzbergbau und im staatlichen Hüttenwesen die maschinentechnischen Fragen zu bearbeiten. Als Maschinendirektor leitete er bis 1851 die dem Oberbergamt nachgeordnete Maschinendirektion, ein mit mehreren Technikern besetztes Projektierungs- und Konstruktionsbüro, das auch die Bauleitung der neuen Maschinenanlagen zu übernehmen hatte. – Von B.s Söhnen war FRANZ B. (1811–1868) ein im 19. Jh. bedeutender Musikwissenschaftler, Gründer des damaligen Allgemeinen deutschen Musikvereins und Redakteur der Neuen Ztschr. für Musik.

B. ist durch technische Neuentwicklungen in verschiedenen Maschinengattungen unter den Technikern seiner Zeit allgemein bekannt geworden. Seine erste, 1808–1811 in Dürrenberg gebaute Dampfmaschine entsprach in Wirkungsprinzip und Gesamtanordnung der klassischen Dampfmaschine von J. WATT, besaß aber mit dem waagerechten Schwungrad und einer besonderen Geradführung der Kolbenstange auch bemerkenswerte eigenständige Konstruktionselemente und gehört in die Anfangsphase des deutschen Dampfmaschinenbaus. Die dritte von B. konstruierte Dampfmaschine, 1826–1829 für den Dresdener Elbstollen gebaut, war eine Bockmaschine mit »BRENDELscher Schiebersteuerung«. Diese ermöglichte ein einfaches Umsteuern der Maschine und war deshalb besonders für Fördermaschinen günstig.

Für Freiberger Gruben konstruierte B. 1816–1847 vier

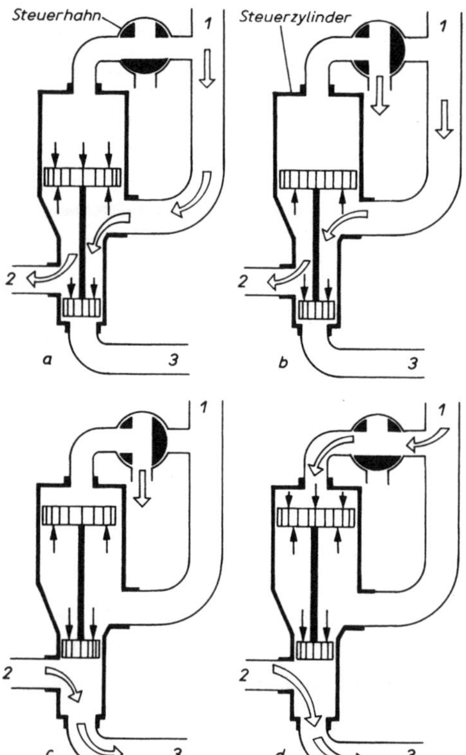

Wirkungsweise der Brendelschen Wassersäulenmaschinen-Kolbensteuerung: *a* bei Aufwärtsgang der Maschine, *b* Ende des Aufwärtsganges, *c* bei Abwärtsgang, *d* Ende des Abwärtsganges. *1* Einfallrohr, *2* Rohr zur Maschine, *3* Abfluß zum Stolln. Weiße Pfeile: Bewegung des Wassers. (vgl. auch Abb. bei Mende, J.F.)

Wassersäulenmaschinen. Sie waren – gegenüber den von J.F. MENDE gebauten – die ersten, die sich im sächs. Bergbau bewährten, und gaben den Auftakt zum Bau zahlreicher weiterer. Da Wasser im Gegensatz zu Dampf nicht komprimierbar ist, sind die Steuerungen von Wassersäulenmaschinen grundsätzlich komplizierter als die der Dampfmaschinen. Die 1820–1824 bei der Wassersäulenmaschine der Freiberger Mordgrube entwickelte »BRENDELsche Kolbensteuerung« wurde international beachtet (Abb.). Die Steuerkolben wurden hier nicht von außen durch eine Kolbenstange, sondern in einem geschlossenen Steuerzylinder und damit praktisch wartungsfrei durch verschiedene Zuleitung von Druckwasser auf die verschieden großen Flächen der Steuerkolben bewegt.

Von B.s Hüttengebläsen war das 1829–1831 für die Antonshütte bei Schwarzenberg erbaute »Schwarzenberg-Gebläse« damals das größte in Sachsen. Es ist ein dreizylindriges, doppeltwirkendes Kolbengebläse ohne Balanciers, dessen Zylinder auf einer Tragkonstruktion hoch über der von einem Wasserrad in Bewegung gesetzten Kurbelwelle stehen. Mit den neogotischen Formen der Tragkonstruktion ist das als technisches Denkmal jetzt in Freiberg aufgestellte Gebläse noch heute eines der bedeutendsten Beispiele des Architekturstils im Maschinenbau zwischen 1820 und 1850.

1829–1831 legte B. die erste Eisenschienenbahn im sächs. Bergbau an und förderte damit die Diskussion um den Bau der ersten deutschen Fernbahn Leipzig–Dresden. Als Gutachter wurde er zu technischen Fragen der Elbschiffahrt und zu zahlreichen maschinentechnischen Problemen der damals aufkommenden Industrie herangezogen. Wb

Literatur: Wagenbreth, O.: Der Maschinendirektor Christian Friedrich Brendel und seine Bedeutung für die technische und industrielle Entwicklung im 19. Jh. in Sachsen, in: Sächs. Heimatbl. 22 (1976), Heft 6, 271 -279, Einige Wechselwirkungen zwischen dem Bergbau, den Montanwissenschaften und den allgemeinen Produktionsverhältnissen Sachsens in der ersten Hälfte des 19. Jh., in: Neue Bergbautech. 7 (1977), Heft 3, 210–217; Wappler, B.: Oberberghauptmann von Trebra und die drei ersten sächs. Kunstmeister Mende, Baldauf und Brendel, in: Mitt. Freib. Altertumsverein 41 (1906), 69–178.

Briggs, Henry, Mathematiker, geb. Februar 1561 Warleywood bei Halifax (Yorkshire), gest. 26. 1. 1630 Oxford.

B. ist als Schöpfer der ersten dekadischen Logarithmentafeln bekannt geworden.

Nach dem Elementarschulbesuch studierte B. seit 1577 am St. John's College in Cambridge und erwarb 1585 den Grad des Master of Arts. Ab 1592 las er dort Mathematik und später auch Medizin. Seit 1596 wirkte B. als Prof. für Geometrie am Gresham-College in London und wurde 1620 als Prof. für Geometrie an die Univ. Oxford berufen.

Seit 1615 beschäftigte sich B. genauer mit den Logarithmen und gab 1617 sein »Logarithmorum chilias prima« mit den ersten dekadischen vierstelligen Logarithmen heraus. Seine 1624 erschienene »Arithmetica logarithmica« enthielt dann die Logarithmen von 30 000 natürlichen Zahlen. In einem Manuskript, das erst 1633 gedruckt wurde, hatte es B. unternommen, die Logarithmen der trigonometrischen Funktionen zu berechnen. Eng verbunden mit der Berechnung von Tafeln ist das Problem der Interpolation. B. fand ein Verfahren, n-te Differenzen allgemein auf $(n-1)$te zurückzuführen, und drang bis zur impliziten Darstellung der Interpolationsformel von I. NEWTON und C.F. GAUSS vor.

B. hat auch Teile der »Elemente« des EUKLID herausgegeben (1620) und wohl als erster die Suche nach der Nordwestpassage (1622) propagiert. Il

Literatur: Briggs, H.: Logarithmorum chilias prima (London 1617), Arithmetica logarithmica, sive logarithmorum chiliades triginta ... (London 1624), Trigonometria Britannica ... (Hrsg. H. Gellibrand, Gouda 1633).

Broglie, Prince Louis Victor de, Physiker, geb. 15. 8. 1892 Dieppe (Dep. Seine-Maritime), gest. 19. 3. 1987 Louveciennes bei Paris.

B. sprach die Hypothese aus, daß alle materiellen Objekte nicht nur über Korpuskel-, sondern zugleich auch über Welleneigenschaften verfügen. Er hat damit beigetragen, über den Rahmen der klassischen Physik mit ihrer prinzipiellen Trennung von Wellen- und Teilchenbild hinauszugehen und wichtige Grundlagen für den Ausbau der modernen Quantenphysik zu legen.

B., Angehöriger eines alten franz. Adelsgeschlechts, studierte zunächst Geschichte und Philosophie. 1911 begann er mit dem Studium von Mathematik und Physik, wozu er von seinem älteren Bruder Maurice B. angeregt worden war. Während seines Militärdienstes im ersten Weltkrieg befaßte sich B. mit Problemen der Elektrotechnik und des Nachrichtenwesens und mit der Ausbildung von elektrotechnischem Personal. Die längste Zeit des Krieges verbrachte er in der funktelegrafischen Station des Eiffelturms. Nach seiner Entlassung aus dem Heeresdienst 1919 nahm B. seine physikalischen Studien wieder auf und befaßte sich im Labor seines Bruders mit dem lichtelektrischen Effekt bei Röntgenstrahlen. Am 25. November 1924 verteidigte B. an der Pariser Sorbonne seine berühmt gewordene Doktordissertation »Recherches sur la Théorie des Quanta«, in der er den Begriff der Materiewellen einführte. Als Prof. der theoretischen Physik am Institut Henri Poincaré, das 1929 in Paris aus Stiftungsmitteln eingerichtet wurde, arbeitete B. über eine Vielzahl physikalischer und philosophischer Probleme. Seit 1932 wirkte er auch als Prof. an der Faculté des Sciences der Sorbonne. Während des zweiten Weltkrieges war B. mit der dokumentarischen Sammlung der in den USA veröffentlichten Arbeiten über Zentimeterwellen, Richtstrahler, Hohlspiegel u. dgl. beauftragt.

B. erhielt von seinem Bruder die Texte der Referate und Diskussionen des 1. Solvay-Kongresses, der im Oktober 1911 in Brüssel zum Thema »Strahlungstheorie und Quanten« stattgefunden hatte. Die Beschäftigung mit diesem Material gab B. entscheidende Impulse für sein wissenschaftliches Lebenswerk. In Analogie zum Welle-Teilchen-Dualismus des Lichtes, den A. Einstein 1905 durch die Photonenhypothese in die physikalische Diskussion eingebracht und den A. H. Compton 1923 bestätigt hatte, vermutete B., daß der Dualismus auch für die stoffliche Struktur gilt. In seiner Dissertationsschrift entwickelte er die These, daß man jedem Teilchen mit dem Impuls p eine Welle (Phasenwelle) zuordnen kann, für die er den Begriff Materiewelle einführte und deren Wellenlänge λ er mit $\lambda = h/p$ bestimmte (h ist das Plancksche Wirkungsquantum). B. wandte seinen Ansatz auf das Bohrsche Atommodell an und beschrieb die Bohrschen Bahnen durch diejenigen Elektronenwellen um den Atomkern, die sich nicht selbst durch Interferenz auslöschen. Dieser Ansatz war sehr fruchtbar. Auf seiner Grundlage entwickelte E. Schrödinger 1926 die Wellenmechanik. Durch Versuche zur Elektronenbeugung an Kristallen konnten C. J. Davisson und L. H. Germer 1927 den experimentellen Beweis für die Richtigkeit der These von den Materiewellen erbringen. Der modernen statistischen Interpretation der Quantenmechanik stand B. anfangs skeptisch gegenüber. Nach regen Diskussionen auf dem 5. Solvay-Kongreß 1927 gab er aber seinen Versuch, die Wellenmechanik deterministisch zu erklären, auf und näherte sich den Anschauungen N. Bohrs und W. Heisenbergs. Seit 1951 kam er im Zusammenhang mit Arbeiten von D. Bohm und J. P. Vigier seinem ursprünglichen Versuch einer anschaulich-deterministischen Interpretation der Wellenmechanik jedoch wieder näher.

1929 war B. der Nobelpreis für Physik verliehen worden.

Gl

Literatur: Broglie, L. de: Recherches sur la Théorie des Quanta, in: Ann. de Phys. 3 (1925), 22ff, dtsch in: Wellenmechanik. Einführung und Originaltexte (Hrsg. Ludwig, G., Berlin–Oxford–Braunschweig 1969), Einführung in die Wellenmechanik (Leipzig 1929), (mit Broglie, M. de): Einführung in die Physik der Röntgen- und Gamma-Strahlen (Leipzig 1930), Licht und Materie. Ergebnisse der neuen Physik (Hamburg 1939), Die Elementarteilchen. Individualität und Wechselwirkung (Hamburg 1943), Physik und Mikrophysik (Hamburg 1950).

Gerber, J.: Geschichte der Wellenmechanik, in: Arch. Hist. Exact Sci., Vol. 5 (1969), 349–416; Ludwig, G.: Wellenmechanik. Einführung und Originaltexte (Berlin 1969); Louis de Broglie und die Physiker (Hamburg 1966).

Brongniart, 1) Adolphe-Théodore, Botaniker und Paläontologe, Sohn von 2), geb. 14. 1. 1801 Paris, gest. 18. 2. 1876 Paris.

B. gilt als Begründer der Paläobotanik und erster Systematiker der fossilen Pflanzenwelt.

B. studierte in Paris Medizin und beschäftigte sich vorzugsweise mit Botanik. 1833 wurde er Prof. für Botanik und Physiologie am Jardin des Plantes in Paris und am Naturhistorischen Museum Paris, 1834 Mitgl. der franz. Ak. d. Wiss.; 1852–1866 war er Generalinspektor der naturwissenschaftlichen Fakultät der Sorbonne.

B.s erste Abhandlung »Sur la classification et la distribution des végétaux fossiles« (Über die Klassifikation und Verteilung der fossilen Gewächse) aus dem Jahre 1822 war die bis dahin vollständigste und wissenschaftlich beste Übersicht der gesamten, bis Anfang des 19. Jh. bekannten Pflanzenwelt. Sein reich illustriertes Werk »Histoire des végétaux fossiles« (Geschichte der fossilen Pflanzenwelt), erschienen 1828–1837, sollte eine Ergänzung und Weiterführung der mehr skizzenhaften Abhandlung sein, ist jedoch unvollendet geblieben. Mit diesem Werk wurde B. zum Vorbild für die Erforschung der fossilen Pflanzenwelt und Begründer der Paläobotanik. Wie G. Cuvier für die Fauna, entwickelte B. darin für die fossilen Pflanzen ein katastrophistisches Lebensbild, nach dem periodische Auslöschungen des Lebens immer wieder neue, andere Pflanzenarten entstehen ließen. In diesem Werk unterschied er vier völlig getrennte Perioden in der Erdgeschichte mit verschiedenartiger Flora: 1) älteste Übergangsformation (bis zur Steinkohlenbildung), 2) bunter Sandstein, 3) Muschelkalk bis Kreide, 4) über der Kreide liegend. B. erkannte die ständige Vervollkommnung der Pflanzen in den aufeinander folgenden Erdformationen und stellte eine Hypothese für die massenhafte Entwicklung der Gefäßkryptogamen auf, der sich viele Gelehrte anschlossen. Die Aussagen in seinen ersten Werken beruhten fast ausschließlich auf makroskopischen Merkmalen und berücksichtigten kaum die innere Struktur der Pflanzen. Sein 1839 herausgegebenes Werk »Archives du Muséum d'histoire naturelle« (Sammlung des naturhistorischen Museums) jedoch beseitigte diesen Mangel und enthält eine Abhandlung über die Struktur von Lepidodendren, Sigillaria und Stigmaria; es galt noch bis Ende des 19. Jh. als Muster einer genauen Beobachtungsmethodik.

Literatur: Brongniart, A.-Th.: Sur la classification et la distribution des végétaux fossiles (Paris 1822), Histoire des végétaux fossiles, 2 Bde. (Paris 1828 u. 1837).

2) Alexandre, Mineraloge, Geologe und Paläontologe, Vater von 1), geb. 5. 2. 1770 Paris, gest. 7. 10. 1847 Paris.

B. machte sich besonders um die mineralogische und geologische Systematik und die Klärung der geologischen Verhältnisse Frankreichs verdient.

B. war 1794 Ing. im franz. Bergwesen, 1797 erhielt er eine Professur für Naturgeschichte an der »École centrale de quatre nations« und wurde 1800 Dir. der Kgl. Porzellanfabrik von Sèvres. 1818 übernahm er das Amt des Chefing. der franz. Bergwerke. Ab 1822 wirkte B. als Prof. der Mineralogie am Naturhistorischen Museum in Paris.

1799 stellte B. ein zoologisches System auf und trennte darin die Reptilien von den Amphibien. Besondere Verdienste erwarb er sich durch die Aufstellung einer Mineralsystematik nach chemischen Grundsätzen gegenüber der bis dahin vorherrschenden naturhistorischen Systematik. Er hielt ab 1822 als erster Vorlesungen zur Mineralogie auf der Basis der chemischen Einteilung der Minerale. In einer stark beachteten Abhandlung stellte B. 1807 seine in vierjähriger Zusammenarbeit mit G. Cuvier gemachten Beobachtungsergebnisse der tertiären Sedimentbildungen des Pariser Beckens vor, die in späteren Jahren in beträchtlich erweiterter Form und ergänzt mit Profilen, farbiger geologischer Karte und ausführlicher Liste von Versteinerungen erneut veröffentlicht wurde. Er verglich die geologischen Bildungen – speziell das Süßwasser – des Pariser Beckens mit gleichartigen Formationen, z. B. der Gegend von Wien, London, Val de Ronca und Monte Bolca, wies darauf hin, daß Gleichartigkeit in der Erdgeschichte auch dieselben organischen Überreste hervorbringt, und traf Aussagen zur Ähnlichkeit heutiger Süßwasserformen. Sein besonderes Interesse galt den Mollusken. 1828 unternahm B. den Versuch, sämtliche Gesteine der Erde auf der Grundlage der paläontologischen Methode in eine chronologische Reihenfolge zu bringen und dafür eine neue, von den lithologischen Merkmalen unabhängige Nomenklatur aufzustellen.

B.s geologisch-paläontologische Untersuchungen des nördlichen und mittleren Frankreichs sowie Belgiens waren Vorarbeiten für die geologischen Karten Frankreichs in späteren Jahren. Zusammen mit Cuvier, Lamarck und seinem Sohn Adolphe-Théodore B. bildete er zu seiner Zeit den geistigen Mittelpunkt aller geologischen und paläontologischen Aktivitäten in Paris und in ganz Frankreich. Ew

Literatur: Brongniart, A.: Traité élémentaire de minéralogie, avec des applications aux arts, 2 Bde. (Paris 1807), Classification et caractères minéralogiques des roches homogènes et hétérogènes (Paris 1827), Tableau des terrains, qui composent l'écorce du globe (Paris 1829), Traité des arts céramiques et des poteries (Paris 1844).

Bronn, Heinrich Georg, Paläontologe und Zoologe, geb. 3. 3. 1800 Ziegelhausen bei Heidelberg, gest. 5. 7. 1862 Heidelberg.

B. war einer der führenden Paläontologen des 19. Jh., der aufbauend auf großem Tatsachenmaterial nach den Gesetzmäßigkeiten des Wandels der Organismen in der Erdgeschichte suchte, ohne die Evolutionstheorie selbst zu entwickeln.

B., Sohn eines Forstbeamten, studierte seit 1817 Kameralistik, später Naturwissenschaften an der Univ. Heidelberg, wo er 1821 Privatdoz. wurde. Während einer Studienreise nach Oberitalien, der Schweiz und Südfrankreich betrieb er paläontologische Forschungen. 1833 wurde er Prof. der Natur- und Gewerbswissenschaft an der Univ. Heidelberg.

B. ordnete in seinem »Index palaeontologicus« und vorher der »Lethaea geognostica ...« (1835–1838) die damals bekannten Fossilien chronologisch, um verbesserte allgemeinere Aussagen über die zeitliche und räumliche Verteilung der Fossilien zu gewinnen.

Neben anderen Paläontologen betonte B., daß von den unteren zu den oberen Schichten der Erdkruste die Fossilien immer »höheren« Tiergruppen angehören, also die fossile Tierwelt »Progression« aufweist. B. stellte außerdem Kriterien auf (1858), die »höhere« von »niederen« Tiergruppen unterscheiden. B. sah aber, zumindest bis 1860, in der »Progression« der Tierwelt in der Erdgeschichte nicht das Ergebnis einer realen Evolution, da es nach seiner Meinung unter anderem kein Beispiel gäbe, daß durch die natürliche Variabilität aus einer Spezies eine andere geworden wäre und auch überzeugende Zwischenformen zwischen aufeinanderfolgenden Gruppen von Fossilien fehlen. Vor 1859 spekulierte B. über »allgemeine Kräfte«, noch unbekannte, aber »natürliche Faktoren«, die den Organismenwandel in der Erdgeschichte bewirken, wollte also auch die »Progression« ohne theologische Deutung erklären.

B. wies auch nach, daß die von G. Cuvier und anderen angenommenen sprunghaften Veränderungen in der fossilen Lebewelt nicht in dem angenommenen Maße existieren, sondern kontinuierliche Übergänge zwischen den Epochen der Erdgeschichte bestehen. Damit war B.s Forschung ein wesentlicher Beitrag zur Überwindung der extremen »Katastrophentheorie«. B. wurde zunehmend Anhänger der aktualistischen Auffassung von Ch. Lyell, wobei er auch dessen Drifttheorie zur Erklärung der »erratischen Blöcke« (Findlinge) übernahm.

B. übersetzte die 2. Auflage von Ch. Darwins Buch »On the origin by species ...« (1859) so rasch ins Deutsche, daß die Übersetzung bereits 1860 herausgebracht werden konnte. In einem Nachwort hierzu betonte B., daß er in Darwins Lehre nur eine Hypothese sähe, der noch etliche aus den bisherigen Auffassungen in der Biologie stammende Bedenken entgegenzustellen wären. B. begründete die großangelegte systematische Darstellung der Tierwelt, »Die Klassen und Ordnungen des Thierreiches«, dessen 1. Band 1853 erschien und das nach B.s Tod von Keferstein, K. E. A. Gerstäcker u. a. bis ins 20. Jh. weitergeführt wurde.

Mit dem Mineralogen K. C. v. Leonhard war B. Herausgeber des im 19. Jh. bedeutungsvollen »Jahrb. für Mineralogie, Geognosie, Geologie und Petrefaktenkunde«, dessen 1. Band 1830 erschien und dem nach 1861 das »Neue Jahrbuch ...« folgte. Zi

Literatur: Bronn, H. G.: Lethaea geognostica oder Abbildungen und Beschreibungen der für die Gebirgs-Formationen bezeichnendsten Versteinerungen, 2 Bde. (Stuttgart 1835/37), Handb. einer Geschichte der Natur (Stuttgart 1841, 1843), Untersuchungen über die Entwicklungs-Gesetze der organischen Welt während der Bildungs-Zeit unserer Erd-Oberfläche (Stuttgart 1858).

Brönsted, Johann Nicolaus, Physikochemiker, geb. 22. 2. 1879 Varde (Dänemark), gest. 17. 12. 1947 Kopenhagen.

Die Brönstedsche Säure-Definition wurde zu einer theoretischen Grundlage der Chemie, die es gestattet, alle Protonenaustauschvorgänge in Lösung unter dem Gesichtspunkt der Säure-Base-Reaktion zu betrachten.

B., Sohn eines Ingenieurs, begann 1897 ein Studium an einer Ingenieurschule in Kopenhagen. 1899 legte er ein polytechnisches Examen für Fabrikingenieure ab, erlangte 1902 den Grad eines Magisters der Wissenschaften und promovierte 1908. Als Prof. für Chemie an der Univ. in Kopenhagen war er Dir. der Polytechnischen Lehranstalt des physikalisch-chemischen Laboratoriums. 1930 wurde er Dir. des Physikalisch-chemischen Instituts der TH in Kopenhagen. Seine Forschungsarbeiten begannen mit Affinitätsstudien. In seinen zahlreichen Veröffentlichungen, die darauf folgten, findet sich die Ermittlung von osmotischen Koeffizienten, Aktivitätskoeffizienten, spezifischen Wär-

H.G.Bronn

J.N.Brönsted

L.E.J.Brouwer

R.Brown

mekapazitäten und elektromotorischen Kräften. Die weiteren umfangreichen Untersuchungen von Lösungen fanden ihren Niederschlag in vielen Artikeln, die er ab 1914 in chemischen Fachzeitschriften publizierte. Er verfaßte ein Lehrb. für Physikalische Chemie (1912) und einen »Grundriß der Anorganischen Chemie« (1916). In den 20er Jahren arbeitete B. zusammen mit G. v. HEVESY an der Isotopentrennung durch fraktionierte Destillation und der Atommassebestimmung von Quecksilber und Chlor. 1921 wurde er zum Vorsitzenden des RAMSEY-Komitees gewählt. Aufgrund der Untersuchungen der Eigenschaften von Salzlösungen und mit Hilfe der theoretischen Grundlagen, die durch S. ARRHENIUS und das Massenwirkungsgesetz gegeben waren, gelangte er zu einem vertieften allgemeineren Verständnis des Charakters der protonenabspaltenden Säuren, der Säuren im klassischen Sinn. 1923 erschien eine seiner bekanntesten und gleichzeitig kürzesten Publikationen unter dem Titel »Einige Bemerkungen über den Begriff der Säuren und Basen«, deren Inhalt in die deutschsprachige Fachliteratur als »Theorie der Säure-Base-Funktion« eingegangen ist. Die Anschauung B.s gipfelt in der definitiven Beziehung Säure (S) $\rightleftharpoons$ Base (B) + Proton (H^+), d. h., Säuren sind Teilchen, die in Lösung im reversiblen Gleichgewicht mit ihren korrespondierenden Basen und Protonen stehen. Diese Definition beschreibt nicht nur das funktionelle Verhalten von Säuremolekülen im wäßrigen Milieu, sondern bezieht sich auch auf Kationen und Anionen einschließlich komplexer Ionen und beschränkt die Säurefunktion nicht auf Wasser als Lösungsmittel, sondern gestattet es auch, Reaktionen in nichtwäßrigen protonischen Lösungsmitteln unter diesem Aspekt zu betrachten. Da freie Protonen in Lösungen nicht beständig sind, kann die beschriebene Reaktion nur in Gegenwart von Teilchen stattfinden, die zur Aufnahme von Wasserstoffionen befähigt sind. Daraus folgt, daß stets zwei reziproke Säure-Base-Paare reagieren:

$$\begin{array}{rcl} S_1 & \rightleftharpoons & B_1 + H^+ \\ B_2 + H^+ & \rightleftharpoons & S_2 \\ \hline S_1 + B_2 & \rightleftharpoons & B_1 + S_2 \end{array}$$

Die Beziehung der B.schen Säure als Protonendonator zum klassischen Säurebegriff bleibt klar erhalten im Gegensatz zu dem der Base. Das Hydroxidion (OH^-) verliert seine Sonderstellung. Es ist eine Anionbase unter vielen.

1926 ging B. für einige Jahre als Gastprof. in die USA; 1928 erhielt er die Oersted-Medaille; 1929 wurde er Mitgl. der American Academy of Arts and Sciences. In diesen Jahren entwickelte B. Vorstellungen zur Deutung von säure- und basekatalysierten Reaktionen. Er erweiterte sein Arbeitsgebiet durch kolloidchemische Studien, Untersuchungen zum Einfluß des Lösungsmittels auf bestimmte Reaktionen und schließlich durch Arbeiten zur Bestimmung der Eigenschaften von Hochpolymeren. Ki

Literatur: Brönsted, J. N.: Recl. Trav. chim. Pay-Bas 42 (1923), 718.

Brouwer, Luitzen Egbertus Jan, Mathematiker, geb. 27. 2. 1881 Overschie, gest. 2. 12. 1966 Blaricum (Niederlande).

B. gehört zu den Begründern der Topologie; er war der führende Vertreter der intuitionistischen Richtung in der Grundlagenforschung der Mathematik.

B., Sohn eines Dorfschullehrers, besuchte in Hoorn und Haarlem die »Hoogere Burgerschool« und das Gymnasium in Haarlem. 1897 begann er das Studium der Mathematik und Naturwissenschaften in Amsterdam. Dort wurde er mit dem Philosophen G. MANNOURY bekannt, der ihn stark beeinflußte und mit dem er zeitlebens befreundet blieb. 1907 promovierte er mit der Dissertation »Over de grondslagen der wiskunde« (Über die Grundlagen der Mathematik) an der Univ. Amsterdam. 1909–1912 war B. als unbezahlter Privatdoz. tätig. In dieser Zeit arbeitete er intensiv auf dem Gebiet der Topologie und erreichte herausragende Resultate. 1912 wurde er ao. Prof und erhielt an der Univ. Amsterdam einen Lehrstuhl für Mengentheorie, Funktionentheorie und Axiomatik, den er bis 1951 innehatte; 1918–1928 publizierte er eine Serie grundlegender Arbeiten zur intuitionistischen Mathematik. In den späteren Jahren unternahm er viele Reisen und hielt an Univ. Vorlesungen, um die intuitionistische Mathematik zu verbreiten. Er war Mitgl. der Kgl. Niederl. Ak. d. Wiss., wurde 1932 zum Ritter geschlagen und 1948 Mitgl. der Royal Society.

B. begann seine Forschungen in der Topologie mit einer Analyse des Berichts von A. SCHOENFLIES »Die Entwicklung der Lehre von den Punktmannigfaltigkeiten«. Dabei entdeckte er Mängel und Fehler, die er an scharfsinnig durchdachten, nichttrivialen Beispielen sichtbar machte; darunter das Beispiel einer Kurve, die die Ebene in 3 Gebiete zerlegt, deren gemeinsame Grenze sie ist, sowie ein Beispiel für ein unzerlegbares Kontinuum. Weit bedeutender wurden B.s Forschungen zu topologischen Invarianten. Nachdem G. CANTOR gezeigt hatte, daß kartesische Räume verschiedener Dimensionen eineindeutig aufeinander abgebildet werden können und G. PEANO die Möglichkeit stetiger Abbildungen m-dimensionaler Gebiete auf n-dimensionale ($m < n$) des kartesischen Raumes entdeckt hatte, bewies B. 1911 die Invarianz der Dimensionszahl bei topologischen, d. h. eineindeutigen und stetigen Abbildungen zwischen Mannigfaltigkeiten. Dabei entwickelte er neue Ideen und Methoden in der Topologie; so die simpliziale Approximation und den Abbildungsgrad stetiger Abb. Diese originellen und wirkungsvollen Methoden ermöglichten B., mehrere Invarianzbeweise zu führen und einige seiner Fixpunktsätze zu beweisen. Ihre Bedeutung reicht aber weit über diese Anwendungen hinaus. Sie verknüpften die kombinatorische mit der mengentheoretischen Topologie.

Viele bedeutende Mathematiker haben diese Richtung erfolgreich weiterentwickelt. Im Gegensatz zu seinen Forschungen in der Topologie, die zum Bestande der klassischen Mathematik gehören, verfolgte B. mit seinen Arbeiten zu den Grundlagen der Mathematik sowohl eine kritische Analyse traditioneller mathematischer Denkweisen als auch einen konstruktiven Um- und Neubau der Mathematik. Diesen beiden Zielen entsprechend formulierte er einige grundlegende intuitionistische Thesen, denen sich allerdings die Mehrzahl der Mathematiker nicht angeschlossen hat: Die Mathematik sei völlig von der sie begleitenden Sprache verschieden; sie sei eine geistige Aktivität, die ihren Ursprung in der Urintuition hat, die ihrerseits einzig auf der Apriorität der Zeit gegründet ist; die Urintuition beinhalte sowohl die Diskretheit als auch die intuitive Kontinuität mathematischer Systeme; die klassische Logik, deren Prinzipien in unkontrollierter Weise auf Aussagen angewendet werden, sei zum Aufbau der Mathematik ungeeignet. In der intuitionistischen Logik, einer von der Mathematik abhängigen Theorie mathematischer Aussagen, gelte das Prinzip vom ausgeschlossenen Dritten nicht. Auf dieser Basis erwiesen sich wesentliche Sätze der klassischen Mathematik als unhaltbar und alle formalistischen und logizistischen Bestrebungen zur Begründung der Mathematik als untauglich. Der größte Teil der eigenen topologischen Arbeiten von B. hielt dieser Kritik nicht stand. Weitaus komplizierter erwies sich der Um- und Neubau der Mathematik nach intuitionistischem Muster. Dazu führte B. den Begriff der freien Wahlfolge ein, der eine stufenartige Speziestheorie ermöglichte, die frei von imprädikativen Definitionen ist. Im Vergleich zur klassischen Mengentheorie war sie weitaus komplizierter. Äußerst wertvoll für die Funktionen- und Maßtheorie war die Konstruktion des vollen intuitionistischen Kontinuums. B. zeigte, daß dieses Kontinuum eine Reihe von Eigenschaften hat, die das Kontinuum der klassischen Mathematik bei intuitionistischer Interpretation nicht aufweist. Weiterhin lieferte B. grundlegende Ansätze zur intuitionistischen Funktionen- und Maßtheorie sowie zur intuitionistischen Logik. Schn

Literatur: Brouwer, L. E. J.: Collected Works: Bd. 1 Philosophy and Foundations of Mathematics (Hrsg. A. Heyting, Amsterdam, Oxford 1975), Bd. 2 Geometry, Analysis, Topology and Mechanics (Hrsg. H. Freudenthal, Amsterdam, Oxford 1976).

Brown, Robert, Botaniker, geb. 21. 12. 1773 Montrose (Schottland), gest. 10. 6. 1858 London.

Neben seinen taxonomischen und pflanzengeographischen Arbeiten, besonders über die australische Flora, erlangte B. vor allem durch Pionierleistungen auf dem Gebiet der mikroskopischen Pflanzenanatomie Bedeutung.

B., Sohn eines Geistlichen, studierte ab 1789 Medizin und Botanik in Edinburgh, einer damals progressiven und neuen naturwissenschaftlichen Strömungen aufgeschlossenen Univ. Nach mehrjähriger Tätigkeit als Militärarzt (ab 1795) empfahl ihn der Londoner Botaniker Sir J. Banks zur Teilnahme an der zweiten Vermessungsfahrt des Kapitäns M. Flinders nach Australien (1801–1803). Während der Küstenvermessung an der Süd-, Ost- und Nordküste sammelte und studierte B. die Pflanzen der Küstenländer, nach der Rückkehr von Flinders noch allein bis 1805. Mit einer wertvollen Sammlung von rund 4 000 nahezu unbekannten Pflanzenarten kehrte B. im Oktober 1805 nach England zurück, wo er zunächst als Bibliothekar der Linné-Gesellschaft in London seine Sammlungen bearbeitete und 1810 einen Band der »Flora von Neuholland« (wie Australien damals noch hieß) herausgab. Ab 1810 verwaltete er als Bibliothekar Banks' dessen Sammlungen und erhielt nach dessen Tod (1820) und der Übernahme des wissenschaftlichen Nachlasses an das British Museum dort die Stelle eines Kurators der Botanischen Sammlungen, was das Profil seiner Arbeit als Systematiker bestimmte. Von 1849 bis 1853 wirkte B. als Präsident der Linnean Society, in deren Schriften (»Philosophical Transactions«) er viele seiner Arbeiten veröffentlichte.

Schon B.s erste floristische Arbeiten während der Militärzeit, die er der Sammlung und Untersuchung der Moose widmete, hatten die Aufmerksamkeit von Banks auf ihn gelenkt. B. hatte sich damit einem damals aktuellen Gebiet der Botanik, der Kryptogamenforschung, zugewandt, die der Aufklärung der von C. v. Linné unzureichend charakterisierten 24. Pflanzenklasse galt. Dabei war die Benutzung von Lupe und Mikroskop unerläßlich. B. wies auch später immer wieder auf die Bedeutung mikroskopischer Untersuchungen hin und wandte sie selbst bei seinen deskriptiv-taxonomischen Studien an. Dadurch konnte er histologisch-anatomische Merkmale in die Analyse einbeziehen und strebte damit die Vervollkommnung des »natürlichen« Pflanzensystems mit den gleichen Mitteln an wie die zeitgenössischen Zoologen, z. B. G. Cuvier. So analysierte er die Bildung der Fruchtscheidewand bei Kreuzblütlern zur Charakteristik der Gattungen oder den Bau der Samenanlagen bei Blütenpflanzen, Zykadeen und Koniferen und erkannte die Gymnospermennatur der Zykadeen und Koniferen. Er untersuchte auch die einzelnen Teile der Samenanlage und unterschied erstmals Integumente, Nucellus und Embryosack und – durch Beobachtung der Entwicklung – zwischen Endosperm und dem aus dem Nucellus hervorgehenden Perisperm (1825). Besondere Aufmerksamkeit widmete B. der Entwicklung des Embryos im Frühstadium und studierte dazu den Befruchtungsprozeß und die Pollen- und Samenknospenentwicklung bei Koniferen und Zykadeen (1828). Beim Studium des Befruchtungsprozesses bei Orchideen (1831) entdeckte er den Zellkern und maß ihm eine maßgebende Bedeutung bei der Embryonalentwicklung zu. Zu dieser Zeit war die Funktion der pflanzlichen Sexualorgane noch weitgehend unbekannt, ja sogar umstritten, und die Entstehung des Embryos unklar. Anläßlich einer Europareise gab B. seine Beobachtungen an den Wiener Botaniker F. Unger weiter, in Berlin an J. Horkel und M. J. Schleiden, den er entscheidend beeinflußte. Zu einer seiner bedeutendsten Entdeckungen gehört die Beobachtung der durch schnell bewegte Moleküle verursachten unregelmäßigen Bewegung kleiner Teilchen im Pflanzensaft (»Brownsche Bewegung«), die allerdings erst 1905 durch Einstein richtig gedeutet werden konnte. Ja

Literatur: Brown, R.: Prodromus Florae Novae Hollandiae (Vorläufige Abhandlung über die Flora von Neuholland) (London 1810), General remarks, geographical and systematical, on the botany of Terra australis (Allgemeine Bemerkungen, geographisch und systematisch, über die Botanik von Australien) (London 1814), Gesammelte Werke, 4 Bde. (Nürnberg 1825–1834, Hrsg. Chr. G. Nees von Esenbeck).

Farmer, J. B.: Robert Brown, in: Oliver, F. W. (Hrsg.): Makers of British Botany (London 1913), 108–128; Martius, Ph. v.: Robert Brown, in: Akad. Denkreden (Leipzig 1866), 365–382.

Brown-Séquard, Charles Édouard, Physiologe, geb. 8.4.1817 Port Louis (Insel Mauritius), gest. 1.4.1894 Paris.

B.-S. lieferte wichtige Entdeckungen zur Physiologie des Nervensystems und war ein bedeutender Wegbereiter der Hormonforschung.

Als Sohn eines noch vor dessen Geburt verstorbenen amerik. Marineoffiziers und einer Französin war B.-S. selbst gemäß seiner 1815 an Großbritannien gefallenen Geburtsheimat zuerst brit. Staatsbürger. Infolge seiner Begabung wurde ihm das Medizinstudium in Paris ermöglicht, und er erhielt hier 1846 seinen medizinischen Doktorgrad. B.-S. war eine unruhige Persönlichkeit, er veränderte seinen

Aufenthaltsort oft. Nach dem Medizinstudium ging B.-S. in die USA, wirkte dort als praktischer Arzt und Veranstalter privater Lehrgänge in Philadelphia, New York und Boston. Nach seiner ersten Heirat kehrte er nach Paris zurück und siedelte dann nach Port Louis auf Mauritius über, wo er sich bei der Betreuung Cholerakranker auszeichnete. 1854 wurde er Prof. am Virginia Medical College in Richmond (USA), kehrte 1855 nach Paris zurück, lehrte 1856 in Boston, war anschließend in England, übersiedelte in den 60er Jahren wieder nach Paris und nochmals in die USA. 1864–1867 war er Inhaber des Lehrstuhls für Physiologie und Pathologie an der Harvard Medical School. 1867 ging B.-S. nach Paris zurück und lehrte an der Fakultät für Medizin. Er arbeitete dann nochmals in den USA, wirkte in Boston, danach in Dublin, London und Paris. 1878, nach dem Tode von C. Bernard, wurde B.-S. Prof. der Medizin am Collège de France in Paris. Den Winter verbrachte B.-S., der zunehmend leidend war, aber in Nizza, während sein Assistent A. d'Arsonval in dieser Zeit die Vorlesungen hielt.

B.-S. war ein vielseitiger Physiologe, der die Linie von F. Magendie und Bernard fortsetzte, vor gewagten, als Sensation erscheinenden Experimenten nicht zurückschreckte, aber seine Schlußfolgerungen teilweise nicht ausreichend fest begründete. Mehrere seiner aufsehenerregenden Entdeckungen betrafen das Nervensystem der Säugetiere. Er entdeckte die Kreuzung der Nervenbahnen im Rückenmark und demonstrierte 1849 den Symptomenkomplex der halbseitigen Rückenmarkslähmung als Folge der Zerstörung des halben Rückenmarksquerschnittes, 1852 die Existenz der vasokonstriktiven Nerven. Nachdem der engl. Mediziner T. Addison festgestellt hatte, daß bei der »Bronzekrankheit« (»Addisonsche Krankheit«) stets die Nebennieren geschädigt waren (1855), exstirpierte B.-S. 1856 bei Versuchstieren die Nebennieren. Der unvermeidliche Tod der Tiere konnte wesentlich hinausgezögert werden, wenn ihnen das Blut gesunder Artgenossen eingespritzt wurde. Das war ein früher Hinweis auf die Abgabe eines lebenswichtigen Stoffes durch die Nebenniere.

Am 1.6.1889 gab B.-S. vor der Société de Biologie seinen sensationellen Bericht, wonach er sich im Selbstversuch durch subkutane Injektion von Hodenextrakt aus frisch getöteten Meerschweinchen und Hunden verjüngt zu haben glaubte.

B.-S. zog die Schlußfolgerung, daß die Kommunikation zwischen verschiedenen Körperzellen nicht nur durch das Nervensystem, sondern auch durch »internal secretion« (1891) geschieht und in der Wirkung des Hodenextraktes ein Beispiel dafür vorliege.

Die klare Vorstellung von den »Hormonen« sowie der Begriff »Hormon« wurden erst kurz nach 1900 geschaffen durch W. M. Bayliss und E. H. Starling. Zi

Literatur: Brown-Séquard, C. É.: Recherches et expériences sur la physiologie de la moelle épinière (Paris 1846), Researches in Epilepsy (Boston 1857), Course of Lectures on the Physiology and Pathology of the Central Nervous System (Philadelphia 1860), Notice sur les travaux scientifiques de M. C. É. Brown-Séquard (Paris 1883).

Bubnoff, Serge von, Geologe und Paläontologe, geb. 15.7.1888 St. Petersburg (Leningrad), gest. 16.11.1957 Berlin.

B. gilt aufgrund seiner vielseitigen geologischen Forschungen, z. B. zur Lagerstättenkunde (insbesondere der Kohle), Tektonik und Geologie des kristallinen Grundgebirges sowie zur regionalen Geologie Deutschlands und zur Entwicklungsgeschichte der Erde, als einer der bedeutendsten Geowissenschaftler in der ersten Hälfte des 20. Jh.

B., Sohn eines russ. Arztes, legte 1906 in seiner Geburtsstadt das Abitur ab. Im gleichen Jahr siedelte die Familie nach Heidelberg über, und B. nahm ein Studium an der Univ. Freiburg im Breisgau auf, das er 1910 abschloß. Danach war er Mitarbeiter der Badischen Geologischen Landesanstalt und promovierte 1912 mit dem Thema »Die Tektonik der Dinkelsberge bei Basel«. 1912–1921 war er wissenschaftlicher Mitarbeiter am geologischen Institut der Univ. Heidelberg. Aufgrund seiner starken Schwerhörigkeit wurde er nicht zum Militärdienst im ersten Weltkrieg eingezogen. Für seinen wissenschaftlichen Entwicklungsweg war ein Studienaufenthalt 1913/14 am Bergbauinstitut in St. Petersburg von wesentlicher Bedeutung. B. bearbeitete hier bei dem russ. Kristallographen E. S. Fjodorow aus dem Schwarzwald mitgebrachte Gesteinsproben kristalloptisch. Am Institut lernte er auch viele russ. Gelehrte kennen, z. B. A. D. Archangelski und A. A. Polkanow. 1921 folgte B. seinem Studienfreund H. Cloos nach Breslau (Wrocław) und nahm, nachdem er sich im gleichen Jahr mit einem Thema über herzynische Bruchzonen im Schwarzwald habilitiert hatte, eine Stelle als Doz. an der dortigen Univ. an; 1925 wurde er zum Prof. für Geologie und Paläontologie an die Univ. Breslau berufen. 1929 erhielt B. die Berufung an die Univ. Greifswald, wo er über 20 Jahre als Hochschullehrer und Dir. des Geologisch-Paläontologischen Institutes wirkte. 1950 erfolgte B.s Umberufung zum Lehrstuhlinhaber am Geologisch-Paläontologischen Institut der Humboldt-Univ. zu Berlin, und zugleich trat er die Nachfolge von H. Stille als Dir. des Geotektonischen Institutes der DAdW an.

Von B.s vielfältiger geowissenschaftlicher Tätigkeit sollen nur einige Beispiele angeführt werden. So verfolgte er mit seinen petrographischen Untersuchungen das Ziel, durch die Verbindung von petrographischen, geologischen und gefügekundlichen Methoden den Werdegang plutonischer Intrusionen zu erklären, vor allem mittels der 1894 von Fjodorow entwickelten Universal-Drehtischmethode. Er versuchte, den geologischen Bau Europas und den der Erdrinde in ein System zu bringen und die in geologischen Zeiträumen ablaufende Erdgeschichte bildlich darzustellen. Dazu nutzte er die umfangreichen regional-geologischen Erkenntnisse anderer Geologen, vor allem auch jener aus der Sowjetunion, zur Geologie des europ. Teils dieses Landes. Besondere Verdienste erwarb sich B. um die Verbreitung und den Austausch von Ideen auf den verschiedensten Gebieten der geologischen Wissenschaften und zur Festigung der Beziehungen zwischen den Geologen Deutschlands und der UdSSR.

B. erhielt 1953 für seine Verdienste den Nationalpreis 1. Klasse der DDR. Ew

Literatur: Bubnoff, S. v.: Die Gliederung der Erdrinde, in: Fortschr. Geol. Paläont. 3 (1923), Die Kohlenlagerstätten Rußlands und Sibiriens (Berlin 1923), Geologie von Europa. 1. Bd. (Berlin 1926), Grundprobleme der Geologie (Berlin 1931, Halle

Ch. E. Brown-Séquard

S. von Bubnoff

1949, Berlin 1954), Der Rhythmus der Erdgeschichte, in: Junge Universität Greifswald 2 (1950) 6, Fennosarmatia (Berlin 1952).
Deubel, F.: Nachruf für Serge von Bubnoff, in: Geol. 7 (1958) 1, 100–101; Milanovskij, E. E. u. Möbus, G.: Serge N. von Bubnoff und seine Bedeutung für die Entwicklung der deutsch-sowjet. Beziehungen auf dem Gebiet der geologischen Wissenschaften, in: Z. geol. Wiss. 4 (1976) 3, 457–467.

Buch, Christian Leopold, Freiherr von Gelmersdorf und Schöneberg, Geologe, geb. 25.4.1774 Schloß Stolpe bei Angermünde/Uckermark, gest. 4.3.1853 Berlin.

B.s Schaffen fällt in eine Zeit, die als Phase des Sammelns und Vergleichens geologischer Details gekennzeichnet ist. Er gilt als erster Feldgeologe Deutschlands, der mit größter Selbstdisziplin Fakten unterschiedlichster Art zusammentrug und aus dem Erfassen des allgemeinen Zusammenhanges Theorien und Hypothesen aufstellte, die maßgeblich die Entwicklung der Geologie im 19. Jh. bestimmten.

B. wuchs in finanziellem Wohlstand und in aristokratischen Verhältnissen als Sohn eines preuß. Ministers und Gesandten auf und erhielt eine ausgezeichnete Bildung. Durch besondere Empfehlung des Vaters studierte er 1790–1793 an der Bergakademie Freiberg bei A. G. Werner und schloß hier Freundschaft mit A. v. Humboldt und J. C. v. Freiesleben, die das ganze Leben währte. In Freiberg entwickelte B. seinen persönlichen wissenschaftlichen Arbeitsstil, den er durch seine geologischen Arbeiten später weiter ausprägte und der in Fachkreisen als Vorbild galt. Hier entstanden auch seine ersten Veröffentlichungen. An das Studium der Geognosie und Mineralogie schloß er 1793–1796 naturwissenschaftliche Studien an den Univ. Halle und Göttingen an. Ab 1796 hatte B. seinen Hauptwohnsitz in Berlin. In direktem Auftrag des preuß. Staates war er mehrmals mit der Lösung geologischer Fragen, die eng mit dem Montanwesen zusammenhingen, betraut: 1796/97 und 1804 half er bei der Kartierung Oberschlesiens (Górny Śląsk), stellte die Ergebnisse in der ersten geologischen Karte Schlesiens (Śląsk) zusammen, fertigte hier Gutachten über Kohlen- und Eisenerzvorkommen an und überprüfte von 1800 bis 1803 in der preuß. Enklave Neuenburg (Neuchâtel/Schweiz) den Bestand an Bodenschätzen. Mit dieser Tätigkeit entsprach er einem Bedürfnis seiner Zeit und förderte die Entwicklung der Produktivkräfte in Preußen.

B. gehörte zu den wenigen deutschen Gelehrten, die nur kurze Zeit im Staatsdienst tätig waren, ansonsten aber von den Einkünften aus ihrem Privatbesitz (B. besaß ein Landgut in Mecklenburg) lebten. Diese ungebundene Stellung ermöglichte es ihm, jahrelange Reisen zu unternehmen und jeweils die geologischen Verhältnisse über einen längeren Zeitraum zu studieren. Zunächst von dem Ideengebäude zur Erdgeschichtsentwicklung seines Lehrers Werner begeistert, versuchte B., durch das Studium der erloschenen Vulkane in der Auvergne (1799, 1802) und des Vesuvausbruches (1805) dessen neptunistische Erdbildungstheorie zu beweisen. Doch die eigenen geologischen Beobachtungen ließen ihn zu einem der führenden Vertreter des Vulkanismus in der ersten Hälfte des 19. Jh. werden, der in den vulkanischen Kräften (damals alle erdinneren Kräfte) das Primat sah und der alle Erhebungen an der Erdoberfläche auf endogene Ursachen zurückführte (Theorie von den Erhebungskratern, 1818 aufgestellt). B. war damit zugleich einer der hervorragendsten Vertreter der Theorie G. Cuviers. Als Ergebnis seiner ausgedehnten Reisen (Italien, Frankreich, Skandinavien, Kanarische Inseln, Hebriden, Irland, Alpen) und des gesammelten Beobachtungsmaterials entstanden seine geologischen Veröffentlichungen (1797–1830), in denen er die Katastrophentheorie Cuviers verfocht. Mit den hierin vertretenen Ideen und Theorien beeinflußte B. wesentlich die geologischen Erforschungen der festen Erdkruste und trieb sie voran. In diese erste Schaffensperiode (bis 1830) fällt auch die Anfertigung der »Geognostischen Karte von Deutschland und den angrenzenden Staaten« in 42 Blättern, die er 1826 als eine Zusammenfassung zahlreicher Kartenwerke anderer Autoren und eigener geologischer Beobachtungen nach einheitlichen Grundsätzen herausgab und in der die europ. geologischen Störungszonen erstmalig dargestellt sind. Ab 1830 wandte sich B. der paläontologischen Arbeitsrichtung zu und erwarb sich durch die zoologisch-anatomische Bearbeitung von Fossilien, ihre Einordnung ins biologische System und in die erdgeschichtliche Entwicklung große Verdienste. Zugleich war er durch die Überprüfung der Arbeiten anderer Paläontologen ein richtungweisender Lehrmeister ganzer Geologen- und Paläontologengenerationen.

B., ab 1806 korrespondierendes, ab 1808 ordentliches Mitgl. der Kgl. Preuß. Ak. d. Wiss. zu Berlin, prägte durch seine Vorträge auf deren Sitzungen und mit seinen etwa 190 Artikeln zu den unterschiedlichsten geowissenschaftlichen Problemen (wie Gebirgsbildung, Vulkanismus, regionale Geologie, Stratigraphie und Paläontologie), aber auch zu botanischen und geschichtswissenschaftlichen Themen maßgeblich das geistige Leben Berlins in der ersten Hälfte des 19. Jh. mit. 1829 gründete er zusammen mit Humboldt, Ch. S. Weiss, G. Rose, C. Ritter u. a. die Geographische Gesellschaft zu Berlin, eine der ersten Gesellschaften, die Interessenten aus allen deutschen Staaten offen stand. 1848 war er einer der Initiatoren zur Gründung der Deutschen Geologischen Gesellschaft zu Berlin und wurde auf deren erster Vollversammlung im Dezember 1848 zum ersten Vorsitzenden gewählt. 1840 wurde er Mitgl. der franz. Ak. d. Wiss., 1848 Ehrenmitgl. der österr. Ak. d. Wiss. und der Geologischen Gesellschaft in London. Ew

Literatur: Leopold von Buchs gesammelte Schriften, 4 Bde. (Hrsg. J. Ewald, J. Roth, H. Eck, W. Dames, Berlin 1867–1885).
Wagenbreth, O.: Leopold von Buch 1774–1853 und die Entwicklung der Geologie im 19. Jh., in: Abh. des Staatl. Museums für Mineralogie und Geologie zu Dresden, Bd. 29 (Leipzig 1979), Leopold von Buch 1774–1853, in: Z. Geol. Wiss. 2 (1974) 12.

Buchheim, Rudolf, Pharmakologe, geb. 1.3.1820 Bautzen, gest. 25.12.1879 Gießen.

B. begründete das erste pharmakologische Universitätsinstitut und schuf die Grundlagen der Pharmakologie als einer selbständigen Wissenschaftsdisziplin.

B., Sohn eines Kreisphysikus, begann seine medizinische Ausbildung 1838 an der Chirurgisch-medizinischen Akademie Dresden, setzte sein Medizinstudium 1841 in Leipzig fort und beendete es 1845 mit der Promotion. Bereits 1847 wurde er als ao. Prof. nach Dorpat (Tartu) berufen, wo er im Keller seines Wohnhauses ein Laboratorium einrichtete und für Ausbildungszwecke nutzte. Als Ordinarius vertrat B. 1849–1867 Arzneimittellehre, Diätetik und Geschichte der Medizin. 1860 wurde unter seiner Leitung das staatlich finanzierte pharmakologische Institut im Gebäude der Anatomie eröffnet. Nach zwanzigjähriger erfolgreicher Tätigkeit in Dorpat folgte B. 1867 einer Berufung auf das Ordinariat in Gießen, wo er bis zu seinem Tode lehrte.

Die Pharmakologie entwickelte sich in der Mitte des 19. Jh. zu einer selbständigen Experimentalwissenschaft. Einerseits emanzipierte sie sich von der ausschließlich im Dienst der klinischen Medizin stehenden und im Lehrplan etablierten »Materia medica«, andererseits grenzte sie sich klar von der medizinischen und pharmazeutischen Chemie ab. Dieser Wandel von einer beschreibenden zu einer analytisch-experimentellen Wissenschaft ist schon vor B. angestrebt und sowohl durch sorgfältige Ausführung von Experimenten als auch durch Anwendung exakter Untersuchungsmethoden mit Erfolgen begonnen worden. So lagen bereits Ergebnisse vor, auf denen die zukünftige Pharmakologie aufbauen konnte. Doch erst B. gelang es, der Berechtigung solcher Arzneimittelforschung entsprechenden Nachdruck zu verleihen und die Entwicklung so zu fördern, daß an ihrer grundsätzlichen Notwendigkeit keine Zweifel mehr aufkommen konnten. Vor allem galt es, den in der Physiologie erfolgreich für wissenschaftliche Erkenntnisse genutzten Tierversuch sowie apparative Meß- und chemische Nachweismethoden zur Erforschung der Wirksamkeit chemischer Substanzen konsequent anzuwenden und ohne Rücksicht darauf, ob sie schon als Heilmittel bekannt waren, zu untersuchen. Erst nach einer Vielzahl von Untersuchungen konnte die Frage beantwortet werden, ob, für welche Erkrankung und in welcher Dosierung eine chemische Substanz als Heilmittel in Betracht kommt. B. und seine Schüler haben diesen experimentellen Weg beschritten und vielfältige Untersuchungen über die verschiedenartigsten Substanzen und ihre therapeutische Verwendbarkeit angestellt. Bei den zeitgenössischen Klinikern und Vertretern der Therapie traf B. auf wenig Verständnis, vielfach sogar auf Abwehr. Wesentliche Anregungen für seine Konzeption hat er vermutlich durch das Studium ausländischer Fachliteratur erhalten. 1846–1848 übersetzte und bearbeitete er das engl. Handbuch von J. Pereira, während sein eigenes »Lehrb. der Arzneimittellehre« erst 1856 erschien. B. konnte dabei auf die Ergebnisse zehnjähriger eigener Forschungstätigkeit in Dorpat zurückgreifen. Im gleichen Jahr gab W. Reil in Halle den ersten Band des »Journals für Pharmakodynamik, Toxikologie und Therapie« heraus und schuf damit den Autoren der experimentellen Richtung ein Publikationsorgan, in dem B. sein wissenschaftliches Programm klar umrissen hat. Als in Dorpat 1860 das erste offizielle pharmakologische Institut eröffnet wurde, stellte das Reilsche »Journal« unter einem konservativen Herausgeber sein Erscheinen wieder ein, und die junge Pharmakologie verlor ihr Publikationsorgan. Erst 1873 stand mit dem von B.s Schüler O. Schmiedeberg begründeten »Archiv für experimentelle Pathologie und Pharmakologie« wieder ein Fachblatt zur Verfügung. Dem Dorpater Beispiel folgten deutsche Univ. mit deutlichem zeitlichen Abstand (Marburg 1867, Bonn 1869). B. hatte sich 1867 zur Übersiedlung nach Gießen entschlossen, wo zwar die älteste deutsche pharmakologische Sammlung, aber kein Institut existierte, so daß er wie zu Beginn seiner Laufbahn nur in einem Laboratorium in seiner Wohnung forschen konnte. Hier brachte er ein Jahr vor seinem Tode die dritte Auflage seines Lehrb. heraus. B.s Nachfolge in Dorpat trat Schmiedeberg an; er wurde nach seiner Berufung nach Straßburg (Strasbourg) zum Lehrer fast aller deutschen Ordinarien der Pharmakologie. B.s Lebenswerk war bei ihm in guten Händen, denn er führte das neue Fach mit der Autorität seiner Persönlichkeit zur unbestrittenen Selbständigkeit. Ko

Literatur: Buchheim, R.: Handb. der Heilmittellehre, 2 Bde. (Leipzig 1846–1848, deutsche Bearbeitung von J. Pereiras Grundlagen der Materia medica und Therapie, 2. Aufl. London 1842), Lehrb. der Arzneimittellehre (Leipzig 1856, 3. Aufl. 1878).

Buchner, Eduard, Biochemiker, geb. 20. 5. 1860 München, gest. 13. 8. 1917 Focsani (Rumänien).

B. gab durch die Entdeckung der zellfreien Gärung eine wesentliche Anregung für die Enzymforschung.

B. war der zweite Sohn aus der dritten Ehe des Professors für gerichtliche Medizin und Geburtshilfe Ernst B. Der Vater starb, als B. noch nicht 12 Jahre alt war, und der ältere Bruder Hans nahm sich seiner Entwicklung an. Nach dem

Chr. L. v. Buch

E. Buchner

Abitur und dem Militärdienst arbeitete B. einige Zeit im chemischen Laboratorium von E. Erlenmeyer an der TH München und anschließend in einer Konservenfabrik. 1884 begann er sein Studium an der Univ. München, arbeitete im Laboratorium bei A. v. Baeyer und bei seinem Bruder Hans B. im Pflanzenphysiologischen Institut von C. W. v. Nägeli. Für ein Semester ging er an die Univ. Erlangen zu T. Curtius. 1888 promovierte er bei Baeyer und wurde 1890 bei ihm Unterrichtsassistent. 1891 habilitierte er sich, war 1893 bis 1896 Privatdoz. und ao. Prof. an der Univ. Kiel, wurde 1896 ao. Prof. der analytisch-pharmazeutischen Chemie an der Univ. Tübingen, 1898 o. Prof. für allgemeine Chemie an der Landwirtschaftlichen Hochschule Berlin, 1909 o. Prof. an der Univ. Breslau (Wrocław), 1911 an der Univ. Würzburg. B. zog freiwillig als Hauptmann in den ersten Weltkrieg und starb an einer in Rumänien erlittenen Verwundung.

Während seiner Arbeit in der Konservenfabrik, die B. vor dem Universitätsstudium leistete, wurde sein Interesse bereits auf die Gärungschemie gelenkt. Zum Zwecke bakteriologisch-immunologischer Forschungen entwickelte Hans B. zusammen mit M. Hahn und B. um 1893 ein Verfahren, Mikroben, auch Hefezellen, mit Quarzsand und Kieselgur zu zerreiben und den gewonnenen teigigen Brei mit der hydraulischen Presse auszudrücken. 1896 entdeckte B., daß der so erhaltene Hefe-Preßsaft Traubenzucker zu Alkohol vergärt. Diese Entdeckung legte nahe, daß die alkoholische Gärung durch ein von der Zellstruktur abtrennbares Ferment (Enzym) bewirkt wird, wie es M. Traube u. a. schon länger erwartet hatten. Das regte die biochemische Forschung an, diese Enzyme rein zu isolieren. B. betrachtete seine Entdeckung als einen Sieg über die »vitalistische« Anschauung bzw. die Auffassung L. Pasteurs, wonach der Stoffwechsel an das intakte Leben gebunden ist. B. hatte aber noch angenommen, daß für die gesamte alkoholische Gärung ein einziges Enzym, das er »Zymase« nannte, ausreicht. Bald wurde festgestellt, daß »Zymase« in zwei Komponenten zerlegt werden kann und daß die alkoholische Gärung in mehreren Schritten geschieht und für jeden Schritt ein eigenes Enzym zuständig ist.

An B.s Entdeckung wurden Zweifel erhoben, weil seine Versuche nicht immer einwandfrei reproduzierbar waren und die Gärung im Hefepreßsaft wesentlich schwächer ist als durch die intakte Zelle.

Für seine Entdeckung der zellfreien Gärung erhielt B. 1907 den Nobelpreis für Chemie.

B. forschte auch über andere Probleme der organischen Chemie, z. B. über die Reaktion zwischen Diazoessigester und ungesättigten Verbindungen. Zi

Literatur: Buchner, E.: Alkoholische Gärung ohne Hefezellen. Ber. Dtsch. Chem. Ges., 30 (1897), 117–124, 1110–1113, 2668–2678, 31 (1898), 209 bis 217 u. a. Ueber zellenfreie Gärung. Ber. Dtsch. Chem. Ges., 31 (1898), 568–574. – Buchner, E., Buchner, H., Hahn, M.: Die Zymasegärung (München u. Berlin 1903). – Nobelvortrag. Le Prix Nobel en 1907 (Stockholm 1909).

Buffon, Georges Louis Leclerc, Comte de, Naturforscher, geb. 7. 9. 1707 Montbard (Dep. Côte-d'Or), gest. 16. 4. 1788 Paris.

B. stellte in enzyklopädischer Weise die »Naturgeschichte« umfassend dar, suchte nach allgemeinen Gesetzen der Erdentwicklung, für die er erstmals – im Widerspruch zur biblischen Zeitrechnung – längere Zeiträume annahm, und hatte sowohl durch seine die Anatomie und die Lebensweise berücksichtigenden, fast populären Tierdarstellungen sowie die Stufenleiteridee großen Einfluß bis ins 19. Jh. hinein.

Erste Anregungen für naturhistorische Studien erhielt B., Sohn des Grafen Benjamin Leclerc, Rat im Parlament der Prov. Bourgogne, auf einer Bildungsreise als Begleitung von Lord Kingston durch Frankreich und Italien. Darauf studierte er Mathematik, Physik und Botanik in London, wo er durch die Schriften I. Newtons beeinflußt wurde. Nach seiner Rückkehr wirkte er in Paris als Privatgelehrter, übersetzte Newtons Werke und die physiologischen Experimentalarbeiten von St. Hales, widmete sich zunächst physikalischen Studien und leistete einen Beitrag zur Wahrscheinlichkeitsrechnung (»Nadel-Problem«). 1739 wurde B. Mitgl. der Pariser Ak. d. Wiss. und Intendant des Kgl. Gartens (Jardin du Roi) und Naturalienkabinetts, des Grundstocks des späteren Naturhistorischen Nationalmuseums. Er lehrte und förderte z. B. J. B. Lamarck, der ab 1779 unter seiner Leitung am Jardin du Roi wirkte.

Die Schaffenszeit von B. verläuft parallel zu dem großen Reformwerk C. v. Linnés und dem Wirken der franz. Enzyklopädisten, die ihn beeinflußten. Den taxonomischen Prinzipien Linnés blieb er jedoch zeitlebens abgeneigt und setzte dessen »künstlichem Sexualsystem« und seinem hierarchischen Aufbau seine lineare »Stufenleiter« entgegen. B. vertrat die Auffassung, daß es in der Natur nur Individuen gäbe und die Einteilung in Arten, Gattungen, Ordnungen und Klassen eine Erfindung des menschlichen Geistes sei. Nach seiner Meinung beruhte jede künstliche Klassifikation auf einem »metaphysischen Irrtum«, der in der Verkennung des »stufenweisen Ganges der Natur« bestehe. Er lehnte auch die von Linné eingeführte binäre Nomenklatur ab und bezeichnete alle Tierarten mit manchmal originellen Einzelnamen, denen oft die Vulgärnamen zugrunde lagen. Seine »Naturgeschichte« gliederte er in einen »allgemeinen« und einen »speziellen« Teil. Der allgemeine Teil (Bd. 1–3, 1749) enthält neben jenen Grundsätzen der Klassifikation, der Beschreibung des Kgl. Naturalienkabinetts, der Methoden der Naturforschung (gegen R. Descartes gerichtet) und der Sammlungskonservierung vor allem auch seine gegen die Präformationslehre gerichtete »Theorie der Zeugung« sowie die »Naturgeschichte des Menschen« als Naturobjekt und die »Theorie der Erde«, ein Kapitel, in dem B. eine Vorstellung über die stufenweise Entwicklung der Erde durch lange historische Zeiträume darlegte. Da er hierdurch in Widerspruch zu dem bis dahin nach der Geschlechterfolge der Bibel seit »Adam« errechneten Alter der Erde geriet, mußte er sich 1751 vor der Theologischen Fakultät der Pariser Univ. verantworten. Daraus erklären sich vermutlich Widersprüche zu philosophischen und theoretischen Fragen, wie der Entwicklung und Artbildung, in seinem Gesamtwerk in den nachfolgenden Jahren. So hatte B. zeitweilig die Meinung vertreten, daß alle Mitglieder einer »Familie« vom gleichen Vorfahren abstammen, daß Mensch und Affe, Pferd und Esel einen gemeinsamen Ursprung haben und die verschiedenen Arten dadurch entstanden seien, daß sich die eine vervollkommnet habe, die andere aber »ausgeartet« sei. An anderen Stellen vertrat er die Unveränderlichkeit der Arten und gab als Artkriterium an, daß die Individuen fruchtbare Nachkommenschaft erzeugen. Durch erfolglose Kreuzungsversuche zwischen verschiedenen Arten erhärtete er seine These, die noch Ch. Darwin zu Kreuzungsexperimenten veranlaßte. Die erdgeschichtliche Entwicklungstheorie führte B. 1778 in seinem Werk »Époques de la nature« weiter aus: Er gibt das Alter der Erde mit 80 000 Jahren an und beschreibt ihre Entwicklung in 7 Epochen; in der 3. Epoche seien die Organismen im Meer entstanden. Den Hauptteil seiner »Naturgeschichte« bilden spezielle Artbeschreibungen, und zwar zwölf Bände Vierfüßer (1753–1767) und zehn Bände Vögel und Minerale (1781–1786) sowie mehrere Supplementbände, in denen unter anderem zoologische Ergebnisse neuer Forschungsreisen, wie diejenigen von J. R. und G. Forster, aufgenommen wurden. Erstmals in der Naturgeschichte wurden hier – in Zusammenarbeit mit L. Daubenton – neben der Beschreibung äußerer Merkmale und der Lebensweise auch die Skelettanatomie jedes Tieres dargestellt, eine Methode, die dann durch G. Cuvier aufgegriffen und auf ein höheres Niveau geführt wurde. Ja

Literatur: Buffon, G. L. L.: Histoire naturelle, générale et particulière, avec la Description du Cabinet du Roy (Allgemeine und spezielle Naturgeschichte, mit der Beschreibung des Kabinetts des Königs) (Paris 1749–1788), dtsch Naturgeschichte der vierfüßigen Tiere (Teilübersetz., Hrsg. F. Martini, Berlin 1771/72), Les époques de la nature (Paris 1778), dtsch Epochen der Natur (St. Petersburg 1781), Œuvres complètes, 8 Bde. (Paris 1835/36), dtsch v. H. J. Schaltenbrand, 9 Bde. (Köln 1838–1840), Œuvres complètes de Buffon (Hrsg. J. Piveteau, Paris 1954).

Herrn von Buffons
Naturgeschichte
der vierfüßigen Thiere.
Mit Vermehrungen aus dem Französischen übersetzt.
Erster Band.
Mit allergnädigstem Königl. Preuß. Privilegio.
Berlin 1772.
Bey Joachim Pauli, Buchhändler

Abbildung des Titelblattes von »Herrn von Buffons Naturgeschichte der vierfüßigen Thiere«, Berlin 1772

Bunjakowski (Bunâkovskij), Wiktor Jakowlewitsch, Mathematiker, geb. 4.(16.) 12. 1804 Bar (Podolskaja Gouv.), gest. 30. 11. (12. 12.) 1889 St. Petersburg (Leningrad).

B. verfaßte Arbeiten zur Analysis, Wahrscheinlichkeitsrechnung (Bevölkerungsstatistik) und Zahlentheorie.

Als Sohn eines Offiziers erhielt B. eine sorgfältige Ausbildung an höheren Bildungseinrichtungen in Moskau, Coburg, Lausanne und Paris, wo er in A. CAUCHY seinen bedeutendsten Lehrer fand. 1825 promovierte B. mit einer Arbeit zur angewandten Mathematik. Nach Rußland zurückgekehrt, übernahm er 1826 die Ausbildung in Offiziersklassen des Seekadettenkorps in St. Petersburg, wurde 1830 Prof. am Institut des Ingenieurkorps für Nachrichtenwesen und wenig später am Bergbauinstitut. 1841 wurde er zum ordentlichen Mitgl. gewählt, und ab 1864 bekleidete er für 25 Jahre das Amt des Vizepräsidenten der St. Petersburger Ak. d. Wiss.

B. zählt zu den führenden russ. Mathematikern des 19. Jh., der gemeinsam mit M. W. OSTROGRADSKI die Herausbildung der russ. mathematischen Schule durch P. L. TSCHEBYSCHOW vorbereitete. Er erwarb sich besondere Verdienste um die Verbreitung mathematischer Lit. in russ. Sprache; so leistete er eine umfangreiche Arbeit am »Lexikon für reine und angewandte Mathematik«. Mit der Übersetzung von CAUCHYS Arbeiten zur Analysis und der Herausgabe des ersten russ. Lehrb. der Wahrscheinlichkeitsrechnung, das Gedankengut von S.-D. POISSON und P. S. LAPLACE enthielt und besonders auch in terminologischer Hinsicht den Grundstein für die russ. Schule der Wahrscheinlichkeitstheorie legte, erschloß B. seinem Land zeitgenössische westeurop. Mathematik.

Seine eigenen Forschungsarbeiten waren im Anschluß an L. EULER der Zahlentheorie gewidmet, den Teilbarkeitseigenschaften ganzer Zahlen (neuer Beweis des EULERschen Theorems), der Lösung unbestimmter Gleichungen mit positiven ganzen, teilerfremden Koeffizienten, ferner dem Studium von Kongruenzen zweiten und dritten Grades und ihren Lösungen. Die Anwendung der Zahlentheorie auf die elementare Geometrie führte zu Aussagen über die Kommensurabilität von einem Kreis ein- bzw. umbeschriebenen regelmäßigen Vielecken und dessen Radius. In den 40er Jahren entstanden wichtige Arbeiten zur algebraischen Zahlentheorie und zu analytischen Methoden in der Zahlentheorie, die in das Studium quadratischer Formen, von Polynomen und zahlentheoretischen Funktionen mündeten. Seine wahrscheinlichkeitstheoretischen Leistungen liegen hauptsächlich auf dem Gebiet der Anwendungen und betreffen Fragen der Bevölkerungsstatistik (Lebenserwartung, Sterbewahrscheinlichkeit), Fragen des Sparkassen- und Versicherungswesens, Lotterieangelegenheiten und Glücksspiele. Untersuchungen zur Differential- und Integralrechnung betrafen Extremalprobleme symmetrischer Funktionen (eine ganze symmetrische Funktion mehrerer unabhängiger Variabler vom Grad kleiner als vier nimmt unter bestimmten Bedingungen ihr Maximum oder Minimum immer an) und die Behandlung von Mehrfachintegralen. Besondere Bedeutung erlangte die 16 Jahre nach B. von G. SCHWARZ 1875 veröffentlichte SCHWARZsche Ungleichung, die jedoch B. erstmals aufgestellt hatte. Be

Literatur: Bunâkovskij, V. Â.: Osnovaniâ matematičeskoj teorii veroâtnostej (St. Petersburg 1846).

Bunsen, Robert Wilhelm, Chemiker, geb. 30. 3. 1811 Göttingen, gest. 16. 8. 1899 Heidelberg.

B. war einer der bedeutendsten und vielseitigsten Chemiker und Naturforscher des 19. Jh., er leistete grundlegende Beiträge zur Entwicklung der organisch-anorganischen, analytischen und physikalischen Chemie sowie von Mineralogie und Geologie. B. gilt als einer der Begründer der physikalisch-chemischen Arbeitsrichtung.

G. L. de Buffon

W. J. Bunjakowski

B., Sohn eines Prof. und Bibliothekars der Univ. Göttingen, studierte ab 1828 in seiner Heimatstadt Naturwissenschaften und hörte neben Chemie auch Vorlesungen über Physik, Mathematik, Geologie, Mineralogie, Botanik und Anatomie. 1831 wurde B. auf dem Gebiet von Chemie und Physik promoviert. 1832/33 unternahm er eine geognostisch-technologische Studienreise. 1834 habilitierte er sich in Göttingen zum Privatdoz. 1835 wurde F. WÖHLER auf den Lehrstuhl für Chemie in Göttingen berufen, und B. übernahm dessen Stelle als Lehrer für Chemie an der höheren Gewerbeschule in Kassel. 1839 erfolgte B.s Berufung zum ao. und 1842 zum o. Prof. in Marburg. 1846 beteiligte sich B. an einer wissenschaftlichen Expedition nach Island. Unzufrieden mit den politischen Verhältnissen in Hessen ging B. 1851 nach Breslau (Wrocław), wo er G. R. KIRCHHOFF kennenlernte. 1852 übernahm B. den Lehrstuhl von L. GMELIN in Heidelberg und entwickelte hier zusammen mit KIRCHHOFF die Spektralanalyse (1859/60).

Ein Versuch, B. 1846 als Nachfolger von E. MITSCHERLICH nach Berlin zu berufen, scheiterte, weil B. nicht »unter dem Regime des Herrn Bismarck« arbeiten wollte.

B. galt als ausgezeichneter Hochschullehrer. In Marburg zählten z. B. J. TYNDALL und H. KOLBE, in Heidelberg A. v. BAEYER, T. CURTIUS, C. GRAEBE und J. VOLHARD zu seinen Schülern.

B. war Mitgl. mehrerer wissenschaftlicher Gesellschaften. Ihm zu Ehren wurde 1901 auf Vorschlag von W. OSTWALD die »Gesellschaft für Elektrochemie und Physikalische Chemie« in »Deutsche Bunsengesellschaft für Elektrochemie und Physikalische Chemie« umbenannt.

Bereits die ersten Arbeiten von B. waren von erheblicher praktischer und theoretischer Bedeutung. B. erkannte 1834 die fällende Wirkung von Eisen(III)-oxid auf arsenige Säure und entwickelte ein Mittel gegen die Toxizität von Arsenverbindungen (»Antidotum arsenicum«). 1836 dehnte B. seine Versuche auf organische Verbindungen aus und isolierte aus der CADETschen Flüssigkeit das »Kakodyloxid« (stinkendes Oxid). Durch Umsetzung von Dimethylarsinchlorid (Kakodylchlorid) mit Zink und Kohlendioxid gelangte B. zum Tetramethyldiarsin (Kakodyl) und charakterisierte die Gruppe $(CH_3)_2As$ als »Kakodylradikal« (1837). Damit erhielt die strukturelle Radikaltheorie neuen Auftrieb. Von erheblicher ökonomischer Bedeutung erwiesen sich die Untersuchungen von B. über die im Hochofen ablaufenden chemischen Vorgänge; diese fanden u. a. beim Bau von Winderhitzern (COWPER 1859) Anwendung und führten zur Ausarbeitung neuer Methoden für die Bestimmung und Messung von Gasen, die B. 1857 in einem ersten Lehrb. der Gasanalyse zusammenfaßte.

Ab 1841 hatte sich B. auch elektrochemischen Untersuchungen zugewandt. Er ersetzte in den von G. GROVE konstruierten Batterien die teuren Platinelektroden durch billigere Kohleelektroden und entwickelte ein neues galvanisches Primärelement auf Kohle-Zink-Basis (Bunsen-Element). Dieses setzte B. u. a. bei der elektrochemischen Synthese von Magnesium, Aluminium, Lithium, Calcium, Strontium, Barium und Chromium ein. Um die gleiche Zeit (1851/52) entdeckte B. auch das neue maßanalytische Verfahren der Iodometrie. Ebenfalls in den 50er Jahren des 19. Jh. begann B. mit photochemischen Arbeiten. Zusammen mit H. E. ROSCOE untersuchte er ab 1855 die Wirkung des Lichtes auf die Photosynthese von Chlorwasserstoff aus den Elementen und abstrahierte daraus 1856 eine quantitative Beziehung (BUNSEN-ROSCOEsches Lichtmengengesetz).

Als das chemische Institut Heidelberg an die Gasbeleuchtung angeschlossen wurde, entwickelte B. 1854/55 einen neuartigen Leuchtgasbrenner mit regulierbarer Lichtzufuhr (BUNSENbrenner). Neben seiner Verwendung als universelles Heizgerät stellte dieser eine wichtige Voraussetzung für die Entwicklung der Spektralanalyse dar. So untersuchten B. und KIRCHHOFF 1859/60 in der entleuchteten BUNSENflamme eine Vielzahl chemischer Elemente und Verbindungen und zerlegten das Brennerlicht mit Hilfe eines Prismas. Dabei gelangten sie zu der grundlegenden Erkenntnis, daß jedes Element im glühenden Gaszustand Licht bestimmter Wellenlänge ausstrahlt, so daß im Spektrum die Elemente als charakterisierende Linien auftreten. Mit Hilfe eines Spektralapparates stellten B. und KIRCHHOFF auch die Übereinstimmung von Linien des Sonnenspektrums mit Spektrallinien chemischer Elemente fest. Durch die Spektralanalyse konnten die chemische Zusammensetzung der Gestirne von der Erde aus erforscht sowie eine Vielzahl neuer chemischer Elemente entdeckt werden. B. selbst entdeckte auf spektralanalytischem Wege die Elemente Caesium (1860) und Rubidium (1861). B. faßte 1866 seine Erkenntnisse über den Nachweis chemischer Elemente mit Hilfe der Flammenfärbung in seinem Buch »Flammenreaktionen« zusammen und schuf damit die Grundlage zur Anwendung dieser Analysenmethode. Des weiteren entwickelte B. eine Reihe von Methoden und Geräten zur Messung von Wärmemengen; er führte 1870 das Eiskalorimeter und 1887 das Dampfkalorimeter ein. Im Zusammenhang mit seinen Gasuntersuchungen berechnete B. das von einer Volumeneinheit eines Stoffes bei einer bestimmten Temperatur und bei einem Partialdruck von 760 Torr (101321 Pa) absorbierte Gasvolumen (BUNSENscher Absorptionskoeffizient). Daneben entwickelte er für die Laboratoriumspraxis wichtige Hilfsmittel, wie die Wasserstrahlpumpe (1868), das BUNSENventil (1855) sowie den Thermostat. Sz

Literatur: Gesammelte Abhandlungen von Robert Bunsen, 3 Bde. (Hrsg. W. Ostwald u. M. Bodenstein, Leipzig 1904); Bunsen, R.: Flammenreaktionen (Heidelberg 1857), Gasometrische Methoden (Braunschweig 1857), Untersuchungen über die Kakodylreihe (1837–1843), in: Ostwalds Klassiker der exakten Wiss. Bd. 27 (Hrsg. A. v. Baeyer, Leipzig 1891), (mit H. E. Roscoe): Photochemische Untersuchungen (1855–1859), in: ebenda, Bde. 34 u. 38 (Hrsg. W. Ostwald, 1892), (mit G. Kirchhoff): Chemische Analyse durch Spectralbeobachtungen (1860), in: ebenda, Bd. 72 (Hrsg. W. Ostwald, 1895).

Bürger, Max, Internist, geb. 16. 11. 1885 Hamburg, gest. 5. 2. 1966 Leipzig.

B. war einer der führenden deutschen Kliniker zwischen 1930 und 1960; er ist als Verfasser grundlegender Arbeiten der Alternsforschung sowie über Stoffwechsel- und Kreislaufkrankheiten international bekanntgeworden.

B., Sohn eines Lehrers, studierte nach dem Abitur (Hamburg 1904) Medizin in Würzburg, Kiel, Berlin und München. Nach seiner Promotion (Würzburg 1911) durchlief er eine vielseitige theoretische und praktische Ausbildung als Assistent des Internisten D. GERHARDT (Würzburg), des Hygienikers P. UHLENHUTH und des physiologischen Chemikers F. HOFMEISTER (Straßburg [Strasbourg]) sowie der Internisten A. SCHITTENHELM (Königsberg [Kaliningrad] und Kiel) und F. UMBER (Berlin). Nach dem Militärdienst im ersten Weltkrieg habilitierte sich B. 1919 unter SCHITTENHELM in Kiel, wurde 1920 Oberarzt und 1922 ao. Prof. 1929–1931 war er Dir. des Krankenhauses Osnabrück, 1931 wurde er als Ordinarius und Nachfolger R. SIEBECKS an die Medizinische Poliklinik Bonn berufen. Nach dem Tode von P. MORAWITZ ging er 1937 als Ordinarius und Dir. der Medizinischen Klinik nach Leipzig, wo er bis 1957 wirkte. B. war auch nach seiner Emeritierung noch literarisch tätig. In den Leipziger Jahren (besonders zwischen 1947 und 1960) entstanden seine bedeutendsten Buchpublikationen.

B.s wissenschaftliches Werk ist von erstaunlicher Breite. Er gehörte zu den bekanntesten Internisten und Diabetologen seiner Zeit und suchte aus den im Labor gewonnenen Einsichten in pathophysiologische Zusammenhänge Ansatzpunkte für neue therapeutische Wege am Kranken zu finden. Sein spezielles Arbeitsgebiet waren die pathophysiologischen Grundlagen innerer Erkrankungen, insbesondere der Stoffwechsel- und Kreislauferkrankungen. Durch seine pathologische, physiologisch-chemische, pharmakologische und klinische Ausbildung besaß er eine breite wissenschaftliche Basis für neue Erkenntnisse, die mit seinem Namen verbunden sind.

B.s »Pathologisch-physiologische Propädeutik« erschien 1924; das Buch erlebte eine ständige Erweiterung und eine zweimalige Titeländerung, in der 6. Auflage als »Pathologische Physiologie« (1958) repräsentierte es ein Standardwerk, das in modernste Probleme der Medizin hineinführte. B.s Untersuchungen zur Physiologie und Pathophysiologie des Intermediärstoffwechsels und des Cholesterins (nach IUPAC: Cholesterol) waren der Ausgangspunkt der von ihm besonders erforschten Zusammenhänge zwischen Altern und Krankheit. Er prägte den Begriff »Biomorphose« für die im Ablauf des Lebens im Organismus sich vollziehenden Wandlungen. Seine Monographie zu diesem Thema dokumentiert in den vier Auflagen zwischen 1947 und 1960 den jeweiligen Stand der von ihm begründeten modernen Alternsforschung, der er mit der »Ztschr. für Alternsforschung« auch ein spezielles Publikationsorgan schuf. Auch in der Erforschung und Behandlung der Zuckerkrankheit (Diabetes mellitus) hat B. bleibende Ergebnisse erzielt. So beschrieb er 1916 die »initiale Arbeitshyperglykämie« bei Gesunden und Diabetikern und 1928 den potenzierenden Effekt von Insulin und Muskelarbeit auf die Stoffwechselsituation des Diabetikers; er legte damit die Basis für die klinische Nutzung der Muskelkonditionierung in der Behandlung der Zuckerkranken (»Arbeitstherapie«). B. entdeckte das wichtige Bauchspeicheldrüsenhormon Glucagon. Auf dem Gebiet der ambulanten Diabetikerbehandlung gehörte er zu den ersten, die für eine spezielle und zentralisierte Betreuung der Zuckerkranken in Diabetikerambulanzen eintraten, weil die Insulinbehandlung nur bei entsprechender Erfahrung des Therapeuten ihre Risiken verlor. Später untersuchte B. besonders die Blutgefäßveränderungen, die bei Zuckerkranken nach längerer Diabetesdauer beobachtet werden können, und schrieb 1954 eine Monographie über die »Angiopathia diabetica«. Schon 1932 hatte er eine seltene Fettstoffwechselstörung, die »hepatosplenomegale Lipoidose« beschrieben, die unter dem Namen »BÜRGER-GRÜTZsche Krankheit« in die medizinische Terminologie einging. Auf dem Gebiet der Erkrankungen des Herz-Kreislauf-Systems hat B. eine Monographie über »Funktionelle Engpässe des Kreislaufes« (1957) verfaßt und

R. W. Bunsen

M. Bürger

A. F. J. Butenandt

A. M. Butlerow

Untersuchungen über den Preßdruckversuch vorgelegt. Die in »Klinische Fehldiagnosen« (1953) gedruckten Fallschilderungen sind Musterbeispiele für Möglichkeiten und Grenzen klinischer Diagnostik; das Werk wurde in drei Sprachen übersetzt. In »Die Hand des Kranken« (1956) demonstrierte B. in eindrucksvoller Weise, welche Bedeutung ein geschulter ärztlicher Blick auch heute noch für die klinische Diagnostik besitzt; in seine Veröffentlichung über den Zusammenhang von »Geschlecht und Krankheit« (1958) und in weitere Werke flossen die Erfahrungen eines langen und erfolgreichen Wirkens als Chef einer großen Universitätsklinik ein. Seit 1920 war B. auch Verfasser einer größeren Anzahl von Beiträgen für Handb. und wissenschaftlichen Veröffentlichungen in Ztschr.

Über mehrere Jahrzehnte hat B. die innere Medizin mit seinen Ideen befruchtet. Zu seinen Schülern gehören bekannte deutsche Kliniker, die von seinem Vorbild geprägt wurden. B. war Mitgl. der Leopoldina, der Sächs. Ak. d. Wiss. und der DAdW zu Berlin. 1953 erhielt er den Nationalpreis der DDR, 1961 die Cothenius-Medaille der Leopoldina. Er war medizinischer Ehrendoktor der Univ. Hamburg und Bonn, die Univ. Leipzig verlieh ihm den Ehrendoktor der Naturwissenschaften. Ko

Literatur: Bürger, M.: Epidemisches Ödem und Enterokolitis (Berlin 1919), Pathologisch-physiologische Propädeutik (Berlin 1924, 6. Aufl.: Pathologische Physiologie, Leipzig 1958, span. Barcelona, Madrid, Lissabon 1952), Altern und Krankheit (Leipzig 1947, 4. Aufl. Leipzig 1960, poln. Warszawa 1965), Verdauungs- und Stoffwechselkrankheiten (Stuttgart 1951, Berlin 1953), Einführung in die innere Medizin (Berlin 1952), Osmotherapie (Stuttgart 1952), Klinische Fehldiagnosen (Stuttgart 1953, 2. Aufl. Stuttgart 1954, ital. Rom 1954, span. Barcelona 1956, poln. Warszawa 1957), Angiopathia diabetica (Stuttgart 1954, span. 1956), (mit Hans Knobloch): Die Hand des Kranken (München 1956), (mit Dieter Michel): Funktionelle Engpässe des Kreislaufes (München 1957), Die chemische Biomorphose des menschlichen Gehirns (Berlin 1957), Geschlecht und Krankheit (München 1958).

Butenandt, Adolf Friedrich Johann, Biochemiker, geb. 24. 3. 1903 Bremerhaven-Wesermünde.

B. hat mit seinen überaus erfolgreichen Arbeiten zur Isolierung, Strukturaufklärung und Synthese der Sexualhormone, der Insektenfarbstoffe (Ommochrome) und der Insektenlockstoffe (Pheromone) wesentlich zur Entwicklung der Biochemie beigetragen und ihr neue Wege gewiesen.

B. studierte in Marburg und in Göttingen bei A. Windaus Chemie. 1927 hat er in Göttingen promoviert und sich 1931 habilitiert. 1933 erhielt B. eine Berufung auf den Lehrstuhl für organische Chemie an die damalige TH Danzig (Gdańsk). Von dort ging er nach Berlin-Dahlem, um das Direktorat des Kaiser-Wilhelm-Instituts für Biochemie zu übernehmen. 1943/44 wurde das Institut nach Tübingen verlagert, wo B. bis 1956 die Leitung wahrnahm. 1956 übernahm er das Direktorat des Max-Planck-Instituts für Biochemie in München, bis 1960 in Personalunion mit der Leitung des Physiologisch-chemischen Instituts der Univ. München. 1960–1972 wirkte B. in der Nachfolge von O. Hahn als Präsident der Max-Planck-Gesellschaft, seit 1972 als deren Ehrenpräsident.

B.s erste wissenschaftliche Arbeiten waren der Isolierung, Strukturaufklärung und Synthese der Sexualhormone gewidmet: 1929 Östron (nach IUPAC: Estron), 1931 Androsteron, 1934 Progesteron und 1935 Testosteron. Seine Untersuchungen über den Tryptophanstoffwechsel im Insektenorganismus führten zur Entdeckung einer neuen Klasse von Insektenfarbstoffen, der Ommochrome. In fast 15jähriger Arbeit gelang B. die Isolierung des Verpuppungshormons der Seidenspinnerpuppen, des Ecdysons. Fast 20 Jahre waren notwendig, um dann den Sexuallockstoff des Seidenspinnerweibchens, das Bombykol, zu isolieren und als 10-trans-12-cis-Hexadecadien-ol-(1) zu identifizieren (Strukturbeweis durch unabhängige Synthese). Die Arbeiten über die Insektenwirkstoffe erforderten ein außerordentlich großes experimentelles Können und die Entwicklung und Anwendung neuartiger mikrochemischer Methoden. Darüber hinaus hat sich B. mit dem Problem der endogenen Entstehung von Krebs erzeugenden Stoffen, mit hämatologischen, zytologischen und genetischen Fragen beschäftigt. B.s Forschungsergebnisse fanden ihren Niederschlag in fast 300 Publikationen.

B. erhielt mehr als 10 Ehrendoktorate und zahlreiche weitere hohe Auszeichnungen. Seine Untersuchungen über die Sexualhormone wurden 1939 mit dem Nobelpreis für Chemie gewürdigt. Re

Literatur: Butenandt, A. F. J.: Das Werk eines Lebens (Gesammelte Werke), 2 Bde. (München u. Göttingen 1981).

Schmidt-Thomé, J.: Adolf Butenandt zum 60. Geburtstag, in: Chemiker-Ztg. 87 (1963), 211/212; Prof. Dr. Adolf Butenandt 75 Jahre, in: Chemiker-Ztg. 102 (1978), 115; Nobel Lectures including presentation speeches and laureates' biographies 1922–1941 (Amsterdam, London, New York 1966).

Butlerow (Butlerov), Alexander Michailowitsch, Chemiker, geb. 25. 8. (6. 9.) 1828 Tschistopol (Gouv. Kasan), gest. 5. (17.) 8. 1886 Butlerowka (Gouv. Kasan).

B.s wichtigster Beitrag besteht in der Formulierung der Strukturtheorie, die einen Markstein in der Entwicklung der organischen Chemie darstellt. Er führte zur Bezeichnung der gegenseitigen Bindungen der Atome in einer Verbindung den Begriff chemische Struktur ein und bewies, daß die chemischen Eigenschaften einer Verbindung durch ihre Zusammensetzung und Struktur bestimmt werden. Seine theoretischen und experimentellen Arbeiten wurden zum Ausgangspunkt der zeitgenössischen Vorstellungen über den Bau der organischen Verbindungen.

B., Sohn eines pensionierten Offiziers, begann 1844 nach

Absolvierung des Gymnasiums in Kasan an der dortigen Univ. zu studieren. Sein ursprüngliches Interesse für Botanik und Zoologie wich unter dem Einfluß der Vorlesungen der Chemieprofessoren C. Clauss (Entdecker des Elements Ruthenium) und N. N. Sinin (Begründer der russ. Chemieschule) dem Interesse für Chemie. 1850 erlangte B. den Rang eines Magisters, wurde 1851 Adjunkt und begann mit Vorlesungen. Nach der Verteidigung seiner Dissertation (1854) wurde er zum ao. Prof. und 1857 zum o. Prof. an der Univ. Kasan ernannt. 1857/58 arbeitete B. im Pariser Laboratorium von A. Wurtz, besuchte eine Reihe weiterer bedeutender europ. Chemiezentren und begegnete führenden Persönlichkeiten der jüngeren Wissenschaftlergeneration, z. B. E. Erlenmeyer und A. Kekulé. 1868 wurde B. zum o. Prof. der Univ. in St. Petersburg (Leningrad) ernannt, 1870 zum Adjunkten gewählt; ein Jahr später wurde er außerordentliches und 1874 ordentliches Mitgl. der Kaiserl. Ak. d. Wiss. in St. Petersburg. Nachdem B. 1885 in den Ruhestand getreten war, setzte er seine Vortragstätigkeit an der Univ. bis fast zu seinem Tode fort.

Nach anfänglichen Präparationsversuchen auf dem Gebiet der organischen Chemie reiften in B.s theoretischen Erwägungen die Vorstellungen über den chemischen Aufbau der organischen Stoffe. 1861 trug B. auf der Versammlung Deutscher Naturforscher und Ärzte seine Konzeption der chemischen Struktur vor. In den darauffolgenden Jahren widmete er sich experimentellen und theoretischen Arbeiten, mit denen er die Strukturtheorie erweiterte und verifizierte. Sein in russ. Sprache abgefaßtes Lehrb. der organischen Chemie stellt eine erfolgreiche Anwendung dieser Theorie auf den gesamten Aufbau der damaligen organischen Chemie dar. Die deutsche Übersetzung sicherte dann die Verbreitung der Strukturtheorie und beeinflußte nicht nur den Unterricht, sondern die gesamte Entwicklung der organischen Chemie.

In der Mitte des 19. Jh. gab es mehrere Ansätze für ein tieferes Verständnis der Beziehungen zwischen den Eigenschaften und dem inneren Aufbau chemischer Verbindungen. Diese Erkenntnisse hat B. zusammengefaßt und verallgemeinert, als er 1861 den Begriff der chemischen Struktur formulierte. Der Hauptgedanke in B.s Strukturtheorie war die Vorstellung, daß die chemischen Eigenschaften der organischen Verbindungen direkt mit ihrer inneren Struktur zusammenhängen, daß sie erkennbar und voraussehbar sind, weil sie aus der Menge und der Art der gegenseitigen Anordnung der die Verbindung bildenden Elemente oder Elementgruppen resultieren. Ausdruck dieser Eigenschaften soll die Strukturformel sein, und zwar eine einzige für jede Verbindung. Ausgehend von der Strukturtheorie erläuterte B. 1863 einige Erscheinungen der Isomerie und Tautomerie. Er definierte Isomere als Verbindungen gleicher elementarer Zusammensetzung, aber verschiedener chemischer Struktur und sagte die Isomerie gesättigter Kohlenwasserstoffe voraus. Die erste experimentelle Bestätigung der Theorie war B.s Entdeckung des tertiären Butanols und seine Strukturbestimmung (1864). Noch in demselben Jahr sagte B. weitere Isomere gesättigter Kohlenwasserstoffe und Alkohole voraus, und in den folgenden Jahren realisierte er mit seinen Schülern einige von ihnen; z. B. 1865 drei höhere Homologe des tertiären Butanols, 1866 verzweigtes Butan (Isobutan), 1867 verzweigtes Buten (Isobuten). Eine Serie von Experimenten zu Beginn der 70er Jahre führte zu der Hypothese, daß die ungesättigten Verbindungen mehrfache Bindungen enthalten.

Die Arbeiten von B. halfen, die Struktur aromatischer Stoffe und ungesättigter aliphatischer Verbindungen zu klären, regten die Herausbildung der heutigen rationellen Symbolik für organische Verbindungen an, ebenso die Entstehung der Stereochemie, der Strukturanalyse sowie neuer Bereiche der organischen Synthese und eröffneten neue Wege zur Entfaltung der chemischen Produktion. Vom Begriff der chemischen Verbindung, der durch die weitere Entwicklung der theoretischen Physik und Chemie bereichert wurde, geht auch die gegenwärtige Systematik und Nomenklatur organischer Stoffe aus. Die klassische Theorie der chemischen Bindung ermöglicht in ihrer ursprünglichen Form bis heute eine Modellbildung organischer Verbindungen, die am besten den Berechnungen der Quantenchemie entspricht.

Zu B.s weiteren bedeutenden Arbeiten gehört 1859 die Darstellung des Hexamethylentetramins (Urotropin) und 1861, ausgehend von Formaldehyd, die Synthese eines von ihm Methyleniten genannten Zuckergemischs.

B. wird als der Begründer der Kasaner Schule der organischen Chemie betrachtet. Zu seinen Schülern zählten z. B. W. W. Markownikow, A. N. Popow, A. M. Saizew. B. reformierte den Chemieunterricht und organisierte Hochschullehrgänge für Frauen. Auch arbeitete er aktiv in der Russ. Chemischen Gesellschaft, deren Vorsitzender er 1878–1883 war. Für seine wissenschaftlichen Verdienste wurde er Ehrenmitgl. zahlreicher russ. und ausländischer wissenschaftlicher Gesellschaften.

Während seiner St. Petersburger Zeit beschäftigte sich B. auch mit dem Spiritismus und versuchte, ihn mit wissenschaftlichen Methoden und Experimenten zu untersuchen.

Sb, Fk

Literatur: Butlerov, A. M.: Vedenie k polnomu izučeniû organičeskoj himii (Kasan 1864–1866), dtsch Lehrb. der organischen Chemie zur Einführung in das spezielle Studium derselben (Leipzig 1867/68), Einiges über die chemische Struktur der Körper (Vorgetragen in der chemischen Section der 36. Versammlung deutscher Naturforscher und Ärzte zu Speyer am 19. September 1861), in: Z. Chem. Pharm. 4 (1861), 549–560, Ueber die verschiedenen Erklärungsweisen einiger Fälle von Isomerie, in: Z. Chem. Pharm. 6 (1863), 500–534, Ueber die systematische Anwendung des Princips der Atomigkeit zur Prognose von Isomerie- und Metameriefällen, in: Z. Chem. Pharm. 7 (1864), 513–532, Sur les explications de quelques différents cas d'isomérie, in: Bull. Soc. Chim. 1 (N. S.) (1864), 100–128, Izbrannye raboty po organičeskoj himii (Moskau 1951), Sočineniâ (Moskau 1953–1958).

Bykov, G. V.: A. M. Butlerov i sovremennaâ himiâ. Voprosy istorii estestvoznaniâ i tehniki (1979), 61–63, 73–75; Ivanova, L. P. (Hrsg.): Aleksandr Mihajlovič Butlerov po materialam sovremennikov (Moskau 1978).

Bütschli, Otto, Zoologe, geb. 3. 5. 1848 Frankfurt am Main, gest. 3. 2. 1920 Heidelberg.

Durch seine Protozoenforschungen leistete B. einen entscheidenden Beitrag zur Aufklärung der Entwicklungsgeschichte und Systematik der Einzeller und damit auch für die Parasitologie.

Nachdem B., Sohn eines Schweizer Konditors, zunächst an der Polytechnischen Schule Karlsruhe seit 1864 Mathematik, Chemie und Mineralogie studiert hatte, wandte er sich ab 1866 in Heidelberg auch der Zoologie und Anatomie zu (Dr. phil. 1867) und arbeitete als Praktikant bei R. Bunsen. 1870 begann er als Assistent von R. Leuckart in Leipzig mit entwicklungsgeschichtlichen Untersuchungen an Nematoden (Fadenwürmer) und setzte sie ab 1873 als Assistent bei K. A. Möbius in Kiel an Infusorien (Einzeller verschiedener Gruppen, wie Geißel- und Wimpertierchen) fort. B. habilitierte sich 1876 in Karlsruhe für Zoologie und wirkte 1878–1919 als o. Prof. und Dir. des Zoologischen Instituts an der Univ. Heidelberg, wo er die Zoologie zur selbständigen Disziplin entwickelte.

Mit der Wahl seines speziellen Arbeitsgebietes, der Protozoologie, griff B. Forschungsprobleme auf, die erst seit der Mitte des 19. Jh. von Bedeutung waren. Zwar hatte

O. Bütschli

C

A. L. Ch. Calmette

M. Calvin

CHR. G. EHRENBERG Pionierleistungen in der mikroskopischen und taxonomischen Untersuchung der »Infusorien« vollbracht, sie aber noch nicht als Einzeller erkannt. Erst nachdem C. TH. v. SIEBOLD 1846 die mehrzelligen »Infusorien« von den einzelligen unterschieden und für letztere den Begriff »Protozoa« geprägt hatte und 1861 C. GEGENBAUR und M. SCHULTZE die Identität von Einzelzelle, Ei und Protoplasmakörper der Protozoen festgestellt hatten, wurden entwicklungsgeschichtliche Studien an Einzellern in mehrfacher Hinsicht bedeutungsvoll. B. gehört zu den ersten Biologen, die die frühesten Entwicklungsstadien der Eizelle beobachteten und die »Conjugation« als eine Form der geschlechtlichen Vermehrung von Einzellern beschrieben haben. Er untersuchte die komplizierten Fortpflanzungsverhältnisse der chlorophylltragenden Volvocales (Phytomonadina, Kugelalgen), die er von den Grünalgen systematisch abtrennte, und begründete, auf entwicklungsgeschichtlichen und taxonomischen Studien basierend, die neue Ordnung der »Dinoflagellata«. B.s besonderes Interesse galt der Entstehung und Struktur der Kalk- und Kieselpanzer von Einzellern und der Struktur des Plasmakörpers. Dafür entwickelte er eine vieldiskutierte, an der Kolloidtheorie lebender Eiweiße orientierte Modellvorstellung über eine »Schaumstruktur« des Protoplasmas, die er durch Versuche mit Emulsionen von Öl in Kieselgel zu erhärten suchte.

B. war ein einflußreicher Hochschullehrer, dem z. B. H. SPEMANN wesentliche Anregungen verdankte. Schon als 40jähriger wurde er 1888 Mitgl. der Deutschen Akademie der Naturforscher Leopoldina und 1897 der Preuß. Ak. d. Wiss. Ja

Literatur: Bütschli, O.: Studien über die ersten Entwicklungsvorgänge der Eizelle, der Zellteilung und der Conjugation der Infusorien, in: Abh. Senckenberg. Naturf. Ges. 10 (1876), Protozoa, in: Bronn, H. G.: Klassen und Ordnungen des Tierreichs 1 (Leipzig 1880–1889), Über mikroskopische Schäume und das Protoplasma (Leipzig 1892), Untersuchungen über Strukturen, insbesondere über Strukturen nichtzelliger Erzeugnisse des Organismus (Leipzig 1898), Untersuchungen über organische Kalkgebilde nebst Bemerkungen über organische Kieselgebilde (Leipzig 1907).

Goldschmidt, R. u. a.: Dem Andenken an Otto Bütschli 1848–1920, in: Naturwiss. 8 (1920), Heft 28; Goldschmidt, R.: Erlebnisse und Begegnungen (Hamburg u. Berlin 1959), 48–72; Hamburger, C.: Die Veröffentlichungen von Otto Bütschli, in: Naturwiss. 8 (1920), Heft 28; Kossel, A.: Das Lebenswerk von Otto Bütschli (Heidelberg 1920).

●

Cajal, → Ramón y Cajal.

Calmette, Albert Léon Charles, Arzt, Hygieniker, Bakteriologe und Immunologe, geb. 12. 7. 1863 Nice (Nizza), gest. 29. 10. 1933 Paris.

C. gehört zu den erfolgreichen Immunologen der Medizingeschichte. Zusammen mit C. GUÉRIN führte er die aktive Schutzimpfung gegen Tuberkulose ein (BCG), die wichtigste prophylaktische Maßnahme gegen diese Krankheit.

C., Sohn eines Großgrundbesitzers, studierte 1881–1883 an der École de Médecine Navale in Brest. Anschließend nahm er als Hilfsarzt (aide-médecin) der Marine unter Admiral Courbet an der franz. Eroberung Tongkings (heute Vietnam) teil. Nach einem Aufenthalt in Hongkong, wo ihn P. MANSON mit seiner Arbeit über Filaria bancrofti (ein im Menschen parasitierender Fadenwurm) bekanntmachte, und seiner Promotion mit einem Thema über menschliche Filariasis war C. 1886–1888 als Militärarzt in den franz. Kolonien in Afrika (Gabun) und auf den Inseln St. Pierre und Miquelon im Nordatlantik tätig, wo er nach einer erfolgreichen Lösung eines fischereibakteriologischen Problems beschloß, sich ganz der Bakteriologie zu widmen. Auf seinen Wunsch wurde er in den Kolonial-Sanitätsdienst versetzt und 1890 in das Institut Pasteur zu E. ROUX kommandiert. 1891 erhielt C. auf Empfehlung von L. PASTEUR den Auftrag, in Saigon (Ho-chi-Minh-Stadt) eine Impfanstalt mit einem Forschungslabor einzurichten, wo er sich, zeitweise zusammen mit seinem Freund A. YERSIN, hauptsächlich mit Pocken (Gewinnung von Lymphe aus Büffelkälbern), Cholera, Tollwut (Vakzineherstellung aus dem Rückenmark von Kaninchen), Dysenterie, Schlangengiften, Leberkrankheiten, aber auch mit der alkoholischen Reisgärung und der Opiumfermentation beschäftigte. 1893 nach Frankreich zurückgekehrt, wurde C., wiederum auf einen Vorschlag PASTEURS hin, 1895 mit der Leitung der neugegründeten Zweigstelle des Institut Pasteur in Lille betraut, die er dann, zugleich mit dem dortigen Lehramt für Hygiene, fast 25 Jahre lang innehatte. 1919 – nach dem Tode von E. METSCHNIKOW – wurde C. zum Sous-Direktor des Institut Pasteur zu Paris ernannt; diese Funktion übte er bis zu seinem Tode aus. Seit 1919 hatte er auch den Vorsitz in der Société de Pathologie exotique; 1920 gründete er auf Ersuchen der griech. Regierung ein Pasteur-Institut in Athen.

Nach seiner Rückkehr nach Frankreich (1893) hatte sich C. zuerst Forschungen zur Herstellung eines polyvalenten Schlangengiftserums gewidmet, die er 1896 erfolgreich abschloß (CALMETTEsches Serum). 1899 entwickelte er ein Antipestserum und arbeitete auch an der Pocken- und Tollwutschutzimpfung weiter. Hauptsächlich befaßte er sich aber mit der Tuberkulose, sowohl in sozialhygienischer (z. B. Gründung eines Dispensaire antituberculeux) als auch in bakteriologischer Hinsicht (z. B. Ophthalmoreaktion). Das Ergebnis dieser langjährigen wissenschaftlichen Arbeit (seit 1897 zusammen mit GUÉRIN) war die Schaffung einer wirksamen Tuberkuloseschutzimpfung (aktive Schutzimpfung der Neugeborenen mit BCG – Bacillus Calmette Guérin). Für die Impfung verwendeten C. und GUÉ-

RIN eine auf gallenhaltigen (bilié) Kartoffelnährböden gezüchtete apathogene Variante eines sonst sehr pathogenen bovinen Stammes des Tuberkulosebakteriums. Ursprünglich applizierten sie das Bakterium peroral, andere modifizierten die Applikation und gaben das Bakterium parenteral (subkutan, dann intrakutan). Durch den BCG-Test (Reaktion nach Art des KOCHschen Phänomens) konnten C. und GUÉRIN infizierte von tuberkulosefreien Personen trennen.

1912 hatten C. und GUÉRIN mit diesen Arbeiten begonnen, 1921 wurden erste Versuche in Frankreich mit dem neuen Impfstoff durchgeführt, 1924 wurde die erfolgreiche Anwendung der Weltöffentlichkeit bekanntgegeben. Wa

Literatur: Calmette, A. L. Ch.: Le venin des serpents (Paris 1896), Les venins, les animeaux venimeux et la sérothérapie antivenimeuse (Paris 1907), L'Infection bacillaire et la tuberculose chez l'homme et chez les animeaux (Paris 1920), Manuel technique de microbiologie et sérologie, in: Handb. der mikrobiologischen und serologischen Technik (Paris 1925), La vaccination préventive contre la tuberculose par le B. C. G. (Paris 1927).

Bernard, N.: Albert Calmette, in: Les initiateurs français en pathologie infectieuse (Hrsg. Pasteur Vallery Radot, Paris 1942); Bernard, N., u. L. Negre: Albert Calmette. Sa vie. Son œuvre scientifique (Paris 1939); Lechevalier, H. A., u. M. Solotorovsky: Three Centuries of Microbiology (New York 1965); Olpp, G.: Hervorragende Tropenärzte in Wort und Bild (München 1932).

Calvin, Melvin, Biochemiker, geb. 8.4.1911 St. Paul (Minnesota, USA).

C. klärte, wie im Prozeß der Photosynthese der Einbau des CO_2 und der Aufbau weiterer Stoffe in der grünen Pflanze vor sich geht.

C. entstammte einer nach den USA eingewanderten Familie russ. Emigranten. Er studierte Chemie, zuerst am Michigan College of Mining and Technology, wo er 1931 den Grad eines B. S. erhielt, 1935 den eines Ph. D. für Chemie an der Univ. von Minnesota. 1935–1937 arbeitete er an der Univ. von Manchester (England). 1937 wurde er Doz. an der California University in Berkeley und 1947 Prof. Seit 1946 gehörte er zur »bio-organic chemistry group« im Lawrence Radiation Laboratory.

C. arbeitete zuerst über Elektronenaffinität bei Halogenen, über Chelate und Metallporphyrine sowie über radiochemische Probleme. In Manchester begann er sich für die Photosynthese der grünen Pflanzen zu interessieren. Mit Hilfe neu zur Verfügung stehender Methoden, wie radioaktiv markierter Substanzen (^{14}C) und der Papierchromatographie, klärten er und Mitarbeiter an der einzelligen Grünalge Chlorella, über welche Einzelschritte die grüne Pflanze bei der Photosynthese ihre Kohlenstoffverbindungen aufbaut. Das Kohlendioxid (CO_2) der Luft wird nicht als solches reduziert, sondern in Ribulose-1,5-diphosphat eingebaut, bis über Phosphoglycerinsäure und weitere Stufen schließlich Kohlenhydrate entstehen. Die Lichtenergie wird also nicht, wie vor 1940 angenommen, für die Spaltung des CO_2 benötigt, sondern für die Bildung energiereicher Verbindungen (ATP und NADPH + H), die die enzymatische Reduktion des Kohlendioxids zu dem Kohlenhydrat Glucose (CALVINzyklus) bewirken.

C. arbeitete weiterhin über die »chemische Evolution«, die Entwicklung organischer Verbindungen auf der Urerde, die zu den ersten Lebensformen führte. Für seine Arbeiten über die Erforschung der Kohlendioxidassimilation der Pflanzen erhielt C. 1961 den Nobelpreis. Zi

Literatur: Calvin, M.: Der Weg des Kohlenstoffs in der Photosynthese. Nobel-Vortrag am 11. Dezember 1961. Angew. Chem., 74 (1962), 165–188, Chemical Evolution. Molecular evolution towards the origin of living systems on the earth and elsewhere (Oxford 1969).

Camerarius (CAMMERER), Rudolf Jacob, Mediziner und Botaniker, geb. 12.2.1665 Tübingen, gest. 11.9.1721 Tübingen.

C.' Kreuzungsversuche an Pflanzen erbrachten erstmals den experimentellen Beweis für die sexuelle Vermehrung der Pflanzen, die bis dahin umstritten war.

C. studierte Medizin in Tübingen, wo sein Vater ELIAS RUDOLPH C., Leibarzt beim Herzog von Württemberg, als Prof. der Medizin wirkte. Nach Studienreisen in den Niederlanden, England und Frankreich wurde er 1687 in Tübingen promoviert und 1688 zum Vorsteher des Botanischen Universitätsgartens ernannt. Ab 1689 lehrte er als »Professor Physices« die Naturlehre im umfassenden Sinne des 17. Jh. und begann in diesen Jahren mit Kreuzungsexperimenten an verschiedenen Pflanzen, deren Ergebnis er 1694 mitteilte. 1695 wurde er in der Nachfolge seines Vaters o. Prof. der Medizin. C. befaßte sich weiterhin mit den Fragen der Zeugung und Entwicklung und gab vergleichend anatomische und physiologische Darstellungen der Vermehrung bei Menschen und Tieren.

Mit der Entwicklung der mikroskopischen Pflanzenanatomie im 17. Jh. rückten die verschiedenen Pflanzenorgane und ihre Funktion in den Mittelpunkt des Interesses. Es waren vor allem Mediziner (Anatomen), die Parallelen zwischen Tier- und Pflanzenorganen zogen und ihre Funktionen verglichen. Sowohl M. MALPIGHI als auch der engl. Arzt N. GREW hatten die Blütenorgane genau dargestellt, und GREW berichtete 1682 von Experimenten seines Landsmannes J. BOBART, der erfolgreich die Stempel von Lychnis dioica (Lichtnelke) mit Pollen bestäubt und Samen erhalten hatte. Möglicherweise dadurch angeregt, führte C. ganze Serien von Befruchtungsexperimenten durch. Er pflanzte z. B. weibliche Pflanzen von Mercurialis (Bingelkraut) und Spinacia (Spinat) isoliert von männlichen und erhielt keinen Samen, gleichfalls nicht, als er bei Rizinus, Mais und Hanf die pollentragenden Blüten entfernte, woraus er den Schluß zog, daß den Staubbeuteln die Funktion der männlichen Sexualorgane, dem Fruchtknoten mit Narbe oder Griffel die der weiblichen beizulegen sei. C. konstatierte auch, daß im Pflanzenreich die meisten Pflanzen zwittrig sind und sich selbst befruchten. Seine Ergebnisse teilte er 1694 – wie damals üblich – in Form eines Briefes an den Gießener Mediziner M. B. VALENTINI mit, doch wurden sie nicht verbreitet und fanden erst im Laufe des 18. Jh. Beachtung, als C. v. LINNÉ die Sexualorgane zur Grundlage seines Pflanzensystems gemacht hatte. Ja

Literatur: Camerarius, R. J.: Epistola ad M. B. Valentini de sexu plantarum (Tübingen 1694, neu hrsg. von J. Gmelin 1748), dtsch Über das Geschlecht der Pflanzen, in: Ostwald's Klassiker ... Nr. 105 (Leipzig 1899), Opuscula botanici argumenti (Hrsg. Joh. Chr. Mikan, Prag 1797), De generatione hominis et animalibus (Über die Zeugung des Menschen und der Tiere) (Tübingen 1715).

Möbius, M.: Einleitung zu: R. J. Camerarius: Über das Geschlecht der Pflanzen, in: Ostwald's Klassiker ... Nr. 105 (Leipzig 1899), III–XIII.

Candolle, 1) Alphonse de, Botaniker, Sohn von 2), geb. 27.10.1806 Paris, gest. 4.4.1893 Genf.

Als Pflanzensystematiker führte C. die Bemühungen seines Vaters um ein »natürliches Pflanzensystem« erfolgreich fort und bezog in Anerkennung von CH. DARWINS Deszendenztheorie phylogenetische Aspekte ein.

C. studierte zunächst ab 1824 in Genf Jura (1829 Dr. jur.), wurde aber durch das Wirken seines Vaters und den Einfluß von dessen Freunden J. SENEBIER und ANTOINE LAURENT DE JUSSIEU für die Botanik gewonnen, nachdem er auf Bildungsreisen nach Paris, Straßburg (Strasbourg), München und Wien (1827) sowie nach London (1828) bedeutende europ. Botaniker und botanische Gärten kennengelernt hatte. Ab 1831 war C. Honorarprof. an der Ak. d. Wiss. Genf und unterstützte seinen Vater in der Verwaltung von deren Botanischem Garten. Durch monographische Bearbeitung der Campanulaceae (Glockenblumengewächse) 1833 erwarb er sich wissenschaftliche Anerkennung und wurde nach dem Rücktritt seines Vaters (1835) dessen Nachfolger als o. Prof. und Dir. des Botanischen Gartens. Ab 1850 zog sich C. aus diesen Ämtern zurück und arbeitete als Privatgelehrter an großen Publikationen und dem bedeutenden Herbarium, das die Belegpflanzen für das von seinem Vater begonnene große systematische Werk, den »Prodromus ...«, enthielt und später von seinem Sohn CASIMIR PYRAME DE C. der Stadt Genf übereignet wurde. Von weittragender Bedeutung war 1867 sein Vorsitz auf dem Internationalen Botanikerkongreß in Paris, auf dem seine Bemühungen um Vereinheitlichung der botanischen Nomenklatur Erfolg hatten und die von ihm entworfenen »Gesetze der botanischen Nomenklatur« als verbindlich angenommen wurden. Dieser »Pariser Kodex« (auch als die »DE-CANDOLLEschen Regeln« bekannt) blieb – mit nachfolgenden Ergänzungen – im wesentlichen bis heute gültig.

Gegen Ende des 18. Jh. setzten sich die Bestrebungen der franz. Botaniker für die Ablösung von C. v. LINNÉS »künstlichem« Sexualsystem durch ein »natürliches« System der Pflanzen durch. Vorkämpfer dafür waren die Botaniker der Familie JUSSIEU, besonders ANTOINE LAURENT DE JUSSIEU, dessen Bemühungen um ein auf die Berücksichtigung möglichst vieler Merkmale gegründetes Verwandtschaftssystem (bei dem morphologische Merkmale dominierten) C.s Vater erfolgreich fortsetzte und zu allgemeiner Anwendung führte. Es ist das Verdienst von C., daß das monumentale Vorhaben der Darstellung aller Pflanzenarten nach einem einheitlichen Konzept in fast 50jähriger kontinuierlicher Arbeit fertiggestellt werden konnte. Dabei erlebte C. gleichermaßen als Problem und als Lösung den notwendigen Übergang der nur morphologischen Konzeptionen zur phylogenetisch-genealogischen Konzeption der nachdarwinschen Zeit. Wie auch andere zeitgenössische Botaniker war er schon 1859 für evolutionistische Anschauungen aufgeschlossen und wurde bald nach DARWINS Veröffentlichung der Deszendenztheorie ihr Anhänger. Sein erstes Bekenntnis zu einer genealogischen Auffassung der Taxonomie veröffentlichte C. 1862 in seiner Monographie der Eichen, in der ein besonderer Abschnitt dem Artproblem gewidmet ist. In vorausschauender Weise bekannte er sich dort – im Gegensatz zu anderen Darwinisten seiner Zeit – zur Realität der »Art« und der höheren taxonomischen Kategorien und forderte die eingehende Beschäftigung mit der innerartlichen Systematik und dem Artbildungsprozeß durch Isolation. Dieses schnelle und tiefe Verständnis für die Evolutionsproblematik resultierte nicht zuletzt aus der fast 20jährigen Beschäftigung mit pflanzengeographischen Fragen, mit denen er nach dem Vorbild von A. v. HUMBOLDT und R. BROWN etwa 1835 begonnen hatte. C.s Ziel war es, die Gesetzmäßigkeiten der Verbreitung der Arten zu erfassen, ihre physiologischen, ökologischen und klimatischen Ursachen darzustellen, und er wandte dazu eine verbesserte »Wärmesummenmethode« an. In seiner 1855 erschienenen »Pflanzengeographie« hatte C. auch schon historisch-geologische Ursachen als Verbreitungsfaktoren berücksichtigt; dieses Werk benutzte DARWIN bei der Vorbereitung seiner »Entstehung der Arten« mit großer Wertschätzung. In Weiterführung pflanzengeographischer Arbeiten auf evolutionistischer Grundlage widmete sich C. dem Ursprung der Kulturpflanzen, den er mit botanischen, aber auch historischen, archäologischen sowie linguistischen Quellen erforschte. Das 1883 veröffentlichte Werk über den Ursprung

R. J. Camerarius

A. de Candolle

der Kulturpflanzen, dem noch einige kleinere Arbeiten über einzelne Gattungen folgten, war das zu dieser Zeit umfangreichste über ein aktuelles Thema und wurde sofort als eine wesentliche Grundlage für alle weiteren analogen Studien anerkannt. Auf ihm fußen auch die Untersuchungen von N. I. WAWILOW, der sein Werk über die Entstehungszentren der Kulturpflanzen (1926) C. widmete.

Über das engere Arbeitsgebiet hinaus war C. bereits seit seinem Jurastudium stark an sozialen Fragen interessiert, veröffentlichte kriminalstatistische Untersuchungen, arbeitete in politischen Gremien wie dem Genfer Rat (1834) und der Konstituierenden Versammlung sowie dem Großen Rat (1862–1868) mit; er engagierte sich für die Entwicklung einer auf Liberalismus gegründeten Demokratie. Speziell diesen Interessen entsprang sein damals weniger beachtetes Werk »Über die Geschichte der Wissenschaften und der Gelehrten seit zwei Jahrhunderten«, in dem vor allem die sozialen, politischen und geographischen Faktoren untersucht wurden. Es fand erst in der Gegenwart gebührende Anerkennung.

Ja

Literatur: Candolle, A. de: Introduction à l'étude de la botanique, ou traité élémentaire de cette science, 2 Bde. (Paris 1835), dtsch Anleitung zum Studium der Botanik, oder Grundriß dieser Wissenschaft (Genf 1844), Prodromus systematis naturalis regni vegetabilis (Abriß des natürlichen Pflanzensystems) (Hrsg. von Bd. 8–17, Paris 1844–1873), Géographie botanique raisonnée ou exposition des faits principaux et des lois concernant la distribution géographique des plantes de l'époque actuelle (Erläuterte Pflanzengeographie, oder Darstellung grundlegender Tatsachen und Gesetze, die geographische Verbreitung der Pflanzen in der Gegenwart betreffend), 2 Bde. (Paris u. Genf 1855), Lois de la nomenclature botanique adoptées par le Congrès international de botanique tenu à Paris en Août 1867 ... (Genf, Basel, Paris, 1867), dtsch Regeln der botanischen Nomenklatur (Basel u. Genf 1868), Monographiae Phanerogamarum (Monographie der Blütenpflanzen), Bd. 1–9 (hrsg. mit C. P. de Candolle, Paris 1878–1896), Origine des plantes cultivées (Paris 1883, 2. Aufl. 1886), dtsch Ursprung der Kulturpflanzen (Stuttgart u. Tübingen 1884, Neuaufl. 1959), Histoire des sciences et des savants depuis deux siècles, suivie d'autres études sur des sujets scientifiques, en particulier sur la sélection dans l'expèce humaine (Genf, Basel, Lyon 1873), dtsch Geschichte der Naturwissenschaften und der Gelehrten seit zwei Jahrhunderten ... (Leipzig 1911).

Baehni, Ch.: Correspondance de Charles Darwin et d'Alphonse de Candolle, in: Gesnerus 12 (1955), 109–156; Keller, R.: Alphonse de Candolle, 1806–1893. Ein Lebensbild, in: Biol. Centralbl. 14 (1894), Nr. 6; Mikulinskij, S. R., Markova, L. A. u. Starostin, B. A.: Alphonse de Candolle (Jena 1980).

2) Augustin-Pyramus de, Botaniker, Vater von 1), geb. 4. 2. 1778 Genf, gest. 9. 9. 1841 Genf.

Als einer der markantesten Vertreter der deskriptiv-systematischen Richtung der Botanik in der vordarwinschen Epoche arbeitete C. die Prinzipien des vorphylogenetischen natürlichen Pflanzensystems auf morphologischer Grundlage am konsequentesten aus und erlangte mit seinem »Prodromus ...« großen Einfluß.

Angeregt durch Arbeiten von J. SENEBIER und J.-P. VAUCHER entschied sich C., Sohn des Genfer Buchdruckers und Verlegers PYRAMUS DE C., für botanische Studien, absolvierte ab 1798 in Paris ein Medizinstudium und wurde 1804 mit einer medizinisch-botanischen Arbeit über die Heileigenschaften der Pflanzen promoviert. Darin beachtete er bereits die von ANTOINE LAURENT DE JUSSIEU seit 1789 verbreiteten Prinzipien eines »natürlichen Systems« durch Gruppierung der Pflanzenfamilien nach Komplexen gleichartiger Eigenschaften und Organsysteme. Unter seiner Mitarbeit erschien 1805 die dritte Auflage der »Flora von Frankreich« von J. B. LAMARCK, der ihn gefördert und beeinflußt hat. 1808–1816 wirkte C. als Prof. der Botanik und Dir. des Botanischen Gartens an der Univ. Montpellier. Dann kehrte er nach Genf zurück, wo er o. Prof. der Botanik an der Ak. d. Wiss. wurde und 1817 den Botanischen Garten gründete und leitete, bis er 1835 zugunsten seines Sohnes von Lehramt und Direktion zurücktrat. Als Mitgl. mehrerer Gesellschaften und Institutionen des öffentlichen Lebens nahm er zahlreiche Ämter wahr und war 1818 an der Direktion der Öffentlichen Bibliothek beteiligt.

C.s Bemühungen um ein »natürliches System« des Pflanzenreichs sind charakteristisch für die nachlinnésche Epoche in der ersten Hälfte des 19. Jh. und schließen sich an die gleichartigen Bestrebungen besonders der franz. Naturforscher an. Seine Ergebnisse stehen gleichrangig neben den Leistungen von ANTOINE LAURENT DE JUSSIEU und A.-TH. BRONGNIART in der Botanik oder LAMARCK und G. CUVIER in der Zoologie. Auch C. arbeitete nach ähnlichen Methoden und versuchte, anatomische Kriterien bzw. vergleichend-anatomische Methoden in die Pflanzensystematik einzuführen. Dabei unterliefen ihm zwar bei der Charakteristik der ein- und zweikeimblättrigen Pflanzen Irrtümer, aber seine Methode behielt Bedeutung für die analytische Bearbeitung der Familien und niederen taxonomischen Kategorien, wie sie in seinem »System der Pflanzenwelt« (1818–1821) dargelegt und dann vor allem in seinem »Prodromus systematis naturalis ...« ab 1824 ausgeführt wurden. Auf diesem bauen trotz späterer Modifikationen im Prinzip auch die Systeme der Blütenpflanzen von A. ENGLER oder von G. BENTHAM und J. D. HOOKER auf. C.s Konzeption wurde von seinem Sohn bei der Weiterführung beibehalten. Ja

Literatur: Candolle, A.-P. de: Théorie élémentaire de la botanique (Elementare Theorie der Botanik) (Paris 1813), Organographie végétale (Genf 1827), Physiologie végétale (Pflanzenphysiologie) (Genf 1832), Prodromus systematis naturalis regni vegetabilis (Abriß des natürlichen Pflanzensystems), Bd. 1–7 (Paris 1824–1841), Mémoires et souvenirs (Hrsg. A. de Candolle, Genf u. Paris 1852).

Rive, A. de la: A.-P. de Candolle, sa vie et ses traveaux (Paris 1851).

Cannizzaro, Stanislao, Chemiker, geb. 13. 7. 1826 Palermo (Sizilien), gest. 10. 5. 1910 Rom.

C. hat mit Untersuchungen von Aldehyden und aromatischen Verbindungen wesentlich zur Entwicklung der organischen Chemie beigetragen und mit seinem Beitrag zur Atom- und Molekularlehre damals offene Fragen der theoretischen Chemie geklärt.

C., das jüngste der zehn Kinder eines höheren Polizeibeamten, begann fünfzehnjährig mit dem Medizinstudium an der Univ. seiner Heimatstadt. Vorher hatte er bis 1841 die dortige klassisch-humanistisch orientierte höhere Schule besucht, an der auch wenige Stunden Mathematik und Geographie unterrichtet wurden. 1845 setzte C. sein Studium in Pisa bei R. PIRIA, dem damals führenden Chemiker Italiens, fort. Er wurde als Laboratoriumsassistent eingesetzt und mit der experimentellen Vorbereitung der Vorlesungen betraut. In Pisa schloß er mit C. BERTAGNINI enge Freundschaft. Als sich C. im Sommer 1847 in seiner Heimatstadt aufhielt, begann in Messina die sich schnell ausweitende Volkserhebung gegen die Bourbonen. Er unterbrach sein Studium und beteiligte sich als Artillerieoffizier an revolutionären Aktionen. Nach der Vertreibung der Bourbonenregierung und ihrer Truppen aus Sizilien im Januar 1848 wurde C. als Abgeordneter von Francavilla Sekretär der Camera dei Comuni. Im April 1849 – nach dem Sieg der Österreicher über KARL ALBERT, König von Sardinien-Piemont – erreichte die Konterrevolution auch Sizilien. C., der fliehen konnte, wurde in seiner Heimat zum Tode verurteilt. Seine Flucht führte über Marseille und Lyon nach Paris. Dort setzte C. sein in Pisa unterbrochenes Studium bei M. E. CHEVREUL, der im Amphithéatre du Jardin des Plantes lehrte, fort. Zehn Jahre nach Beginn seiner Studien in Palermo konnte er 1851 nach Italien zurückkehren. In Alessandria (Piemont) war er an einer den damaligen deutschen polytechnischen Schulen ähnlichen Einrichtung als Prof. für Physik, Chemie und Mechanik tätig. 1855 wurde C. an die Univ. Genua berufen, 1861 als Prof. für anorganische und organische Chemie an die Univ. Palermo. Nach der Einigung Italiens wurden C. hohe gesellschaftliche Ehrungen zuteil: 1871 wurde er an die Univ. Rom berufen und bald darauf zum Senatora del Regro ernannt; man wählte ihn zum Mitgl. mehrerer Akademien und Gesellschaften, z. B. zum korrespondierenden Mitgl. der Ak. d. Wiss. zu Berlin.

Während der ersten Jahre seines Studiums in Palermo führte C. physiologisch-chemische Untersuchungen durch, deren Ergebnisse er in drei wissenschaftlichen Mitteilungen bekanntgab. In Pisa arbeitete er über natürliche organische Substanzen, und in Paris stellte er aus Halogencyanen und Ammoniak Cyanamid (Veröffentlichung 1851) und nach der von A. WURTZ vorgeschlagenen Methode Amine dar. In dieser Zeit begann seine Zuwendung zur theoretischen Chemie. In Alessandria gelang C. nach dem Ausbau des dürftig eingerichteten Laboratoriums die Umlagerung des Benzaldehyds in Alkalilösung zu Benzylalkohol und dem Kaliumsalz der Benzoesäure:

$$2\ C_6H_5{-}CHO + KOH \rightarrow C_6H_5{-}COOK + C_6H_5{-}CH_2OH.$$

Den Vorgang bezeichnete C. als Dismutation. Durch diese Reaktion kam er zu dem Ergebnis, daß aromatische Aldehyde durch Alkalien in Alkohole und Carbonsäuren (bzw. deren Salze) umgewandelt werden. Heute ist diese auf gleichzeitiger Oxidation und Reduktion beruhende Umsetzung als CANNIZZARO-Reaktion bekannt; sie hat zu neuen Möglichkeiten organischer Analysen und Synthesen geführt. Die Reaktion wurde 1853 in J. v. LIEBIGS »Annalen« beschrieben; eine Mitteilung dazu wurde 1855 von der Pariser Ak. d. Wiss. angenommen. Im selben Jahr erkannte C. die Identität seines durch Veresterung aus Alkohol erhaltenen Benzylchlorids mit dem durch Chlorierung von Toluen erhaltenen Produkt. Er entdeckte die Phenylessigsäure (α-Tolylsäure). Die Untersuchungen zu aromatischen Alkoholen, Naturstoffen und anderen Verbindungsgruppen setzte C. auch in Genua, Palermo und Rom fort. In den siebziger Jahren widmete er sich unter anderem der Aufklärung der Molekularstruktur als Voraussetzung für die Synthese der Naturstoffe. 1873 konnte er mit einigen Schülern die Struktur des Santonins weitgehend bestimmen. – Die intensive Beschäftigung mit theoretischen Fragen, die um 1850 in Paris begonnen hatten, führte 1858 zu einer brieflichen Mitteilung an S. DE LUCA in Pisa, in der C. seine Erkenntnisse als »Abriß aus einem Lehrgang der philosophischen

Chemie« bekanntgab. Zwei Monate später erfolgte die Veröffentlichung als »Abriß eines Lehrganges der theoretischen Chemie« in »Nuovo Cimento«. Es gelang C. darin, eine große Anzahl von Unklarheiten in theoretischen Fragen der Chemie zu beseitigen. Auf dem ersten internationalen Chemikerkongreß vom 3.–5. 9. 1860 in Karlsruhe konnte er den aus vielen Ländern erschienenen Teilnehmern diese Schrift aushändigen und damit zur Verbreitung beitragen. Mit den im »Abriß« veröffentlichten Ideen wurde die Atom- und Molekularlehre wesentlich gestützt. C. hatte 1857 festgestellt, daß die bei den Dampfdichtebestimmungen einiger Stoffe gefundenen Werte der Masse ihrer Zersetzungsprodukte entsprechen, und daß das allgemeine Gesetz, nach dem gleiche Volumina gasförmiger Körper eine gleiche Anzahl Moleküle enthalten, keine Ausnahme zuläßt. Die scheinbaren Anomalien würden keiner strengen Prüfung standhalten. Bei elementaren Gasen wäre der Satz von A. Avogadro nur anwendbar, wenn er auf die aus zwei Atomen bestehenden Moleküle bezogen würde. Jetzt konnte das Atom als kleinste Menge eines Körpers, die immer als Ganzes in den Molekülen der Verbindungen vorkommt, definiert werden (1860 wurde für den Begriff »Molekül« meist der Begriff »Molekel« und auch der Begriff »Volum« synonym verwendet). Die zum erstenmal möglich gewordene strenge Unterscheidung von Atom und Molekül war deshalb so bedeutungsvoll, weil die Begriffe Äquivalent, Atom und Molekül bisher noch nicht deutlich voneinander abgegrenzt werden konnten. Da C. alle Atommassen auf die Atommasse des Wasserstoffs = 1 bezog, wurde die Atommasse eine Naturkonstante. Später vorgenommene Veränderungen von Atommassen resultieren aus der größer gewordenen Meßgenauigkeit. Fi

Literatur: Cannizzaro, S.: Ueber den der Benzoesäure entsprechenden Alkohol, in: Liebigs Annalen der Chemie, 1853, 129–130, und 1854, 252–254; Sunto di un corso di filosofia chimica fatto nella Reale Università di Genova, in: Nuova cimento, 1858, 321–366, und Pisa 1859, dtsch Abriß eines Lehrganges der Theoretischen Chemie, vorgetragen an der K. Univ. Genua (Leipzig 1891); Historische Notizen und Betrachtungen über die Anwendung der Atomtheorie in der Chemie und über die Systeme der Konstitutionsformeln von Verbindungen, in: Sammlung chemischer und chemisch-technischer Vorträge, Bd. XX (Hrsg. W. Herz, Stuttgart 1913).

Miolati, A.: Nachruf, in: Chem.-Ztg. 34 (1910); Nasini, R.: Gedenkfeier für Stanislao Cannizzaro, in: Chem.-Ztg. 35 (1911); Vanzetti, L. u. Speter, M.: Biographische Einleitung zu Cannizzaros »Historische Notizen ...«, in: Samml. chem. und chem.-tech. Vortr., Bd. 20 (Stuttgart 1913).

Cannon, Annie Jump, Astronomin, geb. 11.12.1863 Dover (Delaware, USA), gest. 13. 4. 1941 Cambridge (Massachusetts, USA).

C. erwarb sich als eine der ersten weiblichen Vertreterinnen der noch jungen Wissenschaftsdisziplin Astrophysik besondere Verdienste um die katalogmäßige Erfassung und Klassifikation von Sternspektren zu Beginn des 20. Jh.

Begünstigt durch eine angesehene Position ihres Vaters, wurde ihr der für Mädchen noch untypische Eintritt in eine höhere Schule möglich. 1894 beendete C. am College in Wellesley das Studium von Mathematik, Physik und Astronomie und spezialisierte sich bis 1896 am Radcliffe College zur Astronomin. Anschließend trat sie dem Harvard College Observatory in Cambridge bei, an dem zu dieser Zeit unter E. Ch. Pickering bereits umfangreiche photographisch-photometrische Arbeiten zur Untersuchung von Sternhelligkeiten liefen. Während der bis zu ihrem Tode währenden Tätigkeit am Harvard Observatorium entdeckte C. 5 Novae und über 300 veränderliche Sterne, darunter einen Teil anhand von Spektralcharakteristiken. Basierend auf Vorarbeiten Pickerings und Miß W. P. Flemings war C.

St. Cannizzaro

A. J. Cannon

an der Entwicklung des im Jahre 1922 von der Internationalen Astronomischen Union (IAU) übernommenen Harvard-Systems der Spektralklassifikation beteiligt. Die Einführung dezimaler Untergruppen ist ihr persönlicher Beitrag. Der Definition ging 1901 eine erste spezielle Veröffentlichung über 1 122 Spektren voran. Ihr folgte nach Untersuchungen während der Jahre 1911 bis 1915 der Henry Draper Catalogue mit 225 300 Objekten, veröffentlicht in 9 Bänden zwischen 1918 und 1924. Ergänzungen zu diesem Katalog aus den Jahren 1925 bis 1936 enthalten zusätzlich 47 000 Klassifikationen. Weitere tausende Bestimmungen finden sich im Yale Zone- und Cape Zone-Catalogue. Noch nach ihrem Tode wurden 86 000 Klassifikationen veröffentlicht (1949).

Fachkollegen bescheinigten C. Aufgeschlossenheit gegenüber den Arbeiten anderer, Charme und Enthusiasmus. Ihre Fähigkeit, auf Objektivprismenaufnahmen die Spektren von drei und mehr Sternen je Minute klassifizieren zu können, ist nur durch ihre große Konzentrationsfähigkeit möglich gewesen.

Ab 1911 war C. in Harvard Kurator der astronomischen Photographie und verwaltete das Plattenarchiv. 1931 bekam sie die Draper-Goldmedaille, 1932 den Ellen-Richards-Forschungspreis. Letzteren stiftete sie als Annie-Jump-Cannon-Preis der amerik. Astronomischen Gesellschaft für künftige wissenschaftliche Leistungen von Frauen in der Astronomie. Nach zwei Ehrendoktorwürden erhielt sie 1938 als erste Frau der Harvard Corporation den Titel William Cranch Bond Astronomer. Fd

Cantor, Georg, Mathematiker, geb. 3.(19.) 2. 1845 St. Petersburg (Leningrad), gest. 6. 1. 1918 Halle.

Hauptarbeitsgebiete C.s waren die Analysis und die Mengenlehre, als deren eigentlicher Begründer er zu betrachten ist.

Schon in jungen Jahren kam C. mit seinen Eltern nach Deutschland, besuchte 1856–1859 in Wiesbaden das Gymnasium, 1859/60 in Darmstadt die Realschule und anschließend Kurse der dortigen Höheren Gewerbeschule. 1862 begann er in Zürich mit dem Studium der Mathematik und setzte dieses 1863–1867 in Berlin fort, wo E. E. Kummer, L. Kronecker und insbesondere K. Weierstrass seine akademischen Lehrer waren. 1867 promovierte C. in Berlin mit der Dissertation »De aequationibus secundi gradus indeterminatis« (Über unbestimmte Gleichungen zweiten Grades) und legte 1868 die Staatsprüfung für das Lehramt ab. 1869 habilitierte er sich an der Univ. Halle mit der Schrift »De transformatione formarum ternarium quadricarum« (Über Transformationen von ternären quadratischen Formen). Durch Vermittlung seines Studienfreundes H. A. Schwarz wurde C. 1872 dessen Nachfolger als ao. Prof. an der Univ. Halle und erhielt dort 1879 ein Ordinariat, das er bis zu seiner Entpflichtung 1913 innehatte. 1884 erlitt C. einen schweren psychischen Zusammenbruch; in den weiteren Lebensjahren unterbrachen Depressionen häufig sein wissenschaftliches Schaffen.

Auf wesentliche Initiative C.s wurde 1890 die »Deutsche Mathematiker-Vereinigung« gegründet, zu deren erstem Vorsitzenden er gewählt wurde. C. gehörte zu den Initiatoren internat. Mathematikerkongresse, deren erster 1897 in Zürich stattfand; er war Mitgl. der Deutschen Akademie der Naturforscher »Leopoldina« in Halle, Korrespondierendes Mitgl. der Göttinger Gesellschaft der Wissenschaften und Ehrenmitgl. zahlreicher wissenschaftlicher Gesellschaften sowie Ehrendoktor der Univ. Christiania und St. Andrews.

Nach ersten Arbeiten zur Arithmetik wandte sich C. 1870 der Analysis zu. In einer Arbeit über trigonometrische Reihen aus dem Jahre 1872 gab er die heute mit seinem Namen verbundene exakte Einführung der reellen Zahlen durch Fundamentalfolgen heraus und formulierte das nach ihm benannte Stetigkeitsaxiom. Die präzise Fassung des Zahlbegriffs und der Stetigkeit der Zahlengeraden waren in der Mitte des 19. Jh. zu erstrangigen Aufgaben bei der Fundierung der Analysis herangereift und wurden nahezu gleichzeitig, aber auf ganz andere Weisen auch durch R. Dedekind und Weierstrass gelöst. In derselben Arbeit definierte C. die erste Ableitung P' einer linearen Punktmenge P als Menge aller Häufungspunkte von P und erkannte diese Bildung als eine Zuordnung zwischen den Mengen P und P'. In einer Arbeit aus dem Jahre 1874, mit der man heute allgemein den Beginn der Mengenlehre datiert, bewies C. die Abzählbarkeit der Menge aller algebraischen Zahlen und die Nichtabzählbarkeit der Menge aller reellen Zahlen und folgerte hieraus die Existenz transzendenter Zahlen. Er benutzte dabei noch nicht das heute nach ihm benannte Diagonalverfahren; dieses findet sich erst in einer Note aus dem Jahre 1891. Nach langen Bemühungen konnte C. 1878 zeigen, daß die Ebene und allgemein der n-dimensionale euklidische Raum dieselbe Mächtigkeit wie die Zahlengerade, das Linearkontinuum haben, ein Resultat, das er selbst lange für unmöglich hielt und das fundierte Untersuchungen zum Dimensionsproblem auslöste. Zu den beiden genannten ersten Resultaten der Mengenlehre führte C. einen regen Briefwechsel mit Dedekind. In den Jahren 1879–1884 veröffentlichte C. die 6 Teile seiner Arbeit »Über unendliche lineare Punktmannigfaltigkeiten«. In ihnen behandelt er einerseits grundlegende Begriffe der allgemeinen Mengenlehre, wie Teilmenge, Vereinigung, Durchschnitt, Mächtigkeit, Ordinalzahl, wohlgeordnete Menge, und andererseits wichtige Begriffe der mengentheoretischen Topologie. Immer wieder knüpfte C. an die Bildung der Ableitung P' einer Menge P an. Er iterierte diesen Prozeß, zunächst endlich oft und dann unendlich oft, und wurde auf diese Weise zwangsläufig zu den transfiniten Ordinalzahlen geführt: »Die bisherige Darstellung meiner Untersuchungen in der Mannigfaltigkeitslehre ist an einen Punkt gelangt, wo ihre Fortführung von einer Erweiterung des realen ganzen Zahlbegriffs über die bisherigen Grenzen hinaus abhängig wird ... ohne (die es) kaum möglich sein würde, zwanglos den kleinsten Schritt weiter vorwärts in der Mengenlehre auszuführen.« Im Zusammenhang mit dem Studium der Ableitung gelangte er zum Begriff der abgeschlossenen, der nirgends dichten, der separierten, der insichdichten und der perfekten Menge. Er bewies (im Spezialfall) den heute nach ihm benannten Durchschnittssatz. Eine von C. für den Begriff »Kontinuum« gegebene Definition erwies sich als zu eng und wurde später durch F. Hausdorff und P. S. Alexandrow neu gefaßt. C. konstruierte das heute nach ihm benannte Diskontinuum als Beispiel für eine nirgends dichte perfekte Punktmenge von der Mächtigkeit $\mathfrak{c}$ des Kontinuums und zeigte, daß jede nichtleere perfekte lineare Punktmenge ein homöomorphes Bild des Diskontinuums enthält und daher ebenfalls die Mächtigkeit $\mathfrak{c}$ hat. Die neuere Topologie hat das Diskontinuum C.s als einen in vieler Hinsicht »Universalraum« erkannt. Weiterhin bewies C., daß jede abgeschlossene lineare Punktmenge eine Vereinigung aus einer perfekten und einer höchstens abzählbaren Punktmenge ist und daher entweder höchstens abzählbar oder von der Mächtigkeit $\mathfrak{c}$ ist (Satz von Cantor und I. Bendixson). Damit hatte C. gezeigt, daß im Bereich der abgeschlossenen Teilmengen der Menge R der reellen Zahlen die Kontinuumhypothese gilt, die diese Mächtigkeitsaussage allgemein für alle Teilmengen von R macht, und deren Beweis er am Ende des 6. Teiles seiner Arbeit ankündigte. Aus dem Briefwechsel C.s mit G. Mittag-Leffler ist bekannt, daß sich C. 1884 intensiv um diesen Beweis bemühte; es ist sicher, daß diese vergeblichen Mühen zu seinem Zusammenbruch beitrugen. Das Kontinuumsproblem wurde von D. Hilbert in seinem berühmten Vortrag aus dem Jahre 1900 als erstes der wichtigen ungelösten Probleme genannt; nach C. haben sich zahllose Mathematiker erfolglos um dessen Lösung bemüht. 1938 zeigte K. Gödel, daß die »verallgemeinerte« Kontinuumhypothese relativ widerspruchsfrei zu den üblichen Axiomensystemen der Mengenlehre ist, und 1963 bewies P. F. Cohen dasselbe für deren Negation. Damit kann aus heutiger Sicht gesagt werden, daß ähnlich wie beim Parallelenaxiom in der Geometrie auch bei der Kontinuumhypothese keine eindeutige Antwort möglich ist und man wohl die Existenz unterschiedlicher widerspruchsfreier Systeme der Mengenlehre anerkennen muß. Erst 1895 meldete sich C. noch einmal mit einer größeren mathematischen Arbeit »Beiträge zur Begründung der transfiniten Mengenlehre« zu Wort, in der er eine systematische Darstellung seiner Resultate zur Mengenlehre, vor allem zur Arithmetik der transfiniten Kardinal- und Ordinalzahlen gab.

Im 5. Teil seiner Arbeit über Punktmannigfaltigkeiten und in mehreren Schriften aus den Jahren 1886–1888 ging C. auf philosophische und wissenschaftshistorische Fragen zum Mengenbegriff und insbesondere zu der von ihm vertretenen Auffassung über das Aktual-Unendliche ein. Im 3. Teil jener Arbeit findet sich z. B. folgende Erklärung: »Eine Mannigfaltigkeit (ein Inbegriff, eine Menge) von Elementen, die irgendwelcher Begriffssphäre angehören, nenne ich wohldefiniert, wenn auf Grund ihrer Definition und infolge des logischen Prinzips vom ausgeschlossenen Dritten es als intern bestimmt angesehen werden muß, sowohl ob irgendein derselben Begriffssphäre angehöriges Objekt zu der gedachten Mannigfaltigkeit als Element gehört oder nicht, wie auch, ob zwei zur Menge gehörige Objekte, trotz formaler Unterschiede in der Art des Gegebenseins einander gleich sind oder nicht. Im allgemeinen werden die betreffenden Entscheidungen nicht mit den zu Gebote stehenden Methoden oder Fähigkeiten in Wirklichkeit sicher und genau ausführbar sein, darauf kommt es aber hier durchaus nicht an, sondern allein auf die innere Determination, welche in konkreten Fällen, wo es die Zwecke fordern, durch Vervollkommnung der Hilfsmittel zu einer aktuellen (externen) Determination auszubilden ist.« C. war sich im klaren, daß die von ihm ausdrücklich zugelassene Bildung unendlicher Mengen als etwas fertiges Ganzes im Gegensatz zu den durch Aristoteles und die mittelalterliche Philosophie geprägten Auffassungen seiner Zeit über das mathematische Unendliche steht und verteidigte seine Ansichten gegen zahlreiche von mathematischer, philosophischer und theologischer Seite vorgetragenen Angriffe. Selbst als um die Jahrhundertwende die bekannten mengentheoretischen Antinomien entdeckt wurden, verlor er nicht das Vertrauen in die Richtigkeit seiner Ideen. Die gnoseologische Auffassung C.s von der Mathematik ist ein Neo-Platonismus, den er selbst »durchaus realistisch, zugleich aber nicht weniger idealistisch« nennt. Für ihn haben die mathematischen Begriffe einerseits immanente Realität in Form ihrer Existenz als freie Erzeugnisse des Denkens (»Substanzen unseres Geistes«) und andererseits transiente Realität als Abbilder von Gegenständen, die »in der körperlichen und geistigen Natur tatsächlich vorkommen«. Den Zusammenhang beider Realitäten sah C. »in der Einheit des Alls, zu welchem wir selbst mitgehören«. Er schätzte die Mathematik als Vorstufe der Metaphysik, und in ihren Entdeckungen sah er als tiefgläubiger, aber kritischer Christ bedeutsame Schritte auf dem Wege zur Erkenntnis Gottes und der Welt. 1896/97 bekannte sich C. in einigen Schriften zu der von einigen Anglisten diskutierten, aber schon damals allgemein abgelehnten These von der Identität W. Shakespeares und F. Bacons. As

Literatur: Cantor, G.: Gesammelte Abhandlungen mathematischen und philosophischen Inhalts (Berlin 1932).
Fraenkel, A.: Georg Cantor, in: Jahresber. DMV 39 (1930), 189–266; Purkert, W. u. Ilgauds, H. J.: Georg Cantor (Leipzig 1985).

Carnot, Nicolas Léonhard Sadi, Ingenieur, geb. 1. 6. 1796 Paris, gest. 24. 8. 1832 Paris.

C. untersuchte auf der Grundlage der Theorie eines Wärmestoffs die Umwandlung von Wärme in Bewegung, indem er den Arbeitszyklus der Dampfmaschine als reversiblen Kreisprozeß deutete. Mit seinen allgemeinen Überlegungen zu dieser Problematik leitete C. die Entwicklung der Thermodynamik ein.

Seine erste, sehr vielseitige Ausbildung erhielt C. bei seinem Vater, dem Mathematiker, Ingenieuroffizier, Staatsmann und Organisator der franz. Revolutionsarmee Lazare Nicolas Marquerite C. Als dieser sich 1807 aus dem öffentlichen Leben zurückzog, widmete er sich verstärkt der Ausbildung seines Sohnes, ehe er, von den Bourbonen geächtet, nach Magdeburg ins Exil ging. Nach einer kurzen speziellen Vorbereitung am Lycée Charlemagne bezog C. schon mit dem Mindestalter von sechzehn Jahren die berühmte École Polytechnique, um Militäringenieur zu werden. Zu seinen Lehrern zählten S.-D. Poisson, L. J. Gay-Lussac, A. M. Ampère und F. Arago. 1814 trat C. in die Armee ein und wurde für zwei Jahre an die École du Génie nach Metz versetzt, um dort eine spezielle Ausbildung als Ingenieuroffizier zu erhalten. Ende 1816 begann sein Einsatz im Truppendienst, doch wurde er der Haltung seines Vaters wegen nur mit untergeordneten Aufgaben betraut. 1819 wurde C. auf sein Ersuchen hin einstweilen entlassen, lebte fortan zurückgezogen ganz der wissenschaftlichen Arbeit und der Vervollkommnung seiner allseitigen Ausbildung, vornehmlich in Mathematik, Physik und Chemie. Dazu besuchte er Vorlesungen an der Sorbonne, am Collège de France, an der École des Mines und am Conservatoire des Artes et Métiers. Ebenso intensiv wie mit wissenschaftlichen Studien beschäftigte sich C. mit Fragen der industriellen Entwicklung und der politischen Ökonomie. 1826 wurde er erneut zum Militärdienst einberufen. 1828 gelang es ihm aber, seine endgültige Entlassung zu erwirken, um sich wieder ganz der wissenschaftlichen Arbeit widmen zu können. Doch schon vier Jahre später erkrankte er schwer an Scharlach und war danach so geschwächt, daß er im Alter von 36 Jahren, kaum beachtet, ein Opfer der Choleraepidemie in Paris wurde.

Abgesehen von einigen verschollenen Aufsätzen, die C. als Militäringenieur verfaßte, und einigen kleineren Arti-

G. Cantor

N. L. S. Carnot

keln ist nur ein einziges Werk von ihm veröffentlicht worden. Es entstand 1821–1823 nach einem Besuch C.s bei seinem Vater in Magdeburg. 1824 erschienen die »Réflexions sur la puissance motrice du feu et sur les machines propres à développer cette puissance« (Betrachtungen über die bewegende Kraft des Feuers und die zur Entwicklung dieser Kraft geeigneten Maschinen). C. versuchte in dieser 64 Seiten umfassenden Schrift, die in 200 Exemplaren erschien, eine wissenschaftliche Theorie für die Arbeitsweise einer Wärmekraftmaschine zu geben. Die Dampfmaschine hatte zur damaligen Zeit im Zuge der industriellen Revolution bereits als Antriebsmaschine weite Verbreitung gefunden, nachdem insbesondere J. Watt durch eine Vielzahl von Erfindungen und Verbesserungen deren Brauchbarkeit wesentlich erhöht hatte. Dennoch blieb die Steigerung der Leistungsfähigkeit der Dampfmaschine eines der brennendsten Probleme in der Weiterentwicklung der Produktivkräfte. Verschiedene Arbeitsmedien wurden vorgeschlagen, empirisch Neuerungen an einzelnen Maschinentypen vorgenommen, auch fehlte es nicht an Versuchen, einzelne Arbeitsphasen mit Hilfe der Gasgesetze zumindest für bestimmte Maschinen mathematisch zu beschreiben. Die Arbeit C.s unterscheidet sich davon prinzipiell durch den Versuch, »das Maximum an bewegender Kraft, welche sich aus der Anwendung des Dampfes ergibt«, aufgrund einer allgemeinen Theorie nicht allein der Dampfmaschine, sondern einer jeden hypothetischen Wärmekraftmaschine zu bestimmen. Dazu ging C. von der Unmöglichkeit eines Perpetuum mobile aus und formulierte das Prinzip: »Überall, wo ein Temperaturunterschied besteht, kann die Erzeugung von bewegender Kraft stattfinden.« C. beschrieb mit diesen Prämissen den nach ihm benannten thermodynamischen Kreisprozeß, in dem alle Zustandsänderungen reversibel verlaufen. Er war sich des hypothetischen Charakters seiner Forderung durchaus bewußt und bestimmte in einer Art Gedankenexperiment den maximalen Wirkungsgrad für einen solchen Prozeß. Aus seinen Überlegungen leitete C. konstruktive Forderungen für die Verbesserung von Wärmekraftmaschinen ab: Schaffung einer möglichst großen Temperaturdifferenz zwischen Kessel und Kondensator, Einhaltung möglichst reversibler Arbeitsbedingungen, Unabhängigkeit des Wirkungsgrades vom Arbeitsstoff. (Aber erst R. Diesel arbeitete ab 1878 an der Schaffung einer bewußt nach thermodynamischen Prinzipien konstruierten Wärmekraftmaschine.) C.s Abhandlung enthielt auch einen kritischen Vergleich verschiedener Wärmekraftmaschinen und Arbeitsmedien sowie eine Abschätzung des Wirkungsgrades realer Dampfmaschinen. C. kam zu dem Schluß, daß die besten Maschinen dieser Art nur 5 % des maximal möglichen Nutzeffekts aus der Verbrennungswärme der Kohle ziehen. C. hatte seine Schrift bewußt klar, verständlich und unter Verzicht auf die Anwendung von Mathematik abgefaßt, um sowohl Theoretiker als auch Praktiker zu erreichen. Aber die »Réflexions« fanden zunächst weder bei den Konstrukteuren noch bei den Physikern stärkere Beachtung. Erst 1834 wurden die für die Begründung der Thermodynamik so wesentlichen Gedanken C.s von B.-P.-É. CLAPEYRON aufgegriffen, mathematisch formuliert und weiterentwickelt. Mit den daran anknüpfenden Arbeiten von R. CLAUSIUS rückten diese Probleme endlich in den Mittelpunkt des Interesses, und eine stürmische Entwicklung der Thermodynamik setzte ein. C. hatte seine Theorie nach dem alten Konzept eines Wärmestoffes erarbeitet, den er mit Wasser verglich, das Mühlräder treibt und durch Pumpen gehoben wird; dementsprechend gelangte er zu der irrigen Annahme, daß bei der Erzeugung mechanischer Arbeit kein Wärmeverbrauch stattfindet, sondern nur ein Transport des Wärmestoffes (einer Wärmemenge) von einem Reservoir höherer Temperatur zu einem solchen niedrigerer Temperatur. Erst CLAUSIUS ging 1850 von der Erhaltung der Wärmemenge ab und löste damit den scheinbaren Widerspruch zum Energieprinzip. Aufzeichnungen von C., die erst 1879 durch seinen Bruder aus dem Nachlaß im Anhang eines Nachdruckes der »Réflexions« veröffentlicht wurden, zeigen, daß C. bei seinen späteren Forschungen auf der Grundlage einer kinetischen Theorie der Wärme bis zur Berechnung des mechanischen Wärmeäquivalents vorgedrungen ist. Fk

Literatur: Carnot, N. L.: Réflexions sur la puissance motrice du feu et sur les machines propres à développer cette puissance (Paris 1824), dtsch Betrachtungen über die bewegende Kraft des Feuers und die zur Entwicklung dieser Kraft geeigneten Maschinen (Leipzig 1909).

Caro, Nikodem, Verfahrenstechniker, geb. 23.5.1871 Łódź, gest. 27.6.1935 Zürich.

Neben Forschungen über die katalytische Ammoniakoxidation, die Teilverflüssigung von Wassergas und die Torfvergasung bildete das gemeinsam mit A. FRANK zur großtechnischen Reife entwickelte Kalkstickstoffverfahren C.s bedeutendste wissenschaftlich-technische Leistung.

C., Sohn eines Vizekonsuls, studierte in Berlin Chemie, war Assistent bei A. PINNER und eröffnete anschließend ein öffentliches chemisches Labor, in dem zumeist analytische Untersuchungen in privatem oder staatlichem Auftrag, oftmals auch zu Gutachterzwecken, ausgeführt wurden. 1895 veröffentlichte er eine Studie über »Die synthetischen Methoden der Cyankaliumfabrikation«, in der er die Theorie aufstellte, daß beim Erhitzen von Alkali- oder Erdalkalicarbonat bzw. Oxidgemischen mit Kohle im Stickstoffstrom die Cyanidsynthese durch eine intermediäre Bildung von Carbid zu erklären sei. Noch im selben Jahr wurde er daraufhin Mitarbeiter von FRANK, mit dem er dann Untersuchungen über die Anlagerung atmosphärischen Stickstoffs an Carbide der Alkali- und Erdalkalimetalle ausführte. Diese Arbeiten führten zu dem FRANK-CARO-Verfahren zur Herstellung von Kalkstickstoff und damit zur Begründung eines neuen strukturbestimmenden Produktionszweiges der chemischen Industrie. 1905 nahm in Piano d'Orta (Italien) die erste Kalkstickstoffabrik der Welt den Betrieb auf. Es war eine Gründung der Società Generale per la Cianamide, einer Tochtergesellschaft der 1899 von Siemens & Halske mit FRANK und C. unter Beteiligung der Deutschen Bank und der Deutschen Gold- und Silberscheideanstalt, vorm. Roeßler (DEGUSSA), in Berlin gegründeten Cyanidgesellschaft m. b. H., nach deren Lizenzen das ital. Werk auch arbeitete. C. selbst leitete den Aufbau und die Produktion des ersten deutschen Kalkstickstoffwerkes, für das die Berliner Cyanidgesellschaft und die Deutsche Bank 1907 die Bayerische Stickstoff-Werke AG gegründet hatten. Dieses Werk wurde in Trostberg (Oberbayern) errichtet und nahm 1909 die Produktion auf. C. blieb bis zu seiner Emigration 1933 Generaldirektor des Trostberger Werkes. Zugleich stand er aber auch stets als Berater zur Verfügung, wenn für den Aufbau neuer Werke und Anlagen seine Erfahrungen gebraucht wurden.

Für die erwiesene Hilfe beim Aufbau der sowjet. Kalkstickstoffindustrie wurde C. von der Ak. d. Wiss. der UdSSR 1925 zu ihrem auswärtigen Mitgl. gewählt. Gi

Literatur: Caro, N.: Die synthetischen Methoden der Cyankaliumfabrikation, in: Chem. Ind. 18 (1895), 162ff, Industrien des Kalkstickstoffs und verwandter Verfahren. Vortrag, gehalten auf dem VII. Int. Kongreß für angew. Chem. in London. 25.5.–2.6.1909, in: Z. angew. Chem. 22 (1909), 1178ff.

Franck, H. H., W. Makkus, F. Janke: Der Kalkstickstoff in Wissenschaft, Technik und Wirtschaft. Hrsg. u. eingeleitet von H. Großmann (Sammlung chemischer und chemisch-technischer Vorträge, N. F. Heft 6) (Stuttgart 1931); Rothe, F.: Aus den Erinnerungen eines Industrie-Chemikers: Über die Entdeckung des Kalkstickstoff-Verfahrens. Eine lehrreiche Erfindungsgeschichte (Berlin 1932).

Carothers, Wallace Hume, Chemiker, geb. 27.4.1896 Burlington (Iowa, USA), gest. 29.4.1937 Wilmington (USA).

C. hatte große Verdienste auf dem Gebiet der Polymeren. Er ist der Erfinder des Nylons und des Chloroprens.

Nach dem Besuch der Handelsschule 1914/15 erwarb sich C., Sohn eines Lehrers, 1915 das Bakkalaureat am Tarkio College. Anschließend studierte er Chemie an der Univ. Illinois und erwarb dort 1921 den Master of Arts. Nach einer Lehrtätigkeit in analytischer und physikalischer Chemie an der Univ. von Süd-Dakota 1921/22 schloß er 1922–1924 sein Studium in Illinois mit der Promotion zum Dr. phil. ab. In seiner Dissertation bei R. ADAMS arbeitete er über die katalytische Reduktion von Aldehyden in Gegenwart von Platinkatalysatoren. 1926 erfolgte seine Berufung für das Lehrfach Organische Chemie an die Harvard-Univ. 1928 nahm er eine Stelle bei dem Chemiekonzern Du Pont als Leiter des neugegründeten Grundlagenforschungszentrums in Wilmington/Delaware an.

Ausgehend von den Untersuchungen H. STAUDINGERS über makromolekulare Verbindungen, beschäftigte sich C. mit Kondensationsreaktionen bifunktioneller Verbindungen. Er erhielt dabei lineare Hochpolymere, z. B. aus dibasischen Säuren (z. B. Terephthalsäure) und Glycol lineare Polyester (gemeinsam mit J. HILL). Durch Kurzwegdestillation konnten durchaus Polyester hergestellt werden, an denen erstmalig die Kaltstreckbarkeit aus der Schmelze gezogener Fäden beobachtet wurde. Durch diese Kaltverstreckung erhielt man Fäden mit hoher Festigkeit. Aus dem Kondensationsprodukt von Hexamethylendiamin und Adipinsäure konnten 1935 Fäden mit naturseidenähnlichen Eigenschaften hergestellt werden, die unter dem Namen Nylon in den Handel kamen.

In den folgenden Jahren beschäftigte sich C. mit Acetylenpolymeren und ihren Derivaten. Auf der Grundlage der Arbeiten von J. A. NIEWLAND und Mitarbeitern entwickelte er ein Verfahren zur Herstellung des ersten amerikanischen Synthesekautschuks Chloropren. Dabei wurden Kupfer/Aluminium-Katalysatoren angewendet.

Als erster Industriechemiker wurde C. 1936 Mitgl. der National Academy of Science. Seit 1929 war er Mitherausgeber bedeutender chemischer Fachzeitschriften und wurde 1930 Hauptherausgeber des Standard-Werkes »Organic Syntheses«.

C. war rastlos tätig, litt aber zunehmend an Depressionen und wählte 1937 den Freitod. Bo

Literatur: Collected Papers of W. H. Carothers on High Polymers (New York 1940).

Adams, R.: A Biography, in: High Polymers, Bd. 1 (1940) XV.

N. Caro

W. H. Carothers

E. J. Cartan

H. Cartan

Cartan, 1) Élie Joseph, Mathematiker, Vater von 2), geb. 9. 4. 1869 Dolomieu (Dep. Isère), gest. 6. 5. 1951 Paris.

C. gehört zu den hervorragendsten Mathematikern der ersten Hälfte des 20. Jh., der grundlegende Arbeiten zur Analysis differenzierbarer Mannigfaltigkeiten vorgelegt hat.

C., Sohn eines Schmiedes, konnte mit Hilfe eines staatlichen Stipendiums das Lycée in Lyon und dann die École Normale Supérieure besuchen, wo unter anderem É. Picard, G. Darboux und Ch. Hermite seine Lehrer waren. Nach der Promotion lehrte er an verschiedenen franz. Univ. und erhielt 1912 eine Professur an der Sorbonne (Paris), die er bis zu seiner Emeritierung (1940) innehatte.

Im mathematischen Schaffen von C., dessen anregende Wirkung noch in der Gegenwart spürbar ist, sind die Themen Gruppentheorie (Lie-Gruppen), Differentialgleichungssysteme und Geometrie (Differentialgeometrie) hervorzuheben. Ein Verdienst C.s besteht darin, daß er diese Gebiete in seinen Forschungen eng und untrennbar miteinander verknüpft hat. Ausgangspunkt war für ihn das Studium der Lie-Gruppen. Anknüpfend an W. Killing und dessen im Gegensatz zu M. S. Lie abstraktere algebraische Betrachtungsweise, gab C. 1894 eine vollständige Klassifikation aller einfachen komplexen Lie-Algebren. Diese zerfallen in 4 Grundklassen mit 5 Ausnahmefällen, was bereits Killing behauptet, aber nur unvollständig bewiesen hatte.

Weitere Meilensteine in der »lokalen« Theorie der Lie-Algebren markierte C. mit der Klassifikation aller reellen einfachen Lie-Algebren und aller irreduziblen linearen Darstellungen von einfachen Lie-Algebren. In diesem Zusammenhang führte er die Begriffe Gewicht einer Darstellung und Spinor (Spin-Darstellung der orthogonalen Lie-Algebren) ein; der letztere spielte später in der Physik eine wichtige Rolle. Die von ihm benutzten Methoden wandte C. auch zur Untersuchung linearer assoziativer Algebren an und bewies 1898 für diese Algebren über dem Körper der reellen bzw. komplexen Zahlen jene Strukturtheoreme, die J. H. M. Wedderburn später mit geeigneteren Methoden für lineare assoziative Algebren über einem beliebigen Körper verifizierte. Als C. Anfang der 20er Jahre das Studium der Lie-Gruppen wieder verstärkt aufgriff, galt sein Interesse vor allem globalen topologischen Eigenschaften dieser Gruppen, also der »globalen« Theorie. Anregend wirkten u. a. die fundamentalen Ergebnisse von H. Weyl über kompakte Lie-Gruppen. Während Weyls Methoden wesentlich die Kompaktheit benutzen und stark von der Integrationsmethode auf der Gruppe abhängen, betonte C. die Verknüpfung lokaler und globaler Eigenschaften, was eine Ausdehnung auf nicht kompakte Gruppen ermöglichte und schließlich zu einer umfassenden Aufklärung der Topologie Liescher Gruppen führte.

Als bedeutendste Leistung von C. werden oft seine Beiträge zur Theorie der Differentialgleichungssysteme und die damit verbundene Schaffung des Kalküls der äußeren Differentialformen (Cartanscher Kalkül) angesehen. In der Formulierung und Lösung der Probleme strebte C. nach größtmöglicher Invarianz der Darstellung. Erstmals gab er eine exakte Definition der allgemeinen Lösung eines Differentialgleichungssystems und fand ein Verfahren zur Ermittlung aller singulären Lösungen. (Diese Aussage wurde 1955 von M. Kuranishi bewiesen.) Von den mannigfaltigen Anwendungen der Ergebnisse C.s über Pfaffsche Formen seien differentialgeometrische Probleme, das Prinzip der Integralinvarianten in der analytischen Dynamik, die allgemeine Relativitätstheorie und speziell die unendlichen Tranformationsgruppen, von denen er die einfachen Gruppen in 8 Typen klassifizierte, erwähnt.

Nachhaltig beeinflußte C. die Entwicklung der Differentialgeometrie. Viele seiner Ergebnisse werden heute mittels der Faserbündel formuliert, ein Begriff, den C. zwar nicht explizit definierte, dessen Herausbildung er aber entscheidend stimulierte. C. gehört zu jenen Geometern, die, inspiriert durch die allgemeine Relativitätstheorie, das Feld der Geometrie um die Räume mit Zusammenhang (Mannigfaltigkeiten mit Übertragung), die »Nichtriemannsche Geometrie«, beträchtlich erweiterten. Hervorzuheben ist sein virtuoser Gebrauch des »repères mobiles« (begleitendes *n*-Bein) und die elegantere und einfachere Darstellung der Riemannschen Geometrie durch Anwendung des Zusammenhangsbegriffs. Wichtigster Beitrag von C. zur Riemannschen Geometrie war die vollständige Theorie der von ihm entdeckten symmetrischen Riemannschen Räume, die in verschiedenen mathematischen Teilgebieten, unter anderem in der Theorie der analytischen Funktionen mehrerer Veränderlicher und in der Zahlentheorie, Anwendung finden.

Die Ideen C.s wurden erst in den 30er Jahren gebührend anerkannt und entfalteten ihre stimulierende Wirkung. C. war Mitgl. mehrerer wissenschaftlicher Gesellschaften und erhielt viele Ehrungen in Würdigung seiner mathematischen Leistungen. Er galt als ausgezeichneter Hochschullehrer. Einer seiner 3 Söhne ist der berühmte Mathematiker Henri C.; auch seine Tochter ist als Mathematikerin tätig.

Schl

Literatur: Cartan, É.: Œuvres complètes, 6 Vol. (Paris 1952–1955), Leçons sur la géométrie des espaces de Riemann (Paris 1928 u. 1946).

Chern, S., u. C. Chevalley: Élie Cartan and his mathematical work, in: Bull. Amer. Math. Soc. 58 (1952), 217–260; Selecta Jubilé scientifique de M. Élie Cartan (Paris 1939).

2) Henri, Mathematiker, Sohn von 1), geb. 8. 7. 1904 Nancy.

C. ist durch Forschungsergebnisse zur Theorie der analytischen Funktionen, zur algebraischen Topologie, zur homologischen Algebra und zur Potentialtheorie bekannt geworden.

C. studierte 1923–1926 an der École Normale Supérieure,

1928 wurde er Doktor der mathematischen Wissenschaften, nach Lehrtätigkeit an einem Gymnasium 1929 Doz. an der Faculté des Sciences in Lille. 1931 siedelte C. nach Strasbourg über, wo er an der Univ. (Faculté des Sciences) als Doz., dann als ao. Prof. und seit 1936 als o. Prof. arbeitete. 1940–1969 wirkte er an der Univ. Paris, lehrte aber bis 1965 auch an der École Normale Supérieure. Das »Seminaire Henri Cartan de l'École Normale Supérieure« (1948–1964) wurde für einige Teilgebiete der Mathematik richtungweisend. C. war 1967–1970 Präsident der Internationalen Mathematiker-Union. 1965 wurde er korrespondierendes, 1974 ordentliches Mitgl. der franz. Ak. d. Wiss. Darüber hinaus wählten ihn zwölf ausländische Akademien und Gesellschaften zu ihrem (korrespondierenden, Ehren- oder auswärtigen) Mitgl. Sechsmal wurde ihm die Ehrendoktorwürde verliehen.

Das Werk von C. umfaßt drei Bücher, etwa 110 Abhandlungen, 12 Exposés und 15 (teilweise mit C. CHEVALLEY, A. GROTHENDIECK, L. SCHWARTZ u. a.) an der École Normale Supérieure durchgeführte Seminare. In etwa der Hälfte seiner Abhandlungen und in mehreren Seminaren untersuchte C. die Theorie der analytischen Funktionen einer, zweier und auch beliebig vieler komplexer Veränderlicher. Der Satz von CARTAN-THULLEN über die Konvexität von Holomorphiebereichen im C^n (1932) und die Theoreme A und B von CARTAN-SERRE über STEINsche Mannigfaltigkeiten gehören heute zu den Elementen der Funktionentheorie mehrerer Variabler. Die Anwendungen der zuerst von J. LERAY entwickelten und von C. in anderer Form dargestellten (LERAY-CARTANschen) Garbentheorie auf diese Funktionentheorie und auf die algebraische Geometrie haben beide Disziplinen einer gemeinsamen Behandlung zugänglich gemacht. Das zwischen 1950 und 1953 gemeinsam mit S. EILENBERG verfaßte, 1956 erschienene Buch über die homologische Algebra war wegbereitend für die moderne Algebra und die algebraische Geometrie. Die darin beschriebene allgemeine Methode der Spektralsequenzen ist ein Ergebnis der Untersuchungen von C. zur algebraischen Topologie. Diesem neueren Teilgebiet der Mathematik, in dem unter anderem (durch Abstraktion aus Eigenschaften der Polyeder hervorgegangene) sogenannte Komplexe studiert werden, wandte sich C. in den Jahren 1948–1956 zu und förderte es durch neue Methoden und Theorien. Hierzu gehört die von C. und J.-P. SERRE entwickelte algebraische Homotopietheorie (EILENBERG-MAC LANEsche-Komplexe). 1937 führte C. den Filterbegriff in die allgemeine Topologie ein. Auch zu der in den 40er Jahren untersuchten harmonischen Analyse auf lokal kompakten ABELschen Gruppen (in Verallgemeinerung der FOURIERanalyse) lieferte C. einen Beitrag. 1941–1950 veröffentlichte er mehrere Arbeiten zur Potentialtheorie und führte darin neue Begriffsbildungen ein. C. studierte erstmals die Potentialtheorie in homogenen Räumen (1942).

Seit 1935 gehörte C. für 20 Jahre zu dem sich ständig erneuernden Kollektiv vorwiegend franz. Mathematiker, das unter dem Pseudonym »Nicolas Bourbaki« die »Éléments de Mathématique« herausgibt. Dieses Werk versucht, basierend auf einer strukturtheoretischen Klassifizierung der Mathematik, eine axiomatisch begründete systematische Zusammenstellung des mathematischen Wissens unserer Zeit zu geben (der erste Band erschien 1939). Pi

Literatur: Cartan, H.: Collected works (Hrsg. R. Remmert und J.-P. Serre, Berlin – Heidelberg – New York 1979), Seminaire de l'École Normale Supérieure (Paris 1948–1964), Homological algebra élémentaire des fonctions analytiques (Paris 1961, dtsch Mannheim 1966), Calcul différentiel, formes différentielles (Paris 1967), Nicolas Bourbaki und die heutige Mathematik (Köln 1959).

Cartesius, → Descartes.

Cartwright, Edmund, Pfarrer und Erfinder, geb. 24.4.1743 Marnham (Nottinghamshire), gest. 30.10.1823 Hastings.

C. schuf den ersten industriell einsetzbaren mechanischen Webstuhl und begründete damit die mechanische Weberei, die zu einem der Wegbereiter der industriellen Revolution wurde.

C. ging in Wakefield zur Schule, studierte Theologie in Oxford, wo er auch promovierte, und war dann Landpfarrer, zunächst in der Nähe von Wakefield, von 1779 bis 1808 in Goadby Marwood in Leicestershire. Er hatte auch einigen Erfolg als Dichter. Durch eine Pfründe, die er seit 1786 an der Kathedrale in Lincoln hatte, lebte er in recht sicheren materiellen Verhältnissen. 1784 wurde sein technisches Interesse geweckt. Damals wurde viel über die Prozesse um die Patente von R. ARKWRIGHT gesprochen und darüber, daß nach Aufhebung der Patente so viele Spinnereien eingerichtet werden würden, daß die Weber das produzierte Garn nicht mehr würden verarbeiten können. Es erhob sich die Frage, ob die Weberei nicht mechanisiert werden könnte. C. dachte ebenfalls über dieses Problem nach. Er analysierte den ihm bis dahin fremden Webprozeß und erkannte, daß zur Mechanisierung der Weberei eine Webvorrichtung erforderlich war, die drei verschiedene Bewegungen ständig wiederholte: 1) Heben und Senken des Webschaftes mit einem Teil der Kettfäden über bzw. unter die anderen, so daß wechselnde »Fächer« entstehen, 2) Schießen des Schützen mit der Schußfadenspule hin und her durch die Fächer, 3) Heranschieben des Schußfadens mit dem Laden an das fertige Gewebe. Bemühungen um eine Mechanisierung dieser Bewegungen hatte es schon seit LEONARDO DA VINCI gegeben. 1685 hatte ein Edikt des deutschen Kaisers im Interesse der Zünfte solche Mechanismen ausdrücklich verboten. Was C. darüber wußte und sich als studiengewohnter Mann möglicherweise aus der Literatur erschloß, ist nicht bekannt. Er muß aber den 1733 von J. KAY erfundenen Schnellschützen gekannt haben, der nicht mehr von der Hand des Webers, sondern durch eine mechanische Vorrichtung durch das Fach geschleudert wurde, wobei der Arbeiter nur noch einen Handgriff zu betätigen hatte. Im Sommer 1784 begann C. selbst zu experimentieren und ließ bis zum Frühjahr 1785 einen ersten »power loom« (Kraftwebstuhl) bauen, auf den er am 4. April des gleichen Jahres ein Patent erhielt. Diese noch recht plumpe Konstruktion erforderte aber sehr viel Kraft, um sie in Gang zu setzen, und der damit gewebte Stoff stieß auf Ablehnung. C. setzte jedoch seine Arbeit fort und erwarb weitere Patente, wobei das Patent vom 1. 8. 1787 bereits alle Grundelemente der späteren Industriewebstühle auswies. C. hatte noch 1785 in Doncaster eine eigene Weberei und Spinnerei gegründet, in der zwei Jahre später bereits 20 mechanische Webstühle arbeiteten. Wie bei jeder Neuentwicklung gab es noch verschiedene Störungen und Qualitätsmängel in der Produktion, so daß der ökonomische Effekt nicht ausreichte, um das Unternehmen am Leben zu erhalten, auch nicht, nachdem C. ab 1789 die erst verwendeten Ochsengöpel für den Antrieb durch eine WATTsche Dampfmaschine ersetzt hatte. 1793 mußte er Konkurs anmelden, die Fabrik ging in die Hände der Gläubiger über. Eine andere Weberei in Manchester mit mechanischen Webstühlen war schon 1791 von Handwebern niedergebrannt worden.

C., von Erfinderehrgeiz gepackt, verbesserte seinen Webstuhl trotzdem ständig weiter, und ab 1804 war er dann jeder Konkurrenz gewachsen. Großen Gewinn zog er aber aus seinen bis 1815 verlängerten Patenten nicht.

In den 90er Jahren hatte C. auch mehrere Patente auf eine Kämmaschine genommen, die vor dem Spinnen aus dem Faserband die für die Feinheit des Garns nachteiligen kurzen Fasern auskämmt. Die Handkämmer konnten deren Einsatz jedoch zunächst durch ihre Proteste verhindern. Angeregt durch den Bedarf der engl. Marine, erfand C. auch eine Seilmaschine, die ihm 1792 patentiert wurde.

Im Ergebnis der Arbeiten C.s war aus dem stillen Landgeistlichen ein vielseitig interessierter Techniker geworden, dem es mehr um die Sache als um finanziellen Gewinn ging. Er beteiligte sich an den Arbeiten von R. Fulton zur Entwicklung eines Dampfschiffes und versuchte sich an einer Dampfmaschine ohne die umständliche Kraftübertragung mit Balancier wie bei der Maschine von J. Watt und mit verbesserter Kondensation des Dampfes. Etwas unklar verhält es sich mit einer 1791 patentierten »alcoholpowered engine«. Es scheint sich um eine Art Dampfmaschine gehandelt zu haben, die statt mit Wasser mit Alkohol betrieben wurde, der leichter, d. h. mit weniger Energiezufuhr zu verdampfen war, allerdings auch weniger Energie enthielt und dabei viel teurer war, weshalb diese Maschine eine Fehlentwicklung darstellte. Die größten Verdienste hatte sich C. aber doch um die engl. Textilindustrie erworben. Als sich nach der Spinnerei auch die Weberei auf der Grundlage des von ihm erfundenen Webstuhls fabrikmäßig stürmisch zu entwickeln begann und damit England für Jahrzehnte die führende Rolle in der Woll- und Baumwollindustrie übernahm, sprach ihm das Unterhaus auf eine diesbezügliche Denkschrift hin 1809 eine Gratifikation zu. Diese 10 000 Pfund nutzte C. zum Erwerb eines Landsitzes in Kent. Dort befaßte er sich in seinen letzten Lebensjahren mit der arbeitserleichternden und produktivitätssteigernden Gestaltung von landwirtschaftlichen Geräten. Die

Cassini, Giovanni Domenico (Jean-Dominique), Astronom und Geodät, geb. 8. 6. 1625 Perinaldo bei Nizza, gest. 14. 9. 1712 Paris.

C. war der erste Dir. der Pariser Sternwarte. Er trug durch vielseitige und genaue Beobachtungen wesentlich zum Voranschreiten des Erkenntnisprozesses in der Astronomie bei.

C. kam nach seinen Studien in Genua nach Bologna, wo er zunächst an der Sternwarte des Marchese C. Malvasia wirkte. In Bologna machte er die Bekanntschaft des Astronomen G. B. Riccioli und des Mathematikers F. M. Grimaldi. Sie waren es wahrscheinlich, die ihn mit neuen Theorien der Astronomie vertraut machten. 1650 erhielt C. durch den Senat und die Fürsprache des Marchese Malvasia den Lehrstuhl für Astronomie an der Univ. von Bologna als Nachfolger des verstorbenen B. Cavalieri. In Bologna betätigte sich C. auch geodätisch, indem er Mittagslinien festlegte oder leitende Positionen beim Festungsbau oder bei der Untersuchung von Flußläufen einnahm.

C.s astronomisches Interesse wandte sich, nachdem er in Rom 1664 und 1665 zwei Kometen beobachtet hatte, den Planeten zu. Durch seine Beobachtungen an Jupiter (1665) fand C. dessen Abplattung und Rotation, deren Periode er zu 9 h 56 min recht genau bestimmen konnte. Ähnliche Untersuchungen stellte er bei Mars und Venus an. Beim Mars fand er die Rotationsperiode zu 24 h und 40 min, also nur drei Minuten mehr als der wirkliche Wert. C.s zahlreiche Berechnungen der verschiedensten Ephemeriden veranlaßten J. Picard, ihn 1669 nach Paris zu rufen, wo er der erste Dir. der von C. Perrault erbauten Sternwarte und Mitgl. der Kgl. Ak. d. Wiss. wurde. Hier entdeckte C. 1671, 1672 sowie 1684 vier neue Saturntrabanten (Iapetus, Rhea, Tethys, Ione), die er König Ludwig XIV. zu Ehren »sidera ludovicea« nannte. Seine gute Auffassungsgabe und seine für die damalige Zeit hohe Beobachtungsgenauigkeit erlaubten ihm 1675, Strukturen auf Saturn festzustellen sowie die bemerkenswerte Beobachtung, daß das Saturnringsystem

E. Cartwright

G. D. Cassini

durch ein dunkles Band (als Cassinische Teilung bezeichnet) in zwei Teile geteilt ist. C. zog den Schluß, daß die beiden Ringteile aus einer großen Anzahl von Korpuskeln bestehen, die die Größe sehr kleiner Satelliten haben. Diese Hypothese konnte durch spätere spektroskopische Messungen bestätigt werden. Weitere Beobachtungen C.s betreffen das schon von J. Kepler untersuchte Zodiakallicht sowie die Bahn des Kometen vom Dezember 1680. Die Expedition nach Cayenne zu astronomischen Zwecken war ebenfalls C.s Werk. Aus ihren Beobachtungen des Planeten Mars leitete er den ersten genaueren Wert für die Entfernung der Sonne ab; C.s Parallaxe für die Sonne betrug 9."5 anstatt 8."8.

C. war der Stammvater (Cassini I) einer berühmten Astronomenfamilie. Seine Nachfolger in der Position des Direktors der Pariser Sternwarte waren sein Sohn Jaques C. (1677–1756), sein Enkel César François C. (1714–1784) und sein Urenkel Jaques Dominique C. (1748–1845). Jck

Literatur: Cassini, C. D.: Recueil d'observations faites en plusieurs voyages par ordre de S. M. pour perfectionner l'astronomie et la géographie avec divers traités astronomiques par Messieurs de l'Académie Royale des Sciences (Paris 1693), Mémoires de l'Académie Royale des Sciences depuis 1666 jusqu'en 1699 (Paris 1730). Beide Werke enthalten zahlreiche größere Veröffentlichungen und die meisten der 176 Abhandlungen G. D. Cassinis.

Cauchy, Augustin-Louis, Mathematiker, geb. 21. 8. 1789 Paris, gest. 22. 5. 1857 Sceaux bei Paris.

C. griff mit seinem umfangreichen und bedeutenden Werk, das eine Fülle gelegentlich auch unausgereifter Ideen enthält, nachhaltig in alle Bereiche der Mathematik ein, vor allem in die Analysis und die mathematische Physik.

C. entstammt einer mit dem Katholizismus und der Monarchie eng verbundenen Familie eines hohen Beamten. Nach der Revolution zog die Familie C. ins Dorf Arcueil bei Paris um, wo sie, auf den vorrevolutionären Ideen beharrend, die Revolutionszeit ohne Schwierigkeiten überstand. In Arcueil arbeiteten zu dieser Zeit die Begründer einer örtlichen gelehrten Gesellschaft, P. S. Laplace und C. L. Berthollet. C.s Vater unterhielt ständige Kontakte mit seinen Freunden, zu denen auch Napoleon zählte; dies ermöglichte ihm 1800, wieder eine bedeutende Stelle in der Napoleonischen Bürokratie einzunehmen.

Die Grundlagen seiner Bildung erhielt C. von seinem Vater, der sowohl ein guter Jurist als auch ein ausgezeichneter Kenner der klassischen Sprachen war. Bald aber trat die ausgeprägte mathematische Begabung des jungen C. zutage, die besonders Laplace deutlich erkannte und förderte. 1805 wurde C. in die École Polytechnique aufgenommen, nachdem er im Aufnahmewettbewerb den zweiten Platz eingenommen hatte.

Nachdem C. an der berühmten École des Ponts et Chaussées sein Studium abgeschlossen hatte, wurde er mit 21 Jahren Ing., seit 1810 arbeitete er in dieser Stellung beim Bau des Hafens von Cherbourg. Ab 1813 widmete sich C. in Paris der Mathematik. Diese Betätigung war ihm jedoch nur möglich, weil Republikaner und Anhänger NAPOLEONS nach der Restauration der Bourbonen aus den wissenschaftlichen Institutionen und Hochschulen vertrieben wurden. 1816 wurde er zum Mitgl. der Pariser Ak. d. Wiss. ernannt (nicht gewählt). Um diese Zeit nahm er eine Stelle als Prof. an der École Polytechnique an.

C. stand schon seit den 90er Jahren in Verbindung mit konservativen katholischen Kreisen, die mit den Jesuiten sympathisierten. Nach der Julirevolution verließ C. 1830 aus eigenem Entschluß Frankreich und lebte als Lehrer des Sohnes des gestürzten Königs KARL X. von 1833 bis 1838 in Prag.

Nach seiner Rückkehr nach Paris (1838) verweigerte er als konsequenter Royalist der franz. Regierung den von einem Prof. geforderten Treueid, jedoch durfte er seit 1839 als Mitgl. des Längenbüros (Bureau des Longitudes) und unter stillschweigender Duldung seit 1848 sogar als Prof. an der École Polytechnique und der Sorbonne tätig sein. C. war einer der Gründer des katholischen Instituts in Paris; er unterstützte die konservative katholische Politik, schrieb Flugschriften zugunsten der Jesuiten und beteiligte sich in vielfältiger Weise an katholisch-karitativen Aktionen.

Die weitreichende schöpferische Tätigkeit von C. umfaßt alle Bereiche der Mathematik (unvollständige Verzeichnisse seiner Arbeiten umfassen 987 Publikationen). Die aus Vorlesungen an der École Polytechnique hervorgegangenen Lehrb. der Analysis wurden klassisch. Nach seinen eigenen Worten erstrebte er für die Analysis dieselbe Strenge und Exaktheit, wie sie z. B. für die Geometrie schon üblich war. Als Ausgangspunkt wählte er den Begriff des Grenzwertes, den er auf strenge Weise definierte, ähnlich wie einige Jahre zuvor B. BOLZANO. Relativ streng sind auch die von C. gegebenen Definitionen der Stetigkeit einer Funktion in einem Intervall sowie der Ableitung einer Funktion. Von C. stammen weiterhin ein exaktes, notwendiges und hinreichendes Konvergenzkriterium für unendliche Reihen (das heute nach BOLZANO und C. benannt wird). Überdies verdankt man C. die erste befriedigende Definition des bestimmten Integrals als gemeinsamen Grenzwertes der Ober- und Untersummen (CAUCHY-RIEMANNscher Integral-Begriff). C. gab einen analytischen Beweis des Fundamentalsatzes der Algebra (1821). Fundamentale Ergebnisse erzielte C. auch in der Theorie der Differentialgleichungen. Als einem der ersten wurde ihm bewußt, daß die Existenz einer Lösung bewiesen werden muß; er selbst lieferte erste Existenzbeweise.

Ein weiterer Schwerpunkt der Arbeiten C.s bildete die Theorie der Funktionen komplexer Variabler. Schrittweise schuf er ein Begriffssystem einer geschlossenen Theorie, die zum Ausgangspunkt der Arbeiten von B. RIEMANN und K. WEIERSTRASS wurden. Gerade mit diesen Arbeiten gab C. die wichtigsten Impulse für die Entwicklung der Mathematik in der zweiten Hälfte des 19. Jh. In der Algebra befaßte sich C. hauptsächlich mit drei Problembereichen. Der erste umfaßt die Determinantentheorie, als einer deren Begründer C. gelten kann. Der zweite Bereich beinhaltet die Gruppentheorie, die C. in der Form der Permutationsgruppen studierte. Schon 1814 hatte er die Ergebnisse P. RUFFINIS und der ital. algebraischen Schule präzisiert und verallgemeinert, offenbar im Bewußtsein der Bedeutung, die die bereits bewiesenen Sätze für die Lösbarkeit der allgemeinen algebraischen Gleichungen höheren als 4. Grades haben. Auf diese Problematik kam C. in den Jahren 1842 bis 1846 zurück, als er eine Folge von Aufsätzen zur Theorie der endlichen (Permutations)-Gruppen publizierte, freilich ohne zum abstrakten Gruppenbegriff vorzudringen. Immerhin aber regte er weitere Studien zu dieser Problematik an, einbegriffen die Arbeiten von C. JORDAN. Zum dritten bemühte sich C. um die Klärung der Grundbegriffe der Algebra, wobei er freilich wenig erfolgreich war bei der Suche nach modernen formalen Mitteln und Definitionen, z. B. beim Studium und Verständnis der komplexen Zahlen.

In der Geometrie beschränkte sich C. auf die Lösung einiger klassischer Aufgaben und auf Arbeiten zu den Grundlagen der Differentialgeometrie.

Für die Mechanik wirkte C. anregend durch eine Reihe von kleineren Beiträgen zur Ausarbeitung des mathematischen Formalismus der Elastizitätstheorie, die ihrerseits einen Anlaß zur Ausarbeitung der Wellentheorie des Lichtes vor allem durch A. J. FRESNEL gaben.

C. publizierte seine Ergebnisse oftmals übereilt und befand sich damit in starkem Gegensatz zu C. F. GAUSS, der nach der Devise »Pauca sed matura« (Weniges, aber Ausgereiftes) verfuhr. Trotz seines Bemühens um Genauigkeit und Klarheit finden sich bei C. deshalb häufig Publikationen zum selben Thema mit den gleichen Ergebnissen, sogar halbfertige Formulierungen und Ungenauigkeiten. Dennoch ist C. einer jener großen Mathematiker der ersten Hälfte des 19. Jh., von dem Haupttendenzen der späteren Entwicklung der Mathematik ausgingen. Ny

Literatur: Cauchy, A.-L.: Œuvres complètes, 1. Ser., 12 Bde.; 2. Ser. 15 Bde. (Paris 1882–1970), Cours d'analyse algebrique, in Œuvres (2) III (Paris 1821), Résumé des leçons sur le calcul infinitésimal, in: Œeuvres (2) IV, 1–261 (Paris 1823), Leçons sur le calcul différentiel, in: Œuvres (2) IV, 265–572 (Paris 1829).

Valson, C. A.: La vie et les travaux du baron Cauchy, Bd. 1 u. 2 (Paris 1868).

Cavendish, Henry, Chemiker und Physiker, geb. 10. 10. 1731 Nizza, gest. 24. 2. 1810 London.

Als reicher Privatgelehrter vor allem auf den Gebieten Chemie, Physik, Meteorologie und Astronomie tätig, gehörte C. zu jenen progressiven Naturforschern des 18. Jh., die mit einer Vielzahl neuer Erkenntnisse zur Kritik und Überwindung tradierter Lehrmeinungen beitrugen. Geprägt von den Ideen der engl. Empiristen leistete C. wichtige experimentelle Beiträge für Untersuchungen gasförmiger Verbindungen.

Aus einer begüterten Familie des engl. Hochadels stammend (seine Mutter weilte bei seiner Geburt in Frankreich zu einem Kuraufenthalt), nahm C. 1749 nach seinem Schulbesuch in Hackney (1742–1749) ein Studium der Naturwissenschaften an der Univ. Cambridge auf. 1753 siedelte er nach London über, wo er sich mit Mitteln seines Vaters ein eigenes Laboratorium einrichtete und auf privater Basis naturwissenschaftliche Untersuchungen durchführte. 1760 wurde C. zum Mitgl. der »Royal Society« ernannt, aber erst 1766 veröffentlichte der als zurückhaltend und menschenscheu geltende C. seine ersten wissenschaftlichen Arbeiten. Durch den Tod seines Onkels (1773) und seines Vaters (1783) gelangte er in den Besitz eines beträchtlichen Vermögens, das er als Privatgelehrter fast ausschließlich für die Durchführung wissenschaftlicher Arbeiten verwendete.

Mit der Herausbildung frühkapitalistischer Produktionsformen waren im 17. Jh. günstige Voraussetzungen für die Entwicklung der klassischen Naturwissenschaften gegeben. Obwohl sich auch die Chemie mehr und mehr den vor allem vom aufstrebenden Bürgertum an sie herangetragenen Aufgabenstellungen zuwandte, konnte sie – nicht zuletzt unter dem Einfluß der industriellen Revolution in Frankreich und England – erst im letzten Drittel des 18. Jh. ihr Lehrgebäude im Sinne einer klassischen naturwissenschaftlichen Disziplin grundlegend verändern. Eine wesentliche Voraussetzung dafür bildete die mit dem Sturz der von G. E. Stahl entwickelten Phlogistonlehre einhergehende Aufdeckung quantitativer Gesetzmäßigkeiten und Methoden sowie die Anerkennung einer neuen, auf der Existenz des realen Sauerstoffs basierenden Oxidationstheorie. C. leistete dazu wichtige experimentelle Beiträge. Auf dem Boden der Phlogistonlehre stehend, untersuchte er auf chemischem Gebiet zunächst die verschiedenen Arsenoxide (»Arsen-Kalke«) und erklärte deren Zustandekommen durch die Annahme unterschiedlichen Phlogistongehaltes. 1776 bestätigte C. die unter anderem auch von J. B. van Helmont, R. Boyle, K. W. Scheele und J. Mayow gewonnene Erkenntnis, daß außer der atmosphärischen Luft noch weitere gasförmige Verbindungen, z. B. Wasserstoff (»inflammable air«) und Kohlendioxid (»fixe Luft«) existieren. C. stellte diese auf chemisch-experimentellem Wege dar und bestimmte ihr spezifisches Gewicht (heute Dichte) durch Wägen der Gase in Tierblasen. Um die gleiche Zeit ermittelte C. auch die Zusammensetzung der Luft und kam zu dem Schluß, daß entgegen bisherigen Anschauungen der Anteil des Sauerstoffs (»dephlogistisierte Luft«) etwa 20,84 % beträgt. 1772 entdeckte C. bei mehrfachem Überleiten von Luft über glühende Holzkohle sowie über Kaliumhydroxid eine neue gasförmige Verbindung, die sich als identisch mit dem von D. Rutherford um die gleiche Zeit beschriebenen Stickstoff (»mephitische« oder auch »phlogistisierte« Luft) erwies. Bei seinen Untersuchungen über die Eigenschaften der Gase war C. stets bemüht, diese sowohl auf chemischem als auch auf physikalischem Wege zu charakterisieren und zu unterscheiden. Dazu ermittelte C. die Dichte der Gase durch Auffangen in gleich großen Gefäßen und anschließende Bestimmung der Massen dieser gleichen Volumina. Trotz dieser für die Chemie neuartigen quantitativen Arbeitsmethode glaubte C. als Anhänger der qualitativen Phlogistontheorie, mit der Darstellung von Wasserstoff (»brennbare Luft«) das hypothetische Phlogiston von Stahl isoliert zu haben, da dieses ebenfalls brennbar war und reduzierend wirkte. Die von C. um 1781 vorgenommenen Untersuchungen von Verbrennungsvorgängen dienten deshalb vor allem dazu, die beim »Phlogistisieren« (Verbrennen) zu beobachtende Abnahme der atmosphärischen Luft, vor allem des »dephlogistisierten« Anteils (Sauerstoff) aufzuklären. C. gelangte dabei zu der wichtigen Erkenntnis, daß sich dieser Anteil mit den brennbaren Substanzen verbindet, und beschrieb fünf Möglichkeiten der chemischen Bindung der »dephlogistisierten Luft«.

Zu einem weiteren wichtigen Ergebnis gelangte C. um die gleiche Zeit, als er mit Hilfe eines elektrischen Funkens ein definiertes Gemisch von Wasserstoff (»brennbare Luft«) und Sauerstoff (»dephlogistisierte Luft«) zur Explosion brachte und dabei 8,7 g reines Wasser erhielt. Obwohl C. damit die von A. L. Lavoisier entwickelte neue Oxidations- und Elementarlehre bestätigt und exakt nachgewiesen hatte, daß das Wasser entgegen tradierten Lehrmeinungen kein chemisches Element sein kann, sondern als eine Verbindung der Elemente Sauerstoff und Wasserstoff im Verhältnis 1:2 aufgefaßt werden muß, interpretierte er dennoch diesen wichtigen Befund auf der Basis der tradierten Phlogistonlehre. Die »dephlogistisierte Luft« (Sauerstoff) war danach Wasser, dem man das immanente »Phlogiston« (Wasserstoff) entzogen hatte. In ähnlicher Weise erklärte C. auch die Zusammensetzung der Salpetersäure sowie verschiedener Stickoxide, die er 1784 beim Einwirken eines elektrischen Funkens auf ein Gemisch von Stickstoff und Sauerstoff erhalten hatte.

A.-L. Cauchy

H. Cavendish

Trotz dieser phlogistischen Interpretationen erwiesen sich die experimentellen Ergebnisse von C. für die weitere Entwicklung der Chemie als äußerst wertvoll. Sie lieferten Lavoisier wichtige Impulse für die Ausarbeitung seines antiphlogistischen Systems und lenkten das Augenmerk der Naturforscher auf die Untersuchung des gasförmigen Zustands. Sz

Literatur: Cavendish, H.: Experiments on factitious air, in: Phil. Transact. 1766; An attempt to explain some of the principal phenomenia of electricity by means of an elastic fluid, ebenda 1771; An account of the meteorolog. instruments, used at the R. Society's house, ebenda 1776; On a new Eudiometer, ebenda 1783; On Th. Hutchin's experiments for mercurial congelation, ebenda 1783: Experiments on air, ebenda 1784 u. 1785; On the conversion of a mixture of dephlogisticated air into nitrous acid, by the electrical spark, ebenda 1788; Solution of a Problem in the Nautical Astronomy, ebenda 1797; Experiments to determine the density of the earth, ebenda 1798; On an improvement in dividing astronomical instruments, ebenda 1809.

Cayley, Arthur, Mathematiker, geb. 16. 8. 1821 Richmond (Surrey, England), gest. 26. 1. 1885 Cambridge.

C. griff mit zahlreichen Arbeiten in fast alle Bereiche der Mathematik ein; sein Hauptgebiet war jedoch die Algebra, in der er nachhaltig zu ihrer Entwicklung zu einer abstrakten Strukturtheorie und zum Einsatz ihrer Mittel in den übrigen mathematischen Bereichen, insbesondere in der Geometrie, beitrug.

C. wurde als zweiter Sohn des Henry C. geboren, der durch geschäftliche Interessen an Rußland gebunden war, so daß C. mit seinen Eltern beinahe acht Jahre in Rußland, vorwiegend in St. Petersburg (Leningrad) lebte. C. studierte zunächst an einer Londoner Privatschule und ab 1839 in Cambridge am Trinity College. 1842 wurde er Mitgl. des Trinity College. Da ihm trotz seiner außergewöhnlichen mathematischen Begabung die Univ. und die wissenschaftliche Arbeit keine Betätigungsmöglichkeit gab, entschloß er sich für das Rechtsstudium. Nach dessen Abschluß (1849) arbeitete er 14 Jahre erfolgreich als Jurist. In seiner Freizeit widmete er sich der Mathematik und publizierte in diesem Zeitraum beinahe 300 mathematische Arbeiten, die die meisten seiner wichtigsten mathematischen Ergebnisse beinhalteten. Damals nahm er engere persönliche und wissenschaftliche Kontakte mit J. J. Sylvester auf, der wie er seine Zeit zwischen der juristischen Praxis als Erwerbsquelle und der Mathematik teilte. 1863 wurde C. Prof. für reine Mathematik in Cambridge und konnte sich nun endlich uneingeschränkt der Mathematik widmen. 1881/82 erhielt er, von Sylvester vermittelt, eine Professur an der John Hopkins University in den USA. C. war ein Liebhaber von Malerei und Architektur, was einer der Gründe dafür war, daß er gern reiste.

In seiner wissenschaftlichen Arbeit ging C. in manchen Belangen von den Ideen der engl. algebraischen Schule

(G. Peacock, A. de Morgan, Gebrüder Graves, G. Boole u. a.) aus, die bereits in den 30er Jahren das Programm der modernen Algebra, wenngleich manchmal ungenügend klar, formuliert hatte. C.s Arbeiten zeichnen sich unter anderem durch das Streben nach abstraktem, auf der neuen Auffassung von Algebra basierendem, vereinfachendem Verständnis der verschiedenen Probleme unter Betonung der formalen Seite aus.

Der Einfluß der Ideen der engl. algebraischen Schule äußerte sich markant in der Einstellung C.s zum Studium der aufkommenden Gruppentheorie, für die er 1854 eine klare Definition der endlichen abstrakten Gruppe lieferte. Gestützt auf die Kenntnisse der von ihm hochgeschätzten Werke von E. Galois, C. F. Gauss und A. L. Cauchy, definiert C. die Gruppe als Komplex von »Symbolen« (d. h. beliebigen Elementen), worin die Operation der Multiplikation eingeführt wird; diese Operation ist assoziativ, muß aber nicht notwendigerweise kommutativ sein. Unter den Elementen gibt es ein Einheitselement, und wenn man alle Elemente der Gruppe mit einem beliebigen ihrer Elemente multipliziert (von rechts oder links), erhält man wiederum die ganze Gruppe. C. sprach explizit aus, was seine Vorgänger ahnten, nämlich daß eine Gruppe mehrere verschiedene Repräsentationen hat. 1854 führte er als Repräsentationen für den Begriff der Gruppe – außer Gruppen von Substitutionen – die Quaternionen an. Er erwähnte auch ein Beispiel aus der Theorie der elliptischen Funktionen. C. schuf Methoden für das Studium abstrakter Gruppen. Er zeigte, daß man die Struktur einer endlichen abstrakten Gruppe durch eine gewisse Anzahl einfacher Beziehungen ausdrükken kann. Auch führte er Multiplikationstafeln für das Studium von Gruppen ein. Interessant sind seine Anregungen für die Bestimmung verschiedener Gruppen einer gegebenen Ordnung. Die Definitionen und Anregungen C.s hatten aber kein unmittelbares Echo.

Ähnlich tiefgehend sind seine Gedanken, die zum Studium der linearen Algebra führten. Zu der sich damals stark entwickelnden Theorie der Determinanten trug C. durch das Studium einiger spezieller Eigenschaften und durch die Festlegung von Regeln für die Operationen mit ihnen unter Einschluß des Multiplizierens bei. Von dieser Problematik aus gelangte C. zum Studium der linearen Transformationen und ihrer Eigenschaften, was ihn zur Schaffung der Theorie der Matrizen bewog; er publizierte seine Theorie 1858 mit überraschender Klarheit. Vor allem befaßte er sich mit den quadratischen Matrizen und ließ als Elemente der Matrix auch komplexe Zahlen zu. Seine Studien, vor allem zur linearen Algebra, beeinflußten B. Peirce. Später behandelte C. auch nichtassoziative Systeme und beteiligte sich an der Schaffung der multilinearen Algebra.

Große Aufmerksamkeit widmete C. der Theorie der Invarianten, deren damaliger Aufschwung einerseits durch die Zahlentheorie (Theorie der Formen), andererseits durch die projektive Geometrie und die Theorie der algebraischen Gleichungen initiiert wurde. Direkten Einfluß auf die Arbeiten C.s hatten die Anregungen Booles, die eine Berechnung von Invariantenformen der n-ten Ordnung erforderten (1843). Bereits 1846 führte C. den Begriff der Kovarianz ein. Die bedeutendsten Ergebnisse sind in den zehn »Mémoires on Quantics« (1854–1878) niedergelegt, wo »quantic« Form bedeutet. C. wird als Begründer der Invariantentheorie angesehen, weil er damit begann, ihr Programm zu realisieren, d. h. ein komplettes System von Invarianten (und Kovarianten) einer gegebenen Form aufzustellen und dann diese Ergebnisse zu verallgemeinern und in verschiedenen Bereichen der Mathematik anzuwenden. Schon zu Beginn dieser Bemühungen gelangte er zu einem kompletten System von Invarianten kubischer und biquadratischer Formen. Er versuchte auch, eine geeignete Symbolik aufzubauen. Mit der Theorie der Invarianten befaßten sich parallel mit C. seine Freunde Sylvester sowie Ch. Hermite, und die Arbeiten dieser »heiligen Dreifaltigkeit der Invarianten« (Hermite) trugen zur Initiierung einer breiten Strömung bei, die sich in der zweiten Hälfte des 19. Jh. entwikkelte und dank der Ergebnisse insbesondere D. Hilberts zu einem allgemeinen Abschluß gelangte.

Auf dem Gebiet der Geometrie befaßte sich C. mit algebraischen Kurven und Flächen, einem Forschungsgebiet, das für die zweite Hälfte des 19. Jh. charakteristisch war. Schon 1843 äußerte C. die Idee der n-dimensionalen Geometrie, die sich dann als Grundlage vieler seiner geometrischen Ergebnisse darstellt. Zur gleichen Zeit vertrat auch H. G. Grassmann die Idee einer n-dimensionalen Geometrie; er ging allerdings von anderen Vorstellungen aus. Bei C. trugen die algebraischen Methoden auch nachhaltig zur Erzielung wichtiger Ergebnisse in der Geometrie bei. Dies ist z. B. der Fall in der bemerkenswerten Arbeit »Sixth Memoir on Quantics« (1859), in der er die projektive Metrik einführte und so die metrische Geometrie der projektiven Geometrie unterordnete. Er wies unter anderem nach, daß die Grundbegriffe der metrischen Geometrie (Entfernung, Winkel) bei geeigneter Definition Invarianten und Kovarianten gegenüber gewissen linearen Transformationen der zugrundeliegenden Quadrik sind. C.s Ideen waren später einer der Ausgangspunkte für das Erlanger Programm von F. Klein.

C. trug mit seinen Ergebnissen zu einem weitaus breiteren Kreis mathematischer Probleme bei, als hier erwähnt werden konnte. Er führte z. B. Linienkoordinaten (unabhängig von J. Plücker) ein, arbeitete über zahlreiche spezielle Funktionen der Analysis, lieferte Anregungen für die Entwicklung der graphischen Methoden usw. Im Charakter seines Herangehens an mathematische Probleme blieb C. stets Algebraiker; zu den charakteristischen Merkmalen seiner Arbeiten gehört das zähe Bemühen nach rascher Verallgemeinerung aufgrund der Analyse einer relativ kleinen Zahl von Fällen. Die algebraische Formel ist für ihn dann ein Instrument der Abstraktion. Ny

Literatur: Cayley, A.: The Collected Mathematical Papers of Arthur Cayley, 14 Bde. (Cambridge 1889–1898).

Forsyth, A. R.: Arthur Cayley, Obituary Notices, in: Proceedings of the Royal Society 58 (1895), 1–43; Noether, M.: Arthur Cayley, in: Math. Ann. 46 (1895), 462–480.

Čebyšëv, → Tschebyschow.

Celsius, Anders, Astronom und Physiker, geb. 27. 11. 1701 Uppsala, gest. 25. 4. 1744 Uppsala.

C. beschäftigte sich vorwiegend mit Astronomie, daneben auch mit Meteorologie und dem Erdmagnetismus. Bedeutung für die Physik erlangte er durch die von ihm 1742 vorgeschlagene Thermometerskale.

C., Sohn eines Astronomieprofessors, begann 1717 ein Jurastudium, wandte sich kurze Zeit später jedoch naturwissenschaftlichen und mathematischen Problemen zu. Seit 1730 war er als Prof. für Astronomie an der Univ. Uppsala tätig, an der es allerdings keine Sternwarte gab. Informationsreisen und Studienaufenthalte führten ihn deshalb ab 1732 nach Nürnberg, Rom und Paris. 1736 schloß er sich in Paris der Expedition von P. L. M. de Maupertuis nach Lappland an, um durch Gradmessungen die genaue Form des Erdkörpers feststellen zu können. 1742 nahm er die Arbeit an der Sternwarte in Uppsala auf, die auf sein Bemühen hin errichtet worden war.

C. untersuchte den Einfluß des Nordlichts auf den Erd-

A. Cayley

A. Celsius

J. Chadwick

M.E. Chevreul

magnetismus, setzte sich mit Erfolg für die Einführung des Gregorianischen Kalenders in Schweden ein und führte als einer der ersten die Strandverschiebungen an der skandinavischen Küste auf eine Hebung des Festlandes zurück. Sein Beitrag zur Temperaturmessung schloß an die Ergebnisse von R. A. F. DE RÉAUMUR und G. D. FAHRENHEIT an. Wie RÉAUMUR eichte er die Skale seines Thermometers nach dem Gefrier- und Siedepunkt des Wassers bei einem bestimmten Barometerstand in Meereshöhe, wählte wegen der gleichmäßigeren Ausdehnung – wie auch FAHRENHEIT – Quecksilber statt Ethanol und teilte seine Skale in 100 Grade. Allerdings setzte er den Siedepunkt des Wassers mit Null und den Gefrierpunkt mit 100 fest. C. erfüllte damit die Forderung nach leicht reproduzierbaren Fixpunkten und Unterteilungen, die für die allgemeine Vergleichbarkeit der Thermometer und letztlich für die phänomenologische Erfassung des Wärmeproblems notwendig geworden waren. Die ursprüngliche CELSIUSskale wurde später (1750) in die heute übliche Form umgekehrt. Wissenschaft und Technik gaben ihr bald gegenüber der FAHRENHEIT- und RÉAUMURskale den Vorzug; auch für den Allgemeingebrauch fand sie außerhalb der angelsächsischen Länder weite Verbreitung. Lz

Literatur: Celsius, A.: Observationer om twänne beständiga grader pa en thermometer, in: Kungliga Svenska retenskapsakademiens handlingar (1742), 121–180, dtsch Beobachtungen von zween beständigen Graden auf einem Thermometer, in: Ostwalds Klassiker der Exacten Wissenschaften 57 (Leipzig 1894), 117–124.

Kant, H.: G. D. Fahrenheit – R. A. F. de Réaumur – A. Celsius (Leipzig 1984).

Četverikov, → Tschetwerikow.

Chadwick, Sir James, Physiker, geb. 20. 10. 1891 Bollington bei Manchester, gest. 24. 7. 1974 Pinehurst (Cambridgeshire).

C.s Forschungen auf dem Gebiet der Radioaktivität gipfelten 1932 in der Entdeckung des neutralen Elementarteilchens, des Neutrons.

C. studierte ab 1908 in Manchester Physik. Ab 1911 arbeitete er in E. RUTHERFORDS Labor in Manchester. Sein Studienaufenthalt an der Physikalisch-Technischen Reichsanstalt (ab 1913) bei H. GEIGER wurde durch den Kriegsausbruch abrupt beendet, und C. wurde für die Dauer des ersten Weltkrieges als Zivilgefangener in Deutschland interniert. Nach seiner Freilassung wirkte er am Cavendish-Labor in Cambridge 1925–1935 als stellvertretender Dir. Anschließend wurde C. als Prof. der Physik nach Liverpool berufen. 1948–1959 leitete er ein College in Cambridge. Im zweiten Weltkrieg war er am amerikanischen Atombombenprojekt beteiligt.

RUTHERFORD hatte schon um 1920 die Existenz eines neutralen Elementarteilchens, das er Neutron nannte, vorausgesagt. Sein Schüler C. unterstützte diese Annahme, denn aus der damaligen Auffassung, daß Atomkerne aus Protonen und Elektronen bestehen, ergaben sich Widersprüche zur experimentellen Messung, unter anderem beim Stickstoffkern.

1930 wurde beim Beschuß von Beryllium mit Alphateilchen eine auffällige harte Sekundärstrahlung gefunden. 1932 zeigten M. CURIE sowie F. und I. JOLIOT-CURIE, daß diese Strahlung aus Paraffin Protonen auslöste, und vermuteten, daß es sich um eine Gammastrahlung handele. Wenige Monate später konnte C. aber nachweisen, daß diese Strahlung aus Neutronen besteht. 1934 gab er eine prinzipielle Möglichkeit der Massebestimmung des Neutrons aus der Masse und der Bindungsenergie des Deuterons an.

Für seine Entdeckung erhielt C. 1935 den Nobelpreis für Physik. Schi

Literatur: Chadwick, J.: The Existence of a Neutron, in: Proceedings of the Royal Society Vol. A 136 (1932), 692–702, Radioactivity and radioactive Substances (London 1953).

Chang Hêng, Astronom, Mathematiker, Geograph, Instrumentenbauer, Schriftsteller, Maler und Beamter, geb. 78 Präfektur Nanyang (Provinz Henan), gest. 139 Loyang (damalige chines. Hauptstadt).

C. war einer der bedeutendsten Universalgelehrten Chinas und erwarb sich durch die Konstruktion des ersten bekannten Seismographen der Welt und von hydraulischen Armillarsphären besonderen Ruhm.

C. entstammte einer Landadelsfamilie, deren Angehörige häufig im Staatsdienst angestellt waren. Er erhielt eine umfassende Ausbildung und genoß bereits als Jugendlicher den Ruf, ein guter Naturwissenschaftler und Mathematiker zu sein; er war frühzeitig literarisch tätig und galt als einer der sechs besten Maler der Han-Zeit. Als junger Mann zog er zunächst nach Changan (Sian in Shensi) und dann nach Loyang, wo er Mitgl. der Kaiserlichen Akademie wurde. Im Alter von 33 Jahren ernannte man ihn zum Regierungsberater für Kultur und Ausbildung. In dieser Zeit las C. das »Tai Hsuan Ching« (Geheimnisse des Universums) von YANG HSIUNG. Die in ihm enthaltenen astronomischen und mathematischen Kapitel veranlaßten ihn, sich intensiv diesen beiden Disziplinen und dem Studium natürlicher Erscheinungen zuzuwenden. Seine Leistungen führten zu seiner Ernennung als Staatsastronom. In dieser Position, in der er etwa 20 Jahre blieb, war er für die Durchführung und Aufzeichnung astronomischer Beobachtungen und die Erfassung von Erdbeben verantwortlich. Wegen seines einfachen Lebensstils und seiner intensiven wissenschaftlichen Forschungen galt er der Oberschicht als Sonderling, mitunter sogar als Feind. Nicht nur deshalb wurde er verleumdet und verfolgt, sondern auch wegen seiner Ablehnung der Astrologie, seiner Forderung nach Reformen und seiner für einen damaligen Beamten ungewöhnlichen Weigerung, sich korrumpieren zu lassen. Die Palastbürokratie bekämpfte C., der im Alter von 55 Jahren zum Oberberater des Kaisers ernannt worden war, und erreichte sehr schnell, daß er auf einen Provinzposten in der Hochien-Präfektur (Hopei) – gleichsam in die Verbannung – geschickt wurde. Erst nach etwa fünf Jahren durfte er 138 wieder in die Hauptstadt zurückkehren.

In seinen zwei astronomischen Werken, dem »Hun I Chu« oder »Hun I Tu Chu« oder »Hun Thien Tu Chu« (etwa: Beschreibung des Himmelsglobus, oder: Kommentar zur Armillarsphäre) und dem »Ling Hsien« (etwa: Die Himmelskonstitution, oder: Geistige Konstruktion des Universums), behandelt und interpretiert C. seine in Loyang durchgeführten Himmelsbeobachtungen. Durch sie ist die älteste vollständige Beschreibung der Theorien einer der drei chines. astronomischen Schulen, der Hun-Thien-Schule, überliefert.

In C.s Werken wird ein geozentrisches Modell des Alls gelegt. Der Himmel ist danach eine große Hohlkugel, oben mit Äther, unten mit Wasser gefüllt, in der Mitte schwimmt die kugelförmige Erde. Die Zentralstellung der Erde wird nicht weiter motiviert, folgt aber aus allgemeinen chines. weltanschaulichen Konzepten. Viele spätere Astronomen nahmen zu dieser Theorie Stellung, versuchten sie mit naturphilosophischen Überlegungen zu erhärten oder zu widerlegen. Wichtig war dabei die Vorstellung, daß alles im Universum durch zwei gegensätzliche Wesenheiten, Yang und Yin, und deren Mischung bestimmt wird. So lehnte Wang Chhung, ein Zeitgenosse C.s, z. B. dieses Hun-Thien-Modell ab, weil die Sonne von Yang-Art und das Wasser von Yin-Art seien und folglich die Sonne nicht unbeschädigt das Wasser unterhalb der Erde passieren könne. Ko Hung stützte das Modell gerade in diesem Punkt mit dem Hinweis auf Drachen, deren Charakter auch Yang sei, und die, allgemein anerkannt, Wasserbewohner seien. In den folgenden Jahrhunderten gab man den Streit über diese Komponente des Hun-Thien-Modells auf und verdrängte sie allmählich aus ihm. C. diskutierte in seinen astronomischen Schriften den jährlichen scheinbaren Weg der Sonne anhand der Sommer- und Wintersonnenwende und der Frühlings- und Herbsttagundnachtgleiche und erörterte Eigenschaften des Mondes. Er schrieb, daß der Mond kein selbstleuchtender Körper sei, sondern sein Licht von der Sonne erhalte – ein Phänomen, das in der gräkoislamischen astronomischen Tradition von großer Bedeutung und noch Jahrhunderte später umstritten war. Auf dieser Grundlage erzielte C. wertvolle Einsichten in die Gründe für die Mondphasen und Mondfinsternisse, die von der jeweiligen Stellung Mond – Erde – Sonne hervorgerufen würden. Er teilte die Fixsterne in immer sichtbare, zeitweilig sichtbare und nie sichtbare ein, wobei er wußte, daß die Zuordnung der einzelnen Sterne zu einer dieser Gruppen vom Beobachtungsstandpunkt abhängt. Die Gesamtzahl der zirkumpolaren und zeitweilig sichtbaren Sterne schätzte er auf 2 500, bedeutend mehr, als damals tatsächlich beobachtet worden sind. Heute werden diese auf etwa 2 500 bis 3 000 geschätzt, sofern ein fester Beobachtungsort angenommen wird (mit bloßem Auge erkennbare Sterne).

Bemerkenswertes leistete C. im Instrumentenbau. Ihm werden die ersten hydraulischen, rotierenden Armillarsphären zugeschrieben, die von einem Wasserrad langsam bewegt wurden. Das Wasserrad seinerseits wurde durch den konstanten Staudruck von Wasser aus einer Clepsydra bewegt. 132 konstruierte C. den ersten Seismographen, ein Gerät aus Bronze mit acht Drachenköpfen an der oberen äußeren Hälfte und acht Fröschen unter diesen Köpfen auf dem Boden sitzend. Im Inneren war ein Stab angebracht, der in einer Laufrille in acht Richtungen bewegt werden konnte und dabei genau einen Drachenkopf anstieß, der daraufhin eine Kugel ausspuckte, die ins Maul des Frosches darunter fiel. In der Richtung, in der der Drache zeigte, sollte das Erdbeben stattgefunden haben. Diese Erklärung findet sich im »Hou Han Shu« (Geschichte der Späten Han-Dynastie). Das Gerät selbst ist verloren; es wurde in den letzten Jahrzehnten mehrfach nachgebaut, doch sind noch nicht alle Fragen zu seinem Funktionsmechanismus geklärt. Es muß hinreichend verläßlich gewesen sein, denn ein zeitgenössischer Berichterstatter pries es voller Bewunderung und teilte mit, daß es den Beamten des kaiserlichen Büros für Astronomie und Kalenderwesen zur Pflicht gemacht wurde, die mit diesem Gerät festgestellten Erdbeben aufzuzeichnen. Spätere Versuche, Erdbeben zu orten, sind durch wenigstens zwei Texte für das 6. und 7. Jh. belegt, einer davon ist speziell dem Seismographen gewidmet. Sein Autor war ein kaiserlicher Beamter namens Lin Hsiao-Kung. Die Tradition setzte sich möglicherweise bis ins 13. Jh. fort, als chines. Astronomen an dem bedeutenden mittelasiat. Observatorium von Maragha gemeinsam mit ihren muslimischen Kollegen, z. B. Nasir ad-Din at-Tusi, forschten, denn dort sollen auch Seismographen verwendet worden sein. C.s Arbeiten zur Kartographie sind nicht überliefert, aber andere Schriftsteller schreiben ihm die Einführung eines orthogonalen Gitternetzes in die Erd- und Himmelskartographie zu, das so lange ein zentrales Element in der chines. Kartographie blieb, bis die Jesuiten im 16. Jh. neue Methoden mitbrachten. Br

Literatur: Hun I Chu, in: Yü Han Shan Fang Chi I Shu (Hrsg. Ma Kuo-Han, 1853), Ling Hsien, in: ebenda, Hou Han Shu, Kap. 55 u. 89, in: Chhüan Shang-Ku San-Tai Chhin Han San-Kuo Liu Chhao Wên (Hrsg. Yen Kho-Chün, 1887–1893).

Chang Yu-che: Chang Heng – Astronomer, in: People's China, Jan. 1, 1956, 31–35; Pelliot, P. u. Moule, A. C.: An Ancient Seismometer, in: T'oung Pao 23 (1924) 36.

al-Chayyami, Ghiyath ad-Din, Abu'l-Fath, Umar ibn Ibrahim an-Nisaburi (al-Ḫayyāmī, Ġiyāṯ ad-Dīn, Abū'l-Fath, 'Umar ibn Ibrāhīm an-Nīšābūrī oder an-Naišābūrī), al-Khayyami, al-Khayyam, Omar Chajjam, Mathematiker, Astronom, Philosoph und Dichter, geb. 15. 5. 1048 (?) (440 Hedschra) Nischapur (Nīšāpūr), pers. Provinz Chorasan (Hurasān) (heute Iran), gest. 4. 12. 1131 (?) (525 Hedschra) Nischapur.

C. ist als einer der bedeutendsten Mathematiker und Astronomen des islamischen Kulturkreises vor allem durch seine geometrische Theorie der kubischen Gleichungen und seine Kommentare zur Proportionentheorie und zum Parallelenpostulat in den »Elementen« des Euklid bekannt. Gleichzeitig war er einer der talentiertesten mittelalterlichen persischsprachigen Lyriker.

Trotz erheblicher Abweichungen in den Angaben der arab. und pers. Quellen des 12.–15. Jh. scheint C. kurze Zeit nach der Einnahme Chorasans durch die Seldschuken geboren worden zu sein. Seine Jugend verbrachte er in Balch. Dort erhielt er seine Ausbildung, in der vor allem die Beschäftigung mit den Schriften des Avicenna eine wichtige Rolle gespielt hat. Der Namensteil al-Chayyami verweist auf die Herkunft C.s oder seiner Vorfahren, die Zeltmacher waren. Etwa um 1070 wirkte C. in Samarkand, wo er die Förderung und Gunst des Oberrichters genoß. Hier entstanden seine bemerkenswerte Arbeit zur Theorie kubischer Gleichungen, eine Schrift zu den Beweisen in der Algebra, eine nicht erhaltene Abhandlung zur Arithmetik und ein Werk zur Musiktheorie, die gleichfalls eine mathematische Disziplin war. Die Einleitung der Schrift über die Beweise in der Algebra ist auch erwähnenswert wegen C.s gesellschaftskritischer Bemerkungen (über die Jagd nach Geld und Ämtern), die sich gleichfalls in seinen Gedichten finden.

Die längste und produktivste Zeit seines Lebens verbrachte C. am Hof der Seldschukensultane, zunächst in Isfahan, anschließend in Merw. Unter dem Einfluß des iran. Wesirs Nizam al-Mulk, der Ausbildungsstätten und andere wissenschaftliche Einrichtungen stiftete, förderte der Seldschukensultan Malik Schah an seinem Hof Kultur und Wissenschaften, insbesondere auch Astronomie, Astrologie und Mathematik. C. war Leiter des Observatoriums, zog bekannte Astronomen dorthin und entfaltete eine lebhafte Lehr- und Forschungstätigkeit. Zu den von ihm beeinflußten jüngeren Gelehrten gehörte al-Chazini. C. befaßte sich in diesem Abschnitt seines Lebens mit der Erarbeitung eines verbesserten Sonnenkalenders, des Tafelwerks »Zidsch-i Malik-schahi« (Zīǧ-i Malik-šāhī), von dem nur die Tabellen der Ekliptikkoordinaten und der 100 hellsten Fixsterne überliefert sind, schrieb »Nouruznama« (Nouruznāmā), eine Geschichte früherer Kalenderreformen, vollendete seinen Kommentar zu den »Elementen« des Euklid und verfaßte philosophische, wissenschaftstheoretische, physikalische und geographische Abhandlungen. Nach dem Tode Malik Schahs und der Ermordung Nizam al-Mulks durch einen Assassinen gewannen ab 1092 Vertreter der islamischen Orthodoxie die Macht am Hof. Dem Observatorium wurden die Mittel entzogen, die Kalenderreform abgebrochen und C. der Gottlosigkeit verdächtigt. Der in vielen seiner Vierzeiler offenkundige Atheismus und Skeptizismus (z. B. Ablehnung eines Lebens im Jenseits) bereitete ihm bis zu seinem Tod Schwierigkeiten. Um sich wenigstens teilweise vor diesen Angriffen zu schützen, pilgerte C. nach Mekka.

Die mathematischen Arbeiten C.s sind insbesondere durch al-Birunis und Abu'l-Dschud ibn al-Laith' Beiträge zur Lösung kubischer Gleichungen mit Hilfe von Kegelschnitten und numerischer höherer algebraischer Gleichungen, durch die Klassifikation der quadratischen Gleichungen bei al-Chorezmi und Abu Kamil, durch die Schriften zur Kegelschnittslehre von Apollonios und Autoren des islamischen Kulturkreises sowie durch die »Elemente« des Euklid und ihre Bearbeitungen und Kritik durch die mittelalterlichen Mathematiker beeinflußt worden. C. scheint als erster festgestellt zu haben, daß kubische Gleichungen nicht allgemein mit Zirkel und Lineal, d. h. in quadratischen Radikalen, gelöst werden können, eine Einsicht, die 1637 von R. Descartes erneut gewonnen und 200 Jahre danach von P. Wantzel bewiesen worden ist. In seiner zweiten algebraischen Arbeit schrieb C., daß er es nicht vermocht hätte, eine arithmetische Lösung kubischer Gleichungen zu finden und ihm eine solche von einem anderen Autor auch nicht bekannt sei. Etwa 100 Jahre nach C. befaßte sich unter anderen at-Tusi mit kubischen Gleichungen und erkannte die Bedeutung der Diskriminante. Der entscheidende Fortschritt bei der Lösung kubischer Gleichungen in Radikalen wurde in der Renaissance von den Italienern N. Tartaglia, G. Cardano und Bombelli erzielt. C. unterschied die kubischen Gleichungen in 14 Normalformen (1 binomiale Gleichung $x^3 = r$, 6 trinomiale Gleichungen, z. B. $x^3 + px^2 = r$, und 7 quadrinomiale Gleichungen, z. B. $x^3 = px^2 + qx + r$), in denen die Koeffizienten p und q sowie das Absolutglied positive Zahlen sind. Zu ihrer Lösung benutzte er bevorzugt den Kreis, gleichseitige Hyperbeln, deren Achsen oder Asymptoten parallel zu den Koordinatenachsen verlaufen, und Parabeln, deren Achse parallel zu einer der Koordinatenachsen liegt. Er scheint als erster gezeigt zu haben, daß kubische Gleichungen 2 positive Wurzeln haben können, ohne zu erkennen, daß $x^3 + qx = px^2 + r$ unter gewissen Bedingungen sogar 3 positive Wurzeln haben kann. C. behandelte des weiteren Gleichungen mit negativen Potenzen der Variablen und gemischte Gleichungen 2. Grades mit positiven und negativen Potenzen. Letztere löste er in Spezialfällen mittels Kegelschnittslehre. Beachtenswert ist auch seine Aussage, daß Gleichungen 5., 6. und 7. Grades durch die damals bekannten Methoden nicht gelöst werden können.

Die im 9. Jh. einsetzende Kritik an der Proportionslehre in Buch V der »Elemente« des Euklid besagt, daß durch sie keine Messung einer Größe durch eine andere möglich sei. In Anlehnung an den sog. euklidischen Algorithmus für kommensurable Größen wurde deshalb eine neue Definition angestrebt. C. zeigte, daß die auf inkommensurable Größen erweiterte anthyphairetische Proportionenlehre äquivalent zur Proportionentheorie von Buch V ist. Der Beweis stützt sich auf den Satz über die Existenz der 4. Proportionale zu 3 gegebenen beliebigen Größen, den C. offenkundig als erster explizit angab und zu beweisen suchte. Obwohl der Beweis dieses letzten Satzes nicht völlig korrekt ist wegen der Anwendung eines Stetigkeitsprinzips aufgrund der unendlichen Teilbarkeit von Größen ohne strengen Grenzwertbegriff, ist er als erster allgemeiner Beweisversuch für beliebige Größen mathematikhistorisch äußerst wichtig. C. erörterte in diesem Zusammenhang die zusammengesetzten Verhältnisse (modern: $a/b \cdot c/d$), die in den »Elementen« nur für Spezialfälle behandelt worden sind. Er wurde dadurch zur Erweiterung des Zahlbegriffs auf die positiven reellen Zahlen angeregt, indem er eine Größe a, die zur Einheit ein Verhältnis hat, das dem Verhältnis zweier beliebiger homogener Größen entspricht, als Zahl bezeichnete. Dennoch zeichnete er traditionell die natürlichen Zahlen aus und nannte sie »absolute und wahre Zahlen«. An seine Vorstellungen knüpfte insbesondere Nasir ad-Din at-Tusi an und führte sie fort.

Ebenfalls seit dem 9. Jh. setzten sich Mathematiker des islamischen Kulturkreises mit dem 5. Postulat der »Elemente« auseinander. C. übertraf hierbei seine Vorläufer, wie Thabit ibn Qurra oder Ibn al-Haitham, dadurch, daß er trotz späterer Ablehnung die Konsequenzen der Annahme eines spitzen bzw. stumpfen Winkels im Saccheri-Viereck für die Länge zweier paralleler Seiten des Vierecks diskutierte und das 5. Postulat nur aus den von ihm aufgestellten Voraussetzungen herleitete, d. h. logische Trugschlüsse vermied. Auch diese Ausführungen haben hauptsächlich Nasir ad-Din at-Tusi beeinflußt.

C.s philosophische Werke behandeln das Sein und die Existenz als Attribute Gottes sowie die Kategorien Widerspruch und Kausalität in Anknüpfung an Avicenna. Auch einige seiner Vierzeiler belegen, daß C. ein Vertreter des neoplatonistisch durchsetzten Aristotelismus in muslimischer Fassung war. Br

Literatur: Omar Chayyam. Traktaty (Hrsg. V. S. Segal u. A. P. Ûškevič, Moskau 1962); Omar-I-Kajjam. Sinnsprüche (Leipzig 1973); L'Œuvre Algébrique d'al-Khayyam, in: Rashed, R. u. Djibbar, A.: Sources and Studies in the History of Arabic Mathematics 3 (Aleppo 1981).

Rozenfel'd, B. A. u. Ûškevič, A. P.: Omar Chaijam (Moskau 1965).

al-Chazini (al-Ḫāzinī, al-Khāzinī), Abu'l-Fath Abd ar-Rahman, Astronom, Mathematiker, Physiker und Instrumentenbauer, geb. Ende 11./Anfang 12. Jh. (Ende 5. Jh. Hedschra), gest. Mitte 12. Jh. (Mitte 6. Jh. Hedschra) Merw (heute Mari, Tadshik. SSR).

C. war ein herausragender Astronom und Physiker seiner Zeit und schuf astronomische und geodätische Instrumente.

Über C.s Leben ist äußerst wenig bekannt. Er soll ein Byzantiner gewesen sein, der als Sklave eines am Hof des Seldschukensultans SANDSCHAR tätigen Beamten von diesem und anderen Lehrern eine vorzügliche philosophische und mathematische Ausbildung erhielt, zum Islam übertrat, freigelassen wurde und dann als Mathematiker und Astronom SANDSCHARS wirkte. Sein ehemaliger Herr war ein Schüler AL-CHAYYAMIS. Vier Arbeiten C.s sind erhalten geblieben, zwei zur Astronomie, eine zur Physik und eine zum Instrumentenbau. Mit den astronomischen Werken bildet er ein wichtiges Kettenglied zwischen AL-BIRUNI und AL-CHAYYAMI einerseits und der Schule von Maragha, zu der unter anderen NASIR AD-DIN AT-TUSI und QUTB AD-DIN ASCH-SCHIRAZI gehörten, andererseits.

In seinem astronomischen Hauptwerk »Zidsch assandschari« beschrieb C. von ihm gebaute astronomische und geometrische Instrumente, wie eine Armillarsphäre, einen Quadranten und einen Zirkel sowie Wasseruhren, und behandelte des weiteren Standardprobleme der mittelalterlichen Astronomie, z.B. die Berechnung der scheinbaren Planetenbahnen, Sonnen- und Mondfinsternisse, Sonnen- und Mondparallaxe oder die ungleichmäßige Bewegung von Himmelskörpern, und die dafür benötigten mathematischen Kenntnisse, z.B. Beziehungen der damals gebräuchlichen trigonometrischen Funktionen Sinus, Cosinus, Sinusversus, Tangens, Cotangens, Sekans und Cosekans, lineare und quadratische Interpolation, die er wahrscheinlich von AL-BIRUNI übernommen hat, und den Sinus- und Tangenssatz der sphärischen Trigonometrie. Sein physikalisches Werk ist der Statik und Hydrostatik gewidmet. Es ist die umfassendste Zusammenstellung von Schriften antiker und islamischer Gelehrter zu diesen Fragen. C. führte darin die Arbeiten seiner Vorgänger fort, indem er z.B. vollständiger als früher die mathematischen Methoden darlegte, die beim Bau von Waagen oder der Bestimmung des spezifischen Gewichtes (Dichte) von Stoffen verwendet werden können (wie die Verhältnis- und Proportionentheorie, insbesondere die Lehre von den »zusammengesetzten Verhältnissen«, d. i. Multiplikation von Verhältnissen), die Abhängigkeit des Gewichtes (Masse) eines festen Körpers von der Dichte des ihn umgebenden Mediums und die Bestimmung des Schwerpunktes mehrerer vertikal starr verbundener Körper erörterte und anscheinend als erster versuchte, einzelne Aussagen über die Bewegung von Körpern in einem flüssigen Medium zu formulieren, indem er die geometrische Statik des ARCHIMEDES mit der Bewegungslehre des ARISTOTELES kombinierte. Ein wesentlicher Unterschied der arab. Statik zur archimedischen Statik generell ist die Untersuchung realer Körper neben den idealisierten mathematischen Objekten. Br

Literatur: Khanikoff, N.: Analysis and extracts of kitāb mizān al-ḥikma (Book of the balance of wisdom) written by al-Khāzinī in the Twelfth Century, in: J. Am. Orient. Soc. 6 (1859), 1-128; al-Chazini. Kniga vesov mudrosti, in: Naučnoe nasledstvo. Iz istorii fiziko-matematičeskih nauk na srednevekovom Vostoke (Moskau 1983), 15-140.

Abdurrahmanov, A.: Matematika v »Sandžarskom Zidže« Abdurrahmana Chazini, in: Iz istorii točnyh nauk na srednevekovom Bližnem i Srednem Vostoke (Taschkent 1972), 6-12; Rožanskaâ, M.M. u. Levinova, I.S.: Al. Chazini i ego »kniga vesov mudrosti«, in: Naučnoe nasledstvo. Iz istorii fisiko-matematičeskih nauk na srednevekovom Vostoke (Moskau 1983), 229-275.

Chevreul, Michel Eugène, Chemiker, geb. 31. 8. 1786 Angers (Dep. Maine-et-Loire), gest. 8./9. 4. 1889 Paris.

C. klärte die Zusammensetzung der Fette auf und führte zahlreiche Untersuchungen über Naturfarbstoffe durch.

C., Sohn des Direktors der medizinischen Schule in Angers, studierte ab 1803 in Paris und wurde 1810 Assistent im Muséum d'Histoire Naturelle. 1813-1828 hatte C. eine Professur für Physik am Lycée Charlemagne inne, 1830 erhielt er eine Professur für Chemie am Muséum d'Histoire Naturelle. 1824 wurde er zum Dir. der Färbereien der Kgl. Gobelinmanufakturen ernannt.

C. führte 1811-1823, aufbauend auf Arbeiten K. SCHEELES, grundlegende Untersuchungen über Fette und über den Verseifungsvorgang durch, wobei es ihm gelang, die Natur der Fette aufzuklären. Bei der Verseifung zahlreicher tierischer Fette isolierte C. Fettsäuren und Glycerol. Er nahm daher an, daß die Fette analog den Estern aus Fettsäuren und wasserfreiem Glycerol aufgebaut sind und die Seifen Salze der Fettsäuren darstellen. C.s Untersuchungen ließen außerdem den Schluß zu, daß die Konsistenz der tierischen Fette vom Anteil an festen Fetten und fetten Ölen abhängig ist. Zur Trennung der in den natürlichen Fetten enthaltenen Komponenten entwickelte C. die Methode der fraktionierten Lösung von Gemischen. Zur Identifizierung der isolierten Verbindungen führte er sorgfältige Elementaranalysen und Schmelzpunktbestimmungen durch. Neben zahlreichen Fettsäuren (Butter-, Valerian-, Capron-, Caprin-, Stearin- und Ölsäure) entdeckte C. das Cholesterol und den Cetylalkohol. 1854 wurden seine Arbeiten durch die Fettsynthese M. BERTHELOTS ergänzt. Auf der Basis von C.s Untersuchungen über Fette wurde die Seifenherstellung verbessert und die Produktion von Glycerol und Stearinkerzen aufgenommen.

C.s Untersuchungen von Naturfarbstoffen begannen am Anfang seiner wissenschaftlichen Tätigkeit, wo er verschiedene Pflanzenfarbstoffe isolierte und die Herstellung von Indigoweiß beschrieb. Als Dir. der Färbereien der Kgl. Gobelinmanufakturen setzte C. diese Arbeitsrichtung in verstärktem Umfang fort. Es gelang ihm, Verbesserungen bei der Farbenherstellung und beim Färbeprozeß zu erzielen. Um eine wirkungsvollere Gestaltung der Textilien zu erreichen, setzte sich C. mit optischen Farbwirkungen auseinander. In diesem Zusammenhang stellte er eine Theorie der Farbkontraste auf und entwickelte, ausgehend von den Wellenlängen dreier FRAUNHOFERscher Linien der Bereiche Rot, Gelb und Blau, eine reproduzierbare Farbskala.

C. führte ein sehr zurückgezogenes Leben und nahm am politischen Geschehen seiner Zeit kaum Anteil. Großes Interesse zeigte er für die Geschichte der Chemie, für Physik, Medizin, Philosophie, Archäologie, Psychologie und Parapsychologie. Ls

Literatur: Chevreul, M. E.: Recherches chimiques sur les corps gras d'origine animale (Paris 1823, 2. Aufl. 1889), Considérations générales sur l'analyse organique et sur ses applications (Paris 1824), dtsch Allgemeine Anleitung zur Analyse der organischen Körper und Betrachtungen über ihre Anwendungen (Gotha 1826), Leçons de chimie appliquée à la teinture, 2 Bde. (Paris 1829/30).

Gattmann, C.: Michel Eugène Chevreul (1786-1889!!), in: Chemie in unserer Zeit 13 (1979), 176-183.

Chintschin (Hinčin), Aleksandr Jakowlewitsch, Mathematiker, geb. 7.(19.) 7. 1894 Kondrowo (Gebiet Kaluga), gest. 19. 11. 1959 Moskau.

C. erzielte grundlegende Ergebnisse auf den Gebieten der Zahlentheorie, Funktionentheorie und Wahrscheinlichkeitsrechnung sowie deren Anwendungen und zählt zu den Begründern der Moskauer wahrscheinlichkeitstheoretischen Schule.

C. war der Sohn eines Ing. Nach erstem Unterricht in einer Realschule in Kaluga besuchte er 1906/07 eine Privatschule in Zürich und danach ein Realgymnasium in Moskau. 1911 begann er sein Studium an der physikalisch-mathematischen Fakultät der Univ. Moskau, wo er sich sehr bald der Forschungsgruppe um N. N. LUSIN anschloß und erste eigene Untersuchungen funktionentheoretischen Problemen widmete. 1916 beendete er das Studium, war 1918 an einem Moskauer polytechnischen Institut für Mädchen tätig und wurde wenig später Prof. am Polytechnikum in Iwanowo-Wosnessensk. Gleichzeitig war C. Prof. und Dekan der mathematisch-physikalischen Fakultät des pädagogischen Instituts in Iwanowo-Wosnessensk; 1922 ging er an das neugegründete wissenschaftliche Forschungsinstitut für Mathematik und Mechanik an der Moskauer Staatlichen Univ. Ausschlaggebend für seine endgültige Übersiedlung nach Moskau war die Berufung auf den Lehrstuhl für Mathematik am Moskauer pädagogischen Institut »Karl Liebknecht«.

Die Ak. d. Wiss. der UdSSR ernannte ihn 1939 zum korrespondierenden Mitgl. und wissenschaftlichen Mitarbeiter des Steklow-Instituts. Mit wenigen Unterbrechungen lebte und arbeitete C. in Moskau und nahm regen Anteil am gesellschaftlichen Leben. Bereits 1930 war er Mitgl. des Moskauer Stadtsowjets geworden und konnte der Abteilung Fernmeldewesen mit wissenschaftlichen Untersuchungen große Hilfe erweisen. Sein lebhaftes Interesse für pädagogische Probleme bewog ihn, die Leitung der physikalisch-mathematischen Sektion des Rates für Unterrichtsmethodik beim Volkskommissariat für Bildung der RSFSR zu übernehmen. Nach 1944 war C. langjähriges Präsidiumsmitgl. der Akademie der pädagogischen Wissenschaften der RSFSR.

Die mathematische Forschungstätigkeit C.s ist durch die Untersuchung solcher Probleme charakterisiert, denen eine ähnliche mathematische Struktur zugrunde liegt, durch Verallgemeinerungen sowie zugleich durch Spezialuntersuchungen mit dem Ziel ihrer praktisch-technischen Anwendbarkeit.

Im Anschluß an Verallgemeinerungen des Integralbegriffes von A. Denjoy beschäftigte sich C. zunächst mit den Eigenschaften meßbarer Funktionen, fand u. a. notwendige und hinreichende Bedingungen dafür, daß eine meßbare Funktion fast überall im betrachteten Intervall asymptotisch ableitbar ist. Diesen Untersuchungen schloß sich das Studium zahlentheoretischer Probleme an, wie das arithmetischer Eigenschaften irrationaler Zahlen, die fast überall gelten, von Kettenbrüchen und diophantischen Approximationen. C. wandte systematisch die für die Zahlentheorie fruchtbringenden Methoden der metrischen Funktionentheorie auf die Wahrscheinlichkeitstheorie an, wobei die Behandlung von Summen unabhängiger Zufallsgrößen und von unbeschränkt teilbaren Verteilungsgesetzen in den Vordergrund traten. C. zeigte unter anderem, daß die Klasse der Grenzverteilungen von Summen unabhängiger unendlich kleiner Summanden mit der Klasse der unbeschränkt teilbaren Verteilungen zusammenfällt und gab Bedingungen an, unter denen die Verteilungsfunktion von Summen unabhängiger gleichverteilter durch geeignete Konstanten normierter Summanden gegen die Normalverteilung konvergiert. Zu Beginn der 30er Jahre erarbeiteten C. und A. N. Kolmogorow die Grundlagen einer allgemeinen Theorie der (stationären) stochastischen Prozesse, nicht zuletzt angeregt durch die praktischen Anforderungen des Aufbaus automatischer Telefonverbindungen und von Berechnungen zur Arbeitszeitauslastung. Im Anschluß an seine Arbeiten über Zufallsprozesse gelang C. ferner der Beweis einer Reihe von grundlegenden Sätzen der klassischen Quantenphysik mit analytischen Methoden, die in der Theorie der Grenzwertsätze benutzt werden. Der hierher gehörende Ergodensatz von Birkhoff-Chintschin gestattet, sich unter bestimmten Bedingungen mit der Wahrscheinlichkeit eins für die experimentelle Abschätzung wichtiger Größen wie Mittelwert und Streuung auf eine einzige Realisierung eines stationären Prozesses zu beschränken. In seinen letzten Lebensjahren interessierte sich C. im Anschluß an C. E. Shannon für Probleme der Informationstheorie. Be

Literatur: Hinčin, A. A.: Matematičeskie Osnovaniâ statističeskoj Mechaniki (Moskau, Leningrad 1943); Predelnye Zakony dlâ Summ nezavicimyh slučajnyh veličin (Moskau, Leningrad 1938).

al-Chorezmi (al-Ḫwārizmī), Muhammad ibn Musa, Abu Dscha'far, Mathematiker, Astronom, Geograph und Historiker, geb. um 780 (163 Hedschra) Choresmien (?) (heute Usbek. SSR), gest. um 850 (235 Hedschra) Bagdad.

al-Chorezmi

C. war der Leiter der führenden wissenschaftlichen Forschungsstätte des Abbasidenkalifates im 9. Jh., des »bait al-hikma« (Haus der Weisheit), und nahm Anteil an der Ausbildung einer eigenständigen arab.-islamischen Mathematik, Natur- und Geschichtswissenschaft. Sein besonderer Ruhm gründet sich auf seine Schriften zur Algebra und zur ind. Arithmetik.

Über C.s Lebensumstände ist wenig bekannt und von dem wenigen noch manches umstritten. Gesichert ist, daß er unter dem Abbasidenkalifen al-Ma'mun in Bagdad lebte und dort bis zu seinem Tode wirkte, daß er nicht arab. Abstammung war, sondern zu einer mittelasiat. Bevölkerungsgruppe gehörte. Sehr wahrscheinlich war seine Muttersprache ein iran. Dialekt und sein ursprünglicher Glaube der Zoroastrismus. Das dürfte für seine wissenschaftliche Ausbildung, die er wahrscheinlich noch in Choresmien erhielt, von erheblicher Bedeutung gewesen sein, konnte er doch an die jahrhundertealten Erkenntnisse und Konzeptionen dieser Kulturen anknüpfen, für die wissenschaftliche Blütezeiten historisch verbürgt sind. Prägend für C.s Werdegang und Leistungsfähigkeit war außerdem die gemeinsame Tätigkeit mit bekannten anderen Gelehrten am Haus der Weisheit, an dem auf Weisung al-Ma'muns ein umfangreiches Forschungs- und Übersetzungsprogramm verwirklicht wurde.

C. verfaßte insgesamt wohl 12 Arbeiten. Sechs behandeln astronomische Themen, drei mathematische Gegenstände, je eine enthält Erdkarten, eine Darlegung des Quadriviums (Geometrie, Arithmetik, Astronomie und Musiktheorie) und eine Darstellung historischer Ereignisse. Wenigstens zwei der mathematischen, eine der astronomischen Arbeiten sowie die Schrift über das Quadrivium wurden ins Latein übersetzt und beeinflußten die Entwicklung beider Wissenschaften in West- und Mitteleuropa nachhaltig. Der Name »al-Chorezmi« wurde zu dem Wort Algorithmus verballhornt, und aus einem Teil der Bezeichnung seiner Abhandlung über quadratische Gleichungen, ihre Typisierung, Lösung und praktische Anwendung, und zwar dem Wort »al-Dschabr«, ging der Begriff Algebra hervor. Dieses Werk C.s ist das erste Buch zur Algebra im europ.-vorderasiat. Raum. Da die ind. algebraischen Traktate in der Regel Bestandteil umfassenderer Abhandlungen waren, gehört C.s Schrift zu den frühesten selbständigen algebraischen Textbüchern überhaupt; sie wirkte über Kommentare, Bearbeitungen und Übernahme von Passagen in andere Texte noch Jahrhunderte in der arab. Mathematik nach. C.s Verdienst ist es auch, als einer der ersten arab.-islamischen Gelehrten über das in der zweiten Hälfte des 8. Jh. übernommene ind. dezimale Positionssystem und die damit verbundenen

Titelblatt der »Algebra« von al-Chorezmi

arithmetischen Operationen sowie über Geographie auf der Grundlage von griech. und syr. Quellen geschrieben zu haben.

Gemeinsam mit C. wirkten am Haus der Weisheit z. B. Yahya ibn Abi Mansur, Abu't-Tayyib Sanad ibn Ali, Ali ibn Isa al-Asturlabi, Ahmad ibn Muhammad ibn Kathir al-Farghani, Hadschdschadsch ibn Jusuf ibn Matar, Abu Zakariya Yahya ibn al-Bitriq, Hunain ibn Ishaq, Qusta ibn Luqa und Habasch al-Hasib al-Marwazi. Die ersten drei und der letzte führten wichtige astronomische und geodätische Vermessungen, Beobachtungen und Berechnungen durch, an denen C. auf die eine oder andere Weise teilgenommen haben dürfte. Sie ermittelten z. B. die Länge von 1° des Erdmeridians zu 56⅔ arab. Meilen, was etwa 113⅓ km entspricht und ein für die damaligen Möglichkeiten recht genauer Wert ist. Diese Aufgabe war für die weitere Entwicklung der Geodäsie, Geographie und Kartographie sehr wichtig. Des weiteren bestimmten sie die Neigung der Ekliptik. Die anderen vier gehörten zu den talentiertesten Übersetzern jener Zeit und übertrugen viele griech. und auch syr. Texte in die arab. Sprache, z. B. Schriften von Aristoteles, Galenus von Pergamon, Ptolemaios, Archimedes und Euklid. Durch sie könnte C. Problemstellungen, Lösungswege und Beweistechniken griech. Mathematik, Ansichten griech. Geographen und Astronomen und konkrete Einzeldaten kennengelernt haben. Seine jüngeren Zeitgenossen waren z. B. die Brüder Musa und der berühmte arab. Philosoph Ja'qub ibn Ishaq al-Kindi. Br

Literatur: Frank, J.: Die Verwendung des Astrolabs nach al-Khwarizmi, in: Abh. Ges. Wiss. u. Med. 3 (Heidelberg 1922); Suter, H.: Die astronomischen Tafeln des Muḥammad ibn Mūsā al-Khwārizmī in der Bearbeitung des Maslama ibn Aḥmed al-Madjrītī und lat. Übersetzung des Athelhard von Bath auf Grund der Vorarbeiten von A. Björnbo und R. Besthorn (Kopenhagen 1914); Vogel, K.: Mohammed ibn Mūsā Alchwarizmi's Algorithmus. Das früheste Lehrb. zum Rechnen mit indischen Ziffern (o. Ort, o. Jahr); Al-Chorezmi. Matematičeskie traktaty (unter Redakt. v. S. Ch. Siraždinov, Taschkent 1983).

Burckhardt, J. J.: Die mittlere Bewegung der Planeten im Tafelwerk des Al-Khwarizmi, in: Vierteljahrschr. Naturforsch. Ges. Zürich 1961, Bd. 106, 213–231; Czeglédy, K.: Die Karte der Donaulandschaftsgruppe nach al-Ḫuwārizmī, in: Acta orient. Acad. hung. 1950, k. 1, 46–79; Daunicht, H.: Der Osten nach der Erdkarte al.Ḫuwārizmīs (Bonn 1968–1970); Gandz, S.: The sources of al-Khowārizmī's Algebra, in: Osiris 1936, Bd. 1, 263–277, The algebra of inheritance: A rehabilitation of al-Khowārizmi, in: Osiris 1938, Bd. 5, 319–391; Mzik, H. v.: Afrika nach der arab. Bearbeitung des Geographikē hyphēgēsis des Claudius Ptolemäus von Muḥammed ibn Mūsā al-Ḫwārizmī, in: Wien. Z. f. Kunde d. Morgenlandes 1936, Bd. 43, 161–193; Neugebauer, O.: The astronomical tables of al-Khwarizmi (Kopenhagen 1962); Wieber, R.: Nordwesteuropa nach der arab. Bearbeitung der Ptolemäischen Geographie von Muḥammad b. Mūsā al-Ḫwārizmī (Welldorf 1974); Zemanek, H.: Al-Khorezmi: His background, his personality, his work and his influence, in: Lect. Notes Comput. Sci. 122 (1981), 1–81.

Čičibabin, → Tschitschibabin.

Ciolkovskij, → Ziolkowski.

Clairaut, Alexis Claude, Mathematiker, Astronom, Physiker und Geodät, geb. 7.5.1713 Paris, gest. 17.5.1765 Paris.

C. gehört in die Gruppe der mit der Aufklärung eng verbundenen Naturforscher, die durch Anwendung von Methoden der Infinitesimalrechnung auf Himmelsmechanik, Geodäsie und Physik bedeutende Fortschritte in diesen Disziplinen erzielten und dabei die Mathematik selbst voranbringen konnten.

C. gilt als mathematisches Wunderkind. Sein Vater, ein Mathematiklehrer und Mitgl. der Berliner Ak. d. Wiss., eröffnete dem 9jährigen Knaben den Zugang zur höheren Mathematik; mit 12 Jahren trug der Sohn neue Forschungsergebnisse in der Pariser Ak. d. Wiss. vor; 13jährig wurde er als Mitgl. der Akademie vorgeschlagen, aber erst als 18jähriger, 1731, bestätigt. 1736/37 nahm er an der von B. L. M. Maupertuis geleiteten Gradmessung in Lappland teil. Nach der Rückkehr nach Frankreich stand er in engem persönlichen Kontakt mit F.-M. Voltaire und dessen Freundin Marquise du Châtelet und trug wesentlich zur Verbreitung der Newtonschen Ideen über Gravitation und Licht auf dem Kontinent bei.

A.J.Chintschin

A.C.Clairaut

L.Claisen

R.J.E.Clausius

Die Breite der schöpferisch-wissenschaftlichen Tätigkeit von C. ist beeindruckend. Als junger Mann veröffentlichte er eine Monographie (1731) über Kurven doppelter Krümmung und Lehrb. zur Geometrie (1741) und Algebra (1746). In Auswertung der Lapplandexpedition widmete er weitere monographische Darstellungen der Gestalt des Erdkörpers (1743), der Theorie der Mondbewegung (1752, 1754) sowie der Kometenbewegung. Dazu kamen eine Vielzahl von Einzelabhandlungen, unter anderem in den Schriftenreihen der Akademien von Paris, Berlin, London und St. Petersburg. Die nach C. benannte gewöhnliche Differentialgleichung ist zuerst in einer 1734 erschienenen Arbeit in den Abhandlungen der Pariser Akademie zu finden. C. war Mitgl. der Akademien zu Paris, Berlin, St. Petersburg, Bologna und Uppsala sowie der Royal Society in London. Wu

Literatur: Éléments de géométrie (Paris 1741 und öfter), dtsch Anfangsgründe der Geometrie (Hamburg 1790), Théorie de la figure de la terre (Paris 1743), dtsch Theorie der Erdgestalt nach Gesetzen der Hydrostatik (Hrsg. Ph. E. B. Jourdain u. A. v. Oettingen, in: Ostwalds Klassiker der exakten Wissenschaften, Bd. 189, Leipzig 1913).

Claisen, Ludwig, Chemiker, geb. 12. 1. 1851 Köln, gest. 5. 1. 1930 Godesberg/Rhein.

C. widmete sich der systematischen Untersuchung der später nach ihm benannten Esterkondensation (Claisen-Kondensation). Danach werden durch Reaktion zwischen Carbonsäureestern bzw. zwischen Carbonsäureestern und Carbonylverbindungen in Gegenwart stark basischer Kondensationsmittel, wie Natrium, Natriumalkoholat, Natriumamid oder Natriumhydroxid, β-Ketoester bzw. 1,3-Diketone zugänglich, die sich wiederum als Ausgangsverbindungen z. B. zur Synthese von Heterocyclen einsetzen lassen, z. B.

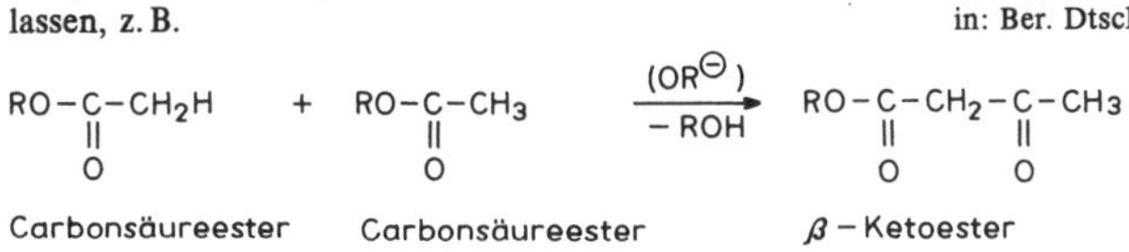

C. studierte 1869–1874 in Bonn bei A. Kekulé v. Stradonitz Chemie. Dazwischen hörte er ein Jahr lang (1871/72) Vorlesungen in Göttingen bei B. Tollens. 1874 verteidigte C. in Bonn seine Dissertation »Beiträge zur Kenntnis des Mesityloxids und Phorons«. 1875 wurde er Unterrichtsassistent und 1878 (bis 1882) Privatdoz. bei Kekulé in Bonn. Danach weilte er für zweieinhalb Jahre (1882–1885) am Owens College in Manchester bei H. Roscoe und C. Schorlemmer. 1886–1890 arbeitete C. als Privatdoz. bei A. v. Baeyer in München. 1890 erreichte ihn eine Berufung zum o. Prof. für organische Chemie an der TH Aachen. Von dort wurde er 1897 nach Kiel berufen. 1904 beendete C. seine Tätigkeit in Kiel und ging nach Berlin, wo er am Institut von E. Fischer bis 1907 als o. Honorar-Prof., frei von allen Amtspflichten, arbeitete. 1907–1926 setzte er dann in Godesberg seine Forschungen auf dem Gebiet der synthetischen organischen Chemie in seinem Privatlaboratorium fort.

C. hatte bereits während seiner Tätigkeit als Privatdoz. in Bonn (1881) versucht, die auf der Kondensation von aromatischen Aldehyden mit Carbonsäuren beruhende Perkin-Synthese auf die Umsetzung aliphatischer Aldehyde mit Carbonsäuren zu übertragen. Erst als er anstelle einfacher aliphatischer Carbonsäuren Acetessigsäure bzw. deren Ester einsetzte, verlief die Reaktion erfolgreich. Der systematischen Untersuchung derartiger Kondensationsreaktionen ist ein beachtlicher Teil seiner Arbeiten gewidmet. Weitere bedeutende Arbeiten waren der Untersuchung der Tautomerie des Acetessigesters, der Synthese verschiedener Heterocyclen, z. B. des Isatins (1879), von Pyrazolen (1897) und von Isoxazolon (1909), der Darstellung von Acetalen und Ketalen sowie der O-Allyl-C-Allyl-Umlagerung von Phenylallylethern gewidmet. Für diese Umlagerung (häufig auch als Claisen-Umlagerung bezeichnet) konnte C. 1925 einen Beweis für den Mechanismus angeben.

C. hat durch die Ergebnisse seiner mit außerordentlichem Geschick und großer Sorgfalt ausgeführten Experimentalarbeiten, die in 125 Publikationen niedergelegt sind, die organische Synthesechemie wesentlich weiterentwikkelt. Er war stets darum bemüht, seine experimentellen Ergebnisse auch theoretisch zu fundieren. Re

Literatur: Claisen, L.: 125 Originalarbeiten und 13 Patente, zusammengestellt von R. Anschütz, in: Ber. Dtsch. Chem. Ges. 69 (1936), 165A–170A.

Anschütz, R.: Ludwig Claisen, in: Ber. Dtsch. Chem. Ges. 69 (1936), 97A–170A; Freundlich, H.: Nachruf auf Ludwig Claisen, in: Ber. Dtsch. Chem. Ges. 63 (1930), 47A–48A.

Clausius, Rudolf Julius Emanuel, theoretischer Physiker, geb. 2. 1. 1822 Köslin (Koszalin), gest. 24. 8. 1888 Bonn.

C. war einer der herausragenden theoretischen Physiker Deutschlands in der zweiten Hälfte des 19. Jh., der entscheidende Beiträge zur Herausbildung der Thermodynamik und der kinetischen Gastheorie lieferte. Er war der eigentliche Begründer der mechanischen Wärmetheorie.

C., Sohn eines Oberlehrers, studierte an der Berliner Univ. Physik und hörte unter anderem Vorlesungen bei P. G. L. Dirichlet, G. S. Ohm und H. G. Magnus. Ab 1844 arbeitete er in Berlin als Lehrer am Friedrich-Werderschen Gymnasium und seit 1850 nach erfolgter Promotion (1848) als Physikdoz. an der Berliner Artillerie- und Ingenieurschule. Nach erfolgter Habilitation (1850) war C. außerdem Privatdoz. an der Berliner Univ. 1855 erfolgte die Berufung zum Prof. für Physik an die ETH Zürich, 1867 an die Würzburger und 1869 an die Bonner Univ., an der er bis zu seinem Lebensende wirkte und sie zu einem führenden Zentrum der Physik in Deutschland machte. C. war hochgeehrt und Mitgl. vieler in- und ausländischer Akademien, z. B. der Berliner seit 1876.

In einer stürmischen Entwicklungsphase der Wärmelehre griff C. mit seiner 1850 veröffentlichten Arbeit »Über die bewegende Kraft der Wärme ...« in die Diskussion um den Satz von der Erhaltung und Umwandlung der Energie ein. Die Theorie der Kreisprozesse von N. L. S. Carnot, die auf der Annahme eines Gefälles des Wärmestoffes (Phlogiston) basierte, bereitete im Licht der neuen Anschauungen Schwierigkeiten, auf die W. Thomson 1849 hingewiesen hat. Mit der Formulierung des 1. Hauptsatzes der Thermodynamik durch C., »daß in allen Fällen, wo durch Wärme Arbeit entstehe, eine der erzeugten Arbeit proportionale Wärmemenge verbraucht werde ...«, zeigte er, daß der Wärmekreislauf ohne die Annahme eines Wärmestoffes beschrieben werden kann. Um Prozesse auszuschließen, die der 1. Hauptsatz zwar nicht verbot, die aber dennoch nicht beobachtet wurden, führte C. ein weiteres Prinzip ein, das die Richtung der Wärmeprozesse bestimmte. C. gab ihm den Inhalt, daß Wärme niemals von selbst von einem kälteren auf einen wärmeren Körper übergehen kann. Die mathematische Formulierung des 2. Hauptsatzes der Thermodynamik, den er bereits 1850 verbal ausgedrückt hatte, gelang ihm 1854 in integraler Darstellung (Clausiussche Gleichung). 1865 prägte er für die durch diese Gleichung bestimmte thermodynamische Zustandsgröße in Anlehnung an den Begriff der Energie den der Entropie. Sie nimmt bei nichtumkehrbaren (irreversiblen) Prozessen stets zu. Thomson und auch später C. schlußfolgerten aus diesem Gesetz den »Wärmetod« des Weltalls, der dadurch eintreten sollte, daß sich alle Temperaturdifferenzen im Verlaufe der Zeit ausgleichen. Diese, besonders von L. Boltzmann heftig bekämpfte Hypothese beruhte aber auf einer unzulässigen Verallgemeinerung der bis zu diesem Zeitpunkt gewonnenen Erkenntnisse der Thermodynamik. Der Nachweis von Entropieschwankungen in molekularen Dimensionen und die Erkenntnis über den quasiperiodischen Charakter aller im Universum ungestört ablaufenden Prozesse ließen die Diskussionen um den »Wärmetod« des Weltalls am Beginn unseres Jh. im wesentlichen verstummen.

In den nachfolgenden Jahren betrieb C. mit H. v. Helmholtz, Thomson u. a. den weiteren Ausbau der Thermodynamik und wandte sie auf elektrolytische, chemische und weitere Prozesse an. Mit der 1856 durchgeführten Untersuchung von Dampfmaschinen mittels der neuen Wärmetheorie wurde C. zu einem der Initiatoren der technischen Thermodynamik.

Ab 1857 wandte sich C., ermuntert durch eine 1856 erschienene Arbeit von A. K. Krönig, in bedeutenden Veröffentlichungen der kinetischen Gastheorie zu, in der die Gesetze idealer Gase aus der Bewegung elastischer Gasmoleküle gewonnen werden. Die Behandlung der mittleren freien Weglänge und der Stoßzahl durch C. stellten einen Höhepunkt der elementaren kinetischen Gastheorie dar. C. beschritt mit den gaskinetischen Arbeiten den Weg der Verbindung der Thermodynamik mit dieser Theorie. Ab 1860 vollzogen J. C. Maxwell und seit 1866 Boltzmann den Übergang zur statistischen Thermodynamik, wobei letzterer 1871 eine Entropiedefinition auf der Grundlage der molekularen Geschwindigkeitsverteilung gab und 1877 den Zusammenhang zwischen Entropie und Wahrscheinlichkeit aufzeigte (statistische Interpretation der Entropie). C. behandelt in seinen Arbeiten außerdem die Diffusion, Wärmeleitung und Schallausbreitung, stellte 1870 den Virialsatz auf, vertiefte und erweiterte die Clapeyronsche und Mosottische Gleichung und formulierte eine nach ihm benannte Zustandsgleichung. Wenig Anerkennung fand sein 1876 in der Auseinandersetzung mit den Werken von W. E. Weber aufgestelltes elektrodynamisches Grundgesetz, da C. noch auf dem Boden der Fernwirkungstheorie stand.

Ji

Literatur: Clausius, R.: Über die bewegende Kraft der Wärme und die Gesetze, welche sich daraus für die Wärmelehre ableiten lassen, in: Ann. Phys. 79 (1850), 365–397 und 500–524, und in: Ostwalds Klassiker ... 99-Reprint (Hrsg. M. Planck, Leipzig 1982); Über die Art der Bewegung, welche wir Wärme nennen, in: Ann. Phys. (1857), 353–380, Der zweite Hauptsatz der Wärmetheorie (Braunschweig 1867), Über einen auf die Wärme anwendbaren mechanischen Satz, Sitzungsber. Niederrhein. Ges. Bonn (1870), 114–119, Die mechanische Wärmetheorie, 3 Bde. (Braunschweig 1876–1891).

Bonge, G.: Rudolf Clausius, ein Physiker des 19. Jahrhunderts, in: Urania 14 (1956), 230–238; Brush, S. G.: Clausius, in: Kinetische Theorie (Berlin, Oxford, Braunschweig 1970), 46–49.

Clebsch, Rudolf Friedrich Alfred, Mathematiker, geb. 19. 1. 1833 Königsberg (Kaliningrad), gest. 7. 11. 1872 Göttingen.

C., einer der bedeutenden Mathematiker des 19. Jh., gilt als Begründer der algebraischen Geometrie, der außerdem wichtige Resultate auf den Gebieten der mathematischen Physik und der Algebra erzielte.

C., Sohn eines Regimentsarztes, studierte seit 1850 in Königsberg bei F. Neumann, F. J. Richelot und O. Hesse und promovierte dort 1854 bei Neumann. Zu gleicher Zeit legte er die Staatsprüfung für Mathematik und Physik ab und trat dem Lehrerseminar von K. Schellbach bei. Seit 1855 wirkte C. an Berliner Realschulen. 1858 erhielt er eine Privatdozentur an der Univ. Berlin und im gleichen Jahr die Berufung als Prof. für theoretische Mechanik an die TH Karlsruhe. Weiterhin wirkte er als Prof. der Mathematik an den Univ. Gießen (1863–1868) und Göttingen (1868–1872).

Angeregt durch Neumann widmete sich C. zunächst mathematischen Problemen der Physik (Optik, Hydrodynamik, Elastizitätstheorie). In seiner Dissertation befaßte er sich mit der schon von G. Dirichlet bearbeiteten Bewegung eines Ellipsoids in einer Flüssigkeit. C. fand eine allgemeine Theorie der freien Schwingungen fester elastischer Körper und eine Theorie der Gleichgewichtsbedingungen für Platten. Mit seiner »Theorie der Elastizität der festen Körper« (1862) legte er ein wichtiges Handb. für den Techniker vor.

Die bedeutendste Leistung von C. waren seine Beiträge zur algebraischen Geometrie, mit denen er, insbesondere mit der Abhandlung »Über die Anwendung der Abel'schen Functionen in der Geometrie« (1863) dieses Gebiet als wissenschaftliche Disziplin begründete. In den »Vorlesungen über Geometrie«, 1871/72 von C. gehalten und von F. Lindemann ediert, wurde dieses Gebiet systematisch ausgearbeitet. Die Vorgänger von C. stützten sich bei der Untersuchung algebraischer Kurven auf Methoden der projektiven Geometrie mit komplexen Koordinaten. Die neue Idee von C. bestand darin, daß er die Lösung der Probleme nicht in der Geometrie selbst suchte, sondern in den 1856 erschienenen Arbeiten B. Riemanns, die als Teil der Funktionentheorie aufgefaßt wurden. J. Abel und Riemann hatten die Grundlagen der Theorie der algebraischen Funktionen geschaffen. C. deutete diese um. Wenn für Abel die Gleichung $F(w, z) = O$, F ein Polynom, eine »Irrationalität« w

und für Riemann eine algebraische Funktion *w* (gegeben auf einer Riemannschen Fläche) bestimmte, so war das für C. die Gleichung einer algebraischen Kurve; eine Eigenschaft der Gleichung widerspiegelte eine geometrische Eigenschaft der Kurve.

Maßgebliche Beiträge leistete C. auch zum Gebiet der Invariantentheorie. Gemeinsam mit P. Gordan schuf er grundlegende Resultate zur klassischen Invariantentheorie, die im wesentlichen rechnerisch operierte. Das erreichte Niveau der Invariantentheorie zu dieser Zeit spiegelte sich in dem Buch »Theorie der binären algebraischen Formen« (1872) wider. Das Gebiet der Invariantentheorie wurde später durch D. Hilbert auf der Basis strukturellen Denkens (Beweis der Existenz einer endlichen Basis eines jeden rationalen Invariantensystems) vollendet. In der Analysis fand C. eine fundamentale Bedingung für die vollständige Integrierbarkeit eines Systems linearer partieller Differentialgleichungen, die in den Satz von G. F. Frobenius einging.

C. war ein außerordentlich vielseitiger Mathematiker, der verschiedene Gebiete überschaute, Zusammenhänge aufdeckte und in enger Gemeinschaft mit jüngeren Wissenschaftlern arbeitete; aus seiner Schule gingen so bedeutende Mathematiker wie M. Noether und F. Klein hervor. Als Sprachrohr dieser Schule begründete C. gemeinsam mit C. Neumann die »Mathematischen Annalen« (1868). Den großen Wert, den C. der wissenschaftlichen Kommunikation beimaß, zeigt seine Mitwirkung bei der Initiierung nationaler Mathematikerkongresse zu Beginn der 70er Jahre, die zu einer nationalen Mathematiker-Vereinigung hinführen sollten; infolge seines frühen Todes gelang die volle Realisierung dieses Planes erst 1890 unter maßgeblicher Initiative von G. Cantor. To

Literatur: Clebsch, A.: De motu ellipsoidis in fluido incompressibili viribus quibuslibet impulsi (Diss., Königsberg 1854), Theorie der Elastizität fester Körper (Leipzig 1862), Über die Anwendung der Abel'schen Functionen in der Geometrie, in: J. reine angew. Math. 63 (1865), 189–243, (mit P. Gordan): Theorie der Abel'schen Functionen (Leipzig 1866), Theorie der binären algebraischen Formen (Leipzig 1872), Vorlesungen über Geometrie, 2 Bde. (Hrsg. F. Lindemann, Leipzig 1876 u. 1891).

Shafarevich, I. R.: Zum 150. Geburtstag von Alfred Clebsch, in: Math. Ann. 266 (1983), 135–140.

Cloos, Hans, Geologe, geb. 8. 11. 1885 Magdeburg, gest. 26. 9. 1951 Bonn.

C. zeichnete sich aus durch richtungweisende Arbeiten auf dem Gebiet der tektonischen Geologie, beispielhafte Modellierung tektonischer Strukturen, künstlerische Wiedergabe geologischer Bauformen und auch dem Laien verständliche Darstellung geologischer Denk- und Arbeitsweise.

C., Sohn eines Regierungsbaumeisters, besuchte das Gymnasium in Saarbrücken und für ein Jahr die Knabenanstalt der Brüdergemeine in Königsfeld/Schwarzwald (1898). 1905 legte er die Reifeprüfung in Köln ab und begann ein Architekturstudium an der TH Aachen, wechselte jedoch bald zum Geologiestudium an die Univ. Bonn und 1906 für kurze Zeit an die Univ. Jena. Im gleichen Jahr ging er an die Univ. Freiburg im Breisgau, wo er 1910 bei W. Deecke mit dem Thema »Tafel- und Kettenland im Basler Jura« zum Dr. phil. promovierte. 1909/10 unternahm C. Studienreisen nach Süd- und Südwestafrika und widmete sich besonders dem Studium von Graniten (Erongo-Granit), 1911 war er im Auftrag der Standard Oil Company auf Java (Jawa) und Borneo (Kalimantan) in Niederländ.-Indien (Indonesien) tätig. 1914 habilitierte er sich an der Univ. Marburg mit der Arbeit »Jura-Ammoniten aus dem Molukkengebiet« bei E. Kayser und wurde dort Privatdoz.

H. Cloos

J. D. Cockcroft

Nach militärischer Ausbildung war C. ab 1915 als Geologe eingesetzt. 1917 übernahm er für die Kruppsche Verwaltung Untersuchungen zum Nickelbergbau in Schlesien (Śląsk). Ab 1917 vertrat er an der Univ. Breslau (Wrocław) die Geologie-Professur von F. Frech; nach dessen Tode wurde er 1919 zum o. Prof. für Geologie und Paläontologie berufen. Ab 1922 war C. Dir. des Geologischen Institutes der Univ. Breslau. 1926 erfolgte – in der Nachfolge von G. Steinmann – seine Berufung als o. Prof. an die Univ. Bonn. Ab 1923 führten ihn Studienreisen in skandinav. Länder und nach Spanien, 1927 und 1933 nach Nordamerika, 1929 und 1936 nach Afrika. Nach 1945 wirkte C. beim Aufbau einer Kommunal- und Landesregierung in Bonn mit. Bis zu seinem Tode war er Dir. des Geologisch-paläontologischen Institutes der Univ. Bonn.

C. entwickelte am Beispiel schles. Granite, besonders des Riesengebirgsgranites, die Granittektonik, die Plutone geotektonischen Aussagen zugänglich macht. Auf seinen Studienreisen ergänzte er diese Vorstellungen und erweiterte sie durch Arbeiten zum Bau und zur Bewegung der Gebirge sowie zur Gliederung der Erdkruste in Grundschollen und Erdnähte. Mit natürlichen Materialien führte er bedeutsame Experimente zur Modellierung von Erdkrustenstrukturen durch. 1936 erschien die erste Auflage seines Lehrb. »Einführung in die Geologie«, das als eines der besten Lehrb. auf dem Gebiet der endogenen Dynamik gilt. C.' zahlreiche Arbeiten zur tektonischen Geologie zeichnen sich durch Prägnanz und künstlerische Darstellung der Abbildungen sowie durch eine Bildhaftigkeit der Sprache aus. Weltweit bekannt wurde sein Buch »Gespräch mit der Erde«, in dem er den psychologischen Prozeß der geologischen Denk- und Arbeitsweise darstellt. Seit 1924 war C. Schriftleiter der »Geologischen Rundschau« und ab 1933 Vorsitzender der Geologischen Vereinigung, die die Ztschr. herausgibt. Er stärkte das internationale Ansehen der Ztschr., so daß diese, wie S. v. Bubnoff in einem C. gewidmeten Beitrag des 41. Jahrgangs hervorhebt, »sogar in der Zeit des nationalsozialistischen Niederganges als eine der wenigen Zeitschriften von Weltformat bezeichnet wurde«.

C.' Forschungen wurden durch Mitgliedschaften in wissenschaftlichen Gremien und Auszeichnungen gewürdigt. C. war Mitgl. der Deutschen Ak. der Naturforscher Leopoldina, korrespondierendes Mitgl. der Preuß. Ak. d. Wiss., korrespondierendes Mitgl. der Ak. d. Wiss. Göttingen und Ehrenmitgl. zahlreicher geologischer Gesellschaften. Er erhielt 1947 die Goldene Penrose-Medaille der Geological Society of America, 1948 die Leopold-von-Buch-Plakette der Deutschen Geologischen Gesellschaft. Mö

Literatur: Cloos, H.: Einführung in die tektonische Behandlung magmatischer Erscheinungen (Granittektonik) (Berlin 1925), Einführung in die Geologie (Berlin 1936), Gespräch mit der Erde (München 1947).

Bubnoff, S. v.: Dem Andenken von Hans Cloos, in: Geol. 1,

(1952) 1/2, 133–135; Requiem (für Hans Cloos), in: Geol. Rundsch. 41 (1953), 1–10 (enthält Schriftenverzeichnis Hans Cloos); Martin, H.: Hans Cloos 1885–1951, in: Bonner Gelehrte. Beiträge zur Geschichte der Wissenschaften in Bonn. Mathematik und Naturwissenschaften (Bonn 1970).

Cockcroft, Sir John Douglas, Physiker, geb. 27.5.1897 Todmorden (Yorkshire, England), gest. 18. 9. 1967 Cambridge (England).

C.s Hauptleistung ist die erste künstliche Kernumwandlung durch Protonenbeschuß mit einem Linearbeschleuniger im Jahre 1932.

C., ältester von fünf Söhnen eines Baumwollfabrikanten, studierte seit 1914 an der Univ. Manchester Mathematik und Physik. Nach dem Militärdienst im ersten Weltkrieg wechselte er zur elektrotechnischen Fakultät und erwarb den Magistergrad der technischen Wissenschaften, vollendete danach seine mathematische Ausbildung in Cambridge und wurde schließlich in E. Rutherfords Team am Cambridge Labor aufgenommen. Hier war er ab 1935 für die Rekonstruktion des Labors und den Bau eines Zyklotrons verantwortlich. Während des zweiten Weltkrieges war er als Forschungsdir. der Luftverteidigungs-Behörde an der Weiterentwicklung des Radars beteiligt und ab 1944 im anglokanadischen Atomforschungslabor in Montreal tätig. Von 1946 bis 1959 war er Dir. des brit. Atomforschungszentrums Harwell und wurde kurz vor seinem Tode zum Präsidenten der Pugwash-Konferenz gewählt.

C.s elektrotechnische Untersuchungen über elektrische Leitungsvorgänge waren der Ausgangspunkt für seine Forschungen über starke Magnetfelder. In Zusammenarbeit mit P. L. Kapiza entwickelte er elektromagnetische Spulen für hohe Feldstärken und entwarf für Rutherford Elektro- und Permanentmagnete für die Spektroskopie von α- und β-Strahlen. E. T. S. Walton, der über Methoden zur Beschleunigung von Elektronen experimentierte, gewann C. für die Entwicklung eines Linearbeschleunigers für Protonen. Beiden gelang es 1932, mit einem Linearbeschleuniger, der mit einer Kaskadenschaltung eine Spannung von 10 000 Volt erreichte, Lithiumkerne durch den Beschuß mit beschleunigten Protonen in zwei Heliumkerne umzuwandeln. Darauf folgten Versuche, bei denen sie weitere Elemente (Bor, Fluor) mit Deuteronen beschossen. C. und Walton wurde 1951 der Nobelpreis für Physik verliehen.

Schi

Literatur: Cockcroft, J. D. (mit E. T. S. Walton): Experiments with High Velocity Positive Ions, Proc. of the Royal Society, V. A., 137 (1932), 229–240.

Coignet, François, Bautechniker, geb. 1814 Lyon, gest. 1888 St. Denis.

C. war wesentlich an der Erfindung des Stahlbetons sowie an der Vervollkommnung und Ausbreitung des Betonbaus beteiligt.

Als Sohn eines Chemiefabrikanten genoß C. keine Spezialausbildung, eignete sich jedoch die für die Produktion im väterlichen Betrieb relevanten chemischen Grundkenntnisse an. Als Juniorpartner der Firma mit Erweiterungsbauten beschäftigt, wandte er sich früh bautechnischen Problemen zu, besonders dem Beton- und Stahlbetonbau. In diesem Zusammenhang wurde seit 1855 die Fachwelt mit seinem Namen vertraut (s. u.). Nachdem C. bereits in einer Filiale des Familienbetriebes in St. Denis bei Paris Betonwaren hergestellt hatte, gründete er 1861 eine eigene Bauunternehmung. Sie erhielt zahlreiche Aufträge aus dem In- und Ausland und bot ihm die Möglichkeit einer breiten Erprobung seiner Vorstellungen in der Praxis. Die zunächst florierende Firma ging jedoch in der Wirtschaftskrise, die der Niederlage im deutsch-französ. Krieg 1870/71 folgte, bankrott. Bar jeder finanziellen Mittel zog sich C. verbittert aus der Bautechnik zurück.

C. nahm unter den an der Erfindung des Stahlbetons zur gleichen Zeit maßgeblich beteiligten Männern – besonders W. B. Wilkinson, T. Hyatt und J. L. Lambot – insofern eine Sonderstellung ein, als er früh das Wesen dieses Verbundbaustoffs offenlegte.

Der Beton, der bereits im Altertum bekannt war und mit der Entwicklung von Romanzement im ausgehenden 18. Jh. bzw. von Portlandzement in der ersten Hälfte des 19. Jh. eine Renaissance erlebte, erlangte noch größere Bedeutung durch die Verbindung mit dem Stahl. Die Vereinigung der Druckfestigkeit des Betons mit der Zugfestigkeit des Stahls im Stahlbeton stellt eine der bedeutendsten bautechnischen Erfindungen des 19. Jh. dar. Sie wurde von der geringen Widerstandsfähigkeit des unbewehrten Betons gegen Zug- und Biegebeanspruchung impliziert. Sowohl die seit langem geübte Praxis, die Festigkeit von Stein- und Holzkonstruktionen durch eiserne Zugstangen zu erhöhen, als auch die Erfahrung, daß Eisen-und Drahtgeflechte, die – zunächst nur zur Formgebung – in Beton eingelegt wurden, seine statischen Eigenschaften wesentlich verbesserten, bildeten den Ausgangspunkt der Versuche zur Herstellung eines Verbundes von Beton und Stahl. Derartige Konstruktionen sind seit den 20er Jahren des 19. Jh. beschrieben bzw. ausgeführt worden. Während diese frühen Versuche Einzelbeispiele blieben und unklar war, inwieweit die Einlage von Eisen nur der Formgebung diente, setzten nahezu gleichzeitig Mitte des 19. Jh. in England, Frankreich und Nordamerika zielgerichtete Bemühungen ein, bewußt aus Beton und Eisen einen Verbundbaustoff herzustellen. In der Fachliteratur herrscht Einigkeit darüber, daß die Frage nach dem Erfinder des Stahlbetons nicht mit einem Namen zu beantworten ist. Als gesichert gilt, daß die entscheidenden Schritte Mitte des 19. Jh. fast gleichzeitig und unabhängig voneinander durch mehrere Erfinder erfolgten. Ebenso unbestritten ist die Rolle des Franzosen J. Monier, der mitunter noch heute – besonders in deutschsprachigen populärwissenschaftlichen Darstellungen – als »Erfinder« des Stahlbetons genannt wird. Er hat durch Geschäftssinn, mannigfache Anwendungsvorschläge und Ausführungen die Ausbreitung des neuen Baustoffs stark gefördert, die eigentliche Pionierarbeit war jedoch schon vor der Anmeldung seiner ersten Patente geleistet.

C. hatte zum Beton durch die Suche nach billigen Baustoffen und Bauweisen gefunden, wobei ihn auch der im Rhonetal beheimatete Pisébau, eine Lehmbauweise mit einer dem Betonbau verwandten Technologie, anregte. Seine chemischen Kenntnisse gestatteten es ihm, erfolgreich mit Bindemitteln und Beton zu experimentieren. Nachdem C. 1847 seine ersten Betonbauten errichtet hatte, führte er in den folgenden Jahren im Betonbau wesentliche Neuerungen ein. So mechanisierte und rationalisierte er den Mischprozeß sowie die Zuschlagstoffaufbereitung, wandte neue Verfahren der Betonherstellung und -verarbeitung an und vervollkommnete die Schalungstechnik. 1855 legte er seine Neuerungen in zwei Patenten nieder. Er bezeichnet seinen »Béton aggloméré« als ein Material aus hydraulischen Bindemitteln und grobkörnigem Kiessand, das erdfeucht eingebracht und gestampft wird; bis dahin hatte man den Beton in mehr flüssiger Konsistenz nur vergossen, was beim Verdunsten der überschüssigen Feuchtigkeit zum Schwinden und zu Rissen führte. In einem Zusatzpatent des gleichen Jahres umriß er die Anwendungsgebiete des Betonbaus, wobei er ihm neue Möglichkeiten erschloß. Ebenfalls 1855 meldete er in England und im folgenden Jahr in Frankreich seine bedeutendste technische Leistung – die Bewehrung von Beton mit Eisenstäben – zum Patent an. Der Wortlaut des franz. Patentanspruchs läßt erkennen, daß C. den konstruktiven Grundgedanken des Stahlbetons erfaßt hat und jedem Baustoff seine spezifische Funktion zuwies. Er führte aus, daß die Eiseneinlagen die Aufgabe von Zugstangen erfüllen und, auf diese Weise angewandt, mit dem Beton eine monolithische Konstruktion bilden. 1861 publizierte er seine Erfahrungen und Erkenntnisse in einer fast 400 Seiten starken Monographie. Sie legte das Wesen des Stahlbetons bereits in bemerkenswerter Klarheit dar. C. beschreibt in ihr besonders Decken, Fußböden, Rohre, flache Bogen, Gewölbe, Staumauern und Betonwaren aus Stahlbeton. Eine 1858 errichtete begehbare Flachdachkonstruktion in seinem Privathaus in St. Denis bildete C.s bedeutendste Anwendung des neuen Baustoffs. Fachleute attestierten ihr noch 50 Jahre später bei einer Untersuchung eine hinreichende Funktionserfüllung. Von C.s zahlreichen Bauten mit Stahlbeton sind besonders zu nennen eine 1864 errichtete Kirche, ein 1867 erbautes sechsgeschossiges Wohnhaus und ein Pavillon auf der Weltausstellung 1867 in Paris, den ein flaches Stahlbetongewölbe überspannte.

C., der im Gegensatz zu vielen seiner Nachfolger weit mehr Aufmerksamkeit auf das hohe technische Niveau von Patenten und Bauten richtete als auf die Erzielung finanzieller Erträge aus seinen Neuerungen, war von der großen Zukunft des Stahlbetons überzeugt. C.s Erfindungsdrang und sein technisches Gespür ließen ihn zu einem der Wegbereiter der neuen Bauweise werden. Sein Sohn Edmond C. setzte das Werk des Vaters fort. Hth

Literatur: Coignet, F.: Bétons agglomerés appliqués à l'Art de Construire (Paris 1861).

Compton, Arthur Holly, Physiker, geb. 10. 9. 1892 Wooster (Ohio, USA), gest. 15. 3. 1962 Berkeley (Kalifornien, USA).

C. entdeckte 1922 den Stoß zwischen Gammaquanten und Elektronen (Compton-Effekt), mit dem erstmals eine Wechselwirkung von »Wellen« und »Teilchen« auf der Basis der Quantentheorie erforscht werden konnte.

C., Sohn eines Prof. für Philosophie, besuchte das College in Wooster und die Univ. in Princeton, an der er 1916 promovierte. 1917–1919 war er in der Industrieforschung tätig und setzte neben praktischen Arbeiten seine schon in Princeton begonnenen Untersuchungen über die Beugung und Streuung von Röntgenstrahlen fort. Nach einem Studienaufenthalt in Cambridge (England) bei J. J. Thomson war er 1920–1923 Leiter der physikalischen Abteilung der Washington-Univ. in St. Louis und 1923–1945 Prof. der Physik an der Univ. von Chicago. 1945 wurde C. zum Kanzler der Univ. in St. Louis berufen, die er bis 1954 leitete. Zu Beginn des zweiten Weltkrieges hatte C. großen Anteil am Aufbau des amerik. Atombombenprojekts. Insbesondere unterstützte er die Errichtung des ersten Atomreaktors durch E. Fermi und spielte eine wesentliche Rolle beim Bau von Anlagen zur Plutoniumproduktion. Nach seiner Emeritierung schrieb er das Buch »Atomic Quest«, das zu den grundlegenden Dokumenten über das amerik. Atombombenprojekt zählt.

Ausgehend von frühen Experimenten in Cambridge (USA), maß C. 1922 bei der Bestrahlung von Atomen verschiedener Stoffe mit harter Röntgenstrahlung genau die Wellenlänge der sekundären Streustrahlung. Es erwies sich, daß deren Wellenlängenzunahme nur vom Streuwinkel abhängig war. Nach verschiedenen Ansätzen deutete er sein Ergebnis als Stoß zwischen einem Photon und einem freien Elektron. 1923 setzte er die Gültigkeit des Impuls- und Energiesatzes für jeden Stoßvorgang voraus und konnte damit seine experimentellen Resultate über die Winkelvertei-

F. Coignet

A. H. Compton

lung der Streustrahlung theoretisch bestätigen. Zunächst wurde jedoch C.s Deutung abgelehnt. Mit dem Aufbau der Wellenmechanik stellte sich aber heraus, daß C.s Erklärung des Effekts einen entscheidenden Beweis für A. Einsteins Photonenkonzept darstellte. Damit wurde die Annahme N. Bohrs und seiner Mitarbeiter widerlegt, daß der Impuls- und Energiesatz bei atomaren Prozessen nicht für den Einzelprozeß, sondern nur für das statistische Mittel gelte (W. W. G. Bothe und H. W. Geiger 1926).

Ferner entdeckte C. die Totalreflexion der Röntgenstrahlen, einen Effekt, der von seinen Schülern weiter untersucht und genutzt wurde. Ab 1930 führte C. weltweite Forschungen über die Abhängigkeit der kosmischen Strahlen von der geographischen Breite durch, die Aufschlüsse über den Einfluß des Erdmagnetismus auf die primäre kosmische Teilchenstrahlung erbrachten. 1927 erhielt C. für die Entdekkung des C.-Effektes zusammen mit C. T. R. Wilson den Nobelpreis für Physik. Schi

Literatur: Compton, A. H.: X-Rays in Theory and Experiment (Princeton 1935), (mit Allison): Atomic Quest (New York 1956), Die Atombombe und ich. Ein persönlicher Erlebnisbericht (Frankfurt/Main 1958).

Allison, S. K.: Arthur Holly Compton, in: Biographical Memoirs National Academy of Sciences of the U.S.A. Vol. 39 (1963), 81–110.

Cook, James, Seefahrer und Entdecker, geb. 27. 10. 1728 Marton (Yorkshire), gest. 14. 2. 1779 Hawaii.

C. ist einer der erfolgreichsten geographischen Entdecker des 18. Jh., der seine wichtigsten Forschungen im pazifischen Raum durchführte.

C. wurde in der Familie eines armen Bauern geboren. Nachdem er alle Etappen der seemännischen Ausbildung durchlaufen hatte, kam er 1752 als Gehilfe des Kapitäns auf ein Handelsschiff. Während des Siebenjährigen Krieges Britanniens um seine nordamerik. Kolonien (1756–1763) diente C. in der britischen Kriegsflotte. Seit 1757 war er Master (etwa Erster Navigationsoffizier) auf dem Linienschiff »Pembroke«, 1759–1762 auf dem Flaggschiff »Northumberland«. Bereits aus dieser Zeit stammen kartographische Aufnahmen der Küste von Nova Scotia und Neufundlands. Ab 1763 nahm er hydrographische Forschungen im Auftrag der brit. Admiralität vor. 1768–1771 leitete C. seine erste Pazifikexpedition mit dem Schiff »Endeavour«, 1772–1775 die zweite Expedition mit den Schiffen »Resolution« und »Adventure« im Südpazifik, von 1776–1779 die dritte Expedition mit den Schiffen »Resolution« und »Discovery« im Gebiet des Beringmeeres und der Hawaii-Inseln (Sandwich Islands).

Während der ab 1763 vorgenommenen hydrographischen Forschungen an der Küste Neufundlands, Labradors und Westindiens führte C. auch Geheimaufträge der brit. Admiralität mit dem Ziel der Eroberung neuer Gebiete aus. 1762 hatten die Briten bei der Eroberung Manilas u. a. span. Pazifikkarten aus dem 17. Jh. erbeutet, die C. durch mehrere langdauernde Expeditionen zu überprüfen hatte.

Während der ersten Expedition mit dem Schiff »Endeavour« erkundete C. Tahiti, Neuseeland (dessen Insellage er nachwies) und die Ostküste von Australien, deren kartographische Aufnahme von Cape Everard bis Cape York im Norden (April bis August 1770) zu seinen hervorragendsten navigatorischen und hydrographischen Leistungen gehören.

Die zweite Expedition mit dem Schiff »Resolution«, begleitet von der »Adventure« unter Kapitän CH. CLERKE, war von der Admiralität mit dem Ziel ausgerüstet worden, den »Südkontinent« zu erforschen. Außerdem hatte C. den Befehl, Neuseeland detailliert zu erkunden und die Inseln im zentralen und südlichen Teil des Pazifik zu erforschen. Auf dieser Weltumsegelung, die am 13. 7. 1772 von Plymouth aus begann, wurde C. unter anderem von den deutschen Naturwissenschaftlern J. R. FORSTER und dessen Sohn G. FORSTER sowie den brit. Astronomen W. BAYLY und W. WALES begleitet. C. besuchte Neuseeland, Tahiti, die Marquesasinseln, die Osterinsel und die Neuen Hebriden. Er entdeckte Neukaledonien, die Norfolkinsel, die Süd-Sandwichinseln und Südgeorgien im Südatlantik. Obwohl er viermal vergeblich versuchte, den »Südkontinent« zu erreichen, wobei er bis 71° 10′ südliche Breite vorstieß, hatten die gemachten Entdeckungen große Bedeutung für die Entwicklung der Geographie als Wissenschaft.

Die dritte Expedition C.s, die am 11. 4. 1776 startete, hatte das Ziel, die »Nordwest-Passage« durch Nordamerika zu suchen und neue Gebiete im Nordteil des Pazifik in Besitz zu nehmen, die von anderen Staaten noch nicht entdeckt worden waren, vor allem in Meeresteilen an der Westküste des heutigen Kanada, bei Alaska und Kamtschatka. C. kartierte auch die Beringstraße (August/September 1778), wobei seine Ortsangaben und Schätzungen sehr genau waren. Den Abstand Asien–Amerika zwischen Kap Dešnew und Kap Prince of Wales schätzte er z.B. auf 64 km (tatsächlich beträgt er 92 km). C. entdeckte weiterhin die Inselgruppe Hawaii, die er als Sandwichinseln bezeichnete. Auf Hawaii kam er bei einem Landgang am 14. 2. 1779 durch aufgebrachte Eingeborene ums Leben; die Expedition kehrte 1780 nach England zurück.

Die offiziellen Darstellungen der Reiseergebnisse verzögerten sich, da aus Gründen der politischen und militärischen Geheimhaltung bei Rückkehr zunächst alle Tagebücher eingesammelt und kontrolliert wurden, bevor sie zur Veröffentlichung freigegeben wurden. Mitteilungen über die Reisen kamen oft nur durch Indiskretion in die Öffentlichkeit, so z.B. auch die Nachricht über C.s Tod.

Für seine wissenschaftlichen Leistungen auf dem Gebiet der Geographie wurde C. mehrfach geehrt. Am 30.11.1776 verlieh man ihm in Abwesenheit die Goldmedaille der Royal Society. Seine Entdeckungen führten zur wesentlichen Erweiterung der Kenntnisse von der Südhalbkugel der Erde.

Nach C. wurden benannt: der höchste Berg auf der Südinsel Neuseelands, die Meerenge zwischen Süd- und Nordinsel Neuseelands, eine Inselgruppe im Pazifik sowie eine Bucht an der Küste Alaskas. Kr

Literatur: Cook, J.: Voyage towards the South Pole, and round the World in the Years 1772–1775, 2 Bde. (London 1777, 4. Aufl. 1784), (mit J. King): A Voyage to the Pacific Ocean. Undertaken ... for making Discoveries in the Northern Hemisphere. To determine the Position and Extent of the West Side of Both America; its Distance from Asia; and the Practicability of a Northern Passage to Europe ..., 3 Bde. (London 1784, dtsch Berlin 1787/88).

Forster, G.: Fragmente über Capitain Cooks letzte Reise und sein Ende, in: Göttingisches Magazin der Wissenschaften und Literatur Jg. 1 (1780) St 6, 387–429; Forster, G.: Cook, der Entdekker, in: Kleine Schriften. Ein Beytrag zur Völker- und Länderkunde, Naturgeschichte und Philosophie des Lebens Tl 1 (Leipzig 1789); Lange, P. W.: So weit, wie menschenmöglich ... Das Leben des Kapitäns James Cook (Leipzig 1980); Lichtenberg, G. C., u. G. Forster (Hrsg.): Einige Lebensumstände von Capt. James Cook, größtenteils aus schriftlichen Nachrichten einiger seiner Bekannten gezogen von G(eorg) C(hristoph) L(ichtenberg), in: Göttingisches Magazin ... Jg. 1 (1780) St. 2, 243–296; Popp, K. G. (Hrsg.): Cook der Entdecker, Schriften über James Cook von Georg Forster und Georg Christoph Lichtenberg (Leipzig 1980); Zimmermann, H.: Reise um die Welt mit Capitain Cook (Mannheim 1781).

Copernicus (Kopernik), Nicolaus (Mikołaj), Astronom, geb. 19. 2. 1473 Toruń, gest. 24. 5. 1543 Frombork.

C. ist der Begründer des heliozentrischen Weltsystems.

Als Sohn einer reichen Patrizierfamilie wählte C. unter der Obhut und dem Einfluß seines Onkels, des Bischofs von Ermland (Warmia), die geistliche Laufbahn. 1491 begann er mit Studien an der Univ. Kraków, die damals ein weltberühmtes Lehrzentrum für die mathematischen Fächer war, 1496 ging er nach Italien, um zunächst in Bologna vor allem Rechtswissenschaft, ab 1501 in Padua Medizin zu studieren und 1503 zum Doktor des Kirchenrechts in Ferrara zu promovieren. Während seines Italienaufenthaltes verkehrte C. in humanistischen Kreisen der italienischen Renaissance, las wissenschaftliche und philosophische Texte antiker Autoren und forschte auf dem Gebiet der Astronomie.

Nach Polen zurückgekehrt, hat C. lebenslang Kirchenämter bekleidet, zuerst am Hofe seines Onkels, dann als Domherr im ermländischen Kapitel in Frombork. In dieser langen Periode von über 30 Jahren war er außerordentlich vielseitig tätig, unter anderem als Arzt, Verwalter der Kapitelgüter, als Diplomat und als Staatsmann in den bis zum offenen Krieg (um 1520) reichenden Auseinandersetzungen Polens mit dem Deutschen Ritterorden. Im persönlichen Umgang war C. zurückhaltend, er pflegte nur Kontakte mit einem engen Bekanntenkreis in Warmia und Kraków, besonders mit dem Kartographen und Historiker B. WAPOWSKI. Eine Sonderstellung in C.' Lebensgeschichte nimmt die Zusammenarbeit mit einem jungen Mathematiker aus Wittenberg, G. J. RHETICUS, ein, der C. zur Publikation seines Lebenswerkes »De revolutionibus orbium coelestium« überredet hatte. C. war eine vielseitige Renaissance-Persönlichkeit; er verfaßte Vorschläge zur Münzreform, zeichnete geographische Karten und übersetzte neugriechische Poesie ins Lateinische.

Nähere Umstände der Entdeckung der heliozentrischen Astronomie sind unbekannt. Kurz nach seiner Rückkehr aus Italien, noch vor 1510, hatte C. einen Abriß der neuen Astronomie (»Commentariolus«) verfaßt, der nur in einigen Abschriften verbreitet wurde. Gründe für seine Neugestaltung der Astronomie waren unter anderem die Widersprüche zwischen dem physikalisch-philosophischen Weltbild von ARISTOTELES und der mathematischen Astronomie des PTOLEMAIOS; allerdings strebte C. an, den antiken Grundsatz der gleichmäßigen Kreisbewegung der Himmelskörper zu bewahren. Die Grundzüge der kopernikanischen Astronomie, die den Umsturz bisheriger Weltvorstellungen brachten, waren die zentrale Stellung der Sonne und die dreifache Bewegung der Erde: die 24stündige Rotation, die jährliche Bahnbewegung um die Sonne sowie die langperiodische Schwankung der Erdachse (Präzession), die die langsame Veränderung der Koordinaten aller Himmelskörper bewirkt. In den nächsten Jahrzehnten war C. mit der völligen Ausarbeitung der neuen Theorie und der Aufstellung von neuen astronomischen Tafeln beschäftigt. Um 1530 war die Arbeit am Manuskript von »De revolutionibus« grundsätzlich abgeschlossen; die Veröffentlichung aber wurde bis zu den letzten Lebensjahren von C. verzögert. Rheticus, der 1539 zu C. kam, um die neue Lehre kennenzulernen, vermittelte dann den Druck in Nürnberg, veröffentlichte jedoch bereits 1540 eine Zusammenfassung des größten Teiles von »De revolutionibus« (»Narratio prima«) und ließ 1542 die trigonometrischen Kapitel, mit Einbeziehung eigener trigonometrischer Tafeln, als Sonderdruck in Wittenberg erscheinen.

»De revolutionibus« erschien 1543 bei J. Petreius in Nürnberg. Durch Eingriffe der Herausgeber (erweiterter Titel, anonyme Vorrede) wurde die heliozentrische Theorie als rein phänomenologischer Kunstgriff der rechnenden Astronomie dargestellt. C. dagegen hielt seine Theorie für objektiv wahr. Sein Werk begann mit der Beschreibung der kosmographischen und kosmologischen Grundsätze der Astronomie, so mit der Bestimmung des absoluten Koordinatensystems, das durch die (unbewegliche) Fixsternsphäre definiert ist. In literarisch kunstvoller Form beschrieb C. das Sonnensystem unter Einbeziehung der Argumente sowohl der Harmonie des Weltalls als auch des erkenntnismäßigen Wertes der neuen Theorie. Es folgte die mathematisch-geometrische Auslegung der ganzen Astronomie in heliozentrischer Fassung; im Umfang und Sachbereich entsprach das Buch dem »Almagest« von Ptolemaios. Weitere Kapitel waren der Theorie der Erdbewegungen (Präzession und Jahreslauf), der Modifizierung geometrischer Bahnmodelle der Planeten und – vor allem – der Neubestimmung numerischer Parameter gewidmet. Dazu hat C. seine Beobachtungen und die seiner Zeitgenossen mit denen der Antike verglichen. Das Werk von C. wirkte bahnbrechend für die Wissenschaft der Neuzeit, zuerst als Nach- und Überholen des antiken Wissens, später aber als Beweis für die Erkenntniskraft mathematischer Methoden in der wissenschaftlichen Forschung und für die Selbständigkeit der Naturwissenschaften gegenüber den von außen gesetzten Vorurteilen. Do

Literatur: Copernicus, N.: Gesammelte Werke (Warschau 1854, München 1943–1949, Warschau, ab 1971), De lateribus et angulis triangulorum ..., (Vittenbergae 1542).

Baranowski, H.: Bibliografia Kopernikowska, 2 Bde. (Warschau 1958–1973); Birkenmajer, A.: M. Kopernik (Kraków 1900); Dobrzycki, J. u. Biskup, M.: Nicolaus Copernicus (4. Aufl. Leipzig 1983); Prowe, L.: N. Copernicus, 2 Bde. (Berlin 1884); Sverdlov, N., u. O. Neugebauer: Mathematical astronomy in Copernicus's De revolutionibus (New York, Berlin 1984).

Correns, Carl Erich, Genetiker und Botaniker, geb. 19. 9. 1864 München, gest. 14. 2. 1933 Berlin.

C. leistete wesentliche Beiträge zur Entwicklung der Vererbungswissenschaft in der Botanik und wurde als einer der Wiederentdecker der Mendelschen Vererbungsgesetze zum Mitbegründer der modernen Genetik.

C., Sohn eines Juristen und späteren Historienmalers, legte das Abitur in der Kantonsschule St. Gallen ab und begann 1885 an der Univ. München mit dem Studium der Botanik (Nebenfächer Chemie und Physik) bei C. W. v. Nägeli, bei dem er im März 1889 zum Dr. phil. promoviert wurde. 1892 heiratete er dessen Nichte E. Widmer. Auf die Münchener Jahre folgten Studienaufenthalte bei S. Schwendener in Berlin, G. Haberlandt in Graz und W. Pfeffer in Leipzig. Ab 1891 arbeitete C. als Privatdoz. in Tübingen, wo er sich 1892 habilitierte und 1899 ao. Prof. wurde. 1902–1909 wirkte C. als ao. Prof. (Berufung 1903) in Leipzig. Im Oktober 1909 erfolgte die Ernennung zum o. Prof. der Botanik nach Münster/Westfalen. 1914 wurde C. zum 1. Dir. des neugegründeten Kaiser-Wilhelm-Institutes für Biologie nach Berlin-Dahlem berufen, das er bis zu seinem

J. Cook

N. Copernicus

Tode leitete. Daneben war C. seit 1920 o. Prof. für Vererbungswissenschaft an der Univ. Berlin (seit 1924 Honorarprof.). Sein Sohn war der Chemiker Erich C.

Nach seinem Studium befaßte sich C. mit histologischen, blütenbiologischen und bryologischen Problemen. Seine 1899 publizierte Schrift »Die Untersuchungen über die Vermehrung der Laubmoose durch Brutorgane und Stecklinge« gehört zu den grundlegenden Arbeiten der Bryologie. Der Darwinismus wirkte in der zweiten Hälfte des 19. Jh. äußerst stimulierend auf die Problemstellungen biologischer Teildisziplinen, wobei besonders das Vererbungsproblem in den Mittelpunkt der Forschungen rückte. Neben den Moosstudien (seit 1894) begann auch C. vererbungswissenschaftlich unter anderem mit Mais, Erbsen, Bohnen und Levkojen zu arbeiten. Vor allem interessierte ihn die Xenienbildung (durch fremden Pollen hervorgerufene Abänderung des Samens) beim Mais, die er durch Bastardierungsversuche zu ergründen suchte. Diese Versuche führten C. schließlich 1899 zu den Entdeckungen der Gesetzmäßigkeiten des Vererbungsgeschehens. Gleichzeitig und unabhängig voneinander waren außer C. der niederländ. Botaniker H. de Vries und der österreich. Pflanzenzüchter E. v. Tschermak-Seysenegg zu denselben Ergebnissen gelangt. Ohne Prioritätsstreitigkeiten publizierten alle drei im Jahre 1900 ihre Arbeiten im 18. Bd. der »Berichte der Deutschen Botanischen Gesellschaft«. C. veröffentlichte seine Arbeit unter dem Titel »G. Mendels Regel über das Verhalten der Nachkommenschaft der Rassenbastarde«. Damit war auch auf den Umstand hingewiesen, daß schon vorher der Augustinermönch G. Mendel 1865 diese Gesetzmäßigkeiten erkannt hatte. C., Tschermak-Seysenegg und de Vries, die erst nach ihren Versuchen bei der Zusammenstellung der Literatur auf die Mendelsche Publikation gestoßen waren, wurden so zu den Wiederentdeckern der von C. so genannten Mendelschen Regeln. Die aus den Bastardierungsversuchen erhaltenen Zahlenverhältnisse waren für C. der Beweis, daß die Trennung der Erbanlagen bei der Reduktionsteilung der Chromosomen erfolgt. Er trug damit zu der 1903 durch Th. Boveri begründeten Chromosomentheorie bei. Kreuzungsversuche mit Levkojen bestätigten C., daß es nicht nur frei spaltende, sondern auch gekoppelte Anlagen gibt, eine Erkenntnis, die den Beginn der Lokalisationsgenetik markierte. C. zeigte 1900 erstmals, daß es bei der Vererbung ein kontinuierliches Spektrum von absoluter Dominanz eines Merkmals bis zu intermediärem Verhalten geben kann, was de Vries für unmöglich hielt. 1907 publizierte C. eine Arbeit, in der er das Problem der Geschlechtsbestimmung und seiner Vererbung einer entscheidenden Lösung zuführte. Durch ein brillantes Experiment, in dem er die Zaunrübenarten Bryonia alba und Bryonia dioica kreuzte, gelang ihm der Beweis, daß auch das Geschlecht durch einen einfachen Vererbungsvorgang bestimmt wird. »So erscheint der Vorgang der Geschlechtsbildung«, schrieb C. 1907, »als ein einfacher Vererbungsvorgang, der sich ... den von MENDEL entdeckten Vererbungsgesetzen fügt, mit Dominieren der männlichen Tendenz und Spalten bei der Keimzellenbildung ...«. Die Entdeckung der Geschlechtschromosomen durch E. B. WILSON (1910) bestätigten C.' Erkenntnis. Mit seiner allgemein anerkannten Theorie war das Problem der Geschlechtsbestimmung grundsätzlich gelöst, später wurden viele weitere Formen der Geschlechtsverteilung entdeckt. C. beschäftigte sich auch mit der Aufklärung von Erbvorgängen (z. B. Buntblättrigkeit), die nicht den MENDELschen Regeln folgen, sondern extrachromosomal (Plastiden, Plasma) determiniert sind. Su

Literatur: Correns, C. E.: Untersuchungen über die Xenien bei Zea mays, in: Ber. Dtsch. Bot. Ges. 17 (1899), 410–417, Gregor Mendels Briefe an Carl von Nägeli 1866/73. Nachtrag zu den veröffentlichten Bastardierungsversuchen Mendels, in: Abh. Math.-Phys. Kl. Kgl. Sächs. Ges. Wiss. 29, Nr. 3, 1905, 189–265, Die Bestimmung und Vererbung des Geschlechtes nach Versuchen mit höheren Pflanzen, in: Verh. Ges. Dtsch. Naturf. u. Ärzte, 1907, 794–802, Zur Kenntnis der Rolle von Kern und Plasma bei der Vererbung, in: Z. indukt. Abst.- u. Vererb.lehre 1, 1909, 291–329.

Gaestel, M. u. Nürnberg, P.: »Labore, non lauro laetor!« (Arbeite und erliege nicht der Verführung des Lorbeers!) Carl Erich Correns (1864–1933), in: Gleditschia 14 (1986) 2, 333–342.

Cort, Henry, Metallurg, geb. 1740 Lancaster (England), gest. 23. 5. 1800 Hampstead.

C. entwickelte das Puddelverfahren für das Frischen von Roheisen zu schmiedbarem Stahl und das Formstahl-Walzverfahren, wodurch in der Schwarzmetallurgie eine bedeutende Produktivitäts- und Qualitätssteigerung erzielt wurde.

Mit Brennöfen war C. von Hause aus vertraut, da sein Vater Ziegelmacher und -händler war. Bevor sich C. der Metallurgie zuwandte, betätigte er sich nach der für seine Kreise üblichen Schul- und kaufmännischen Bildung zunächst als Schiffsmakler. In dieser Zeit (1765 bis 1775) soll C. beträchtliche Profite gemacht haben. Danach pachtete er in Fontley bei Fareham einige Grundstücke und betrieb eine Mühle sowie eine Schmiede. Dadurch wurde seine Aufmerksamkeit auf die Gewinnung guten und billigen Schmiedeeisens gelenkt. Der Puddelprozeß, das Frischen des Roheisens im Flammofen, war in seinen Grundzügen schon 1766 den Brüdern CRANEGIE patentiert worden. C. vereinfachte und verbesserte das Verfahren und erhielt darauf 1784 ein Patent. Schon im Jahr zuvor war ihm sein Walzverfahren patentiert worden, das eine wesentliche Ergänzung des Flammofenfrischens darstellte; beides zusammen machte C. zum »Vater des Eisenhandels«. In die Entwicklung soll C. sein ganzes Vermögen von über 20 000 £ gesteckt haben. Er benötigte deshalb Kapital, um in Gosport bei Portsmouth ein größeres Werk zu eröffnen, nachdem er mit der Flotte umfangreiche Verträge über die Lieferung von Walzeisen hatte abschließen können. Ein Zahlmeister der Flotte überließ ihm auch gegen die Hälfte der Gewinne und eine Übertragung der Patentrechte als Sicherheit 27 000 £. Bei dessen plötzlichem Tode 1789 stellte sich aber heraus, daß die Summe aus den von ihm verwalteten Geldern stammte. Da er noch weitere Schulden hinterließ, führte der folgende Prozeß zum völligen Ruin von C. Die Flotte lehnte auch die mehrfach angebotenen Dienste von C. ab. Erst 1794 erhielt er auf Veranlassung von Premierminister PITT eine Jahrespension von 200 £.

Die englische Stahlproduktion hatte bei C.s Geburt nur 40 000 t im Jahr betragen, wobei für Regierungsaufträge nur russ. Eisen verwendet werden durfte, das eine bessere Qualität als das damals gewonnene engl. Eisen aufwies. Seitdem war durch C.s Erfindungen die Stahlproduktion in Menge und Qualität gewaltig gestiegen. Da nur Eisen mit einem Kohlenstoffgehalt unter 2,1 % schmiedbar ist, mußte zuvor das kohlenstoffreiche Roheisen aus dem Hochofen im Frischherd »gefrischt« werden, d. h., Roheisen- und Holzkohlestücke wurden in einem Herd geschichtet, beim Abbrand unter reichlicher Luftzufuhr verbrannte der Kohlenstoff im Eisen mit. Die in der verbleibenden Luppe enthaltene Schlacke mußte herausgehämmert werden. Eine hohe Qualität war bei diesem Verfahren nicht zu erreichen; außerdem konnte Steinkohle wegen ihres Schwefelgehalts, der in das Eisen übergegangen wäre, nicht verwendet werden. Bei dem von den Brüdern CRANEGIE vorgeschlagenen Flammofen wurde der Herdraum mit dem Roheisen von der Feuerung getrennt und nur noch von den heißen Flammengasen durchstrichen. Dadurch ließ sich auch Steinkohle verwenden. Das Eisenbad mußte aber ständig umgerührt werden (engl. to puddle), um sein gesamtes Volumen mit den heißen Gasen in Berührung zu bringen. C. verzichtete nun auf eine besondere Luftzuführung; er erhöhte nur den Zug durch einen großen Schornstein und schuf durch einen zweiten kleinen Schornstein über der Feuerung eine Möglichkeit, die Hitze zu regulieren. Die im Herd entste-

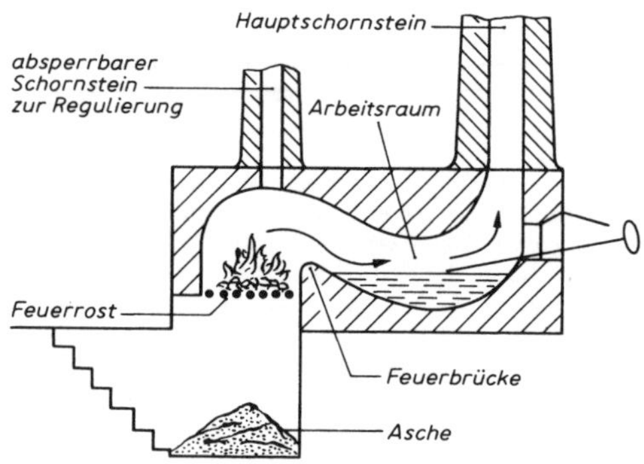

Schema eines Puddelofens nach Cort

hende schwammige Luppe wurde bei dem von C. entwickelten Verfahren nur kurz mit dem Hammer bearbeitet und dann in Preßwalzen verdichtet, wobei die Schlacke, die später als das Eisen erstarrt, herausgepreßt wurde. Durch kalibrierte Formwalzen konnte man Bandstahl oder andere Profile herstellen. C. schlug ferner vor, gleich das flüssige Roheisen in den Puddelofen zu geben. Bereits 1791, als C. alles verloren hatte, wurden in England 80 000 t Puddelstahl gegenüber 10 000 t Herdfrischstahl gewonnen. Durch seine höhere, gleichmäßigere Qualität und geringere Kosten setzte sich der Puddelstahl als Hauptwerkstoff für Maschinen und Werkzeuge durch, bis H. BESSEMER ein besseres Verfahren der Stahlherstellung fand. Die

Cotta, Bernhard von (seit 1858), Geologe, geb. 24. 10. 1808 Zillbach bei Schmalkalden, gest. 14. 9. 1879 Freiberg (Sachsen).

C. war einer der bedeutendsten kartierenden Geologen im 19. Jh., prägte die Erzlagerstättenlehre als Wissenschaft und Lehrgebiet der Geowissenschaften und gilt als »der Philosoph der Geologie im Zeitalter sammelnder Detailforschung« (K. v. BÜLOW 1960).

C., Sohn des Forstrates HEINRICH C. in Tharandt, studierte 1827–1831 an der Bergakademie Freiberg, promovierte 1832 an der Univ. Heidelberg mit einer Dissertation über versteinerte Hölzer aus der Sammlung seines Vaters

C. E. Correns

B. von Cotta

Ch. A. de Coulomb

A. Couper

und kartierte anschließend ab 1833 mit C. F. NAUMANN Sachsen geologisch. 1842 wurde er als Nachfolger NAUMANNS an die Bergakademie berufen, vollendete bis 1844 die Kartierung Sachsens und führte anschließend allein eine geologische Kartierung Thüringens aus. Als Prof. an der Bergakademie Freiberg führte er 1851 Vorlesungen über Erzlagerstätten ein und unternahm zahlreiche Studienreisen zu Erzlagerstätten, vor allem in den Alpen, Balkanländern und im Altai. 1874 trat er in den Ruhestand.

Die von NAUMANN und C. erarbeiteten geologischen Karten von Sachsen und C.s geologische Karte von Thüringen gelten als Marksteine in der Entwicklung des geologischen Kartenwesens. Diese Karten stehen historisch, methodisch und mit ihren Aussagen zwischen den geologischen Karten der Zeit 1790–1820 und den von den Geologischen Landesämtern etwa ab 1870 herausgegebenen geologischen Spezialkarten 1 : 25 000. Bei den Kartierungsarbeiten klärte C. die Tektonik der Lausitzer Überschiebung und erkannte die saxonischen Störungszonen Thüringens. Für die Erzlagerstättenlehre dokumentierte er teils in eigenen Arbeiten, teils in solchen seiner Schüler die Lagerungsverhältnisse und den Mineralgehalt der Vererzungen und stellte ein genetisches und nach den Lagerungsformen gegliedertes System der Erzlagerstätten auf. Damit und mit seinem Werk »Die Lehre von den Erzlagerstätten« (1855) begründete er eine bis heute fruchtbare Freiberger Schule dieser Wissenschaft. C. verfaßte Lehrb. auch für Gesteinskunde und Stratigraphie. Mit Veröffentlichungen zur Kohlengeologie trug er dem für die Zeit der industriellen Revolution wichtigen gesellschaftlichen Bedürfnis Rechnung, die Erkundung und Erschließung von Kohlenlagerstätten mit wissenschaftlichen Erkenntnissen zu betreiben. Breitesten Kreisen bekannt wurde C. durch populärwissenschaftliche Bücher über die Geologie und über A. v. HUMBOLDTS »Kosmos«.

C. war in seinen philosophischen Hauptwerken »Geologische Fragen« (1858) und »Geologie der Gegenwart« (1866–1878) ein Verfechter der Deszendenztheorie von CH. DARWIN, formulierte selbst ein Entwicklungsgesetz der anorganischen Natur und vertrat für den Kompetenzbereich der Naturwissenschaft die These von der Erkennbarkeit der Welt und einen spontanen philosophischen Materialismus. In den Revolutionsjahren 1848/49 bekundete er eine bürgerlich-demokratische Einstellung, die auch in seinen Büchern immer wieder zum Ausdruck kommt. Wb

Literatur: Cotta, B. v.: Anleitung zum Studium der Geognosie und Geologie (Dresden u. Leipzig 1842), Briefe über Alexander v. Humboldts Kosmos (Leipzig 1848–1853), Geologische Bilder (Leipzig 1852), Deutschlands Boden, sein geologischer Bau und dessen Einwirkungen auf das Leben der Menschen (Leipzig 1854), Die Gesteinslehre (Freiberg 1855), Die Lehre von den Erzlagerstätten (Freiberg 1855), Die Lehre von den Flözformationen (Freiberg 1856), Geologische Fragen (Freiberg 1858), Die Geologie der Gegenwart (Leipzig 1866).

Wagenbreth, O.: Bernhard v. Cotta, Leben und Werk eines deutschen Geologen im 19. Jh. Freib. Forsch. D 36 (Leipzig 1965) (mit Cotta-Bibliogr.), Bernhard v. Cotta, sein geologisches und philosophisches Lebenswerk an Hand ausgewählter Zitate, in: Ber. Geol. Ges. DDR, Sonderh. 3 (1965); Engewald, G. R., Wächtler, E. u. a.: Die Bedeutung Bernhard v. Cottas für die geologischen Wissenschaften. Freib. Forsch. D 137 (Leipzig 1980) (mit Bibliogr.-Nachtrag).

Coulomb, Charles Augustin de, Physiker, geb. 14. 6. 1736 Angoulême (Dep. Charente), gest. 23. 8. 1806 Paris.

C. hat mit der Untersuchung einer Vielzahl von mechanischen, elektrischen und magnetischen Erscheinungen die sich rasch entwickelnde experimentelle Physik sehr gefördert. Mit seinen Arbeiten begann die Elektrizitätslehre eine exakte Wissenschaftsdisziplin zu werden. C. gilt als Begründer der Elektro- und der Magnetostatik.

C., Sohn eines Beamten, studierte in Paris Mathematik und Naturwissenschaften und besuchte die École de génie militaire de Mézières. Er trat dem Kgl. Ingenieurkorps der Armee bei und leitete seit 1764 den Bau von militärischen Anlagen auf der Insel Martinique. 1776 kehrte er nach Paris zurück und arbeitete im Staatsdienst. 1784 wurde er Intendant für das Wasserwesen Frankreichs; seit 1786 war er als Ing.-Oberstleutnant Konservator des franz. Kartenwesens. Neben seiner beruflichen Tätigkeit befaßte sich C. mit wissenschaftlichen Problemen. Dabei suchte er stets praktische Lösungen für konkrete Aufgaben. Im Rahmen zweier von der Akademie ausgeschriebener Wettbewerbe legte C. 1777 eine Arbeit über das beste Verfahren zur Herstellung

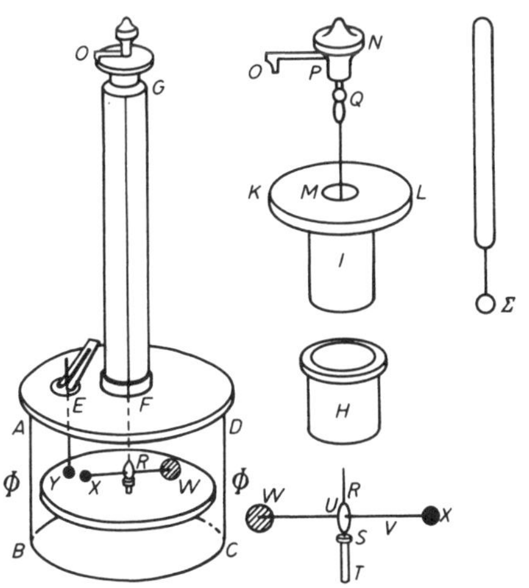

Drehwaage von de Coulomb

eines Kompasses und 1781 eine Abhandlung zur Theorie einfacher Maschinen vor, in der er Probleme der Reibung, der Torsion, der Festigkeit u. a. behandelte. Beide Arbeiten wurden durch die Akademie ausgezeichnet. 1781 wurde C. zum Ritter des Saint-Louis-Ordens und zum Mitgl. der franz. Ak. d. Wiss. ernannt. 1784 erschien eine Arbeit über die Torsionskraft und die Elastizität von Metallfäden; hier findet sich die erste Beschreibung der Drehwaage. Ab 1785 veröffentlichte C. seine berühmten sieben Abhandlungen »Sur l'électricité et le magnétisme«, in denen er unter anderem die Experimente zur Ermittlung der Kräfte zwischen elektrischen Ladungen und zwischen Magnetpolen darstellte. Bei Ausbruch der Franz. Revolution 1789 verlor C. alle staatlichen Ämter und zog sich in die Nähe der Provinzstadt Blois zurück. Später rehabilitierte ihn NAPOLEON und übertrug ihm die Aufsicht über das franz. Unterrichtswesen.

C. nutzte seine Erkenntnisse über die Torsion von Fäden sowohl zur statischen Kraftmessung an der Drehwaage als auch zur dynamischen Kraftmessung, z. B. mittels einer an dieser Waage schwingenden geladenen Kugel bzw. Magnetnadel. Er entwickelte für dieses Gerät Untersuchungsmethoden, die in vielen Bereichen der experimentellen Physik (Luftwiderstand, Viskosität, Elektrizität, Magnetismus u. a.) angewendet wurden. 1784 entdeckte C., daß bei der Tordierung eines Fadens das Drehmoment dem Drehwinkel und der vierten Potenz des Fadenhalbmessers proportional ist. 1785 bewies er mit Hilfe der Drehwaage, daß sich zwei gleichnamige (ungleichnamige) elektrische Ladungen mit einer Kraft abstoßen (anziehen), die dem Quadrat des Abstandes der Ladungen umgekehrt proportional ist. Da C. zeigen konnte, daß eine homogen geladene Kugel durch einen geladenen Punkt ersetzt werden kann, konnte er das experimentelle Ergebnis für zwei punktförmige Ladungen mathematisch formulieren. Dem elektrostatischen Kraftgesetz analoge Beziehungen konnte er für die Kraft zwischen Magnetpolen bestätigen. Mit diesen Abhängigkeiten wurden die ersten Gesetze auf dem Gebiet der Elektrizität und des Magnetismus formuliert. Sie waren dem NEWTONschen Gravitationsgesetz mathematisch äquivalent; deshalb sah C. – wie I. NEWTON in der Gravitation – in den elektrischen und magnetischen »Fluida« Fernwirkungskräfte.

In späteren Arbeiten hat sich C. mit dem Ladungsverlust und der Ladungsverteilung auf isolierten elektrischen Leitern befaßt. In analoger Weise hat er die Verteilung des Magnetismus in Magnetstäben beschrieben. C. führte seine Messungen in Luft durch. Erst später wurde das umgebende Dielektrikum durch die Einbringung eines entsprechenden Faktors berücksichtigt. Das von C. benannte Gesetz bildete die Grundlage zur theoretischen Behandlung der Elektrostatik, die mit der Anwendung der Potentialtheorie durch C. F. GAUSS 1839 vollendet wurde.

Auf einen Vorschlag von GAUSS zog man das COULOMBsche Gesetz zur Definition der elektrischen Ladung im CGS-System heran. Seit 1881 wird der Name C. für die Einheit der elektrischen Ladung verwendet. Bezeichnungen wie COULOMB-Anregung, COULOMB-Streuung, COULOMB-Wall, COULOMB-Wechselwirkung u. a. erinnern in der modernen Physik an das Wirken von C. Ausgehend von Arbeiten zur Gewölbestatik gilt C. auch als einer der Begründer der Baustatik. Noch heute dient die COULOMBsche Fließbedingung zur Berechnung des Erddruckes auf Wände in der Bodenmechanik als wichtige Ausgangsgleichung. Ge

Literatur: Coulomb, C. A. de: Sur l'électricité et le magnétisme, in: Histoire et Mémoires de l'Académie Royale des Sciences (Paris 1785/86), dtsch Vier Abhandlungen über die Electricität und den Magnetismus (1785–1786), in: Ostwalds Klassiker Nr. 13 (Hrsg. Walter König, Leipzig 1890).

Couper, SCOTT COUPER, Archibald, Chemiker, geb. 31.3.1831 Townhead bei Glasgow, gest. 11.3.1892 Kirkintilloch bei Glasgow.

C. veröffentlichte Untersuchungsergebnisse über Reaktionen des Benzols (nach IUPAC: Benzen) und der Salicylsäure und trug mit einer Hypothese über die Verkettung der Kohlenstoffatome zur Entwicklung der Valenztheorie bei.

C.s Vater, ein wohlhabender Textilfabrikant, hat seinen Sohn vermutlich durch Privatunterricht auf das Universitätsstudium vorbereiten lassen. Zwanzigjährig erlernte C., dessen Interessen für Philosophie und Sprachen ausgeprägt waren, die deutsche Sprache in Halle (Saale). Im darauffolgenden Wintersemester studierte er an der Univ. Glasgow alte Sprachen und ein Jahr später (1852/53) in Edinburgh überwiegend Philosophie. Dazwischen und in den bis 1856 folgenden Jahren informierte er sich vor allem in Berlin über verschiedene Wissensgebiete, aber zunehmend über Naturwissenschaften und Chemie. Im Sommer 1856 arbeitete C. für zwei Monate im analytischen Laboratorium von F. L. SONNENSCHEIN in Berlin. Dann setzte er sein Chemiestudium bei A. WURTZ in Paris fort und führte seine ersten selbständigen Experimentaluntersuchungen durch. Alle seine wissenschaftlichen Arbeiten erschienen innerhalb von elf Monaten 1857/58. Nach seiner Rückkehr nach Schottland im Spätherbst 1858 wurde C. bei L. PLAYFAIR in Edinburgh Assistent. Kurz nach seiner Anstellung mußte er sich während mehrerer Monate in einer Nervenheilanstalt behandeln lassen. Gesund entlassen, erlitt er bald danach eine Insolatio (Sonnenstich), deren Folgen ihm weitere wissenschaftliche Arbeit unmöglich machten.

C. hat im WURTZschen Laboratorium über Benzenderivate und Salicylsäure gearbeitet und während dieser Zeit auch den Aufsatz »Über eine neue chemische Theorie« verfaßt. In den »Untersuchungen über das Benzol« (August 1857) führte er von WURTZ ausgeführte Untersuchungen weiter und konnte Monobrombenzen und p-Dibrombenzen darstellen. Die beabsichtigte Substitution des Broms in diesen beiden Verbindungen durch den Acetatrest des Silberacetats gelang ihm nicht. In seinen »Untersuchungen über die Salicylsäure« (Juni 1858) konnte C. zeigen, daß aus Salicylsäure und Phosphorpentachlorid das »Trichlorphosphate de salicyle« entsteht. Den Vorgang formulierte er in folgender Weise (C = 6; O = 8):

»$C^{14}H^6O^6 + PhCl^5 = 2HCl + C^{14}H^4Cl^3PhO^6$«.

C. untersuchte weitere Umsetzungsprodukte der Salicylsäure und gab eine genaue Beschreibung ihrer Reaktionen. Da ein Nachvollzug, auch durch A. KEKULÉ v. STRADONITZ und H. KOLBE, zunächst nicht möglich war, wurden C.s Angaben bis 1885 für falsch gehalten. In der o. a. Veröffentlichung findet sich die erste Strukturformel für eine aromatische Verbindung, für Salicylsäure (O = 8):

```
  C . . . . H²
C
  C . . . . H
  :
  :
  C . . . . H
C
  C . . . . O . . . . OH
  :         O²
  :
  C . . . . O . . . . OH
```

Die Bedeutung solcher Strukturformeln hatte C. in seiner vorhergehenden Arbeit »Über eine neue chemische Theorie« beschrieben. Da WURTZ die Vorlage des ihm Anfang 1857 übergebenen Manuskripts bei der Franz. Ak. d. Wiss. versäumt hatte, erschien KEKULÉs Abhandlung »Über die Konstitution und die Metamorphosen der chemischen Verbindungen und die chemische Natur des Kohlenstoffs« ein Jahr vor C.s Arbeit, im Mai 1857. Die in »Über eine neue chemische Theorie« enthaltenen Forschungsergebnisse, die Hypothese von der Verkettung der Kohlenstoffatome, die Lehre von der wechselnden Valenz der Atome (im Gegensatz zu KEKULÉ) und die Einführung der heute noch gebräuchlichen Schreibweise der Strukturformeln, sind unabhängig von KEKULÉ gefunden worden. Fi

Literatur: Couper, A.: Recherches sur la benzine, in: Comptes rendus 45 (1857), 230–232, dtsch Über einige Derivate des Benzols, in: Liebigs Ann., Bd. 104 (1857), 225–227; Recherches sur l'acide salicylique, in: Comptes rendus 46 (1858), 1107–1110, dtsch Untersuchungen über die Salicylsäure, in: Liebigs Ann., Bd. 109 (1859), 369–373; Sur une nouvelle théorie chimique, in: Comptes rendus 46 (1858), 1157–1160, dtsch Über eine neue chemische Theorie, in: Liebigs Ann., Bd. 110 (1859), 46–51, ausführl. Bearb. in: Ostwalds Klassiker ... 183 (Leipzig 1911).

Crelle, August Leopold, Bauingenieur, Mathematiker und Wissenschaftsorganisator, geb. 17. 3. 1780 Eichwerder bei Wriezen/Oder, gest. 6. 10. 1855 Berlin.

C. war Gründer (1826) und bis zu seinem Tode Hrsg. der ersten deutschen mathematischen Fachztschr. von internationaler Bedeutung, dem »Journal für die reine und angewandte Mathematik« (»Crelles Journal«). Im Umfeld dieser Tätigkeit entwickelte C. vielfältige wissenschaftsorganisatorische Aktivitäten zur Förderung der Mathematik und der Mathematiker, wodurch er zeitweise erheblichen Einfluß auf die Wissenschaftsentwicklung gewann, vor allem nachdem er zum mathematischen Fachreferenten im preuß. Kultusministerium berufen worden war (1828–1848).

C. entstammte kleinbürgerlichen Verhältnissen und genoß aus wirtschaftlichen Gründen keine eigentliche Ausbildung; auf mathematischem Gebiet war er ausschließlich Autodidakt. Beruflich schlug er, in Nachfolge seines Vaters, den Weg eines Baubeamten ein und erlangte auf Grund hervorragender Fähigkeiten im kurzlebigen Königreich Westfalen die Stellung eines Chefing. für das gesamte Zivilbauwesen. 1815–1828 war er Mitgl. der preuß. Oberbaudeputation, zuletzt als Geheimer Oberbaurat; hier war er vor allem für die Planung und den Ausbau des preuß. Chausseenetzes verantwortlich. Später (1835–1838) hat er sich nebenberuflich am Bau der ersten preußischen Eisenbahnlinie (Berlin–Potsdam) beteiligt, die nach seinen Plänen errichtet wurde. 1829–1851 gab C. auch eine technische Fachztschr. heraus, das Journal für die Baukunst.

Als Mathematiker hat C. wenig Bleibendes geschaffen (am ehesten noch auf dem Gebiete der Elementarmathematik), sein Verdienst liegt hier vor allem in der Anregung bedeutender Zeitgenossen, wie N. H. ABEL und K. WEIERSTRASS, und in seiner Fähigkeit, die zeitgenössischen Entwicklungstendenzen der Fachwissenschaft frühzeitig zu erkennen und heranwachsende Talente entsprechend zu fördern. In erster Linie nutzte er dazu das noch heute nach ihm benannte Journal, dem er auch bedeutende finanzielle Opfer brachte. Weitere Möglichkeiten erschloß er durch enge Zusammenarbeit mit A. v. HUMBOLDT und durch seine Mitgliedschaft in der Berliner Ak. d. Wiss. Aus dem Kreis der von ihm unterstützten Talente sind neben den schon genannten zahlreiche bedeutende Wissenschaftler hervorgegangen (z. B. P. G. L. DIRICHLET, C. G. J. JACOBI, E. E. KUMMER, J. PLÜCKER, J. STEINER). Darüber hinaus interessierte sich C. in besonderem Maße für alle Fragen des mathematischen Unterrichts in weitestem Sinne. Auf diesem Tätigkeitsfeld bemühte er sich um die Anhebung des Unterrichtsniveaus an den höheren Schulen Preußens und die Institutionalisierung der Mathematiklehrerausbildung. C. ist auch als Autor zahlreicher Lehrb. hervorgetreten, die

A. L. Crelle

F. H. C. Crick

aber (wie seine Bemühungen zur Entwicklung der mathematischen Ausbildung) im ganzen wenig erfolgreich waren, weil sie der zeitgenössischen Entwicklung in erheblichem Maße vorgriffen. Daneben hat C. die mathematischen Publikationen von J. L. LAGRANGE und A.-M. LEGENDRE ins Deutsche übertragen und mathematische Hilfsmittel für die Praxis geschaffen, z. B. Tafelwerke.

Wie nur wenige war C. aufgrund seiner Persönlichkeit für die von ihm eingenommene Mittlerrolle innerhalb der Mathematik prädestiniert. Am stärksten wog dabei die Tatsache, daß er, »durchdrungen von der aufrichtigsten Überzeugung von der Bedeutung der Mathematik für das Leben, von dem brennenden Wunsche erfüllt war, sie einer größeren Allgemeinheit zugänglich zu machen« (G. MITTAG-LEFFLER). Ecc

Literatur: Eccarius, W.: Der Techniker und Mathematiker A. L. Crelle und sein Beitrag zur Förderung und Entwicklung der Mathematik im Deutschland des 19. Jh. (Leipzig 1974).

Crick, Francis Harry Compton, Physiker, Biophysiker und Molekularbiologe, geb. 8. 6. 1916 Northampton.

C. klärte zusammen mit J. D. WATSON die Raumstruktur der Desoxyribonucleinsäure (DNS), der Vererbungssubstanz, und wurde damit zu einem Begründer der Molekulargenetik.

C. entstammt einer Unternehmerfamilie, die durch die Wirtschaftskrise der 20er Jahre in Schwierigkeiten kam. C. konnte aber nach dem Schulabgang 1934 das University College in London besuchen und studierte bis 1937 Physik. Danach arbeitete er als graduate student bei dem Physiker C. ANDRADE. Während des 2. Weltkrieges war C. als Physiker im Admiralty Research Laboratory in Teddington beschäftigt.

Beeindruckt von den der Forschung nahegelegten Aufgaben in E. SCHRÖDINGERS Buch »What is Life?« (Was ist Leben?) wandte sich C. nach dem Krieg der Chemie und Biochemie zu; er fand Zugang zu bedeutenden Biophysikern und Biochemikern, zu A. v. HILL und E. MELLANBY.

Angeregt von J. D. BERNALS Buch über die Röntgenstrahlkristallographie von Proteinen und Nucleinsäuren, entschloß sich C., auf diesem Gebiet weiterzuarbeiten. Schließlich ging C., der sich zeitweise mit einem Stipendium begnügte, zu M. F. PERUTZ nach Cambridge (England). Im Herbst 1951 kam WATSON aus den USA ebenfalls nach Cambridge. Es begann die Zeit ihrer gemeinsamen Arbeit, die zu ihrem großen Erfolg führte.

C. gehört zu jenen Physikern, die mit der Anwendung physikalischer Erkenntnisse in der Biologie eine Reihe bedeutender Probleme lösen konnten. Vor allem wurde der Aufbau für das Leben wichtiger Substanzen geklärt. Nach der Mitarbeit an der Strukturaufklärung des Hämoglobins wandte sich C. der Vererbungssubstanz zu, um aufgrund ihres Baus Eigenschaften, wie identische Reduplikation und Mutabilität, verstehen zu können. Unter Ausnutzung der von L. PAULING (USA) und besonders M. WILKINS und dessen Assistentin R. FRANKLIN (Cambridge) mit Hilfe der Röntgenstrahlanalyse erzielten Ergebnisse, gelang ihm zusammen mit WATSON im Februar 1953 die Klärung der Raumstruktur der DNS (veröffentlicht in »Nature« Nr. 4356, 1953, vom 25. 4.). Die Vererbungssubstanz, DNS, liegt in den Zellkernen in Gestalt umeinander gewundener Polynucleotidstränge, der Doppelhelix, vor. Für die Vererbungsfunktion entscheidend sind die an den Strängen angeordneten Stickstoffbasen, wobei stets ein Purin (Adenin, Guanin) und ein Pyrimidin (Thymin, Cytosin) einander gegenüberliegen.

C. war führend an der Lösung weiterer, mit der Vererbungssubstanz verbundener Probleme beteiligt, vor allem an der Aufklärung des genetischen Codes, der auf der Reihenfolge der Basen beruht, und der Vermittlung der Information der DNS zur Eiweißsynthese über die messenger-RNS. Am Salk Institute in La Jolla befaßt sich C. weiterhin mit Problemen der Neurobiologie, insbesondere mit der Bildung und Arbeitsweise von Nervenzellen.

C.s Erfolge hängen auch damit zusammen, daß er in besonderem Maße befähigt ist, stets den Kontakt der besten Wissenschaftler zu suchen, die Ideen anderer aufzugreifen, zu diskutieren und zu präzisieren.

1962 erhielt C. zusammen mit WATSON und WILKINS den Nobelpreis für Physiologie und Medizin. Zi

Criegee, Rudolf, Chemiker, geb. 23. 5. 1902 Düsseldorf, gest. 7. 11. 1975 Karlsruhe.

C. hat mit seinen herausragenden Experimentalarbeiten zur Glycolspaltung, zur Chemie organischer Peroxide und Ozonide sowie zur Synthese und Photochemie kleiner Ringe wesentlich zur Weiterentwicklung der organischen Chemie im Zeitraum zwischen 1935 und 1975 beigetragen.

C. stammte aus einer Juristenfamilie. Ab 1920 studierte er Chemie an der Univ. Tübingen bei W. WISLICENUS, seit 1922 in Greifswald bei J. MEISENHEIMER und R. PUMMERER sowie H. REIHLEN. Durch erstere wurde er für die organische Chemie interessiert. 1924 ging C. nach Würzburg zu O. DIMROTH, dort promovierte er 1925 mit einer Arbeit über Acridiniumsalze und habilitierte sich 1930 mit der Arbeit »Oxydation ungesättigter Kohlenwasserstoffe mit Blei(VI)salzen«. 1932 wechselte er an die Univ. Marburg zu H. MEERWEIN. 1937 erhielt C. einen Ruf an die TH Karlsruhe als ao. Prof. für organische Chemie, 1947 wurde er nach Umwandlung der Stelle o. Prof. In Karlsruhe arbeitete er auch nach seiner Emeritierung (1969) bis zu seinem Lebensende.

C. hatte schon in seiner Habilitationsschrift Bleitetraacetat als selektives Oxidationsmittel zur quantitativen Umwandlung von 1,2-Diolen (Glycole) in Aldehyde bzw. Ketone (unter Verwendung von verdünnter Essigsäure oder von Benzen als Lösungsmittel) aufgefunden und danach als erster den Mechanismus für diese Reaktion aufgeklärt. Seine Untersuchungen zur Autoxidation z. B. von Cyclohexen führten zu dem heute allgemein akzeptierten Ergebnis, daß der Sauerstoff nicht an der Doppelbindung, sondern in Allylstellung zu ihr angreift und daß die Autoxidation nach einem Radikalkettenmechanismus abläuft. Weiterhin hat C. den Mechanismus der Ozonolyse als dreistufige Reaktionsfolge erkannt und bewiesen und damit diese für die Olefinchemie so wichtige Reaktion aufgeklärt. Maßgeblich war sein Anteil an der Darstellung und Untersuchung verschiedener Cyclobutadienderivate.

C.s von hoher Experimentierkunst zeugenden wissenschaftlichen Ergebnisse sind in insgesamt 132 Publikationen niedergelegt. Re

Literatur: Criegee, R.: 132 Originalarbeiten, zusammengefaßt von G. Maier, in: Chem. Ber. 110 (1977), XLI–XLVI.
Huisgen, R.: Rudolf Criegee (1902–1975), in: Chemie in unserer Zeit 12 (1978), 49–55; Maier, G.: Rudolf Criegee, in: Chem. Ber. 110 (1977), XXVII–XLVI.

Čugaev, → Tschugajew.

Culmann, Karl, Bauwissenschaftler, geb. 10. 7. 1821 Bergzabern, gest. 9. 12. 1881 Zürich.

C. nahm wesentlichen Einfluß auf den Ausbau der Baumechanik und den Fortschritt der Bautechnik in der zweiten Hälfte des 19. Jh.

C., Sohn eines Pfarrers, begann mit 16 Jahren seine wissenschaftliche Ausbildung an der Militärschule in Metz. Die Vorlesungen von J. V. PONCELET sollten ihn für ein Studium an der »École Polytechnique« rüsten. Durch schwere Krankheit zur Heimkehr gezwungen, absolvierte er seine Ingenieurausbildung 1838 bis 1841 am Polytechnikum in Karlsruhe. 1841 trat er als Brückenbauing. in den bayerischen Staatsdienst ein. Neben der beruflichen Tätigkeit widmete sich C. der Vertiefung seiner mathematischen Kenntnisse, wobei ihn das von PONCELET geweckte Interesse an der Geometrie leitete. Von 1849 bis 1851 reiste er im Auftrag des bayerischen Staates durch England und Nordamerika, um den Brückenbau zu studieren. 1855 wurde C. an das Eidgenössische Polytechnikum nach Zürich als Prof. für Ingenieurwissenschaften berufen. Von 1872 bis 1875 war er Rektor dieser Bildungsstätte, 1880 wurde er zum Dr. h. c. phil. promoviert.

Um 1850 wurden der Eisenbahnbrückenbau, der mit dem Aufbau des Eisenbahnnetzes rasch an Bedeutung gewann, und die sich ausbreitenden Eisenkonstruktionen zu zentralen Problemen der Bauingenieurtechnik. Im Eisenbrückenbau verflochten sich beide Problemkreise. Für diese neuen Aufgaben konnte auf keine historisch gewachsenen Erfahrungen zurückgegriffen werden. Die Konstrukteure eiserner Brücken suchten daher bereits früh stärker als andere Bereiche die Baumechanik zu nutzen. Allerdings wies die Baumechanik von L. M. H. NAVIER hinsichtlich des seinerzeit erst beginnenden Aufschwungs des Eisenbaus Lücken auf. Die Entwicklung sicherer, material- und funktionsgerechter Eisenkonstruktionen, die strengen materialökonomischen Forderungen genügten, setzte den Ausbau dieser Wissenschaftsdisziplin voraus.

Zu seiner ersten bedeutenden wissenschaftlichen Leistung gelangte C. im Ergebnis seiner Studienreise nach England und Nordamerika. Er hatte zunächst versucht, Aufschluß über geeignete Brückenkonstruktionen zu gewinnen. Um jedoch die Zweckmäßigkeit, Tragfähigkeit und Materialökonomie der betrachteten Bauwerke vergleichen zu können, stellte er eine Theorie der gegliederten Konstruktionen einschließlich ihrer Berechnung auf. Damit reihte er sich unter jene Ingenieure ein, die um 1850 nach einer wissenschaftlichen Durchdringung der im 19. Jh. bedeutendsten Form von Spannwerken im Eisenbau, der Fachwerke, strebten.

Auf der Grundlage einer scharfsinnigen Analyse des Kräftespiels schuf er durch geeignete Modellbildungen das idealisierte Gebilde eines »Fachwerkes« und konnte auf diese Weise das Tragverhalten gegliederter Konstruktionen hinreichend genau erfassen sowie quantitativ beschreiben. Die Fachwerktheorie wies den Weg zur fruchtbaren Entwicklung des Eisenbrückenbaus; sie bildete den Kristallisationspunkt des sich herausbildenden engen Wechselverhältnisses von Wissenschaft und Produktion im Eisenbau.

Den Bedürfnissen der Baupraxis ist auch C.s Hauptwerk, die graphische Statik, gewidmet. In Zürich, wo er eine rege wissenschaftliche Tätigkeit entfaltete, widmete er sich vor allem der Vervollkommnung baumechanischer Verfahren und Theorien. Eine Hauptaufgabe sah er neben dem Ausbau der Fachwerktheorie in der Vereinfachung ihrer Berechnungsmethoden, die mit analytischen Verfahren ohne Rechenhilfsmittel zeitaufwendig und kompliziert waren. C. knüpfte an jene Bestrebungen an, die seit der Wende vom 18. zum 19. Jh. in der Mathematik und Mechanik geometrische Betrachtungen in den Vordergrund stellten. Grundlage ist ihm die von G. MONGE und besonders von PONCELET geschaffene sowie von deutschen Mathematikern weiterentwickelte projektive Geometrie.

C. erkannte die allgemeinen Anwendungsmöglichkeiten der Beziehungen zwischen Krafteck und Seileck für die relativ unkomplizierte Lösung baumechanischer Probleme. Unter umfangreichem Gebrauch der projektiven Geometrie begründete er eine systematische Darstellung graphischer Methoden zur Berechnung von Tragwerken. Er ergänzte die bereits bekannten Verfahren durch neue Lösungen und entwickelte die graphische Statik als Teildisziplin der Baumechanik. Mit ihr behandelte er das Fachwerk, den Balken, das Gewölbe, den Bogen und den Erddruck.

Die graphische Statik stieß auf starke Resonanz. In den folgenden Jahrzehnten bildete ihr Ausbau einen Schwerpunkt der baumechanischen Forschung, und sie erfuhr rasch breite Anwendung in der Praxis. Ein spektakuläres Beispiel ihres Triumphs war der mit graphischen Verfahren berechnete Eiffelturm. C.s Werk regte auch Mediziner zu graphostatischen Untersuchungen des menschlichen Knochenbaus an. Dagegen fand die von C. in der Folgezeit betriebene umfassende Einführung der projektiven Geometrie in die Baumechanik als Theoretisierungs- und Ausbildungskonzept nur wenige Anhänger.

Hervorzuheben sind weiterhin C.s Beiträge zur Weiterentwicklung der Gewölbe- und Erddrucktheorie. Studien über Schweizer Wildbäche und den Einfluß der Wälder auf die Wasserressourcen der Schweiz belegen sein über die Technik hinausgreifendes wissenschaftliches Interesse. C.s wegweisende, an den Bedürfnissen der Praxis orientierte Arbeiten haben weite Verbreitung und umfassende Nutzung erfahren. Noch heute zählen zahlreiche seiner mit klarem Blick über das Wesentliche und mit theoretischer Prägnanz erarbeiteten, mit großem Engagement vertretenen Lösungen zum wissenschaftlichen Instrumentarium jedes Bauingenieurs. Hth

Literatur: Culmann, C.: Der Bau der hölzernen Brücken in den Vereinigten Staaten von Nordamerika, in: Allgemeine Bauzeitung, Wien, 16 (1851), 69–129, Der Bau der eisernen Brücken in England und Amerika, in: ebenda, 17 (1852), 163–222, Der Druck kreisförmiger Tonnengewölbe (Zürich 1857), Graphische Statik (Zürich 1866, 2. Aufl. Zürich 1875).

Curie, 1) Marie (Maria) geb. SKŁODOWSKA, Frau von 2), Chemikerin und Physikerin, geb. 7. 11. 1867 Warschau, gest. 4. 7. 1934 Sancellemoz (Frankreich).

C. entdeckte gemeinsam mit ihrem Mann PIERRE C. die radioaktiven Elemente Polonium und Radium und leistete wesentliche Beiträge zum Verständnis der Radioaktivität und zur Begründung der Radiologie.

Nach dem Abschluß (1883) des Gymnasiums in Warschau, das sie mit einer Goldmedaille verließ, setzte sie ihre Ausbildung an der illegalen poln. »fliegenden« Univ. fort und lernte im Industrie- und Landwirtschaftsmuseum Warschau die Grundlagen der chemischen Analyse kennen (1890/91). 1891 nahm sie in Paris an der Sorbonne ein Studium auf; sie bekam dort Lizentiate (Lehrbefugnisse) für Physik (1893) und Mathematik (1894). 1895 heiratete sie PIERRE C. Nach der Promotion (1903) wurde C. (1904) zum

R. Criegee

M. Curie

Leiter des Labors bei dem speziell für ihren Mann an der Sorbonne errichteten Physiklehrstuhl ernannt. Nach dem Tode von PIERRE C. wurde sie auf diesen Lehrstuhl berufen. C. war aktive Mitbegründerin des Radiologischen Labors bei der Warschauer Wissenschaftlichen Gesellschaft und war von Anfang an (1913) dessen Leiter. Zur gleichen Zeit betrieb sie die Gründung des Radiuminstituts in Paris. Diese damals einzigartige Forschungsstätte wurde 1914 eröffnet. Während des ersten Weltkrieges organisierte C. ein Netz von über 200 Röntgenstationen und hatte neben dem eigenen praktischen Einsatz wesentlichen Anteil an der Schulung des Bedienungspersonals. Man kann sie als eine Schöpferin der sozialen Radiologie bezeichnen.

Nach dem ersten Weltkrieg arbeitete C. im Pariser Radiuminstitut, wo sie bis zum Tode Leiterin der chemisch-physikalischen Abteilung, des »Curie-Labors«, war. Dieses Labor ist durch sie zu einem internationalen Forschungszentrum geworden. Dort arbeiteten unter anderem auch C.s Tochter IRÈNE und deren Ehemann F. JOLIOT. Ab 1922 wirkte die Gelehrte intensiv in der Internationalen Kommission für Intellektuelle Zusammenarbeit mit. Ständig in Frankreich lebend und arbeitend, pflegte sie enge Beziehungen zur poln. Wissenschaft und repräsentierte Polen auf internationalen wissenschaftlichen Kongressen. Dank ihrer Anregung und Unterstützung entstand 1932 das Radiuminstitut in Warschau. C. starb 1934 an den Folgen des jahrelangen Umgangs mit stark radioaktiven Präparaten und wurde in Sceaux bei Paris bestattet.

1897 veröffentlichte sie ihre erste wissenschaftliche Arbeit über magnetische Eigenschaften der radioaktiven Strahlen und begann Forschungen über Wesen und Herkunft der von A.-H. BECQUEREL entdeckten Uraniumstrahlung. Gemeinsam mit ihrem Mann, der sich diesen Forschungen angeschlossen hatte, äußerte sie die Vermutung, daß es weitere radioaktive Substanzen geben könne. Zunächst konstatierte C. unabhängig von G. SCHMIDT in Deutschland die Radioaktivität von Thorium. Das Ehepaar C. entdeckte bald darauf im Uranit ein neues Element, dem sie nach der poln. Heimat von C. den Namen Polonium gaben (1898). Noch im gleichen Jahr entdeckten sie ein weiteres radioaktives Element, das Radium. Trotz äußerst schwieriger Arbeitsbedingungen verarbeitete das Ehepaar C. etwa 500 kg Rohmaterial und konnte im Jahre 1902 endlich 0,1 g reines Radiumchlorid gewinnen. Dabei erkannten sie, daß alle Körper in der Nähe von Radiumpräparaten selbst radioaktiv werden. Diese Erscheinung, von PIERRE C. und C. »induzierte Radioaktivität« genannt, war ein erster Hinweis auf die künstliche Radioaktivität, die 1934 durch I. und F. JOLIOT entdeckt wurde. C. vermutete, daß die Radioaktivität auf atomaren Vorgängen beruht. Auf dieser Grundlage formulierten E. RUTHERFORD und F. SODDY 1903 die Theorie der Umwandlung radioaktiver Elemente.

Der Entdeckung von Polonium und Radium folgten Arbeiten von C. und PIERRE C. über die Ablenkung der radioaktiven Strahlung im Magnetfeld, über ihre Absorption und ihre chemischen Wirkungen. Die Ablenkung im magnetischen Feld war schon 1898 von BEQUEREL, S. MEYER und E. v. SCHWEIDLER festgestellt worden. PIERRE C. fand wie RUTHERFORD zwei Arten der Strahlung, die durchdringenden, stark vom Magnetfeld beeinflußten β-Strahlen und die kurzreichweitigen, magnetisch unempfindlichen α-Strahlen. C. untersuchte die α-Strahlen und ihre Unterschiede zu den β-Strahlen und zu den von P. VILLARD entdeckten γ-Strahlen näher. Im Jahre 1910 stellte C. gemeinsam mit A. L. DEBIERNE reines Radium dar. Sie führte die Untersuchungen der physikalischen und chemischen Eigenschaften von Polonium und Radium fort und erarbeitete Methoden zur Aktivitätsmessung, zur Isolierung, Reinigung und Bestimmung radioaktiver Elemente. Darüber hinaus initiierte sie Forschungen über die Strahleneinwirkung auf lebende Organismen. Über biologische Wirkungen von Radium hatten 1904 bereits PIERRE C. und BEQUEREL berichtet.

Die Gewinnung von reinem Radium ermöglichte eine genaue Bestimmung der Atommasse und bewies endgültig, daß es sich um ein chemisches Element handelt. Die Bestimmung der Atommasse anderer radioaktiver Elemente war entscheidend für deren Einordnung in Zerfallsreihen gemäß der Verschiebungsregeln von SODDY und K. FAJANS. Viel schwieriger erwies sich die Gewinnung von reinem Polonium. Entsprechende Methoden wurden später im Radiuminstitut unter Anleitung von C. von ihren Mitarbeitern entwickelt, vor allem von I. und F. JOLIOT. Daneben wurden Untersuchungen von Lanthan und Actinium durchgeführt. Letzte Arbeiten von C. galten dem optischen Spektrum von Actinium.

Die Entdeckung von Polonium und Radium war ein Ausgangspunkt für Arbeiten bedeutender Physiker und Chemiker, wie RUTHERFORD, SODDY, SCHMIDT und L. MEITNER, und ihrer Schüler, die zur Erforschung des Atomkerns und der radioaktiven Umwandlungen beitrugen.

Noch zu ihren Lebzeiten erfreute sich C. ungewöhnlicher Popularität und großer Anerkennung. Sie war Träger höchster wissenschaftlicher Auszeichnungen. Zweimal wurde sie mit dem Nobelpreis gewürdigt: 1903 für Physik (für die Entdeckung von Radium und Polonium) zusammen mit PIERRE C. und BEQUEREL und 1911 für Chemie (für die Reindarstellung von Radium und die Bestimmung seiner Eigenschaften). Sie erhielt über 20 Ehrendoktorwürden an verschiedenen Hochschulen und war Ehrenprof. einiger Univ. sowie Mitgl. von über 80 wissenschaftlichen Gesellschaften und Akademien. Ro, Fk

Literatur: Œuvres de Maria Skłodowska Curie, red. von I. Joliot-Curie (Varsovie 1954); Curie, M.: Recherches sur les substances radioactives (Paris 1903), dtsch Untersuchungen über radioaktive Substanzen (Braunschweig 1904), Traité de radioactivité, 2 Bde. (Paris 1910), La radiologie et la guerre (Paris 1921), Radioactivité, 2 Bde. (Paris 1935), (mit P. Curie): Sur une substance nouvelle radioactive, contenue dans la pechblende, in: C.R.A.Sci. Paris, 127 (1898), 175.

Wołczek, O.: Maria Skłodowska-Curie und ihre Familie (4. Aufl. Leipzig 1984).

2) Pierre, Physiker, Mann von 1), geb. 15. 5. 1859 Paris, gest. 19. 4. 1906 Paris.

C. repräsentiert noch jenen für die Physik des 19. Jh. charakteristischen Gelehrtentyp, der die Arbeit des Theoretikers organisch mit der des Experimentators zu verbinden verstand. Ohne eng spezialisiertes Profil war C. mit der gesamten Physik seiner Zeit vertraut und ist mit einer Reihe bedeutsamer Untersuchungen, z. B. auf den Gebieten der Kristallographie und des Magnetismus, hervorgetreten. C.s herausragendste Leistung war aber unzweifelhaft seine Forschung zur Radioaktivität.

C., der Sohn eines Arztes, der sowohl mit der 48er Revolution als auch mit der Pariser Kommune aktiv sympathisiert hatte, war ebenfalls ein radikaler und den Ideen des Sozialismus gegenüber aufgeschlossener Demokrat. Diese Haltung wurde ihm von den offiziellen Vertretern des franz. Wissenschaftsbetriebes verübelt, so daß C. fast bis an sein Lebensende in Positionen wirken mußte, die keineswegs seinem wissenschaftlichen Rang entsprachen. Obwohl zu den bedeutendsten franz. Physikern des ausgehenden 19. Jh. zählend, wirkte er von 1882 bis 1904 (ab 1895 als Prof.) isoliert und unter bescheidenen Bedingungen an der Pariser École Municipale de physique et de chimie industrielle. Erst 1904 wurde er, inzwischen weltweit bekannt durch seine Arbeiten zur Radioaktivität und die Nobelpreisverleihung (1903), auf den angesehenen Physiklehrstuhl der Sorbonne berufen. Im selben Jahr wählte ihn auch die Ak. d. Wiss. zu ihrem Mitgl., doch im folgenden Jahr setzte ein Verkehrsunfall seinem Leben ein Ende.

C. hatte an der Pariser Univ. Physik studiert und bereits mit 21 Jahren gemeinsam mit seinem Bruder JACQUES C. die Piezoelektrizität sowie auch die Umkehrung des Effekts und das Entstehen elastischer Kristalldeformationen beim Anlegen einer elektrischen Spannung entdeckt. Ihre Entdeckung nutzten die Brüder für die Konstruktion elektrischer Präzisionsmeßgeräte, die die Nachweisempfindlichkeit auf diesem Gebiet bedeutend steigerten.

C.s Forschungen auf dem Gebiet der Kristallphysik führten ihn 1884/85 zur Ausarbeitung einer Theorie der Kristallbildung sowie zu Untersuchungen über Symmetriegesetze in Kristallen. In den 90er Jahren dehnte er seine Betrachtungen über Symmetrien auf die gesamte Physik aus, wobei er einen Zusammenhang von physikalischen Erscheinungen und dem Auftreten von Asymmetrien konstatierte. Etwa gleichzeitig befaßte sich C. auch mit Forschungen zur Temperaturabhängigkeit der magnetischen Eigenschaften unterschiedlicher Stoffe. 1895 fand er, daß die Magnetisierbarkeit diamagnetischer Stoffe temperaturabhängig ist, jedoch bei Paramagneten zwischen Absoluttemperatur und Magnetisierbarkeit eine umgekehrt proportionale Abhängigkeit besteht (CURIEsches Gesetz). Für Ferromagnete wies er eine charakteristische Sprungtemperatur nach, bei der sich ihre typischen Eigenschaften verändern und sie unter anderem paramagnetisch werden (CURIE-Temperatur).

Ab 1897 konzentrierten sich C.s Arbeiten auf das Gebiet der Radioaktivität. Gemeinsam mit seiner Frau, MARIE SKŁODOWSKA-C., gelang ihm 1898 die Isolierung der neuen radioaktiven Elemente Polonium und Radium. Im folgenden bemühte sich C. insbesondere um die Ausarbeitung exakter physikalischer Meßmethoden zur Untersuchung der radioaktiven Strahlung. Er bestimmte die Diffusionskoeffizienten der Radiumemanation (Radon), ging der physiologischen Wirkung der Radiumstrahlung nach, führte 1903 den Begriff der Halbwertszeit ein und gab ein Gesetz für den Abfall der Radioaktivität an. Daneben entwickelte er Vorstellungen über den radioaktiven Zerfallsprozeß und wies auf dessen atomaren Charakter hin. Für diese Arbeiten wurde ihm 1903 gemeinsam mit seiner Frau und H. BEQUEREL der Nobelpreis für Physik zuerkannt. Ho

Literatur: Œuvres de Pierre Curie (Paris 1908), Curie, P.: Nobel Lectures Physics 1901–1921 (Amsterdam, London, New York 1967). Curie, M.: Pierre Curie (Wien 1950).

Curtius, Theodor, Chemiker, geb. 27. 5. 1857 Duisburg, gest. 8. 2. 1928 Heidelberg.

C. hat mit der Entdeckung von Diazoessigester, von Hydrazin und von Stickstoffwasserstoffsäure und der umfassenden Untersuchung dieser Verbindungen und deren Homologer sowie mit dem Auffinden des nach ihm benannten Carbonsäureazidabbaus (Curtius-Abbau) für die organische Synthesechemie Ergebnisse erzielt, die noch heute in jedem modernen Lehrb. der organischen Chemie zum unverzichtbaren Bestand gehören.

C. stammte aus einer Gelehrten- und Unternehmerfamilie. Nach dem Abschluß des Gymnasiums in Duisburg begann er 1876 in Leipzig Musik und Naturwissenschaften zu studieren. Nach einjähriger Unterbrechung (1877/78) durch den Militärdienst setzte er ab Herbst 1878 das Studium zunächst in Heidelberg und ab Herbst 1879 in Leipzig bei H. Kolbe im Fach Chemie fort. Mit der Dissertation »Über einige neue der Hippursäure analog konstituierte, synthetisch dargestellte Amidosäuren« wurde er im Juli 1882 zum Dr. phil. promoviert. Danach ging C. nach München zu A. v. Baeyer, in dessen Labor er 1884–1886 als Unterrichtsassistent in der organischen Abteilung tätig war. Nach der Habilitation bei O. Fischer in Erlangen übte er dort 1886–1889 die Funktion des ersten Assistenten und Leiters der analytischen Abteilung des chemischen Labors der Univ. aus. Im Dezember 1889 wurde C. zum o. Prof. und Dir. des Chemischen Instituts der Univ. Kiel berufen, und ab Januar 1897 trat er die Nachfolge A. Kekulés von Stradonitz in Bonn an. Doch schon im April 1898 wurde er der Nachfolger V. Meyers auf dem ehemaligen Lehrstuhl von R. Bunsen in Heidelberg. Dort wirkte er insgesamt 28 Jahre bis zu seinem Rücktritt aus dem Lehramt am 1. 4. 1926.

C. wandte sich bereits während des Studiums der organischen Chemie zu. Er machte seine wegweisenden Entdekkungen innerhalb von etwa 15 Jahren. 1883 gelang ihm durch Umsetzung des Hydrochlorids von Glycinester mit salpetriger Säure die Darstellung von Diazoessigester, der sich als Schlüsselverbindung bei der Synthese zahlreicher organischer Verbindungen erweisen sollte. 1887 konnte C. durch Hydrolyse von Diazoessigester das Hydrazin, den Grundkörper des 1875 von E. Fischer aufgefundenen Phenylhydrazins, gewinnen. 1890 wurde ihm durch Verseifung von Hippursäureazid die Stickstoffwasserstoffsäure zugänglich; als Bleisalz (Bleiazid) wurde sie später zur Herstellung von Initialzündern anstelle von Knallquecksilber verwendet. 1894 fand C. beim Erhitzen von Carbonsäureaziden mit Alkohol eine elegante Methode zur Darstellung von primären Aminen. Dieser später nach ihm benannte Curtius-Abbau von Carbonsäureaziden erwies sich dem schon seit 1881 bekannten Carbonsäureamidabbau nach A. W. v. Hofmann bezüglich des eindeutigen Verlaufs und der allgemeinen Anwendbarkeit als überlegen. C.' weitere Arbeiten waren in der Hauptsache dem detaillierten Studium der o. a. Verbindungen und deren Reaktionsverhalten gewidmet. Die Ergebnisse fanden ihren Niederschlag in über 270 Originalmitteilungen.

C. war in erster Linie ein sorgfältiger Experimentator, dem die exakte und umfassende Untersuchung der gewonnenen Verbindungen oberstes Prinzip war. Bei der Interpretation seiner Ergebnisse war er meist zurückhaltend. Re

Literatur: Curtius, Th.: Zusammenstellung der Abhandlungen, vorgenommen von K. Freudenberg, in: Chem. Ber. 96 (1963), XIV–XXV.

Darapsky, A.: Theodor Curtius zum 70. Geburtstag, in: Z. angew. Chem. 40 (1927), 581–583, Theodor Curtius zum Gedächtnis, in: J. prakt. Chem. 125 (1930), 1–22; Duisberg, C.: Theodor Curtis, in: Z. angew. Chem. 43 (1930), 723–725; Wieland, H.: Theodor Curtius, in: Z. angew. Chem. 41 (1928), 193/194.

Th. Curtius

G. Cuvier

Cuvier, Georges, Baron de (eigentlich Léopold-Chrétien-Frédéric-Dagobert), Biologe, Anatom, geb. 24. 8. 1769 Mömpelgard (Montbéliard), gest. 13. 5. 1832 Paris.

C.s Lektionen zur vergleichenden Anatomie (ab 1800) sind Ausgangspunkt wissenschaftlicher Morphologie und Typologie in den Biowissenschaften; seine Weiterentwicklung des Linnéschen Systems der Organismen und dessen Anwendung auf Fossilien gehören zu den Grundlagen moderner Systematik in Biologie und Paläontologie.

Als Sohn emigrierter Hugenotten im herzoglich-württemberg. Mömpelgard, das 1793 von den Franzosen besetzt und ab 1801 französisch wurde, geboren, ermöglichte ihm die Offizierspension des Vaters den Besuch eines Gymnasiums. Von G. Buffons »Naturgeschichte«, der bevorzugten Lektüre seiner Schulzeit, angeregt, befaßte sich C. während des Studiums der Kameralwissenschaft an der Hohen Karlsschule in Stuttgart 1784–1788 mit Insekten, botanisierte mit Hilfe des »Systema naturae« von C. v. Linné und lernte im Naturalienkabinett erstmals Fossilien kennen. Als gräflicher Hauslehrer in der Normandie 1788–1795 studierte C. die Tierwelt der Meeresküste und verfaßte erste Publikationen (1792, 1795). Sie fanden großen Anklang und führten ihn 1795 auf Vermittlung E. Geoffroy St.-Hilaires als Prof. für Naturgeschichte an die École centrale nach Paris. Noch 1795 erhielt er die Professur für Vergleichende Anatomie am Musée d'Histoire Naturelle. 1796 wurde er zusammen mit J.-B. Lamarck und Geoffroy St.-Hilaire als Prof. an das neu gegründete Institut National berufen. Seinem grenzenlosen Forscherdrang standen nun die bedeutendsten wissenschaftlichen Einrichtungen mit ihren Sammlungen offen. Es begann sein rascher Aufstieg als unermüdlicher Wissenschaftler und Staatsmann.

Dem erstmaligen Nachweis einer ausgestorbenen Art, des Mammuts, folgten rasch zahlreiche Arbeiten über fossile Tiere. Sie fanden nach Untersuchungen im Pariser Becken zwischen 1804–1808 gemeinsam mit dem Geologen A. Brongniart in den »Recherches sur les ossements fossiles« (1811) und der C.schen Katastrophentheorie (1812) ihren Höhepunkt. 1800–1805 erschien C.s epochale »Leçons d'anatomie comparée« (Lektionen über vergleichende Anatomie), in denen das Gesetz von der Korrelation der Organe formuliert ist. Nach einem Entwurf von 1798 legte er 1817 sein Hauptwerk zur Systematik, »Regne animale ...«, vor. Danach widmete er sich einer Monographie über Fische (ab 1828), vor allem aber wissenschaftshistorischen Arbeiten. Vorlesungen, Nachrufe auf Wissenschaftler (seit 1800) und die von Napoleon angeregte Analyse über den »Fortschritt der Naturwissenschaften seit 1798« münden in einer »Wissenschaftsgeschichte von ihren Anfängen an« (ab 1837).

An der Karlsschule in administrativer Tätigkeit ausgebildet und seit 1802 in organisatorischen Arbeiten als Sekretär für Naturwissenschaften am Institut National erfolgreich, interessierte sich Napoleon für C. und berief ihn 1802 zum

mal distribué d'après son organisation, 4 Bde. (Paris 1817), Discours sur les révolutions de la surface du globe, et sur les changements qu'elles out preduits dans régne animal (5. Ausg. Paris 1828), Histoire des progrès des sciences naturelles depuis 1789 jusqu'à ce jour, 2 Bde. (Brüssel 1837/38), (mit A. Brongniart): Essai sur la géographie minéralogique des environs de Paris avec une carte geognostique et des coupes de terrain (Paris 1811).

D

Generalinspekteur des öffentlichen Unterrichts und zum ständigen Sekretär für Naturwissenschaften sowie 1808 zum Rat der Kaiserlichen Univ. 1809–1811 befaßte sich C. mit der Organisation von Univ. in den von NAPOLEON annektierten Ländern und wurde 1811 Ritter der Ehrenlegion. Er unterrichtete die Söhne NAPOLEONS; als kaiserlicher Kommissar sollte er 1813 am Rhein die Abwehr der alliierten Armeen organisieren. 1814 wurde C. noch vor NAPOLEONS Abdankung Mitgl. des Staatsrates. Während der Restauration der Monarchie war C. Kanzler der Pariser Univ., wurde 1818 Mitgl. der Académie Française und 1819 Präsident des Komitees für Inneres. 1819 erhielt er den Titel eines Barons, 1824 den Orden der Ehrenlegion, 1827 lehnte er das Amt des Presse-Zensors ab, wurde 1831 Pair von Frankreich und 1832 Präsident des Staatsrates. Als gläubiger Protestant war er Großmeister der protestantisch-theologischen Fakultät und seit 1828 Dir. der nichtkatholischen Kulte.

An reformierten und neu geschaffenen Institutionen im europäischen Kulturzentrum Paris konnte sich nach der Franz. Revolution ein Kreis sich gegenseitig inspirierender, hochbegabter Wissenschaftler, wie LAMARCK, GEOFFROY ST.-HILAIRE und C., exakter empirischer Naturforschung widmen. Trotz C.s überragendem Anteil an der Wissenschaftsentwicklung im 19. Jh. wirkte sein Sieg im Pariser Akademiestreit um Typologie und Artwandel hemmend auf die Durchsetzung des Evolutionsgedankens. Bestärkt durch seine geologisch-paläontologischen Forschungen im Pariser Becken, wo jede Schicht scheinbar ohne Übergang neue, höher organisierte Arten zeigte, war C. zu einem Verfechter der ARISTOTELESschen Konstanz der Arten und der an CH. BONNET anknüpfenden Katastrophentheorie geworden. C.s Religiosität, unterstützt durch seine Autorität, gab dem Schöpfungsmythos und der biblischen Sintflut als letzter Katastrophe noch einmal gewissen Raum, zumal es sich in das ideologische Konzept der Restauration einfügen ließ. C.s wissenschaftshistorische Bedeutung liegt in der Entwicklung der vergleichenden Anatomie zur biowissenschaftlichen Methodik, der Erweiterung der LINNÉschen Systematik um die Kategorie der Stämme und der Klassifikation nach anatomischen Merkmalen. C.s Prinzip von der Korrelation der Organe findet sich in der modernen funktionellen Morphologie wieder. Die erstmalige Systematisierung von Fossilien ließ C. zu einem Begründer der Paläontologie als Wissenschaft werden – und verhalf damit indirekt der von ihm bestrittenen Evolutionstheorie zum Durchbruch. Schd

Literatur: Cuvier, G.: Mémoire sur les cloportes terr, in: J. d'Hist. nat. 2 (1792), 13, Tableau élémentaire de l'histoire naturelle des animaux (Paris 1798), Mémoire sur les espèces d'Eléphants tant vivantes que fossiles (Paris 1799), Leçons d'anatomie comparée, 5 Bde. (Paris 1800–1805), Recherches sur les ossements fossiles de quadrupédes, 4 Bde. (Paris 1812), Le règne ani-

●

Daguerre, Louis Jacques-Mandé, Maler und Photograph, geb. 18.11.1787 Cormeilles-en-Parisis, gest. 10.7.1851 Bry-sur-Marne.

D. schuf das erste brauchbare Verfahren zur Aufnahme und dauerhaften Fixierung photographischer Bilder, wobei er sich weitgehend auf Erfindungen anderer Forscher stützte, die er zweckmäßig vereinte.

Als Sohn eines Verwaltungsangestellten erhielt D. eine nur bescheidene Schulbildung. Da er zeichnerisch sehr begabt war, ging er 1801–1804 bei einem Architekten in die Lehre, anschließend arbeitete er bei einem Dekorationsmaler an der Pariser Oper. 1807–1816 war er Assistent eines Künstlers, der in Paris eine große Rotunde für Panoramen baute. 1814 stellte er das erste seiner insgesamt sechs großen Ölgemälde aus, meist architektonische Sujets, die sich aber nicht durch große künstlerische Meisterschaft auszeichneten. Trotzdem erhielt er 1824 dafür das Band der Ehrenlegion. 1816 malte er Saal und Szene eines Theaters aus, 1819 ging er wieder als Dekorationsmaler an die Oper, wo seine Ausstattung für »Aladin oder die Wunderlampe« 1822 großen Erfolg hatte. Dann errichtete er ein »diorama«, das Bilder mit besonderen Beleuchtungseffekten zeigte. Wegen des regen Zuspruchs erhielt er einen Auftrag gleicher Art für den Regent's Park in London; die Ausstellung wurde auch in Liverpool, Dublin und den USA gezeigt. D. verbesserte seine Dioramen, indem er die Leinwand beiderseitig bemalte und durch wechselnde Beleuchtung an einer Stelle unterschiedliche Ansichten bot. Das Bild einer Mitternachtsmesse erregte das meiste Aufsehen. Nach der Revolution von 1830 ließ das Interesse an solchen Sensationen nach, D. kam in Geldschwierigkeiten. Im März 1839 brannte das Diorama ab.

Schon seit 1824 suchte D. im Zusammenhang mit seinen anderen Arbeiten, die Bilder einer Camera obscura zu fixieren. Diese war schon von LEONARDO DA VINCI und L. B. ALBERTI ausführlich untersucht und beschrieben worden und wurde von Künstlern, Landmessern, Astronomen für das exakte Zeichnen von Architektur- und Landschaftsbildern viel genutzt. Es waren auch schon verschiedene lichtempfindliche Stoffe bekannt. 1727 hatte J. H. SCHULZE in Halle z. B. die Lichtempfindlichkeit des Silberiodids (Iodsilber) entdeckt, und viele Forscher experimentierten in dieser Richtung. 1826 brachte ein Pariser Optiker, der Kameras baute, D. mit J. N. NIÉPCE aus Chalon-sur-Saône in Verbindung, einem Offizier, der 1811 wegen Krankheit pensioniert worden war und seitdem photographische Versuche anstellte. Anknüpfend an die Lithographie, entwickelte er die Heliographie und die Heliogravüre. Bei ersterem Verfahren wurden transparente Zeichnungen auf lichtempfindliche Platten gelegt, bei letzterem wurden die Platten in einer Lochkamera mehrere Tage belichtet. Photographisch wirksam war bei NIÉPCE ein Asphaltfirnis, mit dem er Metall-, Stein- und Glasplatten beschichtete. Der Asphaltfirnis wurde durch Belichtung unlöslich. Metallplatten konnten danach geätzt und als Druckstock verwendet werden. NIÉPCE gewann immer bessere Bilder, seine Belichtungszeiten betrugen jedoch Stunden. Am 14.12.1829 schloß er mit D. einen Vertrag, »um zur Vervollkommnung des neuen, von Herrn NIÉPCE entdeckten Mittels zu gelangen, Ansichten, welche die Natur bietet, zu fixieren«. Nach dem Tod von NIÉPCE 1833 führte D. die Untersuchungen allein weiter, obwohl NIÉPCES Sohn I. NIÉPCE in den Vertrag eintrat. D. verzichtete schließlich auf den langsam reagierenden Asphalt und ging zu Silberiodid über. Er verwendete eine silberplattierte Kupferplatte, die er durch Ioddämpfe sensibilisierte. Je nach Helligkeit genügten 3 bis 30 Minuten Belichtung, um ein latentes Bild zu erzeugen, das mit Quecksilberdampf entwickelt und mit heißem Salzwasser oder Natriumsulfit fixiert wurde. D. und I. NIÉPCE schlossen über dieses Verfahren 1835 und 1837 neue Verträge, nach dem letzten erhielt es den Namen Daguerrotypie. Bemühungen von D. um eine geschäftliche Nutzung hatten keinen Erfolg, er schrieb deshalb an führende Mitglieder der Akademie. F. ARAGO machte in der Sitzung vom 7. 1.1839 eine erste Mitteilung und erwirkte in der Deputiertenkammer ein Gesetz, nach dem das Verfahren für eine Jahresrente von 4 000 Francs vom Staat gekauft und allgemein zugänglich gemacht wurde. L. J. GAY-LUSSAC erstattete in der Pairskammer Bericht. In einer gemeinsamen Sitzung der Ak. d. Wiss. und der Akademie der Künste wurde das Verfahren am 19.8.1839 von ARAGO unter starker Anteilnahme der Öffentlichkeit bekanntgegeben. D. verfaßte über dieses Verfahren ein Handbuch.

Der Engländer W. H. F. TALBOT war ebenfalls 1839 mit photographischen Versuchen an die Öffentlichkeit getreten, die aber zunächst nicht die Qualität der Daguerrotypien hatten. Wenig später entwickelte er das heute übliche Negativ-Positiv-Verfahren. Die

Literatur: Daguerre, L. J.-M.: Historique et description des procédés du daguerréotyp et du diorama (Paris 1839).

Baier, W.: Wer hat denn die Fotografie entdeckt?, in: Fotogr. 4 (1960), Quellendarstellungen zur Geschichte der Fotografie (5. Aufl. Leipzig 1981); Klaffe, H.: Aus der Geschichte der Fototechnik (2. Aufl. Leipzig 1983); Schimmer, F.: Die Fotografie kulturkritisch und philosophisch gesehen, in: Fotogr. 5 (1954).

Daimler, Gottlieb Wilhelm, Motorenbauer, geb. 17. 3. 1834 Schorndorf (Württemberg), gest. 6. 3. 1900 Bad Cannstatt.

D. schuf, ausgehend von der Erfindung N. A. OTTOS und unterstützt durch den Konstrukteur W. MAYBACH, einen hochleistungsfähigen, schnellaufenden, kleinen und leichten Motor, der zum Ausgangspunkt der Entwicklung im Fahrzeugmotorenbau wurde. D. beschritt damit parallel zu C. F. BENZ einen anderen Weg bei der Erfindung des Automobils.

D. stammte aus einer alten Bäckerfamilie. Unter dem Einfluß eines als Geometer tätigen Vetters begann er sich jedoch für Naturwissenschaft und Technik zu interessieren und erlernte den Beruf eines Büchsenmachers. Nach der Gesellenprüfung 1852 ging er an die Kgl. Landesgewerbeschule in Stuttgart. Das Land Württemberg bemühte sich damals sehr um die Förderung von Handel und Gewerbe und die Ausbildung entsprechender Fachleute. So erhielt auch D. bald ein Stipendium, um in der elsässischen Kleinschmiedewarenindustrie die Technologie besonders der Werkzeugherstellung zu studieren. D. arbeitete danach in einer großen Maschinenfabrik in Illkirch-Graffenstaden (südl. von Strasbourg), die eine eigene Fachschule zur Qualifizierung der benötigten Arbeitskräfte eingerichtet hatte. Als dort der Lokomotivbau aufgenommen werden sollte, ging D. 1857 wieder nach Stuttgart und absolvierte am Polytechnikum ein Studium. Danach nahm er zunächst wieder die Arbeit in Illkirch-Graffenstaden auf. Im Sommer 1860 fuhr er nach Paris zu J. J. E. LENOIR, um dessen Gasmotor näher kennenzulernen. Das Arbeitsprinzip dieses Motors erkannte er als ausbaufähige Alternative zur Dampfmaschine. Zwei Jahre lang sah er sich dann noch im

L. J.-M. Daguerre

G. W. Daimler

englischen Maschinenbau um, bis ihn Freunde nach Deutschland zurückriefen, wo er die technische Leitung von Metallwaren- und Maschinenfabriken in Geislingen, in Reutlingen und ab 1866 in Karlsruhe übernahm. Die Fabrik in Reutlingen gehörte einer religiösen Stiftung, der auch ein Waisenhaus angeschlossen war. Dort wuchs MAYBACH auf, dessen außergewöhnliche konstruktive Begabung bei der Lehre auffiel. D. zog deshalb MAYBACH eng an sich heran und stützte sich ab 1869 bei allen Entwicklungsarbeiten auf ihn. In Karlsruhe befaßte sich D. eingehender mit dem Motorenproblem, angeregt besonders durch die Pariser Weltausstellung 1867, die er im Auftrag der württembergischen Regierung besucht hatte und wo unter 15 Gasmaschinen auch der preisgekrönte Motor OTTOS ausgestellt war. 1872 ging D. auf Empfehlung von F. GRASHOF als technischer Dir. zur Gasmotorenfabrik Deutz. Mit MAYBACH, der ihm als Chefkonstrukteur folgte, vervollkommnete D. den atmosphärischen Gasmotor von OTTO und E. LANGEN und später den Viertaktmotor. Dabei reiften die eigenen Vorstellungen von einem wesentlich leichteren und schneller laufenden Motor, der vielseitig und auch beweglich einsetzbar war. Als es wegen finanzieller Fragen 1882 zum Zerwürfnis mit dem Vorstand in Deutz kam, machte sich D. mit MAYBACH, den er durch einen entsprechenden Vertrag an sich band und am künftigen Gewinn beteiligte, in Bad Cannstatt bei Stuttgart selbständig, um seine Ideen zu verwirklichen. Im August 1883 lief der erste kleine, noch mit Leuchtgas betriebene Motor, und D. meldete seine Patentansprüche an. Zur Abgrenzung von OTTO betonte er dabei die rasche Verbrennung des Gas-Luft-Gemischs. Als schwieriges Problem hatte sich die Zündung erwiesen, da für 600 U/min die damals bekannten Zündmechanismen zu schwerfällig waren. MAYBACH hatte deshalb nach eingehenden Studien der Patentliteratur die offene, d. h. ständig mit dem Verbrennungsraum in Verbindung stehende Glührohrzündung gewählt. Problematisch wurde bei steigender Drehzahl auch die Ventilsteuerung. 1884 war der erste kleine Leichtmotor fertiggestellt, wegen seiner äußeren Form auch »Standuhr« genannt. 1885 wurde dieser Motor mit Hilfe eines einfachen Oberflächenvergasers für Benzin eingerichtet und zur praktischen Erprobung in ein Zweirad eingebaut. Dieser »Petroleum-Reitwagen« wurde am 29.8.1885 patentiert und drei Monate später erfolgreich getestet. Die »Standuhr« ließ D. danach in ein Boot einbauen und im September 1886 schließlich in eine Kutsche, wo sie vor den Rücksitzen untergebracht war. Für D. stand zunächst der überall verwendbare leichte Motor im Vordergrund. Der Fahrzeugkonzeption von BENZ schloß er sich erst 1889 mit seinem Stahlradwagen an. D. wurde vor allem mit seinen Motoren bekannt, die bei Leistungsvergleichen stets dominierten, und konnte dafür viele Lizenzen vergeben. 1889 entstand der erste Zweizylindermotor; seine Zylinder waren V-förmig angeordnet. 1892 konstruierte MAY-

BACH den sogenannten Phönixmotor mit zwei in Reihe angeordneten Zylindern, der 1897 dann erstmals in einem Wagen vor dem Fahrersitz unter einer Blechhaube montiert wurde. 1890 war zur Nutzung der Patente die Daimler Motorengesellschaft AG in Stuttgart-Untertürckheim gegründet worden. Im Vorstand dieser Gesellschaft, die mehr auf schnellen Gewinn als auf technische Neuerungen orientiert war, gab es jedoch ständige Auseinandersetzungen um die einzuschlagende Entwicklung. MAYBACH mußte zeitweilig ausscheiden und arbeitete auf Kosten und im Auftrag von D. privat weiter an der Konstruktion von Motoren. Durch diese geschäftlichen Reibereien, bei denen D. nur durch die Erfolge seiner Motoren im Ausland, besonders in Frankreich und England, gestützt wurde, verstärkte sich sein Herzleiden, dem er schließlich erlag. Die

Literatur: Gottlieb Daimler zum Gedächtnis. Eine Dokumentensammlung, hrsg. von der Daimler-Benz AG Stuttgart-Untertürckheim 1950; Kirchberg, P. u. Wächtler, E.: Carl Benz – Gottlieb Daimler – Wilhelm Maybach (2. Aufl. Leipzig 1983).

Dale, Sir Henry Hallet, Physiologe und Pharmakologe, geb. 9.6.1875 London, gest. 23.7.1968 Cambridge (England).

D. entdeckte unabhängig von O. LOEWI die »Transmitter« (bei Übertragung der Nervenerregung wirksame Substanzen) und beschrieb die physiologischen Wirkungen des Histamins.

D., Sohn eines Geschäftsmannes, studierte ab 1894 in Cambridge Medizin, widmete sich aber besonders physiologischen und zoologischen Studien, unter anderem bei den bekannten Physiologen FOSTER und LANGLEY. Nach der klinischen Ausbildung am Londoner St. Bartholomew's Hospital arbeitete er bei den Physiologen E. H. STARLING und W. M. BAYLISS an der Univ. London, für einige Monate auch bei P. EHRLICH in Frankfurt a. M. 1904 übernahm D. eine Stelle in der bedeutenden pharmazeutischen Firma Wellcome. 1914 wechselte er zum Medical Research Committee. 1928 bis 1942 war D. Dir. der Nachfolgeeinrichtung dieser Institution, des National Institute for Medical Research, und 1942/46 resident director der Royal Institution, 1942/47 wirkte er als Chairman of the Scientific Advisory Committee to the War Cabinet.

Ausgehend von Arbeiten über die physiologischen Wirkungen von Mutterkornextrakten fand D. das Histamin und erklärte dessen Rolle im Organismus beim Zustandekommen des von CH. R. RICHET entdeckten anaphylaktischen Schocks sowie das Acetylcholin und dessen Absonderung an den Nervenendplatten.

Besonders nach den überzeugenden Experimenten von LOEWI über die Absonderung spezifischer Substanzen (»Transmitter«) an den Nervenendplatten und deren Wirkung setzte D. seine Forschungen systematisch fort und konnte die Transmitter an den Synapsen der Ganglien des autonomen Nervensystems und der normalen Muskeln nachweisen.

1936 erhielt D. zusammen mit LOEWI den Nobelpreis für Physiologie und Medizin.

D. nahm in der britischen Wissenschaft eine auch in der Öffentlichkeit bekannte führende Stellung ein, indem er Sprecher der britischen Wissenschaftler wurde und für die apolitische Stellung der Wissenschaft und die friedliche Nutzung der Nuklearenergie eintrat. Zi

Literatur: Dale, H. H.: Some recent extensions of the chemical transmissions of the effects of nerve impulses. Nobel lecture. December 12, 1936, Adventures in Physiology (London 1953; repr. 1965), An Autumn Gleaning (London 1954).

d'Alembert, → Alembert.

Dalton, John, Chemiker, geb. 6.9.1766 Eaglesfield (Cumbria), gest. 27.7.1844 Manchester.

D. vollendete die von A. L. LAVOISIER zu Ende des 18. Jh. in der Chemie eingeleitete chemische Revolution, entwickelte eine neue mechano-materialistische Atomlehre und gab der Chemie mit der Orientierung auf das Atomgewicht (jetzt relative Atommasse) eine grundlegend neue quantitative Basis.

Als Sohn eines Webers geboren, eignete sich D. seine chemischen Kenntnisse vorwiegend autodidaktisch an. Eine naturwissenschaftlich geprägte Schulausbildung sowie vielfältige Anregungen durch einen wissenschaftlich aufgeschlossenen Instrumentenbauer setzten D. bereits mit 12 Jahren in die Lage, Unterricht an einer Dorfschule zu erteilen. Ab 1781 wirkte D. zusammen mit seinem Bruder JONATHAN D. zunächst als Hilfslehrer, ab 1785 als Vorsteher an der Schule seines Neffen G. BEWLEY in Kendal. Ab 1787 trat D. durch eine Reihe öffentlicher Vorträge über Mechanik, Optik, Astronomie und Geographie hervor. Von 1793 bis 1801 unterrichtete D. an der Warrington Akademie in Manchester Mathematik und Naturwissenschaften. Danach erteilte er vorwiegend Privatunterricht in Mathematik und Chemie, hielt Vorlesungen in London, Birmingham und Glasgow und widmete sich vor allem seinen naturwissenschaftlichen Untersuchungen.

D. gilt als einer der Gründer der »British Association for the Advancement of Science«. Er gehörte der Literary and Philosophical Society of Manchester (1794), der Royal Society London (1822), der franz. Akademie der Naturwissenschaften (1816) sowie weiteren ausländischen Gesellschaften an und wurde mit zahlreichen wissenschaftlichen Auszeichnungen geehrt.

Das Wirken von D. vollzog sich unter den Bedingungen grundlegender sozialökonomischer und technischer Umwälzungen im Gefolge der industriellen Revolution in England. Diese trug vor allem an die Naturwissenschaften neue gesellschaftliche Anforderungen und Bedürfnisse heran und förderte deren Entwicklung beträchtlich. Wesentliche Impulse dazu gingen von den mechano-materialistischen Auffassungen des 19. Jh. aus, an deren Entwicklung D. einen beträchtlichen Anteil hatte.

D. hatte sich ab 1796 aufgrund seiner Unterrichtstätigkeit mit der Chemie beschäftigt und – angeregt durch meteorologische Untersuchungen – zunächst wie viele seiner Zeitgenossen mit der Zusammensetzung der atmosphärischen Luft sowie mit dem Verhalten von Gasgemischen befaßt. Dabei gelangte D. zu der wichtigen quantitativen Aussage, daß die Summe der Partialdrücke der Gase im Gemisch dem Gesamtdruck des Gasgemisches entspricht (DALTONsches Gesetz 1803–1805). Fußend vor allem auf den atomistischen Vorstellungen von I. NEWTON und P. GASSENDI, wonach ein Gas aus kleinsten Materiepartikeln besteht, die sich in Abhängigkeit von ihrer Entfernung zueinander abstoßen, führte D. den Gasdruck auf solche Abstoßungskräfte zwischen gleichartigen Partikelteilchen zurück. Durch die Übertragung dieser Hypothese auf die Untersuchung der Ursachen für die unterschiedliche Löslichkeit von Gasen in Flüssigkeiten (DALTON-HENRYsches Gesetz) gelangte D. 1803 zu der folgenreichen Erkenntnis, daß die Löslichkeit durch die unterschiedliche Anzahl und Masse der »letzten Teilchen«, der Atome, bedingt wird. Damit stellte sich für D. zwangsläufig die Aufgabe, die relativen Massen der verschiedenartigen Elementatome experimentell zu ermitteln. D. stellte 1803 eine erste Tabelle (1805 publiziert) über das Verhältnis der Gewichte der kleinsten Teilchen von gasförmigen und anderen Körpern zusammen. Dabei setzte er als Bezugsgröße die Masse des Wasserstoffs gleich eins und ermittelte die relativen Atommassen von 18 chemischen Elementen und Verbindungen. Dabei gelangte D. auch zu der Erkenntnis, daß sich chemische Elemente stets in bestimmten Mengenverhältnissen verbinden. Dies fixierte D. vier Jahre nach dem von J. L. Proust abstrahierten Gesetz der konstanten Proportionen in dem Gesetz der multiplen Proportionen. Beide Beziehungen ließen sich auf der Basis der von D. zwischen 1803 und 1807 ausgearbeiteten chemischen Atomlehre erklären, die das antiphlogistische System von A. L. Lavoisier mit der Bestimmung und Anerkennung der relativen Atommassen auf eine grundlegend neue, Qualität und Quantität miteinander verbindende Stufe hob. Aus der Zuordnung einer relativen Masse für die Atome eines jeden Elements ergab sich auch ein Zusammenhang zwischen den Masseverhältnissen der Elemente in ihren Verbindungen sowie den dazugehörigen Atomen. Die von D. nach dem »Prinzip der größten Einfachheit« zusammengesetzten »Atomverbindungen« erwiesen sich als eine der Grundlagen für den nach Inhalt und Umfang erst um 1860 endgültig von S. Cannizzaro in die Chemie eingeführten Molekülbegriff.

D. publizierte die experimentellen Untersuchungen zur Verifizierung seiner chemischen Atomlehre in dem Standardwerk »A new system of chemical philosophy« (1808), das als ein wichtiger Grundstein der klassischen chemischen Wissenschaft angesehen werden kann. Im Zusammenhang mit der Ausarbeitung seiner Atomhypothese führte D. 1808 auch eine neue chemische Symbolik ein, die von J. J. Berzelius weiterentwickelt und modernisiert werden konnte.

Weitere Arbeiten von D. betrafen die Ermittlung thermischer Ausdehnungskoeffizienten von Gasen sowie die Untersuchung stofflicher Übergänge zwischen flüssigen und gasförmigen Phasen. D. beschrieb als erster eine Störung des menschlichen Farbsinns, die Rot-Grün-Blindheit (Daltonismus). Sz

Literatur: Dalton, J.: Meteorological essays and observations (Manchester 1793), New system of chemical philosophy (Manchester 1808), Die Absorption der Gasarten durch Wasser und andere Flüssigkeiten sowie A new system of chemical philosophy, in: Ostwalds Klassiker der exakten Wissenschaften (Hrsg. W. Ostwald) 3 (1889), Ausdehnung elastischer Flüssigkeiten durch Wärme, 44 (1894).

H.H.Dale

J.Dalton

Darwin, Charles Robert, Biologe, geb. 9. 2. 1809 Shrewsbury, gest. 19. 4. 1882 Down(e) (Kent).

Der vielseitige D. wurde vor allem durch seine Evolutionstheorie einer der bekanntesten Biologen und blieb bis heute weltberühmt; außerdem verfaßte er Arbeiten über Probleme der Geologie, über die Lebenserscheinungen der Pflanzen und auch der Tiere.

D., Sohn des Arztes Robert Waring D., war das zweitjüngste von 6 Kindern und Enkel des berühmten Arztes Erasmus D., der eine noch recht spekulative Hypothese über die Evolution der Organismen aufgestellt hatte. Die Mutter Susannah, Tochter des weltbekannten Keramikunternehmers J. Wedgwood, starb bereits 1817, als D. erst 8 Jahre alt war.

Ab 1818 besuchte D. in seiner Geburtsstadt Shrewsbury die »große Schule« von Dr. S. Butler und lebte dort im Internat. Wichtigster Lehrgegenstand an dieser Schule waren die klassischen Sprachen. Viel mehr als die Schulfächer interessierten D. chemische Experimente, das Sammeln von Insekten und die Jagd; er wurde ein leidenschaftlicher Jäger. 1825 ging D. zum Studium der Medizin an die Univ. Edinburgh. Aber er gewann kein tieferes Interesse, und die notwendige Anwesenheit bei chirurgischen Operationen, damals ohne Narkose ausgeführt, verleidete ihm das Medizinstudium. Innere Beziehung aber fand D. zur Zoologie. Er erlernte das Ausstopfen von Vögeln (was besonders später für ihn wichtig wurde) und lieferte erste kleine Forschungsbeiträge über Meerestiere. Der Zoologe R. Grant, mit dem D. befreundet wurde, machte ihn mit der Evolutionshypothese von J.-B. Lamarck bekannt, was nach eigener späterer Einschätzung keinen tieferen Eindruck auf ihn hinterlassen habe. Wegen der Abneigung gegenüber der Medizin sandte der Vater D. 1828 zum Theologiestudium nach Cambridge. D. beschäftigte sich aber auch hier wieder viel mit den Naturwissenschaften, hörte Geologievorlesungen bei A. Sedgwick und gewann die Freundschaft des Botanikprofessors J. S. Henslow, was für D.s auffallende Fähigkeiten für Naturwissenschaft spricht. 1831 bestand D. die Examina in Theologie, ohne jedoch eine Zukunft als Geistlicher ins Auge zu fassen. D. erhielt das Angebot, als unbezahlter Naturforscher an einer Weltreise des Schiffes »Beagle« unter Leitung des Kapitäns R. Fitz Roy teilzunehmen. Diese Reise, die vom 27. 12. 1831 bis zum 2. 10. 1836 dauerte, gab D. Gelegenheit zu zahlreichen naturwissenschaftlichen Beobachtungen, darunter auch solchen, die für die Begründung seiner Evolutionstheorie entscheidend wurden. Nach der Rückkehr von dieser Reise ließ sich D. für kurze Zeit in Cambridge und anschließend in London nieder. Er gab hier unter anderem seine Sammlungsobjekte in die Hände geeigneter Bearbeiter, so von R. Owen und J. Gould, und betätigte sich in der Geological Society.

Weil er unter Krankheitsbeschwerden litt und eine ruhige Arbeitsatmosphäre für nötig hielt, kaufte D. ein Anwesen in der Nähe des Dorfes Down(e) und zog am 14. 9. 1842 mit seiner Familie dorthin. In seiner im Alter verfaßten Autobiographie meinte er, daß er von diesem Leben in Down(e) »nichts mehr zu berichten habe«, »mit Ausnahme der Veröffentlichung« seiner »verschiedenen Bücher«. Diese Bücher aber verschafften D. Weltgeltung.

In der ersten Phase seiner wissenschaftlichen Tätigkeit, nach Rückkehr von der »Beagle«-Reise, betätigte sich D. vor allem als Geologe.

Seit Beginn der »Beagle-Reise« war D. Anhänger von Ch. Lyells aktualistischer Auffassung der Erdgeschichte, wonach die Erdkruste in Gegenwart wie Vergangenheit durch dieselben Kräfte umgestaltet wird, und trug auf der Weltreise weitere wichtige Belege für den »Aktualismus« zusammen. D.s wichtigste Arbeit jener Forschungsperiode war »Über den Bau und die Verbreitung der Corallen« von 1842. Als Ursache für die Entstehung aller Korallenriffe, sowohl der breiten Küstenriffe als auch der kreisförmigen Atolle, hatte D. das langsame Absinken des Meeresuntergrundes und das die zunehmende Meerestiefe kompensierende Emporwachsen der Korallenriffe ermittelt. In dieser Korallenriff-Theorie sah D. eine erste Leistung seiner Fähigkeit, gemeinsame Eigenschaften von Naturobjekten (Phänomenen) zu erkennen. Weitere Arbeiten zur Geologie galten den vulkanischen Inseln und geologischen Beobachtungen auf dem Kontinent Südamerika. Von 1846–1854 erarbeitete D. eine Monographie der rezenten und fossilen Cirripedia (Rankenfüßer; Ordnung der Krebse). Er betrachtete diese mühevolle spezialwissenschaftliche Arbeit als notwendige Voraussetzung, um für seine Evolutionstheorie Anerkennung zu finden.

D.s herausragende Leistung wurde seine Abstammungslehre, denn er war der erste Forscher, der die schon öfters geäußerte Ansicht von einem Wandel der Organismen in der Erdgeschichte auf eine tragfähige Grundlage stellte. Eigene Überlegungen D.s zu einer Evolution der Organismen sind für das Jahr 1836 nachzuweisen.

Unter den Beobachtungen der »Beagle«-Reise, die zum Nachdenken über den Artenwandel Anlaß gaben, waren es vor allem nah verwandte Arten, die sich in ihren Verbreitungsgebieten (Nandu und Darwin-Strauß) oder ihrer Lebensweise (Darwin-Finken) gegenseitig ausschlossen (vikariierende Arten). Die natürliche Entstehung verschiedener Rassen innerhalb einer Art war bereits vor D. anerkannt worden, aber die Umwandlung einer Art in eine andere schien für die meisten Forscher vor 1859 nicht gegeben zu sein.

D. schrieb ab 1837 über viele Jahre hindurch Gedanken, Beobachtungen und Einwände zu seiner Evolutionstheorie in etlichen »notebooks« (Notizbüchern) nieder und verfaßte 1844 darüber ein zu seinen Lebzeiten ungedruckt gebliebenes Manuskript von 230 Seiten Umfang. Das 1844 von R. Chambers anonym veröffentlichte Buch »The Vestiges of the Natural History of Creation« (»Die Spuren der Naturgeschichte in der Schöpfung«, von K. Vogt unter dem Titel »Natürliche Geschichte der Schöpfung des Weltalls, der Erde und der auf ihr befindlichen Organismen ...« veröffentlicht) behandelte in relativ spekulativer Weise ebenfalls die Evolution der Organismen. Die zum Teil heftige und ablehnende Reaktion, die dieses Buch erfuhr, zeigte aber D., welche Anforderungen an seine Argumentation gestellt wurden.

In Anlehnung an Lyells Aktualismus, wonach die Vergangenheit der Erde durch die Vorgänge der Gegenwart zu erklären sei, war D. der Ansicht, daß auch die Evolution der Organismen durch Vorgänge zustande kommt, die auch heute noch existieren und die direkt erforscht werden können. Deshalb spielten in D.s Überlegungen die Züchtung der Haustiere und der Kulturpflanzen, die ein Stück gelenkter Evolution seien, eine besondere Rolle. Als Evolutionsfaktoren erkannte D. die Variabilität und die Selektion (Auslese); gerade die Einbeziehung der Selektion bestimmte die Darwinsche Evolutionstheorie. So wie der Züchter nur die seinen Zielen entsprechenden Individuen zur Fortpflanzung zuläßt und damit neue Rassen hervorbringt, so sollten in der Natur die Umweltfaktoren, d. h. Klima, Boden, andere Lebewesen u. a., im Durchschnitt die Individuen erhöht ausmerzen, die weniger angepaßt sind oder sich unzureichend reproduzieren. Damit erkläre sich das Zustandekommen der Zweckmäßigkeit (z. B. Schutzfarben, die Resistenz gegen Umweltschäden), die bisher von vielen Gelehrten als Beweis für das Vorhandensein eines weisen Schöpfers galten.

D. zögerte mit der Veröffentlichung seiner Gedanken noch viele Jahre. Erst als A. R. Wallace, wie eine kurze Arbeit von ihm 1858 zeigte, unabhängig von D. die Selektionstheorie der Evolution entwickelte, fühlte sich D. unter Einfluß von Lyell und T. H. Huxley zu einer Veröffentlichung seiner Ansichten gedrängt; im November 1859 erschien die erste Auflage seines berühmten Buches »On the Origin of Species by means of Natural Selection, ...« (Über die Entstehung der Arten ... durch natürliche Zuchtwahl). Das Buch erregte großes Aufsehen. Seit den 60er Jahren des 19. Jh. wandten sich zahlreiche Biologen der Erforschung der Evolution zu. D. selbst lieferte ebenfalls noch wichtige Beiträge zum Ausbau der Abstammungslehre. In seinem umfangreichen Werk »Das Variieren der Tiere und Pflanzen im Zustande der Domestikation« (dtsch 1868) stellte er unter anderem eine große Anzahl der in der landwirtschaftlichen und gärtnerischen Literatur verstreuten Beobachtungen über die Variabilität der Haustiere und Kulturpflanzen zusammen, ohne allerdings eine klare Unterscheidung zwischen nichterblichen und erblichen Abänderungen zu treffen. Ebenfalls in diesem Buch entwickelte D. die auf Gedanken von H. Spencer fußende Pangenesis-Hypothese über das materielle Substrat der Vererbung. Aus allen Körperteilen sollten winzige Keimchen, von D. Gemmules oder Pangene genannt, in die Keimzellen zusammenströmen und bewirken, daß die Nachkommen den Eltern im allgemeinen gleichen. Diese spekulative Hypothese, die nicht bestätigt werden konnte, gab aber Anregung für weitere Experimente zum Vererbungsproblem, wie sie von F. Galton später durchgeführt wurden, und in der Diskussion der Darwinschen Pangenesis-Hypothese wurden weitere, anregende Vererbungstheorien entwickelt, so z. B. von A. Weismann.

Im Unterschied zu Huxley und E. Haeckel hatte D. zunächst gezögert, die Evolutionslehre auch auf den Menschen anzuwenden. 1871 veröffentlichte er aber das Buch »Die Abstammung des Menschen und die geschlechtliche Zuchtwahl« und legte hierin viele Gedanken über die Herkunft des Menschen von Affen-Vorfahren dar. Als neue Entdeckung stellte D. in dem gleichen Werk seine Theorie der sexuellen Zuchtwahl vor, wonach viele Tiere ihre Geschlechtspartner unter Berücksichtigung spezifischer Merkmale, so nach der Färbung, Lautäußerungen oder Körperformen, auswählen, was zur Entwicklung bzw. Festigung der sekundären Geschlechtsmerkmale führte. D. suchte auch nachzuweisen, daß die mimischen Ausdrucksbewegungen des Menschen ihre Wurzeln bei höheren Säugetieren, besonders auch bei den Affen, haben (1872). Die Erforschung erblicher Verhaltensweisen wurde im 20. Jh. durch K. Lorenz und dessen Schule wieder aufgenommen.

Ab 1860 betrieb D. auch zahlreiche botanische Forschungen. Er untersuchte unter anderem den Nutzen der verschiedenen Teile der Orchideenblüte für die Bestäubung (1862), die Anpassung der Kletterpflanzen an das Emporklimmen (1867); neben F. Cohn untersuchte er als erster die Aufnahme und »Verdauung« kleiner Tiere bei »insektenfressenden« Pflanzen (1876), er erforschte die unterschiedlichen Wirkungen von Fremd- (»Kreuz«-) und Selbstbefruchtung bei Blütenpflanzen und die zahlreichen Einrichtungen der Pflanze, die Fremdbefruchtung begünstigen (1876), sowie die Bewegungen der Sproßenden und Wurzeln bei Blütenpflanzen (1880). Teilweise dienten diese Untersuchungen dazu, um die Evolutionstheorie durch weitere Tatsachen zu stützen, so durch den Nachweis des Nutzens vieler Merkmale, was die Entstehung unter Beteiligung der Selektion wahrscheinlich macht. Sie regten eine Fülle von Forschungen zur Anpassung (»Blütenökologie« usw.) an. Die Arbeiten besitzen aber auch einen eigenständigen Wert für die Pflanzenphysiologie bzw. -ökologie.

In seinem letzten Buch (1881) beschrieb D. erstmals ausführlich die von ihm auch experimentell untersuchte Rolle (»Tätigkeit«) der Regenwürmer für die Bodendurchmischung, die Schaffung von Bodenhohlräumen u. a., was zur »Bildung der Ackererde«, zur Bodenfruchtbarkeit entscheidend beiträgt.

D.s Evolutionstheorie war ein wichtiger Beitrag zu einem wissenschaftlichen philosophischen Weltbild. Nur wenige wissenschaftliche Theorien wurden in der Öffentlichkeit so viel diskutiert.

D.s Lehre wurde jedoch als »Sozialdarwinismus« in gefährlicher Weise benutzt, indem mit Berufung auf D. u. a. behauptet wurde, daß in der menschlichen Gesellschaft ein Fortschritt nur durch unerbittlichen Kampf möglich wäre, und es wurde zu rechtfertigen versucht, daß viele Menschen, besonders farbiger Rassen, im Elend leben müssen oder gar zum Aussterben im Interesse der »besseren« verurteilt sind. Zi

Literatur: Darwin, Ch.: A Naturalist's Voyage. Journal of Researches ... (London 1860), dtsch: Reise eines Naturforschers um die Welt (Stuttgart 1875), The Structure and Distribution of Coral Reefs (London 1842, 2. Aufl. 1874), dtsch: Über den Bau und die Verbreitung der Corallen-Riffe (Stuttgart 1876), On the Origin of Species by means of Natural Selection, or the Preservation of Favoured Races in the Struggle for Life (London 1859, 1860, 1861, 1866, 1869, 1872), dtsch: Über die Entstehung der Arten im Thier- und Pflanzenreich durch natürliche Züchtung, oder Erhaltung der vervollkommneten Rassen im Kampfe um's Dasein (Stuttgart 1860 und ab 1867), The Variation of Animals and Plants under Domestication (London 1868, 2. Aufl. 1875), dtsch: Das Variieren der Thiere und Pflanzen im Zustande der Domestication (Stuttgart 1868, 1873, 1878), The Descent of Man, and Selection in Relation to Sex (London 1871, 2. Aufl. 1874) dtsch: Die Abstammung des Menschen und die geschlechtliche Zuchtwahl (Stuttgart 1871, 1875, 1883), Erinnerungen an die Entwicklung meines Geistes und Charakters (Autobiographie) (London 1876–1881), Tagebuch des Lebens und Schaffens (Journal) 1838–1881 ... (Leipzig 1982).

Barrett, P. H. (Hrsg.): The Collected Papers of Charles Darwin, 2 Bde (Chicago 1977, 1980); Darwin, F. (Hrsg.): Life and Letters of Charles Darwin, including an autobiographical chapter, 3 Bde (London 1887), dtsch: Leben und Briefe von Charles Darwin mit einem seine Autobiographie enthaltenden Kapitel. Hrsg. von seinem Sohne Francis Darwin (Stuttgart 1910), Darwin, F., Seward, A. C. (Hrsg.): More Letters of Charles Darwin. A Record of his work in a series of hitherto unpublished letters, 2 Bde (London 1903); Zirnstein, G.: Charles Darwin (5. Aufl. Leipzig 1985).

Davis, William Morris, Geologe und Geograph, geb. 12. 2. 1850 Philadelphia, gest. 5. 2. 1934 Pasadena.

D. förderte wesentlich die US-amerik. Geomorphologie und wirkte durch seine Theorie der Reliefentwicklung über viele Jahre weltweit anregend auf die physisch-geographische Forschung ein.

D. studierte 1866–1869 an der Harvard-Univ. Geologie und erwarb dort 1870 den Mastergrad als Bergbauingenieur. 1870–1873 war er Assistent an der Sternwarte Cordoba in Argentinien. Dann arbeitete er bis 1873 als Buchhändler in Philadelphia. Im selben Jahr ging D. als Assistent für Geologie an die Harvard-Univ. zurück und wurde dort 1878 Doz. (»Instructor«) für physische Geographie. 1882–1885 war er als Feldgeologe in Montana bei den Vorarbeiten zum Bau der Northern Pacific Eisenbahn tätig. 1885 wurde D. an der Harvard-Univ. »Assistant Professor«, 1890–1898 war er Prof. für physische Geographie. 1898 erhielt er die seit 1865 in Cambridge bestehende Sturgis-Hooper-Professur für Geologie. Diese aus einer Stiftung finanzierte Professur wurde an in Lehre und Forschung verdiente Wissenschaftler verliehen. 1905, 1906 und 1909 war D. Präsident der auf seine Initiative am 29. 12. 1904 gegründeten Association of American Geographers, des Berufsverbandes der US-amerikanischen Geographen. Im Wintersemester 1908/09 lehrte er als Gastprof. an der Univ. Berlin, 1911/12 an der Sorbonne. 1911 war er Präsident der Geologischen Gesellschaft der USA. Emeritiert wurde er 1912. Zahlreiche wissenschaftliche Gesellschaften ernannten D. zu ihrem Ehrenmitgl. Die Preuß. Ak. d. Wiss. wählte ihn zum korrespondierenden Mitgl., in Frankreich wurde er Ritter der Ehrenlegion. Die Ehrendoktorwürde erhielt er 1905 von der

Ch. R. Darwin

W. M. Davis

Univ. des Kaplandes, 1906 für seine Verdienste um die Geomorphologie von der Philosophischen Fakultät der Univ. Greifswald, 1911 von der Univ. Kristiania (Oslo).

D. begann seine wissenschaftliche Laufbahn, als der RITTER-Schüler A. GUYOT dessen Ideen vom Gegenstand der Geographie in den USA lehrte. Von GUYOTS Werk »Earth and Man« empfing D. große Impulse. D.' Ablehnung der RITTERschen Teleologie und seine Ausbildung als Geologe führten ihn zu einer einseitigen Hervorhebung der physischen Geographie, die bei ihm stellvertretend für Geographie insgesamt stand, da diese dem Kausalzusammenhang leichter zu erschließen war. D. übernahm für diese Disziplin den Begriff der Physiographie und vollzog hier die ihm aus der Geologie geläufige kausale Betrachtungsweise nach. Seine in »The Teaching of Geography« (1892) und »Methods and Models ...« (1899) gegebenen Definitionen der (physischen) Geographie, die Ähnlichkeit mit der F. v. RICHTHOFENS von 1877 haben, sehen in der Untersuchung der sich verändernden Oberflächenformen deren Forschungsgegenstand. Etwa gleichzeitig entwickelte D. in Verbindung mit seinem Einsatz für die Verbesserung der Schulgeographie die Vorstellung von einer Geographie des Menschen (»human geography«, im deutschen Sprachgebrauch Anthropogeographie oder besser Sozialgeographie) als einem neuen Teil der Gesamtdisziplin. Anregungen dazu kamen später unter anderem von der Wirtschaftswissenschaft. In seiner »Physical Geography in the High School« (1900) spricht D. von den zwei großen Prinzipien in der Geographie, der »Evolution der Landformen« und der »Evolution der Lebensformen«, betont die »fundamentale Wichtigkeit« der Beziehungen zwischen natürlicher Umwelt und dem Leben und führt CH. DARWINS Konzeption als Sozialdarwinismus in die Geographie ein. Für diesen Zweig prägte er 1902 den Begriff Ontographie, der sich nicht durchsetzte. Geographie definierte er jetzt als Beziehungswissenschaft zwischen der Erde und dem Leben. Daraus entwickelte sich in der US-amerikanischen Geographie die wissenschaftlich unhaltbare Lehre vom Environmentalismus, demzufolge die Natur den bestimmenden Einfluß auf die menschliche Entwicklung ausübt. Als Forschungsgegenstand einer Gesamtgeographie sah D. jetzt die regionale Geographie, die er in einem 1914 verfaßten Artikel als die »höchste geographische Aufgabe« bezeichnete. Danach wandte er sich wieder der Geomorphologie zu und leistete seinen bedeutendsten theoretischen Beitrag zu dieser Disziplin mit der erstmals 1899 prägnant formulierten Lehre vom geographischen Zyklus, einer Analyse der Naturlandschaft, die das Ziel verfolgt, die Gesetzmäßigkeiten der Genese ihrer Oberflächenformen zu erkennen. D.' Ansatz beruht darauf, daß eine durch Krustenbewegungen gehobene Landmasse durch die Erosion des fließenden Wassers, Eises, Windes oder Meeres in Abhängigkeit von der Gesteinsbeschaffenheit wieder zu einer Fastebene beinahe im Niveau des Meeres abgetragen wird; die nach Erosionsprozessen entstandenen »jungen« Formen werden von »reifen« und diese von »alten« abgelöst. Seine Methode wurde später fälschlich oft als deduktiv bezeichnet. D. hat dagegen in »Die erklärende Beschreibung der Landformen« betont, daß »Deduktion« nur einen Teil von ihr ausmacht und nicht wesentlicher ist als die »Induktion«. Bei aller Unvollkommenheit – z.B. wurden klimatische Einflüsse kaum beachtet – war mit der Zyklenlehre eine bedeutende Theorie zur Erklärung der Gesamtheit der Oberflächenformen geschaffen worden. D. bleibt trotz mancher Irrtümer einer der großen Theoretiker der Geographie. Li

Literatur: Davis, W.M.: Methods and Models in Geographical Teaching (1889), The Teaching of Geography (1892), Physical Geography in the High School (1900), The Progress of Geography in the Schools (1902), sämtlich Z.-Artikel, nochmals abgedruckt in: Geographical Essays (Hrsg. D.W. Johnson, Boston, New York, Chicago, London 1909); The Geographical Cycle, in: Geogr. J. 14 (1899), 481–504; Physical Geography (Boston u. London 1900, 2.Aufl. 1901), dtsch Grundzüge der Physiograpie, 2 Bde. (Leipzig 1911, 3.Aufl. 1930); Die erklärende Beschreibung der Landformen (Leipzig u. Berlin 1912, 2.Aufl. 1924); Der Valdarno: eine Darstellungsstudie, in: Z. Ges. Erdk. Berlin (1914), 585–621.

Fuchs, G.: Der Wandel zum anthropogeographischen Denken in der amerikanischen Geographie, in: Marburger Geogr. Schriften, Heft 32 (1966); Saarmann, G.: William Morris Davis, in: Pet. Geogr. Mitt. 95 (1951), 193–195.

Davisson, Clinton Joseph, Physiker, geb. 22.10.1881 Bloomington (Illinois, USA), gest. 1.2.1958 Charlottesville (Virginia, USA).

D. entdeckte 1927 gemeinsam mit L.H. GERMER die Elektronenbeugung an Kristallen.

Nach dem Schulbesuch in seiner Heimatstadt studierte D. mit kurzen Unterbrechungen in Chicago, Lafayette (Indiana) und Princeton (New York). 1911 ging er an das Carnegie Institut of Technology und 1917 nach New York zu den Western Electric Company Laboratories (ab 1925 Bell Telephone Laboratories), wo er bis 1946 blieb, ehe er bis 1954 an der Virginia University in Charlottesville als Gastprof. tätig war.

D. beschäftigte sich zunächst mit der Emission von thermischen und von Sekundärelektronen. Angeregt durch die Messung der Energie- und Winkelverteilung von Sekundärelektronen stieß er durch einen Zufall auf die Streuung von Elektronen an Kristallschichten, einen Effekt, den er ab 1925 gemeinsam mit CH.H. KUNSMAN und GERMER intensiv untersuchte. 1926 erfuhr D. von der Theorie L.V. DE BROGLIES und erkannte, daß die Beugungsversuche zur Bestätigung der Wellennatur der Elektronen dienen konnten. Für die experimentelle Entdeckung der Beugung von Elektronen an Kristallen, mit der die Grundlage einer wichtigen Methode zur Strukturuntersuchung geschaffen war, erhielt D. gemeinsam mit G.P. THOMSON, der vier Monate nach D. und GERMER unabhängig von ihnen zum gleichen Ergebnis kam, 1937 den Nobelpreis. Fk

Literatur: Davisson, C.J., u. L.H. Germer: Scattering of Electrons by a single crystal of Nickel, in: Nature 119 (1927), 558–560.

Davy, Sir Humphry, Naturforscher, geb. 17.12.1778 Penzanoe (Südwestengland), gest. 19.5.1829 Genf.

D. gilt als einer der bedeutendsten engl. Wissenschaftler der ersten Hälfte des 19.Jh. Er beeinflußte entscheidend vor allem die Entwicklung der Chemie in theoretischer und praktischer Hinsicht sowie das wissenschaftliche Leben Englands, indem er neue Anschauungen in der sich herausbildenden Elektrochemie erarbeitete, zahlreiche Elemente entdeckte und praktische Anwendungen naturwissenschaftlicher Kenntnisse z.B. in der nach ihm benannten Sicherheitslampe und dem katodischen Korrosionsschutz verwirklichte.

D. besaß nur eine einfache Schulbildung und brach eine Lehre als Apotheker frühzeitig ab, um 1798 an der neubegründeten »Pneumatic Institution« in Bristol forschen zu können. Drei Jahre später erhielt er die Berufung zum »Assistent Lecturer« an der »Royal Institution« in London, wo er 1802 Prof. wurde. 1812 legte D. sein Amt nieder und begab sich auf eine ausgedehnte Europareise, auf der ihn sein kurz zuvor angestellter Laborgehilfe M. FARADAY begleitete, den er auf dieser Reise in die wissenschaftliche Arbeit einführte.

D. wurde 1820 Präsident der Royal Society und damit einer der einflußreichsten Männer in der Wissenschaft Englands. Zunehmende Krankheit hinderte ihn an weiteren Forschungen, und er unternahm zahlreiche Erholungsreisen. Er starb auf der Rückkehr nach England in Genf.

In Bristol machte D. vor allem mit zwei Arbeiten auf sich aufmerksam. Einmal schlußfolgerte er aus einem originell ausgedachten Versuch, daß die Wärme unmateriell sei, womit er der allgemeinen Auffassung vom Wärmestoff widersprach. Zum zweiten waren es seine Versuche mit Lachgas (Distickstoffmonoxid), die bald in den Salons nachgeahmt wurden. Jedoch konnte sich die Anwendung des Gases als Anästhetikum nicht durchsetzen. Nach der Entdeckung der VOLTAischen Säule im Jahre 1800 begann auch D. mit elektrochemischen Versuchen, doch wurden diese 1801 durch seine Berufung nach London unterbrochen. 1802 führte er gemeinsam mit T. WEDGWOOD photographische Versuche aus, wobei zum ersten Mal eine Mikrophotographie hergestellt wurde, aber die Fixierung der Bilder gelang nicht. 1806 nahm D. seine elektrochemischen Forschungen wieder auf und klärte die Nebenreaktion bei der Wasserelektrolyse auf. Er gab eine eigene Theorie elektrochemischer Vorgänge an. Die elektrochemischen Versuche führten ihn 1807/08 zur Entdeckung der Elemente Natrium, Kalium, Barium, Strontium, Calcium und Magnesium auf elektrochemischem Wege sowie zur Darstellung von elementarem Bor. Versuche zur elektrochemischen Gewinnung von Aluminium und Silicium schlugen fehl. Durch Einsatz einer großen Batterie konnte D. 1809 einen stabilen Lichtbogen erzeugen, den er vor allem als Wärmequelle zur Auslösung chemischer Umsetzungen betrachtete. Elektrolytische Versuche mit Chlor erbrachten den Beweis, daß es sich hierbei um ein Element handelt. Damit ließ sich A.-L. LAVOISIERS Behauptung widerlegen, daß Salzsäure Sauerstoff enthielte. Analoge Versuche mit Flußsäure führten nicht zur Darstellung elementaren Fluors, was erst acht Jahrzehnte später H. MOISSAN gelang. 1812 stellte D. zusammen mit FARADAY Versuche über Iod an, und 1814 arbeitete er über Reaktionen in Flammen und fand das Prinzip der nach ihm benannten Sicherheitslampe, die zur Verhinderung schwerer Grubengasexplosionen dringend benötigt wurde. Außerdem erforschte er experimentell die Verflüssigung von Gasen sowie den Magnetismus und fand die Ablenkung des Lichtbogens im Magnetfeld. Seit 1823 bemühte sich D. um die praktisch wichtige Frage der Korrosion und ihrer Verhinderung, wozu er den Einsatz von Opferanoden vorschlug. Deren Verwendung, vor allem an Schiffen, konnte sich zunächst jedoch nicht durchsetzen.

D. schuf mit seinen brillanten experimentellen Entdeckungen die Grundlagen für eine systematische Neuordnung der Chemie, die das Lebenswerk seines Zeitgenossen J.J. BERZELIUS war, da ihm selbst jeglicher Hang zum Systematisieren abging. Mit seinen Arbeiten brachte er die Anfangsentwicklung der Elektrochemie zu einem gewissen Abschluß und war damit an der Herausbildung dieser

Spezialdisziplin der Chemie entscheidend beteiligt. D. setzte sich mit den Auffassungen Lavoisiers auseinander, dessen »Traité élémentaire de Chimie« ihn nachhaltig beeinflußte. Mit D.s Klärung der Nebenerscheinungen bei der Wasserelektrolyse war Lavoisiers Oxidationstheorie bestätigt. Dagegen widerlegte er dessen Auffassung vom Wärmestoff und vom Sauerstoffgehalt in Säuren, womit er auf die weitere Entwicklung dieser Gebiete stark Einfluß nahm. Er erkannte als charakteristischen Bestandteil der Säuren den Wasserstoff. Entscheidende Wirkung auf die Wissenschaft übte D. über Faraday aus, der dessen wissenschaftliche Auffassungen angenommen hatte. D. vertrat den Dynamismus, der vom Wirken bestimmter Grundkräfte ausging und die korpuskulare Natur der Atome negierte. Diese Suche nach den Verbindungen unter den Grundkräften hat Faraday zu seinen großen Entdeckungen geführt.

D. stammte aus einfachen Verhältnissen und hatte einen ausgeprägten Drang nach gesellschaftlicher Anerkennung, die er im Ritterschlag (1812) und der Verleihung der Würde eines Barons (1818) auch erhielt. Das Bemühen um äußere Anerkennung führte auch 1812 zu der wenig glücklichen Heirat mit der vermögenden Witwe J. Apreece. Durch seinen Charakter wurde das anfänglich wohlwollende Verhältnis zu Faraday später getrübt. Du

Literatur: The Collected Works of Sir Humphry Davy, Bde. 1-9 (London 1839/40).
Dunsch, L.: Humphry Davy (Leipzig 1982).

Debye, Peter Joseph Wilhelm, Physiker und Physikochemiker, geb. 24. 3. 1884 Maastricht (Niederlande), gest. 2. 11. 1966 Ithaca (New York, USA).

D. war einer der vielseitigsten Physiker des 20. Jh., der auf theoretischem wie experimentellem Gebiet gleichermaßen Bedeutendes leistete. Zahlreiche physikalische Begriffe und Theorien tragen seinen Namen.

D., Sohn eines Werkmeisters, begann nach Abschluß der Höheren Bürgerschule in Maastricht ein Studium der Elektrotechnik an der TH Aachen (Diplom 1905). Zu seinen Lehrern gehörten M. Wien (Experimentalphysik) und A. Sommerfeld (technische Mechanik). Insbesondere Sommerfeld begeisterte D. derart für die theoretische Physik, daß er ihm 1906 nach München als Assistent folgte. 1908 promovierte D. mit einer Arbeit zur Theorie des Regenbogens. 1911 wurde er A. Einsteins Nachfolger als Prof. für theoretische Physik an der Univ. Zürich. Es folgten Lehrverpflichtungen in Utrecht (1912–1914), Göttingen (1914–1920) und an der ETH Zürich (1920–1927). 1927 übernahm D. den Lehrstuhl für Experimentalphysik an der Univ. Leipzig; zur gleichen Zeit kam W. Heisenberg als Prof. für theoretische Physik nach Leipzig. 1935 wurde D. Dir. des neu zu errichtenden Kaiser-Wilhelm-Instituts für Physik in Berlin mit den Forschungsschwerpunkten Atom- und Tieftemperaturphysik. (Das von 1917–1933 von Einstein und M. v. Laue geleitete Institut gleichen Namens verteilte nur Forschungsgelder und hatte selbst keine Forschungsbasis.) 1936 übernahm D. außerdem den Lehrstuhl für Experimentalphysik von W. Nernst an der Berliner Univ.

Für politische Zusammenhänge hatte sich D. wenig interessiert, dennoch schien sein Weggang von Leipzig nach Berlin auch damit zusammenzuhängen, daß ihn der im Hörsaal einziehende nationalsozialistische Ungeist abstieß. Als nach Ausbruch des zweiten Weltkrieges die Annahme der deutschen Staatsbürgerschaft die Voraussetzung für ein weiteres Wirken als Dir. seines Instituts sein sollte, nutzte er eine Einladung zu Vorlesungen an der Cornell Univ. und emigrierte 1940 in die USA. An der Cornell Univ. war er Prof. für Chemie und Dir. der Chemischen Abteilung

C. J. Davisson

H. Davy

(1940–1950) und blieb auch als Emeritus aktiv. 1946 war er amerik. Staatsbürger geworden.

»Von selten vielseitiger und starker Begabung und wunderbarer Beweglichkeit des Geistes« charakterisierte Einstein D. 1920 anläßlich seiner Wahl zum Mitgl. der Preuß. Ak. d. Wiss. zu Berlin. Von D.s zahlreichen Beiträgen zu den verschiedenartigsten Gebieten der Physik können hier nur einige genannt werden; viele seiner Arbeiten behandeln die Wechselwirkung von Strahlung mit Materie. Eine der wichtigen Arbeiten (1912) befaßt sich mit der Erklärung der Temperaturabhängigkeit der Dielektrizitätskonstanten. Ausgehend von der Tatsache, daß die bisherige Vorstellung, die Elektronen seien an ihre Moleküle durch elastische Kräfte gebunden, zur Erklärung der Temperaturabhängigkeit der Dielektrizitätskonstanten nicht ausreichte, stellte D. die Hypothese auf, daß die Moleküle elektrische Dipole seien. Damit begründete er die Theorie der polaren Moleküle. Ebenfalls 1912 gelang D. die Weiterentwicklung der Einsteinschen Theorie der spezifischen Wärme. Grundlage seiner Überlegungen bildete eine höchst einfache Idealisierung: Ein fester Körper schwingt im wesentlichen wie ein Kontinuum, der atomare Bau wird nur durch eine maximale Schwingungsfrequenz erfaßt. Mit diesem »kühnen Griff« (Laue) schnitt er das Frequenzspektrum praktisch bei der Grenzfrequenz ab, die eine spezifische Größe für das betreffende Material ist und die Debye-Temperatur charakterisiert, die bei der Berechnung vieler Festkörperprobleme eine Rolle spielt. D.s Theorie gibt eine befriedigende Erklärung der Dulong-Petitschen-Regel für spezifische Wärmen fester Körper.

Kurz nach der Entdeckung der Röntgenstrahlbeugung durch Laue und Mitarbeiter zeigte D. den Einfluß der Wärmebewegung der Atome im Kristallgitter auf die Interferenz der Röntgenstrahlen. Der Debye-Faktor bestimmt die Intensität des Beugungsbildes in Abhängigkeit von Wellenlänge, Beugungswinkel und absoluter Temperatur. Die mit P. Scherrer 1915 ausgearbeitete Methode ermöglichte es, Interferenzbilder auch von regellos orientierten Teilchen (Kristallpulver) im Röntgenlicht aufzunehmen; sie wurde zu einer der wichtigsten Methoden der Feinstrukturuntersuchung.

Mit seinem Assistenten E. Hückel formulierte D. 1923 seine fundamentale, auf der Annahme eines quasikristallinen Zustandes der Flüssigkeit basierende Theorie elektrolytischer Lösungen. Das abweichende Verhalten verdünnter Lösungen starker Elektrolyte von dem idealer Lösungen wurde durch die Annahme interionischer elektrostatischer Wechselwirkungskräfte erklärt. 1923 veröffentlichte D. auch das Konzept der adiabatischen Entmagnetisierung zur Erzeugung tiefster Temperaturen. Der nicht einfache experimentelle Nachweis seiner Richtigkeit gelang W. F. Giauque 1933 in den USA.

1932 zeigte D., aufbauend auf einer Anregung von

L. Brillouin, daß die Ausbreitung von Ultraschallwellen in Flüssigkeiten den Effekt eines optischen Gitters bewirken kann, wobei die entsprechende Wellenlänge der Gitterkonstanten entspricht. Fünfzehn Jahre später benutzte er die Lichtstreuung zur Molekulargewichts- (Molmasse-) bestimmung von Polymeren. Er arbeitete auch über Viskosität und Diffusion von Polymeren.

D. war Mitgl. zahlreicher Akademien und Gesellschaften, erhielt viele Ehrendoktorate und Auszeichnungen. Für seine Pionierarbeiten zur Strukturbestimmung im festen, flüssigen und gasförmigen Zustand bekam er 1936 den Nobelpreis für Chemie. Er verstand es, seine Vorlesungen und Vorträge stets anregend zu gestalten, die Zusammenhänge auf »einfache Weise« plausibel zu machen, sich so auch unterschiedlichen Zuhörerkreisen anzupassen. Ka

Literatur: The collected Papers of Peter J. W. Debye (New York, London 1954), Debye, P. (mit A. Einstein, M. Born, T. v. Kármán): Die Quantentheorie der spezifischen Wärme, in: Dokumente der Naturwissenschaft, Abt. Physik, Bd. 8 (Hrsg. A. Hermann, München 1966).

Davies, M.: Peter Joseph Wilhelm Debye. Biographical Memoires of Fellows of the Royal Society (London) 16 (1970), 175–232; Falkenhagen, H.: Peter Debye zum 80. Geburtstag, in: Forschungen und Fortschr. 38 (1964) 3, 91–93; Kant, H.: Peter Debye – einer der vielseitigsten Physiker des 20. Jahrhunderts, in: Physik in der Schule 14 (1976) 12, 508–513; Williams, J. W.: Peter Joseph Wilhelm Debye. Biographical Memoirs of the National Academy of Science (Washington) XLVI (1975), 23–68.

de Candolle, → Candolle.

Dedekind, Richard, Mathematiker, geb. 6. 10. 1831 Braunschweig, gest. 12. 2. 1916 Braunschweig.

D. erzielte bahnbrechende Ergebnisse in der Algebra und algebraischen Zahlentheorie, der Mengenlehre und in bezug auf einen strengen Aufbau des Zahlensystems.

D. entstammte einem alten norddeutschen Geschlecht, das über Jahrhunderte im Raum Lübeck-Braunschweig nachweisbar war und aus dem zahlreiche Theologen, Juristen, Naturwissenschaftler und Künstler hervorgegangen sind. Sein Vater war Jurist und Prof. am Collegium Carolinum. Nach Abschluß des Gymnasiums besuchte D. 1848–1850 das Collegium Carolinum in Braunschweig und studierte ab 1850 Mathematik in Göttingen. Er promovierte 1852 bei C. F. Gauss und setzte seine Studien in Berlin fort. 1854 erfolgte seine Habilitation in Göttingen; danach war er dort Privatdoz. und wurde 1858 o. Prof. am Polytechnikum in Zürich. Von 1862 bis zu seiner Emeritierung 1894 wirkte er als o. Prof. am Polytechnikum, der späteren TH, in Braunschweig. D. war Mitgl. mehrerer Akademien und Ehrendoktor verschiedener Hochschulen.

In einer 1846 publizierten Arbeit hatte E. E. Kummer die »idealen Zahlen« für eine spezielle Klasse von algebraischen Zahlkörpern, die Kreisteilungskörper, eingeführt. Vor den Mathematikern stand danach die Aufgabe, die Kummersche Idee auf beliebige Zahlkörper zu verallgemeinern. Das leisteten unabhängig voneinander D., L. Kronecker und E. I. Solotarew. D. beschäftigte sich spätestens ab 1856 mit diesem Problem; seine Theorie publizierte er 1871 als Suppl. X zu G. Dirichlets Vorlesungen über Zahlentheorie (2. Aufl., in späteren Aufl. als Suppl. XI). D. führte den Begriff »Zahlkörper« ein und betrachtete endlich-algebraische Erweiterungen K des rationalen Zahlkörpers. Im Körper K wird die Hauptordnung $\mathfrak{o}$, das ist der Ring der ganzen algebraischen Zahlen des Körpers K, betrachtet. Von grundsätzlicher Bedeutung war die Einführung des Idealbegriffs: $\mathfrak{a} \subseteq \mathfrak{o}$ heißt ein Ideal, wenn 1. mit $\alpha, \beta \in \mathfrak{a}$ auch $\alpha + \beta \in \mathfrak{a}$, 2. mit $\alpha \in \mathfrak{a}$, $\beta \in \mathfrak{o}$ stets auch $\alpha\beta \in \mathfrak{a}$ ist. D. nennt ein Ideal $\mathfrak{a}$ teilbar durch $\mathfrak{b}$, falls $\mathfrak{a} \supseteq \mathfrak{b}$. Dann kann der Begriff eines Primideals eingeführt werden. Das Hauptergebnis von D. lautet: Jedes Ideal kann eindeutig als Produkt endlich vieler Primidealpotenzen geschrieben werden. Damit war eine arithmetische Theorie beliebiger algebraischer Zahlkörper endlichen Grades geschaffen. D. wandte seine Theorie erfolgreich an, insbesondere konnte er die Gausssche Theorie der binären quadratischen Formen mittels der Idealtheorie in quadratischen Zahlkörpern interpretieren. D. war einer der Wegbereiter der modernen strukturellen Auffassung der Algebra, wie sie für das 20. Jh. typisch ist. Seine algebraischen Ansätze griffen der Entwicklung weit voraus. So hat er bereits 1857/58 in einer Vorlesung den abstrakten Gruppenbegriff eingeführt, den Körperbegriff verwendet und die Galoissche Gruppe als Automorphismengruppe des entsprechenden Normalkörpers aufgefaßt – eine Auffassung, die erst Ende des 19. Jh. Allgemeingut der Mathematiker wurde. Seine Idealtheorie für die Hauptordnungen algebraischer Zahlkörper wurde im 20. Jh. von E. Noether wesentlich verallgemeinert und auf axiomatische Grundlage gestellt. Gemeinsam mit H. Weber verfaßte D. eine großangelegte Arbeit über algebraische Funktionen (1882), in der unter anderem der Begriff der Riemannschen Fläche rein algebraisch gefaßt und ein entsprechender Beweis des Satzes von Riemann-Roch gegeben wurde. D. lieferte erste Ansätze zu einer Galoistheorie der unendlichen Erweiterungen und entwickelte die Anfänge der Verbandstheorie (Dinge, die erst in den zwanziger Jahren unseres Jh. eine weitere Ausarbeitung erfuhren). Weiterhin arbeitete D. über hyperkomplexe Systeme (Algebren). Sein Beitrag zur Mengenlehre und Grundlegung der Mathematik ist in der Schrift »Was sind und was sollen die Zahlen?« (1888) enthalten. Darin gibt D. einen rein mengentheoretischen Aufbau der Theorie der natürlichen Zahlen, d. h., er führt sie auf so grundlegende Begriffe wie Menge und Abbildung zurück. Die moderne Mengenlehre hat aus dieser Schrift von D. zahlreiche Ideen und Methoden entwickelt, die in verallgemeinerter Form heute zu ihrem klassischen Bestand gehören; das sind z. B. der Begriff der Kette und die daran später von E. Zermelo geknüpfte Idee für einen Beweis des Wohlordnungssatzes, die berühmte Dedekindsche Unendlichkeitsdefinition und die darauf aufbauenden strengen Beweise für die grundlegenden Sätze über endliche und unendliche Mengen, die Art der Einführung der Rechenoperationen für die natürlichen Zahlen, die den Weg für das Verfahren vorgezeichnet hat, mit dem heute üblicherweise das Rechnen mit beliebigen Ordinalzahlen begründet wird, und schließlich die Erkenntnis der Notwendigkeit, induktive Definitionen zu rechtfertigen, und die Formulierung eines entsprechenden Rechtfertigungssatzes. Am Entstehungsprozeß der Cantorschen Mengenlehre war D. insofern unmittelbar beteiligt, als er von 1873 an ein interessierter und verständiger Briefpartner von G. Cantor war, ihn ermutigte, ihm im Streit mit Kronecker beistand und auch eigene Ergebnisse zur Mengenlehre in diesen Briefwechsel einbrachte. 1872 erschien D.s Begründung der Theorie der reellen Zahlen als selbständige Schrift unter dem Titel »Stetigkeit und irrationale Zahlen«; D. griff darin die alte Idee des Eudoxos wieder auf, Verhältnisse beliebiger Größen durch Schnitte im Bereich der rationalen Zahlen zu charakterisieren. D. ging jedoch über Eudoxos weit hinaus und schloß eine über 2000 Jahre offen gebliebene Lücke, indem er den genetischen Aufbau aus den rationalen Zahlen heraus konsequent durchführte, den Begriff der Vollständigkeit, die er »Stetigkeit« nannte, exakt definierte und die Vollständigkeit des neu konstruierten Zahlenbereichs zeigte. Die exakte Begründung einer Theorie der reellen Zahlen war in der zweiten Hälfte des 19. Jh. zur Notwendigkeit mathematischer Forschung geworden. Unabhängig von

P.J.W. Debye

R. Dedekind

D. entwickelten K. Weierstrass (1860), Ch. Méray (1869) und Cantor (1872) solche Theorien, die jedoch auf anderen Grundbegriffen und Prinzipien beruhten. Die Theorie von D. kann stets dann zur Vervollständigung benutzt werden, wenn im vorgegebenen unvollständigen Bereich eine Ordnungsrelation gegeben ist.

Den stärksten persönlichen Einfluß auf D. hat Dirichlet ausgeübt; mit B. Riemann war D. persönlich befreundet; noch als Privatdoz. beteiligte er sich an der Herausgabe der Werke von Gauss. D. hat Dirichlets Vorlesungen über Zahlentheorie und gemeinsam mit Weber Riemanns gesammelte Werke herausgegeben. Er galt als vorzüglicher akademischer Lehrer, hatte jedoch, bedingt durch seinen begrenzten Wirkungskreis an einer TH, keine unmittelbaren Schüler. 1872–1875 stand er als Dir. dem Braunschweiger Polytechnikum vor. D. blieb unverheiratet; den Haushalt führte ihm seine Schwester Julie D., eine damals bekannte Novellistin. D. lebte bescheiden und zurückgezogen. Seine Auffassung von Mathematik und seine Denkhaltung haben die Mathematik des 20. Jh. tiefgreifend mitgeprägt. Pu

Literatur: Dedekind, R.: Gesammelte mathematische Werke, Bde. I, II, III (Hrsg. E. Noether, R. Fricke, O. Ore, Braunschweig 1930, 1931, 1932), Stetigkeit und irrationale Zahlen (8. Aufl. Berlin 1967), Was sind und was sollen die Zahlen? (11. Aufl. Berlin 1967).

Noether, E., u. Cavaillès, J.: Briefwechsel Cantor–Dedekind (Paris 1937); Scharlau, W. (Hrsg.): Richard Dedekind 1831–1981 (Braunschweig 1981).

Delbrück, Max Ludwig Henning, Physiker und Molekularbiologe, geb. 4.9.1906 Berlin, gest. 10.3.1981 Pasadena (California/USA)

D. ist einer der Mitbegründer der Molekularbiologie, vor allem durch die Einführung der Bakteriophagen als Objekte biowissenschaftlicher Forschung.

D., Sohn des Geschichtsprof. Hans D., studierte 1924–1929 Astrophysik, Mathematik und theoretische Physik in Tübingen, Berlin, Bonn und Göttingen; er promovierte 1930 in Göttingen, war zwischen 1929 und 1932 zur postgradualen Ausbildung in theoretischer Physik in Bristol, bei N. Bohr in Kopenhagen und bei W. Pauli in Zürich. 1932–1937 war er Assistent von L. Meitner am Kaiser-Wilhelm-Institut für Chemie in Berlin; in dieser Zeit organisierte er eine Diskussionsgruppe, der neben Physikern auch Biochemiker und Genetiker angehörten, unter anderem N. W. Timofejew-Ressowski. 1937–1940 ging D. als Stipendiat der Rockefeller-Foundation an das California Institute of Technology (Caltech), Pasadena, Cal., und führte dort die ersten Arbeiten mit Bakteriophagen durch, zunächst gemeinsam mit E. L. Ellis. 1940–1947 war er an der Vanderbilt University, Nashville, Tenn. zuerst Instructor in Physics, danach Associate Prof. In dieser Zeit begann die Zusammenarbeit mit S. E. Luria und A. D. Hershey als dem »Kern der Phagengruppe«, außerdem kooperierte er mit dem Elektronenmikroskopiker T. F. Anderson. 1937–1977 war er Chair of Biology am Caltech. In den Jahren 1953–1981 erfolgten D.s Untersuchungen über phototropische Reaktionen von Phycomyces. 1977–1981 war er Board of Trustees Professor of Biology, Emeritus, am Caltech.

Beeinflußt vor allem von Bohr und von Timofejew-Ressowski versuchte D. die Natur des Gens aufzuklären. Bereits 1935 verfaßte er gemeinsam mit Timofejew-Ressowski und K. G. Zimmer die Schrift »Über die Natur der Genmutation und der Genstruktur«. Diese gab E. Schrödinger den wesentlichen Anstoß für sein berühmtes Buch »What is Life?« (New York 1945), welches bei zahlreichen Physikern und anderen Naturwissenschaftlern Interesse an der Genetik auslöste. 1937 entdeckte D., daß Bakteriophagen geeignete Modelle zum Studium der Genstruktur sind. Gemeinsam mit Ellis arbeitete er zunächst Schlüsselexperimente der Phagenforschung aus, die noch heute praktiziert werden. 1943 führte er mit Luria den Fluktuationstest ein und wies damit nach, daß (Phagenresistenz-) Mutanten spontan auftreten. Diese Arbeit markiert die Geburt der Mikrobengenetik und ist somit ein Meilenstein in der Geschichte der Molekularbiologie, so daß sie gelegentlich sogar mit G. Mendels Publikation von 1865 verglichen wird. Ihr folgte 1946 gemeinsam mit W. T. Bailey der Nachweis genetischer Rekombinationen von Phagen in mischinfizierten Bakterien. Gleichzeitig begann D., junge Wissenschaftler sowie bisher auf anderen Gebieten tätige Kollegen – u.a. in Phagenkursen und -meetings – für die Arbeit mit Bakteriophagen zu begeistern und so – gemeinsam mit Hershey und Luria – die sich ständig vergrößernde, über die ganze Welt verbreitete »Phagen-Gruppe« zu organisieren. Deren Mitglieder zeichneten in der Folge für den bis zur Einführung der Gentechnik führenden »Siegeszug der Molekularbiologie« mit seinen fundamentalen Erkenntnissen über die molekularen Grundlagen des Lebendigen verantwortlich. Viele Mitgl. der Phagen-Gruppe sind inzwischen in Immunologie, Krebsforschung, Neurobiologie, Virologie und andere biowissenschaftliche Disziplinen konvertiert und haben diese mit den in der D.-Schule erworbenen methodischen und konzeptionellen Fertigkeiten entscheidend befruchtet. Nicht zuletzt folgten sie damit wieder D. selbst, der zu Beginn der 50er Jahre die Phagen »in guten Händen« wußte und sich der Neurobiologie, speziell der Reizaufnahme und deren Umwandlung in physiologische Aktivität, zuwandte und dazu Phycomyces als Objekt auswählte. Noch im Jahr seines Todes publizierte er über die Natur des Photorezeptors. Wegen seiner Komplexität wurde Phycomyces allerdings nicht zum »Phagen der Neurobiologie«. Trotzdem konnte D. noch erleben, wie die letztlich vor allem auf ihn zurückzuführende Gentechnik den entscheidenden Durchbruch in der molekularen Neurobiologie ermöglichte, während Bakteriophagen andererseits nach wie vor als bisher unübertroffene Modelle im Brennpunkt molekularbiologischen Interesses stehen.

D. wurde unter anderem 1967 mit der Gregor-Mendel-Medaille der Deutschen Akademie der Naturforscher »Leopoldina« und 1969 – gemeinsam mit Hershey und Luria – mit dem Nobelpreis für Physiologie und Medizin ausgezeichnet. Gß

Literatur (Auswahl): Delbrück, M.: Über die Natur der Genmutation und der Genstruktur (mit Timoféeff-Ressovsky u. Zimmer), in: Nachr. Ges. Wiss. Göttingen 6, N. F. Nr. 13 (1935), 190–245; The growth of bacteriophage (mit Ellis), in: J. gen. Physiol. 22 (1939), 365–384; Mutations of bacteria from virus sensitivity to virus resistance (mit Luria), in: Genetics 28 (1943),

491–511; Induced mutation in bacterial viruses (mit Bailey), in: Cold Spring Harbor Symp. 11 (1946), 33–37; A physicist looks at biology, in: Trans. Conn. Acad. Arts Sci. 38 (1949), 173–190, dtsch: Ein Physiker betrachtet die Biologie, in: Cairne, Stent, Watson (Hrsg.): Phagen und die Entwicklung der Molekularbiologie (Berlin 1972), 19–33; Phycomyces (mit Bergmann u. a.), in: Bact. Rev. 33 (1969), 99–157; Ein Physiker betrachtet erneut die Biologie – zwanzig Jahre später, in: Wiss. u. Fortschr. 20 (1970), 172–174; Replacement of riboflavin by an analogue in the blue-light photoreceptor of Physomaces, in: Proc. Nat. Acad. Sci. USA 78 (1981), 266–269; from Matter (Hrsg. Stent, G. S., Fischer, E. P., Golomb, S. W., Presti, D., Seiler, Hj., Palo Alto u. a. 1986); Komplette Bibliographie bei W. Hayes: Max Ludwig Henning Delbrück, in: Biograph. Memoirs of Fellows of the Royal Soc. 28 (1982), 59–90.

Demjanow (Dem'ânov), Nikolai Jakowlewitsch, Chemiker, geb. 15. (27.) 3. 1861 Twer (Kalinin), gest. 19. 3. 1938 Moskau.

D. fand 1903, daß bei der Desaminierung primärer cyclischer Amine mittels salpetriger Säure infolge Umlagerung Ringerweiterungsprodukte zugänglich werden (DEMJANOW-Umlagerung), z. B.

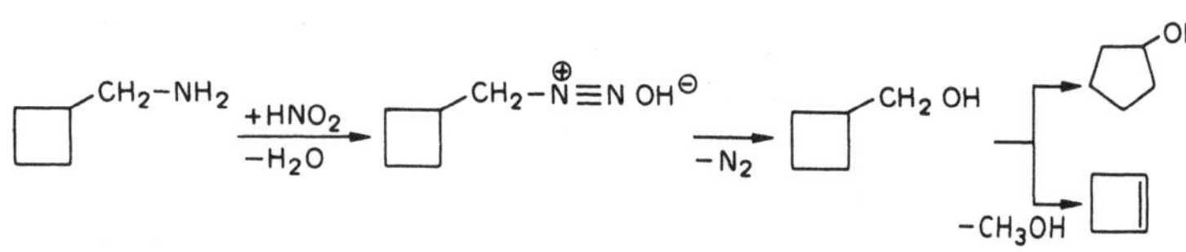

D. arbeitete nach Abschluß des Chemiestudiums an der Moskauer Univ. bei W. W. MARKOWNIKOW ab 1887 an der Land- und Forstwirtschaftsakademie in Petrowsk, wo er ab 1894 eine Professur innehatte. 1924 wurde er korrespondierendes und 1929 ordentliches Mitgl. der Ak. d. Wiss. der UdSSR. 1930 erhielt D. den Leninpreis. 1935 wurde er Dir. des Laboratoriums für organische Chemie der Ak. d. Wiss. der UdSSR in Moskau.

Außer der nach ihm benannten Umlagerung hat D. 1895 allgemeingültige Methoden zur Darstellung von Glycolen und von ungesättigten Alkoholen aufgefunden. 1899 konnte er zeigen, daß durch Einwirkung von Distickstoffpentoxid auf Alkene Salpetersäureester von Glycolen zugänglich sind. Als erstem gelang ihm die Darstellung von Methylcyclopropan. Mit diesen Arbeiten trug er zur Weiterentwicklung der präparativen organischen Chemie bei.

D. gilt als einer der Klassiker der Chemie in der Sowjetunion. Seine Arbeiten zu Problemen der Pflanzenchemie stimulierten die Anwendung insbesondere analytischer chemischer Methoden in diesem Bereich. Re

Literatur: Dem'ânov, N. A.: Die Umwandlung des Tetramethylenringes in den Trimethylenring, in: Ber. Dtsch. Chem. Ges. 40 (1907), 4961–4963; (mit M. Lusnikov): Über die Einwirkungsprodukte der salpetrigen Säure auf Tetramethylenmethylamin, in: J. russ. fiz.-him. obš. 35 (1903), 26–42, zitiert nach Chem. Zentralbl. 1903 I, 828/29.

Onišenko, A. S.: N. A. Dem'ânov – klassik sovetskoj himii, in: Usp. Him. 17 (1948), 608–623.

Demokrit, Naturphilosoph, geb. um 460 v. u. Z. Abdera (Thrakien), gest. um 370 v. u. Z. Abdera.

D. hat gemeinsam mit seinem Lehrer LEUKIPPOS VON MILET die naturphilosophische Atomistik im antiken Griechenland begründet. Beider Lehren sind stark miteinander verwoben, so daß sich ihre Leistungen nicht genau zuordnen lassen.

Über D.s Leben ist wenig bekannt. Von Abdera aus hat er weite Reisen unternommen (nach Ägypten, Babylonien, Persien), bevor er über Athen wieder nach Abdera zurückkehrte und Schüler in der Philosophenschule von LEUKIPPOS wurde. Seine zahlreichen naturphilosophischen Schriften wurden um die Zeitenwende in Tetralogien zusammengefaßt. Außer vielen Titeln dieser Schriften sind jedoch nur Fragmente davon erhalten geblieben; man weiß über ihren Inhalt vorwiegend durch Erörterungen, die andere Philosophen, besonders ARISTOTELES und THEOPHRASTOS, darüber anstellten.

Wie sein Lehrer LEUKIPPOS bemühte sich D., Ursachen und Gründe für den Wechsel der Erscheinungen, für Entstehen und Vergehen, insbesondere für die Qualitäten und die qualitativen Veränderungen der Stoffe in der Natur zu finden. Als letzte Ursache dafür nahmen sie nicht, wie die Vertreter der »Elementenlehre« von THALES bis EMPEDOKLES, qualitativ verschiedene, letzte Urbausteine an, deren verschiedenartige Vermischung qualitativ verschiedene Stoffe hervorbringt, sondern sie führten alle Erscheinungen auf das »Volle« (Materie) und das »Leere« (leerer Raum) zurück. »Volles« und »Leeres« existieren objektiv real; das Volle, die Materie, ist aufgrund der Existenz des »Leeren« teilbar – allerdings nicht bis ins Unendliche, wie ZENON angenommen hatte, sondern bis zu einer Grenze der Teilbarkeit, den Atomen. Diese unterscheiden sich nicht qualitativ voneinander, sondern nur in Größe und Gestalt, durch die die »primären Qualitäten« bestimmt werden. Im leeren Raum vermögen die Atome sich zu bewegen; sie treten zu verschiedenartigen Atomkomplexen zusammen oder zerfallen wieder, wobei sie jene Stoffe hervorbringen, die als Holz, Zucker, Salz u. dgl. erscheinen. Auch die Seele besteht aus Atomkomplexen. Verschiedenartige Lage und Anordnung der verschieden geformten Atome verursachen so das Entstehen von Stoffen mit – später – »sekundären Qualitäten«, wie süß, bitter, salzig. Der scharfe Geschmack rührt nach D. von scharfkantigen, eckigen Atomgestalten her. Diese Ansichten haben sich über Jahrhunderte erhalten; man begegnet ihnen noch in den Schriften von N. LEMERY im 18. Jh.

D.s Auffassung von den qualitativen Veränderungen ist mechanistisch-materialistisch. Das mechanistische Moment in seiner Lehre, das auch die Vertreter der Atomistik bis ins 19. Jh. nicht zu überwinden vermochten, wurde bereits in der Antike von ARISTOTELES erkannt und kritisiert. Nach ARISTOTELES vermag die Atomlehre D.s mit ihrer »mechanistischen Mischung« strukturell verschiedener Teilchen nicht, den Qualitätensprung zu deuten, der wesentliche Folge der »Mischung« der Atome sein müßte. Erst die moderne Atomtheorie des 20. Jh. war in der Lage, dieses Problem zu lösen. St

Literatur: Demokrit, in: Capelle, W.: Die Vorsokratiker (Berlin 1958, S. 392–466).

Descartes, Renés, lat. CARTESIUS, Philosoph, Mathematiker und Naturforscher, geb. 31. 3. 1596 La Haye (Touraine), gest. 11. 2. 1650 Stockholm.

D. nimmt mit seiner rationalistischen Philosophie und speziell seiner Naturphilosophie in der Frühphase der wissenschaftlichen Revolution, zwischen G. GALILEI und I. NEWTON, eine zentrale Stellung ein. Er leistete hervorragende Beiträge zur Entwicklung der Mathematik, insbesondere zur Herausbildung der analytischen Geometrie, sowie zur Mechanik und Optik.

M. L. H. Delbrück

N. J. Demjanow

Demokrit

R. Descartes

D. stammt aus einer Amtsadelfamilie; am Jesuitenkolleg La Flèche erhielt er 1604–1612 eine umfassende, die moderne Mathematik und Naturwissenschaft (z. B. GALILEIS optische Entdeckungen) einschließende Ausbildung. Nach dem Studium der Rechte an der Univ. Poitiers trat D. in den Militärdienst und nahm an einigen Feldzügen des 30jährigen Krieges teil, in deren Verlauf er unter anderem mit dem niederländ. Gelehrten I. BEECKMAN und dem Cossisten J. FAULHABER zusammentraf. Einer Italienreise (1623–1625) folgte ein Aufenthalt in Paris als Mitgl. eines sich dort formierenden Kreises von Naturforschern. Ab 1629 nahm D. Wohnsitz an verschiedenen Orten in den republikanischen Niederlanden, da er sich dort größere Gedankenfreiheit als im royalistischen Frankreich versprach. An einem großangelegten Werk »Le Monde« (Die Welt) arbeitend, erfuhr er hier von der Verurteilung GALILEIS (1633) wegen dessen Eintreten für das heliozentrische Weltsystem. Daraufhin verzichtete D. auf die Publikation von »Le Monde«, die, den Ideen von N. COPERNICUS und GALILEI folgend, unter anderem die Planetenentwicklung und die materiellen Bewegungen, wie Stoß und Druck, beschreiben sollte. (Dieses Manuskript gelangte nur z. T. in den Nachlaß und wurde erst 14 Jahre nach D.' Tod gedruckt.) D. entschloß sich, nur relativ ungefährliche Teile zu veröffentlichen: Der »Discours de la méthode ...« (Abhandlung über die Methode; mit drei Anhängen: über die Geométrie, die Meteore und die Dioptrik) erschien 1637 anonym in Leyden.

Auch in den Niederlanden geriet D. in Konflikt mit konservativen kirchlichen Kreisen. Sein Gottesbegriff wurde 1634 von einem Professorenkollegium in Utrecht als im Widerspruch zur offiziellen Theologie stehend verworfen (die Schriften von D. wurden 1663 auf den Index gesetzt). Deshalb folgte D. 1649 einer Einladung der schwed. Königin CHRISTINE als deren philosophischer Mentor an den Hof nach Stockholm, starb aber bereits im ersten strengen skandinavischen Winter.

Nach seiner philosophischen Grundhaltung gehört D. der idealistischen Richtung an. Seine Erkenntnistheorie, die die Kraft der ratio, der Vernunft, des menschlichen Denkens, betonte, hat eine in der Geschichte des menschlichen Denkens positive Rolle gespielt; sie steht im engsten Zusammenhang mit seinen mathematisch-naturwissenschaftlichen Leistungen. D. hat seine Methode des Philosophierens ausführlich im »Discours« und dann später, stärker die Existenz Gottes betonend, in den »Meditationes de prima philosophia, ...« (Amsterdam 1641) und in den »Principia philosophiae« (Amsterdam 1644) dargelegt. Bei allen Zweifeln, bei aller Diskussion über die Wahrheit, besonders im naturwissenschaftlichen Bereich, bleibt die Tatsache des Zweifelns selbst und damit die des denkenden philosophierenden Individuums D., woraus dessen Existenz folgt: cogito, ergo sum – ich denke, also bin ich – prägte D. als Formel. Von diesem Standpunkt der philosophischen Methode des Zweifels gelangte D. zu einer sicheren (subjektiv-idealistischen) Ausgangsposition und schrittweise, im Wechsel von Deduktion und Induktion, zu Existenzaussagen bis hin zum Gottesbeweis, der auf der dem Menschen eingeborenen Idee eines höchsten Wesens beruhe; Gott seinerseits garantiere, daß der Mensch durch die ihm innewohnenden Eigenschaften fähig ist, die Wahrheit zu finden. Für die Wissenschaften ergibt sich daraus die Forderung des Aufsteigens vom Einfachen zum Komplizierten und vor allem die der Verwendung klarer, durchsichtiger Begriffe und scharfer Definitionen.

Die drei Anhänge zum »Discours« versteht D. als Proben auf seine Methode. Die »Geometrie« wurde (neben der Leistung von P. DE FERMAT) zu einem der Ausgangspunkte der modernen analytischen Geometrie. Das Ziel D.s bestand darin, eine geometrische Basis für die Lösung algebraischer Probleme zu errichten. Dazu erhalten Strecken als geometrische Objekte zugleich einen ihrer Länge entsprechenden Zahlenwert unter Zugrundelegung einer entsprechenden Einheit. Strecken können Rechenoperationen unterworfen werden, Geometrie und Algebra sich wechselseitig stützen und miteinander verschmelzen. Damit fiel das die Entwicklung der Mathematik hemmende, noch aus der Antike herrührende Prinzip der Dimensionstreue: Es kann eine dritte Wurzel z. B. aus einem zweidimensionalen Ausdruck, etwa aus dem Produkt zweier Strecken, gezogen werden. D. unterscheidet zwei Aufgabentypen, »bestimmte« und »unbestimmte« Aufgaben. Erstere laufen auf die Lösung algebraischer Gleichungen durch geometrische Konstruktionen hinaus; der zweite Typ führt auf die Konstruktion geometrischer Örter, z. B. von Kegelschnitten, oder modern gesprochen, auf die funktionale Abhängigkeit von Variablen. D. war mit seiner Methode, obwohl sich das nach ihm benannte kartesische Koordinatensystem noch nicht voll ausgebildet findet, in der Lage, eine Reihe alter, schon in der Antike formulierter Probleme zu lösen (z. B. das Problem »geometrischer Ort zu vier Linien«, formuliert von PAPPOS) sowie weitergehende Fragen zu stellen und zu beantworten. So enthält der dritte Teil der »Geometrie« die (noch unbewiesene) Aussage, daß eine Gleichung n-ten Grades genau n Lösungen hat, sowie die kartesische Zeichenregel über die Anzahl der positiven und negativen Wurzeln einer algebraischen Gleichung. Mit der von ihm eingeleiteten Verschmelzung von Algebra und Geometrie und den Vorstufen funktionalen Denkens hat D. der künftigen Entwicklung der Mathematik fruchtbare Wege gewiesen. Die von ihm verwendete Symbolik (durchgehende Verwendung der Zeichen $+$ und $-$, der Potenzschreibweise, des Quadratwurzelzeichens $\surd$, Bezeichnung der Unbekannten und der Variablen durch die letzten Buchstaben des Alphabets) hat das äußere Erscheinungsbild der Mathematik erheblich mitgeprägt. Neben vielen, hier nicht aufgezählten mathematischen Einzelleistungen (z. B. Studium des kartesischen Blattes) enthielt der Nachlaß auch eine Vorform des Eulerschen Polyedersatzes.

Die beiden anderen Teile des »Discours« enthalten wesentliche Aussagen zur Lichttheorie. Im Anschluß an J. Keplers Studien zur Optik behandelte D. Licht und optische Erscheinungen; Licht sei nicht Bewegung, sondern Tendenz zur Bewegung; der Lichteindruck im Auge würde durch Druck von Kügelchen hervorgerufen; diese Lichttheorie von D. steht der Emissionstheorie nahe. Im einzelnen behandelte D. unter anderem Reflexion und Brechung, formulierte das Brechungsgesetz (vermutlich selbständig, unabhängig von W. Snellius gefunden), erklärte den Regenbogen im Prinzip richtig als Kombination von Brechung und Reflexion in Wasserkügelchen der Wolken; ein überzeugender Ansatz zur Erklärung der Farberscheinungen fehlte jedoch. Die Lichttheorie ist ein integrierender Bestandteil von D.' kosmologischen Anschauungen, die in geschlossener Form in seinem Hauptwerk »Principia philosophiae« dargelegt sind: Alle Substanz besitzt Ausdehnung; daher kann es keine Atome und kein Vakuum geben. Bewegung erfolgt durch Kontakt, durch Druck und Stoß anderer Körper. D. formulierte einen Satz von der »Erhaltung der Bewegung« (einen noch nicht vektoriell verstandenen Impulserhaltungssatz). Die Körper haben aber weder anziehende noch abstoßende, ihnen innewohnende Kräfte (dies ist der Hauptgegensatz zu Newtons Gravitationstheorie).

D., der das Weltsystem des Ptolemaios verwarf und das kopernikanische für einfacher als das von Tycho Brahe hielt, geht in seiner Kosmogonie von einem hypothetischen Anfangszustand aus, während dessen die Welt von materiellen Teilchen gleichen Stoffes, aber verschiedener Größe erfüllt war; in dem von Gott in Bewegung gesetzten Stoffmeer bilden sich Materiewirbel, sie schleifen aus der Ursprungsmaterie kleinere Teilchen ab (die z. B. die Lichtempfindung auslösen), bilden Zentralkörper und auf komplizierte Weise Kometen oder Planeten. Auch die Erscheinung des Magnetismus wird durch eine diffizile Hypothese auf das Strömen von Materie in porösen Körpern zurückgeführt.

Vom modernen Standpunkt aus beruht die Welttheorie von D. auf einer Fülle unklarer, ad hoc ausgedachter Hypothesen, die ohne den Versuch einer mathematischen Durcharbeitung gemacht wurden. D.s Zeitgenossen waren aber von dieser geschlossenen mechanischen Erklärung des Weltsystems fasziniert, die gänzlich auf die aristotelische Auffassung verzichtete, daß jede Erscheinung an eine besondere Eigenschaft der Materie (qualitas occulta) gebunden sei. Nach D. lassen sich alle Phänomene der Welt als Ergebnis der mechanischen Wechselwirkung zusammenhängender Bestandteile korpuskular aufgefaßter Materie erklären. Einige Zeit erfreute sich daher die antiperipatetische Physik von D. ungeteilter vielbewunderter Anerkennung. Erst allmählich konnte sich Newtons Physik gegen D. durchsetzen, besonders schwer auf dem Kontinent und speziell in Frankreich. Der Titel des Hauptwerkes von Newton, »Principia mathematica philosophiae naturalis«, ist bewußt gegen den Titel »Principia philosophiae« von D. gerichtet. Mangelnde mathematische Durchdringung, Theoretisieren statt Experimentieren und geistvolles Erfinden von mechanischen Hypothesen charakterisieren die Physik von D. In der Physiologie dagegen hat D. am Objekt sorgfältige Beobachtungen angestellt und am menschlichen Körper seziert. In einer nach den Ereignissen von 1633 ebenfalls zurückgehaltenen Abhandlung »Traité de l'homme«, die erst postum erschienen ist, treten materialistische philosophische Anschauungen insofern deutlich zutage, als sich D. bemühte, den funktionierenden tierischen oder menschlichen Körper, also Atmung, Verdauung, Bewegung, Blutkreislauf, Sehen und Empfindung, naturwissenschaftlich, insbesondere mechanisch zu erklären. Dabei stützte er sich auf die damals modernsten physiologischen, anatomischen und chemischen Kenntnisse. Das kartesische Programm einer naturwissenschaftlich-mechanischen Erklärung tierischen und menschlichen Lebens hat bis weit ins 18. Jh. nachhaltigen Einfluß ausgeübt. Wu

Literatur: Œuvres de Descartes, 12 Bde. (Hrsg. Ch. Adam u. P. Tannery, Paris 1897–1913); Descartes, R.: Correspondance, 6 Bde. (Paris 1936–1956), La Géometrie, 3. Anhang zum Discours de la méthode (Leyden 1637, Reprint Paris 1927, dtsch von L. Schlesinger, Berlin 1894, 2. Aufl. Leipzig 1923), Principia philosophiae (Amsterdam 1644; franz. 1647; dtsch Die Prinzipien der Philosophie, übersetzt von A. Buchenau, Hamburg 1955).

Scott, J. F.: The Scientific Work of René Descartes (London 1952).

Dieckmann-Vogt, → Vogt.

Diels, Otto Paul Hermann, Chemiker, geb. 23. 1. 1876 Hamburg, gest. 7. 3. 1954 Kiel.

D. erkannte um 1928 gemeinsam mit seinem Schüler K. Alder das Prinzip der Diensynthese. Diese Synthese erwies sich als wertvolles Aufbauprinzip bei der Darstellung cyclischer Grundkörper von Naturstoffen, bei der Synthese von Heterocyclen und auch bei der Anellierung von kondensierten Aromaten.

D. war der zweite Sohn des Philologen Hermann D. Nach der Übersiedlung der Familie von Hamburg nach Berlin besuchte D. hier 1882–1895 das Gymnasium. Danach begann er das Studium der Chemie in Berlin. Nach einem Semester bei H. Landolt am II. Chemischen Institut absolvierte D. sein Militärjahr und setzte danach das Studium am I. Chemischen Institut bei E. Fischer fort. Ab Oktober 1895 arbeitete er bei Fischer als Vorlesungsassistent und ab Oktober 1900 als Unterrichtsassistent im Praktikum. Am 19. 7. 1899 promovierte D. mit der Arbeit »Zur Kenntnis der Cyanurverbindungen«, 1904 habilitierte er sich, 1906 wurde er auf Vorschlag von Fischer Titularprof. und 1913 schließlich Abteilungsvorsteher. 1916 erfolgte D.' Berufung zum o. Prof. der Chemie an die Univ. Kiel. Als am 17. August 1944 durch einen Bombenangriff auch das Chemische Institut der Univ. Kiel zerstört worden war, beendete D. seine wissenschaftliche Tätigkeit. 1946 half er aktiv beim Neuaufbau mit. Er übernahm erneut, bis zur Ernennung eines Nachfolgers im Jahre 1948, die Leitung des Chemischen Instituts. Bis in die 50er Jahre hat er noch Vorlesungen gehalten.

D.' herausragende Forschungsleistung besteht in der Entdeckung der Diensynthese (gemeinsam mit seinem Schüler Alder) als allgemeingültiges Syntheseprinzip. Bei dieser nach ihren Entdeckern als Diels-Alder-Synthese bezeichneten grundlegenden Synthese werden 1,3-Diene A mit Philodienen B zu cyclischen Verbindungen C umgesetzt:

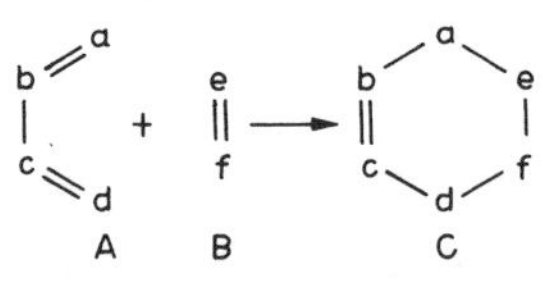

Zahlreiche Arbeiten beider Forscher waren der umfassenden Erschließung und Anwendung der Diensynthese gewidmet. Nach 1937 hat Alder, zunächst in einem Industrielabor (Leverkusen) und später an der Univ. Köln, eigenständige Forschungen zur Diensynthese betrieben. Als geeignete Diene erwiesen sich z. B. Butadien, Isopren, Cyclopentadien, Furan und Pyrrol. Beispiele für Philodiene

O.P.H.Diels

R.Ch.K.Diesel

sind Maleinsäureanhydrid, Acrolein, Crotonaldehyd, Chinone und Acetylencarbonsäureester. Weiterhin gelang D. bereits 1906 als erstem die Darstellung von Kohlenstoffsuboxid C_3O_2. Mit seinen Untersuchungen an Cholesterin (nach IUPAC Cholesterol), bei dessen oxidativer Spaltung eine Dicarbonsäure, die DIELSsäure, zugänglich wurde, hat er ein wichtiges Fundament für die Strukturaufklärung des Cholesterols durch A. WINDAUS und H. WIELAND gelegt. D. führte Selen als mildes Dehydrierungsmittel in die präparative organische Chemie ein und untersuchte 1,2-Diketone, z. B. Diacetyl. 1907 stellte er das Lehrb. »Einführung in die organische Chemie« fertig, das aufgrund der klaren Sprache schnell populär wurde und bis 1953 in 15 Auflagen erschien.

D.' wissenschaftliche Ergebnisse fanden ihren Niederschlag in insgesamt 181 Originalarbeiten, deren Publikation zwischen 1899 und 1944 erfolgte. 1950 wurde D. gemeinsam mit seinem Schüler ALDER für die Entdeckung und Erforschung der Diensynthese der Nobelpreis für Chemie verliehen. Re

Literatur: Diels, O. P. H.: Einführung in die organische Chemie (1. Aufl. Leipzig 1907), 181 Originalarbeiten, zusammengestellt von S. Olsen, in: Chem. Ber. 95 (1962), XXXIX–XLVI.

Olsen, S.: Otto Diels (1876–1954), in: Chem. Ber. 95 (1962), V–XLVI.

Diesel, Rudolf Christian Karl, Motorenbauer, geb. 18. 3. 1858 Paris, gest. 29. 9. 1913 Ärmelkanal (ertrunken).

D. entwickelte den nach ihm benannten Verbrennungsmotor, der mit Selbstentzündung des Kraftstoffes in durch starke Verdichtung hocherhitzter Luft arbeitet. Der Dieselmotor ist heute die wirtschaftlichste Antriebsmaschine, wenn hohe Leistungen erforderlich sind und elektrische Energie nicht anwendbar ist.

Die Eltern von D. waren süddeutsche Emigranten und verdienten sich in Paris ihren Lebensunterhalt notdürftig mit Heimarbeit für Lederwaren. D. mußte schon als Kind dabei helfen und oft nach der Schule die fertigen Waren mit der Schubkarre zu den Abnehmern bringen. Dabei interessierte er sich von klein auf für die Technik und besuchte gern technische Museen und Ausstellungen. Bei Ausbruch des deutsch-franz. Krieges 1870 mußten alle Deutschen Frankreich verlassen, wobei nur der Weg nach England blieb. Um dem Jungen in dieser Not eine ordentliche Schulbildung zu sichern, schickten ihn die Eltern zu einer Cousine des Vaters nach Augsburg. Ihr Mann war dort Mathematiklehrer an der Kreisgewerbeschule, die D. drei Jahre lang besuchte und mit großem Erfolg beendete. Gegen den Willen der inzwischen nach Paris zurückgekehrten Eltern wollte D. Mechaniker werden und trat deshalb 1873 in die mechanisch-technische Abteilung der Industrieschule ein. 1875 schloß er sie als Bester ab. Um seine Pflegeeltern zu entlasten, gab er nebenbei Unterricht in Mathematik und Französisch. Da D. wegen seiner guten Leistungen ein Stipendium erhielt, konnte er anschließend an der TH München studieren, wo er 1880 das beste aller dort bis dahin abgelegten Examen bestand, obwohl er im Jahr zuvor schwer an Typhus erkrankte und deshalb die Prüfungen um ein Jahr verschieben mußte. Sein Lehrer C. v. LINDE bot ihm dann eine Stellung als Leiter einer Eisfabrik in Paris. Dort erhielt er bereits 1881 das erste Patent für ein besonderes Verfahren zur Eisherstellung, weitere Patente folgten. LINDE hatte auch in seinen Vorlesungen über Maschinenlehre den geringen Wirkungsgrad der Dampfmaschinen und im Vergleich dazu N. L. S. CARNOTS Theorie vom Kreisprozeß, der einen 100prozentigen Wirkungsgrad ergibt, besprochen; damit hatte er den Anstoß zu den Überlegungen D.s gegeben, die schließlich zur Erfindung des Motors führten, der dem theoretischen Kreisprozeß CARNOTS praktisch am nächsten kommt. Schon als Student hatte D. als Randbemerkung zu seinen Vorlesungsnachschriften die Frage gestellt, ob es möglich ist, die Isotherme zu verwirklichen, d. h. eine Verbrennung bei konstanter Wärme, wodurch die gesamte durch die Verbrennung freigesetzte Energie ohne Wärmeverluste in Arbeit umgewandelt werden könnte. Dies ist jedoch, wie R. CLAUSIUS später bewies, unmöglich. Auch D. kam zu dieser Erkenntnis. Möglich war nur die adiabatische, d. h. ohne Wärmeaustausch mit der Umgebung verlaufende Erhitzung eines Gases, um ein möglichst großes Wärmegefälle zwischen arbeitendem Gas und Umgebung zu erzielen, was, wie CARNOT richtig erkannt hatte, einen günstigen Wirkungsgrad ergibt. Diese adiabatische Erhitzung läßt sich am besten durch sehr schnelle Kompression eines Gases erzielen, so daß die dabei nach den Gasgesetzen entstehende Wärme gewissermaßen keine Zeit hat, in die Umgebung abzufließen. D. erinnerte sich bei diesen Überlegungen der Vorführung eines Kompressionsfeuerzeuges in der Schule, bei dem dieser Effekt ausgenutzt wird. Dieser wurde zum Vorbild für seinen Motor. Im Gegensatz zu N. A. OTTO ging D. also von der Theorie aus. Zunächst aber experimentierte er in Paris mit dem für die Kältemaschinen verwendeten Ammoniak, das er anstelle von Wasser in einer Art Dampfmaschine verwenden wollte. Daran setzte er fast alle seine Ersparnisse, mußte am Ende seines Pariser Aufenthaltes jedoch den Mißerfolg seiner Bemühungen einsehen. 1890 zog D. nach Berlin, um auf Wunsch LINDES ein technisches Büro für Eismaschinen zu übernehmen. Angeregt durch die ersten brauchbaren Gasmotoren, verglich D. auch hier praktischen Wirkungsgrad und theoretische Möglichkeiten und entwikkelte daraus seine Gedanken für eine Kraftmaschine, die er 1892 patentieren ließ. Danach sollte reine Luft in einem Zylinder so stark verdichtet werden, »daß die hierdurch entstandene Temperatur weit über der Entzündungstemperatur des zu benutzenden Brennstoffes liegt«, worauf der Brennstoff zugeführt wird, sich selbst entzündet und so die Expansion bewirkt. 1893 veröffentlichte D. darüber auch ein Buch, das vielfältige Diskussionen auslöste, da seine Ideen häufig als illusorisch betrachtet wurden. Tatsächlich war die praktische Verwirklichung der Vorstellungen D.s nicht einfach. Es gab Schwierigkeiten wegen der hohen Drücke, weshalb hier einige Abstriche von den ursprünglichen Vorstellungen nötig waren, ferner Schwierigkeiten mit der Form der Brennstoffzuführung und der Art des Brennstoffes. Schließlich erklärten sich die Maschinenfabrik Augsburg und das Stahlwerk Krupp 1893 bereit, ein Konsortium zum Bau des Motors zu bilden. Nach vielen Rückschlägen war im Februar der erste Motor zur Abnahme bereit. Er hatte den für damalige Zeiten hohen Wirkungsgrad von 26,2 % (heute werden 45 % erreicht). Der Erfolg wurde sehr schnell durch viele Patente gesichert und durch Lizenzen geschäftlich umgesetzt. Die hinter D. stehenden starken Firmen konnten auch die in der kapitalistischen Geschäftswelt üblichen Patentanfechtungen abwehren. D. selbst schrieb zur persönlichen Rechtfertigung das Buch »Die Entstehung des Dieselmotors« (Berlin 1913). Die jahrelange angestrengte Arbeit und die Prozesse hatten D. jedoch nervlich zerrüttet, und zeitweilig mußte er eine Heilanstalt aufsuchen. 1897 war er mit Frau und drei Kindern nach München gezogen, glücklich waren seine letzten Lebensjahre aber nicht. D. hatte zwar noch beschränkte Erfolge in der Weiterentwicklung seines Motors, besonders hinsichtlich der Verwendung billiger Treibstoffe, geschäftliche Fehlspekulationen jedoch, z. B. mit galizischem Erdöl, und der Bau eines Hauses untergruben seine materielle Lage. Seine sozialen Theorien, geboren aus bitterer Erfahrung mit der kapitalistischen Gesellschaft und niedergelegt in dem Buch »Solidarismus« (Berlin 1903), waren zu illusionär, um in der Arbeiterbewegung Anklang zu finden. Bei einer Schiffsreise im Ärmelkanal verschwand D. vom Schiff; er hat vermutlich voller Enttäuschung den Tod gesucht. Die

Literatur: Diesel, R.: Die Entstehung des Dieselmotors (Berlin 1913).

Diesel, E.: Diesel. Der Mensch, das Werk, das Schicksal (Stuttgart 1953); Sittauer, H. L.: Diesel – eine Erfindung erobert sich die Welt (Berlin 1961); Sittauer, H. L.: Nicolaus August Otto – Rudolf Diesel (3. Aufl. Leipzig 1982).

Dieudonné, Jean Alexandre Eugène, Mathematiker, geb. 1. 7. 1906 Lille.

D. lieferte fundamentale Beiträge zur Theorie der linearen topologischen Räume und war wesentlich an der Grundlegung verschiedener Teilgebiete der Mathematik nach strukturellen Gesichtspunkten beteiligt.

D., Sohn eines Industriellen, studierte als Schüler von P. Montel zunächst von 1924–1927 an der École Normale supérieure und setzte seine Studien 1928–1931 an den Univ. Princeton, Berlin und Zürich fort. Nach seiner Promotion (1931) war er als Assistant Prof., dann als Prof. an den Univ. Bordeaux (1932/33), Rennes (1933–1937), Nancy (1937–1955), Nice (Nizza, ab 1964), an der Northwestern University Chicago (USA) (1953–1959) und am Institut des Hautes Études Scientifiques Paris (1959–1964) tätig. Außerdem nahm er zahlreiche Gastprofessuren wahr, unter anderem in São Paulo, Rio de Janeiro, Pisa, Bombay und Columbia (USA).

D. gilt als einer der Mitbegründer der Bourbaki-Gruppe. Bourbaki ist das Pseudonym eines in den 30er Jahren gegründeten Kollektivs, dem vorwiegend franz. Mathematiker angehörten. Das Anliegen dieser Mathematiker war es, die Grundlagen der wichtigsten Teilgebiete und Theorien der Mathematik, unter Ausschluß der Anwendungen, systematisch, auf axiomatischer Basis zu entwickeln. Der zentrale, verbindende Gesichtspunkt war dabei die Betonung des strukturellen Aufbaus. Als Grundstrukturen erkannten sie die algebraischen, die topologischen und die Ordnungsstrukturen, aus denen sich durch Kombination kompliziertere Strukturen ergaben. Realisiert wurde diese Auffassung in der Monographienreihe »Éléments de mathématique«, in der seit 1939 über 40 Bücher erschienen. D. hat sich als aktiver Mitarbeiter der Bourbaki-Gruppe mit fast allen Gebieten der Mathematik befaßt, sie mit eigenen Beiträgen bereichert und zu ihrer Umgestaltung beigetragen. Hervorzuheben sind seine Arbeiten zur Analysis, Topologie, Spektraltheorie, über Gruppen, Lie-Gruppen und nichtkommutative Ringe. In der Funktionalanalysis galt sein Interesse besonders den Räumen mit Ordnungsstruktur und der allgemeinen Theorie linearer topologischer Räume. 1944 führte er den Begriff des parakompakten Raumes ein. In der algebraischen Geometrie hat er wesentlichen Anteil am Ausbau dieses Teilgebiets der Mathematik zu einer »abstrakten« Theorie unter Benutzung solcher allgemeinen Begriffe wie Schema, lokal geringter Raum und Garbe sowie der konsequenten Anwendung der Kategorientheorie. In den letzten Jahren äußerte er sich wiederholt zu mathematikgeschichtlichen Fragen. D. ist Autor von etwa 200 Büchern und Zeitschriftenartikeln. Er gehört zu den bekanntesten und vielseitigsten Mathematikern der Gegenwart.

In Anerkennung seiner wissenschaftlichen Leistung erhielt D. mehrere Ehrungen (Ritter der Ehrenlegion, Präsident der Mathematischen Gesellschaft Frankreichs 1964/65, Mitgl. der Académie des Sciences, seit 1968). Schl

Literatur: Dieudonné, J. A. E.: Foundations of modern analysis (New York – London 1960), Œuvre de Camille Jordan, 3 Bde. (Mitherausgabe, Paris 1961/62), Panorama des Mathématiques Pures (Paris 1978).

Diophantos von Alexandria (Diophant), Mathematiker, wahrscheinlich um 250, Alexandria, Röm. Reich (heute Ägypten).

D.' Bedeutung liegt in seinem Werk »Arithmetika«, das die älteste erhaltene umfassende griech. Schrift zur Lösung unbestimmter Gleichungen mit positiven rationalen Zahlen ist.

Über D.' Leben ist fast nichts bekannt. Er dürfte im 3. Jh. in Alexandria gelebt haben, war verheiratet und hatte einen Sohn.

Neben der »Arithmetika« ist eine zweite Arbeit D.' teilweise erhalten. Sie behandelt die Polygonalzahlen in der pythagoreisch-nikomachischen Tradition. Die Darstellungsweise dieser Schrift folgt eng der in den »Elementen« des Euklid verwendeten axiomatisch-deduktiven Art, d. h., sie arbeitet mit allgemeinen Sätzen und Beweisen. Im Unterschied zu ihr stellt die »Arithmetika« einzelne Aufgabengruppen vor, die in ihrer Mehrheit nur für Spezialfälle gelöst werden. Eine Zusammenfassung der vorhandenen Kenntnisse und ihre Verallgemeinerung zu Sätzen mit strengen Beweisen findet nicht statt. Die »Arithmetika« repräsentiert folglich eine andere, sonst kaum schriftlich belegte Traditionslinie der griech. Mathematik, die nach dem antiken Selbstverständnis häufig als theoretische Logistik bezeichnet wird. Es ist die Tradition der rechnenden Arithmetik und Algebra, die enge Berührungspunkte zur ägypt. und mesopotam. Mathematik gehabt zu haben scheint. Spätestens seit der Epoche des Hellenismus sind orientalische Einflüsse auf die griech. Logistik erkennbar. Sie bringen unter anderem Ansätze zu einer Symbolschreibweise hervor, die z. B. in hellenistischen ägypt. Papyri auftreten und von D. fortgeführt und z. T. erweitert werden. D. kürzt die Unbekannte, ihre Potenzen bis zum sechsten Grad, das Absolutglied sowie die Subtraktion mit dem bzw. den ersten Buchstaben ihrer griech. Benennungen ab, wobei er die Potenzen von 4 bis 6 additiv aus den Bezeichnungen für das Quadrat und den Kubus der Unbekannten zusammensetzt. Diese Symbolik, die für die Entwicklung der Zahlentheorie, Arithmetik und Algebra sowie der Mathematik insgesamt sehr wichtig war, ist dennoch zu beschränkt, um die allgemeine Bewältigung der in den ursprünglich 13 Büchern der »Arithmetika« enthaltenen Probleme im Stil des Euklid zu gestatten. Da D. z. B. nur ein Symbol für die Unbekannte besitzt, muß er Aufgaben in mehreren Unbekannten vor ihrer Lösung in solche mit einer umwandeln oder für die Unbekannten konkrete Zahlen einsetzen, d. h. die unbestimmten Aufgaben in bestimmte überführen. Als Gleichungslösung anerkennt D. nur eine (positive) Wurzel. Um negative, irrationale oder komplexe Wurzeln als Lösungen zu vermeiden, fügt er den Gleichungen (falls erforderlich) weitere Bedingungen hinzu. D. behandelt in Buch I der sechs griech. erhaltenen Bücher der »Arithmetika« lineare und quadratische reine und gemischte bestimmte Gleichungen und in den Büchern II–VI unbestimmte quadratische, kubische und biquadratische Gleichungen und Systeme von zwei Gleichungen. Dabei vermag er die unbestimmten quadratischen Gleichungen dann vollständig zu bewältigen, wenn die Koeffizienten des quadratischen oder/und des absoluten Gliedes Null sind. Die anderen Typen sowie die unbestimmten höheren Gleichungen kann er nur für Spezialfälle lösen. Für diese Grenzfälle benutzt er überaus scharfsinnige Kunstgriffe, um auf einfachere, von ihm direkt lösbare Gleichungen zu gelangen. Zu D.' allgemeinen Vorgehensweisen gehören Eliminationen, Substitutionen (wodurch das Symbol für die Unbekannte in einer Aufgabe in verschiedener Bedeutung verwendet wird), Hilfsaufgaben und falsche Ansätze, für die die erhaltenen Lösungen analysiert und entsprechend den Ausgangsbedingungen zu verändern bzw. die Unlösbarkeit der ursprünglichen Aufgabe nachzuweisen versucht werden. – Neben den sechs griech. erhaltenen Büchern sind Anfang der 70er Jahre vier weitere in Arabisch gefunden worden. Sie sind die Übersetzung der ursprünglichen Bücher IV–VII, so daß die griech. Bücher IV–VI nun danach anzuordnen sind.

Die »Arithmetika« beeinflußte sowohl die Entfaltung der arab.-islamischen Arithmetik, Algebra und Zahlentheorie seit ihrer Übersetzung ins Arabische im 10. Jh. als auch deren Weiterentwicklung im katholischen Mittel- und Westeuropa in der Renaissance und später. Sie erwies sich in beiden Kulturbereichen als wichtiges Kettenglied für das Erreichen eines qualitativ neuen Niveaus in den einzelnen mathematischen Disziplinen. Besonders hervorzuheben ist ihr Einfluß auf P. Fermat. Daneben wirkte sie auch in Arbeiten byzantin. Gelehrter fort. Br

Literatur: Tannery, P. (Hrsg.): Diophanti Alexandrini opera omnia cum Graecis commentariis, 2 Bde. (Leipzig 1893–1895, Reprint Stuttgart 1974); Czwalina, A.: Arithmetik des Diophant von Alexandria (Göttingen 1952).

Heath, T. L., Diophantus of Alexandria. A Study in the History of Greek Algebra (3. Aufl. New York 1964).

Dioscurides, Pedanus Dioscorides von Anazarbos (Anazarba) bei Tarsus (Kilikien), röm. Mediziner, Botaniker und bedeutendster Pharmakologe des Altertums, 1. Jh. u. Z.

Über das Leben von D. ist kaum etwas bekannt. Ein seinem Werke angehängter Widmungsbrief ist außer wenigen Erwähnungen bei anderen Medizinern nahezu einzige Quelle. Er war Arzt in der röm. Armee zur Zeit der Kaiser Claudius und Nero. Sein Werk »De materia medica« behandelt unter dem Gesichtspunkt ihrer Verwendung etwa 600 Pflanzen, 35 Tierprodukte, 30 Mineralien. Das in griech. Sprache verfaßte Werk war Vorbild späterer Pharmakopoen. Es existiert in etlichen Versionen, auch Umarbeitungen und Auszügen sowie Übersetzungen ins Lateinische und Arabische, durch das ganze Mittelalter. Von ihm gingen die Botaniker der Renaissance aus. Ab 1499 wurde es auch gedruckt. Eine reich illustrierte Ausgabe stammt von P. A. G. Mattioli (1554). Zi

Literatur: Älteste griech. Handschriften sind 2 kostbare illustrierte Codices der Wiener Hofbibliothek, 5. und 7. Jh. Das Wiener MS Med. Gr. 1, mit schönen Farbtafeln, wurde publiziert als »De materia medica« (Graz 1966).

Wellmann, Max: Pedanii Dioscuridis Anazarbei De Materia medici libre quinque, 3 Bde. (Berlin 1906–1914, Repr. 1958).

Dirac, Paul Adrien Maurice, Physiker, geb. 8. 8. 1902 Bristol, gest. 20. 10. 1984 Tallahassee (Florida).

D.s Arbeitsgebiet war die Quantenphysik; hauptsächlich

P. A. M. Dirac

J. P. G. Dirichlet

erwarb er sich Verdienste bei der Entwicklung der relativistischen Wellenmechanik.

D.s Vater war Schweizer, seine Mutter Engländerin. Er studierte ab 1918 in Bristol Elektrotechnik und danach in Cambridge (England) Mathematik und Naturwissenschaften. Hier erwarb er 1926 den Doktorgrad. Ab 1927 gehörte er zum Lehrkörper des St. John's College in Cambridge. 1932 wurde er auf den Lucasian-Lehrstuhl für Mathematik in Cambridge berufen.

1925 wurde D. mit W. Heisenbergs erster Arbeit zur Quantenmechanik bekannt, und bereits 1926 legte er eine verallgemeinerte Form der Quantenmechanik vor. Nachdem E. Schrödinger im gleichen Jahr die Wellenmechanik aufgestellt hatte, versuchte D. seine Form der Quantenmechanik der Schrödinger-Gleichung anzupassen. 1927 entwickelte D. eine Theorie der Wechselwirkung von Licht und Atomen auf quantenphysikalischer Basis. In diesem Zusammenhang stellte er die Theorie für die Übergänge von quantenphysikalischen Systemen unter dem Einfluß einer zeitabhängigen Störung auf.

Nachdem E. Fermi 1926 die nach ihm benannte Statistik für Teilchen, die dem Paulischen Ausschließungsprinzip unterworfen sind, aufgestellt hatte, gab D. kurz darauf eine quantentheoretische Begründung für die Anwendungsbereiche der Bose-Einstein- und der Fermi-Dirac-Statistik.

Einen Höhepunkt seiner Forschungen erzielte D. im Januar 1928: Ausgehend von Schrödingers Wellengleichung stellte er eine lorentzinvariante Gleichung dieses Typs mit einer Wellenfunktion aus vier Komponenten auf, die das Verhalten bestimmter Teilchen mit Ruhmasse, vor allem des Elektrons, unter Berücksichtigung der speziellen Relativitätstheorie beschreibt (Diracsche Wellengleichung). Überraschend war, daß sich aus seiner Theorie auch der Elektronenspin als magnetisches Moment ergab, der bislang zwar zur Deutung der Elektronenkonfiguration benutzt, aber theoretisch nur unvollkommen erklärt worden war. Erstaunlicherweise ergaben sich aus D.s Gleichung auch Lösungen mit negativen Energiewerten. Dieser Schwierigkeit begegnete D., indem er nach verschiedenen Ansätzen 1931 vermutete, daß unter bestimmten Umständen alle Zustände mit Elektronen negativer Energie besetzt sind (Dirac-See), aber ein Elektron durch Energiezuführung auf einen Zustand mit positiver Energie angehoben wird, so daß ein »Loch« entsteht, das sich im elektrischen Feld wie ein positives Elektron bewegt (Diracsche Löchertheorie). Tatsächlich wurde das »Positron« 1932 von C. D. Anderson in der Höhenstrahlung entdeckt. D.s Löchertheorie war ein wesentlicher Schritt zur Physik der Elementarteilchen (Hochenergiephysik), für die die Erforschung der Erzeugung und Umwandlung von Elementarteilchen charakteristisch ist (wichtige Beiträge in dieser Zeit unter anderem von W. Pauli und H. Yukawa). Insbesondere wurde damit zum Verständnis der Paarerzeugung und Paarvernichtung (Umwandlung von Elektron-Positron-Paaren in Gammaquanten und umgekehrt) beigetragen. Für seine quantenphysikalischen Untersuchungen erhielt D. 1933 mit SCHRÖDINGER den Nobelpreis für Physik.

In der folgenden Zeit vertrat D. aufgrund des HUBBLE-Effekts vom expandierenden Weltall die Annahme, daß die Masse des Weltalls mit dem Quadrat des Weltalters zunimmt, die Materiedichte und Gravitationskonstante aber indirekt proportional zum Weltalter abnehmen. Eine Konsequenz dieser Auffassung wäre unter anderem die Ausdehnung der Erde in Millionen von Jahren. Diese Auffassung wurde z. B. von P. JORDAN weiter ausgestaltet. Schi

Literatur: Dirac, P. A. M.: Quantum Theory of the Electron, in: Proceedings of the Royal Society Vol. 117 (1928), 118, Principles of Quantum Mechanics (Oxford 1930), Prinzipien der Quantenmechanik (Leipzig 1930).

Dirichlet, Johann Peter Gustav, auch LEJEUNE DIRICHLET, Mathematiker, geb. 13. 2. 1805 Düren bei Aachen, gest. 5. 5. 1859 Göttingen.

D. lieferte bahnbrechende Arbeiten zur Mathematik und mathematischen Physik, die C. F. GAUSS als »Juwelen«, die man »nicht mit der Krämerwaage« wägt, bezeichnet hat.

D. wurde als Sohn des Postkommissars von Düren geboren, dessen franz. oder wallon. Vorfahren aus Richelet bei Verviers (heute Belgien) stammten. »Lejeune D.« könnte demnach svw. »Junger Mann aus Richelet« bedeuten. Seine mathematische Ausbildung erhielt D. in Paris, wo er sich 1822–1826 in ständigem Kontakt mit den damals führenden franz. Mathematikern (insbesondere J.-B.-J. FOURIER, S.-D. POISSON und S. F. LACROIX) aufhielt. 1825 erreichte D. seine erste völlig selbständige mathematische Leistung: durch Benutzung der Methoden von A.-M. LEGENDRE gelang ihm die Bestätigung der FERMATschen Vermutung für den Exponenten 5. D., der auch die Aufmerksamkeit von A. v. HUMBOLDT erregt hatte, kehrte, von diesem gefördert, nach Deutschland zurück. 1827 wurde er Dr. h. c. der Univ. Bonn; seit 1817 war D. Privatdoz. und ao. Prof. für Mathematik an der Univ. Breslau (Wrocław). 1829–1855 lehrte er an der Univ. Berlin (ab 1831 als ao., ab 1839 als o. Prof.) und der Allgemeinen Kriegsschule in Berlin. 1855–1859 war D. o. Prof. der Mathematik an der Univ. Göttingen als Nachfolger von GAUSS. 1832 wurde er zum ordentlichen Mitgl. der Berliner Ak. d. Wiss. berufen.

D. wirkte mit großem Erfolg sowohl durch seine tiefschürfenden Abhandlungen als auch durch seine vorbildlichen Vorlesungen über die damals aktuellsten und schwierigsten Fragen der Mathematik sowie durch fundierte Gutachten an den Univ. und Akademien von Berlin und Göttingen. Zusammen mit C. C. J. JACOBI leitete er eine neue Epoche der mathematischen Lehre in Deutschland ein; zu seinen Schülern zählten E. E. KUMMER, L. KRONEKKER, B. RIEMANN, R. DEDEKIND u. a. D. knüpfte hauptsächlich an GAUSS, dessen geniale »Disquisitiones arithmeticae« er den Zeitgenossen erschloß, sowie an die franz. Vertreter der Analysis und der mathematischen Physik an. Seit den Kontroversen zwischen L. EULER und D. BERNOULLI wurde das Problem diskutiert, welche periodischen Funktionen in trigonometrische Reihen entwickelt werden können; auch FOURIER konnte diese Frage nicht klären. D. gelang erstmals ein strenger Beweis für die Konvergenz der FOURIERentwicklung von periodischen, stückweise stetigen und stückweise monotonen Funktionen einer reellen Variablen. Im Anschluß an P. S. LAPLACE leistete D. wichtige Beiträge über Randwertprobleme der Potentialgleichung. Die erste Randwertaufgabe für elliptische Differentialgleichungen wird heute als DIRICHLETsches Problem bezeichnet. Wichtig waren auch seine Ergebnisse zur Hydrodynamik. Mit der Einführung grundsätzlich neuer Hilfsmittel der Analysis in die Theorie der algebraischen Zahlen konnte D. den heute nach ihm benannten Primzahlsatz (Jede arithmetische Progression, deren Anfangsglied und Differenz zueinander teilerfremd sind, enthält unendlich viele Primzahlen) beweisen sowie explizite Klassenzahlformeln für binäre quadratische Formen herleiten. Auf D. gehen auch abschließende Ergebnisse über die Einheiten in algebraischen Zahlkörpern endlichen Grades zurück.

Durch seine Heirat (1832) mit R. MENDELSSOHN-BARTHOLDY (1811–1858), einer Enkelin des berühmten Schriftstellers und Philosophen M. MENDELSSOHN (1729–1786), war D. mit vielen Persönlichkeiten des geistig-kulturellen Lebens verwandtschaftlich verbunden; der Komponist F. MENDELSSOHN-BARTHOLDY (1809–1847) war sein Schwager; die erste Ehefrau von KUMMER (dem ersten Biographen D.s) war eine Cousine von REBECCA D.; der von D. HILBERT geförderte Göttinger Philosoph L. NELSON (1882–1927) war ein Urenkel D.s. Neu

Literatur: Dirichlet, G.: Werke, 2. Bde. (Hrsg. L. Kronecker u. L. Fuchs, Berlin 1889, 1897), Vorlesungen über Zahlentheorie (Hrsg. R. Dedekind, Braunschweig 1863, 3. Aufl. 1894), Vorlesungen über die im umgekehrten Verhältnis des Quadrates der Entfernung wirkenden Kräfte (Hrsg. F. Grube, Braunschweig 1876), Vorlesungen über die Lehre von den einfachen und mehrfachen bestimmten Integralen (Hrsg. G. Arendt, Braunschweig 1904), Über die Darstellung ganz willkürlicher Functionen durch Sinus- und Cosinusreihen, 1837, in: Werke, Bd. 1, S. 133–160 (Hrsg. H. Liebmann in Ostwalds Klassiker Nr. 116, Leipzig 1900), Recherches sur diverses applications de l'analyse infinitésimale à la théorie des nombres, 1839/40, in: Werke, Bd. 1, S. 411–496, dtsch Untersuchungen über verschiedene Anwendungen der Infinitesimalanalysis auf die Zahlentheorie (Hrsg. R. Heußner, in: Ostwalds Klassiker Nr. 91, Leipzig 1897), Correspondance entre Lejeune-D. et Liouville (Hrsg. J. Tannery, Paris 1910), Briefwechsel zwischen Alexander v. Humboldt und Peter Gustav Lejeune D. (Hrsg. K.-R. Biermann, Berlin 1982).

Döbereiner, Johann Wolfgang, Chemiker, geb. 13. 12. 1780 Bug bei Hof (Bayern), gest. 24. 3. 1849 Jena.

D. fand als erster zahlenmäßige Zusammenhänge zwischen chemisch ähnlichen Elementen und machte sie zur Grundlage ihrer Systematisierung. Er gehört zu den Pionieren des Periodensystems der Elemente (PSE) und zu den Vorkämpfern des chemischen Atomismus im 19. Jh. Außerdem half er der Mikrochemie den Weg bahnen, begründete die Erforschung der Edelmetallkatalyse und war mit der wissenschaftlichen Durchbildung zahlreicher chemischer Prozesse beschäftigt.

Aus ärmlichem Elternhaus stammend, genoß D. nur eine notdürftige Schulbildung, der er – gegen den Willen des Vaters – eine Ausbildung zum Apothekergehilfen anschloß. 1797–1802 führten ihn die Wanderjahre nach Dillenburg, Karlsruhe und Strasbourg. In Strasbourg hörte D. naturwissenschaftliche und philosophische Vorlesungen, jedoch reichten seine Mittel für einen regelrechten Universitätsbesuch nicht aus. 1802 ins Elternhaus zurückgekehrt, unternahm D. mehrere Versuche, sich auf pharmazeutischem und chemisch-technischem Gebiet, durch das Gründen einer Apotheke bzw. eigener Produktionsstätten sowie einer »Ausbildungsstätte für technische Chemiker«, wirtschaftlich selbständig zu machen. Wegen seiner Mittellosigkeit und bestehender Zunftschranken schlugen sie aber sämtlich fehl. Auch eine Reihe von bemerkenswerten wissenschaftlichen Abhandlungen zur Verbesserung chemisch-technischer Verfahren, die D. in dieser Zeit verfaßte, fanden anscheinend kaum ein Echo. So war er völlig überrascht, als er 1810 auf J. W. v. GOETHES Empfehlung hin als ao. Prof. für Chemie und Technologie an die Univ. Jena berufen wurde. Hier wurde er nachträglich promoviert, wobei auf das Einreichen einer Dissertation verzichtet wurde, weil die bisherigen Publikationen D.s, wie es hieß, »bereits unverkennbar den Stempel der Genialität und Vollendung in sich tragen«. Mit großem Talent und gebührendem Erfolg entwickelte er über 78 (!) Semester bis in sein Sterbejahr eine außerordentlich fruchtbare Lehr- und Forschungstätigkeit.

Zu Beginn des 19. Jh. hatten J. DALTON mit seiner Atommassetabelle (1803) und seiner Atomtheorie (1808) sowie J. L. PROUST mit dem Gesetz der konstanten und multiplen Proportionen den Chemikern ein neuartiges Ordnungsprinzip für chemische Substanzen vorgelegt. J. J. BERZELIUS' Bestimmungen und Überprüfungen von Atommassen von 1813/14 regten D. zur Suche nach weiteren Systematisierungsprinzipien an. Schon 1817 äußerte er die Vermutung, daß die Atommasse von Brom das arithmetische Mittel derjenigen von Chlor und Iod sei und man demgemäß die chemischen Elemente in Dreiergruppen, Triaden, zusammenfassen könne. Die Atommasse und die Ähnlichkeit der Eigenschaften bildeten die Zuordnungsgrundlage. 1829 veröffentlichte D. einen »Versuch einer Gruppierung der elementaren Stoffe nach ihrer Analogie«. Darin stellte er weitere Triaden vor, prognostizierte die Atommasse des 1828 von E. OSANN vermuteten neuen Elements Pluranium (Ruthenium; 1844 von K. K. CLAUS entdeckt) und diskutierte seine Triadeneinteilung als allgemeines Ordnungsprinzip der chemischen Elemente. D. half so D. I. MENDELEJEW und L. MEYER, den Weg zum PSE zu bahnen.

In seinen vielseitigen chemischen und chemisch-technischen Untersuchungen beschäftigte sich D. auch mit Metallen, Metalloxiden, gärungschemischen Vorgängen, der Essig- und Zuckerfabrikation u. a. 1823 machte er entscheidende Entdeckungen auf dem Gebiet der Platin-Kontaktkatalyse, ohne allerdings zum Wesen der beobachteten Erscheinungen vorzudringen. Das spektakulärste Resultat dieser Arbeiten war das selbstzündende Döbereiner-Feuerzeug. Gi

Literatur: Döbereiner, J. W.: Lehrb. der allgemeinen Chemie, zum Gebrauche seiner Vorlesungen entworfen, 3 Bde. (Jena 1811/12), Zur pneumatischen Chemie, 6 Tle (Jena 1821–1835), Anfangsgründe der Chemie und Stöchiometrie (Jena 1826), Versuch einer Gruppierung der elementaren Stoffe nach ihrer Analogie, in: Poggendorffs Ann. Phys. Chem. 15 (1829), 301, (mit M. Pettenkofer): Die Anfänge des natürlichen Systems der chemischen Elemente, in: Ostwalds Klassiker ... 66 Reprint (Hrsg. L. Meyer, Leipzig 1983).

Girnus, W.: Von Johann Wolfgang Döbereiner zu Julius Lothar Meyer. Aus der Geschichte des chemischen Atomismus, in: Chemie in der Schule 27 (1980), 330–341; Kreyenberg, G.: Die Bedeutung Johann Wolfgang Döbereiners (Jena 1862); Linke, D.: Johann Wolfgang Döbereiner und sein Beitrag zur Chemie des 19. Jh., in: Z. Chem. 21 (1981), 309–319.

J. W. Döbereiner

W. W. Dokutschajew

Dokutschajew (Dokučaev), Wassilij Wassiljewitsch, Geowissenschaftler, geb. 17. 2. (1. 3.) 1846 Miljukowo (Smolensker Gebiet), gest. 26. 10. (8. 11.) 1903 St. Petersburg (Leningrad).

D. gilt als einer der Pioniere der Pedologie, der Wissenschaft vom Boden.

D. nahm nach Abschluß seiner Schulausbildung ein naturwissenschaftliches Studium an der St. Petersburger Univ. auf. Seine besonderen Interessen galten Mineralogie und Geologie. 1872 übernahm er dort die Stelle eines Kustos des Geologischen Kabinetts; ein Jahr später wurde er Mitgl. der Russ. Mineralogischen Gesellschaft. Bereits 1874–1877 hielt D. an der St. Petersburger Bauingenieurschule Vorlesungen über Quartärsedimente, ehe er 1880 als Doz. an die St. Petersburger Univ. mit Lehraufträgen für Mineralogie und Kristallographie berufen wurde, wo er ab 1883 als Prof. lehrte. 1895 erfolgte seine Ernennung zum Dir. des Instituts für Land- und Forstwirtschaft in Nowoalexandrisk (Ukraine). Dort baute er einen speziellen Wissenschaftsbereich »Bodenkunde« auf, in dem er mit Hilfe befähigter Schüler die von ihm entwickelten Ideen und Methoden weiter ausbaute. Sehr viel Zeit und Kraft verwendete D. für die Reorganisation des ihm anvertrauten Instituts; in relativ kurzer Zeit schuf er eine beispielhafte moderne Lehr- und Forschungsstätte.

D.s Forschungsarbeiten galten zunächst den Sedimenten im Bereich der oberen Wolga und in anderen Flußgebieten, dann in zunehmendem Maße den Böden Rußlands. Obwohl die Böden seit Jahrtausenden genutzt wurden und viele ihrer Eigenschaften sowie Möglichkeiten zu deren Beeinflussung bekannt waren, entwickelte sich die Bodenkunde oder Pedologie erst relativ spät als eigene Disziplin. Sie nahm ihren Ausgang in landwirtschaftlichen Fragestellungen; so interessierten vor allem die Bodenfruchtbarkeit in Abhängigkeit von verschiedenen Bodenarten, die Pflanzennährstoffe, zunehmend Probleme der Bodenphysik und schließlich auch die Bodenmikrobiologie. Geologen wandten sich Problemen der Bodenbildung zu; unter ihrer Leitung erfolgten erste Bodenkartierungen. Es blieb D. vorbehalten, die moderne naturwissenschaftliche Bodenkunde zu begründen; er faßte erstmalig den Boden als natürlichen selbständigen Körper auf, der einer Vielzahl komplex wirkender Faktoren, wie Klima, Ausgangsgestein, Vegetation u. a., seine Entwicklung und Eigenart verdankt. 1883 legte D. seine berühmte Monographie »Ruskij černozem« (Russische Schwarzerde) als Habilitationsschrift vor, die zu seiner Berufung als Prof. führte. In den nun folgenden Jahren wandte er sich Problemen der Bodenbewertung, der Wirkung von Düngemitteln und der Bodenkartierung unter Beachtung geologischer Faktoren zu. Besondere Bedeutung gewannen Bodenklassifikationen nach genetischen Kriterien. Praktische bodenkundliche Arbeiten erfolgten zwischen 1888 und 1894 im Gebiet Poltawa. Die Wertschätzung dieser Arbeiten von D. kam unter anderem auch darin zum Ausdruck, daß auf der Pariser Weltausstellung im Jahre 1889 eine Kollektion von russ. Bodentypen mit seinen Erläuterungen und Veröffentlichungen mit einer Goldmedaille ausgezeichnet wurde. D. war rastlos bemüht, seine wissenschaftlichen Erkenntnisse in die Praxis zu überführen. 1892 entwickelte er weitgespannte Pläne zur Dürrebekämpfung in den südlichen Gebieten Rußlands; bekannt wurden auch seine Vorschläge zu verschiedenartigen Meliorationsmaßnahmen, wobei jeweils Bodentypen und -arten Berücksichtigung fanden.

Mitarbeiter und Schüler von D. setzten erfolgreich seine Arbeit fort und trugen zur Anerkennung und internationalen Wirksamkeit der russ. bodenkundlichen Schule bei. Bekannt waren die Arbeiten von N. N. SIBIRTSCHOW zur Bodenklassifikation in Rußland, z. T. gemeinsam mit D. Sehr wesentlichen Einfluß auf die gesamte Bodenkunde übte K. D. GLINKA aus, dessen Werk »Die Typen der Bodenbildung, ihre Klassifikation und geographische Verbreitung« 1914 in deutscher Übersetzung erschien. Viele Fachbezeichnungen, insbesondere für Bodentypen, stammen von D. und seinen Schülern und gehören heute zum Inventar aller Bodenkundler. Pf

Literatur: Dokučaev, V. V.: . Ruskij černozem (Die russ. Schwarzerde) (St. Petersburg 1883), Naši stepi prežde i teper' (Unsere Steppe früher und heute) (St. Petersburg 1892), Mesto i rol' sovremennogo počvovedeniâ v nauke i žizni (Stellung und Rolle der modernen Bodenkunde in Wissenschaft und Leben) (St. Petersburg 1899).

Glinka, K.: Die Typen der Bodenbildung, ihre Klassifikation und geographische Verbreitung (8. Aufl. Berlin 1914).

Doliwo-Dobrowolski (Dolivo-Dobrovol'skij), DOLIVO-DOBROWOLSKY, Michail Ossipowitsch, Elektrotechniker, geb. 21. 12. 1861 (2. 1. 1862) St. Petersburg (Leningrad), gest. 15. 11. 1919 Heidelberg.

Als Schöpfer des Drehstromasynchronmotors (1889) und aktiver Mitgestalter der Drehstromübertragung von Lauffen am Neckar nach Frankfurt am Main (1891) gehört D., der »Vater der elektrischen Kraftübertragung mit Drehstrom«, zu den Pionieren der Elektrotechnik.

D. war der älteste Sohn unter zwölf Geschwistern einer russ. Adelsfamilie. Das 1880 am Rigaer Polytechnikum begonnene Studium des Maschinenbaus setzte er 1881 an der TH Darmstadt fort und wurde 1885 einer der ersten Assistenten bei E. KITTLER, der auf den 1882 eingerichteten ersten Lehrstuhl für Elektrotechnik in Deutschland berufen worden war. Von dort holte ihn 1887 die Deutsche Edison Gesellschaft, die spätere AEG, in die Reihen ihrer Mitarbeiter. Eine Berufung auf den Lehrstuhl für Elektrotechnik des St. Petersburger Polytechnikums (1901) nahm er nicht wahr, da er sich der Industrie sehr stark verbunden fühlte. 1903 aus der AEG ausgeschieden, trat D. nach vorübergehendem Aufenthalt in Lausanne, wo er sich theoretischen Arbeiten widmete, 1909 als stellvertretendes Vorstandsmitgl. und technischer Dir. der Apparatefabrik erneut in die AEG ein. Diese Tätigkeit übte er bis zu seinem Tode noch zehn Jahre aus.

D. arbeitete ab 1889 auf dem Gebiet der Mehrphasenströme und führte den Begriff Drehstrom ein. Nach ausführlichem Studium der Arbeiten von F. FERRARIS und N. TESLA zu den Wechselstromphänomenen entwickelte er den Drehstromasynchronmotor mit Kurzschlußläufer, den an Zuverlässigkeit und Einfachheit nicht zu überbietenden Elektromotor heutiger Dominanz. 1891 gelang D. gemeinsam mit CH. E. L. BROWN und O. v. MILLER die Drehstromübertragung von Lauffen am Neckar in das 175 km entfernte Frankfurt am Main, die damals vielfach als das bedeutendste und wichtigste Experiment in der technischen Elektrizität gerühmt wurde und den rationellen Transport elektrischer Energie über große Entfernungen einleitete. Stellvertretend für weitere herausragende wissenschaftlich-technische Leistungen seien genannt die Entwicklung von Drehstromtransformatoren und Beiträge zur Konstruktion elektrischer Meßgeräte.

In den letzten Lebensjahren widmete sich D. dem heute aktuellen Gebiet der Hochspannungsgleichstromübertragung, da er frühzeitig erkannte, daß der Energieübertragung durch Wechselstrom bzw. Drehstrom Grenzen gesetzt sind.

D. hat in unterschiedlicher Weise und an führender Stelle die Entwicklung der Elektrotechnik vorangetrieben und mit tragenden Ideen erfüllt. Zeitgenossen rühmten an ihm die Fähigkeit, auch schwierige technische Probleme mit einem Minimum an Mathematik zu lösen. Für seine Verdienste wurde D. 1911 von der TH Darmstadt die Ehrendoktorwürde verliehen. Schu

Literatur: Doliwo-Dobrowolski, M. O.: Anker für Wechselstrommotoren (DRP 51083 vom 8. 3. 1899), Kraftübertragung mittels Wechselströmen von verschiedener Phase (Drehstrom), in: ETZ 12 (1891), 149 u. 161, Wirkungsgrad von Transformatoren, in ETZ 13 (1892), 222, Der Drehstrom und die Ergebnisse der Lauffen – Frankfurter Kraftübertragung, in: SB des Vereins zur Förderung des Gewerbefleißes (1892), Das Parallelschalten von Drehstromdynamos mit Dämpfern, in: AEG-Z. 1899/1900, Heft 7, 1–11 u. Heft 11, 1–8, Aus der Geschichte des Drehstromes, in: ETZ 38 (1917), 341–344, 354–357, 366–369, 376/377, Über die Grenzen der Kraftübertragung durch Wechselströme, in: ETZ 40 (1919), 1–4 u. 84–87.

Veselovskij, O. N.: Die Rolle M. O. Dolivo-Dobrovol'skijs bei der Entwicklung der Wechselstromtheorie, russ. in: Električectvo 74 (1954) 7, 77–80.

Dollo, Louis Antoine Marie Joseph, Paläontologe, geb. 7. 12. 1857 Lille, gest. 19. 4. 1931 Brüssel.

D. war einer der führenden Paläontologen seiner Zeit; er begründete die Palethologie als Spezialdisziplin, die die Lebensweise ausgestorbener Organismen erforscht, und fand das in der Evolutionsbiologie viel diskutierte Irreversibilitätsgesetz, das nach ihm auch als DOLLOsches Gesetz bezeichnet wird.

D. wurde nach dem Studium an der Univ. Lille Ingenieur und ging als solcher 1879 an ein Gaswerk in Brüssel. Nach Studien bei dem Geologen J. GOSSELET und dem Paläontologen A. GIARD widmete er sich unter dem Eindruck der Forschungsergebnisse des russischen Paläontologen W. O. KOWALEWSKY, den er als seinen eigentlichen Lehrer bezeichnete, ebenfalls der Paläontologie. D. arbeitete seit 1882 im Brüsseler Königlichen Museum für Naturgeschichte, vielfach unter sehr bescheidenen Bedingungen und im Streit mit den Vorgesetzten.

D., in vielem ein Sonderling, führte ein zurückgezogenes, nur der Wissenschaft gewidmetes Leben. Er hielt ab 1909 als ao. Prof. auch Vorlesungen an der Univ. Brüssel.

D.s Forschungsgegenstand waren besonders die fossilen Reptilien. 1893 formulierte er nach Untersuchungen an Seeschildkröten das nach ihm benannte Irreversibilitätsgesetz (DOLLOsches Gesetz), wonach in der Evolution der Lebewesen keine Rückentwicklung zu einer vorangegangenen Form erfolgen kann. Dieses Gesetz beruht auf der Erkenntnis, daß nach längerer Evolution bereits zu viele Veränderungen erfolgt sind, als daß sie in allen ihren Teilen zur Ausgangsform zurückkehren könnten, während die Genetiker durchaus einfache Rückmutationen feststellten. 1882 wollte er Skelette des Iguanodon, eines Sauriers der Kreidezeit, der in aufsehenerregenden Exemplaren in Belgien gefunden wurde, im Museum so aufstellen, wie sie im Leben dieser Tiere üblich gewesen sein mußten, was eingehende Studien über die Fortbewegung dieser Tiere voraussetzte. Mit diesen Untersuchungen begründete er (1909) die Palethologie. Weitere Forschungsarbeiten befaßten sich mit den Dinosauriern, Nosasauriern, fossilen Schildkröten der Oberkreide und des Eozäns, den fossilen Krokodilen und der Brückenechse. Er war auch Ichthyologe und bearbeitete die rezenten Tiefseefische, welche die belgische Antarktisexpedition (1898/99) mitgebracht hatte. Zi

Literatur: Dollo, L. A. M. J.: Les lois de l'evolution, in: Bull. de la Soc. Belg. de Géol., Paléontol. Hydrol., Proc. verb. 7 (1893), 164–166, La paléontologie éthologique, in: Bull. Soc. Belge géol., Mém. 23 (1909), 377–421.

Domagk, Gerhard Johannes Paul, Arzt, Pathologe und Bakteriologe, geb. 30. 10. 1895 Lagow (Łagów, Polen), gest. 24. 4. 1964 Burgberg bei Königsfeld (Schwarzwald).

D. errang mit dem Nachweis des bakteriostatischen Ef-

M. O. Doliwo-Dobrowolski

L. A. M. J. Dollo

G. J. P. Domagk

H. W. Dove

fekts von Sulfonamiden und deren Einführung in die Therapie einen bahnbrechenden Erfolg auf dem Gebiet der Chemotherapie bakterieller Infektionen.

D., Sohn eines Lehrers, begann 1914 in Kiel das Medizinstudium, war dann als Sanitäter im Krieg tätig, nahm danach das Studium wieder auf und beendete es 1921 mit seiner Promotion über Kreatininausscheidung nach Muskelarbeit. 1923 ging er als Assistent an das Institut für Pathologie nach Greifswald, wo er sich 1924 mit einer Arbeit aus dem Grenzgebiet zwischen Pathologie und Bakteriologie habilitierte. 1925 folgte D. seinem Lehrer, dem Pathologen W. Gross, nach Münster/Westfalen, wo er sich unter anderem mit experimenteller Tumorforschung beschäftigte. 1927–1929 war D. zu Forschungsarbeiten in den Laboratorien der I. G. Farbenindustrie Wuppertal der Bayer-Werke beurlaubt; 1929 übernahm er die Leitung des neu gegründeten Instituts für experimentelle Pathologie und Bakteriologie dieses Unternehmens in Elberfeld. Hier galt seine Arbeit ausschließlich der Chemotherapie bakterieller Infektionen. Den ersten Erfolg erzielte D. bei der Bekämpfung grampositiver Kokken mittels quartärer Ammoniumverbindungen (z. B. Zephirol). Von den chemotherapeutischen Arbeiten P. Ehrlichs bezüglich der Wirkung organischer Farbstoffe auf Mikroben ausgehend, untersuchte D. seit 1932 die Wirkung von Sulfonamiden (in den 20er Jahren von Chemikern der Bayer-Werke synthetisiert) auf streptokokkeninfizierte Mäuse. Nach dreijähriger sorgfältiger Prüfung veröffentlichte D. das positive Ergebnis 1935. Als eigentlichen Wirkungsfaktor erkannte er das Sulfanilamid. In der Folgezeit wurde von D. die therapeutische Wirkung weiterer Sulfonamide (z. B. Prontalbin, Uliron, Marfanil) auf bisher schwer bekämpfbare Infektionen festgestellt (z. B. Pneumonie, Gonorrhoe, Meningitis, Puerperitis, Gasödem, alle septischen Erscheinungen). Wegen dieses eindeutigen großen Erfolges wurde D. 1939 der Nobelpreis verliehen, doch durfte damals wegen der Verleihung des Preises an C. v. Ossietzky kein deutscher Staatsangehöriger den Nobelpreis annehmen. D.s Reaktion auf Verleihung und Verbot (besonders sein Ausspruch »es ist leichter, Tausende von Menschenleben zu vernichten, als ein einziges zu erhalten«) führten zu seiner (kurzzeitigen) Verhaftung durch die Gestapo. Erst 1947 erfolgte die Ehrung nachträglich, aber nunmehr ohne Geldpreis.

1940 begann D. mit Untersuchungen über die Chemotherapie der Tuberkulose. Die Verwendung von Thiosemicarbazonen (z. B. Conteben und Neoteben) bildete die Basis für weitere Arbeiten auf diesem Gebiet. Seine letzten großen Arbeiten galten der Immuntherapie wie der Chemotherapie bösartiger Geschwülste, wobei er an die Arbeiten seiner Assistentenzeit anknüpfte. Nach dem zweiten Weltkrieg würdigten zahlreiche in- und ausländische Ehrungen D.s Lebensarbeit. 1958 erhielt er den Titel eines o. Prof. der medizinischen Fakultät der Univ. Münster.

D. widmete sein Leben der Behandlung von Infektionskrankheiten und der bösartigen Geschwülste. Er galt als gewissenhafter Experimentator. Von seinen Mitarbeitern werden seine Bescheidenheit und Zurückhaltung trotz allen Ruhms und verdienter Ehrungen hervorgehoben. Als einzige Abwechslung zu seinem Beruf pflegte D. seine Neigung zu Literatur und Kunst, welche letztere durch seine Freundschaft mit den Malern E. Nolde und Ch. Rohlfs dokumentiert ist. Wa

Literatur: Domagk, G. J. P.: Ein Beitrag zur Chemotherapie der bakteriellen Infektionen, in: Dtsch. med. Wschr. 61 (1935), 250, Eine neue Klasse von Desinfektionsmitteln, in: Dtsch. med. Wschr. 61 (1935), 829, Der derzeitige Stand der Chemotherapie der bakteriellen Infektionen, in: Z. klin. Med. 136 (1939), 167, Zur Chemotherapie des Krebses, in: Hamburger Ärzteblatt 10 (1956), 251, Die Entwicklung der Chemotherapie der Infektionskrankheiten in den letzten 30 Jahren und die Zukunftsaussichten für eine Chemotherapie des Krebses, in: Wien. med. Wschr. 110 (1960), 131, Die weitere Entwicklung der Chemotherapie bakterieller Infektionen. Vortrag anläßlich der Nobelpreisfeier in Stockholm am 12. 12. 1947, in: Les Prix Nobel en 1947 (Stockholm 1949), 91–93.

Dove, Heinrich Wilhelm, Physiker und Meteorologe, geb. 6. 10. 1803 Liegnitz (Legnica), gest. 4. 4. 1879 Berlin.

D. war Mitbegründer der neueren Meteorologie und der vergleichenden Klimatologie. Er entwickelte ein »Drehungsgesetz der Winde« und führte Ansätze einer Luftmassenmeteorologie ein. D. organisierte das meteorologische Beobachtungsnetz in Preußen und sprach sich für die Anwendung der Wettertelegraphie aus. Als Physiker arbeitete er über Optik, speziell Polarisation und Farbenlehre, über Akustik und über elektromagnetische Induktion. Auch konstruierte er physikalische Meßgeräte.

D. entstammte einer Kaufmannsfamilie aus Liegnitz, wo er die Stadtschule und die Ritterakademie besuchte, die er 1821 mit dem Abitur verließ. 1821–1824 studierte er an der Univ. Breslau (Wrocław) und 1824–1826 an der Univ. Berlin. Ende 1822 wegen Mitgliedschaft in der Burschenschaft von der Univ. relegiert, durfte er nur durch »Gnade des Königs« in Breslau und Berlin die Vorlesungen weiter besuchen. Nach vorwiegend philosophisch-philologischen Studien wandte sich D. unter Einfluß von H. W. Brandes in Breslau und P. Erman in Berlin der Physik und der Meteorologie zu. Mit einer bemerkenswerten Dissertation über Luftdruckänderungen wurde er am 4. 3. 1826 in Berlin zum Dr. phil. promoviert und aufgrund seiner Habilitationsschrift über die Wärmeverteilung auf der Erde 1826 zum Privatdoz. und 1828 zum ao. Prof. für Physik an die Univ. Königsberg (Kaliningrad) und 1829 an die Univ. Berlin berufen. In Berlin war D. außerdem aus finanziellen Gründen jahrzehntelang noch als Lehrer für Mathematik und Physik an höheren Lehranstalten und an der Kriegsschule tätig. Seine Experimentalvorlesungen in Physik an der Univ., die er im Wechsel mit G. Magnus hielt, fanden großen Beifall.

1844 wurde D. o. Prof. für Physik und bekam 1849 außerdem die Stelle »eines Wissenschaftlichen Beirates bei dem mit dem statistischen Bureau verbundenen meteorologischen Institut«, das, 1847 gegründet, erst 1866 durch einen Assistenten erweitert wurde. 1858/59 und 1871/72 wurde er zum Rektor gewählt. 1853 erhielt D. die engl. Copley-Medaille und 1860 den Orden Pour le mérite der Friedensklasse, wurde 1867 sogar ein Vizekanzler dieses Ordens, obwohl er wegen seiner politischen Einstellung als Liberaler der Revolution von 1848 und später als »Altliberaler« der Reaktion in Preußen nicht genehm war.

D. war wissenschaftlich äußerst produktiv und auch bald international als Physiker und als »Vater der Meteorologie« anerkannt. Seine rund 112 physikalischen Schriften beziehen sich auf die eingangs erwähnten Teilgebiete der Physik, wobei das von ihm, L. Moser u. a. herausgegebene »Repertorium der Physik« (1837–1848), an dem namhafte Physiker und Mathematiker mitwirkten, als Fortschrittsbericht hervorzuheben ist. In rund 264 meteorologisch-klimatologischen Beiträgen hat D. nicht nur die laufenden meteorologischen Beobachtungen gesammelt, sondern auch statistisch bearbeitet und vergleichend betrachtet. Er entwarf als erster Karten der Monatsisothermen (1849) und der thermischen Isanomalen (1851). Eingehend hat D. die Wärme- und Niederschlagsverhältnisse auf der Erde und die Lokalklimate, aber auch klimatische Singularitäten untersucht. Für die sich entwickelnde synoptische Meteorologie, zuerst von Brandes behandelt, hat er wichtige Beiträge geliefert. Durch lokale Betrachtungen allein kam D. (1826) zu der Erkenntnis: »Während das Barometer eine Welle beschrieb, hatte sich der Wind durch die ganze Windrose gedreht« (und zwar von Süd über West und Nord nach Ost), von ihm selbst als »Gesetz der Drehung« bezeichnet, später eingegangen in das barische Windgesetz (barische Windregel) von Ch. Buys-Ballot. Als Ursache führte D. die gegenseitige Verdrängung von »Polarstrom« und »Äquatorialstrom« an. Mit diesen dynamischen Modellvorstellungen zur Wetteranalyse und -prognose sowie zur allgemeinen atmosphärischen Zirkulation, zusammengefaßt in seiner bedeutenden Arbeit »Das Gesetz der Stürme« (1840), war D. bahnbrechend und ein Wegbereiter der späteren, von V. Bjerknes und Mitarbeitern entwickelten Polarfronttheorie. Sein starres Festhalten an seinen Vorstellungen vom Drehungsgesetz brachte ihn jedoch in Gegensatz zur entstehenden synoptischen Meteorologie, die sich als Isobarenmeteorologie herausbildete und von ihm zu Unrecht abgelehnt wurde. Auf wissenschaftsorganisatorischem Gebiet blieb D.s Versuch, auf der Naturforscherversammlung in Genf 1863 eine internationale Meteorologenvereinigung ins Leben zu rufen, noch ohne Erfolg. Das gelang erst ohne D.s direktes Mitwirken zehn Jahre später. Kö

Literatur: Dove, H. W.: Meteorologische Studien (Berlin 1837), Repertorium der Physik, 8 Bde. (Berlin 1838–1848), Das Gesetz der Stürme, in: Akad. Wiss. Berlin, Monatsber. 1840, 232–239, in Buchform: 1. Aufl. Berlin 1857, 4., vermehrte Aufl. Berlin 1873, Untersuchungen im Gebiet der Induktionselektrizität (Berlin 1842), Monats-Isothermen (Berlin 1849), Thermische Isanomalen, in: Akad. Wiss. Berlin, Monatsber. 1851, 619–626, Optische Studien (Berlin 1853 u. 1859), Klimatologische Beiträge, Tl 1–2 (Berlin 1857 u. 1869).

Klein, H. J.: Heinrich Wilhelm Dove, in: Gaea: Natur u. Leben 15 (1979), 305–311; Körber, H.-G.: Beiträge von Berliner Physikern zur Entwicklung der Physik der Atmosphäre, in: Berliner Wissenschaftshistor. Kolloquien III, 1, Berlin 1981, 176–195 (AdW der DDR, Inst. f. Theorie, Gesch. u. Organis. d. Wiss., Kolloquien, Heft 24); Neumann, H.: Heinrich Wilhelm Dove. Eine Naturforscher-Biographie (Liegnitz 1925); Neumayer, G. v.: Heinrich Wilhelm Dove, in: Preuß. Stat., Bd. 49 (Berlin 1879), V–IX; Weickmann, L.: Zum 150. Geburtstag von Heinrich Wilhelm Dove, in: Meteorol. Abh. (Berlin West), Bd. 2, Heft 3 (1954).

Driesch, Hans, Biologe und Philosoph, geb. 28. 10. 1867 Kreuznach, gest. 16. 4. 1941 Leipzig.

D. ist der Begründer des Neovitalismus und einer folgenreichen Philosophie des Organischen. Er führte erstmals die experimentelle Erzeugung eineiiger Zwillinge an Echinidenkeimen vor.

D., aus einer Großkaufmannsfamilie stammend, studierte Zoologie in Freiburg im Breisgau, München und Jena und wurde 1889 bei E. Haeckel mit einer Arbeit über »Tektonische Studien an Hydroidpolypen« promoviert. Nach dem Studium mit jeweils größeren Unterbrechungen in Zürich, Plymouth, Triest und vor allem (1891–1902) in Neapel als »freier Forscher« tätig an der berühmten, von A. Dohrn begründeten Zoologischen Station, ließ sich D. 1902 in Heidelberg nieder und lebte dort zunächst als Privatgelehrter. 1907/08 hielt er Vorlesungen an der Univ. Aberdeen; hier entstand sein naturphilosophisches Hauptwerk »Philosophie des Organischen«, 1908 in engl., 1909 in deutscher Sprache. 1909 habilitierte sich D. für Naturphilosophie an der Univ. Heidelberg und wurde 1911 zum ao. Prof. an der Philosophischen Fakultät ernannt. 1920 ging er als o. Prof. für Philosophie an die neugegründete Univ. Köln, folgte aber bereits im Herbst 1921 einem Ruf an die Univ. Leipzig. Hier wirkte D. bis zu seiner Emeritierung, zu der er 1933 vorzeitig gezwungen wurde.

D.s wissenschaftliches Lebenswerk wurde bestimmt durch die wegweisende Fragestellung der Entwicklungsmechanik von W. Roux, wie, durch welche Mittel und Kräfte der individuelle Organismus aus dem Ei entsteht. Im Unterschied zu Roux verfolgte D. diese Frage mit Experimenten an maritimen Lebewesen, insbesondere an Keimen des Seeigels Echinus microtuberculatus. Seine Versuche in Triest und Neapel im Jahre 1891 brachten höchst folgenreiche Ergebnisse. Im Gegensatz zu den Froschkeimversuchen von Roux erhielt D. aus den beschädigungsfrei getrennten Blastomeren des Zweizellenstadiums ganze, wohlausgebildete Larven, die sich zu normalen Seeigeln entwickelten. Damit schien die Annahme Roux', wonach ontogenetische Entwicklung »Mosaikarbeit« sei, in der sich die Entwicklungsqualitäten mit jeder Teilung des Keimes aufspalten, widerlegt. D.s Ergebnisse deuteten darauf hin, daß sich entwickelnde Keime die Fähigkeit zu einer ganzbildenden Regulationsleistung haben. Die Entdeckung der ontogenetischen Regulationsleistungen sowie die erste biotheoretische Beschreibung des Systemcharakters sich entwickelnder Keime bildeten die bleibenden wissenschaftlichen Leistungen D.s. Da D. aber in der Folgezeit keinerlei Aufschlüsse aus weiteren Experimenten erhielt, wie diese Regulationsleistung zustande kommt, gelangte er zu einer spekulativen Erklärung: es sei ein nichtmaterieller »ganzmachender Faktor« anzunehmen, der diese Regulationsfähigkeit bedinge. In Anlehnung an Aristoteles nannte D. diesen Faktor »Entelechie«. Damit war der Vitalismus in der Biologie neu begründet – diesmal jedoch unter Bezugnahme auf experimentelle Forschungsergebnisse. Die Widerlegung dieses Vitalismus geschah in erster Linie auf dem Wege der weiteren experimentellen Prüfung der tatsächlichen Gestaltungsfaktoren in der Ontogenese, speziell durch die Arbeiten der Schule H. Spemanns und die biochemischen Analysen der Anhänger der Gradiententheorie. D.s auf nichtmateriellen Kräften begründeter Vitalismus ist eine überwundene Episode in der Geschichte der neueren Entwicklungsbiologie.

D. – als Hochschullehrer ausschließlich als Philosoph tätig – trat bereits in seiner Heidelberger Zeit für Frieden und die Verständigung der Völker ein und wandte sich gegen den Antisemitismus. Der für ihn zentrale biotheoretische Begriff – die Ganzheit – sei auch auf gesellschaftliche Verhältnisse anzuwenden. Der »einen«, ganzheitlichen Völkergemeinschaft galt sein Streben als politischer Denker (»Über die Bedeutung einer Philosophie der Natur für die Ethik«, 1911; »Die sittliche Tat«, 1927), wobei er linksliberalen Positionen angenähert war. Obwohl nach der vorzeitigen Emeritierung politisch nicht verfolgt, bestanden für ihn Beschränkungen hinsichtlich Publikations- und Redefreiheit. In den dreißiger Jahren wandte sich D. stärker der wissenschaftlichen Erforschung von Phänomenen »parapsychologischer Art« zu. Er gilt als einer der ersten Systematiker der Parapsychologie, wobei er parapsychische Phänomene in der Regel kritisch beurteilte (»Parapsychologie«, 1932).

D.s biologische Forschungsergebnisse und sein philosophischer Humanismus sichern ihm einen Ehrenplatz in der progressiven geistigen Kultur des 20. Jh. Mc

Literatur: Driesch, H.: Lebenserinnerungen. Aufzeichnungen eines Forschers und Denkers in entscheidender Zeit (München/Basel 1951).

Mocek, R.: Wilhelm Roux – Hans Driesch. Zur Geschichte der Entwicklungsphysiologie der Tiere (Jena 1974).

du Bois-Reymond (fälschlich: Du Bois-Reymond), Emil Heinrich, Mediziner und Physiologe, geb. 7.11.1818 Berlin, gest. 26.12.1896 Berlin.

Durch die Verbindung physikalischer und biologischer Kenntnisse und die Entwicklung neuer physiologischer Methoden wurde du B. zum Begründer der Elektrophysiologie.

Du B., Sohn des Schweizer Linguisten und preuß. Beamten FELIX-HENRY DU B., studierte ab 1837 in Berlin und Bonn zunächst Philosophie, Geschichte, auch Experimentalchemie und -physik, wandte sich dann ab 1839 in Berlin dem Medizinstudium zu und wurde schließlich – durch seinen Jugendfreund E. HALLMANN beeinflußt – speziell für die Physiologie interessiert, die damals in Berlin J. MÜLLER vertrat. Dessen Lehrveranstaltungen über vergleichende Anatomie und Physiologie und der sich um MÜLLER sammelnde Schülerkreis prägten nachhaltig du B.s Studien (Promotion 1843). Bereits 1841 begann du B. mit Versuchen über tierische Elektrizität, zu denen er durch A. v. HUMBOLDT und MÜLLER angeregt worden war und die sein späteres Lebenswerk bestimmten. 1846 habilitierte er sich und wirkte 1848–1853 als Doz. für Anatomie an der Akademie der Künste in Berlin. Trotz verlockender Stellenangebote in Königsberg (Kaliningrad) 1849 und Bonn 1855 setzte du B. in Berlin seine elektrophysiologischen Studien fort, wurde 1855 zum ao. Prof. für Physiologie und 1858 als Nachfolger MÜLLERS auf den Lehrstuhl für Physiologie und zum Dir. des Physiologischen Instituts an der Univ. Berlin berufen, wo er bis 1896 wirkte.

Die elektrophysiologischen Experimente du B.s knüpfen an Fragestellungen an, die bereits seit Ende des 18. Jh. durch Entdeckung des Galvanismus in Biologie und Medizin eine Rolle spielten. Damals hoffte man, in der tierischen Elektrizität ein materielles »Lebensprinzip« gefunden zu haben, das die Annahme einer immateriellen »Lebenskraft« widerlegen konnte. Auch HUMBOLDT hatte 1797 ein zweibändiges Werk der tierischen Elektrizität gewidmet und dieses Thema sowohl auf seiner Amerikareise (Versuche mit Zitteraalen) als auch während seines Aufenthaltes in Paris weiterverfolgt. Doch waren die Versuchsmethoden jahrzehntelang nicht exakt genug, um eindeutig zwischen biologischer Elektrizität und durch Metalle induzierten elektrischen Strömen unterscheiden zu können. Diese Forschungen traten nach der Entdeckung der elektromagnetischen Induktion durch M. FARADAY in den 30er Jahren des 19. Jh. in eine neue Phase ein, und HUMBOLDT übermittelte neue beachtenswerte Publikationen des ital. Physikers C. MATTEUCCI, besonders dessen »Essai« über

H. Driesch

E. du Bois-Reymond

elektrische Phänomene bei Tieren (1841), an MÜLLER, der du B. 1841 zur Nachprüfung der Phänomene aufforderte. Dessen verfeinerte Versuchsanordnung, besonders die Verstärkung der bioelektrischen Ströme und ihr exakter Nachweis durch Messung, brachten einen Durchbruch in der Erkenntnis der tierischen Elektrizität. Bereits die ersten Ergebnisse du B.s 1843 erregten Aufsehen und waren in den folgenden Jahren Gegenstand von Debatten in der Pariser Ak. d. Wiss. Die Versuchs- und Meßergebnisse über den durch Muskelbewegung hervorgerufenen Strom bei Fröschen, anderen Versuchstieren und dem Menschen veröffentlichte du B. in einem zweibändigen Werk, das 1848–1884 in mehreren Teilen erschien. Darin beschrieben sind sowohl die von ihm konstruierten physikalischen Instrumente, wie Multiplikatoren, Schlitteninduktorium und Meßgeräte, die seitdem zur Ausstattung physiologischer Laboratorien gehören, als auch die Erstbeobachtung des »Verletzungsstromes« oder der »negativen Schwankung« des Stromes am Muskel, Ergebnisse und Methoden, die in die medizinische Praxis Eingang fanden und einen Spezialzweig der medizinischen Diagnostik konstituierten. Zur theoretischen Erklärung der Phänomene entwarf du B. nach dem Vorbild von A. M. AMPÈRES Theorie über den Magnetismus eine »Molekulartheorie«, die wenig später durch einen seiner Schüler widerlegt wurde.

Die elektrophysiologischen Studien wurden auch bei du B. (wie im 18. Jh. bei HUMBOLDT) motiviert durch die Überzeugung, daß sich die Lebenserscheinungen physikalisch, ohne Zuhilfenahme metaphysischer Vorstellungen von einer »Lebenskraft«, erklären und deshalb nachweisen und messen lassen. Wie andere seiner Mitstudenten, z. B. M. J. SCHLEIDEN und TH. SCHWANN, wandte er sich energisch gegen jeden Vitalismus und vertrat in seinen Jugendschriften die Ansicht, daß sich auch das menschliche Denken und Bewußtsein durch physikalisch-chemische Kräfte erklären lassen müsse. In dieser Hinsicht steht du B. in einer Reihe mit anderen Vertretern des »naturwissenschaftlichen Materialismus«, suchte sich aber in späteren Lebensjahren gegen spekulative Überspitzungen, zu denen er auch E. HAECKELS »Monismus« rechnete, abzugrenzen. In dem Vortrag »Über die Grenzen des Naturerkennens« (1872) stellte er die erforschbaren Gebiete der Naturwissenschaften Gebieten wie Religion und Bewußtsein gegenüber und sprach darüber sein »Ignorabimus« (»Wir werden [es] nicht wissen«), das die Erkenntnisgrenzen für immer festzuschreiben schien und heftige Kontroversen z. B. durch HAECKEL und D. F. STRAUSS auslöste. Sein 1880 gehaltener Vortrag über »die sieben Welträtsel« wurde unmittelbarer Anlaß für HAECKELS »Welträtsel«, die die Nichterklärbarkeit widerlegen sollten. Die philosophische Zurückhaltung du B.s ähnelte dem Agnostizismus zeitgenössischer Biologen (z. B. TH. H. HUXLEY) und änderte nichts an seinen experimentellen Forschungen oder seiner Aufgeschlossenheit gegenüber dem Evolutionsgedanken. Auf seinen Vorschlag hin wurde CH. DARWIN Mitgl. der Berliner Ak. d. Wiss.

Wertvolle Quellen zur Wissenschaftsgeschichte sind die Akademiereden, die du B. ab 1868 als ständiger Sekretär der mathematisch-naturwissenschaftlichen Klasse hielt und die auf eigenen Archivstudien beruhen. Seine Tochter ESTELLE DU B. gab mit ihrer Edition ebenso wie mit den Briefeditionen zusätzliche Quellen über du B.s Leben und Werk heraus; sein Sohn RENÉ DU B. setzte seine Arbeit als Physiologe am Berliner Institut unmittelbar fort. Ja

Literatur: du Bois-Reymond, E.: Untersuchungen über tierische Elektrizität, 2 Bde. (Bd. 1 Berlin 1848, Bd. 2, Abt. 1 Berlin 1849, Abt. 2 Berlin 1860 u. 1884), Gesammelte Abhandlungen zur allgemeinen Muskel- und Nervenphysik, 2 Bde. (Leipzig 1875 u. 1877), Reden, 2 Bde. (Hrsg. Estelle Du Bois-Reymond, Leipzig 1912), Vorträge über Philosophie und Gesellschaft (Hrsg. S. Wollgast, Berlin 1974).

Boruttau, H.: Emil Du Bois-Reymond (München 1922); Du Bois-Reymond, Estelle (Hrsg.): Jugendbriefe von Emil Du Bois-Reymond an Eduard Hallmann (Berlin 1918), Zwei große Naturforscher des 19. Jh. Ein Briefwechsel zwischen Emil Du Bois-Reymond und Karl Ludwig (Leipzig 1927); Ruff, P. W.: Emil du Bois-Reymond (Leipzig 1981); Wollgast, S.: Einleitung zu: Emil Du Bois-Reymond: Vorträge über Philosophie und Gesellschaft (Berlin 1974).

Dumas, Jean Baptiste André, Chemiker, geb. 14. 7. 1800 Alais (Alès, Dep. Gard), gest. 11. 4. 1884 Cannes.

D. war ein vielseitiger Experimentator und entwickelte mehrere allgemeine Verfahren, so zur Bestimmung der Dampfdichte und zur Bestimmung des Stickstoffgehaltes organischer Verbindungen. Durch die Entwicklung der Typentheorie und mit den Begriffen Homologie und Substitution bereicherte D. die chemische Theorie.

D., Sohn eines Stadtsekretärs, begann nach dem Besuch einer Lateinschule 1815 in der Apotheke in Alais seine Ausbildung und setzte sie 1816 in Genf fort. Hier fand er persönlichen Kontakt zu verschiedenen Gelehrten, zu denen der Biologe AUGUSTIN DE CANDOLLE gehörte. Diese Bekanntschaft führte zu intensiver Beschäftigung mit Botanik, die bald durch ausgedehnte Chemiestudien verdrängt wurde. D. hielt im Laboratorium der Apotheke Experimentalvorträge vor interessierten jungen Männern. Aus Abhandlungen von A. L. LAVOISIER, J. B. BIOT, H. DAVY, J. J. BERZELIUS, L. J. GAY-LUSSAC und L. J. DE THÉNARD wurden die theoretischen Grundlagen erarbeitet. Die Ergebnisse seiner ersten chemischen Forschungsarbeiten führten zur Bekanntschaft mit dem Genfer Hochschullehrer und Chemiker A. A. DE LA RIVE. Auch die danach – zusammen mit J. L. PRÉVOST – durchgeführten physiologisch-chemischen Untersuchungen brachten beachtliche Ergebnisse. 1823 ging D. auf Vorschlag A. v. HUMBOLDTS nach Paris.

Als Répétiteur de Chimie bereitete er an der École Polytechnique die Vorlesungen THÉNARDS experimentell vor. Daneben hatte er noch die chemischen Abendvorlesungen im »Athéneum« zu halten, in dem sich interessierte Laien trafen. 1824 gründete er zusammen mit drei anderen Naturwissenschaftlern die Zeitschrift »Annales des Sciences Naturelles«. Nachdem D. vor der Ak. d. Wiss. über ein physiologisches Thema vorgetragen hatte, wurde er von P. S. LAPLACE in dessen Freundeskreis eingeführt. Schon in den ersten beiden Pariser Jahren lernte er fast alle bedeutenden Naturwissenschaftler der franz. Hauptstadt persönlich kennen: C. L. BERTHOLLET, L. N. VAUQUELIN, L. J. GAY-LUSSAC, ALEXANDRE BRONGNIART, den Dir. der Kgl. Porzellanmanufaktur in Sèvres, dessen Tochter er 1826 heiratete, D. F. ARAGO, A. M. AMPÈRE u.a. In zahlreichen Veröffentlichungen hat D. die Ergebnisse seiner Untersuchungen dargestellt. Ab 1828 erschien sein »Traité de Chimie appliquée aux arts« (8 Bde.). 1829 gehörte er zu den Mitbegründern der École centrale des Arts et Manufactures. Als Prof. lehrte D. an der École Polytechnique (ab 1835), an der École de Médicine und ab 1839 (als o. Prof. ab 1841) an der Pariser Univ. (Sorbonne). Schon mit 32 Jahren wurde er Mitgl. der Pariser Ak. d. Wiss. und bald auch vieler ausländischer Institutionen. Seit 1840 gehörte er zu den Herausgebern der »Annales de Chimie et de Physique«. 1868 wurde D. Ständiger Sekretär der Ak. d. Wiss. Im selben Jahr verlegte er seine Arbeitsstätte von der Sorbonne in die von ihm mitbegründete École centrale des Arts et Manufactures. Hochgeehrt konnte er bis ins hohe Alter wissenschaftlich arbeiten. Seit 1848 hatte er auch verschiedene öffentliche Ämter ausgeübt: Er war Parlamentsmitgl., 1850 Minister für Handel und Ackerbau, Vizepräsident des Erziehungsrates, ab 1855 Vizepräsident und ab 1859 Präsident des Pariser Munizipalrates. In dieser Eigenschaft hat er neben Wasserversorgung und Abwasserbeseitigung auch die Straßenbeleuchtung wesentlich verbessert.

D. hat zur allgemeinen, zur anorganischen und zur organischen Chemie bedeutende Beiträge geleistet. Von den von ihm entwickelten allgemeinen Verfahren haben sich Dampfdichtebestimmungen (1826) und Stickstoffbestimmung in organischen Substanzen, nach ihm DUMAS-Methode genannt, schnell durchgesetzt. Zusammen mit E. M. PÉLIGOT fand D. 1834 bei der trockenen Destillation des Holzes »Holzgeist« (Methanol). Beide erkannten die chemische Ähnlichkeit zum Weingeist (Ethanol), zu dem von M. E. CHEVREUL durch Verseifung von Walrat gewonnenen Alkohol und schließlich auch noch zum Fuselöl. Sie ermittelten, daß sich diese ähnlichen Substanzen untereinander durch ein Vielfaches von CH_2-Gruppen unterscheiden. Damit waren Voraussetzungen für die nach Entdekkung ähnlicher Reihen (1843) zu formulierende Homologie geschaffen. 1834 fand D., daß in vielen organischen Verbindungen der Wasserstoff durch Chlor substituiert werden kann, ohne den chemischen Charakter der Verbindung prinzipiell zu verändern. Er folgerte daraus, daß chemische Verbindungen nicht aus zusammengesetzten Radikalen bestehen. Die Ablehnung der Radikaltheorie stand im Widerspruch zu den Auffassungen von J. J. BERZELIUS, J. v. LIEBIG und F. WÖHLER. Mit A. LAURENT zusammen baute D. die Substitutionstheorie aus, nach der chemische Verbindungen geschlossene Ganze bilden (unitarische Deutung, 1839, im Gegensatz zur dualistischen elektrochemischen Theorie), in denen einzelne Bestandteile durch neue ersetzbar sind. Das galt auch für den Wasserstoff der Radikale, die bisher als unveränderlich angesehen wurden. Die Erkenntnisse über die Substitution führten besonders nach der Entdeckung der Trichloressigsäure zur Typentheorie (um 1840), in der D. die chemischen und mechanischen Typen unterschied, und schließlich zur Strukturlehre. Fi

Literatur: Dumas, J. B. A.: Traité de Chimie appliquée aux arts, 8 Bde. (Paris 1828–1846), dtsch Handb. der angewandten Chemie (Nürnberg 1830–1850), Leçons sur la philosophie chimique (Hrsg. Bineau, Paris 1837), dtsch Die Philosophie der Chemie (Berlin 1839), (mit J. B. Boussingault): Essai de statique chimique des etres organisés (Abhandlung über chemische Statik der organisierten Wesen) (Paris 1841), Thèse sur la question de l'action du calorique sur les corps organiques (Aussage zur Frage der Wärmewirkung auf organische Körper) (Paris 1838), Phénomènes qui accompagnent la contraction de la fibre musculaire (Erscheinungen, die die Kontraktion von Muskelfasern begleiten) (Paris 1823).

Hofmann, A. W. v.: Zur Erinnerung an vorangegangene Freunde, Bd. II (Braunschweig 1889).

J.B.A. Dumas

E

A. St. Eddington

Th. A. Edison

Eddington, Arthur Stanley, Astrophysiker, geb. 28.12.1882 Kendal (Cumbria), gest. 22.11.1944 Cambridge.

E. war einer der bedeutendsten Astrophysiker der ersten Hälfte des 20. Jh., dem die Astrophysik in ihrer zweiten theoretischen Phase grundlegende Erkenntnisse vor allem über den Aufbau und die Entwicklung von Sternen verdankt und der zugleich herausragende Beiträge zur Popularisierung astrophysikalischer Erkenntnisse und Forschungen lieferte.

E. entstammte einer angesehenen Quäkerfamilie. Nach dem Tode des Vater (1884) siedelte die Familie nach Somerset um und E. besuchte die Brynmelyn Scool. Mit Hilfe eines Grafschaftsstipendiums konnte E. am Owens College in Manchester Physik und Mathematik studieren. Er schloß seine Studien 1904 am Trinity College als »Senior Wrangler« ab und wurde 1906 Hauptassistent des Royal Astronomer in Greenwich (bis 1913). 1913 wurde E. Plumian-Prof. für Astronomie und Experimentalphysik und übernahm 1914 bis zu seinem Tode das Direktorat der Universitätssternwarte in Cambridge.

E.s außerordentlich vielfältige Forschungsthemen – er veröffentlichte 13 Bücher und mehr als 160 wissenschaftliche Aufsätze – lassen drei Schwerpunkte erkennen, die ausnahmslos tiefgründige astronomische Probleme betrafen. In der ersten Phase seines Schaffens (1906–1913) widmete er sich im Anschluß an die Arbeiten J. C. KAPTEYNS den Bewegungsverhältnissen der Objekte des Sternsystems, wobei E. die KAPTEYNsche Zweistromtheorie vertrat, gegenüber der Annahme einer ellipsoidischen Geschwindigkeitsverteilung von K. SCHWARZSCHILD. Die Problematik war wissenschaftlich nur zeitweise von Bedeutung, da die Sternströme – wie sich herausstellte – nur vorgetäuscht wurden.

Von bleibender Bedeutung sind E.s Arbeiten auf den Gebieten Relativitätstheorie und Sternphysik. Bereits 1918 veröffentlichte E. die erste englischsprachige Darstellung der EINSTEINschen Theorie und löste dadurch eine lebhafte wissenschaftliche Diskussion der noch keineswegs anerkannten Erkenntnisse A. EINSTEINS aus. E. war unmittelbar am empirischen Nachweis der Richtigkeit der Theorie beteiligt, als er auf der von ihm geleiteten Sonnenfinsternisexpedition der Royal Society (März 1919) in Auswertung der fotografischen Aufnahmen den von EINSTEINS Theorie geforderten Wert der Lichtablenkung im Schwerefeld der Sonne feststellte.

Auf dem Gebiet der Stellarphysik beschäftigte sich E. vor allem mit dem inneren Aufbau der Sterne sowie den Quellen der Sternenergie, wobei er auf den Arbeiten von SCHWARZSCHILD (1906) und J. R. EMDEN (1907) fußte. In einem seiner berühmtesten Bücher »The Internal Constitution of the Stars« (1926) erklärte er das Verständnis für die »äußeren Phänomene«, d. h. die der Beobachtung zugänglichen Größen, zum eigentlichen Ziel der Erforschung der physikalischen Bedingungen im Inneren der Sterne. E. erkannte, daß für das mechanische Gleichgewicht der Sterne neben der Gravitation und dem dieser entgegengerichteten Gasdruck auch der Strahlungsdruck zu berücksichtigen sei. Er fand eine theoretische Erklärung für die von E. HERTZSPRUNG entdeckte Masse-Leuchtkraft-Beziehung der Sterne, indem er nachwies, daß einer bestimmten Sternmasse auch ein adäquater Betrag der Energiefreisetzung im Inneren des Sterns entspricht, der infolge des Strahlungsgleichgewichts die Leuchtkraft bestimmt. E. beschäftigte sich auch mit Fragen des Energietransports im Inneren der Sterne und entwickelte wegweisende Gedanken über die Mechanismen der Energiefreisetzung, ohne diese allerdings definitiv angeben zu können.

Auf der Grundlage des von E. entwickelten Standardmodells von Sternen gelang ihm auch die theoretische Erklärung des Lichtwechsels der Delta-Cephei-Sterne, insbesondere die der Perioden-Helligkeitsbeziehung, die Miß H. LEAVITT 1912 entdeckt hatte. Ferner leistete E. bedeutsame Beiträge zur relativistischen Kosmologie. Er hat Grundfragen formuliert, die von der Kosmologie beantwortet werden müssen, und hat selbst versucht, solche Antworten zu finden.

In seinem philosophischen Denken finden sich positivistische Elemente und auch Ansätze von Mystizismus. Jedoch haben seine diesbezüglichen Auffassungen fruchtbare Auseinandersetzungen angeregt.

Hervorhebung verdienen zahlreiche populärwissenschaftliche Arbeiten E.s, in denen er es mit großer sprachlicher Eleganz verstand, komplizierte Wege und Resultate der modernen astrophysikalischen Forschung anschaulich zu machen. Her

Literatur: Eddington, A. S.: Stellar Movements and the Structure of the Universe (London 1914), Report on the Relativity Theory of Gravitation (London 1918), Space, Time, and Gravitation (Cambridge 1920), Mathematical Theory of Relativity (Cambridge 1923), The Internal Constitution of the Stars (Cambridge 1926), Stars and Atoms (Oxford 1927), The Nature of the Physical World (Cambridge 1928), Science and the Unseen World (London 1929), The Expanding Universe (Cambridge 1933), New Pathways in Science (Cambridge 1935), Relativity Theory of Protons and Electrons (Cambridge 1936), The Philosophy of Physical Science (Cambridge 1939), Fundamental Theory (Cambridge 1946, postum).

Edison, Thomas Alva, Techniker und Erfinder, geb. 11. 2. 1847 Milan (Ohio, USA), gest. 18. 10. 1931 West Orange (New Jersey, USA).

E. war einer der produktivsten und vielseitigsten Erfinder des 19. Jh., vor allem auf dem Gebiet der Elektrotechnik.

E. war der Sohn eines Gastwirts und einer Lehrerin, die den Jungen selbst unterrichtete. Geld für oft nicht ungefährliche chemische und physikalische Experimente verdiente er durch Gemüsehandel und Verkauf von Zeitungen und Süßigkeiten in Zügen. Mit 15 Jahren war er Telegraphist bei der Eisenbahn. Er zog von einer Arbeitsstelle zur anderen, wurde häufig entlassen, da er mehr mit den Geräten experimentierte als arbeitete. Mit dem Erlös verkaufter Patente von Börsenkursanzeigen richtete er 1871 bei New York zunächst eine elektrotechnische Werkstatt ein, 1876 dann in Menlo Park ein Laboratorium, in dem er mit seinen Mitarbeitern nützliche Geräte jeglicher Art erfand und vervollkommnete. 1887 richtete E. in West Orange bei New York das zu dieser Zeit umfangreichste und am besten ausgestattete private Forschungslabor der Welt ein, in dem Mathematiker, Physiker und Chemiker das Team seiner Ingenieure und Facharbeiter ergänzten. E.s Labors dienten Industrieunternehmen als Vorbild bei der Einrichtung eigener Forschungslabors.

Um den Gewinn aus seiner ersten großen Erfindung, einem Telegrafengerät für Vielfachtelegrafie, wurde E. von konkurrierenden Telegrafengesellschaften betrogen. 1877 verbesserte er A. G. Bells Telefon, indem er ein Mikrophon mit druckabhängigem Kohlewiderstand konstruierte, das die Reichweite des Telefons sprunghaft erhöhte. Seine wohl sensationellste Erfindung war der Phonograph (1881), den er bis 1900 durch Erhöhung der Wiedergabequalität und Verwendungsdauer der Schallwalzen entscheidend verbesserte. Als E.s bedeutendstes Projekt gilt der Aufbau des ersten Elektroenergienetzes 1882 in einem New Yorker Stadtteil, mit dem die weltweite Elektrifizierung eingeleitet wurde. Zur Finanzierung wurde 1878 mit Finanzkapitalisten die Edison Electric Light Company gegründet, die sich die Lizenzvergabe der erhofften Erfindungen E.s vorbehielt. Im Laufe von nur zwei Jahren entwickelte E., unterstützt von einem Physiker und technischen Mitarbeitern, nach Tausenden von Versuchen eine gebrauchsfähige Hochohmglühlampe mit einem Glühfaden aus Bambusfaser sowie entsprechendes Installationsmaterial (Kabel, Sicherungen, Fassungen u. dgl.) und konstruierte einen Dynamo für unterschiedliche Belastung. Dem von ihm 1883 an einer Glühlampe entdeckten glühelektrischen Effekt (Edison-Effekt) maß E. keine praktische Bedeutung bei. Erst nach 1900 wurde die Glühemission von Elektronen bei der Entwicklung von Elektronenröhren ausgenutzt.

Auch an der Entwicklung der Kinematographie war E. beteiligt. Er verwendete G. Eastmans dünnes, flexibles, rollbares Filmmaterial und führte die Perforation zum gleichmäßigen Transport der Filme ein. Seine 1890 gebaute Aufnahmekamera, mit der erstmals sich bewegende Objekte aufgenommen werden konnten, ist eine Urform aller heutigen Filmkameras; die von ihm eingeführte Filmbreite von 35 mm ist auch heute noch gebräuchlich.

Ferner erfand E. Verfahren zur magnetischen Erzabscheidung, zur Portlandzementgewinnung, zur Fertigung von komplett eingerichteten Betongießhäusern. Der Nickel-Eisen-Akkumulator, den er eigentlich für ein Elektroauto entwickelte, bewährte sich durch geringe Masse und Unempfindlichkeit gegen lange Lagerung für vielfältige Zwecke (Funkgeräte, U-Boote).

Für nutzbare Erfindungen und Weiterentwicklungen wurden E. über 1 000 Patente erteilt. Befragt, ob er ein Genie sei, charakterisierte er seinen Erfindungsreichtum mit dem bekannten Ausspruch: »Genie ist 99 % Transpiration und 1 % Inspiration«. Zur Nutzung seiner Erfindungen hatte er die verschiedensten Produktionsbetriebe gegründet, die, 1911 unter seinem Namen vereinigt, eines der größten kapitalistischen Familienunternehmen waren. Aus der sich rasch monopolisierenden Elektroindustrie (General Electric) schied E. bald wieder aus. Für E. war technischer Fortschritt zugleich ein Fortschritt der Menschheit. Schi

Literatur: Josephson, M.: Edison (New York, Toronto, London 1959); Schreier, W. u. H.: T. A. Edison (4. Aufl. Leipzig 1987).

Ehrenberg, Christian Gottfried, Biologe und Mikropaläontologe, geb. 19. 4. 1795 Delitzsch, gest. 27. 6. 1876 Berlin.

Durch seine mikroskopischen Untersuchungen besonders über Protozoen erwarb sich E. – neben seinen Erfolgen als Forschungsreisender – bleibende Verdienste für die Systematik der Mikroorganismen und die Begründung der Mikropaläontologie.

Nach dem Besuch der Fürstenschule Schulpforta bei Naumburg studierte E., Sohn des Delitzscher Bürgermeisters, in Leipzig zunächst 1815 Theologie in der Hoffnung, als Missionar auch Naturforschung in fremden Ländern betreiben zu können, wechselte dann aber zum Medizinstudium über, das er ab 1817 in Berlin fortsetzte. Hier wurde er 1818 mit einer von H. F. Link und K. A. Rudolphi beeinflußten botanischen Arbeit über Pilze promoviert, die seine spätere Interessenrichtung und Methodik prägte. Zwei weitere mykologische Arbeiten, mit denen er die sexuelle Vermehrung der Pilze bewies und für die Konstanz ihrer Arten eintrat, waren gegen die herrschenden naturphilosophischen Ansichten von der Entstehung niederer Pflanzen aus anorganischen Stoffen und der Asexualität der Pflanzen gerichtet. Mit Unterstützung des Berliner Zoologen H. Lichtenstein und A. v. Humboldts konnte E. zusammen mit seinem Studienfreund W. Hemprich 1820–1825 an einer von der Preuß. Ak. d. Wiss. finanzierten archäologischen Expedition nach Ägypten teilnehmen, von der er mit reichhaltigen zoologischen, botanischen und mineralogischen Sammlungen zurückkehrte, deren Auswertung und Publikation er aber nicht vollendete. In Begleitung Humboldts und G. Roses nahm er nochmals 1829 an einer Expedition (in den Ural und den Altai) teil, bevor er sich fast ausschließlich seinen mikroskopischen Forschungsarbeiten in Berlin widmete. 1827 zum Mitgl. der Preuß. Ak. d. Wiss. gewählt, trug E. dort seine Forschungsergebnisse vor, während seine Vorlesungstätigkeit an der Berliner Univ. (ab 1827 als ao. Prof., ab 1839 als o. Prof. für Theorie, Geschichte und Methodik der Medizin) kein großes Gewicht hatte. Doch leitete und beriet er interessierte Studenten individuell bei mikroskopischen Untersuchungen, stand mit Gelehrten vieler Länder in Verbindung, analysierte die übersandten Proben auf Mikroorganismen, z. B. auch von Ch. Darwins Weltreise, und legte eine im Museum für Naturkunde Berlin erhaltene wertvolle Sammlung mikroskopischer Präparate aller von ihm erstmals beschriebenen fossilen Mikroorganismen an.

E. wurde – wie bereits bei seinen ersten botanischen Arbeiten – auch bei den »Infusorienstudien« von dem Bestreben geleitet, durch exakte taxonomische Analysen und morphologische Beschreibungen die durch C. v. Linné nur unzulänglich klassifizierten niederen Pflanzen- und Tiergruppen genauer zu bestimmen. In der berechtigten Absicht, den spekulativen Deutungen deutscher Naturphilosophen wie L. Oken über »Urzeugung« entgegenzutreten, bemühte er sich, die von diesem für primitiv gehaltenen »Infusorien« (eine Tiergruppe, in der damals tatsächlich noch mehrzellige neben einzelligen Arten vereint waren) als »vollkommene« Organismen mit allen Organsystemen höherer Tiere darzustellen. Trotz dieser verfehlten Interpretation bildeten E.s Infusorienstudien und seine daraus resultierenden genauen Artbeschreibungen rezenter und fossiler Protozoen die Grundlage für deren Klassifikation und Nomenklatur und damit auch entscheidende Hilfen für die Bestimmung parasitischer Arten und die entstehende Mikrobiologie. Die Abneigung gegen Hypothesen der Artumwandlung aus naturphilosophischer Sicht ließ ihn später auch Darwins Evolutionstheorie ablehnen, obwohl er mit ihm in kollegialem Briefwechsel stand. Ja

Literatur: Ehrenberg, C. G.: De mycetogenesis epistola (Brief über Entstehung der Pilze) (Berlin 1820), Symbolae physicae (Berlin 1828–1845) (unvollendetes Reisewerk). Die Infusionsthierchen als vollkommene Organismen: Ein Blick in das tiefere organische Leben der Natur (Leipzig 1838), Mikrogeologie. Das Erden und Felsen schaffende Wirken des unsichtbaren kleinen selbständigen Lebens auf der Erde, 2 Bde. (Leipzig 1854–1856).

Bolling, R.: Das Leben und das Werk Christian Gottfried Ehrenbergs, in: Veröff. zur Delitzscher Geschichte, Heft 8 (Hrsg. Kreismuseum Delitzsch 1976); Hanstein, J.: Christian Gottfried Ehrenberg. Ein Tagewerk auf dem Felde der Naturforschung im 19. Jh. (Bonn 1877); Laue, M. v.: Christian Gottfried Ehrenberg, ein Vertreter deutscher Naturforschung im 19. Jh. (Berlin 1895); Kirsche, W.: Christian Gottfried Ehrenberg zum 100. Todestag, ein Beitrag zur Geschichte der mikroskopischen Hirnforschung, in: Sitzungsber. Akad. Wiss. DDR, Math.-Naturw.-Technik, 9/N. (Berlin 1977); Stresemann, E.: Hemprich und Ehrenberg. Reisen zweier naturforschender Freunde im Orient, geschildert in ihren Briefen aus den Jahren 1819–1826, in: Abh. Dt. Akad. Wiss. Berlin, Kl. Math. u. allg. Nat. 1954, Nr. 1.

Chr. G. Ehrenberg

P. Ehrlich

Ehrlich, Paul, Mediziner und Chemiker, geb. 14. 3. 1854 Strehlen (Strzelin, Polen), gest. 20. 8. 1915 Bad Homburg.

E. war einer der Begründer der Immunologie und vor allem der Chemotherapie.

E., Sohn eines jüdischen Geschäftsmannes, studierte nach Abschluß des Breslauer (Wrocław) Gymnasiums Sancta Maria Magdalena 1872 Medizin, zunächst für ein Semester an der Univ. Breslau, danach in Straßburg, nochmals in Breslau, schließlich im Wintersemester 1875/76 in Freiburg/Br. Im Winter 1876/77 legte er in Breslau das medizinische Staatsexamen ab und promovierte 1878 an der Univ. Leipzig. Danach ging E. an die II. Medizinische Klinik der Charité in Berlin, wo F. T. Frerichs Dir. war und E. die Möglichkeit für eigene Forschungen gab. 1884 erhielt E. den Titel eines Prof. K. Gerhardt, Frerichs' Nachfolger ab 1885, hatte für E.s selbständige Forschertätigkeit kein Verständnis mehr. E. diagnostizierte bei sich 1888 Tuberkulosebakterien und reiste zur Ausheilung nach Ägypten. Zurückgekehrt richtete sich E. 1889 in einer Berliner Mietwohnung ein eigenes kleines Laboratorium ein. Er arbeitete dann, ohne Gehalt, bei R. Koch. 1896 übernahm E., stets gefördert von F. Althoff im preuß. ›Kultus‹-Ministerium, das neu gegründete »Institut für Serumforschung und Serumprüfung« in Berlin-Steglitz, ehe er 1899 Dir. des neu gegründeten »Königlichen Instituts für experimentelle Therapie« in Frankfurt a. M. wurde. Dieser Einrichtung wurde 1906 ein weiteres Institut für Chemotherapie-Forschung, das Georg-Speyer-Haus, die Stiftung einer reichen Witwe, angeschlossen. Daneben erhielt E. an der 1912 gegründeten Univ. Frankfurt a. M. eine Professur.

E.s Forschungen sind fast alle mit der selektiven Adsorption von Substanzen an den verschiedenen Strukturen innerhalb der Zellen verbunden, waren also trotz ihrer Vielseitigkeit von einem einzigen Konzept beherrscht.

Als Student war E. von einer Arbeit E. Heubels beeindruckt, in der die unterschiedliche Bindung von Blei an verschiedene Körperorgane beschrieben wurde. In der selektiven Verteilung der verschiedenen Substanzen im Organismus sah E. schließlich einen Schlüssel zum Verständnis der Arzneimittelwirkungen, die am Orte ihrer Adsorption Effekte ausüben.

E. untersuchte vor allem die selektive Adsorption von Farbstoffen, die um 1870 zunehmend für mikroskopische Präparate verwendet wurden. An ihrer Einführung in die Mikroskopie hatte E.s Vetter C. Weigert, der 1878 mit J. Cohnheim in Breslau wirkte, großen Anteil und gab E. bedeutende Anregungen. Färbungen von Geweben bereiteten E. auch ästhetische Freude, was seine Forschungen, die er bereits als Student begonnen hatte, offensichtlich stimulierte. An ihrer spezifischen Färbbarkeit entdeckte E. 1875/76 unter den weißen Blutzellen die Mastzellen, der erste Befund für die Verschiedenheit der weißen Blutzellen. Im Anschluß an die Methode Kochs entwickelte E. 1882 ein verbessertes Verfahren zur Färbung von Tuberkelbazillen, das auch deren Nachweis im Sputum ermöglichte. Von besonderer Wichtigkeit war E.s Entdeckung der Färbbarkeit lebender Zellen, die »Vitalfärbung«.

Ab 1895 entwickelte E. die Standardisierung der auf E. v. Behring zurückgehenden Impfseren.

Als Ergebnis jahrelanger Forschungen veröffentlichte E. 1885 eine Arbeit über das Sauerstoffbedürfnis der verschiedenen Gewebe, da er bei Färbungen der Gewebe, insbesondere mit Methylenblau, gefunden hatte, daß die Farbänderungen in den verschiedenen Körpergeweben ein Indikator für deren Sauerstoffsättigung sind.

Von großer Bedeutung für die Entwicklung der Immunologie war E.s Entdeckung (1891), daß nicht nur in den Wirbeltierkörper eingedrungene Mikroorganismen, sondern auch andere Eiweiße Immunreaktionen auslösen. Erst damit wurden die Immunerscheinungen als allgemeines Lebensphänomen erkannt, während sie bisher als spezifische Reaktion auf Mikroben galten. E. fand das zuerst für die giftigen Pflanzeneiweiße Ricin (aus Ricinus-Samen) und Abrin (aus Abrus, Paternostererbse) (1891). Es gelang auch der Nachweis, daß sich im Blute ricinimmuner Tiere ein antitoxischer Körper, das Antiricin, befindet.

Zur Erklärung der Immunerscheinungen entwickelte E. die »Seitenketten«-Theorie, die erste umfassende Theorie der Immunerscheinungen (1901), deren Grundgedanken noch gewisse Gültigkeit besitzen. Besondere Seitenketten (Rezeptoren) der Eiweißmoleküle sollten für die Adsorption von Toxinen u. a. verantwortlich sein.

E.s letzte große Leistung, die ihn weltbekannt machte, war die Auffindung des Syphilisheilmittels Salvarsan, eine Arsen enthaltende Verbindung (m-Diamino-p-dioxiarsenobenzoldichlorhydrat). Überzeugt davon, daß es Stoffe geben müsse, die in krankheitsauslösenden Parasiten fester gebunden werden als in den Wirtszellen und dadurch selektiv auf die Parasiten wirken, suchten E. und andere Forscher nach solchen Substanzen. Nach der Entdeckung des Syphilis-Erregers, einer Spirochäte, durch F. R. Schaudinn 1905, fand dieser E.s besonderes Interesse. 1909 stand das wirksame Präparat 609 zur Verfügung; es wirkte nicht nur auf Krankheitssymptome, sondern griff die Krankheitsursache, die Erreger, direkt an (»innere Desinfektionsmittel«). Das Salvarsan, produziert im Chemiewerk Hoechst, wurde manchmal auch unvorschriftsmäßig angewendet, so daß es Mißerfolge gab, was Kritiken, ja Angriffe und einen Gerichtsprozeß auslöste, die E. auch psychisch belasteten. In seiner übersprudelnden Wesensart, in dem mit Büchern und Zeitschriften überfüllten Arbeitszimmer, wirkte E. als Original, dessen Ideenreichtum und Gewissenhaftigkeit beim Experiment aber niemand den Respekt versagte. 1908 erhielt E. zusammen mit I. I. METSCHNIKOW den Nobelpreis für Physiologie und Medizin. Zi

Literatur: Ehrlich, P.: Das Sauerstoff-Bedürfnis des Organismus (Berlin 1885), Gesammelte Arbeiten zur Immunitätsforschung (Berlin 1904).
Himmelweit, F. (Edit.), Marquardt, M., Dale, H.: The Collected Papers of Paul Ehrlich, 3 Bde. (London, New York 1956–1960).

Eigen, Manfred, Chemiker und Biophysiker, geb. 9.5.1927 Bochum.

E.s bahnbrechende Leistungen sind die theoretische und experimentelle Entwicklung von Relaxationsverfahren zur Messung sehr schneller Reaktionen sowie die Evolutionstheorie selbstorganisierender Systeme und biologischer Makromoleküle.

Nach dem Studium der Physik, Chemie und physikalischen Chemie 1945–1950 in Göttingen promovierte E. 1951, war 1951/52 Assistent am Institut für physikalische Chemie der Univ. Göttingen und ab 1953 Assistent am Max-Planck-Institut für physikalische Chemie ebendort (unter K. F. BONHOEFFER). Ab 1962 leitete er eine selbständige Abteilung für chemische Kinetik an diesem Institut und wurde 1964 Dir. und 1967 Geschäftsführender Dir. des Instituts.

Als Schüler von A. EUCKEN befaßte sich E. zu Beginn seiner wissenschaftlichen Laufbahn mit den thermodynamischen Eigenschaften intermolekularer Wechselwirkungen in Lösungen schwacher und starker Elektrolyte. Im Zusammenhang hiermit suchte er schon als Doktorand nach Wegen zur Messung sehr schneller Reaktionen. Diese Problematik wurde schließlich das Hauptanliegen seiner Forschungen. Die hier von E. entwickelten Methoden zur Untersuchung extrem schnell verlaufender Reaktionen in Lösungen beruhen auf dem Relaxationsverhalten derartiger Systeme. Wird in einem Reaktionssystem dessen Gleichgewichtszustand durch impulsartige Änderung eines äußeren Parameters wie Druck, Temperatur oder elektrische Feldstärke gestört, so sucht es durch innere Umwandlungen seinen Zustand auf dem kürzest möglichen Weg den äußeren Bedingungen wieder anzugleichen. Dieser Angleichungsvorgang, chemische Relaxation genannt, kann direkt oder indirekt beobachtet werden und ist mit einem charakteristischen Spektrum von Zeitkonstanten verbunden, die in definiertem Zusammenhang mit den Geschwindigkeitskonstanten der einzelnen Umwandlungsstufen stehen. Bleibt die Störung des Gleichgewichts hinreichend klein, lassen sich sämtliche Umwandlungen durch lineare Differentialgleichungen darstellen. Eine Analyse des Zeitspektrums vermittelt somit Auskunft sowohl über die Absolutgeschwindigkeit der einzelnen Umwandlungen als auch über den inneren Mechanismus der Gesamtreaktion. Die grundlegenden theoretischen und methodischen Untersuchungen führten zur Entwicklung einer ganzen Reihe unterschiedlicher Verfahren, wie Feldsprung-, Feldimpuls-, Temperatursprung- und Druckwellenverfahren. Sie gestatten, den Zeitbereich zwischen 1 und etwa 10^{-10} s zu erfassen, und ermöglichen durch die Beobachtung der Relaxationsspektren die Aufnahme des zeitlichen Reaktionsablaufs. Mit diesen außerordentlich leistungsfähigen Meßmethoden gelang ein tiefer und detaillierter Einblick in die Mechanismen einer großen Zahl verschiedenartiger Ionenreaktionen (Rekombinations- und Dissoziationsreaktionen, protolytische Reaktionen, Ladungsübertragungsreaktionen, Hydratationsvorgänge). Auch die Messung der Bildungs- und Zerfallsgeschwindigkeit von Wasserstoffbrücken in Assozialsystemen wurde möglich. Bevorzugt angewendet werden diese Methoden in der Molekularbiologie, da sie in Biosystemen die nur engen Grenzen der Lebensbedingungen nicht durchbrechen. Für diese epochalen Forschungsergebnisse erhielt E. 1967 den Nobelpreis für Chemie.

Offensichtlich angeregt durch BONHOEFFER wandte sich E. Problemen der Evolution der Biosphäre zu, und zwar der Phase des Gesamtgeschehens, die den Übergang vom Unbelebten zum Belebten kennzeichnet. Im Vordergrund des Interesses standen zunächst enzymkatalytische Reaktionen und die Aufklärung ihrer Mechanismen. Besonders eingehend untersucht wurde das Wesen der allosterischen Enzymsteuerung, aber auch verschiedene andere Fragen wie Replikationsgeschwindigkeit der Nucleinsäuren. Diese Arbeiten führten schließlich zu einer auf kinetischen Grundprinzipien beruhenden Evolutionstheorie biologischer Makromoleküle, die CH. DARWINS Prinzip von der Entstehung der Arten aus physikalisch-chemischer Sicht bestätigt und untermauert, aber auch wesentlich ergänzt. Kernstück der Gedanken E.s ist die »Phänomenologische Selektionstheorie«. Sie liefert die Grundlagen einer Informationstheorie, die die Informationserzeugung beschreibt und die Information als molekulare Eigenschaft charakterisiert. Verknüpft ist sie mit dem PRIGOGINE-GLANSDORFF-Prinzip der Thermodynamik stationärer irreversibler Prozesse. Stochastische Betrachtungen vertieften und erweiterten die phänomenologischen Ansätze. Modellbetrachtungen führten zur Erkenntnis, daß weder Nucleinsäuren noch Proteine allein zur signifikanten funktionellen Selbstorganisation fähig sind. In den Nucleinsäuren ist die Information gespeichert, die Proteine sind die Träger der Funktion. Erst durch nichtlineare Kopplung von Information und Funktion, d. h. durch Zusammenwirken von Nucleinsäuren und Proteinen in einer komplexen Hierarchie von Reaktionszyklen, in einem sog. »Hyperzyklus«, können lebensfähige Strukturen entstehen. Im Hyperzyklus vermitteln die Proteine die funktionelle Kopplung zwischen den reproduktiven Einzelzyklen der Nucleinsäuren. Verschiedene Hyperzyklen können untereinander in Wettbewerb treten. In der jüngsten Zeit haben E. und P. SCHUSTER die Theorie des Hyperzyklus, die Vorstellungen über die autokatalytische Vermehrung biologischer Makromoleküle, verfeinert.

E. ist vielfacher Ehrendoktor deutscher und ausländischer Univ. und Hochschulen; er erhielt außer dem Nobelpreis zahlreiche Auszeichnungen und ist Mitgl. und Ehrenmitgl. weltbekannter Akademien und wissenschaftlicher Gesellschaften, darunter der Deutschen Akademie der Naturforscher »Leopoldina« in Halle, der Göttinger Ak. d. Wiss. und der American Academy of Arts and Sciences. Seit 1973 gehört er dem Orden »Pour le mérite« an. Er ist ein begabter Klavier- und Cembalospieler und ein begeisterter Bergsteiger. Gei

Literatur: Eigen, M.: Protonenübertragung, Säure-Base-Katalyse und enzymatische Hydrolyse, Tl. I Elementarvorgänge, in: Angew. Chem. 75 (1963), Die »unmeßbar« schnellen Reaktionen (Nobel-Vortrag), in: Angew. Chem. 80 (1968), Selforganization of matter and the evolution of biological macromolecules, in: Naturwiss. 58 (1971), (mit R. Winkler): Das Spiel (München 1975), (mit P. Schuster): The Hypercycle, in: Naturwiss. 64 (1977), 65 (1978), Zeugen der Genesis – Versuch einer Rekonstruktion der Urformen des Lebens aus ihren in den Biomolekülen hinterlassenen Spuren, in: Jb. MPG (1979), s. a. Das Urgen. Nova acta Leop. N. F. 52, Nr. 243.

Eijkman, Christiaan, Mediziner, geb. 11. 8. 1858 Nijkerk (Gelderland), gest. 5. 11. 1930 Utrecht.

E. war einer der ersten Forscher, welcher die Existenz von »akzessorischen« Nahrungsbestandteilen, später Vitamine genannt, nachgewiesen hat.

E. war das 7. Kind des Eigentümers einer Privatschule.

Auch einige seiner Brüder wurden bedeutende Persönlichkeiten. Ab 1875 studierte er, und zwar mit ausgezeichneten Ergebnissen, Medizin an der Univ. Amsterdam. Er promovierte 1883 und ging anschließend als Militärarzt in das damalige Kolonialgebiet Niederländisch-Indien, die heutige Republik Indonesien, nach Java (Djawa) und Sumatra (Sumatera). Eine schwere Malaria-Erkrankung zwang ihn zur Rückkehr. Er arbeitete sich in die Bakteriologie ein, unter anderem bei R. Koch in Berlin. Hier kam er mit seinen Landsleuten, besonders C. A. Pekelharing, zusammen, die zur Forschung der in manchen Teilen Asiens verbreiteten Beri-Beri-Krankheit nach Niederländisch-Indien gehen sollten. Er schloß sich ihnen an. Als seine Kollegen in weitgehender Annahme, die Infektiosität der Beri-Beri erwiesen zu haben, nach Europa zurückkehrten, blieb E. in Niederländisch-Indien. Er beobachtete bei Hühnern Krankheitssymptome, welche der Beri-Beri-Krankheit glichen, und wurde darauf aufmerksam, daß die an den Beri-Beri-Symptomen erkrankten Hühner mit gekochtem Reis aus einer Militär-Spitalküche gefüttert worden waren, während die Krankheitssymptome an anderem Ort bei anderer Fütterung verschwanden. Nach diesen Befunden mochte der Beri-Beri-Krankheit statt der vermuteten Infektiosität vielleicht eine in der Nahrung liegende Ursache zugrunde liegen. E. führte nun Experimente mit verschiedener Nahrung durch. Dabei zeigte sich später, daß auch irgendwelche vermuteten giftigen Stoffe bei Fütterung mit gekochtem Reis als Krankheitsursache nicht in Frage kamen. Die Forschungen von E. gaben die Anregung, nach der Existenz von bisher unbekannten, aber lebenswichtigen Nahrungsbestandteilen zu suchen, welche C. Funk später »Vitamine« nannte.

1898 wurde E. Prof. für Hygiene an der Univ. Utrecht.

1929 erhielt E. zusammen mit dem englischen Vitamin-Forscher F. G. Hopkins den Nobelpreis für Physiologie und Medizin. Zi

Literatur: Eijkman, Ch.: Eine Beri-Beri ähnliche Krankheit der Hühner. Arch. pathol. Anat. Physiol. klin. Med., ... 148 (Folge XIV, Bd. VIII) (1897) 3, 523–532.

Einstein, Albert, theoretischer Physiker und Kosmologe, geb. 14.3.1879 Ulm, gest. 18.4.1955 Princeton (New Jersey, USA).

E. begründete mit der Relativitätstheorie eine neue Auffassung von Zeit, Raum und Schwerkraft, verbunden mit einer neuartigen Kosmologie und der Entdeckung der Äquivalenz von Masse und Energie. Er gab mittels mathematischer Methoden die Deutung der Brownschen Molekularbewegung und schuf durch Einführung der Lichtquantenhypothese die Quantentheorie des elektromagnetischen Feldes.

E., Sohn eines Kaufmanns, besuchte in München die Grundschule und das Gymnasium bis zur vorletzten Klasse, in Aarau (Schweiz) machte er das Abitur, danach studierte er an der Eidgenössischen T. H. in Zürich Mathematik und Physik. Wichtiger als der Besuch der Lehrveranstaltungen wurde für ihn das Selbststudium der einschlägigen Lehrb.; besonders nachhaltig beeindruckte ihn die historisch-kritische Darstellung der Entwicklung der Mechanik von E. Mach. Von 1902–1909 war E. Gutachter am Eidgenössischen Amt für geistiges Eigentum in Bern. Während dieser Zeit erwarb er 1905 an der Univ. Zürich den philosophischen Doktorgrad und 1908 an der Univ. Bern die Lehrbefugnis für theoretische Physik. 1909–1913 wirkte er als Prof. an der Univ. Zürich, der Deutschen Univ. Prag und der Eidgenössischen Polytechnischen Hochschule Zürich. Nachdem er auf Betreiben von M. Planck und W. Nernst zum hauptamtlichen ordentlichen Mitgl. der Preußischen Ak. d. Wiss. gewählt worden war, übersiedelte er im Frühjahr 1914 nach Berlin. Als »lesendes Akademiemitglied« hielt er zugleich an der Univ. Vorlesungen über Themen aus seinem Forschungsgebiet. Nach dem ersten Weltkrieg unternahm E. wiederholt Vortragsreisen ins Ausland, darunter nach Japan. Der Machtantritt A. Hitlers veranlaßte ihn, von Lehrveranstaltungen in den USA nicht mehr in sein Geburtsland zurückzukehren. Er legte seine Ämter an der Akademie und am Kaiser-Wilhelm-Institut für Physik nieder und übernahm am Institute for Advanced Study in Princeton, N. J., eine Forschungsprofessur, die er bis zu seiner Emeritierung innehatte. Von E. P. Wigner und L. Szilard 1939 auf die Möglichkeit verwiesen, daß in Deutschland Atombomben entwickelt würden, unterzeichnete E. einen Brief an USA-Präsident F. D. Roosevelt, in dem amerik. Untersuchungen zur militärischen Anwendung der Atomkernenergie angeregt wurden. Durch diesen Brief in tragischer Weise in den Mißbrauch der Atomenergie für die Massenvernichtung verstrickt, wurde E. nach den Verbrechen von Hiroshima und Nagasaki nicht müde, vor der Fortsetzung eines Weges zu warnen, der zur Selbstzerstörung der Menschheit führen könne.

M. Eigen

Ch. Eijkman

Vom atomistischen Aufbau der Materie überzeugt, gab E. 1905 auf der Grundlage der statistischen Mechanik in seiner Dissertation eine neue Bestimmung der Moleküldimensionen an. Wie M. Smoluchowski berechnete er im gleichen Jahr die Wärmebewegung mikroskopischer Teilchen, die 1827 von R. Brown entdeckt worden war. Diese Arbeiten und exakte Versuche von J. B. Perrin im Jahre 1908 bestätigten eindrucksvoll den Atomismus. Die genaue Bestimmung der Molekülgröße lieferte außerdem indirekt eine Bestätigung der Planckschen Strahlungsformel. Auf der Suche nach einer physikalisch befriedigenden Ableitung dieser Formel schlug E. mit Blick auf Photolumineszenz, Photoleitfähigkeit und die Messungen zum lichtelektrischen Effekt von Ph. Lenard 1905 die Lichtquantenhypothese vor und verwies auf den Dualismus von Wellen- und Teilchencharakter der Strahlung. 1916 zeigte E., daß man aus den Übergangsraten zwischen den Bahnen des Bohrschen Atommodells ebenfalls die Plancksche Formel ableiten kann. In diesem Zusammenhang führte er Übergangswahrscheinlichkeiten für die Ausstrahlung und für »Zustandsänderungen durch Einstrahlung«, d. h. für Absorption und induzierte Emission, ein; diese sind heute Grundlage der Lasertechnologie. In Anwendung der Quantenvorstellung auf die Wärmeschwingungen in festen Körpern erarbeitete E. 1907 einen neuen Ausgangspunkt für die Theorie der spezifischen Wärme.

Ebenso wie das Ringen um das tiefere Verständnis der Planckschen Strahlungsformel wurde die Analyse des Begriffs der Gleichzeitigkeit entfernter Ereignisse Ausgangspunkt zu den bahnbrechenden Leistungen von E. für die weitere Entwicklung der Physik, zur Relativitätstheorie. Waren H. A. Lorentz, H. Poincaré und andere unter Voraussetzung eines ruhenden Lichtäthers z. B. bei der Erklärung der Unabhängigkeit der Lichtgeschwindigkeit vom Bewegungszustand des Koordinatensystems zu ergänzenden Hypothesen genötigt, so löste E. dieses Problem 1905 in seiner Arbeit »Zur Elektrodynamik bewegter Körper« durch folgende Annahmen: 1) Die Lichtgeschwindigkeit ist konstant; 2) Die physikalischen Gesetze sind in allen gleichförmig geradlinig zueinander bewegten Koordinatensystemen gleich. – Aus diesem speziellen Relativitätsprinzip ergaben sich als wichtige Schlußfolgerungen Längenkontraktion und Zeitdilation. Auch die Masse *m* bewegter Körper ist nicht konstant, sondern wächst mit der Bewegungsgeschwindigkeit und erreicht bei Annäherung an die Lichtgeschwindigkeit *c* sehr hohe Werte. Masse und Energie sind äquivalent und durch die Gleichung $E = m \cdot c^2$ verknüpft, die später der Schlüssel zur Erschließung der Atomkernenergie wurde. Seit 1908 war E. bemüht, sein Relativitätsprinzip auch auf Drehbewegungen anzuwenden und die Gravitation einzubeziehen. Eine abschließende Fassung dieser Allgemeinen Relativitätstheorie, einer geometrischen Theorie der Gravitation, gelang ihm erst Ende 1915. Eine Schlußfolgerung daraus, die Krümmung der von Sternen ausgesandten Lichtstrahlen im Schwerefeld der Sonne, wurde 1919 von einer britischen Expedition unter A. St. Eddington zur Beobachtung einer Sonnenfinsternis bestätigt. Auch die berechnete Periheldrehung der Merkurbahn

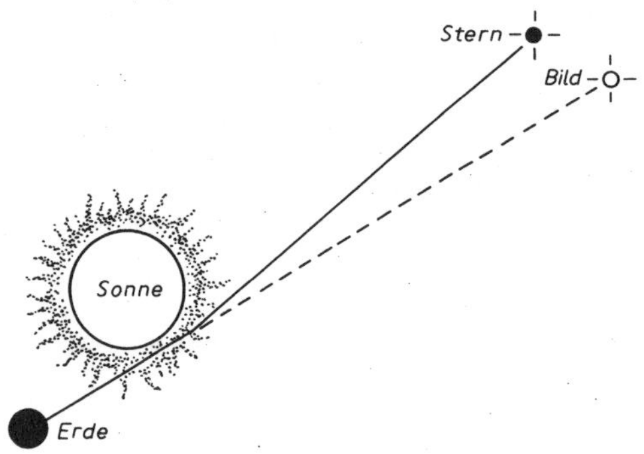

Krümmung eines Lichtstrahls im Schwerefeld der Sonne. Das Bild des Sterns ist verschoben (stark übertrieben)

stimmte gut mit den beobachteten Daten überein. E.s gravitationstheoretische Gedanken waren Ausgangspunkt neuartiger Auffassungen über die Struktur des Kosmos von E. de Sitter (1918, 1932), A. A. Fridman (1922) und anderen. E. selbst begründete 1917 die Lehre vom unbegrenzten, aber räumlich endlichen Weltall und eröffnete mit ihr die Ära der relativistischen Kosmologie. Nach Vollendung der Allgemeinen Relativitätstheorie versuchte E., andere Kräftefelder, insbesondere das elektromagnetische Feld, in die Feldgleichungen einzubeziehen. Mit diesem Zugang zu einer (nichtlinearen) einheitlichen Feldtheorie hoffte E. auch die Elementarteilchen und ihre Wechselwirkungen beschreiben und statistische Gesetzmäßigkeiten, wie sie in der Quantenmechanik auftreten, umgehen zu können. Trotz jahrzehntelanger verzweifelter Anstrengungen gelang es ihm jedoch nicht, die mathematischen Schwierigkeiten zu überwinden, die auftreten, wenn es darum geht, aus verschiedenen möglichen Ansätzen experimentell überprüfbare Schlußfolgerungen zu ziehen.

E. war ein philosophierender Physiker. Wenn er auch sagte, daß »philosophische Gesichtspunkte und Bedürfnisse im engeren Sinne« auf ihn »nur sekundär« gewirkt hätten, so ließ er doch keinen Zweifel daran, daß die Philosophie für die Naturwissenschaft unabdingbar sei; ohne Erkenntnistheorie sei Naturwissenschaft – soweit überhaupt denkbar – »primitiv und verworren«. In seiner Naturauffassung war E. »Realist«, d. h. naturwissenschaftlicher Materialist. Physik war für ihn »die Beschreibung des Wirklichen«; das vierdimensionale Vektorfeld der Relativitätstheorie bedeutete für ihn »keine mathematische Erfindung, sondern eine allen physikalischen Vorgängen zugrunde liegende Realität«, wie es M. v. Laue ausgedrückt hat. Allerdings war E. in seinem philosophischen Denken nicht folgerichtig im Sinne der Grundfrage der Philosophie, und er hielt dies sogar für unvermeidlich. In jungen Jahren wurde er besonders stark beeindruckt durch die erkenntnistheoretischen Ansichten von D. Hume, den er hoch über I. Kant stellte, und von Mach, als dessen Schüler und Verehrer er sich 1909 bezeichnet hatte; später berief er sich mitunter auf Platon und G. W. Leibniz. In der Gesellschaftsauffassung teilte er A. Schopenhauers Meinung von der Unfreiheit des menschlichen Willens. Den Offenbarungsglauben der historischen Religionen lehnte er ab; die von ihm verkündete »kosmische Religiosität« war eine Spielart des Pantheismus B. Spinozas, dessen Gedankenwelt er bewunderte. Als Determinist im Sinne von P. S. Laplace konnte E. der wahrscheinlichkeitstheoretischen Deutung der Quantenphänomene durch die »Kopenhagener Schule« nicht zustimmen; er wollte sie nur als Notbehelf gelten lassen.

E. war einer der fortschrittlichsten bürgerlichen Naturwissenschaftler unseres Jahrhunderts. Nach Ausbruch des ersten Weltkrieges wandte er sich gegen die Kriegstreiber aller beteiligten Länder. In den Jahren der Weimarer Republik bezeichnete er sich gern als »Friedenshetzer« und als »unabhängigen Sozialisten«. Als Gründungs- und Vorstandsmitglied der »Gesellschaft der Freunde des neuen Rußland« kam er unter anderem mit dem Physiker A. F. Ioffe und dem Kunstwissenschaftler und Kulturpolitiker A. W. Lunatscharski in enge Verbindung. Dem in Deutschland heraufziehenden Nationalsozialismus suchte er mit gleichgesinnten Intellektuellen entgegenzuwirken. Sein politisch-demonstrativer Austritt aus der Preuß. Ak. d. Wiss. im Frühjahr 1933 war eine Konsequenz seiner antifaschistisch-demokratischen Haltung. Hck

Literatur (Auswahl): Einstein, A.: Untersuchungen über die Theorie der Brownschen Bewegung, in: Ostwalds Klassiker der exakten Wissenschaften Nr. 199 (Leipzig 1922), Die Hypothese der Lichtquanten. Dokumente. Naturwiss. Abt. Phys. Bd. 7 (Stuttgart 1965), Zur Elektrodynamik bewegter Körper, in: Ann. Phys. 17 (1905), 891–912, Ist die Trägheit eines Körpers von seinem Energieinhalt abhängig?, in: Ann. Phys. 18 (1905), 639–641, Über die spezielle und die allgemeine Relativitätstheorie (Braunschweig 1917, 21. Aufl. Berlin, Oxford, Braunschweig 1969), Kosmologische Betrachtungen zur allgemeinen Relativitätstheorie. Sitzungsber. d. Preuß. Ak. d. Wiss. (1917), 1. Tl, 142–152, Gelegentliches. Privatdruck (Berlin 1929), Quantenmechanik und Wirklichkeit. Dialectica, Bd. 2 (1948) 320–324, Mein Weltbild (2. Aufl. Frankfurt/M. 1956), Die Evolution der Physik. Von Newton bis zur Quantentheorie (mit L. Infeld) (Hamburg 1956), Über den Frieden. Weltordnung oder Weltuntergang? (Bern 1975), Akademie-Vorträge (Wiederabdruck durch die AdW der DDR, Berlin 1978), Aus meinen späten Jahren (3. Aufl. Stuttgart 1979).

Born, M. u. Infeld, L.: Erinnerungen an E. (Berlin 1967); Clark, R. W.: Albert Einstein. Leben und Werk (Esslingen 1974); Frank, Ph.: Einstein – Sein Leben und seine Zeit (München/Leipzig/Freiburg i. Breisgau 1949); Herneck, F.: Albert Einstein – Ein Leben für Wahrheit, Menschlichkeit und Frieden (3. Aufl. Berlin 1969), Einstein privat (3. Aufl. Berlin 1982), Albert Einstein. Begründung der Lichtquantenlehre und der Relativitätstheorie, in: Bahnbrecher des Atomzeitalters (9. Aufl. Berlin 1984), Einstein und sein Weltbild. Aufsätze und Vorträge (4. Aufl. Berlin 1987), Ernst Mach und Albert Einstein, in: Wiss.gesch. – Vortr. u. Abh.

(Berlin 1984), Albert Einstein (7. Aufl. Leipzig 1986); Hoffmann, B., u. Dukas, H.: Albert Einstein - Creator and Rebel (London 1973); Infeld, L.: Albert Einstein, Sein Werk und sein Einfluß auf unsere Welt (Wien 1953), Leben mit Einstein (Wien, Frankfurt/M., Zürich 1969); Seelig, C.: Albert Einstein. Eine dokumentarische Biographie (Zürich, Stuttgart, Wien 1954); Albert Einstein in Berlin 1913 bis 1933, Tl. I: Darstellung und Dokumente (Berlin 1979).

A. Einstein

W. Einthoven

Einthoven, Willem, Physiologe, geb. 21. 5. 1860 Semarang (Djawa), gest. 29. 9. 1927 Leiden.

Mit dem Saitengalvanometer schuf E. ein brauchbares Registriergerät für schnell veränderliche Ströme geringer Intensität, das die grundlegende Erforschung des Elektrokardiogramms ermöglichte.

Nach dem Tode seines Vaters, des stellvertretenden Stadtarztes von Semarang, kam E. zehnjährig mit der Mutter und 5 Geschwistern nach Utrecht. Dort studierte er Medizin und wurde 1885 zum Doktor promoviert. Im gleichen Jahr wurde er noch vor Ablegung des medizinischen Staatsexamens als Nachfolger von A. H. Heynsius auf den Lehrstuhl für Physiologie an der Univ. Leiden berufen und hatte dort bis 1905 gleichzeitig die Histologie zu vertreten. 1924 erhielt E. den Nobelpreis für Physiologie und Medizin für die Entdeckung des Mechanismus des Elektrokardiogramms, nachdem er bereits 1913 und 1917 für die Konstruktion des Saitengalvanometers als Anwärter für den Nobelpreis für Physik in Erwägung gezogen worden war. Dennoch kam die Verleihung 1924 für ihn überraschend; er befand sich auf einer größeren Vortragsreise in den USA, wurde dort hoch geehrt und knüpfte die Zusammenarbeit mit Herzspezialisten an. E. starb an Herzversagen.

Als erster hatte A. D. Waller 1887 mit Hilfe des Kapillarelektrometers nach G. Lippmann die Biopotentiale des menschlichen Herzens von der uneröffneten Brustwand abgeleitet; E. korrigierte 1895 unter Berücksichtigung der Trägheit des Kapillarelektrometers die registrierte Kurve rechnerisch zu der heute bekannten Form und benannte die Zacken in der noch üblichen Weise mit den Buchstaben P bis T. Die erste unentstellte Registrierung eines Elektrokardiogramms (EKG) gelang E. mit dem von ihm entwikkelten Saitengalvanometer. Es besteht aus einem sehr dünnen versilberten oder (ab 1916 stets) vergoldeten Quarzfaden (Länge 125 mm, Durchmesser 100 nm), der bei Stromdurchfluß in einem starken Magnetfeld intensitätsproportional abgelenkt wird. Durch Bohrungen in den Polschuhen wurden die Auslenkungen der beleuchteten Saite mit einem Mikroskop beobachtet oder auf einer vorbeisinkenden Photoplatte abgebildet. Dem ersten 1901 im Labor von E. gebauten Instrument (1903 publiziert) folgten 1916 und 1926 wesentlich verbesserte Geräte. Vakuumsaitengalvanometer (zur Aufhebung des Luftwiderstandes) entstanden um 1917 und 1926; zahlreiche industrielle Nachbauten wurden gefertigt. Das Saitengalvanometer war 150 kg schwer, in höchstem Maße erschütterungsempfindlich und schwierig zu bedienen. Im Unterschied zu modernen Geräten maß es Ströme und arbeitete ohne Verstärkung. Ein Strom von 1 pA, der bei einem Gerätewiderstand von 10 kΩ einer Potentialdifferenz von 10 nV entspricht, brachte bereits die Saite zum Ausschlag. E. gelang nicht nur die einwandfreie Registrierung des normalen, experimentell und pathologisch veränderten Elektrokardiogramms, sondern auch weitgehend die Interpretation des EKG; er fand die Zuordnung der Abschnitte des EKG zur Erregerausbreitung im Herzen. Schon vor 1906 wurden Elektrokardiogramme von Patienten aus der medizinischen Klinik über ein 1,5 km langes Kabel in das Labor von E. übertragen, bis die durch E.s Apparatur bedingte diagnostische und prognostische Überlegenheit den Kliniker zum Abbruch der Zusammenarbeit veranlaßte. Erst nach der Publikation von 1903 begann die Beschäftigung mit dem EKG in den großen Kliniken allgemeiner zu werden, und E. wurde von Besuchern belagert. Bedingt durch das Fehlen industriell gefertigter Saitengalvanometer, hatten sich nur wenige Kliniker mit der Elektrokardiographie befaßt, darunter F. Kraus mit G. F. Nicolai an der 2. medizinischen Klinik der Berliner Charité. Die ersten Saitengalvanometer kamen 1907 in den Handel. Von E. stammen auch die drei Standard-Extremitätenableitungen, das Einthovensche Dreieck und das Projektionsgesetz des Spannungsvektors (Einthovensches Gesetz 1913) als bleibende Grundlagen der Elektrokardiographie. E. adaptierte das Vakuumsaitengalvanometer auch zum (unverstärkten) drahtlosen Empfang von Nachrichten aus dem damaligen Niederländisch-Ostindien; seine zeitliche Auflösung konnte vom dortigen Maschinenschnellsender aber nicht ausgeschöpft werden. Angeregt durch sein Galvanometer befaßte sich E. auch mit physiologischer Optik, z. B. mit der Wahrnehmbarkeit ultrafeiner Saiten; außerdem untersuchte er mit Hilfe des Galvanometers Netzhautfunktionsströme (Elektroretinogramm 1908), Aktionsströme des Nervus vagus (Elektrovagogramm) und Muskelaktionsströme (Elektromyogramm 1913). Ru

Literatur: Einthoven, W.: Die galvanometrische Registrierung des menschlichen Electrokardiogramms, in: Pflügers Arch. ges. Physiol. 99 (1903), 472, Le Télecardiogramme, in: Arch. internat. Physiol. 4 (1906), 132, Weiteres über das Electrokardiogramm, in: Pflügers Arch. ges. Physiol. 122 (1908), 517, Neuere Ergebnisse auf dem Gebiete der tierischen Elektrizität (Leipzig 1911), Selected papers on electrocardiography (Leiden 1977).

Hoogerwerf, S.: Willem Einthoven, in: Nederlandsche helden der wetenschap (Hrsg. T. P. Sevensma, Amsterdam 1946).

Empedokles, Naturphilosoph, geb. um 495 v. u. Z. Akragas (Agrigentum, Sizilien), gest. um 435 v. u. Z. wahrscheinlich Peloponnes.

E. begründete die Elementenlehre.

Dem aus reicher aristokratischer Familie stammenden, im Volke beliebten griech. Gelehrten soll die Königswürde angeboten worden sein, der er aber ein Leben als wandernder Weiser, Arzt und Wundertäter vorzog. Von seiner sizilian. Heimat gelangte E. bis auf den Peloponnes. Legende ist, daß er in den Ätna gesprungen sei, um eine Himmelfahrt vorzutäuschen. E. war eine widerspruchsvolle Persönlichkeit, die materialistische Naturerklärung noch mit Mystik und Magie vereinbarte. In seinen Werken »Über die Natur« und »Entsühnungen«, von denen mehrere Fragmente mit insgesamt 440 Versen erhalten sind, geht es teils um religiöse, teils um naturphilosophische Fragen. An Heraklit, Parmenides und die ionischen Naturphilosophen anknüpfend, durchdachte E. das Problem des Werdens und Vergehens erneut und formulierte einen originellen Ansatz, der alles auf vier unveränderliche Elemente (Feuer, Luft, Erde, Wasser), die sich durch das Wirken der Grundkräfte

Die Abb. des Empedokles ist ein Ausschnitt aus einem Gemälde von Luca Signorelli in der Kathedrale von Orvieto

Liebe und Haß mischen oder trennen, zurückführt. Demnach entsteht nichts aus dem Nichts, denn Entstehen und Vergehen sind in Wahrheit sich ändernde Mischungsverhältnisse und Mischungszustände. Gegen anthropomorphe Gottesvorstellungen gerichtet, bezeichnete E. das kugelförmige und kontinuierlich mit Stoff erfüllte Weltganze als göttlich. Einen leeren Raum gebe es nirgends, noch einen, der übervoll sei. Mit seiner Porenlehre lieferte E. eine interessante Erklärung der sinnlichen Wahrnehmung. Der Sinnesreiz wird demnach durch Partikel, die in bestimmte Poren passen, ausgelöst. Eh

Literatur: Capelle, W.: Die Vorsokratiker. Die Fragmente und Quellenberichte (2., unveränd. Aufl. Berlin 1961); Die Fragmente der Vorsokratiker. Griech. u. dtsch v. H. Diels, 3 Bde. (6., verbess. Aufl. hrsg. v. W. Kranz, Berlin 1951/52; 12., unveränd. Aufl. Dublin - Zürich 1966).

Diels, H.: Gorgias und Empedokles, in: Sitzungsber. Kgl. Pr. Akad. Wiss. Berlin (1884), 343–368, Über ein Fragment des Empedokles, in: Sitzungsber. Kgl. Pr. Akad. Wiss. Berlin (1897), 1062–1073, Über die Gedichte des Empedokles, in: Sitzungsber. Kgl. Pr. Akad. Wiss. Berlin (1898), 396–415.

Encke, Johann Franz, Astronom, geb. 23.9.1791 Hamburg, gest. 26.8.1865 Berlin.

E. berechnete zahlreiche Kometenbahnen und fand dabei extrem kurzperiodische Kometen. Er entdeckte die nach ihm benannte Teilung des Saturnringes und berechnete die Sonnenparallaxe.

E. war das achte von neun Kindern eines Geistlichen. Den ersten Unterricht erhielt er bei seinem Vater und einem Privatlehrer. 1808 bezog er das Gymnasium in Hamburg und studierte ab 1811 in Göttingen Mathematik und Astronomie, unter anderem bei C. F. Gauss. Diese Studien unterbrach er mehrfach, um als Freiwilliger an den Befreiungskriegen gegen Napoleon teilzunehmen. 1816 erhielt E. die Berufung als Adjunkt der Sternwarte auf dem Seeberg bei Gotha. Ab 1822 bis zu seiner Übersiedlung nach Berlin im Jahre 1825 leitete er dieses von F. X. v. Zach gegründete Observatorium. In Berlin wurde E. Dir. der Sternwarte und 1844 o. Prof. für Astronomie. Der Wirkungskreis von E. bezog sich auch auf die Wissenschaftsorganisation. So leitete er die preußische Kalenderdeputation, das Projekt der »Akademischen Sternkarten« und war viele Jahre Sekretär der Mathematischen bzw. Physikalisch-Mathematischen Klasse der Berliner Ak. d. Wiss.

Das Interesse von E. lag vorzugsweise auf dem Gebiet der rechnenden Astronomie, doch war er auch als Beobachter erfolgreich. In erster Linie wandte er sich den Kometen und Kleinplaneten zu, von denen er viele Bahnen berechnete. Unter den von ihm behandelten Kometen war auch der am 26.11.1818 in Paris entdeckte. Die von E. festgestellte Umlaufzeit von 3,6 Jahren war außergewöhnlich, kannte man doch damals nur wenige Kometen, die einen Umlauf um die Sonne in etwa 70 Jahren vollzogen. Der Enckesche Komet, wie dieser Himmelskörper fortan hieß, blieb der Ko-

Die Berliner Sternwarte um 1840

met mit der kürzesten bekannten Umlaufzeit. Durch seine häufige Wiederkehr wurde er ein wichtiges Studienobjekt. Die von E. festgestellte Verkürzung der Umlaufzeit versuchte er mit der Annahme eines »widerstehenden Mediums« zu erklären. Diese Hypothese, die auf heftige Kritik stieß, bestätigte sich nicht. Hervorzuheben ist jedoch die Umsicht, die E. bei den Rechnungen walten ließ und mit der er die Störungen aller Planeten auf das sorgfältigste ins Kalkül zog.

Aus den Beobachtungen der Venusdurchgänge 1761 und 1769 berechnete E. einen Wert der Sonnenparallaxe von 8,6030", der für etwa 50 Jahre allgemein anerkannt war. Die Theorie dieser Methode hatte bereits E. Halley dargelegt, doch erwies sich die praktische Ausführung der Beobachtungen als recht kompliziert. So gab es unter den Astronomen verschiedene Auffassungen darüber, wie die Kontaktzeiten zu messen sind, und unbekannte optische Phänomene störten die Beobachtungen. Die ohnehin aufwendigen Rechnungen weiteten sich noch aus, weil E. genötigt war, zunächst die geografischen Koordinaten der Beobachtungsorte zu bestimmen.

Auch den Planeten widmete E. seine Aufmerksamkeit. Von mehreren nahm er Massebestimmungen vor, die er aus den Störungen berechnete, die sie auf die Bewegung von Kometen ausüben. 1838 entdeckte er eine zweite Teilung des Saturnringes, die seitdem als Enckesche Teilung bezeichnet wird.

Eine sehr wichtige Arbeit leistete E. bei der Ausführung der auf Vorschlag von F. W. Bessel initiierten »Akademischen Sternkarten«. Hierbei fiel die gesamte Organisation der Beobachtungen an E. Die Karten stellten bei der Entdeckung von Kometen und Kleinplaneten eine große Hilfe dar. Sie ermöglichten auch 1846 die rasche Identifizierung des Planeten Neptun durch J. G. Galle.

Ab 1828 gab E. jährlich das Berliner Astronomische Jahrb. heraus und gestaltete es nach den damaligen Anforderungen der Wissenschaft um. So schränkte er als Reaktion auf die 1821 erfolgte Gründung der Astronomischen Nachrichten den Abhandlungsteil wesentlich ein, erhöhte die Genauigkeit der Ephemeriden und nahm die Positionen der Kleinplaneten auf.

Ab 1826 hielt E. an der Berliner Univ. Vorlesungen. Seine Themen umfaßten die geografische Ortsbestimmung, Parallaxenmessung, Störungstheorie, astronomische Instrumente, Refraktion, Aberration, die Theorie der Planeten- und Kometenrechnung und die Geschichte der Astronomie. Die vielseitige und erfolgreiche Tätigkeit zog für E. viele Ehrungen in- und ausländischer wissenschaftlicher Gesellschaften nach sich. Unter seinen Schülern befanden sich mehrere später international anerkannte Astronomen.

Ha

Literatur: Encke, J. F., verfaßte 37 Bde. des Berliner Astronomischen Jahrb., 4 Bde. Astronomische Beobachtungen auf der Kgl. Sternwarte in Berlin und weitere 8 selbständige Schriften sowie mehr als 350 kleinere und größere Arbeiten, die vor allem in den Publikationsorganen der Berliner Ak. d. Wiss., den Astronomischen Nachrichten und dem Berliner Astronomischen Jahrb. veröffentlicht wurden.

Bruhns, C.: Johann Franz Encke (Leipzig 1869).

Engler, Carl Oswald Viktor, Chemiker, geb. 5.1.1842 Weisweil bei Freiburg (Breisgau), gest. 7.2.1925 Karlsruhe.

E. ist als einer der Begründer der Erdölwissenschaft und -technik international bekannt geworden.

Als Sohn eines Pfarrers studierte er nach dem Schulbesuch von 1859–1863 am Polytechnikum Karlsruhe Chemie, insbesondere bei C. Weltzien. Nach der Promotion zum Dr. phil. 1864 in Freiburg/Br. habilitierte er sich 1867 zum Privatdoz. 1871 wurde er als ao. Prof. für technische Che-

J. F. Encke

L. v. Eötvös

mie an die Univ. Halle berufen; 1876 wurde er ao. Prof. für chemische Technologie am Polytechnikum Karlsruhe. Nach dessen 1885 erfolgter Umwandlung in eine TH wurde E. 1887 dort zum o. Prof. für reine Chemie sowie zum Dir. des Chemischen Instituts ernannt.

Nachdem E. 1870 eine erste vollständige Indigosynthese geglückt war, wandte er sich der Erforschung von Pyridinabkömmlingen zu und arbeitete über Ozon. Sein Hauptforschungsgebiet waren jedoch Untersuchungen über Erdöl und Erdgas. 1895 stellte er eine Hypothese über die natürliche Erdölentstehung auf, die wegen ihrer experimentellen Verifizierbarkeit lange Zeit anerkannt war. Erdgas und -öl sollten aus dem Fett urweltlicher Tiere unter Luftabschluß und hohem Druck entstanden sein, denn Destillationen von tierischen und pflanzlichen Fetten, von Fischtran und Wachsen unter Druck lieferten erdölartige Verbindungen. E. konstruierte eine Reihe von Apparaturen zur Bestimmung physikalischer und chemischer Eigenschaften des Erdöls: 1880 einen »Apparat zur Bestimmung der Feuergefährlichkeit des Petroleums«, 1885 und 1892 die nach ihm benannten Engler-Viskosimeter, 1886 eine Apparatur zur diskontinuierlichen Destillation von Erdöl, 1896 eine Apparatur zur Bestimmung des Schwefelgehaltes in Mineralölen.

Sein – auch auf vielen Reisen, z. B. nach Nordamerika, Ägypten, Ostgalizien – gewonnenes, umfassendes Wissen über das Erdöl hat er, gemeinsam mit H. v. Höfer, seit 1907 in einem 6bändigen Standardwerk »Das Erdöl ...« zusammengefaßt.

E., der politisch zum linken Flügel der Nationalliberalen Partei gehörte, vertrat seine Partei 1887–1890 im Reichstag und 1890–1904 in der I. Kammer der badischen Landstände. Unter anderem setzte er sich für eine Gleichstellung der THs mit den Univ. sowie für das Promotionsrecht der THs ein. Seine internationale Anerkennung kommt z. B. in seiner Mitgliedschaft der Akademien zu Turin, St. Petersburg (Leningrad), Bukarest und Argentinien zum Ausdruck.

St

Literatur: Engler, C. O. V.: Handb. der Technischen Chemie. Nach Payens Chimie industrielle (frei bearb.), 2 Bde. (Stuttgart 1872/74), Historisch-kritische Studien über Ozon (Leipzig 1879), Handb. der chemischen Technologie (früher von Bolley und Birnbaum, neu hrsg. von Engler, Braunschweig ab 1887), (mit H. v. Höfer): Das Erdöl. Seine Physik, Chemie, Geologie, Technologie und sein Wirtschaftsbetrieb, 6 Bde. (Leipzig 1919).

Haber, F.: Carl Engler, in: Chemiker-Ztg. 46, (1922), 2/3; Pfeiffer, K., Festschrift zu seinem 80. Geburtstag (Leipzig 1922).

Eötvös, Loránd (Roland), Baron von, Physiker und Geophysiker, geb. 27.7.1848 Buda, gest. 8.4.1919 Budapest.

E.' weltweite Bedeutung gründet sich vor allem auf seine Untersuchungen des Schwerefeldes der Erde.

E., Sohn des Staatsmanns und Schriftstellers Baron József v. E., studierte 1868–1870 Naturwissenschaften an den Univ. Pest, Heidelberg, Königsberg (Kaliningrad), Göttingen und Berlin. 1870 wurde er in Heidelberg zum Dr. phil. promoviert, 1871 habilitierte er sich für Physik und wurde Privatdoz. an der Univ. Pest, 1872 o. Prof. für theoretische Physik der Univ. Budapest (1872 waren Buda und Pest vereinigt worden) und 1878 auch o. Prof. für Experimentalphysik. 1873 wurde E. korrespondierendes, 1883 ordentliches Mitgl. der Ung. Ak. d. Wiss., 1881 Ritter der franz. Ehrenlegion; 1889–1905 war er Präsident der Ung. Ak. d. Wiss. 1891 gründete E. die ung. Gesellschaft für Mathematik und Physik und war bis 1919 auch deren Präsident, 1894/95 war er Kultus- und Unterrichtsminister, seit 1896 wieder o. Prof. für Physik in Budapest. 1910 wurde E. zum korrespondierenden Mitgl. der Kgl.-Preuß. Ak. d. Wiss. ernannt; er war Ehrendoktor der Univ. Kraków und Kristiania (Oslo) sowie Mitgl. der Royal Astronomical Society (London).

E.' wichtigste wissenschaftliche Arbeiten betrafen die Oberflächenspannung von Flüssigkeiten, die Gravitation und den Erdmagnetismus. Das Eötvössche Gesetz (auch Eötvössche Regel) beschreibt die Veränderlichkeit der Oberflächenspannung in Abhängigkeit von der Temperatur und ermöglicht die Berechnung der molaren freien Oberflächenenthalpie. Seit 1887 widmete sich E. der theoretischen und praktischen Erforschung der Gravitation. Mit der von ihm zweckentsprechend konstruierten Drehwaage leistete er einen wesentlichen Beitrag zur Entwicklung der gravimetrischen Lagerstättenerkundung. Die Eötvössche Drehwaage wurde in verschiedenen Ausführungen gebaut und erzielte insbesondere bei der Erdölprospektion hervorragende Ergebnisse. Noch zu E.' Lebzeiten wurde die Drehwaage nicht nur im Karpatenbogen, sondern z. B. auch in Deutschland, Frankreich, England, Italien und Japan eingesetzt. Auch den Geodäten war die Drehwaage bei der Bestimmung der Erdgestalt eine wertvolle Hilfe. E.' Untersuchungen über die durch Bewegung auf der Erdoberfläche verursachte Schwereänderung (Änderung der Schwerebeschleunigung g infolge der Corioliskraft) führten zur Formulierung des Eötvöseffektes. Korrekturen, die infolge der Corioliskraft bei Schweremessungen auf fahrenden Schiffen vorgenommen werden, heißen Eötvös-Korrekturen. Zur Wertangabe des zweiten Differentialquotienten des Schwerepotentials diente die Einheit Eötvös ($1\,E = 10^{-7}\,Gal \cdot m^{-1} = 10^{-9} \cdot s^{-2}$), eine SI-fremde Einheit des älteren geophysikalischen Schrifttums. E.' Forschungsergebnisse über die Äquivalenz träger und schwerer Massen gingen als fundamentale Erkenntnisse in die allgemeine Relativitätstheorie A. Einsteins ein. Magnetische (insbesondere erdmagnetische) Untersuchungen beschäftigten E. sein ganzes Leben hindurch fast in gleichem Maße wie seine Forschungen zur Gravitation. Die räumlichen Variationen des Erdmagnetfeldes untersuchte E. mit einem magnetischen Translatometer und einem astatischen Variometer. Die geomagnetischen Elemente beobachtete er parallel zu den gravimetrischen Messungen. Bis 1919 belief sich die Anzahl der von E. und Mitarbeitern ausgeführten absoluten magnetischen Messungen auf etwa 1 600, die der relativen erdmagnetischen Messungen betrug 1919 etwa 3 600. Außer seinen eigenen magnetischen Messungen wertete E. auch die anderer Gelehrter aus. Auf diese Art und Weise erarbeitete er z. B. magnetische Karten nach Unterlagen von A. W. Rücker und T. E. Thorpe für einen Teil Englands, nach Aufnahmen von A. Tanakadate für Japan und unter Verwendung der magnetischen Tabellen von F. K. Schmidt für die nördliche Erdhalbkugel zwischen den Breitengraden 0° bis 60°.

Als Wissenschaftler war E. »einer der charakteristischen Vertreter des von W. Ostwald ›klassisch‹ genannten Typus« (P. Selényi). Während seiner Ministertätigkeit begründete er an der Philosophischen Fakultät der Univ. Budapest nach dem Vorbild der École Normale Supérieure Paris das József-v.-Eötvös-Kolloquium. Zahlreich sind die Ehrungen, die E. nach seinem Tod zuteil wurden. Auch ein Mondkrater wurde nach E. benannt.
Schm

Literatur: Eötvös, R.: Gesammelte Arbeiten (Hrsg. P. Selényi, Budapest 1953).

Eratosthenes, Gelehrter, geb. um 284 v. u. Z. Kyrene (Afrika), gest. um 202 v. u. Z. Alexandria.

E. wurde nach längeren Studien in Athen (Akademie und Peripatos) um 246 zum Leiter der Bibliothek und als Prinzenerzieher nach Alexandria berufen. Er arbeitete auf den Gebieten der Philologie, Literaturgeschichte, Mathematik, Chronologie, Astronomie und Geographie. In den mathematischen Schriften behandelte E. neben Grundlagenfragen unter anderem das Delische Problem der Würfelverdopplung, das er – wie andere vor ihm – auf die Aufgabe zurückführte, zwischen zwei gegebenen Linien zwei mittlere Proportionalen zu finden. Er konstruierte eine spe-

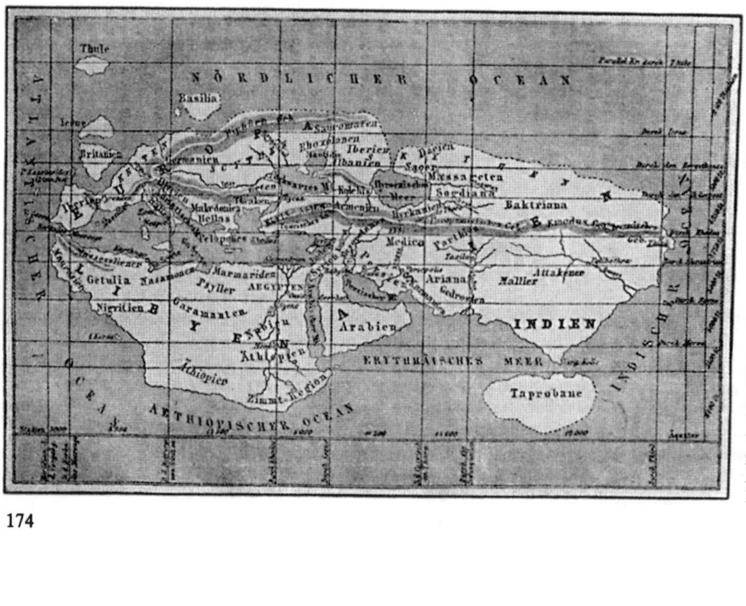

Erdkarte nach Eratosthenes. Die bekannten Teile der Erde sind in ein die gesamte Erde überspannendes Gradnetz eingefügt. Erstmals werden nach Länge und Breite gewisse Dimensionen in der Ausdehnung der Kontinente und Meere bestimmt

zielle mechanische Vorrichtung, mit deren Hilfe die Aufgabe mechanisch gelöst werden konnte. Bekannt wurde auch sein Verfahren zur Bestimmung von Primzahlen (Sieb des E.). In einer der Erdmessung gewidmeten Schrift errechnete E. den Erdumfang aus der Differenz der Einfallswinkel der Sonnenstrahlung an zwei Orten und deren Abstand zu 252 000 Stadien (1 ägyptisches Stadion = 157,5 m). Er ließ Homer nicht mehr als geographische Autorität gelten und förderte die Kartographie nachhaltig.

Wegen seiner Vielseitigkeit – er dichtete auch – und wegen mancher Ungenauigkeit in seinen Werken erhielt E. die Spitznamen Pentathlos (Fünfkämpfer) und Beta (Zweiter). Von den Werken des bedeutenden Gelehrten, der mit Archimedes in Verbindung stand, sind jedoch nur wenige Fragmente erhalten. Eh

Literatur: Berger, H.: Die geographischen Fragmente des Eratosthenes (Leipzig 1880, Nachdr. Amsterdam 1964).

Erlenmeyer, Richard August Carl Emil, Chemiker, geb. 28.6.1825 Wehen (Hessen), gest. 22.1.1909 Aschaffenburg.

E. setzte sich für die Durchsetzung der Strukturtheorie organischer Verbindungen ein.

E., Sohn eines Dekans, studierte Naturwissenschaften in Gießen und Heidelberg. Nach Abschluß des pharmazeutischen Staatsexamens war E. einige Zeit als Apotheker tätig. Er promovierte 1851 in Gießen und habilitierte sich 1857 in Heidelberg. Dort wurde er 1863 zum ao. Prof. ernannt. 1868 erhielt E. eine Professur für allgemeine Chemie an der TH in München. 1883 zog er sich aus gesundheitlichen Gründen von seinem Amt zurück und siedelte nach Frankfurt am Main über. Ab 1893 lebte E. in Aschaffenburg.

E. war ein energischer Verfechter der strukturchemischen Vorstellungen A. Kekulés und A. Butlerows. 1859–1865 war er Herausgeber der Ztschr. für Chemie und Pharmazie. In dieser Zeit entwickelte sich die Ztschr. zu einem Zentrum für die Durchsetzung der neuen chemischen Theorien. 1862 gab E. eine exakte Definition der Mehrfachbindung, auf deren Grundlage er die heute noch gültigen Formeln für Ethan, Ethen (Ethylen) und Ethin (Acetylen) aufstellte. Auch Kekulé und A. Couper hatten bereits Zweifachbindungen verwendet, doch E. war der erste, der die Mehrfachbindung als allgemeines Strukturprinzip erkannte. Damit schuf er die Grundlage für die Aufstellung der Kekuléschen Benzenformel. E. stellte die Strukturformeln für Naphthalen und Glycerol sowie für eine Reihe von Azo-, Hydrazo- und Azoxyverbindungen auf. Zusammen mit Butlerow trat E. für die Vorstellung variabler Valenzen der Elemente ein. Er ging damit über Kekulé hinaus, der annahm, jedem Element käme nur eine Wertigkeitsstufe zu. Dem Tetraedermodell für fünfatomige Kohlenwasserstoffe stand E., ebenso wie Butlerow, ablehnend gegenüber. Nach Meinung beider Chemiker wies die Halogenierung des Methans auf Unterschiede in den vier Valenzen des Kohlenstoffatoms hin. Diese Denkweise wurde später von C. Schorlemmer widerlegt. Außerdem erkannte E., daß zwei Hydroxygruppen an einem Kohlenstoffatom im allgemeinen nicht existenzfähig sind und sofort Wasser abgespalten wird (Erlenmeyersche Regel).

E. setzte sich für die Molekulartheorie A. Avogadros ein und bemühte sich um Klärung ihrer scheinbaren Ausnahmen. In diesem Zusammenhang wies er die Dissoziation von gasförmigem Ammoniumchlorid und Quecksilber(I)-chlorid nach. Allgemein bekannt wurde E. als Erfinder des nach ihm benannten Glaskolbens. Darüber hinaus verbesserte er die Verbrennungsöfen und führte das Asbestnetz in die Laboratoriumstechnik ein.

E. hatte enge Verbindungen zur Industrie, war selbst Teilhaber einer kleinen chemischen Fabrik und als chemi-

R. A. C. E. Erlenmeyer

L. Euler

scher Berater tätig. Er war ein erfolgreicher Hochschullehrer. Seine Vorlesungen fanden aufgrund der von ihm vermittelten modernen theoretischen Anschauungen großen Zuspruch, und auch sein Lehrb. erfreute sich regen Interesses. Mit Energie setzte sich E. für Verbesserungen der Methodik des chemischen Unterrichts und für die rechtliche Gleichstellung von TH und Univ. ein. 1871–1883 war er als Redakteur und Herausgeber der Annalen der Chemie tätig.

E. pflegte enge Beziehungen zu russischen Chemikern und war ein Freund Butlerows. Ls

Literatur: Erlenmeyer, E.: Die Aufgaben des chemischen Unterrichts gegenüber den Anforderungen der Wissenschaft und Technik (München 1871), Über den Einfluss des Freiherrn Justus v. Liebig auf die Entwicklung der reinen Chemie (München 1874), (mit R. Meyer, O. Hecht, H. Goldschmidt, K. v. Buchka): Lehrb. der organischen Chemie, 3 Bde. (Leipzig, Heidelberg 1867–1894).
Conrad, M.: Emil Erlenmeyer, in: Ber. Dtsch. Chem. Ges. 43 (1910), 3645–3664; Krätz, O.: Emil Erlenmeyer 1825–1909, in: Chemie in unserer Zeit 6 (1972), 53–58.

Eudoxos von Knidos (Eudoxus von Cnidus), Astronom, Mathematiker, Geograph, Philosoph und Politiker, geb. um 400 v. u. Z. Knidos, gest. um 350 v. u. Z. Knidos.

E. schuf das erste bekannte sphärische Modell der scheinbaren Bewegungen von Planeten um die Erde, hatte einen großen Anteil an der Entwicklung der Verhältnis- und Proportionenlehre und gilt als Begründer der Exhaustionsmethode.

E. studierte Geometrie bei dem Pythagoreer Archytas von Tarent und Medizin bei Philistion von Lokroi. Unter dem Einfluß von Archytas soll sich E. möglicherweise der Zahlen- und Musiktheorie zugewandt haben. Sein weiterer wissenschaftlicher Weg wurde von Aufenthalten in Athen und Äygpten geprägt. In Athen lernte er unter anderen Platon kennen. E. gründete im kleinasiat. Kyzikos (Balkiz) eine eigene wissenschaftliche Schule, an der er sich als Philosoph, Mathematiker und Astronom profilierte. Seine philosophischen Lehren scheinen eher an Anaxagoras als an Platon orientiert gewesen zu sein. Auch in seinem mathematischen Schaffen folgte E. durch die Benutzung mechanischer Konstruktionen nicht der Platon zugeschriebenen Forderung, in der Geometrie nur Zirkel und Lineal zu benutzen. Nach einem zweiten Athenbesuch ließ sich E. wieder in seiner Vaterstadt nieder, für die er auch Gesetze verfaßt haben soll, hielt dort Vorlesungen und legte seine Lehren schriftlich nieder.

Die Werke E.' sind nicht erhalten. Von den sechs überlieferten Titeln (»Über die Geschwindigkeiten«, »Enoptron«, »Phaenomena«, »Das Verschwinden der Sonne«, »Oktaeteris« und »Ges periodos«) betreffen fünf astronomische Themen, einer ist der Geographie gewidmet. »Ges periodos« ist in mehr als 100 Fragmenten erhalten und befaßte sich offenkundig mit der Beschreibung der damals bekannten belebten Welt, von Asien beginnend über Nordafrika bis nach

Nordeuropa. Der Teil über Italien beschreibt z. B. Bräuche und Ansichten der Pythagoreer, zu denen E. gelegentlich auch gezählt worden ist. »Oktaeteris« behandelte Probleme des Kalenderwesens, »Über das Verschwinden der Sonne« dürfte Finsternisse besprochen haben, und in »Enoptron« und »Phaenomena« faßte E. eigene Beobachtungen der Fixsterne zusammen, die er in seinem Observatorium in Knidos durchgeführt hatte. Den größten Einfluß unter den astronomischen Arbeiten von E. hatte sein Buch »Über die Geschwindigkeiten«. In ihm entwickelte er sein Modell der Planetenbewegungen, das von Aristoteles überliefert worden ist. Aristoteles interpretierte es außerdem als Beschreibung der physikalischen Realität des Alls und nicht als rein mathematische Abbildung. Daraus entstand der eine Tradierungsstrang des Modells, der sich im wesentlichen auf die Weltbildvorstellungen erstreckte und bis in die Renaissance nachlebte. Innerhalb der mathematischen Astronomie entstand ein zweiter Transmissionsweg insofern, als das Modell als Grundlage aller späteren geozentrischen Modelle diente und mehrfach überarbeitet wurde. Die beiden Hauptpunkte der Kritik späterer griech. Astronomen betrafen die Annahme der konstanten Entfernung der Planeten von der Erde und die Auffassung, daß jede Retrogradation eines Planeten durch ein und dieselbe Gestalt einer von E. zur Beschreibung der rückläufigen Planetenbewegung eingeführten Kurve erfaßt werden kann. Diese Kurve ähnelt der Acht und trägt den Namen »Hippopede« (Pferdefessel). Die genannten Mängel wurden zunächst durch die Einführung von Epizykeln und schließlich durch die Verschiebung der Erde aus dem Mittelpunkt der die Epizykel tragenden Kreise korrigiert.

Das mathematische Schaffen von E. läßt sich aus Zitaten bei anderen griech. Gelehrten, vor allem Archimedes, und aus Anmerkungen zu den »Elementen« des Euklid rekonstruieren. Als gesichert gilt die Zuschreibung von Buch XII der »Elemente« an E. Es enthält tiefschürfende Sätze über Inhaltsbestimmungen in Ebene und Raum, z. B. daß jeder Kegel der dritte Teil eines Zylinders ist, der mit ihm dieselbe Grundfläche und gleiche Höhe hat (XII, 10). Zum Beweis dieser Sätze wird die Exhaustionsmethode verwendet, die diesen Namen jedoch erst im 17. Jh. erhielt. Die Sätze selbst sollen z. T. bereits von Demokrit und Hippokrates von Chios formuliert worden sein. Die Beweise werden im allgemeinen indirekt geführt und benutzen häufig das Bisektionsprinzip (Buch X, Satz 1). Dieses ist auch eng mit einer Proportionslehre verbunden, die die neuere Forschung aus den »Elementen« und vor allem einigen von ihr als früh erkannten Arbeiten des Archimedes ableitet. Diese Proportionentheorie soll zwischen der anthyphairetischen Verhältnis- bzw. Proportionenlehre und der in Buch V der Elemente von Euklid enthaltenen Proportionenlehre stehen. Die anthyphairetische Verhältnis- bzw. Proportionenlehre arbeitet mit dem Euklidischen Algorithmus, ist in der Topik (58 b 29) von Aristoteles angedeutet und scheint das Werk des Theaitetus gewesen zu sein. Eine weitere interessante Hypothese der neueren Forschung über die Entwicklung dieses mathematischen Gebietes besagt, daß die astronomischen Arbeiten von E. eine wichtige Anregung für seine Beschäftigung mit der anthyphairetischen Theorie geliefert hätten. Die Abfassung von Buch V wird damit noch enger an die Schüler und Nachfolger von E. verwiesen, deren Beteiligung an Buch V auch die bisherige Geschichtsschreibung bereits anerkannt hat. Br

Literatur: Die Fragmente des Eudoxos von Knidos (Hrsg. F. Lassere, Berlin 1966); Gisinger, F.: Die Erdbeschreibung des Eudoxos von Knidos (Leipzig u. Berlin 1921).

Becker, O.: Eudoxos-Studien, in: Quellen u. Stud. Gesch. Math., Astronom. u. Phys., Abt. B, Studien, 2 (1933), 311–333, 369–387; 3 (1936), 236–244, 370–410; Künsberg, H.: Der Astronom, Mathematiker und Geograph Eudoxos von Knidos, 2 Bde. (Dinkelsbühl 1888–1890).

Euklid (Euclid, Eukleides), Mathematiker, um 300 v. u. Z.

E. verfaßte das einflußreichste Mathematikbuch aller Zeiten und gilt als Begründer der mathematischen Schule von Alexandria.

Über E.s Leben ist fast nichts bekannt; er muß ein jüngerer Zeitgenosse von Autolykos und älter als Archimedes gewesen sein. Nach Alexandria soll er auf Einladung der Ptolemäer-Dynastie gekommen sein und dort vermutlich irgendwann zwischen 320 und 260 v. u. Z. gewirkt haben. Möglicherweise war er zuvor in Athen tätig. Sein Charakter wurde von Pappos als bescheiden, hilfsbereit und aufrichtig gelobt.

E. hat wahrscheinlich die sieben mathematischen Werke »Elemente«, »Data«, »Über die Teilung von Figuren«, »Porisma«, »Kegelschnitte«, »Oberflächenörter« und »Pseudaria« sowie ein astronomisches (»Phainomena«), ein opti-

Fragment eines Papyrus zu Eudoxos von Knidos

Euklid

sches (»Optika«) und ein musiktheoretisches Werk (»Elemente der Musik«) verfaßt, von denen nur die »Elemente«, die »Data«, die »Phainomena« und die »Optika« vollständig griechisch und »Über die Teilung von Figuren» arabisch erhalten sind. Nach den benutzten Methoden und z. T. auch hinsichtlich der Problemstellungen gehören die »Phainomena«, die »Optika« und die »Elemente der Musik« gleichfalls zur Mathematik. Die griech. Tradition weist E. darüber hinaus noch eine augenscheinlich nicht von ihm stammende Schrift über Spiegel zu. Die arab. und auch die lat. Überlieferung weiß von mechanischen Abhandlungen, deren Authentizität jedoch umstritten ist; sie könnten Teile eines Textes zur Mechanik in euklidischer Art sein.

Die »Optika« ist ein elementares Werk über Perspektive. Die »Phainomena« gehen von Autolykos aus, enthalten vielleicht Auffassungen von Eudoxos von Knidos und behandeln die Geometrie der Bewegung von Himmelskörpern; an sie knüpfte Theodosios in seiner »Sphärik« an. Die »Data« stehen in engem Zusammenhang mit den ersten sechs Büchern der »Elemente« und enthalten Konstruktionsaufgaben, die mittels der »Analysis« genannten Methode gelöst werden; diese zeigt von etwas Unbekanntem, daß es mit etwas Bekanntem, als wahr Bewiesenem übereinstimmt. Im Unterschied dazu überwiegt in den »Elementen« die Methode der »Synthesis«, die von Bekanntem zu Unbekanntem fortschreitet. Als Spezialfälle der Analysis in den »Elementen« könnten aber der häufige indirekte Beweis und die Paare entgegengesetzter Sätze gezählt werden.

Die »Elemente«, auf denen E.s Ruhm beruht, umfassen 13 Bücher. Hypsikles fügte das 14. Buch hinzu; das 15. soll angeblich von Damaskios geschrieben worden sein. Die Bücher I bis IV behandeln die Geometrie der Ebene (Planimetrie), Buch V enthält die allgemeine Proportionentheorie für Größen, Buch VI wendet sie auf ähnliche Figuren an, die Bücher VII bis IX sind der Zahlentheorie gewidmet, Buch X klassifiziert die im griech. Sinne irrationalen Linien, d. s. Linien, die mit der Einheitslinie weder der Länge noch dem Quadrat nach kommensurabel sind, und die Bücher XI bis XIII beinhalten stereometrische Sätze. Die Planimetrie behandelt metrische und topologische Eigenschaften von Punkten, Linien, Dreiecken, Quadraten, Parallelogrammen, Polygonen und Kreisen; Kernstücke sind der Satz des Pythagoras mit Verallgemeinerungen und Flächenanlegungen. Beides wird im Buch VI erneut aufgegriffen. In Buch X sind Flächenanlegungen ein wesentliches Hilfsmittel. Von Apollonios von Perge wurden sie dann in der Kegelschnittlehre eingesetzt. Ein Beispiel für die elliptische Flächenlegung ist der Satz 28 aus Buch VI: »An eine gegebene Strecke ein einer gegebenen geradlinigen Figur gleiches Parallelogramm so anzulegen, daß ein einem gegebenen ähnliches Parallelogramm fehlt, ...« Das Wesen der allgemeinen Proportionentheorie besteht in der Definition 5 aus Buch V über die Gleichheit von Verhältnissen zwischen Größen, die den in Buch VII zur Definition von Proportionen zwischen natürlichen Zahlen eingeführten Begriff der Teile einer Zahl vermeidet und nur den Begriff des Gleichvielfachen, der in Buch VII für Zahlen bereits vorliegt, für allgemeine Größen einsetzt, wodurch das Problem der Kommensurabilität bzw. Inkommensurabilität, das in Buch X (Definition 1, 2) begrifflich fixiert ist, umgangen wird. In moderner Symbolik kann diese Definition der Gleichheit von zwei Verhältnissen wie folgt geschrieben werden: $a:b = c:d$, wenn für beliebige natürliche Zahlen m, n gilt, daß aus $ma > nb$ folgt $mc > nd$ bzw. aus $ma = nb$ folgt $mc = nd$ bzw. aus $ma < nb$ folgt $mc < nd$. In dieser Schreibweise wird die Verwandtschaft der Größenlehre aus Buch V zur Definition der reellen Zahlen als Schnitte in der Menge der rationalen Zahlen durch R. Dedekind erkennbar, denn durch das Verhältnis $a:b$ werden die positiven rationalen Zahlen m/n in zwei Klassen A_1 (alle positiven rationalen Zahlen mit $ma > nb$) und A_2 (alle positiven rationalen Zahlen mit $ma < nb$) geteilt, und die Gleichheit zweier Verhältnisse erscheint als Identität der durch sie bestimmten Schnitte (A_1, A_2) und (C_1, C_2) (für $c:d$). Die Größenlehre aus Buch V ist jedoch nicht nur nach ihrer Terminologie und dem ihr zugrunde liegenden Begriffsverständnis, sondern auch nach ihrer inhaltlichen Verwendung in anderen Büchern der »Elemente«, z. B. VI, X und XII, eine geometrische Theorie, während Dedekinds genetischer Aufbau rein arithmetischer Natur ist. Außerdem fehlt der Größenlehre des E. der Begriff der Vollständigkeit, den Dedekind streng als Stetigkeit definiert hat. Während der von Dedekind erzeugte Körper der positiven reellen Zahlen vollständig ist, trifft das auf den mit modernen Methoden erzeugbaren Halbkörper der Größen aus Buch V nicht unmittelbar zu. Nicht übersehen werden darf auch, daß Operationen mit Verhältnissen wie Addition oder Multiplikation in den »Elementen« nur für Spezialfälle, z. B. den des doppelten, dreifachen usw. Verhältnisses (modern ausgedrückt: Quadrat, Kubus usw. eines Verhältnisses), definiert sind und Anwendung finden. Die allgemeine Definition des zusammengesetzten Verhältnisses (modern ausgedrückt: Multiplikation von Verhältnissen) in Buch VI ist von spätantiken Kommentatoren, möglicherweise von Theon von Alexandria, hinzugefügt worden. Arab.-islamische Mathematiker, wie Thabit ibn Qurra, al-Chayyami und at-Tusi, schufen schrittweise eine allgemeine Theorie der zusammengesetzten Verhältnisse auf der Basis der Definition des Verhältnisses durch den Euklid-Algorithmus. Dabei arithmetisierten sie die geometrische Größenlehre aus Buch V und anerkannten im Unterschied zum antiken Zahlbegriff, der auf positive natürliche Zahlen beschränkt war, auch das Verhältnis von Größen als eine Zahl, wenngleich die positiven natürlichen Zahlen in ihren Augen die »eigentlichen« Zahlen blieben. Neben der Beschäftigung mit Buch V wurde diese Entwicklung durch die Bedürfnisse der angewandten Mathematik, z. B. innerhalb der Astronomie, angeregt. In Europa wurde die Behandlung der antiken Größenlehre von den arab.-islamischen Beiträgen beeinflußt; so reproduzierte I. Newton in seiner neuen Definition des Begriffes Zahl inhaltlich den Standpunkt at-Tusis. Die Bücher VII bis IX der »Elemente« gelten, wie auch Teile der Bücher I bis IV, als pythagoreischen Ursprungs. Daneben werden Partien von Buch I bis IV, insbesondere von III und IV, auf Hippokrates von Chios zurückgeführt, der neben den beiden Platon-Schülern Leon und Theudios bereits vor E. »Elemente« zusammengestellt haben soll. Die arithmetischen Bücher E.s liefern eine Teilbarkeitslehre, eine Primzahltheorie und Sätze über endliche geometrische Reihen, geometrische Mittel und vollkommene Zahlen. Ihr Höhepunkt ist Satz 20 aus Buch IX: »Es gibt mehr Primzahlen als jede vorgelegte Anzahl von Primzahlen.« Von grundlegender Bedeutung sind auch die Sätze 30–32 aus Buch VII, da sie aus heutiger Sicht zentrale Mittel zum Beweis des Fundamentalsatzes der elementaren Zahlentheorie sind, der in den »Elementen« allerdings nicht explizit formuliert wird. Buch XI wird wie die arithmetischen Bücher der Zeit der frühgriech. Mathematik oder der ion. Periode zugeordnet. Buch XII bietet tiefschürfende Beweise mittels der Exhaustionsmethode und gilt als Werk des Eudoxos von Knidos. Die Bücher X und XIII werden in der Regel – nicht ohne Bedenken – Theaitetos von Athen zugeschrieben; in der heute vorliegenden Form scheint Buch X zumindest eine Be- und Umarbeitung älteren Materials durch E. zu sein. Aus der Sicht griech. Kommentatoren bildet Buch XIII, das die Konstruktion der fünf regulären Körper lehrt, Höhepunkt und Abschluß der »Elemente«, sowohl aus sachlicher als auch aus philosophischer Sicht. Mathematisch geht es darin um die Bestimmung der Kantenlänge des jeweiligen Körpers in bezug auf das Quadrat des Radius der umbeschriebenen Kugel. Für die Pyramide, das Oktaeder und den Würfel handelt es sich um rationale Verhältnisse, für das Ikosaeder und das Dodekaeder um zwei Irrationalitäten, wie sie im Buch X vorkommen. In einem Anhang wird gezeigt, daß es keine weiteren regulären Körper gibt. Ein anderer, erst im 20. Jh. deutlich anerkannter Wesenszug der »Elemente« besteht in dem häufigen Auftreten konstruktiver Existenzbeweise. Von den 467 Sätzen werden 96 auf diese Art verifiziert. Besonders oft findet diese Beweisform in den Büchern IV, XIII, VI und I Verwendung.

Neben der Auswahl, Zusammenstellung und Bearbeitung des Materials kommt E. ein weiteres Verdienst von überragender historischer Bedeutung zu. Er präsentierte das Material in Form von Definitionen, Axiomen, Postulaten, Sätzen, Aufgaben und Beweisen. Damit steht er auf dem Höhepunkt eines für die griech. Mathematik kennzeichnenden Prozesses der wissenschaftlichen Strukturierung mathematischer Kenntnisse, der in dieser Tiefe und Allgemeinheit bei keiner der früheren und gleichzeitig florierenden Kulturen vollzogen worden ist. Definitionen werden jedem der Bücher I bis VI und X sowie den Buchgruppen VIII, IX und XI bis XIII vorangestellt. Axiome und Postulate sind nur im Buch I enthalten. Diese axiomatische Struktur ist in den folgenden Jahrhunderten vielfach diskutiert worden. In den Arbeiten von M. Pasch und D. Hilbert wurde eine neue Qualität in der Axiomatisierung der Geometrie erreicht. Von besonderer historischer Bedeutung unter den Postulaten war das fünfte, das Parallelenpostulat. Es wurde seit der Antike wiederholt zu beweisen oder in Form äquivalenter Aussagen anzugeben versucht und bildete den Ausgangspunkt für bemerkenswerte Studien arab.-islamischer Mathematiker, wie Ibn al-Haitham, al-Chayyami und at-Tusi, an die seit dem 17. Jh. ähnliche Arbeiten von europ. Mathematikern, wie J. Wallis, G. Saccheri und H. Lambert, anschlossen. Eine neue Qualität dieser Überlegungen wurde schließlich mit der Herausbildung nichteuklidischer Geometrien durch J. Bolyai, C. F. Gauss, N. I. Lobatschewski, B. Riemann u. a. erzielt. Um die Ursachen und den Gang der Entstehung der axiomatisch-deduktiven Strukturen, ihre inhaltliche Bedeutung sowie um die Gründe für die spezifische Form einzelner Bücher und ihren tieferliegenden Inhalt ranken sich zahlreiche divergierende wissenschaftshistorische und philosophische Interpretationen. Die Forschungen der vergangenen zwei Jahrzehnte lassen immer deutlicher werden, daß philosophische Lehren, z. B. die der Eleaten (Vertreter einer griech. Philosophenschule zu Elea in Unteritalien), von Platon und Aristoteles, sowie innerwissenschaftliche Gründe, wie die Entdeckung und begriffliche Bewältigung der inkommensurablen Größen, eine zentrale Rolle gespielt haben. In letzter Zeit ist besonders der These von einer Grundlagenkrise der griech. Mathematik, die durch die Entdeckung inkommensurabler Größen hervorgerufen worden sein sollte, überzeugend widersprochen worden.

Die Werke E.s, insbesondere die »Elemente«, sind vielfach kommentiert, übersetzt, bearbeitet und erweitert sowie analysiert worden. Von den »Elementen« z. B. liegen vollständige oder partielle Übersetzungen ins Lateinische, Arabische, Syrische, Armenische, Hebräische, Chinesische, Persische, in das Sanskrit, ins Italienische, Französische, Englische, Deutsche und weitere europ. Sprachen vor, die vor den modernen Editionen und Übersetzungen im 19. und 20. Jh. entstanden sind. Seit dem 19. Jh. gilt als sicher, daß die »Elemente«, die »Data« und die »Phainomena« in zwei Redaktionen vorliegen, einer nur in wenigen Manuskripten erhalten gebliebenen vortheonischen Ausgabe und einer das arab. und lat. Erbe beherrschenden Ausgabe durch Theon von Alexandria. Die wichtigsten Übersetzer ins Arabische waren al-Hadschdschadsch, Ishaq ibn Hunain und Thabit ibn Qurra. Von der Ishaq-Thabit-Fassung, die bisher als ein Corpus angesehen worden war, sind zwei verschiedene Textfamilien aufgefunden worden. Das Hauptinteresse der arab.-islamischen Kommentare war mathematisch orientiert und betraf die Bücher V und X, während das Schwergewicht lat. Kommentare auf philosophischen Aspekten lag. Beiden Traditionslinien gemeinsam war das Bemühen um die Verbesserung der pädagogisch-didaktischen Züge der »Elemente«. Die bedeutendsten lat. Übersetzer waren Gerhard von Cremona, Adelhard von Bath, Campanus von Novara und B. Zemberti. Die »Elemente« gehörten zu den ersten in Europa gedruckten Büchern. Diese Drucke beschränkten sich nicht nur auf die griech. und lat. Texte, sondern erschienen, vornehmlich als Teilausgaben, auch in Italienisch, Deutsch, Französisch, Englisch und Spanisch. 1594 wurde in Rom auch eine arab. Bearbeitung unter dem Namen von at-Tusi gedruckt, die jedoch erst nach seinem Tod entstanden ist. 1595 sowie 1603–1607 erschienen in China Drucke der chines. Übersetzungen.

Die »Elemente« des E. bildeten über viele Jahrhunderte das wichtigste Lehrb. des höheren mathematischen Unterrichts. Im Mittelalter betraf das vor allem die Ausbildung an den Univ. Europas sowie den Privatunterricht und das Selbststudium in den islamischen Gebieten von Spanien bis Mittelasien. Auch in den schrittweise von muslimischen Heeren eroberten Teilen Indiens wurden die »Elemente« zunächst auf diesem Wege eingeführt. Mit der Herausbildung eines von den Univ. abgetrennten höheren Schulwesens hielten die »Elemente« in den mathematischen Schulunterricht Einzug und wurden dort bis ins 19. Jh. gelehrt. Daneben entwickelte sich vor allem in Europa eine zweite, auf die praktische Verwendbarkeit orientierte Rezeptionsweise. Dabei wurden häufig Änderungen und Erweiterungen in die Aufgaben und Methoden der »Elemente« eingefügt, durch die nicht selten der von den euklidischen Konstruktionsmitteln Zirkel und Lineal vorgegebene Bereich durchbrochen worden ist. Diese Tradierung findet sich bevorzugt in den Übersetzungen, Kommentaren und Bearbeitungen der »Elemente« in lebende(n) europäische(n) Sprachen. Br

Literatur: Euclidis, opera omnia, 8 Bde. mit Suppl. (Hrsg. J. L. Heiberg u. H. Menge, Leipzig 1883–1916); Thaer, C.: Die Elemente des Euklid, 5 Bde. (Leipzig 1933–1937, Reprint 1984), Die Data von Euklid (Berlin, Göttingen, Heidelberg 1962); Procli Diadochi in primum Euclidis Elementorum librum Commentarii (Hrsg. G. Friedlein, Leipzig 1883, Reprint 1967); Proklus Diadochus 410 bis 485. Kommentar zum ersten Buch von Euklids Elementen (Halle/S. 1945).

Knorr, W.: The Evolution of the Euclidean Elements. A Study of the Theory of Incommensurable Magnitudes and its Significance for Early Greek Geometry (Doordrecht u. Boston 1975); Schreiber, P.: Euklid (Leipzig 1987), Zur Geschichte der Euklidrezeption, in: Potsdamer Forschungen, Reihe B, Heft 41, 103–108; Steck, M.: Bibliographia Euclideana (Hrsg. M. Folkerts, Hildesheim 1981).

Euler, Leonhard, Mathematiker, Physiker, Astronom, Geodät und Technikwissenschaftler, geb. 15. 4. 1707 Basel, gest. 18. 9. 1783 St. Petersburg (Leningrad).

Durch seine bahnbrechenden Resultate in allen mathematischen Disziplinen prägte E. die Mathematik des 18. Jh.; er gehört zu den bedeutendsten Vertretern einer mathematisch orientierten Naturwissenschaft. Auf ihn gehen grundlegende Methoden und Resultate in der Mechanik, der Astronomie, der Geodäsie und Kartographie, der Ballistik, der Navigation, der Optik, der Schiffswissenschaft und der Theorie der Turbinen zurück.

E., Sohn eines Pfarrers, besuchte die Lateinschule und wurde mit 13 Jahren an der Univ. Basel immatrikuliert. Nach Absolvierung der philosophischen Fakultät begann er das Studium der Theologie, wandte sich aber bald vollständig der Mathematik zu. 1727 folgte E. den Söhnen seines Lehrers Joh. Bernoulli an die neugegründete Akademie in St. Petersburg, an der er 1733 Prof. der Mathematik wurde. 1741 folgte er einem Ruf Friedrichs II. von Preußen an die Berliner Akademie. Hier leitete er die mathematische Klasse; nach dem Tode des Präsidenten P. L. M. Maupertuis war er faktisch Präsident, ohne daß Friedrich II. ihn offiziell dazu ernannte. Fortgesetzte Differenzen mit dem König, die sich äußerlich an den Fragen der Finanzierung der Akademie entzündeten, ihre tiefere Ursache jedoch in starken weltanschaulichen und charakterlichen Unterschieden zwischen beiden hatten, bewogen E., 1766 nach St. Petersburg zurückzukehren. Kurz nach seiner Ankunft in St. Petersburg erblindete er infolge Altersstars. Er arbeitete trotzdem unermüdlich weiter, unterstützt von seinem Sohn Johann Albrecht E. und anderen jüngeren Mathematikern.

E. hat ein gigantisches Werk hinterlassen, sowohl was die inhaltliche Breite und Vielfalt als auch was den Umfang betrifft. Sein Schriftenverzeichnis enthält 866 Nummern; die Opera omnia werden nach Fertigstellung 87 voluminöse Quartbände umfassen. Obwohl E. nie direkt als akademischer Lehrer gewirkt hat, haben ihn Generationen von Mathematikern als ihren Lehrer empfunden. Diesen überragenden Einfluß gewann er durch seine zahlreichen Lehrb. E. ist der Begründer des modernen Lehrb., das in systematischem Aufbau von den einfachsten Grundlagen bis an die Front der Forschung heranführt. Er schrieb Bücher über Mechanik, Variationsrechnung, Theorie der Planeten und Kometen, Schiffswissenschaft und die Theorie des Lichtes und der Farben. Er verfaßte eine Einführung in die Analysis des Unendlichen, ein Werk über Differentialrechnung, eine dreibändige Integralrechnung, eine dreibändige Optik, eine Einführung in die Algebra und eine Reihe weiterer Werke. In allen diesen Büchern hat E. neben den Resultaten seiner Vorgänger zahlreiche eigene Forschungsergebnisse im Zusammenhang dargestellt. E. hat – sowohl inhaltlich als auch methodisch – mancher Disziplin das noch heute tragfähige und gültige Fundament verliehen. Zahlreiche der von ihm verwendeten Bezeichnungen haben sich eingebürgert, z. B. die der trigonometrischen Funktionen, das Funktionssymbol $f(x)$, die Buchstaben e für die Basis der natürlichen Logarithmen und i für die imaginäre Einheit, die Zeichen Δ für Differenz und Σ für Summe.

Einen beträchtlichen Anteil an E.s Schaffen nahm die Analysis ein. Hatten I. Newton, G. W. Leibniz und die Brüder Bernoulli die Analysis noch eng mit der geometrischen Anschauung verbunden, so hat E. den Funktionsbegriff als zentralen Begriff in den Mittelpunkt gerückt; dabei stieß er bis zum Begriff einer Funktion als Zuordnung zweier Zahlenmengen vor, wie ihn später G. Dirichlet zum Allgemeingut der Mathematik gemacht hat. Das Hauptmittel zur Darstellung und Untersuchung von Funktionen ist bei E. die Potenzreihe. Er entwickelte die elementaren Funktionen, untersuchte ihre Eigenschaften und erkannte grundlegende Zusammenhänge zwischen ihnen, z. B. die Formel $e^{ix} = \cos x + i \sin x$. Damit schuf er die Ausgangspunkte einer allgemeinen Funktionentheorie, wie sie später von A. L. Cauchy, B. Riemann, K. Weierstrass und anderen geschaffen worden ist. E. benutzte zur Darstellung von Funktionen auch unendliche Produkte und Reihen von Partialbrüchen, Verfahren, die im 19. Jh. durch Weierstrass und G. Mittag-Leffler ausgebaut worden sind. E. führte durch Integration von Funktionen oder von Differentialgleichungen neue interessante Klassen transzendenter Funktionen ein, wie die Gammafunktion, die Betafunktionen und die Zylinderfunktionen 1. Art. Auf dem Gebiet der Differentialgleichungen geht der Ansatz $y = e^{\alpha x}$ bei der homogenen linearen Differentialgleichung mit konstanten Koeffizienten auf E. zurück. Die zugehörige inhomogene Gleichung löste er nach der Methode des integrierenden Faktors, die er auch in vielen anderen Fällen erfolgreich einsetzte. Für die Anwendungen bedeutsam war seine »Polygonzugmethode« zur numerischen Lösung des Anfangswertproblems $y' = f(x, y)$, $y(x_0) = y_0$. Viele wichtige Resultate zur Integration partieller Differentialgleichungen sind in E.s Arbeiten zur Mechanik enthalten. So ging aus dem Streit zwischen E., J. d'Alembert und D. Bernoulli um die Frage nach den möglichen Lösungen der Differentialgleichung der schwingenden Saite das Problem hervor, welche Funktionen durch trigonometrische Reihen darstellbar sind. Dieses Problem hat im 19. Jh. mit der Entwicklung der Theorie der Fourier-Reihen zur Herausarbeitung und Präzisierung grundlegender Begriffe der Mathematik, wie Funktion, Integral, reelle Zahl, Punktmenge und transfinite Ordinalzahl, geführt. Während vor E. spezielle Variationsprobleme mit dem jeweiligen Spezialfall angepaßten Kunstgriffen behandelt wurden, entwickelte E. die Variationsrechnung zu einem eigenständigen Zweig der Analysis. Er formulierte das allgemeine Variationsproblem

$$\int_b^a F(x, y, y')\, dx \Rightarrow \text{Extr.}$$

und leitete als notwendige Bedingung für eine Extremale

die nach ihm benannte Differentialgleichung

$$\frac{d}{dx} F_{y'} - F_y = 0$$

her. Mit zahlreichen originellen Beispielen veranschaulichte E. seine Methode. In der Theorie der divergenten Reihen antizipierte E. Ideen, deren Wert – über ein Jh. total verkannt – erst zu Beginn des 20. Jh.s durch die Forschungen von E. BOREL, E. CESÀRO u. a. richtig gewürdigt werden konnte.

NEWTON hatte 1687 in den »Principia« die Grundlage der klassischen Mechanik gelegt; seine Darstellung war aber noch rein geometrisch und damit sehr schwerfällig. Erst E. hat es unternommen, NEWTONS geniale Schöpfungen mit der neuen Analysis zu verbinden, indem er die Bewegungsgleichung – eine Differentialgleichung – in den Mittelpunkt der Betrachtung stellte, aus der dann alles rein analytisch abgeleitet wird. Später hat E. diese Betrachtungsweise vom Massenpunkt auf Massenpunktsysteme und starre Körper (Kreiseltheorie) ausgedehnt. Er erkannte den Drehimpulssatz als unabhängiges Prinzip. Von E. stammen auch der Begriff der idealen Flüssigkeit und die Grundgleichungen der Bewegung einer idealen Flüssigkeit im Raum. Die Lösung einer Reihe von Problemen der Elastizitätstheorie geht auf ihn zurück (Saite, Knicklastproblem, kreisrunde Membran u. a.). In seiner Mondtheorie gab E. eine sehr gute Näherungslösung für das Dreikörperproblem. Eine Reihe von Untersuchungen führte er bis zur prinzipiellen Möglichkeit einer technischen Anwendung (Turbinentheorie, Schiffsantriebe, Schiffsstabilität, Fragen der äußeren Ballistik u. a.).

In der Algebra formulierte E. erstmals den Satz, daß die Wurzeln eines Polynoms alle von der Form $a + ib$ sind. Vorher wurde angenommen, daß außer diesen Zahlen noch imaginäre Zahlen »höherer Art« als Wurzeln vorkommen können, die sich nicht auf die Form $a + ib$ bringen lassen. In der Geometrie hat E. eine Vielzahl von Resultaten durch Anwendung der Methoden der Algebra und der Analysis auf die Geometrie erzielt, insbesondere zur Differentialgeometrie der Kurven und Flächen. Zwei singuläre Ergebnisse E.s, die Lösung des Königsberger Brückenproblems und die nach ihm benannte Polyederformel, gehören in die Topologie, die erst Ende des 19. Jh. zu einer eigenständigen mathematischen Disziplin ausgebaut wurde. In der Zahlentheorie wandte sich E. zunächst den von P. DE FERMAT hinterlassenen unbewiesenen Vermutungen zu. Er bewies den kleinen FERMATschen Satz $a^{p-1} \equiv 1 (\mathrm{mod}\, p)$, $(a, p) = 1 (p \,\mathrm{prim})$ und verallgemeinerte ihn durch Einführung der nach ihm benannten Funktion $\varphi(n)$. Die Behauptung FERMATS, $2^{2^n} + 1$ sei für $n = 0, 1, 2, \ldots$ stets Primzahl, widerlegte E., indem er zeigte, daß $2^{2^5} + 1$ den Teiler 641 hat. Die bis heute für beliebiges n noch unbewiesene große FERMATsche Vermutung verifizierte E. für den Fall $n = 3$ und eröffnete damit eine Entwicklungsrichtung, die für die Herausbildung der algebraischen Zahlentheorie von großer Bedeutung war. E. führte die Zetafunktion

$$\zeta(s) = \sum_{n=1}^{\infty} \frac{1}{n^s}$$

ein, fand ihre Funktionalgleichung und leitete die berühmte Produktdarstellung

$$\zeta(s) = \prod_{p} \frac{1}{1 - p^{-s}}$$

her. Diese Funktion, die auch heute noch viele Rätsel aufgibt (RIEMANNsche Vermutung), spielt in der analytischen Zahlentheorie eine entscheidende Rolle. Aus umfangreichen Zahlenrechnungen erriet E. das quadratische Reziprozitätsgesetz, konnte es allerdings noch nicht beweisen; C. F. GAUSS und A.-M. LEGENDRE haben es unabhängig von E. wiederentdeckt; der vollständige Beweis dieses Gesetzes war eine der ersten wissenschaftlichen Großtaten des jungen GAUSS.

Von der schöpferischen Vielfalt und Originalität E.s zeugen über 50 nach ihm benannte Begriffe, Sätze und Verfahren der Mathematik und Mechanik. Pu

Literatur: Euler, L.: Opera omnia (Basel, ab 1911 erschienen bisher 70 Bde. in vier Serien).

Fellmann, E. A. (Hrsg.): Leonhard Euler 1707–1783 (Basel 1983); Spieß, O.: Leonhard Euler (Frauenfeld–Leipzig 1929); Thiele, R.: Leonhard Euler (Leipzig 1982); Ûškevič, A. P., u. E. Winter: Die Berliner und die Petersburger Ak. d. Wiss. im Briefwechsel Leonhard Eulers, 3 Bde. (Berlin 1959–1976).

Euler-Chelpin, Hans Karl August Simon von, Biochemiker, geb. 15. 2. 1873 Augsburg, gest. 6. 11. 1964 Stockholm.

E.-C. lieferte wegweisende Arbeiten über die Enzyme, namentlich durch Isolierung und Aufklärung der chemischen Zusammensetzung des Coenzyms der Alkoholgärung.

E.-C. wollte zuerst Maler werden, kam aber über die Farbentheorie zur Naturwissenschaft. Er studierte unter anderem bei E. WARBURG, M. PLANCK, E. FISCHER, arbeitete 2 Jahre in Göttingen bei W. NERNST. 1897 wurde E.-C. Assistent bei S. ARRHENIUS in Stockholm und 1898 Privatdoz. für physikalische Chemie an der Univ. Stockholm. Im Sommer 1899 und 1900 arbeitete er bei J. H. VAN'T HOFF in Berlin. Dann wandte sich E.-C. zur organischen Chemie, studierte und arbeitete bei A. HANTZSCH an der Univ. Würzburg und Leipzig und bei THIELE an der Univ. Straßburg. Mit seiner Frau A. CLEVE, die sich unter anderem mit der Erforschung der Kieselalgen beschäftigte, begann er eigene Forschungen, wobei ihn bald die Gärung und Enzymwirkung interessierten. Deswegen besuchte er auch entsprechende Forschungsstätten, z. B. das Laboratorium von E. BUCHNER in Berlin.

1902 wurde E.-C. schwed. Staatsbürger, 1906 Prof. für allgemeine und organische Chemie an der Univ. Stockholm, 1929 erfolgte seine Ernennung zum Dir. des Vitamin-Institutes und des Institutes für Biochemie an der Univ. Stockholm.

E.-C. untersuchte zunächst die Reaktionskinetik katalytischer Reaktionen, versuchte die Molekulargewichtsbestimmung von Enzymen und die Enzymreindarstellung. Sein bedeutendster Erfolg war die Isolierung des Coenzyms »Zymase«, dem Enzymgemisch der Alkoholgärung. 1905 hatten A. HARDEN und H. D. YOUNG durch Dialyse von Hefepreßsaft, der Traubenzucker vergor, einen filtrierbaren niedrigmolekularen und thermostabilen Anteil, als »Co-Enzym« bezeichnet, abgetrennt. E.-C. nannte dieses Co-Enzym »Cozymase«. Er konnte, im Wettlauf mit anderen Forschergruppen, die Cozymase darstellen und ihre chemische Konstitution ermitteln. Fernerhin betrieb E.-C. Forschungen über die Vitamine A und B_1.

1929 erhielt E.-C. zusammen mit HARDEN den Nobelpreis für Chemie. Zi

Literatur: Euler-Chelpin, H. K. A. S. v.: Allgemeine Chemie der Enzyme (Wiesbaden 1910), Chemie der Enzyme. Versch. Auflagen. Ab 1910, Enzyme und Co-Enzyme als Ziele und Werkzeuge der chemischen Forschung (Stuttgart 1925), Biokatalysatoren (Stuttgart 1930).

H. K. A. S. von Euler-Chelpin

F

K. Fajans

M. Faraday

Fahrenheit, Daniel Gabriel, Experimentalphysiker, geb. 14. 5. 1686 Danzig (Gdańsk), gest. 16. 9. 1736 Den Haag. F. stellte die ersten eichbaren Thermometer her.

1701 reiste F. nach Amsterdam, um wie sein Vater den Beruf eines Kaufmanns zu erlernen. Bald aber überwog sein Interesse an physikalischen Experimenten, und so beschäftigte er sich ausschließlich mit Glasbläserei und Instrumentenbau. Um seine Kenntnisse zu erweitern, unternahm er mehrfach Reisen nach England, Frankreich und Deutschland, lebte aber größtenteils in den Niederlanden. F. wurde vor allem durch G. Amontons Untersuchungen über die temperaturabhängige Ausdehnung des Quecksilbers angeregt, Thermometer zu konstruieren. Zur Verbreitung seiner Ergebnisse trug wesentlich ein Aufsatz von Ch. Wolff in der Acta Eruditorum im Jahre 1713 bei.

F. verwendete für seine Thermometer zunächst Weingeist (Ethanol), ab etwa 1715 aber Quecksilber. Seine Skale eichte er mit einer Wasser-Salmiak-Eis-Kältemischung als Nullpunkt und dem Schmelzpunkt des Eises (32 °F); die Körpertemperatur des gesunden Menschen (96 °F) diente als Kontrollpunkt. Die Wahl von 96 ° entsprang wahrscheinlich einer Achtereinteilung der Fahrenheitschen Festpunkte.

Durch die Einführung der Fahrenheitskale wurde ein Vergleich von Ergebnissen verschiedener Temperaturmessungen möglich. Sie ist noch heute in Großbritannien und den USA verbreitet. Angeregt durch die Beschäftigung mit dem Thermometer bestimmte F. den Siedepunkt verschiedener Flüssigkeiten und erkannte wahrscheinlich als erster dessen Abhängigkeit vom Luftdruck. Er konstruierte ein Hypsometer zur Bestimmung des Luftdrucks nach der Siedetemperatur, das später von T. Cavallo (1781) und W. H. Wollaston (1817) vervollkommnet wurde. F. erfand außerdem eine Wasserrohrmühle, eine neuartige Zentrifugalpumpe und verbesserte das Gewichtsaerometer. Durch seine Geschicklichkeit bei der Anfertigung von Instrumenten fand F. hohe Anerkennung bei bedeutenden Wissenschaftlern seiner Zeit. Zu seinen Freunden zählten auch W. J. S. van's Gravesande und H. Boerhaave. Lz

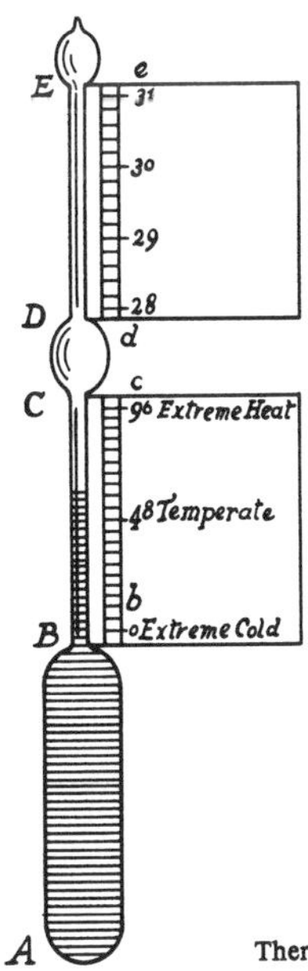

Thermometer nach Fahrenheit

Literatur: Fahrenheit, D. G.: Experimenta circa gradum caloris liquorum nonnulorum ebullientium instituta, in: Philosophical Transactions (1724), 1–3, dtsch Versuche über den Siedepunkt einiger Flüssigkeiten, in: Ostwalds Klassiker der exakten Wissenschaften 57 (Leipzig 1894), 3–5, Experimenta et observationes de congelatione aqua in vacuo factae, in: Philosophical Transactions (1724), 78–84, dtsch Experimente und Beobachtungen über das Gefrieren des Wassers im Vacuum, in: Ostwalds Klassiker ..., 57 (Leipzig 1894), 6–11, Materium quarundum gravitates specificae diversis temporibus ad varioscopos exploratae, in: Philosophical Transactions (1724), 114–115, dtsch Specifische Gewichte einiger Substanzen, zu verschiedenen Zeiten zu verschiedenen Zwecken bestimmt, in: Ostwalds Klassiker... 57 (Leipzig 1894), 12–14, Barometri novi descriptio et usus, in: Philosophical Transactions (1724), 140–141, dtsch Beschreibung eines neuen Barometers, in: Ostwalds Klassiker... 57 (Leipzig 1894), 17–18.

Kant, H.: G. D. Fahrenheit – R. A. F. de Réaumur – A. Celsius (Leipzig 1984); Smith, C. S.: Fahrenheit's Temperature Scale: Postscript to a Speculation, in: Isis 56 (1965), 66–69.

Fajans, Kasimir (Kazimierz), Physiker und Chemiker, geb. 27. 5. 1887 Warschau, gest. 18. 5. 1975 Ann Arbor (Michigan, USA).

F. leistete wichtige Beiträge zur Erforschung der Radioaktivität. Er formulierte 1913 das Verschiebungsgesetz für den radioaktiven Zerfall (gemeinsam mit A. Russell und F. Soddy).

Nach Abschluß des Gymnasiums in Warschau ging F. zum Studium nach Deutschland und England. Er studierte unter anderem in Leipzig bei W. Ostwald und in Heidelberg bei G. Bredig. Das Studienjahr 1910/11 verbrachte er im Labor von E. Rutherford in Manchester. 1911–1913 war er Assistent und danach Doz. an der TH in Karlsruhe. 1917 wurde F. auf den Lehrstuhl für physikalische Chemie in München berufen, und ab 1932 war er Dir. des dortigen Instituts für Physikalische Chemie. 1935 verließ F. Deutschland und übernahm den Lehrstuhl für Chemie in Ann Arbor an der Univ. Michigan (1936–1957). Er war Mitgl. der Poln. Ak. d. Wiss., der American Academy of Arts and Sciences und anderer wissenschaftlicher Gremien.

F. begann seine Forschungen zur Radioaktivität noch im

Labor von RUTHERFORD. Gemeinsam mit H. G. MOSELEY bestimmte er die Halbwertszeit von AcA (Polonium 215), einem Zerfallsprodukt des Actiniums, sowie die des ThA (Polonium 216), eines Thoriumzerfallsprodukts. In dieser Zeit hat F. die Gabelungsmöglichkeit der radioaktiven Zerfallsreihen entdeckt, indem er bewies, daß neben dem bekannten Alphazerfall des Nuklids RaC (Bismut 214) ein Teil seiner Atome Betazerfall zeigt. In der Folgezeit fand F. weitere Verzweigungspunkte in radioaktiven Zerfallsreihen. In Karlruhe entdeckte F. das Verschiebungsgesetz (1913), das etwa gleichzeitig auch von RUSSELL und SODDY in Glasgow formuliert wurde. Es ermöglichte die Einordnung aller bekannter radioaktiver Nuklide in das Periodensystem der Elemente. Nach F. konnte der von SODDY eingeführte Begriff der Isotopie auf alle Nuklide erweitert werden. F. hat einen bedeutenden Anteil an der Aufstellung der Regel von F. PANETH und O. HAHN, die über die Möglichkeit der Fällung bzw. Adsorption geringer radioaktiver Beimengungen einer Substanz Auskunft gibt und in der Tracertechnik Bedeutung gewann. Gemeinsam mit O. GÖHRING entdeckte F. 1913 das Element mit der Ordnungszahl 91, das sie als Brevium bezeichneten. HAHN und L. MEITNER fanden 1918 das langlebigste Isotop desselben Elements und nannten es Protactinium.

Ab 1919 widmete sich F. vorwiegend physikalisch-chemischen Untersuchungen zum Problemkreis der Kristall- und Molekülstruktur sowie der chemischen Bindung, z. B. refraktometrischen Messungen an Flüssigkeiten und Dämpfen, Forschungen über die Energie des Kristallgitters, über Wechselwirkungen zwischen Ionen, über Polarisation von Ionen und Molekülen. Auf dieser Grundlage ergänzte F. die Vorstellungen über verschiedene Typen chemischer Bindungen und trug zu deren weiterer Präzisierung bei.

Za, Fk

Literatur: Fajans, K.: Radioaktivität und die neueste Entwicklung der Lehre von den chemischen Elementen (Braunschweig 1919), Radioelements and Isotopes. Chemical forces and optical properties of substances (New York 1931).

Anon: Kasimir Fajans, in: Uspehi fizičeskih nauk 99 (1969), 342–345; Hurwic, J.: Kazimierz Fajans, in: Wiadomości Chemiczne (1959), 446.

Faraday, Michael, Physiker, geb. 22. 9. 1791 Newington-Butts bei London, gest. 25. 8. 1867 London.

F. war einer der bedeutendsten Erforscher der Elektrophysik. Mit seiner qualitativen Kraftlinientheorie schuf er die Grundlage für jene Theorie der Elektrodynamik und Wellenoptik, die J. C. MAXWELL durch den mathematischen Aufbau der elektromagnetischen Feldtheorie vollendete.

F., drittes von vier Kindern eines Grobschmiedes, erhielt eine Schulbildung, die sich auf die Anfangsgründe des Lesens, Schreibens und Rechnens beschränkte. Mit 13 Jahren wurde er Zeitungsausträger, ein Jahr später begann er eine Buchbinderlehre. Die Bücher, die er band – und auch las –, regten ihn zu ersten chemischen Experimenten an. 1810 wurde er in die City Philosophical Society eingeführt, besuchte deren Vorträge über verschiedenste Themen, hielt selbst Vorträge und eignete sich auf diese Weise eine Grundausbildung auf vielen Wissensgebieten an. 1812 hörte er Vorlesungen von H. DAVY, dem Präsidenten der Royal Institution, und arbeitete diese schriftlich aus. Seine Nachschriften machten auf DAVY einen günstigen Eindruck, so daß F. 1813 eine vakante Assistentenstelle an diesem Institut erhielt. Im gleichen Jahr begann er mit DAVY eine zweijährige Europareise, auf der er führende Wissenschaftler kennenlernte. 1821 wurde F. Oberinspektor der Royal Institution, 1824 Mitgl. der Royal Society, 1825 Dir. des Laboratoriums und 1827 Prof. der Chemie an der Royal Institution, an der er bis zu seinem Tod blieb. 1825 führte F. die populären Freitagabend-Vorlesungen ein, hielt selbst über 100 Lektionen und organisierte Weihnachtsvorlesungen für die Jugend. Nach einer Schaffenspause zwischen 1839 und 1844, hervorgerufen durch geistige Erschöpfung, brachte er nochmals Höchstleistungen hervor. Ab 1851 zog sich F. mehr und mehr zurück, lehnte 1857 die Präsidentschaft der Royal Society ab und legte 1861 sein Professorenamt nieder.

F.s erste Untersuchungen galten vorwiegend der Chemie. 1816 veröffentlichte er eine chemische Analyse des Ätzkalks, 1820 stellte er die ersten Chlorkohlenstoffverbindungen her. Daneben beschäftigte er sich mit der Herstellung verbesserter Stahllegierungen und lieferte damit die Grundlage für spätere Forschungen anderer. Weitere technisch motivierte Untersuchungen zur Vervollkommnung des optischen Glases waren wenig erfolgreich, wiesen aber neue Wege für die Glasherstellung. In diesem Zusammenhang entwickelte er ein Glas mit hoher Brechzahl, das Borsilicat und Blei enthielt und das er 1845 bei magnetooptischen Versuchen benutzte.

1821 gab F. sein Debüt als Physiker: Überzeugt von der kreisförmigen Wirkung des Magnetismus um einen Stromleiter, gelang es ihm, einen beweglichen Stromleiter um einen festen Magneten und umgekehrt rotieren zu lassen; er konstruierte damit die Urform des Elektromotors.

Für F.s folgende Forschungen war seine dynamistische Naturanschauung richtungsweisend. Diese wurde in widersprüchlicher Weise durch R. J. BOSCOVIĆs Auffassungen über die anziehenden und abstoßenden Kräfte von Punktmassen, ebenso von I. KANTS Naturansicht und vermutlich auch von der frühen Naturphilosophie F. W. J. SCHELLINGS beeinflußt. Entgegen der herrschenden atomistischen Erklärungsweise mit Fernkräften zwischen Imponderabilien kam er zu der Ansicht, daß »Naturkräfte« ineinander umwandelbar seien und letztlich eine Einheit bildeten. Diese Umwandlung konnte – wie er später präzisierte – zwischen Elektrizität und Magnetismus durch sich ausbreitende Spannungszustände (er nannte sie elektrotonisch) hervorgerufen werden.

Seit 1822 suchte F. Magnetismus in Elektritzität zu verwandeln. Angeregt durch D. F. J. ARAGOS Beobachtung des sog. Rotationsmagnetismus entdeckte er im August 1831 die elektromagnetische Induktion: Bei einem Versuch mit zwei getrennten Wicklungen auf einem geschlossenen Ring erhielt er beim Öffnen und Schließen des Primärkreises einen Stromstoß im Sekundärkreis. Im folgenden Vierteljahr führte er alle heute bekannten Grundversuche zur elektromagnetischen Induktion aus und konstruierte ein Gerät zur kontinuierlichen Stromerzeugung mittels elektromagnetischer Induktion, die Urform des elektrischen Generators. Zur Erklärung des Effekts entwickelte F., ausgehend von der Darstellung der »magnetischen Kurven« mittels Eisenfeilspänen, die Anfänge einer Theorie der Kraftlinien. Die Umwandlung von mechanischer in elektrische Kraft wurde durch das »Schneiden« der Kraftlinien durch den Draht anschaulich erklärt. Im folgenden Jahr entdeckte er, unabhängig von J. HENRY, die Selbstinduktion.

Bei weiteren Untersuchungen konstatierte F. die Identität von statischer und galvanischer Elektrizität durch Vergleich der Ladung und Entladung mittels eines ballistischen Galvanometers.

Diese Resultate führten ihn zur Untersuchung des Verhältnisses von elektrischen und chemischen »Kräften« bei der Elektrolyse. Er stellte 1834 die beiden grundlegenden elektrochemischen Gesetze auf, nach denen die chemische Wirkung den »Quantitäten der Elektrizität« (Elektrizitätsmenge) und die abgeschiedenen Mengen den Äquivalentmengen der Stoffe bei gleicher Stromstärke proportional sind. In den elektrochemischen Vorgängen sah F. keine Fernwirkung, sondern eine fortschreitende intermolekulare Erregung, so daß er alle auf erstere hindeutenden Begriffe wie Pol u. a. ausmerzen wollte. Er prägte mit Hilfe eines in der griech. Sprache versierten Freundes, des Philosophen W. Whewell, die bis heute benutzten Begriffe Katode, Anode, Ion u. a. Aus diesen Forschungen folgerte F., daß eine Erzeugung von »Kraft« (Energie) immer mit einem Umwandlungsprozeß verbunden sei, und bereitete so die Entdeckung des Energieerhaltungssatzes mit vor.

Ab 1835 wandte sich F., ausgehend von der Elektrolyse, der Erforschung der Dielektrika zu, die er als »erstarrte Elektrolyte« ansah. Er stellte die Kapazitätserhöhung von Kondensatoren durch Dielektrika fest und führte zur Bestimmung der Ladungsfähigkeit von Isolatoren die Dielektrizitätskonstante ein. Er erklärte den Effekt durch eine sich ausbreitende Polarisation, die Ladungstrennung im Medium. Aus dieser Vorstellung entwickelte er seine Theorie der elektrischen Kraftlinien. Er ergänzte diese Untersuchungen mit Experimenten über Funken- und Gasentladungen und kam zu der Ansicht, daß elektrische Leitung, Polarisation und verschiedene Entladungen nur dem Grade nach unterschiedlich, im Wesen aber gleich seien. Den elektrischen »Strom« deutete er als Übertragungsvorgang von Energie und wies atomare Vorstellungen zurück.

Auf der Suche nach weiteren Beziehungen zwischen Naturkräften entdeckte F. 1845, daß die Schwingungsebene des linear polarisierten Lichts im Glas durch ein starkes magnetisches Längsfeld gedreht wird (Faraday-Effekt). Daraufhin untersuchte er verschiedenartigste Stoffproben mit Elektromagneten in starken magnetischen Feldern. Er entdeckte dabei den Diamagnetismus und unterschied nach ihren magnetischen Eigenschaften zwischen dia- und paramagnetischen Stoffen. Seine anfängliche Erklärung über eine entgegengesetzte Polarität bei Diamagnetika ersetzte er schließlich durch die Auffassung einer unterschiedlichen »Leitfähigkeit« (Permeabilität) der Körper für magnetische Kraftlinien. Auf diese Weise vertiefte er seine Theorie der magnetischen Kraftlinien, kennzeichnete sie als geschlossene Kurven, die den Fluß der »Kraft« charakterisieren, und betrachtete sie als physikalische Realität. 1846 trug er seine noch unvollendeten »Gedanken über Strahlungsschwingungen« vor. Seiner Meinung nach waren Lichtwellen vielleicht nichts anderes als Schwingungen von Kraftlinien, so daß der Äther als Träger der Lichtwellen entbehrlich würde. Letzte Überlegungen und Versuche F.s waren darauf gerichtet, Spektrallinien durch Magnetfelder zu beeinflussen und Beziehungen zwischen Elektrizität und Gravitation aufzufinden. F.s immer mehr präzisierte qualitative Theorie der elektrischen und magnetischen Kraftlinien wurde, außer von W. Thomson (Lord Kelvin), kaum beachtet, sogar als Spekulation zurückgewiesen, bis Maxwell 1855 begann, sie mathematisch auszuarbeiten.

F.s Arbeitsweise war außerordentlich eigenständig; er forschte meist allein, begründete keine wissenschaftliche Schule, und seine Erklärungsweise war unbehindert von den »theoretischen Fesseln« (H. v. Helmholtz) der zeitgenössischen Wissenschaft. Obwohl sich in seinem Werk keine schwierigere mathematische Berechnung findet, hat er doch durch seine leitenden Ideen den Weg zur Feldphysik gebahnt. Schi

Literatur: Faraday, M.: Experimental Researches in Electricity, XXIII Reihen (London 1832-1850), dtsch Experimentaluntersuchungen über Elektrizität (Berlin 1889-1891), Reprint in: Ostwalds Klassiker ... (Hrsg. D. Goetz, Reihe I-XIII Leipzig 1985, Reihe XIV-XXIII 1988); Faraday's Diary, Being the Various Philosophical Notes of Experimental Investigation, 7 Bde. (London 1932-1936).

A. J. Faworski

G. Th. Fechner

Pearce Williams, L.: Michael Faraday. A. biography (London 1964); Schütz, W.: Michael Faraday (4. Aufl. Leipzig 1982); Thompson, S. P.: M. Faradays Leben und Wirken (Reprint Wiesbaden 1964); Tyndall, J.: Faraday und seine Entdeckungen (Ulm 1948).

Faworski (Favorskij), Aleksej Jewgrafowitsch, Chemiker, geb. 20. 2. (4. 3.) 1860 Pawlowo bei Nishni Nowgorod (Gorki), gest. 8. 8. 1945 Leningrad.

F. führte bedeutende Untersuchungen über ungesättigte organische Verbindungen durch und entwickelte zahlreiche Syntheseverfahren für organische Grundstoffe.

Er studierte 1878–1882 an der Univ. St. Petersburg (Leningrad) und arbeitete danach als Chemiker in verschiedenen Laboratorien der Univ. 1896, ein Jahr nach seiner Promotion, wurde F. zum Prof. für analytische und technische Chemie an der Univ. St. Petersburg berufen. 1899 erhielt er den Lehrstuhl für organische Chemie, den er bis 1930 innehatte. Darüber hinaus war F. 1897–1908 am Technologischen Institut und 1900–1919 an der Höheren Frauenschule St. Petersburg als Prof. für organische Chemie tätig. 1919 rief F. die organische Abteilung des Staatlichen Instituts für Angewandte Chemie in Petrograd (Leningrad) ins Leben, deren Leitung er bis 1945 übernahm. 1924–1934 hatte F. den Lehrstuhl für organische Chemie am Chemisch-technologischen Institut Leningrad inne, und 1931–1941 leitete er die organische Abteilung des wissenschaftlichen Forschungsinstituts für Chemie an der Univ. Leningrad. 1929 gründete er das Laboratorium für organische Synthese der Ak. d. Wiss. der UdSSR, aus dem 1934 das Institut für organische Chemie hervorging. 1934–1938 war F. als Dir. dieses Instituts, 1939–1945 als wissenschaftlicher Leiter der Abteilung für ungesättigte Verbindungen tätig.

1881 begann F. unter der Leitung A. M. Butlerows mit Untersuchungen über ungesättigte organische Verbindungen. Diese Arbeiten führten ihn 1884 zur Entdeckung der Isomerisierung von Acetylenverbindungen und im weiteren Verlauf zu bedeutenden Erkenntnissen über den Mechanismus von Isomerisierungsreaktionen. F. untersuchte den Einfluß der Temperatur und verschiedener chemischer Reagenzien auf den Verlauf der Isomerisierung und stellte fest, daß bei der Isomerisierung Allenverbindungen und, bei Verwendung alkoholischer Lösungen, Vinylether als Zwischenverbindungen auftreten. 1891 konnte er einen experimentellen Beweis dafür erbringen, indem er zeigte, daß aus Methylacetylen und einwertigen Alkoholen in Gegenwart von Ätzkali (Kaliumhydroxid) Vinylether entstehen. Versuche, bei der Isomerisierung von Acetylenverbindungen Allene nachzuweisen, führten F. zur Entdeckung neuer Methoden der Diensynthese.

F. untersuchte die Herstellung ungesättigter Alkohole durch Kondensation von Acetylenverbindungen und Ketonen. Auf der Grundlage dieser Forschungen erarbeitete er eine einfache Methode zur Isoprensynthese aus Acetylen und Aceton. Darüber hinaus entwickelte F. neue Methoden zur Darstellung von Dioxan, Dichlorketonen, Carbonsäuren, Derivaten der Acrylsäure u. a. Auch gelang es F., die Stabilität von Metallketylen der aliphatischen Reihe nachzuweisen. Außerdem führte er systematische Untersuchungen über die Dehydrierung cyclischer Kohlenwasserstoffe durch und gelangte dabei zur Synthese einer Vielzahl thermodynamisch instabiler Verbindungen und zu grundlegenden Erkenntnissen über den Einfluß von Katalysatoren auf Isomerisierungs-, Polymerisations- und Crackprozesse.

Nach der Oktoberrevolution 1917, die einen großen Aufschwung der chemischen Industrie der UdSSR mit sich brachte, gewannen die Synthesemethoden F.s in zunehmendem Maße technische Bedeutung, insbesondere für die Herstellung von Lösungsmitteln, synthetischem Kautschuk und Plasteerzeugnissen. Aus der von F. gegründeten Schule der organischen Chemie gingen so hervorragende Wissenschaftler wie B. W. Bysow und S. W. Lebedew hervor. 1900–1945 war F. als Herausgeber der Ztschr. Žurnal russkogo fizikohimičeskogo obščestva (seit 1931 Žurnal obščej himii) tätig. Ls

Literatur: Favorskij, A. E.: Kurs organičeskoj himii (Leningrad 1930, 3. Aufl. 1938), Sbornik izbrannyh trudov akademika A. E. Favorskogo (Leningrad 1934), Sbornik izbrannyh trudov akademika A. E. Favorskogo (Moskau/Leningrad 1940, 2. Aufl. 1960).

Domnin, N. A.: A. E. Favorskij (1860–1945), in: Žurnal obščej himii 30 (1960), 705–716; Sostakovskij, M. F., u. O. V. Isakova: Aleksej Evgrafovič Favorskij (Moskau/Leningrad 1947); Temnikova, T. I.: Osnovnye napravleniâ naučnogo tvorčestva A. E. Favorskogo i ih značenie, in: Žurnal organičeskoj himii 16 (1980), 465–471.

Fechner, Gustav Theodor, Physiker und Psychologe, geb. 19. 4. 1801 Großsärchen (Lausitz), gest. 18. 11. 1887 Leipzig.

F. ist der Begründer der Psychophysik und ein Wegbereiter der experimentellen Psychologie. Als Physiker hat er wesentlichen Anteil am Aufschwung der Elektrophysik.

F., Sohn eines Pfarrers, studierte nach dem Besuch der Kreuzschule in Dresden ab 1817 in Leipzig Medizin, hörte aber auch mathematische Vorlesungen. Nach dem medizinischen Examen und der Habilitation (1823) folgte er seiner Neigung zu physikalischen experimentellen Arbeiten und übernahm ab 1824 als Doz. physikalische Vorlesungen. 1834 wurde er zum o. Prof. der Physik berufen, richtete 1835 das Physikalische Institut im neuerbauten »Augusteum« in Leipzig ein, mußte jedoch wegen eines Augenleidens und einer fortschreitenden Erkrankung sein Amt niederlegen. Nach seiner Genesung wurde er 1846 Prof. der Naturphilosophie und widmete sich seit 1850 dem Aufbau der neuen Forschungsrichtung Psychophysik im Grenzbereich zwischen Physik und Psychologie.

F. begann seine wissenschaftliche Arbeit, indem er 1820–1830 franz. Standardwerke der Physik und Chemie übersetzte und bearbeitete. An die rationale Forschungsmethode franz. Gelehrter anknüpfend, unterzog er 1829 das 1827 entdeckte Ohmsche Gesetz einer ersten umfangreichen Analyse, erweiterte dessen Geltungsbereich und förderte die Anerkennung dieses Strukturgesetzes wesentlich. Seine Untersuchungen über Gesetzmäßigkeiten des Galvanometers, über die Theorie des »Galvanismus« und sein theoretischer Ansatz über den Zusammenhang zwischen elektromagnetischer Bewegung und elektromagnetischer Induktion trugen zur Aufstellung erster zusammenfassender elektrophysikalischer Theorien, insbesondere durch W. Weber, bei. In seinen Schriften verfocht F. die Atomistik und wandte sie in der Elektrophysik an.

Ausgehend von dem um 1845 formulierten Energieerhaltungssatz suchte er ab 1850 durch physikalisch angelegte Versuchsreihen das Verhältnis von Reiz und Empfindung zu messen und mathematisch zu formulieren. Ergebnis war das Weber-Fechnersche Gesetz, nach dem bei Beachtung der Reizschwelle der natürliche Logarithmus der Reizstärke proportional der Empfindungsstärke ist. Mit seinem 1860 veröffentlichtem Werk »Elemente der Psychophysik« begründete F. die bis heute lebendige Forschungsrichtung Psychophysik und gab wichtige Impulse zur Herausbildung der experimentellen Psychologie durch W. Wundt u. a.

F.s theistisch-idealistische Philosophie machte in ihrem Kern einen universellen Weltgeist für die gesetzmäßige Ordnung in der Natur verantwortlich. Seine »Kollektivmaßlehre« (postum veröffentlicht) ist ein Meilenstein in der Entwicklung der mathematischen Statistik.

Außerdem schrieb F. Feuilletons, Satiren und Essays (unter anderem unter dem Pseudonym Dr. Mises) und verfaßte Beiträge zur »experimentellen Ästethik« in der bildenden Kunst. Während der bürgerlich-demokratischen Revolution von 1848 vertrat er einen auf die Reformierung der monarchistischen Staatsform zielenden gemäßigten Standpunkt.

In Würdigung seiner Verdienste um kommunale Probleme wurde der Achtzigjährige Ehrenbürger der Stadt Leipzig. Schi

Literatur: Fechner, G. T.: Elemente der Psychophysik, 1. u. 2. Tl (Leipzig 1860 und 1889), Über die physikalische und philosophische Atomenlehre (Leipzig 1864), Lehrb. des Galvanismus und der Elektrochemie (3. Bd. von Biots Lehrb. der Experimentalphysik) (Leipzig 1829), teilweise in: Ostwalds Klassiker ... 244 (Leipzig 1938), Kollektivmaßlehre (Leipzig 1897).

Kuntze, J. E.: Gustav Theodor Fechner (Dr. Mises). Ein deutsches Gelehrtenleben (Leipzig 1892); Lasswitz, K.: G. T. Fechner (Stuttgart 1896); Schreier, W.: Über historische Wurzeln der Psychophysik, in: Zur Geschichte der Psychologie (Berlin 1979), 60–71.

Fermat, Pierre de, Jurist und Mathematiker, geb. 20. 8. 1601 Beaumont-de-Lomagne bei Toulouse, gest. 12. 1. 1665 Castres bei Toulouse.

F. erbrachte grundlegende Entdeckungen zur analytischen Geometrie, Infinitesimalrechnung, Wahrscheinlichkeitsrechnung und Zahlentheorie.

Als Sohn eines Lederhändlers in Toulouse studierte F. Rechtswissenschaften, wurde nach Abschluß des Studiums Anwalt und später Parlamentsrat. Er bekleidete verschiedene Ämter am obersten Gerichtshof in Toulouse, die ihm die Erhebung in den Adelsstand einbrachten. Nur in Mußestunden beschäftigte er sich mit Mathematik und Sprachen; so stieß er beim Lesen antiker Werke auf infinitesimale und zahlentheoretische Methoden. Er schloß sich einer Gruppe von Experimentalwissenschaftlern und Naturphilosophen (Virtuosi) an, die auf seine weitere Tätigkeit großen Einfluß ausübte. Durch das Studium der antiken Geometer, insbesondere durch den Versuch, die verlorengegangene Arbeit des Apollonios über ebene Örter zu rekonstruieren, wurde F. auf die Behandlung geometrischer Örter geführt. Im Ergebnis entstand die Schrift »Ad locos planos et solidos isagoge« (Einführung in die ebenen und körperlichen Örter), in der er die Grundgedanken der analytischen Geometrie entwickelte. Wie R. Descartes verwendete F. noch kein Koordinatensystem, sondern eine einzelne Achse mit einer beweglichen Ordinate, die zur Achse immer den gleichen Winkel α einschließt. Die Kurven faßt er nicht als in ein Achsenkreuz gezeichnet auf, sondern als von der beweglichen Ordinate erzeugt. Diese Vorstellung führte ihn zu der grundlegenden Erkenntnis, daß eine ebene Kurve durch eine Gleichung in zwei Variablen definiert werden kann. F. untersuchte die Gleichung

$Ax^2 + By^2 + Cxy + Dx + Ey + F = 0$ und zeigte, daß diese Gleichung je nach Beschaffenheit der Koeffizienten eine Gerade, ein Geradenpaar, einen Kreis, eine Parabel, eine Ellipse oder eine Hyperbel darstellen kann. Er verwendete diese Ideen auch zur graphischen Lösung algebraischer Gleichungen. Aus den Werken von Pappos schöpfte F. die Anregung zur Beschäftigung mit Extremwerten. Seine für alle Polynome funktionierende Methode der Extremwertberechnung und der Tangentenbestimmung stellt eine wichtige Vorarbeit für die Ausarbeitung des allgemeinen Differentialkalküls durch I. Newton und G. W. Leibniz dar. Durch eine Arithmetisierung der Indivisiblenmethode des B. Cavalieri gelang F. eine Reihe bemerkenswerter Quadraturen; z. B. berechnete er die Fläche unter der Hyperbel $x^2y = 1$ von x_0 bis ∞. Diese Arbeiten wurden jedoch erst 1679 bekannt und konnten so auf die Herausbildung der Integralrechnung kaum noch Einfluß ausüben.

F.s bedeutendste Leistungen liegen ohne Zweifel auf dem Gebiet der Zahlentheorie. Ausgehend von Euklid beschäftigte er sich mit vollkommenen und befreundeten Zahlen. Das führte ihn auf die Probleme der Teilbarkeit und auf die Untersuchung von Primzahlen. Er fand den kleinen Fermatschen Satz: $a^{p-1} \equiv 1 \pmod p$, falls $(a, p) = 1$, den später L. Euler bewiesen hat. F. vermutete, daß die Zahlen der Form $2^{2^n} + 1$ für alle n Primzahlen sind. Diese Vermutung hat Euler widerlegt, indem er zeigte, daß $2^{2^5} + 1$ durch 641 teilbar ist. Von besonderer Bedeutung für die spätere Entwicklung der Zahlentheorie waren F.s Untersuchungen der Diophantischen Gleichung $x^2 - q = my^2$. Indem er erkannte, daß die Teiler von Zahlen der Form $a^2 + mb^2$ (m keine Quadratzahl) wieder von dieser Form sein müssen, konnte er zeigen, daß die Primzahlen der Form $4k + 1$ als Summe von zwei Quadraten geschrieben werden können, die der Form $4k + 3$ jedoch nicht. F. bediente sich beim Beweis dieser Sätze der von ihm eingeführten Methode des unbegrenzten Abstiegs. Besonders bekannt wurde F. durch seinen »großen Fermatschen Satz«: Für $n \geqq 3$ ist $x^n + y^n = z^n$ nicht in positiven ganzen Zahlen lösbar. Er schrieb dazu an den Rand seines Exemplars von Diophants Arithmetik, daß er einen wunderbaren Beweis entdeckt habe, doch der Rand sei zu schmal, um ihn zu fassen (1670). Der Satz ist bis heute weder bewiesen noch widerlegt. Die wichtigsten Teilresultate erzielten im 19. Jh. E. E. Kummer (das Fermat-Theorem gilt, wenn n eine reguläre Primzahl ist) und in jüngster Zeit G. Faltings (wenn es für ein $n \geqq 3$ Lösungen gibt, können es nur endlich viele sein). Man vermutet heute, daß F. selbst sich bei seiner Beweisführung geirrt hat. F.s Beiträge zur Wahrscheinlichkeitstheorie finden sich in Briefen an B. Pascal. Die Beiträge von F. zur Optik beruhen auf dem von ihm formulierten Prinzip des kürzesten Lichtweges, dem wohl ersten Variationsprinzip der Physik. Mit Hilfe dieses Prinzips leitete F. das Brechungsgesetz her. F. hatte heftige wissenschaftliche Kontroversen mit Descartes und anderen Gelehrten; das mag ihn dazu bewogen haben, seine Ergebnisse nicht zu publizieren, sondern nur in Briefen bekannt zu machen. F.s wichtigste Arbeiten hat sein Sohn Clement-Samuel F. aus dem Nachlaß herausgegeben.

In seinem Amt galt F. als ruhig, ausgeglichen und unbestechlich. Er lebte zurückgezogen und ist kaum über Toulouse hinausgekommen. Seine wissenschaftlichen Bestrebungen fanden nicht immer die verdiente Anerkennung und wurden erst im 19. Jh. völlig verstanden. Heute gilt F. als ein Wegbereiter der modernen Mathematik. Bi

Literatur: Œuvres de Fermat, 4 Bde. (Hrsg. P. Tannery u. Ch. Henry, Paris 1894–1912), Supplément (Hrsg. C. de Waard, Paris 1922), Ergänzungen (von J. E. Hofmann, in: Abh. Preuß. Akad. d. Wiss., Math.-nat. Kl. 1943, Nr. 9, und 1944, Nr. 7); Einführung in die ebenen und körperlichen Örter (Hrsg. H. Wieleitner, in: Ostwalds Klassiker, Nr. 208, Leipzig 1923); Abhandlungen über Maxima und Minima (Hrsg. M. Miller, in: Ostwalds Klassiker, Nr. 238, Leipzig 1934).

Hofmann, J. E.: Pierre Fermat – ein Pionier der neuen Mathematik, in: Praxis d. Math. 7 (Köln 1965); Itard, J.: Pierre Fermat, in: Beih. zu den Elementen der Math. Nr. 10 (Basel 1950).

P. de Fermat

E. Fermi

Fermi, Enrico, Physiker, geb. 29. 9. 1901 Rom, gest. 28. 11. 1954 Chicago.

F. war einer jener großen Physiker des 20. Jh., dessen Werk ganzen Bereichen der modernen Physik, wie der Quantentheorie, der statistischen Mechanik, der Kern- und Hochenergiephysik, der Festkörperphysik, der Physik kosmischer Strahlen und Magnetfelder u. a., neue Wege eröffnete. Er war maßgeblich an der Schaffung der Voraussetzungen für den Bau der ersten Atombombe beteiligt. Am 2. 12. 1942 setzte F. in Stagg Field den ersten Kernreaktor in Betrieb.

F., Sohn eines Eisenbahnangestellten und einer Lehrerin, studierte Physik an der Scuola Normale in Pisa, an der die begabtesten Studenten Italiens ausgebildet wurden. Ein solides mathematisches und physikalisches Wissen erwarb er sich jedoch vor allem als Autodidakt. Nach seiner 1922 erfolgten Promotion ging er nach Göttingen zu M. Born und 1924 nach Leiden zu P. Ehrenfest. Nach kurzzeitigem Lehrauftrag in Florenz wurde F. 1927 auf den neugeschaffenen Lehrstuhl für theoretische Physik in Rom berufen. Hier begründete er das Zentrum der modernen Physik in Italien. Die Rassengesetze zwangen F., dessen Frau jüdischer Abstammung war, das faschistische Italien zu verlassen und 1938 in die USA zu emigrieren, wo er 1939 eine Professur an der Columbia Univ. erhielt. 1942–1944 arbeitete er am Metallurgical Laboratory der Univ. von Chicago und war am Manhattan-Projekt zur Produktion der ersten Atombombe beteiligt. Vor dem Abwurf der beiden ersten Atombomben auf Hiroshima und Nagasaki 1945 arbeitete F. einige Zeit am Los Alamos Laboratory in New Mexiko. Danach wirkte er bis zu seinem Tode wieder in Chicago, wo er 1946 die Leitung des neugegründeten Kernforschungsinstitutes übernahm.

Die ersten bedeutenden theoretischen Arbeiten F.s betrafen die Quantentheorie. Im Dezember 1925 formulierte F. die Quantenstatistik für Teilchen mit halbzahligem Spin (Fermionen), die P. A. M. Dirac 1926 generalisierte und die deshalb Fermi-Dirac-Statistik genannt wird. In Abweichung von der klassischen Boltzmann-Statistik berücksichtigt die Fermi-Dirac-Statistik das 1925 von W. Pauli entdeckte Ausschließungsprinzip, nach dem 2 Fermionen mit identischen Quantenzahlen nicht den gleichen Quantenzustand besetzen können. Die von F. geschaffene Statistik stellt das Pendant zur 1924 endgültig formulierten Bose-Einstein-Statistik für Teilchen mit ganzzahligem Spin (Bosonen) dar. Physiker wie W. Heisenberg, F. Bloch u. a. behandelten mit der FERMI-Statistik die Elektronentheorie der Metalle und arbeiteten den Begriff FERMI-Fläche heraus, der eine unerläßliche Voraussetzung zum quantitativen Verständnis vieler elektronischer Eigenschaften der Metalle ist. 1928 veröffentlichte F. mit L. H. THOMAS das nach ihnen benannte statistische Atommodell, das insbesondere zur näherungsweisen Beschreibung von Atomen mit hohen Ordnungszahlen gut geeignet ist. Dabei bilden die Kernbausteine ein hochgradig entartetes System von Fermionen (FERMIgas). Außerdem beschäftigte sich F. in dieser Zeit mit der Atomspektroskopie.

Seit Ende der 20er Jahre trat die Kernforschung mehr und mehr in den Mittelpunkt physikalischer Forschung. 1932 begann auch F. mit Untersuchungen über die radioaktive Strahlung; sein bedeutendstes Resultat war die 1933 formulierte Theorie des β-Zerfalls. Sie basierte auf der Annahme einer schwachen Wechselwirkung, die von der Kernkraft-, Coulomb- und Gravitationswechselwirkung verschieden ist. 1934 führte F. in Rom mit E. AMALDI, B. M. PONTECORVO, E. SEGRE u. a. Experimente durch, in denen die unterschiedlichsten Elemente, unter anderem Thorium und Uranium, mit Neutronen beschossen wurden, wobei auch künstliche radioaktive Isotope entstanden. F. stellte eine Theorie dieser Erscheinung auf, in der er die Bedeutung langsamer Neutronen als besonders wirksame Geschosse darstellte. Er glaubte zunächst, daß er in seinen Versuchen Transurane erzeugt hätte, was jedoch von anderen Physikern bezweifelt wurde. Als O. HAHN, L. MEITNER und F. STRASSMANN die Versuche von F. wiederholten, erbrachten sie aber 1938 den Nachweis einer Kernspaltung. Die Transurane wurden erst 1940 entdeckt. 1939 zeigte F. experimentell, daß Kettenreaktionen ablaufen können und wies auf die Möglichkeit des Baus von Atombomben hin. Im gleichen Jahr schlugen er und L. SZILARD Graphit als Bremssubstanz für die bei der Uraniumspaltung entstehenden Neutronen vor, was zur Aufstellung der Age-Theorie führte. Man hatte inzwischen erkannt, daß allein das relativ seltene Uraniumisotop mit der Massenzahl 235 spaltbar und also eine Isotopentrennung erforderlich ist. Diese gestaltete sich aber recht schwierig und aufwendig. Deshalb sprachen SEGRE und F. 1940 den Gedanken aus, durch Neutronenbeschuß von nichtspaltbarem Uranium 238 radioaktives Plutonium zu erzeugen. Am 2. 12. 1942 setzte F. den ersten Reaktor in Gang. Im Januar 1943 wurde beschlossen, in Oak Ridge eine gewaltige Reaktoranlage zur Gewinnung des zum Atombombenbau nötigen Plutoniums zu errichten. Als Anfang 1945 die praktische Erprobung und der militärische Einsatz der Bombe möglich wurden, bemühte sich eine Gruppe von Physikern in den USA, den militärischen Gebrauch der Atombombe zu verhindern und den ersten Test vor internationalem Publikum in einer unbewohnten Gegend durchzuführen. J. FRANCK, ein aus Deutschland emigrierter Nobelpreisträger der Physik, initiierte ein entsprechendes Schreiben (FRANCK-Report) an das Kriegsministerium der USA. F. und andere am Manhattan-Projekt beteiligte Physiker dagegen verfaßten ein Gegengutachten. Für F. handelte es sich beim Bau der Atombombe um die Bewältigung einer komplizierten physikalischen, chemischen und technischen Aufgabe. An der Herstellung der Wasserstoffbombe war er jedoch nicht unmittelbar beteiligt.

In seinen letzten Jahren stand die Hochenergiephysik im Mittelpunkt von F.s Arbeiten. Er beschäftigte sich mit der Mesonentheorie, mit der Theorie kosmischer Strahlen und Magnetfelder, mit der Kernresonanz u. a. m. Dabei wurde von F. und seinen Mitarbeitern 1952 bei der Streuung von Pionen an Nukleonen das erste Resonanzteilchen (Resonanzen) entdeckt.

Nach F. wurde eine in der Kernphysik heute nicht mehr übliche Längeneinheit benannt (1 f [fermi] $= 10^{-15}$ m = 1 fm [femtometer]). Das Element mit der Ordnungszahl 100 trägt den Namen Fermium.

F. war Mitgl. zahlreicher Akademien, von denen er höchste Auszeichnungen verliehen bekam, z. B. von der Royal Society die Hughes Medal. Eine Reihe von Univ., wie die Univ. Heidelberg 1936 und die Harvard-Univ. in Cambridge (Massachusetts) 1948, zeichneten F. mit der Ehrendoktorwürde aus. 1938 erhielt F. den Nobelpreis für Physik. 1954 stiftete die U. S. Atomic Energy Commission den Enrico-Fermi-Prize. Ji

Literatur: Fermi, E.: Collected Papers, 2 Bde. (Hrsg. E. Segre u. a., Chicago 1962–1965), Elementary Particles (New Haven 1951), Versuch einer Theorie der β-Strahlen, in: Z. Phys. 88 (1934), 161–177, Artificial Radioactivity produced by Neutron Bombardement, in: Proc. Roy. Soc. (London), 146A (1934), 483–500.

Fermi, Laura: Atoms in the Family (Chicago 1954); Groves, L. R.: Jetzt darf ich sprechen. Die Geschichte der ersten Atombombe (Köln 1965); Segre, E.: Enrico Fermi, Physicist (Chicago 1954).

Ferrari, Ludovico, Mathematiker, geb. 2. 2. 1522 Bologna, gest. Oktober 1569 Bologna.

F. war der Entdecker der algebraischen Auflösung von Gleichungen 4. Grades.

Über F.s Herkunft ist wenig bekannt; die Familie F. stammte aus Mailand. 1536 wurde Ludovico als Diener in das Haus von G. CARDANO aufgenommen, dem die außerordentliche Intelligenz F.s auffiel. CARDANO unterrichtete ihn in alten Sprachen und Mathematik und zog ihn als Gehilfen für seine eigenen Arbeiten heran. 1540 wurde F. als öffentlicher Lehrer der Mathematik in Mailand angestellt. 1542–1550 stand er in Diensten des Kardinals von Mantua und leitete die Vermessungsarbeiten im Herzogtum Mailand. Seit 1550 lebte F. als Privatmann in seiner Heimatstadt Bologna und wurde dort 1564 Prof. der Mathematik.

F., von dem mathematische Manuskripte nicht mehr vorhanden sind, war der Entdecker des Lösungsverfahrens für algebraische Gleichungen 4. Grades. Das Verfahren F.s ist in CARDANOS »Ars magna« (1545) erstmals veröffentlicht worden. F. war es durch ein im Prinzip allgemeines Verfahren gelungen, Gleichungen 4. Grades auf kubische zurückzuführen. Auf F. gehen auch geometrische Darstellungen

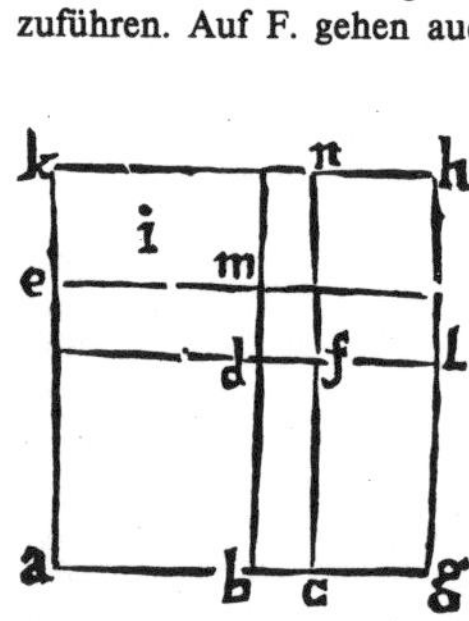

Darstellung der Lösung der algebraischen Gleichung vierten Grades durch L. Ferrari

der Lösungsformeln für zwei Typen kubischer Gleichungen zurück. F., von dem kein Porträt bekannt ist, verbarg nach CARDANOS Beschreibung hinter einem glänzenden Aussehen einen sehr unliebenswürdigen Charakter und neigte zu zügellosem Leben. Il

Literatur: Cardano, G.: Artis magnae, sive de regulis algebraicis, in: Hieronymi Cardanii ... operum tomus quartus ... (Lugduni MDCLIII, S. 294–296), Cardano, G.: Vita Ludovici Ferrarii Bononiensis, in: Hieronymi Cardanii ... operum tomus nonus ... (Lugduni MDCLIII, S. 568-569); Gartz: Ferrari, Ludovico, in: Allgemeine Enzyklopädie der Wissenschaften und Künste ..., Erste Section, Dreiundvierzigster Theil (Hrsg. Ersch, I. S. u. Gruber, I. G., Leipzig 1846), S. 228-229.

Fersman, Aleksandr Jewgenjewitsch, Mineraloge und Geochemiker, geb. 8. 11. (27. 10.) 1883 St. Petersburg (Leningrad), gest. 20. 5. 1945 Sotschi.

F. entwickelte die geochemischen Methoden der Lagerstättensuche und wurde zu einem führenden Theoretiker der Geochemie. F. vertrat als langjähriger Vizepräsident die Ak. d. Wiss. der UdSSR sowohl in Führungsgremien des Inlandes als auch auf internationalen Gremien und Kongressen des Auslandes.

F. entstammte einer Offiziersfamilie. 1901-1903 studierte er an der Univ. Odessa Naturwissenschaften, ab 1903 an der Moskauer Univ. bei W. I. WERNADSKI Mineralogie. Nach Abschluß seines Studiums (1907) fuhr er nach Deutschland, vertiefte seine Mineralkenntnisse und methodischen Fertigkeiten in Heidelberg im Privatinstitut des Kristallographen V. GOLDSCHMIDT, bei dem Petrographen H. ROSENBUSCH und auf ausgedehnten Exkursionen. F. und GOLDSCHMIDT veröffentlichten 1911 gemeinsam die umfangreiche Monographie »Der Diamant«. Nach seiner Rückkehr wurde. F. 1909 Assistent an der Mineraliensammlung der Moskauer Univ. und erhielt 1910 eine Professur an einer privaten Univ. in Moskau. Hier hielt er 1912 erstmalig Vorlesungen zur Geochemie, die sich aus der Mineralogie entwickelt hatte, und kam von statisch-mineralogischen immer mehr zu dynamisch-geochemischen Auffassungen. Ab 1912 lebte F. in St. Petersburg, wo er als Oberkustos am Geologischen Museum der Ak. d. Wiss. tätig war. In der Folgezeit nahm er an vielen Expeditionen der Akademie teil und baute die Sammlungen zu dem heute in Moskau befindlichen, weltberühmten Museum zur Mineralogie und Geochemie aus.

Nach Ausbruch des ersten Weltkrieges wurde 1915 bei der Ak. d. Wiss. die »Kommission zur Erforschung der natürlichen Produktivkräfte Rußlands« (KEPS) unter Leitung WERNADSKIS gegründet, und F. wurde zum Wissenschaftlichen Sekretär berufen. Nach der Oktoberrevolution wurde die Arbeit der KEPS weitergeführt. F. entwickelte sich zu einem der fähigsten Leiter der geochemischen und lagerstättenkundlichen Forschung der UdSSR und trug wesentlich zur Stärkung des Rohstoffpotentials der Sowjetunion bei. 1919 wurde er zum ordentlichen Mitgl. der Ak. d. Wiss. gewählt und übernahm die Leitung des Mineralogischen Museums der Akademie. 1927-1929 war er Vizepräsident der Akademie. Er arbeitete in vielen staatlichen und wissenschaftlichen Kommissionen und Komitees mit, leitete zahlreiche mineralogisch-geochemische Expeditionen in den Ural, nach Mittelasien und auf die Kolahalbinsel. Gleichzeitig stand er anderen Forschungsinstituten vor.

Wiederholt weilte F. zu Kongressen und zum Erfahrungsaustausch im Ausland, wo er mit Vorträgen auf die Entwicklung der Sowjetwissenschaft aufmerksam machte und unter anderem mit dem Geochemiker V. M. GOLDSCHMIDT bekannt wurde. Auf der »Russischen Naturforscherwoche« 1927 in Berlin hielt F. mehrere interessante Vorträge, die die sowj. Geochemie international bekannt machten.

1928 wurde er zum Ehrenmitgl. der »Gesellschaft für Erdkunde zu Berlin« gewählt. Als Generalsekretär des XVII. Internationalen Geologenkongresses in Moskau 1937 war er wesentlich an dessen Gelingen und großer internationaler Resonanz beteiligt.

Nach dem Überfall auf die Sowjetunion 1941 widmete er sich der Sicherung des Rohstoffbedarfs der UdSSR und den

A. J. Fersman

R. A. Fessenden

Fragen der militärischen Geologie. Er leitete zeitweilig die Kommission der Ak. d. Wiss. der UdSSR zur geologisch-geographischen Unterstützung der Sowjetarmee.

F. widmete sich der geochemischen Forschungsarbeit, zu der eine ausgezeichnete und normierte Analytik die Grundlage bot, immer unter dem Aspekt der praktischen Lagerstättensuche und -erkundung. Sowohl innerhalb der Ak. d. Wiss. als auch im Hochschulwesen war er um Einführung aktueller Methoden und die Anwendung der internationalen geochemischen Forschungsergebnisse bemüht. Auf Initiative F.s wurde 1930 das Institut für Geochemie, Mineralogie und Kristallographie der Ak. d. Wiss. als komplexes Forschungsinstitut für Mineralrohstoffe und speziell für seltene Elemente gegründet, dessen Dir. er bis zu seinem unerwarteten Tode blieb.

Auch als Hochschullehrer war F. eine Persönlichkeit, die durch ihr enormes Wissen, durch ihr persönliches Vorbild ihre Schüler begeisterte und zu hohen Leistungen anspornte. F. war publizistisch äußerst aktiv (mehr als 1000 wissenschaftliche Veröffentlichungen und über 250 Artikel in Zeitungen und Zeitschriften). Er führte den Begriff Clarke (Clarke-Wert) als durchschnittlichen Elementgehalt in geologischen Objekten ein. Neben seiner intensiven Forschungsarbeit setzte sich F. erfolgreich für den Naturschutz ein.

Für seine Verdienste bei der Bereitstellung von Rohstoffen für die chemische Industrie der UdSSR wurde F. 1928 mit dem Leninpreis ausgezeichnet, und 1941 erhielt er für die Ergebnisse der Erforschung der Kolahalbinsel den Stalinpreis 1. Klasse. Seine Leistungen wurden im Ausland durch die Verleihung der Ehrenmitgliedschaft in mehreren wissenschaftlichen Vereinigungen anerkannt. Kr

Literatur: Fersman, A. E. (mit Goldschmidt, V.): Der Diamant (Heidelberg 1911), Očerki po geohimij. Zadači sovremennoj mineralogii (Grundzüge der Geochemie. Die Aufgaben der modernen Mineralogie) - Priroda (1912), Nr. 7/8, Stb. 859-872, Geochemische Migration der Elemente, in: Abh. für praktische Geologie und Bergwirtschaftslehre 18 (1929) u. 19 (1930), Pegmatity. Ih naučnoe i praktičeskoe značenie (Die Pegmatite. Ihre wissenschaftliche und praktische Bedeutung), Bd. 1 (Leningrad AN SSSR 1931), Geohimiâ Bd. 1-4 (Leningrad 1933, 1934, 1937, 1939), Verständliche Mineralogie (Berlin 1949), Unterhaltsame Geochemie (Berlin 1953).

Krüger, P.: Der Schaffensweg A. E. Fersmans (1883-1945). - Darstellung und Entwicklung von Persönlichkeit und Werk aus Anlaß seines 100. Geburtstages, in: Ges. Geolog. Wiss. (Berlin 1983); Perel'man, A. I.: Aleksandr Evgen'evič Fersman 1883-1945 (Moskau 1983); Pisarževskij, O. N.: Aleksandr Evgen'evič Fersman 1883-1945 (Moskau 1955).

Fessenden, Reginald Aubrey, Elektroingenieur und Funktechniker, geb. 6. 10. 1866 East-Bolton (Quebec/Kanada), gest. 22. 7. 1932 Hamilton (Bermuda-Inseln).

F. arbeitete sowohl in der Lehre als auch in der industriellen Praxis auf dem Gebiet der Elektrotechnik, wobei er sich vor allem um die technische Vervollkommnung funktechnischer Einrichtungen bemühte.

Seine Ausbildung erhielt F. in New York und Porte Hope (Ontario/Kanada). 1886 übernahm er eine Stelle als Inspektor und ab 1888 die Funktion eines Hauptmechanikers in den Edison-Werken in New York. 1891 wurde F. Chef der Electric Westinghouse Companie. Bereits ein Jahr später widmete er sich vornehmlich der Lehrtätigkeit, erhielt 1893 eine Berufung für Physik an die Purdue-Univ. und lehrte von 1894 bis 1899 im Fach Elektrotechnik an der Western University in Philadelphia. Von 1900 an war er als Spezialist im »Wetter-Bureau« der Vereinigten Staaten tätig, ab 1902 als Manager der Electric Signaling Companie und ab 1910 als Berater der Submarine Signal Companie in North Newton (Massachusetts).

Durch die enge Verbindung von Lehre und Praxis wurde F. mit zahlreichen technischen Problemstellungen der Elektrotechnik vertraut. Er widmete sich der damals gerade aufkommenden drahtlosen Telegrafie und führte als einer der ersten auch umfangreiche Versuche zur drahtlosen Telefonie durch.

Zur Erhöhung der Betriebssicherheit des noch stark störungsbeeinflußten Funkverkehrs versuchte man damals allgemein dazu überzugehen, für die Übertragung ungedämpfte Wellen auszunutzen. Dazu entwickelte unter anderem V. Poulsen einen Lichtbogensender, mit dem diese Aufgabe bereits recht gut gelöst werden konnte. Gleichzeitig aber kam es zu Versuchen, ungedämpfte Schwingungen mit Hilfe von Hochfrequenzgeneratoren zu erzeugen. Obwohl bereits 1889/90 N. Tesla erstmals Wechselstromgeneratoren mit Frequenzen von 5 bis 15 kHz gebaut und erprobt hatte, trug die nun zutage getretene technisch-praktische Problemstellung der Übertragung ungedämpfter Wellen unmittelbar dazu bei, diese Arbeiten wieder aufzunehmen und zu forcieren. So baute F. zusammen mit E. F. E. Alexanderson einen Hochfrequenzgenerator, mit dem es gelang, bei einer Frequenz von 10 kHz und einer Leistung von 2 kW drahtlose Telefongespräche auf Entfernungen bis zu 320 km zu übertragen. Praktisch hatte diese Maschine aufgrund ungünstiger konstruktiver Bedingungen keine Bedeutung, während Hochfrequenzgeneratoren, die nach einem anderen Prinzip gebaut waren (unter anderem von Goldschmidt und G. Graf v. Arco), Einzug in die Funktechnik hielten. F. kommt aber uneingeschränkt das Verdienst zu, erstmals Hochfrequenzgeneratoren für das Senden ungedämpfter Schwingungen genutzt zu haben.

Bei der drahtlosen Übertragung von Telefongesprächen fungierten die ungedämpften hochfrequenten Schwingungen als »Träger« für die Schwingungen im Frequenzbereich des Sprachbandes (Überlagerung). F. gelang es in diesem Zusammenhang auch, eine Anordnung aufzubauen und zu erproben, die es ermöglichte, dieses »Schwingungsgemisch« zu empfangen. Auf dieser Grundlage entstand das Prinzip des später generell angewandten Überlagerungs- bzw. Schwebungsempfangs.

Von F. stammt eine Reihe weiterer Erfindungen, z. B. ein Sender mit einer rotierenden Löschfunkenstrecke, ein auf elektrolytischer Basis arbeitender Detektor und ein elektrodynamisches Telefon für den direkten Schwebungsempfang. Durch die rasche Weiterentwicklung der Technik haben die Arbeiten F.s keine nachhaltige technische Bedeutung erlangt; aus wissenschaftshistorischer Sicht zählt er jedoch zu jenen bedeutenden Gelehrten, deren wissenschaftliche Arbeiten und zahlreiche Erfindungen für die Vervollkommnung der Technik ihrer Zeit und deren Weiterentwicklung die unmittelbare Grundlage bildeten. Ke

Literatur: Fessenden, R. A.: Outline of a electrical theory of comtes' tails (Chicago 1896), Electro-magnetic mechanism, with special reference to high-speed telegraphy, Address delivered April 25, 1899 (Philadelphia Franklin-Institute, 1900), Wireless telephony (Washington 1909), The deluged civilization of the Caucasus isthmus (Boston 1923).

Fischer, Emil, Chemiker, geb. 9. 10. 1852 Euskirchen (Rheinland), gest. 15. 7. 1919 Berlin.

F. gilt als der »unerreichte Klassiker, (als) Meister der organisch-chemischen Forschung in analytischer und synthetischer Richtung« (R. Willstätter). Mit seinen grundlegenden Arbeiten zur Chemie der Kohlenhydrate, der Aminosäuren, Polypeptide und Proteine, der Fermente, der Depside, der Purinkörper und der Gerbstoffe hat er diese Arbeitsgebiete der organischen Naturstoffchemie begründet, systematisiert und ausgebaut.

F. war der Sohn eines erfolgreichen mittleren Unternehmers. Nach dem Besuch des Gymnasiums und einer halbjährigen kaufmännischen Lehre begann er ab 1871 in Bonn bei A. Kekulé v. Stradonitz Chemie zu studieren. Nach dem ersten Studienjahr ging er nach Straßburg (Strasbourg), wo A. v. Baeyer ein neues chemisches Institut gegründet hatte. Dort erhielt F. nach erfolgreicher Promotion im Jahre 1874 eine Assistentenstelle. Als Baeyer 1875 nach München berufen wurde, folgte ihm sein Assistent. In München habilitierte sich F. im März 1878, und 1879 wurde er ao. Prof. und Abteilungsvorstand der analytischen Abteilung des chemischen Instituts der Univ. München. Im April 1882 erhielt F. das Ordinariat für Chemie an der Univ. Erlangen, und 1885 wurde er nach Würzburg berufen, wo er bis 1892 äußerst erfolgreich tätig war. Danach wirkte er bis zu seinem Tode als Ordinarius für Chemie an der Berliner Univ. Hier wurde unter seiner Leitung zwischen 1897 und 1900 ein neues chemisches Institut in der Hessischen Straße gebaut. In Berlin war F. neben seiner Hochschullehrertätigkeit aktiv an der Preuß. Ak. d. Wiss., im Vorstand der Deutschen Chemischen Gesellschaft und bei der Gründung der Kaiser-Wilhelm-Gesellschaft tätig. Nach der Einweihung des Kaiser-Wilhelm-Instituts für Chemie im Jahre 1912 übernahm F. (nebenamtlich) den Vorsitz des Verwaltungsausschusses.

Im Rahmen seiner Dissertation untersuchte F. die Konstitution der kurz zuvor entdeckten Farbstoffe Fluorescein und Phthalein-Orcin. 1875 gelang ihm die Entdeckung des Phenylhydrazins, jener Verbindung, mit deren Hilfe ihm die erfolgreiche Bearbeitung der Chemie der Kohlenhydrate möglich wurde. 1883 erhielt F. beim Erwärmen des Phenylhydrazons der Brenztraubensäure in Gegenwart von Salzsäure das Indol. Diese Synthese ist als Fischersche Indolsynthese in die Literatur eingegangen.

1884 begann F. seine Arbeiten zur Chemie der Kohlenhydrate, die ihn, wenn auch mit wechselnder Intensität, bis zu seinem Lebensende beschäftigten. Durch Umsetzung von Phenylhydrazin mit Zuckern erhielt F. 1887 die Osazone, die sich als Schlüsselverbindungen für die Identifizierung einzelner Zucker erwiesen. Im gleichen Jahr gelang ihm gemeinsam mit J. Tafel die Totalsynthese der beiden Zucker α- und β-Acrose (Fructose und Sorbose). Als wesentliche Voraussetzung zur Vereinheitlichung der Kennzeichnung der Stellung der Substituenten an den asymmetrischen Kohlenstoffatomen in den Zuckern führte F. 1891 eine später nach ihm benannte Projektionsmethode (Fischer-Projektion) ein. 1893/94 entdeckte er die Methylglycoside der Glucose und führte die Bezeichnung α- und β-Glycosid ein. 1900 begannen F. und seine Mitarbeiter ihre Arbeiten zur Chemie der Aminosäuren, Polypeptide und Proteine. Neben zahlreichen fundamentalen Erkenntnissen, erfolgreichen Synthesen und Konstitutionsbestimmungen konnte F. 1907 über die gelungene Synthese eines Octadecapeptids, bestehend aus 15 Glycin- und 3 Leucinbausteinen, berichten.

Ab 1908 wandte sich F. der Untersuchung von weiteren Naturstoffen zu, den »Esteranhydriden« der Phenolcarbonsäuren, die von F. und K. Freudenberg als Depside bezeichnet worden sind, den Flechtenstoffen und den Gerbstoffen. Schon 1913 konnte er über die Synthese von 28 Didepsiden, zwei Tridepsiden und vier Tetradepsiden berichten. Erfolgreich waren F. und Mitarbeiter auch bei der Synthese von Nucleosiden. So konnten sie durch Umsetzung von Tetraacetylbromglucose mit den entsprechenden Verbindungen die Nucleoside folgender Verbindungen herstellen: Theophyllin, Theobromin, Hypoxanthin, Xanthin, Hydroxycoffein, Guanin und Adenin. Des weiteren stellte F. durch Phosphorylierung der Nucleoside Nucleotide her. Hierbei kamen ihm seine Erfahrungen zugute, die er bei der Synthese und Konstitutionsaufklärung der Purine in den 90er Jahren gemacht hatte.

Während der Zeit des ersten Weltkrieges setzte sich F. für den Aufbau von Anlagen zur Großproduktion von Ammoniak, Salpetersäure und Nitraten ein. Auf seine Initiative erfuhren auch die Produktion von Synthesecampher aus Terpentinöl, die Produktion von Methylkautschuk, die Gewinnung von Benzen und Toluen aus Kohle, die Herstellung von Schwefel aus einheimischen Rohstoffen einen starken Aufschwung. Nach dem Ende des Krieges beteiligte er sich mit hohem Engagement an der Neuorganisation des wissenschaftlichen Lebens an der Berliner Univ.

F. hat mit seinen vielfältigen Arbeiten außerordentlich zur Entwicklung der Chemie der organischen Naturstoffe beigetragen. Zahlreiche chemische Gesellschaften und Akademien des In- und Auslandes ernannten ihn zu ihrem Mitgl. Bereits 1902, im zweiten Jahr der Vergabe eines Nobelpreises, erhielt F. diesen Preis für seine bahnbrechenden Arbeiten über die Zucker und die Purinkörper. Re

Literatur: Fischer, E.: Ueber Fluorescein und Phthalein-Orcin (Dissertation, Bonn 1874), Untersuchungen über Aminosäuren, Polypeptide und Proteine I. (1899–1906) (Berlin 1906), Untersuchungen über Aminosäuren, Polypeptide und Proteine II. (1907–1919) (Hrsg. M. Bergmann, Berlin 1923), Untersuchungen über Kohlenhydrate und Fermente I. (1884–1908) (Berlin 1909), Untersuchungen über Kohlenhydrate und Fermente II. (1908–1919) (Hrsg. M. Bergmann, Berlin 1922), Untersuchungen in der Puringruppe (1882 bis 1906) (Berlin 1907), Untersuchungen über Depside und Gerbstoffe (1908–1919) (Berlin 1919), Untersuchungen aus verschiedenen Gebieten. Vorträge und Arbeiten allgemeinen Inhalts (Hrsg. M. Bergmann, Berlin 1924), Untersuchungen über Triphenylmethanfarbstoffe, Hydrazine und Indole (Hrsg. M. Bergmann, Berlin 1924), Aus meinem Leben. Mit drei Bildnissen (Hrsg. M. Bergmann, Berlin 1922).

Helferich, B.: Emil Fischer zum 100. Geburtstag, in: Angew. Chem. 65 (1953), 45–52; Hoesch, K.: Emil Fischer. Sein Leben und sein Werk, in: Ber. Dtsch. Chem. Ges. 54 (1921), Sonderh.; Remane, H.: Emil Fischer (Leipzig 1984).

Fischer, Franz, Chemiker, geb. 19. 3. 1877 Freiburg (Breisgau), gest. 1. 12. 1947 München.

F. war Gründer und erster Dir. des Kaiser-Wilhelm-Instituts für Kohleforschung Mülheim/Ruhr, auf vielen Gebieten der technischen und physikalischen Chemie tätig, besonders aber auf dem der Brennstoffchemie.

F., Sohn eines Kaufmanns, studierte nach dem Besuch des Gymnasiums 1897–1899 Chemie an der TH München und den Univ. München, Freiburg i. Br. und Gießen. Bereits nach zweijährigem Studium, im Dezember 1899, konnte F. bei K. Elbs in Gießen mit einer elektrochemischen Dissertation promovieren. Es schlossen sich Arbeitsaufenthalte in Paris (bei H. Moissan), Leipzig (bei W. Ostwald) und Berlin (bei E. Fischer) sowie eine kurze Industrietätigkeit an. 1903 habilitierte sich F. im Physika-

E. Fischer

F. Fischer

lisch-chemischen Institut der Univ. Freiburg i. Br.; 1904 kam er auf Einladung E. Fischers zum zweiten Mal an dessen chemisches Institut nach Berlin, wo er in der anorganischen Abteilung (unter A. Stock) Assistent und bald darauf Abteilungsleiter wurde. Im Alter von 34 Jahren (1911) erhielt F. die Ernennung zum o. Prof. und Dir. des Elektrochemischen Instituts der TH Berlin. Dieses Amt legte er aber schon 1913 nieder, um als erster Dir. den Aufbau des neugegründeten Kaiser-Wilhelm-Instituts für Kohleforschung in Mülheim/Ruhr (eingeweiht im Juli 1914) zu leiten, das er in 30jähriger Amtszeit zu einem glanzvollen Höhepunkt und internationaler Anerkennung führte. 1943 demissionierte F. krankheitshalber. Die Absicht, an seinem Alterswohnsitz München noch als Honorarprof. zu lehren, konnte er wegen der Kriegsfolgen und seines angegriffenen Gesundheitszustandes nicht mehr verwirklichen.

F.s wissenschaftliches Werk ist außerordentlich vielseitig; es umfaßt neben einigen Monographien etwa 430 Zeitschr. Publikationen und 71 Patente. Während er vor der Mülheimer Periode unter anderem über Ozon, Stickstoffmonoxid und die elektrochemische Reduktion des Kohlendioxids arbeitete, konzentrierten sich seine Forschungen in Mülheim anfänglich auf Probleme der Kohleverkokung, -schwelung und -entstehung (Lignintheorie der Kohlegenese, mit H. Schrader), sehr bald aber auf die Chemie der Kohlevergasungsprodukte, besonders des Methans und Kohlenmonoxids. 1922–1924 wurde (mit H. Tropsch und H. Pichler) der Hochdruck-Synthol-Prozeß entwickelt, 1925 die Fischer-Tropsch-Synthese, d. h. die drucklose Umsetzung von Kohlenmonoxid mit Wasserstoff an Cobaltkontakten zu aliphatischen Kohlenwasserstoffen (mit Tropsch, O. Roelen u. a.). Dieses sehr bedeutungsvolle Verfahren wurde später ebenso wie die 1936 (mit Pichler) erarbeitete Mitteldruckvariante am Eisenkatalysator von der Ruhrchemie A. G. in den großtechnischen Maßstab übertragen. Auch F.s autothermer Hochtemperatur-Pyrolyseprozeß des Methans zu Ethin ist später industriell realisiert worden.

F. gilt als Begründer einer wissenschaftlichen Schule der Brennstoffchemie; zu seinen bekanntesten Schülern gehören H. Kölbel, Pichler, Roelen, Schrader, Tropsch und C. Zerbe. Er förderte sein Fachgebiet auch durch vielfältige Öffentlichkeitsarbeit, z. B. als Gründer und langjähriger Herausgeber der Fachztschr. »Brennstoffchemie«. Ge

Literatur: Fischer, F.: Praktikum der Elektrochemie (Berlin 1912), Die Chemie der Kohle, Bd. II: Die Umwandlung der Kohle in Öle (Berlin 1924), Gesammelte Abhandlungen zur Chemie der Kohle, 13 Bde. (Berlin 1917–1957), darin in Bd. 13 (1957): Leben und Forschung (Autobiographie).

Pichler, H.: Franz Fischer 1877–1947, in: Chem. Ber. 100 (1967), CXXVII–CLVIII; Roelen, O.: Die Entdeckung der Fischer-Tropsch-Synthese, in: Erdöl u. Kohle, Petrochem. verein. Brennstoff-Chem. 31 (1978), (11), 524–529.

Fischer, Hans, Chemiker und Biochemiker, geb. 27.7.1881 Höchst am Main, gest. 31.3.1945 München.

F.s Schaffen galt vor allem der chemischen Erforschung des Hämins (roter Blutfarbstoff) und des Chlorophylls (Blattgrün). Es gelang ihm, ihre Verwandtschaft nachzuweisen, ihre Konstitution aufzuklären, die Totalsynthese des Hämins durchzuführen und die des Chlorophylls fast zu erreichen.

F., Sohn eines Farbstoffchemikers, studierte in Marburg bei E. C. T. ZINKE und zeitweilig auch in Lausanne und München. 1904 promovierte er zum Dr. phil. und studierte anschließend in München weiter Medizin. 1906 legte er dort das medizinische Staatsexamen ab, und 1908 promovierte er zum Dr. med. Nach einem einjährigen Arbeitsaufenthalt bei E. FISCHER in Berlin folgte er 1910 einer Aufforderung seines Münchner Lehrers F. v. MÜLLER, in der chemischen Abteilung der Univ.-Klinik über Blut- und Gallenfarbstoffe zu arbeiten. Diese Orientierung wurde für sein wissenschaftliches Lebenswerk bestimmend. 1912 habilitierte er sich mit einer Arbeit über den Gallenfarbstoff Bilirubin und wurde Privatdoz. für innere Medizin, ab 1913 am Physiologischen Institut der Univ. 1916 erhielt F. eine Berufung als Extraordinarius für angewandte und medizinische Chemie an die Univ. Innsbruck. Zwei Jahre später folgte er einem Ruf nach Wien, wo er als Ordinarius die Leitung des medizinisch-chemischen Instituts der Univ. übernahm. Die schwierigen Arbeitsbedingungen in der Nachkriegszeit und der hohe Anteil an Lehrverpflichtungen, die er als Belastung empfand, hemmten die eigenen Forschungen erheblich, so daß er 1921 eine Berufung an die TH München annahm, wo er den Lehrstuhl für organische Chemie bis zu seinem Tode innehatte. Wieder in München, schloß F. an die schon vor dem ersten Weltkrieg begonnenen Arbeiten über die prosthetische Gruppe des Hämoglobins, seine eisenhaltige und farbgebende Komponente, das Hämin, und seinen Grundbaustein, das Pyrrol, an und realisierte zielstrebig und systematisch ein umfangreiches Forschungsprogramm, in das er seine Mitarbeiter und Studenten gleichermaßen einbezog. In zahlreichen Einzeluntersuchungen konnten die Bestandteile des Hämins in ihrer Konstitution bestimmt werden, und schließlich gelang 1929 die Totalsynthese durch den schrittweisen Abbau und Wiederaufbau des Moleküls aus seinen Teilen. Für diese Leistung wurde F. 1930 mit dem Nobelpreis für Chemie ausgezeichnet. Eine neue, noch schwierigere Aufgabe war die Konstitutionsaufklärung und Totalsynthese des Chlorophylls, einer Mischung zweier dem Hämin ähnlicher Magnesiumkomplexe (Chlorophyll a und b). Auf die Verwandtschaft mit dem Hämin hatte schon R. WILLSTÄTTER in seinen »Untersuchungen über Chlorophyll« (1913) hingewiesen. An diese Arbeiten schloß F. an. Mit über 30000 Analysen (!) wurde die Struktur der Molekülbausteine des Chlorophylls schrittweise aufgeklärt, bis 1939 endgültig ein Gesamtbild der Chlorophyllkonstitution entworfen werden konnte. Gleichzeitig waren schon Teilsynthesen von Molekülteilen gelungen, und die Totalsynthese stand kurz bevor, als im Dezember 1944 sein Institut durch einen Bombenangriff schwer getroffen wurde. Schon lange war ihm seine Arbeit schwer geworden, da sie – keinen kriegswichtigen Zwecken dienend – nicht gefördert wurde. Nun schien die Fortsetzung nahezu unmöglich, und er setzte kurz vor Kriegsende seinem Leben ein Ende.

F. hatte zwei der schwierigsten Probleme auf dem Wege zur Enträtselung der Geheimnisse des Lebens gelöst. Seine Arbeiten wirkten richtungweisend für nachfolgende. Erst 1959 gelang seinen Schülern M. STRELL und A. TREIBS, kurze Zeit später auch R. B. WOODWARD, die Totalsynthese des Chlorophylls a. Gi

Literatur: Fischer, H. (mit H. Orth): Die Chemie des Pyrrols, 2 Bde. (Leipzig 1934/40).

Kaudewitz, F.: Hans Fischer. 1881–1945, in: Via triumphalis, 134–151 (München, Wien 1954); Wieland, H.: Hans Fischer, in: Jahrb. der Bayer. Ak. d. Wiss. 1944/48, 210–214 (München 1948), Zeile, K.: Hans Fischer, in: Naturwiss. 33 (1946), 289–291.

Fizeau, Armand Hippolyte, Physiker, geb. 23.9.1819 Paris, gest. 18.9.1896 Venteuil (Dep. Seine-et-Marne).

F. hat durch Messungen der Lichtgeschwindigkeit in Luft sowie in ruhendem und bewegtem Wasser die Entwicklung der Experimentalphysik wesentlich gefördert und zur Klärung wichtiger theoretischer Probleme beigetragen.

F., Sohn eines Prof. an der Pariser medizinischen Fakultät, wandte sich unter Einfluß F. ARAGOS physikalischen Problemen zu. Zusammen mit L. FOUCAULT beschäftigte er sich zunächst mit Verbesserungen der photographischen Abbildung. Dabei gelang beiden 1845 das erste Sonnenbild, womit sie die astronomische Photographie begründeten. Es schlossen sich Untersuchungen der Infrarotstrahlung und von Interferenzerscheinungen an. Noch heute erinnern Bezeichnungen wie FIZEAU-Doppelplatte und FIZEAUsche Streifen (Keilinterferenzen) an diese Arbeiten. 1849 – 1851 bestimmte F. die Lichtgeschwindigkeit in Luft, in ruhendem und strömendem Wasser. Die bei letzterem Experiment eingesetzte Interferenzmethode verwandte F. auch bei der Entwicklung anderer Präzisionsverfahren, z. B. konstruierte er ein Interferenzdilatometer zur Messung der Wärmeausdehnung von festen Körpern.

F. lebte sehr zurückgezogen in seinem Landhaus in Venteuil. Er schrieb relativ wenig und begnügte sich mit kurzen Berichten an die franz. Ak. d. Wiss., an deren Sitzungen er regelmäßig teilnahm und wo er oft als Berichterstatter über optische Probleme auftrat. 1860 wurde er zum Mitgl. der Akademie, 1878 zum Mitgl. des Bureau des Longitudes berufen.

Schon G. GALILEI hatte versucht, die Lichtgeschwindigkeit experimentell zu messen. Das war ihm jedoch beim damaligen Stand der Experimentalphysik nicht gelungen. Erstmals ermittelte sie O. RÖMER 1676 aus den Umlaufdaten eines Jupitermondes. Eine irdische Messung gelang erst F. 1849 mit Hilfe eines rotierenden Zahnrades und zweier einander zugekehrter Fernrohre, die sich in einem Abstand von 8,6 km zueinander befanden; aus 28 Versuchsreihen erhielt F. einen Wert für c, der um 5 % zu groß war. FOUCAULT

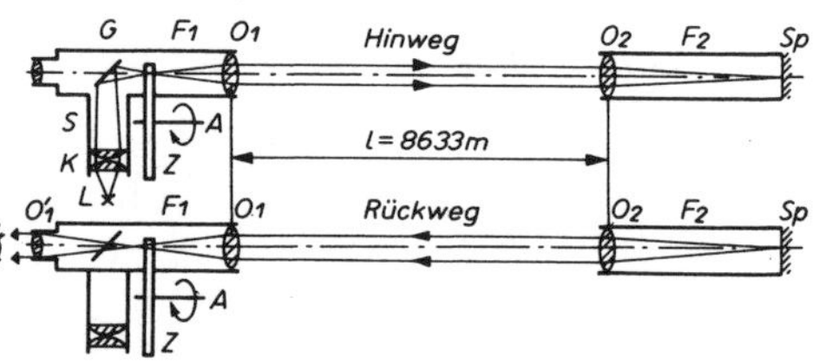

Zahnradmethode von Fizeau

fand 1850 mit einer von ARAGO vorgeschlagenen Methode der Spiegelrotation einen genaueren Wert. Diese Methode wandten F. und FOUCAULT im gleichen Jahr in unabhängigen Verfahren zur Messung der Lichtgeschwindigkeit in ruhendem Wasser an. F. beschäftigte sich überdies mit dem Problem der Lichtgeschwindigkeit in bewegten Stoffen. 1818 hatte A. J. FRESNEL die Vermutung ausgesprochen, daß der Lichtäther in bewegten Medien nur teilweise mitgeführt wird. 1851 bestimmte F. mit Hilfe einer von ihm sehr geistreich erdachten Versuchsanordnung die Lichtgeschwindigkeit in strömendem Wasser und bestätigte dabei

H. Fischer

A. H. Fizeau

J. Flamsteed

P. E. Flechsig

den Wert des FRESNELschen Mitführungskoeffizienten. Dieser Versuch galt lange Zeit als Beweis für die Existenz des Lichtäthers. Eine theoretische Klärung dieses Problems gelang erst im Rahmen der Relativitätstheorie.

Beim Tode von F. rühmte M. A. CORNU in einer Sitzung der Pariser Akademie dessen Bescheidenheit und Zurückhaltung, die Geradheit und Festigkeit seines Charakters und erinnerte an ein Wort ARAGOS, das dieser vor Jahrzehnten über den jungen F. ausgesprochen hatte: »FIZEAU wird uns FRESNEL wiederschenken«. Gl

Literatur: Fizeau, A. H.: Sur une expérience relative à la vitesse de propagation de la lumière, in: Compt. rend. 29 (1849), 90–92, dtsch Versuch die Fortpflanzungsgeschwindigkeit des Lichtes zu bestimmen, in: Ann. Phys. 79 (1850), 167–169; Sur l'expérience relative à la vitesse comparative de la lumière dans l'air et dans l'eau, in: Compt. rend. 30 (1850), 771–774, dtsch Über den Versuch in betreff der vergleichenden Geschwindigkeit des Lichtes in Luft und Wasser, in: Ann. Phys. 82 (1851), 124–127; Sur les hypothèses relatives à l'éther lumineux et sur une expérience qui parait démontrer que le mouvement des corps change la vitesse avec laquelle la lumière se propage dans leur interieur, in: Compt. rend. 33 (1853), 349–355, dtsch Über die Hypothese vom Lichtäther und über einen Versuch, welcher zu beweisen scheint, daß die Geschwindigkeit, mit welcher sich das Licht im Inneren der Körper fortpflanzt, durch deren Bewegung geändert wird, in: Die Schöpfer der physikalischen Optik. Eine Artikelsammlung (Hrsg. Rodičev, V. I., u. U. I. Frankfurt, Berlin 1977).

Buchwald, E.: Hundert Jahre Fizeauscher Mitführungsversuch, in: Naturwiss. 38 (1951), 519–524.

Flamsteed (Flamstead), John, Astronom, geb. 19. 8. 1646 Derby (Derbyshire), gest. 31. 12. 1719 Greenwich.

F. erreichte eine bedeutsame Steigerung der Genauigkeit in der astronomischen Beobachtungstechnik und schuf dadurch eine entscheidende Voraussetzung für die Entwicklung der Stellarastronomie im 18. Jh.

Vom Vater, einem Geschäftsmann, zum Geistlichen bestimmt, begann F. das Studium der Theologie. Für kurze Zeit trat er ein Pfarramt an, besuchte jedoch bald danach die Univ. Cambridge, um sich dort, ohne zunächst die Theologie aufzugeben, der Astronomie zu widmen.

1674 ging F. nach London. Er gehörte dort einer Kommission an, die vom engl. König KARL II. beauftragt worden war, eine Methode zur astronomischen Längenbestimmung, die für die Seefahrt von großer Bedeutung war, zu begutachten. Diese Methode der Längenbestimmung durch Messung von Winkelabständen zwischen Mond und Fixsternen war dem König durch den Franzosen SAINT-PIERRE vorgeschlagen worden. Die Kommission kam zu dem Ergebnis, daß sich diese Methode praktisch so lange nicht bewähren könne, bis Sternkataloge und Mondtafeln von hinreichender Genauigkeit vorlägen. Dazu waren exakte astronomische Beobachtungen notwendig. KARL II. erteilte daraufhin 1675 den Befehl zur Errichtung einer Sternwarte auf einem Hügel des kgl. Parks zu Greenwich und berief F. als ersten Direktor, als »Astronomer Royal« (Kgl. Astronom) mit einem Jahresgehalt von 100 Pfund Sterling. Allerdings hatten sich die bereitgestellten Mittel beim Bau erschöpft, so daß für die instrumentelle Ausrüstung der Sternwarte kein Geld mehr vorhanden war. Von seinem Freund J. MOORE borgte sich F. einen Sextanten von 7 Fuß Radius, mit dem er von 1676 bis 1688 Distanzen zwischen Sternen nach der Methode von TYCHO BRAHE bestimmte. Der Sextant war mit zwei Fernrohren ausgerüstet, von denen eines fest mit dem Kreis verbunden, das andere beweglich war. Im Gegensatz zu TYCHO BRAHE arbeitete F. mit zwei Beobachtern. Gemeinsam mit seinem Assistenten, A. SHARP, konstruierte F. einen 7füßigen Mauerquadranten, dessen Teilkreis vom südlichen Horizont bis zum Himmelsnordpol reichte, sich also über 140° erstreckte, und den er als Meridianinstrument benutzte. Mit diesem Instrument maß er ab 1689 Rektaszensionen und Deklinationen von Sternen, Sonne, Mond und Planeten.

F.s sämtliche Beobachtungen ab 1675 wurden nach seinem Tode von E. HALLEY 1725 in einem Katalog, der 3 310 Sterne enthält, in der »Historia coelestis Britannica« herausgegeben. In diesem Katalog sind die Sterne in den einzelnen Sternbildern zusammengefaßt und numeriert. Die Sternbilder selbst sind erstmalig nach Rektaszensionen geordnet und nicht mehr nach Länge wie bei TYCHO BRAHE. Dieser Katalog bildete die Grundlage für einen Sternatlas, der über ein Jahrhundert ein Standardwerk der Astronomie war, den ebenfalls aus dem Nachlaß von F. herausgegebenen »Atlas coelestis« mit 25, später 28 Sternkarten über beide Himmelssphären im Format 19 × 23 Zoll. 1776 wurde er bei einer Neuherausgabe durch J. FORTIN und P. CH. LEMONNIER auf ein Drittel verkleinert und 1795 bei einer neuerlichen Ausgabe durch J. J. DE LALANDE und P. F. A. MÉCHAIN durch eine Karte des südlichen Himmels nach Beobachtungen von N. L. DE LACAILLE ergänzt. Seit N. COPERNICUS zählte der Versuch der Parallaxenbestimmung von Fixsternen zu den wichtigsten direkten Beweisen für die Bewegung der Erde um die Sonne. F. versuchte, die jährliche Parallaxe des Polarsternes nachzuweisen. Doch schon G. D. CASSINI konnte zeigen, daß diese Beobachtungsergebnisse nicht mit der Theorie der Parallaxe übereinstimmten. Sie fanden später mit der Entdeckung der Aberration durch J. BRADLEY (1728) ihre Erklärung, während eine Fixsternparallaxe erst 1838 durch F. W. BESSEL bei 61 Cygni entdeckt wurde. Fe

Literatur: Flamsteed, J.: De inaequalitate dierum solarium; Tabulae solares; Novae theoriae Lunaris (London 1672), The doctrine of the sphere, grounded on the motion of the earth and the ancient Pythagorean or Copernican system of the world, in: J. Moore's System of the mathematics (London 1680), Historia coelestis Britannica libri duo (London 1712; enthält die Greenwicher Beobachtungen 1676–1705), Historia coelestis Britannica,

3 Bde. (London 1725, Hrsg. E. Halley; enthält sämtliche Beobachtungen 1675–1719), Atlas coelestis (London 1729, 25 Karten; London 1753, 28 Karten; Paris 1776, Hrsg. J. Fortin u. P. Ch. Lemonnier; Paris 1795, Hrsg. J. J. de Lalande u. P. F. A. Méchain).

Flechsig, Paul Emil, Neuroanatom und Psychiater, geb. 29. 6. 1847 Zwickau, gest. 22. 7. 1929 Leipzig.

F. ist die anatomische Identifizierung wichtiger Gehirn- und Rückenmarksbahnen zu verdanken; er erkannte die sukzessive Markscheidenreifung der Nervenfasern im Gehirn als normalen entwicklungsgeschichtlichen Prozeß und begründete darauf seine myeloarchitektonische Hirnforschung.

F., Sohn eines protestantischen Geistlichen, nahm 1865 das Studium der Medizin an der Univ. Leipzig auf, das er 1870 mit der Promotion zum Dr. med. beendete. 1870/71 wurde er als Militärarzt zum Heeresdienst eingezogen. 1872 erhielt F. eine Assistenz an der Medizinischen Poliklinik der Univ. Leipzig und wurde im darauffolgenden Jahr zum Leiter der histologischen Abteilung am Physiologischen Institut unter der Direktion von C. Ludwig berufen. 1875 erlangte F. als Privatdoz. die venia legendi; 1877 wurde er zum ao. Prof., 1884 zum o. Prof. für Psychiatrie berufen. Eine nach Plänen F.s errichtete psychiatrische Klinik wurde 1882 eröffnet und unterstand seiner Leitung bis zur Emeritierung im Jahr 1920. In der Wahlperiode 1894/95 war F. Rektor der Univ. Leipzig. Die Univ. Oxford verlieh ihm 1904 die Ehrendoktorwürde.

F. ist der erste bedeutende Vertreter der architektonischen Hirnforschung, der mit rein histoanatomischen Untersuchungen physiologisch relevante Felder auf der Großhirnrinde abgrenzte. Er bediente sich dazu einer originellen, auf den zeitlichen Entwicklungsunterschieden der Markscheidenbildung beruhenden histologischen Technik, der Myeloarchitektonik. F. hatte festgestellt, daß die Nervenfasern ihre Markscheiden im Verlauf der ontogenetischen Entwicklung nicht gleichzeitig, sondern arealweise in streng geordneter Reihenfolge ausbilden: bestimmte Gebiete der Hirnrinde (Primordialfelder) zeichnen sich durch eine Markreifung bereits vor der Geburt aus, bei anderen dagegen erfolgt die Markreifung erst nach der Geburt. F. konnte auf diese Weise 36 Hirnrindenfelder der einen oder anderen Art identifizieren. Während die Primordialfelder sich als Orte mit entsprechenden physiologischen Eigenschaften erwiesen, ließen sich bei den spät reifenden Feldern meist keine sicheren physiologischen Funktionen feststellen. Die ersteren wurden von F. hypothetisch als Projektionszentren, die letzteren als Assoziationszentren gedeutet. Die Myeloarchitektonik hat auf die weitere Entwicklung der Hirnforschung außerordentlich anregend gewirkt. Zu den Schülern F.s gehörten neben anderen so bedeutende Hirnforscher wie W. M. Bechterew und O. Vogt. Letzerer baute die Methodik der myeloarchitektonischen Hirnforschung weiter aus und ergänzte sie um die Zytoarchitektonik. Ein weiterer Schüler F.s, R. A. Pfeiffer, entwickelte die Angioarchitektonik der räumlichen Verteilung der Blutgefäße in der Hirnrinde. Die von F. auf der Grundlage seiner anatomischen Befunde aufgestellten Hypothesen, z. B. die Annahme von Assoziationszentren, haben dagegen der weiteren Entwicklung großenteils nicht standgehalten und mußten modifizierten Anschauungen weichen. Als Psychiater lieferte W. wesentliche Beiträge zum Verständnis der Epilepsie, der Chorea (Veitstanz) und der Neurosyphilis. Auch als Wissenschaftsorganisator hat F. fruchtbar gewirkt. Neben dem Leipziger Anatom W. His war F. der maßgebliche Initiator und Organisator der 1903 in London gegründeten Hirnforschungskommission (Brain Commission) der Internationalen Assoziation der Akademien, einer bis zum Ausbruch des ersten Weltkrieges bestehenden Körperschaft zur Förderung der internationalen Zusammenarbeit. Die Brain Commission gilt als früher Vorläufer der heutigen International Brain Research Organisation (IBRO) und hat für deren Tätigkeit gültige Maßstäbe gesetzt. Das Institut F.s wurde als eines der ersten nach dem von S. Ramón y Cajal geleiteten Madrider Laboratorium als interakademisches Hirnforschungsinstitut der Brain Commission anerkannt.

Von mächtigem Körperbau, neigte F. in häufigen depressiven Phasen zu heftiger Reizbarkeit und Intoleranz im Umgang mit Studenten und Fachkollegen; dagegen war seine unkritische Ergebenheit gegenüber gekrönten Häuptern und hochrangigen Politikern, deren Bekanntschaft er sich rühmen konnte, auffällig. Die stark konservativ geprägte Grundhaltung hinderte F. indessen nicht, das Verhältnis des Psychischen zum Physischen von einer streng philosophisch-materialistischen Grundposition her zu beurteilen. Ri

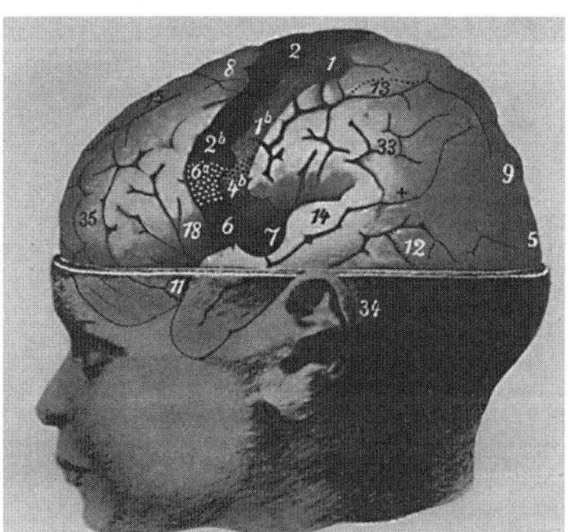

Myeloarchitektonische Gliederung der Hirnrinde

Literatur: Flechsig, P. E.: Die Leitungsbahnen im Gehirn und Rückenmark auf Grund entwicklungsgeschichtlicher Untersuchungen (Leipzig 1876), Plan des menschlichen Gehirns (Leipzig 1883), Anatomie des menschlichen Gehirns und Rückenmarks auf myelogenetischer Grundlage (Leipzig 1920), Meine myelogenetische Hirnlehre (Berlin 1927).

Fleming, Sir Alexander, Bakteriologe, geb. 6. 8. 1881 Lochfield (Ayrshire, Schottland), gest. 11. 3. 1955 London.

F. eröffnete mit der Entdeckung der bakteriziden Wirkung des Schimmelpilzes Penicillium notatum auf Staphylokokkenkulturen, der Erkenntnis hieraus resultierender neuer therapeutischer Möglichkeiten und der erstmaligen Erprobung des später isolierten Penicillins in der klinischen Praxis die Ära der Antibiotikatherapie von infektiösen Erkrankungen.

Der auf einer Farm in Südwestschottland geborene und aufgewachsene F. erhielt seine erste Bildung in einer Landschule bei Lochfield und besuchte anschließend die Schule in Darvel (Grafschaft Ayrshire) sowie die Kilmarnock academy in Kilmarnock (Grafschaft Ayrshire). 1895 folgte er seinem Bruder, einem Augenarzt, nach London, belegte hier Kurse an der Polytechnic School und war fünf Jahre Angestellter einer Schiffahrtsgesellschaft. 1900, nach Ausbruch des Burenkrieges, trat F. in ein schottisches Regiment ein. Während der Wehrdienstzeit beschloß er, Medizin zu studieren. 1901 bestand er die Aufnahmeprüfung für »medical schools« und trat in die St. Mary's Hospital Medical School in London ein. Hier bereitete er sich für das Aufnahmeexamen der Univ. vor, das er 1902 bestand. Noch vor Abschluß seiner Ausbildung begann F. 1906 unter A. WRIGHT in dem 1902 gegründeten Inoculation Departement des St. Mary's Hospital zu arbeiten. Daneben bereitete er sich auf das letzte ärztliche Examen vor, das er 1908 an der Londoner Univ. ablegte, nachdem er bereits früher die Fellowship des Royal College of Surgeons erworben hatte. F.s frühe Arbeiten im Inoculation Departement waren Schutzstoffen des Blutes, vor allem den »Opsoninen«, und der aktiven Immunisierung gewidmet. Bemühungen zur Vereinfachung der WASSERMANNschen Reaktion weckten 1909 F.s Interesse an der Syphilis. Mit von P. EHRLICH zur Verfügung gestellten Salvarsanproben sammelte F. ab 1909 erste Erfahrungen und widmete sich von da an der antibakteriellen Chemotherapie. Kurz nach Ausbruch des ersten Weltkrieges wurde WRIGHT mit der Einrichtung eines Forschungslaboratoriums in Boulogne-sur-Mer (Departement Pas-de-Calais) in Frankreich betraut. F. begleitete ihn und beteiligte sich hier insbesondere an der Suche nach »physiologischen«, der antiseptischen Wundbehandlung überlegenen Möglichkeiten zur Bekämpfung von Wundinfektionen. Diese Bemühungen setzte F. nach seiner Ernennung zum Leiter eines Lazaretts in Wimereux (Departement Pas-de-Calais) 1918 fort. Unter dem Eindruck der Grippepandemie von 1918 begonnene Untersuchungen zur Grippeätiologie ließen F. an der ursächlichen Bedeutung des »Bacillus influenzae« zweifeln. Anfang 1919 aus der Armee entlassen, kehrte F. an das St. Mary's Hospital zurück. 1921 – jetzt wieder mit polyvalenten Vakzinen gegen verschiedene Infektionskrankheiten befaßt – wurde F. Stellvertreter WRIGHTS. Im gleichen Jahr konnte F. eine antibakteriell wirksame Substanz (Lysozym) im Nasenschleim und später auch in anderen Körperflüssigkeiten sowie in Geweben nachweisen, die vor allem auf apathogene Keime bakteriolytisch wirkte. Daneben verfolgte er weiterhin das Ziel, der Therapie von Infektionskrankheiten mit intern anwendbaren antiseptischen Mitteln neue Wege zu erschließen. Ab 1928 Prof. an der Londoner Univ., wurde F. ein größerer Handbuchbeitrag über die Staphylokokken übertragen. Bei experimentellen Vorarbeiten erregte eine durch einen Schimmelpilz verunreinigte Staphylokokkenkultur wegen der wachstumshemmenden Wirkung des Schimmels seine Aufmerksamkeit. Hieraus sowie aus der experimentell gesicherten antibakteriellen Wirksamkeit des als Penicillin bezeichneten Schimmelpilzproduktes schlußfolgerte F., daß eine therapeutische Anwendung bei Infektionen mit empfindlichen Bakterien erfolgversprechend sei. Eine mündliche Mitteilung im Londoner Medical Research Club am 13. Februar 1929 und eine erste Publikation wurden aber kaum beachtet. In der Folge versuchte F., die wachstumshemmende Wirkung der anfangs als Penicillium rubrum angesehenen und später als Penicillium notatum (Westling) identifizierten Schimmelpilze bakteriologisch-diagnostisch zu nutzen. Parallel hierzu erprobte er die lokale Wirkung penicillinhaltiger Kulturfiltrate auf infizierte Wunden mit ermutigenden Resultaten. Allerdings scheiterten vorerst alle Bemühungen F.s und weiterer Wissenschaftler, das Penicillin zu isolieren und chemisch zu charakterisieren. Ab 1935 erlosch nach G. DOMAGKS Mitteilung über das Chemotherapeutikum Prontosil das Interesse am Penicillin vorübergehend fast völlig. Erst nachdem E. B. CHAIN, am Oxforder Pathologischen Institut unter H. W. FLOREY mit antibakteriellen Substanzen beschäftigt, auf F.s Mitteilung von 1929 gestoßen war, kamen 1939 die Bemühungen um die Isolierung und Strukturaufklärung des Penicillins

A. Fleming

W. A. Fock

wieder in Gang. 1940 konnte die »Oxforder Gruppe« um FLOREY und CHAIN die Isolierung des Penicillins sowie erste Ergebnisse zu dessen Wirkung auf Mikroorganismen in vitro, auf gesunde Versuchstiere und auf infizierte Mäuse mitteilen. Das veranlaßte F. noch im gleichen Jahr zu einer Reise nach Oxford. Ab Ende 1941 wurden in Oxford die ersten Patienten mit ermutigenden Resultaten mit Penicillin behandelt, und auch F. selbst konnte 1942 erstmals Penicillin aus den knappen Oxforder Laborbeständen erfolgreich anwenden. Zur gleichen Zeit begann in den USA und Großbritannien die industrielle Penicillinproduktion. Das durch zahlreiche Auslandsreisen unterbrochene wissenschaftliche Wirken F.s – seit 1946 WRIGHTS Nachfolger – war auch im letzten Lebensjahrzehnt vor allem dem Penicillin und der Chemotherapie gewidmet. Im Januar 1955 wurde F. von der Leitung des Bakteriologischen Instituts (heute Wright-Fleming-Institut für Mikrobiologie) am St. Mary's Hospital entbunden, reichlich zwei Monate später verstarb er.

Als F. 1928 an einer verunreinigten Bakterienkultur zufällig die wachstumshemmende Wirkung des Schimmelpilzes Penicillium notatum auf Staphylokokken entdeckte, war das 1889 so benannte Phänomen der Antibiose bereits länger bekannt und in bakteriologischen Laboratorien wiederholt beobachtet worden. Auch erste Bemühungen, den Antagonismus von Mikroorganismen therapeutisch zu nutzen, sind bereits im 19. Jh. nachweisbar, wie z. B. die 1896 unternommenen Versuche des franz. Medizinstudenten E. DUCHESNE, infizierte Tiere mit Schimmelpilzkulturen zu heilen. Aber weder der Entwicklungsstand der Bakteriologie, noch der Chemie, der technischen Möglichkeiten und vieler weiterer Bedingungen erlaubten derzeit eine definitive Lösung dieses Problems. F.s Hauptverdienst muß darin gesehen werden, daß er die aus dem inzwischen weitgehend der Vergessenheit anheimgefallenen und von ihm faktisch wiederentdeckten Phänomen der Antibiose resultierenden potentiellen therapeutischen Möglichkeiten erkannt und als alternativen Weg zur Chemotherapie selbst zu erschließen versucht hat. Dabei zeigte sich allerdings bald, daß die therapeutische Nutzung des derzeit noch hypothetisch angenommenen Schimmelpilzproduktes »Penicillin« die Möglichkeiten F.s und weiterer Wissenschaftler, die ihn zeitweilig unterstützten, vorerst überstieg. Zwar waren die Resultate, die mit Schimmelpilzkulturfiltraten bei der Behandlung infizierter Wunden erzielt wurden, ermutigend, aber die Isolierung der wirksamen Substanz und ihre chemische Charakterisierung gelangen vorerst nicht. Das wurde erst möglich, nachdem sich die entsprechend qualifizierte »Oxforder Gruppe« mit ausreichender materieller Unterstützung diesem Problem zuwandte. Die mit dem nunmehr isolierten Penicillin schon bald gesammelten therapeutischen Erfahrungen bestätigten in vollem Maße die von F. vorausgesagten therapeutischen Möglichkeiten. Das

Penicillin und seine Anwendung in der Therapie wurden zum Ausgangspunkt für die erfolgreiche Suche nach weiteren Antibiotika und damit für eine außerordentliche Erweiterung der Möglichkeiten zur Beherrschung bakterieller Infektionskrankheiten. In Anerkennung seiner Verdienste wurde F. 1943 zum Fellow der Royal Society gewählt und 1944 geadelt. 1945 erhielt er zusammen mit FLOREY und CHAIN den Nobelpreis für Medizin und Physiologie. Hei

Literatur (Auswahl): Flemming, A.: On a remarkable bacteriolytic element found in tissues and secretions, in: Proc. Roy. Soc. London (B) 93 (1922) 306ff; Fleming A. and V.D. Allison: Observations on a bacteriolytic substance ('Lysozym') found in secretions and tissues, in: Brit. J. of exper. Path. 3 (1922) 252ff; Fleming, A.: On the antibacterial action of cultures of a penicillium, with special reference to their use in the isolation of B. influenzae, in: Brit. J. exper. Path. 10 (1929) 226–236; On the specific antibacterial properties of penicillin and potassium tellurite (incorporating a method of demonstrating some bacterial antagonisme), in: J. of Path. 35 (1932) 831–842; Chain, E., H. Florey, A. Gardner, N. Heatley, M. Jennings, J. Orr-Ewing, A. Sanders: Penicillin as a therapeutic agent, in: Lancet, Jg. 1940, II, 226ff; Fleming, A.: Penicillin. Its practical application (Philadelphia 1946), Chemotherapy: yesterday, today, and tomorrow (London 1946).

Heidel, G.: »Vitale Konkurrenz« und Bacteriotherapie. Zum 100. Geburtstag von Sir Alexander Fleming, in: Med. aktuell 7 (1981) 374f; Ludovici, L.J.: Fleming; discoverer of penicillin (London 1952); Maurois, A.: Alexander Fleming. Arzt und Forscher (Leipzig 1962).

Fock (Fok), Wladimir Aleksandrowitsch, Physiker, geb. 10. (22.) 12. 1898 St. Petersburg (Leningrad), gest. 27. 12. 1974 Leningrad.

F. gehörte zu den führenden sowjet. theoretischen Physikern. Seine Arbeiten behandelten fast alle Gebiete der modernen Physik. Insbesondere widmete er sich der Quantenphysik sowie ihren philosophischen und methodologischen Aspekten.

F., der Sohn eines Forstwissenschaftlers, mußte nach dem Schulbesuch 1916 als Soldat in den Krieg. 1918 nahm er an der Petrograder Univ. ein Physikstudium auf. Ab 1919 war er zudem Stipendiat am Staatlichen Optischen Institut in Petrograd unter D. S. ROSHDESTWENSKI. 1922 wurde F. Aspirant und 1924 Mitarbeiter am Petrograder bzw. Leningrader Physikalisch-technischen Institut (bis 1936), das von A. F. IOFFE geleitet wurde. Nach Studienaufenthalten 1927/28 in Göttingen und Paris war er bis 1941 wieder Mitarbeiter am Staatlichen Optischen Institut und lehrte ab 1930 bzw. 1932 als Prof. für theoretische Physik am Leningrader Polytechnischen Institut und der Leningrader Univ. 1934–1941 und 1944–1953 arbeitete F. am Physikalischen Institut der Ak. d. Wiss. der UdSSR und 1954–1964 am Institut für Physikalische Probleme der Ak. d. Wiss. Seit 1932 war er korrespondierendes und seit 1939 ordentliches Mitgl. der Ak. d. Wiss. der UdSSR.

F. war einer der wenigen sowjet. Physiker, die in den Anfangsjahren der Quantenmechanik Anteil an deren Entwicklung hatten. Bereits 1926 gelangen ihm eine Verallgemeinerung der SCHRÖDINGER-Gleichung auf das Magnetfeld und die relativistische Beschreibung eines geladenen Teilchens im elektromagnetischen Feld (KLEIN-GORDON-FOCK-Gleichung). Durch die Einführung des FOCK-Raumes formulierte er 1930 eine mathematisch konsistente Behandlung der Feldquantelung und stellte einen Zusammenhang her zwischen Quantenfeldtheorie und Quantenmechanik des *n*-Teilchen-Problems. Die HARTREE-FOCK-Methode als quantenmechanisches Näherungsverfahren zur Bestimmung der Wellenfunktion von *n*-Teilchen-Systemen findet heute breite Anwendung.

1932 gelang F. die kovariante Formulierung der DIRAC-Gleichung. Er erarbeitete unter Nutzung der Gruppentheorie die geometrische Theorie des Wasserstoffatoms. Von grundlegender Bedeutung sind seine Arbeiten zur Theorie von Raum, Zeit und Gravitation und die umfassende Deutung von A. EINSTEINS allgemeiner Relativitätstheorie als geometrische Gravitationstheorie.

F. schrieb 1931 das erste sowjet. Lehrb. zur Quantenmechanik, das er kurz vor seinem Tode neu bearbeitete. Seit den 30er Jahren beschäftigte sich F. auch mit Fragen der philosophischen Interpretation der Quantenphysik und Relativitätstheorie sowie mit dem Problem der Kausalität und des Meßprozesses. Mehrfach wurde er mit staatlichen Auszeichnungen geehrt. Ka

Literatur: Fok, V.A.: Načala kvantovoj mehaniki (Leningrad 1932, 2. Aufl. Moskau 1976), Theorie von Raum, Zeit und Gravitation (russ. Moskau 1955, dtsch 1960).

Smirnova, V.I.: Vladimir Aleksandrovič Fok. Materialy k biobibliografii, Seriâ fiziki, vyp. 7 (Moskau 1956); Veselov, M. G.: Vladimir Aleksandrovič Fok. Uspehi fizičeskih nauk 66 (1958) 4, 695–699.

Foerster, Wilhelm Julius, Astronom, geb. 16. 12. 1832 Grünberg (Zielona Góra, Polen), gest. 18. 1. 1921 Bornim bei Potsdam.

F.s hervorragende Verdienste lagen auf dem Gebiet der Wissenschaftsorganisation. Durch seine aktive Mitarbeit in den verschiedensten internationalen Gremien, untermauert durch eine fast 40jährige Tätigkeit als Dir. der Berliner Sternwarte, war er tonangebend in der astronomischen Forschung des 19. Jh.

F., Sohn eines Fabrikbesitzers, promovierte nach astronomischen Studien in Berlin und Bonn bei F. W. A. ARGELANDER. Er wurde 1855 Assistent J. F. ENCKES an der Berliner Sternwarte; 1865–1903 wirkte er als Dir. dieser Institution. Neben der Modernisierung der Berliner Sternwarte und seiner Vorlesungstätigkeit an der Berliner Univ. machte sich F. besonders durch seine wissenschaftsorganisatorischen Aktivitäten verdient. So hatte er 1863 bedeutenden Anteil an der Gründung der Astronomischen Gesellschaft. Seine Denkschrift aus dem Jahre 1871 war der entscheidende Schritt für die 1874 erfolgte Gründung des Astrophysikalischen Observatoriums Potsdam, womit insbesondere die 1859 durch G. R. KIRCHHOFF und R. BUNSEN begründete Spektralanalyse Eingang in die Astronomie fand. Es ist die eigentliche Geburtsstunde der Astrophysik. Die besondere Bedeutung, die F. einer engen Verbindung von Astronomie und Physik beimaß, kommt auch in der Angliederung eines physikalischen Labors unter Leitung des Physikers E. GOLDSTEIN, der 1886 die Kanalstrahlen entdeckte, an die Berliner Sternwarte zum Ausdruck. 1874 erfolgte auf Anregung F.s die Gründung des Astronomischen Recheninstituts als selbständige Einrichtung neben der Sternwarte, dessen Hauptaufgabe die Herausgabe des von J. E. BODE auf Anregung von J. H. LAMBERT begründeten »Berliner Astronomischen Jahrb.« war. F.s förderndes Interesse an der Entwicklung der Präzisionstechnik führte 1887 im Verein mit H. v. HELMHOLTZ und W. v. SIEMENS zur Gründung der Physikalisch-Technischen Reichsanstalt sowie zur Jenaer Glasfabrikation bei Schott. Am Ende seiner Amtszeit als Dir. der Berliner Sternwarte (1903) regte er deren Verlegung an, die aus beobachtungstechnischen Gründen notwendig geworden war. Unter der Leitung F. G. W. STRUVES entstand so 1911–1913 der Neubau der Sternwarte in Babelsberg. Besonders verdient machte sich F. um die Einführung des metrischen Systems in Preußen. 1868 wurde er zum Dir. der Normal-Eichungs-Kommission des Norddeutschen Bundes ernannt, der die wissenschaftliche Kontrolle des Maß- und Gewichtswesens oblag. An der 1875 beschlossenen Pariser Meterkonvention war F. maßgeblich beteiligt und wurde 1891 zum Vorsitzenden des internationalen Komitees gewählt, dem er bis 1920 angehörte. Bedeutende Verdienste erwarb er sich um die mitteleurop. Gradmessung und deren spätere weltweite Ausdehnung. In diesem Zusammenhang erfolgte auch der Ausbau des geodätischen Instituts und die Errichtung des Zentralbureaus der internationalen Erdmessung auf dem Telegrafenberg in Potsdam. Neben der Einführung eines öffentlichen Zeitdienstes in Berlin, der durch die Sternwarte versehen wurde, engagierte sich F. sowohl für Probleme im Zusammenhang mit der Einführung der Welt- und Zonenzeiten als auch für eine Kalenderreform. Neben seiner akademischen Lehrtätigkeit – 1891/92 war er Rektor der Berliner Univ. – bildete die Popularisierung der Astronomie in Wort und Schrift sein besonderes Anliegen. Seit 1860 hielt er Vorträge an der Berliner Singakademie und gründete 1888/89 gemeinsam mit Wilhelm Meyer in Berlin die URANIA, eine Gesellschaft, die sich die Verbreitung naturwissenschaftlicher und technischer Kenntnisse zum Ziel gesetzt hatte und der eine eigene Sternwarte angehörte, die durch die Entdeckung des Kleinen Planeten Eros berühmt wurde. F. bemühte sich weiterhin intensiv seit der Jahrhundertwende um eine allgemeine Vereinigung der Kalendersysteme in Ost und West, vornehmlich um ein fixiertes Datum für Ostern.

F. war überzeugter Pazifist und streitbarer Humanist. Er engagierte sich besonders in der »Gesellschaft für ethische Kultur«, deren Mitbegründer und Vorsitzender er war. Von seinen drei Söhnen wurden besonders bekannt: Friedrich Wilhelm F., Prof. der Philosophie und Pädagogik in Zürich, ein starker Anhänger des Pazifismus, und Karl F. als Schriftsteller, Staudenzüchter und Ehrenbürger Potsdams.

Fe

Literatur: Foerster, W. J.: Altitudo poli bonnensis (Diss., Bonn 1854), Johann Kepler und die Harmonie der Sphären (Berlin 1862), Zeitmaasse und ihre Verwaltung durch die Astronomie (Berlin 1872), Sammlung von Vorträgen und Abhandlungen (Berlin 1876, 1887, 1890), Ortszeit und Weltzeit (Berlin 1884), Studien zur Astronomie (Berlin 1888), Wissenschaftliche Erkenntnis und sittliche Freiheit (Berlin 1896), Kalender und Uhren am Ende des Jahrhunderts (Braunschweig 1899), Himmelskunde und Weissagung (Berlin 1901), Lebensfragen und Lebensbilder (Berlin 1902), Astrometrie I: Die Sphärik und das Koordinatensystem (Berlin 1905), Von der Erdatmosphäre zum Himmelsraum (Berlin 1906), Die Erde als Weltkörper (Bielefeld 1908), Zeitmessung und Zeitregelung (Leipzig 1909), Lebenserinnerungen und Lebenshoffnungen (Berlin 1911), Kalenderwesen und Kalenderreform (Braunschweig 1914).

Fok, → Fock.

Fontana, → Tartaglia.

Forest, Lee de, Ingenieur, Funk- und Radiotechniker, geb. 16.8.1873 Council Bluffs (Iowa, USA), gest. 30.6.1961 Hollywood.

F. beschäftigte sich mit der Entwicklung und dem Bau von Sende- und Empfangsanlagen für die drahtlose Telegrafie; er zählt aufgrund zahlreicher Erfindungen auf dem Gebiet der sich entwickelnden elektronischen Bauelementetechnik und ihrer Schaltungen zu den Pionieren der Radiotechnik.

F. entstammte einer kleinbürgerlichen, in seiner Heimatstadt angesehenen Familie. Nach dem Schulbesuch studierte er an der Yale-Univ. in New Haven, an der er im Jahre 1899 zum Doctor Philosophiae promovierte. Bereits ein Jahr später wandte sich F. der Funktechnik zu, wobei ihn insbesondere die von H. Hertz durchgeführten Versuche zur Bestätigung der Existenz elektromagnetischer Wellen inspirierten.

W. J. Foerster

L. de Forest

Als Angesteller einer Firma, die sich mit dem Bau von Funkstationen beschäftigte, wurde F. täglich mit technischen Problem- und Fragestellungen des jungen Fachgebietes der Funktechnik konfrontiert, so daß er sich entschloß, an der Verbesserung der Sende- und Empfangsanlagen zu arbeiten, und zwar vornehmlich in seiner Freizeit. Bei seinen Versuchen ging F. zunächst von der bereits seit dem 17. Jh. bekannten Erscheinung der elektrischen Flammenleitung aus, die auf folgendem Prinzip beruht: Bringt man in den Raum zwischen zwei unter Spannung stehenden Elektroden eine heiße Flamme, so entsteht durch thermische Ionisation ein Stromfluß. Dieser Effekt kann durch das Einbringen flüchtiger, leichtionisierbarer Salze in den Flammenbereich noch unterstützt werden. F. hielt nun zwischen zwei Platindrahtkontakte die Flamme eines Bunsenbrenners. Auf einem dieser Kontakte wurde eine kleine

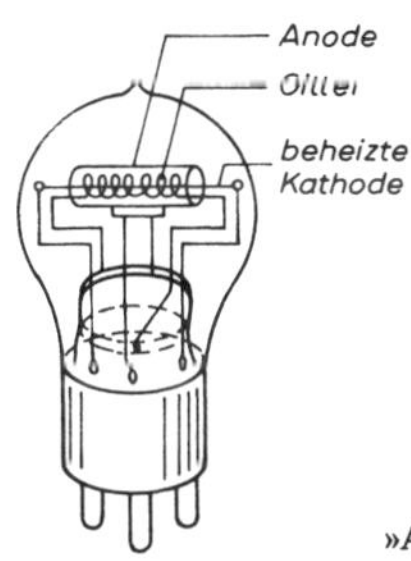

»Audion«-Röhre

Salzperle (Chlorkalk) angebracht. Es zeigte sich, daß diese Anordnung den Strom in einer Richtung, nämlich von der Elektrode mit Salzperle zu der Elektrode ohne Salzperle, stärker leitete als in der entgegengesetzten Richtung. Diesen Effekt nutzte F., um die in der Funktechnik auftretenden hochfrequenten Schwingungen gleichzurichten und durch eine geeignete Auswerteschaltung auch hörbar zu machen. F. nannte seine Einrichtung Audion (nach dem lat. audire, »hören«). Die Anordnung war jedoch für praktische Zwecke nicht verwertbar. Es kam vor allem darauf an, die Flamme des Bunsenbrenners durch ein anderes geeignetes Medium zu ersetzen. Zahlreiche Experimente (1901–1905) führten schließlich zum Erfolg. F. brachte die Elektroden in einem mit Gas gefüllten, später auch evakuierten Glasröhrchen unter und ersetzte die Flamme durch eine mit elektrischem Strom beheizte Elektrode (Kathode). F. war es damit möglich, die bereits 1880 von Th. A. Edison entdeckte Glühemission, die 1902 von O. W. Richardson theoretisch interpretiert wurde, für seine Zwecke nutzbar zu machen.

Unabhängig von F. entwickelten unter anderem A. Wehnelt 1904 und im selben Jahr J. A. Fleming sogenannte Ventilröhren, mit denen es ebenfalls gelang, hochfrequente

Wechselströme gleichzurichten. Das Problem der Verstärkung – die wichtigste Aufgabe zur Verbesserung der Leistungsfähigkeit der Funkanlagen – konnten diese ersten Zweielektrodenröhren (Dioden) jedoch nicht lösen. Den entscheidenden Schritt hierzu tat neben anderen ebenfalls F. Es gelang ihm im Jahre 1906, zwischen den beiden Elektroden seiner Röhre eine dritte, durch eine zusätzliche äußere Spannungsquelle steuerbare Elektrode anzubringen, die später allgemein als Gitter bezeichnet wurde. Damit war es möglich, je nach Vorspannung des Gitters den von der Kathode ausgesandten Elektronenstrom zu steuern, d. h. abzuschwächen oder zu verstärken. Diese Dreielektrodenröhre (Triode), für die F. seine alte Bezeichnung »Audion« (Abb.) beibehielt, wurde ihm 1907 patentiert. Es stand damit erstmals ein Verstärkerbauelement zur Verfügung, das für die Entwicklung der Empfangs- und Sendeanlagen sowie für die Entstehung des Rundfunks eine revolutionierende Bedeutung erlangen sollte.

Bereits Ph. Lenard machte 1902/03 auf die prinzipielle Möglichkeit der Steuerung von Elektronen mit Hilfe eines Maschengitters aufmerksam. Auch der Österreicher R. v. Lieben erkannte 1905/06 die Bedeutung der Steuerung von Elektronen und benutzte sie für Verstärker mit Magnetfeldsteuerung (Kathodenstrahlrelais). Ihm gelang es, unabhängig von F. im Jahre 1910 ein Steuergitter in eine Vakuumröhre (Liebenröhre) einzubauen.

F. mußte für seine umfangreichen Versuche sowie die Anmeldung und Aufrechterhaltung der Patente meist selbst aufkommen. Dies führte dazu, daß er nicht in der Lage war, seine Auslandspatente weiter zu finanzieren. Die Vergütung der in den USA angemeldeten Patente blieb ihm aber erhalten, so daß er in späteren Jahren vermögend wurde.

Von F. stammen zahlreiche weitere technische Neuerungen. Er zählte zu den Pionieren des Tonfilms und war Inhaber von etwa 300 Patenten auf den Gebieten der Funktechnik, der Radiotechnik und des Fernsehens, um nur einige Beispiele zu nennen. Für seine außergewöhnlichen technischen Leistungen wurden ihm zahlreiche Ehrungen des In- und Auslandes zuteil. Ke

Literatur: Forest, L.: Television, today and tomorrow (New York 1942), Father of radio (Chicago 1950).

Fourier, Jean-Baptiste-Joseph de, Mathematiker und mathematischer Physiker, geb. 21. 3. 1768 Auxerre, gest. 16. 5. 1830 Paris.

F. war einer der Begründer der mathematischen Physik; er entwickelte die Grundlagen der mathematischen Theorie der Wärmeleitung und leistete wichtige Beiträge zur Theorie der partiellen Differentialgleichungen sowie zur Theorie der trigonometrischen Reihen.

F. verlor seinen Vater Joseph F., einen Schneider in Auxerre, und seine Mutter im 9. Lebensjahr. Der Knabe wurde an der städtischen Militärschule untergebracht, wo er seine Liebe für die Mathematik entdeckte. Er wollte der Artillerie oder den Pionieren beitreten, wurde aber abgelehnt. F. ging an die Benediktiner-Schule nach St. Benoit-sur-Loire und hoffte, seinen Spezialinteressen später im Pariser Seminar der Benediktiner nachgehen zu können. Diesen Plan vereitelte der Ausbruch der Franz. Revolution; deshalb kehrte er 1789 nach Auxerre zurück und übernahm eine Stelle als Lehrer für Mathematik an seiner ehemaligen Schule. F. erteilte auch Unterricht in Rhetorik, Geschichte und Philosophie. 1789 hatte er der Pariser Akademie eine Arbeit zur Auflösung algebraischer Gleichungen vorgelegt, die zwar Anerkennung fand, in den Unruhen der beginnenden Revolution jedoch nicht veröffentlicht wurde.

Während der Revolution, der sich F. begeistert anschloß, trat er für die Verteidigung zum Tode Verurteilter ein und wurde 1794 verhaftet; ein persönlicher Appell an M. Robespierre blieb erfolglos, aber nach dessen Hinrichtung am 20. 7. 1794 wurde F. freigelassen. Er ging als Lehrer an die eben eröffnete, bald wieder geschlossene École Normale. 1795 übernahm er an der École Polytechnique eine Stelle als »Administrateur de police« und unterstützte J. L. Lagrange und G. Monge in der Lehre. Auf Vorschlag Monges nahm F. 1798 am Feldzug Napoleons nach Ägypten teil und wurde dort Sekretär des neugegründeten »Institut d'Egypte«, dessen erster Präsident Monge war. F. leitete Verhandlungen, hatte verschiedene diplomatische Ämter inne und betrieb seine Forschungen weiter. Nach Frankreich zurückgekehrt, wollte F. 1801 seine Arbeit an der École Polytechnique wieder aufnehmen, Napoleon hatte aber seine Begabung für Verwaltungsarbeit erkannt und ernannte ihn zum Präfekten des Departements d'Isère mit dem Sitz in Grenoble (1802). Die administrativen Aufgaben unterbrachen seine Forschungen kaum. Er verfaßte 1807 die »Mathematische Theorie der Wärme« und legte diese Arbeit der Ak. d. Wiss. vor. Von den Gutachtern P.-S. Laplace, Monge und S. F. Lacroix wurde sie günstig aufgenommen, aber Lagrange war dagegen, weil sie seinen eigenen Berechnungen widersprach. Der Inhalt dieser Abhandlung, die 1807 nicht gedruckt wurde, ging später in F.s Hauptwerk »Théorie analytique de la chaleur« (Analytische Theorie der Wärme, Paris 1822) ein.

Napoleon verlieh 1815 F. den Grafentitel und ernannte ihn zum Präfekten des Departements de Rhone mit Sitz in Lyon. Aus Protest gegen die Strenge des Regimes verzichtete F. noch vor dem Ende der 100-Tage-Herrschaft Napoleons auf den neuen Titel und die Präfektur; er ging nach Paris, um sich ganz seinen Forschungen zu widmen. Ein Freund verschaffte ihm die Stellung als Dir. eines statistischen Büros. 1817 wurde F. an der Akademie angestellt, in der er ab 1822 als ständiger Sekretär den einflußreichsten Posten einnahm. In dieser Stellung hat er viele junge Gelehrte gefördert, z. B. H. Ch. Oerstedt, P. G. L. Dirichlet, N. H. Abel. 1827 erfolgte F.s Aufnahme in die Académie Française; er war auch auswärtiges Mitgl. der Royal Society London.

F.s wissenschaftliche Hauptleistung besteht in der mathematischen Behandlung des Problems der Wärmeleitung. Durch Betrachtung der Wärmebilanz an einem infinitesimalen Tetraeder leitete er die Differentialgleichung

$$\frac{\delta u}{\delta t} = a^2 \Delta u$$

für die Wärmeleitung in einem homogenen Körper her. Er untersuchte diese Gleichung für eine Reihe konkreter Fälle und entwickelte Lösungsmethoden für die entsprechenden Rand- und Rand-Anfangswert-Probleme. Bei der Untersuchung des stationären Falls $\Delta u = 0$ für einen ins Unendliche laufenden ebenen Streifen wurde F. an das Problem geführt, die konstante Funktion 1 in eine Kosinusreihe zu entwickeln. Er verallgemeinerte diese Aufgabenstellung zu der Frage, ob man eine »beliebige« mit 2π periodische Funktion $f(x)$ in eine trigonometrische Reihe entwickeln kann. F. fand für die Koeffizienten a_n, b_n der Entwicklung

$$f(x) = \frac{a_0}{2} + \sum_{k=1}^{\infty} (a_k \cos kx + b_k \sin kx),$$

die man heute als Fourier-Entwicklung bezeichnet, die Ausdrücke

$$a_k = \frac{1}{\pi} \int_{-\pi}^{\pi} f(x) \cos kx \, dx$$

und

$$b_k = \frac{1}{\pi} \int_{-\pi}^{\pi} f(x) \sin kx \, \mathrm{d}x$$

(die sogenannten Fourier-Koeffizienten). Damit hatte F. den alten Streit zwischen L. Euler und D. Bernoulli um die Frage, ob sich »beliebige« Funktionen in trigonometrische Reihen entwickeln lassen, in gewissem Sinne zugunsten des letzteren entschieden. Allerdings blieb die Frage offen, was unter »beliebig« zu verstehen sei, d. h., welchen Bedingungen eine Funktion genügen muß, damit sie in eine konvergente Fourier-Reihe entwickelt werden kann. Diese Frage konnte befriedigend erst von Dirichlet beantwortet werden. F.s eigener Konvergenzbeweis war unzureichend; es ist bemerkenswert, daß er erst bei Hinzuziehung der δ-Distribution zu einem strengen Beweis ausgestaltet werden kann. Die Theorie der Fourier-Reihen hat zahlreiche Anwendungen in Physik und Technik gefunden; sie wirkte befruchtend auf eine Reihe mathematischer Disziplinen, wie Maß- und Integrationstheorie, Theorie der reellen Funktionen, Mengenlehre und Funktionalanalysis. Zur Darstellung nichtperiodischer Funktionen führte F. das nach ihm benannte Integral ein. Die darauf basierende Fourier-Transformation erlangte grundlegende Bedeutung in der Wahrscheinlichkeitstheorie, bei der Lösung von Differentialgleichungen und in einer Reihe technikwissenschaftlicher Disziplinen. Viele Jahre lang beschäftigte sich F. mit der Theorie der algebraischen Gleichungen. Er fand einen originellen Beweis für die Descartessche Zeichenregel und verallgemeinerte diese Regel zu einer Abschätzung der Zahl der reellen Wurzeln eines Polynoms in einem gegebenen Intervall. F. plante ein großes zusammenfassendes Werk über algebraische Gleichungen, konnte es aber nicht vollenden. Die wichtigsten Arbeiten F.s auf diesem Gebiet wurden nach seinem Tod von C. L. M. H. Navier aus dem Nachlaß publiziert. Bi

Literatur: Fourier, J.-B. J.: Œuvres. Vol. I (Paris 1888), Vol. II (Paris 1890), Théorie analytique de la chaleur (Paris 1822, dtsch Breslau 1883), Analyse des équations déterminées (Hrsg. L.H. Navier, Paris 1831).

Arago, F.: Sämtliche Werke, Bd. 1 (dtsch v. W.G. Hankel, Leipzig 1854); Cousin, V.: Notes biographiques sur M. Fourier (Paris 1831).

Fraenkel, Adolf (Halevi, Abraham), Mathematiker, geb. 17. 2. 1881 München, gest. 15. 10. 1965 Jerusalem.

F. war durch seine Untersuchungen zu den Grundlagen der Mengenlehre sowie durch einflußreiche Lehrb. zur Mengenlehre führend an der Entwicklung dieser Theorie zwischen 1920 und 1940 beteiligt.

F. entstammt einer konservativ-orthodoxen jüdischen Familie. Schon als Gymnasiast publizierte F. über Probleme des jüdischen Kalenders. Er studierte Mathematik in München, Marburg, Berlin und Breslau (Wrocław) und war in erster Linie Schüler von K. Hensel. 1914 promovierte er in Marburg und habilitierte sich dort 1916, jeweils mit Arbeiten zu Themen, die aus der Theorie der p-adischen Zahlen erwuchsen. 1916–1921 war F. Privatdoz. an der Univ. Marburg und zugleich 1914–1919 an verschiedenen Frontabschnitten im Kriegsdienst, unter anderem als Krankenpfleger und im meteorologischen Dienst. 1922 wurde er ao. Prof. an der Univ. Marburg, 1928–1933 hatte er eine Professur an der Univ. Kiel inne, dazwischen (1929–1931) und dann ab 1933 ständig bis zur Emeritierung 1959 war er o. Prof. an der Univ. Jerusalem.

Zeitlebens war F. ein überzeugter Zionist. In seinen späteren Jahren in Israel, insbesondere seit 1954, hat er sich stark für den Ausbau des Bildungswesens engagiert.

J.-B.-J. de Fourier

A. Fraenkel

F.s Hauptleistungen betreffen die Mengenlehre, vor allem das von E. Zermelo 1908 vorgelegte axiomatische System. F. verallgemeinerte 1922 Zermelos Aussonderungsaxiom, das besagt, daß jede durch eine definite Eigenschaft festgelegte Teilgesamtheit einer Menge eine Menge ist, zum Ersetzungsaxiom »Jedes volle Bild einer Menge bei einer eindeutigen Zuordnung ist eine Menge«, das z. B. für Probleme der Kardinalzahlarithmetik benötigt wird. Etwa gleichzeitig mit Skolem schlug F. auch eine Präzisierung von Zermelos Begriff »definite Eigenschaft« vor, die aber spezieller als Skolems Vorschlag war, der heute allgemein akzeptiert ist. Schließlich bewies F., daß das Auswahlaxiom im präzisierten Zermeloschen System unbeweisbar ist, wenn zusätzlich die Existenz unendlich vieler Urelemente vorausgesetzt wird. F. baute die Darstellung der Mengenlehre im modifizierten Zermeloschen Axiomensystem, das heute als System von Zermelo-Fraenkel bezeichnet wird, besonders für die Ordnungs- und Wohlordnungstheorie sowie für die Kardinalzahltheorie aus und erreichte breite Wirksamkeit mit seinen Lehrb. zur Mengenlehre. Gd

Literatur: Fraenkel, A.: Einleitung in die Mengenlehre (Berlin 1919, 3. Aufl. 1928), Abstract Set Theory (Amsterdam 1953, 4. Aufl. 1968), Foundations of Set Theory (Amsterdam 1958, 2. Aufl. 1973 hrsg. von Y. Bar-Hillel, A. Levy, D. van Dalen), Zu den Grundlagen der Cantor-Zermeloschen Mengenlehre, in: Math. Ann., 86 (1922) 230–237, Der Begriff »definit« und die Unabhängigkeit des Auswahlaxioms. Sitzungsber. Preuß. Akad. d. Wiss. (1922), Phys.-Math. Kl., 253–257; Georg Cantor, Jahresber. DMV 39 (1930), 189–266; Lebenskreise. Aus den Erinnerungen eines jüdischen Mathematikers (Stuttgart 1967).

Franck, James, Physiker, geb. 26. 8. 1882 Hamburg, gest. 21. 5. 1964 Göttingen.

F. leistete wichtige Beiträge zur Herausbildung der Atom- und Quantenphysik im ersten Drittel des 20. Jh.; seine späteren Arbeiten zur Photosynthese verbanden physikalische Fragestellungen mit chemischen und biologischen Problemen. Mit dem unter seiner Federführung entstandenen »Franck-Report« gehörte F. zu den ersten Wissenschaftlern, die öffentlich gegen die Bedrohung durch die Atombombe aufgetreten sind.

Als Sohn einer alteingesessenen Hamburger Bankiersfamilie jüdischer Abstammung begann F. 1901 in Heidelberg ein Jura- und Ökonomiestudium. Seit frühester Jugend galt sein Interesse aber der Naturwissenschaft; seine Begegnung mit dem dort ein Semester studierenden M. Born bestärkte seinen Entschluß, ein Physikstudium aufzunehmen. Dazu ging er 1902 nach Berlin; E. Warburg, H. Rubens und M. Planck wirkten zu dieser Zeit an der Berliner Univ., in den folgenden Jahren auch P. Drude und A. Einstein. Warburg empfahl F. das Studium der Spitzenentladung (Gasentladungsphysik) als Promotionsthema. F. verallgemeinerte die Fragestellung und promovierte 1906 »Über die Beweglichkeit der Ladungsträger der Spitzenentladung«.

1906 wurde F. Assistent am Berliner Physikalischen Institut, 1917 ao. Prof. Am ersten Weltkrieg mußte auch F. teilnehmen; nach einer Ruhrinfektion wurde er von der Front abgezogen und 1917 an das Kaiser-Wilhelm-Institut für Physikalische Chemie verpflichtet, wo unter Leitung von F. HABER Gaskampfstoffe entwickelt wurden. Als BORN 1921 nach Göttingen berufen wurde, empfahl er für den 2. Experimental-Lehrstuhl F. Den ersten hatte seit 1916 R. W. POHL inne, vorher ebenfalls Assistent an der Berliner Univ. Aus Protest gegen die Machtergreifung der Nationalsozialisten legte F. 1933 sein Göttinger Amt nieder und emigrierte über folgende Zwischenstationen: 1933/34 Baltimore/USA, 1934/35 Kopenhagen, 1935–1938 Baltimore. 1938–1949 war F. Prof. für Physikalische Chemie an der Univ. Chicago. – In erster Ehe war F. mit der Pianistin I. JOSEPHSON verheiratet, nach deren Tod heiratete er seine ehemalige Schülerin, die Physikerin H. SPONER.

In Fortführung seiner Dissertation befaßte sich F. zunächst mit Problemen der Ladungsträgerbeweglichkeit. J. S. E. TOWNSEND hatte eine Theorie des elektrischen Durchschlags aufgestellt. An der darin aufgestellten Hypothese über den Energieaustausch bei der Ionisierung eines Atoms durch Zusammenstoß mit einem Elektron hegte F. berechtigte Zweifel, und gemeinsam mit seinem jüngeren Kollegen G. HERTZ führte er zwischen 1912 und 1914 jene berühmten Elektronenstoßversuche durch, für die sie 1925 den Nobelpreis für Physik erhielten. Ihre Versuche ergaben, daß Stöße unterhalb einer bestimmten Schwellenenergie elastisch sind. Bei der Schwellenenergie wird der Stoß unelastisch, und Licht entsprechender Frequenz wird abgestrahlt. Die Energieübertragung erfolgt nur in ganzen Vielfachen der Schwellenenergie. Dies war zugleich eine glänzende Bestätigung der BOHRschen Atomtheorie, was F. und HERTZ aber erst später erkannten, nachdem N. BOHR 1915 selbst einen entsprechenden Hinweis gegeben hatte.

Unter dem physikalischen Triumvirat BORN/FRANCK/POHL wurde Göttingen in den 20er Jahren ein Zentrum der sich herausbildenden Quantenphysik, das viele internationale Gäste und Schüler anzog. F.s tiefes theoretisches Verständnis experimenteller Vorgänge und seine Fähigkeit, physikalische Sachverhalte rein gefühlsmäßig zu beurteilen, führten zu fruchtbaren Diskussionen mit den Theoretikern. Hauptarbeitsbereich in Göttingen war das Studium der Zusammenstöße von Atomen, der Abgabe von Anregungsenergien, Bildung und Dissoziation von Molekülen. BORN und F. führten das Konzept der Quasimoleküle ein (1925). Die Bestimmung der Dissoziationsenergie von Molekülen durch F. und die wellenmechanische Formulierung des Ergebnisses durch BORNS Schüler E. U. CONDON führten zu dem heute als FRANCK-CONDON-Prinzip bekannten Satz, der wichtig wurde für das Verständnis der Molekülspektren.

Nach seiner Emigration arbeitete F. vor allem über Photosynthese. Mit K. F. HERZFELD entwickelte er 1935 aufgrund einer ersten schematischen Modellvorstellung eine quantitative kinetische Theorie. Seine Ergebnisse waren nicht unumstritten, vor allem ergab sich eine scharfe Kontroverse mit O. WARBURG. Weitere Beiträge folgten zur Excitonentheorie und zum photographischen Prozeß.

Während des zweiten Weltkrieges war F. an den in Chicago laufenden Arbeiten zum amerik. Atombombenprojekt beteiligt und leitete das chemische Laboratorium, in dem chemische Trennungsverfahren für Plutonium entwickelt wurden. Als gegen Ende des zweiten Weltkrieges immer mehr der an der Atombombenentwicklung beteiligten Wissenschaftler erkannten, daß kein Grund mehr zum Einsatz einer solchen Bombe bestand, suchten sie einen möglichen Einsatz zu verhindern. Der »FRANCK-Report« vom Juni 1945, den sieben am Projekt beteiligte Wissenschaftler unterzeichnet hatten, ist als ein solcher verzweifelter Versuch zu werten – wie bekannt leider ohne Erfolg. Aber der FRANCK-Report trug mit dazu bei, vielen Naturwissenschaftlern ihre Verantwortung bewußt zu machen.

F. war Mitgl. vieler Akademien, unter anderem in Berlin, London und der UdSSR, sowie Gesellschaften, er erhielt viele Ehrungen, außer dem erwähnten Nobelpreis unter anderem die Rumford-Medaille 1955 und die Planck-Medaille 1951. Die letzten Jahre verbrachte F. in Durham/USA, wo seine Frau eine Professur hatte. Mehrfach besuchte er noch Europa, insbesondere Göttingen. Ka

Literatur: Franck, J. (mit G. Hertz): Über die Erregung der Quecksilberresonanzlinie 253,6 μμ durch Elektronenstöße, in: Verh. Dtsch. Phys. Ges. 16 (1914) 11, 512–517; (mit M. Born): Quantentheorie und Molekelbildung, in: Z. Phys. 31 (1925), 411–429.

Hertz, G.: James Franck, in: Ann. Phys. 7. Folge, 15 (1965) 1–2, 1–4; Kroebel, W.: Zum 70. Geburtstag von James Franck, in: Naturwiss. 39 (1952) 17, 385–388; Kuhn, H. G.: James Franck. Biographical Memoirs of Fellows of the Royal Society 11 (1965), 53–74 (mit ausführlicher Bibliographie).

Frank, Adolph, Verfahrenstechniker, geb. 20. 1. 1834 Klötze, gest. 30. 5. 1916 Charlottenburg bei Berlin.

F. gehört zu den Pionieren der chemischen Verfahrenstechnik. Sein Name ist mit der Begründung und Entwicklung zweier strukturbestimmender Produktionszweige der chemischen Industrie – der des Kalis und der des Kalkstickstoffs – aufs engste verbunden. Außerdem beschäftigte er sich mit der Entwicklung und Verbesserung chemischer Technologien der Glas- und Emailleherstellung, der Gewinnung von Brunnensalzen, der Sulfitcelluloseherstellung u. a.

F., Sohn eines Kaufmanns, besuchte die Jacobson-Schule in Seesen, absolvierte in Osterburg eine Lehre als Apothekergehilfe und arbeitete anschließend als solcher drei Jahre in Habelschwerdt (Bystřzyca Kłodzka). Während seiner Militärzeit 1854/55 in Berlin hörte er Vorlesungen bei G. ERDMANN an der Tierarzneischule. 1855–1857 studierte er in Berlin bei E. MITSCHERLICH, G. MAGNUS, H. ROSE und H. W. DOVE Chemie und Technologie und nahm dann eine Tätigkeit als Chemiker bei der damals bedeutendsten Rübenzuckerfabrik »Bennecke, Hecker & Co.« in Staßfurt-Hecklingen auf. 1858 erhielt F. sein erstes Patent für ein Verfahren zum Scheiden und Reinigen von Rübensäften mittels Tonerdeseifen. 1862 promovierte er an der Univ. Göttingen mit einer Arbeit über die »Verluste bei der Fabrikation des Rohzuckers«. Durch J. LIEBIGS Schriften über die Bedeutung der Mineraldüngung in der Landwirtschaft aufmerksam geworden, machte F. sich im Zusammenhang mit seinen Arbeiten zur Steigerung der Rübenzuckerproduktion Gedanken über die Verwendung der beim Steinsalzaufschluß in Staßfurt gefundenen Abraumsalze als Düngemittel. Als erster fand er eine Methode zur Gewinnung verwendbaren Kaliumchlorids. Danach wird das schädliche Magnesiumchlorid (Bischofit) aus dem Carnallit durch Calcinieren zerstört, und anschließend wird das Kaliumchlorid durch Auslaugen und Eindampfen ausgezogen. Auf der Grundlage des ihm dafür am 21. 3. 1861 erteilten Patents nahm am 1. 10. 1861 die von F. gegründete erste deutsche Kalifabrik den Betrieb mit einer täglichen Verarbeitung von etwa 5 t Abraumsalzen auf. Da F. die für die Errichtung der Anlagen notwendigen finanziellen Mittel selbst nicht aufbringen konnte, hatte er dafür vom Hamburger Handelshaus Philip & Speyer einen Kredit von 8 000 Talern erhalten, obwohl staatliche und private Geldgeber damals von seinem Unternehmen nicht ohne weiteres zu überzeugen waren, galten doch Bergwerksunternehmen nach der bislang größten kapitalistischen Wirtschaftskrise (1857–1859) als besonders risikovoll. Der sofortige wirtschaftliche Erfolg war jedoch so überzeugend, daß schon 1864 18 und 1872 sogar 33 weitere Kalifabriken in Staßfurt und Leopoldshall existierten, die nach einem von H. J. Grüneberg verbesserten Verfahren über 0,5 Mill. t Rohkalisalze jährlich verarbeiteten.

1876 schied F. als Generaldir. aus der Leitung der »Vereinigten chemischen Fabriken in Leopoldshall« aus, übersiedelte nach Charlottenburg und übernahm dort die wissenschaftliche und technische Leitung einer Glashütte. Als nun schon bekannter Verfahrenschemiker und Unternehmer wurde er in zahlreichen wissenschaftlichen, technischen und wirtschaftlichen Gremien aktiv tätig und verstärkte auch seinen persönlichen Einfluß auf wirtschafts- und wissenschaftspolitische Entscheidungen. 1885 gab F. seine Stellung in der Glashütte auf und war nun als freier Chemiker und Zivilingenieur tätig.

1895, im Alter von 61 Jahren, begann F. sich ein letztes großes Gebiet der chemischen Industrie wissenschaftlich und wirtschaftlich zu erschließen. Zusammen mit N. Caro hatte er festgestellt, daß die Carbide der Erdalkalimetalle mit atmosphärischem Stickstoff Verbindungen bilden können. Weiterführende Untersuchungen ergaben auf der Grundlage einschlägiger Forschungsergebnisse des Chemikers F. Rothe wirtschaftlich lukrative Ausbeuten an Cyanamidsalzen bei der Azotierung von Erdalkalicarbiden. F. und Caro unternahmen sofort alle erforderlichen Maßnahmen zur großtechnischen Realisierung des Verfahrens. Insbesondere das Calciumcyanamid (technisch Kalkstickstoff) war wegen der daraus leicht möglichen Ammoniakproduktion für die Sprengstoffindustrie und als Düngemittel für die Landwirtschaft gleichermaßen interessant. Die anfallenden Cyanide fanden beim Goldaufschluß aus den Erzen der südafrikan. Kolonien Verwendung. 1902 war die lange Zeit für unmöglich gehaltende chemische Bindung des Luftstickstoffs theoretisch und technisch realisierbar geworden, und seit 1905 wird Kalkstickstoff großtechnisch nach dem Frank-Caro-Verfahren hergestellt.

Es war ein persönlichkeitsprägender Charakterzug von F., daß er im Denken und Handeln das wissenschaftlich Erkannte stets mit dem praktisch Nützlichen verband und die Realisierung zielstrebig in Angriff nahm. Gi

Literatur: Frank, A.: Zur Nutzbarmachung des atmosphärischen Stickstoffs, in: Z. angew. Chem. 16 (1903), 520–539.

Grossmann, H.: Adolph Frank, in: Z. angew. Chem. 29 (1916), 373–377, Adolph Frank und das Preisausschreiben der Liebig-Stiftung über die Verwendung der Kalisalze aus dem Jahre 1876, in: Z. angew. Chem. 32 (1919), 97–99; Rothe, F.: Aus den Erinnerungen eines Industrie-Chemikers: Über die Entdeckung der Kalistickstoff-Verfahren. Eine lehrreiche Erfindungsgeschichte (Berlin 1932).

Frank, Johann Peter, Mediziner, geb. 19. 3. 1745 Rodalben (Pfalz), gest. 24. 4. 1821 Wien.

F. wurde durch die Erkenntnis der Einflüsse von Umweltfaktoren im weitesten Sinne auf die Gesundheit des Menschen zum Begründer der Hygiene als Wissenschaft. Da er dabei auch die Zusammenhänge zwischen gesellschaftlichen Gegebenheiten und Gesundheitszustand der Bevölkerung berücksichtigte, zählt er zu den bedeutendsten Vorläufern der Sozialhygiene. Außerdem war er einer der hervorragenden Kliniker seiner Zeit auf dem Gebiete der inneren Medizin.

F. wuchs als Sohn eines ehemaligen Glashüttenverwalters und Kleinhändlers im Grenzgebiet des deutschen und franz. Kulturkreises auf. 1762–1766 studierte er Medizin in Heidelberg und Straßburg (Strasbourg). 1766 promovierte er in Heidelberg zum Dr. med. Anschließend war F. bis 1768 als Landarzt im lothring. Bitsch (Biche) tätig. Ab 1769 wirkte er als Landphysikus, später auch als Leibarzt des

A. Frank

J. P. Frank

Markgrafen von Baden in Rastatt. 1772 übernahm F. eine Stelle als Leibarzt des Fürstbischofs von Speyer in Bruchsal. Dort begann er sein Hauptwerk, das »System einer vollständigen medicinischen Polizey«, auszuarbeiten. Ganz im Geiste der Populationstheorien des Aufklärungszeitalters folgt er darin dem Leitgedanken, daß die Heilkunde zur Erhaltung und Vermehrung der Bevölkerung beitragen müsse und könne. 1784 folgte er einem Ruf an die Univ. Göttingen als Prof. für Philosophie und Praktische Medizin. Bereits dort arbeitete er erste Pläne für eine Reformierung des studentischen Unterrichts aus. Doch schon 1785 wechselte er an die Univ. Pavia, in die Hauptstadt der damals österreich. Lombardei. Damit wurde er zugleich Protophysikus (d. h. Generaldirektor) des gesamten Medizinalwesens dieser Provinz. Neben seiner umfangreichen Lehrtätigkeit reorganisierte er das Gesundheitswesen von Grund auf, arbeitete neue Pläne für den medizinischen Unterricht aus und verfaßte weitere Teile seines Werkes über die Medizinische Polizei sowie ein mehrbändiges Handb. der inneren Medizin, das unter dem Titel »De curandis hominum morbis Epitome« (Auszug über die Heilung von Krankheiten der Menschen) erschien. 1795 berief man ihn als Dir. des Allgemeinen Krankenhauses nach Wien. Auch hier entfaltete er eine fruchtbare Tätigkeit als Reorganisator dieser mit einer Kapazität von über 2000 Betten größten Krankenanstalt der damaligen Zeit. Außerdem war er auch als Prof. der klinischen Medizin tätig. Wegen zahlreicher gegen ihn gerichteter Intrigen verließ er Wien und folgte 1804 einem Ruf an die Univ. Wilna (Vilnius). Mit ihm erhielt auch sein Sohn, Joseph F., eine Professur, die dieser als hochangesehenes Mitgl. der Medizinischen Fakultät bis 1824 innehatte. Den Vater holte indessen bereits 1805 der russ. Zar Alexander I. (1777–1825) unter glänzenden äußeren Bedingungen als Leibarzt nach St. Petersburg (Leningrad). F. wurde auch hier mit der Neugestaltung des medizinischen Unterrichts an der militärmedizinischen Akademie beauftragt, doch drang er mit seinen Plänen nicht vollkommen durch, so daß er 1808 Rußland wieder verließ. Nach Wien zurückgekehrt, lehnte er ein Angebot Napoleons (1769–1821) ab, als dessen Leibarzt mit nach Paris zu gehen. F. lebte fortan nur noch seinen wissenschaftlichen Studien und arbeitete vor allem an der Vervollkommnung seiner beiden bedeutendsten Werke, der Medizinischen Polizei und der Epitome. 1809 ließ er sich vorübergehend in Freiburg im Breisgau nieder, wo seine Tochter lebte, und schrieb den 5. Band seiner Medizinischen Polizei. 1811 kehrte er nach Wien zurück. Hier vollendete er sein wissenschaftliches Lebenswerk weitgehend.

Das historische Verdienst F.s besteht vor allem in der wissenschaftlichen Grundlegung einer sozial ausgerichteten Medizin und im theoretischen Nachweis der sozialen Determiniertheit von Gesundheit und Krankheit. Ausgehend von der Erkenntnis, daß der Staat in entscheidendem Maße

Johann Peter Frank, M. D.
Hochfürstlich Speyerischen Geheimenraths
und Leibarztes,
System
einer vollständigen
medicinischen Polizey.
Zweiter Band.
Von der außerehligen Zeugung, dem geflissentlichen Mißgebähren und andern Mißhandlungen der unehligen Kinder, von der physischen Erziehung des Neugebohrnen bis zum erwachsenen Bürger.
Mannheim,
bei C. F. Schwan, kuhrfürstl. Hofbuchhändler,
1780.

Titelblatt des 1780 in Mannheim erschienenen Hauptwerkes von J. P. Frank »System einer vollständigen medicinischen Polizey«

für die Gesunderhaltung und den Schutz seiner Bürger verantwortlich ist, forderte er dies auch von den Herrschern seiner Zeit. F. wollte die gesellschaftlichen Grundlagen des Absolutismus in keiner Weise antasten. Er glaubte, allein durch den Einfluß des Arztes als Berater der Fürsten, durch Vorbildwirkung und Erziehung der Menschen im Sinne der Aufklärung der damaligen sozialen und gesundheitlichen Misere der Masse der Bevölkerung begegnen zu können. So wurde sein Hauptwerk, das »System einer vollständigen medicinischen Polizey«, tatsächlich vor allem zu einem »hygienischen Denkmal des absolutistischen Staates, des aufgeklärten Despotismus« (H. E. Sigerist, Große Ärzte, München 1970). Eine späte und weitreichende Wirkung erzielte es dennoch als eine der historischen Quellen für die Entwicklung der Sozialhygiene als Wissenschaft. Schk

Literatur: Frank, J. P.: System einer vollständigen medicinischen Polizey, Bd. 1–4 (Mannheim 1779–1788), Bd. 5 (Stuttgart 1813), Bd. 6, Tl. 1 u. 2 (Wien 1817–1819), 2 Suppl.-Bde. (Leipzig 1825–1827), De curandis hominum morbis Epitome, Bd. 1–5 (Mannheim 1792–1794), Bd. 6 (Stuttgart u. Wien 1811–1821), Biographie des Dr. J. P. Frank. Von ihm selbst geschrieben (Wien 1802; Bern/Stuttgart 1969, Hrsg. E. Lesky), Akademische Rede vom Volkselend als der Mutter der Krankheiten (Pavia 1790; Leipzig 1960, Hrsg. E. Lesky).

Breyer, H.: Johann Peter Frank (Leipzig 1983); Doll, K.: Dr. Johann Peter Frank 1745–1821. Ein Lebensbild (Karlsruhe 1909); Lesky, E.: Johann Peter Frank als Organisator des medizinischen Unterrichts, in: Sudhoffs Arch. 39 (1955), 1–27; Schmitz, K. E. F.: Die Bedeutung Johann Peter Franks für die Entwicklung der sozialen Hygiene (Berlin 1917); Schneck, P.: Die sozialgynäkologischen Aspekte im Werk von Johann Peter Frank (1745–1821), in: Zentr.bl. Gynäkol. 94 (1972), 978–984.

Frankland, Sir Edward, Chemiker, geb. 18. 1. 1825 Catterall bei Churchtown (Lancashire), gest. 9. 8. 1899 Golaa (Gudbrandsdal, Norwegen).

F. arbeitete in den Bereichen der organischen, physikalischen und angewandten Chemie (Wasserchemie). Er stellte erstmalig metallorganische Verbindungen dar und schuf die Grundlagen der Lehre von der »Sättigungskapazität« (Valenz) der Elemente.

F. erhielt seine Schulausbildung in mehreren öffentlichen Schulen, zuletzt in der Grammar School in Lancaster. Mit 15 Jahren wurde er von seinem Stiefvater zu einem Apotheker in Lancaster in die Lehre geschickt (1840–1845). Während dieser Zeit hatte F. vor allem körperlich schwer zu arbeiten und kaum Gelegenheit, für seinen Beruf zu lernen. Deshalb ging er 1845 in das Laboratorium am »Museum of Economic Geology« in London. Hier lernte er H. Kolbe kennen, der im Herbst desselben Jahres bei seinem Lehrer L. Playfair Assistent geworden war. Gemeinsame Arbeiten, bei denen die von R. Bunsen geschaffenen gasanalytischen Methoden angewendet wurden, führten zur Freundschaft der beiden jungen Männer. 1846 wurde F. Assistent bei Playfair, und im Sommer 1847 arbeiteten Kolbe und F. bei Bunsen in Marburg. F. setzte die Arbeit bei Bunsen 1848/49 fort und promovierte dort mit der Arbeit »Über die Isolierung des Radicales Aethyl«. Nach kurzem Studienaufenthalt bei J. v. Liebig in Gießen übernahm er 1850 den Lehrstuhl Playfairs und wurde 1851 auf den neuen Lehrstuhl am Owens College in Manchester berufen. 1857–1864 stand F., der inzwischen zum Mitgl. der Royal Society ernannt worden war, der chemischen Abteilung der medizinischen Schule des »St. Bartholomew's Hospital« in London vor. 1863 übernahm er M. Faradays Professur an der »Royal Institution of Great Britain« und 1865 die Stelle A. W. v. Hofmanns am »Royal College of Chemistry«. Er wurde zum Mitgl. der Kgl. Kommission zur Erforschung der Verunreinigung der engl. Flüsse ernannt. 1885 zog sich F. ins Privatleben zurück.

Zusammen mit Kolbe arbeitete F. an der Aufklärung von Säuren. Dabei gelang die Darstellung von Fettsäuren aus Nitrilen (CH_3CN, C_2H_5CN, C_5H_9CN). Mit den so erhaltenen Säuren (Essig-, Propion- und Capronsäure) war die Grundlage für die Synthese organischer Säuren gelegt. Die Säuren wurden als gepaarte Verbindungen der entsprechenden Alkoholreste mit Oxalsäure betrachtet. Bei der Untersuchung der von ihm erstmalig dargestellten metallorganischen Verbindungen erkannte F., daß die ungesättigten Radikale (z. B. $—CH_3$) nicht als freie Kohlenwasserstoffe existieren und gesättigte Kohlenwasserstoffe die doppelte Molmasse (z. B. C_2H_6) ungesättigter Radikale haben. 1857 gelang es ihm, Zinkamid, Zinkanilid, Zinkdiethylamid, Zinkacetamid und entsprechende Verbindungen mit anderen Metallen herzustellen. Seine 1852/53 gewonnenen Erkenntnisse über die Fähigkeit einiger Elemente (Stickstoff, Phosphor, Antimon und Arsen), unterschiedlich viele Äquivalente anderer Elemente zu binden, trugen wesentlich zur Herausbildung des Valenzbegriffes bei. Dadurch wurden die in der Substitutionstheorie von A. Laurent und in der älteren Typentheorie von J. B. Dumas steckenden Ansätze auf eine qualitativ neue Stufe gehoben. Mit der Erkenntnis, daß den einzelnen Elementen bestimmte »Sättigungskapazitäten« zukommen, wurden die unklaren Vorstellungen von der chemischen Verbindungsweise der »Paarlinge« überwunden.

In den 50er und 60er Jahren arbeitete F. über Reinigung und Anwendung von Heiz- und Leuchtgas. Seine auf technische Anwendungen gerichteten Arbeiten wurden seit 1865 durch vielschichtige Untersuchungen auf dem Gebiet des Trink-, Brauch- und Abwassers sowie über den Zustand der Flüsse ergänzt.

F.s 1860–1870 ausgeführten wissenschaftlichen Untersuchungen sind überwiegend Gemeinschaftsarbeiten mit seinem Mitarbeiter B. F. Duppa. Die Beschäftigung mit metallorganischen Verbindungen spielte in diesen Jahren eine besondere Rolle. Dabei wurden Quecksilberdialkyle und Bortrialkyle dargestellt und ihre Reaktionen erforscht. Mit der kombinierten Einwirkung von Natrium und Iodalkylen auf Essigester gelangen Experimente, die zu einer allgemein verwendbaren Methode zum Aufbau von Homologen der Essigsäure und des Acetons führten und zur Konstitutionsaufklärung beitrugen. Damit waren entscheidende Grundlagen der Chemie der Acetatessigester gelegt. Darüber hinaus führte F. eine größere Zahl physikalisch-chemischer Arbeiten aus.

Als Mitgl. der Kgl. Kommission zur Erforschung der Verunreinigung der engl. Flüsse war F. größte Autorität in allen Fragen der Wasserversorgung und -aufbereitung in England. 1897 wurde er wegen seiner Verdienste in dieser Kommission geadelt. Von vielen in- und ausländischen Gesellschaften (z. B. 1873 von der Deutschen Chemischen Gesellschaft) wurde F. zum Ehrenmitgl. gewählt, mehrfach zum Ehrendoktor ernannt und mit Orden und Medaillen geehrt. Fi

Literatur: Frankland, E.: Experimental Researches in Pure, Applied and Physical Chemistry (London 1877), Lecture Notes for Chemical Students (Bd. I London 1877, Bd. II London 1881), Water-Analysis for Sanitary Purposes (London 1880), On the isolation of Organic Radicals, in: J. Chem. Soc. 2 (1849), 265, und Ann. Chem. 71 (1849), 171, On a new series of organic bodies containing Metals and Phosphorous, in: J. Chem. Soc. 2 (1849), 297, und Ann. Chem. 71 (1849), 213, On an new series of organic bodies containing metals, in: Phil. Trans. 142 (1852), 417, und Ann. Chem. 85 (1853), 329, Researches on organo-metallic bodies: Zincethyl, in: Phil. Trans. 165 (1855), 259, und Ann. Chem. 95 (1855), 28.

Wislicenus, J.: Edward Frankland, in: Ber. Dtsch. Chem. Ges., Heft 33 (Berlin 1870).

Franklin, Benjamin, Naturforscher und Staatsmann, geb. 17. 1. 1706 Boston (Massachusetts, USA), gest. 17. 4. 1790 Philadelphia (Pennsylvania, USA).

F. war der erste bedeutende amerik. Wissenschaftler. Seine Forschungen galten vor allem der Elektrizität. Als Staatsmann hatte er großen Anteil an der nordamerik. Unabhängigkeitsbewegung und der Gründung der USA.

F., Sohn eines Seifensieders und Kerzenziehers, besuchte zwei Jahre eine Schule und half zeitweilig seinem Vater bei der Arbeit. Danach lernte er bei seinem Halbbruder Buchdrucker und ging 1723 nach Philadelphia. 1724 sandte ihn der Gouverneur, der ihn protegierte, von Philadelphia nach London; hier vervollständigte er seine Ausbildung. Nach seiner Rückkehr 1726 eröffnete er eine eigene Druckerei und gab eine eigene Zeitung sowie einen begehrten Volkskalender »Poor Richard: An Almanack« heraus. Rasch wurde er in der Öffentlichkeit als politischer Schriftsteller bekannt. Er organisierte die erste amerik. Leihbibliothek (1731) und war einer der Begründer der Akademie von Philadelphia. 1737 wurde F. Postmeister von Pennsylvania, 1753–1775 stellvertretender Generalpostmeister aller engl. Kolonien. 1751 wählte man F. zum Mitgl. des Abgeordnetenhauses von Pennsylvania. Von 1757–1774 vertrat er die Interessen der Kolonie Pennsylvania im Mutterland

E. Frankland

B. Franklin

Großbritannien. 1748 übergab er seine Druckerei unter Gewinnbeteiligung einem Mitarbeiter und widmete sich verstärkt seinen naturwissenschaftlichen Forschungen.

F. war Mitverfasser der 1776 vom Kontinentalkongreß angenommenen Unabhängigkeitserklärung und unterstützte den Plan für eine Union der Kolonien. 1776 wurde F. als einer der amerik. Bevollmächtigten nach Paris gesandt, wo er sich mit seinen demokratisch-republikanischen Ideen und durch seinen wissenschaftlichen Ruf hohes Ansehen erwarb. Er galt als hervorragender Vertreter der Aufklärung, wurde Mitgl. der franz. Akademie und mit vielen berühmten Wissenschaftlern Europas bekannt. Es gelang ihm, Frankreich zu einem Bündnis mit den USA und 1778 zum Kriegseintritt gegen England zu bewegen. Als einer von drei Unterhändlern sorgte F. für einen endgültigen und schnellen Friedensschluß mit England (1783). 1785 nach Amerika zurückgekehrt, bleib er noch drei Jahre Präsident des Exekutivrates von Pennsylvania und arbeitete an der Verfassung von 1788 mit. Trotz seiner vielen Pflichten als Politiker hinterließ er ein reiches wissenschaftliches Werk. F. genoß gleichermaßen als Staatsmann und als Wissenschaftler internationalen Ruf.

F.s Forschungen über Elektrizität begannen nach 1740 mit Studien zur Leidener Flasche. Nach seiner Auffassung hat jeder Körper eine natürliche Menge an »elektrischem Feuer« bzw. »elektrischem Fluidum«, bei Überschuß sei der Körper positiv, bei Mangel negativ geladen. Einen geladenen Körper umgebe eine »elektrische Atmosphäre« gleich einer Wolke, die vor allem die Abstoßung bewirke. Letztere Anschauung war allerdings für die Abstoßung negativ geladener Körper unzulänglich, sie wurde insbesondere von F. Aepinus revidiert.

Vorwärtsweisend war jedoch, daß F. im Gegensatz zu vielen Zeitgenossen eine unitarische Vorstellung vom Wesen der Elektrizität verfocht und die Bezeichnungen positiv (plus) und negativ (minus) für unterschiedliche Ladungen einführte. Ferner prägte er den Begriff Ladung als eine Sammlung von Elektrizität und wies die Vorstellung einer Erschaffung von Elektrizität zurück. Auf ihn geht auch die Bezeichnung Batterie zurück. Außerdem konstruierte er eine Vorform des Plattenkondensators, die Franklinsche Tafel, schaltete solche Tafeln in Reihe und erhielt starke Entladungen.

Ab 1749 verglich F. den elektrischen Funken mit dem Blitz und stellte eine Liste mit zwölf beobachtbaren Ähnlichkeiten auf. Durch Experimente bei Gewittern mit einer unterbrochenen Blitzstange, aus der sich Funken ziehen ließen, und durch die berühmten Drachenexperimente mit feuchten Schnüren konnte er nachweisen, daß »Wolken« elektrisch geladen sind. Daraufhin konstruierte F. 1753 den Blitzableiter, den unabhängig von ihm auch P. Diviš nach J. H. Winklers Angaben erfand und der nach anfänglicher Ablehnung aus Aberglauben seit etwa 1760 weltweit angewandt wurde. 1753 verlieh ihm die Royal Society ihre höchste Auszeichnung, die Copley-Medaille.

Durch Kapitäne erhielt F. erste Hinweise über die Existenz des Golfstromes. Er zeichnete dafür eine Karte, und während seiner Atlantiküberfahrten maß er die Wassertemperaturen, um den Verlauf des Golfstromes genau festzulegen. Mit Beobachtungen über Wellenformationen und Sturmrichtungen leistete er weitere Beiträge zur Meteorologie. Ferner entwarf F. Versuchsanordnungen zur Messung der Wärmeleitfähigkeit und unterstützte die Wärmestofftheorie; in der Optik zählte er zu den Kritikern der NEWTONschen Korpuskulartheorie. In der Medizin setzte er sich für die Pockenimpfung ein, versuchte die Wirkung der Behandlung mit Elektroschocks aufzuklären und propagierte allgemein eine gesunde Lebensweise. Schi

Literatur: Franklin, B.: Autobiographie (Leipzig u. Weimar 1983); Bigelow, J. (Hrsg.): The Complete Works of Benjamin Franklin, 10 Bde. (New York, London 1887–1888); Smyth, A. H. (Hrsg.): The Writings of Benjamin Franklin, 10 Bde. (New York 1905–1907).

Cohen, J. B.: Franklin and Newton (Philadelphia 1956).

Fraunhofer, Joseph von, technischer Optiker und Physiker, geb. 6. 3. 1787 Straubing, gest. 7. 6. 1826 München.

F. begründete Anfang des 19. Jh. den wissenschaftlichen Fernrohrbau in München, entdeckte 1813 zahlreiche dunkle, später nach ihm benannte (Absorptions-) Linien des Sonnenspektrums und erfand bei Untersuchungen der Beugungserscheinungen (ab 1817) das Beugungsgitter.

F., der mit 11 Jahren Vollwaise war, kam 1799 in die 6jährige Lehre eines Spiegelschleifers in München. Er führte in seiner Freizeit autodidaktische Studien durch und wurde 1806 Optiker in der Werkstätte von G. v. REICHENBACH, J. LIEBHERR und J. v. UTZSCHNEIDER in München, die geodätische und astronomische Instrumente herstellte. 1809 wurde F. Teilhaber der Werkstätte und Leiter der um 1806 gegründeten optischen Abteilung, die sich von 1807 bis 1819 in Benediktbeuern befand. Aus ihr ging das optische Institut hervor, das seit 1814 nur noch UTZSCHNEIDER und F. gehörte. 1817 wurde F. korrespondierendes, 1821 außerordentliches, »besuchendes« Mitgl. und 1823 Prof. und Konservator des physikalischen Kabinetts der Bayer. Akademie. Er wurde Ehrendoktor der Univ. Erlangen und erhielt 1824 den Zivil-Verdienstorden der bayer. Krone, mit dem gleichzeitig eine Erhebung in den Adelsstand verbunden war.

Als Optiker hatte F. ab 1807 alle erforderlichen optischen Teile für die Instrumente selbst herzustellen. Dabei verbesserte er die Arbeits- und Prüfverfahren, erfand neue Maschinen und Werkzeuge zum Schleifen und Polieren der Linsengläser bzw. vervollkommnete sie. Ab 1809 wurde er durch P. L. GUINAND in das Schmelzverfahren von optischem Glas eingeführt. In einer vierjährigen Zusammenarbeit gelang es beiden, das Glas wesentlich zu verbessern.

Bei der Herstellung der Fernrohre stützte sich F. – im Gegensatz zu den Optikern seiner Zeit, die ihre Objektive nach wie vor durch vielfaches Probieren (»Pröbeln«) fertigten – auf wissenschaftlich begründete Vorschriften, indem er die Achromatobjektive zunächst nach Formeln von L. EULER und G. S. KLÜGEL berechnete, später nach eigenen. Dazu brauchte er die genaue Kenntnis des Brechungs- und Farbenzerstreuungsvermögens der zu verwendenden Glasarten, zu deren Erlangung er 1813 ein 6-Lampen-Gerät zum Erzeugen monochromatischen Lichtes entwickelte. Bei Einsatz von Sonnenlicht entdeckte F. die später nach ihm benannten Linien. Die stärksten von ihnen benutzte er zur Bestimmung der Brechzahlen (auf 6 Dezimalen genau). Das ermöglichte ihm, das Flint- und Kronglas durch zahlreiche Schmelzversuche (durch Änderung der chemischen Zusammensetzung) weiter zu verbessern und damit das Fernrohrobjektiv weiter zu vervollkommnen. Seine Leistungen schätzte er 1823 wie folgt ein: »Die optischen Instrumente, welche früher einzig in England verfertigt wurden, bedurften sowohl in Hinsicht ihrer Theorie als der Ausführung großer Vervollkommnung, um mit den Fortschritten gleichen Schritt zu halten. Ich war so glücklich, die Wünsche der Astronomen in dieser Beziehung zu erfüllen und ihre Erwartungen z. T. zu übertreffen, so daß gegenwärtig in Europa nur wenige Sternwarten existieren, welche nicht Fernröhre von meiner Hand besitzen.« 1824 vollendete F. den Bau seines größten Fernrohres für die russ.-kaiserliche Sternwarte in Dorpat (Tartu). Das Objektiv, das bereits 5 Jahre früher fertig war, hatte einen Durchmesser von 24,4 cm und eine Brennweite von 4,33 m. Die von F. – und auch von seinen Nachfolgern G. MERZ und dessen Sohn SIGMUND – gefertigten Fernrohre waren das Ergebnis eines außerordentlich hohen praktischen und technischen Könnens, das sich F. als Autodidakt erworben hatte. Nur durch die Verbindung von Technik und Physik wurde der wissenschaftliche Fernrohrbau möglich.

In seinen freien Stunden widmete sich F. (ab 1817) der experimentellen Untersuchung der Beugung des Sonnenlichts an kleinen Öffnungen, insbesondere am Spalt, mittels eines Theodolit-Fernrohres (FRAUNHOFERsche Beugung), um »über die Natur des Lichts und die Gesetze desselben näheren Aufschluß« zu erhalten. Obgleich Beugungserscheinungen seit über 150 Jahren vor F. (erstmals durch F. M. GRIMALDI) immer wieder beobachtet wurden, war bisher noch keine Erklärung gefunden worden. A. FRESNEL begann seine Untersuchungen auch nur kurz vor F. Um die Beugungserscheinung am Spalt zu verstärken, stellte F. ein Gitter her, das aus 260 parallel und jeweils in gleichen Abständen voneinander verlaufenden Fäden (Gitterkonstante etwa 0,16 mm) bestand. Die von F. erhaltenen, nicht erwarteten Beugungsspektren untersuchte er mit verbesserten Gittern bis zu einer Gitterkonstanten von 3,31 µm, die er mit einer von ihm selbst konstruierten Gitterteilmaschine herstellte, indem er mittels einer Diamantspitze gleichmäßige Parallellinien in die Oberfläche eines Planglases ritzte. Er war in der Lage, die Wellenlängen der stärksten FRAUNHOFERschen Linien mit erstaunlich hoher Genauigkeit bestimmen zu können. Seine Angaben von Wellenlängen weichen maximal nur wenige Promille von heutigen Werten ab.

F., der frühzeitig durch ein Lungenleiden aus dem Leben gerissen wurde, hatte alle diese Leistungen in nur zwei Jahrzehnten vollbracht. Sie waren wichtige Ausgangspunkte für nachfolgende Generationen, z. B. für E. ABBE und C. ZEISS, die den wissenschaftlichen Mikroskopbau begründeten, für O. SCHOTT und ABBE in der Erschmelzung optischer Spezialgläser sowie für R. BUNSEN und G. R. KIRCHHOFF, die die Spektralanalyse entwickelten. Wi

Literatur: Joseph von Fraunhofer's gesammelte Schriften (Hrsg. E. Lommel, München 1888).

Rohr, M. v.: Joseph Fraunhofers Leben, Leistungen und Wirksamkeit. Nach Quellen geschildert (Leipzig 1929), 7 Schriftstücke zu Fraunhofers Geschichte, in: Forschungen zur Geschichte der Optik, 1. Bd. (Berlin 1929); Seitz, A.: Joseph Fraunhofer und sein optisches Institut (Berlin 1926).

Fréchet, Maurice, Mathematiker, geb. 2. 9. 1878 Maligny (Dep. Yonne), gest. 4. 6. 1973 Paris.

F. ist Begründer der axiomatischen Punktmengentopologie und Mitbegründer der Funktionalanalysis.

Auf F., den Sohn eines Lehrers, wurde am Lyzeum Buffon in Paris J. S. HADAMARD aufmerksam, der ihm den Ein-

J. von Fraunhofer

M. Fréchet

F. L. G. Frege

A. J. Fresnel

tritt in die École Normale (1900) empfahl. 1906 promovierte F. und ging nach verschiedenen Lehraufträgen im ersten Weltkrieg an die Front. 1919–1928 war F. Prof. an der aus politischen Gründen stark geförderten Univ. Strasbourg. Anschließend hatte er Lehraufträge an der École Normale und dem Institut Poincaré, von 1941 bis zu seiner Emeritierung 1949 hatte er den Lehrstuhl für Wahrscheinlichkeitstheorie und mathematische Physik an der Sorbonne inne. 1951 wurde F. Mitgl. der Académie des Sciences.

Die Arbeiten von F. in der Funktionalanalysis basieren vor allem auf den von Italienern durchgeführten Untersuchungen von Kurvenmengen und darauf definierten Linienfunktionen. Von der durch V. Volterra entwickelten Methode grenzte sich F. ab, indem er die Vorzüge seiner neuen »Allgemeinen Analysis« herausstellte: »Anstatt die Lösung eines neuen Problems auf die eines bereits gelösten zurückzuführen, will sie in der letzteren das erkennen, was nicht an das spezielle Problem gebunden ist. Sie strebt danach ... auf diesem direkten Wege die Lösung des alten und des neuen Problems zu finden.« Von seinem Lehrer Hadamard erhielt F. die entscheidende Anregung, daß diese Aufgabe mittels der Schöpfung eines neuen »Kapitels der Mengenlehre« lösbar sei. In seiner epochemachenden Dissertation von 1906 ahmte F. in der völlig abstrakten, axiomatischen Theorie des metrischen Raums (Bezeichnung von F. Hausdorff 1914) und seiner stetigen und halbstetigen Funktionale schrittweise den Aufbau der konkreten, durch seine Landsleute E. Borel, H. L. Lebesgue und R. L. Baire mengentheoretisch begründeten Funktionentheorie nach. F. führte die Begriffe »separabel« und »kompakt« (heute: relativ folgenkompakt) ein und erkannte vor allem den Zusammenhang des letzteren Begriffs mit dem Borel-Lebesgueschen Überdeckungssatz.

Das axiomatische Vorgehen von F. bewirkte im Vergleich zu Baire ein Zurückdrängen der Cantorschen Theorie der Ordinalzahlen; sein methodologisches Anlehnen an die Funktionentheorie führte zu einer damals historisch notwendigen Verselbständigung gegenüber den Anwendungsgebieten (Variationsrechnung). So wurde z. B. der F.sche Differentialbegriff (1911) als verallgemeinertes »vollständiges Differential« erst in der modernen nichtlinearen Funktionalanalysis voll wirksam. Außerdem leistete F. bedeutende Vorarbeit (1915) für eine allgemeine Integrationstheorie (P. J. Daniell u. a.) und führte eine Klasse vollständiger linearer metrischer Räume (»F-Räume«) ein (um 1925). F.s Vorbehalte gegen S. Banachs normierte Räume erhielten später in der zentralen Stellung der lokalkonvexen linearen topologischen Räume eine gewisse Rechtfertigung. Seine Theorie des metrischen Raumes, die über den »Satz von Riesz-Fischer« (1907) Ende der 20er Jahre fundamentale Bedeutung erlangte, entstand unbeeinflußt von der Integralgleichungstheorie D. Hilberts und E. Schmidts und wurde ihrerseits von der deutschen Schule zunächst kaum rezipiert. Auch in Frankreich gewann sie erst mit der Generation der Bourbakisten (eine Gruppe franz. Mathematiker) an Boden.

Wahrscheinlichkeitstheorie und Statistik (etwa ab 1930) hat F. sowohl methodologisch im Sinne des maßtheoretischen Zugangs von A. N. Kolmogorow als auch mit konkreten Einzelleistungen befruchtet, z. B. durch seinen Beitrag zusammen mit J. Shohat zum Problem der Momentenkonvergenz (1931). F. hat in seinem langen Leben weit über 300 Abhandlungen publiziert. F. war Mitgl. zahlreicher internationaler Gesellschaften (auch der der Esperantisten) und Offizier der Ehrenlegion. Si

Literatur: Fréchet, M.: Sur quelques points du calcul fonctionnel, in: Rend. del circolo mat. di Palermo 22 (1906), 1–74.

Fréchet-Nekrologe von: Fortet, R. in: Annu. Asso. amicale ... de l'École Normale (1974), 30–34; Mandelbrojt, S. in: C.R. Acad. Sci. 277 (1973), 73–76.

Frege, Friedrich Ludwig Gottlob, Mathematiker und Logiker, geb. 8. 11. 1848 Wismar, gest. 26. 7. 1925 Bad Kleinen.

Die wissenschaftlichen Untersuchungen F.s dienten vor allem der Begründung der Logik und der logischen Grundlegung der Mathematik, wobei wesentliche Ansätze der heutigen mathematischen Logik auf ihn zurückgehen.

Nach Ablegung des Abiturs 1869 in Wismar studierte F. in Jena und Göttingen Mathematik, Physik und Philosophie. Er promovierte 1873 in Göttingen mit der Arbeit »Über eine Darstellung der imaginären Gebilde in der Ebene«, kehrte anschließend nach Jena zurück und habilitierte sich hier 1874 mit der Schrift »Rechnungsmethoden, die sich auf eine Erweiterung des Größenbegriffs gründen«. 1874–1879 wirkte F. an der Univ. Jena als Privatdoz., wurde hier 1879 zum ao. Prof. berufen und 1896 zum o. Honorarprof. ernannt. Nach seiner Emeritierung 1918 lebte er bis zu seinem Tode in Bad Kleinen.

Obwohl z. B. B. Russell mit seinen »Principia Mathematica« unmittelbar an F.s Arbeiten anknüpfte, wurde ihm zu Lebzeiten kaum Anerkennung zuteil; erst in den 30er Jahren, als die mathematische Logik weitgehend ausgearbeitet war, erkannte man voll die Tragweite der von ihm erzielten Ergebnisse. In dem 1879 erschienenen Werk »Begriffsschrift, eine der arithmetischen nachgebildete Formelsprache des reinen Denkens« gab F. die erste systematische Darstellung einer mathematisierten Logik, bestehend aus einer formalisierten Formelsprache für die Prädikatenlogik erster Stufe und einem formalen Logikkalkül zur Ableitung der logisch gültigen Formeln. Als Aufgabe seiner Begriffsschrift betrachtete es F., »die Bündigkeit einer Schlußkette auf die sicherste Weise zu prüfen und jede Voraussetzung, die sich unbemerkt einschleichen will, anzuzeigen, damit letztere auf ihren Ursprung untersucht werden könne«; sie ist für ihn Werkzeug zur Erhöhung der Leistungsfähigkeit des Denkens in Einzelwissenschaften und Philosophie. Er versprach sich überall dort eine erfolgreiche Anwendung, »wo ein besonderer Wert auf Bündigkeit der Beweisführung gelegt werden muß, wie bei der Grundlegung der Differential- und Integralrechnung«. Die Formelsprache von F.s Begriffsschrift basiert auf einer von der heutigen stark abweichenden zweidimensionalen Symbolik; als logische Grundfunktionen der Prädikatenlogik verwendet er die Negation, die materiale Implikation und die Generalisierung. Er unterscheidet klar zwischen Konstanten und Variablen, Gesetzen und Regeln, Formeln und ihrer Bedeutung und liefert das erste axiomatische System der klassischen Prädikatenlogik. Ein großer Teil der weiteren logischen Arbeiten F.s erläutert das Anliegen seiner Begriffsschrift und dient der Präzisierung seiner logischen Position. Für F. ist Logik »die Wissenschaft der allgemeinsten Gesetze des Wahrseins«, wobei für ihn diese Gesetze Seinsgesetze sind, die unabhängig vom erkennenden Subjekt gelten. F.s Kritik richtete sich vor allem gegen den Psychologismus und den Formalismus in der Logik. Etwa ab 1890 wandte er sich eingehender Problemen der Semantik zu, und zwar insbesondere dem Verhältnis von Sinn und Bedeutung bei Wörtern (Eigennamen, Begriffswörtern) und bei Aussagesätzen. Während nach seiner Terminologie die Bedeutung eines Namens der durch ihn bezeichnete Gegenstand und die Bedeutung eines Aussagesatzes sein Wahrheitswert ist, bezeichnet er als den Sinn die bei einem Leser oder Hörer des Wortes oder Satzes hervorgerufene Assoziation. Das besondere Interesse F.s gehörte der Anwendung seiner logischen Ideen auf die Mathematik und hier vor allem auf die Arithmetik. 1884 erschien seine Schrift »Die Grundlagen der Arithmetik«, deren Hauptanliegen eine logische Analyse des Zahlbegriffs ist. Hier und in einer Reihe späterer Arbeiten setzte sich F. polemisch mit formalistischen Auffassungen vom Zahlbegriff auseinander. In den 1893 und 1903 erschienenen beiden Bänden seines Werkes »Grundgesetze der Arithmetik« gibt er im Rahmen seiner Begriffsschrift einen formalisierten Aufbau der elementaren Zahlentheorie auf logisch-mengentheoretischer Grundlage. Kurz vor Veröffentlichung des 2. Bandes erfährt F. 1902 brieflich von Russell, daß sich aus dem von ihm als Axiom benutzten uneingeschränkten logischen Komprehensionsprinzip innerhalb seines Systems eine Antinomie konstruieren läßt, die heute als Russellsche Antinomie bezeichnet wird; er muß deshalb in einem Nachwort zu jenem Band die Grundlagen seines logischen Gebäudes der Arithmetik für erschüttert erklären. Von dieser Antinomie wurden in gleichem Maße die Mengenlehre G. Cantors und die mengentheoretische Begründung der Arithmetik durch R. Dedekind betroffen. In Nachfolge F.s versuchte Russell das Unternehmen der logizistischen Begründung der Mathematik durch eine Typentheorie zu retten, war aber hierbei gezwungen, Axiome zu fordern, die man im Sinne F.s kaum noch als logische Axiome ansprechen kann, worauf insbesondere auch D. Hilbert hingewiesen hat. In den erst 1969 aus dem Nachlaß publizierten fragmentarischen Arbeiten F.s der Jahre 1924/25 zieht er seine These von der rein logischen Begründbarkeit der Arithmetik teilweise zurück und setzt neben Sinneswahrnehmung und logische Erkenntnisquelle noch eine von ihm als »Anschauung« bezeichnete geometrische Erkenntnisquelle, der die geometrischen Axiome und das Unendliche entfließen sollen. Umfangreiche polemische Diskussionen führte F. 1903–1906 mit A. Korselt über den Begriff der Definition, wobei er sich insbesondere scharf gegen Hilberts Auffassung der Axiome der Geometrie als »implizite Definitionen« der Grundbegriffe der Geometrie wendet. As

Literatur: Frege, F. L. G.: Begriffsschrift, eine der arithmetischen nachgebildete Formelsprache des reinen Denkens (Halle 1879, Neudruck Darmstadt 1964), Die Grundlagen der Arithmetik (Breslau 1884, Neudruck Darmstadt 1961), Über Sinn und Bedeutung, in: Z. Philos. u. Philos. Kritik, N. F., 100 (1892), 25–50, Grundgesetze der Arithmetik, begriffsschriftlich abgeleitet, 2 Bde. (Jena 1893 u. 1903). Über die Grundlagen der Geometrie, in: Jahresber. Dtsch. Math. Vereinigung 12 (1903), 319–324 u. 368–375, 15 (1906), 293–309, 377–403, 423–430.

Kreiser, L.: Geschichte und logisch-semantische Probleme des wissenschaftlichen Werkes Freges, in: Gottlob Frege, Schriften zur Logik (Berlin 1973).

Fresnel, Augustin Jean, Physiker, geb. 10. 5. 1788 Broglie (Normandie), gest. 14. 7. 1827 Ville-d'Avray bei Paris.

F. belebte die im 18. Jh. zunächst nicht fortgeführte Wellentheorie des Lichts von Ch. Huygens wieder. Er erweiterte sie durch experimentelle Untersuchungen und theoretische Ansätze wesentlich und verhalf ihr – in Auseinandersetzung mit der vorherrschenden Korpuskulartheorie des Lichts – zur Anerkennung.

F., Sohn eines Baumeisters, trat 1804 in die Pariser École Polytechnique ein, wo G. Monge, S.-D. Poisson, G. Prony u. a. seine Lehrer waren. In den gut eingerichteten physikalischen und chemischen Laboratorien des Polytechnikums erwarb F. jenes experimentelle Rüstzeug, das Voraussetzung für seine grundlegenden optischen Versuche war. Nach Abschluß der École Polytechnique und einem Besuch der École des Ponts et Chaussées arbeitete F. als Ing. im Straßen- und Brückenbau. Mit physikalischen Problemen beschäftigte er sich deshalb nur in seiner Freizeit. Da F. sich den kgl. Truppen zur Verfügung gestellt hatte, die vergeblich versuchten, Napoleons Rückkehr nach Paris zu verhindern, wurde er von der Regierung der »Hundert-Tage-Herrschaft« seines Ingenieurpostens enthoben und unter Polizeiaufsicht gestellt. Er konnte jedoch zu seiner Mutter in das Dorf Mathieu bei Caen gehen. Auf der Reise dahin traf er in Paris F. Arago, der F. zu einer Reihe wichtiger optischer Experimente, insbesondere über Beugungserscheinungen, anregte. Diese führte er in seiner ländlichen Abgeschiedenheit mit selbstgebauten Instrumenten durch. Die Ergebnisse der Experimente über die Beugung faßte F. in

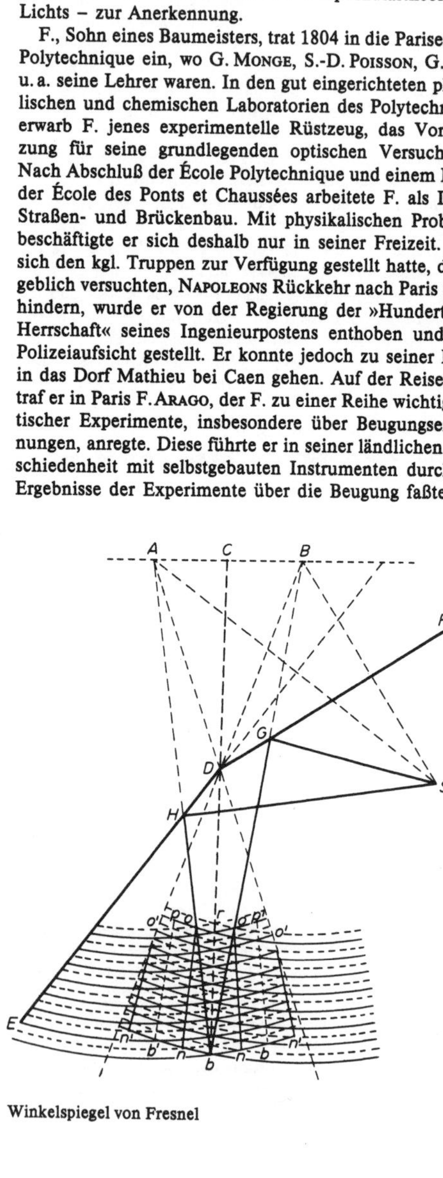

Winkelspiegel von Fresnel

zwei ausführlichen Abhandlungen zusammen, die er noch Ende 1815 der franz. Ak. d. Wiss. vorlegte. Nach NAPOLEONS Sturz nahm F. seine Tätigkeit als Ing. wieder auf. Er arbeitete zunächst in der Bretagne, wurde später jedoch als »Inspektor für die Pflasterung der Hauptstadt« nach Paris versetzt. Dadurch verbesserten sich seine wissenschaftlichen Kontakte wesentlich, was auch seine wissenschaftliche Aktivität sehr förderte. 1823 wurde F. zum Mitgl. der franz. Ak. d. Wiss., 1825 zum Mitgl. der Royal Society gewählt. Obwohl F. bescheiden lebte, benötigte er für die Anschaffung der physikalischen Instrumente für seine privaten Studien relativ viel Geld. Deshalb nahm er zusätzlich zu seiner beruflichen Tätigkeit noch die Stelle eines Examinators am Polytechnikum an. Diese Arbeit bereitete ihm viel Freude, untergrub aber seine nicht sehr kräftige Gesundheit.

Den Arbeiten F.s verdankt die Physik außer vielen Einzelbeobachtungen zur Beugung und zur Interferenz die Theorie der Beugung in Form der Zonenkonstruktion, wobei er das HUYGENSsche Prinzip der Wellenausbreitung mit dem Interferenzprinzip von TH. YOUNG verknüpfte. F. betrachtete zur Erklärung der Beugung am Spalt periodische Wellen, die von allen Stellen des Spalts ausgehen und sich je nach dem Ablenkungswinkel und der Wellenlänge zonenweise auslöschen oder verstärken. 1816 erschien seine »Abhandlung über die Beugung des Lichts«, die später noch überarbeitet wurde. Mit seinem klassischen Spiegelversuch konnte F. auch Interferenz ohne Beugung herstellen. Er wollte damit jeden Zweifler von der Gültigkeit des Interferenzprinzips und damit von der Wellennatur des Lichts überzeugen. Ab 1816 arbeitete F. über die Polarisation des Lichts. Zusammen mit ARAGO konnte er 1819 nachweisen, daß senkrecht zueinander polarisierte Lichtbündel miteinander keine Interferenz zeigen. Damit war die Transversalität der Lichtschwingungen bestätigt. Eine umfassende Darstellung der Wellentheorie des Lichts findet man in der 1822 veröffentlichten Arbeit »Über das Licht«. 1823 entwickelte F. die Formeln für die Intensität des an der Grenze zweier Medien reflektierten und des gebrochenen Lichts (FRESNEL-Formeln). Eine andere wichtige Leistung F.s ist jene 1818 geäußerte Hypothese zur Ausbreitung des Lichts in bewegten Medien (FRESNELscher Mitführungskoeffizient), die A. H. FIZEAU 1851 durch sein berühmtes Experiment der Lichtausbreitung in strömendem Wasser bestätigen konnte. Eine für die damalige Zeit bedeutende Überführung von wissenschaftlichen Erkenntnissen in die Praxis war die 1822 von F. vorgenommene Konstruktion der nach ihm benannten Zonenlinse. F. hat zuerst den Gedanken geäußert, Zonenlinsen auf Leuchttürmen einzusetzen. Schon 1823 wurde der erste Leuchtturm nach seinen Vorschriften eingerichtet. Gl

Literatur: Fresnel, A. J.: Œuvres complètes etc, 3 Bde. (Paris 1866/70. Neudruck New York 1965), Über das Licht, in: Ann. Phys. 3 (1825), 89–128 u. 223–256.

Arago, F.: Gedächtnisrede über Fresnel, gelesen in der öffentlichen Sitzung der Ak. d. Wiss. am 26. Juli 1830, in: Franz Arago's sämtliche Werke (Hrsg. Prof. Dr. W. G. Hankel, Bd. 1, Leipzig 1854); Boegehold, H.: Die Lehre von der Beugung bis zu Fresnel und Fraunhofer, in: Naturwiss. 14 (1926), 523–533; Rodičev, V. J., u. U. J. Frankfurt (Hrsg.): Die Schöpfer der physikalischen Optik. Eine Artikelsammlung (Berlin 1977).

Freud, Sigmund, Neuropathologe und Psychotherapeut, geb. 6. 5. 1856 Freiberg (Pribor, Mähren), gest. 23. 9. 1939 London.

F. begründete die Psychoanalyse als Neurosenlehre und psychotherapeutische Methode; später entwickelte er daraus eine spezifische Persönlichkeitsauffassung und umfassende Gesellschaftstheorie, die eine große Resonanz in der spätbürgerlichen Kunst, Literatur und Philosophie fand.

F., Sohn eines jüdischen Kaufmannes, lebte ab 1859 in Wien. Hier studierte er 1872–1881 Medizin. Seit 1876 arbeitete er im physiologischen Labor von E. BRÜCKE und betrieb hirnanatomische Studien bei T. MEYNERT. 1882–1885 war F. Assistent im Allgemeinen Krankenhaus in Wien. 1885 erlernte F. die Hypnose als Therapiemethode. Ebenfalls 1885 wurde er Privatdoz. für Neuropathologie an der Univ. Wien. Nach einem Studienaufenthalt bei dem Pariser Neurologen J. M. CHARCOT ließ er sich als privater Nervenarzt in Wien nieder. Die 1882 begonnene Zusammenarbeit mit dem Wiener Arzt J. BREUER fand mit den 1895 gemeinsam publizierten »Studien über Hysterie« ihren Höhepunkt. 1895–1899 nahm F. eine langwierige Selbstanalyse vor, die die Weiterentwicklung seiner Lehre bestimmte, deren theoretische Grundlagen um 1905 weitgehend ausgearbeitet waren. Erst 1902 wurde seine akademische Karriere mit der Ernennung zum ao. Prof. gekrönt. Der von F. aktiv geförderte Zusammenschluß der Anhänger seiner Lehre erfolgte 1910 in der »Internationalen psychoanalytischen Vereinigung«, die eine bis in die Gegenwart reichende breite psychoanalytische Bewegung einleitete und sich unabhängig von der akademischen Wissenschaft etablierte. Eine 1909 unternommene erfolgreiche Vortragsreise durch die USA sicherte der Psychoanalyse dort großen Einfluß. 1930 wurde F. der Goethepreis der Stadt Frankfurt a. M. zugesprochen. Nach der Annexion Österreichs 1938 konnte F. nur noch durch diplomatische Intervention Wien verlassen. Er starb ein Jahr später im Londoner Exil.

Entscheidend für die Begründung der Psychoanalyse war für F. die Konfrontation mit der Beeinflußbarkeit hysterischer Phänomene auf hypnotischem Wege. In seiner privatärztlichen Sprechstunde konnte F. die therapeutische Wirksamkeit der hypnotischen Suggestion im Vergleich mit den damals üblichen physiotherapeutischen Behandlungsmethoden Nervenkranker überprüfen. Indem F. Vorlesungen CHARCOTS und die bedeutendsten Arbeiten H. BERNHEIMS ins Deutsche übersetzte, griff er direkt in die Hypnosedebatte ein.

F.s therapeutisch-technische Anschauungen entwickelten sich parallel zu denen anderer psychotherapeutischer Intentionen dieser Zeit vorwiegend in der Auseinandersetzung mit den Suggestionsverfahren, die als einzig wirksame Psychotherapiemethoden galten. Angeregt von Beobachtungen BREUERS räumte F. psychischen Ursachen und den eigenständigen psychischen Prozessen des neurotischen Erlebens immer größeren Raum ein. In der Hypnose werde danach das Erinnern an traumatische Erlebnisse erreicht, die in Zusammenhang mit der neurotischen Symptombildung ständen und nach der Wiedererinnnerung und dem damit verbundenen Abreagieren einer Selbstheilung (Katharsis) unterliegen. Von 1892 bis 1895 veröffentlichte F. theoretische Grundvorstellungen und belegende Krankengeschichten der Methode der Psychokatharsis neurotischer Symptome. Das »Unbewußte« erschien in diesen Arbeiten noch als eine hypothetische Annahme zum Charakter unverarbeiteter Erlebnisse, gewann aber bald eine Schlüsselposition in der ätiologischen Theorie der Neurosen, wo es als entscheidende psychische Verarbeitungsinstanz angesehen wurde. Mit seinen Theorien über die Existenz und die Funktion des Unbewußten nahm F. eine Problematik in Angriff, die bis zur Gegenwart einer interdisziplinären Klärung bedarf. F.s Neurosentheorie basiert auf den Grundannahmen der damaligen akademischen Assoziationspsychologie und ihres psychophysischen Parallelismus. Er zergliederte das Psychische in Vorstellungselemente, die über Assoziationsketten psychische Bewegungsabläufe auslösen sollten. Ätiopathologische Vorgänge, die zur Entstehung neurotischer Symptome führen, sind nach F. die

Trennung einer belastenden Vorstellung von ihrem Energiebetrag und dessen Bindung an eine neutrale Vorstellung (Substitution oder Transposition) oder dessen Ablenkung in somatisches Geschehen (Konversion). Die affektlose Vorstellung selbst könne nun in das Unbewußte verdrängt werden. Ausgehend von diesen angenommenen Grundmechanismen, erweiterte F. seine Neurosentheorie dann hinsichtlich der Rolle des Unbewußten, des Charakters der traumatisierenden unverarbeiteten Konflikte, deren Entstehung er ausschließlich in der frühkindlichen sexuellen Entwicklung annahm, und der psychopathologischen Erscheinungsformen.

Das Auftreten affektiver Spannungen zwischen Therapeut und Patient führte F. schließlich zur Ablehnung der Hypnose und zur Begründung der Technik der entspannten freien Assoziation, deren Effekt der Erinnerungserweiterung dem der Hypnose entsprechen sollte. Die Größe des Aufwandes von Patient und Therapeut, vergessene Konflikte in das Bewußtsein zurückzurufen, deutete F. als Widerstand des Patienten, den dieser der Wiederbelebung solcher Erlebnisse entgegensetzte. Dieser Widerstand war für ihn energetische Quelle und Beweis einer vorher stattgefundenen Verdrängung unliebsamer Erlebnisse in das Unbewußte. Die Lehre von der Verdrängung wurde schließlich zum Grundpfeiler des Verständnisses der Neurose. Zur Auflösung des Widerstandes trage eine vom Therapeuten geleitete Analyse der von Patient und Therapeut übernommenen emotionalen Funktionen wichtiger Bezugspersonen oder emotionaler Reaktionen beider auf spezifische Verhaltensweisen des Partners während der Therapie bei (Übertragung). F. nannte sein Vorgehen des Aufdeckens der Ursache einer Neurose (ab 1896) Psychoanalyse. Trotz der vielfältigen spekulativen Auswüchse der unter diesem Begriff gefaßten Neurosenlehre und -therapie bleibt es F.s entscheidendes Verdienst, den therapeutischen Prozeß mit der Analyse der in seinem Medium ablaufenden personalen Beziehungsstrukturen zum Gegenstand wissenschaftlicher Reflexionen erhoben zu haben. Weitere Deutungsobjekte unbewußten psychischen Geschehens wurden Träume und Fehlhandlungen des Alltags, die F. zuerst in den allumfassenden Erklärungsanspruch seiner Theorie einbezog. Universelle Gültigkeit konnte die Neurosenlehre nur durch eine persönlichkeitspsychologische Ergänzung gewinnen. F. vollzog diese schrittweise mit wachsendem Objektivitätsverlust und persönlicher Intoleranz. 1905 begründete F. die naturalistische Trieblehre der menschlichen Libido, die zur entscheidenden anthropologischen Dimension der Psychoanalyse wurde. Mit der Instanzenlehre, die das Verhältnis normgeprägter rationaler und triebgebundener unbewußter Persönlichkeitsanteile charakterisieren sollte und der Verallgemeinerung des Ödipuskomplexes zum stammesgeschichtlich verinnerlichten Inzestwunsch verband F. Entwicklungs- und Persönlichkeitspsychologie.

Kritische Haltungen F.s zur Sexualmoral der damaligen bürgerlichen Gesellschaft und zu deren Erziehungspraktiken fanden nur bei einem kleinen Kreis der Intelligenz Resonanz. Seine Interpretation der Religion als Phänomen psychopathologischer Reaktionen fand ebenfalls vorwiegend Ablehnung. Das von F. vertretene mechanische Determinismuskonzept zwang ihn bei weiteren Versuchen der Erklärung psychosozialer Zusammenhänge zum Rückgriff auf spekulative Konstruktionen. Der mit der Schrift »Totem und Tabu« (1913) offensichtlich werdende anthropologische Anspruch der Psychoanalyse zielte darauf ab, vielfältige soziale Entwicklungsprozesse psychologisch zu erklären. Diese typische Denkweise bestimmt den ideologischen Stellenwert der auf F.s Lehre fußenden zahlreichen psychologischen Theorien in der bürgerlichen Gesellschaft bis heute. F. suchte die Wurzeln menschlicher Aggressivität und kultureller Höchstleistungen in vorgegebenen psychischen Strukturen, die von sich wandelnden gesellschaftlichen Verhältnissen nur am Rande beeinflußt werden. Die von ihm postulierte Kluft zwischen individuellen triebbedingten Strebungen und den Kulturfortschritt ermöglichenden Verhaltensweisen ist eine verzerrende Interpretation gesellschaftlicher Widersprüche, die auch im ethischen Anspruch F.s nach Erziehung auf Aufklärung im Interesse des kulturellen Aufstiegs nicht vollständig zurückgenommen wird.

Schr

Literatur: Auf dem Gebiet der Neuropathologie und Neurologie veröffentlichte Freud über 20 wissenschaftliche Arbeiten. Weiterhin: Ein Fall von hypnotischer Heilung nebst Bemerkungen über die Entstehung hysterischer Symptome durch den »Gegenwillen« (Berlin 1892/93), (mit J. Breuer): Studien über Hysterie (Wien 1895), Die Traumdeutung (Leipzig/Wien 1900), Zur Psychopathologie des Alltagslebens (Berlin 1904), Totem und Tabu (Leipzig/Wien 1913), Zeitgemäßes über Krieg und Tod (Wien 1915), Jenseits des Lustprinzips (Leipzig/Wien 1920), Massenpsychologie und Ich-Analyse (Leipzig/Wien 1921), Das Ich und das Es (Leipzig/Wien 1923), Das Unbehagen in der Kultur (Wien 1930), Warum Krieg? (Wien 1933), Der Mann Moses und die monotheiistische Religion (Wien 1937).

Alexander, D.: Sigmund Freud, Philosophenlexikon (Berlin 1982); Braun, K.-H.: Kritik des Freudomarxismus. Zur marxistischen Aufhebung der Psychologie (Köln 1979); Brome, V.: Sigmund Freud und sein Kreis (München 1969); Mette, A.: Sigmund Freud. Mit einem Anhang: Von Freud zu Pawlow (Berlin 1958); Mocek, R.: Neofreudismus und Menschenbild, in: Der Mensch – Neue Wortmeldungen zu einem alten Thema (Berlin 1982).

Frisch, Karl von, Zoologe, geb. 20. 11. 1886 Wien, gest. 12. 6. 1982 München.

F. leistete bedeutende Forschungen zur Sinnesphysiologie und zum Verhalten der Tiere, besonders der Bienen und etlicher Fische.

F. war Sohn des Medizinprofessors Anton Ritter von F. Er studierte zuerst ab 1905 Medizin an der Univ. Wien, ab 1908 Zoologie bei R. Hertwig an der Univ. München; promovierte 1910 in Wien, wurde dann in München Assistent und habilitierte sich 1912. Im Jahre 1919 wurde er ao. Prof. in München, 1921 Prof. an der Univ. Rostock, 1923 an der Univ. Breslau (Wrocław), 1925, als Nachfolger des emeritierten Hertwig, an der Univ. München. Wegen Kriegszerstörung seines Institutes in München übernahm F. 1946 eine Honorar-Professur an der Univ. Graz, kehrte aber 1950 in seine Stellung nach München zurück. Viele seiner Forschungen führte er auf dem Familienbesitz in Brunnwinkl am Wolfgangsee im Salzkammergut durch.

F. begann mit sinnesphysiologischen Forschungen an Fischen; ab 1912 folgten die Forschungen an Bienen. In Dressurversuchen konnte er nachweisen, daß – entgegen den Zweifeln des Ophthalmologen C. v. Hess – die Bienen Farben unterscheiden können und die Farben der Blumen – wie oft schon angenommen – eine biologische Bedeutung für die Anlockung von Insekten haben. Aus der Beobachtung, daß eine von Bienen eines Stockes gefundene Futterquelle bald von zahlreichen anderen Sammelbienen desselben Stockes beflogen wird, erhob sich für F. die Frage einer »Verständigung« der Bienen innerhalb eines Stockes. F. erkannte an markierten Bienen (ab 1920), daß sie im Stock tänzelnde Bewegungen ausführen, die der Information (»Sprache der Bienen«) dienen. F. konnte unter Mitarbeit von Schülern zunehmend deren Feinheiten auffinden, wie durch Rundtänze Informationen über nahe Futterquellen und durch Schwänzeltänze in unterschiedlichem Rhythmus Informationen auf Entfernung und Richtung von Futterquellen zwischen 100 m und etwa 11 km vermittelt werden. Er fand seit 1949, daß die Bienen die Polarisation des Son-

S.Freud

K. von Frisch

G.F.Frobenius

L.Fuchs

nenlichtes wahrnehmen und in Verbindung mit ihrem inneren Zeitsinn dadurch zu ihrer teilweise erstaunlichen Orientierung befähigt sind. F. erkannte seit 1936, daß verletzte Elritzen einen Stoff abgeben, der im Wasser gelöst bei den Artgenossen Fluchtreaktionen auslöst, also einen »Schreckstoff« darstellt. F. suchte seine Erkenntnisse über Bienen auch der Imkerei nutzbar zu machen und stellte seine Forschungen in vorbildlicher Weise allgemeinverständlich dar.

1973 erhielt er zusammen mit K. Lorenz und N. Tinbergen den Nobelpreis für Physiologie und Medizin. Zi

Literatur: Frisch, K. v.: Erinnerungen eines Biologen (Berlin, Göttingen, Heidelberg 1957, 1973).

Frobenius, Georg Ferdinand, Mathematiker, geb. 26.10.1849 Berlin, gest. 3.8.1917 Charlottenburg bei Berlin.

F. leistete umfassende Beiträge zur Gruppentheorie und trug wesentlich zur Herausbildung des abstrakten Gruppenbegriffes bei.

F., der Sohn eines Pfarrers, besuchte das berühmte Joachimsthaler Gymnasium in Berlin, nahm 1867 in Göttingen das Mathematikstudium auf und promovierte 1870 in Berlin. Nach kurzer Lehrtätigkeit am Joachimsthaler Gymnasium und an der Sophienrealschule in Berlin wurde F. 1874 ao. Prof. an der Univ. Berlin, schon ein Jahr darauf o. Prof. am Eidgenössischen Polytechnikum in Zürich; 1892 kehrte er endgültig als Prof. der Mathematik an die Univ. Berlin zurück; 1893 wurde F. Mitgl. der Preuß. Ak. d. Wiss. zu Berlin.

F. wurde in Berlin durch L. Kronecker mit den Grundauffassungen der in Entwicklung befindlichen abstrakten Algebra bekannt. Einige Arbeiten von F. unterstützten diese Entwicklung für die Gruppentheorie beträchtlich, z.B. die Arbeit »Über Gruppen von vertauschbaren Elementen« (1879, zusammen mit L. Stickelberger) und »Über endliche Gruppen« (1895). Um diese Zeit begann F. (in einigen Arbeiten gemeinsam mit I. Schur) mit einer Theorie endlicher Gruppen linearer Substitutionen von *n* Variablen einen nachhaltigen Einfluß auf die weitere Entwicklung der Gruppentheorie auszuüben; hierzu gehören »Über die Gruppencharaktere« (1896) und »Über die Darstellung der endlichen Gruppen durch lineare Substitutionen« (1897, 1899). Die von F. und dem jungen Schur nahezu vollendete Darstellungstheorie erlangte in den 20er und 30er Jahren des 20. Jh. eine große Bedeutung bei der gruppentheoretischen Behandlung der Quantenmechanik. Wu

Literatur: Frobenius, G. F.: Gesammelte Abhandlungen, 3 Bde. (Hrsg. J. P. Serre, Berlin, Heidelberg, New York 1968).

Fuchs, Leonhart, Botaniker, geb. 17. 1. 1501 Wemding (Schwaben), gest. 10. 5. 1566 Tübingen.

F. war einer der bedeutenden Mediziner der Renaissance und gehörte mit H. Bock und O. Brunfels zu den »Vätern der Botanik«, deren »Kräuterbücher« die neuzeitliche beschreibende Botanik begründeten.

F., jüngstes von 3 Kindern des 1504 gestorbenen Bürgermeisters von Wemding, Hans F., besuchte 1511 die Schule von Heilbronn; ab 1512 lernte er an der Marienschule in Erfurt. Im Herbst 1515 wurde F. an der Univ. Erfurt immatrikuliert; 1517 erhielt er den akademischen Grad eines Baccalaureus artium. Er eröffnete daraufhin in seiner Heimatstadt Wemding eine eigene Schule. 1519 setzte F. sein Studium an der Univ. Ingolstadt fort, wo er Anhänger des Humanisten J. Reuchlin wurde. Er erhielt 1521 den Grad des Magister artium, studierte noch Medizin und erwarb den Doktortitel 1524. Dann praktizierte er als Arzt 2 Jahre in München, heiratete, wurde 1526 Medizinprofessor an der Univ. Ingolstadt, ging aber, wohl wegen seines Bekenntnisses zum Luthertum, schon 1528 als Leibarzt zum Markgrafen Georg von Brandenburg nach Ansbach, wo die Errichtung einer protestantischen Univ. vorgesehen war. Ab 1535 wirkte F. als Prof. der Medizin in Tübingen.

F. stützte sich in seinen Ansichten als Mediziner noch fast ausschließlich auf die überlieferten Werke, wobei er mit anderen Renaissance-Ärzten dafür eintrat, die im Mittelalter als maßgebend betrachteten arab. Schriften zugunsten der nach seiner Meinung besseren antiken Autoritäten aufzugeben. Er analysierte die Unstimmigkeiten zwischen den Schriften der griech. und der arab. Mediziner. Maßgeblich war F. an Werkausgaben antiker Ärzte (Galen, Hippokrates) in Basel beteiligt. Er verfaßte, auf antiken Schriften fußend, auch eigene Lehrb. und trat für A. Vesalius ein, den er ausweitete, ja plagiierte.

Sein Interesse an den pflanzlichen Heilmitteln führte ihn zur Botanik. 1542 erschien in Basel sein »Kräuterbuch« »De historia stirpium ...«, nachdem das Kräuterbuch von Brunfels 1530–1532, das von Bock 1539 erschienen waren. Während der Text in vielem autoritätengläubig (Galen, Dioskurides) ist, sind die nach der Natur angefertigten Abbildungen ein wesentlicher Fortschritt in der Pflanzendarstellung. Von den 487 beschriebenen Pflanzenarten und -varietäten wurden bei F. immerhin 100 zum ersten Male für Deutschland beschrieben. Da das Werk keinen Verkaufserfolg brachte, wurde zur Ausnutzung der wertvollen Druckstöcke 1543 eine deutsche Ausgabe auf den Markt gebracht. Später wurden auch verkleinerte Ausgaben nur mit Abbildungen herausgegeben, die als Vorläufer heutiger »Exkursionsfloren« zu betrachten sind. Die Druckstöcke kaufte später der Niederländer R. Dodoens, der 1554 eine niederländ. Version (»Cruydeboek«) des Buches von F. veröffentlichte. Zi

Literatur: Fuchs' Lehrb. erschienen in verschiedenen Auflagen, mit jeweils verändertem Titel. De historia stirpium commentarii insignes, maximis impressis et vigiliis elaborati, adictis earundem vivis plusquam quingentis imaginibus, nunquam antea ad naturae imitationem artificiosius effictis et expressis (Basel 1542), »Neu Kreutterbuch« (Basel 1543, Faksimile: Leipzig 1938, München 1964).

Füchsel, Georg Christian, Mediziner, Naturforscher und Geologe, geb. 14. 2. 1722 Ilmenau, gest. 20. 6. 1773 Rudolstadt.

F. vollbrachte bedeutende Leistungen mit wissenschaftlichen Arbeiten über den Aufbau des Thüringer Beckens und darin enthaltenen allgemeingültigen Aussagen zur Methode, zur Fachterminologie und zur historischen Untermauerung der damals im Entstehen begriffenen Wissenschaft Geologie. In ähnlicher Weise wie 100 Jahre vor ihm N. Steno erkannte er die Gesetzmäßigkeiten der Schichtlagerung und baute auf diesen und den Erkenntnissen seines Zeitgenossen J. G. Lehmann ein stratigraphisches Profil des thüringischen »Flözgebirges« auf, das in seinen Grundzügen heute noch gültig ist. F. kann als einer der Vorläufer des Aktualismus und als einer der Pioniere geologischer Kartierung angesehen werden.

F., geboren als Sohn eines Bäckers in Ilmenau, studierte ab 1741 (bzw. 1744) an den Univ. Jena und Leipzig. Etwa 1749 erfolgte die Niederlassung als Arzt in Rudolstadt. Seine Neigungen zur Mineralogie und anderen Naturwissenschaften sowie die intensive Beschäftigung mit diesen brachten ihm einen guten Ruf im Fürstentum Schwarzburg-Rudolstadt und die Oberaufsicht des fürstlichen Naturalienkabinetts ein. Er war aktives Mitgl. der 1754 gegründeten Kurfürstlichen Mainzischen Ak. d. Wiss. in Erfurt und veröffentlichte die meisten seiner Schriften in den »Acta academiae electoralis Moguntinae scientarum utilium que Erfordiae est«. Erst 1762 promovierte F. an der Univ. Erfurt mit einer medizinischen Arbeit und wurde 1767 zum Hofmedicus seines Fürsten ernannt.

Die Ehrung, die F. heute, meist zusammen mit Lehmann, als Wegbereiter einer Wissenschaft von der Erdgeschichte zuteil wird, erfuhr er erst durch die wissenschaftsgeschichtlichen Untersuchungen des 19. Jh. Zu seinen Lebzeiten blieb ihm Anerkennung aufgrund seines Wirkens in einem kleinen Thüringer Fürstentum, der Publikationen im Rahmen einer relativ unbedeutenden Akademie und der in (schlechtem) Latein verfaßten Texte versagt. Die detaillierte Bestandsaufnahme der Gesteinsschichten Thüringens und die daraus abgeleiteten allgemeinen Aussagen über Entstehung, Alter, Aufeinanderfolge und Fossilinhalt der Gesteine legte F. 1761 in seinem Werk »Historia terrae et maris, ex historia Thuringiae, per montium descriptionem, eruta« (Geschichte der Erde und des Meeres, durch Beschreibung der Geschichte der thüringischen Berge ermittelt) nieder. Diese Arbeiten charakterisieren F. als einen hervorragenden Beobachter geologischer Fakten, der in seinen Methoden und Schlußfolgerungen weit über die meisten seiner Zeitgenossen herausragt.

In Fortführung der Beobachtungen Lehmanns unterschied F. neun »series montana«, eine Bezeichnung, die später mit Formation umschrieben und zu einem der grundlegenden geologischen Termini wird. Durch die Illustration dieses Kenntnisstandes auf einer Karte (Abb.), auf der die einzelnen Formationen durch Zahlen ausgewiesen werden, und durch zwei Profile, die das Verständnis F.s für die Fortsetzung der anstehenden Gesteinsserien in die Tiefe belegen, wird eine neue Qualität der geologischen Dokumentation erreicht. In der Entwicklungsgeschichte geologischer Karten kommt F. mit seinem ersten Versuch ein herausragender Platz zu. Aus dem Bestand an organischen Resten in den Gesteinsformationen schlußfolgerte F. auf festländisches oder marines Bildungsmilieu. Eine Veränderung der organischen Welt im Sinne der Evolutionstheorie lehnte F. allerdings ab.

Sein letztes, deutsch geschriebenes Werk ist ein »Entwurf zu der ältesten Erd- und Menschengeschichte, nebst einem

Erste geologische Karte von Thüringen aus Georg Christian Füchsels 1761 erschienenem Werk »Historia terrae et maris ...«

Versuch, den Ursprung der Sprache zu finden«. Es erschien anonym in seinem Todesjahr 1773. Die Autorschaft von F. wurde aber von den Zeitgenossen bereits damals einhellig erkannt. Neben spekulativen Interpretationen zur Menschengeschichte sind seine adogmatischen Auslegungen der göttlichen Schöpfung und der Versuch, den Mosaischen Bericht darüber als Fehlübersetzung hinzustellen, von Bedeutung für den Geist der Aufklärungsepoche. Ma

Literatur: Füchsel, G. C.: Historia terrae et maris, ex historia Thuringiae, per montium descriptionem, eruta (Geschichte der Erde und des Meeres, durch Beschreibung der Geschichte der thüringischen Berge ermittelt) – Acta Acad. elector. Moguntiae sci. util., Bd. II (Erfurt 1761, S. 46–208), Usus historiae suae terrae et maris (Vom Nutzen der Geschichte der Erde und des Meeres) – ebenda. Bd. II, S. 209–254, Entwurf zu der ältesten Erd- und Menschengeschichte, nebst einem Versuch, den Ursprung der Sprache zu finden (Frankfurt u. Leipzig 1773).

Geikie, A.: The founders of geology (London 1897); Möller, R.: Mitt. zur Biographie Georg Christian Füchsels, in: Freiberger Forsch.-H. D 43 (Leipzig 1963); Watznauer, A.: Das geologische Weltbild G. C. Füchsels (1722–1773), J. G. Lehmanns (1719–1767) und C. E. A. von Hoffs (1771–1837) und seine Nachwirkung bis zur Gegenwart, in: Z. geolog. Wiss., Berlin 8 (1980) 1, 63–72.

Fulton, Robert, Mechaniker und Schiffbauer, geb. 14. 11. 1765 Little-Britain (Pennsylvanien, USA), gest. 24. 2. 1815 New York.

F. vollendete die Entwicklung eines betriebsfähigen, dampfgetriebenen Schiffes.

R. Fulton

F. stammte aus einer Familie armer irischer Auswanderer. Als er drei Jahre alt war, starb der Vater; die Mutter hatte allein fünf Kinder zu versorgen, die zeitig mithelfen mußten. F. erhielt deshalb nur eine mangelhafte Schulbildung und bildete sich später in der Freizeit weiter. Er lernte bei einem Bijoutier in Philadelphia, widmete sich dann der Malerei und verdiente mit Porträts in vier Jahren so viel, daß er der Mutter eine kleine Farm kaufen konnte. Mit 22 Jahren ging er nach London und arbeitete einige Jahre in einem Maleratelier, fühlte sich aber am Ende doch nicht zur Kunst berufen und wandte sich der Mechanik zu. Durch seine geschickte Arbeit in verschiedenen Städten gewann er einflußreiche Gönner. Die Freundschaft mit einem Landsmann, der ein guter Mechaniker war, förderte noch seine Begabung. In einem Manuskript von 1793 entwickelte F. seine Ideen über die Dampfschiffahrt. 1794 erhielt er von der britischen Regierung ein Patent für eine schiefe Ebene, die in Kanälen die Schleusen ersetzen sollte, indem die Schiffe darüber hinaufgezogen bzw. herabgelassen wurden. Im gleichen Jahr stellt F. eine Maschine zum Sägen und Polieren von Marmor vor. Außerdem erfand er Maschinen zum Spinnen von Hanf und Flachs, zum Seilen und zum Baggern mit vorgegebener Tiefe. 1795 wurde er als Zivilingenieur anerkannt. Ende 1796 ging er auf Einladung des Botschafters der USA in Frankreich nach Paris, um auch dort sein Kanalsystem anzubieten. Er suchte auch nach Mitteln, den in Europa tobenden Seekrieg durch neue wirksamere Waffen zu beenden. 1797 experimentierte er in der Seine mit Unterwassersprengmitteln, die er Torpedo nannte – sie entsprachen aber noch nicht den heutigen Torpedos –, und entwarf sein Unterseeboot »Nautilus«. Nachdem er zunächst bei der Regierung mehrmals auf Ablehnung gestoßen war, wurden die Versuche auf Befehl NAPOLEONS vorangetrieben. In Le Havre tauchte F. mit seinem Boot drei Stunden, ein zweites Mal mit fünf Personen für sechs Stunden, wobei es – mit Muskelkraft angetrieben – etwa acht Kilometer zurücklegte. F. sprengte mit seinen Torpedos auch ein altes Schiff in die Luft. Die vor der Küste kreuzenden englischen Schiffe konnte er aber nicht erreichen, und NAPOLEON, zog seine Protektion zurück. Auch mit einem 1803 auf der Seine erprobten Dampfboot fand er keine Unterstützung für seine Pläne. In England hatte man sich zwar über diese Erfindung erregt und F. deswegen eingeladen, doch näher trat man seinen Plänen nicht. So ging F. 1806 zurück in die USA, wo er das erste betriebsreife Dampfschiff der Welt, die »Claremont«, baute. Es war über 40 m lang, 5,5 m breit und mit einer Dampfmaschine von 20 PS Leistung ausgerüstet. Die »Claremont« eröffnete 1807 den Linienverkehr auf dem Hudson. Am 11. 2. 1809 erhielt F. dafür ein Patent. Bis 1812 wurden in den USA 50 Dampfschiffe in Betrieb genommen. Da ein Krieg mit England drohte, arbeitete F. auch an seinem Torpedosystem weiter. 1810 bewilligte der Kongreß dafür eine größere Summe. 1813 erhielt F. ein Privileg für Unterwasserbatterien, 1814 schlug er den Bau von Dampffregatten zum Schutz des New Yorker Hafens vor. Bei der ersten Dampffregatte, die auf seinen Namen getauft wurde, war das Schaufelrad geschützt in der Mitte des Schiffes angeordnet. Auch kriegstechnisch war dieses Schiff sehr erfindungsreich ausgestattet, allerdings nach einem bereits überholten Stand der Seekriegstaktik. Daneben befaßte sich F. wieder mit Kanalprojekten. So wurde er unter anderem mit der Trassierung des Kanals vom Eriesee zum Atlantik beauftragt. F.s Patente wurden in den USA vielfach umgangen, und er mußte deshalb oft prozessieren. Die

Literatur: Nouvelle Biographie Générale depuis les temps le plus reculés jusqu'à nos jours, Bd. 19 (Paris 1857).

Funk, Kazimierz, Biochemiker, geb. 23. 2. 1884 Warschau, gest. 20. 11. 1967 New York.

F. war einer der Begründer der Lehre von den Vitaminen, der die bis zum Anfang des 20. Jh. bestehenden Ernährungstheorien erweiterte und zur Klärung der Ätiologie vieler Krankheiten, der Avitaminosen, beitrug.

Nach Abschluß des Gymnasiums in Warschau studierte F. Botanik, Zoologie, vergleichende Anatomie und Chemie in Genf und Bern, wo er mit einer Arbeit über die Synthese von Hormonverbindungen 1904 promovierte. 1904–1906 setzte er die Studien am Pasteur-Institut in Paris fort, um dann an der Univ. Berlin bis 1910 über Probleme der Biochemie des Eiweißes zu arbeiten. Danach führten ihn Forschungsarbeiten und Lehrtätigkeit an wissenschaftliche Institute in Großbritannien und in den USA. 1913 erhielt F. mit einer Dissertation über Vitamine das Doktordiplom an der Univ. London. Nach seiner Rückkehr nach Polen leitete er in den Jahren 1923–1927 die biochemische Abteilung des staatlichen Hygieneinstituts, emigrierte dann erneut nach Frankreich und arbeitete an einer durch ihn geschaffenen Forschungsanstalt bei Paris. Nach dem Ausbruch des zweiten Weltkrieges siedelte F. nach den USA über, wo er den Funk Found for Medical Research, dessen Präsident er war, gründete. Viele Jahre war er Berater mehrerer namhafter pharmazeutischer Firmen.

Sein erster wissenschaftlicher Erfolg war die Synthese

G

von 3,4-Dihydroxy-phenylalanin (Dopa), daran schlossen sich Forschungen über die Ätiologie der Beri-Beri-Krankheit an, in deren Ergebnis ihm die Isolierung einer hochprozentigen Pyrimidinderivatlösung gelang, die ein Zurücktreten der Krankheitssymptome verursachte und der Krankheit selbst entgegenwirkte. Obwohl es F. nicht gelungen ist, das Thiamin (Vitamin B_1) rein darzustellen (dies gelang erst 1926 B. C. P. Jansen und W. F. Donath), erschütterte er die damals herrschende Auffassung, daß der Mangel an Eiweißsubstanzen oder Aminosäuren bei einer Diät Ursache der Krankheit sei. Aufgrund seiner Forschungsergebnisse besaß die von ihm gefundene Substanz den Charakter einer organischen Base, die sich, obwohl nur in winziger Menge erforderlich, für den Organismus als unentbehrlich erwies. 1912 hatte F. für derartige Substanzen die Bezeichnung Vitamine vorgeschlagen, die sich dann allgemein in der Biochemie und Medizin durchsetzte. Er stellte auch die später bestätigte Hypothese auf, daß der Vitaminmangel die Ursache von Krankheiten wie Skorbut, Rachitis und Pellagra ist; diese Krankheiten bezeichnete er als Avitaminosen. Später forschten F. und Mitarbeiter eingehend über die Bedeutung des Vitamins B für den Kohlehydratstoffwechsel, über den Einfluß der Vitamine auf das Wachstum der Tiere, über die Bedeutung der Vitamine für die Resistenz der Lebewesen gegen Mikroben und über die Assimilation der Vitamine. F. führte auch Untersuchungen im Bereich der Biochemie der Neubildungen und der Zukkerkrankheit sowie der Geschlechtshormone durch. Des weiteren war er Autor von mehr als 200 wissenschaftlichen Arbeiten. Eine Reihe der von ihm erhaltenen Verbindungen und der durch ihn ausgearbeiteten Verfahren wurden im großen Maßstab in der pharmazeutischen Industrie genutzt. Ar

Galen (Galenus, Galenos), Arzt und Philosoph, geb. 121 Pergamon (Kleinasien), gest. um 199 Rom oder Pergamon.

G. war der bedeutendste Arzt der röm. Periode der Antike, der das gesamte medizinische Wissen der Antike in einem imponierenden System zusammenfaßte. Das von ihm geschaffene Werk blieb während des gesamten Mittelalters bis in die Neuzeit hinein in der Medizin vorherrschend.

Nach erstem Unterricht beim Vater, einem einflußreichen und hochgebildeten Architekten, genoß G. eine solide und umfassende Ausbildung in der Philosophie, der Mathematik und der Naturlehre. Pergamon als Zentrum der Kultur und Wissenschaft im röm. Kleinasien bot ideale Bildungsmöglichkeiten. Etwa im 17. Lebensjahr wandte sich G. auf Anraten seines Vaters ganz der Medizin zu. Zunächst erlernte er in seiner Heimatstadt die theoretischen und praktischen Grundlagen der ärztlichen Kunst und ging dann nach Smyrna und Korinth. G. krönte schließlich seinen Bildungsgang durch einen Aufenthalt in Alexandria, das seit den Glanzzeiten eines Herophilos und Erasistratos als Zentrum medizinischer, insbesondere anatomischer Studien galt. Sein Berufsleben begann G. dann in Pergamon 158 als Gladiatorenarzt. Etwa 162 begab er sich nach Rom, dem Mittelpunkt der damaligen Welt, wo er aufgrund seines Wissens und ärztlichen Erfolges auch von der kaiserlichen Familie konsultiert wurde. Nachdem er aus nicht belegten Gründen nach Pergamon zurückgekehrt war, folgte er bald dem Ruf des Imperators Marcus Aurelius (121–180) und seines Mitregenten Lucius Aurelius Verus (130–168) erneut nach Rom. Sowohl Ort als auch Zeitpunkt seines Todes sind nicht genau bekannt.

G.s Ruhm war bereits zu seinen Lebzeiten gewaltig, wenngleich er auch nicht unangefochten blieb. Aufgrund seiner oftmals sehr anmaßenden und überheblichen Art sowie seiner äußerst scharfen Polemik bei Debatten mit seinen Widersachern ist G. sowohl von vielen seiner Zeitgenossen als auch von späteren Autoren nicht immer positiv beurteilt worden. Jedoch sein immenses schriftstellerisches Werk – nach seinen eigenen Angaben handelt es sich um etwa 400 Schriften, von denen nahezu die Hälfte erhalten geblieben ist – weist ihn zu Recht als den bedeutendsten Arzt des ausgehenden klassischen Altertums und letzten großen Repräsentanten der wissenschaftlichen Medizin der Antike aus. G. verstand sich als Anwalt und Vollender der Hippokratischen Medizin. Zu allen von ihm als echt erachteten Schriften des Meisters hat er Kommentare geschrieben, die einen zentralen Platz innerhalb des Corpus Galenicum einnehmen. Im Unterschied zu den Dogmatikern, d. h. jenen Ärzten, die am Dogma, der Lehre des Hippokrates, starr festhielten, ist für ihn die Hippokratische Medizin mit

Galen

ihren grundlegenden Prinzipien, z. B. humoralpathologisches Denken und die Lehre von der Physis, jedoch mehr Leitschema für durchaus unabhängiges und freies Denken als streng einzuhaltendes System. So bemühte er sich um eine Synthese zwischen der HIPPOKRATischen Medizin und den medizinischen Ansichten und Erkenntnissen seiner Zeit, die er eklektisch zusammenfaßte. Im Ergebnis entstand ein auf dem Boden allgemeiner theoretischer Grundsätze errichtetes medizinisches Gesamtsystem, dessen konstitutive Elemente vor allem die Lehre von der Natur des Menschen in Hinblick auf die Struktur und Funktion seines Körpers bilden, wie sie durch Physiologie und Anatomie repräsentiert werden. Aufgrund des durch ARISTOTELES in das biologische Denken eingebrachten teleologischen Prinzips, d. h. jener Betrachtungsweise, wonach den physiologischen Funktionen des Körpers bzw. der Organe eine vorgegebene immaterielle Zweckmäßigkeit und Zielstrebigkeit eigen ist, nahm die Anatomie nicht jene grundlegende Stellung ein, wie sie ihr etwa seit der Renaissance zufiel. Da die physiologischen Funktionen des Körpers bzw. der Organe als von vornherein festgelegt betrachtet wurden und der anatomisch-morphologische Bau des Körpers so zweckmäßig wie nur irgend möglich gedacht worden ist, wurde die Morphologie der antizipierten bzw. beobachteten Funktion angepaßt. Trotz dieser Einschränkungen ist die Anatomie, bei der es sich um eine fast reine Säugetieranatomie handelte, innerhalb des Werkes von G. nicht hoch genug einzuschätzen. Neben dem noch auf A. VESALIUS fruchtbar wirkenden Ansatz hinsichtlich der Methodik des Sezierens hat G. zur Klärung einer Reihe von bis dahin unbekannten Tatsachen beigetragen, unter denen besonders die Beschreibung des Nervensystems herausragt. Auf dem Gebiet der Physiologie stellte die Weiterentwicklung des Viererschemas durch G., der die in der Medizin seit den HIPPOKRATIkern gültige Vorstellung von den Säften und ihren Qualitäten mit der in der Philosophie seit ARISTOTELES anerkannten Theorie von den Elementen und ihren Qualitäten miteinander verknüpfte, insofern einen enormen Fortschritt dar, als dadurch die individuellen Unterschiede der einzelnen Menschen noch besser in der ärztlichen Praxis berücksichtigt werden konnten. Dem von G. entwickelten Schema der Blutbewegung mit der zentralen Stellung der Leber als eigentlichem blutbildendem Organ war die Idee des Kreislaufs, wie er erst später von W. HARVEY postuliert und bewiesen worden ist, noch völlig fremd.

Ein weiteres tragendes Element GALENischer Medizin bildete seine Krankheitslehre, d. h. seine Auffassungen über Entstehen, Verlauf, Erscheinungsweise und Erkennung krankhafter Störungen. In therapeutischer Hinsicht ist, ausgehend von der Konzeption der Viersäftelehre, G.s Vorgehen von dem Grundsatz »contraria contrariis« (HIPPOKRATES) streng wissenschaftlich orientiert. Durch die differenzierte Abstufung von Intensitäten sowohl bei den Krankheiten als auch den Arzneimitteln stellte er die Pharmakologie und Therapie auf eine wissenschaftliche Basis. Sein besonderes Augenmerk galt wie überhaupt in der antiken Medizin – ebenfalls ausgehend vom humoralpathologischen Konzept – der Diätetik, d. h. der Regelung der gesamten Lebensweise. Na

Literatur: Claudii Galeni Opera omnis, 20 Bde. (Hrsg. C. G. Kühn, Leipzig 1821–1833), Claudii Galeni Pergameni Scripta minora, 3 Bde. (Hrsg. J. Marquardt, I. Müller, G. Helmreich, Leipzig 1884–1893), Galeni De usu partium libri XVII, 2 Bde. (Hrsg. G. Helmreich, Leipzig 1907–1909), Werke des Galenos, 5 Bde. (dtsch von E. Beintker u. W. Kahlenberg, Stuttgart 1939–1954), Sieben Bücher Anatomie des Galen, 2 Bde. (arab.-dtsch von M. Simon, Leipzig 1906).

Bardong, K.: Beiträge zur Hippokrates- und Galenforschung. Nachr. d. Akad. d. Wiss. Göttingen, Phil.-Hist. Kl. 1942, Nr. 7; Garcia-Ballester, L.: Galeno (Madrid 1972); Harig, G.: Medizin der römischen Periode, in: Geschichte der Medizin. Einführung in ihre Grundzüge (Hrsg. A. Mette u. I. Winter, Berlin 1968, S. 93–106); Nutton, V. (Hrsg.): Galen-Problems and Prospects (London 1981); Siegel, R. E.: Galen's System of Physiology and Medicine (Basel/New York 1968), Galen on Sense Perception (Basel/New York 1970), Galen on Psychology, Psychopathology, and Function and Diseases of the Nervous System (Basel/New York 1973).

Galilei, Galileo, Physiker, Mathematiker und Astronom, geb. 15. 2. 1564 Pisa, gest. 8. 1. 1642 Arcetri bei Florenz.

G. gilt als Begründer der klassischen Mechanik, insbesondere der Bewegungslehre und darüber hinaus der Methodologie der exakten Naturwissenschaften. Seine astronomischen Entdeckungen mit dem Fernrohr ließen ihn für das heliozentrische Weltbild des N. COPERNICUS Partei ergreifen. Durch den Prozeß der Inquisition gegen G. als Anhänger des COPERNICUS wurde G. zur Symbolgestalt des Kampfes um ein wissenschaftliches Weltbild.

G., Sohn eines Musikgelehrten, studierte nach dem Besuch einer Klosterschule an der Univ. Pisa zunächst Medizin, ehe er sich unter dem Eindruck der Bücher des EUKLID den mathematischen Wissenschaften zuwandte. Mit 25 Jahren erhielt er einen Lehrauftrag für Mathematik in Pisa, von wo er nach drei Jahren auf einen Lehrstuhl an die Univ. Padua berufen wurde, an der er 18 Jahre gewirkt hat. Durch Vorlesungstätigkeit und Privatunterricht erlangte er bald europäischen Ruf. Neben der physikalischen Grundlagenforschung befaßte sich G. mit der Konstruktion von Zeichengeräten und mit der Lösung ingenieurtechnischer Aufgaben.

Ein Wendepunkt in seiner Gelehrtenlaufbahn mit weitreichenden Folgen für sein persönliches Schicksal war 1609 G.s Nacherfindung des holländischen Fernrohres. Sein zweites, verbessertes Instrument mit 30facher Vergrößerung setzte er als erster für astronomische Beobachtungen ein. Im Januar 1610 bemerkte er, daß der Planet Jupiter von mehreren Trabanten umkreist wird, daß es auf dem Mond Gebirge und »Meere« gibt und daß die Milchstraße aus zahlreichen Sternen besteht. Er berichtete darüber in der Schrift »Sidereus nuncius« (Sternenbotschaft), die großes Aufsehen erregte. Der Jupiter mit seinen Monden schien ihm ein zum kopernikanischen Weltsystem analoges Modell zu sein. Die Lichtphasen der Venus sprachen für deren Umlauf um die Sonne. G. sah in diesen Entdeckungen eine Bestätigung der Lehre des COPERNICUS, von deren Wahrheit er seit langem überzeugt war.

Hatte sich G. bis dahin vorrangig mit Fragen der Mechanik befaßt, so betrieb er nun für zwei Jahrzehnte astronomische Studien. Dies wurde begünstigt durch seine Ernennung zum Hofmathematiker in Florenz, wo er sich (von zeitraubenden Lehrverpflichtungen befreit) ganz seinen Forschungen widmen konnte. Im Winter 1611/12 hielt er in Rom Vorträge über seine astronomischen Entdeckungen. Er wurde als großer Naturforscher gefeiert und in die 1603 gegründete Accademia dei Lincei aufgenommen.

Bald nach seiner Rückkehr nach Florenz begannen Theologen und scholastische Gelehrte, denen G. als Kopernikaner verdächtig war, ihn deswegen öffentlich anzuprangern, obwohl das Werk des COPERNICUS damals noch nicht zu den verbotenen Büchern gehörte. Insgeheim wurde G. beim »Heiligen Offizium« in Rom denunziert. Als die von Dominikanern und Jesuiten gegen ihn geführten Angriffe immer heftiger wurden, reiste G. 1615 erneut nach Rom, um mit den zuständigen geistlichen Würdenträgern die Angelegenheit zu bereinigen. Es wurde ihm zwar nicht untersagt, die »mathematische Hypothese« des COPERNICUS in wissenschaftlichen Schriften zu erörtern, aber streng befohlen, die inzwischen auf den Index gesetzte Lehre weder für wahr zu halten noch für sie einzutreten.

G. betrachtete diese Entscheidung wohl nicht als das letzte Wort des Vatikans, denn als 1623 der ihm wohlgesinnte Kardinal BARBERINI als URBAN VIII. zum Papst gekrönt worden war, begab er sich 1624 wieder nach Rom, in der Hoffnung, eine Zurücknahme des Befehls von 1616 zu erwirken. Wenn URBAN VIII. sich darauf auch nicht einließ, so gewann G. doch den Eindruck, daß der Papst gegen eine historisch-kritische Darstellung des heliozentrischen Weltsystems nichts einzuwenden habe. Nach seiner Rückkehr begann er daher mit der Ausarbeitung des Werkes, das im Februar 1632 unter dem Titel »Dialog über die beiden hauptsächlichsten Weltsysteme, das ptolemäische und das copernicanische« erschienen ist. Während das Buch im Ausland von namhaften Gelehrten, wie P. GASSENDI, begrüßt wurde, begann in Italien der Feldzug gegen seinen Verfasser. Die Jesuiten wußten dem Papst einzureden, G. habe ihn in der Figur des Dogmatikers Simplicio verhöhnt.

Trotz seines schlechten Gesundheitszustandes wurde der hochbetagte Forscher nach Rom befohlen, wo im April 1633 das Inquisitionstribunal gegen ihn eröffnet wurde. Der Vorwurf, er habe sich durch sein Buch der Ketzerei verdächtig gemacht, wurde erweitert durch die Anschuldigung, er hätte den ihm 1616 erteilten Befehl mißachtet und sich die kirchliche Druckerlaubnis erschlichen.

Alle Versuche G.s, das von ihm erwartete Schuldgeständnis zu umgehen, wiesen die Richter zurück. Sie bestanden auf einem feierlichen Widerruf der heliozentrischen Lehre, den der von Verhören zermürbte und mit Folterung bedrohte Gelehrte am 22. 6. 1633 dann auch entgegen seiner Überzeugung geleistet hat.

Als Gefangener der Inquisition verbrachte G. die letzten Lebensjahre in seinem Landhaus bei Florenz. Durch Krankheit und zunehmende Sehschwäche behindert, faßte der Physiker die Ergebnisse seines jahrzehntelangen Forscherfleißes in dem Werk »Unterredungen und mathematische Demonstrationen über zwei neue Wissenszweige, die Mechanik und die Fallgesetze betreffend« zusammen. Das Manuskript ließ er heimlich in das protestantische Holland bringen, wo es 1638 gedruckt wurde. Von seinem Sohn und seinem Schüler V. VIVIANI betreut, wirkte der zuletzt erblindete Forscher bis an sein Lebensende im Dienste seiner Wissenschaft und ihrer Nutzung für die Praxis.

Das wissenschaftliche Werk von G. war zunächst stark von ARCHIMEDES inspiriert; in »La bilancetta« beschrieb er 1586 eine verbesserte hydrostatische Waage und erneuerte die Gedankengänge des ARCHIMEDES über schwimmende Körper, ein Thema, das er 1612 mit der Methode der virtuellen Geschwindigkeiten und der Momente über die Hydrostatik hinaus erweiterte. Der Auftrieb war, ähnlich wie schon 1553/54 für G. B. BENEDETTI, für G. der Anknüpfungspunkt zur Auseinandersetzung mit den Überlegungen von ARISTOTELES zum freien Fall. In der Abhandlung »De motu«, die vor 1590 entstand, versuchte G. die Fallbewegung mit dem Gleichgewicht an der geneigten Ebene zu verbinden. Er betrachtete dazu virtuelle Geschwindigkeiten auf infinitesimal kleinen Strecken am Anfang der Bewegung und berücksichtigte dann die Beschleunigung. Durch diese Kopplung von Statik und Kinematik konnte G. die schwierigen mathematischen Probleme der Dynamik umgehen; zum zentralen Begriff bei Fall, Pendelbewegung und Bewegung auf der geneigten Ebene wurde ihm die Beschleunigung.

Seit 1602 beschäftigte sich G. näher mit der beschleunigten Bewegung auf Kreisbögen (Pendel). 1604 gab er in einem Brief das korrekte Fallgesetz an, allerdings mit einer auf falschen Voraussetzungen beruhenden Ableitung. Durch die Einführung des Begriffs der »neutralen Bewegung« auf Kugeloberfläche und horizontaler Ebene suchte G. in »De motu« die Unterscheidung von natürlichen und erzwungenen Bewegungen bei ARISTOTELES zu überwinden und die Himmelsbewegungen in das System der Mechanik einzubeziehen; zugleich ergaben sich dadurch Unsicherheiten im Verständnis des Begriffes der Trägheit.

Von 1597 an äußerte sich G. u. a. in einem Brief an J. KEPLER zustimmend zum kopernikanischen Weltsystem und half, vom Standpunkt der Mechanik aus Argumente für die doppelte Erdbewegung zu finden; besonders das Zustandekommen der Gezeiten glaubte er nur auf diese Weise erklären zu können. Auch im »Dialog« spielten die Gezeiten eine wesentliche Rolle bei der Erörterung des kopernikanischen Weltsystems durch die erdachten Gesprächspartner Sagredo, Salviati und Simplicio; wieder wurden himmlische und irdische Bewegungen auf Kreisen und Geraden einheitlich behandelt und dazu Relativität und Erhaltung der Bewegung diskutiert. Neben den schon aus der »Sternenbotschaft« bekannten astronomischen Tatsachen kam noch die jährliche Veränderung der 1612 von G. mitentdeckten und von ihm richtig gedeuteten Sonnenflecken als Argument hinzu. Allerdings wurde die kopernikanische Planetentheorie ohne nähere Berücksichtigung der Ungleichheiten dargestellt und die von KEPLER errechnete elliptische Gestalt der Planetenbahnen nicht beachtet.

Hatte sich G. vor 1616 noch in Streitgespräche über theologische Fragen verstrickt, so behandelte er nach seiner Ermahnung zunächst weniger umstrittene Themen. Er schlug z. B. für die Längenmessung auf See genaue Beobachtungen der Jupitermonde vor und beteiligte sich 1628 mit der Schrift »Il Saggiatore« an der Diskussion um die Natur der drei 1618 erschienenen Kometen. Dabei unterschied er streng zwischen objektiver Erscheinung und subjektivem Eindruck, legte jedoch keine eigene Kometenhypothese vor. Probleme der Mechanik griff er in dieser Schaffensperiode in »De motu accelerato« auf, und er definierte dabei unter anderem die gleichmäßig beschleunigte Bewegung. Diese und viele andere Überlegungen flossen in die vier Gespräche der »Discorsi« ein. Zwei der Unterredungen Sagredos, Salviatis und Simplicios beschäftigten sich mit Fragen aus fast allen Bereichen der Physik: mit der Struktur der Materie, dem Wesen der Mathematik, der Rolle von Experiment und Vernunft in der Naturforschung, dem Gewicht der Luft, der Messung der Lichtgeschwindigkeit, dem Wesen des Schalls, der Festigkeit von Materialien, der Kohäsion u. a. Dabei wurden zahlreiche verwandte Probleme aus der Physik und der Praxis aufgezeigt und oft Lösungsansätze erörtert.

Mit Recht bezeichnete M. v. LAUE die »Discorsi« als »das erste Lehrbuch der neuzeitlichen Physik«. Die beiden anderen Gespräche behandeln die gleichförmige und die gleichmäßig beschleunigte Bewegung, speziell Fall und Wurf. Die Wurfparabel wird aus gleichförmig-geradliniger Trägheitsbewegung und gleichmäßig beschleunigtem Fall berechnet. Die Mathematik, unter der er vorrangig Geometrie verstand, betrachtete G. als unerläßliches Hilfsmittel der Physik. Damit wurde er zu einem Wegbereiter der Mathematisierung der Naturwissenschaft und der Mechanisierung des Naturbildes. Das reale Experiment hatte für G. im Unterschied zum Gedankenexperiment die Aufgabe, die auf intuitiv-spekulative Weise gewonnene Einsicht in das Wesen eines Naturzusammenhanges zu verifizieren und so einer Hypothese Gesetzescharakter zu verleihen. Damit erhob G. die Praxis zum Kriterium der Wahrheit und verhalf einer neuen Methode der Naturforschung zum Durchbruch. Die unmittelbare Wirksamkeit G.s war besonders in Italien bei Laien wie Gelehrten sehr groß. In anderen Ländern wurde sein Werk zunächst nur von wenigen Wissenschaftlern zur Kenntnis genommen; es spielte eher außerhalb der Wissenschaft eine Rolle im Kampf für Gedankenfreiheit und gegen Autoritätsgläubigkeit. Die grundsätzliche Weiterentwicklung der physikalischen Wissenschaft auf dem von G. eingeschlagenen Weg konnte erst einsetzen, nachdem G. W. LEIBNIZ und I. NEWTON den Infinitesimalkalkül geschaffen hatten.

In G.s Philosophie sind pantheistische Züge, wie sie vor ihm von G. BRUNO und nach ihm von B. SPINOZA entwickelt wurden, nicht nachweisbar; er war ein gläubiger Katholik und blieb auch dann ein treuer Sohn seiner Kirche, als er gedemütigt wurde. Sein Vorschlag, den Text der Bibel so zu interpretieren, daß nirgends ein Widerspruch zu den gesicherten Erkenntnissen der exakten Naturwissenschaft entsteht, ließ sich in seinem Vaterland unter den Bedingungen einer noch ungebrochenen geistigen Vorherrschaft der Kirche nicht verwirklichen.

G., musisch vielseitig veranlagt und ein eindrucksvoller Redner, war auch ein glänzender Stilist. Durch die in seiner Muttersprache verfaßten beiden Hauptwerke wurde der große Physiker und Astronom zum Mitschöpfer der ital. wissenschaftlichen Prosa. Hck

Literatur: Galilei, G.: Le Opere (Edizione nazionale, Firenze 1890–1909, Neuausg. Firenze 1929–1932), Bd. 3: Sternenbotschaft (1610), Bd. 7: Dialog über die beiden hauptsächlichsten Weltsysteme, das ptolemäische und das copernicanische (1632; dtsch von E. Strauß Leipzig 1892), Bd. 8: Unterredungen und mathematische Demonstrationen über zwei neue Wissenszweige, die Mechanik und die Fallgesetze betreffend (1638; dtsch von A. v. Oettingen, in: Ostwalds Klassiker der exakten Wissenschaften, Nr. 11, 24, 25, Leipzig 1890/91).

Brüche, E. (Hrsg.): Sonne, steh still! 400 Jahre Galileo Galilei (Mosbach 1964); Dessauer, F.: Der Fall Galilei und wir (4. Aufl. Frankfurt/M. 1957); Freiesleben, H.-Chr.: Galileo Galilei (Stuttgart 1956); Harig, G.: Galilei und sein Kampf gegen die aristotelisch-scholastische Naturlehre, in: Schriften zur Geschichte der Naturwiss. (Berlin 1983); Herneck, F.: Galileo Galilei. Zum 400. Geburtstag des großen Physikers, wiederabgedruckt in: Wissenschaftsgeschichte – Vorträge und Abhandlungen (Berlin 1984); Laue, M.v.: Galileo Galilei. Zur 300. Wiederkehr seines Todestages, dem 8. 1. 1642, in: Aufsätze und Vorträge (Braunschweig 1961); Schmutzer, E. u. Schütz, W.: Galileo Galilei (5. Aufl. 1983).

G. Galilei

J. G. Galle

Galle, Johann Gottfried, Astronom, geb. 9. 6. 1812 Papsthaus bei Gräfenhainichen, gest. 10. 7. 1910 Potsdam.

G. ist der Entdecker des Neptun und mehrerer Kometen und entwickelte eine Methode der Bestimmung der Sonnenparallaxe.

G., Sohn eines Teerschwelers, besuchte die Schule in Radis und 1825 bis 1830 das Gymnasium Wittenberg, das er mit besten Ergebnissen abschloß. 1830 an der Berliner Univ. immatrikuliert, wurde er Schüler von J. F. ENCKE, hörte aber auch philosophische Vorlesungen. Nach der Absolvierung der Lehramtsprüfung wurde er für kurze Zeit Lehrer in Guben und für zwei Jahre in Berlin. 1835 trat G. als Gehilfe in die Berliner Sternwarte ein, wo er bis zu seiner Berufung als Dir. der Sternwarte Breslau (Wrocław) 1851 blieb. 1856 wurde G. dort o. Prof. für Astronomie und übte an der Univ. mehrere Funktionen aus, unter anderem als Dekan und Rektor. 1895 suchte G. um Entlassung aus allen amtlichen Verpflichtungen nach.

Schon als Student hatte G. für das Astronomische Jahrb. die Ephemeride des Merkur berechnet, was er auch später fortsetzte. Seiner 1845 erfolgten Promotion legte er eine Bearbeitung der wenigen erhaltenen Beobachtungen von O. RÖMER aus dem Jahre 1706 zugrunde. Diese Arbeit sandte G. an U. J. J. LEVERRIER, der in seinem Dankesbrief vom 18. 9. 1846 G. den Ort am Himmel mitteilte, an dem nach seinen Rechnungen der lang gesuchte transuranische Planet (Neptun) stehen müsse, für dessen Entdeckung die Instrumente der Berliner Sternwarte geeignet seien. Dieser Brief traf am 23. 9. 1846 in Berlin ein, und noch am selben Abend beobachtete G. die von LEVERRIER angezeigte Stelle des Himmels. Die rasche Identifizierung unter den zahlreichen Sternen 8. Größe wurde wesentlich durch ein gerade an der Berliner Sternwarte fertiggestelltes Blatt der »Akademischen Sternkarten« erleichtert (Abb.). Mit diesem wurde der Himmel verglichen und ein Objekt bemerkt, das in der Karte nicht eingetragen war. Zwar konnte mit einiger Sicherheit dessen Bewegung im Verlaufe der Nacht konstatiert werden, doch brachten erst Vergleichsbeobachtungen

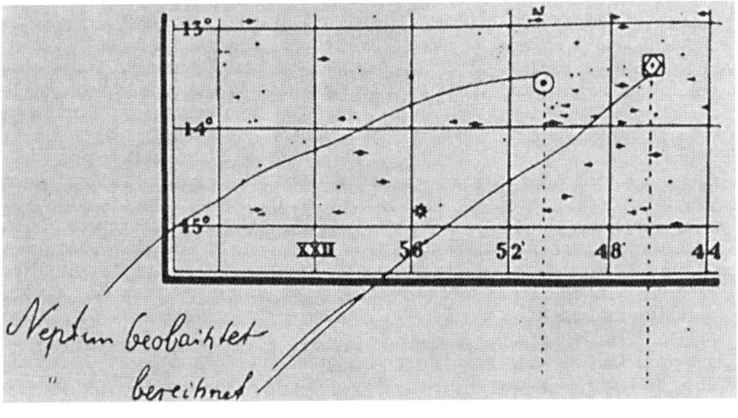

Ausschnitt aus dem bei der Entdeckung des Neptun verwendeten Blatt der »Akademischen Sternkarten« mit handschriftlicher Eintragung der Positionen

am 24. 9. Gewißheit. Diese auf den sorgfältigen Rechnungen LEVERRIERS beruhende Entdeckung des Neptun brachte G. vielfältige Ehrungen ein.

Weiterhin erwarb sich G. große Verdienste mit der Zusammenfassung der Bestimmungsstücke der Bahnen von 414 Kometen, die 1894 im Druck erschien.

1873 hatte G. vorgeschlagen, die Sonnenparallaxe durch Beobachtung von Kleinplaneten zu messen. Diese Methode wurde später mehrfach angewendet und initiierte zahlreiche Untersuchungen zur Bestimmung des Abstandes zwischen Sonne und Erde.

Die 1851 von G. übernommene Sternwarte Breslau entsprach sowohl vom Instrumentarium als auch von der Lage her nicht den Erfordernissen der Zeit, woran sich auch während des Direktorats von G. nichts Wesentliches änderte. Die Arbeiten von G. bezogen sich in Breslau vor allem auf Kometenbeobachtungen und -berechnungen, auf Sternschnuppen und deren Radianten, Finsternisse u. a. Entsprechend den gegebenen Möglichkeiten legte G. in der Ausbildung der Studenten besonderes Gewicht auf die rechnende Astronomie. Mehrere seiner Schüler waren später auf diesem Gebiet sehr erfolgreich tätig. Ha

Literatur: Galle, J. G.: Olai Roemeri triduum observationum astronomicarum (Berlin 1845), Verzeichniß der Elemente der bisher berechneten Cometenbahnen (Leipzig 1894), Ueber die Anwendung von Beobachtungen der kleinen Planeten zur Ermittlung des Werthes der Sonnen-Parallaxe, in: Astronom. Nachr. 80 (1873), 279–282.

Wattenberg, D.: Johann Gottfried Galle, Bibliographie (Leipzig 1963, S. 115–128).

Galois, Evariste, Mathematiker, geb. 25. 11. 1811 Bourg-la-Reine bei Paris, gest. 31. 5. 1832 Paris.

G. stand mit seinen epochemachenden Arbeiten zur Auflösungstheorie algebraischer Gleichungen am Beginn einer methodologischen Neuorientierung der Algebra, die die algebraischen Strukturen und ihre gegenseitigen Beziehungen untersuchte und für die Entwicklung des strukturellen Denkens in der modernen Mathematik von ausschlaggebender Bedeutung war.

G.' Vater leitete eine Internatsschule in Bourg-la-Reine und wurde dort 1815 zum Bürgermeister gewählt, er war hochgebildet und vertrat liberale, antiklerikale Auffassungen. Die Mutter stammte aus einer Juristenfamilie, sie unterrichtete den Knaben bis zu dessen 12. Lebensjahr. 1823–1829 besuchte G. das Collège Louis-le-Grand in Paris; er war ein hervorragender Schüler, sein Mathematiklehrer entdeckte das außergewöhnliche mathematische Talent und veranlaßte G. zum Studium klassischer mathematischer Schriften, unter anderem von A.-M. LEGENDRE, J. C. LAGRANGE und C. F. GAUSS. Noch als Schüler veröffentlichte G. 1829 seine erste Arbeit über periodische Kettenbrüche. Er versuchte, an die École Polytechnique zu gelangen, fiel aber zweimal durch die Aufnahmeprüfung; einmal nachweislich deshalb, weil er sich weigerte, auf die trivialen Fragen des Examinators ausführlich einzugehen. Ab Oktober 1829 besuchte G. die École Préparatoire, die spätere École Normale. Er schloß sich der republikanischen Bewegung an und wurde ein furchtloser, leidenschaftlicher Verfechter ihrer Ideen. Wegen eines Artikels in der oppositionellen Zeitung »Gazette des Écoles«, in dem er den Verrat des Dir. der École Normale an den Idealen der Julirevolution von 1830 brandmarkte, wurde G. am 4. 1. 1831 von der Hochschule verwiesen. Er trat danach der Nationalgarde bei und betätigte sich als politischer Agitator. Mehrere Monate mußte er im Gefängnis verbringen. Unter schwierigsten Umständen, z. T. im Gefängnis, schuf G. seine epochemachenden mathematischen Arbeiten. Schließlich wurde er in ein vermutlich von der reaktionären Geheimpolizei inszeniertes Duell verwickelt und verstarb am folgenden Tage. In der Nacht vor seinem Tode schrieb er sein mathematisches Testament in Form eines Briefes an seinen Freund A. CHEVALIER, ein erschütterndes Dokument, das skizzenhaft alle seine wichtigen Entdeckungen resümiert. Der Brief endet: »Richte an JACOBI oder GAUSS die öffentliche Bitte, ihr Urteil abzugeben – nicht über die Wahrheit, sondern über die Wichtigkeit dieser Theoreme. Dann werden sich hoffentlich Leute finden, die es für lohnend halten werden, diesen ganzen Wirrwarr zu entziffern.«

Nachdem ital. Mathematiker im 16. Jh. die Auflösung der algebraischen Gleichungen 3. und 4. Grades in Radikalen (d. h. durch ineinandergeschachtelte Wurzelausdrücke) gefunden hatten, begannen intensive Bemühungen, solche Lösungsformeln auch für die Gleichungen 5. und höheren Grades zu finden. Man hoffte, das Problem mit geschickten Transformationen und Eliminationen zu bewältigen. Der erste Forscher, der zu einer systematischen Analyse der Struktur der Gleichungswurzeln überging, war LAGRANGE (1770). Er entdeckte im Keim den Zusammenhang des Problems der Auflösung algebraischer Gleichungen in Radikalen mit der Theorie der Permutationen. GAUSS fand 1801 eine wichtige Klasse in Radikalen auflösbarer Gleichungen, die Kreisteilungsgleichungen. N. H. ABEL gab nach Versuchen von P. RUFFINI 1824 einen ersten vollständigen Beweis für die Unmöglichkeit der Auflösung der allgemeinen Gleichung 5. Grades in Radikalen. 1829 erschien eine Arbeit ABELS, in der er eine weitere Klasse algebraisch auflösbarer Gleichungen entdeckte, die heute nach ihm benannten ABELschen Gleichungen. ABEL arbeitete implizit den Körperbegriff heraus und benutzte die von A. L. CAUCHY ab 1815 erzielten Resultate der Permutationstheorie. Aufgrund dieser Vorarbeiten gelang es G., das Problem der Auflösbarkeit algebraischer Gleichungen in Radikalen in dem Sinne zu lösen, daß er es auf die Untersuchung der Struktur einer gewissen Permutationsgruppe zurückführte. Er verließ damit den auf Rechnung gegründeten Weg der traditionellen Algebra.

Sein Hauptwerk »Mémoire sur les conditions de résolubilité des équations par radicaux« reichte G. zweimal der Akademie ein; das erste Mal ging es verloren; die zweite Version wurde aufgrund eines groben Fehlurteils von S.-D. POISSON zurückgewiesen. Erst 14 Jahre nach G.s Tod wurde es von J. LIOUVILLE veröffentlicht. G. zeigte darin, daß es zu gegebener Gleichung eine Gruppe von Permutationen der Wurzeln derart gibt, daß jede rationale Funktion der Wurzeln, die alle Permutationen der Gruppe gestattet, rational bekannt ist, d. h. in heutiger Terminologie im gegebenen Grundkörper liegt. Umgekehrt gestattet jede rational bekannte Größe alle Permutationen der Gruppe. G. untersuchte das Verhalten dieser später nach ihm benannten Gruppe bei Erweiterung des Körpers und gab die Zusammenhänge an, die heute als Hauptsatz der GALOISschen Theorie bezeichnet werden. Er entdeckte auch die besondere Rolle der normalen Erweiterungen und der entsprechenden ausgezeichneten Untergruppen (Normalteiler). G. führte zwar den Begriff »Gruppe« ein; der Beweis der multiplikativen Abgeschlossenheit der GALOISschen Gruppe fehlte ihm jedoch noch. Die Untersuchung einer Gleichung wird durch G. auf die Untersuchung ihrer Gruppe zurückgeführt. Hat diese Gruppe eine Normalreihe mit ABELschen Faktoren, so ist die vorgelegte Gleichung in Radikalen auflösbar, andernfalls ist sie nicht in Radikalen auflösbar. Für irreduzible Gleichungen vom Primzahlgrad fand G. mit seiner neuen Methode das bemerkenswerte Resultat: Eine solche Gleichung ist genau dann in Radikalen auflösbar, wenn sich alle ihre Wurzeln als rationale Funktionen von zwei dieser Wurzeln ausdrücken lassen.

In einer Arbeit »Sur la théorie des nombres« begründete G. mittels der Untersuchung von Funktionenkongruenzen mod p die Theorie der endlichen Körper, die heute als GALOISfelder bezeichnet werden. Aus dem Brief an CHEVALIER geht auch hervor, daß G. weitreichende Entdeckungen auf dem Gebiet der elliptischen Funktionen und der algebraischen Integrale gemacht hatte, die aber wegen des fragmentarischen Charakters dieses Briefes nicht historisch wirksam geworden sind.

G. war sich dessen bewußt, daß seine Methoden weit über das Auflösbarkeitsproblem algebraischer Gleichungen hinausgehen und das viel allgemeinere Problem einer Klassifizierung der Irrationalitäten anzugreifen gestatten. Seine hastig im Gefängnis niedergeschriebenen allgemeinen Bemerkungen über die künftige Entwicklung der Mathematik zeugen von der Weitsicht des kaum 20jährigen Genies, das den Geist der modernen Mathematik vorausahnte. G. reflektierte auch über die Bedingungen wissenschaftlichen Schöpfertums und erträumte eine Wissenschaft, die frei von der Selbstsucht des Einzelnen für das Wohl für alle wirkt.

Nach Veröffentlichung der Hauptschriften von G. im Jahre 1846 bemühten sich die Mathematiker zunächst, seine Resultate in die traditionelle Darstellungsweise einzubetten und bei G. vorhandene Lücken zu schließen. Erst gegen Ende des 19. Jh. wurden seine Ideen voll verstanden und sind dann rasch in die Entwicklung der strukturellen Algebra und der algebraischen Zahlentheorie eingeflossen. Im 20. Jh. hat E. ARTIN eine Begründung der GALOIStheorie ausschließlich mit Methoden der linearen Algebra gegeben. Bemühungen von M. S. LIE, E. PICARD und E. VESSIOT, eine GALOIStheorie für Differentialgleichungen aufzubauen, führten zunächst zu keinem durchgreifenden Erfolg; erst das 1983 erschienene Werk »Differential Galois Theory« von J. F. POMMARET brachte einen gewissen Abschluß. Pu

Literatur: Ecrits et Mémoires Mathématiques d'Evariste Galois. Edition critique intégrale de ses manuscrits et publications par R. Bourgne et J.-P. Azra (Paris 1962).

Artin, E.: Galoissche Theorie (Leipzig 1965); Dalmas, A.: Evariste Galois, révolutionaire et géometre (Paris 1956).

Galton, Sir Francis, Naturforscher und Erfinder, geb. 16. 2. 1822 Larchas bei Birmingham, gest. 17. 1. 1911 Haslemere (Surrey).

Der auch als Erfinder tätige G. war einer der Begründer der Vererbungsforschung, der allerdings von anderen Annahmen ausging, als sie später in der klassischen Genetik üblich geworden sind.

G. entstammte väterlicherseits einer im Geschäftswesen tätigen Quäkerfamilie. Seine Mutter war eine Tochter von E. DARWIN, dem Großvater von CH. DARWIN. G. wuchs als jüngstes von neun Kindern auf dem väterlichen Gute auf; sein Ausbildungsgang war ziemlich ungeregelt. 1830–1832 wurde er auf einer Schule bei Boulogne in Frankreich unterrichtet. 1838 unternahm er seine erste Europareise; 1840 folgte eine weitere, die ihn bis in die Türkei führte. 1839 studierte er Medizin am King's College in London und 1840–1843 am Trinity College in Cambridge. Hier hörte G. vor allem aber Mathematik und Naturwissenschaften. G. verzichtete auf einen Abschluß, da ihm das väterliche Vermögen lebenslang ausreichende materielle Grundlagen versprach. 1845 bereiste G. Ägypten und andere Teile des Nahen Ostens.

In den Jahren 1850–1852 unternahm G. eine Forschungsreise durch weitgehend unbekannte Gebiete Süd-west-Afrikas und führte dort anthropologische und ethnographische Beobachtungen durch. 1853 heiratete er und lebte seitdem meistens in London als gutgestellter privater

E. Galois

F. Galton

Wissenschaftler ohne öffentliche Anstellung. Ab 1860 war G. Mitgl. der Royal Society.

Als Erfinder entwickelte G. einen Drucktelegrafen, einen Heliostaten, eine Maschine zur Ausnutzung der Energie der Meereswellen und die GALTON-Pfeife zur Erzeugung von Tönen im oberen Hörbereich und im Bereich des Ultraschalls. Er beschäftigte sich darüber hinaus mit Meteorologie; er publizierte eine erste Klimakarte Europas, lieferte wichtige Beiträge zur Begründung der synoptischen Meteorologie und entwickelte eine erste Theorie der Antizyklone (1863).

Am umfangreichsten waren seine Forschungen über Vererbung. In diesem Zusammenhang entstanden bedeutsame Beiträge zur Statistik; er konstruierte z. B. den nach ihm benannten »Zufallsapparat«, das »GALTONsche Brett«.

Eine Anregung für experimentelle Untersuchungen war für G. die Pangenesis-Hypothese seines Vetters DARWIN. G. ließ Blut zwischen Kaninchen verschiedener Rasse übertragen, was aber deren Nachkommen nicht beeinflußte, wie beim Vorhandensein der von DARWIN angenommenen, im Blute kreisenden Vererbungsträger zu erwarten gewesen wäre. Offenbar wurden also die Vererbungsträger nicht vom Körper und über den Körper von der Umwelt beeinflußt. G. bezweifelte eine ›Vererbung erworbener Eigenschaften‹ aber nicht so konsequent wie ab 1883 A. WEISMANN, der annahm, daß das Keimplasma (die ›Gene‹) vom Soma isoliert ist.

G. versuchte durch Familienanalyse die Vererbung von Begabung nachzuweisen. Er stellte fest, daß Familien mit hervorragenden Personen überdurchschnittlich viel bedeutende Persönlichkeiten entstammten, konnte aber den Einfluß von Erziehung und Umwelt nicht ausschließen, da Kinder bedeutender Persönlichkeiten im allgemeinen in einem intellektuell anregenden Milieu aufwachsen.

Eine große Bedeutung in der Vererbungsforschung erlangte die von G. eingeführte, später erst klar verstandene »Zwillings«-Methode, nach der Merkmalsunterschiede bei eineiigen, in den Erbanlagen fast identischen Zwillingen, vor allem auf den Einfluß der Umwelt zurückzuführen sind. G. richtete ein anthropometrisches Laboratorium ein, in dem er unter anderem auf der Londoner Internationalen Gesundheitsausstellung 1884 über 90 000 Personen auf verschiedene Eigenschaften, z. B. Sehschärfe, überprüfte (Biometrik). G. studierte Variation und Vererbung der Fingerabdrücke des Menschen, was zur Begründung der Daktyloskopie führte, welche die Kriminalistik revolutionierte. Ausgehend von der Prämisse, daß die intellektuellen Fähigkeiten erblich sind, schlug G. als einer der ersten die bewußte Berücksichtigung der Vererbung guter Eigenschaften bei der Partnerwahl vor. Er prägte für die Bestrebung bzw. Lehre von der Verbesserung des menschlichen Erbgutes den Begriff »Eugenik«. G. plädierte vor allem für die Erhöhung der Kinderzahl bei den »Begabten« (»positive« Eugenik). Zu Recht wurde in der Eugenik auch ein ideologisches Mittel gesehen, um der in England in der zweiten Hälfte des 19. Jh. zunehmenden Bewegung für »soziale Gerechtigkeit« zu begegnen. Der Einfluß der Eugeniker auf die Gesetzgebung in England blieb, trotz der Gründung der Eugenics Education Society 1907, gering.

Die Gedanken der »Eugenik« wurden besonders unter dem Nationalsozialismus in Deutschland schwer mißbraucht.

G.s bedeutendster Schüler war K. Pearson. Zi

Literatur: Galton, F.: Arbeiten zur Widerlegung der Pangenesis-Hypothese Darwins, in: Experiments in Pangenesis, by Breeding from Rabbits of a pure variety, into whose circulation blood taken from other varieties has previously been largely transfused, Proceedings of the Royal Society of London, XIX (1870/1871), 393–410, On Blood-relationship, ebenda, XX (1872), 394–402. Hereditary Improvement, Frazer's Magazine New Series, XII (1873), 37, Natural Inheritance (London 1889), Hereditary Genius ... (London 1869), dtsch Genie und Vererbung (Autorisierte Übersetzung, Leipzig 1910). Memories of My Life (London 1908).

The Life, Letters and Labours of Francis Galton, 4 Bde. (London 1914–1930).

Galvani, Luigi, Physiologe und Physiker, geb. 9. 9. 1737 Bologna, gest. 4. 12. 1798 Bologna.

G.s Hauptleistung ist die Entdeckung der elektrochemischen Elektrizitätserzeugung. Auf G.s Entdeckung beruht die Erfindung des galvanischen Elements durch A. Volta.

G. stammt aus einer Bologneser Patrizierfamilie. Obwohl zur Theologie neigend, studierte er in Bologna Medizin. 1759 wurde er in Medizin und Philosophie graduiert. In seinen ersten Berufsjahren übte er eine medizinische und chirurgische Praxis aus, forschte auf dem Gebiet der Anatomie und hielt Vorlesungen über Medizin. 1766 wählte ihn der Senat von Bologna zum Demonstrator am »Anatomischen Museum«, 1768 wurde er Doz. an einem medizinischen Institut, 1775 Adjunkt für Anatomie an der Bologneser Univ., und 1782 ernannte man ihn zum Prof. für Geburtshilfe am »Wissenschaftlichen Institut«. 1790 starb G.s Frau, die ihm bei den Untersuchungen geholfen hatte. Nach der Besetzung Bolognas durch franz. Truppen verweigerte er den Treueeid auf die von Napoleon gegründete zisalpinische Republik. Er wurde aller seiner Ämter und Würden enthoben, fand Aufnahme bei seinem Bruder, starb aber verarmt vor seiner angestrebten Rehabilitation.

G.s erste Arbeiten befaßten sich mit anatomischen Problemen, unter anderem mit der Struktur, der Funktion und den Krankheiten der Knochen sowie der Anatomie des Ohres. Ab 1770 traten physiologische Studien, speziell über Muskeln und Nerven, in den Vordergrund. Angeregt durch Forschungen anderer Mediziner, wandte er sich um 1780 dem Problem der Nervenreizung zu. Daraus entwickelte sich eine Versuchsserie über die Reizung präparierter Frösche durch Elektrizität, die er erst 1791 veröffentlichte. Anfangs registrierte er, daß bei Funkenentladung einer Elektrisiermaschine oder Leidener Flasche ein entfernt liegender Froschschenkel erregt wurde, wenn dessen Nerven mit einem Leiter verbunden waren. Im Freien beobachtete er bei Gewittern, aber auch bei ruhigem Wetter, das Zucken von Froschschenkeln, wenn deren Nerven mit langen Metalldrähten verknüpft waren. Besondere Bedeutung erlangten die Experimente, bei denen ohne Funkenentladung ein isoliert liegender Froschschenkel durch einen Bogen aus einem Metall, später aus zwei verschiedenen Metallen, von der Fußsohle zum Muskelnerv zum Zucken angeregt wurde. G. deutete die Reizwirkung zunächst aus dem Kontakt der Metalle mit einer Feuchtigkeit, entwickelte dann aber eine nach seiner Meinung zutreffendere Erklärung: Er betrachtete den Froschschenkel als Leidener Flasche, die über den Metallbogen entladen würde. Damit verlegte er die Elektrizitätsquelle in den Froschschenkel und glaubte, die »tierische Elektrizität« gefunden zu haben. Damit hatte G. nicht so unrecht, denn bei späteren Versuchen gelang es ihm, auch Zuckungen an Froschschenkeln ohne Verwendung von Metallen hervorzurufen. Er hatte so einen ersten Hinweis auf die Existenz des bioelektrischen Potentials gefunden. In der Folgezeit setzte sich jedoch Voltas Ansicht über die »Metallelektrizität« durch, aus der die Erfindung des galvanischen Elements hervorging. Schi

Literatur: Galvani, L.: De viribus electricitatis in motu musculari commentarius (Bologna 1791).

Fraunberger, F.: Vom Frosch zum Dynamo (Köln 1965); Schreier, W.: Von Galvani bis Nernst, in: Physik in der Schule 12 (1974) 5, 193–199.

Gassend(i), Pierre (lat. Petrus Gassendus), Philosoph, Physiker und Astronom, geb. 22. 1. 1592 Champtercier (Provence), gest. 24. 10. 1655 Paris.

G. war ein bedeutender Vertreter der beginnenden bürgerlichen Aufklärung in Frankreich. Er beeinflußte die Entwicklung der Naturwissenschaft in erster Linie mit seiner Wiederbelebung des antiken Atomismus, dem er eine die Naturerkenntnis der Renaissance berücksichtigende moderne Form gab, und der mit diesem verknüpften materialistischen Tendenz. Damit wurde er zu einem der Wegbereiter eines materialistisch geprägten naturwissenschaftlichen Weltbildes.

G. entstammte einer Bauernfamilie und durchlief die Karriere eines Geistlichen mit mathematischen und naturwissenschaftlichen Interessen. 1611–1617 studierte er in Digne und Aix-en-Provence Theologie und Philosophie, 1614 wurde er Doktor der Theologie, 1616 empfing er die Priesterweihe. 1617–1623 lehrte er in Aix-en-Provence Philosophie. Danach zog er sich für längere Zeit auf sein Kanonikat an der Kathedralkirche in Digne zurück, betrieb philosophische und naturwissenschaftliche Studien und begann eine ausgedehnte wissenschaftlich-literarische Tätigkeit. Studienreisen führten ihn in die Span. Niederlande und nach Holland. L. de Valois, Gouverneur von Aix-en-Provence, und A. de Richelieu, Erzbischof von Lyon, verschafften G. eine Professur der Mathematik am Collège Royal in Paris. Er lehrte dort 1645/46 Astronomie und kehrte dann aufgrund seines angegriffenen Gesundheitszustandes in die Provence zurück. Am Ende seines Lebens hielt er sich nochmals längere Zeit in Paris auf.

G. war ein Gegner der Scholastik und der scholastischen Deutung der aristotelischen Lehre, gegen die er mit der Streitschrift »Exercitationes paradoxicae ...« auftrat; das 1. Buch erschien 1624, die weiteren 6 Bücher hielt er nach dem Pariser Parlamentsbeschluß, der jede Kritik an Aristoteles mit der Todesstrafe bedrohte, selbst zurück. Zugleich war er ein gläubiger Katholik und genoß als Mitgl. des Franziskanerordens ungeachtet gewisser Schwierigkeiten mit den Jesuiten hohes Ansehen in der kirchlichen Hierarchie. Sein Werk trägt eklektische Züge, gegründet auf die Überzeugung, daß jede der nebeneinandergestellten Lehren etwas Richtiges über die Welt aussage, keine aber für sich allein ein erschöpfendes Wissen liefere (rationaler Skeptizismus).

Im Rahmen umfangreicher Studien über Epikur, auf die ihn die Auseinandersetzung mit dem scholastisch gedeuteten Aristotelismus führte, entwickelte G. den Atomismus in einer Form, die diesen als mechanistisches Weltmodell geeignet machte. Dabei verwarf er Epikurs Idee von der Fähigkeit der Atome zur spontanen Abweichung von der geradlinigen Bahn. Nach G.s Auffassung existieren die als »Körperchen« strikt von mathematischen Punkten unterschiedenen Atome in einer Vielzahl von Arten, die sich nach den Grundeigenschaften Größe, Gestalt und Gewicht unterscheiden, aber sämtlich ein und dieselbe Substanz (materia prima) verkörpern. Nach Meinung von G. hat Gott die Atome in einer für die Konstituierung des uns bekannten endlichen Universums hinreichenden Anzahl geschaffen und sie mit unzerstörbarer immanenter Translationsbewegung ausgestattet, durch die sie in alle Richtungen getrieben werden. Die Form ihrer Wechselwirkung ist der Stoß. Durch den frontalen Stoß kann die Bewegung aufgehoben werden, die Atome können sich zu Molekülen zusammenschließen, aus denen wiederum die sichtbaren Körper gebildet werden (Atome als »Samen der Dinge«); die unterschiedliche Anordnung der Atome determiniert die qualitative Verschiedenheit der Körper. In der Fassung G.s war die Atomistik imstande, eine ganze Reihe älterer, für die Naturforschung wichtiger Lehren zu integrieren: die Vierelementenlehre, die chemische Dreiprinzipienlehre, die Seelenlehre, die Idee von der Transmutation der Metalle und von der organischen Urzeugung.

Das atomistisch-korpuskulartheoretische Materiekonzept stand im Gegensatz zum Kontinuumskonzept von R. Descartes, mit dem sich G. eingehend auseinandersetzte. Zur Kritik von Descartes' »Meditationes ...« schrieb er auf Anregung von M. Mersenne 1641 »Cinquièmes objections ...« und, nachdem Descartes geantwortet hatte, die umfangreiche »Disquisitio metaphysica ...« (1644). Dabei entwickelte G. nicht nur eine unmittelbare Alternative zum Kontinuumsmodell, sondern distanzierte sich auch von dessen philosophischen Fundamenten und Folgerungen, insbesondere vom cartesianischen Dualismus (Zwei-Substanzen-Lehre) und vom erkenntnistheoretischen Rationalismus, gegenüber dem er auf der Linie des Sensualismus, Empirismus und Induktionismus argumentierte.

G.s Korpuskularkonzept entsprach den Bedürfnissen der zeitgenössischen Naturwissenschaft besser als das cartesianische Weltbild, weil in ersterem das Problem der kontinuierlichen Raumerfüllung nicht auftrat, die Aporie (Denkschwierigkeit) der unendlichen Teilbarkeit vermieden und ein Unterschied zwischen physikalischem und mathematischem Kontinuum gemacht wurde. Der Preis dafür war aber die Behauptung, daß neben den Atomen auch noch Raum und Zeit als allgemeiner Rahmen ihrer Bewegung existieren, als »Gefäße«, die weder Substanz noch Akzidens sind und auch dann weiterbestehen, wenn ihr Inhalt verschwindet. Damit hat G. wesentlich dazu beigetragen, daß die klassische Mechanik ihren historischen Weg als Korpuskulartheorie und nicht als Kontinuumstheorie begann. Nach A. Koyré hat G. der neuen Wissenschaft gerade die Ontologie geliefert, die sie benötigte. Ihre umfassende Darstellung ist in G.s erst postum veröffentlichten Hauptwerk »Syntagma philosophicum« (1658) enthalten.

G. war an der Naturforschung in ihrer ganzen Breite von der Astronomie bis zur Physiologie interessiert und führte zahlreiche eigene Beobachtungen und Experimente aus. So war seine am 7.11.1631 nach einer Voraussage von J. Kepler vorgenommene Beobachtung des Vorübergangs von Merkur vor der Sonne die erste bekannte Untersuchung eines Planetenvorübergangs und wesentlich exakter als ähnliche Beobachtungen späterer Astronomen. Mit der Beobachtung des Nordlichts am 12.9.1621 (von ihm als Aurora borealis bezeichnet) gilt er als Begründer der wissenschaftlichen Nordlichtbeobachtungen. Er befaßte sich auch mit der Geschichte der Astronomie und schrieb biographische Abhandlungen, z. B. über T. Brahe, N. Copernicus, G. Peurbach und Regiomontanus. 1630 schlug G. seine korpuskulare Erklärung des Lichtes vor. In seinen Arbeiten erläuterte und verteidigte er die theoretischen Positionen

L. Galvani

P. Gassend(i)

G. Galileis und trug insbesondere zu einer klaren Fassung und überzeugenden Demonstration des Trägheitsprinzips bei. Irrtümlich deutete er das Phänomen der Gezeiten als einen Beweis für die Erdumdrehung. Er wiederholte auf einem Berg bei Toulon die berühmten Barometerbeobachtungen von B. Pascal und führte eine klare Unterscheidung von Druck und Gewicht der Luft ein. Gemeinsam mit Mersenne gelang ihm eine für jene Zeit recht genaue Abschätzung der Schallgeschwindigkeit.

Die Auffassungen G.s übten auch Einfluß auf I. Barrow, R. Boyle, I. Newton u. a. aus. W. Charleton gab 1654 in »Physiologia Epicuro-Gassendo-Charltoniana« eine englischsprachige Darstellung der Lehren G.s. Boyle bezeichnete G. neben Descartes als seinen Lehrmeister; die Ansicht, daß sich die Atome mit Haken und Ösen verketten und Atomaggregate bilden, erwies sich durch die weitgehende Vorwegnahme des Molekülbegriffs als anregend für die weitere Entwicklung der Chemie. Eine weitere Wirkungslinie G.s verlief über die Tätigkeit seiner Schüler in Frankreich, der Gassendisten, zu denen auch der Dichter J. B. P. Molière zählte. G.s Schüler S. Sorbière (Sorbier) besorgte die erste 6bändige Werkausgabe (1658), die er mit einem biographischen Aufsatz eröffnete. Durch F. Bernier, einen Arzt aus Montpellier, wurden die Grundideen der lateinisch geschriebenen Werke G.s in zwei französischsprachigen Büchern (1676, 1681) weiter verbreitet. Nachweisbar ist ein erheblicher Einfluß G.s auf das Werk der franz. Enzyklopädisten.
Lai

Literatur: Gassendi, P.: Opera omnia, 6 Bde. (Lyon 1658, Florentiae 1727, Neudruck der Ausgabe Lyon: Stuttgart 1964).

Alberti, A.: Gassendi e l'atomismo epicureo (Florenz 1981); Bernier, F.: Abrégé de la philosophie de Gassendi, 7 Bde. (Lyon 1684); Berr, H.: Du scepticisme de Gassendi (Paris 1960); Bloch, O. R.: La philosophie de Gassendi: Nominalisme, matérialisme et metaphysique (Paris 1971); Bougerel, J.: Vie de Pierre Gassendi (Paris 1737); Brett, G. S.: The Philosophy of Gassendi (London 1908); Byhovskij, B. E.: Gassendi (Moskau 1974); Humbert, P.: L'œuvre astronomique de Gassendi (Paris 1936); Jones, H.: Pierre Gassendi 1592–1655. An intellectual biography (Nieuwkoop 1981); Messeri, M.: Causa e spiegazione: la fisica di Pierre Gassendi (Mailand 1985); Tack, R.: Untersuchungen zum Philosophie- und Wissenschaftsbegriff bei Pierre Gassendi (Meisenheim 1974); Thomas, P.-F.: La philosophie de Gassendi (Paris 1889).

Gauß, Carl Friedrich, Mathematiker, Astronom, Geodät, Physiker und Naturforscher, geb. 30.4.1777 Braunschweig, gest. 23.2.1855 Göttingen.

Durch Tiefe und Breite seiner Arbeiten zu fast allen Gebieten der Mathematik sowie durch seine Beiträge zur Astronomie, Geodäsie und Physik gehört G. zu den bedeutendsten Mathematikern und herausragenden Naturforschern der Menschheitsgeschichte.

G. wuchs in beengten kleinbürgerlichen Verhältnissen auf. Verständnisvolle Lehrer, die seine Begabung schon in der Volksschule erkannten, ebneten ihm den Weg zum Gymnasium und verschafften ihm finanzielle Unterstützung durch den Herzog von Braunschweig. So konnte G. 1792–1795 am Braunschweiger Collegium Carolinum (der Vorläufer der heutigen TH) und 1795–1798 an der Univ. Göttingen studieren. Erst dort entschloß er sich, statt klassischer Philologie Mathematik als Studienfach zu wählen. Weitere finanzielle Unterstützung durch den Herzog ermöglichte es G., in Braunschweig ohne äußere Verpflichtungen wissenschaftlich zu arbeiten. Im Sommer 1799 wurde G. durch J. F. PFAFF an der Braunschweigischen Landesuniv. Helmstedt in absentia promoviert. Nach jahrelangen Verhandlungen nahm G. 1807 – der Herzog war 1807 an den in der Schlacht von Jena und Auerstedt gegen Napoleon erlittenen Verwundungen verstorben – eine Berufung an die Univ. Göttingen als Prof. der Astronomie und Dir. der Sternwarte an. Trotz ehrenvoller Berufungsangebote von anderen Univ. blieb G. bis zu seinem Tode in Göttingen. Am Collegium Carolinum bereits hatte G. die wichtigsten mathematischen Autoren, wie I. NEWTON, L. EULER und J. L. LAGRANGE, aufs gründlichste studiert; 1791 trat er mit eigenen Forschungsergebnissen hervor, unter anderem über die Primzahlverteilung und zur Methode der kleinsten Quadrate. Am Beginn seiner Göttinger Studienzeit, am 29. März 1796, löste G. ein seit über zwei Jahrtausenden bekanntes, tiefliegendes Problem: Seit der Antike war bekannt, daß sich ein regelmäßiges Dreieck, Viereck, Fünfeck (und deren Kombinationen, z. B. das 15-Eck) mit Zirkel und Lineal konstruieren lassen; G. fand nun, daß auch das regelmäßige 17-Eck mit Zirkel und Lineal konstruierbar ist und konnte alle *n* angeben, für die sich das regelmäßige *n*-Eck mit Zirkel und Lineal konstruieren läßt. Durch Vermittlung seines wissenschaftlichen Förderers am Collegium Carolinum, Prof. E. A. W. ZIMMERMANN, konnte G. dieses sensationelle Ergebnis auch veröffentlichen.

Am 30. 3. 1796 eröffnete G. ein wissenschaftliches Tagebuch, das, Ende des 19. Jh. wiedergefunden, Einsicht in den Gang seiner Entdeckungen gewährt, darunter auch in Entdeckungen, die G. selbst nicht publiziert hat, getreu seinem Wahlspruch »Pauca, sed matura« (Weniges, aber Ausgereiftes).

Es folgten angestrengte zahlentheoretische Studien, unter anderem zur Kreisteilungsgleichung und zum Reziprozitätsgesetz für quadratische Reste, die schließlich in das bewundernswerte Werk »Disquisitiones arithmeticae« (1801) mündeten. In drei Hauptteilen behandelt G. die Theorie der Kongruenzen, die quadratischen Formen und die Kreisteilung. Seither konnte die Zahlentheorie als selbständige, systematisch geordnete mathematische Disziplin gelten. Der erst 24jährige G. rückte unter die führenden Mathematiker seiner Zeit auf; LAGRANGE und P. S. LAPLACE äußerten sich begeistert.

Thema seiner Doktorarbeit (1799) war wiederum ein Problem, das in Jahrhunderten nicht befriedigend hatte gelöst werden können. Zwar war schon 1629 von A. GIRARD der Fundamentalsatz der Algebra, daß eine algebraische Gleichung *n*-ten Grades genau *n* Lösungen hat, ausgesprochen worden, aber Beweisversuche (unter anderem 1746 durch J. B. D'ALEMBERT) waren lückenhaft geblieben. G. lieferte den ersten vollständigen Beweis des Fundamentalsatzes, vermied aber damals noch den Gebrauch komplexer Zahlen. Wie die Tagebuchaufzeichnungen belegen, fand G. die Beweisidee bereits 1797. Auf den Fundamentalsatz ist G. später noch mehrfach zurückgekommen. Er veröffentlichte 1815, 1816 und 1849 (aus Anlaß seines Goldenen Doktorjubiläums) noch drei weitere Beweise; der von 1816 benutzt explizit komplexe Zahlen. Erst durch das Ansehen von G. (eine Arbeit von 1831 über biquadratische Reste war dafür entscheidend) wurden die imaginären bzw. komplexen Zahlen unbestrittener Bestandteil der Mathematik; heute werden die komplexen Zahlen unter anderem in der nach G. benannten Zahlenebene dargestellt. Ähnliche frühere Vorschläge (von C. WESSEL 1792 und J. R. ARGAND 1806) waren weitgehend unbeachtet geblieben. Seit 1798/99 war G. im Besitz des Zuganges zur Theorie der elliptischen Funktionen, jedoch wurde dieses Programm erst etwa 30 Jahre später von N. H. ABEL und C. G. J. JACOBI in grandiosem Wettstreit in Angriff genommen.

Ebenso unzweifelhaft steht fest, daß G. als erster (vor N. I. LOBATSCHEWSKI und J. BOLYAI) im Besitz der nichteuklidischen Geometrie war. Dies belegen Tagebuchaufzeichnungen, Fragmente und vertrauliche briefliche Äußerungen gegenüber Freunden; G. selbst hat darüber nicht publiziert, vermutlich aus Furcht, in unliebsame philosophisch-mathematische Diskussionen verwickelt zu werden. Bereits 1792 hat er, wie viele Mathematiker seiner Zeit auch, über die Grundlagen der Geometrie nachgedacht, insbesondere über die Stellung des Parallelenpostulates beim Aufbau der euklidischen Geometrie. In einem mühsamen Denkprozeß vollzog G., etwa 1815/16, die entscheidende Wende. Er gelangte zu der Einsicht, daß das Parallelenpostulat nicht, wie seit der Antike versucht, bewiesen werden kann, sondern daß es von den vier anderen euklidischen Axiomen unabhängig ist. Wird es durch eine andere Aussage über die Existenz von Parallelen ersetzt, so entsteht eine nichteuklidische Geometrie mit demselben mathematischen Wahrheitsgehalt. Damit vollzog G. die Unterscheidung zwischen Geometrie als mathematischer Disziplin und einer Raumwissenschaft, die den uns umgebenden physikalischen Raum beschreibt. In diesem Zusammenhang wandte sich G. auch gegen I. KANT, der die euklidische Geometrie als denknotwendig erklärt hatte.

Das astronomische Werk von G. umfaßt weit mehr als die Hälfte seiner Publikationen. Gestützt auf Methoden des Fehlerausgleiches von Beobachtungsdaten nach der Methode der kleinsten Quadrate entwickelte er durchgreifende, vereinfachte neue Methoden der Bahnberechnung von Himmelskörpern und Methoden der Störungsrechnung. Sein erster großer Erfolg war die Bahnberechnung des Planetoiden Ceres, der, von G. PIAZZI am 1. 1. 1801 entdeckt, aber nur kurzzeitig beobachtbar, durch F. v. ZACH ein Jahr später nahe der von G. angegebenen Stelle wiedergefunden wurde. Die Methoden von G. bewährten sich auch bei den später entdeckten Planetoiden Pallas, Juno, Vesta. Die komplizierte Berechnung der Bahnstörungen von Pallas durch die großen Nachbarplaneten konnte G. weitgehend 1815 vollenden, die von Ceres blieb unvollendet. Als Krönung seiner astronomischen Arbeiten, in denen außerordentliche Rechenfertigkeit mit höchster Abstraktionskraft verbunden ist, kann G.' 1809 publizierte Monographie »Theoria motus corporum coelestium in sectionibus conibus solem ambientum« (Theorie der Bewegungen der in Kegelschnitten sich um die Sonne bewegenden Himmelskörper) gelten, die als Gesetzbuch der rechnenden Astronomie bezeichnet wurde.

Im Zusammenhang mit den astronomischen Studien hat G. auch herausragende Beiträge zur Analysis geliefert. Dazu gehören Studien über die Lemniskate, zur Reihenkonvergenz mit einem strengen Konvergenzbegriff (zeitlich vor A. L. CAUCHY), zur hypergeometrischen Reihe (1813) und damit zusammenhängenden transzendenten Funktionen sowie zur Theorie von Funktionen komplexer Variabler (den von CAUCHY 1825 publizierten Hauptsatz der Funktionentheorie besaß G. bereits 1811).

Im Jahre 1820 ordnete der damalige Landesherr von G., König GEORG VI. von England und Hannover, endgültig die Vermessung des Königreiches Hannover an, um den Anschluß an das entstehende europ. Grad- und Vermessungsnetz herzustellen. G. wurde mit der wissenschaftlichen Leitung der Vermessung beauftragt. Er hat auch hier von der organisatorischen Vorbereitung (1821–1825 war er unermüdlich selbst im Gelände) über die Erfindung von Vermessungsgeräten (z. B. das Heliotrop, ein Theodolith mit Spiegel zur Reflexion des Sonnenlichts) bis zur mathematischen Auswertung des riesigen Zahlenmaterials eine ungeheure Arbeit geleistet. Diese 1848 abgeschlossene Vermessung war für die damalige Zeit beispielgebend hinsichtlich Effektivität und Genauigkeit. Theoretische Grundlage waren die Fehlerrechnung nach der Methode der kleinsten Quadrate und die von G. um 1820 entwickelte Theorie der konformen Abbildung. Aus der für G. typischen Verbindung von Theorie und Praxis ist das 1827 publizierte Standardwerk zur Differentialgeometrie der Flächen »Disquisitiones generales circa superficies curvas« (Allgemeine Untersuchungen über gekrümmte Flächen) hervorgegangen. Seine »Untersuchungen über Gegenstände der höheren Geodäsie (1844 und 1847) wurden zum Ausgangspunkt der modernen Geodäsie.

Ende der 20er, Anfang der 30er Jahre wandte sich G. verstärkt der Physik zu, z. T. unter dem Einfluß A. v. HUMBOLDTS, den er 1828 auf der Berliner Versammlung deutscher und skandinav. Naturforscher persönlich kennengelernt hatte. HUMBOLDT wußte ihn für Studien zum Erdmagnetismus zu begeistern und machte G. neben anderen mit H. C. ØRSTED, dem Entdecker des Elektromagnetismus, und mit dem jungen Physiker W. E. WEBER bekannt, der dann 1831, auf Veranlassung von G., nach Göttingen berufen wurde; beider Zusammenarbeit gestaltete sich überaus fruchtbar und fand ihren Niederschlag in dem 1832 von G. bekanntgegebenen absoluten physikalischen Maßsystem, worin die magnetischen Größen, z.B. Polstärke und Feldstärke, auf die physikalischen Grundgrößen Länge, Zeit und Masse zurückgeführt werden. 1833 wurde auf dem Gelände der Sternwarte ein eisenfreies magnetisches Observatorium errichtet; alle 5 Minuten wurden die Änderungen des Erdmagnetfeldes gemessen und protokolliert. Ab 1836/37 gaben G. und WEBER Hefte mit »Resultaten aus den Beobachtungen des magnetischen Vereins«, einer erdumspannenden losen Vereinigung von Forschern auf dem Gebiete des Erdmagnetismus, heraus. In diesem Zusammenhang entstanden G.' »Allgemeine Theorie des Erdmagnetismus« (1838/39), unter anderem mit einer Berechnung der Lage der magnetischen Pole der Erde (die wenig später durch Schiffsexpeditionen recht genau bestätigt werden konnten), sowie die Abhandlung »Allgemeine Lehrsätze in Beziehung auf die im umgekehrten Verhältnisse des Quadrates der Entfernung wirkenden Anziehungs- und Abstoßungskräfte«, die entscheidend zur Herausbildung der Potentialtheorie beigetragen hat. G. und WEBER entwarfen und konstruierten 1832/33 eine Telegrafenlinie zwischen dem physikalischen Kabinett und der außerhalb der Stadt liegenden Sternwarte; dazu wurden elektrische Stromstöße durch Drahtleitungen übertragen und die entsprechenden Ausschläge eines Magnetstabes auf der Empfängerseite als verabredete Buchstabenzeichen dechiffriert. Den voll funktionsfähigen Telegraf zerstörte 1845 ein Blitzschlag. Andere physikalische Arbeiten von G. betreffen das »Prinzip des kleinsten Zwanges«, Studien zur Optik, z.B. achromatische Doppelobjektive, und zur Kapillaritätstheorie. Gegen Lebensende beschäftigte sich G., vom großräumigen Eisenbahnbau fasziniert, mit der Sicherung des Eisenbahnverkehrs durch elektromagnetische Telegrafie.

Das wissenschaftliche Werk von G. hat schon zu Lebzeiten höchste Bewunderung erweckt; die im Todesjahr 1855

C.F.Gauß

J.L.Gay-Lussac

geprägte Gedenkmünze für G. bezeichnet ihn als »mathematicorum princeps«. Im politischen Denken war G. konservativ. Er hat zwar den Verfassungsbruch (1837) des hannoverschen Königs ERNST AUGUST, der die liberale Verfassung aufhob, bedauert, aber sich nicht zugunsten der Protestierenden eingesetzt. Sieben Göttinger Prof., unter ihnen die Gebrüder GRIMM und WEBER, wurden ihres Amtes enthoben und mußten Göttingen verlassen. Zwar trat G. 1847 für eine Einigung Deutschlands ein, aber die revolutionären Unruhen der 48er Revolution erschreckten und beunruhigten ihn.

Vielen seiner Zeitgenossen galt G. als unnahbar. Im Briefwechsel mit Freunden indes, z.B. mit den Astronomen W. OLBERS und H. CH. SCHUMACHER und seinem Göttinger Studienfreund W. BOLYAI, in seiner Fürsorge für seine sehr alt gewordene und erblindete Mutter ebenso wie in seiner sehr glücklichen ersten Ehe zeigte sich G. als außerordentlich empfindsamer, tiefer Freundschaft und echter Liebe fähiger Mensch.

G. beherrschte Latein und Griechisch sowie viele europ. Sprachen. Er war mit klassischer sowie schöner Literatur und Philosophie bestens vertraut. Einem speziellen philosophischen System hat sich G. nicht angeschlossen. Er war von tiefer Gläubigkeit im Sinne des Deismus, hat die Glaubenssätze des Christentums andererseits keineswegs Wort für Wort wahrgehalten und sich scharf gegen Aberglauben, Spiritismus und Mesmerismus ausgesprochen. Wu

Literatur: Gauß, C.F.: Werke, 12 Bde. (hrsg. von der Gesellschaft der Wissenschaften zu Göttingen 1863–1933), Mathematisches Tagebuch 1796–1814, in: Ostwalds Klassiker ... 256 (4. Aufl. Leipzig 1985).

Merzbach, Uta C.: Carl Friedrich Gauß. A Bibliography (Wilmington/Delaware 1980–1984); Wußing, H.: Carl Friedrich Gauß (5. Aufl. Leipzig 1989).

Gay-Lussac, Joseph Louis, Chemiker, geb. 6. 12. 1778 St. Léonard (Limousin), gest. 9. 5. 1850 Paris.

G.-L. zählt zu den bedeutendsten franz. Chemikern des 19. Jh. und leistete mit der Formulierung des Gesetzes über die Volumenverhältnisse bei Gasreaktionen sowie durch Aufdeckung weiterer quantitativer Zusammenhänge wesentliche Beiträge zur Abstraktion erster Gesetzmäßigkeiten in der Chemie.

Als Sohn des Richters ANTOINE GAY geboren (der sich zur Unterscheidung von anderen GAY nach einem unweit von St. Léonard gelegenem Gut Gay-Lussac nannte), besuchte G.-L. in Paris die École Centrale des Travaux sowie die École des Ponts et Chaussées. Hier lernte er C. L. BERTHOLLET kennen und begann sich auf dessen Anregung mit der Untersuchung des thermischen Verhaltens von Gasen zu beschäftigen. Kritische Bemerkungen von G.-L. zu einigen von A. v. HUMBOLDT 1799 publizierten Untersuchungen führten zur Begegnung und zur freundschaftlichen Zusammenarbeit beider Gelehrter. Auf einer gemeinsamen Reise (1805/06) besuchten sie Deutschland, die Schweiz, Italien und Frankreich.

1806 wurde G.-L. Mitgl. der Ak. d. Wiss. zu Paris und 1809 Prof. für Chemie an der dortigen École polytechnique sowie Prof. für Physik an der Sorbonne. Ab 1832 übernahm G.-L. eine Professur für allgemeine Chemie; 1816–1850 war er Mitherausgeber der Ztschr. »Annales de Chimie et de Physique« (Paris). Er spielte im wissenschaftlichen Leben Frankreichs eine bedeutende Rolle, war Mitgl. zahlreicher staatlicher Kommissionen und verfaßte eine Vielzahl amtlicher Gutachten. 1832 wurde G.-L. zum »Pair de France« ernannt. Sein berühmtester Schüler war J. v. LIEBIG.

G.-L. hat wesentlich zum Ausbau des Theoriengebäudes der sich zu Beginn des 19. Jh. herausbildenden klassischen chemischen Wissenschaft beigetragen und durch vielseitige experimentelle Arbeiten die sich im Gefolge der industriellen Revolution kräftig entwickelnde chemische Industrie beeinflußt.

Im Zusammenhang mit der Erforschung quantitativer Verhältnisse bei chemischen Reaktionen erlangten die von G.-L. um 1802 durchgeführten Untersuchungen über die Wärmeausdehnung der Gase und Dämpfe besondere Bedeutung. G.-L. stellte die gleiche Wärmeausdehnung aller Gase bei konstantem Druck und die gleiche Temperaturabhängigkeit des Drucks aller Gase bei konstantem Volumen fest und bestimmte eudiometrisch (mit Hilfe des Eudiometers, einseitig geschlossenes Glasrohr) deren Ausdehnungskoeffizient. 1805 zog G.-L. aus den gemeinsam mit HUMBOLDT durchgeführten Untersuchungen über die Vereinigung von Wasserstoff und Sauerstoff den Schluß, daß sich bei gleichen Druck- und Temperaturverhältnissen diese Gase in ganzzahligen und konstanten Volumenverhältnissen verbinden; 1808 wies er die Allgemeingültigkeit dieser Aussage auch an anderen Gasen nach und abstrahierte daraus das Gesetz der multiplen Volumenverhältnisse.

Geprägt von der praxisbezogenen Denkhaltung der Pariser École polytechnique bemühte sich G.-L. stets um die Anwendung seiner Erkenntnisse in der gewerblich-industriellen Praxis; so wurde in der Schwefelsäureindustrie das 1827 von G.-L. entwickelte Verfahren zur Absorption der aus den Bleikammern entweichenden Stickoxide (GAY-LUSSAC-Turm) um 1842 produktionswirksam. Anwendung fanden auch die von ihm entwickelten maßanalytischen Methoden, wie Chlorometrie (1824), Acidimetrie (1828), Argentometrie (1830) und Alkoholometrie (1824). Weitere Ergebnisse von G.-L. betrafen die Messung der Adhäsion (1805) sowie der relativen Gasdichten (1811), die Darstellung von Kalium- und Natriumverbindungen (1808), Untersuchungen über Cyanwasserstoff (1811), Schwefel (1813), Iod (1814) und Knallsäure (1824), die Bestimmung der spezifischen Wärme, der Schallgeschwindigkeit sowie kalorimetrische Messungen (1822). Sz

Literatur: Gay-Lussac, J. L. (mit A. v. Humboldt): Mémoires lus à l'Institut sur l'analyse de l'air atmosphérique (Paris 1804), (mit L. J. Thénard): Recherches physicochimiques (Paris 1811), Cours de physique (Paris 1827), Leçons de Chimie (Paris 1828); in: Ostwalds Klassiker der exakten Wissenschaften: Untersuchungen über das Jod (1814), Bd. 4 (Leipzig 1889), Abhandlung über das Volumengesetz gasförmiger Verbindungen (1805–1808), Bd. 42 (Leipzig 1892), Ausdehnung der Gase und Dämpfe durch Wärme (1802), Bd. 44 (Leipzig 1894).

Gegenbaur, Carl, Anatom, geb. 21. 8. 1826 Würzburg, gest. 14. 6. 1903 Heidelberg.

G. verband als einer der ersten Anatomen die vergleichende Anatomie mit der Abstammungslehre und lieferte mit seinen tiefgründigen vergleichenden Arbeiten zu Schädel und Gliedmaßen bei verschiedenen Wirbeltiergruppen bedeutende Beispiele, wie die grundlegenden Bauplanverhältnisse anatomischer Strukturen ermittelt werden können.

G., Sohn eines Steuerbeamten, studierte ab 1845 in Würzburg Medizin. G.s bevorzugte Lehrer waren R. A. v. KOELLIKER, R. L. VIRCHOW und F. v. LEYDIG. 1850 wurde G. Assistenzarzt am Würzburger Juliushospital und promovierte 1851 zum Dr. med. 1851 ging er nach Berlin zu J. MÜLLER, der damals für viele Biologen die anregende Persönlichkeit war.

Zusammen mit KOELLIKER und MÜLLER untersuchte G. 1852/53 an der Küste Siziliens niedere Meerestiere. 1854 habilitierte er sich in Würzburg für Anatomie und Physiologie und las danach als Privatdoz. Zoologie. 1855 wurde G. ao. Prof. an der Univ. Jena und übernahm die Zoologie und die zoologische Sammlung. 1858 wurde er hier o. Prof. für Anatomie und Zoologie. Es war vor allem G. zu verdanken, daß in Jena die Physiologie von der Anatomie abgetrennt und mit einem eigenen Lehrstuhl ausgestattet wurde. A. v. BEZOLD übernahm die Physiologie, G.' Freund E. HAECKEL erhielt 1862 die Zoologie. 1873 wurde G. Prof. an der Univ. Heidelberg.

G. begann mit anatomischen und ontogenetischen Untersuchungen von wirbellosen Meerestieren, z. B. von Medusen, Egeln, Flossenfüßern. Zu Anfang der 60er Jahre des 19. Jh. wurde G. mit der DARWINschen Abstammungslehre vertraut und erkannte sogleich ihre Bedeutung für die Aufklärung des gemeinsamen Bauplans der Wirbeltiere. 1872 erschien G.s bahnbrechende Monographie über das Kopfskelett der Haie, die grundlegende Fragen der Anatomie und Evolution der Wirbeltierschädel behandelte. Die Herausarbeitung phylogenetischer Beziehungen war dabei G.s betontes Ziel. Ähnlich bedeutend waren seine vergleichenden Untersuchungen des Gliedmaßenskeletts der Wirbeltiere. Die in diesem Zusammenhang aufgestellte Archipterygiumtheorie, wonach die Gliedmaßen der Wirbeltiere aus Kiemenbögen hervorgingen, wurde aber später aufgegeben. G. ordnete auch den Menschen in seine vergleichend-anatomischen Betrachtungen ein; Stammbäume stellte er aber nicht auf.

G. verfaßte wichtige Grundrisse und Lehrb. der Anatomie. Ab 1875 gab er das »Morphologische Jahrbuch« heraus.

Zu G.s bedeutenderen Schülern gehörten die Brüder O. und R. HERTWIG, M. FÜRBRINGER, T. W. ENGELMANN, G. B. GRASSI.

Durch G., aber auch FÜRBRINGER, R. E. WIEDERSHEIM u. a. wurde die Anatomie und ihre Betrachtung unter dem Gesichtspunkt der Evolution in Deutschland grundlegendes Fach der Biologie; dabei gerieten die Probleme der Kausalität der Evolution längere Zeit in den Hintergrund. Zi

Literatur: Gegenbaur, C.: Vergleichende Anatomie der Wirbeltiere ..., 2 Bde. (Leipzig 1898–1901), Lehrb. der Anatomie des Menschen (1. Aufl. Leipzig 1883), Erlebtes und Erstrebtes, Autobiographie (Leipzig 1901).

Geiger, Hans (Johannes), Physiker, geb. 30. 9. 1882 Neustadt an der Weinstraße, gest. 24. 9. 1945 Potsdam.

G. gehört zu den Wegbereitern der modernen Atom- und Kernphysik. Das zentrale Thema seines Schaffens war der Nachweis einzelner geladener Teilchen, wozu er eine Vielzahl von Methoden und Instrumenten entwickelt hat. Das GEIGER-MÜLLER-Zählrohr ist noch heute ein in Physik und Technik gleichermaßen unentbehrliches Hilfsmittel.

G., Sohn eines Altphilologen, studierte Mathematik und Physik in München und Erlangen. 1906 promovierte er bei E. WIEDEMANN in Erlangen und begab sich anschließend zu einem Studienaufenthalt bei A.Schuster nach Manchester, dem sich eine fünfjährige Assistenzzeit bei E.Rutherford anschloß. 1912 kehrte er nach Deutschland zurück und übernahm das neu gegründete Radiumlabor der Berliner Physikalisch-Technischen Reichsanstalt. 1925 erhielt er einen Ruf an die Univ. Kiel, 1929 ging er nach Tübingen, und 1936 übernahm er die Leitung des physikalischen Instituts der TH Berlin-Charlottenburg. Die letzten Lebensjahre G.s waren durch eine schwere rheumatische Krankheit überschattet.

Als Schüler und Mitarbeiter von Rutherford wurde G. in das damals noch junge Forschungsgebiet der Radioaktivität eingeführt und empfing so die bestimmenden Impulse für seine künftigen Forschungen. 1908 publizierten beide eine neue Nachweismethode für Alphateilchen, die erstmals den Nachweis einzelner Partikeln gestattet. Im gleichen Jahr gelang G. der Beweis für den statistischen Charakter des radioaktiven Zerfalls. Andere Erfolge dieser Schaffensperiode waren die Entdeckung des später nach ihm benannten Reichweitegesetzes (1910) und der Geiger-Nutallschen Regel (1911) für Alphastrahler. Besondere Bedeutung erlangten die seit 1909 gemeinsam mit E.Marsden durchgeführten Experimente über die Streuung von Alphateilchen in dünnen Metallfolien, da sie zum Rutherfordschen Atommodell führten. Im Juli 1912 gelang G. und Marsden in diesem Zusammenhang die experimentelle Bestätigung der Rutherfordschen Streuformel.

1913 erfand G. den Spitzenzähler, der seiner hohen Empfindlichkeit und Zuverlässigkeit wegen in der Folgezeit die kernphysikalische Nachweistechnik bestimmte und erst durch die Entwicklung des Geiger-Müller-Zählers in den Hintergrund gedrängt wurde. Letzterer wurde von G. 1928 gemeinsam mit seinem Kieler Schüler W. Müller hergestellt und ist eine durch folgerichtiges Experimentieren gewonnene Weiterentwicklung des Spitzenzählers. Das Gerät »vereinigte eine große Fläche mit der Empfindlichkeit des Spitzenzählers« und gestattete nicht nur das »Auszählen« eng begrenzter Strahlenbündel; auch brauchte keine Rücksicht auf die Einstrahlrichtung der Partikeln genommen zu werden. G. hat sich nicht nur um die Erfindung, sondern auch um die systematische Anwendung des Gerätes in möglichst vielen Bereichen der Physik verdient gemacht. Seine letzte Schaffensperiode stand ganz im Zeichen solcher Bemühungen.

Physikhistorisch bedeutsam waren ebenfalls die mit W.Bothe 1924/25 in der Reichsanstalt durchgeführten Experimente zum Compton-Effekt. Sie erbrachten den Nachweis der strengen Gültigkeit von Energie- und Impulssatz für den atomaren Einzelprozeß und bewahrten die Physik der 20er Jahre vor einem folgenschweren Irrweg.

1926–1933 leitete G. gemeinsam mit K.Scheel die Herausgabe des »Handb. der Physik«; von Scheel übernahm er auch 1936 die Redaktion der »Ztschr. für Physik«. Ho

Literatur: Geiger, H. (mit J.M.Nutall): The ranges of the α-particles from various radioactive substances and a relation between range and period of transformation, in: Phil. Magazine (6) 22 (1911), 613–621; Über eine einfache Methode zur Zählung von α- und β-Teilchen, in: Phys. Z. 14 (1913), 1129; (mit W. Bothe): Über das Wesen des Comptoneffektes, ein experimenteller Beitrag zur Theorie der Strahlung, in: Z. Phys. 32 (1925), 639–663; (mit W. Müller): Das Elektronenzählrohr, in: Phys. Z. 29 (1929), 839–841.

Bothe, W.: Die Geigerschen Zählmethoden, in: Naturwiss. 30 (1942), 593–599; Hoffmann, D.: Hans Geiger, in: Spektrum 9 (1982); Kant, H.: Einige Betrachtungen zur Geschichte der sogenannten »Geiger-Zähler«, in: Physik in der Schule 16 (1978) 7/8, 299–303; Laue, M. v.: Nachruf auf Hans Geiger (mit Bibliographie von Geigers Schriften), in: Jahrb. DAdW (Berlin 1950), 150–158; Stuhlinger, E.: Hans Geiger, in: Z. für Naturforschung 1 (1946), 50–52.

C.Gegenbaur

H.Geiger

Geoffroy Saint-Hilaire, Étienne, Zoologe, geb. 15.4.1772 Étampes (Dep. Seine-et-Oise), gest. 19.6.1844 Paris.

Als Zoologe erforschte G. die Baupläne aller Wirbeltierklassen und fand durch Vergleich der Organe und ihrer Entstehung Ähnlichkeiten, die ihn zu einer Theorie von der »Einheit des Bauplanes« (»unité du plan«), zur »Theorie von den Analogien« und zur Überzeugung vom Artenwandel führten.

G. studierte ab 1790 in Paris Naturwissenschaften besonders bei M.-J. Brisson, L. Daubenton und R. J. Haüy und wurde dort Assistent und Demonstrator an den mineralogischen Sammlungen des Jardin des Plantes. Bereits 1793, als im Gefolge der Franz. Revolution das Naturhistorische Nationalmuseum am Jardin des Plantes mit zahlreichen Professuren gegründet wurde, erhielt G. neben J. B. Lamarck die neue Professur für Zoologie der »vierfüßigen Tiere« und erwarb sich durch Vermehrung der Museumssammlungen große Verdienste. Besondere Gelegenheiten dazu fand er unter anderem durch Begleitung der napoleonischen Armee nach Ägypten, wo er 1798–1804 die Fauna Ägyptens erforschte (Entdeckung des Polypterus), und 1808 als wissenschaftlicher Kommissar der Pyrenäenhalbinsel.

Im Jardin des Plantes gründete G. eine Menagerie ausländischer Tiere, die auch zu wissenschaftlichen Beobachtungen genutzt wurden. 1809 erhielt er den Lehrstuhl für Zoologie an der Pariser Univ. und setzte sich für die Berücksichtigung einer »allgemeinen Zoologie« neben der bisher ausschließlich betriebenen »speziellen Zoologie«, die sich damals auf Artenbeschreibung und Klassifizierung beschränkte, ein (»Philosophie anatomique« 1818).

Die durch die Franz. Revolution erfolgte Verstaatlichung der naturwissenschaftlichen Einrichtungen und die Konzentration der Kräfte und Mittel auf Paris bewirkten einen Aufschwung der Forschung und Lehre auch in den Disziplinen der Naturgeschichte. Die von G. Buffon begründete Tradition wurde teils aufgegriffen, teil revidiert, indem nunmehr auch an die Reformen von C.v.Linné für Nomenklatur und Systematik angeknüpft wurde. Im Mittelpunkt der Bemühungen der franz. Botaniker am Jardin des Plantes stand die Suche nach einem »natürlichen System«. Die Zoologen schlossen sich diesen Bemühungen an und suchten nach Kriterien für eine Klassifikation nach natürlicher »Verwandtschaft«, die mit Hilfe der vergleichenden Methode ermittelt wurde. So gelang es G., in den Wirbeltierklassen die identischen Organe und deren Bauelemente nachzuweisen und von dieser Erkenntnis Theorien abzuleiten. Die »Theorie von den Analogien« besagte, daß gleiche Organe die gleiche Lage im Körper haben und aus gleichen Bauelementen bestehen, die bei den einzelnen Tierarten nach den verschiedenen Funktionen abgewandelt seien. G. bezog damit bereits die Lehre des Pariser Physiologen X.Bichat von den »Bauelementen« in seine Theorie ein, nach der auch die Organe so miteinander in Wechselbeziehung stehen, daß Veränderungen des einen entsprechende Umwandlung des anderen bewirken soll. Mit Hilfe dieser Theorie ermittelte G. »verborgene Analogien« (heute als Homologien bezeichnet), was die Klassifikation nach natürlichen Gruppen ermöglichte. Eine bedeutende Entdeckung war z.B. die Ableitung der Knorpelelemente des Kehlkopfes höherer Wirbeltiere vom knorpeligen Kiemenskelett der Fische. Diese Erkenntnis führte G. zur Theorie von der »Einheit des Bauplanes« (»unité du plan«), die er auf fossile Wirbeltiere ausdehnte und dabei die Überzeugung gewann, daß sie durch Generationenfolge mit den heute lebenden verbunden sind. Für den Umwandlungsprozeß nahm er – im Gegensatz zu Lamarck – die direkte Einwirkung von Umweltfaktoren an (»Geoffroyismus«).

Durch die spekulative Verallgemeinerung seiner Lehre von der Einheit des Bauplanes auch für die wirbellosen Tiere geriet G. in jahrelange Kontroversen mit G. Cuvier und dessen Lehre von den vier Bauplantypen, die im »Pariser Akademiestreit« (1830–1832) gipfelten. In dieser öffentlichen wissenschaftlichen Auseinandersetzung um theoretische Grundfragen, die auch J. W. v. Goethes Aufmerksamkeit erregte, ging es um Prinzipien der Klassifikation mit morphologisch-typologischen Methoden, nicht um Probleme der Konstanz oder Veränderlichkeit der Arten, wenngleich die Kontrahenten auch in dieser Hinsicht von unterschiedlichen Auffassungen ausgingen.

G. faßte experimentelle Untersuchungen über die Individualentwicklung, die er zum Verständnis der Entstehung von Mißbildungen durchführte, als Modell für die Umbildung der Arten auf. Mißbildungen betrachtete er als Entwicklungsstörungen, die experimentell zu beeinflussen seien. Er kann als Begründer einer experimentellen Embryologie und der Teratologie gelten, die sein Sohn Isodore G. in Paris erfolgreich weiterführte. Ja

Literatur: Geoffroy Saint-Hilaire, É.: Philosophie anatomique, 2 Bde. (Paris 1818–1822), Considération générales sur la vertèbre (Allgemeine Betrachtungen über den Wirbel), in: Mém. du Muséum d'Hist. nat. 9 (1822), 89–119, Sur le principe de l'unité de composition organique (Über das Prinzip der Einheit organischer Komposition) (Paris 1828), Principes de philosophie zoologique (Paris 1830), Sur les Téléosauriens ..., in: Mém. Acad. Sc. 12 (1833), 3–138, Études progressives ... (Paris 1835).

Amlinskij, I. E.: Žoffrua Sent-Iler i ego borba protiv Kûve (Geoffroy Saint-Hilaire und sein Kampf gegen Cuvier) (Moskau 1955); Cahn, Th.: La vie et l'œuvre d'Étienne Geoffroy St.-Hilaire (Paris 1962); Geoffroy Saint-Hilaire, I.: La vie d'Étienne Geoffroy St.-Hilaire (Paris 1847); Schuster, J.: Die Anfänge der wissenschaftlichen Erforschung der Geschichte des Lebens durch Cuvier und Geoffroy Saint-Hilaire, in: Arch. Gesch. Math. Nat. Techn. 1 (1930), 1–178; Uschmann, G.: Goethe und der Pariser Akademiestreit, in: Beih. Schriftenr. Gesch. Nat. Techn. Med. (1964), 180–193.

Gerhardt, Charles Frédéric, Chemiker, geb. 21. 8. 1816 Strasbourg, gest. 19. 8. 1856 Strasbourg.

G. war der Begründer der Typentheorie in der organischen Chemie. Er leistete einen wesentlichen Beitrag zur Klärung der Begriffe Atom, Molekül und Äquivalent.

G., Sohn eines Bleiweißfabrikanten, besuchte zunächst das Lyzéum seiner Heimatstadt, zusammen mit dem ein Jahr jüngeren Ch. A. Wurtz, dann ab 1831 zwei Jahre die sechs Jahre zuvor gegründete Polytechnische Schule in Karlsruhe, um in die Chemie eingeführt zu werden, schließlich ein Jahr die Handelsschule in Leipzig. Er sollte sich auf eine Tätigkeit in der väterlichen Fabrik vorbereiten. Während seines Leipziger Aufenthaltes wohnte G. bei O. L. Erdmann. Seinen ausgeprägten wissenschaftlichen Interessen folgend, nahm er bald an dessen chemischen Arbeiten teil und berichtete im »Journal für praktische Chemie« darüber. Diese Interessen standen auch während seiner Tätigkeit in der väterlichen Fabrik 1834 und 1838 im Vordergrund. Sie führten zu Auseinandersetzungen mit dem Vater, der vom Sohn Geschäftssinn erwartete. G. beendete in beiden Jahren seinen Aufenthalt beim Vater und ging zum Militär bzw. zur Fortsetzung seiner Studien nach Paris. Nach der mit Hilfe von Freunden erreichten Freistellung vom Militärdienst konnte G. 1836 mit dem Chemiestudium bei J. v. Liebig in Gießen beginnen und es im folgenden Jahr in Strasbourg fortsetzen. Noch 1838, nach Wiederaufnahme seiner Studien in Paris, beteiligte er sich an der Herausgabe einer Ztschr. Von Liebig empfohlen, wurde er Vorlesungsassistent bei J. B. Dumas. 1841 wurde G. von der Univ. Montpellier mit der Wahrnehmung einer Professur betraut und 1844 zum o. Prof. berufen. Im selben Jahr lernte er A. Laurent kennen, mit dem er bis zu dessen Tode im Jahre 1853 eng zusammenarbeitete. Sie nahmen sich vor, die von ihnen als falsch erkannten Vorstellungen über die Konstitution organischer Verbindungen durch richtigere zu ersetzen. A. Ladenburg hat darauf hingewiesen, daß es äußerst schwierig sei, die Verdienste beider auseinanderzuhalten, da sie vieles gemeinschaftlich publizierten und wahrscheinlich alles zusammen besprachen. Ab 1845 erschien die gemeinsame Ztschr. »Comptes rendus par Laurent et Gerhardt«. Um die Zusammenarbeit mit Laurent in Paris zu intensivieren, nahm G. dazu 1847 einen sechsmonatigen Urlaub, und 1848 gab er seine Stelle in Montpellier auf, um mit seiner Familie nach Paris zu ziehen. Seine Bemühungen, dort eine Anstellung zu finden, blieben erfolglos. 1851 eröffnete er schließlich ein privates Unterrichtslaboratorium mit zwölf Schülern. Nachdem G. 1854 das Angebot, am neugegründeten Polytechnikum in Zürich eine Professur zu übernehmen, abgelehnt hatte, folgte er ein Jahr später einem Ruf nach Strasbourg. Eine akute Entzündung führte 1856 in wenigen Tagen zum Tode.

Schon einige der von G. während seiner Pariser Studienzeit erzielten Ergebnisse fanden Beachtung: Er arbeitete über Bernsteinsäure und untersuchte zusammen mit seinem Studienfreund A. Cahours ätherische Öle. Aus Zimtsäure konnte G. Styrol gewinnen. 1839 veröffentlichte er seine theoretischen Überlegungen über »Reste« und »gepaarte Verbindungen« als »Theorie des résidus«. Diese Theorie betonte, daß bei Reaktionen organischer Verbindungen aus jeder Verbindung leicht ein Element austritt, das sich mit dem anderen ausgetretenen Element zu anorganischen Verbindungen wie H_2O, CO_2 oder HCl vereinigt. Die »Reste« der ursprünglichen Substanzen, die für sich nicht bestehen können, bilden durch Vereinigung eine neue, eine »gepaarte« Verbindung, die einheitlich und nicht gegliedert ist. Ein Rest könne zwar die Zusammensetzung eines sogenannten zusammengesetzten Radikals haben, sei aber in entstehenden Verbindungen verändert enthalten. Diese Annahme fand ihren Ausdruck in der neuen unitarischen Schreibweise für Formeln. Während die Radikaltheorie den Salpetersäureethylester als salpetersaures Ethyloxid, eine aus zwei Bestandteilen zusammengesetzte Verbindung, auffaßte, nämlich C_4H_5O, NO_5 ($C = 6$, $O = 8$), war der Ester nach der unitarischen Auffassung als die aus zwei Resten bestehende Verbindung Ethylnitrat, $C_2H_5NO_3$, zu sehen. In den folgenden Jahren gelangen G. viele Umsetzungen, mit denen er – oft gemeinsam mit Laurent – die Erkenntnisse zur organischen Chemie wesentlich vermehrte. Zu diesen Reaktionen gehören die von Anilin mit Acetylchlorid und die von Salicylsäure mit Kalk, deren Reaktionsprodukt G. Phenol nannte. Er erkannte die Identität mit dem von Laurent hergestellten Phenylhydrat. 1852 fand G. bei seinen umfangreichen Arbeiten über Säuren auch die wasserfreien organischen Säuren (Anhydride). Die

Ergebnisse dieser Untersuchungen stützten seine Typentheorie. Diese nahm die Theorie der Reste in sich auf, indem die Reste bzw. Radikale als Glieder der Typen angesehen wurden. Damit war auch der Zusammenhang zwischen Radikaltheorie und der neuen unitarischen Auffassung hergestellt. In der Typentheorie wurden alle organischen Verbindungen auf vier Typen, H_2, HCl, H_2O und H_3N, zurückgeführt (A. Kekulé v. Stradonitz ergänzte später noch den Typus H_4C). G.s Ziel war es, eine nützliche Theorie zu schaffen, um die organischen Verbindungen klassifizieren (nicht erklären) zu können. Die Typentheorie wurde in den folgenden Jahren mehrfach erweitert und fand nach der Entdeckung der Amine (durch Wurtz und A. W. v. Hofmann) und mit der Interpretation von Alkohol und Ether als dem Wasser analog zusammengesetzt (durch A. W. Williamson) weite Verbreitung. Mit der Suche nach der wirklichen Konstitution der Verbindungen wurde sie durch H. Kolbe überwunden. Ein Beispiel für die Typentheorie:

Typ Wasser	Typ Ammoniak	
H	H	C_2H_5
O		
H	H N	H N
C_2H_5	H	H
O		
H	C_2H_5	C_2H_5
C_2H_5	C_2H_5 N	C_2H_5 N
O		
C_2H_5	H	C_2H_5

Bei der genaueren Fassung des Atom- und Molekülbegriffs ging G. von der Avogadroschen Hypothese aus, die eine leichte Bestimmung der relativen Molekülmassen (Molekulargewichte) zuläßt. Da er unter Molekülen die im freien Zustand bestehende kleinste Menge eines Elementes oder einer Verbindung verstand und unter Atomen die kleinste Menge eines Elementes, die in einem Molekül enthalten ist, konnte er manche Atommassen (Atomgewichte) sehr einfach bestimmen bzw. korrigieren (z. B. Sauerstoff, Schwefel, Kohlenstoff) und die Zweiatomigkeit von Wasserstoff-, Sauerstoff- und einigen anderen Molekülen nachweisen. Zu den bedeutenden Leistungen G.s gehört auch die Weiterentwicklung der Theorie von den mehrbasigen Säuren. Danach sind solche Säuren zweibasig, die mit Basen saure Salze und Doppelsalze bilden oder zwei durch Metalle ersetzbare Wasserstoffatome enthalten. Ihre beiden Wasserstoffatome sind auch durch Alkoholradikale vertretbar. Fi

Literatur: Gerhardt, Ch. F.: Précis de chimie organique, Bd. 1–2 (Abriß der organischen Chemie) (Paris 1844/45), Introduction à l'étude de la chimie par le système unitaire (Einführung in das Studium der Chemie mittels eines unitären Systems) (Paris 1848), Traité de chimie organique, Bd. 1–4 (Paris 1853/56), dtsch Lehrb. der organischen Chemie, Bd. 1–4 (Leipzig 1854/57).

Kahlbaum, G. W. A.: Zur Wertung Karl Gerhardts, in: Chem.-Ztg. 26 (1902), 5f., 21f., 25f.

Gericke, → Guericke.

Gesner, Conrad, Arzt, Naturforscher und Humanist, geb. 26. 3. 1516 Zürich, gest. 13. 12. 1565 Zürich.

Als vielseitiger humanistischer Gelehrter und Arzt mit Kenntnissen der alten Sprachen und Literatur faßte G. das Wissen seiner Zeit über Tiere und Pflanzen enzyklopädisch zusammen und gab der aufblühenden Naturforschung erste Grundlagen, so daß er als »Vater der Zoologie« in Europa gilt.

G., Sohn eines mittellosen Kürschners, von einem mit

E. Geoffroy Saint-Hilaire

Ch. F. Gerhardt

ihm verwandten Kaplan erzogen, wirkte nach anfänglichem Theologiestudium in Straßburg (Strasbourg) (1532), Bourges (1533) und Paris (1534) ab 1535 in Zürich als Elementarlehrer und 1537–1540 als Prof. für griech. Sprache an der Akademie in Lausanne. Schon 1536 durch Mitherausgabe der Werke Galens in Basel für Medizin interessiert, wandte er sich 1540 zum Studium nach Montpellier, wo ihn der Zoologe G. Rondelet für die Naturforschung gewann. Nach seiner Promotion (Basel 1541) wirkte G. in Zürich als praktischer Arzt und als Lektor der Naturlehre am Collegium Carolinum, wurde 1546 Prof. an der Stiftsschule und 1554 Oberstadtarzt. In Ausübung seiner Arztpraxis erlag er der Pest.

Bevor sich G. der Beschreibung der Tiere zuwandte, gab er einen Katalog der griech. und lat. Schriftsteller heraus (»Bibliotheca universalis ...« 1545), der ihn zum »Vater der Bibliographie« werden ließ. Seine Kenntnisse der antiken Sprachen und Literatur beeinflußten auch sein enzyklopädisches Vorhaben, alle bis dahin bekanntgewordenen Tiere nach literarischen Quellen umfassend darzustellen. Seine »Historia animalium« (Naturgeschichte der Tiere) umfaßt fünf Foliobände und hält sich in der Großgliederung des Tierreiches im wesentlichen an die literarischen Vorbilder, vor allem an Aristoteles und Albertus Magnus. So enthält Bd. 1 (1551) die »vierfüßigen lebendgebärenden Tiere« (Säugetiere), Bd. 2 (1554) die »vierfüßigen eierlegenden Landtiere« (Reptilien), Bd. 3 (1555) die Vögel, Bd. 4 (1558) Fische und andere Wassertiere und Bd. 5 (1587 postum veröffentlicht) die Schlangen; einen weiteren Band »Insekten« gab T. Turquet de Mayerne erst 1634 aus G.s hinterlassenen Notizen in London heraus.

Außer einigen schon traditionell als zusammengehörig empfundenen Gruppen wie »Huftiere« führte G. keine weitere Klassifikation durch, sondern beschrieb die Arten in der Reihenfolge des lat. Alphabets, dabei jedes Tier sehr ausführlich und nach einem konsequent durchgeführten Schema: Am Anfang stehen alle Synonyme (eine wertvolle Quelle auch für Vulgärnamen verschiedenster Dialekte und Länder), dann folgen die morphologische (äußere) und in gewissen Grenzen auch anatomische Beschreibung sowie das geographische Vorkommen und der Lebensraum, danach werden Lebensweise, Fortpflanzung und Krankheiten behandelt und markante Verhaltensweisen – meist nach überlieferten Mitteilungen – geschildert. Die letzten Abschnitte enthalten kulturhistorisch wertvolle Angaben über die Nutzung des jeweiligen Tieres durch den Menschen, als Haus- und Jagdtier, zu Heil- und Nahrungszwecken oder kulturellen Bräuchen. Auch Tiere in Fabeln, Legenden und Aberglauben werden nach literarischen Quellen dargestellt und abgebildet (Abb.), jedoch weitaus kritischer und skeptischer wiedergegeben als 50 Jahre später durch U. Aldrovandi. Neben phantasievollen Illustrationen enthält G.s Tierbuch auch naturnahe Darstellungen zeitgenössischer

Künstler, wie der Züricher Maler J. ASPER und J. THOMAS, vermutlich auch A. DÜRERS (Nashorn). Daß sich G. auch mit den Problemen der Klassifikation auseinandersetzte, ohne allerdings eine Lösung zu versuchen wie ALDROVANDI, und daß er sie als eine theoretische Aufgabe ansah, zeigt seine einleitende, die alphabetische Reihenfolge begründende Bemerkung, er habe den Stoff nur grammatikalisch, nicht »philosophisch« behandelt.

Von dem Forstteüfel.

Wiewol dises thier von niemants mer gesehen worden/ dann eben zů vnsern zeyten/ vnd gefangen im jar nach Christi geburt/ M. D. XXXI. on zweyfel ein erschrockenliche/ bedeütliche wunder-geburt gewesen: hatt es auch kein besonderen nammen/ hab ich es ein Forstteüfel genannt/dieweyl es scheützlicher seiner gestalt/ den gemalten teüflen nit vngleych sicht: wol wüssend daß der verdampt geist/ so man den teüfel nennet/ on gstalt/on cörpel/von malern aber auffs vngestaltest/ so sy ymer mögen/ gemalet wirt: villeicht damit anzezeigen/ was grausamen jamers sey der flůch Gottes/ so vmb der sünden willen/auch die herrlichest sein creatur/ in vnsägliche abscheühung verstoßt/ꝛc. Nun dises thier ist im Bisthůmb zů Saltzburg/ im Hanßberger Forst/ vnder anderem gjägt gefangen worden/ von farb gleych falbgäl/gantz wild: dann es kein menschen ansehen wolt/ verschloß vnd verbargt sich in alle winckel dahin es kommen mocht. Auch mocht man es weder mit locken/noch mit gwalt dahin bringen/das es äffen oder trincken wölte/starb derhalb in wenig tagen nach dem es gefangen.

Abbildung Fabelwesen (»Forstteufel«) aus Conrad Gesners »Thierbuch«, 1583

Ein ebenso umfassend angelegtes botanisches Manuskript, das G. seinem Schüler C. WOLF zur Herausgabe hinterlassen hatte und das von diesem dem Nürnberger Humanisten J. CAMERARIUS übergeben worden war, wurde erst 1751 aus dessen Nachlaß von CH. SCHMIEDEL ediert, allerdings nur mit einem Teil der ursprünglich etwa 1500 teilweise eigenhändig gezeichneten Abbildungen.

Der vielseitige Gelehrte berücksichtigte im Rahmen der traditionellen Naturlehre nicht nur Tiere und Pflanzen, sondern alle drei Naturreiche. Noch 1565 veröffentlichte G. auch eine Schrift über Minerale (»De rerum fossilium«), die durch seine Auseinandersetzung über Versteinerungen bemerkenswert ist. Von seinen medizinisch-pharmazeutischen Arbeiten verdienen die chemischen Analysen von Heilquellen Erwähnung, die das breite Bildungsspektrum dieser Renaissancepersönlichkeit zeigen. Ja

Literatur: Gesner, C.: Catalogus plantarum ... (Pflanzenkatalog) (Zürich 1542), Historiae animalium liber I qui est de quadrupedibus viviparis (Zürich 1551), ... liber II qui est de quadrupedibus oviparis (Frankfurt/M. 1554), ... liber III qui est de avium natura (Frankfurt/M. 1555), ... liber IV qui est de piscium et aquatilium animalium natura (Zürich 1558), ... liber V qui est de serpentium natura (postum, 1587), erste deutsche Übersetz. der fünf Bücher: Thierbuch, das ist ein kurtze Beschreybung aller vierfuessigen Thieren so auff der erden und in wasser wonend, sampt irer waaren conterfactur ... (I u. II, dtsch. v. C. Forer, Zürich 1563), Vogelbuch, darinn die art, natur und eigenschafft aller Vögelen sampt irer waaren Conterfactur angezeigt wirdt ... (III, dtsch v. R. Heußlin, Zürich 1557), Schlangenbuch, das ist ein grundtlich und vollkommen Beschreybung aller Schlangen so im Meer, süßen wassern und auff Erden je Wohnung haben ... (V, dtsch, v. J. Carronus, Zürich 1589), Fischbuch, das ist Außführliche Beschreibung und lebendige Conterfactur aller und jeden Fischen ... sampt derselben Nutzbarkeit und Güte (IV, dtsch v. C. Forer, Frankfurt/M. 1598), Descriptiones et icones plantarum et de hortis Germaniae liber (Beschreibungen und Abbildungen der Pflanzen und Buch der Gärten Deutschlands) (Straßburg 1561).

Fischer, H.: Konrad Gesner, in: Vierteljahrsschr. Naturf. Ges. Zürich 91 (1946), 175–196; Ley, W.: Konrad Gesner, Leben und Werk, in: Münch. Beitr. Gesch. Lit. Naturwiss. Med., Heft 15/16 (1929); Van de Velde, A. J. J.: Les livres des Sciences de la nature de Conrad Gesner et Ulysse Aldrovandi, in: Biol. Jahrb. 17e année (1950), 195–199.

Gess, → Hess.

Gibbs, Josiah Willard, Physiker, geb. 11.2.1839 New Haven (Connecticut, USA), gest. 28.4.1903 New Haven (Connecticut).

G.'klassische Arbeiten zur Thermodynamik gehören zu den originellsten dieses Gebietes. Insbesondere in der von ihm entwickelten thermodynamischen Theorie der Gleichgewichtszustände gelangte er unabhängig von H. HELMHOLTZ und auf anderem Wege zur sachgemäßen Unterscheidung von freier und gebundener Energie, führte den Begriff der Enthalpie in die Thermodynamik ein, verband damit den 1. und 2. Hauptsatz der Thermodynamik und formulierte die nach ihm benannte Phasenregel zur thermodynamischen Behandlung von Phasengleichgewichten. Daneben beschäftigte G. sich mit Problemen der reinen Mathematik, trug zur Entwicklung der Vektoranalysis bei und erarbeitete theoretische Grundlagen der statistischen Mechanik.

G. entstammte einer vornehmen und in New Haven alteingesessenen Intellektuellen-Familie. Von 1854–1863 studierte er an der Yale-Univ. seiner Heimatstadt, in der er auch fast sein ganzes Leben verbrachte. Lediglich 1866–1869 führte ihn eine Studienreise nach Europa, wo er unter anderem Vorlesungen bei G. MAGNUS in Berlin sowie bei G. R. KIRCHHOFF und HELMHOLTZ in Heidelberg hörte. 1871 wurde er zum Prof. für mathematische Physik an der Yale-Univ. berufen, wo er bis zu seinem Tode wirkte.

Schon mit seinen ersten Veröffentlichungen 1873 wies G. seine außergewöhnlichen Fähigkeiten als mathematischer Physiker nach und zeigte, daß er den aktuellen Entwicklungsstand der Thermodynamik überschaute und beherrschte. In diesen Arbeiten setzte er die Energie eines thermodynamischen Systems mit seiner Entropie und seinem Volumen ins Verhältnis. Durch die Wahl dieser drei Koordinaten wurde es ihm möglich, auf geometrischem Wege aus der sich ergebenden Fläche im konkreten Fall die Bedingungen des Gleichgewichts – das Kriterium für seine Stabilität bzw. Labilität – und die Bedingungen für die Koexistenzzustände und den kritischen Zustand zu bestimmen. 1876–1878 legte G. seine Gedanken über physikalische und chemische Gleichgewichtszustände allgemein dar und antizipierte damit fundamentale Forschungsergebnisse der physikalischen Chemie. Er zeigte, daß die Gleichgewichtskriterien von R. CLAUSIUS und B.-P.-É. CLAPEYRON allgemeingültig sind, indem er eine Einschränkung nach der anderen beseitigte, dabei als erstes bei der Forderung nach chemischer Homogenität der Substanz begann und so ihre Gültigkeit für mehrphasige Systeme erweiterte. Die homogenen Massen der Bestandteile eines heterogenen Ganzen führte er als Variable in die von ihm abgeleitete Fundamentalgleichung für die innere Energie ein und konnte zeigen, daß die Differentialkoeffizienten von innerer Energie und diesen Massen, die er Potentiale nannte, sich analog zu Druck und Temperatur als Gleichgewichtsbedingungen begreifen lasssen. Der Begriff des Potentials wurde als thermodynamisches Potential 1884 durch P. DUHEM und als chemisches Potential 1897 durch W. D. BANCROFT explizit entwickelt. Mit dem erreichten Ergebnis war G. in der Lage, zur Behandlung thermodynamischer offener Systeme überzugehen. Ebenso wie HELMHOLTZ unterschied er dabei zwischen freier und gebundener Energie und leitete vier Fundamentalgleichungen für die innere Energie, die Enthalpie, die freie Energie und die freie Enthalpie ab, die heute als GIBBS-HELMHOLTZsche Gleichungen bekannt sind. Damit besaß G. verschiedene äquivalente Gleichgewichtskriterien, die sich auf unterschiedliche Isolationsbedingungen der zu behandelnden Systeme bezogen. Seine Fundamentalgleichungen erlaubten es ihm, sie als charakteristische Funktionen zur Analyse von Systemen veränderlicher Zusammensetzung und zur Bestimmung der Rolle einzelner Substanzen in chemischen Gleichgewichten heranzuziehen. G. schuf so eine thermodynamisch begründete, analytische Methode, mit deren Hilfe relativ leicht die Bedingungen von Phasengleichgewichten, die Gleichgewichtsbedingungen von chemischen Reaktionen in idealen Systemen und unendlich verdünnten Lösungen sowie die thermodynamischen Grundgleichungen der Oberflächenerscheinungen und der Elektrochemie ermittelt werden konnten. Es gelang ihm, theoretische Schlüsse zu ziehen, die später zu Ausgangspunkt und Programm umfangreicher physikochemischer Experimentaluntersuchungen und theoretischer Grundlagenforschungen wurden.

Obwohl G.' Arbeiten zur Thermodynamik erst durch die deutsch- und französischsprachigen Bearbeitungen von W. OSTWALD (1892) und H. LE CHÂTELIER (1899) breiten Wissenschaftlerkreisen zugänglich wurden und man erst in den 20er Jahren unseres Jh. ihren Inhalt – wie auch den seiner Arbeiten zur Vektoranalysis, zu J. C. MAXWELLS elektromagnetischer Lichttheorie und zur statistischen Mechanik – in seiner ganzen Tragweite zu erfassen begann, hat er damit doch die Entwicklung der modernen Naturwissenschaften entscheidend mit geprägt. G. gehört zu den bedeutendsten Theoretikern der Naturwissenschaften des 19. Jh. Gi

Literatur: The collected Works of J. Willard Gibbs, 2 Bde. (New Haven, London, Oxford 1957), erweiterte, mit einem Vorwort und biograph. Angaben versehene Ausg. von: The Scientific Papers of J. Willard Gibbs (New Haven 1906), Gibbs, J. W.: Thermodynamische Studien (Hrsg. W. Ostwald, Leipzig 1892).

Josiah Willard Gibbs, in: Z. phys. Chem. 44 (1903), 1–6 (ohne Autorenangabe); Wheeler, L. P.: Josiah Willard Gibbs. The History of a great Mind (New Haven 1951, 2. Aufl. 1952).

Gilbert, William, Naturforscher und Arzt, geb. 24. 5. 1544 Colchester (England), gest. 10. 12. 1603 Colchester.

G. war der bedeutendste Erforscher des Magnetismus vor M. FARADAY.

G., Sohn eines Magistralrichters, studierte ab 1561 in Cambridge Medizin, promovierte 1569 und reiste anschließend nach Italien, Frankreich und den Niederlanden. 1573 richtete er in London eine Arztpraxis ein, war Kassierer und Präsident der Kgl. Ärztegesellschaft. 1601 erhielt er von ELISABETH I. eine hochdotierte Stellung als Leibarzt, die er auch unter JACOB I. beibehielt.

In seinem Werk »De magnete, magneticisque corporibus, et de magno magnete tellure, physiologia nova« (London 1600) faßte G. sowohl bekannte Tatsachen als auch eigene Erkenntnisse zusammen. Damit legte er das erste umfassende Werk über magnetische Erscheinungen vor. Geprägt durch das kopernikanische Weltbild, bewies G., daß die Erde ein großer Magnet ist. Mit einem kugelförmigen Magnetstein (»terrella«) als Erdmodell erklärte er als erster die Richtweisung des Erdmagnetfeldes auf die Kompaßnadel

J. W. Gibbs

J. R. Glauber

sowie die Deklination. Mit einem um die »terrella« herumgeführten Inklinatorium demonstrierte er die Form des magnetischen Kraftfeldes um die Erde und erkannte dabei, daß es durch stofffreien Raum verläuft.

G.' Einsichten implizierten die erst im 19. Jh. sich durchsetzende Vorstellung von magnetischen Feldern als etwas real Existierendem. G. erklärte so das Beharren der Planeten auf ihren Bahnen aus dem Wirken nichtmystischer, physikalischer Kräfte. Seine Ideen, insbesondere die der Anziehung der Kometen ohne ein vermittelndes Medium, waren ein Meilenstein bei der Erarbeitung eines wissenschaftlichen Weltbildes; sie wurden vor allem von J. KEPLER und I. NEWTON aufgenommen.

Außer der Theorie des Erdmagnetismus beinhaltete G.s oben genanntes Werk neue Erkenntnisse über natürliche und künstliche Magnete. G. führte die Fadenaufhängung des Magneten ein, verstärkte natürliche Magnetsteine durch eiserne Polhauben, erkannte, daß senkrecht stehende Eisenstäbe durch das Erdfeld magnetisch werden, präzisierte die Erfahrung, daß eine Eisennadel sich durch das Streichen mit einem Magneten magnetisieren läßt, und entdeckte, daß ein Magnet durch Ausglühen seine Wirkung verliert, diese jedoch z. T. wiedergewinnt, wenn er in die durch die Inklinationsnadel festgelegte Richtung des magnetischen Erdfeldes gebracht wird.

G. unterschied erstmals eindeutig zwischen elektrischen und magnetischen Kräften. Er erkannte, daß außer Bernstein die meisten Edelsteine, jedoch z. B. auch Schwefel und Siegellack, elektrische Anziehungskraft haben, die bei trockener Kälte größer ist als bei Normalbedingungen. Im Gegensatz zur Erklärung des Magnetismus als einer dem Stoff inhärenten Kraft führte G. die elektrische Anziehung auf ein aus den Körpern ausströmendes »Fluidum« zurück und meinte deshalb, es könne keine elektrischen Abstoßungskräfte geben.

G.s bewußt im Gegensatz zu Darstellungen peripatetischer Naturphilosophie konzipiertes Werk weist ihn als einen der ersten experimentell arbeitenden Naturforscher der Neuzeit aus. Lz

Literatur: Gilbert, W.: De magnete, magneticisque corporibus, et de magno magnete tellure, physiologia nova (London 1600).

Schimank, H.: W. Gilberts »Neue Naturlehre vom Magneten«, in: Phys. Bl. 6. (1950), 262–268.

Glauber, Johann Rudolph, »Chymist«, geb. 1604 Karlstadt (Hessen), gest. 10. 3. 1670 Amsterdam.

G. arbeitete erfolgreich auf allen Gebieten der anorganischen und organischen Technologie und beschrieb neue oder verbesserte Darstellungsmethoden für viele Chemikalien und (mineralische) Pharmaka.

G., Sohn eines Barbiers, erlernte nach dem Besuch der Lateinschule in unstetem Wanderleben die Kunst des Laborierens und der Medikamentenbereitung; unter anderem war er als Spiegelmacher und Apotheker tätig. 1652 gründete er in Kitzingen den ersten deutschen gärungstechnischen Betrieb zur Verarbeitung von Wein und Weinhefe, scheiterte jedoch 1656 trotz landesherrlicher Privilegien am Widerstand der Küfer. Auch Versuche, seine Erfindungen durch Lizenzverkauf zu nutzen, waren wenig glücklich (langwierige Rechtsstreitigkeiten; 1656 Rechtfertigungsschrift »Glauberus redivivus«). Größeren beruflichen Erfolg hatte G. in den Niederlanden (erste Aufenthalte 1640–1644 und 1646–1650), wohin er 1656 ganz übersiedelte. In Amsterdam betrieb er ein großes gewerbliches Laboratorium, das mehrere Laboranten beschäftigte und Mineralsäuren, Salze und andere chemisch-technische Produkte in kleintechnischen Mengen produzierte. G. starb nach mehrjährigem Krankenlager, vermutlich an chronischer Schwermetallvergiftung.

Zu G.s bekanntesten Neuentdeckungen zählt Natriumsulfat (»Sal mirabilis«, nach ihm Glaubersalz genannt), für das er mehr als 50 Verwendungsmöglichkeiten beschrieb. G. kannte die trockene Steinkohlendestillation sowie trockene und nasse Erzaufschlußverfahren, untersuchte die künstliche Düngung mit Kalisalzen und schlug Methoden für Holzschutz und Schädlingsbekämpfung vor. Für die rationelle Gewinnung von Mineralsäuren, so von »Spiritus fumans Glauberi« (rote rauchende Salpetersäure), entwickelte er neue Ofen- und Apparatekonstruktionen (Abb.).

In seiner Auffassung von der wirtschaftlichen Gestaltung chemisch-technischer Prozesse war G. seiner Zeit weit voraus; er kann – mit gewissen Einschränkungen – als erster deutscher Chemietechnologe der Neuzeit gelten. Dagegen blieb er in seinen theoretischen Vorstellungen Anhänger der Iatrochemie des Paracelsus und der Lehren von M. Sendivogius. Nur gelegentlich stieß er zu fruchtbaren neuen Denkansätzen vor, z. B. in seiner Auffassung von der Salzbildung aus sauren und basischen Bestandteilen. G. war literarisch recht produktiv (etwa 40 Schriften); sein Stil ist häufig (besonders in seinen alchimistischen Traktaten) symbolhaft verschlüsselt. Er bekannte sich zum merkantilistischen Wirtschaftsstil des 17. Jh. und forderte z. B. in »Des Teutschlandts Wohlfart« nachdrücklich die eigene deutsche Herstellung von Hütten- und Glaserzeugnissen. Vorschriften zur Anfertigung von Giftgasgranaten und Sprengmitteln hielt er über 20 Jahre geheim, nach eigenen Angaben aus christlichen Beweggründen.

G.s Einschätzung durch zeitgenössische Gelehrte ist schwankend; hohe Wertschätzung zollten ihm G. E. Stahl und R. Boyle.

Ge

Literatur: Glauber, J. R.: Furni novi Philosophici oder Beschreibung einer New-erfundenen Distillir-Kunst, 5 Tle (Amsterdam 1648/49 u. 1661, engl. 1651, lat. 1651, franz. 1659), Des Teutschlandts Wohlfart, 6 Tle (Amsterdam 1656–1660, Prag 1704), Opera Omnia (Amsterdam 1659–1669), postum: Glauberus Contractus oder Kern der Glauberischen Schriften (Leipzig u. Breslau 1715).

Gelius, R.: Johann Rudolph Glauber und die Entstehung der chemischen Technologie, in: Mitt.-bl. Chem. Ges. DDR 29 (1982), (3), 54–58; Pietsch, E.: Johann Rudolph Glauber. Der Mensch, sein Werk und seine Zeit, in: Deutsches Museum, Abh. u. Ber. 24 (1956), Heft 1, 2–64; Schmauderer, E.: J. R. Glaubers Einfluß auf die Frühform der chemischen Technik, in: Chem.-Ing.-Techn. 42 (1970), 687–696.

Gmelin, Leopold, Chemiker, geb. 2. 8. 1788 Göttingen, gest. 13. 4. 1853 Heidelberg.

G. brachte 1817–1819 sein dreibändiges »Handb. der theoretischen Chemie« heraus, aus dem das heute noch fortgeführte »Gmelins Handb. der anorganischen Chemie« hervorgegangen ist.

G. wurde 1788 als Sohn des Chemikers und Arztes Johann Friedrich G. geboren. Von 1799 bis 1804 besuchte er in seiner Vaterstadt das Gymnasium. Danach ging er nach Tübingen, wo er neben seiner Tätigkeit in der Apotheke der Familie G. an der Univ. Vorlesungen über Chemie, Pharmakologie, Medizin u. a. m. hörte. 1812 promovierte G. in Göttingen, und 1813 habilitierte er sich in Heidelberg, wo er 1814 zum Extraordinarius ernannt wurde. Um sein Wissen zu erweitern, weilte G. 1812/13 einige Zeit in Italien und absolvierte 1814/15 einen Studienaufenthalt in Paris. 1817 erhielt er das Ordinariat für Chemie in Heidelberg, das er bis 1851 innehatte.

G.s wissenschaftliches Lebenswerk ist geprägt durch das »Handb. der theoretischen Chemie«, in dem das gesamte chemische Wissen seiner Zeit erfaßt wurde und das zu seinen Lebzeiten bis zur vierten Auflage erschien. Darüber hinaus ist G. durch die Entdeckung des roten Blutlaugen-

Herstellung von Mineralsäuren nach J. R. Glauber

salzes (Kalium-hexacyanoferrat (III)) in die Geschichte der Chemie eingegangen (1822). Re

Literatur: Gmelin, L.: Handb. der theoretischen Chemie, 3 Bde. (Frankfurt/Main 1817–1819), 4. Aufl. ab 1843 als Handb. der Chemie, Bd. 1–4 von Gmelin selbst hrsg., ab Bd. 5 nach seinen Manuskripten hrsg. von Kraut und List.
Mani, N.: Das Werk von Friedrich Tiedemann und Leopold Gmelin: »Die Verdauung nach Versuchen« und seine Bedeutung für die Entwicklung der Ernährungslehre in der ersten Hälfte des 19. Jh., in: Gesnerus 13 (1956), 190–214; Pietsch, E. u. E. Beyer: Leopold Gmelin – der Mensch, sein Werk und seine Zeit, in: Ber. Dtsch. Chem. Ges. 72 (1939), 5A–33A.

Gmunden, → Johannes von Gmunden.

L. Gmelin

K. Gödel

Gödel, Kurt, Mathematiker, Logiker und Philosoph, geb. 24.4.1906 Brünn (Brno), gest. 14.1.1978 Princeton (USA).

G. leistete bedeutende Beiträge zur mathematischen Logik und Grundlagenforschung, insbesondere im Hinblick auf die Abgrenzung der Möglichkeiten einer Formalisierung mathematischer Theorien, auf das Kontinuumproblem und die Problematik des Auswahlaxioms.

G., Sohn eines Textilfabrikdirektors, legte an dem deutschen Realgymnasium in Brno das Abitur mit Auszeichnung ab. Ab 1924 studierte er an der Wiener Univ. Kurz nach dem Tod seines Vaters (1929) suchte er um Entlassung aus der tschechoslowakischen Staatsbürgerschaft nach; er siedelte sodann nach Österreich über. An der Wiener Univ. interessierte sich G. zunächst für theoretische Physik (bei H. Thirring), besuchte jedoch auch die mathematischen Vorlesungen von P. Furtwängler und H. Hahn. Vom Beginn seines Studiums in Wien an wurde er in die Bestrebungen der sich in dem neupositivistischen »Wiener Kreis« vereinigenden Wiener Naturwissenschaftler und Philosophen einbezogen. Hier interessierten ihn insbesondere Fragen der Grundlagen der Mathematik, der Logik und der Wissenschaftsphilosophie. Großen Einfluß auf G. hatten vor allem Hahn, K. Menger und R. Carnap. Bei Hahn besuchte er die dem Russell-Whitehead-Buch »Principia Mathematica« gewidmeten Vorträge und Seminare. Hahn regte zusammen mit Carnap 1926/27 eine umfassende Analyse von Wittgensteins »Tractatus« (Leipzig 1921) im Wiener Kreis an; zu dieser Zeit (1926) gewann Hahn G. für diese Diskussion. Aus den diskutierten Werken gewann G. die Anregungen zu seinen die Prinzipien der Vollständigkeit und Widerspruchsfreiheit axiomatisierter Systeme betreffenden Entdeckungen aus den Jahren 1929 und 1930. Im Jahre 1929 verteidigte G. an der Fakultät für Philosophie der Wiener Univ. seine Dissertation über die Vollständigkeit der Aussagenlogik erster Stufe; er wirkte an der Univ. weiter, und 1933 erwarb hier Hahn für ihn eine Dozentur. Zu dieser Zeit war G. bereits durch die Arbeit »Über formal unentscheidbare Sätze des Principia Mathematica und verwandter Systeme« (1931) bekannt.

Diese Arbeit zeigt, daß jedes widerspruchsfreie, axiomatisch genügend reich formalisierte System, in dem die Arithmetik 1. Stufe ausgedrückt werden kann (und die Menge der Axiome rekursiv abzählbar ist), unvollständig ist: In einem solchen System existiert immer eine Formel, die im gegebenen System weder beweisbar noch widerlegbar ist. Bei der Hinzunahme dieser oder anderer Formeln zu den Axiomen reproduziert sich die Situation, vorausgesetzt, die genannten Bedingungen bleiben erhalten.

G. hat überdies gezeigt, daß die Widerspruchsfreiheit solcher Systeme nicht mit Ausdrucksmitteln des Systems selbst beweisbar ist. G.s Theoreme haben die Grenzen der rein syntaktischen Grundlegung der Beweistheorie anhand der mit dem Hilbertschen Programm postulierten Metamathematik aufgezeigt.

Der Wiener Aufenthalt war für die Formung von G.s Persönlichkeit entscheidend. Die Mehrzahl seiner grundlegenden Arbeiten veröffentlichte er von 1930 bis 1940, wobei in diesen Arbeiten die Problematik der Logik überwiegt und die in diesem Zeitraum G. bereits interessierenden philosophischen Fragen noch unterdrückt sind, um erst in den Veröffentlichungen der 40er und nachfolgenden Jahre in Erscheinung zu treten. Übrigens wurde aufgrund der Durchsicht von G.s Nachlaß die Meinung vertreten, daß er mit der Publikation von Resultaten sehr zurückhaltend gewesen sei. In Wien lernte G. durch Vermittlung von Menger L. Brouwer kennen. Angeregt von Mengers Interpretation des Intuitionismus und bekanntgemacht mit A. Heytings Formalisierung der intuitionistischen Logik von 1930, gab G. seine Interpretation intuitionistischer Systeme in Begriffen der klassischen Logik und der Lewisschen Modal-Logik in Mengers mathematischem Kolloquium 1931/32 bekannt (G. war zusammen mit A. G. Nöbeling Mitherausgeber der Ergebnisse dieser Sitzungen: Ergebnisse eines mathematischen Kolloquiums). Auf Mengers Kolloquien machte G. die Bekanntschaft von A. Tarski, und durch dessen Vermittlung knüpfte er Kontakte mit poln. Logikern an. Bereits ab 1932 war er in Kontakt mit O. Veblen, der für das Institute for Advanced Studies in Princeton (USA) arbeitete. Nach der Okkupation Österreichs durch Deutschland – als G. seiner Dozentur an der Wiener Univ. enthoben wurde – ging er 1938 in die USA, wo er in Princeton bis an sein Lebensende Vorträge hielt und wissenschaftlich arbeitete. In der ersten Zeitspanne bewies er hier seine berühmten Sätze über die relative Widerspruchsfreiheit des Auswahlaxioms und der Kontinuumhypothese (1938/39); dies trug in der späteren Entwicklung (1963) zur Lösung des Kontinuumproblems bei (P. J. Cohen, P. Vopenka).

In den 50er Jahren wurden G. mehrere Ehrendoktorate amerik. Univ. verliehen. Die Ehrenmitgliedschaft der Österreich. Ak. d. Wiss. im Jahre 1966 lehnte er ab. 1951 erhielt G. auf A. Einsteins Vorschlag den Einsteinpreis für Berechnungen im Gebiet der Relativitätstheorie (Lösung von Einsteins Feldgleichungen), die zum »Gödelschen Raum« führten (An example of a new type of cosmological solutions of Einstein's field equations of gravitation, 1949). Der umfangreiche Nachlaß von G. (Privatbibliothek, Privatkorrespondenz, z. B. etwa 4000–5000 Briefe wissenschaftlichen Charakters, 90 Notierhefte u. dgl.) wird nach dem Tod seiner Frau Adele G. (1981) im Institute for Advanced Studies aufbewahrt und sukzessiv von J. W. Dawson jr. bearbeitet. Fo

Literatur: Gödel's Collected Works (in Vorbereitung) (Hrsg. Fefermann, S., Dawson, J. W. jr., Kleene, S.C., Moore, G.H., Solovay, R. M., van Heijenoort, J.); Verzeichnis von Gödels Veröffentlichungen, in: Wang Hao; Kurt Gödel's intellectual development, in: Math. Intelligenzer I, 3 (1978), 182–185.

Kreisel, G.: Kurt Gödel, in: Bibliographical memoires of fellows of the Royal Society, 26 (1980), 148–224; Schimanovich, W., u. Weibel, P. (Hrsg.): Kurt Gödel. Sein Leben und Wirken. Der mathematische Beweis für die Unerschöpflichkeit des menschlichen Geistes (Wien 1984); Dawson, J. W. jr.: Kurt Gödel in Sharper Focus, in: Math. Intelligenzer, VI, 4 (1984), 9–17.

Goethe, Johann Wolfgang von, Dichter und Naturforscher, geb. 28. 8. 1749 Frankfurt/Main, gest. 22. 3. 1832 Weimar.

Neben seinem dichterischen Schaffen befaßte sich G. intensiv mit Botanik, Anatomie, Osteologie, Geologie, Mineralogie, Meteorologie und Physik (Optik). Er ist Entdecker des Zwischenkieferknochens, Mitbegründer der Morphologie und der Homologietheorie und Wegbereiter des Entwicklungsgedankens in der Biologie.

G. wurde als Sohn des kaiserlichen Rates Johann Kaspar G. und der Schultheißtochter Katharina Elisabeth geb. Textor geboren. 1765–1770 studierte er in Leipzig und Straßburg (Strasbourg) Jura und wurde 1771 zum Lizenziaten der Rechte promoviert. Nach kurzer Tätigkeit als Jurist in seiner Heimatstadt und am Reichskammergericht in Wetzlar widmete er sich bis zur Übersiedelung nach Weimar 1775 dichterischen und naturwissenschaftlichen Arbeiten. Intensive naturwissenschaftliche Studien setzte er bis an sein Lebensende fort. 1776 trat G. in den weimarischen Staatsdienst ein und wurde zum Geheimen Legationsrat ernannt. 1782 erhob ihn Kaiser Joseph II. in den Adelsstand. 1786–1788 unternahm G. die erste Italienreise. 1788 wurde er bis auf die Leitung der Bergwerkskommission von allen Regierungsgeschäften entlastet. In dieser Zeit begann die Lebensgemeinschaft mit Ch. Vulpius, die er später (1806) heiratete. 1789 wurde der einzige Sohn August v. G. geboren. 1790 trat G. die zweite Italienreise an. 1792 nahm er als Beobachter an der Intervention gegen das revolutionäre Frankreich teil. 1813 erlebte er den Einzug der preuß. und franz. Truppen in Weimar. 1815 erfolgte seine Ernennung zum Staatsminister, 1825 die Ehrenpromotionen zum Dr. phil. und Dr. med. an der Univ. Jena.

G.s naturwissenschaftliche Arbeiten sind vielfältig und umfangreich. Er griff die zu seiner Zeit aktuellsten Fragen auf, was von einer tiefgehenden Kenntnis der Problemsituation zeugt. Die Notwendigkeit zu naturwissenschaftlichen Studien ergab sich auch aus den Anforderungen seiner staatlichen Tätigkeiten. So setzte z. B. die sachkundige Leitung der Bergwerkskommission Kenntnisse der Geologie voraus. Durch seine auch heute noch bedeutenden Forschungen zur Biologie, speziell zur Pflanzenmorphologie, zur tierischen Anatomie und zu philosophisch-theoretischen Problemen der Biologie, hat sich G. einen festen Platz in der Geschichte der Wissenschaft erworben. Unter seinen naturwissenschaftlichen Studien nehmen die zu Beginn der 80er Jahre durchgeführten vergleichend-anatomischen und osteologischen einen wichtigen Platz ein. G. wurde dazu unter anderem durch den die wissenschaftliche Welt intensiv beschäftigenden Streit über das Verhältnis des Menschen zum Affen angeregt. Als Beweis für die prinzipielle Verschiedenheit beider wurde das Fehlen des Zwischenkieferknochens beim Menschen angeführt, der sonst bei allen Wirbeltieren vorhanden ist. Nach umfangreichen osteologischen und vergleichend-anatomischen Studien entdeckte G. 1784 das aus zwei Knochen bestehende »os intermaxillare« (heute: os incisivum) beim Menschen. Diese Arbeit wurde jedoch erst 1820 gedruckt. In einem Brief (17. 11. 1784) an K. L. v. Knebel teilte G. seine Forschungsergebnisse mit: »Hier schicke ich Dir endlich die Abhandlung aus dem Knochenreiche … Ich habe mich enthalten, das Resultat, worauf schon J. G. Herder in seinen Ideen deutet, schon jetzo merken zu lassen, daß man nämlich den Unterschied des Menschen vom Tier in nichts einzelnem finden könne. Vielmehr ist der Mensch aufs nächste mit den Tieren verwandt.«

Von großem theoretischen Reichtum sind G.s Abhandlungen der Jahre 1790–1795 über den Typusbegriff, zur Homologietheorie, zum Kompensationsgesetz (Gleichgewicht des Wachstums der Organe) und zur Aufstellung einer allgemeinen Vergleichslehre. Um das Gemeinsame, Verbindende, Typische aller Tiere zu erfassen, formulierte G. 1790 einen »osteologischen«, später auch »anatomisch« oder »organisch« genannten Typus, den man erkenntnistheoretisch als Strukturmodell für den Aufbau der Wirbeltiere bezeichnen kann. Er machte einen »Vorschlag zu einem anatomischen Typus, zu einem allgemeinen Bilde, worin die Gestalten sämtlicher Tiere, der Möglichkeit nach, enthalten wären und wonach man jedes Tier in einer gewissen Ordnung beschriebe … Schon aus der allgemeinen Idee eines Typus folgt, daß kein einzelnes Tier als ein solcher Vergleichskanon aufgestellt werden könne, kein einzelnes kann Muster des Ganzen sein.« G. leistete mit seinen anatomischen Arbeiten auch einen Beitrag zur Begründung der Theorie des Homologisierens, z. B. mit seinem 1795 formulierten Kriterium der Lagebeziehung. So benutzte er bei der Bearbeitung des »os intermaxillare« Zwischenformen zum Homologisieren. G. stellte auch eine Hypothese über die Entstehung des Schädels der Wirbeltiere aus umgebildeten Wirbeln auf (1790, 1806), die er erst 1820 publizierte. Die Erstveröffentlichung der Wirbelhypothese erfolgte durch den Naturphilosophen L. Oken schon 1807, der sie unabhängig von G. entwickelt hatte.

Im Rahmen seiner botanischen Forschungen verglich G. empirisch die Stadien der Individualentwicklung einjähriger Pflanzen miteinander, um damit die Bildungsprozesse der Pflanzengestalt zu erfassen. Dabei wandte er als induktive Methodik die »vergleichende Morphologie« an. Die hierbei methodologisch wichtige Frage des Vergleichens veranlaßte ihn 1792 zur Aufstellung einer allgemeinen Vergleichslehre. Als Grundproblem dieser Lehre formulierte G. 1798 in poetisch treffender Weise: »Alle Gestalten sind ähnlich, und keine gleichet der anderen; und so deutet das Chor auf ein geheimes Gesetz.« 1796 prägte er den Begriff der »Morphologie«, die durch ihn als neue biologische Teildisziplin begründet wurde. Erstmalig publiziert wurde dieser Begriff jedoch durch den Mediziner K. F. Burdach im Jahre 1800. G. definierte 1807 die Morphologie als »die Lehre von der Gestalt, der Bildung und Umbildung der organischen Körper« und »Wollen wir also eine Morphologie einleiten, so dürfen wir nicht von Gestalt sprechen«. Unter Morphologie verstand er eine Wissenschaft, die die Bildungs- und Umbildungsgesetze der Pflanzengestalt beschreibt. Die Abwandlungen der Pflanzenorgane kennzeichnete er als Metamorphosen des Blattes, das 1790 von ihm als Grundorgan der Pflanze (»Alles ist Blatt«) charakterisiert wurde. In seinem »Versuch, die Metamorphosen der Pflanze zu erklären« (1790) bestimmte G. die Metamorphose als »die Wirkung, wodurch ein und dasselbe Organ sich uns mannigfaltig verändert sehen läßt«. Empirische Grundlage dafür waren seine Pflanzenexperimente. So kultivierte er Pflanzen unter Einfluß von verschiedenfarbigem Licht, Elektrizität, Dunkelheit u. dgl. und studierte die Entwicklung der Blattfolge von den Keimblättern bis zur Blüte. Mit dem Metamorphosegedanken wurde der Übergang von einer statischen zur dynamischen, zeitlichen Betrachtung der Pflanzenwelt versucht. Diese Betrachtung charakterisierte G. als »genetische Denkweise«, ohne sie jedoch näher zu bestimmen. Die Gemeinsamkeiten aller möglichen Pflanzengestalten glaubte er in der von ihm 1786 postulierten »Urpflanze« gefunden zu haben. 1807 bezeichnete er sie auch als »vegetativen Typus« und betrachtete sie gleichsam als ein ideelles Modell der Samenpflanzen. Die erkenntnistheoretische Gemeinsamkeit zwischen seinem »anatomischen Typus« und der Modellvorstellung seiner »Urpflanze« ist unverkennbar. Durch die extremen Vertreter der Naturphilosophie, vor allem L. Oken, wurden G.s methodische Ansätze, die von den zeitgenössischen Botanikern nicht aufgegriffen worden waren, idealistisch und deduktiv umgedeutet. Dieser Umstand leistete später jenen Interpretationen Vorschub, die G.s Arbeiten als »idealistische Morphologie« (E. Radl 1913) abstempelten und damit den erkenntnistheoretischen Wert seiner Typuskonzeption in Frage stellten. In Wirklichkeit vertrat G. jedoch weder einen einseitig induktiven noch deduktiven Standpunkt, sondern er hat methodologisch zwischen beiden Denkrichtungen dialektisch zu vermitteln versucht. Er gehört insofern zu den Vorläufern der Deszendenztheorie, als er mit seinen vergleichend-anatomischen Arbeiten notwendiges Beweismaterial beigetragen hat. G. gebrauchte Begriffe wie »Entwicklung«, »Bildung«, »Umbildung«, »genetische Behandlung« und »Verwandtschaft«, die jedoch keine eindeutige deszendenztheoretische Implikation aufweisen. »Evolution« z. B. benutzte er im historisch ursprünglichen Sinn als Auswicklung des Präformierten, so daß E. Haeckels Behauptung, G. sei neben J. B. de Lamarck und Ch. Darwin Begründer der Deszendenzlehre gewesen, nicht aufrechtzuerhalten ist.

Neben den biologischen Problemen hat G. sich auch mit geologischen, mineralogischen, meteorologischen, wissenschaftsorganisatorischen und vor allem physikalisch-optischen Fragen beschäftigt. So betrachtete er die 1810 in Tübingen publizierte »Farbenlehre«, in der seine jahrelangen physikalisch-optischen Untersuchungen systematisch zusammengefaßt wurden, als sein eigentliches Lebenswerk, das er höher wertete als das literarische. Diesem Anspruch wurde das Werk nicht gerecht. Die ausführliche Polemik gegen I. Newton erwies sich als völlig haltlos. Reduziert man die »Farbenlehre« jedoch nicht auf diesen Streit, so sind sowohl ihr historischer Teil als auch die Ansichten zur Physiologie der Farben von aktuellem Wert. Su

Literatur: Goethes Werke, Weimarer Ausg., II. Abt., Goethes naturwissenschaftliche Schriften, Bd. 1–13 (Weimar 1890–1904); Schmidt, G., D. Kuhn u. a. (Hrsg.): Die Schriften zur Naturwissenschaft. Vollständige, mit Erläuterungen versehene Ausg., hrsg. im Auftrage der Dtsch. Akad. Naturforscher Leopoldina, 1. Abt.: Bd. 1–11, 2. Abt.: Bd. 3, 4, 6, 9A (Weimar 1947–1977).

Bassermann, D.: Goethe als Naturforscher (Berlin 1947); Magnus, R.: Goethe als Naturforscher (Leipzig 1906); Voigt, W. u. Sucker, U.: Johann Wolfgang von Goethe als Naturwissenschaftler (3., verb. Aufl. Leipzig 1987).

Goldschmidt, Richard Benedikt, Zoologe und Genetiker, geb. 12. 4. 1878 Frankfurt/Main, gest. 24. 4. 1958 Berkeley (Kalifornien, USA).

Ausgehend von der zoologischen Zell- und Embryonalforschung, widmete sich G. ausschließlich der experimentellen und theoretischen Genetik und entwickelte erstmals eine entwicklungsphysiologisch fundierte Vererbungstheorie.

G., Sohn eines Kaufmanns, studierte 1896–1902 in Heidelberg bei O. Bütschli und C. Gegenbaur Medizin und Zoologie und 1898/99 in München bei R. Hertwig Zoologie. 1902 erfolgte die Promotion zum Dr. phil. unter Bütschli. Im August 1903 wurde G. Assistent bei Hertwig am Zoologischen Institut der Univ. München, wo er sich 1904 habilitierte und Privatdoz., 1909 ao. Prof. wurde. Auf Vorschlag von Th. Boveri wurde er in das im Oktober 1914 neugegründete Kaiser-Wilhelm-Institut für Biologie in Berlin-Dahlem berufen und übernahm dort 1919 die Leitung der Abteilung für Vererbungslehre und Biologie der Tiere.

J.W. von Goethe

R.B. Goldschmidt

Hier arbeitete G., bis er am 1.1.1936 aufgrund der nationalsozialistischen Rassengesetze – er war jüdischer Herkunft – aus dem Institut vertrieben wurde. G. emigrierte am 26.6.1936 in die USA; im gleichen Jahr erhielt er einen Lehrstuhl für Genetik und Zytologie an der University of Berkeley, wo er 1946 emeritiert wurde und bis zu seinem Tode weiterarbeitete.

G. widmete sich zunächst der zoologischen Zellforschung, Embryologie, Morphologie und Neurologie, zu deren klassischen Vertretern er gehörte. 1906 gründete er das »Archiv für Zellforschung«. Ausgehend von zytologischen Untersuchungen über Meiose und Keimzellenbildung, bearbeitete G. experimentell genetische Fragen (z. B. Industriemelanismus) an dem Schmetterling Lymantria spec. (Schwammspinner). Gleichzeitig hielt er 1910 erstmals in Deutschland Genetikvorlesungen, aus denen das Lehrb. »Einführung in die Vererbungslehre« (1911) entstand. Im Ergebnis der genetischen Analyse geographischer Rassen von Lymantria, die G. über 20 Jahre durchführte und die Pionierleistungen der Populationsgenetik darstellen, klärte er das Wesen der Geschlechtsbestimmung in der Ontogenese dieses Tieres auf. Er entdeckte 1915 dabei das Phänomen der sogenannten »Intersexe« (hormonale Zwitter). Im Zusammenhang mit diesen Forschungen entwickelte G. eine Theorie der Genwirkung, die er in dem Buch »Physiologische Theorie der Vererbung« 1927 publizierte. Danach sei das »Gen« als ein »Gen-Enzym-System« (Autokatalysator) aufzufassen, das »eine Reaktion mit einer seiner Quantität proportionalen Geschwindigkeit katalysiert«. 1938 jedoch bestimmte G. das Gen als eine Hierarchie molekular strukturierter Muster in den Chromosomen, die er als Riesenmoleküle mit zahlreichen Atomgruppen definierte. Damit sollten bestimmte mechanistische Seiten der klassischen Genvorstellung, die das Gen als korpuskuläre und streng lokalisierte Einheit faßte, überwunden werden. Dieses neue Genkonzept war das Ergebnis genetischer Forschungen, die G. seit 1928 auch auf die Taufliege (Drosophila) ausdehnte. So studierte er die durch Temperaturschocks verursachten nichterblichen Veränderungen des Phänotyps, die er 1935 als »Phänokopie« bezeichnete. In Verallgemeinerung dieser Experimente, in denen das Gen, seine Wirkungsweise und Struktur sowie seine Verhältnisse zum Phänotypus im Mittelpunkt standen, widmete sich G. auch den Problemen der Gesetzmäßigkeiten des Evolutionsprozesses bzw. der Artenbildung. So versuchte er in dem Buch »The material basis of evolution« (1940) nachzuweisen, daß es im Unterschied zu den mikroevolutionären Prozessen der Artbildung nur in der Makroevolution, für die »Systemmutationen« (Makromutationen) charakteristisch seien, zur Herausbildung qualitativ neuer Organisationsmerkmale und damit zu höheren systematischen Kategorien kommt. Als Beweis für »Systemmutationen«, d. h. für ein korreliertes Mutieren mehrerer Gene, betrachtete er das Auftreten von organismischen Abnormitäten, die er »hopeful monsters« nannte. Dieses makroevolutionistische Konzept, mit dem die Evolution rein genetisch erklärt werden sollte, wurde durch die weitere Forschung widerlegt. Mit seinen genetischen und evolutionstheoretischen Arbeiten, die die Auffassung vom wechselseitigen Wirken der Gene in Individual- und Stammesgeschichte förderten, leistete G. einen wesentlichen Beitrag zur Überwindung des formalen Mendelismus in der Genetik. Su

Literatur: Goldschmidt, R. B.: Die quantitativen Grundlagen von Vererbung und Artbildung (Berlin 1920), Mechanismus und Physiologie der Geschlechtsbestimmung (Berlin 1920), Physiological Genetics (New York 1938), Theoretical Genetics (Berkeley 1955), dtsch Theoretische Genetik (Hrsg. F. Schwanitz, Berlin 1961), Autobiographie: Portraits From Memory (Seattle 1956), dtsch Im Wandel das Bleibende (Hamburg u. Berlin 1963).

Goldschmidt, Viktor Moritz, Mineraloge und Geochemiker, geb. 27.1.1888 Zürich, gest. 20.3.1947 Vestre Aker bei Oslo.

G. hat in origineller und moderner Form die Mineralogie und Petrographie gefördert und gilt als einer der großen Entdecker und Förderer der Geochemie.

G., Sohn des bedeutenden jüdischen Chemikers und Prof. Heinrich Jakob G., verlebte seine Jugend in Zürich, Amsterdam, Heidelberg und – seit 1900, dem Jahr der Berufung seines Vaters an die dortige Univ. – in Kristiania (Oslo). Seit 1905 studierte er hier Mineralogie und Geologie, insbesondere bei dem berühmten Petrographen W. Ch. Brøgger; 1911 promovierte er mit einer Arbeit über die Kontaktmetamorphose im Kristianiagebiet und ergänzte anschließend seine Ausbildung durch Arbeitsaufenthalte an den Mineralogischen Instituten der Univ. in Wien und München. Bereits 1914 zum Prof. berufen, widmete er sich im Kriege Rohstoffproblemen Norwegens. In den zehn Jahren nach dem ersten Weltkrieg erarbeitete G. die kristallchemischen Grundlagen der Geochemie, deren Ergebnisse er in mehreren Veröffentlichungen in Form der »geochemischen Verteilungsgesetze der Elemente« niederlegte. 1929 wurde er an die Univ. Göttingen berufen. Hier studierte er gemeinsam mit einem Mitarbeiterstab unter anderem die Verteilung von Spurenelementen in der geologischen Materie und weitete die Erkenntnisse auf kosmogenetische Fragen aus. 1935 mußte G. Deutschland verlassen und kehrte nach Oslo zurück. Nach der Besetzung Norwegens durch die deutschen Truppen gelang es ihm, 1942 nach Schweden und 1943 nach England zu entkommen. Hier arbeitete er im Macaulay-Institut zu Aberdeen und in Rothamstead über mineralogische und geochemische Probleme in der Landwirtschaft. Er wurde zum »foreign member« der Royal Society ernannt. 1946 kehrte er nach Oslo zurück.

Das wissenschaftliche Lebenswerk von G. ist klar in zwei Etappen zu gliedern. Die erste Etappe umfaßt seine mineralogisch-petrographischen Studien an metamorphen Gesteinen Südnorwegens, in der zweiten Etappe schuf er die physikochemischen Grundlagen der Geochemie und deren Anwendung bei der geochemischen Interpretation der geologischen und kosmischen Materie. In beiden dieser Forschungsabschnitte erarbeitete er grundlegende theoretische und praktische Erkenntnisse, die auch heute noch zum wissenschaftlichen Fundus der Geowissenschaftler gehören. In seiner Dissertationsschrift und den Arbeiten bis etwa 1922 schuf G. auf der Grundlage von sorgfältigen Geländearbeiten und theoretischen Erwägungen und Berechnungen neue Vorstellungen über die thermischen Reaktionen isochemer Sedimentite. In Abwandlung des Gibbsschen Phasengesetzes stellte er das Goldschmidtsche Phasengesetz auf, das auf eine Vereinfachung und die Aussage »Zahl der Phasen = Zahl der Bestandteile« hinausläuft. Damit wurde eine überschlägige Behandlung kontaktmetamorpher Reaktionsparagenesen möglich. Als Beispiel sei hier die Gleichung $CaCO_3 + SiO_2 \rightarrow CaSiO_3 + CO_2$ genannt. In der Folgezeit erweiterte G. seine Methode auf die Injektionsmetamorphose bis zur Aufstellung von Magmenstämmen und ihrer Kristallisation. Angeregt durch seine Arbeiten zu Rohstoffproblemen im ersten Weltkrieg und seine magmatischen Forschungen, begann er etwa ab 1921/22 mit Studien zur Kristallchemie der Minerale. Schwerpunkte seiner Forschungen waren die Größe der mineralbildenden Elemente, die er mit Hilfe der errechneten Ionenradien zu bestimmen versuchte, und die Gitterenergie, die für den Aufbau der Minerale notwendig war. Im Ergebnis dieser Überlegungen war es G. möglich, Fragen der isovalenten und heterovalenten Isomorphie (Diadochie) bei der Mineralbildung zu diskutieren. Wenn auch inzwischen bekannt ist, daß noch andere Parameter den Einbau von Elementen in Mineralen bestimmen, so waren seine klaren Regeln (Goldschmidtsche Regeln) von eminenter Bedeutung, insbesondere bei der künstlichen Herstellung von Mineralen. Nach seiner Übersiedlung nach Göttingen verfolgte G. diese Arbeitsrichtung durch Überprüfung seiner theoretischen Ansätze in der Praxis, d. h. durch chemische Untersuchungen der verschiedenen Typen der geologischen Materie. Er studierte die Verteilungsgesetzmäßigkeiten einer Reihe von typischen Elementen (z. B. Germanium, Beryllium, Barium, Alkalimetalle) und schuf damit ein auch heute noch brauchbares Datenmaterial. Von Interesse waren auch der Einbau und die Anreicherung von bestimmten Elementen in der organischen und künstlichen Materie. Diese Richtung wurde von G. besonders in der schweren Zeit seiner Emigration in Großbritannien verfolgt.

In G. verehren die Geowissenschaftler einen ihrer größten Vertreter, der sich durch Ideenreichtum, Konsequenz und Breite seiner Forschungstätigkeit hervorhob und Bleibendes bis auf den heutigen Tag schuf. Seine Güte und Strenge, sein Fleiß und Organisationstalent machen ihn zum Vorbild für den akademischen Nachwuchs. Rö

Literatur: Goldschmidt, V. M.: Die Kontaktmetamorphose im Kristianiagebiet, in: Vidensk. selsk. skr., mat.-nat. Kl. 1 (1911), Die Injektionsmetamorphose im Stavangergebiet, in: Vidensk. selsk. skr., mat.-nat. Kl. 10 (1920), Über die metasomatischen Prozesse in Silikatgesteinen, in: Naturwiss. 10 (1922) 7, 145–152, Geochemische Verteilungsgesetze, I–IX, in: Skreft. Norske Vid. (Oslo 1923–1938), Probleme und Methoden der Geochemie, in: Gerlands Beitr. Geophys. 15 (1926), 38–50, Zur Geochemie des Berylliums, in: Nachr. Akad. Wiss. Göttingen, Math.-nat. Kl. 1932, Bd. 3, Nr. 23, Bd. 4, Nr. 25, Geochemie. Handwörterb. der Naturwissenschaften (2. Aufl. Jena 1932), Grundlagen der quantitativen Geochemie, in: Fortschr. Min., Krist. u. Petr. 17 (1933), 112, (mit Cl. Peters): Zur Geochemie des Germaniums, in: Ges. Wiss. Göttingen, Math.-phys. Kl., Fachgr. IV, Nr. 33 (1933), 141–146, The principles of distribution of chemical elements in minerals and rocks, in: J. Chem. Soc. 1937, 655, (mit K. Krejci-Graf u. H. Witte): Spurenelemente in Sedimenten, in: Nachr. Akad. Wiss. Göttingen 2 (1938), 35–72, Crystal chemistry and geochemistry, in: Chem. Products Chem. News 7 (1944), 1–6, Muir, A. (Hrsg.): Geochemistry (Oxford 1954).

Correns, C. W.: Viktor Moritz Goldschmidt, in: Naturwiss. 34 (1947) 5, 129–131; Scheumann, K. H.: Viktor Moritz Goldschmidt, in: Geol. Rdsch. 35 (1948), 179/180.

Görges, Johannes (Hans) Friedrich Heinrich, Elektrotechniker, geb. 21.9.1859 Lüneburg, gest. 7.10.1946 Aue (Sachsen).

G.' Lebensgang ist nach Zeit und Inhalt untrennbar verbunden mit der Entwicklung der Elektrotechnik, deren Pionier er war, sowohl als Forscher als auch als akademischer Lehrer.

V. M. Goldschmidt

J. F. H. Görges

R. de Graaf

C. Graebe

G., Sohn eines Pfarrers, studierte Physik und Mathematik an der Univ. Göttingen. Nach kurzer Tätigkeit als Oberlehrer für Physik trat er 1884 in die Firma Siemens & Halske (Berlin) ein, wo er zunächst als Konstrukteur arbeitete, dann die Leitung des Versuchsfeldes übernahm und später stellvertretendes Vorstandsmitgl. der Gesellschaft wurde. Er erlebte dabei den nach Erfindung der Dynamomaschine und der elektrischen Licht- und Kraftanlagen ungeheuren Aufschwung der Starkstromtechnik. Davon angetrieben, hat G. in seiner 17jährigen Tätigkeit in der Industrie selbst oft geradezu bahnbrechend in die Entwicklung der Elektrotechnik eingegriffen. Seine Fähigkeit, physikalische Vorgänge und Zusammenhänge ingenieurmäßig zu erkennen und das Erkannte klar darzustellen, sowie seine umfangreichen Praxiserfahrungen waren das wertvollste Rüstzeug, das er für seine überaus erfolgreiche Lehrtätigkeit an der TH Dresden mitbrachte. Von 1901 bis zu seiner Emeritierung 1930 wirkte G. hier als o. Prof. für Elektrotechnik; 1914/15 bekleidete er das Amt des Rektors der TH. Seine erste Aufgabe bestand im Aufbau eines Elektrotechnischen Instituts, das in vielen Einrichtungen, z. T. auf seinen Erfindungen beruhend, noch heute als mustergültig anzuerkennen ist. Das beim Luftangriff auf Dresden am 13./14. 2. 1945 zerstörte Gebäude des Instituts (heute Teil der Sektion Elektrotechnik der TU Dresden) wurde nach dem Kriege wiederaufgebaut und trägt den Namen Görges-Bau. Auch G. hatte all seine Habe verloren und verbrachte die letzte Zeit seines Lebens bei einer Tochter in Aue.

G.' Erkenntnisse auf dem Gebiet der Wechselstromtechnik in Theorie und Praxis, z. B. seine grundlegenden Forschungsergebnisse über die Feldverteilung in Drehstrommotoren, über Parallelschalten von Synchronmotoren und über Drehstromkommutatormaschinen, sind heute Allgemeingut des Elektroingenieurwesens geworden. Seinen Namen tragen das Görges-Phänomen und das Görgessche Vektordiagramm. Neben seiner Hochschullehrertätigkeit widmete sich G. stets eingehend den Bestrebungen der großen technisch-wissenschaftlichen Verbände, so unter anderem als Vorsitzender des Verbandes Deutscher Elektrotechniker, als Mitgl. des Kuratoriums der Physikalisch-Technischen Reichsanstalt und als stellvertretender Vorsitzender des Deutschen Komitees der internationalen Elektrotechnischen Kommission (IEC). Für seine hervorragenden Verdienste um die Elektrotechnik wurde G. z. B. mit der Siemens-Stephan-Gedenkplakette gewürdigt, für seine wissenschaftliche Arbeit und Lehrtätigkeit verlieh man ihm die Titel Geheimer Hofrat, Dr.-Ing. e. h. (TH Berlin, 1914) und Ehrenbürger (TH Stuttgart, 1929). G.' Zeitgenossen und Schüler rühmen nicht nur den erfolgreichen Ing., Wissenschaftler und Hochschullehrer, sondern auch seinen untadeligen Charakter. Schu

Literatur: Görges, J.: Zur Theorie der asynchronen Wechselstrommotoren, in: ETZ 6 (1885), 750, Über den Parallelbetrieb von Wechselstrommaschinen, in: ETZ 24 (1903), 561, (mit W. Kübler): Elektromagnete, Transformatoren und Dynamomaschinen, in: Strecker, K.: Hilfsb. für Elektrotechnik (Berlin 1907), Grundzüge der Elektrotechnik (Leipzig 1913), weitere 58 wissenschaftlich-technische Arbeiten.

Vogt, K. u. Schubert, P.: Johannes Görges – hervorragender Ingenieur, Forscher und Hochschullehrer der Elektrotechnik, in: ELEKTRIE 38 (1984) 4, 125f.

Graaf, Reinier (Reignier) de, Mediziner, geb. 30. 7. 1642 Schoonhoven bei Dordrecht, gest. 17. 8. 1673 Delft.

Als Anatom und Physiologe untersuchte G. besonders die Verdauungs- und Fortpflanzungsorgane und wurde durch die Entdeckung des Pankreassaftes und der Eifollikel bekannt.

G. studierte Medizin an der Univ. Leiden, wo ab 1658 der Iatrochemiker F. de la Boe (Franciscus Sylvius) lehrte, der ihn entscheidend beeinflußte. Nach der Promotion 1665 in Angers (Frankreich) ließ er sich in Delft als praktischer Arzt nieder.

Die von J. B. van Helmont begründete chemische Richtung in der Medizin (Iatrochemie) hatte in Sylvius ihren bedeutendsten Vertreter gefunden, der in Leiden eine einflußreiche iatrochemische Schule entwickelte. Ihre Anhänger betrachteten die Lebensprozesse unter dem Aspekt chemischer Umwandlungen als »Gärung« oder »Fermentation«; sie untersuchten die Körpersäfte und deren Wirkungsweise mit chemischen Methoden. Eine zeitgenössische Streitfrage bestand in der sauren oder alkalischen Beschaffenheit des Pankreassaftes, an deren Lösung sich G. mit neuartigen Tierexperimenten beteiligte. So beschreibt er in seiner Arbeit »De succo pancreatico« (Über den Pankreassaft, 1664) die Anlage einer künstlichen Pankreasfistel bei Hunden zur Gewinnung des Saftes.

Auch in Delft wirkte G. neben seiner ärztlichen Praxis als Forscher und entwickelte die um 1663 von R. Boyle eingeführte Injektionstechnik zur Sichtbarmachung feiner Gefäße und Ausführgänge weiter (1668). Sein Interesse an den zeitgenössischen Fragen über die Entstehung und frühe Embryonalentwicklung von Tieren und des Menschen veranlaßte ihn zur Untersuchung zahlreicher Ovarien, wobei er die später als Graafsche Follikel bezeichneten Eifollikel entdeckte. In der irrigen Annahme, es handele sich dabei um die Eier, zog er die an sich richtige Schlußfolgerung, daß nicht nur die »eierlegenden«, sondern auch die »lebendgebärenden« Tiere ihren Ursprung in einem Ei haben, erkannte richtig die Funktion der Eierstöcke und entdeckte die Eileiter. Durch seine Entdeckungen trug er zur Verallgemeinerung des »Redischen Prinzips« bei, nach welchem alle Lebewesen aus einem Ei und nicht durch Urzeugung entstehen. Aufmerksam verfolgte G. die Entwicklung der Mikroskopie durch seine Landsleute J. Swammerdam, mit dem er in einen Prioritätsstreit über die Entdeckung der Eifollikel geriet, und A. VAN LEEUWENHOEK, dessen Erfolge bei der Lupenherstellung und erste mikroskopische Entdeckungen er der Royal Society mitteilte und damit dessen Lebenswerk maßgeblich förderte. Ja

Literatur: Graaf, R. de: De mulierum organis generationis inservientibus tractatus novus ... (Neue Abhandlung über die inneren Zeugungsorgane der Frauen) (Leiden 1672), Opera omnia (Sämtliche Werke) (Leiden 1677 u. 1705).

Barge, J. A. J.: Reignier de Graaf, 1641–1941, in: Med. Kon. Ned. Akad. Wetensch., afd. Letterk., N. R., Bd. 5, Nr. 5; Catchpole, H. R.: Reignier de Graaf (1641–1673), in: Bull. Hist. Med. 8 (1940), 1261ff; Meunier, L.: Reignier de Graaf, l'ovulation démontrée au XVIIe siècle, in: Janus 4 (1941), 524ff.

Graebe, Carl, Chemiker, geb. 24. 2. 1841 Frankfurt/Main, gest. 19. 1. 1927 Frankfurt/Main.

G.s herausragende Leistung bestand in den mit C. T. LIEBERMANN geschaffenen wissenschaftlichen und technischen Grundlagen zur industriellen Herstellung des Farbstoffs Alizarin. G. trug wesentlich zur Synthese und Strukturaufklärung organisch-chemischer Verbindungen bei.

G. entstammte einer wohlhabenden Kaufmannsfamilie; er besuchte 1856–1858 die höhere Gewerbeschule in Frankfurt/M., studierte danach Maschinenbau an der TH Karlsruhe (1858–1860) und 1860–1862 Chemie bei R. BUNSEN in Heidelberg; hier wurde G. 1862 promoviert. Nach kurzem Aufenthalt bei H. KOLBE in Marburg wurde G. 1862–1864 Vorlesungsassistent bei BUNSEN. Nach kurzer Tätigkeit (1863–1865) als Industriechemiker bei den 1863 gegründeten Farbwerken in Hoechst trat G. als Assistent in das von A. VON BAEYER geleitete organisch-chemische Laboratorium der Berliner Gewerbeakademie ein; hier gelang G. zusammen mit LIEBERMANN die Synthese und Strukturaufklärung des Alizarin. 1868 habilitierte sich G. bei KOLBE in Leipzig und wurde dort 1869 Privatdoz., 1870–1876 wirkte G. als Prof. an der Univ. Königsberg (Kaliningrad). Nach kurzer Vorlesungstätigkeit (1876–1878) an der Polytechnischen Hochschule Zürich wurde G. an die Univ. Genf berufen, an der er bis 1906 lehrte und forschte.

G. war Mitgl. und Ehrenmitgl. zahlreicher wissenschaftlicher Gesellschaften sowie dreifacher Ehrendoktor; 1907 wurde er zum Präsidenten der Deutschen Chemischen Gesellschaft gewählt.

Angeregt durch die strukturtheoretischen Erkenntnisse von KOLBE (Radikal- und Typentheorie) und F. A. KEKULÉ (Benzoltheorie) wandte sich G. ab 1865 der Untersuchung aromatischer, insbesondere chinoider Systeme zu. Durch modifizierte Anwendung der Zinkstaubmethode von BAEYER reduzierte er 1868 zusammen mit LIEBERMANN den Hauptfarbstoff der Krappwurzel, das Alizarin (1,2-Dihydroxyanthrachinon) zum Anthracen und stellte (darauf aufbauend) oxydativ synthetisches Alizarin dar. Die Anwendung des von G. und LIEBERMANN in Zusammenarbeit mit der chemischen Industrie (BASF) ausgearbeiteten industriellen Verfahrens (1869) hatte einen heftigen internationalen Patent- und Konkurrenzkampf zur Folge, in dessen Verlauf das synthetische Alizarin das Naturprodukt völlig verdrängte. G. und LIEBERMANN gelangten noch vor der Entwicklung spezieller Farbstofftheorien zu ersten Aussagen über den Zusammenhang zwischen Farbe und Konstitution; 1868 schlossen sie aus Reduktionsversuchen, daß Farbstoffe aus aromatischen Systemen (»Elementen mit unvollständig gesättigten Valenzen«) und/oder ungesättigten Atomgruppierungen (»irgendwelchen Atomen in einer innigeren Lagerung«) aufgebaut sein müßten. Weitere wesentliche Arbeitsergebnisse von G. betrafen Versuche zur Synthese und Strukturaufklärung der Chinone und Naphthaline (nach IUPAC Naphthalene) (ab 1865) sowie verschiedener Naturfarbstoffe (1878), die Untersuchung der Bestandteile des Steinkohlenteers (1872), die Synthese der Heterocyclen Acridin (1870) und Acridon (1894) sowie die Einführung der Bezeichnung o, m und p zur Kennzeichnung substituierter Benzenderivate (1869). Darüber hinaus leistete G. wertvolle Beiträge zur Geschichte der organischen Chemie (1920). Sz

Literatur: Graebe, C.: Drei Abhandlungen, in: Ber. Dtsch. Chem. Ges. 1 (1868), 14: Fabrication von künstlichem Alizarin; 49: Alizarin und Anthracen; 106: Molecularconstitution und Farbe organischer Verbindungen.

Graefe, Albrecht von, Augenarzt, geb. 22. 5. 1828 Berlin, gest. 20. 7. 1870 Berlin.

G. war ein erfolgreicher Augenarzt und klinischer Lehrer, der durch Einführung des Augenspiegels, Erfindung von Operationsmethoden, Erstbeschreibung krankhafter Augenbefunde, Gründung einer wissenschaftlichen Gesellschaft und einer Fachztschr. sowie durch die Ausbildung vieler Augenärzte zum Begründer der modernen Augenheilkunde wurde.

G., Sohn des bekannten Chirurgen CARL FERDINAND V. G., legte nach Privatunterricht und dem Besuch des Franz. Gymnasiums in Berlin 1843 im Alter von 15 Jahren das Abitur ab und studierte anschließend Medizin an der Berliner Univ., wo er am 21. August 1847 seine Dissertation verteidigte und 1848 das Staatsexamen ablegte. In der Übergangsperiode von der naturphilosophischen zur naturwissenschaftlichen Medizin in den vierziger Jahren des 19. Jh. gehörten J. MÜLLER, E. DU BOIS-REYMOND, J. F. DIEFFENBACH, J. L. SCHÖNLEIN, R. VIRCHOW, L. TRAUBE und E. BRÜCKE zu seinen Berliner Lehrern. Eine medizinische Bildungsreise führte ihn in die Zentren der Medizin nach Prag, Paris und Wien sowie nach London, Glasgow und Dublin. Die Prager Augenärzte F. ARLT und dessen Schüler J. PILZ übten entscheidenden Einfluß auf G. aus und führten ihn in die von der Wiener Schule ausgehende und von Spezialisten betriebene Augenheilkunde ein, die er in Berlin nicht kennengelernt hatte. In Paris arbeitete er bei J. SICHEL und L. A. DESMARRES, in Wien bei A. v. ROSAS sowie F. und E. v. JAEGER, in London bei G. CRITCHETT und W. BOWMAN. In London begann seine lebenslange Freundschaft mit F. C. DONDERS, der sich besonders mit der physiologischen Optik und ihren Störungen beschäftigte. G. hatte in Berlin eine augenärztliche Praxis und eine bescheidene Augenklinik mit zwei Betten eröffnet, tierexperimentell und praktisch-operativ gearbeitet, als H. v. HELMHOLTZ die Erfindung des Augenspiegels bekanntgab, von dem G. schon in Wien gehört hatte. Bereits am 7. November 1851 erbat G. für sich und ausländische Freunde drei Augenspiegel von HELMHOLTZ und nutzte als erster das Gerät für die Diagnostik. G. habilitierte sich 1852. Er gründete 1854 das »Archiv für Ophthalmologie« (später nach ihm benannt), veröffentlichte darin wichtige Arbeiten und zahlreiche Erstbeschreibungen pathologischer Netzhautbefunde und machte es zur führenden internationalen Fachztschr. 1857 wurde er ao. und 1866 o. Prof., aber erst nach der Emeritierung des Chirurgen J. CH. JÜNGKEN 1868 auch Dir. der Augenklinik der Charité. 1857 wurde auf seine Initiative die Heidelberger Ophthalmologische Gesellschaft gegründet, aus der später die deutsche Fachgesellschaft hervorging. Auf dem 1. Internationalen Ophthalmologenkongreß 1857 in Brüssel berichtete G. über seine operative Behandlungsmethode des grünen Stars (Glaukom). Im Herbst 1861 erkrankte G. ernstlich. An der tuberkulösen Natur seiner Erkrankung, die ihn zu einem schwer leidenden Mann machte und zu seinem frühen Tode führte, bestand für ihn kein Zweifel. Er hat sich dennoch nicht geschont, sondern mit eiserner Energie und großer Intensität gearbeitet. Ärzte und Studenten aus vielen Ländern besuchten seine Klinik. Zusammen mit HELMHOLTZ und DONDERS legte G. die Fundamente der modernen Augenheilkunde, auf denen sich der Aufstieg des neuen Fachgebiets und dessen institutionelle Trennung von der Chirurgie in der zweiten Hälfte des 19. Jh. endgültig vollzog.

G. zeigte schon in seiner Dissertation und in einer frühen Schrift über die Cholerabehandlung Sinn für praktische Fragen. Finanzielle Unabhängigkeit gestattete ihm die Vertiefung seines Wissens auf allen Gebieten der Medizin, vor allem aber die Erweiterung seiner begrenzten augenärztlichen Kenntnisse und Fertigkeiten bei ausländischen Lehrern. Nur in Österreich gab es auf ophthalmologischem Gebiet eine lange Tradition, erfahrene Kliniker und selbständige Lehrstühle dieser Disziplin, die sich nur allmählich und gegen erheblichen Widerstand der meisten Vertreter der Chirurgie von dieser lösen konnte. Die Erfindung des Augenspiegels im Dezember 1850 und seine Nutzung durch G. zur Erkennung krankhafter Veränderungen im Augeninneren schufen die Voraussetzungen für einen wissenschaftlichen Ausbau der Augenheilkunde. G. beschrieb als erster Netzhautveränderungen beim grünen Star (1854, 1855), bei Nierenerkrankungen (1855) und bei Hirndruckerhöhung (1866 »Stauungspapille«); er erkannte die Krankheitsbilder der Zentralarterienembolie (1859), der Sehnervenentzündung (1860), der Miliartuberkulose (1867) und bösartiger Augengeschwülste (1868). Auf operativem Gebiet verbesserte er die Technik der Schieloperation und der Linsenstaroperation (Kataraktextraktion); besonders hervorzuheben ist seine Methode zur Behandlung des oft zur Erblindung führenden grünen Stars (Glaukom) durch Operation der Regenbogenhaut (Glaukomiridektomie), die aus augenärztlicher Sicht als die größte therapeutische Tat des 19. Jh. bezeichnet worden ist. G. hat sich im »Archiv« zu allen Problemen der Augenheilkunde seiner Zeit geäußert, Geräte zu diagnostischen Zwecken (Augendruckmessung, Gesichtsfeldbestimmung) entwickelt, Untersuchungen über Funktion der Augenmuskeln angestellt, eine besondere Augenmuskellähmung (Trochlearisparese) beschrieben und die Technik der Augenspiegelung, die sich erstaunlicherweise nur langsam durchsetzen konnte, apparativ verbessert. Die Ausbildung einer ganzen Generation von Augenärzten durch G. kann daher nicht hoch genug bewertet werden.

G. hinterließ ein überragendes Lebenswerk. Die Erinnerung an ihn wird durch das Graefe-Denkmal an der Charité (1882), die Graefe-Medaille (1885) der Ophthalmologischen Gesellschaft, das Graefe-Museum in der Universitäts-Augenklinik Heidelberg und »Graefes Archiv der Ophthalmologie« ebenso wie durch eine umfangreiche biographische Literatur wachgehalten. Ko

Literatur: Graefe, A. v.: Über Brom und seine wichtigsten Präparate (Berlin 1847), Über das Tannin als Choleramittel. Eine ärztliche Flugschrift (Berlin 1848), Symptomenlehre der Augenmuskellähmungen (Berlin 1867, franz. Paris 1870); Sattler, H. (Hrsg.): Albrecht von Graefe's grundlegende Arbeiten über den Heilwert der Iridektomie bei Glaukom, in: Klassiker der Medizin, Bd. 11 (Leipzig 1911).

Münchow, W.: Albrecht von Graefe (Leipzig 1978).

Graham, Thomas, Chemiker, geb. 21. 12. 1805 Glasgow, gest. 16. 9. 1869 London.

G. schuf mit seinen Arbeiten zur Dialyse wesentliche Grundlagen der Kolloidchemie.

G., Sohn eines Fabrikanten, studierte ab 1819 in Glasgow Naturwissenschaften und setzte seine Studien nach der Promotion 1826 zwei Jahre lang in Edinburgh fort. Anschließend eröffnete er ein Privatlaboratorium in Glasgow.

A. von Graefe

Th. Graham

1829 erhielt G. eine Dozentur für Chemie an der Mechanics Institution, und 1830 wurde er zum Prof. für Chemie an der Andersonian University in Glasgow ernannt. 1837 folgte G. einem Ruf auf den Lehrstuhl für Chemie am University College in London. 1854 wurde ihm das Amt des Münzmeisters von England übertragen.

In den 30er Jahren des 19. Jh. legte G. wichtige Arbeiten zu Fragen der Konstitution chemischer Verbindungen vor. Er erkannte die Analogie zwischen Kristallwasser und Kristallalkohol bei verschiedenen Alkoholarten und klärte die Ursache für die Existenz unterschiedlicher Phosphorsäuren auf. G. faßte die Phosphorsäure, Diphosphorsäure und Metaphosphorsäure als Verbindungen des Phosphorpentoxids mit einem, zwei oder drei Molekülen Wasser bzw. als Triphosphat, Diphosphat oder Phosphat des Wassers auf. Dem Wasser schrieb er die Rolle einer Base zu, die ihrerseits durch stärkere Basen ersetzt werden kann. G.s Vorstellung von der Existenz mehrbasischer Verbindungen wurde von J. v. LIEBIG aufgegriffen und im Rahmen der Arbeiten über die Konstitution organischer Säuren weiter ausgebaut.

Ab 1826 führte G. physiko-chemische Untersuchungen über die Diffusion von Gasen durch, aus denen er 1831 den Schluß zog, daß die Diffusion von zwei Gasen umgekehrt proportional der Quadratwurzel aus der Dichte jedes Gases ist. Das Ergebnis dieser Arbeiten floß später in die kinetische Gastheorie ein. In den 40er Jahren dehnte G. seine Diffusionsversuche auf Flüssigkeiten aus, wobei er sich zunächst offener Gefäße bediente. (G. stellte Gläser mit Salzlösungen in größere Gefäße und füllte diese mit Wasser auf.) Er wies nach, daß die Diffusionsgeschwindigkeit annähernd proportional der Konzentration der Lösung ist. Außerdem zeigte er, daß es »äquidiffuse« Substanzen gibt und die Diffusion zur Trennung gemischter Salze anwendbar ist. Um die experimentellen Schwierigkeiten freier Diffusionsversuche zu umgehen, ging G. dazu über, Gefäße zu verwenden, die mittels einer Membran (z. B. Pergamentpapier, Schweinsblase) geschlossen waren. Die Diffusion gelöster Stoffe durch Membranen, die von G. als Dialyse bezeichnet wurde, war zuvor schon von einer Reihe von Forschern untersucht worden. G. war jedoch der erste, der systematische quantitative Dialyseversuche durchführte. Er erkannte, daß eine Reihe von Stoffen, z. B. Salze, Säuren und Basen, durch Membranen permeieren, andere Stoffe, wie Leim, Albumin und Stärke, jedoch nicht. Da G. annahm, daß das Dialyseverhalten mit der Kristallisationsfähigkeit im Zusammenhang steht, grenzte er diese Substanzen unter der Bezeichnung Kolloide von den Kristalloiden ab. Mit Hilfe der Dialyse gelang es G., organische Kolloide, z. B. Tannin und Albumin, in sehr reinem Zustand zu isolieren und kolloide Lösungen von Aluminium, Chromium und verschiedenen Metalloxiden herzustellen. Im Rahmen von Dialyseversuchen mit Gasen entdeckte G. die Okklusion von Wasserstoff in Palladium.

G.s Arbeiten über Dialyse gaben den Anstoß zu zahlreichen Untersuchungen über Kolloide im Zeitraum 1870–1910, auf deren Grundlage sich in der ersten Dekade des 20. Jh. die Kolloidchemie als ein Teilgebiet der physikalischen Chemie herausbildete.

G. hatte wesentlichen Anteil an der Gründung der Chemical Society of London 1841 und an der Konstituierung der Cavendish Society 1846. Ls

Literatur: Chemical and physical researches by Thomas Graham (Hrsg. J. Young, R. A. Smith, Edinburgh 1876), Graham, Th.: Elements of chemistry, including the application of the Science in the Arts (London 1837–1841).

Grashof, Franz, Technikwissenschaftler, geb. 11. 7. 1826 Düsseldorf, gest. 26. 10. 1893 Karlsruhe.

G. hatte großen Anteil an der Entwicklung von technischer Mechanik und Maschinenlehre; er war Mitbegründer und langjähriger Dir. des Vereins Deutscher Ingenieure (VDI).

G. wurde durch Vater und Großvater, die beide als Gymnasiallehrer tätig waren, schon in der Kindheit ein starkes Pflichtgefühl anerzogen. Stationen seines ganz auf ein späteres technisches Studium ausgerichteten schulischen Bildungsweges bis 1844 waren das Gymnasium seiner Vaterstadt, ergänzt durch praktische Tätigkeit in einer Schlosserwerkstatt sowie Privatunterricht in Mathematik, die Gewerbeschule in Hagen und schließlich die unterdessen gegründete Realschule in Düsseldorf. Danach studierte G. am Berliner Gewerbeinstitut das Hüttenfach. Unter dem Eindruck nationaler Vereinigungsbestrebungen reifte in ihm 1848 der Entschluß, Seeoffizier zu werden. 1851, nach seiner ersten Seereise als Matrose auf einem Segelschiff, brach er diese Laufbahn seiner Kurzsichtigkeit wegen ab und nahm 1852 zielstrebig das abgebrochene Studium in Berlin wieder auf. Bereits in höheren Semestern konnte der talentierte Student mit theoretischen Arbeiten und einer eigenen Vorlesung zur Mechanik auf sich aufmerksam machen. 1854 erwarb G. folgerichtig eine Lehrstelle für Mathematik und Mechanik am selben Institut. Seit 1855 hatte er das Nebenamt als Dir. des Kgl. Eichungsamtes inne. An der Gründung des VDI 1856 in Alexisbad war er maßgeblich beteiligt und führte den Verein 34 Jahre lang als Dir. 1863 wurde G. als Nachfolger F. Redtenbachers an das Karlsruher Polytechnikum berufen. Dort nahm er insbesondere die Vorlesungen in theoretischer Maschinenlehre wahr und führte dieses Fach zu großer wissenschaftlicher Reife. Sein rastloses Schaffen im Lehramt – er war allein fünfmal mit dem Amt des Dir. betraut – und im VDI wurde 1882 durch einen Schlaganfall unterbrochen, der seine Arbeitskraft erheblich minderte, bis er 1891 gezwungen war, seine Tätigkeit einzustellen.

G.s Schaffen stand ganz im Zeichen der Konsolidierung der Technikwissenschaften und der Emanzipation des Technikerberufes. In Karlsruhe setzte er das Erbe F. Redtenbachers würdig fort und bereicherte die technische Mechanik und Maschinenlehre mit richtungweisenden theoretischen Arbeiten. Sein Verdienst war es insbesondere, die technische Elastizitätstheorie sowie die Maschinenlehre ganz auf den Stand der modernen analytischen Theorie gebracht zu haben. Auf der Höhe der Zeit standen ferner seine Beiträge zu Hydraulik und Wärmelehre. In seinen Vorlesungen wurde G. hohen Ansprüchen gerecht, die nicht zuletzt den Nachweis der Wissenschaftlichkeit der technischen Bildung erbringen sollten. Der Abstraktionsgrad und die wissenschaftliche Strenge seiner Darlegungen überforderten jedoch nicht selten das Fassungsvermögen seiner Schüler. Experimenteller Tätigkeit widmete er sich nicht. Große Verdienste erwarb sich G. bei der Reorganisation der Karlsruher Schule, deren Höhepunkt 1865 die Annahme eines neuen Organisationsstatutes bildete, das dieser Einrichtung eine Hochschulverfassung garantierte. Diese Bestrebungen standen in engem Zusammenhang mit seiner Tätigkeit im VDI. Dieser Verein, der aus dem Studentenbund »Hütte« hervorgegangen war, entfaltete sich unter G.s Ägide zu einem die territorialen Grenzen überbrückenden allgemeinen deutschen Ingenieurverein, in dem zunächst Vertreter der Schwerindustrie und des Maschinenbaus dominierten. Der VDI wurde in den Jahren nach seiner Gründung zum Ausdruck der Identifikation der jungen Technikergeneration mit den Interessen der Industriellen. G. leistete im Verein ein enormes Arbeitspensum; neben dem Amt als Dir. hatte er anfangs die Redaktion der Ztschr., die Verwaltung des Archivs und die Geschäftsführung wahrzunehmen, eine Aufgabenfülle, die nur mit eiserner Disziplin und dank seiner hervorragenden organisatorischen Fähigkeiten zu meistern war. In einer denkwürdigen Rede vor der 7. Hauptversammlung des VDI legte G. 1864 seine Gedanken zur Organisation der polytechnischen Schulen dar. Seine Vorschläge waren darauf gerichtet, dem Differenzierungsprozeß der Technikwissenschaften als Folge zunehmender Spezialisierung gerecht zu werden und zugleich eine bessere Anpassung an die Bedürfnisse der Industrie zu erreichen. Die angestrebte Gleichstellung der technischen Schulen mit den Univ. suchte er auf der Grundlage eines hohen wissenschaftlichen Niveaus und unter anderem durch Förderung der Allgemeinbildung durchzusetzen. G. war Mitgl. der Kaiserlichen Normaleichungskommission und des Kuratoriums der Physikalisch-Technischen Reichsanstalt, Ehrendoktor der Univ. Rostock sowie Ehrenmitgl. zahlreicher wissenschaftlicher Vereine. Der VDI gab seit 1894 für besondere Verdienste um die Technik die Grashof-Denkmünze heraus. Mb

Literatur: Grashof, F.: Theorie der Elastizität mit Bezug auf ihre Anwendung in der Technik (Berlin 1878), Theoretische Maschinenlehre, 3 Bde. (Leipzig 1875–1890), Über die Organisation von polytechnischen Schulen zu Grunde zu legenden Principien, in: VDIZ 8 (1864), 591–616.

Graßmann, Hermann Günther, Mathematiker, Physiker und Philologe, geb. 15. 4. 1809 Stettin (Szczecin), gest. 26. 9. 1877 Stettin.

G. hat hervorragende Beiträge zur Algebra, Geometrie und Vektoranalysis sowie auf sprachwissenschaftlichem Gebiet geleistet.

G. war der Sohn des Mathematikers, Kristallographen und Pädagogen Justus Günther G., besuchte Schulen in Stettin und studierte seit 1827 an der Univ. Berlin; dort hörte er vorwiegend Theologie, Philosophie und Philologie, jedoch nicht Mathematik. 1830 kehrte G. nach Stettin zurück und arbeitete bis 1834 an verschiedenen Schulen. 1831 legte G. das pädagogische Staatsexamen, 1833 das theologische Staatsexamen ab. 1834/35 unterrichtete er an der Berliner Gewerbeschule, zuerst als Kollege, dann als Nachfolger J. Steiners. G. ging 1835 nach Stettin zurück, wurde aber erst 1837 an einer Schule als Lehrer fest angestellt; seit 1842 war er am Stettiner Gymnasium tätig, von 1843 bis zu seinem Tode an der Friedrich-Wilhelms-Schule. 1847 erhielt G. den Titel eines Oberlehrers, 1852 den Professorentitel.

G.s mannigfache Versuche ab 1847, eine Universitätsstellung zu erhalten, scheiterten; erst während der letzten Lebensjahre fand er verdiente Anerkennung durch bedeutende Mathematiker, wie R. F. A. Clebsch, L. Cremona, H. Hankel, F. Klein und M. S. Lie.

Bevor die Bedeutung seiner mathematischen Leistung erkannt war, genoß G. durch philologische Arbeiten (»Wörterbuch zum Rigveda«, 1873–1875, Übersetzung des Rigveda, 1876), Herausgabe von Lesebüchern, die physikalische Theorie der Sprachlaute (1854–1877), die Entdeckung des später nach ihm benannten Aspiratengesetzes (1863), Volksliedsammlungen u. a. internationale Anerkennung. Die Ergebnisse seiner Sanskritforschungen wirken bis in die Neuzeit. Auch seine physikalischen Untersuchungen, besonders zur Elektrodynamik (Grundgesetz der Wirkung zweier unendlich kleiner Stromelemente aufeinander, 1845), zur Theorie der Farbenmischung (1853) und zur Konstruktion eines Heliometers (1870) fanden Anerkennung.

Die erste bedeutende mathematische Arbeit von G. (die Prüfungsarbeit 1840) über die Theorie von Ebbe und Flut fand keinen geeigneten Gutachter; die Arbeit knüpfte eng an J. L. Lagrange und P. S. Laplace an; G. entwickelte darin die ersten Anfänge seines geometrischen Kalküls. Es folgten Untersuchungen, die die metrische Definition der Polaren, Betrachtungen über Liniensysteme, den Begriff des Linienkomplexes u. a. behandelten. 1842 begann G. seine geometrischen Verfahren systematisch in einem großen Werk darzulegen, das 1844 als »Die Wissenschaft der extensiven Größe oder die Ausdehnungslehre ... Erster Theil, die lineale Ausdehnungslehre ...« erschien. Hierin entwickelte G. auf euklidische Art die vollständige Theorie der Geometrie eines affinen Raumes von *n* Dimensionen. Charakteristisch für das Werk sind (neben der damals völlig ungewöhnlichen Arbeit im *n*-dimensionalen Raum) die verschiedenartigen neuen Produktbildungen, der Verzicht auf Anschaulichkeit und Anwendungen sowie die oft halbphilosophische Darstellung. Heute ist es anerkannt als »eines der genialsten Werke der mathematischen Weltliteratur« (G. Kirschmer), das die Grundlagen der Vektor- und Tensorrechnung und einen fundamentalen Beitrag zur Theorie der Algebren (»G.-Algebren«) enthält. Außer von W. R. Hamilton wurde die »Ausdehnungslehre« von der mathematischen Öffentlichkeit kaum beachtet. Seit 1845 wandte sich G. der Anwendung seiner Lehre auf die Erzeugung algebraischer Kurven und Flächen zu und gab 1846/47 in der »Geometrischen Analyse ...« eine sehr vereinfachte Darstellung seiner Grundideen, indem er direkt an Vorstellungen von G. W. Leibniz anknüpfte. Erst ab 1854 wandte sich G. wieder intensiver der Mathematik zu und bereitete eine neue, stark überarbeitete Auflage der »Ausdehnungslehre« vor, die 1861/62 erschien. Da G. jetzt den Begriff der extensiven Größe seinen Ausführungen zugrunde legte, war seine Darstellung mehr dem Stil der zeitgenössischen Mathematik »angepaßt«. Trotzdem fand das Werk kaum das Interesse des mathematischen Publikums; nur die darin entwickelte Theorie des Pfaffschen Problems fand Aufmerksamkeit, unter anderem bei M. S. Lie. Darüber hinaus verfaßte G. noch zwei Lehrb. zur Elementarmathematik und kurze Abhandlungen zur theoretischen Mechanik sowie über Quaternionen.

Bereits 1878, also kurz nach G.s Tod, erschien eine Neuaufl. der Ausdehnungslehre von 1844, denn es war offenbar geworden, daß mit den Grassmannschen Methoden erfolgreich Probleme der mathematischen Physik, der analytischen Geometrie, der Algebra, der technischen Mechanik untersucht werden konnten. Il

Literatur: Graßmann, H. G.: Mathematische und physikalische Werke, 3 Bde. in 6 Teilen (Leipzig 1894–1911).

Schlegel, V.: Hermann Graßmann, sein Leben und seine Werke (Leipzig 1878); Sturm R., Schröder, E., Sohncke, L.: H. Graßmann. Sein Leben und seine mathematisch-physikalischen Arbeiten, in: Math. Ann. 14 (1879), 1–45.

F. Grashof

H. G. Graßmann

Grew, Nehemia, Arzt und Mikroskopiker, geb. September 1641 Atherstone (Warwickshire), gest. 15. 3. 1711 London.

Durch planmäßige mikroskopische Studien gehört G. zu den Begründern der Pflanzenanatomie und trug zur Erkenntnis der Sexualität der Pflanzen bei.

Nach philosophischen Studien in Cambridge studierte G., Sohn eines Geistlichen und Lehrers, Medizin an der Univ. Leiden, wo er 1671 promoviert wurde. Er ließ sich zunächst als Arzt in Coventry nieder, siedelte aber schon 1672 nach London über, wo er neben seiner Arztpraxis eine maßgebliche Rolle bei der Entwicklung der 1660 gegründeten Royal Society spielte und ab 1677 als deren Sekretär fungierte. In dieser Funktion verfaßte er den ersten Katalog der Instrumente und Naturaliensammlungen der Gesellschaft im Gresham College und stand mit zahlreichen Gelehrten in Briefwechsel. So korrespondierte er mit A. van Leeuwenhoek über dessen erste Mitteilung der Entdeckung der Spermatozoen, die er nachprüfte und bestätigte. Seine eige-

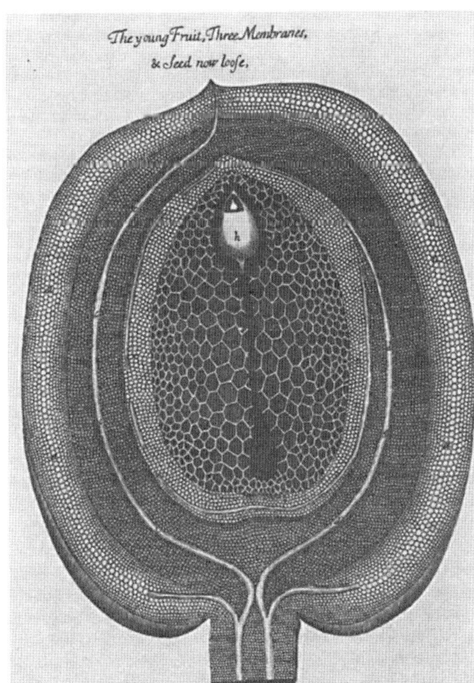

Abbildung aus dem Werk »The anatomy of plants ...« von N. Grew, 1682

nen mikroskopisch-pflanzenanatomischen Untersuchungen machten ihn über den Kreis der Royal Society hinaus bekannt und einflußreich.

Die zu Beginn des 17. Jh. in den Niederlanden, in England und Italien zunächst für Handel und Wirtschaft (Tuchproduktion) entwickelte Lupenherstellung und Mikroskopie wurden in der zweiten Jahrhunderthälfte von den neugegründeten wissenschaftlichen Gesellschaften – neben experimentellen Arbeiten – besonders gefördert. So hatte R. HOOKE, der als wissenschaftlicher Sekretär (neben G.) und Kurator der Royal Society fungierte, in deren Auftrag schon 1665 seine »Micrographia« veröffentlicht. Dieses Werk beeinflußte nicht nur LEEUWENHOEK und M. MALPIGHI, auch G. knüpfte mit eigenen Studien daran an. Im Gegensatz zu HOOKE, der die verschiedenartigsten Objekte mikroskopierte, konzentrierte sich G. auf biologische Objekte, die er »vergleichend« untersuchte. Wie er bereits als Mediziner vergleichend-anatomische Beobachtungen über die Verdauungsorgane der Säugetiere, Vögel und Fische durchgeführt und erstmals den Begriff »vergleichende Anatomie« für zoologische Studien verwendet hatte, nutzte er die Mikroskopie auch für vergleichend-anatomische Studien an Pflanzen. G. führte den Begriff Zellgewebe ein und unterschied parenchymatisches Gewebe von Fasern und Gefäßen. Von weitreichendem Einfluß waren seine Darstellungen der pflanzlichen Sexualorgane und die Mitteilung von Experimenten des Oxforder Botanikers J. BOBART zum Nachweis der Sexualfunktion von Stempel und Staubgefäßen, die R. J. CAMERARIUS zu analogen Experimentalreihen anregten. Ja

Literatur: Grew, N.: Museum regalis societatis, or a Catalogue and Description of the Natural and Artificial Rarities belonging to the Royal Society and preserved at Gresham College (Museum der kgl. Gesellschaft, oder Katalog und Beschreibung der Natur- und Kunstgegenstände, die der Royal Society gehören und im Gresham College aufbewahrt werden) (London 1681), The anatomy of plants and several other lectures read before the Royal Society (Die Anatomie der Pflanzen, mit Gedanken über eine allgemeine Geschichte der Pflanzen und verschiedenen anderen Vorträgen, gelesen vor der Royal Society) (London 1682, Nachdruck New York und London 1965).

Cole, F. J.: A history of comparative anatomy from Aristotle to the eighteenth century (London 1944); Gilmour, J.: British botanists (London 1944); Green, J. R.: A history of botany in the United Kingdom from earliest times to the end of the 19th century, Buch 2 (London, Toronto, New York 1914); Hanstein, A. v.: Über die Begründung der Pflanzenanatomie durch Nehemia Grew und Marcello Malpighi (Bonn 1886); Miall, L. C.: The early naturalists: their lives and work (1530–1789) (London 1912).

Griesinger, Wilhelm, Psychiater und Internist, geb. 29. 7. 1817 Stuttgart, gest. 26. 10. 1868 Berlin.

G. gilt als Begründer der modernen Psychiatrie in Deutschland und schuf die erste naturwissenschaftliche Reflextheorie der psychischen Tätigkeit.

G., Sohn eines Spitalverwalters, studierte nach dem Besuch des Gymnasiums in Stuttgart ab 1834 Medizin an den Univ. Tübingen und – nach Relegation infolge politischer Maßregelung – Zürich. Nach abgeschlossener Promotion hielt sich G. zu Studien in Paris auf. 1840 ließ sich G. vorübergehend als praktischer Arzt in Friedrichshafen nieder und war danach als Assistenzarzt in der Württembergischen Heilanstalt für Geisteskranke in Winnental tätig. Nach zwei Jahren praktischer Tätigkeit folgte erneut ein längerer Studienaufenthalt in Paris bei dem Physiologen F. MAGENDIE und in Wien bei dem Pathologen K. v. ROKITANSKY. 1843 habilitierte sich G. zum Privatdoz. in Tübingen; ebendort wurde er 1847 zum ao. Prof. für allgemeine Pathologie und Geschichte der Medizin ernannt. 1849 folgte seine Berufung an die Univ. Kiel. 1850 verpflichtete sich G. für zwei Jahre, die Funktionen des Dir. der medizinischen Schule und des Präsidenten des ägypt. Medizinalwesens in Kairo wahrzunehmen. 1854 wurde G. dann zum o. Prof. für innere Medizin an die Univ. Tübingen und 1860 in gleicher Stellung an die Univ. Zürich berufen. Seit 1865 bis zu seinem Tode wirkte G. als Ordinarius für Psychiatrie und bis 1867 als Dir. der medizinischen Poliklinik an der Univ. Berlin.

G. war zum überwiegenden Teil seines Berufslebens als Internist tätig, jedoch bereits sein erstes großes Werk »Die Pathologie und Therapie der psychischen Krankheiten« (1. Aufl. 1845) wies ihn als den berufenen künftigen Reformer der rückständigen deutschen Anstaltspsychiatrie aus. Seine darin vertretene Hauptthese, nach der psychische Krankheiten Erkrankungen des Gehirns seien, hatte das Gewicht eines paradigmatischen Grundsatzes, der geeignet war, einen tiefgreifenden Wandel der bis dahin erfolgten Entwicklung der Psychiatrie in Deutschland herbeizuführen. Die Psychiatrie war erst mit dem Ausgang des 18. Jh. als ein medizinisches Fachgebiet wiederentdeckt worden, nachdem sie jahrhundertelang ausschließlich der Verwahrung und Ruhigstellung sogenannter Besessener gedient und somit als Instrument sozialer Sanktion weitgehend außerhalb der wissenschaftlichen Medizin gestanden hatte. In Deutschland jedoch blieb die Psychiatrie durch den Einfluß der Romantik auf die Medizin noch bis in die Mitte des 19. Jh. von mittelalterlichen Vorstellungen beherrscht. Die führenden Vertreter der deutschen Psychiatrie sahen in den Geisteskrankheiten ein Resultat der Sünde; folgerichtig verstanden sie unter Psychotherapie Strafe, Kasteiung und Buße. G. dagegen zweifelte nicht daran, daß pathologische Veränderungen im Gehirn Ursache der Geisteskrankheiten seien, selbst wenn noch nicht für alle Geisteskrankheiten die entsprechenden Hirnschädigungen aufgefunden werden könnten. So galt ihm als ein Hauptanliegen der künftigen Psychiatrie, von der psychiatrischen Diagnose einer Geisteskrankheit zur Lokalisation ihrer materiellen Grundlagen voranzuschreiten. Auf die solcherart neurologisch fundierte psychiatrische Krankheitslehre gründete G. ein folgerichtiges Behandlungskonzept der Geisteskrankheiten, das von der auf bloße Verwahrung abzielenden bisherigen »Anstaltspsychiatrie« zur diagnostizierenden und behandelnden, d. h. einer wissenschaftlichen und auf neurologisches Wissen gegründeten Psychiatrie überleitete. Aufgrund der überzeugenden Stärke und Ausstrahlungskraft dieses Konzeptes wurden in Deutschland die Psychiatrie und die Neurologie zunächst zu einer unauflösbar erscheinenden Einheit verschmolzen. Die 1865 erfolgte Übernahme des führenden Berliner Lehrstuhls für Psychiatrie durch G. bildete den entscheidenden Schritt zur Realisierung dieses fortschrittlichen Reformprogramms, in dessen Ergebnis die deutsche Psychiatrie den Anschluß an die Weltspitze herstellen und bis zum Beginn der Herrschaft des Nationalsozialismus in Deutschland behaupten konnte. Eine andere bedeutende Leistung G.s allerdings konnte in Deutschland nicht wirksam werden und geriet nahezu in Vergessenheit: seine 1843 veröffentlichte Arbeit »Über psychische Reflexaktionen«, die in ganz wesentlichen Punkten mit der 20 Jahre später vermutlich ohne Kenntnis der G.schen Arbeit von I. M. SETSCHENOW formulierten Reflextheorie der psychischen Tätigkeiten übereinstimmt. Während eine solche philosophisch-materialistische Theorie des Psychischen in dem von idealistischen Philosophen beherrschten Deutschland keinen Fuß fassen konnte, ist sie in Rußland in der von SETSCHENOW begründeten und von I. P. PAWLOW experimentell bewiesenen Form zum Eckpfeiler der materialistischen Psychologie geworden. Ri

Literatur: Griesinger, W.: Über psychische Reflexaktionen, in: Arch. physiol. Heilkunde 2 (1843), Die Pathologie und Therapie der psychischen Krankheiten (1. Aufl. Stuttgart 1845, 5. Aufl. Berlin 1892), Infektionskrankheiten, in: Handb. der speziellen Pathologie und Therapie. Bd. II, Abt. 2 (Hrsg. P. Virchow, Erlangen 1857), Gesammelte Abhandlungen (Berlin 1872).
Mette, A.: Wilhelm Griesinger (Leipzig 1976).

W. Griesinger

J. P. Grieß

Grieß, Johann Peter, Chemiker, geb. 6. 9. 1829 Kirchhosbach bei Kassel, gest. 30. 8. 1888 Bournemouth (England).

Herausragende wissenschaftliche Leistung von G. war die 1856 entdeckte Methode der Diazotierung primärer Arenamine zu Arendiazoniumsalzen (Griesssche Methode), die für die Entwicklung der Azofarbstoffe sowie für die organische Synthesechemie äußerst wichtig war.

Als Sohn eines Landwirtes und Dorfschmiedes geboren, besuchte G. 1844 zunächst eine landwirtschaftliche Privatschule, danach die Gewerbeschule in Kassel, bevor er 1850 in Jena, 1851 in Marburg das Chemiestudium aufnahm. Aus disziplinarischen Gründen relegiert, konnte G. nach kurzem Aufenthalt bei J. v. Liebig in München sein Studium erst 1855 bei H. Kolbe in Marburg fortsetzen. 1856 nahm G. kurzzeitig eine Tätigkeit als Betriebschemiker in der »Anilin- und Anilinfarbenfabrik K. Oehler« in Marburg auf, ehe er 1857 in das Laboratorium von Kolbe zurückkehrte. Hier publizierte er 1858 seine grundlegende Arbeit: »Vorläufige Notiz über die Einwirkung von salpetriger Säure auf Amidinitro- und Aminitrophenylsäure«, die das wissenschaftliche Konzept seines Lebenswerkes enthielt. Im gleichen Jahr trat er als Assistent in das 1845 als College gegründete und seit 1853 unter der Leitung von A. W. v. Hofmann stehende »Royal Institute of Chemistry« in London ein. In diesem international bedeutsamen Zentrum der organischen Chemie konnte G. seine Forschungen zur Synthese und Strukturaufklärung der Diazoverbindungen wesentlich vertiefen und erweitern. 1862 ging G. als Chemiker in die berühmte engl. Brauerei Allsopp and Sons in Burton-on-Trent; neben den mit der Tätigkeit als Oberbrauer verbundenen Arbeiten auf analytischem und gärungschemischem Gebiet führte G. seine Untersuchungen über das Verhalten aromatischer Diazoniumsalze, Azo- und Diazoaminoverbindungen sowie über Kupplungsreaktionen weiter.

G. war Ehrendoktor der Univ. München, Mitgl. der »Royal Society«, der engl. und deutschen Chemischen Gesellschaft sowie der »Society of Chemical Industry«.

Die Arbeiten von G. waren ein wesentlicher Beitrag zum Ausbau der theoretischen und experimentellen Grundlagen der klassischen organischen Chemie des 19. Jh. Mit der Diazotierung primärer Amine zu Arendiazoniumsalzen gelang G. eine der wichtigsten Entdeckungen in der organischen Synthesechemie, die die Grundlage für die labormäßige Darstellung und industrielle Produktion nahezu aller Azofarbstoffe bildete.

Den Ausgangspunkt für die Ausarbeitung der Griessschen Diazotierungsmethode bildeten Versuche von R. Piria (1848) und W. B. Gerland (1854) zur Umsetzung von Asparagin (Asparaginsäure-4-amid) bzw. Aminobenzoesäure mit salpetriger Säure. Bei ähnlichen Versuchen mit Distickstofftrioxid und Aminonitro- sowie Aminodinitrophenol beobachtete G. 1858 die Bildung gelber explosiver Kristalle, die er als »Diazodinitrophenol« identifizierte und deren Zustandekommen er durch Substitution von drei Wasserstoffatomen durch ein Stickstoffatom erklärte. Zu ähnlichen Ergebnissen gelangte G. auch mit Hilfe von Ethyl- und Amylnitrit. Nach weiteren Versuchen mit Anthranilsäure gelangte G. bei der Umsetzung von Anilin mit einem Gemisch von Salpetersäure und salpetriger Säure in alkoholischer Lösung zum ersten Diazoniumsalz, dem Diazoniumnitrat. Das heute gebräuchliche Diazotierungsverfahren primärer Arenamine wurde erst 1875 von V. Meyer entwickelt (er verwendete Kaliumnitrit). G. synthetisierte in den folgenden Jahren mit Hilfe seiner Methode eine Vielzahl neuer Diazonium-, Diazoamino- und Azoverbindungen. Daneben beschäftigte sich G. mit Untersuchungen zum Verhalten aromatischer Nitro- und Aminoverbindungen und gelangte 1874 zu Erkenntnissen über die Isomerie der Phenylendiamine.

Obwohl G. bei seinen grundlegenden Arbeiten auch substituierte Azoarene mit hervorragenden Farbstoffeigenschaften synthetisiert hat, war er als nicht unmittelbar in der Farbstoffindustrie Tätiger am Gewinn seiner Ergebnisse nicht beteiligt. Heute stammt nahezu die Hälfte aller synthetischen organischen Farbstoffe aus der Klasse der Azofarbstoffe, und ihre Synthese erfolgt fast ausschließlich mit Hilfe der Griessschen Methode. Sz

Literatur: Grieß, J. P.: Vorläufige Notiz über die Einwirkung von salpetriger Säure auf Amidinitro- und Aminitrophenylsäure, in: Liebigs Ann. Chem. 106 (1858), 123, On new nitrogenous Derivatives of the Phenyl- and Benzoylseries, in: Proc. Roy. Soc. 9 (1858), 594, On a new class of organic Bases in which Nitrogen is substituted for Hydrogen, in: Proc. Roy. Soc. 11 (1861), 263, Diazoverbindungen, in: Ber. Dtsch. Chem. Ges. 7 (1874), S. 1226.

Grießbach, Robert, Chemiker, geb. 3. 4. 1886 Dresden, gest. 25. 12. 1970 Wolfen bei Bitterfeld.

G. kommt das Verdienst zu, in der Farbenfabrik Wolfen als erster die industrielle Herstellung von Ionenaustauschern eingeführt und einen heute wesentlichen Zweig der chemischen Produktion begründet zu haben.

G. entstammte einer Lehrerfamilie und war zunächst selbst Lehrer. Seine Ausbildung erhielt er 1900–1906 am Lehrerseminar in Plauen (Vogtland) und ab 1909 an der Univ. Leipzig. In den Jahren 1906–1909 war er Hilfslehrer in Oelsnitz (Vogtland). Nachdem er 1915 an einer Leipziger Oberrealschule das Abitur abgelegt hatte, wandte er sich dem Studium der Mathematik und Naturwissenschaften (Chemie, Physik, Mineralogie) in Leipzig zu. Dieses betrieb er mit Unterbrechungen während des ersten Weltkrieges bis 1919. G. war danach bei W. Böttger und M. Le Blanc (Schüler von W. Ostwald bzw. A. W. v. Hofmann) an der Univ. Leipzig tätig und promovierte dort 1920 mit dem Thema »Beitrag zur Kenntnis der Fällungsgleichgewichte«.

Ab 1921 nahm G. eine Tätigkeit bei der Badischen Anilin- und Sodafabrik (BASF) auf und arbeitete im Ammoniaklabor des Werkes Oppau unter Leitung von A. Mittasch. Im Jahre 1929 übernahm er die Leitung des wissenschaftlichen Laboratoriums der Anorganischen Abteilung in der Farbenfabrik Wolfen, dem er bis zum Jahre 1955 vorstand. In diesem Jahre erfolgte seine Berufung als Prof. der physikalischen Chemie an der Univ. Leipzig, und die Chemische Gesellschaft der DDR ehrte G. durch die Verleihung der Clemens-Winkler-Medaille. Bereits 1949 war ihm der Nationalpreis der DDR für Wissenschaft und Technik II. Klasse für seine wissenschaftlich-technischen Leistungen auf dem Gebiet der Entwicklung und Produktion von Ionenaustauschern verliehen worden.

Mit Austauscherproblemen war G. bereits während seiner Studienzeit durch F. RINNE in Berührung gekommen und beschäftigte sich bis in die Wolfener Zeit mit natürlichen Zeolithen und aktivierten Grünsanden, Kieselgel, Tonerdegel und Kohleaustauschern (Sulfazite). Dies entsprach auch seinen Studien auf dem Gebiet der Mineralogie und Petrographie. Auf Empfehlung von G. erwarb die IG Farbenindustrie A.G. nach der Veröffentlichung der Arbeiten der Engländer B.A. ADAMS und E.L. HOLMES eine Lizenz ihrer britischen Patente, die sich auf ionenaustauschende Wirkung chemisch variierter Bakelite bezogen. Unter Leitung von G. begannen sofort intensive Forschungsarbeiten zur Erschließung des Gebietes der Kunstharzionenaustauscher (Polykondensationsprodukte, Phenoplastbasis), die ab 1938 als »Wofatite« in den Handel gebracht wurden. Ab 1938 begannen in Wolfen auch Arbeiten zur Entwicklung der heute besonders wichtigen Polymerisationsharze.

G. arbeitete weiterhin auf dem Schwefelsäuregebiet an der Aufarbeitung von Kiesabbränden, der Effektivierung des Gipsschwefelsäureverfahrens, der Tonerdegewinnung, dem Gebiet der Pflanzenschutz- und Schädlingsbekämpfungsmittel u. dgl. We

Literatur: Grießbach, R.: Austauscheradsorbentien in Theorie und Praxis (Berlin 1957), Austausch-Adsorbentien in der Lebensmittelindustrie (Leipzig 1949).

30 Jahre Kunstharzionenaustauscher, Symposium, Leipzig 1968, Hrsg. J. Diehlmann (Berlin 1970).

Böhm, R.: Prof. Dr. Robert Grießbach – 75 Jahre, in: Mitt. Bl. Chem. Ges. DDR, 8 (1961), 115ff; Hagge, W.: Robert Grießbach zum 70. Geb., in: Z. Elektrochem., Ber. Bunsenges. phys. Chem. 60 (1956), 429f.; Richter, A.: Zur Verleihung der Clemens-Winkler-Medaille an Robert Grießbach, in: Mitt.-Bl. Chem. Ges. DDR 11 (1955), 5f.

Grignard, François Auguste Victor, Chemiker, geb. 6.5.1871 Cherbourg, gest. 13.12.1935 Lyon.

G. entdeckte 1900 bei der Reaktion von Halogenalkanen und -arenen mit metallischem Magnesium in wasserfreiem Diethylether die sehr reaktionsfähigen Organomagnesiumverbindungen, die später nach ihm GRIGNARD-Verbindungen (GRIGNARD-Reagenzien) genannt wurden.

G. besuchte in Cherbourg das Lyzeum, anschließend in Cluny die École Normale Spéciale und danach die Univ. in Lyon. Sein Interesse galt zunächst der Mathematik. 1894 wurde er Vorlesungsassistent für das Fach allgemeine Chemie. Seine akademischen Lehrer, PH. A. BARBIER und L. BOUVEAULT, verstanden es, G. für die Chemie zu begeistern. 1901 konnte G. in seiner aufsehenerregenden Dissertation eine große Anzahl »gemischter Organomagnesium-Verbindungen« beschreiben und über deren Anwendungsmöglichkeiten ausführlich berichten. G.s neue Synthesemethode wurde von den Chemikern sehr rasch aufgegriffen und gehörte bald zu den Standardmethoden in der präparativen organischen Chemie. Mit seiner Entdeckung hatte sich G. eine erfolgreiche akademische Laufbahn eröffnet. 1905 wurde er Doz. für Chemie in Besançon, und 1906 erhielt er eine Dozentur in Lyon. 1909 wurde er zum Prof. an der mathematisch-naturwissenschaftlichen Fakultät in Nancy ernannt. 1919 trat er die Nachfolge seines emeritierten Lehrers BARBIER auf dem Lehrstuhl für allgemeine Chemie an der Univ. Lyon an. Dort wirkte er sehr erfolgreich bis zu seinem Lebensende.

G. war durch BARBIER auf die Anwendung von Magnesium anstelle von Zink in der präparativen organischen Chemie aufmerksam gemacht worden. Anknüpfend an die Arbeiten von E. FRANKLAND und J.A. WANKLYN zur Darstellung von zinkorganischen Verbindungen konnte er schließlich Alkylmagnesiumhalogenide erhalten. Mittels dieser Verbindungen sind durch Umsetzung mit Carbonyl- oder carbonylanalogen Verbindungen (GRIGNARD-Reaktionen) folgende Verbindungsklassen zugänglich: sekundäre Alkohole (aus Aldehyden), tertiäre Alkohole (aus Ketonen, Carbonsäureestern, -chloriden oder -anhydriden), Ketone (aus Nitrilen), Carbonsäuren (aus Kohlendioxid) und Hydroxylamine (aus Nitroseverbindungen), z. B.:

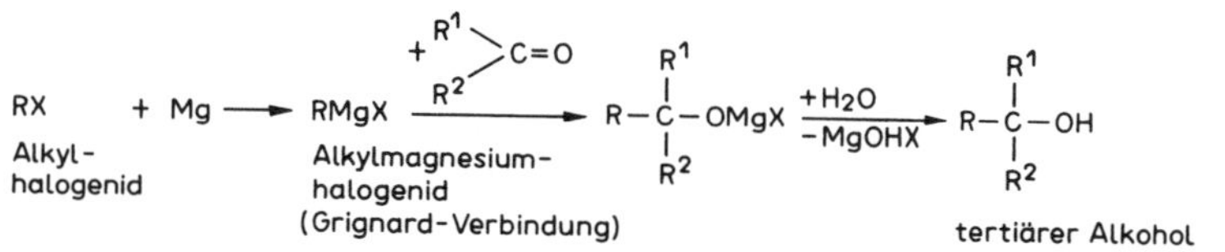

Die Arbeiten über die Organomagnesiumverbindungen und deren Anwendung in der organischen Synthesechemie nahmen in G.s Lebenswerk breiten Raum ein. Daneben arbeitete er erfolgreich über Probleme der Terpenchemie, Aldole, Crackreaktionen in Gegenwart von Aluminiumchlorid, katalytische Hydrierungen u. a. m. Während des ersten Weltkrieges wurde G. zu Forschungen auf dem Gebiet der chemischen Kampfstoffe herangezogen (Synthese von Phosgen sowie von Brom- und Iodcyan, Nachweismethoden von Yperit (β, β'-Dichlorethylsulfid). In seinen letzten Lebensjahren begann er noch mit der Herausgabe eines 15bändigen Werkes zur organischen Chemie. Diesen »Traité de Chimie organique« konnte er aber nicht mehr vollenden. 1935 erschien der erste Band, nach seinem Tode sind dann noch vier weitere, von ihm herausgegebene Bände gedruckt worden.

G. erhielt zahlreiche Ehrungen und Auszeichnungen. 1926 wurde er Mitgl. der Académie des Sciences (Paris). Er war Ehrenmitgl. zahlreicher nationaler chemischer Gesellschaften. Von den Univ. Brüssel und Leuven (Belgien) bekam er die Ehrendoktorwürde verliehen. 1912 erhielt G. für seine Entdeckung der Organomagnesiumverbindungen gemeinsam mit dem Katalyseforscher P. SABATIER (zu gleichen Teilen) den Nobelpreis für Chemie. Re

Literatur: Grignard, F. A. V.: Sur quelques nouvelles combinaisons organométalliques du magnesium et leur application à des synthèses d'alcools et d'hydrocarbures (Über einige neue metallorganische Verbindungen des Magnesiums und deren Anwendung zur Synthese von Alkoholen und Kohlenwasserstoffen), in: C. R. Acad. Sci. 126 (1898), 1322, Traité de chimie organique (Handb. der organischen Chemie) (Paris 1935ff., 5 Bde. hrsg. von Grignard, bis 1954 insgesamt 23 Bde.), Précis de chimie organique (Abriß der organischen Chemie) – Grignards Vorlesungen, hrsg. von seinem Sohn Roger mit J. Cologne (Paris 1937).

Gibson, C. S. u. W. J. Pope: Victor Grignard (1871–1935), in: J. chem. Soc. 1937, 171–179; Locquin, R.: Victor Grignard, in: Ber. Dtsch. Chem. Ges. 69 (1936), 69A–72A.

Grotjahn, Alfred, Sozialhygieniker, geb. 25.11.1869 Schladen (Harz), gest. 4.9.1931 Berlin.

R. Grießbach

F. A. V. Grignard

A. Grotjahn

I. M. Gubkin

G. gilt als Begründer der Sozialhygiene als Wissenschaft. Er war der erste und einzige Ordinarius für dieses Fachgebiet in Deutschland.

G., einer niedersächsischen Arztfamilie entstammend, studierte 1890–1896 in Greifswald, Leipzig, Kiel und Berlin Medizin, wo er 1894 zum Doktor der Medizin und Chirurgie promoviert wurde, und begann 1896 seine praktische Tätigkeit als Arzt in Berlin. Bereits 1898 erschien sein erstes sozialhygienisches Werk »Der Alkoholismus nach Wesen, Wirkung und Verbreitung«. Nach einer intensiven Beschäftigung mit volkswirtschaftlichen Fragen und der Teilnahme am staatswissenschaftlichen Seminar G. Schmollers begann er mit der Herausgabe der Jahresberichte über die Fortschritte und Leistungen auf dem Gebiet der sozialen Hygiene und Demographie. Am 1. 3. 1904 hielt er vor der Gesellschaft für öffentliche Gesundheitspflege den grundlegenden Vortrag »Was ist und wozu treiben wir soziale Hygiene?«, und am 16. 2. 1905 erfolgte die von ihm angeregte Konstituierung des »Vereins für soziale Medizin, Hygiene und Medizinalstatistik« in Berlin. Nach der Herausgabe weiterer grundlegender Werke habilitierte sich G. 1912 an der Univ. Berlin und wurde daraufhin Privatdoz. für Hygiene. 1915–1919 leitete er nebenbei die Abteilung für Sozialhygiene im Medizinalamt der Stadt Berlin und 1919/20 das Berliner Heimstättenamt. Gegen den Willen der Medizinischen Fakultät berief der preuß. Kultusminister G. 1920 zum o. Prof. für Sozialhygiene an der Univ. Berlin. Im gleichen Jahr wurde G. von der Sozialdemokratischen Partei, der er seit 1919 als Mitgl. angehörte, als Kandidat für die Reichstagswahl nominiert. Er war zunächst Nachfolgekandidat und 1921–1924 Abgeordneter. In dieser Funktion entwarf er das auf dem Augsburger Parteitag 1922 angenommene gesundheitspolitische Programm der SPD. 1925–1928 unternahm G. als Mitgl. der Hygiene-Sektion des Völkerbundes mehrere Auslandsreisen. 1927/28 wurde er zum Dekan der Medizinischen Fakultät gewählt.

G. hat neben grundlegenden Werken zu den verschiedenartigsten sozialhygienischen Problemen eine große Anzahl von Aufsätzen und Artikeln für Zeitschriften und die Tagespresse geschrieben. Sein bleibendes Verdienst besteht darin, daß er die soziale Natur des Menschen, die durch die naturwissenschaftliche Orientierung der Medizin in der zweiten Hälfte des 19. Jh. in den Hintergrund gedrängt worden war, wieder in die Medizin einbezog. Er versuchte, den Menschen in seiner soziobiologischen Einheitlichkeit und Unteilbarkeit zu erfassen, indem er die Sozialhygiene von der naturwissenschaftlich-experimentellen Hygiene abtrennte, ihre Aufgaben und Ziele festlegte und sie in einen engen Zusammenhang mit der Soziologie, der Ökonomie und den übrigen Sozialwissenschaften brachte. Aus der sozialen Determiniertheit des Menschen resultierte für ihn der enge Zusammenhang zwischen sozialer Lage und Krankheit. Er strebte eine Schwerpunktverlagerung der Medizin von der Diagnostik und Therapie zur Prophylaxe an. Ziel der Sozialhygiene, die er in die normative und deskriptive unterteilte, war für ihn »... die größtmögliche Verhütung der dem Körper drohenden Schädlichkeiten und die größtmögliche Herbeiführung von dem Körper förderlichen Momenten bei der größtmöglichen Zahl oder gar der Gesamtheit« [Hyg. Rundsch. 14 (1904), 1019]. G. wurde schon früh durch die Lektüre gesellschaftskritischer Werke zum »Sozialisten eigenwilliger Prägung«. Seine Skepsis gegenüber dem Marxismus ließ ihn bei der bürgerlichen Nationalökonomie und Sozialwissenschaft Anschluß suchen. Unter dem Einfluß des Sozialdarwinismus ordnete er schließlich die Sozialhygiene der Fortpflanzungshygiene unter. G. grenzte seine Eugenik strikt gegenüber der »Rassenhygiene« ab. Seine humanistische Grundeinstellung machte ihn zum Gegner des deutschen Nationalismus der Vorkriegszeit und zum Pazifisten. Le

Literatur: Grotjahn, A.: Über Wandlungen in der Volksernährung, in: Staats- und sozialwiss. Forschungen 20, Heft 2 (Leipzig 1902), Krankenhauswesen und Heilstättenbewegung im Lichte der sozialen Hygiene (Leipzig 1908), (mit I. Kaup): Handwörterb. der sozialen Hygiene (Leipzig 1912), Soziale Pathologie (Berlin 1912, 1915, 1923), Geburtenrückgang und Geburtenregelung (Berlin 1914 u. 1921), Die Hygiene der menschlichen Fortpflanzung (Berlin u. Wien 1926), Die Leistungen der deutschen Krankenversicherung im Lichte der sozialen Hygiene (Berlin 1928), Ärzte und Patienten (Leipzig 1929), (mit G. Junge): Maßvolle Schulreform (Leipzig 1929), Erlebtes und Erstrebtes. Erinnerungen eines sozia listischen Arztes (Berlin 1932), Eine Kartothek zu § 218 (Berlin 1932).

Harms, D., u. D. Tutzke: Chronologisches Verzeichnis der von Alfred Grotjahn verfaßten selbständigen Schriften und Aufsätze in Zeitschriften und Tagespresse, in: Z. ges. Hyg. 3 (1957), 1–15; Tutzke, D., u. J.-U. Niehoff: Alfred-Grotjahn-Gedenken, in: Z. ges. Hyg. 28 (1982), 551–554; Tutzke, D.: Alfred Grotjahn und die Sozialhygiene, in: Z. ärztl. Fortbildg. 67 (1973), 783–788, Alfred Grotjahn (Leipzig 1979).

Gubkin, Iwan Michailowitsch, Erdölgeologe, geb. 22. 9. 1871 Posdnjakow (Gouv. Wladimir), gest. 21. 4. 1939 Moskau.

G. erwarb sich bleibende Verdienste durch seine Beiträge zur Klärung der Erdölgenese, -lagerstättenbildung, -verteilung, der Höffigkeitsbewertung möglicher Kohlenwasserstoffprovinzen sowie zur Vervollkommnung der Such- und Erkundungsmethodik von Erdöl- und Erdgaslagerstätten.

Durch seine Großmutter autodidaktisch vorgebildet, besuchte G. die Landschule, die höhere Lehranstalt sowie das Lehrerseminar von Murom. Ab 1890 sechs Jahre als Dorfschullehrer im Kreis Murom tätig, strebte G. eine höhere berufliche Qualifikation an. 1895 ließ sich G. für drei Jahre an der St. Petersburger Pädagogischen Hochschule immatrikulieren. Nach diesem Studium unterrichtete G. von 1898 bis 1903 als Lehrer an einer städtischen Schule in St. Petersburg (Leningrad). In dieser Zeit entdeckte er sein besonderes Interesse für Naturwissenschaften. Darüber schrieb er später in den »Erinnerungen«, daß er nach seiner Bekanntschaft mit einigen geologischen Büchern nachts sogar von einem Studium der Geologie als künftigem Hochschulberuf geträumt hätte. Kurzentschlossen belegte G. von 1903 bis 1910 an der St. Petersburger Akademie das Fach Geologie. Nach diesem zweiten Studium arbeitete er bis 1918 als wissenschaftlicher Mitarbeiter des »Geologischen Komitees«. 1918–1925 war G. als Leiter des Hauptkomitees für Schieferwirtschaft sowie als Kollegiumsmitgl. im Hauptkomitee für Erdöl tätig. Außerdem wurde er von W. I. Lenin zum Leiter des »Geologischen Dienstes« ernannt und mit der Leitung der Sonderkommission zur geologischen Untersuchung der Kursker Magnetanomalie betraut. G. erhielt 1920 eine Berufung zum o. Prof. für Erdölgeologie an die Moskauer Bergakademie. 1922–1930 bekleidete er das Amt des Rektors dieser Lehr- und Forschungsstätte. 1930 wurde die Moskauer Bergakademie reorganisiert, es entstanden aus ihr sechs selbständige Hochschulen. 1930–1939 wirkte G. als Dir. der Moskauer Erdölhochschule. Gleichzeitig leitete G. das Erdölforschungsinstitut (GINI) bzw. seit 1934 das Institut für fossile Brennstoffe (IGI) der Ak. d. Wiss. der UdSSR als Nachfolgeinstitution des GINI. Von 1936 bis zu seinem Tode (1939) war er Vizepräsident der Ak. d. Wiss. der UdSSR und gleichzeitig Sekretär der aserbaidshan. Außenstelle der AdW der UdSSR in Baku.

G. vertrat die organogene Hypothese von der Kohlenwasserstoffgenese. Danach entstehen die Kohlenwasserstoffe während der Diagenese aus dispers verteilten pflanzlichen und tierischen organischen Substanzen unter Luftabschluß. Die geologische Entwicklungsgeschichte eines Sedimentgebietes gilt als wesentliche Einflußgröße auf die gesetzmäßige Verteilung der Erdöl- und Erdgaslagerstätten.

In diesem Sinne traf G. entgegen der Meinung K. P. Kalizkis Höffigkeitsprognosen für zahlreiche geotektonische Großeinheiten, z.B. für die Osteuropäische alte und Westsibirische junge Tafel sowie für mehrere Becken Ostsibiriens, die sich später alle bestätigten.

Den Schlammvulkanismus Aserbaidshans und der Taman-Halbinsel charakterisierte G. eindeutig als direktes Erdölanzeichen in geologisch bedeckten Gebieten; denn der lagerstättenzerstörende Anteil dieses geologischen Phänomens ist einerseits gering und andererseits ein unmittelbarer Hinweis auf das Vorkommen der Kohlenwasserstoffe. Im Erdölrevier von Maikop im westlichen Vorkaukasus wies G. 1912/13 in Rußland erstmals Erdöllagerstätten vom Strandsaumfallentyp, d. h. »nichtstrukturelle« Fallen, nach.

G. ist der Begründer der sowjet. Erdölgeologie. Gleichzeitig trug er wesentlich zur Herausbildung der Erdölgeologie als selbständige Wissenschaft im Weltmaßstab bei. Als Wissenschaftsorganisator und Präsident erwarb er sich ein großes Ansehen bei der Vorbereitung und Durchführung des XVII. Internationalen Geologenkongresses 1937 in Moskau.

Von G. sind mehr als 200 Publikationen bekannt, wovon die beiden Standardwerke »Die Lehre vom Erdöl« und »Die Erdöllagerstätten der Erde« inzwischen zur klassischen erdölgeologischen Literatur zählen.

G. zeichnete sich durch seine progressive gesellschaftliche Einstellung und sein vorbehaltloses Bekenntnis zum Sozialismus aus. In seinen Schriften (Ausgewählte Werke, 1950) bekannte er, daß er erst unter sozialistischen Bedingungen alle seine Kräfte und Fähigkeiten entwickeln konnte.

Die Verdienste G.s hat die sowjet. Regierung mit hohen staatlichen Auszeichnungen gewürdigt. Ptz

Literatur: Gubkin, I. M.: Der Erdölbezirk von Maikop. Das Erdölfeld von Schirvan (russ.), Arbeit d. Geol. Komit., Wiss. Serie 78 (1912), Die Erdöllagerstätten der Welt (russ., Moskau 1934), Die Lehre vom Erdöl (russ., Moskau 1932 u. 1975), Die Schlammvulkane der Sowjetunion und ihre Beziehungen zur Genese der Erdöllagerstätten (russ.), Arbeit. d. XVII. Intern. Geologenkongr., Bd. IV (Moskau 1937), Das Wolga-Ural Erdölgebiet (Zweites Baku) (russ., postume Ausg., Moskau 1940), Ausgewählte Werke (russ., Moskau – Leningrad, Bd. 1 1950, Bd. 2 1953).

Bakirov, A. A., Pätz, H., Rjabuchin, G. E.: Ivan Michajlovič Gubkin – Der Begründer der sowjetischen Erdölgeologie, in: Z. angew. Geol., 17 (1971) 8, 323–328; Pätz, H.: Ivan Michajlovič Gubkin (1871–1939), in: Schriftenr. geol. Wiss., 14 (1979), 125–132; Wegert, F.: Ivan Michajlovič Gubkin – der Vater der sowjetischen Erdölgeologie, in: Z. angew. Geol., 5 (1959) 4, 179.

Guericke (ursprünglich Gericke), Otto von, Physiker und Ingenieur, geb. 20. 11. 1602 Magdeburg, gest. 11. 5. 1686 Hamburg.

G. ist der Erfinder der Luftpumpe; er erbrachte mit diesem Gerät den Beweis, daß ein Vakuum möglich und praktisch herstellbar ist.

G. entstammte einem seit dem 14. Jh. in Magdeburg ansässigen Patriziergeschlecht und erhielt eine entsprechende Erziehung durch Privatlehrer. 1617–1620 studierte er in Leipzig Jura; 1620 ging er infolge des Dreißigjährigen Krieges nach Helmstedt und 1621/22 nach Jena. Danach wandte er sich nach Leiden, wo er neben Jura auch Naturwissenschaften, Mathematik und Festungsbau studierte. Damit war er auf eine politische Laufbahn in seiner Heimatstadt bestens vorbereitet. 1626 kehrte G. nach Magdeburg zurück, wurde Mitgl. des Stadtrates und Ratsbaumeister. 1631 wurde Magdeburg durch kaiserl. Truppen zerstört. Am Wiederaufbau beteiligte sich G. aktiv; allerdings konnte er aufgrund der Verarmung der Stadt seine großzügigen Bebauungspläne nicht durchsetzen. 1642–1666 war G. in vielen diplomatischen Missionen für seine Heimatstadt unterwegs, unter anderem bei den Friedensverhandlungen in Münster und Osnabrück und auf dem Reichstag zu Regensburg 1653/54, wo er vermutlich von E. Torricellis Experimenten erfuhr. Seit 1645 war G. einer der vier Bürgermeister der Stadt. 1666 wurde G. geadelt – seitdem schrieb er sich Guericke. Streitigkeiten mit dem Rat veranlaßten ihn, sich 1678 aus der politischen Tätigkeit zurückzuziehen. Als 1681 in Magdeburg die Pest ausbrach, zog G. zu seinem Sohn nach Hamburg.

Die Anregungen zu Versuchen über den Luftdruck hat G. wohl aus Holland mitgebracht, begann erste Experimente aber erst nach 1645. Die seit dem Altertum diskutierte Frage, ob es ein Vakuum gibt, hatte durch N. Copernicus sowie die Arbeiten von J. Kepler und G. Galilei neue Impulse bekommen. (Nach den scholastischen Dogmen konnte es das »Leere« nicht geben.)

Während Torricelli in Italien vom Problem des Pumpenbaus ausging und vor allem die Wirkung des äußeren Luftdrucks untersuchte, ging G. von einer naturphilosophischen Fragestellung nach der Natur des Weltraumes aus, nahm die Existenz eines Vakuums als gegeben an und versuchte, ein solches auf der Erde künstlich herzustellen. Demzufolge ist sein großes Werk über seine Ergebnisse, die »Experimenta nova Magdeburgica ...« (1672) ein Werk über den Raum im allgemeinen und über kosmische Physik und enthält die berühmten eigentlichen Experimente nur in einem Teil. G. ging es darin in erster Linie um ein neues physikalisches Weltbild auf kopernikanischer Grundlage.

G. begann seine Vakuumexperimente mit einem wassergefüllten Holzfaß, das er mit einer umgebauten Handfeuerspritze auspumpen wollte. Doch die ersten Versuche mißlangen. Zuerst ließ sich der Pumpenkolben nicht bewegen (wegen der Wirkung des äußeren Luftdrucks, was G. erst später erkannte), dann riß die Pumpenbefestigung aus.

O. von Guericke

C.M.Guldberg

J.Gutenberg

Schließlich mußte G. feststellen, daß die Abdichtungen des Fasses nicht ausreichten: Luft und Wasser strömten durch das Holz hindurch. G. verwendete deshalb eine Kupferkugel und konnte sie tatsächlich teilweise auspumpen. Voraussetzung für die Erfindung der Luftpumpe durch G. war seine Entdeckung der »Pumpfähigkeit der Luft«. Daraus resultierten weitere Erkenntnisse G.s: Arbeitsfähigkeit des Luftdrucks (Widerlegung der Theorie vom »horror vacui«), Wägbarkeit der Luft, Abnahme der Luftdichte mit der Höhe (woraus G. auf eine Begrenzung der Erdatmosphäre und außerhalb dieser auf leeren Raum schloß), Luftdruckschwankungen entsprechend der Witterung (Barometerkonstruktion, Wettervorhersage).

Von den verschiedenen Schauversuchen zur Demonstration dieser Eigenschaften der Leere ist vor allem jener mit den Magdeburger Halbkugeln berühmt: Je acht Pferde auf jeder Seite konnten die evakuierten Halbkugeln nicht auseinanderreißen. Vielleicht hat G. diesen Versuch auf dem Regensburger Reichstag vorgeführt; wahrscheinlicher aber ist, daß er ihn erstmals 1657 ausführte und ihn 1663 am Hofe des Großen Kurfürsten in Berlin wiederholte.

Weitere Erfindungen von G. in diesem Zusammenhang waren beispielsweise ein Luftgewehr und ein Wasserbarometer.

Bei seinen kosmischen Überlegungen stellte G. eine Schwefelkugel als Abbild der Erde her und erklärte daran verschiedene kosmische Wirkkräfte, z. B. Anziehung und Mitführung, die er durch Reibungselektrizität veranschaulichte. G.s Schwefelkugel deshalb als erste Elektrisiermaschine zu bezeichnen, wie in der Literatur verbreitet, ist jedoch nicht korrekt. Allerdings regte diese Schwefelkugel um 1700 zu elektrischen Versuchen an.

Man kann G. als den ersten deutschen Forscher ansehen, der auf dem Gebiet der modernen experimentellen Naturwissenschaft erfolgreich wirkte. Ka

Literatur: Guericke, O. v.: Neue »Magdeburgische« Versuche über den leeren Raum, in: Ostwalds Klassiker ... 59 (Hrsg. F. Dannemann, Reprint, Leipzig 1986), auch: Neue (sogenannte) Magdeburger Experimente über den leeren Raum (neuübersetzt von A. Kauffeldt, Leipzig 1986).

Kauffeldt, A.: Otto von Guericke, Philosophisches über den leeren Raum (Berlin 1968), Otto von Guericke (5. Aufl. Leipzig 1982); Krafft, F.: Otto von Guericke (Darmstadt 1978); Schiebold, E.: Otto von Guericke als Ingenieur und Physiker, in: Festschr. Zehn Jahre TH Otto von Guericke (Magdeburg 1963); Schimank, H.: Otto von Guericke, in: Beitr. Gesch. Tech. Ind. 19 (1929), 13–30; thematisches Sonderh. zu Guericke, Wiss. Z. TH Magdeburg 30 (1986), 1/2.

Guldberg, Cato Maximilian, Chemiker und Mathematiker, geb. 11.8.1836 Kristiania (Oslo), gest. 14.1.1902 Kristiania (Oslo).

Zusammen mit seinem Schwager P. Waage entwickelte G. 1864–1867 bei thermodynamischen Untersuchungen von Aggregatzuständen und von Lösungen das Massenwirkungsgesetz (MWG), das zu einem klassischen Prinzip der Chemie wurde.

Nach dem Studium der Mathematik und der Naturwissenschaften an der Univ. Kristiania (1854–1859) war G. ab 1860 als Lehrer für Mathematik an der norwegischen Kriegsschule und ab 1862 an der Militärhochschule tätig. Nach seinen klassisch gewordenen Arbeiten über chemische Affinitäten (1864, 1867) folgte G. 1867 einem Ruf an die Univ. Kristiania und wurde dort 1869 Prof. für angewandte Mathematik. G. war Ehrendoktor der Univ. Uppsala (1877), Redakteur der »Polyteknisk Tidsskrift« (1863–1873) und Vorsitzender der Gesellschaft der Wissenschaften von Kristiania.

Die Arbeiten von G. waren eingebettet in das Bemühen der jungen physikalischen Chemie, nach den Triebkräften chemischer Reaktionen sowie nach Verlauf und Beeinflussung stofflicher Umwandlungen zu suchen. Dazu leistete G. einen wesentlichen Beitrag. Bereits in ihrer ersten grundlegenden Arbeit gelangten G. und Waage zu wichtigen Aussagen über die Gleichgewichtslage und -bedingungen chemischer Reaktionen in Abhängigkeit von Masse, Volumen und Temperatur. 1867 erkannten sie, daß die »chemische Kraft« (Reaktionsgeschwindigkeit) proportional der »aktiven Masse«, d.h. der Zahl der Moleküle in der Volumeneinheit ist. Da beide Publikationen jedoch relativ unbekannt blieben, wurde dieser theoretische Ansatz unabhängig von G. und Waage auch von M. P. Berthelot u. a. entwickelt und vor allem von J. H. van't Hoff ausgebaut (1877). Sich insbesondere auf dessen Ergebnisse stützend, interpretierten G. und Waage in ihrer dritten fundamentalen Publikation von 1879 das »Gesetz der Massenaktion« auf der Grundlage der Reaktionsgeschwindigkeiten. Fünf Jahre später (1884) entwickelten S. Arrhenius und van't Hoff das Massenwirkungsgesetz weiter. Weitere Arbeiten von G. betrafen die molekularkinetische Beschreibung der Aggregatzustände (1869), Untersuchungen zur Thermodynamik heterogener Systeme (1870), die Erfassung der thermodynamischen Parameter von Lösungen (1870–1875), die Untersuchung von Dissoziationsvorgängen (1872), die Aufdeckung des Zusammenhangs zwischen Siedepunkt und kritischer Temperatur (Guldbergsche Regel, 1890). Sz

Literatur: Guldberg, C.M.: Studien über die Affinität I (norweg.), in: Forhandlinger i Videnskabs-Selskabet i Christiania (1864), 35–40, Untersuchungen über die chemischen Affinitäten (franz.), ebenda (1867), 74, Über die chemische Affinität (norweg.), ebenda (1879), 1–40, Über die chemische Affinität, in: J. prakt. Chem. 19 (1879), 69–114.

Gutenberg, Johannes (Johannes Gensfleisch zum Gutenberg), geb. 1400 (?) Mainz, gest. 3.2.1468 Mainz.

G. ist der Erfinder des Buchdruckes mit beweglichen Metalletten.

G. entstammte väterlicherseits einem angesehenen Patriziergeschlecht. Aus der Ehe des Friele Gensfleisch zur Laden mit Else Wirich zum steinen Krame ging Johannes als drittes Kind hervor. Über seine Kindheit und Jugendjahre ist wenig bekannt. Wahrscheinlich erwarb G. in dem für seine Goldschmiede und Edelsteinschleifer berühmten Mainz metalltechnische Fertigkeiten; die Zunft der Goldschmiede führte ihn als Zugesellen. Als Parteigänger der Patrizier in die heftigen Auseinandersetzungen zwischen Patriziergeschlechtern und Zünften verwickelt, mußte G. Mainz verlassen und lebte nachweislich 1434–1444 in Strasbourg. Wegen 310 rheinischer Gulden an Renten und Zinsen, die Mainz ihm schuldete, nahm G. den Mainzer Stadtschreiber Nicolaus von Wörrstadt bei seinem Besuch in Strasbourg in Schuldhaft. Es muß zu einem Vergleich gekommen sein, denn nach Wörrstadts Freilassung weisen die Mainzer Rechnungsbücher wieder Zahlungen an G. aus. Für seinen schroffen, stolzen Charakter sprechen weitere Rechtshändel, in die G. in Strasbourg verwickelt war: eine Klage wegen eines von ihm gebrochenen Eheversprechens und eine gegen ihn eingebrachte Beleidigungsklage. 1439 verklagten die Brüder Jörg und Claus Dritzehn G. auf Schadenersatz für Geldeinlagen, die ihr 1438 verstorbener Bruder Andreas Dritzehn in eine von G. geleitete Gesellschaft gezahlt hatte. G. lehrte handwerkliche Fertigkeiten, wie Edelsteinschleifen, Gießen von Metallspiegeln, und widmete sich schließlich mit A. Dritzehn, H. Riffe und A. Heilmann einer von ihm erfundenen »geheimen Kunst«. In den Zeugenaussagen des Prozesses ist von einer von dem Drechsler Konrad Saspach angefertigten Presse und von Formen aus Blei die Rede. Ein Goldschmied Hans Dünne gab zu Protokoll, an G. etwa 100 Gulden verdient zu haben allein an dem, »das zu dem trucken gehöret«. Die Klage der Brüder Dritzehn, die entschädigt oder Mitglieder der Gesellschaft werden wollten, wurde abgewiesen. Die Prozeßakten zeigen, daß G. sich wahrscheinlich mit ersten Druckversuchen beschäftigte, die aber wohl erfolglos blieben, denn es ist kein Bruchstück eines Druckes aus dieser Zeit aufgefunden worden. Vermutlich 1444 siedelte G. wieder nach Mainz über. Die erste dort urkundlich belegte Handlung war 1448 die Aufnahme eines Darlehens von 150 Gulden. Weitaus mehr aber war zur Fortführung der Druckversuche nötig. Das Helmaspergersche Notariatsinstrument, Teil einer umfangreichen Gerichtsakte, ist die notarielle Bezeugung eines Eides, den der Mainzer Bürger J. Fust am 6. 11. 1455 im Barfüßerkloster zu Mainz vor dem Kleriker und Notar U. Helmasperger leistete. Damit beschwor Fust, an G. 800 Gulden zum Einrichten des Druckapparates – der für Fust als Pfand diente – gegeben zu haben; weitere 800 Gulden waren für »das Werk der Bücher« bestimmt. Damit ist wahrscheinlich der Druck der 42zeiligen Bibel gemeint. Trotz der finanziellen Beteiligung Fusts leitete G. das Unternehmen technisch und kaufmännisch. Fusts finanzielle Forderung auf die zweimal 800 Gulden samt Zinsen (= 2 020 Gulden!) erfolgte zu dem Zeitpunkt, als die Arbeit an der 42zeiligen Bibel fast vollendet war. Aus deren Erlös hätte G. Fust auszahlen und aus dem Unternehmen drängen können. Dem kam Fust mit seiner Klage zuvor. Obwohl das abschließende Urteil im Prozeß von 1455 unbekannt ist, muß angenommen werden, daß Fust durch das Pfandrecht in den Besitz der Gemeinschaftsdruckerei kam, die sich unter der Leitung von P. Schöffer, dem begabten bisherigen Druckergesellen G.s, zu einer großen, mit hohem Gewinn arbeitenden Druckerei entwickelte. G. behielt Druckgeräte und Materialien, die er bereits vor 1450 (vor Verpfändung der Werkstatt an Fust) besaß, so die Donat- und Kalendertype (s. u.) sowie die Type der 42zeiligen Bibel. Letztere wurde bis zu G.s Tode nicht mehr benutzt und gelangte schließlich an Schöffer. Die Donat- und Kalendertype verwendete später A. Pfister in Bamberg. Obwohl G. möglicherweise noch in einer kleineren ihm verbliebenen Druckerei im Gutenberghof druckte, war er nach der Trennung von Fust weiterhin in finanziellen Schwierigkeiten, bis ihn A. v. Nassau, ab 1462 Erzbischof von Mainz, zum Hofmanne ernannte. Das bedeutete Befreiung von Steuern und Abgaben, jährlich 20 Malter Korn und 2 Fuder Wein und natürlich eine Erhöhung des persönlichen Ansehens. G. starb am 3. 2. 1468 in Mainz und wurde dort in der Kirche des hl. Franziskus begraben. Bereits 1608 war aber sein Grab nicht mehr auffindbar.

Trotz späterer Versuche, Zeitgenossen G.s den Ruhm der Erfindung zuzusprechen (Fust, Schöffer, dem Holländer L. Janszoon Coster, dem Prager Silberschmied P. Waldfoghel u. a.), ist ohne jeden Zweifel G. der Erfinder des Buchdruckes mit beweglichen Metallettern. Die ältesten Fragmente typographischer Drucke stammen aus der Zeit der Rückkehr G.s von Strasbourg nach Mainz. Die genaue Herstellung der Typen sowie die Satz- und Drucktechnik sind nicht sicher bekannt. Die wichtigste Erfindung G.s war das Handgießinstrument, mit dem aus den Matrizen die Typen in großer Zahl gegossen werden konnten. Die Herstellung der Matrize (wahrscheinlich aus Kupfer, Messing oder einer Messinglegierung) erfolgte durch Einschlagen des Buchstabenstempels (in Stahl oder gehärtetes Eisen in Spiegelschrift graviert) in das weichere Metall. Sicher fand G. in der Blei-Zinn-Antimon-Legierung die bis heute verwendete beste Zusammensetzung für die Typen. Die Urtype G.s ist die Donat- und Kalendertype; in ihr sind die Fragmente von 24 Auflagen der latein. Schulgrammatik des Aelius Donatus gedruckt sowie nach ständiger Verbesserung die gewaltige 36zeilige Bibel. Vorbild für diese Type ist die mittelalterliche Missalschrift. Als ältester Druck in dieser Type und damit ältester Typendruck überhaupt gilt das »Fragment vom Weltgericht«, dessen Datierung allerdings von »1440–1444 Straßburg« bis »1453 Mainz« differiert. Neben den genannten Drucken sind in dieser Type erhalten ein astronomischer Kalender, der Türkenkalender für 1455, ein Aderlaß- und Laxierkalender sowie die Türkenbulle des Papstes Calixtus III. Die bedeutendste Leistung G.s ist die drucktechnisch und künstlerisch vollkommene 42zeilige Bibel, die wahrscheinlich 1455 fertiggestellt war. Von ihr sind heute 12 Pergamentexemplare (4 vollständig) und 34 Papierexemplare (17 vollständig) erhalten. Der Druck des in seiner Schönheit an die 42zeilige Bibel reichenden, in zwei neuen Schriften dreifarbig gedruckten Mainzer Psalters von 1457 ist sicher ebenfalls noch der technischen Meisterschaft G.s zuzuschreiben. So war G. nicht nur genialer Techniker als Erfinder des Druckes mit beweglichen Lettern, sondern setzte als begabter Schriftkünstler bleibende Maßstäbe für Schrift, Satzspiegel und Druck und schuf in der 42zeiligen Bibel ein in seiner Schönheit bis heute unerreichtes Werk.

Bis zum Jahre 1500 gab es in 260 europ. Städten rund 1 120 Druckereien, die fast 40 000 Werke in über 10 Mill. Exemplaren hergestellt hatten. Der Buchdruck half, das Bildungsmonopol der Kirche zu brechen, verbreitete die Gedanken des Humanismus und naturwissenschaftliche Erkenntnisse, förderte eine antifeudale öffentliche Meinung und unterstützte die Verwendung der einheitlichen deutschen Nationalsprache; durch den Buchdruck erfaßte die Reformation wie ein Lauffeuer die Länder. Kt

Literatur: Bogeng, G. A. E.: Geschichte der Buchdruckerkunst, Bd. I: Der Frühdruck (Hellerau bei Dresden 1930); Debes, D.: Gepriesenes Andenken von Erfindung der Buchdruckerei. Leipziger Stimmen zur Erfindung Gutenbergs (Leipzig 1968);

H

Kapr, A.: Johannes Gutenberg. Tatsachen und Thesen (Leipzig 1977); Kapr, A.: Johannes Gutenberg. Persönlichkeit und Leistung (Leipzig, Jena, Berlin 1986); Kästner, I.: Johannes Gutenberg (3. Aufl. Leipzig 1984); Lülfing, H.: Johannes Gutenberg und das Buchwesen des 14. und 15. Jahrhunderts (Leipzig 1969); Ruppel, A.: Johannes Gutenberg. Sein Leben und sein Werk (2. Aufl. Nieukoop 1947); Schmidt-Künsemüller, F. A.: Die Erfindung des Buchdrucks als technisches Phänomen (Mainz 1951); Widmann, H.: Der gegenwärtige Stand der Gutenberg-Forschung, Bibliothek des Buchwesens, Bd. 1 (Stuttgart 1972); Wolf, H. J.: Geschichte der Druckpressen (Frankfurt/Main 1974).

●

Haber, Fritz Jacob, Chemiker, geb. 9. 12. 1868 Breslau (Wrocław), gest. 29. 1. 1934 Basel.

H. leistete bedeutende Beiträge zur physikalischen Chemie, besonders der Elektrochemie, sowie zur chemischen Technologie und entwickelte die wissenschaftlichen Grundlagen für die Ammoniaksynthese aus den Elementen.

H.s Interesse für die Chemie wurde durch das väterliche Handelsunternehmen für Farbstoffe geweckt. Er studierte 1886–1891 Chemie und chemische Technologie an den Univ. Berlin und Heidelberg sowie an der TH Berlin-Charlottenburg. Zu seinen Hochschullehrern zählten H. Helmholtz, A. W. Hofmann und R. Bunsen. 1891 promovierte er an der Univ. Berlin bei C. Liebermann. Nach praktischer Tätigkeit vervollkommnete er seine Kenntnisse der chemischen Technologie bei G. Lunge (Zürich) und der organischen Chemie bei L. Knorr (Jena). 1894 wurde H. Assistent an der TH Karlsruhe bei H. Bunte, nach seiner Habilitation 1896 Privatdoz. Unter dem Einfluß der Untersuchungen Buntes über Gase arbeitete sich H. intensiv in die Probleme der Elektrochemie ein, 1898 wurde er zum ao. Prof. berufen, 1906 erhielt er als Nachfolger von M. Le Blanc das Ordinariat für physikalische Chemie. In vierjähriger Arbeit (1904–1908) gelang es H., ein technisch und ökonomisch nutzbares Hochdruckverfahren zur Herstellung von synthetischem Ammoniak zu entwickeln, für das er 1919 mit dem Nobelpreis für Chemie des Jahres 1918 ausgezeichnet wurde. 1911 wurde er zum Dir. des neugegründeten Kaiser-Wilhelm-Instituts für Physikalische und Elektrochemie in Berlin-Dahlem berufen, dessen Aufbau und Entwicklung er bis 1933 leitete. 1914 wurde er o. Prof. an der Univ. Berlin und ordentliches Mitgl. der Preuß. Ak. d. Wiss. Im ersten Weltkrieg wurde das von H. geleitete Institut in eine Militäreinrichtung umgewandelt. Seine Kriegsaufgaben waren zunächst die Lösung von Substitutionsproblemen, dann die Entwicklung hochgiftiger chemischer Kampfstoffe und Gasschutzmittel; in diese Gaskriegsarbeiten wurden unter anderem auch W. Nernst, O. Hahn, J. Franck, R. Willstätter und G. Hertz einbezogen. Mitte 1916 wurde H. die Leitung der Chemischen Abteilung im Preuß. Kriegsministerium übertragen, und er organisierte das Kampfgas- und Gasschutzwesen des deutschen Generalstabes. 1919 stand er zusammen mit Nernst auf der Kriegsverbrecherliste der Entente, wurde aber nicht ausgeliefert. In der Kaiser-Wilhelm-Gesellschaft zur Förderung der Wissenschaften und in der Notgemeinschaft der Deutschen Wissenschaft entwickelte H. eine umfangreiche wissenschaftsorganisatorische Tätigkeit. 1924/25 unternahm er eine Weltreise, um mit den USA und besonders Japan engere wissenschaftliche Kontakte zu knüpfen. H. wurde vielfacher Ehrendoktor und war seit 1924 korrespondierendes Mitgl. und seit 1932 Ehrenmitgl. der Ak. d. Wiss. der UdSSR. Mit seinem Rücktritt als Institutsdir. protestierte H. 1933 gegen die Verfolgung jüdischer Wissenschaftler. Er emigrierte 1933 nach England und erhielt eine Professur in Cambridge. Auf dem Wege zu einem Kuraufenthalt verstarb er 1934 in der Schweiz.

Als H. 1904 entsprechend einer Anregung aus der chemischen Industrie seine Stickstoffuntersuchungen begann,

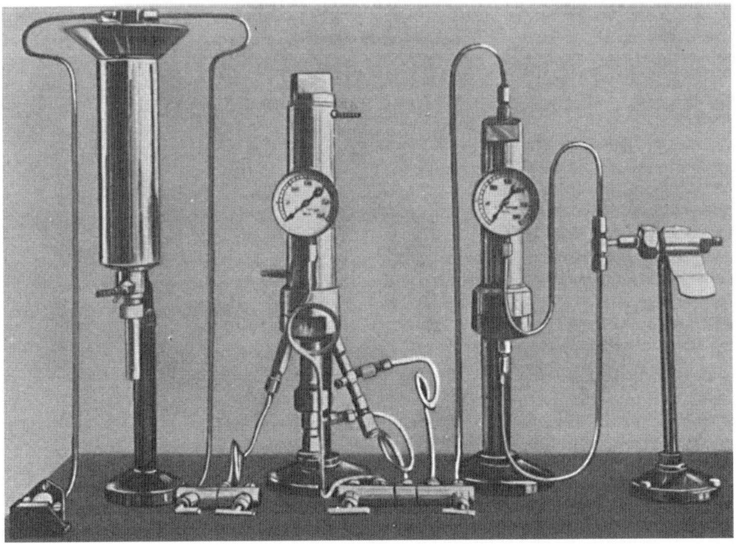

Apparat, mit dem Haber 1908 Ammoniak synthetisch darstellte

zeichnete sich für eine nicht allzu ferne Zukunft die Notwendigkeit ab, die begrenzte Kapazität an natürlichen und synthetischen Stickstoffverbindungen durch ein effektives Verfahren zur chemischen Bindung des atmosphärischen Stickstoffs zu erweitern. Einerseits galt es, durch einen verstärkten Einsatz von Stickstoffdüngemitteln in der Landwirtschaft die Ernährung einer stark anwachsenden Bevölkerung zu sichern, andererseits forderten Militärs, besonders in Deutschland, das sich im Falle eines Krieges vom Chilesalpeter abgeschnitten sah, die Deckung des Kriegsbedarfs an Schießpulver und Explosivstoffen. Bisherige Verfahren, z. B. die Gewinnung von Ammoniak aus der Kohleverkokung, das Kalkstickstoffverfahren nach A. FRANK und N. CARO, das elektrochemische Lichtbogenverfahren nach K. BIRKELAND und S. EYDE sowie die katalytische Ammoniakoxidation nach W. OSTWALD, wurden zwar produktiv genutzt, waren aber z. T. sehr kostenaufwendig und schienen den Gesamtbedarf nicht zu decken. Auch die Ammoniakdarstellung aus den Elementen war versucht worden, aber ohne Aussicht auf Erfolg. Ausgehend von dieser Problemsituation und aufbauend auf seinen thermodynamischen Überlegungen, studierte H. zunächst die Bildungsverhältnisse des Ammoniaks. Um die Differenzen zwischen den von ihm und NERNST erzielten Forschungsergebnissen aufzuklären, folgte H. einer Empfehlung von NERNST, unter Hochdruck zu arbeiten, und untersuchte gemeinsam mit einem englischen Schüler das Ammoniakgleichgewicht in Abhängigkeit von Temperatur und Druck. 1907 gelangten sie zu dem Ergebnis, daß bei einem Druck von 20 MPa und einer Temperatur von etwa 600 °C eine beträchtliche Ammoniakkonzentration (etwa 8,2 %) erreichbar war. – Mit der Entwicklung eines unter Hochdruck stehenden Kreislaufverfahrens als seiner eigentlichen technikwissenschaftlichen Leistung schuf H. 1908 ein Arbeitsschema, das später die verfahrenstechnische Grundlage der gesamten industriellen Ammoniakfabrikation und anderer Hochdrucksynthesen darstellte, so z. B. der Kohlehydrierung nach F. BERGIUS und der Methanolsynthese nach M. PIER. Um die Reaktionsgeschwindigkeit bei der Einstellung des Ammoniakgleichgewichts zu erhöhen, löste H. auch eine dritte Aufgabe: die Entdeckung der Metalle Osmium und Uranium als wirksame Katalysatoren. Das Ergebnis all dieser Forschungsarbeiten war die erste befriedigende labortechnische Herstellung von Ammoniak. – Die Lösung der technischen Probleme ist auf C. BOSCH zurückzuführen, während sich A. MITTASCH und F. LAPPE mit der Entdeckung der Mehrfachkatalysatoren Verdienste erwarben. 1913 erfolgte die erste großtechnische Realisierung des HABER-BOSCH-Verfahrens in Oppau. Unter dem Druck der Kriegsbedürfnisse wurde bis 1917 auch die Ammoniak-Syntheseanlage der Leunawerke errichtet. Die großtechnische Gewinnung von Ammoniak erschloß außergewöhnliche Möglichkeiten zur Förderung der landwirtschaftlichen Produktion.

H. war eine der bedeutendsten, aber auch widerspruchsvollsten Persönlichkeiten der neueren deutschen Wissenschaftsgeschichte. Wie er nach 1919 selbst vermerkte, war seine Entwicklung geprägt durch die reaktionär-preuß. »Parteierziehung der Jugend«. »Naiv bürgerlich bis auf die Knochen«, lagen ihm die »sozialen Dinge ... fern«. So begann die eigentlich tragische Entwicklung H.s bereits lange vor dem ersten Weltkrieg. Durch seine Verbindung mit den Leitern der Chemiekonzerne hatte er Verständnis für deren Streben nach weltmarktbeherrschenden Positionen. Vom Preuß. Generalstab 1915 in die schon vorher begonnenen Gaskriegsarbeiten einbezogen, empfand er als jüdischer Gelehrter seine Ernennung zum Hauptmann als Auszeichnung. Als »Vater des Gaskrieges« stellte er seine Kenntnisse bereitwillig in den Dienst der chemischen Kriegführung, die er auch nach 1918 noch zu rechtfertigen versuchte. In der Weimarer Republik trat er öffentlich für die Interessen der Wissenschaft ein. Nach wie vor mit den Führungskreisen der Wirtschaft und des Staates verbunden, gelangte er auch zu neuen gesellschaftlichen und wissenschaftspolitischen Einsichten. Er stellte militärisches und ökonomisches Machtstreben in Frage und sah in der Entwicklung der Wissenschaft und der allseitigen Ausschöpfung ihrer Produktionspotenzen entscheidende Wege für bessere Lebensmöglichkeiten der Menschen. Mit seinem Protest gegen die antisemitische Rassenpolitik und seiner Emigration aus Deutschland distanzierte er sich schließlich vom Nationalsozialismus. Wl

Literatur: Haber, F. J.: Experimentaluntersuchungen über Zersetzung und Verbrennung von Kohlenwasserstoffen (München 1896), Grundriß der Technischen Elektrochemie auf theoretischer Grundlage (München u. Berlin 1898), Über die elektrische Reduktion von Nichtelektrolyten, in: Z. phys. Chem. 32 (1900), 193–270, Thermodynamik technischer Gasreaktionen (München u. Berlin 1905), (mit R. Rossignol): Über die Technische Darstellung von Ammoniak aus den Elementen, in: Z. Elektrochem. 19 (1913), 53–72, Beitrag zur Kenntnis der Metalle, in: Sitzungsber. der Preuß. Ak. d. Wiss. zu Berlin (1919), 506–518, Fünf Vorträge aus den Jahren 1920–1923 (Berlin 1924), (mit J. Jaenicke): Beitrag zur Kenntnis des Rheinwassers, in: Z. anorg. allg. Chem. 147 (1925), 156–170, Aus Leben und Beruf (Berlin 1927).

Festschrift zum 60. Geburtstag von Fritz Haber, in: Z. Naturwiss. 16. Jg. (1928), Heft 50, 1053–1078; Bonhoeffer, K. F.: Fritz Habers wissenschaftliches Werk, in: Z. Elektrochem. 57 (1953), 2–6; Coates, J. E.: The Haber Memorial Lecture, in: J. Chem. Soc. (Nov. 1939), 1642–1672; Goran, M.: The story of Fritz Haber (Norman 1967); Haber, Ch.: Mein Leben mit Fritz Haber (Düsseldorf u. Wien 1970); Harteck, P.: Zu Fritz Habers 100. Geburtstag, in: Phys. Bl. 24 (1968), 550–553; Lohs, K.: Fritz Haber, ein Exponent der bürgerlichen Wissenschaft, in: Z. Gesch. Naturwiss. Techn. Med. 1 (1962), 37–44; Wendel, G.: Zur Würdigung unseres nationalen wissenschaftlichen Erbes. Dargestellt am Leben und Wirken des Physikochemikers Fritz Haber (Leuna-Merseburg 1962).

Haberlandt, Gottlieb Johann Friedrich, Botaniker, geb. 28. 11. 1854 Ungarisch-Altenburg (Mosonmagyaróvár), gest. 30. 1. 1945 Berlin.

H. wies durch pflanzenanatomische und -physiologische Arbeiten den Zusammenhang von Bau und Funktion pflanzlicher Zellen, Gewebe und Organe nach und wurde gemeinsam mit S. SCHWENDENER zum Begründer der physiologischen Pflanzenanatomie. Sein besonderes Interesse galt reiz- und entwicklungsphysiologischen Fragestellungen. H. war einer der Pioniere der Zell- und Gewebekultur.

H. wurde schon in früher Jugend durch seinen Vater FRIEDRICH H., der als Prof. für Mathematik, Zoologie, Botanik und landwirtschaftlichen Pflanzenbau an der höheren landwirtschaftlichen Lehranstalt zu Ungarisch-Altenburg wirkte, zu botanischen und zoologischen Studien, aber auch zur Entfaltung seiner künstlerischen Anlagen angeregt. Mit seiner Familie siedelte H. 1869 nach Görz und 1872 nach Wien über; 1873–1876 studierte er Botanik am Pflanzenphysiologischen Institut der Univ. Wien und promovierte 1876 zum Dr. phil. bei J. WIESNER mit einer Arbeit »Über die Winterfärbung ausdauernder Blätter«; 1876/77 war er Assistent am Institut für landwirtschaftlichen Pflanzenbau der Hochschule für Bodenkultur Wien; 1877/78 arbeitete er bei SCHWENDENER an der Univ. Tübingen, habilitierte sich 1878 mit der Arbeit »Die Entwicklungsgeschichte des mechanischen Gewebesystems der Pflanzen« und wurde 1879 Privatdoz. an der Univ. Wien. 1880 folgte H. einem Ruf an die TH Graz (suppl. Prof.) und 1888 als Nachfolger H. LEITGEBS auf den Lehrstuhl für Botanik der Univ. Graz (1884 ao. Prof., 1888 o. Prof.). 1891 unternahm

F. J. Haber

G. J. F. Haberlandt

er eine Tropenreise nach Buitenzorg auf Java. 1910 wurde H. Nachfolger SCHWENDENERS auf dem Lehrstuhl für Botanik und Dir. des Botanischen Instituts der Berliner Univ., von 1914 bis zu seiner Emeritierung (1923) wirkte er als erster Dir. des neuerbauten Pflanzenphysiologischen Universitätsinstituts in Berlin-Dahlem. H. war Mitgl. der Bayr., Leningrader, Preuß. und Wiener Ak. d. Wiss.; 1932 wurde er Ehrenmitgl. der Leopoldina.

H. beeinflußte nachhaltig die Entwicklung der neueren Pflanzenphysiologie. Seine Arbeiten lassen sich im wesentlichen in drei Perioden gliedern. In physiologisch-anatomischen und damit verbundenen entwicklungsgeschichtlichen Abhandlungen wies er, vor allem zwischen 1875 und 1895, die Einheit von Bau und Funktion pflanzlicher Gewebe nach. Eine zweite Reihe von Arbeiten beginnt mit der Beschreibung des reizleitenden Gewebesystems der Mimose (1890) und führt zu reizphysiologischen Untersuchungen, insbesondere des Geotropismus (1900–1917) und des Phototropismus (1904–1916). Ausgehend von Kulturversuchen mit isolierten Pflanzenzellen (1902), führte H. schließlich 1912–1923 zahlreiche entwicklungsphysiologische Experimente durch, die maßgeblich zur Entdeckung der Phytohormone beitrugen.

Mitte des 19. Jh. stand die Pflanzenphysiologie noch ganz im Schatten der dominierenden Pflanzenanatomie, die ziemlich losgelöst von physiologischen Untersuchungen betrieben wurde. Diese Trennung wurde immer mehr zur grundlegenden Schwäche einer rein deskriptiven Histologie, deren Höhepunkt die »Vergleichende Anatomie« (1877) des Straßburger Botanikers A. DE BARY darstellte. Mit der zusammenführenden Betrachtung von Bau und Funktion des pflanzlichen Festigungsgewebes hatte SCHWENDENER (»Das mechanische Princip im anatomischen Bau der Monocotylen«, 1874) aber bereits einen neuen Weg botanischer Forschung gewiesen. Die von ihm inaugurierte, anatomisch-physiologische Betrachtungsweise des mechanischen Gewebesystems wurde von dem noch jungen H. übernommen und auf die verschiedenartigsten pflanzlichen Gewebe übertragen. Aufgrund einer Fülle von Einzelstudien veröffentlichte er schon 1884 seine »Physiologische Pflanzenanatomie«, der die Ansicht zugrunde lag, daß schon in der anatomischen Struktur ein Beweis für oder wenigstens ein Hinweis auf die physiologische Funktion liege. Die Unterscheidung der einzelnen pflanzlichen Gewebe hat sich als H.s geistiges Eigentum bis in die Gegenwart bewährt.

Angeregt durch CH. DARWINS »Bewegungsvermögen der Pflanzen« (1880) beschäftigte sich H. insbesondere nach 1890 mit den »Sinnesorganen« der Pflanzen. Er wurde zu einem der Begründer der Statolithentheorie des Geotropismus (1900), während sich seine Arbeiten über die »Lichtsinnesorgane der Laubblätter« (1904–1910) nicht durchsetzten.

Stand in H.s Schaffen lange Zeit die Frage im Vordergrund, wie die Gewebe mit ihren physiologischen Funktionen zusammenhängen, so begann er vor allem in seiner Berliner Zeit (ab 1910) die Suche nach notwendigen Entwicklungsfaktoren, unter deren Einfluß die Form entsteht. Um die Wechselbeziehungen zwischen der Zelle als »Elementarorganismus des Pflanzenkörpers« und dem Gesamtorganismus charakterisieren zu können, arbeitete H. schon 1902 mit Zellkulturen. Er postulierte die Existenz von »Zellteilungshormonen« und prägte die Termini »Wund- und Nekrohormon« in einer Zeit, als von Phytohormonen kaum die Rede war. Seine Theorie der Hormoninduktion bewirkte das bessere Verständnis zahlreicher, bekannter entwicklungsphysiologischer Phänomene, z. B. Wundheilung, Zellteilung, Adventivembryonie, traumatische Parthenogenese.

Während des ersten Weltkrieges arbeitete H. verstärkt an Ernährungsproblemen (Erschließung neuer Fett- und Eiweißquellen, Zellwandverdauung). Auch nach seiner Emeritierung (1923) setzte H. seine Forschungsarbeit fort und trug zur Klärung einiger spezieller Probleme, z. B. des Wesens der Crataegomespili-Pfropfbastarde (1926–1935), bei.

H. trat beharrlich gegen metaphysische Denkweisen in der biologischen Forschung ein. Durch seine Arbeiten kam es zu wesentlichen Fortschritten in der kausalen Erklärung pflanzlicher Strukturen und Lebensprozesse. Er war ein konsequenter Gegner teleologischer Begriffssysteme und vi-

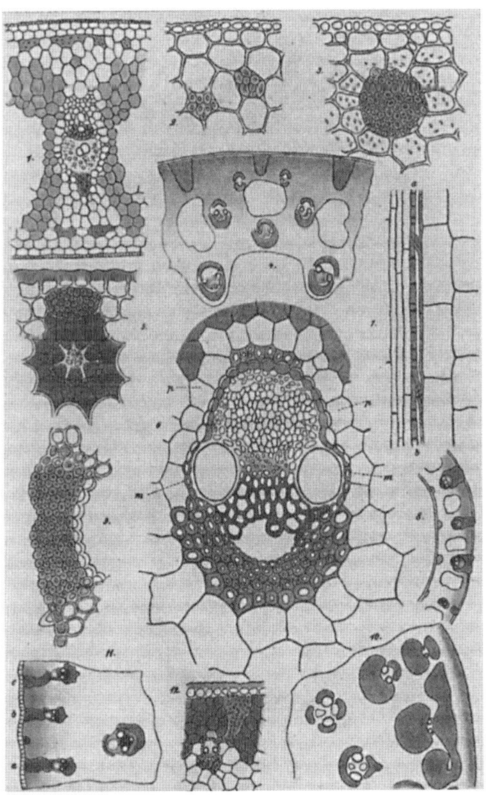

Tafelbild aus der Habilitationsschrift Haberlandts mit eigenen mikroskopischen Zeichnungen (»Die Entwicklungsgeschichte des mechanischen Gewebesystems der Pflanzen«, Leipzig 1879, Tafel III)

talistischer Auffassungen. Indem er die Zweckmäßigkeit pflanzlicher Gewebe betonte und von entwicklungsgeschichtlichen Betrachtungen ausging, gelangte H. zur Selektionstheorie Darwins, zu deren Verbreitung auf botanischem Gebiet er maßgeblich beitrug (»Entwicklung ist alles!«, H. 1933). H. trat für die Induktion als entscheidendes Forschungsprinzip in der Biologie und gegen eine dogmatische Lehrmethodik ein; sich auf die Forderung Grimms »Forschen heißt Lernen!« berufend, vertrat er in seinem gesamten Wirken konsequent die Einheit von Lehre und Forschung.

Neben seinen fachlichen Fähigkeiten hatte H. auch beachtenswerte musische und malerische Fertigkeiten. Noch im hohen Alter schrieb er ein »Botanisches Vademecum für bildende Künstler und Kunstgewerbler« (1936).

H. war bürgerlicher Humanist, der sich sozialen Fragen nicht entzog. 1933 schrieb er: »In der Wissenschaft erhebt die Metaphysik von neuem ihr Haupt und führt verworrene Reden, die Naturphilosophie treibt neue wunderliche und nur zu rasch verwelkende Blüten, und die klare Vernunft muß der mystischen Intuition weichen«. War der junge H. zeitweise konfessionslos, so grenzte er sich später deutlich vom Atheismus ab und bekannte sich zum Pantheismus, zum spinozistischen »Deus sive natura«. Hx

Literatur (Auswahl): Haberlandt, G.: Die Schutzeinrichtungen in der Entwicklung der Keimpflanze (Wien 1877), Die Entwicklungsgeschichte des mechanischen Gewebesystems der Pflanzen (Leipzig 1879), Physiologische Pflanzenanatomie, im Grundriß dargestellt (Leipzig 1884, engl. Aufl. 1914, 6. u. letzte Aufl. 1924), Über die Beziehungen zwischen Funktion und Lage des Zellkernes bei den Pflanzen (Jena 1887), Das reizleitende Gewebesystem der Sinnpflanze (Leipzig 1890), Über Erklärung in der Biologie (Graz 1900 u. 1901), Sinnesorgane im Pflanzenreich zur Perzeption mechanischer Reize (Leipzig 1901 u. 1906), Die Sinnesorgane der Pflanze (Leipzig 1904), Die Lichtsinnesorgane der Laubblätter (Leipzig 1905), Über Reizbarkeit und Sinnesleben der Pflanzen (Wien 1908), Das Ernährungsproblem und die Pflanzenphysiologie (Berlin 1918), Goethe und die Pflanzenphysiologie (Leipzig 1923), Erinnerungen, Bekenntnisse und Betrachtungen (Berlin 1933).

Haeckel, Ernst Heinrich Philipp August, Zoologe, geb. 16.2.1834 Potsdam, gest. 9.8.1919 Jena.

H. war einer der bedeutendsten Verfechter der Evolutionstheorie Ch. Darwins und trug vor allem durch seine populärwissenschaftlichen Werke wesentlich zur Verbreitung einer naturwissenschaftlich-materialistischen Weltanschauung bei. Seine Arbeiten zur Morphologie, Systematik (Beschreibung von etwa 4000 neuen Arten) und Entwicklungsgeschichte niederer Meerestiere waren richtungweisend für die weitere Forschung.

Als Sohn eines Juristen verlebte H. Kindheit und Jugend in Merseburg. Frühzeitig naturwissenschaftlich interessiert, wollte er nach dem Abitur (1852) eigentlich Botaniker werden, studierte auf Wunsch der Eltern aber Medizin in Berlin, Würzburg und Wien. Durch die Anatomen J. Müller (Berlin) und A. Koelliker (Würzburg) wurde er auf meereszoologischen Exkursionen für die vergleichende Anatomie und Entwicklungsgeschichte niederer Seetiere begeistert und entschloß sich, später als Zoologe zu arbeiten. Am 7.3.1857 wurde H. in Berlin mit einer Arbeit »Über die Gewebe des Flußkrebses« promoviert. Nach dem medizinischen Staatsexamen in Berlin 1858 und kurzer ärztlicher Tätigkeit unternahm er auf Anraten des Jenaer Anatomen C. Gegenbaur eine Studienreise (1859/60) nach Italien. Die dort im Golf von Messina von H. neuentdeckten 144 Radiolarienarten bildeten die Grundlage für seine erfolgreiche Radiolarienmonographie (1862), die seinen Ruf als Zoologe begründete. Am 4.3.1861 habilitierte er sich an der Medizinischen Fakultät der Univ. Jena für das Fach Vergleichende Anatomie. Nach Ernennung zum ao. Prof. für Zoologie und Dir. des Zoologischen Museums 1862, wurde H. 1865 zum o. Prof. auf den an der Jenaer Univ. neugegründeten Lehrstuhl für Zoologie (Philosophische Fakultät) berufen, den er bis zu seiner Emeritierung 1909 innehatte. Gleichzeitig gründete er ein Zoologisches Institut. Berufungen an andere Univ. (Würzburg 1865, Wien 1870 und 1872, Straßburg 1872, Bonn 1874) lehnte H. ab. Er war Mitgl. von etwa 90 wissenschaftlichen Gesellschaften und Akademien und Ehrendoktor der Univ. Edinburgh (1884), Cambridge (1898), Uppsala und Genf (1909).

Nach der Lektüre von Darwins epochemachendem Werk »On the Origin of Species« in der ersten deutschen Übersetzung von H. G. Bronn (1860) bekannte sich H., der noch bis zum Ende seines Studiums von der Konstanz der Arten überzeugt war, spontan zu der noch sehr umstrittenen neuen Theorie. Der leidenschaftliche Kampf für die Anerkennung und Weiterentwicklung der Evolutionstheorie charakterisierte von nun an sein Schaffen. Dem ersten Bekenntnis für Darwin in der Radiolarienmonographie folgten die erfolgreichen Darwin-Vorlesungen (ab 1862/63) und ein Vortrag auf der Naturforscherversammlung in Stettin (Szczecin) 1863. Den umfassendsten Beitrag zur Weiterentwicklung der Darwinschen Theorie leistete H. mit seinem programmatischen Werk »Generelle Morphologie der

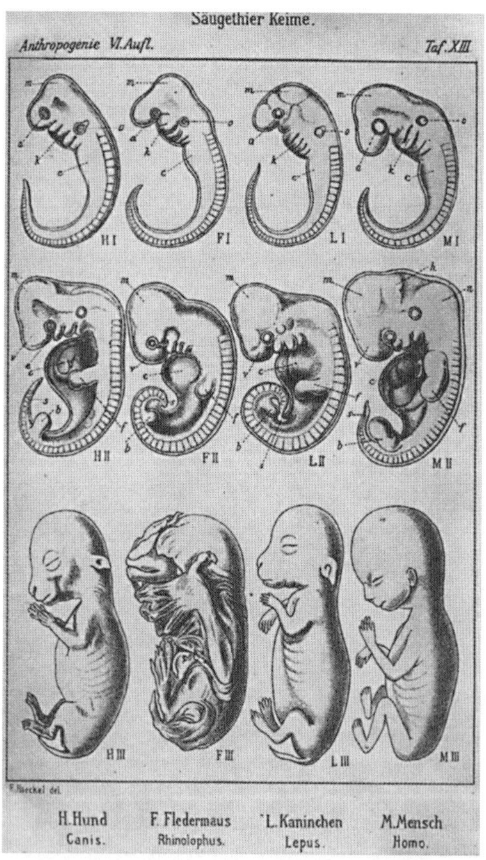

Ähnlichkeiten der frühen Embryonalstadien als Ausdruck des biogenetischen Grundgesetzes, aus »Haeckel, Anthropogenie oder Entwicklungsgeschichte des Menschen«, Leipzig 1874

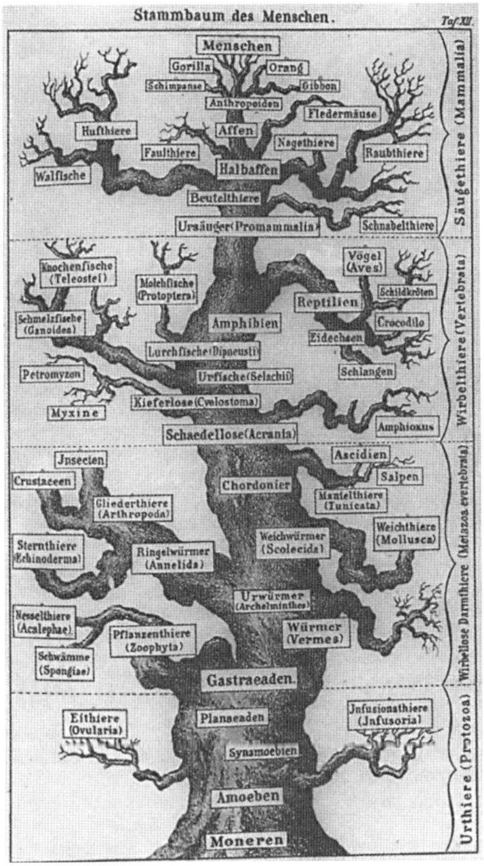

Stammbaum des Menschen, aus »Haeckel, Anthropogenie oder Entwicklungsgeschichte des Menschen«, Leipzig 1874

Organismen« (1866), das Richtung und Methode für alle weiteren Arbeiten bestimmte. Mit diesem Werk versuchte er, die Morphologie als Ergebnis der ontogenetischen und phylogenetischen Entwicklung auf der Grundlage der DARWINschen Theorie darzustellen. Die schon vor ihm (J. F. MECKEL, F. MÜLLER, K. E. v. BAER, DARWIN) erkannten Beziehungen zwischen Individual- und Stammesentwicklung nutzte H. als Methode der phylogenetischen Forschung. Mit der später (1872) als »Biogenetisches Grundgesetz« bezeichneten Formulierung »Die Ontogenese ist die kurze und schnelle Recapitulation der Phylogenesis, bedingt durch die physiologischen Funktionen der Vererbung (Fortpflanzung) und Anpassung (Ernährung)« löste H. weitreichende Forschungsimpulse aus. Bereits damals war die Anwendbarkeit dieses »Gesetzes« umstritten, da Störungen der Rekapitulation (von H. als Caenogenesen bezeichnet) zu erheblichen Fehldeutungen führen können. Die von H. geprägten Begriffe Ontogenie und Phylogenie haben sich, ebenso wie eine Reihe weiterer, z.B. Ökologie und Chorologie, eingebürgert und repräsentieren moderne Arbeitsrichtungen. Wichtige von DARWIN zunächst unberücksichtigte oder nicht behandelte Fragen, z.B. die Entstehung des Lebens und die Abstammung des Menschen, bezog H. sofort in seine Darlegungen ein. So formulierte er eine Hypothese über die Entstehung der ersten Urorganismen aus anorganischer Materie, für die DARWIN noch einen Schöpfungsakt erwog, und erklärte auch das Wesen des Lebens materialistisch. Das durch morphologischen Vergleich erschlossene »natürliche System« der Organismen faßte H. genealogisch als Stammbaum auf und zeichnete – einer Anregung des Linguisten A. SCHLEICHER folgend – Stammbäume für das gesamte Organismenreich. Dabei bezog er im Anschluß an die Arbeiten von TH. H. HUXLEY, K. VOGT und F. ROLLE den Menschen in den Stammbaum der Wirbeltiere ein und ordnete ihn im System bei den schwanzlosen Catarrhinae zur Familie »Erecta« mit den Gattungen »Pithecanthropus« und »Homo« ein. Das Eingreifen eines übernatürlichen persönlichen Schöpfers in das Naturgeschehen lehnte H. ab. Der Begriff »Gott« ist für ihn identisch mit dem allgemeinen Kausalgesetz und der Natur selbst. Unter Berufung auf SCHLEICHER und J. W. v. GOETHE begründete er seinen Monismus, wonach Kraft und Stoff, Geist und Materie nirgends voneinander zu trennen sind. Diese Auffassung prägte sein gesamtes Schaffen. Durch diese Ansichten geriet H. in heftigen Widerspruch zu den bestehenden kirchlichen Dogmen. Mit seinen populärwissenschaftlichen Werken, vor allem der »Natürlichen Schöpfungsgeschichte« (1868) und der »Anthropogenie oder Entwicklungsgeschichte des Menschen« (1874) trug er den Entwicklungsgedanken in breiteste Bevölkerungskreise. Auch mit seinen im Ergebnis zahlreicher meereszoologischer Exkursionen entstandenen Monographien über Rüsselquallen (1865), Siphonophoren (1869), Kalkschwämme (1872) und Medusen (1879) versuchte H. die DARWINsche Theorie zu untermauern. Die größte Bedeutung hatte hierbei die aus Beobachtungen der Kalkschwamm-Ontogenese abgeleitete »Gastraeatheorie«, wonach die Gastrula als Abbild einer hypothetischen Stammform aller Metazoen (Gastraea) aufzufassen ist. Die Hauptleistung auf systematischem Gebiet bildete die monographische Bearbeitung der Radiolarien, Medusen, Siphonophoren und Keratosen im Rahmen der

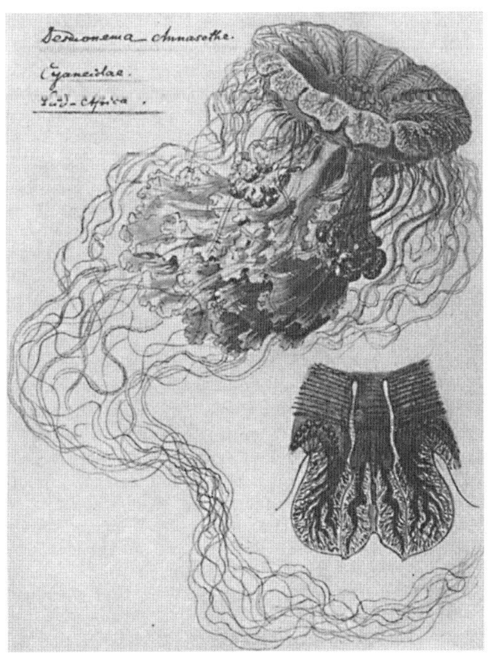

Desmonema Annasethe. Zeichnung Haeckels für »Das System der Medusen«, Teil I und II, Jena 1879–1880

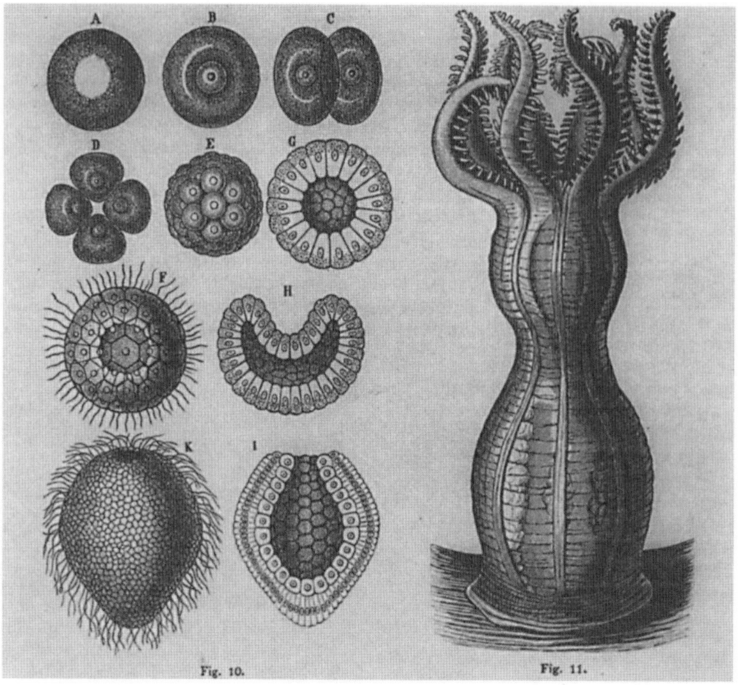

Gastraeatheorie aus »Haeckel, Die Gastraeatheorie, die phylogenetische Classification des Thierreiches und die Homologie der Keimblätter« Jenaische Z. Naturwiss. 8 (1874)

Auswertung der ersten engl. Tiefsee-Expedition »Challenger« (1872–1876) mit 3 702 Beschreibungen neuer Arten.

Die von J.-B. de Lamarck vertretene Hypothese von der Vererbung erworbener Eigenschaften suchte H. durch spekulative Vererbungsgesetze und seine Hypothese von der »Perigenesis der Plastidule, oder die Wellenzeugung der Lebensteilchen« (1876) mit der Darwinschen Theorie in Übereinstimmung zu bringen. Mit der dreibändigen »Systematischen Phylogenie« (1894–1896) schloß er seine evolutionstheoretischen Werke ab und widmete sich ausschließlich der Popularisierung des Entwicklungsgedankens und dem Ausbau seines Monismus. Durch seinen leidenschaftlichen Kampf gegen überholte Dogmen für die Evolutionstheorie war H. ständig in Auseinandersetzungen verstrickt, die sich sowohl auf politischer, klerikaler, philosophischer, aber auch wissenschaftlicher Ebene vollzogen. Typische Beispiele sind die Kontroverse mit R. Virchow (1877) um die Einführung der Evolutionstheorie in den Schulunterricht und die Angriffe des Botanikers J. Reinke gegen H. im Preuß. Herrenhaus (1907). Auch wurden unkorrekt schematisierte Abbildungen H.s zum Anlaß genommen, die Evolutionstheorie überhaupt in Frage zu stellen. Den Höhepunkt der Auseinandersetzungen bildete sein in über 30 Sprachen übersetztes Buch »Die Welträthsel. Gemeinverständliche Studien über monistische Philosophie« (1899), das in einer Auflage von fast einer halben Million Exemplaren gedruckt worden war. H. selbst verstand seine Ansichten als naturwissenschaftlichen Materialismus und bot seinen Monismus als Brücke zwischen Religion und Wissenschaft an. »Die Welträthsel« riefen einen Sturm weltanschaulicher Auseinandersetzungen hervor, in die H. mit Vorträgen (Berlin 1905), weiteren Schriften – »Die Lebenswunder« (1904), »Kristallseelen« (1917) und der Begründung des »Deutschen Monistenbundes« (1906) – eingriff. Zur Popularisierung der Abstammungslehre begründete er 1907 das »Phyletische Museum« in Jena. Eine große Anzahl Schüler hatte er für den Darwinismus und die Zoologie begeistert (O. u. R. Hertwig, J. Schaxel, A. Dohrn, H. Driesch, W. Kowalewski, N. N. Miklucho-Maclay u. a.).

Charakteristisch für H. ist seine künstlerische Veranlagung. Auf seinen zahlreichen Reisen (Kanarische Inseln, Italien, Rußland, Ceylon, Java, Sumatra) entstanden etwa 1 200 Aquarelle, Skizzen, einige Ölbilder und anschauliche Reiseschilderungen. Sein Werk »Kunstformen der Natur« (1899–1904) sollte der bildenden Kunst als Anregung dienen. KB

Literatur (Auswahl): Haeckel, E.: Die Radiolarien (Berlin 1862), Generelle Morphologie der Organismen (Berlin 1866), Natürliche Schöpfungsgeschichte (Berlin 1868, 12. Aufl. 1920), Die Kalkschwämme (Berlin 1872), Anthropogenie oder Entwicklungsgeschichte des Menschen (Leipzig 1874, 10. Aufl. 1910), Die Gastraeatheorie, die phylogenetische Classification des Thierreiches und die Homologie der Keimblätter, in: Jenaische Z. Naturwiss. 8 (1874), Die Perigenesis der Plastidule oder die Wellenerzeugung der Lebensteilchen (Berlin 1876), Freie Wissenschaft und freie Lehre (Stuttgart 1878), Das System der Medusen, Tl I u. II (Jena 1879/80), Indische Reisebriefe (Berlin 1882, 3. Aufl. 1893), Der Monismus als Band zwischen Religion und Wissenschaft (Bonn 1892), Systematische Phylogenie, Tl I–III (Berlin 1894–1896), Die Welträthsel (Bonn 1899, 11. Aufl. mit einer Einleitung von O. Klohr Berlin 1960), Die Lebenswunder (Berlin 1904), Der Kampf um den Entwicklungsgedanken (Berlin 1905), Fünfzig Jahre Stammesgeschichte (Jena 1916), Kristallseelen (Leipzig 1917), Gemeinverständliche Werke (Hrsg. H. Schmidt), 6 Bde. (Leipzig/Berlin 1924), Der Kampf um den Entwicklungsgedanken. Ausgewählte kleinere Schriften und Reden (Hrsg. G. Uschmann) (Leipzig 1967).

Krausse, E.: Ernst Haeckel (Leipzig 1987).

Hahn, Otto, Radiochemiker, geb. 8.3.1879 Frankfurt/Main, gest. 28.7.1968 Göttingen.

H. war ein Pionier der Radiochemie. Er entdeckte, teilweise in Zusammenarbeit mit L. Meitner, mehrere natürliche radioaktive Elemente und 1938 gemeinsam mit F. STRASSMANN die Kernspaltung.

H. war der jüngste Sohn eines aus einer Bauernfamilie stammenden Glasers, der im Laufe der Jahre in den »gehobenen Handwerkerstand« aufgestiegen war. Nach dem Besuch der Klinger-Oberrealschule in Frankfurt/M. nahm H. 1897 in Marburg ein Chemiestudium auf. Die Hauptvorlesung belegte er bei dem Organiker TH. ZINCKE; ein Studienjahr verbrachte er in München bei A. v. BAEYER. 1901 promovierte H. in Marburg mit dem Thema »Über Bromderivate des Isoeugenols«. Nach seinem Militärjahr wurde er 1902 Vorlesungsassistent bei ZINCKE. Ziel H.s war eine Tätigkeit als Industriechemiker. Um seine Sprachkenntnisse zu erweitern, ging H. 1904 nach London zu W. RAMSAY, dem Entdecker der Edelgase; hier wurde er mit dem noch jungen Arbeitsgebiet der Radioaktivität vertraut.

In RAMSAYS Labor konnte H. 1905 eine neue radioaktive Substanz nachweisen, das Radiothorium ($^{228}_{90}$Th). RAMSAY empfahl ihn daraufhin nach Berlin zu E. FISCHER. Zuvor wollte H. aber seine Kenntnisse in Montreal bei E. RUTHERFORD, der führenden Persönlichkeit in der radioaktiven Forschung, vertiefen. In dem dreiviertel Jahr an der McGill-Univ. entdeckte H. die Radioelemente Thorium C′ ($^{212}_{84}$Po) und Radioactinium ($^{227}_{90}$Th).

Im Oktober 1906 nahm H. seine Arbeit bei FISCHER an der Berliner Univ. auf. Da man sich bisher im Chemischen Institut nicht mit Radioaktivität beschäftigt hatte, wurde H. als Außenseiter betrachtet, und FISCHER wies ihm die ehemalige Holzwerkstatt im Erdgeschoß als Laboratorium zu. Im Juni 1907 habilitierte er sich; im gleichen Jahr entdeckte er Mesothorium I ($^{228}_{88}$Ra) und Mesothorium II ($^{228}_{89}$Ac). Aufgrund seiner Arbeiten fand H. eher Anschluß an die Physiker als an die Chemiker. Bei M. PLANCK lernte er MEITNER kennen, die ab Ende September 1907 seine Mitarbeiterin in der Holzwerkstatt wurde; damit begann eine 30jährige enge Zusammenarbeit.

1910 wurde H. an der Univ. ao. Prof. für Chemie. 1912 übernahm er die Abteilung für radioaktive Forschung am neugegründeten Kaiser-Wilhelm-Institut (KWI) für Chemie in Berlin-Dahlem. Am ersten Weltkrieg nahm H. in der von F. HABER geleiteten Spezialtruppe für Gaskampf teil. 1924 wurde H. zum ordentlichen Mitgl. der Preuß. Ak. d. Wiss. zu Berlin gewählt und 1928 zum Dir. des KWI für Chemie ernannt.

Erster Erfolg der gemeinsamen Arbeit von H. und MEITNER war 1909 die Entdeckung des radioaktiven Rückstoßes bei der α-Umwandlung. Unter Anwendung dieser Rückstoßmethode entdeckten sie das Thorium C″ ($^{207}_{81}$Tl), einen β-Strahler, und 1917/18 das Protactinium (Element 91).

Seit 1918 leitete MEITNER eine selbständige radiophysikalische Abteilung am KWI für Chemie, während H. der radiochemischen Abteilung vorstand. Sein Hauptarbeitsgebiet der nächsten Jahre waren die Nuklide am Anfang der Uraniumreihe (Uranium-Radium-Zerfallsreihe). Wichtigstes Ergebnis war 1921 der Nachweis, daß angeregte Kernzustände extrem lange Lebensdauern bis zu mehreren Jahren haben und anders als die Kerne des gleichen Isotops im Grundzustand zerfallen können (Kernisomerie). Anfang der 20er Jahre waren nahezu alle natürlichen Radioelemente bekannt. Deshalb widmete sich H. in den folgenden Jahren vor allem der angewandten Radiochemie. Insbesondere entwickelte er seine »Emaniermethode« weiter (Verfahren zum Studium von Struktur- und Oberflächenänderungen fester Körper mittels des radioaktiven Edelgases Radon) und begründete die Rubidium-Strontium-Methode zur geologischen Altersbestimmung (1923).

Die Entdeckung des Neutrons 1932 durch J. CHADWICK,

E. H. Ph. A. Haeckel

O. Hahn

der künstlichen Radioaktivität durch F. und I. JOLIOT-CURIE (1934) sowie die vermeintliche Entdeckung der Transurane durch E. FERMI (1934) veranlaßten H. und MEITNER, ihre Zusammenarbeit wieder zu verstärken und sich diesen »Transuranen« zuzuwenden. Für die notwendigen chemischen Analysen wurde STRASSMANN in die Arbeit einbezogen, der seit 1929 H. assistierte. Zwischen 1934 und 1938 entstanden 15 Publikationen über Fragen der Umwandlung des Uraniums durch Neutronen, wobei auf Grundlage der Hypothese von FERMI Transurane als Umwandlungsprodukte erwartet wurden. Bei diesen Kernumwandlungen entstanden unter anderem radioaktive Produkte, die sich nur mit Barium separieren ließen; in ihnen wurden deshalb Radiumisotope vermutet. Daß ebensogut Barium entstanden sein könnte, lag anfangs außerhalb jeder sinnvollen Vermutung. Chemische Analysen zeigten Ende 1938 aber eindeutig, daß Barium entstanden war, folglich eine Spaltung des Uraniumkernes vorliegen mußte. Noch bevor H. und STRASSMANN dieses Ergebnis publizierten, teilten sie es der im Sommer 1938 aus Deutschland nach Schweden emigrierten MEITNER mit, die kurz darauf in gemeinsamer Arbeit mit O. R. FRISCH die physikalische Begründung dafür lieferte.

Am physikalischen Problem der Energiegewinnung auf der Basis der Atomkernspaltung war H. nur wenig interessiert und folglich am deutschen Atomforschungsprojekt während des zweiten Weltkrieges auch nicht beteiligt. Seine weiteren Arbeiten in dieser Zeit betrafen die chemische Untersuchung der Spaltprodukte. Mit den führenden deutschen Kernphysikern wurde H. nach dem zweiten Weltkrieg zunächst von den Alliierten in England interniert. Dort erfuhr er von den amerik. Atombombenabwürfen über Hiroshima und Nagasaki. Tief erschüttert und sich seiner Verantwortung als Entdecker der Kernspaltung bewußt, trat er in seinen letzten Lebensjahrzehnten aktiv gegen den Mißbrauch der Atomenergie auf. So war er unter anderem Mitinitiator der »Mainauer Erklärung« der Nobelpreisträger von 1955 und des »Göttinger Appells« von 18 führenden westdeutschen Atomforschern gegen die atomare Aufrüstung der BRD von 1957. Sein Aufsatz »Cobalt 60« von 1955 – auch als Rundfunkrede in mehreren Ländern ausgestrahlt – war ein wichtiger Beitrag zur Aufklärung der Menschheit über die Gefahren, aber auch über den möglichen Nutzen der Atomenergie.

1946 wurde H. auf Initiative PLANCKS Präsident der Kaiser-Wilhelm-Gesellschaft, die er 1948 in die Max-Planck-Gesellschaft umwandelte und der er bis 1960 vorstand. Neben der Mitgliedschaft in verschiedenen Akademien und Gesellschaften wurden ihm viele Ehrungen zuteil: Für die Entdeckung der Spaltung schwerer Atomkerne erhielt er 1945 den Nobelpreis für Chemie des Jahres 1944 zugesprochen (entgegengenommen 1946); unter anderem wurden ihm verliehen die Cothenius-Medaille der Leopoldina zu

Halle (1943), die Max-Planck-Medaille der Deutschen Physikalischen Gesellschaft (1949), die Faraday-Medaille der British Chemical Society (1956), der Enrico-Fermi-Preis (1966, zusammen mit MEITNER und STRASSMANN) sowie mehrere Ehrendoktorate. 1954 wurde der Otto-Hahn-Preis der Physikalischen Gesellschaft der BRD gestiftet, 1964 lief die »Otto Hahn« (erstes nukleargetriebenes Handelsschiff der BRD) vom Stapel. Das Element 105 wird z. T. in der Literatur als Hahnium bezeichnet. Ka

Literatur: Hahn, O. (mit F. Straßmann): Über das Zerplatzen des Urankerns durch langsame Neutronen. Abh. Preuß. Ak. d. Wiss. (1939), 12, Cobalt 60 - Gefahr oder Segen für die Menschheit (Göttingen 1955), Vom Radiothor zur Uranspaltung (Braunschweig 1962), Erinnerungen an einige Arbeiten - anders geplant als verlaufen, in: Naturwiss. Rundschau 18 (1965), 86, Mein Leben (München 1968).

Hahn, D.: Otto Hahn - Begründer des Atomzeitalters (München 1979); Hoffmann, K.: Otto Hahn - Stationen aus dem Leben eines Atomforschers (Berlin 1978); Kant, H.: Kernspaltung - Vorgeschichte und Folgen einer Berliner Entdeckung vor 50 Jahren, in: Physik in der Schule 27 (1989) 3; Melcher, H.: Zwischen Chemie und Physik - Otto Hahn, in: Wiss. Fortschr. 29 (1979) 7, 256-260; Spence, R.: Otto Hahn, in: Biographical Memoirs of Fellows of the Royal Society, 16 (1970), 279-313; Stolz, W.: Otto Hahn - Lise Meitner (2. Aufl., Leipzig 1989).

Haitham, → Ibn al-Haitham.

Hales, Stephan, Theologe und Experimentalphysiker, geb. 17. 9. 1677 Beckesbourne (Kent), gest. 4. 1. 1761 Teddington (Middlesex).

H. führte zur Verbesserung landwirtschaftlicher und gesundheitspolitischer Maßnahmen in seinen Gemeinden zahlreiche tier- und pflanzenphysiologische Versuche in einer für seine Zeit ungewöhnlich exakten Experimentalmethode durch, die beispielgebend wurde.

H., einer alten, wohlhabenden Familie aus Kent entstammend, absolvierte ab 1696 ein Theologiestudium am Christ's College der Univ. Cambridge, wurde 1702 Mitgl. des College (fellow), 1703 Magister artium und 1711 Baccalaureus. Während seines Studiums nahm er auch an chemischen und physikalischen Experimenten am Trinity College teil und wurde von I. NEWTONS Ideen und Methoden nachhaltig beeinflußt. Ab 1708 bekleidete er verschiedene geistliche und weltliche Ämter, wirkte zunächst als Pfarrer in Teddington, dann in Farrington, war Proctor (Anwalt) der Diözese Winchester. Angeregt durch landwirtschaftliche und gesundheitspolitische Fragen in seinen Gemeinden, wandte H. seine Aufmerksamkeit und seine Experimentierfreude auch der Lösung pflanzen- und tierphysiologischer Probleme zu, machte kleine technische Erfindungen zur Erleichterung der häuslichen und landwirtschaftlichen Arbeit und der täglichen Hygiene - wie später z. B. auch E. DARWIN - und wurde 1718 deshalb Mitgl. der Royal Society, die diese Aktivitäten förderte. 1755 wurde er zum Mitbegründer der Society of Arts, die ähnliche Ziele verfolgte.

In England war im 18. Jh. die durch NEWTON vollendete Mechanik zur populärsten Wissenschaft geworden, hatte technische Erfindungen auf der Grundlage mathematischer Berechnungen und physikalischer Gesetze angeregt und die industrielle Umwälzung eingeleitet. Es gab in allen Berufen - auch unter Theologen - Experimentatoren, Erfinder und Konstrukteure. Die Arbeiten von H. fügen sich in diese breite Strömung ein, haben aber insofern eine gewisse Sonderstellung, als sie biologische Prozesse nach mathematisch-physikalischen Gesetzen und unter Berücksichtigung äußerer physikalischer Bedingungen zu erfassen suchten. So untersuchte H. Fragen des Wasserhaushalts bei Pflanzen, indem er das Wasservolumen im Boden, den Wasserverlust durch Verdunstung und den »Wurzeldruck« zu verschiedenen Tageszeiten durch neuartige Versuchsanordnungen maß. Er befaßte sich generell mit ernährungsphysiologischen Fragen der Pflanzen, suchte die Wachstumsrate der Sprosse und Blätter quantitativ zu ermitteln und machte Experimente mit Gasen in Verbindung mit Lichteinwirkung, wobei er zu der Auffassung kam, daß Luft und Licht selbst Nährstoffe seien. H. nahm damit die Fragestellungen vorweg, die erst am Ende des 18. Jh. - nach der Reform der Chemie durch A. L. LAVOISIER - von J. INGENHOUSZ und vor allem durch N. TH. DE SAUSSURE mit Erfolg wieder aufgegriffen wurden. Methodisch wurden sie jedoch erst in der zweiten Hälfte des 19. Jh., z. B. durch J. SACHS, weitergeführt. Von H.' tierphysiologischen Experimenten sind vor allem die Beobachtungen über den Blutumlauf durch die Kapillargefäße, in Muskeln und Lungen beim Frosch sowie die Methode zum Messen des Blutdruckes hervorzuheben, die in die Medizin Eingang fanden. Ja

Literatur: Hales, S.: Vegetable staticks (London 1727, Faksimiledruck London 1961), Statical essays: containing haemostaticks (London 1733, Faksimiledruck London 1964).

Boynting, H. (Hrsg.): The beginnings of modern science: scientific writings of the 16th, 17th and 18th centuries, Bd. 6 (New York, 1948); Kennedy, A. E. C.: Stephen Hales, an eighteenth-century biography (New York 1929, Repr. Ridgewood, N. Y. 1965); Nash, L. K.: Plants and the atmosphere (Cambridge, Mass. 1952).

Halevi, → Fraenkel.

Haller, Albrecht von, Mediziner (Physiologe, Anatom), Naturwissenschaftler und Dichter, geb. 16. 10. 1708 Bern, gest. 12. 12. 1777 Bern.

H. ist der Begründer der neuzeitlichen Experimentalphysiologie. Er gehörte zu den großen Universalgelehrten der Aufklärungszeit und leistete Bedeutendes auch als Anatom und Botaniker sowie als Dichter und Schriftsteller.

H., Sohn eines Berner Advokaten, zeichnete sich bereits in jungen Jahren durch ungewöhnliche geistige Regsamkeit und zielgerichtete überdurchschnittliche naturwissenschaftliche Interessen aus. Ein verwandter Arzt, bei dem der frühzeitig elternlos gewordene H. einen Teil seiner Kindheit verbrachte, vermittelte ihm erste heilkundliche Kenntnisse. Mit 15 Jahren begann H. 1723 ein Medizinstudium an der Univ. Tübingen, das er 1726 in Leiden bei dem berühmten Kliniker und medizinischen Lehrer H. BOERHAAVE fortsetzte. Großen Einfluß übte auch der Leidener Anatom B. S. ALBINUS auf ihn aus. 1727 promovierte H. zum Dr. med. Studienreisen führten ihn nach London und Paris. Seine naturwissenschaftliche Ausbildung vervollständigte er in Basel, wo er unter anderem höhere Mathematik bei JOHANN BERNOULLI hörte. 1729 ließ er sich als praktischer Arzt in seiner Vaterstadt Bern nieder. Obwohl H. durch zahlreiche wissenschaftliche, insbesondere anatomische und botanische Veröffentlichungen bereits als Gelehrter einen Namen hatte, erlangte er in seiner Heimat zunächst keine entsprechende Anerkennung oder akademische Anstellung. 1736 erhielt er schließlich einen Ruf als Prof. für Anatomie, Botanik und Chirurgie an die Univ. Göttingen, den er ohne langes Zögern annahm. Die Jahre in Göttingen waren H.s wissenschaftlich produktivster Lebensabschnitt. Unter seinem maßgeblichen Einfluß entwickelte sich die junge, erst 1733 gegründete Hochschule in der zweiten Hälfte des 18. Jh. zur führenden deutschen Univ. Auf H.s Anregung und durch ein gedeihliches Zusammenwirken mit dem Minister und Universitätskurator G. A. v. MÜNCHHAUSEN wurden z. B. ein Anatomiegebäude errichtet, die Bibliothek und einige Institute reorganisiert, eine Entbindungsanstalt gegründet, ein botanischer Garten angelegt, eine wissenschaftliche Ztschr., die »Göttingischen Zeitungen von Gelehrten Sachen« (1739), und eine »Societät der Wissenschaften« (1751) ins Leben gerufen. H. wurde Präsident dieser Wissenschaftsakademie auf Lebenszeit, leitete zeitweilig deren Ztschr. und war an der Univ. in Lehre und Forschung gleichermaßen aktiv. Er führte regelmäßig Sektionen durch, widmete sich jedoch immer stärker physiologischen Studien, die er durch zahlreiche Tierexperimente fundierte. 1747 erschienen als erstes Physiologielehrb. der medizinischen Literatur seine »Primae liniae physiologiae«. Außerdem betrieb H. ausgedehnte botanische Untersuchungen und erzielte auch auf anatomisch-pathologischem und embryologischem Gebiet wichtige Forschungsergebnisse.

Von Sehnsucht nach seiner Schweizer Heimat getrieben und durch einige Mißhelligkeiten verärgert, verließ H. 1753 Göttingen und kehrte nach Bern zurück. Dort erhielt er zunächst nur eine subalterne Anstellung als Rathaus-Ammann. 1758–1764 war er Dir. der Salinen von Aigle und Landvogt von Roche. Nebenher setzte er seine wissenschaftlichen Studien fort, deren wichtigstes Ergebnis ein umfassendes Handb. der Physiologie, die achtbändigen »Elementa physiologiae«, war. Ehrenvolle Rufe an die Univ. Oxford, Utrecht, Halle, St. Petersburg und wiederum Göttingen schlug er aus. 1769 erhielt H. in Bern eine Stelle als Assessor des Sanitätsrates, d.h. als Leiter des Medizinalwesens. In seinem von zunehmenden körperlichen Beschwerden – er starb an einem Magenkarzinom – überschatteten letzten Lebensjahrzehnt entstanden vier große wissenschaftlich-kritische Bibliographien, die »Bibliothecae« der Botanik, der Anatomie und Physiologie, der Chirurgie und der praktischen Medizin, in die er insgesamt etwa 52000 Bücher der entsprechenden Wissensgebiete aufnahm. Immer häufiger von religiösen Skrupeln geplagt und oft unter depressiven Stimmungen leidend, kehrte H., der bereits in jungen Jahren zu Dichterruhm gelangt war, an seinem Lebensende zu literarischen Arbeiten zurück.

In seinen Forschungen folgte H. ganz im Sinne von F. Bacon, I. Newton und Boerhaave der Einsicht, daß wissenschaftliche Erkenntnis auf sinnlicher Erfahrung beruht. Für ihn war die Physiologie vor allem belebte Anatomie (anatomia animata). Angesichts des bereits erreichten relativ hohen Niveaus der morphologischen Forschung gewannen für ihn die wissenschaftlichen Arbeiten über die Organfunktionen, die Kräfte der Körperbewegungen sowie die Änderungen der Zusammensetzung der Körpersäfte besonders Bedeutung. Da die Erforschung der Funktionen des Organismus wiederum Detailfragen seines Bauplanes aufwarf, betonte H. zugleich die Wichtigkeit weiterer anatomischer und vergleichend anatomischer Studien. Zur wichtigsten Methode der physiologischen Forschung wurde für ihn das reproduzierbare, qualitative Veränderungen registrierende Experiment am lebenden Tier. Mitunter nahm er aber auch bereits quantitative Messungen vor. Die so gewonnenen Erkenntnisse über die Irritabilität der Muskelgewebe (Reizbeantwortung durch Kontraktionen) und die Sensibilität der Nervenfasern (Reizempfindung und -weiterleitung) beeinflußten die damalige Medizin und Biologie nachhaltig. H. bewies damit, daß diese beiden Eigenschaften des lebenden Organismus an spezifische Formelemente gebunden sind. Mit dem Begriff der Irritabilität knüpfte er an die bereits von F. Glisson untersuchte, aber lediglich hypothetisch begründete Erscheinung der Reaktivität der Fasern an. Da zu H.s Zeiten die neuen Erkenntnisse von der Funktion der Muskeln und Nerven noch nicht gänzlich naturwissenschaftlich-kausal erklärbar waren, führten sie in der Folgezeit zu einem Wiederaufleben vitalistischer Tendenzen in der Medizin, die das Vorhandensein eines nicht-

St. Hales

A. von Haller

materiellen Lebenskraftprinzips (vis vitalis) annahmen. Ungeachtet dessen stellen H.s Studien über die Irritabilität und Sensibilität sowie über den Zusammenhang von Funktion und Struktur den Beginn der Experimentalphysiologie, insbesondere der modernen Nervenphysiologie, dar. Sie führten zur endgültigen Überwindung der bis dahin herrschenden mechanistischen Denkmodelle der Iatrophysiker des 17. Jh. Weitere Verdienste hat sich H. auf zahlreichen biowissenschaftlichen Einzelgebieten erworben. So kam er zu grundlegenden Erkenntnissen der Atemphysiologie (Atemmechanik, Nachweis der Luftleere des Pleuraspaltes), der Physiologie des Herzens und des Kreislaufes (entwicklungsgeschichtliche Untersuchungen an Hühnerembryonen, Autonomie der Herzbewegung) und der Anatomie der Blutgefäße (»Tripus Halleri«). Bei seinen embryologischen Studien an Schaf- und Hühnerkeimlingen hing H. noch der ovulistischen Präformationslehre an, die von C. F. Wolff bereits 1759 widerlegt worden war.

H. gilt als einer der letzten Universalgelehrten, der umfassende Kenntnisse auf nahezu allen Gebieten der Naturwissenschaften besaß. Seine erstaunlich vielseitige Belesenheit, sein Geschick als wissenschaftlicher Organisator und Experimentator, seine auf außerordentlichem Fleiß beruhende umfangreiche Publikations- und Rezensionstätigkeit sowie seine ausgedehnte Korrespondenz – allein die Berner Sammlung von Briefen an H. umfaßt 12285 Schreiben von 1113 Absendern – begründeten seinen Ruf als eine der überragenden Wissenschaftlerpersönlichkeiten seiner Zeit. Er erhielt 1749 den erblichen Adelstitel und wurde Ehrenmitgl. von über 20 Akademien und anderen Gelehrtengesellschaften.

Seinen Ruhm als Dichter, insbesondere als bedeutender Natur- und Gedankenlyriker, begründete H. mit dem Gedichtepos »Die Alpen«, das nach einer 1728 unternommenen Wanderung durch die Schweiz entstand. Er pries darin nicht nur die Naturschönheit der Alpenlandschaft, sondern stellte die einfache und natürliche Lebensweise ihrer Bewohner dem Dasein der patrizischen Oberschichten in den Städten gegenüber. In weiteren Gedichten äußerte er sich zu ethisch-moralischen Grundhaltungen und verlieh zunehmend auch philosophisch-religiösen Gedanken Ausdruck. Sein schriftstellerisches Alterswerk, die sog. Staatsromane »Usong« (1771), »Alfred« (1773) und »Fabius und Cato« (1774), in denen er sich mit verschiedenen Regierungsformen des Feudalabsolutismus, der konstitutionellen Monarchie und der aristokratisch-republikanischen Oligarchie auseinandersetzte, gehen auf Anregungen zurück, die ihm unter anderem J. J. Rousseaus »Gesellschaftsvertrag« vermittelte.

Schk

Literatur: Haller, A. v.: Icones anatomiae (Göttingen 1745–1754), Primae liniae physiologiae (Göttingen 1747), Elementa physiologiae corporis humani, 8 Bde. (Bd. 1–5 Lausanne 1757–1763, Bd. 6–8 Bern 1764–1766), De partibus corporis humani sensilibus et irritabilibus (Über die sensiblen und irritablen Teile des menschlichen Körpers), in: Commentarii Soc. Reg. Scientiar. Gottingensis (Bd. 2, Göttingen 1753, 114–158), Bibliotheca botanica, 2 Bde. (Zürich 1771/72), Bibliotheca anatomica, 2 Bde. (Zürich 1774–1777), Bibliotheca chirurgica, 2 Bde. (Basel 1774/75), Bibliotheca medicinae practicae, 4 Bde. (Basel 1776–1778); Die Alpen (Bern 1728), Versuch schweizerischer Gedichte (Bern 1732).

Albrecht von Haller 1708–1777. Zehn Vorträge gehalten am Berner Haller-Symposium vom 6.–8. Oktober 1977 (Basel 1977); d'Irsay, St.: Albrecht von Haller. Eine Studie zur Geistesgeschichte der Aufklärung (Leipzig 1930); Lundsgaard-Hansen-von Fischer, S.: Verzeichnis der gedruckten Schriften Albrecht v. Hallers (Bern 1959).

Halley, Edmund, Astronom und Mathematiker, geb. 29.10.1656 Haggerston bei London, gest. 14.1.1742 Greenwich.

H. widmete sich frühzeitig den Berechnungen der Kometenbahnen, wobei er erstmalig das NEWTONsche Gravitationsgesetz anwandte. Bedeutsam waren seine Arbeiten zur Theorie des Erdmagnetismus. Weiterhin entdeckte er die Eigenbewegung verschiedener Fixsterne.

Als Sohn eines vermögenden Seifensieders kam H. siebzehnjährig nach Oxford, wo er später (1703–1720) den Lehrstuhl für Geometrie innehatte. Sehr erfolgreich war seine Position als Sekretär der Royal Society 1713–1721. Nach J. FLAMSTEEDS Tod wurde er »Astronomer Royal« (Kgl. Astronom) und Dir. der Sternwarte Greenwich (1720). Dort fand er keine Instrumente mehr vor, da FLAMSTEEDS Erben diese als dessen Eigentum beiseite geschafft hatten. So bot sich H. die Gelegenheit, aus öffentlichen Mitteln neue Instrumente bei G. GRAHAM, einem fähigen Instrumentenbauer, zu bestellen.

Schon 1676 wurde H. durch die britische Regierung auf die Insel St. Helena gesandt, um südliche Sterne zu beobachten, deren Positionen für die Ortsbestimmung auf See von Bedeutung waren. Er bestimmte die Positionen von 350 Sternen, die als Ergänzung zu TYCHO BRAHES Katalog veröffentlicht wurden. Während seines Aufenthalts auf St. Helena beobachtete H. den Durchgang des Merkurs vor der Sonne und versuchte daraus die Sonnenparallaxe zu bestimmen, allerdings ohne Erfolg. Er sagte jedoch voraus, daß bei einem entsprechenden Venusdurchgang die Bedingungen wesentlich günstiger seien. Bei den Venusdurchgängen von 1761 und 1769 fand seine Methode mit Werten zwischen 8″55 und 8″88 ihre Bestätigung. Auf seinen Reisen auf die südliche Hemisphäre machte H. auch meteorologische und magnetische Beobachtungen, konstruierte eine Gezeitenkarte und gab eine Erklärung der Passatwinde als Folge der Erdrotation. Aufgrund der Ergebnisse seiner ersten astronomischen Reise nach St. Helena wurde er schon mit 22 Jahren zum Mitgl. der Royal Society ernannt. Als »assistant secretary« der Royal Society hatte er besondere Verdienste am Erscheinen des berühmten NEWTONschen Werkes »Philosophiae naturalis principia mathematica«, indem er für I. NEWTON, dem er freundschaftlich verbunden war, private Mittel zum Druck dieser Arbeit verwandte. In einem Streit zwischen R. HOOKE und J. HEVELIUS, der seine Beobachtungen mit dem bloßen Auge für ebensogut hielt wie die von HOOKE mit dem Fernrohr gemachten, hatte letzterer die Royal Society ersucht, den Sachverhalt durch eines ihrer Mitglieder prüfen zu lassen. Die Wahl fiel auf den jungen H., der daraufhin mit den HOOKEschen Instrumenten nach Danzig (Gdańsk) reiste und dort vom 26.5. bis zum 18.7.1679 gleichzeitig mit HEVELIUS Beobachtungen derselben Objekte anstellte. Das Ergebnis fiel so aus, daß HEVELIUS in der Tat mit dem bloßen Auge und Diopter ebensogut wie H. bzw. HOOKE mit dem Fernrohr beobachtete. Dies lag allerdings an HEVELIUS' überragenden individuellen Beobachterfähigkeiten, während die Zukunft astronomischer Beobachtungen eindeutig beim Fernrohr lag. Schon 1676 bemerkte H. in den Bewegungen von Jupiter und Saturn Widersprüche zu den Rudolphinischen Tafeln J. KEPLERS. Er vermutete, daß diese das Ergebnis gegenseitiger Anziehungen seien. Dieses Problem der Planetenstörungen beschäftigte noch lange Zeit viele seiner berühmten Kollegen, z. B. L. EULER, J. L. LAGRANGE und P. S. LAPLACE. Nach einer von NEWTON vorgeschlagenen und von H. weiterentwickelten Methode zur Bahnbestimmung von Kometen, bei der in der Nähe des Perihels die Bahnen der Kometen durch Parabeln angeglichen werden, berechnete H. parabolische Bahnelemente von 24 Kometen. In seiner Publikation von 1705 wies er darauf hin, daß die Kometen von 1531, 1607 und 1682 nahezu identische Bahnen hatten. Er schloß aus der Gleichheit der Intervalle zwischen ihrem Erscheinen von 75 bzw. 76 Jahren, daß es sich um drei Erscheinungen des gleichen Kometen handle, der in 75 Jahren eine langgestreckte Ellipse um die Sonne beschreibt und dessen Wiederkehr er für 1758 voraussagte. Der Komet wurde am Weihnachtsabend 1758 von einem sächs. Bauern, J. G. PALITZSCH in Prohlis, einem Dorfe bei Dresden, wiederentdeckt, erreichte im März 1759 sein Perihel und war bis Juni sichtbar. Das war nicht nur eine glänzende Bestätigung der HALLEYschen Bahnbestimmungsmethode, sondern gleichermaßen der NEWTONschen Theorie. Der Komet erhielt fortan den Namen HALLEYscher Komet. 1718 gelang H. bei Sirius, Arktur und Aldebaran der Nachweis der Eigenbewegung von Fixsternen durch den Vergleich seiner Beobachtungen mit den über 1500 Jahre zurückliegenden Beobachtungen des PTOLEMAIOS. Er stellte fest, daß die bei einigen Sternen beobachteten Positionsänderungen auf pekuliare Bewegungen der Sterne zurückzuführen seien. Diese hellsten Sterne müßten wahrscheinlich auch die der Erde nächsten sein und irgendwelche Eigenbewegungen sich daher bei ihnen am stärksten auswirken.

H. war über seine astronomischen Forschungen hinaus ein sehr vielseitiger Wissenschaftler und Erfinder. Er erfand den Spiegeloktanten und entwickelte bedeutende wissenschaftliche Methoden wie die Anwendung des Barometers zur Höhenbestimmung oder die Bestimmung der Aphelien und Exzentrizitäten von Planetenbahnen, beobachtete die Konstanz der Temperatur des kochenden Wassers, gab eine Deutung des Nordlichts als magnetische Erscheinung und experimentierte mit der Taucherglocke. Fe

Literatur: Halley, E.: Catalogus stellarum australium (London 1676), Methodus directa et geometrica investigandi aphelia, excentricitates proportionesque orbium planetarum primariorum (London 1676), A general chart, showing at one view the variation of the compass (London 1701), A historical account of the trade winds and monsoons, in: Phil. Trans. 1686 (London), Resolution of the problem of finding the foci of optic glasses universally, in: Phil. Trans. 1693, A synopsis of the astronomy of comets, in: Phil. Trans. 1705, A new, exact and easy method of finding the roots of any equation generally, in: Phil. Trans. 1720, On the method of observing the differences of right ascension and declination by cross hairs in a telescope, in: Phil. Trans. 1720. (Im ganzen 77 Abhandlungen.)

Hamilton, Sir William Rowan, Mathematiker und Physiker, geb. 4.8.1805 Dublin, gest. 2.9.1865 Observatorium Dunsink bei Dublin.

H. gelangte durch Untersuchungen über geometrische Optik, theoretische Mechanik und über spezielle algebraische Probleme zu intern. Ruf.

H., Sohn eines Anwalts, fiel sehr früh durch eine außerordentliche Sprachbegabung auf und lernte ohne Schwierigkeit vorwiegend orientalische Sprachen. Um 1820 begann sein Interesse an mathematischen Fragestellungen zu erwachen. 1822 entdeckte er einen Fehler in der »Mécanique celeste« von P. S. LAPLACE und erregte damit bedeutendes Aufsehen. 1823 trat H. in das Trinity College von Dublin ein und erhielt dort eine ausgezeichnete Ausbildung. Ohne einen Abschluß am College gemacht zu haben, wurde H. 1827 zum »Royal astronomer of Ireland« gewählt, siedelte in das Observatorium Dunsink über und übernahm die Professur für Astronomie am Trinity College. Seit 1832 war H. Mitgl., 1837–1845 Präsident der Royal Irish Academy; 1835 war er geadelt worden. Trotz großer äußerer Erfolge waren Jahrzehnte seines Lebens überschattet von unglücklichen Familienverhältnissen und einer schweren chronischen Erkrankung.

H. war kein Freund der beobachtenden astronomischen Arbeit; während der ersten Jahre seines Wirkens auf Dunsink führte er noch die notwendigen astronomischen Arbeiten durch, zog sich dann aber mehr und mehr auf theoretische Studien zurück. Er hat nur eine Arbeit eigentlich astronomischen Inhalts, zur Mondtheorie, veröffentlicht (1847).

1843 hatte H. die Quaternionen entdeckt. Schon lange vorher, etwa seit 1830, hatte er begonnen, nach einem Zahlensystem zu suchen, das die gleichen mathematischen Möglichkeiten im dreidimensionalen Raum eröffnete wie die komplexen Zahlen in der Ebene. 1833 fand H. die Dar-

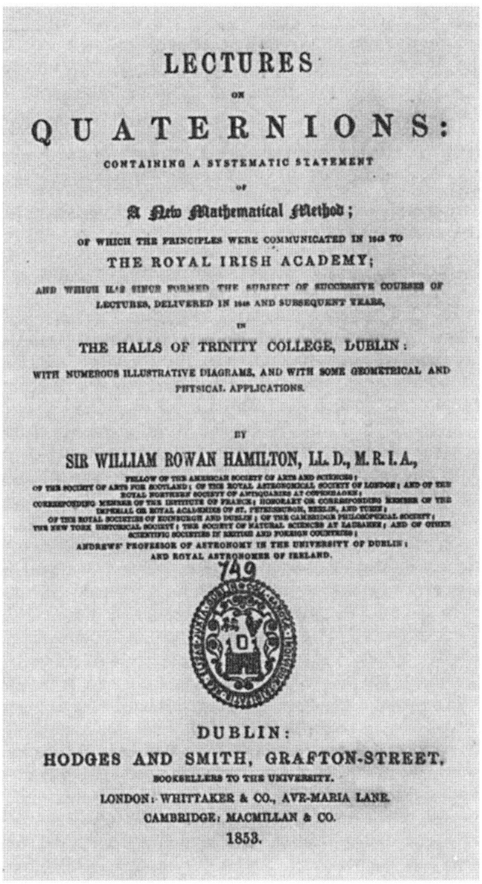
LECTURES
ON
QUATERNIONS:
CONTAINING A SYSTEMATIC STATEMENT
OF
A New Mathematical Method;
OF WHICH THE PRINCIPLES WERE COMMUNICATED IN 1843 TO
THE ROYAL IRISH ACADEMY;
AND WHICH HAS SINCE FORMED THE SUBJECT OF SUCCESSIVE COURSES OF LECTURES, DELIVERED IN 1848 AND SUBSEQUENT YEARS,
IN
THE HALLS OF TRINITY COLLEGE, DUBLIN:
WITH NUMEROUS ILLUSTRATIVE DIAGRAMS, AND WITH SOME GEOMETRICAL AND PHYSICAL APPLICATIONS.
BY
SIR WILLIAM ROWAN HAMILTON, LL. D., M. R. I. A.,
ANDREWS' PROFESSOR OF ASTRONOMY IN THE UNIVERSITY OF DUBLIN; AND ROYAL ASTRONOMER OF IRELAND.
DUBLIN:
HODGES AND SMITH, GRAFTON-STREET,
BOOKSELLERS TO THE UNIVERSITY.
LONDON: WHITTAKER & CO., AVE-MARIA LANE.
CAMBRIDGE: MACMILLAN & CO.
1853.

Titelblatt des 1853 erschienenen Werkes »Lectures of Quaternions« von W. R. Hamilton

E. Halley

W. R. Hamilton

stellung der gewöhnlichen komplexen Zahlen in Form von Paaren reeller Zahlen, für die er bestimmte Verknüpfungsgesetze definierte. Diese Idee H.s hat bis zur Neuzeit algebraische Überlegungen weitgehend beeinflußt. Kaum anfreunden konnten sich die Mathematiker jedoch mit der Auffassung H.s, die Zahlenpaare als Zeitschritte zu interpretieren (1835). H.s philosophische Ansichten, stark von R. BOSKOVIČ und I. KANT beeinflußt, führten ihn zur Interpretation der Algebra als »Wissenschaft von der reinen Zeit«, im Gegensatz zur Geometrie als »Wissenschaft vom reinen Raum«. Die Quaternionen H.s sind ein hyperkomplexes Zahlensystem, in dem zwar das assoziative Gesetz Gültigkeit behielt, aber das kommutative Gesetz verlassen wurde. Erst durch Arbeiten von K. WEIERSTRASS, G. F. FROBENIUS u. a. konnten die Quaternionen algebraisch sinnvoll eingeordnet werden, und A. CAYLEY zeigte, daß sie die Rotation eines Vektors um eine gegebene Achse beschreiben. Da die Quaternionen aus einem skalaren und einem vektoriellen Teil bestehen, ist mit ihnen die Begründung der Vektorrechnung z. T. gegeben. Durch die Einführung geeigneter Operationen erweiterte H. die Vektoralgebra zu einer Vektoranalysis. H. legte seine Ergebnisse in zwei weitschweifigen Werken, »Lectures on Quaternions« (1853) und »Elements on Quaternions« (1867), nieder. Außerdem veröffentlichte H. Arbeiten über die Gleichung fünften Grades (1837) und über Polyeder.

Ein zweites großes Forschungsgebiet von H. war die geometrische Optik; seine erste Arbeit hierzu, die »Theorie der Strahlensysteme«, stammt aus dem Jahre 1824. In den Jahren 1827–1833 veröffentlichte er eine Reihe von Arbeiten über die Wellentheorie des Lichts. H. begründete die geometrische Optik auf Variationsprinzipien, wie sie schon vor ihm P. DE FERMAT, L. EULER und B. L. M. MAUPERTUIS als formale Methode verwendet hatten, stellte jedoch das charakteristische Funktional und die daraus gewinnbaren Eikonale in den Mittelpunkt der Betrachtung. Mit der Einführung dieser »Größen« wurde H. zum Begründer der Theorie der Abbildungsfehler. Eine Frucht seiner theoretischen Studien war die Voraussage (1832) der konischen Refraktion der optisch zweiachsigen Kristalle, die H. LLOYD kurze Zeit danach experimentell nachweisen konnte. Dieses Zusammenwirken von Theorie und Experiment wurde seinerzeit als außerordentliches Ereignis gefeiert. Von weitreichender Bedeutung bis in die Gegenwart sind H.s Beiträge zur theoretischen Mechanik geworden. Seine Theorie der Mechanik baute auf Arbeiten von J. L. LAGRANGE über Systeme von Massenpunkten auf, er ersetzte aber die LAGRANGEsche Funktion durch die Gesamtenergie $H = T + V$ (T kinetische, V potentielle Energie). Nach H. ist die Gesamtenergie abhängig von den kanonischen Variablen p, q (in der elementaren Fassung q_i Ortskomponenten, p_i Impulskomponenten). Aus der HAMILTON-Funktion $H(p, q)$ kann das Verhalten eines Systems von Massenpunkten erschlossen werden. Insbesondere werden die Bewegungsgleichungen des Systems durch die HAMILTONschen Differentialgleichungen beschrieben. Werden in der HAMILTONschen Theorie die klassischen Größen durch quantenmechanische Operatoren ersetzt, erhält man die Bewegungsgesetze der Quantenmechanik.

Die HAMILTONsche Theorie der Mechanik fand erste Anwendungen in der astronomischen Störungstheorie; bald stellte sich heraus, daß einzelne Elemente dieser Theorie (Wirkungsprinzip, kanonisches Schema) nicht auf Probleme der klassischen Mechanik beschränkt sind, sondern das Bindeglied zwischen klassischer und moderner Physik, zwischen Makro- und Mikrophysik, darstellen.

H. war philosophisch sehr interessiert und gebildet. Neben KANT und BOSKOVIČ haben auch die Ansichten von S. T. COLERIDGE und G. BERKELEY dazu beigetragen, daß er einen konsequent philosophisch-idealistischen Standpunkt bei der Begründung von Mathematik und Physik vertrat.

H. war auch literarisch aktiv; er schrieb selbst Gedichte und pflegte Freundschaften mit Dichtern, unter anderem mit W. WORDSWORTH. Il

Literatur: Hamilton, W.R.: The Mathematical Papers, 3 Bde. (Cambridge 1931–1967).

Buchheim, W.: William Rowan Hamilton und das Fortwirken seiner Gedanken in den physikalischen Wissenschaften, in: Forschungen und Fortschritte 40. Jg. (1966), 161–165; Hankins, T. L.: Sir William Rowan Hamilton (Baltimore/London 1980); Study, E.: Sir William Rowan Hamilton, in: Jahresber. Dtsch. Math.-Ver. 14 (1905), 421–438.

Hantzsch, Arthur, Chemiker, geb. 7. 3. 1857 Dresden, gest. 14. 3. 1935 Dresden.

H. hat mit zwei später nach ihm benannten Synthesen grundlegende, allgemein anwendbare Darstellungsmethoden für heterocyclische Verbindungen entdeckt: die HANTZSCHsche Pyridinsynthese und die HANTZSCHsche Thiazolsynthese. Bei seinen Untersuchungen zur Stereochemie des Stickstoffs, zur Struktur der Oxime und der Diazoverbindungen sowie zur Tautomerie und zur Säurestruktur konnte er wesentliche Schlüsse aus Meßdaten ziehen, die ihm aufgrund des Einsatzes von physikalisch-chemischen Meßmethoden zur Klärung von Fragestellungen der organischen Chemie zugänglich wurden.

H. entstammte einer Kaufmannsfamilie. Nach dem Abschluß der Dresdener Kreuzschule im Jahre 1875 studierte er an der TH in Dresden bis 1879 Chemie. Seine Lehrer waren R. SCHMITT, bekannt durch die KOLBE-SCHMITT-Synthese, und der Gasanalytiker W. HEMPEL. Unter Leitung von SCHMITT fertigte H. seine Dissertation an, in der er sich mit Parahydroxyphenetol befaßte. Da die TH Dresden damals noch kein Promotionsrecht hatte, konnte H. seine Dissertation erst nach einem einsemestrigen Zusatzstudium im Jahre 1880 an der Univ. Würzburg bei J. WISLICENUS abschließen. Danach ging er für ein Semester als Assistent nach Berlin zu A. W. HOFMANN. Ab Herbstsemester 1880/81 wurde er Assistent in Leipzig bei G. WIEDEMANN, der damals den Lehrstuhl für physikalische Chemie innehatte. 1883 habilitierte sich H. in Leipzig mit der Arbeit »Synthese von Verbindungen der Pyridinreihe aus Acetessigester und Aldehyden«. Mit der darin erstmals publizierten Pyridinsynthese wurde er international bekannt. 1885 erhielt H. an der ETH in Zürich die Professur für organische Chemie, die er acht Jahre lang wahrnahm. 1893 wurde er zum Nachfolger von E. FISCHER nach Würzburg berufen. Von dort ging er 1903 nach Leipzig. Er übernahm den Lehrstuhl von WISLICENUS und wirkte an der Leipziger Univ. für insgesamt 26 Jahre. 1927 wurde H. emeritiert. Wegen Schwierigkeiten bei der Neubesetzung des Lehrstuhls arbeitete er weiter, bis 1929 B. HELFERICH Ordinarius wurde.

H.s frühes wissenschaftliches Werk galt der Synthese von Heterocyclen. War es zunächst die Pyridinsynthese, ausgehend von Acetessigester und Aldehyd/Ammoniak, die ihn schon in jungen Jahren bekannt machte, so folgte bald darauf die Thiazolsynthese. Damit führte H. ein neues Syntheseverfahren für Thiazole, ausgehend von α-halogenierten Aldehyden oder Ketonen und den Thioamiden der Fettsäuren, ein. Mittels der Thiazolsynthese konnte er, nachdem er anstelle von Schwefel Selen-, Sauerstoff- oder NH-Verbindungen einsetzte, Selenazole, Oxazole und Imidazole darstellen. Eine Vielzahl von Arbeiten war stereochemischen Problemen gewidmet. Gemeinsame Untersuchungen mit A. WERNER galten der Stereochemie der Oxime. Untersuchungen an Azomethinen und Diazoverbindungen führten zum Nachweis der syn-anti-Isomerie in diesen Verbindungen. 1896 konnte H. die aci-Form des tautomeren Phenylnitromethans auffinden. Diese Entdeckung wurde zum Ausgangspunkt der Formulierung der Begriffe Säure und Pseudosäure. Fast 20 Jahre lang (1908–1927) beschäftigten H. Untersuchungen, die er in seiner Theorie der Säuren zu verallgemeinern suchte. Wenn auch diese Theorie heute an Bedeutung in vieler Hinsicht eingebüßt hat, so veranschaulichen die Untersuchungen aus dieser Zeit ein Stück Frühgeschichte des Einsatzes spektroskopischer (insbesondere UV-spektroskopischer) Methoden für die Klärung organisch-chemischer Sachverhalte. Überhaupt gebührt H. das Verdienst, als erster in großem Umfang physikalisch-chemische Methoden, z. B. kryoskopische Messungen, Leitfähigkeitsmessungen, die Verseifungskatalyse und nicht zuletzt die Absorptionsspektroskopie, in die organisch-chemische Praxis eingeführt und zu ihrer Verbreitung beigetragen zu haben. Re

Literatur: Hantzsch, A.: Grundriß der Stereochemie (Leipzig 1893), Die Diazoniumverbindungen (Stuttgart 1902), Die Theorie der ionogenen Bindung als Grundlage der Ionentheorie (Leipzig 1923).

Hein, F.: Arthur Hantzsch (1857–1935), in: Ber. Dtsch. Chem. Ges. 74 (1941), 147A–163A.

Hargreaves, James, Weber und Mechaniker, geb. um 1720? Blackburn?, gest. 1778 Nottingham.

H. schuf die erste industriell in großem Umfang eingesetzte Spinnmaschine, bei der nur der Antrieb und die Steuerung der Arbeitsorgane von Hand erfolgte, während der Spinnprozeß selbst voll mechanisiert war. Damit gehört H. zu den Pionieren der industriellen Revolution.

Über Herkunft und Jugend von H. ist so gut wie nichts bekannt. Zunächst war er wohl Tischler und Weber in Standhill bei Blackburn. Um 1760 wurde er wegen seines handwerklichen Geschicks von einem Unternehmer angestellt, um eine gegenüber den bis dahin bekannten Konstruktionen verbesserte Krempelmaschine zu schaffen. Mit ihr wurden die im Rohmaterial ungeordneten Baumwollfasern parallel gerichtet und in einen lockeren mehr oder weniger dicken Faserstrang, das Krempelband, übergeführt. Etwa im Jahre 1764 soll die Idee für seine Spinnmaschine geboren worden sein, als er ein umgefallenes Spinnrad beobachtete, bei dem sich das Rad und die nun senkrecht statt horizontal stehende Spindel selbständig eine Zeitlang weiterdrehten. Tatsächlich arbeitete seine Spinnmaschine, die »Spinning Jenny« (angeblich benannt nach H.' Tochter Jenny, deren Existenz aber nicht gesichert ist) nach dem Prinzip des alten Handspinnrades. An die Stelle des Spinnrockens mit losem Fasermaterial, aus dem von Hand das der Spindel zuzuführende Faserband auszuzupfen war, trat allerdings aufgespultes Krempelband; die menschliche Hand wurde durch eine aus zwei Holzleisten bestehende und auf einem Wagen angeordnete Klemmvorrichtung ersetzt, die das Krempelband so weit streckte und auszog, daß es dann von der Spindel zu einem dünnen Faden zusammengedreht und aufgespult werden konnte. Die Maschine arbeitete also diskontinuierlich, Streckwerk und Spindeln traten abwechselnd in Aktion. Die Fadenkluppe, d. i. die Klemme, konnte aber im Gegensatz zur Hand beliebig viel Stränge des Vorgarns erfassen, so daß H. zunächst 8 stehende Spindeln nebeneinander anordnen konnte, dann 16 und später bis zu 80 in mehreren Reihen. Sie wurden alle gleichzeitig von einem Arbeiter bedient, der die Aufgabe hatte, den Wagen mit dem Streckwerk hin und her zu bewegen, das Rad zum Antrieb der Spindeln zu drehen und mit einem Draht die Fadenzuführung zu den Spulen zu bedienen. Die Arbeitsproduktivität stieg dadurch gewaltig an. Ihre flache Bauart machte die Maschine dabei besonders für Kinderarbeit geeignet. Nachdem durch die Erfindung des Schnellschützen (siehe bei E. CARTWRIGHT) die Weberei größere Leistungen bringen konnte, war der Garnbedarf rasch gestiegen. Eine spürbare Produktionssteigerung der Spinnerei war also dringend erforderlich. H. war nicht der einzige, der sich darum bemühte. Er erzielte den entscheidenden Durchbruch, weil seine handbetriebene Maschine überall in der Heimindustrie eingesetzt werden konnte. Zunächst sahen sich allerdings die Spinner durch die Erfindung in ihrem Broterwerb bedroht. Nachdem H. seine Spinning Jenny mit Hilfe der Familie nicht nur für den Bedarf des eigenen Webstuhls betrieben, sondern auch einige Exemplare verkauft hatte, zog im Frühjahr 1768 eine Schar Spinner aus Blackburn und Umgebung zu seinem Haus und zerstörte Spinnmaschine und Webstuhl. H. zog nach Nottingham und gründete mit einem Teilhaber ein kleines Unternehmen, in dem die Spinning Jenny eingesetzt wurde. Am 12. 7. 1770 erhielt er ein Patent auf diese Maschine. Als er erfuhr, daß Manufakturen in Lancashire schon ausgiebig Gebrauch von seiner Erfindung machten, klagte er auf Patentverletzung, konnte aber nicht so viel erreichen, wie er wollte, da er schon vor dem Patentschutz Maschinen verkauft und seine Idee damit preisgegeben hatte. H. soll deshalb nur 7 000 £ Besitz hinterlassen haben. Sechs Jahre nach dem Tod von H. arbeiteten in England bereits 20 000 seiner Maschinen mit je 80 Spindeln. Die

A. Hantzsch

W. Harvey

Harvey, William, Arzt und Physiologe, geb. 1. 4. 1578 Folkestone, gest. 3. 6. 1657 Hampstead.

H. entdeckte den großen Blutkreislauf und wurde damit zu einem Begründer der Experimentalphysiologie. Überdies war er einer der ersten bedeutenden Embryologen.

H., ältestes von 9 Kindern des Bürgermeisters von Folkestone, besuchte ab 1588 (?) die King's Grammar School in Canterbury, studierte ab Mai 1593 am Gonville- und Caius-College der Univ. Cambridge und erhielt 1597 den akademischen Grad eines Baccalaureus. Ende 1599, vielleicht auch Anfang 1600 reiste er nach Padua, wo er an der damals berühmten Univ. Medizin studierte und der bedeutende Anatom und Embryologe H. FABRICIUS AB AQUAPENDENTE sein Lehrer war. Am 25. 4. 1602 promovierte H. zum Dr. med. 1604 erwarb H. in Cambridge die Lizenz zur Ausübung der ärztlichen Tätigkeit in England und trat dem Londoner Ärztekollegium (Royal College of Physicians) bei, das die Tätigkeit der Ärzte in London und Umgebung überwachte. Wahrscheinlich 1609 wurde H. Arzt am Londoner St. Bartholomäus-Krankenhaus, hatte aber auch außerhalb Patienten. Von H.s steigendem Ansehen zeugt, daß er im Londoner Ärztekollegium ab 1615 mit den Lumley-Vorlesungen (Lumleian Lectures) über Anatomie betraut wurde. 1618 wurde H. Außerordentlicher Leibarzt, später Leibarzt des König JACOB I. (1603–1625). Dieses Amt hatte

Spinning Jenny von J. Hargreaves

er auch unter König KARL I. (1625–1649) inne. Dieser unterstützte H.s Forschungen, beispielsweise durch Bereitstellung von Hirschen für embryologische Untersuchungen. 1636 begleitete H. Lord ARUNDEL im Auftrage des engl. Königs zum habsburgischen Kaiser FERDINAND II. nach Wien. H. war Royalist und folgte KARL I. im Bürgerkrieg (ab 1641/42) ins royalistische Oxford. Dort war H. Prof. an der Univ. Nach Übergabe Oxfords an die Parlamentstruppen 1646 liegt H.s Leben im Dunkeln. 1649 weilte H. in London, wo sein Vermögen teilweise konfisziert war und ihm Aufenthaltsbeschränkungen auferlegt wurden. Doch er wurde bald rehabilitiert. Er starb auf seinem Landgut zu Hampstead.

H.s Entdeckung des Blutkreislaufes ersetzte die auf GALEN zurückgehende und vor H. in den Grundzügen nicht bezweifelte Auffassung, daß Blut in der Leber aus dem Nahrungssaft ständig neu entsteht, von der Leber bzw. vom Herzen (arterielles Blut) in den Körper fließt und dort, ohne Rückfluß, verbraucht wird. Die von H. durch überzeugende Experimente bewiesene Lehre vom Blutkreislauf revolutionierte die Physiologie und verhalf erstmals der experimentellen Methode auch bei Erforschung der Lebenserscheinungen zum Erfolg, wobei bis in die Mitte des 15. Jh. das Experiment in der Erforschung der Lebewesen unterschiedlich stark eingesetzt wurde.

Einige neue anatomische Befunde standen bereits im 16. Jh. mit der GALENschen Auffassung von der Blutverteilung nicht in Übereinstimmung, wurden aber durch Hilfshypothesen dieser angepaßt. Die Herzscheidewand erwies sich nicht, wie zur Erklärung der alten GALENschen Auffassung notwendig war, als blutdurchlässig. Bereits im 16. Jh. hatten der durch J. CALVIN als Ketzer verbrannte M. SERVETO und der Anatom R. COLUMBUS (COLOMBO) gelehrt, daß das Blut von der rechten Herzkammer in die linke Herzvorkammer (kleiner Kreislauf) über die Lungen strömt.

Indem H. wohl an ARISTOTELES anknüpfte, der dem Herzen eine zentrale Funktion zuwies, und bereits vorliegende anatomische Befunde COLUMBUS' und FABRICIUS AB AQUAPENDENTES nutzte, gelangte H. um 1617 zur Vorstellung des Kreislaufs und begann nun entsprechende Beweise zu suchen, er ging also deduktiv vor. 1628 veröffentlichte er seine revolutionierenden Ergebnisse in Frankfurt am Main. H. stellte selbst durch seine noch grobe Messung fest, daß das Herz ständig eine Blutmenge ausstößt, die nicht fortlaufend neu gebildet werden kann. Er bewies, daß die Herzscheidewand für Blut undurchlässig ist; das Blut aus der rechten Herzkammer durch die Lunge zur linken Herzkammer und von dort in die Aorta strömt; die Lungenvene nicht Luft, sondern Blut führt; beide Herzkammern die gleichen Funktionen des Blutausstoßens haben, das Blut in den Arterien durch die Organe strömt und dasselbe Blut in den Venen zum Herzen zurückkehrt.

Ungeklärt blieb bei H. der in den Geweben liegende Teil des Kreislaufes, die von M. MALPIGHI 1660 entdeckten Venen und Arterien verbindenden Kapillaren. Auch für die Funktion des Blutes und damit die Bedeutung des Kreislaufes hatte H. noch unzureichende Vorstellungen. Die Umwandlung des venösen in das arterielle Blut lokalisierte H. noch im Herzen, erst R. LOWER in den Lungen. Die »eingeborene« Wärme des Herzens – bzw. nach der von H. korrigierten Ansicht: des Blutes – war für H. wie einst für ARISTOTELES die Quelle des Lebens.

Viele Gelehrte betrachteten H.s Theorie als unvorstellbar. Der prominenteste Gegner H.s war J. RIOLAN d. J., dessen Einwänden H. in 2 gedruckten Briefen an RIOLAN begegnete. Aber H. fand bald auch Anhänger, die neue Belege für die Blutkreislauflehre erbrachten, z. B. den Niederländer J. DE WALE und den Jenaer Anatomieprof. W. ROLFINCK.

Als Embryologe suchte H. die Ursache der Keimesentwicklung aufzudecken, was aber ohne Mikroskopie großenteils spekulativ bleiben mußte. In seinem umfangreichen Werk »Exercitationes de Generatione Animalium« (1651) beschrieb H. eingehend die Entwicklung des Hühnchens im Ei und korrigierte in Einzelheiten seinen Lehrer FABRICIUS AB AQUAPENDENTE. Zwar erörterte H. die Frage, wodurch die Samenflüssigkeit des männlichen Säugetieres befruchtend wirkt, doch schienen ihm Untersuchungen an gedeckten Hirschkühen für ARISTOTELES' Auffassung zu sprechen, daß der Same immateriell, durch eine »Aura seminalis«, wirkt. H.s oft zitierter Satz, daß jedes Tier von einem »Ei« kommt, formulierte die Ansicht, daß jedes Tier ein sehr einfaches Anfangsstadium habe. Die von H. vertretene aristotelische Theorie der »Epigenesis« wurde bald von der »Präformations«-Theorie abgelöst. Zi

Literatur: Harvey, W.: Exercitatio Anatomica de Motu Cordis et Sanguinis in Animalibus (Frankfurt a. M. 1628), Die Bewegung des Herzens und des Blutes, dtsch, in: Klassiker der Medizin ... (Leipzig 1910); Exercitationes de Generatione Animalium (London 1651).
Zirnstein, G.: William Harvey (Leipzig 1977).

Hausdorff, Felix (Pseudonym als Schriftsteller Paul MONGRÉ), Mathematiker, geb. 8. 11. 1868 Breslau (Wrocław), gest. 26. 1. 1942 Bonn.

Die Hauptarbeitsgebiete H.s waren Mengenlehre und Topologie.

Bereits in jungen Jahren kam H. mit seinen Eltern nach Leipzig, wo er die Schule besuchte und 1887 das Abitur ablegte. 1887–1891 studierte er vorwiegend an der Univ. Leipzig Mathematik, Physik, Astronomie und Geographie. 1891 promovierte er hier bei H. BRUNS mit der Arbeit »Zur Theorie der astronomischen Refraktion« und habilitierte sich 1895 mit der Schrift »Über die Absorption des Lichts in der Atmosphäre«. 1895–1901 wirkte er als Privatdoz. und 1901–1910 als außeretatsmäßiger ao. Prof. an der Univ. Leipzig; 1902 lehnte er einen Ruf an die Univ. Göttingen ab, ging aber 1910 als ao. Prof. an die Univ. Bonn; 1913–1921 war er Ordinarius für Mathematik an der Univ. Greifswald und wurde 1921 als Ordinarius und Dir. des mathematischen Seminars wieder an die Univ. Bonn berufen, wo er bis zu seiner Emeritierung im Jahre 1935 wirkte. Die letzten Lebensjahre H.s waren geprägt durch Vereinsamung und Verfolgungen; der unmittelbar bevorstehenden Deportation in ein Konzentrationslager entgingen H. und seine Gattin, indem sie freiwillig aus dem Leben schieden.

Nach ersten Arbeiten über die mathematische Theorie der Brechung und Absorption des Lichtes befaßte sich H. zunächst mit Fragen der Wahrscheinlichkeitsrechnung und der Geometrie, ehe er sich 1901 unter dem direkten Einfluß G. CANTORS der Mengenlehre zuwandte. In mehreren umfangreichen Arbeiten entwickelte er eine Theorie der (einfach) geordneten Mengen, die insbesondere eine Klassifizierung der Ordnungstypen und einfach geordnete Produkte von Ordnungstypen umfaßte. Dabei erwiesen sich die teilweise geordneten Mengen als wichtiges Hilfsmittel, für die H. das heute nach ihm benannte Maximalkettenprinzip aufstellte. Zu Beginn des Jh. hatten sich Methoden der allgemeinen Mengenlehre in nahezu allen Bereichen der Mathematik durchgesetzt; damit war die Zeit herangereift, ein systematisches Lehrb. der Mengenlehre zu schaffen. Die 1914 erschienenen »Grundzüge der Mengenlehre« von H. sind ein Meisterwerk der Darstellung, das viele Generationen von Mathematikern auf ansprechende Weise in dieses neue Gebiet einführte und heute zu den klassischen Büchern der Mathematik gehört. Wie schon bei CANTOR, so bildete auch bei H. die Punktmengenlehre, die sich in dieser Zeit zur mengentheoretischen Topologie auszuweiten begann, einen wesentlichen Bestandteil der Mengenlehre. Demgemäß nahm die Darlegung der 1906 von M. Fréchet geschaffenen Theorie der metrischen Räume einen wesentlichen Platz in den »Grundzügen« ein; die wichtigste Leistung war dabei die axiomatische Definition topologischer Räume, der heutigen Hausdorff-Räume, mittels des Umgebungsbegriffs und die umfassende Darlegung der Theorie dieser Räume. Zahlreiche Begriffe und Eigenschaften, die heute fester Bestand der Mathematik sind, erschienen in diesem Buch zum ersten Mal. H.s fundierte Kritik an den existierenden Kurvenbegriffen war der Ausgangspunkt für die spätere Kurventheorie von P. Urysohn und K. Menger. Die 1928 erschienene zweite Aufl. unter dem Titel »Mengenlehre« war in Wirklichkeit ein neues Buch.

In einer grundlegenden Arbeit aus dem Jahre 1914 gab H. die heute nach ihm benannte paradoxale Zerlegung der Einheitssphäre an, mit der er zeigte, daß es im dreidimensionalen euklidischen Raum R^3 kein für alle Punktmengen definiertes Inhaltsfunktional gibt. H. bewies 1916, daß jede überabzählbare Borelsche Menge eines vollständigen metrischen Raumes ein topologisches Bild des Cantorschen Diskontinuums enthält, und löste damit das Kontinuumproblem für die Borelschen Mengen auf dem 1884 von Cantor für die perfekten Mengen vorgezeichneten Wege. In einer dritten mengentheoretischen Arbeit aus dem Jahre 1919 führte H. die heute unter den Bezeichnungen Hausdorff-Maß und Hausdorff-Dimension bekannten Begriffe ein und bewies ihre grundlegenden Eigenschaften. Nach 1919 wandte sich H. insbesondere Fragen der Analysis zu. Mehrere seiner Arbeiten befassen sich mit Summierbarkeitsverfahren für (divergente) unendliche Reihen, die heute allgemein als Hausdorff-Verfahren bezeichnet werden. Er konnte für diese Verfahren ein einfaches Regularitätskriterium beweisen und dabei einen engen Zusammenhang zum Momentenproblem herstellen. Die meisten seiner nach 1928 publizierten Arbeiten betreffen grundlegende Fragen der mengentheoretischen Topologie und insbesondere die Theorie der metrischen Räume. H. untersuchte u. a. die Beziehungen zwischen den Konvergenzräumen von Fréchet mit den topologischen Räumen und die Möglichkeiten der Fortsetzung stetiger Funktionen von einer abgeschlossenen Teilmenge eines metrischen Raumes auf den ganzen Raum. Die letzte publizierte Arbeit H.s datiert aus dem Jahre 1937; er ist jedoch bis zu seinem Tode schöpferisch wissenschaftlich tätig geblieben. Ein großer Teil seines umfangreichen wissenschaftlichen Nachlasses konnte gerettet werden, wovon einiges inzwischen im Faksimile-Druck vorliegt.

H. stammte aus einem begüterten Elternhaus; sein Vater war ein angesehener Textilkaufmann und gab im Verlag Hausdorff & Co. eine zu ihrer Zeit bekannte Textil-Ztschr. heraus. 1896 wurde H. Teilhaber des Verlages und baute die Ztschr. zu einer führenden Maschinen- und Rohstoffztschr. der Textilindustrie in Europa aus, die erst nach seinem Freitod ihr Erscheinen einstellte. Für H. war in seiner Leipziger Zeit die Mathematik mehr Liebhaberei als Beruf, zumal er ursprünglich den Wunsch hatte, Musik zu studieren und Komponist zu werden. Er verkehrte in jener Zeit viel in Künstlerkreisen und veröffentlichte unter dem Pseudonym Paul Mongré eine Reihe philosophischer Schriften, Gedichte, Aphorismen, Essays und eine zeitkritische Groteske wider das Duellunwesen, die unter anderem im Kleinen Theater in Berlin aufgeführt wurde. As

Literatur: Hausdorff, F.: Grundzüge der Mengenlehre (Leipzig 1914, Nachdrucke New York 1949 und 1965); Mengenlehre (Leipzig 1927 u. 1935, Nachdrucke New York 1944, 1957 u. 1962); Nachgelassene Schriften, 2 Bde. (Stuttgart 1969); Untersuchungen über Ordnungstypen, in: Sitzungsber. Kgl. Sächs. Ges. d. Wiss. 58 (1906), 106–169, 59 (1907), 84–159, Grundzüge einer Theorie der geordneten Mengen, in: Math. Ann. 65 (1908), 435–505, Bemerkungen über den Inhalt von Punktmengen, in: Math. Ann. 75 (1914), 428–433, Die Mächtigkeit der Borelschen Mengen, in: Math. Ann. 77 (1916), 430–437, Dimension und äußeres Maß, in: Math. Ann. 79 (1919), 157–179, Summationsmethoden und Momentenfolgen, in: Math. Z. 9 (1921), 74–109 u. 280–299, Erweiterung einer Homöomorphie, in: Fund. Math. 16 (1930), 353–360, Über innere Abbildungen, in: Fund. Math. 23 (1934), 279–291, Gestufte Räume, in: Fund. Math. 25 (1935), 486–502, Erweiterung einer stetigen Abbildung, in: Fund. Math. 30 (1938), 40–47.

Girlich, H.-J.: Felix Hausdorff und die angewandte Mathematik, in: 100 Jahre Mathematisches Seminar der Karl-Marx-Universität (Berlin 1981, S. 134–146).

F. Hausdorff

R.-J. Hauy

Hauy (Haüy), René-Just, Mineraloge und Kristallograph, geb. 28. 2. 1743 Saint-Just/Oise, gest. 3. 6. 1822 Paris.

H. ist neben Ch. S. Weiss Begründer der wissenschaftlichen Kristallographie.

H. entstammte einer Tuchmacherfamilie. Er erhielt im Collège de Navarre in Paris eine Ausbildung zum Abbé und wurde dort 1765 Prof. für Theologie. 1770 wechselte er zum Collège du Cardinal Lemoine über. In dieser Zeit begann H., sich mit Naturwissenschaften zu beschäftigen. Er hörte Vorlesungen des Chemikers P.-J. Macquer sowie Vorlesungen des Zoologen L.-J.-M. Daubenton über Mineralogie. Durch sie schloß H. Bekanntschaft mit den Chemikern L.-B. G. de Morveau, N. Leblanc und A.-L. Lavoisier, die Anhänger der Korpuskulartheorie waren und ihn mit Vorstellungen über die Strukturiertheit der Materie vertraut machten. H. wandte sich der Aufgabe zu, gestützt auf empirische Befunde, die vermutete Struktur der Kristalle zu ergründen. Seine Studien erregten das Interesse der Mathematiker E. Bézout und P.-S. de Laplace, die veranlaßten, daß 1781 eine Zusammenfassung seiner Arbeit in der Académie Royal des Sciences verlesen und 1782 publiziert wurde. Bereits 1783 wurde H. zum Mitgl. der Akademie gewählt. Neben seinen geistlichen Obliegenheiten begann er Vorlesungen über Mineralogie zu halten, in denen er seine Auffassung über die Struktur der Kristalle darlegte. 1784 wurde H. von seinen Pflichten als Prof. am Collège du Cardinal Lemoine entbunden, dem er jedoch weiterhin angehörte. Während der Franz. Revolution wurde er zweimal für kurze Zeit inhaftiert, da er sich weigerte, den Bürgereid auf die Republik zu leisten. 1793 wurde H. Sekretär des Komitees für Maße und Gewichte, 1794 Konservator des Cabinet des Mines, 1795 Mitgl. des Institut National des Sciences et des Arts, 1795 Prof. für Physik und Mineralogie an der École normale, 1796 an der École des Mines. 1802 folgte er auf D.-G. Dolomieu in der Professur für Mineralogie am Musée National d'Histoire Naturelle und wurde schließlich 1808 ehrenhalber zum Prof. an der Sorbonne gewählt. H. war Mitgl. mehrerer ausländischer Akademien, darunter der Kgl. Ak. d. Wiss. zu Berlin; nach ihm wurde das Mineral Hauyn benannt.

Gestützt auf Vorarbeiten, insbesondere des Chemikers und Mineralogen T. BERGMAN, gelang es H., den vermuteten Aufbau der Kristalle aus polyedrischen Bausteinen der mathematischen Behandlung zugänglich zu machen. Die Beobachtung der Spaltbarkeit brachte ihn auf den Gedanken, die polyedrisch gedachten »elementaren« Bausteine zu höher organisierten Einheiten zusammenzufassen. H. legte dabei willkürlich sechs Kristallformen zugrunde, die er auf geometrischem Wege auf drei polyedrische Bausteine reduzierte und durch einfache geometrische Operationen auf das Parallelepiped zurückführte. Derartige Parallelepipede nahm er als die eigentlichen Struktureinheiten der Kristalle an. Mit ihrer Hilfe ließen sich durch Aufeinanderstapeln von Schichten solcher Parallelepipede und durch die Annahme einer gesetzmäßigen Dekreszenz (Abnahme) an den Ecken und/oder Kanten der Schichten um ein, zwei oder mehr Reihen parallelepipedischer Bausteine alle Formenvarietäten ableiten, die bei einer Mineralart möglich sind. Auf dieser Grundlage entwickelte H. eine empirisch begründete hypothetisch-deduktive Theorie der Kristallstrukturen, durch die die Gesetzmäßigkeiten der Kristalle der systematischen Behandlung zugänglich wurden. Weiterhin stellte H. eine Relation zwischen Kristallform und chemischer Zusammensetzung eines Minerals durch das heute als kristallchemisches Grundgesetz anerkannte Postulat her, daß jede feste chemische Verbindung eine durch die Flächenwinkel eindeutig bestimmte charakteristische primitive Kristallform besitzt.

H.s Kristallstrukturtheorie fand international breite Anerkennung. Obwohl sie im 19. Jh. in der mineralogischen Praxis durch die von WEISS geschaffene Theorie der Kristallmorphologie weitgehend verdrängt wurde, ist sie zum Ausgangspunkt für die Gittertheorie der Kristalle geworden, die durch A. BRAVAIS, L. SOHNCKE, A. SCHOENFLIES, J. S. FJODOROW u. a. entwickelt und 1912 durch M. v. LAUE experimentell bestätigt wurde. Fa

Literatur: Hauy, R.-J.: Extrait d'un mémoire sur la structure des Cristaux de Grenat, in: J. de physique, Paris XIX (1782), 366–370, Essai d'une théorie sur la structure des Cristaux appliquée à plusieurs genres de substances crystallisées (Paris 1784), Traité de Minéralogie, Tl. I–IV, Atlas (Paris 1801), dtsch Lehrb. der Mineralogie, Bd. I–IV (Paris u. Leipzig 1804–1810), Traité élémentaire de physique (Paris 1803 u. 1820), Traité de Cristallographie, Bd. I–II, Atlas (Paris 1822).

Fabian, E.: Die Entdeckung der Kristalle. Der historische Weg der Kristallforschung zur Wissenschaft (Leipzig 1986); Groth, P.: Entwicklungsgeschichte der mineralogischen Wissenschaften (Berlin 1926); Šaskol'skaâ, M. P., Šafranovskij, I. I.: Rene Žûst Gaûi (Moskau 1981).

Hefner-Alteneck, Friedrich von, Elektrotechniker, geb. 27.4.1845 Aschaffenburg, gest. 7.1.1904 Berlin-Biesdorf.

Als einer der führenden Elektrotechniker seiner Zeit hat H.-A. nicht nur fast alle Bereiche des noch jungen Wissenschaftsgebietes zu bereichern gewußt, sondern er gehörte zudem zu den ersten Technikern und Ingenieuren, die wirklich eigenständig an die Seite der Physiker und Mechaniker des Gebietes traten und jene Arbeitsteilung zu realisieren begannen, die heute für die ingenieurtechnische Tätigkeit so charakteristisch ist.

H.-A., Sohn des Kunsthistorikers und späteren Dir. des Bayer. Nationalmuseums JAKOB v. H.-A., verlebte seine Jugend in München, wo er an der TH dann ein Studium aufnahm, um »eine schon von Kindheit auf ausgesprochene Neigung zu mechanischen Gebilden ... erst einmal den Anforderungen des Lebens gegenüber zu erproben«. 1867 schloß er seine Ausbildung am Züricher Polytechnikum ab und bewarb sich bei Siemens & Halske in Berlin um eine Stellung als Techniker. Nachdem seine Bewerbung abgelehnt wurde, trat er als Arbeiter in die Firma ein. Bald wurde man dort auf das technische Talent aufmerksam, und nach Jahresfrist hatte der junge H.-A. sein ursprüngliches Ziel doch erreicht: er wurde in das neu gegründete Konstruktionsbüro versetzt und prägte dort in den folgenden Jahren dessen Profil. Ungemein schnell vollzog sich nun sein beruflicher Aufstieg: 1869 wurde er Leiter des Konstruktionsbüros, 1872 Assistent des Obering. C. FRISCHEN und schließlich 1880 Prokurist der Firma. Nach dem Ausscheiden von W. v. SIEMENS zog sich H.-A. 1890 ebenfalls aus dem Unternehmen zurück. In seinem letzten Lebensjahrzehnt konnte er zahlreiche Ehrungen entgegennehmen: 1900 wurde er zum Mitgl. der Berliner Akademie gewählt, und 1897 verlieh ihm die Univ. München die Ehrendoktorwürde.

Gemäß dem ursprünglichen Profil des SIEMENSschen Unternehmens lagen die ersten technischen Erfindungen von H.-A. ebenfalls auf dem Gebiet der Schwachstromtechnik. Zu den Früchten dieser wissenschaftlichen Arbeitsperiode zählten Verbesserungen an Telegrafenapparaten, Geräte für das Eisenbahnsicherungssystem (Glockensignalwerk, Geschwindigkeitsmesser und -registratoren für Züge, Eisenbahnblockapparate u. a. m.) sowie vor allem die Erfindung des Dosenschreibers (1873). Letzterer ist eine Art Schreibmaschine, die die gedrückten Buchstaben selbständig in Morsesignale umwandelt. Auf dem Gebiet der Nachrichtenübermittlung ist H.-A. außerdem durch die Konstruktion von Wasserstandfernanzeigern, Kommandoapparaten für Schiffe und Bergwerke hervorgetreten.

Hatten ihn diese Erfindungen schon als einen der fähigsten Konstrukteure seiner Zeit ausgewiesen, so konnten seine Arbeiten auf dem Gebiet der Starkstromtechnik diesen Ruf nur festigen. Mit der Entwicklung des Trommelankers schuf H.-A. 1872 den ersten auch praktisch brauchbaren Stromerzeuger für große Leistungen und gab den Dynamomaschinen ihre vom Prinzip her bis heute gültig gebliebene Form. Die Erfindung erweiterte die Anpassungsfähigkeit der elektrischen Maschinen entscheidend und führte zur Konstruktion der ersten, für einen längeren Gebrauch geeigneten Gleichstrommotoren.

In den 70er und 80er Jahren des 19. Jh. war das dominierende Anwendungsfeld der Starkstromtechnik die Beleuchtung, und so nimmt es nicht wunder, daß H.-A. gerade hier mit wichtigen Entwicklungen hervorgetreten ist. 1879 stellte er auf der Berliner Gewerbeausstellung seine selbst regulierende Differentialbogenlampe vor, die erstmals den gleichzeitigen Betrieb mehrerer Lichtbögen in einem Stromkreis gestattete. Auch dem Problem exakter Lichtmessung hat H.-A. seine Aufmerksamkeit gewidmet und zu Beginn der 80er Jahre eine Amylacetatlampe entwickelt und als Vergleichslichtquelle in die Photometrie eingeführt. Zwischen 1897 und 1941 lag die HEFNER-Kerze als gesetzliche Einheit der Lichtstärke allen lichttechnischen Messungen zugrunde.

Auch andere Bereiche der Technik konnten von H.-A.s konstruktivem Geschick profitieren, so ist er z. B. der Vater der Eintasten-Schreibmaschine »Mignon«. Ho

Literatur: Hefner-Alteneck, F. v.: Theilung des elektrischen Lichts. Über eine neue dynamoelektrische Maschine für kontinuierlichen Strom, in: ETZ 2 (1881), 163–170, Vorschlag zur Beschaffung einer konstanten Lichteinheit, in: ETZ 5 (1884), 20–24, Antrittsrede vor der Preuß. Ak. d. Wiss. Sitzungsber. Ak. (1901).

Heintzenberg, F.: Friedrich von Hefner-Alteneck, in: Deutsches Museum, Abh. u. Ber. 19 (1951) 2–35; Piloty, R.: Friedrich von Hefner-Alteneck, in: Lebensläufe aus Franken 1 (1919), 161–168; Siemens, G.: Der Weg der Elektrotechnik. Geschichte des Hauses Siemens (Freiburg, München 1961).

Heisenberg, Werner Karl, theoretischer Physiker, geb. 5.12.1901 Würzburg, gest. 1.2.1976 München.

H. war wesentlich an der Begründung der Quantenmechanik sowie ihrer Erweiterung zur Quantenfeldtheorie beteiligt, förderte deren Anwendung, leitete die Untersuchungen zum Bau eines kritischen Uranreaktors in Deutschland und suchte nach einer einheitlichen Feldtheorie der Elementarteilchen. Eng verflochten mit den physikalischen Überlegungen waren bei H. philosophische.

Als Sohn des Byzantinisten August H. besuchte H. ab 1911 das Maximilian-Gymnasium in München. Hier erwarb er sich eine solide humanistische Bildung, beschäftigte sich aber zugleich mit Infinitesimalrechnung, elliptischen Funktionen und Zahlentheorie. Außerdem lernte er ausgezeichnet Klavier spielen. 1920 bezog H. die Univ. München, wo er bei A. Sommerfeld mathematische Physik studierte und schnell mit der Quanten- und Relativitätstheorie vertraut wurde. Im Nebenfach belegte er Mathematik und Astronomie. War H. im Münchener Seminar schon mit W. Pauli und G. Wentzel zusammengetroffen, so wurde er anläßlich einer Vortragsreihe von N. Bohr 1922 in Göttingen mit den führenden Atomphysikern Europas bekannt und 1922/23 als persönlicher Assistent von M. Born in Göttingen mit den modernsten mathematischen Methoden und Problemen der Atomtheorie vertraut. Nach Abschluß der Promotion 1923 in München wechselte H. ganz nach Göttingen über, wo er sich 1924 habilitierte. Während seines Studienaufenthaltes 1924/25 in Kopenhagen begann eine intensive Zusammenarbeit mit H. A. Kramers und vor allem mit Bohr, dem es besonders um den physikalischen Inhalt der verwendeten mathematischen Formalismen zu tun war. Ab Mai 1925 war H. für ein Jahr in Göttingen als Privatdoz. tätig, ehe er bis zum Herbst 1927 erneut in Kopenhagen, diesmal als Lektor, wirkte. Am 1.10.1927 begann für H. als Ordinarius und Dir. des Theoretischen Physikalischen Instituts der Univ. Leipzig eine neue Schaffensperiode. Zusammen mit P. Debye, F. Hund und B. L. van der Waerden schuf H. in Leipzig ein Zentrum der Atomphysik. Zu seinen Schülern und Mitarbeitern zählten hier unter anderem F. Bloch, R. Peierls, E. Teller und C. F. von Weizsäcker. Als 1933 zahlreiche Physiker emigrieren mußten, blieb H. und lehrte weiterhin in vollem Umfang die moderne theoretische Physik, obwohl diese und ihre Vertreter von den Verfechtern einer rassistisch orientierten »Deutschen Physik«, allen voran Ph. Lenard und J. Stark, scharf angegriffen und verunglimpft wurden. Auch H. war direkt davon betroffen: Die Nachfolge seines Lehrers Sommerfeld in München wurde ihm verwehrt, und Stark beschimpfte H. in der Presse als »weißen Juden«. Zu Beginn des zweiten Weltkrieges wurde H. zusammen mit weiteren deutschen Atomphysikern zum Heereswaffenamt einberufen, um im »Uranverein« an der kriegstechnischen Anwendung der Kernspaltung zu arbeiten. 1941 schätzte H. als wissenschaftlicher Kopf des Projekts ein, daß sich eine Uranbombe in absehbarer Zeit nicht würde realisieren lassen. Das für diese Arbeiten beschlagnahmte Kaiser-Wilhelm-Institut für Physik in Berlin wurde 1942 der Kaiser-Wilhelm-Gesellschaft zurückgegeben, H. wurde als dessen Dir. und zugleich zum Prof. an die Univ. Berlin berufen. Unter der Leitung von H. wurde weiter an der Schaffung einer »Uranmaschine« gearbeitet, eine sich selbst erhaltende Kettenreaktion kam jedoch bis Kriegsende nicht mehr zustande. Bis 1946 war H. in Großbritannien interniert. Nach der Rückkehr begann er in Göttingen mit dem Neuaufbau seines bisherigen Instituts, das 1948 in Max-Planck-Institut umbenannt, 1958 nach München verlegt und zum Institut für Physik und Astrophysik erweitert wurde. 1970 legte H. das Direktorat dieses Instituts nieder.

F. von Hefner-Alteneck

W. Heisenberg

Schon vor der Promotion arbeitete H. über das Auftreten von Turbulenzen in der Hydrodynamik und entwickelte 1921 das Konzept des halbzahligen Spins anhand des anormalen Zeeman-Effekts. Bereits hier wurde er mit den prinzipiellen Schwierigkeiten des Bohr-Sommerfeldschen Atommodells konfrontiert, ebenso wie beim Versuch, den Compton-Effekt theoretisch zu erklären und die Zustände des Heliums zu berechnen. Der Versuch, die Intensitäten des Wasserstoffspektrums quantentheoretisch zu berechnen, führte H. auf die Analyse des anharmonischen Oszillators und die Benutzung modifizierter Vertauschungsregeln für Ort und Impuls. Die daraus erwachsene Arbeit »Über die quantentheoretische Umdeutung kinematischer und mechanischer Beziehungen« vom Juli 1925 gilt als Ausgangspunkt für die neue Quantenmechanik, deren Formalismus von Born und P. Jordan ausgearbeitet wurde. Schon auf der Grundlage der ersten Arbeit wurden von H., Born, Pauli, Jordan und N. Wiener wesentliche Probleme der Quantentheorie des Atoms gelöst, und P. A. M. Dirac entwickelte eine eigene Formulierung der Quantenmechanik zur Behandlung von Mehrelektronensystemen und des relativistischen Compton-Effekts. In intensiver Auseinandersetzung mit der Wellenmechanik von E. Schrödinger entstand 1926 die statistische Kopenhagener Deutung der Quantenmechanik von Born, Bohr und H. Zusammen mit der im März 1927 von H. formulierten Unschärferelation und dem Komplimentaritätsprinzip von Bohr bildete sie die Grundlage für die physikalische Interpretation der Quantenmechanik. Für die Schaffung dieser Theorie erhielt H. 1932 den Nobelpreis für Physik. In der Folgezeit konzentrierte sich H. auf die Anwendungen der Quantenmechanik: Es entstanden 1928 die Austauschtheorie des Ferromagnetismus und 1928–1931 wesentliche Arbeiten zur Molekül- und Metalltheorie, die später zur Grundlage der quantentheoretischen Beschreibung des Festkörpers wurden. Parallel dazu begann H. mit der Quantisierung der Wellenfelder die Ausarbeitung der relativistischen Quantenfeldtheorie, deren Schwierigkeiten und Probleme H. intensiv mit Pauli diskutierte. Nach der Entdeckung des Neutrons 1932 erarbeitete H. unabhängig von D. D. Iwanenko ein Modell für den Atomkern. Dieser besteht danach aus Protonen und Neutronen und wird durch nukleare Austauschkräfte zusammengehalten. Großes Augenmerk legte H. auf das Studium der kosmischen Strahlung, damals die einzige Möglichkeit, die Wechselwirkung von Elementarteilchen hoher Energie zu untersuchen. Die angenommenen Mehrfachprozesse waren nur mit einer nichtlinearen Quantenfeldtheorie theoretisch zu erfassen, deren Schwierigkeiten H. durch die Einführung einer Elementarlänge zu lösen suchte. Mit dem Konzept der Streumatrix fand H. einen neuen Zugang zur Theorie der Elementarteilchen. Seit 1939 liefen parallel dazu H.s theoretische Studien und experimentelle Vorarbeiten für den Bau eines Kernreaktors.

Im Frühjahr 1942 beobachteten H. und G.R. Döpel in Leipzig erstmals in einer Anordnung konzentrischer Kugelschichten aus natürlichem Uran und schwerem Wasser einer Vermehrung des im Zentrum induzierten Neutronenstromes. Auch nach dem zweiten Weltkrieg suchte H. weiter nach einer konsistenten Beschreibung der Elementarteilchen. In enger Zusammenarbeit mit Pauli entstand eine nichtlineare Spinorgleichung, mit der es möglich sein sollte, Eigenschaften und Verhalten aller bekannten Elementarteilchen zu beschreiben. 1958 von H. vorgestellt, wurde sie in der Presse als »Weltformel« gefeiert. Die weitere Ausarbeitung dieser Theorie beschäftigte ihn und seine Mitarbeiter, insbesondere H.-P. Dürr, bis zu H.s Tod. Trotz einiger Teilerfolge ließen sich die erheblichen mathematischen Schwierigkeiten jedoch nicht überwinden.

Schon durch Elternhaus und Gymnasium mit philosophischem Denken vertraut, war H.s Wirken von Anfang an eng mit der Philosophie verknüpft. Bei der Ausarbeitung der Quantenmechanik suchte H. nur beobachtbare Größen in die Theorie aufzunehmen, und in der Kopenhagener Deutung wandte er sich gegen (mechanischen) Materialismus und Determinismus. Die objektive Realität der Quantenobjekte lehnte er im Bewußtsein, daß eine veränderte Wirklichkeitsauffassung nötig sei, zunächst ab, da er sie in unzulässig enger Verbindung mit der Erkenntnisproblematik betrachtete. Dieser für die Herausbildung der Theorie heuristisch brauchbare Standpunkt ließ idealistische, positivistische Deutungen zu und wurde von H. vor allem infolge der Beschäftigung mit einer einheitlichen Feldtheorie der Elementarteilchen nach und nach revidiert. Die experimentell festgestellte gegenseitige Umwandelbarkeit der Elementarteilchen legte für H. den Gedanken nahe, daß sie alle verschiedene Formen ein und derselben Substanz seien, mithin die Einheit der materiellen Welt repräsentieren und mit einer einzigen hochsymmetrischen Feldgleichung zu beschreiben seien. Die Symmetrien, die wesentliche Eigenschaften dieser Teilchen widerspiegeln, sah H. als Analogon zu den platonischen Weltkörpern an, wie er sich oft von Anschauungen klassischer Philosophen inspirieren ließ. H. gehört zu den Mitunterzeichnern der Mainauer Kundgebung aus dem Jahre 1955 und des Göttinger Appells von 1958, in denen sich zahlreiche Nobelpreisträger und deutsche Atomforscher gegen die atomare Aufrüstung in der Welt und in der Bundesrepublik Deutschland wandten. Fk

Literatur: Heisenberg, W.: Gesammelte Werke. Hrsg. W. Blum, H.-P. Dürr, H. Rechenberg, Abt. A: Wissenschaftliche Originalarbeiten, Abt. B: Wissenschaftliche Übersichtsartikel, Vorträge und Bücher, Abt. C: Allgemeinverständliche Schriften (München, Berlin, Heidelberg, New York, Tokyo 1984f).

Heisenberg, E.: Das politische Leben eines Unpolitischen: Erinnerungen an Werner Heisenberg (München 1980); Hermann, A.: Werner Heisenberg in Selbstzeugnissen und Bilddokumenten (Reinbeck 1976); Weizsäcker, C. F. v., u. L. B. von der Waerden: Werner Heisenberg (München, Wien 1977); In memoriam Werner Heisenberg aus Anlaß seines 80. Geburtstages, in: Nova Acta Leopoldina Neue Folge Bd. 55 Nr. 248 (Halle 1982).

Heitler, Walter Heinrich, Physiker, geb. 2. 1. 1904 Karlsruhe, gest. 15. 11. 1981 Zürich.

Zusammen mit F. W. London entwickelte H. 1927 auf quantenchemischer Grundlage eine Näherungsmethode zur Berechnung der kovalenten chemischen Bindung und zur Ermittlung der Elektronenstruktur (VB-Verfahren, Valenzstrukturverfahren).

Als Sohn des Universitätsprof. Adolf H. geboren, studierte H. 1922–1926 in Karlsruhe, Berlin und München Physik. Zu seinen wissenschaftlichen Lehrern zählte u. a. A. Sommerfeld; 1926 erfolgte die Promotion, 1929 die Berufung zum Privatdoz. für theoretische Physik an der Univ. Göttingen. 1933 verließ H. Deutschland und war in Bristol bis 1941 als Forschungsmitarbeiter tätig; danach (1941–1949) Prof. für theoretische Physik am Institute for Advanced Studies in Dublin. Von 1949 bis zu seiner Emeritierung (1974) lehrte H. an der Univ. Zürich.

H. war Mitgl. mehrerer wissenschaftlicher Gesellschaften und Ehrendoktor der Univ. Uppsala, Dublin und Göttingen.

Mit der Entwicklung der Quanten- und Wellenmechanik (1925/26) bestanden neue Möglichkeiten, die Art der Wechselwirkungen kovalenter chemischer Bindungen sowie die Ursachen der Bindungsenergien zu erfassen und die von G. N. Lewis (1916) und I. Langmuir (1919) ausgearbeiteten qualitativen Vorstellungen quantitativ zu vertiefen. Die Arbeiten von E. U. Condon (1927) sowie von H. und London über die Bindungsverhältnisse des Wasserstoffmoleküls (1927) erbrachten dazu wesentliche Erkenntnisse. Während die Methode von Condon ein erstes Beispiel für die theoretische Behandlung eines molekularen Bindungsproblems nach dem Molekülorbitalverfahren (molecular orbital method; MO-Verfahren) darstellte, das insbesondere in den 30er Jahren des 20. Jh. weiterentwickelt wurde, bildete die von H. und London angewandte Methode zur theoretischen Ermittlung der Elektronenstruktur des Wasserstoffmoleküls ein Schulbeispiel für das Valenzstrukturverfahren (valence bond method; VB-Verfahren); mit diesem Verfahren gelangen auch quantitative Aussagen über die Stärke der kovalenten Bindung; in den folgenden Jahren konnte das VB-Verfahren neben anderen auch von L. Pauling weiterentwickelt werden.

H. wandte quantenmechanische Methoden auch zur Erforschung elektromagnetischer Strahlungsfelder sowie auf Probleme der kosmischen Höhenstrahlung an. Zusammen mit dem ind. Physiker Homi Jehangir Bhabha konnte H. die Entstehung der Höhenstrahlschauer mit Hilfe einer neuartigen »Kaskaden-Theorie« erklären. In weiteren Arbeiten beschäftigte sich H. mit der Theorie der Kernkräfte, der Mesonentheorie und mit naturphilosophischen Betrachtungen. Sz

Literatur: Heitler, W. H.: Wechselwirkung neutraler Atome und homöopolare Bindung nach der Quantenmechanik, in: Z. Phys. 44 (1927), 455, Spektroskopische Bestätigung der quantenmechanischen Theorie der homöopolaren Bindung, in: Z. Phys. 53 (1929), Quantentheorie und Valenz, in: Naturwiss. 17 (1929), Quantentheorie in der homöopolaren Bindung, in: Z. Elektrochem. 36 (1930).

Helmholtz, Hermann von, Physiker und Physiologe, geb. 31. 8. 1821 Potsdam, gest. 8. 9. 1894 Berlin.

Vor allem dem Wirken von H. ist es zu verdanken, daß Berlin um die Jahrhundertwende zu einem Zentrum der Physik wurde. Das Werk von H. erstreckt sich von Grenzgebieten der Physik und Physiologie bis zur experimentellen und theoretischen Physik. Ein früher Höhepunkt seines Schaffens ist die mathematische Formulierung des Energieerhaltungsgesetzes.

H., ältestes von fünf Kindern eines Gymnasiallehrers, legte 1838 das Abitur mit Auszeichnung ab und studierte – trotz seiner Neigung für Physik – Medizin am kgl. medizinisch-chirurgischen Institut in Berlin, das zwar fast kostenlos, jedoch mit einer Verpflichtung zu achtjährigem Militärdienst nach dem Studium verbunden war. Von J. P. Müller, E. du Bois-Reymond, E. W. Brücke und V. Ludwig beeinflußt, wandte sich H. der Erforschung physiologischer Probleme auf physikalischer Erklärungsgrundlage zu. Noch während seiner Zeit als Militärarzt in Potsdam trug er 1847 in der 1845 gegründeten »Berliner Physikalischen Gesellschaft« seine richtungweisenden Anschauungen zum Energieprinzip vor. Auf Empfehlung A. v. HUMBOLDTS 1848 vorzeitig aus dem Militärdienst entlassen, unterrichtete er Anatomie an der Berliner Kunstakademie, wurde aber bereits 1849 als Prof. der Physiologie und Pathologie nach Königsberg (Kaliningrad) berufen. Hier führte er seine physikalisch-physiologischen Forschungen weiter und erfand den Augenspiegel, der die Untersuchung des Augenhintergrundes, insbesondere der Netzhaut, ermöglichte. 1855 übernahm H. den Lehrstuhl für Anatomie und Physiologie in Bonn, 1858 den Lehrstuhl für Physiologie in Heidelberg, wo ihm ein neueingerichtetes physiologisches Institut zur Verfügung stand. Als H. 1870 zum Mitgl. der Preuß. Ak. d. Wiss. ernannt wurde und 1871 als Prof. für Physik nach Berlin ging, forderte er den Neubau eines modernen physikalischen Institutes, das 1878 bezogen wurde, sowie die Errichtung eines Lehrstuhls für mathematische Physik, den als erster 1874 G. R. KIRCHHOFF einnahm.

1887 wurde H. zum ersten Präsidenten der neugegründeten Physikalisch-Technischen Reichsanstalt berufen.

Erste Überlegungen zum Energieprinzip entwickelte H. bereits um 1840 aus Untersuchungen über das Wesen der Gärung und Fäulnis sowie über physiologische Wärmeerscheinungen. Er folgerte, daß die Hypothese einer besonderen, alle Lebensvorgänge aufrechterhaltenden »Lebenskraft« gleichbedeutend sei mit Annahme eines Perpetuum mobile. In seiner Abhandlung »Über die Erhaltung der Kraft« (1847) behandelte H., anknüpfend an mechanische Wirkungen, unter anderem die Energieumwandlungen bei elektromagnetischen, thermoelektrischen, thermischen und anderen Vorgängen. Beispielsweise stellte er für die Herleitung des allgemeinen Induktionsgesetzes eine Energiebilanz auf, eine Methode, auf die unter anderem J. C. MAXWELL 1856 in seiner erster Abhandlung zur elektromagnetischen Feldtheorie zurückgriff. H.s Theorie des Energieerhaltungssatzes wurde vom Herausgeber der »Annalen«, J. CH. POGGENDORFF, anfangs ebenso abgelehnt wie 1842 J. R. MAYERS erste Arbeit zum gleichen Thema und konnte nur durch Vermittlung DU BOIS-REYMONDS 1847 veröffentlicht werden. Diese Abhandlung trug wesentlich zur Anerkennung des Energieerhaltungssatzes bei. Erst in den 70er Jahren kam H. auf die Energieproblematik bei chemischen Vorgängen zurück, unterschied zwischen »gebundener« und »freier« Energie und leitete die heute nach ihm und J. W. GIBBS bezeichnete Gleichung ab. Diese Forschungen trugen zur Herausbildung der physikalischen Chemie bei.

Frühe Untersuchungen über den Zusammenhang von Nervenfasern und Ganglienzellen in seiner Doktorarbeit und über die Geschwindigkeiten von Nervenreizen boten Anknüpfungspunkte für seine Forschungen zur physiologischen Akustik und Optik. H. entwickelte eine mathematische Theorie der Kombinationstöne zur Erklärung der Klangfarbe durch Obertöne. Damit verband er die Resonanztheorie des Hörens (HELMHOLTZsche Resonatoren) als Grundlage der physiologischen Akustik. Seine Forschungen faßte er 1863 in dem Werk »Die Lehre von den Tonempfindungen als physiologische Grundlage für die Theorie der Musik« zusammen. Nach der Erfindung des Augenspiegels (1850) untersuchte H. die Empfindlichkeit und Akkomodation des Auges. Er wandte sich dem Problem des Farbensehens zu, verhalf der von T. YOUNG aufgestellten Dreikomponentenfarbentheorie zum Durchbruch und entwickelte sie bezüglich der Rezeptoren der Netzhaut weiter. Seine Resultate veröffentlichte er in dem »Handb. der physiologischen Optik«.

Mit der Aufstellung der Gesetze der Wirbelbewegung von Fluiden (1858), der bedeutendsten Leistung zur Hydrodynamik seit L. EULER, begannen die Beiträge von H. zur theoretischen Physik. Er folgerte aus dem Geschwindigkeitspotential die Erhaltung der Wirbel in einer idealen Flüssigkeit: Wirbelfäden bestehen immer aus den gleichen Flüssigkeitsteilchen und sind stets in sich geschlossen oder enden an der Grenze der Flüssigkeit. H. machte auch auf die Analogie der Wirbel- und elektromagnetischen Gesetze und damit auf Probleme der mathematischen Modellbildung aufmerksam.

Mit der Elektrophysik hatte sich H. bereits in seiner Arbeit über den Energieerhaltungssatz beschäftigt und 1851 das Exponentialgesetz für das Anwachsen der Stromstärke bei Schaltvorgängen in Gleichstromkreisen unter Berücksichtigung der Selbstinduktion aufgestellt. Seit 1870 setzte sich H. mit den rivalisierenden Theorien der Elektrodynamik von W. WEBER, F. E. NEUMANN und MAXWELL auseinander. Er prüfte die Übereinstimmung der Theorien mit dynamischen Prinzipien und stellte eine eigene elektrodynamische Theorie auf, die einen Kompromiß zwischen der Fernwirkungstheorie und der elektromagnetischen Feldtheorie darstellte. Seinen Schülern übertrug er Entscheidungsexperimente. Eine von ihm 1879 gestellte Preisaufgabe gab den Anstoß für die von H. HERTZ gemachte Entdeckung der elektromagnetischen Wellen. H. suchte, ausgehend von seinen Untersuchungen über monozyklische Systeme, auch die MAXWELLsche Feldtheorie in sein »Prinzip der kleinsten Wirkung« einzugliedern. Letzteres betrachtete er als ein übergeordnetes Naturgesetz, dem er universelle Bedeutung zuschrieb. Retrospektiv ist daran seine zeitbedingte Bindung an die mechanische Naturauffassung zu erkennen.

Die Vielseitigkeit von H. wird auch aus seinen meteorologischen und geologischen Studien deutlich. Er erklärte unter anderem die Entstehung von Föhnwinden und Wirbelstürmen sowie die Ursachen der Gletscherbewegung. Mit seinem Freund W. v. SIEMENS hat sich H. weiterhin um den wissenschaftlich-technischen Fortschritt, insbesondere in der Elektrotechnik, verdient gemacht. So nahm er unter anderem an den Kongressen zur internationalen Festlegung elektrischer Einheiten in Paris und Chicago teil.

Das gesamte Schaffen von H. wurde von erkenntnistheoretischen Überlegungen auf der Basis einer mechanisch-materialistischen Grundhaltung begleitet. Ausgehend von seiner naturwissenschaftlich-exakten Arbeitsmethode, sah er das Ziel naturwissenschaftlicher Forschung im Aufdecken der kausalen Gesetze der Natur. Seine mechanische Naturauffassung hat H. Schritt für Schritt bis an die Grenzen einer dialektischen Betrachtungsweise erweitert.

Als Physiker hat er die Entwicklung der nichteuklidischen Geometrie verfolgt. In Anschluß an B. RIEMANN behandelte er das Gedankenexperiment, daß die Beschaffenheit der Umwelt den denkenden Wesen die naiv verwendeten geometrischen Axiome aufprägt, z. B. die Zweidimensionalität für die Bewegung in einer »Kugelwelt«.

Die führende Stellung von H. unter den Naturwissenschaftlern in Deutschland entsprang seiner großen Begabung, seinen vielfältigen Bestrebungen um die Wissenschaftspolitik und -organisation sowie um die Verbreitung wissenschaftlicher Erkenntnisse. Er trat für eine Wiederbelebung der Beziehungen zwischen Geistes- und Naturwissenschaften ein und förderte die Internationalisierung der Wissenschaft. Nicht zuletzt hat er die preuß. Regierung bei der Berufung von Wissenschaftlern in vielen Fällen gut beraten. Als Vertreter des liberalen Bürgertums trat er für die Freundschaft zwischen den Völkern ein. Schi

Literatur: Helmholtz, H. v.: Wissenschaftliche Abhandlungen, 3 Bde. (Leipzig 1882), Populäre wissenschaftliche Vorträge, 3 Bde. (Braunschweig 1865–1876), Vorträge und Reden, 2 Bde.

(Braunschweig 1884), Die Lehre von den Tonempfindungen als physiologische Grundlage der Musik (Braunschweig 1863), Handbuch der physiologischen Optik, 3 Bände (Leipzig 1856 bis 1867).

Herneck, F.: Hermann v. Helmholtz, in: Abenteuer der Erkenntnis (Berlin 1973, S. 85–116); Königsberger, L.: Hermann von Helmholtz, 3 Bde. (Braunschweig 1903).

Helmont, Johann (Joan) Baptista van, Arzt und Chemiker, geb. 12. 1. 1579 Brüssel, gest. 30. 12. 1644 Brüssel.

Als Anhänger der Iatrochemie, die von der Vorstellung ausging, daß alle Vorgänge im Körper chemischer Natur sind, hat H. durch physiologisch-chemische Untersuchungen die Wirkung von Enzymen und der Salzsäure im Magen sowie des Ethers als Sedativum und Narkotikum erkannt; er unterschied erstmals zwischen »Luft« und »Gasen« und führte deren Gattungsnamen ein.

J. B. van Helmont

H. entstammt dem fläm. Landadel; sein Vater war »Staatsanwalt« von Brabant. Nach dem Medizinstudium in Löwen erwarb H. den Dr. med. und unternahm anschließend Reisen durch weite Teile Europas. Seit 1606 als Arzt in der Nähe von Brüssel tätig, richtete sich H. auch ein chemisches Laboratorium ein. Obgleich gläubiger Katholik, erregte er durch eine Kontroverse mit einem Jesuiten die Aufmerksamkeit der span. Inquisition, die ihn wegen seiner iatrochemischen, alchemistischen und auch mystischen Ansichten anklagte. 1625 wurde eine Reihe seiner Behauptungen wegen angeblicher »Ketzerei, Arroganz und Beziehungen zu Lutherianern und Calvinisten« verdammt. Zum Widerruf gezwungen, wurde H. selbst 1630 wegen seiner Lehren (Anhänger des »monströsen Aberglaubens der Paracelsischen Schule«) verdammt, 1634 in Gewahrsam genommen und danach bis 1636 unter Hausarrest gestellt. Sein Sohn Franciscus Mercurius H. gab nach H.s Tode dessen gesammelte Werke heraus.

H.s Werke sind gekennzeichnet durch den Übergang von der scholastischen zur experimentellen Methode in Chemie und Medizin. Obgleich Anhänger des Paracelsus, lehnte H. dessen Prinzipienlehre, aber auch die mittelalterliche 4-Elementen-Lehre weitgehend ab und betrachtete nur »Wasser« und »Luft« als wirkliche Elemente. »Feuer« sei keine eigenständige Materieform und »Erde« könnte aus »Wasser« gebildet werden, wie sein Weidenexperiment bewies: Eine gewogene Weidenrute wurde jahrelang in einer gewogenen Erdmenge mit Wasser begossen. Die Gewichtszunahme der Weide konnte nur von dem Wasser herrühren, das sich anscheinend in »Erde« (Holz, Blätter) verwandelt hatte, denn die gewogene Erdmenge war nahezu konstant geblieben. Bei Experimenten beobachtete und isolierte H. gasförmige Stoffe, z. B. Kohlendi- und Kohlenmonoxid aus brennenden Kohlen, gärendem Wein und bei Destillation von Kalk mit Essig, Schwefeldioxid aus brennendem Schwefel und Chlorwasserstoff aus Ammoniumchlorid. Er betrachtete sie als »spezifische Dünste« oder »Gase«, letzteres Wort abgeleitet von chaos ‚ungeordnet', ‚wild'. Erst 100 Jahre später wurden diese Gase genauer untersucht von J. Black, H. Cavendish, K. W. Scheele, A. L. Lavoisier u. a.

St

Literatur: Helmont, J. B. van: Ortus medicinae. Opera et opuscula omnia. (Ursprung der Medizin. Gesammelte Abhandlungen) (Hrsg. F. M. van Helmont, Amsterdam 1648; spätere Auflagen 1651, 1652, 1655, 1661, 1681, 1707), dtsch. von Christian Knorr von Rosenroth: Aufgang der Artzney-Kunst (Sultzbach 1683. Reprint: München 1971).

Pagel, W.: J. B. van Helmont (Berlin 1930).

Henle, Friedrich Gustav Jacob, Anatom und Pathologe, geb. 19. 7. 1809 Fürth (Franken), gest. 13. 5. 1885 Göttingen.

H., einer der bedeutendsten Anatomen und Pathologen des 19. Jh., hat vor allem die mikroskopische Anatomie gefördert und um zahlreiche Entdeckungen bereichert sowie sehr frühzeitig die Auffassung vertreten, daß Infektionskrankheiten durch lebende pflanzliche Erreger verursacht werden.

In Fürth, Mainz und Koblenz aufgewachsen, hat H. ab 1824 das Gymnasium in Koblenz besucht. Anschließend studierte er 1827–1832 in Bonn, wo er Schüler von J. Müller war, und in Heidelberg Medizin. 1832 wurde er in Bonn mit der Dissertation »De membrana pupillari, aliisque oculi membranis pellucentibus« zum Dr. med. promoviert. Nach einer vorwiegend vergleichend-anatomischen Untersuchungen gewidmeten Studienreise mit Müller nach Paris legte H. in Berlin das ärztliche Staatsexamen ab. 1834 wurde er bei dem inzwischen auf den Berliner Lehrstuhl für Anatomie und Physiologie berufenen Anatom Müller Prosektor. 1835 wurde H. wegen seiner früheren Beteiligung an der Bonner Burschenschaftsbewegung inhaftiert und zu sechsjähriger Gefängnishaft verurteilt. Durch Fürsprache A. von Humboldts wurde er zwar begnadigt, aber von seiner Tätigkeit als Prosektor suspendiert. 1837 konnte sich H. mit der derzeit viel beachteten Schrift »Symbolae ad anatomiam villorum intestinalium, imprimis eorum epithelii et vasorum lacteorum« habilitieren. Danach hat er bis 1840 als Privatdoz. in Berlin gewirkt. Neben seinem Lehrer Müller war auf sein späteres wissenschaftliches Schaffen vor allem die persönliche Bekanntschaft mit den Begründern der Zellenlehre M. J. Schleiden und T. Schwann von Einfluß. 1840 wurde H. als Prof. der Anatomie und Physiologie nach Zürich berufen. Von hier aus ließ er seine später berühmt gewordenen »Pathologische[n] Untersuchungen« und seine vorzügliche »Allgemeine Anatomie« erscheinen. Zusammen mit dem Kliniker K. von Pfeufer gab H. ab 1844 die »Zeitschrift für rationelle Medicin« heraus. 1844 als zweiter Prof. der Anatomie neben F. Tiedemann nach Heidelberg berufen, wurde H. hier nach Tiedemanns Emeritierung 1849 Dir. des Anatomischen Instituts. Hier begann er mit der Herausgabe seines »Handbuch[es] der rationellen Pathologie«. Nach dem Tode C. J. M. Langenbecks folgte H. 1852 einem Ruf nach Göttingen. Eine nach Müllers Tod 1858 erfolgte Berufung nach Berlin lehnte H. ab und blieb bis zu seinem Lebensende, als Forscher und Lehrer hoch angesehen, in Göttingen. Seine bedeutenden Entdeckungen in nahezu allen Teilgebieten der Anatomie veröffentlichte H. vor allem in seinem »Handbuch der systematischen Anatomie des Menschen«.

Als H. seine Laufbahn begann, war der Anatomie der Weg zur Feinstruktur durch die von X. Bichat inaugurierte Gewebelehre seit längerem gewiesen, und die Entdeckung der Zelle sowie die Begründung der Zellenlehre standen unmittelbar bevor. H. gehört zu den Begründern und Hauptförderern der aus der Synthese von beiden hervorgegangenen mikroskopischen Anatomie, die sich die Aufklärung des Feinbaus der nunmehr als Zellverbände erkannten Gewebe zum Ziel setzte. Erste gewichtige Beiträge hierzu waren seine Habilitationsschrift über die Histologie der Darmzotten sowie eine Untersuchung über die Verbreitung der Epithelgewebe im menschlichen Körper. 1841 legte H. schließlich mit seiner »Allgemeine[n] Anatomie« die erste selbständige und das derzeitige Wissen weitgehend vollständig erfassende Gesamtbearbeitung der Histologie vor, ein Werk, das den eigentlichen Beginn der modernen mikroskopischen Anatomie markiert. Trotz einer später zunehmenden Hinwendung zur systematischen Anatomie hat H. auch weiterhin erfolgreich mikroskopisch-anatomisch gearbeitet. Außerdem gehören zu H.s bedeutendsten Entdeckungen die Klärung des feineren Baus der Hornhaut, das Endothel der Blutgefäße, die gefensterten Gefäßmembranen, die gleichzeitig mit J. E. Purkyně beschriebenen Leberzellen, die nach ihm benannte schleifenförmige Umbiegung der Nierenkanälchen sowie das ausschließliche Vorkommen von Zapfen im gelben Fleck der Netzhaut. Unter dem Einfluß Müllers hat H. in seiner Berliner Zeit auch eine Reihe vergleichend-anatomischer Arbeiten geliefert.

H.s bereits sehr früh nachweisbares Interesse an pathologischen Fragen fand bereits 1838 literarischen Niederschlag in einer Studie über Schleim- und Eiterbildung, in der er den Zusammenhang von Katarrhen, Exanthemen und Entzündungen erörterte. Dies dürfte ihn zur Ätiologie der Infektionskrankheiten geführt haben, der er 1840 schließlich die erste Abhandlung »Von den Miasmen und Contagien und von den miasmatisch-contagiösen Krankheiten« seiner »Pathologische[n] Untersuchungen« widmete. H. führte in dieser rein theoretischen Erörterung die derzeitigen Kenntnisse über die Besonderheiten der Infektionskrankheiten mit gerade aktuellen Entdeckungen über pathogene und weitere biologische Wirkungen niederer Pilze zusammen. Als erstes zog er den Schluß, daß die derzeit hypothetisch angenommenen Ansteckungsstoffe Miasma und Contagium identisch sein müssen. Seiner Natur nach sollte dieser einheitliche Ansteckungsstoff – die Ursache der Infektionskrankheiten – belebt sein, ein wahrscheinlich pflanzliches Contagium animatum. Bewiesen werden könne die Pathogenität eines Mikroorganismus, wenn der Erreger regelmäßig im infizierten Organismus nachgewiesen, aus ihm isoliert und in Reinkultur gezüchtet werden kann und wenn schließlich mit Material der Reinkultur die tierexperimentelle Reproduktion der Infektionskrankheit gelingt. Mit diesen Forderungen hat H. theoretisch das insbesondere von R. Koch über dreieinhalb Jahrzehnte später postulierte und demonstrierte grundsätzliche methodische Vorgehen der Bakteriologie vorweggenommen, das seit den achtziger Jahren des 19. Jh. in rascher Folge die Entdeckung einer Fülle pathogener Mikroorganismen ermöglicht hat. Hei

H. von Helmholtz

F.G.J. Henle

Literatur: Henle, J.: Pathologische Untersuchungen (Berlin 1840), daraus Nachdruck der ersten Abh. »Von den Miasmen und Contagien und von den miasmatisch-contagiösen Krankheiten«, in: Klassiker der Medizin, Bd. 3 (Leipzig 1910 u. 1968), Allgemeine Anatomie. Lehre von den Mischungs- und Formbestandtheilen des menschlichen Körpers, in: Samuel Thomas v. Sömmerring: Vom Baue des menschlichen Körpers, Bd. 6 (Leipzig 1841), Handb. der rationellen Pathologie, 2 Bde. (Braunschweig 1846 u. 1853), Handb. der systematischen Anatomie des Menschen, 3 Bde. (Braunschweig 1855–1871, 2. Aufl. 1867 ff., 3. Aufl. 1871 ff.), Grundriss der Anatomie des Menschen (Braunschweig 1879/80), Symbolae ad anatomiam villorum intestinalium, imprimis eorum epithelii et vasorum lacteorum (Berolini 1837), Ueber die Ausbreitung des Epithelium im menschlichen Körper, in: (Müller's) Arch. Anat. Physiol. wiss. Med. 5 (1838), 103 ff.

Hensel, Kurt, Mathematiker, geb. 29. 12. 1861 Königsberg (Kaliningrad), gest. 1. 6. 1941 Marburg.

H. ist der Entdecker der *p*-adischen Zahlkörper, weitreichender neuer Prinzipien in der Zahlentheorie und der algebraischen Geometrie.

H., Sohn eines Gutsbesitzers, besuchte in Berlin das Friedrich-Wilhelm-Gymnasium, wo ihn der bekannte Pädagoge K. Schellbach für die Mathematik begeisterte. Anschließend studierte er in Bonn und Berlin Mathematik. 1884 promovierte er bei L. Kronecker mit einer Arbeit, in der er das von diesem nicht bewältigte Problem der außerwesentlichen Diskriminantenteiler vollständig erledigen konnte. H. habilitierte sich 1886 in Berlin, wurde dort Privatdoz. und 1892 ao. Prof.; 1902 wurde er als o. Prof. nach Marburg berufen, wo er bis zu seiner Emeritierung im Jahre 1930 wirkte.

Wissenschaftlicher Ausgangspunkt der Arbeiten von H. war einerseits Kroneckers Begründung der Arithmetik algebraischer Zahlkörper, die gleichermaßen für algebraische Funktionenkörper anwendbar war, und andererseits die systematische Verwendung von Potenzreihen durch K. Weierstrass beim Aufbau der Funktionentheorie. Der Gedanke, in Analogie zu den Funktionenkörpern die Theorie der algebraischen Zahlkörper auch auf Potenzreihenentwicklungen zu gründen, führte H. 1899 auf die Einführung der *p*-adischen Zahlen, die er zunächst als formale Potenzreihen auffaßte. Eine systematische Darstellung mit interessanten Anwendungen folgte in seinen Büchern »Theorie der algebraischen Zahlen« und »Zahlentheorie«. H.s Ideen haben außerordentlich anregend gewirkt. Zunächst hat E. Steinitz die algebraische Theorie der Körper in direktem Anschluß an H. geschaffen. Das mathematische Fundament für die moderne p-adik lieferten dann J. Kürschák und A. Ostrowski mit der Theorie der bewerteten Körper. H. Hasse entwickelte auf der Basis des Ergebnisses von H. die Algebrentheorie über algebraischen Zahlkörpern mit weitreichenden Anwendungen in der Klassenkörpertheorie. In den 50er Jahren setzte in der algebraischen Geometrie eine arithmetische Richtung ein, die wesentlich die p-adik benutzt. Das Lokal-Global-Prinzip in der algebraischen Geometrie und Zahlentheorie ist die moderne Form der Anwendung Henselscher Methoden.

H. erwarb sich als Herausgeber des Journals für die reine und angewandte Mathematik sowie bei der Edition der gesammelten Werke Kroneckers große Verdienste. Er war ein anregender und geschätzter akademischer Lehrer. Eine Großmutter H.s war die Schwester von F. Mendelssohn Bartholdy. H. und seine Frau führten die Tradition der Familie Mendelssohn fort, indem sie ihr Haus zu einem Mittelpunkt des geistigen und kulturellen Lebens in Marburg gestalteten. Pu

Literatur: Hensel, K.: Über eine neue Begründung der algebraischen Zahlen, in: Jahresber. Dtsch. Math.-Ver. 6 (1899), 83–88, Theorie der algebraischen Zahlen (Leipzig 1908), Zahlentheorie (Berlin–Leipzig 1913).

Hasse, H.: Kurt Hensel zum Gedächtnis, in: J. für die reine und angew. Math. 187 (1950), 1–13.

Hensen, Victor Andreas Christian, Physiologe und Meeresbiologe, geb. 10. 2. 1835 Schleswig, gest. 5. 4. 1924 Kiel.

Nach vergleichend-morphologischen, embryologischen und sinnesphysiologischen Untersuchungen widmete sich H. nach dem Weggang von K. Möbius aus Kiel wirtschaftlich relevanten meeresbiologischen Aufgaben, prägte den Begriff »Plankton« und trug wesentlich zur Entwicklung der meeresökologischen Planktonforschung bei.

H., Sohn des Dir. der Taubstummenschule in Schleswig, studierte Medizin in Würzburg, Berlin und zuletzt in Kiel, wo er 1859 den medizinischen Doktorgrad erwarb und sich 1860 als Prosektor bei dem Anatomen P. L. Panum habilitierte. Ab 1864 wirkte er dort als ao. Prof. für Physiologie und Embryologie, 1868–1911 als o. Prof. 1889 leitete er die Atlantik-Plankton-Expedition der Humboldtstiftung, 1890–1921 war er Vorsitzender und Ehrenvorsitzender der preuß. »Kommission zur wissenschaftlichen Erforschung der deutschen Meere«.

Um die Mitte des 19. Jh., als H. sein Studium absolvierte, waren sowohl in Würzburg, wo A. v. Koelliker wirkte, wie in Berlin, wo J. Müller eine zoologische Schule begründet hatte, aufgrund von Ch. Darwins Einfluß entwicklungsgeschichtliche Themen aktuell, die mit vergleichend-morphologischen und histologischen Untersuchungsmethoden gelöst wurden. Beide Hochschullehrer legten großen Wert auf meereszoologische Studien an Wirbellosen und regten zahlreiche Schüler an, z. B. auch E. Haeckel, in gleicher Richtung zu forschen und ihre Ergebnisse und Methoden in evolutionstheoretischem Sinne zu nutzen. Auch H. verdankte diesen Anregungen seine Forschungsthemen während der ersten 20 Jahre seiner Universitätslaufbahn. Neben einigen physiologischen Untersuchungen über den Abbau des Glycogens zu Zucker in der Leber von Säugetieren widmete er sich in Kiel vor allem vergleichend-morphologischen und histologischen Untersuchungen der Sinnesorgane und des Nervensystems im Verlauf der Embryonalentwicklung. Er untersuchte die Entwicklung des Gehörorgans bei Krebsen und des Labyrinths beim Menschen und bei Säugetieren sowie den Bau des Auges von Zephalopoden (Kopffüßer) und Schnecken, den er phylogenetisch zu deuten suchte.

Weitaus größeren Einfluß erlangten H.s meeresökologische Arbeiten, die sich durch die Anwendung quantitativer Methoden zur Analyse der Zusammensetzung des Meeresplanktons auszeichneten, nach der erfolgreichen Plankton-Expedition im Atlantik (1889). H. entwickelte damit die meeresökologischen Arbeiten von Möbius weiter, der 1889 nach Berlin berufen worden war. In den folgenden zwei Jahrzehnten (bis zu seiner Emeritierung) führte er die von Möbius in Kiel begründete Tradition der meeresökologischen Forschung und Lehre fort, die zunehmend wirtschaftliche Bedeutung hinsichtlich Fischfang und Austernzucht bekam und sowohl nationale als auch internationale Beachtung fand. So erhielt H. bereits bei der Begründung der »Kommission zur wirtschaftlichen Erforschung der deutschen Meere« (1870) eine entscheidende Stimme und wirkte ab 1890 als Vorsitzender bis zum ersten Weltkrieg, später als Ehrenvorsitzender noch bis 1921 maßgeblich an der ökologischen und fischereibiologischen Erkundung der Nord- und Ostsee mit. Für seine Verdienste um die Meeresökologie verliehen ihm die Univ. Hamburg und Kiel den Dr. phil. honoris causa. Ja

Literatur: Hensen, V.: Studien über das Gehörorgan der Decapoden, in: Z. wiss. Zool. 13 (1863), Zur Morphologie der Schnecke des Menschen und der Säugethiere, in: Z. wiss. Zool. 13 (1863), Über den Bau des Schneckenauges und über die Entwicklung der Augentheile in der Thierreihe, in: Arch. mikrosk. Anat. 2 (1866), Physiologie des Gehörs, in: Handb. der Physiologie III, 2 (Leipzig 1880), Einige Ergebnisse der Plankton-Expedition der Humbold-Stiftung, in: SB Kgl. Pr. Akad. Wiss. Berlin, physikal.-math. Kl. 14, 1890, Die Methodik der Plankton-Untersuchungen, in: Handb. der biochem. Arbeitsmethoden (Hrsg. E. Abderhalden) V, Bd. 1 (Berlin u. Wien 1911).

Brandt, K.: Victor Hensen, in: Wiss. Meeresunters. N. F. 20 (1925), 49ff.; Porep, R.: Der Physiolog und Planktonforscher Victor Hensen (1835–1924), in: Kieler Beitr. Gesch. Med. Pharm., Heft 9 (Neumünster 1970).

Hermbstaedt, Sigismund Friedrich, Apotheker, Chemiker, Technologe, geb. 14. 4. 1760 Erfurt, gest. 22. 1. 1833 Berlin.

H. ist Begründer der chemischen Technologie in Preußen, die er durch Lehre, Literatur sowie praktische Anleitung in der Produktion wissenschaftlich fundierte und verbreitete. Er hatte großen Einfluß auf die Entwicklung von Pharmazie und Apothekerwesen in Preußen.

In seiner Heimatstadt Erfurt studierte H., Sohn eines städtischen Angestellten, Medizin und erwarb über die Bekanntschaft mit W. B. Trommsdorff Kenntnisse in Chemie und Pharmazie. Danach war er an der Lehranstalt für Pharmazeuten bei J. Ch. Wiegleb in Langensalza tätig, arbeitete als Apothekergehilfe in Hamburg und leitete 1784 in Berlin die Apotheke »Zum weißen Schwan«. Bei M. H. Klaproth am »Collegium medico-chirurgicum« vertiefte H. seine Kenntnisse in Chemie weiter. 1790 wurde er Hofapotheker und las dann am »Collegium« selbst pharmazeutische Chemie, nach 1794 auch Experimentalphysik an der Berliner Bergakademie. Im gleichen Jahr erfolgte seine Berufung in das preuß. »Oberkollegium sanitatis«. Gemeinsam mit Klaproth und V. Rose erarbeitete H. die 1799 erschienene Preuß. Pharmakopöe sowie die revidierte Apothekerordnung von 1801. Zu seinen Dienstpflichten gehörte die Leitung des Apothekenwesens der preuß. Armee.

1785 hatte H. eine »wissenschaftliche Reise« unternommen, die ihn unter anderem nach Göttingen zu J. F. Gmelin und J. Beckmann führte. Diese lenkten ihn auf praktisch-gewerbliche Probleme und chemisch-technologische Fragen, sein späteres Hauptarbeitsfeld. 1796 wurde H. in die Technische Deputation des 1787 gegründeten preuß. Manufaktur- und Kommerzienkollegiums berufen und gehörte auch den nachfolgenden Staatsbehörden zur wissenschaftlichen Förderung von Gewerbe und Industrie an. An seiner priva-

K. Hensel

V. A. Chr. Hensen

S. F. Hermbstaedt

Ch. Hermite

ten »Chemischen Pensionsanstalt« unterrichtete er bis 1797 z. B. Physik, Mineralogie und analytische Chemie, wobei er Wert auf den Bezug zur gewerblichen Praxis legte. Bereits um 1790 löste sich H. von der Phlogistontheorie, vertrat die neuen Lehren von A. L. Lavoisier und gab 1792 und 1793 Schriften von Lavoisier bzw. K. W. Scheele in deutscher Sprache heraus.

Nach 1801 konnte H. in Berlin bei seinem Diensthaus in der Georgenstraße 43 ein Laboratorium für technische Chemie mit einem kleinen Hörsaal einrichten. Mit der Gründung der Berliner Univ. (1810) leitete H. sein Laboratorium als Extraordinarius und schließlich als erster o. Prof. für Technische Chemie in Berlin. Seit 1808 war er außerdem ordentliches Mitgl. der Preuß. Ak. d. Wiss. Nach 1821 entstand der Berliner »Verein zur Beförderung des Gewerbefleißes«, zu dessen Vorstand H. gehörte.

H. entfaltete eine umfangreiche literarische Tätigkeit. Fast alle damals betriebenen chemischen Gewerbe wurden von ihm als spezielle chemische Technologie beschrieben, die allgemeine Technologie umfassend dargestellt und unter seiner Leitung mehrere Periodika herausgegeben.

Außerdem trug H. in chemischen Betrieben durch direkte Anleitung zur Einführung neuer Verfahren und Entwicklung der Produktion bei. So half er bei der Einführung der Leblanc-Sodaproduktion in der Kgl. chemischen Fabrik Schönebeck, die Abfallprodukte aus der Saline verarbeitete. Hervorragende Verdienste hatte H. neben F. C. Achard und W. A. Lampadius in Sachsen bei den Versuchen zur Gewinnung von Zucker aus Zuckerahorn und Runkelrüben sowie beim Aufbau der entsprechenden Industrie. H.s Werk wurde auf chemisch-pharmazeutischem und technologischem Gebiet von mehreren Hochschullehrern fortgesetzt. We

Literatur: Hermbstaedt, S. F.: Systematischer Grundriß der allgemeinen Experimentalchemie, 3 Bde. (Berlin 1791), 5 Bde. (Berlin 1812–1826), Katechismus der Apothekerkunst (Berlin 1792), Grundriß der Experimentalpharmazie, 2 Bde. (Berlin 1792/93, 2. Aufl. 1806), Grundriß der Färbekunst (Berlin 1802), Anleitung zur praktisch-ökonomischen Fabrikation des Zuckers aus Runkelrüben (Berlin 1811), Grundlinien der theoretischen und experimentellen Chemie (Berlin 1814), Grundriß der Technologie (Berlin 1814).

Mieck, J.: S. F. Hermbstaedt (1766 bis 1833) Chemiker und Technologe in Berlin, in: Technikgesch. 32 (1965), 325ff; Welsch: S. F. Hermbstaedt (1760–1833) – Begründer der chemischen Technologie in Preußen, in: NTM (Schriftenreihe für Geschichte der Naturwissenschaften, Technik und Medizin), 23 (1986), Heft 2; Wolski, M., u. F. Welsch: Zum 150. Todestag von S. F. Hermbstaedt, in: Pharm. 39 (1984), Heft 8.

Hermite, Charles, Mathematiker, geb. 24. 12. 1822 Dieuze (Dep. Meurth), gest. 14. 1. 1901 Paris.

H. gilt als einer der bedeutendsten und anregendsten Vertreter der Analysis seiner Zeit; in der zweiten Hälfte des 19. Jh. war er der Lehrer hervorragender franz. Mathematiker; nach F. Klein »ist H. ... Jahrzehnte lang ein wesentlicher Mittelpunkt der gesamten Mathematik gewesen«.

H. erhielt seine Schulbildung in Nancy und Paris. 1840/41 war er Schüler des Collège Louis-le-Grand, wo sein Mathematiklehrer, L. P. E. Richard, früher schon den genialen Mathematiker E. Galois und den später berühmt gewordenen Astronomen U. Leverrier unterrichtet hatte. Dort bereits studierte H. die Originalarbeiten von L. Euler, C. F. Gauss und J. L. Lagrange und veröffentlichte selbst zwei kleinere Arbeiten. 1841–1843 absolvierte H. das Vorbereitungsjahr und das Studium an der École Polytechnique. Anschließend bereitete er sich in Paris auf die Examina für das Baccalaureat in Literatur und in Mathematik (1847) vor und widmete sich intensiv der Forschungstätigkeit. Ab 1848 hatte H. verschiedene Dienststellungen an der École Polytechnique inne; 1869–1876 war er dort Prof. für Analysis. 1856 wurde er Mitgl. der Pariser Akademie; 1869–1897 war er Prof. an der Faculté des sciences der Sorbonne.

1843 gelang H. die erste große Entdeckung, indem er N. H. Abels Satz über die Teilung des Arguments von elliptischen Funktionen auf hyperelliptische (damals ultraelliptische genannt) Funktionen verallgemeinerte. Damit knüpfte er an das berühmte Umkehrproblem von C. G. J. Jacobi für hyperelliptische Integrale an, und zahlreiche führende oder zumindest einflußreiche Mathematiker, wie Jacobi, J. Bertrand, A. L. Cauchy, J. Liouville, P. L. Tschebyschow, wurden auf H. aufmerksam und traten mit ihm in lebhaften Gedankenaustausch. Noch vor 1849 wendete H. erstmals die Cauchysche Integrationstheorie auf elliptische Funktionen an. 1843–1851 erzielte H. wichtige Ergebnisse auf den Gebieten Verallgemeinerungen der Kettenbrüche, diophantische Approximationen, arithmetische Theorie der quadratischen Formen von beliebig vielen Variablen und Benutzung von kontinuierlichen Variablen (wichtiger Kunstgriff der Reduktionstheorie) und der Arithmetik der (in Linearformen) zerlegbaren Formen. Von H. stammen die Formulierungen und zum Teil auch die Beweise von wichtigen Endlichkeitssätzen (Klassenzahl von quadratischen Formen bzw. Normformen (festen Grades) mit gegebener Diskriminante; endliche Erzeugtheit der Automorphismengruppe einer quadratischen bzw. Normform). H. gehörte zu den ersten Mathematikern, die die Gedanken von L. Galois, insbesondere über algebraische Funktionen und Modulargleichungen, aufgriffen. Allem Anschein nach war H. schon seit 1843 durch seine Bekanntschaft mit Liouville und Bertrand auf die Arbeiten von Galois aufmerksam geworden und hatte Zugang zu dessen erst 1846 publizierten Nachlaß. 1851 deutete H. die Galois-Gruppe einer Polynomgleichung $F(u,z) = 0$ (z = Unbestimmte über dem Körper der komplexen Zahlen) durch die Zusammenhangsverhältnisse der einzelnen Zweige von u (Monodromiegruppe im heutigen Sinne; im Anschluß an V. Puiseux, noch vor der Einführung der RIEMANNschen Flächen!). Aus den Jahren 1854–1864 datieren wichtige Beiträge zur Invariantentheorie; H. formulierte und bewies das Reziprozitätsgesetz für binäre Formen. Ab 1855 erschienen weitere bedeutende Arbeiten H.s zur Theorie der Theta-, ABELschen und Modulfunktionen auf der Grundlage der Methoden von CAUCHY, A. GÖPEL und G. ROSENHAIN. H. gelang die Auflösung der allgemeinen Gleichung fünften Grades durch elliptische Modulfunktionen. Im Rahmen seiner Untersuchungen zur Approximation von Funktionen veröffentlichte er 1873 seinen bahnbrechenden Beweis der Transzendenz der EULERschen Zahl *e*. Auf dieser Grundlage konnte F. LINDEMANN 1882 das 2000 Jahre alte Problem der Quadratur des Kreises erledigen, indem er bewies, daß die Kreiszahl π transzendent ist. In den siebziger Jahren gab H. verschiedene Anwendungen der elliptischen Funktionen an, unter anderem auf die Behandlung der LAMÉschen Differentialgleichung; ferner entwickelte er die nach ihm benannte Interpolationsformel.

H. war ein mitreißender akademischer Lehrer, der viele berühmt gewordene Schüler (z. B. H. POINCARÉ, E. PICARD und E. BOREL) hatte. Die zahlreichen, mitunter bahnbrechenden Ansätze und Einsichten von H. wurden oft erst von anderen Mathematikern voll ausgestaltet, z. T. so gründlich in größere Theorien integriert, daß seine Urheberschaft der Nachwelt nicht immer bewußt ist. Mit H.s Namen sind heute viele mathematische Termini verknüpft: HERMITEsche Polynome, Matrizen, Formen, Operatoren, Interpolationsformeln. Neu

Literatur: Hermite, Ch.: Cours d'analyse de l'École polytechnique (Paris 1873), Œuvres. 4 Bde. (Hrsg. E. Picard, Paris 1905–1917), Correspondance d'Hermite et de Stieltjes. Publiée par les soins de B. Baillsud et H. Bourget, préface de E. Picard (Paris 1905), Briefe von Ch. Hermite an P. du Bois-Reymond aus den Jahren 1875–1888. Mitgeteilt von E. Lampe in Berlin, in: Arch. Math. Phys. (III) 4 (1916), 193–220, 289–310.

Heron von Alexandria, Mathematiker und Techniker, zwischen 150 v. u. Z. und 250 u. Z.

H. beschrieb praktische Anwendungen der Mathematik in der Geodäsie, bei der Berechnung von Flächen und Volumina und nutzte die physikalischen Kenntnisse besonders des ARCHIMEDES zur Konstruktion von kultisch verwendbaren Automaten, von Kugelschleudern, Pfeilgeschützen und Vermessungsinstrumenten.

Biographische Angaben H.s sind nicht bekannt, jedoch als »HERONische Frage« mehrfach diskutiert worden. In seinem Werk »Dioptra« beschrieb H., wie er durch Beobachtung einer Mondfinsternis in Rom und Alexandria die Entfernung zwischen diesen beiden Städten bestimmen konnte. Eine Mondfinsternis mit dem von H. im Jahres- und Tagesablauf genau angegebenen Zeitpunkt läßt sich für den damaligen Zeitraum nur für das Jahr 62 u. Z. nachweisen, so daß H.s Lebenszeit mit einiger Sicherheit in diese Zeit fällt. Der Zusatz »von Alexandria« bei seinem Namen läßt vermuten, daß H. wie viele Gelehrte dieser Zeit am Museion, der berühmten Ausbildungsstätte Alexandrias, gewirkt hat. Die uns von H. überlieferten Werke sind eines der wenigen Beispiele für die anwendungsorientierte Darstellung und Aufbereitung mathematischer und physikalischer Kenntnisse in der Antike. Im Gegensatz zum Streben nach in sich geschlossener, axiomatischer, aber völlig praxisfremder Darstellung mathematischen Wissens bei EUKLID sind H.s Fragestellungen praktischer Natur. Mit rechnerischen Verfahren wird eine Lösung angestrebt und Wert auf die Angabe eines Nachvollziehbaren und handhabbaren Rechenweges gelegt. In diesem Sinne tragen die Schriften H.s den Charakter von Lehrb. für den Praktiker und

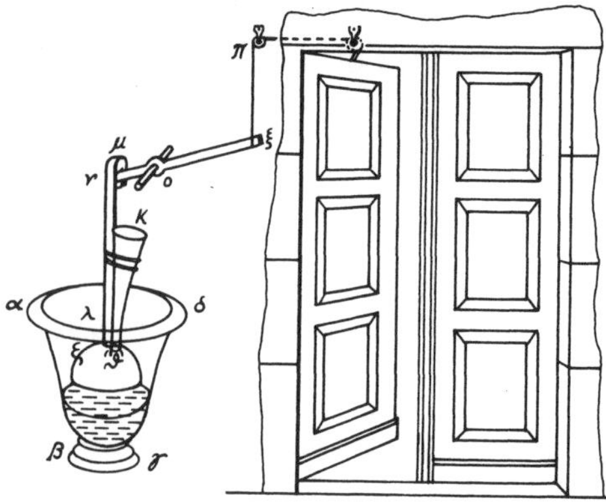

Türöffner nach Heron

sind als Zusammenstellung des damaligen Wissens auf den behandelten Gebieten zu verstehen. Aus gelegentlichen Bezügen in H.s Werken ist zu vermuten, daß es weitere ähnliche für den praktischen Gebrauch bestimmte Bücher gegeben haben muß. H.s Schriften wurden in den folgenden Jahrhunderten für das zivile und militärische Bau- und Vermessungswesen genutzt, kommentiert und ergänzt. In den verschiedenen Büchern zur Vermessungslehre (Metrika, Geometrie, Stereometrika I und II, Ausmessungen) stellte H. Methoden zusammen, um Flächen und Volumina zu bestimmen. Flächen sind danach in Dreiecke zu zerlegen, die mit Hilfe der Trigonometrie vermessen und berechnet werden können. Dabei berücksichtigt H. auch Schwierigkeiten, die bei der Realisierung dieses Verfahrens im Gelände durch Hindernisse auftreten können. Für die Berechnung der Dreiecksfläche gab er die nach ihm benannte Formel an. Für zahlreiche Körper stellte er Volumenformeln auf und beschrieb darüber hinaus, wie man den Rauminhalt unregelmäßig geformter Körper aus der Wasserverdrängung oder durch Umhüllen mit feuchtem Ton bestimmen kann. In Beispielen dazu verwendete er stets konkrete Maßeinheiten und Zahlenwerte, um die Rechnung möglichst praxisbezogen vorzuführen. Mathematische Grundlagen faßte H. nur kurz in seinen »Definitionen« zusammen und lehnte sich dabei an EUKLID an. In späteren Rechnungen griff er aber auch Erkenntnisse aus der altägyptischen Mathematik auf, so z. B. bei der Anwendung von Näherungsverfahren zum Radizieren oder in der Benutzung ägyptischer Stammbrüche. Für das Vermessungswesen beschrieb er in »Dioptra« ein Instrument, das ähnlich wie ein Theodolit, allerdings ohne Fernrohr, zum Nivellieren und zur Winkelmessung angewendet werden konnte. Praktisches Interesse dürften auch H.s Konstruktionen von Pfeilgeschützen und Kugelschleudern für das Militärwesen beansprucht haben, die in »Belopoiika« beschrieben sind. Bei der Konstruktion von Automaten und Wunderapparaten für Kultzwecke oder zur Unterhaltung nutzte H. mit bemerkenswertem Erfindungsreichtum seine Kenntnisse auf dem Gebiet der Hydrostatik und der Mechanik. In »Mechanika«, »Pneumatika« und »Automatentheater« finden sich zahlreiche Beispiele dafür. Zum Antrieb dieser Apparaturen nutzte H. ganz verschiedene Energiequellen: die Kraft des Windes und des strömenden Wassers, den hydrostatischen und den Luftdruck, die Spannkraft erwärmter Luft und die des Dampfes. Damit wurden teilweise komplizierte Mechanismen betrieben, die beweisen, daß H., ähnlich wie ARCHIMEDES, wichtige Maschinenelemente kannte, zu handhaben und wenigstens teilweise zu berechnen wußte, so z. B. Hebel, Wellrad, Flaschenzug, Keil und Schraube sowie Zahnrad und Zahnstange, Ventile, Kolben, Zylinder. An physikalischen Erkenntnissen verwendete H. dabei unter anderem das Archimedische Prinzip, den Schweredruck des Wassers, das Hebelgesetz, die Kompressibilität der Luft, die Wärmeausdehnung von Gasen, aber auch das Reflexionsgesetz aus der Optik, das H. in seiner »Katoptrika« bei der Behandlung von ebenen und gekrümmten Spiegeln benutzte. Der Definition der mechanischen Arbeit als Produkt von Kraft und Weg kam H. sehr nahe. Aber nirgends findet sich ein Anhaltspunkt, daß H. seine Kenntnisse zur Verbesserung von Produktionsinstrumenten oder zur Konstruktion von Arbeitsmaschinen genutzt hätte. Dafür gab es keine Notwendigkeit: Sklaven als »beseelte oder sprechende Werkzeuge« waren in ausreichender Menge vorhanden. Fk

Literatur: Heronis Alexandrii Opera quae supersunt ominia, 5 Bde. (Leipzig 1899–1914).

Drachmann, A. G.: Ktesibios, Philon and Heron, Acta historia Scientiarum naturalium et medicinalium, Vol. IV (Kopenhagen 1948), Heron von Alexandria (München 1969); Heiberg, J. L.: Heron von Alexandrien, in: Hermes 62 (1927), 69–105.

Herschel, 1) Sir Friedrich Wilhelm (William), Astronom, Vater von 2), geb. 15. 11. 1738 Hannover, gest. 25. 8. 1822 Slough bei Windsor.

H. war einer der bedeutendsten Astronomen seiner Zeit. Durch seine wissenschaftlichen Arbeiten wurde er zum Pionier der Stellarastronomie, der Kosmogonie und der Erforschung der Struktur des Sternsystems sowie der Doppelsterne. Seine Forschungen und Entdeckungen charakterisieren wesentliche Entwicklungsstufen der Astronomie des 18. und beginnenden 19. Jh. und wirkten weit in die Zukunft.

H., Sohn eines Militärmusikers, absolvierte die Ausbildung eines Musikers und reiste im Alter von 18 Jahren als Oboist in der Militärkapelle seines Vaters nach England, dessen König in Personalunion auch das Kurfürstentum Hannover regierte. In England wurde H. mit dem Buch »Opticks« von R. Smith bekannt, das in ihm ein lebhaftes Interesse an astronomischen Fernrohren und Himmelsbeobachtungen wachrief. Neben seiner beruflichen Tätigkeit als Musiker beschäftigte sich H. zunehmend mit astronomischen Fragen, vor allem mit dem Bau von Teleskopen und schließlich auch mit der Herstellung von parabolischen Metallspiegeln; 1774 beobachtete er zum ersten Mal mit einem selbstgefertigten Teleskop den gestirnten Himmel. Im folgenden Jahr begann er bereits mit systematischen Beobachtungen. Durch die überraschende Entdeckung des Planeten Uranus 1781 wurde H. schließlich vollends in seinem Entschluß bestärkt, die Musikerlaufbahn aufzugeben und künftig ausschließlich astronomische Forschungen zu betreiben.

Im Sommer 1782 wurde H. zum Kgl. Hofastronomen in Windsor ernannt. Fortan widmete er sich mit großer Intensität dem Bau von astronomischen Beobachtungsinstrumenten und der Erforschung zahlreicher kosmischer Phänomene. Obwohl viele Astronomen einen Teil seiner Resultate und Schlußfolgerungen mit Skepsis betrachteten, wurde H. doch einer der berühmtesten und anerkanntesten Astronomen seiner Zeit. Im Jahre 1821 wurde er zum Präsidenten der »Royal Astronomical Society« gewählt.

Eines der großen wissenschaftlichen Themen H.s betraf den »Bau des Himmels« (›Construction of the Heavens‹), d. h. die Frage nach der Verteilung der Fixsterne im Raum. Unter vereinfachenden Annahmen über die physische Natur der Fixsterne entwickelte H. Methoden, aus umfangreichen Sternzählungen als Funktion der scheinbaren Sternhelligkeiten die räumliche Verteilung der Sterne abzuleiten. Er wurde mit seinen Arbeiten zum Begründer der Stellarstatistik und zum Pionier der Erforschung des Sternsystems. Nach den genialen Denkansätzen von I. Kant auf diesem Gebiet in dessen »Allgemeiner Naturgeschichte und Theorie des Himmels« (1755) stellten H.s Untersuchungen die ersten systematischen empirischen Studien auf diesem Gebiet dar. Das von H. gewonnene Bild der Verteilung der Sterne im Raum stimmt in seinen Grundzügen mit den Auffassungen von I. Kant überein, wenn er auch nicht zu den tatsächlichen Dimensionen des Systems und zur wirklichen Stellung der Sonne darin vorzudringen vermochte. H. setzte seine Forschungen zu diesem Problemkreis von 1784 bis 1817 fort.

Ein anderer großer Problemkreis von H.s Forschungen betrifft die nebligen Objekte, über deren Natur damals noch wenig Klarheit herrschte. H. verfolgte zunächst das Ziel einer möglichst umfassenden Bestandsaufnahme. Ein erster »Katalog von 1000 neuen Nebeln und Sternhaufen« erschien 1786, ein weiterer bereits drei Jahre später, ein dritter 1802. H. versuchte in diesen Arbeiten, die »Nebel« nach morphologischen Gesichtspunkten zu klassifizieren und glaubte, in den verschiedenen Typen von Nebeln Entwicklungsstadien von Sternsystemen erblicken zu können. Seine Grundauffassung entsprach der Hypothese von Kant, daß sich Sterne aus fein verteilter Materie durch Kontraktion herausbilden und dann eine Entwicklung durchlaufen. H. widersprach damit den Anhängern von einer »scala naturae«, die alle Objekte als vollkommen in sich und keiner Entwicklung fähig betrachteten. Obschon H. – im Gegensatz zu Kant – seine Auffassungen anhand von empirischem Material untermauerte, läßt sich doch nicht verkennen, daß vieles entsprechend dem damaligen Wissensstand hypothetisch bleiben mußte und von der Mehrheit seiner Fachkollegen nicht anerkannt wurde. Erst auf dem fortgeschrittenen Entwicklungsstand der Astronomie gegen Ende des 19. Jh. und unter Benutzung der methodischen Hilfsmittel der Astrophysik knüpfte die Forschung an die Ideen von Kant, H. u. a. wieder an und gelangte zu tieferen Einsichten. Hinsichtlich der Verteilung der Sterne im Raum wurden sogar die methodischen Ansätze H.s in abgewandelter Form wieder aufgegriffen und führten zur Begründung der modernen Stellarstatistik (H. v. Seeliger, J. C. Kapteyn u. a.).

Bei dem Versuch, Sternparallaxen zu messen, fand H. eine große Anzahl von räumlich eng beieinander stehenden Objekten. Er kam zu dem Ergebnis, daß nach den Gesetzen der Wahrscheinlichkeit eine zufällige Häufung dieser Objekte in dem beobachteten Umfang auszuschließen war. So blieb nur die Folgerung, daß es sich – zumindest in zahlreichen Fällen – um physische Doppelsterne handeln mußte, die durch die Gravitation miteinander verbunden sind und sich um einen gemeinsamen Schwerpunkt bewegen. Dies wurde zur Gewißheit, als es H. durch Vergleich zeitlich auseinanderliegender Beobachtungen an denselben Objekten gelang, Veränderungen des Positionswinkels festzustellen. H. hatte damit eine neue Klasse astronomischer Objekte entdeckt, die sich für die weitere Entwicklung der Astronomie als äußerst bedeutungsvoll erwies. Da die Doppelsterne sich entsprechend dem Gravitationsgesetz um ihren gemeinsamen Schwerpunkt bewegen, bestand damit zugleich die Möglichkeit, Fixsternmassen und somit eine wesentliche Zustandsgröße der Sterne zu bestimmen. Außerdem konnte die Gültigkeit des Gravitationsgesetzes bis in die Tiefen der Fixsternwelt nachgewiesen werden. Die Doppelsterne blieben eines der von H. bevorzugten Forschungsthemen. Mehrere Kataloge, die er bis zum Jahre 1821 herausbrachte, stellten die Grundlage für eine systematische Erforschung der Doppelsterne noch im 19. Jh. dar. Weiterhin arbeitete H. erfolgreich über die Bewegung der Sonne im Raum (erstmalige Bestimmung des Zielpunktes der Sonnenbewegung, des Apex, aus der Analyse der Eigenbewegungen der Fixsterne); er entdeckte die ultraroten Strahlen des Sonnenspektrums sowie zwei Saturn- und zwei Uranusmonde.

Ein besonderes Tätigkeitsgebiet H.s stellten die astronomischen Instrumente dar. H. beschäftigte sich mit dem Zusammenhang zwischen der Reichweite und den optischen Daten von Spiegelteleskopen, mit der Herstellung von Spiegeln für astronomische Teleskope in Theorie und Praxis und konstruierte selbst große Teleskope, die unter seiner Aufsicht gebaut wurden. Innerhalb von nur etwa 6 Jahren entstanden nach H.s eigenen Angaben rund 400 Spiegel verschiedener Dimension. Wegen des Fehlens wissenschaftlicher Prüfmethoden suchte er aus jeder Serie anhand ihrer Eigenschaften bei der Beobachtung von Fixsternen die besten aus und verglich diese dann mit den besten aus anderen Serien. Der größte von H. hergestellte Spiegel verfügte über einen Durchmesser von 1,22 m. Das mit diesem Metallspiegel ausgestattete Instrument stellte das größte astronomische Teleskop der damaligen Zeit überhaupt dar. HERSCHEL-Teleskope waren äußerst gefragt und auf vielen berühmten Sternwarten der damaligen Zeit zu finden. Die von H. gewiesenen Wege des Instrumentenbaus wirkten bahnbrechend und wurden von anderen Technikern aufgegriffen und weiterentwickelt. Für H. selbst waren die von ihm gebauten großen Instrumente eine der wesentlichsten Voraussetzungen seiner wissenschaftlichen Erfolge. Her

Literatur: Buttmann, G.: Wilhelm Herschel, Leben und Werk des Astronomen. 1738-1822 (Stuttgart 1961).

Hamel, J.: Friedrich Wilhelm Herschel (Leipzig 1988).

2) Sir John Frederick William, Astronom, Sohn von 1), geb. 7. 3. 1792 Slough bei Windsor, gest. 11. 5. 1871 Hawkhurst (Kent).

H. wurde mit wichtigen Arbeiten über Doppelsterne, Nebel und Sternhaufen einer der bedeutendsten Astronomen des 19. Jh. Er verfaßte im Anschluß an die Forschungen seines Vaters wichtige Beiträge zur Stellarstatistik und wurde Mitbegründer der wissenschaftlichen Photographie.

H. wurde in wirtschaftlich unabhängigen Verhältnissen geboren, die durch das hohe Ansehen des Vaters als Kgl. Hofastronom geprägt waren. Nach seiner Ausbildung durch Privatunterricht belegte H. mit 17 Jahren am St. Johns College die Fächer Mathematik und Physik und bestand seine Examina mit Auszeichnung. Noch während des Studiums gründete H. im Freundeskreis die »Analytische Gesellschaft von Cambridge«. Er setzte sich für die Anwendung der LEIBNIZschen Form der Infinitesimalrechnung an den engl. Univ. ein, erhielt für mathematische Abhandlungen mehrere Auszeichnungen und Preise und wurde bereits 21jährig Mitgl. der Royal Society of London.

Nach einem einjährigen Jurastudium (London) nahm H. in Cambridge die Stelle eines Tutors für Mathematik an und erwarb 1816 den akademischen Grad Master of Arts. Auf Wunsch des Vaters verzichtete er auf einen weiteren akademischen Weg und setzte mit den im Garten des elterlichen Wohnhauses vorhandenen Instrumenten die vom Vater begonnenen Durchmusterungsarbeiten fort. Mit dem befreundeten Astronomen J. SOUTH erarbeitete er zunächst einen Doppelsternkatalog, der 380 Objekte enthielt. 1825–1833 entstand ein großer Katalog mit Nebelflecken und Sternhaufen, parallel dazu 1826–1836 ein sechsteiliger Doppelsternkatalog, in dem er mehrere Tausend Objekte erfaßte.

Zwischenzeitlich (insbesondere 1820–1830) wurde H. auf Reisen durch Mitteleuropa mit führenden Naturwissenschaftlern bekannt. Am Ideal HUMBOLDTscher Bildung orientiert, verfaßte er für Enzyklopädien mehrere Beiträge über Optik, Akustik, Meteorologie und physische Geographie. 1830 erschien sein »Preliminary Discourse on the Study of Natural Philosophy« und 1833 »A Treatise on Astronomy«. Die Vielseitigkeit H.s findet ferner in der Vorbereitung erdmagnetischer und meteorologischer Meßstationen für das britische Empire durch spätere Reformvorschläge zum Erziehungssystem und photochemische Experimente (Entdeckung der Fixierwirkung von Natriumthiosulfat, 1839) ihren Ausdruck.

1834–1838 lebte H. mit seiner Familie in Südafrika. Am Kap der Guten Hoffnung errichtete er sich ein leistungsstarkes, voll bewegliches Teleskop mit 20 Fuß Brennweite. An diesem Instrument dehnte er die von seinem Vater begonnenen, von ihm selbst fortgeführten Durchmusterungen des Nordhimmels auf die Südhalbkugel des Himmels aus. Parallel dazu vertiefte er sich in geographische, meteorologische, geophysikalische und biologische Studien. Die astronomischen Ergebnisse publizierte er 1847 unter dem Titel »Results of astronomical observations made during the years 1834–38 at the Cape of Good Hope ...«. Sie weisen die Entdeckung von mehr als 2 000 Doppelsternen und rund 1 700 Nebeln aus. Der Bericht enthält ferner etliche Einzeluntersuchungen, darunter photometrische Studien zu »Sterneichungen«, zur Sonne, zum Saturnmondsystem und über die MAGELLANschen Wolken. 1849 folgte sein Lehrb. zur Astronomie »Outlines of astronomy«.

1850–1855 bekleidete H. das Amt des Dir. der Kgl. Münze (Master of the Mint). Seine Reformversuche, insbesondere zur Einführung des Dezimalsystems, scheiterten. Nach Niederlegung der öffentlichen Ämter zog er sich auf seinen Landsitz Collingwood in Hawkhurst zurück und erarbeitete unter anderem in den folgenden Jahren zwei Gesamtverzeichnisse: über 5 079 Sternhaufen und Nebel sowie über mehr als 10 000 Doppelsterne.

Neben zahlreichen Ehrungen durch Akademien und wissenschaftlichen Gesellschaften erfuhr H. die Adelung zum Baronet (1838) und zweimal die Berufung zum Präsidenten der Royal Astronomical Society. Fd

Hertwig, 1) Richard Karl Wilhelm Theodor von (seit 1910), Zoologe, Bruder von 2), geb. 23. 9. 1850 Friedberg (Hessen), gest. 3. 10. 1937 Schlederloh (Isartal).

H. erlangte Bedeutung vor allem durch seine Protozoenstudien und durch neue Erkenntnisse über die Entwicklungsgeschichte wirbelloser Tiere sowie mit experimentell-zytologischen Arbeiten über den Befruchtungsprozeß und die Kern-Plasma-Relation.

H., Sohn eines Kaufmanns, studierte zusammen mit seinem Bruder OSCAR H. Medizin, ab 1868 in Jena, wo er besonders durch C. GEGENBAUR und E. HAECKEL entscheidend beeinflußt wurde. Nach einem Sommersemester in Zürich (1869) blieb er bis zum Frühjahr 1871 in Jena und ging – nach einem Studienaufenthalt mit HAECKEL in Lesina (März 1871) – an die Univ. Bonn, wo er bei dem Zoologen M. SCHULTZE 1872 zum Dr. med. promoviert wurde. Er war dann bis 1874 dort Assistent am Anatomischen Institut, und zwar im Wechsel mit seinem Bruder während der Ableistung der Militärdienstpflicht 1873 in Jena. Nach einem Studienaufenthalt auf Helgoland im Sommer 1874 habilitierte sich H. (nach der Promotion an der Philosophischen Fakultät im Dezember 1874) im Februar 1875 in Jena für Zoologie und begann seine erfolgreiche Vorlesungstätigkeit. Gemeinsam mit seinem Bruder führte er zwischen 1875 und 1881 mehrfach Studienreisen ans Mittelmeer durch, aus denen bedeutende Forschungsergebnisse über Medusen und andere Zölenteraten (Nervensystem der Aktinien, »Coelomtheorie«) sowie über den Befruchtungsprozeß und die Weiterentwicklung am Seeigelei hervorgingen. In Jena wurde er 1878 ao. Prof. für Zoologie an der Philosophischen Fakultät. Die gemeinsamen Arbeiten der Brüder endeten mit der Berufung H.s 1881 zum o. Prof. für Zoologie nach Königsberg (Kaliningrad), der 1883 die Berufung nach Bonn und 1885 nach München folgten. Dort begründete H. als Dir. des Zoologischen Instituts eine wissenschaftliche Schule der Protozoologie und Entwicklungsphysiologie und wirkte als einflußreicher Hochschullehrer bis zu seiner Emeritierung (1925).

Während in Jena unter HAECKEL und GEGENBAUR die vergleichend-morphologischen und entwicklungsgeschichtlichen Studien unter deszendenztheoretischen Aspekten vorherrschten und die Brüder H. dort vor allem zu ihren Untersuchungen über wirbellose Meerestiere angeregt worden waren, hatte SCHULTZE durch seine zytologischen und histologischen Arbeiten und Techniken maßgebend für die Zell- und Protoplasmaforschung gewirkt. Diese Gebiete wurden durch H. methodisch und theoretisch weiterentwikkelt und entscheidend befruchtet. Die unter dem Einfluß von SCHULTZE und HAECKEL 1874 durchgeführten Arbeiten über Wurzelfüßer (Rhizopoden) stehen am Beginn langjähriger Studien über Protozoen, die in den Arbeiten »Zur Histologie der Radiolarien« (1877) und über den »Organismus der Radiolarien« (1879) zum endgültigen Nachweis der Einzelligkeit dieser Rhizopoden führten und die ihren Abschluß in der klassischen Arbeit über »Kernteilung, Richtungskörperbildung und Befruchtung von Actinosphaerium Eichhorni« (1898) fanden, einem Süßwasser-Heliozoon (»Sonnentierchen«), das H. erstmals in Königsberg entwicklungsgeschichtlich untersucht hatte. Diese Arbeiten hatten grundlegende Bedeutung für die Zytologie und ihre Begriffe (Kernstruktur, Chromatin, Chromidien, Zentrosomen). Weitere Beiträge zur Zellenlehre entstanden durch Studien an Paramaecium (Pantoffeltierchen), an dem H. die Konjugation und den Austausch der Kernsubstanzen (Mikro- und Makronukleus) als Form der geschlechtlichen Fortpflanzung bei Ziliaten (Wimpertierchen) entdeckte. Daraus resultierte ein umfangreiches Forschungsprogramm über die Mengenbeziehung von Kern- und Plasmasubstanz, woraus H. unter anderem Schlußfolgerungen über die Geschlechtsbestimmung ableitete, die nach Aufklärung der genetischen Ursachen revidiert werden mußten.

H. muß zu den Begründern experimentell-zytologischer Untersuchungen gezählt werden, indem er den Einfluß experimentell variierter Ernährungs- und Temperaturfaktoren auf Zellprozesse studierte, z. B. die »künstliche Parthenogenesis« durch Strychningaben am Seeigelei bewirkte. Bei seinem Prinzip, an wenigen, gut untersuchten zoologischen Objekten allgemeine Lebensgesetze zu erforschen, hat H. über HAECKEL hinaus eine Schule der modernen experimentellen Zoologie begründet, die von seinen Schülern nach 1900 weiter ausgebaut und vor allem in Verbindung mit genetischen Fragestellungen zu neuer Bedeutung geführt wurde, z. B. durch TH. BOVERI, P. BUCHNER, R. GOLDSCHMIDT, M. HARTMANN und J. SCHAXEL. Ja

Literatur: Hertwig, R. v.: Beiträge zur Kenntnis der Acineten (Leipzig 1875), Über die Conjugation der Infusorien, in: Abh. Akad. Wiss. München, Math.-nat. Kl. 17 (1899), 151–233, Eireife und Befruchtung, in: Handb. der vergleichenden und experimentellen Entwicklungslehre 1 (Jena 1906), Über Parthenogenesis der Infusorien und die Depressionszustände der Protozoen, in: Biol. Zentralbl. 34 (1914), 557–581, (mit O. Hertwig): Das Nervensystem und die Sinnesorgane der Medusen (Leipzig 1878), Der Organismus der Medusen und seine Stellung zur Keimblättertheorie, in: Denkschr. med.-naturwiss. Ges. Jena 2, Heft 1 (1878), 1–70, Die Actinien anatomisch und histologisch mit besonderer Berücksichtigung des Nervenmuskelsystems untersucht

J. F. W. Herschel

R. Hertwig

(Jena 1879), (mit O. Hertwig): Die Coelomtheorie. Versuch einer Erklärung des mittleren Keimblattes, in: Jena. Z. Naturwiss. 15 (1882), 1–150, u. als Separatdruck: Die Coelomtheorie (Jena 1881).

Doflein, F. u. a.: Richard Hertwig zur Feier seines siebzigsten Geburtstages, in: Naturwiss. 8 (1920), Heft 39; Frisch, K. v.: Richard von Hertwig, in: Festschr. u. Gedächtnisreden Bayer. Akad. d. Wiss. Nr. 385 (München 1938); Uschmann, G.: Geschichte der Zoologie und der zoologischen Anstalten in Jena 1779–1919 (Jena 1959), 68–70, 89–102.

2) Wilhelm August Oscar, Zoologe und Anatom, Bruder von 1), geb. 21. 4. 1849 Friedberg (Hessen), gest. 25. 10. 1922 Berlin.

H. entdeckte den Befruchtungsvorgang am Seeigelei und den Reifeteilungsprozeß der Geschlechtszellen. Er war der Begründer der Kernidioplasmatheorie. Gemeinsam mit seinem Bruder RICHARD H. formulierte er die »Coelomtheorie«.

H. studierte 1868–1871 Medizin und Zoologie in Jena (bei E. HAECKEL), Zürich und Bonn gemeinsam mit seinem Bruder RICHARD H. An der Univ. Bonn wurde H. 1872 unter M. SCHULTZE zum Dr. med. promoviert und arbeitete bei ihm als Assistent. Zusammen mit seinem Bruder und HAECKEL unternahm er 1875 eine Studienreise ans Mittelmeer. 1875 erfolgte H.s Habilitation an der medizinischen Fakultät in Jena, wo er 1878 zum ao. Prof. und 1881 zum o. Prof. der Anatomie ernannt wurde. 1888 erfolgte die Berufung als o. Prof. der vergleichenden Anatomie an die Univ. Berlin, wo H. bis 1921 das für ihn errichtete »II. Anatomische Institut« leitete (seit 1897 »Anatomisch-biologisches Institut«).

H. steht als Schüler von HAECKEL in der Traditionslinie der deskriptiv-vergleichenden Morphologie und Entwicklungsgeschichte. So arbeitete er z. B. (1873) in diesem Sinne gemeinsam mit seinem Bruder über Aszidien (Seescheiden). Auf der mit diesem und HAECKEL 1875 unternommenen Studienreise ans Mittelmeer studierte H. am Seeigelei die Vorgänge der Befruchtung. An diesem Objekt gelang es ihm als erstem Forscher, die Verschmelzung von Ei- und Spermakern zu beobachten und damit das Wesen der Befruchtung zu entdecken. Diese Entdeckung publizierte H. 1875 in der klassischen Schrift »Beiträge zur Kenntnis der Bildung, Befruchtung und Theilung des thierischen Eies«, mit der er sich im gleichen Jahr an der Univ. in Jena für »Anatomie und Entwicklungsgeschichte« habilitierte. Die Wohlhabenheit der Eltern erlaubte es H., sich bis 1881 der reinen Forschung zu widmen und sich wiederholt zu Studienzwecken am Mittelmeer (Messina) aufzuhalten. Die während dieser Zeit teilweise mit seinem Bruder durchgeführten Arbeiten umfassen Studien über die Befruchtung, das Hautskelett bei Wirbeltieren und Fischen, das mittlere Keimblatt der Wirbeltiere, die Einwirkung der Zentrifugalkraft (1885) und chemischer Agenzien (1886) auf die Entwicklung u. a. Besonders die Arbeiten über das Nervensystem und die Sinnesorgane von Medusen (Quallen) waren der Ausgangspunkt für Untersuchungen über die Beziehungen zwischen den Keimblättern und die Entstehung der Gewebe und Organe. H. stellte fest, daß die Keimblätter im Gegensatz zu der bisherigen Auffassung keine unmittelbare Spezifität bei der Ausbildung bestimmter Gewebe und Organe haben. In der Monographie »Die Chaetognathen, ihre Anatomie, Systematik und Entwicklungsgeschichte« (1880) wies H. nach, daß das mittlere Keimblatt nicht aus den primären Keimblättern entsteht, sondern durch Abfaltung aus dem Urdarm. Mit ihrer »Coelomtheorie« (1881) haben die Brüder H. die 1874 von HAECKEL aufgestellte »Gastraeatheorie« wesentlich weiterentwickelt und auf die weitere embryologische Forschung innovierend gewirkt. Bis zum Beginn der 80er Jahre herrschte die Meinung vor, daß das reife tierische Ei kernlos sei. H. konnte mittels gefärbter Dauerpräparate und der Beobachtung am lebenden Objekt nachweisen, daß das Ei einen Kern enthält, und formulierte 1884 die »Kernidioplasmatheorie«, die besagt, daß der Kern der Träger der Erbanlagen ist, ein Gedanke, der fast gleichzeitig von dem Botaniker E. STRASBURGER entwickelt worden war. Mit den dieser Theorie zugrunde liegenden Versuchen konnte H. belegen, daß sich der Eikern während der Befruchtung mit einem zweiten Zellkern, den er hypothetisch, aber richtig als Samenzellkern deutete, vereinigt und daß die Kerne der Keimzellen im Reifeprozeß erhaben bleiben, d. h. keine Neubildung von Zellkernen stattfindet. »Es gibt keine vom Stammkern unabhängige Neubildung eines Zellkerns (omnis nucleus e nucleo)«, formulierte H. Eine wichtige Stütze seiner vererbungstheoretischen Auffassungen waren H.s klassische Untersuchungen der Ei- und Samenbildung von Ascaris megalocephala (Pferdespulwurm). Hierbei entdeckte er 1890 die Reduktionsteilung der Samenzellen und bewies das gleichartige Verhalten der Chromosomen bei der Ei- und Samenentwicklung. Bezüglich des Problems der Entwicklungsmöglichkeiten von Embryonalzellen stand H. in konträrem Gegensatz zu der von A. WEISMANN 1885 formulierten »Keimplasmatheorie«. Dieser teilweise mechanizistischen Anschauung stellte H. seine durch Versuche an Amphibieneiern experimentell gestützte »Biogenesistheorie« gegenüber (1894 und 1897), die besagt, daß alle Zellen in der Embryonalentwicklung infolge erbgleicher Kernteilungen erbmäßig gleichwertig sind und daß die weitere Differenzierung der Zellen von Umwelteinflüssen, ungleichen Lagebeziehungen zueinander und zum Keim u. a. abhängen. Gemeinsam mit seinen Kindern GÜNTHER und PAULA H. führte H. Untersuchungen an radiumbestrahlten Keimzellen durch (1909–1913), mit denen Neuland in der entwicklungsphysiologischen Forschung betreten wurde. Entschieden wandte sich H. gegen biologistische Ansichten. Besonders in der Schrift »Zur Abwehr des ehtischen, des sozialen, des politischen Darwinismus« (1918) kämpfte er gegen die Übertragung des Terminus »Kampf ums Dasein« auf die menschliche Gesellschaft. »Den wahren Fortschrittshebel anstelle des trügerischen Phantoms der negativen und positiven Auslese« sah H. als bürgerlicher Humanist in der »planmäßig durchgeführten Erziehung und Bildung des Volkes in allen seinen Schichten ...«. Mit zahlreichen Lehrb., die viele Jahre zu den Standardwerken gehörten, sowie biologiehistorischen Arbeiten hat H. zur Herausbildung eigenständigen biowissenschaftlichen Forschens und Denkens entscheidend beigetragen. Er wurde 1881 Mitgl. der Leopoldina und 1893 ordentliches Mitgl. der Kgl. Preuß. Ak. d. Wiss. zu Berlin. Su

Literatur: Hertwig, O.: Untersuchungen über den Bau und die Entwicklung des Cellulose-Mantels der Tunicaten, in: Jena. Z. Naturwiss. 7 (1873), (mit R. Hertwig): Die Coelomtheorie. Versuch einer Erklärung des mittleren Keimblattes, in: Jena. Z. Naturwiss. 15 (1882), 1–150, u. als Separatdruck: Die Coelomtheorie (Jena 1881), Das Problem der Befruchtung und der Isotropie des Eies, eine Theorie der Vererbung (Jena 1884), (mit R. Hertwig): Ueber den Befruchtungs- und Teilungsvorgang des thierischen Eies unter dem Einfluß äußerer Agentien, in: Jena. Z. Naturwiss. 20 (1886), Vergleich der Ei- und Samenbildung bei Nematoden, in: Arch. mikroskop. Anat. 36 (1890), 1–138, Zeit- und Streitfragen der Biologie, Heft 1: Präformation oder Epigenese? (Jena 1894), Mechanik und Biologie (Jena 1897), Lehrb. der Entwicklungsgeschichte des Menschen und der Wirbeltiere (Jena 1886/88, 10. Aufl. 1915), Die Zelle und die Gewebe (Jena 1893), Allgemeine Biologie (Jena 1906), Das Werden der Organismen (Jena 1916), Der Staat als Organismus (Jena 1922), Dokumente zur Geschichte der Zeugungslehre. Eine historische Studie (Bonn 1918).

Tembrock, G.: Oscar Hertwig (1849–1922), in: Geschichte der Mikroskopie, Leben und Werk großer Forscher, Bd. 1, Biologie (Hrsg. H. Freund u. A. Berg, Frankfurt/Main 1963), S. 207–215; Weissenberg, R.: Oscar Hertwig (1849–1922), Leben und Werk eines deutschen Biologen (Leipzig 1959).

Hertz, 1) Gustav Ludwig, Physiker, Neffe von 2), geb. 22. 7. 1887 Hamburg, gest. 30. 10. 1975 Berlin.

H. führte zusammen mit J. FRANCK Elektronenstoßexperimente durch, die die Quantentheorie und das BOHRsche Atommodell bestätigten, und entwickelte Methoden der Gasdiffussion zur Isotopentrennung.

H., Sohn eines Rechtsanwalts, besuchte das Realgymnasium des Johanneums in Hamburg. Er studierte ab 1906 in Göttingen Mathematik und ab 1907 in München Physik, für die ihn A. SOMMERFELD und P. DEBYE begeisterten. Nach dem Militärdienst in Dresden ging H. auf Anraten von W. WESTPHAL nach Berlin, wo er 1911 bei H. RUBENS promovierte und dessen Assistent wurde. Im ersten Weltkrieg schwer verwundet, habilitierte er sich 1917. Ab 1920 arbeitete er in den Philips-Glühlampenwerken Eindhoven. 1925 wurde H. Prof. in Halle und 1927 an der TH Berlin-Charlottenburg. 1935 legte er sein Lehramt nieder, da er keine Loyalitätserklärung für A. HITLER und den nationalsozialistischen deutschen Staat abgeben wollte. Bis 1945 leitete H. das neugeschaffene Forschungslabor II des Siemens-Konzerns. Nach dem zweiten Weltkrieg war H. an einem Forschungsinstitut in Agudseri bei Sinop in der Nähe von Suchumi tätig. 1954 nahm er eine Professur für Experimentalphysik in Leipzig an. Auch nach seiner Emeritierung 1961 war er in verschiedenen wissenschaftsorganisatorischen Funktionen tätig.

Nach der Promotion über »Das ultrarote Absorptionsspektrum der Kohlensäure in seiner Abhängigkeit von Druck und Partialdruck« begann H.s Zusammenarbeit mit FRANCK auf dessen Spezialgebiet, der Gasentladungsphysik. Bei der Messung der Ionisationspotentiale von Quecksilberdampf ergaben sich typische Maxima der Strom-Spannungs-Kennlinie. Der Zusammenhang mit der Quantentheorie von M. PLANCK lag auf der Hand, die weitere Deutung blieb unbefriedigend. Die Verbindung mit dem BOHRschen Atommodell erkannten FRANCK und H. erst 1919.

H.s Arbeit in den Philips-Glühlampenwerken bot die Möglichkeit, die Elektronenstoßexperimente zu verfeinern und theoretisch auszubauen. Bei der Suche nach einem Verfahren zur Argongewinnung für Glühlampenfüllungen stieß H. auf die Gasdiffussion. Durch Beachtung eines Nebeneffekts, der unvollständigen Trennung von Quecksilber und Argon, fand H. eine effektivere Gasfüllung für Leuchtröhren. Die Methode der Gasdiffussion vervollkommnete H. so, daß er sie 1922 zur Trennung von Gasgemischen und 1932 – schon in Berlin-Charlottenburg – zur Isotopentrennung nutzen konnte. Im Forschungslabor II bei Siemens

W.A.O.Hertwig

G.Hertz

H.Hertz

E.Hertzsprung

gelang unter H.s Leitung unter anderem die Entwicklung von Röntgenblitzröhren und Mikrowellengeneratoren. Aus Arbeiten zur Elektronen- und Ionenemission aus Metallen gingen die Entwicklung des Feldelektronen- (1937) und des Feldionenmikroskops (1956) durch H.s Schüler E. W. Müller hervor.

In der UdSSR beschäftigte sich H. mit der großtechnischen Realisierung der Gasdiffusion von Uraniumhexafluorid zur Anreicherung des spaltbaren Uraniums 235. In seinem Leipziger Institut, in dem er nach seiner Rückkehr aus der UdSSR ab 1954 wirkte, wurden Fragen der Elektronenemission, der Feldelektronenmikroskopie, der Hochvakuumtechnik und der Halbleiterphysik bearbeitet. Darüber hinaus war H. wesentlich am Aufbau kernphysikalischer und kerntechnischer Einrichtungen beteiligt und setzte sich für die friedliche Nutzung der Atomenergie ein.

Für die »Entdeckung der Gesetze des Stoßes eines Elektrons und eines Atoms« erhielt H. gemeinsam mit Franck 1926 den Physiknobelpreis für das Jahr 1925. Auch später wurde H. mit zahlreichen Auszeichnungen geehrt, unter anderem 1952 mit dem Staatspreis der UdSSR. Fk

Literatur: Hertz, G.: Lehrbuch der Kernphysik, Bd. I Experimentelle Verfahren (Leipzig 1958) Bd. II Physik der Atomkerne (Leipzig 1960) Bd. III Angewandte Kernphysik (Leipzig 1962), Ein neues Verfahren zur Trennung von Gasgemischen durch Diffusion, in: Phys. Z. 23 (1922), 433–434, Ein Verfahren zur Trennung von gasförmigen Isotopengemischen und seine Anwendung auf die Isotope des Neons, in: Z. Phys. 79 (1932), 108–121, (mit G. Franck): Über einen Zusammenhang zwischen Quantenhypothese und Ionisierungsspannung, in: Verh. Dt. Phys. Ges. 13 (1911), 967–971, Die Bestätigung der Bohrschen Atomtheorie im optischen Spektrum durch Untersuchungen der unelastischen Zusammenstöße langsamer Elektronen mit Gasmolekülen, in: Phys. Z. 20 (1919) 132–143.

Kleint, Chr. u. Otto, G.: Gustav Hertz (1887–1975), in: Wiss. Z. der Karl-Marx-Univ. Leipzig, Math.-Naturwiss. R. 34 (1985), 77–81; Kuczera, J.: Gustav Hertz (Leipzig 1985); Lösche, A.: Gustav Hertz (1887–1975) in: Namhafte Hochschullehrer der Karl-Marx-Univ. Leipzig, Heft 4 (Leipzig 1983, S. 20–29); Gustav Hertz in der Entwicklung der modernen Physik. Festschrift zum 80. Geburtstag von Gustav Hertz am 22. Juli 1967 (Berlin 1967); Gustav-Hertz-Ehrung der KMU – Wiss. Z. der Karl-Marx-Univ. Leipzig, Math.-Naturwiss. Reihe 36 (1987), 577–736.

2) Heinrich Rudolf, Physiker, geb. 22. 2. 1857 Hamburg, gest. 1. 1. 1894 Bonn.

H. entdeckte die von J. C. Maxwell in der elektromagnetischen Lichttheorie vorhergesagten elektromagnetischen Wellen und wies deren Identität mit dem Licht nach. Er verhalf damit der Physik des elektromagnetischen Feldes zur Anerkennung und schuf die physikalische Voraussetzung für die Funktechnik.

H., Sohn eines Rechtsanwaltes und Senators, absolvierte das Hamburger Johanneum. Vielseitig begabt, besuchte er parallel dazu eine Gewerbeschule und nahm privaten Arabischunterricht. Nach dem Abitur und einem Volontärjahr begann H. ab 1876 in Dresden und München Bauwesen und Architektur zu studieren, wechselte aber bald die Fakultät und studierte ab 1877 Physik und Mathematik in München und Berlin. In Berlin wurde H. v. Helmholtz auf die »ganz ungewöhnliche Begabung« von H. aufmerksam. H. erhielt bereits 1879 einen Preis der Univ. und promovierte 1880 mit einem Thema zur Elektrodynamik mit dem in Berlin selten vergebenen Prädikat »Magna cum laude«. Für zweieinhalb Jahre blieb er als Assistent bei Helmholtz, bearbeitete eine Fülle verschiedener Themen und betreute das physikalische Praktikum. 1883 ging er als Privatdoz. nach Kiel und habilitierte sich dort. 1886 wurde er als o. Prof. an das Polytechnikum in Karlsruhe berufen, wo er seine epochale Versuchsserie zum Nachweis der elektromagnetischen Wellen ausführte. 1889 folgte er einem Ruf an die Univ. Bonn. Hier widmete er sich vor allem der Ausarbeitung seines grundlegenden Werkes »Prinzipien der Mechanik«. Knapp 37 Jahre alt, erlag er einer Sepsis, hervorgerufen durch Eiterungen im Kiefer und Nasenraum.

Sein Lehrer Helmholtz hatte 1879 den experimentellen Nachweis des Maxwellschen »Verschiebungsstroms« zum Gegenstand einer Preisaufgabe der Berliner Akademie gemacht und insbesondere H. darauf hingewiesen. Aber H. lehnte vorerst ab, da dieser Effekt nach seiner Berechnung nur durch sehr schnelle elektrische, bisher nicht beobachtete Schwingungen verifiziert werden könne. Nachdem er sich in Kiel intensiv mit den rivalisierenden Theorien der Elektrodynamik auseinandergesetzt und die Maxwellsche Theorie in eine moderne Form umgesetzt hatte, kam ihm eine zufällige Beobachtung zu Hilfe: Er stellte fest, daß in offenen Schwingkreisen (Dipole) bei geeigneter Erregung Schwingungen sehr hoher Frequenz erregt werden können. Systematische Versuche mit zwei Schwingkreisen zeigten den charakteristischen Resonanzeffekt. Nach entmutigenden Versuchen mit Wellen entlang von Drähten (Wellenleitern) stellte er 1886 im Hörsaal einen aus Funkeninduktor und Dipol mit Funkenstrecke bestehenden Sender auf, brachte an der gegenüberliegenden Seite ein Zinkblech als Reflektor an und konnte mit einem kreisförmigen Dipol die Bäuche und Knoten der stehenden elektromagnetischen Wellen im Raum am »Funkenmikrometer« wahrnehmen und deren Ausbreitungsgeschwindigkeit berechnen. Bei Versuchen mit gebündelten Wellen im Dezimeterbereich konnte er deren Reflexion, Brechung und Polarisation zeigen und ihre Wesensgleichheit mit dem Licht beweisen. Damit war die Maxwellsche Feldtheorie endgültig verifiziert. Bereits 1894 begannen G. Marconi und A. S. Popow »Hertzsche Wellen« zur drahtlosen Nachrichtenübertragung zu nutzen.

Letzte theoretische Arbeiten zur Elektrodynamik bewegter Körper, in denen er an der Ätherhypothese festhielt, enthielten Impulse, die in A. Einsteins Spezielle Relativitätstheorie eingingen.

Im Zusammenhang mit seinen Experimenten zur Elektrodynamik 1887 wurde H. auf die später als äußerer photoelektrischer Effekt bezeichnete Erscheinung aufmerksam, deren weitere Erforschung er seinen Schülern W. HALLWACHS und P. LENARD überließ. Auch die von ihm 1891 bemerkte Durchlässigkeit dünner Metallschichten für Katodenstrahlen wurde von LENARD weiter verfolgt. Die von H. bereits 1880 ausgeführten Untersuchungen über die Härte und die Berührungsflächen fester elastischer Körper sind bis heute für die Werkstoffprüfung von Bedeutung geblieben. In seinem letzten Werk »Prinzipien der Mechanik« versuchte H. einen Aufbau der Mechanik unter Verzicht auf den Kraftbegriff.

H. war in seinen gesellschaftlichen Anschauungen dem liberalen Bürgertum verbunden; er trat für die internationale Zusammenarbeit der Wissenschaftler ein. Wegen seiner jüdischen Abstammung mußten seine beiden Töchter nach 1933 Deutschland verlassen, und es kamen Bestrebungen auf, die in Deutschland nach ihm benannte Einheit der Frequenz unter Beibehaltung der Abkürzung in »Helmholtz« umzubenennen. Schi

Literatur: Hertz, H.: Gesammelte Werke, 3 Bde.: Bd 1: Schriften vermischten Inhalts, Bd. 2: Untersuchungen über die Ausbreitung der elektrischen Kraft, Bd 3: Die Prinzipien der Mechanik. In neuem Zusammenhang dargestellt (Leipzig 1894–1895).

Grigorân, A. J., u. A. N. Vâlsev: Heinrich Hertz (Moskau 1968); Hertz, J. (Hrsg.): Heinrich Hertz. Erinnerungen, Briefe, Tagebücher (Leipzig 1927); Kuczera, J.: Heinrich Hertz (3., erweit. Aufl., Leipzig 1987).

Hertzsprung, Ejnar, Astrophysiker, geb. 8. 10. 1873 Frederiksborg bei Kopenhagen, gest. 21. 10. 1967 Tølløse.

H. war einer der vielseitigsten und produktivsten Astrophysiker der ersten Hälfte des 20. Jh. und hat durch seine Forschungen wesentliche Beiträge zur Entwicklung der modernen Astrophysik geleistet.

Sein Vater, SEVERIN H., verfügte zwar über ein abgeschlossenes Astronomiestudium, arbeitete aber im dän. Finanzministerium, da die Berufsaussichten für Astronomen ungenügend waren. Daher empfahl er auch seinem Sohn, Chemie zu studieren. Nach dem Staatsexamen (1898) arbeitete H. mehrere Jahre in St. Petersburg (Leningrad) und ging 1901 nach Leipzig, um sich bei W. OSTWALD auf dem Gebiet der Photochemie zu vervollkommnen. Nach Dänemark zurückgekehrt, beschäftigte er sich an der Univ.- und an der Urania-Sternwarte Kopenhagen mit astronomischen Beobachtungen. Durch einen Briefwechsel mit K. SCHWARZSCHILD wurde dieser auf H. aufmerksam und holte ihn zu sich nach Göttingen und anschließend an das Astrophysikalische Observatorium Potsdam. Nach dem Tode SCHWARZSCHILDS ging H. zunächst nach Dänemark zurück und war dann von 1919 ab als Adjunkt an der Univ.-Sternwarte Leiden tätig. 1935 wurde er zum Leiter der Sternwarte ernannt. In diese Zeit fallen auch mehrere längere Aufenthalte an großen Sternwarten in den USA und Südafrika, wo H. umfangreiche Beobachtungsprogramme abwickelte.

Auch nach seiner Entpflichtung (1944) beschäftigte er sich weiter intensiv mit astrophysikalischen Problemen. Zu den bedeutendsten Entdeckungen H.s gehört die Aufklärung des Zusammenhangs zwischen den absoluten Helligkeiten und den Spektralklassen der Sterne durch sorgfältige Analyse bereits vorliegenden Beobachtungsmaterials, z. B. Sternparallaxe, scheinbare Helligkeiten, Eigenbewegungen und Farben. Im Ergebnis dieser Untersuchungen fand H. die Aufspaltung der Sterne mittlerer bis später Spektralklassen in zwei »Serien« gleichen Spektraltyps, aber extrem unterschiedlicher absoluter Helligkeit (1905–1907). Gemeinsam mit den unabhängig davon entstandenen Arbeiten von H. N. RUSSELL bildeten H.s Untersuchungen den Kern des HERZSPRUNG-RUSELL-Diagramms (HRD), das grundlegende Bedeutung für das Verständnis der Sternentwicklung hat.

In einer Reihe von Arbeiten widmete sich H. den Sternen des offenen Sternhaufens Plejaden. Dabei entdeckte er charakteristische Abweichungen des Farben-Helligkeits-Diagramms (FHD) gegenüber anderen Haufen. Diese Entdeckung brachte später den Zugang zur Aussagekraft von FHD für die Sternentwicklung.

Pionierarbeit vollbrachte H. auch auf dem Gebiet der veränderlichen Sterne; mehrere hundert Variable wurden von ihm entdeckt. Intensive photographische Beobachtungen führten zur Feststellung zahlreicher Lichtkurven veränderlicher Sterne.

Im Jahre 1913 bestimmte H. die Entfernung der Kleinen MAGELLANschen Wolke durch Anwendung der von Miss H. LEAVITT entdeckten Perioden-Leuchtkraft-Beziehung an Delta Cepheiden. Er wies damit zugleich prinzipielle Wege zur Bestimmung größerer kosmischer Distanzen innerhalb unseres Sternsystems, aber auch für extragalaktische Objekte. Ein weiteres fruchtbares Arbeitsfeld H.s waren die Doppelsterne, für deren Beobachtung er ein spezielles photographisches Präzisionsverfahren entwickelte. 1915 fand H. anhand der Untersuchung von visuellen Doppelsternen eine Beziehung zwischen Massen und Leuchtkräften, die er 1919 allgemein für die Hauptreihensterne des HRD formulierte und die von A. S. EDDINGTON theoretisch begründet wurde. Her

Literatur: Hertzsprung, E.: Zur Strahlung der Sterne, in: Z. wiss. Photogr. 3 (1905), 429–442 u. 5 (1907), 86–107, sowie in: Ostwalds Klassiker ... 225 (4. Aufl. Leipzig 1985).

Hess (Gess), German Henri (Iwanowitsch), Mediziner und Chemiker, geb. 7. 8. 1802 Genf, gest. 1. 12. 1850 St. Petersburg (Leningrad).

H. gilt als Begründer der wissenschaftlichen Thermochemie. 1840 veröffentlichte er den Satz über die Wärmesummen (HESSscher Satz).

Der Vater von H. siedelte kurz nach dessen Geburt als Privatlehrer in die Nähe von Moskau über. Mutter und Sohn folgten 1805 nach. Mit fünfzehn Jahren ging H. nach Dorpat (Tartu), besuchte zwei Jahre lang eine Privatschule, danach ein Gymnasium und legte 1822 das Abitur ab. Im gleichen Jahre trat er in die Medizinische Fakultät der Univ. Dorpat ein. Hier erwarb er auch Kenntnisse auf den Gebieten Chemie und Mineralogie. Mit der Dissertation zum Dr. med. schloß H. 1825 seine Studienzeit ab. In seiner Dissertationsschrift »Über die Heilwässer, die sich hauptsächlich in Rußland befinden« konnte er neben medizinischen Kenntnissen auch seine chemischen und mineralogischen Erfahrungen anwenden. Danach vervollständigte H. seine chemischen Kenntnisse durch einen sechsmonatigen Aufenthalt bei J. J. v. BERZELIUS in Stockholm und ging als Arzt nach Irkutsk. In seiner wissenschaftlichen Tätigkeit widmete er sich nunmehr ausschließlich der Chemie. Nach einer Berufung als Adjunkt nahm er 1829 als Chemiker seine Tätigkeit an der St. Petersburger Kaiserl. Ak. d. Wiss. auf. 1831 folgte er einem Ruf an das Technologische Institut der damaligen russ. Hauptstadt. Bereits seit 1830 war er außerordentliches und ab 1834 ordentliches Mitgl. der St. Petersburger Akademie. 1838 lernte H. auf einer der damals üblichen Studienreisen nach Mittel- und Westeuropa D. F. ARAGO, O. L. ERDMANN und andere Gelehrte kennen.

Seine wesentlichen thermochemischen Untersuchungen unternahm und veröffentlichte H. 1839–1842; Energieverhältnisse bei natürlichen und technischen Prozessen waren zu diesem Zeitpunkt eine allgemein untersuchte Problematik. J. R. MAYER machte die Wissenschaftler 1840 mit seinem Energieerhaltungssatz bekannt, und erst 1847 erfuhren diese Ergebnisse mit der Arbeit von H. v. HELMHOLTZ »Über die Erhaltung der Kraft« allgemeine Anerkennung. Einfluß auf H. hatte die Beschäftigung mit J. B. RICHTER und dessen quantitativen Anschauungen in der Chemie, besonders sein Gesetz der konstanten Proportionen. Die Verbreitung und Anerkennung der physikalisch-chemischen Arbeiten von H. war das Verdienst von M. P. E. BERTHELOT in Paris. Dort erschienen sie im Organ der franz. Ak. d. Wiss. »Comptes rendus« und gleichzeitig in »Poggendorffs Annalen« in deutscher Sprache. Besondere Bedeutung hatte H. für das akademische Studium der Chemie in Rußland in der ersten Hälfte des 19. Jh. D. I. MENDELEJEW stellte fest, daß alle russ. Chemiker seiner Generation auch Schüler von H. seien. Besonders verbreitet war dessen Lehrb. »Grundlagen der reinen Chemie«.

We

Literatur: Hess, G. H.: Grundlagen der reinen Chemie (1. Aufl. russ., St. Petersburg 1831), Notiz über Wärmeentwicklung in festen Verhältnissen, in: Bull. sci., publié par l'Academie Impériale des Sciences de St. Petersburg, VII, (1839) 302 (Pogg. Ann. 47 (1839), 210), Thermochemische Untersuchungen, in: Bull. Ac. Pet. VII, (1840) 257 (Pogg. Ann. 50 (1840), 385), Über die bei chemischen Verbindungen entwickelten Wärmemengen, in: Compt. rend. T. Xp. 761 (Pogg. Ann. 52 (1841), 114 – Nachdruck in Ostwalds Klassiker, Bd. 9, Leipzig 1921).

Kapustinski, A. F., u. Solov'ëv, Û. I.: Termohimičeskie raboty G. I. Gessa i ih vliânie na russkih termohimistov vtoroj poloviny XIX. v. in Trudy In-ta istorii estestvoznaniâ i tehniki 1957, vyp. 3; Solov'ëv, Û. I.: German Ivanovič Gess, Isd. AN SSSR (Moskau 1962).

Hess, Walter Rudolf, Physiologe, geb. 17. 3. 1881 Frauenfeld (Schweiz), gest. 12. 8. 1973 Zürich.

H. erforschte die zentralen Regulationen der Organfunktionen auf der Ebene des Zwischenhirns unter genauer Lokalisation und Beobachtung der komplexen Reaktionen am intakten und frei beweglichen Tier.

H., Sohn eines Physik- und Mathematiklehrers, besuchte seit 1900 das Gymnasium in Frauenfeld und beschäftigte sich früh mit Laborarbeit und Experimenten. Medizin studierte er in Lausanne, Bern, Berlin, Kiel und Zürich, wo er 1906 promoviert wurde. Bis 1912 arbeitete er aus finanziellen Gründen als Augenarzt in Rapperswil. 1913 habilitierte er sich für Physiologie und arbeitete in verschiedenen Institutionen, insbesondere in Bonn bei M. R. K. VERWORN. 1917 wurde H. o. Prof. für Physiologie und Dir. des Physiologischen Instituts der Univ. Zürich als Nachfolger von J. G. GAULE. Nach dem ersten Weltkrieg bildete sich H. auf dem Gebiet der Neurophysiologie bei CH. S. SHERRINGTON, E. H. STARLING, F. S. HOPKINS und H. H. DALE, besonders aber bei J. N. LANGLEY, dem grundlegenden Erforscher des vegetativen Nervensystems, aus. H. hat entscheidende Verdienste um die Errichtung der hochalpinen Forschungsstation Jungfraujoch, die 1931 eröffnet wurde.

Der Zeit augenärztlicher Tätigkeit entstammen Beiträge zur physiologischen Optik: Die Prüfung der Schielstellung und der Augenbewegungsstörungen durch Doppelbilder und die Vervollkommnung der Rasterstereoskopie. Schon aus dem Jahre 1903 datiert eine Arbeit über den Bau der Blutgefäße. Seit seiner Doktorarbeit beschäftigte sich H. mit der Viskosität des Blutes und ihrer Bedeutung für den Kreislauf. Auch seine Habilitationsarbeit war der Kreislaufforschung gewidmet. Er entwickelte ein oft benutztes Viskosimeter (Vergleich der kapillaren Durchflußmengen) und schrieb später (1930) eine Monographie über die Kreislaufregulation. Seine Untersuchungen zum Zwerchfelltonus mündeten in eine gleiche Leistung für die Atemregulation (1931). Daneben liefen andere Forschungskomplexe, so un-

G.H.Hess

W.R.Hess

ter anderem in den 20er Jahren die Untersuchung der Gewebeatmung bei Avitaminose mit Hilfe der Kaliumcyanidvergiftung. Doch die Beschäftigung mit Regulation und zentraler Repräsentation der Funktionen von Organsystemen wurde das Hauptanliegen von H. Mit Hirnforschungen begann er 1924. Die von ihm entwickelte Methodik erlaubte eine genaue lokalisierbare Reizung oder Ausschaltung umschriebener Hirnstrukturen. In einer vorbereiteten Operation unter Lachgasanästhesie wurden Stahlnadelelektroden mit einem Durchmesser von 250 µm, die bis 1 mm über der Spitze isoliert sind, mit einem Halterahmen am Schädelknochen verschraubt und erlaubten wiederholte elektrische Reizung mit schwellennahen »physiologischen« Strömen nach überstandener Operation ohne Beeinträchtigung durch Narkose, Schmerz oder Schock am freibeweglichen Tier, schließlich die Zerstörung des spitzennahen Hirngebietes durch Diathermie und dadurch seine genaue Markierung. Der Reizpunkt konnte danach in Hirnatlanten kartographiert werden; die Degeneration unterbrochener Nervenfasern erlaubt Rückschlüsse auf Faserverbindungen und damit auf funktionelle Zusammenhänge von Hirnstrukturen. Als Versuchstiere dienten Katzen, in Schädelbau und Verhalten ein gleichmäßigeres Ausgangsmaterial als Hunde. Das Verhalten der Tiere unter Reizung wurde sorgfältig protokolliert und gefilmt. Die Untersuchungen erfolgten am Hirnstamm, genauer im Zwischenhirn (besonders im Hypothalamus), von dem vorher nur die allgemeine Wirkung auf vegetative Funktionen ohne genaue lokale Zuordnungen bekannt war; dort liegen die übergeordneten Zentren, die größere Funktionskomplexe wie die Regulation der Körpertemperatur, die übergeordnete Regulation von Kreislauf und Atmung, die Regulation sekretorischer und motorischer Verdauungsfunktionen zu einheitlicher Leistung zusammenfassen. Den beiden zusammenwirkenden antagonistischen Anteilen des vegetativen Nervensystems Sympathikus und Parasympathikus entsprechend, lassen sich auch im Hypothalamus »ergotrope« und »histotrope« (»trophotrope« – diese Bezeichnungen stammen wie die Ausdrücke »Sympathikotonus« und »Vagotonus« von H.) Anteile unterschieden. Die mehr seitlich und hinten gelegenen ergotropen Anteile bewirken bei ihrer Reizung Blutdrucksteigerung, Herzbeschleunigung, schnellere und tiefere Atmung, Pupillenerweiterung, Sträuben des Fells und Aggressivität, Funktionen, die bei Angriff oder Verteidigung benötigt werden. Die vorn, näher der Mittellinie gelegenen trophotropen Anteile setzen die genannten Funktionen im Sinne des Energiesparens, der Assimilation von Körpersubstanz und der Ruhe herab. In dieser Region gelang auch die Auslösung natürlichen Schlafes durch elektrische Reizung (1929). Die Katze ist durch Sinnesreize erweckbar und schläft danach wieder ein, wobei sie sich zu ihrer typischen Schlafstellung zusammenrollt. Die mit derartigen vegetativen Funktionen verbundenen Bewegungen und Körperstellungen führten H. zum Studium der Organisation der Motorik. Für die Pathologie und Klinik des Menschen sind die Regulationen der Funktionen der inneren Organe sehr bedeutsam. Vegetative Funktionen sind eng mit psychisch-emotionellen Vorgängen verknüpft. Verständlicherweise hat H. auch diesen Einflüssen seine Aufmerksamkeit gewidmet und sich zum Abschluß seiner reichen wissenschaftlichen Tätigkeit einer »Psychologie in biologischer Sicht« zugewandt.

1949 erhielt H. den Nobelpreis für Medizin und Physiologie (zusammen mit E. A. Moniz) für seine Entdeckung der funktionellen Bedeutung des Zwischenhirns für die Koordination der Tätigkeit innerer Organe. 1951 wurde H. emeritiert. Er war Mitgl. der Schweizer Akademie der medizinischen Wissenschaften (seit 1948) und zahlreicher in- und ausländischer wissenschaftlicher Gesellschaften, darunter der Leopoldina, und erhielt vier Ehrendoktorwürden. Ru

Literatur: Hess, W. R.: Die Zweckmäßigkeit im Blutkreislauf, Antrittsvorlesung (Basel 1918), Über die Wechselbeziehungen zwischen psychischen und vegetativen Funktionen, in: Schweiz. Arch. Neurologie 15 (1924) 260 u. 16 (1925) 280, Die Regulierung des Blutkreislaufs (Leipzig 1930), Die Regulierung der Atmung (Leipzig 1931), Die Methodik der lokalisierten Reizung und Ausschaltung subkortikaler Hirnabschnitte (Leipzig 1932), Das Zwischenhirn und die Regulation von Kreislauf und Atmung (Leipzig 1938), Vegetative Funktionen und Zwischenhirn (Basel 1947), Die funktionelle Organisation des vegetativen Nervensystems (Basel 1948), Zwischenhirn und Motorik (Basel 1948), Das Zwischenhirn. Syndrome, Lokalisationen, Funktionen (Basel 1949), Hypothalamus und Thalamus (Atlas) (Stuttgart 1956), Psychologie in biologischer Sicht (Stuttgart 1962, 2. Aufl. 1968).

Festschrift Rudolf Hess zum 60. Geburtstag (Basel 1941).

Hevelius, Johannes, Astronom, geb. 28. 1. 1611 Danzig (Gdánsk), gest. 28. 1. 1687 Danzig.

H. war ein Pionier der Mondforschung und Autor wertvoller Zusammenstellungen physikalischer (Sonnensysteme) und astrometrischer (Kometen, Sterne) Beobachtungen. Er konstruierte eine Reihe astronomischer Geräte.

Als Sohn einer reichen Patrizierfamilie hat H. sein beachtliches Einkommen aus eigenen Brauereien für astronomische Forschungen benutzt. Wissenschaftlich begabt, entwickelte er sich durch Selbststudium zu einem erstklassigen Gelehrten. Anregung dazu gab ihm P. Krüger, sein Lehrer am Danziger Akademischen Gymnasium. Nach Studien in Leiden und in Frankreich begann H. 1641 mit der Einrichtung einer Sternwarte, die er mit eigens dafür gebauten Meß- und Beobachtungsgeräten ausrüstete. Nach der Zerstörung der Sternwarte durch Brand im Jahre 1679 mußte H. seine Arbeitsstätte in seinen letzten Lebensjahren wieder aufbauen. Im gesellschaftlichen Leben seiner Heimatstadt war H. als Stadtgerichtsschöffe und Ratsherr tätig.

Von besonderer wissenschaftlicher Bedeutung waren die teleskopischen Mondbeobachtungen von H. Er begründete die Selenographie durch Herausgabe der ersten Mondkarte. Er bearbeitete eine lange Serie topographischer Karten des Mondes in dessen verschiedenen Phasen und Epochen, die zur Entdeckung einer periodischen Schwankung des Satellitenkörpers (»Libration in der Länge«) führte. Von der von H. eingeführten Terminologie gelten auch heute noch die Namen von Mondgebirgszügen. Außer dem Mond beobachtete H. teleskopisch Sonnenflecken, Planeten und Jupitertrabanten. Sowohl die Teleskope als auch die spezielle Ausrüstung der Beobachtungsgeräte waren von H. selbst gebaut. Wegen der Unvollkommenheit der Objektivlinsen machte er Versuche mit Teleskopen von riesiger Fokallänge (bis 150 Fuß, also über 40 m). In der Astronomie gehörte H. zu den letzten Beobachtern, die noch klassische Meßinstrumente ohne Fernrohrlinsen benutzten. Dabei haben seine Sehkraft und die Qualität seiner Geräte bewirkt, daß die Genauigkeit der Sternpositionen seines Sternenkatalogs vielleicht die Grenze des Möglichen erreichte und den Fernrohrbeobachtungen seiner Zeit überlegen war. Der Sternkatalog von H. mit einem künstlerisch ausgestatteten Himmelsatlas erschien erst 1690 als postumes Werk. Zu erwähnen sind ferner H.' Beiträge zur Kometenforschung.

H. stand in ständiger Verbindung und reger Korrespondenz mit Gelehrten seiner Zeit. Sein Ruhm erbrachte ihm auch Pensionen von den Königen von Polen und Frankreich; zu Ehren Johannes III. von Polen hatte er unter den neu eingetragenen Sternbildern auch das »Scutum Sobiescianum« in die Himmelskarten eingeführt. Do

Literatur: Hevelius, J.: Selenographia (Gedani 1647), Cometographia (Gedani 1668), Machina coelestis, 2 Tle (Gedani 1673–1679), Prodromus astronomiae (Gedani 1690), Firmamentum Sobiescianum sive Uranographie (Gedani 1690).

Westphal, J. H.: Leben, Studien und Schriften des Astronomen J. Hevelius (Königsberg 1820); Wierzbicki, D.: Zywot i działalność J. Heweliusza (Leben und Werk von H.) in: Pam. Akad. Umiej. Kraków, 7 (1889), 22.

Heyrovský, Jaroslaw, Physikochemiker, geb. 20. 12. 1890 Prag. gest. 27. 3. 1967 Prag.

H. entdeckte die Polarographie und entwickelte sie theoretisch und methodisch zu einem grundlegenden Verfahren der Elektrochemie, der analytischen Chemie und vieler weiterer Gebiete von Wissenschaft und Technik.

H., Sohn eines Universitätsprof. der Rechte, absolvierte 1909 das Gymnasium in Prag, und nach einem Jahr Physik-, Chemie- und Mathematikstudium an der Karls-Univ. setzte er sein Studium am University College London fort. Dort war er Schüler von W. Ramsay, W. C. Lewis und F. G. Donnan. Donnan bestimmte ihn zu seinem Vorlesungsassistenten. 1913 wurde H. Bakkalaureus (B. Sc.). Der erste Weltkrieg unterbrach seine Studien in England. Der Sanitätsdienst in Lazaretten der österreich.-ungar. Armee hinderte H. jedoch nicht, seine Studien fortzusetzen und die Dissertation abzuschließen. 1918 promovierte er in Prag und wurde hier Assistent bei B. Brauner am Institut für anorganische und analytische Chemie an der Karls-Univ. 1921 erwarb er in London den Rang eines Doktors der Wissenschaften (D. Sc.). 1922 wurde er ao. und 1926 o. Prof. der physikalischen Chemie an der Karls-Univ. 1929 gründete er mit E. Votoček die Ztschr. Collection of Czechoslovak Chemical Communications, die heute noch erscheint.

Dank der Hilfe des deutschen Prof. J. Böhm, der den Lehrstuhl für physikalische Chemie an der Deutschen Univ. Prag inne hatte, konnte H. seine Forschungen auch nach der Schließung der tschech. Hochschulen 1939 durch das deutsche Besatzungsregime und während der Okkupation fortsetzen. Nach dem Krieg kehrte H. an die Univ. zurück und wurde 1950 Dir. des damals gegründeten polarographischen Institutes, das 1952 Bestandteil der Tschechoslowak. Ak. d. Wiss. (Československá akademie věd, ČSAV) wurde. Im selben Jahr wurde H. Mitglied der ČSAV. 1963 trat er wegen seines schlechten Gesundheitszustandes in den Ruhestand.

Die Anregung zum Studium der elektrochemischen Prozesse erhielt H. von Donnan. Unter seiner Leitung begann sich H. 1913 mit der Bestimmung des Elektrodenpotentials von Aluminium zu befassen. Bei dieser Arbeit sammelte er erste Erfahrungen mit der Quecksilbertropfelektrode nach G. N. Lewis. Den zweiten Impuls bekam er bei seinem Rigorosum, bei dem ihn der Physikprof. B. Kučera auf die Anomalien der elektrokapillaren Kurven aufmerksam machte, die bei der Messung der Oberflächenspannung der aus der Quecksilbertropfelektrode fließenden Quecksilbertropfen gewonnen werden, und ihm vorschlug, diese Erscheinung zu untersuchen. H. entschloß sich, statt der Oberflächenspannung die Intensität des zwischen der in die Elektrolytlösung eingetauchten Elektrode und der Referenzelektrode fließenden Stroms zu messen, und zwar in Abhängigkeit von der angelegten polarisierenden Spannung. Aus den Meßwerten gewann er reproduzierbare Kurven mit einer charakteristischen Form, die später polarographische Wellen genannt wurden. H. erkannte bald, daß die Quecksilbertropfelektrode ideale Bedingungen für die Untersuchung unbekannter Elektrodenprozesse bietet. 1922 veröffentlichte er die ersten Ergebnisse und befaßte sich von nun an sein ganzes Leben lang mit der Interpretation und Applikation der entdeckten Methode. Die Feststellung, daß die Lage und Höhe der polarographischen Welle dem qualitativen und quantitativen Stoffgehalt in der Lösung entspricht (1923, 1924), legte die Fundamente zu ihrer analytischen Ausnutzung. H. und sein japan. Mitarbeiter M. SHIKATA konstruierten 1925 ein Gerät (Polarograph), das die Kurven automatisch registriert. Im Verlauf der folgenden zehn Jahre arbeiteten H. und seine Mitarbeiter die Polarographie für analytische Zwecke aus. Seit den 30er Jahren verlagerte sich der Schwerpunkt der Forschungen auf theoretische Fragen, vor allem auf die quantitative Interpretation der polarographischen Kurven und auf das Studium der Grenzströme. Die ILKOVIČ-Gleichung (1934) beschreibt den Strom, der durch die Diffusion elektroaktiver Stoffe zur Quecksilbertropfelektrode bedingt ist. Daraus leiteten H. und D. ILKOVIČ 1935 die Gleichung der ganzen polarographischen Kurve ab und definierten das Halbwellen- oder Halbstufenpotential. Diese Ergebnisse ermöglichten eine Erforschung der Beziehungen zwischen dem Halbwellenpotential und den thermodynamischen, später auch kinetischen Parametern des Elektrodenprozesses. H. fesselte vor allem das Problem der Wasserstoffausscheidung an der Quecksilbertropfelektrode. Die dabei in drei Stufen ablaufende Reaktion $H + H_3O^+ + e \rightleftharpoons H_2 + H_2O$ wird in der Elektrochemie als HEYROVSKÝ-Reaktion bezeichnet. 1940 ergänzte H. seine polarographische Ausrüstung durch einen Katodenstrahloszillographen und erarbeitete Grundlagen der oszillographischen Polarographie. Neben der wesentlichen Beschleunigung der analytischen Prozedur bot die neue Methode auch neue Beobachtungsmöglichkeiten, z.B. konnten Adsorptions- und elektrolytische Vorgänge während des Anwachsens eines einzigen Quecksilbertropfens beobachtet werden. Aus der Polarographie resultierte unter anderem die Einführung der polarographischen Titrationen (1926), die V. MAJER (1936) und I. M. KOLTHOFF (1939) zur polarometrischen bzw. amperiometrischen Titration vervollkommneten. Im HEYROVSKÝ-Institut wurden auch andere elektrochemische Methoden weiterentwickelt, z.B. die Polarographie mit Wechselstrom und die Coulometrie.

H., seine Schüler und seine Nachfolger auf der ganzen Welt haben die Polarographie für die Analyse kleinster Mengen organischer und anorganischer Stoffe weiterentwikkelt. Sie wird auch zur Beobachtung biochemischer Reaktionen benutzt. Die Polarographie ermöglicht das Studium der Struktur organischer und anorganischer Stoffe, z.B. ungewöhnlicher Wertigkeiten anorganischer komplexer Verbindungen. Sie wird in der klinischen Diagnostik appliziert, zur automatischen Kontrolle und Steuerung der industriellen Produktion, zum Nachweis von Schadstoffen in der Atmosphäre u. a. Praktische Ziele verfolgt man auch im Zusammenhang mit der Frage einer direkten Umwandlung der chemischen Energie in elektrische. Die theoretischen und praktischen Möglichkeiten der Polarographie sind bis heute nicht ausgeschöpft.

Aus H.s Schule stammt eine Reihe bedeutender in- und

J. Hevelius

J. Heyrovský

ausländischer Forscher. Im Jahre 1959 erhielt H. für die Entwicklung der Polarographie den Nobelpreis. Sb, Fk

Literatur: Heyrovský, J.: Elektrolysa se rtutovou kapkovou kathodou, in: Chemické listy 16 (1922), 256–304, Electrolysis with a Dropping Mercury Cathode. I. Deposition of Alkali and Alkaline Earth Metals, in: Philosophical Magazine 45 (1923), 303–314, Polarographie, theoretische Grundlagen, praktische Ausführung und Anwendung der Elektrolyse mit der tropfenden Quecksilberelektrode (Wien 1941), (mit J. Forejt): Oszillographische Polarographie, in: Z. physik. Chem. 193 (1943), 77–96, Polarographisches Praktikum (Berlin 1948), (mit J. Zuman): Einführung in die praktische Polarographie (Berlin 1959), (mit R. Kalvoda): Oszillographische Polarographie mit Wechselstrom (Berlin 1960), (mit J. Kůta): Grundlagen der Polarographie (Berlin 1965), Polarographie, in: Ostwalds Klassiker ... 266 (Hrsg. H. Berg u. J. Koryta, Leipzig 1985).

Hilbert, David, Mathematiker, geb. 23. 1. 1862 Königsberg (Kaliningrad), gest. 14. 2. 1943 Göttingen.

Als der vielleicht bedeutendste und universellste Mathematiker des ausgehenden 19. und beginnenden 20. Jh. hat H. auf zahlreichen Gebieten der Mathematik und der mathematischen Physik grundlegende neue Resultate vorgelegt und wesentliche neue Entwicklungen angebahnt, wobei ihm neben der Ausgestaltung einer Theorie stets auch deren Begründung besonderes Anliegen war. In methodologischer Hinsicht war H. ein Hauptvertreter der axiomatischen Richtung, die bei ihm philosophisch in eine formalistische Wissenschaftsauffassung mündete, zu deren metamathematischer Begründung er seine Beweistheorie entwickelte.

Nach Ablegung des Abiturs 1880 in Königsberg studierte H. an der dortigen Univ. die Fächer Mathematik und Physik. Seine akademischen Lehrer waren vor allem H. WEBER, F. LINDEMANN und A. HURWITZ. Bereits in dieser Zeit begann seine Freundschaft mit dem in Berlin studierenden H. MINKOWSKI, durch den er mit den Arbeiten von E. E. KUMMER, L. KRONECKER und K. WEIERSTRASS bekannt wurde. 1885 promovierte H. in Königsberg mit der Arbeit »Über die invarianten Eigenschaften specieller binärer Formen, insbesondere der Kugelfunctionen«. 1885/86 führten ihn Studienreisen nach Leipzig zu F. KLEIN und nach Paris zu CH. HERMITE. Bereits 1886 habilitierte sich H. in Königsberg mit der Schrift »Über einen allgemeinen Gesichtspunkt für invariantentheoretische Untersuchungen im binären Formengebiet«, wurde dort anschließend Privatdoz., 1892 Extraordinarius und 1893 Ordinarius. In jener Zeit verband ihn eine enge Jugendfreundschaft mit K. KOLLWITZ, die er zeit seines Lebens hoch verehrte und später gegen Angriffe politischer Gegner in Schutz nahm. Wesentlichen Anteil hat H. 1890 zusammen mit G. CANTOR an der Gründung der »Deutschen Mathematiker-Vereinigung«. 1895 folgte H. einem auf Initiative von KLEIN ergangenen Ruf als o. Prof. an die Univ. Göttingen, an deren Entwicklung zu einem führenden mathematisch-naturwissenschaftlichen

Lehr- und Forschungszentrum im ersten Drittel des 20. Jh. er maßgeblich beteiligt war und dessen Traditionen durch viele seiner Schüler in alle Welt getragen wurden. Trotz ehrenvoller Angebote anderer Univ. und Akademien (Leipzig 1898, Berlin 1902, Heidelberg 1904, Bern 1919) blieb H. Göttingen treu, bis 1930 seine Emeritierung erfolgte. Der Beginn des Nationalsozialismus bedeutete das Ende der Göttinger Mathematik: Viele der hervorragenden Göttinger Mathematiker und Physiker (E. NOETHER, E. ARTIN, H. WEYL, R. COURANT, P. BERNAYS, E. LANDAU, M. BORN, J. FRANCK u. a.) wurden ihres Amtes enthoben und verließen Deutschland. Während der letzten Lebensjahre wurde es einsam um H.; nur wenige Kollegen und Freunde geleiteten ihn 1943 zur letzten Ruhe. H. war Mitgl. zahlreicher Akademien und Ehrenmitgl. vieler wissenschaftlicher Gesellschaften.

Die ersten Arbeiten H.s betrafen die zu jener Zeit besonders aktuelle Invariantentheorie. 1890 bewies er mittels neuartiger Betrachtungsweisen den heute nach ihm benannten Basissatz für Ideale und den Endlichkeitssatz der Invariantentheorie. Während die Invariantentheoretiker vor ihm für immer kompliziertere Systeme von Formen ein endliches volles Invariantensystem zu konstruieren versuchten, löste H. dieses Problem in voller Allgemeinheit dadurch, daß er es mit allgemeinen Fragen der Modultheorie verknüpfte. Allerdings handelte es sich hierbei um einen reinen Existenzbeweis: H. erkannte, daß eine effektive Aufstellung des vollen Invariantensystems im allgemeinen Fall nicht erreichbar ist und das Problem übersichtlich nur gelöst werden kann, wenn zunächst auf die Angabe eines einheitlichen allgemeinen Konstruktionsverfahrens verzichtet wird. Diese Art der Lösung, in der sich bereits die axiomatische Denkweise H.s zeigt, stand im Gegensatz zu den Auffassungen der meisten Invariantentheoretiker und den durch KRONECKER u. a. geprägten Anschauungen über den effektiven Charakter algebraischer Beweisführungen. Erst der Aufbau einer Theorie der Invariantenkörper führte H. 1893 auch zu einer Methode für die Aufstellung des vollen Invariantensystems von Grundformen in beliebig vielen Variablen. Damit war bei H. zugleich ein Wechsel zu Problemen der Zahlentheorie verbunden. Insbes. wandte er sich Fragen der Relativkörper, vor allem der relativ ABELschen Körper, und der Reziprozitätsgesetze zu. Ergebnis seiner systematischen Arbeiten auf diesem Gebiet war der 1897 erschienene »Bericht über die Theorie der algebraischen Zahlkörper«, der von größter Wirkung war und die neuere Entwicklung der algebraischen Zahlentheorie begründete. Von den späteren im engeren Sinne algebraisch-zahlentheoretischen Forschungen H.s sei noch eine Arbeit zum WARINGschen Problem erwähnt, in der er zeigte, daß sich jede natürliche Zahl als Summe einer festen Anzahl n-ter Potenzen natürlicher Zahlen darstellen läßt.

Bereits 1891 wandte sich H. den Grundlagen der Geometrie zu; er hielt 1898/99 seine berühmt gewordene Vorlesung über »Elemente der Euklidischen Geometrie« und veröffentlichte 1899 seine später in zahlreiche Sprachen übersetzten »Grundlagen der Geometrie«. Mit diesem Werk fanden einerseits die bis in die griech. Antike zurückreichenden Untersuchungen zur inhaltlichen Axiomatik in der Geometrie ihren Abschluß, zu der vor allem die Geometrie des 19. Jh. wesentliche neue Resultate geliefert hatte und die nun ihre endgültige und systematische Einordnung fanden. Andererseits bildete es – zusammen mit den sich in der zweiten Hälfte des 19. Jh. herausbildenden strukturtheoretischen Auffassungen in der Algebra – den Anfang der heute in der Mathematik üblichen formalen Axiomatik. Fragen der Widerspruchsfreiheit, Vollständigkeit und Unabhängigkeit von Axiomensystemen wurden zu wichtigen wissenschaftstheoretischen Problemen der Mathematik. Wegen der in dieser Zeit entdeckten mengentheoretischen Antinomien war die Absicherung bedeutender Teile der Mathematik gegenüber Widersprüchen ein aktuelles Problem. In diesem Zusammenhang warf H. bereits 1900 die Frage auf, ob die zuvor durch WEIERSTRASS, CANTOR, R. DEDEKIND, G. FREGE u. a. gegebene genetische Begründung der Arithmetik der reellen und der natürlichen Zahlen ausreichend sei, und äußerte dazu folgende Meinung: »Trotz des hohen pädagogischen und heuristischen Wertes der genetischen Methode verdient doch zur endgültigen Darstellung und völligen logischen Sicherung des Inhaltes unserer Erkenntnis die axiomatische Methode den Vorzug«. Dabei erkannte H., daß die Schwierigkeiten bei der Begründung der Arithmetik anders geartet sind als diejenigen, die bei der axiomatischen Begründung der Geometrie zu überwinden waren. Während er in der Geometrie die Fragen der Widerspruchsfreiheit, Vollständigkeit und Unabhängigkeit weitgehend durch die Konstruktion geeigneter arithmetischer Modelle lösen konnte, erschien ihm in der Arithmetik die Zurückführung auf eine andere Grunddisziplin (z. B. die Mengenlehre) unerlaubt. Er entwickelte bereits in jener Zeit erste Ideen seiner späteren Beweistheorie, machte sich jedoch über das damit Erreichbare noch falsche Hoffnungen.

Im Jahre 1900 erhielt H. die Aufforderung zu einem Hauptvortrag auf dem 2. Internationalen Mathematikerkongreß in Paris. Er stellte ihn unter das Thema »Mathematische Probleme« und formulierte darin 23 damals ungelöste Probleme aus allen Zweigen der Mathematik. Dieser Vortrag hat die Entwicklung der Mathematik in der ersten Hälfte des 20. Jh. wesentlich stimuliert, und die Aktualität der HILBERTschen Probleme hat sich voll bestätigt. Der Vortrag enthielt zugleich wichtige wissenschaftsphilosophische Gedanken über die Einheit der Mathematik und ihre Beziehungen zu den Naturwissenschaften, über die Bedeutung von »gut gestellten« Problemen für die Entwicklung einer Wissenschaft und über die mathematische Strenge. In der Einleitung sprach H. seine feste Überzeugung von der Lösbarkeit jedes vernünftig gestellten mathematischen Problems aus: »Diese Überzeugung von der Lösbarkeit eines jeden mathematischen Problems ist uns ein kräftiger Ansporn während der Arbeit; wir hören in uns den steten Zuruf: Da ist das Problem, suche die Lösung. Du kannst sie durch reines Denken finden; denn in der Mathematik gibt es kein Ignorabimus!«

Unter dem Eindruck der sich stürmisch entwickelnden Physik befaßte sich H. von 1900 bis 1920 nahezu ausschließlich mit Fragen der Analysis und der mathematischen Physik. Wie seine früheren Arbeiten zur Arithmetik, Algebra und Geometrie sind auch diese Untersuchungen meist auf grundlegende Probleme, insbesondere allgemeine Existenzaussagen orientiert. Von den bahnbrechenden Arbeiten H.s zur Analysis seien hier folgende genannt: der erste strenge Beweis des DIRICHLETschen Prinzips und ein sich daran anschließender Ausbau der Variationsrechnung, die systematische Begründung der um 1900 von E. T. FREDHOLM geschaffenen Theorie der linearen Integralgleichungen zu einer (modern ausgedrückt) Theorie der linearen Operatoren im unendlich-dimensionalen HILBERT-Raum, eine allgemeine Theorie der Eigenwerte und Eigenfunktionen symmetrischer Integralgleichungen, die mannigfache Anwendungen der Theorie der Integralgleichungen auf gewöhnliche und partielle Differentialgleichungen, Funktionentheorie, Variationsrechnung und Geometrie sowie die Lösung des auf B. RIEMANN zurückgehenden Problems der Konstruktion einer linearen Differentialgleichung mit gegebener Monodromiegruppe. Auch in der theoretischen Physik ging es H. in besonderem Maße um die Anwendung seiner analytischen Methoden. Er beschäftigte sich ausführlich mit kinetischer Gastheorie, mit dem KIRCHHOFFschen Gesetz der Proportionalität von Emission und Absorption der Strahlung und mit dem HAMILTONschen Prinzip in der allgemeinen Relativitätstheorie. 1924 erschien die erste Auflage des ersten Bandes seines gemeinsam mit COURANT verfaßten zweibändigen Lehrb. »Methoden der mathematischen Physik«, das eine auch heute noch lesenswerte Zusammenfassung der mathematischen Hilfsmittel des Physikers bietet; der zweite Band folgte 1937.

Die um 1920 beginnende letzte Schaffensperiode H.s gehörte ganz den Problemen der Grundlegung der Mathematik. Im Zusammenhang mit den Antinomien der Mengenlehre hatten sich unter den Mathematikern unterschiedliche Auffassungen über das Wesen der Mathematik und speziell über die Mengenlehre und das Unendliche herausgebildet. In scharfen polemischen Auseinandersetzungen mit den Vertretern des Intuitionismus unter L. E. J. BROUWER und H. POINCARÉ, die mit einer strikten Ablehnung aktual unendlicher Mengen und bewährter Schlußweisen der klassischen Mathematik hervortraten, setzte sich H. für eine volle Aufklärung des Wesens des Unendlichen und jener Schlußweisen ein. Er suchte die Aufklärung in einer um eine Formalisierung der Ausdrucksmittel und der logischen Ableitungen erweiterten Axiomatik, innerhalb derer das Operieren mit unendlichen Mengen und die Schlußweisen der klassischen Mathematik durch einen finiten Widerspruchsfreiheitsbeweis gerechtfertigt werden sollten. Dazu entwickelte er im Anschluß an FREGE, E. SCHRÖDER, G. PEANO, B. RUSSELL u. a. einen allgemeinen Logikkalkül, in dem das inhaltliche logische Schließen durch ein äußeres Handeln nach Regeln ersetzt wird. Der Nachweis der Widerspruchsfreiheit eines Axiomensystems bestand für H. dann im Nachweis, daß aus dem betrachteten Axiomensystem mittels der zugelassenen Regeln keine Aussage der entsprechenden Theorie und deren Negation hergeleitet werden können. Aus der Sicht seiner »Beweistheorie« wird für H. die Mathematik zur allgemeinen Theorie der Formalismen. Seine ursprüngliche Hoffnung dabei war, die Widerspruchsfreiheit inhaltsreicher mathematischer Theorien mit finiten Mitteln beweisen zu können, d. h. mit Mitteln, die auch von den Vertretern des Intuitionismus anerkannt werden müssen. Auf dem Internationalen Mathematikerkongreß 1928 in Bologna stellte H. das Problem, die Vollständigkeit von Logik und elementarer Zahlentheorie zu beweisen. Die Untersuchungen H.s zur mathematischen Logik und zu den Grundlagen der Arithmetik haben ihre systematische Darstellung in dem gemeinsam mit seinem Schüler W. ACKERMANN verfaßten »Grundzügen der theoretischen Logik« (1928) und in dem zusammen mit seinem Schüler BERNAYS verfaßten zweibändigen Werk »Grundlagen der Mathematik« (1934–1939) gefunden. As

Literatur: Hilbert, D.: Gesammelte Abhandlungen, 3 Bde. (Berlin 1934/35), Die Theorie der algebraischen Zahlkörper, in: Jahresber. Dtsch. Math. Ver. 4 (1897), 175–546, Grundlagen der Geometrie (Leipzig 1899, 12. Aufl. Stuttgart 1968), Mathematische Probleme, in: Arch. Math. Phys., 3. Reihe, Bd. 1 (1900), 44–63 u. 213–247 (Neudruck mit Erläuterungen sowjet. Mathematiker in: Die Hilbertschen Probleme, Leipzig 1971), Grundzüge einer allgemeinen Theorie der linearen Integralgleichungen (Leipzig 1912), (mit R. Courant): Methoden der mathematischen Physik, 2 Bde. (Berlin 1924 u. 1937), (mit W. Ackermann): Grundzüge der theoretischen Logik (Berlin 1928, 4. Aufl. 1959), (mit S. Cohn-Vossen): Anschauliche Geometrie (Berlin 1932), (mit P. Bernays): Grundlagen der Mathematik, 2 Bde. (Berlin 1934 u. 1939).

Blumenthal, O., Toeplitz, O., Dehn, M., Courant, R., Born, M., Bernays, P., Siegel, K.: David Hilbert zur Feier seines 60. Geburtstages, in: Naturwiss. 11 (1922), 4; Reid, C.: Hilbert (Berlin-Heidelberg-New York 1970).

D. Hilbert

W. His

Hinčin, → Chintschin.

Hipparchos von Nikaia (Hipparch), Astronom, Mathematiker und Geograph, um 140 v. u. Z.

H. zählt zu den großen griech. Wissenschaftlern. Über sein Leben ist so gut wie nichts bekannt. Seine von PTOLEMAIOS ausgewerteten Beobachtungen fallen in die Jahre 161–127 und haben vor allem auf Rhodos, aber auch in Alexandria stattgefunden.

Die Werke des H. sind verloren, abgesehen von einem wohl zweitrangigen Kommentar zu der im Lehrgedicht »Phainomena« des ARATOS verarbeiteten astronomischen Abhandlung gleichen Titels des EUDOXOS VON KNIDOS. H. liefert hier in kritischer Auseinandersetzung mit seinem Vorgänger eine dem neuen Erkenntnisstand entsprechende Beschreibung der Sternkonstellationen. Dabei korrigiert er EUDOXOS' Zusammenstellung von zugleich aufgehenden zodiakalen und nichtzodiakalen Fixsternen, erörtert den Unterschied von Tierkreissternbild und Tierkreiszeichen (Abschnitt von 30° des Tierkreises, dem eines der Tierkreissternbilder zugeordnet wird), bringt im Ergebnis dieser Korrekturen einen Sternkatalog und schließt mit einem Katalog der die 24 Äquatorialstunden repräsentierenden Fixsterne, der als Sternzeituhr zu gebrauchen war.

Die Kenntnis der großen Leistungen des H. beruht im wesentlichen auf PTOLEMAIOS, der ihn oft und als den »größten Liebhaber der Wahrheit« lobend zitiert. Daraus läßt sich wohl schließen, daß viele der wesentlichen Voraussetzungen für die im »Almagest« ausgearbeiteten Problemlösungen bereits von H. geliefert, aber von PTOLEMAIOS in einer Weise vollendet wurden, die das Werk seines Vorgängers überflüssig machte und so zu dessen Verlust führte. Deshalb ist es nicht immer möglich, die Leistung des einen von der des anderen genau abzuheben.

H. war vielleicht der exakteste Beobachter unter den antiken Astronomen. Deshalb akzeptierte er für eine die »Erscheinungen rettende« Planetenanordnung auch nicht das heliozentrische System des ARISTARCHOS VON SAMOS, das durchaus nicht alle Anomalien zu lösen vermochte und mit den damaligen physikalischen Auffassungen kaum vereinbar war, sondern die von APOLLONIOS VON PERGE gegen 200 v. u. Z. untersuchten Formen epizyklischer und exzentrischer Bewegungen. Das Modell ihrer Beziehungen, das die exzentrische Bewegung als Sonderfall der epizyklischen ausweist, wenn der Radiusvektor des Epizykel mit derselben Geschwindigkeit umläuft wie der Epizykelmittelpunkt auf dem Deferenten, schien geeignet, die unterschiedlichen Distanzen und Geschwindigkeiten der Planeten zu erklären. So bestimmte H. Sonnen- und Mondbahn genauer, ermittelte die verschiedene Länge der Jahreszeiten und verbesserte die geltende Jahreslänge von 365^d6^h auf $365^d5^h55^m12^s$, ein Wert, der um wenig mehr als 6^m den tatsächlichen übertrifft. Für die Unterscheidung des kürzeren tropischen Jahres vom siderischen half ihm seine berühmte Entdeckung der Präzession der Äquinoktien. Bei den in Ekliptikkoordinaten festgelegten Positionsbestimmungen der Fixsterne verglich H. eigene Beobachtungen mit den älteren Angaben des TIMOCHARIS und fand, daß dieser im Jahre 283 v. u. Z. etwa für Spica eine Länge von 8° verzeichnet hatte, während er selbst 129 v. u. Z. aufgrund eines Sternkatalogs, den er 134 nach Entdeckung eines neuen Sterns (wohl einer Nova) begonnen hatte, eine solche von 6° ermittelte. Daraus schloß er, daß die Frühlings- und Herbstäquinoktien, also die Schnittpunkte von Ekliptik- und Äquatorkreis, jährlich um 46,8″ wandern, was nahe dem tatsächlichen Wert von 50,2″ liegt. Die Erklärung dieser Erscheinung durch das Schlingern der Erdachse gelang freilich erst I. NEWTON.

Der von H. erreichte astronomische Fortschritt war nur mit Hilfe eines weiterentwickelten mathematischen Instrumentariums möglich. Sowohl bei Positionsbestimmungen im Rahmen der exzentrisch-epizyklischen Theorie als auch bei der Zuordnung von Fixsternen zu den Großkreisen erwies es sich als notwendig, Teile des ebenen bzw. sphärischen Dreiecks aus anderen Teilen zu berechnen. H. wurde mit der Lösung dieser Aufgabe zum Begründer der Trigonometrie, die er – vielleicht in der Nachfolge babylonischer Versuche – als Sehnenrechnung ausprägte, die das Abhängigkeitsverhältnis von Sehnenlänge und entsprechendem Winkel bestimmte. Nach THEON VON ALEXANDRIA verfaßte H. 12 Bücher über Sehnen; hier scheint er die Einteilung des Kreises in 360° und den Durchmesser in 120 »Teile« (p) zugrunde gelegt und dann die Länge einer Kreisbogensehne in solchen Teilen bestimmt zu haben. So ist die Länge der Sehne von 60° als Seite eines gleichseitigen Dreiecks gleich $r = 60^p$; die von 90°, welche die Seite eines Quadrates bildete, $\sqrt{2r^2} = \sqrt{7200} = 84^p51'10''$, wobei die kleineren Einheiten in Sexagesimalbrüchen notiert werden. Es scheint, daß H. mit Hilfe des Ptolemäischen Satzes, wonach in einem Sehnenviereck die Summe der Rechtecke aus je zwei Gegenseiten gleich dem Rechteck aus den Diagonalen ist, auch die Länge aller übrigen Sehnen berechnet und so, wie PTOLEMAIOS, in einer jeweils um ½ Grad fortschreitenden Sehnentabelle von 0° bis 180° aufgelistet hat. Der Schritt von der Sehnen- zur Sinusberechnung ist nicht schwierig, wurde aber im lat. Westen erst im 14 Jh. vollzogen.

Auch auf dem Gebiet der Geographie hat H. die Forschung erheblich gefördert, wie die zahlreichen Fragmente in dem gegen ihn gerichteten Werk des STRABON VON AMASEIA zeigen. Daraus wird deutlich, daß H. selbst gegen die Auffassungen der »Geographie« des ERATOSTHENES polemisierte. Er wirft ihm hauptsächlich vor, die Kardinalpunkte für seine Kartenkonstruktion auf verschiedenartige Weise und nicht durch mathematisch-astronomische Positionsbestimmung gewonnen zu haben, was allein wissenschaftlich zulässig wäre.

Die Bedeutung des H. für die Geschichte der Astronomie, Mathematik und Geographie beruht auf der soliden und strengen Aufbereitung von Daten und ihrer Mathematisierung. Jü

Literatur: Dicks, D. R.: The Geographic Fragments of Hipparchus (London 1960); Manitius, K. (Hrsg.): Hipparchi in Arati et Eudoxi phaenomena commentarium (Leipzig 1894).

Hippokrates von Chios, Mathematiker und Astronom, 2. Hälfte des 5. Jh. v. u. Z., geb. in Chios, gest. wahrscheinlich in Athen.

H. erlangte insbesondere wegen seiner Beiträge zur Bewältigung der klassischen Probleme der griech. Mathematik (Kreisquadratur, Würfelverdopplung, Winkeldreiteilung) Ruhm, war aber außerdem ein hervorragender Geometer im allgemeinen Sinne, der neue Arbeitsmethoden in die Mathematik einführte und vorhandene sowie eigene Erkenntnisse zusammenfaßte und systematisierte, wodurch der Prozeß der Umwandlung der griech. Mathematik in eine axiomatisch-deduktive Wissenschaft vertieft und beschleunigt worden ist.

H. dürfte wenigstens einen Teil seiner Ausbildung in seiner Heimatstadt, in der er als Kaufmann tätig gewesen sein soll, erhalten haben. In der 2. Hälfte des 5. Jh. weilte er in Athen und gehörte dort zu den bedeutendsten Mathematikern seiner Zeit.

H. soll als erster geometrische Probleme durch ihre Zurückführung auf einfachere, bereits bekannte Aufgaben gelöst haben, wofür häufig auch PLATON die Priorität zuerkannt wird. Ein solches Vorgehen wurde von letzterem in seinem Werk »Der Staat« als Analysis bezeichnet. H. gilt als der erste Autor eines systematischen Mathematikbuches, genannt »Elemente«, und soll als erster das Problem der Würfelverdopplung $x^3 = 2a^3$ auf das Problem der beiden mittleren Proportionalen $a:x = x:y = y:2a$ zurückgeführt haben, wobei er möglicherweise Erkenntnisse aus der frühgriech. Arithmetik anwandte. Sein Beitrag zur Kreisquadratur bestand in den berühmten Möndchenquadraturen. Es ging bei der Kreisquadratur darum, einen Kreis in ein flächengleiches Quadrat zu verwandeln. H. scheint bei seinen Versuchen als erster entdeckt zu haben, daß man gewisse Möndchen (Kreisbogenzweiecke) in flächengleiche geradlinig begrenzte Flächen überführen kann. Die Kreisquadratur, aber auch die Möndchenquadratur war bis ins 19. Jh. ein vieldiskutiertes mathematisches Problem. 1882 gelang F. LINDEMANN der Beweis der Transzendenz von π, d. h. der Nachweis, daß es unmöglich ist, die Kreisquadratur mit den klassischen Mitteln (Konstruktionen mit Zirkel und Lineal) oder mit höheren algebraischen Kurven zu bewältigen. In den 30er Jahren des 20. Jh. klärte schließlich N. G. TSCHEBOTARJOW endgültig die Frage, welche Typen von Kreisbogenzweiecken elementar quadrierbar sind.

In der Astronomie soll H. ähnlich wie die Pythagoreer gelehrt haben, daß der Komet (man glaubte offenkundig nur an die Existenz eines einzigen) ein Planet sei. Im Unterschied zu den Pythagoreern soll H. aber dem Kometenschwanz keine reale Existenz zugebilligt haben; dieser sei vielmehr ebenso wie die Milchstraße das Ergebnis der Ablenkung der Sehstrahlen durch staubförmige Partikel, die durch die Bewegung der Himmelskörper aufgewirbelt werden. Br

Literatur: Usener, H.: De supplendis Hippocratis quas omisit Eudemus constructionibus, in: Commentaria in Aristotelem Graeca, Bd. IX (Hrsg. H. Diels, Berlin 1882).

Hippokrates von Kos, Arzt, geb. um 460 v. u. Z. Insel Kos, gest. um 375 v. u. Z. Larisse (Thessalien).

H. gilt als Symbolfigur für die im 5. Jh. v. u. Z. entstandene wissenschaftliche Medizin, die zur Grundlage für die nachfolgende Entwicklung der Heilkunde wurde.

Die näheren Lebensumstände des H. sind fast völlig unbekannt. Allein die Tatsache, daß sich sowohl bei PLATO als auch bei ARISTOTELES direkte Bezüge auf ihren Zeitgenossen finden, zeigt, welches Ansehen er schon zu seiner Zeit genoß. Durch PLATO ist überliefert, daß H. von der Insel Kos stammte und dem Geschlecht der Asklepiaden angehörte, also jenen Ärzten, die ihre Abstammung auf den Heilgott Asklepios zurückführen. ARISTOTELES spricht bereits von dem »großen Arzt«. Aber erst der insbesondere

Hippokrates von Kos

durch sein gynäkologisches Schrifttum berühmt gewordene Arzt Soran von Ephesos (Anfang 2. Jh. u. Z.) übermittelte in seiner Lebensbeschreibung des H. ausführliche Nachrichten über diesen. Er stützte sich auf Archivalien der Asklepiadengilde von Kos und wußte zu berichten, daß H. am 27. Tage des Monats Agrianios im Jahre 460 v. u. Z. geboren sein soll und daß bereits dessen Großvater, ebenfalls mit Namen Hippokrates, und auch Vater, Herakleides, bereits die ärztliche Praxis ausübten. Herakleides war auch der erste Lehrer des H. Nach einer angemessenen Lehrzeit, während der er auch bei Herodikos von Selymbria, dem die antike Tradition die Einführung der Diätetik zuschreibt, Wissen erwarb, ging H. der Heilkunst als Periodeut, d. h. als wandernder Arzt, bis zu seinem Tode nach.

Der schon zu seinen Lebzeiten gute Ruf des H. setzte sich bei den ihm folgenden Ärztegenerationen fort, so daß die in hellenistischer Zeit zu einem Corpus zusammengestellten medizinischen Schriften verschiedenen Inhalts unter seinem Namen in Umlauf kamen. Die Sammlung des etwa 60 Schriften umfassenden Corpus Hippocraticum wurde nicht vor dem 1. Jh. u. Z. abgeschlossen. Das Werk umfaßt daher praktisch einen Zeitraum von etwa 5 bis 6 Jahrhunderten, was allein schon die Annahme eines einzelnen Autors ausschließt. Tatsächlich unterscheiden sich die Schriften nicht nur thematisch, sondern auch in Hinblick auf manche grundlegende Erkenntnis z. T. erheblich. Den Kern der Schriftensammlung bilden jedoch Arbeiten des 5. bis 4. Jh. v. u. Z., in denen vor allem die Auffassungen von zwei medizinischen Schulen, der von Kos und Knidos, die herausragende Rolle spielen. Obgleich mit ziemlicher Gewißheit angenommen werden darf, daß sich innerhalb des überlieferten Corpus Hippocraticum tatsächlich auch von H. selbst verfaßte Schriften befinden, ist deren Identifizierung äußerst schwierig, und keiner der bisherigen Versuche, in dieser Richtung verbindliche Aussagen zu treffen, kann als absolut sicher gelten. Zwar haben sich gewisse Anhaltspunkte inzwischen so weit verdichtet, daß die meisten Hippokratesforscher dahin tendieren, für bestimmte Schriften die Verfasserschaft des H. anzuerkennen. Streng genommen gilt jedoch nach wie vor die nüchterne Feststellung des berühmten Altphilologen U. v. Wilamowitz-Moellendorf, daß H. ein berühmter Name ohne den Hintergrund irgendeiner Schrift ist.

Die sog. hippokratische Medizin markiert den weltgeschichtlich bedeutsamen Wendepunkt vom religiös-magischen, also letztlich irrationalen ärztlichen Denken zu einer Medizin mit ausgeprägt rational-empirischem Charakter hin. Ihre theoretische Begründung erlaubt es, sie als wissenschaftliche Medizin zu bezeichnen. Daß sie gleichzeitig die erste wissenschaftliche Medizin der Menschheit war, auf deren Grundlage letztlich auch die moderne Medizin zurückgeht, unterstreicht ihre welthistorische Bedeutung. Die neue Haltung kommt besonders in der Schrift »Peri hierēs nosou« (Über die heilige Krankheit) zum Ausdruck, worin gegen die sogenannte »heilige Krankheit durch übernatürliche Ursachen« polemisiert wird, indem für sämtliche Erkrankungen ganz natürliche Ursachen angesehen werden.

Der entscheidende Anstoß zur Entwicklung dieser wissenschaftlichen Medizin war von der ionischen Naturphilosophie ausgegangen, deren Lehren von den den ganzen Kosmos zusammensetzenden Urelementen und ihren Qualitäten Grundlage für jene theoretische Begründung der hippokratischen Medizin bildeten. Die Entstehung der ionischen Naturphilosophie stand ihrerseits in engem Konnex zur im 7. u. 6. Jh. v. u. Z. aufblühenden Polisdemokratie.

Kernpunkt und wichtigste Leistung der hippokratischen Medizin war die Erarbeitung der wissenschaftlichen physiologischen Konzeption, die ihren Ausdruck in der Schaffung des humoralpathologischen Viererschemas fand. Die Entstehung dieses Schemas stand mit der Vorstellung des Empedokles von Akraga, wonach alles Seiende aus den Elementen Feuer, Wasser, Luft und Erde bestehe, in unmittelbarem Zusammenhang. Seitens der Ärzte wurde entsprechend den medizinischen Belangen dieses Grundmodell dahingehend modifiziert, daß man an Stelle der vier Elemente die vier Körpersäfte Blut, Schleim, gelbe und schwarze Galle als konstitutive Bestandteile des menschlichen Organismus setzte. Das Wesen der Säfte, die zu einer bestimmten Mischung vereint gedacht wurden, manifestierte sich ebenso wie bei den Elementen im Wirken der vier Primärqualitäten warm, kalt, trocken und feucht. Diese Säfte boten den Ärzten die Möglichkeit, Gesundheit und Krankheit auf theoretischer Basis zu erklären. In Anlehnung an die Harmonie- bzw. Gegensatzlehre des Alkmaion von Kroton wurde der Mensch als gesund betrachtet, wenn die Säfte in Hinblick auf ihre Mischung (Krasis) im Gleichgewicht stehen, also gut gemischt sind (Sukrasis). Dementsprechend lag ein krankhafter Zustand vor, wenn die Mischung nicht ausgewogen, also fehlerhaft war (Dyskrasis). Als verbindendes Prinzip zwischen den Elementen wurde die »eingepflanzte Wärme« mit Sitz im Herzen angenommen. Ausgehend von den geschilderten Vorstellungen, wurde die Gesundheit aufgrund der Vielzahl der möglichen Mischungsverhältnisse im menschlichen Körper von den Hippokratikern nicht als punktuelle Größe und für alle Menschen gleichermaßen zutreffender Zustand aufgefaßt, sondern immer als eine nur für einen bestimmten Menschen typische Mischung, die individuelle Konstitution oder Physis des einzelnen. Als wesentliche Aufgabe des Arztes galt es, die Physis, d. h. jenes organisch bedingte Gesamtverhalten des Organismus, sowohl im gesunden wie im kranken Zustand zu unterstützen.

Angesichts der besonderen Betonung der Säfte und ihrer Qualitäten trat das Interesse an morphologischen Details unverhältnismäßig stark in den Hintergrund. Die anatomischen Kenntnisse im Corpus Hippocraticum sind daher bis auf wenige Ausnahmen als ungenügend zu bezeichnen.

Dem therapeutischen Vorgehen lag als logische Konsequenz aus der Humoral- und Qualitätslehre das Prinzip contraria contrariis zugrunde. Danach war eine z. B. durch zuviel Wärme verursachte Dyskrasie durch die entgegengesetzte Qualität, d. h. Kälte, in den Gleichgewichtszustand zurückzuführen. Große Aufmerksamkeit für das Wohlbefinden des Menschen schenkte man den Umwelteinflüssen, die insbesondere in der Schrift »Pari aerôn hydatôntopôn« (Über Luft-, Wasser- und Ortsverhältnisse) behandelt werden. Na

Literatur: Œuvres Complètes d'Hippocrate. Traduction nouvelle avec le texte grec. Par E. Littré, 10 Bde. (Paris 1839–1861), Hippocratis Opera rec. H. Kuehlewein. 2 Bde. (Leipzig 1894–1902), Hippocrates, with an English translation by W. H. S. Jones and E. T. Withington. 4 Bde. (London 1923–1931), Hippokrates: Sämtliche Werke 3 Bde. (dtsch R. Fuchs, München 1898–1900), Die Werke des Hippokrates. Die hippokratische Schriftensammlung in neuer deutscher Übersetzung, 25 Bde. sowie 1 Ergänz.-Bd. (Hrsg. R. Kapferer unter Mitwirkung von G. Sticker, Stuttgart 1934–1939), Hippokrates. Fünf auserlesene Schriften (Eingeleitet und übertragen von W. Capelle, Zürich 1955, Frankfurt a. M./Hamburg 1959). Hippokrates, Schriften. Die Anfänge der abendländischen Medizin (dtsch von H. Diller, Hamburg 1962).

Harig, G., u. Kollesch, J.: Galen und Hippokrates, in: La collection hippocratique et son rôle dans l'histoire de la médicine. Colloque de Strasbourg (23–27 oct. 1972), Univ. de Strasbourg, Travaux du Centre de Recherche sur le Proche-Orient et la Grèce Antiques, II (Leiden 1975), 257–274; Diller, H.: Stand und Aufgaben der Hippokratesforschung, in: Jahrb. Ak. d. Wiss. u. Lit. (Mainz 1959). Pohlenz, M.: Hippokrates und die Begründung der wissenschaftlichen Medizin (Berlin 1938).

His, Wilhelm, Embryologe und Anatom, geb. 9. 7. 1831 Basel, gest. 1. 3. 1904 Leipzig.

H. war einer der führenden Embryologen und Anatomen seiner Zeit, der auch Pionierarbeiten zur Entwicklungsphysiologie leistete.

H., Sohn eines kinderreichen Geschäftsmannes, studierte ab 1849 Medizin an den Univ. Basel, Bern, Berlin und Würzburg. In Berlin beeinflußten ihn besonders J. Müller und R. Remak, in Würzburg R. L. Virchow und R. A. v. Koelliker. Nach Abschluß seines Studiums arbeitete er in Prag, Wien, Paris. 1855 promovierte er, hörte anschließend noch Vorlesungen bei Ch. E. Brown-Séquard in Paris. 1857 habilitierte er sich und wurde o. Prof. der Anatomie und Physiologie in Basel. 1872 folgte er einem Ruf an die Univ. Leipzig. Hier wurde unter seiner Leitung 1875 ein neues Institut für Anatomie errichtet. Durch H. und K. Ludwig wurde die Univ. Leipzig zu einem weltbekannten Zentrum der Medizin.

H. begann mit der Erforschung der normalen und pathologischen Anatomie der Hornhaut des Auges und wies die Existenz selbständiger Hornhautzellen nach, was für die Zelltheorie von Virchow wichtig war. Ferner lieferte er unter anderem bedeutsame Forschungen über die lymphatischen Organe, vorgeschichtliche Schädel, das Blut. Von weiterreichender Wirkung wurden H.s embryologische Forschungen. Als erster untersuchte er nur wenige Tage alte Menschenembryonen und die folgenden Stadien. Ebenfalls als einer der ersten versuchte H., die Faktoren der Keimesentwicklung aufzuklären. Während E. Haeckel mit dem »Biogenetischen Grundgesetz« glaubte, den Ablauf einer Keimesentwicklung fast völlig durch die Stammesgeschichte (Phylogenese) »erklären« zu können und den gegenwärtigen Faktoren höchstens modifizierende Wirkung zuschrieb, betonte H. die Notwendigkeit, gerade die gegenwärtigen Faktoren der Keimesentwicklung zu ermitteln, wobei er vor allem innere Faktoren beachtete. H. betrachtete als wichtigste Erscheinung der Embryonalentwicklung (1874), daß verschiedene Teile eines Keimes, die verschiedenen »organbildenden Keimbezirke«, z. B. auf der Keimscheibe eines frühen Hühnerembryos, verschieden starkes Wachstum aufweisen. Dadurch gäbe es Raumbeengung und davon herleitbar Verschiebungen, Faltenbildungen u. a.; die Organbildung sei also mit Notwendigkeit mechanisch erklärbar. Unerklärt blieb, wodurch das unterschiedliche Wachstum der verschiedenen Keimteile zustande kommt. Unklare Begriffe und Vorstellungen in der Evolutionstheorie (»Anpassung«, »Rückschlag«) z. B. bei Haekel kritisierte H. scharf, was dieser mit nahezu beleidigenden Äußerungen beantwortete.

Eingehend erforschte H. die Embryonalentwicklung des Gehirns. Manche Prämissen und Vorstellungen von H. erwiesen sich jedoch als zu stark vereinfacht, auch fehlerhaft; aber er hatte neue anregende Gesichtspunkte in die Embryologie gebracht. 1883 entdeckte H., daß jede einzelne Nervenfaser von einer einzigen Nervenzelle herkommt, und legte damit das Fundament der Neuronentheorie.

Unter H. kam es zu bedeutenden Fortschritten in der Forschungsmethodik und auch in der Lehre. 1866 konstruierte er das erste ununterbrochene Schnittfolgen liefernde Mikrotom. Er schuf weiterhin in Auswertung der Schnittbilder von Embyronen plastische, für die Lehre geeignete Modelle der Embryonalentwicklung. Mit dem Gipsbildner F. Steger entwickelte er die Technik der Situsabgüsse wohlkonservierter Leichenteile.

Von größtem Einfluß war auch das organisatorische Wirken von H. als Initiator einer anatomischen Nomenklatur, die 1895 in Basel angenommen wurde (BNA = Baseler anatomische Nomenklatur), für zentrale Forschungsstätten und für die internationale Vereinigung der Akademien. Zi

Literatur: His, W.: Unsere Körperform und das physiologische Problem ihrer Entstehung (Leipzig 1874), Briefe an einen befreundeten Naturforscher (Leipzig 1874), Lebenserinnerungen von W. His (als Manuskript gedruckt 1903).

Hittorf, Johann Wilhelm, Physiker und Chemiker, geb. 27. 3. 1824 Bonn, gest. 28. 11. 1914 Münster.

H. gelangte zu grundlegenden Erkenntnissen über die Wanderung der Ionen in Elektrolyten (1853–1859) und beschrieb wesentliche Eigenschaften einer 1876 als Katodenstrahlung bezeichneten Korpuskularstrahlung.

Als Sohn eines Kaufmanns aus bürgerlichen Verhältnissen stammend, studierte H. in Bonn und Berlin 1842–1846 Mathematik und Naturwissenschaften. 1846 erfolgte die Dissertation mit einer mathematischen Arbeit über Kegelschnitte (»Proprietates sectionum conicarum ex aequatione polari deductae«), ein Jahr später die Habilitation (»Über die Bildung einiger Oxyde der edlen Metalle auf galvanischem Wege«); diese Arbeit enthielt bereits die Grundgedanken seiner klassischen Aussagen über die Ionenwanderung. Danach war H. zunächst Privatdoz. (1847), ao. Prof. (1852) und o. Prof. (1856) für Physik und Chemie in Münster. 1889 erfolgte seine Emeritierung aus gesundheitlichen Gründen; ab 1900 nahm er kurzzeitig die Vorlesungstätigkeit wieder auf sowie die Leitung des physikalischen Instituts in Münster. H. war Mitgl. mehrerer wissenschaftlicher Gesellschaften, Ehrendoktor der Univ. Straßburg (Strasbourg), Leipzig, Hannover und Berlin

(Charlottenburg), Ehrenpräsident der »Deutschen Bunsengesellschaft für angewandte physikalische Chemie« und Ehrenbürger der Stadt Münster.

Die Arbeiten H.s lagen im Grenzgebiet zwischen Physik und Chemie, sie umfaßten vor allem die Erforschung elektrolytischer Vorgänge sowie die Physik der Gasentladungen. Bis dahin hatten sich die Untersuchungen über die Elektrolyse im wesentlichen auf eine Beschreibung der Vorgänge an den Elektroden beschränkt (z. B. M. Faraday 1834). Unter heftiger Kritik seiner Fachkollegen gelang es H., 1853–1859 den Mechanismus der Ionenwanderung im Elektrolyten zu erfassen und die Wanderungsgeschwindigkeit der Ionen mit Hilfe der nach ihm benannten Überführungszahlen quantitativ zu bestimmen. Dies erwies sich von grundlegender Bedeutung für die Weiterentwicklung der Theorie der elektrischen Leitfähigkeit durch F. Kohlrausch (1876) sowie für die Ausarbeitung einer allgemeinen Dissoziationstheorie durch S. Arrhenius (1887).

Auf dem Gebiet der Gasentladungen verfolgte H. auf Anregung seines Bonner Lehrers J. Plücker mit Hilfe von Potentialsonden den Spannungsverlauf bei Gasentladungen und beschrieb 1869 als erster wesentliche Eigenschaften der Katodenstrahlung. Da die Ergebnisse von H. zunächst unbeachtet blieben, erhielten ähnliche Untersuchungen von anderen, z. B. von W. Crookes, ein größeres Gewicht. Weitere Arbeitsgebiete von H. waren die Passivierung der Metalle, die Bestimmung der elektromotorischen Kraft galvanischer Elemente und die Allotropie des Phosphors. Sz

Literatur: Hittorf, J. W.: Originalbeiträge in: Pogg. Ann. Phys. Chem. 89 (1853), 177–211; 98 (1856), 1–33; 103 (1858), 1–56; 106 (1859), 337–411 und 513–586; Über die Wanderungen der Ionen während der Elektrolyse, in: Ostwalds Klassiker ... 21 u. 23 (Leipzig 1891, Repr. 1986).

Hoff, Jacobus Henricus van't, Physikochemiker, geb. 30. 8. 1852 Rotterdam, gest. 1. 3. 1911 Steglitz bei Berlin.

H. war einer der Mitbegründer der physikalischen Chemie als Wissenschaftsdisziplin. Als 22jähriger entwickelte er die Vorstellung vom asymmetrischen Kohlenstoffatom. Damit leitete er gemeinsam mit J. A. Le Bel, der kurze Zeit später und unabhängig von ihm entsprechende Vorstellungen veröffentlichte, einen fundamentalen Wandel der strukturchemischen Vorstellungen ein. In den 80er Jahren des vorigen Jh. leistete er grundlegende Beiträge zur Entwicklung der modernen chemischen Kinetik und der chemischen Thermodynamik. 1896 begann er umfangreiche experimentelle und theoretische Arbeiten über die Bildungsverhältnisse ozeanischer Salzablagerungen, die fruchtbar auf die Entwicklung der Kaliindustrie wirkten.

H. war das dritte von sieben Kindern einer Arztfamilie. Seine Schulbildung schloß er 1869 mit dem Abitur ab. Anschließend absolvierte er am Polytechnikum in Delft eine Ausbildung zum technischen Chemiker. 1871 bestand er das Technologenexamen. Schon sehr früh zeigte er seine Neigung und Begabung zur Beschäftigung mit Problemen der Mathematik, Physik und Chemie, aber auch seine Vorliebe für Musik und Dichtkunst. Ohne den sonst notwendigen Nachweis griech. und lat. Sprachkenntnisse konnte er mit einer ministeriellen Ausnahmebewilligung an der Univ. Leiden Physik und Mathematik studieren. Schon nach einem Jahr bestand er im Juni 1872 in diesen Fächern das Kandidatenexamen. Zur Vervollständigung seiner Ausbildung arbeitete er 1872–1874 in den Laboratorien von A. Kekulé in Bonn und Ch. A. Wurtz in Paris. Zwischendurch legte er im Dezember 1873 das zweite »Doctoraal-Examen« an der Univ. Utrecht ab. Nach seiner Promotion im Jahre 1874 hatte H. zunächst Schwierigkeiten, eine Arbeitsstelle zu finden. Eine Bewerbung als Lehramtskandi-

J. W. Hittorf

J. H. van't Hoff

dat an einer Schule in Breda wurde abgelehnt. Deshalb gab er in Utrecht Privatstunden und arbeitete, soweit es ging, auch wissenschaftlich im Universitätslaboratorium, bis er im März 1876 als Physikdoz. in Utrecht berufen wurde. 1877 berief ihn dann die Univ. Amsterdam zunächst zum Lektor und ein Jahr später zum Prof. für Chemie, Mineralogie und Geologie. Dort wirkte er 18 Jahre. 1896 wurde H. zum o. Mitgl. der Preuß. Ak. d. Wiss. zu Berlin gewählt und zum Honorarprof. an die Berliner Univ. berufen. Seine Akademieprofessur gestattete es ihm, sich ohne nennenswerte Lehrverpflichtungen der Forschung zu widmen. Im Herbst 1906 erkrankte H. unheilbar, so daß er trotz seines ungebrochenen Willens sein Vorhaben, die synthetischen Wirkungen der Enzyme im Pflanzenorganismus zu erforschen, aufgeben mußte.

Bereits bei Kekulé in Bonn hatte H. begonnen, selbständig organisch-chemische Experimentalarbeiten auszuführen. Er lernte dabei den aktuellen Stand der organisch-chemischen Strukturtheorie auf der Basis der Vorstellungen vom vierwertigen Kohlenstoffatom kennen. Bei Wurtz in Paris wurde er mit L. Pasteurs Vorstellungen über asymmetrische Moleküle und optische Aktivität bekannt. Das Ergebnis dieses schöpferischen Lernprozesses – die Synthese beider Gedankenlinien – verarbeitete er zu einer kleinen Publikation, die er kurz vor seiner Promotion im September 1874 unter dem Titel »Vorschlag zur Ausdehnung der gegenwärtig in der Chemie gebrauchten Strukturformeln in den Raum ...« veröffentlichte. Er entwickelte darin auf der Grundlage des Tetraedermodells vom Kohlenstoffatom konkrete, quantitativ eindeutige und experimentell überprüfbare Vorstellungen über die räumliche Anordnung des asymmetrischen Kohlenstoffatoms und konnte so das Auftreten der optischen Aktivität als Stereoisomerie theoretisch erklären und vorhersagen. Zwei Monate später publizierte Le Bel seine stereochemische Konzeption, die zu ähnlichen Konsequenzen führte; beide legten mit ihren Arbeiten den Grundstein für die Entwicklung der modernen Stereochemie.

Die Amsterdamer Schaffensperiode war von der Beschäftigung mit den Problemen der chemischen Affinität, Thermochemie, chemischen Kinetik und chemischen Statik geprägt. Die Ergebnisse dieser Arbeiten waren von großer Bedeutung für die klassische physikalische Chemie.

Ausgangspunkt war für H. die Frage nach den Zusammenhängen zwischen der Struktur und den chemischen Eigenschaften organischer Verbindungen. Die quantitativ und qualitativ exakte Antwort hoffte er durch systematische Untersuchungen des Reaktionsverhaltens chemischer Verbindungen gekoppelt mit einer physikalisch-mathematischen Behandlung der chemischen Probleme zu finden.

Seine Ausgangsfrage führte ihn zur Analyse der kinetischen Verhältnisse chemischer Vorgänge und ihrer thermischen Abhängigkeit. 1878 gab H. die Reaktionsgeschwindigkeitsgleichung in der noch heute gültigen Form an. Sechs Jahre später definierte er in seinen »Études de dynamique chimique« die Grundgesetze der Kinetik chemischer Reaktionen und entwickelte den Begriff der chem. Affinität auf thermodynamischer Grundlage, indem er im Gegensatz zu seinen Vorgängern als ihr Maß nicht eine Kraft, sondern eine Arbeitsgröße annahm, die den quantitativen Vergleich mit mechanischen, elektrischen und thermischen Größen gestattete. Er formulierte neben der allgemeinen Geschwindigkeitsgleichung eine Gleichung für die Temperaturabhängigkeit der Geschwindigkeitskonstanten und leitete einen mathematischen Ausdruck für die Temperaturabhängigkeit der Gleichgewichtskonstanten mit Hilfe des Massenwirkungsgesetzes (MWG) ab, die VAN'T HOFFsche Reaktionsisochore. H. hatte die Zeit auf einfache und klare Weise in die Thermochemie eingeführt und dann die Brücke von der chemischen Kinetik zur chemischen Thermodynamik geschlagen. Seine Reaktionsisochore drückte außerdem einen weiteren wichtigen Zusammenhang quantitativ aus: Jedes Gleichgewicht zwischen zwei verschiedenen Zuständen der Materie (Systeme) wird bei kostantem Volumen durch eine Temperaturabnahme nach der Seite desjenigen Systems verschoben, dessen Bildung Wärme erzeugt (das Prinzip vom beweglichen Gleichgewicht). Das bedeutete den Bruch mit den herrschenden thermochemischen Ansichten, wonach die Wärmebilanz einer chemischen Reaktion das Maß der chemischen Affinität sein sollte. In den »Études« begründete H. die moderne chemische Kinetik und entwickelte zum ersten Mal von seiten der Chemiker einen thermodynamischen Ansatz konsequent zur wissenschaftlichen Begründung der Affinitätslehre.

Seine Erkenntnisse galten jedoch nur für den verdünnten Gaszustand und die ebenfalls verdünnten kondensierten Systeme, d. h. für Systeme, die dem idealen Zustand nahe kamen und nur bedingt Aufschluß über die Verhältnisse in Lösungen gaben, in denen aber die Mehrzahl aller chemischen Reaktionen ablaufen. Deshalb stellte H. sich 1885 die strenge Ableitung der Gesetze des Gleichgewichts in Lösungen zum Ziel. Die Erkenntnis der Bedeutung der Osmoseerscheinungen für Lösungsvorgänge versetzte ihn in die Lage, das typische Zylinder-Kolben-Modell aus der allgemeinen Thermodynamik zur Durchführung des Kreisprozesses in Gassystemen mit einem entsprechenden Modell für flüssige Systeme zu vergleichen. Daraus resultierte eine gewisse Analogie zwischen Gasen und Lösungen – der lange gesuchte Zugang zur thermodynamischen Behandlung chemischer Erscheinungen in Lösungen war gefunden worden. H. konnte theoretisch und experimentell die Gültigkeit der für den idealen Gaszustand bekannten Gesetze von BOYLE-MARIOTTE und GAY-LUSSAC, des HENRY-DALTONschen Absorptionsgesetzes sowie der AVOGADROschen Regel für verdünnte Lösungen beweisen und weitere Schlußfolgerungen ziehen. Er veröffentlichte seine Ergebnisse zunächst in einer dreiteiligen Abhandlung in Schweden und z. T. auch in seiner Heimat, 1887 dann auch in der von W. OSTWALD und ihm gerade gegründeten »Zeitschrift für physikalische Chemie, Stöchiometrie und Verwandtschaftslehre«. H.s osmotische Lösungstheorie gehört zum theoretischen Fundament der klassischen physikalischen Chemie. Sie hat Thermodynamik und Chemie untrennbar miteinander verbunden und wurde zum Ausgangspunkt zahlreicher weiterführender und fruchtbarer Forschungen.

In Berlin hat H. gemeinsam mit W. MEYERHOFFER über ein Jahrzehnt umfangreiche Experimentaluntersuchungen zur Analyse der Bildungsverhältnisse ozeanischer Salzablagerungen am Beispiel der Staßfurter Salzlagerstätten durchgeführt. Die Ergebnisse dieser von der Kaliindustrie geförderten und sie fördernden Arbeiten sind in 52 Abhandlungen der Berliner Akademie niedergelegt.

Über seine fachwissenschaftlichen Interessen hinaus beschäftigte sich H. auch eingehend mit philosophischen und wissenschaftstheoretischen Fragen. Im Gegensatz zu seinem sonstigen naturwissenschaftlichen Materialismus waren seine Gedanken hier beeinflußt vom Positivismus des franz. Philosophen A. COMTE.

1901 erhielt H. den ersten Nobelpreis für Chemie für die Entdeckung der Gesetze der chemischen Dynamik und des osmotischen Druckes in verdünnten Lösungen. Gi

Literatur: Hoff, J. H. van't: Voorstel tot uitbreiding der tegenwoordig in de scheikunde gebruikte structuurformules in de ruimte, benevens een daarmee samenhangende opmerking omtrent het verband tusschen optisch actief vermogen en chemische Constitutie van organische verbindungen (Utrecht 1874), dtsch Die Lagerung der Atome im Raume, Braunschweig 1877), Études de dynamique chimique (Amsterdam 1884), dtsch Studien zur chemischen Dynamik (Leipzig 1896), neu übersetzt und mit Anmerkungen versehen von L. Dunsch, in: Ostwalds Klassiker ... 265 (Leipzig 1985), Ansichten über die organische Chemie. 2 Bde. (Braunschweig 1878/81), Die Rolle des osmotischen Druckes in der Analogie zwischen Lösungen und Gasen, in: Z. phys. Chem., 1 (1887), 481–508, (mit W. Meyerhoffer): Untersuchungen über die Bildungsverhältnisse der ozeanischen Salzablagerungen, insbesondere des Straßfurter Salzlagers. Sitzungsber. d. Kgl. Preuß. Ak. d. Wiss. zu Berlin. 1897/1908 (insgesamt 52 Abhandlungen).

Cohen, E.: Jacobus Henricus van't Hoff. Sein Leben und Wirken, in: Große Männer. Studien zur Biologie des Genies 3. Bd. (Hrsg. W. Ostwald, Leipzig 1912); Dunsch, L., u. W. Girnus: Jacobus Henricus van't Hoff und die Theorie der Lösungen, in: Wiss. Fortschr. 27 (1977), 373–377.

Hoff, Karl Ernst Adolf von, Naturforscher und Geologe, geb. 1. 11. 1771 Gotha, gest. 24. 5. 1837 Gotha.

H. trat 1822 mit dem ersten Teil einer »Geschichte der durch Überlieferung nachgewiesenen natürlichen Veränderungen der Erdoberfläche« an die Öffentlichkeit, dem später weitere Teile folgten. Mit diesem Werk gilt er als einer der Begründer moderner aktualistischer Denkweise in den geologischen Wissenschaften. Außerdem verfaßte er als Ergebnis autodidaktischer naturwissenschaftlicher Studien eine Reihe kleinerer geologischer Arbeiten.

Als Sohn des Geheimen Legationsrates in Herzoglich Gothaischen Diensten, JOHANN CHRISTIAN VON H., genoß H. bis zu seinem 14. Lebensjahr eine Ausbildung durch Hauslehrer und besuchte dann das Gothaer Gymnasium Ernestinum. 1788 wurde er an der Univ. Jena immatrikuliert und hörte dort Jura und Kameralwissenschaften, ab 1790 an der Univ. Göttingen auch Physik bei G. CH. LICHTENBERG und Naturgeschichte bei J. F. BLUMENBACH. Nach Abschluß seiner Universitätsstudien begann H. 1791 eine Tätigkeit im diplomatischen Dienst des Herzogs ERNST II. VON GOTHA-ALTENBURG, die er bis zu seinem Lebensende ausübte. Neben seiner aktiven und erfolgreichen diplomatischen Tätigkeit betrieb H. Studien zur »Naturgeschichte des Erdkörpers« (Geowissenschaften im heutigen Sinne). Durch den Gothaer Kreis fand er bald Kontakte zu E. F. VON SCHLOTHEIM, J. C. W. VOIGT und J. W. VON GOETHE und durch diese und nach Gründung einer Zeitschrift »Magazin für die gesammte Mineralogie ...« (1801) auch zu A. VON HUMBOLDT, A. G. WERNER und L. VON BUCH, hervorragenden Naturwissenschaftlern jener Zeit. Durch seine naturwissenschaftlichen Werke und seine Korrespondenzen zählte H. am Ende seines Lebens zu den bekanntesten und geachtetsten Geowissenschaftlern seiner Zeit.

Am Beginn des 19. Jh. war die »Geognosie« oder »Naturgeschichte der Erde« (der Terminus Geologie kam erst in den folgenden Jahrzehnten in Gebrauch) im Gegensatz zur bergbaulich orientierten und praktisch anwendbaren Mineralogie ein vorwiegend spekulativer Zweig der Naturwissenschaften. Die Beschreibung und Deutung geologischer Phänomene erforderte eine bestimmte Grundkonzeption über Bau und Entwicklung der Erde, die von den Naturforschern der damaligen Zeit in ständiger Auseinandersetzung mit den Dogmen der biblischen Schöpfungsgeschichte einerseits und mit äußerst spärlichen Kenntnissen über geologische Zeiträume und den physikalisch-chemischen Aufbau der Erde andererseits entwickelt werden mußten. Der Jahrhunderte währende Streit um die Deutung der Fossilien als »Naturspiele« oder echte Organismenreste schien zwar zugunsten der letzteren Meinung entschieden – eine Erklärung ihres Vorkommens in tieferen Erdschichten oder auf den Gipfeln hoher Berge erfolgte meist unter Zuhilfenahme »revolutionärer« oder katastrophaler Ereignisse der Erdgeschichte. In gleicher Weise wurden die Bildung von Gebirgen oder Flußtälern, das Auftreten einzelner Felsblöcke oder Klippen im Flachland, das Auffinden tropischer Tier- und Pflanzenreste in nördlichen Breiten, von Meeresablagerungen auf dem Festland o. dgl. Kräften zugeschrieben, die ausschließlich in der Vergangenheit bzw. dort in weitaus stärkerem Maße wirkten als in der Gegenwart. Mit einer umfangreichen Sammlung historischer Daten über die Veränderung von Flußläufen und Küstenlinien, über Erdbeben, Vulkanausbrüche und deren Folgeerscheinungen versuchte H. zu beweisen, daß die gegenwärtig wirkenden geologischen Prozesse bei genügend langer Zeitdauer durchaus in der Lage sind, all jene Formen und Gesteine der Erdoberfläche zu bilden, deren Entstehung bisher unbekannten oder katastrophalen Ereignissen zugeschrieben wurde. Mit dieser Konzeption, die in den ersten beiden Bänden seines Hauptwerkes (1822 und 1824) klar ausgedrückt und überzeugend verfochten wird, kann H. als Bahnbrecher einer neuen geologischen Betrachtungsweise angesehen werden, die von Ch. Lyell (1830) ausgebaut und als aktualistische Methode bezeichnet worden ist. H. selbst vervollständigte später seine Studien unter Einbeziehung der Lyellschen Beschreibungen und veröffentlichte 1834 den dritten Teil seines Werkes. Nach H.s Tod gab der Geograph H. Berghaus die in früheren Veröffentlichungen und nachgelassenen Manuskripten zusammengestellte »Chronik der Erdbeben und Vulcanausbrüche« als Bände vier und fünf des Hoffschen Hauptwerkes heraus (in den Jahren 1840 und 1841).

Die schnelle Verbreitung und gute Aufnahme, die das mehrbändige Werk von Lyell »Principles of Geology« in der Öffentlichkeit fand, ließ die Verdienste H.s um den Aktualismus als wissenschaftliche Methode in der Geologie etwas in den Hintergrund treten. Spätere Rehabilitationsversuche setzten die Leistung H.s häufig mit der Einführung des Aktualismus überhaupt und damit der »Begründung der modernen Geologie« gleich – ohne die ebenso progressiven aktualistischen Vorläufer H.s, z. B. J. Hutton und J. Playfair, ausreichend zu würdigen. Die herausragende Leistung H.s liegt darin, mit einer mustergültigen Fleißarbeit die in der Literatur der Menschheitsgeschichte verfügbaren Belege über die Wirksamkeit geologischer Kräfte gesammelt, kritisch ausgewertet und in ihrer Bedeutung für die Erdentwicklung dargestellt zu haben. Damit hat er einer sich gegen die Katastrophentheorien G. Cuviers und anderer Autoren mit Beginn des 19. Jh. richtenden bahnbrechenden geologischen Betrachtungsweise, dem Aktualismus, bedeutsame Argumente geliefert und wesentlich zu deren schneller Verbreitung beigetragen. Ma

Literatur: Hoff, K. E. A. v.: Geschichte der durch Überlieferung nachgewiesenen natürlichen Veränderungen der Erdoberfläche (Gotha 1822–1841), Bemerkungen über das Studium und die Behandlung der Mineralogie ..., in: Mag. f. d. ges. Mineralogie (1801), 1–42, Geognostische Bemerkungen über Karlsbad (Gotha 1825), Höhen-Messungen in und um Thüringen (Gotha 1833).

Andrée, K.: K. E. A. von Hoff als Schriftgelehrter und die Begründung der modernen Geologie (Königsberg 1930); Hunger, R.: Das Aktualitätsprinzip, Lomonossow – Hutton und Hoff zum Gedächtnis, in: Urania 14 (1951), 452–454; Kauter, K.: K. E. A. von Hoff – eine weltberühmte Persönlichkeit aus Gotha – Friedenstein, Gotha (1960) 10, 268–275; Mathe, G.: Karl Ernst Adolf von Hoff (1771–1837). Verdienste und Grenzen eines Gothaischen Staatsbeamten um die Förderung geologischen Denkens, in: Leben und Wirken deutscher Geologen im 18. und 19. Jh. (Leipzig 1985); Reich, O.: K. E. A. von Hoff – der Bahnbrecher moderner Geologie (Leipzig 1905); Watznauer, A.: Das geologische Weltbild G. C. Füchsels (1722–1773), J. G. Lehmanns (1719–1767) und C. E. A. von Hoffs (1771–1837) und seine Nachwirkung bis zur Gegenwart, in: Z. geolog. Wiss. 8 (1980) 1, 63–72.

K. E. A. von Hoff

F. Hoffmann

Hoffmann, Friedrich, Mediziner, geb. 19. 2. 1660 Halle, gest. 12. 11. 1742 Halle.

H., der neben H. Boerhaave und G. E. Stahl den medizinischen Systematikern des 18. Jh. zugeordnet wird, gilt in seiner auf der cartesianischen Philosophie basierenden Deutung physiologischer und pathologischer Vorgänge im menschlichen Organismus als konsequenter Iatromechaniker. Sein medizinisches System überragte alle ähnlichen Versuche der Zeitgenossen an Geschlossenheit, logischem Aufbau, systematischem Begründungszusammenhang und Einseitigkeit.

H., Sohn eines Physikus und Leibarztes des Administrators am Erzstift Magdeburg, beteiligte sich schon als Gymnasiast an den chemischen und anatomischen Forschungen seines Vaters. Mit 15 Jahren verlor er die Eltern und verbrachte die folgende Zeit in dürftigen Verhältnissen. 18jährig nahm er in Jena das Studium der Medizin auf; unter den Lehrern war der Iatrochemiker G. Wedel, der auf ihn einen nachhaltigen Einfluß ausübte. Nach zwei Jahren setzte H. die Studien in Erfurt fort und erhielt 1680 in Jena die Doktorwürde. Als Doz. erfreute er sich bald einer so großen Zuhörerschaft, daß es unter den Prof. zu Unstimmigkeiten kam, die ihn neben Gesundheitsrücksichten schließlich zwangen, Jena zu verlassen und einer Einladung von Verwandten nach Minden zu folgen. Von hier aus unternahm er nach 2jähriger praktischer Tätigkeit eine wissenschaftliche Reise in die Niederlande und nach England, wo er mit vielen Gelehrten, unter anderem mit R. Boyle und Th. Willis, in Kontakt trat. 1684 kehrte er nach Minden zurück, wurde ein Jahr später Garnisonsarzt, 1686 Physikus des Fürstentums Minden mit dem Titel Hofrat und zwei Jahre darauf Landphysikus in Halberstadt. 1693 berief ihn Kurfürst Friedrich III. als ersten Prof. der Medizin an die damals eben gegründete Univ. Halle. H.s Vorlesungen über Physik, Chemie, Anatomie, Chirurgie und praktische Medizin verliehen der jungen Lehranstalt einen so guten Ruf, daß neben den Studenten auch Kollegen nach Halle strebten, um ihn zu hören. Auf seinen Wunsch hin wurde Stahl, mit dem er schon als Student befreundet gewesen war, als zweiter Prof. aus Jena nach Halle berufen. 1709–1712 weilte H. als Leibarzt am Hofe FRIEDRICHS I. in Berlin. Da ihm das Hofleben wenig zusagte, kehrte er bald nach Halle zurück. Auf Empfehlung BOERHAAVES wurde er 1734 nach Potsdam an das Bett des schwer erkrankten Königs FRIEDRICH WILHELM I. gerufen.

In seinen »Fundamenta medicinae« (1695) vollzog H. die physikalische Grundlegung der Medizin ganz nach den philosophischen Grundsätzen des R. DESCARTES und in bewußter Abwendung von den alten iatrochemischen Prinzipien der aristotelischen galenischen Elementen-Qualitätenlehre. Für ihn stellte der Organismus eine höchst kunstvolle und göttliche Maschine dar, in der alle Vorgänge mechanisch, nach den allgemeinen Bewegungsgesetzen der Hydraulik, Pneumatik, Hydrostatik, Optik u. dgl. erfolgten. Die Seele nahm auf diese Organverrichtungen keinen Einfluß. Der größte Teil der Körperstruktur wurde von den feinsten hohlen Fasern oder Röhren gebildet, je nachdem, ob sie Blut, Nervensaft oder Lymphe führten. Die Bewegungsquelle für die Mechanik des Körpers kam aus der Atmosphäre, wurde Äther genannt und bildete einen besonders feinen, materiellen, lebhaft bewegten, mit Kräften ausgestatteten, partikulären Anteil des Luftmediums, der in den Lungen ins Blut eintrat und dort die Blutteilchen in lebhafte, teil rotierende, teils hin und her stoßende Bewegung versetzte. So entstand der motus internus des Blutes, Quelle und Träger der Körperwärme. Unter dem Einfluß der Durapulsation wurde aus dem Gehirnblut der Nervenspiritus abgepreßt, ein ätherischer lufthaltiger, überaus feiner, äußerst beweglicher, sehr elastischer Stoff, der auch nährende Eigenschaften besaß. Er bewegte sich in oszillierender, geradliniger Weise in den hohlen Nervenröhrchen fort und verlieh allen mit Nerven versorgten Teilen einen elastischen Tonus, der als Ausdruck von Gesundheit galt. Gleichzeitig war der Nervenspiritus auch für die Vermittlung von Bewegung und Empfindung verantwortlich. Die Pathologie orientierte sich an der Beschaffenheit und dem Verhalten der flüssigen Körperbestandteile und der Beteiligung der festen Tubuli, durch die die Flüssigkeiten hindurchgetrieben wurden. Krankheiten fanden also ihre Ursachen entweder in einer quantitativ oder qualitativ fehlerhaften Mischung der Partikel, welche die Materie der Säfte bildeten, und in einer Verlegung der Poren und Röhren, durch die die Flüssigkeiten hindurch mußten. Dabei kam es zu Strömungsumlenkungen, die eine vermehrte Beschickung anderer Teile mit Blut und Nervenspiritus zur Folge hatten, so daß diese ausgedehnt wurden mit dem Resultat von Schmerz, Krampf und erhöhtem Tonus (Spasmus). Durch derartige Zustände waren örtliche Krankheiten, z. B. Entzündung, Blutung, Katarrh, Diarrhoe, Neuralgie, charakterisiert. Chronischen Erkrankungen lag ein atonischer Zustand zugrunde. Folgerichtig bemühte sich die Therapie, Spasmus oder Atonie zu beseitigen. Dabei konnte versucht werden, entweder durch die Gabe von krampfwidrigen, beruhigenden, lösenden und ausleerenden Mitteln die behinderte Bewegung und den dadurch verstärkten Tonus zu bekämpfen, oder umgekehrt durch verschiedenartige Reizmittel, wie Campher, Chinarinde, Eisen, Wein, Getränke, Ether, die Bewegung anzuregen und die Spannung zu erhöhen. Eine wichtige Rolle dabei kam diätetischen Verordnungen aller Art, Mineralwässern und Aderlässen zu. Aber auch Arzneien verwendete H. in mäßigem Umfange, besonders gern die von ihm erfundenen, wie Balsamum vitae, Elixir viscerale HOFFMANNI und die bekannten HOFFMANNS Tropfen. Sein Bestreben zielte auf eine Verringerung der außerordentlich reichhaltigen Pharmakopöe auf 10 bis 12 wirksame Heilmittel. Die große Wertschätzung, die H. sowohl bei seinen Patienten als auch bei seinen Studenten und Kollegen genoß, beruhte vor allem auf Konsequenz seiner medizinischen Prinzipien, sich daraus ableitenden Behandlungsgesichtspunkten sowie Einfachheit seines therapeutischen Vorgehens. La

Literatur: Hoffmann, F.: Opera omnia physicomedica, denuo revisa, correcta et aucta, in 6 tomos distributa (Die physikalisch-medizinischen Werke, von neuem durchgesehen, korrigiert und vermehrt, in 6 Bänden) (Genf 1748–1753), Opuscula physico-medica (Ulm 1725), Medicus politicus (Leiden 1738, Halle 1746), dtsch Politischer Medicus oder Klugheitsregeln, nach welchen ein junger Medicus seine Studia und Lebensart einrichten soll (Leipzig 1753).

Rothschuh, K. E.: Studien zu Friedrich Hoffmann (1660–1742), in: Sudhoffs Archiv 60 (1976), 163–193 und 235–270, Konzepte der Medizin in Vergangenheit und Gegenwart (Stuttgart 1978).

Hoffmeister, Cuno, Astronom, geb. 2. 2. 1892 Sonneberg, gest. 2. 1. 1968 Sonneberg.

H. erarbeitete wesentliche Beiträge zur Physik und Statistik der veränderlichen Sterne und gilt als bisher erfolgreichster Entdecker solcher Objekte (fast 10 000 Veränderliche).

H., aus einer Kaufmannsfamilie stammend, war zunächst auch Kaufmann sowie Liebhaberastronom. 1915–1918 arbeitete er als Assistent an der Sternwarte Bamberg. Zwischen 1918 und 1925 betätigte sich H. erneut kaufmännisch und als Liebhaberastronom und studierte in Jena Astronomie. 1925 gründete er die Sternwarte Sonneberg und wirkte 42 Jahre als deren Leiter bzw. Dir. H. erhielt 1951 den Nationalpreis. Er war Mitgl. der DAdW, der »Leopoldina« und der Sächs. Ak. d. Wiss.

H. vertrat bereits vor 1920 die Ansicht, daß veränderliche Sterne keine Zufallserscheinungen unter den Sternen sind, sondern evolutionär bedingte Stadien der Sternentwicklung. Sie zu erforschen setzte er sich zur Lebensaufgabe, nachdem er bereits während seiner Bamberger Zeit 1915–1918 Hunderte von veränderlichen Sternen photometriert hatte. Der 1927 begonnene Felderplan zur photographischen Statistik der veränderlichen Sterne der nördlichen Milchstraße brachte zusammen mit der von P. GUTHNICK vorgeschlagenen und später von H. in Sonneberg stark erweiterten Himmelsüberwachung ein umfangreiches Material photographischer Himmelsaufnahmen (Bestand bei H.s Tod etwa 120 000; zweitgrößtes und kontinuierlichstes Plattenarchiv der Welt). Auf ihnen entdeckte der unermüdlich arbeitende H. fast 10 000 veränderliche Sterne. Er erarbeitete hierzu eine mathematische Methode zur Berechnung der Entdeckungswahrscheinlichkeit. Untersuchte H. anfangs die Statistik der veränderlichen Sterne, ihre Unterteilung in verschiedene Typen, so verfolgte er in den letzten beiden Jahrzehnten seines Lebens die Möglichkeit, physikalische Bestimmungsstücke zu erlangen. So bekam die Statistik nach und nach einen astrophysikalischen Inhalt, und es konnte vor allem auf die Verteilung der verschiedenen Typen von veränderlichen Sternen in der Galaxis geschlossen werden. H.s Tätigkeit ging jedoch über die veränderlichen Sterne hinaus. So befaßte er sich seit 1910 mit der Statistik von Meteoren und Meteorströmen und deren Bahnen und seit 1912 mit dem Zodiakallicht, dessen Staubcharakter er mittels seiner Beobachtungen um 1950 nachweisen konnte. Auf der letzten seiner fünf Forschungsreisen (1959) entdeckte er eine extragalaktische, aus Staub bestehende Dunkelwolke.

H. trat entschieden für die Popularisierung der Astronomie ein und betätigte sich selbst in großem Umfang schriftstellerisch und in Vorträgen. So schildert er in »Sterne über der Steppe« seine Expedition 1952/53 nach SW-Afrika und beschreibt in populärer Form, wie man Astronomie betreiben muß. Jck

Literatur: Hoffmeister, C.: Die Meteore, ihre kosmischen und irdischen Beziehungen (Leipzig 1937), Meteorströme (Leipzig 1948), Veränderliche Sterne (Leipzig 1970), Sterne über der Steppe (Leipzig 1955), außerdem mehrere hundert Veröffentlichungen, hauptsächlich über die veränderlichen Sterne.

Hoppe, J.: Professor Dr. Cuno Hoffmeister zum 70. Geburtstag, in: Die Sterne, Bd. 38 (1962), 120; Richter, N.: Cuno Hoffmeister. 2. 2. 1892–2. 1. 1968. Sein Werk und seine Persönlichkeit, in: Die Sterne, Bd. 44 (1968), 1–5.

Hofmann, August Wilhelm von, Chemiker, geb. 8. 4. 1818 Gießen, gest. 5. 5. 1892 Berlin.

H.s Experimentalarbeiten über die Konstitution organischer Verbindungen waren wichtige Teilleistungen auf dem Wege zur klassischen Strukturtheorie und bildeten wesentliche Voraussetzungen für die Entwicklung der Teerfarbenindustrie.

Nach Absolvierung des humanistischen Gymnasiums in Gießen studierte H. zunächst Jura. Durch zufälligen Besuch der Chemievorlesungen J. v. LIEBIGS 1837 wechselte er zur Chemie über. 1841 promovierte er über organische Basen und Steinkohlenteeröl, war Assistent bei LIEBIG bis 1845, anschließend Privatdoz. in Bonn, wurde noch im selben Jahr Prof. am neu gegründeten Royal College of Chemistry in London, kehrte aber 1865 nach Deutschland zurück, wo er Nachfolger E. MITSCHERLICHS an der Berliner Univ. wurde. Mitte der 60er Jahre entstanden unter seiner Leitung neue chemische Laboratorien in Bonn und Berlin.

Um 1840 waren Beseitigung und nutzbringende Verwertung lästiger Nebenprodukte der chemischen Industrie, z. B. des Steinkohlenteers, eine wesentliche Forderung der chemischen Produzenten. Mit dem Steinkohlenteerdestillationsprodukt Anilin beschäftigte sich H. ein Leben lang und wurde noch in England zum Mitbegründer eines neuen Industriezweiges, der Teerfarbenindustrie. Besondere Bedeutung erlangte in diesem Zusammenhang die von dem russ. Chemiker N. N. SININ entwickelte Methode der Reduzierung von Nitrobenzen zu Anilin, die – von H. 1845 technisch realisierbar gemacht – die Voraussetzung für die technische Umwandlung des Steinkohlenteerbenzens in Anilin bildete. Um die drängende Frage nach dem Charakter einer chemischen Verbindung beantworten zu können, half H. die theoretischen Auffassungen zu konkretisieren. Dies führte zur Versöhnung der elektrochemisch-dualistischen Theorie von J. J. BERZELIUS mit der unitaren Substitutionstheorie von J.-B. DUMAS und der Schaffung des Ammoniaktypus als dem Prototyp der organischen Basen.

C. Hoffmeister

A. W. von Hofmann

Damit hatte H. wichtige Teilleistungen für die Ausarbeitung der Typentheorie durch CH. GERHARDT erreicht, die praktische Auswirkungen hatten. Als H. in dem Rosanilinmolekül die Muttersubstanz der Anilinfarbstoffe fand, war gewissermaßen der Schlüssel des Systems für zahlreiche Farbstoffsynthesen gegeben. Während die erste Anilinfarbstoffsynthese durch H.s Schüler W. H. PERKIN im Jahre 1856 noch eine Zufallsentdeckung war, erfolgte schon wenige Jahre später (1863) die Herstellung der »HOFMANN-Violette« auf der Grundlage wissenschaftlicher Einsichten. H. hat die dafür notwendigen theoretischen Voraussetzungen (neue Grundbegriffe, wie Wertigkeit, Isomerie, Struktur) schaffen helfen und an der chemischen Aufklärung von Produktionsprozessen mitgewirkt.

H. war Atomist. Er entwickelte 1865 die heute noch bekannten Kugel-Stab-Atommodelle, die geeignet waren, auf einfache Weise gesättigte und ungesättigte Verbindungen sowie Additions- und Substitutionsreaktionen zu erklären und Bindungen zwischen den Atomen im Molekül zu zeigen (Abb.).

Durch seine Mitwirkung an der Überführung wissenschaftlicher Erkenntnisse in die chemische Industrie hat er unmittelbar und objektiv zum Fortschritt der Technik beigetragen. Die Allianz zwischen chemischer Wissenschaft und chemischer Produktion hatte ihm am Ende seines Lebens ein Millionenvermögen eingebracht.

H. war Aktionär der Agfa, Arrangeur und Juror in den chemischen Abteilungen der Weltausstellungen, unterstützte Interessen der chemischen Industrie in der Patentgesetzgebung, war außerordentliches Mitgl. im Patentamt, im Gesundheitsamt und Mitgl. der Wissenschaftlichen Deputation für das Medizinalwesen. Dabei wandte er sich gegen einige Auswüchse des Konkurrenzkampfes, wenn sie

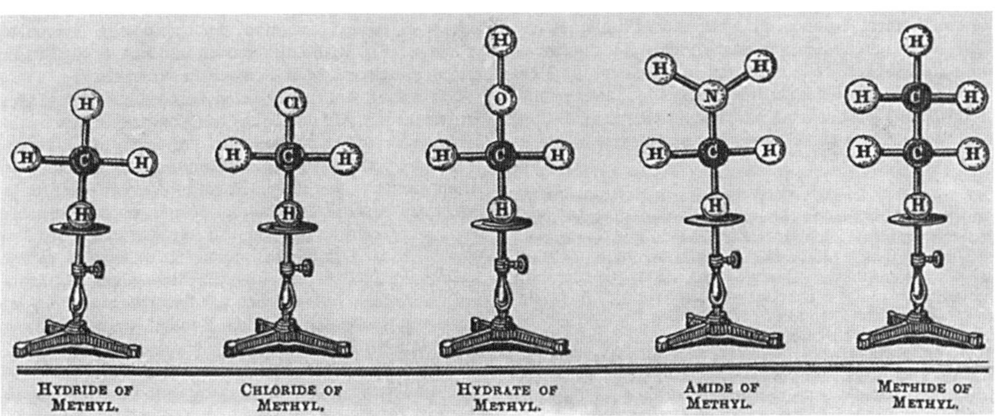

1865 von August Wilhelm von Hofmann entwickelte Kugel-Stab-Atommodelle

dem wissenschaftlichen Fortschritt hinderlich waren (z. B. unberechtigte Erweiterungen von Patentansprüchen). Seine Weltanschauung, die ihn auch den Antisemitismus der 80er Jahre verwerfen ließ, ist als bürgerlicher Humanismus zu charakterisieren. H.s weltoffene, kosmopolitische Haltung knüpfte an weltbürgerliche Vorstellungen an, wie sie z. B. A. v. HUMBOLDT vertreten hat.

Als Hochschullehrer und insbesondere in seiner Eigenschaft als Rektor der Berliner Univ. (1880/81) wurde H. mit hochschulpädagogischen und -politischen Fragen konfrontiert. Er trat, geleitet von seinem Streben nach einer Einheit von Natur- und Geisteswissenschaften, gegen eine Abtrennung einer naturwissenschaftlichen Fakultät von der philosophischen Fakultät und gegen die Zulassung von Realschülern zu Universitätsstudien ein. Er befürchtete einen »Verfall der deutschen Hochschule« sowie eine Gefährdung der »akademischen Freiheit«. Dagegen akzeptierte er die Realschule als Vorbereitung auf den Besuch des Polytechnikums und zeigte sich damit aufgeschlossen gegenüber den noch in der Mitte des vorigen Jh. herausgebildeten neuen Berufsgruppen, z. B. Ingenieuren.

Die Lehrtätigkeit H.s war sehr vielseitig. Er hielt populärwissenschaftliche Vorlesungen sowohl vor Arbeitern (»working men lectures« in London) als auch am kgl. Hof in London und Berlin sowie Fachvorlesungen in wissenschaftlichen Gesellschaften und vor Studenten. H. besaß neben überragendem fachlichem Können eine ausgeprägte Lehrbegabung, die durch ein ausgesprochen rhetorisches Talent unterstützt wurde. Dies brachte ihm einen großen Schüler- und Freundeskreis ein, der sich aus Wissenschaftlern, Industriellen und Regierungsangehörigen zusammensetzte.

Während der 27 Jahre seiner Tätigkeit an der Berliner Univ. schrieb H. etwa 300 Promotionsgutachten. Die Beurteilung der Dissertationen erfolgte nach inhaltlichen, ethischen und formalen Gesichtspunkten. Er strebte in Einklang mit den Erfordernissen der Praxis einen Absolvententyp an, der schnell, sicher, scharfsinnig, erfinderisch, ausdauernd war, der chemisch denken, d. h. neue Wege weisen und neue Methoden ausarbeiten konnte, deren erfolgreiche Anwendung weitere Wissensgebiete und Zusammenhänge zu erschließen vermochte.

Die von H. 1867 in Berlin gegründete »Deutsche Chemische Gesellschaft« benannte ihr 1900 neu errichtetes Haus nach ihm und stiftete 1902 eine HOFMANN-Medaille, die für hervorragende Leistungen auf dem Gebiet der Experimentalchemie verliehen wurde. Weitere wissenschaftliche Gesellschaften des In- und Auslandes ernannten H. zum Mitgl. und Ehrenmitgl., unter anderem die Royal Society und die Berliner Akademie. Eine bleibende Erinnerung hat sich H. selbst durch seine wissenschaftlichen Leistungen, literarische Tätigkeit, Nekrologe und Biographien, die Herausgabe des LIEBIG-WÖHLER-Briefwechsels in 2 Bänden und die Errichtung der LIEBIG-Denkmäler in Gießen und München sowie des WÖHLER-Denkmals in Göttingen erworben. DM

Literatur: Hofmann, A. W. v.: Introduction to Modern Chemistry, dtsch Einleitung in die moderne Chemie (London 1865; Braunschweig 1866, 6. Aufl. 1877), Zur Erinnerung an vorangegangene Freunde, 3 Bde. (Braunschweig 1888), Die Frage der Theilung der philosophischen Fakultät (Berlin 1881), The Chemical Laboratories in course of erection in the universities of Bonn and Berlin (London 1866), On lecture illustrations (Demonstrationsvorlesung vor Mitgl. der Chem. Ges. in London), in: Chem. News XII, 7 (1865), 42–45, 55–57; The Life-Work of Liebig (Das Lebenswerk Liebigs, Faraday-Vorlesung 1875) (London 1876); On Mauve and Magenta, in: Proc. Roy. Instit. G.B. IV (1862–1866), 468; On the Combining Power of Atoms, in: Proc. Roy. Institut. G.B. IV (1862–1866), 400–430; On Ammonia and its Derivatives (Über Ammoniak und seine Derivate), in: Quart. J. Chem. Soc., London XI (1859), 252–319; Researches regarding the Molecular Constitution of the Volatile Organic Bases (dtsch Beiträge zur Kenntnis der flüchtigen organischen Basen), in: Philos. Trans. Roy. Soc. London, Ser. A, Tl I, 1 (1850), 93–131 und Tl II, 141 (1851), 357–398; vgl. auch Ann. Chem. Pharm. 79 (1851), 11–39 und Ann. Chem. Pharm. 74 (1850), 117–177; Notes of Researches on the Poly-Ammonias (dtsch Bemerkungen zur Untersuchung der »Polyammoniake«), in: Proc. Roy. Soc., London XII (1862), 1–13.

August Wilhelm von Hofmann (1818–1892), in: Bildnisse berühmter Mitgl. der DAdW zu Berlin (Hrsg. aus Anlaß der 250. Jahresfeier von der DAdW zu Berlin, Berlin 1950, S. 49); Brock, W. H. (Hrsg.) Justus von Liebig und August Wilhelm Hofmann in ihren Briefen 1841–1873 (Weinheim 1984); Lepsius, B.: Festschrift zur Feier des 50jährigen Bestehens der Deutschen Chemischen Gesellschaft und des 100. Geburtstages ihres Begründers A. W. v. Hofmann, in: Ber. Dtsch. Chem. Ges. 51 (1918) Sonderheft; Morgan, G. T.: Hofmann memorial lecture (London 1936); Müller, M: Aus dem Leben und Wirken des Chemikers und Hochschullehrers August Wilhelm von Hofmann (1818–1892), in: Beiträge zur Geschichte der Humboldt-Univ. zu Berlin, Nr. 4 (Berlin 1981); Perkin, W. H.: The Origin of the Coal-Tar Colour Industry, and the Contributions of Hofmann and his Pupils. Hofmann memorial lecture, in: J. chem. Soc. 69 (1896), 596–637. Poggendorff, J. C.: Biographisch-literarisches Handwörterbuch zur Geschichte der exacten Wissenschaften, 4 Bde. (Leipzig 1863–1904); Volhard, J., Fischer, E.: A. W. v. Hofmann – Ein Lebensbild, Sonderdruck der Ber. dtsch. chem. Ges. (Berlin 1902); Welsch, F.: A. W. Hofmann – Zum 150. Geburtstag des großen deutschen Chemikers, in: Mitt. Bl. Chem. Ges. d. DDR 15, 4 (1968), 57–63.

Hofmeister, Franz, Arzt, Physiologe, Chemiker und Pharmakologe, geb. 30.8.1850 Prag, gest. 26.7.1922 Würzburg.

H.s Arbeit bereicherte die physiologische Chemie auf fast allen ihren Gebieten, z. T. durch grundlegende neue Feststellungen. Aber auch die Pathologie, Physiologie und Pharmakologie verdanken H. eine Erweiterung ihrer Erkenntnisse.

H., Sohn eines Arztes, studierte Medizin in Prag (z. B. bei E. HERING) und Leipzig. Noch vor seiner Promotion 1874 war er Assistent bei H. HUPPERT in Prag, Prof. für medizinische Chemie, wo er sich 1879 mit einer Arbeit über die Analyse von Peptonen habilitierte. Nach kurzem Aufenthalt in Straßburg (Strasbourg) bei dem Pharmakologen O. SCHMIEDEBERG wurde H. 1883 ao. Prof. und 1885 o. Prof. für experimentelle Pharmakologie (später zusätzlich auch Pharmakognosie) in Prag. Hier kam er in nähere Berührung mit dem von ihm hoch verehrten E. MACH. 1896 folgte H. der Berufung nach Straßburg in der Nachfolge F. E. J. HOPPE-SEYLERS als Ordinarius für physiologische Chemie (unter Abtrennung der bisher mit diesem Lehrstuhl gekoppelten Hygiene). Aufgrund der politischen Ereignisse mußte H. 1918 Straßburg verlassen und ging an das Institut für Pathologie von M. B. SCHMIDT in Würzburg.

Seit seinen Assistentenjahren beschäftigte sich H. mit Proteinchemie. Auf dem Wege von Trennung und Kristallisation entdeckte er Bausteine der Proteine (Aminosäuren), stellte die Lehre von der säureamidartigen Bindung der Aminosäuren in den Proteinen auf (was später durch E. FISCHER und A. KOSSEL endgültig bewiesen wurde) und arbeitete eine brauchbare Methode zur Reindarstellung von Proteinen (z. B. Ovalbumin) durch Kristallisation mittels fraktionierter Salzfällung aus. Außerdem galten H.s Arbeiten bestimmten Teilbereichen der Resorption und Assimilation von Nährstoffen (z. B. der Kohlenhydratassimilation, Enzymatik der Eiweißverdauung, der »Verdauungsleukozytose« und dem »Hungerdiabetes«. Ferner befaßte sich H. mit dem intermediären Stoffwechsel (z. B. mit Methylierungen im Zellplasma, Aldehydmutasen, Coenzymen), der Harnstoffbildung, dem Blut (z. B. der Azidität und Alkaleszenz des Blutes, den methämoglobinbildenden Giften) und den biochemischen Funktionen der Organe, vor allem denen mit innerer Sekretion (Ovar, Schilddrüse, Nebennieren).

Im Verlauf seiner Untersuchungen über die Wirkung von Salzen erkannte H. die Gesetzmäßigkeiten, nach denen Elektrolyte auf quellungsfähige Körper wirken und gab daraufhin quantitative Werte für die vitale Membranquellung an (z.B. bei der Drüsensekretion). Er erkannte die entscheidende Bedeutung der Salze für das kolloide Milieu der Lebensvorgänge. Die dabei angewendeten Methoden führten zur Vorbereitung einer physikalisch-chemischen Arbeitsweise auf dem gesamten Gebiet der Biologie. Für die Diuresewirkung bedeutsam ist die von H. mit seinen Schülern aufgestellte Reihenfolge der Salze (HOFMEISTERsche Reihe) in ihrer wasseranziehenden Kraft. Diese Reihenfolge ist auch hinsichtlich der Beeinflussung von Enzymprozessen durch Ionen gültig. Über die Untersuchung von Lipoiden (z. B. Kephalin und Cerebronsäure) gelangte H. zur Vitaminforschung, der seine letzten Arbeiten in Würzburg galten.

H. war nicht nur als Forscher, sondern auch als Lehrer von großer wissenschaftlicher Bedeutung. Auffällig war H.s Vielseitigkeit in bezug auf die Problemstellungen der physiologischen Chemie. Nach ihm erweiterten sich ihre Teilgebiete zu den heutigen Wissenschaften Biochemie und Biophysik. H. war der Meinung, daß die Beantwortung der elementaren physiologischen Fragen allein von den Fortschritten aller Bereiche der physiologischen Chemie abhängt. Wa

Literatur: Hofmeister, F.: Zur Lehre vom Pepton, in: Z. physiol. Chem. (1880) 4, 253, Über Resorption und Assimilation der Nährstoffe, in: Arch. exp-Path. u. Pharm. 20 (1886), 291, Zur Lehre von der Wirkung der Salze, ebenda 24 (1888), 247, Über Methylierung im Tierkörper, ebenda 33 (1894), 198, Untersuchungen über die Proteinstoffe, in: Z. physiol. Chem. 24 (1897), 159, Die Vitamine, in: Bl. volksgesundheitl. Pflege (1921), 74, Der experimentelle Nachweis des Antineuritins, in: Biochem. Z. 129 (1922), 477, Leitfaden für den praktischen chemischen Unterricht der Mediziner (Braunschweig 1899, 4. Aufl. 1911), Beiträge zur chemischen Physiologie und Pathologie (seit 1901, später umbenannt in: Biochem. Z.).

Neuberg, C.: Franz Hofmeister, in: Biochem. Z. 134 (1923), 1f.; Pohl, J., u. K. Spiro: Franz Hofmeister. Sein Leben und Wirken, in: Ergebnisse der Physiol. 22 (1923), 1–31.

Hofmeister, Wilhelm Friedrich Benedikt, Botaniker, geb. 18. 5. 1824 Leipzig, gest. 12. 1. 1877 Lindenau bei Leipzig (heute eingemeindet).

H. erkannte den Generationswechsel der verschiedenen Gruppen von Gefäßpflanzen und damit eine wichtige Gemeinsamkeit in der Ontogenese der höheren Pflanzen.

H., Sohn des Leipziger Musikalienverlegers FRIEDRICH H., besuchte die Realschule seiner Vaterstadt und ging anschließend als Kaufmannslehrling in ein Musikgeschäft nach Hamburg. 1841 kehrte er nach Leipzig zurück und trat in das väterliche Geschäft ein. In der Freizeit aber betrieb er bedeutungsvolle botanische Forschungen. 1863 wurde H. in Anerkennung seiner hervorragenden selbständigen Leistungen über den Generationswechsel bei Pflanzen zum Prof. der Botanik an die Univ. Heidelberg berufen. 1872 wechselte er in Nachfolge H. v. MOHLS auf den Lehrstuhl für Botanik an die Univ. Tübingen über.

In seinem letzten Lebensjahrzehnt veröffentlichte H. mehrere Lehr- und Handbücher, z. B. das erste Lehrb. der Pflanzen-Morphogenese (1868). Nach einem Schlaganfall mußte er 1876 von seinem Amt zurücktreten.

Anregungen zu botanischer Forschung erhielt H. in der Jugend vor allem durch M. SCHLEIDENS bedeutendes Lehrb. der Botanik (1842/43), das die Erforschung allgemeiner Er-

F. Hofmeister

W. F. B. Hofmeister

scheinungen der Pflanzenontogenese zu einem zentralen Anliegen der Botanik machte. Mit dem Botaniker und Zoologen H. G. L. REICHENBACH und dessen Sohn, dem Botaniker H. G. REICHENBACH, pflegte H. bald intensive wissenschaftliche Beziehungen.

Die nur mit Hilfe mikroskopischer Untersuchungen möglich gewesenen Entdeckungen H.s wurden begünstigt durch eine starke Kurzsichtigkeit H.s, die ihn im Mikroskop auch feine Details erkennen ließ, und durch seine Geschicklichkeit bei der Anfertigung von Präparaten.

H.s Forschungsarbeiten galten der Keimesentwicklung der Pflanzen. Als erstes erforschte er die Bildung des Embryos im Fruchtknoten der höheren Pflanze und widerlegte dabei SCHLEIDENS Ansicht, der Embryo befände sich an der Spitze des Pollenschlauches. Durch Vergleich der Embryobildung bei Moosen, Gefäßkryptogamen und Blütenpflanzen entdeckte H. als Gemeinsamkeit in der Keimesentwicklung der höheren Pflanzen den Generationswechsel, d. h. den Wechsel zwischen geschlechtlichem (haploidem) Gametophyt und ungeschlechtlichem (diploidem) Sporophyt, wobei der Gametophyt bei vielen Gefäßkryptogamen als Prothallium noch selbständig ist, bei Blütenpflanzen aber bis auf wenige Zellen im Fruchtknoten reduziert ist. Das zu erkennen, war eine bedeutende analytische Leistung. 1851 veröffentlichte H. seine Erkenntnisse in einem reich illustrierten Buch, ohne hinter der Gemeinsamkeit in der Embryonalentwicklung die gemeinsame Abstammung zu vermuten.

Nach Begründung der Lehre von den Zellen als den Elementarbausteinen aller Pflanzen (1838) war die Auffindung einheitlicher Züge in ihrer Embryonalentwicklung durch H. ein wichtiger Meilenstein in der botanischen Forschung. Zi

Literatur: Hofmeister, W.: Die Entstehung des Embryos der Phanerogamen. Eine Reihe mikroskopischer Untersuchungen (Leipzig 1849), Vergleichende Untersuchungen der Keimung, Entfaltung und Fruchtbildung höherer Kryptogamen (Moose, Farne, Equisetaceen, Rhizocarpeen und Lycopodiaceen) und der Samenbildung der Coniferen (Leipzig 1851).

Hooke, Robert, Physiker und Naturforscher, geb. 18.7.1635 Freshwater (Isle of Wight, England), gest. 3.3.1702 London.

In seiner historisch einzigartigen Stellung als langjähriger »Kurator der Experimente« an der Royal Society während deren Frühphase und durch eine Vielzahl eigener Entdeckungen und Erfindungen in Physik, Technik, Mikroskopie, Geologie und Architektur hat H. das naturwissenschaftliche Leben Englands wesentlich mitbestimmt, die brit. Wissenschaft der Zeit zur Weltspitze geführt und der modernen experimentellen Methode in der Naturwissenschaft zum endgültigen Erfolg verholfen.

H. zeigte schon als Kind erstaunliches technisches Geschick. Ein Erbteil sowie einflußreiche Freunde ermöglichten ihm in London und Oxford den Zugang zur Wissenschaft fast ausschließlich auf autodidaktischem Wege. In Oxford traf H. auf die Initiativgruppe der späteren Royal Society, unter anderem auf den Architekten und Mathematiker CH. WREN und auf R. BOYLE, dessen Assistent er wurde. Seine Karriere begann H. mit mechanischen Erfindungen; auf BOYLES Anregung mit der Konstruktion einer Luftpumpe und von Uhren, angetrieben mittels Spiralfedern. Obwohl nicht sicher ist, daß diese um 1658 konstruierten Uhren hinreichend zuverlässig funktionierten, enthielt eine von H.s kleinen Flugschriften von 1678 bereits das nach H. benannte Gesetz (am Beispiel der Spiralfeder) der direkten Proportionalität zwischen einwirkender Kraft und Auslenkung.

Bei der endgültigen Gründung der Royal Society 1662 wurde H. zum »Kurator der Experimente« bestimmt mit der Verpflichtung, bei jeder der wöchentlichen Sitzungen der Akademie »drei bis vier bemerkenswerte Experimente vorzustellen« sowie die der Akademiemitgl. nach deren Vorschlägen durchzuführen. H. hat diese Pflicht zumindest während der ersten 15 Jahre stets erfüllt. Andere Aufgaben kamen hinzu, eine bezahlte Vorlesungstätigkeit über Mechanik, Verwaltung der Sammlungen und Bibliothekar, 1665 eine Professur für Geometrie am Gresham College, nach dem großen Brande Londons (1666) – zusammen mit WREN – eine einflußreiche Stellung als Architekt beim Neuaufbau der Stadt. 1677, nach dem Tode H. OLDENBURGS, übernahm H. das Amt des Sekretärs der Royal Society; indessen war zu diesem Zeitpunkt seine kreative und psychische Kraft schon erschöpft; nach 5 Jahren trat er als Sekretär zurück. Nach dem Tode einer ihm sehr nahestehenden Nichte (1687), außerdem in heftige Prioritätsstreitigkeiten unter anderem mit I. NEWTON wegen der Farben- und Gravitationstheorie verwickelt, vereinsamte H. vollständig.

Bedeutendstes Buch von H. ist die »Micrographia« von 1665, das analog zum »Siderius nuncius« von G. GALILEI bei der Verwendung des Fernrohres den Durchbruch zur Benutzung des Mikroskopes in der wissenschaftlichen Forschung herbeiführte. Es enthält, wenn auch in unsystematischer Form, eine Fülle erstaunlicher mikroskopischer Beobachtungen an Mineralen, Tieren und Pflanzen, z. B. an Insekten (Facettenauge der Fliege), der Struktur von Federn u. a.; alles mit äußerst genauen Abbildungen versehen. Bei der Untersuchung der Struktur von Kork gebrauchte H. das Wort (Pore oder) »Zelle«, das seitdem zum Fachwort der Biologie geworden ist. Das Mikroskopieren führte auch ihn zur Beschäftigung mit der Natur des Lichtes; aus der Beobachtung von Farben an dünnen Schichten schloß er, daß Licht eine Art periodisch-mechanischer Vorgang in einem materiellen Medium sei, stand mit seiner Auffassung also der von CHR. HUYGENS nahe und im Gegensatz zu der von NEWTON. Die »Micrographia« enthält ferner Überlegungen zu einer Theorie der Verbrennung in Analogie zur Atmung. Während der 70er Jahre veröffentlichte H. eine Reihe von kleineren Arbeiten, die zusammengefaßt 1679 als »Lectiones Cutleriana« erschienen; eine davon enthält explizit das allgemeine HOOKEsche Gesetz »ut tensio sic vis« (die Ausdehnung ist der Belastung porportional). Eine andere beschäftigt sich mit Fragen der allgemeinen Gravitation zwischen schweren Körpern, bleibt aber, trotz prinzipiell weitgehend richtiger Aussagen, in der mathematischen Durchführung (z. B. bei der Behandlung der Planetenbewegung) weit hinter NEWTON und dessen »Principia« zurück. Im Jahre 1679 hat H. mit NEWTON über Fragen der allgemeinen Gravitation korrespondiert; NEWTON hat später (1686) die stimulierende Rolle von H. für die Ausarbeitung seiner Gravitationstheorie anerkannt. In der »Micrographia« klingen bereits geologische Fragestellungen an; die nachgelassenen Schriften zeigen, daß H. als einer der ersten die Entstehung der Fossilien auf natürliche Weise (durch Erdbeben) zu erklären suchte und erste Vorstellungen über Stufen einer geologischen Erdgeschichte (freilich noch innerhalb der durch die Bibel gesetzten engen Zeitgrenzen) entwickelt hat. Ferner hat sich H. in hervorragender Weise um die Vervollkommnung der Experimentaltechnik und der wissenschaftlichen Instrumente verdient gemacht. Er war beteiligt an der Konstruktion der Luftpumpe und am Chronometerbau; er erfand das Haar- (Faden-) Kreuz für Fernrohrbeobachtungen und das Radbarometer; er legte den Gefrierpunkt des Wassers als Nullpunkt einer Thermometerskale fest und konstruierte eine »Wetteruhr«, die sowohl den atmosphärischen Druck, die Temperatur, die Regenmenge als auch die Luftfeuchtigkeit und die Windstärke anzeigte. So erhielt H. im 18. Jh. den Ehrentitel »Newton der Mechanik« (LALANDE). Wu

Literatur: Hooke, R.: Micrographia or Some Physiological Descriptions of Minute Bodies Made by Magnifying Glasses with Observations and Inquiries thereupon (London 1665; mehrfach neu aufgelegt, z. B. Reprint Dover Publications Inc. New York 1961). Weitere Originalschriften in: Gunther, R. T.: Early Science in Oxford, 14 Bde. (Oxford 1923–1945).

Harig, G.: Robert Hooke und die Experimentalwissenschaft des 17. Jh., in: Wiss. Z. der KMU Leipzig, Jg. 9 (1959/60), math.-nat. Reihe, Heft 3, 417–431.

Hooker, Sir Joseph Dalton, Botaniker, geb. 30. 6. 1817 Halesworth (Suffolk), gest. 10. 12. 1911 Sunningdale.

H. war einer der bedeutendsten Botaniker des 19. Jh. und leistete eine gewaltige Forschungsarbeit zur Erfassung der Pflanzenwelt der Erde, wobei er besonders die Flora außereuropäischer Gebiete untersuchte.

H., Sohn des bekannten Botanikers Sir WILLIAM JACKSON H., besuchte die High School in Glasgow und studierte bis 1839 an der Univ. Glasgow Medizin, beschäftigte sich aber in seiner Freizeit mit Botanik und Entomologie. Wie bei anderen Naturforschern seiner Zeit stand auch bei H. am Anfang seiner wissenschaftlichen Laufbahn die Teilnahme an einer Forschungsexpedition. 1839–1843 war H. Teilnehmer der berühmten Antarktis-Expedition mit den Schiffen »Erebus« und »Terror« unter J. C. Ross, auf der auch die Falkland-Inseln, Tasmanien, Neuseeland und die Kerguelen-Inseln besucht wurden. Nach seiner Rückkehr lebte H. in Kew und begann die mitgebrachten und teilweise noch unbekannten Pflanzen zu bearbeiten. Es entstand die »Flora Antarctica« (1844–1847). 1845 lehrte er an der Univ. Edingburgh für den erkrankten R. GRAHAM und bestimmte und untersuchte die von CH. DARWIN auf den Galapagos-Inseln gesammelten Pflanzen. In den Eigenheiten der Flora des Galapagos-Archipels sah H. damals noch ein »mysterie which it is my object to portray but not to explain« (»ein Rätsel, das ich als meinen Gegenstand beschreiben, aber nicht zu erklären habe«). 1846 trat er eine Stelle als Paläobotaniker beim Geological Survey an. 1847–1851 erforschte H. im Auftrage der Regierung Großbritanniens die Flora des nördlichen Indiens, damals im brit. Besitz. Das Ergebnis dieser Reise war das 7bändige Riesenwerk der Flora von Indien. Nach diesem Forschungsaufenthalt wurde H. Assistent-Dir. seines Vaters und 1865–1885 dessen Nachfolger im botanischen Garten in Kew. In dieser Zeit veröffentlichte H. die »Flora Novae-Zelandiae« (1853–1855) und die »Flora Tasmaniae« (1855–1860). Botanische Reisen führten H. überdies nach Syrien, Palästina, Marokko und Nordamerika.

H. war der wohl beste Freund von DARWIN. Nachdem H. 1839, vor der Antarktis-Expedition, DARWIN erstmals begegnet war, stand er mit ihm seit 1843 in häufigem brieflichem und persönlichem Kontakt, und beide diskutierten insbesondere Fragen der Biogeographie. DARWIN teilte H. als einem der ersten seine Selektionstheorie mit. Nach längerer kritischer Haltung wurde H. einer der ersten und bedeutenden Anhänger DARWINS. Auf Grundlage der Evolutionstheorie erörterte H. die Entwicklungsgeschichte einzelner Florengebiete; z. B. debattierte er über die Ähnlichkeit der Pflanzenwelt der heute voneinander getrennten Gebiete auf der Südhalbkugel der Erde.

Unter H.s Leitung wurde der botanische Garten in Kew eines der bedeutendsten Forschungszentren für Botanik in der Welt, von Bedeutung auch für wirtschaftliche Probleme. Während H.s Direktorat wurden hier 1876 die aus Brasilien geschmuggelten Keimlinge von Kautschukbäumen aufgezogen, die zu dem brit. »Plantagenkautschuk« aus Süd- und Südost-Asien führten.

Ferner veröffentlichte H. den Index Kewensis, eine Aufstellung aller seit C. v. LINNÉ neu beschriebenen Arten von Blütenpflanzen. An einzelnen Sippen untersuchte H. besonders die Balanophoren, Nepenthes, Welwitschia, Rhododendron, Impatiens (er beschrieb mehr als 300 neue Arten).

H. war hoch geehrt und Inhaber öffentlicher Ämter; 1837–1878 war er Präsident der Royal Society. Zi

Literatur: Hooker, J.: The Botany of the Antarctic Voyage of H. M. Discovery Ships ›Erebus‹ und ›Terror‹ in the years 1839–1843 under the Command of Captain Sir James Clark Ross: Flora Antarctica, 2 vols (London 1844–1847), Flora Novae Zelandiae, 2 vols (1855–1860), Flora of British India, 7 Bde. (London 1872–1897), (mit G. Bentham) Genera plantarum, 3 vols (London 1862–1883).

Hopkins, Sir Frederick Gowland, Biochemiker, geb. 20. 6. 1861 Eastbourne (Sussex), gest. 16. 5. 1947 Cambridge (England).

H. war einer der führenden Biochemiker der 1. Hälfte des 20. Jh.; er gilt als der wesentlichste Begründer der Vitaminforschung.

H., Sohn eines früh verstorbenen Wissenschaftlers, nahm im 17. Lebensjahr eine Stellung im Büro einer Versicherungs-Gesellschaft an, ging aber nach 6 Monaten in die Lehre zu einem Analysechemiker. Danach arbeitete er für die Gerichtsmedizin des brit. Innenministeriums und belegte als Externstudent Vorlesungen an der Univ. London. Eine kleine Erbschaft ermöglichte es H., 1888 das Medizinstudium am Guy Hospital zu beginnen. Nach dem Studium arbeitete er einige Jahre mit A. GARROD, dem Begründer der biochemischen Genetik, der sein lebenslanger Freund wurde. 1898 ging H. nach Cambridge und las über die physiologische Chemie und andere Lehrgebiete. 1914 wurde H. an der Univ. Cambridge Prof. für Biochemie und wirkte während des 1. Weltkrieges im Royal Society Food Committee. 1924 erhielt H. in Cambridge ein Institut für Biochemie, das Sir William Dunn Institute. Cambridge entwickelte sich zum Weltzentrum der Biochemie, und nicht zuletzt durch H.s Wirken wurden auch an anderen Univ. Großbritanniens Lehrstühle für Biochemie gegründet.

Die 5 Hauptgebiete der Forschungstätigkeit von H. waren: Insekten-Farbstoffe, Proteine (einschließlich Protoplasma), Muskelkontraktion, Ernährung (Vitamine), Oxidations-Reduktions-Prozesse.

H. lieferte in Zusammenarbeit mit W. M. FLETCHER wichtige neue Befunde (1907) zur Muskeltätigkeit. Beide bewiesen durch neuartige Methodik (rasches Gefrieren und Zerreiben), daß Milchsäure in Muskeln nur durch Muskelaktivität entsteht. Von der Untersuchung der Muskelaktivität gelangte H. auch zu Fragen der Enzymaktivität.

H. beschäftigte sich mit der Aminosäure Tryptophan, die für den Menschen essentiell ist, und mit der Rolle der Aminosäuren Arginin und Histidin. Diese Ernährungsexperimente führten dann zur Vitaminforschung.

J. D. Hooker

F. G. Hopkins

H.s herausragendes Verdienst, das eine Umgestaltung der Ernährungslehre bewirkte, war der Nachweis, daß zu einer vollwertigen Ernährung »akzessorische« Stoffe, oft nur in geringsten Dosen, gehören, die von K. FUNK als »Vitamine« bezeichnet wurden. Schon vor H.s Forschung gab es Hinweise auf solche akzessorischen Nahrungsbestandteile, so durch J. COOKS Erfahrung über den prophylaktischen Wert von Sauerkraut gegen Skorbut bei Seereisen, um 1890 durch CH. EIJKMANS Untersuchung der Beri-Beri-Krankheit und durch Ernährungsversuche von G. BUNGE.

Zur Bestätigung seiner Annahme von den akzessorischen Nahrungsbestandteilen ernährte H. Ratten einseitig; eine kleine tägliche Milchportion konnte aufgetretene Mangelerscheinungen beheben (1912). Die »Vitamin-Hypothese« wurde aber noch etliche Jahre bestritten, und es war auch notwendig, Mangel an essentiellen Aminosäuren auszuschließen. Auftraggeber für H.s Ernährungsforschungen wurde schließlich die Margarine-Industrie; 1926/27 wurde die erste mit Vitaminen zusätzlich versehene Margarine in Großbritannien in den Handel gebracht.

Bei der Bemühung um Vitamin-Isolierung gewann H. auch das Glutathion, ein wichtiges Tripeptid.

1929 erhielt H. zusammen mit EIJKMAN den Nobelpreis für Physiologie und Medizin.

H. wird als ein wohlwollender, seine Schüler ermutigender und anregender Mann geschildert. Seine Schüler ließ er Ideen in den verschiedensten Richtungen verfolgen. Zur Zeit von H.s Tod hatten etwa 75 seiner Schüler in verschiedenen Teilen der Welt einen Lehrstuhl inne. Zi

Literatur: Hopkins, F. G.: Feeding Experiments Illustrating the Importance of Accessory Food Factors, in: Normal Dictaries (1912), An earlier history of vitamin research, in: Nobel Lecture, December 11 (1929).

Hoppe-Seyler, Felix Ernst Immanuel, Arzt, Physiologe und Chemiker, geb. 26. 12. 1825 Freiburg/Unstrut, gest. 10. 8. 1895 Wasserburg am Bodensee.

H.-S. gehört zu den Begründern der physiologischen Chemie.

Der früh verwaiste Pastorensohn FELIX HOPPE wurde von seinem Schwager, dem Pastor SEYLER, adoptiert, weshalb er sich seit 1864 H.-S. nannte. Nach seiner Schulbildung in der Franckeschen Anstalt in Halle studierte H.-S. 1846–1851 Medizin in Halle, Leipzig (besonders bei E. H. und E. F. WEBER) und in Berlin. Anschließend begab er sich nach Prag, um sich in der Geburtshilfe, und nach Wien, um sich in der Diagnostik der inneren Medizin unter J. ŠKODA weiter auszubilden. Nach praktischer ärztlicher Tätigkeit in Berlin (1852–1854) war H.-S. Prosektor am anatomischen Institut in Greifswald, wo er sich habilitierte. Seit 1856 arbeitete er in gleicher Eigenschaft am neuen Institut für Pathologie in Berlin unter R. VIRCHOW, der ihm zudem die Leitung des dort errichteten chemischen Laboratoriums übertrug. Nachdem H.-S. 1860 ao. Prof. geworden war, erhielt er 1861 den Lehrstuhl für angewandte Chemie der medizinischen Fakultät der Univ. Tübingen, wo er (bald als o. Prof.) in der Folgezeit Vorlesungen über anorganische und organische Chemie, Toxikologie und physiologische Chemie hielt. 1872 wurde ihm der neu errichtete Lehrstuhl für physiologische Chemie der Univ. Straßburg (Strasbourg) übertragen (wo 1884 das welterste Institut für physiologische Chemie eingerichtet wurde). 1874 war H.-S. Rektor der Univ. Er gehörte außerdem dem Gesundheitsrat der Stadt Straßburg an. Diese Funktionen behielt H.-S. bis zu seinem Tode inne.

H.-S. war als Forscher, Schriftsteller und Lehrer tätig. Er vervollkommnete oder begründete Untersuchungsverfahren des Blutes, des Harns, der Milch, der Galle, wodurch er die Labormedizin maßgeblich förderte. Weiterhin führte er die Spektralanalyse in die physiologische Chemie ein und lieferte damit eindeutige Nachweisverfahren für Chemie und Physiologie des Blutfarbstoffes und seiner Derivate (deren Beziehungen zu den Gallenfarbstoffen er erkannte). Er erkannte z. B. die Bedeutung des Hämoglobins für die innere Atmung durch dessen reversible Bindung des Sauerstoffs und untersuchte die Chemie der Kohlenmonoxidvergiftung (die Bezeichnungen Hämoglobin, Oxi- und Methämoglobin stammen von ihm). Für die quantitative Bestimmung des Hämoglobins erarbeitete er eine kolorimetrische Technik. Weitere wichtige Entdeckungen H.-S.s galten dem Nachweis des Cholesterols, der Reindarstellung des Lecithins, der Isolierung des »Nucleins« (Nucleinsäure) aus Hefezellen; in diesem Zusammenhang führte er den Namen »Proteide« ein. Diese Arbeiten standen auch unter dem Ziel, Übereinstimmung bzw. Vergleichbarkeit der chemischen Zusammensetzung von Tier- und Pflanzenzellen zu verstehen. Dem gleichen Erkenntnisziel eines physiologischen Naturzusammenhangs dienten seine Arbeiten über die Gärungen als gemeinsame Äußerungen tierischer und pflanzlicher Zellen zum Zwecke der Energiegewinnung und seine richtungweisenden Untersuchungen über die Enzyme, deren späterer Einteilung in Hydrolasen und Desmolasen er vorarbeitete. Wichtige Entdeckungen und grundlegende Erkenntnisse H.-S.s (die dann von seinen Schülern ausgebaut wurden) betrafen ferner das Chlorophyll (unter Feststellung seiner Ähnlichkeit mit dem Blutfarbstoff), das Chitin (das erste bekannte Aminoderivat der Kohlehydrate), die Analyse der Proteine und ihrer Spaltprodukte u. a. Berühmt war H.-S.s »Handb. der physiologisch-pathologisch-chemischen Analyse«, in dem keine Methode beschrieben ist, die er nicht aus eigener Erfahrung gekannt hat. Von 1877–1894 war er Herausgeber und Redakteur der »Ztschr. für physiologische Chemie« (später »Hoppe-Seylers Ztschr. für physiologische Chemie«), der ersten Ztschr. dieser Art. Es war H.-S.s Ansehen und Erfolg als Forscher und Lehrer zu danken, daß sich die physiologische Chemie als selbständige Disziplin neben der älteren, mehr mit physikalischen Methoden arbeitenden Physiologie (H.-S. schlug hierfür die Bezeichnungen »Biophysik« und »Biochemie« vor) herausbildete und ab etwa 1890 an den Univ. Lehrstühle bzw. Institute für physiologische Chemie errichtet wurden. Die Mehrzahl der deutschen Universitätslehrer für die physiologische Chemie ging aus seiner Schule hervor.

Wa

Literatur: Hoppe-Seyler, F.: Handb. der physiologisch-pathologisch-chemischen Analyse (1. Aufl. Berlin 1858, 6. Aufl. mit H. Thierfelder 1894), Über die Quellen der Lebenskräfte (Berlin 1871), Über die Entwicklung der physiologischen Chemie und ihre Bedeutung für die Medicin (Straßburg 1884), Physiologische Chemie, 4 Tle (Berlin 1877–1881), Über die optischen und chemischen Eigenschaften des Blutfarbstoffs, in: Centralbl. med. Wiss. (1864), 817, 834, Erkennung der Vergiftung mit Kohlenoxyd, ebenda (1865), 52, Über Zersetzungsprodukte des Blutfarbstoffs, ebenda (1870), 244, Über die Stellung der physiologischen Chemie zur Physiologie im Allgemeinen, in: Z. physiolog. Chem., 1 (1877), 270, Über Lezithin und Nuclein in der Bierhefe, ebenda 2 (1878), 427, Über das Chlorophyll der Pflanzen, ebenda 3 (1897), 105.

Baumann, E., u. A. Kossel: Zur Erinnerung an Felix Hoppe-Seyler (Straßburg 1895).

Howe, Elias, Mechaniker, geb. 9. 7. 1819 Spencer (Massachusetts, USA), gest. 3. 10. 1876 Brooklyn (New York).

H. schuf eine produktionsreife Nähmaschine und löste deren Massenfertigung für Industrie und Haushalt aus.

H. war der Sohn eines armen Farmers und mußte schon mit 6 Jahren Geld verdienen. Eine Schule konnte er nur wenige Jahre und nur in den Sommermonaten besuchen. Als 11jähriger kam er zu einem benachbarten Farmer in Dienst, konnte aber die schwere Arbeit auf die Dauer nicht aushalten. Bis zum 16. Lebensjahr arbeitete H. dann in der Mühle seines Vaters. Ab 1835 war er Mechaniker in mehreren Fabriken, zuletzt in Boston. Dort hörte er, wie dringend in der aufstrebenden Textilindustrie der USA eine brauchbare Nähmaschine gesucht wurde. Bemühungen in dieser Richtung hatte es in Europa schon mehrfach gegeben. In Frankreich war 1830 ein erstes Patent auf eine gebrauchsfähige Lösung gegeben worden; J. Madersperger hatte im Grunde schon das Arbeitsprinzip entwickelt, auf das nun auch H. kam. Man kann aber voraussetzen, daß ihm bei Aufnahme seiner Versuche diese Vorerfindung nicht oder höchstens in ganz groben Zügen bekannt war, sich also wie so oft in der Technik eine Erfindung mit nahezu gleichem Ergebnis wiederholte. Zunächst brachte H. mit seinen Basteleien nur Frau und Kinder in materielle Not. 1844 sah er dann, wie ein Webschiffchen funktioniert, führte dieses Arbeitsprinzip in seine Maschine ein und hatte mit einem ersten hölzernen Modell endlich Erfolg. Ein Jugendfreund lieh ihm Geld für ein präziseres Modell aus Eisen und nahm ihn samt Familie für einige Zeit in sein Haus auf. 1845 stellte H. seine Maschine öffentlich vor. Zunächst wurde er verlacht, bis er bei einem Wettnähen fünfmal schneller und sauberer arbeitete als die beste Näherin. Der verlangte Preis von 300 $ für eine Maschine hielt die Käufer aber noch ab. Am 10. 9. 1846 erhielt er ein Patent, konnte es jedoch nicht verwerten und mußte vielmehr als Lokomotivführer arbeiten, um die Familie zu ernähren. Sein Bruder konnte schließlich in England ein Modell an einen Korsett- und Schirmfabrikanten verkaufen, der jedoch Versprechungen H. gegenüber nicht hielt.

Inzwischen hatten sich in den USA Fabrikanten der Erfindung bemächtigt und durch Verbesserungen und kleine Änderungen das Patent umgangen. H. konnte jedoch nach der Rückkehr aus England seine Rechte vor Gericht durchsetzen, insbesondere gegen I. M. Singer, der mit wenigen Dollar Kapital begonnen hatte, mit seinen Nähmaschinen aber schneller Erfolg hatte. Dazu trug bei, daß er erstmals den heute üblichen selbständigen Stofftransport mit Stahlzähnchen anwandte. 1854 entschied das Gericht, daß Singer für jede produzierte Maschine eine Lizenzgebühr zu zahlen hatte. Von ihm und anderen soll H. 1863 täglich bis zu 4000 $, im gesamten Jahr 2 Mill. $ Lizenzeinnahmen erzielt haben. Mit diesen Geldern gründete er 1862 eine eigene gutgehende Fabrik. Seine Doppelsteppstichnähmaschine mit Langschiffchen leistete 300 Stiche in der Minute und konnte deshalb die Handnäharbeit sehr schnell aus der gewerblichen und häuslichen Wirtschaft verdrängen. Neben dem Fahrrad wurde die Nähmaschine das erste Objekt einer Massenproduktion technischer Gebrauchsgüter in den USA und verbreitete sich von dort in der ganzen Welt.

Die

F. E. I. Hoppe-Seyler

E. Howe

E. P. Hubble

M. T. Huber

Literatur: Appleton's Cyclopaedia of American Biography, Bd. 3 (New York 1888, S. 279).

Hubble, Edwin Powell, Astronom, geb. 20. 11. 1889 Marshfield (Missouri, USA), gest. 28. 9. 1953 San Marino (Kalifornien, USA).

H. gilt als Begründer der extragalaktischen Forschung und schuf mit seinen Untersuchungen die Grundlage für die wissenschaftliche Erforschung der Tiefen des Weltalls jenseits der Galaxis.

H. studierte an der Univ. Chicago und wurde während dieser Zeit vor allem von R. A. Millikan und G. E. Hale beeinflußt; letzterer lenkte ihn besonders auf astronomische Fragen. Einer Karriere als Leistungssportler – H. war Boxer und sollte sogar auf einen Kampf gegen Jack Johnson vorbereitet werden – zog er eine Fortsetzung seiner Studien in Oxford (England) vor. Ab 1914 arbeitete H. am Yerkes-Observatorium unter E. B. Frost, wo er 1917 mit einer Untersuchung über Nebel promovierte. Während des ersten Weltkrieges war H. im Range eines Majors in Frankreich und kurze Zeit auch in Deutschland. Nach dem Krieg wurde er von Hale an das Mount-Wilson-Observatorium geholt. Nach einer Unterbrechung seiner astronomischen Forschungen im zweiten Weltkrieg wurde er nach dem Krieg Chairman des Forschungskomitees der Mount Wilson und Palomar-Observatorien. H. starb plötzlich 1953 an einem Gehirnschlag.

H.s wissenschaftliche Erfolge hängen eng mit den ihm zur Verfügung stehenden technischen Hilfsmitteln zusammen. Nach Untersuchungen über die Unterscheidung zwischen galaktischen und nichtgalaktischen Nebeln gelang es H. 1923, in den Randpartien des Andromedanebels (M 31) einen Veränderlichen vom Typ δ Cephei zu finden. Aufgrund der Perioden-Helligkeits-Beziehung für Objekte dieses Typs leitete er aus der Lichtwechselperiode der bis Ende 1924 gefundenen Cepheiden in M 31 eine Entfernung von 285 000 pc ab (moderner Wert: rund 675 kpc). Damit war erstmals der extragalaktische Charakter von M 31 und zugleich die Existenz von Galaxien außerhalb unseres Sternsystems nachgewiesen. Das dadurch entstandene neue Forschungsfeld wurde in den folgenden Jahren durch H. um grundlegende Erkenntnisse bereichert. Von H. stammt die Einteilung der extragalaktischen Sternsysteme in verschiedene Typen, die bis heute als Grundlage der »Nebelklassifikation« gilt. Um 1929 entdeckte H. nach entsprechenden Vorarbeiten von V. M. Slipher und C. Wirtz die Expansion des Weltalls (»Nebelflucht«) mit der Hubble-Konstante von $H = 500\,km \cdot s^{-1} Mpc^{-1}$ (moderne Werte: zwischen 55 und $75\,km \cdot s^{-1} Mpc^{-1}$). Hierbei handelt es sich um eine fundamentale Entdeckung der Astronomie des 20. Jh. von großer kosmologischer Bedeutung. Sie bestätigte das von dem sowjet. Mathematiker A. A. Fridman aus der Relativitätstheorie A. Einsteins abgeleitete Modell eines Evolutionskosmos und stimulierte zahlreiche kosmologische Untersuchungen. Eine weitere wichtige Entdeckung H.s ergab sich aus Untersuchungen über die großräumige Verteilung der extragalaktischen Objekte. H. fand entlang des galaktischen Äquators eine nebelfreie Zone (zone of avoidance). Diese scheinbare Ungleichförmigkeit in der Verteilung der Galaxien deutete auf die Existenz einer nahe dem galaktischen Äquator angeordneten lichtabsorbierenden interstellaren Materie. Dadurch wurde die Erforschung dieser damals noch weitgehend unverstandenen Erscheinungsform der Materie im Weltall erheblich befruchtet. Her

Literatur: Die meisten Originalarbeiten von E. P. Hubble wurden im »Astrophysical Journal« und in den »Contributions from the Mount Wilson Solar Observatory« veröffentlicht.

Huber, Maksymilian Tytus, Ingenieur, geb. 4. 1. 1872 Krościenko (Polen), gest. 9. 12. 1950 Krakau (Kraków).

H. gilt als Mitschöpfer von Grundlagen der modernen Festigkeitslehre, besonders der klassischen Plastizitätstheorie und der Elastizitätstheorie.

H. studierte 1889–1895 an der Ing.-Fakultät der Polytechnischen Schule in Lemberg (Lwów), war dann Stipendiat an der Mathematischen Fakultät der Berliner Univ. Anschließend arbeitete er an den Technischen Schulen von Krakau und Lemberg, promovierte 1904 in Lemberg und wurde 1908 zum Prof. der dortigen Technischen Schule ernannt. Als Kriegsgefangener im ersten Weltkrieg kam er nach Kasan, wo er dank Unterstützung von S. P. Timoschenko seine wissenschaftliche Arbeit weiterführen konnte. Er hielt auch Physikvorlesungen in dem dortigen poln. Gymnasium. 1918 kehrte H. nach Lemberg zurück; ab 1928 hielt er Vorlesungen über Mechanik an der Warschauer TU. 1945 übernahm H. den Lehrstuhl an der TU Gdańsk. 1949 siedelte er nach Krakau über und leitete dort den speziell für ihn errichteten Lehrstuhl für höhere Mechanik an der Akademie für Bergbau und Hüttenwesen. H. war einer der Mitbegründer der Ak. d. Technischen Wiss. in Warschau (1920) und von 1928 bis 1930 ihr Präsident. Außerdem war er Mitgl. der Poln. Ak. d. Wiss. 1931 wurde er zum Mitgl. des Ständigen Komitees der International Society for Testing Materials ernannt.

Das wissenschaftliche Werk H.s umfaßt 15 Bücher und über 200 Arbeiten. Seine Dissertation »Zur Theorie der Berührung fester elastischer Körper« (1904) war ein wesentlicher Beitrag zur Elastizitätstheorie als Weiterentwicklung und Korrektur der Lösungen von H. Hertz. H. hat quantitativ die Frage des absoluten Härtemaßes gelöst. In einer anderen Arbeit von 1904 formulierte H. die Hypothese, daß man »mit großer Wahrscheinlichkeit die Formänderungsarbeit als Maß für die Materialbeanspruchung erachten kann«. Diese Plastizitätsbedingung war ein grundlegendes Kriterium der klassischen Plastizitätstheorie. Diese Hypothese fand über 25 Jahre keine Anerkennung; unabhängig von H. haben sie auch R. v. MISES (1913) und H. HENCKY (1924) formuliert. H. führte auch Forschungen zur Plattentheorie, zur Theorie der Biegung bei Rippenplatten sowie zur Theorie der Pilzdecken durch, die wesentliche Bedeutung für die Entwicklung der Stahlbetonkonstruktionen hatten. Besonders wichtig waren seine Arbeiten über die Statik elastischer Systeme sowie Forschungen an über die Elastizitätsgrenze hinaus belasteten Systemen, z. T. besonders im Hinblick auf das Festigkeitsverhalten von Flugzeugen. H. arbeitete auch mit der Industrie zusammen – er war geschätzter Fachmann auf dem Gebiet der Festigkeit von Maschinenkonstruktionen. Or

Literatur: Huber, M. T.: Pisma (Schriften), Bd. I mit Bibliographie (Warschau 1964).

Humboldt, Alexander von, Naturforscher, geb. 14. 9. 1769 Berlin, gest. 6. 5. 1859 Berlin.

Das Schwergewicht des Schaffens von H. lag auf dem Gebiet der Geowissenschaften, aber er hat, stets das Naturganze im Auge behaltend, auch andere Disziplinen, darunter biologische, befruchtet; zugleich war er ein Klassiker der Verbreitung wissenschaftlicher Erkenntnisse. Dazu, daß das Andenken an den »zweiten Entdecker Amerikas« in vielen Ländern lebendig geblieben ist, hat entscheidend sein Wirken als Humanist und Freund der Völker, sein konsequentes Eintreten gegen Unterdrückung und Ausbeutung beigetragen.

Nach dem frühen Tod des Vaters wurde H. durch aufgeklärte Privatlehrer im Schloß Tegel und in der Berliner Stadtwohnung erzogen. Sein Bruder WILHELM v. H., der Gründer der Berliner Univ., die heute den Namen der Gebrüder H. führt, und er erhielten frühzeitig Zugang zu den Kreisen der »Berliner Aufklärung«, in denen wohlhabende jüdische Familien eine besondere Rolle spielten. Hier entstand die Grundlage dafür, daß sich H. zu den Ideen von 1789 bekannt hat. 1787–1792 studierte H. an den Univ. Frankfurt/O. und Göttingen, an der Handelsakademie in Hamburg und an der Bergakademie in Freiberg (Sa.) Wirtschafts- und Verwaltungskunde bzw. Geologie und Bergbauwissenschaften. Von den während des Studiums unternommenen Reisen ist die im Frühjahr 1790 mit G. FORSTER nach England und Frankreich hervorzuheben. Im März 1792 trat H. in den preuß. Bergdienst ein und machte rasch Karriere als Leiter des Bergbaus in dem damals zu Preußen gehörenden Franken. Neben der erfolgreichen bergbaulichen Tätigkeit arbeitete er wissenschaftlich und führte bergmännisch-halurgische Besichtigungsreisen sowie diplomatische Aufträge durch; er unternahm Studienreisen, unter anderem 1795 nach Oberitalien, in die Schweizer und franz. Alpen. Nach dem Tod der Mutter finanziell unabhängig geworden, verließ H. Ende 1796 den Staatsdienst und bereitete sich auf eine Forschungsreise vor. Nach anregendem Verkehr mit J. W. v. GOETHE und F. SCHILLER reiste er am 30. 5. 1797 von Jena über Prag, Wien und Salzburg nach Paris, wo er am 12. 5. 1798 eintraf. Mit dem von ihm als Reisebegleiter ausgewählten A. BONPLAND verließ er Paris am 20. 10. 1798 und begab sich über Marseille nach Madrid. Nach Erhalt der Erlaubnis zu einer Forschungsreise durch die span. Kolonien schifften sich H. und BONPLAND am 5. 6. 1799 in La Coruña ein. Es folgte die berühmt gewordene Forschungsreise durch die heutigen Staaten Venezuela, Kuba, Kolumbien, Ekuador, Peru und Mexiko, die H. den Beinamen eines wissenschaftlichen Entdeckers Amerikas eintrug. Nach einem Abstecher in die USA trafen die Reisenden am 3. 8. 1804 wieder in Frankfurt ein. 1805 nach Italien gereist (Besuch des Bruders im Rom), nahm H. danach vorübergehend seinen Wohnsitz in Berlin, siedelte aber Ende 1807 nach Paris über, wo er, von einigen Reisen (z. B. nach England, Italien und Berlin) abgesehen, bis Anfang 1827 blieb, vorwiegend mit der Herausgabe seines amerik. Reisewerks beschäftigt. Im Frühjahr 1827 verließ er Paris und kehrte über London nach Berlin zurück, um dort seinen festen Wohnsitz zu nehmen. Das Jahr 1829 brachte die Verwirklichung der lang gehegten asiatischen Reisepläne; die russ.-sibir. Reise führte ihn bis an die chines. Grenze und lieferte reichen Ertrag. Die Herausgabe des russ. Reisewerks, danach die Veröffentlichung des populärwissenschaftlichen »Kosmos« und der »Kleineren Schriften« beanspruchten die verbleibenden Lebensjahrzehnte. Im August 1845 unternahm H. die letzte Exkursion in die Eifel; Ende 1847 die letzte Reise nach Paris. Über der Arbeit am 5. Bd. seines »Kosmos« ereilte der Tod den fast Neunzigjährigen.

Simia ursina. Aus dem zoologischen Teil des amerikanischen Reisewerkes A. von Humboldts »Observations de zoologie et d'anatomie comparée«, Paris 1811

H. gehört zu den Naturwissenschaftlern der Vergangenheit mit Weltruf, obwohl er kein Naturgesetz entdeckt und keine bahnbrechenden Erfindungen gemacht hat. Einerseits erblicken ganze Disziplinen in H. den Mann, der den Übergang von einer Sammlung mehr oder weniger sicherer Einzeldaten zu einem wissenschaftlichen System angeregt, eingeleitet oder vollzogen hat (wie etwa die physische Geographie, die Orographie, die Klimatologie, die Ozeanographie, die Hydrographie, die Ökologie, die Hochgebirgsforschung), andererseits ist heute noch sein Andenken überall dort ganz besonders lebendig, wo auch gegenwärtig noch Menschen um ihre soziale und nationale Freiheit ringen. Die Vereinigung von wissenschaftlicher und humanistischer Zielsetzung kennzeichnen die Forschungstätigkeit H.s von Jugend an. Durch systematisches Vergleichen eigener und fremder, aktueller und historischer Beobachtungen gelangte H. zu gültigen Verallgemeinerungen. Gründliche Messungen zur Erlangung »mittlerer Zahlenwerte«, die Einbeziehung des geschichtlichen Werdens und Wachsens in die Erkenntnisfindung und die genannte Vergleichung charakterisierten seine Forschungsmethodik. Er selbst hat seine Leistungen so beurteilt: »Der wichtigsten und eigentümlichsten Arbeiten von mir gibt es nur drei: Die Geographie der Pflanzen und das damit verbundene Naturgemälde der Tropenwelt, die Theorie der isothermen Linien und die Beobachtungen über den Geomagnetismus, welche die über den ganzen Planeten auf meine Veranlassung verbreiteten magnetischen Stationen zur Folge gehabt haben.« (Brief an G. v. COTTA, 31. 10. 1854). Wir wissen heute, daß seine ästhetische Schilderung großer Naturszenen in den »Ansichten der Natur« und sein klassisch gewordener Beitrag zur Verbreitung wissenschaftlicher Kenntnisse, der »Kosmos«, in der Wirkung den von ihm selbst erstplazierten Resultaten ebenbürtig an die Seite zu stellen sind; fortgewirkt haben aber unter anderem auch seine Beiträge zur Analogisierung der Lebensprozesse von Tieren und Pflanzen, zur Vulkanologie, zur Ergründung der Zusammensetzung der Atmosphäre, zur Bestimmung des Lichtstärke der Sterne, zur Interpretation der tagesperiodischen Variation der Schallintensität (von H. ERTEL 1955 als »HUMBOLDT-Effekt« bezeichnet), zur Abnahme der Totalintensität der erdmagnetischen Feldstärke von den magnetischen Polen zum magnetischen Äquator, zur Länderkunde, zur thematischen Kartographie, zur Ethnologie, seine Einflußnahme auf die Herstellung wissenschaftlicher Register, auf die Benutzung der Photographie für wissenschaftliche Zwecke, auf die Gestaltung wissenschaftlicher Kongresse (Plenarsitzungen und Sitzungen von Fachsektionen), auf die Vorbereitung einer Verbindung zwischen Atlantik und Pazifik. Die engagierte Anteilnahme H.s an der Unabhängigkeitsrevolution in Lateinamerika, seine Hilfe für aus politischen Gründen Verfolgte, sein Eintreten gegen Rassendiskriminierung, Sklaverei und Kolonialismus, sein nie gestörtes Verhältnis zur Jugend, seine unablässige moralische und materielle Förderung von begabten Wissenschaftlern und Künstlern brachten ihm schon zu Lebzeiten die verehrungsvolle Zuneigung von Millionen.

H. blieb unverheiratet; er lebte für die Wissenschaft. Der Vater entstammte dem jungen Hofadel, seine Mutter war bürgerlicher Herkunft. Das ihm und seinem Bruder in der Literatur bis heute immer wieder beigelegte Prädikat eines Freiherrn (bzw. eines Barons) wurde erst 1875 den Nachkommen WILHELM v. H.s verliehen. Bn

Literatur: Humboldt, A. v.: Gesammelte Werke, 12 Bde. (Stuttgart 1889, unvollständig). Wichtigste Einzelwerke: Versuche über die gereizte Muskel- und Nervenfaser, 2 Bde. (Posen und Berlin 1797–[98]), Voyage aux régions équinoxiales du Nouveau Continent, fait en 1799, 1800, 1801, 1802, 1803 et 1804 ..., in der »großen« Ausg. 30 Bde. und 4 Bde. nur in Oktav (Paris 1805–1834), Bde. 1–3 dtsch hrsg. von H. Hauff: Reise in die Äquinoktialgegenden des Neuen Kontinents in den Jahren 1799 bis 1804, 4 Bde. (Stuttgart 1859/60 und öfter), Ansichten der Natur (Tübingen 1808, 2. Aufl. u. 3. Aufl. je 2 Bde., Stuttgart und Tübingen 1826 bzw. 1949), Essai géognostique sur le gisement des roches (Paris 1823), dtsch Geognostischer Versuch über die Lagerung der Gebirgsarten (Straßburg 1823), Examen critique de l'histoire de la géographie du Nouveau Continent, 5 Bde. (Paris 1836/39), dtsch Kritische Untersuchungen über die historische Entwicklung der geographischen Kenntnisse von der Neuen Welt, 3 Bde. (Berlin 1836/52), Fragmens de géologie et de climatologie asiatiques, 2 Bde. (Paris 1831), dtsch Fragmente einer Geologie und Klimatologie Asiens (Berlin 1832), Asie Centrale, 3 Bde. (Paris 1843), dtsch Central-Asien, 2 Bde. (Berlin 1844), Kosmos, 5 Bde. (Stuttgart und Tübingen 1845–1862, vielfach übersetzt und neu aufgelegt), Kleinere Schriften mit Atlas (Stuttgart und Tübingen 1853, nur Bd. 1 u. Atlas erschienen).

Beck, H.: Alexander von Humboldt, Bd. 1–2 (Wiesbaden 1959–1961); Biermann, K.-R.: Alexander von Humboldt (3. Aufl. Leipzig 1983), Biermann, K.-R. (Hrsg.): Alexander von Humboldt. Aus meinem Leben (Leipzig u. München 1987); Bruhns, K. (Hrsg.): Alexander von Humboldt. Eine wissenschaftliche Biographie, Bd. 1–3 (Leipzig 1872); Hartke, W., E. Lehmann, G. Rienäcker, K.-R. Biermann (Hrsg.): Beiträge zur Alexander-von-Humboldt-Forschung (Berlin seit 1968, bisher erschienen Bde. 1–8, 11, 14); Jahn, I.: Dem Leben auf der Spur. Die biologischen Forschungen Alexander von Humboldts (Leipzig, Jena, Berlin 1969).

A. von Humboldt

J. Hunter

Hunter, John, Mediziner, geb. 13. 2. 1728 Lang Calderwood (Schottland), gest. 16. 10. 1793 London.

H. ist der Begründer einer pathologisch-anatomischen Entzündungslehre und hat wesentlichen Anteil an der Entwicklung der Chirurgie aus einem Handwerk in eine moderne experimentelle Wissenschaft.

H.s Eltern besaßen in der Nähe von Glasgow ein kleines Landgut, auf dem er, das jüngste von 10 Geschwistern, seine Jugend verbrachte. Da er ein sehr schlechter Schüler war, mußte er die Schule verlassen, und auch eine zweijährige Lehrzeit bei seinem Schwager, einem Holzhändler, brachte keinen Erfolg. 1748 ging er als Gehilfe zu seinem Bruder WILLIAM H. nach London, der ein erfolgreicher Chirurg war und sich hauptsächlich mit anatomischen Studien befaßte. H. erwies sich hier als geschickter Präparator und wurde bald Assistent bei seinem Bruder. Bis 1751 lernte er anhand von Sektionen Anatomie und ließ sich am Chelsea-Hospital in die Grundlagen der Chirurgie einführen. Später studierte er am Bartholomäus-Hospital und am St. George, wo er, nach einem kurzen Aufenthalt in Oxford, 1756 Anstaltsarzt wurde. Bereits in dieser Zeit konnte sein Bruder erste anatomische Forschungen und Entdeckungen von ihm veröffentlichen. Nach einer schweren Lungenentzündung trat er als Stabsarzt beim Heer ein und sammelte während des Krieges mit Spanien seine Erfahrungen über Schußwunden. 1763 kehrte er nach London zurück, arbeitete in seiner Praxis und hielt Vorlesungen über Anatomie mit Anwendung auf die praktische Medizin und Chirurgie. Nebenher setzte er seine Studien über vergleichende Anatomie fort. H. legte für seine Forschungen in seinem Landhaus einen Tierpark an und verwandte einen Großteil seiner Zeit und seiner finanziellen Mittel auf die Anlage einer bemerkenswerten Sammlung von Präparaten aus dem Gebiet der tierischen und menschlichen, der normalen und der pathologischen Anatomie, die noch heute den Grundstock der Sammlung des Londoner Royal College of Surgeons bildet. 1768 wurde er als Arzt für das St. Georg Hospital gewählt. Ab Herbst 1773 hielt H. Vorlesungen über Theorie und Praxis der Chirurgie sowie später auch über andere damit zusammenhängende Themenkomplexe. 1776 wurde H. außerordentlicher Wundarzt des Königs, und 1789 wurde er zum Generalarzt der Armee ernannt. Nach einem rastlos tätigen Leben verstarb er in seinem 65. Lebensjahr an Angina pectoris.

H. nimmt in der Geschichte der Chirurgie und der Medizin überhaupt eine hervorragende Stellung ein. Seine Forschungen waren außerordentlich vielseitig. Seine wesentlichste Leistung besteht jedoch in der Begründung der chirurgischen Pathologie. Chirurgie und Medizin waren im

18. Jh. noch zwei weitgehend getrennte Gebiete. Die Chirurgie, die aus dem Barbierstand hervorgegangen war, wurde als eine praktische handwerkliche Tätigkeit betrachtet. Andererseits wurden die Mediziner zwar in Chirurgie unterrichtet, aber doch auch wiederum zumeist von einem Anatomen, der selbst niemals eine Operation durchgeführt hatte. H., der ein hohes Maß an handwerklichem Geschick besaß, es gelangen ihm einige wahrhaft spektakuläre Operationen, unternahm den Versuch, die Chirurgie auf eine wissenschaftliche Grundlage zu stellen. Für ihn war die Wunde nicht nur ein Problem der richtigen Behandlungsmethode, sondern er versuchte zu erkennen, welche Bedeutung die Wunde für den Organismus hat und auf welche Art und Weise, mit Hilfe welcher Mechanismen, dieser sich dagegen wehrt. H. brachte also die bisher nur empirisch bearbeitete Chirurgie mit der Physiologie in Verbindung und gelangte so unmerklich auf das Gebiet der Pathologie. Als Empiriker, unter Zuhilfenahme von Tierexperimenten, bearbeitete er nach streng wissenschaftlichen Methoden, als Resultat langjähriger Beobachtung und Erfahrung, einige Hauptpunkte der Allgemeinen Pathologie. Vor allem beschäftigte sich H. mit Problemen wie Entzündung, Wundheilung, Thrombose, Regeneration und Eiterbildung. Er deutete als erster die Entzündung als eine Reaktion des Organismus auf eine Schädigung. Er unterschied verschiedene Entzündungsformen, die in ihrem Verlauf von der erregenden Ursache, der Konstitution und der Beschaffenheit des leidenden Teiles abhängig sind. Er erkannte den Heilwert von Entzündungen. H. gilt als einer der ersten, der dem Blut, das damals noch als tote Flüssigkeit galt, lebendige Eigenschaften zuerkannte. Auch beschäftigte er sich mit dem schwerwiegenden Problem der Syphilis. 1786 erschien sein Buch über die venerischen Krankheiten. Aufgrund eines Selbstversuches (er überimpfte sich Trippereiter, und es traten Syphilissymptome auf) gelangte er zu der noch lange Zeit verbreiteten fehlerhaften Auffassung von der Identität der Geschlechtskrankheiten. Weiterhin eröffnete H. in England eine neue Epoche der Zahnheilkunde. Mit seiner Hilfe vollzog sich der Übergang von der reinen Empirie zur eingehenden wissenschaftlichen Forschung. Sein Werk über die Zähne galt lange Zeit als Standardwerk der Stomatologie. H. betrieb während seines ganzen Lebens anatomische Studien. Für ihn war jede Anatomie im wesentlichen vergleichende Anatomie, denn nur aus einem Vergleich der Organe vieler verschiedener Tiere lassen sich die allgemeinen Funktionen des Lebens erkennen. In seinen embryologischen Forschungen konnte er zu der Erkenntnis kommen, daß das Tier in seiner Entwicklung Formen aufweist, die an den Bau anderer, einfacherer Tiere erinnern und war also, aufgrund seiner vorurteilslosen unermüdlichen Forschertätigkeit, auch mit dieser Erkenntnis seiner Zeit um Vieles voraus. Le

Literatur: Hunter, J.: The Natural History of the Human Teeth (London 1771), P. II A Practical Treatise on the Diseases of the Teeth (London 1778), dtsch Natürliche Geschichte der Zähne und Beschreibung ihrer Krankheiten (Leipzig 1780), A Treatise on the Veneral Disease (London 1786), dtsch Abhandlung über die venerische Krankheit (Leipzig 1787), Treatise on the Blood, Inflammation and Gun-Shotwounds (London 1794), dtsch Versuche über Blut, Entzündung und Schußwunden, Bd. I/II (Leipzig 1797/1800), Observations on Certain Parts of Animal Oeconomy (London 1786), dtsch Bemerkungen über die thierische Oekonomie (Braunschweig 1803).

Hutton, James, Naturforscher und Geologe, geb. 3. 6. 1726 Edinburgh, gest. 26. 3. 1797 Edinburgh.

H. war einer der ersten bedeutenden Geologen; er entwickelte eine der ersten umfassenden geologischen Theorien, die als Plutonismus angesehen wurde, die im Unterschied zu A. G. WERNERS »neptunistischem« Konzept die angenommene Gluthitze des Erdinneren für die Gesteinsentstehung berücksichtigte.

H., Sohn eines früh verstorbenen Kaufmanns, begann November 1740 an der Univ. Edinburgh mit besonderem Interesse an der Chemie zu studieren. Zu seinen Lehrern gehörte der Mathematiker C. MAC LAURIN. Nach kurzer Tätigkeit als Schreiber studierte H. Medizin, und zwar 1744–1747 in Edinburgh, ab Jahresende 1747 aber in Paris. Im September 1749 erwarb H. in Leiden den Dr. med. und ging nach London. Im Sommer 1750 übersiedelte H. nach kurzem Aufenthalt in Edinburgh auf einen ererbten Landbesitz in Berwickshire und wandte sich der Landwirtschaft zu. Ab 1753 unternahm H. Wanderungen durch England. 1754 bereiste er die Niederlande und Teile von Nordfrankreich. Neben Studien zur Landwirtschaft wandte sich H. zunehmend mineralogischen und geologischen Beobachtungen zu. 1764 unternahm H. eine geologische Exkursion nach Nordschottland. 1768, nach Verkauf seines Landbesitzes, übersiedelte H. nach Edinburgh. Hier lebte er als unverheirateter Privatwissenschaftler in materiell gesicherten Verhältnissen.

H.s Interesse galt verschiedenen Zweigen der Naturwissenschaft. 1788 veröffentlichte er z. B. eine wichtige Abhandlung über die Entstehung des Regens. H.s bedeutendster Beitrag zur Naturwissenschaft waren jedoch seine wegweisenden Gedanken über die Entwicklung der Erdkruste, die er durch zahlreiche Argumente stützte und in seiner »Theory of the Earth« (1788, 1795) niederlegte.

H.s Theorie unterscheidet sich von der neptunistischen Theorie WERNERS nicht nur durch Anerkennung der erdinneren Schmelze, sondern auch durch seine starke Beachtung der Verwitterung, durch die Einbeziehung exogener Faktoren, wie Wind, Wasser, Eis in die Betrachtung. Während nach H. jedes Gestein zu jeder Periode der Erdgeschichte entstehen kann, plädierte WERNER für eine Veränderung der Gesteinsbildung mit der Zeit, also eine irreversible Entwicklung.

H. nahm als einer der ersten Naturforscher sehr lange Zeiträume, »Ewigkeiten«, für die Erdgeschichte an und suchte das auch zu beweisen. Reste von Straßen der Römerzeit sollten belegen, wie langsam der Verfall, die Verwitterung, der Erdkruste verläuft. In sehr langen Zeiträumen sollten die Festländer abgetragen werden, das Verwitterungsmaterial sich am Meeresboden sammeln und dort durch Hitze erneut in den Gesteinsbildungsprozeß einbezogen werden. Aus dem Meere sollten dann neue Kontinente aufsteigen, die abgetragenen Festländer aber überflutet werden. H.s Gedanke von den Vertikalbewegungen der Kontinente war eines der fruchtbarsten Konzepte in der Geschichte der Geologie. Er bot für die Erklärung des Vorkommens von Meeresfossilien auf den Höhen von Gebirgen, das bisher auf eine weltweite Überflutung (Sintflut) zurückgeführt wurde, eine überzeugende Alternative. H.s Ansichten entsprachen in vielem dem Aktualismus, nach dem die Kräfte und Vorgänge der geologischen Gegenwart der Schlüssel zum Verständnis erdgeschichtlicher Vorgänge und Bildungen der Vergangenheit sind. Diese aktualistische Auffassung trat nach 1800 zugunsten der Katastrophentheorie G. CUVIERS in den Hintergrund, wurde ab 1831 von CH. LYELL indes erneuert.

Weltanschaulich vertrat H. einen teleologischen, sogar anthropozentrischen Standpunkt; hinter dem Geschehen auf und in der Erdkruste solle eine höhere Weisheit stehen, die durch Erdkrustenveränderungen neue Wohnräume für den Menschen und die anderen höheren Lebewesen bereitstelle.

H.s Theorie wurde besonders durch eine kommentierende Schrift seines Landsmannes J. PLAYFAIR (1802) bekannt. Sowohl H.s wie WERNERS Konzept enthielten wegweisende Gedanken, aber in beiden fehlten wichtige Gesichtspunkte, was zeigt, wie schwer die Erfassung aller die Erdkruste gestaltenden Faktoren anfangs war. Zi

Literatur: Hutton, J.: Theory of the Earth, ..., in: Trans. roy. soc. Edinburgh, Edinburgh I (1788) 1 (Buchausgabe Edinburgh 1795).

Playfair, J.: Illustration of Huttonian Theory (1802), auch in: The Work of John Playfair (Edinburgh 1822).

J. Hutton

Th. Huxley

Huxley, Thomas Henry, Naturforscher, und Biologe, geb. 4.5.1825 Ealing, gest. 29.6.1895 Eastborne.

H. war in der 2. Hälfte des 19. Jh. der bedeutendste Vorkämpfer für die Abstammungslehre CH. DARWINS in England und eine der markantesten wissenschaftlichen Persönlichkeiten seines Landes.

H., Sohn eines Lehrers, erwarb sich die meisten seiner Kenntnisse im Selbststudium. Er »erlernte« den Beruf eines Arztes, ab 1841 bei einem Schwager, ab 1842 zusammen mit seinem Bruder JAMES am Charing Cross Hospital. Hier wurde H.s Interesse für Physiologie und Anatomie geweckt, und er lieferte erste eigene kleine Forschungsarbeiten. 1845 bestand H. die Magister-Prüfung an der Univ. London. Danach ging er zur Kgl. Marine. 1846–1850 reiste er als Schiffsarzt auf dem Forschungsschiff »Rattlesnake« in den Stillen Ozean. Nach England zurückgekehrt, lebte H. zunächst freischaffend in London und wurde 1854 Nachfolger von E. FORBES als »lecturer« (Doz.) für Naturgeschichte an der »Government School of Mines« (Bergbauschule). Bald darauf ging er zum »Geological Survey«. Maßgeblich wirkte H. bei der Organisierung des Museum of Practical Geology mit und war Mitgl. zahlreicher Kommissionen und wissenschaftlicher Gesellschaften. Überdies bekleidete H. die Funktionen des »Fullerian Professor« an der Royal Institution und des »Hunterian Professor« am Royal College of Surgeons London.

Bei H.s Vielseitigkeit ist eine kurze Einschätzung seiner wissenschaftlichen Leistungen nicht leicht zu geben. Vor allem in der vergleichenden Morphologie lieferte er originäre Beiträge. Noch in der Studienzeit entdeckte er eine neue Zellschicht im Haar, die heute nach ihm benannt wird. Auf der Expedition mit der »Rattlesnake«, die vor allem in der Torresstraße und im Gebiet der großen Riffe vor der Küste Australiens Forschungen durchführte, studierte H. eingehend das Oberflächenleben des tropischen Meeres. Er tat das, obwohl er nicht als Naturforscher, sondern als Arzt mitfuhr; aber ebenso wie für DARWIN und J. D. HOOKER war die Schiffsreise der Beginn seiner naturwissenschaftlichen Laufbahn. Erst in Australien holte er das nötige Studium der wissenschaftlichen Literatur hierzu nach.

Viele wissenschaftliche Arbeiten H.s, die er in Auswertung des Expeditionsmaterials veröffentlichte, galten vor allem den »Medusen«, Tunicaten (Manteltieren) und Cephalopoden (Kopffüßern). H. stellte die Hydrozoa als eigene Klasse im Stamme der Cnidaria (Nesseltiere) auf. Er erkannte, daß bei Polypen und Medusen, den zwei Habitusformen der Hydrozoa, der Bauplan durch Ektoderm und Entoderm bestimmt wird. H. bewies, daß Ektoderm und Entoderm der Hydrozoa den beiden Kleimblättern Ektoderm und Entoderm der höheren Tiere homolog sind. Er gewann damit eine wesentliche Erkenntnis über den allgemeinen Bauplan der Tiere. H. liefert überdies wichtige Beiträge zur Entwicklungsgeschichte der Tunicaten.

Den Evolutionshypothesen von J. B. LAMARCK und R. CHAMBERS (1844) stand H. kritisch gegenüber. Erst DARWINS Buch »On the Origin of Species ...« (1859) ließ ihn zum Anhänger und Propagandisten der Abstammungslehre werden; er erhielt sogar den Spottnamen »Darwins Bulldogge«. Weithin beachtet wurde H.s Auftreten auf der Jahresversammlung der British Association for the Advancement of Sciences 1860 in Oxford, wo er in aufsehenerregender Weise dem Bischof S. WILBERFORCE (dem »Seifigen Sam«) entgegentrat, der die Evolutionstheorie lächerlich machen wollte. 1863 veröffentlichte H. sein berühmtes Buch »Evidence as to Man's Place in Nature«, in dem er als einer der ersten Belege für die Abstammung des Menschen von äffischen Vorfahren vorstellte. DARWIN selbst äußerte sich zu diesem Problem erst 1871 öffentlich. H. verwies unter anderem auf die große Übereinstimmung im Bau des Gehirns der Menschen und Menschenaffen, während R. OWEN, mit dem H. in jahrelanger Debatte stand, vor allem auf Unterschiede, z. B. im Hippocampus minor, hinwies. Eine gewisse kritische Haltung gegenüber DARWINS Lehre gab H. niemals auf und nannte sie nur eine »Hypothese«.

Während seiner Lehrtätigkeit an der Government School of Mines und beim Geological Survey begann H., sich mit Wirbeltieren und Fossilien zu beschäftigen. Er lieferte wichtige Arbeiten über die Homologisierung von Organen. Er hob hervor, daß nicht nur die fertigen Strukturen erwachsener Organismen, sondern auch die Entwicklung in der Embryogenese beachtet werden müssen. H. erarbeitete neue Gesichtspunkte zum Vergleich der Schädel verschiedener Wirbeltiergruppen, besonders in bezug auf die Stellung des Unterkiefers zu den übrigen Schädelknochen. Die von vielen seinerzeit anerkannte Schädel-Theorie von J. W. v. GOETHE und W. OKEN, nach welcher der Schädel aus einigen umgebildeten Wirbeln besteht, wies H. zurück. In seinen vergleichend-anatomischen Forschungen auf der Grundlage der Evolutionstheorie gelangte H. zu neuen Einsichten über die Systematik der Vögel. Er erkannte die enge Verwandtschaft der Reptilien und Vögel und prägte für beide Tierklassen den Ausdruck »Sauropsida«. Ferner führte er wichtige Untersuchungen über fossile Fische des Devon, über fossile Amphibien, über mesozoische Reptilien u. a. durch. Seine Lehrb. (»Lectures on Comperative Anatomy« 1864, »Manual of Anatomy« 1871, 1877) bezeugen H.s didaktisches Geschick.

Später schrieb H. vor allem über philosophische, pädagogische und theologische Probleme. Er bekämpfte orthodoxe Auffassungen, war aber kein Atheist. Seine eigene Philosophie bezeichnete H. als »Agnostizismus«, weil er prinzipielle Grenzen der menschlichen Erkenntnis annahm. H. hielt bemerkenswerte populärwissenschaftliche Vorträge für Arbeiter und propagierte die Einführung des naturwissenschaftlichen Unterrichts in die öffentlichen Schulen.

Unter H.s Enkeln befinden sich bedeutende Persönlichkeiten; Kinder von H.s Sohn LEONHARD waren der bekannte Biologe SIR JULIAN SORELL H., der Schriftsteller ALDOUS LEONHARD H., Verfasser des utopischen Romans »Schöne neue Welt« (1932), und der Physiologe ANDREW FIELDING H. Zi

Literatur: Huxley, Th. H.: Evidence as to man's place in nature (London 1863), dtsch Zeugnisse für die Stellung des Menschen in der Natur (1863), Collected Essays (London 1893/94, dtsch 1897), Scientific memoirs of Thomas Henry Huxley, 4 Bde. (Hrsg. M. Foster und E. R. Lankester London 1898–1902).

Huygens, Christiaan, Physiker, Mathematiker, Astronom und Erfinder, geb. 14.4.1629 Den Haag, gest. 8.7.1695 Den Haag.

H. leistete fundamentale Beiträge zur Mechanik, Optik, Wellentheorie und Astronomie. Er erfand die Pendeluhr und die stählerne Unruh. H. gilt als Mitbegründer der Wahrscheinlichkeitstheorie und der Theorie der Evoluten und Evolventen.

Der Vater von H., ein angesehener holländ. Diplomat und Staatsbeamter, galt als Schöngeist, war wissenschaftlich hoch gebildet, ein Freund und Bewunderer von R. DESCARTES, der sich als Maler, Musiker und Komponist betätigte und dessen dichterische Werke noch heute im Lehrplan der holländ. Gymnasien stehen. H. wurde bis zu seinem 16. Lebensjahr vom Vater und von Hauslehrern unterrichtet, vor allem in Musik, alten und neuen Sprachen, Logik, Mathematik, Mechanik und Geographie. 1645–1647 studierte er Rechtswissenschaften in Leiden, wo er auch mathematische Vorlesungen bei F. VAN SCHOOTEN hörte, verbrachte danach zwei Jahre am Athenaeum in Breda, wo vor allem J. PELL sein Lehrer war, und lebte, von Reisen nach Paris und London unterbrochen, in den Jahren 1649–1666 zu Hause, wo er sich vollständig der wissenschaftlichen Arbeit widmete. Bei Gründung der »Académie Royale des Sciences« im Jahre 1666 wurde H. mit einem ansehnlichen Gehalt nach Paris berufen und blieb die nächsten 15 Jahre der führende Kopf der franz. Akademie. Von 1673 an pflegte er regelmäßigen Umgang mit G. W. LEIBNIZ bis zu dessen Abreise aus Paris 1676. Ab 1681 lebte H. auf seinem Landgut Hofwijck bei Den Haag. Als Mitgl. der Royal Society reiste er 1689 nach London zu einer Sitzung und traf mit I. NEWTON zusammen; beide diskutierten ihre unterschiedlichen Standpunkte zu Grundfragen der Mechanik und Optik. H. blieb unverheiratet; er starb 1695 nach längerer Krankheit. Sein Gut Hofwijck ist heute Museum.

H. setzte den der Naturforschung durch G. GALILEI vorgezeichneten Weg konsequent fort. Sein Schaffen ist durch tiefgehende mathematische Analysen von Naturvorgängen ebenso gekennzeichnet wie durch sinnreiche Experimente und weitreichende praktische Anwendungen. Die Beiträge H.s zur Mechanik betreffen vor allem Statik und Hydrostatik, die Stoßgesetze, die Phänomene von Fall und Wurf und die Untersuchung der Zentrifugalkraft. Bei der Behandlung statischer Probleme, z. B. bei der erfolgreichen Bestimmung der Gestalt einer hängenden Kette, ging H. von dem Grundsatz aus, daß ein mechanisches System im Gleichgewicht ist, wenn sich der Schwerpunkt in der niedrigsten möglichen Position befindet. Daraus leitete H. das Archimedische Prinzip der Hydrostatik ab und untersuchte die stabile Position verschiedener schwimmender Körper. Anlaß für H., sich mit dem elastischen Stoß zu beschäftigen, waren die offensichtlich falschen Stoßgesetze von DESCARTES. Seinen Untersuchungen zum Stoß legte H. das folgende Relativitätsprinzip zugrunde. Wenn die Körper A und B mit den Geschwindigkeiten v_A und v_B nach dem Stoß die Geschwindigkeiten u_A und u_B annehmen, dann nehmen dieselben Körper mit den Geschwindigkeiten $v_A + v$ und $v_B + v$ nach dem Stoß die Geschwindigkeiten $u_A + v$ und $u_B + v$ an. Er behandelte zunächst den Spezialfall, daß die Massen der Körper umgekehrt proportional zu ihren (entgegengesetzt gerichteten) Geschwindigkeiten sind und fand dafür: $v_A - v_B = u_B - u_A$. H. zeigte, daß für den elastischen Stoß die kinetische Energie eine Erhaltungsgröße ist. Bei der Untersuchung der Kreisbewegung ermittelte er, daß die Zentrifugalkraft proportional dem Produkt aus dem Quadrat der Geschwindigkeit und der Masse eines kreisförmig bewegten Körpers und umgekehrt proportional dem Radius des Kreises ist. H. studierte auch Fall und Wurf in widerstrebenden Medien. Er nahm zunächst den Widerstand proportional zur Geschwindigkeit an, überzeugte sich aber dann durch Experimente davon, daß der Widerstand mit der Geschwindigkeit quadratisch anwächst. Für das quadratische Widerstandsgesetz gelang ihm allerdings keine einfach überschaubare mathematische Lösung.

Die Arbeiten von H. zur Optik und Wellentheorie des Lichts reichten von der praktischen Herstellung vorzüglicher Instrumente bis zur Aufstellung fundamentaler Prinzipien. Gemeinsam mit seinem Bruder CONSTANTIJN H. entwickelte H. eine große Kunstfertigkeit im Schleifen und Polieren von Linsen sowie im Bau optischer Instrumente. Die Fernrohre, Teleskope und Mikroskope der Gebrüder H. galten als die besten ihrer Zeit. Grundlage für die ausgezeichneten Konstruktionen waren neben den praktischen Fertigkeiten der Linsenherstellung H.s Untersuchungen der Strahlengänge in Linsen und Linsensystemen sowie der optimalen Anordnung solcher Systeme. Er fand die Formel für die Brennweite einer durch zwei Kugelflächen mit den Radien r_1 und r_2 begrenzten Linse mit dem Brechungsindex n:

$$\frac{1}{f} = (n-1)\left(\frac{1}{r_1} + \frac{1}{r_2}\right).$$

Damit gelang ihm die Berechnung der Vergrößerung durch Linsen und die Ermittlung des Strahlenganges an dicken Linsen. H. beschäftigte sich intensiv mit dem Problem der Kompensation der sphärischen Aberration und erkannte die Dominanz der chromatischen Aberration gegenüber der sphärischen. Licht besteht nach H. aus Stoßwellen, die mit endlicher Geschwindigkeit durch den Äther laufen. Den Äther dachte er sich homogen und isotrop aus winzigen elastischen Partikelchen bestehend, jedes angeregte Ätherpartikelchen als Ausgangspunkt einer unendlich schwachen Elementarwelle; die Enveloppe der Fronten aller dieser Elementarwellen ergibt dann die tatsächliche Lichtwellenfront. Mit Hilfe dieses HUYGENSschen Prinzips konnte H. die Reflexion und Brechung, schließlich auch die Doppelbrechung am Kalkspatkristall erklären; eine Erklärung der ihm ebenfalls bekannten Polarisation gelang ihm aber nicht. Die Wellentheorie des Lichts von H. blieb mehr als ein Jh. ohne Einfluß; erst nach der Erklärung der Interferenz und Polarisation durch T. YOUNG und A. J. FRESNEL wurde sie gegenüber der Korpuskulartheorie vorherrschend; die moderne Quantentheorie des Lichts vermochte eine Synthese beider Auffassungen herzustellen.

Das Herangehen von H. an die Probleme der Physik entsprach der mechanistischen Naturphilosophie seiner Zeit; das letzte Ziel aller Naturwissenschaft sah er darin, »die Ursachen aller natürlichen Effekte auf mechanische Gründe zurückzuführen«. Die Bewegungen der verschiedenen Materieteilchen (Körperatome, Ätherteilchen, Teilchen der »feinen Materie«) und ihre Wechselwirkungen durch direkten Kontakt waren für ihn die Ursachen aller Phänomene. In diesem Punkt war H. Cartesianer (Anhänger von DESCARTES). So erklärte er z. B. die Gravitation als Folge eines Wirbels von Teilchen »feiner Materie« um die Erde; die Zentrifugaltendenz dieser Teilchen verursache eine Zentripetaltendenz der gewöhnlichen Körper, und dies sei die Gravitation. Den Kraftbegriff von NEWTON, insbesondere die Vorstellung einer fernwirkenden Anziehungskraft, lehnte H. strikt ab, obwohl er die Bedeutung der NEWTONschen »Principia« durchaus würdigte.

Viel Zeit und Energie widmete H. der Untersuchung der Pendelschwingung und dem Bau von Uhren. Die Konstruktion genauer Zeitmeßinstrumente entsprach einem dringenden Erfordernis der Seefahrt, denn nur mit genauen Uhren konnten die Längenbestimmungen auf See vorgenommen werden. 1656 entwickelte H. die Idee, ein Pendel als Regulator für ein Räderuhrwerk zu verwenden, erwarb darauf ein Patent und baute 1657 die erste Pendeluhr. Das neue Prinzip wurde bereits 1658 bei Turmuhren angewendet. Bei Untersuchung des Kreispendels entdeckte H. den Zusammenhang zwischen Schwingungsdauer und Pendellänge ($T = 2\pi\sqrt{l/g}$) und benutzte diese Formel für eine recht genaue Bestimmung der Gravitationskonstanten g, wußte aber, daß diese Formel nur eine Näherung für kleine Auslenkungen ist. H. stellte fest, daß ein Pendel dann exakt tautochron schwingt, wenn der Pendelkörper sich auf einem Zykloidenbogen bewegt. Um den Zwanglauf eines Pendelkörpers auf vorgegebener Kurve zu realisieren, kam H. auf den Gedanken, daß sich der Pendelfaden an geeignet geformte Backen anlegen müsse. Diese Idee führte ihn zur Ausarbeitung der Theorie der Evolventen und Evoluten. H. erkannte, daß die Evolvente einer Zykloide wieder eine Zykloide ist. Um ein vollkommen tautochrones Pendel zu erhalten, muß deshalb der Faden zwischen zykloidisch geformten Backen schwingen. Nach diesem Prinzip gebaute Uhren ließ H. auf langen Seereisen testen. Weitere Erfindungen war die stählerne Unruh, eine für Schiffe geeignete Aufhängung von Pendeluhren, um Störungen der Pendelschwingung zu vermeiden, sowie ein Schießpulvermotor, der allerdings keine praktische Anwendung fand. H. bestimmte auch den Schwingungsmittelpunkt physischer Pendel.

Als Mathematiker stand H. den neuen Methoden von LEIBNIZ und NEWTON skeptisch gegenüber. Durch meisterhafte Beherrschung der alten synthetischen Verfahren, verbunden mit exakten Exhaustionsbeweisen, hat H. eine Reihe schwieriger Quadraturen und Kubaturen bewältigt. Als originelle Leistung ist sein Beitrag zur Begründung der Wahrscheinlichkeitsrechnung in seinem berühmten Buch über das Würfelspiel hervorzuheben; darin führt H. den Erwartungswert für eine Zufallsgröße ein, die die Werte a und b mit den Wahrscheinlichkeiten p und q annimmt. Als Astronom beobachtete H. die starke Schwankung von Breite und Leuchtintensität der »Arme« des Saturn und leitete daraus die richtige Folgerung ab, daß der Saturn von einem Ring umgeben ist; ferner entdeckte er einen Mond des Saturn. In seinem Spätwerk »Cosmotheoros« stellte H. Spekulationen über die Existenz intelligenter Wesen auf anderen Weltkörpern an. Obwohl H. als einer der bedeutendsten Naturforscher des 17. Jh. gilt, ist sein Einfluß im 18. Jh. vergleichsweise gering gewesen. Ursachen dafür sind die z. T. späte Publikation seiner Arbeiten, aber auch ein gewisser Konservatismus in der Darstellung und in den von ihm verwendeten Methoden. Pu

Literatur: Œuvres complètes de Christiaan Huygens, publiées par la Société Hollandaise des Sciences, 22 Bde. (Den Haag 1888–1950), dtsch Abhandlungen über das Licht, in: Ostwalds Klassiker, Bd. 20, Über die Bewegung der Körper durch den Stoß. – Über die Zentrifugalkraft, ebenda Bd. 138, die Pendeluhr (Horologium oscillatorium), ebenda Bd. 192.

Bell, A. E.: Christiaan Huygens and the Development of Science in the Seventeenth Century (London 1947); Fellmann, E.A.: Christiaan Huygens 1629–1695, in: Humanismus und Technik 22 (1979) 3, 85–101; Frankfurt, U. I., u. Frenk, A. M.: Christiaan Huygens (Moskau 1962, russ.).

Chr. Huygens

I

Ibn al-Haitham, ALHAZEN, Abu Ali, al-Hasan ibn al-Hasan al-Basri al-Misri (Abū ʻAlī, al-Ḥasan, ibn al-Ḥasan ibn al-Haiṯam al-Baṣrī al-Miṣrī), Mathematiker, Astronom und Physiker, geb. 965 (354 Hidschra) Basra, Abbasidenkalifat (heute Irak), gest. etwa 1038/1041 (etwa 430/432 Hidschra) Kairo, Fatimidenkalifat (heute Ägypten).

I. H. gehörte zu den bedeutendsten Naturwissenschaftlern des Mittelalters und leistete wichtige Beiträge zur Herausbildung der Infinitesimalmathematik, der Theorie kubischer Gleichungen und der Optik als experimenteller physikalischer Disziplin sowie zur Beantwortung astronomischer Fragen wie der nach dem Ursprung des Mondlichtes.

Es wird allgemein angenommen, daß I. H. in Basra geboren wurde, da die frühesten über ihn erhältlichen biographischen Nachrichten ihn mit dieser Stadt verbinden, in der er als junger Mann als Wesir wirkte. Er zog dann nach Ägypten, angeblich um für den Fatimidenkalifen die Nilüberschwemmungen unter Kontrolle zu bringen und sich in Ruhe mit wissenschaftlichen Problemen beschäftigen zu können. Mit ersterem Vorhaben scheiterte er, das zweite verwirklichte er in beeindruckender Weise, die Möglichkeiten nutzend, die Kairo als eines der führenden Wissenschaftszentren der Welt im 10. Jh. z. B. mit der berühmten, noch heute bestehenden islamischen Ausbildungs- und Forschungsstätte »al-Azhar« und dem »Haus der Wissenschaft« bot.

Lange Zeit konzentrierte sich I. H.s Ruhm als Mathematiker auf die Behandlung eines seit dem 17. Jh. nach ihm benannten Problems. Gegeben seien eine konvexe oder konkave ebene, kugelförmige, zylindrische oder kegelförmige reflektierende Oberfläche und zwei Punkte vor dieser Oberfläche; gesucht sind der oder die Punkte auf der Oberfläche, in denen der Lichtstrahl aus einem der beiden gegebenen Punkte auf den zweiten reflektiert wird. PTOLEMAIOS hatte diese Aufgabe für konvexe kugelförmige Spiegel und Spezialfälle von konkaven kugelförmigen Spiegeln gelöst. I. H. stellte das Problem für alle genannten Spiegeltypen und löste es, gestützt auf die Theorie der Kegelschnitte und insbesondere die »Konika« des APOLLONIOS VON PERGE, für konkave oder konvexe kugelförmige bzw. zylindrische Oberflächen. In mehr als 20 weiteren Arbeiten behandelte I. H. zentrale Probleme der Mathematik, wie das Parallelenpostulat, die Lösung kubischer Gleichungen mittels Kegelschnitten, die Quadratur des Kreises und von Möndchen sowie zahlentheoretische Aufgaben. Dabei verallgemeinerte er Sätze und Methoden von HIPPOKRATES, EUKLID und ARCHIMEDES. I. H. verfaßte auch eine kurze Abhandlung über Methoden zur Entdeckung und zum Beweis wissenschaftlicher Erkenntnisse, in der er sowohl die klassischen griech. Schlußmethoden der Induktion und Deduktion als auch heuristische Vorgehensweisen diskutierte. Er illustrierte seine wissenschaftstheoretischen und methodologischen

Ausführungen mit Beispielen aus den vier klassischen mathematischen Disziplinen (Arithmetik, Geometrie, Astronomie, Musiktheorie). I. H. legte den Grundstein für die Umwandlung der geometrischen Optik aus einer rein mathematischen in eine experimentelle, physikalische Disziplin. Seine Art des Vorgehens, die in der Formulierung von Hypothesen, gezielt ausgeführten Experimenten mit speziell für sie konstruierten Apparaturen und der mathematischen Fassung erkannter Gesetze besteht, ist dabei von ganz besonderer historischer Bedeutung, gilt sie doch im allgemeinen als Kennzeichen der Physik seit G. Galilei und wird hauptsächlich mit dessen Namen verbunden. Andererseits darf nicht übersehen werden, daß sie nicht über die grundlegenden Probleme der antiken Physik hinausführte und in der islamischen wissenschaftlichen Gemeinschaft nur wenige Nachfolger gefunden hat. I. H.s wissenschaftliche Begabung äußert sich auch in seiner Theorie des Lichtes, in der er, obwohl zum überwiegenden Teil durch Ptolemaios beeinflußt, die Ansichten seiner Vorgänger überprüfte, aussonderte und zu einer neuen Erklärung zusammenfaßte. Eine derartig kritische, von Autoritätsdenken freie Haltung gehört gleichfalls zu den Ausnahmeerscheinungen in der wissenschaftlichen Welt des Mittelalters, in der der Autoritätsbeweis von zentraler Bedeutung war.

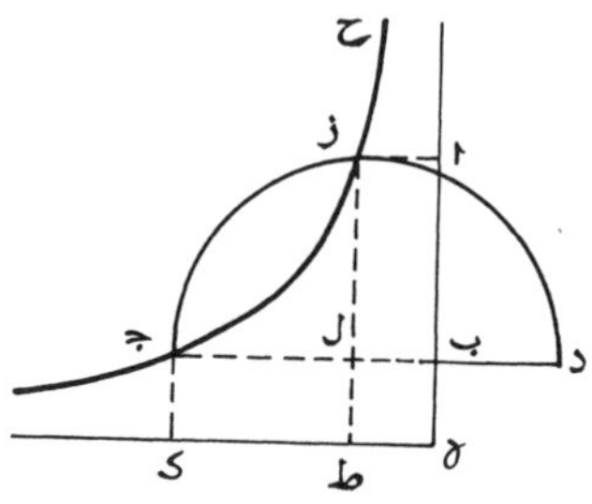

Zeichnung zur Lösung einer algebraischen Gleichung

I. H.s wissenschaftsmethodologische Grundsätze schlugen sich in seinem physikalischen Hauptwerk, dem »Kitab al-manazir«, nieder und prägten dessen Inhalt und Stil. Neben der Theorie des Sehens erörterte er darin das Wesen und den Charakter des Lichtes sowie zentrale Eigenschaften wie Absorption, Reflexion und Brechung. Er vertrat die bereits in der Antike entwickelte Konzeption, daß das Licht eine Form der Bewegung sei, die in Analogie zu mechanischen Bewegungen von Körpern in verschiedenen Medien verschiedene Geschwindigkeiten besitze. Dabei zerlegte er die Lichtbewegung beim Übergang in ein anderes Medium in zwei orthogonale Komponenten, womit er offenkundig an die sog. dynamische Richtung in der Statik, wie sie z. B. Thabit ibn Qurra vertrat, anknüpfte. I. H.s Lichttheorie ist eng verbunden mit seiner Erklärung des Sehvorganges, in der er die Ansicht vertrat, daß sich das Licht vom leuchtenden Körper zum Auge hinbewege. Er übernahm das mathematische Konzept vom Licht als Strahl und baute es zum physikalischen Konzept aus. Farben hielt er gleichfalls für eine reale physikalische Wesenheit. In anderen Schriften behandelte I. H. das Licht des Mondes, die Natur des Regenbogens, die Schattenbildung und Eigenschaften von Brennspiegeln. Aus astronomischen Gründen beschäftigte er sich mit der Bildentstehung bei der Camera obscura, ohne aber das allgemeine Problem richtig zu lösen. Im Zusammenhang mit den Brennspiegeln konstatierte er das Phänomen der sphärischen Abberation.

Die bedeutendsten islamischen Erben der optischen Lehren I. H.s waren at-Tusi, Qutb ad-din asch-Schirazi und dessen Schüler Kamal ad-din al-Farizi. In Europa stießen diese Lehren auf eine erheblich größere Aufmerksamkeit, z. B. bei Witelo, R. Bacon, G. Peurbach, J. Kepler, W. Snell, I. Beeckmann, P. de Fermat und R. Descartes. Einen wichtigen Beitrag I. H.s zur Astronomie bildet seine Diskussion der physikalischen Grundlagen des Planetenmodells von Ptolemaios aufgrund des »Almagest« und der Schrift »Planetenhypothesen«, mit der er sich in die Reihe islamischer Astronomen wie at-Tusi eingliedert, die die aristotelische Bewegungslehre in der Astronomie beachtet wissen wollen und folglich Teile des Modells des Ptolemaios, z. B. den Äquanten, ablehnen. Br

Literatur: Kohl, K.: Über den Aufbau der Welt nach Ibn al Haiṭam, in: Sitzungsber. Phys.-med. Sozietät Erlangen 54/55 (1922/23), 140–179, Über das Licht des Mondes. Eine Untersuchung von Ibn al-Haitham, in: Sitzungsber. Phys.-med. Sozietät Erlangen 56/57 (1924/25), 305–398; Sabra, A. I. (Hrsg.): The Optics of Ibn al-Haytham, Book I–II–III: On Direct Vision. Wiedemann, E.: Über die Camera obscura bei Ibn al-Haiṭam, in: Sitzungsber. Phys.-med. Sozietät Erlangen 46 (1914), 155–169.

Bode, P.: Die Alhazensche Spiegelaufgabe in historischer Entwicklung nebst einer analytischen Lösung des verallgemeinerten Problems, in: Jahresber. Phys. Ver. Frankfurt/M. für 1891–1892 (1893), 63–107; Schramm, M.: Ibn al-Haythams Weg zur Physik (Wiesbaden 1962); Wiedemann, E.: Ibn al Haiṭam, ein arab. Gelehrter, in: Festschr. J. Rosenthal (Leipzig 1906), 169–178, Zu Ibn al-Haiṭams Optik, in: Arch. Gesch. Naturwiss. Techn. 3 (1920/21), 1–53.

Ibn Sīnā, → Avicenna.

Ingenhousz (Ingen-Housz), Jan, Mediziner und Botaniker, geb. 8. 12. 1730 Breda, gest. 7. 9. 1799 Bowood Park bei Calne (nahe London).

Der vielseitige Naturforscher I. erlangte Bedeutung vor allem durch die Aufklärung grundsätzlicher Vorgänge des Gasstoffwechsels grüner Pflanzen.

I., Sohn eines Kaufmannes und Apothekers, erhielt seine erste Ausbildung in der Lateinschule im niederländ. Breda. Während des Österreichischen Erbfolgekrieges wurde J. Pringle, der als Generalarzt der brit. Truppen nahe Breda residierte, I.s Förderer. I. studierte Medizin an der Katholischen Univ. Louvain (Löwen) (wahrscheinlich nicht vor 1748) und promovierte dort 1753. Er studierte dann noch in Leiden, wohl auch in Paris und Edinburgh. 1757 wurde er praktischer Arzt in Breda und begann mit wissenschaftlichen Arbeiten. Seine Zugehörigkeit zur katholischen Konfession verschloß ihm Lehrämter in den Niederlanden. 1765 ging I. nach Edinburgh, schließlich nach London, wo er unter anderem 1766 am Foundling Hospital die damals nicht ungefährlichen Pockenimpfungen (damals Inokulation, Einpfropfung von Pustelflüssigkeit) durchführte. Er lernte, teilweise durch Vermittlung Pringles, die bedeutenden brit. Ärzte der damaligen Zeit persönlich kennen. 1768 reiste I. zu Maria Theresia, um in Wien die Kaiserliche Familie zu impfen, und blieb als Impfarzt und Wissenschaftler in Österreich. 1775 heiratete er eine Tochter des Botanikers N. J. v. Jacquin. 1777/78 bereiste I. England und Holland. 1780 besuchte er Paris. 1789 ging er über Frankreich nach England zurück, ohne je wieder zu seiner in Österreich verbliebenen Gattin zurückkehren zu können.

I. hatte zunächst vor allem Interesse an physikalischen Dingen. Er entwickelte eine Scheibenelektrisiermaschine, eine Knallluftpistole, einen Apparat zur Messung der Wärmeleitfähigkeit. Bald wandte er sich jedoch biologischen Problemen zu.

I. erkannte klar die wesentlichen Teilvorgänge des Stoffwechsels der Pflanzen: Photosynthese (Assimilation) und Atmung (Dissimilation), beschrieb sie aber noch mit den Begriffen der Phlogiston-Theorie. A.-L. Lavoisiers Auffassung von der Verbrennung lernte er, wenn überhaupt, erst an seinem Lebensende kennen. 1771 hatte J. PRIESTLEY festgestellt, daß Pflanzen verdorbene Luft erneuern. Darauf aufbauend, konnte I. durch sinnreiche Experimente 1779 die Erkenntnis hinzufügen, daß die luftverbessernde Wirkung auf die grünen Pflanzenteile beschränkt ist, also nur grüne Pflanzenteile verdorbene Luft verbrauchen, wofür Sonnenlich notwendig ist (Assimilation) und daß auch Pflanzen im Zuge der Atmung verdorbene Luft abgeben, im Dunkeln sogar als einziges Gas. 1782 konnte J. SENEBIER nachweisen, daß es sich bei der verdorbenen Luft um CO_2 (Kohlendioxid) handelt. Später erkannte I., daß die Luft die CO_2-Quelle der Pflanze für die Photosynthese ist. I. untersuchte auch die im Gasstoffaustausch bestehenden Wechselbeziehungen zwischen Pflanzen und Tieren, die damals vielfach als Ausdruck einer weise eingerichteten Harmonie im Naturganzen gedeutet wurden. Als Arzt verwies er auf die möglichen Einflüsse der Luftzusammensetzung auf die Gesundheit des Menschen. PRIESTLEY, SENEBIER u. a. erkannten diese Vorgänge nicht in der Klarheit wie I.

I. untersuchte auch die Einwirkung äußerer Faktoren auf die Keimung von Pflanzen. Wie andere Biologen seiner Zeit sah er im massenhaften Auftreten grüner Algen, der Algenblüte (»PRIESTLEYsche grüne Materie«), das Produkt gegenwärtiger Urzeugung, worüber er eine ganze Abhandlung verfaßte. Bei seinen Algen-Studien entdeckte I. die Schwärmsporen der Algen.

I. führte die Deckgläschen in die Mikroskopie ein. Zi

Literatur: Ingenhousz, I.: Experiments Upon Vegetables, Discovering Their Great Power of Purifying the Common Air in the sunshine and of Inpuring it in the Shade and at Night, ... (London 1779), Vermischte Schriften physisch-medicinischen Inhalts, 2 Tle (Wien 1784).

Ingold, Sir Christopher Kelk, Chemiker, geb. 28.10.1893 Ilford bei London, gest. 8.12.1970 London.

Mit einer Vielzahl theoretischer Arbeiten über Struktur und Bindung sowie über den Mechanismus chemischer Reaktionen wurde I. zum Begründer der modernen physikalischen organischen Chemie.

Nach dem Studium in London arbeitete I. zunächst als Forschungschemiker bei der dortigen Firma Cassel Cyanide Company Ltd. (1918–1920); danach war er 1920–1924 Lehrer für Chemie an der Univ. London; 1922 erfolgte seine Promotion; 1924 wurde er Prof. für organische Chemie an der Univ. Leeds. 1930 übernahm I. den Lehrstuhl für Chemie sowie 1937–1967 die Leitung des chemischen Laboratoriums der Univ. London.

I. wurden 10 Ehrendoktorate sowie zahlreiche Auszeichnungen verliehen. Er lehrte in den USA und in Kanada als Gastprof. 1925–1954 wirkte I. als Präsident der Chemical Society of London. I. war Mitgl. zahlreicher wissenschaftlicher Akademien und Gesellschaften.

In der ersten Hälfte des 20. Jh. war es mit Hilfe physikalischer Konzeptionen und Methoden auf der Grundlage einer modernen Atomtheorie gelungen, die Vorstellungen über die Ursachen und den Ablauf chemischer Reaktionen zu präzisieren sowie die Art und Weise der chemischen Verbindungsbildung von einer neuen Warte aus begreiflich zu machen. I. leistete dazu einen wertvollen Beitrag, denn es gelang ihm, die Wechselwirkungen zwischen zwei Ionen bzw. zwischen Ion und polarem Molekül quantitativ zu erfassen und die dabei gewonnenen Erkenntnisse bei der Aufklärung der Mechanismen von Substitutions-, Hydrolyse- und Veresterungsreaktionen anzuwenden. Dies ebnete neuen und modernen Anschauungen über die Kinetik und den Mechanismus organisch-chemischer Reaktionen den Weg. Vor allem für die Entwicklung der Resonanztheorie

J. Ingenhousz

A. F. Ioffe

konnte I. wertvolle Beiträge erbringen. I. betrachtete die Resonanz stehender Wellen in der wellenmechanischen Bindungstheorie als Analogon zur Resonanz schwingender mechanischer Systeme. 1926 entwickelte er die Vorstellung, daß der Grundzustand von Molekeln nicht nur einer einfachen Valenzstruktur entsprechen kann und führte zur Beschreibung elektronischer Zwischenzustände anstelle der Resonanz den Begriff der »Mesomerie« ein (1933). Dieser beschrieb die unter Abgabe von Mesomerieenergie erfolgende Delokalisierung bestimmter, nicht hybridisierter Elektronen. Der Zustand minimalen Energieinhaltes, in dem sich das Molekül tatsächlich befindet, wurde als Grundzustand bezeichnet und mit Hilfe von Grenzformeln symbolisiert. Die Mesomeriekonzeption erwies sich in der organischen Chemie als äußerst fruchtbar. Sie wurde in den folgenden Jahren mit Hilfe quantenmechanischer Methoden weiterentwickelt, um deren Anwendung sich auch I. bemühte.

Weitere Arbeiten von I. betreffen die getrennte Erfassung von induktivem Effekt und sterischer Hinderung (»INGOLD-TAFT-Methode«), die Aufklärung der Feinstruktur aromatischer Verbindungen (Benzen), den dirigierenden Einfluß von Substituenten sowie die sterische Hinderung in konjugierten Systemen (1934), die Ursachen der Stabilität freier Radikale von Aromaten (1929), die Beherrschung von Resonanzenergien (um 1952) sowie die Entdeckung der Nitronium-Salze bzw. des Nitryl-Kations (NO_2^+) mit Hilfe spektroskopischer Methoden. Sz

Literatur: Ingold, C. K.: Structure and Mechanism in Organic Chemistry (London 1953), Introduction to Structure in Organic Chemistry (London 1956), Theoretical organic Chemistry (London 1959).

Ioffe (JOFFE), Abram Fjodorowitsch, Festkörperphysiker, geb. 17. (29.) 10. 1880 Romny (Gouv. Poltawa), gest. 14. 10. 1960 Leningrad.

I. erarbeitete wichtige Beiträge zur Kristallphysik, später zur Halbleiterphysik. Eine herausragende Rolle spielte er bei der Organisation der Physik in der Sowjetunion, vor allem in den 20er und 30er Jahren.

I., geboren in der Familie eines kleinen jüdischen Bankangestellten, besuchte die Realschule seiner Heimatstadt und nahm 1897 ein Ingenieurstudium am Technologischen Institut in St. Petersburg (Leningrad) auf. Sein Interesse galt jedoch der Physik, und 1902 ging er zu W. C. RÖNTGEN an die Univ. München. 1905 promovierte I. dort über »Elastische Nachwirkungen im Krystallinischen Quarz« mit ›summa cum laude‹ und wurde RÖNTGENS Assistent. 1906 kehrte er nach St. Petersburg zurück und wurde Oberlaborant am neugegründeten Polytechnischen Institut.

Gemeinsam mit P. EHRENFEST bemühte sich I., in die damals recht konservative russ. Physik das moderne Denken der Quantentheorie von M. PLANCK und der Relativitätstheorie von A. EINSTEIN hineinzutragen. I.s Abhandlung »Eine Bemerkung zum photoelektrischen Effekt« in der Ztschr. der Russ. Physikalisch-Chemischen Gesellschaft (1907) war eine der ersten in Rußland zur Quantentheorie.

Da die Münchener Dissertation im damaligen Rußland nicht zählte, verteidigte I. 1913 an der St. Petersburger Univ. seine Magisterdissertation, 1915 folgte die Habilitation über »Elastische und elektrische Eigenschaften des Quarzes«. Danach erhielt er eine ordentliche Professur am Polytechnischen Institut und lehrte auch an der Univ. 1916 gründete er das Physikalische Seminar, das zum Ausgangspunkt seiner bedeutenden wissenschaftlichen Schule wurde; zu den ersten Schülern gehörten u. a. J. G. DORFMAN, J. I. FRENKEL, P. L. KAPIZA und N. N. SEMJONOW.

Ende 1918 wurde in Petrograd (Leningrad) das Staatliche Röntgenologische und Radiologische Institut gegründet mit einer Physikalisch-Technischen Abteilung unter der Leitung von I. Aus dieser Abteilung ging 1921 das Physikalisch-Technische Institut hervor, dessen Direktor I. wurde. Mit dem Institutsnamen war ein Programm verbunden: Physik unter dem Gesichtspunkt der Anforderungen der Technik für den sozialistischen Aufbau zu betreiben, wobei Notwendigkeiten der Grundlagenforschung nicht vernachlässigt werden sollten. 1919 wurde am Polytechnischen Institut zur Verbesserung der Grundlagenausbildung eine Physikalisch-Mechanische Abteilung gegründet, deren Dekan I. wurde. Die enge Wechselbeziehung zwischen beiden Institutionen, die I. zu realisieren versuchte, wirkte sich förderlich auf die Nachwuchsentwicklung aus. Ab 1921 fuhr I. wieder ins Ausland, um wissenschaftliche Kontakte neu aufzubauen; 1926/27 hielt er Vorlesungen in den USA. 1924 und 1933 nahm er am Solvay-Kongreß in Brüssel teil.

Anfang der 30er Jahre organisierte I. gemäß den Entwicklungsanforderungen des Landes die Neugründung mehrerer physikalisch-technischer Institute in der Sowjetunion, deren Leitung von seinen Schülern übernommen wurde. Zugleich griff er in grundlegende Diskussionen um die zweckmäßige Organisation der physikalischen Forschung im Lande aktiv ein, ebenso wie in die philosophischen Diskussionen. In seinem Leningrader Institut initiierte er 1931/32 als neue Forschungsrichtungen die Kernphysik (unter Leitung I. W. KURTSCHATOWS) und die Halbleiterphysik (deren Leitung er selbst übernahm). Außerdem gründete er 1932 ein Agrophysikalisches Institut, dessen Dir. er ebenfalls war. Während des zweiten Weltkrieges war I. als Vizepräsident der Ak. d. Wiss. der UdSSR für die Organisation der naturwissenschaftlichen Forschung für Kriegsaufgaben zuständig.

I. ist als einer der »Väter« der Halbleiterphysik anzusehen. 1931 erarbeitete er mit FRENKEL eine Theorie der Gleichrichtung am Kontakt Metall/Halbleiter. Gemeinsam mit seiner zweiten Ehefrau ANNA WASSILJEWNA I. entdeckte er 1935 den negativen Photoeffekt. Beider Untersuchungen über die Bedingungen der Gleichrichtung im Halbleiter führten unter anderem 1939/40 B. I. DAWYDOW zur Theorie der Gleichrichtung am Halbleiter/Halbleiter-Kontakt. Der zweite Weltkrieg unterbrach die Halbleiterforschungen in der UdSSR. Nach dem Krieg bemühte sich I. um eine Wiederbelebung und Weiterführung dieser Arbeiten, jedoch hatte er aufgrund der komplizierten wirtschaftlichen und politischen Lage im Land zunächst erhebliche Schwierigkeiten zu überwinden. 1950 wurde er als Dir. des Leningrader Physikalisch-Technischen Instituts abgelöst. Doch konnte er 1952 ein Halbleiterlaboratorium an der Akademie gründen, aus dem 1955 das Halbleiterinstitut hervorging, dessen Dir. er wurde. Es gelang ihm, mit seinem Institut wieder eine international führende Position in der Halbleiterforschung einzunehmen.

I. war Mitgl. der Akademie der Wissenschaften der UdSSR (1920), der Akademien zu Göttingen (1924), Berlin (1929), Halle (1958) u. a. sowie zahlreicher physikalischer Gesellschaften, Ehrendoktor der Univ. Berkeley (1927), Paris (1945), Graz (1948) und Bukarest (1948). Er erhielt den Leninorden, den Staatspreis und andere staatliche Auszeichnungen. I. war unter anderem Herausgeber der Ztschr. für angewandte Physik, der Ztschr. für technische Physik, der Ztschr. für experimentelle und theoretische Physik sowie der Ztschr. für Festkörperphysik. Ka

Literatur: Ioffe, A. F.: Izbrannye trudy, 2 Bde. (Leningrad 1974/75), Osnovnye predstavleniâ sovremennoj fiziki (Leningrad u. Moskau 1949), Physik der Halbleiter (Berlin 1960), Begegnungen mit Physikern (Leipzig 1967), O fizike i fizikah (Leningrad 1985).

Vospominaniâ ob A. F. Ioffe (Leningrad 1973); Černošekova, T. M.: A. F. Ioffe (Moskau 1983); Kant, H.: Abram Fedorowitsch Ioffe (Leipzig 1989); Sominskij, M. S.: Abram Federovič Ioffe (Moskau u. Leningrad 1965).

Ipatjew (Ipat'ev), Wladimir Nikolajewitsch, Chemiker, geb. 9.(21.) 11. 1867 Moskau, gest. 29. 11. 1952 Chicago (Illinois, USA).

I. leistete auf dem Gebiet der Katalyse wertvolle Beiträge, die von grundlegender Bedeutung für die Entwicklung großtechnischer Drucksynthesen und petrolchemischer Verfahren waren.

Als Sohn eines Architekten geboren, besuchte I. in Moskau verschiedene Militärschulen. Nachdem er an der Artillerie-Akademie in St. Petersburg (Leningrad) vor allem seine chemischen Kenntnisse erweitern konnte, wirkte I. dort ab 1892 als Lehrer für Chemie. Nach seiner 1895 erfolgten Promotion unternahm I. 1895–1897 eine Studienreise, die ihn u. a. zu A. v. BAEYER und R. WILLSTÄTTER führte. 1898 habilitierte sich I. und wirkte ab 1899 als Prof. für Chemie in St. Petersburg. 1918–1927 war I. im Hochdruck-Forschungs-Institut der Russ. Ak. d. Wiss. bzw. der Ak. d. Wiss. der UdSSR tätig. 1930 ging I. in die USA und wurde dort Forschungsdirektor der Universal Oil Products Company Chicago (Illinois). Später wirkte er als Prof. an der Northwestern Univ. Evanston III (Illinois), wo er 1938 das Ipatiew-Hochdruck-Laboratorium gründete.

I. war Mitgl. der Ak. d. Wiss. der UdSSR und der USA und gehörte zahlreichen internationalen wissenschaftlichen Gesellschaften an. Ihm wurden drei Ehrendoktorate verliehen.

An der Schwelle zum 20. Jh. wirkte sich die systematische Nutzung der Erkenntnisse der chemischen Wissenschaft für die Modernisierung der chemischen Produktion sowie für deren Übergang zur Großproduktion insbesondere durch die Anwendung von Ergebnissen der Katalyseforschung als revolutionierender Faktor aus. Auf diesem Gebiet hat I. wertvolle Beiträge geleistet. Nach ersten Arbeiten über die Struktur von Stahl sowie über die Eigenschaften der Metallcarbide (1892) erhielt I. 1897 durch BAEYER wichtige Anregungen für die Untersuchung von Kohlenwasserstoffen mit isolierten, kumulierten und konjugierten Doppelbindungen. Dabei gelang es I., Isopren unter Druck zu polymerisieren, dessen Struktur aufzuklären sowie Allen zu synthetisieren. Ab 1900 wandte sich I. systematisch der Untersuchung ungesättigter Kohlenwasserstoffe zu. Dabei konzentrierte er sich auf die Erforschung von Hydrierungs- und Dehydrierungsreaktionen, die er in Gegenwart verschiedener Metallkatalysatoren bei hohen Temperaturen und Drücken durchführte. I. veröffentlichte seine Ergebnisse im gleichen Jahr (1901), in dem es unabhängig von ihm P. SABATIER und J. B. SENDERENS gelang, Kohlenwasserstoffe in Gegenwart von Nickelkatalysatoren zu hydrieren.

W. N. Ipatiew

J

C. G. J. Jacobi

P. J. C. Janssen

Mit Hilfe neuartiger Hochdruckapparaturen (IPATIEWbombe) glückte I. in den folgenden Jahren die katalytische Hydrierung organischer Verbindungen in flüssiger Phase (1904), wobei er sowohl zu wichtigen theoretischen Erkenntnissen über die Reversibilität katalytischer Reaktionen als auch zu neuen Ergebnissen über die Fetthärtung durch katalytische Hydrierung gelangte (um 1913). Eine Reihe von Untersuchungen zur pyrolytischen Spaltung des Erdöls von Baku sowie zur destillativen Trennung und chemischen Aufarbeitung der Spaltprodukte (um 1920) führte I. ab 1931 in der petrolchemischen Industrie der USA weiter. Hier entwickelte I. neue Verfahren zur Herstellung hochoktaniger Treibstoffe durch Umsetzung von Crack-Gasen in Gegenwart von Phosphorsäurekatalysatoren. Des weiteren beschäftigte sich I. mit der katalytischen Polymerisation von Ethen und Propen sowie mit der Alkylierung von Paraffinkohlenwasserstoffen. Sz

Literatur: Ipat'ev, V. N.: Tonerde als Katalysator in der organischen Chemie (russ., Leningrad 1927), Katalytische Reaktionen bei hohen Temperaturen und Drücken (russ., Moskau – Leningrad 1936), Catalytic reactions at high pressures and temperatures (London – New York 1936), Cracking of some destillates from crude oil under high pressure and destructive hydrogenation of various tors (Chicago 1937).

●

Jacobi, Carl Gustav Jacob, Mathematiker, geb. 10. 12. 1804 Potsdam, gest. 18. 2. 1851 Berlin.

J. bereicherte mit seinen Forschungsresultaten gleichermaßen die Analysis, die Algebra, die Zahlentheorie und die Geometrie; außerdem trat er mit astronomischen, mechanischen und mathematikhistorischen Untersuchungen hervor.

J., der Sohn eines Bankiers, betrieb nach dem Abitur (1821) am Potsdamer Gymnasium philosophische, philologische und (vorwiegend autodidaktisch) mathematische Studien an der Univ. Berlin; 1824 erhielt er das Oberlehrerzeugnis; er promovierte und habilitierte sich gleichzeitig am 13. 8. 1825. Im Mai 1826 siedelte J. nach Königsberg (Kaliningrad) über, wo er 17 Jahre lang forschte und lehrte; 1827 war er zum Extraordinarius, 1829 zum Ordinarius aufgerückt. Zusammen mit seinem Schüler L.-A. SOHNCKE und dem Physiker F. NEUMANN gründete J. 1834 ein mathematisch-physikalisches Seminar. 1843/44 weilte er aus gesundheitlichen Gründen in Italien und wurde wunschgemäß im September 1844 nach Berlin versetzt, wo er 6½ Jahre als Mitgl. der Ak. d. Wiss. wirkte, ohne festes Verhältnis zur Univ., jedoch mit der Erlaubnis, dort Vorlesungen zu halten. Bereits 1829 war J. korrespondierendes, 1836 auswärtiges, 1844 ordentliches Mitgl. der Ak. d. Wiss. zu Berlin geworden. Darüber hinaus wählten ihn Akademien und wissenschaftliche Gesellschaften in Paris, St. Petersburg (Leningrad), London, Kopenhagen, Göttingen, Turin, Wien und Madrid zu ihrem korrespondierenden, Ehren- oder auswärtigen Mitglied.

Das Werk von J. umfaßt zwei Bücher und etwa 170 Abhandlungen, von denen über 30 erst nach seinem Tod aus dem Nachlaß herausgegeben wurden. Von mehr als zehn seiner Vorlesungen existieren handschriftliche Ausarbeitungen. Die Untersuchungen zur Theorie der elliptischen Funktionen sind »als Jacobis originellste Leistungen anzusehen« (F. KLEIN). Die 1827–1829 im geistigen Wettstreit mit N. H. ABEL erzielten Ergebnisse basieren auf den Forschungen von G. FAGNANO, L. EULER, J. LANDEN, J. L. LAGRANGE und A.-M. LEGENDRE. Fast gleichzeitig, aber unabhängig voneinander kamen ABEL und J. auf die Idee, an Stelle elliptischer Integrale deren Umkehrfunktionen zu untersuchen; sie entdeckten die Doppelperiodizität dieser elliptischen Funktionen. Den Gedanken, die Umkehrfunktion zu betrachten, hat J. auch auf hyperelliptische (ABELsche) Integrale angewendet und bewiesen, daß es keine Funktionen mit drei Perioden geben kann. In seinen Untersuchungen zum Inversionsproblem der ABELschen Integrale fand er vierfach periodische Funktionen zweier Variablen. Gelang es J., das genannte Umkehrproblem streng zu formulieren, so seinen Nachfolgern, das Problem zu lösen und die Theorie der allgemeinen Thetafunktionen zu begründen. Die Theorie der algebraischen und ABELschen Funktionen sowie die Theorie der FUCHSschen (allgemeiner: automorphen) Funktionen, die beide aus den Arbeiten von J. hervorgegangen sind, waren Hauptthemen der komplexen Funktionentheorie in der 2. Hälfte des 19. Jh. Die Theorie der elliptischen Funktionen wurde von J. in der Geometrie, in der analytischen Mechanik und in anderen Gebieten, vor allem aber in der Zahlentheorie angewendet; er fand mit dieser Theorie einen neuen Beweis für den Satz, daß jede natürliche Zahl als Summe von 4 Quadratzahlen dargestellt werden kann; dieser Beweis und P. G. L. DIRICHLETS Beweis des Satzes von der arithmetischen Progression haben die analytische Zahlentheorie eingeleitet. J. hat sich immer wieder mit zahlentheoretischen Fragestellungen beschäftigt; im Kalkül der JACOBIschen Summen hatte er (und unabhängig von ihm auch A. L. CAUCHY) eine fruchtbare und anregende Methode für arithmetische Untersuchungen entwickelt. C. F. GAUSS und J. haben mit ihren Arbeiten über höhere Reziprozitätsgesetze die algebraische Zahlentheorie (die Ausdehnung des Teilbarkeitsbegriffs auf algebraische Zahlen) eingeleitet, als deren Hauptaufgabe E. E. KUMMER (1850) die Formulierung und den Beweis des allgemeinen Reziprozitätsgesetzes für beliebig hohe Potenzreste ansah; diese Aufgabe ist schließlich mit der im 20. Jh. aufgestellten Klassenkörpertheorie (insbesondere durch E. ARTIN) gelöst worden.

Im Anschluß an LAGRANGE und W. R. HAMILTON lieferte J. wichtige Untersuchungen zur analytischen Mechanik; die HAMILTON-JACOBIsche Theorie erwies sich für die weitere Entwicklung der Mechanik, insbes. für die Relativitätstheorie und die Quantenmechanik als äußerst nützlich. In seinen Vorlesungen über Dynamik (1842/43) machte J. darauf aufmerksam, das »jeder Fortschritt in der Theorie der partiellen Differentialgleichungen auch einen Fortschritt in der Mechanik herbeiführen muß«; in bahnbrechenden Arbeiten zur Theorie der partiellen Differentialgleichungen beschrieb J. selbst neue Integrationsmethoden; für ein jedes mechanische Differentialgleichungssystem lehrt das JACOBI-POISSONsche Theorem, neue Integrale aus den bekannten (oder als schon bekannt vorausgesetzten) zu finden; ähnliches leistet im Anschluß an die Multiplikatorentheorie von EULER J.s Prinzip des letzten Multiplikators. Mit dieser, aber auch mit anderen Methoden, gelang J. eine Reduktion der Aufgabe der Auflösung des beim Dreikörperproblem auftretenden Differentialgleichungssystems. Eng mit seinem Schaffen auf dem Gebiet der analytischen Mechanik hängt J.s rechnerische Untersuchung der Störungen elliptischer Planetenbahnen zusammen; seine Beiträge zur theoretischen Astronomie beziehen sich jedoch nicht nur auf die Bewegung, sondern auch auf die Gestalt der Himmelskörper. 1834 erzielte J. das überraschende Resultat, daß die MACLAURINschen Ellipsoide nicht die einzig möglichen Gleichgewichtsfiguren rotierender homogener Flüssigkeiten sind, deren Teilchen einander nach dem NEWTONschen Gravitationsgesetz anziehen. Die Figuren der Himmelskörper dürften unter gewissen Bedingungen ebenfalls solche Gleichgewichtsfiguren sein. J. konnte sich dabei auf die Potentialtheorie und die Theorie der Anziehung der Ellipsoide (die er beide auch behandelt hat) stützen. Bei seinen Untersuchungen zur mathematischen Physik erzielte J. auch wichtige geometrische Resultate; man verdankt ihm die Kenntnis wichtiger Eigenschaften und einer »höchst eleganten Erzeugungsweise« (DIRICHLET) der Flächen zweiten Grades. Er löste die geometrische Aufgabe der Herstellung der geodätischen Linien auf dem dreiachsigen Ellipsoid, die auf eine Relation zwischen zwei ABELschen Integralen führt; hiermit verwandte Aufgaben behandelte J. in der Variationsrechnung, die von ihm weit über das von EULER und LAGRANGE Erreichte hinaus gefördert wurde. Unter den zahlreichen Beiträgen J.s zur Algebra seien genannt: das Trägheitsgesetz der quadratischen Formen (das er um 1850 entdeckte und bewies, während sich J. J. SYLVESTER zunächst darauf beschränkte, es als evident auszusprechen), die Theorie der Determinanten (die Idee der Determinante trat schon bei G. CRAMER und É. BÉZOUT in empirischer Weise auf, wurde von mehreren Mathematikern weiterentwickelt und durch CAUCHY und J. zum Gemeingut der Mathematiker), die algebraische Eliminationstheorie (algebraische Ausgestaltung der Schnittpunkttheorien für Kurven).

Auch die sich auf die Transformation vielfacher Integrale beziehenden Abhandlungen J.s sind von algebraischer Natur. In zahlreichen Arbeiten förderte J. auch die Theorie der bestimmten Integrale und die Reihenlehre.

Die »Spuren seiner ungeheuer anregenden Wirkung« (F. KLEIN) in der Mathematik sind in der folgenden Zeit in der mathematischen Literatur immer wieder zu finden. J. gehörte zu den mitreißendsten Doz. seiner Zeit. In seinen frei vorgetragenen, methodisch wohldurchdachten Vorlesungen machte er die Studenten mit den zeitgenössischen Forschungsergebnissen, -methoden und -problemen bekannt, trug er insbesondere diejenigen Teile der Wissenschaft vor, an denen er selbst arbeitete, bemühte sich dabei stets (insbesondere durch die Anleitungen im Seminar), die Studenten für solche Vorlesungen auch empfänglich zu machen, deren Selbständigkeit zu fördern. So kann man J. als einen Reformator des mathematischen Universitätsunterrichts ansehen. Das abgelegene Königsberg wurde zum Mittelpunkt einer Schule, die – vor allem durch Berufung von J. Schülern an andere deutsche Univ. – von großem Einfluß auf die anderen Univ. geworden ist.

J. war auch als Philologe hochgeschätzt und ein geachteter Musiker. Während der Revolutionsereignisse 1848/49 trat der liberale Denker als glänzender Redner auf. Seine politische Haltung war inkonsequent, widerspruchsvoll, seine Ansichten nicht eindeutig progressiv. Er sprach sich gegen den Belagerungszustand (Berlin, November 1848) aus. Als Reaktion auf J.s politische Aktivitäten erfolgten finanzielle Repressalien, so daß er im September 1849 seine große Familie (seine Frau, MARIE J., geb. SCHWINCK und sieben Kinder) ins »billigere« Gotha brachte, während er selbst in einem Berliner Hotel wohnen blieb. Durch die Bemühungen A. v. HUMBOLDTS wurden die Repressalien gegen J. im März 1850 wieder aufgehoben, so daß er einer schon angenommenen Berufung an die Wiener Akademie nicht folgte.

Pi

Literatur: Jacobi, C. G. J.: Gesammelte Werke, hrsg. auf Veranlassung der Preuß. Ak. d. Wiss. (Bd. 1 von C. W. Borchardt, Bde. 2–7 von K. Weierstraß, Supplementbd. von E. Lottner, Berlin 1881–1891).

Koenigsberger, L.: Carl Gustav Jacob Jacobi. Festschrift zur Feier der hundertsten Wiederkehr seines Geburtstages (Leipzig 1904); Pieper, H. (Hrsg.): Briefwechsel zwischen Alexander von Humboldt und C. G. J. Jacobi (Berlin 1987).

Janssen, Pierre Jules César, Astronom und Astrophysiker, geb. 22. 2. 1823 Paris, gest. 23. 12. 1907 Meudon (Frankreich).

J. gilt als ein Pionier der Astrophysik. Er erkannte die terrestrische Natur von Absorptionslinien im Sonnenspektrum, konstruierte das Spektrohelioskop und den Spektroheliographen, machte mit dem Protuberanzenspektroskop die Sonnenprotuberanzen einer kontinuierlichen Erforschung zugänglich und erkannte den Nutzen der Ballonfahrt für astronomische Beobachtungen.

Ein Unfall in früher Kindheit führte zu einer teilweisen Lähmung, so daß J. Hausunterricht erhielt. Aus finanziellen Gründen war er gezwungen, von 1840–1848 einer Arbeit als Bankangestellter nachzugehen. Bis 1852 besuchte er die Pariser Univ. und war danach als Lehrer in einem Lyzeum tätig. 1857 wurde J. zu Beobachtungen des Magnetismus nach Peru gesandt. Seine Promotion 1860 behandelte die Absorption von Licht in flüssigen Medien. 1875 wurde J. Dir. der Sternwarte Meudon, in der vorzugsweise astrophysikalische Forschungen betrieben wurden und die er zu einem der internationalen Zentren der Astrophysik ausbaute.

Durch die Arbeiten von G. KIRCHHOFF wurde J. angeregt, sich der Astrophysik zuzuwenden. Seine erste wichtige Entdeckung gelang 1862. Im Sonnenspektrum waren Linien beobachtet worden, die sich bei tiefem Sonnenstand verstärkten. Mit Hilfe von Laborversuchen wies J. nach, daß es sich hierbei um terrestrische Linien der Absorption in atmosphärischem Wasserdampf handelte. Zur Absicherung dieser Untersuchungen führte er Spektralbeobachtungen in den Alpen durch. Dort bedingte die Höhenlage eine deutliche Abschwächung der betreffenden Spektrallinien.

Die Sonne blieb für J. das beliebteste Beobachtungsobjekt. Besonders seine Studien der Sonnenoberfläche verdienen Erwähnung. Die langjährigen Beobachtungen auf diesem Gebiet faßte er in einem Atlas zur Sonnenphotographie zusammen, in dem die Sonnenaktivität von 1876–1903 dokumentiert ist. Für die photographischen Untersuchungen der Sonne konstruierte er einen Photoheliographen, der Belichtungszeiten bis hinunter zu $1/3000$ s erlaubt. Systematisch erkundete er die Möglichkeiten und Grenzen der astronomischen Photographie und setzte sie unter anderem bei der Beobachtung des Venus-Durchganges 1874 ein. 1868 fand J. fast gleichzeitig mit N. Lockyer die Möglichkeit, mit einem Probuteranzenspektroskop die sonst nur während einer Sonnenfinsternis sichtbaren Sonnenprotuberanzen zu einem ständigen Objekt der Forschung zu machen. Zu diesem Zweck beobachtete er diese Erscheinungen der Sonnenaktivität im Licht der von ihnen ausgehenden Strahlung, wobei der Spalt des Spektroskops langsam über die gesamte Ausdehnung der Protuberanz hinweggeführt wird. Dieses Verfahren wurde später von K. F. Zöllner und W. Huggins verbessert.

In der Sternwarte Meudon standen J. hervorragende Forschungsmittel zur Verfügung, darunter ein Doppelrefraktor von 16 m Brennweite und einem Durchmesser von 83 cm (visuell) bzw. 62 cm (photographisch) sowie ein Teleskop mit einem Durchmesser von 1 m bei einer Brennweite von 3 m. Außerdem beherbergte das Observatorium gutausgerüstete physikalische Laboratorien.

Für verschiedene Forschungsvorhaben errichtete J. auf dem Mt. Blanc-Massiv temporäre Außenstationen, die Höhenlage dieses Gebietes ausnutzend. Hier wurde z. B. 1897 die Solarkonstante bestimmt. Mehrfach leitete J. Expeditionen zur Beobachtung besonderer Himmelserscheinungen. Als Paris 1870 von deutschen Truppen eingeschlossen war, verließ J. zur Beobachtung einer Sonnenfinsternis die Stadt mit einem Ballon. Die Erkenntnis der Vorzüge hochgelegener Beobachtungsorte führte J. dazu, Ballonflüge regelmäßig in den Dienst der Wissenschaften zu stellen. Er nutzte sie sowohl für spektralanalytische Studien, als auch z.B. zur Registrierung von Meteoren (Leoniden). In Verbindung damit wurde J. zu einem der Pioniere der Ballonfahrt in Frankreich.

J. war Mitgl. der Ak. d. Wiss. in Paris, Rom, Brüssel, St. Petersburg (Leningrad), Edinburgh und der Ak. d. Wiss. der USA sowie zahlreicher gelehrter Gesellschaften. Ha

Literatur: Œuvres scientifiques de Jules Janssen, 2 Bde. (Paris 1929–1930).

Jenner, Edward, Arzt, geb. 17. 5. 1749 Berkeley (Gloucestershire), gest. 26. 1. 1823 Berkeley.

J. hat die Schutzwirkung einer abgelaufenen Kuhpockeninfektion gegen die Menschenpocken nachgewiesen und mit der Vakzination (im engeren Sinne Kuhpockenimpfung) das erste wirksame und risikoarme aktive Immunisierungsverfahren inauguriert.

J., Sohn eines Geistlichen, erhielt in Sudbury (Grafschaft Suffolk) bei einem Wundarzt und Apotheker eine wundärztliche Ausbildung. Hier erfuhr er als 19jähriger erstmals von der unter der Landbevölkerung verbreiteten Auffassung, eine Kuhpockeninfektion schütze vor den Menschenpocken. 1770 begab er sich nach London und wurde Schüler seines berühmten schott. Landsmannes J. Hunter, der J.s wissenschaftliches Interesse geweckt und nachhaltig beeinflußt hat. 1773, lange vor seiner Promotion (1792), ließ sich J. in seinem Geburtsort als vielbeschäftigter und beliebter Landarzt nieder und begann um 1775 mit systematischen Beobachtungen und Untersuchungen über die Schutzwirkung der Kuhpocken. Da seine Resultate diese den Kuhpocken zugeschriebene Eigenschaft bestätigten, hat er bereits 1788 die Impfung mit Kuhpockenlymphe zur Verhütung der Menschenpocken erwogen. Aber erst am 14.5.1796 entschloß er sich, einen achtjährigen Knaben mit Material aus Kuhblatternpusteln von der Hand einer Viehmagd zu impfen. Sechs Wochen später, am 1.7.1796, hat J. diesem Knaben die Menschenpocken inokuliert (eingeimpft), ohne daß es zu einer Erkrankung kam. Die Royal Society, der er einen Bericht über seine Beobachtungen so-

E. Jenner

W. Johannsen

wie den ersten erfolgreichen Impfversuch übersandte, warnte allerdings nachdrücklich vor einer Veröffentlichung. Nach weiteren Beobachtungen und Impfungen sowie der nochmaligen folgenlosen Infektion eines geimpften Knaben mit Menschenpocken hat J. schließlich 1798 seine Abhandlung »An inquiry into the causes and effects of the Variolae vaccinae ...« herausgegeben. Die damit der Öffentlichkeit vorgestellte Kuhpockenimpfung fand vorerst nur wenige Interessenten und rief auch bald Gegner auf den Plan. Für J. war dies bereits 1799 Anlaß, eine Zusammenstellung weiterer Beobachtungen über die Schutzwirkung der Kuhpocken zu veröffentlichen. 1800 hat er schließlich noch eine dritte Abhandlung folgen lassen, in der er sich besonders mit den Argumenten der Gegner seines Verfahrens auseinandersetzte. Aufgrund des jetzt überzeugenden Beweismaterials fand die Kuhpockenimpfung noch vor der Wende zum 19. Jh. auch auf dem europäischen Kontinent Eingang und bewirkte bald eine beeindruckende Senkung der Pockenmorbidität und -mortalität. 1802 wurden die Verdienste des nun schon weltweit bekannten J. durch eine vom brit. Unterhaus bewilligte Dotation von 10 000 Pfd. Sterling anerkannt. Im gleichen Jahr nahm J. seinen Wohnsitz in London und begründete dort 1803 unter kgl. Protektorat das Jenner-Institut als Ausgangspunkt für eine Armenimpfanstalt. Bereits 1803 kehrte er nach Berkeley zurück. 1807 wurden ihm nochmals 20 000 Pfd. Sterling zuerkannt. 1810–1815 lebte J. auf einem in Cheltenham (Grafschaft Gloucestershire) erworbenen Landgut, anschließend wiederum in Berkeley, wo er 1820 einen Schlaganfall erlitt und drei Jahre später verstarb.

Bei dem Nachweis der Schutzwirkung abgelaufener Kuhpockeninfektionen gegen Menschenpocken und der von ihm inaugurierten Kuhpockenimpfung konnte J. vor allem an zwei Voraussetzungen anknüpfen: Seit um 1720 war in England und in der Folge in ganz Europa die Inokulation der Menschenpocken als nicht ungefährliches prophylaktisches Verfahren üblich, das auch von J. selbst noch bis in die 90er Jahre des 18. Jh. praktiziert worden ist. Hinzu kamen Beobachtungen der Landbevölkerung, die zu der seit längerem nicht nur in England verbreiteten Auffassung führten, eine Kuhpockeninfektion habe einen längerdauernden Schutz vor den echten Menschenpocken zur Folge, was bereits vor J. Anlaß zu vereinzelten Impfversuchen mit Kuhpocken gewesen war. In Kenntnis dieser den Kuhpokken zugeschriebenen Schutzwirkung hat J. rund zwei Jahrzehnte im Rahmen seiner Möglichkeiten sowie in völliger Unkenntnis der Ätiologie Beobachtungen angestellt und diesen angenommenen Zusammenhang tatsächlich beweisen können. Gestützt wurde dieser Beweis vor allem durch die wiederholte Beobachtung, daß früher an Kuhpocken Erkrankte während Pockenepidemien in der Regel verschont blieben sowie durch die von J. mehrfach gemachte Erfahrung, daß die von ihm versuchte Inokulation der Menschenpocken nach einer früher überstandenen Kuhpockeninfektion mißglückte. J.s Impf- und Infektionsexperimente in den Jahren 1796 und 1798 erschlossen einen praktikablen Weg für eine breitere Anwendung der Kuhpockenimpfung. Besonders bedeutsam war die Verwendung humaner Kuhpockenlymphe, da dies – in Anbetracht des relativ seltenen Auftretens der Kuhpocken – die Möglichkeit erschloß, den Impfstoff durch die geimpften Personen selbst reproduzieren zu lassen und von diesen auf weitere zu übertragen.

Die Kuhpockeninfektionen des Menschen hat der von Gedankengut der Aufklärung stark beeinflußte J. als Folge der Zivilisation und besonders der Domestikation von Pferden und Kühen (die Mauke der Pferde hielt er irrtümlich für identisch mit den Kuhpocken) angesehen. Der schnellen Einführung und Verbreitung der Kuhpockenimpfung haben diese zwangsläufig noch unzulänglichen ätiologischen Einsichten aber nicht im Wege gestanden. Nicht ohne Auswirkung blieb dagegen in der Folge die Verwendung lediglich humaner Lymphe sowie die Ansicht J.s, eine einmalige Kuhpockenimpfung gewähre einen lebenslangen Schutz. Zusammen mit einer nur lückenhaften Erfassung der Bevölkerung hatte das im zweiten Drittel des 19. Jh. einen erneuten Anstieg der Pockenmorbidität zur Folge. Erst die Einführung animaler Lymphe und der Revakzination sowie vor allem die gesetzliche Impfpflicht haben auf dem von J. gelegten Fundament in der zweiten Hälfte des 19. Jh. die Ausrottung der Pocken in Europa ermöglicht. Hei

Literatur: Jenner, E.: An inquiry into the causes and effects of the Variolae vaccinae, a disease discovered in some of the western countries of England, particularly Gloucestershire, and known by the name of the Cowpox (London 1798, 1800, 1801, dtsch. Hannover 1799 sowie in der Übersetzung von V. Fossel »Untersuchung über die Ursachen und Wirkungen der Kuhpokken«, in: Klassiker der Medizin, Bd. 10, Leipzig 1911 u. 1968); Further observations on the variolae vaccinae or Cowpox (London 1799, dtsch Hannover 1800), A continuation of facts and observations relative to the variolae vaccinae or Cowpox (London 1800); Account of the origin of the vaccine inoculation (London 1801 u. 1863); Facts, for the most part unobserved or not duly noticed, respecting variolous contagion (London 1808 u. 1811); On the varieties and modifications of the vaccine pustule occasioned by an herpetic state of the skin (Cheltenham 1819), Letter adressed to the medical profession generally, relative to vaccination, in: London medi. phys. J. 45 (1821), 277–280, (dtsch in: Hufelands J. 1 (1822), 64–70).

Joffe, → Ioffe.

Johannes de Sacrobosco, Johannes de Sacro Busto, Johannes von Holywood, Johannes von Halyfax, Astronom und Mathematiker, geb. Ende 12. Jh. in England, gest. 1256 (oder 1244) Paris.

ctas ab utroq; ad ſignum:&nulla alia bui⁹rei cauſa eſt q̄ȝ tumor aquę.Excludant eni oīa alia īpedimēta: ſicut nebulę & uapores

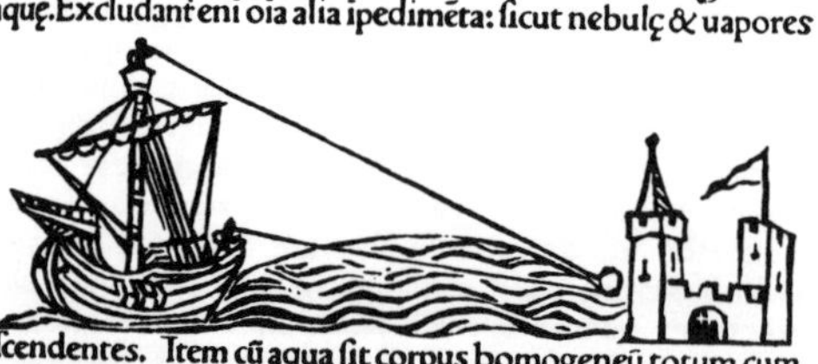

aſcendentes. Item cū aqua ſit corpus homogeneū totum cum partib⁹eiuſdem erit rationis: ſed partes aquę ſicut ī guttulis & roribus herbaȝ accidit:rotundā naturaliter appetunt formam ergo & totum cuius ſunt partes.

QVOD TERRA SIT CENTRVM MVMDI.

Erläuterung zur Kugelgestalt der Erde (aus Johannes de Sacrobosco, Sphaera mundi, Venedig 1485)

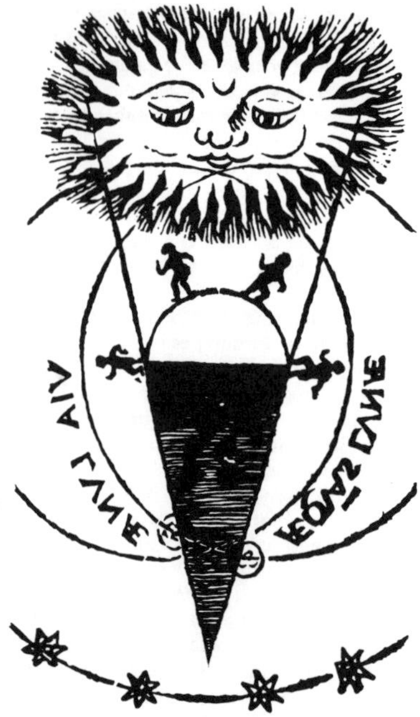

Erläuterung zur Entstehung von Mondfinsternissen und deren Sichtbarkeit (aus Johannes de Sacrobosco, Libellus de sphaera. Wittenberg 1545, hrsg. von P. Melanchthon)

J. ist der Autor des ersten, lange Zeit grundlegenden Elementarlehrb. der Astronomie.

Über die Lebensumstände von J. ist wenig bekannt. Nach den wahrscheinlich in Oxford absolvierten Studien trat er in das Kloster Holywood bei Nithsdale ein. Um 1220 ging er nach Paris und wurde Prof. der Mathematik an der dortigen Univ.

Das bedeutendste Werk von J. ist die um 1220 verfaßte Schrift »Sphaera mundi«, die eine Zusammenfassung des damaligen astronomischen Wissens gibt. Es besteht aus vier Kapiteln: 1) Definition der Sphäre, die vier Elemente, die Bewegung des Firmaments, die kugelförmige, im Weltmittelpunkt stehende Erde und ihre Größe (Abb. 1), 2) die Kreise des Himmels und der Erde (Äquator, Tierkreis u. a.), die Klimazonen der Erde (hier erfolgte wohl erstmalig die genaue Abgrenzung der beiden Polarzonen), 3) Auf- und Untergang der Gestirne, die Länge des Tages, 4) die Bewegung der Sonne und des Mondes, Finsternisse (Abb. 2). Die Astrologie spielt in den Schriften von J. keine Rolle.

J. verfaßte die »Sphaera mundi« für seine Lehrtätigkeit an der Univ. Die Darstellung ist knapp, das Niveau recht niedrig, doch zweckmäßig den geringen Bedürfnissen des Studiums der Astronomie im Rahmen der »Sieben freien Künste« angepaßt. Ihr Erfolg war außerordentlich groß. In kurzer Zeit zirkulierten Abschriften an allen wichtigen Univ. und Schulen.

Die »Sphaera mundi« trug wesentlich dazu bei, daß sich die Grundgedanken der Ptolemäischen Astronomie rasch verbreiteten. Dazu gehörte auch die Kenntnis der Kugelgestalt der Erde, für die J. die beweiskräftigen Argumente des Ptolemaios wiederholte. Damit vollzog sich in wissenschaftlichen Dingen die Abkehr von wortgetreuer Bibelinterpretation.

Das Werk des J. erschien 1472 in Ferrara mit nur 26 Seiten Umfang erstmalig im Druck. Es folgten bis Ende 17. Jh.

etwa 150 Auflagen, darunter zahlreiche Übersetzungen, unter anderem schon 1349/50 ins Deutsche (Abb. 3). Freilich wiesen spätere Fassungen beträchtliche Veränderungen gegenüber dem Original auf, die besonders auf die Anpassung des Stoffes für höhere Lehrzwecke abzielten. Für die Hochschulen Deutschlands wurde die Bearbeitung durch P. Melanchthon von sehr großer Bedeutung. Sie erschien ab 1531 meist mit dem »Computus ecclesiasticus« gemeinsam, der um 1232 von J. verfaßten Schrift über den christlichen Kalender. Weiterhin ist von J. die Arbeit »De algorismo« zu nennen, eine im Mittelalter ebenfalls vielbenutzte Einführung in die Arithmetik. Ha

Titelblatt der deutschen Bearbeitung der »Sphaera mundi« (aus C. Heynfogel, Sphera materialis, Köln 1519)

Kalendarium für Mai/Juni (aus Johannes von Gmunden, Kalender, Einblattdruck um 1470 bis 1475)

Literatur: Johannes de Sacrobosco: Sphaera mundi (Ferrara 1472), Libellus de sphaera (Hrsg. P. Melanchthon, Wittenberg 1538 ff.), De algorismo, o. O., o. J. (1490).

Heynfogel, C.: Sphaera materialis (dtsch Köln 1519); Konrad von Megenberg: Deutsche Sphaera (Berlin 1912).

Johannes von Gmunden, Johannes de Gamundia, Astronom und Mathematiker, geb. um 1380–1384 Gmunden (Österreich), gest. 23. 2. 1442 Wien.

J. war ein einflußreicher Astronom und erster Fachvertreter der Astronomie an einer Univ. im deutschen Sprachraum.

Die äußeren Lebensumstände von J. sind weitgehend unbekannt. 1406 erlangte er an der Wiener Univ. den Grad des Magister artium. Mehrfach bekleidete er höhere Universitätsämter, z. B. als Dekan der Artistenfakultät und Vizekanzler.

Die Vorlesungsthemen von J. umfaßten zunächst Probleme der Philosophie, Physik, Mathematik und Theologie. Erst ab 1420 las er ausschließlich über alle Teile der Astronomie und Mathematik. Bis dahin war es Brauch, die jährlich zu haltenden Vorlesungen mehr oder weniger zufällig an die vorhandenen Lehrkräfte zu vergeben. J.' Vorlesungsthemen waren unter anderem Grundlagen der Astronomie (nach Johannes de Sacrobosco) sowie der Theorie der Planetenbewegung und astronomischer Instrumente. Die z. T. erhaltenen Aufzeichnungen zeigen, daß sich die Vorlesungen kaum von den älteren Werken, die als Vorlagen dienten, unterschieden. Beobachtungen des Himmels erfolgten nur sporadisch, doch wurden die Studenten in der praktischen Astronomie unterwiesen.

Die Vorlesungen von J. sowie seine Schriften, die in zahlreichen Abschriften kursierten, gewannen der Wiener Univ. bald den Ruf eines Zentrums der mathematischen Studien.

Dazu trug noch bei, daß J. seine reichhaltige Bibliothek schon zu Lebzeiten an die Univ. zu allgemeiner Nutzung übergab. Zu den indirekten Schülern von J. gehörten z. B. G. PEURBACH und J. REGIOMONTAN, die sich an den Schriften von J. schulten und deren Werk für die Entwicklung der Astronomie von sehr großer Bedeutung war.

Die Schriften von J. behandeln die gleichen Themen wie seine Vorlesungen. Wenn sie sich auch in ihrer Zeit einer berechtigten Popularität erfreuten, waren sie doch veraltet, als die ersten astronomischen Bücher im Druck erschienen. Auch das große Verlagsprogramm von REGIOMONTAN sah kein Werk von J. vor. So kam es, daß lediglich im Zusammenhang mit Schriften anderer Astronomen 1515 in Wien eine kurze Abhandlung von J. erschien.

Neben den großen, 1437 und 1440 entworfenen Planetentafeln erlangten die Kalender des J. eine besondere Bedeutung. Sie wurden zum Grundtyp der später weit verbreiteten, für mehrere Jahre gültigen Kalender. Dieser Kalendertyp ermöglichte die rasche Bestimmung des Sonnenlaufes, des Auf- und Untergangs der Sonne, der Mondphasen, der Wochentage und der wichtigsten Feste (die Abb. zeigt das Kalendarium für Mai/Juni nach einem um 1470–1475 entstandenen Einblattkalender von J.). Ha

Literatur: Johannes von Gmunden: Astrolabii qui primi mobilis motus deprehendur canones (Wien 1515).

Busard, H. H.: Der Traktat De sinubus, chordis et arcubus von Johannes von Gmunden, in: Denkschr. Ak. d. Wiss. (Wien) 116 (1971), 73–113.

Johannsen, Wilhelm, Genetiker, geb. 3. 2. 1857 Kopenhagen, gest. 11. 11. 1927 Kopenhagen.

J. war einer der Begründer der klassischen Genetik, die er durch wichtige experimentelle Arbeiten und durch Einführung grundlegender Begriffe förderte.

J. hatte 1879 sein pharmazeutisches Examen abgelegt, sich dann aber für die Pflanzenphysiologie entschieden. 1881–1887 war er Assistent bei J. G. C. KJELDAHL am Carlsberg-Laboratorium in Kopenhagen; zu Studienzwecken weilte er mehrfach in Deutschland, Zürich und Wien. Obwohl ohne akademischen Grad, wurde J. 1892 Lektor und 1903 Prof. für Pflanzenphysiologie an der landwirtschaftlichen Hochschule in Kopenhagen; 1905 erfolgte seine Ernennung zum Prof. für Pflanzenphysiologie an der Univ. in Kopenhagen.

J. begann mit botanischen entwicklungsphysiologischen Forschungen über die Faktoren für den Eintritt oder die Verhinderung bestimmter Lebensprozesse der Pflanzen, um so Möglichkeiten für die Steuerung pflanzlicher Lebensvorgänge in die Hand zu bekommen. In diesem Zusammenhang untersuchte er die Faktoren, die zur Beendigung des Ruhestadiums von Knospen führen.

Sein bedeutendster Beitrag zur Vererbungsforschung war die Begründung der Lehre von den »reinen Linien« (1903), also der Nachkommenschaft sich selbst befruchtender Pflanzen. Es zeigte sich, daß die von einem sich selbst befruchtenden Individuum abstammenden Individuen, wie aus dem MENDEL-Schema zu erwarten ist, genetisch einheitlich (homozygot) werden und auftretende Unterschiede der Merkmalsausbildung nur nichterbliche »Modifikationen« (Begriff von E. BAUR) sind. Die Auslese solcher Modifikationen führt zu keiner Verschiebung in der Merkmalsausbildung der Linien.

J.s Forschungen stützten die Mutationstheorie von H. DE VRIES, weil sie den Unterschied zwischen erblichen und nichterblichen Abänderungen verdeutlichten. J.s Lehre von den »reinen Linien« war auch eine Erklärung für die von erfolgreichen Pflanzenzüchtern z. B. in der südschwed. Pflanzenzuchtstation Svalöf gewonnenen Erfahrungen, daß neue konstante Pflanzensorten von einzelnen abgeänderten Individuen viel rascher als durch Massenauslese gewonnen werden.

1909 erschien J.s bedeutendes Werk »Elemente der exakten Erblichkeitslehre«. Darin führte J. den Begriff »Gen«, abgeleitet von »Pangen« bei CH. DARWIN und DE VRIES, für die aus Kreuzungsexperimenten erschlossenen hypothetischen Erbanlagen eines Merkmals ein, aber auch solche wichtigen Begriffe wie den des »Genotypus« für die genetische Konstitution eines Organismus, d. h. die Gesamtheit seiner genetischen Information, und den des »Phänotypus« für das äußere Erscheinungsbild, das infolge unterschiedlicher Umwelteinflüsse auch bei Individuen mit den gleichen Erbfaktoren differieren kann. Wie W. BATESON verhielt sich J. kritisch zu der Auffassung, daß die »Gene« auf den Chromosomen lägen; er wollte die aus dem Kreuzungsexperiment erschlossenen Erbfaktoren nicht in bestimmten Zellbestandteilen lokalisiert wissen. Die Evolutionstheorie betrachtete G. zumindest zeitweilig als nicht exakte wissenschaftliche Angelegenheit, die nicht experimentell erschlossen werden kann, sondern als Domäne spekulativer Naturphilosophie.

In den 20er Jahren betonte J., daß man zwischen den verschiedenen Erbanlagen Wechselbeziehungen vermuten muß und sie auch als physiologisch funktionierende Gebilde, nicht nur als morphologische Einheiten zu betrachten wären. Zi

Literatur: Johannsen, W.: Über Erblichkeit in Populationen und in reinen Linien (Jena 1903), Elemente der exakten Erblichkeitslehre (Jena, 1. Aufl. 1909, 2. Aufl. 1926).

Joliot, JOLIOT-CURIE, Frédéric, Physiker, geb. 19. 3. 1900 Paris, gest. 14. 8. 1958 Paris.

J. zählt zu den führenden Kernphysikern der ersten Hälfte des 20. Jh. Mit seinen Arbeiten, unter denen die Entdeckung der künstlichen Radioaktivität herausragt, trug er entscheidend dazu bei, der Menschheit den Weg ins Atomzeitalter zu ebnen. Darüber hinaus ist sein Name aufs engste mit der Friedensbewegung und einem unermüdlichen Engagement für die friedliche Nutzung der Kernenergie verbunden.

Als siebentem Kind einer wenig bemittelten Kaufmannsfamilie war J. zunächst der direkte Weg einer wissenschaftlichen Karriere verschlossen. Der Achtzehnjährige entschloß sich deshalb für den praktischen Beruf eines Chemieing. und besuchte die vorbereitende École Lavoisier sowie ab 1920 die Hochschule für industrielle Physik und Chemie der Stadt Paris. Deren Direktor P. LANGEVIN erkannte J.s Begabung und beeinflußte dessen wissenschaftliche und persönliche Entwicklung entscheidend. Er vermittelte 1925 nach dem erfolgreichen Abschluß des Ingenieurstudiums J. als Praktikanten in das berühmte Radiuminstitut von M. CURIE. Hier lernte er I. CURIE, die Tochter P. und M. CURIES, kennen, die er 1926 heiratete. (Beide beschlossen, ihre Familiennamen zu vereinen.) 1930 promovierte J. mit einer Arbeit über die elektrochemischen Eigenschaften von Radioelementen und inaktiven Elementen in sehr verdünnten Lösungen. 1937 wurde J. Prof. am Pariser Collège de France, 1943 Mitgl. der Franz. Ak. d. Wiss. Nach dem Tod seiner Frau übernahm er 1956 noch zusätzlich den Lehrstuhl für Kernphysik und Radioaktivität der Sorbonne sowie die Leitung des Radiuminstituts.

J.s wissenschaftliches Schaffen konzentrierte sich ausschließlich auf das Gebiet der Kernphysik. Nach seiner Promotion standen vornehmlich Forschungen zu den charakteristischen Eigenschaften gewisser Radioelemente sowie die Untersuchung der beim Durchgang von Alphastrahlen hervorgerufenen Ionisierungserscheinungen in Gasen im Mittelpunkt seiner Interessen. Daneben beschäftigte er sich gemeinsam mit seiner Frau mit der weiteren Vervollkommnung der Herstellungstechnik radioaktiver Präparate. In diesem Zusammenhang gelang dem Forscherehepaar in jahrelanger Arbeit die Gewinnung beträchtlicher Mengen von Radium D (^{210}Pb) und Polonium, wodurch das Radiuminstitut in den Besitz außergewöhnlich intensiver Strahlungsquellen kam, was für J.s künftige Forschungen von großer Bedeutung war. Seit Beginn der 30er Jahre konzentrierte sich J. auf das Studium der BOTHE-BECKER-Strahlung, einer sehr harten Gammastrahlung, die beim Beschuß leichter Elemente, z. B. Lithium, Beryllium und Natrium, mit Alphateilchen entsteht. 1932 wiesen J. und seine Frau IRÈNE J. mit dieser Strahlung eine bisher in dieser Größe nicht bekannte Ionisierungswirkung nach und leisteten damit entscheidende Vorarbeiten für die Entdeckung des Neutrons durch J. CHADWICK.

In direkter Fortführung dieser Experimente hatten IRÈNE und J. 1934 den größten Erfolg ihrer wissenschaftlichen Laufbahn: die Entdeckung der künstlichen Radioaktivität. Bei der Bestrahlung von Aluminium und Bor mit Alphateilchen fanden sie, daß die Probe auch nach Aussetzen der Bestrahlung mehrere Minuten eine Strahlung emittierte. Damit war es erstmals gelungen, durch Bestrahlung eines Grundstoffes ein künstliches radioaktives Nuklid zu erzeugen. Am 15. 1. 1934 wurde vor der Pariser Ak. über die Experimente berichtet, und in den folgenden Wochen gelang dem Ehepaar auch der zweifelsfreie chemische Nachweis der durch den Alphabeschuß hervorgerufenen Umwandlung:

$$^{27}_{13}\mathrm{Al} + ^{4}_{2}\mathrm{He}\ (\alpha) \rightarrow ^{30}_{15}\mathrm{P} + ^{1}_{0}\mathrm{n}.$$

Der künstliche Radiophosphor verfügte über die gleichen chemischen Eigenschaften wie inaktiver Phosphor.

Das Ehepaar J. hatte mit seiner fundamentalen Entdekkung nicht nur den Weg zur Produktion künstlicher radioaktiver Isotope erschlossen, sondern zugleich auch der Erkenntnis vom Bau und den Eigenschaften der Materie grundlegend neue Perspektiven eröffnet. In den führenden physikalischen Laboratorien der Welt wurden ihre Experimente geprüft und weitergeführt. So gaben sie für E. FERMI den Anstoß zu seinen berühmten Transuraniumversuchen, und auch bei O. HAHN, L. MEITNER und F. STRASSMANN bildeten sie den Ausgangspunkt für die Untersuchungen zum Nachweis der Uraniumkernspaltung (Ende 1938).

Unmittelbar nach Bekanntwerden der HAHN-STRASSMANNschen Versuchsergebnisse konnte J. einen experimentellen physikalischen Nachweis für die Zertrümmerung des Uraniumkerns bei Neutronenbeschuß erbringen. Dabei erkannte er, daß das Phänomen der Uraniumspaltung im wesentlichen auf thermische Neutronen zurückzuführen ist. Gemeinsam mit H. v. HALBAN und L. KOWARSKI gelang außerdem der Nachweis, daß bei der Kernspaltung mehrere Neutronen freigesetzt werden und damit die Möglichkeit einer atomaren Kettenreaktion unter Freisetzung riesiger Energiemengen gegeben ist. J. und seine Mitarbeiter begannen sofort mit Versuchen, den Ablauf der Kettenreaktion so zu zügeln, daß der Spaltprozeß steuerbar und damit die gewaltige Energie für friedliche Zwecke nutzbar wird. Jedoch wurden erfolgversprechende Arbeiten zum Bau einer »Uranmaschine«, d. h. eines Kernreaktors durch die Besetzung Frankreichs abrupt unterbrochen. J. entschloß sich, in Frankreich zu bleiben; seine Mitarbeiter schickte er mit dem wichtigsten Gerät ins engl. Exil. J. konnte und wollte seine kernphysikalischen Arbeiten im besetzten Frankreich nicht im bisherigen Umfang weiterführen, so daß sich seine Forschungen in jenen Jahren auf allgemeinere physikalische Probleme konzentrierten. Sein Laboratorium gehörte

F. Joliot

J. P. Joule

zu den wichtigsten Zentren der franz. Widerstandsbewegung.

Bald nach der Befreiung Frankreichs durch die Alliierten wandte sich J. wieder seinen Plänen zur friedlichen Nutzung der Kernenergie zu. Die prinzipielle Möglichkeit hatte der nach den USA emigrierte FERMI bereits 1942 mit seinem Chicagoer Atommeiler nachgewiesen. Sechs Jahre später konnte J. den ersten Atomreaktor Westeuropas in Betrieb setzen. Seine Pläne für eine Energiegewinnung großen Stils – geplant waren Leistungsreaktoren bis zu 200 MW – konnte er jedoch nicht mehr ausführen. Aus politischen Gründen wurde er 1950 aus seinen öffentlichen Ämtern als Dir. des franz. Kernforschungszentrums sowie als Hoher Kommissar für Atomenergie entlassen. Ab 1951 stand er als erster Präsident dem Weltfriedensrat vor.

1935 hatte J. gemeinsam mit seiner Frau Irène für die Entdeckung der künstlich radioaktiven Nuklide den Nobelpreis für Chemie erhalten. 1951 wurde er mit dem Lenin-Friedenspreis geehrt. Ho

Literatur: Joliot-Curie, F.: Œuvres scientifiques completes (Paris 1961), Wissenschaft und Verantwortung. Ausgewählte Schriften (Berlin 1962).

Joule, James Prescott, Physiker, geb. 24. 12. 1818 Salford (Lancashire), gest. 11. 10. 1889 Sale (Cheshire).

J. entdeckte das Stromwärmegesetz und bestimmte experimentell das elektrische und mechanische Wärmeäquivalent und trug somit wesentlich zur Formulierung des allgemeinen Energieerhaltungsprinzips bei.

J. war der Sohn eines wohlhabenden Brauereibesitzers. Zusammen mit seinem älteren Bruder wurde er im Hause seines Vaters erzogen. Mit 15 Jahren begann er in der Brauerei seines Vaters zu arbeiten. Das förderte und fesselte sein wissenschaftliches und technisches Interesse ebenso wie die ersten Eisenbahnen auf der Strecke Manchester–Liverpool. 1834 entschloß sich der Vater, James und seinen älteren Bruder zu J. DALTON zum Chemiestudium zu schicken, wohl um ihnen wissenschaftliche Kenntnisse von industriellem Interesse vermitteln zu lassen. Neben Grundkenntnissen in Mathematik und Naturphilosophie machte DALTON seine Schüler mit der neuen Atomtheorie der Chemie vertraut. Er legte großen Wert auf systematische quantitative Messungen und Vergleiche zur Erforschung neuer Naturgesetze. 1837 mußte DALTON aus gesundheitlichen Gründen den Kurs abbrechen. J. begann sich nun selbständig mit wissenschaftlichen und technischen Fragen zu beschäftigen und richtete sich im Hause seines Vaters ein Laboratorium ein. Seine Bewerbung um eine Professur in St. Andrews (Schottland) war nicht erfolgreich, und so experimentierte J. zunächst auf eigene Kosten, später mit Unterstützung verschiedener wissenschaftlicher Körperschaften.

1838 begann J. unter dem Einfluß von W. STURGEON mit

K

Experimenten an Elektromagneten. Er glaubte anfangs, daß diese so verbessert werden könnten, daß sie eine unerschöpfliche Quelle mechanischer Arbeit werden und die Dampfmaschine ablösen könnten. In systematischen Versuchen entwickelte J. einen Eisenkern, der aus einzelnen Drähten zusammengesetzt war, und stellte sich die Aufgabe, eine günstigere Anordnung für die Spulen eines Elektromotors zu finden, mit der bei minimalem Stromverbrauch maximale Arbeitsleistung zu erzielen wäre. Auf dieser empirischen Basis gelang es ihm jedoch nicht, entscheidende Verbesserungen an magnetelektrischen Maschinen anzubringen. Zur Bestimmung von Arbeit, Leistung und Stromverbrauch erarbeitete J. eine Reihe quantitativer Verfahren. Als Praktiker verglich J. die Betriebskosten einer Dampfmaschine mit denen eines Elektromotors gleicher Leistungsfähigkeit und mußte eindeutig die derzeitige Überlegenheit der Dampfmaschine anerkennen. Ab 1840 untersuchte J. die Wärmewirkungen des Stromes, zunächst mit dem Ziel einer quantitativen Bestimmung des Stromes. Dabei fand er das nach ihm benannte Stromwärmegesetz. J. stellte der Gesamtheit der chemischen Veränderungen im Stromkreis die erzielte Wärmewirkung bei der Elektrolyse, im Leiter und im galvanischen Element gegenüber und bezog schließlich noch die bei der Elektrolyse geleistete mechanische Arbeit in die Betrachtungen ein. Aus dem Ergebnis schlußfolgerte J. die Proportionalität zwischen mechanischer und thermischer Energie. Seine theoretischen Überlegungen sind dabei teilweise auf ganz einfache Vorstellungen gegründet, und es ist erstaunlich, welche Schlußfolgerungen er aus nur wenigen Experimenten zog. Zur Bestimmung des mechanischen Wärmeäquivalents wählte er zunächst den Umweg über die Induktion und die Stromwärme, ehe er ab 1843, angeregt durch Versuche B. Thompsons, verschiedene Formen der Reibung nutzte, um mechanische Energie direkt in Wärme umzuwandeln. Er maß die Temperaturerhöhung von Wasser, das durch enge Röhren gepreßt wurde, und benutzte 1845 ein dem Gedankenexperiment J. R. Mayers aus dem Jahre 1842 ähnliches Verfahren zur praktischen Bestimmung des mechanischen Wärmeäquivalents. 1847 beschrieb J. den klassischen Versuch zur experimentellen Ermittlung dieser Größe: Mit einem Rührwerk wird einer bestimmten, thermisch isolierten Wassermenge eine definierte Menge mechanischer Energie zugeführt und die Temperaturerhöhung registriert. Dieses Experiment, das wesentlich das Energieprinzip untermauert, hat J. im Verlaufe seines Lebens mehrmals mit noch größerer Sorgfalt wiederholt, zuletzt 1875–1878 im Auftrag des British-Association Committee of Standards. 1847 bahnte sich eine freundschaftliche Zusammenarbeit zwischen J. und dem sechs Jahre jüngeren W. Thomson (Lord Kelvin) an. Beide entdeckten 1852 den Joule-Thomson-Effekt, der heute zur Gasverflüssigung und in der Kältetechnik angewendet wird. J. stand um 1850 im Zenit seiner wissenschaftlichen Leistungsfähigkeit. Der sich rasch entwickelnden, stark mathematisierten Thermodynamik vermochte er, anders als Thomson, nicht mehr in allen Einzelheiten zu folgen. Fk

Literatur: The Scientific Papers of James Prescott Joule, 2 Bde. (London 1884–1887).

Reynolds, O.: Memoir of James Prescott Joule, in: Mem. Proc. Manchester Lit. Philos. Soc. 4th. ser., Vol. 6 (Manchester 1892).

●

Kamerlingh Onnes, Heike, Physiker, geb. 21. 9. 1853 Groningen (Niederlande), gest. 21. 2. 1926 Leiden (Niederlande).

K. O. gilt als der Begründer der Tieftemperaturphysik; sein Laboratorium in Leiden war für wenigstens ein Vierteljahrhundert das führende Zentrum auf diesem Gebiet.

K. O., Sohn eines Ziegeleibesitzers, studierte 1870–1876 an der 1614 gegründeten Univ. von Groningen Physik und Mathematik. Drei Semester arbeitete er in Heidelberg bei R. W. Bunsen und G. R. Kirchhoff. Nach seiner Promotion über ein mechanisches Thema ging K. O. 1878 als Assistent von J. Bosscha an die Polytechnische Schule in Delft. In dieser Zeit lernte er den in Amsterdam wirkenden J. D. van der Waals kennen, was für seine weitere Arbeit richtungweisend werden sollte. 1882 wurde K. O. an die Univ. Leiden als Prof. für Experimentalphysik und Dir. des Physikalischen Laboratoriums berufen; 5 Jahre zuvor war mit H. A. Lorentz ein hervorragender Theoretiker gewonnen worden. Das Zusammenwirken beider Physiker machte Leiden für die nächsten Jahrzehnte zu einem physikalischen Zentrum Europas.

Mit seiner Berufung nach Leiden machte sich K. O. die experimentelle Bestätigung der van-der-Waalsschen Gastheorie und insbesondere des Gesetzes der korrespondierenden Zustände zur Hauptaufgabe. Im Rahmen dieser Arbeiten schuf K. O. zunächst die experimentellen Voraussetzungen. Um einen größtmöglichen Temperaturbereich messend erfassen zu können, war es für die Arbeit bei tiefen Temperaturen notwendig, verflüssigte Gase in ausreichender Menge zur Verfügung zu haben. Die erste Etappe im Aufbau des »Kryo-Labors« bestand also darin, eine leistungsfähige Anlage zur Gasverflüssigung aufzubauen; sie wurde 1894 realisiert. K. O. stützte sich dabei auf die Kaskadenmethode. Bei jeder Ausbaustufe führte er gründliche Messungen durch und untersuchte die optischen, elektrischen und magnetischen Eigenschaften verschiedenartigster Stoffe, ohne spektakuläre schnelle Erfolge in der Verflüssigung weiterer Gase anzustreben (worin in dieser Zeit andere Wissenschaftler erfolgreich waren). Um die experimentellen Resultate bezüglich der Gase quantitativ besser erfassen zu können, modifizierte K. O. die van-der-Waalssche Gleichung in einer geeigneten Reihenentwicklung. Am 10. Juli 1908 gelang ihm erstmals die Verflüssigung des Edelgases Helium (Siedetemperatur 4,2 K). Als tiefste Temperatur erreichte K. O. 1910 1,04 K.

Seit 1902 beschäftigte sich K. O. mit der Temperaturabhängigkeit des Metallwiderstandes. Eine Hypothese war damals, daß der Metallwiderstand kontinuierlich abnehmen und beim absoluten Nullpunkt gänzlich verschwinden würde. K. O.s Messungen führten aber 1911 zu der Entdekkung, daß bereits vor dem absoluten Nullpunkt (bei einer für jeden Stoff charakteristischen Sprungtemperatur) bei verschiedenen Metallen der elektrische Widerstand plötzlich auf einen unmeßbar kleinen Wert absinkt. 1913 nannte K. O. dieses Phänomen Supraleitung.

Seit 1901 war, von K. O. gegründet, eine Schule für Präzisionsmechanik seinem Institut angeschlossen, die internationalen Ruf hatte. Die von seinem Institut seit 1891 herausgegebenen »Communications« waren die erste Ztschr. für Tieftemperaturphysik.

Für seine Arbeiten über die Eigenschaften der Körper bei tiefen Temperaturen erhielt K. O. 1913 den Nobelpreis für Physik. Ka

Literatur: Die meisten Arbeiten von Kamerlingh Onnes sind enthalten in: Proceedings of the Section of Sciences (ab 1884), Verhandelingen der Koninklijke Akademie van Wetenschappen te Amsterdam (ab 1881) und Communications des Physikalischen Laboratoriums der Universität Leiden (ab 1891).

Cohen, E.: Kamerlingh Onnes Memorial Lecture, in: J. Chem. Soc. (London 1927), 1193–1209; Donnan, F. G.: Heike Kamerlingh Onnes - 1853–1926, in: Proc. Royal Soc. of London 113 A (1927) 765, i–vi; Haas-Lorentz, G. L. de: Heike Kamerlingh Onnes, in: Naturwiss. 14 (1926) 20, 441–445; Kant, H.: Auf dem Wege zur Tieftemperaturphysik, in: Physik in der Schule 16 (1978) 9, 353–362.

Kant, Immanuel, Philosoph, geb. 22. 4. 1724 Königsberg (Kaliningrad), gest. 12. 2. 1804 Königsberg.

K. begründete die klassische deutsche Philosophie. In seinem enzyklopädisch angelegten System des transzendentalen Idealismus mißt er, ausgehend von einer Kritik bisheriger Denkweisen, insbesondere der rationalistischen Metaphysik, das Leistungsvermögen und die Grenzen der menschlichen Vernunft aus. Sein Lebenswerk umfaßt naturphilosophisch und naturwissenschaftlich orientierte, wissenschaftstheoretische und erkenntnistheoretische, moral- und geschichtsphilosophische Werke gleichermaßen wie auch Ästhetik, Rechtsphilosophie, Religionsphilosophie und politische sowie pädagogische Schriften. K. übte tiefgreifenden Einfluß nicht nur auf die unmittelbar nachfolgende Philosophie von J. G. Fichte, F. W. J. Schelling und G. W. F. Hegel aus, sondern auch auf die spätbürgerliche Philosophie bis hin zur Gegenwart.

K., das vierte von elf Kindern eines Sattlermeisters, studierte 1740–1746 an der Univ. Königsberg vorwiegend naturwissenschaftliche, mathematische und philosophische Fächer; insbesondere durch M. Knutzen wurde er mit der Naturphilosophie von I. Newton und G. W. Leibniz bekannt. Nach des Vaters Tod zwang ihn Armut, sieben Jahre lang als Hauslehrer tätig zu sein. K. promovierte 1755 zum Magister, habilitierte sich im gleichen Jahr und lehrte 15 Jahre mit großem Erfolg als Privatdoz. an der Univ. Königsberg. Seine Vorlesungs- und Kollegiumstätigkeit war außerordentlich weitgespannt und umfaßte Mathematik, Physik, Logik, Metaphysik, Moralphilosophie, Geographie, Geschichtsphilosophie, Anthropologie, Naturrecht, Religionsphilosophie und Pädagogik. Erst 1770 wurde K., der verschiedene Berufungsanträge anderer Univ. abgelehnt hatte, o. Prof. in Königsberg; 1786–1788 bekleidete er das Amt des Rektors; 1796 legte er die Vorlesungstätigkeit nieder.

K.s naturwissenschaftliche Arbeiten gehören vorwiegend seiner frühen Schaffensperiode an; bedeutendste Leistung ist seine Kosmogonie, die er 1755 als »Allgemeine Naturgeschichte und Theorie des Himmels oder Versuch von der Verfassung und dem mechanischen Ursprunge des gesamten Weltgebäudes nach Newtons Grundsätzen abgehandelt« herausbrachte und deren Hauptergebnisse er 1763 unter anderem Titel erneut publizierte. Anknüpfend an N. Copernicus, G. Galilei, G. Bruno, Newton, Leibniz, Th. Wright of Durham, J. Bradley u. a. entwickelte K. revolutionäre Ideen, in denen er die Hypothese von der systematischen Verfassung des Fixsternhimmels mit dem Gedanken verband, daß die Sonnensysteme, die Galaxien und die Metagalaxis aus rotierendem, sich verdichtendem Urnebel periodisch entstehen und vergehen. Diese Urmaterie ist nach K. mit einer unendlichen Vielheit von Qualitäten so-

H. Kamerlingh Onnes

I. Kant

wie mit Selbstbewegungsfähigkeit ausgestattet; aus der zunächst chaotischen Bewegung bilden sich gemäß dem Newtonschen Gravitationsgesetz gesetzmäßige Abläufe, Anziehung, Verdichtung, Rotation von Massen. K. entwickelte den Gedanken der Wechselbeziehung von Attraktion und Repulsion und vermied aufgrund der Idee des ständigen Entstehens und Vergehens den Gedanken des periodischen Eingreifens Gottes in das Geschehen, den Newton noch als nötig erachtet hatte, um die Stabilität des Sonnensystems zu erklären. Wenn auch K.s Angaben über Entfernungen, Umlaufbahnen und Dichte der Planeten nicht den wirklichen Werten entsprachen, so schlug seine Hypothese doch eine erste Bresche in die metaphysische Naturauffassung. Trotz der Übereinstimmung im Grundsätzlichen differierte K.s kosmogonische Theorie zu der späteren 1796 von P. S. Laplace entwickelten; K. vertrat eine Theorie der Entstehung und Entwicklung des Kosmos, während Laplace sich auf die Genesis unseres Planetensystems beschränkte.

Bemerkenswert sind K.s Auffassungen von der dialektischen Beziehung zwischen Materie, Bewegung, Raum und Zeit; er näherte sich dem Gedanken, daß Raum und Zeit Daseinsweisen der Materie und von dieser strukturiert seien. Diese Auffassungen aus seiner Frühzeit gibt K. auch in der späteren, sogenannten kritischen Periode seines Schaffens nicht auf, interpretiert sie dann allerdings als subjektive Urteils- und Anschauungsweise. Hatte K. in jüngeren Jahren mehrdimensionale Geometrie wenigstens erörtert, so erklärte er in der »Kritik der reinen Vernunft« (1781) den dreidimensionalen euklidischen Raum als schlechthin notwendig, da er den Raum als Anschauungsform der Menschen bestimmt; bei dem großen Einfluß der K.schen Philosophie hat dies die Anerkennung der nichteuklidischen Geometrie im 19. Jh. erheblich erschwert, obwohl z. B. C. F. Gauss sich in diesem Punkte deutlich, wenn auch nur brieflich, von K. distanziert hat. Dabei wurde offensichtlich übersehen, daß die Fragestellung K.s nicht auf mathematische Konstruktionsmöglichkeit, sondern auf das erkenntnistheoretische Problem des Anschauungsvermögens zielte.

Mit der Hinwendung zur kritischen Philosophie in den 60er Jahren, die mit der »Kritik der reinen Vernunft« (1781) ihren ersten großen Höhepunkt fand und die K. selbst mit einer kopernikanischen Wende verglichen hatte, rückte eine erkenntnistheoretische Fragestellung in den Vordergrund: Ehe man über die Gegenstände urteilt, müsse man die a priori (von vornherein) im Erkenntnisvermögen des Menschen liegenden Bedingungen des Erkennens untersuchen. Hatte K. bisher Wissenschaft, auch Newtons Physik, vorrangig als empirisch begründete Erfahrungswissenschaft aufgefaßt, so akzentuierte er nunmehr das Problem der theoretischen Voraussetzungen, der Hypothesen, der Kategorien für die Interpretation von Erfahrungen. Mathematik, aber auch Moralphilosophie, sind ihm Beweise für die Existenz von apriorischen Wissenschaften. Es ergibt sich aber die Frage, wie reine Mathematik, wie synthetische Urteile a priori möglich sind. Da auch mathematische Urteile zumindest zur Demonstration der empirischen Anschauung, also der Erfahrung bedürfen, fordert der oberste Grundsatz aller synthetischen Urteile immer den Erfahrungsbezug. Die Möglichkeit synthetischer Urteile a priori bei K. bedeutet: Wie ist ihr Gebrauch? Dieser erweist sich als auf das Erfahrungsfeld beschränkt, aber als unendlich erweiterbar. Die Verstandesgrundsätze a priori verbürgen den Wahrheitsgehalt der Erfahrungsurteile, aber Erfahrung verbürgt die Gegebenheit der Gegenstände. K. faßte das Erkennen als tätigen prozeßhaften Vorgang auf, er entwickelte den Gedanken der Einheit der Wissenschaft und ihrer integrativen Funktion. Bezeichnend für die Modernität seiner Wissenschaftskonzeption ist der Gedanke, daß in einer besonderen Naturlehre »nur so viel eigentliche Wissenschaft angetroffen werden könne, wie darin Mathematik anzutreffen ist« (Metaphysische Anfangsgründe der Naturwissenschaft; Königsberg 1786), was aber keine Unterschätzung eines qualitativ bestimmten Naturbildes bedeutet. Th

Literatur: Kant, I.: Gesammelte Schriften (Hrsg. Preuß. Ak. d. Wiss., Berlin 1900ff), Immanuel Kants sämtliche Werke in sechs Bänden (Hrsg. F. Groß, Leipzig 1922), Allgemeine Naturgeschichte und Theorie des Himmels (Hrsg. G. Klaus, Berlin 1955).

Buhr, M.: Immanuel Kant. Einführung in Leben und Werk (Leipzig 1969); Thom, M.: Immanuel Kant (2., erweiterte Aufl., Leipzig/Jena/Berlin 1978).

Kapiza (Kapica), Pjotr Leonidowitsch, Physiker, geb. 26.6.(8.7.) 1894 Kronstadt, gest. 8.4.1984 Moskau.

K. verkörperte noch den Typ des universellen Gelehrten, der in fast idealer Weise das Talent eines glänzenden Theoretikers mit dem des überragenden Experimentators, Ingenieurs und Organisators der Wissenschaft vereint. Sein Schaffen berührt viele Bereiche der modernen Physik, wobei seine Forschungen zur Tieftemperaturphysik, die in der Entdeckung der Suprafluidität des Helium II gipfelten, von besonderer Bedeutung sind. Auch sein richtungweisender Beitrag zur apparativen Entwicklung der Physik hat deren Bild wesentlich geprägt.

K., Sohn eines Militäringenieurs, verlebte seine Jugend- und Studentenjahre in St. Petersburg (Leningrad), wo er zunächst die Realschule (1912) und sechs Jahre später ein Physikstudium am Polytechnikum mit großem Erfolg abschloß. 1921 erhielt K. von der sowjet. Regierung ein Stipendium, um seine Ausbildung an den führenden Forschungszentren Westeuropas zu vervollkommnen. Durch die Vermittlung seines Lehrers A. F. Ioffe fand er Aufnahme am weltbekannten Cavendish-Laboratorium der Univ. Cambridge, wo er schnell zum Lieblingsschüler des Direktors, E. Rutherford, aufstieg. In den 13 Jahren, die K. in Großbritannien blieb – zuletzt war er stellvertretender Dir. des Instituts und Leiter des Ludwig-Mond-Laboratoriums – profilierte er sich unter Anleitung seines Lehrers zu einem weltweit anerkannten Wissenschaftler. Nach der 1934 erfolgten Rückkehr in seine Heimat gründete K. in Moskau das Akademie-Institut für physikalische Studien, das er bis zu seinem Tode leitete. Für den Aufbau des Instituts wurden dem Gelehrten seitens der sowjet. Regierung großzügige Mittel zur Verfügung gestellt; so konnte er die gesamte sehr teure Ausrüstung seines Cambridger Laboratoriums übernehmen und damit in Moskau die dort begonnenen Forschungen relativ problemlos fortführen.

Bereits als junger Assistent bei Ioffe hatte K. auf sein Talent aufmerksam gemacht, als er gemeinsam mit N. N. Semjonow eine Methode zur Bestimmung des magnetischen Momentes von Atomen entwickelte, die vom Prinzip her den berühmt gewordenen Stern-Gerlach-Versuch vorweg nahm. In Cambridge konzentrierten sich die Forschungen zunächst auf atom- und kernphysikalische Fragen (Energie- und Impulsmessungen von Alphateilchen), doch führten ihn seine Experimente schon bald weit darüber hinaus. Sein eigentliches Arbeitsgebiet wurde das Studium der physikalischen Eigenschaften von Stoffen in starken Magnetfeldern. Bei diesen Experimenten mit superstarken Magnetfeldern – mit Feldstärken von mehr als $4 \cdot 10^6\,A\,m^{-1}$ hielt er mehrere Jahre den Weltrekord auf diesem Gebiet – entdeckte er die lineare Veränderung des elektrischen Widerstandes von Metallen im Magnetfeld. Da die Magnetfeldexperimente nur unter Anwendung tiefer Temperaturen ausgeführt werden konnten, war es nur ein kurzer Schritt zur Tieftemperaturphysik. Seit den 30er Jahren machte diese den Schwerpunkt seines Schaffens aus, und K. entwickelte an seinem Moskauer Institut Methoden zur Gasverflüssigung im großen Maßstab, die die Technik dieses Gebietes revolutionierten. Daneben erweiterten sie auch die generellen Forschungsmöglichkeiten der damaligen Kältephysik. Hier beschäftigten K. vor allem die physikalischen Eigenschaften des flüssigen Heliums. In einer Serie brillanter Experimente konnte er zahlreiche wichtige Erkenntnisse über das Verhalten dieser Flüssigkeit erbringen. Am bedeutsamsten erwies sich dabei die Entdeckung (1937), daß sich Helium unterhalb einer Temperatur von etwa 2 K und einem Druck von etwa 0,4 MPa wie eine Flüssigkeit mit verschwindender Viskosität verhält, d. h., daß es praktisch reibungsfrei fließt (superfluider Zustand). Die Entdeckung der Suprafluidität stieß bei den Physikern sofort auf großes Interesse und regte L. D. Landau, der seit 1937 »Haus-Theoretiker« am Kapiza-Institut war, zur Ausarbeitung erster theoretischer Vorstellungen an.

Neben diesen Arbeiten zur Tieftemperaturphysik hat K. noch mit einer Fülle weiterer Leistungen zum physikalischen Fortschritt beigetragen, z. B. mit Forschungen auf den Gebieten der Elektronik hoher Leistungen und der Plasmaphysik; hier entwickelte er das Konzept eines thermonuklearen Reaktors mit einem im Hochfrequenzfeld frei schwebenden Plasmafaden.

Für K. waren die Errungenschaften der Wissenschaft ausschließlich in den Dienst des Menschen zu stellen, so daß er ihren militärischen Mißbrauch konsequent ablehnte. Als Mitgl. der internationalen Pugwash-Bewegung warnte er wiederholt vor dem atomaren Wettrüsten; auch sonst hat er engagiert und kritisch zu den unterschiedlichsten Problemen gegenwärtiger Wissenschafts- und Gesellschaftsentwicklung Stellung bezogen. K. war unter dem stalinistischen Regime mehrfach Repressalien ausgesetzt.

K. war Mitgl. von mehr als 30 wissenschaftlichen Gesellschaften und Akademien – darunter auch der »Leopoldina« –, Träger hoher wissenschaftlicher Auszeichnungen, z. B. Maxwell-Preis (1923), Helmholtz-Medaille (1981); der Nobelpreis wurde ihm allerdings erst 1978 im hohen Alter für seine Tieftemperaturforschungen und insbesondere für die Entdeckung der Suprafluidität verliehen. Ho

Literatur: Collected Papers of P. L. Kapiza, 2 Bde. (Hrsg. D. ter Haar, Oxford/London 1964), Kapica, P. L.: Experiment – Theorie – Praxis, Aufsätze und Reden (Berlin 1984).

Badash, L.: Kapitza, Rutherford and the Kremlin (New Haven 1985); Dobrovolskij, E. N.: Počerk Kapicy (Moskau 1968); Hoffmann, D.: P. L. Kapiza, in: Physik in der Schule 16 (1978) 12, 497–501; Pjotr L. Kapica und Max Born. Begegnung zweier Lebenswege, in: Institut für Theorie, Geschichte und Organisation der Wissenschaft der AdW der DDR, Kolloquien, Heft 48 (Berlin 1985); Kedrov, F.: Kapica – Žisn i otkrytiâ (Moskau 1979).

Kapp, Gisbert John Edward, Elektrotechniker, geb. 2.9.1852 Mauer bei Wien, gest. 10.8.1922 Birmingham.

K., ein Pionier der Elektrotechnik, beschäftigte sich als einer der ersten mit den Grundlagen, der Berechnung, der Theorie und den Konstruktionsprinzipien elektrischer Maschinen.

K., Sohn eines Gubernalrates, studierte am Züricher Polytechnikum Maschinenbau. Danach war er in Augsburg, Wien und dem damals österreich. Pola (Pula, Jugoslawien), 1875 bei Gwynne & Co. (Hammersmith) und bei Hornsby & Sons (London) auf dem Gebiet des Maschinenbaus tätig.

Seit 1882 beschäftigte sich K. als Dir. bei Crompton & Co. (Chelmsford) mit der Theorie und der Konstruktion von Dynamomaschinen sowie mit der Kraftübertragung. Er hielt in England viele Vorträge vor der Society of Telegraph Engineers, der Institution of Electrical Engineers, der Institution of Civil Engineers und der Society of Arts. Von seinen zahlreichen Büchern wurden einige auch in Deutschland verlegt, z. B. »Elektromechanische Konstruktionen«, bei Berücksichtigung des damaligen Standes der Technik ein Meisterwerk auf dem Gebiet des Entwurfes und der Berechnung elektrischer Maschinen und Apparate. Seit 1885 war K. in London als »consulting engineer« tätig, bis er 1894 die Redaktion der »Elektrotechnischen Ztschr.« und das Generalsekretariat des Verbandes Deutscher Elektrotechniker übernahm. Gleichzeitig las er als Privatdoz. an der TH Berlin über Berechnung und Bau von Dynamomaschinen und Transformatoren. Noch heute bedient man sich bei der analytischen Behandlung des Transformators des Kappschen Dreiecks als Teil des Zeigerbildes eines belasteten Trafos. 1905 folgte K., zum Bedauern der deutschen Elektrotechniker, einem an ihn ergangenen Ruf an die Univ. Birmingham, wo er als Prof. für Elektrotechnik trotz eines quälenden asthmatischen Leidens bis zur Emeritierung im Jahre 1921 lehrte. Ferner war er in England beratend tätig.

K., der eigene Verdienste nie hervorhob, wurde von den TH Dresden und Karlsruhe durch Verleihung des Dr.-Ing. e.h. ausgezeichnet; in England erwarb er dreimal hintereinander die Telford-Medaille. Schu

Literatur: Kapp, G.: Über die Vorausbestimmung des Spannungsabfalls bei Transformatoren, in: ETZ 16 (1895), 260, Ein Beitrag zur Vorausberechnung der Streuung in Transformatoren, in: ETZ 19 (1898), 144, Dynamomaschinen für Gleich- und Wechselstrom (3. Aufl. Berlin u. München 1899), Elektromechanische Konstruktionen (2. Aufl. Berlin 1902), Normalien, Vorschriften und Leitsätze (2. Aufl. Berlin 1905), Transformatoren für Wechselstrom und Drehstrom (3. Aufl. Berlin 1907).

Perlewitz, K.: Gisbert Kapp, in: ETZ 43 (1922) 36, 1129.

Kapteyn, Jacobus Cornelius, Astronom, geb. 19.1.1851 Barneveld (Niederlande), gest. 18.6.1922 Amsterdam.

K. gehört zu den bedeutendsten Astronomen des 20. Jh., der vor allem in seinen Beiträgen über die Struktur des Sternsystems methodisch bedeutsame Ansätze zur Stellarstatistik entwickelte.

K. war das neunte von fünfzehn Kindern eines Dorfschuldirektors. Da er nach dem Studium der Physik und Mathematik keine Anstellung fand, entschloß er sich, als Observator an der Sternwarte zu Leyden zu arbeiten. Fachliche Voraussetzungen hierfür brachte er von der Ausbildung nicht mit. 1878 erhielt er den Lehrstuhl für Astronomie und Theoretische Mechanik an der Univ. Groningen, den er bis 1921 innehatte.

K. entwickelte bei seinen astronomischen Arbeiten zahlreiche neue und originelle Methoden. Da es in Groningen keine Sternwarte gab, sah er sich gezwungen, hauptsächlich

P. L. Kapiza

G. J. E. Kapp

solche Probleme zu bearbeiten, die unmittelbarer eigener Beobachtung nicht bedurften. Zunächst beteiligte er sich mit Rechenarbeiten an der Herstellung einer photographischen Himmelskarte, an der D. Gill, der Dir. der Kap-Sternwarte, seit 1885 arbeitete. K. entwickelte für dieses Unternehmen auch ein neuartiges Meßgerät, durch das die zeitaufwendige Umrechnung der rechtwinkligen Plattenkoordinaten in die sphärischen Koordinaten entfiel. Bei diesen umfangreichen Arbeiten, für die er mit der Goldmedaille der Royal Astronomical Society ausgezeichnet wurde, wurde er auf das Problem der Struktur des Sternsystems aufmerksam. Diese Fragestellung, die letztlich auf die Bestimmung der Anzahl der Sterne je Volumeneinheit des Weltalls als Funktion des Abstandes von der Sonne hinausläuft, war seit den Bemühungen F. W. Herschels einer Lösung nicht wesentlich näher gekommen. K. setzte sich zum Ziel, diese Fragen zu untersuchen, und entwickelte in zahlreichen Veröffentlichungen die Grundlagen der modernen Stellarstatistik.

In diesem Zusammenhang entstand auch die Kapteynsche Methode der säkularen Parallaxen, die allerdings keine individuellen Sternentfernungen liefert. Für die Zwecke K.s war sie aber ein wichtiges Hilfsmittel zur Erforschung der Struktur des Sternsystems. Nachdem K. entsprechend den Erkenntnissen seiner Zeit die Verteilung der Leuchtkräfte der Sterne (Leuchtkraftfunktion) ermittelt hatte, wendete er sich der letztlich gesuchten Dichtefunktion zu. In Unkenntnis der Existenz einer lichtabsorbierenden interstellaren Materie vernachlässigte er allerdings deren Einfluß. Das von ihm entwickelte Kapteynsche Schema, ein geschickt erdachtes numerisches Verfahren der Stellarstatistik, lieferte das Bild einer nach allen Seiten abnehmenden Sterndichte im Raum, wobei diese Abnahme in Richtung zu den galaktischen Polen wesentlich schneller erfolgte als zum galaktischen Äquator.

1904 gab K. die Entdeckung der Sternströme bekannt. Aus der Analyse der Eigenbewegungen der Sterne fand er, daß die Bewegungen der Sterne Vorzugsrichtungen aufweisen, die er als zwei sich gegenseitig durchdringende Sternströme interpretierte. Dieses Problem ist heute bedeutungslos, da die Sternströme infolge unterschiedlich stark elliptischer Bahnen der Sterne um das galaktische Zentrum nur vorgetäuscht werden. Um tragfähige Unterlagen für stellarstatistische Untersuchungen zu erhalten, regte K. 1906 den Plan der ausgewählten Felder (Plan of Selected Areas) an: In 206 ausgewählten Himmelsfeldern sollten unter Mitarbeit zahlreicher Observatorien alle zugänglichen Daten von rund 100000 Sternen erfaßt werden. Das Unternehmen zog sich Jahrzehnte hin und führte letztlich zu keinem anderen Bild von der Struktur des Sternsystems als die früheren Forschungen.

Historisch erwies sich das von K. mit seinen Methoden erforschte räumliche Gebiet als ein lokales Sternsystem, während die Dimensionen der Galaxis insgesamt wesentlich darüber hinausgehen, wie H. SHAPLEY aus der Verteilung der Kugelsternhaufen schloß.

Ungeachtet dieser historisch bedingten Mängel ist K. einer der Pioniere der Stellarstatistik und hat die Erforschung der Struktur des Sternsystems nachhaltig beeinflußt. Her

Literatur: Wichtigste Originalveröffentlichungen bringt Sitter, W. de, in: Hemel en damkring, 20 (1922), 98–110.

Kegel, Karl, Montanwissenschaftler, geb. 19.5.1876 Magdeburg, gest. 5.3.1959 Freiberg (Sachsen).

K. gilt als der letzte Polyhistor der Bergbaukunde, indem er diese Technikwissenschaft auf verschiedenen Teilgebieten entscheidend geprägt und zur Herausbildung mehrerer montanwissenschaftlicher Spezialdisziplinen, z.B. der bergmännischen Wasserwirtschaft, der bergmännischen Gebirgsmechanik und der Brikettierkunde, wesentliche Beiträge geleistet hat.

K., Sohn eines Schichtmeisters (Bergbeamter), durchlief eine Lehrzeit im Mansfelder Kupferschieferbergbau, absolvierte 1898 die Bergschule Eisleben mit dem Betriebsführerzeugnis und studierte nach kurzer praktischer Tätigkeit im Braunkohlenbergbau 1901–1904 an der Bergakademie Berlin. 1906–1918 war er als Bergschullehrer in Bochum tätig und dabei besonders mit den Problemen des Steinkohlenbergbaus konfrontiert. Mit seiner Berufung auf die Bergbaukunde-Professur an der Bergakademie Freiberg 1918 machte K. den Braunkohlenbergbau und die Brikettierkunde an dieser Hochschule heimisch. Obwohl schon im Ruhestand, übernahm er bei Wiedereröffnung der Bergakademie nach dem zweiten Weltkrieg von 1946 an nochmals voll die von ihm jahrzehntelang an der Bergakademie vertretenen Fachgebiete bis 1950, führte aber seine Forschungsarbeiten, z. B. auf dem Gebiet der Gebirgsmechanik, bis in sein letztes Lebensjahr fort. 1949 erhielt er den Nationalpreis der DDR und wurde Mitgl. der damaligen DAdW, 1952 wurde er von der TH Aachen mit der Ehrendoktorwürde geehrt.

K. hat im praktischen Bergbau an auftretenden Problemen wie z. B. Böschungsrutschungen gutachtlich mitgewirkt, wissenschaftlich die Gebiete seiner Professur in voller Breite vertreten und durch zahlreiche Spezialarbeiten gefördert, einige Spezialdisziplinen aber besonders bahnbrechend entwickelt. Die bergmännische Wasserwirtschaft behandelte er 1912 in seinem gleichnamigen ersten Buch, das damals und auf Jahrzehnte hinaus praktische Bedürfnisse der Industrie erfüllte. Der Braunkohlentiefbau fand unter stark wasserführendem und dadurch gefährlichem Deckgebirge statt, der Tagebau mußte den Abraum vor dem Abbaggern entwässern. Bergbaubetriebe, die den Grundwasserspiegel der Umgebung absenkten, mußten für die betroffenen Gemeinden neue Wasserversorgungen schaffen. Für all diese Fragen entwickelte K. in seinem Buch die wasserwirtschaftlichen Grundlagen. In dem 1941 erschienenen Buch »Bergmännische Gebirgsmechanik« hat er unter anderem zur Erklärung der gesetzmäßigen Absenkung des Deckgebirges über Abbauhohlräumen die Plattentheorie aufgestellt, die die Senkung der Deckgebirgsschichten mechanisch mit der Durchbiegung einseitig eingespannter Platten vergleicht (Abb.). K.s Plattentheorie war eine der klassischen Theorien der bergmännischen Gebirgsmechanik in deren Herausbildungsphase als Spezialdisziplin der Montanwissenschaften. In der Brikettierkunde stellte K. 1902/03 in seinen ersten Veröffentlichungen zur Interpretation der Bildung der Braunkohlenbriketts die Theorie der Brikettbildung durch molekulare Nahkräfte auf, die sich damals gegen andere gegensätzliche Theorien durchsetzte und die – durch K. selbst etwas modifiziert – noch heute die wissenschaftliche Grundlage der Brikettierkunde ist. Mit seinem »Lehrb. der Bergwirtschaft« erzog K. seine Schüler zu ökonomischem Denken im einzelnen Bergbaubetrieb. Wb

Schematischer Schnitt durch einen Abbau-Hohlraum in einem Steinkohlenflöz mit einer auf Biegung beanspruchten Sandsteinschicht darüber

Literatur: Kegel, K.: Die Entstehung des Braunkohlenbriketts, in: Glückauf 38 (1902), 645–647, Bergmännische Wasserwirtschaft (Halle/S. 1912, 2. Aufl. 1938, 3. Aufl. 1950), Bergmännische Gebirgsmechanik (Halle/S. 1941, 2. Aufl. 1950), Lehrb. der Bergwirtschaft (Berlin 1931), Handb. für Brikettierung (Halle/S. 1948), Lehrb. des Braunkohlentagebaues (Halle/S. 1953).

Rammler, E.: Zur Geschichte der Theorie der bindemittellosen Brikettierung von Braunkohle. Freib. Forsch. A 60 (Festschrift Karl Kegel), 127–150 (Berlin 1957); Mühlfriedel, W., Matschak, H., Rammler, E. u. a.: Karl Kegel, 1876–1959. Festschrift aus Anlaß seines 100. Geburtstages. Freib. Forsch. A 555 (Leipzig 1976).

Kekulé von Stradonitz, Friedrich August, Chemiker, geb. 7.9.1829 Darmstadt, gest. 13.7.1896 Bonn.

K. formulierte die Grundlagen der Valenztheorie, an deren Ausbau er maßgeblich beteiligt war, postulierte die Vierwertigkeit des Kohlenstoffs, erkannte dessen Fähigkeit, ketten- und ringförmige Verbindungen zu bilden, und wies für das Benzen, den Grundkörper der aromatischen Verbindungen, eine ringförmige Struktur nach.

K. entstammte einer Beamtenfamilie. Er studierte 1847/48 und 1849–1851 zunächst Architektur, dann Chemie an der Univ. Gießen, 1848/49 an der höheren Gewerbeschule (der nachmaligen TH) Darmstadt. 1851/52 weilte er zu Studienzwecken in Paris. 1852 wurde er in Gießen promoviert und war 1852/53 Privatassistent bei A. v. PLANTA in der Schweiz und 1853–1855 bei J. STENHOUSE in London. 1856 habilitierte er sich an der Univ. Heidelberg. Hier lehrte er 1856–1858 als Privatdoz. organische Chemie. 1858–1867 war er Prof. der Chemie an der Reichsuniv. Gent (Belgien) und 1867–1896 an der Univ. Bonn. Dort wirkte er als Dir. des Chemischen Instituts, als Dekan der philosophischen Fakultät 1875/76 und als Rektor 1877/78.

Bei seinen Studien in Paris, einem damaligen Zentrum chemischer Forschung und chemisch-theoretischer Arbeit, lernte K. persönlich J. B. DUMAS, A. CAHOURS, A. WURTZ und den Mitbegründer der Typentheorie, CH. GERHARDT, kennen. Mit letzterem verband ihn bis zu dessen frühem Tode herzliche Freundschaft.

K. entwickelte die Typentheorie weiter und konnte aus ihr heraus zu einer höheren Qualität chemischer Erkenntnis, später Valenztheorie genannt, gelangen. Zu diesem Erkenntnisfortschritt trug auch sein Aufenthalt in London in starkem Maße bei, konnte er doch hier mit den berühmtesten englischen Chemikern, vor allem A. W. WILLIAMSON, W. ODLING und E. FRANKLAND sowie dem damals in London wirkenden A. W. v. HOFMANN, seine Ansichten diskutieren und präzisieren.

J. C. Kapteyn

K. Kegel

F. A. Kekulé von Stradonitz

F. G. Keller

Die Entdeckung der Thiacetsäure im Jahre 1854, die K. zu einer auch theoretische Aspekte berücksichtigenden Veröffentlichung nutzte, war Ausgangspunkt der Valenztheorie. Sie wurde in den Jahren 1857–1859 vervollkommnet, der Kohlenstoff als vierwertig erkannt.

Da K. in dieser Zeit auch mit dem Manuskript zu seinem »Lehrb. der organischen Chemie oder der Chemie der Kohlenstoffverbindungen« begann, entwickelte sich mit der Notwendigkeit, die Erkenntnisse seiner Zeit systematisch und anschaulich darstellen zu müssen, eine Form des dialektischen Herangehens an Probleme, die K. und viele seiner Schüler zur wissenschaftlichen Methodik nutzten. Diese bestand im ständigen Gedankenaustausch mit Kollegen und – in der Vorlesung – mit Studenten, in Versuchen zur Klärung von Sachverhalten durch das Experiment, in der Präzisierung der Arbeitshypothesen anhand der experimentellen Ergebnisse, in der Entwicklung neuer theoretischer Vorstellungen und deren Niederschrift in Veröffentlichungen und im Lehrb., deren Kritik durch Fachkollegen dann neue Diskussionen und Experimente zur Folge hatte. In dieser Zeit führte K. auch graphische Formeln ein, die er zuerst in seinen Vorlesungen verwendete. Später benutzte er sie, um die Verbindung der verschiedenen Elemente in mehratomigen Verbindungen in seinen Veröffentlichungen zu verdeutlichen. »Schon durch das Einführen dieser graphischen Formelsprache in ihrer neuen erweiterten Form hat Kekulé ohne Frage genug geleistet, um seine wissenschaftliche Ehre bleibend zu begründen, geschweige denn um den hervorragenden Platz als Bannerführer der jüngeren Typentheorie unbestritten einzunehmen.« (Ch. W. Blomstrand: Die Chemie der Jetztzeit ..., Berlin 1869, S. 67).

Für K. hatte der Kohlenstoff mit seiner Vieratomigkeit – der heutigen Vierwertigkeit – die höchste Zahl der Valenzen, die das Atom eines Elements aufweisen kann. Er weigerte sich jedoch, mehrere Atomigkeiten für ein und dasselbe Element anzuerkennen. Diese noch aus der Typenlehre verbliebenen Vorstellungen haben K. bei seinen späteren Untersuchungen über organische Schwefel-, Phosphor- und Stickstoffverbindungen manche Kritik von Fachkollegen eingebracht. Trotz alledem hatte ihm die Entdeckung der ringförmigen Struktur des Benzens (Abb.) im Jahre 1865 den Ruf eines hervorragenden Chemikers gesichert.

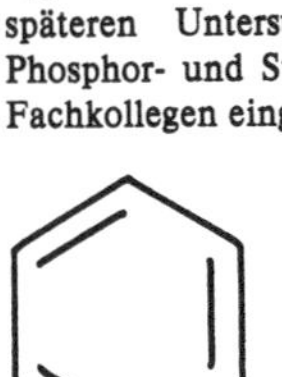

Ringförmige Struktur des Benzens

K. war maßgeblich am internationalen Chemiker-Kongreß in Karlsruhe 1860 beteiligt. Er war der eigentliche Initiator, Mitorganisator und einer der Sekretäre dieses Kongresses. Auf diesem Kongreß, der der Klärung theoretischer Sachverhalte in der Chemie dienen sollte, war es letztendlich S. Cannizzaro, der der Kekuléschen Valenztheorie durch seine klare Diktion zum Durchbruch verhalf. Damit hatten K.s grundsätzliche Entdeckungen, die noch heute Bestandteil der organischen Chemie sind, die Chemie reformiert, wenn es auch noch vieler Jahrzehnte bedurfte, um sie zum Allgemeingut aller Chemiker werden zu lassen.

Die letzten Jahrzehnte seines Lebens waren, bei immer schlechter werdendem Gesundheitszustand, dem Ausbau der organischen Chemie und der Weiterführung seines Lehrb. gewidmet. Darüber hinaus war er ein begehrter Gutachter in Patentangelegenheiten.

K. besaß Interessen für alle naturwissenschaftlichen und viele künstlerische Disziplinen, beherrschte neben seiner Muttersprache Latein, Englisch, Französisch und Italienisch. Mit vielen berühmten Chemikern seiner Zeit war er befreundet oder stand mit ihnen im ständigen Gedankenaustausch. Er war ein glänzender Redner, Pädagoge und Wissenschaftsorganisator. Seine chemiehistorischen Kenntnisse waren überragend. Er ist der Begründer der modernen Schule der organischen Chemie, aus der drei Nobelpreisträger, J. H. van't Hoff, A. v. Baeyer und O. Wallach, hervorgingen. Gö

Literatur: Kekulé, F. A.: Lehrb. der organischen Chemie oder der Chemie der Kohlenstoffverbindungen (Erlangen 1859 und später, nicht vollendet), Über die s. g. gepaarten Verbindungen und die Theorie der mehratomigen Radikale, in: Ann. Chem. 104 (1857), 129–150, Über die Konstitution und die Metamorphosen der chemischen Verbindungen und über die chemische Natur des Kohlenstoffs, in: Ann. Chem. 106 (1858), 129–159, Sur la Constitution des substances aromatiques, in: Bul. Soc. Chim. Belge [2] 3 (1865), 98–110, Untersuchungen über aromatische Verbindungen, in: Ann. Chem. 137 (1866), 129–196, Die wissenschaftlichen Ziele und Leistungen der Chemie (Rede anläßlich der Rektoratsübernahme an der Univ. Bonn am 18. 10. 1877, Bonn 1878).

Anschütz, R.: August Kekulé (Berlin 1929); Göbel, W.: Friedrich August Kekulé (Leipzig 1984).

Keller, Friedrich Gottlob, Weber und Erfinder, geb. 27. 6. 1816 Hainichen (Sachsen), gest. 8. 9. 1895 Krippen bei Schandau.

Mit der Erfindung des Holzschliffpapiers schuf K. eines der beiden grundlegenden Verfahren für die heutige Massenproduktion von Papier. Der Holzschliff hat sich zudem als das rohstoffsparendste und umweltfreundlichste Papierherstellungsverfahren erwiesen.

K. war der Sohn eines Weber- und Blattbindermeisters, der in schlecht bezahlter Heimarbeit für Verleger Tuche herstellte. Auch K., der als einziges von 10 Kindern das Erwachsenenalter erreichte, erlernte diesen Beruf bei seinem Vater und half diesem dann vor allem als Blattbinder, d. h., er fertigte Webblätter zum Führen der Kettfäden und Anschlagen des Schußfadens. Als 18jähriger ging er für einige Monate auf Wanderschaft, die vor allem sein technisches Interesse anregte. K. hätte lieber eine Gewerbeschule besucht, um Mechaniker zu werden. Dies war ihm jedoch finanziell versagt, und so versuchte er sich durch Lesen technischer Schriften nebenbei weiterzubilden und bastelte an verschiedenen Erfindungen, über die er ein »Ideen-Notizbuch« führte. Er wollte damit auch seine materielle Lage verbessern. Um 1840 erfuhr er aus einer Zeitschrift, daß dringend ein neuer Papierrohstoff gesucht wurde, da das Aufkommen an Alttextilien, bis dahin Grundlage aller Papierproduktion, für den wachsenden Bedarf an Druck- und Schreibpapier nicht mehr reichte. Weiter wurde über verschiedene Versuche mit geschnitzeltem oder chemisch aufgeweichtem Holz berichtet. K. hatte selbst beobachtet, daß Wespen beim Bau ihrer Nester Holzfasern zu einer papierähnlichen Masse verarbeiten. So versuchte er jahrelang – immer neben seiner eigentlichen Arbeit –, Sägespäne und ähnliches Material durch Kochen mit Soda, Pottasche u. a. in feinste Fasern aufzulösen. Schließlich erinnerte er sich der faserigen Masse, die entstand, wenn er als Kind Kirschkerne zu Ringen schliff, um Ketten daraus zu machen. Mit Hilfe eines gewöhnlichen Schleifsteins konnte er tatsächlich im Dezember 1843 einen Holzfaserbrei herstellen, der ein grobes und dunkles, aber brauchbares Papier ergab. Unter großen Mühen, da ihm die Praxis der Papierherstellung fremd war, stellte K. weitere Versuche an. Mitte 1844 legte er Papiermüllern Muster vor und beantragte bei der Regierung in Dresden eine Unterstützung. Man bestätigte ihm allgemein die Brauchbarkeit seiner Erfindung, da aber ihre Rentabilität noch nicht abzuschätzen war, erhielt er nirgends Hilfe. So versuchte K. nun ohne technische Erfahrung auf diesem Gebiet, ohne nennenswerte finanzielle Mittel und auch ohne den Geschäftssinn, der für das sich in Deutschland gerade voll ausbildende kapitalistische Wirtschaftsleben notwendig war, auf eigene Faust weiterzukommen. Versuche mit anderen Grundstoffen wie Fichtenrinde und Fasertorf hatten nur mäßigen Erfolg. Der Erwerb und nach längerer kostspieliger Reparatur der Betrieb einer Papiermühle in Kühnheide bei Marienberg endeten mit hohen Schulden und dem Konkurs, nachdem ein Hochwasser im Sommer 1850 große Teile der Mühle zerstört hatte. Am 26.6.1846 hatte K. mit dem Direktor der Bautzener Papierfabriken H. Voelter einen Vertrag abschließen können, nach dem er für die Mitteilung seines Holzschliffverfahrens 700 Taler bekommen sollte, Voelter die technische Weiterentwicklung übernahm mit dem Recht der Anwendung in den eigenen Fabriken und beide die Einkünfte aus dem Verkauf an Dritte teilen wollten. Die produktionsreife Ausbildung des Verfahrens, das Erproben seiner Anwendungsmöglichkeiten für die Herstellung verschiedener Papiersorten – allein oder in Mischung mit den gewohnten textilen Faserstoffen –, das Beschaffen der nötigen Patente u. dgl. erforderten jedoch viel Zeit und Geld, und da K. dabei nicht helfen konnte und trotz mehrfacher Aufforderung durch Voelter auch nicht mehr wollte, trat er am Ende all seine Rechte für insgesamt 550 Taler ab. Nach seinem Bankrott lehnte er auch einige vorteilhafte Stellenangebote von Fabriken ab bzw. nutzte sie nur kurze Zeit. K. übersiedelte mit seiner Familie nach Krippen bei Schandau und lebte dort bis zu seinem Lebensende als Mechaniker in sehr bescheidenen Verhältnissen, obwohl er eine ganze Reihe von Erfindungen machte, z.B. die Meßkluppe zum Feststellen des Durchmessers von Baumstämmen, eine Bleistiftspitzmaschine, einen Apparat zur Knopfherstellung und vieles andere, die aber keinen wirklich geschäftlichen Erfolg brachten. Erst als allgemein bekannt wurde, daß die Grundidee für das von Voelter inzwischen technisch vollendete und in der Industrie überall eingesetzte Verfahren zur Herstellung von Holzschliffpapier von K. herrührte, kam durch einen von der »Gartenlaube« initiierten und von anderen Zeitschriften übernommenen Aufruf eine öffentliche Sammlung zustande. Mit ihrer Hilfe war es möglich, 1892 die Schulden K.s zu decken und ihm eine Monatsrente von 200 M zu sichern. Auf diese Weise konnte K. als der Erfinder des Holzschliffs, der zusammen mit den in den 50er bis 70er Jahren entwickelten Natron- und Sulfitverfahren zum chemischen Aufschluß der Zellulose, die für holzfreies Papier allein verwendet wird, einen ungeheuren Aufschwung von Papierproduktion und Papierindustrie ermöglichte, seine letzten Lebensjahre ohne Geldsorgen verbringen. Die

Literatur: Schlieder, W.: Der Erfinder des Holzschliffs Friedrich Gottlob Keller, Beiträge zu seinem Lebensbild aus Briefen (Leipzig 1977); Schwenzon, K.: Friedrich Gottlob Keller, in: Deutsche Techniker aus sechs Jahrhunderten (Hrsg. A. Kauffeldt, Leipzig 1963); Sittauer, H. L.: Friedrich Gottlob Keller (Leipzig 1982).

Kelvin of Largs, → Thomson, Sir William.

Kepler, lat. Keplerus, auch Keppler, Kheppler, Kapler, Kapner, Johannes, Astronom, Astrolog, Mathematiker und Philosoph, geb. 27. 12. 1571 Weil (manchmal wird auch Magstadt angegeben), gest. 15. 11. 1630 Regensburg.

K. gehört zu den bedeutendsten Naturwissenschaftlern des 17. Jh. Er trug durch die Entdeckung der kinematischen Bewegungsgesetze der Planeten zur Vervollkommnung der heliozentrischen Theorie von N. Copernicus bei und leistete bedeutende Beiträge zur Entwicklung der geometrischen Optik und zur Herausbildung der Infinitesimalrechnung.

K. war der Sohn des Weiler Bürgermeisters Heinrich K., der vermutlich als Söldner in den Türkenfeldzügen fiel. K. besuchte zunächst eine Schule in Adelsberg. 1588 legte er erfolgreich die Bakkalaureusprüfung ab und begann 1589 das Studium der evangelischen Theologie an der Tübinger Univ. Hier machte er sich durch Vermittlung seines Mathematik- und Astronomielehrers M. Mästlin, eines überzeugten Anhängers des Heliozentrismus, mit der Astronomie bekannt, die ihn dann sein ganzes Leben lang beschäftigte. Noch vor Beendigung des Studiums wurde K. 1594 nach Graz geschickt, um am dortigen evangelischen Gymnasium Mathematik und Astronomie zu lehren. Mit der Professur übernahm er auch die Stelle des Landschaftsmathematikers für die Steiermark. In Graz begann er, sich mit der Frage der Anzahl, des Umlaufes und der Anordnung der Planeten zu befassen. Dieses Problem glaubte er mit seiner Arbeit »Mysterium cosmographicum« (1596) gelöst zu haben, in der unverkennbar der Einfluß der pythagoräischen Mystik und der Platonschen Spekulationen über die fünf vollkommenen Himmelskörper (reguläre Polyeder) zutage tritt. Im August 1600 wurde er im Zuge der Gegenreformation als Protestant gezwungen, Graz zu verlassen. Er begab sich nach Prag, wo er 12 Jahre lebte. Die Zeit seines Prager Aufenthaltes war die wissenschaftlich fruchtbarste. In Zusammenarbeit mit T. Brahe begann K. mit der Arbeit an neuen astronomischen Tafeln, da die damals gebräuchlichen Prutenischen Tafeln den Anforderungen nicht mehr genügten. Diese Arbeit wurde erst Ende 1627 beendet und von K. unter der Bezeichnung Tabulae Rudolphinae herausgegeben. Nach dem Tod von Brahe (1601) wurde K. kaiserlicher Mathematiker. Er sorgte sich um Brahes Instrumente und begann, ausgehend von dessen Beobachtungsmaterial, intensiv den Bewegungsablauf des Planeten Mars zu erforschen. K. gelangte zur Erkenntnis, daß der Mars sich auf einer elliptischen Bahn bewegt, in deren einem Brennpunkt die Sonne steht. Diese Erkenntnis erweiterte er auch auf die übrigen Planeten, was zur Formulierung der ersten zwei Gesetze des Planetenumlaufs führte: 1) Die Bewegung der Planeten um die Sonne erfolgt auf Ellipsenbahnen. In einem Brennpunkt der Ellipse steht die Sonne. 2) Die Verbindungslinie Sonne–Planet überstreicht in gleichen Zeiten gleiche Flächen. Das bedeutet, daß sich der Planet nicht in allen Teilen seiner Bahn mit gleicher Geschwindigkeit bewegt. Diese später als 1. und 2. KEPLERsches Gesetz bezeichneten Aussagen wurden 1609 in der Arbeit »Astronomia nova« veröffentlicht. Das 3. KEPLERsche Gesetz wurde in den »Harmonices mundi libri V« (1619) formuliert: Die Quadrate der Umlaufzeiten zweier Planeten verhalten sich wie die dritten Potenzen der großen Bahnhalbachsen. K.s Gesetze waren rein kinematisch, sie erfaßten nicht die verursachenden Kräfte der Planetenbewegung. Sie wurden jedoch zu einer bedeutsamen Grundlage für I. NEWTONS Gravitationsgesetz.

Astronomische Beobachtungen führten K. zum Problem der astronomischen Refraktion, von der die Mehrzahl der Astronomen bis dahin abstrahiert hatte. Das Studium dieses Problems führte K. zur Formulierung der Grundgedanken der geometrischen Optik. Es gelang ihm, den Zusammenhang zwischen der Beleuchtung einer Fläche und der Distanz von der Lichtquelle zu bestimmen. Theoretisch erarbeitete er das Prinzip des Fernrohrs (KEPLERsches Fernrohr) und berechnete einige seiner Parameter (z. B. für verschiedene Linsenkombinationen). Obwohl nicht bekannt ist, daß sich K. persönlich mit der Konstruktion eines Fernrohrs befaßt hat, entwarf er einige technische Verbesserungen, z. B. die Anpassung des Fernrohrs an das Beobachterauge. Auf die Entwicklung der Optik übten auch seine Auffassungen über die Augen- und Netzhautfunktion einen nicht geringen Einfluß aus. Seine Erkenntnisse aus dem Gebiet der Optik veröffentlichte er insbesondere in »Ad Vitellionem Paralipomena« (1604) und »Dioptrice« (1611).

K. war ein hervorragender Mathematiker. Gerade die mathematische Bearbeitung von BRAHES Beobachtungsergebnissen führte ihn zu seinen größten astronomischen Erfolgen. Sein Beitrag zur Mathematik liegt im Vorfeld der Infinitesimalrechnung. 1615 gab er die Arbeit »Nova stereometria doliorum vinariorum« heraus, in der Quadraturformeln 2. Ordnung für die Berechnung des Volumens faßförmiger Rotationskörper angegeben sind. Diese Arbeit spielte für die weitere Entwicklung der infinitesimalen Methoden eine große Rolle. Von Bedeutung sind auch K.s Beiträge zur Theorie regelmäßiger Vielecke und Vielflächner und zur Theorie der Logarithmen.

K. befaßte sich als einer der letzten bedeutenden Astronomen mit der Astrologie. Er stellte eine Reihe von Horoskopen auf, von denen das für A. v. WALLENSTEIN bestimmte Horoskop das bekannteste ist. Die Astrologie faßte er als ein Mittel auf, das dem Astronomen hilft, sich einen Lebensunterhalt zu verdienen.

K.s Aufenthalt in Prag war trotz der Hilfe seiner Freunde permanent von sozialer Unsicherheit begleitet. Dies war einer der Gründe, warum K. 1612 Mathematikprof. in Linz wurde. Dort befaßte er sich mit der Kartierung von Oberösterreich und mit der Fertigstellung der RUDOLFINIschen Tafeln. 1615–1620 focht K. einen Kampf um die Rettung seiner Mutter aus, die der Hexerei beschuldigt worden war. Er übernahm persönlich ihre Verteidigung und erreichte ihre Freilassung. Zu derselben Zeit stellte er das umfangreiche und damals wahrscheinlich populärste seiner Werke, »Epitomae Astronomiae Copernicanae« (1618–1621), fertig. Dieses Werk ist das erste auf der heliozentrischen Konzeption von COPERNICUS und auf K.s Umlaufgesetzen aufgebaute Lehrb. der Astronomie. Deshalb wurden die ersten drei Teile dieser Arbeit von der katholischen Kirche auf den Index der verbotenen Bücher gesetzt. Die Ereignisse des Dreißigjährigen Krieges, die Belagerung von Linz durch aufständische Bauern, die wiederholte Verfolgung von Nichtkatholiken und die Schließung des Gymnasiums, an dem K. lehrte, führten dazu, daß er Linz verließ. 1626 kam er nach Ulm, wo er persönlich die Herausgabe der RUDOLFINIschen Tafeln organisierte. Deren Herausgabe war mit beträchtlichen Kosten verbunden, die hauptsächlich durch die Gaben für Exemplare gedeckt wurden, die K. einigen Adeligen geschickt hatte. K.s Erwartung, daß ihm nach der Herausgabe der Tafeln das am Kaiserhof zurückgehaltene Gehalt ausgezahlt werden würde, erfüllte sich nicht. Seine bedrückende Finanzlage und der Verlust der Stelle am Kaiserhof infolge seiner Ablehnung des Übertritts zum katholischen Glauben bewogen ihn, in die Dienste WALLENSTEINS, vor allem als dessen Astrologe, zu treten. WALLENSTEIN unterstützte zwar K.s wissenschaftliche Arbeit, zahlte ihm jedoch das versprochene Gehalt von 1 000 Gulden jährlich nicht. Deshalb entschloß sich K., beim Reichstag die Auszahlung des zurückgehaltenen Gehalts einzufordern. Am 9. November 1630 legte er dem Regensburger Reichstag seinen Antrag vor, der abgelehnt wurde. Während seiner Reise nach Regensburg erkrankte K. und starb kurz darauf an den Folgen einer Lungenentzündung. Nach K.s Tod fand ein Ausverkauf seiner Hinterlassenschaft statt. BRAHES Beobachtungen, die sich in seinem Besitz befanden, wurden von K.s Sohn LUDWIG dem dän. König FREDERIK II. verkauft. Einen weiteren Teil der Hinterlassenschaft kaufte der Danziger Astronom J. HEVELIUS. Nach ihm wechselte die Hinterlassenschaft mehrmals ihren Besitzer, bis sie auf Anregung von L. EULER 1774 Zarin KATHARINA II. für die Ak. d. Wiss. u. Künste in St. Petersburg kaufte. Seit 1937 befindet sich K.s handschriftlicher Nachlaß im Archiv der Ak. d. Wiss. der UdSSR zu Leningrad.

J. Kepler

A. Kircher

Einen wichtigen Bestandteil von K.s Werk bildet seine Korrespondenz, die das Bild seiner wissenschaftlichen Tätigkeit komplettiert. K. verkehrte mit einer Reihe europäischer Gelehrter (MÄSTLIN, J. JESENIUS, J. BÜRGI u. a.) und bedeutender politischer Persönlichkeiten (P. VOK, WALLENSTEIN, V. BUDOVEC Z BUDOVA u. a.). Von besonderer Bedeutung ist die Korrespondenz zwischen K. und G. GALILEI, die von einer gegenseitigen Hochachtung der beiden Gelehrten zeugt, die sich – beide in schwierigen Verhältnissen – um die Durchsetzung des heliozentrischen Systems bemühten.

Trotz seiner Vielseitigkeit war K. vor allem Astronom. Er wurde zu einem der Begründer der theoretischen Astronomie und bereitete mit der Entdeckung der Gesetze des Planetenumlaufes die spätere Ausarbeitung der klassischen Mechanik durch NEWTON vor. Krz

Literatur: Kepler, J.: Gesammelte Werke (Hrsg. M. Caspar, München 1938–1959).

Belyj, Ju. A.: Johann Kepler (Moskau 1971); Bibliographia Kepleriana (München 1939); Gaspar, M.: Johannes Kepler (Stuttgart 1948); Gerlach, W., u. M. List: Johannes Kepler (München 1971); Hemleben, J.: Johannes Kepler in Selbstzeugnissen und Bilddokumenten (Reinbeck bei Hamburg 1971); Hoppe, J.: Johannes Kepler (5. Aufl. Leipzig 1987); Horský, Z.: Kepler v Praze (Prag 1980); Wollgast, S., u. S. Marx: Johannes Kepler (Leipzig 1976).

Khayyam(i), → Chayyami.

Kircher, Athanasius, Universalgelehrter und Naturforscher, geb. 2. 5. 1602 (?) Geisa bei Eisenach, gest. 28. 11. 1680 Rom.

K.s Nachschlagewerke stellen in übersichtlicher Form die Kenntnisse seiner Zeit auf vielen Gebieten der Naturwissenschaft dar. Sie beinhalten – von K. durch eigene Beobachtungen und experimentelle Ergebnisse ergänzte – Beschreibungen von Experimenten, Experimentiertechniken sowie technischen Erfindungen.

K. wurde vom zehnten Lebensjahr an im Jesuitenkollegium Fulda ausgebildet. In der unruhigen Zeit des Dreißigjährigen Krieges war K. Lehrer in verschiedenen Jesuitenniederlassungen, Prof. für Mathematik in Würzburg, für Mathematik und orientalische Sprachen in Avignon und wurde schließlich ans Collegium Romanum in Rom berufen. Hier widmete er sich ganz seinen wissenschaftlichen Arbeiten, seinen naturkundlichen und kulturellen Sammlungen (Museum Kircherianum) sowie der Einrichtung von Laboratorien für chemische und physikalische Experimente. Ein ausgedehnter Briefwechsel verschaffte ihm einen weiten Überblick über wissenschaftliche und technische Neuerungen.

K.s eigener wissenschaftlicher Beitrag war für die Geschichte der Physik von geringer Bedeutung; neben einigen interessanten neuen Ergebnissen auf dem Gebiet der Optik, des Magnetismus und der Akustik stehen magnetische Spielereien und naturphilosophische Spekulationen im Vordergrund.

In seinem optischen Werk »Ars magna lucis et umbrae« sprach K. als erster Physiker von physiologischen Farben. K. war es auch, der die Fluoreszenz des nephritischen Holzes beschrieb; R. Boyle setzte später diese Beobachtungen fort und ergänzte sie. K. bestimmte das Brechungsverhalten eines Lichtstrahls in Luft, Wasser, Glas und Öl, jedoch nicht nach dem von W. Snellius und R. Descartes gefundenen Brechungsgesetz, sondern noch nach J. Keplers Hypothese. K. beschäftigte sich auch mit der Erscheinung der Fata Morgana und mit den Phosphoriten. Er gilt als Erfinder der »laterna magica« (Zauberlaterne). In seinen umfangreichen Studien auf dem Gebiet der Akustik behandelte er vor allem das Problem des Zurückwerfens des Schalls. Er bestimmte die Entfernung der reflektierenden Wand von der Schallquelle für ein-, zwei- und mehrsilbige Echos.

K. stellte in seinem Werk über den Magnetismus »Magnes, sive de arte magnetica ...« ein Meßverfahren zur Bestimmung der Anziehungskraft des Magneten mittels einer Waage dar. Er wies auf die Veränderung der magnetischen Deklination an ein und demselben Ort sowie auf die Indifferenz der Wirkung eines Magneten auf Eisen bei mäßiger Erwärmung hin. Die Ursache der Magnetkraft sah K. in den vom Magneten ausgehenden, nach allen Seiten gerichteten magnetischen Strahlen, die auf Eisen eine induzierende Wirkung ausüben sollten. Trotz vieler naturphilosophischer Spekulationen trug K. mit seinen zahlreichen Publikationen zu verschiedenen Problemen der Physik, Astronomie, Medizin, Archäologie sowie der Erforschung orientalischer Sprachen und Kulturen wesentlich zur Verbreitung wissenschaftlicher Kenntnisse in seiner Zeit bei. Lz

Literatur: Kircher, A.: Magnes, sive de arte magnetica ... (Rom 1641), Ars magna lucis et umbrae ... (Rom 1646).

Fletcher, J.: Astronomy in the Life and Correspondence of Athanasius Kircher, in: Isis 61 (1970), 52–67.

Kirchhoff, Gustav Robert, Physiker, geb. 12.3.1824 Königsberg (Kaliningrad), gest. 17.10.1887 Berlin.

K. gehört zu den scharfsinnigsten Theoretikern der Physik in der zweiten Hälfte des 19. Jh. Seine Hauptleistung, das Gesetz über das Emissions- und Absorptionsvermögen strahlender Körper, bildete einen Ausgangspunkt für die Herausbildung der Quantenphysik durch M. Planck.

K., jüngster von drei Söhnen eines Justizrates, besuchte das Kneiphofsche Gymnasium in Königsberg und legte dort 1842 das Abitur ab. Im gleichen Jahr begann K. das Mathematikstudium in seiner Heimatstadt und wurde besonders von F. Neumann gefördert, der nach dem franz. Vorbild in seinem Seminar für theoretische Physik die Anwendung der höheren Mathematik auf die Physik pflegte. Erste wissenschaftliche Erfolge (Kirchhoffsche Regeln) und der Abschluß seiner darauf aufbauenden Dissertation (1846) brachten ihm ein Weiterbildungsstipendium für Paris ein, das er jedoch wegen der politischen Verhältnisse in Frankreich für Berlin nutzte. Hier arbeitete er im physikalischen Universitätslabor von H. G. Magnus und verfaßte 1848 seine Habilitationsschrift über Folgerungen aus dem Ohmschen Gesetz. 1850 wurde K. als Prof. der Experimentalphysik nach Breslau (Wrocław) berufen, wo er in dem Chemiker R. Bunsen einen Freund und wissenschaftlichen Diskussionspartner gewann. Als Bunsen nach Heidelberg ging, holte er 1854 K. ebenfalls dorthin. Hier entwickelte sich auf dem Gebiet der Spektralforschung eine fruchtbare Zusammenarbeit zwischen beiden. Dieser bedeutenden Arbeiten wegen wurde K. 1861 zum korrespondierenden Mitgl. der Preuß. Ak. d. Wiss. und 1862 zum Mitgl. der Petersburger Ak. d. Wiss. gewählt. Nach einigem Zögern nahm er 1874 einen Ruf nach Berlin für einen neu zu gründenden Lehrstuhl für mathematische Physik an der Univ. wahr. Hier widmete sich K. der Herausgabe seiner Vorlesungen und befaßte sich mit theoretischen Problemen der Telegraphie. 1881 nahm er am Kongreß zur Festlegung elektrischer Einheiten in Paris teil. Obwohl er seit 1885 kränkelte, kam sein Tod 1887 für viele unerwartet.

K.s Beiträge zur Elektrophysik sind für die Tendenz zur Bildung einer alle Teilgebiete verbindenden allgemeinen Theorie unter Einbeziehung instationärer elektrischer Vorgänge charakteristisch. Als 20jähriger Student bearbeitete K. eine Seminaraufgabe Neumanns und leitete dabei 1845 allgemein aus dem Ohmschen Gesetz die Regeln für die Spannungs- und Stromstärkeverteilung in einem beliebig gestalteten Stromkreis her. 1849 behandelte er die Zusammenhänge zwischen Elektrostatik und stationären Strömen und identifizierte die elektrostatische Potentialdifferenz mit der Spannung.

Angeregt durch W. Thomsons Arbeiten zur submarinen Telegraphie, untersuchte K. 1857 theoretisch instationäre Bewegungsvorgänge der Elektrizität in Leitern. Er ging von W. E. Webers Fernwirkungselektrodynamik aus und stellte eine Vorform der »Telegraphengleichung« auf, mit der er erstmals für ideale lineare Leiter die Ausbreitung elektrischer Wellen mit Lichtgeschwindigkeit theoretisch antizipierte. An K.s Theorie knüpfte L. Lorenz an und stellte 1867, unabhängig von J. C. Maxwell, mit Hilfe retardierter Potentiale eine elektrische Lichttheorie auf. 1864 präzisierte K. die Theorie der elektrischen Schwingungen und veröffentlichte 1877 weitere elektrotechnisch wichtige Arbeiten zur Theorie der Elektrizitätsausbreitung in unterirdischen und unterseeischen Telegraphenkabeln. K.s Forschungen zur Elektrophysik markieren den Höhepunkt und zugleich die Grenze der Anwendbarkeit der elektrodynamischen Fernwirkungstheorie.

Aus der Gemeinschaft von K. und BUNSEN gingen wichtige Entdeckungen zur Spektraltheorie und -analyse hervor. Die Linienspektren bildeten seit J. v. FRAUNHOFERS Beobachtungen der dunklen Linien im Sonnenspektrum (1814) und den folgenden Untersuchungen A. J. ÅNGSTRÖMS einen bevorzugten Forschungsgegenstand. BUNSEN bemühte sich, unterschiedliche Flammenfärbungen durch Salze zur Identifizierung von Elementen zu nutzen. Um diese Methode zu verbessern, regte K. an, dieses Licht spektral zu zerlegen. Dabei beobachtete K. bei Versuchen mit natriumgefärbten Flammen und Sonnenlicht, daß sich die FRAUNHOFERschen Linien nicht aufhellten, sondern verdunkelten. Er folgerte, daß jeder leuchtende Körper die Spektrallinien absorbiert, die er auch emittiert, und entwickelte daraus 1859 das nach ihm benannte Gesetz, »daß für Strahlen derselben Wellenlänge bei derselben Temperatur das Verhältnis von Emissionsvermögen zum Absorptionsvermögen bei allen Körpern dasselbe ist«. K. bezeichnete es als »eine Aufgabe von höchster Wichtigkeit«, die Emissionskurve des von ihm definierten »schwarzen Körpers« als eine Funktion von Wellenlänge und Temperatur zu finden. Diese Entwicklungsrichtung führte über die Aufstellung von Strahlungsgesetzen und Messungen zur PLANCKschen Quantenhypothese.

Die 1860/61 von K. und BUNSEN veröffentlichten Arbeiten wiesen die Spektralanalyse als eine hochempfindliche Nachweismethode der Chemie aus. Auch konnten K. und BUNSEN zwölf irdische Elemente auf der Sonne nachweisen. K. folgerte aus seinen Erkenntnissen auch, daß die Sonne eine sehr heiße, wahrscheinlich flüssige Kugel ist. Er lieferte theoretische und experimentelle Untersuchungen zur Elastizitätslehre, bereicherte die theoretische Kristalloptik und Hydrodynamik, trug zur Theorie des Magnetismus bei und wandte die um 1850 begründete Thermodynamik auf bestimmte physikalische und chemische Vorgänge an.

K., der des öfteren Zweifel an seiner Vortragskunst hegte, hatte einen streng logischen, klaren Vorlesungsstil entwikkelt, der sich auch in seinen Lehrb. widerspiegelte, z. B. zählte seine »Mechanik« (1876) zu den Standardwerken in der zweiten Hälfte des 19. Jh. Seine Bücher zur mathematischen Optik, zur Elektrizität und zum Magnetismus, zur Theorie der Wärme wurden erst nach seinem Tode herausgegeben, die beiden letzteren z. B. von PLANCK. In K.s Lehrb. wird seine erkenntnistheoretische Auffassung besonders deutlich. Hatte er noch 1862 »die Zurückführung aller Naturerscheinungen auf die Mechanik« als »höchstes Ziel« der Naturwissenschaften angegeben, so schränkte er 1876 die Rolle der Mechanik im Erkenntnisprozeß in der Weise ein, daß es sich nur darum handeln könne, »die in der Natur vor sich gehenden Bewegungen zu beschreiben« ohne ihre Ursachen zu ermitteln. Diese letztlich phänomenologische Betrachtungsweise war charakteristisch für die Ablösung von der mechanischen Naturauffassung, engte jedoch K.s Erkenntnisvermögen in dem Sinne ein, daß er neue Zusammenhänge, etwa zwischen Elektromagnetismus und Licht, nicht erwog. Schi

Literatur: Kirchhoff, G. R.: Gesammelte Abhandlungen (Leipzig 1882), Vorlesungen über mathematische Physik, 4 Bde. (Leipzig 1877–1894).

Boltzmann, L.: Gustav Robert Kirchhoff (Leipzig 1888); Pökkels, F.: Gustav Robert Kirchhoff (Heidelberg 1903); Schöpf, H.-G.: Von Kirchhoff bis Planck. Theorie der Wärmestrahlung in historisch-kritischer Darstellung. WTB Bd. 193 (Berlin 1978).

G. R. Kirchhoff

M. H. Klaproth

Klaproth, Martin Heinrich, Apotheker und Chemiker, geb. 1. 12. 1743 Wernigerode, gest. 1. 1. 1817 Berlin.

K. gehörte zu den bedeutendsten analytischen Chemikern seiner Zeit. An der Erkenntnis der chemischen Elemente war er auf maßgebliche Weise beteiligt.

Nach dem Schulbesuch in Wernigerode und der Lehre als Apotheker in Quedlinburg arbeitete K. 1764–1771 als Geselle in Apotheken in Quedlinburg, Hannover und Danzig (Gdánsk); er leitete 1771–1780 als Provisor die Schwan-Apotheke in Berlin, bevor er in den Jahren zwischen 1780 und 1800 dort als Besitzer der Bären-Apotheke wirkte. Daneben war K. seit 1782 Assessor der Pharmazie beim Oberkollegium medicum. Von 1800 bis zu seinem Tode war er Chemiker an der Ak. d. Wiss. in Berlin und seit 1810 o. Prof. der Chemie an der Berliner Univ.

K.s besondere Leistungen lagen auf dem Gebiet der quantitativen anorganischen Analyse. Etwa 1785 begann er mit Arbeiten auf dem Gebiet der Mineralchemie. Er bestimmte von mehr als 200 Mineralien die quantitative chemische Zusammensetzung zum Teil auf der Grundlage mehrfacher Analysen mit einer solchen Genauigkeit, daß spätere Arbeiten mit verbesserten Methoden zahlreiche seiner Resultate bestätigten. Gleichfalls untersuchte er Meteorite, indem er sie mehrfach chemisch analysierte und damit Voraussetzungen für die Deutung ihres Wesens schuf. Gegenüber früheren Darstellungen über die chemische Analytik in der Literatur, in denen vor allem die Ergebnisse mitgeteilt wurden und der Analysenweg weniger Beachtung fand, schilderte K. den Verlauf seiner Untersuchungen sehr genau, z. B. durch die Angabe der Größe der Einwaage, der Menge der Lösungsmittel und der Masse des Niederschlags. Er verbesserte den Analysengang durch verschiedene neue Methoden, wie den Aufschluß der Silicate durch Ätzlaugen, das Schmelzen im Silbertiegel oder den Sodaaufschluß im Platintiegel. Zusammen mit V. ROSE entwickelte K. zur Bestimmung der Alkalien in Mineralien die Methode, Silicate durch salpetersaures Barium zu zerlegen. Niederschläge trocknete oder glühte er bis zur Massekonstanz und überwand damit eine ernsthafte Fehlerquelle in der Analytik. Wesentlich wurde K.s Analyse des Minerals Leucit, in dem er Kalium entdeckte. Nach H. L. DUHAMEL und S. MARGGRAF war das »Alcali vegetabile« (Kaliumcarbonat) allein an Pflanzen gebunden, dagegen an Minerale des »Alcali minerale« (Natriumcarbonat). Nach dieser seiner Entdeckung empfahl K., die nun überholten Benennungen fallenzulassen und die Namen »Kali« und »Natron« einzuführen, die sich dann auch verbreiteten.

In der Pechblende von Joachimsthal (Jáchymov) und Johanngeorgenstadt fand K. im Jahre 1789 ein Metall, dem er nach dem 1781 von F. W. HERSCHEL entdeckten Planeten den Namen Uran (nach IUPAC Uranium) gab. Im gleichen Jahr entdeckte er auch das Element Zirkon (nach IUPAC Zirconium) in einem Mineral, das A. G. WERNER bereits so benannt hatte. 1803 vermutete er im Tungstein richtig – wie auch W. Hisinger und J. J. Berzelius – ein neues Element, das Cerium genannt wurde (nach dem 1801 gefundenen Planetoiden Ceres). Obwohl Strontium, Titanium, Chromium und Tellur bereits entdeckt waren, hat sich K. doch um ihre nähere Bestimmung sehr verdient gemacht. Das Tellur, durch F. Müller von Reichenstein bereits 1782 gefunden, wurde von ihm z. B. erstmalig in elementarer Form dargestellt.

K. beschäftigte sich auch mit einer Reihe von chemischen Fragen praktischer Art. Er wirkte als Berater in der Berliner Porzellanmanufaktur, fand das Verfahren der Ätzung von Glas und Porzellan durch Flußsäure und entdeckte, daß Uraniumsalze Gläser grün färben. Zusammen mit F. K. Achard beschäftigte er sich mit den Voraussetzungen für die wirtschaftliche Gewinnung von Zucker aus Zukkerrüben. – Wie die überwiegende Mehrzahl der Chemiker seiner Zeit war K. zunächst Anhänger der Phlogistontheorie. Zwar überprüfte er die Analysen A. L. Lavoisiers – z. B. 1786 die Zerlegung von Wasserdampf in einem glühenden Eisenrohr –, ohne jedoch gleich dessen antiphlogistische Vorstellungen zu teilen. Erst etwa 15 Jahre nach der ersten Veröffentlichung Lavoisiers über das Wesen der Oxidation begann sich K. diesen Auffassungen zuzuwenden. Gu

Literatur: Klaproth, M. H.: Beiträge zur chemischen Kenntnis der Mineralkörper, 6 Bde. (Berlin 1795–1815), (mit F. Wolff): Chemisches Wörterb., 5 Bde. (Berlin 1807–1810), 4 Suppl.-Bde. und Generalregist. (Berlin 1815–1819).

Dann, G. E.: M. H. Klaproth (1743–1817). Ein deutscher Apotheker und Chemiker, sein Weg und seine Leistung (Berlin 1958).

Klatte, Fritz, Chemiker, geb. 28. 3. 1880 Diepholz, gest. 10. 2. 1934 Klagenfurt.

K. führte grundlegende Arbeiten über die Polymerisation von Vinylverbindungen durch, insbesondere des Vinylchlorids, und untersuchte die Eigenschaften der erhaltenen Polymeren auf ihre industrielle Verwendbarkeit.

Nach einer Apothekerlehre war K. 1899–1902 als Apothekengehilfe in verschiedenen Städten tätig. 1902–1904 studierte er Pharmazie in Berlin. Am 14. 6. 1904 erfolgte seine Approbation zum Apotheker. 1904/05 studierte er Chemie an der Univ. Berlin bei E. Fischer, H. van't Hoff und R. Biedermann. Da eine Promotion als Apotheker in Preußen nur unter erschwerten Bedingungen möglich gewesen wäre, wandte er sich auf Empfehlung von Fischer nach Tübingen an W. Wislicenus, bei dem er im April 1907 »summa cum laude« promovierte. Seine Arbeiten 1907/08 im Institut für Gärungsgewerbe bei E. Buchner führten zu 3 Veröffentlichungen über Preßhefe.

1908 erfolgte sein Eintritt in die Chemische Fabrik Griesheim-Elektron, Werk Mainthal. Dort arbeitete er über Chlorprodukte des Acetylens unter der Leitung von E. Zacharias. 1912 gelang ihm die Gewinnung von Vinylestern aus Acetylen und den entsprechenden organischen Säuren unter Verwendung von Quecksilbersalzen als Katalysator. Über diese Arbeiten liegen 8 Pionierpatente vor. Die von K. entwickelten Polyvinylacetate erlangten unter der Bezeichnung Mowilith Bedeutung als Lackrohstoffe. 1913 stellte er gemeinsam mit A. E. E. Rollet Vinylchlorid aus Acetylen und Salzsäure her und gewann daraus Polyvinylchlorid (PVC). Das auf diese Reaktion erteilte DRP 281877 wird als Pionierpatent bezeichnet, weil erstmalig davon ausgegangen wird, »daß man die aus dem Polymerisationsprozeß hervorgehenden wertlosen Produkte ohne Veränderung ihrer chemischen Zusammensetzung in technisch wertvolle Massen überführen kann, wenn man sie in gelösten oder erweichten Zustand überführt und sodann wieder aus diesen Zuständen in die feste Form zurückverwandelt«. Diese Aufgabenstellung war ihrer Zeit weit voraus, der wissenschaftliche und technische Kenntnisstand erlaubte eine derartige Verwertung noch nicht. Erst die von H. Staudinger erarbeiteten Kenntnisse über die Makromoleküle ermöglichten eine technische Verwertung der von K. gefundenen Produkte. So konnte z. B. E. Hubert mit seinen Mitarbeitern 1931–1934 die erste vollsynthetische Faser aus Polyvinylchlorid herstellen (PeCe-Faser).

K. erlebte die Durchsetzung seiner Ideen nicht mehr; bereits seit 1917 mehrmals schwer erkrankt, mußte er sich 1933 pensionieren lassen und starb 1934. Bo

Klebs, Edwin, Pathologe und Bakteriologe, geb. 6. 2. 1834 Königsberg (Kaliningrad), gest. 23. 10. 1913 Bern.

K. hat neben seinen wissenschaftlichen Beiträgen zur allgemeinen und speziellen Pathologie vor allem die Bakteriologie engagiert gefördert und die bakteriologische Forschung in die pathologische Anatomie eingeführt.

In Königsberg aufgewachsen, hat K. ab 1852 in seiner Geburtsstadt, in Würzburg sowie kurzzeitig in Jena und Berlin Medizin studiert. Mit der Dissertation »De mutationibus, quae in intestino inveniuntur, tuberculosis« wurde er 1856 in Berlin zum Dr. med. promoviert. Nach kürzerer praktisch-ärztlicher Tätigkeit in Königsberg wurde K. hier 1859 Assistent am Physiologischen Institut und habilitierte sich im gleichen Jahr als Privatdoz. Erste Arbeiten waren der normalen und pathologischen Anatomie des Auges gewidmet sowie Parasiten in Schleimhautzellen des Kaninchendarms. 1861 wechselte K. zu R. Virchow nach Berlin über. Ab 1865 Extraordinarius für pathologische Anatomie in Bern und seit 1866 Ordinarius, begann K. hier 1868 ein umfängliches »Handbuch der pathologischen Anatomie«, das unvollendet blieb. 1868 wies K. nach, daß Lokalisation und Ausbreitung der Tuberkulose im Organismus wesentlich von der Impfstelle abhängen. Von nun an wandte sich K. zunehmend der Suche nach pathogenen Mikroorganismen zu, was zur Vernachlässigung seiner eigentlichen Aufgaben und zum Bruch mit der Berner Fakultät führte. 1870/71 war K. mehrere Monate mit A. Socin in einem Kriegslazarett in Karlsruhe praktisch tätig und konnte in infizierten Schußwunden wiederholt »parasitäre Pilze« nachweisen, die er als ursächliche Erreger der Wundinfektion ansah. 1872 folgte K. einem Ruf nach Würzburg und wechselte 1873 nach Prag, wo er bis 1882 den Lehrstuhl für pathologische Anatomie innehatte. In diesem Jahrzehnt hat K. eine Fülle bakteriologischer Untersuchungen durchgeführt, weitere diesbezügliche Arbeiten angeregt und zur Popularisierung der bakteriellen Ätiologie der Infektionskrankheiten beigetragen. 1875 vermutete er in als Monas tuberculosum bezeichneten Mikroorganismen den Tuberkuloseerreger. Auch die derzeit noch diskutierte spontane Entstehung und Wandelbarkeit der Mikroorganismen hat K. experimentell zu widerlegen versucht. Bereits 1873 bediente er sich hierzu fester Nährböden aus Hausenblasengallerte, konnte die Bildung von Kolonien beobachten und ist mit seinem Verfahren der »fractionirten Cultivirung« möglicherweise bis zu Reinkulturen gelangt. Die Suche nach pathogenen Mikroorganismen führte mit diesem methodischen Repertoire in wenigen Jahren zur Entdeckung der vermeintlichen Erreger der Endokarditis, der Syphilis sowie der Pocken und Kuhpocken (sämtlich 1878), der Malaria (1879), des Typhus (1880), der Diphtherie (1881/83) sowie der Gastritis und anderer Magenaffektionen (1881). In der gleichen Zeit hat sich K. in Kontroverse zu Virchow engagiert für eine Integration der bakteriellen Ätiologie in die Zellularpathologie eingesetzt.

Seit 1879 hat K. auch die Möglichkeit einer antibakteriellen Chemotherapie erwogen. 1882 verließ K. wegen politischer Auseinandersetzungen Prag und wechselte nach Zürich. Bereits in den ersten Züricher Jahren mußte er zunehmend erkennen, daß die sich jetzt verselbständigende Bakteriologie auf der Grundlage der vor allem R. KOCH zu verdankenden spezifischen Untersuchungsmethoden in rascher Folge tatsächlich gesicherte Ergebnisse vorlegte, was die ätiologische Relevanz auch der von K. früher gefundenen Erreger in Frage stellte. Während er noch 1883 an der von KOCH geklärten Tuberkuloseätiologie zweifelte, stimmte er ihm 1885 bezüglich des Choleraerregers vorbehaltlos zu. In der Folgezeit hat K. keine Ergebnisse eigener bakteriologischer Untersuchungen mehr mitgeteilt, aber versucht, das gesamte derzeitige bakteriologische Wissen in die allgemeine Pathologie einzubeziehen. Ab 1890 wandte sich K. unter dem Eindruck von KOCHS Tuberkulin, das er zu verbessern suchte, wieder der spezifischen Therapie von Infektionskrankheiten zu und schlug wenig später analog zu seinem Tuberculocidin ein Anticholerin und ein Antidiphtherin vor. Diese Arbeiten hatten eine Vernachlässigung von K.s Lehrverpflichtungen und 1892 die Aufgabe seiner Züricher Professur zur Folge. Er war dann als Praktiker in Karlsruhe und Straßburg tätig, ohne die erhoffte spezifische antibakterielle Therapie zu vernachlässigen. 1895 ging K. in die USA und übernahm in Asheville (North Carolina) die Leitung einer Heilanstalt und eines Laboratoriums für bakteriologische Heilmittel. Von 1896 bis Anfang 1900 war er Prof. der Pathologie am Rush Medical College in Chicago. 1900 nach Deutschland zurückgekehrt, arbeitete K. zunächst in Hannover und ab 1905 am Berliner Pathologischen Institut unter J. ORTH. Die Arbeiten dieser letzten Jahre waren vorzugsweise der Tuberkulose gewidmet. 1910 übersiedelte K. nach Lausanne, 1913 nach Bern.

Als K. mit dem Studium begann, hatte die Diskussion um die bakterielle Ätiologie von Infektionskrankheiten eben begonnen. Dem Nachweis der ätiologischen Relevanz definierter Erreger standen aber noch die erst in den 60er Jahren von L. PASTEUR widerlegte Auffassung von der Urzeugung sowie die ein Jahrzehnt später durch KOCH endgültig widerlegte Lehre vom Pleomorphismus im Wege. In dieser Frühzeit der Bakteriologie hat sich K. durch eine Fülle bakteriologischer Untersuchungen sowie zahlreiche engagierte Publikationen zur bakteriellen Ätiologie von Infektionskrankheiten außerordentliche Verdienste erworben. Dabei hat er auf Teilgebieten, z. B. der Anwendung fester Nährböden zum Erzielen von Reinkulturen, der erstmaligen erfolgreichen Übertragung der Syphilis auf Primaten oder dem mikroskopischen Nachweis des Diphtherieerregers, der ab 1880 voll wirksam werdenden bakteriologischen Ära Wesentliches vorweggenommen. Seine Leistungen waren richtungweisend für die Arbeiten von KOCH, I. I. METSCHNIKOW, E. ROUX und F. LOEFFLER, denen dann auch der Ruhm zufiel. Mit seiner spezifischen antibakteriellen Therapie der Infektionskrankheiten hat K. sehr früh die später von P. EHRLICH erfolgreich eingeschlagene Richtung gewiesen. Unter dem Eindruck von KOCHS Tuberkulin hat er allerdings zuletzt ein sich schließlich als illusorisch erweisendes Ziel verfolgt. Hei

Literatur: Klebs, E.: Handb. der pathologischen Anatomie, 2 Bde. (Berlin 1868–1876, 1877–1880 fortgesetzt von Schwartze und Eppinger), Ueber die Entstehung der Tuberculose und ihre Verbreitung im Körper, in: Virchow's Arch. 44 (1868) 296ff, Die allgemeine Pathologie oder die Lehre von den Ursachen und dem Wesen der Krankheitsprocesse, 2 Bde. (Jena 1887–1889).

Lachs, J.: Klebs, Edwin (Nekrolog), in: Waldeyer's und Posner's Jahresber. über die Leistungen und Fortschritte in der gesamten Medizin 48 (1913), Bd. 1, 392f.

Klebs, Georg Albrecht, Botaniker, geb. 23.10.1857 Neidenburg (Nidzica), gest. 25.10.1918 Heidelberg.

F. Klatte

E. Klebs

K. ist neben J. SACHS, H. VÖCHTING, F. NOLL einer der ersten Erforscher der Entwicklungsphysiologie bzw. kausalen Morphologie der Pflanzen.

K., Sohn eines Staatsanwaltes und späteren Konsistorialrates in Wehlau (Znamensk), studierte ab Herbst 1874 Chemie, zeitweilig auch Philosophie und Kunstgeschichte, an der Univ. Königsberg (Kaliningrad). In seiner Freizeit beschäftigte er sich vor allem mit Botanik und erreichte schon bald ein außerordentlich hohes wissenschaftliches Niveau. K.s Bearbeitung der Zieralgen (Desmidiaceae) Ostpreußens erregte die Aufmerksamkeit von A. DE BARY, der ihn als Assistenten an die Univ. Straßburg (Strasbourg) holte. Nach Ableistung seines Militärdienstes wurde K. Assistent bei SACHS an der Univ. Würzburg und dann bei W. PFEFFER an der Univ. Tübingen. An letzterer Univ. erwarb K. 1883 die venia legendi. 1887 wurde K. Prof. an der Univ. Basel, 1898 an der Univ. Halle und 1907 an der Univ. Heidelberg. In den folgenden Jahren unternahm K. ausgedehnte Exkursionen über Sibirien und Japan nach Java und Indien (1910/11), in den Kaukasus und nach Südrußland (1912) sowie nach Ägypten (1913).

K.s erste Arbeiten galten außer den Zieralgen den Flagellaten (1892), dem Einfluß des Kerns in der Zelle (1887), der Bildung der Zellulosehülle an dem von der Zellwand losgelösten Protoplast, der Alge Hydrodictyon und der Samenkeimung.

In seinen späteren Forschungen suchte K. zu ermitteln, durch welche Faktoren physiologische Reaktionen bei Pflanzen (z. B. Fortpflanzung oder Ruheperioden) ausgelöst werden und in welchem Ausmaß äußere Faktoren (Licht, Wärme u. a.) modifikatorisch auf Pflanzen wirken. In mehrjährigen Experimenten stellte K. fest, daß bestimmte physiologische Reaktionen der Pflanzen in relativ einfacher Weise durch äußere Faktoren gesteuert werden.

K. bezweifelte nicht, daß jede Art eine erbliche Grundlage hat, betonte aber im Gegensatz zu den Genetikern die Bedeutung äußerer Faktoren, denen er großen Einfluß auf das Erbgut zuschrieb. Den Unterschied zwischen Variation als nichterblicher Veränderung und Mutation als erblicher Veränderung bezweifelte er, Ansichten, die sich nicht bewährten. Zi

Literatur: Klebs, G. A.: Willkürliche Entwicklungsänderungen bei Pflanzen. Ein Beitrag zur Physiologie der Entwicklung (Jena 1903).

Klein, Christian Felix, Mathematiker, geb. 25.4.1849 Düsseldorf, gest. 22.6.1925 Göttingen.

K. gehörte zu den wenigen Mathematikern des 19. Jh., welche die Mehrzahl der mathematischen Gebiete noch überschauten und durch deren Verbindung hervorragende Beiträge zur höheren Geometrie, zur Theorie der algebraischen Gleichungen und zur Funktionentheorie leisteten.

K., Sohn des persönlichen Sekretärs des Düsseldorfer Regierungspräsidenten, absolvierte 1865 das humanistische Gymnasium seines Geburtsortes und studierte Mathematik und Naturwissenschaften in Bonn; 1866–1868 wirkte er als Vorlesungsassistent bei J. PLÜCKER und promovierte am 12. 12. 1868 bei R. LIPSCHITZ. Das Bestreben, verschiedene mathematische Schulen kennenzulernen, führte K. nach Göttingen zu A. CLEBSCH und nach Berlin; hier schloß er Freundschaft mit S. LIE und ging zusammen mit ihm nach Paris. Nach kurzem Militärdienst während des Deutsch-Franz. Krieges habilitierte sich K. am 7. 1. 1871 in Göttingen. Mit 23 Jahren wurde er 1872 zum o. Prof. der Mathematik an die Univ. Erlangen berufen; weitere Stationen waren die TH München (1875–1880), die Univ. Leipzig (1880–1886) und die Univ. Göttingen (1886–1913). Aus gesundheitlichen Gründen vorzeitig emeritiert, war K. weiterhin lehrend, forschend und organisierend tätig. Am 17. 8. 1875 hatte K. ANNA HEGEL, eine Enkelin von G. W. F. HEGEL, geheiratet.

K. war in erster Linie Geometer, auch in seinen algebraischen und funktionentheoretischen Arbeiten. Er beteiligte sich am Aufbau der »Liniengeometrie« PLÜCKERS und vollendete dessen Werk. Anknüpfend an Ergebnisse von G. BATTAGLINI verwendete K. konsequent projektive Koordinaten und fand unter Nutzung der Theorie der Elementarteiler von K. WEIERSTRASS erstmals eine allgemeine kanonische Form der Linienkomplexe 2. Grades. Im Anschluß daran entdeckte er grundlegende Eigenschaften der KUMMERschen Fläche. Mit diesen Arbeiten verband K. die konstruktive Darstellung geometrischer Gebilde, die ein Ausgangspunkt für die Einrichtung von Modellsammlungen an seinen späteren Wirkungsstätten wurde. K. trug maßgeblich zur Lösung der Hauptprobleme der Geometrie seiner Zeit bei: zur Klärung der Beziehung zwischen projektiver Geometrie und metrischen Verhältnissen, zur Erweiterung des traditionellen kartesischen Koordinatenbegriffs, zum Problem der Dimension des Raumes, zum Beweis der Widerspruchsfreiheit der nichteuklidischen Geometrie und zur Systematisierung der scheinbar divergierenden Richtungen der Geometrie. Der Aufbau einer rein projektiven Geometrie erforderte ihre von metrischen Betrachtungen unabhängige Begründung. J.-V. PONCELET, A. F. MÖBIUS und J. STEINER hatten noch metrische Betrachtungen beim Aufbau dieser Disziplin herangezogen; das für die Definition projektiver Koordinaten entscheidende Doppelverhältnis beruhte noch auf einer metrischen Begriffsbestimmung. CH. V. STAUDT erfaßte die Grundgedanken der auf dem metrikfreien Doppelverhältnis beruhenden Definition der projektiven Koordinaten und half, sie zu verbreiten. Von PLÜCKER ausgehend und an B. RIEMANN anknüpfend, erhellte K. die mathematische Bedeutung der Betrachtung *n*-dimensionaler Räume und verteidigte sie gegen philosophische Angriffe. K. trug wesentlich zur Anerkennung der nichteuklidischen Geometrien unter den Mathematikern bei, indem er erstere mit Hilfe der projektiven Maßbestimmung von A. CAYLEY in die projektive Geometrie einbettete und für die hyperbolische Geometrie ein Modell in der euklidischen Ebene konstruierte. Hatte K. die Systematisierung der Geometrie zunächst auf invariantentheoretischer Basis versucht, so führte die Verwendung gruppentheoretischer Methoden zur Zusammenfassung aller bis dahin vorhandenen geometrischen Richtungen in ein einheitliches System: »Vergleichende Betrachtungen über neuere geometrische Forschungen« (Erlanger Programm 1872). Übersetzungen in sechs Sprachen zeugen vom hohen Wert des Programms, das die sich gegen Ende des 19. Jh. herausbildenden Ansätze strukturellen mathematischen Denkens unterstützte. Die Fähigkeit, verschiedene mathematische Gebiete zu verbinden, führte K. zu weiteren wichtigen Ergebnissen. Durch die Verknüpfung algebraischer Gleichungen, Gruppentheorie, Geometrie (Ikosaedertheorie), Differentialgleichungen und Funktionentheorie gelangte K. zur Lösung der allgemeinen Gleichung 5. Grades mittels elliptischer Funktionen; Ergebnisse, die bereits L. KRONECKER vorgelegt hatte. K. lieferte die vollständige Theorie einschließlich der bei KRONECKER fehlenden Beweise. Von einem genauen Studium der jeweiligen RIEMANNschen Flächen ausgehend, erreichte K. die geometrische Interpretation algebraischer Funktionen und ihrer Integrale. Im Wettstreit mit H. POINCARÉ (1881/82) erzielte K. wichtige Beiträge zur Theorie der automorphen Funktionen, insbesondere zur Untersuchung von Modulfunktionen. K. ersetzte das POINCARÉsche Erzeugungsprinzip der FUCHSschen Funktionen durch ein weiter reichendes und zeigte, daß außer den FUCHSschen Gruppen noch andere Gruppen projektiver Substitutionen mit der Eigenschaft der Diskontinuität existieren, daß aber für diese das Nichtvorhandensein infinitesimaler Substitutionen noch nicht die Diskontinuität bedingt (KLEINsche Gruppen). Neben POINCARÉ u. a. schuf K. die Grundlagen der Uniformisierung durch automorphe Funktionen mit Grenzkreis. Er erbrachte weiterhin Beiträge zur Theorie der linearen Differentialgleichungen, die L. FUCHS seit 1865 entwickelt hatte. K. fand einen Satz, der die explizite Aufstellung aller algebraisch integrierbaren linearen Differentialgleichungen 2. Ordnung ermöglichte, verallgemeinerte die Theorie der LAMÉschen Differentialgleichungen, wobei sich die Oszillationstheoreme und die Lösungen für Randwertaufgaben für lineare Differentialgleichungen 2. Ordnung ergaben. Von K.s Arbeiten zur Mechanik, mit denen er unter anderem Ergebnisse engl. Gelehrter verbreiten half, ragen die Darstellungen zur Theorie des Kreisels hervor, die, von A. SOMMERFELD fortgeführt, noch heute als Standardwerk gelten.

K. leistete eine umfangreiche wissenschaftsorganisatorische Arbeit, um Mathematik und ihre Anwendungen gleichermaßen zu fördern. Dazu gehörten die Herausgabe der »Mathematischen Annalen«, der »Encyklopädie der mathematischen Wissenschaften mit Einschluß ihrer Anwendungen«, des mathematischen Teils der »Kultur der Gegenwart« und die Gründung mathematischer Gesellschaften. Um die lange Zeit vernachlässigten Anwendungen voranzubringen, suchte er Kontakt zur Industrie und zu Vertretern des Staatsapparates. Wichtige Ergebnisse waren 1898 die Gründung der »Göttinger Vereinigung für angewandte Physik«, in die 1900 auch die Mathematik einbezogen wurde, und eine neue preuß. Prüfungsordnung für Lehrer höherer Schulen vom 12. 9. 1898 mit einer Fakultas für angewandte Mathematik. K. wurde zum Initiator der Umgestaltung der mathematischen Ausbildung in Deutschland vom Anfangs- bis zum Hochschulunterricht. Seine Ziele bestanden in der Erhöhung des theoretischen Niveaus (Funktionsbegriff und Infinitesimalrechnung an höheren Schulen) und einer anschaulichen, anwendungsbereiten Gestaltung des Unterrichts. Für diese Ziele wirkte K. im Verein zur Förderung des mathematischen und naturwissenschaftlichen Unterrichts (1891 gegründet), in der Breslauer Unterrichtskommission der Gesellschaft Deutscher Naturforscher und Ärzte (1904–1908), im Deutschen Ausschuß für mathematischen und naturwissenschaftlichen Unterricht (1908 gegründet), als Vorsitzender der Internationalen Mathematischen Unterrichtskommission (1908 gegründet) und als stellvertretender Vorsitzender der Unterrichtskommission der Zweiten Kammer des preuß. Landtages. Um die finanziellen Mittel für die Verwirklichung seiner Pläne zu erhalten, wurde K. zu einem Verfechter der Ziele des Monopolkapitals; im Oktober 1914 gehörte er zu den Unterzeichnern des chauvinistischen Aufrufs »An die Kulturwelt!«, der die deutschen Kriegsziele rechtfertigte; wie die große Mehrheit der Intelligenz seiner Zeit vertrat K. die Politik der herrschenden Kreise und unterstützte deren Ziele. To

Literatur: Klein, F.: Gesammelte mathematische Abhandlungen, 3 Bde. (Berlin 1921–1923), Elementarmathematik vom höheren Standpunkt aus, 3 Bde. (Berlin 1924–1928), Vorlesungen über die Entwicklung der Mathematik im 19. Jh., 2 Bde. (Berlin 1926 u. 1927, Reprint: Berlin [W], Heidelberg, New York 1979), Vorlesungen über das Ikosaeder und die Auflösung der Gleichungen vom fünften Grade (Leipzig 1884).

Manegold, K.-H.: Universität, Technische Hochschule und Industrie. Ein Beitrag zur Emanzipation der Technik im 19. Jahrhundert unter besonderer Berücksichtigung der Bestrebungen Felix Kleins, in: Schriften zur Wirtschafts- und Sozialgeschichte, Bd. 16 (Berlin 1970); Tobies, R.: Felix Klein (Leipzig 1981).

Chr. F. Klein

R. Th. J. Knietsch

Knietsch, Rudolf Theophil Josef, Chemiker, geb. 13. 12. 1854 Oppeln (Opole, Polen), gest. 28. 5. 1906 Ludwigshafen.

K. begründete die großtechnische Herstellung von Kontaktschwefelsäure.

K., Sohn eines Schmiedemeisters, verlor seinen Vater schon in frühester Kindheit. Seine Schulbildung, die er 1875 mit dem Abgangszeugnis der Kgl. Gewerbeschule Gleiwitz (Gliwice, Polen) beendete, hatte er durch eine Schlosserlehre und einjährige Tätigkeit als Maschinenschlosser unterbrochen. 1875–1880 studierte er an der damaligen Kgl. Gewerbeschule Berlin-Charlottenburg bzw. (nach deren Umwandlung) an der Abteilung Chemie und Hüttenkunde der Kgl. TH. Da diese noch kein Promotionsrecht hatte, promovierte K. 1881 an der Univ. Jena mit einer bei C. Liebermann ausgeführten organisch-chemischen Dissertation. Nach verschiedenen Anstellungen, zuletzt in einer Farbenfabrik in Basel, trat er 1884 in die Badische Anilin- und Sodafabrik Ludwigshafen ein. Dieser Firma diente er bis zu seinem Tode, ab 1904 als Dir.

K.s Begabung lag vor allem auf technischem Gebiet, in der Betriebsorganisation und der Menschenführung. Von seinen technischen Leistungen sind hervorzuheben die Chlorverflüssigung und sein Anteil an der Produktionsaufnahme des synthetischen Indigos (1897). Sein Hauptverdienst ist jedoch die Optimierung und Entwicklung des seit 1879 (C. Winkler) bekannten Kontaktschwefelsäure-Prozesses zu einem großtechnischen Verfahren (1888–1890). K. begründete damit einen neuen Zweig der chemischen Großindustrie: die heterogenkatalysierten Gasphasenprozesse. 1905 wurde er von der TH Dresden zum Dr.-Ing. h. c. promoviert. Ge

Literatur: Knietsch, R. Th. J.: Über die Schwefelsäure und ihre Fabrikation nach dem Contactverfahren, in: Ber. Dtsch. Chem. Ges. 34 (1901), 4069–4115.

Brunck, H. v.: Rudolf Knietsch, in: Ber. Dtsch. Chem. Ges. 39 (1906), 4479–4490; Raschig, F.: Rudolf Knietsch, in: Z. angew. Chem. 19 (1906), 1217–1221; Wolf, H.: Zum 100. Geburtstag von Rudolf Knietsch, in: Chem.-Ztg. 79 (1955), 239–243.

Koch, Heinrich Hermann Robert, Bakteriologe und Hygieniker, geb. 11. 12. 1843 Clausthal (jetzt Clausthal-Zellerfeld), gest. 27. 5. 1910 Baden-Baden.

K. hat sich durch grundlegende methodologische Postulate für den Erregernachweis und durch originelle Beiträge zum bakteriologischen Methodenrepertoire, insbesondere sein Reinkulturverfahren auf festen Nährböden, sowie durch die Aufklärung der Ätiologie gefürchteter Infektionskrankheiten besondere Verdienste um die von ihm als wissenschaftliche medizinische Disziplin mitbegründete Bakteriologie erworben.

Als drittes von 13 Kindern eines Bergbeamten geboren, ist K. in seinem Geburtsort aufgewachsen und hat dort auch seine Gymnasialbildung erhalten. Ab 1862 begann er in Göttingen zunächst Mathematik und Naturwissenschaften zu studieren, wechselte aber schon bald zur medizinischen Fakultät, konnte sich noch als Student durch erste wissenschaftliche Beiträge auszeichnen und war seit 1865 Assistent am Pathologischen Museum. 1866 bestand er in Hannover das ärztliche Examen und wurde im gleichen Jahr in Göttingen, wo J. Henle zu seinen Lehrern gehört hatte, zum Dr. med. promoviert. Nach der Promotion ging K. zur Vervollkommnung seiner Ausbildung für kurze Zeit nach Berlin, war danach für 3 Monate am Allgemeinen Krankenhaus in Hamburg tätig und wechselte noch 1866 an eine Anstalt für geistig behinderte Kinder in Langenhagen bei Hannover. Seit 1868 praktischer Arzt in Niemegk bei Potsdam, eröffnete K. bereits im Folgejahr eine etwas einträglichere Praxis in Rakwitz (ehem. Provinz Posen [Poznań]). Mit einer bescheidenen Laborausstattung begann er hier in der knappen Freizeit mit bakteriologischen Untersuchungen. Nach fünfmonatigem ärztlichem Einsatz im Deutsch-Franz. Krieg ab Anfang 1871 wieder in Rakwitz, unterzog sich K. 1872 dem Physikatsexamen und wurde im April des gleichen Jahres Kreisphysikus des Kreises Bomst mit Sitz in Wollstein (ehem. Provinz Posen [Poznań]). Neben der Privat- und Amtspraxis führte er hier ab 1873 seine erste größere bakteriologische Untersuchung zur Milzbrandätiologie aus, deren Ergebnisse er dem Botaniker F. Cohn in Breslau (Wrocław) vorgestellt und schließlich 1876 veröffentlicht hat. Da für den Fortschritt der Bakteriologie derzeit vor allem die Vervollkommnung des Methodenrepertoires entscheidend war, hat sich K. in der Folgezeit intensiv mit der Mikroskopie, der Mikrophotographie und mit Färbeverfahren beschäftigt. Gleichzeitig versuchte er ab 1877 der Ätiologie der Wundinfektionskrankheiten insbesondere durch Isolierung und mikroskopischen Nachweis der Erreger sowie tierexperimentelle Reproduktion septischer Erkrankungen beizukommen. 1879 in der Hoffnung auf eine Professur nach Breslau übersiedelt, war K. hier kurze Zeit Stadtphysikus. Noch im gleichen Jahr kehrte er nach Wollstein zurück, wo ihn im April 1880 ein Ruf an das Kaiserliche Gesundheitsamt in Berlin erreichte. Ab 10. Juli 1880 übernahm K. als Regierungsrat und ordentliches Mitgl. des Kaiserlichen Gesundheitsamtes die Leitung des bakteriologischen Laboratoriums dieser Institution. Mit seinen ersten Mitarbeitern F. Loeffler und G. Gaffky wandte er sich zunächst vor allem der Wirksamkeit von Desinfektionsmitteln und -verfahren sowie der Vervollkommnung der bakteriologischen Methodik zu. Im Ergebnis 1881 begonnener Untersuchungen konnte K. am 24. März 1882 die Entdeckung des Tuberkuloseerregers und den lückenlosen Nachweis seiner ätiologischen Relevanz mitteilen. 1883 mit der Leitung einer wissenschaftlichen Expedition zur Untersuchung der in Ägypten und Indien grassierenden Cholera beauftragt, entdeckte K. den »Kommabazillus«, dessen damals noch nicht völlig gesicherte ätiologische Bedeutung nachfolgend vor allem von M. v. PETTENKOFER angezweifelt wurde. 1884 leitete K. eine nach Südfrankreich entsandte Cholerakommission. Weiterhin hat er sich in den ersten Berliner Jahren in Kontroverse zu L. PASTEUR nochmals der Milzbrandätiologie und -prophylaxe zugewandt. 1885 wurde K. auf den neu errichteten Hygienelehrstuhl der Berliner Univ. berufen und Dir. des am 1. Juli des gleichen Jahres eröffneten Hygieneinstitutes. Vor allem die umfangreichen neuen Lehrverpflichtungen, die er – beraten durch den Göttinger Hygieniker C. FLÜGGE – zu bewältigen hatte, sowie praktisch-hygienische Untersuchungen ließen vorerst kaum Zeit für experimentelle bakteriologische Arbeiten. Nach weitgehender Entlastung von den Lehrverpflichtungen begann K. 1889 erneut mit Untersuchungen zur Tuberkulose – jetzt mit dem Ziel einer kausalen Therapie. In einem der bisherigen Entwicklung und zukünftigen Aufgaben gewidmeten Vortrag »Über bakteriologische Forschung« stellte K. 1890 mit seinem »Tuberkulin« erstmals ein spezifisches Tuberkuloseheilmittel in Aussicht, das noch ab demselben Jahr im Krankenhaus Berlin-Moabit unter Leitung von P. EHRLICH erprobt werden sollte. 1891 gab K. sein Ordinariat auf und übernahm das für ihn eingerichtete »Institut für Infektionskrankheiten«. Ab 1896 wurde das Institut mit Untersuchungen zu in tropischen Gebieten verbreiteten Infektionskrankheiten zunehmend in den Dienst der Kolonialpolitik des kaiserlichen Deutschland gestellt. Für K. begannen jetzt rasch aufeinanderfolgende Forschungsreisen, 1896 nach Südafrika zur Untersuchung der Rinderpest, 1897 mit einer Pestkommission weiter nach Indien und anschließend wieder nach Afrika zu Malariastudien. 1899 leitete er nochmals eine Malariaexpedition in Italien und Batavia (Jakarta). 1901/02 widmete sich K. mit seinen Mitarbeitern der auch militärisch bedeutsamen Bekämpfung des Abdominaltyphus. Gleichzeitig bemühte er sich, das inzwischen angezweifelte Tuberkulin zu verbessern und kam – anders als früher – zu der Auffassung, die Rindertuberkulose sei von der menschlichen wesentlich verschieden und als Infektionsquelle kaum bedeutsam. Vor allem wegen belastender Verwaltungsaufgaben bat K. bereits 1903 um seine Entpflichtung vom Direktorat des »Institutes für Infektionskrankheiten«, der 1904 stattgegeben wurde. Ab Ende 1904 widmete er sich auf einer Afrikareise vor allem dem Rückfallfieber und auf einer Afrikaexpedition 1906 der Schlafkrankheit. 1905 mit dem Nobelpreis geehrt, schenkte K. in seinem diesem Anlaß gewidmeten Vortrag erstmals auch sozialen Aspekten der Tuberkuloseätiologie und -bekämpfung Beachtung, eine bemerkenswerte Einsicht, die er 1910 nochmals bekräftigt hat. 1904 zum Mitgl. der Ak. d. Wiss. gewählt, zog K. in seiner verspäteten Antrittsrede 1909 ein beeindruckendes Resümee des von ihm und seinen Schülern in der bakteriologischen Forschung Geleisteten. Im folgenden Jahr erkrankte K. ernsthaft und verstarb in einem Sanatorium in Baden-Baden an einem Herzleiden.

Als K. seine Arbeiten zur Milzbrandätiologie begann, war noch für keine Infektionskrankheit der ursächliche Zusammenhang mit einem definierten lebenden Erreger bewiesen. Ein noch fehlendes spezifisches bakteriologisches Methodenrepertoire war dafür die Ursache ebenso wie die Auffassung vom Pleomorphismus, einem angenommenen Formenwandel der Mikroorganismen, der einen ursächlichen Zusammenhang zwischen spezifischen Erregern und definierten Infektionskrankheiten in Frage stellte. Am Beispiel der Milzbrandätiologie hat K. erstmals das grundsätzliche methodologische Vorgehen demonstriert, das eine eindeutige kausale Zuordnung eines spezifischen Mikroorganismus zu einer bestimmten Infektionskrankheit gestattete. Da es K. gelang, den Milzbranderreger und seine Sporen mit Regelmäßigkeit aus infizierten Tieren zu isolieren, sie in Reinkultur zu züchten und mit Erregern aus der Reinkultur die Krankheit tierexperimentell zu reproduzieren, konnte für den Milzbrand erstmalig die ätiologische Relevanz eines definierten Mikroorganismus zweifelsfrei bewiesen werden. Da sichere, reproduzierbare und einfach handhabbare Arbeitsmethoden eine der wichtigsten Voraussetzungen für weitere Erfolge der bakteriologischen Forschung waren, hat sich K. unmittelbar nach den Milzbranduntersuchungen neben der Ätiologie der Wundinfektionskrankheiten vor allem der Vervollkommnung der bakteriologischen Methodik gewidmet. Das betraf den mikroskopischen Erregernachweis einschließlich Färbeverfahren und Mikrophotographie ebenso wie die experimentelle Infektion von Versuchstieren. Besondere Schwierigkeiten bereitete bei den derzeit ausschließlich verwendeten flüssigen Kulturmedien die Gewinnung und Züchtung von Reinkulturen, deren Bedeutung als zentrales Glied in der Beweiskette zwischen Erreger und Krankheit von K. bereits 1876 in vollem Maße erkannt worden war. Im Ergebnis diesbezüglicher Versuche in kleinsten Mengen flüssiger Nährmedien bezweifelte K. noch 1878 die Möglichkeit ausreichend sicherer Reinkulturen in vitro. Nach K.s Zeugnis war es schließlich die Zufallsbeobachtung einer sich als Reinkultur erweisenden Kolonie von Mikroorganismen auf einer gekochten Kartoffel, die ihn den Zugang zur Reinkultur auf festen Nährböden finden ließ. Mit diesem 1881 gefundenen Verfahren war das klassische bakteriologische Methodenrepertoire so weit komplettiert, daß die gezielte Suche nach bakteriellen Krankheitserregern in rascher Folge zu einer Fülle gesicherter Ergebnisse führen konnte. Mit der endgültigen Widerlegung des Pleomorphismus hat dieser methodische Fortschritt, über die medizinischen Konsequenzen hinaus, grundlegende Bedeutung für die wissenschaftliche Bakteriologie insgesamt erlangt.

Neben diesen methodischen und Erkenntnisfortschritten, mit denen K. wesentlich zur Begründung der Bakteriologie als wissenschaftliche Disziplin beitragen konnte, hat er auch auf dem Gebiet der Hygiene verdienstvoll gewirkt. Besondere Bedeutung erlangten die Untersuchungen über Desinfektionsmittel und -verfahren, vor allem die Sterilisation mit strömendem Wasserdampf. Dieses Verfahren fand in der Folge Eingang in das bakteriologische Laboratorium sowie in die chirurgische Praxis, wo es zur Voraussetzung für die Einführung der Asepsis wurde.

Die Tuberkuloseproblematik, die K. seit der Klärung der Ätiologie dieser Volkskrankheit bis zum Ende seines Lebens beschäftigte, hat ihm neben dem spektakulärsten Erfolg auch den wohl einzigen gravierenden Mißerfolg eingebracht. Der von ihm als »Tuberkulin« empfohlene Glycerolextrakt aus Reinkulturen des Tuberkuloseerregers erwies sich – auch in späteren Modifikationen – als therapeutisch nicht wirksam. Allerdings haben K.s diesbezügliche Bemühungen durch die Möglichkeit, das Tuberkulin als Diagnostikum einzusetzen, der Tuberkulosebekämpfung und -epidemiologie schließlich noch nützen können.

Auch durch die auf wissenschaftlichen Expeditionen gewonnenen Einsichten hat K. zum bakteriologischen Fortschritt beigetragen und die Tropenmedizin und -hygiene bereichern können. Da das wesentlich von K. eingeführte grundsätzliche methodische Vorgehen der klassischen Bakteriologie inzwischen zum verbreitet genutzten Elementarbestand bakteriologischer Verfahren gehörte und gleichzeitig eine Schwerpunktverlagerung zur chemischen Untersuchung der Lebenserscheinungen und biologischen Wirkungen von Mikroorganismen erfolgte, war der Zugang zu neuen Erkenntnissen auf den Gebieten der Bakteriologie und der Infektionskrankheiten objektiv komplizierter geworden. Vor allem aus diesem Grund hatten L.s spätere bakteriologische und epidemiologische Beiträge, insbesondere zu mehreren tropischen Infektionskrankheiten, nicht mehr die grundsätzliche Bedeutung seiner früheren diesbezüglichen Arbeiten erlangen können. Hei

Literatur: Koch, R.: Gesammelte Werke, 3 Bde. (Hrsg. J. Schwalbe, Leipzig 1912).
Wezel, K.: Robert Koch. Eine biographische Studie (Berlin 1912).

Koelliker, Rudolf Albert von, Anatom und Physiologe, geb. 6. 7. 1817 Zürich, gest. 2. 11. 1905 Würzburg.

Auf der Grundlage der noch neuen allgemeinen Zellenlehre baute K. die mikroskopische Anatomie aus und machte sich um die Entwicklungsgeschichte verdient.

Der in Elternhaus und Schule vorwiegend sprachlich gebildete K. begann 1836 zunächst in Zürich Medizin zu studieren und entwickelte in enger Freundschaft mit dem gleichaltrigen C. W. NÄGELI ausgesprochen botanische und zoologische Neigungen. Schon 1839 gab er eine Flora des Kantons Zürich heraus. Sein Herbarium schenkte er der Univ. Bei W. OKEN hörte er Naturphilosophie. Das Frühjahrssemester 1839 absolvierte er in Bonn. 1839–1841 studierte K. zusammen mit NÄGELI in Berlin, wo ihn J. MÜLLER und J. HENLE tief beeindruckten. HENLE führte ihn in TH. SCHWANNS Lehre ein, die für sein Lebenswerk bestimmend wurde. Weitere prägende Anregungen erhielt K. von dem Mikrozoologen CH. G. EHRENBERG und durch die entwicklungsgeschichtlichen Vorträge von R. REMAK. Im Herbst 1840 entstand nach einer Reise nach Föhr und Helgoland seine Dissertation über die Geschlechtsverhältnisse der wirbellosen Tiere und über die Bedeutung der Samenfäden (Zürich 1841). Auf der Heimreise 1841 machten die beiden Züricher 14 Tage bei M. SCHLEIDEN in Jena Station. 1841 wurde K. Hilfsassistent und 1842 Prosektor bei HENLE, der 1840 als Anatom und Physiologe nach Zürich berufen worden war. 1842 folgte (wieder zusammen mit NÄGELI) eine viermonatige Studienreise nach Neapel und Sizilien. 1842 erwarb K. den Dr. med. in Heidelberg, 1843 habilitierte er sich, und 1844 (nach HENLES Weggang) wurde er ao. Prof. für Physiologie und vergleichende Anatomie. 1847 übernahm er den neu geschaffenen Lehrstuhl gleicher Bezeichnung in Würzburg, führte dort die Entwicklungsgeschichte und mikroskopische Anatomie ein und übernahm 1849 auch die Anatomie. Besonders fruchtbar war K.s Kontakt zu R. VIRCHOW, der in Würzburg 1840–1856 den Lehrstuhl für Pathologische Anatomie innehatte. Gleich nach dessen Ankunft gründete K. die Physikalisch-medizinische Gesellschaft in Würzburg. In seiner vielseitigen, umfangreichen Lehrtätigkeit, darunter in der topographischen Anatomie, der vergleichenden Gewebelehre und vergleichenden Entwicklungsgeschichte, wurde K. von seinem Mitarbeiter K. GEGENBAUR unterstützt. Bei ausgedehnter eigener Forschungstätigkeit, die sich in 305 Veröffentlichungen niederschlug, hat K. insgesamt nur 12 Doktoranden betreut. 1865 gab K. die Physiologie an A. v. BEZOLD ab. Im Ergebnis mehrerer Umstrukturierungen stand K. dem Anatomischen Institut und dem Institut für vergleichende Anatomie, Mikroskopie und Entwicklungsgeschichte (1871) vor mit zusammen 3 bis 4 Mitarbeitern. Die letztgenannte Abteilung leitete er noch bis 1902 weiter, als er achtzigjährig die Professur für Anatomie an seinen Schüler PH. STÖHR abtrat. Seit 1849 gab K. zusammen mit K. TH. E. v. SIEBOLD die Ztschr. für wissenschaftliche Zoologie heraus, seit 1881 mit E. H. EHLERS. K. wurde vielfach international geehrt und erhielt 4 Ehrendoktorate. Seine häufigen Reisen beschränkten sich auf Europa. Sein Sohn THEODOR K. war später Prof. der Orthopädie in Leipzig.

H. H. R. Koch

R. A. von Koelliker

Seit Beginn der 40er Jahre baute K. die junge, von SCHWANN begründete Zellenlehre mit aus; K.s »zellularphysiologische« Aussage, die Zellen seien die eigentlichen Träger des Lebens, schließt aus heutiger Sicht bereits VIRCHOWS Zellularpathologie (1855) mit ein. K. warf der neuen Physiologie von C. LUDWIG (1852–1856) vor, die Bedeutung der Zelle zu vernachlässigen und sie lediglich als durch äußere Einflüsse determiniert zu betrachten (1859). Der Auffassung SCHWANNS, die Zelle bilde sich aus einem amorphen Blastem, trat K. schon 1844, lange vor REMAK (1852) und VIRCHOW (1855), entgegen; VIRCHOWS vorläufiges Festhalten an der freien Zellenbildung ließ ihn wieder an der zellulären Herkunft aller Zellen zweifeln. 1850 verfaßte K. die erste umfassende Gewebelehre, die den Feinbau aller menschlichen Organe zum Gegenstand hatte, und entwickelte daraus ein (zunächst) kürzeres Lehrb. (1852, 6. Aufl. 1889). K. hat lebenslang zur Kenntnis und Systematisierung der menschlichen und tierischen Gewebe beigetragen. Er definierte die Begriffe »Gewebe« und »Organ« in gültiger Weise, beschrieb die Kontraktilität als allgemeine Eigenschaft des Protoplasmas, entdeckte die Haarbalgmuskeln und studierte grundlegend die glatte Muskulatur der Hohlorgane. 1844 verallgemeinerte er die Aussagen von REMAK (1838) und H. HELMHOLTZ (1842), daß die Nervenfasern Fortsetzungen der Ganglienzellen seien, indem er den Nachweis auch für die marklosen Sympathikusfasern erbrachte. In seiner Antrittsvorlesung (1844) schrieb er alle geistige Tätigkeit den Zellen des Großhirns zu und betrachtete in dieser Beziehung die Nervenfasern als untergeordnet. Die Entwicklungsgeschichte stellte K. mehrfach im ganzen dar, wobei er zunehmend auf eigene Forschungen aufbaute. Seine Beiträge betreffen vor allem die Lehre von den Keimblättern in ihrer Beziehung zu den Geweben, die Sinnesorgane, Eierstöcke und das Knochengewebe. In der Deszendenzlehre NÄGELI nahestehend, interpretierte K. die Stammesentwicklung als »Verkörperung eines allgemeinen Gedankens oder Gesetzes«, wie er 1864 in einer Kritik an CH. DARWIN schrieb (Ztschr. für wissenschaftliche Zoologie Bd. 14, S. 174–186). Die physiologischen Arbeiten K.s traten gegenüber den morphologischen in den Hintergrund. Ihre Gegenstände waren Giftwirkungen auf Organfunktionen, Reizerfolge an frischen Leichen (zusammen mit VIRCHOW, GEGENBAUR u. a.), die Totenstarre, Atem- und Herzbewegungen. Eine Untersuchung über das elektromotorische Verhalten des Froschherzens (mit H. MÜLLER 1856) wies nicht nur die negative Schwankung unmittelbar vor jeder Kontraktion, sondern im Grunde genommen ihre Zweigipfeligkeit (später R- und T-Zacke genannt) nach.

K. wird oft als »angesehenster deutschsprachiger Anatom des 19. Jh.« bezeichnet. Tatsächlich hat er die »Paradigmata« der Zellulartheorie und der Entwicklungslehre mit zahllosen Einzelbefunden untermauert und damit zugleich spezielle Voraussetzungen für die experimentelle und praktische Medizin geliefert. Mit seinem Namen verbinden sich keine umwälzenden Entdeckungen und Gesetzesaussagen, aber sehr viele, dem Arzt und Zoologen heute selbstverständliche Tatsachenkenntnisse. Ru

Literatur: Koelliker, R. A. v.: Entwicklungsgeschichte der Cephalopoden (Zürich 1844), Die Selbständigkeit und Abhängigkeit des sympathischen Nervensystems durch anatomische Ursachen bewiesen (Zürich 1844), Die Lehre von der tierischen Zelle, in: Z. wiss. Bot. (1845), 46–182, Mikroskopische Anatomie oder Gewebelehre des Menschen (Leipzig 1850/54), Handb. der Gewebelehre des Menschen für Ärzte und Studierende (Leipzig 1852, 6. Aufl. 2 Bde. 1889), Entwicklungsgeschichte des Menschen und der höheren Tiere (Leipzig 1861, 2. völlig neubearbeitete Aufl. 1879), Icones histologicae, Atlas der vergleichenden Gewebelehre (Leipzig 1864), Grundriß der Entwicklungsgeschichte des Menschen und der höheren Tiere (Leipzig 1880, 2. Aufl. 1884), Die Bedeutung der Zellenkerne für die Vorgänge der Vererbung, in: Z. wiss. Zool. 42 (1885), 1–46, Erinnerungen aus meinem Leben (Leipzig 1899).

Bardeleben, K. v.: Albert v. Koelliker, in: Dtsch. med. Wochenschr. 32 (I) (1906), 150/51; Rössle, R.: Albert von Koelliker zum Gedächtnis, in: Wiss. Ann. DAdW 4 (1955), 770–775.

Koelreuter, Joseph Gottlieb, Botaniker, geb. 27. 4. 1733 Sulz/Neckar, gest. 12. 11. 1806 Karlsruhe.

K. führte erste planmäßige Kreuzungsexperimente bei Blütenpflanzen mit Anwendung der künstlichen Bestäubung durch.

K. war der Sohn eines Apothekers. Ab 1748 studierte er Medizin, fast ausschließlich an der Univ. Tübingen. Er promovierte hier 1755 und ging 1756 als Adjunkt der Kaiserlichen Ak. d. Wiss. nach St. Petersburg (Leningrad). 1761 kehrte K. nach Deutschland zurück und zog nach Sulz, dann Calw/Württemberg. 1763 folgte er einem Ruf des Markgrafen Karl Friedrich von Baden als Aufseher und Dir. der fürstlichen Gärten nach Karlsruhe und erhielt den Professorentitel. Nach dem Tode der an Botanik interessierten Markgräfin wurde er entlassen, lebte mit seiner Familie in finanzieller Not und starb verbittert.

In St. Petersburg bearbeitete K. die Fischpräparate-Sammlung. Eingehend beschäftigte er sich mit den Blüten der Blütenpflanzen und ihren Funktionen. Angeregt durch ein Preisausschreiben der Petersburger Akademie, auch beeinflußt von »Transmutations«-Vorstellungen und der von R. J. Camerarius aufgestellten Sexualitätstheorie der Blütenpflanzen, begann K. 1759 erste Bastardierungsversuche mit verschiedenen Blütenpflanzen. 1761 erhielt er den Bastard der beiden Tabakarten Nicotiana rustica × N. paniculata, ein für die Entwicklung der Biologie bedeutungsvolles Ergebnis, denn nur an Bastarden läßt sich der Anteil beider Eltern an der Merkmalsausbildung bei den Nachkommen ermitteln. K.s Bastarde zeigten offensichtliche Beteiligung beider Elternpflanzen. Das war nicht ohne willkürliche Hilfsannahmen mit der damals herrschenden Präformationstheorie zu vereinen, nach der alle Keime in einem der Eltern vorgebildet sein sollten. Artbastarde stellte K. auch in den Gattungen Dianthus (Nelke), Matthiola (Levkoje), Verbascum (Königskerze), Datura (Stechapfel), Cucurbita (Kürbis) her. Die Nachkommen mit sich selbst fruchtbarer Bastarde zeigten »Aufspaltung« der Merkmale, was nach K. für die Unnatürlichkeit von Bastarden sprach. K. nahm auch Rückkreuzungen vor. Ferner untersuchte er, wie lange gelagerte Pollen befruchtungsfähig bleiben.

Unabhängig von K.s Vermutung, daß die Alchemisten durch Auswertung der Pflanzenbastardierung vielleicht noch zur Metalltransformierung gelangen werden, war die Erforschung der Bastardierung eine in die Zukunft weisende Tat. Zi

Literatur: Koelreuter, J. G.: Vorläufige Nachricht von einigen das Geschlecht der Pflanzen betreffenden Versuchen und Beobachtungen (Leipzig 1761, mit 3 Fortsetzungen 1763, 1764, 1766), Neudruck in Ostwalds Klassikern, ..., Bd. 41 (Hrsg. W. Pfeffer, Leipzig 1893).

Koenig, Friedrich Gottlob, Druckmaschinenbauer, geb. 17. 4. 1774 Eisleben, gest. 15. 1. 1833 Oberzell bei Würzburg.

K. erfand die mechanische Schnelldruckpresse, die eine Revolution in der Drucktechnik einleitete.

K. war der Sohn eines Eislebener Ackerbürgers, d. h. eines Landwirtschaft betreibenden Bürgers, besuchte die Volksschule und das Gymnasium, hatte aber nicht die Mittel für ein Studium. So lernte er von 1790–1794 bei Breitkopf & Härtel in Leipzig Setzer und Buchdrucker; diese Lehre schloß er wegen guter Leistungen vorzeitig ab. Danach arbeitete er weiter in Leipzig und besuchte daneben Vorlesungen an der Univ. 1800 soll er sich ohne Erfolg mit der Führung einer Buchhandlung in Eisleben versucht haben. Ab 1802 begann er nach einer technischen Lösung zu suchen, um die ihm wohlbekannte körperlich schwere Arbeit an den alten Schraubspindel-Druckpressen und den kurz zuvor erfundenen Hebelpressen durch eine Maschine zu ersetzen. Wie so oft in der Geschichte der Technik ging auch er von der überkommenen Technologie aus. Bis dahin wurde das Papier mit einer ebenen Platte, dem Tiegel, auf den feststehenden Bleisatz gepreßt. Diesen Vorgang suchte nun K. zu mechanisieren. Das ursprünglich für die Gründung einer Buchhandlung oder Druckerei bestimmte Darlehen eines Jugendfreundes nutzte er mit dessen Einverständnis, um bei einem Mechaniker in Suhl eine erste Maschine zu bauen. Er verwendete vorwiegend Holz, da die Metalltechnik in Deutschland noch nicht weit genug entwickelt war. Diese Maschine war zu kompliziert und schwerfällig, bestätigte aber den konstruktiven Grundgedanken. Aus Geldmangel mußte K. jedoch 1804 weitere Arbeiten einstellen. Er sandte nun eine Druckschrift über seine Erfindung an bekannte Drucker und Staatsmänner und reiste bis nach Wien und St. Petersburg, ohne jedoch tatkräftige Hilfe zu finden. Erst im ökonomisch und technisch fortgeschrittenen England, wohin er sich 1806 wandte, fand er interessierte Unternehmer und leistungsfähige Werkstätten. Drei Drucker finanzierten die Entwicklung der ersten eisernen Tiegeldruckpresse, die in Zusammenarbeit mit dem Mechaniker und Optiker F. A. Bauer 1811 vollendet wurde und bereits 400 Drucke in der Stunde lieferte, also mehr, als ein Drucker an der Handpresse an einem ganzen Tag schaffte. Im April 1811 wurde damit für das »Annual Register« (Jahresregister) für 1810 der erste Bogen gedruckt. In England wurde zu jener Zeit Stoff aber auch schon mit rotierenden Kupferwalzen bedruckt. Dies trug sicherlich dazu bei, daß K. auf die Idee kam, fast gleichzeitig ein völlig neues Verfahren zu entwickeln und den Satz unter einem sich drehenden Zylinder hindurchlaufen zu lassen. Auch bei den Handpressen wurde der Satz bereits auf einer Art Wagen unter den Tiegel geschoben. Diese Zylinderdruckpresse wurde ebenfalls 1811 patentiert, und der Herausgeber der »Times« bestellte sofort zwei Stück. Da sie 16 Handpressen und 32 Drucker ersetzen konnten, wurden sie in aller Heimlichkeit gebaut, um keine Unruhe auszulösen. Am 29. 11. 1814 wurde mit dieser Presse erstmalig eine Nummer der »Times« gedruckt. Nach dem Einrichten der Maschine brauchten nur noch die Papierbögen von Hilfskräften eingelegt und nach dem Bedrukken aufgefangen werden. Lange Zeit wurden die Schnellpressen allerdings auch noch mit Hilfe großer Kurbelräder von Hand bewegt, da sich der Einsatz von Dampfkraft nur beim ständigen Druck großer Auflagen, d. h. bei relativ konstantem Betrieb der Maschinen lohnte. K. entwickelte seine

J. G. Koelreuter

F. G. Koenig

F. W. G. Kohlrausch

A. W. H. Kolbe

Maschine schnell weiter zur Doppelmaschine mit zwei Zylindern, so daß nicht nur beim Vorwärtsgang des Satzes, sondern auch bei seinem Rückgang gedruckt wurde, ferner zur Schön- und Widerdruckmaschine, die beide Papierseiten in einem Gang bedruckte, und zur Zweitourenmaschine mit ständig umlaufendem Zylinder. K.s Geldgeber betrog ihn aber bei der Auszahlung der vereinbarten Gewinnanteile, und so kehrte K. 1817 nach Deutschland zurück. Gemeinsam mit Bauer gründete er in dem verlassenen und günstig zu erwerbenden Kloster Oberzell bei Würzburg eine Druckmaschinenfabrik, mußte allerdings viel geschäftliches Entgegenkommen zeigen, um sich auch bei den deutschen Druckern durchzusetzen. Unter den damaligen deutschen Verhältnissen wurden nur kleine Buchauflagen vertrieben, für die Handpressen genügten; nur einige Zeitungsverleger gaben zunächst Aufträge. In der Buchstadt Leipzig wurden erst 1826 die ersten Schnellpressen von F. A. Brockhaus für sein großes Lexikon aufgestellt. Auch Maschinen und Material für die Fabrik waren in Deutschland nicht zu beschaffen und mußten aus England bezogen werden, wofür die bayr. Regierung allerdings zehn Jahre Zollfreiheit gewährte. Facharbeiter mußten erst herangebildet werden. Trotzdem hatte das Unternehmen auf die Dauer Erfolg. Als K. an einem Herzleiden starb, setzten seine beiden Söhne gemeinsam mit Bauer sein Werk fort. Die

Kohlrausch, Friedrich Wilhelm Georg, Physiker, geb. 14. 10. 1840 Rinteln/Weser, gest. 17. 1. 1910 Marburg.

K.s wissenschaftliche Verdienste liegen vor allem auf dem Gebiet der Elektrolyttheorie und der Elektrizitätslehre (elektrisches Meßwesen). Sein in überarbeiteter Form noch heute erscheinendes »Lehrbuch der praktischen Physik« hat auf die Entwicklung der Physik nachhaltigen Einfluß ausgeübt und zeigt K. als einen Meister der Präzisionsphysik.

K. entstammt einer der großen deutschen Gelehrtenfamilien des 19. und 20. Jh. Er studierte in Erlangen (1859–1862) und Göttingen (1858/59, 1862/63) bei W. Beetz bzw. W. Weber. Bei letzterem, seinem »väterlichen Freund«, promovierte er 1863. Von Göttingen ging er für zwei Jahre als Doz. des physikalischen Vereins nach Frankfurt/Main. 1866 kehrte er als Assistent Webers nach Göttingen zurück, um sich dort im folgenden Jahr zu habilitieren und ein Extraordinariat anzutreten. 1870 wurde er zum o. Prof. am Züricher Polytechnikum berufen; 1871 ging er an die TH Darmstadt, 1875 nach Würzburg und 1888 nach Straßburg (Strasbourg). Nach dem Tode von H. v. Helmholtz wurde er 1895 dessen Nachfolger als Präsident der Physikalisch-Technischen Reichsanstalt. Ihr stand er bis zur Versetzung in den Ruhestand (1905) vor und machte sie zu einem international führenden Zentrum des metrologischen Prüf- und Meßwesens.

K.s Elektrolytforschungen konzentrierten sich vornehmlich auf das Studium der elektrischen Leitfähigkeit. Hierbei erschloß er diesem Gebiet durch die Einführung neuer Meßmethoden und -apparate (unter anderem Wechselstrombrückenmethode zur Eliminierung der störenden Polarisationseffekte an den Elektroden) grundsätzlich neue Beobachtungsbereiche. Auf der Grundlage seines umfänglichen Versuchsmaterials formulierte er das Gesetz von der unabhängigen Wanderung der Ionen und erkannte, daß das Äquivalentleitvermögen, also der Quotient aus der spezifischen Leitfähigkeit und der Anzahl der im Kubikmeter enthaltenen Grammäquivalente des gelösten Elektrolyten, mit wachsender Verdünnung einem Maximalwert zustrebt. J. H. van't Hoff, W. Nernst und W. Ostwald haben in ihren Theorien unmittelbar an die Arbeiten von K. angeknüpft.

Unter seinen anderen wissenschaftlichen Arbeiten verdienen K.s Bemühungen um eine absolute Darstellung der elektrischen Maßeinheiten (Ohm-Bestimmung, 1888) sowie die mit seinem Bruder Wilhelm K. gemeinsam durchgeführte Messung des elektrochemischen Äquivalents des Silbers besondere Anerkennung. Ho

Literatur: Gesammelte Abhandlungen von F. Kohlrausch (Hrsg. W. Hallwachs u. a.) Bd. 1, 2 (Leipzig 1910/11), Lehrb. der praktischen Physik (Leipzig 1870).

Hoffmann, D.: Pionier der Meßtechnik und ein Meister der messenden Physik, in: Feingerätetechnik 34 (1985), 11; Kant, H.: Die Familie Kohlrausch und die physikalische Meßtechnik, in: Physik in der Schule 22 (1984) 11, 422–428; Rischke, E.: Friedrich Kohlrausch. Nachrichten von der Kgl. Ges. d. Wiss. zu Göttingen, in: Geschäftliche Mitt. 1910 (Berlin 1910), 71–85.

Ko Hung, Pao Phu Tzu, Chih-Chhuan Chen Jen, Ko Chi-Chhuan, Hsia Hsien-Ong, Alchemist, Mediziner, Taoist und Beamter, geb. 283 Nanyang, gest. nach 342, vor 361, wahrscheinlich 343, am Berg Lo-fou (Lofon, Shan-Gebirge, Südchina).

K. war der wohl bedeutendste chines. Alchemist, dessen Ruhm durch seine Experimente und Systematisierung früherer alchemistischer Kenntnisse begründet wurde. Gleichzeitig war er ein bekannter Mediziner und Taoist.

K.s Vater war als Gouverneur Mitgl. der traditionellen Beamtenschaft. Er konnte seinem Sohn eine klassische Bildung mitgeben. K.s Lehrer für Alchemie waren Chêng Yin, ein Schüler eines Großonkels von K., und K.s Schwiegervater. In der Jugend beteiligte sich K. als Offizier an der Niederschlagung einer Rebellion gegen den Kaiser, jedoch ohne Interesse für die militärische Karriere. Er reiste viel und sammelte wissenschaftliche Bücher. 306 begleitete er seinen Freund Chi Han nach Südchina. Chi Han, der bald nach seinem Amtsantritt als Gouverneur ermordet wurde, war einer der besten chines. Botaniker. K. blieb noch einige Jahre dort, offensichtlich wegen des Reichtums der Region an mineralischen Substanzen und Pflanzen. Nach einem kurzen Besuch seiner Geburtsstadt, wo er wegen der militärischen Verdienste geadelt wurde, schlug man ihn als Mitgl. des Kaiserlichen Büros für Historiographie vor. K. lehnte mit dem Hinweis auf seine alchemistischen Forschungen ab und bat um eine niedrige Stellung in Annam wegen der dortigen Quecksilbersulfiderzeugung. Auf dem Wege in den Süden befreundete er sich mit dem Gouverneur von Kuang-tung, der die Eisen- und Stahlproduktion in dieser Provinz gefördert haben soll. Deshalb ließ sich K. für den Rest seines Lebens am Fuße des Lo-fou-Berges nieder. Hier verfaßte er um 317 das wichtigste seiner Werke, das »Pao phu tzu«. Es besteht aus zwei Teilen, dem »Wai Phien« und dem »Nei Phien«. Letzteres behandelt in zwanzig Kapiteln Alchemie u. a. K. schrieb ein medizinisches Buch, das »Ko Hsien Ong Chou Pei Chi Fang«, und eine Abhandlung über das Leben taoistischer Weiser mit dem Titel »Shen Hsien Chuan«. Bei weiteren ihm zugeschriebenen Texten ist seine Autorenschaft nicht gesichert.

K.s Ziel war die Meisterung der Vielfalt der Natur, die sich in ständiger Veränderung bei gleichzeitiger Ruhe befindet. Die Veränderungen und die Ewigkeit sind zwei Kernpunkte alchemistischen Forschens, das bei K. vorrangig experimentell angelegt ist, während theoretische Verallgemeinerungen etwas in den Hintergrund treten. Typisch für ihn ist die Vermischung beobachteter Fakten, naturalistischer Interpretationen und mystischer Spekulationen. Das Symbol der Veränderung ist wegen seiner chemischen Eigenschaften das Quecksilbersulfid, das des Ewigen das Gold. Taoistische Alchemie strebt danach, durch Gold enthaltende oder ihm ähnelnde Präparate dessen Eigenschaften auf den Menschen zu übertragen, ihm zur Unsterblichkeit zu verhelfen. Deshalb sucht sie nach Wegen, jeden beliebigen Stoff in Gold zu verwandeln. Durch K. ist die früheste Beschreibung einer Zinnsulfiderzeugung erhalten. Zinnsulfid spielte eine wichtige Rolle, da es aus Substanzen entsteht, die sich durch Farbe und Schmelzpunkt vom Gold unterscheiden. K. lehrte, daß künstliches Gold wertvoller als natürliches sei, da es neben dem Wesen des Goldes über das der Ausgangsstoffe verfüge. Im Bemühen, das Beständige im Menschen zu kräftigen, trifft sich die Alchemie mit Medizin und Psychologie: Das chhi (Äther oder Pneuma) sei für das Ewige im Menschen ausschlaggebend, sein Anteil im menschlichen Körper müsse deshalb erhöht werden. Neben den Elixieren setzte K. wie andere Taoisten dazu unter anderem Atemtechniken, sexuelle Übungen, Gymnastik, Diäten und Sonnentherapie ein. K. hielt auch engen Kontakt mit Handwerkern, z. B. Metallurgen und Schmieden. Seine philosophischen Ansichten verbinden Lebensbejahung, Mystik, Magie und taoistische Liturgien. Er gehört zu den Wegbereitern der Theisierung des ursprünglich naturalistischen Konzepts des Tao. K.s Arbeiten waren später immer wieder Grundlagen für alchemistische Studien. Zu seinen Erben gehören Mitglieder seiner Familie und weitere bedeutende Alchemisten, z. B. THAO HUNG-CHING.

K.s Familie weist eine jahrhundertealte Tradition in der Alchemie auf. Zu ihr zählten bekannte Vertreter dieser Wissenschaft: PAO KU, K.s Frau, sein Schwiegervater PAO CHING, sein Großonkel KO HSÜAN und HSÜ HUANG-MIN, der Gatte seiner Enkelin. Br

Literatur: Ko Hung. Pao phu tzu nei phien (Hrsg. Sun Hsingyen, 1813); Ware, J. R.: Alchemy, Medicine and Religion in the China of A. D. 320: The Nei Phien of Ko Hung (Cambridge, Mass. 1966).

Sivin, N.: On the Pao p'u tzu nei p'ien and the Life of Ko Hung, in: Isis 60 (1969), 388–391.

Kolbe, Adolph Wilhelm Hermann, Chemiker, geb. 27. 9. 1818 Elliehausen (Niedersachsen), gest. 25. 11. 1884 Leipzig.

K. arbeitete auf dem Gebiet der organischen Chemie und erwarb sich Verdienste durch zahlreiche Synthesen sowie durch Untersuchungen über die Konstitution organischer Verbindungen.

K., Sohn eines Pfarrers, studierte 1838–1842 Chemie in Göttingen und arbeitete anschließend als Assistent bei R. BUNSEN in Marburg. 1845–1847 war K. am Museum of Economic Geology in London tätig. Danach übernahm er die Redaktion des von J. v. LIEBIG, F. WÖHLER und J. CH. POGGENDORFF begonnenen »Handwörterbuch der reinen und angewandten Chemie« in Braunschweig. 1851 erhielt K. eine Professur in Marburg. 1865 folgte er einem Ruf nach Leipzig.

In den 30er und 40er Jahren des 19. Jh. wurde die von J. J. v. BERZELIUS begründete Radikaltheorie, die auf einer dualistischen Vorstellung von der Konstitution organischer Verbindungen beruhte, heftig kritisiert. Neue experimentelle Ergebnisse, insbesondere die Entdeckung der Substitutionserscheinungen 1834 durch J. B. DUMAS, führten zur Entstehung einer Reihe von Theorien über die Konstitution organischer Verbindungen, denen eine unitarische Auffassung zugrunde lag. K. hielt jedoch an der dualistischen Vorstellung fest und war bestrebt, sie den neuen Erkenntnissen anzupassen. Im Mittelpunkt seiner Untersuchungen standen zunächst organische Säuren, die er, in Anlehnung an BERZELIUS, als gepaarte Verbindungen von Alkoholradikalen mit Oxalsäure auffaßte. Um seine Annahme zu stützen, untersuchte K. zusammen mit seinem Freund E. FRANKLAND die Entstehung organischer Säuren aus Nitrilen. Außerdem versuchte er, die Radikale der organischen Säuren mittels Elektrolyse zu isolieren. Die dabei gewonnenen gesättigten Kohlenwasserstoffe hielt K., entsprechend seiner Theorie, für freie Radikale.

Ausgehend von Untersuchungen BUNSENS über Kakodylverbindungen, entwickelte K. 1848 die Hypothese von den gepaarten Radikalen, wobei er die Theorie von der Unveränderlichkeit der Radikale aufgab. K. nahm an, daß in den Carbonsäuren ein Kohlenstoffradikal vorliegt, das durch Paarung eines Doppelatoms C_2 mit Alkoholradikalen entsteht. In entsprechender Weise erklärte K. die Konstitution der Sulfonsäuren und der metallorganischen Verbindungen.

Die Arbeiten FRANKLANDS über metallorganische Verbindungen veranlaßten K. 1859, seine Konstitutionsvorstellung erneut zu modifizieren. Er gelangte zu der Auffassung, daß sich die organischen Verbindungen auf anorganische zurückführen lassen. Die Carbonsäuren, Aldehyde, Ketone, Alkohole und Kohlenwasserstoffe leiteten sich nach K.s Ansicht aus der Kohlensäure ab, indem der Sauerstoff durch Wasserstoff oder Aldehyde ersetzt wird. Die mehrbasischen und mehrwertigen Alkohole stammten dementsprechend von zwei oder mehr Molekülen Kohlensäure ab. In analoger Weise führte K. die Bildung der organischen Stickstoff-, Phosphor-, Arsen- und Schwefelverbindungen sowie der metallorganischen Verbindungen auf anorganische Stoffe zurück. Auf Grundlage dieser Hypothese sagte K. die Existenz und chemische Eigenschaften von sekundären und tertiären Alkoholen voraus. K.s Prognose wurde mit der Entdeckung des sec-Propanols 1862 und der Entdeckung des tert-Butanols 1864 bestätigt. Auch die Voraussage möglicher Isomerien von Fettsäuren erwiesen sich als zutreffend.

Diese Erfolge bestärkten K. in der Überzeugung von der Richtigkeit seiner theoretischen Ansichten. Die strukturtheoretischen Vorstellungen lehnte er als naturphilosophische Spekulationen ab. Auch die stereochemischen Theorien bekämpfte er auf das entschiedenste. Als Podium für seine heftigen Kritiken diente ihm zunächst das »Journal für praktische Chemie«, dessen Herausgeber er seit 1870 war.

K. verfügte über hervorragende experimentelle Fähigkeiten. 1845 gelang es ihm, ausgehend von Kohlendisulfid, das unmittelbar aus den Elementen zugänglich ist, Trichloressigsäure herzustellen, die leicht in Essigsäure übergeführt werden kann. 1859 entwickelte er ein Verfahren zur Herstellung von Salicylsäure, das er 1874 so weit vervollkommnete, daß die Produktion dieser Verbindung aufgenommen werden konnte. 1872 entdeckte K. das Nitromethan.

K. war ein erfolgreicher Hochschullehrer. 1867/68 ließ er in Leipzig ein neues chemisches Laboratorium errichten, das mit 132 Laborplätzen und einem Hörsaal mit 160 Sitzen damals das größte chemische Institut in Deutschland und ein Modell für viele andere Institutsneubauten darstellte. Ls

Literatur: Kolbe, H.: Ausführliches Lehrb. der organischen Chemie (Braunschweig 1854–1858), Kurzes Lehrbuch der Chemie, 1. Tl Anorganische Chemie (Braunschweig 1878, 2. Aufl. 1884), 2. Tl Organische Chemie (1879, 2. Aufl. 1883), Zur Entwicklungsgeschichte der theoretischen Chemie (Leipzig 1881).

Kolmogorow (Kolmogorov), Andrej Nikolajewitsch, Mathematiker, geb. 12. (25.) 4. 1903 Tambow (Gouv. Tambow), gest. 20. 10. 1987 Moskau.

K. galt als einer der bedeutendsten Mathematiker der Gegenwart; er leistete fundamentale Beiträge zur Wahrscheinlichkeitstheorie, mathematischen Statistik, mathematischen Logik, deskriptiven Mengenlehre, Topologie, Maß- und Integrationstheorie, Funktionalanalysis, Theorie der dynamischen Systeme, Informations- und Algorithmentheorie.

K., Sohn eines Agronomen, arbeitete nach Beendigung der Schule zunächst als Schaffner bei der Eisenbahn. 1920 begann er sein Studium an der Univ. Moskau. Zunächst zwischen Mathematik und Gesellschaftswissenschaften schwankend, entschied er sich jedoch bald unter dem Einfluß so bedeutender Lehrer wie N. N. Lusin und P. S. Urysohn für die Mathematik. Bereits während des Studiums unterrichtete K. 1922–1925 an einer Muster-Versuchsschule. 1925 beendete er sein Studium. Seit 1930 war K. Prof. an der Staatlichen Lomonossow-Univ. Moskau. 1939 wurde er ordentliches Mitgl. der Ak. d. Wiss. der UdSSR. Er erhielt höchste staatliche Auszeichnungen (Staatspreis der UdSSR, Leninpreis und fünfmal den Leninorden). K. war auswärtiges Mitgl. zahlreicher Akademien und mehrfacher Ehrendoktor.

Den wohl tiefgreifendsten Einfluß übte K. auf die Entwicklung der modernen Wahrscheinlichkeitstheorie aus. Um die Jahrhundertwende wurde die Notwendigkeit einer exakten Grundlegung der Wahrscheinlichkeitstheorie immer stärker empfunden, weshalb D. Hilbert im sechsten seiner berühmten 23 Probleme die Aufgabe stellte, die Wahrscheinlichkeitstheorie zu axiomatisieren. Es gab bis etwa 1930 zahlreiche Ansätze dazu, die aber alle nicht befriedigten. 1933 hat K., auf Ideen É. Borels fußend, in seiner Monographie »Grundbegriffe der Wahrscheinlichkeitsrechnung« eine maßtheoretische Fundierung gegeben. Entscheidend war die mit der Einführung von Maßen in Funktionenräumen (Hauptsatz von Kolmogorow) erfolgte Einordnung der phänomenologischen Theorie der stochastischen Prozesse in das axiomatische Gebäude, die gleichzeitig zum Ausgangspunkt für die weitere stürmische Entwicklung der Theorie der stochastischen Prozesse auf maßtheoretischer Grundlage wurde. Von K. stammen auch die Grundlagen der Theorie konkreter Prozesse, wie der Markowprozesse mit stetiger Zeit und stetigem Zustandsraum und der Verzweigungsprozesse. Unabhängig von N. Wiener löste K. die Probleme der Vorhersage und Filtration stationärer Prozesse. Er wandte die Theorie der stationären Prozesse auf die Erscheinung der Turbulenz an und erzielte Ergebnisse von großer praktischer Bedeutung, z. B. das Kolmogorowsche Zweidrittel-Gesetz. Mit der Einführung der unbeschränkt teilbaren Verteilungsgesetze konnte K. die Klasse der Grenzverteilungen von Summen unabhängiger Zufallsgrößen charakterisieren und so für diesen wichtigen Zweig der Wahrscheinlichkeitstheorie (zentrale Grenzwertsätze) neue Perspektiven eröffnen. Von K. stammen notwendige und hinreichende Kriterien für die Gültigkeit des starken Gesetzes der großen Zahl, die auf einer wichtigen, nach K. benannten Ungleichung beruhen. Gemeinsam mit N. W. Smirnow konstruierte K. einen Test, um zu entscheiden, ob zwei Stichproben aus der gleichen Grundgesamtheit stammen. Auf K. geht ferner ein Test zum Prüfen der Hypothese zurück, daß die Verteilungsfunktion F einer Zufallsgröße gleich einer bestimmten stetigen Verteilungsfunktion F_0 ist. Durch eine originelle Verknüpfung von Wahrscheinlichkeits- und Algorithmentheorie hat K. in neuerer Zeit dazu beigetragen, daß der Misessche Zugang zur Wahrscheinlichkeitstheorie, der die Wahrscheinlichkeit als Grenzwert relativer Häufigkeiten auffaßt, mathematisch exakt gestaltet und zum maßtheoretischen Zugang als äquivalent erkannt werden konnte. K.s Beiträge zur Wahrscheinlichkeitstheorie sind oft mit praktischen Problemstellungen verbunden. In zahlreichen seiner Arbeiten wurden konkrete Fragen zur Physik, Geophysik, Mechanik, Meteorologie, Biologie, Ballistik und Linguistik, der Nachrichtentechnik und der statistischen Qualitätskontrolle behandelt.

In der deskriptiven Mengenlehre verallgemeinerte K. noch als Student das Theorem über die Existenz analytischer Mengen, die keine Borel-Mengen sind, in abschließender Weise. Zur selben Zeit zeigte er, daß es L-integrierbare Funktionen mit fast überall divergenter Fourierreihe gibt. Weitere Resultate K.s aus dem Jahre 1925 über die Konvergenz von Fourierreihen konnten erst 1965 von L. Carleson verschärft werden. K.s Beiträge zur Maß- und Integrationstheorie gruppieren sich um die Einführung des K-Integrals und um die Theorie der k-dimensionalen Maße im R^n. In seiner Arbeit »Zur Deutung der intuitionistischen Logik« (1932) baute K. einen Problemkalkül auf und deutete die intuitionistische Logik als eine Logik, die den Methoden der konstruktiven Lösung von Problemen zugrunde liegt. Von großer Bedeutung für die Funktionalanalysis und die Topologie war die Einführung der topologischen Vektorräume durch K. (unabhängig von J. v. Neumann). Er gab eine notwendige und hinreichende Bedingung dafür an, daß ein topologischer Vektorraum normierbar ist. Durch die topologische Fassung des Riemann-Helmholtz-Lieschen Raumproblems konnte K. einen Satz aussprechen, der dieses Problem in gewissem Sinne löst; allerdings ist ein vollständiger Beweis dieses Satzes bisher noch nicht bekannt. Von weitreichendem Einfluß auf die Entwicklung der allgemeinen Topologie war die Einführung der Kohomologieringe durch K. Mit Hilfe dieser Strukturen können Fragen untersucht werden, die mittels Homologie- und Kohomologiegruppen allein einer Behandlung nicht zugänglich sind. Im Anschluß an das 13. Hilbertsche Problem behandelte K. auch Fragen der Darstellung von Funktionen von n Veränderlichen durch Superposition von Funktionen von $k < n$ Veränderlichen. In Zusammenarbeit mit seinem Schüler W. I. Arnold zeigte er, daß jede stetige reelle Funktion durch Superposition stetiger Funktionen mit nur zwei Veränderlichen erhalten werden kann. Damit war die Vermutung, die Hilbert in seinem 13. Problem geäußert hatte, widerlegt. K.s bedeutende Beiträge zur Theorie dynamischer Systeme betreffen vor allem Stabilitätsuntersuchungen Hamiltonscher Systeme. Seine Ansätze sind durch Ar-

NOLD und J. MOSER zu einer weitreichenden Theorie (KAM-Theorie) ausgebaut worden.

K. hat sich stets mit großem Engagement für die Heranbildung eines leistungsfähigen wissenschaftlichen Nachwuchses eingesetzt. Er ging davon aus, daß bereits die Schule entscheidende Voraussetzungen für das wissenschaftliche Niveau eines Landes schafft, und verfaßte persönlich Mathematiklehrb. für die Klassen 6, 8, 9 und 10; er bemühte sich um die Förderung besonderer Talente unter den Schülern. Aus dem Kreis von K.s Studenten ging eine beträchtliche Anzahl bekannter Mathematiker hervor. Pu

Literatur: Kolmogorov, A. N.: Grundbegriffe der Wahrscheinlichkeitsrechnung (Berlin 1933), Analytische Methode in der Wahrscheinlichkeitsrechnung, in: Math. Ann. 104 (1931), 415–458, (mit Gnedenko, B. V.): Grenzverteilung von Summen unabhängiger Zufallsgrößen (Berlin 1960).

Alexandrov, P. S., u. Hinčin, A. J.: A. N. Kolmogorow, in: YMH 8 (1953) 3, 177–200; Gnedenko, B. V.: A. N. Kolmogorov, in: YMH 28 (1973) 5, 5–16; Terpe, F.: Andrei Nikolajewitsch Kolmogorow, in: Mitt. Math. Ges. der DDR, 1 (1985), 43–56.

Königsberger, → Regiomontanus.

Kopernik, → Copernicus.

Koroljow (Korolëv), Sergej Pawlowitsch, Raketentechniker und Konstrukteur von Raumflugkörpern, geb. 12. 1. 1907 (30. 12. 1906) Shitomir, gest. 14. 1. 1966 Moskau.

K. war der führende Raketenkonstrukteur der Sowjetunion und leitete unmittelbar die Unternehmungen des ersten Jahrzehnts der sowjetischen Raumfahrt.

K.s Eltern waren beide Lehrer, sie hatten sich bald scheiden lassen. Sein späterer Stiefvater war Ing. und sehr flugsportbegeistert. Seine Schulbildung beendete K. 1924 an der Odessaer Baufachschule Nr. 1, wo er auch eine Berufsausbildung als Dachdecker erhalten hatte. Bereits während der Schulzeit war er Segelflieger geworden, und 1924–1930 studierte er zunächst am Kiewer Polytechnischen Institut, dann an der Moskauer TH Flugzeugbau. Seine Diplomarbeit über das von ihm konstruierte Flugzeug Sk-4 schrieb er betreut von A. N. TUPOLEW. Bereits während des Studiums hatte K. in der Flugzeugindustrie zu arbeiten begonnen, mit Erfolg Segelflugzeuge konstruiert und weitere Erfahrungen als Pilot im Segel- und Motorflug gesammelt. Ab Juli 1930 war er Obering. im Zentralen Aerohydrodynamischen Institut (ZAGI). 1931 wurde er Mitgl. der Gruppe zum Studium der Rückstoßbewegung (GIRD) beim Zentralrat der Osoawiachim (Gesellschaft zur Förderung der Verteidigung, der Luftfahrt und der Chemisierung), im Mai 1932 Leiter der Gruppe. Am 17. 8. 1933 konnte die GIRD mit einem von F. A. ZANDER entwickelten Triebwerk die erste sowjetische Rakete mit flüssigem Treibstoff erfolgreich starten, der noch im gleichen Jahr weitere verbesserte Modelle folgten. Im weiteren verband K. seine Erfahrungen im Flugzeugbau und in der Raketentechnik beim Entwurf und bei der praktischen Erprobung von Flügelraketen und Raketenantrieben für Flugzeuge in dem 1933 gegründeten Wissenschaftlichen Forschungsinstitut für Raketentechnik (RNII), wo er Sektorenleiter, später Abteilungsleiter wurde. Während des zweiten Weltkrieges war K. in einem Versuchskonstruktionsbüro tätig und erprobte auch selber Flugzeuge mit von ihm entworfenen Raketenantrieben. Im August 1946 wurde er zum Chefkonstrukteur einer Forschungsabteilung ernannt, die sich mit der Projektierung leistungsfähiger ballistischer Raketen befaßte. Hier entstanden die großen sowjetischen Trägerraketen, die zunächst für militärische Kampfmittel bestimmt waren. Erste Erprobungen fanden Oktober/November 1947 statt, im August 1957 starteten die ersten Interkontinentalraketen der Welt. Gleichzeitig waren die Vorbereitungen für die Nutzung dieser Raketen zur Erforschung des Weltraums begonnen worden. Unter K.s Leitung wurden entwickelt und ab 17. 9. 1957 gestartet: Sputnik 1, 2 (mit der Hündin Laika) und 3, die automatischen Stationen Luna 1 bis 8, Venus 1 bis 3 und Mars 1, die Sonden 1 bis 3, die Raumschiffe der Wostok-Serie mit den Kosmonauten J. A. GAGARIN, G. S. TITOW, A. G. NIKOLAJEW, P. R. POPOWITSCH, W. F. BYKOWSKI und W. N. TERESHKOWA, die Raumschiffe Woschod 1 mit W. M. KOMAROW, K. P. FEOKTISTOW und B. B. JEGOROW und Woschod 2 mit P. N. BELJAJEW und A. A. LEONOW, der als erster Mensch in den Weltraum ausstieg. Ferner entstanden die ersten Molnija-Nachrichtensatelliten. K. knüpfte bei der Entwicklung der Raketen und Raumflugkörper unmittelbar an die Arbeiten von K. E. ZIOLKOWSKI an, dem er sein 1934 erschienenes Buch »Raketnyj poljot w stratosfere« (Raketenflug in der Stratosphäre) sandte, das von ZIOLKOWSKI sehr gelobt wurde. 1947 und 1957 hielt er die Festreden anläßlich des 90. bzw. 100. Geburtstages ZIOLKOWSKIS, wobei er jeweils Programme für die nächsten Aufgaben auf diesem Gebiet entwickelte.

Erste Gedanken über das Vordringen in die höheren Stratosphärenschichten und den Weltraum hatte K. schon auf wissenschaftlichen Konferenzen 1934 und 1935 vorgetragen. Neben der Verwendung der Raketen zur Landesverteidigung waren die Arbeiten K.s von Anfang an auf die friedliche Nutzung ausgerichtet. Die sowjetische Raketenentwicklung verlief völlig eigenständig. Die ersten Flüssigkeitsraketen der GIRD entstanden unabhängig von den Arbeiten des deutschen Raketentechnikers J. WINKLER in Dessau, der 1931 als erster in Europa eine kleine Flüssigkeitsrakete gestartet hatte. Die GIRD-Raketen waren wesentlich leistungsfähiger. Ebenso beschritt K. im Gegensatz zu den deutschen Entwicklungen im II. Weltkrieg eigene Wege. Er verstand es dabei stets hervorragend, große Kollektive von Wissenschaftlern und Technikern zu schaffen und auf die rasche theoretische und praktische Lösung konkreter Aufgaben zu lenken. Daß bereits der zweite Sputnik ein Säugetier (einen Hund) in die Schwerelosigkeit trug und das zweite Raumschiff gleich 17 statt der ursprünglich vorgesehenen 3 Erdumkreisungen ausführte u. ä., ist K.s Initiative zu danken.

K. erhielt hohe Auszeichnungen und war seit 1958 Mitgl. und Präsidiumsmitgl. der Ak. d. Wiss. der UdSSR. Die

Literatur: Astaschenkow, P. T.: Sergei Pawlowitsch Koroljow. Der Chefkonstrukteur (Moskau, Leipzig 1977).

Kossel, Walther Ludwig, Physiker, geb. 4. 1. 1888 Berlin, gest. 22. 5. 1956 Kassel.

K. leistete wertvolle Beiträge zur Aufklärung der atomaren Feinstruktur und modernisierte die klassischen chemischen Valenzkonzeptionen durch Ausarbeitung eines elektrostatischen Modells der heteropolaren chemischen Bindung (Ionenbeziehung).

K. wurde als Sohn des Physiologen und Biochemikers ALBRECHT K. geboren. Nach dem Studium der Physik in Heidelberg (1906–1911) wurde er bei P. LENARD »Über die sekundäre Kathodenstrahlung in Gasen in der Nähe des Optimums der Primärgeschwindigkeit« (1911) promoviert. Nach Assistenzjahren in Heidelberg (1911/12) und München (1913–1920), in denen er bereits mit der Arbeit »Über die Molekülbildung als Frage des Atombaus« (1916) zu bahnbrechenden valenztheoretischen Erkenntnissen gelangte, habilitierte er sich an der TH München (1920). Hier vertiefte er im wissenschaftlichen Meinungsaustausch mit A. SOMMERFELD, M. v. LAUE, C. RÖNTGEN u. a. seine physikalischen Kenntnisse. 1921–1932 war K. Dir. des Instituts für theoretische Physik in Kiel, Dekan der Philosophischen Fakultät (1926/27) und Rektor (1929). 1932–1945 lehrte er an der TH Danzig (Gdańsk) und bis zu seiner Emeritierung (1947) an der Univ. Tübingen.

K. war Mitgl. und Ehrenmitgl. zahlreicher wissenschaftlicher Gesellschaften sowie Ehrendoktor der Univ. Halle (1944).

Im Zusammenhang mit der Entdeckung der Strukturiertheit des Atoms und der Abstraktion erster Atommodelle wurde es möglich, auch die Vorstellungen über die Ursachen der chemischen Reaktivität, die Art und Weise der chemischen Verbindungsbildung sowie der chemischen Bindung von einer neuen Warte begreiflich zu machen. Dazu leistete K. einen wertvollen Beitrag; aus Kristallstrukturanalysen, die er mit Hilfe von Röntgenstrahlen durchführte, entwickelte er 1916 ein Modell der heteropolaren Bindung (Ionenbeziehung). Die Stabilität der Ionen führte K. auf die Ausbildung stabiler Elektronenschalen (Erreichen der Edelgaskonfiguration) zurück. K. dachte sich das Kristallgitter einer Ionenverbindung mit kugelförmigen ionischen Ladungsträgern besetzt, dabei führt die elektrostatische Anziehung zwischen diesen zur Ausbildung einer chemischen Bindung, deren Stärke von der Größe der elektrostatischen Anziehung abhängt. Die Ursache der Polarität lag demnach in der Elektronegativität der Atome begründet. Das valenztheoretische Konzept von K. wurde vor allem von G. N. LEWIS (1916) und I. LANGMUIR (1919) weiterentwickelt. Weitere Arbeiten von K. trugen zur Erklärung der Anregungs- und Emissionsvorgänge in der RÖNTGENspektroskopie bei; zusammen mit SOMMERFELD formulierte er einen spektroskopischen Verschiebungssatz (1919); er entdeckte den nach ihm benannten KOSSEL-Effekt (1934), erforschte die Vorgänge beim Durchgang von Elektronen durch Einkristalle (1939) und lieferte Beiträge zur Aufklärung von Gasentladungserscheinungen, zur Physik optischer Resonanzräume sowie zu akustischen Fragestellungen. Sz

Literatur: Kossel, W. L.: Valenzkräfte und Röntgenspektren (Berlin 1921), Zur Darstellung der Elektrizitätslehre (Moosbach 1949), Über die Molekülbildung als Frage des Atombaus, in: Ann. Phys. 49 (1916), 229, Die physikalische Natur der Valenzkräfte, in: Naturwiss. 7 (1919), 336, Die Bedeutung der Röntgenstrahlen für die Erforschung des Atombaus, in: Naturwiss. 8 (1920), 360, Über die Ausbildung der Röntgenserien mit wachsender Ordnungszahl, in: Z. Phys. 2 (1920), 470, Auswahlprinzip und Verschiebungssatz bei Serienspektren, in: Verh. Dtsch. Phys. Ges. 21 (1919), 240, Röntgeninterferenzen aus Gitterquellen, in: Ergebn. exakt. Naturwiss. 16 (1937), 296, Elektroneninterferenzen im konvergenten Bündel, in: Ann. Phys. 36 (1939), 113.

Kowalewskaja (Kovalevskaâ), Sofia (Sonja) Wassiljewna, geb. Corvin-Krukowskaja, Mathematikerin, geb. 3. (15.) 1. 1850 Moskau, gest. 29. 1. (10. 2.) 1891 Stockholm.

K. leistete bedeutende Beiträge zur Theorie der partiellen Differentialgleichungen. Sie bearbeitete mit Erfolg Fragen der Bewegungsstabilität flüssiger Körper und Probleme der Beziehungen zwischen den ABELschen und elliptischen Funktionen und ihren Integralen. Sie war die erste Professorin der Mathematik in Europa und die erste Frau, die korrespondierendes Mitgl. der russ. Ak. d. Wiss. in St. Petersburg (Leningrad) wurde.

K., Tochter eines Generals, erhielt die ersten Kontakte mit der Mathematik durch ihren Hauslehrer J. I. MALEWITSCH, der ihr mathematisches Talent erkannte. Systematisch begann in St. Petersburg A. N. STRANNOLJUBSKI sie mit der höheren Mathematik bekannt zu machen. Obwohl K. sich an P. L. TSCHEBYSCHOW wandte, konnte sie in St. Petersburg nicht an der Univ. studieren. Um sich von der Abhängigkeit von der Familie zu befreien und zum Studium ins Ausland fahren zu können, schloß sie 1868 ein Ehebündnis

A. N. Kolmogorow

S. P. Koroljow

mit dem später bedeutenden Paläontologen W. O. KOWALEWSKI und reiste mit ihm nach Heidelberg. Dort begann sie zusammen mit der später bekannten Chemikerin J. W. LERMONTOWA zu studieren, da der Universitätsrat der Univ. Heidelberg es dem Wohlwollen der Prof. überließ, ob sie die Teilnahme von Frauen an ihren Vorlesungen zuließen. Die Vorlesungen von L. KÖNIGSBERGER, E. DU BOIS-REYMOND, G. KIRCHHOFF und H. v. HELMHOLTZ waren für die Formung des wissenschaftlichen Profils von K. von großer Bedeutung. 1870 wurde sie in Berlin Privatschülerin von K. WEIERSTRASS, mit dem sie lebenslang freundschaftlich verbunden war.

K. nahm sich vor, durch ihr Beispiel die Frauenemanzipation zu fördern: »Ich fühle, daß ich dazu vorbestimmt bin, der Wahrheit – Wissenschaft zu dienen und den Frauen einen neuen Weg zu bahnen, da dies bedeutet, der Gerechtigkeit zu dienen«. Diesem Vorsatz ordnete sie ihr ganzes Leben unter. Ihr Mann schrieb über sie: »... kennt alle Sprachen wie die eigene, befaßt sich hauptsächlich mit der Mathematik ... arbeitet wie eine Ameise von früh bis spät und ist dabei lebendig, lieb und sehr gut.« Die Beziehung zwischen K. und ihrem Mann war ziemlich wechselvoll; 1878 wurde ihre Tochter geboren. Die Ehe war jedoch durch beträchtliche materielle Probleme belastet, die eine Folge der nicht besonders erfolgreichen Unternehmungen ihres Mannes waren.

Bereits während ihres Studiums reiste K. viel (London, Paris, Zürich) und machte sich mit den Arbeitsergebnissen der Mathematiker bekannt, auf die sie WEIERSTRASS hinwies. 1873/74 bereitete sie sich intensiv auf ihre Dissertation vor. In diesem Zusammenhang bearbeitete sie drei Themen. Das erste war der Theorie der partiellen Differentialgleichung gewidmet. K. zeigte an Beispielen, daß nicht jede formell einer partiellen Differentialgleichung genügende Potenzreihe in einem bestimmten Bereich konvergent sein muß und daß sie somit nicht immer eine Funktion sein muß, die eine Lösung der gegebenen Gleichung darstellt. K. fand jedoch Mittel zur Überwindung dieser Schwierigkeiten und gelangte zu einer Verallgemeinerung von A. L. CAUCHYS (1842) notwendiger und hinreichender Bedingung für die Existenz und Eindeutigkeit der Lösung einer partiellen Differentialgleichung (veröffentlicht 1875). Das zweite Thema betraf die Gestalt der Saturnringe (erst 1885 veröffentlicht). Sie stellte in diesem Zusammenhang Betrachtungen über das allgemeine Problem der Bewegungsstabilität eines flüssigen, ringförmigen Körpers in einem Schwerefeld an. K. hat hier die Ergebnisse von P.-S. LAPLACE (1787–1789) verallgemeinert, zu einer Zeit, in der J. MAXWELL die Hypothese einer kompakten Struktur der Saturnringe bestritt. In der dritten Arbeit (veröffentlicht 1884) bewies sie eine tiefe Kenntnis der ABELschen Funktionen, indem sie zeigte, daß bestimmte Typen ABELscher Integrale durch Ausdrücke in den relativ einfacheren elliptischen Integralen dargestellt werden können. 1874 wurde ihr für die erstgenannten Arbeiten an der Göttinger Univ. der Doktortitel verliehen. Nach der Rückkehr nach Rußland konnte sie sich in ihrem Fach an der Univ. nicht betätigen, und so wurde sie für einige Zeit Mitarbeiterin des Blattes Novoje Wremja (Neue Zeit), für das sie populärwissenschaftliche Artikel, jedoch auch Theaterkritiken schrieb. 1881 reiste K. wiederum ins Ausland und bereitete sich eifrig auf eine mögliche, von G. MITTAG-LEFFLER angebotene Karriere als Hochschullehrer vor. Nach dem Tod ihres Mannes, der auf sie eine tiefe Wirkung ausübte, entschied sie sich für Vorlesungen an der gerade eröffneten, progressiven Stockholmer Univ. ab Sommersemester 1884. Am Semesterschluß wurde sie zur Professorin der Mathematik ernannt; während ihres achtjährigen Wirkens hat sie hier insgesamt zwölf Kursuszyklen gelesen, die sämtlich sehr schwierigen Kapiteln der Analysis und der Mechanik gewidmet waren.

In dieser Zeit nahm K. voll an der Arbeit der Redaktion der neuen Ztschr. Acta mathematica teil und beteiligte sich auch rege am Stockholmer öffentlichen Leben, insbesondere im Frauenbund Nya Idun. Gleichzeitig begann sie mit literarischen Arbeiten, die aber erst ab Ende der 80er Jahre erschienen.

Am 24.12.1888 erhielt K. für den weiteren Ausbau ihrer Theorie der Rotation eines Festkörpers um einen festen Punkt (veröffentlicht 1889–1890) Bordins Preis der Pariser Akademie. Ein Jahr später wurde sie zum korrespondierenden Mitgl. der russ. Ak. d. Wiss. in St. Petersburg ernannt, und in demselben Jahr erhielt sie auch den Preis der Stockholmer Akademie für die Fortsetzung ihrer Studien über die Festkörperrotation. Unmittelbar nach ihrer Rückkehr aus Paris nach Stockholm Ende Januar 1891 starb sie an Lungenentzündung. Fo

Literatur: Kočina, P.Â.: Sofiâ Vasil'enva Kovalevskaâ (komplette Bibliographie, Moskau 1981).

Cooke, R.: The Mathematics of Sonja Kovalevskaja (Berlin–Heidelberg–Tokyo 1984).

Kowalewski (Kovalevskij), **1)** Aleksandr Onufrijewitsch, Zoologe, Bruder von 2), geb. 7. (19.) 11. 1840 Schustjanka (Gouv. Witebsk), gest. 9.(22.) 11. 1901 St. Petersburg (Leningrad).

K. trug durch seine vergleichend-embryologischen Arbeiten wesentlich dazu bei, die Zusammenhänge zwischen Wirbellosen und Wirbeltieren zu klären. Er gehört zu den Mitbegründern der Keimblättertheorie.

K. besuchte 1856–1859 die Eisenbahn-Ingenieurschule in St. Petersburg und studierte danach Naturwissenschaften an der dortigen Univ. Seine Studien setzte er 1860 in Heidelberg (bei R. BUNSEN, H. G. BRONN und H. A. PAGENSTECHER), 1861 in Tübingen (bei F. LEIDIG, H. v. MOHL und F. A. QUENSTEDT) und danach in St. Petersburg fort, wo er 1863 den Grad eines Lizentiaten erhielt.

Während eines Studienaufenthaltes 1864/65 in Neapel arbeitete K. (teilweise mit I. I. METSCHNIKOW) vergleichend-embryologisch über die Entwicklung niederer Meerestiere. In St. Petersburg wurde K. 1865 zum Magister und 1866 zum Privatdoz. für Zoologie ernannt. 1867 wurde er promoviert und erhielt im gleichen Jahr zusammen mit METSCHNIKOW den Baer-Preis. 1868 wurde K. ao. Prof. für Zoologie in Kasan, von 1869–1873 lehrte er als o. Prof. in Kiew. 1870 erhielt K. zusammen mit METSCHNIKOW und dem Dorpater Pathologen A. BÖTTCHER wiederum den Baer-Preis. Von 1874–1890 wirkte K. als Ordinarius für Zoologie an der Neuruss. Univ. Odessa und von 1890 an bis zu seinem Tode an der russ. Ak. d. Wiss. in St. Petersburg, wo er außerdem noch von 1891–1894 an der dortigen Univ. das Fach Histologie vertrat. K. hatte wesentlichen Anteil (ab 1889 als Dir.) an dem Ausbau der Biologischen Station von Sewastopol.

Bei seinen vergleichend-embryologischen Arbeiten an Aszidien (Seescheiden, Manteltiere) konnte K. die Bildung der nur für Wirbeltiere charakteristischen Rückenwülste, deren Schließung zum Neuralrohr und die Entstehung des Achsenstranges im Schwanz der Aszidienlarve beobachten. K. zeigte damit auf, daß die Entwicklung der Aszidien, des Lanzettfischchens und der Wirbeltiere in wesentlichen Punkten übereinstimmt und folglich die ersteren, die bisher zu den Weichtieren zählten, zu den Wirbeltieren zu rechnen sind.

Diese Entdeckung würdigte E. HAECKEL (1868) als erster, da er ihre Bedeutung für die DARWINsche Theorie erkannte. Anhand von Untersuchungen an Branchiostoma lanceolata (Lanzettfischchen, Amphioxus lanceolatus) bewies K., daß die Embryonalentwicklung der Wirbellosen und der Wirbeltiere zuerst »ganz übereinstimmend« ist. Zunächst bilden sich zwei Blätter (Ekto- und Entoderm), aus denen durch Einstülpung die Anlage des Darmkanals entsteht, und »nur in weiteren Veränderungen sehen wir die Unterschiede auftreten, welche jeden einzelnen Typus bezeichnen« (1867). Die primären Keimblätter der Metazoen betrachtete K. daraus schlußfolgernd als homologe Gebilde.

Bei seinen »Embryologischen Studien an Würmern und Arthropoden« (1871; 2. Baer-Preis) wies K. außerdem nach, daß sich Wirbellose ebenso wie Wirbeltiere aus drei Keimblättern aufbauen. Po

Literatur: Von Kovalevskij, A. O., liegen rund 60 wissenschaftliche Arbeiten vor, z. B. in: Mém. Acad. Imp. Sci. St. Petersb. (VII): Entwicklungsgeschichte der einfachen Ascidien, 10 (1866) 15; Anatomie des Balanoglossus, 10 (1866) 3; Entwicklungsgeschichte des Amphioxus lanceolatus, 11 (1867) 4; Embryologische Studien an Würmern und Arthropoden, 16 (1871) 12. Beobachtungen über die Entwicklung der Brachiopoden (russ., Moskau 1874), Briefe A. O. Kovalevskijs an I. I. Metčnikov, Ausg. des Archivs der Ak. d. Wiss. d. UdSSR (Moskau–Leningrad 1955).

2) Wladimir Onufrijewitsch, Bruder von 1), Paläontologe, geb. 2.(14.) 8. 1842 Schustjanka (Gouv. Witebsk), gest. (durch Freitod) 16.(28.) 4. 1883 Moskau.

K. war durch seine klassischen Untersuchungen über fossile Huftiere (Ungulata) maßgebend an der Begründung der evolutionären Richtung in der Paläontologie beteiligt.

K. studierte 1855–1861 an der Kaiserlichen Rechtsschule in St. Petersburg (Leningrad) Jura, war bis 1863 Titularrat und befaßte sich dann auf Anregung seines Bruders ALEKSANDR K. mit naturwissenschaftlichen Studien. Seinen Lebensunterhalt verdiente er sich zunächst durch Übersetzungen und durch Herausgebertätigkeit der Werke von L. J. R. AGASSIZ, A. E. BREHM, CH. DARWIN, T. H. HUXLEY, R. A. KOELLIKER, CH. LYELL und C. VOIGT. 1868 heiratete K. die russ. Mathematikerin S. KOWALEWSKAJA und reiste 1869 mit ihr nach Heidelberg. Hier begann er mit geologischen und paläontologischen Studien, die er in London, Berlin, München, Würzburg und Paris fortsetzte. In Paris erhielt K. durch den Paläontologen P. GERVAIS die Möglichkeit, vergleichende Untersuchungen an fossilen Ungulaten vorzunehmen. Von Dezember 1871 bis März 1872 hielt sich K. in Jena auf, wo er am 11.3.1872 unter Vorsitz von E. HAEKKEL mit der Arbeit »Über das Anchitherium aurelianense Cuv. und die paläontologische Geschichte des Pferdes« promoviert wurde. Im Sommer 1872 setzte K. seine Studien zur Entwicklung der Huftiere in den Museen Deutschlands, Frankreichs, der Schweiz und Englands fort. Im Herbst 1874 zog K. wieder nach St. Petersburg, wo er 1875 das Magisterexamen bestand. Von 1880–1882 war er Dir. einer

S. W. Kowalewskaja

A. O. Kowalewski

W. O. Kowalewski

F. Kraus

Gesellschaft für russ. Erdölfabriken (Ragosin & Co; 1882 bankrott). 1881 wurde K. endlich zum Doz. an der Moskauer Akademie ernannt.

K.s bedeutendstes Werk, die »Monographie der Gattung

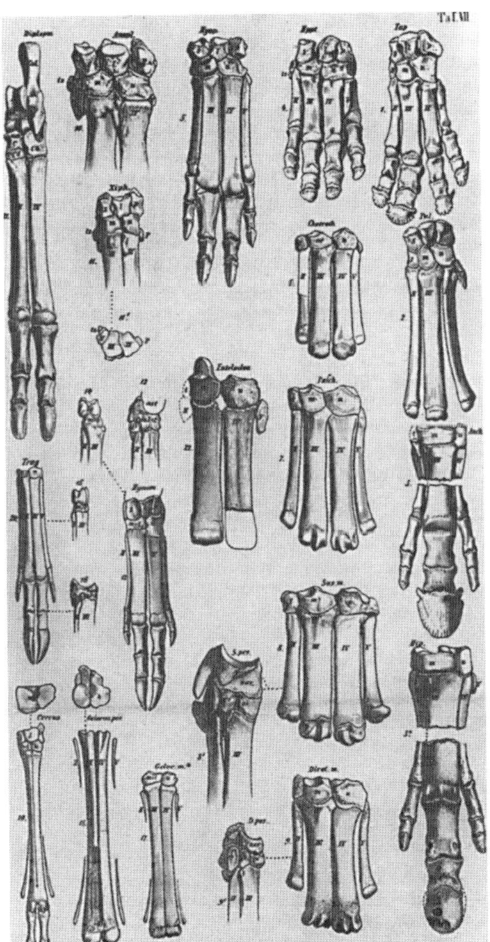

Tafelseite »Reduktion der Extremitäten bei Unpaarhufern und Paarhufern« aus dem im Jahre 1874 erschienenen Werk »Monographie der Gattung Anthracotherium Cuv. und Versuch einer natürlichen Classification der fossilen Huftiere« von W. O. Kowalewski

Anthracotherium Cuv. und Versuch einer natürlichen Classification der fossilen Huftiere« (1874) ist DARWIN gewidmet. K. verglich Skelette fossiler Ungulaten mit rezenten Vertretern. Er konnte entsprechend der zeitlichen Folge der Funde in den geologischen Schichten Veränderungen im morphologischen Bau (Vereinfachung der Gliedmaßen, Umbildung des Gebisses und dadurch Veränderung der Schädelform) feststellen, die sich voneinander ableiten und damit auf phylogenetische Zusammenhänge schließen lassen. Die Veränderung der Form versuchte er von der Funktion her zu verstehen und wies auf die Einflüsse des Klimas und der Pflanzenwelt bei der Gestaltung und Verbreitung der Tiere hin. Die Veränderung der Extremitäten der Huftiere erfolgte nach K. auf zwei Wegen. Bei den Paarhufern entwickelten sich allmählich zwei Zehen (III und IV) als Zentralpfeiler und übernahmen die Stützfunktion des Fußes, bei den Unpaarhufern erstarkte nur die 3. Zehe, wobei sich die übrigen (II und IV) zurückbildeten. Weitere Reduktionen der Extremitäten erfolgten innerhalb der Gruppen, denn »für alle überhaupt möglichen Anordnungen fanden sich Kandidaten, welche dieselben verwerteten und so lange dabei ausharrten, bis etwa besser entwickelte Nachfolger oder besser »adaptierte (angepaßte) concurrirende Genera« sie verdrängten. Nicht angepaßte »inadaptive« Organismen waren folglich den besser an veränderte Lebensbedingungen angepaßten unterlegen und starben aus (bis auf die zwei nicht völlig adaptierten Unpaarhufer Tapir und Rhinozeros). Bekannt geworden ist K. vor allem durch seine Untersuchungen zum Pferdestammbaum, die SIMPSON folgendermaßen charakterisierte: »K. entzifferte alles Wesentliche der strukturellen Entwicklung des heutigen Pferdes. Er identifizierte die genauen phyletischen Linien nicht, weil sie in dem damals verfügbaren Material nicht enthalten waren. Dies ist unwichtig gegenüber dem logischen Beweis, daß das Pferd sich überhaupt entwickelt hat« (SIMPSON 1951). Po

Literatur: Kovalevskij, V. O.: Über das Anchitherium aurelianense Cuv. und die palaeontologische Geschichte des Pferdes. Diss. phil. Univ. Jena 1872 (ungedruckt), Sur l'Anchitherium aurelianense Cuv. et sur l'histoire paléontologique des cheveaux, in: Mém. Acad. Imp. Sci. St. Petersb. VII. Serie, 20 (1873) 5, On the osteologie of the Hyopotamidae, in: Proc. R. Soc. London 21 (1873), Monographie der Gattung Anthracotherium Cuv. und Versuch einer natürlichen Classification der fossilen Hufthiere, in: Palaeontogr. Cassel 22 (N. F. 2) (1873/74), 3–5, On the osteologie of the Hyopotamidae, in: Phil. Trans. R. Soc. London CLXIII (1874), Osteologie des Genus Entelodon Aym. Palaeontogr. Cassel 34 (1877) 5, Osteologie des Gelocus Aymardi. Palaeontogr. Cassel 30 (1877) 5.

Krämer, → Mercator.

Kraus, Friedrich, Internist, geb. 31. 5. 1858 Bodenbach (Podmokly, jetzt Děčín), gest. 1. 3. 1936 Berlin.

K. war ein international bedeutender Kliniker der inneren Medizin in Graz und Berlin, der die Pathophysiologie begründete.

K. blieb nach dem Medizinstudium und seiner Promotion (1882) als Assistenzarzt an der Univ. Prag, wo er sich auf den Gebieten der physiologischen Chemie bei C. H. Huppert, der Physiologie bei E. Hering, der Pharmakologie bei F. Hofmeister, der Pathologie bei H. Chiari und der inneren Medizin bei O. Kahler eine fundierte Ausbildung erwarb und sich 1888 habilitierte. 1889 folgte er seinem Lehrer Kahler nach Wien. Dort wurde K. 1893 ao. Prof. und Abteilungsvorstand am Rudolfspital; 1894 wurde er Ordinarius an der Univ. Graz. F. Althoff veranlaßte nach dem Tode C. Gerhardts 1902 K.' Berufung nach Berlin an die II. Medizinische Klinik, die schon unter L. Traube und E. v. Leyden eine angesehene Ausbildungsstätte war. An ihr wirkte K. – mit einer Unterbrechung in den Kriegsjahren – bis zu seiner Emeritierung 1927. Er arbeitete auf allen Gebieten der inneren Medizin und war ein moderner Kliniker. Das Handb. »Spezielle Pathologie und Therapie innerer Krankheiten« und die Monographie über die »Tiefenperson« (1926) sind unvergessen. Auf dem Gebiet der Konstitutionsforschung und der Stoffwechselpathologie war seine Klinik führend; seine Technik der Untersuchung im Labor und am Krankenbett führte viele Ärzte und Studenten nach Berlin. K. spielte als beliebter Lehrer und glänzender Redner mit universaler Bildung eine große Rolle. Von seinen engeren Schülern gelangten A. Schittenhelm, C. v. Bergmann, Th. Brugsch, V. Schilling, O. de la Camp und H. Eppinger auf deutsche Lehrstühle. K. war Vorsitzender des Vereins für innere Medizin und der Berliner Medizinischen Gesellschaft, Mitbegründer der »Ztschr. für experimentelle Pathologie und Therapie« und Schriftleiter der »Deutsch-russ. medizinischen Ztschr.«

K. hat mit den in Prag erworbenen theoretischen Kenntnissen klinische Fragestellungen aufgegriffen und physiologische Maßstäbe für die Beurteilung krankhafter Zustände in die innere Medizin eingeführt. Er ist so zum Begründer der Pathophysiologie geworden, für die seine Monographie »Die Ermüdung als ein Maß der Konstitution« (1897) einen Markstein bedeutet. In Berlin führte K. in seiner neuerbauten Klinik (1910) als modernste Untersuchungsmethoden die Röntgenologie und die Elektrokardiographie ein. Er widmete dem Labor wegen seiner Bedeutung für die moderne Diagnostik besondere Aufmerksamkeit und trug mit seinen Mitarbeitern zur Entwicklung praktikabler Untersuchungsmethoden (Wassermannsche Reaktion auf Lues) bei. In den zwanziger Jahren konzentrierte sich seine wissenschaftliche Arbeit auf die personale Konstitutionsforschung und das biologische Zusammenwirken zwischen dem Großhirn und den Sinnesorganen einerseits sowie den Stammganglien und dem vegetativen Nervensystem andererseits. Von K. stammt der Begriff der »Tiefenperson«, der von der Psychologie und Philosophie übernommen worden ist, während andere seiner Begriffsprägungen schwer verständlich geblieben sind. Der Geist der Krausschen Schule ist bei seinen Schülern lebendig geblieben und besonders von Bergmann (»funktionelle Pathologie«) und Eppinger weiterentwickelt worden.

Ko

Literatur: Kraus, F.: Die Ermüdung als ein Maß der Konstitution (Kassel 1897), (mit G. Nicolai): Das Elektrokardiogramm des gesunden und kranken Menschen (Leipzig 1910), Die allgemeine und spezielle Pathologie der Person. Klinische Syzygiologie. Allgemeiner Tl u. besonderer Tl 1: Tiefenperson (Leipzig 1919–1926), (mit Th. Brugsch): Spezielle Pathologie und Therapie innerer Krankheiten, 11 Bde. (Berlin u. Wien 1919–1927), Grundlinien einer Wissenschaft der Anamnese und Katamnese (Leipzig 1930).

Krebs, Sir Hans Adolf, Biochemiker, geb. 25. 8. 1900 Hildesheim, gest. 22. 11. 1981 Oxford.

K. war in der 1. Hälfte des 20. Jh. ein führender Erforscher des Stoffwechsels. Seine bedeutendste Leistung war sein Anteil an der Entdeckung des Citronensäure- oder Tricarbonsäure-Zyklus, später nach ihm auch Krebs-Zyklus genannt. Man versteht darunter den Stoffwechselweg, nach dem der Abbau der Endprodukte aus den Kohlenhydraten und anderen Nahrungsstoffen erfolgt.

K. war der Sohn eines angesehenen jüdischen Hals-Nasen-Ohren-Arztes. Nach dem Schulabschluß am Gymnasium Andreanum in Hildesheim studierte er von 1918–1923 an den Univ. Göttingen, Freiburg, Berlin und München Medizin. Danach arbeitete er ein Jahr an der 3. Medizinischen Klinik der Univ. Berlin und war nach einem einjährigen Chemiestudium 1926–1930 Assistent bei O. H. Warburg am Kaiser-Wilhelm-Institut für Biologie. Dem schloß sich eine Assistentenzeit am Städtischen Krankenhaus in Altona an. 1932 wurde K. nach der Habilitierung Privatdoz. für Innere Medizin an der Univ. Freiburg im Breisgau. 1933 verlor er als Jude seine Stellung. F. G. Hopkins lud ihn 1934 nach Cambridge ein. 1935 wurde K. Lecturer für Pharmakologie an der Univ. Sheffield und wechselte hier 1938 zur neuen Abteilung für Biochemie über. 1945 wurde er Prof. für Biochemie. Für seine Arbeiten über Atmungsfermente und die Auffindung des Citronensäure-Zyklus wurde ihm 1953 gemeinsam mit F. A. Lipmann der Nobelpreis für Medizin verliehen. 1954 erhielt K. die Whitley-Professur für Biochemie an der Univ. Oxford. Seit seiner Emeritierung 1967 war K. Leiter des Metabolic Research Laboratory am Radcliffe-Krankenhaus in Oxford.

K. gelang die Aufklärung wichtiger Vorgänge im Stoffwechsel der Zellen. 1932 zeigte er mit K. Henseleit, wie das giftige Ammoniak (NH_3), Endprodukt des Eiweißstoffwechsels, in der Leber von der Aminosäure Ornithin aufgenommen und über Citrullin zu dem durch die Nieren ausscheidbaren Harnstoff umgewandelt wird; dabei wird Ornithin am Ende wieder frei, so daß ein Zyklus vorliegt. Diese Arbeit K.s fand große Beachtung. Anfang der 30er Jahre klärte K. auch den Aminosäure-Abbau der Niere auf.

Die Klärung des Citronensäure-Zyklus gelang 1936/37. Er ist die wichtigste zyklische Reaktionsfolge des oxidativen Abbaus der Proteine, Kohlenhydrate und Fette. Dabei entstehen Kohlendioxid, das ausgeatmet wird, und Wasserstoff, der, an bestimmte Moleküle gebunden, über die Atmungskette auf Sauerstoff übertragen wird, was zur Freisetzung chemischer Energie in Form von ATP (Adenosintriphosphat) führt. Initialreaktion ist die Kondensation des Oxalacetats mit Acetyl-Coenzym A (Acetyl-Co A), einem komplizierten Molekül, das mit einem Stück des abzubauenden Stoffes beladen ist. Produkte dieser Reaktion sind Citronensäure und freies Co A. Die Citronensäure erleidet nun folgendes Schicksal:

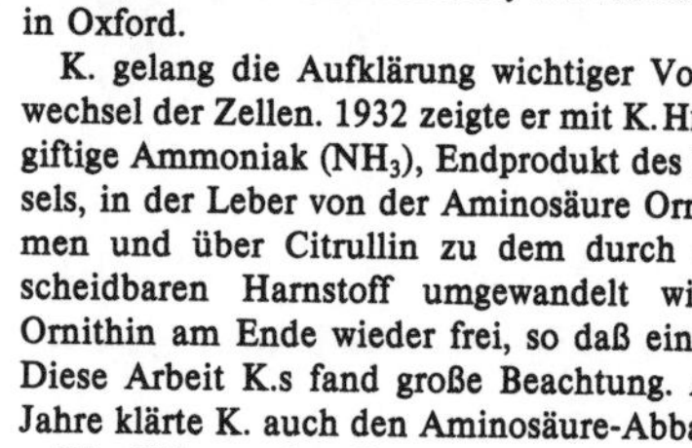

Krebs-Zyklus

Neben dem Energiegewinn spielt der KREBS-Zyklus eine entscheidende Rolle bei der Synthese von neuem zelleigenem Material.

Zahlreiche biochemische Tatsachen konnten durch K.' Entdeckung in einen Zusammenhang eingeordnet werden. Schon 1910 bzw. 1920 hatte z. B. T. THUNBERG festgestellt, daß Fumar-, Äpfel-, Bernstein- und Citronensäure den Gasaustausch in der Muskulatur stark steigern, und sah in ihnen deshalb wichtige Intermediate (Zwischenprodukte) des Katabolismus (Stoffabbaus). Ähnliche Ergebnisse erhielten F. BATTELLI und L. STERN durch das Studium der Oxidation dieser Säuren im Körpergewebe. Neben K. haben A. SZENT-GYÖRGYI sowie F. KNOOP und C. MARTIUS (1937) über die Citronensäure-Umwandlung gearbeitet und α-Ketoglutarsäure und Bernsteinsäure als Abbauprodukte der Citronensäure gefunden. K. und W. A. JOHNSON wiesen schließlich nach, daß Oxalacetat wieder mit dem Ausgangsstoff (Acetyl-Co A) reagiert, daß also ein Zyklus vorliegt.

Während des zweiten Weltkrieges befaßte sich K. unter anderem mit der Organisation von Forschungsprojekten zu Ernährungsfragen. Nach dem Krieg arbeitete er über zahlreiche Stoffwechselfragen, so über die Steuerung verschiedener, an den wichtigsten Stoffwechselwegen beteiligter Reaktionen.

K. nahm auch Stellung zur Jugendkriminalität, zu wissenschaftspolitischen Fragen; außerdem war er ein versierter Hobbybotaniker. Zi

Literatur: Zahlreiche Artikel von H. A. Krebs in Hoppe-Seyler's Z. Physiol. Chem.

Kremer, → Mercator.

Kronecker, Leopold, Mathematiker, geb. 7. 12. 1823 Liegnitz (Legnica, Polen), gest. 29. 12. 1891 Berlin.

K. erzielte herausragende Ergebnisse in der Algebra, der Zahlentheorie und der Funktionentheorie, insbesondere bei der Aufdeckung der wechselseitigen Beziehungen zwischen diesen Disziplinen.

K. war der Sohn eines gebildeten Kaufmanns; er besuchte das Gymnasium in Liegnitz, wo damals E. E. KUMMER als Lehrer wirkte, der ihn für Mathematik begeisterte und nachhaltig förderte. Anschließend studierte K. in Berlin, Bonn und Breslau und promovierte 1845 bei G. DIRICHLET. Danach leitete er mehrere Jahre lang ein der Familie gehörendes Gut, erwarb durch diese und andere geschäftliche Tätigkeiten ein beträchtliches Vermögen, das ihm gestattete, sich 1855 als unabhängiger Privatmann in Berlin niederzulassen und nur noch seinen mathematischen Neigungen zu leben. 1861 wurde er Mitgl. der Berliner Akademie und erhielt damit das Recht, Vorlesungen an der Univ. zu halten. K., KUMMER und K. WEIERSTRASS gestalteten die Univ. Berlin in der zweiten Hälfte des vorigen Jh. zu einem Weltzentrum der mathematischen Forschung und Lehre. Nach KUMMERS Ausscheiden aus dem Lehramt wurde K. 1883 o. Prof. an der Univ. Berlin, wo er bis zu seinem Tode wirkte. K. wurden zahlreiche akademische und andere Ehrungen zuteil.

Seine wissenschaftliche Tätigkeit begann K. mit Fragestellungen und Resultaten, die bis weit ins 20. Jh. die Forschungen auf dem Gebiet der algebraischen Zahlentheorie wesentlich beeinflußten. Angeregt durch die Untersuchungen von N. H. ABEL und E. GALOIS stellte sich K. das Ziel, alle über einem vorgegebenen Grundkörper auflösbaren Gleichungen zu ermitteln. Das führte auf die Untersuchung relativ-abelscher Körper; bereits 1853 fand K. den berühmten Satz, daß die über dem rationalen Zahlkörper abelschen Erweiterungen Kreisteilungskörper sind. Der Satz wurde 1886 von H. WEBER bewiesen. K. entdeckte tiefliegende Be-

H. A. Krebs

L. Kronecker

ziehungen zwischen der Theorie der imaginärquadratischen Zahlkörper und der Theorie der elliptischen Funktionen, an die im 20. Jh. E. HECKE und seine Schüler anknüpften. Auch auf diesem Gebiet vermutete K. einen Vollständigkeitssatz: Jeder über einem imaginärquadratischen Zahlkörper abelsche Körper wird durch »singuläre Moduln« erzeugt, d. s. algebraische Zahlen, die mit den elliptischen Funktionen und den elliptischen Modulfunktionen zusammenhängen. Diese Vermutung bezeichnete K. als seinen »liebsten Jugendtraum«; sie wurde 1920 von T. TAKAGI bewiesen. K. hat mit diesen Untersuchungen den Grundstein der Klassenkörpertheorie gelegt, die durch D. HILBERT entscheidend gefördert, im 20. Jh. zu einem gewissen Abschluß gebracht worden ist. Unabhängig und auf anderem Wege als R. DEDEKIND hat K. eine arithmetische Theorie der algebraischen Zahl- und Funktionenkörper geschaffen, die 1882 in der Festschrift zu KUMMERS 50jährigem Doktorjubiläum veröffentlicht wurde. K. repräsentiert die idealen Divisoren durch Formen in Unbestimmten mit Koeffizienten aus dem zu untersuchenden Körper; wird einer solchen Form das von ihren Koeffizienten erzeugte Ideal zugeordnet, so zeigt sich die Äquivalenz der Theorien von K. und DEDEKIND. In der Theorie der algebraischen Funktionen verfolgte K. im Gegensatz zu DEDEKIND und WEBER mehr arithmetische Gesichtspunkte; er wählte als Konstantenbereich nicht den Körper der komplexen Zahlen, sondern den Ring der ganzen Zahlen. Die Hinwendung der modernen algebraischen Geometrie zu arithmetischen Fragestellungen in den 50er und 60er Jahren des 20. Jh. kann als Weiterführung des Programms von K. aufgefaßt werden. Weitere schöpferische Beiträge lieferte K. zur linearen Algebra, zur Eliminationstheorie, zur Theorie der elliptischen Funktionen. Bereits 1870 formulierte er den abstrakten Gruppenbegriff und leitete den Fundamentalsatz für endliche abelsche Gruppen her. K. zeigte, wie man mittels elliptischer Funktionen die allgemeine Gleichung 5. Grades auflösen kann, und markierte mit seinen Untersuchungen über die Charakteristik von Funktionensystemen die Anfänge der algebraischen Topologie. K. hat sich prononciert zu den Grundlagenfragen der Mathematik geäußert; er forderte von Definitionen und Sätzen ihre Entscheidbarkeit in endlich vielen Schritten; sein Ideal war das konstruktive Verfahren; reine Existenzbeweise wie die WEIERSTRASSschen Schlußweisen in der Analysis lehnte er ab; ebenso war er ein scharfer Gegner der CANTORschen Mengenlehre. K. stellte sich ferner das Ziel, die Mathematik zu arithmetisieren, d. h., letztlich alles auf die ganzen Zahlen und die Formen mit ganzen Koeffizienten zurückzuführen und die irrationalen Zahlen zu umgehen. In diesem Zusammenhang ist sein Ausspruch berühmt: »Die ganzen Zahlen hat der liebe Gott gemacht, alles andere ist Menschenwerk«. Mit diesen Positionen in Grundlagenfragen kann K. als gewisser Vorläufer des Intuitionismus bezeichnet werden. Obwohl

K. sein Programm der Revision der Grundlagen aus objektiven Gründen nicht durchzuführen vermochte, führte ihn sein Bestreben nach konstruktiven Verfahren und nach Vermeidung der irrationalen Zahlen in der Algebra zu schönen Entdeckungen (Verfahren zur Zerlegung eines Polynoms in irreduzible Faktoren, Verfahren zur Berechnung der GALOISgruppe einer algebraischen Gleichung, Entdeckung der Restklassenkörper und damit Aufbau des Zerfällungskörpers eines Polynoms ohne den Fundamentalsatz der Algebra).

Ab 1880 war K. Herausgeber des CRELLEschen Journals. Als Hochschullehrer trug er fast nur über eigene Forschungen vor; deshalb war jede seiner Vorlesungen von großer Originalität. Gemeinsam mit seiner Frau führte er ein gastliches Haus, in dem viele Gelehrte, Künstler und andere hervorragende Persönlichkeiten verkehrten. Liebenswürdig im Umgang, ein Freund von Musik und Kunst, ein Liebhaber der klassischen Sprachen, dabei welterfahren und praktisch veranlagt, war K. über Jahrzehnte eine der beherrschenden Figuren im wissenschaftlichen und geistigen Leben Berlins. Zahlreiche Schüler haben seine Ideen aufgenommen und sein Werk fortgesetzt. Pu

Literatur: Kronecker, L.: Werke, 5 Bde. (Hrsg. K. Hensel, Leipzig–Berlin 1895–1930).

Frobenius, G.: Gedächtnisrede auf Leopold Kronecker. Abh. der Königl.-Preuss. Ak. d. Wiss. (Berlin 1893); Kneser, A.: Leopold Kronecker, in: Jahresber. DMV 33 (1925), 210–228; Lampe, E.: Leopold Kronecker, in: Ann. Phys. u. Chem. 45 (1892), 595–601; Weber, H.: Leopold Kronecker, in: Jahresber. DMV 2 (1893), 5–23.

Kuhn, Richard, Biochemiker, geb. 3. 12. 1900 Wien, gest. 31. 7. 1967 Heidelberg.

K. hat mit seinen Arbeiten zur Chemie von Naturstoffen, insbesondere der Carotinoide, der Vitamine, der stickstoffhaltigen Zucker und der Ganglioside, wesentlich zum Fortschritt der Biochemie beigetragen.

K., Sohn eines Wasserbauingenieurs, begann nach dem Besuch des Gymnasiums in seiner Geburtsstadt Chemie zu studieren. Nach zwei Semestern wechselte er an die Univ. München über, wo er 1922 bei R. WILLSTÄTTER mit der Arbeit »Über die Spezifität der Enzyme« promovierte. 1925 habilitierte sich K., ebenfalls bei WILLSTÄTTER, mit der Arbeit »Der Wirkungsmechanismus der Amylasen«. 1926, im Alter von erst 25 Jahren, wurde K. zum Prof. an die ETH Zürich berufen. Im Oktober 1929 übernahm er das Direktorat des Instituts für Chemie am neuerbauten Kaiser-Wilhelm-Institut für Medizinische Forschung in Heidelberg. In dieser Forschungseinrichtung sollten die theoretischen Grundlagen der Medizin auf den Gebieten Chemie, Physik, Physiologie und Pathologie besonders entwickelt werden. Von 1937 an bis zu seinem Tode hat K. die gesamte Institution, bestehend aus vier Instituten, geleitet. Daneben war er ab 1950 auch Ordinarius für Biochemie an der Univ. Heidelberg.

K.s Arbeiten umfaßten vor allem die Synthese und die Strukturaufklärung physiologisch wirksamer Verbindungen. Aus seinen Untersuchungen an ortho-substituierten Biphenylderivaten konnte er das Phänomen der Atropisomerie ableiten und definieren. Den Begriff Atropisomerie prägte er 1933. Die systematische Synthese der homologen Reihe der ω, ω'-Diphenyl-alkapolyene mit konjugierten Doppelbindungen, die er bis zum 1,30-Diphenyl-triacontapentadecaen lückenlos aufbaute, führte ihn Ende der 30er Jahre zur Chemie der Carotinoide und zu Untersuchungen über den Zusammenhang von Konstitution und Farbe. 1939 isolierte K. aus Hefe und Reiskleie das Vitamin B_6 (Pyridoxal), den Wirkstoff Vitamin H' identifizierte er als 4-(p-)Aminobenzoesäure. 1938 hatte er mit der Synthese von Kumulenen begonnen. Diese durch den zweiten Weltkrieg unterbrochenen Arbeiten führte er ab 1951 weiter und verknüpfte sie mit der Untersuchung stereochemischer Probleme. In den 50er Jahren begann K. seine Untersuchungen über Resistenzfaktoren. Ab 1954 konnte er zahlreiche Lactooligosaccharide, die in der Frauenmilch enthalten sind, rein darstellen und deren Struktur aufklären. Als eine Schlüsselverbindung, von deren Struktur sich nahezu alle in Frauenmilch aufgefundenen Oligosaccharide ableiten lassen, erkannte er die Lacto-N-tetraose. Zu Beginn der 60er Jahre hat K. noch mit Untersuchungen von aus dem Gehirn isolierten Gangliosiden begonnen. Diese Arbeiten konnte er aber nicht mehr zum Erfolg führen.

K.s überaus erfolgreiche Arbeiten wurden durch zahlreiche Auszeichnungen gewürdigt. So erhielt er z. B. von der TH München und von zwei Univ. die Ehrendoktorwürde. Die Univ. Santa-Maria in Rio Grande de Sul (Brasilien) zeichnete ihn mit dem Prof. med. h. c. aus. Bereits 1938 wurde er »für seine Arbeiten über Carotinoide und Vitamine« mit dem Nobelpreis für Chemie geehrt. Re

Literatur: Kuhn, R.: Mehr als 100 Originalarbeiten, kommentiert von O. Westphal, in: Mitt. Max-Planck-Ges., Sonderh. 1968. Richard Kuhn 3. 12. 1900 bis 31. 7. 1967 (München 1968), 12–63.

Westphal, O.: Richard Kuhn zum Gedächtnis, in: Angew. Chem. 80 (1968), 501–519; ohne Autor: Richard Kuhn zum Gedächtnis (3. 12. 1900 bis 31. 7. 1967), in: Chemiker-Ztg. 91 (1967), 613/614.

Kukarkin, Boris Wassiljewitsch, Astronom, geb. 30. 10. 1909 Nishni Nowgorod (Gorki), gest. 15. 9. 1977 Moskau.

K. leistete bedeutende Beiträge zur Erforschung der veränderlichen Sterne.

Nach dem Besuch der Oberschule erlangte K. seine weitere Ausbildung im Selbststudium. Seine astronomische Tätigkeit begann er 1926 mit der Beobachtung veränderlicher Sterne. Bereits 1928–1931 leitete er die Sternwarte des Nishni Nowgoroder Zirkels der Amateurphysiker und -astronomen. Während dieser Zeit begründete er ein wissenschaftliches Bulletin dieses Zirkels unter dem Titel »Veränderliche Sterne«. Als einzige Spezialzeitschrift auf diesem Gebiet erlangte sie schon damals weltweite Bedeutung.

Im Jahre 1931 war K. Mitarbeiter des Taschkenter Observatoriums, und von 1932 bis zu seinem Lebensende arbeitete er an der Lomonossow-Univ. im Sternberg-Institut. Von 1952–1955 war er Dir. dieses Instituts.

K. wurde bereits in den 30er Jahren eine bedeutende Autorität auf dem Gebiet der Erforschung veränderlicher Sterne. 1928 entdeckte er eine Beziehung zwischen den Spektren und den Perioden Bedeckungsveränderlicher, und 1934 fand er gemeinsam mit P. P. PARENAGO die Abhängigkeit zwischen dem mittleren Zeitabstand der Eruption und den Amplituden der U Geminorum-Sterne. Besondere Aufmerksamkeit schenkte K. den Cepheiden, hier vor allem der Bestimmung des Nullpunktes der Perioden-Helligkeits-Beziehung. 1949 kam er als einer der ersten zu dem Schluß, daß die aus den Arbeiten H. SHAPLEYS folgende Helligkeit der Cepheiden erhöht werden muß.

1943 begann K. mit der Untersuchung der räumlichen Verteilung der veränderlichen Sterne in unserer Galaxis. Diese Arbeiten führten zusammen mit denen von W. BAADE zu dem Ergebnis, daß die Galaxis aus mehreren Populationen von Objekten mit unterschiedlichen räumlich-kinematischen Charakteristiken und verschiedenem Alter zusammengesetzt ist.

K.s Untersuchungen gipfelten in der Herausgabe des weltberühmten »Obschtschij Katalog peremennych swesd« und der auch ins Deutsche übersetzten Monographie »Erforschung der Struktur und Entwicklung der Sternsysteme auf der Grundlage des Studiums veränderlicher Sterne« (1949, dtsch 1954).

Im letzten Jahrzehnt seines Lebens befaßte sich K. mit der allseitigen Erforschung von Kugelsternhaufen. Er gab einen Katalog von Charakteristiken dieser Objekte und eine Monographie heraus.

K. war sowohl im Landesmaßstab als auch international wesentlich an der Organisation der astronomischen Forschung beteiligt. Von 1951–1961 war er Vizepräsident der Internationalen Astronomischen Union (IAU).

Durch die Mitarbeit in den Redaktionskollegien populärwissenschaftlicher Zeitschriften beteiligte sich K. an der Verbreitung astronomischer Kenntnisse. In den letzten Jahren war er verantwortlicher Redakteur der Monographienserie »Nichtstationäre Sterne und Methoden ihrer Erforschung«, die weltweite Bedeutung erlangte. En

Literatur: Boris Vassilevič Kukarkin, in: Priroda (1977) 10, 155; Pamâti Borisa Vassileviča Kukarkina, in: Zemlâ i Vselennaâ (1978) 1, 59–60; Enskonatus, P.: Professor B. W. Kukarkin zum Gedächtnis, in: Blick in das Weltall, Archenhold-Sternwarte Berlin-Treptow 26 (1978), 26; Kulikovskij, P. G. und N. N. Samus: Kukarkin i moskovskaâ škchola zvëzdnoj astronomii, in: Priroda (1980) 5, 101–108.

Kummer, Ernst Eduard, Mathematiker, geb. 29. 1. 1810 Sorau (Zary), gest. 14. 5. 1893 Berlin.

K. war einer der bedeutendsten Zahlentheoretiker des 19. Jh., er bereicherte mit seinen Forschungsresultaten die Analysis und die Geometrie.

K.s Vater, ein Stadt- und Landphysikus, starb bereits 1813. Seine Mutter stammte aus einer alten Predigerfamilie. K. besuchte das Gymnasium in Sorau. Seit 1828 betrieb er theologische, philosophische, bald aber vorwiegend mathematische Studien an der Univ. Halle. Nach der 1831 erfolgten Promotion war K. Gymnasiallehrer in Sorau und 1832–1842 (unterbrochen durch einjährigen Militärdienst) in Liegnitz (Legnica). 1842 siedelte K. nach Breslau (Wrocław) über, wo er 13 Jahre als Prof. für Mathematik forschte und lehrte. 1855 wurde er in Berlin Nachfolger P. G. L. Dirichlets sowohl an der Univ. (wo er bis 1883 lehrte) als auch in der Akademie. Daneben übte er bis 1874 eine Lehrtätigkeit an der Kriegsschule aus. Durch die Wirksamkeit von K. sowie L. Kronecker und K. Weierstrass, wurde Berlin ein führendes Zentrum der reinen Mathematik in Deutschland. 1863–1878 war K. ständiger Sekretär der physikalisch-mathematischen Klasse der Akademie. 1857/58 und 1865/66 war er Dekan, 1868/69 Rektor der Univ. Berlin. K. entwarf das Konzept zur Einrichtung eines mathematischen Seminars an der Univ., das im Mai 1861 mit seiner Arbeit begann.

In der ersten Schaffensperiode beschäftigte sich K. mit Fragen der Analysis, insbesondere mit speziellen Funktionen und ihren Entwicklungen in Potenzreihen und trigonometrischen Reihen, aber auch mit Differentialgleichungen. Im Mittelpunkt dieser Untersuchungen stand eine Abhandlung über die hypergeometrische Reihe, eine Problematik, die schon L. Euler und C. F. Gauss, später B. Riemann, H. Poincaré, F. Klein u. a. beschäftigt hat und die zur Schaffung der Grundlagen der komplexen Funktionentheorie beitrug. In seiner zweiten Forschungsperiode verfaßte K. über 35 Abhandlungen mit neuen grundlegenden und bahnbrechenden zahlentheoretischen Resultaten und Methoden. Zusammen mit Dirichlet, C. G. J. Jacobi, Kronekker, R. Dedekind und später D. Hilbert gehörte K. zu jenen deutschen Gelehrten, denen im Anschluß an das Werk von Gauss der Aufbau der Theorie der algebraischen Zahlen zu verdanken ist. Die Beschäftigung mit der Theorie der

R. Kuhn

B. W. Kukarkin

kubischen und höheren Potenzreste und im Kalkül der Gaussschen und Jacobischen Summen (mit diesen hatte Jacobi zu jener Zeit bereits die Reziprozitätsgesetze für kubische und biquadratische Reste bewiesen) führte K. zu dem neuen Begriff der »idealen complexen Zahlen«. Mit den »idealen Primfaktoren« konnte er einige der wichtigsten Eigenschaften, die aus der eindeutigen Zerlegbarkeit ganzer Zahlen in Primfaktoren bewiesen werden, auf die ganzen Kreisteilungszahlen übertragen und damit umfassend die Arithmetik der Kreisteilungskörper (Klassenzahlformeln, Struktur der Klassen- und Einheitengruppe) untersuchen. Später wurden diese Untersuchungen von Dedekind, Kronecker und E. I. Solotarew in unterschiedlicher Weise auf beliebige ganze algebraische Zahlen verallgemeinert (Arithmetik der algebraischen Zahlkörper). Nach Schöpfung der »idealen Zahlen« konnte K. 1847 mit seinen neuen Methoden den bis dahin größten Fortschritt beim Ringen um den auch gegenwärtig noch nicht gefundenen allgemeinen Beweis der Fermatschen Vermutung erzielen. Während bis zu jener Zeit nur für die Primzahlexponenten $p = 3$ (L. Euler), 5 (Dirichlet, A.-M. Legendre), 7 (G. Lamé, V. A. Lebesgue) gezeigt worden war, daß die Gleichung $x^p + y^p = z^p$ keine nichttriviale Lösung in ganzen Zahlen hat, entdeckte K. eine große Klasse von sog. »regulären« Primzahlen mit dieser Eigenschaft (z. B. sind außer 37, 59 und 67 alle Primzahlen < 100 regulär). Die Arbeiten von K. in seiner dritten wesentlich geometrischen Schaffensperiode knüpften an die Ergebnisse von Gauss zur allgemeinen Differentialgeometrie der Flächen sowie die von W. R. Hamilton über die »Theorie der Strahlensysteme« (1824) an. Unabhängig von der physikalischen Problemstellung gab K. 1860 für diese Theorie der allgemeinen Strahlensysteme eine neue algebraische Begründung und erweiterte damit auch die Gaussschen Untersuchungen. Bei der Untersuchung gewisser algebraischer Strahlensysteme entdeckte er 1864 die nach ihm benannte Fläche vierter Ordnung und Klasse (sich selbst reziprok) mit 16 Doppelpunkten, welche 16 mal zu je sechs in einer Doppeltangentialebene der Fläche liegen. Diese heute zur algebraischen Geometrie zählenden Ergebnisse waren von Riemanns weitreichenden neuen Ideen noch unbeeinflußt.

Von seinen Zeitgenossen wurde K. als »Idealgestalt eines Forschers und Gelehrten« angesehen. Mit seinem ehemaligen Schüler Kronecker verband ihn eine tiefe Freundschaft. K. war ein glänzender Lehrer; seit der Gründung des Berliner Mathematischen Seminars ging er allerdings nur noch im Seminar auf eigene Forschungen ein, während er in seinen Vorlesungen abgeschlossene Teilgebiete der Mathematik behandelte. Pi

Literatur: Kummer, E. E.: Collected papers, 2 Bde. (Hrsg. A. Weil, Berlin, Heidelberg, New York 1975).

Lampe, E.: Nachruf auf E. E. Kummer, in: Jahresber. DMV 3 (1892/93), 13–28.

Kunckel, Johann, Ritter von LÖWENSTJERN, Glasmacher und »Chymist«, geb. 1630 Hütten (Holstein), gest. 20.3.1703 auf einer Reise.

K. war ein kenntnisreicher Glastechnologe, der Erfinder des neuzeitlichen Fabrikationsverfahrens für Goldrubinglas.

Aus einer alten Glasmacherfamilie stammend, wurde K. in der Glashütte seines Vaters ausgebildet und arbeitete als Laborant und Apotheker im Dienste der Herzöge von Sachsen-Lauenburg. Seit 1670 war er Leiter des Dresdener Laboratoriums von Kurfürst JOHANN GEORG II. von Sachsen. 1677 hielt er an der Univ. Wittenberg eine Vorlesung über Experimentalchemie. 1678 wurde K. vom brandenburgichen Kurfürsten FRIEDRICH WILHELM als »Geheimer Kammerdiener« angestellt. Er reorganisierte die Kristallglasfabrikation in Potsdam und gründete zwei weitere Glashütten, darunter eine eigene Farbglashütte auf der in der Havel bei Potsdam gelegenen Pfaueninsel. Außerdem betrieb er in Potsdam und Berlin chemische Studien. Der Nachfolger FRIEDRICH WILHELMS, Kurfürst FRIEDRICH III., entzog ihm 1688 seine Gunst. Rechtsstreitigkeiten wegen eines mißglückten Bergwerkunternehmens (1692 Gefängnishaft), die Zerstörung seiner Glashütte (vermutlich durch Brandstiftung) und Hofintrigen führten zu K.s wirtschaftlichem Niedergang. 1693 wurde K. zum Mitgl. der »Leopoldina« gewählt und von König KARL XI. von Schweden geadelt und zum Kgl. Bergrat ernannt. Die letzten Lebensjahre verbrachte er zurückgezogen auf seinem Gut Dreißighufen (Kreis Niederbarnim).

K. gilt als Begründer der wissenschaftlichen, auf dem Experiment aufbauenden Glastechnologie in Deutschland. Die Potsdamer Glasfabrikation brachte er zu europäischem Ansehen, besonders die von Goldrubinglas, das er nach einem verbesserten Verfahren produzierte und in Hohlglastechnik auf Gefäße verarbeitete. In seiner »Ars vitraria Experimentalis« faßte er, gestützt auf die ital. »L'arte vetraria distinta« von A. NERI (Florenz 1612) und deren engl. Übersetzung durch CH. MERRETT (London 1662), das glastechnische Wissen seiner Zeit in ausführlichen Kommentaren kritisch und sachkundig zusammen. K.s chemische Schriften weisen ihn als geschickten Experimentator aus, jedoch erhob er sich im theoretischen Wissen nicht über den Stand der Zeit. Ge

Literatur: Kunckel, J.: Ars vitraria Experimentalis, oder vollkommene Glasmacherkunst (Amsterdam u. Danzig 1679, 3. Aufl. Nürnberg 1756, franz. Paris 1752), Collegium physico-chymicum experimentale oder Laboratorium Chymicum (Hamburg u. Leipzig 1716, 4. Aufl. Berlin 1767).

Ganzenmüller, W.: Johann Kunckel, ein Glasmacher und -forscher zur Barockzeit, in: Glastechn. Ber. 19 (1941) 10, 325–330; Maurach, H.: Johann Kunckel (1630–1703), in: Deutsches Museum. Abh. u. Ber. 3 (1933), Heft 2, 1–33; Stein, G.: Johann Kunckel im Dienste des Großen Kurfürsten, die Glanzzeit seines glastechnologischen Wirkens, in: Glastechn. Ber. 28 (1955) 4, 121–124.

Kundt, August, Physiker, geb. 18.11.1839 Schwerin, gest. 21.5.1894 Israelsdorf bei Lübeck.

K. war einer der bedeutendsten Experimentalphysiker in der zweiten Hälfte des 19. Jh. Seine Hauptarbeitsgebiete waren Akustik, Optik und Gastheorie.

K., Sohn eines Beamten, studierte zwei Jahre in Leipzig Mathematik und Naturwissenschaften, bevor er 1861 Schüler von G. H. MAGNUS wurde. 1864 promovierte er und habilitierte sich drei Jahre später an der Berliner Univ. Bereits im folgenden Frühjahr erhielt der junge Privatdoz. seine erste Berufung nach Zürich (1868). Würzburg ab 1870 und Straßburg (Strasbourg) ab 1873 waren weitere Stationen seiner akademischen Wanderjahre. 1888 folgte K. einem Ruf an die Berliner Univ. und trat dort die Nachfolge von H. v. HELMHOLTZ an, da dieser die Leitung der neu gegründeten Physikalisch-Technischen Reichsanstalt übernommen hatte. Ein Herzleiden setzte K.s Wirken auf dem angesehensten Physiklehrstuhl Deutschlands bereits nach 6 Jahren ein Ende.

Epochemachend waren K.s Leistungen auf akustischem Gebiet. Die nach ihm benannten Staubfiguren erwiesen sich als ein überraschend einfaches und präzises Hilfsmittel zur Messung der Schallgeschwindigkeit in festen Körpern und Gasen. Die KUNDTschen Staubfiguren sind durch feinen Puder oder Korkteilchen sichtbar gemachte stehende Wellen, so daß die Entfernung zwischen zwei Knoten die Wellenlänge des Tones ergibt.

Fallen diese Arbeiten vornehmlich in seine erste Berliner Zeit, so traten in Würzburg Untersuchungen auf optischem Gebiet und in Straßburg Forschungen zur Wärmelehre ins Zentrum von K.s Schaffen. Der Nachweis der anomalen Dispersion in einer Reihe von Flüssigkeiten und dünnen Metallschichten, vor allem jedoch seine gemeinsam mit E. WARBURG durchgeführten Versuche über die Reibung und Wärmeleitung von Gasen sowie über die Bestimmung der spezifischen Wärme von Quecksilber bildeten die herausragendsten Ergebnisse dieser Jahre. Letztere waren eine direkte Stütze der damals noch umstrittenen kinetischen Gastheorie. Außerdem veröffentlichte K. umfangreiche Untersuchungen über die Spektren von Blitzen sowie zur Thermo-, Aktino- und Piezoelektrizität der Kristalle.

K. war ein glänzender Hochschullehrer und Haupt einer der bedeutendsten Physikerschulen; zu seinen Schülern gehörten unter anderen W. KAUFMANN, P. LEBEDEW, W. RATHENAU, K. SCHEEL und M. WIEN. Seine Experimentalvorlesungen waren berühmt und sind später auch veröffentlicht worden. Ho

Literatur: Kundt, A.: Über eine besondere Art der Bewegung elastischer Körper auf tönenden Röhren und Stäben, in: Ann. Phys. 126 (1865), 513–527, Über neue akustische Staubfiguren und Anwendungen derselben zur Bestimmung der Schallgeschwindigkeit in festen Körpern und Gasen, in: Ann. Phys. 127 (1866), 497–532, (mit E. Warburg): Reibung und Wärmeleitung verdünnter Gase, in: Ann. Phys. 155 (1875), 337–365, 525–550; 156 (1876), 177–211, (mit E. Warburg): Über die specifische Wärme des Quecksilbergases, in: Ann. Phys. 157 (1876), 353–369, Vorlesungen über Experimentalphysik (Braunschweig 1903).

Bezold, W. v.: August Kundt. Gedächtnisrede auf der Sitzung der Physikalischen Gesellschaft zu Berlin am 15. 6. 1894. Verh. phys. Ges. 13 (1894), 62–80; Schwalbe, G.: August Kundt. Leben und Wirksamkeit, in: August Kundt. Vorlesungen über Experimentalphysik (Braunschweig 1903, S. VII–XIII).

Kuratowski, Kazimierz, Mathematiker, geb. 2.2.1896 Warschau, gest. 18.6.1980 Warschau.

K. ist Verfasser grundlegender Arbeiten zur mengentheoretischen Topologie und zur Theorie der analytischen Funktionen.

K. studierte in Glasgow und seit 1915 in Warschau. Zu dieser Zeit begründeten Z. JANISZEWSKI, S. MAZURKIEWICZ und W. SIERPIŃSKI die »Warschauer Mathematische Schule«, die sich auf Mengenlehre und mathematische Logik konzentrierte. K. wurde zu einem der aktivsten Vertreter dieser Schule. 1921 promovierte K. bei SIERPIŃSKI. Im selben Jahr habilitierte sich K. mit einer Arbeit, die von CH. J. DE LA VALLEE gestellte Probleme aus der Mengenlehre löste. 1927 erhielt K. den Mathematiklehrstuhl der TU Lemberg (Lwów). Seit 1934 war er Prof. an der Warschauer Univ. Während der Okkupation hielt er Vorlesungen an der geheim wirkenden Warschauer Univ. Auf seine Initiative hin wurde das Mathematische Institut der Polnischen Ak. d. Wiss. gegründet, dessen Dir. er bis 1968 war. K. trug zur

E. E. Kummer

J. Kunckel

A. Kundt

K. Kuratowski

Bildung des Internationalen Mathematischen Zentrums »St. Banach« in Warschau bei und wurde zum Präsidiumsmitgl. und Vizepräsidenten der Poln. Ak. d. Wiss. gewählt. 1959–1968 war K. Mitgl. des Vorstandes der Internationalen Mathematischen Union. K. war auswärtiges Mitgl. vieler Ak. d. Wiss. und Ehrendoktor der Univ. in Glasgow, Paris, Prag und Wrocław.

Die Forschungen von K. betrafen die mengentheoretische Topologie. Sein wissenschaftlicher Ertrag auf diesem Gebiet ist in 180 Arbeiten niedergelegt. 1921 entwickelte K. die Axiomatik der Abschließungsoperation (Übergang zur abgeschlossenen Hülle), die zur Grundlage für die Entwicklung der allgemeinen Topologie geworden ist. Er führte Forschungen im Bereich der Flächentopologie, insbesondere der Theorie der unzerlegbaren Kontinua durch. Die von ihm gegebene einfache topologische Charakteristik der zweidimensionalen Sphäre erlaubte elegante Beweise vieler Sätze der Flächentopologie. K. konstruierte zwei eindimensionale Polyeder (KURATOWSKIsche Graphen). Er hat einen besonders einfachen Beweis des berühmten Fixpunktsatzes von L. E. J. BROUWER angegeben, der in einem gemeinsamen Werk mit B. KNASTER und MAZURKIEWICZ 1929 veröffentlicht wurde. Nach dem zweiten Weltkrieg hat sich K. mit Beziehungen der Topologie zur klassischen Theorie der analytischen Funktionen beschäftigt. Im Ergebnis dieser Forschungen fand K. Theoreme, die den in manchen klassischen Sätzen über analytische Funktionen enthaltenen topologischen Inhalt klärten. In den letzten Jahren erzielte K. mehrere Ergebnisse über die sog. Selektoren. Diese Resultate fanden ihre Anwendung in der Theorie der Optimalsteuerung. Zum Grenzgebiet zwischen Topologie, Mengentheorie und mathematischer Logik gehören die Ergebnisse, die die Zusammenhänge zwischen den topologischen und logischen Operationen betreffen. Sie haben zu einer Methode geführt, die die Klassifizierung der BORELschen Mengen entsprechend ihrer Definierbarkeit erlaubt. K. erzielte auch wesentliche Ergebnisse im Bereich der Maßtheorie. Zur Mengentheorie gehört das Werk von K. aus dem Jahre 1922 über die Eliminierung der Ordnungszahlen. Eines der Resultate dieses Werkes ist derjenige Hilfssatz, der – später auch durch M. ZORN entdeckt – in die Literatur als KURATOWSKI-ZORN-Lemma eingegangen ist. Ein Werk von K., das einen überragenden Einfluß auf die mengentheoretische Entwicklungsrichtung der Topologie ausgeübt hat, ist die zweibändige Monographie »Topologie«, in der er grundsätzliche Ergebnisse auf diesem Gebiet zusammenstellte. Nicht weniger einflußreich als mathematischer Forscher war K. als Pädagoge und Verfasser von vorzüglichen Lehrb.

Hu

Literatur: Kuratowski, K.: Topologie Bd. 1 (Warschau – Lwów 1933), Bd. 2 (Warschau – Wrocław 1950) (engl. Bd. 1 London 1966, Bd. 2 New York 1968), (mit Mostowski, A.): Teoria mnogości (Warschau 1952), engl. Set theory (2. Aufl., Warschau – Amsterdam 1976), Wstep do teorii mnogości i topologii (Einführung in die Mengenlehre und Topologie) (Warschau 1955, engl. Oxford 1977, franz. Génève 1966, span. Barcelona 1976), A half century of Polish mathematics (Warschau – Oxford 1980).

Borsuk, K.: Kazimierz Kuratowski (1896–1980), in: Nauka Polska (1981), 195; Engelking, R.: On topological papers of Kazimierz Kuratowski, with a list of his publications (Warschau 1982).

Kurtschatow (Kurčatov), Igor Wassiljewitsch, Physiker, geb. 30.12.1902 (12.1.1903) Sim (heute im Oblast Tscheljabinsk, UdSSR), gest. 7.2.1960 Moskau.

K. wurde in den 30er Jahren zu einem der führenden Vertreter der sowjet. Atomforschung, nachdem er auf dem Gebiet der Festkörperphysik tätig gewesen war. In den 40er Jahren übernahm er die wissenschaftliche Leitung beim Bau der sowjet. Atom- und Wasserstoffbombe sowie des ersten Atomkraftwerkes der Welt.

K., Sohn eines Landvermessers und einer Dorfschullehrerin, besuchte ab 1911 das Gymnasium in Simbirsk (Uljanowsk), ab 1912 in Simferopol. 1920–1922 nahm K. ein Studium an der physikalisch-mathematischen Fakultät der Krim-Univ. auf (Diplom 1923). Danach war er kurzzeitig am Magnetometeorologischen Observatorium Pawlowsk bei Leningrad (Messungen der Radioaktivität des Schnees), in Feodossia auf der Krim und in Baku tätig. 1925–1942 wirkte K. am Physikalisch-Technischen Institut Leningrad unter A. F. IOFFE. 1934 bekam er, ohne eine Dissertation verfaßt zu haben, für seine außergewöhnlichen Leistungen den Doktortitel verliehen.

Seine ersten Arbeiten betrafen die Physik der Dielektrika, vor allem das Verhalten von Dielektrika in starken elektrischen Feldern und des dabei auftretenden Durchschlags. Gemeinsam mit P. P. KOBEKO untersuchte er die dielektrischen Eigenschaften des Seignettesalzes (Seignetteelektrizität oder Ferroelektrizität – eine dem Ferromagnetismus gewissermaßen analoge Eigenschaft). Mit SINELNIKOW führte er 1931/32 verschiedene Untersuchungen zur Halbleiterphysik durch (unter anderem zu Sperrschicht-Photoelementen).

Auch in den Jahren nach der Oktoberrevolution, in denen für die sowjet. Wissenschaft die materiellen Bedingungen schwierig waren und Arbeiten mit absehbarem praktischen Nutzen im Vordergrund standen, hatte IOFFE in seinem Institut stets Arbeiten zur Atomphysik gefördert. Angesichts der internationalen Entwicklung auf diesem Gebiet entschloß sich K. 1932, künftig seine Anstrengungen auf die Erforschung des Atomkerns zu richten. Im Laufe der nächsten Jahre baute er am Leningrader Physikalisch-Technischen Institut eine leistungsfähige Abteilung Kernphysik auf. Es entstanden ein Protonenbeschleuniger für 350 keV (1933) und ein Zyklotron (1937–1939). K. studierte Kernreaktionen mit Neutronen (1934). Mit seinem Bruder B. W. KURTSCHATOW und L. I. RUSINOW fand er 1935

I. W. Kurtschatow

L

die Kernisomerie beim künstlich radioaktiven Brom und wies im gleichen Jahr mit L. A. Arzimowitsch die Möglichkeit des Neutroneneinfangs durch ein Proton nach. 1939 nahm er, anknüpfend an die Entdeckung von O. Hahn, Arbeiten zur Kernspaltung auf. Unter seiner Anleitung entdeckten 1940 seine Mitarbeiter G. N. Flerow und K. A. Petrshak experimentell den spontanen Zerfall des Uraniumkernes. Seit Ende 1940 beschäftigten sich K. und J. B. Chariton mit dem Projekt eines Kernreaktors.

Nach dem Überfall auf die Sowjetunion im Juli 1941 wurden alle wissenschaftlichen Kräfte für die Lösung kriegswichtiger Aufgaben eingesetzt. K. wirkte erfolgreich bei der Entmagnetisierung von Schiffen mit. Als sich Vermutungen verdichteten, daß man in Deutschland und in den USA an einer Uraniumbombe arbeiten würde, entschloß sich die sowjet. Staatsführung nach Hinweisen insbesondere von Flerow im Herbst 1942, eine solche Bombe zu bauen. K. wurde mit der Leitung des Projektes beauftragt. 1943 wurden die wissenschaftlichen Grundlagen erarbeitet, die die Voraussetzung für den Bau eines Kernreaktors, für die Gewinnung spaltbaren Materials und für den Bau einer Uraniumspaltungsbombe waren. Nach einer geheimen Versuchsexplosion der ersten Atombombe in den USA (Juli 1945) und den Abwürfen US-amerik. Atombomben über Hiroshima und Nagasaki verstärkten die sowjet. Wissenschaftler unter Leitung von K. ihre Anstrengungen. Am 25. 12. 1946 arbeitete der erste europäische Uranium-Graphit-Reaktor bei Moskau. Am 29. 8. 1949 testete die Sowjetunion erfolgreich ihre erste Atombombe.

Aufgrund von Informationen über Entwicklungsarbeiten an einer amerik. Superbombe begann man in der UdSSR unverzüglich mit der Arbeit an einer ähnlichen Waffe, wieder unter der Leitung von K. Am 12. 8. 1953 zündete die UdSSR ein halbes Jahr vor den USA die erste Wasserstoffbombe. Parallel zu diesen Arbeiten erfolgte in der UdSSR auch die Projektierung des ersten Atomkraftwerkes der Welt, um die Möglichkeiten der friedlichen Nutzung der Atomenergie zu demonstrieren. Auch hieran hatte K. großen Anteil; am 27. 6. 1954 nahm das Werk in Obninsk den Betrieb auf. Bereits an der Jahreswende 1950/51 hatte K. auch Forschungen zur gesteuerten thermonuklearen Reaktion initiiert.

In den folgenden Jahren setzte sich K. intensiv für die internationale Kontrolle und friedliche Nutzung der Kernenergie ein. Trotz schwerer gesundheitlicher Beeinträchtigungen infolge Überarbeitung war er dafür unermüdlich tätig. Seine Leistungen wurden mehrfach durch staatliche Auszeichnungen geehrt (darunter 1957 der Leninpreis), und 1958 erhielt K. die Medaille des Weltfriedensrates. K. war Mitgl. der Ak. d. Wiss. der UdSSR (seit 1943); das Akademiepräsidium stiftete einen Kurtschatowpreis. Das 1964 von Flerow und Mitarbeitern synthetisierte Element 104 trägt seinen Namen.

Ka

Literatur: Kurčatov, I. V.: Izbrannyje trudy w trëh tomah, Bd. 1 Segnetoèlektričestvo (Moskau 1982), Bd. 2 Nejtronnaâ fizika (1983), Bd. 3 Âdernaâ ènergiâ (1984), (mit I. S. Panasjuk): Stroitel'stvo i pusk pervogo v sovetskom sojuze uran-grafitovogo kotla s samorazvivaûŝejsâ cepnoj reakciej. Vestnik AN SSSR 5 (1983), 107–126.

Astasenkov, P. T.: Akademik I. V. Kurčatov (Moskau 1971); Badal'jan, R. G.: Pervye naučnye issledovaniâ I. V. Kurčatova, in: Istoriâ i metodologiâ estestvennyh nauk, 10 (1971), 164–170; Golowin, I. N.: I. W. Kurtschatow – Wegbereiter der sowjetischen Atomforschung (Leipzig, Jena, Berlin 1976); Hariton, Û. B.: A. F. Joffe i I. V. Kurčatov, in: Uspehi fizičeskih nauk, 139 (1983) 3, 385–397; Sivincev, Û. V.: I. V. Kurčatov i âdernaâ ènergetika (Moskau 1980); Igor Vasil'evič Kurčatov – Biografičeski očerk., in: Uspehi fizičeskih nauk 73 (1961) 4, 593–604.

●

Lacaille (La Caille), Nicolaus Louis de, Astronom, geb. 15. 5. 1713 Rumigny bei Reims, gest. 21. 3. 1762 Paris.

L. machte sich besonders um die Erforschung des südlichen Sternhimmels und bei der Bestimmung des franz. Gradnetzes verdient.

L. studierte zunächst Theologie, betrieb dabei aber auch mathematische und astronomische Studien. Schließlich gab er das ursprüngliche Studium auf und widmete sich völlig der Astronomie. Er wurde schon 1741 Mitgl. der Pariser Akademie, 1746 Prof. der Mathematik am Collège Mazarin in Paris.

Zu Beginn des 18. Jh. nahmen insbesondere an der Pariser Akademie und der Pariser Sternwarte die Gradmessungen zur Bestimmung der Gestalt der Erde durch P. L. M. Maupertuis und Mitglieder der Gelehrtenfamilie Cassini einen wichtigen Platz ein. Als junger Gehilfe war L. 1739/40 an den Messungen C. F. Cassini de Thurys zur südlichen und nördlichen Ausdehnung des Pariser Meridians beteiligt. Im Auftrage der Pariser Akademie und unterstützt von der franz. Regierung führte L. 1750–1754 eine astronomische Expeditionsreise zum Kap der Guten Hoffnung durch mit der Zielstellung, den bislang vernachlässigten Südhimmel gründlicher zu untersuchen. Diese Reise gehörte ohne Zweifel zu den erfolgreichsten wissenschaftlichen Expeditionen des Jh. Die sorgfältige Durchmusterung des südlichen Sternhimmels durch L. umfaßte insgesamt 9 766 Sterne bis zur 8. Größe, so daß der Südhimmel nun gründlicher und weitreichender untersucht war als der nördliche Sternhimmel. Bei der Reduktion der Beobachtungen entwickelte L. eine eigene Methode zur Berücksichtigung der atmosphärischen Refraktion. Als Nebenprodukt seiner Durchmusterung führte er auch mehrere neue südliche Sternbilder ein, von denen schließlich zwölf akzeptiert wurden, unter ihnen Fornax, Reticulum, Telescopium, Octans und Microscopium. Zur Bestimmung der Sonnenparallaxe aus Mars- und Venusbeobachtungen war geplant, gleichzeitig zu den Messungen am Kap durch L. in Berlin Messungen durch J. J. Lalande durchführen zu lassen. Während diese Messungen zur Sonnenparallaxe nicht so erfolgreich waren, erhielt L. für die Mondparallaxe den sehr genauen Wert von 57′ 05″. Darüber hinaus setzte L. auch am Kap seine Messungen zur Bestimmung der Länge eines Breitengrades fort, die unter anderem der Zielstellung dienten, die Abplattung der Erde zu bestimmen. Während einer neunmonatigen Exkursion fertigte er im Auftrage der Regierung Karten der Inseln Isle-de-France (Mauritius) und Bourbon an.

Fe

Literatur: Lacaille, N. L. de: Leçons élémentaires d'astronomie, géométrique et physique (Paris 1746, 5. Aufl. Paris 1780, Hrsg. Lalande), Astronomiae fundamenta (Paris 1757), Coelum australe stelliferum (Paris 1763, Hrsg. Maraldi), Journal historique du voyage fait au cap de Bonne-Espérance (Paris 1763, Hrsg. Carlier), Sur les réfractions astronomiques, in: Mem. Par. 1755, Sur la parallaxe du soleil etc., in: Mem. Par. 1759, Ephémérides des mouvements célestes pour le méridien de Paris depuis 1745 jusqu'en 1775 (Paris 1775).

N. L. de Lacaille

J. L. Lagrange

Lagrange, Joseph Louis, Mathematiker, Physiker und Astronom, geb. 25. 1. 1736 Turin, gest. 10. 4. 1813 Paris.

L. leistete grundlegende Beiträge zur Analysis, insbesondere zur Variationsrechnung und zur Theorie der Differentialgleichungen. Seine Arbeiten zur Mechanik und Himmelsmechanik waren wichtige Etappen auf dem Weg der Formierung der klassischen Physik. L. erzielte auch bedeutende Resultate in der Algebra, der Zahlentheorie und der Astronomie.

Der Vater von L., ein reicher Kriegsschatzmeister, hatte durch gewagte Spekulationen sein Vermögen verloren; deshalb konnte L. die ursprünglich für ihn vorgesehene kostspielige Offiziersausbildung nicht durchlaufen, sondern studierte an der Univ. Turin Mathematik und Naturwissenschaften. Er las die Schriften der Bernoullis und die von L. Euler. Bereits mit 16 Jahren wurde er Mathematiklehrer an der Artillerieschule in Turin und als Neunzehnjähriger an dieser Schule zum Prof. ernannt. 1766 berief ihn Friedrich II. als Nachfolger Eulers an die Berliner Ak. d. Wiss. L. wirkte dort 20 Jahre lang. Er lebte in Berlin ruhig und zurückgezogen, mied das Hofleben und widmete sich ausschließlich der wissenschaftlichen Arbeit. 1787 wurde er an die Pariser Ak. d. Wiss. berufen. Der Großen Franz. Revolution stand L. zunächst zurückhaltend gegenüber, später übernahm er Aufgaben in der von der Revolutionsregierung eingesetzten Kommission für Maße und Gewichte und in der Kommission für Erfindungen und deren Anwendung. 1795 wurde L. Prof. an der École Normale; von 1797 bis zu seinem Tode war er Prof. an der École Polytechnique. Obwohl L. zeit seines Lebens kränklich war und oft an Depressionen litt, hat er ein gewaltiges wissenschaftliches Werk hinterlassen. Seine gesammelten Abhandlungen füllen 14 voluminöse Quartbände.

L. begann seine wissenschaftliche Laufbahn mit Untersuchungen zur Variationsrechnung. Erste Variationsprobleme hatten I. Newton, G. W. Leibniz, Johann und Jacob Bernoulli mit speziellen Kunstgriffen gelöst. Euler betrachtete das allgemeine Variationsproblem

$$\int_a^b F(x, y, y')\,dx \Rightarrow \text{Extremum}$$

und leitete für die Extremale eine notwendige Bedingung her, die Eulersche Gleichung; sein Verfahren war sehr aufwendig, er benutzte als variierte Kurven Polygonzüge. L. lieferte mit der Einführung der ersten Variation ein sehr allgemeines, rein analytisches Verfahren zur Ableitung der Eulerschen Gleichung und löste damit isoperimetrische Probleme. Er teilte 1755 seine Resultate brieflich Euler mit, der sie begeistert aufnahm und L. zum korrespondierenden Mitgl. der Berliner Akademie vorschlug. Mit der Einführung der später nach ihm benannten Multiplikatoren gab L. ein allgemeines Verfahren zur Lösung von Extremalproblemen (Extremwerte von Funktionen, Variationsprobleme) mit Nebenbedingungen an. In der Theorie der linearen Differentialgleichungen geht die Methode der Variation der Konstanten für die Lösung des inhomogenen Problems auf L. zurück. Zur Konstruktion eines vollständigen Integrals einer partiellen Differentialgleichung erster Ordnung lieferte L. die Grundgedanken; P. Charpit hat sie wenig später zu einer allgemeinen Methode ausgebaut. Viele Jahre beschäftigte sich L. mit dem Problem, die Differentialrechnung ohne die sogenannten unendlich kleinen Größen zu begründen. Sein Hauptwerk zu dieser Thematik war die »Théorie des fonctions analytiques« (Theorie der analytischen Funktionen) von 1797. L. definierte die erste Ableitung einer Funktion $f(x)$ als den Koeffizienten beim linearen Glied der Taylorentwicklung für f. Die im 18. Jh. bestehenden Schwierigkeiten der Infinitesimalrechnung konnte er auf diese Weise allerdings nicht überwinden, da nicht jede differenzierbare Funktion analytisch ist. Dennoch hat sein Werk auf die Entwicklung der Funktionentheorie im 19. Jh. (durch A. L. Cauchy, K. Weierstrass) befruchtend gewirkt.

Eine bedeutende algebraische Arbeit von L. aus dem Jahre 1770 untersucht die Frage, warum die Methoden zur Lösung algebraischer Gleichungen der Grade 2 bis 4 in Radikalen für Gleichungen höherer Grade versagen. L. wurde hier auf die Betrachtung rationaler Funktionen der Wurzeln und ihres Verhaltens bei Permutationen der Wurzeln geführt. Er wurde mit dieser Arbeit zum unmittelbaren Vorläufer der fundamentalen Untersuchungen von E. Galois. Weitere algebraische Resultate von L. betreffen die Approximation der reellen Wurzeln einer Gleichung durch Kettenbrüche sowie die Lagrangeschen Interpolationsformeln. L. übersetzte Eulers »Vollständige Anleitung zur Algebra« ins Französische. Er verfaßte dazu eine Reihe von Anmerkungen, in denen er seine Ergebnisse zur Theorie der Diophantischen Gleichungen niederlegte. L. gelang es, das Problem der Ermittlung aller ganzzahligen Lösungen einer beliebigen Gleichung 2. Grades mit zwei Unbekannten zum Abschluß zu bringen. Er leistete damit wichtige Vorarbeiten für die systematische Theorie der quadratischen Formen bei C. F. Gauss. Auf L. geht auch der Satz zurück, daß jede ganze Zahl als Summe von vier Quadraten dargestellt werden kann.

L.s Hauptwerk war seine »Méchanique analitique« (Analytische Mechanik) von 1788. Darin stellte sich L. das Ziel, das gesamte System der klassischen Mechanik endlich vieler Freiheitsgrade in einen einheitlichen analytischen Formalismus zu kleiden. Er war stolz darauf, daß man bei seiner Behandlung der Mechanik auf die geometrische Darstellung, wie sie bei I. Newton vorgeherrscht hatte, ganz verzichten könne und daß »man keine einzige Figur in diesem Werke finden werde«. Mit seinem Prinzip der kleinsten Wirkung hatte P. L. M. Maupertuis die Mechanik teleologisch zu begründen gesucht, Euler gab diesem sehr verschwommen formulierten Prinzip die mathematische Gestalt eines Variationsprinzips. L. betrachtete ein System mit f Freiheitsgraden, welches durch die unabhängigen Koordinaten $q_1, \ldots q_f$ beschrieben wird. Die kinetische Energie T hängt dann von $q_1, \ldots q_f, \dot{q}_1, \ldots \dot{q}_f$ ab. Bezeichnet V das Potential der einwirkenden Kräfte, so bildet L. die nach ihm benannte Funktion $L = T - V$. Die allgemeinen Bewegungsgleichungen des Systems (allgemeine Lagrangesche Gleichungen) ergeben sich dann als EULERsche Gleichung des Variationsproblems

$$\int_{t_1}^{t_2} L(q_1, \dots q_f, \dot{q}_1, \dots \dot{q}_f)\,dt \Rightarrow \text{Extremum}$$

Mit seinem Formalismus behandelte L. eine Reihe konkreter Probleme der Mechanik, insbesondere auch der Himmelsmechanik. Die analytische Mechanik L.s war ein wesentlicher Ausgangspunkt für die Arbeiten von W. R. HAMILTON und C. G. J. JACOBI, die in der ersten Hälfte des 19. Jh. der klassischen Mechanik ihre endgültige Gestalt gaben. In der Gedächtnisrede, die P.-S. LAPLACE anläßlich der Beisetzung von L. im Pariser Pantheon hielt, würdigte er dessen Verdienste in der Mechanik mit den Worten: »Unter denjenigen, die am wirksamsten die Grenzen unserer Wissenschaft erweitert haben, besaßen NEWTON und LAGRANGE in höchstem Maße jene glückliche Kunst, die allgemeinen Prinzipien zu entdecken, welche das eigentliche Wesen der Wissenschaft ausmachen.«

L.s Beiträge zur Astronomie betreffen Bahnberechnungen von Mond und Jupiter, Untersuchungen zur Parallaxe der Sonne, Venusdurchgänge und Sonnen- und Mondfinsternisse. Die für Bahnbestimmungen von Planeten, Kometen und Monden wichtige astronomische Störungsrechnung verdankt L. vielfältige Resultate und Anregungen. Für seine Arbeit über die Schwankungen des Mondes erhielt L. 1764 den Preis der Pariser Akademie. Ein zweites Mal wurde ihm der Preis 1766 für seine Untersuchungen zur Bewegung der damals bekannten vier Jupitermonde zugesprochen. L. war ein Forscher, der neben der Lösung schwieriger Einzelprobleme stets die allgemeinen Prinzipien aufzudecken und ihre Zusammenhänge sichtbar zu machen suchte. Er gehört zu den bedeutendsten Gelehrten des ausgehenden 18. Jh. Bi

Literatur: Œuvres de Lagrange, 14 Bde. (Paris 1867–1892); Deutsche Ausgaben: Analytische Mechanik (Berlin 1887), Abhandlungen zur Variationsrechnung, in: Ostwalds Klassiker, Nr. 57 (Leipzig 1894), Zusätze zu Eulers Elementen der Algebra, in: Ostwalds Klassiker, Nr. 103 (Leipzig 1898).

Burzio, F.: J.-L. Lagrange (Turin 1942); Hamel, G.: J.-L. Lagrange, in: Naturwiss. 24 (1936); Herrmann, D. B.: Joseph-Louis Lagrange, in: Mathematik in der Schule 7 (1969); Lindenau, B. A. v.: Verzeichnis sämtlicher Schriften von Lagrange, in: Z. f. Astronomie und verwandte Wissenschaften 1 (1816); Sarton, G.: Lagrange's Personality (1736–1813), in: Proceedings of the American Philosophical Society 88 (1944).

Lalande (eigentlich le François, genannt de La Lande), Joseph Jérôme, Astronom, geb. 11. 7. 1732 Bourg-en-Bresse (Dep. Ain), gest. 4. 4. 1807 Paris.

L. war der Verfasser neuer Lehrb. der Astronomie und ihrer Geschichte sowie ein vielseitiger Beobachter astronomischer Erscheinungen.

L., Sohn eines Postdirektors und Tabakwarenhändlers, besuchte in jungen Jahren die Jesuitenschule in Lyon. Ursprünglich wollte er sogar dem Orden beitreten, um sich ungestört dem Studium der Astronomie widmen zu können. Sein Interesse dafür hatten der Komet von 1744 und eine Sonnenfinsternis geweckt. Doch dann studierte er in Paris Rechtswissenschaft, hörte jedoch gleichzeitig am Collège de France Astronomievorlesungen bei J.-N. DELISLE und solche über mathematische Physik bei P.-Ch. LEMONNIER. 1752/53 praktizierte L. als Rechtsanwalt in Bourg-en-Bresse, ging aber bald wieder nach Paris, um mit N. DE LACAILLE zusammenarbeiten zu können. Dort wurde er 1753 in die Franz. Ak. d. Wiss. aufgenommen und erhielt die Stelle eines Kgl. Astronomen. 1761 wurde er LEMONNIERS Nachfolger in der Professur der Astronomie am Collège de France, und von 1768 bis zu seinem Tode war er Dir. der Pariser Sternwarte.

1751 startete LACAILLE eine Expedition zum Kap der Guten Hoffnung zwecks genauerer Bestimmung der Mondparallaxe, um Durchmesser und Entfernung des Mondes besser als bisher berechnen zu können. Wichtig war dabei, korrespondierende Messungen an einem vom Beobachtungsort weit entfernten, etwa auf demselben Meridian liegenden Ort anzufertigen. Deshalb sollte LEMONNIER nach Berlin gehen, um dort die korrespondierenden Beobachtungen anzufertigen; er schickte aber den jungen L. an seiner Stelle. Dort verkehrte dieser mit L. EULER, P. L. M. MAUPERTUIS, J. B. D'ARGENS, J. O. DE LAMETTRIE, F.-M. VOLTAIRE und anderen bedeutenden Wissenschaftlern und wurde Mitgl. der Kgl. Preuß. Ak. d. Wiss. Außerdem studierte er bei EULER Analysis. Die von L. und LACAILLE durchgeführten Messungen der Mondparallaxe waren sehr genau und ermöglichten in Zusammenarbeit mit P. W. WARGENTIN in Stockholm außerdem noch die Bestimmung der Sonnenparallaxe. Als die von E. HALLEY angekündigte Wiederkehr des Kometen von 1682 zu erwarten war, entwickelte A. C. CLAIRAUT nach L.s Vorschlag die zur Bestimmung der Einwirkung der großen Planeten nötigen himmelsmechanischen Formeln. Beide führten dann über sechs Monate hinweg die dazu notwendigen Berechnungen aus, und CLAIRAUT teilte der Pariser Akademie am 17. 11. 1758 mit, daß der Halleysche Komet sich am 13. 4. 1759 (mit dem Fehler ± 1 Monat) im Perihel befinden werde. Der Komet wurde tatsächlich am 25. 12. 1758 von dem Bauernastronomen J. G. PALITZSCH aus Prohlis bei Dresden aufgefunden. Die Beobachtungen ergaben als Periheldurchgang in großer Übereinstimmung mit den Berechnungen von L. und CLAIRAUT den 12. März 1759.

Wie so viele andere Astronomen seiner Zeit befaßte sich auch L. mit den Venusdurchgängen von 1761 und 1769 zur Bestimmung der Sonnenparallaxe. Hierfür fertigte er für 1769 eine Karte an, die den Durchgang der Venus durch die Sonnenscheibe für alle Gegenden der Erde angab. Aufgrund dieser Karte konnte er die günstigsten Beobachtungsorte angeben. L. zeigte sich hier als hervorragender Wissenschaftsorganisator, dem es gelang, seine ganze Persönlichkeit für die Entsendung von Beobachtungsexpeditionen einzusetzen. Nach dem Durchgang von 1769, den unter anderen Pater M. HELL in Wardhus in Lappland beobachtet hatte, sprach L. den Verdacht aus, daß HELL seine Beobachtungen nachträglich korrigiert habe, mußte später jedoch zugeben, daß dessen Beobachtungen mit die besten waren. 1773 befaßte sich L. mit der Möglichkeit einer Kollision zwischen Erde und einem Kometen. Als Ergebnis fand er, daß die Wahrscheinlichkeit hierfür extrem gering ist. Jedoch entstand unter der Bevölkerung von Paris eine panische Angst wegen der von L. theoretisch begründeten Möglichkeit der Zerstörung der Erde bei einer solchen Kollision, wobei zusätzlich ein Gerücht, das den 12. 5. 1773 als Weltuntergangstag ankündigte, zur Panik beitrug.

L. war nicht nur ein hervorragender Beobachter und Wissenschaftsorganisator, sondern er trug durch viele Veröffentlichungen und Abhandlungen zur Vertiefung der astronomischen Kenntnisse und deren Verbreitung bei. Sein Hauptwerk ist »Traité d'astronomie«, das 1764 erstmals erschien. Seit 1760 gab L. den astronomischen Almanach »Connaissançe des temps« heraus, den er durch Hinzufügung von Tabellen über die Örter von Sonne, Mond und Sternen, die hauptsächlich der Navigation dienten, bereicherte. Seine 1803 herausgegebene astronomische Bibliographie mit einer Geschichte der Astronomie zwischen 1781 und 1802 bildet eine vielfach benutzte Quelle historischer und literarischer Daten. Ein als Frucht einer Reise nach Italien von 1765 bis 1766 in den gleichen Jahren erschienenes mehrbändiges Werk war zu seiner Zeit die beste Beschreibung Italiens für franz. Reisende.

Der unter L.s Namen erschienene große Sternkatalog gründete sich auf die 1789–1800 ausgeführten Beobachtungen von Michel Jan Jérome de L. und J. K. Burckhardt und enthält 47 390 Sterne. Michel de L. war der Großneffe des Vaters von L. und Dir. der Sternwarte der École militaire zu Paris. Zusammen mit seiner Frau Marie de L. unterstützte er vielfältig L. bei seinen Beobachtungen und Rechnungen. Jck

Literatur: Lalande, J. J.: Traité d'astronomie, 2 Bde. (Paris 1764), 2. Aufl. 4 Bde. (Paris 1777–1781), 3. Aufl. 3 Bde. (Paris 1792), dtsch (gekürzt) Astronomisches Handb. oder die Sternkunst in einen kurzen Lehrbegriff verfasset (Leipzig 1775), Voyage d'un Français en Italie, 8 Bde. mit Atlas (Paris 1765/66), 2. Aufl. 9 Bde. mit Atlas (Paris 1786), Histoire céleste française (Paris 1801), Bibliographie astronomique, avec l'histoire de l'astronomie depuis 1781 jusqu'en 1802 (Paris 1803).

J. J. de Lalande

Lamarck

Lamarck, Jean Baptiste Pierre Antoine de Monet, Chevalier de, Zoologe und Botaniker, geb. 1. 8. 1744 Bazentin-le-Petit bei Albert (Picardie), gest. 18. 12. 1829 Paris.

Obwohl L. auch als Botaniker anerkannte Leistungen vollbrachte, erlangte er seine Hauptbedeutung auf zoologischem Gebiet, einmal durch Erforschung und Klassifizierung der wirbellosen Tiere, zum anderen durch eine erstmals abgerundete Entwicklungstheorie.

L.s Bildungsgang verlief nicht geradlinig. Als jüngster Sohn eines verarmten Zweiges des Adelsgeschlechts der Barone de Saint-Martin zum Geistlichen bestimmt, mußte er in Amiens eine Jesuitenschule besuchen, bis es ihm (nach dem Tod seines Vaters 1759) gelang, 1761 das Kloster zu verlassen und – wie seine älteren Brüder – die Offizierslaufbahn einzuschlagen. Nachdem er sich einem bei Lippstadt (Westfalen) im Krieg stehenden franz. Heeresteil angeschlossen und sich in der Schlacht von Vellinghausen ausgezeichnet hatte, wurde er zum Offizier befördert. Nach Ende des Siebenjährigen Krieges (1763) widmete sich L. während des Garnisondienstes in der Provence zunächst der Musik, dann – mit Hilfe eines Apothekers – der Botanik, indem er Pflanzen sammelte und sich ein Herbarium anlegte. Eine Drüsenerkrankung am Hals zwang ihn 1768, die Offizierslaufbahn aufzugeben und sich einer Operation in Paris zu unterziehen. Nach der Heilung verdiente er seinen Lebensunterhalt in einem Bankgeschäft, bis ihm durch Verkauf des väterlichen Gutes ab 1770 ein Medizinstudium in Paris möglich wurde, das er nach vier Jahren ohne Examen beendete. L. betrieb naturhistorische Studien bei G. Buffon und B. de Jussieu und widmete sich ab 1774 ausschließlich der Botanik. In dieser Zeit entstand eine dreibändige Flora von Frankreich, die 1778 mit Hilfe von Buffon gedruckt wurde. Sie brachte L. wissenschaftliche Anerkennung, so daß er bereits 1779 in die botanische Sektion der Pariser Ak. d. Wiss. aufgenommen und Assistent am Kgl. Botanischen Garten wurde. 1781/82 ermöglichte ihm Buffon als Begleiter seines Sohnes eine Bildungsreise durch die Niederlande, Deutschland und Ungarn, wo er Beziehungen zu führenden Botanikern anknüpfte, und nach der Rückkehr ab 1782 die Mitarbeit an der großen »Encyclopédie méthodique«, für die er die ersten Bände des botanischen Teiles (1783–1789) bearbeitete. Ab 1786 bekleidete L. die Stellung eines Kustos am Kgl. Herbarium. Nach der Franz. Revolution entwickelte er während der Schließung des Kgl. Gartens zusammen mit L. Daubenton Pläne für die Reorganisation des Kgl. Gartens und Kabinetts, auf der Grundlage seiner Denkschriften wurde 1793 das Naturhistorische Nationalmuseum (Muséum d'histoire naturelle) mit neun staatlich besoldeten Professuren für Naturgeschichte durch den Nationalkonvent begründet. L. erhielt eine der zwei Professuren für Zoologie (neben É. Geoffroy Saint-Hilaire), da die Botanik durch Antoine Laurent de Jussieu und A. Thouin ausreichend vertreten war. Ihm oblag die Behandlung der zwei letzten Klassen von C. v. Linnés Tiersystem (»Insekten und Würmer«), die damals noch unzulänglich klassifiziert waren; er prägte für alle in diesen Klassen zusammengefaßten Tierformen den noch heute gebräuchlichen Begriff »wirbellose Tiere«, den er – nach der dichotomischen Bestimmungsmethode – dem Begriff »Wirbeltiere« gegenüberstellte, unter dem er die ersten vier Linnéschen Klassen zusammengefaßt hatte. Schon 1794 hielt L. die ersten Vorlesungen auf der Grundlage seines eigenen neuen Ordnungssystems der Wirbellosen, die er zunächst in fünf Klassen aufgeteilt hatte. Ihrer Untersuchung widmete er sich in den folgenden Jahrzehnten mit großer Energie und kam durch Anwendung der vergleichend-anatomischen und der dichotomischen Methode, die er bereits bei seinen botanischen Studien eingeführt hatte, ab 1807 zu zehn Organismengruppen von Klassenrang. Mit der siebenbändigen »Naturgeschichte der wirbellosen Tiere« (1815–1822) schuf L. erstmals in der Geschichte der Zoologie ein der Vielfalt dieser Tiere (die 90 % der gesamten Tierwelt umfassen) angemessenes System. Darüber hinaus plante er ein Monumentalwerk über die »Physik der Erde«, in dem er in drei Teilen die allgemeinen Naturgesetze darstellen wollte. Aus diesem Plan resultieren vielseitige chemische, physikalische, geologische und meteorologische Studien, die er teilweise veröffentlichte und die seine Konzeption einer Evolutionstheorie mit beeinflußten, wie die Beobachtungen über die Einwirkung des Wassers auf die Umgestaltung der Erdoberfläche (»Hydrogéologie« 1802). Bereits ab 1800 vertrat L. in seinen Vorlesungen den Entwicklungsgedanken, den er 1809 in der »Philosophie zoologique« (dem ursprünglich 3. Teil des geplanten Monumentalwerkes) ausführlich darlegte. Während die taxonomischen Arbeiten unter zeitgenössischen Zoologen allgemein gewürdigt wurden, blieb seiner Entwicklungstheorie die Anerkennung versagt, was nicht allein der Gegnerschaft von G. Cuvier, sondern auch dem Festhalten an überholten wissenschaftlichen Ansichten (s. u.) zuzuschreiben ist.

Als Schüler und Anhänger von B. de Jussieu und Buffon erlebte L. die Auseinandersetzungen um künstliche und natürliche Pflanzensysteme und Buffons Gegnerschaft zu Linné mit. Wie Buffon betrachtete auch L. jede Klassifikation als »künstlich« und nur die Individuen als real in der Natur vorhanden. Demzufolge strebte er eine Ordnung im Sinne der »Scala naturae« auch in seinen Systemen an, was sich in der Reihenfolge der Gruppen und innerhalb derselben der Arten widerspiegelt. Die »Stufenleiter« war dabei nicht statisch als Ausdruck einer konstanten Weltordnung gedacht, sondern im Sinne einiger Vertreter der franz. Aufklärung dynamisch; sie wurde bei L. um 1800 zum Ausdruck der Abstammung, was er dann 1809 in einem stammbaumartigen Schema darstellte. Danach vertrat er die Auffassung, daß sich das Tierreich in zwei getrennten Zweigen entwickelte, deren erste Tierarten durch »direkte oder spontane Zeugung« (Generatio spontanea) aus unbelebten Substanzen entstanden sind. Der eine Zweig beginnt mit den »Infusorien«, an die sich »Polypen« und »Radiaten« (Medusen und Echinodermen) anschließen, der zweite mit den Würmern, von denen sich einerseits Insekten, Spinnen- und Krebstiere, andererseits Anneliden, Zirripedien und Mollusken ableiten, die sich zu den Fischen und Reptilien, dann zu den Vögeln und Säugetieren fortsetzen. An die hierin irrige Eingliederung der Zirripedien (Rankenfußkrebse) als Übergangsform zwischen Anneliden (Ringelwürmer) und Mollusken (Weichtiere) knüpfte später CH. DARWIN seine Zirripedienstudien an. Während der Arbeit am System der Wirbellosen, in das L. die fossilen Formen einbezog, hatte sich seine Überzeugung von der unendlichen Variabilität der Arten und der stammesgeschichtlichen Kontinuität der Formen gefestigt. Vor allem die Formenvielfalt der Konchylien, die er in der Pariser Sammlung vorfand, überzeugte ihn von dem steten Wandel der Arten in der Erdgeschichte. So lehnte er die Existenz »ausgestorbener« Tiere ab und vertrat schon 1800 die Auffassung, daß die heute lebenden Arten durch kontinuierliche Generationsfolge mit den fossilen Vorfahren verbunden sind und im Laufe langer Zeiträume durch Wechsel der Lebensbedingungen und Bedürfnisse verändert wurden. In seiner zweibändigen »Philosophie zoologique« legte L. 1809 seine Theorie über Faktoren und Gesetze des Wandels und der Höherentwicklung der Organismen dar. Danach habe die Natur die verschiedenen Organismen nacheinander in der Weise hervorgebracht, daß sie vom Einfachen zum Komplizierteren überging. Kraft eines »Vervollkommnungstriebes« verliefe diese Entwicklung geradlinig, wenn die Umweltbedingungen konstant blieben (Gegensatz zu DARWINS Selektionstheorie!); deren Wandel erwecke neue Bedürfnisse, die durch ein »Nervenfluidum« neue Organe erzeugen oder vorhandene abwandeln können, indem durch »Gebrauch« oder »Nichtgebrauch« eine Vergrößerung oder Rückbildung bewirkt werde. Diese Veränderungen seien erblich.

Nur dieser letzte Aspekt von L.s Theorie wurde nach dem Durchbruch der Abstammungslehre durch DARWIN seit dem Ende des 19. Jh. als »Lamarckismus« wieder aufgegriffen und weit verbreitet. L. selbst erreichte zu seiner Zeit nicht die erhoffte Anerkennung, zum einen, weil seine Theorie der allgemeinen Auffassung von der Artkonstanz widersprach, zum anderen, weil sie mit seiner veralteten chemischen Ansicht verknüpft war, die er hartnäckig gegen A. L. LAVOISIERS Reformen verteidigte. So legte L. noch die Vier-Elementenlehre und die Phlogistontheorie von G. E. STAHL auch seinen physiologischen Vorstellungen zugrunde, wenngleich er bestrebt war, die Lebensprozesse – rein spekulativ – auf mechanische, physikalische und chemische Gesetze zurückzuführen. Im Zusammenhang mit dem Plan seiner »Physik der Erde« prägte L. 1802 den Begriff »Biologie« für die Lehre von den Lebewesen, fast gleichzeitig mit G. R. TREVIRANUS und K. F. BURDACH. Seine philosophischen Bekenntnisse zu humanistischer Gesinnung diktierte er (1819 war er erblindet) 1820 in seiner Schrift über das analytische System der positiven Kenntnisse des Menschen.

L. war Mitgl. zahlreicher in- und ausländischer Akademien und Gesellschaften und wurde für seine Verdienste zum Ritter der Ehrenlegion ernannt. Ja

Literatur: Lamarck, J. B. de: Flore françoise (Paris 1778), Recherches sur les causes des principaux faits physiques, 2 Bde. (Paris 1794), Refutations de la théorie pneumatique (Paris 1796), Recherches sur l'organisation des corps vivantes (Paris 1802), Hydrogéologie (Paris 1802), Philosophie zoologique, 2 Bde. (Paris 1809), dtsch Zoologische Philosophie (Hrsg. A. Lang, Leipzig 1876), Zoologische Philosophie. T. 1 (Hrsg. D. Schilling), in: Ostwalds Klassiker ... 277 (Leipzig 1989), Histoire naturelle des animaux sans vertèbres (Paris 1815–1822).

Daudin, H.: Cuvier et Lamarck. Les classes zoologique et l'idée de série animals (Paris 1926); Kühner, G. F.: Lamarck, die Lehre vom Leben (Jena 1913); Landrieu, M.: Lamarck, le fondateur du transformisme, in: Mém. Soc. Zool. de France, 21 (1909); Tschulok, S.: Lamarck (Zürich u. Leipzig o. J. [1937]); Uschmann, G.: Jean Baptiste de Lamarck, in: Urania 22 (1959), 454–458, Zur Geschichte der Stammbaum-Darstellungen, in: Gersch, M. (Hrsg.): Gesammelte Vorträge über moderne Probleme der Abstammungslehre, Bd. 2 (Jena 1967), 9–30.

Lambert, Johann Heinrich, Mathematiker, Naturwissenschaftler, Logiker und Philosoph, geb. 26.(?) 8. 1728 Mülhausen (Mulhouse, Elsaß), gest. 25. 9. 1777 Berlin.

L. zählt zu den typischen Universalgelehrten des 18. Jh. Er bemühte sich mit unterschiedlichem Erfolg um die Erschließung zahlreicher neuer Anwendungen von Mathematik und Logik, den Einsatz exakter quantitativer Methoden in Naturwissenschaft (Astronomie, Photometrie, Meteorologie), Technik (Geodäsie, Kartographie, Instrumentenbau) und Kunst (mathematische Perspektive).

L. wuchs als Sohn eines Schneiders in dürftigen Verhältnissen in einer betont sittenstrengen und religiösen Umgebung auf und erwarb, während er als Schneiderlehrling, Buchhalter, Sekretär eines Baseler Juristen und ab 1748 als Hauslehrer in der Familie des einflußreichen Grafen P. v. SALIS in Chur arbeitete, völlig autodidaktisch eine umfangreiche Bildung. 1756–1764 führte er, anfangs als Begleiter seiner Zöglinge, ein unstetes Reiseleben, das ihn durch die Niederlande, durch Frankreich und Italien, nach Göttingen, Augsburg, München und Leipzig führte. In dieser Zeit erlangte er durch zahlreiche wissenschaftliche Veröffentlichungen, persönliche Kontakte und die Mitgliedschaft in gelehrten Gesellschaften solchen Ruhm, daß er Anfang 1764 in der Hoffnung nach Berlin reiste, in die dortige Akademie aufgenommen zu werden, der er dann ab Januar 1765 bis zu seinem Tode angehörte. Gleichzeitig nahm er ab 1770 als Oberbaurat eine hohe Staatsstellung ein. Er starb unverheiratet.

L.s bedeutendste mathematische Leistungen sind die Entwicklung der Funktionen tan und tanh (Hyperbeltangens) in Kettenbrüche und der darauf gegründete Beweis der Irrationalität von π (1767) sowie seine Studie zum Parallelenproblem (1766, postum 1786 veröffentlicht), in der er die Folgerungen aus der Negation des Parallelenaxioms, besonders die nichteuklidische Trigonometrie, weit entwickelt und aus ihrer Analogie zur sphärischen Trigonometrie auf die mögliche Widerspruchsfreiheit der nichteuklidischen Geometrie geschlossen hat. Wichtig waren ferner die Charakterisierung der winkeltreuen kartographischen Abbildungen durch Differentialgleichungen (an die J. L. LAGRANGE anknüpfte) und die Durcharbeitung der mathematischen Perspektive im Zusammenhang mit Konstruktionen mit dem Lineal allein, mit der er zum Vorläufer der projektiven Geometrie wurde. L. beschäftigte sich auch mit praktischen Fragen der Trigonometrie und der Abschätzung und Ausgleichung von Fehlern. In der Logik entwickelte L. die (heute in dieser Allgemeinheit als undurchführbar erkannten) Zielvorstellungen von G. W. LEIBNIZ über universelle formalisierte Sprachen und die kalkülmäßige Entscheidung der Wahrheit formalisierter Aussagen weiter. In der Kartographie sind die nach ihm benannten speziellen Netzentwürfe, in der Positionsastrometrie von ihm entwickelte mathematische Hilfsmittel bis heute in Gebrauch. Seine kosmologischen Spekulationen finden heute zunehmend wieder Interesse. Die Mehrzahl der Arbeiten von L. kommt mit elementaren mathematischen Hilfsmitteln aus. Die zu seiner Zeit in der Mathematik dominierenden Methoden der Analysis beherrschte er nur unvollkommen. Insgesamt steht er der modernen Mathematik wieder näher als der nach innerer Vollendung strebenden Mathematik des 19. Jh.

Von Zeitgenossen wurde L. übereinstimmend als auffallend originelle Persönlichkeit geschildert, die vor allem in Berlin durch Arbeitseifer, Religiosität, Kleidung und Benehmen viel Aufsehen erregte. Er nutzte seine Stellung zur uneigennützigen Förderung von Talenten, die gleich ihm von einfacher Herkunft waren und bewies in Briefen erstaunliche Einsichten in politische Zusammenhänge. Schb

Literatur: Lambert, J. H.: Opera mathematica, 2 Bde. (Hrsg. A. Speiser, Zürich 1946–1948), Schriften zur Perspektive (Hrsg. M. Steck, Berlin 1943; enthält Biographie und umfangreiche Bibliographie), Photometrie (Augsburg 1760, dtsch Hrsg. E. Anding, Leipzig 1892), Cosmologische Briefe (Augsburg 1761, neu Hrsg. G. Jackisch, Berlin 1979), Beyträge zum Gebrauche der Mathematik und deren Anwendung (Berlin, Bd. I 1765, Bd. II 1770, Bd. III 1772, darin Anmerkungen und Zusätze zur Entwerfung der Land- und Himmelscharten, neu Hrsg. A. Wangerin, Leipzig 1894), Abhandlungen zur Bahnbestimmung der Kometen, Hrsg. J. Bauschinger (Leipzig 1902), Theorie der Parallellinien, in: F. Engel, P. Stäckel: Die Theorie der Parallellinien von Euklid bis auf Gauss (Leipzig 1895), Neues Organon (Leipzig 1764), Anlage zur Architectonic oder Theorie des Einfachen und des Ersten in der philosophischen und mathematischen Erkenntniß (Riga 1771), Pyrometrie (Berlin 1779).

Lampadius, Wilhelm August Eberhard, technischer Chemiker, geb. 8. 8. 1772 Hehlen (Braunschweig), gest. 13. 4. 1842 Freiberg (Sachsen).

L. war ein verdienstvoller Hüttenchemiker. Als einer der ersten deutschen Hochschullehrer führte er an der Bergakademie Freiberg die durchgängige praktisch-experimentelle Chemieausbildung ein.

L. wuchs als Halbwaise bei seinem Onkel, einem Pfarrer, auf. Nach einer Apothekerlehre und dem Studium der Naturwissenschaften an der Univ. Göttingen (1790–1792), wo G. Ch. Lichtenberg und J. F. Gmelin seine akademischen Lehrer waren, diente er anschließend bis 1794 dem Grafen von Sternberg in Böhmen als Privatsekretär und Hüttenchemiker. 1794 wurde L. als Chemiker vom Freiberger Oberbergamt eingestellt (Nachfolger von Ch. E. Gellert), mit Lehrverpflichtung an der Bergakademie, ab 1796 als o. Prof. und Assessor am Oberhüttenamt Freiberg. Diesen Wirkungsstätten hielt er bis zum Ende seines Lebens die Treue und lehnte ehrenvolle Berufungen nach außerhalb ab.

L. war ein Pionier der Gasbeleuchtung in Deutschland; seine 1816 in der Halsbrücker Hütte eingerichtete Gasanstalt war die erste auf dem europ. Kontinent. Im Ergebnis langjähriger Düngeversuche erkannte er frühzeitig die Bedeutung der Kalk-, Kali- und Phosphordüngung; als Agrikulturchemiker ist er, von J. v. Liebigs Ruhm überschattet, zu Unrecht in Vergessenheit geraten. Er erwarb sich auch (noch vor F. K. Achard) Verdienste um die Rübenzuckerfabrikation. Die Vorlesungen, die L. an der Bergakademie in allgemeiner und technischer Chemie sowie in Hüttenkunde hielt, zeichneten sich durch Praxisorientierung und eine Vielzahl von Experimenten aus. Nach Bezug des 1797 neuerbauten Unterrichtslaboratoriums führte er – 30 Jahre vor Liebig – die durchgängige praktisch-analytische Ausbildung der Studenten ein, allerdings ohne ihre selbständige Forschungsarbeit anzustreben und ohne wie Liebig eine wissenschaftliche Schule zu bilden. Sein umfangreiches literarisches Schaffen (290 Veröffentlichungen) umfaßte Lehrb., Fachaufsätze und populärwissenschaftliche Schriften, darunter die »Chemischen Briefe für Frauenzimmer«. Zeitgenössische Kritiker warfen ihm darin vielfach Oberflächlichkeit und Mangel an wertvoller Substanz vor.

J. H. Lambert

W. A. E. Lampadius

L. hatte ausgeprägte musische Interessen; er gründete einen ästhetisch-populärwissenschaftlichen Verein. Politisch war er liberal eingestellt, seiner philosophischen Überzeugung nach Kantianer. Zu seinen Besuchern in Freiberg gehörten J. W. v. Goethe, J. J. Berzelius und A. v. Humboldt. Ge

Literatur: Lampadius, W. A. E.: Erfahrungen über den Runkelrübenzucker (Freiberg 1800), Handb. der allgemeinen Hüttenkunde, 5 Tle (Göttingen 1801–1810, 2. Aufl. 1817/18, 2 Suppl.-Bde. Göttingen 1818 u. 1826), Die neuen Fortschritte im Gebiete der gesammten Hüttenkunde ... (Freiberg 1839; alle vorstehenden Titel zur Hüttenkunde franz. Paris 1840), Grundriß der technischen Chemie (Freiberg 1815), Experimente über die technische Chemie (Göttingen 1815), Grundriß der Elektrochemie (Freiberg 1817), Grundriß des Systems der Chemie, oder classische Aufstellung der einfachen und gemischten Körper (Freiberg 1822), Die Lehre von den mineralischen Düngemitteln ... (Leipzig 1833).

Richter, J.: Lampadius und Freiberg. Freibergs Hüttenwesen im Zeitalter der industriellen Revolution (1800–1870), in: Veröff. Wiss. Inf.-Zentrum Bergakad. Freiberg Nr. 54 (Freiberg 1975); Seifert, A.: Wilhelm August Lampadius. Ein Vorgänger Liebigs (Berlin 1933).

Landau, Lew Dawidowitsch, theoretischer Physiker, geb. 9. (22.) 1. 1908 Baku, gest. 1. 4. 1968 Moskau.

L. lieferte auf nahezu allen relevanten Gebieten der modernen Physik grundlegende Beiträge und galt als einer der wenigen Physiker, die die Physik in ihrer Einheit und Universalität beherrschten.

L., Sohn eines Erdölingenieurs und einer Ärztin, beendete mit 13 Jahren die Schule und bezog nach einem Jahr ökonomischer Ausbildung 1922 die Univ. Baku, wo er gleichzeitig an der physikalisch-mathematischen und der chemischen Fakultät studierte. 1924 wechselte er zur physikalischen Abteilung der Leningrader Univ. Noch als Student wurde er 1926 außerplanmäßiger, 1927 planmäßiger Aspirant an dem von A. F. Ioffe geleiteten Leningrader Physikalisch-technischen Institut und nahm am V. russ. Physikerkongreß in Moskau teil. 1926 legte L. seine erste wissenschaftliche Arbeit »Zur Theorie der Spektren zweiatomiger Moleküle« vor, 1927 folgte bereits eine grundlegende Arbeit zur Quantenmechanik, in der L. die Dichtematrix einführte. 1929 bekam L. ein Stipendium für einen 1½jährigen Auslandsaufenthalt. Er besuchte Deutschland, die Schweiz, Holland, England und Dänemark, arbeitete bei M. Born, P. Ehrenfest, W. Heisenberg und W. Pauli. Besonders anregend war die Arbeit bei N. Bohr, den er als seinen eigentlichen Lehrer betrachtete. Mit R. E. Peierls veröffentlichte er in dieser Zeit zwei Arbeiten zur Quantenmechanik. Im März 1931 kehrte L. nach Leningrad zurück und übernahm 1932 die Leitung der theoretischen Abteilung des neugegründeten ukrain. physikalisch-technischen Instituts in Charkow. Parallel dazu hatte er ab 1933 den Lehrstuhl für theoretische Physik am Charkower Institut für Mechanik und Maschinenbau inne. 1934 wurde ihm ohne Dissertationsschrift oder Verteidigung der Doktortitel zuerkannt; 1935 wurde L. Prof. für Allgemeine Physik an der Univ. Charkow. Anfang 1937 holte ihn P. L. KAPIZA an sein neugegründetes Akademieinstitut für physikalische Probleme in Moskau; L. übernahm die Leitung der Abteilung für theoretische Physik und wirkte hier bis an sein Lebensende. (Im April 1938 war L. unter falschen Anschuldigungen verhaftet worden; dank KAPIZAS persönlichem Einsatz wurde L. 1939 aus der Haft entlassen.)

In Moskau gründete L. eine wissenschaftliche Schule, aus der viele bedeutende sowjet. Physiker hervorgingen. Nach seiner eigenen Statistik waren es im engeren Sinne 43, nämlich die, die das »theoretische Minimum« bestanden hatten, ein inoffizielles Examen mit höchsten Anforderungen aus dem Gesamtgebiet der Physik. L. ging davon aus, daß, wer dieses theoretische Minimum beherrschte, in der Lage war, über jedes physikalische Problem tiefschürfend zu arbeiten. In L.s wöchentlichen Seminaren herrschte eine offene und kritische Atmosphäre, wobei L. kompromißlos bis zum äußersten war, wenn es um wissenschaftliche Fragen ging.

»Im Hinblick auf unser kurzes Leben können wir uns nicht den Luxus leisten, uns mit Fragen zu beschäftigen, die keine neuen Resultate versprechen«, schrieb L. 1960. Diese Forderung widerspiegeln auch seine 115 Veröffentlichungen, die das ganze Gebiet der theoretischen Physik berühren. Folglich kann hier nur ein summarischer Überblick gegeben werden. Auf Arbeiten zu allgemeinen Fragen der Quantenmechanik wurde bereits hingewiesen; 1954/55 gab es mehrere Veröffentlichungen zu den Grundlagen der Quantenelektrodynamik. Arbeiten zur Kern- und Elementarteilchenphysik entstanden zu verschiedenen Zeiten. Hervorzuheben ist die Arbeit zur Kaskadentheorie der Elektronenschauer in kosmischen Strahlen (1938) gemeinsam mit J. B. RUMER. Grundlegenden Charakter tragen die Arbeiten L.s zum Diamagnetismus (1930, 1939), Antiferromagnetismus (1936), letztere gemeinsam mit E. M. LIFSCHIZ. Zur Polaronentheorie der Leitfähigkeit von Ionenkristallen erschienen 1933 und 1948 Veröffentlichungen, zur Plasmaphysik 1937 und 1946.

Besonders hervorzuheben sind L.s Forschungen zur Theorie der Phasenübergänge zweiter Art (1937). Darauf baute 1950 seine phänomenologische Theorie der Supraleitung auf (gemeinsam mit W. L. GINSBURG). Die Zwischenzustände bei der Supraleitung hatte er 1937/38 in einer Modellvorstellung erörtert. Bereits in der ersten klassischen Arbeit zur Theorie der Supraflüssigkeiten (1941) behandelte er diese 1937 von KAPIZA entdeckte Erscheinung des Helium II in allen wesentlichen Aspekten aus mikro- und makroskopischer Sicht.

L. hatte den Plan, Bücher in verschiedenen Schwierigkeitsgraden zu schreiben, angefangen von Schulbüchern bis zum Speziallehrbuch. So entstanden im Laufe der Jahre gemeinsam mit LIFSCHIZ das mehrbändige »Lehrb. der theoretischen Physik« (russ. ab 1938), ein »Lehrgang der allgemeinen Physik« und »Physik für alle«. Daß L. die Bücher und die meisten Artikel mit Koautoren verfaßte, ist vor allem der Tatsache zuzuschreiben, daß der brillante Diskussionspartner sich enorm gehemmt fühlte, wenn er etwas schriftlich formulieren sollte.

L. war Mitgl. der Ak. d. Wiss. der UdSSR (1946), der Akademien Dänemarks (1951), der Niederlande (1956), der USA (1960) sowie der Royal Society London (1960). Den Nobelpreis für Physik erhielt L. 1962 insbesondere für seine Arbeiten zur Theorie der Supraflüssigkeit. Dreimal erhielt er den Staatspreis der UdSSR (1946, 1949, 1953), außerdem den Leninpreis (1962). 1960 bekam er den Fritz-London-Preis (USA) und die Max-Planck-Medaille (BRD).

Am 7. 1. 1962 wurde L. infolge eines tragischen Autounfalls derart verletzt, daß er ein Vierteljahr ohne Bewußtsein blieb. Eine beispiellose Rettungsaktion von Medizinern und Physikern erhielt L. am Leben, jedoch erlangte er tragischerweise bis zu seinem Tod nicht mehr seine frühere Leistungsfähigkeit. Ka

Literatur: Landau, L. D.: Sobranie trudov (Sammlung von Arbeiten), 2 Bde. (Hrsg. E. M. Lifšic (Moskau 1969); engl. (analoge Sammlung, Hrsg. Dirk ter Haar, Oxford 1965–1969), (mit E. M. Lifšic): Lehrb. der theoretischen Physik, 10 Bde. (dtsch Berlin ab 1965, russ. ab 1938), (mit Û. B. Rumer): Was ist Relativitätstheorie? (Leipzig 1981, russ. Moskau 1959).

Lifšic, E. M.: Lev Davidovič Landau, in: Sobranie trudov, Bd. 2 (1969), 427–447 (dtsch in Bd. 1 »Mechanik« des Lehrb. der theoretischen Physik, ab 9. Aufl. 1976); Liwanowa, A.: Lew Landau (Leipzig 1982); Bessarab, M.: Landau (Moskau 1978); Kapitza, P. L., u. E. M. Lifshitz: Lev Davydovitch Landau, in: Biographical Memoirs of Fellows of the Royal Society (London), 15 (1969), 140–158.

Landsteiner, Karl, Mediziner und Biologe, geb. 14. 6. 1868 Wien, gest. 26. 6. 1943 New York.

L. war einer der Begründer der Immunologie (»Vater der Immunologie«), lieferte aber auch in der Bakteriologie wichtige Ergebnisse.

L., Sohn des Journalisten und Zeitungsherausgebers LEOPOLD L., besuchte das Gymnasium in Wien und begann 1885 Medizin, daneben aber auch Chemie an der Univ. Wien zu studieren. 1891 promovierte er zum Dr. med., arbeitete 1892–1894 als Chemiker bei E. FISCHER in Würzburg, bei E. v. BAMBERGER in München und bei A. HANTZSCH in Zürich. 1896 ging L. als 2. Assistent zu M. v. GRUBER an das Hygienische Institut in Wien. 1897–1908 arbeitete L. am Wiener Pathologisch-Anatomischen Institut bei A. WEICHSELBAUM. 1903 habilitierte er sich für pathologische Anatomie. 1908–1920 war L. Prosektor am Wilhelminenspital. Da er in Wien keine ihm zusagenden Arbeitsbedingungen erhalten konnte, ging er als Prosektor an das Ziehenhuis-Spital in Den Haag. 1922 folgte er einem Angebot an das Rockefeller-Institut für medizinische Forschung in New York.

L. wird als bescheidene, selbstkritische Persönlichkeit geschildert, der sich in zunehmendem Maße auf die Wissenschaft zurückzog.

L.s Interesse für Serologie und Immunologie, wo er besonders wichtige Beiträge lieferte, wurde während der Assistentenzeit bei GRUBER geweckt. Im Jahre 1900 fand L., daß die beim Mischen von Blut zweier Menschen in zahlreichen – aber nicht allen – Fällen auftretende Zusammenballung (Agglutination) der roten Blutkörperchen nicht regellos und – wie bisher angenommen – bevorzugt bei Kranken oder als Krankheitsfolge auftritt, sondern ein physiologisches Phänomen ist, das auf charakteristischen individuellen Differenzen des Blutes der verschiedenen Menschen beruht. Die erste Mitteilung darüber gab L. in der Fußnote zu einer Veröffentlichung bekannt. In der 1901 veröffentlichten Arbeit »Über Agglutinationserscheinungen normalen menschlichen Blutes« unterschied L. 3 Blutgruppen A, B und C (später 0); seine Mitarbeiter A. v. DESASTELLO und A. STURLI fanden noch die Blutgruppe AB. L. entwikkelte die Technik der Blutgruppenbestimmung und erklärte die Agglutination durch Antikörper im Serum, die gegen rote Blutzellen einer anderen Blutgruppe wirken. Andere

Forscher, wie der Tscheche J. Jansky, machten ähnliche Feststellungen, konnten aber die Blutgruppenlehre nicht zum wissenschaftlichen Allgemeingut machen. Die Erforschung der Blutfaktoren bildete eine wichtige Voraussetzung für die gefahrlose Bluttransfusion beim Menschen, deren weite Anwendung sich allerdings erst im ersten Weltkrieg durchsetzte. Entscheidend war noch, daß R. Lewisohn 1914 durch Citrat-Zusatz die Koagulation des Blutes verhindern und Blut für gewisse Zeit konservieren konnte. Die Erblichkeit der Blutgruppen und damit ihre Zurückführung auf Erbfaktoren (Gene) wurde nach 1924 durch E. v. Dungern, F. Bernstein, L. Hirszfeld zu klären versucht.

Im Verlauf ihrer Untersuchungen fanden L. und seine Mitarbeiter noch andere Blutfaktoren und Untergruppen der Blutgruppen. Hierzu gehörten die irregulären Agglutinine α_1 und α_2 und die Faktoren M, N und P. Damit erweiterte L. den Anwendungsbereich erheblich. Menschenblut, auch Blutflecke, individuell ebenso verschieden wie Fingerabdrücke, konnte für forensische Zwecke genutzt werden.

Besonders wichtig war die Entdeckung des Rh-(Rhesus-) Faktors (1940) bei Affen; sie gelang L. mit A. Wiener und Ph. Levine. Der letztere erkannte, daß der auch beim Menschen auftretende Faktor durch Zerstörung des Hämoglobins schwere Komplikationen, sogar Gehirnschädigung beim Fötus, hervorrufen kann, wenn eine Rh-negative Mutter mit einem Rh-positiven Fötus schwanger ist, weil sie gegen den Rh-Faktor Antikörper bildet. L. suchte auch die chemischen Grundlagen der Immunreaktionen aufzuklären und festzustellen, welche Stoffe bzw. Stoffkombinationen als Antigene wirken.

Von Bedeutung waren auch Forschungen L.s über Infektionskrankheiten. Unabhängig von J. Metschnikow und W. Roux gelang L. 1905/06 zusammen mit E. Finger, die Syphilis auf Affen zu übertragen, was eine der Voraussetzungen für die experimentelle Syphilisforschung war. L. klärte die Grundlagen für den Wassermann-Test zum Syphilis-Nachweis und konnte ihn 1907 so verbessern, daß die allgemeine Verwendung dieses Tests möglich wurde. Zusammen mit V. Mucha beobachtete L. erstmals die von F. R. Schaudinn entdeckte Syphilis-Spirochäte im Dunkelfeld des Mikroskops. Er wies die Übertragung der Syphilis-Erreger mit dem Affen-Sperma nach.

1908 konnte L. durch die Injektion eines Gehirn- und Rückenmarkbreies von einem an Poliomyelitis (Kinderlähmung) gestorbenen Kind diese Krankheit erstmals auf Rhesusaffen übertragen und mit C. Levaditi zusammen eine Serumdiagnose ausarbeiten. Ein Erreger der Poliomyelitis fand sich nicht, weshalb sie als Viruskrankheit gelten mußte. L. züchtete erstmals den Erreger des amerikan. Fleckfiebers, Rickettsia prowazeki.

L. erhielt 1930 den Nobelpreis für Physiologie und Medizin. Zi

Literatur: Landsteiner, K.: Über Agglutinationserscheinungen normalen menschlichen Blutes, in: Wiener Klinische Wochenschrift 14 (1901), 1132–1134, Die Spezifität der serologischen Reaktionen (Berlin 1933, Neuaufl. 1962), (mit A. Wiener): An agglutinable factor in human blood recognized by immune sera for Rhesus blood, in: Proceedings of the Society of Experimental Biology and Medicine 43 (1940), 223.

Langevin, Paul, Physiker, geb. 23. 1. 1872 Paris, gest. 19. 12. 1946 Paris.

Auf seinem Hauptarbeitsgebiet, der Theorie des Magnetismus, erklärte L. die paramagnetische Suszeptibilität aufgrund statistischer Überlegungen. Außerdem arbeitete er über Relativitätstheorie, kinetische Gastheorie, Erzeugung und Anwendung von Ultraschall und über Kernphysik.

L. D. Landau

K. Landsteiner

L. stammte aus einer Pariser Arbeiterfamilie. Er begann seine Ausbildung an der École Lavoisier und besuchte bis 1891 die École Municipale de Physique et Chimie Industrielles de la Ville de Paris, die 1881 zur Ausbildung von Eisenbahningenieuren errichtet worden war. 1891–1893 studierte L. an der Sorbonne und vervollkommnete seine Ausbildung als Lehrer für Physik an der École Normale Supérieure, nachdem er ein Jahr lang seinen Militärdienst abgeleistet hatte. An dieser Schule arbeitete L. eng mit J. Perrin zusammen. 1897 ging L. für ein Jahr zu J. J. Thomson an das berühmte Cavendish Laboratory, wo zu dieser Zeit unter anderem E. Rutherford, J. S. E. Townsend und Ch. T. R. Wilson arbeiteten. Nach Paris zurückgekehrt, arbeitete L. wieder im Laboratorium von Perrin. 1902 promovierte er an der Sorbonne mit einer Arbeit zur Ionisation von Gasen. Sieben Jahre später wurde er Prof. am Collège de France, das für 30 Jahre zu seiner Hauptwirkungsstätte werden sollte. Daneben übernahm L. die Nachfolge von P. Curie an der École Municipale de Physique et Chimie, deren Dir. er 1926–1946 war, und wurde zum Nachfolger von M. Curie an der École Nationale Supérieure des Jeunes Filles.

Der Beginn der wissenschaftlichen Tätigkeit von L. fällt in eine Zeit, während der sich auf dem Gebiet der Gasentladungsphysik mit der Entdeckung und intensiven Untersuchung der Katodenstrahlen, der Kanalstrahlen, der Röntgenstrahlen und des Elektrons die Herausbildung der Atom- und Kernphysik ankündigte. Vor allem die Zusammenarbeit mit Perrin und der Aufenthalt bei Thomson in Cambridge boten bedeutende Anregungen und Anknüpfungspunkte für die Forschungsarbeit von L., der sich bis etwa 1913 mit dem Leitverhalten von Gasen beschäftigte. Er fand im Wechselspiel von Ionisation und Rekombination den wesentlichen Faktor für die Veränderung der Leitfähigkeit von Gasen unter verschiedenen Bedingungen und konnte dieses dynamische Gleichgewicht mit Hilfe der kinetischen Gastheorie von J. C. Maxwell und L. Boltzmann beschreiben. Diese Theorie übertrug L. in der Folgezeit auf die Berechnung der Magnetisierung, für deren Größe und Temperaturabhängigkeit er das dynamische Gleichgewicht von orientierender Wirkung des äußeren Magnetfeldes und desorientierender Wirkung der Wärmebewegung als maßgebend erkannte. Damit war erstmals über die statistische Mechanik eine Brücke zwischen Wärme und Magnetismus geschlagen und eine theoretische Begründung für das Curie-Weisssche Gesetz gegeben worden. Ebenfalls eng mit den Problemen der Statistik verknüpft ist L.s Arbeit zur Brownschen Bewegung (1908), in der L. eine neue Begründung für den Zusammenhang der Beweglichkeit mit der mittleren Verschiebung der Teilchen gab. Diese Arbeit stellt gewissermaßen das Bindeglied zum späteren Schaffen L.s dar. Er wandte sich mehr und mehr der präzisen Darstellung moderner physikalischer Theorien mit eigenen, überaus klaren Ableitungen zu und zog daraus scharfsinnige Schlußfolgerungen zur Erklärung experimenteller Befunde. Diese Arbeiten waren ebenso wie das wissenschaftsorganisatorische Wirken L.s von besonderer Bedeutung für den großen Einfluß des Gelehrten auf zahlreiche franz. Physiker der damaligen Zeit. Auch international hatte L. beachtlichen Einfluß auf die Förderung des Erfahrungsaustausches und auf den wissenschaftlichen Meinungsstreit. Seit dem ersten SOLVAY-Kongreß 1911 war L. mit diesem internationalen Forum physikalischer Forschung verbunden. Er wurde 1921 in das wissenschaftliche Komitee des Institut International de Physique Solvay aufgenommen und 1928 als Nachfolger von H. A. LORENTZ zum Präsidenten dieses Institutes ernannt. Seiner eigenen Ausbildung entsprechend ließ L. auch technische Anwendungsmöglichkeiten der modernen Physik nicht außer acht. Besonders sind seine Erfindungen zur Erzeugung und zum Nachweis von Ultraschall bekannt geworden, die im ersten Weltkrieg zur Ortung von U-Booten angewendet wurden. Während des zweiten Weltkrieges entwickelte L. diese Geräte zu dem heute weit verbreiteten Echolot weiter. Seit dem ersten Weltkrieg spielte L. immer wieder eine aktive Rolle im Kampf für Frieden und Menschenrechte. 1933 erklärte er sich mit A. EINSTEIN solidarisch, 1940 wurde er von der deutschen Wehrmacht unter Hausarrest gestellt und floh, nachdem sein Schwiegersohn ermordet und seine Tochter nach Auschwitz verschleppt worden waren, 1944 in die Schweiz. Noch immer ganz unter dem Eindruck des Atombombenabwurfs auf Hiroshima und Nagasaki stehend, appellierte L. 1946 wenige Monate vor seinem Tode eindringlich an die Verantwortung eines jeden Wissenschaftlers: »Um eine Welt zu schaffen, wie sie die Wissenschaft möglich macht, bleibt dem Wissenschaftler nichts anderes übrig, als sein Denken in den Dienst der sozialen und internationalen Gerechtigkeit zu stellen, bei sich Gefühle der Brüderlichkeit und Humanität zu entwickeln ... und sich, mehr als er das bisher tat, dafür zu interessieren, ob man seine Entdeckungen zum Guten oder zum Bösen anwendet, auf die Gefahr aufmerksam zu machen, ja die ganze Menschheit, der von seiten einiger Regierungschefs der Untergang droht, auf die Beine zu bringen.« Fk

Literatur: Œuvres scientifiques de Paul Langevin (Paris 1950).

Becker, R.: Paul Langevin, 1872–1946, in: Naturwiss. 33 (1946), 288; Langevin, A.: Paul Langevin, mon père (Paris 1971); Staroselskaâ-Nikitina, O. A.: Pol Lanževen (Moskau 1962).

Langmuir, Irving, Chemiker, geb. 31.1.1881 Brooklyn (New York), gest. 16.8.1975 Falmouth (Massachusetts, USA).

L. leistete auf den Gebieten Kolloidchemie, Grenzflächenchemie, Adsorptions- und Absorptionstechnik, Reaktionskinetik, heterogene Katalyse, Valenztheorie sowie Dissoziation der Gase grundlegende Beiträge zum Ausbau der modernen physikalischen Chemie des 20. Jh. sowie zu ihrer technischen Anwendung.

Als Sohn wohlhabender Eltern studierte L. an der Chestnut Hill Academy in Philadelphia, dem Pratt Institute in Brooklyn sowie an der School of Mines der Columbia University in New York. Ein dreijähriger Studienaufenthalt in Europa führte L. auch nach Göttingen zu W. NERNST, der ihn für das Gebiet der physikalischen Chemie interessierte und bei dem L. 1906 seine Dissertation anfertigte. Von 1906 bis 1909 war L. als Lehrer für Chemie am Stevens Institute of Technology in Hoboken (New Jersey) tätig. 1909 trat L. als Chemiker in das Forschungslaboratorium der General Electric Company in Schenectady (New York) ein und übernahm bis 1950 dessen Leitung. Hier entstanden die meisten seiner grundlegenden, wissenschaftlich und industriell bedeutsamen Forschungsergebnisse. L. war Mitgl. und Ehrenmitgl. zahlreicher internationaler und nationaler wissenschaftlicher Gesellschaften sowie industrieller Gremien.

L. verkörperte den Typ des wissenschaftlich und technologisch gleichermaßen ausgewiesenen Industriechemikers. Sein überaus umfangreiches Lebenswerk bildete einen wesentlichen Bestandteil der chemischen Forschungskonzeption des US-amerik. Konzerns General Electric Co. Es konzentrierte sich auf die Schwerpunkte: Untersuchung des Ablaufs chemischer Reaktionen bei hohen Temperaturen und niederen Drücken (1906–1921), Erforschung thermischer Effekte in Gasen (1911–1936), Weiterentwicklung der modernen Elektronentheorie der Valenz (1919–1921), Untersuchung der Elektronenemission sowie der Oberflächenionisation glühender Körper im Vakuum (1913–1937), Erforschung der Verhältnisse in Phasengrenzschichten heterogener Systeme (1916–1943) und bei elektrischen Entladungen in verdünnten Gasen (1923–1932) sowie die Erkundung der Möglichkeiten für eine künstliche Witterungsbeeinflussung (1938–1955).

Der Beitrag von L. zur Weiterentwicklung der Elektronentheorie der Valenz bildete einen gewissen Abschluß der insbesondere von W. KOSSEL und G. N. LEWIS 1916 erarbeiteten Vorstellungen über die Natur der Ionenbeziehung sowie der Atombindung, die L. 1919 unter einem einheitlichen Gesichtspunkt zusammenfaßte. Damit wurde es möglich, das gesamte chemische Tatsachenmaterial valenztheoretisch neu zu interpretieren und zu systematisieren. Die von L. gewonnenen physikalisch-chemischen Grundlagenerkenntnisse erwiesen sich von großer technisch-industrieller Bedeutung; seine aus molekular-kinetischen Vorstellungen abgeleitete Theorie des Adsorptionsphänomens trug zur Weiterentwicklung von Theorie und Praxis der heterogenen Katalyse bei. Mit Hilfe der LANGMUIRschen Adsorptionsisotherme (1916) konnten Gleichgewichtszustände näher definiert sowie die chemische Adsorption monomolekularer Schichten erfaßt werden. Zur reaktionskinetischen Deutung katalytischer Prozesse untersuchte L. vor allem Reaktionen an Grenzflächen heterogener Systeme und entwickelte eine Theorie der »aktiven Zentren«.

Weiterhin erfand L. 1913 die gasgefüllte Wolframglühlampe, entwickelte 1926 ein Schweißverfahren mit atomarem Wasserstoff, stellte eine für die Entwicklung der Elektronenröhren wichtige Raumladungstheorie auf und konstruierte eine Quecksilberkondensationspumpe zur Erzeugung eines Hochvakuums.

1932 erhielt L. als erster amerik. Industriechemiker den Nobelpreis für Chemie; ihm waren 13 Ehrendoktorate verliehen worden. Sz

Literatur: Langmuir, I.: Phenomena, atoms, and molecules: an attempt to interpret phenomena in terms of mechanisms or atomic and molecular interaction (New York 1950).

The collected works of Irving Langmuir, 12 Bde. (Hrsg. C. G. Suits u. H. E. Way, New York, London 1960–1962).

Laplace, Pierre Simon, Mathematiker und Physiker, geb. 28.3.1749 Beaumont-en-Auge, gest. 5.3.1827 Paris.

L. leistete bedeutende Beiträge zur Analysis und Wahrscheinlichkeitsrechnung sowie zur Astronomie und Physik.

Sein Vater war Verwaltungsbeamter der Gemeinde und trieb gleichzeitig Handel mit Apfelwein, die Mutter entstammte einer wohlhabenden Bauernfamilie. Ein Onkel väterlicherseits bezeichnete sich als Mathematiker; er war vermutlich Lehrer an einer von den Benediktinern geleiteten Schule in Beaumont-en-Auge, die L. von seinem 7. bis zum 16. Lebensjahr besuchte. 1766 trat L. in das Jesuiten-Kolleg zu Caen ein, um sich dem Wunsch des Vaters entsprechend nach Studien an der Artisten-Fakultät auf einen geistlichen Beruf vorzubereiten. Auf Anregung zweier Lehrer wandte er sich jedoch, seinen wahren Interessen und Neigungen folgend, der Mathematik zu, machte rasche Fortschritte und ging 1768 mit einem Empfehlungsschreiben nach Paris zu dem damals einflußreichen Gelehrten J. B. le Rond d'Alembert, der L. mehrere, von diesem mit einer Arbeit über die Prinzipien der Mechanik glänzend bewältigte Aufgaben zur Lösung vorlegte, bevor er ihm wohlwollend eine Professur für Mathematik an der Militärakademie vermittelte. Bereits 1773 wurde L. Mitgl. der Pariser Ak. d. Wiss.; 1784 wurde er Examinator der Kadetten, wodurch er zu Ministern und hohen Offizieren in nähere Beziehung trat. Durch seine Mitarbeit in einer Kommission der Akademie kam er mit zivilen und Krankenhausangelegenheiten in Berührung und begann sich mit Fragen der Sterbewahrscheinlichkeit in verschiedenen Hospitälern zu beschäftigen. Während der Revolutionsjahre zog sich L. mit seiner 1788 gegründeten Familie aus Paris zurück und führte ein der Wissenschaft gewidmetes Leben. 1794 wurde er Mitgl. des Lehrkörpers der École Normale sowie der École Polytechnique und nahm seine Tätigkeit an der reorganisierten Pariser Akademie wieder auf. Gleichzeitig war er Vorsitzender der Kommission für Maße und Gewichte und beeinflußte damit wesentlich die Einführung des dezimalen Maß- und Gewichtssystems als einer Voraussetzung für die rasche Entwicklung von Handel und Industrie in Frankreich. In der Folgezeit seine politischen Ansichten mehrfach ändernd, wurde er 1799 von Napoleon unter anderem zum Min. des Innern und Senatsmitgl. und 1817 von dem Bourbonen Ludwig XVIII. zum Marquis und Pair von Frankreich ernannt.

Die neuere Literatur weist vier Etappen in L.' wissenschaftlicher Tätigkeit nach: die Jahre 1768–1778, in denen er seinen wissenschaftlichen Stil und seine philosophischen Positionen ausprägte sowie jene Forschungsgebiete festlegte, auf denen er fernerhin arbeitete; die Periode 1778–1789, in der er viele jener Resultate fand, die später in seine beiden Hauptwerke »Théorie analytique des probabilités« und »Traité de méchanique céleste« Eingang fanden; den Zeitraum 1789–1805, in dem er den Zenit seiner Laufbahn erreichte, von der Darstellung seiner Resultate in Einzelarbeiten zur Ausarbeitung der genannten umfassenden Werke überging und für das wissenschaftliche Leben Frankreichs eine bedeutende Rolle spielte; die letzte Phase 1805–1827, in der er sich mehr und mehr in die private Sphäre zurückzog und sich physikalischen Problemen widmete.

L.' Arbeiten zur Analysis gruppieren sich um Untersuchungen von partiellen Differentialgleichungen (zweiter Ordnung), von (partiellen) Differenzengleichungen und bestimmten Integrationsproblemen. Es hat sich eingebürgert, u. a. von der Laplaceschen Differentialgleichung und vom Laplace-Operator zu sprechen, die in der theoretischen Physik eine große Rolle spielen, von Laplaceschen Invarianten, die aus den Koeffizienten einer linearen hyperbolischen Differentialgleichung und deren Ableitungen gebildet werden, von Laplaceschen Kugelfunktionen und der Laplaceschen Integraldarstellung von Kugelfunktionen, von der Laplace-Transformation, die gewisse komplizierte Operationen mit den Ausgangsfunktionen in einfachere algebraische Operationen mit den Bildfunktionen zu übertragen gestattet, vom Laplaceschen Grenzwertsatz, der für binomialverteilte Zufallsvariable gültig ist. Seine oft schwierigen mathematischen Untersuchungen dienten stets dem Ziel, Naturerscheinungen mit den exakten Methoden und Regeln der Analysis zu erfassen.

Die 1812 in erster Aufl. erschienene »Théorie analytique

P. Langevin

I. Langmuir

des probabilités« war eine erste zusammenfassende Darstellung des gesamten wahrscheinlichkeitstheoretischen Wissens jener Zeit, das L. selbst um mehrere Resultate bereichert hatte (z. B. die Theorie der erzeugenden Funktionen, die Methode der rekurrenten Reihen, einen Grenzwertsatz). Die 2. Aufl. von 1814 wurde mit dem später auch selbständig veröffentlichten, unter Verzicht auf jeden Formelapparat abgefaßten »Essai philosophique sur les probabilités« eingeleitet, der die berühmte klassische, für mehr als 100 Jahre benutzte Definition der Wahrscheinlichkeit enthält; im Grunde eine Berechnungsvorschrift, nach der die Wahrscheinlichkeit eines Ereignisses durch »Zurückführung aller Ereignisse derselben Art auf eine gewisse Anzahl gleichmöglicher Fälle ... und durch Bestimmung der dem Ereignis günstigen Fälle« gefunden wird. Neben dem Begriff der mathematischen Erwartung und dem von Jakob Bernoulli gefundenen Gesetz der großen Zahlen umfaßt der »Essai« ferner die exakte Formulierung des klassischen mechanischen Determinismus, wonach die exakte Kenntnis der Anfangsbedingungen den Zustand eines gegebenen Systems prinzipiell zu jedem beliebigen früheren oder späteren Zeitpunkt zu berechnen gestattet. Eine »Intelligenz«, die dies zu leisten imstande wäre, wird oft als »Laplacescher Dämon« bezeichnet. Der Zufall lag für L. im Unvermögen des menschlichen Geistes begründet, die Kompliziertheit vieler in der Realität auftretender Vorgänge zu entwirren. L.' Anwendung der Wahrscheinlichkeitsrechnung auf naturwissenschaftliche Fragestellungen (z. B. die Auswertung astronomischen Beobachtungsmaterials) erwies sich als fruchtbar, während ihre Anwendung auf Zeugenaussagen und Gerichtsurteile erfolglos bleiben mußte.

Nach jahrzehntelangem Studium astronomischer Einzelprobleme (Umlaufzeiten von Jupiter und Saturn, der Jupitertrabanten, Stabilität des Sonnensystems, Gravitations- und Mondtheorie) entstand das fünfbändige Werk »Traité de méchanique céleste«, eine aus materialistischer Grundhaltung geschriebene Zusammenfassung eigener sowie von berühmten Vorgängern, z. B. von I. Newton, d'Alembert und L. Euler, gefundener astronomischer Gesetzmäßigkeiten, die aus dem allgemeinen Prinzip der Gravitation abgeleitet und erklärt werden konnten. 1796 stellte L. diesem Werk die kürzere, leichter lesbare »Exposition du système du monde« zur Seite, die die geniale (wenn auch bald berechtigten Einwänden ausgesetzte) Laplacesche Nebularhypothese enthält, durch die die Entstehung und Entwicklung der Welt aus physikalischen Gesetzmäßigkeiten zu erklären versucht und auf jede göttliche Einwirkung von vornherein verzichtet wird. Gleichermaßen gründete L. vom Standpunkt einer materialistisch betriebenen Naturforschung seine Kapillartheorie für Flüssigkeiten auf molekularkinetische Vorstellungen, sah er das Licht aus kleinsten Teilchen zusammengesetzt an und hielt die Wärmemenge eines Körpers durch die Summe der vis vivae (mv^2) der Vibrationsbewegung seiner Teilchen für meßbar. Damit wurde die materialistisch-atheistische Strömung seiner Zeit von der naturwissenschaftlichen Seite gestützt, und in diesem Sinne nimmt L. im Rahmen der franz. Aufklärung einen beachtlichen Platz ein. Be

Literatur: Laplace, P. S.: Œuvres, 7 Bde. (Paris 1843–1847), Œuvre, 14 Bde. (2. Aufl. Paris 1878–1912), Philosophischer Versuch über die Wahrscheinlichkeit (Hrsg. R. v. Mises), in: Ostwalds Klassiker der exakten Wissenschaften 233 (Leipzig 1932, Repr. 1986).

Andoyer, H.: P. S. Laplace (Paris 1922); David, F. N.: Some Notes on Laplace, in: Bernoulli, Bayes, Laplace. Proceedings of an International Research Seminar, Statistical Laboratory University of California (Berkeley 1963, Berlin, Heidelberg, New York 1965).

Lâpunov, → Ljapunow.

Laue, Max Felix Theodor von, Physiker, geb. 9. 10. 1879 Pfaffendorf bei Koblenz, gest. 24. 4. 1960 Berlin.

Die von L. initiierte Entdeckung der Röntgenstrahlinterferenzen an Kristallen eröffnete eine grundsätzlich neue Ära der Atomistik und begründete die moderne Strukturanalyse der Stoffe. Indem man nun tief in das Gebäude der Kristalle und Atome »hineinsehen« konnte, beeinflußte die Entdeckung maßgeblich die modernen Vorstellungen vom Aufbau und von der Struktur der Materie. Neben den fundamentalen Arbeiten zur Theorie der Röntgenstrahlinterferenzen weisen seine Beiträge zur Relativitätstheorie und zur Supraleitung L. ebenfalls als einen Klassiker der modernen Naturwissenschaften aus.

Als Sohn eines hohen preuß. Militärbeamten verlebte L. seine Kindheit in verschiedenen Städten des Deutschen Reiches. In Straßburg (Strasbourg) legte er 1898 sein Abitur ab und bezog danach die Univ. Straßburg, Göttingen, München und Berlin, um Physik zu studieren. Zu den akademischen Lehrern, die ihn als Studenten besonders beeindruckten, gehörten W. Voigt, D. Hilbert und vor allem M. Planck, bei dem er 1903 mit einer optischen Arbeit promovierte und als dessen »nächststehender Schüler« und »nahen Freund« er sich bezeichnen konnte. Nach einem zweijährigen Aufenthalt in Göttingen kehrte L. 1905 als Assistent von Planck an die Berliner Univ. zurück. Schon im folgenden Jahr habilitierte er sich mit der Schrift »Zur Thermodynamik der Interferenzerscheinungen«, die den fundamentalen Begriff der Entropie in die Optik einführte. Zwischen 1909 und 1912 war L. Privatdoz. in München, anschließend ao. Prof. an der Univ. Zürich und ab 1914 Ordinarius in Frankfurt/Main. 1919 vereinbarte er mit M. Born einen Tausch der Ordinariate und wirkte seitdem an der Berliner Univ., die er als seine »eigentliche geistige Heimat« betrachtete. An der Seite seines verehrten Lehrers und Freundes Planck konnte er eine äußerst fruchtbare Lehr- und Forschungstätigkeit entfalten und wurde 1923 Nachfolger Plancks als Dir. des Instituts für theoretische Physik an der Berliner Univ. Als Mitgl. der Berliner Akademie (1920), stellvertretender Dir. des (lediglich Forschungsmittel verteilenden) Kaiser-Wilhelm-Instituts für Physik sowie als langjähriger Vorsitzender der Physikalischen Gesellschaft hat L. zudem mit großem Engagement auf wissenschaftspolitischem und forschungsorganisatorischem Gebiet gewirkt und den Wissenschaftsbetrieb im damaligen Deutschland nachhaltig zu prägen gewußt. Nach dem zweiten Weltkrieg bekleidete L. zunächst das Amt des stellvertretenden Dir. des Max-Planck-Instituts für Physik und seit 1951 die Direktorenstelle des Fritz-Haber-Instituts für Chemie und Elektrochemie in Berlin-Dahlem.

Seit der junge L. als Schüler von den Arbeiten W. C. Röntgens erfahren und selbst versucht hatte, mit den unbekannten Strahlen zu experimentieren, war das Interesse an diesen Strahlen nie wieder erloschen. Hierdurch sowie durch eine intensive Beschäftigung mit der Raumgittertheorie der Kristalle angeregt, kam L. im Frühjahr 1912 der Gedanke, zu überprüfen, ob nicht ein Kristall für Röntgenstrahlen dasselbe darstelle wie ein Beugungsgitter für gewöhnliches Licht. Dieser geniale Einfall verbreitete sich schnell unter den jungen Physikern Münchens, und W. Friedrich und P. Knipping waren bereit, entsprechende Experimente auszuführen. Allerdings waren dabei nicht nur physikalische Schwierigkeiten zu überwinden, denn weder W. C. Röntgen noch A. Sommerfeld, die Leiter des Münchener Instituts, versprachen sich etwas vom Vorhaben ihrer jungen Mitarbeiter. Inoffiziell und neben ihren sonstigen Verpflichtungen bauten Friedrich und Knipping die Versuchsapparatur auf, und nach Monaten intensiver Arbeit gab ihnen der Erfolg recht: Die Durchstrahlung eines Kupfersulfatkristalls lieferte auf einer hinter dem Kristall angeordneten Photoplatte regelmäßig angeordnete Schwärzungspunkte. Mit diesem ersten Laue-Diagramm war der zweifelsfreie Nachweis erbracht, daß es sich bei den Röntgenstrahlen tatsächlich um eine kurzwellige elektromagnetische Strahlung handelte und daß Kristalle regelmäßig aus Atomen in Form von Raumgittern aufgebaut sind. L. begann unverzüglich, eine befriedigende Theorie der Röntgenstrahlinterferenzen auszuarbeiten. Die Lauesche Theorie ist bis heute, obwohl sie weitgehende Vernachlässigungen enthält und später auch verfeinert worden ist, die Grundlage aller kristallographischen Strukturbestimmungen geblieben. Zwar hat L. bis an sein Lebensende am weiteren Aufbau der Theorie in mathematischer und physikalischer Hinsicht intensiv teilgenommen und z. B. die dynamische Theorie der Röntgenstrahl- und Elektroneninterferenzen ausgearbeitet, an den eigentlichen Strukturbestimmungen einzelner Substanzen war er jedoch nie beteiligt. Ihn interessierten nur »die großen, allgemeinen Prinzipien« der Physik, so daß das von ihm begründete Gebiet der Röntgenstrukturanalyse die Domäne anderer Forscher, insbesondere der Engländer W. H. Bragg und W. L. Bragg, wurde. Systematisch wurde durch sie in den Aufbau der Materie »hineingeleuchtet« und der Laueschen Entdeckung eine breite Anwendung in Chemie, Mineralogie, Technik und Medizin eröffnet.

Bereits 1914 wurde L. für seine Entdeckung der Nobelpreis für Physik zuerkannt. Er selbst hat das Verdienst von Friedrich und Knipping an den Experimenten nie geschmälert und ihnen ein Drittel des Geldbetrages öffentlich abgetreten.

Noch auf zwei anderen Gebieten der Physik hat L. richtungweisend gewirkt. Bereits 1907 wies er sich mit einer optischen Untersuchung über den Fizeauschen Interferenzversuch an bewegten Körpern als exzellenter Kenner der Einsteinschen Relativitätstheorie aus, und vier Jahre später verfaßte er die erste zusammenfassende Monographie zur speziellen Relativitätstheorie. Dem auch heute noch viel gelesenen Buch folgte zehn Jahre später ein zweiter Band zur allgemeinen Relativitätstheorie. Diese hat L. in seiner zweiten Lebenshälfte zunehmend beschäftigt, wobei ihn insbesondere der Zusammenhang von Optik und Gravitation interessierte.

Einen weiteren Problemkreis erschloß sich L. in den 20er Jahren mit der Supraleitung. Als theoretischer Berater der Physikalisch-Technischen Reichsanstalt (1923–1933) war L. an den Tieftemperaturuntersuchungen der Anstalt beteiligt und wurde hierdurch angeregt, eine phänomenologische Theorie der Supraleitung auszuarbeiten. Fast zwanzig Arbeiten zeugen von der intensiven Beschäftigung mit dieser Problematik, sie wurden in dem 1947 publizierten Buch »Theorie der Supraleitung« zusammengefaßt.

Anerkennung verdient auch L.s mutiges und kompromißloses Verhalten in der Zeit des Nationalsozialismus. L. gehörte in diesen Jahren zu jenen wenigen deutschen Wissenschaftlern, die, nach den Worten A. Einsteins, »aufrecht geblieben« waren und so durch ihre standhafte Haltung, aber vor allem durch eine Vielzahl mutiger Aktionen ein Beispiel gaben. So verhinderte L.s entschiedenes Auftreten die von dem nationalsozialistischen Regime betriebene Wahl J. Starks in die Berliner Akademie, und auf vielfältige Weise wußte er Opfern dieses Regimes zu helfen. Auch in der Bundesrepublik hat sich L. klar zu seiner humanistischen Grundeinstellung bekannt und ist als Mitinitiator des Göttinger Appells gegen die atomare Bewaffnung der Bundeswehr (1957) auch öffentlich hervorgetreten. Ho

Literatur: Laue, M. v.: Die Interferenz von Röntgen- und Elektronenstrahlen (Berlin 1935), Geschichte der Physik (Bonn 1946), Theorie der Supraleitung (Berlin 1947), Gesammelte Schriften und Vorträge, Bde I, II, III (Braunschweig 1961), Die Relativitätstheorie, Bde 1, 2 (Braunschweig 1961); Laue, M. v., Friedrich, W., Knipping, P.: Interferenzerscheinungen bei Röntgenstrahlen. Klassische Schriften deutscher Physiker, Bd. 2 (Leipzig 1955).

Herneck, F.: Max von Laue (Leipzig 1980); Meißner, W.: Laue als Wissenschaftler und Mensch, in: Sitzungsber. Bayer. Ak. d. Wiss. (1960), 101–121; Schlicker, W. u. Baumgart, I.: Max von Laues Engagement in Forschungsorganisation und Politik, in: Wiss. u. Fortschritt 29 (1979) 10, 374; Über das persönliche und wissenschaftliche Wirken von Albert Einstein und Max von Laue, in: Kolloquienreihe des Instituts für Theorie, Geschichte und Organisation der Wissenschaft der AdW der DDR, Heft 21 (Berlin 1980).

Laurent, Augustin (genannt Auguste), Chemiker, geb. 13.11.1807 La Folie bei Langres (Dep. Haute-Marne), gest. 23.4.1853 Paris.

L. entwickelte die Substitutionstheorie weiter (1836) und leitete daraus seine sog. Kerntheorie ab. Er hat eine größere Anzahl organischer Verbindungen beschrieben und ihre Reaktionen untersucht.

L., Sohn eines Kleinbauern, begann nach dem Besuch des Collège de Grey 1826 eine Ausbildung an der École des Mines, die 1828 in Deutschland fortgesetzt und 1830 in Frankreich mit dem Titel »ingénieur civil des mines« (Bergbauingenieur) abgeschlossen wurde. Danach führte ihn eine Studienreise nach Deutschland und Österreich. 1831 begann L. seine berufliche Tätigkeit als Assistent an der École Centrale des Arts et Métiers bei J. B. A. Dumas. Hier führte er seine ersten chemischen Untersuchungen durch. Schwierigkeiten im Verhältnis zu Dumas ließen ihn bald andere Tätigkeiten ausüben: Er leitete die chemische Versuchsabteilung der Porzellanmanufaktur von Sèvres, gründete ein Privatlaboratorium, arbeitete als Chemiker in einem Parfümeriebetrieb und leitete danach für fast zwei Jahre die chemischen Forschungen für eine Steingutfabrik in Luxemburg. Auch während dieser Jahre unterschiedlicher praktischer Tätigkeit beschäftigte er sich mit theoretischen Fragen der Chemie. Ende 1837 konnte L. mit einer Arbeit zu seinen geometrischen Vorstellungen über organische Verbindungen promovieren. Ein Jahr später übernahm er als Prof. den neuen Lehrstuhl für Chemie an der Faculté des Sciences in Bordeaux. Damit begann ein neuer Abschnitt intensiver und erfolgreicher Arbeit. Während dieser Zeit in Bordeaux lernte er Ch. F. Gerhardt kennen (1844). Beide waren bald durch gemeinsame Arbeit und enge Freundschaft einander verbunden. 1845 wurde der ein Jahr zuvor zum Ritter der Ehrenlegion ernannte L. zum korrespondierenden Mitgl. der Ak. d. Wiss. gewählt. Als 1845 auch L. in die von Studenten geübte Kritik an Professoren einbezogen worden war, zog er 1846 mit seiner Familie

P. S. Laplace

M. F. T. von Laue

nach Paris. Der Plan, eine Ergänzungsvorlesung zu Dumas' Vorlesung an der Sorbonne zu halten, zerschlug sich. L.s ökonomische Schwierigkeiten blieben auch dann bestehen, als er 1848 endlich als Münzprüfer an der Münze in Paris angestellt wurde. Seine Leistungen in der Chemie brachten ihm nicht nur in Frankreich Anerkennung; 1849 wurde er Mitgl. der Royal Society. Obwohl L., der bisher nur in Zeitschriften veröffentlicht hatte, seit 1851 an einer schweren Lungentuberkulose litt, gelang es ihm, sein Werk »Méthode de Chimie« abzuschließen. Es konnte jedoch erst 1854, ein Jahr nach L.s Tode, erscheinen.

L. gehört zu den Chemikern, die besonders die theoretischen Auffassungen zur organischen Chemie um 1835 weiterentwickelt haben. Gleich am Anfang seiner beruflichen Tätigkeit bei Dumas standen Arbeiten über Substitutionserscheinungen. L. analysierte Naphthalen, beschrieb seine Derivate und konnte die Vorstellungen zur Substitution an dieser Verbindung bestätigen. Zusammen mit Dumas isolierte er Anthracen aus Steinkohlenteer und entdeckte durch Oxidation von Naphthalen die Phthalsäure. Die von L. vorgenommenen Umsetzungen führten zu vielen neuen Erkenntnissen. Bei der Untersuchung eines Nebenprodukts der Leuchtgasfabrikation und seiner Derivate erkannte L. dessen Identität mit der Carbolsäure und dem Phenol. In vielen Untersuchungen hat er organische Substanzen mit Salpetersäure oxidiert. So konnte er 1840 aus Anthracen das Anthrachinon und 1841 aus Indigo das Isatin herstellen. Aber auch Umsetzungen, die zu Chloriden und Sulfosäuren führten, wurden von L. durchgeführt. Durch seine zahlreichen Untersuchungen hat er die Kenntnisse über die organische Chemie wesentlich erweitert. Seine bedeutungsvollen theoretischen Erkenntnisse hatten ihren Ausgangspunkt in der 1834 von Dumas aufgestellten Substitutionstheorie. L. entwickelte sie weiter, indem er nicht nur die Umsetzung am Substitutionsprodukt beschrieb (wie Dumas), sondern seine Aussage auf alle Reaktionsprodukte ausdehnte. Er führte aus, daß sich im Zusammenhang mit der Substitution Chlorwasserstoff, Bromwasserstoff, salpetrige Säure oder Wasser bilden, die entweder frei werden oder mit dem gebildeten Radikal in Verbindung bleiben. 1836 formulierte L. seine von den Zeitgenossen wenig beachtete Theorie der organischen Verbindungen, wonach alle organischen Verbindungen von bestimmten Kohlenwasserstoffen abzuleiten seien, die er als Stammkerne oder primäre Kerne bezeichnete. Durch Substitution würden daraus abgeleitete Kerne entstehen. Sie glichen in ihren chemischen und physikalischen Eigenschaften dem Stammkern weitgehend, sie zeigten – wie L. später betonte – Analogie zur Muttersubstanz. L.s geometrische Vorstellungen über organische Verbindungen gehen von prismenförmiger Gestalt der Stammkerne aus. Die Kohlenstoffatome würden die Eckpunkte der Prismen bilden und die Wasserstoffatome an den Kanten zu finden sein. Dieser

Wasserstoff sei durch äquivalente Mengen anderer Elemente substituierbar, ohne die charakteristische prismenförmige Gestalt zu verändern. Darüber hinaus könnten sich auch Atome in unbestimmter Menge an den Stammkern (radical fondamental) anlagern und von dort auch wieder ohne Austausch entfernt werden. Alkohole würden beispielsweise durch Bildung abgeleiteter Kerne entstehen, wenn an einen Stammkern Wasser angelagert wird, einbasige und zweibasige Säuren, wenn 4 bzw. 6 Sauerstoffatome angelagert werden. Diese hätten die Form von Pyramiden, die den Stammkern mehr oder weniger umhüllten. – Die von DUMAS aus der Substitutionstheorie entwickelte Typentheorie (um 1840) führte, nachdem sie sich als wichtiges Hilfsmittel bei der Systematisierung organischer Verbindungen erwiesen hatte, zu verschiedenen Schwierigkeiten, zu denen auch die richtige Interpretation der Säuren gehörte. Diese Schwierigkeit wurde von L. und GERHARDT mit der Weiterentwicklung der Theorie der mehrbasigen Säuren beseitigt. Die Möglichkeit, aus mehrbasigen Säuren auch mehrere Amidoverbindungen zu erhalten, wurde von L. erkannt. In den Formeln führte L. die Salze und Ether auf den Typus der Säure zurück, z.B. $K_2S_2O_8$ und KHS_2O_8 auf $H_2S_2O_8$ und entsprechend auch $(C_4H_5)_2S_2O_8$ und $(C_4H_5)HS_2O_8$ (S = 16, O = 8, C = 6). L. wies die Zweiatomigkeit des Chlormoleküls aus der Tatsache nach, daß sich organische Verbindungen immer nur mit Chloranteilen gerader Atomzahl umsetzen, aber nie mit 1, 3 oder 5 Atomen Chlor. Das Gesetz der paaren Atomzahlen stellte L. 1845 auf. Als Vertreter der unitarischen Auffassung organischer Verbindungen, die die Verbindungen als chemisches Ganzes betrachteten, trat er den Verfechtern der Radikaltheorie mit der Auffassung entgegen, sie betrieben eine Wissenschaft von nicht existierenden Körpern.

L.s Wirken trug dazu bei, die Radikaltheorie und andere dualistische Betrachtungsweisen, die organische Verbindungen als aus relativ selbständigen Atomgruppen zusammengesetzt ansahen, allmählich zu überwinden. Fi

Literatur: Laurent, A.: Méthode de Chimie (Paris 1854).

Lavoisier, Antoine-Laurent, Chemiker, geb. 26.8.1743 Paris, hingerichtet 8.5.1794 Paris.

L. schuf die Sauerstofftheorie der Verbrennung und wurde damit zur zentralen Gestalt einer grundlegenden Umwälzung im chemischen Denken, die von der Phlogistonlehre zur »antiphlogistischen« Chemie führte. Diese Umwälzung, deren revolutionären Charakter er selbst erkannte und deren Durchsetzung er mit strategischer Weitsicht förderte, fand im frühen 19. Jh. mit der Ausarbeitung der chemischen Atomistik durch J. DALTON und der Formulierung der stöchiometrischen Grundgesetze ihren Abschluß.

Als Sohn eines begüterten Anwalts, der später den erblichen Adel erhielt, besuchte L. das renommierte Collège des Quatre Nations. Anschließend studierte er, der Familientradition folgend, an der Pariser Univ. Rechtswissenschaft, erwarb das juristische Bakkalaureat und 1764 das Lizentiat, übte aber diesen Beruf niemals aus. Seine naturwissenschaftlichen Neigungen wurden schon auf dem Collège durch den dort unterrichtenden Astronomen N.-L. DE LACAILLE gefördert, vor allem aber durch den mit der Familie befreundeten Geologen J.-É. GUETTARD, der an einem geologischen und mineralogischen Atlas Frankreichs arbeitete. L. assistierte ihm dabei mehrere Jahre und begleitete ihn auf ausgedehnten Exkursionen durch weite Gebiete des Landes. Dabei entwickelte L. eine eigene Theorie der geologischen Stratifikation, die er aber erst 1788 in der Akademie vortrug. Über GUETTARD gewann L., der sich eine umfangreiche Mineraliensammlung angelegt hatte, Zugang zur Chemie als Hilfswissenschaft der Mineralogie und hörte im Jardin du Roi die von G.F. ROUELLE gehaltene Chemievorlesung. Aus dieser Zeit stammt seine früheste chemische Arbeit (seine erste wissenschaftliche Arbeit überhaupt war eine Nordlichtbeschreibung 1763) »Analyse du gypse«, die er 1765 der Pariser Ak. d. Wiss. vorlegte. 1768 wurde er in die Akademie aufgenommen.

Im gleichen Jahr kaufte sich L. in die Ferme Générale ein, die dem Volk verhaßte Organisation der Generalsteuerpächter; 1771 heiratete er die Tochter seines dortigen Vorgesetzten, die ihn in seiner Forschungsarbeit vielseitig unterstützte. Die aus der Ferme erzielten Einkünfte investierte L. praktisch vollständig in die Wissenschaft. Jedoch ungeachtet seines weltweiten Ansehens und seiner erwiesenen Loyalität gegenüber der Republik (er war fortschrittlichen Reformen zugetan und nahm noch nach 1790 aktiv an der Schaffung der Grundlagen für das metrische System teil) wurde L. 1793 zusammen mit den anderen Generalsteuerpächtern verhaftet und 1794 hingerichtet.

Wissenschaftliche Neugier und Bemühen um praktische Verbesserungen standen für L. nicht im Gegensatz. Aus praktischen Aufgaben empfing er mehrfach Anregungen zu grundlegenden Forschungen. Die Teilnahme an einem Wettbewerb zur Verbesserung der Straßenbeleuchtung von Paris (1764) lenkte möglicherweise erstmals seine Aufmerksamkeit auf Verbrennungserscheinungen. Bereits in seiner Arbeit »Analyse du gypse« zeigten sich typische Züge seines Vorgehens: die Vorliebe für Analysen »auf nassem Wege« (als Kopie des Verfahrens, das die Natur selbst bevorzugt – Wasser als »l'agent favori de la nature«) und die abschließende Ergänzung möglichst jeder Analyse durch eine Synthese. Aus der vergleichenden Analyse von Wasserproben im Zusammenhang mit Fragen der Trinkwasserversorgung von Paris entsprang das Problem, ob Wasser beim Eindampfen teilweise in Erde verwandelt werden könne. In einem berühmten Experiment (einer 101 Tage lang fortgesetzten Destillation von Wasser im geschlossenen Kreislauf) entschied L. 1768/69 diese alte Frage definitiv, auch wenn der Befund zunächst seine Ansicht von der elementaren Natur des Wassers zu rechtfertigen schien. Aufgrund seiner Überzeugung von der Erhaltung der Masse in allen Stoffumwandlungen gewann die exakte Wägung hier entscheidende Bedeutung.

L. begann seine Arbeit auf der Basis der Phlogistontheorie als der geltenden Lehrmeinung der damaligen Chemie. Sie bestimmte auch die von ihm 1772 verfaßte programmatische Skizze »Système sur les élémens«, derzufolge die noch ganz traditionell verstandenen Elemente (Wasser, Feuer, Luft) in zwei Zuständen – gebunden (fixiert) und frei – existieren können. Die Luft, die wir atmen, sei keine einfache Substanz, sondern eine mit Feuer- oder Wärmestoff, der ihr die Elastizität verleihe, verbundene »base«. Als L.B. GUYTON DE MORVEAU in einem im gleichen Jahr erschienenen Buch zeigte, daß alle Metalle bei ihrer Umwandlung in »Kalke« schwerer werden, erkannte L. als mögliche Ursache dieses Phänomens die Fixierung von Luft. Seine Vermutung, daß Luft (oder einer ihrer Bestandteile) in den Verbrennungs- und Verkalkungsvorgängen eine wichtige Rolle spielt, erhärtete er durch den Nachweis der Massezunahme bei der Verbrennung von Schwefel und Phosphor sowie der Freisetzung von Luft beim Erhitzen von Bleioxid mit Holzkohle in einer geschlossenen Retorte; die Aufzeichnungen darüber deponierte er beim Sekretär der Akademie in einer versiegelten Note (»pli cacheté«), die 1773 eröffnet wurde. L. begann nun ein ausgedehntes Experimentalprogramm zur Erforschung des »elastischen Fluidums«, das von Körpern während verschiedener Reaktionen emittiert wird, und der bei der Verbrennung absorbierten Luft; wesentliche Ergebnisse fanden in »Opuscules physiques et chimiques« (1774) Eingang. Im Herbst 1774 wurde L. in eine von der Akademie eingesetzte Kommission berufen, die die von P. BAYEN und CADET DE GASSICOURT gemachte überraschende Entdeckung prüfen sollte, wonach aus rotem Präzipitat (Quecksilber(II)-oxid) allein durch Erhitzen ohne Zugabe eines an Phlogiston reichen reduzierenden Agens metallisches Quecksilber entstehe. Fast zur gleichen Zeit teilte K. W. SCHEELE brieflich L. eine Methode zur Herstellung von »reiner Luft« durch Erhitzen von Silbercarbonat mit, und J. PRIESTLEY informierte ihn darüber, daß er im Vorjahr durch Erhitzen von rotem Präzipitat eine neue Luftart dargestellt habe; 1775 identifizierte er diese als »dephlogisticated air«. L. bezeichnete nach eingehender Prüfung diese Luft nicht mehr wie bisher als besonders reine atmosphärische Luft, sondern als reinsten Bestandteil der Luft (air pur) oder als »eminent atembare Luft«, die in der atmosphärischen Luft nur zu etwa einem Fünftel enthalten ist. Diese Wandlung der Sichtweise war der Schlüssel zur Überwindung der Phlogistonlehre.

1775 wurde L. vom Finanzminister A. R. J. TURGOT unter LUDWIG XVI. zum wissenschaftlichen Dir. der Régie des Poudres et Salpêtres (Pulververwaltung) ernannt, nahm im Arsenal Wohnung und richtete dort ein erstklassiges Laboratorium ein, in dem er seine Experimente mit noch größerer Präzision fortsetzen konnte. Er bestimmte die »base« der »air pur« als entscheidenden Bestandteil aller Säuren, als säurebildendes Prinzip (principe oxigine, ab 1787 oxygène). Damit war der Begriff des elementaren Sauerstoffs eingeführt. Für die neue Theorie der Verbrennung, die auch die Vorgänge der »Verkalkung« von Metallen einbezog und von L. im »Mémoire sur la combustion en général« (1777) zusammenfassend dargestellt wurde, war die Verbrennung des von H. CAVENDISH entdeckten, als »inflammable air« bezeichneten und lange mit dem Phlogiston identifizierten Wasserstoffs ein schwieriges Problem. Die Auffassung vom Sauerstoff als säurebildendes Prinzip ließ ein saures Produkt erwarten, was sich jedoch durch Experimente nicht belegen ließ. Mittels eines von L. zusammen mit P.-S. LAPLACE gebauten neuartigen Verbrennungsapparats wurden im Sommer 1783 so große Mengen Sauerstoff und Wasserstoff zur Reaktion gebracht, daß ein ausreichendes Quantum des als Wasser identifizierten flüssigen Produkts anfiel. Von diesem Experiment berichtete CH. BLAGDEN der Pariser Akademie, sein Lehrer CAVENDISH habe durch Explosion einer Mischung von »inflammable air« und »dephlogisticated air« in einem geschlossenen Gefäß Wasser erhalten. Umgekehrt zerlegte L. Wasser mit Hilfe glühenden Eisens und baute mit J. B. M. MEUSNIER diese Experimente in praktischer Richtung aus, um ein Verfahren zur sicheren und billigen Herstellung großer Mengen Wasserstoff zu erhalten. Mit der von L. im November 1783 vor der Akademie abgegebenen Erklärung, Wasser sei kein Element, sondern eine Verbindung von »principe oxigine« und »principe inflammable aqueux« (letzteres wurde wenig später als hydrogen – Erzeuger des Wassers – bezeichnet) wurde die Hinwendung zur »antiphlogistischen« Chemie eingeleitet. Die Wärme- und Lichteffekte bei der Verbrennung wurden erklärt durch die Freisetzung von »caloric« aus der »air pur« bei der Verbindung ihres »principe oxigine« mit einer brennbaren Substanz, daher nahm der masselose Wärmestoff – ein phlogistisches Relikt – in L.s Elemententabelle eine Schlüsselstellung ein. 1786 griff L. mit »Réflexions sur la phlogistique« die Phlogistonlehre an. Trotz des Widerstandes konservativer Denker um J. C. DE LA MÉTHERIE konnte er in kurzer Zeit die bedeutendsten franz. Chemiker für seinen Standpunkt gewinnen. Gemeinsam mit DE MORVEAU, C. L. BERTHOLLET und A. DE FOURCROY ver-

A. Laurent

A.-L. Lavoisier

öffentlichte er 1787 die »Méthode de nomenclature chimique«, die eine gemäß den neuen theoretischen Positionen radikal rekonstruierte chemische Terminologie entwickelte. Die Namen der Verbindungen wurden von denen der in ihnen enthaltenen Elemente abgeleitet. Verbrennungsprodukte von Elementen hießen »oxydes«. Bereits 1788 erschien die 3. Auflage des verbreiteten Buches »Elémens d'histoire naturelle et de chimie« von FOURCROY in einer völlig auf die neue Terminologie umgestellten Version, und 1789 begründeten die Autoren der »Nomenclature« gemeinsam mit weiteren Gelehrten als Organ der »antiphlogistischen« Chemie die Ztschr. »Annales de chimie«. L. krönte sein Lebenswerk mit der Monographie »Traité élémentaire de chimie« (1789), in der eine geschlossene Darstellung des neu gewonnenen Standpunktes gegeben wurde. Die überlegene heuristische Potenz der neuen Denkweise in der Chemie äußerte sich im weiteren auf vielen Gebieten, in L.s eigenem Schaffen insbesondere noch in der von ihm unter Mitwirkung von LAPLACE und A. SEGUIN vorgenommenen experimentellen Grundlegung der quantitativen Physiologie, der Chemie und Energetik des tierischen Stoffwechsels.

L., ein Mann von hoher Selbstdisziplin, bewältigte in einem straffen Tagesablauf ein enormes Arbeitspensum. Er war ein Meister des ingeniösen Experiments und vor allem der exakten Meßkunst, der sich selbst eher als Physiker denn als Chemiker betrachtete. Lai

Literatur: Lavoisier, A.-L.: Œuvres, 6 Bde. (Paris 1862–1893), System der antiphlogistischen Chemie (Berlin 1792), Traité élémentaire de chimie (Neuausg. Paris 1937).

Daumas, M.: Lavoisier, théoricien et expérimentateur (Paris 1955); Dorfman, J. G.: Lavoisier (2. Aufl. Moskau 1962, russ.); Duveen, D. J., u. H. S. Klickstein: A Bibliography of the Works of Antoine Laurent Lavoisier (London 1964); Grimaux, E.: Lavoisier 1743–1794, d'après sa correspondance, ses manuscrits, ses papiers de famille et d'autres documents inédits (Paris 1888); Guerlac, H.: Lavoisier – The Crucial Year (Ithaca – New York 1961); Holmes, F. L.: Lavoisier and the chemistry of life: an exploration of scientific creativity (Madison, Wis. 1985); McKie, D.: Antoine Lavoisier (London – New York 1952); Szabadváry, F.: Antoine-Laurent Lavoisier (Leipzig 1987).

Lebedew (Lebedev), Sergej Wassiljewitsch, Chemiker, geb. 13.(25.) 7. 1874 Lubmin, gest. 2. 5. 1934 Leningrad.

L. führte bedeutende Untersuchungen über Polymerisationsreaktionen durch und begründete die erste großtechnische Kautschuksynthese.

L., Sohn eines Priesters, studierte 1895–1900 an der Univ. St. Petersburg (Leningrad) und arbeitete anschließend am Institut für Verkehrswesen in St. Petersburg. Nach einem kurzen Studienaufenthalt 1906 in Paris kehrte er an die Univ. St. Petersburg zurück, wo er 1913 promovierte und zum Privatdoz. ernannt wurde. Noch im gleichen Jahr erhielt L. den Lehrstuhl für organische Chemie am Petersburger Psychoneurologischen Institut. 1916 wurde er auf den Lehrstuhl für allgemeine Chemie an der Militärmedizinischen Akademie in Petrograd (Leningrad) berufen, den er bis zu seinem Lebensende inne hatte.

Aufbauend auf Arbeiten seines Lehrers A. J. Faworski, führte L. ab 1906 systematische Forschungen über die Polymerisation und Isomerisation ungesättigter Verbindungen durch, wobei er sich insbesondere mit Kohlenwasserstoffen der Butadienreihe und mit Allenen befaßte. L. untersuchte die Kinetik der Wärmepolymerisation, die Struktur der dimeren und polymeren Produkte sowie den Einfluß der Temperatur und der Struktur des Monomeren auf den Polymerisationsverlauf. Im Zusammenhang mit diesen Arbeiten gelang ihm 1910 die Polymerisation von Buta-1,3-dien zu einer kautschukartigen Verbindung.

Als die sowjet. Regierung 1926 im Rahmen ihres großen Industrialisierungsprogrammes einen Wettbewerb zur Gewinnung von synthetischem Kautschuk ausschrieb, gründete L. eine Arbeitsgruppe, die sich mit der technischen Realisierung der Polymerisation von Buta-1,3-dien und der Ausarbeitung eines billigen Syntheseverfahrens für das Monomere befaßte. Versuche, Buta-1,3-dien durch Pyrolyse von Erdöl zu gewinnen, führten nicht zum Erfolg. Es gelang L. jedoch, aufbauend auf Arbeiten I. I. Ostromyslenskis, ein geeignetes Verfahren zur Herstellung von Buta-1,3-dien aus Ethanol zu erarbeiten. Ethanol wurde in Gegenwart von Mischkatalysatoren erhitzt und dabei gleichzeitig einer Dehydratation und einer Dehydrierung unterworfen. Durch Polymerisation des Buta-1,3-diens in Gegenwart von Natrium erhielt L. ein hochmolekulares Produkt mit kautschukartigen Eigenschaften.

Unter maßgeblicher Beteiligung L.s bei der Lösung verfahrenstechnischer Probleme wurde 1930 eine Versuchsanlage zur Kautschuksynthese fertiggestellt und 1932 die erste großtechnische Anlage für Synthesekautschuk in der Welt in Betrieb genommen.

Neben den Arbeiten zur Kautschuksynthese führte L. ausgedehnte Untersuchungen über die katalytische Wirkung von aktivierter Floridaerde bei Polymerisationsreaktionen, insbesondere des Isobutens, durch. L. zeigte die Abhängigkeit der Eigenschaften des Polymerisats von der Temperatur, vom Aktivierungsgrad des Katalysators und von der Durchsatzgeschwindigkeit und legte damit wesentliche Grundlagen für die technische Herstellung von Polyisobutylen (Polyisobuten).

Darüber hinaus führte L. Untersuchungen über die katalytische Hydrierung ungesättigter Verbindungen durch. Er erforschte den Einfluß der Struktur ungesättigter Verbindungen auf die Geschwindigkeit und den Charakter der Hydrierung und leistete damit einen wichtigen Beitrag für die Entwicklung der technischen Katalyse. Ls

Literatur: Lebedev, S.V.: Žizn' i trudy (Leningrad 1938), Izbrannye raboty po organičeskoj himii (Leningrad 1958).

Arbusov, A. E. u. a.: Sergej Vasilevič Lebedev (Moskau, Leningrad 1949), Akademik Sergej Vasilevič Lebedev (Hrsg. Akad. Nauk SSSR, Moskau 1954); Garmonov, I. V. u. K. B. Piotrovskij: K 100-Letiû dnâ roždeniâ S. V. Lebedeva, in: Kaučuk i rezina (1947) 7, 1–4; Huhn, G.: Das Lebenswerk S. W. Lebedews, in: Z. Plaste u. Kautschuk 1 (1954), 146–149.

Lebesgue, Henri Léon, Mathematiker, geb. 28. 6. 1875 Beauvais (Frankreich), gest. 26. 7. 1941 Paris.

L. ist der Begründer der modernen Integrationstheorie. Er lieferte grundlegende Beiträge in der Theorie der Funktionen reeller Veränderlicher.

L. war der Sohn eines Druckereiarbeiters und einer Volksschullehrerin, die sich eine umfangreiche häusliche Bibliothek zugelegt hatten. Stipendien seines Geburtsortes ermöglichten ihm den Besuch höherer Schulen; 1894–1897 studierte er an der École Normale und blieb dort bis 1899 zu weiteren Studien als bibliothekarische Hilfskraft. Nach Promotion (1902) und Zwischenstationen in Rennes und Poitiers wurde L. 1910 als Lektor an die Sorbonne berufen. Im ersten Weltkrieg leitete L. eine mathematische Kommission im Forschungsbeirat des Kriegsministeriums und untersuchte ballistische Probleme. Zunächst (1919) Prof. an der Sorbonne, lehrte L. ab 1921 bis zum Ende seines Lebens als Prof. am Collège de France. Er erhielt zahlreiche hohe Ehrungen, 1922 wurde er Mitgl. der Académie des Sciences, 1930 auswärtiges Mitgl. der Royal Society.

An vielen Unzulänglichkeiten der klassischen Mathematik, z. B. in Differentialgeometrie und Riemannscher Integrationstheorie, erkannte L. die Notwendigkeit der Revision und Verallgemeinerung grundlegender mathematischer Begriffe. Nachdem L. an der École Normale Anregungen von É. Borel und R. L. Baire empfangen hatte, bereitete er neben seiner umfangreichen Lehrtätigkeit am Lyzeum von Nancy seine bedeutende Dissertation »Integral, Länge, Fläche« (1902) vor. Die nach einem Beispiel von V. Volterra (1881) mit dem Riemannschen Integralbegriff bekanntlich im allg. nicht lösbare Aufgabe, »eine Funktion zu finden, deren Ableitung bekannt ist«, führte L. 1902 zu seiner Verallgemeinerung des Integralbegriffs. Er zeigte z. B., »daß die notwendige und hinreichende Bedingung dafür, daß eine (als endlich vorausgesetzte) Ableitung ein Integral hat, darin besteht, daß ihre Stammfunktion von beschränkter Schwankung ist«. Diesen letzteren Begriff übernahm L. von P. Jordan, zudem beruhte auch L.s Definition der »meßbaren« Menge im $\mathbf{R}^n$ auf der Verbindung des (endlichen) Jordanschen Inhaltsbegriffs mit dem abzählbar additiven Maßbegriff von Borel: »Wir nennen diejenigen Mengen meßbar, deren äußere und innere Maße gleich sind« (1902). Diese Definition, die zur »Vervollständigung« des Borelschen Maßbegriffs im $\mathbf{R}^n$ führte, d. h., die jede Teilmenge einer Borelschen Menge von Maß 0 zu einer nach L. meßbaren machte, war durch L.s Streben nach Verwendung des Maßbegriffs in der Integrationstheorie motiviert. (Hier liegt auch die eigentliche Wurzel des späteren Streits mit Borel, dessen Prioritätsanspruch auf die Entdeckung des Maßbegriffs L. nicht in Zweifel zog.)

Eine (endliche) Funktion, deren Ordinatenmenge meßbar ist, nennt L. summierbar und bemerkt (1902): »Ich kenne keine Funktion, die nicht summierbar ist, ich weiß nicht, ob eine solche existiert.« Erst G. Vitali zeigte 1905 die Existenz solcher Funktionen, indem er eine nicht nach L. meßbare (beschränkte) Teilmenge des $\mathbf{R}^1$ aufwies. R. Solovay zeigte 1965, daß nach L. nicht meßbare Mengen nicht ohne Auswahlaxiom gewonnen werden können, und bestätigte damit die praktisch längst erwiesene Allgemeinheit und Tragfähigkeit des L.schen Begriffs der meßbaren Funktion (1903). Im Gegensatz zur Menge der nach Borel meßbaren Funktionen, die, wie L. 1905 zeigte, gleich der Menge der in der Baireschen Klassifikation erfaßten Funktionen ist, ist die Gesamtheit der nach L. meßbaren Funktionen abgeschlossen in dem Sinne, daß keine denkbare analytische Operation, kein Grenzprozeß aus ihr herausführt. Diese Gesamtheit bildete somit die geeignete Grundlage zur Herleitung allgemeiner, in der klassischen Analysis nicht erreichbarer Resultate, z. B. des nach L. benannten Hauptsatzes von der majorisierten Konvergenz einer Funktionenfolge, der die Vertauschung von Integrations- und Grenzprozeß ermöglichte und große Bedeutung in der Fourieranalysis erlangte. Diese Vorzüge beruhten letztlich auf der von Borel angeregten abzählbar-unendlichen Additivität des Maßbegriffs von L. – »die Allgemeinheit dieser Resultate führte zur Revolution in den Methoden der Analysis« (A. Denjoy). L.s einflußreiche »Vorlesungen zur

Integration« von 1904 resümieren die Resultate der Dissertation und bringen zusätzlich einen Beweis des Überdekkungssatzes für überabzählbare Überdeckungen. In einer Arbeit von 1910 gab L. eine Verallgemeinerung seiner Integrationstheorie auf den $\mathbf{R}^n$ und damit zugleich wichtige Anregungen für eine Maß- und Integrationstheorie in allgemeinen Räumen.

L.s Resultate wurden zunächst nur zögernd aufgenommen, erlangten aber dann hervorragende Bedeutung in zentralen Gebieten der Analysis (Integrationstheorie, Fourieranalysis, Funktionalanalysis, Wahrscheinlichkeitstheorie); ihre Bedeutung für die Analyse unstetiger und statistischer Phänomene der modernen Naturwissenschaft wurde bald offenbar. Obwohl L.s Hauptleistung eindeutig in der Theorie der reellen Funktionen liegt, seien ergänzend seine Arbeiten zu den direkten Methoden der Variationsrechnung (ab 1902) und über den Dimensionsbegriff in der Topologie erwähnt. L. hatte nicht wie BOREL den Drang zur Breitenwirkung und zu politischer Tätigkeit und erreichte auch dessen mathematische Vielseitigkeit nicht. Jedoch bewirkte L.s Streben nach Tiefe und absoluter Klarheit, daß die Integrationstheorie eine relative Abgeschlossenheit erreichte, der keine der BORELschen Leistungen standhalten kann. In späteren Jahren wandte sich L. insbesondere Problemen der Methodik des mathematischen Unterrichts zu und veröffentlichte einige mathematikhistorische Studien. Si

Literatur: Lebesgue, H. L.: Intégrale, longueur, aire, in: Annali di matematica 7 (1902), 231–359, Leçons sur l'intégration et la recherche des fonctions primitives (Paris 1904).

Dalen, D. van, u. A. F. Monna: Sets and integration. An outline of development (Groningen 1972); Denjoy, A., u. a.: Henri Lebesgue. Le savant, le professeur, l'homme, in: Enseignement mathématique (2), 3 (1957), 1–18; Young, W. H.: The progress of mathematical analysis in the twentieth century, in: Proceedings London Math. Soc. (2), 24 (1926), 421–434.

Leblanc, Nicolas, Arzt, Chemiker, geb. 6. 12. 1742 Ivoy-le-Pré (Frankreich), gest. 16. 1. 1806 St. Denis.

L. ist in die Geschichte insbesondere durch das von ihm entwickelte und nach ihm benannte Verfahren der Sodagewinnung aus Kochsalz eingegangen.

Nach dem frühen Tod des Vaters, eines Hüttendir., lebte L. bei einem befreundeten Chirurgen, der in ihm das Interesse am Studium von Medizin und Chemie weckte, das er seit 1759 an der École de Chirurgie in Paris absolvierte. Seit 1780 als Leibarzt des HERZOGS VON ORLÉANS tätig und befreundet mit dem Chemiker A. F. DE FOURCROY, setzte er auch in dieser Tätigkeit seine chemischen Studien und Experimente fort, die 1786/87 zu Publikationen über die Kristallisation von Salzen und 1802 zu einem Buch über das Phänomen der Kristallisation führten. Angeregt durch ein Preisausschreiben der Franz. Akademie zur Auffindung des technisch günstigsten Weges, Soda (Natriumcarbonat) »künstlich« aus Kochsalz (Natriumchlorid) herzustellen, griff L. dieses Problem der beginnenden industriellen Revolution auf. Die Ablösung der Hand- durch Maschinenarbeit in Fabriken hatte unter anderem zur sprunghaften Steigerung der Produktion von Textilien geführt, zu deren Veredlung die natürlichen Sodavorkommen in Menge und Qualität nicht ausreichten. Chemiker, wie A. L. DUHAMEL DU MONCEAU, F. DE MALHERBE, K. W. SCHEELE oder L. B. GUYTON DE MORVEAU, entwickelten entsprechende Verfahren, die jedoch unrentabel waren. L. knüpfte an die Methode von MALHERBE und J. C. DE LA MÉTHERIE an, indem er, wie diese, Natriumchlorid mittels Schwefelsäure in Natriumsulfat umwandelte und letzteres mit Kohle zu Natriumsulfid reduzierte. Dieser Schmelze setzte L. Kalk (Calciumcarbonat) zu – später schmolz er gleich Natriumsulfat mit Kalk und Kohle in einem Flammofen – und erhielt auf diese

S. W. Lebedew

H. L. Lebesgue

Weise Soda neben Calciumsulfid. Nach der Patentierung des Verfahrens 1791 gründete L. mit finanzieller Hilfe des HERZOGS VON ORLÉANS und unter Beteiligung des Chemikers M. J. J. DIZÉ eine Sodafabrik. Nachdem im Verlaufe der Franz. Revolution der Herzog 1793 hingerichtet worden war, wurde auch die Sodafabrik geschlossen. 1794 annullierte der »Wohlfahrtsausschuß« das Patent und teilte dessen Verfahren anderen Produzenten im Interesse der franz. Republik mit.

L. arbeitete seit 1794 als Verwalter der Pulver- und Salpeterfabrik im Arsenal. 1801 erhielten die ehemaligen Besitzer die Sodafabrik zurück. Hohe Verluste und Prioritätsstreitigkeiten führten jedoch zu keiner rentablen Produktion. Verarmt und erkrankt bereitete L. 1806 seinem Leben ein Ende. St

Literatur: Leblanc, N.: Mémoires sur la fabrication du sel ammoniac et de la soude (Paris 1798), De la cristallotechnie, ou sur les phénomenes de la cristallisation (Paris 1802).

Anastasi, A.: Nicolas Leblanc, sa vie, ses traveaux et l'histoire de la soude artificielle (Paris 1884).

Le Chatelier, Henri Louis, Chemiker, geb. 8. 10. 1850 Paris, gest. 17. 9. 1936 Miribelles-Échelles (Dep. Isère).

L. C. untersuchte auf thermodynamischer Grundlage den Einfluß von Druck und Temperatur auf chemische Gleichgewichtsreaktionen und abstrahierte daraus 1884 das Prinzip des kleinsten Zwanges.

Das Interesse von L. C. für Chemie und Mathematik wurde durch seinen Vater, einen Bergingenieur, geweckt. Während des Studiums an der Pariser École Polytechnique (1869) sowie an der dortigen École national Supérieure des Mines besuchte L. C. auch das Laboratorium von H. E. SAINTE-CLAIRE DEVILLE und hörte chemische Vorlesungen. 1874 erhielt L. C. die Lehrbefähigung für Physik und Chemie. In Paris wirkte L. C. ab 1877 als Prof. für allgemeine und industrielle Chemie an der École des Mines, an der École Polytechnique sowie am Collège des France. Ab 1889 war L. C. in Paris als Prof. für anorganische Chemie tätig und wurde 1907 Nachfolger von H. MOISSAN auf dem Lehrstuhl für allgemeine Chemie an der Pariser Sorbonne; diese Professur hatte L. C. bis zu seiner Emeritierung (1919) inne. Auch danach war er wissenschaftlich tätig, leitete bis zu seinem Tode die 1904 von ihm gegründete Ztschr. »Revue de Métallurgie« und übernahm 1925 eine Honorarprofessur. L. C. war Mitgl. zahlreicher internationaler und nationaler wissenschaftlicher Gesellschaften und Kommissionen, Träger höchster Orden und Auszeichnungen und erhielt fünf Ehrendoktorate.

Mit der sich in der 2. Hälfte des 19. Jh. kräftig entwickelnden chemischen Industrie erlangten produktionswirksame Erkenntnisse der chemischen Wissenschaft hohe gesellschaftliche Bedeutung; inbesondere die Ergebnisse der jungen physikalischen Chemie erwiesen sich als vielseitig anwendbar. Geprägt von der praxisbezogenen Denkhaltung der »École Polytechnique« wandte L. C. vor allem Erkenntnisse der chemischen Thermodynamik bei der Lösung chemisch-technischer Probleme an. So untersuchte er um 1880 mit Hilfe des Polarisationsmikroskops die Ursachen für die hydraulische Härtung von Zement. Auf dem Gebiet der Metallurgie und Metallographie gelangte L. C. zu neuen theoretischen Erkenntnissen über die Härtung des Stahls. L. C. entwickelte 1896 ein neuartiges Platin-Rhodium-Thermoelement sowie ein thermoelektrisches Pyrometer; durch Messung der elektrischen Leitfähigkeit ermittelte er die Zusammensetzung verschiedener Legierungen (1895–1901) und verbesserte die thermische Analyse. Zusammen mit F. E. MALLARD untersuchte L. C. die spezifische Wärme sowie den Flammpunkt von Gasen; dabei bestimmte L. C. deren Explosionsgrenzen sowie die Fortpflanzungsgeschwindigkeiten des Druckes bei der Verbrennung von Gasgemischen. Zu seiner bedeutendsten Aussage, zum Prinzip des kleinsten Zwanges, gelangte L. C. 1884 bei der Untersuchung des Einflusses von Druck und Temperatur auf chemische Gleichgewichtsreaktionen. Obgleich im letzten Drittel des 19. Jh. u. a. von VAN'T HOFF und J. W. GIBBS eine Reihe grundlegender Beiträge zur systematischen Erforschung chemischer Gleichgewichte auf thermodynamischer Grundlage erarbeitet worden waren, bildete das von L. C. aufgestellte Prinzip über die Abhängigkeit chemischer Gleichgewichte von äußeren Bedingungen einen Höhepunkt. Um die gleiche Zeit hatte auch der Tübinger Physiker F. BRAUN die Löslichkeit fester Stoffe in Abhängigkeit vom Druck untersucht und 1887 einen »Allgemeinen qualitativen Satz über Zustandsänderungen« formuliert, der dem von L. C. entwickelten Prinzip weitgehend entsprach. Während L. C. die Gültigkeit seiner Aussagen auf chemisch-stabile Gleichgewichte beschränkte, versuchte BRAUN, seine Erkenntnisse auch auf andere Systeme anzuwenden; deshalb wurde das von L. C. entwickelte Prinzip des kleinsten Zwanges auch als LE-CHATELIER-BRAUNsches Prinzip bezeichnet. Sz

Literatur: Le Chatelier, H. L.: Recherche experimentales sur la constitut. des ciments hydraul. (Paris 1887), Le Taylorisme (Paris 1934), De la méthode dans les sciences expérimentales (Paris 1936), La dissulation (Paris 1938).

Leeuwenhoek, Antoni van, Kaufmann und Naturforscher, geb. 24. 10. 1632 Delft, gest. 27. 8. 1723 Delft.

Durch große Geschicklichkeit bei der Herstellung von Einlinsenmikroskopen gelangen L. aufsehenerregende biologische Beobachtungen wie die Entdeckung von Mikroorganismen und der Spermatozoen, die auch die Theorienbildung beeinflußten.

L.s naturwissenschaftliche Leistungen waren durch seinen Bildungsgang und Beruf nur indirekt beeinflußt. Als Sohn eines Korbmachers, der 1638 starb, erwarb L. zunächst bei einem Onkel in Benthuyzen kaufmännische Kenntnisse sowie Kenntnisse in Mathematik, Werkzeugkunde und Dioptrik, die er im Textilhandel – ab 1648 als Buchhalter in Amsterdam, ab 1654 als selbständiger Tuchhändler in Delft – anwandte und später auch zu verschiedenen Nebenbeschäftigungen und in öffentlichen Ämtern nutzte. So fungierte er 1660 als »Bewahrer« der Delfter Juristenkammer, 1669 als Feldmesser, 1676 als Nachlaßverwalter des Malers J. VERMEER, 1677 als Gemeindevorsteher und 1679 als Eichmeister im Weinhandel. Die zur Qualitätsprüfung von Geweben (Fadenzählung) übliche Verwendung von Lupen regte ihn vermutlich zur Verbesserung dieser optischen Hilfsmittel an; die Technik zur Herstellung von Vergrößerungsgläsern wurde von den vielerorts in den Niederlanden ansässigen Linsenschleifern und Glasbläsern erlernt. Eine Reise nach London (1668), wo L. die »Micrographia« (1665) von R. HOOKE kennenlernte, deren zweite Auflage soeben (1667) erschienen war, veranlaßte ihn zur Beobachtung von Naturobjekten. Er hatte zunächst die Güte seiner Linsen mit den mikroskopischen Abbildungen von HOOKE verglichen, denn er knüpfte in seiner ersten Mitteilung (1673) an die Darstellung von Schimmelpilzen in HOOKES »Micrographia« an. L. konnte die Überlegenheit seiner Einlinsenmikroskope durch genauere Beschreibung der Fruchtkörper beweisen; während HOOKE nur die Sporangien abbildete, erkannte L. erstmals die Sporenbildung und beschrieb genau die Freisetzung der Sporangiosporen einer Mukorazeenart. Durch den in Delft wirkenden Arzt R. DE GRAAF wurden diese ersten Beobachtungen L.s an den Sekretär der Royal Society London geschickt und in deren »Philosophical Transactions« vom 19. Mai 1673 auszugsweise gedruckt. Gleichzeitig wurde L. ermutigt, weitere Entdeckungen fortlaufend nach London zu senden. 1674–1678 entstanden 27 briefliche Mitteilungen an die Royal Society mit exakten Beschreibungen verschiedenartiger Naturobjekte, neben Kristallen anorganischer Substanzen vor allem neuer Organismen wie Flagellaten und Ziliaten (Geißel- und Wimpertierchen), anderer Protozoen und Rotatorien sowie »levende Dierkens« im Sperma männlicher Wirbeltiere (»Samentierchen«). Der erste – in der von L. selbst in Niederländisch herausgegebenen Briefsammlung (1686) – gedruckte Brief enthielt eine aufsehenerregende Kalkulation über die Anzahl von Samentierchen in der Milch eines Kabeljaus, die HOOKE nachprüfte und bestätigte. In Anerkennung seiner Leistungen wurde L. 1680 Mitgl. der Royal Society und sandte noch 43 Jahre lang bis in sein 91. Lebensjahr seine Berichte nach London, teilte jedoch niemals das Herstellungsverfahren seiner Linsen mit. Er hinterließ etwa 400 Mikroskope, die meist aus je zwei kupfernen oder silbernen kleinen Platten bestanden, zwischen denen eine auf einem Metallplättchen eingelassene Linse befestigt war; von den nach dem Tod seiner Tochter 1747 versteigerten Mikroskopen blieben neun erhalten, deren Analyse ergab, daß die leistungsstärksten Linsen (266fache Vergrößerung und 1,4 µm Auflösungsvermögen) durch Schmelzen gewonnen wurden (van Zuylen 1981).

Die Anfänge der Mikroskopie vollzogen sich im 17. Jh. in England, den Niederlanden und Italien, wo durch die Erfordernisse der Seefahrt leistungsfähige Werkstätten für optische Geräte entstanden, die sich Physiker und Mediziner zunutze machten. L. ist einer der fünf »großen Mikroskopiker«, der zur gleichen Zeit wie sein Landsmann J. SWAMMERDAM, der Italiener M. MALPIGHI und die Engländer R. HOOKE und N. GREW den Fortschritt in der biologischen Erkenntnis des 17. Jh. bestimmten. Wenngleich L. kein Gelehrter wie diese war und an die biologischen Beobachtungen ohne Vorkenntnisse rein empirisch heranging, so ordneten sich seine Beobachtungen wichtigen zeitgenössischen Fragestellungen ein, die ihm durch vielfältige Kommunikation mit Gelehrten wie CONSTANTIJN und CHRISTIAAN HUYGENS neben denen der Royal Society in London bekannt wurden. Von theoretischer Bedeutung waren z. B. L.s mikroskopischer Nachweis des Blutkreislaufs durch die Kapillargefäße, wozu er besondere Geräte zur Lebendbeobachtung von Wassertieren erfand (»Aalkijker«), die Beschreibung der Insektenmetamorphose und des Zeugungsvorganges sowie vor allem die Entdeckung der Spermatozoen bei Wirbeltieren und Insekten, wodurch die »Präformationstheorie« eine Stütze und neue Aspekte erhielt, die G. W. LEIBNIZ – wie L. zu den »Animalkulisten« gehörend – philosophisch ausbaute. Sie beherrschte die Theorienbildung des 18. Jh. und wurde erst durch C. F. WOLFF in Frage gestellt. Andere Beobachtungen konnte das 17. Jh. noch nicht einordnen; so wurde L.s Entdeckung der Mund- und

H. L. Le Chatelier

A. van Leeuwenhoek

A.-M. Legendre

J. G. Lehmann

Darmbakterien, parasitischer Protozoen und Pilze, erst im 19. Jh. gewürdigt. Ja

Literatur: Leeuwenhoek, A. van: Ontledingen en Ontdekkingen ... (Leyden 1786), Opera omnia, seu Arcana Naturae ... (Leyden 1722), The collected letters/Alle de brieven, Tl 1 (Amsterdam 1939) und ff.

Dobell, C.: Antony van Leeuwenhoek and his »little animals« (London u. Amsterdam 1932); Ford, B. J.: The van Leeuwenhoek's specimen, in: Notes and Records of the Roy. Soc. London 36, Nr. 1 (1981), 37–59; Zuylen, J. van: The microscopes of Antoni van Leeuwenhoek, in: J. Microscopy 121, Pr. 3 (1981), 309–328.

Legendre, Adrien-Marie, Mathematiker, geb. 18. 9. 1752 Paris, gest. 9. 1. 1833 Paris.

L.s Hauptarbeitsgebiete waren die Himmelsmechanik (Einführung der nach L. benannten Polynome), die Variationsrechnung, die Ausgleichsrechnung, die Theorie der elliptischen Integrale, die Zahlentheorie, von den Grundlagen der Geometrie insbesondere die Theorie der Parallellinien.

Der junge L. erhielt eine sehr gute wissenschaftliche Ausbildung in Paris. 1775–1780 war er Lehrer für Mathematik an der École Militaire. Seit 1783 war L.s Lebensweg eng mit der Pariser Akademie verbunden, in die er als »adjoint mécanicien« gewählt wurde. 1813–1833 war er als Nachfolger von J. L. LAGRANGE Mitgl. des »Bureau des Longitudes«.

Anknüpfend an L. EULER und LAGRANGE beschäftigte sich L. mit wichtigen mathematischen Problemen, wurde in seinen Ergebnissen z. T. schon zu Lebzeiten von jüngeren Mathematikern überholt, soweit es die Aussagekraft und Abgeschlossenheit der Resultate und die Strenge der Beweise betrifft. 1785 erzielte L. erste interessante Beiträge zur Zahlentheorie: die Formulierung und der versuchte (aber wesentlich lückenhafte) Beweis des quadratischen Reziprozitätsgesetzes sowie die Formulierung des erst 1837 von G. DIRICHLET bewiesenen und heute nach diesem benannten »Primzahlsatzes«. In den Jahren zwischen 1786 und 1826 veröffentlichte L. wichtige Ergebnisse über elliptische Integrale; seine Darstellung wurde jedoch grundsätzlich von N. H. ABEL und C. G. J. JACOBI dadurch überholt, daß diese die doppelte Periodizität der Umkehrfunktionen der LEGENDREschen Integrale im Komplexen entdeckten (ab 1826). 1794 erschien L.s Lehrb. »Éléments de géométrie«, welches das Studium der Elementargeometrie für nahezu ein Jh. bestimmte und 1823 bereits in 12. Aufl. erschien. L. wies darin einwandfrei nach, daß sowohl die Kreiszahl π als auch π^2 Irrationalzahlen sind (mit Beweislücken schon 1761 von J. H. LAMBERT behauptet). Für L. war die EUKLIDische Geometrie die einzig gültige. 1798 gab er im »Essai sur la théorie des nombres« eine gründliche Darstellung der bis dahin erreichten Ergebnisse der Zahlentheorie; es war das erste Buch mit dem Begriff »Zahlentheorie« im Titel; das vielgelesene, mehrfach aufgelegte, auf Jahrzehnte hinaus einflußreiche Werk ist auch heute noch lesenswert. An Resultaten und Methoden wurde es jedoch bald durch die »Disquisitiones arithmeticae« von C. F. GAUSS (1801) völlig überholt. 1806 publizierte L. die Methode der kleinsten Quadrate, mit der er ebenfalls spätere Arbeiten von GAUSS vorwegnahm. L. war ein bemerkenswert fleißiger und gewandter Rechner, der seine Werke über elliptische Integrale mit umfangreichen Tabellen versah.

L. trug wesentlich zur raschen Förderung des jungen DIRICHLET 1825 in Paris bei, propagierte und kommentierte seit 1827 voller Enthusiasmus die Ergebnisse von JACOBI und ABEL. Neu

Literatur: Legendre, A.-M.: Éléments de géométrie, avec des notes (Paris 1794, 12. Aufl. 1823), dtsch Elemente der Geometrie (Hrsg. A. L. Crelle, Berlin 1822); Essai sur la théorie des nombres (Paris 1798, 2. Aufl. 1808, Suppléments 1816, 1825; 3. und 4. Aufl. unter dem Titel: Théorie des nombres, 2 Bde., Paris 1830 und 1855), dtsch Zahlentheorie, 2 Bde. (Hrsg. M. Masur, Leipzig 1886, 2. Aufl. 1893 nach der 3. Aufl. des Originals); Traité des fonctions elliptiques et des intégrales eulériennes, 3 Bde. (Paris 1825–1828); Mathematische Korrespondenz mit Jacobi, in: C. G. J. Jacobi, Gesammelte Werke, Bd. I (Berlin 1881, S. 386–461); Mathematische Korrespondenz mit Abel, in: N. H. Abel, Mémorial publié à l'occasion du centenaire de sa naissance (Oslo 1902).

Lehmann, Johann Gottlob, Mediziner, Chemiker und Geowissenschaftler, geb. 4. 8. 1719 Langenhennersdorf bei Pirna, gest. (11.) 22. 1. 1767 St. Petersburg (Leningrad).

Bleibende Verdienste erwarb sich L. durch seine geologischen Beobachtungen und Interpretationen der erdgeschichtlichen Entwicklung, insbesondere durch Erkenntnisse über Gesetzmäßigkeiten im Aufbau der Flözgebirge (Schichtgesteine).

Geboren als erstes Kind des Gutspächters MARTIN GOTTLOB L. und dessen Ehefrau JOHANNA THEODORA in der Gemeinde Langenhennersdorf im Kreis Pirna, übersiedelte die Familie 1723 nach Eckersdorf (heute Freital, Ortsteil Hainsberg), wo der Vater ein eigenes Gut angekauft hatte. Ab 1738 studierte L. Medizin an der Univ. Leipzig, 1739 in Wittenberg. Seine Promotion zum Dr. med. erfolgte 1741, danach ließ er sich in Dresden nieder. Hier betrieb L. neben seiner medizinischen Praxis geologisch-mineralogische und chemisch-metallurgische Studien, wie seine ersten Veröffentlichungen über den Plauenschen Grund bei Dresden (1749) und über Phosphor (1750) belegen. 1750 übersiedelte L. nach Berlin; er wurde zum Bergrat ernannt und in die Kgl. Ak. d. Wiss. 1754 aufgenommen. Im gleichen Jahr heiratete er MARIA ROSINA V. GRÜNROTH. Von Berlin aus reiste er im Auftrage der Regierung durch alle preußischen Provinzen, um die wirtschaftlichen und bergbaulichen Verhältnisse zu studieren. Trotz zahlreicher wissenschaftlicher und wirtschaftlicher Aktivitäten muß L. als (unbesoldetes) Mitgl. der Akademie unter finanziellen Schwierigkeiten gelitten haben, die durch den Siebenjährigen Krieg Preußens verstärkt wurden. 1761 nahm er deshalb einen Ruf als Prof.

der Chemie und Dir. des Kaiserlichen Naturalienkabinetts, verbunden mit der ordentlichen Mitgliedschaft der Ak. d. Wiss. in St. Petersburg, an, wo er mit einem Jahresgehalt von 1000 Rubeln wesentlich besser gestellt war als in Berlin. Hier arbeitete L. eng mit LOMONOSSOW zusammen, vor allem bei der Förderung von Bergbau und Hüttenwesen. L. gehörte zu den Initiatoren der Gründung des Bergkadetten-Korps (heutiges Gorny Institut) und war an der Etablierung und den Sitzungen der »Petersburger Freien Ökonomischen Gesellschaft« aktiv beteiligt. Er erwarb sich besondere Verdienste um die russ. Salzbergwerke und die Salzgewinnungsanlagen sowie um den Marmorabbau.

In der Mitte des 18. Jh. lagen geologische Detailbeobachtungen nur in geringem Maße vor. Eine Erklärung der Erdgeschichte, sofern eine solche über die biblischen Dogmen hinaus überhaupt versucht wurde, erfolgte meist auf spekulativer Basis. Bis auf wenige Ansätze – so bei LEONARDO DA VINCI oder NICOLAUS STENO – war der strukturelle Bau der Erdkruste, die Aufeinanderfolge bestimmter Schichten und der dieser Tatsache zugrunde liegende historische Aspekt nicht registriert worden. In dem von L. 1756 veröffentlichten Werk »Versuch einer Geschichte von Flötz-Gebürgen betreffend deren Entstehung, Lage, darinnen befindliche Metallen, Mineralien und Fossilien ...« werden die Ergebnisse gründlicher Naturbeobachtungen in den preußischen Provinzen dargestellt und für die damalige Zeit hervorragende Verallgemeinerungen hinsichtlich der Entstehung, Abfolge und Vergleichbarkeit schichtiger Gesteine getroffen. L. gibt Aufzählungen von Schichtenfolgen aus verschiedenen Gebieten, wobei sowohl selbst gewählte als auch dem bergmännischen oder Volksgebrauch entlehnte Gesteinsbezeichnungen herangezogen werden; für den Nordrand des Thüringer Beckens faßt L. seine Beobachtungen in einem Profilschnitt zusammen. Mit den Arbeiten L.s und seines Zeitgenossen FÜCHSEL begann in Deutschland die wissenschaftliche Behandlung geologischer Probleme. Die Bezeichnungen »Ganggebirge« und »Flözgebirge« sowie die Altersbezeichnungen dieser Einheiten kennzeichneten bereits den generellen tektonischen Stockwerksbau Mitteleuropas in Grund- und Deckgebirge. Die Reihenfolge der Schichten im Flözgebirge diente als Grundlage künftiger stratigraphischer Arbeiten, wie sie vor allem von FÜCHSEL durchgeführt wurden.

Neben seinem geologischen Hauptwerk über die Flözgebirge hat L. in zahlreichen anderen Publikationen seine analytischen Fähigkeiten, sein Beobachtungs- und Abstraktionsvermögen unter Beweis gestellt. Erwähnt sei sein »Entwurf einer Mineralogie« (1758), mit dem er an die Systeme von LINNÉ, WALLERIUS, HENCKEL und JUSTI anschließt. In einer kleinen Schrift »Physicalische Gedancken von denen Ursachen derer Erdbeben ...« (1757) wurden zwar keine prinzipiell neuen Erkenntnisse über die Ursachen der Erdbeben (Feuer, Wasser, Luft) ausgedrückt, jedoch hinsichtlich der Fortpflanzung der Beben äußerte L. aufgrund seiner Kenntnis über Klüfte und Spalten im Untergrund sehr moderne und richtungweisende Gedanken.

Den guten Ruf unter seinen Zeitgenossen, der ihm schließlich auch die Berufung nach St. Petersburg einbrachte, verdankte L. nicht so sehr seinen geologisch-mineralogischen Arbeiten, sondern denen auf dem Gebiet der Chemie und Metallurgie. Seine theoretischen Vorstellungen von der Chemie sind in der »Abhandlung von den uranfänglichen Theilen der Körper« (1751) niedergelegt, mit denen er sich stark an BECHER und STAHL anschloß. Selbständigere Gedanken äußerte er in seinem Werk über die »Metall-Mütter« (1753). Wissenschaftlichen Ruhm und den Preis der »Londoner Gesellschaft zur Förderung der Künste ...« erlangte L. mit seiner Abhandlung »Cadmologia« (1760), die dem Vorkommen, den Eigenschaften und der Verwendung von Cobalt gewidmet ist.

Mit seinen chemischen und metallurgischen Schriften reiht sich L. in die Reihe der für die Entwicklung der Chemie bedeutsamen Naturforscher des 18. Jh. ein. Die in seinen geologischen Schriften, besonders aber in seiner »Geschichte von Flötz-Gebürgen ...« zum Ausdruck kommende Art der Beobachtung und Deutung von Gesteinsabfolgen als Produkte erdgeschichtlicher Entwicklung eröffnete neue Dimensionen der wissenschaftlichen Erdbetrachtung. Mit dieser Schrift entwickelte L. das von STENO 100 Jahre zuvor begründete neue geologische Denkmodell weiter und gab einen wesentlichen Anstoß für die Entwicklung der Geologie in Deutschland. Ma

Literatur: Lehmann, J. G.: Abhandlung von den uranfänglichen Theilen der Körper ..., in: Physikal. Belustigungen, Berlin 1 (1751) 3, 200–227, Abhandlung von den Metall-Müttern und der Erzeugung der Metalle ... (Berlin 1753), Versuch einer Geschichte von Flötz-Gebürgen ... (Berlin 1756), Physicalische Gedanken von denen Ursachen derer Erdbeben ... (Berlin 1757), Kurzer Entwurf einer Mineralogie ... (Berlin 1758), Cadmologia oder Geschichte des Farben-Kobolds ... (Berlin 1760).

Barhatova, N. N., u. N. M. Raskin: Die Petersburger Periode der wissenschaftlichen Tätigkeit J. G. Lehmanns, in: Z. geolog. Wiss., 4 (1976) 3, 529–534; Freyberg, B. v.: Johann Gottlob Lehmann (1719–1767). Ein Arzt, Chemiker, Metallurg, Bergmann, Mineraloge und grundlegender Geologe (Erlangen 1955); Prescher, H.: Johann Gottlob Lehmann (1719–1767), in: Sächs. Heimatblätter, Berlin 15 (1969), 274–277, Johann Gottlob Lehmann (1719–1767), in: Der Anschnitt, 19 (1967) 3, 9–18; Watznauer, A.: Das geologische Weltbild G. C. Füchsels (1722–1773), J. G. Lehmanns (1719–1767) und C. E. A. von Hoffs (1771–1837) und seine Nachwirkungen bis zur Gegenwart, in: Z. geolog. Wiss., 8 (1980) 1, 63–72.

Leibniz, Gottfried Wilhelm, Philosoph, Mathematiker und Naturforscher, geb. 1. 7. 1646 Leipzig, gest. 14. 11. 1716 Hannover.

Als universeller Gelehrter nimmt L. in der Geschichte des philosophischen Denkens, in der Geschichte der Mathematik, der theoretischen Logik, der Mechanik, der Naturwissenschaften ebenso wie in Theologie und Geschichtswissenschaft eine hervorragende Stellung ein. Daneben trat er aktiv handelnd in Politik und Wissenschaftsorganisation sowie als Förderer von Technik und Produktionsverfahren hervor. L. zählt zu den bedeutendsten Gestalten der frühbürgerlichen europ. Kultur und Wissenschaft.

Als Sohn eines Leipziger Universitätsprof. erwarb sich L. in der vorzüglichen väterlichen Bibliothek schon als Kind autodidaktisch weitreichende Sprach- und Literaturkenntnisse, bezog 15jährig als Student der Rechte die Univ. Leipzig, wurde 1664 Magister und promovierte, nach zwischenzeitlichem kurzem Studium in Jena bei dem Mathematiker E. WEIGEL, 20jährig an der Univ. Altdorf (nahe Nürnberg) zum Doktor beider Rechte. L. schlug die ihm angebotene akademische Laufbahn aus, die seinen weitgespannten Interessen, zumal im kriegszerstörten Deutschland, nicht entsprach. Im diplomatischen Auftrag des Mainzer Kurfürsten gelangte L. Anfang 1672 nach Paris, unternahm von dort Reisen unter anderem nach London und eignete sich in einem Sturmlauf ohnegleichen die fortgeschrittene Wissenschaft Westeuropas, insbesondere die Mathematik, an, beraten unter anderem durch CHR. HUYGENS. Nach Erlöschen seines diplomatischen Auftrags konnte L. in Paris keine Anstellung finden, auch die Hoffnung auf die mit einem guten Gehalt verbundene Mitgliedschaft der Pariser Akademie schlug fehl. Schließlich trat er als Bibliothekar und juristischer Berater in den Dienst des Herzogs von Hannover. Im Oktober 1676 mußte L. endgültig Paris verlassen und reiste über London und die Niederlande nach Hannover.

Nach dem Tode des Herzogs (1679) wurden durch Unverständnis von dessen Nachfolgern die Arbeitsverhältnisse für L. zunehmend unerquicklich. Mit nebensächlichen Aufträgen belastet, hat L. in unermüdlicher Tätigkeit dennoch Bleibendes in Philosophie, Mathematik und Naturwissenschaften bis hin zur Wissenschaftsorganisation geleistet, wenngleich er einige große Vorhaben nicht vollenden konnte. Unverheiratet geblieben, von Krankheit gezeichnet, starb L. in Einsamkeit, ohne die verdiente Anerkennung gefunden zu haben.

Die drei großen philosophischen Hauptarbeitsgebiete von L. waren Erkenntnistheorie, Kausalitätsproblem und Monadenlehre; letztere war bis zum gewissen Grade die naturphilosophische Ausgangsposition für die Einzelbeiträge, die L. zur Mathematik und zu den Naturwissenschaften geleistet hat. L. verwarf die im 17. Jh. wiederbelebte materialistisch orientierte Atomistik, weil diese die Atome als passive letzte Bausteine der Materie betrachtete; er beschreibt seine Monaden zwar auch als unteilbare letzte Teilchen der Welt, die aber, beseelt und aktiver Handlung fähig, das Universum widerspiegeln und hierarchisch geordnet das System der Welt formen. Substanz ist nach L. nicht lediglich passiv, sondern Aktivität ist die Haupteigenschaft der Substanz.

Bei L., der sich terminologisch an G. Bruno anschloß, unterscheiden sich die Monaden primär durch den unterschiedlichen Grad der Bewußtheit der Wahrnehmung; daraus leitete er eine Seinspyramide ab: Unbewußte Monaden bilden das Anorganische und die Pflanzenwelt als unterste Stufe; es folgen die Monaden der Tierwelt, ausgestattet mit Empfindung, Anschauung und Gedächtnis, darauf die Menschenmonaden mit der Fähigkeit zu aktivem Bewußtsein. Die oberste Monade als Ausdruck der Vollkommenheit und des höchstmöglichen Grades von Bewußtheit steht für Gott. Nach L. hat Gott die Monaden so geschaffen, daß jede in sich die Gesetzmäßigkeiten ihrer eigenen Entwicklung trägt und sich individuell gemäß ihrem Platz im Monadengefüge entfaltet. Zur Monadenlehre tritt die Auffassung, daß die Abläufe aller Vorgänge in den verschiedenen Bereichen der Welt gemäß der Konstruktion durch Gott synchron erfolgen, »prästabiliert harmonisch« aufeinander abgestimmt sind; auf diese Weise suchte L. das Leib-Seele-Problem zu lösen und die Kausalität des Weltgeschehens zu erklären.

In die Grundlagen der Mathematik, der Naturwissenschaft und in die mechanistische Philosophie des R. Descartes wurde L. durch Weigel in Jena eingeführt. Aber erst die Pariser Zeit ermöglichte ihm, auch die fortgeschrittene Mathematik (vertreten z. B. durch Chr. Huygens, B. Pascal, H. Fabri, R. Descartes, J. Wallis, J. Gregory, I. Newton, J. Pell) zu studieren. Anfangs (1672/73) erzielte L. einige Erfolge bei der Summation unendlicher Reihen (z. B. die Summe der reziproken Dreieckszahlen), wurde 1673 mit Pascals Schrift über die Kreisquadratur bekannt und erkannte dort die Bedeutung des heute als »charakteristisches Dreieck« bezeichneten Dreiecks beim Differenzenquotienten für das Tangentenproblem im allgemeinen Fall für alle Kurven. Im Oktober 1675 faßte L. die entscheidenden Grundgedanken seiner Infinitesimalmathematik (Calculus genannt), erkannte den gegenseitigen Zusammenhang von Quadratur und Tangentenproblem (Integration und Differentiation). Erst von Hannover aus, seit 1682 die Leipziger »Acta Eruditorum« zu erscheinen begonnen hatten, konnte L. Teilergebnisse des Calculus publizieren, so 1682 die Reihe für $\pi/4$, das Konvergenzkriterium für alternierende Reihen, 1684 Ergebnisse zur Differentialrechnung (erstmals das Zeichen d im Druck, Differentiationsregeln bis hin zur Kettenregel, Bedingungen für Extremwerte und Wendepunkte), 1686 Grundregeln der Integralrechnung (Zeichen $\int$ erstmals im Druck). Später fand L. noch tiefliegende Einzelergebnisse, z. B. gliedweise Integration bei einer unendlichen Reihe, Integration einiger Klassen von Differentialgleichungen, Berührung von Kurven und Theorie der Enveloppen, Anwendung der Infinitesimalmathematik auf physikalische Probleme (Belastung eines Balkens, das zweckmäßigste Maß der physikalischen Kraft, Fallbewegung in widerstrebenden Medien, Isochrone, Kettenlinie u. a. m.). Gegen Ende seines Lebens sah sich L., ebenso wie Newton, in einen von den jeweiligen Anhängern erbittert geführten Streit um die Priorität der Erfindung der Infinitesimalrechnung verwickelt. Heute steht fest, daß der Calculus von L. und die Newtonsche Fluxionsrechnung unabhängig voneinander erfunden worden sind.

Der Gebrauch des Wortes Funktion als mathematischer Terminus geht auf L. zurück. Hatte L. anfangs von »relatio« (Beziehung) zwischen Ordinaten und Abszissen gesprochen, verwendete er bereits 1692 und 1694 den Begriff Funktion. Der Briefwechsel zwischen L. und Johann Bernoulli (1694–1698) legte den Funktionsbegriff (Bernoulli) und die Begriffe Konstante, Variable, Koordinate, Parameter sowie algebraische und transzendente Funktion (Leibniz) fest. Obgleich L. nicht mehr zu der ihm vorschwebenden systematischen Darlegung der Infinitesimalrechnung gekommen ist und der von ihm verwendete Differentialbegriff (ebenso wie der Begriff Fluxion bei Newton) mit begrifflichen Schwierigkeiten belastet blieb, setzte sich die Infinitesimalmathematik in der Terminologie und Symbolik von L. auf dem Kontinent überaus rasch durch. In den Händen von Johann und Jakob Bernoulli erwies sich ihre Leistungsstärke, nicht zuletzt wegen der geschickten Bezeichnungsweisen. L., der die Rolle einprägsamer mathematischer Zeichenschrift klar erkannt hat, gehört zu den Schöpfern der modernen mathematischen Symbolik. Neben dem Differentialzeichen d und dem Integralzeichen $\int$ gehen die Verwendung von Indizes und Doppelindizes, die Proportionenschreibweise sowie eine Art Determinantenschreibweise u. a. m. auf L. zurück.

Die Idee einer Begriffsschrift (arithmetica universalis), mit der es (einer Vorstellung des mittelalterlichen Denkers R. Lullus folgend) möglich wäre, aus allen denkmöglichen Aussagen, die durch Kombination der die Begriffe symbolisierenden Buchstaben gebildet werden können, die richtigen Aussagen durch eine Art von Algebra herauszufinden, d. h. die wahren Sachverhalte durch Rechnung aus den denkmöglichen auszusondern, hatte L. schon in der Jugend vorgeschwebt. Diese Idee, die, wie der Nachlaß erweist, teilweise sogar durchgeführt war, enthält echte Elemente einer mathematischen Logik.

Nach W. Schickard und B. Pascal gehört auch L. zu den Wegbereitern der Konstruktion von Rechenmaschinen; L. hatte 1672 durch einen Pariser Mechaniker ein erstes Modell anfertigen lassen, in einem Wettbewerb vor der Royal Society Mitte Februar 1673 erwies sie sich gegenüber einer konkurrierenden Maschine des Engländers S. Morland im Prinzip überlegen; sie konnte Multiplikationen und Divisionen ausführen, versagte aber wegen mangelhafter technischer Ausführung. Erst 1674, wieder in Paris, machte L. die entscheidende Entdeckung der Staffelwalze, mit der die Übertragung von Zahlenwerten in eine andere Dezimalstelle vorgenommen werden konnte. L. verdankte es dem franz. Feinmechaniker Olivier, daß noch 1674 ein funktionierendes Exemplar vollendet werden konnte. L. war sich der Bedeutung des binären Zahlensystems bewußt, eine entsprechende Abhandlung erschien 1697.

Mit einer 1686 publizierten Arbeit griff L. in die Diskussion um das wahre Maß der Kräfte ein. Er behauptete – gegen NEWTON –, daß die Größe einer Kraft durch das Produkt aus Masse und Geschwindigkeitsquadrat (der doppelten kinetischen Energie in modernem Sprachgebrauch) gemessen werde; es folgte 1695 eine weitere Arbeit, die einen der heutigen Physik allerdings nicht entsprechenden Unterschied zwischen lebendigen und toten Kräften machte. Trotz der damaligen Unklarheiten im Sprachgebrauch des Wortes »Kraft« hat sich L. doch einer Vorform des Energieerhaltungssatzes (beim unelastischen Stoß) genähert.

Ende der 60er Jahre, vor dem Pariser Aufenthalt, war L. in Nürnberg Mitgl. des Bundes der Rosenkreuzer geworden und nahm an deren alchemistischen Experimenten und Studien regen Anteil. Während seines Englandaufenthalts (1673) war L. häufiger Gast bei chemischen Experimenten von R. BOYLE. Von Hannover aus bemühte er sich um H. BRAND, den Entdecker des Phosphors, und führte eine rege Korrespondenz mit dem Hallenser Medizinprof. F. HOFFMANN über Heilmittel.

Durch Vermittlung der hannoverschen Prinzessin SOPHIE CHARLOTTE, der späteren Königin von Preußen, wurde auf L.' Betreiben in Berlin eine Societät der Wissenschaften gegründet, aus der die heutige AdW in Berlin hervorgegangen ist. Pläne zur Errichtung weiterer Akademien in Wien und Dresden zerschlugen sich. Dagegen nahm L., der mit ZAR PETER I. dreimal persönlich zusammentraf, wesentlichen Einfluß auf Struktur und Aufgaben der 1724 in St. Petersburg gegründeten Akademie sowie auf die Erforschung und Erschließung des riesigen russ. Reiches. – L. war Mitgl. der Royal Society, der Pariser Akademie, erster Präsident der Berliner Akademie und russ. Staatsrat. Wu

Literatur: Leibniz, G. W.: Sämtliche Schriften und Briefe (hrsg. von der Ak. d. Wiss. zu Berlin, Berlin 1923ff; hrsg. von der DAdW 1957ff), Mathematische Schriften, 7 Bde. (Hrsg. C. J. Gerhardt, Berlin/Halle 1849–1863), Über die Analysis des Unendlichen (Hrsg. G. Kowalewski, in: Ostwalds Klassiker der exakten Wissenschaften, Nr. 162, Leipzig 1908).

Hofmann, J. E.: Die Entwicklungsgeschichte der Leibnizschen Mathematik während des Aufenthaltes in Paris (1672–1676) (München 1949); Juschkewitsch, A. P.: Gottfried Wilhelm Leibniz und die Grundlagen der Infinitesimalrechnung, in: Akten des Int. Leibniz-Kongresses (Wiesbaden 1969); Seidel, W.: Gottfried Wilhelm Leibniz (Leipzig/Jena/Berlin 1975).

Lejeune Dirichlet, → Dirichlet.

Lemery, Nicolas, Apotheker und Chemiker, geb. 17. 11. 1645 Rouen, gest. 19. 6. 1715 Paris.

L. ist vor allem bekannt durch die Abfassung eines der ersten Lehrb. der Chemie, den »Cours de chymie« (Übersetzungen ins Englische, Deutsche, Italienische, Lateinische) sowie durch die Erarbeitung lexikalischer pharmazeutischer Werke.

Als Sohn eines Hugenotten, der am Parlament der Normandie tätig war, bekannte sich auch L. zum Protestantismus, was ihm berufliche Nachteile brachte. Nach einer Apothekerlehre 1660–1666 arbeitete L. in Paris zunächst bei C. GLASER am Jardin du Roi chemisch. Er bildete sich dann autodidaktisch weiter durch Studien in Lyon, Genf und Montpellier, wo er von 1668–1671 blieb und selbst chemische Vorlesungen hielt. 1672 nach Paris zurückgekehrt, wurde er zwei Jahre später Kgl. Hofapotheker und hielt chemische Privatvorlesungen, für die er 1675 seinen »Cours de chymie« schrieb. Die sich in den 80er Jahren ausbreitende religiöse Intoleranz zwang L. 1681, seine Apothekerstelle aufzugeben. 1683 nach England ausgewandert, kehrte er im selben Jahr wieder zurück und erwarb an der Univ. Caen den Dr. med. Er arbeitete als Arzt in Paris, bis ihm die Aufhebung des Edikts von Nantes 1685 die Ausübung von Praxis und Lehre untersagte. Wirtschaftlich ruiniert, trat er 1686 zum Katholizismus über und durfte seine Arbeit wieder aufnehmen. 1699 wurde er Mitgl. der franz. Akademie der Naturwissenschaften.

Beeinflußt von den Theorien von R. DESCARTES und P. GASSENDI über den korpuskularen Bau der Materie ging L. in seinen theoretischen Ansichten einen Kompromiß zwischen den überlieferten, aber von R. BOYLE verworfenen chemischen Lehren der Vergangenheit (Lehre von den 4 Elementen und 3 Prinzipien) und dessen neuen Vorstellungen ein, in denen die qualitativen Unterschiede der Stoffe allein auf unterschiedliche Größe und Struktur einer stofflich einheitlichen Materie zurückgeführt wurden. Nach L. gibt es 5 »Principia«: Spiritus, Öl (Schwefel), Salz, Wasser und Erde, die in allen 3 Naturreichen als letzte Bausteine der Stoffe gefunden werden. Ihre Mischungen bilden die verschiedenen Verbindungen, die von unterschiedlicher Struktur sind. So weisen alle Säuren »Spitzen« auf, die sich in die »Poren« der Alkalien einlegen und dadurch ihren sauren Charakter verlieren, weil der »spiritus acidus seine Spitzen bei der gebrauchten Kraft abgebrochen« hat und »auch die so durchdringende Figur und Kraft, die sie erst hatten«, verloren gegangen sind. L. hat trotz der historischen Beschränktheit damit Modellvorstellungen über chemische Umwandlungen geschaffen, die unter anderem von G. E. STAHL in dessen Phlogistonlehre weiter durchgebildet wurden.

1697 schuf L. eine Pharmacopoe mit einem pharmazeutischen Lexikon sowie ein Buch über einfache Drogen; seine Werke wurden vielfach übersetzt. St

Literatur: Lemery, N.: Pharmacopée universelle (Paris 1697), Traité universel des drogues simples, dtsch Vollständiges Materialienlexikon (Leipzig 1721), engl. A complete history of drugs (London 1748), Cours de chymie (Paris 1675 und später), engl. A Course of Chemistry (1677 und später), dtsch Der vollkommene Chymist (Dresden, Leipzig 1698, 1734, mit Zusätzen von J. Ch. Zimmermann 1754).

Lenard, Philipp, Physiker, geb. 7. 6. 1862 Preßburg (Bratislava), gest. 20. 5. 1947 Messelhausen (Baden).

L. zählt zu den bedeutendsten Experimentatoren an der Wende vom 19. zum 20. Jh. Seine Katodenstrahlexperimente und seine Entdeckung, daß Katodenstrahlen aus der Entladungsröhre herausgeführt werden können und als Sonde für das Studium der Mikrostruktur der stofflichen Materie anwendbar sind, leiteten unmittelbar zur modernen Atomphysik des 20. Jh. über. Für diese Arbeiten wurde L. der Nobelpreis für Physik des Jahres 1905 verliehen.

Als Sohn eines Weinhändlers geboren, sollte L. eigentlich den väterlichen Betrieb weiterführen. Sein schon in der Jugend ausgeprägtes Interesse für Naturwissenschaften ließ ihn jedoch gegen den Widerstand der Familie eine wissenschaftliche Laufbahn einschlagen. Nach kurzen Studienaufenthalten in Budapest und Wien ging er 1883 nach Deutschland, wo R. BUNSEN und G. QUINCKE in Heidelberg und H. v. HELMHOLTZ in Berlin seine Lehrer wurden. 1886 promovierte L. bei QUINCKE, dessen Assistent er auch für die folgenden drei Jahre wurde. 1890 weilte er zu einem Studienaufenthalt in England, bevor er eine Assistentenstelle in Breslau (Wrocław) übernahm. Ebenfalls als Assistent war er von 1891 bis 1894 Mitarbeiter von H. HERTZ in Bonn. Zum Herbstsemester erhielt L. seine erste Berufung als ao. Prof. in Breslau. Jedoch behagte dem leidenschaftlichen Experimentator diese Stellung ganz und gar nicht, denn als Extraordinarius hatte man zu jener Zeit die theoretische Physik zu betreuen und verfügte zudem über keine eigenen Experimentiermöglichkeiten, was in den ohnehin begrenzten Breslauer Verhältnissen besonders gravierend

G. W. Leibniz

N. Lemery

Ph. Lenard

J. J. E. Lenoir

war. Schon im folgenden Jahr kündigte er deshalb das Amt und ging wiederum als einfacher Assistent an die TH Aachen. Die weiteren Stationen von L.s akademischer Laufbahn waren Heidelberg (1897, ao. Prof.), Kiel (1898, o. Prof. und Institutsdir.) und schließlich wieder Heidelberg, wo er 1907 die Nachfolge QUINCKES als Prof. und Dir. des physikalischen und radiologischen Instituts der Univ. antrat. L. wirkte in ausgefeilten Experimentalvorlesungen »wie ein Priester der Physik« auf seine Studenten und vermochte für das Fach zu begeistern. Eine Physikerschule begründete er indes nicht: »sein Grundfehler war, daß er nicht die Selbständigkeit der Doktoranden weckte, sondern nur die strikte Ausführung seiner Anordnungen verlangte« (C. RAMSAUER).

L.s wissenschaftliches Schaffen ist von außerordentlicher physikalischer Universalität gekennzeichnet. Diese reicht von den schon in der Jugend gemeinsam mit seinem Lehrer betriebenen Untersuchungen zur Phosphoreszenz über seine fundamentalen Katodenstrahlexperimente und deren Anwendung auf das Studium der Materiestruktur bis hin zur Aufklärung des lichtelektrischen Effektes. Durch H. HERTZ wurde L. darauf aufmerksam gemacht, daß Katodenstrahlen dünnste Metallfolien zu durchdringen vermögen. L. erkannte, daß damit dem Physiker eine Möglichkeit gegeben wurde, die Katodenstrahlen auch außerhalb ihrer komplizierten Erzeugungsbedingungen zu untersuchen. Bereits nach wenigen Wochen war das »LENARDfenster« entwickelt, eine Aluminiumfolie, die an dem einen offenen Ende der Entladungsröhre aufgeklebt wird und durch die die Katodenstrahlen in die freie Luft oder in einen anderen evakuierten Raum hinausgeführt werden können. Umfangreiche Experimente schlossen sich dieser Erfindung an: Vom dünnsten Gas bis zum dichtesten Metall wurde das Absorptionsvermögen für Katodenstrahlen analysiert und auch in den seit langem schwebenden Streit über die Wellen- oder Teilchennatur der Strahlen klärend eingegriffen. L. erkannte, daß diese Strahlen »etwas außerordentlich Feines«, und zwar kleinste negative Partikeln, sind. Bei der Messung des Quotienten aus Ladung und Masse jener Teilchen kam ihm der engl. Physiker J. J. THOMSON zuvor.

Bei seinen systematischen Untersuchungen über die Schwächung der Strahlen durch Materie stellte L. fest, daß das Absorptionsvermögen allein von der Masse der durchsetzten Schicht abhängt und unabhängig von Zusammensetzung und Aggregatzustand ist. In diesem Zusammenhang wies er auf die Möglichkeit hin, »mit Hilfe dieser Strahlen Auskünfte über die Beschaffenheit der Moleküle und Atome (zu erhalten)«. Seine diesbezüglichen Forschungen erbrachten die Erkenntnis, daß das Atom nicht die kompakte elastische Kugel der kinetischen Gastheorie, sondern ein System allerkleinster Kraftzentren und sehr großer leerer Zwischenräume ist. Diese LENARDschen »Dynamiden« waren ein wichtiger Vorläufer auf dem Wege zum RUTHERFORDschen Atommodell.

Auch L.s Forschungen zum lichtelektrischen Effekt wiesen ihn als Wegbereiter der modernen Physik aus. Anknüpfend an Arbeiten von H. HERTZ und W. HALLWACHS erkannte er, daß in der Photozelle langsame Katodenstrahlen erzeugt werden. Zwischen 1899 und 1902 bewies er experimentell, daß mit steigender Lichtintensität wohl die Menge der befreiten Elektronen, nicht aber deren Geschwindigkeit wächst. Diese letztere bleibt ganz unverändert, nur mit der Wellenlänge des wirkenden Lichts ändert sie sich. A. EINSTEIN deutete dann wenige Jahre später diese Erscheinung mit Hilfe der Lichtquantenhypothese.

Wesentliches zur Entwicklung des Quantenkonzeptes trug L. auch mit seinen eingehenden Untersuchungen zur Phosphoreszenz bei. Letztere kennzeichnete er nicht nur als einen an kleinste metallische Beimengungen gebundenen Vorgang, sondern er vertrat zugleich die Ansicht (1910), daß für die Anregung eines Atoms zum Leuchten notwendig ist, ein Elektron abzugeben, bei dessen Rückkehr das Licht ausgestrahlt wird.

Trotz solchermaßen herausragender Verdienste um die Quantenphysik hat sich L. seit 1910 in zunehmendem Maße gegen die modernen Entwicklungen in der Physik gestellt. Der Experimentalphysiker L. konnte und wollte dem Höhenflug der theoretischen Physik im 20. Jh. nicht mehr folgen, wodurch er in seiner zweiten Lebenshälfte in eine physikalische Außenseiterrolle gedrängt wurde. Mit dem Rückgang an wissenschaftlicher Produktivität einher ging ein Engagement in politischen Fragen. L.s extremer Nationalismus und Antisemitismus arteten in den 20er Jahren unter anderem in eine erbitterte Gegnerschaft zu A. EINSTEIN aus, dessen Relativitätstheorie er als »Blendwerk« und »jüdisches Rechengetue« diffamierte. Der modernen, seiner Ansicht nach »jüdischen« Physik stellte L. die pragmatische, dem Experiment Rechnung tragende »Deutsche Physik« entgegen. In der Zeit des Nationalsozialismus, zu dessen frühen Anhängern L. gehörte, war diese »Deutsche Physik« Teil der Rassenideologie. M. v. LAUE umriß 1947 mit den Worten »Wir können und wollen die Verfehlung des Pseudopolitikers L. nicht verschweigen oder entschuldigen, aber als Physiker gehört er zu den Großen« das Spannungsfeld, in das das Leben und Wirken L.s einzuordnen ist.

Ho

Literatur: Lenard, Ph.: Wissenschaftliche Abhandlungen (1889–1932) (Leipzig 1942), Deutsche Physik. Bd. 1–4 (München 1936/37), Große Naturforscher (München 1929).

Hoffmann, D.: Ph. Lenard in seinen Beziehungen zu seiner Heimatstadt Preßburg, in: Veda a Technicka v Dejinach Slovenska (Bratislava 1988); Kossel, W.: Philipp Lenard zum 50. Doktorjubiläum, in: Forschungen und Fortschritte 12 (1936), 247; Wolf, F.: Zur 100. Wiederkehr des Geburtstages von Ph. Lenard, in: Naturwiss. 49 (1962), 245–247.

Lenoir, Jean Joseph Etienne, Motorenbauer, geb. 12.1.1822 Muny-la-Ville (Luxemburg), gest. 7.8.1900 La Varenne.

L. schuf den ersten arbeitsfähigen Verbrennungsmotor mit Leuchtgas als Brennstoff. Ähnlich wie die Dampfmaschine von Th. Newcomen zum Ausgangspunkt für die Erfindungen von J. Watt wurde, so war der Lenoirmotor Grundlage für die Entwicklungsarbeiten von N. A. Otto.

In einer luxemburgischen Kleinstadt aufgewachsen, verlor L. mit 16 Jahren seine Eltern. Als Kellner, Arbeiter in einer Farbenfabrik und Blechschmied mußte er sich in der Folge allein durchs Leben schlagen, ohne an eine reguläre Ausbildung denken zu können. Technisches Interesse und ausgesprochener Wissensdurst trieben ihn aber in der Freizeit zu intensivem Bücherstudium. Dabei stieß er auf ein Problem, das er auch aus der Praxis kannte: Dampfmaschinen waren wegen ihrer Größe und des Aufwandes für das Anheizen und ständige Befeuern des Kessels nur für größere Betriebe geeignet, wo sie kontinuierlich genutzt werden konnten. Für kleinere Fabriken und Handwerksbetriebe, die nur gelegentlich einen Maschinenantrieb brauchten, war eine weniger platzaufwendige Maschine erforderlich, die sich schneller in Gang setzen und wieder stillegen ließ. Versuche in dieser Hinsicht hatte es schon viele gegeben. Ausgehend von älteren Vorstellungen (z. B. von Chr. Huygens), durch Explosionen im Inneren eines Zylinders Arbeit zu erzielen, und ausgehend von der Eigenschaft des neueren Leuchtgases, mit Luft ein explosives Gemisch bilden zu können, waren schon verschiedene Gasmotoren entworfen worden, die ohne die Feuerung und den Kessel der Dampfmaschine auskamen; arbeitsfähig waren sie aber nicht. L. legte nun nach eingehendem Literatur- und Patentstudium einem Pariser Fabrikanten das Projekt eines neuartigen Verbrennungsmotors vor und konnte ihn schließlich auch zu dessen Verwirklichung überreden. Am 24.1.1860 erhielt L. das Patent für seinen doppeltwirkenden Gasmotor (das Gasgemisch wurde abwechselnd auf beide Seiten des Kolbens geleitet) mit liegendem Zylinder und elektrischer Zündung durch ein galvanisches Element. Der Motor war schnell betriebsreif und wurde dank intensiver Reklame des Fabrikanten in größeren Stückzahlen abgesetzt und auch in Lizenz vergeben. Sein Wirkungsgrad war etwa 30% höher als der von Dampfmaschinen jener Zeit, trotzdem verbrauchte er sehr viel Gas und Schmieröl; dies gab dann den Anstoß für die Überlegungen Ottos, durch die der Lenoir-Motor schon bald überholt war. 1863 versuchte L. auch, seinen Motor in einen Wagen einzubauen, für diesen Zweck erwies sich aber der Motor als zu schwer und zu schwach. L. ist jenen Erfindern zuzurechnen, die den entscheidenden Schritt am Anfang einer Entwicklung taten, ohne aber diese vollenden zu können. Die

Leonardo da Vinci, Maler und Ingenieur, geb. 15.4.1452 Anchiano bei Vinci (Toscana), gest. 2.5.1519 Amboise (Frankreich).

L. da V. zählt zu den großen Künstlern und Universalgelehrten der Renaissance. Als Ing. hat er vor allem eine bedeutende theoretische und Entwurfsarbeit geleistet, die viele spätere Entwicklungen vorwegnahm.

L. da V. war das uneheliche Kind eines Bauernmädchens und eines Florentiner Notars, der ihn als 17jährigen nach Florenz holte und bei dem Künstler und Ing. Andrea des Verrocchio in die Lehre gab. In dessen Werkstatt arbeitete L. da V. bis 1476 (oder später). 1472 war er als Maler in die Florentiner Lukas-Gilde aufgenommen worden. 1482 trat L. da V. in die Dienste des Herzogs von Mailand. In seinem Bewerbungsschreiben hatte er besonders seine technischen Kenntnisse herausgestrichen, die künstlerischen Fähigkeiten wurden nur nebenbei erwähnt. L. da V. befaßte sich in Mailand in großem Umfang mit Bauaufgaben, Wasserbau und Militärtechnik, wofür er eingehende wissenschaftliche Studien trieb, ferner mit Anatomie, Botanik und Zoologie. Nach der Vertreibung des Herzogs durch die Franzosen 1499 kehrte L. da V. auf Umwegen nach Florenz zurück und unterhielt dort eine Malerwerkstatt. 1502 wurde er für ein knappes Jahr oberster Festungsbauer und Kriegsingenieur von Cesare Borgia, Sohn des Papstes Alexander VI. und Kardinal, der sich in Mittelitalien ein Herzogtum schaffen wollte, nach dem Tode seines Vaters 1503 aber Macht und Einfluß verlor. Da Cesare Borgia zur Festigung seiner Position rücksichtslos die alten Feudalgewalten ausschaltete, hatte er beim Bürgertum weithin Unterstützung gefunden. Ab 1503 war L. da V. wieder in Florenz, wo unter anderem das Gemälde der Mona Lisa entstand. Im Juni 1506 berief ihn der franz. Statthalter in Mailand als Berater für Bauten, öffentliche Kunstwerke u. a., 1517 folgte L. da V. einer Einladung des franz. Königs Franz I. in dessen Residenz Amboise und projektierte für ihn eine große Schloß- und Gartenanlage, die z. T. in Chambord realisiert wurde. L. da V. trug damit in seinen letzten beiden Lebensjahren maßgeblich zur Gestaltung eines der ersten Renaissancebauten bei.

L. da V. hat in seiner praktischen Arbeit vor allem Kunstwerke von bleibendem Wert geschaffen und ist deshalb auch vornehmlich als Künstler bekannt geworden. Als Baumeister und Ingenieur – in dieser Eigenschaft war er in den meisten Fällen angestellt – hat er in der Praxis kaum etwas selbst geschaffen, was heute noch bekannt wäre. L. da V. leistete aber auf diesem Gebiet eine gewaltige theoretische Arbeit, die sich, soweit sie überhaupt den Bedürfnissen und Möglichkeiten seiner Zeit entsprach, in den Werken anderer niederschlug. L. da V. hat keine Univ. besucht und ging deshalb unbelastet von scholastischen Lehrmeinungen, einzig und allein auf der Grundlage eigener Naturbeobachtung, an die Lösung technischer Aufgaben seiner Zeit heran. Bis zur Gotik hatten die Baumeister das Bauen mit Stein rein empirisch immer weiter verfeinert, bis sie mit den feingliedrigen hohen Domen das bei diesem Baustoff überhaupt Mögliche erreichten. L. da V. suchte nun, anknüpfend an Überlegungen des Baumeisters L. B. Alberti, nach mathematischen Formeln für die Berechnung von Bauten. Er fand bei seinen Untersuchungen auch brauchbare Näherungswerte z. B. für die Durchbiegung von Balken, deren exakte Berechnung erst Jahrhunderte später mit Hilfe der Integralrechnung möglich wurde. Ebenso befaßte sich L. da V. mit der Festigkeit von Wänden, Säulen, Bögen, Gewölben und Kuppeln. Er wandte sich auch einem ausgesprochenen Schwachpunkt alter Bauten zu, der Festigkeit des Baugrundes. Dies alles floß ein in seine bauliche Formen- und Konstruktionslehre sowie in zahllose Entwürfe von Bauwerken unterschiedlicher Bestimmung und Skizzen architektonischer Details. Berühmt ist L. da V.s Projekt einer Idealstadt mit Trennung von Personenverkehr und Warentransport in verschiedenen Ebenen, genauen Vorschriften für die Anordnung der Bauten, hygienischen Vorkehrungen usw. Der Festungsbau, für den er z. T. zuständig war, wurde von ihm ebenfalls theoretisch untersucht. Für die Anlage von Vorwerken und Artilleriestützpunkten gelangte L. da V. zu Lösungen, wie sie im 16. Jh. allgemeine Verbreitung fanden. In diesem Zusammenhang entwarf er vielerlei schwere und leichte Waffen für den Angriff sowie für die Verteidigung und befaßte sich mit der Ballistik bis hin zur Aufstellung von Schußtabellen für die Artillerie. Seine Skizzen von gepanzerten Kampfwagen, Hohlgeschossen, Flügelgranaten und anderem Kriegsgerät eilten der Entwicklung der Technik dabei ebenso voraus wie seine vielen genialen Ideen für Maschinen und Maschinenteile,

z. B. für Walzwerke, Textilmaschinen, Schleifmaschinen, Revolverdrehbänke, Getriebe, Endlosschrauben, Gelenkwellen, Gelenkketten, Kupplungen, Ventile, Pumpen u. a. Er entwarf ferner Skizzen für Flugzeuge, Hubschrauber, Unterseeboote und Tauchgeräte. Bei seinen maschinentheoretischen Untersuchungen fand L. da V. auch die grundlegenden Gesetzmäßigkeiten der Reibung, die ebenfalls erst viel später mit Hilfe der Infinitesimalrechnung exakt formuliert werden konnten. Ebenso erkannte er wesentliche Elemente der Strömungslehre. Bei der damaligen Bedeutung von Wasserkraft und Wassertransport hatte fast jeder Ing. mit Wassermühlen und Kanalbauten zu tun, und L. da V. stieß dabei aufgrund seiner scharfen Beobachtung auf die Probleme der Turbulenz und der laminaren Strömung. Alles von ihm Skizzierte hier aufzuzählen ist unmöglich. Es ist auch nicht sicher, ob alles auf L. da V.s eigener Erfindung beruht oder ob nicht das eine oder andere nur die Wiedergabe von Ideen anderer, unbekannt gebliebener Ing. ist. Andererseits haben gerade die Meister der Technik jener Zeit ihre Geheimnisse ängstlich gehütet. L. da V. selbst hat in seinen Skizzen bewußt Fehler eingebaut und seine Texte als Linkshänder in schwer lesbarer Spiegelschrift niedergeschrieben, um einen Nachvollzug zu erschweren; er hat auch nichts vollständig durchkonstruiert. Nicht alles, was heute von L. da V.s Vorgängern bekannt geworden ist, muß auch ihm bekannt gewesen sein, so wie von ihm festgehaltene Ideen später nochmals erfunden werden mußten, da seine Handschriften z. T. erst in neuester Zeit wieder aufgefunden wurden. L. da V. war zweifellos der genialste und universellste Ing. der Renaissance, der Beobachtung, Experiment und Theorie hervorragend zu verbinden wußte, das Wissen seiner Zeit enzyklopädisch in sich vereinigte und viele spätere Entwicklungen voraussah.

Die

Literatur: Leonardo da Vinci: Tagebücher und Aufzeichnungen. Nach den ital. Handschriften übersetzt und hrsg. von Th. Lücke (Berlin 1953).

Gille, B.: Ingenieure der Renaissance (Wien, Düsseldorf 1968); Heydenreich, L. H.: Leonardo da Vinci (Basel 1954), Heydenreich, L. H., Dibner, B., Reti, L.: Leonardo, der Erfinder (Stuttgart/Zürich 1981).

Leuckart, Rudolf Karl Georg Friedrich, Zoologe, geb. 7. 10. 1822 Helmstedt, gest. 6. 2. 1898 Leipzig.

L. erforschte erstmals die Anatomie und Entwicklungsgeschichte zahlreicher wirbelloser Tiere als Grundlage einer Reform des Tiersystems, entdeckte die Entwicklungszyklen parasitischer Würmer und war der führende Parasitologe und Helminthologe des 19. Jh.

L., Sohn eines Buchdruckers, studierte ab 1842 in Göttingen Medizin und widmete sich besonders der vergleichenden Anatomie und Physiologie. Als Schüler R. Wagners kam er zur Zoologie und wurde 1845 mit einer vergleichenden Untersuchung der tierischen Mißbildungen promoviert. Ab 1845 Assistent Wagners, übernahm er zusammen mit H. Frey den Teil »Wirbellose« in Wagners »Handb. der Vergleichenden Anatomie« und bearbeitete speziell die Insekten, Würmer und Mollusken, was richtungweisend für sein späteres Lebenswerk wurde. Ein Studienaufenthalt (mit Frey) auf Helgoland brachte 1846 neue Einsichten in die Organisation wirbelloser Meerestiere, speziell der Medusen. Bereits 1847 habilitierte sich L. mit einer grundlegenden Arbeit »Über die Morphologie und die Verwandtschaftsverhältnisse der wirbellosen Thiere« (Braunschweig 1848), worin er die von G. Cuvier und J. B. Lamarck gebildete Klasse »Radiata« revidierte und die seither gebräuchlichen Gruppen »Coelenterata« und »Echinodermata« schuf. Nachdem L. drei Jahre Privatdoz. in Göttingen gewesen war, wirkte er ab 1850 als ao. Prof., ab 1855

Leonardo da Vinci

R. K. G. F. Leuckart

als o. Prof. für Zoologie in Gießen, wo er das Zoologische Institut und Kabinett reorganisierte und ab 1850 erstmals ein zoologisches Praktikum einführte. In Gießen entstanden die klassischen Werke zur vergleichenden Anatomie und Physiologie des Tierreichs, zum Befruchtungsprozeß bei Insekten, zur Parthenogenese und Parasitologie. Ab 1869 wirkte L. als o. Prof. für Zoologie und Zootomie in Leipzig, modernisierte den Hochschulunterricht, gründete ein Laboratorium und erreichte 1880 den Neubau des Zoologischen Instituts und Museums der Univ. Dort bekleidete er zahlreiche akademische Ämter, hatte einen großen Schülerkreis und war – neben dem Physiologen K. Ludwig – der Mittelpunkt einer wissenschaftlichen Schule der klassischen vergleichenden Morphologie und der Parasitologie.

L. gehörte zu den bedeutenden Medizinern und Anatomen des 19. Jh., die die Zoologie zur selbständigen Disziplin entwickelten, auf der Basis der klassischen vergleichenden Morphologie und Entwicklungsgeschichte das natürliche System der wirbellosen Tiere ausbauten und damit die Grundlagen für die nachdarwinsche Verwandtschaftsforschung schufen. Als Anhänger Ch. Darwins suchte er die Entstehung der parasitischen Formen evolutionistisch zu deuten und erforschte die Gesetze des Körperbaues durch das Studium der ontogenetischen Formbildung. Zusammen mit C. Bergmann stellte L. die Beziehungen zwischen Form und Funktion dar (1852) und erkannte den Polymorphismus der Siphonophoren als Arbeitsteilung der Individuen eines Tierstockes. Von großer praktischer Bedeutung war unter anderem die Entdeckung der komplizierten Entwicklungszyklen der Leberegel und Bandwürmer, wo durch deren Bekämpfung erst ermöglicht wurde. Auch durch zahlreiche taxonomische Arbeiten zur Helminthologie (z. B. über Nematoden), die in den parasitologischen Lehrbüchern ihren Niederschlag fanden, wurde L. zum maßgeblichen Parasitologen der zweiten Hälfte des 19. Jh., auf dessen Arbeiten Medizin und Landwirtschaft aufbauen konnten. Durch seine Abneigung gegen jede spekulative Vorwegnahme von Erkenntnissen geriet er in Kontroversen gegen E. Haeckel.

Ja

Literatur: Leuckart, R. (mit H. Frey): Beiträge zur Kenntnis wirbelloser Thiere, mit besonderer Berücksichtigung der Fauna des norddeutschen Meeres (Braunschweig 1847), Ueber den Polymorphismus der Individuen oder die Erscheinungen der Arbeitstheilung in der Natur. Ein Beitrag zur Lehre vom Generationswechsel (Gießen 1851), (mit C. Bergmann): Anatomisch-physiologische Uebersicht des Thierreiches (Leipzig 1852), Zeugung, in: Wagner, R.: Handwörterb. der Physiologie, Bd. 4 (Göttingen 1853), Zur Kenntnis des Generationswechsels und der Parthenogenesis bei den Insekten (Frankfurt a. M. 1858), Die menschlichen Parasiten und die von ihnen herrührenden Krankheiten, 2 Bde. (Leipzig 1863–1876).

Taschenberg, O.: Rudolf Leuckart. Eine biographische Skizze, in: Leopoldina 35 (1899); Wunderlich, K.: Rudolf Leuckart, Weg und Werk (Jena 1978).

Leupold, Jacob, Mechaniker und Instrumentenbauer, geb. 22. 7. 1674 Planitz bei Zwickau, gest. 12. 1. 1727 Leipzig.

L. war der Verfasser des »Theatrum machinarum«, einer umfassenden, allgemeinverständlichen Darstellung des damaligen Maschinen-, Instrumenten-, Wasser- und Brückenbaus, sowie der Konstrukteur einer Vielzahl von Instrumenten und Apparaten, darunter 30 Luftpumpen verschiedener Bauart.

L., Sohn eines Handwerkers, studierte nach Privatunterricht in Latein und dem Besuch der traditionsreichen Zwikkauer Lateinschule (1689–1695) Theologie und Mathematik in Jena und Wittenberg, ab 1696 in Leipzig. 1699 eröffnete er dort eine Mechanikerwerkstatt, 1702–1715 war er »Hausvater« (Oeconomus) eines Lazaretts im Leipziger Rosental. 1715 immatrikulierte er sich erneut an der Univ. Leipzig und eröffnete gleichzeitig ein mechanisches Laboratorium; 1719 leistete er den Bürgereid der Stadt Leipzig. 1720 begann er mit der Ausarbeitung des »Theatrum machinarum«. In seinen letzten Lebensjahren beschäftigte sich L. intensiv mit dem Bergbau. Am 20. 1. 1725 ernannte ihn sein Landesherr, August der Starke, zum Bergwerkskommissar und kgl. Rat.

L.s Bestreben, die technischen Gebilde rational zu durchdringen und das Experiment als Beweismittel für die Funktionstüchtigkeit damals moderner Technik einzusetzen, hebt ihn von den »Projektemachern« ab. Sein wichtigstes Anliegen war, die Produktivität der Arbeit zu steigern und dadurch die Wohlfahrt des Landes zu heben. Gewerbe, Manufakturen und Bergwerke, so forderte er, müßten sich der wissenschaftlichen Erkenntnisse bedienen; ohne mathematische und physikalische Grundlegung sei letztlich kein Fortschritt möglich. Seine Forderung an die staatlichen Beamten, sie sollten den technischen Fortschritt lenken, rückt L. bereits in die Nähe der Kameralisten, denen die Technologie als Anleitung zu produktivem technisch-ökonomischem Handeln galt. L.s überdurchschnittliche Begabung als Erfinder und Instrumentenbauer machte ihn mit den bedeutendsten Wissenschaftlern seiner Zeit bekannt. Der ersehnte Aufstieg aus der Handwerkerschicht in die Reihe der Gelehrten gelang ihm zwar nicht, aber seine »Zwischenstellung« als wissenschaftlich denkender, handwerklich arbeitender Konstrukteur verschaffte ihm weitreichendes Ansehen.

Mehr noch als die eigenen Erfindungen hinterließ L.s schriftstellerisches Werk nachhaltige Wirkung. Zu seinen Lebzeiten erschienen 24 Werke. Als vorzüglicher Kenner der Fachliteratur vollendete L. mit seinem in deutscher Sprache verfaßten Hauptwerk, dem 1720–1739 im stattlichen Umfang von 1764 Seiten erschienenen »Theatrum machinarum«, dessen 472 Kupfertafeln bereits bekannte Mechanismen erläutern und eigene Erfindungen bildlich darstellen, die bis zu Beginn des 18. Jh. erschienene sog. Maschinenliteratur. Die keinesfalls auf Deutschland beschränkt bleibende Wirkung dieses Werkes liegt in der klaren Begriffsbildung, in der Berücksichtigung des pädagogischen Grundsatzes, daß die Wiederholung von Begriffen und Leitsätzen den wenig mit der Materie vertrauten Lesern das Studium erleichtere, sowie in dem Anspruch, den Leser und Betrachter zu kritisch-ökonomischem Denken anzuregen. Einen bedeutenden Platz in seinem Werk weist L. der Dampfmaschine und deren geschichtlicher Entwicklung zu. Das Kapitel »Von Feuer-Maschinen« ist wohl der erste ernsthafte und ausführliche Bericht über die engl. Dampfmaschinen. Die Konstruktion mechanischer Rechenmaschinen, zu L.s Lebzeiten ein begehrtes Objekt technisch-wissenschaftlichen Schaffens, hat ebenfalls in seinem Werk Niederschlag gefunden. Das 1727 publizierte »Theatrum Arithmetico-Geometricum« enthält eine Abhandlung »Von Rechen-Maschinen«, die als das erste Lehrb. über den Bau von Rechenmaschinen gelten darf. Auch auf diesem Gebiet hat sich L. eigenschöpferisch versucht.

Mit seinen Erfindungen und seinem »Theatrum machinarum« stand L. im ersten Drittel des 18. Jh. auf einer Entwicklungshöhe, die auch in den damals führenden europ. Ländern nur wenige Techniker repräsentierten. So

Literatur: Leupold, J.: Vollkommene Nachricht von denen Mechanischen Schrifften oder Theatro Machinarum Universali – Summarischer Inhalt Des Theatri Machinarum Universalis, Nach seinen Theilen und derer vornehmsten Machinen und Instrumenten (Leipzig 1720), Theatrum Machinarum Supplementum. Das ist: Zusatz zum Schauplatz der Machinen und Instrumenten (zusammengest. v. E. Scheffler, Leipzig 1739).

Hiersemann, L.: Jacob Leupold – ein Wegbereiter der technischen Bildung in Leipzig, in: Wiss. Ber. TH Leipzig, Heft 17 (1982); Troitzsch, U.: Zum Stande der Forschung über Jacob Leupold (1674–1727), in: Technikgesch. 42 (1975) 4, 263–286.

Leverrier, Urbain Jean Joseph, Astronom, geb. 11. 3. 1811 St. Lô (La Mancha, Spanien), gest. 23. 9. 1877 Paris.

L. ist Autor wichtiger Beiträge über säkulare Störungen der Planetenbahnen und der Drehung des Merkurperihels. Er berechnete den Ort eines transuranischen Planeten und schuf damit die Voraussetzung für die Entdeckung des Planeten Neptun.

Nach dem Abschluß des Gymnasiums in St. Lô besuchte L. die Polytechnische Schule in Caen, das College Louis le Grand in Paris und die dortige Polytechnische Schule. 1833 trat er für zwei Jahre als Ing. in die Pariser Tabaksverwaltung ein. 1854 wurde L. zum Dir. der Pariser Sternwarte berufen. Daneben war er als Prof. für Himmelsmechanik und Astronomie an der Sorbonne tätig.

Die ersten wissenschaftlichen Arbeiten von L. waren der Chemie, speziell dem Phosphor gewidmet. Jedoch überwogen bald seine astronomischen Interessen. Eine besondere Vorliebe hatte L. für die mathematische Astronomie. Um 1837 begann er mit umfangreichen Untersuchungen zur Stabilität des Planetensystems. Dabei gelang L. die Ableitung sehr genauer Grenzwerte für die Exzentrizität der Planetenbahnen. Weiterhin zeigte er, daß ein Teilbetrag der Drehung des Merkurperihels nicht aus den Störungen durch die großen Planeten ableitbar ist, weshalb er die Hypothese der Existenz intramerkurieller Planeten aufstellte. Die Lösung dieses Problems gelang erst 1916 durch K. Schwarzschild im Rahmen der allgemeinen Relativitätstheorie. Durch diese Untersuchungen war L. mit dem Problem der Störungsrechnung aufs beste vertraut und darauf vorbereitet, eine umfangreiche Analyse der Uranusbewegung vorzunehmen. Der 1781 von W. Herschel entdeckte Planet Uranus wies in seiner Bewegung Unregelmäßigkeiten auf, deren Erklärung zunächst nicht gelang. Besonders große Differenzen zwischen Beobachtung und Theorie wiesen die vor der Entdeckung erfolgten Positionsbestimmungen des für einen Stern gehaltenen Objekts auf. Die Behauptung, die Genauigkeit dieser bis 1690 zurückreichenden Uranuspositionen sei ungenügend, löste das Problem nicht und wurde von den meisten ernsthaften Forschern zurückgewiesen. Bald zeigten sich auch bei den neueren Messungen charakteristische Abweichungen. Aus diesen Gründen setzte sich nach und nach die Vermutung der Existenz eines bis dahin unbekannten Planeten durch, dessen Gravitation sich in Unregelmäßigkeiten der Uranusbewegung äußert. Zunächst untersuchte L., ob die beobachteten Abweichungen sich durch Fehler in den Uranustafeln erklären ließen. Dann berechnete er die Störungen des Jupiter und Saturn auf die Uranusbewegung. Zwar fand L. dabei zahlreiche Fehler in den älteren Untersuchungen, die jedoch nicht zur prinzipiellen Klärung ausreichten. Unter der Annahme, der Planet bewege sich außerhalb der Uranusbahn nahe der Ekliptik, gelang es L. im Sommer 1846, vollständige Bahnelemente des unbekannten Planeten abzuleiten. Die publizierten Daten sandte L. nach vorhergegangenem Briefwechsel an J. G. GALLE in Berlin, der am 23. 9. 1846, nur 52 Bogenminuten vom bezeichneten Ort, den Neuling auffand.

Schon etwas früher als L. kam auch J. C. ADAMS mit analogen Rechnungen zum Ziel, deren Ergebnisse er an J. CHALLIS sandte. Zwar hatte CHALLIS den Neptun bereits am 4. und 12. 8. 1846 beobachtet, mußte jedoch in Ermangelung guter Sternkarten den betreffenden Himmelsausschnitt mehrfach beobachten und die gewonnenen Daten reduzieren, so daß letztendlich GALLE als Entdecker des Neptun gilt. Im Hinblick auf die Arbeiten von L. und ADAMS sind Prioritätsstreitigkeiten überflüssig, da beide unabhängig voneinander tätig waren und ihre Ergebnisse nahe übereinstimmten.

Nach der Durchsicht historischer Beobachtungen fanden sich für 1795 zwei Gestirnspositionen von J. J. LALANDE, die sich als dem Neptun zugehörig erwiesen. Unter Verwendung eines umfangreichen Beobachtungsmaterials stellte L. Tafeln für die Bewegung des Neptun auf.

Die Neptunentdeckung auf der Grundlage der Rechnungen von L. war ein großartiger Triumph der Methoden der Himmelsmechanik, deren Sicherheit anschaulich unter Beweis gestellt wurde. Der bestimmende Anteil, den L. daran hatte, brachte ihm zahlreiche Ehrungen des In- und Auslandes ein. Dennoch gab es auch Neider, die die Bedeutung dieser wissenschaftlichen Leistung herabzuwürdigen suchten. Ihnen entgegnete C. G. J. JACOBI: »Es muß aber als unwürdig erscheinen, eine durch tiefe Gedanken und jahrelange Arbeit eroberte Entdeckung, um welche unsere Nachkommen unsere Zeit beneiden werden, durch die monströse Behauptung zu verdächtigen, als habe dabei ein Zufall obgewaltet oder mitgespielt. Man muß bewundern, daß aus so kleinen und unsicheren Quantitäten, wie die hier gegebenen, so genaue Resultate gezogen werden konnten, und kann dies nur der umsichtigen Behandlung dieser Data und der musterhaften Benutzung aller Hilfsmittel zuschreiben«. (Astronomische Nachrichten 28 (1848), 44–46).

Als Dir. des Pariser Observatoriums befaßte sich L. auch mit Problemen der Meteorologie. Er entwickelte eine Theorie der Zyklone, reorganisierte die meteorologischen Beobachtungen an der Sternwarte und baute ein Sturmwarnungssystem auf, das später in das Bureau Central Météorologique de France einging. Ha

Literatur: Die Arbeiten von Leverrier erschienen vorrangig in: Comptes rendus ... de l'Academie des sciences (Paris), Annales de l'Observatoire (Paris), Annales de l'Observatoire national (Paris), eine Bibliographie der Schriften von Leverrier ist enthalten in: Centenaire de la naissance de U. J. J. Le Verrier (Paris 1911), 93–128.

Lewis, Gilbert Newton, Physikochemiker, geb. 23. 10. 1875 Weymouth (Massachusetts, USA), gest. 23. 3. 1946 Berkeley (Kalifornien, USA).

L. schuf 1916 mit der Ausarbeitung einer Theorie der Elektronenpaarbindung (Kovalenz) wesentliche Grundlagen der modernen Elektronentheorie der Valenz und entwickelte 1923 eine neue Säure-Base-Theorie.

L. studierte von 1893 bis 1899 in Nebraska sowie an der Harvard University Cambridge (Mass.) und wurde 1899 bei dem späteren Nobelpreisträger für Chemie (1914) T. W. RICHARDS promoviert. Nach einem zweijährigen Studienaufenthalt in Leipzig und Göttingen, wo er vor allem bei W. OSTWALD und W. NERNST seine physikalischen Kenntnisse erweitern konnte, arbeitete L. zunächst als Lehrer für

J. Leupold

U. J. J. Leverrier

Chemie an der Harvard University. In den Jahren 1905–1912 war er Assistentprof. bzw. ao. Prof. am Massachusetts Institut of Technology (MIT); 1912 wurde er Prof. für physikalische Chemie an der Univ. Berkeley (Kalifornien). Hier wirkte L. als Dekan (1912–1941) sowie bis zu seiner Emeritierung (1946) als Dir. des chemischen Institutes und begründete eine international anerkannte wissenschaftliche Schule auf physikalisch-chemischem Gebiet.

L. war Mitgl. und Ehrenmitgl. zahlreicher wissenschaftlicher Gesellschaften und erhielt 7 Ehrendoktorate.

Mit der Entdeckung des Elektrons (1897) und der damit erzwungenen Neufassung des traditionellen Atombegriffs erhielt die Chemie im 20. Jh. ein neues theoretisches Fundament, das sich auch für die Modernisierung der klassischen Vorstellungen über die Art der Verbindungsbildung sowie die Natur der chemischen Bindung als tragfähig erwies. Insbesondere die Bemühungen um eine elektronische Theorie der Valenz, die vor allem von F. RICHARZ (1891), J. J. THOMSON (1903), W. RAMSAY (1908), J. N. FRIEND (1908), K. G. FALK und J. M. NELSON (1910), H. S. FRY (1911) und W. KOSSEL (1916) ausgegangen waren, erreichten mit der im Jahre 1916 von L. veröffentlichten Arbeit »The atom and the molecule« einen Höhepunkt. Im Gegensatz zu dem von KOSSEL (1916) entwickelten elektrostatischen Modell der Ionenbeziehung (heteropolare Bindung) sah L. in der »Elektronenpaarbildung« (zwei Elektronen gehören zwei Atomen gemeinsam an) das tragende Bindungsprinzip. Im Modell der Atombindung von L. (1919 von I. LANGMUIR als Kovalenz bezeichnet) spielte das Erreichen einer stabilen Achtelektronen-Edelgaskonfiguration eine besondere Rolle. Das valenztheoretische Konzept von L. erwies sich vor allem für die organische Chemie als von größter Wichtigkeit. Es bildete zugleich den Ausgangspunkt für die Entwicklung einer neuen strukturellen Säure-Base-Konzeption, die L. 1923 formulierte. Im Unterschied zu der im gleichen Jahr von J. N. BRØNSTED und von T. M. LOWRY unabhängig voneinander vorgeschlagenen protolytischen Säure-Base-Konzeption sollten nach L. als Säuren solche Verbindungen fungieren, die ein freies Elektronenpaar unter Ausbildung einer kovalenten Bindung aufnehmen können (Elektronenpaar-Akzeptoren), hingegen Basen ein solches Elektronenpaar (Elektronen-Donoren) zu liefern vermögen. Mit dieser Konzeption konnte die in den Vorstellungen von J. N. BRØNSTED und T. M. LOWRY enthaltenen Einschränkungen auf Protonenaustauschreaktionen weitgehend überwunden werden. Ebenfalls 1923 veröffentlichte L. zusammen mit M. RANDALL eine neuartig systematisierte zusammenfassende Darstellung der chemischen Thermodynamik, die zu einem internationalen Standardwerk geworden ist: »Thermodynamics and the Free Energy of chemical Substances«. Zu weiteren fundamentalen Aussagen gelangte L. durch Übertragung seiner thermodynamischen Erkenntnisse auf elektrochemische Probleme. Dies führte 1933 zur

Ausarbeitung von Methoden zur Gewinnung von schwerem Wasser sowie zur elektrolytischen Trennung der Isotope des Wasserstoffs. Sz

Literatur: Lewis, G. N.: Valence and the Structure of Atoms and Molecules (New York 1923), (mit M. Randall): Thermodynamics an the Free Energy of chemical Substances (New York 1923), Umriß eines neuen Systems der chemischen Thermodynamik, in: Z. phys. Chem. 61 (1908), 129, The atom and the molecule, in: J. Amer. Chem. Soc. 38 (1916), 762.

Leyden, Ernst Viktor von, Internist, geb. 20.4.1832 Danzig (Gdańsk), gest. 5.10.1910 Berlin.

L. galt zu seiner Zeit als führender deutscher Kliniker. Er machte sich um die Gründung von Tuberkuloseheilstätten, als Verfasser von Monographien über Nervenkrankheiten und durch Publikationen aus dem Gesamtgebiet der inneren Medizin verdient.

L. war Sohn eines Regierungsrates. Nach dem frühen Tod des Vaters zog die Familie 1840 nach Marienwerder (Kwidzyn), wo L. bis zum Abitur (1849) die Schule besuchte. Danach trat er in das Friedrich-Wilhelm-Institut für das militärärztliche Bildungswesen in Berlin ein, studierte Medizin und wurde am 11. August 1853 zum Dr. med. promoviert. Als abkommandierter Unterarzt wurde er an der Schönleinschen Klinik von L. Traube stark beeinflußt. Nach dem Staatsexamen (1854) als Militärarzt in Düsseldorf, Königsberg (Kaliningrad) und Gumbinnen (Gussew) tätig, legte L. 1859 das Physikatsexamen ab und wurde nach seiner Rückberufung – jetzt Stabsarzt – nach Berlin Assistent in der Traubeschen Klinik. Nach seiner Habilitation und der Teilnahme am Deutsch-Dän. Krieg wurde er 1865 als Ordinarius und Nachfolger G. Hirschs an die Medizinische Klinik Königsberg berufen und schied aus dem aktiven Militärdienst aus. Als nach dem Krieg 1870/71 die deutsche Univ. Straßburg (Strasbourg) gegründet wurde, leitete L. als Ordinarius die dortige Medizinische Klinik bis 1876, von 1876 bis 1885 als Amtsnachfolger Traubes die II. Medizinische Klinik Berlin und von 1885 bis 1907 als Nachfolger von F. Th. Frerichs die I. Medizinische Klinik. L. unternahm ausgedehnte Konsultationsreisen und war Teilnehmer großer internationaler medizinischer Kongresse. Seine Memoiren wurden von seiner Schwester herausgegeben; sie erlauben Einblicke in eine widerspruchsvolle, doch verdiente Persönlichkeit.

L. hat vier Jahrzehnte als Leiter deutscher Universitätskliniken in Lehre und Forschung auf dem Gebiet der inneren Medizin gewirkt, diese stets als das einigende Band zwischen den im Verlauf einer stürmisch einsetzenden Spezialisierung auseinanderstrebender Disziplinen der klinischen Medizin gesehen. Dennoch hat er sich der Spezialisierung nicht widersetzt, weil er die aus ihr resultierenden wissenschaftlichen Fortschritte erkannte. Seine eigenen kasuistischen und experimentellen Arbeiten betreffen die Lungen-, Herz-, Leber, Nieren- und Infektionskrankheiten, den breitesten Raum nehmen aber seine Untersuchungen über die Erkrankungen des Nervensystems ein. Am bekanntesten wurden seine Monographien »Die graue Degeneration der hinteren Rückenmarksstränge« (1863) und die zweibändige »Klinik der Rückenmarks-Krankheiten« (1874–1876), die bald zu den »klassischen« Werken zählten. Das von ihm herausgegebene »Handb. der Ernährungstherapie« erschien in zwei Auflagen. L. begründete zusammen mit Frerichs den »Verein für innere Medizin« (1881) und die »Ztschr. für klinische Medizin« (1880); später war er Mitbegründer der »Ztschr. für physikalisch-diätetische Therapie« (1898) und der »Ztschr. für Tuberkulose und Heilstättenwesen« (1900). Den Wiesbadener Internistenkongreß, der erstmalig 1882 stattfand, machte er zu einer Stätte der Begegnung. Auf L.s Anregung hin erfolgten Sammelforschungen über die Influenza, die Tuberkulose und die Krebserkrankungen. Die in der Tuberkulose-Sammelforschung demonstrierten Erfolge in den Tuberkuloseheilstätten bewegten L., die Heilstättenbewegung zu fördern und auf die Einrichtung von Heilstätten für unbemittelte Kranke zu dringen. Mit diesem sozialen Engagement erreichte er nach einem Vortrag 1895 die Gründung des »Deutschen Zentralvereins zur Errichtung von Heilstätten für Lungenkranke« und konnte noch einen deutlichen Rückgang der Tuberkulosesterblichkeit erleben. In seinen letzten Amtsjahren widmete sich L. dem Krebsproblem und gründete an seiner Klinik eine Abteilung für Krebsforschung mit angeschlossener Fürsorgestelle. Er war Vorsitzender des Deutschen Zentralkomitees für Krebsforschung.

L.s Verdienste auf sozialmedizinischem Gebiet sind bedeutsamer als seine Wiederentdeckung der im Auswurf von Asthmakranken nachweisbaren Kristalle, die ebenso wie einige Nervenkrankheiten in der medizinischen Terminologie mit seinem Namen verbunden sind. L.s bekanntester Schüler war H. Nothnagel, Ordinarius in Freiburg, Jena und Wien. Ko

Literatur: Leyden, E. V. v.: Die graue Degeneration der hinteren Rückenmarksstränge (Berlin 1863), Beiträge zur Pathologie des Ikterus (Berlin 1866), Klinik der Rückenmarks-Krankheiten (Berlin 1874–1876), Die Erkrankungen des Rückenmarkes und der Medulla oblongata (mit A. Goldschneider, Wien 1895–1897, mit F. Blumenthal, 2. Aufl. Wien 1902), Handb. der Ernährungstherapie (Hrsg., Leipzig 1897–1899, 2. Aufl. 1903/04), Die Influenza-Epidemie 1889/90 (mit S. Guttmann, Wiesbaden 1892), Die Bekämpfung der Schwindsucht (Berlin 1895), Über den gegenwärtigen Stand der Behandlung Tuberkulöser und die staatliche Fürsorge für dieselben (Berlin 1898), Verhütung der Tuberkulose (Berlin 1902), Bericht über die vom Komitee für Krebsforschung 1900 erhobene Sammelforschung (Jena 1902); Lehde-Boetticher, C. (Hrsg.): Lebenserinnerungen (Stuttgart u. Leipzig 1910).

Libavius (Libau, Basilius de Varna), Andreas, Arzt, Chemiker und Philosoph, geb. um 1555 Halle, gest. 25.7.1616 Coburg.

Das Werk von L. umfaßt Schriften zu Philosophie und Theologie, Medizin, Chemie, Pharmazie, Philologie und Poesie. Besonders bekannt geworden ist L. durch seine chemischen Publikationen. Das von ihm entdeckte Zinn(IV)-chlorid wurde – als rauchende Flüssigkeit – lange Zeit als »Spiritus fumans Libavii« bezeichnet.

Als Sohn eines Leinewebers, der aus dem Harz nach Halle gezogen war (genauere biographische Daten sind nicht bekannt), studierte L. in Jena, beendete diese Studien 1581 mit dem Dr. phil. et med. und erhielt außerdem den Titel eines »Poeta laureatus«. Nach einer anschließenden Lehrertätigkeit in Ilmenau wurde er 1586 in Coburg als »Stadt- und Rahts-Schulen-Rector« gewählt. 1588 erhielt er an der Univ. Jena eine Professur für Geschichte und Poesie. 1591 ging er nach Rothenburg ob der Tauber, wo er die Stelle eines Stadtphysikus (Armenarzt) übernahm und ab 1592 auch als Schulinspektor wirkte. 1607 wurde er Dir. am Gymnasium in Coburg, wo er bis zu seinem Tode lebte.

L. war ein Anhänger aristotelischer Philosophie und hippokratischer Medizin, er war orthodoxer Lutheraner und trat gegen die Jesuiten auf. In etwa 50 Schriften hat er zu erkenntnistheoretischen, medizinischen und naturwissenschaftlichen Problemen seiner Zeit Stellung genommen. Für die Naturwissenschaften am wichtigsten ist sein 1597 in lat. Sprache erschienenes Werk »Alchemie«. L.s Behauptung, er habe darin die verstreuten Einzelangaben der besten alten und neueren Autoren … zusammengetragen und anhand theoretischer Überlegungen und größtmöglicher praktischer Erfahrung nach sorgfältiger Methode in einem

Gesamtwerk dargelegt, charakterisiert den Gegenstand des Werkes genau. L. hat darin das gesamte chemische Wissen seiner Zeit systematisiert dargelegt, wobei er die Alchemie in zwei Teilgebiete zergliederte: 1) in die »Handgrifflehre« (Encheria), in der er alle bekannten chemischen Geräte und Verfahren zusammenfaßte, und 2) in die »Chymie« (Chymia), die die Verfertigung der »chymischen Spezies« zum Gegenstand hat. Unter »chymischen Spezies« verstand er die Substanz, die im Sinne der antiken und mittelalterlichen alchemistischen Lehren durch verschiedene chemische Operationen »vervollkommnet« wird, wobei er als »Magisterium« (»Stein der Weisen«) die »durch Wegnahme der äußeren Verunreinigungen ausgearbeitete und erhöhte chymische Spezies« definierte. Letztes Ziel der Alchemie blieb auch bei L., wie bei seinen Vorläufern, z. B. Rhazes und Geber, die Transmutation unedler in edle Metalle. Besonderen Wert legte er außerdem auf die Herstellung des »Ens primum«, das als Allheilmittel Gesundheit und ewige Jugend schenken sollte. In dieser Absicht ordnet sich L. in die iatrochemischen Anhänger des Paracelsus ein; durch seinen Versuch der systematischen Darstellung der gesamten Alchemie, deren Schriften etwa seit dem 13. Jh. durch Übersetzungen aus dem Arabischen bzw. durch Verarbeitung arab. Werke zur Alchemie in Europa bekannt geworden waren, geht L. aber weit über Paracelsus und seine Anhänger hinaus, die er oft wegen Unwissenschaftlichkeit und Scharlatanerie anprangerte. Seine »Alchemia« ist besonders durch den beigebundenen Kommentarteil (Commentarii I) von wissenschaftshistorischer Bedeutung, da hier in fast 200 Abb. die wichtigsten Geräte und Apparaturen der Alchemie seiner Zeit vorgestellt werden, einschließlich gewerblich-chemischer Anlagen sowie des Grundrisses eines von L. vorgeschlagenen chemischen Institutes. St

Literatur: Libavius, A.: Alchemia (Francofurti 1597, 2. Aufl. Frankfurt 1606), dtsch Die Alchemie des Andreas Libavius. Ein Lehrb. der Chemie aus dem Jahre 1597 (Weinheim/Bergstr. 1964), Alchymistische Practic: Das ist, von künstlicher Zubereytung der vornehmbsten chymischen Medicinen: In zweyen Tractätlein klärlich entdecket: Deren das Erste von destillirten Wassern, Öhlen, Saltzen, Extracten ... Das Ander, vom Lapide Philosophorum, wie derselbe künstlich soll gemacht werden ... corrigieret und erkläret durch Andream Libavium. Getruckt zu Franckfort am Mayn 1603, lat. Praxis Alchymiae ... (Frankfurt 1604, 1605, 1607).

Günther, J.: Lebensskizzen der Professoren der Universität Jena 1558–1858 (Jena 1858), 172; Ladenburg, A.: Libavius, in: ADB 18 (1883), 530–532.

Li Chih (Li Yeh, Jen-chhing, Ching-chai), Mathematiker, geb. 1192 Ta-hsing (Peking), gest. 1279 Provinz Hopeh.

L. war einer der bedeutendsten chines. Algebraiker, der die »thien yüan shu«, die »Methode des Himmelselements«, zur algebraischen Darstellung von Gleichungen beliebigen Grades beschrieb und an zahlreichen Beispielen erläuterte.

Als L. geboren wurde, diente sein Vater Li Yü unter den Jurchen-Tataren. Nachdem die Familie nach Luan-chheng (Provinz Hopeh) zurückgekehrt war, erhielt L. seine Ausbildung. Mit 38 Jahren legte er in Loyang die Prüfungen für den zivilen Staatsdienst ab und wurde Gouverneur von Chün-chou (Yü-hsien) in der Provinz Houan. 1232 besetzten die Mongolen Chün-chou, und L. floh in die Provinz Shansi. Zwei Jahre später hatten die Mongolen das gesamte Jurchenreich erobert. L. wandte sich nun ausschließlich den Wissenschaften zu. Er hatte viele Schüler und schrieb 1248 sein mathematisches Hauptwerk »Tshe-yüan hai-ching«. 1251 kehrte er in seine Heimatprovinz zurück und ließ sich am Fuße des Feng-lung-Berges nieder. 1257 suchte der spätere Mongolenherrscher Kublai Khan, der Enkel Tschinggis Khans, Kontakt zu L. und befragte ihn

E. V. von Leyden

A. Libavius

über wissenschaftliche und verwaltungstechnische Angelegenheiten. Nach seiner Inthronisierung bot Kublai Khan L. 1261 einen Regierungsposten an, den dieser ablehnte. 1265 wurde L. zum Mitgl. der Akademie ernannt und zur wissenschaftlichen Arbeit an ihr verpflichtet. Nach einigen Monaten bat er um seine Entlassung und zog sich wieder in sein Haus am Feng-lung zurück. 1259 verfaßte L. noch ein weiteres mathematisches Buch.

Das »Tshe-yüan hai-ching« enthält 170 Aufgaben. In ihm beschreibt L. die Aufstellung nichtlinearer Gleichungen und gibt deren Lösung an. Die Darstellung der Lösungsmethode, einer Variante des Ruffini-Horner-Verfahrens, fehlt. Daraus schlußfolgerte man, daß diese Methode in dem Gebiet Chinas, in dem L. lebte, allgemein bekannt war. Im Unterschied zu L. konzentrierte sich sein Zeitgenosse Chhin Chiu-Shao, der im Reich der Südlichen Sung-Dynastie ansässig war, vornehmlich auf die Erläuterung des Lösungsverfahrens. Er behandelt aber auch die sog. Methode des Himmelselements yüan, wendet sie jedoch anders an als L., der sie zur Darstellung von Gleichungen benutzt. In dieser Methode bezeichnet L. das Absolutglied der Gleichung mit dem Wort thai, die Unbekannte in der ersten Potenz im allg. mit yüan. Er setzt eines der beiden Wörter vor den entsprechenden Koeffizienten und erreicht dadurch, verbunden mit der Tatsache, daß die anderen Koeffizienten in einer kanonischen Reihenfolge (im allg. von den niedrigsten Potenzen der Unbekannten zu den höchsten aufsteigend) angeordnet werden, Eindeutigkeit in der Darstellung der Gleichung (Abb.). Hervorzuheben ist auch die Benutzung negativer Zahlen als Koeffizienten, ihre neuartige Bezeichnungsweise durch L. sowie der Umstand, daß die chines. Mathematiker stets die Form $f(x) = 0$ wählten, ein Vorzug gegenüber den umständlichen Fallunterscheidungen in der islamischen und christlichen Mathematik.

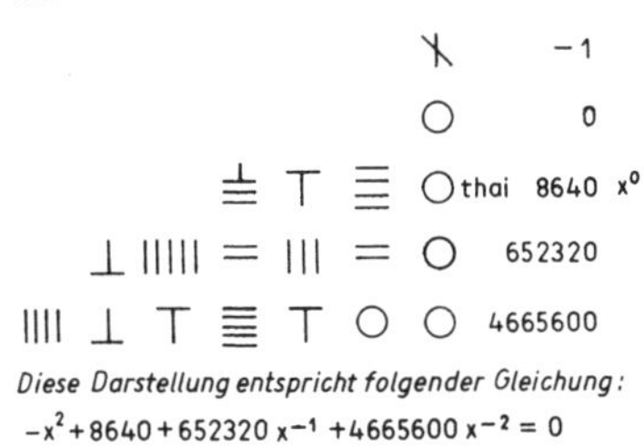

Diese Darstellung entspricht folgender Gleichung:

$$-x^2 + 8640 + 652320\,x^{-1} + 4665600\,x^{-2} = 0$$

L. ist nicht der Erfinder dieser Darstellungsweise nichtlinearer Gleichungen, doch trug er viel zur Stabilisierung der dabei benutzten Terminologie bei. In seinem schöngeistigen Werk »Ching-chai ku-chin chu« gibt er zu erkennen, daß sie ihm von einem sonst fast unbekannten Gelehrten namens Pheng Che aus Taiyuan (Provinz Shansi) mitgeteilt worden ist. YUAN HAO-WEN, ein Freund L.s und berühmter Dichter, beherrschte sie auch, doch scheint sie nur von wenigen gepflegt worden zu sein. Erst unter dem Einfluß der Jesuiten begannen sich chines. Mathematiker verstärkt den Arbeiten L.s und seiner Zeitgenossen zuzuwenden. Im 18. Jh. stellte MEI KU-CHHENG fest, daß die darin gelehrten Kenntnisse der von den Jesuiten mitgebrachten Algebra in nichts nachständen, was der Beschäftigung mit dem Erbe neuen Auftrieb verlieh. In Japan wurden sie im 17. Jh. bekannt. SEKI KŌWA entwickelte auf der Grundlage der Methode des Himmelselements eine symbolhafte Schreibung unendlicher Reihen. Br

Literatur: Li Chih. Ts'e-yüan hai-ching hsi-ts'ao, in: Chih pu-tsu-chai ts'ung-shu (1798), I-ku yen-tuan (ebenda).
van Hée, L.: Li Yeh, mathematicien chinois du XIIIe siècle, in: T'oung Pao 14 (1913), 537–568.

Lichtenberg, Georg Christoph, Physiker und Schriftsteller, geb. 1. 7. 1742 Oberramstadt (bei Darmstadt), gest. 24. 2. 1799 Göttingen.

L., heute vor allem als geistreicher Schriftsteller der Aufklärung bekannt und für seinen scharfen Witz in Aphorismen und kunstkritischen Schriften gerühmt, galt zu Lebzeiten als einer der hervorragendsten Naturforscher. Insbesondere durch seine Arbeiten zur Elektrizitätslehre erwarb er sich bleibende Verdienste.

L. war das 17. Kind eines protestantischen Pfarrers, der auch als Architekt wirkte. Zunächst vom Vater unterrichtet, besuchte L. später das Gymnasium in Darmstadt. Ein Stipendium des hessischen Landesfürsten ermöglichte ihm 1763–1767 ein Studium an der Univ. Göttingen, die, bedingt durch die enge Bindung Hannovers an England, sich zu einem aufgeklärten geistigen Zentrum des wirtschaftlich und politisch zersplitterten Deutschland entwickelt hatte. L. studierte Mathematik und Physik, belegte daneben aber auch eine breite Palette anderer Vorlesungen, darunter Literatur und Geschichte. Besonders beeinflußten ihn der Mathematiker und Dir. der Göttinger Sternwarte A. G. KÄSTNER und der Physiker J. C. P. ERXLEBEN.

1770, nach Rückkehr von seiner ersten Englandreise, wurde L. Extraordinarius und nach einem zweiten, mehrjährigen Aufenthalt in England 1775 Ordinarius für Mathematik in Göttingen. Seit 1780 hatte er zudem den Lehrstuhl für Physik inne und las das Hauptkolleg über »Physica experimentalis«. L. galt als führende Kapazität auf den Gebieten Astronomie, Chemie, Geometrie, Geodäsie, Geophysik, Meteorologie und Statistik. Er nahm Kometenbeobachtungen vor, war 1772/73 an den Vermessungsarbeiten in Hannover beteiligt und errichtete auf seinem Gartenhaus den ersten Blitzableiter Göttingens. Seit 1776 war L. ordentliches Mitgl. der Göttinger Sozietät der Wissenschaften, 1793 der Royal Society London und 1795 der Kaiserl. Ak. d. Wiss. St. Petersburg (Leningrad).

Die geistreichen, auf neuestem Erkenntnisstand beruhenden, durch viele interessante Experimente bereicherten Vorlesungen L.s zogen viele Studenten an. Hörerzahlen um 100 – für damalige Verhältnisse eine enorm hohe Zahl – waren keine Seltenheit. Ein geplantes eigenes Lehrb. der Physik kam leider nicht zustande. Als Grundlage seiner Vorlesungen diente ERXLEBENS »Anfangsgründe der Naturlehre«, das als bestes naturwissenschaftliches Lehrb. jener Zeit gilt.

L.s bedeutendste Leistung ist mit der Elektrizitätslehre verbunden. Untersuchungen von Elektrizitätserscheinungen standen in der 2. Hälfte des 18. Jh. im Mittelpunkt des Interesses vieler Naturforscher. Nach dem Muster des gerade von A. VOLTA entwickelten Elektrophors ließ sich L. ein entsprechendes großes Gerät anfertigen. Im Frühjahr 1777 bemerkte er an den Stellen des Funkendurchschlags seines Elektrophors Staubfiguren (LICHTENBERGsche Figuren). In Abhängigkeit von der Polung fand er zwei Arten Figuren: »sternförmige« beim Übergang positiver und konzentrische Kreise darstellende »mondartige« (unbestäubte Flecke auf bestäubtem Untergrund) beim Übergang negativer Elektrizität. L. sprach von (+)- und (−)-Elektrizität, um eine gewisse mathematische Beschreibung einzuführen. Die Entstehung dieser Figuren beobachtete und beschrieb L. sehr genau, war aber mit einer Deutung zurückhaltend, wenngleich er hier einen Ansatzpunkt für eine Klärung des Streits zwischen unitaristischer und dualistischer Theorie der Elektrizität erkannte.

Seine schriftstellerische Tätigkeit sah L. vornehmlich unter dem Aspekt, wissenschaftliches Gedankengut auf populäre Weise zu verbreiten. Eine gesellschaftliche Entwicklung zum Wohle der Menschheit lag ihm sehr am Herzen. Zwar kein Verfechter revolutionärer Ideen, aber doch Anhänger der engl. und franz. Aufklärung, war einer seiner Grundsätze: »Aufklärung in allen Ständen besteht eigentlich in richtigen Begriffen von unseren wesentlichen Bedürfnissen.« Seine wissenschaftlichen Abhandlungen, seine Reiseschilderungen oder z. B. die Beschreibung der Kupferstiche von W. HOGARTH (1794–1799) sind – getragen von diesem Geist – voller Witz und Charme. 1780–1785 gab er mit G. FORSTER das »Göttingsche Magazin der Wissenschaften und Literatur« heraus, 1779–1799 den »Göttinger Taschenkalender«.

Der Zwiespalt zwischen genialem Geist und seinem »elenden Körper« beeinflußte L.s Leben. L. war klein und mißgestaltet von Statur (jedoch zweimal verheiratet mit sehr jungen Frauen, 6 Kinder); hinter seinem sprühenden Geist verbargen sich Depressionen und auch Mystizismus. Zu seinen zahlreichen Freunden zählten z. B. VOLTA, I. KANT, F. W. HERSCHEL und A. v. HUMBOLDT. Seine letzten Lebensjahre wurden von den Auswirkungen eines Nervenfiebers überschattet. Ka

Literatur: Georg Christoph Lichtenberg's vermischte Schriften (Hrsg. L. Christian Lichtenberg u. F. Kries, Göttingen 1800–1802), Georg Christoph Lichtenberg. Schriften und Briefe (Hrsg. W. Promies, München 1967–1972), Lichtenbergs Werke in einem Bd. (Hrsg. H. Friederici, Berlin u. Weimar 1985), G. Chr. Lichtenberg: Über eine neue Methode, die Natur und die Bewegung der elektrischen Materie zu erforschen (Lichtenbergsche Figuren), in: Ostwalds Klassiker der exakten Wissenschaften Nr. 246 (Hrsg. H. Pupke, Leipzig 1956).
Goetz, D.: Georg Christoph Lichtenberg (2. Aufl. Leipzig 1984); Herrmann, D. B.: G. Chr. Lichtenbergs Beziehungen zur Astronomie, in: Die Sterne 38 (1962) 5–6, 113–118; Kant, H.: 200 Jahre Lichtenbergsche Figuren, in: Wiss. Fortschr., 27 (1977), 266–268; Promies, W.: Georg Christoph Lichtenberg, in: Selbstzeugnisse und Bilddokumente. Rowohlts Monographien Nr. 90 (Reinbek bei Hamburg 1964).

Lie, Marius Sophus, Mathematiker, geb. 17. 12. 1842 Nordfjordeid (am Nordfjord), gest. 18. 2. 1899 Kristiania (Oslo).

L. erzielte weit in die Zukunft weisende Ergebnisse in der Differentialgeometrie, der Theorie der Differentialgleichungen und der Algebra. Als besonders fruchtbar erwies sich die von ihm eingeleitete Verbindung von Algebra und Topologie.

L., Sohn eines Pfarrers, studierte nach dem Besuch einer privaten Lateinschule 1859–1865 an der Univ. Kristiania Mathematik und Naturwissenschaften. Nach seinem Lehrerexamen 1865 gab er Privatstunden in Mathematik und hielt öffentliche Vorträge über Astronomie. Erst 1868, durch das Studium der Werke von J. V. PONCELET und J. PLÜCKER veranlaßt, wandte er sich der mathematischen Forschung zu. Er erhielt ein Auslandsstipendium und weilte im Winter 1869/70 in Berlin, wo er mit F. KLEIN

Freundschaft schloß, mit dem er den Sommer 1870 in Paris verbrachte und Beziehungen zu C. Jordan und G. Darboux anknüpfte. 1872 wurde für L. auf Beschluß des norwegischen Parlaments ein Lehrstuhl an der Univ. Kristiania geschaffen. 1886 wurde L. Nachfolger Kleins auf dem Lehrstuhl für Geometrie in Leipzig. Im September 1898 kehrte er nach Kristiania zurück, wo für ihn ein persönliches Ordinariat unter sehr günstigen Bedingungen eingerichtet worden war. Wenig später erlag er einer Bluterkrankung.

Die Idee J. Plückers, als Grundelemente der Geometrie statt der Punkte Geraden oder Ebenen bzw. allgemeiner die Individuen einer Kurven- oder Flächenschar zu benutzen, führte L. 1868 auf den Begriff der Berührungstransformation. Eine solche Transformation hat die Eigenschaft, daß sich berührende Flächen wieder in sich berührende Flächen übergehen. Eine von L. entdeckte spezielle Berührungstransformation, die Geraden-Kugel-Transformation, hat die interessante Eigenschaft, die Asymptotenlinien einer Fläche auf die Hauptkrümmungslinien der Bildfläche abzubilden. L. wandte die Theorie der Berührungstransformationen insbesondere auf die Umformung von Differentialgleichungsproblemen an. Seine Integrationstheorie der partiellen Differentialgleichungen 1. Ordnung, die auch die Ergebnisse von C. G. J. Jacobi neu interpretiert und vereinfacht, gehört zum klassischen Bestand der Theorie der Differentialgleichungen. Hauptleistung von L. ist die Theorie der von ihm so benannten »endlichen kontinuierlichen Gruppen«. Dabei handelt es sich um Gruppen von Transformationen $x'_i = F_i(x_1, \ldots, x_n; a_1, \ldots, a_r)$, $i = 1, \ldots, n$ des R_n in sich, deren jedes Element durch ein Parametertupel $(a_1, \ldots, a_r)$ definiert ist. Für $(a_1, \ldots, a_r) = (0, \ldots, 0)$ soll die identische Transformation herauskommen, und die F_i sollen für alle hinreichend kleinen a_j erklärt sein. Solche Gruppen werden inzwischen als Lie-Gruppen bezeichnet und etwas allgemeiner definiert, als es seinerzeit L. getan hat. L. klärte den Zusammenhang zwischen einer solchen Gruppe und einem rein algebraischen Objekt, das von den infinitesimalen Transformationen der Gruppe gebildet wird und das als Lie-Algebra bezeichnet wird. Mittels dieses Zusammenhanges entwickelte er eine umfangreiche Theorie, die darin angelegte Verbindung von algebraischer und topologischer Struktur hat sich als außerordentlich fruchtbar erwiesen. L. selbst gab interessante Anwendungen seiner Theorie auf Differentialgleichungen und auf das Raumproblem (Riemann-Helmholtz-Liesches Raumproblem). Sein Ziel war es, für Differentialgleichungen ein Analogon zur Galois-Theorie algebraischer Gleichungen zu finden. Das konnten E. Picard und E. Vessiot im Anschluß an L. bis zu einem gewissen Grade erreichen. Die Theorie der Lie-Algebren wurde von W. Killing, E. Cartan u. a. weiterentwikkelt. In den 20er und 30er Jahren entstand aus den Ansätzen von L. ein neues Teilgebiet der Mathematik, die topologische Algebra. Bei der Herausbildung dieses Gebietes hat das 5. Hilbertsche Problem (1900 von D. Hilbert im berühmten Pariser Vortrag formuliert) eine wichtige Rolle gespielt; es besteht in der Frage, ob bei geeigneter Wahl lokaler Koordinaten eine beliebige, lokal euklidische topologische Gruppe eine Lie-Gruppe ist, und konnte erst Mitte des Jh. im bejahenden Sinne gelöst werden. Inzwischen spielt die Theorie der Lie-Gruppen und Lie-Algebren eine ständig wachsende Rolle in der modernen theoretischen Physik.

Als mathematischer Forscher hatte L. eine Fülle von Ideen und genialen Intuitionen; es fiel ihm jedoch schwer, sie in strenger Form zu fassen und anderen Mathematikern verständlich zu machen. Die Resonanz auf seine Arbeiten blieb deshalb zunächst gering. Erst in Leipzig konnte er befähigte Schüler um sich scharen, die ihm bei der Ausarbeitung größerer zusammenfassender Werke behilflich waren, wie F. Engel und G. Scheffers. Viel Zeit verwendete L. für die Herausgabe von Abels Werken (gemeinsam mit L. Sylow) sowie für die noch heute erscheinende Ztschr. »Archiv for Mathematik og Naturvidenskab«, die er mit zwei weiteren norwegischen Wissenschaftlern gegründet hatte.

G. Chr. Lichtenberg

M. S. Lie

Außerhalb seiner Wissenschaft und seiner Familie hatte L. keine ausgeprägten Interessen. Er liebte die rauhe Schönheit seiner Heimat, die er sich auf ausgedehnten Wanderungen erschloß. Ein Hüne von Gestalt, mit ungewöhnlicher Körperkraft ausgestattet, nahm L. ein außergewöhnliches Arbeitspensum auf sich. Das führte 1889/90 zu einem nervlichen Zusammenbruch, der zwar überwunden wurde, aber öfter mit depressiven Stimmungen nachwirkte. Noch heute gelten die Worte, die Engel seinem Nachruf voranstellte: »Wenn die Erfinderkraft der wahre Maßstab für die Größe eines Mathematikers ist, so muß Sophus Lie unter die ersten Mathematiker aller Zeiten gerechnet werden ... Die Anregungen aber, die er in verschwenderischer Fülle ausgestreut hat, werden auf noch viel länger hinaus wirken, und niemand vermag abzusehen, wenn einmal ihre Fruchtbarkeit erschöpft sein wird, wenn das überhaupt möglich ist.« Pu

Literatur: Lie, M. S.: Gesammelte Abhandlungen, 7 Bde. (Hrsg. F. Engel u. P. Heegaard, Leipzig/Oslo 1922–1960).
Engel, F.: Sophus Lie, in: Ber. über die Verh. der königl.-sächs. Ges. der Wiss. zu Leipzig. Math.-phys. Classe 51 (1899), XI–LXI; Günther, P.: Sophus Lie, in: 100 Jahre Mathematisches Seminar der Karl-Marx-Universität Leipzig (Berlin 1981, S. 111–133); Noether, M.: Sophus Lie, in: Math. Ann. 53 (1900), 1–41.

Liebermann, Carl Theodor, Chemiker, geb. 23.2.1842 Berlin, gest. 28.12.1914 Berlin.

L. entwickelte 1868/69 zusammen mit C. Graebe die wissenschaftlichen und technischen Grundlagen für die industrielle Herstellung des Farbstoffs Alizarin.

L., Vetter des Malers und Graphikers Max L., entstammte einer Industriellenfamilie. Er nahm zunächst ein Studium der Kunstgeschichte auf (1860), bevor er 1861 in Heidelberg bei R. Bunsen Chemie studierte; nach analytischer Ausbildung in Berlin (1862) trat er in das von A. v. Baeyer geleitete chemische Laboratorium an der Berliner Gewerbeakademie ein. In seiner Promotionsarbeit (1865) entdeckte L. den »Propargyläther« (Propin-3-ether). Nach kurzer Tätigkeit als Farbstoffchemiker in Mulhouse (Elsaß) und Berlin arbeitete L. ab 1867 bei v. Baeyer als Praktikant. Hier gelang ihm mit C. Graebe 1868 die Synthese und Strukturaufklärung des Alizarins. Nach seiner Habilitation (1870) und der Berufung v. Baeyers nach Straßburg (1872) übernahm L. die Leitung des organischen Laboratoriums. 1873 erfolgte seine Berufung zum Prof. Nach der Vereinigung der Berliner Gewerbeakademie mit der Bauakademie zur TH (1882) entwickelte L. das dortige chemische Laboratorium zu einer leistungsfähigen Lehr- und Forschungsstätte, der er bis zu seiner Emeritierung 1914 vorstand.

L. war Mitgl. und Ehrenmitgl. zahlreicher wissenschaftlicher Gesellschaften und Ehrendoktor der Univ. Leeds (1906), der TH Braunschweig (1912) und der TH Berlin (1914). Er wirkte 1898 und 1911 als Präsident der Deutschen Chemischen Gesellschaft.

Die Arbeiten von L. trugen wesentlich zur Vollendung des Gebäudes der klassischen organischen Chemie bei. Insbesondere seine experimentellen und theoretischen Ergebnisse auf dem Gebiet der Farbstoffe förderten die Entwicklung einer entsprechenden Industrie. Nach den zusammen mit GRAEBE durchgeführten bahnbrechenden Arbeiten zur Synthese und Strukturaufklärung von Alizarin und Purpurin sowie über den Zusammenhang zwischen Farbe und Struktur (1868) wandte sich L. der Untersuchung von Anthracen- und Naphthalenverbindungen sowie höher kondensierter aromatischer Systeme zu. 1874 entwickelte L. aus Versuchen zur Untersuchung der Wirkung von salpetriger Säure auf Phenole (LIEBERMANNsche Phenolreaktion) eine neue Methode zur Darstellung sekundärer Amine sowie von Indophenolfarbstoffen. 1885 gelang L. zusammen mit S. KOSTANECKI die Aufdeckung von Zusammenhängen zwischen Struktur und Farbstoffwirkung hydrolysierter Anthrachinonderivate (Regel von LIEBERMANN-KOSTANECKI). In weiteren Arbeiten beschäftigte sich L. mit Untersuchungen über Cochenille und Farbhölzer, mit Isatin, Azo- und indigoiden Farbstoffen sowie mit Alkaloiden und Cocain. Sz

Literatur: Liebermann, C. T.: Das künstliche Alizarin (mit C. Graebe, Braunschweig 1876), Alizarin und Anthracen, in: Ber. Dtsch. Chem. Ges. 1 (1868), 49, Über den Zusammenhang zwischen Molekularkonstitution und Farbe bei organischen Verbindungen, in: Ber. Dtsch. Chem. Ges. 1 (1868), 106, Künstliches Alizarin, in: Ber. Dtsch. Chem. Ges. 2 (1869), 10 u. 14.

Liebig, Justus, Freiherr von, Chemiker, geb. 12. 5. 1803 Darmstadt, gest. 18. 4. 1873 München.

L. ist in die Geschichte der Chemie vor allem eingegangen als Begründer des chemischen Hochschulstudiums und dessen erster Organisator, als einer der erfolgreichsten Forscher, insbesondere auf dem Gebiet der organischen Chemie, als Theoretiker, der Wesentliches zur Entwicklung der chemischen Theorie beitrug, als Begründer einer chemischen Düngelehre und deren praktischer Umsetzung, als Herausgeber wichtiger chemischer Fachliteratur sowie als Popularisator der Chemie und deren gesellschaftlicher Bedeutung.

Als Sohn eines Drogisten, der chemische Substanzen selbst bereitete, begeisterte sich L. früh für chemisches Experimentieren und stellte schon als Schüler Knallsilber und -quecksilber (Fulminate) her. Eine 1817 begonnene Apothekerlehre in Heppenheim mußte er wegen eigenmächtigen Experimentierens 1818 abbrechen. Seit 1820 studierte er Physik und Chemie an der Univ. Bonn bei K. W. G. KASTNER, dem er 1821 nach Erlangen folgte. Mit dessen romantisch-naturphilosophisch durchsetzter chemischer Lehre und seiner geringen Experimentierfähigkeit unzufrieden, vermochte L. erst während eines 2jährigen Studienaufenthaltes in Paris, insbesondere in den Laboratorien von L. J. THÉNARD, P. L. DULONG und L. GAY-LUSSAC, sich mit den neuesten chemischen Lehren vertraut zu machen (z. B. DALTONsche Atomtheorie, AVOGADROsche Moleküllehre, LAVOISIERS organisch-chemische Analysen). In der École Polytechnique lernte er erste chemische Ausbildungslaboratorien kennen und begriff, welche gesellschaftliche Rolle die Chemie in der damals stattfindenden industriellen Revolution spielte und zukünftig spielen würde.

Mit einer in Erlangen eingereichten Doktordissertation wurde L. 1823 – in absentia – promoviert und 1824 zum ao. Prof., 1825 zum o. Prof. für Chemie an die Philosophische Fakultät der Univ. Gießen berufen. Seit 1826 führte er hier (bis 1852) einen ständig verbesserten Laboratoriumsunterricht durch, mit selbst erarbeiteten Lehrplänen und Ausbildungsformen, die chemische Lehre, chemisches Experimentieren und Forschen miteinander verbanden. Erstmals wurden so »Chemiker« als Vertreter eines eigenständigen neuen Berufsstandes ausgebildet. Schüler L.s waren z. B. A. W. v. HOFMANN, J. B. DUMAS, A. KEKULÉ, C. A. WURTZ, K. R. FRESENIUS, H. KOPP. 1852 folgte L. einem Ruf als Prof. für Chemie an die Bayer. Ak. d. Wiss. nach München, deren Präsident er 1859 wurde.

Gemeinsam mit seinem Freund F. WÖHLER hat L. die Theorie der organischen Chemie weiterentwickelt. Nach der Entdeckung der Stellungsisomerie (mit WÖHLER 1826 am Beispiel von Cyan- und Knallsäure) erweiterten sie mit ihrer »Untersuchung über das Radical der Benzoesäure« (1832) die Radikaltheorie von J. J. BERZELIUS für organische Verbindungen. Für organische Analysen hatte L. die Methode von BERZELIUS durch Einführung seines Kali-Kugel-Apparates (1831) wesentlich verbessert. Nach »Untersuchungen über die Natur der Harnsäure« (1838) und »Über die Constitution der organischen Säuren« (1838) gelangte L. zur Erkenntnis des eigentlichen Wesens der Säuren. LAVOISIER korrigierend, definierte er Säuren als »Wasserstoffverbindungen, deren Wasserstoff durch Metalle ersetzt werden kann«.

1840 veröffentlichte L. sein Werk »Die organische Chemie in ihrer Anwendung auf Agricultur und Physiologie«, in dem er, aufbauend auf Untersuchungen von J. INGENHOUSZ, T. DE SAUSSURE, K. SPRENGEL u. a., die Zusammenhänge zwischen Pflanzenernährung bzw. -wachstum und Bodenzusammensetzung aufzeigte. Er erkannte, daß Pflanzen nur bestimmte anorganische Verbindungen zur Ernährung benötigen, daß diese aber vorhanden sein müssen, und führte auf dieser Basis die chemische Düngung in die Landwirtschaft ein. Er formulierte das Gesetz des Minimums, wonach ein Dünger nur so wirksam ist wie die geringste enthaltene, von der Pflanze benötigte Menge eines bestimmten Elementes.

L.s publizistische Tätigkeit manifestierte sich – neben der Herausgabe bzw. Mitherausgabe der »Annalen der Chemie und Pharmacie« (ab 1873 »Liebigs Annalen«), des »Handwörterbuches der reinen und angewandten Chemie« (1837–1856) sowie des »Jahresberichtes über die Fortschritte der reinen, pharmaceutischen und technischen Chemie, Physik, Mineralogie und Geologie« (1849–1856) – insbesondere in kritischen Schriften, z. B. »Über das Studium der Naturwissenschaften und über den Zustand der Chemie in Preußen« (1840), »Über Francis Bacon von Verulam und die Methode der Naturforscher« (1863) sowie in seinen hohe Auflagen erreichenden »Chemischen Briefen« (1844f.) u. a. St

Literatur: Fast alle chemischen Arbeiten Liebigs sind publiziert in: Poggendorffs Annalen der Physik und Chemie, Annalen der Chemie Pharmacie; Liebig, J. v.: Reden und Abhandlungen (Hrsg. M. Carrière u. G. v. Liebig, Leipzig, Heidelberg 1874).

Strube, I.: Justus von Liebig (Leipzig 1973); Vollhard, J.: Justus von Liebig, 2 Bde. (Leipzig 1909).

Lilienthal, Otto, Flugpionier, geb. 23. 5. 1848 Anklam, gest. 10. 8. 1896 Berlin.

L. verwirklichte den Gleitflug des Menschen mit Hilfe starrer Flügel und schuf damit den Ausgangspunkt für die Flugtechnik mit Geräten, die schwerer sind als Luft.

L. interessierte sich schon in jungen Jahren gemeinsam

C. Th. Liebermann

J. von Liebig

O. Lilienthal

C. von Linde

mit seinem jüngeren Bruder Gustav für das Fliegen. Anregung gab nicht nur die reiche Vogelwelt seiner Heimat, sondern auch das Buch eines Luftschiffers, in dem unter anderem über den Segelflug der Vögel gesprochen wurde. Als L. 14 Jahre alt war, hatte er mit seinem Bruder aus Holzleisten und Leinwand bereits ein Paar Flügel gebaut. Heimliche Flugversuche führten aber zu keinerlei Erfolg. Da die Mutter nach dem Tod des Vaters als Putzmacherin und Musiklehrerin ihre drei Kinder nur schwer ernähren konnte, besuchte L. das Gymnasium nicht bis zum Abitur, sondern ging 1864 an die Provinzial-Gewerbeschule in Potsdam, wo er bei Verwandten wohnte. Anschließend absolvierte er ein praktisches Jahr in einer Maschinenfabrik und ein Ingenieurstudium an der Berliner Gewerbe-Akademie. Im deutsch-franz. Krieg 1870/71 mußte er an die Front. In all diesen Jahren hatten Otto L. und Gustav L., der Architekt wurde, große materielle Not gelitten, aber dennoch ihre Flugversuche fortgeführt. Mit verschiedenen Schlagflügelgeräten, die mit den Beinen betrieben wurden, da diese kräftiger sind als die Arme, erzielten sie einen gewissen Auftrieb, der von ihnen gemessen wurde, indem sie das Gerät an ein Seil hängten, das über Rollen mit einem Gegengewicht verbunden war. Am Ende gelangten die Brüder L. unter Berücksichtigung der zahlreichen schon vor ihnen angestellten Versuche zu der Erkenntnis, daß beim Menschen die Muskelkraft im Vergleich zur Körpermasse wesentlich geringer ist als beim Vogel und deshalb zum Fliegen nicht ausreicht. Auch die Leistung von Dampfmaschinen ist im Verhältnis zur Masse zu klein. Otto und Gustav L. wandten sich deshalb dem Gleitflug der Vögel zu. Mit einer großen Rundlaufeinrichtung untersuchten sie 1874 Auftrieb und Widerstand verschiedener Flügelformen und erkannten wie schon einige andere Forscher vor ihnen die Wirkung gewölbter Profile. Es folgte die Erprobung vogelähnlicher Flugdrachen. In den folgenden Jahren standen für die Brüder L. berufliche Fragen im Vordergrund. Otto L. konnte 1881 eine kleine Maschinenfabrik erwerben und damit eine Erfindung für den Dampfkesselbau, auf die er ein Patent erhalten hatte, gewinnbringend nutzen. In Erinnerung an eigene Notzeiten gewährte er dabei seinen Arbeitern gewisse Vorteile, verfaßte auch ein Theaterstück von sozialkritischer Thematik, mußte aber selbstverständlich den Gesetzen seiner Zeit folgen. So nutzte er Zeit und Geld zur Fortsetzung der Flugversuche, wobei er aufgrund seiner Ingenieurerfahrungen Theorie und Praxis hervorragend zu verbinden wußte. 1889 erschien sein Buch »Der Vogelflug als Grundlage der Fliegekunst«, worin 30 Punkte für ein Programm zur Konstruktion und Erprobung von Geräten für den Gleitflug aufgestellt wurden, das er in der Folgezeit systematisch verwirklichte. Vor L. waren bereits viele große Entwürfe gemacht worden, die aber allein schon deshalb zum Scheitern verurteilt waren, weil ihnen die primitivste praktische Erfahrung über das Verhalten in der Luft fehlte.

Otto L. machte gemeinsam mit seinem Bruder zunächst Stehversuche am Boden, um die Balance mit dem entwickelten Gleitflugzeug im Wind zu erlernen. Später vollführte er in seinem Garten Sprünge von einem Sprungbrett, oft 50- bis 60mal am Tage. 1891 zog er mit seinem Flugapparat auf die Hügel bei Derwitz und segelte bald aus 5 m Höhe 25 m weit. 1893 erwarb er ein Patent auf seinen Gleiter, dessen Flügel aus Weidenruten und Leinwand zum leichteren Transport wie Fächer zusammengeklappt werden konnten. In Lichterfelde, unweit seines Wohnhauses, ließ sich Otto L. aus einer Abraumhalde einen 15 m hohen Hügel aufschütten, um in jeder freien Stunde experimentieren zu können. Da er seine Flugzeuge, in denen er auf die Unterarme gestützt hing, nur durch Verlagerung der Körpermasse steuerte und noch nicht durch Ruderausschläge an den Stabilisierungsflossen, erforderte das Fliegen mit seinen Geräten hohe Gewandtheit und schnelles Reagieren, vor allem bei böigem Wind. 1895 ging er deshalb zu Doppeldeckern über, die bei gleicher Flügelfläche kleiner waren und damit leichter beherrscht werden konnten. Die weitesten Gleitflüge bis zu 300 m, auch mit gezielten Richtungsänderungen, führte L. in den Rhinower Bergen bei Rathenow aus, die sich unbewaldet bis zu 70 m über das umliegende, ebenfalls unbewaldete Land erhoben und deshalb besonders geeignet waren. L. verwirklichte dabei auch schon den Segelflug im Hangaufwind. Diesen Versuchen wohnten oft Gäste bei, die ebenfalls am Flugproblem arbeiteten, z.B. N.J. Shukowski, dem L. auch einen seiner Flugapparate schenkte, wie er überhaupt nicht nur für sich baute, sondern Geräte an viele andere Flugpioniere lieferte, die damit ebenfalls erste Erfahrungen in der Luft sammelten. L. arbeitete auch intensiv an der Weiterentwicklung seiner Apparate, so an einem Gleiter mit dickem gewölbtem Tragflächenprofil und beiderseitiger Bespannung, an beweglichen Höhen- und Seitenrudern und anderen Steuermechanismen. Er versuchte auch, dem Piloten eine Sitzmöglichkeit zu schaffen, und baute schließlich ein weiteres Schwingenflugzeug, dessen flexible und gefiederte Flügelenden von zwei mit komprimierter Kohlensäure aus einer Gasflasche betriebenen Kolben über Seilzüge nach unten geschlagen wurden, während die Last des Flugzeuges sie wieder nach oben drückte. Über eine praktische Erprobung ist jedoch nichts Sicheres bekannt. Am 9. 8. 1896 stürzte L., wahrscheinlich durch einen plötzlichen Windstoß, auf den er nicht mehr angemessen reagieren konnte, in den Rhinower Bergen aus 15 bis 20 m Höhe ab. L. zog sich schwere Verletzungen am Rückgrat zu, denen er am nächsten Tag erlag. Er war über 2000mal gestartet und insgesamt mehr als fünf Stunden in der Luft gewesen. Seine Erfahrungen hatte L. in wissenschaftlichen Arbeiten aller Welt zugänglich gemacht und damit eine ganze Schule von Flugtechnikern herangebildet, die nach seiner Methode Schritt für Schritt den Luftraum eroberten, darunter auch die Brüder O. und W. Wright. Im

Gegensatz zu GRAF ZEPPELIN und anderen sah L. vor allem die friedliche Anwendung der Luftfahrt und meinte, »die Grenzen der Länder würden dann ganz ihre Bedeutung verlieren, weil man sie bis in den Himmel nicht absperren kann«. Man könne sich »kaum vorstellen, daß Zölle und Kriege dann noch möglich sind«. Dies erwies sich jedoch als ebenso illusionär wie ähnliche Vorstellungen von A. NOBEL oder wie seine eigenen sozialen Auffassungen. Die

Literatur: Schwipps, W.: Lilienthal (Berlin [West] 1979); Waßermann, M.: Otto Lilienthal (2. Aufl. Leipzig 1985).

Linde, Carl von, Kältetechniker, geb. 11. 6. 1842 Berndorf bei Kulmbach (Oberfranken), gest. 16.11.1934 München.

L. schuf die wissenschaftlichen Grundlagen der modernen Kältetechnik und setzte sie erfolgreich in die industrielle Praxis um.

L. war das dritte von neun Kindern eines Pfarrers. Er erhielt die übliche humanistische Gymnasialbildung, interessierte sich aber bald mehr für technische Dinge, vor allem, als er nach dem Umzug der Familie nach Kempten die dortige Baumwollspinnerei kennenlernte. So studierte L. 1861–1864 am Polytechnikum Zürich bei R. CLAUSIUS, G. A. ZEUNER, F. REULEAUX u. a., wodurch er vor allem umfassende Kenntnisse in der Thermodynamik erwarb. Wegen Beteiligung an Studentenunruhen konnte er das Studium nicht abschließen, erhielt jedoch durch Vermittlung von REULEAUX eine Volontärstelle in der Lokomotivfabrik von Borsig in Berlin. 1866 konnte L. das technische Büro einer neuen Lokomotivenfabrik in München übernehmen. Als 1868 die Polytechnische Schule in München gegründet wurde, erhielt er eine Berufung als ao. Prof. für Maschinenlehre, vier Jahre später als o. Prof. Hier führte er in die Lehre von den Wärmekraftmaschinen erstmals auch deren Umkehrung, die Theorie der Kältemaschinen, ein. Er konnte weiterhin die Einrichtung des ersten Maschinenlaboratoriums durchsetzen. L. bildete so eine ganze Reihe fähiger Ing. aus, unter anderem R. DIESEL. Für die schnell wachsende Industrie reichten die damals bekannten Kühlmethoden (Natureis, Kältemischungen und einige wenig effektive Kaltluftmaschinen) nicht mehr aus. Angeregt durch eine Preisaufgabe zeigte L. 1871 in seiner Arbeit »Verbesserte Eis- und Kühlmaschine« den Weg zu einer wesentlichen Verbesserung des Wirkungsgrades solcher Maschinen. Mit Hilfe eines Münchner Brauereibesitzers konnte er in der Augsburger Maschinenfabrik seine erste Kältemaschine herstellen lassen. Sie arbeitete mit Methylether, die weiteren Modelle dann mit Ammoniak nach dem Prinzip, daß sich Gas, das mechanische Arbeit leistet (in einem Kompressor), abkühlt. 1879 gab L. die Lehrtätigkeit auf und gründete in Wiesbaden »Lindes Eismaschinen AG«, deren in bew hrten Maschinenfabriken hergestellte Anlagen reißender Absatz fanden. L. forschte weiter und nutzte schließlich den 1862 entdeckten JOULE-THOMPSON-Effekt, der besagt, daß sich Gase, die unter Druckabfall aus einer Öffnung ausströmen, nach einer bestimmten Gesetzmäßigkeit abkühlen. L. führte dazu noch das Gegenstromprinzip ein, bei dem abgekühltes Gas an frischem Gas vorbeiströmt und dieses vorkühlt. 1895 konnte L. in einer besonderen Forschungs- und Versuchsanstalt in München erstmals eine größere Menge Luft nach diesem Prinzip verflüssigen. Damit war der Weg frei für Tieftemperaturuntersuchungen in der Physik und für die Trennung der Luftbestandteile durch fraktionierte Destillation, wodurch man z. B. den Sauerstoff für autogenes Schweißen gewinnt; nunmehr war es auch möglich, flüssige Luft als Oxidiermittel in Sprengpatronen oder Raketentriebwerken einzusetzen. 1906 wurde unter L.s Leitung ein Verfahren zur Wasserstoffproduktion entwickelt. L. verstand es hervorragend, seine Entwicklungen geschäftlich zu nutzen, so in einer 1901 bei München errichteten Anlage für flüssigen Sauerstoff und Stickstoff. Seine Unternehmen, die später von seinen beiden Söhnen fortgeführt wurden, hatten lange Zeit eine Monopolstellung und warfen hohen Gewinn ab. Neben seiner wissenschaftlichen und geschäftlichen Tätigkeit arbeitete L. aktiv in wissenschaftlichen und Ingenieurvereinigungen, er war Mitgl. des Kuratoriums der Physikalisch-Technischen Reichsanstalt, ab 1896 Mitgl. der Bayer. Ak. d. Wiss. Mit F. KLEIN förderte L. besonders die Entwicklung der technischen Physik. Die

Literatur: Linde, C. v.: Aus meinem Leben und von meiner Arbeit (München 1916).

Linné (Linnaeus), Carl von, Arzt und Naturforscher, geb. 23. 5. 1707 Rashult (Småland, Schweden), gest. 10. 1. 1778 Uppsala.

Neben vielseitiger Wirksamkeit als Arzt, Naturforscher und Universitätslehrer wurde L. vor allem berühmt durch seine Reformen der botanischen Systematik, für die er neue Klassifikationsmethoden (Sexualsystem) und die binäre Nomenklatur einführte.

Obwohl L. als Sohn eines Pfarrers Theologe werden sollte, studierte er ab 1727 Medizin in Lund, besonders bei K. STOBAEUS, und 1728–1731 in Uppsala, wo ihn O. RUDBECK und O. CELSIUS förderten. Er erhielt bereits 1730 einen Lehrauftrag für Materia medica (Heilmittellehre), verbunden mit Demonstrationen im botanischen Universitätsgarten, für den er mehrere Kataloge entwarf, deren letzte bereits seine neue, auf den Sexualorganen fußende Klassifikationsmethode widerspiegeln. Im Sommer 1732 bereiste er mit einem durch CELSIUS vermittelten Reisestipendium fünf Monate Lappland, hielt im Winter 1732/33 mineralogische Vorlesungen und chemische Praktika in Uppsala und weilte von 1733 bis 1735 zum Studium der Kupferbergwerke in Falun. Nach Verlobung mit der ältesten Tochter des dortigen Stadtarztes J. MORAEUS und mit dessen Unterstützung reiste L. Anfang 1735 zum Abschluß seines Studiums in die Niederlande und wurde im Juni zum Dr. med. an der Univ. Harderwijk promoviert. Danach blieb er noch drei Jahre in den Niederlanden, zunächst in Leiden, wo H. BOERHAAVE und dessen Schüler J. F. GRONOVIUS sein neues Natursystem (»Systema naturae«, 1735) anerkannten und die Drucklegung förderten sowie ihm weitere Hilfe angedeihen ließen. So fand L. auf deren Empfehlung gute Aufnahme in Amsterdam bei J. BURMAN und vom Herbst 1735 bis 1737 eine Anstellung als Hausarzt und Gartenkustos bei dem Bankier CLIFFORD in Hartekamp bei Haarlem. Während dieser Zeit entstanden L.s reformatorische Hauptwerke, neben dem Gartenkatalog »Hortus Cliffortianus« (Amsterdam 1737) und der Herausgabe des Fischwerkes seines in Amsterdam verunglückten Freundes P. ARTEDI (»Ichthyologia ...«, Leiden 1738). Eine Reise nach England (1736) vermittelte ihm die Bekanntschaft mit berühmten Naturforschern wie J. J. DILLENIUS und H. SLOANE und deren Sammlungen. Vor der Heimreise weilte er von Mai bis Juli 1738 in Paris, wo ihn die Botaniker B. und A. DE JUSSIEU in ihr natürliches Pflanzensystem einführten und seine Wahl zum korrespondierenden Mitgl. der Pariser Ak. d. Wiss. bewirkten. Ab September begründete L. eine erfolgreiche Arztpraxis in Stockholm, wo er 1739 auch Admiralitätsarzt wurde, einen Lehrauftrag im Bergkollegium erhielt und Mitbegründer und erster Präsident der Schwed. Ak. d. Wiss. wurde. Ab 1741 wirkte er als o. Prof. für praktische Medizin, ab 1742 (durch Tausch der Lehrfächer) als Ordinarius für theoretische Medizin und Dir. des Botanischen Gartens an der Univ. Uppsala. Hier entfaltete er eine erfolgreiche, vielseitige Lehrtätigkeit, von der zahlreiche Dissertationen mit verschiedenartigsten Themen zeugen (z. B. 70 medizinische, 42 botanische, 31 zoologische, 30 allgemein-biologisch-ökologische, 12 methodisch-museologische). Im Mittelpunkt standen Demonstrationen in dem neugestalteten Garten und Museum sowie Exkursionen. Durch mehrere Forschungsreisen (1741 nach Öland und Gotland, 1746 nach Westgotland und 1749 durch Schonen), wo sowohl botanische als auch geologische und zoologische Studien durchgeführt wurden, erschloß L. wichtige Naturressourcen seiner Heimat und schuf die ersten Landesfloren und -faunen (»Flora Suecica« 1745, »Fauna Suecica« 1746), wofür er hohe nationale Auszeichnungen erhielt (1747 Kgl. Leibarzt, 1752 Ritter des Nordstern-Ordens, 1762 Erhebung in den Adelsstand). Obwohl L. schon 1763 »Dienstfreiheit« erhielt und sein Sohn Carl v. L. zum Nachfolger bestimmt worden war, blieb L. praktisch bis 1777 im Amt, war 1772 zum dritten Mal Rektor und wurde 1773 Ehrenmitgl. des Collegium medicum in Stockholm. Seine bedeutenden Sammlungen, die seit 1766 auf seinem Landgut Hammarby aufbewahrt wurden, wurden nach seinem Tod von seiner Frau nach England verkauft.

Zu Beginn des 18. Jh., als L. sein Medizinstudium absolvierte, waren mineralogische, zoologische und besonders botanische Studien ein wichtiger Bestandteil der medizinischen Ausbildung, da sie die Grundstoffe für die Heilmittel lieferten. Die sichere Identifizierung war deshalb ein praktisches Anliegen der Ärzte, und die Universitätsgärten erforderten für Unterricht und Anlage von Katalogen Kenntnisse in der Klassifizierung von Pflanzen. Es waren bereits mehrere Systeme und Methoden in Gebrauch, die sich durch die verwendeten Bestimmungsmerkmale unterschieden. Eine erste Reform hatten der Engländer J. Ray und der Franzose J. P. Tournefort durchgeführt, auf deren Werken L.s Arbeiten fußen. Als neueste Erkenntnis begann sich nach 1700 das Wissen um die Sexualität der Pflanzen durchzusetzen, die bis zum Wirken von R. J. Camerarius allgemein negiert worden war. Durch eine in Leiden 1718 veröffentlichte Arbeit von S. Vaillant über die Blütenorgane erkannte L. schon als Student die Bedeutung der pflanzlichen Sexualstrukturen und erhob 1730 Stempel und Staubfäden zum wichtigsten Klassifizierungsmerkmal. Seine neue Methode wurde in den Niederlanden schnell und unvoreingenommen anerkannt, ihre Verbreitung gefördert. In den Niederlanden, dem Zentrum der Frühaufklärung und dem Tor zu überseeischen Ländern, wurde eine Fülle unbekannter Pflanzen und Tiere eingeführt, deren Identifizierung und Einordnung nach den herkömmlichen Beschreibungen immer schwieriger wurde. Demgegenüber zeichnete sich L.s Methode, deren Regeln er schon in den »Fundamenta botanica« (1736) thesenhaft darlegte, in den »Critica botanica« (1737) kommentierte und in den »Genera plantarum« (1737), die er als ein Hauptwerk ansah, selbst anwandte, durch Konsequenz, leichte Handhabbarkeit und Sicherheit aus.

Nach L. waren Gattungen und Arten »natürlich«, d. h. nach einem göttlichen »Plan« geschaffen, den in der Natur aufzufinden die Aufgabe des Naturforschers sei. Dazu müsse zunächst eine »künstliche« Grobeinteilung in Klassen und Ordnungen nach einem willkürlich gewählten Merkmal erfolgen, wofür L. die Sexualorgane deshalb als bestgeeignet erschienen, weil sie die »wesentliche« Eigenschaft des Lebendigen und das »Geheimnis des Schöpfungsplanes« ausdrückten. Die Ordnung erfolgte nach quantitativen Kriterien (Anzahl, Größe, Lage) nach den Grundsätzen der klassischen Mechanik von G. Galilei und R. Descartes, auf deren Prinzipien er sich berief. So betrachtete L. die künstlichen Klassen seines Pflanzensystems als »Nothelfer«, solange noch kein »natürliches System« ge-

C. von Linné

J. Lister

funden sei. Zwar entwarf er selbst auch ein »Fragment einer Natürlichen Methode« mit 64 großen Gruppen, doch war er überzeugt, daß sie erst in ferner Zukunft realisierbar sei, wenn alle Pflanzen der Erde bekannt sein würden; erst dann könne man den vollständigen »Schöpfungsplan« erkennen. Diese Annahme basierte auf dem Glauben an die Konstanz der Weltordnung, dem L. wie seine Zeitgenossen verhaftet war, auch wenn er später nicht mehr die »Arten«, sondern die »Gattungen« als ursprünglich geschaffene Einheiten ansah, aus denen die Arten durch Bastardierung entstanden seien wie gegenwärtig die Varietäten und Kulturrassen. Diese Ansicht L.s regte in der Folgezeit Botaniker zu Kreuzungsversuchen an, z. B. J. G. Koelreuter, J. und K. F. Gärtner und K. Sprengel, die auch erste Einsichten in Vererbungsprozesse brachten. Die Großgliederung in Klassen, Ordnungen und Gattungen, als »theoretische Einteilung« bezeichnet, sah L. als wichtigste Aufgabe des Systematikers an, der die »praktische Einteilung«, die Unterordnung der Arten und Varietäten, folgt. Er erhielt so eine »enkaptische Hierarchie«, bei der die niederen Kategorien in den höheren enthalten sind, wie es heute allgemein gebräuchlich ist, also eine Gruppierung in Klassen, Ordnungen, Familien, Gattungen und Arten. Damit befand er sich im Gegensatz zu der linearen Anordnung der zeitgenössischen »Stufenleiter«-Systeme seiner Gegner G. Buffon und Ch. Bonnet. Die 24 Klassen des Pflanzensystems waren für L. untereinander gleichwertig; die Charakterisierung der Gattungen hatte nicht nur nach den Sexualstrukturen, sondern nach allen Blumenteilen zu erfolgen, dazu habe der Schöpfer die Pflanzen mit 26 Einzelkennzeichen versehen wie mit Buchstaben eines Alphabets, die entziffert werden müssen.

L. wandte seine Fähigkeit zum Klassifizieren nicht nur auf Pflanzen an. Sein »System der Natur« enthielt ein Mineralsystem mit drei Klassen (Gesteine, Mineralien und Fossilien); in dessen 12. Auflage (1768) flossen seine Erkenntnisse über die geologische Schichtenfolge ein, auf denen später A. G. Werner aufbaute. Sein Tiersystem schloß sich eng an dasjenige von J. Ray an und enthielt 6 Klassen (Vierfüßer, Vögel, Amphibien, Fische, Insekten und Würmer), in deren erste er bereits 1735 den Menschen einreihte. In der 10. Auflage (1757/58), die seitdem maßgeblich für die Zoologie ist, nahm er grundsätzliche Änderungen in der Benennung vor, führte die seitdem gebräuchlichen Bezeichnungen »Säugetiere« anstelle Vierfüßer und »Primaten« anstelle Anthropomorpha ein, in die er den Menschen als »Homo sapiens« eingliederte, trotz des Widerspruchs seiner theologischen Kollegen, mit denen er wiederholt in Kontroversen geriet. L. schuf weiterhin ein System der Arzneimittel (»Materia medica« 1749), der Krankheiten und der Botaniker. Sein größter Einfluß galt aber der Botanik, der er spezielle Werke widmete. In dem Lehrb. »Philosophia botanica« (1751) vereinigte er die

Richtlinien für Klassifikation und Artbeschreibung, für Nomenklatur und Terminologie sowie für die Anlage und Konservierung von Sammlungen. In »Species plantarum« (1753) faßte er alle bis dahin bekannten Pflanzenarten zusammen und kennzeichnete sie nach der erst 1745 eingeführten »binären Nomenklatur«; deshalb wurde es für die botanische Taxonomie maßgeblich.

Die Grundsätze und Regeln, die L. an zahlreiche Schüler weitergab, erfüllten zu seiner Zeit wichtige Aufgaben zur Kenntnis und Beherrschung der Natur, deren volkswirtschaftliche Bedeutung er wiederholt nachwies. Sein Wirken förderte die Konstituierung der Botanik als selbständige Disziplin, wenn auch bereits um 1800 die bloß deskriptive Methode als unzureichend und die Suche nach natürlichen Systemen und eine vertiefte Verwandtschaftsforschung als vordringlicher betrachtet wurde, wie sie von A.-P. und A. de Candolle realisiert worden ist. Ja

Literatur: Linné, C. v.: Systema naturae (Leiden 1735, 10. Aufl. Stockholm 1757/59), Bibliotheca botanica (Amsterdam 1736), Fundamenta botanica (Amsterdam 1736), Critica botanica (Leiden 1737), Genera plantarum (Leiden 1737, Nachdruck London 1960), Flora Lapponica (Amsterdam 1737), dtsch Lappländische Reise (Hrsg. S. Mierau, Leipzig 1977), Flora Suecica (Stockholm 1745), Fauna Suecica (Stockholm 1746), Amoenitates academica, Bd. 1 (Stockholm 1749), Philosophia botanica (Stockholm 1751, Neudruck Lehe 1966), Species Plantarum (Stockholm 1735), Eigenhändige Aufzeichnungen über sich selbst (Hrsg. A. Afzelius, Berlin 1826).

Bobrov, E. G.: Karl Linneij 1707–1778 (Leningrad 1970); Goerke, H.: Carl von Linné, Arzt – Naturforscher – Systematiker (Stuttgart 1989); Jahn, I. u. Senglaub, K.: Carl von Linné (Leipzig 1978); Stafleu, F. A.: Linnaeus and the Linnaeans (Utrecht 1971); Stearn, W. T.: Introduction to the »Species plantarum«, Bd. 1 (London 1957), Notes on Linnaeus's »Genera Plantarum«. Prefixed to Historiae naturalis classica facsimile of Linnaeus's Genera Plantarum (5. Aufl. London 1960).

Lister, Joseph, Lord, Chirurg, geb. 5. 4. 1827 Uptonhouse (Essex), gest. 7. 10. 1912 Walmer (Kent).

L. wurde durch die Einführung der antiseptischen Wundbehandlung zu einem der Wegbereiter der modernen Chirurgie. Er trug wesentlich zur Aufklärung der Ätiologie der Wundinfektionen und zur Verbesserung der operativen Technik bei.

L., Sohn eines Weinhändlers, studierte 1846–1852 in London Medizin und erlebte dort die ersten in Europa durchgeführten Ether-Inhalationsnarkosen. 1853 ging er als Hospitant nach Edingburgh, wo er 1855 Assistent bei dem namhaften Chirurgen J. Syme, seinem späteren Schwiegervater, wurde. Bereits in jungen Jahren machte er sich durch gediegene naturwissenschaftliche und medizinische Forschungen einen Namen. 1860 ernannte ihn die Univ. Glasgow zum Prof. und übertrug ihm ein Jahr später die Leitung der dortigen chirurgischen Klinik. 1869 wurde er am Edinburgher Royal Infirmary als Nachfolger von Syme leitender Chirurg. 1866 berichtete er in einem Brief an seinen Vater erstmals von Versuchen der antiseptischen Wundbehandlung mit Carbolsäure (Phenol). Ab 1867 veröffentlichte er seine Behandlungsergebnisse bei der Anwendung der verschiedenen antiseptischen Methoden. 1877 berief ihn das Londoner King's College auf den Lehrstuhl für klinische Chirurgie, den er bis 1893 innehatte. 1891 wurde L. außerdem Leiter des nach dem Vorbild des Pariser Pasteur-Instituts von ihm mitbegründeten British Institute of Preventive Medicine, das später seinen Namen erhielt. 1895–1900 wirkte L., 1897 in den Adelsstand erhoben, als Präsident der Royal Society. In seinen letzten Lebensjahren lebte er zurückgezogen in Walmer bei Dover.

In seinen ersten wissenschaftlichen Publikationen befaßte sich L. mit mikroskopischen Studien und Problemen der Entzündungsstadien. Angeregt durch die mikrobiologischen Arbeiten von L. Pasteur wandte er sich Fragen der Ätiologie und Prophylaxe der Wundinfektionen zu, deren exogene Genese ihm besonders bei der Behandlung offener Frakturen deutlich wurde. Die Tatsache, daß sich diese im Gegensatz zu den einfachen Knochenbrüchen häufiger infizierten, veranlaßten ihn, durch antiseptische Vorkehrungen diesen Wundinfektionen vorzubeugen. Zu diesem Zwecke wählte er die Carbolsäure, die er ab 1866 als 5%ige Lösung zur Hautdesinfektion des Operationsfeldes bzw. der Wundumgebung benutzte. Auch die Instrumente, das Naht- und Verbandsmaterial desinfizierte er auf gleiche Weise. Da L., wie sich später herausstellte, die Bedeutung des Keimgehaltes der Luft für das Infektionsgeschehen überbewertete, wandte er während der Operationen Carbolsäuresprays an. Zunächst wurden dazu einfache mechanisch wirkende Sprühgeräte und später auch Dampfspray-Apparaturen verwendet. Ein weiteres Mittel zur Verhütung von Wundinfektionen war der nach L. benannte Okklusivverband, der die Wunden nach Unfällen oder Operationen in mehreren Schichten mit carbolsäuregetränkter Gaze und anderen Verbandsstoffen abschloß.

Bereits in der 20 Jahre zurückliegenden vorbakteriologischen Ära hatte der ung. Geburtshelfer L. Ph. Semmelweis in der Wiener Gebärklinik die Ätiologie des Kindbettfiebers als Folge von in die Wunden gelangten Verunreinigungen erkannt und durch Händedesinfektion mit Chlorkalklösungen wirkungsvoll bekämpft. Verschiedene andere antiseptisch wirkende Chemikalien wurden ebenfalls schon vor L. benutzt. Das wesentliche Verdienst L.s besteht jedoch in der zielgerichteten konsequenten Anwendung der Carbolsäure als Antiseptikum, der kontinuierlichen wissenschaftlichen Untersuchung ihrer Wirkung bei den unterschiedlichsten Applikationsarten und vor allem in der Einführung eines strengen antiseptischen Regimes in den von ihm geleiteten Kliniken. Nach anfänglichen Widerständen setzten sich die Listerschen antiseptischen Methoden in England und bald auch in anderen Ländern durch. In Deutschland wurden sie von so bedeutenden Chirurgen wie R. v. Volkmann, K. Thiersch und H. A. v. Bardeleben aufgegriffen. E. v. Bergmann, C. Schimmelbusch und F. Trendelenburg entwickelten durch die Anwendung des strömenden Dampfes zur Sterilisierung von Instrumenten und Verbandsstoffen die erregerbekämpfende, vorwiegend auf chemischen Methoden beruhende Antiseptik zur wirksameren, völlige Keimfreiheit schaffenden und physikalische Verfahren nutzenden Aseptik weiter. Damit wurden die Ergebnisse der mikrobiologischen Forschungen von L. Pasteur und R. Koch unter Ausnutzung der neuesten technischen Möglichkeiten in die chirurgische Praxis eingeführt.

L. hat auch große Verdienste um die Vervollkommnung der operativen Technik. Er wandte zur Verminderung des Blutverlustes bei den Operationen zur Gefäßunterbindung carbolsäuregetränkte Catgutligaturen anstatt der vorher üblichen Seidennähte an. Ein weiteres Verfahren L.s, Wundinfektionen vorzubeugen, war die sekretableitende Drainage des Wundgebietes. Verbesserungen der Heilungsergebnisse gelangen ihm auch durch neue Operationsverfahren bei der Abdeckung von Amputationsstümpfen, bei der operativen Brustkrebstherapie sowie in der Knochen- und Blasenchirurgie. Schk

Literatur: Lister, J.: The use of Carbolic acid, in: Lancet 1867, II, 410, 444, 502, 595, Illustrations of the antiseptic system of treatment in surgery, in: Lancet 1867, II, 668, Observations on ligature of arteries on the antiseptic system, in: Lancet 1869, I, 451, The collected Papers of Joseph Baron Lister, 2 Bde. (Oxford 1909).

Cameron, H. Ch.: Joseph Lister, the Friend of Man (2. Aufl.

London 1949); Fisher, R. B.: Joseph Lister 1827–1912 (London 1977); Guthrie, D.: Lord Lister. His life and doctrin (Edinburgh 1949); Skorohodov, L. Â.: Džozef Lister, 1827–1912. Stoletie antiseptiki (Leningrad 1971); Trendelenburg, F. (Hrsg.): Joseph Lister's Erste Veröffentlichungen über antiseptische Wundbehandlung 1867, 1868, 1869 (Leipzig 1912, Nachdruck Leipzig 1968); Tutzke, D.: 110 Jahre Antisepsis. Joseph Lister zum 150. Geburtstag, in: Med. aktuell 3 (1977), 239.

Liu Hui, Mathematiker, um 263, China.

L., über dessen Leben nichts bekannt ist außer der Tatsache, daß er gegen Ende der Periode der Drei Königreiche (221–265) im Staate Wei wirkte, beeinflußte durch den Kommentar des bedeutendsten klassischen chines. Mathematikbuches, des »Chiu Chang Suan Shu«, die Entwicklung der chines. Mathematik nachhaltig. Der heute bekannte Text besteht wahrscheinlich aus Stücken verschiedener Autoren. Das letzte schrieb Li Chunfeng (Li Ch'un-feng) im 7. Jh. L. verfaßte noch das wesentlich kürzere »Haitao suanjing« (Hai-tao suan-ching) zur praktischen Geometrie. Beide Werke wurden 656 in das »Suanjing shi shu« (Suan-ching shih-shu) aufgenommen, das als Mathematiklehrb. ab 702 auch in Japan zur Pflichtlektüre gehörte und 1084 erstmals gedruckt erschien.

Zu L.s beachtlichen Leistungen gehören Ableitungen von Formeln für Volumina von Pyramiden, Prismen, Pyramidenstümpfen und daraus zusammengesetzten Körpern sowie eine nur z. T. geglückte Herleitung des Kugelvolumens mit Hilfe eines nicht als spezieller Satz formulierten Spezialfalls des Cavalieri-Prinzips. Die vollständige Herleitung und die explizite Angabe dieses Prinzips stammt von Zu Gengshi (Tsu Keng-Chih) aus dem 5. Jh. Infinitesimale Konzepte benutzte L. auch bei komplizierteren Polyedern. Sie bereiteten ihm erhebliche begriffliche Schwierigkeiten, die er, z. T. wegen seiner Verwendung philosophischer Begriffe, nicht überwinden konnte. Br

Literatur: Qian Baocong (Hrsg.): Suanjing shi shu (Zehn mathematische Klassiker), 2 Bde. (Peking 1963).

Ljapunow (Lâpunov), Aleksandr Michailowitsch, Mathematiker, geb. 25. 5. (6. 6.) 1857 Jaroslawl, gest. 3. 11. 1918 Odessa.

L. leistete grundlegende Beiträge zur Stabilitätstheorie, zum Problem der Gleichgewichtsfiguren rotierender Flüssigkeiten, zur Wahrscheinlichkeitsrechnung und zur Potentialtheorie.

L.s Vater war der Astronom Michail L., der sich besonders um die Erforschung des Orionnebels verdient machte. L. studierte unter P. L. Tschebyschew an der Univ. St. Petersburg bis 1880. 1885 wurde er Doz. und 1892 Prof. an der Univ. Charkow. 1901 zum Mitgl. der Akademie gewählt, arbeitete L. von 1902 bis zu seinem Tode an der St. Petersburger Ak. d. Wiss.

In seiner Doktordissertation »Das allgemeine Stabilitätsproblem der Bewegung« (1892) legte L. die Grundlagen der Stabilitätstheorie für mechanische Systeme mit endlich vielen Freiheitsgraden. Mathematisch führt das auf die Untersuchung des Grenzverhaltens der Lösungen von Systemen gewöhnlicher Differentialgleichungen für $t \to \infty$. Ein System mit der Gleichgewichtslage x_0 ist stabil im Sinne von L., wenn sich diejenige Lösung, die zu gegenüber der Gleichgewichtslage wenig geänderten Anfangsbedingungen gehört, für alle t nur wenig von x_0 entfernt. Vor L. hatte man ohne exakte Begründung zur Untersuchung der Stabilität das Gleichungssystem linearisiert. Die Theorie von L. lieferte nicht nur die Bedingungen, unter denen ein solches Vorgehen zum Ziel führt, sondern löste das Stabilitätsproblem auch für eine Reihe von Fällen, in denen es nicht durch Linearisierung gelöst werden kann. Weitere Resultate

A. M. Ljapunow N. I. Lobatschewski

L.s in der Theorie der gewöhnlichen Differentialgleichungen betreffen die Existenz periodischer Lösungen bei gewissen Klassen solcher Gleichungen sowie die Klärung des qualitativen Verhaltens von Integralkurven in der Nähe der Gleichgewichtslage. Seit dem Ende des 17. Jh. beschäftigte man sich mit Gleichgewichtsfiguren rotierender Flüssigkeiten, deren Teilchen sich nach dem Gravitationsgesetz anziehen. Diese Frage war im Hinblick auf die Gestalt und Stabilität des Erdkörpers von besonderem Interesse. Forscher wie I. Newton, P. S. Laplace, J. L. Lagrange, C. G. J. Jacobi und J. Liouville hatten ellipsoidförmige Gleichgewichtsfiguren ermittelt. L. bewies als erster die Existenz nicht-ellipsoidaler Gleichgewichtsfiguren und zeigte, daß diese Lösungen von den ellipsoidalen Lösungen abzweigen. Er untersuchte auch Gleichgewichtsfiguren schwach inhomogener rotierender Flüssigkeiten und erzielte wesentliche Resultate in bezug auf das Stabilitätsproblem der Gleichgewichtsfiguren. Er bewies die Instabilität der birnenförmigen Gleichgewichtsfiguren. Wesentlich weiterentwickelt wurden L.s Arbeiten durch L. Lichtenstein, der durch Einsatz der Theorie der Integralgleichungen auch die sehr komplizierten Rechnungen von L. vereinfachen und durchsichtiger gestalten konnte. In der Potentialtheorie lieferte L. wichtige Beiträge zum Dirichlet-Problem. Er bewies die Symmetrie der Greenschen Funktion dieses Problems und stellte dessen Lösung als Oberflächenintegral dar. Den Randflächen auferlegte L. passende Beschränkungen; Flächen, die diesen Bedingungen genügen, heißen heute Ljapunowsche Flächen. Ein wichtiger Beitrag L.s zur Wahrscheinlichkeitstheorie war die breite Anwendung der Methode der charakteristischen Funktionen, insbesondere zum Beweis des zentralen Grenzwertsatzes. L. konnte die Bedingungen für die Gültigkeit dieses Satzes gegenüber den Beweisen von Tschebyschew und A. A. Markow wesentlich abschwächen; insbesondere benötigte er nicht mehr die Existenz aller Momente. Die Grundidee seines Beweises war neben dem Einsatz der charakteristischen Funktionen die Einführung von »gestutzten« Zufallsgrößen.

L. gilt als bedeutendster Vertreter der von Tschebyschew begründeten Petersburger mathematischen Schule. Seine Forschungen waren Ausgangspunkt vieler neuer Arbeiten auf den verschiedensten Gebieten der Mathematik. Pu

Literatur: Lâpunov, A. M.: Ausgewählte Abhandlungen (russ., Hrsg. V. I. Smirnov, mit vollständiger Bibliographie der Arbeiten Lâpunovs, Leningrad 1948).
Lâpunov, B. M.: Kurzer Abriß des Lebens und der Tätigkeit von A. M. Lâpunov (russ., Leningrad 1930).

Lobatschewski (Lobačevskij), Nikolai Iwanowitsch, Mathematiker, geb. 20.11. (1.12.) 1792 Nishni-Nowgorod (Gorki), gest. 12. (23.) 2. 1856 Kasan.

L. begründete etwa gleichzeitig mit J. Bolyai und unabhängig von diesem die nichteuklidische Geometrie.

Der Vater L.s, ein niederer Beamter, verließ wenige Jahre nach der Geburt von L. die Familie. Als Beamtensohn konnte L. jedoch (wie auch seine zwei Brüder) 1802–1807 auf Staatskosten das Gymnasium in Kasan und anschließend die 1805 gegründete Univ. Kasan besuchen, wo er besonders durch J. Ch. M. Bartels (den einstigen Lehrer und Freund von C. F. Gauss) eine ausgezeichnete mathematische Ausbildung erhielt. Der rasche Aufschwung der Univ. Kasan war im folgenden wesentlich vom Wirken L.s bestimmt, der dort 1814 Adjunkt, 1816 ao. Prof., 1822 o. Prof. wurde und 1820/21 und 1823–1825 als Dekan der Physikomathematischen Fakultät, 1825–1835 als Dir. der Universitätsbibliothek und von 1827 bis zur Emeritierung 1846 als Rektor tätig war. Danach arbeitete er noch bis 1855 als stellvertretender Kurator des ausgedehnten Kasaner Schulbezirks. L. starb erblindet ein Jahr nach der endgültigen Versetzung in den Ruhestand.

L.s Beschäftigung mit dem seit Mitte des 18. Jh. von einer rasch wachsenden Anzahl von Mathematikern bearbeiteten Problem des V. Euklidischen Postulats (Parallelenaxiom) setzte vermutlich schon etwa 1814 ein. Anfangs glaubte er, wie viele seiner Vorgänger, dieses Axiom als Satz aus den übrigen Axiomen Euklids herleiten zu können. 1823 legte er das Manuskript eines für Gymnasien bestimmten Geometrielehrb. vor, in dem zunächst so weit wie möglich eine »absolute«, d. h. vom Parallelenaxiom unabhängige Geometrie aufgebaut und erst zuletzt die Folgerungen aus diesem Axiom gezogen wurden. Aufgrund eines negativen Gutachtens von Akademiemitglied N. Fuss (der unter anderem das Eintreten für Meter und Neugrad durch L. bemängelte) wurde es nicht gedruckt und erst 1898 wieder aufgefunden. Am 11. (23.) 12. 1826 trug L. erstmals seine Gedanken über eine mögliche (denkbare) und von ihm anfangs als »vorgestellt« oder »imaginär« bezeichnete Geometrie vor, in der das Parallelenaxiom durch seine Negation ersetzt ist. Von diesem Zeitpunkt an, der heute als Geburtsstunde der nichteuklidischen Geometrie gilt, veröffentlichte L. über Jahrzehnte hin immer wieder erweiterte, vertiefte und verbesserte Darlegungen seiner Theorie, z. B. in der Ztschr. Kasaner Bote (1829/30), in der Monographie Imaginäre Geometrie (1835), in der 1834 von ihm gegründeten Ztschr. Kasaner Gelehrte Schriften, in Crelles Journal (1837, franz.), in den in deutscher Sprache verfaßten Geometrischen Untersuchungen über die Theorie der Parallellinien (1840) und schließlich in dem Buch Pangeometrie (1855), in dem L. die größere Allgemeinheit der nichteuklidischen Geometrie gegenüber dem euklidischen Grenzfall hervorgehoben hat. Ferner suchte er einen von der Gültigkeit in der Realität unabhängigen Nutzen seiner Theorie durch ihre Benutzung bei der Berechnung gewisser Integrale nachzuweisen, darunter dem Lobatschewski-Integral:

$$\int_0^{\pi} \ln \cos x \, dx = -\frac{\pi}{2} \ln 2 .$$

Das verdienstvolle Wirken von L. an der Univ. Kasan, sein pädagogisches und organisatorisches Engagement (er führte im Kasaner Schulbezirk erstmals eine Art Lehrerweiterbildung ein) hatten ihm bald die hohe Wertschätzung vieler Vorgesetzter, Kollegen und Studenten (aber natürlich auch viele Anfeindungen) und schließlich zahlreiche staatliche Ehrungen (1837 erbliche Erhebung in den Adelsstand) eingebracht. Dies trug jedoch nicht zur Anerkennung seines wissenschaftlichen Lebenswerkes bei, das vielmehr in seiner Umgebung zeitlebens als verzeihliche Wahnidee eines sonst verdienten Mannes angesehen wurde. Nur Gauss verfolgte nach der Bekanntschaft mit L.s erster deutschsprachiger Veröffentlichung (1840) dessen weitere Arbeiten mit großem Interesse (er lernte zu diesem Zweck sogar Russisch) und erwirkte 1842 die Berufung L.s zum korrespondierenden Mitgl. der Göttinger Gelehrten Gesellschaft. Von L.s weiteren Arbeiten verdient vor allem ein 1834 erschienenes Lehrb. der höheren Algebra hervorgehoben zu werden, in dem unter anderem das 1837 von H. Graeffe nochmals entdeckte (und meist nach ihm benannte) Verfahren zur näherungsweisen Bestimmung der Nullstellen von Polynomen und ein 1862 von E. Betti erneut gefundenes Lösungsverfahren für homogene lineare diophantische Gleichungen enthalten sind. In einigen Arbeiten über trigonometrische Reihen vertritt L. einen modernen Funktionsbegriff und unterscheidet als einer der ersten zwischen Stetigkeit und Differenzierbarkeit.

L. ragt unter den nicht wenigen Mit- und Fastentdeckern der nichteuklidischen Geometrie durch sein allen Widerständen zum Trotz lebenslanges beharrliches Eintreten für seine Theorie hervor, die zu Recht heute meist (um sie von anderen Arten nichteuklidischer Geometrie zu unterscheiden) als Lobatschewskische Geometrie bezeichnet wird.

Schb

Literatur: Lobačevskij, N. I.: Polnoe Sobranie Sočinenii (Moskau-Leningrad 1946–1951), Wissenschaftlich-pädagogischer Nachlaß, Leitung der Universität, Fragmente, Briefe (russ., Moskau 1976), Geometrische Untersuchungen zur Theorie der Parallellinien (Berlin 1840), Géométrie imaginaire, in: Crelles J. 17 (1857), 295–320 (dtsch Leipzig 1904), Zwei geometrische Abhandlungen (Hrsg. F. Engel, Leipzig 1898; enthält eine Biographie), Pangeometrie, in: Ostwalds Klassiker Nr. 130 (Hrsg. H. Liebmann, Leipzig 1902).

Halameisär, A., u. Seibt, H.: Nikolai Iwanowitsch Lobatschewski (Leipzig 1978).

Lockyer, Joseph Norman, Astronom, geb. 17.5.1836 Rugby (England), gest. 16.8.1920 Salcombe (England).

L. konstruierte das Protuberanzenspektroskop, entdeckte das Helium im Spektrum der Sonne, stellte eine Theorie der Sternentwicklung auf und gab mit seinen Untersuchungen in Stonehenge der Erforschung der vorgeschichtlichen Astronomie starke Impulse.

Die schulische Ausbildung von L. war vor allem auf alte Sprachen ausgerichtet, doch kam er durch seinen Vater, einen Apotheker, früh mit den Naturwissenschaften in Berührung. 1857 wurde L. Zivilangestellter im engl. Kriegsministerium und befaßte sich daneben intensiv mit der Astronomie. 1885–1913 war L. Dir. des Observatoriums in South Kensington, wo vor allem Probleme der Astrophysik behandelt wurden. Danach gründete er das Hill Observatory in Sidmouth (später Norman Lockyer Observatory).

Seit etwa 1862 betrieb L. astronomische Studien. Auf theoretischem Wege fand er die Möglichkeit, die Sonnenprotuberanzen auch außerhalb einer Sonnenfinsternis sichtbar zu machen. Er überlegte, daß sie, wenn sie selbstleuchtend sind, mit Hilfe ihres Spektrums jederzeit auffindbar sein müßten. Erste Versuche 1866 schlugen fehl. Erst 1868 gelang es L., fast gleichzeitig mit J. Janssen, diese Idee zu verwirklichen. Im selben Jahr bemerkte er im Sonnenspektrum eine dunkle Linie, die keinem der bekannten Elemente zugeordnet werden konnte. L. postulierte die Existenz eines bisher unbekannten chemischen Elements auf der Sonne und nannte es Helium. Auf der Erde konnte dieses Edelgas erstmalig 1895 von W. Ramsay isoliert werden.

Nach umfangreichen Experimenten zur Erzeugung von Spektren durch Funkenentladungen erklärte er die Herkunft einer großen Anzahl von Linien im Sonnenspektrum und im Spektrum der Sterne durch Ionisation durch »Protoelemente«. Aus den so gewonnenen Ergebnissen leitete er seine Spektralklassifikation der Sterne ab, die der späteren Harvard-Klassifikation (nach E. C. Pickering) nahekommt.

Seine Spektralklassifikation verband L. mit einer Theorie der Sternentwicklung, die in einigen Grundzügen ein großer Fortschritt war, jedoch wegen mancher Irrtümer wenig gewirkt hat. Nach der Auffassung von L. bilden sich die Himmelskörper aus meteoritischen Partikeln, die bei Verdichtung durch Zusammenstöße vergast werden. Die so entstandene Gaswolke zieht sich zusammen, wobei Temperatur und Druck wachsen, der Radius jedoch abnimmt. An dieses Stadium schließt sich ein Zustand an, in dem die Sterne langsam abkühlen. Somit durchläuft jeder Stern jedes Temperaturstadium, dem ein bestimmter Spektraltyp entspricht, zweimal. Da hierbei die Massen konstant bleiben, muß der Durchmesser anfangs größer sein als in den fortgeschrittenen Stadien der Sternentwicklung. Somit entdeckte L. die Riesen- und Zwergsterne, was in der Literatur bisher wenig beachtet wurde. Da L. keine Möglichkeit hatte, die absoluten Helligkeiten der Sterne festzustellen, war er nicht in der Lage, sie dem auf- oder absteigenden Ast der Sternentwicklung zuzuordnen; dies gelang erst H. N. Russell und E. Hertzsprung.

1906 untersuchte L. den bronze- und eisenzeitlichen Steinbau von Stonehenge 130 km südwestlich von London und fand heraus, daß der Mittelpunkt der hufeisenförmigen Zentralanlage auf den Horizontpunkt weist, an dem am Tage der Sommersonnenwende die Sonne mit ihrem oberen Rand erscheint. Damit begründete L. eine Forschungsrichtung der Astronomiegeschichte, die besonders seit den 60er Jahren unseres Jh. wichtige Kenntnisse des Menschen der Ur- und Frühgeschichte vom Lauf der Gestirne zutage gefördert hat.

L. begründete 1869 die Zeitschrift »Nature«, die noch heute weltweit eines der bedeutendsten naturwissenschaftlichen Publikationsorgane ist. Ha

Literatur: Lockyer, J. N.: The Spectroscope and its Applications (London 1873, dtsch Braunschweig 1874), Studies in Spectrum Analysis (London, New York 1878, dtsch Leipzig 1879), The Meteoritic Hypothesis (London 1890), The Sun's Place in Nature (London 1897), Inorganic Evolution (London 1900), Stonehenge and other British Stone Monuments (London 1909).

Loeb, Jacques, Biologe, geb. 7. 4. 1859 Mayen (bei Koblenz), gest. 11. 2. 1924 Hamilton (Bermuda-Inseln).

L. ist einer der Begründer der ab etwa 1880 sich entwickelnden experimentellen Forschungsrichtung in der Biologie. Er war ein Vertreter extrem mechanistischer bzw. physikalisch-chemischer Auffassungen (Reduktionismus) von den Lebenserscheinungen.

L. entstammte der Familie eines Geschäftsmannes, der sich Frankreich und dessen Kultur besonders verbunden fühlte. Mit 16 Jahren Vollwaise, kam er zu seinem Onkel nach Berlin, arbeitete in dessen Bank und besuchte dann das Askanische Gymnasium in Berlin. Ab 1880 studierte L., und zwar anfänglich Philosophie bei F. Paulsen in Berlin, dann jedoch Medizin in Berlin, München und Straßburg (Strasbourg). In Straßburg arbeitete er im Laboratorium des Hirnforschers F. L. Goltz. 1884 promovierte er hier zum Dr. med. und legte 1885 das medizinische Staatsexamen ab. Danach wurde er Assistent bei dem Physiologen N. Zuntz an der Landwirtschaftlichen Hochschule in Berlin und 1886 beim Physiologen A. Fick in Würzburg. Hier trat er in wissenschaftlich enge Beziehung zu J. Sachs, dem Begründer der neueren experimentellen Pflanzenphysiologie. 1888 ging L. wieder als Assistent zu Goltz nach Straßburg. Mehrfach arbeitete er an der Zoologischen Station in Neapel; 1891 folgte L. einer Einladung nach den USA, an das Bryn Mawr College für Frauen in Pennsylvanien. Ab 1892 war er an der Univ. Chicago tätig. Oft arbeitete er im Meereslaboratorium Woods Hole. 1902 wurde er

J. N. Lockyer

J. Loeb

an die University of California berufen. 1910 ging er an das Rockefeller Institute for Medical Research.

L. vertrat eine streng mechanistische Auffassung vom Leben, wonach alle Lebenserscheinungen auf physikalische und chemische Vorgänge reduzierbar sind. Er sah, beeinflußt von den franz. Materialisten des 18. Jh. (P. Holbach, J. O. de Lamettrie), in den Lebewesen eine Art chemischer Maschinen. Wie Sachs u. a. hielt er die experimentelle Erforschung der aktuell die Lebewesen beeinflussenden Faktoren für die wichtigste Aufgabe der Biologie und die daraus hervorgehende »physiologische Morphologie« für einen Fortschritt gegenüber der »formalen Morphologie«. Die »physiologische Morphologie« führe zur Beherrschung der lebenden Natur, und das sei Ziel der Wissenschaft. Beschäftigung mit der Evolution betrachtete L. als wenig sinnvoll. Noch als Schüler von Sachs übertrug L. dessen Tropismenvorstellung über die gerichteten Bewegungen bestimmter Pflanzenteile auf Tiere (1888, 1890). Der Flug eines Insekts zum Lichte oder die lichtabhängigen Vertikalbewegungen von Tieren im Meere, wie bei den von L. in Neapel untersuchten Larven einer Balanus-(Seepocken-)Art, sollten durch photochemische Prozesse im Auge, nachfolgende Nervenerregung und dadurch schließlich hervorgerufene Muskelkontraktion chemisch-physikalisch quantitativ voll verständlich sein. L. erkannte, daß Einzelreize die Tiere leiten, die Fliegen zur Eiablage sich also z. B. nur von einem bestimmten Geruch (Chemotropismus) anlocken lassen. Auch einfache Reflexe wollte L. als Tropismen bezeichnen, doch setzte sich diese Bezeichnung nicht durch.

Bei Untersuchungen zur Regeneration fand L. 1889/90 bei Cerianthus, einem Polypen, daß anstelle eines wegoperierten (exstirpierten) Körperteils oder Organs sich nicht derselbe Teil wieder bilden muß, sondern auch eine andersartige Struktur entstehen kann. L. nannte diese Erscheinung Heteromorphose, und ihre Entdeckung regte zu neuen Erörterungen über die Keimesentwicklung an.

Zahlreich waren L.s Forschungen über den Einfluß von Außenfaktoren (Licht, Sauerstoff, auch elektrische Wellen) auf Lebewesen. Als einer der ersten wandte L. die Ionenlehre S. A. Arrhenius' auf die Biologie an und erforschte (veröffentlicht unter anderem 1897) die Rolle der Ionen im Lebensgeschehen. Die spezifischen Wirkungen bestimmter Salze auf den Organismus erklärte L. durch die Bindung der Ionen an das Protoplasma und die dadurch ausgelösten Veränderungen der Protoplasma-Eigenschaften.

Eingehend beschäftigte sich L. mit der von R. Hertwig entdeckten »künstlichen Parthenogenese« und fand zahlreiche Agenzien, die anstelle der Spermien ein Ei zur Entwicklung anregen (1899). In der Nervenerregung und Entwicklungsanregung bei der Befruchtung sah L. in seiner vereinfachenden Betrachtungsweise – unrichtigerweise – wesensgleiche Vorgänge. Durch Aufklärung der Befruchtung glaubte er zu einem Verständnis der Nervenerregung gelangen zu können. Zuletzt forschte L. über die kolloide Natur der Eiweiße.

In bezug auf den Menschen meinte L., »daß wir eine Ethik besitzen, verdanken wir lediglich unseren Instinkten, welche in derselben Weise chemisch und erblich in uns festgelegt sind wie die Form unseres Körpers« (1911). L. äußerte die naive Hoffnung, daß die Untersuchung menschlichen Verhaltens einmal dessen Steuerung ermöglichen und helfen könne, irrationale nationalistische Massenaufputschung als eine Ursache von Kriegen zu verhindern. In den USA galt L. längere Zeit als Prototyp eines modernen Biologen. Zi

Literatur: Loeb, J.: Der Heliotropismus der Thiere und seine Uebereinstimmung mit dem Heliotropismus der Pflanzen (Würzburg 1890), Vorlesungen über die Dynamik der Lebenserscheinungen (Leipzig 1906), Die chemische Entwicklungserregung der tierischen Eier (künstliche Parthenogenese) (Berlin 1909).

Loewi, Otto, Pharmakologe, geb. 3.6.1873 Frankfurt a.M., gest. 25.12.1961 New York.

L., ein erfolgreicher Stoffwechselforscher, war neben H. H. Dale Entdecker der chemischen Erregungsübertragung durch Transmitter zwischen den Nervenzellen.

L, Sohn eine Weinkaufmannes, immatrikulierte sich 1891 als Medizinstudent an der Univ. Straßburg (Strasbourg), interessierte sich aber anfänglich vorwiegend für Kunstgeschichte, vertreten durch G. Dehio, und Philosophie, die W. Windelband lehrte. 1893 setzte L. das Studium im kulturell anregenden München fort, kehrte 1895 aber nach Straßburg zurück, wo ihn vor allem R. Naunyn für die Medizin begeisterte. 1896 promovierte L. bei dem berühmten Pharmakologen O. Schmiedeberg. Nach einer Italienreise vertiefte er seine Kenntnisse in analytischer, anorganischer Chemie und arbeitete einige Zeit im biochemischen Laboratorium in Straßburg. 1897/98 war L. am Krankenhaus in Frankfurt a. M. tätig. 1898 wurde er »Praktischer Arzt« und Assistent bei dem Pharmakologen H. H. Meyer an der Univ. Marburg; hier begann er eigene Forschungen über den Stoffwechsel. Nach der Habilitation im Jahre 1900 ging er 1902/03 für einige Monate an das Laboratorium von E. H. Starling in London. 1905 folgte er seinem Lehrer Meyer nach Wien als ao. Prof. 1909 erhielt er die Professur für Pharmakologie an der Univ. Graz. Nach der Besetzung Österreichs am 11.3.1938 verlor er als Jude seinen Lehrstuhl und wurde für zwei Monate inhaftiert. Erst nach Überweisung der mit dem Nobelpreis verbundenen Geldsumme durfte er nach London ausreisen, wo Dale ihm weiterhalf. L. lehrte in Brüssel und Oxford, übersiedelte als »Research Professor of Pharmacology« an die Univ. New York.

L.s Dissertation befaßte sich mit der »quantitativen Wirkung von Blausäure, Arsen und Phosphor auf das isolierte Froschherz«, jenem Objekt also, das ihn später zu seiner bedeutendsten Entdeckung führen sollte. Außerdem forschte er über den Nucleinstoffwechsel, die Wirkung von Epinephrin und Norepinephrin auf das Nervensystem und die Wirkung von Digitalin auf das Krötenherz. In einer bedeutenden Arbeit von 1902 zeigte er, daß Hunde sich statt mit Eiweißstoffen (Proteine) auch mit Aminosäuren ernähren lassen und im Körper daraus Proteine synthetisieren.

L. wurde angeregt, die Wirkung von Nerven auf das Herz zu untersuchen, weil »gewisse Pharmaka fast identisch wirken wie die Reizung bestimmter Nerven« und es damit möglich erschien, »daß unter dem Einfluß der Nervreizung Stoffe gebildet werden, die ihrerseits erst den Reizerfolg herbeiführen« (1921). Die Idee faßte L. 1903, aber erst 1921 fiel ihm – nach eigenem Bericht – im Traum ein beweisendes Experiment ein, das er sofort ausführte: An einem isolierten, mit physiologischer Kochsalzlösung gefüllten Froschherz wurde der anhängende Vagusnerv gereizt, was entsprechende Hemmwirkung am Herz zur Folge hatte. Die nach einiger Zeit entnommene Füllflüssigkeit wirkte auf ein ungereiztes Herz wie die Nervenreizung. Offensichtlich war vom Vagusnerven eine spezifische Substanz in das Herz abgegeben worden, das diese Wirkung auslöste. Atropin hob die Wirkung des Vagus-Stoffes auf. Daraus konnte geschlossen werden, daß Acetylcholin der Transmitter der Reizung ist. Eserin hemmte hingegen den normalerweise rasch erfolgenden Abbau des Acetylcholin; damit war erstmals der Wirkungsmechanismus eines Alkaloids aufgedeckt. Vergleichbare Ergebnisse erhielt L. bei der Reizung des Nervus accelerans, nur daß sich der Transmitter hier als eine andere Substanz, nämlich Adrenalin, erwies. Die Transmitter können als lokal wirkende Hormone betrachtet werden; ihre Entdeckung war ein Markstein in der Entwicklung der Neurophysiologie, die Wirkungsweise mancher Pharmaka und Drogen wurde damit erklärt.

L. war einer jener faszinierenden, auch in Kunst und Kultur vielseitig gebildeten Forscher, die neben gediegener Spezialistenarbeit weltanschauliche und philosophische Fragen erörterten. 1936 bekam L. für seine neurophysiologischen Forschungen zusammen mit Dale den Nobelpreis für Physiologie und Medizin. Zi

Literatur: Loewi, O.: Ueber Eiweissynthese im Thierkörper, in: Archiv für Experimentelle Pathologie und Pharmakologie, 48 (1902), 5/6, 303–330, Über humorale Übertragbarkeit der Herznervenwirkung. I–XIII, in: Pflüger's Archiv für die gesamte Physiologie des Menschen und der Tiere, 189 (1921) bis 225 (1930).

Lomonossow (Lomonosov), Michail Wassiljewitsch, Naturforscher und Chemiker, geb. 8. (19.) 11. 1711 Denissowka (Gouv. Archangelsk), gest. 4.(15.)4.1765 St. Petersburg (Leningrad).

L., der auch als Dichter, Grammatiker und Historiker eigene Werke schuf, war ein enzyklopädisch gebildeter Naturforscher. Er hat sich insbesondere um die Entwicklung der Chemie auf mathematisch-physikalischer Grundlage, um ihre gewerbliche Ausnutzung sowie ihre Institutionalisierung in Rußland verdient gemacht. Auch in der Physik (Elektrizitätslehre), in Mineralogie und Geologie war er forschend tätig; auf dem Gebiet der Astronomie entdeckte er die Atmosphäre der Venus.

Als Sohn eines Fischers und Staatsbauern erzwang sich L. gegen den Willen des Vaters eine wissenschaftliche Ausbildung. 1728 nach Moskau entflohen, glückte ihm der Eintritt in die geistliche »Spasski-Schule«, aus der er 1731 an die Moskauer Akademie übernommen wurde. 1734–1736 war er in Kiew mit Kirchenstudien beschäftigt; 1736–1741 wurde er zu einem Studienaufenthalt nach Deutschland geschickt. Er studierte in Marburg insbesondere bei Ch. Wolff und in Freiberg bei Bergrat J. H. Henckel Naturphilosophie, Mechanik, Mathematik, Chemie, Mineralogie sowie Berg- und Hüttenwesen. 1741 heiratete er eine Deutsche aus Marburg und kehrte mit ihr 1742 nach Rußland zurück. In St. Petersburg wurde er Adjunkt der Physikalischen Klasse der Akademie; 1745 erhielt er hier eine Professur für Chemie. 1748 wurde das nach seinen Plänen errichtete Chemische Laboratorium eröffnet, dessen Dir. er wurde. L. war auch Mitbegründer der Moskauer Univ. (1755). 1764 wurde er zum Kaiserlichen Staatsrat ernannt.

L. ist besonders mit Arbeiten zu Physik und Chemie hervorgetreten, die er auf mathematischer Grundlage zu einer physikalischen Chemie vereinigen wollte (»Lehrkursus der wahren physikalischen Chemie«, 1752–1754). Er war Anhänger korpuskular-mechanistischer Vorstellungen ebenso wie R. Boyle oder I. Newton. Von dieser Grundlage aus entwickelte er (in »Betrachtungen über die Ursache der Wärme und Kälte«, 1749) eine mechanische Wärmetheorie sowie die Anfänge einer kinetischen Gastheorie. Entgegen der zeitgenössischen Annahme von der Existenz eines Wärmestoffs besteht nach L. die Ursache der Wärme in der inneren rotierenden Bewegung der Materiekorpuskeln. In der herrschenden Phlogistonchemie (G. E. STAHL) versuchte L. den Widerspruch zu beseitigen, daß Metalle beim Verbrennen ihre Masse vergrößern, obwohl aus ihnen Phlogiston entwichen sein sollte. Als einer der ersten die Waage zu chemischen Experimenten heranziehend, erklärte L. 1748 die Massenvergrößerung korpuskular-mechanistisch damit, daß angeblich die über den Metallkalk (Oxid) streichende Luft in dessen Poren eindringt. Damit beseitigte auch er einen Widerspruch dieser Theorie (wie C. W. SCHEELE), ohne sie direkt anzugreifen. Bei diesen Versuchen bewies er experimentell, indem er mit abgeschlossenen Systemen (zugeschmolzene Glasröhren) arbeitete, die Existenz des Gesetzes von der Erhaltung der Masse, das er auch noch auf die der Bewegung ausdehnte (1748 in einem Brief an L. EULER mitgeteilt; Publikation »Meditationes de solido et fluido ...«, St. Petersburg 1760, dtsch Abhandlung über die Festigkeit und Flüssigkeit der Körper). L. formulierte: »Alle Veränderungen, die in der Natur geschehen, sind derart, daß ebensoviel, wie von einem Körper abgeht, bei einem anderen hinzukommt, so daß, wenn sich irgendwo etwas Materie vermindert, sie an anderer Stelle zunimmt« und »ein Körper, der durch seine Kraft einen anderen bewegt, teilt dem anderen, der von ihm die Bewegung empfängt, genausoviel Kraft mit, wie er selbst verliert.«

L. setzte sich für eine gewerbliche Nutzung neuer chemischer Kenntnisse ein und untersuchte deshalb unter anderem Erz- und Mineralproben aus verschiedenen russ. Gebieten; er entwickelte eine neue Porzellanmasse, erforschte Herstellungsweisen für geheim gehaltene Farbstoffrezepturen und ließ eine Fabrik zur Herstellung farbiger Gläser bauen, aus denen er selbst einige Mosaikgemälde schuf.

Zu Ehren L.s trägt die Moskauer Univ. seinen Namen.

St.

Literatur: Lomonosov, M. V.: Polnoe sobranie sočinenii (Hrsg. S. I. Vavilov, Moskau, Leningrad 1950–1959), Ausgewählte Schriften, 2 Bde. (Berlin 1961).

Morosov, A. A.: Michail Wassiljewitsch Lomonossow (dtsch v. Hoepp, Berlin 1954).

London, Fritz Wolfgang, Physiker, geb. 7. 3. 1900 Breslau (Wrocław), gest. 30. 3. 1954 Durham (North Carolina, USA).

Zusammen mit W. HEITLER entwickelte L. 1927 auf quantenmechanischer Grundlage eine Näherungsmethode zur Berechnung der kovalenten chemischen Bindung und zur Ermittlung der Elektronenstruktur (VB-Verfahren). 1934 begründete L. eine phänomenologische Theorie der elektrodynamischen Eigenschaften von Supraleitern 1. Art.

Nach dem Studium der Physik in Bonn, Frankfurt am Main, Göttingen und München wurde L. 1921 bei P. E. BEKKER promoviert und war von 1928 bis 1933 in Berlin als Privatdoz. tätig. 1933 mußte er Deutschland verlassen und wirkte zunächst als Forschungsmitarbeiter in Oxford (1933–1936) und in Paris (1936–1939). 1939 erfolgte seine Berufung als Prof. für Physik an die Duke-Univ. in Durham, an der er bis zu seinem Tode lehrte und forschte.

Die Arbeiten von L. zur Anwendung der Quanten- und Wellenmechanik auf die Ursachen und strukturellen Wechselwirkungen kovalenter chemischer Bindungen (1927) erfolgten in enger Zusammenarbeit mit HEITLER. 1928 arbeitete L. auf quantenmechanischem Wege eine neue Methode zur Berechnung der Aktivierungsenergie von Mehratomsystemen aus, die vor allem von H. EYRING und

O. Loewi

M. W. Lomonossow

M. POLANYI weiterentwickelt wurde und die sich als grundlegend für die Erforschung reaktionskinetischer Probleme erwies. Nach Arbeiten zur Untersuchung der in den Molekülen wirkenden Anziehungs- und Abstoßungskräfte (LONDONsche Dispersionskräfte, 1930) begann sich L. zusammen mit seinem Bruder HEINZ L. ab 1934 mit der Theorie magnetischer Felder in Supraleitern zu beschäftigen und formulierte eine phänomenologische Theorie der elektrodynamischen Eigenschaften von Supraleitern 1. Art, die insbesondere durch M. v. LAUE weiterentwickelt wurde (LONDON-LAUEsche Theorie).

Sz

Literatur: London, F. W.: Une conception nouvelle de la supraconductibilité (Paris 1937), La théorie de l'observation en mécanique quantique (Paris 1939), Superfluids (New York, London 1950), Quantentheorie der homöopolaren Valenzzahlen, in: Z. Phys. 46 (1927), Quantentheorie und chemische Bindung, in: Phys. Z. 29 (1928), Bedeutung der Quantentheorie für die Chemie, in: Naturwiss. 17 (1929), Atomtheoretische Deutung der Adsorptionskräfte (mit M. Polanyi), in: Naturwiss. 18 (1930), Theorie der Supraleitung, in: Z. Phys. 96 (1935), 359, Theorie magnetischer Felder in Supraleitern, in: Physica 3 (1936), 450.

Lorentz, Hendrik Antoon, theoretischer Physiker, geb. 18. 7. 1853 Arnhem (Niederlande), gest. 4. 2. 1928 Haarlem (Niederlande).

L. war eine der überragenden Physikerpersönlichkeiten an der Wende von der klassischen zur modernen Physik, ohne daß er selbst diesen Übergang vollständig vollzogen hätte. Aus seinem vielseitigen Schaffen ist die Elektronentheorie (1892–1904) als bedeutendste Leistung hervorzuheben, des weiteren bildeten die elektromagnetische Lichttheorie und die Elektrodynamik in bewegten Systemen Schwerpunkte seiner Arbeit.

L. besuchte die Schule in Arnhem, wo der Vater eine Baumschule besaß. Er war stets der beste Schüler, interessierte sich besonders für Naturwissenschaften, Sprachen und Geschichte. 1866–1870 ging er auf das neugegründete Gymnasium in Arnhem, wo er in einer Klasse von drei Schülern einen ausgezeichneten Unterricht erfuhr. 1870 bezog er die mathematisch-physikalische Fakultät der Univ. Leiden; insbesondere der Astronom F. KAISER beeinflußte hier seine weitere Entwicklung. 1871 legte L. das Magisterexamen in Mathematik und Physik ab, danach war er Gymnasiallehrer in Arnhem. 1875 erfolgte die Promotion mit einer Arbeit über Reflexion und Beugung des Lichtes, worin er die Wellentheorie von A. J. FRESNEL aus der Sicht der elektromagnetischen Theorie von J. C. MAXWELL bearbeitete. 1877 wurde an der Univ. Leiden der erste niederländ. Lehrstuhl für theoretische Physik eingerichtet und L. dafür berufen. 1912 übernahm er die Direktion des Teyler-Instituts in Haarlem (sein Nachfolger in Leiden wurde P. S. EHRENFEST), hielt aber weiterhin in Leiden seine berühmten »Montagmorgen-Vorlesungen«.

Zunächst wandte sich L. der kinetischen Gastheorie und

der Thermodynamik zu. 1880 bestätigte er die Gültigkeit der von J. D. VAN DER WAALS aufgestellten Zustandsgleichung, 1886 behandelte er den thermoelektrischen Effekt in Metallen aus thermodynamischer, später auch aus molekulartheoretischer Sicht. 1887 konnte er der Theorie L. BOLTZMANNS ihre abgerundete Fassung geben.

Zwischen 1892 und 1904 arbeitete L. auf der Grundlage der MAXWELLschen Elektrodynamik die Elektronentheorie aus. Bereits seine Dissertation enthielt gewissermaßen das Programm für diese Arbeiten. Die atomistische Auffassung von der Materie hatte sich in der zweiten Hälfte des 19. Jh. im Zusammenhang mit Erkenntnissen über die Elektrolyse und die Elektrizitätsleitung in Gasen als recht produktiv erwiesen und führte schließlich zur Annahme diskreter elektrischer Ladungsträger. L. ging nun von der einfachen Form der MAXWELLschen Grundgleichungen aus, die sie im materiefreien Raum annehmen, und wandte diese dann auf Vorgänge an, die sich an den im Äther eingelagerten materiellen Ladungsträgern abspielen. Dabei blieb L. zwar der Ätherhypothese verhaftet, aber er sah Äther und Materie als zwei grundverschiedene Dinge an. Das war die Vorstufe zur späteren »Abschaffung« des Äthers durch A. EINSTEIN; diesem Schritt aber konnte sich L. nie anschließen. Nach der Theorie von L. wurden alle elektrischen und magnetischen Erscheinungen nur durch das Verhalten elektrischer Ladungsträger verursacht, und auf dieser Grundlage konnte L. die in MAXWELLS phänomenologischer Feldtheorie vorhandenen Materialkonstanten bestimmen, wie Dielektrizitätskonstante, Permeabilität, Leitfähigkeit. Auch die Dispersion des Lichtes läßt sich auf dieser Grundlage erklären, und die von seinem Schüler P. ZEEMAN 1896 entdeckte Aufspaltung der Spektrallinien im starken Magnetfeld lieferte einen eindeutigen Beweis hierfür. 1897 gab L. die theoretische Erklärung. Beide erhielten dafür 1902 den Nobelpreis für Physik.

Anfangs ging L. davon aus, daß der Äther als Träger des elektromagnetischen Feldes ein in sich ruhendes System sein müsse. Danach müßte bei sich darin bewegender Materie ein »Ätherwind« nachweisbar sein; der negative Ausgang eigener Experimente sowie der Experimente von A. A. MICHELSON veranlaßte ihn, diese Hypothese genauer zu untersuchen. Er konnte zeigen, daß die Annahme, man könne aus elektromagnetischen Vorgängen empirisch die Relativbewegung eines materiellen Körpers gegen den Äther ermitteln, unzutreffend ist. In seiner Arbeit von 1895 »Versuch einer Theorie der elektrischen und optischen Erscheinungen in bewegten Körpern« postulierte er mit der heute als »LORENTZ-Kraft« bekannten Größe den Zusammenhang zwischen kontinuierlichem elektromagnetischem Feld und diskreter elektrischer Ladung. 1899 schließlich konnte L. zeigen, daß elektromagnetische Vorgänge in einem ruhenden und einem gegenüber dem Äther bewegten System gleich ablaufen, die beiden relativ gegeneinander bewegten Beobachtungssysteme also völlig gleichberechtigt sind. L. konnte die Transformationsgleichungen für die Meßgrößen in den verschiedenen Systemen angeben und zeigen, daß die MAXWELLschen Gleichungen gegenüber dieser »LORENTZ-Transformation« invariant sind.

L. war in seinem Denken vollständig in der klassischen Theorie befangen, obwohl er durch seine Beiträge gerade wichtige Vorleistungen für die Entwicklung der modernen Physik erbrachte. So blieb er z. B. fast ein Jahrzehnt der Strahlungstheorie von M. PLANCK gegenüber sehr skeptisch. PLANCK bezeichnete L. als einen derjenigen, denen die klassische Theorie »... ihr endgültiges Gepräge verdankt ...«.

L. befaßte sich auch mit praxisrelevanten Aufgaben. So übernahm er die komplizierten Gezeitenberechnungen (1920–1926) in Vorbereitung der Trockenlegung der Zuider-See. Ebenfalls wirkte er 1919–1926 als Regierungsberater in Erziehungsfragen (ab 1921 verantwortlich für Hochschulbildung) und unterstützte in dieser Funktion die Reform der Universitätsausbildung. Seine eigenen Vorlesungen zeichneten sich durch Klarheit und Originalität aus, und nicht nur Studenten, sondern auch »gestandene« Physiker wie EINSTEIN oder EHRENFEST hörten ihm immer wieder mit Gewinn zu. Andererseits setzte er sich sehr für die populärwissenschaftliche Tätigkeit ein.

Vielseitiges Interesse, gute Sprachbeherrschung und umfangreiche Erfahrungen ließen ihn zu einem gesuchten Leiter internationaler Tagungen werden. Obwohl er das Ideal der klassischen Physik vertrat, nahm er an den Diskussionen um die neue Physik konstruktiven Anteil und trug des öfteren in Übersichtsbeiträgen zu ihrer Verbreitung bei. Dabei wirkte er zeit seines Lebens zugleich für die internationale Verständigung der Wissenschaftler; besonders nach dem ersten Weltkrieg engagierte er sich in dieser Aufgabe. 1911–1927 war er Organisator und Vorsitzender der internationalen SOLVAY-Kongresse. Zu den zahlreichen Ehrungen gehörten Ehrendoktorate der Univ. von Paris und Cambridge und die Mitgliedschaft in zahlreichen Akademien (unter anderem in Berlin) und Gesellschaften. Ka

Literatur: Lorentz, H. A.: Collected Papers, 9 Bde. (Den Haag 1934–1939), Vorlesungen über theoretische Physik an der Universität Leiden, 5 Bde. (Leipzig 1927–1931), Problems of Modern Physics (Boston 1927, New York 1967); (mit A. Einstein u. H. Minkowski): Das Relativitätsprinzip. Abh. (4. Aufl. Leipzig 1922).

Kant, H.: Hendrik Antoon Lorentz und die Elektronentheorie, in: Physik in der Schule 16 (1978), 6, 225–229; Kljaus, E. M., U. I. Frankfurt, A. M. Frenk: Gendrik Anton Lorenc 1853–1928 (Moskau 1974); Haas-Lorentz, G. L. de (Hrsg.): H. A. Lorentz – Impressions of his Life and Work (Amsterdam 1957); Mc Cormach, R.: H. A. Lorentz and the Electromagnetic View of Nature, in: ISIS 61 (1970), 459–497; Planck, M.: Hendrik Antoon Lorentz-Gedächtnisrede, in: Naturwiss. 16 (1928), 28, 549–555; Richardson, O. W.: Hendrik Antoon Lorentz 1853–1928, in: Proc. Royal Soc. A 121 (1928), XX–XXVII.

Lorenz, Konrad (Zacharias), Zoologe und Verhaltensforscher, geb. 7. 11. 1903 Wien, gest. 27. 2. 1989 Altenberg (Niederösterreich).

L. ist einer der Begründer der Ethologie (Verhaltensforschung) und wurde durch zahlreiche, teilweise umstrittene populärwissenschaftliche Bücher bekannt.

L., Sohn des Begründers der modernen Orthopädie, ADOLF L., wuchs im väterlichen Anwesen in Altenberg auf. Er studierte trotz seiner ausgeprägten Interessen für Zoologie zuerst Medizin in Wien und wurde 1928 Dr. med. und danach Assistent bei dem Anatomen F. HOCHSTETTER. Er studierte aber noch Zoologie, schloß Bekanntschaft mit zahlreichen Zoologen und promovierte 1933 in Zoologie zum Dr. phil. Nachdem er ab 1935 freischaffend wirkte, 1937 Privatdoz. in Wien wurde, übernahm L. 1940 den Lehrstuhl für vergleichende Psychologie an der Univ. Königsberg (Kaliningrad). Im zweiten Weltkrieg war er seit Herbst 1941 eingezogen und verblieb 1942–1948, als Arzt tätig, in sowjet. Kriegsgefangenschaft. Nach seiner Rückkehr begründete L. 1949 sein privates Institut für vergleichende Verhaltensforschung in Altenberg. 1950 berief ihn die Max-Planck-Gesellschaft zum Leiter einer Forschungsstelle für Verhaltensphysiologie im Wasserschloß Buldern b. Dülmen (Westfalen), das zum Max-Planck-Institut für Meeresbiologie in Wilhelmshaven gehörte. Ab 1953 lehrte L. auch als Honorarprof. an der Univ. Münster. 1958 ging er an das unter seiner und E. v. HOLSTS Leitung begründete selbständige Max-Planck-Institut für Verhaltensphysiologie in Seewiesen (Bayern), in dem L. zunächst stellv. Direktor, ab 1961 Dir. wurde. Nach seiner Emeritierung 1973 zog L.

nach Altenberg und gründete hier unter der Schirmherrschaft der Österr. Ak. der Wiss. ein neues Institut für vergleichende Verhaltensforschung mit einer Abt. für Tiersoziologie.

L., der viele einzigartige Tierbeobachtungen durchgeführt hat, zeigte und erklärte als erster oder etwa gleichzeitig mit v. Holst, N. Tinbergen u. a. eine Reihe bedeutsamer Vorgänge des tierischen Verhaltens im Evolutionsgeschehen und definierte dafür Begriffe wie Prägung, Erbkoordination, Schlüsselreiz, Angeborener Auslösender Mechanismus (AAM). Sehr bekannt geworden ist L.' Entdeckung der Prägung: Die aus dem Ei geschlüpften Jungen der Graugans werden innerhalb einer gewissen Zeitspanne auf den ersten erblickten Gegenstand, der sich bewegt, irreversibel festgelegt (1936); unter Normalbedingungen ist dieser Gegenstand der Prägung ein Artgenosse, normalerweise die Mutter. Im Experiment kann ein Jungvogel aber auch auf einen Menschen (»Kumpan«) geprägt werden oder einen Ball. Bei Dohlen beobachtete L. die Prägung auf den Sexualpartner.

L. zeigte neben v. Holst, daß nicht jedes Verhalten als Reaktion auf Umgebungsveränderungen (Reize) betrachtet und als Reflex erklärt werden kann, sondern daß es auch spontanes Verhalten (Appetenzverhalten) gibt (1932).

L. betonte die von manchen Verhaltensforschern, besonders den amerikan. Behavioristen, übersehenen, angeborenen Komponenten des Verhaltens, die in der Phylogenese auf dem Wege von Mutation und Selektion entstanden sein müssen und auf deren Grundlage Modifikationen in Form von Lernvorgängen möglich sind. Auch das Erkenntnisvermögen des Menschen ist nach der Auffassung von L. durch die angeborene Struktur des Gehirns bestimmt und begrenzt; Kants Apriorisches würde damit aus der Evolution, die nur Notwendiges entstehen ließ, erklärt. So neige der Mensch angeborenerweise zu disjunktiven (gegensätzlichen) Begriffen, denke in ihnen mehr, als in der höherentwickelten Kultur günstig sei.

Viel Aufmerksamkeit fand die Behauptung von L., daß Tiere eine angeborene Aggressivität besäßen, die sich nicht nur gegenüber artfremden Tieren, sondern auch gegenüber Artgenossen spontan äußere. Aggressivität sei ein Selektionsvorteil, weil sie den stärksten Individuen bevorzugte Fortpflanzungschancen gewähre, in hierarchisch strukturierten Tiergemeinschaften den stärksten Tieren eine ranghöhere Stellung einräume und zur Verteilung der Individuen im Raum zwinge. Die Aggressivität führe aber im allgemeinen nicht zur Vernichtung des arteigenen Gegners, da Demutsgebärden des Unterlegenen beim Sieger Hemmungsmechanismen auslösen und das Töten des Artgenossen verhindern würden. Solcherart angeborene Aggressivität schreibt L. auch dem Menschen zu; sie könne biologische Ursache für Kriege sein, weil sie Tötungshemmung beim Menschen abbaue; die Selbstvernichtung des Menschen durch Waffen jeglicher Art wäre aus biologischen Gründen nicht auszuschließen. I. Eibl-Eibesfeldt verwies bei grundsätzlicher Anerkennung des Konzepts von L. auch auf angeborene Mechanismen der Bindung der Menschen aneinander. Wickler u. a. erhoben begründete Zweifel an der Spontaneität der Aggression, an ihrem Ausbruch ohne Frustration und ungünstige Umweltbedingungen. Unter dem Eindruck seiner vielen Kritiker hat L. seine Vorstellungen zur Aggressivität abgeschwächt und betont, daß er den Menschen nicht als höheres Säugetier eingeschätzt habe. Auch lasse gerade die Kenntnis der angeborenen Verhaltensweisen bis zu gewissem Grade deren Steuerung zu.

Für die Stützung der Selektionstheorie der Evolution war wichtig, daß L. viele auffällige Farbmerkmale der Tiere, z. B. die Farbenpracht der Korallenfische, die als zwecklos

H. A. Lorentz

K. Lorenz

angesehen wurden, als »Signale« erkannte, die dem Zusammenhalt der Individuen in einer Art oder einem sozialen Verband dienen. Überhaupt betonte L. die Rolle von Einzelmerkmalen, z. B. des »Kindchen-Schemas« (1940) zur Auslösung des Pflegeverhaltens beim Menschen. Bei neuen Entdeckungen sollte nach der Meinung von L. der Intuition eine große Bedeutung zukommen; Messungen in der Verhaltensforschung stand er kritisch gegenüber.

L. wirkte in großem Maße für den Umweltschutz.

1973 erhielt L. zusammen mit den Verhaltensforschern K. v. Frisch und Tinbergen den Nobelpreis für Physiologie und Medizin. Zi

Literatur: Lorenz, K.: Der Kumpan in der Umwelt des Vogels, in: J. Ornithol. 83 (1935), 2, Über tierisches und menschliches Verhalten. Aus dem Werdegang der Verhaltenslehre (München 1965), Das sogenannte Böse. Zur Naturgeschichte der Aggression (Wien 1970), Die acht Todsünden der zivilisierten Menschheit (München 1973), Die Rückseite des Spiegels (München, Zürich 1973), Das Wirkungsgefüge der Natur und das Schicksal des Menschen. Gesammelte Arbeiten (Hrsg. I. Eibl-Eibesfeldt, München, Zürich 1978).

Loschmidt, Joseph, Physiker und Chemiker, geb. 15. 3. 1821 Putschirn bei Karlsbad (Karlovy Vary), gest. 8. 7. 1895 Wien.

L. berechnete als erster aus der kinetischen Gastheorie die Anzahl der Moleküle in einem Mol, die Loschmidtsche Zahl (1865), und leistete einen wertvollen Beitrag zur Entwicklung der klassischen Strukturtheorie organischer Verbindungen.

Aus ärmlichen bäuerlichen Verhältnissen stammend, wurde L. durch Vermittlung seines Lehrers der Besuch des Gymnasiums in Prag ermöglicht. Nach kurzem Studium der Philosophie begann er 1842 mit dem Studium der Chemie in Wien. Danach (1846–1850) versuchte L., durch gewerbliche Herstellung von Salpeter, Oxalsäure sowie von Papier seine materielle Situation zu verbessern. 1850 wurde er zunächst Hofmeister, ab 1856 Lehrer an einer Unterrealschule in Wien. Hier begann seine wissenschaftliche Tätigkeit; die Arbeit »Zur Größe der Luftmoleküle« (1865) begründete seinen Ruf als Physiker. Nach erfolgter Habilitation (1866) wurde er zunächst Privatdoz., 1868 ao. Prof. und war 1872–1891 o. Prof. für Physik an der Univ. Wien. L. war Mitgl. der Ak. d. Wiss. zu Wien und Ehrendoktor der Univ. Wien.

Die Arbeiten von L. zur Entwicklung der kinetischen Gastheorie sowie zur Thermodynamik enthielten grundlegende molekulartheoretische Erkenntnisse. Die Berechnung der Anzahl der Moleküle in einem Mol (Loschmidtsche Zahl $N_L = 6{,}023 \cdot 10^{23}\,mol^{-1}$) sowie des Durchmessers des Luftmoleküls (nach L. sollte dieser 1 Millionstel Millimeter betragen) wurden zu Grundgrößen der klassischen Atomistik. Der Beitrag von L. zur Entwicklung der organischen Strukturtheorie ging in einigen Punkten über die Erkenntnisse seiner Zeitgenossen hinaus; in seinen »Chemischen Studien I« (1861) postulierte L. erstmalig eine ringförmige Anordnung der Bindungen des Kohlenstoffs in aromatischen Systemen. Mit Hilfe von Kreissymbolen veranschaulichte er in 368 graphischen Formelbildern (darunter 121 von aromatischen Verbindungen) seine Auffassung von der Struktur; er verwendete zur Darstellung von Mehrfachbindungen eindeutige Strichsymbole und löste die um die Mitte des 19. Jh. gebräuchlichen und oft widersprüchlichen Typen- und Summenformeln systematisch auf. L. ermittelte die Zusammensetzung von Ozon und erkannte konstitutionelle Zusammenhänge in aromatischen Systemen. Seine Auffassungen von den Bindungsverhältnissen im Benzen blieben allerdings hinter den von A. Kekulé entwickelten Vorstellungen (1865) zurück. Sz

Literatur: Loschmidt, J.: Chemische Studien (Wien 1861) u. in: Ostwalds Klassiker, Bd. 190 (Leipzig 1913), Zur Größe der Luftmoleküle, in: Sitzungsber. Ak. Wiss. Wien (1865), 52, 2. Abt., 395–413, Stereochemische Studien I, in: Wiener Monatsh. 11 (1890), 28–32.

Lowenstjern, → Kunkel.

Ludwig, Carl, Physiologe, geb. 29. 12. 1816 Witzenhausen/Werra, gest. 24. 4. 1895 Leipzig.

L. gilt als der führende Begründer der messenden, kausalanalytischen, um Rückführung auf Physik und Chemie bemühten experimentellen Physiologie.

L., Sohn eines kurhessischen Offiziers und Beamten, studierte nach Besuch des Gymnasiums in Hanau (1825–1834) in Marburg Medizin, bis er 1836 wegen seines Eintretens für einen politisch verfolgten Studenten relegiert wurde. Er konnte sein Studium in Erlangen (1836–1838) und an der Chirurgenschule Bamberg (1838/39) fortsetzen und Ostern 1839 nach Marburg zurückkehren, wo er 1840 das Staatsexamen bestand und zum Dr. med. promoviert wurde. 1839 lernte er im Labor von R. Bunsen präzises naturwissenschaftliches Arbeiten kennen und nahm Kontakt zu Physikern und Chemikern auf. 1841 kam er an das Marburger Anatomische Institut, wurde im gleichen Jahr 2. Prosektor und habilitierte sich 1842. Als sein Förderer und Freund L. Fick 1843 Dir. des Instituts wurde, avancierte L. zum 1. Prosektor. 1846 wurde er ao. Prof.; 1847 reiste er nach Berlin, lernte E. du Bois-Reymond und H. v. Helmholtz, mit denen er schon vorher korrespondiert hatte, persönlich kennen, ferner R. Virchow und L. Traube. Das Mißtrauen der Univ. gegen seine liberale Einstellung und sein gespanntes Verhältnis zu dem Physiologen H. Nasse waren ihm in Marburg hinderlich. 1849 wurde seine Berufung nach Königsberg (Kaliningrad) verhindert. Im gleichen Jahr ging L. als o. Prof. für Anatomie und Physiologie nach Zürich. Trotz vielseitiger Lehrbelastung veröffentlichte L. hier 1852 den 1. Bd. seines Lehrb. der Physiologie. 1855 wurde L. als Prof. für Physiologie und Zoologie (später statt Zoologie Physik) an das Josephinum, die medizinisch-chirurgische Militärakademie, nach Wien berufen, wo er sein Lehrb. (1856) vollendete. 1865 ging L. als Nachfolger von E. H. Weber nach Leipzig. Die von ihm sorgfältig geplante Leipziger Physiologische Anstalt war das erste große und international vorbildliche Physiologische Institut. Hier erzielte L. mit seinen Mitarbeitern und Schülern in 30 erfolgreichen Jahren viele und grundlegende Forschungsergebnisse. Wie zuvor in Wien wurden sehr viele Physiologen und Ärzte aus dem In- und Ausland in Experiment und Theorie ausgebildet, darunter mehr als 35 russ. Gäste, wie I. P. Pawlow und (in Wien) I. M. Setschenow. L. war Ehrendoktor der Philosophie in Leipzig, Mitgl. von 10 wissenschaftlichen Akademien und wurde mit hohen Orden ausgezeichnet.

Nach gründlichen morphologischen Studien, wobei er ein neues Injektionsverfahren zur Darstellung der Blutgefäße entwickelte, führte L. in seiner Habilitationsarbeit die Harnbildung ausschließlich auf physikalische Kräfte zurück. Die Arbeit ist in ihrer Ablehnung des Vitalismus programmatisch für L.s weiteres Arbeiten und kennzeichnend für die neue Physiologie. Die Analysen von L. nahmen Ergebnisse der späteren Kolloidchemie und der physikalischen Chemie vorweg, blieben aber nicht ohne Widerspruch. Während L. die Bildung des Ultrafiltrats in den Nierenkörperchen im wesentlichen richtig dargestellt hat, wurden später von anderer Seite für die Vorgänge in den nachgeschalteten Nierenkanälchen aktive, energieverbrauchende Sekretions- und Rückresorptionsleistungen nachgewiesen. Eine Stütze für einen irgendwie gearteten Vitalismus stellen sie nicht dar. So wies gerade L. die aktive Natur der Drüsentätigkeit unter Wärmebildung bei der Absonderung des Speichels entgegen der bisherigen Annahme einer blutdruckbedingten mechanischen Transsudation nach und die Rolle, welche die Innervation der Drüse dabei spielt (ab 1850). Die Nierengefäßuntersuchungen führten L. zur Hämodynamik überhaupt. Das Bemühen, atmungsbedingte Blutdruckschwankungen zu erfassen, machte eine synchrone Druckregistrierung erforderlich, für die L. 1846 das Kymographion (griech., ›Wellenschreiber‹) entwickelte, die in Zukunft universell angewandte rotierende Registriertrommel. Die Druckregistrierung erfolgte mittels einer Schreibfeder, die einem Schwimmer auf dem Quecksilbermanometer aufsaß. Das Kymographion wurde durch ein Gewicht angetrieben. Die Methodik der Druckmessung im strömenden Blut (statischer Druck und Gesamtdruck) wurde in Dissertationen seiner Schüler 1843 veröffentlicht. Nach hämodynamischen Versuchen mit A. v. Volkmann (1848–1850) wandte sich dieser den Druckverhältnissen im kleinen Kreislauf zu (1852). 1852 und 1856 erschienen die beiden Teile des Lehrb. der Physiologie, das von grundlegender Bedeutung für die neue kausalanalytische Experimentalphysiologie und ihr Anliegen war, die Lebenserscheinungen letztlich auf eine Mechanik der Elementarteilchen zurückzuführen. du Bois-Reymond bezeichnete L. als »Fahnenträger« der neuen Physiologie. Das Energieprinzip in der Formulierung durch Helmholtz (1847) liegt in seiner selbstverständlich auch für den Organismus angenommenen Gültigkeit der Darstellung zugrunde; detaillierte Beschreibungen treten zugunsten versuchter Gesetzesaussagen zurück; die eigenwillige Gliederung des Lehrb. hat keine Nachfolge gefunden. Die Kreislaufforschung blieb weiterhin ein Hauptarbeitsgebiet von L. Von der generellen Hämodynamik kehrte er zu den Organkreisläufen zurück, wiederum nach jeweils genauem Studium des Feinbaues, besonders der Lymphgefäße. Die Verhältnisse der Lymphbildung und -bewegung aufgrund der Druckverhältnisse wurden allgemein geklärt. Zur Messung der strömenden Blutmenge entwickelte L. 1867 eine Stromuhr. Ab 1874 wurde die Volumenänderung von Organen durch den Zu- und Abfluß des Blutes mit dem Plethysmographen gemessen und damit besonders der Einfluß der Gefäßnerven auf die Durchblutung untersucht. Anfang der 70er Jahre war L. die genaue Lokalisation des Zentrums gefäßverengender Nerven im verlängerten Mark gelungen. Die generelle Kreislaufregulation trat wieder in den Vordergrund. Schon Mitte der 60er Jahre hatte L. den Einfluß der gefäßverengenden Nerven der Baucheingeweide auf den Blutdruck und die blutzuckersenkende Wirkung sensibler Herznerven zeigen können. Das Wesen biologischer Regelvorgänge wurde erkannt. Auch die Kenntnis der efferenten Herznerven wurde durch L. und seine Schüler vermehrt; die Herzmechanik und das Spiel der Klappen hatten L. seit den 40er

J. Loschmidt

C. Ludwig

Jahren beschäftigt. 1867 interpretierte er zusammen mit I. M. DOGEL den ersten Herzton als Muskelgeräusch, 1871 formulierte er das Alles-oder-Nichts-Gesetz für das Herz, das unterschiedliche starke überschwellige Reize immer mit gleicher Stärke beantwortet. Nach 1865 wurde von L. und Mitarbeitern das Arbeiten am durchströmten isolierten überlebenden Organ entwickelt, das viele Untersuchungen erst ermöglichte und am Anfang moderner Perfusions- und Dialyseverfahren (künstliche Niere, Herz-Lungen-Maschine) steht; damit wurden auch quantitative Untersuchungen über den Gaswechsel und damit die Stoffwechselgröße mit höherer Genauigkeit möglich. Die Methodik der Blutgasanalyse hat L. lange Zeit beschäftigt. Zu ihrer Durchführung wurden zwei Blutgaspumpen entwickelt (1858, 1867). Der Gastransport im Blut wurde in den 60er und 70er Jahren im wesentlichen geklärt. In seinen letzten Jahren wandte sich L. verstärkt der Biochemie zu und leitete ihre Verselbständigung durch Schaffung einer chemischen Abteilung ein (1893). In der Neurophysiologie trat L. 1854 der Auffassung entgegen, daß die Nerven ein durchgehendes Kontinuum bildeten. Seit den 60er Jahren untersuchte er die Reflex- und Leitungsfunktion des Rückenmarks und förderte auch hier Erkenntnisfortschritte und Untersuchungsmethodik. Ru

Literatur: Ludwig, C.: Beitrag zur Lehre vom Mechanismus der Harnsekretion (Marburg 1843), Nieren und Harnbereitung, in: R. Wagners Handwörterb. der Physiologie, Bd. II (Braunschweig 1844), Beiträge zur Kenntnis des Einflusses der Respirationsbewegungen auf den Blutlauf im Aortensystem, in: I. Müllers Arch. Anat. Physiol. (1847), 242, Neue Versuche über die Beihülfe der Nerven zur Speichelabsonderung, in: Z. ration. Med. NF I (1851), 255, Lehrb. der Physiologie des Menschen (Heidelberg 1852/56, 2. Aufl. Leipzig und Heidelberg 1858/61), Zur Ablehnung der Anmuthungen des Herrn R. Wagner in Göttingen, in: Z. ration. Med. NF V (1854), 269, Über das Rückenmark, in: Wien. med. Wochenschr. 12 (1862), 81, 97, 113, 129, Zusammenstellung der Untersuchungen über Blutgase ..., in: Med. Jahrb. Wien 21, Bd. I (1865), 146, Bemerkungen über den Stoß und den ersten Ton des Herzens (Leipzig 1869).

Drischel, H.: Carl Ludwig, in: Lebensbilder deutscher Ärzte (3. Aufl. Leipzig 1966); Du Bois-Reymond, Estelle, u. Diepgen, P. (Hrsg.): Zwei große Naturforscher des 19. Jahrhunderts. Ein Briefwechsel zwischen Emil du Bois-Reymond und Carl Ludwig (Leipzig 1927); Schröer, H.: Carl Ludwig (Stuttgart 1967).

Łukasiewicz, Jan Leopold, Logiker und Philosoph, geb. 21. 12. 1878 Lemberg (Lwów), gest. 13. 2. 1956 Dublin.

Ł. war Mitbegründer der mehrwertigen Logik und bahnte bedeutende metalogische Forschungen an.

Nach Universitätsstudien in Lemberg (Rechtswissenschaft, Philosophie, Mathematik) promovierte Ł. 1902 zum Doktor der Philosophie. Nach philosophischen Studien in Berlin und in Löwen habilitierte er sich an der Univ. Lemberg; 1906 wurde er dort Privatdoz., 1911 Titularprof. Die ersten Vorlesungen von Ł. betrafen die Algebra der Relationen. Seit 1920 war Ł. Prof. an der Univ. in Warschau und 1922/23 und 1931/32 Rektor dieser Hochschule. In Warschau arbeitete Ł. mit S. LEŚNIEWSKI und A. TARSKI zusammen. Aus seiner Initiative entstand die Veröffentlichungsreihe »Collectanea Logica«. Er gehörte ferner zum Redaktionskomitee von »Fundamenta Mathematicae«. Während des zweiten Weltkrieges arbeitete Ł. im Stadtarchiv von Warschau. Er führte seine Vorlesungen an der geheim wirkenden Univ. fort und organisierte wissenschaftliche Veranstaltungen. Obwohl Ł. 1944 nach Deutschland verschleppt wurde, konnte er den Krieg überleben. 1945 hielt er Vorträge über Logik im Poln. Wissenschaftlichen Institut in Brüssel. 1946 wurde er auf einen Lehrstuhl an der Irländ. Kgl. Akademie in Dublin berufen; er hielt dort Vorlesungen über mathematische Logik. Ł. war seit 1937 Mitgl. der Poln. Ak. d. Wiss. und ist Ehrendoktor der Univ. von Warschau und Münster sowie des Trinity College in Dublin.

J. L. Łukasiewicz

A. Lumiere

Die Hauptgebiete der wissenschaftlichen Arbeit von Ł. waren mathematische Logik, Philosophie, Wissenschaftsmethodologie und Logikgeschichte. Die Entwicklung der Logik im 20. Jh. ist durch immer engere Verbindung der modernen formalen Logik mit der Mathematik, durch Formulierung der Aussagenlogik als formales System mit wenigen Grundbegriffen und Axiomen sowie durch die Entwicklung der metalogischen Untersuchungen gekennzeichnet. Ein wesentliches Ergebnis der logischen Forschungen des 20. Jh. sind mehrwertige Logiken; die ersten Schöpfer solcher Logiken waren Ł. (1920) und E. L. POST (1921). Auf philosophischem Gebiet befaßte sich Ł. vor allem mit Fragen des Determinismus sowie mit den logischen Grundgedanken der Wahrscheinlichkeitsrechnung. Der in bezug auf dieses Problem unternommene Versuch einer Erklärung der Unbestimmtheit zukünftiger Ereignisse führte Ł. 1920 zur Schaffung einer dreiwertigen Logik, 1922 einer unendlichwertigen Logik; 1953 schuf er eine vierwertige Modallogik. Neben der Problematik mehrwertiger Logiken beschäftigte sich Ł. mit der Deduktionstheorie und mit Logikgeschichte. Durch Untersuchungen zur Deduktionstheorie baute Ł. eine ganze Reihe von axiomatischen Aussagenkalkülen auf, die allgemeine Bedeutung erlangten; dabei hat er die klammerfreie Schreibweise für Aussagen, die »Polnische Notation«, geschaffen. Unabhängig von E. L. POST und P. BERNAYS hat Ł. eine Methode für den Beweis der Widerspruchsfreiheit von Deduktionssystemen entdeckt; darüber hinaus hat er die Unabhängigkeit der aussagenlogischen Axiomensysteme und deren Vollständigkeit bewiesen. Großen Wert haben die Untersuchungen von Ł. über Logikgeschichte, besonders über die Logik bei ARISTOTELES und den Stoikern. Dabei bewies er, daß die Dialektik der Stoiker eine Aussagenlogik ist und nicht, wie es K. PRANTL meinte, eine Terminilogik. Die von Ł. geschaffenen mehrwertigen Logiken sowie die von ihm begonnenen metalogischen Untersuchungen entwickelten sich zu separaten Wissenschaftszweigen. Hu

Literatur: Łukasiewicz, J.: Z zagadnień logiki i filozofii; Pisma wybrane: Zu den Problemen der Logik und der Philosophie; Ausgewählte Schriften (Warschau 1961), Philosophische Bemerkungen zu mehrwertigen Systemen des Aussagenkalküls, in: Comptes rendus Soc. des sci. des lettres de Varsovie, Cl. III, H. 23, 51; (mit Tarski, A.): Untersuchungen über den Aussagenkalkül, ebenda 30; Zur Geschichte der Aussagenlogik, in: Erkenntnis, 5 (1935/36) 111; A System of Modal Logic, in: J. of Computing Systems, 1 (1953) 111; Aristotle's Syllogistic From the Stand-Point of Modern Formal Logic (2. Aufl. Oxford 1957), Elementy logiki matematycznej (Warschau 1929, engl. New York 1963).

Borkowski, L., u. Słupecki, J.: The Logical Works of Jan Łukasiewicz, in: Studia logica 8 (1958) 7; Kotarbiński, T.: Jan Łukasiewicz's Works on the History of Logic, in: Studia logica 8 (1958) 57.

Lumiere, Auguste und Louis, Kinematographen; Auguste L., geb. 19. 10. 1862 Besançon, gest. 14. 4. 1954 Lyon; Louis L., geb. 5. 10. 1864 Besançon, gest. 6. 6. 1948 Bandol.

Die Brüder L. erzielten mit ihrem Kinematographen den entscheidenden Durchbruch in der Aufnahme bewegter Bilder und ihrer Wiedergabe durch Projektion und schufen das erste Filmtheater der Welt. Auch in der Filmgestaltung leisteten sie Pionierarbeit.

Die Anregung zu ihren Arbeiten erhielten die Brüder L. durch ihren Vater Antoine L., einen gelernten Photographen, der 1880 in Montplaisir bei Lyon eine Trockenplattenfabrik gegründet hatte, deren Erzeugnisse wegen ihrer guten Qualität regen Absatz fanden. Dazu trug eine besonders empfindliche Photoemulsion bei, die Louis L. schon als 20jähriger 1884 gefunden hatte. 1894 sah Antoine L. in Paris ein Kinetoskop von Th. A. Edison. Aus Unterhaltungen mit Betreibern solcher Apparate entnahm er, daß mit bewegten Bildern großer Gewinn zu erzielen wäre, wenn sie durch Projektion an eine Wand einem größeren Publikum vorgeführt werden könnten. In einem Kinetoskop konnten sie jeweils nur von einer Person betrachtet werden. Antoine L. kaufte für 6 000 Francs einen solchen Apparat und 12 Filme und beauftragte seine Söhne, sich mit diesem Problem zu befassen. Sie erkannten sehr schnell, daß Aufnahme und Wiedergabe der Bilder im Zusammenhang gesehen werden mußten. Als interessierte Fachleute wußten sie auch um alte und neue Versuche auf diesem Gebiet. Schon im 17. Jh. hatte man bewegte Figuren, wie Hampelmänner oder lebende Tierchen in flachen Glasgefäßen, mit Hilfe punktförmiger Lichtquellen auf Wände projiziert. Im 2. Viertel des 19. Jh. wurden verschiedene Methoden zur raschen Wiedergabe gezeichneter Phasenbilder erfunden (Stroboskop, Lebensrad u. a.). In den 50er Jahren machte man erste Versuche zur photographischen Aufnahme solcher Bilder, sie scheiterten aber zunächst an den noch notwendigen langen Belichtungszeiten. Die erste wirkliche Reihenaufnahme machte der franz. Astronom J. Jansen 1874. Mit einer runden Photoplatte, die jeweils nach einigen Sekunden weitergedreht wurde, machte Jansen 48 Bilder von einem Venusdurchgang vor der Sonne. Andere versuchten Bewegungsabläufe mit Hilfe einer größeren Zahl nacheinander ausgelöster Kameras festzuhalten, so z. B. O. Anschütz, der die Bilder dann auf einer drehenden Kreisscheibe anordnete und in seinem Tachyskop (»Schnellseher«) mit einer Geißlerschen Röhre von hinten kurzzeitig beleuchtete. Daran knüpfte Edison an, verwendete aber Zelluloidfilmstreifen mit perforiertem Rand für den Transport; er schuf somit bereits die Urform des Kinefilms. Edison ließ diesen Film im Kinetoskop einfach sehr schnell laufen mit 40 und 50 Bildern in der Sekunde. Die Aufnahmen wurden in dunklen Räumen mit Lichtblitzen in ähnlicher Folge gemacht. Für eine Projektion heller Bilder war dieses Verfahren aber nicht geeignet. Nachdem die Brüder L. verschiedene Versuche gemacht hatten, kam Louis L. Ende 1894, während er krank im Bett lag, auf die entscheidende Idee: Der Film mußte ruckartig bewegt werden mit gerade so viel Bildwechseln in der Sekunde, daß das menschliche Auge sie aufgrund seiner Reaktionsträgheit nicht mehr wahrnimmt und flüssige Bewegungen sieht, d. h. mit 15–18 Bildern/s. Die kurzen Stillstandszeiten des Filmes genügten für gute, scharfe Aufnahmen und gleichwertige Projektion ausreichender Helligkeit. Schon zum Jahresende 1894 hatten die Brüder einen funktionierenden Projektionsapparat zunächst für Edison-Filme fertig. Die Anregung für den Transportmechanismus hatten sie vom ebenfalls schrittweisen Stofftransport in der Nähmaschine (entwickelt von J. Madersperger) übernommen. Unterhalb des Bildfensters griff eine Zunge mit zwei Stiften durch eine Exzenterscheibe rhythmisch in die Filmperforation ein, dazwischen wurde der Film durch einen Federmechanismus festgehalten. Diese Schaltung bewährte sich bis heute vor allem bei Aufnahmekameras, während man bei Projektionsapparaten wegen der hohen Beanspruchung zu dem von O. Messter 1896 eingeführten Malteserkreuz überging.

Bei der Entwicklung eines eigenen Aufnahmeapparates hatten die Brüder L. zunächst Schwierigkeiten mit dem Filmmaterial. In Streifen geschnittenes Photopapier aus der eigenen Fabrik erwies sich als nicht geeignet. So bezogen sie schließlich Zelluloidfilm aus den USA, gossen die lichtempfindliche Schicht aber selbst auf und bauten auch eine Präzisionsvorrichtung für das ihrem Apparat angepaßte Perforieren. Am 13.2.1895 erhielten sie ein Patent für einen »Apparat zur Erlangung und Wiedergabe chronophotographischer Bilder«, den sie Kinematograph nannten. Dieser Apparat diente sowohl zur Aufnahme wie auch zur Projektion und zum Kopieren, bewegt wurde er mit einer Handkurbel. In der Sekunde wurden 15 Bilder aufgenommen bzw. wiedergegeben. Am 22. 3. 1895 wurde in der Société d'Encouragement à l'Industrie nationale in Paris der erste eigene Film der Brüder L. gezeigt: »Arbeitsschluß in der Fabrik Lumière«. Auch vor wissenschaftlichen Gesellschaften traten die Brüder auf, z. T. mit schnell hergestellten Filmen von der betreffenden Tagung. Ab 28. 12. 1895 gab es in einem Caféhaussaal mit 120 Plätzen öffentliche Vorführungen. Täglich wurden 9 Stunden lang in halbstündigen Vorstellungen zunächst Filme einfacher Bewegungsabläufe gezeigt (Schmiede, Ankunft eines Zuges usw.). Jeder Film war entsprechend dem Edisonschen Ausgangsmaterial 17 m lang. Nach anfänglichem Zögern fanden sich bald 2 000 und mehr Zuschauer am Tage ein, und die Erfindung machte sich geschäftlich bezahlt. Wegen ihrer Einfachheit und Präzision setzte sie sich auch gegen andere Erfindungen dieser Art durch, z. B. gegen das schon am 1. 11. 1895 im Berliner Wintergarten öffentlich vorgeführte Bioskop von M. Skladanowsky, das wegen schwacher Lichtquellen einen doppelten Projektor benutzen mußte und dem die industrielle Perfektion fehlte.

Nach der grundsätzlichen Lösung des technischen Problems leisteten die Brüder L. auch Pionierarbeit als Filmproduzenten und Filmgestalter. 1896 zeigten sie den ersten Filmtrick, eine Zeitumkehr, und die ersten Aufnahmen mit bewegter Kamera, sie führten den Filmschnitt ein und brachten die erste Wochenschau. 1897 schuf Louis L. mit seinen Kameraleuten den ersten halbstündigen Dokumentarfilm. Der Film wurde sehr schnell zum großen Geschäft, das aber von finanzkräftigen Unternehmen betrieben wurde. Die Brüder L. traten nur 1907 nochmals hervor mit der ersten brauchbaren Farbphotoplatte Autochrom. Beide erreichten ein hohes Alter, allerdings ohne noch groß beachtet zu werden. Die

Literatur: Thun, R.: Entwicklung der Kinotechnik, in: Dt. Museum, Abh. Ber., 8. Jg., Heft 5 (Berlin 1936); Forman, W.: Welt aus Licht. Ein Lesebuch für Filmerzieher und Filmfreunde, in: Schriftenr. Oberösterr. Volksbildungswerkes, Bd. 12/13 (Linz 1962).

Lusin (Luzin), Nikolai Nikolajewitsch, Mathematiker, geb. 9. 12. 1883 Tomsk, gest. 28. 2. 1950 Moskau.

Als Haupt der Moskauer funktionentheoretischen Schule leistete L. fundamentale Beiträge zur Theorie der reellen Funktionen und zur mengentheoretischen Topologie.

L., der Sohn eines Beamten, studierte ab 1901 in Moskau; 1905/06 noch als Student besuchte er Vorlesungen bei É. Borel in Paris; 1910 delegierte ihn die Univ. Moskau zu weiteren Studien für drei Jahre nach Göttingen und Paris. L. promovierte 1915 und war ab 1917 Prof., 1929 wurde er Mitgl. der Ak. d. Wiss. der UdSSR und arbeitete ab 1930 an deren Steklow-Institut.

Angeregt von D. F. Jegorow bewies L. 1912 die sogenannte C-Eigenschaft für meßbare Funktionen: Eine jede solche Funktion kann durch Veränderung ihres Wertes auf einer Menge beliebig kleinen Lebesgueschen Maßes in eine stetige Funktion verwandelt werden, falls sie fast überall endlich ist. Im Zusammenhang damit führte L. auch einen Integralbegriff ein, dessen Eigenschaften sich jedoch nicht als tragfähig erwiesen. In seiner Dissertation von 1915 »Integral und trigonometrische Reihe« stellte L. deshalb die Diskussion des Denjoyschen Begriffs der Stammfunktion (1912) in den Vordergrund und untersuchte, inwieweit dieser Begriff ohne Zuhilfenahme transfiniter Schlußweisen begründbar ist. Hier deutete sich schon die vornehmliche Orientierung L.s auf die qualitativen, topologischen Aspekte der Theorie der reellen Funktionen an, die für die von L. begründete Schule der »deskriptiven Funktionentheorie« bestimmend wurde. Eine besondere Rolle spielte dabei die Frage nach der Begründbarkeit bestimmter Typen von Mengen und Funktionen ohne Zuhilfenahme des umstrittenen Zermeloschen Auswahlaxioms. L. untersuchte systematisch die 1917 auf solche Weise von seinem früh verstorbenen Schüler M. Ja. Suslin eingeführten »analytischen« Mengen, die allgemeiner sind, als die von Borel meßbaren. L. entwickelte zu ihrer Untersuchung die sog. »Sieb-Operation« und führte 1925 in Zusammenarbeit mit dem Polen W. Sierpiński die projektiven Mengen ein. Dies war auch der Startpunkt enger Kooperation der sowjet. und poln. funktionen- und mengentheoretischen Schulen. Ergänzend sei noch auf Beiträge von L. zur Theorie der komplexen Funktionen, zur Differentialgleichungstheorie und zur Differentialgeometrie hingewiesen.

L. hat über seine Schüler die Entwicklung nicht nur der Analysis, sondern z. B. auch von Topologie (P. S. Alexandrow), Grundlagentheorie (P. S. Nowikow) und Wahrscheinlichkeitstheorie (A. Ja. Chintschin, A. N. Kolmogorow) maßgeblich bestimmt. Si

Literatur: Luzin, N. N.: Leçons sur les ensembles analytiques et leurs applications (Paris 1930), Integral i trigonometričeskij râd (Neuaufl. Moskau 1951, mit Biographie und fachlichen Würdigungen).

Lyell, Charles, Geologe, geb. 17. 11. 1797 Kinordy (Forfarshire, Schottland), gest. 22. 2. 1875 London.

L. war einer der führenden und einflußreichsten Geologen des 19. Jh. Namentlich durch sein Wirken wurde der Aktualismus die für die historische Geologie maßgebende Auffassung.

L. war der Sohn des Landbesitzers Charles L., der sich unter anderem als Amateurgelehrter in der Botanik der

N. N. Lusin

Ch. Lyell

Moose, der Entomologie und als Dante-Forscher betätigte. Wenige Monate nach L.s Geburt zogen die Eltern auf die Besitzung Bartley Lodge nahe Lyndhurst bei Southampton an der Südküste von England. Nach dem Schulbesuch in Salisbury, Privatunterricht und wiederum Schulbesuch in Midhorst (Sussex) wurde L. 1816 am Exeter College in Oxford immatrikuliert und studierte Jura. Nach ersten Anregungen aus häuslicher Lektüre trat aber zunehmend die Geologie in den Vordergrund seiner Interessen. Er hörte in Oxford Vorlesungen des Geologieprofessors W. Buckland. 1817 begann er in Yarmouth mit ersten eigenen geologischen Forschungen gelegentlich der Verlegung eines Flußlaufes. Den Beruf des Juristen übte L. nur kurzzeitig aus und war zudem durch ein zeitweiliges Augenleiden behindert. Auch den Lehrstuhl für Geologie an der neugeschaffenen Univ. London hatte er nur 1831–1833 inne. Materiell gesichert zog L. das Leben eines Privatgelehrten vor. Vor allem zur Bestätigung seiner geologischen Ansichten unternahm L. zahlreiche Studienreisen, unter anderem nach der Auvergne (1828), nach Sizilien (1828/29), nach den Pyrenäen (1830), nach Skandinavien (1834, 1837), zweimal (1841/42, 1845/46) für mehrere Monate und noch zweimal für kürzere Zeit nach Nordamerika, zu den Kanarischen Inseln (1853/54) und an viele Orte in Mitteleuropa.

L.s wissenschaftliches Wirken ist auf dem Hintergrund der nach 1800 zunächst vorherrschenden katastrophistischen Auffassung der Erdgeschichte von G. Cuvier zu sehen. Gemäß dieser Auffassung wurde die Erdkruste einige Male von alles zerstörenden, ursächlich unerklärten Ereignissen betroffen. Auf solche Katastrophen wurden alle Veränderungen der Erdkruste, auch die Entstehung von Gebirgen und der Transport von Findlingen (»erratischen Blöcken«) zurückgeführt. Erst gegen Ende der 20er Jahre des 19. Jh. wurde die von J. Hutton, L.-C. Prévost, G. P. Scrope, K. E. A. v. Hoff und besonders von L. vertretene Auffassung des Aktualismus zum führenden Prinzip bei der Erforschung der Erdgeschichte.

L.s mehrbändiges Werk »Principles of Geology« wurde zum Standardwerk der aktualistischen Auffassung. Es war eine der bedeutendsten naturwissenschaftlichen Veröffentlichungen des 19. Jh.

Der »Aktualismus« geht vom gegenwärtigen Zustand der Erde aus. Auch in der Vergangenheit der Erde sollten nur diejenigen Faktoren bzw. Vorgänge die Erdkruste gestaltet haben, die auch heute noch wirksam sind, und zwar nach L.s Auffassung stets in nahezu derselben Intensität. Voraussetzung dafür, daß alle Ereignisse der erdgeschichtlichen Vergangenheit auf noch heute beobachtete Vorgänge zurückgeführt werden konnten, war die Annahme einer langen Zeitdauer der Erdgeschichte. Im 19. Jh. war die absolute Altersbestimmung erdgeschichtlicher Ereignisse, so wie sie im 20. Jh. durch die radioaktiven Zerfallsreihen gegeben ist, nur für Einzelergebnisse (Deltaablagerung) möglich, so daß über die Dauer der Perioden der Erdgeschichte nur unzureichende Aussagen möglich waren; LORD KELVIN rechnete nur mit einigen 10000 Jahren.

Entscheidender Vorgang für die Erdkrustengestaltung war nach L. das langsame und schrittweise Heben und Sinken der Kontinente und der Ozeanböden, das sich vielerorts nachweisen ließ.

Die allmähliche Hebung von Küsten, in Schweden schon im 18. Jh. untersucht, wurde von L. an der Südküste von Skandinavien sowie in vulkanischen Gebieten von Süditalien (Tempel von Pozzuoli) und Sizilien festgestellt. CH. DARWIN stellte Landhebung nach Erdbeben in Chile fest und machte eine weiträumige Senkung des Bodens des Stillen Ozeans durch seine Theorie von der Entstehung der Korallenriffe wahrscheinlich. Die vulkanischen Ereignisse sowie die zahlreichen Vorgänge der Verwitterung und Materialumlagerung, z.B. durch fließendes Wasser, Meeresbrandung und -strömung sowie Wind, sollten die langsame Umgestaltung und Abtragung der gehobenen Festländer erklären.

J. VENETZ, J. DE CHARPENTIER und vor allem L. AGASSIZ entwickelten seit den 20er Jahren des 19. Jh. die Vorstellung von der früher größeren Ausdehnung der Gletscher und erklärten durch sie den Transport der »erratischen Blöcke« (Findlinge). L. verteidigte gegen diese Wissenschaftler seine Drifttheorie, wonach die erratischen Blöcke auf einem ehemaligen Meere durch Eisberge herbeigetragen wurden und nach dem Abschmelzen der Eisberge auf den Meeresboden sanken. Erratische Blöcke zeigten demnach ehemalige Meeresbedeckung an. Auch L. ließ sich schließlich von der früher größeren Gletscherausdehnung in vielen Gebieten überzeugen. Weiterhin verwarf L. lange Zeit die Theorie von der Veränderung der Lebewesen von J. B. LAMARCK und meinte, daß seit dem Beginn der Erdgeschichte mit Ausnahme des Menschen stets alle Gruppen der Tiere und Pflanzen vorhanden waren, wenn auch in wechselnder Häufigkeit. Durch DARWIN ließ sich L. aber bedingt von der Evolutionstheorie überzeugen.

1863 veröffentlichte L. das Buch »The Geological Evidences of the Antiquity of Man«, in dem er unter anderem die damals bekannten Zeugnisse aufführte, die geologisch für ein höheres Alter des Menschen sprachen, als bis zur Mitte des 19. Jh. angenommen wurde.

L.s zunächst extremer Aktualismus übersah zuerst jede fortschreitende irreversible Entwicklung in der Erd- und Lebensgeschichte und mußte daher in etlichen Zügen korrigiert werden. Erst im 20. Jh., namentlich nach 1960, wurde deutlich, daß die Horizontalbewegung von Erdkrustenteilen eine entscheidende Bedeutung für die Gestaltung der Erde hat (Plattentektonik). Außerdem wird von zahlreichen Geologen vermutet, daß der hin und wieder erfolgte Sturz größerer Meteore auf die Erde größere Veränderungen bewirken konnte.

Von L. stammen der Begriff »Metamorphe Gesteine« und die im wesentlichen noch heute gültige Untergliederung des Tertiär. Er schrieb auch über Fragen der Ausbildung von Wissenschaftlern und seine Eindrücke in Nordamerika. Zi

Literatur: Lyell, C.: Principles of Geology being an attempt to explain the former changes of the earth's surface by reference to causes now in operation (London 1830–1833, dtsch 1831–1833), The Elements of Geology (London 1838, dtsch Weimar 1839), The Geological Evidences of the Antiquity of Man, with remarks on theories of the origin of species by variation. (London 1863, dtsch 1864).

Zirnstein, G.: Charles Lyell (Leipzig 1980).

M

Mach, Ernst, Physiker und Philosoph, geb. 18.2.1838 Chirlitz-Turas (Chirlice-Tuřany) bei Brünn (Brno), gest. 19.2.1916 Vaterstetten bei München.

M. erzielte bedeutende Resultate auf dem Gebiet der experimentellen Mechanik, Akustik und Optik. Mit seinen philosophischen Ansichten stand er auf den Positionen des subjektiven Idealismus.

M. war das älteste von 3 Kindern eines Gymnasiallehrers, der 1842 mit seiner Familie nach Untersiebenbrunn bei Wien übersiedelte und sich dort der Bewirtschaftung eines Gutes widmete. Unterricht erhielt M. hauptsächlich von seinem Vater. Nur 1848 besuchte er zwischenzeitlich das Benediktiner-Gymnasium in Seitenstetten, der dortige Unterricht konnte jedoch nicht M.s Aufmerksamkeit wecken. Ab 1853 besuchte M. das Gymnasium in Kremsier (Kroměříž, ČSFR), wo sein Interesse für Physik und Naturwissenschaftsgeschichte geweckt wurde. 1855–1860 studierte er an der Univ. Wien Physik, Philosophie und Mathematik und erwarb 1860 den Doktortitel; ein Jahr später habilitierte er sich für Physik. Ab 1861 hielt er physikalische Lektionen für Medizinstudenten. Daraus erwuchs sein »Compendium der Physik für Mediciner« (1863). Finanzielle Gründe zwangen ihn, nebenbei populäre Vorträge zu halten, eine Tätigkeit, die er später aus pädagogischem Engagement beibehielt.

1864 wurde M. zum o. Prof. der Mathematik an der Univ. Graz ernannt. Für experimentelle Arbeiten standen ihm jedoch weder ein geeignetes Institut noch die erforderlichen Mittel zur Verfügung. Die notwendigste wissenschaftliche Ausstattung beschaffte er sich auf eigene Kosten. 1866 wurde der Lehrstuhl in eine Professur für Physik umgewandelt. 1867 trat M. die Nachfolge CH. DOPPLERS an der Prager Univ. am Lehrstuhl für experimentelle Physik an. Er bekleidete mehrmals Universitätsämter, so war er 1879/80 Rektor der Prager Karls-Univ. und nach der Teilung der Univ. in voneinander unabhängige deutsche und tschech. Univ. 1883/84 Rektor der Deutschen Karl-Ferdinands-Univ. 1895 wurde M. an die Wiener Univ. auf den Lehrstuhl für »Philosophie, insbesondere Geschichte und Theorie der inductiven Wissenschaften« berufen.

1898 erlitt M. einen Schlaganfall und wurde linksseitig gelähmt. Er trat deshalb 1901 offiziell von seiner Professur zurück. Die letzten drei Lebensjahre verbrachte er bei seinem Sohn LUDWIG M. in Vaterstetten bei München.

Nach der Promotion »Über elektrische Entladung und Induction« führte M. in den Laboratorien seines Doktorvaters A. v. ETTINGHAUSEN gezielte Experimente zur Bestätigung des von J. PETZVAL bezweifelten DOPPLEReffekts durch und verwies auf die Möglichkeit, damit die Relativgeschwindigkeit der Fixsterne zu bestimmen. Danach wandte sich M. unter dem Einfluß von E. DU BOIS-REYMOND, G. FECHNER und E. W. BRÜCKE zunächst Wahrnehmungspsychologie und Psychophysik zu, Gebieten, mit denen er sich bereits in Wien befaßt hatte. Er studierte Fragen der Akkomodation des Gehörs, der Zeitwahrnehmung und des räumlichen Sehens. Hierher gehört auch die Entdeckung der Machschen Streifen, eines physiologischen Phänomens beim Sehen.

Die Prager Zeit M.s war die wichtigste Etappe seiner wissenschaftlichen Tätigkeit. In Prag wurden Optik und Akustik die Hauptarbeitsgebiete M.s. Er untersuchte z. B. den Durchgang von Lichtkomponenten durch tönende Glasstäbe, studierte die mechanischen Einflüsse von Funkenentladungen auf das Innere und die Oberfläche von Körpern und entwickelte neue stroboskopische Verfahren. Von den experimentellen Arbeiten M.s und seiner Schüler wurden die Studien fliegender Geschosse am bekanntesten (1884–1888). 1881 von dem belgischen Ballistiker L. Melsen angeregt, konnte M. dabei eigene Erfahrungen nutzen, die er 1875–1878 bei Versuchen zur mechanischen Wirkung von Explosionen und elektrischen Entladungen gesammelt hatte. Unter Verwendung von A. Toeplers Schlierenmethode, gekoppelt mit der Belichtung einer Photoplatte durch einen elektrischen Entladungsfunken, gelang es M. nachzuweisen, daß ein fliegendes Geschoß von einer Kopf- und einer Heckwelle begleitet wird. Die Kopfwelle bewirkt eine Luftverdichtung vor dem Geschoß, und bei Überschallgeschwindigkeit überträgt sie einen Schallstoß, der sich mit der Geschoßgeschwindigkeit ausbreitet. In einer gemeinsamen Veröffentlichung von M. und dem an der Marine-Akademie in Rijeka tätigen P. Salcher wird der Winkel α angegeben, den die Kopfwelle mit der Geschoßflugrichtung bildet: $\sin \alpha = v/w$, wobei v die Schall- und w die Geschoßgeschwindigkeit im betreffenden Medium bedeuten. Das Verhältnis w/v wird seit 1929 Machzahl genannt. M. nutzte die Momentphotographie auch später wiederholt, insbesondere bei der Untersuchung von Interferenzerscheinungen in Zusammenarbeit mit seinem Sohn Ludwig M.

In Prag entstanden auch M.s grundlegend neuartige historisch-kritische Studien über die Physik sowie seine erkenntnistheoretischen Schriften. In einem Vortrag für die Kgl. Böhmische Gesellschaft der Wissenschaften (1871) und in der Arbeit »Die Geschichte und die Wurzel des Satzes von der Erhaltung der Arbeit« (1872) legte er seinen phänomenologischen Standpunkt dar, aus der Physik diejenigen Behauptungen auszuschließen, die nicht aus Beobachtungen abgeleitet werden können. Davon ausgehend und gestützt auf die Analyse der Geschichte wagte M. eine Kritik der »metaphysischen« Grundbegriffe der Newtonschen Mechanik: die als Materiemenge aufgefaßte Masse, die Trägheit eines isolierten Körpers, den absoluten Raum und die absolute Zeit. Diese Kritik untermauerte er in der Arbeit »Die Mechanik in ihrer Entwicklung historisch-kritisch dargestellt« (1883). Die Massenträgheit faßte M. als Entität auf, die durch dynamische Wechselwirkung zwischen dem Objekt und dem übrigen Weltall bestimmt wird. Schon 1868 hatte er eine eigene Definition der Masse vorgeschlagen: Körper haben gleiche Masse, wenn sie sich bei Wechselwirkung gleiche, aber entgegengesetzte Beschleunigungen erteilen. M.s Auffassungen zur Trägheit der Körper faßte A. Einstein unter dem Begriff Machsches Prinzip zusammen. Sie spielten für Einstein eine wesentliche Rolle auf dem Wege zu seiner Relativitätstheorie.

Hatte M. im »Compendium der Physik für Mediciner« die Atomtheorie noch als Kernstück jedes physikalischen Forschungsprogramms eingeschätzt, so vertrat er 1871 und in der Folgezeit eine zunehmend dogmatische antiatomistische Auffassung. Er lehnte die reale Existenz von Atomen ab und wandte sich gegen die Vorgehensweise, die Vielfalt der Erscheinungen mit einer Mechanik der Atome erklären

E. Mach

J. H. Mädler

zu wollen. In seiner 1896 erschienen Arbeit »Die Prinzipien der Wärmelehre«, einer weiteren »historisch-kritischen« Studie, lehnte er daher die kinetische Theorie der Wärme von L. Boltzmann ab. Eine ähnliche Studie M.s zur Optik blieb unvollendet.

Die letzten Jahre von M.s wissenschaftlicher Arbeit waren zunehmend der Philosophie gewidmet. M.s oft als Positivismus bezeichnete, heftig umstrittene philosophische Position erlangte erheblichen Einfluß bei Physikern und Philosophen. Te, Fk

Literatur: Mach, E.: Compendium der Physik für Mediciner (Wien 1863), Die Geschichte und die Wurzel des Satzes von der Erhaltung der Arbeit (Prag 1872), Optisch-akustische Versuche. Die spectrale und stroboskopische Untersuchung tönender Körper (Prag 1873), Die Mechanik in ihrer Entwicklung historisch-kritisch dargestellt (Leipzig 1883), Die Prinzipien der Wärmelehre. Historisch-kritisch entwickelt (Leipzig 1886), Erkenntnis und Irrtum. Skizzen zur Psychologie der Forschung (Leipzig 1905).

Heller, K. D.: Ernst Mach. Wegbereiter der modernen Physik (Wien, New York 1964); Hoffmann, D., u. H. Laitko (Hrsg.): Ernst Mach (1838–1916). Beiträge zu Leben und Werk (Berlin 1989).

Madersperger, Joseph, Schneider, Erfinder, geb. 6. 10. 1768 Kufstein, gest. 3. 9. 1850 Wien.

M. schuf die erste funktionstüchtige Nähmaschine nach modernen Arbeitsprinzipien, konnte sie allerdings nicht in die industrielle Praxis überführen.

Nach der damals für das Kleinbürgertum üblichen Schulbildung lernte M. bei seinem Vater das Schneiderhandwerk, durchlief die geforderten Gesellen- und Wanderjahre und ließ sich 1795 als Schneidermeister in Wien nieder, wo er 1799 den Bürgereid leistete. In England war um diese Zeit das Spinnen und Weben mechanisiert und industrialisiert worden (durch J. Hargreaves, R. Arkwright und E. Cartwright), und diese Technik breitete sich auch auf dem Kontinent aus. Es stand nun die Mechanisierung des dritten und letzten Arbeitsprozesses in der Textilherstellung, das Nähen, auf der Tagesordnung. M. erkannte als einer der ersten die Nützlichkeit einer diesbezüglichen Erfindung und begann, sich intensiv damit zu beschäftigen. Zunächst versuchte er, wie dies in der Entwicklung der Technik oft geschah, einfach den altbekannten Bewegungsablauf der Handarbeit mechanisch nachzuahmen. Er benutzte dabei eine damals gerade aufgekommene Sticknadel mit Spitze an beiden Enden und Öhr in der Mitte. Sie konnte ohne Umdrehen in beiden Richtungen durch den Stoff gestochen werden, faßte aber in der ersten von ihm konstruierten Maschine nur 45 cm Faden, so daß also damit keine längeren Nähte möglich waren. Um 1810 kam M. auf die entscheidende Idee, das Nadelöhr an die Nadelspitze zu verlegen, damit nur von einer Seite zu stechen und durch die sich beim Zurückziehen der Nadel auf der anderen Stoffseite bildende Fadenschlinge einen zweiten

Faden zu schieben. Bis 1836 war nach vielen Versuchen eine funktionstüchtige Nähmaschine mit Öhrnadel und Schiffchen zum Verschlingen von Ober- und Unterfaden entstanden und 1839 die Doppelsteppstichnähmaschine. Das Problem, den Stoff während des Stiches sicher festzuhalten, löste M. mit Hilfe einer Exzenterscheibe, durch deren Bewegung bei jedem Stich kurze Nadeln in den Stoff eingriffen. M. nutzte sein »Nähgerät« in der eigenen Werkstatt; es steht noch heute betriebsfähig in einem Wiener Museum. Anderen Nutzen konnte er jedoch daraus nicht ziehen. In dem ökonomisch rückständigen Österreich der Metternich-Ära fehlten ganz einfach die Voraussetzungen für eine industrielle Produktion solcher feinmechanischen Geräte, und auch ihrer verbreiteten Nutzung stand die alte Gewerbeordnung entgegen. M. hatte zwar 1815 auf sein erstes Nähmaschinenmodell ein Privileg erhalten, es erlosch aber wieder, da er die Gebühr dafür nicht zahlen konnte. Erst in den aufstrebenden USA fand durch E. Howe die Nähmaschine Eingang in die Praxis. M. erhielt 1841 eine Medaille des niederösterreichischen Gewerbevereins, er starb aber verarmt im Wiener Bürgerversorgungshaus. Die

Literatur: Österreichisches Biographisches Lexikon 1815–1950, Bd. 5 (Wien 1972); Köhler, W.: Die deutsche Nähmaschinenindustrie (München 1913).

Mädler, Johann Heinrich, Astronom, geb. 29. 5. 1794 Berlin, gest. 14. 3. 1874 Hannover.

M. war einer der bekanntesten und vielseitigsten Astronomen des 19. Jh. Bis zum heutigen Tag ist er vor allem als Kartograph des Mondes berühmt geworden.

M. war der älteste von vier Geschwistern und schon als Kind geistig außerordentlich rege. Nach einer Ausbildung auf dem Friedrich-Werderschen Gymnasium in Berlin, wo bereits seine naturwissenschaftlichen Interessen sichtbar wurden, strebten seine Eltern eine Ausbildung des Knaben als Lehrer an. Im Alter von knapp 19 Jahren verlor M. jedoch beide Eltern und finanzierte sich seine Ausbildung durch Erteilung von Privatunterricht. Nach Abschluß seiner Ausbildung gründete er eine Privatschule für Kinder materiell wenig bemittelter Eltern. Bei der Gründung des Seminars für Stadtschullehrer unter Leitung von A. Diesterweg wurde M. als Lehrer dorthin berufen. Nebenher beschäftigte er sich intensiv mit Astronomie und hörte auch Vorlesungen an der Berliner Univ. Nachdem M. die Bekanntschaft des Bankiers W. Beer gemacht hatte, richtete sich dieser eine Privatsternwarte ein, und M. begann gemeinsam mit Beer ein umfangreiches Beobachtungsprogramm, in dessen Mittelpunkt bald die Mondtopographie rückte. 1836 wurde M. als Hilfskraft Mitarbeiter der von J. F. Encke geleiteten Berliner Sternwarte. Unter anderem beschäftigte er sich hier mit der Witterungsdarstellung für Berlin. 1840 ging er als Leiter der Sternwarte nach Dorpat (Tartu). Nach der Entpflichtung von diesem Amt kehrte M. 1866 nach Deutschland zurück und lebte ab 1870 bis zu seinem Tode in Hannover.

Zu den anerkanntesten Leistungen während seiner Berliner Zeit zählt die große Mondtopographie »Mappa Selenographica« sowie die Darstellung »Der Mond nach seinen kosmischen und individuellen Verhältnissen« (1836 bzw. 1837). Sie stellten für ihre Zeit auf diesem Gebiet eine Spitzenleistung dar.

Die Sternwarte Dorpat (Tartu) verfügte über einen für die damalige Zeit ausgezeichneten Refraktor von J. v. Fraunhofer. M. setzte mit diesem Teleskop die von seinem Amtsvorgänger W. Struve begonnenen Doppelsternbeobachtungen fort. Zu seinem Programm zählten auch umfangreiche Untersuchungen zur Struktur des Sternsystems, die sich unter anderem in seinem bekannten Werk »Die Centralsonne« niederschlugen. Zur Absicherung seiner Erklärungen führte er umfangreiche Beobachtungen der Eigenbewegungen von Fixsternen durch. M. kam zu der Erkenntnis, daß es keinen Zentralkörper des Sternsystems gibt. Seine Versuche, die Bahn der Sonne im Sternsystem zu bestimmen und die Masse des Sternsystems abzuschätzen, mußten unter den Bedingungen des damaligen Wissensstandes mißlingen. Um die »Centralsonne« gab es einen starken wissenschaftlichen Meinungsstreit, wobei M.s Kritiker den Inhalt seiner Arbeit jedoch häufig mißverstanden. M. war auch ein Vorkämpfer der Popularisierung der Astronomie. 1841 veröffentlichte er sein Buch »Populäre Astronomie«, das während seines Lebens 6 Aufl. erlebte.

M.s lebenslanges Interesse an der Geschichte seines Faches führte nach seiner Rückkehr aus Dorpat (Tartu) zur Fertigstellung einer umfangreichen zweibändigen »Geschichte der Himmelskunde« (1873), die zwar konzeptionell teilweise fragwürdig, aber von außerordentlicher Materialfülle gekennzeichnet ist.

M. war ein streitbarer und vielseitiger Gelehrter. Er erkannte die kosmologische Bedeutung des Olbersparadoxons, stellte Überlegungen zum Problem superdichter kosmischer Objekte an und diskutierte über den Wert des Dopplerprinzips für die Astronomie. Er setzte sich engagiert für eine Einführung des Faches Astronomie in den Schulunterricht sowie für die Schaffung wissenschaftlicher Vereinigungen ein. Auch Vorschläge zu einer Kalenderreform unterbreitete er, die allerdings nicht realisiert wurden. Neben seinen wissenschaftlichen Untersuchungen entfaltete M. eine ausgedehnte literarische Tätigkeit. Er war Mitgl. der Royal Astronomical Society (London), der Ak. d. Wiss. Wien, der Leopoldina und anderer angesehener Vereinigungen. Her

Literatur: Eine Bibliographie aller Veröffentlichungen von Mädler geben H. Eelsalu und D. B. Herrmann in: Johann Heinrich Mädler (1794–1874), Forsch.-Ber. des Bereiches Geo- und Kosmoswiss. der AdW der DDR (Berlin 1984).

Magendie, François, Physiologe, Pharmakologe und Kliniker, geb. 6. 10. 1783 Bordeaux, gest. 7. 10. 1855 Sannois bei Paris.

M., der führende franz. Physiologe in der ersten Hälfte des 19. Jh., hat bereits seit 1809 eine von vitalistischen Spekulationen freie Experimentalphysiologie auf der Grundlage der Erkenntnisse und Arbeitsmethoden von Physik und Chemie als wesentliche Voraussetzung für die Umgestaltung auch der Pathologie und Therapie zu Tatsachenwissenschaften gefordert und mit eigenen experimentellen Arbeiten der modernen kausalanalytischen Physiologie den Weg bereitet.

Der als Sohn eines Wundarztes in Bordeaux aufgewachsene M. hat ab 1798 in Paris Medizin studiert und bereits ab 1803 unter A. Boyer als Prosektor anatomischen Unterricht erteilt. Weiterhin war er Elève der École Pratique und hat an den für die Ausbildung bestimmten Hospitälern assistiert. 1808 wurde M. mit der These »Sur les usages du voile du palais et sur la fracture des côtes« promoviert und im gleichen Jahr Prosektor an der Pariser medizinischen Fakultät. Bereits 1809 wandte er sich mit seiner berühmt gewordenen Schrift »Quelques idées générales sur les phénomènes particuliers aux corps vivants« gegen den Vitalismus insbesondere X. Bichats und betonte die Notwendigkeit einer auf Physik und Chemie fußenden experimentellen Untersuchung der für das Leben charakteristischen Eigenschaften der verschiedenen Organe und Organsysteme. Dieses Programm hat M. in der Folge mit zahlreichen Tierexperimenten zu physiologischen, aber auch pathologischen und pharmakologischen Fragestellungen in Angriff genommen und die Ergebnisse ab 1816 unter dem Titel »Précis élémentaire de physiologie« veröffentlicht. Auf eine 1818 herausgegebene Erörterung über das Harnsteinleiden folgte 1821 sein »Formulaire pour l'emploi et la préparation de plusieurs nouveaux médicaments ...«, eine Bearbeitung der neueren Materia medica unter besonderer Berücksichtigung der Alkaloide sowie der tierexperimentellen Erprobung zahlreicher Substanzen. 1822 entdeckte M. erneut die bereits von C. Bell nachgewiesene gesonderte Existenz sensorischer und motorischer Nervenfasern. Auch eine vergleichende Anatomie des Nervensystems der Wirbeltiere u. a. für physiologische Zwecke belegt das besondere Interesse M.s an der Neurophysiologie. Bei alledem blieb er aber vor allem klinisch tätig, als Arzt am »Bureau central« der Pariser Hospitäler und ab 1826 als »Médecin adjoint« an der Salpêtrière. Nachdem J.-C.-A. Récamier 1831 seiner Professur enthoben worden war, wurde M. im gleichen Jahr Prof. der Physiologie und allgemeinen Pathologie am Collège de France, Mitgl. der Academie des sciences und der Academie de médecine sowie Arzt am Hôtel-Dieu. Neben seinen klinischen Aufgaben widmete sich M. weiterhin intensiv der experimentellen Klärung physiologischer und pathophysiologischer Probleme sowie insbesondere neurophysiologischer und -pathologischer Fragestellungen. 1841 begann C. Bernard seine Laufbahn als »Préparateur« bei M. und wurde nach dessen Tod sein Nachfolger am Collège de France, wo er die von seinem Lehrer eingeleitete experimentelle Bearbeitung der Physiologie weiterentwickelte.

Als M. seine ärztliche Laufbahn begann, waren in der Physiologie – in Frankreich vor allem unter dem Eindruck der Anschauungen Bichats – spekulative vitalistische Erklärungsversuche der Lebensfunktionen äußerst beliebt. Es gehört zu den Hauptverdiensten M.s, in Frankreich bereits ab 1810 eine experimentelle Bearbeitung der Physiologie initiiert zu haben. Von den zahlreichen Ergebnissen M.s mußten die meisten in der Folge von der modernen kausalanalytischen Physiologie korrigiert werden, da er sich bei seinen Tierexperimenten in erster Linie der Beobachtung unter kontrollierten Bedingungen und noch kaum oder auf unzulängliche Weise des exakten Messens und Registrierens bedient hat. Zu dem wenigen, was noch heute Bestand hat, gehört das Gesetz von Bell-Magendie.

M. hat wiederholt die Bedeutung der Ganzheit des Organismus, der »spezifisch lebendigen Organisation«, für das Zustandekommen der Lebenserscheinungen betont und aus diesem Grund auch vorwiegend mit dem möglichst unversehrten Ganztier experimentiert, wofür sich vor allem in seinem »Précis élémentaire de physiologie« zahlreiche Belege finden. Diese – trotz proklamierter Absage an den Vitalismus – letztlich doch vom Nachwirken vitalistischen Gedankengutes geprägten Anschauungen M.s sind in Bernards wissenschaftlichem Wirken und der franz. Experimentalphysiologie seiner Zeit lebendig geblieben.

Zu den Verdiensten M.s gehört schließlich, daß er das in der Physiologie erneut in das Zentrum der Aufmerksamkeit gerückte beobachtende Experimentieren mit dem Ganztier auch auf die Pharmakologie und die Pathologie bzw. pathologische Physiologie übertragen hat. Von der sich um die Jahrhundertmitte konsolidierenden Pharmakologie wurde dieser von M. vorgebahnte Weg dann tatsächlich beschritten. Hei

Literatur: Magendie, F.: Quelques idées générales sur les phénomènes particuliers aux corps vivants, in: Bull. sci. méd. 2 (1809), 145ff, Précis élémentaire de physiologie, 2 Bde. (Paris 1816–1817, 1825, 1833, 1836, dtsch Eisenach 1820, 1834–1836, Tübingen 1826, 1834), Expériences sur les fonctions des racines des nerfs rachidiens, in: J. Physiol. exp. 2 (1822), 276ff, Expériences sur les fonctions des racines des nerfs qui naissent de la moelle epinière, in: J. Physiol. exp. 2 (1822), 366ff, Leçons sur les phénomènes physiques de la vie, 4 Bde. (Paris 1835–1838, 1842, dtsch 2 Bde., Köln 1837), Leçons sur les fonctions et les maladies du système nerveux, redigées par C. James, 3 Bde. (Paris 1839, dtsch Leipzig 1841), Recherches physiologiques et cliniques sur le liquide cérébro-rachidien ou cérébro-spinal (Paris 1842, dtsch Leipzig 1843).

Olmstedt, J. M. D.: François Magendie (New York 1944).

F. Magendie

M. Malpighi

Malpighi, Marcello, Anatom und Mikroskopiker, geb. 10.3.1628 Crevalcuore bei Bologna, gest. 29.11.1694 Rom.

Seine vielseitigen anatomischen Untersuchungen dehnte M. auch auf Insekten und Pflanzen aus und wurde durch Anwendung des Mikroskops – neben N. Grew – zum Begründer der Pflanzenanatomie, für die er die seither gebräuchliche Terminologie schuf.

M. studierte 1645–1649 Philosophie, dann Medizin an der Univ. Bologna, wo er 1653 promoviert wurde. 1656 wurde er dort Prof. der Medizin, wirkte 1657–1660 als Anatom in Pisa, dann wieder in Bologna und 1662–1666 in Messina, wo er in Kontroversen mit Anhängern von Galen geriet. Er ging deshalb nach Bologna zurück, bis er 1691, zum Leibarzt von Papst Innozenz XII. berufen, in Rom blieb.

M. begann seine Laufbahn, als an den oberital. Universitäten, besonders in Padua, Pisa und Bologna, neue anatomische und physiologische Erkenntnisse und Methoden das alte Lehrsystem nach Galen in der Medizin abzulösen begannen und W. Harvey in England – an Aristoteles anknüpfend – die Zusammenhänge zwischen Blutbewegung und Atmung neu untersuchte. Im Geburtsjahr von M. war Harveys Schrift über den Blutkreislauf erschienen und noch Jahrzehnte später keineswegs anerkannt. Etwa zur gleichen Zeit hatten die ersten Mikroskope aus England und den Niederlanden als neue Untersuchungsinstrumente auf Anregung von G. Galilei eine neue Organismenwelt und neue Untersuchungsebenen erschlossen. Durch M. wurden die neuen Methoden ausgebaut und in den Dienst umfassender vergleichend-anatomischer Studien gestellt. So beobachtete er nicht nur die äußere Gestalt der Insekten mikroskopisch wie viele seiner Landsleute, z. B. die Mitgl. der 1603 gegründeten »Accademia dei Lincei«, sondern untersuchte ihre inneren Organe und analogisierte sie mit Wirbeltierorganen. Bei diesen untersuchte er Bau und Funktion der Leber, der Milz, der Nieren, der Haut und der Atmungsorgane, beschrieb erstmals die Struktur und den Verlauf der Harnkanälchen in der Niere bis zu den Glomeruli und ihre Funktion als »Filter«, die später nach ihm benannten »Malpighischen Körperchen« der Milz, die Geschmackspapillen der Zunge und die Tastkörperchen der Haut (»Rete Malpighii«). M. erkannte richtig die Herkunft und die Rolle des Gallensaftes und des Sekrets der Bauchspeicheldrüse im Verdauungsprozeß und schuf erste Grundlagen für die Kenntnis der Drüsenfunktion. Besonders eingehend widmete er sich dem vergleichenden Studium der Atmungsorgane, beschrieb erstmals 1661 in Briefen an A. BORELLI die bläschenartige Struktur der Lunge und entdeckte im gleichen Jahr durch mikroskopische Untersuchung der Froschlunge die Kapillargefäße, wodurch HARVEYS Lehre vom Blutkreislauf die entscheidende Stütze erhielt. Bei entsprechenden Untersuchungen an Insekten fand er das Tracheensystem und an der Seidenraupe die nach ihm benannten Exkretionsorgane der Insekten (»MALPIGHIsche Gefäße«) und beobachtete Insektenparasitismus (Pflanzengallen). Da im 17. Jh. mit der medizinischen Professur für Anatomie auch die Lehraufgaben der Botanik (im Rahmen der Materia medica) eng verbunden waren, dehnte M. die vergleichend-anatomischen mikroskopischen Studien auf Pflanzen aus und übertrug die anatomischen Termini auch auf Pflanzenorgane; so hielt er die spiralförmigen wasserleitenden Gefäße für Atmungsorgane und nannte sie analog »Tracheen«. Erstmals beschrieb er Bau und Funktion zahlreicher Pflanzenorgane und bildete sie in dem die Pflanzenanatomie begründenden Werk »Anatome plantarum« (1675) exakt ab. So fand er die Unterschiede in der Struktur der Wurzeln, Knollen und Rhizome sowie der einkeimblättrigen und zweikeimblättrigen Pflanzenstengel, beschrieb bereits die »Wurzelknöllchen« bei Leguminosen und stellte durch Experimente die Nahrungsaufnahme durch Wurzeln und die Saftbewegung in der Pflanze fest. Außerdem gab er genaue Darstellungen der Blütenorgane, allerdings ohne ihre Funktion zu erklären, und des Keimvorgangs verschiedener Pflanzensamen. Durch Untersuchung des Samens (der dem tierischen Ei gleichgestellt wurde) und des bebrüteten Hühnereies wurde M. Anhänger der durch G. AROMATARI 1625 wiederbelebten »Präformationslehre«, wonach der künftige Organismus bereits im Ei fertig vorgebildet sein sollte. Auch nach Entdeckung der Spermatozoen durch A. VAN LEEUWENHOEK 1677 blieb M. ein Anhänger der »Ovulisten«, die das Ei als maßgeblichen Ursprung des neuen Lebewesens betrachteten.

M.s vielseitige morphologische und anatomische Studien des Tier- und Pflanzenreichs dienten ihm zur Aufstellung eines Ordnungssystems im Sinne einer aufsteigenden Stufenleiter nach aristotelischen Prinzipien, wobei er Umfang und Organisation des Atmungssystems als Hauptmerkmal der Organisationshöhe ansah, die Pflanzen an den Anfang der Reihe stellte, dann die Insekten, die Fische und zuletzt die höheren Wirbeltiere mit dem Menschen folgen ließ. Doch standen diese Ordnungsversuche M.s hinter seinen mikroskopisch-anatomischen Entdeckungen zurück und hatten wenig Einfluß auf die Weiterentwicklung der Systematik. Ja

Literatur: Malpighi, M.: Anatome plantarum, 2 Bde. (London 1675–1679), deutsche Bearb. von M. Möbius, in: Ostwalds Klassiker ... Nr. 120 (Leipzig 1901), Opera omnia, 2 Bde. (London 1686), Opera posthuma (London 1697), Opera medica et anatomica (Venedig 1734).

Bellini, M.: Notizie della vita e delle opere di Marcello Malpighi (Bologna 1847); Forni, G. G.: Marcello Malpighi, sperimentatore biologo e medico, in: Studi mem. stor. Univ. Bologna, N. S. (1954), Bd. 1; Hanstein, A. v.: Über die Begründung der Pflanzenanatomie durch Nehemia Grew und Marcello Malpighi (Bonn 1886); Harvey, W.: Marcello Malpighi e l'opera sua (Mailand 1897).

Mandelschtam (Mandel'štam, deutsch auch Mandelstam), Leonid Isaakowitsch, Physiker, geb. 22.4. (4.5.) 1879 Mogiljow (Gouv. Mogiljow), gest. 27. 11. 1944 Moskau.

M. gehört zu den Pionieren der Radiophysik und zu den Begründern der Theorie der nichtlinearen Schwingungen. Seine Forschungen erstreckten sich über viele Bereiche von der theoretischen Physik bis zur praktischen Anwendung. Er schuf eine bedeutende Schule der sowjet. Physik; seine Schüler waren unter anderem G. S. LANDSBERG, M. A. LEONTOWITSCH und I. E. TAMM.

Zu M.s Familie gehörten Gelehrte, Ärzte, Schriftsteller; der Vater war ein bekannter Gynäkologe, die Mutter Pianistin. Nachdem M. in Odessa 1897 das Gymnasium mit Auszeichnung beendet hatte, nahm er an der physikalisch-mathematischen Fakultät der Noworossisker Univ. ein Studium auf. Infolge seiner Teilnahme an Studentenunruhen 1899 wurde er relegiert und ging auf den Rat seiner Familie zum weiteren Studium an die Univ. Straßburg (Strasbourg), wo er insbesondere Schüler und später Assistent von F. BRAUN wurde (aus BRAUNS Schule gingen eine Reihe bedeutender russ. Physiker hervor). Mit seiner Dissertation von 1902 »Bestimmung der Schwingungsdauer der oscillatorischen Condensatorentladung« war M. einer der ersten, der auf dem neuen Gebiet der Entwicklung von Meßmethoden für die Hochfrequenztechnik promovierte. Mit N. D. PAPALEKSI, einem weiteren russ. Schüler BRAUNS, begann M. zu dieser Zeit eine lebenslange Freundschaft und Zusammenarbeit.

1907 heiratete M. die erste russ. Architektin, L. S. ISAKOWITSCH; 1913 wurde er in Straßburg Prof. für Physik. Bei Ausbruch des ersten Weltkrieges kehrte er nach Rußland zurück, zuerst an die Noworossisker Univ., 1915 als Konsultant an die Petrograder Telegrafenfabrik (damals noch Zweigstelle von »Siemens & Halske«) und 1917 als Physikprof. an das Polytechnische Institut in Tiflis (Tbilissi). Zwischen 1918 und 1925 wirkte er am Polytechnischen Institut in Odessa und gleichzeitig in Moskau und Petrograd (Leningrad) als Konsultant in den Laboratorien der Telegrafenindustrie. 1925 wurde M. Prof. für Theoretische Physik an der Moskauer Univ., 1928 korrespondierendes und 1929 ordentliches Mitgl. der Ak. d. Wiss. der UdSSR; seit 1934 wirkte er zugleich am Physikalischen Institut der Ak. d. Wiss. der UdSSR. Während des zweiten Weltkrieges wurde er nach Kasachstan evakuiert. In seinen letzten Lebensmonaten wirkte er wieder in Moskau.

Mit dem vielseitigen Gebiet der Lichtstreuung befaßte sich M. fast sein gesamtes Forscherleben. In einer Arbeit von 1907 zeigte er, daß die Lichtstreuung in einem homogenen Medium durch Irregularitäten infolge Dichteschwankungen durch Wärmebewegung am Rande verursacht wird; damit korrigierte er Aussagen von M. PLANCK und J. W. RAYLEIGH. 1918 fand M., daß die bei der RAYLEIGH-Streuung beobachteten Linien eine Feinstruktur infolge der Lichtstreuung an adiabatischen Fluktuationen haben müßten; veröffentlicht wurde diese Erkenntnis erst 1926, nachdem eine entsprechende Arbeit von L. BRILLOUIN erschienen war. Experimentell nachgewiesen wurde dieser MANDELSCHTAM-BRILLOUIN-Effekt 1930 an Kristallen durch M. und LANDSBERG. Bei diesen Arbeiten entdeckten LANDSBERG und M. 1928 den Effekt der Kombinationsstreuung in Kristallen, der gleichzeitig und unabhängig von CH. V. RAMAN in Flüssigkeiten entdeckt wurde (RAMAN-Effekt). In den folgenden Jahren erarbeitete M. mit LANDSBERG und LEONTOWITSCH eine Theorie der Lichtstreuung im Festkörper.

Die meisten Arbeiten auf dem Gebiet der Radiophysik führte M. gemeinsam mit PAPALEKSI aus; beide schufen die Theorie der nichtlinearen Schwingungen. Die Entdeckung eines neuen Resonanztyps (*n*-Resonanz) führte zu einer Erweiterung der Resonanztheorie. Auf dieser Grundlage konstruierten sie 1931 den ersten paramagnetischen Wechselstrom-Generator mit periodisch wechselnder Induktivität. Das Differenz-Ortungsverfahren mit Radiowellen wurde 1938 entwickelt; es wird im Vermessungswesen (Radiogeodäsie) und in den Hyperbelnavigationssystemen angewendet. Für seine radiotechnischen Arbeiten erhielt M. 1942 den Staatspreis.

Schließlich seien die Beiträge zur Quantenmechanik und Relativitätstheorie genannt. 1928 erarbeiteten M. und LEONTOWITSCH die Theorie des Teilchendurchgangs durch eine Potentialbarriere. G. GAMOW wandte diese Theorie dann konkret auf den radioaktiven Alphazerfall an. In seinem Bestreben, auf prinzipielle Fragestellungen einzugehen, waren M.s Vorlesungen zur Quanten- und Relativitätstheorie besonders anregend (so hatte er hierbei bereits die Idee für eine Theorie der Streuungsmatrizen geäußert) und sicherten diesen neuen grundlegenden physikalischen Theorien eine schnelle Verbreitung unter den jungen sowjet. Physikern. Ka

Literatur: Polnoe sobranie trudov L. I. Mandel'štama, 5 Bde. (Leningrad 1948–1955).

Fabrikant, V. A.: Leonid Isaakovič Mandel'štam, in: Zamečatel'nye učenyâ (Hrsg. S. P. Kapica, Moskau 1980); Akademik L. I. Mandel'štam k 100-letiû so dnâ rozdeniâ (Moskau 1979); k 50-letiû otkrytiâ kombinacionnogo rasseâniâ sveta, in: Uspehi fisičeskih nauk 126 (1978) 1, 123–164.

Marconi, Guglielmo, Nachrichtentechniker, geb. 25.4.1874 Bologna, gest. 20.7.1937 Rom.

Unter den Erfindern der drahtlosen Telegrafie ist M. derjenige, dem die Realisierung von Sende- und Empfangsanlage als technisches Gesamtsystem gelang und der ihre kommerzielle Verwertung am intensivsten betrieb.

M., Sohn eines ital. Gutsbesitzers, hatte keine systematische Ausbildung. Nach unregelmäßig besuchtem Schulunterricht hörte er einige Vorlesungen über Physik (wofür er sich seit frühester Jugend interessierte) bei A. RIGHI in Bologna, ohne aber ein reguläres Studium aufzunehmen.

Eines der zentralen Probleme der Physik um 1890 war die Verbesserung des Nachweises und die weitere Untersuchung der von H. HERTZ experimentell nachgewiesenen elektromagnetischen Wellen. Auch RIGHI beschäftigte sich damit. Ein Zeitschriftenbericht über den HERTZ-Gedächtnisvortrag des Engländers O. LODGE, worin dessen Experimentalanordnung zum Nachweis HERTZscher Wellen beschrieben wurde, gab wohl 1894 den endgültigen Anstoß für M., sich mit diesem Problem zu beschäftigen. Er stellte sich die Aufgabe, die Gesamtanordnung dadurch wesentlich zu verbessern, daß er jedes einzelne Bauelement genau durchdachte und verbesserte; und er erkannte die Möglichkeit, mit dieser Anordnung Nachrichten zu übertragen. So bemühte er sich gezielt darum, die Übertragungsweite zu vergrößern; z. B. untersuchte er auch, ob man über einen Hügel hinweg senden könne. Anfang 1896 konnte er mit seiner Anordnung, bei der der Einsatz von Sende- und Empfangsantenne gleich wichtig war, Signale über mehrere Kilometer übermitteln und somit an eine kommerzielle Verwertung denken. Da sich dafür in Italien kein Geldgeber fand, ging M. nach London, wo er zunächst von der Familie seiner irischen Mutter finanziell unterstützt wurde. Er beantragte sein erstes Patent »Verbesserungen bei der Übertragung elektrischer Impulse und Signale sowie der Geräte dazu«. Die engl. Postverwaltung und Marine verfolgten seine Tätigkeit mit Interesse; noch 1896 konnte M. mit Funkversuchen am Bristol-Kanal die Öffentlichkeit auf sich aufmerksam machen.

Schwächster Punkt der Anordnung war der Empfänger, in dem der von E. BRANLEY 1890 entwickelte Kohärer als Nachweisgerät elektromagnetischer Wellen das nicht genügend zuverlässige Hauptbauelement war. M. entwickelte deshalb 1902 eine magnetische Nachweismethode von E. RUTHERFORD (1895) weiter, später setzte er die von J. A. FLEMING entwickelte Diodenröhre ein (1906).

L. I. Mandelschtam

G. Marconi

In England gründete M. 1897 die später nach ihm benannte Wireless Telegraph Company, deren Generaldirektor er war; nun unterstützte ihn auch die ital. Regierung materiell und finanziell. 1899 gelang es M., den Kanal zwischen England und Frankreich per Funk zu überbrükken und die Verbindung von zwei Kriegsschiffen über eine Entfernung von 74 Meilen herzustellen. Die wesentliche Verbesserung, die den Funkverkehr über so große Entfernungen ermöglichte, war darauf zurückzuführen, daß M. den Empfänger auf die vom Sender ausgestrahlte Wellenlänge abstimmte. 1900 erhielt er darauf das berühmte Patent Nr. 7777. Mit der Überbrückung des Atlantik am 12. 12. 1901 zwischen Cornwall und Neufundland war der endgültige Beweis für die Möglichkeit eines weltumspannenden Funkverkehrs erbracht.

In den Jahren bis zum ersten Weltkrieg entspann sich ein harter Konkurrenzkampf um die Beherrschung des Weltfunks vor allem zwischen der MARCONI-Gesellschaft und der deutschen Telefunken-Gesellschaft. Ab 1921 nutzte M., der begeisterter Seefahrer war, vornehmlich seine Privatjacht »Elettra« als mobiles Laboratorium und widmete sich unter anderem der Entwicklung des Kurzwellenempfangs. 1932 nutzte er auch Mikrowellen für die Funktechnik; 1935 demonstrierte er die prinzipiellen Möglichkeiten des Radars.

Unter zahlreichen Ehrungen sind der Nobelpreis für Physik 1909 (zu gleichen Teilen an M. und F. BRAUN) sowie mehrere Ehrendoktorate zu nennen. Ka

Literatur: Marconi, G.: Wireless telegraphic communication. Nobelvortrag 1909, unter anderem in: Nobel Lectures Physics 1901–1921 (Amsterdam, London, New York 1967).

Conrad, W.: Forscher-Funker-Ingenieure (Leipzig 1968); Dunlap, O. E.: Marconi – The Man and his Wireless (New York 1937); Solari, L.: Marconi – Im Privatleben und bei der Arbeit (Leipzig 1942).

Martin, Pierre, Metallurg, geb. 18. 8. 1824 Bourges, gest. 24. 5. 1915 Fourchambault (Dep. Nièvre).

M. vollendete die Technologie der Stahlgewinnung, indem er das von den Brüdern FRIEDRICH und WILHELM SIEMENS zur Betriebsreife entwickelte Prinzip der Wärmeregeneration für die Gewinnung hochwertigen Stahls unter teilweisem Einsatz von Schrott im Herdschmelzverfahren nutzte.

M. stammte aus einer Familie, die sich seit Generationen mit der Gewinnung und dem Schmieden von Stahl befaßte und in der industriellen Revolution zu ansehnlichem Kapitalbesitz gelangt war. So erlernte auch er den Beruf eines Hütteningenieurs und übernahm schon in sehr jungen Jahren eines der väterlichen Unternehmen in Sireuil bei Angoulême (Südfrankreich). Nach der Einführung des Verfahrens von H. BESSEMER gab es große Vorräte ungenutzten Puddelstahls (hergestellt nach dem von H. CORT entwickelten Puddelverfahren), und mit zunehmendem Stahleinsatz fiel auch immer mehr Stahlschrott an. Es bot sich deshalb an, diese Materialien zu nutzen. Das Einschmelzen kohlenstoffarmen Stahls erfordert hohe Temperaturen, die aber mit den damals üblichen Feuerungen nicht erzielt werden konnten. 1862 wurde M. mit W. SIEMENS bekannt, der 1856 in England ein erstes Patent auf die mit seinem Bruder FRIEDRICH entwickelte Regenerationsfeuerung erhalten hatte. Bei dieser Feuerung wird die Verbrennungsluft vorerhitzt, indem sie abwechselnd mit den heißen Abgasen durch eine von diesen aufgeheizte Ofenkammer geleitet wird. Mit einer solchen Regenerationsfeuerung erzielte PIERRE M., der bei diesen Entwicklungsarbeiten von seinem Vater EMILE M. unterstützt wurde, in einem Flammofen Temperaturen von etwa 1700 °C und konnte 1864 die erste Charge von 1 t erschmelzen. 1865 war das Verfahren ausgereift und konnte in Dauerbetrieb gehen. Eine wichtige Voraussetzung ist auch eine hochwertige Ofenausmauerung, die an den Reaktionen beteiligt ist. Dieses auf der Entwicklung von SIEMENS und M. beruhende und nach ihnen benannte Verfahren zum Schmelzen von Stahlbruch gemeinsam mit einem geringeren Anteil Roheisen, das dabei gefrischt wird, und einem Kalkzuschlag zur Schlackebildung setzte sich schnell durch. 1870 wurde es schon in zehn Stahlwerken angewandt, und noch zu Lebzeiten von M. überflügelte es das bis dahin hauptsächlich angewendete Thomasverfahren, wobei man auch hier je nach Phosphorgehalt des Rohstahls eine saure oder basische Auskleidung verwendet. Heute werden etwa 80 % des Stahles in Siemens-Martin-Öfen (SM-Öfen) gewonnen. Die

Maskelyne, Nevil, Astronom, geb. 5.10.1732 London, gest. 9.2.1811 Greenwich.

M. veranlaßte die Herausgabe des »Nautical Almanac«, einer astronomischen Jahrbuchreihe, die heute noch in England erscheint. Er führte Messungen zur Bestimmung der Erddichte aus.

M. studierte zunächst Theologie an der Univ. Cambridge, promovierte dort und ging als Pfarrer in die Nähe Londons. Er assistierte in seiner Freizeit J. BRADLEY bei der Berechnung seiner Refraktionstafeln. M. war ordentliches Mitgl. des Trinity College in Cambridge seit 1758, der Royal Society seit 1759. Als Nachfolger von N. BLISS wurde er 1765 »Astronomer Royal« (Kgl. Astronom) und Dir. der Sternwarte Greenwich.

Auf Empfehlung BRADLEYS wurde M. durch die brit. Regierung zum Beobachten des Venusdurchgangs auf die Insel St. Helena geschickt. Die Expedition war wichtig für die Neubestimmung der Entfernung Erde – Sonne. Unglücklicherweise verhinderten Wolken den Augenblick des Auftauchens der Venus. Erfolgreicher war M. mit seinen Beobachtungen, die er während dieser Reise zur See machte. Er prüfte die Zuverlässigkeit der Methode der Monddistanzen zur Bestimmung der Länge auf See. In seinem Werk »The British Mariner's Guide« (London 1763) gab er praktische Anweisungen über den Gebrauch dieser Methode für die Schiffahrt. Eine zweite große Seereise unternahm M. 1763 zur Prüfung der HARRISONschen Timekeeper (Chronometer) nach Barbados, wo es auch notwendig war, die genaue geographische Länge der Insel zu bestimmen. Ebenso wurde er durch die britische Behörde für Längenbestimmung, den Board of Longitude, beauftragt, zwei zusätzliche Methoden der Längenbestimmung auszuarbeiten (Beobachtungen der Jupitermonde und Sternbedeckungen durch den Mond). Es ging dabei um eine grundsätzliche Verbesserung der Methoden zur Längenbestimmung auf dem Meer, die seit langem ein praktisches Bedürfnis war, dessen Befriedigung die Seemächte auf jede Weise anstrebten.

M. schlug dem Board of Longitude ferner vor, jährlich den »Nautical Almanac« mit seinen zahlreichen Hilfstafeln für die Nautik herauszugeben. Er überwachte diese rechentechnischen Arbeiten (50 Bde.) von 1767 bis zu seinem Tode. Das periodisch herausgegebene Tafelwerk stellt unstreitig sein größtes Verdienst für die Astronomie dar. M. war es gelungen, seit seiner Leitung die Sternwarte Greenwich zu einer wirklichen Staatsanstalt zu erheben. Sie wurde der Royal Society unterstellt und mit den nötigen Fonds zum Drucken der großen Beobachtungsreihen ausgerüstet.

Fe

Literatur: Maskelyne, N.: The British Mariner's Guide (London 1763), Astronomical observations made at the Royal observatory of Greenwich begun in the year 1765 (London 1765), Nautical almanac and astronomical ephemeris, 50 Bde. (London 1767 –1815), Tables requisite to be used with the nautical almanac ... (London 1767), Tables for computin the apparent places of the fixed stars (London 1774), Tabulae motuum solis et lunae novae et correctae ... (Verbesserung der Tafeln von Tobias Mayer; London 1770), A proposal for discovering the annual parallax of Sirius, in: Phil. Trans. 1760 (London), Account of the observations made on the transit of the Venus 1761, June 6, in the island of St. Helena, in: Phil. Trans. 1761, The length of a degree of latitude in the province of Maryland and Pennsylvania, in: Phil. Trans. 1768.

Maudslay, Henry, Maschinenbauer, geb. 22.8.1771 Woolwich, gest. 14.2.1831 Lambeth.

M. gab in der industriellen Revolution dem Werkzeugmaschinenbau wichtige Impulse, besonders für die Präzisionsarbeit bei der Massenfertigung von Maschinenteilen, wozu er selbst bedeutende Neuerungen in der Metallbearbeitung einführte. Aus seinem Betrieb ging eine ganze Schule berühmter engl. Maschinenbauer hervor.

M. war der Sohn eines Arbeiters in den staatlichen Kanonenwerkstätten von Woolwich, dem großen Arsenal der englischen Flotte. Dort begann M. schon als 12jähriger zu arbeiten und füllte Geschosse und Patronen. Mit 14 Jahren nahm er eine Tischlerlehre auf, überredete seine Eltern aber nach einem Jahr, ihn zu einem Schmied in die Lehre zu geben. M. war sehr groß und kräftig und wurde schnell ein guter Gehilfe in diesem Handwerk. Als besonders geschickt erwies er sich aber bei feinen Arbeiten mit der Feile. Wegen dieser Fähigkeiten wurde er schon als 18jähriger von dem berühmten J. BRAMAH, Erfinder und Fabrikant von Sicherheitsschlössern, angenommen, obwohl er die obligatorische siebenjährige Lehrzeit nicht abgeschlossen hatte. Bei BRAMAH war er 8 Jahre tätig, zuletzt als Obermeister. Bei dieser Arbeit erkannte er auch, daß solche Erzeugnisse wie Schlösser mit ausreichender Präzision und in größerer Zahl nur mit zuverlässigen Maschinen hergestellt werden können und daß die alten handwerklichen Methoden und auch die bis dahin gebräuchlichen, größtenteils aus Holz gefertigten Maschinen dafür nicht ausreichten. Seine darauf aufbauenden Ideen wurden von BRAMAH jedoch nicht mit einer angemessenen Lohnerhöhung gewürdigt. M. gründete deshalb 1797 eine eigene Werkstatt, die wegen ihrer präzisen Arbeit immer mehr Aufträge erhielt. Für deren Ausführung entwickelte M. neue Maschinen. So fertigte er bis 1808 für die Admiralität 44 verschiedene, z. T. verbesserte, z. T. aber auch völlig neue Maschinen zur Fertigung der Takelblocks (Flaschenzüge für Segel) für die Marine. Die Maschinen taten im Hafen von Portsmouth fünf Jahrzehnte lang zuverlässig Dienst. 1810 gründete M. mit einem Teilhaber in Lambeth einen größeren Betrieb, der später von seinen Söhnen erfolgreich weitergeführt wurde. Von seinen vielen Neuerungen können hier nur die wichtigsten genannt werden: eine funktionstüchtige Drehbank mit selbstgängigem Support, Leit- und Zugspindel, bei der

P. Martin

N. Maskelyne

H. Maudslay

A. C. de Paiva Pereira Maury

der Drehstahl nicht mehr von der Hand gehalten und geführt werden mußte und die eine genaue Arbeit ermöglichte (1797); eine Maschine zum Stanzen von Nietlöchern in Kesselblechen, was bis dahin in mühsamer Handarbeit ausgeführt werden mußte (Anfang 19. Jh.); eine Schraubenschneidmaschine, die später von M.s Schülern weiterentwickelt wurde. Eine präzise geschnittene Schraube war auch die Grundlage für die Mikrometerschraube (1829), die später von J. Whitworth zu höchster Vollendung gebracht wurde und das genaueste mechanische Meßmittel des Maschinenbaus darstellt. Mit solchen Hilfsgeräten wurde die Fertigung exakt ineinanderpassender Maschinenteile erst möglich. M. befaßte sich aber auch mit Dampf- und Schiffsmaschinen. Patente erhielt er unter anderem 1807 für eine Tischmaschine, d. i. eine besonders kleine Dampfmaschine für Handwerk und andere Zwecke, 1812 für ein Verfahren zur Waserreinigung auf Schiffen mittels Lüftens (Durchblasen von Luft), 1824 für die Regulierung der Wasserzuführung bei Schiffsdampfkesseln und die Verhinderung der Salzbildung in den Kesseln. Schon bei Bramah hatte M. die Lederpackung für Kolben hydraulischer Pressen eingeführt und damit deren Wirksamkeit wesentlich erhöht. 1805 und 1808 nahm M. auch Patente für das Bedrukken von Kaliko (Bucheinbandmaterial). Von seinen Mitarbeitern und Schülern, die ihm bei diesen Entwicklungen teilweise halfen, sind vor allem noch zu erwähnen J. Clement, der sich besonders um die Präzisionsfertigung von Schrauben und anderen Maschinenelementen verdient machte, und J. Nasmyth, der im Dampfmaschinen- und Schiffbau eine bedeutende Rolle spielte und sich auch als Astronom einen Namen machte.

M. wird als starker, freundlicher Mann von gesundem Humor geschildert. 1830 besuchte er in Frankreich einen kranken Freund, zog sich aber auf der Heimreise selbst eine starke Erkältung zu, an deren Folgen er starb. Die

Mauersberger, Heinrich, Textiltechniker, geb. 11. 2. 1909 Neukirchen bei Crimmitschau, gest. 16. 2. 1982 Limbach-Oberfrohna.

M. erfand die Malimo-Nähwirktechnik und schuf damit eine gegenüber dem Weben und Wirken völlig neue, hochproduktive Technologie zur Herstellung textiler Flächengebilde.

M. war der Sohn eines Kaufmanns für Büro- und technische Artikel und mußte wie viele Kinder kleiner Geschäftsleute schon in jungen Jahren als Laufbursche mithelfen. Er konnte zwar die Realschule besuchen, aber nicht, wie er es sich wünschte, Maschinen- oder Elektroingenieur werden. Auf Wunsch des Vaters lernte er in einer Tuchfabrik Färber und arbeitete nach Wanderschaft und Weiterbildung ab 1934 als Chemiker-Kolorist in einer Handschuhfabrik in Göppersdorf bei Burgstädt. Dorthin kehrte er auch 1946 nach Kriegsdienst und Gefangenschaft zurück. In seiner Freizeit begann er mit Altmaterial zu basteln, unter anderem baute er eine Flachstrickmaschine, mit der er aus Materialresten dringend benötigte Textilwaren herstellte und dafür auch eine Meisterprüfung ablegte. Im Februar 1947 erhielt er die Anregung zu seiner bedeutenden Erfindung (Malimo-Nähwirktechnik), als er seine Frau beim Ausbessern von Wäsche durch kreuzweise gelegte Steppnähte beobachtete. Eine moderne Nähmaschine machte bis 3 000 Stiche in der Minute. Ließ man viele Nadeln dicht nebeneinander über quergelegtes Fasermaterial laufen, mußte mit wesentlich höherer Geschwindigkeit als beim Weben ein fester Stoff entstehen. An dieser Grundidee begann er hartnäckig zu arbeiten, ging dabei aber technisch von der Wirkmaschine mit ihren vielen schon nebeneinanderliegenden Nadeln aus. Für seine Technik mußte er völlig neue Nadelformen schaffen. Am 3. 2. 1949 erhielt er von der Deutschen Wirtschaftskommission das Patent Nr. 8194 für ein »Verfahren zur Herstellung von Kettenstichware«, das darin besteht, »Nähvorgänge zur Herstellung von Textilstoffen zu verwenden«. Er erhielt ein Forschungslimit von 5 000 Mark und konnte in einem volkseigenen Betrieb in Limbach-Oberfrohna ein erstes Funktionsmodell herstellen, wobei noch viel technische Kleinarbeit zu leisten war. Aus den Anfangssilben der Namen Mauersberger und Limbach-Oberfrohna entstand das Markenzeichen Malimo. M. hatte gleichzeitig zu Hause ein Kleinstmodell gebaut, bei dem nicht Fadenlagen, sondern ein einfaches Faserfließ übernäht wurde, das weniger Schwierigkeiten bereitete. Eine ausgereifte Maschine dieser Art wurde 1953 auf der Leipziger Frühjahrsmesse vorgestellt und noch im gleichen Jahr industriell eingesetzt. Sowohl seitens der Textilfachleute als auch seitens der Verbraucher erhoben sich zunächst hartnäckige Einwände, so wegen des vermeintlich höheren Materialverbrauchs, wegen des noch ungewohnten Aussehens und wegen der noch nicht erwiesenen Gebrauchseigenschaften. M. ließ sich jedoch in seiner Arbeit nicht entmutigen und fand auch zunehmend Verbündete. 1957 wurden die Nähwirkmaschinen Maliwatt in die großtechnische Produktion überführt, 1959 die Malimo-Maschinen. In den 60er Jahren begann dann der Siegeszug der Malimo-Technik. 1962 wurde der Warenzeichenverband für Nähwirkmaschinen und Nähwirkerzeugnisse der DDR, Hohenstein-Ernstthal, mit M. als Ehrenvorsitzendem gegründet. Das Warenzeichen Malimo ist in vielen Ländern registriert, einige Hundert Patente wurden erteilt, Tausende von Maschinen produzieren jährlich Milliarden Quadratmeter Stoff nach dieser Technologie, in der DDR rund ein Viertel der textilen Flächenproduktion. Zu Maliwatt (Vlies-Faden-Nähwirkmaschine) und Malimo (Fadenlagen-Nähwirkmaschine) – letzterer Name bildet zugleich den Oberbegriff – sind noch weitere Spezialverfahren gekommen, wie Malipol, das der Frottierware ähnelt, oder Malifol, das verschweißbare Folien zur Grundlage hat und unter anderem für Regenbekleidung verwendet wird. Malikustik ist ein nicht mehr wegzudenkendes Schallschutzmittel. Die Nadelteilung wurde bis auf 22 Stück je 25 mm verfeinert, die Stoffbreite bis auf 3,6 m erhöht.

M., der insgesamt 48 Erfindungen auf diesem Gebiet machte, obwohl er nie eine maschinentechnische Ausbildung erfuhr, wurde unter anderem 1954 mit dem Nationalpreis der DDR geehrt. Die

Literatur: Mauersberger, H.: Die Entstehung und Entwicklung einer neuen Textiltechnologie, in: Textil- und Faserstofftech. 6 (1956) 2, S. 51.

Nationalpreisträger Heinrich Mauersberger verstorben, in: Textiltech. 32 (1982), 278; Frenzel, B.: 25 Jahre Nähwirkmaschinen Malimo, in: Textiltech. 32 (1982), 239–241; Jurleit, M.: Tribüne-Serie Malimo, in: Tribüne 6. 2.–10. 2. 1984.

Maupertuis, Pierre Louis Moreau de, Mathematiker, Physiker und Biologe, geb. 28. 9. 1698 St.-Malo (Frankreich), gest. 27. 7. 1759 Basel.

M. leitete 1736 als Vorkämpfer der Newtonschen Mechanik in Frankreich die Gradmessung in Lappland zur Bestätigung der Abplattung der Erde, veröffentlichte 1746 ein umstrittenes universelles Prinzip der kleinsten Wirkung und entwickelte als Gegner der Präformationstheorie in der Biologie eine eigene Vererbungslehre. Als Präsident der Berliner Akademie wurde M. als Wissenschaftsorganisator wirksam.

M. erhielt zunächst Privatunterricht und ging 1714 zum Studium nach Paris. Die üblichen philosophischen Studien empfand er als unbefriedigend. Er wandte sich mit größerem Interesse der Mathematik zu, und 1717 begann er noch ein Musikstudium. 1718–1722 gehörte M. als Capitaine einer Kompanie Dragoner der franz. Armee an. 1723 wurde er zum Mitgl. der Académie des Sciences gewählt und legte eine Arbeit über die Form der Musikinstrumente vor. Mit drei mathematischen Beiträgen und einem Bericht über Beobachtungen an Salamandern bewies er sein breites Interesse.

1728 unternahm M. eine Reise nach London, wo er die Grundsätze der klassischen Mechanik I. Newtons kennenlernte. Danach studierte er in Basel bei J. Bernoulli die Leibnizsche Form der Infinitesimalrechnung. In die Heimat zurückgekehrt, wurde M. zum konsequentesten Verfechter Newtonscher Ideen in Frankreich, wo er sich mit den Anhängern von R. Descartes auseinanderzusetzen hatte. Insbesondere die Form der Himmelskörper – nach Descartes spindelförmig zugespitzt, nach Newton an den Polen abgeplattet – wurde zum entscheidenden Diskussionspunkt. Durch seine diesbezügliche Arbeit über die Form der Sterne (1732) kam M. in Kontakt mit Voltaire und der Marquise du Châtelet, denen er Newtons »Principia« nahebrachte. 1733 erschien M.' Beitrag »Sur la figure de la terre et sur les moyens que l'astronomie et la géographie fournissent pour a déterminer« (Über die Gestalt der Erde und über die Mittel, die Astronomie und Geographie zu ihrer Bestimmung liefern), und 1735 entsandte die Académie Expeditionen zur Gradmessung nach Peru und Lappland, letztere unter Leitung von M. Bei seiner Rückkehr nach Paris wurde M. nur kühl empfangen, und so ging er nach Basel zur Familie Bernoulli. 1739 war die Auswertung der Gradmessungen beendet. Sie ergab eindeutig eine Abplattung der Erde an den Polen, ein Ergebnis, das die Anerkennung der Newtonschen Mechanik in Frankreich wesentlich unterstützte und M.' Ruhm begründete. 1743 erhielt er einen Platz unter den 40 Mitgliedern der Académie française.

Drei Jahre zuvor war M. mit Friedrich II. von Preussen zusammengetroffen, der ihn für die Berliner Akademie gewinnen wollte. Vorerst folgte M. dem Preußenkönig in den 1. Schlesischen Krieg und geriet in österreich. Gefangenschaft, wurde aber in Wien in Ehren empfangen. 1745 siedelte M. nach Berlin über, wo er 1746, mit weitreichenden Vollmachten ausgestattet, Akademiepräsident wurde. In dieser Eigenschaft hat es M. verstanden, eine Reihe bedeutender Gelehrter nach Berlin zu ziehen.

War M. schon 1744 und 1745 mit zwei Arbeiten gegen die damals vorherrschende Theorie einer Präformation des Embryos aufgetreten, so baute er auf der Grundlage statistischer Untersuchungen des Auftretens von Polydaktylie in drei Generationen einer Berliner Familie und eigener Züchtungsexperimente mit Hunden eine Vererbungslehre auf. Sie läuft auf das Zusammentreffen männlicher und weiblicher Vererbungsteilchen für jedes Merkmal des Embryos hinaus. Damit erklärte M. die Natur von Hybriden sowie die Vererbung von Mißbildungen und erörterte den Ursprung neuer Erbteilchen bei auftretenden Variationen. Er vertrat die Ansicht, daß durch geographische Isolation von Variationen neue Arten entstünden. Mit seiner wenig bekannten Vererbungslehre ist M. zu den Vorläufern Ch. Darwins zu zählen.

Neben der franz. Gradmessung und der damit verbundenen Durchsetzung der Newtonschen Mechanik in Frankreich wurde M. durch das Prinzip der kleinsten Wirkung bekannt, das er 1745 folgendermaßen formulierte: »Tritt in der Natur irgendeine Änderung ein, so ist die für diese Änderung notwendige Aktionsmenge die kleinstmögliche.« Dieses Prinzip, das M. selbst für seine bedeutendste wissenschaftliche Leistung hielt, hatte er, angeregt von gewissen Prinzipien der Statik, aus dem Fermatschen Prinzip des kürzesten Lichtweges gefolgert. Durch gewagte naturphilosophische Verallgemeinerung erhob er es im Sinne der Aufklärung zu einem teleologischen Prinzip für Ablauf und Verständnis aller Naturvorgänge. M. wollte damit auch das Wachstum von Pflanzen und Tieren sowie die Planetenbewegungen erklären und in seinem »Essai de Cosmologie« von 1750 sogar die Existenz Gottes beweisen. Im Bereich der mathematischen Physik suchten vor allem L. Euler, D. Bernoulli und J. d'Alembert nach einem grundlegenden Prinzip, aus dem sich die Grundsätze der Mechanik ableiten lassen sollten. Das Prinzip der kleinsten Wirkung wurde daher sachkundiger Kritik unterzogen, sein rationaler Kern herausgeschält und aufgegriffen. Mit der exakten Abgrenzung des Geltungsbereiches und der Einbeziehung nichtkonservativer Systeme wurde das Prinzip der kleinsten Wirkung 1834 im Hamiltonschen Prinzip aufgehoben, und es gelang, mit Hilfe der Variationsrechnung die Bewegungsgleichungen daraus abzuleiten. M.' Zeitgenossen wandten sich vor allem gegen die vorschnelle Verallgemeinerung des Prinzips. War M. ohnehin sachlicher Kritik wenig zugänglich, so wurde die Auseinandersetzung zusätzlich von einem erbitterten Streit um die Priorität an der Entdeckung des Prinzips überdeckt. Kraft seines Amtes setzte M. einen Urteilsspruch durch, daß die von S. Koenig vorgewiesene Abschrift eines Briefes von G. W. Leibniz aus dem Jahre 1707, der das Prinzip schon enthielt, eine Fälschung sei. Koenig trat daraufhin aus der Akademie aus, doch auch M.' Ruf hatte empfindlich gelitten. Viele Gelehrte wandten sich in Schmähschriften gegen das autoritäre Vorgehen, und Voltaire gab M. der Lächerlichkeit preis. Obwohl ihn Friedrich II. in Berlin zu halten suchte, ging M. 1752 mit angegriffener Gesundheit nach St.-Malo. Zwar kehrte er 1754 auf Verlangen des Preußenkönigs noch einmal nach Berlin zurück, doch schon zwei Jahre später verließ er die Stadt für immer. In Lyon veranlaßte er die Herausgabe seiner gesammelten Werke. Durch Ausbruch und Verlauf des Siebenjährigen Krieges aufgeschreckt, beschloß er im Frühjahr 1759 nach einem längeren Aufenthalt bei den Bernoullis, nach Berlin zu reisen.

Er war jedoch zu schwach, um die Fahrt antreten zu können, und verstarb drei Monate später in Basel. Fk

Literatur: Maupertuis, P. L.: Œuvres, 4 Bde. (Lyon 1756), Œuvres de Mr. de Maupertuis, 4 Bde. (Paris 1752, Lyon 1768).
Glass, B.: Maupertuis, Pioneer of Genetics and Evolution, in: Forerunners of Darwin 1745–1859 (Hrsg. B. Glass, C. Temkin, W. L. Straus, Baltimore 1959, S. 51–83).

Maury, Antonia Caetana de Paiva Pereira, Astronomin, geb. 21. 3. 1866 Gold Spring-on-Hudson (New York, USA), gest. 8. 1. 1952 Dobbs Forry (New York, USA).

M. bestimmte als erste Astronomin die Periode eines spektroskopisch gefundenen Doppelsterns und war an der Erarbeitung von Klassifizierungsmerkmalen für Sternspektren beteiligt. Sie trug damit zur Herausbildung typischer Arbeitsmethoden in der damals noch jungen Disziplin Astrophysik bei.

M. war die Tochter eines Ministers, Nichte des Pioniers der Astrophotographie H. Draper und Enkelin des Naturwissenschaftlers J. W. Draper. Von vielseitigen Interessen geprägt, ging sie nach Beendigung des Studiums am Vassar-College in Poughkeepsie (New York) 1887 als Assistentin an das Harvard College Observatory in Cambridge (Massachusetts). Dort schloß sie sich dem spektroskopischen Forschungsprogramm E. Ch. Pickerings an und bestimmte schon nach kurzer Zeit erstmals die Periode eines spektroskopischen Doppelsterns (Zeta Ursae Maioris). 1889 folgte die Entdeckung und Bestimmung eines zweiten Objekts (Beta Aurigae).

Ab 1890 unterzog M. Spektren ausgewählter Objekte aus einem Katalog ihrer Kollegin W. P. Fleming einem genaueren Studium. Dazu spezifizierte sie den 11-inch-H.-Draper-Refraktor, der mit dem Nachlaß ihres Onkels im Rahmen einer Stiftung nach Harvard gelangt war. Aus der Diskussion der Anwendung von Linienkriterien auf Sternspektren, die auf 4 800 Photographien fußten, bereitete sie mit der Theorie von Untergruppen die spätere Entdeckung von Riesen- und Zwergsternen durch E. Hertzsprung vor. Die Klassifikation anhand 681 ausgewählter heller Sterne des nördlichen Himmels erschien 1896 in den Annals of Harvard College Observatory.

In den 90er Jahren hielt M. in verschiedenen Städten der USA Vorlesungen über Astronomie und erteilte Privatunterricht. 1908 nach Cambridge zurückgekehrt, widmete sie sich als Forschungsgehilfin erneut der Untersuchung spektroskopischer Doppelsterne. Langjährige Studien zum Komplexspektrum von Beta Lyrae veröffentlichte sie 1933 in den Publikationen des Harvard-Observatoriums. Zwei Jahre später zog sie sich von der aktiven Arbeit in Cambridge zurück und wirkte als Kurator des Draper Park Museums in Hastings-on-Hudson im USA-Staat New York. Fd

Maxwell, James Clerk, Physiker, geb. 13. 6. 1831 Edinburgh, gest. 5. 11. 1879 Cambridge (England).

M., einer der bedeutendsten theoretischen Physiker des 19. Jh., gehört zu den Vollendern der klassischen Physik und zugleich zu den Wegbereitern der modernen Physik. Mit seiner elektromagnetischen Feld- und Lichttheorie bewältigte er den Übergang zur Feldphysik. Seine Beiträge zur kinetischen Gastheorie leiteten den Übergang zur statistischen Physik ein.

M., Sohn eines technisch interessierten Land- und Gutsbesitzers, wurde durch seinen Vater schon während seiner Schulzeit mit führenden schott. Wissenschaftlern bekannt. Durch eine neue originelle Methode, das Ovalrund geometrisch zu konstruieren, machte er auf sich aufmerksam. Seit 1847 besuchte er die Univ. Edinburgh. Bereits in dieser Zeit veröffentlichte er zwei wissenschaftliche Arbeiten. 1850 ging er nach Cambridge, studierte zunächst ein Semester am Petershouse College, danach am Trinity College. 1854 bestand er das mathematische Examen und teilte sich mit einem anderen Kandidaten in den begehrten Smith-Preis. 1855 wurde er Fellow (Angehöriger des Lehrkörpers) am Trinity College, bewarb sich aber schon ein Jahr später um die Professur für »Naturphilosophie« (Naturwissenschaften) am Marishal College in Aberdeen. 1860 wurde bei der Zusammenlegung der Colleges zur Univ. Aberdeen die Professur für Naturwissenschaften an einen anderen Wissenschaftler vergeben, und M. schied aus. Nach einer erfolglosen Bewerbung in Edinburgh erhielt er 1860 eine Professur am King's College in London. Dies bedeutete eine Zurücksetzung, die offenbar daher rührte, daß M. kein pädagogisch befähigter Lehrer war und nur wenige begabte Studenten anzusprechen vermochte. Dennoch übernahm M. in dieser Zeit die Verpflichtung, Abendvorlesungen vor Arbeitern zu halten. Durch die Veröffentlichungen seiner Arbeiten zur Elektrodynamik und Gastheorie stieg sein wissenschaftliches Ansehen.

1865 zog er sich wegen seines labilen Gesundheitszustandes auf sein ererbtes Landgut Glenlair zurück, das schon seit der Jugend sein bevorzugter Aufenthaltsort gewesen war. Hier gab er seiner elektromagnetischen Theorie die endgültige Form. Jährlich wirkte er als mathematischer Examinator in Cambridge mit.

1871 nahm M. nach einigem Zögern die Berufung für die neuerrichtete Professur für Experimentalphysik in Cambridge an. Damit war der Auftrag verbunden, mit den Geldern einer Stiftung ein modernes physikalisches Labor aufzubauen, wie es in England bisher nur eines in Glasgow gab. M. löste diese Aufgabe mit Umsicht, richtete ein großzügiges Labor ein, das allen Anforderungen, insbesondere für präzise Messungen, gerecht wurde, und vervollständigte die Ausrüstung auf eigene Kosten. Er begründete damit die Tradition des berühmten Cavendish Labors. Erst 48jährig starb er nach kurzer Krankheit an Darmkrebs.

M.s Arbeit an der elektromagnetischen Feldtheorie erstreckte sich von 1855, beginnend mit der Abhandlung »On Faraday's Lines of Force« (Über Faradays Kraftlinien), bis zu seinem 1873 erschienenen »Treatise on Electricity and Magnetism« (Lehrb. über Elektrizität und Magnetismus). Insgesamt veröffentlichte er sechs wesentliche Beiträge zu diesem Thema.

Auf der Basis von M. Faradays qualitativer Theorie der Kraftlinien und unter Nutzung der Vorarbeiten von W. Thomson (Lord Kelvin) entwarf M. zunächst ein hydrodynamisches Modell als Analogie für die Feldwirkungen und definierte mit Hilfe der Integralsätze von G. G. Stokes, C. F. Gauss und G. Green die Feldgrößen. 1862 nutzte M. ein »Wirbelmodell« mit Reibungsteilchen zwischen den »Wirbeln« für die Ausarbeitung seiner Feldtheorie. Er identifizierte Faradays »elektrotonischen Zustand« mit dem Vektorpotential $\mathbf{A}$, übernahm von Thomson die Beziehung $\mathbf{B} = \text{rot}\,\mathbf{A}$ und entwickelte daraus die Feldgleichungen über den Zusammenhang zwischen Stromdichte $\mathbf{J}$, elektrischer und magnetischer Feldstärke $\mathbf{E}$ bzw. $\mathbf{H}$ sowie elektrischer Verschiebung $\mathbf{D}$ und magnetischer Induktion $\mathbf{B}$. Beide Grundgleichungen $\text{rot}\,\mathbf{H} = \mathbf{J}$ und $\text{rot}\,\mathbf{E} = -\,\mathbf{B}$ (moderne Schreibweise) ergänzte er nach Faradays Angaben über dielektrische und magnetische Feldprozesse durch die Materialgleichungen $\mathbf{D} = \varepsilon\mathbf{E}$ und $\mathbf{B} = \mu\mathbf{H}$ sowie das Ohmsche Gesetz $\mathbf{J} = \sigma\mathbf{E}$. Hierbei bedeuten ε die Dielektrizitätskonstante, μ die Permeabilität und σ die spezifische Leitfähigkeit. Fußend auf Faradays Überlegungen zur dielektrischen Polarisation, erweiterte M. die erste Feldgleichung um den Verschiebungsstrom $\dot{\mathbf{D}} = \varepsilon\dot{\mathbf{E}}$ und erhielt damit die Gleichung rot $\mathbf{H} = \mathbf{J} + \dot{\mathbf{D}}$.

Für isotrope, nicht leitende Medien konnte M. nun aus beiden Feldgleichungen die Wellendifferentialgleichung des Lichts ableiten. Dabei wurde der Brechungsindex n des Lichts mit den elektromagnetischen Größen durch folgende Relation verknüpft: $n = \sqrt{\varepsilon\mu}$ (MAXWELLsche Relation).

M. zog aus seiner elektromagnetischen Feldtheorie die Folgerung, »daß Licht aus den transversalen Schwingungen desselben Mediums bestehe, die die Ursache der elektrischen und magnetischen Erscheinungen sind«. M.s »Medium«, der hypothetische Äther, war nun aller mechanischen Eigenschaften beraubt. M. selbst wollte seine Modelle nur als »Illustration« oder Erkenntnishilfe betrachtet wissen, die Zurückführung der elektromagnetischen auf mechanische Vorgänge strebte er nicht an. Nachdem H. A. LORENTZ die FRESNELschen Gleichungen aus der MAXWELLschen Gleichung ableiten konnte und H. HERTZ 1886–1888 elektrisch erzeugte elektromagnetische Wellen experimentell nachwies und deren Identität mit dem Licht verifizierte, wurde die MAXWELL-Theorie allgemein anerkannt. Die Probleme der Transformation der MAXWELLschen Gleichungen (LORENTZ) sowie die Überlegungen und Versuche über den Bewegungszustand des »Äthers« bildeten an der Wende 19./20. Jh. dann einen Ausgangspunkt für A. EINSTEINS Aufbau der Relativitätstheorie.

Im Zusammenhang mit seinen Arbeiten zur Elektrophysik hat M. für die Festlegung international akzeptierter elektrischer Einheiten auf der Basis der Grundgrößen Masse, Länge und Zeit im magnetischen System plädiert (1863) und 1870 in einem Artikel über die mathematische Klassifikation physikalischer Größen den Weg für die Ausarbeitung der Vektor- und Tensoranalysis und deren physikalische Anwendung gebahnt (O. HEAVISIDE, J. W. GIBBS).

M.s zweite große Leistung liegt auf dem Gebiet der kinetischen Gastheorie. Ausgehend von den vereinfachenden Annahmen von R. J. E. CLAUSIUS in der kinetischen Gastheorie, entwickelte M. 1860, aufbauend auf Forschungen P. S. LAPLACES zur Wahrscheinlichkeitsrechnung, eine Formel für die wahrscheinliche Geschwindigkeitsverteilung der Teilchen eines Gases (MAXWELLsche Geschwindigkeitsverteilung). Damit wurde erstmals eine statistische Methode auf einen physikalischen Prozeß angewandt. In seiner »Dynamical Theory of Gases« (Dynamische Theorie der Gase) und folgenden Arbeiten untersuchte M. experimentell verschiedene Eigenschaften von Gasen und leitete theoretisch bei Annahme bestimmter Molekülkonstitutionen mit statistischen Methoden Formeln für die spezifische Wärme, den Vorgang der Diffusion, die Koeffizienten der Viskosität und Wärmeleitung in Abhängigkeit von bestimmten Parametern her. L. E. BOLTZMANNS erste Arbeit zur kinetischen Theorie basierte auf M.s statistischen Methoden, und M. setzte sich bis kurz vor seinem Tode mit BOLTZMANNS Arbeiten zur statistischen Thermodynamik auseinander. In der Diskussion um die statistische Interpretation der Entropie führte M. in einem Gedankenexperiment den nach ihm benannten »Dämon« ein, der den zweiten Hauptsatz dadurch aufhebt, daß er in einem gleichtemperierten Gefäß mit Trennwand schnelle Moleküle nur in der einen Richtung durch ein Loch und langsame nur in der anderen Richtung durchläßt.

Obwohl M. ein überzeugter Anhänger der Atomistik war und in der kinetischen Gastheorie die atomistische Struktur für seine Berechnungen voraussetzte, hat er in der Elektrodynamik ungesicherte atomistische Annahmen als Grundlage der Theorie bewußt vermieden.

Außerdem hatte M., ausgehend von T. YOUNGS Dreifarbentheorie, ab 1850 zahlreiche experimentelle Untersuchungen zum Farbensehen ausgeführt und dafür neuartige Versuchsapparate entworfen. Theoretisch unterschied M. drei Variable für die geometrische Darstellung von Farbkurven.

Über diese umwälzenden Forschungen hinaus lieferte M. noch Beiträge zur Erforschung der Beschaffenheit der Saturnringe, der Kapillaritätserscheinungen und zum Aufbau der »Fischaugenlinsen«. Wichtig für die Praxis waren auch seine Arbeiten zur Anwendung von W. R. HAMILTONS charakteristischen Funktionen auf Linsensysteme und zur Theorie von Steuer- und Regelungsmechanismen. In Cambridge wandte M. viel Zeit auf, die unpublizierten elektrischen Untersuchungen von H. CAVENDISH zu redigieren und herauszugeben; durch M.s Anmerkungen entstand eine klassische historische Arbeit. Schi

Literatur: The Scientific Papers of J. Clerk Maxwell, 2 Bde. (Hrsg. W. D. Niven, Cambridge 1890, Reprint: New York 1952), Treatise on Electricity and Magnetism, 2 Bde. (Oxford 1873).

Appleton, E. V. (Hrsg.): Clerk Maxwell and modern science (London 1963); Campbell, L., u. W. Garnett: The life of James Clerk Maxwell (London 1882).

Mayer, Johann Tobias, Astronom und Kartograph, geb. 17. 2. 1723 Marbach, gest. 20. 2. 1762 Göttingen.

M. war einer der bedeutendsten Astronomen des 18. Jh. Durch seine fundierten Beiträge zur Positionsastronomie und Himmelsmechanik wirkte er entscheidend am Ausbau der Astronomie nach NEWTON mit. Besonders hervorzuheben ist seine Orientierung auf praktisch nützliche Forschungsprobleme.

Den ersten Unterricht erhielt M. von seinem Vater, dem Kartenmaler TOBIAS M., besonders im Rechnen, Schreiben und Zeichnen. Nach dem frühen Tod der Eltern – M. war mit 14 Jahren Vollwaise – übernahm der Bürgermeister von Esslingen die weitere Zeichenausbildung des talentierten Knaben. Autodidaktisch bildete sich M. in Mathematik und Zeichnen weiter und verfertigte bereits im Alter von 16 Jahren eine vielbeachtete Karte von Esslingen. Gleichzeitig gab er Privatunterricht in Geometrie, Planzeichnen und Artilleriewissenschaft. Mit 18 Jahren veröffentlichte er ein Elementarlehrb. für Praktiker, und 1745 gab er einen »Mathematischen Atlas« heraus, in dem mathematische Probleme in Anwendung auf Mechanik, Optik, Astronomie, Geographie, Pyrotechnik u. dgl. dargestellt waren. Dieses Zeugnis ungewöhnlichen Talents verschaffte M. eine Anstellung bei der HOMANNschen Geographischen Anstalt in Nürnberg, wo er selbst mehrere Karten bearbeitete und auch nebenher astronomische Beobachtungen durchführte. 1750 ging M. als Prof. an die Göttinger Univ. Er beschäftigte sich wissenschaftlich vor allem mit der Theorie der Mondbewegung. Dazu benutzte er alle ihm zugänglichen Daten von Sonnen- und Mondfinsternisbeobachtungen seit der Einführung des Fernrohrs und der Pendeluhr. M. erkannte die ungenügend genauen Sternpositionen und die schlechten Instrumente als Hauptursache der vergleichsweise großen Fehler. Er beschäftigte sich daher folgerichtig mit der Bestimmung von Instrumentenfehlern, dem Vergleich von Sternkatalogen für die Tierkreiszone, den Eigenbewegungen der Sterne u. a.

Berühmt wurde eine von ihm entworfene große Mondkarte (Fragment), die allerdings erst 1881 veröffentlicht wurde, während eine kleine Mondkarte (Monddurchmesser 19,4 cm) in seinen nachgelassenen Schriften 1775 herauskam. Andere Arbeiten M.s galten der Landvermessung, die er um neue instrumentelle und methodische Hilfsmittel bereicherte. In diesem Zusammenhang ist besonders der Repetitionskreis zu erwähnen, der für die Navigation zur See wie auch für die trigonometrische Landvermessung eine größere Meßgenauigkeit erzielte. Große Verdienste erwarb sich M. durch die Entwicklung einer Methode zur Bestimmung geographischer Koordinaten aus astronomischen Beobachtungen. 1763 übermittelte M. der Britischen Admiralität seine Mondtheorie (Theoria lunae iuxta systema Newtonianum) und seine Sonnentafeln (Tabulae motuum solis et lunae novae et correctae), die von N. Maskelyne herausgegeben und für die Berechnung der Mond- und Sonnenephemeriden des »Nautical Almanac« benutzt wurden.

1765 sprach das Britische Parlament der Witwe M.s einen Teil des Preises zu, den es 1717 für die Lösung des Problems der Längenbestimmung zur See ausgeschrieben hatte. Her

Literatur: The Unpublished Writings of Tobias Mayer, 3 Bde. (Hrsg. E. G. Forbes, Göttingen 1972), Opera inedita Tobiae Mayeri (Hrsg. G. Ch. Lichtenberg, Göttingen 1775).

Mayer, Julius Robert, Arzt und Physiker, geb. 25. 11. 1814 Heilbronn, gest. 20. 3. 1878 Heilbronn.

M. formulierte als erster umfassend den Energieerhaltungssatz, den er auf alle damals bekannten Energieformen ausdehnte, und berechnete das mechanische Wärmeäquivalent.

M., der dritte von vier Söhnen eines Apothekers, experimentierte bereits in seiner Jugend gern und versuchte, ein Perpetuum mobile zu konstruieren. Nach dem Besuch des Gymnasiums war er zunächst Hospitant im evangelischen Vorbereitungsseminar in Schöntal. Nach kurzer Lehrzeit in der Apotheke seines Vaters legte er 1832 in Stuttgart die Reifeprüfung ab und studierte dann, seiner Neigung folgend, in Tübingen Medizin. 1837 wurde er wegen seiner Mitgliedschaft bei einer burschenschaftsähnlichen Verbindung aufgrund der Karlsbader Beschlüsse für ein Jahr vom Studium relegiert. 1838 bestand er mit glänzendem Erfolg das medizinische Staatsexamen und promovierte im gleichen Jahr. Nach kurzer Tätigkeit als praktischer Arzt in Heilbronn erfüllte sich sein ausgeprägter Wunsch, fremde Länder kennenzulernen: Nach der Prüfung als holländ. Sanitätsoffizier nahm er 1840/41 als Schiffsarzt an der einjährigen Seereise des Dreimastseglers »Java« nach Niederländisch-Ostindien (Republik Indonesien) teil. Während dieser beschwerlichen Reise, die ihm jedoch auch viel freie Zeit ließ, machte er erste Beobachtungen, die ihn zu Überlegungen über Umwandlungen der »Naturkräfte« anregten. Nach seiner Rückkehr baute M. in Heilbronn eine gutgehende ärztliche Praxis auf, wurde 1841 zum Oberamtswundarzt für den Bezirk Heilbronn gewählt und 1847 zum Stadtarzt von Heilbronn ernannt. In dieser Zeit (1842–1845) formulierte und veröffentlichte M. seine grundlegenden Forschungen zum Energieprinzip. Die Nichtbeachtung seiner Erkenntnisse seitens anderer Wissenschaftler sowie schwierige persönliche Umstände (Tod zweier Kinder, 1849 Gefangennahme durch Freischärler und Drohung mit Erschießung) ließen seine latent vorhandene Neigung zur Depression zum Ausbruch kommen: M. unternahm 1850 einen Selbstmordversuch und mußte danach wiederholt Nervenanstalten aufsuchen. Durch psychische Störungen beeinträchtigt, von seiner Umwelt verkannt und auch verspottet, war seine bürgerliche Existenz gefährdet.

Um 1858 begannen Wissenschaftler, namentlich R. J. E. Clausius, den Prioritätsanspruch M.s bei der Entdeckung des umwälzenden Naturgesetzes anzuerkennen. In England verteidigte J. Tyndall die Priorität M.s gegenüber J. P. Joule. Danach stellten sich Ehrungen von allen Seiten ein, z. B. wurde ihm 1871 die höchste wissenschaftliche Auszeichnung Englands, die Copley-Medaille, verliehen.

J. C. Maxwell

J. T. Mayer

M.s erste Gedanken über die Umwandlung von Wärme in Bewegung bei der Erhaltung einer unzerstörbaren »Kraft« wurden von physiologischen Beobachtungen ausgelöst: Bei Aderlässen während seiner Schiffsreisen in tropischen Breiten fiel ihm das dem arteriellen ähnliche hellere Rot des venösen Blutes auf, das auf eine unvollständige innere »Verbrennung« der Nahrungsmittel bei hoher Außentemperatur hindeutete. 1841 verfaßte M. seine erste Arbeit »Ueber quantitative und qualitative Bestimmung der Kräfte«, die er an die Redaktion der »Annalen der Physik und Chemie« sandte. Seine Arbeit wurde aber nicht veröffentlicht, sie fand sich 36 Jahre später in J. C. Poggendorffs Nachlaß. Sie enthielt die Erkenntnis, daß, neben der Erhaltung der Masse, »einmal gegebene Kräfte« als »Ursache« von »Wirkungen« ebenfalls erhalten bleiben. Jedoch war die physikalische Ausführung unzureichend, insbesondere, weil M. als Erhaltungsgröße der »Kraft« das Produkt aus Masse und Geschwindigkeit (Impuls) statt der »lebendigen Kraft« (kinetische Energie) benutzte. Diesen Fehler berichtigte M. nach klärenden Gesprächen mit Naturwissenschaftlern in seiner zweiten Arbeit »Bemerkungen über die Kräfte der unbelebten Natur«, die 1842 in den von J. v. Liebig redigierten »Annalen der Chemie und Pharmazie« erschien. Darin hob er die Bedeutung einer zahlenmäßigen Beziehung zwischen Wärme, »Fallkraft« (potentielle Energie) und »Bewegung« (kinetische Energie) hervor und teilte erstmals einen Wert für das mechanische Wärmeäquivalent mit, ohne die Ableitung anzugeben.

1845 veröffentlichte M. die über 100seitige Abhandlung »Die organische Bewegung in ihrem Zusammenhange mit dem Stoffwechsel«, in der er die »Hauptformen der Kräfte« (Energie), »die Fallkraft, Bewegung, Wärme, Magnetismus und Elektrizität, chemisches Getrenntseyn und chemisches Verbundenseyn«, systematisch behandelt und 25 Arten der Umwandlung aufführt. Ausführlich stellte M. die Berechnung der mechanischen Wärmeäquivalente aus dem Verhältnis der spezifischen Wärmen der Gase bei konstantem Druck und konstantem Volumen dar. Sein origineller Gedankengang bestand darin, daß die erhöhte Wärmeaufnahme eines Gases bei konstantem Druck davon herrühre, daß das Gas sich nicht nur erwärme, sondern auch eine Ausdehnungsarbeit gegen den äußeren Luftdruck verrichte. Aus dem Vergleich mit der Wärmeaufnahme eines Gases bei konstantem Volumen ermittelte M., daß die einem Gramm Wasser bei der Temperaturerhöhung um ein Grad zugeführte Wärmemenge der mechanischen Arbeit äquivalent sei, um ein Gewicht von einem Gramm (Pond) auf die Höhe von 367 m zu erheben. Diese Ableitung war physikalisch exakt, nur der numerische Wert wurde durch später genauere Messungen der Ausgangsgrößen präzisiert. M. hatte für seine Berechnung nach Versuchen L. J. Gay-Lussacs einen Vorgang ausgewählt, bei dem die zugeführte Wärme vollständig in mechanische Arbeit umgewandelt wird. Er war sich bewußt, daß z. B. bei der Dampfmaschine ein nicht genau bestimmbarer Wärmeverlust auftritt.

Unter dem Grundsatz, daß während des Lebensprozesses nur eine »Umwandlung«, niemals aber eine »Erschaffung der Kraft« vor sich gehe, dehnte M. den Energiesatz auch auf die organische Natur aus. Er argumentierte mit LIEBIG, daß die »einzige Ursache der tierischen Wärme ein chemischer Prozeß« ist, polemisierte aber gegen LIEBIG, da dieser noch immer eine eigentümliche »Lebenskraft« zur Erklärung der Stoffwechselprozesse in Lebewesen für notwendig hielt. M. bemühte sich, die letzten Überreste des Vitalismus anhand überzeugender Beispiele zu überwinden. Allerdings wurde auch M.s Buch von 1845 kaum beachtet.

In zwei folgenden Arbeiten (1846 und 1848) wandte sich M. der Entstehung der Sonnenwärme als Energieproblem zu. M. verwarf die Auffassung, daß die Sonnenstrahlung durch chemische Verbrennung aufrechterhalten werde. Er nahm an, daß Meteoriten fortlaufend in die Sonne stürzen und durch ihre kinetische und chemische Energie die Sonnenstrahlung hervorbringen. M.s Hypothese wurde von H. v. HELMHOLTZ aufgenommen; sie wurde auch von anderen, unter anderem von W. THOMSON (Lord KELVIN), unabhängig von ihm entwickelt. Sie blieb im 19. Jh. die noch am besten zutreffende Vorstellung; endgültig konnte das Problem erst rund 100 Jahre später durch die Kernphysik (H. BETHE und C. F. v. WEIZSÄCKER) geklärt werden. In diesem Zusammenhang versuchte M. auch eine neue Erklärung der Gezeiten auf der Basis von Energieumsetzungen auf der Erde zu geben, die jedoch physikalisch nicht stichhaltig war.

M.s Untersuchungen nach 1850 waren darauf gerichtet, das Energieprinzip auf verschiedene physiologische und physikalische Probleme anzuwenden. In einer veröffentlichten Arbeit über die Wärmeerzeugung beim Ummagnetisieren und Umelektrisieren wurden diese Vorgänge energetisch gedeutet und damit Ansätze für spätere Forschungen vorweggenommen.

Ursache dafür, daß M.s Verdienste erst retrospektiv anerkannt wurden, ist in seiner dialektischen, alle Gebiete der Natur erfassenden Betrachtungsweise zu sehen, die als zu weitgehende Verallgemeinerung im Sinne der SCHELLINGschen Naturphilosophie aufgefaßt wurde und die sich nur schwer in die herrschende mechanische Naturauffassung auf streng empirischer Basis einpassen ließ. Ferner galt M. als Außenseiter der Wissenschaft, dessen Forschungen weniger beachtet wurden als die von HELMHOLTZ, JOULE u. a.

Schi

Literatur: Mayer, J. R.: Die Mechanik der Wärme in gesammelten Schriften (Stuttgart 1867), Münzenmayer, H. P. (Hrsg.): Die Mechanik der Wärme. Sämtliche Schriften von Julius Robert Mayer (Heilbronn 1978).

Schütz, W.: Robert Mayer (Leipzig 1969); Schmolz, H., u. H. Weckback: Robert Mayer. Sein Leben und Werk in Dokumenten (Weißenborn 1964).

McCormick, Cyrus Hall, Erfinder und Landmaschinenfabrikant, geb. 15. 2. 1809 Walnut Grove, Virginia, gest. 13. 5. 1885 Chicago.

M. entwickelte die erste voll einsatzfähige Mähmaschine mit modernen Arbeitsprinzipien und leitete damit maßgeblich die Mechanisierung der Getreideernte ein.

Schon der Vater von M., ROBERT M., Farmer und Mechaniker, hatte sich 20 Jahre lang um die Entwicklung einer Getreidemähmaschine bemüht, gab aber am Ende auf. Mehr Glück hatte er mit einer Dreschmaschine, einem Hanfbrecher und anderen landwirtschaftlichen Geräten, auf die er Patente erhielt. Cyrus Hall M. und sein Bruder LEANDER JAMES arbeiteten nach der damals in den USA üblichen Schulbildung in der väterlichen Werkstatt mit und wurden selbst zu Erfindungen angeregt. M. ging dabei nach anderen Prinzipien als sein Vater vor und hatte bis 1831 eine Mähmaschine geschaffen, die auf der eigenen Farm erfolgreich arbeitete. Nach einigen Verbesserungen stellte er sie auf anderen Farmen öffentlich vor. Der Spitzenbedarf an Arbeitskräften zur Erntezeit war für die US-amerikanischen Farmer schwer zu decken. Die auf Sklavenarbeit beruhende Landwirtschaft der Südstaaten, zu denen auch Virginia gehört, fand gerade durch die Sklavenhaltung keine freien Arbeitskräfte, die für kurze Zeit hätten eingestellt werden können. Im Norden dagegen zogen viele Landarbeiter ohne feste Anstellung weiter nach Westen, um selbst zu siedeln. So war das Interesse an einer Mechanisierung der arbeitsaufwendigen Erntearbeit in den USA sehr groß, und viele Erfinder arbeiteten in dieser Richtung. Bevor M. am 21. 6. 1834 ein Patent auf seine Maschine erhielt, hatte OBED HUSSEY aus Maine bereits im Dezember ein Patent für eine Mähmaschine mit besonders originellem Schneidwerk erhalten, und es entbrannte ein erbitterter Konkurrenzkampf, in den sich bald viele Fabrikanten einschalteten. Während HUSSEY sein Geschäft 1858 abstoßen mußte, da er sich nur auf eigene Erfindungen stützen wollte, errang M. bald die Spitzenposition in der US-Landmaschinenindustrie. Zunächst hatte sein Vater die Mähmaschine fabriziert, außerdem hatte er Lizenzen vergeben. Cyrus Hall M. fand es schließlich günstiger, ausschließlich in eigenen Werken zu produzieren, die er ab 1847 in Chicago aufbaute. Die technische Leitung übernahm 1849 sein Bruder LEANDER. Der große Erfolg der McCormick Harvesting Machine Co. beruhte auf den ständig vorgenommenen Verbesserungen der Erzeugnisse, auf der hochmechanisierten Fertigung, auf den intensiven Feldversuchen und den modernen Geschäftsmethoden, wie Garantien, Fachgutachten für die Einsatzfähigkeit, günstige Zahlungsbedingungen usw. Grundlage aber war das von M. entwickelte vorteilhafte und ausbaufähige Arbeitsprinzip der Maschine, das den heutigen Mähmaschinen schon sehr nahe kam. Kernstück war das Schneidwerk. Ende des 17. Jh. hatte man in England schon mit rotierenden Scheiben experimentiert. 1822 wurde ebenfalls in England erstmals das Scherenprinzip angewandt in Gestalt eines gezähnten Flacheisenstreifens mit darunter hin und her bewegtem Messer. M. entwickelte eine unkomplizierte Vorrichtung in der Art des heute üblichen Mähbalkens. Ein anderes Problem war der Antrieb, der damals mit Pferden erfolgen mußte. Diese konnten nicht vor dem Schneidwerk gehen, ohne das zu mähende Getreide zu zertreten. 1826 hatte der Schotte P. BELL deshalb eine mit 12 Scheren ausgestattete Maschine entwickelt, die von Pferden geschoben wurde. Sie wurde lange Zeit verwendet, durchgesetzt hat sich aber bis zur Entwicklung des selbstfahrenden Mähdreschers die leichter dirigierbare gezogene Maschine mit seitlich auskragendem Schneidwerk, obwohl dieses höhere Stabilitätsanforderungen stellt. M. schuf dazu Vorrichtungen zum Binden der Garben mit Draht oder Garn und machte sie so zum Mähbinder. Auf vielen Ausstellungen und Messen, vor allem auch in Europa, errang M. Medaillen und Preise. Die Franz. Ak. d. Wiss. wählte ihn zum Mitgl.

M. spielte eine führende Rolle in der Demokratischen Partei des Staates Illinois sowie in der Presbyterianischen Kirche, an deren theologischen Seminaren er auch als Prof. wirkte und deren Bildungseinrichtungen er durch Stiftungen unterstützte. M. war auch Eigentümer mehrerer Zeitungen.

Die

Meckel, Johann Friedrich, Anatom, geb. 17. 10. 1781 Halle/Saale, gest. 31. 10. 1833 Halle/Saale.

M. war zu seiner Zeit der führende Vertreter der vergleichenden Anatomie in Deutschland und bereicherte diese und die pathologische Anatomie durch neue Beobachtungen und Ideen.

M. gehörte zur 3. Generation einer berühmten Ärzte-Familie. Sein Großvater Johann Friedrich M. war Prof. der Anatomie in Berlin, sein Vater Philipp Friedrich Theodor M. ein berühmter Chirurg, ärztlicher Geburtshelfer und gleichzeitig Universitätslehrer in Halle. Auch M. studierte an der Univ. Halle, wo unter anderem der Botaniker K. P. J. Sprengel, vor allem aber der Mediziner J. C. Reil zu seinen Lehrern zählten. 1801 ging M. an die Univ. Göttingen, um vergleichende Anatomie bei dem berühmten Naturforscher J. E. Blumenbach zu studieren. 1802 erwarb er an der Univ. Halle den Grad eines Dr. med. Zu Studienzwecken reiste M. nach Würzburg und Wien, unterbrach aber diese Reise infolge des Todes seines Vaters. 1805/06 arbeitete er bei und mit G. Cuvier in den vortrefflichen anatomischen Sammlungen in Paris und reiste mit wissenschaftlicher Zielsetzung durch Italien, Holland, England. Im Jahre 1808 wurde M. Prof. der normalen und pathologischen Anatomie, der Chirurgie und der Geburtshilfe an der Univ. Halle, wo er eine große Sammlung aufbaute und die Univ. Halle zum Zentrum der vergleichenden Anatomie in Deutschland werden ließ.

M. begann seine wissenschaftliche Arbeit unter dem Eindruck des Aufenthaltes bei Cuvier. Bis 1810 übersetzte er Cuviers fünfbändiges Werk »Leçons d'anatomie comparée« (Vorlesungen über vergleichende Anatomie).

M. suchte, aufbauend auf sorgfältiger Tatsachenkenntnis, allgemeine Gesetzmäßigkeiten für die Anatomie (»Bildungsgesetze«) zu finden. Im Unterschied zu Cuvier sah M. die Gemeinsamkeiten im Bauplan aller Tiere. Das »Gesetz der Mannichfaltigkeit« bedinge die Vielzahl der Tiere, das »Gesetz der Reduction« die Ähnlichkeit und damit Vergleichbarkeit. Die Tiere ließen sich je nach Differenziertheit der Organe in eine Stufenleiter von niederen zu höheren Tieren anordnen. Der Vergleich der verschieden starken Ausbildung desselben Organs bei verschiedenen Tieren erschien M., wie auch Cuvier, als Mittel, um die Funktion der Organe zu ermitteln, wenn man berücksichtigte, welche Besonderheiten die verschiedenen Tiere in der Lebensweise, mit der die Organausbildung zusammenhängt, besitzen. M. erkannte wie K. E. v. Baer und andere, daß in der Keimesentwicklung höherer Tiere Stadien durchlaufen werden, die einfacheren Tierarten entsprechen. Ein besonderer Forschungsgegenstand von M. wurden die Mißbildungen; deren Entstehung führte er auf natürliche Ursachen zurück. M. erkannte die Mißbildungen als Abweichungen vom normalen Entwicklungsgang der Organe, z. B. Hemmungsmißbildungen, bedingt durch den vorzeitigen Abbruch der Entwicklung, aber auch Überschußbildungen und andere Abweichungen vom normalen Bau der Organe rechnet er hierzu. Einzelne eingehendere anatomische Untersuchungen lieferte M. über das Schnabeltier (1826) und den Kasuar, über das Vogelgehirn, die Darmzotten u. a.

M. erörterte, wenn auch nicht in voller Konsequenz, die Abstammung der Tierformen voneinander. Urzeugung hielt er für viele Formen als gegeben.

M. war ab 1815, als Nachfolger Reils, Herausgeber der Ztschr. »Deutsches Archiv für die Physiologie« und ab 1826 von deren Nachfolgeorgan, dem »Archiv für Anatomie und Physiologie«. M. wurde gelegentlich auch als der »deutsche Cuvier« bezeichnet.

Nach M. ist der »Meckelsche Knorpel« benannt. Zi

Literatur: Meckel, J. F.: Beyträge zur vergleichenden Anatomie. 2 Bde. (Leipzig 1808–1812), System der vergleichenden Anatomie. 6 Bde. (Halle 1821–1831).

J. R. Mayer

J. F. Meckel

Mečnikov, → Metschnikow.

Meikle, Andrew, Müller und Landmaschinenbauer, geb. 1719, gest. 27. 11. 1811 Housten Mill bei Dunbar.

M. erfand die Trommeldreschmaschine mit Schlagleisten und erzielte damit einen entscheidenden Fortschritt in der maschinellen Verarbeitung landwirtschaftlichen Erntegutes.

Über M.s Jugend ist nicht viel bekannt. Sein Vater hatte im Auftrag eines großen engl. Landwirtschaftsunternehmens in den Niederlanden die Malzzubereitung studiert, und so kann man voraussetzen, daß M. von Hause aus mit Problemen der Getreideverwertung vertraut war. M. selbst wurde Mühlenpächter in Housten Mill, wo er bis zu seinem Lebensende lebte. Neben seiner Haupttätigkeit als Müller befaßte sich M. gerne mit mechanischen Aufgaben, speziell im Hinblick auf die Ernte und Aufbereitung von Getreide. 1768 soll er ein Patent für eine Mähmaschine erhalten haben, das jedoch für die Entwicklung auf diesem Gebiet keine Rolle spielte. Um 1778 hatte er auch schon eine Dreschmaschine gebaut und öffentlich vorgeführt, ohne damit Erfolg zu haben. Vermutlich ähnelte sie der 1734 patentierten Maschine des Advokaten M. Menzies, die den ersten Versuch darstellte, maschinell zu dreschen. Diese Maschine ahmte die Bewegung von Handdreschflegeln nach, von denen mehrere an einer Achse befestigt waren und durch halbe Drehungen dieser Achse schnell hin und her geschlagen wurden. Versuche dieser Art wurden um die Mitte des 18. Jh. in England vielfach unternommen. Die kapitalistische Umgestaltung der Wirtschaft machte schnelle Fortschritte, der Lebensmittelbedarf stieg, die Arbeitskräfte wanderten aus der Landwirtschaft in die Manufakturen ab und fehlten gerade bei der besonders arbeitsaufwendigen Getreideernte. 1784 hatte ein adliger Großgrundbesitzer aus M.s Nachbarschaft auf Reisen eine Dreschmaschine gesehen und zu Hause ein Modell davon anfertigen lassen. Dieses funktionierte jedoch nicht und wurde zu dem technisch versierten M. geschickt. Dieser sah bald den entscheidenden Fehler, der darin bestand, daß die Maschine nicht die für ihre Wirkung nötigen hohen Drehgeschwindigkeiten vertrug. So reifte in ihm die Idee einer Dreschmaschine, in der eine schnell drehende und entsprechend ausgelegte Trommel mit fest daran angebrachten Schlagleisten die Körner aus den Ähren herausschlägt. M. nahm sich dabei Maschinen zum Strähnen von Hanf zum Vorbild. Gegenüber der erwähnten Maschine von Menzies und anderen Konstruktionen, die mit Walzen die Körner aus dem Getreide zu pressen oder zu reiben suchten, erreichte er damit einen wesentlich besseren Effekt; dieses Arbeitsprinzip wird auch in heutigen Dreschaggregaten noch angewandt. Einer der Söhne M.s fertigte 1786 eine erste Maschine dieser Art für einen Landwirt. 1787 baute M. selbst eine Dreschmaschine, die durch Pferde in Gang gesetzt wurde.

Er beantragte auch ein Patent, erhielt es 1788 aber nur für England, nicht dagegen für Schottland, weil er dort die Maschine schon öffentlich gezeigt und bekannt gemacht hatte. M. richtete schließlich eine Manufaktur für die Produktion seiner Maschinen ein, hatte aber offensichtlich nicht viel Erfolg und betrieb sie nur bis 1789. Im Jahre 1809 wurde zu seiner Unterstützung eine Subskription veranstaltet, die über 1 500 Pfund erbracht haben soll. Unter den Spendern war sein Freund J. Watt.

M. erfand auch einen Mechanismus zum schnellen Verdrehen von Windmühlenblättern, um Schäden durch Windböen zu vermeiden. Die

Meitner, Lise, Physikerin, geb. 7. 11. 1878 Wien, gest. 27. 10. 1968 Cambridge (England).

M. war führend an der Erforschung der Radioaktivität, vor allem der α- und β-Strahlung, beteiligt und leistete einen wesentlichen Beitrag zur Entdeckung der Kernspaltung durch O. Hahn und F. Strassmann.

Als drittes von acht Kindern eines angesehenen Wiener Advokaten wuchs M. in einer politisch und künstlerisch aufgeschlossenen und anregenden Familienatmosphäre auf. Ihrem für ein Mädchen damals außergewöhnlichen Studienwunsch Physik wurde stattgegeben, und nachdem sie sich extern auf die Matura (Abitur) vorbereitet hatte – Mädchengymnasien gab es noch nicht –, bezog sie 1901 die Wiener Univ. Ihre Lehrer waren L. Boltzmann, F. S. Exner u. a.; 1906 promovierte sie über »Wärmeleitung in inhomogenen Körpern«. Danach wurde sie Assistentin bei St. Meyer, der sie in das Gebiet der Radioaktivität einführte. 1907 ging M. nach Berlin, um bei M. Planck ihr Wissen in theoretischer Physik zu vertiefen; 1912–1915 wirkte sie als dessen Assistentin, wofür sie ihr erstes geringes Gehalt bezog.

Im Herbst 1907 wurde M. mit Hahn bekannt, und es begann eine 30jährige enge Zusammenarbeit. Sie durfte mit in der Holzwerkstatt arbeiten, die Hahn im Berliner Chemischen Institut von E. Fischer für seine radioaktiven Experimente zugewiesen bekommen hatte. Das gesamte Institut durfte sie erst ab 1909 betreten, nachdem an Preußens Univ. auch Frauen offiziell zugelassen worden waren. 1912 wurde das Kaiser-Wilhelm-Institut (KWI) für Chemie in Berlin-Dahlem eröffnet, und Hahn wurde Leiter der kleinen Abteilung Radiochemie; M. arbeitete dort als unbezahlter Gast. 1913 ernannte man sie zum wissenschaftlichen Mitgl. 1915–1917 war sie Röntgenschwester im ersten Weltkrieg. 1918 wurde sie Leiterin einer eigenen physikalisch-radioaktiven Abteilung und 1919 Prof. Nachdem auch Frauen zum Hochschullehramt zugelassen worden waren, habilitierte sich M. 1922 an der Berliner Univ. mit einer Arbeit über β-Spektren und hielt seitdem Spezialvorlesungen zur Physik der Radioaktivität. 1926 wurde sie zum ao. Prof. ernannt.

Nach 1933 entließ man M. aufgrund ihrer jüdischen Herkunft aus der Lehrtätigkeit. Als österreich. Staatsbürgerin konnte sie jedoch bis zur Annexion Österreichs am KWI arbeiten. 1938 emigrierte sie nach Schweden und fand im Stockholmer Nobel-Institut für Physik eine neue Arbeitsstelle. 22 Jahre blieb sie in Stockholm (1947 Kgl. Technische Hochschule Stockholm, 1953 Kgl. Akademie der Ingenieurwissenschaften), bis sie 1960 in den Ruhestand trat und zu ihrem Neffen O. R. Frisch nach Cambridge zog.

Erster Erfolg der gemeinsamen Arbeit von Hahn und M. war 1909 die Entdeckung des radioaktiven Rückstoßes bei der α-Umwandlung und unter Anwendung dieser Rückstoßmethode die Entdeckung des Thorium-D (ThD, später als ThC'' bezeichnet), eines β-Strahlers. 1917/18 entdeckten sie das Protactinium (Element 91).

Die Erforschung der β-Spektren wurde in diesen Jahrzehnten Hauptarbeitsgebiet von M. Sie bestätigte die – zunächst bestrittene – Eigenschaft der β-Elektronen, ein kontinuierliches Energiespektrum aufzuweisen (1925); dies war eine Vorleistung für die Neutrinohypothese W. Paulis (1930). M. erbrachte außerdem den Nachweis, daß γ-Strahlen erst nach erfolgter Kernumwandlung aus dem Folgekern emittiert werden, und konnte die Reihenfolge von β-Zerfall und γ-Emission bestimmen.

In den 30er Jahren wurde die Zusammenarbeit von Hahn und M. wieder enger. E. Fermi hatte 1934 eine Theorie des β-Zerfalls aufgestellt und gezeigt, daß durch Neutronenbombardement Kernumwandlungen erreicht werden könnten. Da Fermi glaubte, auch das Element 91 erzeugt zu haben, begannen M. und Hahn als Entdecker dieses Elementes entsprechende Untersuchungen. 1934–1938 publizierten sie, meist gemeinsam mit dem Chemiker Strassmann, Assistent bei Hahn, 15 Arbeiten über Fragen der künstlichen Umwandlung des Uraniums durch Neutronen. Ausgehend von Fermis Hypothese, daß bei Neutronenbestrahlung stets Elemente mit höherer Ordnungszahl entstehen müßten, vermutete man als Umwandlungsprodukte Transurane.

Als Hahn und Strassmann Ende 1938 aus den experimentellen Befunden auf die Uraniumkernspaltung schließen mußten, teilten sie dies zuerst der inzwischen emigrierten M. mit. In wenigen Tagen bestätigte sie in gemeinsamer Arbeit mit Frisch aus physikalischer Sicht vermittels des Tröpfchenmodells von N. Bohr dieses Ergebnis, und beide berechneten gleichzeitig die Energiebilanz dieses Kernspaltungsprozesses. Anfang 1939 erschien ihr Artikel in der »Nature«.

Nach dem Kriege war M. des öfteren auf Vortragsreisen im Ausland. In ihren letzten Lebensjahren trat sie auch aktiv für die friedliche Nutzung der Kernenergie ein.

M. trat stets bescheiden auf, aber konsequent und leidenschaftlich in ihrer wissenschaftlichen Arbeit. Sie liebte Musik und Wandern. Von den zahlreichen Ehrungen seien auswahlweise genannt die Mitgliedschaften in den Akademien von Berlin, Halle, Stockholm und Wien sowie die Leibniz-Medaille der Berliner Akademie (1924), die Max-Planck-Medaille der Deutschen Physikalischen Gesellschaft (1949, BRD), der Otto-Hahn-Preis (1954, BRD), der Enrico-Fermi-Preis (1966, USA, zusammen mit Hahn und Strassmann). Ka

Literatur: Meitner, L.: Der Zusammenhang zwischen β- und γ-Strahlen, in: Ergebnisse der Exakten Naturwiss. 3 (1924), 160, (mit M. Delbrück): Der Aufbau der Atomkerne (Berlin 1935), (mit O. R. Frisch): Disintegration of Uranium by Neutrons; a new type of Nuclear Reaction, in: Nature (London) 143 (1939), 239, Wege und Irrwege der Kernenergie, in: Naturwiss. Rundsch. 16 (1963), 167.

Frisch, O. R.: Lise Meitner, in: Biographical Memoirs of Fellows of the Royal Society London, 16 (1970), 405–420 (mit sehr ausführlicher Bibliographie); Herneck, F.: Über die Stellung von Lise Meitner und Otto Hahn in der Wissenschaftsgeschichte, in: Z. Chem. 20 (1980) 7, 237–243; Kant, H.: Eine Physikerin auf dem Wege zur Entdeckung der Kernspaltung, in: Physik in der Schule 16 (1978) 10, 401–407; Kerner, Ch.: Lise Meitner, Atomphysikerin (Weinheim 1986); Krafft, F.: Lise Meitner und ihre Zeit, in: Angew. Chem. 90 (1978) 11, 876–892; Stolz, W.: Otto Hahn – Lise Meitner (2. Aufl. Leipzig 1989).

Mende, Johann Friedrich, Kunstmeister, geb. 3. 10. 1743 Lebusa (Niederlausitz), gest. 1. 7. 1798 Freiberg (Sachsen).

M. war der erste speziell für die Maschinentechnik angestellte Beamte in der für die Leitung des sächs. Erzbergbaus zuständigen staatlichen Bergbehörde. Besondere Leistungen waren die Einführung der Wassersäulenmaschinen in den sächsischen Bergbau, die Anlage eines Kanals zum

Erztransport per Schiff, dabei der Bau des ersten Schiffshebewerkes der Welt, und die Schiffbarmachung der Unstrut.

Als Sohn eines Mühlenbesitzers war M. von Jugend auf mit der Technik vertraut. Er wollte in Leipzig Mathematik studieren, wurde aber an die Bergakademie Freiberg empfohlen und studierte hier 1765–1767. M. wurde 1767 als Kunstmeister (d. h. Maschinenbeamter) am Bergamt Freiberg angestellt, erhielt 1770 dasselbe Amt bei allen sächs. Bergämtern, wurde 1778 zum Maschinendirektor ernannt und war damit der oberste Maschinenbeamte des sächs. Erzbergbaus.

Nachdem M. 1767 auf einer Studienreise in die Bergreviere des Harzes die 1749 dort vom Oberstleutnant G. Winterschmidt erfundene Wassersäulenmaschine kennengelernt hatte, baute er 1767–1769 auf der Grube »Siegfried« in Riechberg bei Freiberg die erste sächs. Wassersäulenmaschine sowie 1771–1777 drei weitere im Marienberger Bergrevier. Wassersäulenmaschinen sind Kolbenmaschinen, die durch den Druck der Wassersäule in einer hohen Rohrleitung (Abb.) betätigt werden. Sie waren fast ausschließlich im Bergbau anwendbar, da nur die tiefen Bergwerkstollen einen Abfluß des verbrauchten Kraftwassers ermöglichten. Den Wassersäulenmaschinen M.s war jedoch noch kein dauerhafter Erfolg beschieden, voll betriebsfähig waren erst die Jahrzehnte später von Ch. F. Brendel konstruierten. Auf zahlreichen Freiberger Gruben baute M. Fördermaschinen (Pferdegöpel und Wassergöpel) und Pumpenanlagen (Kunstgezeuge), ferner Wehre und Wasserleitungen. Den Kunstgraben (Graben mit Aufschlagwasser für die Wasserräder) der Grube »Churprinz« baute er 1788 auf 5,3 km Länge zu einem Kanal aus und richtete für den Transport des Erzes einen Verkehr mit 8,5 m langen und 1,6 m breiten Kähnen ein, die etwa 2,5 bis 3 t Erz faßten und talaufwärts getreidelt wurden. Dem Kanal waren mehrere Schleusen und in Rothenfurth bei Freiberg ein Schiffshebewerk zwischengeschaltet. Dieses wurde 80 Jahre genutzt und bestand aus dem Unterbecken, dem 6,3 m höher gelegenen Oberbecken und der Hebevorrichtung. Die Erzkähne wurden im Unterbecken an die fünffachen Flaschenzüge der Hebevorrichtung angehängt, gehoben, auf einem Zahnstangengetriebe mittels Laufkatze über das Oberbekken gefahren und durch die Flaschenzüge in das Wasser des Oberbeckens hinabgelassen. Durch die geringe Größe der zu hebenden Schiffe war begründet, daß das Rothenfurther Schiffshebewerk im Gegensatz zu späteren nicht mit einer Wanne arbeitete. Außerhalb des Bergbaus machte M. z. B. die Saale von Weißenfels bis Naumburg und die Unstrut von Naumburg über Nebra bis Bretleben schiffbar und legte dazu auch dort eine Anzahl Schleusen an. In seinen letzten Lebensjahren befaßte er sich mit der Dampfmaschine, schlug eine Zweizylindermaschine, allerdings noch nach dem Prinzip der Newcomenschen Feuermaschine, vor und verbesserte in Bottendorf/Unstrut die Feuerung einer bestehenden Maschine. Er starb, ehe er seine Dampfmaschine vollenden konnte.

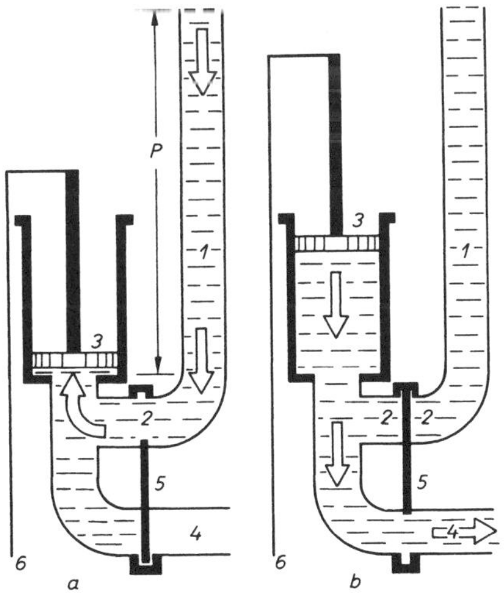

Wirkungsweise der Wassersäulenmaschine: *a* Beginn des Aufwärtsganges, *b* Beginn des Abwärtsganges. Pfeile: Bewegung des Wassers, *P* wirksamer Druck. *1* Einfallrohr, *2* Kommunikationsrohr, *3* Zylinder und Kolben, *4* Abfluß zum Stollen, *5* Steuerung (stark vereinfacht), *6* Pumpengestänge im Schacht

L. Meitner

G. J. Mendel

Die Kosten seiner technischen Anlagen, Projekte und Experimente deckte M. aus den von der Bergbehörde bewilligten Geldern und mit seinem eigenen hohen Gehalt, so daß er, der eine großzügige Lebensweise führte und Freunde und fremde Hilfsbedürftige unterstützte, bei seinem Tode Schulden hinterließ. Er war weit über die Grenzen Sachsens bekannt, bekam Angebote aus dem Ausland, blieb aber seinem Dienst im sächs. Erzbergbau treu. Wb

Literatur: Wappler, B.: Oberberghauptmann von Trebra und die drei ersten sächs. Kunstmeister, Mende, Baldauf und Brendel, in: Mitt. Freib. Altertumsverein 41 (1906), 69–178

Mendel, Johann Gregor, Genetiker, Züchter und Meteorologe, geb. 22. 7. 1822 Heinzendorf (Hynčice, ČSFR), gest. 6. 1. 1884 Brünn (Brno).

M. formulierte in den 60er Jahren des 19. Jh. aufgrund durchdachter Kreuzungsversuche bei Pflanzen und der statistischen Auswertung der Ergebnisse Grundgesetze der Vererbung, die nach ihrer »Neuentdeckung« 1900 zum Ausgangspunkt einer umfangreichen und exakten Vererbungsforschung wurden.

M. entstammte einer einfachen Bauernfamilie. Dorfschullehrer und Pfarrer wurden auf den talentierten Jungen aufmerksam und legten den Eltern nahe, ihn studieren zu lassen. Nach dem Besuch der Schulen in Leipzig (Lipnik) und Troppau (Opava) absolvierte M. 1843 das Gymnasium in Olmütz (Olomouc). Materielle Gründe und das Vorbild des Heinzendorfer Priesters J. Schreiber, der seine geistliche Funktion mit der Sorge um die Landwirtschaft verband, bewogen M., als Novize in das Augustiner-Kloster in Brünn einzutreten. Ab 1844 widmete er sich theologischen Studien und wurde 1847 zum Priester geweiht. Im Kloster herrschte eine lebendige intellektuelle Atmosphäre: Der Abt F. C. Napp war langjähriger Vizepräsident der Mährisch-Schlesischen Gesellschaft zur Förderung von Ackerbau, Natur- und Landeskunde, einer führenden mährischen wissenschaftlichen Institution, und ein Anhänger der Philosophie G. W. F. HEGELS; F. M. KLACEL betreute den Klostergarten; TH. BRATRANEK, der später J. W. v. GOETHES naturwissenschaftliche Korrespondenz mit dem Grafen K. STERNBERG und mit A. v. HUMBOLDT herausgegeben hat und gleichfalls ein begeisterter Botaniker war, lehrte Philosophie. M. besuchte in Brünn die Vorlesungen über Landwirtschaft von Prof. F. DIEBL, einem hervorragenden Fachmann für Obstbaukunde. 1849 begann er am Gymnasium in Znaim (Znojmo) Sprachen und Mathematik zu lehren, 1851–1853 studierte er schließlich an der Univ. Wien Naturwissenschaften (unter anderem Physik bei CH. DOPPLER und Botanik bei F. UNGER), um die Lehrberechtigung für Naturgeschichte an der Deutschen Staats-Oberrealschule in Brünn zu erlangen. M. bestand jedoch die Staatsprüfungen nicht und blieb somit nur Supplent (Hilfslehrer) bis 1868, als er zum Abt gewählt wurde. Außerhalb des Unterrichts widmete sich M. intensiv meteorologischen Beobachtungen, Versuchen mit Blumen, Obstbäumen und der Bienenzucht. 1860 gründete M. den Naturforschenden Verein in Brünn, hier veröffentlichte er seine wichtigsten wissenschaftlichen Arbeiten. Ein fortschreitendes Leiden, das Übermaß offizieller Pflichten und der geringe Anklang, den seine wissenschaftlichen Arbeiten fanden, verringerten allmählich M.s wissenschaftliche Aktivität.

M.s Werk erwuchs einerseits aus den reichen Traditionen der mährischen Züchter, andererseits aus seinen naturwissenschaftlichen Kenntnissen, insbesondere den mathematischen und physikalischen. Seine Kreuzungsversuche mit Erbsen (Pisum) begann er 1855. Durch wohldurchdachte Methodik und statistische Aufarbeitung der Ergebnisse unterschieden sich M.s Versuche vorteilhaft von den Arbeiten seiner Vorgänger (insbesondere A. SAGERET und CH. NAUDIN). M. untersuchte die Vererbung von 7 sich auffallend voneinander unterscheidenden Merkmalspaaren; er ging von der Voraussetzung aus, daß der Organismus durch eine Summe von Merkmalen repräsentiert wird, die sich unabhängig voneinander vererben (atomistische Vorstellung von der Vererbung unter Einfluß der damaligen Physik und Chemie). M. stellte folgendes fest: 1) Kreuzt man reinerbige Eltern, die sich in einem Merkmal unterscheiden, so sind alle Nachkommen (F_1) unter sich gleich, uniform (Uniformitätsgesetz). Dabei ist es gleichgültig, welcher Kreuzungspartner als Vater und welcher als Mutter dient; reziproke Kreuzungen sind gleich (Reziprozitätsgesetz). 2) Kreuzt man die Individuen der F_1-Generation untereinander oder befruchten sie sich selbst, so erhält man in der 2. Generation (F_2) eine Aufspaltung in festen Zahlenverhältnissen; bei intermediärem Erbgang im Verhältnis 1:2:1, bei dominantem Erbgang im Verhältnis 3:1 (Spaltungsgesetz). 3) Bei der Kreuzung mehrerer verschiedener Merkmale entstehen so viele Formen, wie es Kombinationsmöglichkeiten gibt, d. h., die Merkmale vererben sich unabhängig voneinander, ohne sich zu »vermischen« (Kombinationsgesetz). Seine Ergebnisse überprüfte und bestätigte M. durch Versuche mit Bohnen und einer Reihe weiterer Samenpflanzen. Von den angeführten Gesetzen war den Züchtern das erste und im Prinzip auch das zweite bekannt, aber erst M. hat sie methodisch fehlerlos aufgrund einer quantitativen (statistischen) Auswertung bewiesen. Die innere Ursache der Vererbung und Erscheinung von Merkmalen suchte M. in hypothetischen materiellen »Elementen«, die in den Keimzellen, d. h. in Ei- und Pollenzellen, enthalten sind und durch deren Zusammenkommen bei der Befruchtung die Basis für ihre Kombination oder Spaltung in den weiteren Generationen geschaffen wird. Damit schritt M. von der Merkmals- zur Faktorengenetik fort und antizipierte die Unterscheidung von Genotyp und Phänotyp, wie sie 1909 von W. JOHANNSEN getroffen wurde, der die Elemente M.s als »Gen« bezeichnete. Es ist wahrscheinlich, daß M. bereits verschiedene Zustandsformen eines Gens (Allele) und die Vererbung eines Merkmals durch mehrere Gene in Erwägung zog.

Die am 8.2. und 8.3.1865 auf den Sitzungen des Naturforschenden Vereins in Brünn vorgetragenen und ein Jahr später veröffentlichten Ergebnisse von M. fanden keinen adäquaten Widerhall. Auf Rat von C. W. v. NÄGELI, mit dem M. in Briefwechsel stand, begann er mit der Kreuzung verschiedener Arten der Gattung Hieracium (Habichtskraut). Hier traf er jedoch, ohne es zu wissen, auf ein zytogenetisch kompliziertes Material, so daß die Ergebnisse (1869) von den früher gewonnenen abwichen. Versuche mit Obstbäumen und Bienen wertete M. bereits nicht mehr aus.

Die Ursache, daß die Ergebnisse M.s zunächst von den Zeitgenossen nicht anerkannt wurden, ist vor allem im Vorurteil der damaligen Biologen gegen Ergebnisse zu suchen, die auf der Synthese verschiedener Wissenschaftsdisziplinen beruhten und durch ungewohnt exakte Mittel ausgedrückt waren. Erst nachdem die quantitative Auswertung sich als allgemeine Methodik auch in der Biologie durchgesetzt hatte, konnte sich auf Grundlage der wiederentdeckten MENDELschen Gesetze die experimentelle Vererbungsforschung als relativ selbständige biologische Disziplin (Genetik) konstituieren und nach Vereinigung der M.schen Erkenntnisse (Mendelismus) mit der zytologischen Forschung, vor allem durch das Verdienst von T. H. MORGAN und seiner Schule, zu einer führenden biologischen Disziplin werden.

M.s Persönlichkeit ist von einer Reihe zwiespältiger Züge gekennzeichnet. Er war ein ehrenhafter, äußerst gewissenhafter Priester und Wissenschaftler, der offensichtlich überempfindlich auf die zahlreichen Schwierigkeiten reagierte, auf die er in seiner Umgebung traf. Die wissenschaftliche Arbeit bestärkte M.s freidenkende Neigungen, mit denen er sich von den klerikalen Tendenzen abhob. In den 70er Jahren unterstützte er als einziger klerikaler Würdenträger in Mähren die liberale Regierungspolitik; als jedoch Maßnahmen gegen die Klöster verordnet wurden, verteidigte er hart und kompromißlos das Klostereigentum. Über M.s Religiosität sind gegensätzliche Meinungen geäußert worden, ebenso über seine Beziehung zum Darwinismus; für bewiesen kann angenommen werden, daß M. an die Traditionen seines Klosters anknüpfte, das durch die Unterstützung der wissenschaftlichen Forschung und durch seinen Widerstand gegen den engherzigen ideologischen und politischen Klerikalismus zur Zeit des Abtes NAPP fast seine eigene Existenz als Institution bedrohte (Konflikte mit dem Brünner Bischof), und daß der Mendelismus durch seine adäquate Erklärung der Vererbungs- und Variabilitätsproblematik objektiv eine Ergänzung von CH. DARWINS Evolutionstheorie darstellt. Jo

Literatur: Mendel, J. G.: Versuche über Pflanzenhybriden, in: Verh. des Naturforschenden Vereins Brünn 4 (1865), 3–47, Über einige aus künstlicher Befruchtung gewonnene Hieraciumbastarde, in: ebenda 8 (1869), 26–31.

Mendelejew (Mendeleev), Dimitri Iwanowitsch, Chemiker, geb. 27.1. (8.2.) 1834 Tobolsk, gest. 10.1. (2.2.) 1907 St. Petersburg (Leningrad).

M. vollbrachte mit der Aufstellung des Periodensystems der Elemente und der damit verbundenen Vorhersage unentdeckter Elemente eine der herausragendsten Leistungen in den Naturwissenschaften des 19. Jh.

M. wurde als 17. und letztes Kind des Dir. des Tobolsker Gymnasiums geboren. Die Mutter verließ 1849 mit ihm Sibirien (der Vater war 1847 verstorben), um ihm eine wissenschaftliche Ausbildung zu ermöglichen. Nach Überwindung großer bürokratischer Schwierigkeiten konnte M. schließlich 1850 als Regierungsstipendiat in das Pädagogische Hauptinstitut St. Petersburg eintreten. Unter dem Einfluß seines Lehrers A. A. Weskressenski veröffentlichte er schon als Student wissenschaftliche Arbeiten. Nach glänzendem Examen wurde er 1855 wegen seiner schlechten Gesundheit als Gymnasiallehrer nach Simferopol und Odessa geschickt. 1856 kehrte M. nach St. Petersburg zurück und verteidigte seine Magisterdissertation. 1857 wurde er Privatdoz. an der Univ. 1859 erhielt er die Möglichkeit zu einem zweijährigen Auslandsaufenthalt. M. ging nach Heidelberg und hörte R. Bunsens Vorlesungen, richtete sich aber ein eigenes kleines Laboratorium ein, um selbständig zu arbeiten. Im September 1860 nahm er am Internationalen Chemikerkongreß in Karlsruhe teil. Nach seiner Rückkehr nach St. Petersburg (1861) übernahm M. wieder Vorlesungen zur organischen Chemie. 1864 wurde er Prof. für Chemie am Technologischen Institut in St. Petersburg. Ein Jahr später verteidigte er seine Doktordissertation und erhielt die Professur für technische Chemie und 1867 schließlich für allgemeine Chemie an der Univ. 1890 gab M. als Folge einer Auseinandersetzung mit dem Minister für Bildung über die Studentenunruhen seine Professur auf. Drei Jahre später wurde er zum Dir. des Amtes für Maße und Gewichte berufen. Diese Funktion übte er bis zu seinem Tode aus.

In M.s ersten wissenschaftlichen Arbeiten über den »Isomorphismus« (1854) sowie über »Spezifische Volumina« (1856 Magisterdissertation) zeichnete sich bereits sein ausgedehntes physikalisch-chemisches Forschungsprogramm auf Basis der Atom- und Molekularvorstellungen Ch. F. Gerhardts ab, das später zur Aufstellung des Periodensystems führte. M. sah die Ursache der chemischen Reaktionen in den physikalischen und mechanischen Eigenschaften der Körper begründet, die es demzufolge näher zu untersuchen galt. Diesem Ziel waren auch seine Heidelberger Forschungen über Flüssigkeiten gewidmet, die in vier Publikationen zusammengefaßt sind. M. entwickelte darin eine empirische Formel zur Wärmeausdehnung von Flüssigkeiten, stellte einen Zusammenhang zwischen Molekularkohäsion und chemischer Reaktivität fest und gelangte zu der bedeutenden Entdeckung der »absoluten Siedetemperatur« als der Temperatur, bei der die Flüssigkeit unabhängig von Druck und Volumen in Dampf übergeht. Diese Temperatur wurde 1869 von Th. Andrews in seinen Untersuchungen als »kritische Temperatur« bezeichnet, allerdings ohne M.s Arbeiten zu erwähnen. M.s Auslandsaufenthalt war noch in einer anderen Hinsicht außerordentlich bedeutsam. Die Diskussion auf dem Internationalen Chemikerkongreß über grundlegende Begriffe der Chemie und besonders die Rede St. Cannizzaros übten auf M.s weitere Entwicklung und die Festigung seiner chemischen Ansichten einen entscheidenden Einfluß aus.

Nach Wiederaufnahme seiner Vorlesungen zur organischen Chemie (1861) an der Univ. von St. Petersburg verfaßte M. in sehr kurzer Zeit ein modernes, umfangreiches Lehrb. der organischen Chemie, das noch im gleichen Jahr erschien. Parallel dazu übersetzte und bearbeitete er die mehrbändige Enzyklopädie »Technologie nach Wagner«. Beide Werke waren eng mit theoretischen Forschungen (Grenztheorie der Verbindungen bzw. Studium der Lösungen) verbunden. Dieser charakteristische Zug im Schaffen M.s wurde besonders evident mit der Übernahme der Lehrverpflichtungen für anorganische Chemie. Auch hier ging er sofort an die Abfassung eines Lehrb. (»Grundlagen der Chemie«), das von 1869 bis 1906 acht Auflagen erlebte und für Generationen russ. Chemiker die Grundlage wurde. Noch bedeutungsvoller war die damit verbundene Suche nach einem einheitlichen Systematisierungsprinzip, die den Anstoß zur Aufstellung des Periodensystems der Elemente lieferte.

Zahlreiche Versuche zur Klassifizierung der Elemente gab es bereits vor M., z. B. J. W. Döbereiners Triaden (1829) und J. A. Newlands' Octaven (ab 1863); M. selbst nannte als seine Vorgänger besonders J.-B. Dumas und E. Lenssen. Sein System gründete sich auf die Größe der Atomgewichte (relative Atommassen). Die epochemachende Entdeckung der Periodizität erfolgte am 1. 3. (17. 2.) 1869. 18 Tage später wurde M.s Arbeit »Über den Zusammenhang zwischen den Eigenschaften und dem Atomgewicht der Elemente« vor der Russ. Chemischen Gesellschaft verlesen und wenig später in deren Journal veröffentlicht. Sie enthielt jene berühmten acht Thesen sowie die erste Tabelle des Perioden-

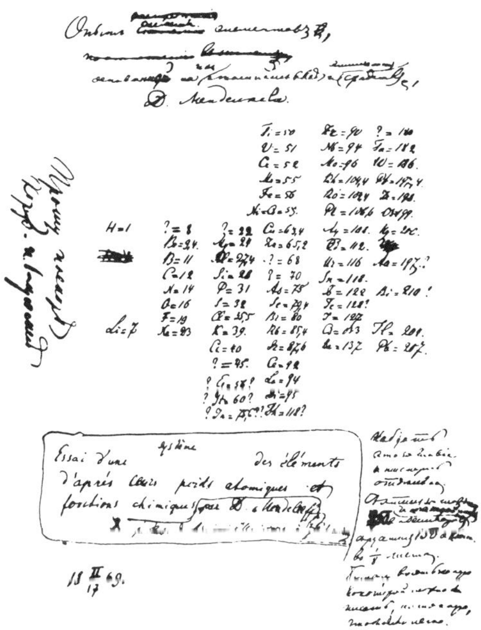

Autograph des Periodensystems von Mendelejew

systems. 1870 erschien eine ähnliche Tabelle von L. Meyer. 1871 folgte dann M.s umfassende Abhandlung »Über das natürliche System der Elemente ...«, worin er unter anderem bisher noch unbekannte Elemente voraussagte und anhand seines Systems bei drei Elementen genaue Angaben über zu erwartende Eigenschaften, Vorkommen und Darstellung machte. Obwohl M.s Arbeiten durch die Publikation in deutschen Zeitschriften bekannt waren, blieb die Anerkennung zunächst aus. Dies änderte sich schlagartig, als 1875 F. Lecoq de Boisbaudran mit dem Gallium M.s Eka-Aluminium entdeckte und die vorhergesagten Eigenschaften bestätigte. Das 1879 durch L. F. Nilson aufgefundene Scandium (M.s Eka-Bor), die Entdeckung des Germaniums (Eka-Silicium) 1886 durch C. Winkler sowie die Bestätigung der Zweiwertigkeit des Berylliums durch B. Brauner 1884 vervollständigten M.s großen Triumph. M. verfolgte zwar nach 1872 weiter die Ergebnisse der Forschungen zum Periodensystem, wandte sich aber selbst der Untersuchung der Elastizität der Gase zu. Dieses nahezu zehn Jahre bearbeitete Gebiet brachte allerdings keine grundlegenden Resultate. Danach nahm M. wieder das Problem der Lösungen auf und entwickelte in den »Untersuchungen wäßriger Lösungen nach dem spezifischen Gewicht« (1887) seine Hydrattheorie, die sich aber gegen die gleichzeitig erschienenen Theorien J. H. VAN'T HOFFS (Osmose) und L. ARRHENIUS' (elektrolytische Dissoziation) nicht durchsetzen konnte.

M. richtete bereits seit den 60er Jahren seine Aufmerksamkeit auch auf die ökonomische Entwicklung seines Landes und besonders auf die Nutzung der Naturreichtümer. So erhielt die russ. Erdölindustrie durch seine Arbeiten große Impulse. M. beschäftigte sich weiter intensiv mit anderen Industriezweigen; er verfaßte z. B. »Über die Weltbedeutung der Steinkohle des Donezbassins« (1888) und »Ural-Eisenindustrie 1899«. Außerordentlich wichtig wurde darüber hinaus seine Ausarbeitung eines neuen Zolltarifs zur Entwicklung der russ. Industrie (1891). In engem Zusammenhang damit standen für M. die Fragen der Volksbildung, denen er mehrere Publikationen widmete. Schließlich dokumentierte sich seine enorme Vielseitigkeit noch auf vielen anderen wissenschaftlichen und technischen Gebieten, wie der Metrologie, der Meteorologie, der Landwirtschaft und der Luftschiffahrt sowie dem Schiffbau, aber auch in der Auseinandersetzung mit dem Spiritismus oder in seinem Engagement für die Kunst.

So groß M.s Leistungen waren, so zahlreich waren auch die Auszeichnungen, mit denen er national und international geehrt wurde. M. war Mitgl. der bedeutendsten Akademien und Ehrendoktor vieler Univ., wurde aber nie Mitgl. der St. Petersburger Ak. d. Wiss., wofür seine progressive politische Haltung eine wesentliche Ursache war. Unter seinen Auszeichnungen seien besonders die Davy-Medaille (1882 zusammen mit L. MEYER) und die Copley-Medaille (1905) der Royal Society genannt. Im Jahre 1955 wurde diesem herausragenden Gelehrten noch eine besondere Ehrung zuteil. Das gerade entdeckte Element 101 erhielt den Namen des Schöpfers des Periodensystems der Elemente: Mendelevium. Schz

Literatur: Mendeleev, D. I. Organičeskaâ himiâ (Organische Chemie) (St. Petersburg 1861, 2. Aufl. 1863), Osnovy himii, 2 Bde. (St. Petersburg 1869/71, 8. Aufl. 1905/06), dtsch Grundlagen der Chemie (St. Petersburg 1892), Sočineniâ (Werke), Bd. 1–25 (Moskau/Leningrad 1934–1954).

Brauner, B.: Dmitri Iwanowitsch Mendelejew, in: Z. Elektrochemie 13 (1907), 90; Dobrotin, R. B. u. N. G. Karpilo: Biblioteka D. I. Mendeleeva (Leningrad 1980); Figurovski, N. A.: Dmitri Ivanovič Mendeleev (Moskau 1961); Kedrov, B. M.: Prognozy D. I. Mendeleeva o atomistike (Moskau 1977); Makarenâ, A. A.: D. I. Mendeleev i fisiko-himičeskie nauki (2. Aufl. Moskau 1982); Mladencev, M. N. u. W. W. Tišenko: Dmitri Ivanovič Mendeleev. Ego žizn' i deâtel'nost' (Moskau/Leningrad 1938); Lord Rutherford of Nelson: The periodic law and its interpretation, in: J. Chem. Soc. I (1934), 635; Smirnov, G. W.: Mendeleev (Moskau 1974); Tilden, W. A.: Mendeleeff memorial lecture, in: J. Chem. Soc.-Trans. 95 (1909), II, 2077; Walden, P.: Dmitri Iwanowitsch Medelejeff, in: Ber. Dtsch. Chem. Ges. 41 (1908), 4719; Zabrodski, G. A.: Mirovosrenie D. I. Mendeleeva (Moskau 1957).

Mercator, KRÄMER, KREMER, Gerhard, Kartograph und Geograph, geb. 5. 3. 1512 Rupelmonde bei Antwerpen, gest. 2. 12. 1594 Duisburg.

M. gilt als größter Kartograph seiner Zeit. Es gelang ihm als erstem, mit einer später nach ihm benannten Projektion eine für die Seeschiffahrt praktisch verwendbare Karte zu schaffen.

M., Sohn eines Schuhmachers, studierte 1530–1532 an der Univ. Leuven Mathematik und Philosophie bei G. FRISIUS, an dessen Erdglobus er vermutlich mitgewirkt hat. In Leuven arbeitete er danach als Kartograph und Instrumentenbauer. 1537 gab er eine Karte Palästinas heraus, 1538 folgte eine erste Weltkarte, und 1540 erschien nach dreijähriger Geländearbeit eine Karte von Flandern. Den ersten Erdglobus schuf er 1541, 1551 folgte ein Himmelsglobus, später eine regelrechte Globenproduktion. 1552 siedelte M. von Leuven nach Duisburg über. Die ältere Forschung begründet das mit konfessionellen Motiven, sicherer ist, daß ihn die vom Herzog von Jülich, Cleve und Berg erwogene Gründung einer Univ. in Duisburg dazu bewogen hat. Das 1559 als Vorstufe aus der alten Lateinschule entstandene »Novum linguarum et philosophiae Gymnasium«, an dem M. als Mathematiker lehrte, mußte 1563 zur Grammatikschule zurückgebildet und die erhoffte Universitätsgründung aufgegeben werden. In Duisburg arbeitete M. neben der Lehrtätigkeit auch als Landvermesser in herzoglichem Auftrag und setzte seine kartographischen und geographischen Arbeiten fort. Hierzu zählt unter anderem die epochemachende Karte von Europa von 1554. 1564 wurde er zum Kosmographen ernannt. In den folgenden Jahren reifte die Idee (vermutlich im Gedankenaustausch mit A. ORTELIUS, dessen »Atlas Theatrum Orbis Terrarum« 1570 erschien) eines mehrbändigen, Text- und Kartenteil umfassenden Kompendiums des geographischen Wissens; diese »Chronologia« erschien 1569. Im gleichen Jahr veröffentlichte M. auch seine aus 18 Blättern bestehende berühmte Weltkarte für Seefahrer, und 1578 folgten 27 revidierte Karten des PTOLEMAIOS. Danach begann er ab 1585 mit der Herausgabe seines großen Atlaswerkes, das in Teillieferungen erschien und erst nach M.s Tod komplett 1595 von seinem Sohn veröffentlicht wurde.

Die Erweiterung des geographischen Weltbildes durch die großen Entdeckungen des 15. und 16. Jh. hatten den Bedarf an Karten sprunghaft steigen lassen. Vor allem für die sichere Navigation wurden Karten benötigt, die über den Bereich des Mittelmeeres, den die bekannten Portolane gut erfaßt hatten, hinausgingen. Zahlreiche Kartographen versuchten, die Bedürfnisse nach neuen Karten zu erfüllen. Sie alle überragte M., der mit seiner Weltkarte von 1569 durch die Anwendung der winkeltreuen Zylinderprojektion die Voraussetzung schuf, Loxodrome (Kurven eines konstanten Kurses, die alle Meridiane im gleichen Winkel schneiden) als Gerade abzubilden. Mit dieser genialen Leistung hat M. der praktischen Schiffahrt einen unschätzbaren Dienst erwiesen. Noch heute werden nahezu alle Seekarten in MERCATORprojektion angefertigt. M.s geographisches Werk steht hinter dem kartographischen zurück. In der »Chronologia« erweist er sich als Anhänger aristotelischer Teleologie und ist noch um den Ausgleich zwischen aristotelischem und biblischem Weltbild bemüht. Andererseits versucht er, Naturbeobachtungen rational zu interpretieren, und zeigt sich dabei sowie in seinem Gesamtschaffen als würdiger Vertreter des Renaissance-Humanismus. Li

Literatur: Mercator, G.: Chronologia, hoc est temporum demonstratio exactissima ab initio mundi usque ad annum domini 1568 ex eclipsibus et observationibus astronomicis omnium temporum, sacris quoque bibliis et optimis quibusque scriptoribus summa fide concinnata (Chronologie, d. i. die genaueste Schilderung der Zeiten vom Anfang der Welt bis zum Jahre 1568 nach den Sonnen- und Mondfinsternissen und den astronomischen Beobachtungen aller Zeitabschnitte, auch mit den heiligen Büchern und den besten unter den Beschreibern im höchsten Maß übereinstimmend) (Köln 1569), Nova etaucta orbis terrae descriptio ad usum navigantium emendate accomodata (Neue und vergrößerte Erdkarte zum Gebrauch für Seefahrer verbessert und eingerichtet) (Duisburg 1569), Tabulae geographicae Cl. Ptolemaei (Köln 1578), Atlas sive cosmographicae meditationes de fabrica mundi et fabricati figura (Atlas oder Gedanken und Arbeiten eines Kosmographen betreffend die Erschaffung der Welt und die Gestalt des Geschaffenen) (Duisburg 1585 1. Lieferung 51 Karten; 1591 2. Lieferung 23 Karten; 1595 3. Lieferung 18 Karten; 1595 Gesamtausgabe 107 Karten).

D. I. Mendelejew

G. Mercator

O. Mergenthaler

I. I. Metschnikow

Breusing, A.: Gerhard Kremer gen. Mercator, der deutsche Geograph (Duisburg 1870); Kirmse, R.: Neue Arbeiten über Gerhard Mercator, seinen Sohn Arnold und Christian Sgroton. Eine Betrachtung der Veröffentlichungen von 1945–1960. Duisburger Forschungen V (1961); Mercator. Festschrift, Duisburger Forschungen VI (1962); Averdunk, H. u. L. Müller-Reinhard: Gerhard Mercator und die Geographen unter seinen Nachkommen, in: Pet. Geogr. Mitt., Ergänz.h. 182 (Gotha 1914); Palm, C. L.: Gerhard Mercator (1512–1594) und die Geographie des 16. Jh., in: Wiss. Z. Univ. Halle, Math. Nat. R. XXXIV, Heft 2 (1985).

Mergenthaler, Ottmar, Uhrmacher und Erfinder, geb. 11. 5. 1854 Hachtel bei Mergentheim/Württemberg, gest. 28. 10. 1899 Baltimore, USA.

M. schuf die erste betriebsfähige Setzmaschine, die Zeilensetzmaschine (Linotype), wodurch nach dem Druck und der Buchbinderei auch der Satz als letzter Zweig der Polygraphie mechanisiert wurde und damit erstmals seit J. Gutenberg in diesem Bereich die Produktivität wesentlich gesteigert werden konnte.

M. war der Sohn eines Lehrers und erhielt dadurch eine gute Allgemeinbildung. Nach dem Besuch der Volksschule lernte er 1868–1872 in Bietigheim den Beruf eines Uhrmachers; daneben besuchte er eine Fortbildungsschule. Als er seine Lehre abschloß, erlebte Deutschland den sogenannten Gründerkrach. M. sah deshalb kein Fortkommen und wanderte nach den USA aus, wo Verwandte lebten. In Washington fand er Arbeit in einer Fabrik für elektrische Apparate. Diese bekam den Auftrag zum Bau einer Versuchsmaschine, mit der für Druckzwecke Stahltypen in Pappstreifen geprägt werden sollten; die Zeilenstreifen sollten für das Gießen stereotypisierter Druckplatten zusammengestellt werden. Es war dies einer der vielen im 19. Jh. unternommenen Versuche, nach der Erfindung der Schnellpresse durch F. J. Koenig auch das Setzen zu mechanisieren und seine Produktivität der bedeutend gestiegenen Produktivität des Druckens anzugleichen. M. wurde dadurch zur Entwicklung einer Setzmaschine angeregt. 1883 war das erste Modell fertiggestellt. Das Prägen in Pappe hatte M. noch beibehalten, die prägenden Typen waren aber nicht mehr einzeln in die Pappe gedrückt, sondern M. brachte auf Metallstäben jeweils mehrere Buchstaben an; beim Bedienen der Tastatur fielen die Stäbe mehr oder weniger tief herab, so daß sich die gewünschten Typen zu einer Zeile ordneten, die dann insgesamt geprägt wurde. Das Gießen dieser Zeilen in Satzblei erfolgte außerhalb der Maschine. Die Typenstäbe wurden wieder mechanisch in das Magazin eingeordnet. Der nächste Entwicklungsschritt war, die Patrizenstäbe durch Matrizenstäbe, d. h. die erhabenen Typen durch eingravierte Typen zu ersetzen und die Zeilen direkt in der Maschine auszugießen, also auf die Pappprägung zu verzichten. Die Stäbe erwiesen sich jedoch als Störquelle, und M. ging deshalb 1885 zu Einzelmatrizen über, die nach dem Gießen einer Zeile mit Druckluft über einen selbsttätigen Verteiler ins Magazin zurückbefördert wurden. Dieses Modell wurde in größerer Stückzahl gebaut und vor allem in den US-amerikanischen Zeitungsdruckereien eingesetzt, wo es auf möglichst schnellen Satz ankam. 1890 schuf M. die heute noch bekannte Form der Matrizen, die von einem oberen Verteiler aus frei ins Magazin fallen. Die damit arbeitende Setzmaschine setzte sich in der ganzen Welt durch, nachdem alle anderen Versuche in dieser Richtung erfolglos geblieben waren. Etwas später wurde dann das Monotype-Verfahren zum maschinellen Setzen von Einzelbuchstaben entwickelt, das vor allem für wissenschaftliche Texte von Vorteil war. Beide Setzmaschinentypen beherrschten die Satztechnik bis zu ihrer gegenwärtigen Ablösung durch den Lichtsatz.

M. war 1888 schon einmal schwer erkrankt, hatte sich aber wieder erholt. 1896 mußte er sich dann endgültig aus der Arbeit zurückziehen. Die

Literatur: Schroeder, F.: Ottmar Mergenthaler. Leben und Schaffen (Berlin 1941).

Metschnikow (Mečnikov), Ilja Iljitsch, Biologe und Mediziner, geb. 3. (15). 5. 1845 auf einem Gute bei Charkow, gest. 2. (15.) 7. 1916 Paris.

M. war einer der bedeutendsten Embryologen des 19. Jh., er entdeckte die Phagozytose, forschte über verschiedene Infektionskrankheiten und stellte einige umstrittene medizinische Hypothesen (z. B. über das Dickdarmgift) auf.

M., dessen Vater Gardeoffizier und Gutsbesitzer war, studierte 1862–1864 an der mathematisch-naturwissenschaftlichen Fakultät der Univ. Charkow. M. war an fortschrittlichen Ideen interessiert und las die Bücher der mechanischen Materialisten. 1864 ging M. zu Forschungsarbeiten nach Helgoland, arbeitete in Gießen bei R. Leuckart, dann in Göttingen, München und Neapel. 1867 wurde M. Zoologiedoz. an der Univ. Odessa, ging aber 1868 nach St. Petersburg, im Anschluß daran wieder ins Ausland, nach Neapel und Messina. 1873–1883 war M. o. Prof. für Zoologie in Odessa; er kündigte diese Stellung aus Protest gegen politische Repressalien, die gegen Universitätsangehörige ergriffen wurden. 1886 wurde er Leiter eines neugegründeten bakteriologischen Institutes der Stadt Odessa. 1888 übersiedelte er endgültig nach Paris an das Institut von L. Pasteur.

1908 erhielt M. zusammen mit P. Ehrlich den Nobelpreis für Physiologie und Medizin.

M.s erstes wichtiges Arbeitsgebiet war die Keimesgeschichte niederer Tiere. Er erforschte seit dem Aufenthalt in Messina im Frühjahr 1868 die Keimesentwicklung von Kalkschwämmen, speziell von Sycon ciliatum. Dabei gelangte er zu Ergebnissen, die von denen Haeckels teilweise abwichen. Weitere embryologische Forschungen M.s galten der Keimesentwicklung der Coelenterata, besonders von Siphonophora (Staatsquallen).

Von entscheidender Bedeutung wurden 1877 M.s Untersuchungen über die intrazelluläre Verdauung bei niederen Tieren, nachdem er bei seinen embryologischen Forschungen festgestellt hatte, daß die Verdauungsorgane während der frühen Embryonalstadien der niederen Tiere ein solides, intrazellulär verdauendes Parenchym sind. M. erkannte, daß bei Spongien (Schwämmen), Turbellarien (Strudelwürmern) u. a. die intrazelluläre Verdauung auch im erwachsenen Zustand allgemein vorkommt. Er hatte sich dabei mit Forschern (z. B. P. KRUKENBERG) auseinanderzusetzen, die bezweifelten, daß im Zellinneren die Stoffe wirklich verdaut werden können. In der intrazellulären Verdauung sah M. ein Merkmal, das auf die Herkunft der einfachsten mehrzelligen Tiere von Protozoen hinweist.

M. stellte schließlich fest, daß die Wanderzellen, z. B. auch die weißen Blutzellen der höheren Tiere, ein Zelltyp sind, der phylogenetisch aus dem einstigen intrazellulär verdauenden Parenchym abgeleitet werden konnte. Er erkannte die Rolle dieser intrazellulär verdauenden Wanderzellen für die Vernichtung von Krankheitserregern, die in den Körper eingedrungen sind. Der Begriff »Phagozyte« (Bezeichnung für eine intrazellulär verdauende Blutzelle) stammt von dem Zoologen C. F. CLAUS.

In den Leukozyten (Wanderzellen, »Eiterzellen«) wurde damit ein spezifischer Typ von Blutzellen erkannt, der nicht, was auch angenommen worden war, nur eine pathologische Erscheinung ist. Der »Kampf« zwischen Parasiten und phagozytierenden Wanderzellen bot eine Erklärung für das Wesen der in der Medizin lange diskutierten »Entzündung«. Eingehende Beobachtungen über die Abwehr eingedrungener Parasiten bei Daphnien gelangen M. 1884. Schließlich fand M. die Phagozytose bei höheren Tieren, beispielsweise in der Abwehr von Milzbrand-Erregern bei Fröschen (1884), von »Erysipel«-Erregern (1887), Recurrens-Spirillen (1887) und in der Verdauung von Tuberkulosebakterien, letzteres beim Ziesel (1888). In Überschätzung seiner Entdeckung wurde von M. auch die unrichtige Ansicht vertreten, daß die Phagozytose der einzige Prozeß der Krankheitsabwehr im Organismus ist und alle Resistenz erklärt. Auch Schutzimpfungen würden nur die Leukozytentätigkeit anregen. 1903 gelang M. zusammen mit P. P. E. ROUX, einem franz. Bakteriologen, die Übertragung der Syphillis auf Affen. Dieser Versuch, wie auch spätere Versuche von anderen Forschern mit Kaninchen und Mäusen, diente dazu, die verwickelten Immunitätsverhältnisse bei dieser Krankheit zu klären und gegen ihre Erreger wirksame Mittel zu finden.

M. schrieb auch über allgemeinbiologische Fragen im Hinblick auf den Menschen; viel beschäftigten ihn die Ursachen von Altern und Tod. In dem Buch »Studien über die Natur des Menschen. Eine optimistische Philosophie« (1910) behandelte M. die vielen Disharmonien und Mängel des menschlichen Körpers, die darauf zurückzuführen sind, daß während der Evolution durch die Selektion zwar lebensfähige, aber nicht in allen Merkmalen vollkommene Lebewesen gebildet werden; M. bezeichnete es als wichtige Aufgabe der Medizin, diese Mängel zu korrigieren.

Seine nicht haltbare Ansicht, daß vom Dickdarm und seiner Mikrobenflora eine allgemeine Vergiftung des Körpers ausgeht, fand viel Beachtung; es wurde sogar die operative Dickdarmentfernung empfohlen, wenn noch gar keine Krankheitserscheinungen vorlagen. Zi

Literatur: Mečnikov, I. I.: Untersuchungen über die intrazelluläre Verdauung bei wirbellosen Thieren. Arb. Zool. Inst. Univ. Wien u. Zool. Stat. Triest, 5 (1883) 2, 1–28, Immunität der Infektionskrankheiten (Jena 1902), On the present state of the question of immunity in infections diseases. Nobel Lecture, December 11, 1908, in: Le Prix Nobel 1908: Studien über die Natur des Menschen. Eine optimistische Philosophie (Leipzig 1910).

Frolow, W. A.: Ilja Iljitsch Metschnikow (Leipzig 1984).

Meyer, Julius Lothar, Chemiker, geb. 19. 8. 1830 Varel (Oldenburg), gest. 11. 4. 1895 Tübingen.

M. ist es unabhängig von D. I. MENDELEJEW gelungen, eines der größten Probleme in der Geschichte der Chemie zu lösen: Auf der Grundlage qualitativ-periodischer Gesetzmäßigkeiten systematisierte er die chemischen Elemente. M. war ein ausgezeichneter Experimentalchemiker und hervorragender Lehrer. Er beschäftigte sich mit physikalisch-chemischen Fragen, bearbeitete gleichermaßen organisch- und anorganisch-chemische Probleme, leistete wesentliches zur Verbesserung der chemischen Experimentier- und Meßtechnik und nahm auch zu gesellschaftspolitischen, insbesondere zu bildungspolitischen Fragen öffentlich Stellung.

M. beendete seine Schulzeit aus gesundheitlichen Gründen erst mit 21 Jahren. Nach dem Vorbild seines Vaters studierte er in Zürich und Würzburg von 1851–1854 Medizin. 1854 promovierte er zum Dr. med. und setzte danach seine Studien in Heidelberg und Königsberg (Kaliningrad) fort. In Heidelberg erlernte er die von R. BUNSEN ausgearbeiteten gasometrischen Methoden und wandte sie bei physiologischen Untersuchungen an. Seine Erkenntnisse über die unterschiedlichen Wirkungen von Kohlendioxid und Sauerstoff auf den menschlichen Stoffwechsel veröffentlichte er in seinen Schriften »Über die Gase des Blutes« und »Über die Einwirkung des Kohlenoxidgases auf Blut«. In Heidelberg lernte M. auch F. BEILSTEIN, A. KEKULÉ und H. LANDOLT kennen. Dadurch wandte sich M. stärker der Chemie zu und habilitierte sich nach seiner Promotion zum Dr. phil. (1858) im Februar 1859 mit einer historisch-kritischen Abhandlung über »Die chemischen Lehren von BERTHOLLET und BERZELIUS« an der Univ. Breslau (Wrocław). Danach wurde er Assistent am physiologischen Institut dieser Univ. und hielt außerdem als Privatdoz. Vorlesungen über verschiedene spezielle chemische Probleme. Von 1866 bis 1868 war M. als Doz. an der Forstakademie in Eberswalde tätig. Im Frühjahr 1868 wurde er als o. Prof. an das Polytechnikum nach Karlsruhe berufen. Ab 1876 wirkte M. schließlich bis zu seinem Tode als Prof. der Chemie in Tübingen.

Als sich M. auf seine ersten Chemievorlesungen vorbereitete, erreichte ihn eine Einladung zum ersten Intern. Chemiker-Kongreß nach Karlsruhe. Hervorgerufen durch die stürmische Entwicklung der organischen Chemie, herrschte um die Mitte des 19. Jh. ziemliche Verwirrung in der Verwendung der Begriffe Atom, Molekül, Äquivalent und der von ihnen abgeleiteten Termini. Atom-, Molekül- und Äquivalentmassen (früher -gewichte) wurden oftmals synonym verwandt und in Tabellen gleichberechtigt zusammengefaßt. Offensichtlich war den meisten Chemikern der Unterschied zwischen Atom und Molekül nicht verständlich. Da für sie in erster Linie nur die tatsächlich reagierenden chemischen Einheiten, die stöchiometrischen Quantitäten – und das waren Atome und Moleküle gleichermaßen –, von Interesse waren, erkannten sie nicht die Notwendigkeit einer Unterscheidung. Darüber hinaus war die AVOGADROsche Regel, daß gleiche Volumina aller idealen Gase unter gleichen äußeren Bedingungen (Druck, Temperatur) die gleiche Anzahl Moleküle enthalten, wobei erstmals streng zwischen Atomen und Molekülen unterschieden wurde, weitgehend unbeachtet geblieben. Das wirkte sich hemmend auf die Entwicklung der Chemie insgesamt aus, und auf KEKULÉs Initiative hin wurde der o. a. Kongreß für 1860 einberufen, um im wissenschaftlichen Meinungsstreit eine Klärung herbeizuführen. Der Beitrag des bis dahin weitgehend unbekannten ital. Chemikers S. CANNIZZARO wurde für M.s weitere Arbeit bestimmend. CANNIZZARO hatte gezeigt, wie man die AVOGADROsche Regel systematisch anwenden und mit ihrer Hilfe die diskutierten Begriffe exakt definieren und damit voneinander abgrenzen kann. Die von CANNIZZARO empfangenen Anregungen führten M. zu der in seinem Buch »Die modernen Theorien der Chemie« (1864) enthaltenen Aufstellung von Elementgruppen nach ihrer Valenz. M. schloß damit an die seit J. W. DÖBEREINERS Triaden von M. v. PETTENKOFER (1850), W. OLDING (1857), B. DE CHANCOURTOIS (1863), J. A. R. NEWLANDS (1863–1866) u. a. unternommenen Versuche einer Systematisierung der Elemente an. Er gab seine Aufstellung im Zusammenhang mit grundsätzlichen Überlegungen über die Natur der Atome. Von ihnen nahm er an, daß sie »nicht untheilbare Grössen, vielmehr wiederum Verbindungen von Atomen höherer Ordnung« seien. Als diese »Atome höherer Ordnung« erahnte er einheitliche Elementarteilchen als Bausteine der Atome. Er leitete das aus den Atommassen der jeweils chemisch ähnlichen Elemente ab. Jedoch konnten erst 1932 M.s Vorstellungen mit dem Nachweis, daß alle Atome aus den drei Grundbausteinen Elektron, Proton und Neutron zusammengesetzt sind, endgültig bestätigt werden.

Im Dezember 1869 veröffentlichte M. seine klassische Abhandlung über »Die Natur der chemischen Elemente als Function ihrer Atomgewichte«. Auch der von ihm in dieser Arbeit aufgestellten Tabelle liegen die konstanten Massedifferenzen zwischen den Elementen einer Gruppe als ein Ordnungsprinzip zugrunde. Daneben stand jetzt aber auch die Ordnung der Elemente nach ihren steigenden Atommassen als zweites gleichberechtigtes Prinzip. Darüber hinaus suchte er nach weiteren Ordnungskriterien und analysierte die schrittweisen Eigenschaftsänderungen von Element zu Element nach dem Verhältnis von Atommasse und -volumen. Mit dem Atomvolumen als Ordinate und der Atommasse als Abszisse trug er alle damals bekannten 57 Elemente in ein Koordinatensystem ein. Das Ergebnis war verblüffend: Die entstandene Kurve zeigte deutlich periodisch wiederkehrende Maxima und Minima. Diese und die jeweils entsprechenden steigenden und fallenden Kurvenstücke stimmten genau mit den Elementeigenschaften, z. B. Aggregatzustand, Säure- und Basencharakter, elektrochemisches Verhalten oder Metallcharakter, überein. M. hatte damit kurze Zeit nach MENDELEJEW und unabhängig von diesem ein natürliches Periodensystem der Elemente geschaffen, das dem von MENDELEJEW gleichwertig, in einigen Punkten der Elementeinordnung sogar überlegen war. In beiden Systemen waren die Elemente nach ihren quantitativen und qualitativen Eigenschaften in ihrer Einheit geordnet, wobei die damals quantitativ-experimentell am genauesten bestimmbare Größe die Atommasse war. Noch heute findet man in den Chemielehrbüchern neben den bekannten lang- und kurzperiodischen Tabellendarstellungen des Periodensystems der Elemente oft die graphische Darstellung nach M.

Auch in seinen späteren Arbeiten kam M. immer wieder auf die exakte Ermittlung der Eigenschaften chemischer Elemente zurück. Dafür suchte er neue experimentelle Methoden und entwickelte Versuchsanordnungen, mit deren Hilfe er die physikalischen Reaktionsparameter in seine Analysen einbezog. 1883 führte er gemeinsam mit seinem Schüler K. SEUBERT eine Neuberechnung sämtlicher Atommassen durch.

In der organischen Chemie interessierten M. insbesondere die Substitutionsreaktionen des Chlors, Broms und Iods sowie die Nitrierungsreaktionen aromatischer Kohlenwasserstoffverbindungen. Er schlug auch eine der ersten zentrischen Konstitutionsformeln des Benzens vor. Gi

Literatur: Meyer, J. L.: Die modernen Theorien der Chemie und ihre Bedeutung für die chemische Statik (Breslau 1864, 2. Aufl. 1872, 3. Aufl. 1876, 4. Aufl. unter dem Titel: Die modernen Theorien der Chemie und ihre Bedeutung für die chemische Mechanik, 1883), Die Natur der chemischen Elemente als Function ihrer Atomgewichte, in: Liebigs Ann. Chem. Pharm., VII (Suppl.-Bd., 1870), 354, (mit K. Seubert): Atomgewichte der Elemente. Aus den Originalzahlen berechnet (Leipzig 1883), Grundzüge der theoretischen Chemie (Leizig 1890, 2. Aufl. 1893, 5., von E. Rimbach neubearb. Aufl., Bonn 1921).

Seubert, K.: Lothar Meyer, in: Ber. Dtsch. Chem. Ges. 28 (1896), 1109–1146.

J. L. Meyer

V. Meyer

Meyer, Victor, Chemiker, geb. 8. 9. 1848 Berlin, gest. 8. 8. 1897 Heidelberg.

M. leistete wichtige Arbeiten zur Thiophen- und Stereochemie sowie über Oxime und organische Iodverbindungen und entwickelte bedeutende Methoden zur Dampfdichtebestimmung.

M. begann 1865 auf Wunsch seines Vater, eines Kattunfabrikanten, Chemie zu studieren. Nach einem Semester bei A. W. v. HOFMANN in Berlin ging er zu R. BUNSEN nach Heidelberg, bei dem er 1867 promovierte und dann ein Jahr als Assistent arbeitete. Danach wechselte er zu A. v. BAEYER nach Berlin, um hier auf dem Gebiet der organischen Chemie zu arbeiten. 1871 wurde M. auf Empfehlung BAEYERS ao. Prof. an der TH Stuttgart. 1872 wurde er an die Polytechnische Hochschule nach Zürich berufen. 1885 wechselte M. nach Göttingen, und 1889 wurde er Nachfolger seines Lehrers BUNSEN in Heidelberg. Hier war M. bis zu seinem durch ein starkes Nervenleiden bedingten Freitod tätig.

M.s erste größere Arbeiten waren ab 1870 der Stellungsisomerie am Benzenkern gewidmet. Das Problem war mit der Anerkennung der Benzentheorie in das Zentrum organisch-chemischer Forschung gerückt. Nach ersten wichtigen Untersuchungen besonders von C. GRAEBE wies M. nach, daß die Salicylsäure entgegen der bisherigen Annahme zur ortho-Reihe gehört. Die richtige Zuordnung weiterer disubstituierter Benzoesäuren als ortho-, meta- oder para-Verbindungen brachte einen wesentlichen Fortschritt auf diesem Gebiet. Ebenso bedeutsam war 1872 die Entdekkung der aliphatischen Nitroverbindungen durch M. sowie unabhängig durch H. KOLBE. M.s Untersuchungen lieferten mit den Nitrolsäuren und Pseudonitrolen eine Methode zur Unterscheidung primärer, sekundärer und tertiärer Alkohole (Farbreaktionen). Die beobachtete Ähnlichkeit der Nitroalkane mit dem Acetessigester (Reaktionen mit Natrium) erschloß eine Vielzahl von Nitrosoverbindungen und führte 1882 zur Entdeckung des großen Gebietes der Oxime. Die Arbeiten M.s und seiner Schüler zur Isomerie dieser Verbindungen weckten in den folgenden Jahren ein starkes theoretisches Interesse und trugen wesentlich zur Ausweitung der stereochemischen Hypothese J. H. VAN'T HOFFS und J. A. LE BELS auf den dreiwertigen Stickstoff durch A. HANTZSCH und A. WERNER (1890) bei. M. prägte 1888 auch den Begriff »Stereochemie« und entdeckte 1894, daß große Atomgruppen Reaktionen in unmittelbarer Umgebung beeinflussen können (sterische Hinderung).

Den Ausgangspunkt einer weiteren bedeutenden Entdekkung bildete 1882 ein Vorlesungsversuch, bei dem die Indopheninreaktion als Benzennachweis bei Benzen, das nicht aus dem Steinkohlenteer stammte, versagte. Demnach mußte die Reaktion für eine andere Verbindung typisch sein. M. fand daraufhin das Thiophen und bestimmte dessen Konstitution. In den folgenden Jahren wurde die Thiophenchemie stark ausgebaut; 1888 faßte M. die Ergebnisse in dem Buch »Die Thiophengruppe« zusammen.

Vier Jahre später entdeckte M. bei dem Versuch, aus o-Iodbenzoesäure die entsprechende Nitrosäure zu erhalten, eine neue Klasse von Verbindungen, die sehr reaktionsfähigen Iodosoverbindungen, denen die Darstellung der Iodo- und Iodoniumverbindungen folgte.

M.s bekannteste physikalisch-chemische Untersuchungen betrafen die Molmassebestimmung durch Ermittlung der Dampfdichte. Die vorliegenden Verfahren waren nur bis 300 °C geeignet bzw. benötigten zu viel Substanz. M. verbesserte sie in den Jahren 1876–1878 besonders durch sein Luftverdrängungsverfahren, das einfach handhabbar war und auch bei hohen Temperaturen genaue Messungen ermöglichte. M. nutzte dann sein Verfahren, um die Zusammensetzung von Molekülen bei unterschiedlich hohen Temperaturen zu bestimmen. Zu erwähnen sind auf diesem Gebiet noch seine Arbeiten über die Reaktionsbedingungen bei explosiven Gasgemischen.

M. erwarb sich auch große Verdienste als Hochschullehrer. Besonders sein zusammen mit P. Jacobson herausgegebenes »Lehrb. der organischen Chemie« hatte außerordentlichen Erfolg. M. wurde mit zahlreichen Auszeichnungen, unter anderem der Davy-Medaille der Royal Society, geehrt. Er war Mitgl. vieler wissenschaftlicher Gesellschaften.

Schz

Literatur: Meyer, V.: Die Thiophengruppe (Braunschweig 1888), (mit P. Jacobson): Lehrb. der organischen Chemie (Bd. 1 Leipzig 1893, Bd. 2 Tl 1 Leipzig 1902, Tl 2 Leipzig 1903, Tl 3 Leipzig 1915).

Meyer, R.: Victor Meyer. Leben und Wirken eines deutschen Chemikers und Naturforschers (Leipzig 1917).

Meyerhof, Otto, Biochemiker, geb. 12. 4. 1884 Hannover, gest. 6. 10. 1951 Philadelphia.

M. war einer der führenden Biochemiker der ersten Hälfte des 20. Jh. Sein Hauptverdienst war, daß er, aufbauend auf Arbeiten von A. V. Hill über die Wärmeerzeugung im Muskel, grundlegende chemische Vorgänge bei der Muskeltätigkeit erkannte.

M. war der Sohn eines Kaufmannes, der bald nach der Geburt von M. von Hannover nach Berlin übersiedelte. Nach längerem Krankenlager wegen eines Nierenleidens unternahm M. mit einem Freunde mit 16 Jahren eine viermonatige Erholungsreise nach Ägypten. Schon als Oberschüler war er sehr belesen, kannte die Werke von J. W. v. Goethe, R. M. Rilke u. a. Nach dem 1903 abgelegten Abitur studierte M. Medizin an den Universitäten Freiburg, Berlin, Straßburg (Strasbourg) und Heidelberg. 1909 promovierte er zum Dr. med. Er widmete sich zunächst einige Zeit vor allem der Psychologie und Philosophie, wobei er vor allem die Werke der Philosophen J. F. Fries und L. Nelson studierte.

Die Weite seiner Interessen legte die Gefahr der geistigen Zersplitterung nahe. Als M. in Heidelberg bei dem Kliniker L. Krehl tätig war, wurde er unter dem Einfluß des damals in Heidelberg bei Krehl wirkenden Biochemikers O. Warburg zunehmend auf die Zellphysiologie gelenkt. Bei G. Bredig, damals ebenfalls in Heidelberg, wurde M. in die physikalische Chemie eingeführt. Außerdem forschte er zeitweilig an der Zoologischen Station in Neapel. 1912 übersiedelte M. nach Kiel, wo er bei dem Physiologen A. Bethe arbeitete und auch Vorlesungen über Physiologie hielt. 1915 wurde er Assistent am Institut für Physiologie an der Univ. Kiel, 1918 Prof. 1924 erhielt M. eine eigene biochemische Abteilung am Kaiser-Wilhelm-Institut für Biologie in Berlin-Dahlem, 1929 wurde er Dir. des neuen Kaiser-Wilhelm-Institutes für medizinische Forschung in Heidelberg. Unter seinen Schülern und Mitarbeitern befanden sich K. Lohmann, S. Ochoa, F. A. Lipman, D. Nachmansohn. Nach 1933 drohte M. als Juden Gefahr, und er mußte emigrieren. Er ging von einer Urlaubsreise in der Schweiz zunächst nach Paris, wo er wieder eine leitende Stellung fand. 1940 emigrierte M. nach dramatischen Fluchttagen unterstützt von Hill in die USA. Er erhielt hier eine eigene Forschungsstelle an der Pennsylvania-Univ. in Philadelphia und arbeitete auch in der Meeresbiologischen Station Woods Hole.

Im Jahre 1913 bereits äußerte M. bedeutende Gedanken »Zur Energetik der Zellvorgänge« in welchen das Problem dargelegt wurde, die Herkunft der nutzbaren Energie in Zellen zu erforschen. Hill hatte festgestellt, daß bei der Muskelkontraktion Wärme in zwei Phasen auftritt (1. »initiale« Wärme, 2. »verzögerte« Wärme). Das suchte M. durch die Ermittlung der zugrundeliegenden biochemischen Vorgänge zu interpretieren.

Aufbauend auch auf den Ergebnissen anderer Biochemiker, so namentlich von G. Embden und J. K. Parnas, stellte M. ab 1919 die Zwischenprodukte fest, über die der aus dem Glykogen gebildete Traubenzucker (Glucose) im tätigen Muskel zu Milchsäure abgebaut wird. Besonders wurde auch die Rolle von phosphorhaltigen Zwischenverbindungen deutlich. Die Umwandlungsschritte von Traubenzucker zur Milchsäure erwiesen sich bis auf den letzten Schritt als dieselben, die bei der alkoholischen Gärung der Hefezelle nachgewiesen wurden. Es zeigte sich damit die Identität entscheidender biochemischer Vorgänge in verschiedenen Zellen und bei verschiedenen Organismen. Es wurde für die so weitgehend gleichartige Form des biologischen Kohlenhydratabbaues der Begriff »Glykolyse« eingeführt.

1925 zeigte M., daß auch im zellfreien Muskelextrakt der Abbau von Glykogen über Traubenzucker zu Milchsäure erfolgt, er also offensichtlich von spezifischen Enzymen katalyisiert wird. M. gelangte zu der Auffassung, daß in der Erholungsphase des Muskels etwa $\frac{1}{5}$ der gebildeten Milchsäure wieder oxidiert und durch die dabei entstehende Verbrennungsenergie wie die übrige Milchsäure wieder zu Glykogen umgewandelt wird. Im Jahre 1940 stellte allerdings das Ehepaar C. F. u. G. Th. Cori (damals St. Louis, USA) fest, daß die Milchsäure des Muskels durch das Blut in die Leber transportiert und dort in Glykogen umgewandelt wird (Cori-Zyklus). M.s Erkentnisse wurden bald durch die Forschungen weiterer Biochemiker entscheidend fortgeführt, so durch M.s Mitarbeiter Lohmann, der 1934 die Rolle des ATP (und damit auch des ADP) für die Energiespeicherung und die Energiefreisetzung feststellte.

M. äußerte auch zahlreiche Gedanken über die Lebenserscheinungen allgemein.

1923 erhielt M. zusammen mit Hill den Nobelpreis für Physiologie und Medizin des Jahres 1922.

Zi

Literatur: Meyerhof, O.: Die chemischen Vorgänge im Muskel und ihr Zusammenhang mit Arbeitsleistung und Wärmebildung (Berlin 1930).

Michelson, Albert Abraham, Physiker, geb. 19. 12. 1852 Strelno (Preußen; heute: Strzelno, Polen), gest. 9. 5. 1931 Pasadena (Kalifornien, USA).

Hauptarbeitsgebiet von M. waren Präzisionsmessungen, insbesondere zur Bestimmung der Lichtgeschwindigkeit; damit wurde die exakte quantitative Messung auf ein neues Niveau gehoben. Seine Äther-Drift-Experimente, deren Ergebnisse den Vermutungen über die Existenz eines ruhenden Äthers widersprachen, stellen eine glänzende Bestätigung der speziellen Relativitätstheorie A. Einsteins dar.

Die Familie war 1855 in die USA ausgewandert und ließ sich in einem Goldsucherstädtchen in Kalifornien nieder, wo der Vater einen kleinen Laden betrieb. M. besuchte die High School von San Francisco; für ein Studium reichte das Geld aber nicht. 1869 erlangte M. eine Stipendienstelle an der U.S. Marine-Akademie in Annapolis. Nach Studienende 1873 diente er zwei Jahre, dann wurde er Physik- und Chemielehrer an der Marine-Akademie. 1880/81 erhielt M. von A. G. Bell ein Stipendium für einen Studienaufenthalt in Europa (Paris, Berlin, Heidelberg). 1882 wurde er Physikprof. in Cleveland (Ohio, USA), 1889 in Worcester (Massachusetts, USA), 1893 in Chicago, 1929 am Mount Wilson Observatorium in Pasadena. 1901–1903 war M. Präsident der Amerik. Physikalischen Gesellschaft, 1923–1927 der National Academy of Sciences.

M.s Arbeiten lassen sich in zehn Gruppen einteilen (nach R. A. Millikan), wovon die unter 1) und 3) genannten Arbeiten wohl die für die Entwicklung der Physik des 20. Jh. am bedeutendsten sind: 1) Messung der Lichtgeschwindigkeit (1878–1931), 2) Entwicklung des Michelson-Interferometers (insbesondere 1882), 3) Äther-Drift-Experimente (1880–1928), 4) erste Analyse der Feinstruktur der Spektrallinien (1894–1900), 5) Michelson-Stratton-Fourier-Analysator (1897), 6) Prinzip des Echelon-Spektrographen (1898), 7) Verbesserungen an Beugungsgittern (1902–1917), 8) erste genaue Messung der Starrheit der Erde (1916), 9) Entfernungsmesser für die US-Navy (1918) und 10) direkte interferometrische Messung des Durchmessers eines Fixsterns (1921).

Seine erste erfolgreiche Messung der Lichtgeschwindigkeit führte M. 1878 mit einer verbesserten Drehspiegelanordnung nach J. B. Foucault durch. Der Astronom S. Newcomb wurde auf ihn aufmerksam und regte weitere Verbesserungen von M.s Apparatur an. Der von M. 1882 ermittelte Wert der Lichtgeschwindigkeit von $c = (299\,853 \pm 60)\ \mathrm{km \cdot s^{-1}}$ galt mehr als 50 Jahre als der genaueste. Erst Meßmethoden mit modernen Geräten lieferten später genauere Werte.

Nach der Äthertheorie des Lichtes, einer der grundlegenden Theorien der klassischen Physik, die erst durch Einsteins Relativitätstheorie überholt wurde, sollte die Relativbewegung der Erde gegen den ruhenden Äther durch einen »Äther-Wind« meßbar sein. Angeregt durch eine Äußerung von J. C. Maxwell konstruierte M. ein entsprechendes Interferometer und führte erstmals 1881 während eines Studienaufenthaltes bei H. v. Helmholtz in Berlin und am Astrophysikalischen Observatorium Potsdam diesbezügliche Messungen aus. Das Ergebnis war negativ, d. h., eine Relativbewegung zum ruhenden Äther war nicht feststellbar. Auch die 1887 mit E. W. Morley in Cleveland mit einem verbesserten Interferometer vorgenommenen Experimente ergaben kein anderes Ergebnis. – Für die Begründung der speziellen Relativitätstheorie war der Michelsonversuch zwar kein Ausgangspunkt, wie oft dargestellt wird, er bestätigt aber das Relativitätsprinzip und war für das breitere Verständnis und die Durchsetzung der speziellen Relativitätstheorie nützlich.

1889–1893 bestimmten M. und Morley die Länge des als Etalon für das Meter bestimmten Stabes (Urmeter) in Sèvres bei Paris in Wellenlängen der roten Cadmiumlinie, wodurch ein materialunabhängiger Standard eingeführt

O. Meyerhof A. A. Michelson

wurde. Im Rahmen dieser Arbeiten entdeckten sie auch die Feinstruktur verschiedener Spektrallinien.

Für seine optischen Präzisionsinstrumente und -messungen erhielt M. 1907 den Nobelpreis für Physik. Obgleich er elf Ehrendoktorate erhielt, hat er – infolge seines spezifischen Ausbildungsganges – nie selbst promoviert. M. war eine komplizierte Persönlichkeit, weder an praktischer Verwertung seiner Erkenntnisse noch am politischen Leben interessiert. Es zog ihn immer wieder zu seinen Lichtgeschwindigkeitsmessungen, »... weil es so viel Spaß macht«. Ka

Literatur: Michelson, A. A.: Light Waves and Their Uses (Chicago 1903), dtsch Lichtwellen und ihre Anwendungen (Leipzig 1911), The relative motion of the earth and the luminiferous ether, in: Am. J. Sci. 22 (1881), 120–129, (mit F. G. Pease u. F. Pearson): Measurement of the Velocity of Light in a Partial Vacuum, in: Astrophys. J., 82 (1935), 26–61, dtsch in: J. H. Sanders: Die Lichtgeschwindigkeit – Einführung und Originaltexte. WTB-Reihe Bd. 57 (Berlin 1970).

Haubold, H. J., u. R. W. John: Albert A. Michelsons Ätherdrift-Experiment 1880/1881 in Berlin und Potsdam, in: NTM-Schriftenr. 19 (1982) 1, 31–45; Jaffe, B.: Michelson and the Speed of Light (New York 1960); Kant, H.: Michelson und seine Beiträge zur physikalischen Optik, in: Physik in der Schule 15 (1977) 12, 497–503; Melcher, H.: Ätherdrift und Relativität: Michelson, Einstein, Fizeau und Hoek, in: NTM-Schriftenr. 19 (1982) 1, 46–67; Michelson Livingston, D.: The Master of Light; A Biography of Albert A. Michelson (New York 1973); Millikan, R. A.: Albert Abraham Michelson, in: Biographical Memoirs of the National Academy of Sciences (Washington) 19 (1933), 121–146 (mit Bibliographie); »Michelson-Heft«, Astronom. Nachr. 303 (1982) 1, 2–96.

Millikan, Robert Andrews, Physiker, geb. 22. 3. 1868 Morrison (Illinois, USA), gest. 19. 12. 1953 San Marino (Kalifornien, USA).

M. hat mit einer Reihe von Präzisionsmessungen wichtige experimentelle Grundlagen für die Herausbildung der modernen Physik gelegt.

M., Sohn eines Predigers, wandte sich zunächst dem Studium der klassischen Sprachen zu. Erst mit 25 Jahren begann er 1893 an der Columbia-Univ. in Chicago ein Physikstudium. 1895 promovierte er mit einer Arbeit über die Polarisation des Lichtes, das von glühenden festen und flüssigen Oberflächen ausgeht. Danach ging M. zwei Jahre nach Deutschland, wo er vor allem bei W. H. Nernst und P. K. L. Drude arbeitete. 1910 wurde er zum o. Prof. an die Columbia-Univ. berufen. Neben seiner unmittelbaren wissenschaftlichen Tätigkeit erwarb sich M. große Verdienste als Autor von Lehrb., als Förderer des wissenschaftlichen Nachwuchses und beim Aufbau von Forschungseinrichtungen. So war er an der Planung und Organisation des National Research Council im Jahre 1916 führend beteiligt. Nach dem Eintritt der USA in den ersten Weltkrieg hat er wesentlich zur Mobilisierung der wissenschaftlichen Potenzen und des Ingenieurwesens des Landes beigetragen. 1921 ging M. an das California Institute of Technology nach Pasadena (Kalifornien), wo er sich bis zu seinem Ausscheiden 1946 mit großem Engagement der Entwicklung dieser Anstalt zu einer bedeutenden Lehr- und Forschungsstätte widmete. Gleichzeitig war er hier Dir. des Norman-Bridge-Laboratoriums für Physik. M. war vielfacher Ehrendoktor.

M.s Arbeiten zur experimentellen Bestimmung der elektrischen Elementarladung *e* begannen 1906. Die erste Berechnung von *e* erfolgte 1907 aus der Fallgeschwindigkeit eines ionisierten Nebels in der WILSONschen Expansionskammer ohne und mit elektrischem Feld. Um den störenden Einfluß der Verdunstung zu umgehen, verwandte M. später ionisierte Öltröpfchen, deren Sink- oder Steiggeschwindigkeit bei aus- bzw. eingeschaltetem elektrischem Feld er 1913 und 1917 zu immer präziseren Berechnungen der Ladung dieser Tröpfchen verwandte. Es zeigte sich auch hier, daß diese Ladungen ein ganzzahliges Vielfaches einer kleinsten Ladung, der elektrischen Elementarladung *e*, waren. Damit hatte M. einen wichtigen Beleg für die quantenhafte Struktur der elektrischen Ladung gegeben. Seit 1907 beschäftigte er sich mit der Bestimmung von h/e (h ist das PLANCKsche Wirkungsquantum) nach der Gegenfeldmethode, wobei er eine direkte experimentelle Bestätigung der EINSTEINschen Gleichung für den Photoeffekt liefern konnte. In der Zeit zwischen 1918 und 1924 stellte M. Untersuchungen über die äußere UV-Strahlung an. 1926 begannen im Anschluß an V. F. HESS umfangreiche Arbeiten über die kosmische Strahlung, die C. D. ANDERSON später fortsetzte.

Für seine wissenschaftlichen Arbeiten bekam M. 1923 den Nobelpreis für Physik verliehen; außerdem wurde er von wissenschaftlichen Gremien aus der ganzen Welt mit Medaillen, Orden und anderen Ehrenzeichen ausgezeichnet. Ge

Literatur: Millikan, R. A.: Mechanics, molecular physics and heat (Chicago 1902), Electricity, Sound and Light (Boston 1908), First course in physics (Boston 1913), The electron. Its isolation and measurement and the determination of some of its properties (Chicago 1918, Nachdruck: Chicago 1963), dtsch Das Elektron. Seine Isolierung und Messung. Bestimmung einiger seiner Eigenschaften (Übers. v. K. Stöckel, Braunschweig 1922), Practical physics (Boston 1920).

Regener, E.: R. A. MILLIKAN, in: Phys. Bl. 10 (1954), 227–229.

Minkowski, Hermann, Mathematiker, geb. 22. 6. 1864 Alexotas bei Kaunas (Litauische SSR); gest. 12. 1. 1909 Göttingen.

M. war einer der vielseitigsten Mathematiker seiner Zeit. Er ist der Schöpfer der Geometrie der Zahlen, der Theorie der konvexen Punktmengen (Konvexgeometrie) und der damit zusammenhängenden, heute nach ihm benannten Varianten der nicht-euklidischen Geometrien. Ferner war M. in bestimmtem Sinne der Vollender der speziellen Relativitätstheorie.

Schon während der Gymnasialzeit in Königsberg (Kaliningrad) beschäftigte sich M. mit höherer Analysis und Zahlentheorie und führte erste selbständige Untersuchungen durch. Mit 15 Jahren legte er das Abitur ab. 1880–1884 studierte er Mathematik und Physik in Königsberg und Berlin. Bereits in Königsberg begann die lebenslange, fachlich bedeutsame Freundschaft mit D. HILBERT. 1882 schloß M. seine erste große Arbeit zur Arithmetik der quadratischen Formen ab, für die er 1883 den »Grand Prix des Sciences Mathématiques« (»Großer Preis der Mathematischen Wissenschaften«) der Pariser Akademie erhielt. 1885 erfolgte seine Promotion an der Univ. Königsberg. Seit 1887 war er Privatdoz., seit 1892 ao. Prof. an der Univ. Bonn und ging 1894 als ao. Prof. nach Königsberg zurück, wo er 1895 Ordinarius wurde. Ab 1896 war er Ordinarius in Zürich, bis ihn HILBERT und F. KLEIN 1902 nach Göttingen holten. Dort starb er 1909 an einer Blinddarmentzündung.

M. eignete sich sehr frühzeitig das damalige Wissen über quadratische Formen an und trieb eigenständig die arithmetische Theorie der quadratischen Formen in beliebig vielen Variablen weit voran. Dabei gelangte er bereits zu Aussagen, die im Kern auf das von H. HASSE in voller Allgemeinheit bewiesene, fundamentale Lokal-Global-Prinzip für quadratische Formen hinauslaufen. M. benutzte damals in überraschend fruchtbarer Weise die von ihm entdeckten Eigenschaften von zentralsymmetrischen konvexen Punktmengen, deren große selbständige Bedeutung er als erster erkannte und deren Untersuchung er zur Geometrie der Polyeder und zur Konvexgeometrie ausbaute. Weitere wichtige Anwendungen auf die Arithmetik der endlichen Zahlkörper (insbesondere Diskriminantenabschätzungen) und die Approximation algebraischer Zahlen durch rationale (kettenbruchähnliche Algorithmen) schlossen sich an. 1893 wurden M. und HILBERT von der Deutschen Mathematiker-Vereinigung mit der Abfassung eines »Berichts über die neuere Entwicklung der Zahlentheorie« betraut. Letzten Endes lieferte jeder der beiden Partner seinen starken eigenschöpferischen Beitrag, und zwar M. sein Buch »Geometrie der Zahlen«. M. hatte auch Einfluß auf die Abfassung von HLBERTS berühmten Vortrag »Mathematische Probleme« (Paris 1900).

Naturwissenschaftlich bedeutsam ist M.s geometrische Deutung der Kinematik der speziellen Relativitätstheorie im vierdimensionalen Raum-Zeit-Kontinuum mit einer indefiniten metrischen Fundamentalform (MINKOWSKI-Welt). Weitere Arbeiten zur Physik betrafen die Hydrodynamik und die Theorie der Kapillarität. Der Physiker M. BORN war Mitarbeiter von M. in Göttingen. Neu

Literatur: Minkowski, H.: Geometrie der Zahlen. Lieferung 1, 2 (Leipzig 1896, 1910), Diophantische Approximationen (Leipzig–Berlin 1907), Gesammelte Abhandlungen, 2 Bde. (Hrsg. A. Speiser u. H. Weyl, Leipzig – Berlin 1911, Reprint: New York 1967), Briefe an David Hilbert (mit Beiträgen und hrsg. von L. Rüdenberg u. H. Zassenhaus, Berlin – Heidelberg – New York 1973).

Mintrop, Ludger Benedict, Markscheider und Geophysiker, geb. 18. 7. 1880 Essen-Heidhausen, gest. 1. 1. 1956 Essen-Werden.

M. hat Grundlegendes zur Entwicklung der angewandten Geophysik, insbesondere der Prospektionsseismik (Sprengseismik), beigetragen.

M., Sohn eines Landwirts, arbeitete nach dem Besuch des Essener Realgymnasiums bis Prima zunächst 1900–1902 praktisch im Ruhrbergbau. Seine Lehrer waren die Markscheider H. LEIPOLD (Essen) und B. MEERBECK (Dortmund). 1902/03 besuchte M. Vorlesungen an der Bergakademie, der Landwirtschaftlichen Hochschule und der Univ. in Berlin. Im Herbst 1903 machte er das Abitur als Externer am Realgymnasium Aachen und studierte 1903–1905 an der TH Aachen. 1905 legte M. die Markscheiderprüfung am Oberbergamt Dortmund ab und war 1905–1907 Assistent und Doz. an der TH Aachen. Nebenberuflich arbeitete er als Markscheider auf der Zeche Nordstern bei Herzogenrath. 1907/08 vervollkommnete M. seine geophysikalische Ausbildung und unternahm bahnbrechende Versuche mit künstlichen Erdbeben an der Univ. Göttingen. 1908–1914 und 1918–1921 war er Lehrer an der Bergschule Bochum und gleichzeitig Leiter der Erdbeben-, Erdmagnetischen und Wetter-Warte sowie der Abteilung Kartenwesen dieser Lehranstalt. 1911 wurde er an der Univ. Göttingen zum Dr. phil. promoviert. Am 4. 4. 1921 gründete M. zusammen mit fünf rhein.-westfäl. Montankonzernen die Seismos GmbH, eine Gesellschaft zur Erforschung der

R. A. Millikan

H. Minkowski

L. B. Mintrop

E. Mitscherlich

Gebirgsschichten und nutzbaren Lagerstätten (Hannover), und leitete sie als Dir. bis 1934. 1928–1945 wirkte er als Ordinarius und Dir. des Institutes für Markscheidekunde und Angewandte Geophysik der TH Breslau (Wrocław), seit 1938 auch als Prof. an der Univ. Breslau. 1930 wurde M. Honorary member der Society of Exploration Geophysicists und Mitgl. der Deutschen Akademie der Naturforscher Leopoldina. 1946–1948 war er Gastprof. für Markscheidekunde und Geophysik an der TH Aachen. 1949 promovierte ihn die Montanistische Hochschule Leoben zum Dr. mont. h. c. 1950 wurde M. Ehrenmitgl. der Deutschen Geophysikalischen Gesellschaft und des Deutschen Markscheider-Vereins.

Den entscheidenden Kontakt zur angewandten Geophysik verdankte M. vor allem K. Haussmann (Aachen) und E. Wiechert (Göttingen); unter letzterem gab M. der Seismologie jene angewandte Richtung, die als Prospektionsseismik bei der geophysikalischen Lagerstättenerkundung ihre Krönung fand. Zur Erzeugung elastischer Wellen benutzte M. ein 1908 auf dem Gelände des Geophysikalischen Instituts Göttingen erbautes, etwa 15 m hohes Fallwerk (Masse der Stahlkugel: 4 000 kg), außerdem führte er Versuche über die Ausbreitung der von Maschinen erzeugten Bodenschwingungen durch. Die unter Wiechert in Göttingen vorgenommenen seismischen Untersuchungen setzte er engagiert als Leiter der berggewerkschaftlichen Erdbebenwarte Bochum fort. Anfangs registrierte M. mit einem Wiechertschen Horizontalpendel (1906), später entwickelte er selbst hochempfindliche und transportable Seismographen. Von seinen Instrumenten sind besonders bekannt geworden der photographisch registrierende Dreikomponenten-Seismograph (1911), das Horizontal- und Vertikalpendel (1917) sowie das photographische Registriergerät (1917). 1919 legte M. sein Hauptpatent »Verfahren zur Ermittlung des Aufbaus von Gebirgsschichten« (DRP 371 963) vor. Grundgedanke dieses Patentes war es, daß an der Grenzfläche zweier Medien von hinreichend unterschiedlicher Dichte die sogenannte »Grenzwelle« oder »Kopfwelle« auftritt und es über die Messung von Laufzeiten künstlich erzeugter und an Schichtgrenzen refraktierter Wellen möglich ist, Rückschlüsse auf den Aufbau des Erdinneren zu ziehen. Damit folgte M. der von Wiechert 1907 aufgestellten und zusammen mit K. Zoeppritz und anderen erprobten Theorie der Erdbebenwellen. Die Grenz- oder Kopfwelle hatte er im August 1919 durch vergleichende Untersuchungen an den von ihm in Göttingen seit 1907/08 aufgenommenen Seismogrammen entdeckt. Nachdem W. C. Salm 1934 theoretische Ergebnisse über die Energieverhältnisse der Grenzwelle publiziert hatte, gelang es O. v. Schmidt 1936, die Grenz- oder Kopfwelle im Laborexperiment nachzuweisen. Zu Ehren von M. wurde diese Welle Mintrop-Welle genannt. Der Mintropschen Refraktionsseismik war ein großer wirtschaftlicher Erfolg beschieden. Mit Hilfe des Mintropschen Verfahrens war es möglich, von der Erdoberfläche aus und ohne zeit- oder kostenintensive Bohrungen sowie ohne Schachtabteufen verdeckte Strukturen zu erkunden. Um die Anerkennung seiner Patentrechte mußte M. im In- und Ausland einen harten (am Ende aber doch siegreichen) Kampf führen. M. beschäftigte sich jedoch nicht nur mit der Refraktionsseismik, sondern erprobte bereits 1920 die Reflexionsseismik praktisch im Gelände. Im Ruhestand widmete er sich der Untersuchung von Großsprengungen, den Möglichkeiten ihrer Auswertung zur Gliederung der Erdkruste, den Fragen des tieferen Alpenuntergrundes, der Isostasie und anderem. Als Markscheider wurde M. durch den Entwurf eines geologischen Modells des rhein.-westfäl. Steinkohlenbezirks im Maßstab 1 : 10 000 sowie durch die mit P. Kukuk ausgeführte Berechnung der Kohlenvorräte des rechtsrhein.-westfäl. Steinkohlenbeckens bekannt. Schm

Literatur: Mintrop, L.: Die Erdbebenstation der Westfäl. Berggewerkschaftskasse in Bochum, in: Glückauf 45 (1909), 357–366, 393–403, Über die Ausbreitung der von den Massendrucken einer Großmaschine erzeugten Bodenschwingungen (Phil. Diss. Göttingen 1911), Die Erdbebenwarte der Westfäl. Berggewerkschaftskasse in Bochum, in: Gerl. Beitr. Geophysik 11 (1912), Kl. Mitt. 95–103, Neue Flöz- und topographische Übersichtskarten des rechtsrhein.-westfäl. Steinkohlenbezirks, in: Glückauf 48 (1912), 1285–1294, Eine neue Darstellung der Steinkohlenablagerung im rhein.-westfäl. Bezirk, in: Glückauf 50 (1914), 689–692, Einführung in die Markscheidekunde mit besonderer Berücksichtigung des Steinkohlenbergbaus (Berlin 1912, 2., verb. Aufl. Berlin 1916), Zur Geschichte des seismischen Verfahrens zur Erforschung von Gebirgsschichten und nutzbaren Lagerstätten (Hannover 1930), Zur wirtschaftlichen Bedeutung der geophysikalischen Erforschung von Gebirgsschichten und nutzbaren Lagerstätten, in: Mitt. Markscheidewesen 48 (1937), 109–132, Geophysikalische Verfahren zur Erforschung von Gebirgsschichten und Lagerstätten, in: Der deutsche Steinkohlenbergbau, Bd. 1 (Essen 1942), Über Anwendung der seismischen Verfahren im Erdölbergbau und ihre wirtschaftlichen und wissenschaftlichen Auswirkungen, in: Oel u. Kohle 39 (1943), 269–287, 100 Jahre physikalische Erdbebenforschung und Sprengseismik, in: Naturwiss. 34 (1947), 257–262, 289–295, Wirtschaftliche und wissenschaftliche Bedeutung geophysikalischer Verfahren zur Erforschung von Gebirgsschichten und nutzbaren Lagerstätten, in: Berg- u. hüttmänn. Monatsh. 94 (1949), 198–211, Der Untergrund der Kontinente und Ozeane, in: Ann. Geof. 5 (1952), 163–220, Das Problem der Gebirgswurzeln, in: Geol. Rdsch. 41 (1953), 67–78.

Mitscherlich, Eilhard, Chemiker, geb. 7. 1. 1794 Neuende (Niedersachsen), gest. 28. 2. 1863 Berlin.

Mit seiner Entdeckung der Isomorphie 1819 beeinflußte M. grundlegende Vorstellungen in der Chemie, Kristallographie und Mineralogie seiner Zeit.

Nach dem Schulbesuch in Jever begann M., Sohn eines Pfarrers, zunächst an der Univ. Heidelberg mit dem Studium der Orientalistik, das er auch in Paris betrieb. Er nahm dann an der Univ. Göttingen ein Medizinstudium auf und hörte in diesem Rahmen auch Vorlesungen zur Chemie. Dort wurde er 1817 mit einer Dissertation zur pers. Geschichte promoviert. Durch die Vorlesungen von F. Stromeyer festigte sich sein Interesse an der Chemie, und M. ging 1818 nach Berlin, um in einem Privatlaboratorium chemische Arbeiten auszuführen. Nach seiner Entdeckung des Isomorphismus arbeitete er mit Unterstützung des preuß. Staates zwei Jahre bei J. J. Berzelius in Stockholm und kehrte 1821 nach Berlin zurück. Hier wurde er 1822 zum ordentlichen Mitgl. der Ak d. Wiss. gewählt und zum ao. Prof. an der Berliner Univ. ernannt; 1825 erhielt er das Ordinariat für Chemie. Bis zu seinem Lebensende war er an der Univ. Berlin tätig.

Die Entdeckung der Isomorphie durch M. lenkte die Aufmerksamkeit auf die Beziehungen von Chemismus und Form bzw. Tracht bei natürlichen und künstlichen Kristallen. R. J. Haüy war zu der Erkenntnis gekommen, daß jedem chemisch einheitlichen Stoff eine charakteristische Gruppe von Kristallgestalten entspricht. Scheinbar im Widerspruch zu dieser kristallchemischen Beziehung fand M., daß chemisch verschiedenartige Substanzen unter bestimmten Voraussetzungen eine gleichartige oder mindestens sehr ähnliche Kristallgestalt haben können. Durch sorgfältige Winkelmessungen an entsprechenden Kristallen konnte er die Erscheinung an KH_2AsO_4 und KH_2PO_4 bzw. an $NaH_2AsO_4 \cdot 2H_2O$ und $NaH_2PO_4 \cdot 2H_2O$ beweisen. Damit deckte er Beziehungen zwischen Kristallform und Chemismus verschiedener Substanzen auf, was für das Verständnis bestimmter natürlicher Phänomene von großer Bedeutung war und für die Entwicklung der Kristallchemie im 19. Jh. einen wichtigen Impuls gab. Auf dieser Basis ist die lückenlose Legierung von Gold und Silber erklärbar, und auf der gleichen Grundlage bilden sich die Granatmischkristalle (Pyrop-Almandin) oder die isomorphen Reihen der Plagioklase in der Feldspatgruppe (Albit-Anorthit). – 1822 machte M. eine weitere wichtige Entdeckung auf dem Gebiet der Kristallographie, die der Polymorphie. Diese Erscheinung äußert sich folgendermaßen: Verbindungen (z. B. Carbonate), die nach den üblichen Erfahrungen isomorph sein sollten, verhalten sich trotz der Analogien in ihrer chemischen Konstitution nicht so und bilden zwei Gruppen. So kristallisiert Calciumcarbonat in beiden Gruppen, einmal als Calcit und dann als Aragonit. Eine chemische Verbindung oder auch ein chemisches Element (z. B. Kohlenstoff, Schwefel) kann unter verschiedenartigen Bedingungen unterschiedliche Kristallarten bilden. Seine Untersuchungen über die Polymorphie veröffentlichte M. 1823 in den Abhandlungen der Berliner Ak. d. Wiss.

Auf dem Gebiet der anorganischen Chemie entdeckte M. 1827 die Selensäure, die auf Untersuchungen zur Isomorphie schwefel- und selensaurer Salze basierte. Weiter beschäftigte er sich mit mangansauren Verbindungen und Nachweisverfahren von weißem Phosphor mit Hilfe der Chemolumineszenz. Bei seinen Arbeiten mit organischen Verbindungen gelang ihm die Nitrierung aromatischer Kohlenwasserstoffe, er entdeckte das Azobenzen, die Ausgangssubstanz für die Azofarbstoffe. Bei seinen Experimenten mit organischen Verbindungen fand M. auch Reaktionen mit Substanzen, die Veränderungen bewirkten, ohne dabei selbst in Verbindungen einzugehen oder sich zu verändern. Er nannte sie »Kontaktsubstanzen«. Erst danach bezeichnete Berzelius diese Phänomene als Katalyse.

M.s Sohn Alexander M. (geb. 28. 5. 1836 Berlin, gest. 31. 5. 1918 Oberstdorf) wirkte als Prof. der Chemie 1868–1883 in Hannoversch-Münden. Er erwarb sich vor allem Verdienste bei der Vervollkommnung des Sulfitverfahrens, eines Verfahrens zur Herstellung von Zellstoff aus Holz, das 1874 die Großproduktion von Papier einleitete. Eilhard Alfred M. (geb. 29. 8. 1874 Berlin, gest. 3. 2. 1956 Paulinenaue (Bezirk Potsdam)), Sohn von Alexander M. und Enkel von M., war Prof. der Univ. in Königsberg (Kaliningrad) und der Humboldt-Univ. Berlin. Als Agrikulturchemiker befaßte er sich mit Problemen der Bodenkunde, Pflanzenphysiologie und Düngung, auch formulierte er Wachstums- und Ertragsgesetze. Gu

Literatur: Mitscherlich, E.: Lehrb. der Chemie (Berlin 1831, 4. Aufl. 2 Bde. 1844/47), Ueber die vulkanischen Erscheinungen in der Eifel und über die Metamorphie der Gesteine durch erhöhte Temperatur (Hrsg. J. Roth, Berlin 1865), Gesammelte Schriften. Lebensbild, Briefwechsel und Abhandlungen (Hrsg. A. Mitscherlich, Berlin 1896).

Kleber, W.: Eilhard Mitscherlich zum 100. Todestag, in: Mitt.bl. Chem. Ges. DDR 10 (1963), 229–236; Melhado, E. M.: Mitscherlich's discovery of isomorphism, in: HSPS 11, 1, 87–123 (Univ. of California 1980); Rose, G.: Zur Erinnerung an E. Mitscherlich, in Z. dtsch. geol. Ges. 16 (1864), 21–72.

Mittasch, Paul Alwin, Physikochemiker und Verfahrenstechniker, geb. 27. 12. 1869 Großdehsa bei Löbau, gest. 4. 6. 1953 Heidelberg.

M. war einer der führenden Theoretiker und Praktiker der chemischen Katalyse. Durch seine Arbeiten trug er maßgeblich dazu bei, daß mit der katalytischen Hochdrucksynthese ein neuartiges chemisch-technologisches Prinzip in die chemische Industrie eingeführt werden konnte.

M. wurde in der Dorfschule von seinem Vater unterrichtet, der ihm darüber hinaus auch noch Privatunterricht erteilte. Da die finanziellen Mittel der Eltern nicht ausreichten, M. den Besuch des Gymnasiums zu ermöglichen, absolvierte er ein Lehrerseminar in Bautzen und wurde zunächst Hilfslehrer. 1892 siedelte er nach Leipzig über. Hier war er Lehrer an der Bezirksschule von Leipzig-Kleinzschocher. Neben der Unterrichtstätigkeit hörte M. als Gast Vorlesungen über Geschichte bei K. Lamprecht sowie Psychologie und neuere Philosophie bei W. Wundt an der Univ. Im Sommersemester 1894 besuchte er W. Ostwalds öffentliches Kolleg über Energetik, das ihm die Lückenhaftigkeit seiner naturwissenschaftlichen Kenntnisse vor Augen führte. 1896 ließ er sich deshalb als Stud. paed. an der Leipziger Univ. immatrikulieren und absolvierte unter heute nur schwer vorstellbaren Bedingungen neben seinem Lehrerberuf ein Studium, das weit über das normale Maß eines Pädagogikstudenten hinausging. 1899 bestand er das neugeschaffene Verbandsexamen als Chemiker, und am 19. 9. 1901 promovierte er mit einer Arbeit »Zur chemischen Dynamik des Nickel-Kohlenoxyds« (Nickelcarbonyl). Erst jetzt, nach der Promotion und nach 13 Jahren Lehrertätigkeit, quittierte M. den Schuldienst und wurde zunächst für etwa ein Jahr Assistent bei Ostwald, bevor er 1903 in die chemisch-technische Praxis überwechselte, kurzzeitig eine Stelle im analytischen Laboratorium der AG für Blei- und Zinkfabrikation in Stolberg annahm und dann am 1. 3. 1904 in die BASF eintrat, für die er bis zu seiner Pensionierung 1933 arbeitete. Seit Ende 1917 leitete er das Ammoniak-Laboratorium der BASF, das sich unter seiner Führung innerhalb von zehn Jahren zum größten Forschungslaboratorium der chemischen Industrie entwickelte. 1927 waren dort 160 Akademiker und mehr als 1 000 Mitarbeiter beschäftigt.

Als M. unter Ostwalds Leitung für seine Dissertation die Katalyse-Erscheinungen des Nickelcarbonyls untersuchte, hatte jener gerade die Katalyse zum zentralen Thema aller Forschungen seines neueröffneten Instituts gemacht. M. betrat mit seinem Lehrer ein Gebiet wissenschaftlichen Neulands, das er als Chemiker nie wieder verließ. Seine Kenntnisse der chemischen Reaktionskinetik und insbesondere der Katalyse waren für die BASF auch der ausschlaggebende Grund, M. einzustellen. Hier wurde er unter C. BOSCHS Leitung zu der Ausarbeitung eines Verfahrens zur chemischen Bindung atmosphärischen Stickstoffs hinzugezogen. An diesem Problem wurde weltweit gearbeitet. Die energie- und technologieaufwendigen Verfahren von A. FRANK und N. CARO (Kalkstickstoff) sowie von K. O. B. BIRKELAND und S. EYDE (elektrischer Lichtbogen) stellten für die Zukunft keine befriedigende Lösung dar. Diese brachte erst die Synthese des Ammoniaks aus den Elementen nach dem von F. HABER und R. LE ROSSIGNOL entwickelten und 1908 zum Patent angemeldeten katalytischen Hochdruckverfahren. Die BASF hatte sich das Patent sofort gesichert, und M. bekam den Auftrag, billigere als die von HABER benutzten Katalysatoren ausfindig zu machen, während BOSCH die technologische Ausarbeitung übernahm. Umfangreiche theoretische Überlegungen, die mit 20000 (!) Versuchen gekoppelt waren, führten M. zu einem Mischkatalysator aus Eisen, Tonerde und Alkali, der noch heute der gebräuchlichste Katalysator für die Ammoniaksynthese ist. Darüberhinaus wurden viele wertvolle theoretische Erkenntnisse über den Mechanismus und die Wirkungsweise von Katalysatoren und Katalysatorgiften gewonnen. Am 19.9.1913 wurde in Oppau die erste Großanlage zur Ammoniaksynthese nach dem HABER-BOSCH-Verfahren in Betrieb genommen. 1939/40 erzeugte die IG Farbenindustrie AG über 1 Mill. t Ammoniak zu Kriegszwecken – fast ein Drittel der Weltproduktion.

M. stand dieser Entwicklung ablehnend, aber hilflos und resignierend gegenüber. Aus gesundheitlichen Gründen vorzeitig in den Ruhestand getreten, zog er sich zu philosophischen Reflexionen des selbst Erlebten und Erarbeiteten zurück. Die anfangs dabei vertretene Position eines naturwissenschaftlichen Materialismus wich zunehmend idealistischen Anschauungen.

M. hatte sich mit unglaublicher Energie, Zielstrebigkeit und unerschütterlichem Arbeitswillen zu einem weltweit geachteten Wissenschaftler entwickelt. Liebenswürdigkeit, Bescheidenheit, Toleranz und Offenheit waren Charaktereigenschaften, die ihn prägten. Gi

Literatur: Mittasch, P. A.: Von Davy und Döbereiner bis Deacon, ein halbes Jahrhundert Grenzflächenkatalyse (mit E. Theis, Berlin 1932), Berzelius und die Katalyse. Zum Gedächtnis der Aufstellung des Katalysebegriffs 1835 (Leipzig 1935), Katalyse und Determinismus. Ein Beitrag zur Philosophie der Chemie (Berlin 1938), Kurze Geschichte der Katalyse in Praxis und Theorie (Berlin 1939).

Holdermann, K.: Alwin Mittasch. 1869–1953, in: Chem. Ber. 90 (1957), XLI–LIV; Nagel, A. v.: Alwin Mittasch, in: Ludwigshafener Chemiker (Hrsg. K. Oberdorffer, Düsseldorf 1958, S. 137–170.

Möbius, August Ferdinand, Mathematiker und Astronom, geb. 17. 11. 1790 Schulpforte, gest. 26. 9. 1868 Leipzig.

M. gehörte zur Gruppe der Geometer analytischer Richtung zu Beginn des 19. Jh., dem wesentliche Elemente der Erneuerung und Neuorientierung der Geometrie zu danken sind. Er selbst leistete, noch ohne Verwendung gruppentheoretischer Methoden, bedeutende Vorarbeiten zur Klassifikation der verschiedenen geometrischen Richtungen, wie sie 1871 in dem Erlanger Programm von F. KLEIN vorgenommen wurde.

M. war einziges Kind eines an der Fürstenschule zu Schulpforte angestellten Tanzlehrers. Er studierte 1803–1809 anfangs die Rechte, dann Mathematik an der Univ. Leipzig, unter anderem bei dem Mathematiker und Astronomen K. B. MOLLWEIDE, dessen Assistent er wurde. Aus den Geldern einer Stiftung konnte der unbemittelte M. 1813/14 Studienreisen nach Göttingen und zu J. FR. PFAFF nach Halle unternehmen. M. promovierte 1814 und habili-

P. A. Mittasch

A. F. Möbius

tierte sich 1815 mit astronomischen Arbeiten in Leipzig. Auf Empfehlung von C. F. GAUSS wurde er im Frühjahr 1816 zum ao. Prof. und zugleich als Observator an die Leipziger Sternwarte berufen. Nach astronomischen Studien in Gotha, Tübingen, München und Wien trat M. im Herbst 1816 dieses Amt an. 1829 wurde er korrespondierendes Mitgl. der Berliner Akademie. Erst 1844 wurde M., der ehrenvolle Berufungen nach auswärts ausgeschlagen hatte, zum ordentlichen Prof. der Astronomie und Höheren Mechanik berufen; vier Jahre später wurde er Dir. der Leipziger Sternwarte. M. zeichnete sich durch gewissenhafte und erfolgreiche Vorlesungstätigkeit aus und hat zwei Generationen von Gymnasiallehrern im ehemaligen Königreich Sachsen herangebildet. Jahrzehntelang hat M. produktiv wissenschaftlich gearbeitet; seine »Gesammelten Abhandlungen« umfassen mehr als 2500 Druckseiten, hinzu kommen populärwissenschaftliche Schriften. Herausragend sind seine Beiträge zur Geometrie; durch ihn wurden neben anderem homogene Koordinaten in der Geometrie heimisch. M.' geometrische Hauptleistung ist die Monographie »Der barycentrische Calcül, ein neues Hülfsmittel zur analytischen Behandlung der Geometrie dargestellt und insbesondere auf die Bildung neuer Classen von Aufgaben und die Entwickelung mehrerer Eigenschaften der Kegelschnitte angewendet« (Leipzig 1827). Darin entwickelte M. die Theorie der geometrischen Verwandtschaften, »eine Lehre, welche ... die Grundlage der ganzen Geometrie in sich fasst« (Werke, Bd. 1, S. 9). M. behandelte an »geometrischen Verwandschaften zweier Figuren« die Gleichheit, Ähnlichkeit, Affinität und Kollineation und stellt ihr gegenseitiges Verhältnis klar. Gleichheit und Ähnlichkeit, so sagte er, unterscheiden sich nicht wesentlich; diese Feststellung entspricht den Eigenschaften der Hauptgruppe des Erlanger Programms. Allgemeiner sind die Affinitäten, die speziell Ähnlichkeiten und Gleichheit in sich enthalten, was dem gegenseitigen Verhältnis von affiner zu äquiformer oder Hauptgruppe entspricht. Noch allgemeiner sind die Verwandschaften der Kollineation (das Wort wurde von M. geprägt); auch hier nahm M. die Enthaltensaussage der affinen Geometrie in der projektiven Geometrie vorweg. Im hohen Alter ging M. 1858 noch zur Betrachtung von Elementarverwandschaften über, die, ebenfalls Punkttransformationen darstellend, noch allgemeiner als Kollineationen sind.

Zu Lebzeiten hat M. nicht die seiner Bedeutung entsprechende Anerkennung erfahren. Die volle Würdigung seines Beitrages zur Entwicklung der modernen Geometrie erfolgte erst retrospektiv durch KLEIN, der, als er 1885–1887 an der Gesamtausgabe der Werke von M. mitwirkte, in M.' Theorie der geometrischen Verwandschaften sein eigenes Erlanger Programm vorgezeichnet fand.

M., dem erst 1830 ein leistungsfähiger Refraktor aus der Werkstatt von J. FRAUNHOFER zur Verfügung stand, trat als

Astronom neben Arbeiten über Polhöhenbestimmung, Sternbedeckungen, Kometenbestimmungen und systematische Untersuchungen über das Magnetfeld der Erde vor allem mit einer gutgeschriebenen, vielgelesenen Darstellung »Die Elemente der Mechanik des Himmels« (Leipzig 1843) hervor. Gegen Mitte und Ende seines Lebens beschäftigte sich M. noch erfolgreich mit Statik – ein zweibändiges Lehrb. der Statik erschien 1837 – und mit dem Vierfarbenproblem. Das nach ihm benannte MÖBIUSsche Band, Beispiel einer einseitigen Fläche, hat M. im September 1858 entdeckt und darüber 1865 publiziert. Wu

Literatur: Möbius, A. F.: Gesammelte Werke, 4 Bde. (Hrsg. R. Baltzer u. F. Klein, Leipzig 1885–1887; Bd. 1 und 4 enthalten biographische Notizen zu Möbius von R. Baltzer und C. Reinhardt).

Möbius, Karl August, Zoologe, geb. 7. 2. 1825 Eilenburg, gest. 26. 4. 1908 Berlin.

M. erforschte die Ökologie der Meeresfauna, auch unter wirtschaftlichen Gesichtspunkten, und prägte für eine Lebensgemeinschaft den Begriff »Biocönose« (1877) in heute noch gültigem Sinne. Als Museologe ging er neue Wege durch Trennung der wissenschaftlichen »Hauptsammlung« von der öffentlichen »Schausammlung«.

M., Sohn eines Stellmachers, wirkte zunächst als Mittelschullehrer in Seesen (Harz) und studierte ab 1849 in Berlin Naturwissenschaften, besonders Zoologie bei JOH. MÜLLER, CHR. G. EHRENBERG und H. K. LICHTENSTEIN. Durch LICHTENSTEINS Vermittlung wurde er 1853 Prof. für Naturgeschichte am Johanneum in Hamburg, wo er 15 Jahre Botanik, Zoologie, Chemie und Physik lehrte. Als Mitgl. der »Museums-Commission« richtete M. das Naturhistorische Museum und 1863 das erste deutsche Seewasseraquarium im Zoologischen Garten ein. Durch seine erfolgreichen, fischereibiologisch wichtigen Studien über die Fauna der Kieler Bucht und besonders über die Lebensgemeinschaft der Austernbänke erhielt er 1868 ein Ordinariat für Zoologie an der Univ. Kiel, wo er mit seinen Schülern die meeresökologischen Forschungen fortsetzte. 1874 unternahm er eine Expedition nach der Insel Mauritius und den Seychellen, um die Lebensgemeinschaft der Korallenriffe kennenzulernen. Nachdem M. 1883 das Zoologische Universitätsmuseum nach neuen Ideen gestaltet hatte, wurde er 1887 als Dir. des Berliner Zoologischen Museums berufen und 1888 o. Prof. für systematische und geographische Zoologie an der Berliner Univ. In Berlin wirkte er bis 1905 nicht nur bei der Einrichtung und Verwaltung des Museumsneubaues, sondern auch im Kuratorium der 1893 gegründeten »Biologischen Versuchs- und Fischerei-Station Müggelsee«, weiterhin (seit 1870) in der »Preuß. Kommission zur wissenschaftlichen Untersuchung der deutschen Meere« und in der Nomenklaturkommission der Deutschen Zoologischen Gesellschaft. Die »Regeln für die Zoologische Nomenklatur« wurden 1901 auf dem von M. geleiteten 5. Internationalen Zoologenkongreß in Berlin angenommen und sind seitdem international gültig. M.' vielseitigem Wirken lag die DARWINsche Theorie zugrunde, die er auch in öffentlichen Vorträgen in Hamburg, Kiel und Berlin verbreiten half; mit E. HAECKEL war er freundschaftlich verbunden, doch benutzte er den von ihm geprägten Begriff »Ökologie« noch nicht. Sein Schüler F. DAHL führte in Berlin die ökologischen Forschungen weiter und begründete die bis zur Gegenwart fortgesetzte Schriftenreihe »Tierwelt Deutschlands«. Ja

Literatur: Möbius, K. A. (mit A. Meyer): Fauna der Kieler Bucht, 2 Bde. (Leipzig 1865/1872), Die Auster und die Austernwirtschaft (Berlin 1877), Zum Biozönose-Begriff. Kapitel aus »Die Auster und die Austernwirtschaft«, in: Ostwalds Klassiker ..., Bd. 268 (Hrsg. G. Leps, Leipzig 1986), Beiträge zur Meeresfauna der Insel Mauritius ... (Berlin 1880), Über den Umfang und die Einrichtung des Zoologischen Museums zu Berlin, in: SB Akad. Wiss. Berlin 1898, 363–374.

Dahl, F.: Karl August Möbius, ein kurzes Lebensbild, nach authentischen Quellen entworfen, in: Zool. Jb. 8 (1905), 1–7; Jahn, I.: Zur Vertretung der Zoologie und zur Entwicklung ihrer institutionellen Grundlagen an der Berliner Universität von ihrer Gründung bis 1920, in: Wiss. Z. Humboldt-Univ. Berlin, Math.-Nat. R. 34 (1985), 260–280; Leps, G.: Karl August Möbius – ein schöpferischer Zoologe und Pädagoge der zweiten Hälfte des 19. Jh., in: Wiss. Z. Pädagog. Hochsch. Potsdam, Ges. u. Sprachwiss. R. 13 (1969), 849–858; Karl August Möbius, ein Klassiker des ökologischen Denkens, in: Zum Biozönose-Begriff ... (Leipzig 1986).

Mohs, Carl Friedrich Christian, Mineraloge, geb. 29. 1. 1773 Gernrode, gest. 29. 9. 1839 Agordo.

M. ist vor allem durch die Einführung der zehnteiligen MOHSschen Härteskala bekanntgeworden.

M., Sohn eines Kaufmannes, nahm nach längerer privater Vorbereitung 1796 ein Studium an der Univ. Halle auf (Mathematik und Naturwissenschaften) und wechselte 1798 für zwei Jahre an die Bergakademie Freiberg über, wo er insbesondere Schüler von A. G. WERNER war. Nach einjähriger Tätigkeit als Steiger im Harzer Bergbau bereitete er sich in Freiberg auf einen Einsatz in Dublin vor; nach dem Scheitern des Planes nahm er den Antrag an, die Mineralsammlung des Wiener Bankiers VON DER NULL zu ordnen und zu beschreiben (3 Druckbände 1804). In den nächsten Jahren bereiste M. Mittel- und Osteuropa, um ab 1811 (ab 1812 Prof.) gemeinsam mit dem Erzherzog JOHANN die Mineralsammlung des späteren Joanneums in Graz aufzubauen, deren Material er durch weitere Reisen komplettierte. Nach dem Tode von WERNER wurde er 1818 auf den Lehrstuhl für Mineralogie an die Bergakademie Freiberg berufen, den er bis 1826 innehatte. Im gleichen Jahr folgte M. einer Berufung an die Wiener Univ. Er war mit der Reorganisation des Mineralienkabinetts beschäftigt und hielt 1828–1835 Vorlesungen an der Univ.; 1835 wurde er zum Bergrat berufen. Neben der Veröffentlichung einer Reihe seiner Bücher reiste M. als Gutachter und Sammler viel in Mitteleuropa umher, in den letzten Jahren zur Erfüllung eines Auftrages zur Gründung eines »montanistischen Institutes«. Auf einer solchen Studienreise verstarb er und wurde unterhalb des Marmolata-Gletschers im Agordotal (Tirol) beigesetzt.

M. gehört zu den führenden Mineralogen der ersten Hälfte des 19. Jh. Er glaubte die Schwächen des WERNERschen Systems der Mineralbestimmung und -beschreibung zu erkennen, die unter anderem in ihrer empirischen beschreibenden Behandlung liegen sollten. M. versuchte eine Weiterentwicklung durch Quantifizierung der physiographischen Daten zu erreichen, speziell z. B. durch verbesserte Charakterisierung und die Einführung der zehnteiligen Härteskala. Trotz mancher Mängel seiner kristallographischen Methode erkannte er die Notwendigkeit der Einführung von geneigten Achsen, die zur Aufstellung der noch heute gültigen sieben Achsensysteme führte. M. hat sich mit unterschiedlichem Erfolg um eine klare Hierarchie der Mineralwelt bemüht und Begriffe wie Art, Spezies, Varietät, Geschlecht, Ordnung, Klasse neu definiert. Er erkannte und bestimmte eine Reihe von neuen Mineralen und Varietäten, darunter solche bekannten Minerale wie Löllingit und Bournonit. Verdient machte er sich durch die Neuordnung und Beschreibung bekannter großer mineralogischer Sammlungen, die er auch durch eigene Sammeltätigkeit auf seinen vielen Reisen, vor allem in Österreich, bereicherte. M. legte seine Kenntnisse und Erfahrungen in etwa vierzigjähriger Tätigkeit in zahlreichen z. T. umfangreichen

Büchern nieder und setzte sich für die Anerkennung seiner »naturhistorischen« Betrachtungsweise ein. Zwei seiner Lehrb. sind ins Englische übersetzt worden, z. T. unter dem Einfluß bzw. der Mitwirkung seines Schülers und späteren Prof. und Nachfolgers W. HAIDINGER. Rö

Literatur: Mohs, F.: Ausführliche Beschreibung der Grube Himmelsfürst bei Freiberg (Wien 1804), Versuch einer Elementar-Methode zur naturhistorischen Bestimmung und Erkennung der Fossilien (Wien 1812), Die Charaktere der Klassen, Ordnungen, Geschlechter und Arten, oder Charakteristik des naturhistorischen Mineral-Systems (Dresden 1820, 2. Aufl. 1821), Grundriß der Mineralogie, 2 Tle (Dresden 1822 u. 1824), engl. Treatise of Mineralogy (Edinburgh 1825), Leichtfaßliche Anfangsgründe der Naturgeschichte des Mineralreiches, zum Behufe seiner Vorlesungen, 2 Tle (Wien 1832 u. 1838), Anleitung zum Schürfen (Wien 1838).

Bernstein, A.: F. Mohs und sein Wirken in Freiberg, in: Der Karinthin 54 u. 55 (1966); Fuchs, W., G. Haltmayer, F. Leydolt, G. Rösler: Friedrich Mohs und sein Wirken in wissenschaftlicher Hinsicht. Ein biographischer Versuch (Wien 1843); Rösler, H. J.: Zur wissenschaftlichen Stellung und Wertung des Mineralogen Carl Friedrich Christian Mohs (1773–1839) aus Gernrode in Montanmedizin und Bergbauwissenschaften (Halle 1987).

Monge, Gaspard, Mathematiker, geb. 10. 5. 1746 Beaune (Dep. Côte-d'Or), gest. 28. 7. 1818 Paris.

M. gilt als der eigentliche Begründer der darstellenden und der Differentialgeometrie. Sowohl durch eigene Beiträge als durch Organisation der Lehre und Ausstrahlung auf zahlreiche Schüler hatte er entscheidenden Anteil am Aufschwung der Geometrie zu Beginn des 19. Jh.

M. war der Sohn eines Kleinhändlers und Messerschleifers; er besuchte das Collegium der Oratorianer seiner Vaterstadt, wo seine Begabung auffiel, was ihm bereits 1762 zu einer Anstellung als Physiklehrer in Lyon verhalf. 1764 trat er auf Empfehlung eines Pionieroffiziers in die Militär ingenieurschule in Mézières ein, wo er nach kurzer Ausbildung in der für Nichtadlige allein offenen »Gipsklasse« 1765 zum Repetitor, 1768 zum Prof. für Mathematik und 1771 auch zum Prof. für Physik aufrückte. Diesen Aufstieg verdankte er den von ihm entwickelten neuen zeichnerisch-konstruktiven Methoden im Befestigungswesen, die von seinen Vorgesetzten hochgeschätzt und der militärischen Geheimhaltung unterworfen wurden. 1780 wurde er zum Mitgl. der Pariser Akademie und (nebenamtlich) zum Prof. für Hydraulik in Paris berufen. 1783 wurde M. Examinator der Marineschüler und siedelte ganz nach Paris über. Als begeistertem Anhänger der Revolution wurden ihm nach 1789 verschiedene hohe Ämter übertragen (unter anderem Mitgl. des Wohlfahrtskomitees und der Kommission für Maße und Gewichte, 1792/93 Minister für Marine und Kolonien). 1793 mußte M. jedoch für einige Zeit außer Landes flüchten, da er sich im Konvent gegen die Hinrichtung LUDWIGS XVI. ausgesprochen hatte. Nach seiner Rückkehr übernahm er die Leitung der Geschütz- und Pulverfabrikation; 1794/95 war er an der Gründung der École Normale (die faktisch nur 4 Monate bestand) und der ihr folgenden École Polytechnique führend beteiligt, an der er fortan seine Lehrtätigkeit ausübte. 1796/97 bereiste er mit einer Kommission Italien, um antike Bauwerke zu untersuchen und ihre teilweise Überführung nach Frankreich vorzubereiten; 1798/99 nahm er mit ähnlichen Aufgaben am Ägyptenfeldzug NAPOLEONS teil. Nach der zweiten Restauration wurde er 1816 als exponierter Republikaner und persönlicher Vertrauter NAPOLEONS aus allen Ämtern und Würden entlassen. Er starb verarmt und in geistiger Umnachtung.

Im Frankreich des ausgehenden 18. Jh. schuf die beginnende industrielle Revolution im Verein mit den politischen Umwälzungen und dem akuten Bedarf an technisch ausgebildeten Offizieren und Staatsbeamten extrem gün-

C. F. Chr. Mohs

G. Monge

stige Bedingungen für die Herausbildung eines technischen Hochschulwesens. M. mit seiner starken konstruktiv-geometrischen Begabung, seinem Organisationstalent und politischem Engagement erwies sich dabei (nach F. KLEIN) als »der Mann des Tages«. Die darstellende Geometrie, deren Ansätze bis in die Antike reichen, die aber bis ins 18. Jh. im wesentlichen von Handwerkern, Architekten und Künstlern betrieben wurde, erhob er in den Rang einer systematischen und eigenständigen mathematischen Disziplin, deren Aufgabe die Lösung räumlich-konstruktiver Aufgaben anhand ebener Abbildungen der räumlichen Gegebenheiten ist. Als Hauptmethode entwickelte er das meist nach ihm benannte Zweitafelverfahren, behandelte jedoch auch Axonometrie und Zentralperspektive. Parallel und in gewissem Sinne analog dazu entwickelte er die Differentialgeometrie der Kurven und Flächen im Raum als Methode, um räumliche Aufgaben mittels der Koordinaten rechnerisch zu lösen. Anfang des 20. Jh. bezeichnete KLEIN die 1850 von J. LIOUVILLE zusammen mit C. F. GAUSS' »Disquisitiones circa superficies curvas« in 5. Aufl. herausgegebene »Application de l'analyse à la géométrie« von M. als »Bibel der modernen Differentialgeometrie; auf ihr ruht die großartige Entwicklung, welche die genannte Disziplin bei allen Nationen genommen hat«. Im Unterschied zu seinen Vorgängern, die Analysis und analytische Geometrie hauptsächlich als Werkzeug der Physik handhabten, aber auch zu den Nachfolgern, die die Differentialgeometrie zu hoher Abstraktion führten, sind bei M. alle Mittel auf die »ingenieurmäßige« Beherrschung der Objekte des realen Raumes gerichtet. Einige Beiträge von M. zur Theorie der partiellen Differentialgleichungen beruhen auf geometrischer Deutung und sind eng mit differentialgeometrischen Fragen verbunden. Bemerkenswert ist seine Lösung (1781) der Aufgabe, ein unebenes Gelände bei minimalem Erdtransport zu planieren. Außerhalb der Mathematik veröffentlichte M. Arbeiten zur Statik, zur Metallurgie und Pulverherstellung. M. wirkte vor allem durch die Organisation des Lehrbetriebes, dessen Kern nach seiner Auffassung die darstellende Geometrie als zukünftige Sprache des Technikers zu sein habe, und durch unmittelbare Anregung seiner Mitarbeiter und Schüler, zu denen neben anderen N. CARNOT und J.-V. PONCELET zählten. Schb

Literatur: Monge, G.: Traité élémentaire de statique (Paris 1788), Feuilles d'analyse appliquée à la géométrie (Paris 1794/95), (teilweise mit J. Hachette): Application de l'analyse à la géométrie (Paris 1807/09), Géométrie descriptive (Paris 1798), dtsch Darstellende Geometrie, in: Ostwalds Klassiker, Nr. 117 (Leipzig 1900), (mit C. Berthollet und A. Vandermonde): Description de l'art de fabriquer les canons und Avis aux ouvriers en fer sur la fabrication de l'acier (beide Paris 1793).

Montgolfier, Joseph Michel und Jacques Étienne, Ballonbauer; Joseph Michel M., geb. 28. 8. 1740 Vidalon-lès-Annonay, gest. 26. 6. 1810 Balaruc-lès-Bains (Dep. Hérault);

Jacques Étienne M., geb. 7. 1. 1745 Vidalon-lès-Annonay, gest. 2. 8. 1799 Serrières (Dep. Ardèche).

Die Brüder M. schufen mit ihrem Heißluftballon, nach ihnen Montgolfière genannt, das erste Luftfahrzeug, mit dem sich Menschen in die Luft erheben und größere Strekken zurücklegen konnten, letzteres allerdings in völliger Abhängigkeit vom Wind, ohne die Möglichkeit einer Steuerung.

Die Brüder M. waren die Söhne eines Papierfabrikanten und hatten dadurch die Mittel, sich ihren Neigungen entsprechend zu bilden und ihren Interessen nachzugehen. Joseph entfloh mit 13 Jahren aus dem Kolleg in Tournon und wehrte sich gegen ein reguläres Studium. Er trieb vielmehr auf eigene Faust chemische Studien, fabrizierte Preußischblau und andere Chemikalien und ging schließlich nach Paris, bis ihn der Vater in die Fabrik zurückrief. Da er hier zuviel Änderungen einführen wollte, erhielt er einen eigenen Betrieb, wo er seinem Erfindungsdrang freien Lauf lassen konnte, geschäftlich aber keinen Erfolg hatte. Jacques M. besuchte ein Kolleg in Paris, studierte Latein und Mathematik und befaßte sich mit Architektur. Als auch er vom Vater zurückgeholt wurde, zeigte er die besseren Kenntnisse. Jacques war ein guter Rechner, erfand neue Maschinen und Papiersorten, und der Betrieb florierte. Auf das Fliegen kamen die Brüder M. durch die Literatur. Das technologisch engagierte Bürgertum war damals zunehmend an naturwissenschaftlichen Erkenntnissen interessiert, dabei hatte man sich auch dem alten Menschheitstraum vom Fliegen verstärkt zugewandt, und es gab immer neue Flugversuche. Die Brüder M. wurden dadurch zunächst zum Bau von Fallschirmen angeregt, und Joseph vollführte 1777 von einem Hausdach aus den ersten verbürgten Fallschirmsprung. Bald stießen die Brüder auch auf die Möglichkeit des Fliegens nach dem Prinzip »leichter als Luft«, das vor allem durch die Entdeckungen E. Torricellis und O. v. Guerickes und die sich daraus ableitenden Erkenntnisse, wie in der Luft ein Auftrieb erzielt werden kann, aktuell geworden war. Es gab in dieser Hinsicht bereits verschiedene Projekte, z. T. mit theoretisch richtigen Ansätzen, die aber praktisch nicht zu realisieren waren. Letzteres traf auch auf die erste diesbezügliche Idee der Brüder M. zu: Sie füllten Papiersäcke mit Wasserdampf, der jedoch sehr schnell kondensierte und damit jede Auftriebskraft verlor. Auch mit dem 1766 von H. Cavendish entdeckten Wasserstoff experimentierten sie. Die dünnen Papierhüllen, in die sie den Wasserstoff zu füllen suchten, waren aber zu porös, um das Gas zu halten, und stiegen nicht auf. Aufsteigender Rauch brachte Joseph M. während einer Reise schließlich auf den Gedanken, Heißluft zu verwenden, deren Auftriebskraft durch Ausdehnung und damit geringere Dichte schon Guericke erkannt hatte. Joseph M. fertigte würfelförmige Stoffbeutel und hielt sie mit der offenen Seite über ein Feuer, worauf sie sich tatsächlich aufblähten und in die Luft stiegen. Zu Hause führte Joseph mit seinem Bruder die Experimente weiter. Für das Feuer benutzten sie Stroh und feuchte Wolle, um ein Gas mit, wie sie meinten, »elektrischen« Eigenschaften zu erhalten, was nach damaliger Auffassung das Aufsteigen erleichtern sollte. Sie glaubten sogar, damit ein besonderes »Montgolfiergas« gefunden zu haben. Ein Papierballon mit 20 m³ Inhalt brachte einen ersten Erfolg. Er schwebte 10 min in der Luft und erreichte eine Höhe von 300 m. Am 5. 6. 1783 führten die Brüder M. den Landständen von Vivarais in ihrer Heimatstadt Annonay einen 12 m hohen und 230 kg schweren Ballon mit 600 m³ Inhalt vor, der aus Leinwand gefertigt und mit einem Papierfutter abgedichtet war; außen umspannte ihn ein Bindfadennetz. Nach kurzem Aufheizen des Ballons, wobei dieser zwischen zwei Masten hing, stieg er schnell etwa 2 000 m hoch und landete dann etwa in 2 km Entfernung. Die Brüder M. berichteten darüber, ohne Erläuterungen zu ihrem »Gas« zu geben, der Akademie in Paris, und diese schickte sofort eine Einladung zur Vorführung des Gerätes in der Hauptstadt. Gleichzeitig entwickelte man dort eigene Initiativen. Durch eine öffentliche Geldsammlung erhielt der Physiker J.-A. C. Charles die Möglichkeit, einen eigenen Versuch anzustellen. Er berechnete, daß das »Gas« der M.s nur 1 1/2mal leichter als Luft sein konnte und entschied sich deshalb für Wasserstoff, der 14 1/2mal leichter war. Er nutzte dabei die soeben erfundene Abdichtung von Stoff durch Gummilösung. Am 27. 8. 1783 stieg der erste wasserstoffgefüllte Ballon mit 4 m Durchmesser und 35 m³ Inhalt in die Wolken und landete nach 42 min in einer Entfernung von 22 km von Paris. In der Folge kam es zu einer Art Wettbewerb zwischen Charles und den Brüdern M., die dabei aber immer vorn lagen Am 19. 9. 1783 startete in Versailles die erste Montgolfière mit Passagieren: einem Schaf, einem Hahn und einer Ente. Am 21. 11. 1783 stiegen im Bois de Bologne in Paris Pilâtre de Rozier und Marquis d'Arlandes als erste Menschen mit einem Freiballon in die Luft, nachdem vorher schon Versuche an einem gefesselten Ballon gemacht worden waren. Diese Mongolfière war 22 m hoch und hatte bei 14,5 m Durchmesser 2 000 m³ Rauminhalt. Die Passagiere standen auf einem kleinen Rundgang, in dessen Mitte sie auch das Feuer zum Aufheizen der Luft unterhalten konnten. Bei diesem ersten Start fuhren sie 25 min lang hoch über Paris dahin. Die Brüder M. hatten keinen Ehrgeiz, ihre Erfindung selbst als erste zu nutzen, erst beim nächsten Aufstieg eines noch viel größeren Heißluftballons beteiligte sich Jacques M. mit sechs anderen Passagieren. Charles dagegen stieg mit einem Gefährten als erster am 1. 12. 1783 mit einer wasserstoffgefüllten »Charlière« auf und landete nach zwei Stunden 40 km von Paris entfernt. Bei einer anschließenden Alleinfahrt erreichte er 2 700 m Höhe, die er als erster mit dem Barometer maß. Der Wasserstoffballon erwies sich damit sehr schnell wegen des gegenüber dem Heißluftballon höheren Auftriebs als leistungsfähiger, und die Montgolfièren verloren bald ihre praktische Bedeutung. Den Brüdern M. bleibt aber das Verdienst, das Zeitalter der Luftfahrt eröffnet und Anregung für weitere erfolgreiche Entwicklungen gegeben zu haben. Sie wurden deshalb – wie auch Charles und die ersten Luftfahrer – zu Mitgliedern der Pariser Akademie ernannt und erhielten hohe Pensionen. Gleichzeitig gewährte man ihnen Mittel für Versuche mit Dampfmaschinen für die Ballonfahrt, die aber völlig ergebnislos blieben. Die Revolution unterbrach dann weitere Forschungen. Jacques M. widmete sich wieder seiner Fabrik, er starb herzkrank auf einer Reise. Joseph M., dem Napoleon das Band der Ehrenlegion verliehen hatte, wurde Administrator des Konservatoriums für Kunst und Handwerk und erhielt einen Sitz im Institut de France. Er erfand unter anderem den hydraulichen Widder, eine besondere Strömungspumpe (Stoßheber). Wegen eines Schlaganfalls suchte er die Bäder von Balaruc auf, wo er verstarb. Die

Morgagni, Giovanni Battista, Mediziner, geb. 25. 2. 1682 Forli, gest. 5. 12. 1771 Padua.

M. gilt als Begründer der pathologischen Anatomie. Er führte den anatomischen Gedanken in die praktische Medizin ein, indem er die Frage nach den Sedes morborum, der Lokalisation der Krankheit, zu beantworten suchte.

M., der seit 1698 in Bologna Medizin studiert hatte, war dort 1701 zum Doktor der Medizin und Philosophie promoviert worden. Als Assistent von A. Valsalva im Hospital Santa Maria della Morte widmete er sich dem Studium der

Anatomie und klinischen Medizin, vertrat seinen Lehrer sogar bei dessen einjähriger Berufung nach Parma. 1706 erschien M.s erstes großes Werk »Adversaria anatomica« (Anatomische Anmerkungen). 1707 verließ er Bologna und ging in seine Heimatstadt Forli zurück, um dort als praktischer Arzt zu wirken. Mit 29 Jahren folgte er einem Ruf nach Padua und begann dort seine Tätigkeit als zweiter Prof. der Theoretischen Medizin. 1711 vertauschte er diesen Lehrstuhl gegen den anatomischen, den bereits A. VESAL und andere berühmte Anatomen innegehabt hatten und den er, ab 1726 als einziger Vertreter seines Faches in Padua, bis zu seinem Tode besetzte. Nachdem M. 1708 bereits in die Academia Caesarea Curiosorum Naturae aufgenommen worden war, ernannte ihn 1754 die Preuß. Ak. d. Wiss. zu ihrem Mitgl.

Seit dem 16. Jh. führten so gut wie alle Anatomen pathologisch-anatomische Untersuchungen durch und beschrieben die Ergebnisse in Publikationen. Das besondere Interesse galt dabei in erster Linie augenfälligen, z. T. grotesken Abnormitäten, z. B. Mißgeburten, Mißbildungen des Skeletts, Bildungsfehlern, großen Geschwülsten, Blasen- und Gallensteinen. Der Genfer Arzt TH. BONET gab 1679 unter dem Titel »Sepulchretum« ein umfangreiches Werk heraus, in dem er alle ihm bekannten pathologisch-anatomischen Beobachtungen zusammentrug. Das Ergebnis bestand in einem Sammelsurium, das Kritisches neben Unwahrscheinlichem enthielt. Aber BONET, der selbst nicht Anatom war, stellte das Ziel einer solchen Sammlung klar heraus: er wollte eine auf die praktische Medizin angewandte Anatomie betreiben, die ihm als Begründerin einer echten Lehre vom Krankhaften erschien. Jedoch blieben seine Überlegungen theoretisch, denn um das Symptom als Ausdruck gestörter Funktion zu begreifen, mußte zunächst klargelegt werden, wie sich die normale Funktion der Organe darstellte. Diese Aufgabe löste aber erst ein halbes Jh. nach BONET die Physiologie des 18. Jh., die dann ihrerseits somit in die Lage versetzt war, die anatomische Betrachtungsweise auf die Pathologie übertragen zu helfen. M. überprüfte die gesamte pathologische Literatur seiner Zeit, vor allem die Sammlung BONETS, und ergänzte diese fremden Beobachtungen durch eine Fülle eigener aus einer umfangreichen anatomischen Praxis. Sein Hauptwerk »De sedibus et causis morborum per anatomen indagatis libre quinque« erschien 1761. Die einzelnen Kapitel dieses ersten Handb. der pathologischen Anatomie waren als Briefe an Kollegen konzipiert, in denen Symptome, Symptomkomplexe und Krankheitsbilder in der traditionellen Reihenfolge a capite ad calcem geschildert wurden. Während M. die Beschreibung der Krankheiten mit denen des Kopfes, Kopfschmerz, Apoplexie u dgl. begann und in dieser Art und Weise bis zu den Krankheiten des Fußes fortfuhr, dabei systematisch die pathologischen Befunde an den Leichen mehrerer, an der gleichen Erkrankung gestorbener Individuen verglich, um aus den variierenden Befunden das Gemeinsame zu abstrahieren, gelang ihm der großartige Versuch, mit Hilfe der bei der Sektion gefundenen anatomischen Veränderungen die am Kranken beobachteten Phänomene zu erklären. Für M., der das Symptom in den Organismus hinein verfolgte bis zum Organ, aus dem es entsprang, stand fest, daß es unter der Einwirkung krankmachender Faktoren zu anatomischen Veränderungen in den Organen kommen mußte, die nicht zufällig waren, sondern das Wesen der Krankheit bestimmten und das äußere Erscheinungsbild, die Symptome einer Erkrankung, verursachten: der Sitz der Krankheit war das Organ. Damit verstärkte M. den bereits durch TH. SYDENHAM geprägten nosologischen Gedanken (Nosologie = Lehre von der Krankheit) und stellte die von ihm begründete pathologische Anatomie in den Dienst der

J. M. Montgolfier

G. B. Morgagni

Diagnostik, was bis heute die grundlegende Auffassung von der Aufgabe dieser Disziplin geblieben ist. M.s große kasuistische Sammlung (Veröffentlichung von unterschiedlichen Krankheitsbeschreibungen) unterschied sich allerdings von anderen, z. B. denen der Wiener Klinik, dadurch, daß in ihr der Schwerpunkt nicht auf der Krankengeschichte, sondern auf dem Sektionsprotokoll lag, und daß die dargelegten Fälle nicht einfach chronologisch nebeneinanderstanden, sondern nach einheitlichen Gesichtspunkten geordnet wurden. Aber auch in anderer Hinsicht zeichneten sich M.s Arbeiten aus, denn seine Aufmerksamkeit galt nicht den Kuriositäten, sondern den pathologisch-anatomischen Veränderungen jeder Art und jeden Grades in allen Krankheiten, hauptsächlich in den alltäglichen. Besonders beobachtete er die Übergänge von normalen zu pathologischen Verhältnissen und erkannte dabei, daß kleine und kleinste Veränderungen schwere Folgen haben konnten. Während seiner langen anatomischen Tätigkeit in Padua überließ M. mitunter aufgrund des großen Angebots an Leichen die Sektion seinen Schülern, unter denen sich der später berühmte A. SCARPA befand, wobei er sich jeweils über den pathologischen Befund referieren ließ. La

Literatur: Morgagni, G. B.: Opera omnia (Venedig 1762, Padua 1764, Bassani 1765), Opuscula miscellanea (Venedig 1763, Neapel 1763), De sedibus et causis morborum per anatomen indagatis libre V (Venedig 1761, Paris 1820–1822), dtsch Von dem Sitz und den Ursachen der Krankheiten, welche durch die Anatomie erforscht worden sind, in fünf Büchern (Altenburg 1771–1776, Leipzig 1827–1829).

Bilancini, G.: Morgagni Maestro ai Giovani (Faenza 1931); Diepgen, P.: Giovanni Battista Morgagni und die Pathologie, in: Medizin und Kultur (Stuttgart 1938, S. 186–196); Falk, F.: Die pathologische Anatomie und Physiologie des Joh. Bapt. Morgagni (1682–1771) (Berlin 1887); Giordano, D.: Giambattista Morgagni (Torino 1941); Haller, A. v.: Giambattista Morgagni, Briefwechsel 1745–1768, hrsg. und erl. von E. Hintzsche (Bern 1964); Virchow, R.: Morgagni und der anatomische Gedanke, in: Deutsche Ärztereden aus dem 19. Jahrhundert, Hrsg. E. Ebstein (Berlin 1926, S. 141–159).

Morgan, Thomas Hunt, Biologe und Genetiker, geb. 25. 9. 1866 Lexington (Kentucky, USA), gest. 4. 12. 1945 Pasadena (Kalifornien, USA).

M. war einer der führenden, experimentell arbeitenden Zoologen und Vererbungsforscher in der ersten Hälfte des 20. Jh. Er baute die Chromosomentheorie der Vererbung wesentlich aus.

Schon in der Jugend erhielt M. Anregung zur Beschäftigung mit Naturobjekten, z. B. zum Sammeln von Fossilien. 1880 trat M. in die Vorbereitungsabteilung des Staats-College Kentucky ein und studierte ab 1882 im College (heute University) of Kentucky. 1886 erhielt M. im Fach Zoologie den Grad des Bachelor of Science. Anschließend ging er auf die Hopkins University in Baltimore. Hier waren der Zoologe W. K. BROOKS, der Astronom W. N. HOWARD und dann auch der Physiologe H. N. MARTIN seine Lehrer. Nach der Promotion zum Dr. phil. 1890 und einem Postdoktoraljahr an der Hopkins University ging M. 1891 an das Frauen-Kollegium in Bryn Mawr bei Philadelphia (Pennsylvanien).

1904 folgte er einem Angebot des bedeutenden Biologen E. B. WILSON und übernahm den Lehrstuhl für Experimentalzoologie an der Columbia University in New York. Nach langjähriger erfolgreicher Arbeit in New York wurde M. 1928 Dir. der Kerckhoff Biological Laboratories am California Institute for Technology in Pasadena.

Wissenschaftlich wurde M. bei seinem Lehrer BROOKS im Sinne der morphologisch-phylogenetischen Forschung ausgebildet, wie sie sich im letzten Viertel des 19. Jh. als eine führende Forschungseinrichtung in der Zoologie herausgebildet hatte. In diesem Sinne promovierte M. auch 1890 mit einer Arbeit über die Seespinnen und ihre Stellung in der Phylogenese und erforschte die Keimesentwicklung von Aszidien (Manteltiere) und Balanoglossus (Eichelwurm).

Wie andere Forscher seiner Zeit, so W. BATESON und W. JOHANNSEN, entwickelte auch M. bald eine kritische Haltung zu phylogenetischen Forschungen und übte in der Folgezeit manche Kritik an der Evolutionslehre, namentlich an der Selektionstheorie.

M. wurde zum starken Befürworter einer »experimentellen Biologie«, wie sie sich nach 1880 herausgebildet hatte und als zukünftige Forschungseinrichtung der Biologie zu entwickeln wäre. Er lieferte dazu bedeutende eigene Beiträge, namentlich zur Regerneration bei verschiedenen Tierarten. Neovitalistische Deutungen, wie jene von H. DRIESCH, wies er als unbegründet zurück.

Nach 1903 wandte sich M. dem Problem der Geschlechtsbestimmung zu. Er rechnete zunächst mit einem ziemlich starken Einfluß der Umwelt auf die Geschlechtsausbildung, während die Chromosomen mit ihrem Verhalten eher Indikatoren der zugrunde liegenden Vorgänge wären. Überhaupt stand M. Teilen der klassischen Genetik zunächst kritisch gegenüber.

Um 1910 rückte die seit 1900 sich herausbildende Vererbungsforschung ins Zentrum von M.s Interesse. Er wurde mit der Zeit nicht nur von der Chromosomentheorie der Vererbung überzeugt, sondern trug mit seinen ebenfalls bedeutenden Mitarbeitern C. B. BRIDGES und A. H. STURTEVANT und dem bald nach Selbständigkeit strebenden H. J. MÜLLER wesentlich zum Ausbau der Chromosomentheorie der Vererbung bei.

Eine wesentliche Voraussetzung für diese Forschungen war ein geeigneter Versuchsorganismus, nämlich die Tau-(Essig-)Fliege, Drosophila melanogaster, die sich rasch in billigen Versuchsgläsern vermehren ließ. Am Anfang der Vererbungsforschung stand die Suche nach Mutationen, die dann in Kreuzungsexperimenten getestet wurden. Dabei wurden bald etliche neue Erkenntnisse zur Chromosomentheorie der Vererbung gewonnen. Die Mutation »white-eye« (1910) zeigte geschlechtsgebundene Vererbung, also offensichtliche Anordnung der zuständigen Erbanlage auf dem männlichen Geschlechtschromosom.

Der von BATESON und Mitarbeitern entdeckten Koppelung von Erbanlagen wurde nun von der Morgan-Schule besondere Aufmerksamkeit zugewandt und die Erkenntnis gewonnen, daß die Häufigkeit des Bruches von zu erwartenden Koppelungen ein Maß dafür ist, welche relative Entfernung die Erbanlagen voneinander auf einem Chromosom haben (1911). Den Austausch von Teilen zwischen homologen Chromosomen hatte im Mikroskop bereits F. A. JANSSENS 1909 beobachtet. Dieser Befund diente nun zur Erklärung des Austausches von Erbanlagen. Die daraus entwickelten »Chromosomenkarten« wurden nach 1912 in immer genauerer Weise erstellt. Es ergab sich das Bild der linear auf den Chromosomen angeordneten Erbanlagen (Gene).

Durch M. und seine Schüler wurden auch Ergebnisse gewonnen, die einigen Auffassungen der vorangegangenen mendelistischen Vererbungslehre widersprachen. Dazu gehört der von STURTEVANT gefundene Positionseffekt, wonach ein Gen seine Wirksamkeit verändert, wenn es eine neue Lage auf dem Chromosom einnimmt. Entdeckt wurde auch die non-disjunktion, das Nichttrennen von Chromosomen bei der Kernteilung, was wichtige Auswirkungen auf die Merkmalsausbildung haben kann.

M. erkannte durchaus die Notwendigkeit, die Wirkung der Gene auch physiologisch zu erklären, aber die dafür notwendigen Forschungen wurden von anderen durchgeführt. Die Abstammungslehre suchte M. mit den Erkenntnissen der Genetik zu verbinden. Mit Büchern wie »The Scientific Basis of Evolution« (Die wissenschaftliche Grundlage der Evolution) wurde er zum Mitbegründer der modernen Evolutionstheorie (»Synthetische Theorie der Evolution«). Zi

Literatur: Morgan, T. H.: Evolution and Adaptation (New York 1903), Die Entwicklung des Froscheies (dtsch Leipzig 1904), Regeneration (New York 1901, dtsch Leipzig 1907), Experimental Zoology (New York 1907, dtsch Leipzig u. Berlin 1909), The Physical Basis of Heredity (Philadelphia 1919), dtsch von H. Nachtsheim, Die stofflichen Grundlagen der Vererbung (Berlin 1924), The Scientific Basis of Evolution (New York 1932), Embryology and Genetics (New York 1934).

Morse, Samuel Finley Breese, Kunstmaler, Techniker, ursprünglich Buchhändler, geb. 27.2.1791 Charlestown (Massachusetts, USA), gest. 2.4.1872 Landgut Joughkaprie bei Poughkeepsie (New York, USA).

M. war maßgeblich an der Entwicklung, der Konstruktion und dem Bau von Telegrafenapparaten beteiligt.

M. besuchte verschiedene Grundschulen und absolvierte 1810 das Yale College in Newhaven. Er lernte zunächst bei einem Buchhändler, wandte sich aber bald der Malerei zu. In diesem Beruf hatte er Erfolge, aber auch zahlreiche Mißerfolge, die z. T. stark in sein persönliches Leben eingriffen.

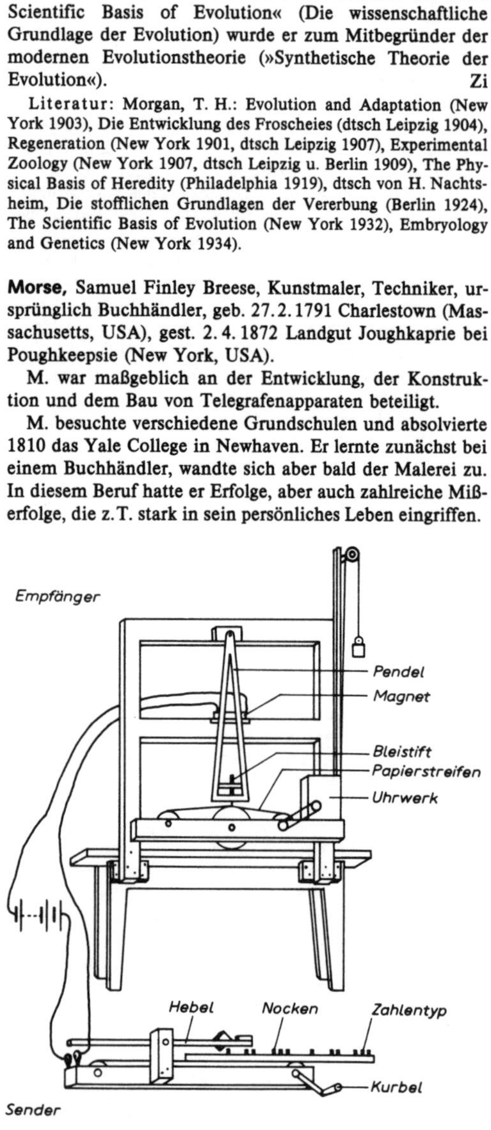

Erster Morseapparat von 1837

M. zählt zu den Mitbegründern der amerikanischen National Academy of Design. Er wurde in deren Gründungsjahr (1825) zu ihrem Präsidenten ernannt, gleichzeitig Dozent und später (1835) Prof. für Zeichenkunst an der New Yorker Univ. 1811 und 1829 unternahm M. zur Vervollkommnung seiner Kenntnisse und Fertigkeiten auf künstlerischem Gebiet Studienreisen nach Europa.

M. war von jeher technisch interessiert. So hatte er schon in seiner Jugend eine Feuerspritze und eine Marmorbearbeitungsmaschine konstruiert. 1827 hörte er eine Vorlesung über Elektrizität am Columbia College. Die dabei gewonnenen Erkenntnisse regten ihn zu Überlegungen an, den elektrischen Strom zur Zeichenübertragung auf weite Entfernungen zu benutzen. M. faßte diesen Gedanken 1832 auf seiner Rückreise von Europa nach Amerika.

Obwohl er bei den ersten durchgeführten Versuchen keine wesentlichen Erfolge erzielen konnte, ließ ihn der Gedanke zur Konstruktion eines funktionsfähigen Telegrafen nicht mehr los. In den Jahren 1835–1837 forcierte M. mit Unterstützung zahlreicher Freunde die Arbeiten zur Verbesserung seiner Telegrafen. Im September 1837 konnte er den ersten funktionsfähigen »Morseapparat« der Öffentlichkeit vorstellen (Abb.). Bezeichnenderweise benutzte M. für die technische Realisierung des Empfängers eine Malerstaffelei. Als Sender wurde zunächst eine einfache Taste benutzt. Durch die spätere Verwendung von Zahlentypen (*T*) erreichte man jedoch entsprechend der auf diesen Typen angebrachten Nockenanordnung (*N*) ein gleichmäßiges und rhythmisches Schließen und Öffnen des Stromkreises. Im Empfänger erfolgte adäquat die Betätigung eines Elektromagneten (*M*). Dieser bewegte ein Pendel (*P*), an welchem ein Bleistift (*B*) befestigt war. Auf einem fortlaufenden Papierstreifen (*S*) wurde eine Zickzackschrift aufgezeichnet, deren Inhalt mit Hilfe eines von M. entwickelten »Wörterbuches« entschlüsselt werden konnte. Die erste so übertragene Nachricht lautete: »214 36 2 58 112 04 01837«, was »übersetzt« »successful experiment with Telegraph sept. 4. 1837« bedeutet. Die Übertragungsentfernung dieser ersten Versuche betrug etwa 1 700 Fuß (etwa 500 m).

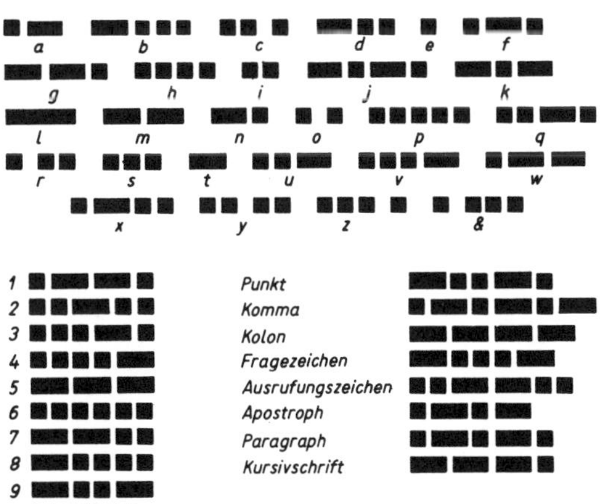

Punkt-Strich-Schrift von Morse

In der Folgezeit arbeitete M., wiederum mit Freunden, an der weiteren Verbesserung seiner Apparate. 1837 entwickelte z. B. TH. N. VAIL eine neue Gebervariante. M. selbst entwarf unter anderem (um 1840) eine Punkt-Strich-Schrift

Th. H. Morgan

S. F. B. Morse

(Abb.), die jedoch mit unserem heutigen Morsealphabet nicht identisch ist (dieses wurde erst 1852 von C. GERKE entwickelt).

Trotz finanzieller Probleme, Patentstreitigkeiten sowie verschiedener Vorbehalte von Gelehrten und verantwortlichen Staatsbeamten konnte M. – besonders durch seinen persönlichen, unermüdlichen Einsatz – miterleben, daß sein System zunächst in Amerika (1843 erste Versuchslinie von Washington nach Baltimore) und ab 1852 auch in Europa Fuß faßte.

M. war nicht der erste, der einen elektrischen Telegrafen entwickelte. Erste brauchbare Apparate wurden bereits 1809 von S. TH. SÖMMERING sowie 1833 von P. SCHILLING und unabhängig davon von W. WEBER konstruiert. Auch W. F. COOKE und CH. WHEATSTONE entwickelten um 1840 Telegrafenapparate. Hierbei handelte es sich meist um Nadel- oder Zeigertelegrafen. Der erste Apparat, der Zeichen niederschrieb, stammt aus dem Jahre 1835 von C. A. STEINHEIL. Insgesamt hat sich aber – nicht zuletzt aufgrund der relativ einfachen technischen Realisierung – das System von M. international durchsetzen können.

M. war von seinem Charakter her ausgesprochen willensstark und optimistisch, was ihn schließlich zu seinem Ziel, der Erfindung eines brauchbaren elektrischen Telegrafen, führte. Hierfür erhielt M. noch im hohen Alter zahlreiche Ehrungen. Als Sohn eines Geistlichen war M.s Weltanschauung von einer tiefen religiösen Grundhaltung geprägt. Neben Reisebeschreibungen und Berichten über kirchliche Zeremonien in Rom hat M. auch mehrere Schriften religiösen Inhalts veröffentlicht. Ke

Literatur: Morse, E. L. (Hrsg.): Samuel F. B. Morse, His Letters and Journals (Boston u. New York 1914).

Mößbauer, Rudolf Ludwig, Physiker, geb. 31. 1. 1929 München.

Nachdem M. 1948 seine schulische Ausbildung abgeschlossen hatte, arbeitete er kurze Zeit in einem Industrielaboratorium und begann bald ein Physikstudium an der TH in München. Schon während der Anfertigung seiner Diplomarbeit 1953/54 war er Lehrbeauftragter für Mathematik. 1955 ging er an die physikalische Abteilung des Max-Planck-Instituts für medizinische Forschung in Heidelberg und stellte erste Untersuchungen zur rückstoßfreien Kernresonanzabsorption an, deren experimenteller Nachweis ihm 1958 gelang. 1960 wurde M. an das Kalifornische Technologische Institut in Pasadena berufen und dort im darauf folgenden Jahr zum Prof. ernannt. 1964–1972 war M. Prof. an der TU München. Seit 1972 ist er Dir. des Laue-Langevin-Instituts in Grenoble.

Schon 1929 hatte der Schweizer W. KUHN darauf hingewiesen, daß analog zur optischen Resonanzfluoreszenz eine Resonanzanregung bei γ-Strahlen möglich sein müßte. Aber erst 1951 gelang dem Engländer P. B. MOON der Nachweis dieser Erscheinung, indem er die bei Emission und Absorption der γ-Strahlung als Frequenzverschiebung wesentlich werdenden Rückstoßenergieverluste mit Hilfe des DOPPLER-Effekts kompensierte. M. dagegen konnte diese Frequenzverschiebung durch den Einbau der strahlenden Atome in einen Kristall unter bestimmten Bedingungen prinzipiell vermeiden und erhielt eine γ-Strahlung mit extrem kleiner Linienbreite. Dieser MÖSSBAUER-Effekt fand außerordentlich rasch Eingang in die verschiedenartigsten Gebiete der Physik. M. selbst beschäftigte sich vor allem mit der Ausnutzung der rückstoßfreien Kernresonanzabsorption für die Erforschung innerer magnetischer und elektrischer Felder in Festkörpern.

Für seine Untersuchungen zur Resonanzabsorption von γ-Strahlen und die Entdeckung des nach ihm benannten Effekts erhielt M. 1961 den Nobelpreis für Physik. Fk

Literatur: Mößbauer, R. L.: Die rückstoßfreie Kernresonanzabsorption, eine neuer Effekt und seine Bedeutung als Präzisionsmeßverfahren, in: Wissenschaft und Menschheit (Leipzig, Jena, Berlin 1965, S. 218–233).

Wegener, H.: Der Mößbauer-Effekt und seine Anwendungen in Chemie und Physik (Mannheim 1965).

Mothes, Kurt Albin, Biochemiker, Botaniker und Pharmakognost, geb. 3.11.1900 Plauen (Vogtland), gest. 12.2.1983 Ribnitz-Damgarten.

M. erwarb sich besondere Verdienste als Hochschullehrer und Forscher mit Pionierarbeiten auf mehreren Gebieten der Biochemie und Physiologie der Pflanzen.

M., Sohn eines städtischen Beamten, begann nach kriegsbedingtem Notabitur 1917 die Apothekerlehre in Plauen. 1921–1925 studierte er an der Univ. Leipzig Pharmazie, Chemie, Physiologie und Botanik und wurde 1925 zum Dr. phil. beim Pflanzenphysiologen W. RUHLAND promoviert. Das Staatsexamen in Pharmazie legte er 1923 ab, seine Approbation zum Apotheker erfolgte 1927. M. war 1925–1928 Assistent, bis 1934 Privatdoz. am Botanischen Institut der Univ. Halle. 1928 habilitierte er sich und wurde 1935 Prof. und Ordinarius für Botanik und Pharmakognosie an der Univ. Königsberg (Kaliningrad). 1945–1949 befand sich M. in sowjet. Kriegsgefangenschaft. 1949–1957 war er Leiter der Chemisch-physiologischen Abteilung des Instituts für Kulturpflanzenforschung der DAdW zu Berlin in Gatersleben; 1951 übernahm M. den Lehrstuhl im Pharmakognostischen Insitut, und 1957 wurde er Dir. der Botanischen Anstalten der Martin-Luther-Univ. Halle-Wittenberg. 1954 erfolgte seine Wahl zum XXII. Präsidenten der Deutschen Akademie der Naturforscher Leopoldina (Sitz in Halle); das Präsidentenamt hatte er bis 1974 inne. 1958–1962 vollzog sich in Halle die Gründung des Instituts (zunächst Arbeitsstelle) für Biochemie der Pflanzen der DAdW, deren erster Dir. M. bis 1967 war. 1963 gründete M. den Lehrstuhl für Biochemie der Pflanzen an der Univ. Halle, 1966 wurde er emeritiert. M. war Ehrensenator der Univ. Halle, Mitgl. bzw. Ehrenmitgl. zahlreicher in- und ausländischer wissenschaftlicher Gesellschaften und Akademien, darunter der Ak. d. Wiss. der UdSSR Moskau, der Royal Society London, des Ordens »Pour le mérite für Wissenschaften und Künste« (BRD), und sechsfacher Ehrendoktor (Dr. med. h. c. und Dr. rer. nat. h. c. Halle; Dr. agr. h. c. Kiel; Dr. phil. h. c. Wien; Dr. pharm. h. c. Szeged; Dr. rer. nat. h. c. Greifswald). An wichtigsten Auszeichnungen wurde M. zuteil: Nationalpreis (1953), Vaterländischer Verdienstorden (1959 und 1960), Cothenius-Medaille der Leopoldina (1960), Hervorragender Wissenschaftler des Volkes (1965), Ehrenzeichen für Wissenschaft und Kunst der Republik Österreich (1975) sowie Verdienstmedaillen mehrerer naturwissenschaftlicher Fachgesellschaften des In- und Auslands.

Das wissenschaftliche Lebenswerk von M. umfaßt vier Schwerpunkte, die im pflanzlichen Stickstoff-Stoffwechsel eine gemeinsame Basis haben: 1) Alkaloide und andere stickstoffhaltige, sekundäre Pflanzenstoffe (Begriff 1927 von M. geprägt); 2) Stoffwechsel von Eiweißen und deren Bausteinen; 3) zellphysiologische Probleme von Stoffspeicherung, Transport und Sekretion; 4) Beziehungen zwischen Altern von Pflanzen und Pflanzenhormonen. Aus Pflanzenphysiologie und Phytochemie entwickelte er eine Biochemie der Pflanzen, als deren Begründer er gilt.

Mit Hilfe reziproker heterologer Pfropfungen zwischen Reis und Wurzelunterlage wurde die Wurzel als Bildungsstätte vieler Alkaloide ermittelt. Durch frühen Einsatz radioaktiver oder stabiler Isotope als Vorstufen verfolgten M. und Mitarbeiter Biosynthesewege und Stoffwechsel primärer und sekundärer Pflanzenstoffe, insbesondere die Aufklärung von Strukturen und Biosynthesen vieler Alkaloide (Nicotin-, Tropan-, Piperidin-, Chinolin-, Chinolizidin-, Indol- und Opiumalkaloide) oder Säureamide und Ureide (z. B. Allantoin) als Wege der Pflanzen zur Entgiftung des im Stoffwechsel anfallenden Ammoniaks. M. erwarb sich Verdienste in der Erforschung therapeutisch wirksamer Mittel aus Arzneipflanzen und Pilzen (z. B. Mutterkorn), forcierte deren Produktion in Laboranlagen und betrieb ihre Einführung in die Praxis. Ihm gelangen Auffinden und Züchtung einer rauschgiftfreien (morphinfreien) Mohnsorte. Des weiteren erbrachte M. den Nachweis seiner Hypothese, daß bestimmte Hormone (Cytokinine) einen gerichteten Stofftransport auslösen, Substanzen in der Zelle zurückhalten, akkumulieren, Synthesen anregen und über diesen Weg alternshemmend (»verjüngend«) wirken. In den 30er Jahren hatte sich M. auch waldökologischen und waldgeschichtlichen Untersuchungen zugewandt. Von M.s nahezu 400 Publikationen sind etwa die Hälfte Originalveröffentlichungen experimenteller Art. Er war Hrsg. oder Mithrsg. mehrerer in- und ausländischer wissenschaftlicher Zeitschriften, Monographien und Tagungsberichte. M. betrieb eine vielseitige wissenschaftspublizistische Tätigkeit und setzte sich mit Problemen der Gesellschaft, Wissenschafts- und Hochschulpolitik, Wissenschaftsethik, Humanität (z. B. in den Präsidialansprachen der Leopoldina-Jahresversammlungen) auseinander; er war ein rhetorisch begabter, begeisterter Hochschullehrer. Zu seinen großen Leistungen ist auch die Wiederbelebung der Deutschen Akademie der Naturforscher Leopoldina nach dem zweiten Weltkrieg zu zählen, der ältesten naturwissenschaftlichen Akademie in Europa (gegründet 1652). Pa

Literatur: Mothes, K.: Biosynthese der Alkaloide. Hrsg. mit H. R. Schütte (Berlin 1969), Handb. der Pflanzenphysiologie, Bd. 8 (Stickstoffumsatz) und Bd. 11 (Heterotrophie) (Berlin-Göttingen-Heidelberg 1958 und 1959), Die stoffliche Organisation der Pflanze. Nova Acta Leopoldina N.F. 15 (1952), 63–78, Physiology of Alkaloids. Ann. Rev. Plant Physiol. 6 (1955), 393–432, Phytochemie und Therapie, in: Pharmazie 10 (1955), 401–410, Über das Altern der Blätter und die Möglichkeit ihrer Wiederverjüngung, in: Naturwiss. 47 (1960), 337–351, Chemische Muster und Entwicklung in der Pflanzenwelt, in: Naturwiss. 52 (1965), 571–585, Entwicklungslinien der Biologie. Festschrift 125jähr. Bestehen d. Sächs. Akad. Wiss., S. 129–144 (Berlin 1974), Zur Wissenschaftsgeschichte biogener Arzneistoffe, in: Biogene Arzneistoffe (Hrsg. F.-C. Czygan, Braunschweig 1984).

Butenandt, A.: Würdigung des wissenschaftlichen Werkes zum 70. Geburtstag, in: Leopoldina 16 (1972) 89–100, Gedenkworte für Kurt Mothes, in: Reden und Gedenkworte, Orden pour le mérite f. Wiss. u. Künste 20 (1984), 19–26; Lesky, E.: Der XXII. Präsident Kurt Mothes, Nova Acta Leop. N. F. 36 (1970), 331–338; Parthier, B.: Kurt Mothes (1900–1983) – Leben und Werk (mit Schriftenverzeichnis), in: Biochem. Physiol Pflanzen 178 (1983), 695–768, Der Wissenschaftler Kurt Mothes, in: Leopoldina 29 (1986), 99–110; Pirson, A.: Nachruf, in: Ber. Dtsch. Bot. Ges. 98 (1985), 249–259.

Muller, Hermann Joseph, Genetiker, geb. 21.12.1890 New York, gest. 5.4.1967 Indianapolis (Indiana, USA).

M. war einer der führenden Genetiker seiner Zeit; er erregte Aufsehen durch die von ihm erstmals sicher nachgewiesene künstliche Auslösung von Mutationen und durch seine umstrittenen Ansichten über Eugenik.

Schon als Schüler entwickelte M. Interesse für Evolutionstheorie und Naturwissenschaft. Er studierte ab 1907 an der Columbia University und hörte bei E. B. WILSON, wodurch er sein bereits durch Lektüre gewecktes Interesse für die Vererbungsforschung festigte. 1911/12 arbeitete er aber zunächst am Cornell Medical College und forschte über ein Thema aus der Nervenphysiologie. 1912 wurde er graduate student bei T. H. MORGAN an der Columbia University. Er fiel rasch durch seine Fähigkeiten auf, nahm aber oft, in seinen Ideen unverstanden, eine wissenschaftliche Außenseiterrolle ein. 1916 erwarb er den Grad des Ph. D. (Dr. phil.). 1915–1918 arbeitete M. am Rice Institute in Houston (Texas). Danach ging er noch einmal an die Columbia University zurück. 1920–1932 wirkte er an der Univ. von Texas in Austin als Associate Professor, 1925 als Prof. für Zoologie. M. hatte wegen Unterstützung einer kommunistischen Studentenzeitung u. a. zunehmend persönliche Schwierigkeiten. 1932 ging er als Guggenheim-fellow an das Kaiser-Wilhelm-Institut für Hirnforschung in Berlin-Buch, das damals unter Leitung von O. VOGT stand. 1933 verließ er Deutschland und folgte einer Einladung des führenden sowjetischen Genetikers N. J. WAWILOW in die UdSSR, wo er 1933–1937 an Instituten der Ak. d. Wiss. in Leningrad und Moskau arbeitete. M.s eugenische Vorstellungen stießen auf Widerspruch, und er geriet in die aufkommenden Auseinandersetzungen um die lamarckistischen Auffassungen, wie sie von T. D. LYSSENKO vertreten wurden. Er verließ die UdSSR und ging 1938 an die Univ. Edinburgh. Nach Ausbruch des zweiten Weltkrieges kehrte M. in die USA zurück, arbeitete zuerst am Amherst College (Massachusetts), danach von 1945 bis zu seinem Tode 1967 an der Indiana University in Bloomington, die zu einem Zentrum der Molekularbiologie wurde.

Während seiner Zugehörigkeit zu der Gruppe um MORGAN an der Columbia University gelangen M. entscheidende Beiträge zur Erforschung des Crossing-over und der Herstellung von Chromosomenkarten. Er entwickelte das Konzept von den Modifikatorgenen, und mit E. ALTENBURG maß er bei Letalgenen erstmals die spontane Mutationshäufigkeit. In vielen seiner Arbeiten zeigte er sich als einer der genialsten, ideenreichsten Vererbungsforscher.

M. wurde vor allem aber der erfolgreiche Pionier der Strahlengenetik. 1926 bewies er (publiziert in »Science« 1927) am Versuchsobjekt Drosophila (Taufliege) erstmals einwandfrei, daß Röntgenstrahlen die Mutationsrate erheblich erhöhen und fand damit ein erstes mutationsauslösendes Agens. Vor ihm hatten bereits andere Forscher mit verschiedenen Faktoren die Auslösung von Mutationen bei verschiedenen Organismen versucht, aber deren Ergebnisse konnten statistisch nicht abgesichert werden und blieben daher umstritten.

Die Entdeckung der Mutationsauslösung durch energiereiche Strahlen fand Anwendung in der Pflanzenzüchtung. Sie war Voraussetzung zur Entwicklung der Genphysiologie durch G. W. BEADLE u. a. und ließ die Gefahren energiereicher Strahlen für die Erbanlagen auch der Menschen erkennen. M. warnte vor der bedenkenlosen Anwendung von Röntgenstrahlen und nach Entwicklung der Atombombe und der Kerntechnik vor allem vor den Gefahren der Strahlenbelastung durch radioaktive Stoffe. 1946 erhielt M. den Nobelpreis für Physiologie und Medizin.

Schon früh entwickelte M. Interesse an der gelenkten

R. L. Mößbauer

K. A. Mothes

Evolution des Menschen und wurde ein Befürworter der Eugenik, der »Wissenschaft« von der genetischen Aufbesserung der Menschheit. M. schlug vor, daß viele Frauen und auch Ehepaare auf eigene Kinder verzichten sollten, und stattdessen sollten sich normale Frauen mit dem Samen genialer Männer – M. dachte unter anderem an W. I. LENIN oder A. EINSTEIN – befruchten lassen, um die zu erwartenden genialen Kinder großzuziehen. M. legte diese Gedanken in dem Buch »Out of the Night« (1936) nieder; ein Exemplar dieses Werkes wurde auch J. W. STALIN übermittelt. In der sowjetischen Gesellschaft fand M., der zum Fanatiker für die Menschenverbesserung wurde, jedoch berechtigte Ablehnung. M. untersuchte auch eineiige Menschenzwillinge, die in verschiedener Umgebung aufgewachsen waren, um die Erblichkeit vieler Merkmale nachzuweisen. Zi

Literatur: Studies in genetics. The selected papers of H. J. Muller (Bloomington (Indiana) 1962).

Müller, Johannes, → Regiomontanus.

Müller, Johannes Peter, Physiologe und Anatom, geb. 14.7.1801 Koblenz, gest. 28.4.1858 Berlin.

M. hatte zu seiner Zeit den höchsten Stand des damaligen physiologischen Wissens. Aus dem alle Bereiche der Physiologie, der Anatomie und vergleichend-anatomischen Zoologie umfassenden Gesamtwerk ragen insbesondere seine grundlegenden Beiträge zur Neurophysiologie und Neuroanatomie hervor. Er begründete die Physiologie als selbständige Wissenschaftsdisziplin und war geistiges Zentrum der berühmten Berliner Schule der Physiologie, aus der die namhaften deutschen Physiologen und Anatomen der 2. Hälfte des 19. Jh. hervorgingen.

Trotz Herkunft aus einfachsten Verhältnissen – der Vater M.s war Schumacher – wurde dem jungen M. der Besuch einer höheren Schule in Koblenz ermöglicht. 1819–1824 studierte er Medizin an der Univ. Bonn und Berlin. Nach in Zweijahresabständen vollbrachter Promotion und Habilitation wurde M. 1826 im Alter von 25 Jahren zum ao. Prof. und vier Jahre später zum o. Prof. an der Univ. Bonn berufen. 1833 erfolgte seine Berufung auf den Lehrstuhl für Anatomie und Physiologie der Univ. Berlin. 1834 wählte die Ak. d. Wiss. M. zu ihrem Mitgl. 1838/39 sowie 1847/48 hatte M. das Amt des Rektors der Univ. Berlin inne.

M. gelang bereits in noch jugendlichem Alter der Durchbruch zu internationaler Anerkennung. Durch persönliche Bekanntschaft mit J. W. v. GOETHE und dessen Farbenlehre angeregt, veröffentlichte er 1826 sein umfangreiches Buch »Zur vergleichenden Physiologie des Gesichtssinnes«. Die darin an Tieren und in physiologischer Selbstbeobachtung gewonnenen Erkenntnisse über den Vorgang der optischen Wahrnehmung mündeten in ein sinnesphysiologisches

Fundamentalgesetz, das Gesetz der spezifischen Energie der Sinnesorgane: »Es ist ganz gleichgültig, von welcher Art die Reize auf den Sinn sind, ihre Wirkung ist in den Energien des Sinnes!« (S. 45). Aus der Beobachtung geschlußfolgert, daß z. B. auch Druckreize für das Auge optische Wahrnehmungen auslösen, besagt es, einer materialistischen Interpretation folgend, nichts anderes, als daß jedes Rezeptororgan auf verschiedene Reize in einer bestimmten, charakteristischen Weise reagiert und eine Nachricht über die Außenwelt nur gewonnen werden kann über spezifische Veränderungen, die sie im Wahrnehmungssystem erzeugt. In dieser Form ist das Gesetz der spezifischen Sinnesenergie eine der wichtigsten Grundlagen der Sinnesphysiologie und jeder materialistischen Erkenntnistheorie. In der von M. selbst gegebenen, vom Kantianismus bestimmten Interpretation wird allerdings eine agnostizistische Konsequenz unvermeidlich. M. schlußfolgerte, der Mensch nehme nicht die Vorgänge der Außenwelt wahr, sondern nur die von ihnen erzeugten Veränderungen in den Sinnesorganen, d. h., er nimmt ständig nur sich selbst wahr. Diese Interpretation läßt außer Betracht, daß Wahrnehmungen ja ständig, auch von anderen Sinnesorganen, überprüft und korrigiert werden und erst die rationale Verarbeitung der verschiedenen Sinneseindrücke auf der Grundlage millionenfacher Erfahrungen ein zutreffendes Abbild der Außenwelt vermittelt. Auf diese Weise konnte das Gesetz der spezifischen Sinnesenergie dem Positivismus als Beleg für seinen Agnostizismus dienen; insbesondere dem physikalischen Idealismus war es ein Argument für die Leugnung der Existenz einer Außenwelt überhaupt. W. I. Lenin nahm M. in diesem Zusammenhang gegen den von L. Feuerbach erhobenen Vorwurf des »physiologischen Idealismus« in Schutz, indem er einen angeblichen »Zusammenhang« der Physiologie mit dem physiologischen Idealismus als ausschließlich dem Interesse reaktionärer Philosophen entstammend nachwies (Lenin, Werke Bd. 14, 1969, S. 306 f.). Ein weiterer, kaum minder bedeutender Beitrag M.s zur Neurophysiologie ist der 1831 von ihm definitiv erbrachte experimentelle Beweis, daß die vorderen Wurzeln der Rückenmarksnerven tatsächlich – wie 1811 von Ch. Bell vorausgesagt – eine motorische Funktion haben, die Nerven der hinteren Wurzeln dagegen eine sensible. Dieses Problem war dadurch kompliziert worden, daß F. Magendie 1822 zunächst die Hypothese Bells aufgrund experimenteller Befunde bestätigen zu können glaubte, seine Schlußfolgerungen aber kurz darauf teilweise wieder in Frage stellte. Die von M. am Frosch durchgeführten Versuche, mittels Durchschneidung der fraglichen Nervenbahnen und Beobachtung der auftretenden Ausfallerscheinungen deren Funktion zu erschließen, waren so einfach wie genial, daß sie zum Modellbeispiel des physiologischen Experiments überhaupt wurden. Exaktheit des experimentellen Vorgehens und Reproduzierbarkeit der Ergebnisse waren bald das Kennzeichen der Müllerschen Schule, aus der so hervorragende Gelehrte wie E. du Bois-Reymond, H. Helmholtz, E. Haeckel, Th. Schwann und R. Virchow hervorgingen. Das physiologische Wissen seiner Zeit und Ergebnisse eigener Forschungen faßte M. in seinem »Handb. der Physiologie des Menschen« zusammen, das vier Auflagen erlebte und für lange Zeit zu einer Standardreferenz für die gesamte Medizin und Biologie wurde. Der Mangel dieses Werkes bestand darin, daß es durchgehend vom Standpunkt des Vitalismus geschrieben ist, von dem sich M. Zeit seines Lebens nicht zu lösen vermochte. Dieser Vitalismus ist allerdings dadurch gemäßigt, daß M. stets bestrebt war, die Lebenserscheinungen mechanisch zu erklären, und seine »Lebenskraft« nicht über den physikalischen und chemischen Gesetzen der Natur stand, sondern streng an diese gebunden war. Indem er der Lebenskraft alle Attribute der lebenden Materie beilegte, hat er eigentlich die Entbehrlichkeit jeder vitalistischen Konstruktion bewiesen. Mit dem Handb. schließt die Periode der physiologischen Forschungen M.s ab. In der klaren Erkenntnis, daß physikalische und chemische Untersuchungsmethoden das Profil der künftigen Physiologie bestimmen werden, denen er aus Mangel an fachlicher Kompetenz nicht würde folgen können, wandte sich M. in den letzten Jahren seines Lebens hauptsächlich anatomischen und taxonomischen Forschungen an Meerestieren zu.

M.s Persönlichkeitsstruktur war von manisch-depressiven Zügen geprägt; Phasen höchster geistiger Produktivität mit einem enormen Arbeitspensum wurden wiederholt von depressiven Phasen und damit verbundener Unfähigkeit zur wissenschaftlichen Arbeit abgelöst. Eine tiefverwurzelte kleinbürgerliche Angst um den Fortbestand seiner akademischen Existenz und seiner riesigen anatomisch-zoologischen Sammlung zwangen ihm gegen seine innere Überzeugung einen politischen Konservatismus auf, an dem er, als Rektor der Univ. Berlin im Revolutionsjahr 1848 zwischen Regierung und Studenten stehend, schließlich physisch und seelisch zerbrach. Ri

Literatur: Müller, J. P.: Zur vergleichenden Physiologie des Gesichtssinnes des Menschen und der Thiere nebst einem Versuch über die Bewegungen der Augen und über den menschlichen Blick (Leipzig 1826), Bildungsgeschichte der Genitalien aus anatomischen Untersuchungen an Embryonen des Menschen und der Tiere (Düsseldorf 1830), Bestätigung des Bell'schen Lehrsatzes, dass die doppelten Wurzeln der Rückenmarksnerven verschiedene Funktionen haben, durch neue und entscheidende Experimente, in: Frorieps Notizen aus dem Gebiete der Natur- und Heilkunde. 30 (1831) 113–117, Handb. der Physiologie des Menschen für Vorlesungen. 2 Bde. (Koblenz 1833–1840, 4. Aufl. 1841–1844), Über den feineren Bau und die Formen der krankhaften Geschwülste (Berlin 1838), Über den glatten Hai des Aristoteles und über die Verschiedenheiten unter den Haifischen und Rochen in der Entwicklung des Eies, in: Abh. der Kgl. Preuß. Ak. d. Wiss. Phys. Kl. für das Jahr 1840 (1842), 187–257, Über den Bau und die Lebenserscheinungen des Branchiostoma lubricum Costa, Amphioxus lanceolatus Yarrel, in: ebenda für das Jahr 1842 (1844), 79–116.

Ebbecke, U.: Johann Müller, der große rheinische Physiologe (Hannover 1951); Haberling, W.: Johannes Müller. Das Leben des rheinischen Naturforschers (Leipzig 1924); Koller, G.: Das Leben des Biologen Johannes Müller (Stuttgart 1958); Rössle, R.: Die pathologische Anatomie des Johannes Müller. Nach einem aufgefundenen Kollegheft aus dem Jahre 1834, in: Sudhoffs Arch. Gesch. Med. Naturwiss. 37 (1963), 179–183.

Murchison, Sir Roderick Impey, Geologe, geb. 19. 2. 1792 Tarradale (Schottland), gest. 22. 10. 1871 London.

M. beschäftigte sich vor allem mit dem Aufbau und der Untergliederung des Paläozoikums in West- und Osteuropa. Bedeutsam sind seine Darlegungen über den Gebirgsbau der Alpen, Apenninen und Karpaten unter besonderer Berücksichtigung von Verbreitung und Entwicklung des Eozäns.

Mit 15 Jahren trat M. in die brit. Armee ein und genoß seine Ausbildung im Royal Military College von Great Marlow. Nach seiner Beförderung zum Offizier im Jahre 1807 nahm er am Spanienfeldzug teil. 1815 quittierte er den Dienst im Range eines Kapitäns und heiratete die Tochter eines Generals. Auf Anraten seiner Frau und von Sir H. Davy besuchte M. 1824 Vorlesungen über Geologie und Chemie in der Royal Institution in London und nahm unter der Leitung von W. Buckland an Exkursionen in die Umgebung von Oxford teil. 1825 wurde er Mitgl. der Geological Society in London, deren Entwicklung er in der Folgezeit entscheidend beeinflußte (1826–1828 und 1828–1831 Sekretär, 1826–1869 Mitgl. des Rates, 1831–1833 und

J. P. Müller

R. I. Murchison

P. van Musschenbroek

1841–1843 Präsident). Auf verschiedenen Reisen besuchte er das Alpengebiet (1828 Nizza, Südalpen und Vicentinisches Gebiet zusammen mit CH. LYELL, 1832 Westalpen zusammen mit seinem Freund A. SEDGWICK, 1843 Tatra und Karpaten) sowie West- und Osteuropa (1840 zusammen mit M. DE VERNEUIL, 1841 zusammen mit Graf A. KEYSERLING). 1846 wurde M. geadelt. 1855 wurde er zum Generaldir. des Geologischen Dienstes von Großbritannien sowie zum Dir. des Museums für Praktische Geologie ernannt. In diesem Amt förderte er besonders die Erkundung von Steinkohlenlagerstätten sowie die geologische Landesaufnahme von Großbritannien. Er erhielt 1864 die Wollaston-Medaille »in Anerkennung der Beiträge zur Geologie als einer induktiven Wissenschaft«. M. war zeitweise Treuhänder des Brit. Museums in London. Er war Mitgl. der Royal Society, der Geological Society of London, der Geographical Society sowie mehrerer anderer Gesellschaften in Europa und Nordamerika und besaß Ehrengrade der Univ. von Oxford, Cambridge und Edinburgh.

M. zählte mit zu den Begründern der heute gültigen Internationalen Stratigraphischen Standardskala des Paläozoikums. Auf Anraten von A. BUCKLAND beschäftigte er sich zwischen 1831 und 1837 hauptsächlich mit dem Aufbau und der Untergliederung des Silur-Systems im weiteren Sinne (= Ordovizium und Silur der Untergliederung von C. LAPWORTH) im Randgebiet von Wales. Zum Unterschied von SEDGWICK verfolgte er dabei, ausgehend vom lithologisch typisch entwickelten Old Red Sandstein, die Schichtenfolge nach dem Liegenden. 1835 grenzte M. das Silur, 1841 das Perm und zusammen mit SEDGWICK 1840 das Devon ab. Die weitere Untergliederung des Silurs (Ludlow, Wenlock, Llandovery) erfolgte 1839. Bezüglich der Lage der Hangendbegrenzung des Kambriums bestand zwischen M. und SEDGWICK eine unterschiedliche Meinung (genau dargestellt im Lexique Stratigraphique International, Europe, fasc. 3a – Ordovician England, Wales, Scotland), die sich bis in das 20. Jh. auswirkte. SEDGWICK hatte das Tremadoc und Arenig, die jetzt zum Ordovizium gerechnet werden, in das Kambrium einbezogen. In größerem Umfang als SEDGWICK führte M. regionalgeologische Vergleiche innerhalb Westeuropas, aber auch zwischen Ost- und Westeuropa durch. Tr

Literatur: Murchison, R. I.: On the sedimentary deposits, which occupy the western parts of Shropshire and Herefordshire, in: Proceed. Geol. Soc. London 1 (1833), 474–477, On the structure and classification of the Transition Rocks of Shropshire, Herfordshire and parts of Wales, in: Proceed. Geol. Soc. London 2 (1834), 13–18, The Silurian System founded on geological researches in the countries of Salop, Hereford, Radnor, Montgomery etc. (London 1839), Observations géologiques en Russie, in: Gorn. Žurn. 4 (1841), 11/12, Siluria (London 1854, 2. Aufl. London 1859), Über den Gebirgsbau in den Alpen, Apenninen und Karpathen namentlich in einem Übergang aus sekundären Gebilden (Stuttgart 1850/1851), (mit N. de Verneuil u. A. v. Keyserling): The Geology of Russia in Europe and the Ural Mountains, Bd. I Geology (London/Paris 1845).

Obituary (Nachruf), in: Quart. J. Geol. Soc. London 28 (1872), XXIX–XXXV; Geikie, Sir A.: The Founders of Geology (London 1897).

Musschenbroek, Pieter (Petrus) van, Physiker, geb. 14. 3. 1692 Leiden, gest. 19. 9. 1761 Leiden.

M. war an den meisten physikalischen Experimentaluntersuchungen seiner Zeit beteiligt; sein Ruf als einer der bedeutendsten Experimentatoren des 17. Jh. hat sich bis heute vor allem durch seinen Anteil an der Erfindung der Leidener Flasche erhalten.

M.s Vater, sein Onkel sowie sein Bruder JAN M., der mit J. S. VAN S'GRAVESANDE zusammenarbeitete und später auch die Experimentiergeräte M.s baute, waren vor allem durch die Fertigung physikalischer Geräte berühmte Instumentenbauer, die viel zur Entwicklung der Luftpumpe beitrugen. So wurde M. schon frühzeitig zum Experimentieren angeregt; studierte in Leiden Medizin, Naturwissenschaften und Mathematik, promovierte 1715 zum Doktor der Medizin und 1719 zum Doktor der Philosophie. Bereits 1719 wurde er auf Empfehlung seines Lehrers H. BOERHAAVE Prof. für Mathematik und Physik an der Univ. Duisburg, 1723 in Utrecht und blieb danach, trotz mehrfacher Berufungen nach Kopenhagen, Göttingen, Berlin u. a. als Prof. der Physik in Leiden. Dort versuchte er 1746, Wasser in einer Gasflasche zu elektrisieren, um durch das isolierende Glas ein Entweichen der Elektrizität zu verzögern. Das Wasser verband er durch einen Draht mit einem Pol einer Elektrisiermaschine. Als er den Draht berührte, spürte er beinahe im ganzen Körper einen heftigen Schlag. Seine andere Hand, die das Glas mit dem geladenen Wasser hielt, wirkte als äußere Belegung. Damit war die Urform des Kondensators erfunden. Für die innere und äußere Belegung der Flasche nahm man später Zinnfolie. Unabhängig von M. und etwas früher hatte der deutsche Domdechant E. v. KLEIST die gleiche Erfahrung gemacht. Einen Anteil an der Erfindung wird auch dem Leidener Stadtsekretär und Amateurexperimentator A. CUMAEUS zugeschrieben, der häufig bei M.s Experimenten mitwirkte und sie für sich wiederholte. Den Namen »Leidener Flasche« prägte J. A. NOLLET. Durch die Nachricht vom elektrischen Schlag als einer wissenschaftlichen Sensation wurden viele Physiker zu weiteren Untersuchungen angeregt.

M. führte die von s'GRAVESANDE begonnenen Experimentalvorlesungen fort, sammelte selbst zahlreiche Instrumente und arbeitete an deren Verbesserung. So erfand er ein Pyrometer, mit dem man durch die Ausdehnung eines Metallstabes höhere Temperaturen als mit einem Thermometer messen konnte. In Duisburg und Leiden richtete M. die ersten öffentlichen Observatorien ein.

Hohe Auflagen und Übersetzungen seiner Werke in die

N

deutsche und holländische Sprache sowie seine Mitgliedschaft in der Royal Society zeugten von der Anerkennung, die M. unter den Wissenschaftlern seiner Zeit genoß. Lz

Literatur: Musschenbroek, P.: Epitome elementorum physico-mathematicorum in usus academicos, 2 Bde. (Leiden 1725), Elementa physicae conscripta in usus academicos (Leiden 1729), Institutiones Physicae, 2 Bde. (Leiden 1762), Compendium physicae experimentalis (Leiden 1762).

Meyer, F. A.: Petrus van Musschenbroek. Werden und Werk und seine Beziehungen zu Daniel Gabriel Fahrenheit, in: Duisburger Forschungen 5 (1961), 1–51.

●

Nägeli, Carl Wilhelm von, Botaniker, geb. 23.3.1817 Kilchberg bei Zürich, gest. 10.5.1891 München.

Als Vertreter der von M. J. Schleiden geforderten »wissenschaftlichen Botanik« entwickelte N. die mikroskopischen und zytologischen Methoden weiter, berichtigte die Zellbildungs- und Befruchtungshypothese, stellte die »Micellartheorie« über den Feinbau der Zellmembran auf und leistete bedeutende Beiträge zur Algologie.

N., Sohn eines Arztes, studierte ab 1836 zunächst Medizin an der Univ. Zürich, wo er unter anderen von L. Oken beeinflußt wurde, dann ab 1839 bei A. de Candolle in Genf Botanik und wurde 1840 mit einer botanischen Arbeit zum Dr. med. promoviert. Im Sommersemester 1840 hörte er in Berlin bei G. W. F. Hegel, 1841 auch bei H. Lichtenstein und weilte dann ab Herbst 1842 bei Schleiden in Jena, wo er sich mikroskopische Methoden aneignete, unter Schleidens Einfluß definitiv eine Abkehr von naturphilosophischem Gedankengut vollzog und 1844 die »Ztschr. für wissenschaftliche Botanik« (mit Schleiden) begründete. Nach der Rückkehr nach Zürich habilitierte er sich und wirkte dort ab 1845 als Privatdoz., ab 1848 als ao. Prof. für Botanik. 1852 folgte N. einem Ruf als ao. Prof. für Botanik an die Univ. Freiburg im Breisgau und 1855 als Ordinarius für allgemeine Botanik an das neugegründete Polytechnikum Zürich. Von 1857 an wirkte er als o. Prof. für Botanik und Dir. des Botanischen Gartens in München, wo er 1860 ein neues Botanisches Institut begründete.

In die Studienzeit N.s fallen die heftigen Auseinandersetzungen der Biologen mit dem naturphilosophischen Gedankengut von Oken, F. W. J. Schelling und Hegel und gegen eine bloß deskriptive Behandlung der Botanik durch Epigonen von C. v. Linné. Energischer Fürsprecher einer neuen, auf induktiven Forschungsmethoden beruhenden »wissenschaftlichen Botanik« war Schleiden, dessen streitbare Schriften großen Einfluß ausübten. N. schloß sich der neuen Richtung und der von ihr propagierten mikroskopischen Methode konsequent an und war bald erfolgreicher als sein Lehrer Schleiden. So konnte er bereits 1842 den von Schleiden falsch interpretierten Befruchtungsvorgang bei Phanerogamen (Blütenpflanzen) definitiv aufklären und 1844 (im ersten Band seiner neuen Ztschr., s. o.) auch dessen falsche Zellbildungshypothese durch Beobachtung der Zell- und Kernteilung bei Algenstudien und Untersuchung der Nukleoli berichtigen. Da N. sich der Zelltheorie insofern angeschlossen hatte, als er die Zelle als Baustein im morphogenetischen Sinne auffaßte und das Studium der Entwicklungsgeschichte als Schlüssel für die Gestaltungsprinzipien der Pflanzen anwandte, seine Untersuchungen dabei auf Kryptogamen konzentrierte, entwickelte er als bedeutendsten Beitrag seine Theorie des Scheitelzellenwachstums am Vegetationspunkt der blütenlosen Pflanzen (Kryptogamen), die bis dahin noch unzureichend morphologisch und systematisch untersucht waren. Eine wichtige Rolle in seinen Zellbildungsstudien spielte – in Anknüpfung an H. v. Mohls Definition (1845) – das von diesem so benannte »Protoplasma«, dessen Struktur und Inhaltskörpern er eingehende Studien widmete. So untersuchte N. als erster die Chloroplasten, die Protoplasmabewegung (»Glitschbewegung«) und den Feinbau der Zellmembran. Die von ihm für die Bildung der Zellwände aufgestellte »Micellartheorie« (Mizellen = kleinste, kristallähnliche Einheiten, jedoch als spezifisch organismische Substanz) hatte bis ins 20. Jh. im Rahmen der Kolloidtheorie Bedeutung. Der in der Mitte des 19. Jh. unter dem Einfluß von Erkenntnissen der organischen Chemie und Physik zunehmenden Tendenz, die Lebensvorgänge auf physikalisch-chemische Prozesse zu reduzieren, folgte auch N. bei physiologischen Arbeiten über den Stoffwechsel der Zelle, woraus besonders seine Untersuchungen über die Stärkekörner und über die Hefegärung hervorgingen. Vom materialistischen Standpunkt aus entwickelte er auch eine beachtenswerte Hypothese über die Entstehung der Organismen und ihrer Vorstufen aus anorganischer Materie, wobei er sich sowohl mit E. Haeckels Vorstellungen als auch mit zeitgenössischen kosmischen Biogenhypothesen kritisch auseinandersetzte. In seiner »Mechanisch-physiologischen Theorie der Abstammungslehre« (1884), dem Ergebnis zahlreicher vorhergehender Studien über Artbildung und über Vererbungsprozesse auf zytologischer Basis, suchte N. der Selektionstheorie Ch. Darwins eine mehr an J. B. Lamarck anknüpfende mechanizistische Evolutionstheorie entgegenzusetzen, wonach die Höherentwicklung durch einen den Erbsubstanzen (Idioplasma) innewohnenden »Vervollkommnungstrieb« erfolge. Durch direkte Einwirkung der Umwelt würden nur unzweckmäßige Anlagen ausgemerzt, keine progressiven entwickelt. Als Hauptfaktor betrachtet N. demzufolge die durch die Eigenschaften des Idioplasmas bedingte Variabilität der Individuen. Voraussetzung für die Artbildung sei die »locale Trennung« der Varietäten unter veränderten äußeren Einflüssen. Wenngleich N.s Höherentwicklungstheorie eine Sackgasse darstellte, enthielt seine Vererbungshypothese fruchtbare Ansätze, wie die Unterscheidung einer vom Körperplasma verschiedenen Erbsubstanz (Idioplasma), von »Anlagen« und Merkmalsausprägung und vor allem zwischen erblicher Variabilität und nichterblichen, umweltinduzierten Veränderungen (Modifikationen). Seine Aufmerksamkeit galt stark variierenden Wildpflanzen wie dem Habichtskraut (Hieracium), das er taxonomisch bearbeitete und von G. Mendel bastardieren ließ, ohne dessen Kreuzungsergebnisse an Erbsen (Pisum) und Bohnen (Phaseolus) in ihrer Bedeutung für die Genetik erkannt zu haben. Seine entwicklungsgeschichtlichen Studien an niedrigen Pflanzen wie Algen, Pilzen, Moosen, Farnen (deren Generationswechsel er 1845 entdeckte) führten N. auch zu wichtigen Einsichten in der Bakteriologie, als er physiologische Aspekte bei Infektionsprozessen (z. B. wechselnde Virulenz der Erreger) beachtete, was später sein Schüler H. Buchner theoretisch ausbaute. Ja

Literatur: Nägeli, C. W. v.: Zur Entwicklungsgeschichte des Pollens bei den Phanerogamen (Zürich 1842), (mit C. Cramer): Pflanzenphysiologische Untersuchungen, Heft 1–2 (Zürich 1855–1858), (mit S. Schwendener): Das Mikroskop, Tl 1–2 (Leipzig 1865–1867), Die niederen Pilze und ihre Beziehungen zu den Infektionskrankheiten und der Gesundheitspflege (München 1877), Theorie der Gärung, ein Beitrag zur Molekular-Physiologie (München 1879), Mechanisch-physiologische Theorie der Abstammungslehre, 2 Bde. (München 1884), Die Hieracien Mitteleuropas, 2 Bde. (München 1885).

Correns, C.: Gregor Mendels Briefe an Carl Nägeli, in: Abh. Kgl.-Sächs. Ges. Wiss., Math.-Phys. Kl. 29 (1905), 189–205; Cramer, C.: Leben und Wirken von Carl Wilhelm von Nägeli (Zürich 1896); Frey, A. (Hrsg.): Karl Nägeli: Die Micellartheorie, in: Ostwalds Klassiker ... Nr. 227 (Leipzig 1928); Wenig, K.: Zu biotheoretischen und weltanschaulich-philosophischen Auffassungen des Botanikers Carl Wilhelm von Nägeli (Diss. phil. Humboldt-Univ. Berlin 1979).

C. W. von Nägeli

F. Nansen

Nansen, Fridtjof, Polarforscher, geb. 10. 10. 1861 Gut Mellom Fröen bei Kristiania (Oslo), gest. 13. 5. 1930 Polhägda/Lysaker.

N. durchquerte als erster Grönland und unternahm die erste Eisdriftexpedition im Nordpolarmeer; er führte ozeanologische und ethnographische Forschungen aus und war als norwegischer Diplomat und Kommissar des Völkerbundes tätig.

N., Sohn eines Rechtsanwalts, studierte Zoologie. 1882 nahm er an der Eismeerfahrt auf dem Robbenfänger »Viking« teil und führte ozeanologische Untersuchungen durch. Ab 1882 war er Konservator am Naturwissenschaftlichen Museum in Bergen. 1886 unternahm er eine Studienreise nach Italien und promovierte 1888 über das Nervensystem bei Asciden und Myxine glutinosa. N. durchquerte 1888/89 Grönland mit einer Schlittenexpedition und führte während der Überwinterung an der Westküste ethnographische Forschungen über Eskimos durch. 1889 folgten Vortragsreisen in zahlreiche europäische Länder. 1893–1896 driftete N. mit der »Fram« von den Neusibirischen Inseln bis in das Gebiet von Spitzbergen. Im Frühjahr 1895 verließ er mit einem Begleiter das Schiff, um mit einer Schlittenexpedition zum Nordpol vorzustoßen. Er mußte jedoch bei 86° 14′ N umkehren und erreichte im Sommer 1896 über das Franz-Joseph-Land wieder Norwegen. 1897 wurde N. als Prof. für Zoologie an die Univ. Kristiania berufen. Er widmete sich in der Folgezeit vor allem der Meereskunde. 1907 überließ er R. Amundsen die »Fram« für dessen Expeditionsvorhaben. 1906–1908 war N. Gesandter Norwegens in London. Er unternahm 1913 eine Reise über den nördlichen Seeweg nach Sibirien und durch dieses Land. In Verhandlungen mit den USA gelang ihm 1917/18 die teilweise Aufhebung der Ausfuhrsperre für Getreide aus den USA und die Abwendung einer Hungersnot in Norwegen. Ab 1920 war N. Vertreter Norwegens im Völkerbund. Er leitete als Kommissar des Völkerbundes Maßnahmen zur Rückführung von Kriegsgefangenen und zur Lösung von Flüchtlingsproblemen ein. Auch war er Leiter der europäischen Hilfsaktion gegen die Hungersnot in Sowjetrußland (1921) und organisierte nach dem Scheitern der staatlichen eine private Hilfsaktion. Im Auftrag des Völkerbundes führte N. 1925 eine Reise in die Transkaukasische SFSR durch zur Prüfung eines Neulandprojektes für die Ansiedlung der in Sowjetarmenien aufgenommenen Flüchtlinge auf Kreditwürdigkeit. 1927 legte er sein Amt im Völkerbund nieder. Des weiteren war N. Mitorganisator und Gründer der Gesellschaft »Aero-Arktik« und bereitete mit H. Eckener eine Luftschiffexpedition zum Pol vor.

N.s Grönland- und Polarexpeditionen waren technisch-organisatorische und wissenschaftliche Pionierleistungen. Durch seine polar- und meereskundlichen Forschungen erbrachte er über Glaziologie, Meteorologie, Morphologie, Ozeanologie des Nordpolargebietes grundlegende wissenschaftliche Ergebnisse, die herkömmliche Meinungen korrigierten und die Entwicklung dieser Disziplinen entscheidend beeinflußten. Indirekt leistete er Vorarbeiten zur Erschließung des nördlichen Seeweges nach Sibirien. Die von N. entwickelten Polarschlitten, Tiefenwasserprobenehmer, Tiefenthermometer, Bodengreifer und Fanggeräte für Tiefseeflora sind heute noch gebräuchlich. Von hohem künstlerischem Wert, wissenschaftlichem Gehalt und humanistischem Anliegen sind seine ethnographischen Abhandlungen über die Eskimos und über Sibirien.

N. war leidenschaftlicher Sportler, begabter Zeichner und sehr naturverbunden. Zu seinem Freundeskreis zählten nahezu alle Persönlichkeiten aus Kultur, Wissenschaft und Politik jener Zeit, die für die Unabhängigkeit Norwegens wirkten. Nach der Lösung der diskriminierenden Union mit Schweden (1905) trat N. gegen nationalistische Tendenzen auf und war Befürworter einer Neutralitäts- und Friedenspolitik. Als Humanist warnte er vor der Aggressivität der imperialistischen Großmächte. Nach dem ersten Weltkrieg stellte er sich voll in den humanistischen Dienst zur Überwindung der sozialen Kriegsfolgen. Er verstand sein Wirken im Völkerbund als Vertreter der norweg. Friedensbewegung und trat aktiv für die diplomatische Anerkennung der jungen Sowjetmacht ein. N. bekannte sich zur gesellschaftlichen Verantwortung des Wissenschaftlers. 1922 wurde ihm der Friedensnobelpreis verliehen. Wr

Literatur (Auswahl): Nansen, F.: Auf Schneeschuhen durch Grönland (Leipzig 1890), Eskimoleben (Leipzig 1891), Wissenschaftliche Ergebnisse der Durchquerung von Grönland 1888 (Gotha 1892), In Nacht und Eis (Leipzig 1897/98), The Norwegian North Polar Expedition (1900–1906), Northern Waters (1906), Nebelheim, Entdeckung und Erforschung der nördlichen Länder und Meere (Leipzig 1910–1911), Sibirien, ein Zukunftsland (Leipzig 1914), Spitzbergen waters, oceanographic observations during the cruise of the »Veslemoy« to Spitzbergen in 1912 (1914), Rußland und der Friede (Oslo 1923), Unter Robben und Eisbären (Leipzig 1925), Betrogenes Volk, eine Studienreise durch Georgien und Armenien als Oberkommissar des Völkerbundes (Leipzig 1928), Durch den Kaukasus zur Wolga (Leipzig 1930).

Genschorek, W.: In der weißen Wüste. Leben und Leistung des Polarforschers und Humanisten Fridtjof Nansen (Leipzig 1980); Nansen-Hoyer, Liv: Mein Vater Fridtjof Nansen (Wiesbaden 1957); Sonntag, W.: Fridtjof Nansen (Weimar 1961); Talanow, A.: Der Held der »Fram«. Fridtjof Nansen – Forscher und Humanist (Leipzig 1964).

Nasir ad-Din, → Tusi.

Natta, Giulio, Chemiker und Technologe, geb. 26. 2. 1903 Imperia (Ligurien, Italien), gest. 2. 5. 1979 Mailand.

N.s herausragendste wissenschaftliche Leistung war die Entdeckung der stereoregulären Polymerisation und deren

Anwendung zur Synthese neuartiger Polymere. Mit bedeutenden Arbeiten trug er zur Strukturaufklärung zahlreicher organischer, anorganischer und vor allem metallorganischer Verbindungen, die als Katalysatoren oder Katalysatorensysteme für großtechnische Synthesen eingesetzt werden, bei. Hervorzuheben sind seine umfassenden Arbeiten zur Überführung verschiedener Synthesen organischer Verbindungen in die Großproduktion.

N. entstammte einer Juristenfamilie. Er studierte 1920–1924 am Polytechnikum in Mailand Chemie. Nach seiner Promotion (1924) arbeitete er dort zunächst als Assistent und später als Prof. am Institut für analytische Chemie. 1933 wurde N. zum Ordinarius für allgemeine Chemie an die Univ. Pavia berufen. 1935 erhielt er den Lehrstuhl für physikalische Chemie an der Univ. Rom, ging aber bald danach nach Turin, wo er den Lehrstuhl für technische Chemie einnahm. 1938 wurde er nach Mailand berufen, wo er am Technikum das Ordinariat für technische Chemie erhielt, daß er bis zu seiner Emeritierung innehatte.

Schon in seinen frühen Arbeiten beschäftigte sich N. mit technisch interessanten Synthesen. Von 1928 an untersuchte er die Synthese von Methanol und anderen Alkoholen aus Kohlenmonoxid-Wasserstoff-Gemischen in Anwesenheit von Metalloxid-Mischkatalysatoren und studierte den Einfluß der Kristallstruktur des Katalysators auf dessen Aktivität. Nach dem Bekanntwerden der Oxosynthese (1943) konnten N. und Mitarbeiter diese zur Darstellung verschiedener 1-Alkene anwenden und zur Aufklärung des Reaktionsmechanismus beitragen. 1947–1954 entwickelten N. und Mitarbeiter eine Bernsteinsäuresynthese, ausgehend von Acetylen, Kohlenmonoxid und Wasser. Für zahlreiche Großsynthesen entwickelte N. Katalysatorsysteme und war maßgeblich am Aufbau entsprechender Anlagen beteiligt, so z. B. an solchen für die Methanolsynthese, für die Formaldehyddarstellung durch Methanoloxidation für die Butyraldehydsynthese aus Propen und für zahlreiche Polymerensynthesen.

1938 hatte N. mit Untersuchungen zur Polymerenchemie begonnen. 1954 erhielt er durch Einsatz von speziellen Katalysatorensystemen (Gemischen von Akylaluminiumhalogeniden mit Titaniumchloriden, den Ziegler-Katalysatoren) zur Polymerisation von Propen erstmals ein kristallines Polypropylen. N. erkannte, daß die Ursache dafür eine gleichartige sterische Konfiguration sein müsse. Mit systematischen Untersuchungen zur stereoregulären Polymerisation, zu dafür einsetzbaren neuen Katalysatorsystemen und zur Synthese weiterer Typen neuer stereoregulärer Polymere wurde die Polymerenchemie von N. sowohl theoretisch als auch praktisch auf völlig neue Bahnen orientiert.

Für seine Arbeiten auf dem Gebiet der Chemie und Technologie der Synthese von Hochpolymeren erhielt N. 1963 zusammen mit K. Ziegler den Nobelpreis für Chemie. Re

Literatur: Natta, G. (mit M. Farina): Stereochimica, molecule in 3 D (Milano 1968), dtsch Struktur und Verhalten von Molekülen im Raum. Eine Einführung in die Stereochemie (Weinheim 1979).

Bamford, C. H.: Giulio Natta – an appreciation, in: Chem. in Britain 17 (1981), 298–300; Carra, S., F. Parisi u. a. (Hrsg.): Giulio Natta – Present Significance of His Scientific Contribution (Milano 1983).

Navier, Louis Marie Henri, Bauingenieur und Mechaniker, geb. 15. 12. 1785 Dijon, gest. 28. 3. 1836 Paris.

N. begründete die Baumechanik als technikwissenschaftliche Disziplin.

Nach dem frühen Tod des Vaters wuchs N. unter der Obhut seines Onkels auf, des berühmten Bauing. und General-

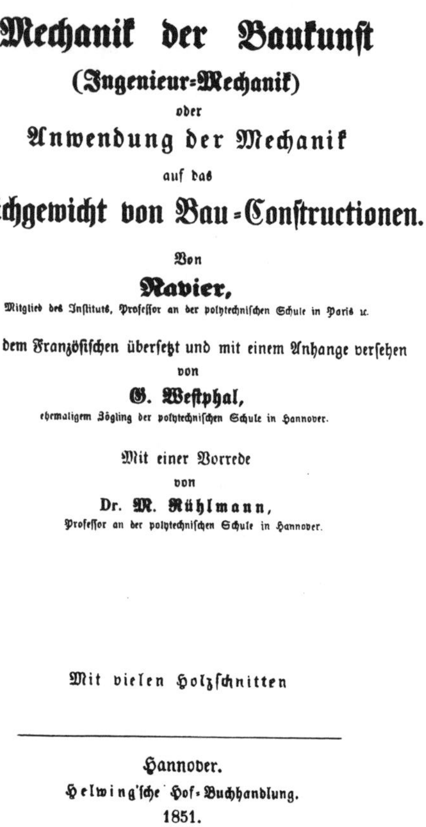
Mechanik der Baukunst
(Ingenieur-Mechanik)
oder
Anwendung der Mechanik
auf das
Gleichgewicht von Bau-Constructionen.
Von
Navier,
Mitglied des Instituts, Professor an der polytechnischen Schule in Paris ꝛc.
Aus dem Französischen übersetzt und mit einem Anhange versehen
von
G. Westphal,
ehemaligem Zögling der polytechnischen Schule in Hannover.
Mit einer Vorrede
von
Dr. M. Rühlmann,
Professor an der polytechnischen Schule in Hannover.
Mit vielen Holzschnitten
Hannover.
Helwing'sche Hof-Buchhandlung.
1851.

Titelblatt des Buches »Mechanik der Baukunst« von Navier 1851

inspektors der franz. Brücken- und Straßendirektion, E. M. Gautey. Mit einer profunden Bildung ausgestattet, konnte N. 1802 die Aufnahmeprüfung an der »École Polytechnique« bestehen und nach einem zweijährigen Studium von 1804–1807 die Spezialausbildung an der »École des Ponts et Chaussées« absolvieren. 1807 trat er als Ing. für Straßen- und Brückenbau in den Staatsdienst ein. Bereits während seiner praktischen Tätigkeit – er zeichnete unter anderem für den Bau mehrerer Brücken über die Seine verantwortlich – trat N. als Herausgeber und Kommentator klassischer Ingenieurliteratur des 18. Jh. sowie als Autor eigenständiger Abhandlungen über Probleme der Bautechnik und Mechanik in Erscheinung. 1819 folgte N. dem Ruf der »École des Ponts et Chaussées« und wurde 1821 zum ao. Prof. berufen. 1830 erhielt er die Berufung zum o. Prof. an die »École Polytechnique«. 1824 wurde er zum Mitgl. der Ak. d. Wiss. zu Paris, später zum Offizier der Ehrenlegion und zum Abteilungsleiter der Brücken- und Straßendirektion ernannt.

N., in die Periode der industriellen Revolution hineingeboren, sah sich mit dem Beginn einer neuen Ära im Bauwesen konfrontiert. Der enorm gestiegene Umfang der Bauaufgaben im Städte- und Verkehrsbau mit z. T. bisher ungekannten Anforderungen, das Aufkommen von Baugattungen ohne historisches Vorbild (z. B. Industriebau), der Einbruch neuer Materialien in den Kreis der Hauptbaustoffe und der gehobene Stellenwert ökonomischer Kriterien erschütterte die Sicherheit der Bauschaffenden bei konstruktiven Problemen. Der Ruf nach sicheren und wirtschaftlichen Baukonstruktionen forderte in wachsendem Maße ihre wissenschaftlich begründete Bemessung. Getreu dem Konzept der franz. technischen Lehranstalten, mit Hilfe mechanischer Prinzipien der Technik wissenschaftliche Gestalt zu verleihen, stellte sich N. in den Dienst dieser Aufgabe. Namentlich seit der Renaissance hatten sowohl Gelehrte als auch Baumeister und Ing. schon versucht, mechanische Gesetzmäßigkeiten auf bautechnische Probleme anzuwenden und aus Experimenten mit Baustoffen und Tragkonstruktionen neue Erkenntnisse zu gewinnen. Vor allem im Umkreis der franz. Ingenieuroffiziere und ihrer Schulen, in deren Tradition N. unmittelbar stand, führten diese Bestrebungen seit dem ausgehenden 17. Jh. zu substantiellen Ergebnissen im Vorfeld der Entstehung der Baumechanik. Ein Vertreter dieser Berufsgruppe, CH. A. DE COULOMB, drang schließlich mit seinen 1776 veröffentlichten Studien in die Anfangsgründe der Baumechanik vor; sie fanden jedoch mehrere Jahrzehnte hindurch kaum Beachtung. Die Kluft zwischen den Gesetzmäßigkeiten der theoretischen Mechanik und dem realen Tragverhalten von Baukonstruktionen war im frühen 19. Jh. noch tief.

N. hatte klarer als seine Vorgänger und Zeitgenossen erkannt, daß die wissenschaftliche Untersuchung des Tragverhaltens eine spezifische Art und Weise der Anwendung von mechanischen Prinzipien auf die Baupraxis, d. h. der Synthese von technischem und wissenschaftlichem Wissen, fordert. Ihm gelang die Umsetzung seiner Intensionen, da er als glänzender Theoretiker die Mechanik und ihre analytischen Methoden beherrschte und konsequent den Übergang zur technikwissenschaftlichen Betrachtung vollzog. N. stellte sich auf den Boden des technischen Wissens, zu dessen Aneignung unter anderem eine Studienreise nach England diente, und der aus Experimenten zu schöpfenden empirischen Grundlagen der Baumechanik. Ziel seiner wissenschaftlichen Untersuchungen war die Aufstellung von Gesetzmäßigkeiten und Berechnungsvorschriften, die jene Grenzen fixieren, bis zu denen die verschiedenen Materialien und Tragwerke einer Beanspruchung standhalten. Die eigentliche Kunst des Ing. bestand nach N. dann in der richtigen Beurteilung des Punktes, bis zu welchem man sich unter dem Druck der Ökonomie dieser Grenze nähern kann, ohne Solidität und Dauerhaftigkeit der Konstruktion zu gefährden. Im Gegensatz zu bisher üblichen Anschauungen formulierte N. die Ermittlung der Formänderungen unter Belastung und der Bruchlast eines Tragwerks als Hauptaufgaben der Baumechanik. Er erkannte, daß beide Probleme nur durch die Einbeziehung der für das Tragverhalten relevanten morphologischen und funktionalen Eigenschaften technischer Objekte lösbar sind. Mit dem Elastizitätsmodul und der Bruchfestigkeit fand N. jene technischen Parameter, die das Verhalten fester isotroper Körper unter Belastung wesentlich determinieren. Ihre Integration in die Theorie gestattete die hinreichend genaue Beschreibung des Tragverhaltens. Oberstes Gebot war ihm die unbedingte Zuverlässigkeit der Theorie und ihre relativ unkomplizierte praktische Anwendbarkeit mit vertretbarem Zeitaufwand. Daher selektierte er die wesentlichen technischen Zustandsgrößen von Tragwerken aus der komplexen Gesamtheit ihrer Charakteristika. Diesem Zweck dienen auch eine Reihe zutreffender Idealisierungen und Hypothesen, auf die er die seinen Theorien zugrunde liegenden Modellvorstellungen gründete.

In seinen bahnbrechenden, 1826 veröffentlichten »Vorlesungen über Baumechanik« verknüpfte er die gefundenen Theorien mit den Erkenntnissen seiner Vorgänger, faßte die letzteren z. T. neu und formte auf diese Weise das Wissenschaftsgebäude der Baumechanik mit deutlich ausgeprägtem Systemcharakter. Es enthält die Grundlagen der Untersuchung von Balken, Bogen, Gewölben, Platten, Schalen, Membranen, Druckstäben und des Erddrucks. Die Zusammenstellung von Kennwerten und Koeffizienten in zahlreichen Tabellen, vereinfachte Bemessungsverfahren und Beispielaufgaben unterstützten ihre praktische Nutzung.

G. Natta

M. Nencki

Eine große Anzahl noch heute üblicher Methoden gehen auf N. zurück bzw. sind von ihm grundsätzlich bearbeitet worden. Zu seinen bedeutendsten Leistungen zählen die nach ihm benannte klassische technische Biegelehre, zu der er nach zunächst unzulänglichen Ansätzen durch die Rezeption von COULOMBS Theorie fand, und die Lösung statisch unbestimmter Aufgaben durch die Einbeziehung der elastischen Formänderungen, wobei allerdings in der Theorie massiver Gewölbe N. diesen Schritt noch nicht vollzog.

N., der auch wesentliche Beiträge zur Fortbildung der mathematischen Elastizitätstheorie und der Hydrodynamik leistete, hatte in vorbildlicher Weise den Weg der Synthese von wissenschaftlichem und technischem Wissen gewiesen. Ihm ist die Konstituierung einer der ersten technikwissenschaftlichen Disziplinen zu danken. Seine Baumechanik ebnete den Weg zu den großen Fortschritten der Bautechnik des industriellen Zeitalters. Hth

Literatur: Navier, L.M.H.: Rapport et Mémoire sur les Ponts suspendus (Paris 1823), Résumé des Leçons données à l'École des Ponts et Chaussées sur l'Application de la Mécanique à l'Établissement des Constructions et des Machines (Tl 1 Paris 1826, Tl 2 u. 3 Paris 1838, 3. Aufl. Paris 1864), Mechanik der Baukunst (Ingenieur-Mechanik) oder Anwendung der Mechanik auf das Gleichgewicht von Bau-Constructionen. Mit einer Vorrede von M. Rühlmann (3. Aufl. Hannover 1881), Résumé des Leçons de Mécanique données à l'École Polytechnique, 2 Bde. (Paris 1841).

Nencki, Marceli, Biochemiker, geb. 15. 1. 1847 Boćki (Polen), gest 14. 10. 1901 St. Petersburg (Leningrad).

N. leistete wichtige Beiträge zur Biochemie, Bakteriologie und Seuchenbekämpfung.

N. emigrierte in jungen Jahren aus politischen Gründen – wegen seiner Teilnahme am poln. Aufstand – aus Polen und studierte zunächst Philologie in Jena und ab 1867 Medizin in Berlin, wo er mit der Dissertation »Oxydation der aromatischen Verbindungen im Thierkörper« den Doktortitel für Medizin und Chirurgie erwarb. 1870–1872 spezialisierte sich N. in physiologischer Chemie an der Gewerbeakademie (später TH) in Berlin unter der Leitung A. v. BAEYERS. 1872 übernahm er auf Vorschlag von E. KLEBS zunächst die Stellung eines Assistenten im Institut für Pathologische Anatomie und wurde 1876 ao. Prof. für medizinische Chemie an der Univ. in Bern. 1891 folgte er der Einladung des PRINZEN VON OLDENBURG, Leiter des russ. militärischen Gesundheitsdienstes, und übernahm als Prof. die Leitung der Abteilung für Chemie an dem in St. Petersburg entstehenden Institut für Experimentelle Medizin. N. war korrespondierendes Mitgl. der Kgl. Akademie für Medizin in Rom, der Medizinischen Akademie in Paris und Ehrendoktor der Univ. in Kraków.

Gemeinsam mit N. waren auch seine zahlreichen Mitarbeiter nach Rußland gegangen. Parallel zu den Laborforschungen im St. Petersburger Institut führte N. Forschungen in der Praxis durch: Er suchte nach Bekämpfungsmethoden gegen die Cholera, leitete eine Expedition in das Kubangebiet, wo er sich mit der gefährlichen Rinderpest beschäftigte und führte Forschungen in diesem Bereich in einer Station in Georgien durch. N. verfaßte 174 Arbeiten, deren besonderer Wert in methodologischen Neuerungen lag. Nach N. besteht die Hauptaufgabe der Biochemie in der Klärung der Lebenserscheinungen. Dieses Ziel, die chemischen Lebenserscheinungen aufzuklären, könne man nach seiner Ansicht am besten erreichen, indem man die Einzeller als Untersuchungsobjekte benutzt. Charakteristisch für N. und seine Schule war die gleichzeitige Nutzung von Forschungsmethoden aus verschiedenen Bereichen der Chemie, Physiologie, Physik und Morphologie. Diese Methodologie wurde insbesondere bei Forschungen über Farbstoffe und über Eiweiße und ihre enzymatischen Eigenschaften sowie auch bei bakteriologischen Arbeiten angewandt. Zu den wichtigsten wissenschaftlichen Errungenschaften N.s und seiner Schüler gehören: 1) Arbeiten über Urin- und Blutfarbstoffe (1884–1901), vor allem die Feststellung der chemischen Zusammensetzung des Hämatinchlorids und des Hämatoporphyrins, wobei die Ähnlichkeiten zwischen dem Chlorophyll und Hämoglobin erkannt wurden, 2) die Entdeckung des Phenylsalicylats (1884) als erstes synthetisches Darmantiseptikum und dessen Einführung in das Gesundheitswesen, 3) der Nachweis, daß Harnstoff bei den Säugetieren vor allem in der Leber entsteht (1892), 4) die Erforschung der Ätiologie der Rinderpest und ihre Bekämpfung durch eine Schutzimpfung.

Einen großen Einfluß auf das Leben N.s hatte die politische Lage des geteilten Polen. Sein Leben lang pflegte N. enge Beziehungen mit der Familie in der Heimat, mit der poln. Wissenschaft und mit poln. Freunden. Sein zu Lebzeiten nicht erfüllter Wunsch war die Schaffung einer biomedizinischen Forschungsinstitution in Warschau. Erst nach der Erlangung der Unabhängigkeit Polens konnte dieser Gedanke verwirklicht werden: 1918/19 entstand das Institut für Experimentelle Biologie »Marceli Nencki«. Ku

Literatur: Opera omnia. Gesammelte Arbeiten von Prof. M. Nencki, 2 Bde. (Braunschweig 1904).

Bickel, M. H.: Marceli Nencki (Bern 1972); Szwejcerowa, A., u. Groszyńska, J.: Marceli Nencki. Materiały biograficzne i bibliograficzne (Warschau 1956).

Nernst, Walther Friedrich Hermann, Physiker und Physikochemiker, geb. 25. 6. 1864 Briesen bei Graudenz (Wabrzeźno bei Grudziadz), gest. 18. 11. 1941 Zibelle (Niwica) bei Muskau (Niederlausitz).

N. gehörte zu den Mitbegründern der physikalischen Chemie. Sein wissenschaftliches Wirken ist zwei Epochen physikalischen Denkens zuzurechnen: der klassischen Physik und der Quantenphysik. Seine elektrochemische Theorie der Gleichgewichtspotentiale und seine anderen elektrochemischen Arbeiten sind von ersterer geprägt, mit seinen chemisch-thermodynamischen Arbeiten, insbesondere denen, die im Zusammenhang mit dem nach ihm benannten 3. Hauptsatz der Thermodynamik stehen, führte er die Quantentheorie in die Chemie ein. N.s schöpferisches Wirken war umfangreich und von fundamentaler Bedeutung für die Entwicklung von Chemie und Physik. Darüber hinaus war es gekennzeichnet von seinem sicheren Blick für die technisch-ökonomische Verwertbarkeit seiner Forschungsergebnisse, die er konsequent anstrebte.

N., Sohn eines Landrichters, studierte nach Abschluß des Gymnasiums in Graudenz 1883–1887 bei H. Weber in Zürich, bei H. v. Helmholtz in Berlin, bei L. Boltzmann und A. v. Ettinghausen in Graz und bei F. Kohlrausch in Würzburg. In Graz leitete ihn v. Ettinghausen bei ersten selbständigen Forschungsarbeiten an, die zur gemeinsamen Entdeckung des nach beiden Forschern benannten galvanomagnetischen Effekts führten. Der entdeckte Effekt lieferte N. auch das Thema für die Dissertation, die er 1887 in Würzburg verteidigte. Hier lernte er auch die jungen Assistenten S. Arrhenius und G. Tammann kennen, mit denen ihn seither eine lebenslange Freundschaft verband. In Würzburg arbeitete N. über den Elektrizitätstransport in Flüssigkeiten. 1889 habilitierte er sich in Leipzig mit einer Arbeit über die elektromotorische Wirksamkeit der Ionen, in der er die Grundzüge seiner thermodynamischen Theorie der elektromotorischen Kraft (EMK) darlegte. Noch im selben Jahr nahm er für kurze Zeit eine Physik-Dozentur in Heidelberg an, bevor er in gleicher Stellung an die Univ. Göttingen ging und dort 1891 zum Extraordinarius und 1894 zum Ordinarius für physikalische Chemie berufen wurde. 1905 folgte N. einem Ruf an die Berliner Univ. Neben seiner wissenschaftlichen Tätigkeit wurde er hier auch wissenschaftsorganisatorisch auf vielfache Weise wirksam. Gemeinsam mit E. Fischer und W. Ostwald betrieb er die Gründung einer am Vorbild der Phyikalisch-Technischen Reichsanstalt (PTR) orientierten Chemischen Reichsanstalt als staatliche Forschungsinstitution. Diese Bestrebungen führten 1911/12 zur Gründung entsprechender Kaiser-Wilhelm-Institute. Auf N.s Initiative wurden die Solvay-Kongresse ins Leben gerufen, zu denen sich die führenden Naturwissenschaftler der Welt in Brüssel zusammenfanden, um die neuesten Tendenzen der Wissenschaftsentwicklung vorzustellen und zu diskutieren. Diese Kongresse wurden von dem Chemie-Industriellen E. Solvay finanziell getragen, wobei er sich nicht ganz uneigennützig zugleich den direkten Informationszugriff sicherte.

Gemeinsam mit M. Planck veranlaßte N. die Berufung von A. Einstein nach Berlin.

Im ersten Weltkrieg stellte N. seine Fähigkeiten in den Dienst des deutschen Reiches. Den Ideen des Nationalsozialismus stand er ablehnend gegenüber.

1922–1924 war N. Präsident der PTR und anschließend bis zu seiner Emeritierung 1933 Prof. für Experimentalphysik an der Berliner Univ. Nach seiner Emeritierung besuchte er noch einige Jahre regelmäßig die Sitzungen der Berliner Ak. d. Wiss., deren ordentliches Mitgl. er seit 1905 war, dann zog er sich auch davon zurück.

Mit seinen frühen Arbeiten über den Elektrizitätstransport in Flüssigkeiten knüpfte N. direkt an Untersuchungen von J. W. Hittorf und Kohlrausch an, die erste Schritte in der Erforschung der damit zusammenhängenden, seit M. Faraday (1833/34) aber vernachlässigten Erscheinungen gemacht hatten. N.s Methode, die anstehenden Aufgaben zu lösen, war von L. E. Boltzmanns korpuskulartheoretischem Konzept geprägt und wurde entscheidend von den neuen Gedanken der Theorie der elektrolytischen Dissoziation von Arrhenius und der osmotischen Lösungstheorie J. H. van't Hoffs beeinflußt. Beide Theorien in ihrem inneren Zusammenhang hatten ihn von der Fruchtbarkeit der Symbiose zwischen den atomistischen Vorstellungen und der herkömmlichen Thermodynamik überzeugt. Er stellte sich deshalb das Ziel, die Beziehungen zwischen den thermodynamischen Größen mechanische Arbeit, Wärme, Temperatur o. dgl. und den korpuskulartheoretisch gedeuteten elektrochemischen Erscheinungen aufzuklären. Schließlich konnte elektrischer Strom zur Arbeitsleistung und Wärmeerzeugung genutzt werden. Die entsprechenden

Untersuchungen führte N. als Assistent von W. OSTWALD aus. 1888/89 veröffentlichte N. seine thermodynamische Theorie der EMK. Darin leitete er auch die nach ihm benannte Gleichung der Gleichgewichtspotentiale an Elektroden ab (NERNSTsche Gleichung). N.s Theorie der Gleichgewichtsbedingungen an Elektroden, mit damaligen Begriffen als »osmotische Theorie der Stromerzeugung« bezeichnet, bestätigte sich in der Folgezeit so glänzend, daß die chemische Kinetik von Elektrodenvorgängen – im Gegensatz zur Kinetik homogener Reaktionen – lange Zeit kaum untersucht wurde. Auch in Göttingen bearbeitete N. den in Leipzig aufgegriffenen Problemkreis der Elektrolyte, der Diffusion, des Galvanismus und verwandter Erscheinungen weiter, begründete eine international bekannte Schule der physikalischen Chemie, verfaßte sein berühmt gewordenes Lehrb. »Theoretische Chemie vom Standpunkt der Avogadroschen Regel und der Thermodynamik« (1893) und eröffnete 1896 das erste Institut für Physikalische Chemie und Elektrochemie der Welt. Ein bekanntes Forschungsergebnis aus dieser Zeit ist der 1891 aufgefundene Nernstsche Verteilungssatz, ein Spezialfall des Massenwirkungsgesetzes, wonach sich ein Stoff, der sich in zwei nicht mischbaren Flüssigkeiten unter Erhaltung seiner Molekülgröße löst, derart in ihnen verteilt, daß das Verhältnis (Verteilungskoeffizient) aus den beiden Teilkonzentrationen konstant bleibt.

1897 entwickelte N. eine ebenfalls nach ihm benannte Lampe, deren Wirkungsgrad etwa doppelt so hoch wie der der Kohlefadenlampen war und deren glühender Stift aus Oxiden der Seltenerdmetalle bestand. Der für N. äußerst günstige Verkauf des Patents an die Allgemeine Elektrizitäts-Gesellschaft (AEG) rentierte sich für dieses Unternehmen jedoch nicht lange, da kurze Zeit später die Wolfram-Glühlampe auf den Markt kam.

In den letzten Jahren seiner Göttinger Zeit beschäftigte N. sich vorwiegend mit der Berechnung von Reaktionsgleichgewichten aus thermischen Daten. Damit bereitete er seine bedeutendste Entdeckung vor, die er schon kurze Zeit nach der Aufnahme seiner Tätigkeit in Berlin machte. Im Verlauf einer Vorlesung entdeckte er den 3. Hauptsatz der Thermodynamik (NERNSTscher Wärmesatz): $\lim_{T \to 0} \Delta S \to 0$, d. h., bei Annäherung der Temperatur T an den absoluten Nullpunkt geht auch jede Entropieänderung (ΔS) gegen Null. Aus diesem Theorem, das eine Erweiterung des 2. Hauptsatzes der Thermodynamik darstellt, folgt, daß der absolute Nullpunkt durch eine endliche Folge von Operationen nicht zu erreichen ist. Außerdem wurde nun die Absolutberechnung der freien Enthalpie und damit die Vorausberechnung chemischer Reaktionsgleichgewichte aus thermischen Daten möglich. Die folgenden experimentellen Arbeiten zur Bestätigung seines Theorems führten naturgemäß zu einer steilen Entwicklung der Tieftemperaturphysik. 1907 konnte A. EINSTEIN N.s Wärmetheorie mit seiner Quantentheorie der spezifischen Wärme qualitativ aus der PLANCKschen Quantenhypothese ableiten und damit die innere Übereinstimmung beider zeigen.

Gemeinsam mit seinen Mitarbeitern und Schülern entwickelte N. in den folgenden Jahren neue experimentelle Methoden und Arbeitsgeräte für die Forschung bei tiefen Temperaturen sowie zu deren Erzeugung. Außerdem beschäftigte er sich mit der Bildungsreaktion von Stickstoffoxid aus den Elementen (1906), und 1907 gelang ihm die Ammoniaksynthese unter hohem Druck und mit Mangan als Katalysator. Er arbeitete eine Diffusionstheorie der Kinetik heterogener chemischer Prozesse an Phasengrenzflächen aus und beschäftigte sich in seinen späteren Lebensjahren mit astrophysikalischen Fragen. Ganz besonders

W. F. H. Nernst

J. von Neumann

widmete er sich der Fragestellung nach dem Wärmetod des Weltalls.

Von der Breite seines wissenschaftlich-technischen Interessenspektrums zeugen außerdem eine von ihm ausgearbeitete Theorie der Nervenerregung, der Gedanke, über die Kohlendioxiddüngung der Pflanzen die Kohle durch den Assimilationsprozeß in den Stoffwechselkreislauf des Lebens einzubeziehen, und der von ihm konstruierte elektronische Neu-Bechstein-Flügel.

1920 hatte N. für seine thermodynamischen Arbeiten den Nobelpreis für Chemie erhalten. Gi

Literatur: Nernst, W. F. H.: Zur Kinetik der in Lösung befindlichen Körper. I. Theorie der Diffusion, in: Z. phys. Chem. 2 (1888), 613–637, Die elektromotorische Wirksamkeit der Ionen, in: Z. phys. Chem. 4 (1889), 129–181, Theoretische Chemie vom Standpunkte der Avogadroschen Regel und der Thermodynamik (Stuttgart 1893, 15.–26. Aufl. 1926), Die theoretischen und experimentellen Grundlagen des neuen Wärmesatzes (Halle/S. 1918).

Bartel, H.-G.: Walther Nernst (Leipzig 1989); Günther, P.: Zu Walther Nernsts 75. Geburtstag, in: Z. Elektrochem. u. angew. phys. Chem. 45 (1939), 433–434; Haberditzl, W.: Walther Nernst und die Tradition der physikalischen Chemie an der Berliner Univ., in: Forschen und Wirken. Festschr. zur 150-Jahr-Feier der Humboldt-Univ. zu Berlin. 1810–1960, Bd. 1 (Berlin 1960); Mendelssohn, K.: Walther Nernst und seine Zeit. Aufstieg und Niedergang der deutschen Naturwissenschaften (Weinheim 1976).

Neumann, Franz Ernst, Mineraloge, Physiker und Mathematiker, geb. 11. 9. 1798 Joachimsthal (Uckermark), gest. 23. 5. 1895 Königsberg (Kaliningrad).

N. untersuchte nach Arbeiten zur Kristallonomie physikalische Eigenschaften von Kristallen, entwickelte die Theorie der Kugelfunktionen weiter und trug mit der mathematischen Formulierung des Induktionsgesetzes und der Kraftwirkung zwischen zwei geschlossenen Strömen zur Begründung der Fernwirkungselektrodynamik bei. Durch die Einrichtung eines mathematisch-physikalischen Seminars initiierte er gemeinsam mit C. G. J. JACOBI die Institutionalisierung der mathematischen (theoretischen) Physik in Deutschland.

N., dessen Vater Wirtschaftsverwalter auf einem Gut in Grimnitz war, wuchs nahe Joachimsthal bei Berlin bei seinen Großeltern auf und übersiedelte im 9. Lebensjahr nach Berlin. 1815 trat er in den Dienst der preuß. Armee und wurde im folgenden Jahr bei Ligny schwer verwundet. Nach Vollendung seiner Gymnasialausbildung begann er 1817 auf Wunsch seines Vaters Theologie zu studieren. 1818 ging N. für kurze Zeit nach Jena, wandte sich aber bald darauf unter dem Einfluß von CH. S. WEISS in Berlin der Mineralogie zu. Mit dessen Unterstützung unternahm N. 1820 eine mineralogische Forschungsreise. Mit Mathematik beschäftigte er sich im Selbststudium und ließ sich dabei von den Werken J. B. J. FOURIERS anregen. 1825 promovierte N. in Berlin, ehe er 1826 als Privatdoz. nach Königsberg ging, wo er 1828 zum ao., 1829 zum o. Prof. für Mineralogie und Physik berufen wurde. 1835 richtete er in Königsberg gemeinsam mit JACOBI das erste mathematisch-physikalische Seminar in Deutschland ein. Erst 1875 gab N. seine Lehrtätigkeit auf, blieb aber weiterhin der Physik und Königsberg eng verbunden.

Seine ersten Veröffentlichungen widmete N. kristallonomischen und geometrischen Untersuchungen und wandte sich dann mehr und mehr der Erforschung physikalischer Eigenschaften der Kristalle zu. Er dehnte 1831 die Regel von P. L. DULONG und A. T. PETIT auf die spezifische Wärme von Kristallen aus. Ab 1832 gelang es ihm, auf der Basis der sich durchsetzenden Wellentheorie des Lichtes die optischen Eigenschaften von Kristallen aus deren elastischem Verhalten zu berechnen und damit mechanisch zu erklären. Er behandelte Reflexion und Brechung des Lichtes an der Grenze kristalliner Körper, ebenso die Doppelbrechung. Durch ausführliche Beobachtungsreihen wies N. die Übereinstimmung seiner Resultate mit der Erfahrung nach. 1841 veröffentlichte er eine Theorie der optischen Erscheinungen in deformierten und erwärmten amorphen Körpern. N.s zweites Hauptarbeitsgebiet war die Elektrizitätslehre. Anknüpfend an A. M. AMPÈRE, M. FARADAY und insbesondere an F. E. LENZ, veröffentlichte N. 1845 die »allgemeinen Gesetze der inducirten Ströme«, und 1848 schrieb er »Über ein allgemeines Princip der mathematischen Theorie inducirter elektrischer Ströme«. Mit diesen Arbeiten begründete N. unabhängig von seinem Zeitgenossen W. E. WEBER die Fernwirkungselektrodynamik, die sich an der klassischen Mechanik orientierte und besonders in Deutschland von B. RIEMANN, C. G. NEUMANN und H. A. LORENTZ aufgegriffen und weiterentwickelt wurde, ehe sich die elektromagnetische Feldtheorie J. C. MAXWELLS durchsetzte.

In seiner Vorlesungstätigkeit behandelte N. vor allem die mathematische Physik. Zu seinen Schülern zählten unter anderem C. G. NEUMANN und G. R. KIRCHHOFF. Im Seminar von N. wurde anhand spezieller Aufgaben die theoretische Physik auf Gebieten wie Mechanik, Potentialtheorie und Wärmelehre ausgestaltet und weiterentwickelt. Außerdem beschäftigte sich N. mit der Theorie des Experiments. Er forderte, daß jeder Teil des zur Messung dienenden Experiments der Theorie zugänglich sein müsse und setzte auch die Fehlerquellen in Rechnung. Dazu schuf er eine Theorie der Meßinstrumente.

Neben seiner wissenschaftlichen Tätigkeit trat N. in der politisch bewegten Zeit von 1848 in Arbeiterversammlungen auf, er war Mitgl. der Bürgerwehr und beteiligte sich an der Verwaltung der Stadt Königsberg. Später befürwortete er die Bildung des Deutschen Reiches unter Führung Preußens und unterstützte die Politik O. v. BISMARCKS. Fk

Literatur: Franz Neumanns gesammelte Werke, 3 Bde. (hrsg. von seinen Schülern, Leipzig 1928).

Biermann, K.-R.: Aus den Anfängen der wissenschaftlichen Laufbahn Franz Neumanns, des Begründers der mathematischen Physik in Deutschland, in: Forsch. Fortschr. 34 (1960), 97–101; Franz Neumann. Erinnerungsblätter von seiner Tochter Luise Neumann (2. Ausg. Tübingen 1907); Wangerin, A.: Franz Neumann und sein Wirken als Forscher und Lehrer (Braunschweig 1907).

Neumann, John (János) von, Mathematiker, geb. 28. 12. 1903 Budapest, gest. 8. 2. 1957 Washington.

N. ist Mitbegründer der abstrakten Analysis, der Spieltheorie und der Theorie der elektronischen Rechenautomaten. Er leistete fundamentale Beiträge in der mathematischen Physik und in der mathematischen Grundlagentheorie.

N., Sohn eines Bankiers, wurde schon als Elfjähriger an die mathematische Forschung herangeführt. 1921–1925 studierte er gleichzeitig Mathematik in Berlin und Budapest und Chemie in Zürich, als Rockefeller-Stipendiat ging er 1926 zu D. HILBERT nach Göttingen, 1927–1933 war er Privatdoz. in Berlin und Hamburg, parallel dazu ab 1930 Gastdoz. in Princeton (USA). Dorthin übersiedelte er 1933 und übernahm eine Professur. 1943 wurde er als Konsultant zum Atombombenprojekt in Los Alamos hinzugezogen und 1954 von Präsident EISENHOWER zum Mitgl. der US-Atomenergiekommission ernannt.

N.s erste Arbeiten galten der HILBERTschen Beweistheorie und der Axiomatisierung der Mengenlehre, der schon seine Budapester Dissertation (1925) gewidmet war. In einer Arbeit von 1929 hat N., um Antinomien zu vermeiden, alle »zu großen« Mengen als Elemente bei der Bildung anderer Mengen nicht zugelassen. In seinen auf die mathematische Begründung der Quantenmechanik zielenden Arbeiten zwischen 1926 und 1932 axiomatisierte N., beeinflußt von E. SCHMIDT und in klarer Erkenntnis der Bedeutung des Skalarprodukts, den HILBERTraum. Dabei wendete er zugleich die konkrete HILBERTsche Spektraltheorie ins Abstrakte und erweiterte sie auf unbeschränkte (selbstadjungierte) Operatoren. Als weiteren Beitrag zur Funktionalanalysis führte N. 1935 den lokalkonvexen Raum ein, der eine allgemeinere und natürlichere Entwicklung grundlegender Prinzipien, besonders der topologischen Dualität, ermöglichte als der engere Begriff des BANACHraums. 1933 löste N. für kompakte Gruppen das 5. HILBERTsche Problem der Charakterisierung LIEscher Gruppen mit rein topologischen Eigenschaften. 1932 war N. der Beweis des sog. »schwachen« (statistischen) Ergodentheorems gelungen, das bald danach von G. D. BIRKHOFF zum »individuellen« Ergodensatz verschärft wurde. Damit hatte N., der jenes Theorem als seine Hauptleistung neben den Arbeiten zur Quantenmechanik ansah, einen entscheidenden Durchbruch bei der mathematisch strengen Begründung der Ergodenhypothese der statistischen Mechanik erzielt. Sowohl aufgrund seiner Bindungen zur theoretischen Physik als auch seiner Tendenz zu den Grundlagenproblemen war N. prädestiniert für die entscheidende Rolle, die er bei der theoretischen und konstruktiven Entwicklung der elektronischen Rechenanlagen spielen sollte, besonders im Zusammenhang mit dem US-Atombombenprojekt. 1944/45 schuf N. eine Konzeption für eine allgemeine Programmverarbeitung; an der Konstruktion der Großrechner ENIAC und MANIAC war er führend beteiligt. Eine weitere Leistung N.s war die Begründung der Spieltheorie. Anknüpfend an E. BOREL, arbeitete er 1928 den Strategiebegriff heraus, bewies das Minimaxtheorem und lieferte Ansätze für die Theorie der Spiele zwischen *n* Personen. N.s diesbezügliche Arbeiten kulminierten in seinem gemeinsam mit O. MORGENSTERN verfaßten Buch »Theory of games and economic behavior« (1944), das die Anwendungen der Spieltheorie auf Wirtschaft und Kriegsführung hervorhebt. Auf zahlreiche weitere Beiträge N.s zu Verbandstheorie, Maßtheorie, Theorie der fastperiodischen Funktionen auf Gruppen, Turbulenztheorie, Meteorologie und Automatentheorie kann nur summarisch verwiesen werden.

N. ist einer der bedeutendsten und vielseitigsten Mathematiker des 20. Jh. Sein wacher Verstand war sprichwörtlich. N.s soziale Herkunft einerseits, die Ermordung vieler seiner rassisch verfolgten Verwandten nach 1933 andererseits, trugen jedoch zu seiner Ratlosigkeit gegenüber politischen Ereignissen bei. Si

Literatur: Neumann, J. v.: Über eine Widerspruchsfreiheitsfrage der axiomatischen Mengenlehre, in: J. Reine Angew. Math. 160 (1929), 227–241, Proof of the quasi-ergodic hypothesis, in: Proc. Nat. Acad. USA 18 (1932), 70–82, Mathematische Grundlagen der Quantenmechanik (Berlin 1932), Die Einführung analytischer Parameter in topologischen Gruppen, in: Ann. Math. 34 (1933), 170–190, On complete topological spaces, in: Trans. Am. Math. Soc. 37 (1935), 1–20.

Behnke, H., u. H. Hermes: Johann von Neumann, in: Math.-phys. Semesterber. 5 (1956/57), 186–190; Ulam, S.: John von Neumann, in: Bull. Am. Math. Soc. 64 (1958), 1–49.

Newcomen, Thomas, Dampfmaschinenbauer, geb. (getauft 28. 2.) 1669 Dartmouth, gest. 7. 8.(?) 1729 London (?).

N. konstruierte die erste praktisch einzusetzende atmosphärische Kolbendampfmaschine, die der Ausgangspunkt für die Erfindung von J. WATT war.

Über das Leben von N. ist nur wenig mit Sicherheit bekannt. Die Angaben in zeitgenössischen Berichten widersprechen sich teilweise. Außer der Taufe ist nur die Heirat am 13. 7. 1705 dokumentarisch belegt sowie die Tatsache, daß er zwei Söhne hatte. N. soll Eisenhändler oder Schmied gewesen sein und einen Gehilfen John Calley oder Cawley beschäftigt haben, der nach verschiedenen Quellen von Beruf Glaser (engl. glazier) oder Viehzüchter (engl. grazier) war und nach dem Kirchenbuch von Whitkirk bei Leeds dort 1717 beim Aufstellen einer Dampfmaschine starb. Es ist auch nicht bekannt, wie N. zu seiner Erfindung kam und wie diese ursprünglich aussah. Ende des 17. Jh. hat er offenbar mit R. HOOKE über Versuche von D. PAPIN mit Wasserdampf (s. u.) und seine Überlegungen dazu korrespondiert. N. arbeitete an seiner Maschine wahrscheinlich zur gleichen Zeit wie der Ing. und Pionierhauptmann TH. SAVERY an der seinen, auf die letzterer 1698 ein Patent erhielt. Dieses Patent auf eine »Maschine zum Heben von Wasser durch Feuer« war sehr weit gefaßt, und die Erfindung von N. wurde trotz völlig anderer Konstruktion nur als eine in SAVERYS Patent eingeschlossene Verbesserung von dessen Maschine betrachtet. Es gibt keine Belege für einen Patentantrag von N., jedoch Hinweise auf eine Partnerschaft von SAVERY und N. Noch während der Gültigkeit von dessen Patent schloß 1725 ein »von den Eigentümern der Erfindung zum Heben von Wasser durch Feuer autorisiertes Komitee« von Geschäftsleuten einen im Wortlaut überlieferten Vertrag über die Rekonstruktion einer NEWCOMEN-Maschine und kassierte dafür die Gebühren. Der erste Nachweis der Maschine von N. ist ein Kupferstich mit folgender Inschrift: »Dampfmaschine bei Dudley Castle. Erfunden von Hauptm. Savery und Herrn Newcomen. Von letzterem 1712 errichtet.« Das Bild zeigt bereits eine mit allen typischen Merkmalen ausgestattete und arbeitende Maschine. Nach den beigegebenen Daten hatte sie einen Zylinder von 21 Zoll (0,533 m) Durchmesser und 7 Fuß 10 Zoll (2,388 m) Höhe und förderte bei 12 Hüben in der Minute 50 Gallonen (227 l) Wasser aus 156 Fuß (47 m) Tiefe. Nach diesen Angaben leistete sie also etwa 5,5 PS. Mit Sicherheit ist ihrem Bau eine lange Entwicklungszeit vorausgegangen, so daß die Annahme erster Versuche etwa eineinhalb Jahrzehnte vorher durchaus berechtigt ist. SAVERYS Maschine war eine Dampfpumpe ohne bewegliche Teile (mit Ausnahme der Ventile), bei der aus einem Dampfkessel Dampf in die kalte Pumpenkammer geleitet wurde, dort kondensierte und durch den entstehenden Unterdruck Wasser von unten ansaugte; dieses wurde anschließend durch neuen Dampf nach oben gedrückt. Der dazu erforderliche Dampfdruck führte öfter zu Explosionen. N. knüpfte demgegenüber bei seiner Maschine an den von D. PAPIN 1690 beschriebenen Versuch an, in einem Zylinder unter einem von oben eingeführten Kolben Wasser durch ein außen brennendes Feuer zu verdampfen, dadurch den Kolben nach oben zu treiben, dann das Feuer wegzunehmen und den Zylinder mit Wasser zu übergießen, so daß der Dampf wieder kondensierte; dadurch entstand Unterdruck, worauf der äußere Luftdruck den Kolben wieder nach unten preßte und dabei Arbeit leistete. Diese für praktische Zwecke nicht zu realisierende Vorrichtung wandelte N. in seiner Maschine dahingehend ab, daß wie bei SAVERY der Dampf außerhalb des Zylinders erzeugt und durch ein mit Ventil versehenes Rohr in den Arbeitszylinder geleitet wurde und die Kondensation des Dampfes dann nicht durch äußere Wasserkühlung, sondern durch Einspritzen von Wasser in den Zylinder erfolgte. Die Bewegung des Kolbens wurde über einen Balancier in eine gegenläufige Bewegung einer Kolbenwasserpumpe umgewandelt, d. h., wenn der Luftdruck den Maschinenkolben nach unten drückte, bewegte sich der Pumpenkolben nach oben und förderte Wasser. An den Balancier wurden später Stangen und Kettenzüge zum Öffnen und Schließen der Ventile angeschlossen, was ursprünglich von Hand erfolgte. Das Heben des Maschinenkolbens wurde bald durch ein Gegengewicht auf der Pum-

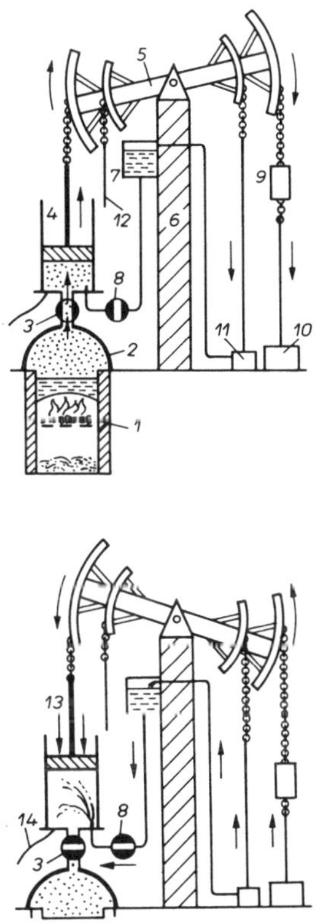

1 Feuer
2 Dampfkessel
3 Dampfventil
4 Zylinder
5 Balancier
6 Mauer
7 Behälter mit Leitung für Einspritzwasser
8 Wasserventil
9 Gegengewicht für Kolben
10 Wasserpumpe
11 kleine Pumpe für Kühlwasser
12 Gestänge für Ventile
13 Luftdruck
14 Kondenswasser

Arbeitsschema der Newcomen-Maschine

penseite unterstützt. Die Maschine erzeugte nur eine auf- und abgehende Bewegung und war deshalb nur für Förderzwecke einzusetzen; sie entsprach damit allerdings einem dringenden ökonomischen Bedürfnis, da der englische Erz- und Kohlenbergbau damals in immer tiefere Schichten vordringen mußte, um den Bedarf der durch die kapitalistische Entwicklung rasch wachsenden materiellen Produktion zu decken. N.s Maschine fand deshalb nicht nur in Großbritannien, sondern in ganz Europa rasche Verbreitung, obwohl der Wirkungsgrad sowohl vom Arbeitsprinzip her als auch durch die Mängel der damaligen Metallbearbeitung gering war und die Maschine einen hohen Kohleverbrauch aufwies. Die

Newton, Sir Isaac, Physiker, Astronom, Mathematiker, Chemiker und Naturphilosoph, geb. 25. 12. 1642 Woolsthorpe (Lincolnshire, England), gest. 20. 3. 1727 London.

N. gehört zu den bedeutendsten Naturforschern der Menschheitsgeschichte. Grundlegende Beiträge zur Dynamik, Optik, Himmelsmechanik, Mathematik und Chemie charakterisieren sein Lebenswerk. Das von ihm geprägte naturwissenschaftliche Weltbild hatte mehr als zwei Jahrhunderte lang unangefochten Gültigkeit.

N., Sohn eines Gutsbesitzers, sollte ursprünglich Landwirt werden. Nur durch die Hilfe einsichtsvoller Verwandter gelangte N. 1661 zum Studium an die Univ. Cambridge, wo I. Barrow, Inhaber des naturwissenschaftlich orientierten Lucas-Lehrstuhls, sein hauptsächlicher Lehrer war. Als in Cambridge wegen eines Pestzuges der Lehrbetrieb eingestellt wurde, und N. mit Unterbrechungen 1665–1667 in seiner Heimat weilte, hatte er grundlegende Ideen seines späteren Lebenswerkes konzipiert. 1664 wurde N. Scholar, 1667 minor fellow, im März 1668 major fellow und im Juli 1668 master of arts. Bereits 1669 folgte er Barrow als Prof. auf dem Lucas-Lehrstuhl. Am 11. 1. 1672 wurde N. in Anerkennung seiner Leistung für die Konstruktion von Spiegelteleskopen Mitgl. der Royal Society. Nachdem er 1686 zum Aufseher und 1699 zum Dir. der Kgl. Münze berufen worden und nach London übersiedelt war, gab er 1701 sein Lehramt in Cambridge auf. Aufgrund seiner Verdienste an der Münze, insbesondere der von ihm organisierten Umprägeaktion, wurde N. 1705 in den Adelsstand erhoben. Im Jahre 1703 war er zum Präsidenten der Royal Society gewählt worden und behielt dieses ehrenvolle Amt, ständig wiedergewählt, bis zu seinem Tode. Als einer der ersten Naturforscher überhaupt erhielt N. ein Staatsbegräbnis; er wurde in der Westminster Abbey beigesetzt.

Mitte des 17. Jh. war die Optik, nicht zuletzt wegen des Gebrauches von Fernrohren und Mikroskopen, ein weithin interessierendes Arbeitsfeld; zwar hatten M. Marci, J. Kepler, W. Snellius, R. Descartes, R. Boyle u. a. wesentliche Ergebnisse erzielt, die Natur des Lichtes und insbesondere der Farben war aber noch unklar. Bei Beobachtungen mit Linsenfernrohren wirkte sich die chromatische Abberration störend aus; eine Ersetzung der Linsen durch Spiegel war verschiedentlich erwogen worden. Mit dem ihm eigenen handwerklichen Geschick konstruierte N. 1668 ein erstes Spiegelteleskop, das trotz des Spiegeldurchmessers von nur etwa 25 mm die Jupitermonde erkennen ließ; dieses erste Exemplar ging verloren, ein zweites, verbessertes (aus dem Jahre 1671) blieb erhalten. N. hatte bereits als Student mit Glasprismen experimentiert; 1668 erwähnte Barrow N.s optische Untersuchungen. Anfang 1672 kündigte N. eine neue Licht- und Farbentheorie an, sein Brief vom 6. 2. 1672 an die Royal Society enthält bereits die wesentlichen Entdeckungen: Sonnenlicht setzt sich aus Licht verschiedener Farben zusammen, die sich durch verschiedene Brechbarkeit unterscheiden; die Zusammensetzung der Spektralfarben liefert wieder weißes Sonnenlicht. Danach war N. in unerquickliche Streitigkeiten verwickelt und veröffentlichte erst 1704 nach dem Tode seines schärfsten Opponenten, R. Hooke, eine zusammenfassende Darstellung unter dem Titel »Opticks«. N. hat sich nicht eindeutig auf eine Korpuskulartheorie oder Emissionstheorie des Lichtes festgelegt; seine Theorie ging einher mit der Vorstellung von periodisch wiederkehrenden »Anwandlungen« (fits) leichterer und schwererer Brechbarkeit bzw. Reflexion. Diese Ideen berühren sich mit den von Ch. Huygens vertretenen Auffassungen. Erst das 18. Jh. vereinfachte diese komplizierte Sachlage zum scharfen Gegensatz zwischen Korpuskulartheorie und Undulationstheorie.

Bereits 1666 war N. zur Idee der allgemeinen Gravitation vorgedrungen. Seine historische Leistung (weit über Ansätze von G. A. Borelli, Hooke, Huygens hinausgehend) besteht in der Formulierung eines umfassenden Gravitationsgesetzes und im mathematischen Beweis, daß aus dem Gravitationsgesetz die Keplerschen Gesetze der Planetenbewegungen folgen und umgekehrt, eine Erkenntnis, zu der N. zwischen 1679 und 1684 spätestens gelangt war. Moralisch und finanziell durch E. Halley unterstützt, begann N. mit der Niederschrift einer zusammenfassenden Darstellung, die im Sommer 1687 unter dem Titel »Philosophiae naturalis principia mathematica«, kurz »Principia« genannt, erschien. Das Werk gehört zu den bedeutendsten naturwissenschaftlichen Werken der Weltgeschichte. Im Buch I wird mit den Definitionen der Grundbegriffe Masse, Bewegungsgröße, Trägheit, Kraft, Zentripetalkraft sowie den drei »Grundgesetzen der Bewegung« (Trägheitsprinzip, Masse mal Beschleunigung ist Kraft, actio gleich reactio) das Fundament der Dynamik gelegt. Kraft ist Änderung des Bewegungszustandes und Ursache einer Beschleunigung. Es werden das allgemeine Gravitationsgesetz formuliert und der Zusammenhang zwischen Keplerschen Gesetzen und Zentralkräften hergestellt. Auch das Buch II der »Principia« ist in diesem Sinne noch abstrakt, weil ganz allgemein Bewegungen in widerstrebenden Medien behandelt werden; hier wird sogar ein Variationsproblem behandelt. Das Buch III dagegen beschreibt die konkreten Naturphänomene, z. B. die Bewegungen der Planeten und Monde des Sonnensystems auf der Grundlage ausgemessener Daten, die Gezeiten, die Präzession der Äquinoktien und die Kometen.

Ähnlich wie in der Optik ist auch die noch unscharfe naturphilosophische Aussage über die Gravitation erst von den Mitarbeitern und Schülern N.s auf eine bestimmte Richtung festgelegt worden. N. hatte in den »Principia« eine absolute Zeit und einen absoluten Raum als unabhängig voneinander existierend herausgehoben; diese schaffen quasi den Rahmen allen physikalischen Geschehens. Hinsichtlich der Ursachen der Gravitation aber hatte sich N. – gemäß seiner Grundeinstellung »hypotheses non fingo« – aller konkreten Hypothesen enthalten. Erst der Autor des Vorwortes zur zweiten Aufl. der »Principia« 1713, R. Cotes, hob die Fernwirkung, die actio in distans, als universelle Eigenschaft aller schweren Materie hervor. Merkwürdigerweise hat N. diese einschneidende inhaltliche Ideenverschiebung weder bestätigt noch zurückgewiesen.

Auf mathematischem Gebiet ist N. insbesondere in der Infinitesimalmathematik und der Algebra hervorgetreten. Indem er an Vorstellungen von B. Cavalieri, B. Pascal und Barrow anknüpfte, schuf er eine spezielle physikalisch orientierte Form der Infinitesimalmathematik, die als Theorie der fließenden Größen (Fluenten) zu bezeichnen wäre und in der Wissenschaftsgeschichte Fluxionsrechnung genannt wird. Alle veränderlichen Größen sind physikalische Größen, die von der objektiv verlaufenden Zeit abhängen; diese nannte N. Fluenten, die Geschwindigkeiten (ihre Ableitungen nach der Zeit) Fluxionen. Die Bestimmung der Fluxionen aus den Fluenten entspricht der heutigen Differentiation, und die Bestimmung der Fluenten aus einer Beziehung zwischen Fluxionen ist identisch mit der Integration oder der Lösung gewöhnlicher Differentialgleichungen. Darüber hinaus entwickelte N. eine Theorie der unendlichen Reihen, deren Kernstück die Binomialreihe war. Die Grundeinsichten N.s gehen in die 60er Jahre des 17. Jh. zurück, einige zusammenhängende Manuskripte zur Infinitesimalmathematik hatte er bereits Ende der 60er Jahre fertiggestellt, der Druck erfolgte z. T. sehr viel später, z. B. der der Reihenlehre erst 1711; eine Abhandlung über die Quadratur der Kurven erschien 1704 als Anfang zu den

»Opticks«, die Fluxionsrechnung sogar erst 1736 postum. N. wurde in einen unerquicklichen Prioritätsstreit mit G. W. Leibniz um die Entdeckung der Differential- und Integralrechnung (nicht um die Theorie der unendlichen Reihen) verwickelt; historische Forschungen haben jedoch erwiesen, daß N. und Leibniz unabhängig voneinander ihre spezifischen Formen der Infinitesimalmathematik entwickelt haben. N.s Hauptbeitrag zur Algebra besteht in einem Lehrb. der Algebra, »Arithmetica universalis« (gedruckt 1707), das unter anderem die nach N. benannten Formeln für die Potenzsummen der Gleichungswurzeln enthält; ferner lieferte er eine Klassifizierung der Kurven dritter Ordnung, ebenfalls als Anhang zu den »Opticks« (1704).

Trotz intensiver Beschäftigung mit Problemen der Legierung von Metallen, der Wirkung von Säuren und Salzen, der Sublimation und der wissenschaftlichen Deutung alchimistischer Schriften hat N. zur Chemie nur eine kleine Abhandlung über die Natur der Säuren (1704) veröffentlicht; seine chemischen Manuskripte und Tagebücher sind noch weitgehend unerschlossen. Aus Passagen in den »Principia« und den »Opticks« geht eindeutig hervor, daß N. ein konsequenter Anhänger des Atomismus war; die makroskopischen Eigenschaften der Körper, wie Härte, Schwere, Farbe, Löslichkeit, können aus den Eigenschaften ihrer kleinsten Partikeln abgeleitet werden.

N. blieb unverheiratet und hinterließ bei seinem Tode ein erhebliches Vermögen. In seiner wissenschaftlichen Arbeit war er außerordentlich konsequent, fleißig, beharrlich und verband in außergewöhnlichem Maße abstrakt-theoretischen Scharfsinn mit experimentellem und handwerklichem Geschick. Er war aufrichtig, redlich, wurde jedoch zornig, eifersüchtig und ungerecht, wenn er sich bei wissenschaftlichen Ideen in seinen Prioritätsansprüchen angegriffen fühlte. Dieser unangenehme Charakterzug verstärkte sich, nachdem N. in den Jahren 1692–1695 eine schwere Gemütskrankheit überstanden hatte. Wu

Literatur (Auswahl): Isaaci Newtoni opera quae extant omnia, 5 Bde. (Hrsg. S. Horsley, London 1779–1785), Philosophiae naturalis principia mathematica (London 1687; 2. Aufl. hrsg. von R. Cotes, Cambridge 1713; 3. Aufl. hrsg. von H. Pemberton, London 1726), dtsch Sir Isaac Newton's Mathematische Principien der Naturlehre (Hrsg. J. Ph. Wolfers, Berlin 1872; Nachdruck Darmstadt 1963), Mathematical Papers of Isaac Newton, Bd. 1–8 (Hrsg. D. T. Whiteside, Cambridge 1967–1981), Opticks (London 1704), dtsch Optik oder Abhandlung über Spiegelungen, Brechungen, Bewegungen und Farben des Lichts, I., II. und III. Buch (Leipzig 1898), Arithmetica universalis (Cambridge 1707), The Correspondence of Isaac Newton. Bd. 1–7 (Cambridge 1959–1977), Method of Fluxions and Infinite Series (Hrsg. W. Jones, London 1736), De quadratura curvarum (als Anhang zu den »Opticks«), dtsch Abhandlung über die Quadratur der Kurven (Leipzig 1908).

Wußing, H.: Isaac Newton (3., durchges. Aufl. Leipzig 1984).

Niggli, Paul, Mineraloge und Petrograph, geb. 26. 6. 1888 Zofingen (Kanton Aargau), gest. 13. 1. 1953 Zürich.

N. gehört zu den überragenden geowissenschaftlichen Persönlichkeiten der ersten Hälfte des 20. Jh.; er hat auf den Gebieten der Kristallographie, Mineralogie, Petrographie, Geologie, Lagerstättenlehre und Philosophie Richtungweisendes und Bleibendes geleistet.

N., aus einer Lehrerfamilie stammend, absolvierte die Mittelschule in Aargau. Durch seinen geologisch interessierten Lehrer Mühlberg wurde er frühzeitig in die geologische Erforschung seiner Heimat eingeführt. Er studierte 1907–1911 an der ETH in Zürich vor allem bei dem Petrographen U. Grubenmann und schloß sein Studium mit dem Diplom eines Fachlehrers ab. Nach kurzem Aufenthalt an der TH Karlsruhe promovierte er 1912 an der Univ. Zürich mit der Arbeit »Die Chloritoidschiefer des nordöstlichen

I. Newton

P. Niggli

Gotthardmassivs« und habilitierte sich kurz darauf mit einer Schrift über die magmatische Differentiation. 1913 weilte N. etwa ein Jahr am Geophysical Laboratory des Carnegie Institute in Washington. Zurückgekehrt nach Zürich, wurde er für kurze Zeit Privatdoz. an der Univ. 1914 folgte er einem Ruf als ao. Prof. nach Leipzig und 1918 einer Berufung als Ordinarius nach Tübingen. 1920 übernahm er in Zürich das altershalber von Grubenmann abgegebene Ordinariat für Mineralogie und Petrographie und wurde Dir. des Mineralogisch-Petrographischen Instituts. Hier lehrte und forschte er bis zu seinem Tode.

N. arbeitete und veröffentlichte auf nahezu allen geowissenschaftlichen Gebieten. Seit er mit seiner Dissertation und Habilitation nachdrücklich auf sich aufmerksam gemacht hatte, erschloß sich ihm die Möglichkeit der jahrelangen Qualifizierung im Ausland. In seinen Leipziger und Tübinger Jahren interessierte er sich insbesondere für kristallographische Fragen; er arbeitete sich tief in die Probleme der Symmetrie, der Kristallstruktur, der Stereochemie u. a. ein und veröffentlichte in der Folgezeit bis zu seinem Tode etwa 70 Arbeiten zu diesem Thema. Hauptziel seiner Forschungen jener Jahre waren jedoch Petrographie und Petrologie. Mit seiner Arbeit »Die leichtflüchtigen Bestandteile im Magma« (1920) wurde N. weltbekannt. Er arbeitete die Bedeutung der gasförmigen Produkte des Magmas heraus, stellte die Grundvorgänge der magmatischen Kristallisation und Differentiation dar und wurde damit gleichzeitig ein Wegbereiter der modernen Lagerstättengenese. Eng mit seinem Namen verbunden ist die Klassifikation der Magmatite mit Hilfe eines petrochemischen Parameters, der Niggli-Norm, ein noch heute gültiges Verfahren. Allein zu dem Problem der Magmatite und Metamorphite veröffentlichte N. etwa 70 spezielle Artikel, nicht gerechnet die zahlreichen, im Literaturverzeichnis aufgeführten Bücher. Umfangreiche Überlegungen galten dem Phasengesetz in Mineralogie und Petrographie. Auch der praktischen Seite der Gesteinskunde schenkte N. große Aufmerksamkeit, wahrscheinlich angeregt durch seine 25jährige Tätigkeit als Präsident der Schweizerischen Geotechnischen Gesellschaft. Der Mineralogie fühlte sich N. immer eng verbunden. Seine Spezialarbeiten auf diesem Gebiet reichen von der Mineralsynthese und -struktur über den Begriff »Art« in der Mineralogie bis zu den Kluftmineralen der Schweizer Alpen. Schwerpunkt seiner literarischen Tätigkeit waren jedoch die zahlreichen umfangreichen Lehrb. zur Mineralogie und zu den Minerallagerstätten. Besonders die letzten Auflagen sind voll von anregenden Beispielen und instruktiven Abbildungen, so daß sie immer wieder als Vorlagen von seinen nachfolgenden Fachkollegen genutzt werden. N. war ein hervorragender Lehrer der Mineralogie und Petrographie. Er absolvierte bis zu seinem Tode ein großes Pensum von Vorlesungen und großen Exkursionen. Praxis und Erfahrung veranlaßten ihn, sich zu wichtigen Fragen der Ausbildung, Erziehung und letztlich zu Problemen der Geschichte und Philosophie der Geowissenschaften und der Wissenschaften allgemein zu Wort zu melden.

Neben seiner Hochschullehrertätigkeit und dem zweijährigen Rektorat war N. voll in das wissenschaftliche und praktische Leben der Schweiz integriert. Er war Mitgl. und Präsident vieler Gesellschaften der Schweiz sowie Mitgl. und Ehrenmitgl. in zahlreichen ausländischen wissenschaftlichen Gesellschaften und Ehrendoktor mehrerer Hochschulen. Bei seiner Arbeit, die durch einen strengen Arbeitsstil gekennzeichnet war, konnte sich N. auf die Mitarbeit einer Reihe profilierter Fachkollegen, z. B. F. de Quervain, F. Brandenberger, R. L. Parker und E. Niggli, stützen. Etwa 50 Wissenschaftler aus aller Welt promovierten bei ihm. Rö

Literatur: Niggli, P.: Geometrische Kristallographie des Diskontinuums (Leipzig 1918/19), Die leichtflüchtigen Bestandteile im Magma (Leipzig 1920), Lehrb. der Mineralogie (Berlin 1920), (mit U. Grubenmann): Die Gesteinsmetamorphose (Berlin 1924), Kristallographische und strukturtheoretische Grundbegriffe. Handb. der Experimentalphysik, Bd. 7, Tl 1 (Leipzig 1928), (mit P. J. Beger): Gesteins- und Mineralprovinzen (Berlin 1928), Das Magma und seine Produkte (Leipzig 1937), (mit J. Koenigsberger u. R. L. Parker): Die Mineralien der Schweizeralpen, 2 Bde. (Basel 1940), Lehrb. der Mineralogie und Kristallchemie, 3 Tle (Berlin 1941, 1942, 1944), Schulung und Naturerkenntnis (Zürich 1945), (mit E. Niggli): Gesteine und Minerallagerstätten, 2 Bde. (Basel 1948 u. 1952), Probleme der Naturwissenschaften. Erläuterung am Begriff der Mineralart (Basel 1949).

Marquard, J., J. Schroeter: Veröffentlichungen von P. Niggli, in: Schweiz. mineral. petrogr. Mitt. 33 (1953), 9–20; Scheumann, K. H.: Paul Niggli und sein Werk, in: Geologie 2 (1953), 124–130.

Nobel, Alfred Bernhard, Chemiker und Industrieller, geb. 21. 10. 1833 Stockholm, gest. 10. 12. 1896 San Remo (Italien).

N. ist unter anderem der Erfinder des Dynamits und der Stifter der Nobelpreise für Physik, Chemie, Medizin und Physiologie, Literatur sowie des Friedensnobelpreises.

N.s Vater, Erfinder und Unternehmer, mußte wegen finanzieller Schwierigkeiten 1837 Schweden verlassen und begann 1840 in St. Petersburg (Leningrad) eine Maschinenfabrik aufzubauen und vor allem für die russ. Armee zu produzieren. 1842 folgte ihm die Familie nach. N. und seine beiden älteren Brüder Robert N. und Ludwig N. erhielten Privatunterricht. 1850–1852 unternahm N. eine Bildungsreise durch Nordamerika und Westeuropa; seine chemische Ausbildung vervollständigte er insbesondere bei T. J. Pelouze in Paris. Während des Krimkrieges (1853–1856) arbeitete N. in der väterlichen Firma. 1855 lernte er im St. Petersburger Labor des Chemikers N. N. Sinin den Sprengstoff Nitroglycerin (nach IUPAC Glyceroltrinitrat) kennen. Als nach dem Krimkrieg die Fabrik in Konkurs ging, kehrten die Eltern 1859 nach Stockholm zurück, während die Brüder unter Ludwigs Leitung die Fabrik neu aufbauten.

1862 führte N. erfolgreiche Sprengversuche mit einer Mischung aus Schießpulver und Glyceroltrinitrat durch, die er ein Jahr später in Stockholm fortsetzte. Im gleichen Jahr entwickelte er die Grundform von »Nobels Patentzünder« und erhielt darauf ein Patent. Damit war eine Möglichkeit gefunden, das Glyceroltrinitrat gezielt zur Explosion zu bringen.

Im November 1864 wurde die »Nitroglycerin Aktiebolaget« gegründet, und Anfang 1865 nahm die erste Glyceroltrinitrat-Fabrik der Welt bei Stockholm die Produktion von N.s »Sprengöl« und der »Patentzünder« auf. 1865 folgte noch die Gründung einer Fabrik in Krümmel bei Hamburg, wohin N. für die nächsten Jahre zugleich seinen Hauptsitz verlegte. Die Vorteile des neuen Sprengstoffes eröffneten viele Anwendungsmöglichkeiten, zugleich behinderten aber eine Reihe von Unfällen die schnelle Verbreitung. Nach vielen Experimenten fand N. 1867 ein geeignetes Adsorptionsmittel für das flüssige Glyceroltrinitrat: Kieselgur. Diesen neuen Sprengstoff ließ er unter dem Namen »Dynamit« patentieren; er war leicht und ungefährlich zu handhaben, und die Sprengkraft war etwa fünfmal größer als die einer gleichen Menge Schießpulver.

Im folgenden Jahrzehnt wurde N. zum erfolgreichen Unternehmer großen Stils und baute zur Nutzbarmachung seiner Erfindung eine weltweite Industrie auf. Als Wohnort und Verwaltungssitz wählte er Paris. Zwischen 1865 und 1873 entstanden 15 Fabriken. 1886 faßte N. seine Dynamitgesellschaften in zwei großen Trusts zusammen. Außerdem war er ab 1879 am Erdölgeschäft seiner Brüder in Baku (Rußland) beteiligt.

In den 70er und 80er Jahren erfolgten weitere Verbesserungen seines Sprengstoffs. Daneben beschäftigte sich N. aber auch mit gänzlich anderen Problemen: so ließ er 1878 eine automatische Bremse für Lokomotiven patentieren und 1879 ein Verfahren zur Reinigung von Gußeisen. Insgesamt erwarb er in verschiedenen Ländern mehr als 355 Patente.

N. war – vor allem aus philosophisch-moralischen Gründen – ein Gegner des Krieges und hatte sein Dynamit hauptsächlich unter dem Gesichtspunkt entwickelt, es für die friedliche Arbeit des Menschen einzusetzen. Nachdem er feststellen mußte, daß es dennoch gerade der militärische Einsatz war, der seinem Sprengstoff den internationalen Markt sicherte, kam er in späteren Lebensjahren zu der irrigen Ansicht, nur eine schreckliche Vernichtungswaffe könne die Menschheit vom Kriege abhalten. Aus diesem Grunde erwarb er 1894 die schwed. Waffenfabrik in Bofors.

Die letzten Lebensjahre verbrachte N. in San Remo. Am 27. 11. 1895 verfaßte er sein Testament, in dem die Stiftung der Nobelpreise verankert ist. 1900 beschloß die schwed. Regierung die Errichtung der Nobelstiftung, und 1901 (an N.s Todestag) wurden die Nobelpreise erstmals verliehen. Ka

Literatur: Bergengren, E.: Alfred Nobel (München 1965); Čolakov, W.: Nobelevskie premii – učёnye i otkrytiâ (Moskau 1986); Kant, H.: Alfred Nobel (2. Aufl. Leipzig 1986); Schück, H. u. R. Sohlman: Alfred Nobel (2. erw. Aufl. Leipzig 1933); Nobel – The Man and his Prizes. Ed by the Nobel Foundation (2. erw. Aufl. Amsterdam, London, New York 1962); Sohlman, R.: The Legacy of Alfred Nobel (London, Toronto 1983).

Noether, Amalie Emmy, Mathematikerin, geb. 23. 3. 1882 Erlangen, gest. 14. 4. 1935 Bryn Mawr (Pennsylvanien, USA).

N. gilt als die bis heute bedeutendste Mathematikerin. Mit ihren Ergebnissen zur allgemeinen Idealtheorie und über nichtkommutative Algebren hat sie wesentlich zur Durchsetzung des abstrakten algebraischen Denkens beigetragen.

N. war die älteste von vier Kindern des Mathematikers Max N. Sie schlug zunächst einen für Mädchen der damaligen Zeit normalen Entwicklungsweg ein und legte 1900 die Prüfung als Lehrerin für Englisch und Französisch ab. Danach bemühte sie sich um die Aufnahme eines Studiums und bekam immer wieder die Beschränkungen des Frauenrechts an Hochschulen zu spüren; so konnte sie in Erlangen (1900–1902) Sprachwissenschaften und Mathematik sowie in Göttingen (1903/04) Mathematik nur als Hospitantin hören, bevor 1904 die Immatrikulation in Erlangen gesetzlich möglich wurde. 1908 promovierte sie bei dem Mathematiker P. Gordan und arbeitete einige Jahre ohne Anstellung am Mathematischen Institut der Univ. Erlangen. 1915 hol-

A. B. Nobel

A. E. Noether

R. G. W. Norrish

ten sie D. HILBERT und F. KLEIN nach Göttingen, dem damals führenden mathematischen Zentrum. Obwohl N. ihre fachliche Qualifikation mehrfach mit wichtigen Arbeiten zur Invariantentheorie nachgewiesen hatte, gelang es HILBERT und KLEIN nicht, die Habilitation ihrer Kollegin durchzusetzen (erst 1919 fielen die Gesetzeshürden). 1922 erfolgte die Ernennung zum ao. Prof und 1923 wiederum auf Betreiben HILBERTS die Erteilung eines Lehrauftrages, womit erstmals ein geringes festes Einkommen verbunden war. Nach 1933 wurde die anerkannte Algebraikerin wie viele andere Wissenschaftler aus rassistischen und politischen Gründen vertrieben; sie nahm 1933 eine Gastprofessur am Mädchencollege in Bryn Mawr an, wohin sie 1934 endgültig übersiedelte.

Die wissenschaftlichen Beiträge von N. lassen sich im wesentlichen 3 Themengebieten zuordnen: der Invariantentheorie (1907–1919), der allgemeinen Idealtheorie (1920–1926) und der nichtkommutativen Algebra (1927–1935). Neben den konkreten Einzelresultaten muß ihr nachhaltiger Einfluß auf den Übergang zum abstrakten Denken und zur axiomatischen Methode sowie auf die Herausarbeitung abstrakter algebraischer Strukturen, wie Ring, Modul, Ideal, hyperkomplexes System, besonders hervorgehoben werden. In ihrem »unerhört energischen und konsequenten Streben nach begrifflicher Durchdringung des Stoffes bis zur letzten methodischen Klarheit« (B. L. VAN DER WAERDEN) ihrem »Streben nach Einordnung aller speziellen Zusammenhänge unter bestimmte allgemeine begriffliche Schemata«, arbeitete sie den Inhalt verschiedener algebraischer Theorien, wie Eliminationstheorie, klassische Idealtheorie, Darstellungstheorie, Klassenkörpertheorie, Modultheorie, heraus und stellte die gegenseitigen Relationen klar. In der Idealtheorie wies sie nach, daß für einen beliebigen Ring R der HILBERTsche Basissatz dem auf R. DEDEKIND zurückgehenden Teilerkettensatz äquivalent ist; in R hat jedes Ideal genau dann eine endliche Basis, wenn in R jede Kette von Idealen, in der jedes Ideal das vorhergehende echt umfaßt, nach endlich vielen Schritten abbricht. Sie bewies, daß Sätze über die Zerlegung von Idealen in kleinere, unzerlegbare Bestandteile, die bis dahin nur für spezielle Bereiche (z. B. Polynomringe) bekannt waren, allgemein für Ringe mit Teilerkettensatz richtig sind. 1926 gelang N. die axiomatische Charakterisierung der ZPI-Ringe, d. h. jener Ringe, in denen jedes Ideal in ein bis auf die Reihenfolge der Faktoren eindeutiges Produkt von Primidealpotenzen zerlegt werden kann. Dabei trat zu den Kettenbedingungen die Ganz-Abgeschlossenheit als wesentlich neue Forderung hinzu. Vielfach bettete sie ihre idealtheoretischen Forschungen in allgemeinere Betrachtungen über Moduln ein und kam immer wieder zu diesem Ausgangspunkt zurück. Nichtkommutative Algebren und deren Darstellungen sowie Darstellungstheorie der Gruppen ordnete sie der Modultheorie unter und gab diesen zunächst nebeneinanderstehenden, tiefliegende Ergebnisse von Mathematikern, wie G. FROBENIUS, F. E. MOLIN, L. E. DICKSON und J. H. M. WEDDERBURN, enthaltenden Forschungen eine einheitliche, abstrakte Form. Bei verschiedenen Strukturuntersuchungen waren die von N. eingeführten »verschränkten Produkte« (Faktorsysteme) besonders wichtig. Neben den abstrakten Forschungen hat sich N. stets um eine möglichst umfassende Anwendung ihrer Ideen und Vorstellungen bemüht (z. B. in der Zahlentheorie).

Die große Wirksamkeit der Ideen von N. basiert unter anderem darauf, daß es ihr gelang, einen beachtlichen Kreis von Schülern und talentierten Wissenschaftlern um sich zu scharen (z. B. H. GRELL, M. DEURING, VAN DER WAERDEN). Mit ihren Arbeiten hat sie die verschiedensten algebraischen Forschungen angeregt und befruchtet. Ihre Schüler griffen diese Anregungen auf, entwickelten sie weiter und verbreiteten erfolgreich den Denkstil und die Auffassungen ihrer Lehrerin in den einzelnen Gebieten der Mathematik. Große Aufmerksamkeit widmete sie der Förderung ihrer Schüler, und diese schätzten sie als uneigennützigen Kameraden und »strenge, unbestechliche Richterin«.

Schl

Literatur: Noether, E.: Gesammelte Abhandlungen (Berlin, Heidelberg, New York 1982).

Brewer, J. W., u. Smith, M. K.: Emmy Noether – A tribute to her life and work (New York 1981); Dick, Auguste: Emmy Noether 1882–1935, in: Elemente Math., Beih. Nr. 13 (1970); Srinivasan, B., u. Sally, J.: Emmy Noether in Bryn Mawr (New York, Berlin, Heidelberg, Tokyo 1983).

Norrish, Ronald George Wreyford, Physikochemiker, geb. 9. 11. 1897 Cambridge, gest. 7. 6. 1978 Cambridge.

N. hat mit seinen Arbeiten zur Reaktionskinetik insbesondere von Verbrennungsreaktionen und zur Photolyse von Carbonylverbindungen wesentlich zur Entwicklung dieser beiden Gebiete der modernen physikalischen Chemie beigetragen. Die von N. gemeinsam mit G. PORTER im Jahre 1949 aufgefundene Methode der Blitzlichtphotolyse war eine grundlegende Voraussetzung zur Gewinnung struktureller, energetischer und kinetischer Daten über kurzlebige Photolyseprodukte.

N. begann nach dem Ende des ersten Weltkrieges, an dem er als Offizier (ab 1917 in Kriegsgefangenschaft) teilgenommen hatte, 1919 an der Univ. Cambridge – der Stätte seines lebenslangen Wirkens – Chemie, Physik und Botanik zu studieren. Er wurde Forschungsstipendiat. Von nachhaltigem Einfluß auf seine Entwicklung waren die Physiker J. J. THOMPSON und E. RUTHERFORD. 1922 begann N. am Department für physikalische Chemie mit seiner Doktordissertation. Er wurde Doz., 1937 Prof. für physikalische Chemie.

N.s wissenschaftliche Arbeiten waren frühzeitig auf photochemische Themen orientiert. So konnte er z. B. in den

O

20er Jahren die Fluoreszenz von Stickstoffdioxid sowie den Mechanismus der Photolyse von Stickstoffdioxid aufzeigen. Damit gelang ihm als erstem eine elegante Erklärung eines photochemischen Prinzips. N.s Arbeiten zur Photochemie erreichten einen Höhepunkt, als er Anfang der 30er Jahre die Typ-I-Reaktion (Norrish-Typ I) und die Typ-II-Reaktion (Norrish-Typ II) als allgemeingültige Reaktionen für die Photolyse von Carbonylverbindungen erkennen konnte. Nach der Typ-I-Reaktion wird z. B. aus Ketonen Kohlenmonoxid abgespalten, und die verbleibenden Radikale vereinigen sich zu Kohlenwasserstoffen:

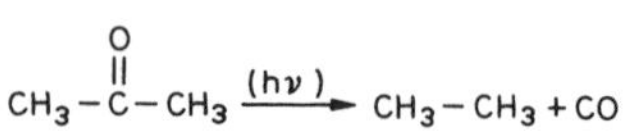

1

Carbonalverbindungen, die mindestens ein H-Atom in γ-Position zur CO-Gruppe haben, fragmentieren bei Bestrahlung gemäß der Typ-II-Reaktion unter Molekülspaltung:

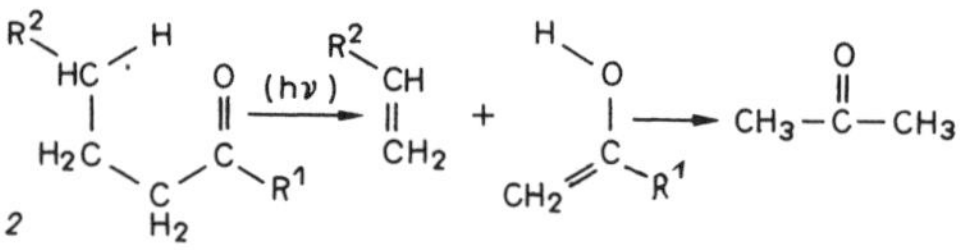

2

Die Typ-II-Reaktion erwies sich als charakteristische Abbaureaktion auch für andere Fragmentierungsprozesse, z.B. für den massenspektrometrischen Abbau (McLafferty-Reaktion) und für Pyrolysen.

Mittels der von Porter und N. entwickelten Blitzlichtphotolyse wurden Absorptionsspektren kurzlebiger Zwischenprodukte zugänglich, auf deren Grundlage Schlußfolgerungen über Reaktionsmechanismen abgeleitet werden konnten. Weitere Leistungen, mit denen N. wesentlich zur Weiterentwicklung der physikalischen Chemie beitrug, waren der Aldehydmechanismus der Verbrennung, Untersuchungen über Polymere und zur Kinetik schneller Reaktionen.

Für die Arbeiten über schnell verlaufende Reaktionen erhielt N. 1967 gemeinsam mit M. Eigen und Porter den Nobelpreis für Chemie. Re

Literatur: Norrish, R.G.W. (mit O.D.Saltmarsh): The photochemical decomposition of certain ketones (Der photochemische Abbau ausgewählter cyclischer Ketone), in: J. Chem. Soc. (London 1935), 455–459.

Purnell, J.H.: Ronald Norrish 1897–1978, in: Chem. Britain 15 (1979), 85/86.

Oddo, Guiseppe, Chemiker, geb. 10.6.1865 Caltavuturo (Sizilien), gest. 5.11.1954 Palermo.

O. zählt zu den bedeutendsten ital. Chemikern. Mit der »Mesohydrie-Theorie« entwickelte er 1906 ein Bindungsmodell zur Erklärung des Verhaltens von Wasserstoff enthaltenden chemischen Verbindungen.

Nach dem Studium der Chemie in Palermo und Rom wurde O. 1889 bei E. Paterno promoviert; 1896 erfolgte seine Berufung zum Prof. für allgemeine Chemie an die Univ. Cagliari. 1905–1917 lehrte O. an der Univ. Pavia, und von 1918 bis zu seiner Emeritierung (1935) hatte er den Lehrstuhl für Chemie an der Univ. Palermo inne. Sein Bruder Bernardo O. war als Prof. für pharmazeutische Chemie an der Univ. Pavia tätig.

Mit der Vollendung des theoretischen Gebäudes der klassischen Chemie rückten um die Jahrhundertwende zunehmend Fragen nach den Ursachen der chemischen Reaktivität sowie nach der Art und Weise der chemischen Verbindungsbildung in den Blickpunkt der Chemiker. Im Übergangsfeld zur Elektronentheorie der Valenz wurden empirisch eine Reihe von Bindungsmodellen entwickelt, die dem chemischen Verhalten sowie der Reaktivität bestimmter Stoffgruppen Rechnung trugen, z.B. von J. Thiele (1899) und von A. Werner (1893). Um 1906 versuchte O., die Eigenschaften Wasserstoff enthaltender anorganischer und organischer Säuren sowie aromatischer und intermetallischer Verbindungen mit Hilfe der Mesohydrie-Theorie zu erklären; dabei ging er von der Annahme aus, daß ein in der Nähe von mehrfach gebundenen Elementen befindliches Wasserstoffatom seine Valenz aufspalten und diesen Elementen anteilig zur Verfügung stellen kann. Die Mesohydrie-Theorie hat im theoretischen Denken der Chemiker kaum Eingang gefunden. Sie wurde von der Elektronentheorie der Valenz verdrängt. Daneben leistete O. eine Vielzahl von experimentellen Arbeiten zur Chemie der Diazoverbindungen sowie des Camphers. Sz

Literatur: Oddo, G.: Über Acyltriazene: ein besonders schöner Fall von mesohydrischer Isomerie, in: Ber. Dtsch. Chem. Ges. 69 (1936), 279.

Ohm, Georg Simon, Physiker, geb. 16. 3. 1789 Erlangen, gest. 6. 7. 1854 München.

O. entdeckte den Zusammenhang zwischen Strom und Spannung eines elektrischen Sromkreises und beschrieb ihn quantitativ. Mit seiner Arbeit wurde die junge Elektrizitätslehre einer mathematischen Behandlung zugänglich. Das »Ohm« ist die internationale Maßeinheit des elektrischen Widerstandes.

O. entstammte der Familie eines in bescheidenen Verhältnissen lebenden Schlossermeisters. Der Vater beschäftigte sich in seinen knappen Mußestunden mit mathematisch-philosophischen Studien und wurde seinen Söhnen Georg Simon O. und Martin O. der erste Lehrer in Mathematik, Physik und Philosophie; 1800–1805 besuchte O. das Erlanger Gymnasium. Ein anschließend aufgenommenes Universitätsstudium mußte er wegen finanzieller Schwierigkeiten nach einem Jahr aufgeben. Er ging als Mathematiklehrer an eine Privatschule in der Schweiz. 1811 kehrte er nach Erlangen zurück, promovierte und wirkte gemeinsam mit seinem Bruder für drei Semester als Privatdoz. für Mathematik. 1813 wurde O. Lehrer an der Realschule in Bamberg. Hier entstand sein Buch »Grundlinien zu einer zweckmäßigen Behandlung der Geometrie als höheren Bildungsmittels an vorbereitenden Lehranstalten«, in dem er in damals unüblicher Weise die Mathematik von pädagogischen Gesichtspunkten aus behandelte, was auf Unverständnis stieß. 1817 wechselte er als Oberlehrer für Mathematik und Physik an das reformierte Jesuitengymnasium im preuß. Köln. Hier fand er eine gute physikalische Sammlung vor, und sein Interesse wandte sich nun stärker der Physik zu. O. galt als guter und beliebter Lehrer, aber mehr und mehr reizte ihn die Forschungsarbeit.

Nachdem H. Ch. Ørsted 1820 den lange gesuchten Zusammenhang zwischen Elektrizität und Magnetismus gefunden hatte, befaßten sich viele Forscher mit den elektromagnetischen Erscheinungen, und binnen kurzer Zeit wurden eine Reihe von Effekten und Gesetzmäßigkeiten gefunden. Auch O. nahm entsprechende Untersuchungen auf; ihn interessierten vor allem die Erscheinungen der galvanischen Kette. Sein grundlegendes Ergebnis war die Vorstellung des Stromflusses im Stromkreis als Folge einer Spannung und die begriffliche Fassung der entsprechenden physikalischen Größen. Das Gesetz über den quantitativen Zusammenhang zwischen verschiedenen elektrischen Größen einer galvanischen Kette, heute als Ohmsches Gesetz bezeichnet, erschien 1826 in »Schweiggers Journal für Chemie und Physik«, Bd. 46. Das Gesetz war aus ausführlichen Meßreihen hergeleitet. Im Mai 1827 erschien sein Buch »Die galvanische Kette, mathematisch bearbeitet«, in dem O. die beobachteten Erscheinungen durch die mathematische Theorie beschrieb. Das Anliegen dieses Werkes wurde jedoch weitgehend mißverstanden; einer der wenigen, die frühzeitig die Bedeutung des Ohmschen Gesetzes erkannten, war G. Th. Fechner in Leipzig.

Im August 1826 hatte sich O. für ein Jahr vom Schuldienst beurlauben lassen, um seine Arbeit über die galvanische Kette beenden und sich auf eine wissenschaftliche Laufbahn vorbereiten zu können. Er zog zu seinem Bruder nach Berlin, trat 1827 ganz aus dem Schuldienst aus und verdiente sein Geld mit gelegentlichem Unterricht an der Allgemeinen Kriegsschule in Berlin. Da seinem Buch jedoch die wissenschaftliche Anerkennung versagt blieb, sah er sich 1833 gezwungen, in den Lehrerberuf zurückzukehren. Im Juli 1833 wurde er als Physikprof. an der Polytechnischen Schule in Nürnberg angestellt, einer Institution, die mit der sich entwickelnden Industrie in enger Beziehung stand. Ab 1839 war er Rektor.

Inzwischen war man im Ausland auf O.s Arbeiten und das darin enthaltene Gesetz aufmerksam geworden. Die fördernden Aspekte seiner Anerkennung lagen nun vor allem im praktischen Nutzen bei der Entwicklung der Telegrafentechnik und Meßtechnik. Nun wurde O. berühmt. 1839 wurde er zum korrespondierenden Mitgl. der Berliner Ak. d. Wiss. gewählt, 1841 verlieh ihm die Royal Society in London die Copley-Medaille und ernannte ihn zum korrespondierenden Mitgl. Dadurch erhielt O. in seinen wissenschaftlichen Forschungen wieder Auftrieb. Er wandte sich der Akustik zu und klärte 1843 mit Hilfe der Fourier-Analyse das Problem der Klangfarbe und entdeckte die Oberschwingungen über dem Grundton (Ohmsches Gesetz der Akustik – später oft H. v. Helmholtz zugeschrieben, der es 1862 bestätigte).

1849 endlich berief man O. an die Münchner Ak. d. Wiss. als Konservator der mathematisch-physikalischen Sammlung mit Lehrauftrag an der Münchner Univ. Zugleich wurde er Referent der Telegrafenverwaltung. O. schrieb noch ein Lehrb. zu seinen Physikvorlesungen (erschienen 1854) und begann sich nun unter anderem mit Interferenzerscheinungen in Kristallplatten zu beschäftigen. Insgesamt blieb ihm aber auch in den letzten Lebensjahren nur wenig Zeit für die Forschung. 1852 erfüllte sich O.s Lebenswunsch, er wurde o. Prof. für Physik an der Münchner Univ., an der er sich noch mit molekular-physikalischen Problemen befaßte.

O. blieb unverheiratet, obwohl er einen ausgeprägten Familiensinn besaß. Ständige finanzielle Probleme und die

G. S. Ohm

L. Oken

Mühen des Kampfes um Anerkennung seiner Forschungsergebnisse zwangen ihn jedoch, seine persönlichen Bedürfnisse auf ein Mindestmaß zu beschränken. Ka

Literatur: Ohm, G. S.: Die galvanische Kette mathematisch bearbeitet (Berlin 1827, Reprint 1989), Gesammelte Abhandlungen (Hrsg. E. Lommel, Leipzig 1892), (mit Fechner, G. Th.): Das Grundgesetz des elektrischen Stromes. Drei Abhandlungen, in: Ostwald's Klassiker der exakten Wissenschaften Nr. 244 (Hrsg. C. Piel, Leipzig 1938).

Deuerlein, E. G.: Georg Simon Ohm – Leben und Wirken des großen Physikers (Erlangen 1954); Füchtbauer, H. v.: Georg Simon Ohm – Ein Forscher wächst aus seiner Väter Art (Berlin 1939); Kant, H.: Das erste Gesetz des elektrischen Stromkreises – Georg Simon Ohm zum 200. Geburtstag, in: Wiss. Fortschr. 39 (1989), 3; Schagrin, M. L.: Resistance to Ohm's Law, in: Am. J. Phys. 31 (1963), 7, 536–547; Teichmann, J.: 150 Jahre Ohmsches Gesetz – 1826 bis 1976, in: etz-a 97 (1976) 10, 594–600.

Oken (Okenfuß), Lorenz, Naturforscher und Naturphilosoph, geb. 1. 8. 1779 Bohlsbach bei Offenburg (Württemberg), gest. 11. 8. 1851 Zürich.

In Anknüpfung an F. W. J. Schellings Naturphilosophie entwarf O. ein naturphilosophisch geprägtes geschlossenes System der Naturgeschichte und vertrat darüber hinaus die nationale Einheit der Wissenschaft durch Gründung der einflußreichen Zeitschrift »Isis« (1816) und der »Versammlung deutscher Naturforscher und Ärzte« (1822).

O., Sohn armer Bauern im Schwarzwald, studierte Medizin ab 1800 (Dr. med. 1804) in Freiburg im Breisgau, dann in Würzburg und Göttingen, wo er sich 1805 habilitierte. Nach erfolgloser Bemühung um eine Professur in Heidelberg (1806) folgte er 1807 dem Ruf als ao. Prof. für Medizin nach Jena, wo er 1812–1819 als o. Prof. für Naturgeschichte der Philosophischen Fakultät mit großem Erfolg lehrte, bis er infolge seiner aktiven Teilnahme am Wartburgfest der Studenten (1817) entlassen wurde und als Privatgelehrter in Jena bis 1827 einflußreich wirkte. 1828–1832 lehrte O. als Prof. für Philosophie an der Univ. München, bis er an die 1833 neugegründete Univ. Zürich berufen wurde. Trotz mehrfacher Versuche seiner Jenaer Freunde und Kollegen (besonders K. L. v. Knebel, H. Eichstädt, E. Huschke und D. G. Kieser), ihn 1821, 1824, 1838 und 1848 für die Univ. Jena zurückzugewinnen, erfolgte keine erneute Berufung, zumal seit 1839 M. J. Schleiden als scharfer Gegner naturphilosophischer Anschauungen dort wirkte.

Am Ende des 18. Jh. begann unter dem Einfluß der franz. Aufklärung und der industriellen Revolution mit dem Aufschwung der Naturwissenschaften auch schon eine Spezialisierungstendenz einzelner Disziplinen sichtbar zu werden. Gegen die disziplinäre Aufspaltung und gegen die mechanizistisch-materialistische Naturbetrachtung entstanden verschiedene Gegenströmungen, von denen neben I. Kants kritischem Idealismus vor allem J. G. Fichtes Wissenschaftslehre und Schellings »Naturphilosophie« (1799) in

Deutschland wirksam wurden. Unter den Naturforschern, die SCHELLINGS philosophische Prinzipien aufgegriffen und in origineller Weise schöpferisch weiterentwickelten, ist O. am einflußreichsten geworden. Sein System der Naturphilosophie, für das er bereits 1802 einen »Grundriß« veröffentlichte, fußte auf exakten vergleichend-anatomischen und -zoologischen Studien, wie er sie (besonders unter dem Einfluß von J. F. BLUMENBACH) durchgeführt hatte, und dem Prinzip der »Einheit der Natur« bzw. der organischen Welt. Daraus folgten Erkenntnisse wie die Gleichsetzung des Dottersacks der Vögel mit dem Nabelbläschen der Säuger (1805), des menschlichen Zwischenkieferknochens (1805) oder auch die »Wirbeltheorie des Schädels« (1806), die zum Prioritätsstreit mit J. W. v. GOETHE führte. Bei seinen empirischen Untersuchungen über die Entwicklung des Hühnerembryos sah O. den Anfang eines Organismus in einem einfachen Bläschen oder einer »Zelle«. Analog zur Keimesentwicklung entstand (ähnlich wie bei E. DARWIN) eine Entwicklungstheorie über die Erde und ihre Organismen, wobei die Vorstellung, daß die gesamte Erde von Lebenskräften durchsetzt ist wie ein »Mutterschoß«, die »Urzeugung« erklärlich machte. Von seinen meeresbiologischen Studien an der Nordsee (1806) war O. angeregt, den Ursprung des Lebens im »Meeresschleim« zu vermuten. Durch kosmische Einflüsse sollten aus diesem »Urschleim« einfachste, zellenähnliche Organismen (»Infusorien«) entstanden sein, die sich zu »Kolonien« zusammenfügten und dann einen Organismus höherer Ordnung bildeten. Ein solcher Prozeß sollte auch in der Gegenwart noch stattfinden; diese Spekulationen riefen den Widerspruch zahlreicher Naturforscher hervor und brachten die Naturphilosophie und ihre Anhänger in Verruf. Speziell diese Urzeugungshypothese suchte z. B. CH. G. EHRENBERG durch Darstellung der Infusorien »als vollkommene Organismen« (1838) zu widerlegen. Der Entwicklungsgedanke durchzieht auch O.s Lehrsystem der »Physiologie«, in der er den Schwerpunkt naturgeschichtlicher Studien sah, und in der die Lebensprozesse der Pflanzen- und Tierwelt als Einheit behandelt wurden (»Biologie«). Auf dem Grundgedanken, daß die Höherentwicklung durch zunehmende Komplexität der Organsysteme entstehe und der Mensch die Zusammenfassung des ganzen Tierreichs darstelle, beruhte auch O.s Klassifikationssystem, in dessen Ausarbeitung seine Jenaer Wirksamkeit gipfelte. Dem Einteilungsprinzip des Pflanzensystems, bereits 1810 entworfen, lag die Idee zugrunde, daß es so viele Klassen wie Organe geben müsse, die auch entsprechend benannt wurden (z. B. Zeller, Aderer, Wurzler, Stengler, Lauber, Samer u. v. a., insgesamt 13). Ebenso spekulativ verfuhr O. bei dem Tiersystem, indem insgesamt 17 Klassen nach dem morphologisch scheinbar vorherrschenden Organsystem gebildet und benannt wurden (Knochentiere, Muskeltiere u. a.). Zur Bezeichnung der Taxa führte O. deutsche Namen ein, von denen einige (z. B. Lurche, Quallen) erhalten blieben. Doch setzten sich diese Systeme, die als »natürlich« bezeichnet wurden, nicht durch. Sie haben insofern historisches Interesse, weil ihnen erstmals die Entstehungsgeschichte der Organismen, wenn auch eine spekulativ erdachte, zugrunde gelegt wurde. O. formulierte auch ein »Rekapitulationsgesetz«, das – ähnlich wie das »Biogenetische Grundgesetz« von E. HAECKEL – besagte, daß die Embryonen Entwicklungsstadien niederer Organismen durchlaufen.

In der Betonung des »genetischen« Aspekts lag die anregende Bedeutung der Naturphilosophie O.s, aber in der vorwiegend metaphysischen (aus der Antike entlehnten) Interpretation der Entwicklungsfaktoren ihre abschreckende Wirkung für materialistisch gesinnte Naturforscher. Gegen die vorwiegend deduktiven und in Mystizismus und Vitalismus ableitenden Methoden richteten sich die Reformbestrebungen SCHLEIDENS in der Botanik. Ja

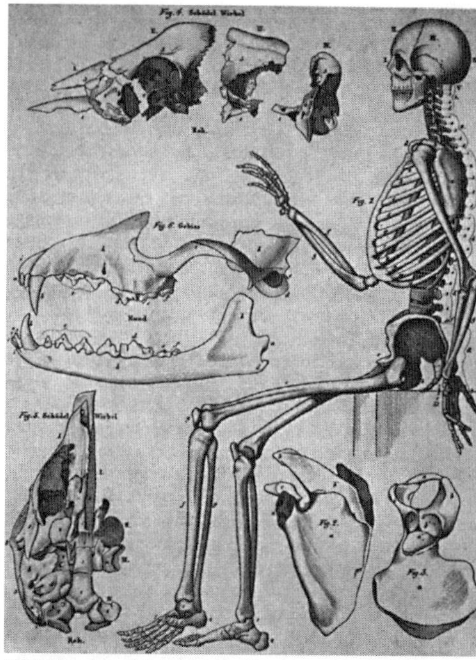

Abbildung einer Tafelseite aus »Allgemeine Naturgeschichte für alle Stände«. Stuttgart 1833–1841

Literatur: Oken, L.: Die Zeugung (Bamberg 1805), (mit D. G. Kieser): Beiträge zur vergleichenden Zoologie, Anatomie und Physiologie (Bamberg 1806), Abriß der Naturphilosophie (Göttingen 1805), Lehrb. der Naturphilosophie, 3 Bde. (Jena 1809–1811), Lehrb. der Naturgeschichte (Leipzig 1812–1826: Minerale 1812, Tiere 1816, Pflanzen 1825/26), Allgemeine Naturgeschichte für alle Stände (Stuttgart 1833–1841, Abbildungen 1843), Gesammelte Schriften (Hrsg. J. Schuster, Berlin 1939).

Degen, H.: Die Entwicklung der Gesellschaft Deutscher Naturforscher und Ärzte in der Spätromantik bis zur Münchner Versammlung 1827, in: Naturwiss. 9 (1956), 185–193; Ecker, A.: Lorenz Oken, eine biographische Skizze (Stuttgart 1880); Pfannenstiel, M.: Schriften und Varia über Lorenz Oken von 1806–1851, in: Ber. Naturf. Ges. Freiburg/Br. 41 (1951), 101–118; Pfannenstiel, M. u. Zaunick, R.: Lorenz Oken und Goethe (Leipzig 1941).

Olbers, Heinrich Wilhelm Matthias, Astronom und Arzt, geb. 11. 10. 1758 Arbergen bei Bremen, gest. 2. 3. 1840 Bremen.

O. entwickelte eine Methode zur Bahnbestimmung von Kometen und entdeckte zwei Planetoiden sowie sechs Kometen.

Er war das achte von 16 Kindern eines protestantischen Geistlichen. Nach erstem Unterricht beim Vater besuchte er das Gymnasium in Bremen und bildete sich autodidaktisch in der Astronomie. 1777 begann er an der Göttinger Univ. ein Medizinstudium, hörte jedoch auch physikalische und mathematische Vorlesungen. Seine 1780 gedruckte Dissertation, eine Behandlung von Problemen der physiologischen Optik mit mathematischen Hilfsmitteln, läßt O.' Doppelneigung zur Medizin und Mathematik erkennen. 1781 ließ er sich in Bremen als praktischer Arzt nieder.

Der Astronomie widmet sich O. neben seiner beruflichen Tätigkeit. Für Himmelsbeobachtungen hatte er ein Fenster seiner Wohnung mit einem Erker versehen lassen, von dem er freie Sicht auf den größten Teil des Himmels hatte. Seine Instrumente waren relativ klein. Am liebsten beobachtete er mit zwei Fernrohren von J. Dollond mit etwa 1,60 m bzw. 0,90 m Brennweite, ohne parallaktische Montierung. Positionsbestimmungen nahm er mit einem Kreismikrometer vor.

Bei seinen Arbeiten kam O. seine erstaunliche Kenntnis des Sternhimmels zugute. Wie berichtet wird, habe sich O. »aus der blossen Übersicht der Sterne, die irgendwo in dem Felde eines Cometensuchers sichtbar sein mochten, ohne alle entferntere oder bestimmtere Orientierung, jedesmal den Ort des Himmels, wohin der Cometensucher gerichtet sei, anzugeben sich im Stande gefühlt« (in: Abhandlung über die leichteste und bequemste Methode ..., S. XXVII). Resultat dieser Fähigkeit sowie planmäßiger Suche war die Entdeckung der Planetoiden Pallas (28. 5. 1802) und Vesta (29. 3. 1807). O. nahm an, daß die Planetoiden Bruchstücke eines zerstörten Großplaneten seien. Diese Hypothese war lange in der Diskussion, wird jedoch heute als nicht zutreffend angesehen. Zwischen 1780 und 1821 gelang O. die Entdeckung von sechs Kometen. Diese Himmelskörper waren sein hauptsächliches Forschungsgebiet. Sein größtes Verdienst besteht in der Ableitung einer Methode zur Berechnung von Kometenbahnen aus drei Beobachtungen, die 1797 im Druck erschien. Zwar hatte schon I. Newton alle Bestimmungsstücke, die zur Kenntnis der Bahn eines Kometen notwendig und hinreichend sind, erarbeitet, doch blieb der Übergang von der Beobachtung am Fernrohr zu den Bahnelementen sehr kompliziert. Die Übereinstimmung zwischen Rechnung und Beobachtung erforderte oft viele Zusatzhypothesen.

O.' Methode (Abb.) beruht (nach Vorarbeiten von J. H. Lambert) auf folgendem Grundsatz: »Es sey S die Sonne, ABC drey Oerter des Cometen in dreyen in Ansehung der Zwischenzeiten nicht sehr verschiedenen, und überhaupt nicht weit von einander entfernten Beobachtungen, abc die drey Oerter der Erde zu den Zeiten der drey Beobachtungen: so nehme ich an, daß die mittlern radii vectores SB, Sb, die Chorden AC, ac in D und d im Verhältnis der Zwischenzeiten schneiden, so daß, wenn man die Zeit zwischen der ersten und zweyten Beobachtung t', zwischen der zweyten und dritten Beobachtung t'' nennt, ad : dc = AD : DC = $t' : t''$ sey.« In seinem Vorwort zur Ar-

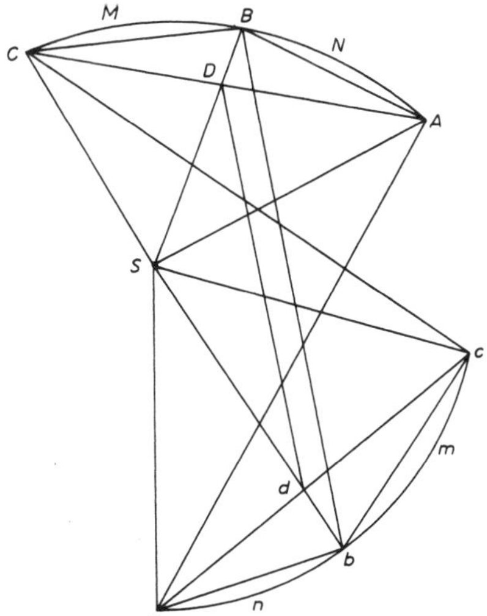

Schema der Olbersschen Bahnbestimmungsmethode

H. W. M. Olbers

J. R. Oppenheimer

beit von O. wendet F. X. v. Zach die neue Methode mit Erfolg auf den Kometen von 1779 an, der sich bis dahin allen Bemühungen einer sicheren Bahnbestimmung entzogen hatte und demonstrierte so die Leistungsfähigkeit des neuen Verfahrens. Es fand lange Zeit allgemeine Anwendung.

Auch der physikalischen Natur der Kometen widmete O. seine Aufmerksamkeit. Er entwickelte eine Theorie, nach der die Entstehung der Kometenschweife unter dem Einfluß von analog zu den elektrischen Abstoßungskräften gedachten Repulsivkräften der Sonne und des Kometen erfolgt. Dieser Gedanke, der sich später im Grundzug bewährte, wurde von F. W. Bessel weitergeführt.

Für die Kosmologie spielte das Olberssche Paradoxon eine große Rolle. Wie schon vor ihm E. Halley und J. P. Loys de Cheseaux, stellte er fest, daß in einem unendlichen Kosmos eigentlich der Nachthimmel sonnenhell sein müßte, da jede Sichtlinie von der Erde aus die Oberfläche eines Sterns trifft. O. versuchte, dieses Paradoxon durch Annahme einer Absorption des Sternenlichts im Weltall aufzulösen. Seine wirkliche Erklärung fand es später im Modell des expandierenden Kosmos.

O. stand mit den bedeutendsten Fachkollegen seiner Zeit in ausgedehntem Briefwechsel und war stets um die Förderung junger Wissenschaftler bemüht. Im Alter bezeichnete er es als sein größtes Verdienst, Bessel den Weg in die Astronomie bereitet zu haben. Mit größter Achtung und Freude verfolgte er die Arbeiten seines berühmten Schülers, der bald über seinen Lehrmeister hinauswuchs. Ha

Literatur: Olbers, H. W. M.: De oculi mutationibus (Göttingen 1780), Abhandlung über die leichteste und bequemste Methode die Bahn eines Cometen aus einigen Beobachtungen zu berechnen (Weimar 1797, 2. Aufl. 1847, 3. Aufl. 1864, mit Bibliographie der Schriften Olbers').

Wilhelm Olbers, sein Leben und seine Werke, 2 Bde. (Berlin 1894–1909).

Olszewski, Karol, Chemiker und Tieftemperaturforscher, geb. 24. 1. 1846 Broniszów bei Krakau (Kraków), gest. 25. 3. 1915 Krakau.

In Zusammenarbeit mit Z. Wróblewski wurden von O. erstmalig Sauerstoff, Stickstoff und Kohlenmonoxid verflüssigt; später bestimmte O. die Bedingungen zur Verflüssigung von Wasserstoff.

O., Sohn eines Grundbesitzers, studierte an der Univ. Krakau Physik und Chemie. Ab 1872 studierte er in Heidelberg bei R. Bunsen und G. R. Kirchhoff. Er habilitierte sich 1873 in Krakau. 1876 wurde er Prof.; seit 1888 war er als Leiter des Chemie-Instituts der Univ. tätig. 1882 begann seine erfolgreiche Zusammenarbeit mit dem Physiker Wróblewski.

O. und Wróblewski beschäftigten sich gemeinsam mit der Verflüssigung von Gasen. Mit einem modifizierten

CAILLETET-Apparat gelang ihnen 1883 die Verflüssigung des Sauerstoffs, des Stickstoffs und des Kohlenmonoxids. Vor ihnen ist es nur L. P. CAILLETET und R. PICTET gelungen, schnell schwindende Nebel (dynamische Verflüssigung) von Sauerstoff zu erhalten (1877). Über diese Ergebnisse informierten O. und WRÓBLEWSKI in Briefen an die Akademie in Krakau, die Académie des sciences in Paris und die Ak. d. Wiss. in Wien (1883). 1884 gelang es O., den Wasserstoff im dynamischen Zustand zu verflüssigen. Analoge Ergebnisse veröffentlichten WRÓBLEWSKI, der kältetechnische Versuche am Wasserstoff fortführte, und PICTET. Über die Priorität gab es später zwischen O. und J. DEWAR eine Polemik in der »Nature« (Bd. 51 (1895), 245, 365, 388). 1901 hat O. den Bau einer Apparatur zur Verflüssigung von Wasserstoff abgeschlossen. Danach arbeitete er an der Bestimmung des kritischen Punktes des Wasserstoffs. Die versuchte Verflüssigung des Heliums gelang ihm jedoch nicht. Dank der von O. konstruierten Apparatur war Krakau einige Zeit das einzige Zentrum der Welt, wo man die damals niedrigste Temperatur von −225 °C (48 K) erzielen konnte. Kurz nach Verflüssigung des Wasserstoffs im statischen Zustand (DEWAR 1898) verbesserte O. dessen Technik. Dank seiner Leistungen galt O. zur Jahrhundertwende als die größte Autorität auf dem Gebiet der Tieftemperaturforschung. Außer mit der Erforschung tiefer Temperaturen beschäftigte sich O. mit der chemischen Analyse und mit elektrochemischen Problemen.

O. führte ein einsames Leben; beträchtliche Mittel stiftete er einem Studienstipendienfonds. Ck

Literatur: Olszewski, K.: On the Liquefaction of Gases (Über die Verflüssigung der Gase), in: Philos. Magazine 39 (1895), 188–212, Przyrzady do skraplania powietrza i wodoru (Geräte zur Verflüssigung der Luft und des Wasserstoffes), in: Rozpr. AU Wydz. mat.-przyr. (Abh. d. poln. Ak. in Krakau, Math.-Phys. Abt.) 42 A (1902) 457–470, Über die Verflüssigung des Sauerstoffes und die Erstarrung des Schwefelkohlenstoffes und Alkohole, in: Anzeiger d. Ak. d. Wiss. (Wien 1883), Über die Verflüssigung des Sauerstoffs, Stickstoffs und Kohlenoxyds, in: Ann. Phys. Chem. 20 (1883), 245–257.

Omar Chajjam, → Chayyami.

Oppenheimer, J.(ulius) Robert, theoretischer Physiker, geb. 22. 4. 1904 New York, gest. 18. 2. 1967 Princeton (New Jersey, USA).

O. war einer der hervorragendsten theoretischen Physiker der 30er und 40er Jahre unseres Jh. in den USA. Unter seiner Leitung wurde 1942–1945 die amerik. Atombombe entwickelt und gebaut. Später trat O. gegen die Entwicklung der Wasserstoffbombe auf und setzte sich für eine friedliche Nutzung der Kernenergie ein.

O., Sohn eines reichen jüdischen Geschäftsmannes und seiner künstlerisch veranlagten Ehefrau, wuchs in einem wohlbehüteten, gutbürgerlichen Elternhaus auf. 1922 nahm er an der Harvard-Univ. ein Studium der Physik und Chemie auf, das er bereits nach 3 Jahren abschloß; in dieser Zeit hatte besonders sein Physik-Prof. P. W. BRIDGMAN Einfluß auf O. 1925 begab sich O. nach Europa und arbeitete zunächst bei E. RUTHERFORD in Cambridge (England), dann bei M. BORN in Göttingen, wo er 1927 promovierte, danach bei P. S. EHRENFEST in Leiden und schließlich bei W. PAULI in Zürich. Im Frühsommer 1929 kehrte O. in die USA zurück und lehrte als Assistenzprof. an der University of California in Berkeley sowie am California Institute of Technology in Pasadena; 1936 wurde er o. Prof. in Berkeley.

Die ersten Arbeiten O.s behandeln Probleme der Quantenmechanik. Mit BORN erarbeitete er 1927 die Theorie des Aufbaus zweiatomiger Moleküle. 1930 erschien eine Arbeit über die Wechselwirkungen von Teilchen und Feld, die zeigte, daß die Theorie von W. HEISENBERG und P. A. M. DIRAC auf die Kernstruktur nicht anwendbar ist. 1930 gab O. eine Interpretation der »Löchertheorie« von DIRAC, 1931 veröffentlichte er gemeinsam mit EHRENFEST eine Abhandlung zur Kernstatistik (EHRENFEST-OPPENHEIMER-Theorem). 1935 untersuchte er den Mechanismus der Paarbildung und erarbeitete eine Kaskadentheorie kosmischer Teilchenschauer. Mit R. SERBER suchte O. 1938 einen ersten Modellansatz für Neutronensterne, die in den 60er Jahren tatsächlich entdeckt wurden (Pulsare). Die wenigen nach dem zweiten Weltkrieg noch veröffentlichten Arbeiten bezogen sich vor allem auf die Mesonentheorie.

Nach der Entdeckung der Kernspaltung wandte auch O. sich diesem Problemkomplex zu. Anfang 1942 wurde er von A. H. COMPTON in Chicago, der bereits an den wissenschaftlich-technischen Vorarbeiten zur Herstellung einer Atombombe beteiligt war, aufgefordert, einige damit zusammenhängende theoretische Probleme zu bearbeiten. Dazu gründete O. in Berkeley eine befähigte Gruppe Theoretiker, der unter anderem H. A. BETHE, E. TELLER und J. H. VAN VLECK angehörten. Im Herbst 1942 wurde O. im Rahmen des »Manhattan-Projektes« (Deckname für das Gesamtprojekt der Schaffung einer US-amerik. Atombombe) die wissenschaftliche Leitung jenes Teilprojektes übertragen, das sich mit der eigentlichen Konstruktion der Kernspaltungsbombe befaßte. Das Forschungs- und Entwicklungszentrum dafür wurde in Los Alamos errichtet. Unter dem Eindruck der realen Gefahr, daß in Deutschland an der Entwicklung einer Atombombe gearbeitet wurde, waren O. und viele andere Wissenschaftler bereit, an der Entwicklung der Atombombe mitzuwirken. Angesichts der sich abzeichnenden Beendigung des zweiten Weltkrieges und nach dem ersten erfolgreichen Atombombentest (16. 7. 1945) in der Wüste von New Mexico aber sahen einige der beteiligten Wissenschaftler keinen Grund mehr zum Einsatz einer solchen Bombe und wiesen auf die Gefahren hin, die jeder Einsatz der Bombe mit sich bringen würde. O., der einem Beratungskomitee des Präsidenten angehörte, widersetzte sich allerdings dem Einsatz der Bomben über Japan nicht. Von der amerik. Presse wurde er als »Vater der Atombombe« gefeiert.

Ende 1945 verließ O. Los Alamos und ging zurück an das California Institute of Technology; 1947 wurde er Dir. des Institute for Advanced Study in Princeton (bis 1966). Aufgaben wie die des Vorsitzenden des General Advisory Committee der US Atomic Energy Commission (1946–1952) ließen wenig Zeit für Forschung. Als sich O. aber gegen die Entwicklung der Wasserstoffbombe aussprach, ging die politische Reaktion offen gegen ihn vor. Man führte eine als »Sicherheitsüberprüfungsverfahren« getarnte Untersuchung wegen »unamerikanischen Verhaltens« gegen ihn durch und warf ihm frühere »kommunistische« Tätigkeit vor, da O. in den 30er Jahren verschiedenen linken Kreisen nahegestanden hatte. Im Ergebnis dieses Verfahrens (April 1954) wurde er aller seiner öffentlichen Funktionen enthoben. Erst 1962/63 unter der Regierung von J. F. KENNEDY erfolgte eine gewisse Rehabilitierung.

In seinen letzten Jahren griff O. vor allem Fragen des Verhältnisses von Wissenschaft und Gesellschaft auf, forderte die friedliche Nutzung der Atomenergie und eine Welt ohne Krieg. Seine gesellschaftliche Haltung muß sehr differenziert gesehen werden, aber zweifellos gehörte er zu den bedeutendsten Physikern dieses Jh. Seine Interessen waren sehr breit mit hohem intellektuellem Anspruch (so las er Literatur z. B. in Sanskrit), aber bis in die Mitte der 30er Jahre wußte er über politische Tagesereignisse nahezu nichts. Mitgl. der National Academy of Sciences war O. seit 1941; 1958 wurde er Mitgl. der Franz. Ehrenlegion; 1963 erhielt er den Fermipreis der Amerik. Atomenergie-Kommission (AEC). Ka

Literatur: Oppenheimer, J. R.: Atomic Weapons and American Policy, in: Foreign Affairs 31 (1953) 4, 525–535, Wissenschaft und allgemeines Denken (Hamburg 1955), Atomkraft und menschliche Freiheit (Hamburg 1957), Drei Krisen der Physiker (Olten u. Freiburg im Breisgau 1966), russ. Letaûscaâ trapeciâ (Moskau 1967), Lectures on electrodynamics (New York 1970).

Bethe, H.: J. Robert Oppenheimer, in: Biographical Memoirs of Fellows of the Royal Society 14 (1968), 391–416; Goodchild, P.: J. Robert Oppenheimer – Eine Bildbiographie (Basel, Boston, Stuttgart 1982); Kant, H.: J. Robert Oppenheimer (Leipzig 1985); A. Kimball Smith, Ch. Weiner (Hrsg.): Robert Oppenheimer – Letters and Recollections (Cambridge, London 1980); Putik, J.: Der Fall Oppenheimer (Bautzen 1960); Rouzé, M: Robert Oppenheimer et la bombe atomique (Paris 1962, russ. Moskau 1965); York, H.: The advisors: Oppenheimer, Teller and the superbomb (San Francisco 1976).

Ørsted, Hans Christian, Physiker, geb. 14. 8. 1777 Rudkøbing (Langeland), gest. 9. 3. 1851 Kopenhagen.

Ø. entdeckte die Ablenkung der Magnetnadel durch einen elektrischen Strom und eröffnete damit die Forschungsrichtung des Elektromagnetismus.

Ø., Sohn eines Apothekers, erwarb sich im Selbststudium mit Unterstützung des Vaters und von Freunden Sprach- und naturwissenschaftliche Kenntnisse, so daß er 1784 das Aufnahmeexamen der Kopenhagener Univ. bestand. Er studierte Naturwissenschaften, insbesondere Pharmazie, legte 1797 pharmazeutische Examina ab und promovierte über ein Thema zur KANTschen Naturphilosophie. Nach kurzer Tätigkeit als Pharmazeut bereiste er ab 1801 Deutschland, wo er insbesondere durch J. W. RITTER mit der frühen SCHELLINGschen Naturphilosophie bekannt wurde. Über Holland und Frankreich kehrte er 1804 nach Kopenhagen zurück und wurde 1806 Prof. der Physik an der dortigen Univ. 1824 gründete er die dän. »Gesellschaft zur Verbreitung der Naturlehre« und machte sich selbst um die Popularisierung der Naturwissenschaften verdient. Er betrieb die Einrichtung einer polytechnischen Schule in Kopenhagen und wurde 1829 deren erster Dir. Diese Stellung hatte er bis zu seinem Tode inne.

Ø.s wissenschaftliche Ansichten wurden unter dem Einfluß RITTERS vom Dynamismus und der Identitätsphilosophie F. W. J. SCHELLINGS geprägt. Deren Grundgedanken über die Einheit und Verwandlungsfähigkeit der »Naturkräfte« aufnehmend, veröffentlichte Ø. 1812 eine theoretische Untersuchung über die Identität der chemischen und elektrischen Kräfte. Diese naturdialektische Anschauung provozierte bei ihm – im Gegensatz zur »spekulativen Physik« SCHELLINGS – eine Suche nach dem experimentellen Zusammenhang von bisher getrennten Naturerscheinungen. So vorbereitet, stellte er 1820 bei Vorlesungsversuchen fest, daß eine Magnetnadel durch einen stromdurchflossenen Leiter etwa proportional zur Stromstärke abgelenkt wurde. Er erklärte den Effekt durch die Annahme, daß durch den »Konflikt« der im Draht fließenden positiven und negativen Elektrizität andere Naturerscheinungen, z. B. Wärme, aber auch Magnetismus hervorgebracht würden, die den Stromleiter umgaben. Diese Entdeckung erregte unter den Naturforschern weltweites Aufsehen, so daß in den folgenden 10 Jahren viele Physiker auf dem Gebiet des Elektromagnetismus weiterforschten. Am erfolgreichsten waren A.-M. AMPÈRE und M. FARADAY.

Ø. beschäftigte sich außerdem mit der Kompressibilität (Zusammendrückbarkeit) von Gasen und Flüssigkeiten; 1822 gelang ihm mit Hilfe eines von ihm erfundenen Piezometers die erste Messung der Kompressibilität von Flüssigkeiten. Auf chemischem Gebiet gelang Ø. 1819 die erstmalige Isolierung des Alkaloids Piperin aus Pfeffer und 1825 die Darstellung von Aluminium aus Aluminiumchlorid durch Reduktion mit Kaliumamalgam, eine Vorleistung für die eigentliche Entdeckung des Aluminiums durch F. WÖHLER im Jahre 1827.

H. Chr. Ørsted

M. W. Ostrogradski

Letzte Untersuchungen Ø.s galten dem von FARADAY entdeckten Diamagnetismus. In seinen späten Jahren kehrte Ø. zur Naturphilosophie zurück. Eine Serie von Artikeln zu unterschiedlichen Themen faßte er in seinem Werk »Der Geist in der Natur« zusammen. Darin brachte er unter anderem seine Überzeugung über die Einheit aller »Naturkräfte« als heuristisches Prinzip der Naturforschung nochmals zum Ausdruck und führte die Harmonie in der Natur auf das Walten eines »Weltgeistes« zurück. Schi

Literatur: Ørsted, H. C.: Scientific Papers. Collected Edition with two Essays on his Work by Kristine Meyer, 3 Bde. (Kopenhagen 1920), Der Geist in der Natur, 6 Bde. (Berlin 1850–1851).

Dibner, B.: Ørsted and the discovery of elektromagnetism (Norwalk/Connecticut 1961).

Ostrogradski (OSTROGRADSKIJ, Michail Wassilewitsch, Mathematiker, geb. 12. (24.) 9. 1801 Paschennaja (Gebiet Poltawa), gest. 20. 12. 1861 (1. 1. 1862) Poltawa.

O. leistete bedeutende Beiträge auf dem Gebiet der Analysis, insbesondere der Theorie der Differential- und Integralgleichungen und der Variationsrechnung eng verknüpft mit Problemen der theoretischen Mechanik und mathematischen Physik, ferner auf dem Gebiet der Algebra, der Theorie algebraischer Funktionen sowie der Zahlentheorie und Wahrscheinlichkeitsrechnung.

O. wollte zunächst die Offizierslaufbahn einschlagen, ging aber 1816 zum Studium an die Univ. Charkow. Zur Vervollkommnung seiner mathematischen Kenntnisse reiste er 1822 nach Paris, machte die anregende Bekanntschaft mit führenden franz. Mathematikern, kehrte 1828 nach Rußland zurück und entfaltete in St. Petersburg eine umfangreiche wissenschaftliche, pädagogische und wissenschaftsorganisatorische Tätigkeit. O. leitete die Ausbildung an mehreren technischen und Militärhochschulen; er war an der Einführung des gregorianischen Kalenders und des dezimalen Maßsystems in Rußland beteiligt. 1832 wurde er ordentliches Mitgl. der russ. Ak. d. Wiss. und später Mitgl. mehrer ausländischer Akademien.

Erste wissenschaftliche Arbeiten konzentrieren sich im Anschluß an J.-B.-J. FOURIER, A. L. CAUCHY, S.-D. POISSON u. a. auf die mathematische Physik. O. leitete ein System von Gleichungen für Wellen kleiner Amplitute auf der Oberfläche schwerer, idealer inkompressibler Flüssigkeiten ab und beschäftigte sich mit der Wärmeausbreitung in festen Körpern, insbesondere in einem geraden Prisma mit rechtwinklig gleichschenkligem Dreieck als Grundfläche. Gleichzeitig untersuchte er die Konvergenz trigonometrischer Reihen (Lokalisationsprinzip). In der Elastizitätstheorie gelang ihm die Integration von Gleichungen für kleine

Schwingungen elastischer Körper in der Form von FOURIERintegralen. O.s Arbeiten zur Analysis sind eng mit denen zu physikalischen Problemen verbunden. Er untersuchte Eigenschaften sphärischer Polyeder. 1833 wurde er auf die Integration algebraischer Funktionen geführt. O.s Verfahren zur Berechnung der Variation von Mehrfachintegralen wurde für die weitere Entwicklung der Variationsrechnung ebenso wichtig wie für die der Theorie der Mehrfachintegrale. Auf wahrscheinlichkeitstheoretischem Gebiet erarbeitete er statistische Methoden, um unter anderem die Prüfung der Höhe des Ausschusses und der Qualität von Waren für die Armee zu erleichtern. Besondere Verdienste erwarb er sich in der Mechanik mit Formulierung und Beweis verallgemeinerter Theoreme, die mit dem Prinzip der virtuellen Verschiebungen und dem Prinzip der kleinsten Wirkung (insbesondere Verallgemeinerung des HAMILTONschen Prinzips für den Fall nichtkonservativer Systeme) zusammenhängen. Kriterium des Wertes aller seiner mathematischen Forschungen war für O. die Möglichkeit ihrer praktischen Anwendung Be

Literatur: Ostrogradskij, M. V.: Polnoe sobranie trudov, 3 Bde. (Kiew 1959–1961), Izbrannye trudy (Moskau, Leningrad 1948).

M. V. Ostrogradskij, in: Istoriâ otečestvennoj matematiki, Bd. 2 (Kiew 1967, S. 52–82); Očerk žizni, naučnogo tvorčestva i pedagogičeskoj deâtel'nosti. GTTN (Moskau 1952); Gnedenko, B. V.: Mihail Vasilevič Ostrogradskij, Usp. mat. nauk, Bd. 6, vyr. 5 (45) (1951), 3–25; Vasiliev, A. V.: M. V. Ostrogradskij (Kazan 1904).

Ostwald, Friedrich Wilhelm, Chemiker, geb. 2. 9. 1853 Riga, gest. 4. 4. 1932 Leipzig.

O. gilt neben S. ARRHENIUS und J. H. VAN'T HOFF als Mitbegründer der physikalischen Chemie als selbständige Wissenschaftsdisziplin, wozu er vor allem mit der Herausgabe seines »Lehrb. der allgemeinen Chemie«, der Begründung der »Ztschr. für physikalische Chemie, Stöchiometrie und Verwandtschaftslehre« und seiner wissenschaftlichen Schule an der Univ. Leipzig beitrug, während seine späteren Arbeiten zur Farbenlehre und seine philosophischen Beiträge nicht diese Bedeutung erlangten, jedoch von seiner Vielseitigkeit zeugen.

O. studierte nach dem Besuch des Realgymnasiums in Riga (Abschluß 1871) an der Univ. Dorpat (Tartu) bei C. SCHMIDT und J. LEMBERG Chemie. Schon in der Kandidatenarbeit »Über die chemische Massenwirkung des Wassers« (1875) zum Abschluß seines Studiums und anschließend in der Magisterarbeit (1877) und der Dissertation (1878) beschäftigte er sich mit Themen physikalisch-chemischen Inhalts. Diese Arbeitsrichtung behielt er in seinen chemischen Forschungen bei. Als junger Privatdoz. an der Univ. Dorpat begann er seine Vorarbeiten an dem zweibändigen »Lehrb. der allgemeinen Chemie«, das 1885 bzw. 1887 erschien. 1882 übernahm O. die Professur für Chemie am Polytechnikum in Riga. Hier führte er wie schon in Dorpat umfangreiche Experimentalarbeit an Lösungen organischer Säuren (»Studium zur chemischen Dynamik«, »Elektrochemische Studien«) aus, die ihn zur von ARRHENIUS formulierten Theorie der elektrolytischen Dissoziation führten. Danach trug er wesentlich zu deren Durchsetzung bei. 1887 begründete O. die »Ztschr. für physikalische Chemie, Stöchiometrie und Verwandtschaftslehre«, die für die nächsten Jahrzehnte zum wichtigsten Organ für die Publikation physikalisch-chemischer Arbeiten wurde und gewann als Mitherausgeber J. H. VAN'T HOFF. Im gleichen Jahr wurde O. auf den Lehrstuhl für physikalische Chemie des 2. Chemischen Laboratoriums der Univ. Leipzig berufen. Hier entfaltete er eine wirksame Lehrtätigkeit und begründete eine große wissenschaftliche Schule, die die Entwicklung der physikalischen Chemie mitbestimmte. Daneben arbeitete er weiterhin experimentell. In diese Zeit fallen die Aufstellung des OSTWALDschen Verdünnungsgesetzes (1888) und der OSTWALDschen Stufenregel (1897) sowie Arbeiten über Feststoffe (OSTWALDreifung, 1900) und katalytische Ammoniakoxidation (OSTWALDverfahren, 1902/03). Außerdem war er publizistisch außerordentlich produktiv und veröffentlichte den »Grundriß der allgemeinen Chemie« (1889), begründete die Reihe »Ostwalds Klassiker der exakten Wissenschaften« (1889), übersetzte GIBBS' »Thermodynamische Studien«, war Herausgeber dieses Buches und seiner eigenen Bücher »Hand- und Hilfsbuch zur Ausführung physiko-chemischer Messungen«, »Die wissenschaftlichen Grundlagen der analytischen Chemie«, »Die Elektrochemie. Ihre Geschichte und Lehre« und »Grundlinien der anorganischen Chemie«. Mit dem Bezug eines Institutsneubaus (1894–1897) legte O. das Schwergewicht seiner physikalisch-chemischen Forschung auf die Katalyse, die er bereits 1894 neu definiert hatte. Diese Arbeiten gipfeln in dem schon erwähnen technischen Großverfahren zur Ammoniakoxidation.

Etwa ab 1900 verlagert sich O.s Interesse mehr zur Philosophie, was sich in eigenen Vorlesungen und deren Publikation (»Vorlesungen über Naturphilosophie«, 1902) sowie der Begründung einer eigenen Ztschr. »Annalen der Naturphilosophie« manifestiert. Eine Auseinandersetzung in der Philosophischen Fakultät wurde zum Anlaß für O., sein Lehramt 1906 niederzulegen und sich auf sein Haus »Energie« in Großbothen bei Leipzig zurückzuziehen. Hier widmete er sich verstärkt wissenschaftsorganisatorischen und wissenschaftshistorischen Problemen. Er wurde Mitbegründer und erster Präsident (1911) der Internationalen Assoziation der Chemischen Gesellschaften und Nachfolger E. HAECKELS als Präsident des Deutschen Monistenbundes (1910). Weiterhin begründete O. die »Brücke. Internationales Institut zur Organisierung der geistigen Arbeit« mit und wurde erster Vorsitzender dieses Gremiums, dessen vorausschauende Ansätze zur Organisation in der wissenschaftlichen Arbeit durch die Auflösung des Institutes 1913 nicht verwirklicht werden konnten. Publizistisch trat O. in dieser Periode ebenfalls hervor und schrieb z. B. die wissenschaftshistorischen Bücher »Leitlinien der Chemie« (1906) und »Die Entwicklung der Elektrochemie« (1910) sowie das Werk »Große Männer« (1909), das später den ersten Band einer Reihe gleichen Namens mit dem Untertitel »Studien zur Biologie des Genies« bildete. Darüber hinaus trat O. öffentlich in der bürgerlichen Friedensbewegung und der Kirchenaustrittsbewegung in Erscheinung. Das Wirken in der Öffentlichkeit wurde durch den ersten Weltkrieg unterbrochen. Im Haus »Energie« betrieb O. experimentelle Arbeiten zur Farbenforschung, die zur Aufstellung einer eigenen Farbenlehre mit einer Systematik, beruhend auf der psychologischen Wirkung der Farben, führte.

O. bewältigte nicht nur ein enormes experimentelles Programm, sondern widmete sich mit gleichem Aufwand der Propagierung seiner Farbenlehre durch eine eigene Ztschr. und zahlreiche Bücher und Vorträge.

O.s Lebenswerk ist von einer erstaunlichen Größe und Vielfalt. Seine besonderen Verdienste liegen dabei zweifelsohne auf dem Gebiet der physikalischen Chemie, wofür ihm 1909 der Nobelpreis für Chemie verliehen wurde. O. konnte aufgrund seiner profunden Literaturkenntnis und kritischen Analyse der experimentellen und theoretischen Arbeiten neue Entwicklungen in der Wissenschaft frühzeitig erkennen und durch sein organisatorisches wie didaktisches Geschick ausreichend fördern, was mit eigenen Arbeiten unterstützt wurde, da O. ein brillanter Experimentator war. Nachteilig für die Wissenschaftsentwicklung, besonders der chemischen Kinetik und von Teilgebieten der Elektrochemie, war O.s antiatomistische Einstellung, die er erst recht spät aufgab. Wegen seiner Ablehnung der kinetischen Gastheorie verhinderte O. aufgrund seines wissenschaftlichen Ansehens das breite Eindringen kinetischer Auffassungen in die physikalische Chemie und Elektrochemie. Ohne größere Wirkung war O.s Versuch, aus den Gesetzen der Thermodynamik ein philosophisches System zu entwickeln (Energetik), das der Energie das Primat gab. O.s Ideen zur Wissenschaftsentwicklung fanden zu seiner Zeit kaum fruchtbaren Boden, doch sind viele noch heute beachtenswert. Seine Farbenlehre, die er selbst als seine größte Leistung betrachtete, wurde später nach heftiger Kritik aufgegeben, doch sie hat die weitere Entwicklung auf diesem Gebiet stark beeinflußt.

O. wird als streitbarer Gelehrter geschildert. Seine enorme Produktivität stand nicht im Gegensatz zu einem ausgeprägten Familienleben. Das älteste seiner fünf Kinder, sein Sohn Wolfgang, wurde später ein bekannter Kolloidchemiker. Du

Literatur: Ostwald, F. W.: Lehrb. der allgemeinen Chemie, 2 Bde. (Leipzig 1885–1887, 2. Aufl., 3 Bde. Leipzig 1891–1902, unvollendet), Grundriß der allgemeinen Chemie (Leipzig 1889), Hand- und Hilfsb. zur Ausführung physiko-chemischer Messungen (Leipzig 1893), Die wissenschaftlichen Grundlagen der analytischen Chemie (Leipzig 1894), Elektrochemie. Ihre Geschichte und Lehre (Leipzig 1896), Grundlinien der anorganischen Chemie (Leipzig 1900), Vorlesungen über Naturphilosophie (Leipzig 1902), Große Männer (Leipzig 1909), Die Farbenfibel (Leipzig 1916), Die Farbenlehre, 5 Bde. (Leipzig 1918–1922, Bd. 3 mit E. Ristenpart. Bd. 4 v. H. Podesta, Bd. 5 nicht erschienen), Lebenslinien, 3 Bde. (Berlin 1926–1927), Aus dem wissenschaftlichen Briefwechsel Wilhelm Ostwalds (Hrsg. H. Körber, Berlin 1961–1969), Forschen und Nutzen. Wilhelm Ostwald zur wiss. Arbeit (Hrsg. G. Lotz, L. Dunsch u. U. Kring, 2. Aufl. Berlin 1982), Zur Geschichte der Wissenschaft, in: Ostwalds Klassiker ... 267 (Hrsg. R. Zott, Leipzig 1985).
Rodnyj, N. I., u. J. I. Solowjew: Wilhelm Ostwald (Leipzig 1977).

Otto, Nicolaus August, Motorenbauer, geb. 10.6.1832 Holzhausen (Taunus), gest. 26.1.1891 Köln.

O. erfand den nach ihm benannten Verbrennungsmotor mit Kompression des Verbrennungsgemisches und Fremdzündung, der zunächst als stationäre Kraftmaschine mit Leuchtgas eingesetzt, sehr bald aber mit Benzin als Kraftstoff zum spezifischen Antrieb für Straßen-, Luft- und kleine Wasserfahrzeuge wurde.

O. war das sechste Kind eines Bauern- und Gastwirtsehepaares. Der Vater starb noch vor seiner Geburt. Für seine Ausbildung war O. deshalb auf die Unterstützung anderer Verwandter angewiesen, und nach der Wirtschaftskrise von 1847 und der folgenden 48er Revolution mußte er trotz hoher Begabung den Besuch einer Realschule aus finanziellen Gründen abbrechen und jede Hoffnung auf ein Studium begraben. Wie sein älterer Bruder Wilhelm O. lernte er Kaufmann und arbeitete ab 1852 zunächst in Stuttgart, ab 1853 durch Vermittlung Wilhelms in Köln als Handlungskommis. Dabei bereiste er ein großes Gebiet in sog. Kolonialwaren, hatte jedoch keine Aussichten, beruflich und finanziell vorwärts zu kommen. Der allgemeine industrielle Aufschwung der Jahre nach 1850, den er auf seinen Reisen beobachten konnte, und die damit verbundene stürmische Entwicklung des Maschinenwesens brachten ihn auf die Idee, sich wie viele andere als Erfinder zu versuchen. Auf seiner Suche nach solchen Möglichkeiten hörte er 1860 von dem durch J. J. E. Lenoir entwickelten Gasmotor, dem jedoch viele Fehler anhafteten. Mit seinem Bruder Wilhelm O., bei dem Nicolaus August wohnte, versuchte er zunächst, den Motor von der Gasleitung zu lösen und mit Spiritus- oder Petroleumdämpfen zu betreiben, die in einem »Verdampfer«, einem durch eine Flamme erhitzten

F. W. Ostwald

N. A. Otto

Kupfergefäß, erzeugt wurden. Das darauf beantragte Patent wurde aber abgelehnt, und Wilhelm O. zog sich von allen weiteren Versuchen zurück. N. A. O. nutzte die ihm nach dem Tode der Mutter zugefallene bescheidene Erbschaft, um sich einen kleinen Lenoirmotor für Leuchtgas bauen zu lassen und damit weiter zu experimentieren. So untersuchte er, bis zu welchem Kolbenhub Gasgemisch angesaugt und wann dieses am besten gezündet werden muß. Dabei kam er bereits 1861 auf das Viertakt-Prinzip mit den Arbeitstakten Ansaugen, Verdichten, Verbrennen und Ausschieben in einem Zylinder während zweier Hübe des Kol-

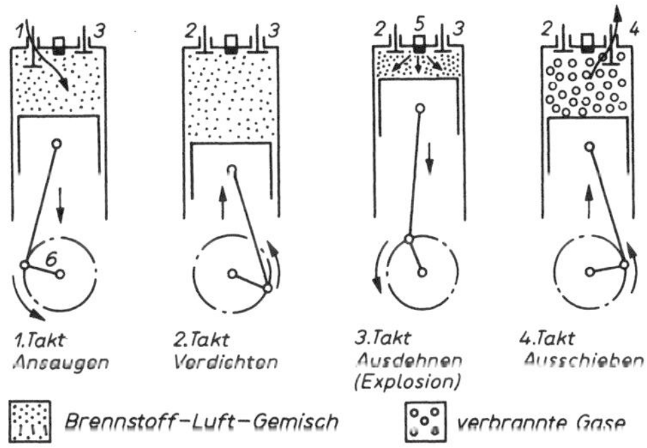

Arbeitsprinzip des Viertakt-Ottomotors. *1* Einlaßventil geöffnet, *2* Einlaßventil geschlossen, *3* Auslaßventil geschlossen, *4* Auslaßventil geöffnet, *5* Zündung in Funktion, *6* Kurbelwelle

bens (Abb.) und ließ sich deshalb eine vierzylindrige Maschine bauen, da er glaubte, mit dieser direkt wirkenden Maschine schon am Ziel zu sein. Mitte 1862 gab O. deshalb seinen Beruf auf. Die Explosionen des sehr reinen Gasgemisches in den Zylindern waren jedoch so stark, daß die Maschine in dieser Form nicht zu gebrauchen und einem

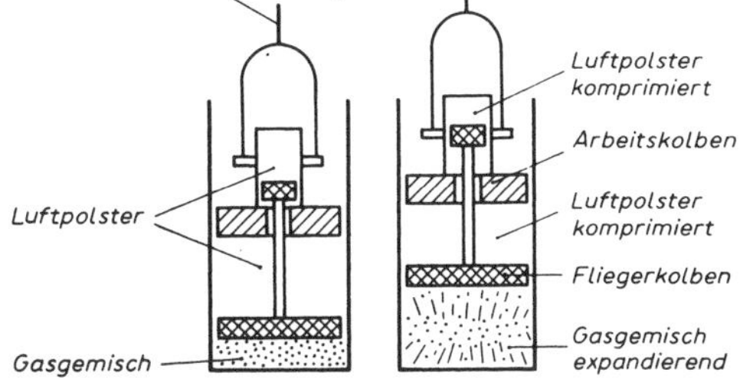

Funktionsschema eines Flugkolbens

schnellen Verschleiß unterworfen war. O. wandte sich nun wieder dem alten atmosphärischen Prinzip zu, das Th. Newcomen bei seiner Kolbendampfmaschine angewandt hatte, und wollte die Explosionskraft elektrisch gezündeten Gasgemisches nur dazu nutzen, den Kolben in einem stehenden Zylinder nach oben zu treiben. Hinter dem Kolben sollte sich durch die folgende Abkühlung der Gase ein Vakuum bilden, worauf der äußere Luftdruck den Kolben wieder nach unten preßt und dabei die eigentliche Arbeit leistet. Zur Milderung des Explosionsstoßes wurde ein Fliegerkolben eingeschaltet (Abb.), der vor dem Arbeitskolben ein elastisches Luftpolster bildete. O. hatte aber nicht die finanziellen Mittel und auch nicht die technischen Kenntnisse, diese Ideen bis zur Praxisreife zu entwikkeln. Schließlich fand er in dem Ing. und Unternehmer E. Langen, einem Schüler von F. Redtenbacher und Studienfreund von F. Reuleaux, einen geeigneten Partner. 1864 wurde die Kommanditgesellschaft »N. A. Otto & Cie« in Köln gegründet. Bis 1866 entstand eine patentreife Konstruktion, die auf der Pariser Weltausstellung 1867 eine Goldmedaille erhielt, da der Motor gegenüber der Maschine von Lenoir zwei Drittel weniger Gas verbrauchte. Auf die mit den heftigen Aufwärtsbewegungen und den langsameren Abwärtsbewegungen des Kolbens nicht harmonierende Kurbelwelle hatte man dabei verzichtet und ließ dafür beim Arbeitshub eine Zahnstange in ein Zahnrad auf der Motorwelle eingreifen. Die Zündung erfolgte durch eine Gasflamme, die durch einen Schieber freigegeben wurde. 1868 begann die Serienproduktion der Maschine, und mit neuen Teilhabern auf neuem Gelände entstand 1872 die »Gasmotorenfabrik Deutz AG«, in der O. einer der Direktoren war. Die technische Leitung wurde G. Daimler übertragen. Mit ihm kam O. jedoch zu keiner ersprießlichen Zusammenarbeit, da er sich zurückgesetzt fühlte, während Daimler in ihm einen Laien sah. O. beteiligte sich deshalb auch kaum an der Verbesserung des in seinen Möglichkeiten vom Prinzip her ohnehin erschöpften atmosphärischen Gasmotors, sondern wandte sich mehr und mehr wieder der direkt, d.h. unmittelbar durch die Explosion wirkenden Maschine nach dem Viertakt-Prinzip zu. Das Hauptproblem war, eine langsame Verbrennung im Zylinder und damit einen gleichmäßigen Gang zu erreichen. Die entscheidende Idee kam O. nach eigener Darstellung Anfang 1876 angesichts eines Schornsteins, dessen Rauch sich mit zunehmender Entfernung vom Ausgangspunkt verdünnte. Er sagte sich: »... zerstreue ein Explosionsgemisch in vorher angesaugter oder im Zylinder belassener Luft, dann wird sich Gemisch bilden ... an der Ausströmstelle ... dicht und von da ab entfernt mehr und mehr verdünnt ...«; bei Zündung war an der Einlaßstelle eine ebenso langsamer werdende Verbrennung und damit eine stoßfreie, stetige Wirkung auf den Kolben zu erwarten. Bereits Ende Februar war ein nach diesem Prinzip der Gemischzuführung ausgelegtes Versuchsmodell mit liegendem Zylinder fertiggestellt. Am 9. 5. 1876 wurde ein Arbeitsdiagramm aufgenommen, wie es bis heute für alle Verbrennungsmotoren charakteristisch ist. Diese sich verlangsamende Verbrennung war auch der erste Punkt des Patentes von 1877. Die weiteren Punkte betrafen die Verbrennung nichtkomprimierter und komprimierter Gemische, das Viertakt-Prinzip und die Konstruktion der Maschine. 1881 erwarb Deutz das Privileg auf einen Zweitaktmotor, den O. 1876 auch erprobt, aber zunächst als unwirtschaftlich angesehen hatte.

Welchen Fortschritt der Ottomotor schon in seiner ersten stationären, mit Gas betriebenen Version darstellte, läßt sich allein daraus ersehen, daß das Werk in Deutz bereits fünf Jahre nach der Erfindung den Aktionären fünfmal so viel Dividende auszahlen konnte und andererseits die Konkurrenzfirmen die Patente mit allen Mitteln angriffen. Durch Berufung auf tatsächliche und angebliche »Vorerfindungen«, auch wenn diese keinen Eingang in die Praxis gefunden hatten, wurden 1884 zunächst der Anspruch auf das Viertakt-Prinzip und in den Folgejahren praktisch alle Otto-Patente zu Fall gebracht. Trotz all dieser aufreibenden Enttäuschungen arbeitete O. unermüdlich weiter. So ersetzte er die Gasflammenzündung wieder durch eine elektrische Niederspannungs-Abreißzündung, meldete aber nur in England ein Patent an, so daß später R. Bosch mit dieser Zündung große Erfolge erzielen konnte. Damit war der Motor auch für den Betrieb mit flüssigen Brennstoffen möglich, was das ursprüngliche Ziel von O. gewesen war. O. verbesserte auch Steuerung und Vergaser.

1883 verlieh die Univ. Würzburg O. die Ehrendoktorwürde. Er erfuhr noch weitere Ehrungen, bevor er, bereits länger mit verschiedenen Leiden behaftet, an Herzversagen starb. O. hatte drei Töchter sowie einen Sohn, der beruflich das Erbe des Vaters antrat. Die

Literatur: Sittauer, Hans L.: Gebändigte Explosionen. Nicolaus August Otto und sein Motor (Berlin 1972). Nicolaus August Otto und Rudolf Diesel (3. Aufl. Leipzig 1982).

Owen, Richard, Anatom und Paläontologe, geb. 20. 7 1804 Lancaster, gest. 18. 12. 1892 Richmond Park bei London.

O. war einer der führenden Forscher in der vergleichenden Anatomie des 19. Jh., wobei er – wie auch G. Cuvier – sowohl rezente wie fossile Tiere berücksichtigte. Im Laufe seines Lebens spielten die fossilen Tiere sogar eine zunehmend größere Rolle in seiner Arbeit.

O. besuchte die Grammar School in Lancaster. Er trat in die Apothekerlehre ein, lernte bei einem Chirurgen und beteiligte sich schon in Lancaster an Leichensektionen. 1824 nahm O. das Medizinstudium an der Univ. Edinburgh auf, das ihn aber nicht voll befriedigte, weshalb er einen außerhalb der Univ. veranstalteten Anatomie-Kurs besuchte. Er ging 1825 nach London an das St. Bartholomew Hospital, wo er Prosektor wurde und sein Geschick beim Sezieren Aufmerksamkeit erregte. Im Royal College of Surgeons wurde O. 1826 mit dem Ordnen der berühmten anatomischen Sammlung von J. Hunter betraut. Diese Sammlung wurde 1830 auch von Cuvier besucht, und O. betätigte sich dabei als Dolmetscher. 1834 erhielt O. den neu eingerichteten Lehrstuhl für Vergleichende Anatomie am St. Bartholomew Hospital in London. 1836 wurde er Hunterian Professor am Royal College of Surgeons, 1837 wurde er Nachfolger von Ch. Bell für Anatomie und Physiologie am gleichen College. O. erhielt auch die Fullerian-Professur für Vergleichende Anatomie und Physiologie an der Royal Institution.

1856 wurde O. Leiter der Naturgeschichtlichen Abteilung des Britischen Museums in London und setzte sich für einen zweckmäßigen Neubau ein, der auch errichtet wurde.

O. war schon frühzeitig an Anatomie interessiert. 1832 veröffentlichte er eine Arbeit über Nautilus (Perlboot) und brachte darin eine neue Einteilung der Cephalopoda (Kopffüßer), nämlich in Dibranchiata und Tetrabranchiata. Er verfaßte grundlegende Arbeiten über die Monotremata, namentlich über das australische Schnabeltier, und über die Beuteltiere, ferner über die von Ch. Darwin aus Südamerika besorgten Skelette fossiler Säugetiere (Glyptodon, Macrauchenia, Toxodon platensis 1837) sowie über die aus Neuseeland stammenden Knochen der damals noch unbekannten, subfossilen Moa (Dinornis) und über die subfossile Dronte von Mauritius. Des weiteren schrieb er über den 1861 erstmals bekannt gewordenen »Urvogel« (Archaeopteryx«) und über zahlreiche weitere fossile Skelette aus ver-

R. Owen

P

P. S. Pallas

Paracelsus

schiedenen Teilen der Erde. Fernerhin verfaßte er Abhandlungen über den Molukkenkrebs (1873), die Brachiopoden, die Lungenfische, den Kiwi (Apteryx), einen Gorilla-Schädel, das Fingertier (Aye-Aye) von Madagaskar u. a.

1835 entdeckte O. in einem menschlichen Muskelpräparat die Trichine (Trichinella spiralis), ihre Rolle als Erreger einer schweren Krankheit, der »Trichinose«, wurde erst später von anderen Forschern (R. Virchow, R. Leuckart, F. A. v. Zenker) aufgeklärt. O. verfaßte schließlich ausführliche Monographien über die Zähne von Wirbeltieren (besonders Reptilien) sowie über die brit. fossilen Reptilien.

Als wichtiges Ergebnis seiner Forschungsarbeit formulierte O. die für die Anatomie so wichtigen Begriffe »homologe« und »analoge« Organe. Der Abstammungslehre Darwins stand O. kritisch gegenüber. Die umfassenden tierischen Baupläne betrachtete er als »Archetypen«, die man kausal nicht erklären könne.

Mit I. H. Huxley hatte O. eine viel beachtete Debatte über die Unterschiede des Gehirns bei Menschen und Menschenaffen, wobei O. das Trennende besonders hervorhob.

O. arbeitete auch in verschiedenen Kommissionen mit, so zur Untersuchung der Hygiene in Städten u. a. Zi

Literatur: Owen, R.: Odontography ..., 2 Bde. (London 1840–1845), On the Anatomy and Physiology of Vertebrates, 3 Bde. (London 1866–1868).

The Life of Richard Owen, by his grandson the Rev. Richard, Vol. I, II (London 1894).

●

Pallas, Peter Simon, Naturforscher, Forschungsreisender, geb. 27. 9. 1747 Berlin, gest. 8. 9. 1811 Berlin.

P. gehörte zu den bedeutendsten Forschungsreisenden des 18. Jh.; er schuf die Grundlage der wissenschaftlichen Biogeographie und gab unter anderem der paläontologischen Wirbeltierkunde, der Ornithologie und der Evolutionsforschung wertvolle Anregungen.

P., Sohn von Simon P. (Arzt an der Charité und Prof. am Collegium medico-chirurgicum) studierte in Berlin, Halle, Göttingen und Leiden Medizin und Naturwissenschaften. Seine Studien setzte er in England (London, Oxford, Küstengebiete) und, nach einem kurzen Aufenthalt in Berlin, in Holland fort. 1764 wurde er promoviert. 1767 erhielt er einen Ruf an die Ak. d. Wiss. und Künste in St. Petersburg (Leningrad), an der er zunächst zum Adjunkt und kurz danach zum Prof. für Naturgeschichte ernannt wurde und in deren Auftrag er von 1768–1774 zum Ural, in sibir. Gebiete bis zur Grenze der nördlichen Mongolei und bis zum Amur reiste. Um die Kenntnisse über Rußland zu erweitern, regte P. Expeditionen an und publizierte auch Manuskripte von Forschungsreisenden, die vor ihm russ. Gebiete durchreist hatten (z. B. D. G. Messerschmidt, G. W. Steller) oder zur gleichen Zeit mit ihm unterwegs waren (z. B. J. A. Güldenstädt, S. G. Gmelin, C. L. Hablitzl). 1793/94 fuhr P. nochmals in die südlichen Provinzen Rußlands, wobei ihn besonders das Kaukasusgebiet und die Krim interessierten. Er übersiedelte 1795 nach Simferopol (Krim) und kehrte 1810 nach Berlin zurück.

Die Expeditionsergebnisse von P. auf zoologischen, geographischen, geologischen, botanischen und ethnographischen Gebieten hatten für die Erforschung Rußlands grundlegende Bedeutung. Er untersuchte als erster die Verbreitung der Organismen in einem großen Gebiet der Erde in ihrer Beziehung zwischen Vorkommen und Umweltbedingungen, weiterhin die Möglichkeiten und Ursachen der Variabilität der Lebewesen und erkannte, daß nur eng verwandte Arten fruchtbare Bastarde zeugen. Durch seine Arbeiten über Eingeweidewürmer (Dissertation 1764), über Schwämme und Nesseltiere (1766), in der er auch seine Ideen zu einem System der Organismen anhand eines nicht phylogenetisch zu deutenden Stammbaums darlegte, über Vögel und über Säugetiere trug P. zur Verbesserung der zoologischen Systematik bei. Etliche Pflanzen und Tiere (vor allem Vögel) wurden von P. erstmalig beschrieben. Er erkannte als einer der ersten die Bedeutung der binären Nomenklatur und wandte sie bereits ab 1764 konsequent an.

In seinen »Betrachtungen über die Beschaffenheit der Gebürge...« (1778) sind die ersten geologischen Nachrichten über das Ural- und Altaigebirge zu finden, wobei unter anderem einige der ersten Beobachtungen über den Zusammenhang zwischen Form und Struktur der Hochgebirge mitgeteilt werden. Ein 1749 am Jenissei gefundenes Meteoreisen wurde von ihm beschrieben und nach ihm »Pallasit« benannt.

P. stellte im Auftrag der Zarin ein 47 europ. und 153 asiat. Sprachen und Dialekte umfassendes vergleichendes Wörterbuch zusammen. Po

Literatur: Pallas, P. S.: De infectis viventibus intra viventia (Lugduni Batavorum 1764), Elenchus Zoophytorum (Hagae 1766), Spicilegia Zoologica. Fasc. I–XIV (Berolini 1767–1780), Reise durch verschiedene Provinzen des Rußischen Reichs, 3 Bde. (St. Petersburg 1771–1776), Betrachtungen über die Beschaffenheit der Gebürge und Veränderungen der Erdkugel, besonders in Bezug auf das Rußische Reich (Frankfurt u. Leipzig 1778; in: Ostwalds Klassiker ... Bd. 269, hrsg. von F. Wendland, Leipzig 1986), Neue Nordische Beyträge zur physikalischen und geographischen Erd- und Völkerbeschreibung, Naturgeschichte und Oekonomie, 7 Bde. (St. Petersburg 1781–1783), Bemerkungen auf einer Reise in die südlichen Statthalterschaften des russischen Reiches in den Jahren 1793 und 1794, 2 Bde. (Leipzig 1799, 1801), Linguarum totius ornis vocabularia comparativa, 2 Bde. (Petropoli 1787, 1789), Flora Rossica seu stirpium Imperii Rossici per Europam et Asiam ingenarum descriptiones (Francofurti, Lipsiae 1789). Zoographia Rosso-Asiatica, 3 Bde. (Petropoli 1831).

Paracelsus, eigentlich Philippus Aureolus Theophrastus Bombastus von Hohenheim, Arzt, Chemiker, Philosoph und Naturforscher, geb. 1493 oder 1494 Einsiedeln (Schweiz), gest. 24. 9. 1541 Salzburg.

P. war einer der bedeutendsten Ärzte und Denker in der ersten Hälfte des 16. Jh., dessen medizinisches und naturwissenschaftliches Werk z. T. richtungweisend für die Entwicklung der Wissenschaft gewirkt hat.

Im deutlichen Kontrast zur Popularität seiner Lehren liegt über den Lebensweg von P. nur wenig gesichertes Material vor. Sein Vater, der dem verarmten Adelsgeschlecht der Bombaste von Hohenheim aus Schwaben angehörte, war in Einsiedeln, dem Heimatort der Mutter P.', als Stadtarzt tätig. Nach dem frühen Tod der Mutter zog der Vater nach Villach, wo P. von ihm den ersten Unterricht erhielt. Seit frühester Kindheit scheint P. durch zahlreiche andere, der frühhumanistischen Bewegung zumindest nahestehende Lehrer Beziehungen zu humanistischem Gedankengut gehabt zu haben. Die intensive Begegnung des jungen P. mit der Welt des Bergbaus hat prägende Wirkung für sein Bild von der Natur gehabt. In der Absicht, Arzt zu werden, begab er sich vermutlich zunächst nach Wien, wo er das Studium der Artes liberales begann und den untersten akademischen Grad, das Bakkalaureat, erwarb. Der weitere Bildungsweg vollzog sich in Italien. An der medizinischen Fakultät in Ferrara 1517 zum Doctor promoviert, folgten Wanderjahre, die ihn durch nahezu ganz Europa geführt und mit einer Anzahl von Univ. in Berührung gebracht haben. Wie man seinem Werk entnehmen kann, handelte es sich dabei insbesondere um die Teilnahme an wissenschaftlichen Disputationen, in deren Ergebnis sich seine ablehnende Haltung gegenüber dem etablierten Universitätsbetrieb manifestierte. Es ist anzunehmen, daß sich vor allem in der Periode seiner Wanderarzttätigkeit unter dem Eindruck der gewonnenen Erfahrungen der Widerspruch gegen das überkommene scholastische System der Medizin verstärkte und sich unter dem Kreuzfeuer zahlreicher – nicht immer siegreich verlaufender – Diskussionen seine Ideen auszuformen und abzuschleifen begannen. In dieser Periode schrieb P. auch erste Entwürfe seines medizinischen Weltbildes. Mit dem Versuch, sich in Salzburg in eigener Praxis niederzulassen, hoffte P. offensichtlich, mit Hilfe des humanistisch gesinnten Landesherren seine Vorstellungen als Hofgelehrter und Leibarzt verwirklichen zu können. Doch dies erfüllte sich nicht. Dem Verdacht ausgesetzt, mit revoltierenden Bauern und Bergknappen in Konspiration zu stehen, mußte er Salzburg verlassen und begab sich nach Straßburg, einer Stadt, die als lebendiges Zentrum des kritischen und revolutionären Humanismus galt und ein Refugium für viele Vertreter des religiösen und wissenschaftlichen Nonkonformismus darstellte. Bereits nach kurzer Zeit wurde P. durch die reformfreudige Stadtregierung von Basel eine Tätigkeit als Stadtarzt angeboten. Da mit dieser Aufgabe eine Professur an der medizinischen Fakultät der Univ. verbunden war, versprachen sich beide Seiten die Durchsetzung positiver Veränderungen in Universitätsbetrieb. P. erhielt erstmals die Möglichkeit, Vorlesungen zu halten und damit ein breites Publikum für seine »Reformatio medicinae« zu gewinnen. In scharfer Weise wandte sich P. gegen die bis dahin glorifizierten Autoritäten der antiken und arabisch-islamischen Medizin, wobei er HIPPOKRATES jedoch eine gewisse Sonderstellung einräumte. Bemerkenswert ist, daß P. zu den ersten Wissenschaftlern gehörte, die sich ihrer deutschen Muttersprache im akademischen Rahmen bedienten. Differenzen mit der Stadtregierung einerseits sowie Anfeindungen und Verleumdungen seiner Gegner andererseits veranlaßten P., schon Anfang 1528 Basel wieder zu verlassen. Ein unstetes Wanderleben setzte ein, in dem wohl nur in Nürnberg um 1529, in Kärnten um 1538 und schließlich um 1540 in Salzburg noch einmal Hoffnung auf wirksame Realisierung seiner Reformpläne aufkam. Im Zusammenhang mit seinem Nürnberger Aufenthalt sah er sich erneut ohnmächtig der an den Univ. weiterhin vorherrschenden Scholastik gegenüber, als von Leipzig aus die Drucklegung seiner Werke vereitelt wurde. Tatsächlich ist nur der geringste Teil seines immensen Schrifttums zu seinen Lebzeiten verlegt worden.

Obwohl P. energisch gegen die scholastischen Methoden ankämpfte und eine Reihe vorwärtsweisender, das Neue in sich tragender Ansätze entwickelte, blieb er dennoch in vielerlei Hinsicht ein Vertreter der alten mittelalterlichen Wissenschaft. In dem Bestreben, die ärztliche Kunst zu reformieren, entwarf P. auf der Grundlage der von ihm unermüdlich geforderten Erfahrung und Beobachtung ein in sich nicht immer ganz ausgewogenes und abgerundetes Konzept einer spekulativ-theoretischen Medizin. Seine Auffassungen gründen sich auf eine umfassende Naturphilosophie, deren Kernpunkt das Prinzip der universalen Einheit und Übereinstimmung von Makrokosmos bzw. Mikrokosmos und Mensch bildet. Der Mensch ist die »quinta essentia« der vier – nicht im Sinne der antiken Philosophie zu verstehenden – Elemente und Bezugspunkt der gesamten göttlichen Schöpfung. Die dem Menschen von P. zuerkannte Mittelpunktstellung deckt sich mit der anthropozentristischen Sichtweise des Humanismus und der Renaissance. Bedeutsam ist in diesem Zusammenhang, daß P. die Fähigkeit des Menschen zur Erkenntnis betont. Für die Erkenntnis- bzw. Erfahrungsgewinnung stellt er die Bedeutung des Experiments heraus.

Ausgehend vom Bild des Menschen als kleiner Welt in der großen Welt, dem Kosmos, spielt die Astronomie in seinem System eine besondere Rolle. Wenn das sympathetische Funktionieren von Mikro- und Makrokosmos gestört ist, wird der Mensch, der aus Geist, Seele und Körper bestehend gedacht ist, krank. Den drei Bestandteilen entsprechen die drei Prinzipien Mercurius (Prinzip des Flüchtigen), Sulfur (Prinzip des Brennbaren) und Sal (Prinzip des Rückstandes), die nichts mit den gleichnamigen Stoffen Quecksilber, Schwefel und Salz zu tun haben. Hier wird der von P. im bewußten Gegensatz zur Humoralpathologie erfolgte Rückgriff auf alchemistisches Gedankengut sichtbar, denn für ihn stellt sich der menschliche Körper als ein chemisches System dar. Sublimierung, Verbrennung und Veraschung als die Vorgänge im Körper, durch die sich der Stoffwechsel vollzieht, werden vermittels des im Magen befindlichen Archäus, des »inneren Alchimisten«, bewerkstelligt. Dieses vitale Prinzip weist Parallelen zum Physisbegriff bei den Hippokratikern auf. Ausgehend von der Analogie zwischen Kosmos und Mensch und der strikten Ablehnung der Humoralpathologie entwickelte P. auch ein neues ätiologisches Konzept, das seinen Ausdruck in den fünf Entia (Seinsweisen) fand: 1) ens astrale (kosmischer Einfluß), 2) ens veneni (Vergiftung des Körpers durch Störungen der Nahrungsverarbeitung), 3) ens naturale (natürliche, konstitutionelle Veranlagung), 4) ens spirituale (Einfluß von Geisterwesen) und 5) ens deale (Straf- und Gnadenwille Gottes). Das Vorwärtsweisende seiner neuen Ideen zeigt sich besonders eindrucksvoll in der Annahme »tartarischer Krankheiten«, in denen er die zu Konkrementen neigenden pathologischen Vorgänge auf fehlerhafte Stoffumsetzungen und deren Einwirkung auf die Organe zurückführt. Der Gedanke vom menschlichen Körper als chemischem System wurde in der iatrochemischen Richtung des 17. Jh. weitergeführt.

Das in den Schriften des P. deutlich hervortretende Bestreben, die chemischen Kenntnisse zur Behandlung von Krankheit und zur Verlängerung des Lebens nutzbar zu machen, zeigt, daß für ihn darin das eigentliche Ziel der Alchemie bestand und nicht mehr wie bisher in der Herstellung von Gold. Doch blieb sein Interesse an der Chemie nicht nur auf den medizinisch-pharmakologischen Bereich beschränkt. Sein Werk bildete auch für die Entwicklung der Chemie als Wissenschaft insofern einen Wendepunkt, als er erstmals eine Art System der Chemie schuf.

Aus der Vielzahl der das medizinische Denken bereichernden und befruchtenden Überlegungen des P. sei schließlich noch auf seine Auffassung von der notwendigen Einheit von Wund- und Leibmedizin sowie auf seine Beschreibung der Bergsucht (Bleivergiftung) als Berufskrankheit hingewiesen. Na

Literatur: Paracelsus: Sämtliche Werke, 14 Bde. (Hrsg. K. Sudhoff u. W. Mathiesen, München u. Berlin 1922–1933; Übersetzung in die moderne deutsche Sprache durch B. Aschner, Bd. 1–4, Jena 1926–1932).

Kästner, I.: Paracelsus (2. Aufl. Leipzig 1989); Löther, R., u. S. Wollgast (Hrsg.): Paracelsus. Das Licht der Natur. Philosophische Schriften (Leipzig 1973); Pagel, W.: Paracelsus. An Introduction to Philosophical Medicine in the Era of the Renaissance (Basel u. a. 1982); Sticker, G.: Paracelsus. Ein Lebensbild, in: Nova Acta Leopoldina, NF 10 (1941) Nr. 66; Salzburger Beiträge zur Paracelsusforschung.

B. Pascal

M. Pasch

Pascal, Blaise, Mathematiker und Physiker, geb. 19. 6. 1623 Clermont-Ferrand, gest. 19. 8. 1662 Paris.

P. leistete bedeutende Beiträge zur Geometrie, Wahrscheinlichkeitsrechnung und Hydrostatik. Von ihm stammen wichtige Vorleistungen für die Ausarbeitung des Infinitesimalkalküls. Er war einer der ersten Gelehrten, die versuchten, eine Rechenmaschine zu bauen.

P.s Vater, ETIENNE P., übte das Amt eines Kgl. Rates, Schatzmeisters und Finanzdirektors in Clermont aus; die Mutter starb, als P. drei Jahre alt war. Der Vater unterrichtete die Kinder selbst; 1631 verließ er Clermont und ging mit seinem Sohn und den beiden Töchtern nach Paris, wo er sich ganz der Erziehung seiner Kinder, besonders des einzigen Sohnes, widmete und auch seinen wissenschaftlichen Neigungen nachging. Es entstanden Verbindungen mit vielen Gelehrten, die zu der 1635 von M. MERSENNE gegründeten »Freien Akademie« gehörten; Blaise P. war oft Zuhörer bei den Sitzungen und gewann frühzeitig Interesse an Geometrie. Er beschäftigte sich mit den »Konika« des APOLLONIOS, woraus 1639 eine Abhandlung über Kegelschnitte hervorging, und fand in Weiterführung der projektiven Auffassung von G. DESARGUES den nach ihm benannten Satz. Zwei Jahre später erschien der »Essays sur les coniques« (Abhandlung über Kegelschnitte), in dem P. die Kegelschnitte mit projektiven Methoden behandelte und eine allgemeine Methode der Perspektive angab. Die Familie war inzwischen nach Rouen übersiedelt, und P. half seinem Vater bei den Amtsgeschäften, wobei er durch die umfangreichen Berechnungen beim Eintreiben von Steuern angeregt wurde, eine Maschine zu bauen, die diese Arbeit erleichtern sollte. Nach längeren Versuchen gelang ihm die Herstellung einer Additionsmaschine, die aber in ihrer Funktion störanfällig war und nur selten das richtige Ergebnis erzielte (1645). In der Folgezeit wandte P. sich der Physik zu. Er wiederholte die TORRICELLIschen Experimente zum Luftdruck und bestätigte ihre Richtigkeit. In seinem Auftrag erstieg sein Schwager F. PÉRIER den Puy-de-Dôme mit einem Barometer und registrierte die Abnahme des Luftdrucks mit steigender Höhe. Die Resultate dieser Versuche trugen entscheidend zur Überwindung der Doktrin vom »horror vacui« bei, die die Existenz luftleerer Räume bestritt, weil die Natur einen Abscheu vor der Leere habe. Eine zusammenfassende Darstellung der sich über Jahre erstreckenden Beobachtungen, Experimente und Überlegungen von P. zum Druck in Flüssigkeiten und Gasen wurde 1663 postum von PÉRIER veröffentlicht.

Nach dem Tode des Vaters (1651) unternahm P. einige Reisen. Er stand 1654 in Briefverbindung mit P. FERMAT und CH. HUYGENS zu Fragen der Wahrscheinlichkeitsrechnung. P. ging von dem Problem aus, wie der Einsatz eines Glücksspiels bei vorzeitigem Abbruch des Spieles auf die Spieler aufzuteilen sei. Während FERMAT das Problem mit kombinatorischen Methoden anging, bevorzugte P. ein rekursives Verfahren. Beide kamen zum gleichen Resultat; ihre Diskussion wird allgemein als Beginn der Entwicklung der Wahrscheinlichkeitstheorie angesehen. Ebenfalls 1654 verfaßte P. seine Abhandlung über das arithmetische Dreieck, das heute als PASCALsches Dreieck bezeichnet wird. Diese Abhandlung enthält das Dreieck der Binomialkoeffizienten und Rekursionsformeln zur Bestimmung der Potenzsummen; dabei wird erstmals die Methode der vollständigen Induktion als Beweisführung eingesetzt. Wichtige Vorarbeiten leistete P. für die Herausbildung der Infinitesimalrechnung. Bei der Berechnung des statischen Moments des Viertelkreisbogens führte P. das charakteristische Dreieck am Kreis ein. P. verstand es glänzend, die Indivisiblenmethode des B. CAVALIERI zu handhaben und damit recht allgemeine Quadraturprobleme zu lösen; z. B. fand er unabhängig von J. WALLIS die Berechnung des Integrals

$$\int_0^a x^n \, dx = \frac{a^{n+1}}{n+1}.$$

P. befaßte sich auch mit Rollkurven und veröffentlichte in Form eines Preisausschreibens 6 unerledigte Probleme zur Zykloide (1658). An der Lösung dieser Aufgabe beteiligten sich mehrere Mathematiker, er selbst unter einem Decknamen. Seine Arbeit wurde als beste bewertet. Ein weiteres Einzelergebnis dieser Forschungen war die Bogengleichheit der verkürzten und verlängerten Zykloide mit einer Ellipse.

In den fünfziger Jahren hat sich P. neben seinen mathematischen Forschungen auch mit religionsphilosophischen Fragen beschäftigt. Er schloß sich der Lehre des C. JANSENIUS an und war in den Jahren 1655–1657 einige Male in Port Royal, dem Zentrum des reformkatholischen Jansenismus. Dort schrieb er unter einem Pseudonym die »Briefe aus der Provinz« sowie Abhandlungen zur Apologie des Christentums.

Nach 1659 verschlechterte sich P.s Gesundheitszustand; er konnte nicht mehr an eine regelmäßige Arbeit denken. Seine ältere Schwester pflegte ihn ab 1662 bis zu seinem Tode.

Ps. Schriften zeugen von seiner glänzenden Darstellungskraft und waren von weitreichendem Einfluß auf die nachfolgenden Mathematikergenerationen. Bi

Literatur: Œuvres complètes de Blaise Pascal (Hrsg. J. Chevalier, Paris 1954), L'Essay pur les coniques de Pascal, in: Revue d'histoire des sciences 8 (Paris 1955), Traités de l'équilibre des liqueurs et de la pesanteur de la masse de l'air (Paris 1663), Traité du triangle arithmétique, avec quelques petits traités sur la même matière (Paris 1665), Lettres de A. Dettonville contenant quelques unes de ses inventions de geometrie ... (Paris 1659).

Bertrand, J.: B. Pascal (Paris 1890); Bishop, M.: Pascal (New York 1936; dtsch von E. Pfuhl u. R. Blunck, Berlin 1938); Humbert, R.: Pascal (Paris 1947); Maire, A.: Bibliographie générale des œuvres de Pascal (Paris 1925); Loeffel, H.: Blaise Pascal (Basel 1988).

Pasch, Moritz, Mathematiker, geb. 8. 11. 1843 Breslau (Wrocław), gest. 20. 9. 1930 Bad Homburg.

P. wirkte im Vorfeld der modernen mathematischen Grundlagenuntersuchungen, insbesondere der Grundlagen der Geometrie, wo er als wesentlichster Vorläufer von D. Hilbert gilt.

P. stammt aus einer in bescheidenen Verhältnissen lebenden jüdischen Kaufmannsfamilie. Sein Studium in Breslau 1860–1865 schloß er mit einer mathematischen Dissertation ab und setzte seine Studien anschließend noch in Berlin bei K. Weierstrass und L. Kronecker fort. 1870 habilitierte er sich an der Univ. Gießen und blieb dort bis zum Ende seines Lebens (1873 ao. Prof., 1875 o. Prof., 1911 Versetzung in den Ruhestand).

In seinem Hauptwerk »Vorlesungen über neuere Geometrie« (1882) ging P. hinsichtlich logischer Strenge und Lückenlosigkeit der Begriffe und Beweise beim Aufbau der euklidischen Geometrie erstmals wesentlich über die Elemente Euklids hinaus. Im Bestreben, daß Axiome vom anschauungsgemäß unmittelbar Faßbaren ausgehen sollen, verwendete P. statt des Begriffs der unbegrenzten Geraden den Streckenbegriff als Grundbegriff und gelangte folgerichtig als erster zur Zwischenrelation als einem neben Inzidenz und Kongruenz gleichrangigen Grundbegriff, der insbesondere die Definition aller bei seinen Vorgängern nur intuitiv benutzten Anordnungsbegriffe gestattet. Von Hilberts »Grundlagen der Geometrie« (1899) unterscheiden sich die »Vorlesungen« von P. u. a. durch die noch »naturwissenschaftliche« Auffassung der Geometrie, d. h. die nicht vollzogene Lösung der Begriffe von einer bestimmten Interpretation. Der Name P. ist vor allem durch das von Hilbert so bezeichnete Axiom von Pasch bewahrt worden: Trifft eine zu einem Dreieck komplanare Gerade keine Ecke dieses Dreiecks, aber das Innere einer Seite, so auch das Innere einer zweiten Seite. In seinen »Vorlesungen« verwirklichte P. auch das von F. Klein aufgestellte Programm, die projektive Geometrie durch Adjunktion uneigentlicher Punkte und Geraden ohne Voraussetzung des Parallelenaxioms zu begründen und damit deren Widerspruchsfreiheit von der Gültigkeit des Parallelenaxioms in der Realität unabhängig zu machen. Weitere Arbeiten von P. betreffen Einzelfragen der Geometrie, Versuche einer tieferen logischen und psychologischen Durchdringung grundlegender mathematischer Begriffe, Didaktisches und Philosophisches. P. engagierte sich sehr für Ausbildungsfragen und galt zu seiner Zeit als Meister der präzisen Formulierung. Den Kriterien eines exakten mengentheoretischen Begriffsapparats halten seine Arbeiten jedoch meist nicht stand, und auf die Entwicklung der eigentlichen mathematischen Logik hat er keinen Einfluß ausgeübt. C. Thaer, der Bearbeiter der heute üblichen dtsch. Ausgabe von Euklids Elementen, war ein Schüler und Schwiegersohn von P. Schb

Literatur: Pasch, M.: Vorlesungen über neuere Geometrie (Leipzig 1882, 1912, span. 1913; 2. Aufl. mit Anhang von M. Dehn 1926), Grundlagen der Analysis (Leipzig 1908), Veränderliche und Funktion (Leipzig - Berlin 1914), Mathematik und Logik, vier Abhandlungen (Leipzig 1919, 1924), Mathematik am Ursprung (Leipzig 1927).

Paschen, Friedrich, Physiker, geb. 22. 1. 1865 Schwerin, gest. 25. 2. 1947 Potsdam.

P. gehört zu den großen Experimentalphysikern an der Wende vom 19. zum 20. Jh., dessen umfangreiche spektroskopische Forschungen Marksteine bei der Herausbildung der modernen Quantenphysik darstellen und maßgeblich zum schnellen Erfolg der Bohr-Sommerfeldschen Atomtheorie beigetragen haben.

P. studierte in Berlin und Straßburg (Strasbourg), wo er 1888 bei A. Kundt promovierte. Nach seiner Promotion ging er für drei Jahre als Assistent W. Hittorfs nach Münster, danach als Privatdoz. und Extraordinarius an die TH Hannover. 1901 wurde er auf den Lehrstuhl für Experimentalphysik in Tübingen berufen. Das Tübinger Institut entwickelte sich unter seiner Leitung zu einer mustergültigen Forschungs- und Ausbildungsstätte der Spektroskopie. 1924 wurde P. Nachfolger von W. Nernst im Amt des Präsidenten der Berliner Physikalisch-Technischen Reichsanstalt. Diesen Ruf hat P. als sehr ehrenvoll empfunden, handelte es sich doch bei der Reichsanstalt um Deutschlands bedeutendstes Physikinstitut. Volle Befriedigung hat er jedoch in diesem Amt nicht finden können, da die umfänglichen Verwaltungs- und Repräsentationspflichten allzu wenig seinem Naturell entsprachen. 1933 wurde er aus seinem Amt gedrängt und mußte J. Stark Platz machen. Seinen Lebensabend verlebte P. zurückgezogen zunächst in Berlin, und, nachdem 1943 all seine Habe mitsamt seinem unschätzbaren Beobachtungsmaterial Opfer eines Luftangriffs geworden war, in Potsdam.

In Hannover war P. als Mitarbeiter von H. Kayser und C. Runge in die Spektroskopie eingeführt worden, doch standen in dieser Zeit vornehmlich Untersuchungen zur Strahlungsenergie fester Körper als Funktion von Temperatur und Wellenlänge im Zentrum seines Schaffens. 1896 gelang P. die experimentelle Bestätigung des Wienschen Strahlungsgesetzes. Erst die Tübinger Jahre zeigten den überragenden Spektroskopiker. 1908 entdeckte er die ultraroten Serien des Wasserstoffspektrums (Paschen-Serie), 1912 zeigte er gemeinsam mit E. Back, daß sich komplizierte Zeeman-Effekte bei Anwendung stärkster Magnetfelder vereinfachen (Paschen-Back-Effekt). 1916 folgten Untersuchungen zur Feinstruktur der Heliumlinien, die eine experimentelle Bestätigung der aus der Bohr-Sommerfeldschen Theorie folgenden Rydberg-Konstante brachten. Letztere Arbeit entstand übrigens in engem Gedankenaustausch mit A. Sommerfeld und ist ein besonders schönes Beispiel für die fruchtbare Zusammenarbeit von Experiment und Theorie.

P. war ein ebenso präziser wie vielseitiger Experimentalphysiker. Bekannt ist das ebenfalls seinen Namen tragende Gesetz über den Einfluß von Feldstärke und Druck auf Gasentladungen, das für deren Theorie von großer Bedeutung ist. Davon überzeugt, daß jeder instrumentelle Fortschritt der physikalischen Forschung neue Erkenntnismöglichkeiten eröffnet, hat sich P. auch große Verdienste um die physikalische Meßtechnik erworben. Sein astatisches Galvanometer und viele andere von ihm konstruierte Meßinstrumente steigerten die damaligen Empfindlichkeiten bis in den Bereich des theoretisch Möglichen. Ho

Literatur: Paschen, F.: Über Gesetzmäßigkeiten in den Spectren fester Körper, in: Ann. Phys. 58 (1896), 455–496, 60 (1897), 662–723, Normale und anormale Zeemaneffekte, in: Ann. Phys. 39 (1912), 897–932; 40 (1913), 960–970, Bohrs Heliumlinien, in: Ann. Phys. 50 (1916), 901–940, Antrittsrede vor der Preuß. Ak. d. Wiss. (1925), in: Chr. Kirsten, H.-G. Koerber (Hrsg.): Physiker über Physiker II. S. 261–262 (Berlin 1979).

Gerlach, W.: Friedrich Paschen, in: Jahrb. der Bayr. Ak. d. Wiss. 1944–1948, S. 227–230 (München 1948); Hund, F.: Geschichte der Quantentheorie (Mannheim, Wien, Zürich 1975); Seeliger, R.: Friedrich Paschen, in: Jahrb. der Deutschen AdW zu Berlin 1945–1949, (Berlin 1950), 199–201.

Pasteur, Louis, Chemiker, geb. 27. 12. 1822 Dôle (Dep. Jura), gest. 28. 9. 1895 Garches bei Sèvres (Dep. Seine-et-Oise).

P. hat sich neben grundlegenden Leistungen auf dem Gebiet der Chemie, wo er zu den frühen Wegbereitern der Stereochemie gehört, außerordentliche Verdienste um die Bakteriologie – vor allem durch Widerlegung der Urzeugungstheorie sowie durch die Entwicklung aktiver Immunisierungsverfahren mit abgeschwächten Erregern – erworben.

In Dôle im Jura als Sohn eines Lohgerbers geboren, ist P. ab 1825 in Arbois (Dep. Jura) aufgewachsen. 1838 besuchte er kurzzeitig das Lycée Saint-Louis in Paris sowie nachfolgend die Schule in Besançon (Dep. Doubs), wo er 1840 den literarischen Teil der Reifeprüfung bestand und 1841 Hilfslehrer wurde. Nachdem P. 1842 den mathematischen Teil der Reifeprüfung in Dijon (Dep. Côte-d'Or) und in Paris die Aufnahmeprüfung zur École normale supérieur bestanden hatte, besuchte er erneut das Lycée Saint-Louis sowie Chemievorlesungen bei J.-B. Dumas an der Sorbonne. Seit 1843 an der École normale, bestand er hier 1846 die Lehramtsprüfung für physikalische Wissenschaften. Auf der Grundlage von Kristalluntersuchungen im Laboratorium von A. J. Balard, die bereits die Drehung des polarisierten Lichtes durch Salzlösungen berührten, wurde P. 1847 an der Pariser Univ. zum Docteur des sciences physiques promoviert. In Fortführung dieser Untersuchungen gelang ihm 1847/48 die Trennung der optisch inaktiven Traubensäure in ihre optisch aktiven Bestandteile, was später Bedeutung für die Stereochemie erlangen sollte. Noch im gleichen Jahr wurde P. Physikprof. am Lyzeum in Dijon, folgte aber schon Anfang 1849 einem Ruf als ao. Prof. an die Straßburger Univ., wo er 1852 Ordinarius wurde. Hier standen weiterhin Untersuchungen zur optischen Isomerie, vor allem mit Tartraten und Paratartraten, im Vordergrund. 1854 wechselte P. als Dekan der neuen naturwissenschaftlichen Fakultät nach Lille (Dep. Nord) und wandte sich hier zunehmend dem Problem der Gärung zu. 1857 kehrte P. als Dir. der École normale nach Paris zurück und teilte als Ergebnis mikroskopischer Untersuchungen mit, daß die Milch- und alkoholische Gärung an die Anwesenheit lebender Mikroorganismen gebunden sind. In Fortführung solcher Untersuchungen gelang es ihm schließlich, die bis dahin lebendige Urzeugungstheorie experimentell zu widerlegen. Seine Ergebnisse, vor allem das aus diesen abgeleitete Verfahren des »Pasteurisierens«, wurden in der Wein-, Spiritus- und Essigfabrikation praktisch genutzt. 1863 wechselte P. als Prof. für Geologie, Physik und Chemie zur Pariser Kunstakademie. Während dieser Zeit untersuchte er ab 1865 in Alais (Dep. Gard) Erkrankungen der Seidenraupen und konnte wirksame Bekämpfungsmaßnahmen vorschlagen. 1867 auf den Lehrstuhl für Chemie an der Sorbonne berufen, erlitt P. im Folgejahr einen Schlaganfall. Trotz gesundheitlicher Beeinträchtigung setzte er die Untersuchungen der Seidenraupenerkrankungen fort. 1870/71 war P. wegen der Besetzung von Paris vorübergehend in Arbois ansässig und nahm 1872 in Clermont-Ferrand (Dep. Puy-de-Dôme) sowie in franz. und engl. Brauereien Untersuchungen über die Biererzeugung und -konservierung in Angriff, die 1876 abgeschlossen wurden. Seit 1873 Mitgl. der Académie de médecine, wandte sich P. in der Folge zunehmend der Ätiologie und Bekämpfung von Infektionskrankheiten der Haustiere und des Menschen zu. Arbeiten über septische Erkrankungen und den Milzbrand lenkten seine Aufmerksamkeit bald auf die Empfänglichkeit des Makroorganismus. 1878 begonnene Studien über die Hühnercholera führten 1880 zur ersten aktiven Schutzimpfung mit lebenden Erregern. Nachfolgend verallgemeinerte P. dieses Verfahren und inaugurierte analoge Schutzimpfungen gegen Milzbrand (1881) und Schweinerotlauf (1882). 1882 begonnene Untersuchungen über die Tollwut führten zu einem wirksamen aktiven Immunisierungsverfahren, das P. 1885 erstmals am Menschen erprobt hat. 1885/86 konnte er die Wirksamkeit der Tollwutschutzimpfung an 2682 geimpften Personen nachweisen. Seit 1887 Sekretär der Ak. d. Wiss., bat er bereits Anfang 1888 aus gesundheitlichen Gründen um seine Entpflichtung. Am 14. November 1888 wurde das »Institut Pasteur« als eine der derzeit international führenden Pflegestätten der Bakteriologie und Serologie eröffnet, das P. bis zu seinem Tode geleitet hat. Eine Gesamtausgabe von P.s verstreut erschienenen Schriften wurde 1922 – aus Anlaß seines 100. Geburtstages – gestartet.

F. Paschen

L. Pasteur

Ausgehend von einer Mitteilung E. Mitscherlichs, daß sich Lösungen der chemisch scheinbar identischen Natrium-Ammonium-Doppelsalze der Paratartrat- und Weinsäure optisch unterschiedlich verhalten, gelang P. 1847/48 die Trennung der optisch inaktiven razemischen Paratartrate in zwei optisch aktive Isomere. Mit dem hieraus gezogenen Schluß, daß der von ihm entdeckten äußeren Dissymmetrie der Kristalle eine innere Dissymmetrie des Moleküls zugrundeliegen müsse, gehörte P. zu den frühen Wegbereitern der Stereochemie, die später auf der Grundlage der Valenzlehre und Strukturtheorie von J. H. van't Hoff, J. Wislicenus u. a. theoretisch ausgearbeitet wurde.

Die Untersuchungen über die Gärung und andere mikrobielle Zersetzungsprozesse gingen über rein chemische Belange hinaus. Neben den ökonomischen Konsequenzen für die Wein-, Essig- und Bierproduktion haben diese Experimentalarbeiten P.s vor allem für die Medizin grundlegende Bedeutung erlangt. Mit originellen und gewissenhaften Experimenten demonstrierte P., daß Gärung, Fäulnis und weitere Umwandlungsprozesse toten organischen Materials stets an die Anwesenheit von Mikroorganismen gebunden sind und durch Keimvernichtung und -fernhaltung verhindert werden können. Damit war zugleich nachgewiesen, daß eine spontane Entstehung (Generatio spontanea) von Mikroorganismen aus organischer Substanz – im Gegensatz zu der derzeit noch aktuellen »Urzeugungstheorie« – nicht stattfindet. Hiermit war auch das Argument erledigt, aus pathologischen Substraten isolierte Bakterien seien nicht die Ursache der Erkrankung, sondern deren Produkt. Damit war eines der Haupthemmnisse beseitigt, die dem medizinisch bedeutsamen Nachweis der ätiologischen Relevanz von Mikroorganismen im Wege standen. Noch in den 60er Jahren des 19. Jh. veranlaßten diese neuen Einsichten den englischen Chirurgen J. Lister zur Inauguration der »antiseptischen Wundbehandlung«. Lister hat dieses Verfahren in der Folge systematisch für das Gesamtgebiet der Chirurgie ausgebaut, wo es sich bis zur Begründung der Asepsis als unverzichtbar und nützlich bewährt hat.

Als sich P. der Ätiologie von Infektionskrankheiten sowie

hieraus resultierenden prophylaktischen und therapeutischen Konsequenzen zuwandte, war lediglich die Milzbrandätiologie durch R. KOCH geklärt und mit der von E. JENNER empirisch inaugurierten Kuhpockenimpfung seit längerem ein erstes aktives Immunisierungsverfahren in Gebrauch. Eines der Hauptverdienste P.s besteht darin, daß er die ersten aktiven Immunisierungsverfahren auf der Grundlage einer wissenschaftlichen Konzeption erarbeitet und damit einen der Hauptwege moderner Prophylaxe von Infektionskrankheiten gewiesen hat. Besonders bedeutsam waren die Untersuchungen zur Hühnercholera. P. stellte fest, daß der von ihm entdeckte Erreger dieser Tierseuche unter bestimmten Kulturbedingungen an Virulenz verlor, wobei eine Infektion aber ausreichenden Schutz gegenüber hochvirulenten Erregern der gleichen Art hinterließ. Neben der nun möglichen Schutzimpfung gegen Hühnercholera war damit zugleich der grundsätzliche methodische Weg für weitere aktive Immunisierungsverfahren gegen Infektionskrankheiten, deren Überstehen Immunität hinterläßt, gefunden. P. selbst hat auf prinzipiell gleiche Weise wirksame Impfungen gegen Milzbrand und Schweinerotlauf inauguriert. Die von P. entwickelte Tollwutimpfung nimmt eine Sonderstellung ein, da hier der Erregernachweis nicht gelang. Da aber ein bevorzugter Befall des Zentralnervensystems anzunehmen war, hat P. die Schutzwirkung künstlich alterierter Rückenmarksubstanz tollwütiger Tiere erprobt und damit das derzeit wohl spektakulärste lebensrettende prophylaktische Verfahren gefunden. Hei

Literatur: Œuvres de Pasteur, Bd. 1: Dissymetric moléculaire, Bd. 2: Fermentations et générations dites spontanées, Bd. 3: Études sur le vinaigre et sur le vin, Bd. 4: Études sur le maladie des vers à soie, Bd. 5: Études sur la bière, Bd. 6: Maladies virulentes, virus-vaccins et prophylaxie de la rage, Bd. 7: Mélanges scientifiques et littéraires (Hrsg. P. Vallery-Radot, Paris 1922–1939).

Nicolle, J.: Louis Pasteur. Ein Meister der wissenschaftlichen Untersuchung (Berlin 1959); Vallery-Radot, R.: Louis Pasteur. Sein Leben und Werk (Freudenstadt 1948).

Pauli, Wolfgang, theoretischer Physiker, geb. 25. 4. 1900 Wien, gest. 15. 12. 1958 Zürich.

P. lieferte bedeutende Beiträge zu zahlreichen Bereichen der modernen Physik, vor allem zur Quantenmechanik, Relativitätstheorie, Quantenfeldtheorie, Festkörperphysik, Kern- und Elementarteilchenphysik.

P., Sohn eines Prof. der Kolloidchemie an der Wiener Univ., ging nach Absolvierung des Gymnasiums an die Univ. München und studierte bei A. SOMMERFELD Physik. 1921 verteidigte P. seine Dissertation »Über das Wasserstoffmolekülion«. Im Wintersemester 1921/22 war P. an der Univ. Göttingen Assistent von M. BORN und ging anschließend zu W. LENZ nach Hamburg. Zu den »Bohrfestspielen« im Juni 1922 traf P. mit N. BOHR zusammen, der ihn für ein Jahr nach Kopenhagen einlud. Nach Hamburg zurückgekehrt, habilitierte sich P. 1924 und wurde 1926 ao. Prof. 1928 übernahm er die Nachfolge P. DEBYES als Prof. für Physik an der ETH Zürich. Zusammen mit G. WENTZEL, dem Nachfolger E. SCHRÖDINGERS an der Univ. Zürich, organisierte er anregende Seminare über aktuelle Fragen der theoretischen Physik. 1940–1945 arbeitete P. am Institute for Advanced Studies in Princeton (USA), ehe er nach Zürich zurückkehrte.

Schon 1919 veröffentlichte P. seine ersten selbständigen physikalischen Arbeiten, die sich mit der Beziehung zwischen A. EINSTEINS und H. WEYLS Gravitationstheorie befassen und Ansätze für die Entwicklung einer einheitlichen Feldtheorie enthalten. Die 1920 auf Anregung SOMMERFELDS verfaßte, noch heute lesenswerte Übersicht über die Relativitätstheorie für die von F. KLEIN initiierte Enzyklopädie der mathematischen Wissenschaften bildete den vorläufigen Abschluß von P.s Beschäftigung mit diesem Problemkreis.

In der Folgezeit galt der überwiegende Teil von P.s Arbeiten der Quantentheorie. Der Berechnung des Diamagnetismus einatomiger Gase folgte die Dissertation. Versuche von BORN, W. HEISENBERG und anderen, das Helium in ähnlicher Weise zu berechnen, scheiterten und offenbarten die Grenzen der alten Quantentheorie. Angeregt durch seinen Aufenthalt bei BOHR wandte sich P. einem weiteren offenen Problem zu, dem anomalen ZEEMANeffekt. Zwar gelang P. die Erklärung dieses Effekts nicht umfassend, er konnte aber A. LANDÉS Analyse der Spektralterme für den Fall starker Magnetfelder verallgemeinern. Das Studium des anomalen ZEEMANeffekts führte P. 1924/25 zur Entdeckung des Ausschließungsprinzips (PAULIprinzip) und 1924 zur Postulierung einer neuen, unanschaulichen Eigenschaft der Elektronen, einer »klassisch unbeschreibbaren Zweideutigkeit der quantenmechanischen Eigenschaften des strahlenden Elektrons«, des Spins. Die Berücksichtigung von PAULIprinzip und Spin erlaubte es, die Anordnung der Elemente im Periodensystem und die »Komplexstruktur der Spektren« von einem neuen Standpunkt aus zu verstehen. Die von S. A. GOUDSMIT und G. E. UHLENBECK 1925 dargelegte Vorstellung vom Spin als einem »mechanischen« Drehimpuls des rotierenden Elektrons lehnte P. zunächst als zu »klassisch« ab. Er akzeptierte sie erst, als es 1926 L. H. THOMAS gelang, unter Benutzung relativistisch-mechanischer Methoden die spektrale Aufspaltung des Spindubletts richtig zu berechnen.

1925, noch vor der Ausbildung der Wellenmechanik durch SCHRÖDINGER, berechnete P. die Energieniveaus des Wasserstoffatoms mit Hilfe der Matrizenmechanik von HEISENBERG, BORN und P. JORDAN. 1927 gelang ihm durch die Einführung der Spinmatrizen die Einbettung der Elektronenspintheorie in den Formalismus der Quantenmechanik. Im gleichen Jahr benutzte P. die Quantenmechanik zur Erklärung der magnetischen Eigenschaften des Elektronengases und zeigte, daß das Spinmoment einen paramagnetischen Beitrag zur Suszeptibilität liefert (PAULIscher Paramagnetismus).

Zusammen mit seinem langjährigen Diskussionspartner HEISENBERG war P. maßgeblich an der Ausarbeitung der relativistischen Quantenmechanik und der Quantenfeldtheorie beteiligt. Der von beiden 1927–1929 veröffentlichte Formalismus der Quantenelektrodynamik wurde bis zur Schaffung der invarianten Störungstheorie erfolgreich benutzt.

Zu Beginn der 30er Jahre leistete P. einen bedeutenden Beitrag zur Klärung des radioaktiven Betazerfalls: 1930 stellte er die Hypothese auf, daß beim Betazerfall aus dem Atomkern neben einem Elektron ein weiteres, ungewöhnlich schwach wechselwirkendes neutrales Teilchen emittiert wird. P. nannte es Neutron, heute bezeichnet man es nach E. FERMI als Neutrino. Mit dieser Hypothese gelang die Überwindung prinzipieller Schwierigkeiten bei der Erklärung der kontinuierlichen Energiespektren der Betastrahlung, die viele Physiker zu ernsthaften Zweifeln an grundlegenden physikalischen Prinzipien verleitet hatten. Die Neutrinohypothese wurde in FERMIS Theorie des Betazerfalls (1934) eingearbeitet und durch den experimentellen Nachweis von Neutrinos 1956 bestätigt.

Große Bedeutung haben auch zahlreiche Übersichtsartikel P.s, die bis heute nicht überholt sind. Neben dem bereits erwähnten Enzyklopädieartikel zur Relativitätstheorie ist vor allem der Aufsatz »Die allgemeinen Prinzipien der Wellenmechanik« für das Handb. der Physik zu nennen (1933). Diese Arbeit gibt auch eine Deutung der Eigenschaften der Zweikomponentengleichung für Teilchen mit der Masse Null und dem Spin 1/2. Weil die Gleichung jedoch nicht gegen die Inversion des Raumes invariant ist, verwarf P. dieses Ergebnis zunächst wieder. Die Gleichung beschreibt das Verhalten der Neutrinos und wurde erst nach der Entdeckung der Nichterhaltung der Parität bei schwacher Wechselwirkung (1956) rehabilitiert. In der ersten Ausgabe jener Arbeit wird auch P. Diracs Theorie des Positrons einer Kritik unterzogen.

In mehreren Arbeiten aus den Jahren 1936–1941 klärte P. die Beziehungen zwischen Spin und Teilchenstatistik: Teilchen mit ganzzahligem Spin gehorchen der Bose-Einstein-Statistik, solche mit halbzahligem Spin der Fermi-Dirac-Statistik.

In den 40er Jahren widmete sich P. der Weiterentwicklung der Quantenfeldtheorie. 1949 arbeitete er zusammen mit F. Villars die störungstheoretische Methode der invarianten Regularisierung physikalischer Größen aus. Im Sammelband zum 70. Geburtstag Bohrs (1955) publizierte P. einen umfangreichen Aufsatz, in dem er das CPT-Theorem (Pauli-Lüders) formuliert, das weitreichende Folgen für die Elementarteilchenphysik hatte. Nach diesem Theorem sind alle Lorentzkovarianten Feldgleichungen und zugleich invariant bezüglich der gleichzeitigen Ausführung von Ladungsumkehr, Raum- und Zeitinversion, d. h. gegenüber dem Austausch eines Teilchens gegen sein Antiteilchen.

In den 50er Jahren beteiligte sich P. kurz an der Ausarbeitung von Heisenbergs nichtlinearer Spinortheorie der Elementarteilchen, gab dieses Projekt jedoch bald auf, da er an dessen Grundlagen zweifelte.

P. zeichnete sich durch die Fähigkeit kritischen Denkens, klarer Formulierung seiner Gedanken und tiefer Intuition aus. Daneben hatte er viel Sinn für oftmals drastischen Humor. Eine ganze Reihe seiner Assistenten, unter ihnen R. Kronig, R. Peierls, H. Casimir, V. F. Weisskopf, wurden hervorragende Physiker.

Für die Entdeckung des Ausschließungsprinzips wurde P. 1945 mit dem Nobelpreis für Physik geehrt. Te

Literatur: Pauli, W.: Collected scientific papers, 2 Bde. (Hrsg. R. Kronig, V. F. Weisskopf, New York 1964), Aufsätze und Vorträge über Physik und Erkenntnistheorie (Braunschweig 1961), Wissenschaftlicher Briefwechsel mit Bohr, Einstein und anderen, Bd. 1: 1919–1929 (Hrsg. A. Hermann, K. v. Meyenn, New York 1964).

Fierz, M. u. V. F. Weisskopf (Hrsg.): Theoretical Physics in the Twentieth Century: A memorial volume to Wolfgang Pauli. Bibliography (New York 1960); Landau, L.: Wolfgang Pauli, in: Uspehi fizičeskih nauk 68 (1979) 3, 557–559; Richter, S.: Wolfgang Pauli. Die Jahre 1918–1930. Skizzen zu einer wissenschaftlichen Biographie (Aarau, Frankfurt/M., Salzburg 1979).

W. Pauli

L. C. Pauling

Pauling, Linus Carl, Chemiker und Molekularbiologe, geb. 28. 2. 1901 Portland (Oregon, USA).

P. wurde durch seine Arbeiten zur Theorie der chemischen Bindung, zur Biochemie und zur medizinischen Chemie weltbekannt. In den letzten Jahrzehnten setzte er seine große wissenschaftliche Autorität für die Verhütung eines Nuklearkrieges und für weltweit kontrollierte nukleare Abrüstung ein.

P., Sohn eines Apothekers, besuchte in seiner Heimatstadt ab 1917 das Oregon State College und erwarb dort 1922 den Bachelor of Science für chemische Verfahrenstechnik. Nach kurzer Lehrtätigkeit an diesem College ging er 1922 als Doz. für Chemie an das California Institute for Technology (Caltech) nach Pasadena. Seine weitere wissenschaftliche Laufbahn war mehr als vier Jahrzehnte mit dem Caltech verbunden. Als Assistent von R. G. Dickinson wurde er dort 1925 zum PhD (Dr. phil.) für Chemie promoviert. Danach konnte er sich als Stipendiat der J. S. Guggenheim Memorial Foundation 1926/27 unmittelbar nach Schaffung der Quantenmechanik selbst mit dem aktuellen Stand dieses Gebietes in den Zentren der europ. quantenphysikalischen Forschung bei A. Sommerfeld in München, E. Schrödinger in Zürich und N. Bohr in Kopenhagen vertraut machen. Nach seiner Rückkehr wurde er 1927 zum Assistant Prof., 1929 zum Associate Prof. und 1931 zum Full Prof. für Chemie und chemische Technologie berufen. 1933 wurde er zum Mitgl. der National Academy of Science gewählt.

Durch seinen Studienaufenthalt in Europa wurde P.s bereits ausgeprägtes und durch die Zusammenarbeit mit A. Noyes gefördertes Interesse an physikochemischer Problematik auf die damaligen Frontprobleme des theoretischen Erkenntnisfortschritts orientiert. Schon seit 1922 hatte er sich mit Röntgenkristallstrukturanalysen und mit Problemen der chemischen Bindung befaßt. Dabei suchte er das Materiewellenkonzept von L. de Broglie für eine grundlegende Weiterentwicklung der von G. N. Lewis, mit dem ihn eine langjährige Freundschaft verband, aufgestellten quasiklassischen Elektronentheorie der chemischen Bindung zu nutzen. Seit den späten 20er Jahren bemühte er sich, seine Arbeiten zur physikalischen Erklärung chemischer Strukturen auf eine quantenmechanische Grundlage zu stellen. Seine Untersuchungen schritten methodisch von elementaren zu komplizierteren Fällen voran und führten folgerichtig bis zur Beschäftigung mit bioorganischen Verbindungen. P. gelang in seiner Resonanzkonzeption eine originelle Verknüpfung des anschaulichen Denkens der klassischen Strukturchemie mit den Begriffen der Quantenmechanik; die Struktur einer organischen Verbindung, die durch eine einzige klassische Strukturformel nicht adäquat abgebildet werden kann, läßt sich danach als Hybrid mehrerer klassischer Strukturen wiedergeben. P. entwickelte eine Elektronegativitätsskala der chemischen Elemente, mit deren Hilfe Energie, Charakter und Stabilität der Bindung zwischen Atomen verschiedener Elemente abgeschätzt werden können.

1936 wurde P. als Nachfolger von Noyes für mehr als 20 Jahre Chairman der Division of Chemistry sowie Dir. der Cates and Crellin Laboratories des Caltech. Seit Mitte der 30er Jahre wandte er sich zunehmend biochemischen und molekularbiologischen Fragestellungen zu. 1936 untersuchte er zusammen mit C. D. Coryell die Struktur des Hämoglobins und seiner Derivate. Mit der Entdeckung des aus Erythrozyten von Menschen mit Sichelzellenanämie gewonnenen anomalen Hämoglobins S (1940) wurde erstmals das Problem der molekularen Grundlagen erblicher Erkrankungen aufgeworfen. Im Ergebnis 14jähriger Forschungen publizierten P. und R. B. Corey 1951 eine Serie glänzender Arbeiten zur Sekundärstruktur der Eiweiße (Proteine). Sie wiesen eine Helixstruktur der Moleküle von Faserproteinen nach und schlugen ein hypothetisches Strukturmodell der

DNS (Desoxyribonucleinsäure) vor. Im Jahr 1961 veröffentlichte P. eine molekulare Theorie der Anästhesiewirkungen.

Während des zweiten Weltkrieges war P. 1942–1945 in der Explosives Division der National Defense Research Commission tätig und erhielt dafür 1948 die Presidential Medal for Merit. Die amerik. Atombombenabwürfe auf Hiroshima und Nagasaki veranlaßten ihn, sich mit ihren biologischen Langzeitwirkungen zu befassen. Unter dem Eindruck dieser Erfahrungen wurde er aus humanistischer Verantwortung zu einem leidenschaftlichen Verfechter der nuklearen Abrüstung. Längere Zeit gehörte er dem Exekutivkomitee der Weltföderation der Wissenschaftler an; zugleich war er Mitbegründer der Pugwash-Bewegung. Sein Buch »No More War« (1958) wurde in viele Sprachen übersetzt.

1963–1973 wirkte P. als Prof. in Santa Barbara, in San Diego und an der Stanford University. Seit 1973 ist er am Linus-Pauling-Institut für Naturwissenschaften und Medizin tätig. Seine umfangreiche Tätigkeit als Hochschullehrer – auch als Gastprofessor an zahlreichen amerik. und ausländischen Univ. – bezeugt seine außerordentliche Fähigkeit zu faßlicher methodischer Darstellung von komplizierten Zusammenhängen. Weite Verbreitung fanden von ihm verfaßte Lehrbücher, z. B. »College Chemistry« oder das international bekanntgewordene Werk »General Chemistry«.

P. erhielt zahlreiche Auszeichnungen und Ehrungen in verschiedenen Ländern, so 1931 den Langmuirpreis der American Chemical Society und 1954 in Anerkennung seiner Verdienste um die Anwendung neuester chemisch-physikalischer Erkenntnisse in Biologie und Medizin den Nobelpreis für Chemie. Er ist Mitgl. vieler Akademien. Unter seinen Ehrenpromotionen ist auch die ihm 1959 anläßlich eines Besuches in Berlin an der Humboldt-Univ. verliehene zu nennen. Der Friedensnobelpreis für 1962 wurde ihm 1963 aus Anlaß des Inkrafttretens eines teilweisen Teststoppabkommens für Kernwaffen überreicht. In seinem Nobelvortrag würdigte P. dieses Abkommen mit dem Ausdruck der Hoffnung, »daß es der erste einer Reihe von Verträgen ist, die zu der neuen Welt führen werden, aus der Kriege für immer verbannt sind«. Seither setzt P. seinen Kampf für dieses große Ziel unermüdlich fort. Lai

Literatur: Pauling, L. C. (mit S. Goudsmit): The Structure of Line Spectra (New York, London 1930), (mit E. B. Wilson): Introduction to Quantum Mechanics. With Applications to Chemistry (New York 1935), The Nature of the Chemical Bond and the Structure of Molecules and Crystals. An Introduction to Modern Structural Chemistry (Ithaca 1948), General Chemistry (San Francisco 1949), College Chemistry (San Francisco 1951), No More War (London 1958).

Pavlov, → Pawlow.

Pawer, → Agricola.

Pawlow (Pavlov), Iwan Petrowitsch, Mediziner und Physiologe, geb. 26.(14.)9.1849 Rjasan, gest. 27.2.1936 Leningrad.

P. gehört zu den bedeutendsten Physiologen der ersten Hälfte des 20. Jh. Besondere Forschungsgebiete waren die Physiologie des Kreislaufs und der Verdauungsorgane sowie vor allem die Regulationen der höheren Nerventätigkeit. Er ist der Begründer der Lehre von den bedingten Reflexen.

P., Sohn eines russ.-orthodoxen Geistlichen, besuchte zunächst das geistliche Seminar in seiner Heimatstadt. 1870–1875 studierte er an der naturwissenschaftlichen Abteilung der Physikalisch-naturwissenschaftlichen Fakultät der Univ. St. Petersburg (Leningrad). Bereits während seines Studiums hatte sich P. mit physiologischen Fragestellungen beschäftigt. 1875 begann er zur Ergänzung seiner naturwissenschaftlichen Ausbildung ein Studium an der Medizinisch-Chirurgischen (ab 1881 Militärmedizinischen) Akademie in St. Petersburg und arbeitete dort auch als Assistent am Physiologischen Institut. Während einer Auslandsreise 1877 lernte er die Arbeitsmethodik des bekannten Breslauer Physiologen R. Heidenhain kennen. 1878–1884 arbeitete P. als Leiter des physiologischen Labors an der von S. P. Botkin geleiteten Medizinischen Klinik der St. Petersburger Militärmedizinischen Akademie. 1883 habilitierte er sich dort mit einer Arbeit über die »zentrifugalen Nerven des Herzens«. Während eines weiteren Studienaufenthaltes (1884–1886) vervollkommnete P. seine Kenntnisse vor allem auf dem Gebiete der Experimentalphysiologie bei C. Ludwig in Leipzig und wiederum bei Heidenhain in Breslau (Wrocław). Bald nach seiner Rückkehr hielt er selbst Physiologievorlesungen vor Ärzten und Studenten. 1890 wurde P. zum Prof. für Pharmakologie an die Militärmedizinische Akademie in St. Petersburg berufen. 1895 erhielt er den Lehrstuhl für Physiologie an der gleichen Einrichtung, den er drei Jahrzehnte innehatte. Seine experimentalphysiologischen Arbeiten führte er seit 1891 in der von ihm im St. Petersburger Institut für experimentelle Medizin eingerichteten Abteilung für Physiologie durch. Hier entstanden um die Jahrhundertwende die klassischen Arbeiten zur Verdauungsphysiologie, für die P. 1904 als erster auf dem Gebiet der Physiologie den Nobelpreis erhielt. 1907 ernannte ihn die russ. Ak. d. Wiss. zu ihrem ordentlichen Mitgl. Nach 1917 erfuhr die Arbeit P.s durch den sowjet. Staat vielfältige Förderung und Anerkennung. 1924 wurde ihm in Koltuschi bei Leningrad (heute Pawlowo) ein großzügig ausgestattetes Institut eingerichtet. In den letzten beiden Lebensjahrzehnten wandte sich P. vorrangig der Erforschung der Physiologie der höheren Nerventätigkeit zu. Damit setzte er zugleich eine von I. M. Setschenow, dem »Vater der russ. Physiologie«, und von N. J. Wedenski gegründete wissenschaftliche Traditionslinie der Neurophysiologie fort. Einer der Höhepunkte seiner an Ehrungen reichen letzten Lebensjahre war die Leitung des 1935 in Leningrad stattfindenden 15. Internationalen Physiologenkongresses.

Schon frühzeitig z. B. durch Setschenows Monographie »Die Reflexe des Gehirns« (1863) für physiologische Probleme begeistert, nahm P. nach seiner naturwissenschaftlichen Ausbildung nur deswegen noch ein Medizinstudium auf, um später auf dem Gebiete der Physiologie arbeiten zu können. Von Botkin zu neurophysiologischen Forschungen angeregt, ging er in seinen ersten größeren wissenschaftlichen Arbeiten den nervalen Einflüssen der Herztätigkeit nach. Durch den Ausbau der tierexperimentellen Forschungsmethoden (operative Fistelungen des Verdauungstrakts), die eine Langzeitbeobachtung von Versuchstieren unter annähernd normalen Bedingungen gewährleisteten, konnte P. neuartige Untersuchungen zur Erforschung von Umwelteinflüssen auf die Verdauungsfunktionen durchführen. Die Ergebnisse dieser grundlegenden Experimente machten ihn zur weltweit anerkannten Autorität auf diesem Gebiet der Physiologie. Zugleich schuf er damit die Grundlage für das spätere Hauptergebnis seines Lebenswerkes, die Lehre von der höheren Nerventätigkeit. Erstes bedeutsames Resultat dieser Forschungen war die Theorie von den bedingten Reflexen. Diese erworbenen bedingten Reflexe beobachtete P. bei Tierexperimenten nach optischen, akustischen und anderen Reizen an Sekretationsvorgängen der Verdauungsdrüsen. Er wies nach, daß diese Reflexe, im Gegensatz zu den angeborenen unbedingten Reflexen niederer Hirnzentren, durch Erregung, aber auch durch Hemmung der Großhirnrinde reguliert werden. So konnten zahlreiche bis dahin ungeklärte und spekulative Theorien ermöglichende Erscheinungen der Nervenphysiologie als Kausalkette nervaler Prozesse naturwissenschaftlich exakt interpretiert werden. Zu einer weiteren wichtigen Erkenntnis der Reflexlehre kam P. mit der Einführung des Begriffs vom »zweiten Signalsystem«, der menschlichen Sprache. Neben den primären Signalen der physikalischen oder chemischen Reize selbst vermag die Großhirnrinde des Menschen mittels bewußtseinsgesteuerter Denkprozesse und ihrer sprachlichen Ausdrucksmöglichkeiten bedingte Reflexe höherer Ordnung auszulösen. Mit P.s Lehre von der höheren Nerventätigkeit war einer der größten Fortschritte bei der Erforschung neurophysiologischer Gesetzmäßigkeiten erreicht worden. Mit ihr wurden viele der differenzierten, hochkomplizierten, durch verschiedene Erregungs- und Hemmungsmechanismen relativierten physiologischen und teilweise auch psychologischen Reaktions- bzw. Verhaltensweisen auf materialistischer Grundlage erklärbar. P.s Entdeckungen wurden zum Ausgangspunkt neuer Arbeitsrichtungen in der Physiologie und Medizin sowie darüber hinaus auch in anderen Biowissenschaften. Nach dem Tode von P. gewannen zeitweilig enge dogmatische Deutungen und Auslegungen von Teilergebnissen seiner Lehren die Oberhand. Jedoch wurde bald der umfassende Erkenntniswert der Forschungsrichtung P.s vor allem durch die Ergebnisse der modernen Neurophysiologie eindrucksvoll bestätigt. Damit fließen die Resultate der Pawlowschen Lehren von der höheren Nerventätigkeit in die gegenwärtigen biokybernetischen und elektrophysiologischen Forschungsarbeiten unter anderem auf dem Gebiet der kortikalen Schalt- und Regelungsvorgänge sowie der Verhaltensforschung und der experimentellen Psychologie ein. Schk

Literatur: Pavlov, I. P.: Polnoe sobranie trudov, Bd. I–V (Moskau/Leningrad 1940–1949), 2. Aufl.: Polnoe sobranie sočinenij, Bd. I–VI (Moskau 1951/52), deutsche Ausg. der 2. russ. Aufl.: Sämtliche Werke, Bd. I–VI (Berlin 1953/54).

Asratân, E. A.: Ivan Petrovič Pavlov, Žizn', tvorčestvo, sovremennoe sostoânie učeniâ (2. überarb. Aufl. Moskau 1981), dtsch Iwan Petrowitsch Pawlow (3. Aufl. Leipzig 1987); Babkin, B. D.: Pavlov. A Biography (Chicago 1949); Cuny, H.: Ivan Pavlov et les réflexes conditionnés (Paris 1962); Mette, A.: I. P. Pawlow. Sein Leben und sein Werk (Berlin 1959); Wells, H. K.: Pavlov and Freud, 2 Bde. (London 1959/60).

Peano, Giuseppe, Mathematiker, geb. 27. 8. 1858 Spinetta bei Cuneo (Piemont), gest. 20. 4. 1932 Turin.

P. übte wesentlichen Einfluß auf die moderne axiomatisch-strukturtheoretische Auffassung der Mathematik und deren formalisierte Darstellung aus. Zugleich bereicherte er die Analysis durch Präzisierung von zuvor nur intuitiv Erfaßtem und durch zahlreiche Gegenbeispiele, mit denen er falsche Behauptungen und voreilige Verallgemeinerungen widerlegte.

P. wuchs mit vier Geschwistern in einer Bauernfamilie auf, die für damalige Verhältnisse ungewöhnliche Anstrengungen für die Ausbildung ihrer Kinder unternahm. 1876–1880 studierte er an der Univ. Turin, an der er anschließend bis zu seinem Tode wirkte. 1890 wurde er zum ao. Prof., 1895 zum o. Prof. berufen. Parallel dazu lehrte er ab 1886 auch an der Militärakademie in Turin.

1884 begann P. sein Schaffen mit der Veröffentlichung der Ausarbeitung einer Analysisvorlesung seines Lehrers A. Genocchi, in deren Anmerkungen und Zusätzen schon viele seiner später berühmten Gegenbeispiele enthalten waren, neben anderen das Beispiel einer Funktion mit nichtkommutativen zweiten partiellen Ableitungen und die Darstellung der Dirichletschen Funktion durch einen analytischen Ausdruck. 1886 veröffentlichte er einen ersten Existenzsatz für Lösungen der Differentialgleichung $y' = f(x, y)$ bei stetigem f. 1887 präzisierte er den Inhaltsbegriff für Punktmengen (innerer, äußerer Inhalt, Quadrierbarkeit gleich Übereinstimmung von innerem und äußerem Inhalt). 1888 setzte er sich temperamentvoll für die 1844 von H. Grassmann formulierte, jedoch bis dahin angefeindete und ignorierte axiomatische Begründung der Vektorrechnung ein. 1889 charakterisierte er axiomatisch die natürlichen Zahlen durch Eigenschaften der Nachfolgeoperationen. 1890 fand P. das als Peanokurve bekannte Beispiel für Nichterhaltung der Dimension bei stetigen, jedoch nicht umkehrbar eindeutigen Abbildungen. (Allgemeiner wird heute jedes stetige Bild eines reellen Intervalls als Peanokurve bezeichnet.) Im selben Jahr verbesserte er seinen Existenzbeweis für Lösungen von Differentialgleichungen und verwandte dabei als erster bewußt und klar formuliert das Auswahlaxiom. (P. vertrat jedoch zeit seines Lebens die Ansicht, daß das Auswahlaxiom außerhalb der üblichen Logik stehe und ein nur mit seiner Hilfe geführter Beweis nicht vollgültig sei.) 1891 gründete P. die Ztschr. Rivista di Matematica (ab Bd. 6 in Revue de Mathématiques umbenannt), die unter seiner Leitung bis 1908 bestand. Ursprünglich als Beilage dazu gedacht, veröffentlichte P. ab 1895 unter dem Titel »Formulaire de mathématiques« bandweise Darstellungen mathematischer Teildisziplinen in formalisierter Spache, an deren schwierigen Satz- und Druckarbeiten er sich in einem eigens dafür in seinem Haus eingerichteten Druckerei selbst beteiligte. 1897 erkannte er die grundsätzliche Bedeutung des Begriffs des geordneten Paares für einen konsequent formalisierten mengentheoretischen Aufbau der Mathematik. (Die von ihm angestrebte Zurückführung dieses Begriffs auf die Elementrelation gelang erst N. Wiener 1914.) P.s Engagement für die Benutzung von Formalisierungstechniken, das zunehmend auch seine Lehrtätigkeit durchdrang, brachte ihm viele Anfeindungen (z. B. durch H. Poincaré), aber auch eine Schar begeisterter Schüler und Anhänger ein. P. setzte sich für die Reformierung des Mathematikunterrichts in Italien ein und war führend an der Gründung des Vereins ital. Mittelschullehrer 1895 beteiligt. Er gehörte auch zu den Initiatoren des I. Internationalen Mathematikerkongresses 1897 in Zürich. 1905 wurde er zum Mitgl. der römischen Akademie Lincei berufen. Ab 1900 begann P. sich für die Schaffung und Verbreitung künstlicher internationaler Sprachen (Latino sine flexione, später Interlingua) zu engagieren und wurde 1908 Dir. der Academia pro Interlingua. Zugleich nahm sein Interesse am weiteren Ausbau der formalisierten Mathematik ab. Die mathematische Lehrtätigkeit übte er jedoch bis zu seinem Tode aus. Insgesamt hat P. die axiomatisch-strukturtheoretische Denkweise nachhaltig beeinflußt, jedoch mehr durch seine direkte Ausstrahlung auf Schüler, Mitarbeiter und Freunde als durch seine Schriften, die keine weite Verbreitung gefunden haben, da sie ursprünglich teils in ital. Sprache, teils in damals noch weithin abgelehnter formalisierter Darstellung verfaßt waren. Erst ab Mitte des

I. P. Pawlow

B. Peirce

20. Jahrhunderts wurde P.s Bedeutung allgemein anerkannt.

P. lebte sehr bescheiden, liebte volkstümliche Unterhaltungen und sympathisierte mit der Arbeiterbewegung, ohne sich jedoch direkt politisch zu betätigen. Sein leidenschaftliches Engagement galt der Überwindung von Dummheit und sprachlichen Verständigungsschwierigkeiten, die er irrtümlich für Hauptursachen der Kriege hielt. Schb

Literatur: Opere scelte di Giuseppe Peano, 3 Bde. (Hrsg. U. Cassina, Rom 1957–1959; enthält etwa die Hälfte der Veröffentlichungen Peanos und in Bd. 1 ein unvollständiges Schriftenverzeichnis), Selected Works of Giuseppe Peano (Hrsg. H. C. Kennedy, Toronto 1973; enthält Schriftenverzeichnis und Bibliographie der bis 1970 erschienenen Literatur über Peano), Calcolo differenziale e principii di calcolo integrale (Turin 1884, unter dem Namen von Peanos Lehrer A. Genocchi erschienen), Applicazioni geometriche del calcolo infinitesimale (Turin 1887), Calcolo geometrico, secondo l' Ausdehnungslehre di H. Grassmann (Turin 1888), Arithmetices principia, nova methodo exposita (Turin 1889), Notations de logique mathématique (Turin 1894), Vocabulario de latino internationale (Turin 1904, 3. Aufl. 1915).

Peirce, Benjamin, Mathematiker und Astronom, geb. 4. 4. 1809 Salem (Massachusetts, USA), gest. 6. 10. 1880 Cambridge (Massachusetts, USA).

P. lieferte wichtige Arbeiten zur theoretischen Astronomie und unternahm den ersten umfassenden Versuch zur Klassifikation endlichdimensionaler Algebren.

P., dessen Vater mehrere Jahre Vertreter Salems in Unterabteilungen des Senats von Massachusetts und ab 1826 Bibliothekar am Harvard College war, zeigte schon während der Schulzeit in Salem mathematisches Talent, das von N. Bowditch, dem Vater eines Klassenkameraden, entdeckt und gefördert wurde. P. übernahm später die Korrektur der Bowditchschen Übersetzung und Kommentierung des Werkes »Traité de méchanique céleste« (4 Bde., 1829–1839) von P. S. Laplace und trat 1832 auch mit eigenen Resultaten über vollkommene Zahlen hervor. Das Studium am Harvard College (1825–1829) schloß er mit der Promotion ab und wirkte nach einigen Jahren Lehrtätigkeit an verschiedenen Einrichtungen von 1833 bis zu seinem Tode als Prof. an der Harvard-Univ.

In den ersten Jahren seiner Universitätstätigkeit verfaßte P. mehrere Lehrb., unter anderem über Algebra, Trigonometrie, Differential-, Integralrechnung sowie später über analytische Mechanik. Sie wurden, wie auch seine Vorlesungen, als elegant und anregend, aber für die meisten Studenten als zu schwierig eingeschätzt. Berühmt wurde P. zuerst durch die mathematische Behandlung astronomischer und physikalischer Themen. 1847 publizierte er im »American Almanac and Repository of Useful Knowledge« eine Liste der bekannten Kometenbahnen, ergänzt durch die näherungsweise berechneten Bahnkurven von früher unvollständig beobachteten Kometen. Seit 1842 betreute er auch den mathematischen Teil des »Almanacs« und war 1849–1867 beratender Astronom der »American Ephemeris and Nautical Almanac«, die durch ihn hohes Ansehen erlangten, speziell durch seine »Tables of the Moon« (1853), die in den »Ephemeris« bis 1883 benutzt wurden. In Europa wurde P. durch die Behauptung bekannt, daß der von J. G. Galle 1846 entdeckte Neptun nicht mit dem von U. J. J. Leverrier berechneten Trans-Uranus übereinstimme und Leverriers Ansatz noch eine weitere Lösung zulasse. In dem sich daraus entwickelnden Meinungsstreit stützte sich P. auf die Berechnung der Störungen von Neptun und Uranus und der Umlaufbahn des Neptun (zusammen mit S. Walker ausgeführt), wobei er die Störung des Neptun durch den Einfluß anderer Planeten erstmals bestimmte. P. untersuchte auch das Problem des Saturnringes mathematisch und charakterisierte den Ring als fluid.

Große Verdienste erwarb sich P. in der Geodäsie. Seit 1852 arbeitete er mit der »U. S. Coast Survey« zusammen und war 1862–1874 einer ihrer leitenden Mitarbeiter. Er beschäftigte sich mit der Längenbestimmung, beaufsichtigte verschiedene Vermessungen, förderte die Ausdehnung des geodätischen Systems ins Landesinnere und leistete die wichtigsten Vorarbeiten, um die Triangulationen (Vermessungen) an der Atlantik- und Pazifikküste zu vereinigen. Der häufig notwendige Rückgriff auf Beobachtungsdaten regte P. zur Aufstellung des Peirceschen Kriteriums über die wahrscheinlichste Hypothese bezüglich der Einteilung von Beobachtungsdaten in normale und abnormale an. Obwohl das Kriterium 1920 als ungültig nachgewiesen wurde, lieferte es brauchbare Resultate und wurde von Experten z. T. als die wichtigste wissenschaftliche Leistung von P. bezeichnet. Auf mathematischem Gebiet ist zweifellos die »Linear Associative Algebra« (1870) die wichtigste Leistung. Diese umfangreiche Studie, angeregt durch P.s Interesse an W. R. Hamiltons Quaternionen, war das Resultat der seit etwa 1860 durchgeführten algebraischen Forschungen und markierte erste Ansätze zu einer neuen Etappe in der Theorie der Algebren, die schließlich zur Untersuchung dieser Objektklasse als abstrakte algebraische Struktur führte. Ausgehend von einer sehr allgemeinen Auffassung von Mathematik und Algebra, formulierte P. mehrere Theoreme für verschiedene Algebrentypen und gab die Multiplikationstafeln aller reinen Algebren mit weniger als 7 Basiselementen an. Vor P. hat es in den USA kaum Forschungen zur »reinen« Mathematik gegeben.

P. war eine sehr vielseitige Persönlichkeit im wissenschaftlichen Leben der USA und übte großen Einfluß auf die Gründung und Entwicklung verschiedener wissenschaftlicher Institutionen in seinem Lande aus. Seine Schriften zeugen von starkem philosophischem Interesse, gleichzeitig hatte er ausgeprägte künstlerische Neigungen. Politisch gehörte er zu den die Sklaverei befürwortenden Demokraten, bekannte sich aber im Bürgerkrieg eindeutig zur Aufrechterhaltung der Union amerik. Staaten.

P.s vier Söhne spielten eine anerkannte Rolle im gesellschaftlichen Leben der USA. Zwei von ihnen wurden Mathematikprof., wobei Charles Sanders P. der bekanntere ist. Schl

Literatur: Peirce, B.: A System of Analytic Mechanics (Boston 1855), Linear Associative Algebra (1870), Reprint ed. C. S. Peirce, in: Am. J. Math. 4 (1881), 97–229.

Elliot, C. W., Lowell, A. L., Byerly, W. E., Chace, A. B., Archibald, R. C.: Benjamin Peirce, in: Am. Math. Monthly 32 (1925), 1–30; Schlote, K.-H.: Zur Geschichte der Algebrentheorie I – Peirces Linear Associative Algebra, in: NTM 20 (1983), 1–20.

Penck, Albrecht, Geograph, geb. 25. 9. 1858 Reudnitz bei Leipzig, gest. 7. 3. 1945 Prag.

Als hervorragender, weltweit anerkannter Geomorphologe hat sich P. größte Verdienste um die Glazialmorphologie erworben. Auch wirkte er als bedeutender Hochschullehrer.

P. studierte ab 1875 in Leipzig Chemie, Botanik, Mineralogie und Geologie. Vor allem der Mineraloge F. Zirkel und der Geologe H. Credner übten großen Einfluß auf ihn aus. Mit der Dissertation »Studien über lockere vulkanische Auswürflinge« beendete P. 1878 sein Studium und trat noch 1878 eine Reise nach Norddeutschland und Skandinavien an. 1880 ging er zu paläontologischen Studien zu K. v. Zittel nach München. Auf dessen Empfehlung wandte er sich von der Geologie zur Geographie und wurde in München 1882 Privatdoz. für Geographie. Ein Jahr später habilitierte sich P. mit dem ersten Teil seiner Arbeit »Die Vergletscherung der deutschen Alpen ...« für das Fach

Geographie. Bereits 1884 wählte ihn die Deutsche Akademie der Naturforscher Leopoldina zum Mitgl. 1885 folgte P. dem Ruf der Univ. Wien auf eine ordentliche Professur. Nach dem Tod F. v. RICHTHOFENS nahm er 1906 den Ruf auf den Berliner Lehrstuhl für Geographie an. Gleichzeitig leitete er in Berlin bis 1920 das Museum und Institut für Meereskunde. P. wurde 1907 Mitgl. der Kgl.-Preuß. Ak. d. Wiss. und übernahm 1917/18 das Rektorat der Univ.; im Vorstand der Berliner Gesellschaft für Erdkunde wirkte er 1907–1930 und war mit Unterbrechungen über neun Jahre ihr Präsident. Studienreisen nach Nordamerika und Mexiko (1897, 1904), Ägypten und Südafrika (1905), eine Weltreise (1909), verbunden mit einer Gastprofessur in den USA im Austausch mit W. M. DAVIS, ein Besuch Australiens (1914) und Reisen in mehrere europäische Länder schufen die notwendige Voraussetzung für eine gehaltvolle Lehre und vergleichende geomorphologische Forschungen. 1926 wurde P. in Berlin emeritiert. Dort lebte er bis zum Verlust seiner Wohnung im Herbst 1943. Nach kurzem Aufenthalt im heutigen Zabrze (Polen) verbrachte er sein letztes Lebensjahr bei seiner in Prag lebenden Tochter.

P.s größte wissenschaftliche Leistung liegt in seinen glazialmorphologischen Forschungen. »Sie waren es, die ihn bekannt werden und bis in unsere Zeit hinein wirken ließen« (Marcinek, Geogr. Ber. 28 (1983), 153). O. TORELL hatte 1875 in Berlin seine Inlandeistheorie verkündet, wonach eine gewaltige Eismasse Skandinavien und das nördliche Mitteleuropa bedeckt hat. Der an dieser Theorie interessierte P. entdeckte auf seiner Reise nach Norddeutschland und Skandinavien umfassende Geländebefunde für die neue TORELLsche Theorie und gegen die alte Drifttheorie, die er 1879 in dem umfangreichen Aufsatz »Die Geschiebeformation Norddeutschlands« der Fachwelt vorlegte. Von München aus untersuchte er seit 1880 die Vergletscherungsspuren im nördlichen Alpenvorland und in den deutschen Alpen; dabei erkannte er drei Glazialzeiten. Spätere Arbeiten brachten den Nachweis der vierten Glazialzeit. Seine glazialmorphologischen Forschungen fanden ihren krönenden Abschluß in dem zusammen mit seinem Schüler E. BRÜCKNER 1909 abgeschlossenen Werk »Die Alpen im Eiszeitalter«. Die von P. erkannten Gesetzmäßigkeiten sich wiederholender Formengemeinschaften, ausgedrückt in der »glazialen Serie«, sind Allgemeingut des Faches geworden.

Als Länderkundler trat P. erstmalig 1887 mit seinem Werk »Das Deutsche Reich« hervor. Obwohl seine länderkundlichen Arbeiten hinter seinen geomorphologischen Studien zurückstehen, hat er auch hier Beachtliches geleistet und mit diesem Werk und den folgenden die früheren regional-geographischen bloßen Stoffsammlungen abgelöst. P.s genetische Betrachtungsweise ist stets um die Darstellung von Zusammenhängen bemüht. Wenn in den frühen Arbeiten noch die geologisch-geomorphologischen Sachverhalte überwogen, so betonte er später die Notwendigkeit, alle Naturfaktoren in ihrer Wechselwirkung zu sehen und gesellschaftliche Erscheinungen zu beachten, um die typischen Merkmale einzelner Landschaften, das Ziel länderkundlicher Arbeiten, bestimmen zu können. Für die Vielseitigkeit P.s spricht auch sein Einsatz zur Schaffung einer Internationalen Weltkarte 1:1 Mill. 1891 auf dem V. Internationalen Geographenkongreß. Seine zweibändige »Morphologie der Erdoberfläche« ist als erstes umfassendes systematisches Lehrb. der Geomorphologie in deutscher Sprache noch immer lesenswert. In den Berliner Jahren publizierte P. zahlreiche kleinere Arbeiten, darunter eine wichtige Klimaklassifikation. Mehr und mehr wurde er jedoch durch wissenschaftsorganisatorische Fragen beansprucht. Große Verdienste erwarb er sich als Hochschullehrer. Seine Forde-

A. Penck

W. H. Perkin

rung, daß der Hochschulunterricht zugleich Erziehung zur Forschung sein soll, und seine Aussage »Ich habe es immer für das Zeichen eines guten Schülers gehalten, daß er nicht blindlings auf das Wort des Meisters schwört« sind von großer Aktualität.

P.s politische Ansichten hatten vor 1914 Gewicht bei Fragen der Kolonialpolitik. Nach 1918 verfaßte er den »Protest der Gesellschaft für Erdkunde gegen die Ausstoßung Deutschlands aus der Reihe der kolonisierenden Mächte« und widmete sich mit Arbeiten zur deutschen Volks- und Kulturbodenforschung verstärkt auch der politischen Geographie. P. war Mitbegründer und bis 1930 Präsident der Mittelstelle, ab 1926 der Stiftung für Deutsche Volks- und Kulturbodenforschung, die das Zentrum des Kampfes gegen den Versailler Vertrag im Bereich des Grenz- und Auslandsdeutschtums in der Weimarer Republik war. Li

Literatur: Penck, A.: Die Geschiebeformation Norddeutschlands, in: Z. Dtsch. Geol. Ges. 31 (1879), 117–203, Das Deutsche Reich. Länderkunde des Erdteils Europa (Hrsg. A. Kirchhoff), 1. Tl, 1. Heft (Wien, Prag, Leipzig 1887), Morphologie der Erdoberfläche, 2 Bde. (Stuttgart 1894), Die vierte Eiszeit im Bereich der Alpen, in: Schr. Ver. Verbr. nat.-wiss. Kenntn. 39 (1899), 67–86, Die Alpen im Eiszeitalter, 3 Bde. (Leipzig 1909), Versuch einer Klimaklassifikation auf physiographischer Grundlage, in: Sitz.ber. Preuß. Ak. d. Wiss., Phys.-Math. Kl. (1910), 236–246, Neuere Geographie, in: Z. Ges. Erdk. Berlin, Sonderbd. Hundertjahrfeier (1928), 31–56.

Behrmann, W.: Die Bedeutung Albrecht Pencks für die Kartographie, in: Blätter Dtsch. Kartogr. Ges. 2 (1938); Engelmann, G.: Bibliographie Albrecht Penck, in: Wiss. Veröff. Dtsch. Inst. Länderk., N. F. 17/18 (1960), 331–447; Krebs, N.: Nachruf auf Albrecht Penck, in: Jb. Dtsch. Ak. d. Wiss. Berlin 1946–1949 (1952), 202–212; Louis, H.: Albrecht Penck und sein Einfluß auf Geographie und Eiszeitforschung, in: Die Erde 89 (1958), 161–182; Marcinek, J.: Die Bedeutung von Albrecht Penck für die Eiszeitforschung, in: Geogr. Ber. 28 (1983), 153–164; Sölch, J.: Albrecht Penck, in: Mitt. Geogr. Ges. Wien 89 (1946), 88–122.

Pennewitz, → Apianus.

Perkin, Sir William Henry, Chemiker und Industrieller, geb. 12. 3. 1838 London, gest. 14. 7. 1907 Sudbury (bei London).

P. ist der Begründer der engl. Farbstoffindustrie. Er entdeckte 1856 mit dem Mauvein den ersten industriell bedeutsamen synthetischen organischen Farbstoff und entwickelte dessen Herstellung zur technischen Reife.

Als Sohn eines Baumeisters und Bauunternehmers geboren, fand P. bereits mit 15 Jahren (1853) Aufnahme in dem berühmten, von A. W. v. HOFMANN geleiteten »Royal College of Chemistry« in London. 1855 wurde P. unbesoldeter Titularassistent bei HOFMANN, 1856 dessen Assistent. Im selben Jahr gelang P. die Zufallssynthese des Azinfarbstoffs Mauvein, den er zusammen mit seinem Vater GEORGE FOWLER P. und seinem Bruder THOMAS P. ab 1857 in einer eigenen Fabrik in Greenford Green industriell herstellte. Daneben arbeitete P. ab 1857 in seinem Privatlaboratorium an verschiedenen Problemen der organischen Chemie. 1873 verkaufte P. seine Fabrik, gab die industrielle Tätigkeit auf und führte seine wissenschaftlichen Untersuchungen ausschließlich auf privater Basis weiter. P. war Mitgl. und Ehrenmitgl. zahlreicher wissenschaftlicher Gesellschaften, Präsident der Chemical Society (1883–1885), der Society of Dyers and Colourists (1907) sowie Vizepräsident der Royal Society (1893/94). Er wurde 1906 in den Ritterstand erhoben. P. erhielt neun Ehrendoktorate.

Die Zufallssynthese des Mauvein leitete die empirische Phase der internationalen Teerfarbstofforschung ein. Sie bildete den Ausgangspunkt für die schrittweise Ablösung der organischen Naturfarbstoffe und für die Entwicklung einer leistungsfähigen, monopolisierten Farbstoffindustrie. Ausgehend von dem wissenschaftlichen Grundgedanken seines Lehrers A. W. von Hofmann über die strukturelle Analogie zwischen Chinin und Naphthalen (1849) gelangte der 18jährige P. 1856 durch Oxidation von Allyltoluidin bzw. Anilin nicht zu dem erwarteten Chinin, sondern zu dem violetten Farbstoff »Anilin-Purple« (deutsche Bezeichnung: Mauvein). Die von P. errichtete erste engl. Teerfarbenfabrik »Perkin & Sons« lieferte schon 1857 diesen ersten organischen Synthesefarbstoff an die Seiden- und Baumwollfärber. Nach der von C. Graebe und C. T. Liebermann 1868 durchgeführten Synthese und Strukturaufklärung des Anthrachinonfarbstoffs Alizarin entwickelte P. 1869 unabhängig davon ebenfalls industriell relevante Synthesewege zur Alizarinherstellung. Dies führte zu einem scharfen Konkurrenzkampf zwischen den deutschen und den engl. Farbstoffabrikanten. Nach dem Verkauf seiner Farbstoff-Fabrik untersuchte P. vor allem die Einwirkung von Essigsäureanhydrid auf aromatische Aldehyde. Er entdeckte dabei neue Methoden zur Darstellung von Zimtsäure sowie von Cumarin (1875–1877). Des weiteren gelang es P. ab 1881, eine Reihe physikalischer Methoden (z. B. das magnetische Drehmoment sowie das Refraktions- und Dispersionsvermögen) für die Strukturaufklärung organischer Verbindungen zu nutzen. Weitere Ergebnisse P.s in Zusammenarbeit mit B. A. Duppa waren unter anderem die Entwicklung neuer Methoden zur Darstellung von Monobromessigsäure (1857) und α-Aminoessigsäure (1858), die Aufklärung des Zusammenhangs zwischen Wein-, Fumar- und Maleinsäure (1860) sowie Umsetzungen mit Azoverbindungen.

P.s Söhne William Henry P. und Arthur George P. erwarben sich ebenfalls besondere Verdienste um die Chemie. William Henry P. beschäftigte sich vor allem mit der Erforschung von Terpenen, Alkaloiden und Naturfarbstoffen und wirkte als Prof. für organische Chemie an den Univ. Manchester und Oxford. Arthur George P. war als Prof. für Farbstoffchemie an der Univ. Leeds tätig und arbeitete vor allem auf dem Gebiet der Naturfarbstoffe. Sz

Literatur: Perkin, W. H.: Erstes Patent für einen synthetischen organischen Farbstoff, E. P. 1984 vom 26. 8. 1856, Über Mauve oder Anilin-Purpur, in: Proc. Roy. Soc. 12 (1863), 713, Über Mauvein und verwandte Farbstoffe, in: J. Chem. Soc. 35 (1874), 717, Über die Bildung von Cumarin und Zimtsäure sowie anderen analogen Säuren aus aromatischen Aldehyden, in: J. Chem. Soc. 31 (1877), 388.

Perrin, Jean Baptiste, Physikochemiker, geb. 30. 9. 1870 Lille, gest. 17. 4. 1942 New York.

P. fand bei der Untersuchung der Katodenstrahlen, der Brownschen Bewegung und der Sedimentationsgeschwindigkeit in kolloidalen Lösungen wesentliche experimentelle Tatsachen für die Bestätigung des diskontinuierlichen Aufbaus der Materie und war später aktiv an der Organisierung physikalischer Forschung beteiligt.

Nach dem frühen Tode seines Vaters im deutsch-franz. Krieg wuchs P. allein mit seiner Mutter und zwei Schwestern auf. Seine Schulausbildung erhielt er in Lyon und Paris. 1891 trat P. nach einem Dienstjahr in der Armee in die École normale superieur ein. Hier wurde er durch seinen Lehrer M. Brillouin mit den Auffassungen zum diskontinuierlichen Aufbau der Materie und den Auseinandersetzungen mit den gegensätzlichen Vorstellungen W. Ostwalds und E. Machs vertraut. Schon in seiner ersten Arbeit (1895) erwies sich P. als Anhänger des Atomismus: Er fing die Korpuskeln der Katodenstrahlen mit einem Faradayschen Becher auf und wies deren negative elektrische Ladung nach. P.s Dissertation von 1897 ist der weiteren Untersuchung der Katoden- und Röntgenstrahlen gewidmet. In der Folgezeit wandte er sich dem Studium des Ionentransports in Elektrolyten zu und baute an der Sorbonne auf der Basis der Boltzmannschen statistischen Mechanik einen Kurs zur physikalischen Chemie auf. 1910 erhielt er hier einen speziell für ihn auf diesem Gebiet errichteten Lehrstuhl. Ab 1906 hatte P., angeregt von der Erfindung des Ultramikroskops durch H. Siedentopf und R. Zsigmondy im Jahre 1903, begonnen, das Verhalten kolloidaler Partikeln zu untersuchen. P. bestätigte experimentell die Theorie A. Einsteins und M. Smoluchowskis über die Brownsche Bewegung und verifizierte daraus gezogene Schlußfolgerungen. Mit all diesen Arbeiten und zahlreichen Veröffentlichungen trug P. zur Durchsetzung und Popularisierung des modernen Atomismus bei. Im ersten Weltkrieg arbeitete P. als Offizier an der akustischen Ortung von U-Booten mit. Nach dem Kriege wandte er sich dem Problem der Fluoreszenz und der Wechselwirkung von Licht und Materie zu. Ebenso aufmerksam verfolgte er die Entwicklung der Atom- und Kernphysik. Wie schon 1911 war er 1921 am Solvay-Kongreß beteiligt. P. wirkte in der Folgezeit mehr und mehr an der institutionellen und organisatorischen Entwicklung naturwissenschaftlicher Forschung in Frankreich mit. Er schuf das Centre National de la Recherche Scientifique, das unter anderem die Forschungen F. Joliots ermöglichte. Auch das Palais de la Découverte entstand auf P.s Betreiben. 1940 mußte P. aus politischen Gründen Frankreich verlassen. Er ging in die USA, wo er bei der Begründung der Franz. Univ. in New York mitwirkte.

1926 erhielt P. den Nobelpreis für Physik für seine Arbeiten über die diskontinuierliche Struktur der Materie und speziell für seine Entdeckung des Sedimentationsgleichgewichts. Fk

Literatur: Œuvres scientifique de Jean Perrin (Paris 1950).
Lot, F.: Jean Perrin (Paris 1963).

Petermann, August Heinrich, Geograph und Kartograph, geb. 18. 4. 1822 Bleicherode, gest. (durch Freitod) 25. 9. 1878 Gotha.

P. war einer der bedeutendsten deutschen Geographen und Kartographen in der zweiten Hälfte des 19. Jh. Er organisierte zahlreiche Expeditionen zur Erforschung der Erde.

P., Sohn eines Gerichtsschreibers, wurde nach dem Gymnasiumsbesuch in Nordhausen 1839 in die von H. Berghaus im gleichen Jahr in Potsdam begründete »Geographische Kunstschule« kostenfrei aufgenommen. Nach fünfjähriger Ausbildung folgte er 1845 einem Ruf der brit. kartographischen Anstalt von »Johnston & Comp.« in Edinburgh. Hier wirkte er an der engl. Ausgabe des durch Berghaus herausgegebenen »Physikalischen Atlas« mit. 1847 siedelte P. nach London über und entfaltete umfangreiche kartographische, schriftstellerische und forschungsorganisatorische Aktivitäten. Seit 1846 Mitgl. der Royal Geographical Society, wurde er 1852 zum »Physical Geographer and Engraver on Stone in Ordinary to the Queen« ernannt. Wirtschaftliche Schwierigkeiten und nationalistische Querelen einiger brit. Fachkollegen in den Jahren 1852/53 waren ausschlaggebend für P.s Entschluß, England zu verlassen. Am 1. 8. 1854 trat er in den seit 1785 bestehenden Verlag von J. PERTHES in Gotha ein.

Die sich in den 50er und 60er Jahren des 19. Jh. endgültig durchsetzende kapitalistische Produktionsweise ließ Kontinente und Länder durch den sich ausweitenden Welthandel näher in das Blickfeld des einzelnen rücken. Damit stieg auch das Bedürfnis an geographischen Informationen sprunghaft an. Durch P. nahm der Gothaer Verlag für etwa 20 Jahre eine bedeutende Stellung in der Organisation von Entdeckungsreisen und der Verbreitung ihrer Ergebnisse ein. Dank der Beziehungen zu Geographen, Kartographen, Politikern und Forschungsreisenden, die P. während seiner Tätigkeit in Großbritannien aufgebaut hatte, kamen viele Expeditionsberichte nach Gotha. Um diese schnell publizieren zu können, gab der der liberalen Intelligenz angehörende P. ab März 1855 monatlich »Mittheilungen aus Justus Perthes' Geographischer Anstalt über wichtige neue Erforschungen auf dem Gesammtgebiete der Geographie« heraus, die heute unter dem Titel »Petermanns Geographische Mitteilungen« erscheinen. Aktuelle Berichterstattung und ausgezeichnete kartographische Ausstattung machten diese Ztschr. zu einem der wichtigsten Publikationsorgane im Dienst der Entdeckung der Erde. Bis Mitte der 60er Jahre war P. der »Spiritus rector« deutscher Afrikaforschung. Wesentlich initiierte und finanzierte er unter anderem die Expeditionen von H. BARTH (1849–1855), E. VOGEL (1853–1856), TH. v. HEUGLIN (1861–1864), K. M. v. BEURMANN (1863) und G. ROHLFS (1865–1867). Ab 1863 wandte sich P. verstärkt der Erforschung der Polargebiete, besonders des Nordpolargebietes, zu. Gemeinsam mit W. v. FREEDEN und F. A. A. BREUSING organisierte er 1868 die erste deutsche Nordpolarexpedition und war an der Organisation von sechs weiteren Polarexpeditionen beteiligt. Aus seiner Erkenntnis, daß jede Polarexpedition nur Einzelergebnisse bringen kann, befürwortete P. die Einrichtung ständiger Beobachtungsstationen. Sein im Zusammenhang mit der Werbung für eine deutsche Nordfahrt 1866 mehrfach geäußerter Vorschlag zur Gründung einer »Deutschen Geographischen Gesellschaft« scheiterte an den gesellschaftlichen Verhältnissen im Deutschen Bund.

Die schnelle kartographische Verarbeitung aktueller Reise- und Feldforschungsberichte durch P. trug wesentlich zur Entwicklung des sog. Gothaer Kartenstils bei. Erstmals größeren Ausdruck in einem Atlas fand dieser Stil in den Karten der außereuropäischen Länder der 4. Ausgabe (1862–1864) von »STIELERS Handatlas«. Überwog in den vorherigen Ausgaben des »Stieler« (1., 75 Blatt umfassende Ausgabe 1817–1831) das »historisch-topographische Element«, setzte sich unter P. die »naturwissenschaftliche Richtung« durch: P. führte in die Karten Höhen- und Tiefenzahl ein, nannte Gipfelnamen, unterschied zwischen wasserarmen und -reichen Flüssen, kennzeichnete Wüsten als Sand- oder Steinwüsten u. dgl. In der vorpetermannschen Kartographie wurden Flüsse und Gebirge meist nur in den Grenzen des betreffenden Staates dargestellt. In P.s Länderkarten, aber nicht nur dort, erhielt das »geographisch Wichtige« den Vorzug vor dem »politisch-historisch Wichtigem«. Unter P. begann die Vereinheitlichung der Maßstäbe der STIELERkarten auf der Grundlage runder Maßstäbe.

P., nach dem schon zu Lebzeiten geographische Objekte

J. B. Perrin

A. H. Petermann

benannt wurden, erhielt viele Auszeichnungen, darunter 1868 die Goldmedaille der Royal Geographical Society.

Hn

Literatur: Petermann, A. (mit Th. Milne): The Atlas of Physical Geography (London 1850), Illustrations of the Statistics of the British Islands (London 1851), (mit B. Hassenstein): Ost-Afrika zwischen Chartum und dem Rothen Meere bis Suakin und Massaua. Ergänz.h. Nr. 6 zu Petermann's Geogr. Mittheilungen (Gotha 1861), Die deutsche Nordfahrt, Aufruf an die Deutsche Nation, in: Mittheilungen 12 (1866) 4, 144–162, Notiz über den kartographischen Standpunkt der Erde, in: Geogr. Jahrb. Bd. 1 (Gotha 1866), Die Deutsche Nordpol-Expedition, 1868, in: Mittheilungen 14 (1868) 6, 207–228, Die Sonne im Dienste der Geographie und Kartographie. Der Sonnen-Kupferstich (Heliogravüre) und die neue Generalstabskarte der Österr.-Ung. Monarchie in 715 Blättern, in: Mittheilungen 24 (1878) 4, 205–213, Vorwort (Wissenschaft und Karten-Technik), in: Rittich, A. F.: Die Ethnographie Russland's. Erg.h. Nr. 54 zu Petermann's Geogr. Mittheilungen (Gotha 1878).

Behm, E.: August Petermann, in: Mittheilungen 24 (1878) 10; Engelmann, G.: August Petermann als Kartographenlehrling bei Heinrich Berghaus in Potsdam, in: Peterm. Geogr. Mitt. 106 (1962) 3, 161–162; Hoffmann, M., u. Huschmann, R.: August Heinrich Petermann – Eine neue Ära beginnt, in: Gothaer Geographen und Kartographen (Gotha 1985); Wagner, H.: Zur Geschichte der Gothaer Kartographie, in: Peterm. Mitt. 58 (1912) 1, 12–15 u. 76–79, Zum 100. Geburtstag August Petermanns 18. April 1822–1922, in: Peterm. Mitt. 68 (1922) 4/5, 77–78; Weller, E.: August Petermann. Ein Beitrag zur Geschichte der geographischen Entdeckungen und der Kartographie im 19. Jahrhundert (Quellen und Forschungen zur Erd- und Kulturkunde, Bd. 4, Leipzig 1911).

Pettenkofer, Max von, Apotheker, Arzt, Chemiker, Physiologe, Hygieniker und Epidemiologe, geb. 3. 12. 1818 auf der »Einöde« Lichtenheim bei Neuburg/Donau, gest. 9. 2. 1901 München.

P. gilt als Begründer der wissenschaftlichen Hygiene auf experimenteller Basis. Hauptarbeitsgebiete waren Physiologie, Kommunalhygiene und Epidemiologie.

P., Sohn eines Bauern im Donaumoos, wandte sich nach Abschluß seines Pharmazie- und Medizinstudiums in München (1843) dem Studium der Chemie zu, zunächst in Würzburg (wo er bereits den nach ihm benannten Gallensäurenachweis ausarbeitete), dann bei J. v. LIEBIG in Gießen. Während seiner anschließenden Tätigkeit am Kgl. Hauptmünzamt in München gelangen ihm wichtige Entdeckungen auf dem Gebiete der Chemie. Sein Erfolg bei der Herstellung eines alten »Purpurglases« war der äußere Anlaß, P. 1847 als Prof. für medizinische Chemie an die Münchener Univ. zu berufen. In diese Zeit fielen Arbeiten über Stoffwechselphysiologie (zusammen mit C. v. VOIT), über die Herstellung von Fleischextrakt (später »LIEBIGS Fleischextrakt« genannt), über die Restaurierung von Ölgemälden, aber auch seine grundlegenden Arbeiten über Wohnungs- und Kleidungshygiene, Wasser- und Abwasserhygiene als Auftakt zum allmählichen Ausbau der experimentellen Allgemeinhygiene und seine ersten Arbeiten über Epidemiologie aus Anlaß der Choleraepidemie in München 1854. 1865 wurde P. Rektor der Univ. München und zugleich Doz. für Hygiene, die nunmehr Prüfungsfach innerhalb der medizinischen Fakultät war. 1876–1879 wurde für P. in München das erste Hygiene-Institut erbaut. 1876 wurde P. (auf Anraten O. v. Bismarcks) das Direktorat des neuen Reichsgesundheitsamtes angetragen, das er jedoch ablehnte. In den 70er und 80er Jahren befaßte sich P. vor allem mit der Städtesanierung (z. B. Wasserversorgung, Kanalisation, Bauhygiene) und mit der Epidemiologie. 1883 wurde ihm der erbliche Adel verliehen. 1893 legte P. sein Lehramt, in den folgenden Jahren alle weiteren Funktionen im Präsidium der bayr. Akademie, dem Vorstand der Hofapotheke und im Obermedizinalausschuß nieder. 1901 beendete P. sein Leben durch Freitod.

Unter Anwendung der naturwissenschaftlichen Grundlagenforschung (besonders der Chemie) untersuchte P. den Einfluß von äußeren Umständen auf den Gesundheitszustand des Menschen und stützte seine Erkenntnisse auf experimentelle Nachweise, deren Methodik er zum großen Teil selbst ausbaute. Sein Werdegang als Chemiker, Physiologe und Hygieniker kennzeichnet seine Auffassung von Hygiene als angewandter Physiologie der menschlichen Umgebung (»Physiologie der Umwelt«), die sich folgerichtig an die Physiologie des menschlichen Organismus anschließt. Zur Propagierung seiner von ihm selbst definierten und mit Inhalt versehenen Wissenschaft betonte er neben dem allgemeinen humanen auch den wirtschaftlichen Aspekt der Hygiene als einen wichtigen Teil der »Nationalökonomie«, der nicht allein zum Aufgabenbereich des Arztes, sondern auch zu dem des Ing. und Verwaltungsbeamten gehöre. Diese Zusammenarbeit bildete die Grundlage einer »Gesundheitstechnik« als Voraussetzung einer neuen Kommunalhygiene, der sich P. erfolgreich mit dem Ziel einer Sanierung Münchens widmete. Erfolgreich bemühte er sich um die Propagierung der Hygiene als selbständige Disziplin im medizinischen Bereich des Unterrichts und der Praxis.

Diesem in den Fundamenten heute noch gültigen Aspekt der Lebensarbeit P.s folgte in seiner zweiten Lebenshälfte die Beschäftigung mit Fragen der Epidemiologie. Seine Schlußfolgerungen auf diesem Gebiet sind heute nur von historischem Interesse. In dieser Zweiteilung der Beurteilung P.s hinsichtlich seiner Lebensarbeit liegt eine gewisse Tragik. P. verschloß sich im wesentlichen den neuen Erkenntnissen der Bakteriologie und beharrte auf seiner Boden-Grundwassertheorie, eine Art Neuauflage der alten lokalistischen Miasmalehre mit chemischen Mitteln (obwohl er dann auch die Rolle eines Infektionserregers in seine Theorie einbaute). Die Austragung des Zwistes zwischen P. und R. Koch erreichte 1892 mit dem berühmten Selbstversuch P.s mit einer Cholerakultur seinen dramatischen Höhepunkt (und Abschluß). Mit der Unmöglichkeit, das für die Epidemie verantwortliche lokalistische Element wissenschaftlich-chemisch zu erfassen, brach seine Hypothese zusammen. Abgesehen davon sind jedoch die Mittel, mit denen er seine epidemiologischen Vorstellungen zu begründen und zu beweisen strebte, nach der notwendigen und von seinen Schülern auch vollzogenen Synthese mit der Bakteriologie zu einem zunächst richtungweisenden, dann notwendigen Bestandteil der heutigen Epidemiologie geworden, nämlich die Ortsinspektion (bzw. »Feldforschung«) und eine umfangreiche statistische Erfassung des Seuchengeschehens.

P. prägte auch den Begriff Sozialhygiene, doch verstand er darunter den Arbeitsbereich staatlicher, kommunaler, selbst privater Fürsorge- und Wohlfahrtseinrichtungen unter allgemeinem humanem Aspekt. Sozialhygiene als gesellschaftspolitisches Engagement lag nicht in seiner Blickrichtung.

Mit Nachdruck war P. ein Vertreter der naturwissenschaftlichen Grundlagenforschung des 19. Jh., und zwar weit mehr der chemisch-physikalischen als der biologischen Richtung. In philosophischer Hinsicht betrachtete er, ebenso wie Liebig, die Naturwissenschaften im Sinne des (alten) Positivismus von J. St. Mill in ihren Methoden und Mitteln als Fundament aller Wissenschaften, auch denen der Gesellschaft. Wa

Literatur: Pettenkofer, M. v.: Die Chemie in ihrem Verhältnis zur Physiologie und Pathologie (München 1848), Über die regelmäßigen Abstände der Äquivalentzahlen der natürlichen Gruppen der chemischen Elemente (München 1850), Untersuchungen und Beobachtungen über die Verbreitungsart der Cholera (München 1855), Über die Unterschiede zwischen Ofen- und Luftheizung in ihrer Einwirkung auf die Zusammensetzung der Luft der beheizten Zimmer (München 1856), Die Beziehungen der Luft zur Kleidung, Wohnung, Boden (Braunschweig 1873), Über den Wert der Gesundheit für eine Stadt (Braunschweig 1873), Zum gegenwärtigen Stand der Cholerafrage (München und Leipzig 1887). Außerdem war P. Mithrsg. der »Z. für Biologie« (1865–1882) und des »Archiv für Hygiene« (ab 1883) und Mitautor (mit H. W. v. Ziemssen) eines »Handb. der Hygiene und Gewerbekrankheiten«, 3 Tle (Leipzig 1882–1886).

Beyer, A.: Max von Pettenkofer (Berlin 1956); Breyer, H.: Max von Pettenkofer. Arzt im Vorfeld der Krankheit (3. Aufl. Leipzig 1985); Kisskalt, K.: Max von Pettenkofer (Stuttgart 1948); Neustätter, O.: Max Pettenkofer (Wien 1925); Voit, C. v.: Max von Pettenkofer zum Gedächtnis (München 1902).

Peurbach, (Purbach, Burbach), Georg, Astronom und Mathematiker, geb. 30. 5. 1423 Peuerbach (Österreich), gest. 8. 4. 1461 Wien.

THEORICAE
NOVAE PLANETARVM GE
ORGII PVRBACCHII GERMANI
ab Eraſmo Reinholdo Salvelden-
ſi pluribus figuris auctæ, & illuſtratæ ſcho-
lijs, quibus ſtudioſi præparentur, ac in-
uitentur ad lectionem ipſius
Ptolemæi.

Inſerta item methodica tractatio de
illuminatione Lunæ.

Typus Eclipſis ſolis futuræ Anno 1544.

M. D. XLII.

Titelblatt der »Theoricae novae planetarum« von G. Peurbach

P. war einer der ersten Astronomen des späten Mittelalters, der systematische Himmelsbeobachtungen durchführte, und Autor eines vielbenutzten Lehrb. der Astronomie.

Über die Lebensumstände von P. ist wenig bekannt. Er erhielt 1448 den Grad eines Baccalaureus, 1450 den des Lizentiats und 1453 den Magistergrad der Univ. Wien. P. war Astrologe an mehreren Fürstenhöfen, unter anderem bei König LADISLAUS V. von Ungarn.

P. wurde durch das Studium der Schriften des JOHANNES VON GMUNDEN in die Astronomie eingeführt. Jedoch erstreckten sich seine Vorlesungen an der Wiener Univ. vornehmlich auf die klassische Philologie. So trug er unter anderem über JUVENAL und HORAZ vor und verfaßte lat. Gedichte, die in Beispielsammlungen aufgenommen wurden. Astronomische Lehrveranstaltungen hatten lediglich Kalenderprobleme zum Gegenstand.

Seine Bedeutung erlangte P. durch astronomische Schriften, vor allem durch die 1454 verfaßten »Theoricae novae planetarum«, die ab 1473 etwa 60 Aufl. erlebte. Diese Schrift war, in Fortsetzung der »Sphaera mundi« des JOHANNES DE SACROBOSCO, das bedeutendste Lehrb. der höheren Astronomie bis zum 17. Jh. Es umfaßt die Theorie der Bewegung der Sonne, des Mondes und der Planeten, der Finsternisse und der Bewegung der Sphären auf der Grundlage der Alfonsinischen Tafeln. Weitere wichtige Schriften sind die »Tabulae eclipsium«, ein Tafelwerk zur Berechnung von Finsternissen, und das »Quadratum geometricum«, eine Schrift zur angewandten Geometrie.

Zwischen 1457–1460 beobachtete P. mehrere Mondfinsternisse und stellte Abweichungen zu den aus den Tafelwerken entnommenen Daten fest. 1460 bestimmte er sehr genau die Schiefe der Ekliptik zu 23°28′, für die Polhöhe Wiens fand er 48°22′ (statt 48°14′).

Gemeinsam mit seinem Schüler J. REGIOMONTAN begann P. eine Bearbeitung des »Almagest« von C. PTOLEMAIOS mit dem Ziel, Fehler in bis dahin bekannten Übersetzungen zu korrigieren. Auf Grund P.s frühen Todes mußte REGIOMONTAN dieses Vorhaben allein vollenden.

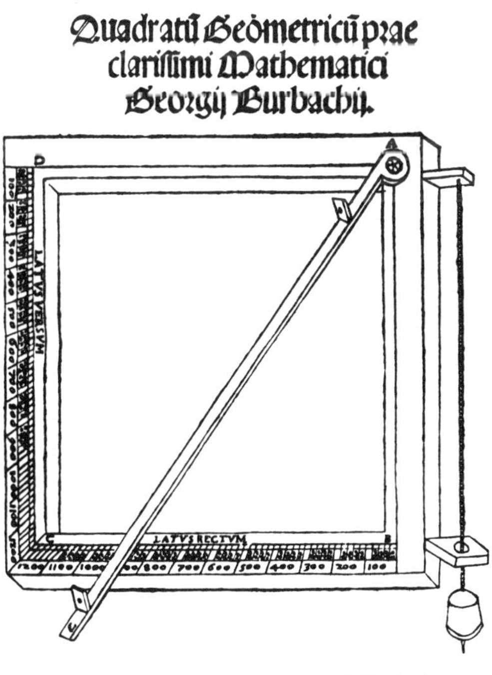

Titelblatt des »Quadratum geometricum« von G. Peurbach

M. von Pettenkofer

W. F. Ph. Pfeffer

Von wissenschaftlichem Interesse ist der Versuch von P., anläßlich des Erscheinens des HALLEYschen Kometen 1456 dessen Entfernung und Größe zu bestimmen. Wenn auch seine Angaben fehlerhaft waren, so bedeutete die von ihm eingeleitete wissenschaftliche Betrachtung dieser Himmelskörper eine Wende in der Kometenforschung. Ha

Literatur: Peurbach, G.: Theoricae novae planetarum (Nürnberg o. J., um 1473), Tabulae eclipsium (Wien 1514), Quadratum geometricum (Nürnberg 1516), Tractatus super propositiones Ptolemaei de sinubus & chordis (Nürnberg 1541), (mit J. Regiomontan): Epitome in Almagestum (Venedig 1496).

Pfeffer, Wilhelm Friedrich Philipp, Botaniker und Pflanzenphysiologe, geb. 9. 3. 1845 Grebenstein bei Kassel, gest. 31. 1. 1920 Leipzig.

P. war nach J. SACHS einer der bedeutendsten Forscher und Lehrer der experimentellen Pflanzenphysiologie. Er baute unter anderem die Reizphysiologie besonders aus.

P.s Vater, ein Apotheker, gab seinem Sohn frühzeitig viele Anregungen in Botanik; P. sollte aber die vom Großvater gegründete Apotheke übernehmen. Nach Beendigung der Untersekunda des Kasseler Kurfürstlichen Gymnasiums, also ohne Abitur, trat P. deshalb als Lehrling in die väterliche Apotheke ein und legte im 18. Lebensjahr die Apotheker-Gehilfenprüfung ab. Wegen seines großen Interesses an Naturwissenschaften begann P. 1863 das Studium der Chemie und Pharmazie an der Univ. Göttingen und hörte hier Vorlesungen unter anderem bei W. WEBER und F. WÖHLER. Bereits 1865 promovierte er und setzte danach sein Pharmaziestudium an der Univ. Marburg fort. Anschließend arbeitete P. wieder in Apotheken, und zwar in Augsburg und ab 1866 in Chur. P.s Hobby, schon seit langem angeregt von einem Onkel, wurde die Alpinistik und die Beschäftigung mit der Alpenflora (P. war der 5. Besteiger des Matterhorns). 1868/69 studierte P. nochmals an der Univ. Marburg und legte hier die pharmazeutische Staatsprüfung ab. Schließlich wandte sich P. völlig der Botanik zu und vervollkommnete sich bei A. BRAUN an der Univ. Berlin, arbeitete hier bei N. PRINGSHEIM und dann in Würzburg bei SACHS. 1871 wurde P. Privatdozent in Marburg, 1873 ao. Prof. für Pharmakognosie und Botanik an der Univ. Bonn, 1877 o. Prof. an der Univ. Basel, 1878 in Tübingen und 1887 in Leipzig. 1884 hatte er geheiratet. Das von P. geleitete Institut an der Univ. Leipzig wurde zum internationalen Zentrum pflanzenphysiologischer Forschung. Hier bildete P. etwa 265 Schüler aus verschiedenen Ländern aus, namentlich auch aus Japan und den USA. Zugunsten der Pflanzenphysiologie verlor unter anderem die Pflanzenmorphologie ihre dominierende Stellung im Hochschulbetrieb.

P. vertrat im wesentlichen eine physikalisch-chemische Auffassung vom Leben und suchte die Lebenserscheinungen der Pflanzen auf physikalische und chemische Vorgänge, in letzter Zielsetzung auf die Eigenschaften der Atome und Moleküle zurückzuführen. Allerdings ließ P. offen, ob diese Zurückführung restlos möglich sei.

Am Anfang von P.s Laufbahn als Botaniker, noch während seiner Tätigkeit in einer Apotheke in Chur (Graubünden), stand die Beschäftigung mit Laubmoosen. Die Anregung zu pflanzenphysiologischen Untersuchungen erhielt P. von SACHS und erforschte zuerst die Wirkung verschiedenfarbigen Lichtes auf die Kohlensäureassimilation. Bei Untersuchungen über die Vorgänge an Zellmembranen stieß P. auf das schon von R.-J. H. DUTROCHET beschriebene Phänomen der »Osmose«. P., der seine osmotischen Versuche in Bonn wegen fehlender Laboratoriumsräume in seiner Privatwohnung durchführte, erkannte überrascht, welche Höhe der osmotische Druck erreichen kann. Er entwickelte für seine Untersuchungen die Tonzelle mit der Traubeschen Niederschlagsmembran, die er allerdings nicht, wie ihm auch fälschlicherweise vorgeworfen wurde, als einer lebenden Zelle völlig wesensgleich ansah. Die Erklärung für den hohen osmotischen Druck brachte J. H. VAN'T HOFFS Theorie der Lösungen. Den Nachweis, daß Osmose und nicht kontraktile Strukturen den Bewegungen der Pflanzenteile zugrunde liegen, erbrachte P. durch sorgfältige Messungen, z. B. der Staubgefäßbewegung von Centaurea-(Flockenblumen-)Arten.

In besonderem Maße beschäftigte sich P. mit der Reizphysiologie und leistete Bahnbrechendes vor allem zur Chemotaxis (Bewegung von Organismen, z. B. Spermien, auf stoffliche Reize hin). Weiterhin zeigte P., daß der Tagesrhythmus von Blatt- und Blütenbewegungen autogen ist und nicht durch den Rhythmus der Tagesbeleuchtung bestimmt wird, was für die Erblichkeit des Phänomens spricht (1909).

Als Versuchsobjekte für allgemein biologische Probleme wurden in P.s Laboratorium bereits Mikroorganismen benutzt, z. B. wurde festgestellt, daß der Schimmelpilz, Penicillium glaucum, Enzyme in unterschiedlicher Menge, je nach Anforderungen, bildet.

P. entwickelte ideenreiche Versuchseinrichtungen und konstruierte als erster eine Klimakammer für pflanzenphysiologische Experimente. P.s Buch »Pflanzenphysiologie« war für längere Zeit das gültige Standardwerk dieses Fachgebietes. Zi

Literatur: Pfeffer, W.: Osmotische Untersuchungen. Studien zur Zellmechanik (Leipzig 1877), Pflanzenphysiologie. Ein Handb. des Stoffwechsels und Kraftwechsels in der Pflanze. 2 Bde. (1. Aufl. Leipzig 1881, 2. Aufl. Leipzig 1897–1904).

Pflüger, Eduard Friedrich Wilhelm, Physiologe, geb. 7. 6. 1829 Hanau, gest. 16. 3. 1910 Bonn.

P. gehörte zu den führenden Physiologen in der zweiten Hälfte des 19. Jh., sowohl was die Nerven- als auch die Stoffwechselphysiologie (Atmungsphysiologie) anbetraf. In der Entwicklungsphysiologie führte er ebenfalls eine Reihe wichtiger Arbeiten durch.

P.s Vater, der 1848 aktiv auf der demokratischen Seite stand, wurde noch im höheren Alter Rechtsanwalt. Wohl deshalb begann P. an der Univ. Heidelberg mit dem Studium der Rechtswissenschaft, schloß sich 1849 den aufständischen Hanauer Turnern an und war Teilnehmer am Gefecht von Waghäusel. Nach kurzer Haft studierte er Medizin in Marburg und dann in Berlin, wo vor allem J. MÜLLER und dessen Assistent E. DU BOIS-REYMOND seine Lehrer waren. Nach den Promotionen in Gießen (1851) und Berlin (1853) habilitierte sich P. 1858 in Berlin.

1859 wurde P. als Nachfolger von H. HELMHOLTZ als o. Prof. nach Bonn berufen und behielt diese Stelle lebenslang. 1878 erhielt er hier ein neues physiologisches Institut. P. betrieb zuerst vor allem Neurophysiologie. Neben dem Physiologen E. L. GOLTZ u. a. legte er neue Erkenntnisse über das Rückenmark vor; er stellte fest, daß Rückenmark und Gehirn ziemlich unabhängig voneinander funktionieren und das Rückenmark als eine zweite »Seele« der Tiere betrachtet werden könne. Über die Hervorhebung der Eigenleistungen der Teile des Nervensystems ging bei P. aber zu sehr die Beachtung der Zusammenhänge verloren.

Entgegen der ablehnenden Meinung bedeutender Physiologen wie M. SCHIFF und J. MOLESCHOTT bewies P., daß es außer der bereits bekannten, als Sonderfall betrachteten Hemmungswirkung des Vagus-Nerven auf die Herztätigkeit noch andere Hemmungsnerven gibt, die durch ihre Erregung die Tätigkeit von Organen vermindern (1856). Ein Jahr später konnte P. die hemmende Wirkung derjenigen Nerven nachweisen, welche die Darmperistaltik beeinflussen. P.s elektrophysiologische Untersuchungen führten zu dem nach ihm benannten Zuckungsgesetz. P. untersuchte auch, wie die Tätigkeit der Ovarien (weibliche Keimdrüsen), speziell die Eireifung, mit den periodischen Veränderungen im Uterus während der Menstruation zusammenhängen. Das Wirken der Hormone erkannte er dabei nicht, sondern stellte eine spekulative Hypothese auf, nach der sehr langsam ablaufende Reflexe von tagelanger Dauer der Leitung der Nervenerregung die Verbindung von Ovarien und Uterus herstellen (PFLÜGERsche Reflexhypothese der Menstruation). Sie wurde viel diskutiert, mußte aber schließlich aufgegeben werden.

Ab 1865 beschäftigte sich P. mit wichtigen Stoffwechselvorgängen der Tiere. Er wies mit Schülern nach, daß der Ort im Körper, an dem die Oxidation der mit der Nahrung aufgenommenen Stoffe stattfindet, jede einzelne Zelle ist, also nicht nur das Blut. Von P. stammt der Begriff des respiratorischen Quotienten. Diese Forschungen erforderten eine bessere quantitative Bestimmung der Gase in Blut und Gewebe, und P. konstruierte in Zusammenarbeit mit H. GEISSLER die PFLÜGERsche Blutgaspumpe. P. stellte fest, daß bei Fröschen die Oxidation lange Zeit auch ohne ständige Zufuhr von neuem Sauerstoff durch im Gewebe gespeicherten Sauerstoff geschehen kann. Das Eiweiß des lebenden Körpers betrachtete P. als vom toten Eiweiß qualitativ verschieden. Eine große Rolle maß er dem Cyan bei und vertrat eine Hypothese über die natürliche Entstehung des Lebens auf der Erde, in welcher dem Cyan-Radikal eine Schlüsselrolle zufiel. Er forschte fernerhin über den Stoffwechsel der Fette, die Rolle des Eiweißes bei der Muskeltätigkeit, das Glycogen u. a. P. ist weiterhin einer der Begründer der Entwicklungsphysiologie. Wie W. ROUX und H. DRIESCH 1883 suchte er in einem vielbesprochenen Experiment zu klären, welche Rolle die Schwerkraft auf die Gestaltung des Froschkeimes ausübt. P. maß dem Einfluß der Umwelt noch eine entscheidende Bedeutung bei der Formgestaltung zu. T. H. MORGAN urteilte über das Experiment: »Pflügers Fundamentalversuche vom Jahre 1883 über den Einfluß der Schwerkraft auf die Entwicklung des Froscheies und die Schlüsse, die er aus seinen Befunden gezogen hat, bilden den Markstein, von dem aus die moderne experimentelle Entwicklungsgeschichte ihren Ausgang genommen hat.« P. hat allerdings kein Programm für die neue Wissenschaftsdisziplin entwickelt, wie das ROUX tat. In Kreuzungsexperimenten mit Fröschen suchte er Probleme der Bastardierung zu klären (1883).

Der am Anfang des 20. Jh. aufkommenden Hormonlehre (innere Sekretion) stand P. kritisch gegenüber. Im Gegensatz zu O. MINKOWSKI war er der Ansicht, daß die innere Sekretion des Pankreas nur durch ständige Reize von den Dünndarmnerven möglich sei (Duodenaldiabetes) und überhaupt innere Sekretion nicht ohne Beteiligung des Nervensystems erfolgen könne (1908). P.s letzte Arbeit galt dem Glycogen und dessen möglicher Entstehung aus Eiweiß.

P. galt als anregender Hochschullehrer. Durch strenge Kritik, die er öfters an den Ergebnissen anderer Forscher übte, löste er lebhafte Polemik aus, die er als notwendig für die Entwicklung der Wissenschaft erachtete. P. begründete 1868 die bedeutende Zeitschrift »Archiv für die gesamte Physiologie« (»Pflügers Archiv«) und blieb ihr Herausgeber bis zu seinem Tode. Zi

Literatur: Pflüger, E.: Die sensorischen Funktionen des Rükkenmarks der Wirbelthiere (Berlin 1853). Wichtige Arbeiten von P. sind enthalten im Archiv für die gesamte Physiologie, z. B. in den Bänden 1 (1868), 6 (1872), 10 (1875), 32 (1883).

Piazzi, Giuseppe, Astronom, geb. 16. 7. 1746 Ponte im Valtellina (Schweiz, jetzt Italien), gest. 22. 7. 1826 Neapel.

P. ist der Entdecker des kleinen Planeten Ceres. Durch die Bestimmung neuer Sternörter mit hoher Meßgenauigkeit förderte er die Entwicklung der Stellarastronomie im 19. Jh. Durch seine Initiative erhielt Palermo 1791 eine Sternwarte.

P. trat 1764 dem Theatinermönchsorden in Mailand bei. Hier sowie in Turin und Rom (bei TH. LESEUR und F. JACQUIER) vertiefte er seine Studien der Mathematik und Philosophie und schloß sie mit der Promotion ab. 1769–1779 trat P. in verschiedenen Städten in den von seinem Orden geleiteten Schulen als Lektor der Mathematik und Prediger auf, 1780 nahm er auf den Rat von JACQUIER und aufgefordert durch den Fürsten CARAMANICO, Vizekönig von Sizilien, den Lehrstuhl für höhere Mathematik an der Akademie von Palermo an. Den wissenschaftlich interessierten Vizekönig konnte P. für die Errichtung einer Sternwarte in einem der Türme des kgl. Palastes gewinnen. P. begann daraufhin mit dem Studium der Astronomie bei J. J. LALANDE in Paris und bei N. MASKELYNE in England, wo er auch mit W. HERSCHEL und J. RAMSDEN zusammentraf. Er veranlaßte RAMSDEN zum Bau eines fünffüßigen Vertikalkreises, der technologisch eine Meisterleistung der damaligen Zeit war und das Hauptinstrument der zukünftigen Sternwarte Palermo wurde. Diese wurde 1791 mit P. als erstem Dir. eröffnet. 1817 forderte König FERDINAND I. von Sizilien P. auf, auch die Sternwarte von Neapel auszubauen, und ernannte ihn zum Generaldir. der Sternwarten des Königreichs beider Sizilien, Palermo und Neapel. 1824 wurde P. zum Präsidenten der Neapolitanischen Ak. d. Wiss. gewählt.

In Palermo befaßte sich P. ausschließlich mit der Revision von Sternörtern. Die Stellarastronomie forderte an der Wende vom 18. zum 19. Jh. immer genauere Koordinaten der Sterne. P. besaß dazu ein geeignetes Instrumentarium mit der damals höchsten Meßgenauigkeit. Bereits 1803 erschien der erste Sternkatalog mit den mittleren Örtern von 6784 Sternen, und 1813 folgte sein zweiter mit den mittleren Örtern von 7646 Sternen. Als P. am 1. Januar 1801 im Sternbild Taurus (Stier) nach einem Stern der siebenten Größe aus N. L. DE LACAILLES Sternkatalog suchte, entdeckte er einen etwas schwächeren Stern, den LACAILLE nicht verzeichnet hatte. Er erkannte in den folgenden Nächten die merkliche Eigenbewegung des zunächst als Komet angenommenen Himmelskörpers sowie, daß dieser am 13. Januar 1801 rückläufig wurde. Am 11. Februar 1801 mußte er die Beobachtungen wegen Erkrankung abbrechen. P. teilte die Entdeckung am 23. Januar 1801 seinem Freund B. ORIANI, Dir. der Sternwarte von Mailand, und am 24. Januar 1801 J. E. BODE, Dir. der Berliner Sternwarte, mit. Aus

E. F. W. Pflüger

G. Piazzi

P.s Beobachtungen konnten dann BODE, F. X. v. ZACH, W. OLBERS u. a. eine Bahn berechnen, die den Himmelskörper als kleinen Planeten zwischen den Bahnen von Mars und Jupiter einordnete, also da, wo man schon länger einen Planeten vermutet und gesucht hatte. P. gab ihm den Namen der Schutzgöttin von Sizilien, Ceres. Jck

Literatur: Piazzi, G.: Praecipuarum stellarum inerrantium positiones mediae ineunte saeculo decimonono ex observationibus habitis in specula panormitana ab anno 1792 ad annum 1802 (Palermo 1803), Praecipuarum stellarum inerrantium positiones mediae ineunte saeculo decimonono ex observationibus habitis in specula panormitana ab anno 1792 ad annum 1813 (Palermo 1813), Risultati delle osservazioni della nuova stella scoperta il primo gennaio 1801 nell'osservatorio di Palermo (Palermo 1801), Della scoperta del nuovo pianeta Cerere Ferdinandea (Palermo 1802), Lezioni elementari di astronomia, 2 Bde. (Palermo 1817), dtsch Lehrb. der Astronomie von Joseph Piazzi, 1 Bd. (Berlin 1822).

Pickering, Edward Charles, Astronom, geb. 19. 7. 1846 Boston (USA), gest. 3. 2. 1919 Cambridge (Massachusetts, USA).

P. war einer der Pioniere auf den Gebieten der visuellen Photometrie, Stellarspektroskopie und -photographie sowie ein bedeutender Wissenschaftsorganisator.

Während des Schulbesuchs wurde P. vor allem mit der klassischen Literatur vertraut, vernachlässigte jedoch mathematische Probleme nicht. Er bereitete sich auf den Eintritt in die »Lawrence Scientific School« in Harvard vor, wo er die chemische Abteilung besuchte. Hier promovierte er 1865. 1867–1877 war P. Prof. für Physik am Massachusetts Institute of Technology und gründete hier ein physikalisches Labor für die Studentenausbildung. 1876 wurde er zum Dir. des Harvard College Observatory berufen und wandte sich entsprechend seiner Vorbildung der Astrophysik zu. Jedoch schloß er aus seinem Forschungsprogramm Themen der klassischen Astronomie nicht aus und publizierte z. B. 1903 einen photographischen Mondatlas nebst Beschreibung unseres Trabanten. Wie die meisten Pioniere der jungen Disziplin Astrophysik erhielt auch P. keine akademische Ausbildung in der Astronomie.

Eines der Hauptarbeitsgebiete von P. war die visuelle Photometrie, die er mit astrophysikalischen Zielsetzungen verband. Er veröffentlichte die berühmten Kataloge, die Harvard Photometry und 1908 die Revised Harvard Photometry, die die Helligkeit von 45000 Sternen bis zur 7. Größe verzeichnen. Instrumentell wurde ein Polarisationsphotometer mit Nicolprisma verwendet, das sich für eine massenhafte Bearbeitung der Sterne eignete. Mit der Harvard Photometry setzte sich der heute geläufige Begriff der Größenklasse durch. Als Nullpunkt der Skale diente der Polarstern, dessen Helligkeit zu 2^m, 12 bestimmt wurde. Die Arbeiten von P. trugen dazu bei, diesen Stern als international verbindlichen Bezugspunkt anzunehmen. Nach dem

Bekanntwerden der Veränderlichkeit des Polarsterns leitete P. seine Maximalhelligkeit ab. Diese Projekte führten auf neuer Grundlage Arbeiten weiter, die von F. W. BESSEL, F. W. ARGELANDER u. a. begonnen wurden. Auf P.s Anregung hin entstand 1903 die »Photographic Map of the Entire Sky«, die auf 55 Blatt Sterne bis zur 12. Größenklasse verzeichnet.

Um das schon in den Harvard-Durchmusterungen enthaltene Datenmaterial für astrophysikalische Schlußfolgerungen nutzbar zu machen, führte P. eine Spektraldurchmusterung von etwa 250000 Sternen bis zur 9. Größe (teilweise noch darunter) durch. Sie wurde 1919–1924 als »Henry Draper Catalogue« publiziert. Diese Arbeiten wurden mit einem Objektivprisma durchgeführt. Damit auch Radialgeschwindigkeiten der Sterne gemessen werden konnten, entwickelte P. eine Reversionsmethode. Dabei wurden alle Platten ein zweites Mal mit dem um 180° um die Kameraachse gedrehten Prisma belichtet, wodurch sich der Betrag der Linienverschiebung auf den Aufnahmen verdoppelte.

In Auswertung des Henry Draper Catalogue konnte unter wesentlicher Mitarbeit von A. J. CANNON eine Spektralklassifikation abgeleitet werden (mit der Folge PO BAFGKMRN), die 1922 mit wenigen Zusätzen durch die Internationale Astronomische Union zur verbindlichen Anwendung empfohlen wurde und noch heute mit einigen Abänderungen gültig ist.

Im Ergebnis seiner Studien veränderlicher Sterne schlug P. 1881 fünf Klassen vor, die er nach typischen Vertretern benannte: Mira-, δ-Cephei- und Algolsterne sowie Novae und Veränderliche mit unregelmäßigem Lichtwechsel. Die Kriterien leitete er aus den Helligkeitskurven ab. Obwohl heute wesentlich mehr Veränderlichentypen bekannt sind und physikalische Parameter eine schärfere Untergliederung ermöglichen, blieben die von P. festgestellten Typen erhalten.

1889 bemerkte P., daß die Spektrallinien des Sterns ξ im Großen Bären gelegentlich einfach, mitunter jedoch doppelt erscheinen. Diese Beobachtung führte ihn zur Entdekkung des ersten spektroskopischen Doppelsterns, bei dem sich die beiden Komponenten um einen gemeinsamen Schwerpunkt drehen, sich dabei von der Erde aus gesehen bedecken, jedoch so nahe beieinander stehen, daß ihr Doppelsterncharakter visuell nicht erkannt werden kann. Ha

Literatur: Pickering, E. C.: Bibliographie, in: Biograph. Mem. National Acad. of Sci. 15 (1934), 169–178.

Pier, Matthias, Verfahrenstechniker, geb. 22. 7. 1882 Nakkenheim, gest. 12. 9. 1965 Heidelberg.

P. ist durch eine Reihe von ihm zur technologischen Reife entwickelter und in die Produktion übergeführter katalytischer Druckhydrierverfahren international bekannt geworden.

Nach dem Besuch des Gymnasiums in Mainz studierte P. in Heidelberg, Jena, München und Berlin Chemie und Physik. In Berlin hörte er Vorlesungen bei J. H. VAN'T HOFF und W. NERNST zu einer Zeit, als letzterer gerade den 3. Hauptsatz der Thermodynamik (NERNSTscher Wärmesatz) aufstellte. 1907 promovierte er bei NERNST über die »Spezifische Wärme und Dissoziationsverhältnisse von Chlor«. Danach blieb er zunächst noch Assistent bei NERNST, bis er 1910 als Chemiker in der Centralstelle für wissenschaftlich-technische Untersuchungen GmbH in Neubabelsberg, der Forschungsstätte der deutschen Sprengstoffindustrie, tätig wurde. Von 1920 bis zu seiner Pensionierung 1949 arbeitete P. für die BASF und die IG Farbenindustrie AG in Ludwigshafen. Dort war er lange Zeit Leiter der Abteilung für Hochdruckversuche zur katalytischen Druckhydrierung von Kohle, Teeren und Ölen. P. stellte seine herausragenden wissenschaftlichen und technischen Fähigkeiten vorbehaltlos in den Dienst der deutschen Rüstungswirtschaft. Von 1945 bis zum November 1947 war er deshalb in Kriegsgefangenschaft.

Beeindruckt von den wissenschaftlichen Leistungen seiner Lehrer VAN'T HOFF und NERNST, hatte P. schon früh beschlossen, sich ganz der physikalischen Chemie zu widmen. Bei NERNST hatte er dessen Arbeiten zur Ammoniaksynthese kennengelernt und eigene experimentelle Untersuchungen von Gasgleichgewichten unter hohem Druck, unter anderem des Systems Kohlenmonoxid/Wasserstoff, ausgeführt. Diese Arbeiten fanden ihre direkte Fortsetzung in der von ihm bei der BASF entwickelten Methanolsynthese. Auch in Neubabelsberg (s. o.) hatte er sich mit der Ammoniaksynthese, katalytischen Vorgängen und Hochdruckapparaturen beschäftigt. So war er mit den chemischen und technischen Problemen vertraut, als er mit der Zinkoxid-Chromoxid-Kombination einen geeigneten Katalysator für die Synthese des Methanols fand, der es gestattete, die bewährte Konstruktion der Ammoniaksyntheseanlagen mit Drücken von etwa $19{,}6 \cdot 10^6$ Pa (200 at) zu übernehmen. Innerhalb weniger Monate wurde 1923 die Methanolsynthese in Leuna in die Produktion übergeführt. Ab 1924 führte P. Untersuchungen auf dem Gebiet der Kohle- und Ölhydrierung zur Kraftstoffherstellung aus. Er untersuchte das BERGIUS-Verfahren, das bis dahin ohne Katalysatoren arbeitete und nur mäßige Ausbeuten in unzureichender Qualität lieferte. Seine Aufgabe bestand deshalb in der Entwicklung geeigneter Katalysatoren und einer effektiven Technologie für die großtechnische Realisierung. Für die Lösung des ersten Teils der Aufgabe war seine Beobachtung entscheidend, daß die Kohlehydrierung auch in Anwesenheit von Schwefelverbindungen, die bis dahin als ausgesprochene Katalysatorgifte galten, katalysiert wird. Das führte zu den druckgeschwefelten Hydrierkatalysatoren, z. B. Molybdän-, Wolfram- oder Eisensulfiden. Die technologische Forschung führte zu einem Zweistufenverfahren, mit dem über eine große Anzahl von spezifisch wirkenden Katalysatoren und unter gleichzeitiger Ausnutzung von Temperatur- und Druckeinflüssen die Reaktion jedem Ausgangsmaterial angepaßt und in die jeweils gewünschte Richtung gelenkt werden konnte. Danach konnte Kraftstoff aus den unterschiedlichsten Sorten von Paraffin, Erdöl, Schieferöl, Braunkohle und Braunkohlenschwefelteer, Erdölcrackrückständen, Steinkohle und Steinkohlenhochtemperaturteer hergestellt werden. Damit war eine hervorragende wissenschaftliche und verfahrenstechnische Spitzenleistung erbracht worden. Unter P.s Leitung wurde 1927 das Verfahren in die Großproduktion übergeführt. Persönlich beaufsichtigte er bis 1943 die Errichtung von 12 weiteren Großanlagen in Deutschland, die rund 4 Mill. t Kraftstoff jährlich erzeugten.

P. war ferner maßgeblich an der Entwicklung einer Reihe von Folgeverfahren zur Kohlehydrierung, z. B. Verfahren zur Erzeugung von Synthesegas, Ethen und Ethin aus Hydrierabgasen, synthetischen Crackkatalysatoren, und des DHD-Verfahrens (Druck-H_2-Dehydrierung) für die Aromatisierung naphthenischer Benzinfraktionen zur Erhöhung der Octanzahl und zur Gewinnung reiner Aromate beteiligt. Gi

Literatur: Pier, M.: DRP 415686 (1923/25, BASF, mit A. Mittasch u. K. Winkler). Über Hydrierbenzine. Einfluß von Rohstoff, Katalysator und Arbeitsweise, in: Angew. Chem. 51 (1938), 603 ff, Ammoniak – Methanol – Benzin. Entwicklung und Stand der Hochdruck-Katalyse, in: Chem. Ind. (Düsseldorf) 4 (1952), 715–719.

Toepel, T. H.: Matthias Pier zum Gedenken, in: Ber. d. Bunsen-

E. Ch. Pickering

M. Pier

C. von Pirquet

M. L. Planck

ges. für phys. Chem. 70 (1966), 111–113; Sachsse, H.: Matthias Pier zum 75. Geburtstag, in: Z. Elektrochem. Ber. der Bunsenges. phys. Chem. 61 (1957), 857–858.

Pirquet, Clemens Freiherr von, Kinderarzt, geb. 12. 5. 1874 Hirschstetten bei Wien, gest. 28. 2. 1929 Wien.

P. war ein namhafter Forscher, der auf verschiedenen Gebieten der Kinderheilkunde neue Erkenntnisse erzielte und in die therapeutische Praxis einführte.

P., Sohn eines Großgrundbesitzers, besuchte die Schule in Kalksburg und widmete sich nach dem Abitur zunächst in Graz der Theologie. Er studierte dann Medizin und wurde nach der Promotion (Graz 1900) Assistent unter Th. Escherich in Graz und Wien, wo er sich 1908 für Kinderheilkunde habilitierte. P.s Leistungen liegen vor allem auf den Gebieten der Allergie-, Tuberkulose- und Ernährungsforschung. Schon 1909 wurde er als Ordinarius an die Johns Hopkins University in Baltimore berufen, 1910 ging er als persönlicher Ordinarius und Nachfolger A. Czernys nach Breslau (Wrocław) und 1911 nach dem Tode seines Lehrers Escherich nach Wien, wo er bis zu seinem Tode lehrte.

P. befaßte sich zunächst mit bakteriologischen und immunologischen Fragen, um sich dann den auffälligen klinischen Erscheinungen zuzuwenden, die nach der Injektion von Heilserum bei angeborener oder erworbener Überempfindlichkeit gegen körperfremdes Eiweiß auftraten und von ihm als »Serumkrankheit« beschrieben wurden (1905). Sie waren in Form einer spezifischen Überempfindlichkeit unter unterschiedlichsten Namen und klinischen Formen bekannt, in ihrem Entstehungsmechanismus aber unklar. Bei der Untersuchung von plötzlichen Zwischenfällen nach Seruminjektionen fand P. die Erklärung, daß sie Ausdruck einer abgelaufenen sogenannten Antigen-Antikörper-Reaktion waren. In Selbstversuchen über die mehrfache Wiederholung der Pockenvakzination hatte er die veränderte Reaktionsweise der Haut bei der Wiederimpfung erkannt und dafür den Begriff der »Allergie« (1906) geprägt, unter dem er eine zeitlich, quantitativ und qualitativ veränderte Reaktionsfähigkeit des Organismus nach vorausgegangener Immunisierung verstand. P. erkannte die Möglichkeit, diese nach der Auseinandersetzung des Körpers mit einem Krankheitserreger eingetretene Veränderung der Reaktionslage zu diagnostischen Zwecken zu nutzen, und beschrieb die nach ihm Pirquetsche Reaktion benannte und für die Tuberkulosediagnostik im Kindesalter wichtige treffsichere kutane Tuberkulinprobe, die sich schnell durchsetzte. Über diese und andere Tuberkulinreaktionen verfaßte er mehrere Handb.-Beiträge, während sich einer seiner Schüler mit der Entwicklung eines Diphtherietests beschäftigte. 1913 veröffentlichte er eine Monographie über die Masern und gab die Erklärung für die Entstehung der Hautausschläge bei den verschiedenen Infektionskrankheiten. Ab 1917 befaßte sich P. vorwiegend mit Fragen der Ernährung und wurde als Autor von Veröffentlichungen über allgemeine und spezielle Fragen der Ernährungslehre bekannt. Er setzte sich für ein rationelles Ernährungssystem ein und schrieb ein »Lehrb. der Volksernährung«, ein »System der Ernährung« und ein »Lexikon der Ernährungskunde«. Im Lehrb. verwendete er als Berechnungseinheit das »Nem« (Nahrungs-Einheit Milch), das dem Nährwert von einem Gramm Milch entsprach. Speziellen diätischen Fragen waren die Bücher über die »Ernährung gesunder und kranker Kinder« und die »Ernährung des Diabetikers« gewidmet. Für die kinderärztliche Praxis war die von ihm entwickelte »Pelidisi-Tafel« gedacht, mit deren Hilfe schnell aus der Sitzhöhe und der Körpermasse des Kindes dessen Nahrungsbedarf ermittelt und exakte Angaben über den Ernährungszustand gemacht werden konnten. Gleiche praktische Ziele verfolgte P. mit der Gründung der »Österr. Gesellschaft für Volksgesundheit«, deren Präsident er war.

P. genoß als Hochschullehrer Weltruf; zahlreiche Kinderärzte und namhafte Forscher gingen aus seiner Klinik hervor. Er war ein hochangesehener Kliniker mit menschlicher Wärme, der auch in organisatorischer Hinsicht viel erreichte. Die Wiener Kinderklinik wurde unter seiner Leitung ausgebaut, er organisierte die amerik. Kinderhilfsaktion für Österreich und wirkte als Leiter des Komitees für Säuglingsfürsorge des Völkerbunds in Genf. Ko

Literatur: Pirquet, C. v. (mit B. Schick): Die Serumkrankheit (Leipzig u. Wien 1905), Klinische Studien über Vakzination und vakzinale Allergie (Leipzig u. Wien 1907), Allergie (Berlin 1910), Das Bild der Masern auf der äußeren Haut (Berlin 1913), System der Ernährung, 4 Bde. (Wien 1917–1920), Nemwert der wichtigsten Nahrungsmittel (Wien 1918), (mit E. Mayerhofer): Lehrb. der Volksernährung nach dem Pirquetschen System (Berlin u. Wien 1920), Pelidisi-Tafel (Wien u. Leipzig 1921, 3. Aufl. Wien 1936, Hrsg. E. Nobel, engl. u. russ. Wien u. Leipzig 1921), (mit E. Mayerhofer): Lexikon der Ernährungskunde (Wien 1923–1925), (mit E. Nobel): Kinderheilkunde und Pflege des gesunden Kindes (Berlin u. Wien 1925, 2. Aufl. 1928), (mit E. Nobel u. R. Wagner): Die Ernährung gesunder und kranker Kinder (Berlin u. Wien 1928), (mit R. Wagner): Die Ernährung des Diabetikers (Berlin u. Wien 1928), Die Allergie des Lebensalters (Leipzig 1930).

Planck, Max Ludwig, Physiker, geb. 23. 4. 1858 Kiel, gest. 4. 10. 1947 Göttingen.

P.s überragende Entdeckung, daß sowohl Emission als auch Absorption von Strahlung nicht kontinuierlich, sondern sprunghaft, in winzigen Energiequanten erfolgen, revolutionierte das physikalische Denken und eröffnete der Physik den Weg zum Verständnis der Vorgänge im atomaren Bereich. P. lieferte überdies wertvolle Beiträge zur Thermodynamik, Relativitätstheorie und zur Elektrolyttheorie, die ihn als einen der führenden theoretischen Physiker seiner Zeit ausweisen.

P. entstammte einer schwäbischen Gelehrtenfamilie, die

eine Reihe bedeutender Juristen sowie Theologen hervorgebracht hat. 1867 zog die Familie von Kiel nach München, wo P. als vorbildlicher Schüler 1874 das Maximiliangymnasium absolvierte und sich zum Wintersemester an der Univ. für ein Physikstudium immatrikulieren ließ. P. v. JOLLY und W. BEETZ in München sowie G. KIRCHHOFF und H. v. HELMHOLTZ in Berlin, wo er 1877/78 seine Studien vervollkommnete, wurden P.s akademische Lehrer. Die stärksten wissenschaftlichen Impulse empfing er in dieser Zeit jedoch aus den Schriften von R. CLAUSIUS über Thermodynamik, die der zentrale Problemkreis seines künftigen wissenschaftlichen Schaffens wurde. Mit der Herausarbeitung der zentralen Rolle des Entropiebegriffs für die Thermodynamik promovierte P. 1879 mit großem Erfolg an der Münchener Univ. Obwohl die Reaktion der Fachkollegen auf P.s Dissertation und Habilitation (1880) »gleich Null« war, verfolgte der junge P. den als richtig erkannten Weg weiter und baute seine Untersuchungen zum Entropiebegriff systematisch aus. Publikationen nach 1880 betrafen die thermodynamische Theorie des Schmelzens, Verdampfens und Sublimierens, die Bestimmung der Entropiefunktion für zahlreiche wichtige physikalische Systeme und die thermodynamische Erklärung zahlreicher thermischer Phänomene. Die wichtigsten und scharfsinnigsten Ergebnisse dieser Schaffensperiode gelangen ihm in der Theorie der verdünnten Lösungen, aus der er die Gesetze über Gefrierpunkterniedrigung und Siedepunkterhöhung sowie das chemische Gleichgewicht in solchen Lösungen ableiten konnte.

Nach seiner ersten Professur in Kiel (1885–1889) wurde P. zum Nachfolger KIRCHHOFFS auf den Lehrstuhl für theoretische Physik an die Berliner Univ., der damals führenden Hochschule Deutschlands, berufen. P.s weiteres wissenschaftliches Wirken blieb hinfort mit der Berliner Univ. verbunden; seine Persönlichkeit war es, die die große Tradition der theoretischen Physik in Berlin zur Blüte führte und nach dem Tode von HELMHOLTZ die Entwicklung der Physik insgesamt prägte.

Mitte der 90er Jahre wurde P. auf das damals hochaktuelle Forschungsgebiet der Wärmestrahlungstheorie geführt, wobei er auch hier seinem wissenschaftlichen Programm treu blieb und das Verhalten der Entropie in den Mittelpunkt seiner Betrachtungen rückte. Dabei ging es ihm nicht nur darum, die Gesetze der Wärmestrahlung zu finden, zugleich wollte er den inneren Zusammenhang der beiden bislang zusammenhanglos erscheinenden Gebiete von Thermo- und Elektrodynamik aufspüren und damit das Gebäude der klassischen Physik zum krönenden Abschluß bringen.

Im Verlaufe seiner Studien gelang ihm nach Jahren intensivsten Suchens die Aufstellung einer Zustandsfunktion für ein Strahlungssystem, die sich wie die aus der Thermodynamik wohlvertraute Entropie verhält und aus der sich mittels komplizierter Rechnungen das damals empirisch gesichert erscheinende WIENsche Strahlungsgesetz theoretisch ableiten ließ. Bereits 1899 führte P. die später als elementares Wirkungsquantum h bezeichnete Konstante in die Physik ein und erhob sie in den Rang einer Naturkonstante, die gemeinsam mit Lichtgeschwindigkeit und Gravitationskonstante die Möglichkeit eröffnet, »Einheiten für Länge, Masse, Zeit und Temperatur aufzustellen, welche … ihre Bedeutung für alle Zeiten und für alle, auch außerirdische und außermenschliche Culturen nothwendig behalten«. Daß die Bedeutung der neuen Konstanten sich indes nicht in der Konstruktion natürlicher Maßeinheiten erschöpfte, bemerkte P., als Messungen der Berliner Physikalisch-Technischen Reichsanstalt ihn zur Prüfung seiner Ableitung des WIENschen Gesetzes veranlaßten. Die Messungen von O. LUMMER und E. PRINGSHEIM sowie von F. KURLBAUM und H. RUBENS konstatierten nämlich erhebliche Abweichungen vom WIENschen Strahlungsgesetz im Bereich langer Wellen. KURLBAUM trug über die Versuche am 19. 10. 1900 in der Berliner Physikalischen Gesellschaft vor, und P. lieferte noch am selben Abend – in einem vorbereiteten Beitrag – auf der Grundlage einer formalen Abänderung seines früheren Entropieausdrucks die Ableitung einer mit den Messungen verträglichen Strahlungsformel

$$E = \frac{c_1 \lambda^{-5}}{\exp(c_2/\lambda T) - 1}$$

(λ = Wellenlänge, T = Temperatur in Kelvin, c_1, c_2 = Konstanten), die in ihren Grenzfällen in das WIENsche bzw. das RAYLEIGHsche Strahlungsgesetz übergeht. Diese »glücklich erratene Interpolationsformel«, die Urform des PLANCKschen Strahlungsgesetzes, erwies sich zwar als richtig, doch mußte nun auch eine sachgerechte theoretische Begründung dieser Formel gefunden werden.

Die Ergebnisse seiner Überlegungen legte P. am 14. 12. 1900, dem »Geburtstag der Quantentheorie«, wiederum der Berliner Physikalischen Gesellschaft vor. Hatte P. bislang der statistischen Physik L. BOLTZMANNS mehr als skeptisch gegenübergestanden und zu Beginn der 90er Jahre sogar über seinen damaligen Assistenten E. ZERMELO eine Polemik ausgetragen, so trennte er sich nun von der favorisierten rein axiomatisch-thermodynamischen Deutung des zweiten Hauptsatzes und akzeptierte die bislang abgelehnte wahrscheinlichkeitstheoretisch-atomistische »Methode BOLTZMANN«. Hierbei wurde er zu der fundamentalen Erkenntnis geführt, daß eine Deduktion der Strahlungsformel nur dann gelingt, wenn man sich die Energie »aus einer ganz bestimmten Anzahl endlicher Teile« zusammengesetzt denkt. Nachdem P. noch berücksichtigt hatte, daß das Energieelement E proportional der Frequenz ν sein muß, weshalb er $E = h\nu$ setzte, konnte er schließlich den im Oktober ad hoc postulierten Entropieausdruck verifizieren und das PLANCKsche Strahlungsgesetz in der heute gültigen Form

$$E_\lambda = \frac{8\,hc}{\lambda^5} \frac{1}{\exp(hc/\lambda kT) - 1}$$

ableiten.

Weder P. noch seine Zeitgenossen waren sich zunächst der Tragweite der Entdeckung bewußt. Es dauerte fast fünf Jahre, bis der nächste Schritt durch den jungen A. EINSTEIN mit seiner Lichtquantenhypothese gewagt wurde, und ein volles Jahrzehnt dauerte es sogar, bis die Quantenhypothese auf dem 1. Solvay-Kongreß (1911) von einer größeren wissenschaftlichen Öffentlichkeit akzeptiert wurde. Erst seit dieser Zeit war die Quantentheorie nicht mehr die Angelegenheit von Außenseitern; sie rückte nun in den Vordergrund der physikalischen Forschung. An der weiteren Ausgestaltung seines Quantenansatzes zur Quantenphysik hatte P. keinen entscheidenden Anteil, wenngleich er die Diskussionen um deren Grundprobleme immer wieder wachzuhalten und vornehmlich als Kritiker Einfluß auf die Entwicklung der Quantentheorie zu nehmen verstand.

In der zweiten Lebenshälfte hat sich P. neben physikalischen Problemen (z. B. verdankt ihm die Relativitätstheorie, für deren Anerkennung er sich sehr engagierte, fundamentale Beiträge) zunehmend mit allgemeinen philosophischen, erkenntnistheoretischen und weltanschaulichen Fragen beschäftigt. Hatte P. in der Physik stets um die Aufdeckung fundamentaler Zusammenhänge gerungen, so ging es ihm in seinem philosophischen Wirken ebenfalls um nicht weniger als die Schaffung eines einheitlichen physikalischen Weltbildes, insbesondere um die Interpretation der modernen Physik.

Seine Bedeutung als Wissenschaftler sowie sein bescheidenes, immer im Dienste der Sache stehendes, unbestechliches Auftreten verhalfen P. schon zu Lebzeiten zu einem fast legendären Ruf und einer besonderen Stellung unter seinen Fachkollegen. Für sein Ansehen sprechen nicht nur die unzähligen wissenschaftlichen Ehrungen – vom Nobelpreis für Physik (1919) bis zur Mitgliedschaft in den bedeutendsten wissenschaftlichen Gesellschaften der Welt –, sondern gleichermaßen die vielen Funktionen im damaligen Wissenschaftsorganismus, die er stets zuverlässig und mit dem ihm eigenen Pflichtgefühl ausfüllte. Als ständiger Sekretär der Berliner Akademie (1912–1938), Rektor der Univ. (1913/14), Präsident der später seinen Namen tragenden Kaiser-Wilhelm-Gesellschaft (1930–1936) oder als langjähriger Vorsitzender der Physikalischen Gesellschaft hat P. in verantwortlicher Position die hohe internationale Wertschätzung der deutschen Wissenschaft wesentlich mitgetragen und sich als führender Wissenschaftsrepräsentant des damaligen Deutschlands ausgewiesen.

Während P. den ersten Weltkrieg noch mit einem glorifizierenden Mythos umgeben hatte und den Untergang des deutschen Kaiserreiches bitter beklagte, war er später ein entschiedener Gegner des Nationalsozialismus. Er gehörte zu den ersten, die mahnend und warnend ihre Stimme gegen einen Mißbrauch der Atomenergie erhoben.

Nachdem P. vor den heranziehenden Kriegsereignissen aus Berlin geflüchtet war, verlebte er die letzten Lebensjahre auf dem Gut eines Freundes in Rogätz bei Magdeburg sowie in Göttingen. Ho

Literatur: Planck, M.: Physikalische Abhandlungen und Vorträge, 3 Bde. (Braunschweig 1958), Vorträge und Erinnerungen (Stuttgart 1949), Selbstdarstellung (1942). Sitzungsberichte der AdW der DDR. Gesellschaftswissenschaft 9G (1982), Akademie-Ansprachen (Berlin 1948), Das Prinzip der Erhaltung der Energie (Leipzig 1887), Einführung in die theoretische Physik, 5 Bde. (Leipzig 1916–1932).

Max Planck zum Gedenken (Hrsg. DAdW zu Berlin 1959); Grabow, R.: Zur Vorgeschichte des Planckschen Strahlungsgesetzes, in: Physik in der Schule 13 (1975), 12, 521; 14 (1976), 1/2, 10; Hartmann, H.: Max Planck als Mensch und Denker (Leipzig 1948); Heilbron, J.: The Dilemmas of a upright man (Berkely 1986); Herneck, F.: Bahnbrecher des Atomzeitalters (Berlin 1970); Herrmann, A.: Max Planck (Hamburg 1973); Hoffmann, D.: Max Planck, in: Wiss. u. Fortschritt 33 (1983), 4, 126, Max Planck und Die Popularisierung naturwissenschaftlicher Erkenntnisse, in: Geschichte der Verbreitung wissenschaftlicher Kenntnisse. Schriftenreihe des wissenschaftlich-methodischen Beirats beim Präsidium der Urania 1 (1982), M. Planck – Hochschullehrer, Wissenschaftsorganisator und Popularisator der Wissenschaft (russ.), in: Issledovaniâ po istorii fisiki i tehniki (Moskau 1988); Laue, M.v.: Nachruf auf Max Planck, in: Jahrb. Dtsch. AdW zu Berlin (1946–1949), 217–220; Schöpf, H. G.: Von Kirchhoff bis Planck (Berlin 1978); Vogel, H.: Zum philosophischen Wirken Max Plancks (Berlin 1961).

Plücker, Julius, Mathematiker und Physiker, geb. 16.6.1801 Elberfeld, gest. 22.5.1868 Bonn.

P. gehört zu den bedeutendsten Vertretern der analytischen Geometrie des 19. Jh. Er war Mitbegründer der Spektralanalyse.

P. war der Sohn eines Kaufmanns. Nach dem Schulbesuch in Elberfeld und Düsseldorf studierte er in Heidelberg (1819), Bonn (1820) und Berlin (1821/22) Mathematik und Physik. 1823/24 setzte er seine Studien in Paris fort. 1823 promovierte P. in Marburg in absentia; am 28.4.1825 habilitierte er sich in Bonn und wurde Privatdoz. Bereits 1828 wurde er zum ao. Prof. ernannt, wirkte seit 1832 an der Univ. Berlin und lehrte am Friedrich-Wilhelm-Gymnasium. P. wurde 1833 o. Prof. der Mathematik in Halle, 1835 in Bonn; zusätzlich übernahm er 1836 in Bonn auch die Professur für Physik.

P. arbeitete mathematisch ausschließlich auf dem Ge-

J. Plücker

J. Chr. Poggendorff

biete der analytischen Geometrie. Seine Arbeiten bilden neben denen von A. F. Möbius und H. G. Grassmann einen Meilenstein in der Überwindung der lange Zeit in Deutschland vorherrschenden synthetischen Geometrie. P. entwickelte die »Methode der abgekürzten Bezeichnung« (1827/28), die es ermöglichte, aus der Gleichung eines geometrischen Gebildes viele seiner Eigenschaften abzulesen. Grundlegend wurde seine Begründung des von J. D. Gergonne und J.-V. Poncelet entwickelten Dualitätsprinzips durch sein Prinzip des Wechsels des Raumelements (1830/31). Zur formalen Beherrschung des neuen Prinzips führte P. homogene Koordinaten ein, mit deren Hilfe es ihm gelang, eine vollständige Theorie der Polaren aufzubauen. Weitere wichtige Beiträge P.s waren die Einführung der Linienkoordinaten (1829), die Verallgemeinerung des Koordinatenbegriffs (1834/35), die Untersuchung der Eigenschaften algebraischer Kurven (ab 1828); das bekannteste seiner Ergebnisse hierzu waren die »Formeln für die Singularitäten der Curven« (1834). Von P. stammen auch die korrekte Fassung des Prinzips der Konstantenabzählung (1839) und eine Verallgemeinerung des Begriffes Brennpunkt (1833). Die Grundidee einer Liniengeometrie besaß P. schon etwa ab 1846; er nahm die fundamentale Idee aber erst 1863 erneut auf und setzte die Liniengeometrie vorwiegend zum Studium der Komplexe zweiter Ordnung ein. P.s mathematische Arbeiten hatten großen Einfluß auf die engl. Mathematiker seiner Zeit sowie auf seinen Schüler F. Klein und auf M. S. Lie.

Über physikalische Fragen arbeitete P. etwa 1847–1865 und mußte sich experimentelle Fertigkeiten mühsam wieder aneignen. Seit 1847 setzte sich P. mit den Erscheinungen beim Einwirken von Magnetfeldern auf Kristalle auseinander und zeigte unter anderem, daß ein Körper sich in Abhängigkeit von der Entfernung von den Magnetpolen magnetisch oder diamagnetisch verhalten kann. Seine Arbeiten über das magnetische Verhalten von Gasen (ab 1848) liefen auch zeitlich mit den entsprechenden Arbeiten M. Faradays parallel, mit dem er befreundet war. Als erster untersuchte P. das magnetische Verhalten von Flüssigkeiten (1848). P. erschloß auch das Gebiet der elektrischen Entladungen in verdünnten Gasen (ab 1857); für diese Untersuchungen entwarf er die Geisslersche Röhre (1860/61). In dem Glasbläser und Instrumentenbauer J. H. W. Geissler hatte P. einen außerordentlich geschickten Mitarbeiter, der seine Ideen praktikabel machte. P. entdeckte die durch Katodenstrahlen erregte Fluoreszenz und beobachtete Entladungsspektren. Schon 1858 fand er, daß jedes Gas ein charakteristisches Spektrum besitzt, entdeckte die Übereinstimmung gewisser Linien des Wasserstoffspektrums mit einzelnen Linien des Sonnenspektrums (1859) und fand zusammen mit J. W. Hittorf die mehrfachen Spektren (1862–1865). Weitere physikalische Arbeiten P.s betrafen den Zusammenhang von magnetischen Erscheinungen und

Temperatur (1848), die Thermometrie (1852) und die Dampfspannungen (1854). Il

Literatur: Plücker, J.: Gesammelte wissenschaftliche Abhandlungen, 2 Bde. (Leipzig 1895–1896).

Ernst, W.: Julius Plücker. Eine zusammenfassende Darstellung seines Lebens und Wirkens ..., Inaugural-Dissertation (Bonn 1933).

Poggendorff, Johann Christian, Physiker, geb. 29.12.1796 Hamburg, gest. 24.1.1877 Berlin.

P. war einer der profiliertesten Physiker des 19. Jh. Er erwarb sich als Forscher, Hochschullehrer und Publizist gleichermaßen Verdienste. Insbesondere leistete er wertvolle Beiträge zur Entwicklung der Elektrizitätslehre und des Elektromagnetismus. Über 52 Jahre gab er die »Annalen der Physik und Chemie« heraus.

Seine Schulbildung erhielt P. als Sohn eines Zuckerfabrikbesitzers teils in Privatschulen, teils im bekannten Johanneum seiner Geburtsstadt und teils in einer an den Salzmannschen Erziehungsprinzipien orientierten Internatsschule. 1812 nahm er eine Lehre als Apothekengehilfe auf und arbeitete in diesem Beruf ab 1818 in Itzehoe. Einem Rat seines Schulfreundes F. F. Runge folgend, übersiedelte P. 1820 nach Berlin und studierte dort Naturwissenschaften. Über den gebotenen Vorlesungsstoff hinaus vervollständigte er sein Wissen im Selbststudium und führte eigene Experimentaluntersuchungen aus. Schon im Herbst 1820 konnte er eine Abhandlung über den Elektromagnetismus veröffentlichen, in der er unter anderem auch den von ihm gleichzeitig mit J. S. Ch. Schweigger erfundenen elektromagnetischen Multiplikator, das Galvanometer, beschrieb. In einer für ihn wirtschaftlich schwierigen Lage erreichte ihn 1824 das Angebot, nach dem Tode von W. Gilbert die Redaktion der bekannten »Annalen der Physik und Chemie« zu übernehmen. P. leitete die Zeitschrift über 52 Jahre (160 Bände) bis zu seinem Tode mit großem Erfolg. Die bekanntesten deutschen Naturforscher veröffentlichten ihre Arbeiten in »Poggendorffs Annalen«. Aufsätze ausländischer Autoren wurden von P. übersetzt oder im Auszug wiedergegeben. Er wählte die für die Veröffentlichung in Frage kommenden Arbeiten sorgfältig aus, überprüfte oftmals das Dargestellte durch eigene Experimente und versah die Aufsätze nicht selten mit Kommentaren. Einige Arbeiten betrafen unter anderem das von ihm entwickelte Prinzip der Spiegelablesung am Galvanometer, wodurch dessen Meßgenauigkeit erheblich verbessert werden konnte, und die von ihm entwickelte Kompensationsmethode zur Bestimmung der elektromotorischen Kraft (EMK).

1834 wurde P. von der Berliner Univ. zum Dr. phil. h. c. promoviert und zum ao. Prof. ernannt. Eine Berufung zum Ordinarius hat er nicht angestrebt und entsprechende Angebote ausgeschlagen. Von 1835 bis zu seiner Emeritierung 1875 hielt er regelmäßig Vorlesungen über die Geschichte der Physik. Ein Resultat seiner wissenschaftshistorischen Studien war das 1858–1863 erstmals erschienene »Biographisch-Literarische Handwörterbuch zur Geschichte der exacten Wissenschaften, enthaltend Nachweisungen über Lebensverhältnisse und Leistungen von Mathematikern, Astronomen, Physikern, Chemikern, Mineralogen, Geologen usw. aller Völker und Zeiten« mit 8501 Biobibliographien auf insgesamt 1526 Seiten. Der »Poggendorff« wird bis heute fortgeführt und ständig vervollständigt. Er ist für Naturwissenschaftler und Wissenschaftshistoriker ein unentbehrliches Hilfsmittel in der Arbeit geworden. Gi

Literatur: Poggendorff, J. C.: Geschichte der Physik. Vorlesungen (Hrsg. W. Barentin, Leipzig 1879), Poggendorffs Annalen der Physik und Chemie.

Barentin, W.: Johann Christian Poggendorff (Nachruf), in: Poggendorffs Ann. Phys. Chem. 160 (1877), V-XXIV; Salié, H.: Ein Standardwerk der Geschichte der Naturwissenschaften. Hundert Jahre »Poggendorff«, in: Forsch. Fortschr. 37 (1963), 202–205.

Poincaré, Jules Henri, Mathematiker und theoretischer Physiker, geb. 29.4.1854 Nancy, gest. 17.7.1912 Paris.

P. war Schöpfer bzw. Mitbegründer einer Reihe neuer mathematischer Forschungsrichtungen wie der modernen Topologie. Dabei ließ er sich von Anregungen leiten, die er den zentralen Problemen der zeitgenössischen Mathematik, der Himmelsmechanik und der von ihm tiefgehend analysierten Umbruchsituation in der Physik um die Wende vom 19. zum 20. Jh. entnahm. Seine Beiträge zur mathematischen Physik sind bedeutend; unabhängig von A. Einstein schuf er wesentliche Elemente der speziellen Relativitätstheorie und nahm Gedanken der allgemeinen Relativitätstheorie vorweg.

P. war der Sohn des Medizinprof. Léon P. und ein Vetter des franz. Präsidenten (1913–1920) Raymond P. Als Folge einer langwierigen Krankheit im Kindesalter erhielt P. zunächst Privatunterricht. Dann besuchte er das Lyzeum in Nancy (1862–1873) und errang während der letzten beiden Jahre jeweils erste Preise im mathematischen Wettbewerb (concours général) aller franz. Lyzeen. 1873–1875 studierte er an der École Polytechnique; Vorlesungen bei Ch. Hermite und die Bekanntschaft mit J. C. Bouquet und Ch.-A. Briot lenkten sein Interessse auf das Gebiet der Differentialgleichungen, das bis zu seiner letzten Arbeit (1912) die Dominante seines gesamten mathematischen Schaffens blieb. 1875–1879 setzte P. seine Studien an der École Superieur des Mines fort und schloß sie als ingénieur ordinaire ab; er arbeitete aber nur kurze Zeit als Bergingenieur in Vesoul und nahm dann an der Faculté des sciences der Univ. Caen eine Lehrtätigkeit für mathematische Analysis auf. 1881 übersiedelte er nach Paris und lehrte dort Analysis an der Sorbonne, an der er bereits 1879 seine Dissertation über durch partielle Differentialgleichungen definierte Funktionen verteidigt hatte.

Die Periode 1880–1883 war bei ihm von extremer Kreativität. Angeregt durch einen Aufsatz von L. Fuchs, schuf P. die Theorie einer neuen Klasse periodischer Funktionen einer komplexen Variablen, für die sich später die Bezeichnung »automorphe Funktionen« durchsetzte. In nur zwei Jahren legte er dazu 25 Mitteilungen und mehrere umfangreiche Aufsätze vor, deren Thematik im Berührungsfeld der wichtigsten mathematischen Theorien des 19. Jh. (Theorie der Differentialgleichungen, Invariantentheorie, nichteuklidische Geometrie, Gruppentheorie, Theorie der elliptischen Funktionen) lag und die ihm Weltruf einbrachten. Die Ausarbeitung der Theorie automorpher Funktionen wurde durch einen Wettstreit mit F. Klein um die umfassendste Lösung gefördert. Daran anknüpfend bearbeitete P. zahlreiche weitere Probleme der Theorie analytischer Funktionen.

1881–1886 schuf P. die qualitative Theorie der Differentialgleichungen (in einigen Teilen unabhängig auch von A. M. Ljapunow entwickelt), die es ermöglichte, unmittelbar aus der Analyse von Differentialgleichungen ohne deren Integration Hinweise auf die generellen Eigenschaften der ihnen entsprechenden Kurvenscharen zu gewinnen. Damit begann die während seines ganzen Lebens anhaltende Beschäftigung mit Problemen der mathematischen Physik. 1884/85 behandelte er, anknüpfend an Fragestellungen von S. Kowalewskaja, die Frage aller möglichen Gleichgewichtsfiguren einer rotierenden Flüssigkeit; aus dem Briefwechsel mit Ljapunow über diese Frage ergaben sich fruchtbare Beziehungen zur St. Petersburger Mathematikerschule. 1886 erhielt P. den Lehrstuhl für mathematische Physik und Wahrscheinlichkeitstheorie an der Sorbonne. Mehr als 20 Jahre las er über dieses Gebiet, wobei er jedes Jahr über einen anderen Fragenkomplex vortrug und – bei Hervorhebung der modernsten Gebiete – alle Zweige der damaligen theoretischen Physik erfaßte. Ab 1890 wurde der Gesamtzyklus auf der Basis von Studentenmitschriften in 13 Bänden herausgegeben.

Zu Fragen der Himmelsmechanik, insbesondere über das Dreikörperproblem, lieferte P. nahezu 100 Arbeiten. Er erhielt in einem 1885 vom schwed. König Oskar II. zu diesem Problem ausgeschriebenen und von den »Acta Mathematica« organisierten Wettbewerb für seine Lösung der von K. Weierstrass formulierten Aufgabenstellung 1889 einen ersten Preis. In dieser Arbeit verallgemeinerte er das Brunssche Theorem, entwickelte (begrenzt auf das eingeschränkte Dreikörperproblem) eine allgemeine Theorie seiner periodischen Lösungen und schuf sowohl die Kontinuitäts- als auch die Fixpunktmethode zur Bestimmung periodischer Bahnen. P. war grundsätzlich bestrebt, die Himmelsmechanik mathematisch streng durchzuführen und die früher üblichen halbempirischen Berechnungen zu überwinden. 1896 wechselte er auf den Lehrstuhl für Himmelsmechanik über. Krönung und Fazit seiner einschlägigen Arbeiten waren das dreibändige Werk »Les méthodes nouvelles de la mécanique céleste« (1892–1899) und die »Leçons de mécanique céleste« (1905–1910). Diese Arbeiten führten ihn in Fortsetzung von Ideen B. Riemanns auf topologische Probleme. In seinen diesbezüglichen Untersuchungen, die damals wenig beachtet wurden, formulierte er grundlegende topologische Begriffe, wie Bettische Zahlen, Triangulation und Fundamentalgruppe.

P. sah in engen Wechselbeziehungen zwischen Mathematik und Physik ein für beide Seiten fruchtbares Verhältnis. Aufgrund seiner Vertrautheit mit der Physik vermochte er Anregungen zu deren Weiterentwicklung zu geben. So wurde seine Bemerkung über einen möglichen Zusammenhang zwischen Röntgenstrahlen und Phosphoreszenz zum Ausgangspunkt für die Experimente von H. Becquerel, die diesen zur Entdeckung der Radioaktivität führten. P.s mathematisch durchgearbeitete Darstellung der Maxwellschen Theorie, für die er die Unmöglichkeit einer eindeutigen mechanischen Interpretation nachwies, trug wesentlich zu deren Durchsetzung bei. 1890 begann er mit einer Serie von Arbeiten über die Untersuchungen von H. Hertz. Sein Interesse an diesem Fragenkreis reichte bis zu technischen Problemen; er schrieb Lehrb. für Elektroingenieure und entwickelte 1910 ein Verfahren zur Übermittlung von Zeitsignalen an Schiffe auf offener See. Untersuchungen über Gleichgewicht und Bewegung der Ozeane lenkten sein Interesse wiederum auf den Problemkreis der Integralgleichungen. An der Bewegung des physikalischen Denkens, die zur speziellen Relativitätstheorie führte, war er stärker beteiligt, als gewöhnlich angenommen wird. 1895 postulierte er die strenge Erfüllung des Relativitätsprinzips für optische und elektromagnetische Erscheinungen, 1898 gab er unter Bezugnahme auf die realen Meßbedingungen eine prinzipielle Kritik des klassischen Begriffs der absoluten Zeit und der Gleichzeitigkeit, 1904 sprach er die Notwendigkeit einer neuen Mechanik unter Berücksichtigung der Konstanz der Lichtgeschwindigkeit aus, und 1905 wies er schließlich den Gruppencharakter der Lorentz-Transformationen nach und entwickelte eine vierdimensionale Darstellung der Theorie. Auch in die Entwicklung der Quantentheorie griff er ein; nach der Teilnahme am Solvay-Kongreß (1911) bewies er streng die Unmöglichkeit, ohne Benutzung der Quantenhypothese die Plancksche Strahlungsformel abzuleiten.

Während der letzten 15 Jahre seines Lebens trat P. häufig

J. H. Poincaré

S. D. Poisson

auf internationalen Kongressen auf und nahm in seinen meist auf große Überblicke orientierten Vorträgen zu fundamentalen Fragen der Erkenntnisentwicklung und zu methodologischen und erkenntnistheoretischen Problemen der Wissenschaft Stellung. Seine drei Bücher zu allgemeinen Fragen der Wissenschaft »La Science et l'Hypothèse« (1902), »La Valeur de la Science« (1905) und »Science et Méthode« (1908) hatten außerordentlichen Erfolg und wurden wie viele seiner fachwissenschaftlichen Hauptwerke in verschiedene Sprachen übersetzt. P. erfaßte die Krise der klassischen Physik nicht als Zusammenbruch, sondern als Moment des Fortschritts und nahm wesentliche Züge des Korrespondenzprinzips vorweg. Seine beachtlichen Überlegungen zur Aktivität der theoretischen Erkenntnis (darunter zur Rolle der Konventionen in der Theoriekonstruktion) glitten gelegentlich in subjektivistische Einseitigkeiten ab, jedoch kann P. nicht die Autorschaft am Konventionalismus als einem idealistischen philosophischen System zugeschrieben werden. Sowohl seine auf Selbstbeobachtungen gestützten Aussagen über die mathematische Intuition, die allerdings wegen der damit verbundenen überzogenen Polemik gegen den Logizismus und die Mengenlehre G. Cantors auch negative Wirkungen hatten (in der mathematischen Grundlagendebatte kann P. als Vorläufer des Intuitionismus von L. E. J. Brouwer gelten), als auch die seit 1897 von E. Toulouse mit P.s Einverständnis vorgenommenen Studien an seinem Schaffensprozeß markieren die Anfänge der Wissenschaftspsychologie.

P. war eine der universellsten Mathematikerpersönlichkeiten seiner Zeit. In dieser Hinsicht wird er häufig mit C. F. Gauss verglichen. Seine Denkweise war darauf orientiert, mit Hilfe gruppentheoretischer Methoden, die er virtuos handhabte, Verbindungen zwischen mathematischen und physikalischen Fragestellungen sowie innerhalb der Mathematik zwischen Konzepten der Analysis, der Algebra und der Geometrie herzustellen. Sein Werk wurde durch die Wahl zum Mitgl. zahlreicher Akademien und durch die Verleihung hochrangiger wissenschaftlicher Auszeichnungen gewürdigt. Eine bleibende Ehrung war die Gründung des »Institut Henri Poincaré« für Forschungen über Wahrscheinlichkeitstheorie, mathematische und theoretische Physik, das 1928 aus Mitteln der Rockefeller Foundation errichtet wurde und dessen erster Dir. E. Borel war. Lai

Literatur: Poincaré, J. H.: Œuvres I–XI (Hrsg. G. Darboux, Paris 1916–1956); Sur la théorie des fonctions fuchsiennes (Caen 1881), Cours de mécanique physique et expérimentale (Paris 1886), Leçons sur la théorie mathématique de la lumiere (Paris 1889–1892), Cours de physique mathématique I–XIII (Paris ab 1890), Calcul de probabilité (Paris 1896), La théorie de Maxwell et les oscillations hertziennes (Paris 1899), Leçons sur les hypothèses cosmogoniques (Paris 1905).

Appell, P.: Henri Poincaré (Paris 1925); Lebon, E.: Henri Poincaré Biographie, bibliographie analytique des écrits (Paris 1912); Toulouse, E.: Henri Poincaré (Paris 1910).

Poisson, Simeon Denis, Mathematiker und Physiker, geb. 21.6.1781 Pithiviers (Dep. Loiret), gest. 25.4.1840 Paris.

P. leistete bedeutende Beiträge zur Potentialtheorie, Wahrscheinlichkeitsrechnung, Theorie der partiellen Differentialgleichungen, Mechanik, Elektrostatik und Thermodynamik.

Sein Vater, SIMEON P., hatte nach Rücktritt vom Militärdienst eine kleine Verwaltungsstelle inne und unterwies den Sohn im Lesen und Schreiben. Mit der Revolution von 1789 wurde der Vater Distriktvorsteher von Pithiviers. In dieser Eigenschaft erhielt er ab 1794 das Journal der École Polytechnique zugestellt, in welchem der junge P. verschiedene Fragen und Aufgaben fand, deren Bearbeitung sein mathematisches Talent weckte. 1798 errang er bei den Aufnahmeprüfungen in die École Polytechnique den ersten Platz. P. hatte glänzende Erfolge in den mathematischen wie auch in den literarischen Studien. Nach Absolvierung der École Polytechnique wurde er dort 1800 Repetitor, 1802 ao. Prof. und schließlich 1806 o. Prof. als Nachfolger J.-B.-J. FOURIERS. 1808 berief man ihn zum Astronomen des Bureau des Longitudes und 1809 zum Prof. der Mechanik an der Faculté des Sciences. 1812 wurde er Mitgl. der Pariser Ak. d. Wiss. Auch nach der Restauration von 1814 erhielt P. weitere offizielle Ämter, wie das eines Examinators an der École Militaire. 1820 wurde er in den Rat für die Universitätsausbildung berufen und gewann damit Einfluß auf die Gestaltung der nationalen Bildung in Frankreich. Er nutzte seine Stellung, um Angriffe der Reaktion gegen Errungenschaften der Revolution und der Napoleonischen Ära auf dem Gebiet des Bildungswesens abzuwehren. Nach dem Tode von P.-S. LAPLACE (1827) und dem Weggang von A. L. CAUCHY ins Exil (1830) war P. der einflußreichste Mathematiker Frankreichs. P. verhielt sich unter allen Regierungen loyal bis hin zum politischen Opportunismus. Konsequent und kompromißlos trat er jedoch gegen alle Versuche auf, die Rechte oder die Existenzbedingungen der Wissenschaft einzuschränken oder zu verschlechtern. Dieses Verhalten entsprach ganz seinem Wahlspruch: »Das Leben ist nur zu zwei Dingen nütze, um Mathematik zu treiben und um sie zu lehren.« P. war ein geschätzter akademischer Lehrer, dessen Vorlesungen sich durch außerordentliche Klarheit und Präzision auszeichneten. Als auswärtiges, ordentliches oder korrespondierendes Mitgl. gehörte er allen großen Akademien Europas an. – P. vermied jede Ortsveränderung; nur ein einziges Mal unternahm er eine Reise aus gesundheitlichen Gründen.

Bei der Herausbildung der mathematischen Physik, wie sie in den ersten Jahrzehnten des 19. Jh. hauptsächlich in Frankreich betrieben wurde, spielte P. eine wichtige Rolle. Von J. L. LAGRANGE und besonders von LAPLACE beeinflußt, versuchte er, die Mathematik verstärkt auf eine Reihe physikalischer Gegenstände, wie Wärmeleitung, Schallausbreitung in Gasen und Flüssigkeiten, Schwingungen elastischer Systeme, Elektrizität und Magnetismus, anzuwenden. Die experimentellen Resultate anderer waren ihm oft Anregung und Grundlage für die mathematische Behandlung dieser Ergebnisse. Am Beginn seiner wissenschaftlichen Laufbahn standen Arbeiten zur Integration spezieller, gewöhnlicher und partieller Differentialgleichungen, zu denen ihn die Untersuchung von Pendelschwingungen in widerstrebenden Medien und die Theorie der Schallausbreitung geführt hatten. 1808 verbesserte er die Stabilitätsbeweise von LAPLACE für die Hauptachsen der Planetenumlaufbahnen, eine Arbeit, von der LAGRANGE außerordentlich beeindruckt war. Von besonderer Bedeutung für die Mechanik war P.s Arbeit zur Methode der Variation der Konstanten bei den allgemeinen LAGRANGEschen Gleichungen im Falle einer Störung. Er führte hier die nach ihm benannten Klammerausdrücke ein. Von diesen Rechnungen P.s wurden später W. R. HAMILTON und C. G. J. JACOBI zu ihrer allgemeinen mathematischen Technik zur Integration der Bewegungsgleichungen angeregt. P.s Beiträge zur Potentialtheorie sind mit seiner Untersuchung des Potentials einer gravitierenden Masse der Dichte p (x,y,z) verbunden; er erkannte, daß im Innern der Massenverteilung die für das Äußere geltende LAPLACEsche Gleichung $\Delta v = 0$ zur Form $\Delta v = -4\pi p$ und auf der Oberfläche zu $\Delta v = -2\pi p$ modifiziert werden muß. Die letzteren beiden Gleichungen sind nach P. benannt worden. Diese Untersuchung P.s war eine wichtige Vorarbeit für G. GREEN, der diese Gleichungen auf elektrische und magnetische Erscheinungen anwandte. Später hat C. F. GAUSS diese Theorie mathematisch weiter ausgebaut; eine exakte Herleitung der Gleichung $\Delta v = -2\pi p$ für die Oberfläche gelang aber erst B. RIEMANN. P. hat bei seinen Untersuchungen stets einen atomistischen Standpunkt vertreten. Das war z. B. bei Behandlung von Problemen der Elastizitätstheorie recht hinderlich, führte ihn aber andererseits zur Aufstellung der vollständigen Form der Differentialgleichung der Wärmeleitung: $C\frac{\partial u}{\partial t} = K\Delta u + \frac{dK}{du}|\text{grad}\, u|^2$. Dabei ist u die Temperatur, C die spezifische Wärme und K der Koeffizient der Leitfähigkeit. 1837 griff P. mit einer Arbeit zur Anwendung wahrscheinlichkeitstheoretischer Methoden auf Gerichtsurteile in eine aktuelle, erbittert geführte Debatte um den Wert der Mathematik, speziell der Wahrscheinlichkeitsrechnung, für die sogenannten moralischen Wissenschaften ein. P. betonte zu Recht, daß die Wahrscheinlichkeitsrechnung nur auf reproduzierbare Massenerscheinungen anwendbar ist, prägte den Terminus »Gesetz der großen Zahl« und gab als Grenzfall des BERNOULLI-Schemas für »seltene Ereignisse«, d. h. für $n \to \infty$, $p \to 0$, $np \to \lambda$ die nach ihm benannte Verteilung $P(X = k) = \frac{\lambda^k}{k!}e^{-\lambda}$ an. Kurz vor seinem Tode untersuchte P. die Bewegung von Projektilen, bezogen auf ein rotierendes Bezugssystem, d. h. unter Berücksichtigung der Erdrotation. Diese Arbeit regte J. B. L. FOUCAULT zu seinem berühmten Pendelversuch zum Nachweis der Erdrotation an.

P. hat auch eine Reihe von vielgelesenen, pädagogisch hervorragenden Lehrb. geschrieben. Seinen Plan, ein zusammenfassendes Werk über mathematische Physik zu schreiben, konnte er nicht mehr verwirklichen. Bi

Literatur: Poisson, S. D.: Catalogue des ouvrages et mémoires scientifiques (Paris 1854), Traité de mécanique (Paris 1811), Nouvelle théorie de l'action capillaire (Paris 1835), Théorie mathématique de la chaleur (Paris 1835), Recherches sur le mouvement des projectiles dans l'air en ayant égard à l'influence du mouvement diurne de la terre (Paris 1839).

Bachelard, G.: Étude sur l'évolution d'un problème de physique, la propagation termique dans les solides (Paris 1927).

Poncelet, Jean Victor, Mathematiker und Techniker, geb. 1.7.1788 Metz, gest. 22.12.1867 Paris.

P. begründete die neuere projektive Geometrie und trug wesentlich zur Entwicklung der technischen Mechanik bei.

P., Sohn eines Rechtsanwalts, wurde zunächst in Saint-Avold und Metz ausgebildet und trat 1807 in die École Polytechnique in Paris ein. Er hörte Vorlesungen unter anderem bei G. MONGE, S. F. LACROIX, A.-M. AMPÈRE, L. POINSOT und J. N. P. HACHETTE. Seit 1810 war P. als Militäringenieur tätig, promovierte 1812 in Metz und beteiligte sich an Befestigungsarbeiten in Holland. Während des russ. Feldzuges als Leutnant in der franz. Armee dienend, wurde er gefangengenommen und in ein Lager bei Saratow gebracht. Während seiner Gefangenschaft (1812–1814) entstanden erste Untersuchungen zur projektiven Geometrie. Nach Frankreich zurückgekommen, arbeitete P. als Hauptmann im Ingenieurkorps in Metz; 1824 übernahm er auf Drängen von D. F. J. Arago eine Professur an der École d'Application de l'Artillerie et du Genie in Metz. Zur Erweiterung seines technischen Wissens unternahm er 1825 Reisen durch Frankreich, Belgien und Deutschland. Seit 1830 war P. auch kommunalpolitisch und im Departement tätig. 1831 wurde er Mitgl. der Académie des Sciences und übersiedelte 1834 nach Paris. 1837–1848 war er Prof. an der Univ. Paris, trat dann zurück, wurde aber nach der Revolution gebeten, eine Professur an einer Zweigstelle des Collège de France zu übernehmen; er wurde Mitgl. der konstituierenden Versammlung und zum Brigadegeneral ernannt. Daneben war er bis 1850 Kommandant der École Polytechnique. Danach lebte er als Privatmann und übernahm auf den Weltausstellungen von London (1851) und Paris (1855) den Vorsitz der Abteilung für Industriemaschinen.

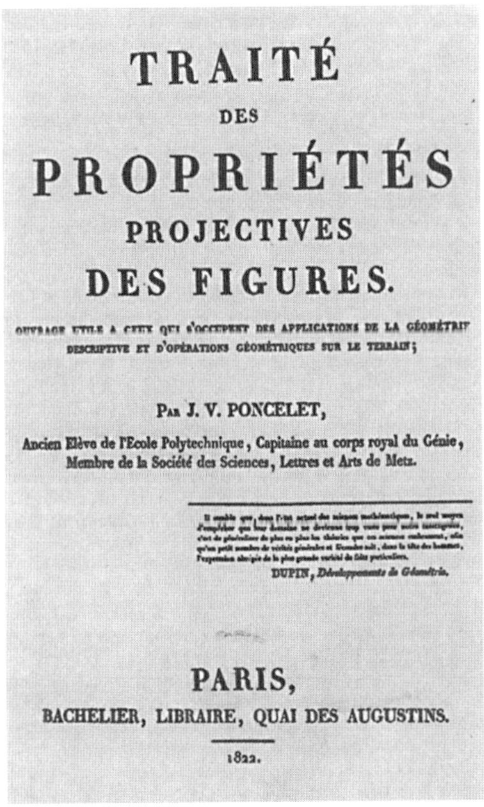
TRAITÉ

DES

PROPRIÉTÉS

PROJECTIVES

DES FIGURES.

OUVRAGE UTILE A CEUX QUI S'OCCUPENT DES APPLICATIONS DE LA GÉOMÉTRIE DESCRIPTIVE ET D'OPÉRATIONS GÉOMÉTRIQUES SUR LE TERRAIN;

PAR J. V. PONCELET,

Ancien Elève de l'Ecole Polytechnique, Capitaine au corps royal du Génie, Membre de la Société des Sciences, Lettres et Arts de Metz.

[illegible]

DUPIN, *Développements de Géométrie.*

PARIS,

BACHELIER, LIBRAIRE, QUAI DES AUGUSTINS.

1822.

Titelblatt des 1822 erschienenen Hauptwerkes von J. V. Poncelet

Das Hauptwerk von P. »Traité des propriétés projectives des figures« (1822) bildete den Abschluß einer Entwicklung, die von Pappos über G. Desargues, B. Pascal, C. Maclaurin bis zu Monge reichte und das umstrittene »Kontinuitätsprinzip« schon in der Einleitung enthielt. Es basierte bei P. auf der Berücksichtigung imaginärer Elemente der Geometrie und des Prinzips der Anzahl. Obwohl P. das Kontinuitätsprinzip selbst nur »als Mittel zur Entdeckung und Erfindung« zulassen wollte, erregte es das Mißtrauen von A. L. Cauchy. Es gestattete, Eigenschaften einer Menge auf eine andere zu übertragen. Das auf J. D. Gergonne zurückgehende »Dualitätsprinzip« war im »Traité« nur mittelbar ausgedrückt; ausführlich legte es P. in einer gesonderten Schrift 1824 der Academie dar. Daran knüpfte sich der heftige Prioritätsstreit zwischen P. und Gergonne. Im »Traité ...« behandelte P. drei Hauptgebiete: die Kegelschnitte, die Flächen zweiter Ordnung und die Kreislehre. Untersucht wurden diese Gegenstände mit Hilfe der Gesetze der Projektion einer Ebene auf eine andere. An Einzelergebnissen seien daraus erwähnt: alle unendlich fernen Punkte einer Ebene liegen auf einer Geraden; unendlich ferne Kreispunkte; die polarreziproken Figuren; die Lösungen von Aufgaben zweiten Grades mit Hilfe eines festen Kreises und des Lineals; die Konstruktion des Krümmungskreises eines Kegelschnittes (Kontroverse mit J. Plücker); die Lehre von den Brennpunkten; die Erzeugung von Kegelschnitten; die Polareigenschaften von Kegelschnitten sowie die homologen Figuren. In weiteren grundlegenden Arbeiten zur projektiven Geometrie behandelte P. das nach ihm benannte Schließungsproblem (1817), die Polarentheorie der Kurven *n*-ter Klasse (1828), harmonische Mittelpunkte (1824–1828) und die Transversalentheorie (1832). Die Arbeiten von P. zur projektiven Geometrie haben die nachfolgende Entwicklung der Geometrie maßgebend beeinflußt und wurden hauptsächlich von J. Steiner und Ch. v. Staudt fortgesetzt. Da P. schon projektive und metrische Eigenschaften geometrischer Gebilde unterschied, gilt er auch als Vorläufer der modernen strukturellen Betrachtungsweise in der Geometrie. P.s Verdienste um die technische Mechanik sind vielfältig. Er unternahm Festigkeitsberechnungen mit Hilfe seiner »Theorie der zusammengesetzten Festigkeit elastischer Körper«, die auch für die Lehre von den mehrfach beanspruchten Maschinenteilen maßgebend wurde. Ebenso bedeutsam waren seine Untersuchungen zur allgemeinen technischen Kinetik, die insbesondere bei der Erklärung der Funktion eines »Regulators« klassisch geworden sind. P. betrachtete den Arbeitsgang einer Maschine und speziell die dynamische Theorie der Kurbelsysteme und stellte die entsprechenden Grundgleichungen auf. Erst durch Arbeiten von J. v. Radinger (1869) sind die Methoden von P. verbessert worden. Gleichermaßen grundlegende Bedeutung hat P.s Theorie der Zahnräder und seine Theorie der Maschinen, bei denen plötzliche Geschwindigkeitsänderungen auftreten. P. gelangte hier jedoch zu Berechnungen, die aus heutiger Sicht nicht mehr zweifelsfrei sind. Fortschritte erreichte P. bei der Bearbeitung von Reibungsproblemen, insbesondere an Seilen. Auf dem Gebiete der Hydraulik systematisierte P. die vorhandenen Kenntnisse und vermehrte durch eigene Versuche das Beobachtungsmaterial erheblich. Sehr bekannt geworden ist P. durch die Konstruktion eines Wasserrades mit hohem Nutzeffekt; weitere technische Leistungen beziehen sich auf Regler, Festigkeit von Gewölben sowie die Konstruktion einer Zugbrücke. Auf P. geht auch die besondere Herausstellung des Begriffs »mechanische Arbeit« zurück. Besondere Verdienste erwarb sich P. um die Verbreitung technischen Wissens; in Vorlesungen (für Handwerker und Gewerbetreibende) vertrat er konsequent den Standpunkt einer auf die Bedürfnisse der Praxis orientierten Maschinenlehre und Mechanik. Seine großen technischen Erfahrungen legte P. in einer Reihe von Standardwerken nieder. Il

Literatur: Poncelet, J. V.: Traité des propriétés projectives des figures (Metz – Paris 1822, 2. Aufl. Paris 1865), Cours de mécanique appliquée aux machines (Metz 1826); Cours de mécanique industrielle ... (Metz 1828–1830).

Popow (Popov), Aleksandr Stepanowitsch, Physiker und Nachrichtentechniker, geb. 4. (16.) 3. 1859 Turinskije Rudniki (Krasnoturinsk, Oblast Swerdlowsk), gest. 31. 12. 1905 (13. 1. 1906) St. Petersburg (Leningrad).

P. war ein Pionier der drahtlosen Telegrafie, der 1896 unabhängig von G. Marconi die grundsätzliche Lösung einer funktechnischen Anlage demonstrierte.

P., Sohn eines Priesters, wuchs in dem alten russ. Industriegebiet des nördlichen Ural auf und besuchte zunächst das Priesterseminar in Perm. Sein ausgeprägtes naturwissenschaftlich-technisches Interesse führte ihn 1877 an die St. Petersburger Univ. zum Mathematik- und Physikstudium. Er interessierte sich besonders für Elektrotechnik; deshalb erwarb er sich ab 1881 neben dem Studium praktische Erfahrungen als Arbeiter im ersten St. Petersburger Elektrizitätswerk. 1883 promovierte P. (»Über die Prinzipien magnetodynamoelektrischer Maschinen«). 1883–1901 lehrte P. an der Minenschule der russ. Kriegsmarine in Kronstadt Elektrotechnik; 1901 wurde er Prof. am St. Petersburger Elektrotechnischen Institut, 1905 Rektor.

P. bearbeitete verschiedene Probleme der Elektrotechnik und Nachrichtentechnik. Nach Bekanntwerden der Hertzschen Entdeckung befaßte er sich ab 1888 mit dem Nachweis elektromagnetischer Wellen. Die Anregungen eines veröffentlichten Vortrages des Engländers O. Lodge von 1894 aufgreifend, konstruierte P. 1895 unabhängig von Marconi mittels des Kohärers von E. Branley ein Nachweisgerät für Hertzsche Wellen; unmittelbarer Zweck war die Fernanzeige von Gewittern. Wesentlicher Fortschritt gegenüber Lodge war vor allem eine entsprechende Antennenkonstruktion für den Empfänger. Am 7. 5. 1895 hielt P. darüber einen Vortrag in der Physikalischen Sektion der Russ. Physikalisch-Chemischen Gesellschaft in St. Petersburg (der 7. Mai gilt deshalb in der UdSSR als »Tag des Rundfunks«). Der im Januar 1896 publizierte Artikel »Gerät für Nachweis und Registrierung elektrischer Wellen« schloß mit dem Hinweis auf die Möglichkeit der Signalübertragung über größere Entfernungen. Am 24. 3. 1896 übertrug P. während eines Vortrags erstmals drahtlos über eine Entfernung von 250 m die Worte »Heinrich Hertz«. Marconis Patentanspruch datierte erst vom Juni 1896 (Patenterteilung 1897), so daß P. eindeutig die Priorität zukommt. Zwar wurde der Funktelegraf von der Marine genutzt, aber insgesamt zeigte die russ. Armee wenig Interesse, so daß P. die Entwicklung nicht so forciert fortsetzen konnte, wie dies zu gleicher Zeit durch Marconi, F. Braun oder A. Slaby geschah.

1897 untersuchte P. die Reflexion elektromagnetischer Wellen an Schiffen und anderen Gegenständen, d. h., er stellte erste Überlegungen zum Radar an. Ka

Literatur: Izobretenie radio – A. S. Popov; dokumenty i materialy (Moskau 1966).

Brenev, I. V.: Izobretenie radio A. S. Popovym (Moskau 1965); Radovskij, M. I.: Aleksandr Stepanovič Popov 1859–1905 (Moskau, Leningrad 1963); Aleksandr Stepanovič Popov v harakteristikah i vospominaniâh sovremennikov (Moskau, Leningrad 1958).

Powell, Cecil Frank, Physiker, geb. 5. 12. 1903 Tonbridge (Kent), gest. 9. 8. 1969 Como.

P. entwickelte die Photoemulsionstechnik zum Nachweis energiereicher Teilchenstrahlung und entdeckte 1947 das erste instabile Elementarteilchen, das von H. Yukawa vorausgesagte π-Meson.

Nach dem Besuch der jüdischen Schule in Tonbridge bezog P. das Sydney Sussex College in Cambridge. Ab 1925 arbeitete er im berühmten Cavendish-Laboratorium unter Anleitung von E. Rutherford und C. T. R. Wilson. 1927 promovierte P. und ging an die Univ. in Bristol. 1948 wurde er hier Prof., wechselte 1964 den Lehrstuhl und leitete von da an bis 1967 das Department für Physik.

P. begann seine wissenschaftliche Arbeit mit der Untersuchung der Ionenbeweglichkeit in Gasen, wandte sich aber bald der Entwicklung von Materialien und Methoden zur Bestimmung von Masse, Ladung und Energie elektrisch geladener Teilchen mit Hilfe photographischer Emulsionen zu. Als Ergebnis jahrzehntelanger Arbeit entdeckte P. 1947 in der kosmischen Strahlung das Pion (π-Meson) und dessen Zerfall in ein Müon und ein Müon-Neutrino. Damit war einerseits endlich das bereits 1935 von Yukawa vorausgesagte Kernteilchen gefunden, andererseits wurde nun die Entdeckung der mehr als 100 heute bekannten, größtenteils instabilen Elementarteilchen eingeleitet. Etwa 10 Jahre lang war Bristol das Zentrum dieser Entwicklung, ehe die großen Beschleunigeranlagen die Erforschung der kosmischen Strahlung in den Hintergrund drängten. P. wurde jetzt zu einem führenden Organisator dieser Großforschung im Rahmen der CERN. Ebenso bedeutsam ist P.s unermüdliches Wirken für Frieden und internationale Forschungskooperation als einer der Begründer der Pugwash-Bewegung und als Präsident der Weltföderation der Wissenschaftler.

Die wissenschaftlichen Leistungen von P. wurden 1950 durch die Verleihung des Nobelpreises gewürdigt. Fk

Literatur: Selected Papers of Cecil Frank Powell (Hrsg. E. H. S. Burhop, W. O. Lock, M. G. K. Menon, Amsterdam, London 1972).

Pregl, Fritz, Physiologe und Chemiker, geb. 3. 9. 1869 Laibach (Ljubljana), gest. 13. 12. 1930 Graz.

P. entwickelte die neue Methode der quantitativen organischen Mikroanalyse und verhalf ihr zur weltweiten Anwendung.

P. studierte nach dem Abschluß des Gymnasiums in Leibach (Ljubljana) 1887–1894 in Graz Medizin. Schon vor Beendigung des Studiums wurde er Assistent bei dem Physiologen A. Rollett, an dessen Institut er insgesamt 14 Jahre arbeitete. 1899 habilitierte sich P. für das Fach Physiologie, zugleich begann er ein Chemiestudium bei Z. H. Skraup. 1903, als nach dem Tode von Rollett der Lehrstuhl für Physiologie frei wurde, übernahm P. das Kommissariat und wurde ao. Prof. Zur Erweiterung seiner chemischen Kenntnisse unternahm P. ab Herbst 1904 eine einjährige Studienreise nach Deutschland. Hier arbeitete er für ein Semester in Tübingen bei C. G. v. Hüfner, danach für kurze Zeit bei W. Ostwald in Leipzig und danach bei E. H. Fischer in Berlin, wo er auch mit dem Biochemiker E. Abderhalden zusammentraf. 1905 wurde P. Assistent bei K. B. Hofmann am Medizinisch-chemischen Institut der Univ. Graz und erhielt einen Lehrauftrag für physiologische Chemie. 1910 erfolgte die Berufung an das Medizinisch-chemische Institut der Univ. Innsbruck. Im Herbst 1913 wurde P. zum Nachfolger Hofmanns nach Graz berufen, wo er bis zu seinem Tode tätig war.

P. hatte bei seinen Untersuchungen an Naturstoffen den hohen Substanzverbrauch bei der Elementaranalyse (200 bis 300 mg je Analyse) empfindlich zu spüren bekommen. Besonders bei der Aufklärung der chemischen Zusammensetzung der Choloidansäure war er gezwungen gewesen, mit kleineren Substanzmengen zu arbeiten. Mit der ihm eigenen Vorliebe für methodische Fragen des Experimentierens hatte er bereits 1909 erste Erfolge beim Arbeiten mit kleinen Substanzmengen erzielt. 1910–1913 entwickelte P. die quantitative organische Mikroanalyse in ihren Grundzügen. Dabei kam ihm zugute, daß er aufgrund seiner Geschicklichkeit im Glasblasen die erforderlichen Apparate selbst anfertigen konnte und daß er in der »Probierwaage für Edelmetalle« der Firma Kuhlmann (Hamburg) eine Waage vorfand, die bei Belastungen bis zu 20 g Wägungen mit einer Genauigkeit von ± 0,001 mg zuließ. P. erreichte,

A. St. Popow

C. F. Powell

F. Pregl

J. Priestley

daß exakte, reproduzierbare Bestimmungen der Elemente Kohlenstoff, Wasserstoff, Stickstoff und Schwefel sowie der Halogene mit Einwaagen zwischen 5 und 13 mg möglich wurden. Unermüdlich arbeitete er an der Vervollkommnung seiner Methode. Durch regelmäßige Kurse zur quantitativen Mikroanalyse gelang es P., innerhalb kurzer Zeit Hunderte von Chemikern mit dieser Methode vertraut zu machen und sie weltweit zu verbreiten. Erst 1917, nachdem er genügend Erfahrungen auch bei der praktischen Anwendung gesammelt hatte, publizierte er seine Methode in der Monographie »Die quantitative organische Mikroanalyse«.

P.s Resultate bedeuteten den größten Fortschritt auf dem Gebiet der quantitativen organischen Mikroanalyse seit J. v. Liebig. Aufgrund des sparsamen Einsatzes von Material und des damit verbundenen geringeren Zeit- und Arbeitsaufwandes wurde die Methode schnell zu einem unentbehrlichen Arbeitsmittel sowohl des Organikers als auch des Biochemikers. Außer der Einführung der neuen Mikroanalysenmethode hat P. auch in der physiologischen Chemie und auf praktisch-medizinischem Gebiet beachtliche methodische Verbesserungen vornehmen können.

1923 wurde P. für seine überragenden Leistungen zur quantitativen organischen Mikroanalyse mit dem Nobelpreis für Chemie geehrt. Re

Literatur: Pregl, F.: Die quantitative organische Mikroanalyse (Berlin 1917).

Lieb, H.: Fritz Pregl (1869–1930), in: Ber. Dtsch. Chem. Ges. 64 (1931), 113A–118A; Strebinger, R.: Fritz Pregl, in: Österr. Chemiker-Ztg. 34 (1931), 10ff.

Prelog, Vladimir, Chemiker, geb. 23.7.1906 Sarajevo (Jugoslawien).

P. hat mit seinen Arbeiten über heterocyclische Stickstoffbasen und Alkaloide, über mittlere alicyclische Ringe, zur Stereochemie organischer Verbindungen, über Antibiotika und über den sterischen Verlauf enzymatischer Reaktionen ein breites Feld der organischen Chemie, insbesondere der Naturstoffchemie und biochemisch interessanter Verbindungen, erfolgreich bearbeitet.

P., Sohn des Zagreber Historikers Milan P., studierte nach dem in Zagreb abgelegten Abitur Chemie bei E. Votoček an der TH in Prag, wo er auch 1929 promovierte. Danach arbeitete er fünf Jahre lang in einem Industrielabor. 1935 wurde er in Zagreb zunächst Privatdoz. und später Prof. für organische Chemie. 1941 ging P. als wissenschaftlicher Mitarbeiter zu L. Ružička an die ETH nach Zürich. Dort wurde er 1934 Privatdoz., 1945 Titularprof., 1947 ao. Prof. und 1950 o. Prof. 1957, nach der Emeritierung Ružičkas, trat P. dessen Nachfolge als Vorstand des Laboratoriums für organische Chemie an der ETH Zürich an. Dort war er bis zur Emeritierung 1976 tätig.

P.s frühe Arbeiten waren den heterocyclischen Stickstoffbasen gewidmet. In mehr als 50 Arbeiten hat er über Untersuchungen an Alkaloiden berichtet. Nach 1945 konnte P. in Zusammenarbeit mit dem Botaniker E. Gäumann aus den Stoffwechselprodukten von Mikroorganismen zahlreiche neue Antibiotika isolieren und deren Konstitution aufklären. So entdeckte er 1967 den ersten borhaltigen Naturstoff, das Antibiotikum Boromycin. 1971 war dessen Strukturaufklärung abgeschlossen. Bei seinen Arbeiten zur Chemie der alicyclischen Ringe mittlerer Größe hat P. die Acyloinkondensation als eine ergiebige Synthesemethode für diese bis dahin schwer zugänglichen Verbindungen eingeführt. Damit wurden die Voraussetzungen zum umfassenden Studium der physikalischen und chemischen Eigenschaften von Alicyclen mittlerer Ringgröße geschaffen. Gemeinsam mit R. S. Cahn und C. K. Ingold hat P. den Begriff der molekularen Chiralität, der von W. Thomson (Lord Kelvin) eingeführt worden war, exakt definiert und zugleich Sequenzregeln angegeben, nach denen eine exakte Festlegung der absoluten Konfiguration von Verbindungen mit einem oder mehreren Chiralitätszentren möglich wurde. Dieses Konzept ist als Cahn-Ingold-Prelog-Konvention in die Literatur eingegangen.

Für seine »Arbeiten über die Stereochemie organischer Moleküle und Reaktionen« erhielt P. 1975 zusammen mit J.W. Cornforth den Nobelpreis für Chemie. Re

Literatur: Prelog, V. (mit Jeger, O.): The chemistry of solanum and veratrum alkaloids, in: The Alkaloids, Vol. 3 (Hrsg. Manske, R. u. Holmes, H., New York 1953), 248–318, (mit Boekelheide, V.): Indole Alkaloids, in: Progress in Organic Chemistry, Vol. 3 (Hrsg. Cook, J.W., London 1955), 218–266, (mit Cahn, R. S. u. Ingold, C. K.): Spezifikation der molaren Chiralität, in: Angew. Chem. 78 (1966), 413–447.

Wer ist's? Vladimir Prelog, in: Nachr. Chem. Techn. 14 (1966), 344.

Priestley, Joseph, Chemiker, Philosoph und Naturforscher, geb. 13.3.1733 Fieldhead (Yorkshire), gest. 6.2.1804 Northumberland (Pennsylvanien, USA).

P. hatte großen Anteil an der Entwicklung der Chemie der Gase, er schuf mit der Entdeckung des Sauerstoffs (unabhängig von C.W. Scheele) wichtige Voraussetzungen für die Ausarbeitung des antiphlogistischen Systems der Chemie.

Als Sohn eines Tuchmachers geboren, studierte P. 1752–1755 in Deventry Theologie und hörte auch philosophische und naturwissenschaftliche Vorlesungen. Nach jeweils dreijähriger Tätigkeit als Hilfsprediger in Needham (Suffolkshire) bis 1758 und in Nantwich (Cheshire) bis 1761 wurde P. wegen seiner freigeistigen Haltung aus dem Predigeramt entfernt. Ab 1761 arbeitete er als Sprachlehrer in Warrington; hier besuchte er Vorlesungen über Chemie und schrieb auf Anregung von B. Franklin eine Geschichte der Elektrizitätslehre. Dafür erhielt P. die juristische Ehrendoktorwürde der Univ. Edinburgh (1766) sowie die Mitgliedschaft in der »Royal Society« (1766); 1767–1773 war

P. als Prediger in Leeds tätig und wirkte 1773–1780 als Hauslehrer, Reisebegleiter und Bibliothekar des einflußreichen Earl of Shelburne (MARQUIS OF LANDSDOWNE). In dieser Zeit erfolgte die Entdeckung zahlreicher gasförmiger Verbindungen sowie die Niederschrift dieser chemischen Experimentaluntersuchungen (»Experiments and Observations on different kinds of Air«). Ab 1780 wirkte P. als Prediger in Birmingham, wo er mit dem Naturforscher ERASMUS DARWIN (dem Großvater von CHARLES DARWIN), den Ing. J. WATT und M. BOULTON sowie mit dem Erfinder der Gasbeleuchtung W. MURDOCK zusammentraf.

Als begeisterter Anhänger der franz. Revolution von 1789 und führendes Mitgl. der Gesellschaft der Freunde der Revolution trat er öffentlich für die Ideen der Freiheit, Gleichheit und Brüderlichkeit auch in England ein und setzte sich damit heftigen Angriffen von reaktionären Teilen der Bourgeoisie sowie des Adels aus. Mit dem Eintritt Englands in den Koalitionskrieg gegen die franz. Republik steigerten sich diese Angriffe zu öffentlichen Pogromen, bei denen Haus und Besitz von P. wiederholt angezündet und schließlich völlig vernichtet wurden (1791). Von der franz. Regierung zum Ehrenbürger und zum Mitgl. der gesetzgebenden Versammlung ernannt und von zahlreichen franz. Wissenschaftlern und fortschrittlichen Gelehrten und Bürgern Englands unterstützt, floh P. zunächst nach London, bevor er mit seiner Familie 1794 nach Nordamerika auswanderte. Hier ließ er sich trotz des Angebotes einer Professur als Farmer in Northumberland nieder.

P. hatte großen Anteil am politischen Geschehen seiner Zeit und gilt als einer der Hauptvertreter des von der sensualistischen Erkenntnistheorie J. LOCKES ausgehenden engl. Materialismus. Die Beschäftigung mit naturwissenschaftlichen Problemen bildete für den chemischen Autodidakten P. eine wichtige Grundlage für die Ausarbeitung zahlreicher philosophischer Schriften, an die sich in England ein langer Streit um den Materialismus anschloß. Bei seiner Beschäftigung mit der Chemie der Gase, der pneumatischen Chemie (ab 1767), entdeckte P. sieben gasförmige Verbindungen: Ammoniak (1774), Chlorwasserstoff (1774), Sauerstoff (1774), Schwefeldioxid (1775), Siliziumtetrafluorid (1775), Distickstoffmonoxid (1776) sowie das Kohlenmonoxid (1779). Insbesondere die Entdeckung des Sauerstoffs (dephlogistisierte Luft), die P. am 1. 8. 1774 unabhängig von C. W. SCHEELE durch Einwirkung von gebündelten Sonnenstrahlen auf Quecksilberoxid gelang, half den Sturz der im 18. Jh. vorherrschenden qualitativen chemischen Theorie, der Phlogistonlehre, vorzubereiten. P. hatte seine experimentellen Ergebnisse während eines Aufenthaltes in Paris im Oktober 1774 auch A.-L. LAVOISIER mitgeteilt; dieser hatte um die gleiche Zeit ebenfalls Oxidations- und Reduktionsreaktionen untersucht und erkannte sofort die Tragweite der Beobachtungen von P. Während P. an der Existenz des hypothetischen Phlogistons weiter festhielt, nutzte LAVOISIER die Entdeckung des Sauerstoffs durch P. zur Widerlegung der Phlogistonlehre und zur Entwicklung seines antiphlogistischen Systems. Sz

Literatur: Priestley, J.: History and present state of electricity with original experiments (London 1767), History and present state of discoveries relating to vision, light and colours (London 1772), Experiments and observations on different kinds of air (London 1774–1780).

Proust, Joseph Louis, Apotheker und Chemiker, geb. 26. 9. 1754 Angers (Frankreich), gest. 5. 7. 1826 ebenda.

P.s Arbeiten waren insbesondere für die Entwicklung der Chemie von Bedeutung, da es ihm gelang, das Gesetz der konstanten Proportionen zu entdecken und zu formulieren.

Als Sohn eines Apothekers erwarb sich P. im Elternhaus erste pharmazeutische Kenntnisse, die er später als Apothekerlehrling in Paris erweiterte. Chemische Vorlesungen und Übungen, die er bei dem franz. Chemiker H. M. ROUELLE absolvierte, verhalfen ihm zu fundiertem Wissen, so daß er 1775 ausgewählt wurde, die Apotheke des Salpetrière-Hospitals zu leiten. Chemische Untersuchungen, die er in dieser Stellung durchführen konnte, machten ihn so bekannt, daß er 1785 als Prof. für Chemie an die Artillerieschule zu Segovia in Spanien berufen wurde. 1789 lehrte er in Salamanca und erhielt kurz darauf eine Berufung nach Madrid. P. erwarb sich in Spanien besonders Verdienste um die Entwicklung des Hüttenwesens. Der span. König stellte ihm Forschungsmittel sowie ein gut eingerichtetes Laboratorium zur Verfügung.

Bei der Belagerung Madrids durch franz. Truppen und der Niederschlagung eines Aufstandes span. Patrioten im Jahre 1808 wurden P.s Laboratorien sowie seine umfangreichen Sammlungen zerstört. P., der gerade in Frankreich weilte, kehrte nicht nach Spanien zurück, sondern führte, völlig verarmt, in Craon (Frankreich) ein zurückgezogenes Leben. 1816 wurde er aufgrund seiner chemischen Verdienste zum Mitgl. der franz. Akademie der Naturwissenschaften gewählt (ausnahmsweise, da die Mitgl. in Paris leben mußten). Auf diese Weise erhielt er Einkommen und Pension, die es ihm ermöglichten, nach Angers umzusiedeln und seine Forschungen wieder aufzunehmen.

Insbesondere in Spanien hatte P. die Eigenschaften und Zusammensetzungen einer Vielzahl von Metallen und deren Verbindungen untersucht und darüber publiziert (z. B. über Zinn 1800 und 1805, über Kupfer 1799, 1801, 1804, über Eisen und Nickel 1803, über Antimon 1804, über Cobalt, Silber und Gold 1806). Bei exakten qualitativen und quantitativen Untersuchungen, vor allem der Metalloxide und -sulfide, entdeckte P., daß sich Metalle und Sauerstoff oder Schwefel stets nur in bestimmten Mengenverhältnissen miteinander vereinigen, sowie, daß es für verschiedene Oxide ein und desselben Metalls zwar verschiedene, aber ebenfalls konstante Gewichtsverhältnisse zwischen Metall und Sauerstoff gibt. Aus umfangreichen experimentellen Bestimmungen abstrahierte er 1801 das Gesetz der konstanten Proportionen. Das dem Zusammenhang verschiedener Oxide eines Metalls zugrundeliegende Gesetz der multiplen Proportionen vermochte er dagegen nicht zu erkennen; dies gelang erst J. DALTON vier Jahre später. Mit der Entdeckung dieser stöchiometrischen Gesetze wurde erstmals in der Entwicklung der Chemie eine rechnerische Behandlung chemischer Vorgänge möglich, die für die Aufstellung der Atomtheorie durch DALTON und der Molekularlehre durch A. AVOGADRO von großer Bedeutung war. P. konnte die Gültigkeit des Gesetzes der konstanten Proportionen in wissenschaftlicher Kontroverse erfolgreich gegen Angriffe seines Landsmannes C. L. BERTHOLLET verteidigen.

P. dehnte seine Untersuchungen und Bestimmungen auch auf die Zusammensetzung organischer Salze aus. Er arbeitete ferner über Harnstoff, isolierte Traubenzucker (Glucose) und lehrte, Gelatine rein abzuscheiden. Er versuchte, letztere als billiges eiweißreiches Nahrungsmittel in die Ernährung der ärmeren Bevölkerung einzuführen. St

Literatur: Proust, J. L.: Mémoire sur le sucre des raisins (Paris 1808), Sur le natron, in: J. Phys. X (1777), Sur une nouveau substance trouvée dans les urines, in: J. Phys. XVII (1781), weitere Abhandl. in: J. Phys., Ann. Chim., Ann. Chim. Phys. (1777–1823).

Ptolemaios (Ptolemäus), Klaudios (Claudius), Naturwissenschaftler, geb. um 85 Ptolemais (Ägypten), gest. um 165.

P. war einer der bedeutendsten Wissenschaftler der Antike, der in vielen Disziplinen (insbesondere Mathematik, Astronomie, auch Optik, Musiktheorie und Erkenntnistheorie) die ihm überkommenen Leistungen durch systematische Verarbeitung zur zeitgemäßen Vollendung führte.

Über P.' Leben ist nicht viel mehr als das bekannt, was aus seinen Werken zu erschließen ist. Die in seinem Hauptwerk »Almagest« verwendeten eigenen Beobachtungen wurden in Alexandria angestellt und erstrecken sich von März 127 bis Februar 141. Nach späteren Quellenangaben soll er 161 den Regierungsantritt des röm. Kaisers MARCUS AURELIUS (121–180) erlebt haben und 78 Jahre alt geworden sein.

Zu den frühen Werken von P. gehört die »Mathematike Syntaxis« (»Mathematische Synthese«), die später auch »Megiste« (»Größte Syntaxis«) genannt wurde, woraus die arab. Bezeichnung »Almagest« entstand. Die Grundgedanken dieses Werkes mit seiner auf der qualitativen Physik des ARISTOTELES gegründeten Geozentrik haben eine gewaltige Wirkungsgeschichte gehabt und für rund anderthalb Jahrtausende das astronomische Denken mitbestimmt. Durch eine geniale mathematische Verarbeitung überkommener und eigener Beobachtungen gelang es P., eine Theorie der Planeten zu entwerfen, die in der phänomenologisch exakten Beschreibung ihrer Bewegungen nur wenig hinter dem zurücksteht, was dann in der Neuzeit J. KEPLER mit seinen drei Gesetzen leistete. Zu den Grundlagen, von denen P. ausging, gehören in erster Linie die mathematischen Untersuchungen des APOLLONIOS VON PERGE zu den exzentrischen und epizyklischen Bewegungsformen und die Sammlung und systematische Verwertung von Beobachtungsdaten durch HIPPARCHOS VON NIKAIA. Als sicher darf gelten, daß die Verarbeitung zu einer umfassenden Theorie neben einigen anderen Entdeckungen P.' Eigentum ist, während sich kaum jeweils exakt bestimmen läßt, wieviel er im einzelnen seinen Vorgängern verdankt. HIPPARCHOS hatte mit einem von ihm entwickelten Instrument die Daten der Sonnenwenden und Äquinoktien ermittelt und festgestellt, daß die zwischen diesen vier Punkten der Ekliptik liegenden Kreisbögen von 90° von der Sonne in ungleichen Zeiten durchlaufen werden, d. h., daß nach seiner Rechnung der Frühling 94 1/2, der Sommer 92 1/2, der Herbst 88 und der Winter 90 Tage lang waren. Ging man aber vom Postulat gleichförmiger Kreisbewegungen der Himmelskörper aus, dann mußte man das Zentrum der Sonnenkreisbahn exzentrisch zum Ekliptikzentrum = Erde ansetzen. HIPPARCHOS hatte die Exzentrizität relativ zum Bahnradius bestimmt und so die Sonnenörter für jeden Zeitpunkt trigonometrisch genau ermitteln können (Abb. 1). Während P. HIPPARCHOS' Sonnentheorie übernahm, leistete er Eigenes bei der Erklärung der Mondbewegung, deren Beschreibung eines der schwierigsten Probleme der Astronomie ist. P. ver-

J. L. Proust

Ptolemaios

besserte die recht genauen Daten, die HIPPARCHOS für die Grundperioden der Mondbewegung ermittelt hatte. Danach bewegt sich dieser Körper gleichförmig auf einem exzentrischen, gegen die Ekliptik geneigten Kreis, der seine Lage laufend verändert. Seine Schnittpunkte mit der Ekliptik sind rückläufig, weshalb die mittlere Zeit zwischen zwei Monddurchgängen durch denselben Schnittpunkt (Knoten), der drakonitische Monat, kürzer ist als die mittlere Zeit zwischen zwei Konjuktionen mit der Sonne (von Neumond zu Neumond), der synodische Monat. Auch die Apsidenlinie (Verbindungslinie Perigäum – Erde – Apogäum) ist nicht stabil, sondern rechtläufig, woraus ein anomalistischer Monat resultiert, also die Zeit zwischen zwei Apogäen. Die große periodische Anomalie der langsameren Bewegung des Mondes um das Apogäum und der schnelleren um das Perigäum hatte HIPPARCHOS schon in Analogie zur Sonne durch einen Exzenter und eine Mittelpunktsgleichung erklärt. P. fand nun, daß es eine Abweichung der beobachteten von den berechneten Mondpositionen gibt, daß also die große Anomalie von einer kleineren dergestalt überlagert wird, daß beim ersten und letzten Viertel die große Anomalie vergrößert, bei Voll- und Neumond aber verkleinert wird. Damit hatte er die heute Evektion genannte Anomalie entdeckt. Die Planetentheorie des P. mußte im wesentlichen zwei Anomalien abbilden: erstens die aus der ekliptischen Bahn resultierende ungleichförmige Bewegung durch die vier Quadranten des Tierkreises, für die der exzentrisch konzipierte Sonnenbahnkreis das Modell lieferte, und zweitens die aus dem tatsächlichen Erdumlauf resultierenden Schleifenbewegungen der Planeten mit den Stillständen und Rückläufigkeiten, für die der Epizykel zur Verfügung stand. Läuft der Planet S auf dem

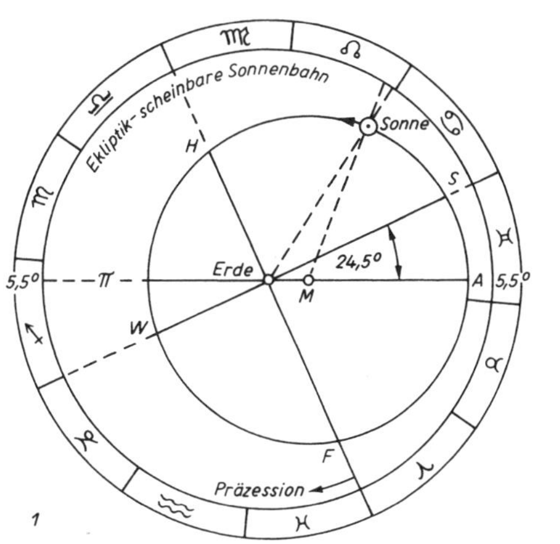

1

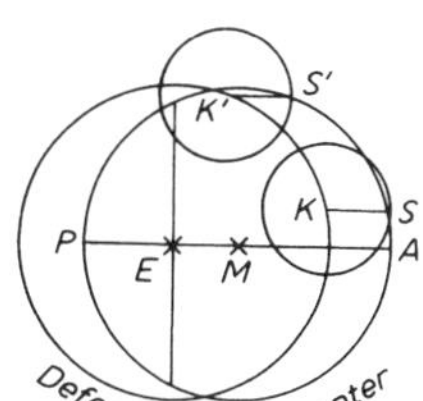

2

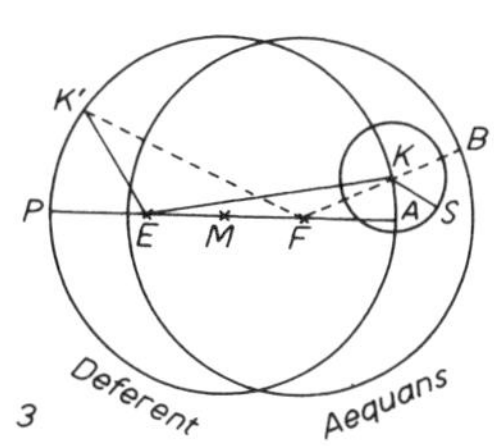

3

Epizykel öfter um als dessen Mittelpunkt K auf dem Deferenten, dann wird diese »Erscheinung gerettet« (Abb. 2). Durch Bestimmung der Exzentrizität des jeweiligen Deferenten, seines Radius, seiner Neigung gegen die Ekliptik und seiner Apsidenlinie, durch Berechnung des Radius des Epizykels, der Umlaufzeit seines Mittelpunktes auf dem Deferenten und des Planeten auf ihm selbst, seiner Neigung gegen den Deferenten u. a. schuf P. jene Theorie, die wohl als optimale Leistung auf geozentrischer Basis anzusehen ist. Mit dieser Genauigkeit hatte er freilich das in der Antike weitgehend verbindliche Vorurteil gleichförmiger Kreisbewegung der Planeten verletzt, denn weder von der Erde noch vom Deferentenmittelpunkt aus gesehen verlief die Planetenbewegung so. Deshalb führte er einen zusätzlichen Ausgleichskreis mit dem Mittelpunkt F, dem punctum aequans, ein, der von M um EM entfernt ist; erst von F aus gesehen erscheinen die ungleichen Kreisbögen AK und PK' auf der Peripherie des Ausgleichskreises unter gleichen Winkeln, d. h., der Leitstrahl FB läuft mit konstanter Winkelgeschwindigkeit um (Abb. 3). Damit kam P. der Kinematik elliptischer Bahnbewegung erstaunlich nahe. Die in einem Brennpunkt der Ellipse befindliche Sonne entspräche im vorliegenden geozentrischen Bezugssystem E. Der Leitstrahl Sonne – Planet, also EK, überstreicht nach dem 2. KEPLERschen Gesetz in gleichen Zeiten gleiche Flächen, und tatsächlich ist auch bei P. Sektor PEK' ≈ Sektor AEK, so daß der Ausgleichspunkt F etwa dem 2. Brennpunkt der Ellipse entspricht.

Die übrigen astronomischen Werke des P. sind von geringerer Bedeutung. In den »Phaseis« stellte er die Daten für 30 Fixsterne mit den entsprechenden Wetterzeichen zusammen, die er vorwiegend älteren Quellen entnommen hatte. Die von ihm 147 errichtete Stele mit der »Kanobos-Inschrift« katalogisiert im wesentlichen die Planetenwerte des »Almagest« und bringt am Schluß ein System der Sphärenharmonie, das jeder Planetenbewegung den Ton einer Lyrasaite zuordnet. Von den »Handlichen Tafeln«, die der Positionsbestimmung der Planeten dienten, ist nur die Einleitung in Originalfassung erhalten. Bis auf eine exaktere Theorie zur Berechnung der Breitenbewegung basiert das Buch auf den Eckdaten des »Almagest«.

Die großen Leistungen der antiken Astronomie waren vor allem mathematisch-deskriptiv. Auch dem »Almagest« lag das Anliegen zugrunde, »anzugeben, unter Zugrundelegung welcher Hypothesen die Phänomene gerettet werden könnten« (GEMINOS). Dabei stand die physikalische Wirklichkeit nicht zur Debatte, so daß in der Antike ein Gegensatz zwischen »mathematischer« und »physikalischer« Astronomie herrschte. P. suchte in seinem letzten großen astronomischen Werk, den »Planetenhypothesen«, nach den physikalischen Möglichkeiten für ein mechanisches Modell, das die mathematische Beschreibung der Planetenbewegung »realisiert«. Sie werden durch sich drehende Kugeln mit hohlem Mantel u. dgl. simuliert. Zwei kleinere Schriften, »Analemma« und »Planisphaerium« (letzteres bietet eine »stereographische Projektion«), sind nur in Übersetzungen überliefert. Erhalten hat sich dagegen die »Tetrabiblos«, das bis in die Neuzeit benutzte Handb. der »gelehrten« Astrologie.

Daß P. auf der Höhe der Mathematik seiner Zeit stand, beweist der »Almagest« mit seiner Sehnentrigonometrie und mit anderen Rechenverfahren. Mathematisch bestimmt sind auch die »Harmonik«, die musiktheoretische Untersuchungen zu Tonleitern und Intervallen enthält, und die »Optik« (nur in der lat. Bearbeitung einer arab. Übersetzung überliefert), deren Bedeutung in der Anwendung des Experimentes bei der Bestimmung der Gesetze der Lichtbrechung liegt. In der Versuchsanordnung werden der Einfallswinkel des Lichtes und die Medien berücksichtigt. Im Ergebnis gelangt P. in einer Refraktionstabelle zu arithmetischen Reihen 2. Ordnung.

Große Bedeutung gewann P. auch als Geograph. Nach einem kleineren Werk, in dem er die Positionen wichtiger Städte astronomisch zu bestimmen suchte, verfaßte er seine »Geographike Hyphegesis« (»Anleitung zum Kartenzeichnen«, meist kurz als »Geographie« bezeichnet). Darin entwirft er ein Abbild der Erdoberfläche, das die Lage der wichtigsten Orte durch astronomische Eckdaten bestimmt und dessen Netzwerk durch Angaben ergänzt wird, wie sie Itinerarien u. dgl. über Land- und Seeentfernungen bereitstellten. Nach einer theoretischen Einleitung werden über 8 000 geographische Punkte mit ihren Koordinaten aufgelistet, wovon nur etwa 400 astronomisch exakt bestimmt waren. P. stützte sich wesentlich auf MARINOS VON TYROS, der die von HIPPARCHOS geforderte astronomisch orientierte Geographie begründet hatte. Er übernahm seine Bestimmung von 1° = 500 Stadien zu je 196,39 m, was einem Erdumfang von nur etwa 35 350 km entspricht. Die Ost-West-Ausdehnung der Oikumene (bekannter, bewohnter Teil der Erde) wurde zu lang angesetzt; diese Vorstellung, daß die Westküste Europas der Ostküste Asiens viel näher sei, als sie wirklich ist, hat das Unternehmen des C. KOLUMBUS stimuliert. P. übernahm jedoch nicht die später von G. MERCATOR erneuerte zylindrische Projektion des MARINOS, sondern ersetzte sie durch die Kegelprojektion mit Syene-Parallelkreis als mittlerem Breitenkreis, bei der die Meridiane – abgesehen vom mittleren – zu den Polen hin gekrümmt waren.

In der kleinen Schrift »Kriterion« werden erkenntnistheoretische Probleme abgehandelt. P. untersucht, welches Kriterium die Wahrheit der Erkenntnis garantiert, erörtert das Verhältnis von Wahrnehmung und Denken und sieht in der Vernunft, die ihren Sitz im Gehirn habe, die entscheidende Instanz.

Die Bedeutung des P. für die Wissenschafts- und Geistesgeschichte kann kaum überschätzt werden. Seine Werke über Astronomie und Geographie hatten bis in die beginnende Neuzeit eine geradezu kanonische Geltung. Auch N. COPERNICUS konzipierte seine Schrift als kommentierende Auseinandersetzung mit P. Jü

Literatur: Boll, F. u. Boer, E. (Hrsg.): Apotelesmatika (Leipzig 1940); Düring, I. (Hrsg.): Die Harmonielehre des Klaudios Ptolemaios, in: Göteborgs Högskolas Årsskrift 36 (1930); Heiberg, J. L. (Hrsg.): Syntaxis mathematica, 2 Tle (Leipzig 1898–1903), Opera astronomica minora (Leipzig 1907); Korsch, H. (Hrsg.): Claudius Ptolemaeus: Astrologisches System (Düsseldorf 1938); Lammert, F. (Hrsg.): De iudicandi facultate et animae principatu, u. Boer, E. (Hrsg.): Pseudo-Ptolemaei fructus sive centiloquium (2. Aufl. Leipzig 1961); Manitius, K. (Übersetz.): Handb. der Astronomie, 2 Bde. (Leipzig 1912–1913, mit Vorwort u. Berichtigungen neu hrsg. v. O. Neugebauer, Leipzig 1963); Mžik, H. v. u. Hopfner, F. (Hrsg.): Theorie und Grundlagen der darstellenden Erdkunde (Wien 1938); Nobbe, C. F. A. (Hrsg.): Geographia, 3 Tle (Leipzig 1843–1845, Nachdr. Hildesheim 1966).

Glowatzki, E. u. Göttsche, H.: Die Sehnentafel des Klaudios Ptolemaios (München u. Wien 1976); Treder, H. J.: Ptolemaios in seiner Bedeutung für die heutige Naturforschung, in: Altertum 23 (1977), 49ff.

Purkyně (Purkinje), Jan Evangelista, Physiologe und Histologe, geb. 17. 12. 1787 Libochowitz bei Leitmeritz (Libochovice bei Litoměřice), gest. 28. 7. 1869 Prag.

P.s wissenschaftliches Werk griff in zahlreiche Gebiete der Biologie ein, in denen es zur Durchsetzung von experimentellen Methoden beitrug. Dies gilt vor allem für die Physiologie, in der P. mit einer exakten Erforschung der Sinnesfunktionen begann. Zahlreiche Entdeckungen histologischer Strukturen führten P. zur Ausarbeitung der »Körnchen«-Konzeption als fundamentalem Baustein animalischer Körper (1837); dies reiht P. unter die Bahnbrecher der Zellentheorie ein.

P., Sohn eines Beamten, trat 1798 ins piaristische Gymnasium in Nikolsburg (Mikulov) ein und wurde Mitgl. eines geistlichen Ordens. Unter dem Einfluß der deutschen klassischen Philosophie, vor allem G. FICHTES, schied er 1807 aus dem Orden aus. Ab 1812 studierte P. an der Medizinischen Fakultät der Karls-Univ. und promovierte 1818. 1823 erhielt er im damals preuß. Breslau (Wrocław) eine Physiologie-Professur. Zuvor (1822) war er durch Deutschland gereist, hatte unter anderem in Leipzig an der ersten Versammlung der deutschen Naturforscher und Ärzte teilgenommen, in Berlin die Bekanntschaft seines zukünftigen Schwiegervaters, des Anatomen und Physiologen K. A. Rudolphi gemacht und in Weimar J. W. v. Goethe besucht, dessen Farbenlehre ihn zur Erforschung der Physiologie des Sehens anregte. In Breslau eröffnete er am 8.11.1839 an der Univ. ein physiologisches Institut. 1850 wurde P. Prof. der Physiologie in Prag, wo er ein weiteres Institut für Physiologie errichtete (1851). Ab 1853 war P. Herausgeber der naturwissenschaftlichen Ztschr. »Ziva«, der ersten Ztschr. dieser Art in tschech. Sprache. P. regte auch die Gründung des Bundes tschech. Ärzte (1861) an, dessen erster Präsident er war. Ebenfalls hatte er Verdienste bei der Ausbildung junger Naturwissenschaftler, sowohl deutscher (J. Sachs, J. N. Czermak) als auch tschech. (A. Fric, J. Krejci, sein Sohn Emanuel P., J. Schöbl, F. Novotny, V. Tomsa u. a.).

P. begann seine wissenschaftliche Laufbahn mit der Untersuchung von subjektiven Seherscheinungen (1819). Er beschrieb hier eine Reihe später nach ihm benannter Phänomene, z. B. die Purkyněsche Aderfigur (beobachtbare Verzweigung kleiner Adern im eigenen Auge) und das Purkyněsche Phänomen (Änderung der Farbenhelle bei der Adaption des Auges im Dunkeln). Ferner beschrieb er die Spiegelbildchen im Auge und untersuchte die Bedingungen des Augenleuchtens und Augenspiegelns. Zusammen mit seinem Schüler G. Valentin (ab 1833) bewies er, daß die Flimmerbewegung von Epithelzellen eine allgemeine Erscheinung im Tierreich ist, und mit seinem Assistenten S. Pappenheim (ab 1835) studierte er den Verdauungsprozeß in vitro. Die Sinnesphysiologieforschung dehnte P. später auf Hörphänomene, auf die Physiologie der Sprache und auf Probleme des Wachens und Schlafens aus.

P.s Arbeitsweise war empirisch-experimentell. Dementsprechend richtete er auch sein Breslauer Institut ein. Er begriff die Physiologie als breite, vielseitige Wissenschaft, die ihre eigenen Gesetzmäßigkeiten hat, obwohl sie die Methoden der Physik und der Chemie benutzt (1851); in dieser Ansicht unterschied sich P. von der sich damals entwikkelnden reduktionistischen Schule C. Ludwigs.

Die strukturelle Erforschung von Organismen begann P. insbesondere an Oberflächengebilden. Das Studium von Furchen an der Hautoberfläche menschlicher Finger führte zur Entdeckung des Prinzips der späteren Daktyloskopie (1823). Nach dem Erwerb besserer technischer Mittel studierte P. insbesondere Epithel- und Nervengewebe. Aus einem Vergleich der Drüsenstruktur ging P.s »Körnchen«-Konzeption als Grundbaustein von Lebewesen aus (1837); diesen Grundbaustein verglich er mit der analogen Grundeinheit bei Pflanzen, der Zelle, die sich vom »Körnchen« durch eine deutliche Zellenwand unterscheidet. Damit trug P. bedeutend zur Ausbildung der Zellentheorie bei. In der Nervengewebsforschung betonte er die funktionelle Bedeutung und die allgemeine Verbreitung von Nervenzellen (ein Typ von ihnen im Kleinhirn wurde nach P. benannt) und erklärte die Struktur von Nervenfasern, die seinem Befund nach nicht hohl sind, sondern inwendig einen Achsenzylinder (Axon) enthalten. Auch terminologisch trug P. ausgeprägt zu den sich formierenden Konzeptionen der Biologie bei. Zum ersten Mal benutzte er die Termini Grundsubstanz (1834), Protoplasma (1839 – hiermit bezeichnete er allerdings den Grundbaustoff von Embryonen); den Inhalt von Drüsen bezeichnete er als »Enchyma« (1837). In der Embryologie beschrieb P. die Entwicklung des Hühnereis vor der Inkubation und entdeckte dabei dessen Kern, den er als vesicula germinativa

J. E. Purkyně

Pythagoras von Samos

(Keimbläschen) bezeichnete (1825). Seine Konzeption der Konzentrierung fundamentaler Lebenszeichen in die »Elemente der Zeugungsstoffe« (1846) beeinflußte offensichtlich J. G. Mendels Erwägungen (1866).

Die Einschätzung von P.s umfangreichem und vielseitigwissenschaftlichem Werk hängt mit der Bewertung der Empirie zusammen, die sich als eine gewisse Reaktion auf die deduktive und analogisierende Richtungstendenz in der Naturphilosophie verbreitete. Dabei gab P. niemals seinen naturwissenschaftlichen Ideenrahmen auf, dessen Konzeption er allerdings nicht metaphysisch, sondern heuristisch auffaßte. Man vergleiche seine Konzeption des Erdgeistes (1847), eines gewissen Überorganismus, der in sich das anorganische und organische Walten auf der Erde vereint.

Seit 1851 strebte P. vor allem danach, Bedingungen für den Wissenschaftsbetrieb in der tschech. Nationalsprache zu schaffen. Deshalb kann P. als einer der Gründer der modernen tschech. Wissenschaft angesehen werden. Jo

Literatur: Gesamtausgabe der Werke von J. E. Purkyně unter dem Titel Opera omnia, bisher 13 Bde. (Prag ab 1918).

Benes, J.: Purkynuv odkaz ve vede a filosofii (Prag 1957); Kruta, V. (Hrsg.): Jan Evangelista Purkyně 1787–1869: Centenary Symposium (Brno 1971); Lesky, E.: Purkyněs Weg: Wissenschaft, Bildung und Nation (Wien 1970); Nemec, B., Matousek, O. (Hrsg.): Jan Evangelista Purkyně. Badatel národní buditel (Prag 1955); Zaunick, R. (Hrsg.): Purkyně Symposium der Deutschen Akademie der Naturforscher Leopoldina in Gemeinschaft mit der Tschechoslowak. Ak. d. Wiss., Nova Acta Leopoldina 24, 1961 (Nr. 151).

Pythagoras von Samos, Führer einer mystischen Sekte, vielleicht Mathematiker und Astronom, geb. etwa 580 v. u. Z. Samos, gest. etwa 500 v. u. Z. Metapont (Unteritalien).

P.' in etwa gesichertes Verdienst ist die Schaffung eines mystischen Bundes in Unteritalien, dessen Mitglieder sich unter anderem mit den Sternen, den Eigenschaften natürlicher Zahlen und den Verhältnissen der Saitenlängen bei Musikinstrumenten beschäftigten, woraus Impulse für die Entstehung der griech. Arithmetik, Astronomie und Musiktheorie entsprangen.

Authentische Berichte über das Leben des P. sind nicht überliefert; erwähnt wurde er von Aristoteles und Herodotos. Ausführliche, aber verfälschte Lebensbeschreibungen stammen aus dem 3./4. Jh. u. Z., als religiöses und mystisches Gedankengut verstärkt Eingang in die Behandlung wissenschaftlicher Fragen fand. Die bekannteste derartige Darstellung schrieb der Neupythagoreer Iamblichos von Chalkis. P., dessen Vater Gemmenschneider gewesen sein soll, verließ Samos aus Protest gegen die Herrschaft des Polykrates und wegen der drohenden Gefahr eines Angriffes durch Truppen der Achämeniden, einer pers. Dynastie. Er soll nach Kleinasien, Phönizien, Ägypten und Mesopotamien gereist sein und dort viele Jahre seines Lebens verbracht haben. In Milet soll ihn THALES auf die mathematischen Kenntnisse des Orients aufmerksam gemacht haben. In Phönikien, Ägypten und Babylon soll P. verschiedene religiöse Bekenntnisse und Kulturvorschriften neben mathematischen und himmelskundlichen Lehren kennengelernt haben, die die geistige Grundlage für den von ihm in Kroton gegründeten Geheimbund gebildet haben sollen. Nach Jahren des Erfolgs und politischen Einflusses wurde der Bund aus Kroton vertrieben. P. ließ sich mit einem Teil seiner Anhänger in Metapont nieder, wo er bis zu seinem Tode gewirkt haben soll.

Die Besonderheit der mystischen Vorstellungen der Pythagoreer bestand in der Ansicht, daß es auf dem Weg zum Transzendenten notwendig sei, sich mit den Geheimnissen der Zahlen zu beschäftigen. Als Zahlen wurden nur die ganzen positiven Zahlen anerkannt, wobei der Eins als Prinzip und Ausgangspunkt aller Zahlen und Dinge eine Sonderstellung zugeschrieben wurde. Dieses Konzept hat die weitere Entwicklung der Mathematik nachhaltig geprägt; auch in der Philosophie spielte es noch jahrhundertelang eine bedeutende Rolle.

In der Entwicklung der wissenschaftlichen Kenntnisse der Pythagoreer unterscheidet man im allgemeinen zwei Phasen, die altpythagoreische und die jungpythagoreische. Die erste reicht von der Gründung des Bundes in der zweiten Hälfte des 6. Jh. v. u. Z. bis in die Mitte des 5. Jh. v. u. Z., die zweite schließt sich daran an und endet mit dem Erlöschen des Geheimbundes in der zweiten Hälfte des 4. Jh. v. u. Z. Allerdings sind diese Einteilungen nur sehr vage, da zu wenig gesichertes Material erhalten blieb.

Das Niveau der Mathematik in der ersten Phase war weitgehend empirisch. Erste Ansätze theoretischer Verallgemeinerungen sind aber nach Meinung einiger Mathematikhistoriker nachweisbar. Die Pythagoreer arbeiteten wahrscheinlich mit schwarzen und weißen Rechensteinchen und verifizierten die erhaltenen Ergebnisse anschaulich. Das deutlichste Zeugnis dieses Niveaus sind die figurierten Zahlen, von denen man Dreieck-, Quadrat-, Rechteck- und Fünfeckzahlen unterschied. Später wurden sie zu den Polygonalzahlen erweitert und um die Pyramidalzahlen ergänzt.

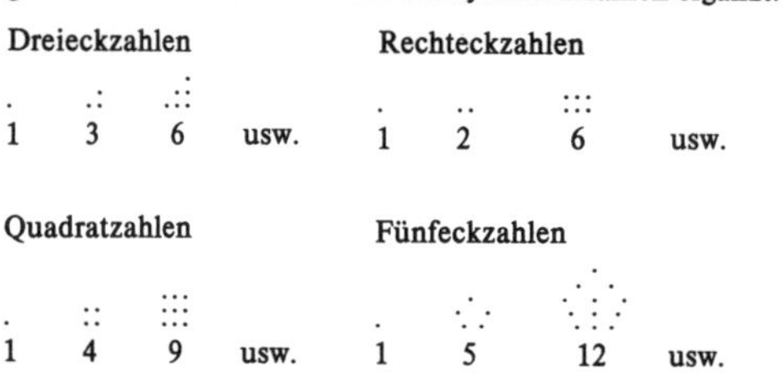

Mit Hilfe dieser figurierten Zahlen wurden Reihen berechnet, z. B.

$$\sum_{k=1}^{n} k = \frac{1}{2}(n+1)\, n \text{ und } \sum_{k=1}^{n} (2k-1) = n^2.$$

Ebenfalls aus dieser Phase stammt die Lehre von den geraden und ungeraden Zahlen. Die oben genannten und weitere Summen, Kenntnisse über das arithmetische, das geometrische und das harmonische Mittel sowie der Satz des P. lassen sich bereits für die mesopotamische Mathematik nachweisen. Obwohl die orientalischen Einflüsse auf die pythagoreische Zahlenlehre und Musiktheorie heute allgemein anerkannt werden, bestehen hinsichtlich des Umfangs, der Art und der Bedeutung dieser Einflüsse große Meinungsverschiedenheiten. Sie sind besonders wichtig für die Beurteilung der lange Zeit als Grundlagenkrise der griech. Mathematik bezeichneten Evolution der Erkenntnis, daß es geometrische und arithmetische Größen gibt, die kein ganzes Vielfaches der Einheit sind und sich auch nicht als Verhältnis natürlicher Zahlen darstellen lassen. Die bis in die siebziger Jahre vorherrschende Ansicht behauptete, daß diese Entdeckung, die z. B. HIPPASOS VON METAPONT in der Mitte des 5. Jh. v. u. Z. zugeschrieben worden ist, zum Zerfall des pythagoreischen Bundes geführt hat und die »Übersetzung« aus dem Orient übernommener algebraischer Aussagen wie $(a+b)^2 = a^2 + 2ab + b^2$ in die Sprache der Geometrie hervorbrachte.

Die pythagoreische Astronomie verknüpfte in der ersten Phase mesopotam. und frühgriech. Vorstellungen, z. B. von ANAXIMANDROS, mit Beobachtungsergebnissen. Sie lehrte z. B. den göttlichen Ursprung der Himmelskörper, die Harmonie der Planetenbewegungen in Entsprechung mit Zahlenverhältnissen aus der Musiktheorie, die Bewegung der Planeten auf Kreisbahnen und die unterschiedlichen Entfernungen der Planeten und Fixsterne von der Erde. In der Musiktheorie beschäftigten sich die Altpythagoreer zunächst mit den Teilungsverhältnissen am Monochord, einem Instrument, bei dem eine Saite über einen mit Intervallskale versehenen Kasten gespannt ist, und leiteten daraus die Grundlagen für die Lehre von den Verhältnissen und Proportionen der natürlichen Zahlen ab. In der zweiten Phase wurden die in der Arithmetik und Musiktheorie erzielten Ergebnisse ausgebaut und beispielsweise um die Lehre von der Teilbarkeit der Zahlen, die Theorie der Primzahlen, die Lehre über vollkommene und befreundete Zahlen, weitere Zahlenverhältnisse und Sätze über Proportionen erweitert. Die pythagoreische Arithmetik und Musiktheorie lösten sich innerhalb einer Strömung der Pythagoreer aus ihrem mystischen Gewand und erfuhren durch nicht unmittelbar den Pythagoreern verbundene Mathematiker ihre systematische Darlegung in Form von Lehrb., die als Elemente bezeichnet wurden. Vom Ende des 5. und aus der ersten Hälfte des 4. Jh. v. u. Z. sind schließlich die ersten wissenschaftlichen pythagoreischen Fragmente, wenn auch in spätantiker Fassung, überliefert. Dazu gehören Abhandlungen von ARCHYTAS VON TARENT, PHILOLAOS und SPEUSIPPOS. In dieser zweiten Phase der pythagoreischen Astronomie soll es zur Ausbildung heliozentrischer Ansätze gekommen sein, die die Bahnen von Merkur und Venus um die Sonne verlegten; dazu sollen noch vor EUDOXOS VON KNIDOS Epizykelmodelle genutzt worden sein. Auch die Bewegung der Erde soll gelehrt worden sein; jedoch sollte die Erde nicht um die Sonne, sondern um das in der Mitte des Universums befindliche Zentralfeuer gemeinsam mit der Sonne und den anderen Planeten kreisen. Br

Literatur: Diels, H. u. Kranz, W.: Die Fragmente der Vorsokratiker (14. Aufl. Dublin u. Zürich 1969); Timpanaro-Cardini, M.: Pitagorici, Testimonianze e frammenti, 3 Bde. (Florenz 1958–1964).

Vogel, C. J. de: Pythagoras and Early Pythagoreanism (Assen 1966).

●

Raman, Sir Chandrasekhara Venkata, Physiker, geb. 7. 11. 1888 Trichinopoly (Südindien), gest. 21. 11. 1970 Bangalore.

R. entdeckte die bei der Streuung von Strahlung an Körpern entstehenden verschobenen Spektrallinien (RAMAN-Linien), die durch Wechselwirkung der Lichtquanten mit Molekülen hervorgerufen werden.

R., Sohn eines Mathematikdoz., studierte an Colleges der Univ. Madras bis 1907. Durch Krankheit von weiteren Studien abgehalten, nahm er eine Stellung als Beamter im Finanzministerium an, arbeitete daneben noch weiter wissenschaftlich über Probleme des Schalls und der Schwingun-

R

Ch. V. Raman

S. Ramanujan

gen sowie über die Theorie der Musikinstrumente. In Anerkennung seiner veröffentlichten Forschungsresultate wurde er 1917 auf den neuerrichteten Physiklehrstuhl in Kalkutta berufen. 1926 gründete er die »Ind. Ztschr. für Physik«. 1933 ging er nach Bangalore und wurde Präsident des Ind. Instituts der Wissenschaften (1933–1937) und Leiter der Physikalischen Abteilung (1933–1948); 1934 begründete er die Ind. Ak. d. Wiss. Ab 1948 leitete R. das neuerrichtete Raman Research Institute.

Während einer Schiffsreise gelangte R. zur Vermutung, daß das Phänomen der tiefblauen Meerfarbe im Mittelmeer durch die Streuung des Sonnenlichts an Molekülen hervorgerufen wird und begann Versuche über die Lichtausbreitung in Flüssigkeiten. Erste Überlegungen fußten auf der Theorie der Opaleszenz von A. Einstein und M. Smoluchowski. Seine Mitarbeiter stellten bei Streuversuchen an staubfreien Flüssigkeiten eine eigentümliche, bisher unbekannte Fluoreszenz fest. Aber erst 1928 konnte R. mit seinen Mitarbeitern nachweisen, daß diese unbekannte Fluoreszenz eine neue Sekundärstrahlung ist. Deren Streuspektrum wies beiderseits der anregenden Frequenz verschobene Spektrallinien auf, die für den streuenden Körper charakteristisch sind. R. deutete den Effekt im Sinne einer Voraussage von A. G. Smekal (1923) als Energieänderung (Frequenzverschiebung) der Strahlung infolge Aufnahme bzw. Abgabe von Bewegungsenergie des streuenden Moleküls. Die Erscheinung wurde unabhängig von R. auch von G. S. Landsberg und L. I. Mandelschtam in der UdSSR gefunden. Der Raman-Effekt war ein überzeugender Beweis für die Richtigkeit der Quantentheorie des Lichts. Auf ihm basiert ein derzeitig wichtiges qualitatives und quantitatives Analysenverfahren, die Raman-Spektroskopie.

Ausgehend von seinen akustischen Forschungen, untersuchte R. 1935/36 die Streuung von Ultraschallwellen in Flüssigkeiten. Mit einer neuen Annahme über die geometrische Anordnung der Atome im Kristallgitter konnte er das Auftreten bestimmter monochromatischer Linien im Raman-Spektrum erklären. Weiterhin erforschte er optische Effekte in Edelsteinen und Mineralen; insbesondere trugen er und seine Mitarbeiter zur Aufklärung der Diamantenstruktur bei.

1930 erhielt R. für die Entdeckung des nach ihm benannten Effektes den Nobelpreis für Physik. Schi

Literatur: Raman, Ch. V.: A New Type of Secondary Radiation, in: Nature, 121 (128), 501.

Ramanujan, Srinivasa, Mathematiker, geb. 22. 12. 1887 Erode (Südindien), gest. 26. 4. 1920 Madras.

R. ist vorwiegend mit zahlentheoretischen Forschungen hervorgetreten.

R. besuchte eine höhere Schule in Kumba-Konam und beschäftigte sich autodidaktisch mit Mathematik (erste Publikation 1911); 1913 begann seine wissenschaftliche Korrespondenz mit dem Mathematiker G. H. Hardy. Von 1913 an gewährte ihm die Univ. Madras ein Stipendium für seine mathematischen Studien; 1914 folgte ein Arbeitsaufenthalt am Trinity College in Cambridge (England). 1919 kehrte R. aus gesundheitlichen Gründen nach Indien zurück. Seit Februar 1918 war er Mitgl. der Royal Society und seit Oktober 1918 Mitgl. des Lehrkörpers des Trinity College.

R. schrieb 38 Abhandlungen, davon 7 in Zusammenarbeit mit Hardy; viele seiner Resultate sind in Briefen an Hardy formuliert. Die Zahlentheoretiker verdanken R. bemerkenswerte asymptotische Formeln, Ergebnisse zur Partition natürlicher Zahlen, zur Theorie der elliptischen Funktionen sowie über Kettenbrüche. In der Theorie der elliptischen Modulfunktionen sprach R. wichtige Vermutungen aus. Mehrere »klassische« Ergebnisse der Mathematik, z. B. der Gausssche Primzahlsatz und Resultate über die hypergeometrische Reihe, wurden von R. wiederentdeckt, jedoch nicht immer auch bewiesen. Hardy hat R. mit L. Euler und C. G. J. Jacobi verglichen, nicht nur wegen seines erstaunlichen Scharfblicks für Formeln und für die Umformung unendlicher Reihen, sondern weil auch R. zu vielen seiner Ergebnisse induktiv aus einer Vielzahl von Zahlenbeispielen gelangte und er neben einem ausgezeichneten Gedächtnis und großer Geduld über eine ungewöhnliche Fähigkeit zur Durchführung komplizierter Rechnungen verfügte. Pi

Literatur: Ramanujan, S.: Collected papers (Hrsg. G. H. Hardy, P. Seshu Aiyar, B. M. Wilson, Cambridge 1927).
Hardy, G. H.: The Indian mathematician Ramanujan, in: Amer. math. monthly 44 (1937), 137–155; Hardy, G. H.: Ramanujan – twelve lectures suggested by his life and work (Cambridge 1940).

Ramazzini, Bernardino, Arzt, Epidemiologe und Physiker, geb. 5. 11. 1633 Carpi bei Modena, gest. 5. 11. 1714 Padua.

Mit seinem umfangreichen Werk über Berufskrankheiten begründete R. Gewerbemedizin und -hygiene.

R. studierte nach Absolvierung der Jesuitenschule in Carpi die Artes liberales (das philologische und philosophische Grundstudium seiner Zeit) und dann Medizin in Parma, wo er 1659 promovierte. Nach weiterführenden Studien in Rom ließ er sich in Carpi und 1671 in Modena als Arzt nieder. 1682–1700 war R. Prof. für theoretische Medizin an der Univ. Modena, danach Prof. der theoretischen und praktischen Medizin an der damals sehr bedeutenden Univ. Padua. 1709 wurde er erster Prof. der medizinischen Fakultät bis zu seinem Tode.

R. war ein hervorragender Repräsentant der Medizin im Zeitalter des Barock. Erste systematische Anwendung von Experiment und Qualifizierung, Ausbildung und Verbreitung einer iatromechanischen und iatrochemischen Schule bestimmten wesentlich ihr Bild. Daneben wurde aber auch die ältere empirische Richtung gründlich ausgebaut, die in genauer Beobachtung der Krankheitszeichen und des

Krankheitsverlaufs die Hauptquelle der medizinischen Erkenntnis sah. Eine in diesem Sinne erstrebte spezifische Krankheitslehre führte zum Konzept von »Species morborum«, die an »epidemische Konstitutionen« als Inbegriff der Gesamtheit örtlicher und zeitlicher Umweltbedingungen gebunden sind. Da der Hinweis auf diesen Zusammenhang unter empirischer Zuwendung bereits von HIPPOKRATES stammte, wurde diese Richtung in der Medizin auch mit dessen Namen bedacht.

Wissenschaftliches Anliegen R.s war die Synthese der Iatrochemie und Iatrophysik mit der hippokratischen Medizin, die in seinem Denken überwog. So begann R. seine wissenschaftliche Arbeit 1690 mit der Erforschung der epidemischen Konstitutionen der damals herrschenden Endemien und Epidemien (besonders Malaria und Typhus) mittels physikalischer Meßinstrumente, wie des Barometers und des Thermometers, um die damals üblichen Vorstellungen von der Wetterabhängigkeit von Krankheiten statistisch zu untersuchen. Diese Untersuchungen ergaben keinen Zusammenhang zwischen Wetter und Krankheitsgeschehen, erwiesen aber erstmalig die Abhängigkeit einer Wetterlage vom Barometerstand. Das Kontagium hielt R. für eine ansteckende Materie, die sich selbst reproduzieren und weiterhin verbreiten kann. Die von den »epidemischen Konstitutionen« der Zeit und der Örtlichkeit ausgehende Erkenntnis, daß die bisher weniger beachtete unmittelbare, spezielle Örtlichkeit des Lebens- und vor allem des Arbeitsmilieus von wesentlicher Bedeutung für die Krankheitslage der jeweils betroffenen Bevölkerung ist, ließ R. diesen Zusammenhang im einzelnen durch genaue Beobachtungen erkunden und beschreiben. Er erkannte, daß spezifische Krankheiten sich in Abhängigkeit von der Berufsart häuften, und es Aufgabe des Arztes sei, dies zu berücksichtigen. R.s Werk »De morbis artificum diatriba« behandelt weit über 200 Berufsarten, oftmals in Gruppen zusammengefaßt, und ihre Krankheitsfolgen. R. beschrieb (nach heutiger Bezeichnung) berufsbedingte spezifische Erscheinungen der Gewerbetoxikologie, Haltungsschäden und Deformationen, Hitze- und Kälteschäden, Gesichts- und Gehörschäden, Allergosen und Dermatosen, gynäkologische Erscheinungen, Schäden an den Atemwegen, selbst Avitaminosen u. a.

Das Werk R.s lieferte den Ärzten des 18. Jh., die sich mit Berufskrankheiten befaßten, mannigfache Anregungen und ein Ausgangsmaterial, auf dem sie neue oder erweiterte Erkenntnisse aufbauen konnten. Sein Buch ist auch für die Geschichte der Industrie und der davon abhängigen Gesellschaft von Bedeutung. Die Arbeit R.s erregte schon seinerzeit großes Aufsehen in der medizinischen Welt. Er wurde z. B. Mitgl. der Kaiserl. Akademie der Naturforscher in Halle sowie der Berliner Ak. d. Wiss. Wa

Literatur: Ramazzini, B.: Opera omnia medica et physica (Gesamte medizinische und naturkundliche Werke) (London 1716 und Genf 1717).

Ackermann, J. G.: B. Ramazzinis Abhandlung von den Krankheiten der Künstler und Handwerker, 2 Bde. (Stendal 1780); Koelsch, F.: Bernardino Ramazzini, der Vater der Gewerbehygiene (1633–1714). Sein Leben und seine Werke (Stuttgart 1912); Pagel, J.: Über Bernardino Ramazzini und seine Bedeutung in der Geschichte der Gewerbehygiene, in: Deutsche Medizinische Wochenschrift (DMW) 17 (1891), 224–226, 260–262, 296 f., 331 f.

Rammler, Erich, Braunkohlentechniker, geb. 9. 12. 1901 Tirpersdorf (Vogtland), gest. 6.11.1986 Freiberg (Sachsen).

R. erzielte mit seinen Untersuchungen wesentliche Fortschritte in der Verarbeitung und Veredlung der Braunkohle. Herausragend ist dabei sein Anteil an den theoretischen Grundlagen der Brikettierung und an der Entwicklung eines hüttenfähigen Hochtemperaturkokses.

R. entstammte einer Familie von Bauern und Arbeitern. Sein Vater konnte ein Bautechnikum besuchen und arbeitete ab 1904 in einem Architekturbüro in Halle. Dort besuchte R. die Bürgerschule und die Oberrealschule. Nach dem Abitur 1919 absolvierte er im Bitterfelder Braunkohlenrevier ein achtmonatiges Praktikum, um dann 1920–1925 an der Bergakademie Freiberg zu studieren. Seine erste Anstellung fand R. als Versuchsing. bei O. P. ROSIN in der Wärmestelle des Staatlichen Hütten- und Blaufarbenwerkes Freiberg und wirkte bei dem Versuch mit, im Verfahren der Kohlenstaubfeuerung Steinkohle durch Braunkohle zu ersetzen. Die Beschäftigung mit der Braunkohle bestimmte fortan entscheidend seine Arbeit als Forscher und Hochschullehrer.

1927 promovierte R. an der Bergakademie Freiberg »summa cum laude« über die Untersuchung und Bewertung der Feinheit von Braunkohlenstaub. Zusammen mit ROSIN arbeitete er weiter an der Konstruktion von Kohlenmahlanlagen, Trocknern sowie der Verbesserung der Kohle-Feueranlagen in Großkraftwerken und der Technologie der Schwelereien in Sachsen, im Rheinland und in der ČSR. Als ROSIN 1928 einen Ruf als Honorarprof. an die TH Berlin-Charlottenburg annahm und aus dem Staatsdienst austrat, folgte R. ROSIN als Mitarbeiter in dessen gleichzeitig in Dresden gegründetes Privatinstitut. Ihre internationale Anerkennung wuchs. 1927–1932 erhielten sie gemeinsame Aufträge zur Untersuchung sowjet. Kohle auf ihre Eigenschaften bei der Kohlenstaubherstellung und -verfeuerung. Im April und Mai 1932 besuchten sie die Sowjetunion, vor allem Moskau, Leningrad und Charkow, und vermittelten ihre Erkenntnisse in Theorie und Praxis. Die von R. in experimenteller wie theoretischer Arbeit gewonnenen Erkenntnisse auf dem Gebiet der Braunkohlenforschung spiegelte die in den 30er Jahren gemeinsam mit ROSIN und SPERLING publizierte Exponentialformel der Korngrößenzusammensetzung des Mahlgutes (Abk.: RRS-Formel) wider, die im Verlaufe von zehn Jahren in allen Industriestaaten der Erde bekannt wurde und Anwendung fand. Während der Zeit des Nationalsozialismus wurde R. die Habilitation an der Bergakademie Freiberg verweigert; ROSIN wurde aus rassischen Gründen in die Emigration getrieben. Das von R. weitergeführte Institut fiel am 13.2.1945 dem Luftangriff auf Dresden zum Opfer. Erst nach Kriegsende wurde für R. der Weg frei für die Hochschullehrertätigkeit in Freiberg. 1945 arbeitete er zunächst als Assistent seines alten Lehrers K. KEGEL, 1949 erfolgte seine Berufung zum Prof. mit vollem Lehrauftrag und 1951 zum o. Prof. sowie seine Ernennung zum Dir. des Institutes für Brikettierung. In einem verhältnismäßig kurzen Zeitraum entwickelte er, dringenden Bedürfnissen der Wirtschaft folgend, bis 1952 zusammen mit G. BILKENROTH den hüttenfähigen Braunkohlenhochtemperaturkoks bis zum erfolgreichen Einsatz in Metallurgie, Karbiderzeugung und anderen Produktionsprozessen. Am 14. 6. 1952 erfolgte die Inbetriebnahme der ersten Ofenbatterie der von ihm mit projektierten und errichteten Großkokerei Lauchhammer.

Mit seinen Forschungsergebnissen erzielte R. nationale und internationale Anerkennung. Auch als Autor bzw. Mitautor von 62 selbständigen Büchern und über 600 anderen wissenschaftlichen Publikationen trat er hervor. Viele heute international anerkannte Kohleveredler sind als seine Schüler in Forschung, Lehre und industrieller Praxis tätig. R. wurde mit dem Nationalpreis der DDR I. Klasse und anderen Auszeichnungen geehrt. Die TU Dresden und die TH Aachen verliehen ihm die Ehrendoktorwürde. Er war Mitgl. der DAdW und der Sächs. Ak. d. Wiss. Wä

Literatur: Wächtler, E., Mühlfriedel, W., Michel, W.: Erich Rammler (Leipzig 1976).

B. Ramazzini

E. Rammler

S. Ramón y Cajal

W. Ramsay

Ramón y Cajal (Cajal), Santiago, Hirnforscher und Neurobiologe, geb. 1. 5. 1852 Petilla (Aragón), gest. 17. 10. 1934 Madrid.

R. entdeckte die neuronale Struktur des Zentralnervensystems und begründete die spanische Schule der Neurohistologie.

R., Sohn eines Chirurgen, studierte 1869–1873 Medizin an der Univ. Zaragoza. 1873 leistete er Heeresdienst als Militärarzt in Spanien und Kuba. 1875 erhielt er eine Assistenz am Anatomischen Institut und wurde 1879 zum Dir. des Anatomischen Museums der medizinischen Fakultät in Zaragoza berufen. 1884 erhielt R. eine Professur für Anatomie an der Univ. Valencia, 1887 dieselbe von Barcelona. 1892 erfolgte seine Berufung als Prof. für Histologie an der medizinischen Fakultät der Univ. Madrid; diese Stellung bekleidete R. bis an sein Lebensende.

Bereits 1887 gelang es R. durch eine wesentlich verbesserte Methode der von C. Golgi in die Histologie eingeführten Silberimprägnierung, die bis dahin gültige Vorstellung von einer kontinuierlichen netzartigen Struktur des Zentralnervensystems zu widerlegen und die Nervenzelle (das Neuron) als dessen anatomische und funktionelle Grundeinheit zu identifizieren. Die einzelnen Neuronen stehen miteinander nur über spezielle Kontaktelemente, die Synapsen, in Verbindung. Das gesamte Zentralnervensystem stellt demzufolge einen hochorganisierten Neuronenverband dar. Dieselbe Vorstellung von einer diskreten Struktur des Zentralnervensystems hatten etwa gleichzeitig und unabhängig von R. auch der Schweizer Neuroanatom A. Forel und der deutsche Anatom W. His entwickelt; die Bezeichnung »Neuron« führte W. Waldeyer in die anatomische Nomenklatur ein. Mit der Neuronenlehre, die sich allerdings erst in einem über 70jährigen Meinungsstreit endgültig durchsetzte, wurde eine heuristisch außerordentlich produktive theoretische Basis für die weitere Erforschung der Arbeitsweise des menschlichen Gehirns geschaffen: sie lehrte in der Folgezeit, das Zentralnervensystem als ein kompliziert vernetztes biologisches Informationsverarbeitungssystem zu begreifen. Die Bedeutung der Neuronenlehre ist für die Biologie genausogroß wie die der Atomtheorie für die Chemie oder der Quantentheorie für die Physik. R.s neuroanatomische Arbeiten sind der Neurophysiologie weit vorausgeeilt. Das trifft auf seine ersten Arbeiten zur Neuronenlehre und die Entdeckung der synaptischen Verknüpfung ebenso zu wie auf die spätere Beschreibung der Reflexkollateralen als anatomisches Substrat der Zweineuronenreflexe und seine Arbeiten zur Retina der Wirbeltiere. Erst die moderne Elektrophysiologie hat die von R. histologisch gewonnenen Resultate auch physiologisch bestätigen können. In jüngster Zeit werden insbesondere elektroenzephalographische Untersuchungen mit Mikroelektroden durchgeführt, die Aufschluß über die Tätigkeit von Neuronen in der Hirnrinde geben sollen. Die synaptische Transmission wird mit biochemischen und biophysikalischen Methoden (Membrantransport) untersucht.

R.s Werk entstand auf dem geschichtlichen Hintergrund des politischen Niedergangs Spaniens im 19. Jh. Er war ein glühender Patriot, und es war eines seiner Motive, durch sein Werk sein Land wenigstens in der Wissenschaft wieder zur Geltung zu bringen. R. hinterließ eine berühmte spanische Schule der Neurohistologie und ein gültiges Werk, das bis in die Gegenwart produktiv geblieben ist. Noch zu seinen Lebzeiten wurde 1932 in Madrid das Instituto Cajal errichtet. 1906 erhielt R. gemeinsam mit C. Golgi den Nobelpreis für Medizin. Ri

Literatur: Ramón y Cajal, S.: Neue Darstellung vom histologischen Bau des Centralnervensystems, in: Arch. Anat. (1893), 319, Die Retina der Wirbeltiere (Wiesbaden 1894), Beitrag zum Studium der Medulla oblongata, des Kleinhirns und des Ursprungs der Gehirnnerven (Leipzig 1896), Textura del sistema nervioso del hombre y de los vertebrados (Die Struktur des Nervensystems des Menschen und der Wirbeltiere), 3 Bde. (Madrid 1897–1904), Studien über die Hirnrinde des Menschen. I–V (Leipzig 1900–1906), Studien über die Nervenregeneration (Leipzig 1908), Histologie du système nerveux de l'homme et des vertèbres (Histologie des Nervensystems des Menschen und der Wirbeltiere), 2 Bde. (Paris 1909–1911, 2. Aufl. Madrid 1953), Estudios sobre la degeneracion y regeneracion del sistema nervioso (Studien über die Degeneration und Regeneration des Nervensystems), Bd. 1–2, (Madrid 1913/14), Die Neuronenlehre, in: Bumke-Foersters Handb. der Neurologie Bd. 1, 887 (Berlin 1935).

Ramsay, Sir William, Chemiker, geb. 2. 10. 1852 Glasgow, gest. 23. 7. 1916 Hazlemere (Buckinghamshire).

R. gehörte zu den bedeutendsten Chemikern im Übergangsfeld von der klassischen Chemie des 19. Jh. zur modernen Chemie des 20. Jh.; er entdeckte die Edelgase Argon, Helium, Krypton, Neon und Xenon und bestimmte deren Platz im Periodensystem der Elemente.

In einem für naturwissenschaftliche Fragen aufgeschlossenen Elternhaus aufgewachsen (der Vater war Ing., der Großvater Holzessigfabrikant und Färber und gilt als Entdecker der komplexen Eisenverbindung »Turnbulls Blau«), nahm R. bereits mit 14 Jahren (1866) an der Univ. Glasgow ein Studium auf; hier hörte er ab 1869 u. a. Vorlesungen auch bei W. Thomson (Lord Kelvin); 1870–1872 studierte R. in Heidelberg bei R. Bunsen sowie in Tübingen bei R. Fittig, wo er 1872 promoviert wurde; 1872–1880 war R. als Assistent an der Univ. Glasgow tätig; 1880 erfolgte die Berufung zum Prof. für Chemie am University College in Bristol. Hier begann R. mit seinen bahnbrechenden physikalisch-chemischen Untersuchungen. 1887 trat R. die Nachfolge von A. W. Williamson am University College in London an, wo ihm die Entdeckung der Edelgase gelang. R. war Mitgl. und Ehrenmitgl. zahlreicher wissenschaftlicher Gesellschaften und wurde 1902 in den engl. Adelsstand erhoben; er war Ehrendoktor der Univ. Dublin.

Bei Untersuchung der Ursachen für das Auftreten unterschiedlicher Dichten zwischen dem aus atmosphärischer Luft isolierten Stickstoff und dem aus chemischen Verbindungen gewonnenen Stickstoff (Abweichung: 0,001 6 g/l) entdeckte R. 1894 das erste Edelgas (Argon); wenig später identifizierte er mittels Spektralanalyse weitere Analoga: Helium (1895), Krypton, Neon und Xenon (1898 gemeinsam mit M. W. TRAVERS). Die Plazierung dieser fünf neuen chemischen Elemente in dem 1869/70 von D. I. MENDELEJEW und L. MEYER entwickelten Periodensystem der Elemente bestätigte eindrucksvoll dessen Richtigkeit. Ab 1903 untersuchte R. (zusammen mit F. SODDY) die beim radioaktiven Zerfall von Radium entstehenden gasförmigen Produkte (Radium-Emanation); dabei wiesen sie spektralanalytisch auch die Bildung von Helium nach. R. ermittelte 1910 die relative Atommasse der Radium-Emanation und entwickelte mit der »Desintegrationstheorie« eine Hypothese des radioaktiven Zerfalls. Die Radium-Emanation erwies sich zusammen mit der Actinium- sowie der Thorium-Emanation als Zwischenglied einer radioaktiven Zerfallsreihe und als Isotop des 1931 als Radon bezeichneten chemischen Elementes.

R. erwarb sich auch auf anderen Gebieten der Chemie bleibende Verdienste; ab 1883 untersuchte R. (zusammen mit S. YOUNG) die thermischen Eigenschaften fester und flüssiger Stoffe und leitete für das Verhältnis der absoluten Siedepunkte zweier chemisch ähnlicher Flüssigkeiten bei verschiedenen Drücken eine empirische Beziehung, die Regel nach RAMSAY-YOUNG, ab. Durch Messung der Oberflächenspannung verschiedener Flüssigkeiten bis zum kritischen Punkt gelang es R. 1892 (zusammen mit J. SHIELD), die von J. EÖTVÖS 1886 aufgestellte empirische Beziehung zum Verhältnis von Oberflächenenergie und Temperatur weiterzuentwickeln; 1887 bestätigte er durch eigene Experimente die osmotische Lösungstheorie von J. H. VAN'T HOFF. Bei der Umsetzung von Ethin mit Cyanwasserstoff entdeckte R. 1876 eine neuartige Pyridinsynthese und beschrieb 1887 die katalytische Wirkung von Wasserdampf bei der Darstellung von Aluminiumchlorid.

Für die Entdeckung der Edelgase und die Bestimmung ihres Platzes im Periodensystem erhielt R. 1904 den Nobelpreis für Chemie. Sz

Literatur: Ramsay, W.: A system of chemistry (London 1891), The gases of the atmosphere (London 1896), Introduction to the study of physical Chemistry (New York 1904), Textbooks of physical Chemistry (London 1905), Elements and electrons (London 1912).

Raoult, François Marie, Physikochemiker, geb. 10. 5. 1830 Fournès-en-Weppes (Nord), gest. 1. 4. 1901 Grenoble.

R. gelangte auf dem Gebiet der physikalischen Chemie empirisch zu zwei grundlegenden Aussagen über die Proportionalität zwischen relativer Dampfdruckerniedrigung eines Lösungsmittels und dem Molenbruch des gelösten Stoffes (1. RAOULTsches Gesetz, 1882) bzw. zwischen Gefrierpunktserniedrigung des Lösungsmittels und der Molarität des gelösten Stoffes (2. RAOULTsches Gesetz, 1886), die 1886 von J. H. VAN'T HOFF thermodynamisch begründet werden konnten.

R. stammte aus bescheidenen Familienverhältnissen, sein Vater war Finanzbeamter; unter schwierigen finanziellen Bedingungen studierte er in Paris Physik. 1853 wurde R. Lehrer am Lyzeum in Reims und veröffentlichte seine erste wissenschaftliche Mitteilung über »Beobachtung des Stromtransportes in galvanischen Ketten«. Auch während der nachfolgenden 20jährigen Tätigkeit als Lehrer in verschiedenen Provinzstädten (1855: St. Dié; 1856: Reims; 1860: Bar-le-Duc) führte R. physikalisch-chemische Untersuchungen durch. 1863 wurde er promoviert und war dann Lehrer am Lyzeum zu Sens. 1867 wurde er Assistent und ab 1870 Prof. für Chemie an der Univ. Grenoble, wo eine Vielzahl seiner Arbeiten auf physikalisch-chemischem Gebiet entstand. R. war Mitgl. und Ehrenmitgl. zahlreicher wissenschaftlicher Gesellschaften und Inhaber hoher wissenschaftlicher Auszeichnungen.

Die physikalische Chemie entwickelte sich in der 2. Hälfte des 19. Jh. an den Nahtstellen ihrer klassischen Grunddisziplinen zu einem eigenständigen Wissenschaftsgebiet mit vielfältigen Anwendungsmöglichkeiten. Ihr Anliegen bestand vor allem in der Aufdeckung der Ursachen, Bedingungen und Triebkräfte stofflicher Umwandlungen, wozu bevorzugt Untersuchungen in gasförmigen und flüssigen Systemen erfolgten. R. hatte insbesondere an der Ausarbeitung einer Theorie der Lösungen wesentlichen Anteil. In seinen ersten Arbeiten (1878–1880) gelang es R., die bereits von C. BLAGDEN 1788 qualitativ beschriebene Abhängigkeit der Gefrierpunktserniedrigung einer Lösung von der Menge des gelösten Stoffes quantitativ zu bestätigen. In seiner klassischen Arbeit von 1882 wies R. am Beispiel von 29 in einem Alkohol-Wasser-Gemisch gelösten organischen Verbindungen die Proportionalität zwischen der relativen Dampfdruckerniedrigung des Lösungsmittels und dem Molenbruch der gelösten Stoffe nach. Damit erhielt dieser Zusammenhang eine für den Chemiker quantitativ handhabbare Form und konnte zur Bestimmung des Molekulargewichtes (jetzt relative Molekülmasse) chemischer Verbindungen herangezogen werden.

Nachdem R. die Gültigkeit seiner Beziehung auch in anderen Lösungsmitteln überprüft hatte, entwickelte er um 1886 eine Methode zur Ermittlung des Molekulargewichtes durch Messung der Gefrierpunktserniedrigung. Diese kryoskopische Methode wurde durch E. O. BECKMANN 1888 apparativ vervollständigt. Auch auf elektrochemischem Gebiet gelangte R. zu wertvollen Erkenntnissen. Mit Hilfe des »DANIELL-Elementes« untersuchte er den Zusammenhang zwischen Gesamtenergie und freier Energie chemischer Reaktionen (1864–1869). Dazu entwickelte er ein der POGGENDORFFschen Methode ähnliches Kompensationsverfahren (1859) und beschrieb die elektromotorische Kraft verschiedener »Halbelemente« (1869–1873). Weiterhin arbeitete R. über die Atmung, den Einfluß des Lichtes auf die Zuckerinversion sowie über die Bildung von Erdalkalicarbonaten. Sz

Literatur: Raoult, F. M.: La tonométrie, collection scientifique (Paris 1900–1901), Sur les progrès de la cryoscopie, un Étude du Congélation des Dissolutions (Grenoble 1899), Tension de vapeur et point de congélat d. solut salines, in: Comptes rendus 87 (1878), Congélation d. solution benzéniques d. solut neutres, in: Comptes rendus 95 (1882), Loigén: de congélation d. dissolvants, in: Comptes rendus 101 (1885), Application de la cryoscopie à la détermin des poids molecul., in: Comptes rendus 101 (1885), Extens de la roi de solidification au thymol ..., in: Comptes rendus 102 (1886), Influence du degré de concentration sur la tension de vapeur des dissolution Gaites dans l. éther, in: Comptes rendus 104 (1887).

Ray (Rajus), John, Theologe und Naturforscher, geb. 29. 11. 1627 Black Notley (Essex), gest. 17. 1. 1705 Black Notley.

R. faßte die seit der Renaissance vorhandenen Versuche zur Klassifikation der Tier- und Pflanzenwelt erstmals erfolgreich zusammen, schuf mit neuen Methoden ein neues Tier- und Pflanzensystem, auf dem C. v. LINNÉ aufbaute, und definierte den Begriff der »Art« als Grundkategorie der Systematik.

R., Sohn eines Hufschmiedes, studierte ab 1644 Theologie am Trinity College der Univ. Cambridge und lehrte dann dort klassische Sprachen, Mathematik und Naturgeschichte. 1653 wurde der begüterte F. WILLUGHBY sein Schüler und Begleiter auf naturhistorischen Exkursionen, als deren Ergebnis bereits 1660 eine Lokalflora der Umgebung von Cambridge entstand. 1660–1662 wirkte R. als Diakon, verließ aber den Kirchendienst und widmete sich gemeinsam mit WILLUGHBY ganz der Naturgeschichte, deren Ausübung als Teil der »Natur-Theologie« aufgefaßt wurde. Bei der Neu-Klassifikation des gesamten Naturreichs übernahm R. zunächst die Pflanzen, WILLUGHBY (der das Vorhaben finanzieren konnte) die Tiere. Sie reisten 1662 an die Westküste Englands, wo sie Pflanzen sammelten und die Biologie der Seevögel und Insekten studierten. Danach unternahmen sie 1663–1666 (in Begleitung zweier weiterer Engländer) eine Studien- und Sammelreise durch Südeuropa, und zwar von den Niederlanden aus durch das Rheintal bis Basel, nach Zürich, Konstanz, Nürnberg und Wien, schließlich über die Alpen nach Venedig und Padua, wo sie den Winter über blieben. Anfang 1664 reisten sie weiter nach Bologna und Livorno bis Neapel, dort teilte sich die Reisegruppe. Während WILLUGHBY über Rom und Rousillon nach Spanien ging und von dort schon Ende 1664 nach England zurückkehrte, reiste R. zunächst nach Sizilien und Malta, bestieg Ende Mai 1664 den Ätna und setzte die Reise über Livorno nach Rom fort. Anfang 1665 reiste er nochmals nach Venedig und von dort über Bozen nach dem Engadin, von Chur über Luzern nach dem Genfer See und schließlich nach Montpellier. Durch Erlaß LUDWIGS XIV. (Februar 1666), nach dem Ausländer Frankreich verlassen mußten, kehrte R. vorzeitig über Paris nach England zurück. R. und WILLUGHBY hatten auf ihrer Reise die bedeutendsten Naturaliensammlungen und Menagerien besucht und Abbildungen exotischer Tiere erworben. Nach der Rückkehr gab R. 1667 zunächst eine Flora von England (»Catalogus plantarum Angliae«) heraus und publizierte, nachdem sein Freund WILLUGHBY 1672 gestorben war, 1673 allein den Reisebericht und nach den Aufzeichnungen WILLUGHBYS 1676 dessen »Ornithologie« (der 1686 dessen Werk über die Fische folgen sollte), bevor er seine eigenen botanischen Werke bearbeitete. R. wurde 1667 Mitgl. der Royal Society und widmete sich, dank einer ihm von WILLUGHBY hinterlassenen Lebensrente, ausschließlich der neuen Klassifikation des Tier- und Pflanzenreichs. Seine Synopsis der Systematik der Vierfüßer und Schlangen erschien 1693, während der Insektenband erst nach seinem Tod (1710) veröffentlicht und eine Synopsis der Vogelsystematik ebenfalls postum 1713 von seinem Freund W. DERHAM (Begründer der »Natural Theology«) ediert wurde.

Das Neue in R.s Pflanzensystem ist die Verwendung morphologischer und anatomischer Kriterien als Klassifikationsmerkmal, wobei er sich auf Arbeiten von J. JUNGIUS stützte. Durch die Einbeziehung vieler Merkmale gelangte R. zu teilweise heute noch gültigen »natürlichen« Verwandtschaftsgruppen, wie Kreuzblütler, Korbblütler, Lippenblütler, Doldenblütler. Außerdem unterschied er zwischen Ein- und Zweikeimblättlern und führte 1703 die Begriffe »Monocotyledones« und »Dicotyledones« ein. Bereits in seinem »Methodus plantarum nova« (1682) formulierte er theoretische Prinzipien für die Gruppierung, verwendete konstante Namen und teilweise Doppelnamen für Gattung und Art, was später LINNÉ zur Regel erhob; er definierte den Begriff »verwandte Pflanzen« und 1686 den Begriff »Art« als biologisches Phänomen (nicht mehr als logische Kategorie wie ARISTOTELES). Auch für das Tiersystem stützte sich R. auf anatomisch-physiologische Kriterien, verwarf erstmals die Einteilung nach dem Lebensraum (Landtiere, Lufttiere, Wassertiere) und definierte z. B. die Gruppe »Fische« im heute gültigen Sinne, wenn er auch später inkonsequent die Wale noch einbezog. R. hat als bedeutendster Systematiker vor LINNÉ zu gelten. Ja

F. M. Raoult

J. Ray

Literatur: Ray, J.: Catalogus plantarum Angliae (London 1667), Ornithologiae libri tres (von F. Willughby, London 1676), Historia generalis plantarum, 3 Bde. (London 1686–1704), Methodus plantarum nova (Amsterdam 1682, 2. Aufl. 1703, Faksimile-Reprint Weinheim/Bergst. 1962), De historia piscium (von F. Willughby, London 1686), Synopsis animalium quadrupedum et serpentium (London 1693), Historia insectorum (postum London 1710), Synopsis methodica avium (Hrsg. W. Derham, London 1713).

Keynes, G.: John Ray, a bibliography 1770–1970 (London 1971, 2. Aufl. Amsterdam 1976); Raven, Ch. E.: John Ray, naturalist, his life and his works (Cambridge 1942, 2. Aufl. 1950); Stevenson, I. P.: John Ray and his contributions to plant and animal classification, in: J. Hist. Med. 2 (1947), 250–261.

Réaumur, René-Antoine Ferchault de, Physiker und Zoologe, geb. 28.2.1683 La Rochelle, gest. 18.10.1757 Bermondière (Maine).

R. schuf die dritte empirische Temperaturskale, die neben der von A. CELSIUS und D. G. FAHRENHEIT die Forderung nach einem Standard für die Messung der Temperatur im 18. Jh. erfüllte und auch heute noch in Frankreich angewandt wird.

R., Sohn eines conseiller au présidial (etwa Appellationsrichter), studierte zunächst Jura, beschäftigte sich aber hauptsächlich mit naturwissenschaftlichen und technischen Fragen. 1708 ernannte ihn die Académie des Sciences (franz. Ak. d. Wiss.) zu ihrem Mitgl., betraute ihn 1711 mit der Vorbereitung einer Enzyklopädie, die nach seinem Tode von 1761–1783 als »Descriptions des arts et métiers« erschien.

R.s Bestrebungen zur Herstellung eines Thermometers basierten vor allem auf Versuchen von G. AMONTONS. Als Thermometerflüssigkeit wählte R. Weingeist (Ethanol), da er Quecksilber – wie er meinte – wegen zu geringen Ausdehnungsvermögens bei Erwärmung ablehnte. 1730 führte R. die 80teilige Thermometerskale ein aufgrund seiner Feststellung, daß sich 1 000 Teile Ethanol vom Gefrierpunkt des Wassers auf 1 080 Volumenteile in siedendem Wasser ausdehnen, bevor Ethanol selbst zu sieden beginnt. Wegen der ungleichmäßigen Ausdehnung und des niedrigen Siedepunktes des Ethanols verwendete J. A. DELUC später Quecksilber, behielt aber die 80teilige Skale zwischen Gefrier- und Siedepunkt des Wassers bei, die als REAUMURskale bekannt wurde.

R.s Mitarbeit an der Enzyklopädie spiegelt sich auch in dem breiten Spektrum seiner Forschungsgebiete wider. Er befaßte sich mit der Stahlgewinnung, der Herstellung schmiedbaren Stahls, dem Kristallisieren von Glas (RÉAUMURsches Porzellan). Außerdem entdeckte R. die Einteilung des Bienenstaates in Königin, Drohnen, Arbeitsbienen und arbeitete über Insekten und Schalentiere. Lz

Literatur: Réaumur, R., in: Ostwalds Klassiker der exacten

Wissenschaften 57 (1894): Regeln zur Construction von Thermometern mit vergleichbaren Scalen, die eine Vorstellung von Kälte und Wärme geben, die auf bekannte Maasse bezogen werden können (1730), 19–63, Zweite Abhandlung ueber die Construction der Thermometer ... (1731), 64–99, Ueber das Volumen der Flüssigkeitsgemische (1733), 100–116.

Kant, H.: G. D. Fahrenheit – R. A. F. de Réaumur – A. Celsius (Leipzig 1984).

Redi, Francesco, Arzt und Biologe, geb. 18.2.1626 Arezzo, gest. 1.3.1698 (oder 1697?) Pisa.

R. war ein vielseitig interessierter Arzt und gilt als einer der ersten Experimentalbiologen, besonders durch seine teilweise Widerlegung der Urzeugung.

R., Sohn eines am Hofe der Medici wirkenden Arztes, studierte an der Univ. Pisa Philosophie und Medizin, promovierte hier 1647 und wurde Leibarzt und Oberaufseher der Apotheke am Hofe des Großherzogs Ferdinand II. v. Medici. R. war auch Mitgl. der 1657–1667 existierenden Accademia del Cimento in Florenz.

Der Zeit der wissenschaftlichen Revolution entsprechend war R.s Meinung, daß viele bisherigen Behauptungen über Naturobjekte sich bei näherer Prüfung als unwahr herausstellen würden und man die Dinge selbst überprüfen müßte. So widerlegte R. die Ansicht, daß Luft die einzig notwendige Substanz zum Leben des Chamäleons sei. 1664 veröffentlichte R. eine Abhandlung über das Gift und den Bau der Giftzähne der Vipern; darin stellte er unter anderem fest, daß das Gift von zwei Drüsen im Oberkiefer der Schlange und nicht von ihrer Gallenblase produziert wird, daß es nur im Blut und im durchbluteten Gewebe, nicht aber im Darm der gebissenen Tiere wirksam wird. In »Esperienze intorno alla generazzione degli insetti« (1668) legte er unter anderem auf Grund von Experimenten dar, daß Fliegenmaden sich nur aus Eiern und nicht spontan in Fleisch entwickeln. Urzeugung hielt R. aber bei Insektenlarven in Pflanzengallen, Pilzen und Früchten für möglich. 1684 veröffentlichte R. ein bedeutendes Werk über Parasiten. Die »Redien« (Redia), ein Metamorphose-Stadium der Leberegel, wurden nach R. benannt.

R. beobachtete auch das Weiterleben enthirnter Schildkröten und auch Säugetiere, beschrieb das elektrische Organ des Zitterrochens, das Zerreiben von Glaskügelchen im Hühnermagen, extrahierte »Tabaksöl«, experimentierte auch mit dem Gift vom Skorpion. Unter R.s Kontrolle stellten der Arzt G. C. Bonomo und der Apotheker G. Cestoni fest, daß die Krätzmilbe die Krätze erzeugt.

R. benutzte auch für seine wissenschaftlichen Arbeiten – ebenso wie G. Galilei – die italienische Sprache und wirkte führend in der Accademia della Crusca bei der Erarbeitung eines Wörterbuches des Italienischen mit. Unter seinen Versdichtungen befindet sich »Bacco in Toscano«.

Zi

Literatur: Redi, F.: Sämtliche Werke (1. Aufl. Neapel 1687).

Viviani, U.: Vita e opera di Francesco Redi, 3 Bde. (Arezzo 1924).

Redtenbacher, Ferdinand, Technikwissenschaftler, geb. 25.7.1809 Steyr, gest. 16.4.1863 Karlsruhe.

R. gilt als Begründer des wissenschaftlichen Maschinenbaus in Deutschland; er erwarb sich ferner große Verdienste um die Profilierung der höheren technischen Bildung.

R., der – gemäß seiner Herkunft aus einer Handelsfamilie – zunächst einen kaufmännischen Beruf erlernte, ging frühzeitig seinen technischen Neigungen im Selbststudium der Realien und des technischen Zeichnens nach. Nach kurzzeitiger Tätigkeit als Zeichner an der k. u. k. Baudirektion zu Linz widmete er sich mit seinem Eintritt in die Wiener Polytechnische Schule 1825 gänzlich technischen Studien. Nebenher hörte er Vorlesungen an der Wiener Univ. unter anderem in höherer Mathematik. Sehr gute Studienergebnisse trugen R. 1829 eine auf vier Jahre befristete Assistenz im Fach Maschinenlehre bei J. Arzberger ein. In der Repetition der mechanischen Grundlagen prägte sich dort sein methodisches Denken aus; auf Wanderungen schulte er am Studium der in der Praxis verbreiteten Maschinentechnik sein technisches Anschauungsvermögen. 1834–1841 wirkte R. als Lehrer bzw. Prof. für Mathematik und geometrisches Zeichnen an der Höheren Industrieschule in Zürich.

R.s entscheidender Lebensabschnitt begann 1841 mit seiner Berufung an die Polytechnische Schule Karlsruhe. Zielstrebig verfolgte er dort den Ausbau einer selbständigen Maschinenbauabteilung, die unter seiner erfolgreichen Leitung bald das wissenschaftliche Niveau der Schule bestimmte und darüber hinaus auf die technische Bildung in ganz Deutschland und im Ausland große Ausstrahlung hatte. Zu den von R. übernommenen Aufgaben gehörten sowohl Vorlesungen in technischer Mechanik, allgemeiner Maschinentheorie und spezieller Maschinenlehre als auch die Leitung des mechanischen Laboratoriums sowie die Aufsicht über die umfangreiche Modellsammlung. 1854, auf der Höhe seiner außerordentlich erfolgreichen wissenschaftlichen Tätigkeit, schlug R. das großzügige Angebot aus, maßgeblich am Aufbau des Polytechnikums Zürich mitzuwirken, beteiligte sich aber immerhin so weit als Berater dieser bedeutenden Schulgründung, daß diese ganz nach dem Karlsruher Vorbild erfolgen konnte. Er verzichtete auch darauf, Rufen nach Berlin und Dresden zu folgen. 1857–1861 stand R. der Karlsruher Einrichtung als Dir. vor. Gesundheitliche Gründe zwangen ihn seit 1861, schrittweise von seinen Verpflichtungen zurückzutreten.

Im Werk R.s ist der spezifisch deutsche Weg repräsentiert, die Entwicklung von Technik und Industrie auf wissenschaftliche Prinzipien zu gründen. Wesentliches leistete R. bei der disziplinären Herausbildung des wissenschaftlichen Maschinenwesens. Neben J. Weisbach gilt er als der bedeutendste Maschinenwissenschaftler des 19. Jh. Ausgehend von den Leistungen der franz. Polytechniker verstand es R., theoretische Erkenntnisse – insbesondere der Mechanik – und praktische Erfahrungen methodisch zu verknüpfen. Sein Anliegen, den Maschinenbau auf ein wissenschaftliches Fundament zu stellen, legte er 1852 in den »Prinzipien der Mechanik und des Maschinenbaues« dar, die als Markstein in der technikwissenschaftlichen Theorienentwicklung gelten. Allerdings waren seine richtungweisenden Ideen Mitte des 19. Jh. nicht vollständig zu verwirklichen. Dem Stand der technischen Entwicklung entsprechend galt es zunächst, einfache und gut handhabbare Regelwerke für die sich entfaltende Ingenieurpraxis herauszugeben. In verschiedenen Handbüchern kultivierte R. daher die Methode der Verhältniszahlen als ein praktisch hinreichend genaues konstruktives Berechnungsverfahren. Dieses Näherungsverfahren, das der Architektur entlehnt ist, ging von bekannten Erfahrungswerten – z. B. über die Festigkeit eines Bauteiles – aus und übertrug diese auf beliebige andere Größenverhältnisse mittels einfacher Proportionen.

R.s Schaffen war getragen von ungedämpftem Optimismus in den wirtschaftlichen und technischen Aufstieg. Er übersah aber keineswegs die sozialen Folgen des industriellen Fortschritts, suchte vielmehr durch eigenes Vorbild der Mission der Technikwissenschaften im technischen und gesellschaftlichen Fortschritt gerecht zu werden. Gleichzeitig trug vornehmlich sein Wirken dazu bei, das Ansehen des Technikerberufes in der Gesellschaft zu stärken und die Spannungen zwischen neuhumanistischer und technischer

Réaumur

F. Redi

F. Redtenbacher

J. Ph. Reis

Bildung auszugleichen. Sein Herangehen an die Lösung technischer Probleme erfolgte stets aus übergreifender Sicht. Davon zeugt sein »Dynamidensystem«, ein origineller Beitrag zur naturphilosophischen Diskussion. R.s mitreißende Darstellungsweise war von großer Anschaulichkeit und geistiger Schärfe gekennzeichnet. Zu seinen begeisterten Schülern zählen F. Reuleaux, E. Langen und C. Benz.

Mb

Literatur: Redtenbacher, F.: Prinzipien der Mechanik und des Maschinenbaues (Mannheim 1852), Resultate für den Maschinenbau (Mannheim 1848), Der Maschinenbau, 3 Bde. (Mannheim 1862–1865), Das Dynamiden-System. Grundzüge einer Mechanischen Physik (Mannheim 1857).

Reformatski (Reformatskij), Sergej Nikolajewitsch, Chemiker, geb. 20. 3. (1. 4.) 1860 Borissoglebskoje (heute Gebiet Iwanowo), gest. 27. 12. 1934 Moskau.

R. hat mit seiner 1887 aufgefundenen Darstellungsmethode für β-Hydroxy-carbonsäureester durch Umsetzung der Zinkverbindungen von α-Halogen-carbonsäureestern mit Aldehyden und Ketonen die präparative organische Chemie um eine nach ihm benannte universell anwendbare und elegante Methode (Reformatski-Reaktion) bereichert.

R., Sohn eines Dorfgeistlichen, studierte an der Univ. Kasan bei A. M. Saizew Chemie. Nach Abschluß des Studiums 1882 blieb er bis 1889 an der Univ. Kasan, wo er 1886 Privatdoz. wurde. 1889 wurde R. nach Deutschland geschickt und arbeitete bis 1890 in Göttingen, Heidelberg und Leipzig unter anderem bei V. Meyer und W. Ostwald. 1891 promovierte er zum Doktor der Chemie. Kurz danach übernahm er den Lehrstuhl für organische Chemie an der Univ. Kiew, den er bis zu seinem Tode innehatte. Daneben war er 1898–1907 am Kiewer Polytechnikum und 1906–1919 an der dortigen Frauen-Hochschule tätig.

R.s o. a. Synthese läuft nach folgendem allgemeinen Schema ab:

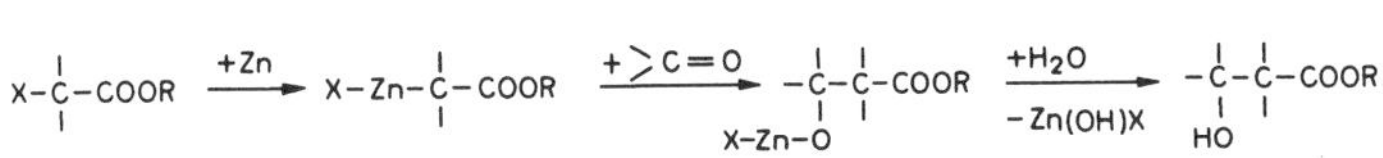

α-Halogen-carbonsäureester

β-Hydroxy-carbonsäureester

Sie hat sich besonders bei der Darstellung zahlreicher Naturstoffe, z. B. Terebinsäure, Sorbinsäure und Geraniumsäure, bewährt. R. führte ferner vor allem Untersuchungen an metallorganischen Verbindungen durch, die grundlegenden Charakter haben. 1931–1934 bearbeitete er Probleme der Kautschukgewinnung aus einheimischen Ressourcen.

Re

Literatur: Reformatskij, S. N.: Načal'nij kurs organičeskoj himii (Grundkurs der organischen Chemie) (Kiew 1893, 17. Aufl. 1930), Verzeichnis seiner Arbeiten in: Očerki po istorii organičeskoj himii v Kievskom universitete (Studien zur Geschichte der organischen Chemie an der Univ. Kiew), zusammengestellt von A. I. Kiprianov (Kiew 1954, S. 64–95).

Kiprianov, A. I.: S. N. Reformatskij i ego reakciâ – k stoletnû so dnâ roždeniâ (S. N. Reformatskij und seine Reaktion – zum 100. Geburtstag), in: Ukr. Him. Žurn. 26 (1960), 471–475), Semenzow, A.: Sergius Reformatsky, in: Ber. Dtsch. Chem. Ges. 68 (1935), 61 A.

Regener, Erich Rudolf Alexander, Physiker, geb. 12. 11. 1881 Schleussenau (Kolonia Wilczak) bei Bromberg (Bydgoszcz), gest. 27. 2. 1955 Stuttgart.

R. wirkte bahnbrechend auf den Gebieten der Stratosphärenphysik, speziell der Ozonforschung, der kosmischen Höhenstrahlung oder Ultrastrahlung und der aerologischen Aufstiegs- und Meßtechnik.

R. studierte 1900–1905 Physik an der Berliner Univ., war Schüler von H. Rubens und promovierte 1905 zum Dr. phil. aufgrund einer Dissertation über den Einfluß der kurzwelligen Strahlung auf das Sauerstoff-Ozon-Gleichgewicht in der Atmosphäre. Die Betreuer waren E. Warburg und P. Drude. Durch Anwendung einer Szintillationsmethode für die Zählung der α-Teilchen gelangte R. zu einer genaueren Bestimmung der elektrischen Elementarladung, eine Arbeit, mit der er sich 1909 habilitierte. 1913 erhielt er die Physikprofessur an der Landwirtschaftlichen Hochschule in Berlin und 1920 das Ordinariat für Physik an der TH in Stuttgart, das er mit einer zwangsweisen Unterbrechung bis zu seiner Emeritierung 1952 innehatte. R. wurde 1937 seines Amtes enthoben, weil seine Frau Jüdin war. Sie emigrierte mit beiden Kindern, dem Sohn Victor H. R. – später Physiker in den USA – und einer Tochter. R. verlor auch das von ihm begründete »Bodensee-Laboratorium«, das zum Stuttgarter Physikalischen Institut gehörte. In Friedrichshafen errichtete er mit Unterstützung der damaligen Kaiser-Wilhelm-Gesellschaft zur Förderung der Wissenschaften am gleichen Ort eine kleine Forschungsstelle für Physik der Stratosphäre, die 1944 ausgebombt und danach nach Weißenau bei Ravensburg/Württemberg verlegt wurde. Sie erfuhr 1953 eine Erweiterung zum Max-Planck-Institut für Physik der Stratosphäre, das R. bis zu seinem Tode leitete. R.s Wirken erhielt große allgemeine Anerkennung, auch durch Mitgliedschaften in Wissenschaftsakademien sowie durch die Berufung zum Vizepräsidenten und Senator der Max-Planck-Gesellschaft (1948).

Als Experimentalphysiker war R. äußerst erfolgreich. Ihm gelangen sowohl die Bestimmung des »elektrischen Elementarquantums« (1909) als auch der Nachweis, daß ein vermutetes »Subelektron« nicht existierte (in den zwanziger Jahren). In der gleichen Zeit konnte R. durch hervorragende Meßtechnik die bis dahin weitgehend unbekannte kosmische Höhenstrahlung mittels präziser Messungen der Ionisation in 240 m Tiefe des Bodensees und in der Stratosphäre in etwa 34 km Höhe registrierend belegen. Er bestimmte durch seine Stratosphärenballonaufstiege das Maximum der Sekundärstrahlung (etwa in 20 km Höhe) – heute bekannt als Wirkung kernphysikalischer Prozesse – und ein Potenzgesetz für die Absorption der Ultrastrahlung. Aufsehen in der Fachwelt erregte R.s Bestimmung eines solaren Anteils dieser Strahlung (1933). Für die Ballonaufstiegstechnik konstruierte er Registrierapparate, wie den hysteresisfreien Quarzbarographen, den trägheitslosen Thermographen und Geräte zur Entnahme von Luftproben und zur Wassergehaltsbestimmung in den verschiedenen Höhen. Auch wendete er schon die unempfindlicheren Ballonhüllen aus Kunststoff an, um große Höhen zu erreichen. Mit seinem Sohn entwickelte R. einen Registrierspektrographen, mit dem Höhen über 30 km erreicht und das UV-Spektrum der Sonne und die vertikale Ozonverteilung bestimmt wurden (1934). Auch führte er Bodenozonmessungen durch und analysierte wolkenphysikalische Prozesse.

Als Lehrer setzte sich R. für eine moderne Physikausbildung ein. Seine wissenschaftliche und persönliche Autorität brachte er zur Geltung, wenn es um die Verantwortung des Naturforschers bei allgemeinen Fragen der Gegenwart ging. Kö

Literatur: Regener, E.: Die Absorptionskurve der Ultrastrahlung und ihre Deutung, in: Phys. Z. 34 (1933), 306–323, Aufnahmen des ultravioletten Sonnenspektrums in der Stratosphäre und vertikale Ozonverteilung, in: ebenda 35 (1934), 788–793, Erfahrungen und Ergebnisse mit Registrierballonen und Registrierapparaten in der Stratosphäre, in: Beitr. Phys. fr. Atmosphäre 22 (1935), 249–260.

Ehmert, A.: Erich Regener, in: Phys. Blätter, 1955, 174–176; Ehmert, A. u. Schopper, E.: In Memoriam Erich Regener. 27. Februar 1955, in: Naturwiss. 43 (1956) 4, 69–71; Paetzold, H. K., Pfotzer, G., Schopper, E.: Erich Wegener als Wegbereiter der extraterrestrischen Physik, in: Zur Geschichte der Geophysik (Berlin, Heidelberg, New York 1974), 167–188.

Regiomontanus (lat., Königsberger), eigentlich Johannes Müller, Astronom und Mathematiker, geb. 6. 6. 1436 Königsberg (Franken), gest. 6. 7. 1476 Rom.

R. war einer der herausragendsten Gelehrten des 15. Jh. auf den Gebieten der Mathematik, der Astronomie, der Kalenderberechnung und des Instrumentenbaus.

R., Sohn eines Müllers, studierte in Leipzig (1447–1450) und Wien (1450–1461). Seine weiteren Lebensstationen waren Italien (1461–1465), Ungarn (1467–1471) und seit 1471 Nürnberg. Er starb mit großer Wahrscheinlichkeit an einer Epidemie in Rom, wohin ihn der Papst eingeladen hatte, um sein Urteil zur Kalenderreform zu hören.

R. war von der Wissenschaftsauffassung des Humanismus geprägt und durch Wiener Gelehrte, besonders durch G. v. Peuerbach beeinflußt. R. nahm nicht nur eine Textkritik überlieferter griech. und arab. Quellen vor, sondern prüfte vorliegende Erkenntnisse durch eigene Beobachtungen und schuf damit die Grundlage für neue Berechnungen. Es wurde ihm zur Lebensaufgabe, nachzuprüfen, warum Theorie und Messung bei den Bewegungen der Himmelskörper nicht übereinstimmen; erster Schritt war die Prüfung des damals grundlegenden astronomischen Werks Almagest des Ptolemaios; R. vollendete die von Peuerbach begonnene Arbeit und schuf ein Handb. der

Regiomontanus

Astronomie, das Generationen von Astronomen noch benutzten. Nächster Schritt war die Erkenntnis, daß für bessere astronomische Beobachtungen genauere Meßinstrumente notwendig sind. R. beschrieb die Instrumente seiner Zeit, verwendete, baute und verbesserte einen großen Teil davon. Gemeinsam mit Peuerbach entdeckte R. wahrscheinlich 1450/51 die für Sonnenuhren wichtige Mißweisung der Magnetnadel. Als Erfindung von R. gilt das Instrumentum amussis (Richtscheit). R. baute und entwickelte Astrolabien, die sowohl für astronomische als auch mathematisch-geographische Aufgaben genutzt wurden, des weiteren Sonnenuhren, das Torquetum (Türkengerät), Dreistab und Jakobsstab. Gleichzeitig erforschte und berechnete R. Planetenbewegungen, prüfte Angaben von Kalendern und Jahrb., bestimmte Sonnenhöhen, Mondphasen und -finsternisse und die Daten von Kometen. 1474 erschienen ein Ephemeridenwerk, das in der Nautik breite Verwendung fand, sowie ein lat. und ein deutscher Kalender mit einer Berechnung der kirchlichen Feste in Nürnberg, wo R. eine eigene Druckerei eingerichtet hatte. Seine theoretischen und praktischen Studien brachten ihn auch zu ersten Zweifeln am geozentrischen Weltbild.

R. nutzte die Mathematik nicht lediglich als Hilfsmittel für astronomische Berechnungen, sondern betrieb in ihr eigene Forschungen; Hauptergebnis war die Darstellung der Trigonometrie als selbständige mathematische Disziplin in fünf Büchern. Die Trigonometrie war bereits in der islamischen Mathematik als selbständige Disziplin begründet worden; das Werk von R. übertraf diese Ergebnisse an Umfang und Systematik; er ordnete die vorliegenden Erkenntnisse der ebenen und sphärischen Trigonometrie und fügte eigene Ergebnisse hinzu. Als eigene Leistung von R. gilt der Cosinussatz der sphärischen Trigonometrie, der bis dahin nur unklar überliefert war. R. berechnete mehrere Sinustafeln und eine Tabelle mit Tangenswerten. Die Sinustafeln von R. waren genauer als die vorangegangenen, sie schritten von Minute zu Minute fort, und R. hat darin nach anfänglicher Verwendung der Sexagesimalteilung einen Radius von 10^7 benutzt. In seinen Manuskripten (nicht im

Druck) verwandte R. algebraische Symbole, befaßte sich mit Fragestellungen aus der Gleichungslehre, unter anderem mit der Lösung kubischer Gleichungen. Mit der Systematisierung des überkommenen Wissens, den Anfängen einer Formelsprache, der Verwendung der indisch-arab. Ziffernformen u. a. schuf R. Voraussetzungen für die künftige Entwicklung der Mathematik. To

Literatur: Doctissimi viri et mathem. disciplinarum eximii professoris Jo. de Regio Monte de triangulis omnimodis libre quinque (Norimbergae Jo. Petrei 1533), Der deutsche Kalender des Johannes Regiomontan (Nürnberg 1474, Faksimiledruck nach dem Exemplar der Preuß. Staatsbibliothek, mit einer Einleitung von Ernst Zinner, Leipzig 1937), Opera collectanea, Faksimiledruck von neun Schriften Regiomontans und einer von ihm gedruckten Schrift seines Lehrers Purbach (Peuerbach). Zusammengestellt und eingeleitet von Felix Schmeidler (Osnabrück 1972).

Hamann, G. (Hrsg.): Regiomontanus-Studien (Wien 1980); Tobies, R.: Zum Werk des Johannes Müller (Regiomontanus) (1436–1476), in: Math. in der Schule 14 (1976), 294–296; Zinner, Ernst: Leben und Wirken des Johannes Müller von Königsberg genannt Regiomontanus (München 1938).

Reis, Johann Philipp, Lehrer für Mathematik und Physik, ursprünglich Kaufmann, geb. 7. 1. 1834 Gelnhausen bei Frankfurt/Main, gest. 14. 1. 1874 Friedrichsdorf (Taunus).

R. arbeitete vornehmlich als Autodidakt auf dem Gebiet der Elektrotechnik und beschäftigte sich neben seiner Tätigkeit als Privatschullehrer mit dem Problem, die menschliche Sprache mit Hilfe des elektrischen Stromes zu übertragen; er leistete hierbei wichtige Vorarbeiten für die technische Realisierung des Telefons.

R. wurde in der Familie eines Bürgermeisters geboren. Nach dem Besuch der Volksschule seiner Heimatstadt sowie zweier Privatschulen in Friedrichsdorf und Frankfurt/M. absolvierte er eine Lehre als Kaufmann. Das Studium an einer Hochschule wurde ihm vom Vormund (die Eltern starben frühzeitig) verwehrt. 1858 übernahm R. die Stelle eines Lehrers für Mathematik und Physik an der Garnierschen Privatschule in Friedrichsdorf.

Schon während seiner Lehrzeit beschäftigte sich R. mit dem Problem der Übertragung der menschlichen Sprache mit Hilfe der Elektrizität. Er hörte Vorträge im Physikalischen Verein Frankfurt/M. und wurde bereits mit 17 Jahren in diesem Mitgl.

Nach intensiven Studien über den Bau des menschlischen Ohres entwickelte R. mehrere Modelle eines Senders (Mikrophon). Er ging, möglicherweise in Anlehnung an Ch. Bourseul, der 1854 hypothetische Gedanken zu einer akustisch-elektrischen Sprachumwandlung äußerte, von der Grundüberlegung aus, die Sprache mittels schwingender Membran zu übertragen, wodurch eine sprachfrequenzabhängige Unterbrechung des fließenden Stromes realisiert werden sollte. Bei dem von R. zuletzt gebauten Sender (Abb. 1) erfolgte die Stromunterbrechung (wie auch durch neuere Untersuchungen festgestellt wurde) erst ab einer bestimmten Lautstärke. Bei Unterschreiten dieses Grenzwertes arbeitete das Reissche Modell als Kontaktmikrophon, so daß interessanterweise durch R. selbst, obwohl unbewußt, die für die Sprachübertragung nicht geeignete Stromunterbrechung eliminiert wurde. Als Empfängerprinzip benutzte R. die von Ch. Page entdeckte Magnetostriktion. Das sich durch die im Sender erzeugten Stromstöße ändernde Magnetfeld einer Spule brachte einen in ihr angeordneten Eisenkern zum Schwingen. 1860 gelangen mit dieser Konstruktion erste Versuche zur Tonübertragung. R. bezeichnete seine Anordnung als »Telephon«, obwohl der Begriff selbst bereits früher geprägt wurde.

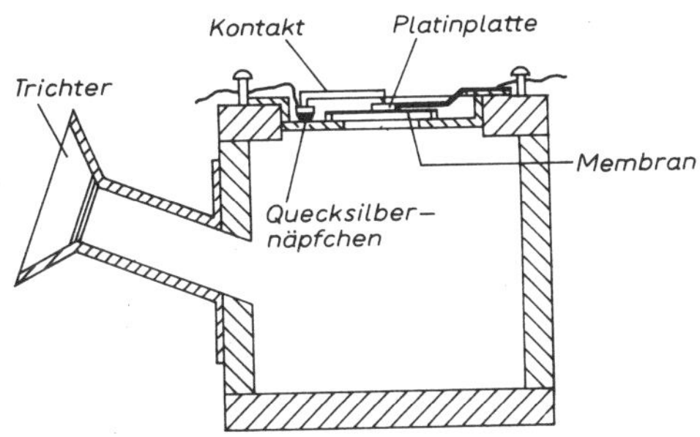

Sender des Reisschen Telefons

Es zeigte sich, daß das Reissche Telefon (Abb. 2) für die Übertragung der menschlichen Sprache nicht gut geeignet war, obwohl (wie dies auch nachträgliche Untersuchungen beweisen) bei Versuchen auf Entfernungen um 50 m verschiedene Vokale wahrnehmbar waren. Bei einem von seinem Partner ins »Mikrophon« gesprochenen Satz »Das Pferd frißt keinen Gurkensalat« soll R. immerhin die ersten drei Worte verstanden haben. R. stellte seine Erfindung unter anderem 1861 dem Physikalischen Verein Frankfurt/M. und drei Jahre später der Naturforscherversammlung in Gießen vor. Die führenden Wissenschaftler seiner Zeit hielten jedoch eine Übertragung von Sprache mit Hilfe der Elektrizität für unsinnig, und er fand mit seiner Erfindung keine Anerkennung.

Das Reissche Telefon war in gewissen Grenzen zur Tonübertragung geeignet, und es gelang, damit zumindest einzelne Worte oder Laute zu übermitteln. Als Qualitätsmaß für ein ordnungsgemäß funktionierendes Telefon ist es jedoch erforderlich, ein einwandfreies Sprachverständnis vorauszusetzen, so daß man die Reisschen Untersuchungen nur als wichtige und unabdingbare Vorarbeiten für die Ent-

Der erste Telefonapparat von Reis, 1861

wicklung des Telefons im heutigen Sinne ansehen muß, das auf A. G. BELL zurückgeht.

R. scheiterte letztlich an seiner Grundvorstellung, den Stromkreis im Rhythmus der Sprachfrequenz auftrennen zu müssen. Er erkannte nicht, daß es auf einen veränderlichen Widerstand im Sender (Mikrophon) ankommt.

Die technische Realisierung des Mikrophons auf dieser Grundlage gelang ab 1877 erst TH. A. EDISON, E. BERLINER, D. E. HUGHES u. a.

R. selbst arbeitete unermüdlich an der Vervollkommnung seiner Erfindung. Bei einem der von ihm durchgeführten Versuche atmete er giftige, aus einer Batterie ausströmende Dämpfe ein. An den Folgen des vermutlich daraufhin erlittenen Hals- und Lungenleidens starb R. bereits frühzeitig im Alter von 40 Jahren. Ke

Literatur: Reis, Ph.: Ueber Telephonie durch den galvanischen Strom, in: Jahresber. Phys. Ver. Frankfurt/Main für das Rechnungsjahr 1860–1861, 57–64.

Reppe, Walter Julius, Verfahrenstechniker und Chemiker, geb. 29. 7. 1892 Göringen bei Eisenach, gest. 26. 7. 1969 Heidelberg.

R.s Name ist untrennbar mit dem Begriff der Acetylenchemie (Ethinchemie) verbunden, die heute auch REPPE-Chemie genannt wird. Durch das Ausarbeiten neuer Verfahren zur Erzeugung von Ethenprodukten hatte er großen Anteil an der Entwicklung der Ethenchemie. Ferner wirkte er maßgeblich an der Ausformung neuer verfahrenstechnischer Wege zur Herstellung von Synthesekautschuk und zur Erdölverarbeitung mit.

R. studierte ab 1911 Naturwissenschaften, insbesondere Chemie an den Univ. in Jena und München, mußte dieses Studium wegen des ersten Weltkrieges unterbrechen und promovierte Ende 1920 bei K. H. MEYER in München mit einer Arbeit »Über die Reduktionsstufen von Arylderivaten der Salpetersäure«. Nach kurzzeitiger Assistententätigkeit bei MEYER wurde er am 16. 3. 1921 Mitarbeiter im Hauptlaboratorium der BASF. 1924 wurde ihm die Leitung der Lösungsmittel- und Kunststoffbetriebe in der Indigoabteilung übertragen. 1934 kehrte er zur chemisch-technologischen Forschung zurück, und 1938 übernahm er die Leitung des Hauptlaboratoriums des Ludwigshafener Werkes der IG Farbenindustrie AG, dessen Dir. er ein Jahr später wurde. Von 1945–1947 war R. in amerik. Kriegsgefangenschaft interniert. Von 1949 leitete er dann wieder die gesamten Forschungsarbeiten der BASF.

R. trat zu einer Zeit in die BASF ein, als man sich dort für das Ethin und seine Reaktionen zu interessieren begann. Ethin hatte seit seiner Entdeckung 1836 durch E. DAVY das Interesse vieler Forscher erregt, jedoch blieb seine Erforschung und chemisch-technische Verwertung wegen seiner hohen Explosivität bis 1916 auf das Laboratorium beschränkt. R. begann 1928 sich im Zusammenhang mit Untersuchungen der Butadiensynthese zur Herstellung von synthetischem Kautschuk mit Ethin zu befassen. Zunächst analysierte er den Ethinzerfall unter Berücksichtigung verschiedenartiger Versuchsbedingungen grundlegend und suchte dann nach geeigneten Sicherheitsmaßnahmen, die ein gefahrloses Arbeiten auch im großtechnischen Maßstab ermöglichten. Am Ende dieser Forschungen stand eine große Anzahl grundsätzlich neuer Reaktionen des Ethins, die auf verfahrenstechnisch elegantem Wege die Herstellung homologer Reihen von bis dahin nicht oder nur äußerst schwierig zugänglichen Verbindungen gestatteten. Die charakteristischen Hauptmerkmale der von R. und seinen Mitarbeitern neu aufgefundenen Reaktionsmöglichkeiten waren das Arbeiten mit Ethin unter erhöhtem Druck und der Einsatz neuartiger Katalysatoren, z. B. Schwermetallacetylide sowie die bis dahin als Katalysatorgifte gefürchteten Metallcarbonyle und -carbonylwasserstoffe. Auf dieser Grundlage wurden vier große Ethinarbeitsgebiete entwickelt, die als REPPE-Synthesen in die Geschichte der Chemie und chemischen Technologie eingingen und deren Kern folgende chemische Hauptreaktionen bilden:

1) Vinylierung; Folgeprodukte sind z. B. Vinylchlorid, Styren und Acrylnitril.

2) Ethinylierung; hier sind als Folgeprodukte vor allem Butadien und Isopren zu nennen.

3) Carbonylierung; Folgeprodukte sind Acrylsäure und Acrylsäurederivate sowie Hydrochinon.

4) Cyclisierung; damit konnten die bis dahin nur schwer zugänglichen Benzenderivate und höheratomigen Cyclopolyalkene, z. B. Cyclooctatetraen, relativ einfach erzeugt werden.

Die vier Hauptreaktionstypen der REPPE-Synthesen führen zu einer Vielzahl von chemischen Verbindungen, die meist selbst wieder Ausgangsstoffe für weitere chemische Produkte sind, aus denen Lacke, Klebstoffe, Plastwerkstoffe Chemiefaserstoffe, Lösungsmittel, Pharmazeutika u. a. hergestellt werden können.

Vorübergehend war die Bedeutung des Ethins im Weltmaßstab rückläufig, da eine Zeit lang die meisten der aus ihnen erzeugten Produkte aus petrolchemisch erzeugtem Ethen kostengünstiger hergestellt werden konnten. Angesichts des ständig wachsenden Ethenbedarfs und der schwankenden Erdölpreise auf dem Weltmarkt kommt im Zusammenhang mit einer Renaissance der Carbochemie auch dem Ethin und den Produkten der REPPE-Synthesen erneut große technische Bedeutung zu.

R. war einer der markantesten Vertreter der modernen chemischen Verfahrenstechnik, der durch sein Wirken die Entwicklung der chemischen Industrie maßgeblich mit geprägt hat. Gi

Literatur: Reppe, W. J.: Neue Entwicklungen auf dem Gebiete der Chemie des Acetylens und Kohlenoxyds (Berlin, Göttingen, Heidelberg 1949), Chemie und Technik der Acetylen-Druck-Reaktionen (2. Aufl. Weinheim/Bergstr. 1952).

Ressel, Joseph, Techniker, geb. 29. 6. 1793 Chrudim (ČSFR), gest. 9. 10. 1857 Ljubljana (Jugoslawien).

R. gilt als Erfinder der Schiffsschraube.

R. stammt aus einer Familie gemischter Nationalität; sein Vater, ein Zöllner, war Deutscher, seine Mutter Tschechin. Er studierte 1806–1809 am Gymnasium in Linz, von 1809–1811 dann an der Artillerieschule in České Budejovice. Ab 1812 war er Student der Wiener Univ., wo er sich in eine Reihe technischer und naturwissenschaftlicher Fächer einschrieb. Aus finanziellen Gründen mußte er das Studium jedoch unterbrechen und es an der neuerrichteten Forstakademie in Mariabrunn bei Wien fortsetzen. Wegen Geldmangels gelang es ihm wiederum nicht, das dritte Studienjahr zu beenden. Ab 1817 arbeitete er als Förster, zuerst in Kranj, dann in Ljubljana und eine längere Zeit in Triest und in weiteren Orten. Er wurde schließlich Forstmeister und stand auch zeitweilig in den Diensten der österreich. Kriegsmarine. Während seines ganzen Lebens befaßte er sich außer mit seinem eigentlichen Beruf mit einer Reihe von Erfindungen aus verschiedenen Gebieten nicht nur technischen Charakters, z. B. einer Presswalzenmaschine (1826), einer Walzmühle mit Hohlwalzen für das Mahlen von Getreide (1827), einer Methode zum Auslaugen von Farbstoffen aus Bäumen (1828) und einer Wasserpumpe für Ägypten (1843); für einige seiner Erfindungen erwarb er von der österreich. Regierung Privilegien zur Einführung in die Praxis. Seine bedeutendste Erfindung war jedoch die Anwendung der ARCHIMEDischen Schraube zum

Antrieb von Schiffen. Bereits Mitte der 20er Jahre des 19. Jh. unternahm er in Triest mit einem anfangs handbetriebenen Boot Versuchsfahrten, um zu prüfen, ob der Schiffsverkehr mit dem Schraubenantrieb beschleunigt werden kann. Ende 1826 suchte er um die Erteilung des österreich. Privilegs an, das er dann auch Anfang des folgenden Jahres erhielt. Nach einer Vorführung der Erfindung in der Öffentlichkeit und einem erfolgreichen Prüfeinsatz der Schraube in Frankreich erwarb er 1829 das Schiff Civetta; die amtliche Prüffahrt verlief jedoch wegen eines Defektes an der Dampfmaschine erfolglos. Obwohl das Versagen der Dampfmaschine nichts mit R.s Erfindung zu tun hatte, verursachte dieser Mißerfolg auch weitere Schwierigkeiten und letztlich die Nichtanerkennung von R.s Priorität an dieser Erfindung. Ursprünglich brachte R. seine Schraube vor dem Schiffsbug an, danach versetzte er sie an das Heck, und erst Jahre später ordnete er die Schraube drehbar um eine vertikale Achse an, so daß das Schiff mit ihr auch gesteuert werden konnte. 1854 bot R. diese Modifizierung dem österreich. Marinekommando an, das jedoch sein Angebot ablehnte. In diese Zeit fällt auch R.s Gesuch um die Prämie von 20000 Pfund Sterling, die von der engl. Regierung für die Erfindung eines »Propellerschiffes« ausgeschrieben worden war. Trotz Interventionen kam jedoch, bereits nach R.s Tod, aus London eine ablehnende Äußerung mit der Begründung, daß R.s Gesuch mit den Belegen verlorengegangen sei. Ba

Literatur: Keiml, R.: Josef Ressel. Sein Leben und Werk. Internationale Sonderausstellung (Prag 1971); Vanecek, J.: Od plovouciho kmene k moderni rychlolodi. Vodni doprava (Vom schwimmenden Stamm zum modernen Schnellschiff. Wasserbeförderung) (Prag 1938), Pocatky paroplavby a význam Resslovy vrtule pro jeji vývoj (Anfänge der Dampfschiffahrt und Bedeutung der Resselschen Schiffsschraube für ihre Entwicklung) (Prag 1938).

Reuleaux, Franz, Technikwissenschaftler, geb. 30. 9. 1829 Eschweiler, gest. 20. 8. 1905 Berlin.

R. gilt als Schöpfer der Maschinenkinematik (Zwanglauflehre); er hatte darüber hinaus großen Anteil an der Emanzipation der technischen Bildung.

R., aus einer Maschinenbauerfamilie stammend, bereitete sich 1846–1849 in einer gründlichen Lehrausbildung im väterlichen Betrieb auf den Besuch der polytechnischen Schule vor, studierte 1850–1852 unter F. Redtenbacher in Karlsruhe Maschinenbaukunde und vervollkommnete danach an den Univ. Bonn und Berlin seine Ausbildung in Kursen der Mathematik, Philosophie und Mechanik. Während seiner Tätigkeit als Ingenieur in einer Kölner Maschinenfabrik gab er 1854 sein erstes Lehrb. »Constructionslehre für den Maschinenbau« heraus, das er in den Folgejahren vervollständigte und verbesserte. Die günstige Aufnahme seines Erstlingswerkes brachte R., auch auf Betreiben G. A. Zeuners, einen Ruf als o. Prof. an die Mechanisch-technische Abteilung am Polytechnikum Zürich ein. 1864 erfolgte die Berufung als Prof. für Maschinenkunde an das Berliner Gewerbeinstitut. Der unterdessen zur Gewerbeakademie erhobenen Einrichtung stand er 1867–1879 als Dir. vor. Innerhalb der 1879 daraus hervorgegangenen TH leitete R. die Abteilung für Maschineningenieurwesen und hatte 1890/91 das Amt des Rektors inne. In seine Berliner Zeit fällt die Beschäftigung mit der Kinematik. Die Gesetze des Zwanglaufes faßte R. in klassischer Form zusammen und legte sie 1875 erstmals geschlossen in seiner »Theoretischen Kinematik« vor. Die Zeit bis zu seinem Tode war geprägt von vielen Auseinandersetzungen um Wesen und Inhalt der Technikwissenschaften. Bis ins hohe Alter hinein nahm R. verschiedene Ämter wahr, z. B. Preisrichter auf Weltausstellungen.

W. J. Reppe

J. Ressel

Mit der industriellen Revolution begann die wissenschaftliche Durchdringung des Maschinenwesens. In Deutschland wurden Mitte des 19. Jh. besonders von J. Weisbach und Redtenbacher die Ansätze der franz. Polytechniker ausgebaut und die Maschinenwissenschaften zu einem relativ geschlossenen disziplinären System zusammengeführt. In der zweiten Hälfte des 19. Jh. wurde dieses Disziplingefüge, insbesondere seine Grundlage, die technische Mechanik, weiter wissenschaftlich untermauert und zu größerer Praxiswirksamkeit geführt.

R.' Beitrag zur Eigenständigkeit und Geschlossenheit der Maschinenwissenschaften galt zunächst der Systematisierung der Erkenntnisse und der Aufstellung wissenschaftlicher Konstruktionsprinzipien. In der Absicht, die Fülle maschinentechnischer Gebilde zu ordnen, schuf R. die Lehre von den Maschinenelementen als selbständiges Fach. Daraus gingen die Disziplinen Kinematik und Getriebelehre hervor, R.' theoretisches Hauptwerk. Die technische Kinematik erwuchs unmittelbar aus den Erfordernissen der Mechanisierung der Produktion. Die zunehmende Vielfalt der Maschinenelemente, Mechanismen und Getriebe stellte die Techniker vor eine Fülle theoretischer Probleme der mechanischen Bewegung. Innerhalb der angewandten Mechanik hatte die Kinematik bereits die Mittel dazu geliefert, allgemeine Bewegungsvorgänge zu analysieren. Mehr noch als seine Vorgänger paßte R. die Bewegungslehre an technische Objekte an und gestaltete sie im Hinblick auf die aktuellen technischen Belange um. Ausgehend von neuen Ordnungsprinzipien der Mechanismen und mit Bezug auf ihre funktionale Anordnung, gewann er die für eine kinematische Analyse in Form mathematischer Bewegungsgleichungen notwendige Klarheit. Darüber hinaus war seine Kinematik eingebunden in den Versuch, die logischen Zusammenhänge bei der Erfindung einer Maschine zu ergründen, zielte auf einen wissenschaftlichen Erfindungsprozeß. Die Synthese von Mechanismen durch Kombination kinematischer Ketten war im 19. Jh. ein außerordentlich kühnes Projekt. Entsprechend groß waren die Unzulänglichkeiten einer streng deduktiven Maschinenlehre. Noch vieler Zwischenschritte bedurfte es vom intuitiven Erfinden zur wissenschaftlichen Konstruktion.

Die Meinungen zu R.' Werk waren daher geteilt. Die Auseinandersetzungen um die Kinematik initiierten Ende des 19. Jh. eine breite Diskussion um Ingenieurmethodik sowie Inhalt und Wesen der Technikwissenschaften. Besonders die sich mit der Entwicklung der kapitalistischen Produktionsverhältnisse verschärfenden ökonomischen Anforderungen an den Maschinenbau bewirkten eine Bevorzugung praktikablerer Methoden. Dennoch stellte die Kinematik einen enormen Vorlauf für die fernere Entwicklung der Maschinenwissenschaften dar und übte besonders im Ausland einen nachhaltigen Einfluß auf die Entwicklung der Technikwissenschaften aus. Seit den 40er Jahren des 20. Jh. nahm diese Disziplin einen erneuten, ihrer technischen Bedeutung angemessenen Aufschwung.

R.' Wirken erstreckte sich nicht allein auf die Technikwissenschaften. Sein Blick für übergreifende Zusammenhänge, schöpferische Phantasie und erstaunliche Sprachkenntnisse führten auch auf anderen Gebieten zu beachtlichen Leistungen. Von seinem gesellschaftlichen Engagement zeugen die »Briefe aus Philadelphia«. R. war maßgeblich an der Schaffung eines deutschen Patentrechtes beteiligt, war Förderer der jungen Elektrotechnik und der Entwicklung von Verbrennungsmotoren. Aus seiner Schule sind bedeutende Ingenieure und Technikwissenschaftler hervorgegangen. Mb

Literatur: Reuleaux, F.: Constructionslehre für den Maschinenbau (Braunschweig 1854–1862), Der Constructeur (Braunschweig 1861, 4. Aufl. 1889), Theoretische Kinematik (Bd. 1 Braunschweig 1875, Bd. 2 Braunschweig 1900), Briefe aus Philadelphia (Braunschweig 1877), Kultur und Technik (Berlin 1884), Aus Kunst und Welt (Berlin 1901).

Rhazes, latinisiert aus AR-RĀZĪ, Abu Bakr Muhammad ibn Zakarīya, Arzt, Alchimist und Philosoph, geb. 865 Raiy bei Teheran (Persien), gest. 925 Raiy.

R. war ein bedeutender Gelehrter des arabisch-islamischen Mittelalters, dessen vielseitiges und durch die Betonung des rational-empirischen Elements gekennzeichnetes Werk auch auf die Wissenschaft in Europa nachhaltig gewirkt hat.

Eine von R. verfaßte Autobiographie gilt bis heute als verloren. Was über seinen Lebensweg bekannt ist, stammt von späteren Biographen, insbesondere von AL-BIRUNI. In seiner Geburtsstadt befaßte sich R. neben astronomischen, mathematischen und alchimistischen Studien vor allem mit Musik. Etwa im 30. Lebensjahr befand er sich in Bagdad. Daß er sich nunmehr sehr intensiv der Medizin zuwandte,

Rhazes

wird auf seine Bekanntschaft mit einem alten Apotheker in Bagdad zurückgeführt. Überragendes Wissen und ärztliche Erfolge waren schließlich dafür ausschlaggebend, daß man ihm bald die Leitung eines Krankenhauses in seiner Vaterstadt und später auch in Bagdad übertrug. Ob er an verschiedenen Fürstenhöfen ärztliche Tätigkeit ausgeübt hat, bleibt ungewiß; zumindest wird von ausgedehnten Reisen gesprochen. Seinen Lebensabend scheint er wieder in Raiy verbracht zu haben.

Der enzyklopädisch gebildete R. hat ein immenses Schrifttum (etwa 165 Bücher und kleinere Traktate) hinterlassen. Weniger bekannt als seine medizinischen und naturwissenschaftlichen Arbeiten sind im allgemeinen die von ihm auf philosophischem Gebiet entwickelten Ansichten. Kernpunkt seiner Überlegungen bildet die Auffassung von der Materie, deren Wesen und Struktur auf das engste mit dem von ihm vertretenen Atomismuskonzept verknüpft sind. Während die Vertreter des orthodoxen Islams, die Mutakallimūn die Atome als ausdehnungslose Punkte im Raum betrachtet haben, die von Gott ständig neu geschaffen werden, und die aus den Atomen strukturierte Materie daher sowohl zerstörbar als auch endlich sei, erhebt R. die Materie gleichberechtigt in den Rang eines von insgesamt fünf Grundprinzipien, welche die unbedingte Voraussetzung für das Sein der realen Welt bilden: 1) der Schöpfergott (bāri'), 2) die Weltseele (an-nafs al-kullīya), 3) die Urmaterie (al-hayūla al-mutlaqa), 4) der absolute Raum (al-makān al-mutlaq) und 5) die absolute Zeit (az-zamān al-mutlaq). Bei der Beantwortung der Grundfrage der Philosophie nimmt er folglich einen quasi-dualistischen Standpunkt ein. Sein Dualismus – Anerkennung von Ewigkeit und Unvergänglichkeit der Seele einerseits sowie der Materie andererseits – ist der formale Rahmen, innerhalb dessen er offen materialistische Gedanken äußern konnte.

In der medizinhistorischen Literatur gilt R. meist als der bedeutendste Arzt in der arabisch-islamischen Periode des Mittelalters. Ein derartiges Urteil verbietet sich jedoch strenggenommen, solange weder das Werk des R. im speziellen noch die Medizin der erwähnten Periode im allgemeinen ausreichend erforscht und bekannt sind. Eine Reihe von Schriften des R. und vieler anderer Mediziner sind bislang noch nicht einmal zugänglich. Der gegenwärtige Stand der Forschung besagt, daß R. das Wissen seiner Vorgänger nicht nur kompilatorisch verarbeitet, sondern eine gewisse Selbständigkeit und Originalität auf medizinischem Gebiet entwickelt hat, jedoch nicht in dem Maße wie im Bereich der Philosophie. Seine Neuerungen berührten nicht das theoretische Gerüst der Medizin, das völlig auf der antiken Medizin beruhte, sondern liegen im klinisch-praktischen Bereich. Aufgrund sorgfältiger Beobachtungen am Krankenbett konnte R. eine Reihe von bis dahin unbekannten Krankheitsbildern beschreiben oder die Symptomatik mancher Erkrankung sinnvoll ergänzen und präzisieren. In seiner Schrift »Kitāb al-ǧudarī wa-l-hasba« (Die Pocken und Masern) grenzte er beide Krankheiten klar voneinander ab. Des weiteren beschrieb er wahrscheinlich erstmalig das Syndrom der chronischen Rhinitis auf allergischer Grundlage. Sein eigentlicher Ruhm als Arzt, der bald auch bis Europa drang, liegt in einer Reihe von größeren Sammelwerken begründet. Insbesondere das postum von seinen Schülern aus seinen Aufzeichnungen zusammengestellte umfangreiche Werk »Kitāb al-hāwī« (Liber continens), das Ende des 13. Jh. ins Lateinische übersetzt worden ist und 1486 in Brescia als Wiegendruck erschien, hat sowohl im Orient als auch in Europa lange Zeit nachgewirkt. Daneben war es vor allem das dem Samanidenherrscher ABŪ SĀLIH AL-MANSŪR gewidmete »al-Kitāb al-Mansūrī fī t-tibb«, dessen 9. Buch als Liber Nonus im europ. Mittelalter als Lehrb. sehr geschätzt war und unter anderem von A. Vesalius kommentiert worden ist. Angeregt durch die Epidemienschriften des Hippokrates hat R. schließlich zahlreiche klinische Fälle beschrieben.

Wie die wichtigsten seiner medizinischen Arbeiten, so haben auch seine alchimistischen Schriften einen enormen Einfluß auf die europäische Wissenschaft ausgeübt, der z.B. noch bei H. Boerhaave spürbar ist. Durch die von ihm angewandte Methodik gebührt R. das Verdienst, die Alchimie zum ersten Male in eine streng wissenschaftliche Form gebracht zu haben (J. Ruska). Obwohl auch R. von der Transmutation der Metalle überzeugt war, beschränkte sich seine Beschäftigung auf alchimistischem Gebiet nicht allein auf diese Seite. Überhaupt weiß man heute, daß die Transmutation unedler Metalle in Gold sowie die Herstellung eines »Steines der Weisen« als Lebenselixier bzw. Allheilmittel nicht wichtigstes Ziel der Alchimie gewesen ist. In gewisser Weise kann man R. sogar als einen Vorläufer der später von J. J. Becher und G. E. Stahl entwickelten Phlogistonlehre bezeichnen. Na

Literatur: Rhazes: Kitāb al-hāwī, Bd. 1–25 (Hyderabad 1955–1966), Rhazes de variolis et morbillis, Arabice et Latine (Hrsg. J. Channing, London 1766), ar-Razi (Rhazes): Über die Pocken und die Masern (aus dem Arab. übersetzt von K. Opitz, Leipzig 1911 u. 1968), Kitāb al-mursid su al-fusūl (Der Führer oder die Aphorismen, Hrsg. A. Z. Iskandar), in: Revue de l'institut des Manuscripts Arabes 7 (1961), 1–125, Trois traités d'anatomie Arabes par Muhammed ibn Zakariya al-Razi etc. Texte inédit de deux traités (Traduction par P. de Koning, Leyde 1903), Thirty-three clinical observations by Rhazes (Hrsg. M. Meyerhof), in: Isis 23 (1935), 321–372, Traité sur le calcul dans les reins et dans la vassie par Abū Bakr Muhammed ibn Zakarīyā al-Rāzī (Traduction accompagnée du texte par P. de Konzing, Leyde 1896), Kitāb mā al-fāriq (Alep 1978), La guerison en une heure par Razes. Kitab Bur' as-saca li Muhammad Ibn Zakarija ar-Razi (Texte et traduction avec notes par Pierre Guigues, Beyrouth 1904), Abi Bakr Mohammadi filii Zacharias Rhaghensis (Razis) Opera philosophica fragmentaque ... (Cahiras 1939, 2. Aufl. Beirut 1977), Neizvestnoe socienenie Ar-Rezi »Kniga tainy tain« (Hrsg. U. I. Karimov, Taschkent 1957), Al-Razi's Buch Geheimnis der Geheimnisse (dtsch von J. Ruska, in: Quellen und Studien zur Gesch. der Naturwiss. Med., Bd. 6 Berlin 1937).

Meyerhof, M.: The philosophy of the physician ar-Rāzī, in: Islamic Culture 15 (1941), 45–58; Ranking, G. S. A.: The Life and Works of Rhazes, in: 17th Intern. Congr. of Medicine, London 1913, Sect. XXIII (London 1914), 237–286; Ruska, J.: Al-Bīrūnī als Quelle für das Leben und die Schriften al-Razi's, in: Isis 5 (1922), 26–50; Usmanov, M.: Zakarijja ar-Razi, in: Iz filosofskovo nasledià narodov vostola (Taschkent 1972), 57–105.

Richet, Charles, Mediziner, geb. 26. 8. 1850 Paris, gest. 3. 12. 1935 Paris.

Der vielseitige R. wurde besonders durch eine wichtige Entdeckung in der Immunologie, nämlich die der Anaphylaxis (Anaphylaxie, Überempfindlichkeit gegen körperfremde Eiweißstoffe) bekannt.

R.s Vater war Chirurg eines Krankenhauses. Als Oberschüler schwankte R. in seinen Interessen zwischen Literatur und Wissenschaft, wollte Schriftsteller werden, studierte aber Medizin. R. interessierte sich frühzeitig für Psychologie, Somnambulismus und andere parapsychische Erscheinungen. R. bildete sich dann aber in den Laboratorien bedeutender Physiologen weiter, z. B. bei E. J. Marey. 1887 wurde R. Prof. der Physiologie in Paris.

R. betrieb Forschungen auf den verschiedensten Gebieten der Physiologie, unter anderem über die Registrierung der Muskeltätigkeit, die Verdauung, die Regulation der Wärmeerzeugung in Lebewesen, außerdem über das Krankheitsbild der Tuberkulose.

Seine bekannteste Entdeckung, das Phänomen der Ana-

F. Reuleaux

Ch. Richet

phylaxis (1902), gelang R. und Mitarbeitern zufällig während einer Seereise auf der Jacht des an der Meeresforschung interessierten Fürsten Albert von Monaco. Das Gift der Physalis (Portugiesische Galeere, Seeblase), einer stark nesselnden Staatsqualle (Siphonophore), und später auch anderer Hohltiere, wurde Hunden eingespritzt, um die tödliche Dosis des Quallengiftes zu ermitteln. Einige der mit Gift behandelten, aber überlebenden Hunde erhielten nach einigen Wochen dasselbe Gift nochmals eingespritzt; dabei zeigte sich, daß bereits viel kleinere Dosen des Giftes tödlich wirkten als bei der Ersteinspritzung; außerdem zeigten sich auch andere Symptome; die Ersteinspritzung des Giftes hatte offenbar die Sensibilität der Versuchshunde erhöht.

Verschiedenste als Antigen wirkende Substanzen erzeugten, wie R. und andere Forscher feststellten, ebenfalls Anaphylaxis. Das Blut anaphylaktischer Tiere, das in unbehandelte Individuen derselben Art übertragen wurde, machte diese ebenfalls anaphylaktisch.

Das Phänomen der Anaphylaxis sollte die beim Menschen bereits bekannte »Serum-Krankheit«, die nach Mehrfachimpfung mit demselben Impfstoff aufgetreten war, erklären. 1913 erhielt R. für seine Entdeckung den Nobelpreis für Physiologie und Medizin.

Schon der Großvater mütterlicherseits weckte in dem jungen R. den Haß gegen den Krieg und die »Napoleons«. R. wurde ein führender Pazifist, der in seinen Werken, wie dem von B. von Suttner übersetzten »Die Vergangenheit des Krieges und die Zukunft des Friedens« (dtsch 1909) und in »Allgemeine Kulturgeschichte« (dtsch 1917, 1923), die Kriege der Vergangenheit wegen ihrer Sinnlosigkeit verurteilte und den Frieden als notwendigen Dauerzustand propagierte. Zi

Literatur: Richet, Ch.: L'anaphylaxis (Paris 1911), Le passé de la guerre et l'avenir de la paix (Paris 1909), dtsch Die Vergangenheit des Krieges und die Zukunft des Friedens (Übersetzt von Bertha von Suttner) (Leipzig 1909), Abrégé d'Histoire générale (Paris 1924), dtsch Allgemeine Kulturgeschichte (Leipzig 1917, 1923), Versuch einer Geschichte der Menschheit (Leipzig 1918, Berlin u. München 1923).

Richmann (Rihman), Georg Wilhelm (Wilgelm), Physiker, geb. 11. (22.) 7. 1711 Pernau (Pärnu, Estnische SSR), gest. 22. 7. (6. 8.) 1753 St. Petersburg (Leningrad).

R. fand die nach ihm benannte Formel für die Mischungstemperatur zweier unterschiedlich temperierter Mengen einer Flüssigkeit, vertrat die Bewegungstheorie der Wärme und beschäftigte sich intensiv mit Untersuchungen zur Elektrizität.

R., Sohn eines Deutschen, der als Beamter in schwed. Diensten stand, erhielt seine erste wissenschaftliche Ausbildung ab 1729 in Halle und Jena, ehe er 1732 eine Stellung als Hauslehrer in St. Petersburg annahm. 1735 wurde R. als »Student« in die St. Petersburger Akademie aufgenommen, 1741 zum ao. Prof. ernannt und 1745 zum Nachfolger von G. W. KRAFFT berufen.

Durch KRAFFT inspiriert, stellte R. aufgrund theoretischer Überlegungen seine Mischungsregel auf und bestätigte deren Richtigkeit durch gezielte Experimente. Die Verletzung der Mischungsregel wurde später zum Ausgangspunkt für die Entdeckung der spezifischen und der latenten Wärme. In seinen wissenschaftlichen Anschauungen war R. stark von M. W. LOMONOSSOW beeinflußt, mit dem er sich gemeinsam der Erforschung der Reibungselektrizität zuwandte. Mit einer Art Elektrometer, das R. selbst entwickelt hatte, stellte er fest, daß die Größe der von einem geladenen Körper ausgehenden Kraftwirkung auch von dessen Form abhängt. Angeregt durch die Versuche B. FRANKLINS untersuchte R. mit einer auf dem Dach seines Hauses angebrachten Eisenstange, die mit seinem Elektrometer verbunden war, erstmals die Aufladung der Luft vor und während eines Gewitters. Bei einer solchen Messung wurde R. durch Blitzschlag getötet. Fk

Literatur: Rihman, G. W.: Trudy po fisike (Hrsg. A. A. Eliseev, V. P. Zubiv, A. M. Murzin, Moskau 1956).

Cverava, G. K.: Georg Wilgelm Rihman (Leningrad 1977).

Richthofen, Ferdinand, Freiherr von, deutscher Geologe, Geograph und Forschungsreisender, geb. 5. 5. 1833 Carlsruhe (Pokój, Wojewodschaft Opole), gest. 6. 10. 1905 Berlin.

Nach bahnbrechenden geologischen und geographischen Forschungen in China erwarb sich R. große Verdienste als Hochschullehrer der Geographie.

R., Sohn eines Gutsbesitzers, begann 1850 in Breslau (Wrocław) ein Geologiestudium, setzte es ab 1852 in Berlin fort, wo er auch bei C. RITTER Geographie hörte, und wurde dort 1856 mit einer Arbeit über den Melaphyr promoviert. Bis 1860 war er Mitarbeiter der Österreich. Geologischen Landesanstalt. 1860–1862 nahm er an einer Preuß. Gesandtschaftsreise nach Ostasien teil. 1862–1868 arbeitete R. als Geologe in Kalifornien. In den folgenden vier Jahren erforschte er bis 1872 auf sieben großen Reisen weite Teile Chinas. Die Univ. Bonn berief ihn 1875 auf einen Lehrstuhl für Geographie. Dieses Amt trat R. erst nach Abschluß von Bd. 1 seines Chinawerkes (1879) an. Bereits 1883 wechselte er an die Univ. Leipzig als Nachfolger O. PESCHELS über, 1886 folgte er dem Ruf der Univ. Berlin, die ihn 1903 auch zum Rektor wählte. Seit 1891 war R. korrespondierendes, seit 1899 ordentliches Mitgl. der Preuß. Ak. d. Wiss. 1899 leitete er in Berlin den 7. Internationalen Geographischen Kongreß. Die Gründung des Berliner Institutes für Meereskunde, dessen Dir. er seit 1900 ebenfalls war, geht auf seine Anregung zurück. 1900/1901 war er Vorsitzender der Deutschen Geologischen Gesellschaft. Mehrfach hatte er den Vorsitz der Gesellschaft für Erdkunde zu Berlin inne. R. war Mitgl. der 1878 gegründeten Afrikanischen Gesellschaft und des Kolonialrates; häufig beriet er die Reichsregierung in Kolonialfragen. Die Annexion des Gebietes von Kiautschou durch Deutschland 1898 hat er durch seine wissenschaftlichen Arbeiten indirekt mit vorbereitet.

R.s Forschungsleistung, die seinen Weltruf begründete, ist vor allem mit China verbunden. Hier schuf er angesichts der mächtigen Lößvorkommen die Theorie von der äolischen Entstehung dieses Sedimentes, und nach sorgfältiger Auswertung seiner Beobachtungsergebnisse entwickelte er später die Theorie über die Staffelbrüche am Ostrand des asiatischen Kontinentes. Von wirtschaftlicher Bedeutung waren seine Erkundungen der Kohlelagerstätten von Shanxi und Shandong. Gegenüber früheren Forschungsreisenden führten seine Studien über die landeskundliche Faktensammlung weit hinaus zum Erkennen der Gesetzmäßigkeiten geographischer Erscheinungen und Prozesse. R.s genetische Betrachtungsweise machte ihn zu einem der Mitbegründer der modernen Geomorphologie. Für die Entwicklung der Gesamtdisziplin wesentlich sind seine wissenschaftstheoretischen Vorstellungen. War noch 1877 der Forschungsgegenstand der Geographie die Erdoberfläche »unabhängig von ihrer Bekleidung und ihren Bewohnern« (»China, ...«, Bd. 1, S. 730), formulierte R. 1883, nicht zuletzt als Folge seiner Lehrtätigkeit, daß eine allgemeine Geographie, bestehend aus physischer und biologischer Geographie sowie Anthropogeographie, und eine spezielle Geographie die Gesamtdisziplin ausmachen. Die Erdoberfläche ist jetzt Erdhülle (Litho-, Hydro-, Atmosphäre), Tier- und Pflanzenwelt, mit denen die menschliche Gesellschaft in Beziehung tritt. In seiner Rektoratsrede von 1903 hob R. die Notwendigkeit wechselseitiger Beziehungen zwischen physischer Geographie und Geographie des Menschen hervor, und in einer postum 1908 veröffentlichten Arbeit zeigen sich wesentliche Ansätze zu einer Ganzheitsbetrachtung der Geographie: »Geographie ist Wissenschaft von der Erdoberfläche und den Erscheinungen, die mit ihr in kausalen Wechselbeziehungen stehen ... den letzten Gegenstand ihrer Betrachtung bildet der Mensch insoweit er ... in kausalen Beziehungen zum Boden steht« (»Ferdinand von Richthofens Vorlesungen ...«, S. 5).

R. wirkte als Forscher und akademischer Lehrer vorbildhaft. Er trug entscheidend zur internationalen Anerkennung der deutschen Geographie bei. Li

Literatur: Richthofen, F. v.: China, Ergebnisse eigener Reisen und darauf gegründeter Studien (Bd. I Berlin 1877, Bd. II Berlin 1882, Bd. IV Berlin 1883, aus dem Nachlaß Bd. V Berlin 1911, Bd. III Berlin 1912), Führer für Forschungsreisende (Berlin 1886, 2. Aufl. Hannover 1901, Neudruck Berlin (W) 1983), Aufgaben und Methoden der heutigen Geographie. Akademische Antrittsrede am 27. 4. 1883 (Leipzig 1883), Triebkräfte und Richtungen der Erdkunde im 19. Jh. Rede bei Antritt des Rektorats, in: Z. Ges. Erdk. Berlin, (1903), 655–692; Schlüter, O. (Hrsg.): Ferdinand von Richthofens Vorlesungen über Allgemeine Siedlungs- und Verkehrsgeographie (Berlin 1908).

Drygalski, E. v.: Ferdinand von Richthofen und die deutsche Geographie, in: Z. Ges. Erdk. Berlin, (1933), 88–97; Hettner, A.: Ferdinand von Richthofens Bedeutung für die Geographie, in: Geogr. Z. 12 (1906), 1–11; Zuckermann, B.: Die Bedeutung Ferdinand von Richthofens als Geologe und Geograph, in: Geogr. Ber. 28 (1983), 1–14.

Ricker, Gustav, Pathologe, geb. 2. 11. 1870 Hanau, gest. 24. 9. 1948 Dresden.

R. begründete die »Relationspathologie«, die den funktionellen Veränderungen im Vorfeld von organischen Erkrankungen Rechnung trägt und über die VIRCHOWsche Zellularpathologie hinausführt.

R. erhielt nach dem Medizinstudium und der Promotion (Berlin 1893) seine fachliche Ausbildung als Pathologe bei H. RIBBERT in Zürich, bei K. J. EBERTH in Halle und bei A. THIERFELDER in Rostock, wo er sich 1897 habilitierte. 1904 wurde er als Dir. der pathologisch-anatomischen Abteilung der Akademie für praktische Medizin in Magdeburg berufen, die er bis zu seiner zwei Jahre vor Erreichen der Altersgrenze erfolgten Emeritierung leitete. R. war durch Zeitschriftenpublikationen und mehrere Monographien bekannt, als er 1924 mit seiner Veröffentlichung »Pathologie als Naturwissenschaft« die von ihm als »Relationspathologie« bezeichnete neue Betrachtungsweise der Krankheitsentstehung wissenschaftlich begründete. Er lebte später in Berlin und Dresden, wo er weitere Werke schrieb.

R. entwickelte seine Lehre konzeptionell 1906–1912 und belegte sie 1924 experimentell. Methodisch erschloß er mit seinen mikroskopischen Lebendbeobachtungen und Expe-

G. W. Richmann

F. von Richthofen

G. Ricker

B. G. F. Riemann

rimenten neue Wege, um Einblicke in krankhafte Abläufe in den lebenden Geweben zu gewinnen, die mit der pathologisch-anatomischen Arbeit konventioneller Art nicht hätten erlangt werden können. Ein Rückblick auf die Entwicklung der medizinischen Vorstellungen vom Wesen der Krankheiten führt an den Ausgangspunkt von R.s Überlegungen. Seit der Begründung der Zellularpathologie durch R. Virchow schien die Überlegenheit seiner Betrachtungsweise gegenüber der neural- und humoralpathologischen, wie sie K. v. Rokitansky mit seiner Krasenlehre vertreten hatte, außer Zweifel zu stehen. Gegen den Widerstand von Klinikern der »physiologischen Heilkunde«, deren ganzheitliche Betrachtungsweise eine Allgemeintherapie der Krankheiten erforderte, setzte sich im klinischen Bereich und im theoretischen Denken der »anatomische Gedanke« und damit eine auf die örtliche Therapie orientierte Handlungsweise durch. Die allgemeine Krankheitslehre las im Gegensatz zu früher an den Hochschulen nicht der Kliniker, sondern der Pathologe, der mit seinen Methoden nur den Endzustand des Krankheitsprozesses im zellulären Bereich, nicht aber die ihm vorausgehenden funktionellen Abweichungen erfassen konnte. Die zwar schon von Virchow geforderte allgemeine pathologische Physiologie, deren Basis die pathologische Anatomie, die klinische Beobachtung und das Experiment sein sollten, entstand erst später und erlebte keinen systematischen Ausbau. Mit dem Erkenntniszuwachs auf bio- und pathobiochemischem Gebiet erhielt die alte humoralpathologische Betrachtungsweise neue Argumente, wiesen doch viele Untersuchungsresultate auf ein enges Zusammenwirken von Nervalem, Humoralem und Zellulärem bei der Krankheitsentstehung im Organismus hin. Zur Leitidee der Medizin wurde nun, als Reaktion auf eine zu enge zellularpathologische Sicht, das Streben nach Synthese, Ganzheitsbetrachtung und funktionalem Denken. R. strebte mit seiner Relationspathologie sowohl eine grundsätzliche Beachtung des Nervalen, des Humoralen und des Zellulären als auch der Wechselwirkungen der drei Komponenten im Hinblick auf ihre Bedeutung für die Krankheitsentstehung an und war daher weder Vorläufer noch Vertreter der Neuralpathologie, was oft falsch interpretiert wurde. Nach R.s Lehre können Änderungen des Verhältnisses der Komponenten zueinander unter der Vermittlung des Nervensystems funktionelle Veränderungen hervorrufen, in deren Folge strukturelle Störungen und morphologische Änderungen auftreten. Das Kernstück seiner Lehre bilden die Kreislaufstörungen und ihre morphologischen Folgen, denn an ihnen ließen sich die Wechselbeziehungen zwischen der nervalen Reizung, dem Blut und den Geweben am besten verfolgen. So beobachtete R. nach Reizung Strömungsänderungen in den Endverzweigungen der Blutgefäße und im Zusammenhang damit Störungen der Gewebsstruktur. Dabei hängt die Strombahnänderung ab von der Größe des Reizes (Rickersches Stufengesetz).

R. hat im wissenschaftlichen Leben Magdeburgs eine große Rolle gespielt, seine langgehegten Pläne zur Gründung einer medizinischen Akademie aber nicht verwirklichen können. Fünf Monate vor seinem Tod, im April 1948, wurde in Anerkennung seiner Verdienste das Krankenhaus Magdeburg-Sudenburg in »Gustav-Ricker-Krankenhaus« umbenannt. Ko

Literatur: Ricker, G.: Vergleichende Untersuchungen über Muskelatrophie (Berlin 1893), (mit A. Dahlmann): Beiträge zur Physiologie des Weibes (Leipzig 1912), (mit J. Schwalb): Die Geschwülste der Hautdrüsen (Berlin 1914), Beiträge zur Kenntnis der toxischen Wirkung des Chlorkohlenoxydgases (Phosgens) (Leipzig 1919), Pathologie als Naturwissenschaft. Relationspathologie (Berlin 1924), Die Sklerose und Hypertonie der innervierten Arterien (Berlin 1927), Wissenschaftstheoretische Aufsätze für Ärzte (Leipzig 1936, 2. Aufl. Stuttgart 1951), Das Zentralnervensystem und die rheumatisch genannte akute Polyarthritis mit ihrem Zubehör (Dresden u. Leipzig 1938), Allgemeine Pathophysiologie als Beitrag für eine Grundlage der Theorie der Medizin von A. D. Speransky (Stuttgart 1947, 2. Aufl. 1948).

Riemann, Bernhard Georg Friedrich, Mathematiker und mathematischer Physiker, geb. 17. 9. 1826 Breselenz bei Dannenberg, gest. 20. 7. 1866 Selasca (am Lago Maggiore, Italien).

R. gehört zu den bedeutendsten Mathematikern des 19. Jh., der fundamentale Beiträge zur Analysis, Zahlentheorie, Geometrie und zur mathematischen Physik lieferte.

R. wurde als zweites von sechs Kindern in einer Pfarrerfamilie geboren. Zunächst erhielt er Privatunterricht beim Vater, ehe er ab 1840 das Lyzeum in Hannover und ab 1842 das Johanneum in Lüneburg besuchte, wo er bereits besonderes Interesse für die Mathematik zeigte. Ostern 1846 begann er an der Univ. Göttingen zunächst ein Studium der Theologie und Philosophie, besuchte aber auch mathematische Vorlesungen und wechselte bald endgültig zum Mathematikstudium über; 1847/1849 studierte R. in Berlin, wo er Vorlesungen bei J. Steiner, J. Jacobi und insbesondere bei G. Dirichlet hörte, der besonderen Einfluß auf R. ausübte; Ostern 1849 kehrte R. nach Göttingen zurück, trat 1850 in das neugegründete mathematisch-physikalische Seminar ein und wurde dort zeitweilig Assistent bei W. Weber. Im November 1851 legte R. seine Dissertation »Grundlagen für eine allgemeine Theorie der Funktionen einer veränderlichen komplexen Größe« vor, die von C. F. Gauss sehr positiv beurteilt wurde. In seiner Habilitationsschrift »Über die Darstellbarkeit einer Funktion durch eine trigonometrische Reihe« (1854) knüpfte R. an Untersuchungen von Dirichlet an und gab erstmals die nach ihm benannte Definition eines bestimmten Integrals an. Wie die Habilitationsarbeit wurde auch die Probevorlesung »Über die Hypothesen, welche der Geometrie zu Grunde liegen« (10. 6. 1854) erst 1867 postum publiziert; sie fand ebenfalls die höchste Anerkennung von GAUSS. 1854 wurde R. Privatdoz. an der Univ. Göttingen; nach dem Tode von GAUSS erhielt DIRICHLET dessen Lehrstuhl, R. wurde ao. Prof. und nach DIRICHLETS frühem Tod dessen Nachfolger. Bereits 1856 war R. zum Assessor der mathematischen Klasse der Göttinger Gesellschaft der Wissenschaften gewählt worden, 1859 (auf Vorschlag von K. WEIERSTRASS) zum Korrespondierenden Mitgl. der Berliner Akademie und 1866 zum Auswärtigen Mitgl. derselben.

R. hielt Vorlesungen zu verschiedenen Spezialgebieten, zur Theorie ABELscher Funktionen (erstmals 1855/56), zu partiellen Differentialgleichungen und ihren Anwendungen in der Physik (erstmals 1854); insgesamt las er elfmal zu Fragen der mathematischen Physik. R. war kein glänzender Vortragender und begründete keine mathematische Schule, regte aber mit seinen Veröffentlichungen, insbesondere den postum herausgegebenen Mitschriften seiner Vorlesungen, noch jahrzehntelang viele Mathematiker und Physiker zu kreativen Untersuchungen an.

Die erste Arbeit von R. (Dissertation 1851) widmete sich der Grundlegung der Funktionentheorie und knüpfte an Vorleistungen der Mathematiker A. L. CAUCHY und V. A. PUISEUX an. Aber auch geometrische Untersuchungen, wohl unter dem Einfluß von GAUSS, und physikalische Interessen bewogen R., sich mit diesem Problem zu beschäftigen, ehe er sich der weiteren Untersuchung der elliptischen Funktionen widmen konnte. In seiner Dissertation definierte er eine analytische Funktion einer komplexen Veränderlichen durch die Gültigkeit der später so bezeichneten CAUCHY-RIEMANNschen Differentialgleichungen. Damit war ein Zusammenhang zwischen der Theorie der Funktionen komplexer Variabler, der Potentialtheorie und der Theorie partieller Differentialgleichungen hergestellt, der sich für viele Anwendungsprobleme als fruchtbar erwies. Auch die Idee der RIEMANNschen Fläche zur Behandlung der Verzweigungspunkte gewisser mehrdeutiger Funktionen entwickelte R. hier erstmals. Auf diese Arbeit verwies er dann mehrfach in seiner 1857 erschienenen berühmten Abhandlung »Theorie der ABELschen Funktionen«, in der ihm (im Wettstreit mit WEIERSTRASS) die allgemeine Lösung des JACOBIschen Umkehrproblems gelang. R.s Arbeit »Beiträge zur Theorie der durch die GAUSSsche Reihe $F(\alpha, \beta, \gamma, x)$ darstellbaren Funktionen« (1857) knüpfte wiederum an die funktionentheoretischen Untersuchungen von 1851 an. Von weitreichender Bedeutung erwies sich die aus Anlaß seiner Wahl als korrespondierendes Mitgl. der Berliner Akademie eingereichte Arbeit »Über die Anzahl der Primzahlen unter einer gegebenen Größe« (1859). Darin untersuchte R. das Problem der Häufigkeit der Primzahlen, wiederum durch GAUSS und DIRICHLET angeregt. Die darin von R. definierte Zetafunktion $\zeta(s)$ für die komplexe Veränderliche $s = \sigma + i\tau$ basierte auf der von L. EULER gegebenen Beziehung. Die Arbeit wurde so berühmt, weil in ihr die Vermutung über die Nullstellen der Zetafunktion $\zeta(s)$ enthalten ist. R. nahm an, daß die unendlich vielen nichttrivialen Wurzeln alle den Realteil $\frac{1}{2}$ haben, d. h., auf der Geraden $\sigma = \frac{1}{2}$ liegen. Trifft dies zu, lassen sich weitreichende Schlüsse über die Verteilung der Primzahlen ziehen. Diese Hypothese, die von D. HILBERT in die 1900 gegebene Zusammenstellung fundamentaler mathematischer Probleme aufgenommen wurde, konnte bisher weder bewiesen noch widerlegt werden. Einen besonderen Platz im Schaffen R.s nimmt seine Habilitationsvorlesung über die Grundlagen der Geometrie ein. Die Ausarbeitung erfolgte auf ausdrücklichen Wunsch von GAUSS, der dieses Thema (entgegen der üblichen Regel) als drittes der vorgeschlagenen ausgewählt hatte. Sie behandelte die mathematische Möglichkeit der Existenz nichteuklidischer Geometrien mit nichtkonstanter Raumkrümmung, ein Problem, das erst zu Beginn des 20. Jh. durch die Untersuchungen von H. MINKOWSKI und A. EINSTEIN in seiner ganzen Bedeutung erkannt wurde. R. definierte darin den Raum als Mannigfaltigkeit von n Dimensionen, in der eine Metrik mittels einer quadratischen Differentialform definiert wird. Damit gewann er ein Prinzip zur Klassifizierung verschiedener Geometrien. Die Entscheidung darüber, ob eine solche Geometrie in der Wirklichkeit existiert, hat jedoch nicht die Mathematik zu treffen, es »führt dies hinüber in das Gebiet einer andern Wissenschaft, in das Gebiet der Physik« (Werke, S. 286). Die von R. getroffene Unterscheidung zwischen mathematischer Raumform und dem von der Physik zu erforschenden Raum erwies sich später als wichtiges heuristisches Hilfsmittel für physikalische Forschungen. Weiter ist bemerkenswert, daß R. zwischen Unbegrenztheit und Unendlichkeit des Raumes unterschied. Seine Arbeit ist beispielhaft für die Verknüpfung mathematischer, physikalischer und philosophischer Probleme. R. beschäftigte sich eingehend mit philosophischen Fragen; davon zeugt sein »Philosophischer Nachlaß«.

Das Verhältnis von R. zur Physik war relativ eng, nicht zuletzt durch die Freundschaft mit W. E. WEBER. Die von K. HATTENDORFF herausgegebenen RIEMANNschen Vorlesungen beeinflußten viele Jahre die physikalische Forschung. R. hatte darin mathematisch-physikalische Probleme der Elektrizitäts- und Wärmelehre sowie der Theorie des Magnetismus behandelt. Einen breiten Raum nahmen Fragen der Potentialtheorie ein. Von besonderer Bedeutung ist R.s Arbeit »Über die Fortpflanzung ebener Luftwellen von endlicher Schwingungsweite« (1860), in der er sowohl eine neue Integrationsmethode für die Lösung partieller Differentialgleichungen vom hyperbolischen Typ entwickelte als auch als erster die Existenz von Unstetigkeits- oder Stoßwellen entdeckte.

Schon in jungen Jahren war R. gesundheitlich labil, was sich zunehmend verstärkte; nach einer 1862 erlittenen Lungenentzündung vermochte er keinen vollständigen Vorlesungszyklus mehr zu halten, wiederholte Italienaufenthalte in den Folgejahren brachten keine Besserung. Vo

Literatur: Riemann, B. G. F.: Gesammelte mathematische Werke und wissenschaftlicher Nachlaß (Hrsg. H. Weber u. R. Dedekind, Leipzig 1876, 2. Aufl. 1892, Nachträge, Hrsg. M. Noether u. W. Wirtinger, Leipzig 1902), Neudruck Leipzig 1990 (mit ausführlicher Bibliographie).

Ries, auch RIESE, Adam, Rechenmeister und Bergbeamter, geb. 1492 (?) Staffelstein (Franken), gest. 30. 3. 1559 Annaberg (Sachsen).

R. ist durch seine pädagogisch meisterhaften, in deutscher Sprache geschriebenen Rechenbücher, die erheblich zur Verbreitung des Rechnens mit den indisch-arab. Ziffern beitrugen und ihm den Ehrennamen »Rechenmeister des deutschen Volkes« einbrachten, berühmt geworden. Ein zweiter wesentlicher Tätigkeitsbereich von R. erwuchs aus Vertrauensstellungen im Abrechnungswesen des erzgebirgischen Bergbaus.

Viele biographische Einzelheiten zum Leben von R. haben sich trotz aller Bemühungen einer großen Anzahl von Forschern nicht mehr aufklären lassen. Gesichert ist sein frühzeitiges Bekanntwerden mit der durch spektakuläre Erzfunde in rascher ökonomischer Entfaltung befindlichen Region des Erzgebirges (Zwickau 1509), seine Tätigkeit als Rechenmeister in Erfurt (bis etwa 1522) und die endgültige Übersiedlung nach Annaberg 1522/23, wo er nach Heirat und Erwerb eines Hauses Vollbürger wurde. Die vermutlich bereits um 1525 von R. in Annaberg gegründete Rechen-

Porträt des Adam Ries auf der Titelseite seines 1550 erstmals erschienenen Rechenbuches »Rechenung nach der lenge auff den Linihen vnd Feder ...«

schule erwarb sich rasch einen hervorragenden Ruf, wurde von weither besucht und nach dem Tode von R. durch dessen Sohn Abraham R. weitergeführt, der, wie ein weiterer Sohn, Isaac R., ebenfalls Rechenmeister war. Seit 1525 war R. in Annaberg auch als »Rezeßschreiber« tätig, 1529–1537 zusätzlich für die Stadt Marienberg. 1532 wurde R. zum herzoglichen Gegenschreiber ernannt, 1539 erhielt er den ehrenvollen Titel eines Kurfürstlich-Sächsischen Hofarithmeticus.

Als Rechenmeister stand R. anfangs, wie andere Rechenmeister auch, in einer bis in die Frührenaissance zurückführenden Traditionslinie, als das Rechnen mit Rechensteinen auf dem Abakus, dem Rechentisch, das »Rechnen auf den Linien«, noch dominierte und sich das schriftliche Rechnen mit den indisch-arab. Ziffern, das »Rechnen auf der Feder«, erst langsam auszubreiten begann. So enthält das erste noch in Erfurt verfaßte Rechenbuch von R., die »Rechnung auff der linihen« (1518 vollendet), nur die Darstellung des Abakus-Rechnens. Erst spätere Rechenbücher, »Rechenung auff der linihen vnd federn ...« (erstmals 1522 gedruckt) und »Rechenung nach der lenge auff den Linihen vnd Feder ...« (1525 vollendet, erstmals 1550 gedruckt), enthalten beide Rechenmethoden, wobei die Beispiele häufig dem täglichen Leben entnommen sind. Inhaltlich stehen Erlernen der Zahlenbenennung, Grundrechenarten, Dreisatz, kaufmännisches Rechnen, Umrechnung verschiedenster Münz-, Währungs- und Maßeinheiten, aber auch Visieren (Inhaltsberechnung von Fässern) im Mittelpunkt der Darlegungen von R. Seine Methoden sind induktiv insofern, als Beispiele vorgerechnet werden, und der Leser sich üben kann. Weitaus höheren Ansprüchen wurde R. mit einer 534 Seiten umfassenden und unter der Bezeichnung »Coß« bekannt gewordenen Sammelschrift gerecht, die schon, dem Titel entsprechend, algebraischen Charakter trägt. Diese von R. handschriftlich verfaßte »Coß« ist erhalten geblieben und besteht aus zwei cossischen Schriften, von denen die erste 1524 vollendet wurde; die zweite wurde vermutlich nach 1545 niedergeschrieben.

Als Bergbaubeamter hatte R. unter anderem vierteljährlich die Rechnungen der Zechen zu überprüfen (Selbstkosten, Fördermengen, Erzgehalt, Anteile an Eigentümer und Landesherrn, Reingewinn, Guthaben, Schulden). In seiner Verwaltungstätigkeit hat sich R. unter anderem auch (entsprechende Manuskripte blieben erhalten) mit Münzwesen (»Beschickung des Tiegels ...«, »Münz-Bedenken«) und mit der Festsetzung eines gerechten Brotpreises (Zwickauer Brotordnung, Leipziger Brotordnung) beschäftigt. Wu

Literatur: Ries, A.: Rechnung auff der linihen (1. Aufl. zwischen 1518 und 1522 gedruckt, bisher nicht nachgewiesen, 2. Aufl. Erfurt 1525, 4. Aufl. Erfurt 1530), Rechenung auff der linihen vnd federn in zal maß vnd gewicht ... (1. Aufl. Erfurt 1522, 108. Aufl. Frankfurt/O. 1656), Rechenung nach der lenge auff den Linihen vnd Feder. Darzu forteil vnd behendigkeit durch die Proportiones Practica genant. Mit grüntlichem vnterricht des visierens (1. Aufl. Leipzig 1550, 2. Aufl. Wittenberg 1611), Ein Gerechent Büchlein auff den Schöffel Eimer vnd Pfundtgewicht zu ehren einem Erbarn Weisen Rahte auff Sanct Annenbergk (Leipzig 1536). – Über Auflagen und Standorte dieser Rechenbücher sowie über Manuskripte von Ries und deren Standorte ausführlich bei F. und H. Deubner.

Berlet, B.: Adam Riese, sein Leben, seine Rechenbücher und seine Art zu Rechnen. Die Coß von Adam Riese (Leipzig, Frankfurt/M. 1892); Deubner, F.: ... Nach Adam Ries. Leben und Wirken des großen Rechenmeisters. (Leipzig/Jena 1959); Deubner, H.: Adam Ries – Rechenmeister des deutschen Volkes, in: Schriftenr. für Gesch. der Naturwiss., Tech. Med. (NTM), 7. Jg. (1970), Heft 1, 1–22, Heft 2, 98–114, 8. Jg. (1971), Heft 1, 58–69; Schellhas, W.: Der Rechenmeister Adam Ries (1492–1559) und der Bergbau, in: Schriftenr. für Gesch. der Naturwiss., Tech. Med. (NTM), 12. Jg. (1975), Heft 2, 14–37; Vogel, K.: Adam Riese, der deutsche Rechenmeister, in: Deutsches Museum, Abh. u. Ber. 27 (1959), Heft 3, 3–37; Wußing, H.: Adam Ries (Leipzig 1989).

Ritter, Carl, Geograph, geb. 7. 8. 1779 Quedlinburg, gest. 28. 9. 1859 Berlin.

R. war der Begründer der klassischen deutschen Geographie, ein berühmter Hochschullehrer und ein bedeutender Wissenschaftsorganisator.

R., Sohn eines Arztes, besuchte 1785–1796 die von J. G. Salzmann in Schnepfenthal gegründete Schule, danach studierte er in Halle Kameralistik und Pädagogik. 1798 übernahm er eine Erzieherstelle bei der Familie v. Bethmann-Hollweg in Frankfurt am Main. 1807, 1809 und 1811 besuchte er J. H. Pestalozzi. 1811/12 weilte er mit seinen Zöglingen in der Schweiz, 1812/13 in Italien. Mit dem Jurastudenten und späteren Minister v. Bethmann-Hollweg (1795–1877) und W. Sömmering hielt er sich 1813–1819 in Göttingen auf, wo er auch selbst Zeit für Studien fand. 1819 wurde R. Gymnasiallehrer in Frankfurt am Main, 1820 folgte er einem Ruf an die Berliner Allgemeine Kriegsschule und an die Univ., wo er eine außerordentliche Professur erhielt. 1822 wählte ihn die Kgl. Preuß. Ak. d. Wiss. zum ordentlichen Mitgl., und am 19. 2. 1825 folgte die ordentliche Professur für »Länder- und Völkerkunde und Geschichte«. In der 1828 gegründeten Gesellschaft für Erdkunde zu Berlin war R. viele Jahre Vorsitzender. Auslandsreisen führten ihn z. B. nach den Niederlanden und Frankreich (1824), Österreich-Ungarn (1834), Südosteuropa (1837/38), Dänemark, Norwegen, Schweden (1840) und Großbritannien (1841). Wissenschaftliche Gesellschaften und Akademien, darunter die Kaiserliche Ak. d. Wiss. in St. Petersburg (Leningrad), die Russ. Geographische Gesellschaft und die Royal Geographical Society in London ernannten ihn zu ihrem Ehrenmitgl.; ihm wurden z. B. der Pour le Merite in der Friedensklasse, die Goldmedaille der Royal Geographical Society und der russ. Orden des Heiligen Stanislaus verliehen.

Zu Beginn des 19. Jh. war Geographie als eigenständige Disziplin an den Univ. nicht vertreten, konnte sie nur im Rahmen anderer Fächer als Hilfswissenschaft studiert werden. Weder aus I. Kants Vorlesung zur physischen Geographie noch aus den Göttinger geographischen Vorlesungen A. F. Büschings, G. Ch. Lichtenbergs, J. Ch. Gatterers und G. M. Lowitz' oder aus den Vorlesungen M. Ch. Sprengels,

J. R. Forsters und J. S. Erschs in Halle, um nur einige Univ. zu nennen, erwuchsen Professuren ausschließlich für Geographie. Dennoch ist die Entwicklung der Geowissenschaften durch das Jahrhundert der Aufklärung, in das R. hineingeboren wurde, sehr gefördert worden. Sowohl Einflüsse der Aufklärung als auch der klassischen deutschen Philosophie bestimmten wesentlich R.s Welt- und Menschenbild. Vor allem die Naturphilosophie des jungen F. W. J. Schelling hat auf R. nachhaltigen Einfluß gehabt, und Schellings Verdienst, die Natur als Entwicklungsprozeß und System aufzufassen, hat sich unmittelbar auf R.s Konzeption der Geographie ausgewirkt, die durch ihn eine qualitative Veränderung in einem solchen Maß erfuhr, daß sie in den Rang einer modernen, anderen Disziplinen gleichwertigen Wissenschaft gehoben wurde. R.s Geographiebegriff ist der einer ganzheitlichen, aus physischer und ökonomischer Geographie bestehenden Wissenschaft, die durch die Ermittlung der typischen Merkmale von Einzelräumen und den Vergleich mit dem Erdganzen zur Erkenntnis von Gesetzmäßigkeiten zu gelangen sucht. Der Mensch in seinem Verhältnis zur Natur, das sich im Verlauf der Geschichte ändert, dessen Wirken die Kulturlandschaft (ein Begriff, der auf R. zurückgeht) entstehen läßt, erhält in R.s Geographiekonzeption einen gewichtigen Platz. In der berühmten »Einleitung zu dem Versuch einer allgemeinen vergleichenden Geographie«, erstmals 1817 im 1. Bd. seines insgesamt 21 Bde. umfassenden Hauptwerkes, der »Erdkunde ...« veröffentlicht, hat R. sein Konzept erläutert. Daß in der »Erdkunde ...« diese chorologische Grundanlage durch zahllose kulturgeographische und topographische Fakten oft erdrückt wird, daß das Werk außer Afrika im 1. Bd. auf Asien beschränkt geblieben ist, daß es R. (aufgrund der oft schwierigen Quellenlage) z. T. nicht möglich war, den jeweiligen Raum in seinem Wesenszusammenhang und seiner Beziehung zum Erdganzen zu erfassen, ändert nichts an dem großen Wurf dieses Fragment gebliebenen Werkes. Allerdings vertritt R. die teleologische Position, dieser Raum sei Ausdruck einer Wandlungen unterworfenen göttlichen Ordnung. Dabei zeigt sich ein Widerspruch zwischen seinem Bemühen um anschauliche Widerspiegelung der objektiv-realen Erscheinungen, seinem auf empirischer Grundlage ruhenden wissenschaftlichen Denken, seinen gegen Buchstabengelehrtheit gerichteten Prinzipien der Veranschaulichung, d. h. seiner materialistisch-pantheistischen Weltanschauung, und seiner im persönlichen Leben »aufrichtigen Frömmigkeit« (G. Kramer: Carl Ritter ..., S. 211).

R.s Einfluß auf die Entwicklung der Kartographie ist noch nicht vollgültig beurteilbar. Gesichert ist, daß sich später bedeutende Kartographen auf ihn als Anreger bezogen. Sein Beitrag liegt vor allem in der Konzeption von Atlanten und Karten, weniger in der Weiterentwicklung graphischer Ausdrucksformen. Wichtig sind seine »Sechs Karten von Europa«, von denen drei der »Productenkunde« gewidmet, also erste Wirtschaftskarten sind. Als Erläuterung zur »Erdkunde ...«, die selbst keine Karten enthält, war der zwischen 1833 und 1852 von ihm und F. A. O'Etzel herausgegebene »Atlas von Asien« gedacht.

R.s Leistung als Universitätslehrer ist seiner theoretischen ebenbürtig. In Schnepfenthal im Geist des Philanthropismus mit dem Verständnis für gründliches Sachwissen, für die Natur mit deren Gesetzmäßigkeiten erzogen, vom Neuhumanismus mit dem Verständnis für das Gewicht geistig-ideeller Tatbestände und für deren Bildungswert beeindruckt und schließlich von Pestalozzi begeistert, entwickelte sich R. in Berlin zu einem Pädagogen von Rang, dessen Kollegs Hunderte von Hörern, unter ihnen auch K. Marx, anzogen. Ausländer kamen, um bei ihm Geographie zu hören und seine Ideen nach Rußland, Frankreich, die USA und andere Länder zu tragen. Durch seine Lehrtätigkeit und seine Werke beeinflußte er die Entwicklung der Geographie weltweit. Große Verdienste erwarb sich R. um die Geographie auch in der Kgl. Preuß. Ak. d. Wiss. durch seine Vorträge, die Unterstützung geographischer Forschungsreisen, Gutachten, Mitarbeit in Akademiegremien und sein Bemühen, weitere Geographen und um die Geographie verdiente Wissenschaftler als Mitgl. vorzuschlagen, so daß mit seiner Wahl zum Mitgl. die Geographie auch dort auf eine neue Stufe gehoben wurde.

Gegenüber drängenden politischen Fragen seiner Zeit übte R. Zurückhaltung. Seine gesellschaftliche Grundhaltung war geprägt durch Loyalität gegenüber der Monarchie. Seine enge Bindung an das Königshaus, insbesondere sein gutes Verhältnis zu Friedrich Wilhelm IV., wird ihn dazu bewogen haben. R.s Lehrstuhl blieb 25 Jahre unbesetzt. Die Philosophische Fakultät hatte alle vorgeschlagenen Kandidaten, darunter H. Barth, H. Kiepert, C. Neumann und A. Petermann, als nicht ebenbürtig abgelehnt. Erst 1874 wurde sein Schüler Kiepert als Nachfolger berufen. Li

Literatur: Ritter, C.: Sechs Karten von Europa (Schnepfenthal 1806), Europa, ein geographisch-historisch-statistisches Gemählde, 2 Bde. (Frankfurt/M. 1804 u. 1807), Die Erdkunde im Verhältnis zur Natur und zur Geschichte des Menschen oder allgemeine vergleichende Geographie als sichere Grundlage des Studiums und Unterrichts in physicalischen und historischen Wissenschaften, 21 Bde. (Berlin 1822–1859, Bd. 1 1. Aufl. Berlin 1817, Bd. 2 1. Aufl. Berlin 1818), Über geographische Stellung und horizontale Ausbreitung der Erdtheile (Abh. Kgl. Ak. d. Wiss. 1826), Bemerkungen über Veranschaulichungsmittel räumlicher Verhältnisse bei graphischen Darstellungen durch Form und Zahl (Abh. Kgl. Ak. d. Wiss. 1828), Über das historische Element in der geographischen Wissenschaft (Abh. Kgl. Ak. d. Wiss. 1833), Atlas von Asien (Hrsg., mit F. A. O'Etzel, 1833–1852).

Der Tellurische Zusammenhang der Natur und Geschichte in den Productionen der drei Naturreiche oder: Über eine geographische Productenkunde (Abh. Kgl. Ak. d. Wiss. 1836); H. A. Daniel (Hrsg.): Allgemeine Erdkunde, Vorlesungen an der Univ. Berlin (Berlin 1862).

Autorenkollektiv: Carl Ritter Werk und Wirkungen. Wissensch. Abh. Geogr. Ges. DDR Bd. 16 (Gotha 1983); Autorenkollektiv: Carl Ritter. Mannheimer Geogr. Arbeiten Heft 16 (1982); Beck, H.: Carl Ritter – Genius der Geographie (Berlin (W) 1979); Bernhardt, P. u. Breuste, J.: Schrifttum über Carl Ritter. Geogr. Jahrb. Bd. 66 (Gotha 1983); Kramer, G.: Carl Ritter. Ein Lebensbild nach seinem handschriftlichen Nachlaß dargestellt (2. Aufl. Tl 1 und 2 Halle 1875); Lenz, K. (Hrsg.): Carl Ritter – Geltung und Deutung (Berlin 1981).

Ritter, Johann Wilhelm, Physiker, geb. 16. 12. 1776 Samitz (Schlesien) (Zamienice, Ślask), gest. 23. 1. 1810 München.

R., ein Vertreter der romantischen Physik, hat wesentlichen Anteil an der Begründung der Elektrochemie.

R., Sohn eines Pfarrers, besuchte zunächst eine Lateinschule, wurde mit 14 Jahren Apothekerlehrling und schließlich Provisor in Liegnitz (Legnica). Er beschäftigte sich schon hier mit chemischen Studien, vernachlässigte dabei seinen Beruf, konnte aber mit einer kleinen Erbschaft seinen Lebensunterhalt fristen. 1796 immatrikulierte er sich an der Univ. Jena, ohne jedoch regelmäßig zu studieren. R. bildete sich vor allem durch eigene chemische Untersuchungen und die Lektüre chemischer Bücher. Bald fand er Eingang in den Jenaer Kreis der Romantiker um die Gebrüder A. W. und F. von Schlegel und wurde mit dem Philosophen F. W. J. Schelling bekannt. Sein bevorzugtes Forschungsgebiet war ab 1797 der Galvanismus, die Lehre von den elektrochemischen Wechselwirkungen. Trotz einer Vielzahl von Entdeckungen blieb er in Jena ohne feste Anstellung, nur manchmal erhielt er Geldzuwendungen des

C. Ritter

J. W. Ritter

O. Ch. Römer

W. C. Röntgen

Herzogs von Gotha, bei dem er zeitweilig als Experimentator tätig war. Durch unregelmäßiges Leben ständig in Geldschwierigkeiten, war die Berufung an die Bayer. Ak. d. Wiss. in München (1804/05) ein Glücksumstand.

In München wandte sich R., unter dem Einfluß des mystischen F. v. Baader der Aufklärung des »Wünschelrutenphänomens« und weiterer Erscheinungen zu, die er als Wechselwirkungen zwischen menschlichen Fähigkeiten und der Natur auf der Basis einer »unterirdischen Elektrometrie« deutete. Darin glaubte er ein allgemeines Prinzip, den »Siderismus«, bedingt durch den Sternenlauf, zu erkennen. Diese okkulten, jeder experimentellen Prüfung baren Vorstellungen zerstörten seinen wissenschaftlichen Ruf. R. starb 33jährig an einer Lungenkrankheit.

R.s Hauptarbeitsgebiet war der »Galvanismus«. Er folgerte, daß galvanische Ketten (Stromkreise mit galvanischem Element) auch aus »anorg(an)ischen Körpern«, d. h. ohne Verwendung von Froschschenkeln als Indikator, möglich sind und stellte 1799 fest, daß galvanische und chemische Prozesse miteinander verknüpft sind. Kurz darauf veröffentlichte er seine mit Zink-Kupfer-Elementen erzielten experimentellen Ergebnisse. Er wies nach, daß galvanische Vorgänge stets an Reduktion und Oxidation gebunden sind und stellte eine Spannungsreihe der Metalle im galvanischen Element nach dem Grad ihrer Affinität zum Sauerstoff auf. Nach der Erfindung der Voltaschen Säule führte er 1800 die erste quantitative elektrolytische Wasserzersetzung aus, stellte 1802 (vor A. Volta) ein Spannungsgesetz der galvanischen Elemente auf, erfand eine »Trockensäule« und 1803 eine »Ladungssäule«, eine Vorform des Akkumulators. Seine umfangreichen Versuchsreihen zur Reiz- und Sinnesphysiologie mit galvanischen Strömen wurden erst mit der aufkommenden Bioelektrochemie und Biophysik gewürdigt.

1803 fand R. im Anschluß an H. W. Herschels Entdekkung der Infrarotstrahlen die unsichtbaren Ultraviolettstrahlen, die er nach Beobachtungen K. W. Scheeles mittels Schwärzung von Hornsilber (Silberchlorid) hinter dem violetten Ende des Spektrums nachwies. Angeregt zu dieser Entdeckung wurde er durch seine Vorstellung über die Polarität aller Naturerscheinungen; der gefundene Zusammenhang zwischen Strahlung und chemischer Veränderung war ihm Bestätigung seiner Auffassung über die Einheit der Naturkräfte. Seine Meinung, daß es auch »elektrische Erdpole« geben müsse, erwies sich jedoch als Spekulation.

Die Auffassungen des Dynamismus, verquickt mit der frühen Naturphilosophie Schellings, haben die Forschungsrichtung und -weise R.s wesentlich beeinflußt. Indem er die Grundgedanken der Polarität, der Einheit und des Zusammenhangs der Naturkräfte rezipierte, erfaßte er die Dialektik des Naturgeschehens und hat z. B. durch die elektrochemische Erklärung der Stromerzeugung die Weiterentwicklung der Elektrochemie befruchtet. Auf diesem Wege folgte ihm sein Freund und Schüler, H. C. Ørsted. Obwohl er sich gegen Schellings Mißachtung der Empirie und des Experiments in dessen »spekulativer Physik« verwahrte, hat R. dann selbst den Boden der exakten Naturforschung verlassen. Schi

Literatur: Ritter, J. W.: Physisch-Chemische Abhandlungen in chronologischer Folge. 3 Bde. (Leipzig 1806).
Berg, H., u. K. Richter (Hrsg.): J. W. Ritter – Entdeckungen zur Elektrochemie, Bioelektrochemie und Photochemie (Leipzig 1987); Hermann, A.: Johann Wilhelm Ritter – Die Begründung der Elektrochemie (Frankfurt/Main 1968).

Roessler, → Rösler.

Römer (Roemer), Ole (Olaus) Christensen, Astronom, geb. 19. 9. 1644 Aarhus (Dänemark), gest. 19. 9. 1710 Kopenhagen.

R. maß erstmals die Lichtgeschwindigkeit und entwikkelte die Grundtypen positionsastronomischer Beobachtungsinstrumente.

R. bezog 1662 die Univ. Kopenhagen, wo er Astronomie und Mathematik studierte. 1671 begleitete er J. Picard, der auf Hven die Position des Observatoriums von T. Brahe bestimmte. Diese Tätigkeit hatte eine Einladung an die Pariser Sternwarte zur Folge. Erst 1681 kehrte R. als »Kgl. Mathematiker« nach Kopenhagen zurück, wo er die Leitung der Sternwarte übernahm. R. hatte eine Reihe öffentlicher Ämter inne, er war unter anderem Bürgermeister von Kopenhagen und Vorsitzender eines parlamentarischen Rates.

Die Vorliebe für technische Dinge, die er schon in Paris zeigte, verbunden mit großem Einfallsreichtum, führten R. zur Entwicklung völlig neuartiger astronomischer Instrumententypen. So baute er 1689 die »Machina domestica«, ein in Meridianrichtung orientiertes Fernrohr, das nur in der Höhe verstellbar ist. Die Gestirnspositionen wurden mit Hilfe der Durchgangszeit durch den Meridian (Rektaszension) und durch Ablesung auf einem Teilkreis (Deklination) gemessen. So entstand der Prototyp der späteren Durchgangsinstrumente. Im Jahr darauf konstruierte R. die »Machina azimutalis«, ein sowohl in Höhe wie im Azimut drehbares Fernrohr, das eine gleichzeitige Bestimmung beider Koordinaten ermöglichte. Erstmals fand hier, im Gegensatz zu den Quadranten, der volle Vertikal- (Höhen-) Kreis Verwendung. Dieses Gerät wurde zum Vorbild der Universalinstrumente.

Eine Weiterentwicklung der »Machina domestica« ist die 1704 hergestellte »Rota meridiana« (Abb.), die auch im Äußeren die Grundform der bis in unser Jh. hinein verwendeten Meridiankreise darstellt. Das Fernrohr befindet sich zwischen zwei Steinpfeilern gelagert, drehbar im Meridian. Die Rektaszension wird wiederum aus der Durchgangszeit ermittelt, die Deklination ist mittels Mikroskopen auf der als Vollkreis ausgebildeten Skale ablesbar. Zur Herstellung

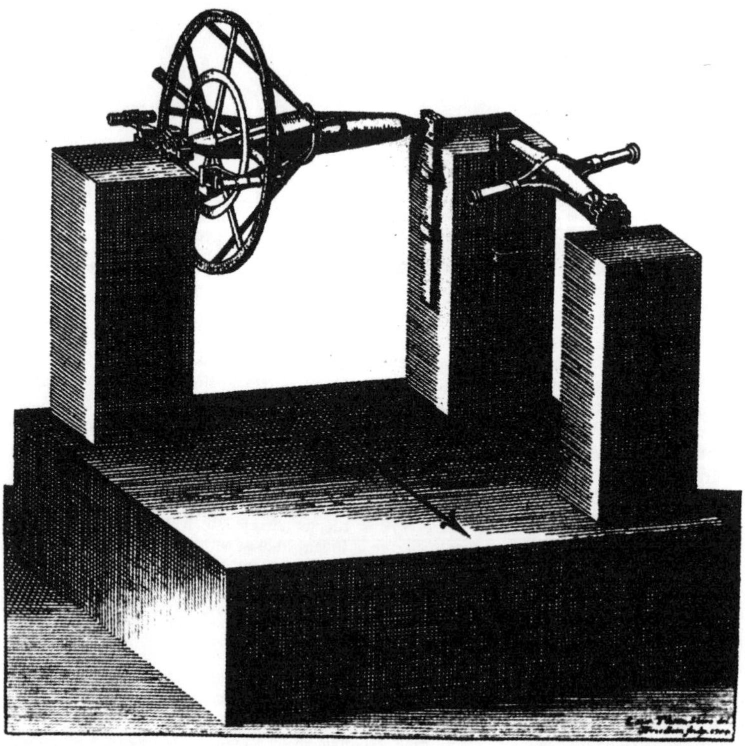

Rota meridiana

der Skalenkreise hatte R. eine Kreisteilmaschine entwikkelt. Mit diesen und weiteren Instrumenten schuf R. die wichtigsten astronomischen Hauptinstrumente, wie sie vor allem im 19. Jh. fast ausschließlich angewendet wurden.

Die Beobachtungstätigkeit von R. war sehr ausgedehnt und vielseitig. Es war ein großer Verlust für die Wissenschaft, als fast alle unveröffentlichten Protokolle 1728 bei einer Feuersbrunst vernichtet wurden. Einige erhaltene Beobachtungen aus dem Jahre 1706 bearbeitete später J. G. GALLE.

Am bekanntesten ist R. durch die erste Bestimmung der Lichtgeschwindigkeit geworden. R. hatte intensiv die vier großen Monde des Jupiter beobachtet, für deren Bewegung Zeitgenossen Tabellen berechneten. Das Interesse an diesen Körpern war besonders deshalb so groß, weil man verschiedene Erscheinungen an ihnen (z. B. Verfinsterungen) mit großer Schärfe beobachten konnte. So schien die Möglichkeit gegeben, durch Zeitvergleiche des Finsternisbeginns die geographische Länge eines Orts festzustellen, ein für die Schiffsnavigation entscheidendes Problem. Für den Eintritt der Monde in den Jupiterschatten stellte R. charakteristische Besonderheiten fest: Befand sich Jupiter in Opposition zur Sonne, somit der Erde am nächsten, befanden sich die Rechnungen in Übereinstimmung mit den Beobachtungsdaten. Stand jedoch Jupiter in Konjunktion, damit in Erdferne, schienen alle Ereignisse um 22 Minuten zu spät einzutreffen. Im Unterschied zu manch anderen Gelehrten suchte R. die Ursache in den unterschiedlichen Strecken, die das Licht bei den verschiedenen Jupitermondfinsternissen zurücklegen muß.

Im September 1676 teilte R. der Pariser Akademie seine Erkenntnisse mit. Er bestimmte die Lichtgeschwindigkeit zu umgerechnet 220 000 km/s, was dem tatsächlichen Wert größenordnungsmäßig nahekommt. Damit führte R. eine Größe in die Astronomie und Physik ein, die später durch die Arbeiten von A. EINSTEIN als eine fundamentale Naturkonstante erkannt wurde. Ha

Literatur: Römer, O.: Demonstration touchant le mouvement de la lumière, in: J. de savants, 7. 12. 1676, 233–236; vgl. auch Philos. Transactions 12 (1677), 893–894.

Röntgen, Wilhelm Conrad, Physiker, geb. 27. 3. 1845 Lennep bei Remscheid, gest. 10. 2. 1923 München.

R. entdeckte die nach ihm benannten Strahlen (RÖNTGENstrahlen) und schuf damit eine wichtige Grundlage zur Umgestaltung des physikalischen Weltbildes und zur Präzisierung des Wissens über die Struktur der Materie.

R.s Vater, ein Kaufmann und Tuchfabrikant, verlegte 1848 den Sitz seines Unternehmens nach Apeldoorn (Holland). Hier besuchte R. die Schule und ab 1862 in Utrecht eine höhere technische Lehranstalt, von der er 1863 wegen eines harmlosen Jugendstreiches verwiesen wurde. 1865 war er Gasthörer naturwissenschaftlicher Vorlesungen an der Univ. Utrecht und studierte ab Herbst dieses Jahres – ohne Abitur, aber nach einer entsprechenden Aufnahmeprüfung – am Eidgenössischen Polytechnikum in Zürich, wo unter anderem R. E. CLAUSIUS, A. KUNDT und G. A. ZEUNER seine Lehrer waren. 1868 erhielt R. das Diplom eines Maschineninġ., 1869 bestand er an der Univ. Zürich sein Doktorexamen mit der Arbeit »Studien über Gase«. Im selben Jahr wurde R. Assistent bei KUNDT, der als Nachfolger von CLAUSIUS auf den Lehrstuhl für Physik an das Züricher Polytechnikum berufen worden war. Die Bekanntschaft mit KUNDT wurde bestimmend für sein weiteres Leben. Mit ihm ging er 1870 an die Univ. Würzburg und zwei Jahre später an die neugegründete Reichsuniv. nach Straßburg (Strasbourg). Dort konnte R. sich 1874 habilitieren, was ihm vorher in Würzburg verwehrt worden war, da er kein Gymnasialabitur hatte. 1875 wurde er zum Prof. der Mathematik und Physik an die Landwirtschaftliche Akademie zu Hohenheim in Württemberg berufen. Bereits im Oktober 1876 ging R. auf Wunsch von Kundt wieder nach Straßburg zurück, wo er als zweiter Physiker die theoretische Physik vertrat. Die Straßburger Arbeiten zur spezifischen Wärme von Gasen, zur Drehung der Polarisationsebene des Lichts in Gasen, zu Kristallen u. a. fielen durch klar durchdachte Fragestellungen und experimentelles Niveau auf. So konnte R. 1879 einem Ruf als Ordinarius für Physik an die Univ. Gießen folgen, wo er sich weiter sehr intensiv mit experimentell-physikalischen Problemen beschäftigte. Aus dieser Zeit ragt die 1888 erschienene Arbeit heraus über den Nachweis, daß bewegte Ladungen eines Dielektrikums die gleiche magnetische Wirkung aufweisen wie ein entsprechender Leitungsstrom, den H. A. Lorentz später Röntgenstrom nannte. Diese Entdeckung bildete eine wichtige Grundlage für die Auffassung, daß die elektrischen Eigenschaften auf der Verlagerung von Elektronen beruhen. Nach einem Jahrzehnt erfolgreicher Forschungs- und Lehrtätigkeit in Gießen nahm R. 1880 das ehrenvolle Angebot an, als Nachfolger von F. Kohlrausch an die Univ. Würzburg zu gehen. Hier wandte er sich der Untersuchung von Katodenstrahlen zu. Nach der Unterbrechung seiner experimentellen Arbeiten durch die Wahl zum Rektor im akademischen Jahr 1894/95 nahm R. Ende 1895 seine Versuche wieder auf. Dabei wiederholte er auch Versuche mit Katodenstrahlen, die von anderen Physikern, unter anderem von P. Lenard, beschrieben worden waren. Am 8. 11. 1895 bemerkte R., daß beim Einschalten des Funkeninduktors einige zufällig in der Nähe befindliche Kristalle fluoreszierten, obwohl die Röhre mit schwarzem Papier lichtdicht abgeschlossen war. R. ging dieser Beobachtung systematisch nach, wobei er zunächst immer noch Undichtigkeiten als Fehlerquellen vermutete. Schließlich wechselte R. die Versuchsmethodik, indem er die Kristalle durch eine Photoplatte ersetzte und deren Schwärzung zum Nachweis der bisher unbekannten Strahlung verwendete. Ein aufsehenerregender Erfolg dieser Methode war die Durchleuchtung einer menschlichen Hand, die am 22. 12. 1895 gelang. Sechs Tage später lag die erste Veröffentlichung seiner Untersuchungsergebnisse vor: »Über eine neue Art von Strahlen«. In dieser und zwei folgenden Mitteilungen beschrieb R. die neuen Strahlen, die er X-Strahlen nannte, und ihre Eigenschaften so umfassend, daß bereits ab 1896 Anwendungen in Medizin und Technik möglich wurden. Seit 1896 wußte man auch, daß die Strahlen ionisierend wirken. Diese raschen Fortschritte wurden deshalb begünstigt, weil R. für seine Entdeckung keine Patente beanspruchte. Da er weder Reflexion noch Brechung nachweisen konnte, kam es über die Natur der Strahlen zu unterschiedlichen Hypothesen. R. selbst glaubte zunächst, daß es sich um longitudinale Schwingungen im Äther handelt. Bereits 1896 schlossen E. Wichert und G. G. Stokes aber aus der Art ihrer Entstehung, daß die Röntgenstrahlen besonders kurzwellige elektromagnetische Strahlen sind. Dieser Schluß wurde durch die Polarisationsversuche von C. G. Barkla 1906 und den Nachweis der Interferenz der Röntgenstrahlen an Kristallgittern durch M. v. Laue und Mitarbeiter (1912) vollauf bestätigt.

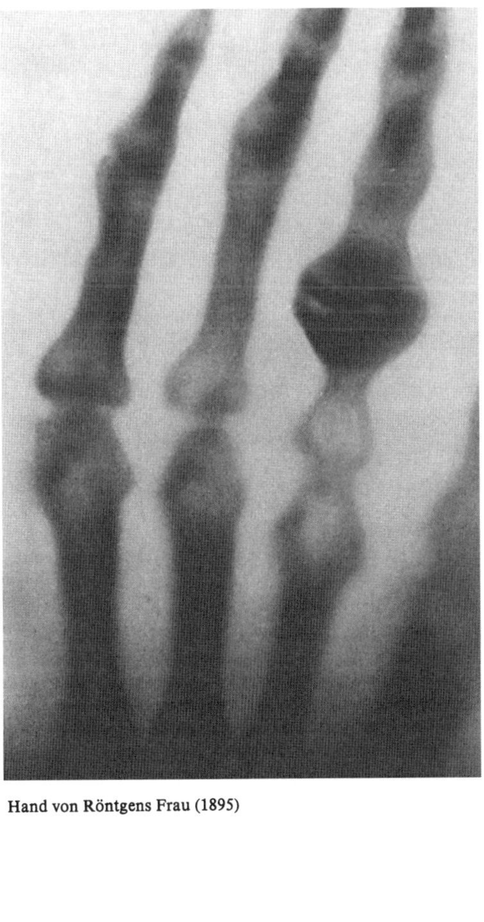

Hand von Röntgens Frau (1895)

1900 folgte R. einem Ruf an die Univ. München, wo er, z. T. mit seinem Schüler A. F. Joffe, weiter über Kristalle, aber auch zum Problem der Strahlen arbeitete. 1904 lehnte er ein Angebot ab, Präsident der Physikalisch-Technischen Reichsanstalt zu werden. Ebensowenig konnte man ihn 1911 für eine Forschungsprofessur der Berliner Ak. d. Wiss. gewinnen. Zwei Jahre später übernahm der junge A. Einstein diese Stelle. Bei Ausbruch des ersten Weltkrieges ließ sich der ansonsten politisch sehr liberal denkende R. dazu verleiten, den chauvinistischen Aufruf der 93 deutschen Gelehrten und Künstler »An die Kulturwelt« zu unterschreiben. Später hat er, wie auch andere Naturwissenschaftler, diese Unterschrift sehr bedauert. 1920 gab R. sein Lehramt auf und beschränkte seine Arbeit nur noch auf die staatliche Physikalisch-Metronomische Sammlung.

Für seine bahnbrechende Entdeckung erfuhr R. in der folgenden Zeit eine Vielzahl von Ehrungen und Auszeichnungen. Im Jahre 1901 erhielt er den erstmalig vergebenen Nobelpreis für Physik.

Die Röntgenphysik wurde zu einer wichtigen Säule der sich herausbildenden modernen Physik. Gl

Literatur: Röntgen, W. C.: Über die durch Bewegung eines im homogenen elektrischen Feld befindlichen Dielektrikums hervorgerufene elektrodynamische Kraft, in: Ann. Phys. Chem., 35 (1888), 264–270, Über eine neue Art von Strahlen (Vorläufige Mitteilung), in: Sitzungsber. phys.-med. Ges. (Würzburg 1895), 132–141, Eine neue Art von Strahlen (zweite Mitteilung) (ebenda 1896), 11–16, 17–19, Weitere Beobachtungen über die Eigenschaften der X-Strahlen, in: Sitzungsber. Kgl. Preuß. Akad. Wiss. Phys.-math. Kl. 26 (1897), 576–592. Die letzten drei Veröffentlichungen sind auch abgedruckt in: Ann. Phys. Chem. 64 (1898), 1–37, und in: Grundlegende Abhandlungen über die X-Strahlen (Leipzig 1954).

Beier, W.: Wilhelm Conrad Röntgen (Leipzig 1965); Glasser, O.: Wilhelm Conrad Röntgen und die Geschichte der Röntgenstrahlen (Berlin, Göttingen, Heidelberg 1959).

Roscoe, Sir Henry Eufield, Chemiker, geb. 7. 1. 1833 London, gest. 18. 12. 1915 West Horsley, Leatherhead.

R. gilt zusammen mit R. Bunsen als Begründer der wissenschaftlichen Photochemie und schuf markante Darstellungen der Chemie.

R., aus einer wohlhabenden Familie stammend, studierte von 1849–1853 in London bei T. GRAHAM und A. WILLIAMSON Chemie und war mehrfach bei BUNSEN in Heidelberg tätig, erstmalig von 1853–1855. Nach einer kurzen Assistentenzeit bei WILLIAMSON in London wurde R. 1857 als Nachfolger E. FRANKLANDS Prof. für Chemie am Owens College in Manchester, wo er vor allem Probleme der anorganischen Chemie bearbeitete. Die organische Chemie wurde am Owens College durch C. SCHORLEMMER vertreten, dessen Anstellung als Assistent und spätere Berufung zum Prof. für organische Chemie (als erstem Lehrstuhl dieser Art in England überhaupt) R. veranlaßte. Kernstücke R.s wissenschaftlicher Arbeiten sind die teilweise mit BUNSEN ausgeführten photochemischen Untersuchungen, die er später auf Untersuchungen zu angewandten Problemen (BESSEMER-Verfahren, CO_2-Gehalt und Sonneneinwirkung in der Atmosphäre) ausdehnte. Daneben trugen seine Arbeiten über Niobium und Vanadium zur Klärung der Chemie dieser Metalle und ihrer Ionen bei. Weiterhin trieb R. chemische Studien an Mineralen. Seine außerordentlichen Leistungen im chemischen Unterricht, die sich über das Owens College hinaus erstreckten, wurden vor allem in dem mit C. SCHORLEMMER gemeinsam verfaßten ausführlichen »Lehrb. der Chemie« deutlich, das zu den führenden Chemielehrb. in der zweiten Hälfte des 19. Jh. zählte. 1886 legte R. sein Universitätsamt nieder, nachdem er im Jahr zuvor Parlamentsabgeordneter geworden war, und beschäftigte sich zunehmend mit politischen Angelegenheiten. Dabei widmete er sich neben Bemühungen um das englische Hochschulwesen auch der Chemiegeschichte und führte die Leistungen J. DALTONS zur Anerkennung. 1895 war R. nicht mehr ins Parlament gewählt worden und zog sich in den darauffolgenden Jahren immer mehr ins Privatleben zurück.

R. war dem Leben in der Öffentlichkeit zugeneigt und erwies sich in seinem Wirkungskreis als demokratischer und liberaler Gelehrter. Durch seine Wertschätzung für die deutschen Wissenschaftler trug er viel zum wissenschaftlichen Austausch zwischen Deutschland und England in seiner Zeit bei. Obwohl er im gesellschaftlichen Leben Englands vor der Jahrhundertwende eine bedeutende Rolle spielte, sind ausschließlich seine Leistungen auf wissenschaftlichem Gebiet von bleibender Bedeutung. Das betrifft sowohl die Arbeiten auf dem Gebiet der Photochemie als auch seine chemischen Lehrbücher. Du

Literatur: Roscoe, H. E.: Spectrum Analysis (London 1869), dtsch Spektralanalyse (Braunschweig 1870, 3. Aufl. 1890), (mit C. Schorlemmer): A Treatise on Chemistry (London 1877–1884), dtsch Ausführliches Lehrb. der Chemie (Braunschweig 1877–1884), (mit A. Harden): A new View of the Origins of Daltons Atomic Theory (London 1896), dtsch Die Entstehung der Daltonschen Atomtheorie in neuer Beleuchtung (Leipzig 1898, Neudruck 1970), Ein Leben der Arbeit. Erinnerungen (Leipzig 1919).

Rösler (Roessler), Balthasar, Bergbeamter und Markscheider, geb. 22. 12. 1605 Heinrichsgrün bei Elbogen (Jindrichovice bei Loket, ČSFR), gest. 23. 7. 1673 Altenberg (Sachsen).

R. war im 17. Jh. der bedeutendste Bergbeamte und Markscheider im sächs. und böhm. Erzgebirge. Sein »Hell-polierter Bergbau-Spiegel« ist eins der wichtigsten montanwissenschaftlichen Bücher nach G. AGRICOLAS »De re metallica« (1556). Mit der Erfindung des kardanisch gelagerten Hängekompasses hat er eine bis in die Mitte des 19. Jh. wesentliche Verbesserung des Markscheidewesens (bergmännisches Vermessungswesen) eingeführt.

R. wuchs im böhm. Heinrichsgrün auf, mußte als Protestant im Zuge der Gegenreformation 1620–1628 in das evangelische Sachsen auswandern und war hier 1629–1634 als Markscheider im Freiberger und obererzgebirgischen Bergbau tätig. Als ihm die Vorgänge des Dreißigjährigen Krieges 1634 in Sachsen die Existenzgrundlage entzogen, kehrte er nach Böhmen zurück und wirkte 1634–1649 als Dir. eines Eisenhammers in Graslitz (Kraslice, ČSFR). Eine neue Welle der Gegenreformation und der Niedergang des Graslitzer Bergbaus veranlaßten R. wiederum zur Auswanderung nach Sachsen, wo er 1649–1663 als Markscheider, Gegenschreiber, Schichtmeister und Gewerke – also zugleich als Bergbeamter, Grubendir. und Unternehmer – in Freiberg tätig war. 1663 wurde er zum Bergmeister (Dir.) des Bergamts Altenberg im Erzgebirge berufen. In dieser Stellung blieb R. bis zu seinem Tode.

Als Markscheider hatte R. über und unter Tage Vermessungsarbeiten durchzuführen. Von seiner amtlichen Tätigkeit sind 56 Grubenrisse von erzgebirgischen Erzbergwerken erhalten geblieben, vermessen und gezeichnet in der Zeit von 1629 bis 1669. Das Markscheidewesen war im damaligen Montanwesen am stärksten wissenschaftlich durchgebildet. Der von R. erfundene kardanisch gelagerte Hängekompaß (Abb.) diente zur Messung der Richtung und Neigung geneigter Strecken und Stollen mittels Schnuren,

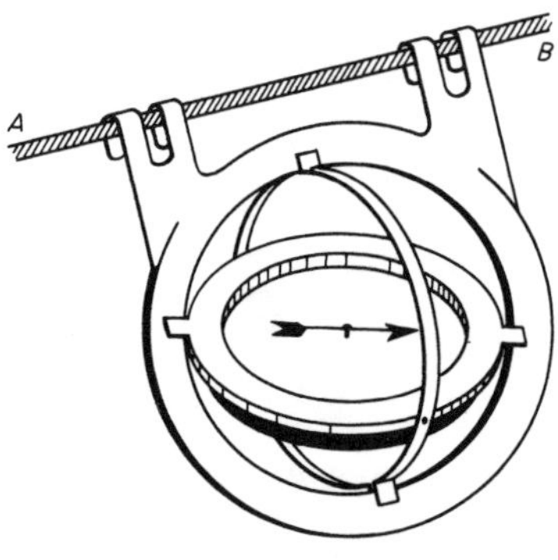

Balthasar Röslers kardanisch aufgehängter Hängekompaß.
AB Teil der von Meßpunkt zu Meßpunkt im Stolln gespannten Meßschnur (in Anlehnung an eine Darstellung von 1686)

die von Meßpunkt zu Meßpunkt gespannt wurden. Als Markscheider und Gegenschreiber sowie später als Bergmeister war R. aber auch Repräsentant des Direktionsprinzips im sächs. Bergbau. Dieses vom 16. bis 19. Jh. wirksame Leitungsprinzip des Bergbaus besagte, daß die Gewerken als Eigentümer und auch die Schichtmeister als die von den Grubeneigentümern eingesetzten Grubendir. keine freie Verfügungsgewalt über die Gruben hatten. Die Entscheidungen über technische, ökonomische und sozialpolitische Maßnahmen in den Bergwerken wurden im Direktionsprinzip von den kurfürstlichen Bergbeamten getroffen, wogegen die Gewerken nach Maßgabe des Bergamts nur Zubuße zu zahlen bzw. die Ausbeute zu empfangen hatten. Da der Markscheider damals als Beamter dem Bergbau angehörte, bekam R. dienstlich Zutritt und Aufgaben in vielen Gruben aller sächs. Reviere. Die technischen und montanwissenschaftlichen Erfahrungen, die er in seiner Berufstätigkeit sammeln konnte, nutzte R. zur Abfassung seines Werkes »Hell-polierter Bergbau-Spiegel«, das nach seinem Tode von seinem Enkel J. CH. GOLDBERG herausgegeben und 1700 in Dresden gedruckt wurde. Es ist heute eine der wichtigsten Primärquellen zur Geschichte des

Bergbaus und der Montanwissenschaften. Seine Erfahrungen gab R. auch bei der Erteilung von Privatunterricht in Markscheidekunde und anderen Gebieten der Montanwissenschaften weiter. Selbst aus dem Harzer Bergbau kamen Schüler, um bei ihm Markscheidekunde zu lernen. Damit gehört er auch in die Vorgeschichte der Bergakademie Freiberg und des technischen Bildungswesens allgemein. Wb

Literatur: Roessler, B.: Speculum metallurgiae politissimum. Oder: Hell-polierter Berg-Bau-Spiegel (Dresden 1700).

Meixner, H., Schellhas, W., u. Schmidt, P.: Balthasar Rösler, Persönlichkeit und Wirken für den Bergbau des 17. Jh. (Leipzig 1980).

H. E. Roscoe

W. Roux

Roux, Wilhelm, Anatom und Biologe, geb. 9. 6. 1850 Jena, gest. 15. 9. 1924 Halle/Saale.

R. war der Begründer der Entwicklungsmechanik tierischer Organismen (Entwicklungsphysiologie) und wirkte bahnbrechend auf dem Gebiet der funktionellen Orthopädie. Als Vertreter eines naturwissenschaftlichen Materialismus war er führend an der Mechanizismus-Vitalismus-Kontroverse beteiligt.

R., Sohn eines Universitätsfechtlehrers, studierte Medizin in Jena, Berlin und Straßburg (Strasbourg) und wurde 1878 bei G. Schwalbe in Jena mit einer Arbeit »Über die Verzweigungen der Blutgefäße« promoviert. Anschließend war R. Assistent bei F. Hofmann in Leipzig und ab 1879 in Breslau (Wrocław) bei C. Hasse. Hier habilitierte er sich mit einer programmatischen Arbeit »Über die Leistungsfähigkeit der Prinzipien der Deszendenzlehre zur Erklärung der Zweckmäßigkeiten des tierischen Organismus« (1880). Die Breslauer Zeit war für R. die wichtigste in der Konzipierung seines Programms einer »kausalen Anatomie«, »funktionalen Orthopädie« und schließlich der »Entwicklungsmechanik des Embryo«. 1886 zunächst zum ao. Prof. berufen, wurde R. zwei Jahre später Dir. des eigens für ihn gegründeten Instituts für Entwicklungsgeschichte und Entwicklungsmechanik in Breslau. Dennoch folgte er bereits 1889 einem Ruf nach Innsbruck als Ordinarius für Anatomie und Dir. des k. k. Anatomischen Instituts. Hier wirkte R. bis 1895. Wichtigstes Resultat der Innsbrucker Zeit bildete die konzeptionelle Vereinheitlichung und Zusammenfassung seiner bisherigen Forschungsergebnisse, die er 1895 als »Gesammelte Abhandlungen« der Öffentlichkeit vorlegte. Von Innsbruck aus wurde auch eine der inzwischen traditionsreichsten Publikationsreihen der Entwicklungsbiologie vorbereitet und ins Leben gerufen, das »Archiv für Entwicklungsmechanik« (seit 1894), später in »Roux' Archiv für Entwicklungsmechanik« umbenannt. R. ging schließlich 1895 nach Halle/Saale und wirkte dort bis zu seiner Emeritierung 1921 als Dir. des Anatomischen Instituts der Univ.

Bereits in seiner Dissertation hatte sich R. einer entwicklungsgeschichtlichen Thematik zugewandt, der Frage, durch welche Ursachen sich Organe ontogenetisch und phylogenetisch verändern bzw. Umgestaltungen erfahren. Er stellte im Gefolge vielfältiger Untersuchungen an funktionellen Strukturen (herausragend die Arbeiten zu funktionellen Strukturen in Knochen und bindegewebigen Organen) die Hypothese auf, wonach sich Organstrukturen im Ergebnis funktioneller Anpassungen an Belastungsreize ausbilden. Die von R. ermittelten trophischen Reizwirkungen am Knochen durch Druck, Schub und Zug, die zu einer gestaltlichen Assimilation führen, waren fundamental für die Herausbildung der modernen Orthopädie. R. versuchte zunächst, diese Ergebnisse gestaltlicher Anpassungen an Funktionsreize darwinistisch zu interpretieren, in der Habilitationsschrift in deutlicher Annäherung an eine mögliche Vererbung solcherart erworbener Eigenschaften. Doch schon zeitig revidierte er die ursprünglich geäußerten Ansichten über eine Vererbung gestaltlicher Assimilationen, vor allem unter dem Einfluß der genetischen und ontogenetischen Hypothesen A. Weismanns, denen er stark verpflichtet war. Eine direkte ontogenetische Beweisgrundlage für die phylogenetisch nachweisbare Zweckmäßigkeit der Lebensformen war nicht zu erbringen. R. konzentrierte sich fortan auf die Frage nach der physiologischen Grundlage von Formbildungsprozessen sowohl der frühen ontogenetischen Stadien (Entwicklungsmechanik des Embryos) als auch der Spätstadien (kausale Anatomie und funktionelle Orthopädie). Von der deszendenztheoretischen Bedeutung dieser Arbeiten war er zutiefst überzeugt, allein ohne Genetik und Biochemie war eine nahtlose Synthese zu seiner Zeit noch nicht möglich. Die Entwicklungsmechanik des Embryos nahm bald den zentralen Platz in seinem wissenschaftlichen Programm ein. Dabei wählte R. den Ausdruck »Entwicklungsmechanik« mit Bedacht, in der Überzeugung, daß die Entstehung der biologischen Zweckmäßigkeit rein aus natürlichen Ursachen erklärbar ist. Der Mechanikbegriff umschreibt die materialistische Grundhaltung von R.; keineswegs war er ein Vertreter des krassen Mechanizismus, sondern erkannte an, daß das Leben eine besondere Qualität der Anordnung physikalisch-chemischer Prozeßgesamtheiten bildet und nicht auf »bloße« Physik und Chemie reduzierbar ist. Der Begriff Entwicklungsmechanik hat sich nicht durchsetzen können, sondern wurde schon Mitte der 90er Jahre durch die auf H. Driesch zurückgehende Formulierung »Entwicklungsphysiologie tierischer Organismen« ersetzt. Lediglich das »Archiv« behielt den ursprünglichen Namen.

Das Programm der Entwicklungsmechanik des Embryos folgte einigen Arbeitshypothesen, die teils R.' materialistischer Grundhaltung, teils Weismannschen Gedankengängen verpflichtet waren. Ausgangsidee bildete die Einheit von Selbstdifferenzierung und abhängiger Differenzierung. Die Lokalisation der die ontogenetische Entwicklung verursachenden Faktoren wurde im Kernmaterial der befruchteten Zelle vermutet. Entwicklung ist primär Ausdifferenzierung dieser Faktoren nach Maßgabe äußerer Faktoren wie Temperatur, Schwerkraft, Druck und dgl. Dabei würde mit jedem Differenzierungsschritt eine qualitativ ungleiche Verteilung der Kernqualitäten einsetzen. Hypothetisch war demnach zu erwarten, daß ein im Zweizellenstadium befindlicher Keim qualitativ »gesondert« war, d. h., die eine Blastomere trage lediglich die Potenzen für den rechten »halben« Embryo in sich und entsprechend die linke. Als sich die ersten Versuchsobjekte tatsächlich so verhielten – die berühmten Anstichexperimente an Froschkeimen, wobei eine der beiden Blastomeren durch einen Stich abgetötet wurde –, hielt R. sein Konzept für geradezu klassisch bestätigt. Die 1887 erstmals der wissenschaftlichen Öffentlichkeit vorgestellten Präparate der Hemiembryonen von Rana esculenta und Rana fusca erregten großes Aufsehen.

Tatsächlich waren – der Hypothese zufolge – halbe Embryonen entstanden. Die ROUX-WEISMANNsche Determinationstheorie schien bewiesen zu sein. Doch bald erzielten Schüler und Anhänger von R., darunter insbesondere H. DRIESCH, an anderem Versuchsmaterial andere Ergebnisse. In den Versuchen DRIESCHS – der allerdings die Blastomeren trennte und nicht die abgetötete Blastomere an der sich weiter entwickelnden beließ – ergaben sich diametrale Resultate; die Blastomeren regulierten sich zu ganzen, wenn auch kleineren Seeigellarven um. Der sich an diese unterschiedlichen Ergebnisse anschließende Streit war zutiefst weltanschaulicher Natur, stand doch R.' Konzept für eine materialistische Interpretation des Lebens, das von DRIESCH dagegen für eine vitalistische. DRIESCH nahm – da sich aus den Experimenten keine Anhaltspunkte für einen materiellen Regulationsfaktor ergaben – eine nichtmaterielle »Entelechie« als ganzmachenden Faktor an. Jedoch wurde dieser Gegensatz keineswegs nur philosophisch ausgetragen, sondern beflügelte die weitere entwicklungsphysiologische Forschung ungemein. Die Auflösung der entgegengesetzten Ergebnisse gelang allerdings erst nach mehr als 25 Jahren über die Entdeckung, daß es verschiedene Keimtypen gibt (Mosaikkeime und Regulationskeime), sodann über die Einsicht, daß sowohl die Art und Weise der experimentellen Keimbehandlung als auch ihr Zeitpunkt ganz unterschiedliches Regulationsverhalten zutage fördert. Insbesondere neue theoretische Interpretationen des Keimes als Gradient und die SPEMANNsche Entdeckung einer dialektischen Beziehung von Determination und Regulation im Verlauf der Keimesentwicklung selbst haben den Gegensatz der Ausgangsexperimente überbrückt und sowohl den Vitalismus DRIESCHS als unhaltbar nachgewiesen als auch die vielfältigen Zusatzhypothesen von R. gegenstandslos gemacht, mit denen er seine Deutungen abzustützen versuchte, z. B. mit der Annahme eines Reserveidioplasmas, das bei allen Zellteilungen des Keimes erbgleich weiterverteilt werde.

Unabhängig vom Schicksal der Hemiembryonen bildete die Begründung der Entwicklungsmechanik des Embryos eine folgenreiche wissenschaftliche Tat. Die Entwicklungsphysiologie wurde zu einer biologischen Grundlagenwissenschaft, die gemeinsam mit Genetik und Biochemie zu Schlüsselproblemen moderner Lebensforschung vorgedrungen ist.

R.' äußerer Lebensweg war ganz und gar der Verbreitung »seiner« Wissenschaft verpflichtet. In einer Reihe von Schriften hat R. seine naturwissenschaftlich-materialistische Philosophie entwickelt, die an B. SPINOZA und einen materialistisch interpretierten I. KANT anknüpft und als Paradebeispiel für den naturwissenschaftlichen Materialismus des ausgehenden 19. und beginnenden 20. Jh. gelten kann.

Mc

Literatur: Roux, W.: Gesammelte Abhandlungen über Entwicklungsmechanik der Organismen, 2 Bde. (Leipzig 1895), Über kausale und konditionale Weltanschauung und deren Stellung zur Entwicklungsmechanik (Leipzig 1913), Die Medizin der Gegenwart in Selbstdarstellungen (Leipzig 1923).

Mocek, R.: Wilhelm Roux – Hans Driesch. Zur Geschichte der Entwicklungsphysiologie der Tiere (Jena 1974).

Rubinowicz, Wojciech (Adalbert), Physiker, geb. 22. 2. 1889 Sadogora bei Czernowitz (Tschernowzy, Ukrainische SSR), gest. 13. 10. 1974 Warschau.

R. entwickelte die Diffusionstheorie weiter und förderte die theoretischen Grundlagen der Quantenphysik.

Nach dem Universitätsstudium in Czernowitz (ab 1908) und der Promotion (1914) arbeitete R. 1916–1918 als Assistent von A. SOMMERFELD an der Univ. München. Dann hatte er für kurze Zeit die Lehrstühle für Physik an den Hochschulen in Czernowitz und Ljubljana inne. Ab 1922 war er Prof. der TH und ab 1937 der Univ. in Lwów. Nach dem zweiten Weltkrieg wurde R. an die Univ. Warschau berufen.

R. hat rund 100 Veröffentlichungen verfaßt. Zu seinen Hauptarbeitsgebieten gehörten die Quantentheorie der Strahlung, die Lichtbeugung und mathematische Probleme der Physik. Die erste wichtige Arbeit (1917) behandelte die Beugungswellen in der Diffraktionstheorie von G. R. KIRCHHOFF und brachte die Theorie in eine allgemeine Fassung, die im späteren Schrifttum als musterhaft galt. Aus der Münchener Periode (1918) stammt auch die Arbeit über Auswahlprinzip und Polarisationsregel in der Quantentheorie der Strahlung, die für die Entwicklung der Quantenelektrodynamik wichtig wurde. Die Ergebnisse dieser Arbeit bilden – aus historischer Sicht – eine der Grundlagen der älteren Quantentheorie. Von anderen Untersuchungen auf diesem Gebiet ist besonders die Bearbeitung der Theorie der Quadrupolstrahlung zu nennen. Die mathematische Physik verdankt R. unter anderem die Erarbeitung der Theorie physikalisch wichtiger hyperbolischer Differentialgleichungen.

Ck

Literatur: Rubinowicz, A.: Selected Papers (Warschau 1975), Die Beugungswelle in der Kirchhoffschen Theorie der Beugung (Warschau 1957), Sommerfeldsche Polynommethode (Berlin/Warschau 1972), (mit J. Blaton): Die Quadrupolstrahlung (Berlin 1932), (mit W. Królikowski): Mechanika teoretyczna (Theoretische Mechanik) (5. Ausg., Warschau 1978).

Rubner, Max, Mediziner, Physiologe und Hygieniker, geb. 2. 6. 1854 München, gest. 27. 4. 1932 Berlin.

R. wurde mit dem Ausbau der Kalorimetrie zum Begründer der modernen Ernährungsphysiologie. Bedeutende wissenschaftliche Leistungen erzielte er auch auf dem Gebiete der Hygiene, die er als angewandte Physiologie auffaßte. Außerdem schuf R. die Grundlagen der Arbeitsphysiologie.

R., Sohn eines Schlossermeisters, studierte 1873–1877 in München und Leipzig Medizin. Bereits als Student nahm er selbständige wissenschaftliche Untersuchungen im chemischen Labor von J. VOLHARD und bei dem Physiologen C. VOIT vor. 1878 promovierte er mit einer Dissertation »Über die Ausnützung einiger Nahrungsmittel im Darmkanal des Menschen« zum Dr. med. R. war als Assistent bei VOIT in München und in den Jahren 1880/81 auch bei dem Leipziger Physiologen C. LUDWIG tätig. 1883 habilitierte er sich in München mit einer Arbeit über die Brennwerte der Nährstoffe, die grundlegend für die weitere kalorimetrische Forschung wurde. 1885 berief man ihn zunächst als Extraordinarius für Hygiene nach Marburg, wo er 1887 zum Ordinarius ernannt wurde. 1891 nahm R. einen Ruf auf den Hygiene-Lehrstuhl nach Berlin als Nachfolger von R. KOCH an. Unter seiner Leitung entstand dort unweit der Charité das damals größte der Universitäts-Hygiene-Institute in Deutschland, das jedoch bereits 1909 mit R.s Umberufung auf den vakant gewordenen Berliner Lehrstuhl für Physiologie zum physiologischen Institut umprofiliert wurde. Sein Nachfolger im Hygiene-Ordinariat, C. FLÜGGE, bezog das Gebäude des ehemaligen physiologischen Instituts. 1913 wurde R. neben der Leitung des physiologischen Universitätsinstituts, die er bis 1922 innehatte, das Direktorat des von ihm mitbegründeten Instituts für Arbeitsphysiologie der Kaiser-Wilhelm-Gesellschaft in Berlin übertragen. 1895/96 war R. Dekan der Medizinischen Fakultät und 1910/11 Rektor der Berliner Univ. 1906 ernannte ihn die Preuß. Ak. d. Wiss., deren langjähriger Sekretar er später wurde, als ersten Vertreter der Hygiene zu ihrem Mitgl. Außerdem gehörte er der Preuß. Wissenschaftlichen Deputa-

W. Rubinowicz

M. Rubner

K. A. Rudolphi

M. P. Rudzki

tion für das Medizinalwesen, dem Kaiserlichen Gesundheitsamt und anderen Gremien an.

Als die bedeutendsten wissenschaftlichen Leistungen R.s auf dem Gebiete der Physiologie gelten seine Arbeiten über die kalorische Bewertung der Nahrungsmittelbestandteile. Auf ihn geht die Berechnung der nutzbaren Energiemenge der Grundnährstoffe zurück. Er fand dafür folgende Werte: Kohlenhydrate und Eiweiß erbringen jeweils 4,1 kcal/g (17165,9 J) und Fett 9,3 kcal/g (38936,2 J). Nach R.s Isodynamiegesetz können sich diese Nahrungsbestandteile energetisch gegenseitig ersetzen. Weitere bedeutsame Ergebnisse seiner kalorimetrischen Forschungen waren die spezifisch-dynamische Wirkung der organischen Nährstoffe und das Oberflächengesetz, nach dem der Energieumsatz eines Organismus seiner Oberfläche adäquat und entsprechend berechenbar ist. Diese grundlegenden Erkenntnisse ermöglichen eine quantitative Bestimmung der Nahrungsmittel- und Stoffwechselenergien. Sie bilden im wesentlichen heute noch die Grundlage der Ernährungsphysiologie und der modernen, wissenschaftlich begründeten Diätetik.

Als Hygieniker erwarb sich R. mit bedeutsamen Forschungsergebnissen auf dem Gebiete der Bekleidungs-, Wohnungs- und Wasserhygiene, der Desinfektion und des Krankenhausbaues große Verdienste. Dabei machte er im Sinne der Konzeption M. v. PETTENKOFERS stets die exakten Naturwissenschaften, besonders die Ergebnisse der Physik und Chemie, zur Grundlage für die experimentell orientierte Hygiene.

Mit seiner Rückkehr zur Physiologie und in Verbindung mit der Leitung des arbeitsphysiologischen Instituts der Kaiser-Wilhelm-Gesellschaft wandte sich R. auch wissenschaftlichen Problemen der Arbeitsphysiologie zu. Er wurde damit zu einem der Begründer einer weiteren Forschungsrichtung der angewandten Physiologie.

Obwohl seine Forschungen zahlreiche gesellschaftliche Bereiche tangierten, verkannte R. aufgrund seiner konservativen Grundeinstellung die weitreichenden sozialen Funktionen der Medizin. Dies äußerte sich z. B. in der Ablehnung einer speziellen sozialhygienischen Forschungsrichtung, deren Institutionalisierung innerhalb des Fachgebietes der Hygiene er sich hartnäckig widersetzte. Schk

Literatur: Rubner, M.: Über die Ausnützung einiger Nahrungsmittel im Darmkanal des Menschen (Diss. Med. München 1880), Lehrb. der Hygiene (Wien 1888–1890, weitere Aufl. 1891/92, 1899/1900, 1907), Die Gesetze des Energieverbrauchs bei der Ernährung (Leipzig u. Wien 1902), Nahrungsmittel und Ernährungskunde (Stuttgart 1908), Volksernährungsfragen (Leipzig 1908), Handb. der Hygiene (Hrsg. M. Rubner u. a.), 9 Bde. (Leipzig 1911–1927), Die Ernährungsphysiologie der Hefezelle bei alkoholischer Gärung (Leipzig 1913), Wandlungen in der Volksernährung (Leipzig 1913), Konstitution und Ernährung (Berlin 1930).

Kisskalt, K.: Zu Rubners 100. Geburtstag, in: Arch. Hyg. u. Bakteriol. 138 (1954), 235ff.; Thomas, K.: Erinnerungen an Max Rubner (1854–1932), in Mitt. a. d. Max-Planck-Gesellschaft, Heft 2, 91–111 (Göttingen 1960).

Rudolphi, Karl Asmund, Anatom und Zoologe, geb. 14. 6. 1771 Stockholm, gest. 29. 11. 1832 Berlin.

R. wurde hauptsächlich durch seine vergleichend-anatomischen und mikroskopischen (histologischen) Arbeiten über den Darmtrakt bekannt und schuf grundlegende Werke zur Kenntnis der Physiologie und Systematik der Eingeweidewürmer.

R., Sohn eines Gymnasiallehrers, studierte 1790–1793 Naturwissenschaft und Medizin an der damals noch schwed. Univ. Greifswald, wurde 1793 zum Dr. phil. promoviert und lehrte ein Jahr als Privatdoz. Naturgeschichte (besonders Botanik), studierte 1794 Veterinärmedizin und Zoologie an der Tierarzneischule Berlin und wurde 1795 in Greifswald zum Dr. med. promoviert. Ab 1796 lehrte er an der Univ. Greifswald zunächst als Privatdoz., ab 1797 als ao. Prof. Anatomie und Zoologie für Veterinärmediziner. Um die tierärztliche Ausbildung an den europ. Univ. kennenzulernen, bereiste R. 1801–1803 im Auftrag der schwed. Regierung Deutschland, die Niederlande und Frankreich. Er richtete ein veterinärmedizinisches Institut in Greifswald ein und wurde dort 1808 zum o. Prof. für vergleichende Anatomie berufen. Bei Gründung der Univ. Berlin erhielt er 1810 die Berufung als erster Ordinarius für Anatomie und Physiologie und Dir. des Anatomisch-zootomischen Museums. R. setzte dort seine bedeutenden parasitologisch-helminthologischen Arbeiten fort, suchte ein neues, auf das Nervensystem gegründetes Klassifikationssystem (1812) und schuf durch Erweiterung der helminthologischen und vergleichend-anatomischen Sammlungen neue Arbeitsgrundlagen für zoologisch-taxonomische Arbeiten in Berlin, auf denen später J. MÜLLER, der während seines Studienaufenthaltes in Berlin 1823/24 entscheidend von R. beeinflußt worden war, aufbauen konnte. Mit den führenden europäischen Zoologen und Museen stand R. in Briefwechsel und Sammlungstausch; als Forscher und Hochschullehrer hatte sein Urteil Gewicht, z. B. für die Berufung von J. E. PURKYNĚ nach Breslau (Wrocław). R.s dreibändiges Lehrb. der Physiologie, das unvollendet blieb, enthält seine Argumente gegen die spekulative Naturphilosophie von F. W. J. SCHELLING und L. OKEN, die damals einen Höhepunkt erreicht hatte.

Der Beginn von R.s Wirken fällt in eine Zeit, in der die disziplinäre Spezialisierung in Medizin und Biologie eben erst begann und die mikroskopischen Methoden noch individuelle Pionierleistungen waren. Das zeigt sich in den ersten Jahrzehnten von R.s Lehr- und Forschungstätigkeit, als er in Greifswald neben ersten helminthologisch-zoologischen Arbeiten auch Botanik betrieb und sich an einer pflanzenanatomischen Preisaufgabe der Göttinger Gesellschaft der Wissenschaften (1804) erfolgreich beteiligte.

Seine Lösung der Fragen nach Bau, Entstehung und Funktion der Gefäße und seine Auffassungen von der Natur der Pilze und Flechten standen schon damals hinter den Kenntnissen, z.B. von G.R. TREVIRANUS, zurück. Mit Erfolg wandte R. dagegen die mikroskopisch-anatomische Methode zur vergleichenden Untersuchung der Darmzotten verschiedener Wirbeltiere an und legte seinen histologischen Studien die Gewebelehre von X. BICHAT zugrunde. Auch seine physiologischen Arbeiten fußen noch ganz auf der vergleichend-anatomischen Beobachtung und sind nicht auf Experimente gegründet, zumal er die in Frankreich besonders durch F. MAGENDIE eingeführte Methode der Vivisektion ablehnte. Seine bleibende Forschungsleistung liegt auf zoologisch-taxonomischem Gebiet, wo er sich auf die systematisch heterogene Gruppe der »Eingeweidewürmer« spezialisierte und über 600 damals neue Arten beschrieb. Damit leistete R. einen bedeutenden Beitrag zur angewandten Zoologie und Parasitologie. Den damals unbefriedigenden Stand der Tiersystematik suchte er durch ein neues Einteilungsprinzip nach Bau und Lage des Nervensystems der Tiere zu überwinden, was sich jedoch nicht durchsetzte. Es konnte mit den fast gleichzeitigen analogen Versuchen von G. CUVIER und J.B. LAMARCK nicht konkurrieren. Ja

Literatur: Rudolphi, K. A.: Anatomisch-physiologische Abhandlungen (Berlin 1802), Bemerkungen aus dem Gebiete der Naturgeschichte, Medizin und Tierheilkunde, auf einer Reise durch einen Teil von Deutschland, Holland und Frankreich gesammelt (Berlin 1804/05), Anatomie der Pflanzen (Göttingen 1807), Entozoorum sive vermium intestinalium historia naturalis, 2 Bde. (Amsterdam 1808–1810), Beiträge zur Anthropologie und allgemeinen Naturgeschichte (Berlin 1812), Entozoorum synopsis (Berlin 1819), Grundriß der Physiologie, 3 Bde. (Berlin 1823–1828).

Kruta, V.: Briefe von Johannes Müller an C. A. Rudolphi und an J. E. Purkyně, in: Nova Acta Leopoldina, N. F. Nr. 151, Bd 21 (Purkyně-Symposium 1959; Leipzig 1961, 213–228), K. Počátkum vědecké dráhy J.E. Purkyně (Beginnings of the scientific carreer of J. E. Purkyně), in: Acta Facultatis Medicae Universitatis Brunensis 12 (Brno 1964); Link, H. F.: Nachricht von dem Leben des königl. Geh. Med. Raths und Professors Dr. K. A. Rudolphi, in: Med. Ztg. 2 (1833), 17–20; Müller, J.: Gedächtnisrede auf Carl Asmund Rudolphi, in: Abh. Akad. Wiss. Berlin 1835 (Berlin 1837), XVII–XXXVIII; Seide J.: Der Anatom und Physiologe Carl Asmund Rudolphi, in: Med. Welt 1933, 1738.

Rudzki, Maurycy Pius, Geophysiker, geb. 28. 12. 1862 Uhrynkowice (Polen), gest. 22. 7. 1916 Krakau (Kraków).

R. gehört zu den führenden Geophysikern seiner Zeit; er ist einer der Mitbegründer der gegenwärtigen theoretischen Geophysik.

1882 begann R. sein Studium an den Univ. in Krakau und Wien, wo er nach Abschluß des Studiums in Mathematik und Geologie bei E. SUESS 1886 in Geologie promovierte. Nach einigen Jahren an der Univ. in Charkow unterrichtete er als Privatdoz. an der Univ. in Odessa. 1895 wurde R. zum ao. Prof. der mathematischen Geophysik und der Meteorologie ernannt und erhielt 1901 die erste ordentliche Professur für Geophysik in Europa an der Jagiellonischen Univ. in Krakau. Seit 1902 leitete R. auch die Sternwarte der Univ.

Die Arbeiten von R. bezogen sich auf verschiedene Zweige der Geophysik, aber sein besonderes Interesse galt seismologischen Fragen. Das Problem der Ausbreitung seismischer Wellen betrachtend, führte R. Gleichungen ein, die die Verbreitungskurven beschreiben. Auf der Basis des Wellenlaufes zog er eine Reihe von Schlußfolgerungen über den Charakter des Mediums, in dem sich die seismischen Wellen ausbreiten. Auf der Grundlage der Laufzeit solcher Wellen zu einzelnen Punkten auf der Erdkruste erarbeitete R. eine Methode für die Bestimmung der Tiefe des Epizentrums. Ein weiterer Themenkomplex betrifft die Deformation der Erdkruste in den Glazialperioden. Gestützt auf die Hypothese TH. F. JAMIESONS über die Deformation der Erdkruste unter dem Einfluß von Gletschermassen, schuf R. eine mathematische Theorie zur Berechnung von vielen Parametern dieser Erscheinung. Die durch R. aufgestellten Modelle sind noch heute aktuell und fanden in der Plattentheorie Anwendung. Des weiteren erarbeitete R. eine Theorie der Geoidfigur auf der Grundlage der Verteilung der Schwerkräfte. Die auf diese Theorie gestützte Bestimmungsmethode war exakter und ergab, im Vergleich zu der damals benutzten HELMERTschen Kondensationsmethode, kleinere Geoidabweichungen. Voraussetzung zur Grundlage von mehreren Theorien von R. war die Hypothese von SUESS über das Abkühlen und das Zusammenschrumpfen der Erde. Die darauf basierenden Arbeiten von R. betrafen Fragen wie physikalische Mechanismen der Kontinente- und Ozeanentstehung und des Erdalters. In anderen Arbeiten hat R. theoretische Grundlagen der Meerwellendynamik und Flußstromdynamik vorgestellt und die Theorie des waagerechten Pendels behandelt. In all diesen Arbeiten gab R. den Erscheinungen eine mathematische und physikalische Auslegung.

Besondere Beachtung verdienen die akademischen Lehrb. von R. Sein Werk »Physik der Erde« (1909), das sowohl seine Vorlesungen als auch Beiträge seines gesamten wissenschaftlichen Schaffens enthält, war damals einmalig in Europa und wird noch heute mitunter zitiert. 1911 erschien eine erweiterte und vervollständigte deutsche Fassung, die unter anderem von A. WEGENER benutzt wurde, der sich des öfteren auf R. berief. Der wissenschaftliche Nachlaß von R. umfaßt über 150 Arbeiten, vor allem zur Geophysik, aber auch zur Mechanik, zur Hydrodynamik, zur Statik der Atmosphäre und auch zu ausgewählten Fragen aus dem Bereich der Astronomie und der Geschichte der Wissenschaft. Ar

Literatur: Rudzki, M. P.: Fizyka ziemi (Kraków 1909), dtsch Physik der Erde (Leipzig 1911), O kształcie fali sprezystej w pokładach ziemskich (Form der elastischen Wellen in Erdschichten), in: Rozprawy Ak. Um. Wydz. Matprzyr., 33 u. 34 (1898), 39 (1900), Sur la détermination de la figure de la Terre d'après les mesures de la gravité, in: Bull. Astron., 22 (1905), Deformation der Erde während der Eiszeit, in: Z. Gletscherkd. 3 (1906).

Pagaczewski, J.: M. Pius Rudzki (mit Bibliographie) in: Przeglad geofizyczny 1962, S. 143; Rybka, R.: M. P. Rudzki, Zycie i działalność (Warschau 1974).

Ruffini, Paolo, Mathematiker und Arzt, geb. 22. 9. 1765 Valentano (Italien), gest. 10. 5. 1822 Modena.

R.s algebraische Arbeiten sind ein wesentlicher Ausgangspunkt für die Bewältigung des Auflösungsproblems algebraischer Gleichungen mit gruppentheoretischen Methoden.

R. war der Sohn eines Physikers und studierte an der Univ. Modena Medizin, Philosophie, Literatur und Mathematik. Er promovierte 1788 in Medizin und Philosophie, wurde im gleichen Jahre Prof. für Grundlagen der Analysis und erhielt 1791 einen Lehrstuhl für Mathematik in Modena; gleichzeitig wurde er als praktischer Arzt zugelassen. R. war Anhänger der ital. nationalen Bewegung und hatte während der napoleonischen Besetzung z. T. Lehrverbot. 1814, nach der Befreiung Italiens von der franz. Fremdherrschaft, wurde er Rektor der Univ. Modena, erhielt die Lehrstühle für angewandte Mathematik und praktische Medizin, die er beide bis zu seinem Tode innehatte.

Im 16. Jh. war in Italien die Auflösung der algebraischen Gleichungen 3. und 4. Grades in Radikalen entdeckt worden. Die entsprechende Auflösbarkeit algebraischer Gleichungen 5. und höheren Grades blieb trotz vieler Bemühungen über 200 Jahre offen. 1770/71 zeigte J. L. LAGRANGE, daß die Auflösungen für die Gleichungen der Grade 2 bis 4 darauf beruhen, daß es rationale Funktionen der Wurzeln gibt, die bei allen Permutationen der Wurzeln nur »wenige« Werte annehmen. Auf diesen Ergebnissen fußend, hat R. 1799 erstmalig die Vermutung ausgesprochen, daß die allgemeinen Gleichungen 5. und höheren Grades nicht algebraisch auflösbar sind; sein Beweis ist allerdings lückenhaft, weil ihm die körpertheoretischen Grundlagen zur präzisen Fassung des Problems noch fehlten (den ersten exakten Beweis gab N. H. Abel). Die gruppentheoretische Untersuchung von R. geht über LAGRANGE weit hinaus; es tritt der Begriff der Permutationsgruppe auf, die Permutationsgruppen werden in transitive und intransitive und erstere wieder in primitive und imprimitive eingeteilt. Der gruppentheoretische Teil des Unmöglichkeitsbeweises ist korrekt; er beruht auf einer vollständigen Untersuchung der $\mathfrak{S}_5$ auf mögliche Untergruppen. Später ist A. L. CAUCHY bei seiner Ausarbeitung der Theorie der Permutationsgruppen von R. ausgegangen.

R. verfaßte auch religiös motivierte philosophische Schriften, die sich mit Hinweis auf den freien Willen gegen den mechanisch-materialistischen Determinismus LAPLACEscher Prägung wandten. Der Arzt R. behandelte die Armen von Modena ebenso wie die herzogliche Familie. Besonders gerühmt wird seine Unerschrockenheit beim Kampf gegen Epidemien. Pu

Literatur: Ruffini, P.: Teoria generale delle equazioni in cui si dimostra impossible la soluzione algebrica delle equazioni generali di grado sùperiore al quarto (Allgemeine Theorie der Gleichungen, in der die Unmöglichkeit der algebraischen Auflösung der Gleichungen von höherem als vierten Grade bewiesen ist), 2 Bde. (Bologna 1799), Opere mathematiche, 3 Bde. (Hrsg. E. Bortolotti, Rom 1953/54).

Burkhardt, H.: Die Anfänge der Gruppentheorie und Paolo Ruffini, in: Z. Math. Phys. 37 (1892), Suppl. 119–160.

Rulje (Rul'e), Karl Franzowitsch, Zoologe, Geologe und Paläontologe, geb. 8. (20.) 4. 1814 Nishni Nowgorod (Gorki), gest. 10. (22.) 4. 1858 Moskau.

R. war der Begründer einer Schule russ. Evolutionsbiologen, zu der auch der Zoologe und Geograph N. A. SEWERZOW und der Anthropologe A. P. BOGDANOW gehörten.

R. war Sohn eines Schuhmachers. Der Vater schrieb sich als gebürtiger Franzose ROUILLIER, und diese Namensform verwendete auch R., wenn er Publikationen in Französisch abfaßte. R. studierte 1829–1833 an der Moskauer Abteilung der Medizinisch-Chirurgischen Akademie Medizin. Nach zweijähriger militärärztlicher Tätigkeit wurde er 1836 Repetitor bei G. I. FISCHER v. WALDHEIM am Lehrstuhl für Zoologie und Mineralogie dieser Akademie, erwarb 1837 den medizinischen Doktorgrad und begann 1838 die Lehrtätigkeit in Zoologie und Mineralogie. 1838 wählte ihn die Moskauer Gesellschaft für Naturforscher, die ihn 1837 als ordentliches Mitgl. aufgenommen hatte, zum Zweiten Sekretär, ihr Erster Sekretär war er 1840–1851. 1840 kam R. an den Lehrstuhl für Zoologie der Univ. Moskau und wurde 1842 zum ao., 1850 zum o. Prof. berufen. 1841 hielt er sich vier Monate an deutschen und niederländ. Univ. auf, besuchte Laboratorien und hörte Vorlesungen bei CH. G. EHRENBERG, J. P. MÜLLER, C. TH. v. SIEBOLD u. a. 1857 wurde er zum ersten Dir. des »Komitees der Akklimatisation der Tiere« der Moskauer Landwirtschaftlichen Gesellschaft berufen.

1841 publizierte R. den Artikel »Somneniâ v zoologii kak nauke« (Bedenken an der Zoologie als Wissenschaft), in dem er der vorherrschenden Ansicht von der Beständigkeit

P. Ruffini

K. F. Rulje

und Unveränderlichkeit der Arten seine Position von der Wandlungsfähigkeit der Organismen unter dem Einfluß der äußeren Lebensbedingungen entgegensetzte. Von diesem wissenschaftlichen Ansatz her war er bestrebt, die Erforschung der Lebensweise der Tiere mit der Untersuchung der Beschaffenheit der übrigen Natur zu verbinden. Dieses Konzept realisierte R. bis zum Ende der 40er Jahre mit stärkerer Hinwendung zur historischen Dimension, wozu auch die Erforschung des geologischen Aufbaus des Moskauer Beckens und seiner Fauna gehörte. Davon zeugen unter anderem der 1844 unter dem Titel »Naturhistorische Notiz über die Umgegend von Moskau« veröffentlichte Brief R.s an EHRENBERG und seine auf der Festveranstaltung der Univ. Moskau 1845 gehaltene Rede »O životnyh Moskovskoj gubernii, ili o glavnyh peremenah ...«, die unter dem Titel »Ueber die Fauna des Moskauer Gouvernements und ihre Veränderungen in den einzelnen Epochen der Erdbildung« 1846 auch im Berliner »Archiv für wissenschaftliche Kunde von Rußland« erschien. Es folgten mehrere Berichte über geologische Exkursionen in die Umgebung Moskaus sowie die Aufsätze »O vliânii naružnyh uslovij na žizn' životnyh« (Über den Einfluß der äußeren Bedingungen auf das Leben der Tiere) 1845 und »O fizičeskom razmeŝenii životnyh na zemle« (Über die körperliche Veränderung der Tiere auf der Erde) 1846. R. erarbeitete das erste stratigraphische Schema der mittelruss. Juraformation, setzte sich mit G. CUVIERS Katastrophentheorie auseinander und schätzte sehr die Arbeiten L. v. BUCHS, B. v. COTTAS und anderer Geologen und Paläontologen, die sich in unterschiedlicher Weise der Ansicht von der historischen Entwicklung der Arten unter dem Einfluß der Lebensbedingungen näherten. Nach 1849 widmete sich R. intensiver der Biologie rezenter Tiere und Pflanzen. 1851 hielt er drei Vorlesungen über »Žizn' životnyh po otnošeniû ko vnešnim usloviâm« (Das Leben der Tiere in Beziehung zu den äußeren Bedingungen), in denen er biologische, geologische, geographische und historische Erkenntnisse heranzog, um seinen komplexen Untersuchungsgegenstand in seinen objektiven Zusammenhängen und seinem Gewordensein zu erfassen. R. war mitbeteiligt an der Grundlegung der Ökologie in Rußland. Weiter interessierten ihn die Entstehung der psychischen Tätigkeit der Tiere und ihre Gesetzmäßigkeiten.

R. gilt als bedeutender Vorläufer der DARWINschen Lehre in Rußland. In seinen letzten Lebensjahren arbeitete er verstärkt über die Anwendung zoologischer Erkenntnisse in der landwirtschaftlichen Praxis, unter anderem in der Fischzucht und -haltung. Seit 1839 machte sich R. auch um die Erforschung der Geschichte der Zoologie in Rußland verdient und veröffentlichte biographische Aufsätze über Naturforscher. Kk

Literatur: Rul'e, K. F.: Avtobiografiâ, in: Biografičeskij slovar' professorov i prepodavatelej Moskovskogo universiteta, Tl II

(Moskau 1855), 373–376, Izbrannye biologičeskie proizvedeniâ. Redakciâ, stat'â i kommentarii L. Š. Davitašvili i S. R. Mikulinskogo (Moskau 1954).

Mikulinskij, S. R.: Karl Francovič Rul'e. Učenye, čelovek i učitel'. 1814–1858 gg. (Moskau 1979).

Rumford, → Thompson.

Runge, Friedlieb Ferdinand, Chemiker, geb. 8. 2. 1794 Billwärder (bei Hamburg), gest. 25. 3. 1867 Oranienburg (bei Berlin).

R. war ein vielseitiger praktischer Chemiker, der durch zahlreiche Naturstoffuntersuchungen bekannt wurde, die Destillation von Braunkohlen- und Steinkohlenteer förderte und dabei z. B. aliphatische bzw. aromatische Inhaltsstoffe entdeckte, die später industrielle Bedeutung erlangten.

Der gelehrte Apotheker – Sohn eines Geistlichen – studierte in Berlin und Göttingen Medizin und Naturwissenschaften, promovierte in Jena (Medizin) und habilitierte sich 1822 in Berlin. Seit 1823 war R. in Breslau (Wrocław) als Privatdoz. tätig. Da es während der Anfangsphase der industriellen Revolution in Deutschland nur in Westeuropa möglich war, den modernsten Entwicklungsstand der Naturwissenschaften kennenzulernen, unternahm R. mit Unterstützung des preuß. Staates dorthin eine längere Studienreise. In Paris arbeitete er kurze Zeit mit A. v. Humboldt und J. v. Liebig im gleichen Laboratorium. In Holland und England wurde er auf Probleme der Agrikulturchemie gelenkt. Nach Rückkehr von dieser Reise wirkte R. ab 1828 als ao. Prof. für Technische Chemie wieder in Breslau. Von 1832 bis zu seinem Tode lebte und arbeitete er viele Jahre als technischer Leiter der damals bedeutenden chemischen Fabrik in Oranienburg. In diesem z. T. fiskalisch verwalteten Betrieb (Preuß. Seehandlung) erzielte er seine bekanntesten Entdeckungen.

Bereits während seiner Studienzeit bei J. W. Doebereiner in Jena gelangen R. mit seinen phytochemischen Arbeiten (Chemie pflanzlicher Naturstoffe) über Extrakte aus Bilsenkraut, Tollkirsche und Stechapfel, Kaffee, Chinarinde u. dgl. Entdeckungen von bleibender Bedeutung. Er fand Atropin (Dissertation über Belladonna-Hyoscyamin), Coffein und Chinin und beobachtete die physiologischen Wirkungen dieser Substanzen, ohne ihre Konstitution aufklären zu können. Damit trug R. zu den Anfängen der Alkaloidchemie bei. Phytochemische Arbeiten lenkten R.s Interesse auf Farbstoffe, sein zweites großes Arbeitsgebiet; bereits seine Habilitationsschrift hatte Indigo zum Gegenstand; ferner veröffentlichte er Arbeiten über Krapp. Praktische Bedürfnisse der sich entwickelnden chemischen Produktion veranlaßten ihn in den Jahren 1833/34, den zunächst unverwertbaren Steinkohlenteer aus den »Leuchtgasfabriken« zu untersuchen, wobei er Anilin, Chinolin und Phenol eliminierte. Bei zahlreichen chemischen Reaktionen mit diesen Stoffen erhielt R. auch Teerfarben, was jedoch für diese Zeit noch ohne praktische Bedeutung blieb. R. unternahm zahlreiche Färbeversuche, auch unter Verwendung anorganischer Verbindungen, auf Papier und auf textilen Materialien. Aber erst nach 1860 wurden seine Pionierleistungen auf diesem Gebiet anerkannt. Die Ausgangsprodukte für Teerfarben lieferte zwar auch dann noch der Steinkohlenteer, jedoch verlief die chemische Synthese über andere Wege.

Durch die Sulfonierung von Olivenöl (Anwendung in der Färbereitechnik) gelangte R. zur Gewinnung der Stearinsäure (Octadecansäure) und stellte daraus 1835 die ersten deutschen »Palmwachslichte« (Stearinkerzen) her. Bei Arbeiten über Torf- und Braunkohlenverkokung und die dabei anfallenden Teere gewann R. Paraffine und führte die für Beleuchtungszwecke wichtige Paraffinkerze ein. Torfkoks spielte eine Rolle als Heizmaterial. R. unternahm damit Versuche zur Raffination von Rübenzucker.

Probleme der Landwirtschaft spielten aus pflanzenphysiologischem Interesse, gefördert durch seine Westeuropareise, in R.s Arbeiten wiederholt eine Rolle. Davon zeugen seine Bemühungen, die Kunstdüngerherstellung zu entwikkeln. Aus Gaswasser produzierte die chemische Fabrik in Oranienburg Ammoniumsulfat, und um 1840 unternahm R. Versuche zur Verwertung von Haldenmaterial, das Carbonate, Phosphate und Sulfate enthielt (»Düngergips«). Um 1855 brachte die Oranienburger Fabrik den »deutschen Guano« in den Handel, ein stickstoffhaltiges Superphosphat, das aus Knochenmehl und organischen tierischen Abfällen durch Aufschluß mit Schwefelsäure gewonnen wurde. Damit sollte das Guano-Monopol Perus überwunden werden.

Die Deutsche Chemische Gesellschaft ehrte 1872 den vielseitigen Chemiker durch die Errichtung eines Denkmals über seinem Grab in Oranienburg. We

Literatur: Runge, F. F.: Grundlehren der Chemie für Jedermann (Breslau 1830), Über einige Produkte der Steinkohlendestillation, in: Pogg. Ann. 31 u. 32 (1834) u. Chem. Zentrbl. (1834), Farbenchemie, 3 Bde. (Berlin 1834–1850), Chemisch-technische Monographie des Krapps (Berlin 1835), Einleitung in die technische Chemie für Jedermann (Berlin 1836), Technische Chemie der nützlichsten Metalle für Jedermann, 2 Tle (Berlin 1838–39), Chlorkalkprobe, in: Pogg. Ann. 47 (1839), Grundriß der Chemie, 2 Tle (München 1846–47), Der Bildungstrieb der Stoffe (Berlin 1855), Der Deutsche Guano in Oranienburg (Berlin 1858), (mit R. E. Liesegang, B. P. Belousev u. A. M. Zhabotinsky): Selbstorganisation chemischer Strukturen, in: Ostwalds Klassiker ... 272 (Leipzig 1987).

Anft, B.: F. F. Runge, sein Leben und sein Werk, Diss. (Berlin 1937); Rehberg, M.: F. F. Runge, der Entdecker der Teerfarben (Oranienburg 1935); Welsch, F.: F. F. Runge – Zum 100. Todestag am 25. 3. 1962, in: Mitt.-Bl. Chem. Ges. DDR, 14 (1967).

Russell, Bertrand Arthur William, Earl of, Mathematiker, Philosoph, Sozialwissenschaftler und Politiker, geb. 18. 5. 1872 Chepstow (Wales), gest. 2. 2. 1970 London.

R. wird als bedeutendster engl. mathematischer Logiker des 20. Jh. angesehen, der die Mathematik im Sinne des von F. L. G. Frege begründeten Logizismus als aus einem logischen Axiomensystem ableitbar ansah.

R. studierte 1890–1895 am Trinity College in Cambridge Mathematik und Sozialwissenschaften. 1896 wurde er Doz. an der Londoner School of Economics; dort hielt er Vorlesungen über die deutsche Sozialdemokratie, die noch im gleichen Jahr als R.s erstes Buch erschienen sind. 73 weitere Bücher und über 2 000 Artikel folgten. Das wissenschaftliche Hauptinteresse von R. galt schon 1890 dem Begründungsproblem der Mathematik. Seine Beschäftigung mit ihm kann in drei Phasen eingeteilt werden. Die erste Phase ist durch die Suche nach einem philosophischen Fundierungsansatz für die Mathematik gekennzeichnet und schließt mit der Bekanntschaft mit G. Peano (Juli 1900) ab, der R. auf die mathematische Logik aufmerksam machte. Nach seiner eigenen Angabe führte die Beschäftigung mit mathematischer Logik ihn unabhängig von Frege zum logizistischen Begründungsversuch der Mathematik. Seine zweite Phase schließt ab mit der Veröffentlichung von Bd. 3 der Principia Mathematica (1913); dieses monumentale Werk entstand in Zusammenarbeit mit A. N. Whitehead. Die dritte Phase endet 1923, dem Erscheinungsjahr der 2. Auflage der Principia Mathematica; sie ist mehr gelegentliche Rezeption von Arbeiten anderer, um die mit dem Axiomensystem der Principia Mathematica verbundenen Schwierigkeiten zu überwinden. In dieser Phase wandte sich R. wieder verstärkt aktuellen sozialwissenschaftlichen Fragen zu. 1918 hatte er wegen pazifistischer Betätigung während des ersten Weltkrieges eine sechsmonatige Gefängnisstrafe verbüßen müssen. 1920 besuchte R. die Sowjetunion, 1921/22 hatte er eine Gastprofessur in China inne; R. weilte mehrfach in den USA, so 1938–1944, und las dort über soziale und philosophische Themen. Mit Ausnahme der ersten Dozentur in London war R. in England stets Prof. in Cambridge. Nach 1945 verlegte er seine Wirksamkeit immer mehr auf das Feld unmittelbarer politischer Tätigkeit; er gelangte in den 60er Jahren zu einer Neubewertung der UdSSR und wurde zu einem der führenden Vertreter der Weltfriedensbewegung; 1950 erhielt er den Nobelpreis für Literatur.

Der Versuch, den Satz von G. Cantor, daß es keine größte Kardinalzahl gibt, auch auf die physikalische Welt anzuwenden, führte R. zur Entdeckung der Antinomie der Menge aller Mengen, die sich nicht selbst als Element enthalten. Frege, dem er diese Antinomie mitteilte, leitete sie aus dem Axiomensystem seiner Grundgesetze der Arithmetik ab. Primär aus philosophischen Gründen schloß sich R. nicht der Meinung Freges an, daß damit der Logizismus gescheitert sei. Die Idee einer Stufung der logischen Ausdrücke, die R. 1906 in die Gestalt seiner verzweigten Typentheorie brachte, und die von Frege abweichende Deutung des bestimmten Artikels (1905) schlossen alle bekannten logischen und semantischen Antinomien aus. Um aber die Zahlen nicht in typengleiche zerfallen zu lassen, wurde in der Principia Mathematica das Reduzibilitätsaxiom eingeführt, das in der Fachwelt größte Bedenken auslöste; in der 2. Auflage verzichteten die Autoren auf dieses Axiom, ohne aber einen Ersatz für seine Funktion im Axiomensystem finden zu können. Erst die Resultate von K. Gödel haben endgültig gezeigt, daß der Logizismus nicht durchführbar ist. Es sind Abschwächungen vorgenommen worden, so von A. Church, der nicht mehr die Zurückführbarkeit aller mathematischen Begriffe auf logische fordert. Die Arbeiten von R. hatten großen Einfluß auf die Entwicklung der Logik und der mathematischen Grundlagenforschung; die Typentheorie wurde in einer vereinfachten Form Grundlage der Mengenlehre; heute wird sie auf transfinite Stufen erweitert. Die Trennung der Antinomiearten regte die Untersuchung semantischer Antinomien an, die zur logischen Semantik führten, und die Schwierigkeiten der typentheoretischen Mengenlehre förderten deren axiomatischen Aufbau. Ks

Literatur: Russell, B. A. W.: An Essay on the Foundations of Geometry (Cambridge 1897, 2. Aufl. 1956), A Critical Exposition of the Philosophy of Leibniz (Cambridge 1900, 2. Aufl. London 1932), Thre Principles of Mathematics (London 1903, 8. Aufl. 1964), On Denoting, in: Mind 14 (1905), dtsch in: Philosophische und politische Aufsätze (Hrsg. U. Steinvorth, Stuttgart 1971), Mathematical Logic as based on the Theory of Types, in: Am. J. Math. 30 (1908), dtsch in: Die Philosophie des Logischen Atomismus (Hrsg. J. Sinnreich, München 1976, 2. Aufl. 1979), (mit A. N. Whithehead): Principia Mathematica (Cambridge 1910/13, 2. Aufl. 1925), Mysticism and Logic and other Essays (New York – London 1917, 10. Aufl. 1959), dtsch in: Mystik und Logik, Philosophische Essays von Bertrand Russell (Hrsg. E. Heinzel, Wien – Stuttgart 1952), Introduction to Mathematical Philosophy (London – New York 1919, 13. Aufl. 1970), dtsch in: Einführung in die mathematische Philosophie (München 1923, 3. Aufl. Darmstadt – Genf 1952), Einführung in die mathematische Logik. Die Einleitung in die Principia Mathematica (München – Berlin 1932), Human Knowledge, Its Scope and Limits (London 1948, 7. Aufl. 1966), dtsch in: Das menschliche Wissen – seine Sphäre und seine Grenze (Darmstadt 1956).

Russell, Henry Norris, Astrophysiker, geb. 25. 10. 1877 Oyster Bay (New York, USA), gest. 18. 2. 1957 Princeton (New Jersey, USA).

R. war einer der bedeutendsten Astrophysiker des 20. Jh.

F. F. Runge

B. A. W. Russell

Bleibende Leistungen für die moderne Astrophysik vollbrachte er vor allem auf dem Gebiet der Sternevolution und der Astrospektroskopie.

R., Sohn eines schottisch-kanad. Emigranten, interessierte sich schon früh für Mathematik und promovierte 1900 mit einer Arbeit über die Störungen der Eros-Bahn durch den Planeten Mars. Anschließend studierte er an der Univ. in Cambridge (England) und war zwei Jahre am dortigen Observatorium tätig, wo er sich mit der photographischen Bestimmung von Parallaxen beschäftigte. 1911 wurde R. Prof. für Astronomie der Univ. Princeton und ein Jahr später Dir. des dortigen Observatoriums. In dieser Funktion verblieb er bis 1947. 1921 begann er eine enge Zusammenarbeit mit dem Mount-Wilson-Observatorium, wo er als Research Associate bis zu seiner Emeritierung tätig war. Danach arbeitete er noch an der Lick-Sternwarte und am Harvard-Observatorium.

R. befaßte sich mit zahlreichen bedeutsamen Problemen der modernen Astrophysik. Zu Beginn seiner wissenschaftlichen Laufbahn beschäftigte ihn vor allem die Analyse des Lichtwechsels von Bedeckungsveränderlichen. Damals war die Auffassung, daß der Lichtwechsel dieser Sterne durch die gegenseitige Bedeckung der Komponenten entsteht, noch nicht allgemein akzeptiert. Nur von wenigen Exemplaren dieser Objektklasse waren die Daten aus dem Lichtwechsel abgeleitet worden.

R. wies anhand der Analyse von 17 Systemen das Bestehen einer oberen Grenze für die Dichte solcher Algol-Sterne nach und formulierte die Erkenntnis, daß diese Objekte eine wesentlich geringere Dichte aufweisen als unsere Sonne. Für seine späteren Arbeiten über die Sternevolution war diese Erkenntnis von großer Bedeutung.

In Cambridge arbeitete R. gemeinsam mit A. Hinks an einem Programm zur Bestimmung trigonometrischer Parallaxen mittels der für diesen Zweck noch wenig gebräuchlichen photographischen Methode. Dadurch entdeckte er den Zusammenhang zwischen den absoluten Helligkeiten und Spektraltypen der Sterne, einschließlich der zwei voneinander zu unterscheidenden Gruppen roter Sterne. Unabhängig davon hatte E. Hertzsprung bereits 1905 und 1907 dieselbe Entdeckung gemacht.

R. gelang es auch, die physikalischen Ursachen der großen Unterschiede in den absoluten Helligkeiten der roten Sterne aufzudecken. Aus dem Studium der Bedeckungsveränderlichen wußte er, daß die superhellen roten Sterne große Durchmesser im Verhältnis zu den weniger hellen aufweisen und somit als Riesensterne anzusehen sind. Aus ihren Massen resultiert eine vergleichsweise geringe Dichte. Diese Tatsachen veranlaßten R., eine Entwicklungstheorie der Sterne zu übernehmen, die vor allem von R. Ritter und N. Lockyer aufgestellt worden war. Die roten Riesen sollten den Ausgangspunkt der Sternentwicklung darstellen, während die roten Zwerge ihren Endpunkt repräsentierten.

In seiner Publikation über die Theorie der Sternevolution (1913) veröffentlichte R. auch die graphische Darstellung des zweidimensionalen Zustandsdiagramms, das heute als HERTZSPRUNG-RUSSELL-Diagramm bekannt ist.

In mehreren Arbeiten legte R. ab 1912 neue Erkenntnisse über die Veränderungen der Lichtintensität von Bedeckungsveränderlichen vor. Die inzwischen umfassenderen und genaueren Daten ließen tiefere Einsichten in die Natur dieser Objekte erwarten. Die von R. entwickelten Methoden wurden später von H. SHAPLEY umfassend angewendet und führten zu zahlreichen neuen Dichtebestimmungen von Sternen.

Ab 1921 beschäftigte sich R. mit der Anwendung der Ionisationstheorie von M. N. SAHA auf die Sonne. Diese Untersuchungen, die er durch Beobachtungen untermauerte, führten zu wichtigen Verfahren einer quantitativen Spektralanalyse der Sternatmosphäre und der Theorie der Atomspektren. Als Research Associate von Mount Wilson befaßte sich R. vor allem mit spektroskopischen Studien. Die Analyse der Erdalkalimetalle führte ihn gemeinsam mit F. A. SAUNDERS zur Entdeckung anomaler Terme, die er atomtheoretisch begründete. Für die Identifikation von Linien in Sternspektren waren diese Erkenntnisse sehr bedeutungsvoll.

1929 bestimmte R. mit Hilfe von A. UNSÖLDS Messungen der Linienprofile die Anzahl der Atome, die zur Entstehung einer Absorptionslinie führen und entwickelte eine absolute Kalibration für die Linienintensitäten.

Nach A. S. EDDINGTONS Entdeckung, daß die Gesetze idealer Gase auf das Innere von Sternen anwendbar seien, beschäftigte sich R. wieder mit Problemen der Sternentwicklung, darunter auch mit der Frage der Energiefreisetzung.

Als wichtigstes Ergebnis seiner Untersuchungen zur Struktur der Sterne ergab sich die Erkenntnis, daß ein Stern vollständig durch seine Masse und seine chemische Zusammensetzung charakterisiert ist (VOGT-RUSSELL-Theorem). Weitere Fragen, mit denen sich R. beschäftigte, waren die Massenverteilung innerhalb eines Sterns (aus empirischen Daten an Bedeckungsveränderlichen) sowie die Molekülhäufigkeiten in der Sonnenatmosphäre. R. trat auch als Verfasser anerkannter Lehrb. und als Lehrer hervor. Im »Scientific American« veröffentlichte er ab 1900 insgesamt rund 500 populärwissenschaftliche Beiträge. Her

Rutherford, Ernest (Lord Rutherford of Nelson), Physiker, geb. 30. 8. 1871 Brightwater bei Nelson (Neuseeland), gest. 19. 10. 1937 Cambridge (England).

R. gehört mit seinen Forschungen zur Radioaktivität, der Aufstellung des planetarischen Atommodells und dem Nachweis der künstlichen Kernumwandlung zu den Begründern der modernen Atom- und Kernphysik und gilt als der bedeutendste Experimentalphysiker Großbritanniens seit M. FARADAY.

R. war das vierte von zwölf Kindern brit. Einwanderer in Neuseeland. Sein technisch geschulter tatkräftiger Vater war bei der Erschließung Neuseelands in vieler Hinsicht, unter anderem bei der Errichtung von Flachs- und Sägemühlen sowie bei Brückenkonstruktionen, erfolgreich; seine Mutter war eine der ersten Lehrerinnen in Neuseeland. R., ein eifriger Schüler, konnte als Stipendiat das Nelson College und ab 1889 das Canterbury College (Neuseeland) besuchen; 1893 erwarb er mit Auszeichnung den Magistergrad. In Anerkennung seiner Untersuchungen über elektromagnetische Wellen wurde er 1895 Forschungsstipendiat am Cavendish-Laboratorium in Cambridge bei J. J. THOMSON. Hier wurde er durch seine Messungen zur Gasionisation bekannt, so daß er 1898 als Physikprof. an die gut ausgestattete Mc Gill University in Montreal (Kanada) berufen wurde. Seine bahnbrechenden Forschungen zum radioaktiven Zerfall wurden 1903 mit der Rumford-Medaille der Royal Society und 1908 mit dem Nobelpreis für Chemie gewürdigt.

R. übernahm 1907 die Physikprofessur in Manchester, einem Zentrum der Physik in England. Der Ausbruch des ersten Weltkrieges überraschte R. auf einer Tagung in Australien. Nach England zurückgekehrt wurde er Mitgl. des Admiralitätskomitees für Forschung und Erfindung. Er beschäftigte sich zeitweilig mit Unterwasserakustik zur Ortung von Unterseebooten, nahm aber bald seine Untersuchungen zur Atomphysik wieder auf. Höhepunkt seiner Laufbahn war 1919 die Berufung zum Dir. des Cavendish-Laboratoriums in Cambridge und zum Prof. der Naturphilosophie an der Royal Institution. 1925–1930 war er Präsident der Royal Society; 1922 wurde er mit der Copley-Medaille, der höchsten Auszeichnung der Royal Society, geehrt und 1931 in den Adelsstand (Lord Rutherford of Nelson) erhoben. R. starb 1937 unerwartet an den Folgen einer Operation.

R. begann seine Forschungen zur Radioaktivität 1896 am Cavendish-Laboratorium mit genauen Messungen über die Gasionisation durch die kurz vorher entdeckten Röntgen- und Uraniumstrahlen, die er in Montreal mit Thoriummineralen fortsetzte. Er unterschied zunächst nach dem Durchdringungsvermögen zwischen Alpha- und Betastrahlen. Seine Aufmerksamkeit wurde bald auf gewisse gasförmige radioaktive Abkömmlinge gelenkt, die er wegen ihres ungeklärten Wesens als »Emanationen« bezeichnete. Mit dem neuen Verfahren, die Strahlungsaktivität als Funktion der Zeit zu messen und daraus die von ihm eingeführte Halbwertszeit zu bestimmen, unterschied R. in kurzer Zeit mehrere dieser Emanationen. Durch Abkühlung der Emanationen mit einer Maschine zur Erzeugung flüssiger Luft wiesen R. und F. SODDY nach, daß diese radioaktive Edelgase sind. Daraus ergab sich 1902/03 als logische Folgerung die revolutionäre Hypothese vom Atomzerfall und der »Transmutation« von Atomen. Trotz der bisherigen Vorstellungen über die Unzerstörbarkeit von Atomen wurde diese Auffassung wegen ihrer experimentellen Evidenz recht schnell akzeptiert. In R.s Labor beteiligte sich unter anderem ab 1905 O. HAHN an der chemischen Identifikation der radioaktiven Stoffe zur Aufstellung von Zerfallsreihen.

Zur Stützung der Hypothese des Atomzerfalls wandte sich R. der exakten Aufklärung der Natur der Alphastrahlen zu. Nach Versuchen von SODDY und W. RAMSAY wurde vermutet, daß es sich um Heliumionen handele. R. versuchte durch Ablenkungsversuche im magnetischen und elektrischen Feld deren spezifische Ladung zu ermitteln. In Manchester setzte er deshalb mit H. W. GEIGER die Versuche fort, bei denen eine Vorstufe des Zählrohres und des Szintillationszählers verwendet wurde. Damit konnte die Anzahl der je Zeiteinheit emittierten Alphateilchen und deren Ladung gemessen werden. Letzte Gewißheit brachte ein 1908 mit TH. ROYDS angestelltes Experiment, bei dem die Alphateilchen spektroskopisch als Heliumionen identifiziert wurden.

Parallel dazu führte R. Streuversuche mit Alphateilchen durch. 1909 stellten seine Assistenten GEIGER und E. MARSDEN bei der Streuung von Alphateilchen an dünnen Folien fest, daß nur eine sehr kleine Anzahl von Teilchen um mehr als 90° abgelenkt wurde. Auf der Basis dieser Versuche entwickelte R. 1911 eine Streuformel, aus der er schlußfolgerte, daß das Atom im wesentlichen leer sei und aus einem kleinen Kern und aus Elektronen in der Umgebung, der »Hülle«, bestehe. Diese Vorstellung wurde von

E. Rutherford

S

P. Sabatier

J. Sachs

N. Bohr 1913 für seine Theorie der Atomhülle aufgegriffen, während R.s Schüler H. Moseley mit Versuchen über Röntgenspektren daraus die Anordnung der Elemente im Periodensystem der chemischen Elemente nach der Kernladungszahl ableitete.

Beobachtungen Marsdens über die bei der Beschießung von Wasserstoff mit Alphateilchen auftretenden energiereichen Protonen leiteten R.s fundamentale Entdeckung der künstlichen Kernumwandlung ein. R. beschoß 1919 Stickstoffgas mit Alphateilchen, wobei er ebenfalls energiereiche Protonen erhielt. R. deutete den Vorgang als Umwandlung von Stickstoffkernen in Sauerstoffkerne durch eindringende Alphateilchen unter Ausstoß von Protonen. 1925 bestätigte P. M. S. Blackett diese Vorstellung durch die Auswertung von Nebelkammeraufnahmen.

R. zählt zu den Pionieren der Kernphysik. Seit 1920 regte er die elektrische Beschleunigung von Elementarteilchen, insbesondere von Elektronen, an. 1932 gelang seinen Mitarbeitern J. D. Cockcroft und E. T. S. Walton die künstliche Kernumwandlung mit Protonen, die in einem Linearbeschleuniger künstlich beschleunigt wurden. In Cambridge wurde daraufhin ein Hochspannungslabor erbaut und damit eine neue Ära der Kernphysik mit immer größeren und kostenaufwendigeren Nuklearbeschleunigern eingeleitet. R. selbst hatte 1920 in einer Vorlesung über den Aufbau der Atomkerne die Existenz eines ladungslosen Teilchens, des Neutrons, vorhergesagt, das sein Mitarbeiter J. Chadwick 1932 entdeckte.

Nach 1920 suchte R. hinsichtlich der Quantenphysik verstärkt den Kontakt zu theoretischen Physikern, den er vor allem bei G. Gamow und seinem Schwiegersohn R. Fowler fand. R. rezipierte die Resultate der theoretischen Quantenphysik, widmete sich aber weiterhin vorwiegend der experimentellen Forschung.

R.s Erfolge gründeten sich zum nicht geringen Teil darauf, daß er in seinen Wirkungsstätten talentierte Mitarbeiter zu schöpferischer Gemeinschaftsarbeit zu vereinen wußte und jeden individuell förderte. Er führte unter anderem Trainingskurse über Forschungsmethoden für neue Mitarbeiter und unkonventionelle wissenschaftliche Erfahrungsaustausche ein. Seine Frau, eine ehemalige Mitstudentin und zugleich kritische Mitarbeiterin, gab »Tea-Parties« für alle Mitarbeiter, die zu einer guten Arbeitsatmosphäre beitrugen. Die große Anzahl seiner Schüler spricht für sich.

R. hatte ab 1930 die Funktion des Vorsitzenden des beratenden Regierungsausschusses für wissenschaftliche und industrielle Forschung inne. Er forderte die durchgreifende Anwendung wissenschaftlicher Erkenntnisse in der Produktion und arbeitete grundlegende Prinzipien der Forschungspolitik aus, unterschieden nach Zweck-, Grundlagen- und allgemeiner Forschung. Der internationalen Verbundenheit der Wissenschaftler schenkte er große Aufmerksamkeit. 1933 übernahm er den Vorsitz in einem Ausschuß, der sich mit der Unterbringung und Unterstützung der vertriebenen jüdischen Wissenschaftler befaßte. Schi

Literatur: Chadwick, J. (Hrsg.): Collected Papers of Lord Rutherford of Nelson, 3 Bde. (London 1962–1965).

Evans, J. B. N.: Man of Power. The Lifestory of Baron Rutherford of Nelson (London 1939).

•

Sabatier, Paul, Chemiker, geb. 4. 11. 1854 Carcassone (Dep. Aude), gest. 14. 8. 1941 Toulouse.

S. führte durch seine bahnbrechenden Arbeiten über die katalytische Hydrierung die heterogene Gasphasenkatalyse in die synthetische organische Chemie ein.

S. entstammte einer alteingesessenen Familie. Der begabte Schüler absolvierte die Lyzeen seiner Heimatstadt und von Toulouse sowie das Collège Saint-Marie in Toulouse und trat 1874 in die École Normale Superieur zu Paris ein; zu seinen Lehrern gehörte unter anderem H. Sainte-Claire-Deville. Nachdem S. 1877 sein Examen als Lehramtskandidat glänzend bestanden hatte, war er kurze Zeit Lehrer für Naturwissenschaften am Lyzeum in Nîmes. Aber schon bald ging er nach Paris zurück, wo ihm M. Berthelot eine Stelle als Präparator am Collège de France verschafft hatte. Er promovierte 1880 bei Berthelot über ein anorganisch-chemisches Thema. Anschließend erhielt er die Berufung als ao. Prof. zunächst an die Univ. Bordeaux, dann an die Univ. Toulouse. Hier wurde er bereits 1884, im Mindestalter von 30 Jahren, zum o. Prof. für allgemeine Chemie ernannt. Dieser Wirkungsstätte blieb S. bis an sein Lebensende treu und diente er langjährig als Dekan der Naturwissenschaftlichen Fakultät. Ehrenvolle Berufungen nach Paris als Nachfolger von H. Moissan oder Berthelot lehnte er ab. Erst 1929, im Alter von 75 Jahren, trat er in den Ruhestand, setzte seine Vorlesungstätigkeit aber noch bis 1939 fort.

S.s wissenschaftliches Gesamtwerk läßt sich in zwei Abschnitte einteilen: eine erste Periode von 1879 bis 1897 und eine zweite von 1897 bis zu seinem Tode. Der erste Abschnitt seiner wissenschaftlichen Laufbahn begann mit der Doktorarbeit; er war Themen der anorganischen und physikalischen Chemie gewidmet. In die zweite Schaffensperiode trat S. 1897 in Toulouse ein, als er die Umsetzungen ungesättigter Kohlenwasserstoffe mit aktiven Metallen zu untersuchen begann und sie in der Folgezeit richtig als katalytische Hydrierungs-/Dehydrierungsreaktionen deutete. Der herrschenden physikalischen stellte er die moderne, heute noch gültige chemische Theorie der heterogenen Katalyse gegenüber. Unterstützt von seinen Mitarbeitern, besonders dem Abbé J. B. Senderens, unterwarf er zahlreiche organische Stoffklassen der heterogenkatalytischen Hydrierung/Dehydrierung an feinverteilten aktiven Metallen (vor allem Nickel) und Metalloxiden. S. schuf dadurch die Grundlage für viele neue chemische Industriezweige, z. B. die Petrolchemie, die Zwischenproduktfabrikation und die katalytische Fetthärtung.

S. war ein glänzender Hochschullehrer. Als Wissenschaftler zeichneten ihn Klarheit und Logik des Denkens sowie eine hellsichtige Vorstellungskraft aus. Besonders für seine katalytischen Arbeiten erhielt er zahlreiche Auszeichnungen und Ehrungen, darunter 1912 den Nobelpreis für Chemie (zusammen mit V. GRIGNARD). Als die Franz. Ak. d. Wiss. 1913 eine neue Sektion für nicht ortsansässige Mitgl. eröffnete, wurde S. als erster zu deren Mitgl. gewählt. Ge

Literatur: Sabatier, P.: La Catalyse en Chimique organique (Paris 1913, 2. Aufl. 1920), dtsch Die Katalyse in der organischen Chemie (Leipzig 1914 u. 1927).

Taylor, H. S.: Paul Sabatier 1854–1941, in: J. Am. chem. Soc. 66 (1944), 1615–1617; Commémoration du centenaire de la naissance de Paul Sabatier (mit Beitr. von Ch. Carmichel, G. Champetier u. G. Bertrand), in: Bull. Soc. chim. France 1955, 465–475.

Sachs, Julius, Botaniker und Pflanzenphysiologe, geb. 2. 10. 1832 Breslau (Wrocław), gest. 29. 5. 1897 Würzburg.

S. war einer der Hauptbegründer der neueren experimentellen Pflanzenphysiologie in der zweiten Hälfte des 19. Jh.

S. entstammte einer kinderreichen Familie. Nach dem Besuch des Elisabeth-Gymnasiums in Breslau wurde er von dem damals in Breslau und später in Prag wirkenden Prof. der Physiologie, J. E. PURKYNĚ, als Privatassistent und wissenschaftlicher Zeichner 1851 nach Prag geholt. Neben seiner Arbeit für PURKYNĚ legte S. die Abschlußprüfung am Gymnasium ab und nahm anschließend ein Studium der Naturwissenschaften auf. Er lernte aber hauptsächlich durch Selbststudium aus Büchern. Nachdem er sich von PURKYNĚ unabhängig gemacht hatte, begann er mit eigenen experimentellen botanischen Forschungen, zuerst in seiner Wohnung in Prag. Wegen seiner Wasserkulturversuche wurde er 1859 als Assistent an der Forstakademie in Tharandt angestellt, wo A. STÖCKHARDT ebenfalls Wasserkulturversuche durchführte.

Im Winter 1860/61 übernahm S. die Leitung der geplanten Landwirtschaftlichen Abteilung am Polytechnikum Chemnitz. 1861 aber folgte er einem Ruf als Prof. der Botanik, Zoologie und Mineralogie an die Landwirtschaftliche Akademie Poppelsdorf bei Bonn.

1867 wurde S. als Nachfolger von A. DE BARY Prof. an der Univ. Freiburg im Breisgau; 1868 folgte er einem Ruf an die Univ. Würzburg, an der er trotz weiterer Berufungsangebote bis an sein Lebensende blieb. Hier holten sich zahlreiche junge und später oft erfolgreiche Botaniker bei S. Anleitung und Anregung, so F. DARWIN, der Sohn von CH. DARWIN, J. LOEB, J. REINKE und F. NOLL.

Als Forscher gehörte S. zu den Bahnbrechern der Pflanzenphysiologie als wissenschaftlicher Disziplin.

Obgleich einzelne Forscher, so S. HALES oder J. INGENHOUSZ, bereits im 18. Jh. Lebensvorgänge der Pflanze auch experimentell untersucht hatten, überwog im Verlaufe des 19. Jh. für längere Zeit die morphologische Forschung. Erst S. zeigte wieder, daß zur Erklärung der Erscheinungen des Pflanzenlebens an die Stelle vager Spekulationen die exakte experimentelle Untersuchung treten muß.

S. war auf den verschiedensten Teilgebieten der Pflanzenphysiologie, d. h. in Ernährungs-, Entwicklungs- und Reizphysiologie, tätig. Er wurde auch zu einem der Begründer der Mikrochemie, die durch Analysenmethoden gestattet, das Vorkommen verschiedener Stoffe im Pflanzengewebe oder innerhalb einer Zelle festzustellen. Er wies nach, daß die in den Chlorophyllkörnern auftretende Stärke keine sekundäre Einlagerung, sondern Produkt der Assimilationstätigkeit ist.

Wegweisend waren seine Forschungsergebnisse über Faktoren, welche die Keimung von pflanzlichen Samen und die weitere Entwicklung der Pflanzen beeinflussen, wie die Abhängigkeit des Keimungsverlaufes von Temperatur und Licht (Begriff »Optimum«). Schon 1857–1859 (1860) bestimmte er die niedrigsten und höchsten Temperaturen für die Samenkeimung einiger Pflanzen. Er wies nach, daß manche Pflanzen im Dunkeln nicht zu einer normalen Blütenausbildung gelangen (1863/64) und konnte in besonderem Maße den Einfluß der UV-Strahlung für die Blütenausbildung bei der Kapuzinerkresse (Tropaeolum majus) feststellen (1887). Aber S. verwies auch auf die Rolle innerer Bedingungen für die Lebenserscheinungen der Pflanzen. Er verwies darauf, daß Sproßverzweigungen derselben Pflanze ohne erkennbare Beziehung zu Außenbedingungen aufrecht oder waagerecht wachsen. Er prägte (1879) die Begriffe »orthotrop« für aufrechtes und »plagiotrop« für seitliches Wachstum. S. stellte die in Ansätzen schon früher geäußerte Hypothese auf, daß organbildende Stoffe bestimmen, was aus einem noch undifferenzierten Pflanzengewebe hervorgeht (1882). Er stellte fest, daß aus Bryonia-Blättern adventiv hervorgegangene Bryonia-Pflanzen früher blühten, wenn sie aus Blättern blütenreifer Bryonia-Pflanzen hervorgingen, später, wenn sie von Blättern noch nicht blühbereiter Pflanzen stammten. Offenbar lieferten die Mutterpflanzen je nach ihrem eigenen Zustand das Blühen stimulierende Agenzien. S. erwog, ob Licht vielleicht über die Bildung solcher organbildender Stoffe die Blütenbildung beeinflußt. Die Hypothese von den organbildenden Stoffen darf als Vorläufer moderner Erkenntnisse über die physiologische Wirkung der Vererbungssubstanz gewertet werden. Rätselhaft blieb, wieso die organbildenden Stoffe stets zum richtigen Zeitpunkt am richtigen Ort zur Verfügung stehen sollten. S. gelang auch die graphische Darstellung des Pflanzenwachstums mit Hilfe eines Gerätes, des »Auxanometers«.

S. hielt die kausale Morphologie für weitaus bedeutungsvoller als die von ihm abgelehnte idealistische Morphologie und dachte, wie andere Entwicklungsphysiologen, daß es wichtiger und nutzbringender sei, die aktuell auf Organismen wirkenden Faktoren zu erforschen, anstatt über die Evolution zu spekulieren, da hier keine eindeutigen Ergebnisse erhalten werden könnten. S. war aber kein prinzipieller Gegner der Evolutionstheorie. Die exakte experimentelle Forschung hat nach Meinung von S. (1893) die Pflanzenphysiologie auf eine Stufe mit den exakten naturwissenschaftlichen Disziplinen gestellt.

S. verfaßte wichtige Lehrb. Von der Weite seines Gebietes zeugt auch seine »Geschichte der Botanik vom 16. Jh. bis 1860« (1875), die allerdings die Leistungen der Vergangenheit zu sehr an den eigenen Idealen mißt. Vorlesungen von S. werden als anregend geschildert. Zi

Literatur: Sachs, J.: Handb. der Experimentalphysiologie der Pflanzen (Leipzig 1865), Lehrb. der Botanik (1. Aufl. Leipzig 1868), Geschichte der Botanik vom 16. Jh. bis 1860 (München 1875), Vorlesungen über Pflanzenphysiologie (Leipzig 1882, 2. Aufl. 1887), Gesammelte Abhandlungen über Pflanzenphysiologie, 2 Bde. (Leipzig 1892/93).

Sacrobosco, → Johannes de Sacrobosco.

Sanger, Frederick, Biochemiker, geb. 13. 8. 1918 Rendcomb(e) (Gloucestershire, England).

S. zählt zu den führenden Biochemikern des 20. Jh., sowohl was die Entwicklung moderner Forschungsmethoden als auch die Ermittlung der Struktur lebenswichtiger organischer Verbindungen betrifft.

F. Sanger

F. R. Schaudinn

S. war der Sohn eines Arztes; er studierte am St. John's College der Univ. Cambridge (England) und erhielt hier 1939 den Grad des Bachelor of Arts in Naturwissenschaften. Danach arbeitete er, ohne Gehalt, an dieser Univ. in der Abteilung für Biochemie. 1943 erhielt er den Grad des Ph. D. (Dr. phil.). Ab 1944 war er in der medizinischen Forschung tätig. Er wurde Direktor der Abteilung für Proteinchemie am Medical Research Council (M. R. C.) des Laboratoriums für Molekularbiologie der Univ. Cambridge. Seit 1962 ist er Leiter der Abteilung für Protein- und Nukleinsäurechemie am neuerbauten Laboratorium für Molekularbiologie an der Univ. Cambridge.

S. arbeitete seit 1943 über die Struktur der Proteine. In 12jähriger Arbeit klärte er mit seinen Mitarbeitern erstmals die Primärstruktur, d. h. die Sequenz (Reihenfolge) der Aminosäuren in einem Protein, und zwar im Insulin. S. erhielt dafür 1958 den Nobelpreis für Chemie. Später gelang S. mit zahlreichen Mitarbeitern die Sequenzanalyse von Nukleinsäuren. Ihm wurde dafür zusammen mit W. GILBERT und dem Molekularbiologen P. BERG der Nobelpreis für Chemie des Jahres 1980 verliehen. Zi

Literatur: Sanger, F.: The Chemistry of Insulin. Nobel lecture les Prix Nobel (Stockholm 1959).

Schaudinn, Fritz Richard, Zoologe, geb. 19. 9. 1871 Roeseningken (Krs. Darkehmen, damaliges Ostpreußen), gest. 22. 6. 1906 Hamburg.

S. hat die Protozoenforschung vor allem durch die Aufklärung des Generationswechsels mehrerer freilebender und parasitischer Protozoen grundlegend umgestaltet und zur Spezialdisziplin entwickelt sowie auch entscheidend und folgenreich zum medizinischen Fortschritt beigetragen, insbesondere mit der Entdeckung des Erregers der Syphilis.

Der als Sohn eines Gutsverwalters geborene S. hat die Gymnasien in Insterburg und Gumbinnen besucht und ab 1890 in Berlin mit dem Studium der Naturwissenschaften begonnen. Angeregt durch seinen Lehrer F. E. SCHULZE gewann er bald besonderes Interesse an den Protozoen, begann ab 1893 mit einschlägigen Veröffentlichungen und wurde schließlich am 3. 3. 1894 mit einer Dissertation über die Foraminiferen zum Dr. phil. promoviert. Ab Oktober 1894 war S. Assistent am Berliner Zoologischen Institut, konnte sich hier 1898 für Zoologie habilitieren und wurde im gleichen Jahr Privatdoz. für Parasitologie und Zoologie. Die wesentlichen Arbeiten dieser Jahre sind der Fortpflanzung, dem Generationswechsel und der Morphologie der Foraminiferen, der Paramoeba eilhardi, der Heliozoen und der Coccidien gewidmet. In der Medizin wurde S. vor allem durch die zusammen mit E. v. LEYDEN in der Aszitesflüssigkeit von Tumorkranken entdeckte »Leydenia gemmipara Schaudinn« bekannt, die S. für einen amöbenähnlichen Rhizipoden hielt und die v. LEYDEN später zur Aufstellung einer Protozoenhypothese der Karzinogenese veranlaßte. Ab Mai 1898 nahm S. mit F. RÖMER an einer Expedition in das nördliche Eismeer teil. Das umfangreiche Material zur arktischen Tierwelt wurde später in einer »Fauna arctica« literarisch niedergelegt. Nach der Rückkehr wandte sich S. ab 1899 wieder vorwiegend Studien über den Generationswechsel vor allem der Coccidien sowie von Trichosphaerium zu. Die von S. postulierte Übereinstimmung der Entwicklung von Coccidien und Malariaplasmodien wurde für das Reichsgesundheitsamt zum Anlaß für seine Entsendung nach Rovigno im italienischen Istrien, wo er sich von April 1901 bis April 1904 vor allem intensiven Malariastudien widmen und wichtige Beiträge zum Generationswechsel der von ihm als Protozoen erkannten Malariaplasmodien leisten konnte. Auch mit der praktischen Malariabekämpfung hat sich S. befaßt, weiterhin mit der Entwicklung der Coccidie Cyclospora caryolytica, mit Entwicklungsformen von Trypanosomen und Spirochäten sowie mit der Fortpflanzung von Rhizopoden, wobei ihm die Differenzierung zwischen der harmlosen Entamoeba coli Lösch und dem Dysenterieerreger Entamoeba histolytica gelang. 1904 nach Berlin zurückgerufen, wurde S. zum Regierungsrat ernannt und Leiter des neu eingerichteten Protozoenlaboratoriums im Reichsgesundheitsamt. Die Aufgabe des Laboratoriums bestand vor allem in der Nachprüfung wesentlicher aktueller Forschungsergebnisse, und eigene Forschungsarbeit wurde S. im Oktober 1904 ausdrücklich untersagt. Zunächst überprüfte er die gerade experimentell ermittelte Einwanderung von Ankylostoma-Larven durch die Haut, konnte sie bestätigen und leitete hieraus Vorschläge für den Schutz der Bergarbeiter vor Wurminfektionen ab. Der bald darauf erteilte Auftrag, die Existenz eines als »Cytorrhyctes« bezeichneten Erregers zu überprüfen, der Syphilis, Pocken, Scharlach sowie Maul- und Klauenseuche verursachen sollte, führte S. schließlich zur Entdeckung des Syphiliserregers. Bei seinen Untersuchungen wurde er von der Hautklinik der Berliner Charité sowie vor allem durch den Dermatologen E. HOFFMANN unterstützt. In einem von HOFFMANN angefertigten Nativpräparat aus einer syphilitischen Papel sah S. am 3. März 1905 erstmals den von ihm als »Spirochaeta pallida« (heute Treponema pallidum) bezeichneten Erreger der Syphilis. Die von S. – teils gemeinsam mit HOFFMANN – mitgeteilte Entdeckung des Syphiliserregers stieß zwar in Berlin vorerst noch auf Vorbehalte, konnte aber bald von I. I. METSCHNIKOW am Institut Pasteur in Paris bestätigt werden. 1906 folgte S. einem Ruf als Leiter der Sonderabteilung für Protozoenforschung des Institutes für Schiffs- und Tropenkrankheiten nach Hamburg, verstarb aber bereits am 23. Juli desselben Jahres. 1911 wurden S.s verstreut erschienene Arbeiten von seiner Hamburger Wirkungsstätte gesammelt herausgegeben.

Bis in das ausgehende 19. Jh. war lediglich bekannt, daß sich die von M. SCHULTZE nach der Jahrhundertmitte unter dem Begriff »Protozoon« zusammengefaßten Mikroorganismen durch Konjugation vermehren. Durch seine in den 90er Jahren aufgenommenen Untersuchungen der Entwicklungszyklen und des Generationswechsels insbesondere von Foraminiferen, Amöben und Coccidien, die S. mikroskopisch durch Lebendbeobachtung sowie Untersuchung fixierter und gefärbter Präparate schrittweise aufklären konnte, hat er die Protozoologie um wesentliche neue Einsichten, z. B. die Kenntnis der ungeschlechtlichen (Schizigonie) und der geschlechtlichen Fortpflanzung (Sporogonie), bereichert und weitere diesbezügliche Untersuchungen angeregt. Hierdurch sowie durch gewichtige morphologische und systematische Beiträge gebührt vor allem S. das Verdienst, die Protozoologie in den Rang einer Spezialdisziplin erhoben zu haben.

Neben den Impulsen, die S. um 1900 der Malariaforschung gab, waren für die Medizin vor allem die Differenzierung von Entamoeba coli und Entamoeba histolytica sowie die Entdeckung des Syphiliserregers von Bedeutung. Die Entdeckung der »Spirochaeta pallida«, d. h., lediglich der wiederholte mikroskopische Nachweis ihres Vorkommens in infizierten Organismen, da Reinkultur und tierexperimentelle Reproduktion der Erkrankung erst später gelangen, erwies sich als besonders folgenreich. An ihr konnte P. Ehrlich mit seinem theoretischen Konzept der »Therapia magna sterilisans« direkt anknüpfen und schließlich 1909 mit dem Salvarsan die Ära der antibakteriellen Chemotherapie eröffnen. Hei

Literatur: Schaudinn, F.: Über Spirochaeta pallida bei Syphilis und die Unterschiede dieser Form gegenüber anderen Arten dieser Gattung, in: Berl. klin. Wschr. 22 (1905), 373–375, Zur Kenntnis von Spirochaeta pallida. (Vorl. Mitt.), in: Dtsch. med. Wschr. 42 (1905), 1665–1667, (mit E. Hoffmann): Vorläufiger Bericht über das Vorkommen von Spirochaeten in syphilitischen Krankheitsprodukten und bei Papillomen, in: Arb. a. d. Kaiserl. Ges. Amt 22 (1905), Heft 2, 527 ff., Über Spirochaetenbefunde im Lymphdrüsensaft Syphilitischer, in: Dtsch. med. Wschr. 18 (1905), 711–714.

Freund, H.: Entwicklungsgeschichte des mikroskopischen Nachweises der Spirochaeta pallida, in: Naturw. Rundsch. 25 (1972), 107–109; Prowazek, S. v. (Hrsg.): Fritz Schaudinns gesammelte Arbeiten (Hamburg u. Leipzig 1911).

Scheele, Karl Wilhelm, Apotheker und Chemiker, geb. 19.12.1742 Stralsund, gest. 21.5.1786 Köping (Schweden).

S. ist in die Geschichte der Pharmazie und Chemie vor allem durch die Entdeckung und Isolierung zahlreicher Stoffe eingegangen. Seine Entdeckung des Sauerstoffs (1772–1777) trug später zum Sturz der Phlogistontheorie, seine Entdeckung des Chlors (1774) zur Begründung der Bleichmittelindustrie bei.

S. war das 7. von 11 Kindern eines Brauers und Kornhändlers aus Stralsund, das seit 1648 zu Schweden gehörte. Als Apothekerlehrling und -gehilfe bahnte er sich in Schweden autodidaktisch den Weg zur Wissenschaft. 1757–1765 lernte er in einer Apotheke in Göteborg, wo er durch unaufhörliches Experimentieren und autodidaktisches Studium umfangreiche chemische Fertigkeiten, Kenntnisse und Wissen erwarb. 1765–1768 arbeitete er als Gehilfe in einer Apotheke von Malmö. Der spätere Chemieprof. A. J. Retzius veranlaßte S. zu systematischen Untersuchungen und zur Dokumentierung der Beobachtungen in einem Laboratoriumsjournal. Von 1768–1770 war S. in einer Apotheke in Stockholm, von 1770–1775 in einer in Uppsala tätig. Hier befreundete er sich mit dem Univ.-Prof. und Akademiker T. Bergmann, der S.s Untersuchungen lenkte und ihn zu Publikationen in den Abhandlungen der Akademie anregte, z. B. 1771 über Flußspat und Flußsäure, 1774 über Phosporgewinnung aus Knochenasche, 1775 über Herstellung von Benzoesäure, Arsensäure und Arsenwasserstoff. 1775 pachtete S. eine Apotheke in Köping, die er – nach Ablegung des Pharmazieexamens 1777 – von einer Apothekerwitwe kaufte, mit der er sich 1786, kurz vor seinem Tode, vermählte.

S. entdeckte viele Stoffe, insbesondere organische, um deren Reindarstellung und Kristallisation er sich bemühte. Unter anderem isolierte er erstmals Citronen-, Wein-, Äpfel-, Oxal-, Milch-, Harn- und Schleimsäure sowie Glycerol, von ihm als »Ölsüß« bezeichnet. Bei der thermischen Zersetzung von Quecksilberoxid, von Salpetersäure u. a. entdeckte und isolierte er 1772 den Sauerstoff, den er wegen seiner Eigenschaften »Feuerluft« nannte. Er publizierte darüber aber erst 1777; die unabhängige Entdeckung des Sauerstoffs durch J. Priestley 1774 war ihm nicht bekannt. Bei Untersuchungen des Braunsteins (vor allem aus Mangandioxid MnO_2 bestehend) stellte er durch Einwirkung von Salzsäure erstmals Chlor dar, das er als »dephlogistisierte« (oxidierte) Salzsäure ansah. Wegen seiner bleichenden Wirkung wurde es 1775 von C. L. Berthollet zur industriellen Chlor- und Hypochloritdarstellung genutzt.

S. war zeitlebens Anhänger der Phlogistontheorie G. E. Stahls. Bei seinen Versuchen, den Verbrennungs- und Atmungsprozeß genauer zu untersuchen, insbesondere das Phlogiston zu isolieren, stellte er quantitative (volumetrische) Experimente an. Seine Ergebnisse machten die Mängel dieser Theorie deutlich, die S. jedoch durch Zusatzhypothesen zu beseitigen versuchte. Das Verbrennen von Phosphor unter einer mit Wasser abgesperrten Glasglocke z. B. ergab, daß »Feuerluft« daraus verschwunden war und sich das ursprüngliche Volumen nicht durch Zutritt von Phlogiston vergrößert, sondern verringert hatte. S. gab in seinem Buch »Chemische Abhandlungen von der Luft und dem Feuer« (Uppsala und Leipzig 1777) dafür folgende Erklärung: Phlogiston ist aus dem brennenden Phosphor entwichen, hat sich mit der »Feuerluft« im Glase zu Energie (Licht, Wärme) verbunden und ist durch das Glas entwichen.

So vergrößerte S. das chemische Wissen und die chemischen Methoden seiner Zeit und hatte dadurch indirekten Anteil an der Überwindung der Phlogistontheorie durch A. L. Lavoisier. 1775 wurde S. zum Mitgl. der Schwed. Akademie gewählt. St

Literatur: Scheele, K. W.: Opuscula chemica et physica, 2 Bde. (Hrsg. E. B. G. Hebenstreit, Leipzig 1788/89), K. W. Scheeles sämtliche physikalische und chemischen Werke, 2 Bde. (Hrsg. S. F. Hermbstädt, Berlin 1793).

Cassebaum, H.: Carl Wilhelm Scheele (Leipzig 1982); Zekert, O.: Carl Wilhelm Scheele. Sein Leben und seine Werke, 7 Bde. (Mittenwald 1931–1935); Zekert, O.: Carl Wilhelm Scheele. Apotheker, Chemiker, Entdecker (Stuttgart 1963).

Scheiner, Christoph, Astronom, geb. 25. 7. 1573 Wald (Schwaben), gest. 18. 6. 1650 Neisse (Schlesien).

S. ist der Mitentdecker der Sonnenflecken und Erforscher dieser Phänomene.

Er war Schüler der Jesuiten-Lateinschule in Augsburg, später des Jesuitenkollegs in Landsberg, seit 1595 Mitgl. des Jesuitenordens. Seit 1600 studierte er Philosophie und Naturwissenschaften in Ingolstadt und war 1610–1616 dort Prof. für Hebräisch und Naturwissenschaften. Einige Zeit lebte er in Rom, 1633–1639 in Wien, zuletzt war er Rektor des Jesuitenkollegs in Neisse.

Erstmals sah S. die Sonnenflecken im März 1611. Von seinem Ordensprovinzial, dem er diese Entdeckung mitteilte, erntete er eine heftige Zurechtweisung, da von solchen Erscheinungen bei Aristoteles nichts zu finden sei. Dies wird verständlich, da S. die Sonnenflecken anfangs für kleine, die Sonne nahe umlaufende Körper hielt, wie es aus einer unter seinem Präsidium 1614 von J. G. Locher vorgetragenen Dissertation hervorgeht, wo es heißt: »Die Sonnenflecke sind dunkle, mit verschiedener Geschwindigkeit um die Sonne laufende Körper, die bisher weder ihrer Zahl, noch ihrer Natur nach bestimmt sind.« Nach den Grundsätzen der Aristotelischen Physik war es ausgeschlossen, daß außer der Erde ein anderer Himmelskörper das Zentrum von Kreisbewegungen sein konnte. Dennoch teilte S. seine Beobachtungen im November/Dezember 1611 in Briefen an den gelehrten Augsburger Ratsherrn M. Welser mit, der sie unter einem Pseudonym drucken ließ. Weitere Beobachtungen der Sonnenflecken und auch der Jupitermonde – wieder als Briefe an Welser gedruckt – waren der Anlaß eines langen Prioritätsstreites mit G. Galilei, der S. des Plagiats bezichtigte. Zweifellos ist der Vorwurf unbegründet, da beide unabhängig voneinander das neuerfundene Fern-

K. W. Scheele

Chr. Scheiner

P. Schlack

M. J. Schleiden

rohr astronomisch anwandten und dabei auch die Sonne beobachteten. Jedoch sind GALILEIS Beobachtungen bereits vom August 1610 zu datieren, und in jenem Jahr hatte auch J. FABRICIUS die Sonnenflecken eingehend beobachtet. Von den frühen Sonnenbeobachtern hat S. die Sonnenflecken – er hielt sie nach langen Studien für Vertiefungen auf der Sonnenoberfläche – besonders intensiv untersucht. Dabei entdeckte er die Rotation der Sonne, die Lage des Sonnenäquators mit 7° 30′ gegen die Ekliptik, die Mitte-Rand-Verdunklung und die Fleckenzonen. Seine Ergebnisse legte S. in seinem Werk »Rosa ursina« auf über 860 Folioseiten dar. Ab 1613 hatte S. ein gegenüber dem GALILEIschen Fernrohr verbessertes Gerät KEPLERscher Bauart benutzt. Etwa um 1603 erfand S. den Pantographen (Storchschnabel), ein Gerät zum Vergrößern oder Verkleinern von Zeichnungen. Nach 1616 führte er zahlreiche Experimente zur Physiologie des Auges durch. Dabei entdeckte er, daß die Retina der »Sitz des Sehens« ist. In seiner 1617 erschienenen Schrift »Refractiones coelestes« erklärte S. die Vergrößerung des Durchmessers der Sonne und des Mondes in Horizontnähe als Wirkung der Refraktion. Ha

Literatur: Scheiner, C.: Tres epistolae de maculis solaribus (Augsburg 1612), De maculis solaribus et stellis circa Jovem (Augsburg 1612), Disquisitiones mathematicae, de controversiis et novitatibus astronomicis (Ingolstadt 1614), Refractiones coelestes (Ingolstadt 1617), Oculus, hoc est fundamentum opticum (Innsbruck 1619), Rosa ursina sive sol (Bracciona 1630), Pantographice, seu ars delineandi (Rom 1631, 3. Aufl. Bologna 1653), Prodromus pro sole mobili et terra stabili (o. O. 1651).

Schlack, Paul, Chemiker, geb. 22. 12.1897 Stuttgart, gest. 19. 8. 1987 Stetten.

S. gelang 1938 die Polymerisation des Caprolactams über die Poly-ε-Aminocapronsäure zu Polyamiden. Aus der Schmelze ließen sich Fäden ziehen, die Polyamidfaserstoffe, die unter dem Namen Perlon® (in der DDR unter Dederon®) bekannt sind.

S. studierte 1915/16, 1918/19 und 1921 an der TH Stuttgart bei W. KÜSTER, legte 1921 seine Diplomprüfung ab und arbeitete danach über Proteine in einem wissenschaftlichen Privatlaboratorium in Kopenhagen. Am 1. 2. 1924 trat er in die Kunstseidefabrik der Filmfabrik Wolfen ein, führte dort Arbeiten zur Herstellung von Celluloseacetatfasern durch und übersiedelte 1926 als Laborleiter zur Aceta G. m. b. H. Diese Firma war eine 1926 erfolgte gemeinsame Gründung des IG-Farben- und des Glanzstoffkonzerns. Dort führte S. Arbeiten zur Ausrüstung und Färbung von Acetatfasern durch und beschäftigte sich nebenbei mit Versuchen zur Polymerisation des Caprolactams. Im Januar 1938 gelang die Polymerisation, obwohl der amerik. Chemiker W. H. CAROTHERS, der Erfinder des Nylons, in seinen wissenschaftlichen Veröffentlichungen dessen Polymerisationsfähigkeit bestritten hatte. S. entwickelte grundlegende Verfahrensstufen für die großtechnische Herstellung von Caprolactam, das bisher technisch nicht hergestellt wurde.

Mit dem Perlon hatte der IG-Farbenkonzern ein dem Nylon des Konzerns Du Pont, USA, gleichwertiges Erzeugnis anzubieten. Bei der technischen Entwicklung arbeiteten deshalb beide Konzerne sehr eng zusammen. 1943 konnte in Landsberg/Warthe (Gorzow/Polen) die erste Polyamidseidenfabrik Europas in Betrieb genommen werden.

S. widmete sich außerdem der Erforschung verschiedener Polyamidtypen und promovierte am 5. 3. 1945 mit der Arbeit »Über lineare Polyamide mit Disulfid-Gruppen« bei H. O. BRINTZINGER an der Univ. Jena. Ab 1945 war er in Bobingen mit dem Aufbau einer Polyamidseidenproduktion beschäftigt. Nach Übernahme des Werkes durch den Hoechst-Konzern 1952 übernahm er die Leitung der Faserstofforschung dieses Konzerns (1954). 1961 ernannte ihn die TH Stuttgart zum Honorarprof., gleichzeitig wurde er leitender Mitarbeiter am Institut für Textilchemie in Stuttgart-Wangen und führte dort weitere Untersuchungen auf dem Gebiet der Chemiefaserherstellung durch. Bo

Literatur: Schlack, P., u. K. Kunz: Fasern aus Polyamiden, in: R. Pumperer, Chemische Textilfasern, Filme und Folien (Stuttgart 1953).
Biographie, in: Chemiefasern 45 (1967), 961.

Schleiden, Matthias Jacob, Botaniker, geb. 5. 4. 1804 Hamburg, gest. 23. 6. 1881 Frankfurt am Main.

Durch die Untersuchung der Keimesentwicklung der Blütenpflanzen und der Entstehung der Zellen als Anfangsstadium des Gesamtorganismus wurde S. zum Mitbegründer der Zellentheorie, rückte die Entwicklungsgeschichte in den Mittelpunkt botanischer Forschung und begründete die Botanik als »induktive Wissenschaft«.

S., Sohn eines Arztes, studierte zunächst 1824–1827 Rechtswissenschaften in Heidelberg (Dr. jur. 1826) und ließ sich in Hamburg als Rechtsanwalt nieder. Der ihn nicht befriedigende Beruf führte zu Depressionen (1832 Selbstmordversuch) und zum Berufswechsel. S. wählte wie sein Vater Medizin und begann Ende 1832 sein zweites Studium in Göttingen, wo sein Bruder HEINRICH S. Philosophie studierte und ihn mit der Philosopie des Jenaer Kantianers J. F. FRIES bekannt machte. Durch F. G. BARTLING wurde S. für die Botanik gewonnen und widmete sich ihr bald ausschließlich, als er 1835 sein Studium in Berlin fortsetzte. Dort wirkte in der medizinischen Fakultät neben J. MÜLLER und CH. G. EHRENBERG auch S.s Onkel J. HORKEL, der mikroskopisch-pflanzenanatomisch arbeitete und S. zum Studium der Embryobildung bei Blütenpflanzen anregte. Entscheidenden Einfluß auf S. gewann auch R. BROWN bei seinem Besuch in Berlin (1836), wo Fragen der Befruchtung, Embryo- und Zellbildung diskutiert wurden. Daraus ging z. B. die einflußreiche Zelltheorie (1838) hervor. Nach abermaliger lebensgefährlicher Depressionsphase, die er bei Verwandten in Wernigerode überwand, wurde S. (unter anderem auf Anregung A. v. HUMBOLDTS) aufgrund seiner botanischen Arbeiten 1839 in Jena zum Dr. phil. promoviert und 1840 durch Fürsprache von L. und R. FRORIEP zum ao. Prof. ernannt. Er veröffentlichte zunächst sein schon in Berlin konzipiertes programmatisches Hauptwerk (1842/43), begründete mit dem Mineralogen E. E. SCHMID 1843 ein physiologisches Praktikum und 1845 mit den Medizinern H. HAESER und O. DOMRICH ein physiologisches Privatinstitut zur Ausbildung von Medizinern und Pharmazeuten in neuen Methoden. S.s Anteil war die Einführung mikroskopischer Technik; bei ihm arbeitete 1845 unter anderem C. ZEISS, an dessen Niederlassung als Mikroskopebauer in Jena er 1846 maßgeblich beteiligt war. Da S.s Lehrtätigkeit nicht auf Botanik beschränkt blieb – die meistbesuchte Vorlesung war »Anthropologie« –, wurde er 1846 durch Regierungserlaß in die medizinische Fakultät versetzt, zum o. Honorar-Prof. und 1850 zum Ordinarius für Naturgeschichte ernannt. Als Ende 1850 der Botaniker F. S. VOIGT starb, wurde S. auch Dir. des Großherzoglichen Botanischen Gartens in Jena. 1859 war er Prorektor der Univ., 1860/61 Dekan, Ämter, die ihn in Krankheit und neue Depressionen führten, so daß er 1862 um Urlaub bat. Als er während dieser Zeit in Dresden öffentliche Vorträge (»Über den Materialismus ...« und über »Das Alter des Menschengeschlechts, die Entstehung der Arten und die Stellung des Menschen in der Natur«) gegen Honorar hielt und damit seine jahrelang in Jena erfolgreich durchgeführte populäre Vortragstätigkeit fortsetzte, erhielt er einen öffentlichen »Verweis« der Regierung, der ihn 1863 zum Rücktritt vom Lehramt veranlaßte. S. folgte im gleichen Jahr einer Berufung an die Univ. Dorpat (Tartu), wurde Ende 1863 Ordinarius und hielt anthropologische Vorträge auch in Riga und St. Petersburg (Leningrad), was abermals Kontroversen auslöste, so daß er 1864 um Entlassung bat. Danach lebte er als Privatgelehrter in Dresden, ab 1872 in Frankfurt am Main, Darmstadt und Wiesbaden und publizierte seine kulturhistorischen Studien »Das Salz«, »Das Meer« und »Die Rose« sowie über die historische Rolle der Juden. 1881 kehrte er nach Frankfurt am Main zurück.

S.s naturwissenschaftliches Wirken läßt sich in zwei Perioden gliedern: zum einen in eine produktive botanische Forschungstätigkeit, in der er sich – in Göttingen angeregt – enthusiastisch induktiven Methoden und der mikroskopischen Technik zuwandte, die in Berlin (von EHRENBERG, MÜLLER und F. J. MEYEN) besonders gepflegt wurde und aus der heraus seine die gesamte Botanik befruchtenden programmatischen Schriften entstanden, zum anderen in eine vielseitige, die verschiedensten Disziplinen berührende Lehrtätigkeit in Jena, aus der sowohl anregende spezialwissenschaftliche als auch allgemein philosophisch und kulturgeschichtlich geprägte populärwissenschaftliche Schriften hervorgingen. Die ersten botanischen Arbeiten knüpften an zeitgenössische Streitfragen an, z. B. an die der Sexualität der Pflanzen, die durch die Naturphilosophie wieder in Frage gestellt worden war, und an die des Befruchtungsprozesses oder des Baus und der Entstehung der Gefäße, für die es, bedingt durch den noch unvollkommenen Stand der mikroskopischen Technik, verschiedenartige Deutungen gab. Zwar hatte G. B. AMICI schon 1830 das Eindringen des Pollenschlauchs in die Samenanlage sehen können, und BROWN zeigte in Berlin Präparate von Ovarien mit dem Pollenschlauch, aber dessen Funktion war ungeklärt. S. entwickelte, einer Auffassung HORKELS folgend, die »Einstülpungstheorie«, nach der der Pollensack beim Hineinwachsen in den Fruchtknoten die Haut des Embryosakkes vor sich herschiebe (einstülpe) und in seiner Spitze den Embryo ausbilde; ihn bestärkte dabei eine ähnliche Auffassung des Wiener Botanikers ST. ENDLICHER. Erst S.s Folgerung (1839), daß der Pollen deshalb das weibliche Organ der Blütenpflanzen repräsentiere, stieß auf Widerspruch und bewirkte intensive Untersuchungen, die AMICI 1846 und W. HOFMEISTER 1849 zur Widerlegung der falschen HORKEL-SCHLEIDENschen Befruchtungstheorie führten; die definitive Aufklärung des komplizierten Sachverhaltes aber gelang erst E. STRASBURGER (1884). Größere theoretische Bedeutung hatte S.s irrige Zellbildungstheorie, die ebenfalls aus jenen embryologischen Studien entstand. BROWN hatte 1831 in Epidermiszellen von Orchideen den Zellkern entdeckt und ihn auch bei anderen Blütenpflanzen nachgewiesen; er bestärkte S. zu seinen Untersuchungen, bei denen er den Kern in allen jungen Geweben beobachtete. Durch Verallgemeinerung der Beobachtung entwickelte S. 1838 die Hypothese, daß der Kern das Anfangsstudium einer neuen Zelle sei, die in der Zellflüssigkeit wie in einem Kristallisationsprozeß entstehe, und weiter, daß die Zellbildung überhaupt das Bildungsprinzip aller Pflanzen und ihrer Organe darstelle. Damit rückte er das Studium der Zellbildung ins Zentrum des Interesses und regte TH. SCHWANN zur Formulierung der »Zellentheorie« (1839) an, die durch die Gleichsetzung organismischer Bildungs-

Grundzüge

der

Wissenschaftlichen Botanik

nebst einer

Methodologischen Einleitung

als

Anleitung zum Studium der Pflanze

von

M. J. Schleiden, Dr.

Ausserordentlichem Professor zu Jena.

Motto: Ich bild' mir nicht ein, was Rechtes zu wissen.
Faust.

Erster Theil:

Methodologische Einleitung. Vegetabilische Stofflehre. Die Lehre von der Pflanzenzelle.

Leipzig.
Verlag von Wilhelm Engelmann.

1842.

Abbildung des Titelblattes zu »Grundzüge der Wissenschaftlichen Botanik nebst einer Methodologischen Einleitung als Anleitung zum Studium der Pflanze von M. J. Schleiden«, Leipzig 1842/43

prozesse mit physikalischen Prozessen eine materialistische Interpretation der Entwicklungsgeschichte der Organismen ermöglichte. Diese anregende Wirkung auf Botanik und Zoologie blieb erhalten, obwohl kurz danach durch Beschreibung der Zellteilung S.s Schüler C. W. v. NÄGELI neben HANS v. MOHL und F. UNGER den Irrtum berichtigten.

Hatten diese Erstlingswerke vor allem durch ihren polemischen Charakter aufrüttelnd gewirkt, so stellte S.s Hauptwerk »Grundzüge der wissenschaftlichen Botanik«, das in den ersten Jenaer Jahren entstand, die damalige Botanik durch seine erkenntnistheoretische Fundierung auf völlig neue methodische Grundlagen. Darin formulierte S. die Aufgabe der Botanik als einer »induktiven Wissenschaft« neu, wandte sich scharf gegen die deduktiven Methoden der spekulativen Naturphilosophen F. W. J. SCHELLING und L. OKEN sowie gegen eine bloß deskriptive Botanik der Nachfolger C. v. LINNÉS und bekannte sich zur Philosophie des Jenaer Kantianers FRIES. Darauf gründete er seine »kritische« und »induktive« Methode, die er in vier »Paragraphen« einleitend darlegte. Sie enthalten unter anderem die Ablehnung einer »Lebenskraft«, die Rückführung aller Prozesse auf physikalische und chemische Vorgänge und die Erklärung des Pflanzenorganismus aus seiner Entwicklungsgeschichte und aus der Zelle als Elementarorgan. Ausführliche Vorschriften für die mikroskopische Technik und das wissenschaftliche Experiment sowie den botanischen Anschauungsunterricht unterstützten die programmatische Wirkung des Werkes, das dem zeitgenössischen Bedürfnis nach Kausalforschung entsprach und viele Anhänger fand, die konsequenter als S. selbst exakte kausalanalytische Methoden in die Botanik einführten. In populärer Form verbreitete S. seine neue, auf das Entwicklungsprinzip begründete Auffassung der Botanik in öffentlichen Vorträgen, die er 1848 in dem Buch »Die Pflanzen und ihr Leben« publizierte und das bereits Schüler (z. B. E. HAECKEL und K. v. GOEBEL) stark beeinflußte.

Aus der Lehrtätigkeit in Jena resultierten vor allem Schriften, die den praktischen Bedürfnissen der Pharmazeuten und Landwirte Rechnung trugen, wie ein Lehrb. über »Die Physiologie der Pflanzen und Tiere und Theorie der Pflanzencultur« (1850), in dem sich S. mit J. v. LIEBIGS Ernährungsphysiologie kritisch auseinandersetzte, und das »Handb. der medizinisch-pharmazeutischen Botanik ...«, in dem er die Entwicklungsgeschichte und die mikroskopische Anatomie zur Grundlage der Pflanzensystematik machte und seine bedeutenden Untersuchungen über die Chinarinden veröffentlichte. Seine Vorträge und Schriften wirkten nicht zuletzt durch einprägsamen Stil und künstlerischen Aufbau überzeugend, und seine künstlerischen Neigungen, die in den späteren Jahren in Gedichten und Aquarellen einen Ausdruck fanden, spiegeln sich in seinen kulturhistorischen Spätwerken wider. In ihnen manifestiert sich auch die Widersprüchlichkeit von S.s dualistischer Weltanschauung, die Aberglauben und Kirchendogmen bekämpft, die Entwicklungslehre CH. DARWINS anerkennt, aber materialistische Schlußfolgerungen, z. B. auch die Zellularpathologie R. VIRCHOWS, ablehnt. Ja

Literatur: Schleiden, M. J.: Beiträge zur Phytogenesis, in: Arch. anat., Physiol. und wiss. Med. 5 (1838), (mit Th. Vogel): Beiträge zur Entwicklungsgeschichte der Blüthentheile bei den Leguminosen, in: Nova Acta Leopoldina 9, P. 1 (1838), Über die Bildung des Eichens und die Entstehung des Embryos bei den Phanerogamen, in: Nova Acta Leopoldina 19, P. 1 (1839), Herr Dr. Justus Liebig in Giessen und die Pflanzenphysiologie (Leipzig 1842), Grundzüge der wissenschaftlichen Botanik ..., 2 Tle (Leipzig 1842/43), 2. Aufl.: Die Botanik als inductive Wissenschaft behandelt (Leipzig 1845/46, 3. Aufl. 1849/50, 4. Aufl. 1861), Grundriß der Botanik zum Gebrauch bei seinen Vorlesungen (Leipzig 1846, 2. Aufl. 1850), Handb. der medicinisch-pharmaceutischen Botanik und botanischen Pharmacognosie, 2 Tle. (Leipzig 1852/57), Die Pflanze und ihr Leben (Leipzig 1848, 2.-6. Aufl. 1850, 1852, 1855, 1858, 1864), Das Meer (Berlin 1867), Die Rose (Leipzig 1873), Das Salz (Leipzig 1875), (mit E. E. Schmid, H. Haeser und O. Domrich): Plan des erweiterten physiologischen Instituts (Jena 1845).

Jahn, I.: Matthias Jacob Schleiden an der Univ. Jena, in: NTM, Beih. 1963, 63-72; Möbius, M.: Matthias Jacob Schleiden (Leipzig 1904); Ottow, B.: Der Begründer der Zellenlehre M. J. Schleiden und seine Lehrtätigkeit an der Universität Dorpat 1863-1864, in: Nova Acta Leopoldina 106, Nr. 3 (1922); Schober, A.: Matthias Jacob Schleiden (Hamburg 1904); Straass, G.: Matthias Jacob Schleidens Beitrag zur Methodologie der biologischen Wissenschaften, in: NTM, Beih. 1963, 73-80; Wartenberg, N.: Matthias Jacob Schleiden, in: Beitr. z. Gesch. d. Math.-Nat. Fak. d. Friedrich-Schiller-Univ. anläßlich d. 400-Jahr-Feier (Jena 1959).

Schloßmann, Arthur, Mediziner, geb. 16. 12. 1867 Breslau (Wrocław), gest. 5. 6. 1932 Düsseldorf.

S. war Pädiater und Sozialhygieniker und schuf 1904 mit seinem Dresdner »Säuglingsheim«, der ersten nur für kranke Säuglinge bestimmten Einrichtung, eine »Musteranstalt für die ganze Welt«. Sein besonderes Verdienst bestand in einer erheblichen Senkung der Säuglingssterblichkeit, die er durch hygienische und ernährungsphysiologische Maßnahmen erreichen konnte.

S., Sohn einer wohlhabenden Kaufmannsfamilie, erlangte 1886 in Dresden die Hochschulreife und studierte in Freiburg im Breisgau, Leipzig, München und Breslau Medizin. 1891 promovierte er mit der Schrift »Beiträge zur Kenntnis der Rachitis«. Seine kinderärztliche Ausbildung erhielt er bei A. BAGINSKI am Kaiser- und Kaiserin-Friedrich-Kinderkrankenhaus in Berlin. S. begann, sich mit der Erforschung der Infektionskrankheiten im Kindesalter zu beschäftigen. 1893 erfolgte seine Übersiedlung nach Dresden. Hier praktizierte er zunächst als Kinderarzt und eröffnete am 1. 3. 1894 eine Kinderpoliklinik. 1897 gründete er das schon bald darauf weltbekannte Dresdner Säuglingsheim, das als »Keimzelle aller späteren Säuglingsheime in Deutschland« bezeichnet wird. S. beschäftigte sich intensiv mit Ernährungsproblemen bei Säuglingen und konnte 1898 mit der Arbeit »Über einige bedeutungsvolle Unterschiede zwischen Kuh- und Frauenmilch in chemischer und physiologischer Beziehung, mit besonderer Berücksichtigung der Säuglingsernährungsfrage« habilitieren. 1902 erfolgte seine Ernennung zum ao. Prof. an der TH Dresden. Das Säuglingsheim konnte 1904 in einen Neubau verlegt werden, der nach S.s Plänen eingerichtet wurde. Am 1. 10. 1906 wurde er zum leitenden Arzt der Abteilung für Kinderheilkunde an die Städtischen Krankenanstalten und die ihnen angeschlossene Akademie für praktische Medizin in Düsseldorf berufen. Hier setzte er seine Tätigkeit, die besonders der grundlegenden Verbesserung der Pflege kranker Säuglinge galt, fort. S. richtete eine Schule zur Ausbildung der Säuglingspflegerinnen ein und kümmerte sich um die Ausbildung von Fürsorgerinnen. Er leitete selbst jahrelang Fürsorgesprechstunden in den 1912 eingerichteten Mütterberatungsstellen. Während des ersten Weltkrieges war er bis zum Beginn des Jahres 1917 als Frontarzt tätig und kehrte dann nach Düsseldorf zurück, wo infolge der Hungersnot schwere Probleme entstanden waren, die er durch fürsorgerische Maßnahmen zu lindern versuchte. Nach dem Krieg war er Abgeordneter der Deutschen Demokratischen Partei im preuß. Landtag. S. hatte großen Anteil an der Umwandlung der »Akademie für praktische Medizin« in die »Medizinische Akademie« (1923), an der er zum o. Prof. und geschäftsführenden Vorsitzenden des Kuratoriums der Hochschule ernannt wurde. 1926 leitete S. die im Rahmen der Jahresversammlung der Gesellschaft Deutscher Naturforscher und Ärzte in Düsseldorf stattfindende und von ihm initiierte Ausstellung für »Gesundheitspflege, Soziale Fürsorge und Leibesübungen« (Gesolei), die den Grundstock für das heutige Museum für Volk und Wirtschaft bildet. S. wurde 1928 zum stellvertretenden Dir. der Städtischen Krankenanstalten ernannt. Neben seiner praktischen Tätigkeit konnte er eine große Anzahl von Arbeiten herausgeben. Er war Mitherausgeber der Ztschr. »Archiv für Kinderheilkunde« und »Ztschr. für soziale Medizin, Säuglingsfürsorge und Krankenhauswesen«.

Die Kinderheilkunde ist ein noch junger Zweig der Medizin. Sie entwickelte sich erst im 19. Jh. aus der Inneren Medizin heraus zu einem eigenständigen Fachgebiet. Auch der Unterricht in Kinderheilkunde an den Univ. begann erst zu diesem Zeitpunkt. Als besonderes Problem erwies sich die stationäre Betreuung von Säuglingen. Dieses Problem war bereits in der Säuglingsbetreuung in Findelheimen aufgetreten, indem sich herausstellte, daß in Anstalten aufgenommene Säuglinge kaum eine Überlebenschance hatten. Die hohe Sterblichkeit in diesen Anstalten, die doch zumeist ursprünglich gesunde Säuglinge aufnahmen, läßt sich vor allem auf das Grassieren von Infektionskrankheiten zurückführen. S. vertrat den Standpunkt, daß der Hospitalismus ein Komplex sei, dessen Elemente aus der Unzulänglichkeit der ärztlichen Betreuung, der Pflege, der Einrichtung und der Ernährung bestehe. So konnte er zu dem Schluß kommen, daß die Anstaltspflege kein Problem der fehlenden wissenschaftlichen Voraussetzungen, also des »Könnens« sei, sondern ein Problem des »Wollens«. Es gelang ihm, die Säuglingssterblichkeit bei stationärer Betreuung von 75,7% im Jahre 1912 auf 17% im Jahre 1920 zu senken. Größten Wert legte S. auf die Hygiene, um Infektionskrankheiten in ihrer Ausbreitung einzuschränken. Eine wesentliche Voraussetzung für die Anstaltsversorgung von Säuglingen war für ihn ein theoretisch wie praktisch gut geschultes Pflegepersonal. So wurde der Kinderklinik eine »Spezialausbildungsstelle für junge Mädchen und Frauen zur Ausbildung in der Pflege gesunder und kranker Kinder« angegliedert. Auch der Ausbildung der Studenten widmete er große Aufmerksamkeit. Darüber hinaus beschäftigte er sich eingehend mit der Physiologie und Pathologie des Stoffwechsels im Säuglingsalter. S. vertrat die Ansicht, daß die beste Nahrung, besonders für den kranken Säugling, die Frauenmilch ist. Aus diesem Grunde legte er größten Wert darauf, daß an seiner Klinik stets genügend Ammen verfügbar waren. Prophylaktisches Denken war für S. selbstverständlich, und er erkannte deutlich den engen Zusammenhang zwischen soziokulturellen Verhältnissen und Gesundheit.

S. kann als einer der Vorkämpfer für aktiven Gesundheitsschutz bezeichnet werden. Es gelang ihm, verschiedene fürsorgerische Gesetze und Maßnahmen anzuregen und durchzusetzen. Le

Literatur: Schloßmann, A.: Über die mutmaßlichen Schicksale des Mehles im Darm junger Säuglinge, in: Jb. Kinderheilkunde 47, Über Errichtung und Einrichtung von Säuglingskrankenanstalten, in: Arch. Kinderheilk. 33, (mit H. Peters): Ueber Häufigkeit und Ursachen des Todes bei der Anstaltsbehandlung kranker Säuglinge, in: Arch. Kinderheilk. 33, Die Pflege des Kindes in den ersten zwei Lebensjahren (Berlin 1907, München 1915), Grundirrtümer in der Ernährung der Kinder, jenseits der Säuglingszeit, in: Irrtümer der allgemeinen Diagnostik und Therapie (Leipzig 1923), (mit A. Gottstein und L. Teleky): Handb. der sozialen Hygiene, 6 Bde. (Berlin 1925–1927), Die Düsseldorfer Kranken-, Heil- und Pflegeanstalten (Düsseldorf 1926), Große Ausstellung Düsseldorf 1926, 2 Bde. (Hrsg. GE-SO-LEI, Düsseldorf 1927), Handb. der Kinderheilkunde (Hrsg. mit M. v. Pfaundler), 5 Bde. (Leipzig 1906, 2. Aufl. 1910), 7 Bde. (3. Aufl. 1923), 4 Bde. (4. Aufl. 1931).

Schlotheim, SCHLOTTHEIM, Ernst Friedrich Baron von, Paläontologe, besonders Paläobotaniker, geb. 2. 4. 1764 Allmenhausen bei Sondershausen (Thüringen), gest. 28. 2. 1832 Gotha.

S. gilt als einer der Begründer der Paläontologie, vor allem der Paläobotanik, dem, neben G. CUVIER, A.-TH. BRONGNIART, W. SMITH, einige wesentliche Grunderkenntnisse der historischen Geologie zu verdanken sind.

Den ersten Unterricht erhielt S., Sohn eines Gothaer Regierungsrates, durch einen Hauslehrer, den Historiker J. G. A. GALETTI. 1779–1781 besuchte S. das Gymnasium Ernestinum in Gotha und gewann schon in dieser Zeit Interesse für Naturforschung und sammelte Naturobjekte. Ab 1781 studierte er an der Univ. Göttingen Kameralwissenschaften, aber hörte auch bei dem vielseitigen Naturwissenschaftler J. F. BLUMENBACH. Da sein Interesse für Geologie geweckt war, weilte S. 1791–1792 zur Fortsetzung seines Studiums an der Bergakademie Freiberg, wo ihn vor allem die Vorlesungen und die Persönlichkeit von A. G. WERNER beeindruckten und er mit den damals dort studierenden A. v. HUMBOLDT, L. v. BUCH u. a. Freundschaft schloß.

1791 zum Assessor ernannt, trat S. nach dem Studium als Beamter in den Dienst des Herzogtums Sachsen-Gotha, erhielt 1822 die Oberaufsicht über die Bibliothek, die Kunst- und naturwissenschaftlichen Sammlungen des Herzogs in Gotha und wurde 1828 Mitgl. des herzoglichen Ministeriums und Oberhofmarschall.

S. zog nach eingehenderen Vergleichen die Schlußfolgerung, daß die von ihm untersuchten fossilen Pflanzenreste des Karbon und des Rotliegenden, die er zum großen Teil aus der Umgebung von Ilmenau und Manebach (Thüringen) gewann, von ausgestorbenen Arten stammen und nicht mit noch rezenten Arten identifiziert werden dürfen. Daß Arten von Lebewesen völlig aussterben können, war um 1800 eine neue Erkenntnis, die für Säugetier-Arten um 1800 von CUVIER und auch BLUMENBACH festgestellt worden war und nun auf Pflanzen ausgedehnt wurde.

In seinem 1820 erschienenen Werk zur »Petrefaktenkunde« benutzte S. die von C. v. LINNÉ eingeführte binäre Nomenklatur erstmals folgerichtig auch für Fossilien. Auf der Grundlage der klaren Unterscheidung und Benennung der Fossilien wurde ihre Bindung an bestimmte Schichten und damit Zeitabschnitte der Erdgeschichte deutlich, wobei besonders der Engländer SMITH die Leitfossil-Methode ausarbeitete, die auch durch die Forschung von S., BRONGNIART u. a. gestützt wurde. Zu der nach 1800 in der Geologie vorherrschenden Katastrophentheorie (CUVIER) äußerte S., daß in der Urzeit wohl stärkere Kräfte als in der Gegenwart gewirkt haben; erdweiten, alles vernichtenden Katastrophen stand er, der mit dem Kritiker der Katastrophentheorie, dem Gothaer K. E. A. v. HOFF, befreundet war, schon vor HOFFS Veröffentlichungen skeptisch gegenüber. Nach S. starben Arten in der Erdgeschichte nur schrittweise aus, andere hätten sich vermutlich umgebildet (»ausgeartet«, 1804, 1820). Auch S. nahm damit, in vorsichtiger Formulierung, die Evolutionstheorie vorweg. Zi

Literatur: Schlotheim, E. F. v.: Beschreibung merkwürdiger Kräuter-Abdrücke und Pflanzen-Versteinerungen. Ein Beitrag zur Flora der Vorwelt. 1. Abtheilung (Gotha 1804), Die Petrefaktenkunde auf ihrem jetzigen Standpunkte (Gotha 1820).

Schlumberger, Conrad und Marcel, Geophysiker und Ingenieure; Conrad S., geb. 2. 10. 1878 Gebweiler (Guebwiller/Alsace), gest. 9. 5. 1936 Paris; Marcel S., geb. 21. 6. 1884 Gebweiler, gest. 21. 8. 1953 Paris.

Die Brüder Conrad und Marcel S. gelten als Begründer wesentlicher Arbeitsgebiete und Methoden der angewandten Geophysik (geophysikalische Bohrlochmessungen, geo-

A. Schloßmann

E. F. von Schlotheim

C. Schlumberger

M. Schlumberger

elektrische Messungen) mit einer klaren Orientierung auf routinemäßigen kommerziellen Einsatz in der Erkundungspraxis.

Conrad S. absolvierte die École Polytechnique und die École des Mines (Paris) und beschäftigte sich schon in dieser Zeit intensiv mit den elektrischen Eigenschaften der Gesteine. Nach mehrjähriger Tätigkeit im Bureau des Mines wurde er 1907 zum Prof. für Physik an der École des Mines berufen.

Marcel S. absolvierte 1907 die École Centrale als Ing. und war bei mehreren Firmen erfolgreich in Forschung und Entwicklung tätig.

Nach gemeinsamen ersten geoelektrischen Widerstandsmessungen im elterlichen Grundstück (1912) und Untersuchungen zur spontanen Polarisation (1913) gelang den Brüdern S. 1914 mit dem erstmaligen geophysikalischen Nachweis einer unmagnetischen Vererzung in der Kupferlagerstätte Tilva Roche bei Bor (Serbien) zugleich die erste kommerziell ausgeführte Prospektionsarbeit. 1920 gründeten sie mit finanzieller Unterstützung des Vaters Paul S., eines Unternehmers, die Societé de Prospection Électrique, aus der in den Folgejahren die Fa. Schlumberger Ltd. hervorging, heute eine der wissenschaftlich-technischen und ökonomisch führenden geophysikalischen Firmen der Welt. Am 5. 9. 1927 wurde von den Brüdern S. die erste elektrische Widerstandsmessung in einer Bohrung bei Pechelbronn erfolgreich durchgeführt. Die damit eingeleitete geophysikalische Bohrlochmessung ist seither in ihrer Entwicklung maßgeblich durch beide geprägt worden.

Der in den 30er Jahren enorm zunehmende Rohstoffbedarf erforderte auf dem Erdölsektor die Entwicklung wissenschaftlich begründeter effektiver Such- und Erkundungsverfahren. Mit der ständigen Weiterentwicklung und Komplettierung ihrer Meßverfahren orientierten sich die Brüder S. zielstrebig auf dieses ökonomisch vielversprechende Einsatzgebiet. Wesentlich war dabei die Erweiterung der elektrischen Widerstandsmessung um die Messung spontaner Potentiale zur Ausgliederung von Erdöl- bzw. Erdgas-Speichergesteinen. 1929 erfolgten erste Meßeinsätze in Venezuela, 1929/30 wurden Versuchsmessungen in der Erdölregion Grosny (UdSSR) durchgeführt. Ab 1932 waren weitere Meßgruppen in den Ölfeldern von Texas und Kalifornien im Einsatz. Der Erfolg dieser Messungen und ihre kommerzielle Tragfähigkeit führte 1934 zur Gründung einer Filiale in Houston (Texas).

Die entscheidende wissenschaftlich-technische Leistung der Brüder S. besteht darin, daß sie mit den von ihnen entwickelten Verfahren und Methoden ein wesentliches Mittel zur praktischen und effektiven Erkundung von Lagerstätten auf physikalischer Grundlage schufen. Das von ihnen begründete und entwickelte Meßunternehmen war von Beginn an auf die Umsetzung physikalischer Erkenntnisse in geophysikalische Meßverfahren und auf deren Weiterentwicklung zur effektiven Lösung wirtschaftlich bedeutsamer geologischer Erkundungsaufgaben orientiert. Die hierzu entwickelten Verfahrenskomplexe sind daher stets durch die Einheit von geologischer Zielstellung, Meßtechnik und -technologie und Interpretationsmethodik geprägt. Nach Meinung des Vaters lag diese Verknüpfung von Wissenschaft und Technik bereits bei Gründung des Unternehmens in der Veranlagung beider Brüder begründet: Conrad bezeichnete er als einen Mann der Wissenschaft, Marcel als den Ing. mit praktischer Veranlagung. Mit ihrem Wirken als Wissenschaftler, Techniker und industrielle Unternehmer haben die Brüder S. großen Anteil daran, daß sich die angewandte Geophysik international zu einem heute unentbehrlichen Mittel bei der Suche und Erkundung von Lagerstätten entwickelt hat. Noch heute ist eine Reihe von Meßverfahren in der von den Brüdern S. konzipierten Form in der praktischen Anwendung und teilweise nach ihnen benannt, z. B. die Schlumberger-Anordnung der Widerstandsgeoelektrik. Die Brüder S. erhielten die »Special Award of the American Association of Petroleum Geologists« (AAPG) und als erste Nicht-Amerikaner die »Lucas Gold Medal of the American Institute of Mining Engineers«.

Schö

Literatur: Schlumberger, C. u. M., Leonardon, E. G.: Electrical coring; a method of determining bottom hole data by electrical measurements, in: Trans. AIME Geophys. prosp. Bd. 110 (1934), 237.

Desbrandes, R.: Théorie et interprétation des diagraphies (Paris 1968); Johnson, H. M.: A history of well loggin Geophysics, in: Tulsa 27 (1962), 4, 507–527; Pirson, S. J.: Handb. of well log analysis (New York 1963).

Schmidt, Adolf Friedrich Karl, Geophysiker, geb. 23. 7. 1860 Breslau (Wrocław), gest. 17. 10. 1944 Gotha.

S. war eine international anerkannte Autorität auf dem Gebiet des Erdmagnetismus.

S., Sohn eines Maschinenbaumeisters, studierte 1878–1882 an der Univ. Breslau Mathematik, Physik, Astronomie, Geographie und Philosophie sowie Französisch, Englisch und engl. Literaturgeschichte und wurde dort 1882 zum Dr. phil. promoviert. Ab 1883 war er im höheren Schuldienst tätig, zunächst in Breslau, dann in Gotha, wo er 1885 Oberlehrer und 1898 Prof. am Gymnasium Ernestinum wurde. In der internationalen Kommission für Erdmagnetismus wurde S. 1898 Mitgl., 1905 Schriftführer und 1931 Ehrenmitgl. 1902 wurde er Abteilungsvorsteher am Preuß. Meteorologischen Institut sowie Vorstand des Magnetischen und 1909 des Meteorologisch-magnetischen Observatoriums Potsdam, 1907 Honorarprof. für Geophysik an der Univ. Berlin, 1911 Geheimer Regierungsrat, 1927 Dir. des Meteorologisch-magnetischen Observatoriums Potsdam und Dr. Ing. eh. an der TH Berlin-Charlottenburg. 1928 trat er in den Ruhestand und kehrte nach Gotha zurück. S. war Mitgl. der mathematisch-naturwissenschaftlichen Klasse der Ak. d. Wiss. Kristiania/Oslo (1904), der Kaiserlich-Leopoldinisch-Carolinischen Deutschen Akademie der Naturforscher Leopoldina Halle (1910), der Gesellschaft der Wissenschaften Göttingen (1925), der physikalisch-mathematischen Klasse der Preuß. Ak. d. Wiss. (1929), Ehrenmitgl. der Deutschen Geophysikalischen Gesellschaft (1929), Mitgl. der Deutschen Physikalischen Gesellschaft, Ständiges Mitgl. des Deutschen Geographentages, Ehrenmitgl. des Physikalischen Vereins zu Frankfurt am Main. Er war Mitherausgeber von Gerlands Beiträgen zur Geophysik, Bde. 11 (1912)–59 (1943). 1924 wurde S. in Anerkennung seiner Förderung der Geophysik, insbesondere des Erdmagnetismus, mit der Goldenen Georg-Neumayer-Medaille ausgezeichnet.

S. hat im Bereich der Geomagnetik Außerordentliches geleistet. Dies gilt für seine Gothaer wie Potsdamer Schaffensperiode und trifft gleichermaßen zu auf seine theoretisch-mathematischen Untersuchungen wie auf seine instrumentellen Entwicklungen. S. gehört zu jenen Geophysikern, die in sich nicht nur den Forscher und Lehrer, sondern auch den Organisator und Administrator vereinigten. Hohe Verdienste erwarb er sich bei der Weiterentwicklung der Gaussschen Theorie des Erdmagnetismus. Die Neuberechnung des geomagnetischen Potentials war eine bedeutsame Leistung. Als wichtig zu beurteilen sind auch seine Bemühungen zur planmäßigen Organisation der internationalen geomagnetischen Beobachtung. In Potsdam entwickelte S. bei brillanter Einbeziehung der Mathematik und in enger Zusammenarbeit mit Feinmechanikern zahlreiche Instrumente für den Observatoriumsbetrieb. Besonders bekannt geworden sind unter anderem der große magnetische Normaltheodolith, verschiedene Variometer, ein Planimeter zur Bestimmung der Mittelwerte der Koordinaten beliebiger Abschnitte von registrierten Kurven und ein Pantograph zur affinen Kurventransformation. In der angewandten Geophysik erlangte die magnetische Feldwaage nach S. als leistungsfähiges Instrument hohe praktische Bedeutung. Sie zeichnet sich durch einen einfachen Bau, hohe Empfindlichkeit, große Meßgenauigkeit, zuverlässigen Einsatz im Gelände und weitere für die Lagerstättenerkundung vorteilhafte Eigenschaften aus. Neben ihrem Einsatz in der geophysikalischen Prospektion bewährte sie sich auch bei der Erforschung der geomagnetischen Säkularvariation. Nach dem Tode von M. Eschenhagen und J. Edler übernahm S. die Bearbeitung und Berichterstattung der 1898–1906 durchgeführten magnetischen Vermessung Norddeutschlands. Die von ihm vorgeschlagenen internationalen erdmagnetischen Charakterzahlen erwiesen sich als praktikable Kennziffern zur Beurteilung des geomagnetischen Feldes, insbesondere für statistische Untersuchungen über die Periodizität erdmagnetischer Störungen. Neue Wege beschritt S. bei der Errichtung der geomagnetischen Hilfsstation Seddin. Mit der gewissenhaften Sammlung, umfangreichen rechnerischen Bearbeitung und nachträglichen Veröffentlichung der an den Observatorien Potsdam und Seddin gemachten erdmagnetischen Beobachtungen schuf er wesentliche Voraussetzungen zur Nutzbarmachung geomagnetischer Registrierungen in Forschung und Praxis. Wichtige Vorarbeiten leistete S. für die Errichtung und Organisation des Observatoriums für Erdmagnetismus in Niemegk, das seit 1930 seinen Namen trägt. Die Erforschung des Erdmagnetismus mit Hilfe von Observatorien hielt S. für so wesentlich, daß er auf eine volle akademische Lehrtätigkeit an der Berliner Univ. verzichtete.

S. war ein Wissenschaftler, den Charakterfestigkeit, Bescheidenheit sowie Liebe und Enthusiasmus zur Wissenschaft auszeichneten. Bisweilen verwandte er sogar seine privaten Gelder für Forschungszwecke. Sozialen Fragen gegenüber verhielt er sich aufgeschlossen; Friedensliebe und ein großes Gerechtigkeitsgefühl waren ihm eigen. Im In- und Ausland genoß S. hohes Ansehen. Seine sehr guten Englisch- und Französischkenntnisse eröffneten ihm viele zusätzliche Begegnungen und verliehen ihm Sicherheit und Autorität auf internationalen Kongressen. Auch Griechisch, Latein und Russisch beherrschte er. Dem Esperanto widmete er sich seit 1898 mit hoher Intensität. Mit fortschreitendem Alter machte S. ein beiderseitiges Glaukom immer mehr zu schaffen. Schon in Potsdam konnte er zu Beginn der zwanziger Jahre die instrumentellen Registrierungen nicht mehr beobachten. Nach Gotha kehrte er 1928 fast erblindet zurück; seine weitere wissenschaftliche Arbeit ermöglichten ihm seine Geschwister, die vorlasen bzw. nach Diktat schrieben. S. selbst hat bis zu seinen letzten Lebenstagen tastend auf der Schreibmaschine Briefe verfaßt. Schm

Literatur: Schmidt, P.: Bibliographie der von Prof. Dr. phil. Dr.-Ing. eh. Adolf Schmidt vorgelegten Publikationen, in: Der Geomagnetiker Adolf Schmidt (1860–1944) (Gotha 1985), Weitere wichtige Veröffentlichungen von und über Adolf Schmidt (1860–1944), in: Z. geol. Wiss. 16 (1988), 175–177.

Schmidt, Bernhard Woldemar, Astrooptiker, geb. 30. 3. 1879 Nargen (Naissar, Estn. SSR), gest. 1. 12. 1935 Hamburg.

S. konstruierte das nach ihm benannte photographische Fernrohrsystem, das bis heute allgemeine Anwendung in der Astronomie findet.

S., ältestes von 5 Kindern einer Fischerfamilie, lebte bis zum 22. Lebensjahr im elterlichen Hause. Technische Interessen und schulische Begabung waren früh ausgebildet. 15jährig verlor er durch ein Explosivstoffexperiment die rechte Hand, suchte aber nach umfassendem Training der linken Hand seinen Weg dennoch in einer technisch-praktischen Laufbahn. Nach kurzem Besuch einer höheren Schule in Göteborg übersiedelte er 1901 nach Mittweida und studierte bis 1904 am dortigen Technikum.

In Mittweida richtete sich S. eine optische Werkstatt ein, in der zahlreiche astronomische Spiegelobjektive mit Durchmessern bis zu 20 cm hergestellt wurden. Ihre unübertroffene Güte nährte in Verbindung mit dem allgemein verschlossenen Wesen S.s hartnäckig die Legende von möglichen neuen, unbekannten Arbeitsmethoden. Dieser Ruf brachte ihm rasch bedeutende Aufträge ein. So fertigte er schon 1905 einen 40-cm-Parabolspiegel für das Astrophysikalische Observatorium Potsdam (AOP), dessen extremes Öffnungsverhältnis von 1:2,26 bei hoher Güte zunächst unübertroffen blieb. Er widmete sich auch Experimentier- und Entwicklungsarbeiten und beseitigte z. B. bei kugelig geschliffenen Cassegrain-Spiegeln die sphärische Aberration durch besondere Deformation des Sekundärspiegels, schliff eine Reihe kleinerer Refraktorobjektive und übernahm Korrekturaufträge für größere, von anderen Firmen gefertigte Objektive. Große Anerkennung erwarb er sich mit der Korrektur des 50-cm-Objektivs für den Refraktor des AOP und der 60-cm-Linsenoptik der Sternwarte Hamburg-Bergedorf.

Skurrilität und Originalität, insbesondere die Einbeziehung der Garten- und Parklandschaft im Umfeld seiner Werkstatt zu Prüf- und Entwicklungsarbeiten brachten ihm im örtlichen Volksmund den Beinamen »Linsenschmidt« ein. Auf Drängen des Dir. der Bergedorfer Sternwarte wurde S. ab 1926 Mitarbeiter und sah sich nunmehr einem reichen Betätigungsfeld in Optik, Mechanik, Photographie und astronomischer Beobachtung gegenüber. Hauptfeld wurde die Auseinandersetzung mit Abbildungsfehlern bei Spiegelsystemen, die den mit der Astrophotographie entstandenen Forderungen nach größeren Lichtstärken und

Bildfeldern (größere Öffnungen und kleinere Öffnungsverhältnisse) entsprangen. Entgegen anderen Lösungsversuchen griff S. auf den Kugelspiegel zurück. Unter Duldung einer allseitig gekrümmten Bildebene beseitigte er alle charakteristischen Fehler durch eine vor den Spiegel geschaltete Korrektionslinse (Abb. 1). Diese erzeugt zum Rande hin gerade solche Bildfehler, die denen des Kugelspiegels entgegengerichtet sind. Dadurch entstehen bei photographischen Aufnahmen größerer Himmelsareale trotz extrem kurzer Brennweiten bis an den Bildrand heran punktförmige Sternabbildungen. Die erste bis 1930 für Bergedorf erbaute SCHMIDT-Kamera besaß einen Bildfeld-Durchmesser von 16° und ein Öffnungsverhältnis von 1:1,74. Dieser ersten Kamera mit 44 cm Spiegeldurchmesser folgte bis zu seinem Tode noch die Vorbereitung eines 60-cm-Astrographen.

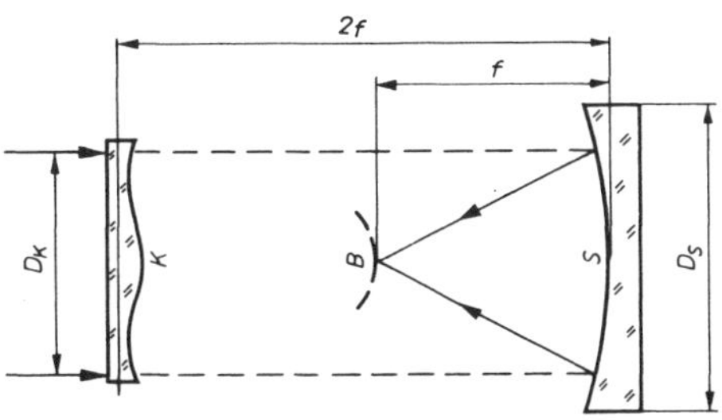

Schmidt-System (Schema des Strahlenganges)

Der Erfinder publizierte das neue System 1931 auf nur zwei Druckseiten in der »Central-Zeitung für Optik und Mechanik« sowie in den Bergedorfer Publikationen. S. gab die Herstellungstechnologie für die Korrektionslinse nicht preis, verzichtete aber andererseits auf eine Patentierung des Systems. Nach seinem Tode konnte der technologische Schleier gelüftet und ohne patentrechtliche Verwicklungen Allgemeingut der astrooptischen Industrie werden (Abb. 2). Das derzeit größte SCHMIDT-Teleskop der Welt befindet sich nur 100 km von seiner sächsischen Wahlheimat entfernt am Karl-Schwarzschild Observatorium Tautenburg bei Jena. Der sphärische Hauptspiegel des 1960 fertiggestellten Universalteleskops hat einen Durchmesser von 2,00 m, die Korrektionsoptik mißt 1,34 m. Fd

Literatur: Müürsepp, P.: Erinnerungen der Zeitgenossen an Bernhard Schmidt, in: Die Sterne 44 (1968), Heft 11/12, 242–248; Die Jugendjahre von Bernhard Schmidt und sein Briefwechsel mit dem Potsdamer Observatorium (Hrsg. Ak. d. Wiss. der Estn. SSR, Inst. Physik, Tallinn 1982); Schnorr, R.: Nekrolog, in: Astronom. Nachr. 258 (1936), 6171, Spalte 45–48.

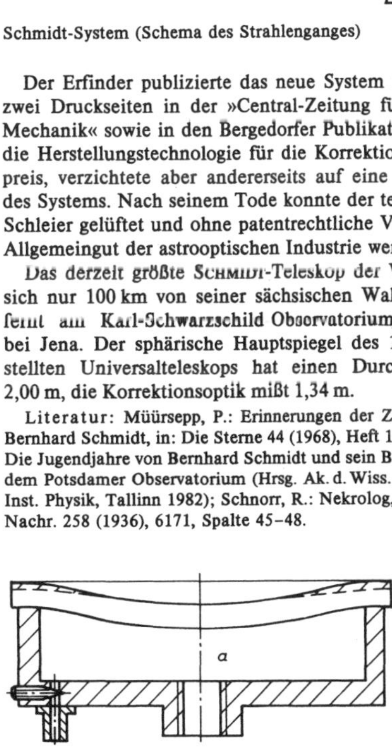

Schmidt-Platte: Prinzip der Herstellung; *a* Gefäß evakuiert mit elastisch verbogener Platte; beim Anschleifen des Kugelradius (gestrichelt) wird die schraffierte Fläche entfernt. *b* Luft nach dem Schleifen wieder eingelassen

A. F. K. Schmidt

B. W. Schmidt

Schmidt, Erhard, Mathematiker, geb. 13. 1. 1876 Dorpat (Tartu), gest. 6. 12. 1959 Berlin.

S. ist Mitbegründer der Funktionalanalysis und der Theorie der Integralgleichungen. Er führte die geometrische Sprache in die Analysis ein.

S., Sohn des Physiologen ALEXANDER S., studierte in Dorpat, Berlin und Göttingen, wo er 1905 bei D. HILBERT promovierte. 1906 habilitierte er sich bei E. STUDY in Bonn und wurde 1908 als o. Prof. an die Univ. Zürich berufen. Über Erlangen und Breslau (Wrocław) kam S. 1917 als Nachfolger von H. A. SCHWARZ an die Univ. Berlin, wo er bis zu seiner Emeritierung 1950 wirkte. 1918 wurde S. Mitgl. der Preuß. Ak. d. Wiss.

S. gab HILBERTS Auflösungstheorie der Integralgleichung 2. Art eine wesentlich einfachere Gestalt. An die Spitze seiner 1907 veröffentlichten Dissertation von 1905 stellte S. die SCHWARZsche und die BESSELsche Ungleichung, betonte damit die strukturellen Aspekte im zugrundeliegenden Raum der stetigen Funktionen (mit gleichmäßiger Konvergenz), dessen Erweiterung durch F. RIESZ (1906/07) er zugleich vorbereitete. S. schrieb 1905: »Nach Erledigung einiger Hilfssätze ... finden ... die HILBERTschen Sätze, unter Vermeidung des Grenzübergangs aus dem Algebraischen, sehr einfache Beweise.« S. leitete so z. B. nicht wie HILBERT aus dem Hauptachsentheorem der linearen Algebra den fundamentalen Entwicklungssatz des Integraloperators (mit symmetrischem Kern) durch Grenzübergang her; seine Methode gestattete vielmehr den Beweis beider Formeln unter einheitlichen Gesichtspunkten. Von S.s für die Entstehung der Funktionalanalysis so bedeutsamen methodischen Neuerungen übernahm HILBERT selbst lediglich das bekannte Orthogonalisierungsverfahren. Ansonsten waren es eher mathematische Einzelergebnisse von S., z. B. die Abschwächung der Voraussetzungen für den Beweis des Entwicklungssatzes quellenmäßig darstellbarer Funktionen (HILBERT-SCHMIDT-Theorem) und die Betrachtung von Integralgleichungen mit unsymmetrischem Kern, die für HILBERTS erneuten Zugang zur Integralgleichungstheorie mittels der Methode der unendlich vielen Variablen (1906) von Bedeutung waren. S. wandte in zwei die Dissertation fortsetzenden Arbeiten (1907/08) seine neuen Methoden auch auf die Theorie der nichtlinearen Integralgleichungen an. In der fundamentalen Veröffentlichung (1908) inaugurierte er (angeregt von M. FRÉCHET, jedoch ohne die Metrik deutlich herauszustellen) die Theorie des HILBERTschen Folgenraums, führte in einem mit »Geometrie in einem Funktionenraum« überschriebenen Kapitel den Begriff starke Konvergenz ein und zerlegte Funktionen in orthogonale Summanden bezüglich eines Unterraums.

Auch auf anderen Gebieten der Mathematik, z. B. in Algebra und Potentialtheorie, hat S. Bleibendes geleistet. Seine Arbeiten über die isoperimetrische Haupteigenschaft der Kugel (ab 1939) zeichneten sich durch besondere Eleganz aus. S., der relativ wenig publizierte, da er sehr hohe Anforderungen an Form und Inhalt der Veröffentlichungen stellte, hat viel von seinem geistigen Eigentum durch persönliche Kontakte weitergegeben. E. ZERMELO gab er Anregungen zum Beweis des Wohlordnungssatzes (1904), seine Breslauer Vorlesungen zur Topologie (1917) waren für H. HOPF wegweisend. S. hat sich durch seine Leistungen und sein ausgleichendes Wesen große Achtung in der Mathematikerschaft erworben und auch in der Zeit nach 1933 seine humanistischen Positionen nicht verlassen. Si

Literatur: Schmidt, E.: Zur Theorie der linearen und nichtlinearen Integralgleichungen. I. Tl.: Entwicklung willkürlicher Funktionen nach Systemen vorgeschriebener, in: Mat. Ann. 63 (1907), 433–476, Über die Auflösung linearer Gleichungen mit unendlich vielen Unbekannten, in: Rend. Circolo mat. Palermo 25 (1908), 53–77.

Rohrbach, H.: Erhard Schmidt. Ein Lebensbild, in: Jahresber. DMV 69 (1968), 209–224; Schröder, K.: Erhard Schmidt, in: Math. Nachr. 25 (1962), 1–3.

Schmidt (Šmidt), Otto Juljewitsch, Mathematiker, Arktisforscher, Geophysiker und Wissenschaftsorganisator, geb. 18. (30.) 9. 1891 Mogiljow (Gouv. Mogiljow), gest. 7. 9. 1956 Moskau.

S., ein äußerst vielseitiger Wissenschaftler, gilt als der Begründer der russisch-sowjet. gruppentheoretischen Schule und Organisator des Algebraseminars an der Univ. Moskau. In den 30er Jahren wurde er durch seine Beteiligung an den ersten Expeditionen zur Erforschung des nördlichen Seeweges einer breiten Öffentlichkeit bekannt. Später widmete er sich Fragen der Geophysik und Kosmogonie.

S. entstammte einer Kleinhändlerfamilie; nach dem Besuch der Gymnasien in Odessa und Kiew begann er 1909 mit dem Studium an der physikalisch-mathematischen Fakultät der Univ. Kiew, wo er 1911/12 am Seminar für Gruppentheorie unter Leitung von D. A. GRAVE teilnahm und auch seine erste Arbeit veröffentlichte. Nach dem Magisterexamen wurde er 1916 Privatdoz., und es erschien seine Monographie »Abstrakte Gruppentheorie«. Seit Sommer 1917 in Petrograd (Leningrad), bekleidete er verschiedene Funktionen im Bereich von Volksbildungswesen und Wissenschaft; 1924–1942 war er Chefredakteur der Großen Sowjetenzyklopädie, leitete 1929–1949 den Lehrstuhl für Algebra an der Univ. Moskau, war 1932–1938 Chef der Hauptverwaltung Nördlicher Seeweg beim Rat der Volkskommissare der UdSSR, leitete 1937–1949 das Institut für theoretische Geophysik der Ak. d. Wiss. der UdSSR und war 1939–1942 Erster Vizepräsident der Ak. d. Wiss. der UdSSR, deren o. Mitgl. er 1935 geworden war. S. gehörte den Redaktionskollegien verschiedener wissenschaftlicher Ztschr. an und war in späteren Jahren Chefredakteur der Ztschr. »Priroda«.

Das mathematische Hauptarbeitsgebiet von S. betraf Probleme der Algebra, insbesondere der Gruppentheorie. 1912–1916 erschienen seine ersten Publikationen auf diesem Gebiet, und nach 1924 widmete er sich erneut diesen Fragen. Überaus erfolgreich verlief sein dreimonatiger Studienaufenthalt in Göttingen 1927, wo er besonders mit D. HILBERT, E. NOETHER und I. SCHUR zusammentraf. Seine 1916 in Kiew erschienene Monographie »Abstrakte Gruppentheorie« (2. Aufl. 1933) war die erste größere Abhandlung, die von vornherein die unendlichen Gruppen in die Untersuchungen einschloß und die endlichen Gruppen als Spezialfälle getrennt behandelte. S. ging darin vom abstrakten Gruppenbegriff aus und behandelte in den anschließenden Kapiteln Gruppeneigenschaften, die sich sowohl auf endliche als auch auf unendliche Gruppen bezogen. Erstmalig erfolgte in russ. Sprache eine Darlegung der Theorie der Gruppencharaktere, wobei viele der gegebenen Beweise von S. selbst stammten, etwa zum Satz von R. E. REMAK über die Zerlegung endlicher Gruppen in direkte unzerlegbare Faktoren. Im Anschluß an den Göttinger Aufenthalt publizierte S. einen Artikel in der »Mathematischen Zeitschrift« (1929), in dem er seine Ergebnisse auf unendliche Gruppen mit endlicher Kette erweiterte. Im April 1930 begründete S. an der Univ. Moskau das Algebraseminar, aus dem in der Folgezeit bekannte Algebraiker hervorgingen, darunter A. G. KUROSCH, A. J. MALZEW und W. M. GLUSCHKOW. Auch während seiner Arktis-Expeditionsreisen widmete sich S. weiterhin den Fragen der allgemeinen Gruppentheorie.

Nachdem S. bereits von Juli bis September 1928 die Alpinistengruppen der ersten sowjetisch-deutschen Pamir-Expedition der Ak. d. Wiss. der UdSSR geleitet hatte, begann 1929/30 seine Tätigkeit zur Erforschung des Hohen Nordens in mehreren Expeditionen. Durch das Unglück der »Tscheljuskin« und die dramatische Überwinterung und Rettung der Expeditionsteilnehmer (10. 8. 1933 bis 11. 4. 1934) wurde S. weltberühmt. Die Expedition »Nordpol« (1937) richtete die erste driftende Polarstation »Nordpol I« mit J. D. PAPANIN ein.

1937 begründete S. das Akademieinstitut für theoretische Geophysik; aus der von ihm später gebildeten Gruppe von Theoretikern zu Problemen der Physik der Erde ging im November 1956 das nach S. benannte Institut für Physik der Erde der Ak. d. Wiss. hervor. Vo

Literatur: Šmidt, O. Û.: Izbrannye trudy (Moskau 1959–1960), Avtobiografia, in: Perioda 10 (1981), 56–61.

Aleksandrov, P. S.: Vospominaniâ ob O. Û. Šmidt, in: Perioda 10 (1981), 61–66.

Schönbein, Christian Friedrich, Physiker und Chemiker, geb. 18. 10. 1799 Metzingen, gest. 29. 8. 1868 Baden-Baden.

S. entdeckte das Ozon, stellte Schießbaumwolle und Collodium dar und arbeitete auf katalytischem Gebiet.

Autodidaktisch erwarb sich S., Sohn eines Färbers, nach Beendigung der Volksschule Kenntnisse in Chemie, Physik und Sprachen zur Vorbereitung auf ein Universitätsstudium. 1821–1823 studierte er an den Univ. Erlangen und Tübingen; er gehörte der Burschenschaft an. 1823–1825 war er an F. FRÖBELS »Allgemeiner deutscher Erziehungsanstalt« in Keilhau als Lehrer tätig. Ab 1825 setzte S. seine pädagogische Tätigkeit in Epsom fort, daneben besuchte er naturwissenschaftliche Vorlesungen in London. 1827 siedelte er nach Paris über und studierte an der Sorbonne bei J. B. A. DUMAS, L. J. DE THÉNARD und L. J. GAY-LUSSAC. 1828 erhielt S. eine Anstellung an der Univ. Basel. Dort wurde er 1830 honoris causa promoviert und erhielt 1835 die o. Professur für Physik und Chemie. Er zog sich jedoch von der Lehrtätigkeit zurück und widmete sich fast ausschließlich seinen Forschungen. 1840 wurde ihm das Ehrenbürgerrecht der Stadt Basel verliehen, ab 1848 war er Mitgl. des Baseler Großen Rates. S. war Mitgl. vieler wissenschaftlicher Vereinigungen, so der Ak. d. Wiss. in Berlin, Paris und London sowie der Leopoldina.

S. arbeitete anfangs auf elektrochemischem Gebiet. Er untersuchte die »Passivität« des Eisens und anderer Metalle und führte diesen Begriff in die chemische Fachliteratur ein. Sein Hauptbetätigungsfeld über Jahrzehnte bildete die Untersuchung des Sauerstoffs und des Oxidationsprozesses. 1839 identifizierte S. den »elektrischen Geruch« als Ozon. Besondere Aufmerksamkeit widmete er den langsamen Oxidationen mit dem Ziel, Zwischenstufen dieser Reaktionen zu fixieren. S. begann die Erforschung autoxidativer Prozesse, die von C. ENGLER fortgesetzt wurde. Bei seinen Untersuchungen stellte er eine im Vergleich zur Oxidation

E. Schmidt

O. J. Schmidt

Chr. F. Schönbein

C. J. Schorlemmer

erhöhte Reaktivität des Sauerstoffs und sauerstoffhaltiger Verbindungen fest. S. postulierte einen »ozonosierten«, »erregten«, »aktivierten« Sauerstoff, eine Antizipation des »aktivierten Zustandes«. 1858 versuchte er, seine experimentellen Befunde in einer Theorie der »chemischen Polarisation des Sauerstoffs« zusammenzufassen, wonach außer Ozon noch ein hypothetisches Antozon existieren sollte. Diese Theorie erwies sich als Irrtum. S. untersuchte experimentell eine Vielzahl katalytischer Prozesse und trug wesentlich zum Erkenntniszuwachs auf diesem Gebiet bei. 1846 erkannte er die Verwendbarkeit des Cellulosenitrats als Sprengstoff. Beispielsweise registrierte er die leichte Verformbarkeit dieser Substanz unter speziellen Bedingungen. Ohne Erfolg bemühte er sich um die industrielle Verwertung seiner Entdeckung. Zur theoretischen Interpretation galvanischer Prozesse leistete S. mit der 1849 formulierten »Tendenztheorie« einen bedeutenden Beitrag. Er integrierte darin Aspekte der bis zu diesem Zeitpunkt unvereinbaren »Kontakttheorie« und der »chemischen Theorie« und näherte sich dem chemischen Potentialbegriff. S. gilt als Begründer der Geochemie, da er zuerst auf die Migration chemischer Verbindungen in der Lithosphäre aufmerksam machte. Er begann mit der Erforschung biologischer Oxidationen und schuf Grundlagen der Papierchromatographie. Inhaltlich näherte sich S. dem Energieerhaltungssatz. Daraus erklärt sich die von ihm initiierte erste offizielle Würdigung R. MAYERS. S. gab bei seinen experimentellen Arbeiten qualitativen Kriterien den Vorzug und unterschätzte die Bedeutung quantitativer Verfahren.

Zu S.s Freundeskreis gehörten überwiegend Naturwissenschaftler, darunter J. v. LIEBIG, F. WÖHLER, M. FARADAY und J. J. BERZELIUS. Mit ihnen pflegte er regen persönlichen oder brieflichen Kontakt. Seit 1821 stand S. in enger Verbindung zu dem Philosophen F. W. J. SCHELLING. Er bezeichnete sich als dessen Schüler und unterhielt brieflichen Kontakt bis zum Tode des Philosophen. Ein positiver Einfluß der Naturphilosophie in Richtung der Entwicklung dialektischen Denkens auf S. ist nachweisbar. Sein Wissenschaftsverständnis war geprägt durch einen betonten Erkenntnisoptimismus. Dabei hegte S. jedoch Zweifel an der Fähigkeit späterer Generationen, den Erkenntnisfortschritt ausschließlich zum Wohl der Menschheit zu nutzen.

S.s über 300 Publikationen erschienen in den naturwissenschaftlichen Periodika seiner Zeit. No

Literatur: Schönbein, C. F.: Beiträge zu physikalischen Chemie (Basel 1841), Beobachtung über die elektrischen Wirkungen des Zitteraals (Basel 1841), Über die Häufigkeit der Berührungswirkungen auf dem Gebiete der Chemie (Basel 1843), Denkschrift über das Ozon (Basel 1849).

Hagenbach, E.: C. F. Schönbein (Basel 1868); Kahlbaum, G. W. A.: Monographie zur Geschichte der Chemie, Heft 4 u. 6 (Leipzig 1899/1901); Nolte, P.: Bemerkung zum Verhältnis des Chemikers Schönbein zu Schelling, in: DZfPh 6/1980.

Schorlemmer, Carl Johannes, Chemiker, geb. 30. 9. 1834 Darmstadt, gest. 27. 6. 1892 Manchester.

S. ist Mitbegründer der wissenschaftlichen organischen Chemie. Er arbeitete experimentell über Paraffinkohlenwasserstoffe (Alkane) und verfaßte grundlegende Lehrb. und chemiehistorische Werke. S. war ein enger Freund und der naturwissenschaftliche Berater von F. ENGELS und K. MARX.

S. entstammte einer Handwerkerfamilie. Nach dreijährigem Besuch der Höheren Gewerbeschule in Darmstadt und einer Apothekerlehre (1853–1855) war S. Apothekergehilfe in Heidelberg und Hörer der Vorlesungen von R. BUNSEN. Er studierte nur im Sommersemester 1859 Chemie (Pharmazie) bei H. WILL und H. KOPP in Gießen. Im September 1859 siedelte S. nach England über und wurde Privatassistent von H. E. ROSCOE am 1851 in Manchester gegründeten Owens College (ab 1880 Teil der Victoria University); daselbst 1861 Assistant in the Instruction of the Students, 1864 Laboratory Assistant, 1869 Senior Assistant, 1872 Lecturer. 1874 wurde S. auf Antrag von ROSCOE und Empfehlungen von A. BUTLEROW und A. KEKULÉ Prof. für organische Chemie am eigens für ihn eingerichteten ersten Lehrstuhl für dieses Fachgebiet in England.

S. wurde 1868 Auswärtiges Mitgl. der Deutschen Chemischen Gesellschaft und 1870 der Manchester Literary and Philosophical Society, 1871 Fellow of the Royal Society (F. R. S.), 1878 Mitgl. der American Philosophical Society und 1887 der Leopoldina, 1888 Ehrendoktor der Univ. Glasgow.

1861 begann S. mit Experimentalarbeiten über die Paraffine (Alkane) aus Cannelkohle und amerik. Erdöl, deren substitutive (Chlorierung) und oxidative Abwandlung zu den ersten Arbeiten im Sinne der heutigen Petrolchemie zählen. Mit dem 1863/64 erbrachten Nachweis, daß durch Elektrolyse von Acetat (nach KOLBE) erhaltenes »Methyl« dimer – also Dimethyl CH_3—CH_3 – ist, so wie aus Ethylverbindungen stammender »Ethylwasserstoffe« C_2H_5—H bei der Chlorierung Ethylchlorid ergibt und beide also identisch jeweils C_2H_6 (Ethan) sind, bewies S. die Nichtexistenz stabiler freier Alkylradikale und einer nach KEKULÉS »Typus Methan« möglichen Isomerie zwischen den dimeren »Radikalen« und den »Hydrüren der Alkoholradikale«. Damit war die Gleichwertigkeit der Kohlenstoffvalenzen im Methan und seinen Homologen erwiesen. S. trug so grundlegend zu der 1858–1861 von KEKULÉ, A. S. COUPER und BUTLEROW begründeten Strukturtheorie der organischen Chemie bei: »Wendepunkt in der Entwicklung der Anschauungen« (A. SPIEGEL, 1892) und »erste Bedingung, um den heute sehr gebräuchlichen ›Strukturformeln‹ Vertrauen zu schenken« (A. LADENBURG, 1869). Hierauf konnten A. W. HOFMANN (Nomenklaturvorschläge, 1865) und ab 1874 J. H. VAN'T HOFF (»Die Lagerung der Atome im Raume«, 1877) aufbauen. S. widerlegte die Experimente und Ansichten von H. KOLBE und F. FRANKLAND über isolierbare freie Alkylradikale und stellte fest, daß die untersten Glieder einer homologen Reihe für die Relationen in der gesamten Reihe signifikant sind: Aus der C_1-Verbindung Methan sind alle Glieder der homologen Reihe durch sukzessive C—C-Verknüpfungsprozesse aufbaubar.

1865–1871 stellte S. Untersuchungen an »Zur Kenntnis der Kohlenwasserstoffe der Reihe C_nH_{2n+2}«, zur Synthese des primären Propylalkohols (n-Propanol) aus Propan und über Siedepunktsregelmäßigkeiten isomerer Alkane. S. prägte die Begriffe normale, Iso- und Neoparaffine, die Namen Pentan, Dodecan u. a. Sein Vortrag über »The Chemistry of the Hydrocarbons« (J. Chem. Soc. 25 (1872) 425) reflektiert die revolutionären Umwälzungen in der Chemie besonders der Jahre 1861–1872, begründet seine neue Definition der organischen Chemie und markiert das Ende der vorwiegend experimentell-theoretischen Phase in seinen Arbeiten. 1872–1883 folgten noch weitere Experimentalarbeiten, z. T. mit S.s Schülern H. Grimshaw, T. M. Morgan, R. S. Dale und T. E. Thorpe, über Substitutionsregelmäßigkeiten an geradkettigen Alkanen, über Farbstoffe, Suberon u. a. Bei der Chlorierung der geradkettigen Alkane C_5 bis C_7 wird die Substitution am primären und am sekundären Atom C-2, nicht jedoch an den inneren C-Atomen erkannt.

S. publizierte über 60 Originalarbeiten vor allem im Journal of the Chemical Society und in den Proceedings of the Royal Society sowie 27 davon parallel in Deutsch in den Annalen der Chemie und Pharmazie. 1867 bearbeitete er Roscoes »Kurzes Lehrb. ...«, dessen 2. Bd. 1871 S.s erstes eigenständiges Lehrb. war. Es enthält seine Definition »Organische Chemie ist die Chemie der Kohlenwasserstoffe und ihrer Derivate« als begriffliche Basis des Entwicklungskonzepts der organischen Verbindungen aus den Elementen CHON, den C_1-Verbindungen und den Kohlenwasserstoffen (C-Grundgerüste). Auch das »Ausführliche Lehrb. der Chemie« (ab 1877) wurde zu einem Standardwerk im deutschen und engl. Sprachraum. S.s geschichtliche Studie »Der Ursprung und die Entwicklung der organischen Chemie« (engl. 1879, dtsch 1889) ist die erste historisch-logische Darstellung der Geschichte einer Wissenschaft auf der Basis der materialistischen Dialektik und verdeutlicht S.s Selbstverständnis als Organiker. Ausgehend von der Bedeutung der Hypothese für die wissenschaftliche Erkenntnis kommt S. in einer Polemik gegen Kolbe zu grundsätzlichen Aussagen über das Verhältnis von Empirie und Theorie. Organische Synthese ist nach S. der Aufbau organischer Verbindungen aus den Elementen und die Verknüpfung von Kohlenstoffatomen. S. fragt nach den Zusammenhängen von organischer Synthese und dem »Rätsel des Lebens« und bezieht sich dabei auf den Gedanken von Engels, daß Leben die Daseinsweise der Eiweißkörper ist.

1867 wurde S. Mitgl. der 1. Internationale, nach 1869 der Sozialdemokratischen Arbeiterpartei Deutschlands. Während der Zeit des Sozialistengesetzes wurde S. 1872 brit. Staatsbürger.

In seinen letzten Lebensjahren arbeitete S. an einer umfassenden »Geschichte der Chemie«, die fragmentarisch geblieben ist und bis zum 17. Jh. (Altertum, Alchemie, Iatrochemie) reicht. 1890 verschlechterte sich der Gesundheitszustand S.s; er starb 1892 an Lungenkrebs. S. war unverheiratet.

1895 wurde am Owens College (Victoria University) ein aus Spenden finanziertes »Schorlemmer-Laboratorium« eröffnet. 1937 erschien S.s »Ursprung und Entwicklung« in einer russ. Übersetzung, 1952 begann in der DDR die Erschließung der wissenschaftlichen und politischen Vermächtnisse von S. Dk

Literatur: Roscoe, H. E.: Kurzes Lehrb. der Chemie (dtsch. bearb. von Carl Schorlemmer, Braunschweig 1867), 11. Aufl., bearb. von Classen, 1898). Schorlemmer, C.: Lehrb. der Kohlenstoffverbindungen oder der organischen Chemie (Braunschweig 1871, engl. London 1874), The Rise and Development of Organic Chemistry (Manchester 1879, London 1894, franz. Paris 1885, russ. Moskau 1937, dtsch. Braunschweig 1889, Leipzig 1979 u. 1984), (mit H. E. Roscoe, fortgef. von J. W. Brühl): Ausführliches Lehrb. der Chemie, Bde. 1–9 (Braunschweig 1877–1901).

Bittrich, H.-J., Duschek, Ch., Fuchs, G.: Carl Schorlemmer (Leipzig 1984); Duschek, Ch.: Carl Schorlemmer – zum 150. Geburtstag, in: Z. Chem. 24 (1984), 313–325; Heinig, K.: Carl Schorlemmer (4. Aufl. Leipzig 1986); Carl Schorlemmer ... (Hrsg. Carl-Schorlemmer-Kommission ... der TH Merseburg, Merseburg 1974).

Schrödinger, Erwin, Physiker, geb. 12. 8. 1887 Wien, gest. 4. 1. 1961 Wien.

S. leistete wesentliche Beiträge zum Aufbau der Quantenmechanik (Ausarbeitung der Wellenmechanik), zur statistischen Physik und zur allgemeinen Relativitätstheorie.

Beide Eltern von S. hatten eine enge Beziehung zu den Naturwissenschaften. Der Vater, Rudolf S., hatte Chemie studiert und veröffentlichte später auch einige Arbeiten zur Biologie; die Mutter war die Enkelin von A. Bauer, Prof. für Chemie an der Wiener TH. Die finanzielle Grundlage der Familie war durch den Besitz eines Wachstuchgeschäfts gesichert. S. erhielt seine Elementarbildung zum größten Teil von seinem Vater und von einem Hauslehrer. Ab 1898 besuchte er das akademische Gymnasium in Wien und studierte danach von 1906 bis 1910 an der Wiener Univ. Physik. Am meisten beeinflußte ihn hier L. Boltzmanns Nachfolger F. Hasenöhrl. 1910 promovierte S. bei ihm und wurde im folgenden Jahr Assistent von F. Exner, dem Prof. für Experimentalphysik. Zusammen mit seinem Freund K. W. F. Kohlrausch widmete sich S. zunächst diesem Fachgebiet. Seine Abhandlung »Radium-A-Gehalt der Atmosphäre in Seeham 1913« gewann sogar einen Preis der Akademie. 1914 habilitierte sich S. Nach Ausbruch des ersten Weltkrieges diente er bei der Artillerie und machte sich nebenher mit der allgemeinen Relativitätstheorie A. Einsteins vertraut. 1920 ging S. zu M. Wien nach Jena als Assistent für die Vorlesungen über moderne theoretische Physik. Bereits nach einem Semester wurde S. zum ao. Prof. an die TH Stuttgart und kurz danach als o. Prof. für theoretische Physik nach Breslau (Wrocław) berufen. Schließlich übernahm S. 1921 den Lehrstuhl für theoretische Physik an der Univ. Zürich. 1927 wurde S. als Nachfolger von M. Planck an die Univ. Berlin berufen. Nach der nationalsozialistischen Machtergreifung verließ er Anfang November 1933 Deutschland und ging nach England an das Magdalena College in Oxford. 1936 kehrte S. nach Österreich zurück und übernahm den Lehrstuhl für theoretische Physik der Grazer Univ. Nach der Okkupation Österreichs wurde S. zum 1. 9. 1938 entlassen. Es gelang ihm noch, Österreich zu verlassen. Vorübergehend nahm er eine Professur in Gent an, jedoch zwangen ihn die Kriegsereignisse, auch Belgien zu verlassen. Mit Hilfe eines Freundes, des ir. Mathematikprof. und Politikers E. de Valera, gelangte S. nach Dublin. Hier arbeitete er in der physikalischen Abteilung des neu errichteten Instituts für Advanced Studies bis zu seiner Rückkehr an die Wiener Univ. 1956.

Die um 1910 aktuellen Fragen der Physik aufgreifend, beschäftigte sich S. zunächst mit radioaktiven Erscheinungen und mit verschiedenen Aspekten der kinetischen Theorie der Materie: kinetische Theorie des Magnetismus und der Dielektrika, Brownsche Bewegung, Dynamik elastisch gekoppelter Punktsysteme, Atom- und Molekülwärme, spezifische Wärme u. a. Zu seinen frühen Arbeiten gehören auch Publikationen zur Farbenlehre, die durch die Kommunikation mit Kohlrausch und Exner sowie durch das

Studium der Werke von H. v. HELMHOLTZ angeregt wurden. S. führte eine exakte Farbenmetrik ein und legte eine Theorie des Tageslicht-Farbensehens vor, die um 1925 von den Physiologen aufgegriffen wurde. In Zürich konzentrierte sich S. besonders auf die statistische Wärmetheorie. Permanent interessierten ihn – nach seinen eigenen Aussagen – BOLTZMANNS wahrscheinlichkeitstheoretische Fassung der Thermodynamik und die mit ihr zusammenhängenden Fragen. Er schrieb einige Beiträge über kinetische Gastheorie und über Reaktionskinetik, über Schwingungsprobleme, die Thermodynamik der Gitterschwingungen und über Aspekte der mathematischen Statistik. Die Hauptergebnisse faßte er in einem Artikel über die Theorie der spezifischen Wärme für das Handb. der Physik (1926) und in einer Monographie über die statistische Thermodynamik (1944) zusammen. S. befaßte sich auch mit der Relativitätstheorie, die zu seinem zweiten, bedeutsamen Interessengebiet wurde.

S.s wissenschaftliche Hauptleistung war die Ausarbeitung der Wellenmechanik (Ende 1925 und Anfang 1926), die weitreichende Folgen für die Entwicklung der Quantentheorie hatte. Den Ausgangspunkt bildete die Hypothese der Materiewellen, die L. DE BROGLIE 1923/24 in seiner Dissertation formuliert hatte. 1925 befaßte sich S. wie EINSTEIN mit Quantenstatistik. Durch einen Artikel EINSTEINS zur Quantentheorie einatomiger Gase wurde sich S. der Bedeutung der Hypothese von DE BROGLIE bewußt. In dem Artikel »Zur EINSTEINschen Gastheorie« (1925) versuchte er, EINSTEINS Lösung ohne Benutzung der BOSE-EINSTEIN-Statistik abzuleiten. Die neue Vorstellung von den Materiewellen brachte S. auch der Lösung des Problems der Atomstruktur näher. Ende 1925 leitete er eine originelle, relativistische Version der Atomtheorie ab, die jedoch nicht die spektroskopischen Daten ergab. Nach zeitweiligen Zweifeln an seiner Methode versuchte S. eine nichtrelativistische Lösung des Problems und gelangte zu einer guten Annäherung an die Meßwerte. Die neue Theorie veröffentlichte er in 4 Artikeln unter dem gemeinsamen Titel »Quantisierung als Eigenwertproblem« (1926). Im ersten Artikel (Januar 1926) versuchte S., die bisher nicht zu begründenden Quantisierungsvorschriften durch ein Variationsproblem zu ersetzen, und gelangte für das Wasserstoffatom zu folgender Differentialgleichung (zeitunabhängige SCHRÖDINGERgleichung):

$$\Delta\psi + \frac{2m}{K^2}\left(E + \frac{e^2}{r}\right)\psi = 0 .$$

Darin bedeuten e und m die Ladung bzw. Masse des Elektrons, Δ den LAPLACEoperator und $K = h/2\pi$, wobei h die PLANCKsche Konstante ist. Aus der Lösungstheorie für Differentialgleichungen folgt, daß den Randbedingungen nur bestimmte Werte des Parameters E (Eigenwerte der Gesamtenergie des Systems) genügen, die den stationären Zuständen (Eigenzuständen) der Funktion ψ entsprechen. Damit war das BOHRsche Postulat stationärer Zustände im Atom abgeleitet. In seinem zweiten Artikel (Februar 1926) eröffnete S. einen anderen Zugang zu seiner Gleichung. Bereits W. R. HAMILTON hatte die formale Analogie von (geometrischer) Optik und (klassischer) Mechanik herausgearbeitet. Für Erscheinungen, bei denen die Lichtwellenlängen nicht mehr vernachlässigbar sind, muß man von der geometrischen zur Wellenoptik übergehen. Will man in der Mechanik Objekte in der Größenordnung der DE-BROGLIE-Wellenlänge beschreiben, müßte man demnach zu einer »Wellenmechanik« übergehen, die mit einer zur Optik analogen Wellengleichung beschrieben werden kann, eben mit der SCHRÖDINGERgleichung.

Weitere Arbeiten S.s zur Wellenmechanik galten der Lösung der Wellengleichung für eine Reihe von Spezialfällen

E. Schrödinger

J. A. Schubert

und der Ausarbeitung der quantenmechanischen Störungstheorie. Bereits im März 1926 zeigte S. die mathematische Äquivalenz seiner Wellenmechanik und der Matrizenmechanik von W. HEISENBERG, M. BORN und P. JORDAN.

Bei der physikalischen Interpretation der Wellenfunktion ψ strebte S. eine konkrete, anschauliche Vorstellung an. Von der Deutung von ψ als elektrische Ladungsdichte, die im Widerspruch zum experimentellen Befund räumlich lokalisierter Teilchen stand, ging S. zu Versuchen über, sich das Teilchen als Wellenpaket vorzustellen, was jedoch wiederum auf Schwierigkeiten stieß. BOHRS Wahrscheinlichkeitsdeutung der Wellenfunktion (1926) nahm S. nicht an und versuchte statt dessen, seine ausgeprägte undulatorische Teilchenauffassung weiter auszuarbeiten.

Auch in der Emigration veröffentlichte S. weitere Arbeiten zur Wellenmechanik und ihrer Anwendung sowie zur statistischen Interpretation der Wellenfunktion. Er befaßte sich insbesondere mit der relativistischen Auffassung von Wellenfeldern und bemühte sich um eine Erweiterung der Gravitationstheorie zu einer einheitlichen Feldtheorie. Er schrieb ferner Beiträge zu einigen kosmologischen Fragen. Später beschäftigte er sich mit den Grundlagen der Physik und ihren philosophischen Konsequenzen. S.s philosophische Ansichten und Betrachtungen stellte er in dem Buch »Meine Weltansicht« (1961) dar. In dem populären Buch »What is Life« (Was ist Leben, 1945) versuchte er, die Probleme der Biologie und des Lebens physikalisch zu interpretieren. Dieses Buch hat viel Aufmerksamkeit erregt und das Interesse von Biologen und Physikern an interdisziplinärer Arbeit gefördert.

In der wissenschaftlichen Arbeit war S. ein Einzelgänger; eine wissenschaftliche Schule begründete er nicht. Er war sehr allgemein interessiert, zeigte z. B. großes Talent für Sprachen und schrieb selbst Gedichte. Er erhielt eine Reihe wissenschaftlicher und gesellschaftlicher Ehrungen und Auszeichnungen. Gemeinsam mit P. M. A. DIRAC wurde ihm 1933 für seine Entdeckungen der Nobelpreis für Physik verliehen. Te, Fk

Literatur: Schrödinger, E.: Gesammelte Abhandlungen, 4 Bde (Braunschweig, Wiesbaden, Wien 1984), Quantisierung als Eigenwertproblem, in: Ann. Phys. 79 (1926), 361–376, 489–527; 80 (1926), 437–490; 81 (1926) 109–139, Über das Verhältnis der Heisenberg-Born-Jordanschen Quantenmechanik zu der meinen, in: Ann. Phys. 79 (1926), 734–756, Der Grundgedanke der Wellenmechanik, in: Les prix Nobel en 1933 (Stockholm 1935),

Hermann, A.: Erwin Schrödinger, eine Biographie, in: Schrödinger, E.: Die Wellenmechanik (Hrsg. A. Hermann, Stuttgart 1963, S. 173–192); Hoffmann, D.: Erwin Schrödinger (Leipzig 1984).

Schubert, Johann Andreas, Maschinenbauer und Bauingenieur, geb. 19. 3. 1808 Wernesgrün (Vogtland), gest. 6. 10. 1870 Dresden.

S. war Konstrukteur und Erbauer der ersten betriebsfähigen deutschen Lokomotive, führend beteiligt am Bau der Viadukte über das Göltzsch- und das Elstertal, Erbauer der ersten Dampfschiffe für den Verkehr auf der oberen Elbe.

S. wurde als achtes Kind in einem »Armeleutehaus« geboren. Den Neunjährigen nahm der Leipziger Polizeipräsident v. Rackel, der durch einen Zufall auf ihn gestoßen war, nach Aussprache mit den Eltern an Kindes Statt an. S. besuchte die Leipziger Thomasschule, ging nach dem Tode des Pflegevaters mit dessen Witwe zunächst nach Königstein bei Dresden, im Frühjahr 1823 nach Dresden. Dort besuchte er das »Freimaurer-Institut«, eine von der Freimaurerloge unterhaltene Schule, studierte 1824–1827 an der zur Akademie der bildenden Künste gehörenden Bauschule und ließ sich 1827/28 in der Mechanischen Werkstatt R. S. Blochmanns im praktischen Maschinenbau und im Konstruieren unterweisen. Ab 1828 gehörte S. der am 1. 5. 1828 gegründeten Technischen Bildungsanstalt Dresden bis 1869 als Lehrer (ab 1832 Prof., 1849 kommissarischer Dir.) an. Für kürzere Zeit unterbrach er die Lehrtätigkeit, unter anderem zum Zwecke von Studienreisen und praktischen Arbeiten. Eine Studienreise führte ihn von August bis Oktober 1834 nach England, der »Werkstatt der Welt«, und Schottland, wo er die Errungenschaften der industriellen Revolution kritisch in Augenschein nahm; 1836 bereiste er für mehrere Wochen Frankreich, um die dortigen Verkehrsverhältnisse kennenzulernen.

Der Reisebericht, den S. nach seiner Rückkehr aus England und Schottland dem sächs. Ministerium des Inneren erstattete, schließt mit der Bemerkung, man könne das engl. Vorbild aus eigenen Kräften erreichen und wohl auch übertreffen. Das ist erstaunlich in Anbetracht des Abstandes, den die deutsche industrielle Entwicklung von der englischen trennte. Theorie und praktische Tätigkeit einem Ziel unterordnend, trat S. den Beweis für seine optimistische Haltung an und baute innerhalb eines halben Jahres die erste funktionstüchtige deutsche Lokomotive. 1836 initiierte er die Gründung des »Dresdner Actien-Maschinenbau-Vereins« und schuf mit der Maschinenbau-Anstalt Übigau die technisch-organisatorischen Voraussetzungen für das Aufkommen eines neuen Zweiges des Maschinenbaus. Am 6. 7. 1837 erfolgte die Inbetriebnahme des von ihm erbauten ersten Oberelbe-Dampfschiffs »Königin Maria«. Ursprünglich wollte S. aufgrund der in England und Frankreich gesammelten Erfahrungen und unter Berücksichtigung der Stromverhältnisse der oberen Elbe für die geplante Dampfschiffahrt von Anfang an Hochdruckdampfmaschinen verwenden, die infolge ihrer geringeren Masse und der kleineren Abmessungen bzw. des dadurch geringeren Tiefgangs der Schiffe den damals stark schwankenden Wasserständen der Elbe besser entsprachen. Er scheiterte damit zunächst an der Uneinsichtigkeit der zuständigen staatlichen Stellen; erst 1840/41 wurden die von ihm konstruierten Dampfschiffe mit leichteren Dampfmaschinen ausgerüstet. S.s hervorragende konstruktive Begabung und sein vorausschauendes Denken fanden 1846 endgültig ihren Lohn, als die »Königin Maria« durch ein neues Schiff gleichen Namens ersetzt wurde, für das die Firma Henschel in Kassel die von S. so nachdrücklich geforderte Hochdruckdampfmaschine lieferte. S.s Wunsch, die Eröffnungsfahrt der Leipzig–Dresdener Bahn am 8.4.1839 mit der von ihm konstruierten Lokomotive »Saxonia« zu unternehmen, beschied die Direktion der Bahngesellschaft abschlägig. Man bezweifelte die Leistungsfähigkeit der »Saxonia«. Schließlich gestattete man S., den von engl. Lokomotiven gezogenen Festzügen mit seiner »Saxonia« bei der Eröffnungsfahrt zu folgen. Nach 1850 wandte sich S. dem Ingenieur-, Straßen-, Eisenbahn- und Brückenbau zu, nachdem er bereits 1845 mit zwei theoretischen Untersuchungen »Über die Theorie der Konstruktion steinerer Brückenbögen« sowie »Die Stützung und Konstruktion gerader und schiefer Wölbbögen« hervorgetreten war. Nach nur fünfjähriger Bauzeit konnten am 15. 7. 1851 die ersten Züge die Göltzschtal- und die Elstertalbrücke befahren.

S.s wissenschaftliches und praktisch-organisatorisches Wirken fällt in die Zeit der industriellen Revolution. Die zunächst noch im Anfangsstadium industrieller Entwicklung liegende sächs. Wirtschaft bedurfte sowohl des empirisch arbeitenden Praktikers wie des wissenschaftlich gebildeten Konstrukteurs, der vornehmlich dem Maschinenbau und dem Bauingenieurwesen die notwendige theoretische Grundlage zu geben hatte. S. kam beiden Forderungen nach. Als Lehrer der Technischen Bildungsanstalt hatte S. maßgeblich Anteil daran, daß die Dresdner Bildungsstätte am 23.11.1851 die ihrem Charakter entsprechende Bezeichnung »Polytechnische Schule« erhielt. Noch lehrend in den Jahrzehnten des empirisch beschreibenden Maschinenbaus, fand er ein System anschaulicher Lösungen maschinentechnischer Fragen. S., der 1846–1849 den Vorsitz im Verwaltungsrat des 1846 gegründeten Sächs. Ingenieurvereins innehatte, sorgte gemeinsam mit anderen Pionieren der industriellen Revolution dafür, daß Deutschland über eine große Zahl wissenschaftlich gebildeter Ingenieure verfügte, die mit ihren Leistungen bereits Ende der 50er Jahre ihre ehemaligen engl. Lehrmeister übertrafen. So

Literatur: Schubert, J.A.: Handb. der Mechanik für Praktiker oder Grundlehren der Mechanik auf die Konstruktion der Maschinen und auf die Baukunst bezogen ... 1.Bd.: Statik fester Körper (Dresden u. Leipzig 1832), Andeutung über die Dampfschifffahrt auf der oberen Elbe (Dresden 1836), Elemente der Maschinenlehre. 1. Abtlg.: Vom Materiale der Maschinentheile und deren Construction ... (Dresden u. Leipzig 1842), 2. Abtlg.: Von der Bearbeitung fester Körper im allgemeinen, von den einfachen Werkzeugen und den Werkzeugmaschinen (Dresden u. Leipzig 1844).

Weichold, A.: Johann Andreas Schubert. Lebensbild eines bedeutenden Hochschullehrers und Ingenieurs aus der Zeit der industriellen Revolution (TU Dresden 1968).

Schumacher, Heinrich Christian, Astronom, geb. 3. 9. 1780 Bramstedt (Holstein), gest. 28. 12. 1850 Altona bei Hamburg.

S. begründete im Jahr 1821 die bis heute existierende Fachzeitschrift »Astronomische Nachrichten« (AN).

S., Sohn eines kgl. dän. Amtmanns und Kammerherren, genoß von frühester Kindheit an die Gunst des dänischen Königs Friedrich VI. Nach dem Tod des Vaters zog die Mutter mit den beiden Söhnen nach Altona (das bis 1866 zum Königreich Dänemark gehörte). Dort besuchte S. das Gymnasium und studierte bis 1804 an den Univ. Kiel und Göttingen Rechtswissenschaften und nahm danach für kurze Zeit eine Stelle als Hauslehrer in Livland an. Ab 1805/06 wirkte er in Dorpat (Tartu) als Jura-Dozent und promovierte 1806 in Göttingen. In Dorpat begann er, sich für Astronomie zu interessieren, und bildete sich durch intensive Studien auf diesem Gebiet weiter, so daß er 1810 eine Professur für Astronomie in Kopenhagen erhielt. 1813–1815 war S. Dir. der Sternwarte in Mannheim. Über Kopenhagen nach Altona zurückgekehrt, beteiligte er sich an der dän. Gradmessung. Um 1820 richtete ihm der König eine gutausgerüstete Sternwarte ein, die bald die Rolle eines Kommunikationszentrums für die europäische Astronomie spielte.

An der Sternwarte wurden Untersuchungen zur Länge des Sekundenpendels, Beobachtungen zum Erdmagnetismus und Versuche zur Revision des dänischen Maß- und Gewichtssystems unternommen. S. leitete oder unterstützte Chronometerexpeditionen zur Bestimmung von Längenunterschieden zwischen Greenwich und Altona, Kopenhagen,

Pulkowo und anderen Orten. Er beteiligte sich ferner an topographischen Bestimmungen des Herzogtums Holstein.

Neben der Herausgabe von astronomischen »Hülfstafeln« (1820–1829) und »Ephemeris of the distances of the four planets ...« (1821–1831) im Interesse des Kopenhagener Seekarten-Archivs begründete S. in der zweiten Hälfte des Jahres 1821 die Ztschr. »Astronomische Nachrichten« (AN). Die AN stellen S.s astronomisches Hauptwerk dar. Sie schlossen die seit dem Einstellen der durch F. X. von Zach und B. A. von Lindenau herausgegebenen Publikationsorgane entstandene Lücke. Nach dem Urteil F. W. Bessels waren die AN »nothwendige Bedingung des freudigen Blühens der Astronomie«. Ihre kurzperiodische Erscheinungsweise in Form einzelner Bögen ersetzte manchem Astronomen die fachliche Korrespondenz. Der von S. aufgebaute bedeutende Bekannten- und Freundeskreis aus der astronomischen Fachwelt erfüllte dafür maßgebliche Voraussetzungen. In den Jahren 1836–1841 und 1843/44 erschien neben den AN noch S.s »Jahrbuch«.

Die AN werden heute von der AdW der DDR herausgegeben. Ein bedeutender Teil des Nachlasses von S. wird in der Deutschen Staatsbibliothek Berlin aufbewahrt. Fd

Literatur: Biermann, K.-R. (Hrsg.): Briefwechsel zwischen Alexander von Humboldt und Heinrich Christian Schumacher, (Berlin 1979); Repsold, J. A.: H. C. Schumacher, in: Astronom. Nachr. 268 (1919), 4970–71, Spalte 17–34; Voß, W.: H. C. Schumacher und die Sternwarte Altona, in: Die Sternenwelt, 3 (1951), 121f.

Schwann, Theodor Ambrose Huber, Biologe, geb. 7. 12. 1810 Neuß/Rhein, gest. 14. 1. 1882 Köln.

S. entdeckte wichtige physiologische Sachverhalte und wurde neben M. J. Schleiden zum Begründer der Zell(en)lehre(-theorie), indem er auch die Tiere in diese Theorie einbezog.

S. war der Sohn eines Buchhändlers. Schon als Schüler war S. an den Naturwissenschaften interessiert, sah aber, unter starkem religiösem Einfluß, seine Laufbahn zunächst im Dienste der katholischen Kirche. Im Herbstsemester 1829, nach Abschluß der Schulausbildung in Köln, begann S. das Studium der Medizin an der Univ. Bonn. Sein bedeutendster Lehrer war hier J. Müller, mit dem zusammen er bald auch experimentelle Forschungen durchführte.

Ab Herbst 1831 studierte S. die klinischen Fächer an der Univ. Würzburg, wo vor allem J. L. Schönlein sein Lehrer war, und ging im April 1833 an die Univ. Berlin, wohin unterdessen Müller aus Bonn berufen worden war. Unter Müller promovierte S. auch am 31. 5. 1834, legte wenige Wochen später das medizinische Staatsexamen ab und wurde einer von Müllers Assistenten (»Gehülfen am anatomischen Museum in Berlin«).

Nach Enttäuschung wegen ausbleibender Berufungen ging S. nach Belgien und wurde 1839 Prof. für Anatomie an der Univ. Louvain (Löwen). Ab 1848 übernahm er den Lehrstuhl für Anatomie an der Univ. Liège (Lüttich), den er an dieser Univ. 1858 mit dem für Physiologie, allgemeine Anatomie und Embryologie tauschte und bis 1879 innehatte.

Seine erste Forschungsarbeit auf embryologischem Gebiet galt der Feststellung, daß zur Entwicklung des Hühnchens im Ei Luft durch die Schale hinzutreten muß.

Während seiner Berliner Zeit entwickelte S. eine mechanistische Auffassung von den Lebenserscheinungen, die von der teilweise vitalistisch geprägten Auffassung Müllers abwich. Die Welt, auch die der Lebewesen, funktionierte nach S. gemäß den ihr innewohnenden Gesetzen, aber Gott war der Schöpfer der Welt und auch ihrer mechanistisch erklärbaren Gesetzmäßigkeit. Sowohl durch seine mechanistische Auffassung als auch durch seine vorbildlichen experimentellen Untersuchungen wirkte S. auf die nachfolgende Physiologengeneration (z. B. E. du Bois-Reymond). Im Jahre 1836 veröffentlichte S. eine durch die Klarheit der Methodik auffallende Forschungsarbeit »Ueber das Wesen des Verdauungsprocesses«. Vor S. hatten bereits R. A. F. de Réaumur, L. Spallanzani und E. de Beaumont Magensaft gewonnen und dessen Verdauungswirkung untersucht, aber keinen wirksamen Stoff nachweisen können. S., der seine Untersuchungen an Rindermägen anstellte, entdeckte als »verdauendes Princip des Eiweisses« im Magen einen besonderen, mit Säure zusammen wirksamen Stoff, das Pepsin, welches das erste erkannte Verdauungsferment war.

H. Chr. Schumacher

Th. Schwann

S. suchte auch als einer der ersten Physiologen des 19. Jh. die Messung von Lebensvorgängen einzuführen, so 1837 bei Untersuchungen über die Muskelverkürzung.

Noch im gleichen Jahr publizierte er das Ergebnis seiner Forschungsarbeit, daß bei Verwendung ausgeglühter Luft keine Gärung des Weines stattfindet, also ein durch Hitze zerstörbarer Faktor der Luft für die Gärung erforderlich ist. S. postulierte eine Beziehung von Weingärung und »Zukkerpilz« (Hefe). S. stellte auch fest, daß gekochtes und völlig verschlossen aufbewahrtes Fleisch nicht verfault, was gegen die in der ersten Hälfte des 19. Jh. von vielen Forschern angenommene Selbstentstehung (»Urzeugung«) von Infusionstierchen in faulenden organischen Stoffen sprach. Etwa gleichzeitig wie S. gelangte Ch. Cagniard de la Tour zu der Ansicht, daß mikroskopisch kleine Organismen Gärung und Fäulnis hervorrufen. Diese Auffassung konnte sich aber bis zu den Forschungen L. Pasteurs um 1860 nicht gegen die rein chemische Gärungstheorie J. v. Liebigs durchsetzen.

Das bedeutendste Werk von S. »Mikroskopische Untersuchungen über die Übereinstimmung in der Struktur und dem Wachstum der Thiere und Pflanzen« erschien 1839. Hierin legte S. dar, daß die Zelle Elementarbestandteil der Pflanzen und Tiere ist, womit eine entscheidende Gemeinsamkeit aller Organismen erkannt war.

Die Suche nach einem Elementarbestandteil der Organismen war allerdings älter, nur konnten vorher angenommene Elementarbausteine, Fasern, Körner u. a., nicht als solche aufrechterhalten werden. Bei der Beschreibung von Zellen vor 1839 durch Müller (Chorda dorsalis), J. Henle (Epithelgewebe) und J. E. Purkyně (Nervenzellen) fehlte die Erkenntnis, daß sie die einzigen Grundbausteine des Organismus sind. Die behauptete Wesensgleichheit zwischen den »Zellen« der Pflanzen und den so unterschiedlich ausdifferenzierten Zellen der Tiere erweckte unter den Wissenschaftlern zunächst Bedenken. S. legte vor allem dar, daß die Entstehung neuer Zellen bei Pflanzen und Tieren dem Wesen nach gleichartig erfolgt. Die Zellenlehre von S. war allerdings von jener späterer Zeit recht verschieden, weil die Entstehung der Zellen falsch gesehen wurde:

Zellen sollten in jedem Organismus, auch in jedem Ei, in einem der Kristallisation vergleichbaren Prozeß aus nichtzellulärer Substanz entstehen.

1844 bewies S. durch Versuche an Hunden, daß die vielfach als Abfallprodukt des Körpers betrachtete Gallenflüssigkeit lebensnotwendig ist, indem er die Gallenflüssigkeit durch eine Fistel aus dem Körper der Tiere herausleitete, was deren Tod zur Folge hatte.

S. entdeckte weiterhin die später SCHWANNsche Scheide genannte Myelinhülle der peripheren Nerven, studierte die Regeneration der Nerven und fand die Kontraktilität der kleinsten Arterien bei Kälte.

Daneben konstruierte S., der in Belgien in einem Industrie- und Bergbauzentrum lebte, noch ein Rettungsgerät für Bergarbeiter, das als Modell für den Bau weiterer solcher Geräte diente.

Trotz seiner naturwissenschaftlichen Forschungsergebnisse, seiner mechanistischen Auffassung vom Leben blieb S. Anhänger des Katholizismus, ja er wandte sich nach 1839 auch mehr von seiner rationalistischen Anschauung ab. Zi

Literatur: Schwann, T.: Ueber das Wesen des Verdauungsprocesses. Arch. Anat., Physiol. u. wissenschaftl. Medicin, ... 1836: 90–138; Vorläufige Mittheilung, betreffend Versuche über die Weingährung und Fäulniss. Ann. Phys. Chem. 41 (1837): 184–193; Mikroskopische Untersuchungen über die Übereinstimmung in der Struktur und dem Wachstum der Thiere und Pflanzen (Berlin 1839).

Schwarzschild, Karl, Astronom, geb. 9.10.1873 Frankfurt/Main, gest. 11.5.1916 Potsdam.

S. zählt zu den bedeutendsten und vielseitigsten Astronomen des 20. Jh.; er hat zahlreiche theoretische und praktische Gebiete der Astronomie, Mathematik und der Physik durch sein Wirken bereichert.

Nach dem Besuch des Gymnasiums seiner Heimatstadt studierte S. in Straßburg (Strasbourg), später in München, wo er 1896 promovierte. Danach ging er als Observator an die von-Kuffnersche Sternwarte in Wien. Nach seiner Habilitation wurde er 1901 ao. Prof. und Dir. der Sternwarte Göttingen, bis er 1909 Dir. des Astrophysikalischen Observatoriums in Potsdam wurde, einer der damals führenden Forschungseinrichtungen der Erde. S. war Mitgl. mehrerer gelehrter Gesellschaften, darunter seit 1909 der Royal Astronomical Society und 1913 der Berliner Ak. d. Wiss. Von seinen drei Kindern folgte Sohn MARTIN S. den fachlichen Spuren seines Vaters und wurde Astrophysiker.

Die ersten bemerkenswerten Arbeiten von S. entstanden bereits während seiner Gymnasiumszeit und behandeln Berechnungsmethoden der Bahnen von Kometen und Doppelsternen. Problemen der Himmelsmechanik sind auch seine Dissertation gewidmet, in der er stabile Zustände rotierender Körper untersucht, z. B. Gezeitendeformationen eines Mondes in der Nähe seines Hauptplaneten, sowie weitere Veröffentlichungen zum Dreikörperproblem, der Stabilität der Bahnen von Planetoiden und Kometen u. a.

Mit dem Eintritt in die von-Kuffnersche Sternwarte wandte sich S. der praktischen Astronomie zu. Eines der zentralen Probleme war dabei die Photometrie, und zwar die Bestimmung der Sternhelligkeiten, wofür S. mehrere Methoden ersann, die er in dem 1905–1908 herausgegebenen Sternkatalog Göttinger Aktinometrie niederlegte. Dieses bedeutende Unternehmen, die Sternhelligkeiten mit photographischen Mitteln zu bestimmen, umfaßte 3522 Sterne sowie einen Zusatzkatalog mit 168 polnahen Sternen. Die Ergebnisse der Aktinometrie setzten S. in die Lage, in die Photometrie den Farbindex einzuführen, d. h. die Differenz der Sternhelligkeiten in verschiedenen Spektralbereichen (heute meistens in Ultraviolett, Blau und im Visuellen), woraus später ein wichtiges Mittel zur Ableitung physikalischer Zustände entwickelt werden konnte. Parallel zu den Vorbereitungen und der Erarbeitung der Aktinometrie wurde der Zusammenhang zwischen der Schwärzung der photographischen Schicht und der Dauer der Belichtungszeit theoretisch untersucht, was zum SCHWARZSCHILD-Gesetz führte.

1905–1912 verfaßte S. einige Beiträge zur Instrumententheorie, in denen er Formeln zur Berechnung von Abbildungsfehlern in Spiegelsystemen sowie zur Konstruktion eines lichtstarken astronomischen Kameraobjektivs entwikkelte. Letzteres wurde später von der Firma Carl Zeiss in Jena für das Potsdamer Observatorium angefertigt. Mit diesen Arbeiten verhalf S. dem Einsatz der Spiegelteleskope gegenüber dem der bisher vorherrschenden Linsenfernrohre zum Durchbruch. Die letzten Linsengiganten wurden 1896 (größte Brennweite mit 21 m, heute Archenhold-Sternwarte Berlin-Treptow) und 1902 (größter Durchmesser mit 102 cm, Yerkes-Refraktor, USA) hergestellt.

Die von S. am 30.8.1905 in Algier beobachtete Sonnenfinsternis war Ausgangspunkt einiger Untersuchungen zur Physik der Sonne. Aus eigenen Beobachtungen leitete er Höhenschichten für die Chromosphäre ab. Seine Untersuchungen zum Strahlungsgleichgewicht der Sonne unter der Annahme, daß sich die Wärmeübertragung vom Inneren zu den äußeren Schichten nur durch Strahlung vollzieht, der gegenüber Wärmeleitung und -strömung vernachlässigbar sind, wurde später unter Hinzufügung des Strahlungsdrucks von A. ST. EDDINGTON ausgebaut.

Auch die Struktur unseres Milchstraßensystems war Forschungsgegenstand von S. 1910 leitete er die Grundgleichung der Stellarstatistik ab, in die unter anderem die Dichtefunktion und die Leuchtkraftfunktion der Sterne eingingen. Letztere war von großer Wichtigkeit, da sich vor allem mit den fundamentalen Arbeiten von E. HERTZSPRUNG erwiesen hatte, daß es hinsichtlich der Leuchtkraft erhebliche Unterschiede zwischen den Sternen gibt und man nicht von der scheinbaren Helligkeit auf die Entfernung der Sterne schließen kann. Als Ergebnis der Arbeiten S.s und auch anderer Astronomen entstand das Grundmodell der Galaxis als eines Rotationsellipsoids mit der Sonne im Zentrum und einer Abnahme der Sterndichte in alle Richtungen. Zwar war dies eine sehr vereinfachte Vorstellung, die aber doch (ausgenommen die Zentralstellung der Sonne) wichtige richtige Ansätze enthielt.

S. war einer der ersten Astronomen, der die Konsequenzen der Verbindung von Astronomie und Physik der Mikrowelt erfaßte, die heute ein wesentlicher Grundzug des Fortschritts der Kosmosforschung ist. Versuchte S. z. B. zuerst, die Aufspaltung der Spektrallinien in elektrischen Feldern im Rahmen der klassischen Theorie der Elektrodynamik zu lösen, so erkannte er bald, daß dies nur in quantenmechanischer Betrachtung möglich ist.

S. verfolgte stets unvoreingenommen neue Forschungen und interessierte sich schon früh besonders für die allgemeine Relativitätstheorie von A. EINSTEIN. In einer 1916 veröffentlichten Arbeit gibt er vollständigere und eindeutigere Lösungen für einige Gleichungen, für die EINSTEIN nur Näherungen fand. Auch die von EINSTEIN vorhergesagte, äußerst geringe Verschiebung der Spektrallinien im Sonnenspektrum versuchte S. in Potsdam zu beobachten, jedoch vergeblich.

Ebenfalls 1916 berechnete S. den Radius eines Körpers gegebener Masse, unterhalb dessen keine Informationen von ihm ausgehen können, weil die Entweichgeschwindigkeit größer als die Lichtgeschwindigkeit ist. Dieser kritische Radius (SCHWARZSCHILD-Radius) ergab sich zu $R_S = 2\,GMc^{-2}$, wobei G die Gravitationskonstante, M die Masse des Körpers und c die Lichtgeschwindigkeit bedeuten. Für die Sonne beträgt R_S rund 3 km. Würde z. B. die Sonne auf diesen Radius schrumpfen, könnte sich keine elektromagnetische oder andere Strahlung von ihr entfernen, sondern würde durch das enorme Gravitationspotential auf die Sonne »zurückfallen«. Diese Berechnungen spielen eine fundamentale Rolle in der Theorie der Schwarzen Löcher, eines der hypothetischen Endstadien der Sternentwicklung.

S. war kein Gelehrter, der nur in seinem Spezialistentum lebte, sondern war auch dem Gedanken der Popularisierung der Astronomie verbunden. Davon zeugen seine Veröffentlichungen über astronomische Beobachtungen mit elementaren Hilfsmitteln und über die Astronomie auf den Gymnasien.

Zu Ehren von S. wurde die Sternwarte in Tautenburg bei Jena mit dem 2-m-Spiegelteleskop »Karl-Schwarzschild-Observatorium« benannt. Ha

Literatur: Schwarzschild, K.: Die Poincarésche Theorie des Gleichgewichts einer homogenen rotierenden Flüssigkeitsmasse, in: N. Ann. Kgl. Sternw. München 3 (1898), 231–299, Beiträge zur photographischen Photometrie der Gestirne, in: Publ. von Kuffnersche Sternw. 5 (1900), C 1-C 135, Aktinometrie der Sterne der BD bis zur Größe 7,5 in der Zone 0° bis +20° Deklination, in: Abh. Kgl. Ges. Wiss. Göttingen, Math.-phys. Kl., N. S., 6 (1910), 8 (1912), Über das Gravitationsfeld eines Massenpunktes nach der Einsteinschen Theorie und über das Gravitationsfeld einer Kugel aus inkompressibler Flüssigkeit nach der Einsteinschen Theorie, in: SB AdW Berlin 1916, 189–196, 424–434.

Blumenthal, O.: Karl Schwarzschild, in: Jahresber. Dtsch. Math.-Ver. 26 (1918), 56–75 (mit Bibliographie der Schriften von Schwarzschild); Oppenheim, S.: Karl Schwarzschild, in: Vierteljahresschr. der Astronom. Ges. 58 (1932), 191–209.

Secchi, Angelo, Astronom, geb. 18. 6. 1818 Reggio nell' Emilia (Italien), gest. 26. 2. 1878 Rom.

S. ist einer der Begründer der Astrophysik. Er führte spektralanalytische Untersuchungen der Planeten, der Sonne, der Sterne und anderer Himmelskörper durch und verfaßte zwei Standardwerke der Astrophysik.

Nach dem Besuch einer Jesuitenschule studierte S. am Collegium Romanum Physik und Mathematik. Für diese Fächer war er für einige Zeit Lehrer am Jesuitenkolleg in Loreto. Von 1844–1848 setzte er seine astronomischen und theologischen Studien fort. 1848 lehrte er am Kolleg in Stonyhurst (England) und an der Georgetown-Univ. Washington (USA). 1849 erhielt S. eine Berufung zum Dir. des Observatoriums des Collegium Romanum.

Die Tätigkeitsgebiete von S. waren sehr vielfältig. Neben Themen der klassischen Astronomie (Doppelsternmessungen, Durchmesserbestimmung der Planeten und ihrer Monde) befaßte er sich besonders mit spektroskopischen Untersuchungen.

Nach einer Modernisierung des von ihm geleiteten Observatoriums begann S. mit physikalischen Studien der Himmelskörper, besonders der Sonne. Mit Hilfe eines Thermoelements maß er die Temperatur der Sonne und der Sonnenflecken und stellte fest, daß vom Zentrum der Sonnenscheibe mehr als doppelt so viel Strahlung ausgeht wie von den Randpartien. Ihm gelangen sehr früh wissenschaftlich auswertbare Sonnenphotographien (Daguerreotypien). Jahrelange Studien der Sonne, ihrer Flecke, der Chromosphäre, der Korona u. dgl. ermöglichten ihm, mit seinem Buch »Die Sonne« ein international anerkanntes Standardwerk zu schaffen, das zusammenfassend den Kenntnisstand über unseren Zentralkörper auf der Grundlage astrophysikalischer Forschungen abhandelt. Das Werk regte weitere Untersuchungen an, obwohl zu jener Zeit die meisten Astronomen der Astrophysik skeptisch und ablehnend gegenüberstanden.

K. Schwarzschild

A. Secchi

Eine ähnlich große Bedeutung besaß das Buch »Die Sterne« von S. für das Gebiet der Fixsternastronomie. Neben einer umfangreichen Darstellung der physikalisch-chemischen Natur der Sterne entwickelte er in diesem Werk auf der Grundlage spektraler Kriterien ein Klassifikationsschema der Sterne. Aus den Daten von etwa 4 000 Sternspektren, die S. beobachtet hatte, leitete er fünf Sterntypen ab. Der 1. Typ umfaßt die weißen und blauen Sterne (z. B. Sirius, Wega, Rigel) mit Kontinuum, auf dem nur die Wasserstofflinien deutlich sichtbar sind. Andere Linien erscheinen nur spurenweise. Der 2. Typ enthält gelbe Sterne (z. B. Capella, Pollux, Arktur). Ihr Spektrum stimmt mit dem der Sonne überein und enthält eine große Anzahl von deutlichen feinen Linien. Im Spektrum der Sterne des 3. Typs, der orangefarbene und rote Sterne enthält, treten die Linien in Form »säulenförmiger Banden« auf (z. B. Beteigeuze, Antares). Der 4. Typ wird als »sehr eigentümlich und veränderlich« charakterisiert. Er umfaßt tiefrote Sterne geringer Helligkeit mit breiten Banden im Spektrum. Im 5. Typ sind Sterne enthalten, in deren Spektrum nur die Wasserstofflinien in Emission sichtbar sind. Die Bedeutung dieses Klassifikationsschemas liegt nach der Meinung von S. auch darin, daß es »zur Entscheidung der Frage dienen (kann), ob die Sterne mit der Zeit wesentliche Veränderungen ihres Zustandes erleiden« (dtsch Die Sterne, Leipzig 1878, S. 89). Zunächst handelt es sich jedoch um eine Zustandsklassifikation, die in der Typenfolge 5., 1., 2., 3., 4. abfallend die Oberflächentemperaturen der Sterne beschreibt. Für eine Ableitung der Sternentwicklung aus den Spektraltypen waren noch erhebliche Vorleistungen der Wissenschaft notwendig, die z. B. von K. F. Zöllner und H. C. Vogel geleistet wurden. Die Systematisierung von S. ging später modifiziert in die heute noch gebräuchliche Harvard-Klassifikation der Sternspektren ein. Auch auf anderen Gebieten führten spektroskopische Studien von S. zu wichtigen Ergebnissen. So stellte er die Unterschiedlichkeit der Jupiter- und Saturnatmosphäre von der der Erde fest und erkannte, daß einige kosmische Nebel tatsächlich aus Gas bestehen.

Erwähnenswert ist weiterhin das Werk »Die Einheit der Naturkräfte. Ein Beitrag zur Naturphilosophie«, in dem S. physikalische Erscheinungen, wie Wärme, Licht und Elektrizität, nebst verwandten oder mit ihnen verbundenen Wirkungen untersucht und in ihren gegenseitigen Beziehungen darstellt. Ha

Literatur: Secchi, A.: Le Soleil (Paris 1870, 2. Aufl. 1875–1877), dtsch. Die Sonne (Braunschweig 1872), Les Étoiles (Milano 1878, Paris 1879), dtsch Die Sterne (Leipzig 1878), Die Einheit der Naturkräfte (Braunschweig 1892). Eine Bibliographie der Schriften von S. ist enthalten in: Memorie dell'Accademia pontificia dei Nuovo Lincei, Bd. 4 (1888).

Sečenov, → Setschenow.

Sedgwick, Adam, Geologe, geb. 22. 3. 1785 Dent (Yorkshire), gest. 27. 1. 1873 Cambridge.

S. beschrieb in zahlreichen Arbeiten, ausgehend von den geologischen Verhältnissen in England, den Aufbau und die Untergliederung des tieferen Paläozoikums in West- und Mitteleuropa. Zu seinen Arbeitsgebieten gehörten ferner Fragen der Tektonik (Klüftung, Schieferung) und der Metamorphose in paläozoischen Schichtfolgen.

S., Sohn eines Geistlichen, begann 1804 ein Studium der Mathematik und Theologie im Trinity College in Cambridge, wo er 1809 eine Anstellung als Hilfslehrer erhielt. 1818 wurde S. zum Prof. für Geologie an der Univ. Cambridge berufen. Damit begann seine intensive Beschäftigung mit geologischen Fragen. Seine Aufgaben (als »Woodwardian Professor«) bestanden zunächst in der Verwaltung und Erweiterung der von J. Woodward begründeten Sammlungen. Dazu kamen später noch Vorlesungsverpflichtungen, denen er bis zu seinem Tode nachkam. Als Geistlicher erhielt er 1819 den Grad eines Diakons. Unmittelbar nach seiner Berufung an die Univ. Cambridge untersuchte S. zunächst die Geologie der Isle of Wight. 1820 besuchte er Paris, wo ihn eine Freundschaft mit G. C. L. Cuvier verband. Zusammen mit seinem Freund R. I. Murchison beschäftigte er sich mit der Untersuchung des Aufbaus und der Untergliederung des Paläozoikums in Schottland (ab 1825), in Nordwales (ab 1831) und allein im Lake District, wo er unter anderem den altpaläozoischen Vulkanismus der »Borrowdale volcanic series« untersuchte. 1832 bereiste er die Westalpen (zusammen mit Murchison) und nach Aufstellung des Devon-Systems das Rheinische Schiefergebirge, den Harz und das Fichtelgebirge.

S. gehörte zu den Mitbegründern der Cambridge Philosophical Society. Außerdem arbeitete er in führenden Positionen der Geological Society of London (1829–1831 Präsident, 1845–1848 Vizepräsident, 1824/25 sowie 1827–1844 Mitgl. des Rates). 1851 erhielt S. die Wollaston-Medaille für »die neuartigen Untersuchungen zur Entwicklung der geologischen Struktur der Britischen Inseln, der Alpen und der Rheinischen Provinzen«. 1863 wurde er mit der Copley-Gold-Medaille geehrt, und zwar für »seine Beobachtungen und Entdeckungen in der Geologie paläozoischer Gesteins-Serien, und da hauptsächlich für seine Bestimmung des Charakters des devonischen Systems, ermittelt über Beobachtungen des Lagerungsverbandes der Killas-Gesteine und ihrer Fossil-Führung in Devonshire«, wie es in der Begründung hieß.

Zu Beginn des 19. Jh. stand die historische Geologie noch in den Anfängen ihrer Wissenschaftsentwicklung. Die von G. Arduino (1759) verwendete Untergliederung der Kruste in die drei Abschnitte Montes tertiarii, Montes secundarii und Montes primitivi (vom Hangenden zum Liegenden) war von G. Lehmann (1767) und A. G. Werner (1786) in folgender Art etwas erweitert worden: aufgeschwemmtes Gebirge (= Känozoikum) – Flözgebirge (= Mesozoikum, teilweise Paläozoikum) – Übergangsgebirge oder Grauwackenformation – Urgebirge. In England wurde in Fortführung dieser Einteilung unter den kohleführenden Schichtfolgen des Karbons eine Grauwackenformation oder Übergangsfolge (transition rocks) ausgehalten (als selbständige Einheit kartiert). Auf die weitere Untergliederungsmöglichkeit dieser Grauwackenformation in Kambrium und Devon wies S. zusammen mit Murchison hin. Er grenzte 1835 das Kambrium, 1852 das Tremadoc und das Arenig sowie 1840 (mit Murchison) das Devon ab. In der Folgezeit wurde die horizontale Verbreitung dieser Systeme und Stufen schnell über das Gebiet Englands hinausgehend nachgewiesen, z. B. durch E. de Beaumont in Frankreich, durch G. Forchhammer in Skandinavien und durch H. D. Rogers und G. W. Featherstonehaugh in den USA. S. kann damit als einer der Begründer der heute gültigen Internationalen Stratigraphischen Standardskala angesehen werden. Tr

Literatur: Sedgwick, A.: On the classification and nomenclature of the Lower Palaeozoic Rocks of England and Wales, in: Quart. J. Geol. Soc. London 8 (1852), 136–168, (mit R. I. Murchison): On the Silurian and Cambrian systems, in: London and Edinb. Phil. Mag. 7 (1835), (mit F. McCoy): A synopsis of the classification of the British Palaeozoic Rocks (London u. Cambridge 1851–1855).

Obituary (Nachruf), in: Quart. J. Geol. Soc. London 29 (1873), XXX–XXXIX; Geikie, Sir A.: The Founders of Geology (London 1897).

Seki, Takakazu, Mathematiker, geb. 1642 oder 1644 Huzioka (?) (Japan), gest. 24. 10. 1708 Edo (heute Tokio).

S. gilt als der bekannteste und bedeutendste Vertreter der ohne europ. Einfluß eigenständig und hoch entwickelten Mathematik in Japan.

Die Kenntnisse über das persönliche Leben von S. sind spärlich und ungenau; er war Sohn eines Samurai, wurde von einem Buchhalter adoptiert und war vermutlich in der staatlichen Administration tätig. Viele seiner Untersuchungen und Schriften sind erst durch seine Schüler überliefert worden.

S. stand in einer breiten japan. Tradition des Rechnens auf einer Art Abakus, die ihrerseits weitgehend chines. Ursprungs war. Im Rückgriff auf chines. Methoden der Auflösung algebraischer Gleichungen stieß S. bis zur Behandlung von Gleichungen 5. Grades vor, die sogar verallgemeinerungsfähig sind und Näherungsverfahren entsprechen, die heute als Hornersches Schema bezeichnet werden. Bei der Behandlung von Gleichungssystemen entwickelte S. Verfahren zur schrittweisen Elimination der Variablen und führte determinantenähnliche Ausdrücke ein. Ein anderes herausragendes mathematisches Ergebnis von S. ist die Rektifikation des Kreisumfanges mittels der Methode der eingeschriebenen Polygone mit der Eckenzahl 2^n und die Kubatur der Kugel; die Approximation liefert einen Näherungswert für π, der in der Schreibweise heutiger Dezimalbrüche bis zur zehnten Dezimale korrekt ist. Diese und andere Rektifikationen sowie Flächenberechnungen von Ellipsen und Ellipsenstücken können als Frühformen der Integralrechnung betrachtet werden. Wu

Literatur: Collected Papers of Takakazu Seki (Osaka 1874), Sieben Bücher über die Mathematik der Schule von Seki (japan., Tokio 1907).

Semjonow (Semënov), Nikolai Nikolajewitsch, Physikochemiker, geb. 3. (15.) 4. 1896 Saratow, gest. 25. 9. 1986 Moskau.

S. leistete herausragende Beiträge zur Aufklärung der Mechanismen sowie der Kinetik von Kettenreaktionen und erhielt 1956 zusammen mit C. N. Hinshelwood den Nobelpreis für Chemie.

S. studierte 1913–1917 an der Univ. St. Petersburg (Leningrad) und arbeitete danach bis 1921 an verschiedenen Forschungsinstitutionen, unter anderem in Tomsk, Leningrad und Moskau. 1921 wurde er Assistent am physikalisch-technischen Institut der Univ. Leningrad, 1928 Prof. am Leningrader Polytechnischen Institut. 1931 übernahm S. die Leitung des neugegründeten Instituts für chemische Physik der Ak. d. Wiss. der UdSSR, das er zu einem Zentrum für kinetische Untersuchungen entwickelte. 1963–1971 war S. Vizepräsident der Ak. d. Wiss. der UdSSR.

S. hat maßgeblichen Anteil an der Wissenschaftsentwicklung der Sowjetunion. S. war Mitgl. der Chemical Society (London) sowie der Ak. d. Wiss. der USA, Ungarns, Indiens

A. Sedgwick

N. N. Semjonow

I. Ph. Semmelweis

F. Sertürner

und der DDR und Ehrendoktor der Univ. Oxford und Brüssel.

Noch unter den außerordentlich schwierigen Bedingungen einer von Revolution und Bürgerkrieg zerrütteten Wirtschaft legte S. Ende der 20er Jahre den Grundstein für die Entwicklung seines Forschungsgebietes, der chemischen Physik. Zunächst standen dabei vor allem Arbeiten auf dem Gebiet der Molekularphysik sowie des thermischen Verhaltens von Gasgemischen im Vordergrund. Von weitreichender Bedeutung erwies sich die 1924 von S. gemachte Beobachtung, daß die Entzündung von Phosphordämpfen nur bei einem bestimmten »kritischen Sauerstoffdruck« erfolgt. Durch Zugabe eines inerten Gases (z. B. Argon) gelang es ihm, diese Verbrennungsprozesse unterhalb des kritischen Drucks und oberhalb des »kritischen Durchmessers« des Reaktionsgefäßes zu beobachten und diese Beobachtung auch auf andere gasförmige Verbindungen (z. B. Wasserstoff und Kohlendioxid) auszudehnen. Aus der Vielzahl seiner experimentellen Beobachtungen abstrahierte S. 1926–1934 als erster eine umfassende Theorie über den Mechanismus einer speziellen Art chemischer Folgereaktionen, der Kettenreaktionen. Das besondere Verdienst S.s besteht darin, einen neuen Typ von Kettenreaktionen entdeckt zu haben, der im Unterschied zu den bekannten Verhältnissen den Mechanismus bei Reaktionen mit verzweigter Kette erfaßte. Es gelang ihm auch, drei neuartige Typen von Reaktionen mit unverzweigter Kette näher zu charakterisieren: Reaktionen mit ununterbrochener Verzweigung (z. B. Oxidation von Wasserstoff bei niedrigen Drücken und bestimmten Temperaturen), Reaktionen mit selten verzweigter Kette (z. B. Bildung von Wasserstoffperoxid) und Reaktionen mit degeneriert verzweigter Kette (z. B. Oxidation aliphatischer Kohlenwasserstoffe). Die von S. entwickelten Vorstellungen über den Mechanismus von Kettenreaktionen sind von grundlegender Bedeutung und wurden insbesondere bei Oxidationen, Halogenierungen und Polymerisationen im großtechnischen Maßstab angewendet. Sz

Literatur: Semënov, N. N.: Kernreaktionen (russ., Leningrad 1934), Ausgewählte Probleme der chemischen Kinetik und Reaktivität (russ., Moskau 1954), Kinetic of chain reactions, in: Chem. Rev. 6 (1929), 33, Kinetik der Kettenreaktion (russ.), in: J. phys. Chem. 1 (1930), 23, Untersuchungsmethoden von chemischen Reaktionen in der festen Phase, in: Z. Phys. 38 (1926), 7, Oxydation des Phosphordampfes bei niedrigen Drücken, in: Z. Phys. 46 (1927/28), 23, Theorie des Verbrennungsprozesses, in: Z. Phys. 48 (1928), 21, Oxydation des Schwefeldampfes bei niedrigen Drükken, in: Z. phys. Chem. (B), 1 (1928), 13, Theorie der chemischen Reaktionsgeschwindigkeit, in: Z. phys. Chem. (B) 2 (1929), 8, Kinetik der Vereinigung von Wasserstoff und Sauerstoff, in: Z. phys. Chem. (B) 2 (1929), 12, Entartete Explosion und Induktionsperiode, in: Z. phys. Chem. (B) 11 (1930), 6.

Semmelweis, Ignaz Philipp, Mediziner (Geburtshelfer und Gynäkologe), geb. 1. 7. 1818 Tabán (Budapest), gest. 13. 8. 1865 Wien.

S. gelang die Aufklärung der Ätiologie des Kindbettfiebers als Wundinfektion. Mit der erfolgreichen Prophylaxe dieser schwerwiegenden geburtshilflichen Erkrankung wurde er zum Wegbereiter der Antisepsis.

S., Sohn eines wohlhabenden Kaufmanns, studierte Medizin in Wien und Pest (Budapest). 1844 begann er seine ärztliche Tätigkeit als Assistent an der 1. geburtshilflichen Klinik des Allgemeinen Krankenhauses in Wien. Hier kam er durch Vergleichen der Mortalitätsverhältnisse mit denen der 2. geburtshilflichen Klinik zu der Erkenntnis, daß das Puerperalfieber (Kindbettfieber) eine septische Wundinfektion ist. Er wies nach, daß dem durch Desinfektion der Hände mit Chlorwasserlösung (1 Unze Chlorkalk – etwa 30 g – auf 800 cm³ Wasser) vorgebeugt werden kann. Mißhelligkeiten mit seinem Vorgesetzten und konservativen Kräften der Wiener Univ. hinderten ihn an weiteren wissenschaftlichen Forschungen. Diese gegen ihn gerichteten Intrigen führten schließlich zu seinem Ausscheiden aus dem Klinikdienst. Vorübergehend arbeitete er bei dem ihn unterstützenden Pathologen C. v. Rokitansky. Trotz der Fürsprache durch die Mehrheit der Medizinischen Fakultät, insbesondere durch Rokitansky, J. Skoda und F. v. Hebra, konnte S. seine Stellung in Wien nicht verbessern. Zwar wurde dem Antrag auf eine Dozentur mit der Beschränkung auf die theoretische Geburtshilfe, d. h. auf Demonstrationen und Übungen am Phantom, schließlich stattgegeben, doch kehrte S. im Jahre 1850 enttäuscht nach Pest zurück. 1851 erlangte er dort eine unbesoldete Anstellung als Honorar-Primar-Arzt für die geburtshilfliche Abteilung am Städtischen St.-Rochus-Spital. Gleichzeitig berief man ihn zum Privatdoz. an die Pester Univ., 1855 erfolgte seine Ernennung zum Prof. für Geburtshilfe. Einen ehrenvollen Ruf an die Züricher Univ. schlug er 1857 aus. Nach jahrelanger publizistischer Enthaltsamkeit erschien 1861 sein berühmtes Werk »Die Aetiologie, der Begriff und die Prophylaxis des Kindbettfiebers«. 1865 mußte S. wegen einer fortschreitenden psychotischen Erkrankung in eine Wiener Nervenheilanstalt eingewiesen werden, wo er bald darauf verstarb.

Mit seinen antiseptischen Maßnahmen zur Bekämpfung der Puerperalsepsis zählt S. zu den bedeutendsten Medizinern der vorbakteriologischen Ära. Die Erkennung der Ursache des Kindbettfiebers als einer exogenen, meist iatrogenen Infektion, die mit einer gezielten Prophylaxe, der von S. eingeführten chemischen Händedesinfektion, erfolgreich bekämpft werden konnte, gehört zu den wichtigsten Entdekkungen in der Medizin um die Mitte des 19. Jh. Besonders S'. exaktes und logisches methodisches Vorgehen, das auf einer objektiven pathologisch-anatomischen Befunderhebung, Tierexperimenten, vergleichend-analytischen Schlußfolgerungen und der statistischen Beweisführung beruhte, hebt ihn über die meisten seiner Zeitgenossen heraus. Dennoch wurde seine Erkenntnis vom pyämischen Charakter des Puerperalfiebers und die daraus abgeleitete konsequente Prophylaxe nur sehr zögernd aufgegriffen. Die lange aufgeschobene zusammenfassende Veröffentlichung der Ergebnisse seiner Puerperalfieber-Forschungen und die Polemiken gegen vermeintliche und tatsächliche Gegner, die S. in seiner Verbitterung z. T. recht ungestüm führte, haben leider auch zur Verzögerung der raschen und umfassenden Durchsetzung seiner Lehre beigetragen. S'. geniale Idee, daß die oft zu tödlicher Sepsis führenden, sich zersetzenden organischen Substanzen – der Erregerbegriff war ihm noch fremd – durch chemische Mittel unschädlich gemacht werden können, bereitete jedoch letztlich die später vor allem von J. Lister experimentell und methodisch ausgebaute Antiseptik und die moderne Aseptik im wesentlichen vor. Schk

Literatur: Semmelweis, I. Ph.: Die Aetiologie, der Begriff und die Prophylaxis des Kindbettfiebers (Pest, Wien, Leipzig 1861), Semmelweis' gesammelte Werke (Hrsg. T. v. Györy, Jena 1906).

Benedek, I.: Semmelweis (Budapest 1980); Gortvay, G. u. Zoltán, I.: Semmelweis. Retter der Mütter (Leipzig 1976); Lesky, E.: Ignaz Philipp Semmelweis und die Wiener Medizinische Schule (Wien 1964); Podach, E. F.: Zur Geschichte der Semmelweisschen Lehre, in: Z. Geburtsh. u. Gynäkol. 129 (1948), 59–69; Tutzke, D.: Die Auswirkungen der Lehre von Semmelweis auf die öffentliche Gesundheitspflege, in: Med. Mschr. 20 (1966), 459–462.

Sertürner (Serdürner), Friedrich Wilhelm Adam Ferdinand, Apotheker, geb. 19. 6. 1783 Neuhaus bei Paderborn, gest. 20. 2. 1841 Hameln.

S. ist der Entdecker des Morphins (von ihm Morphium genannt) und damit einer der Begründer der Alkaloidchemie.

S. war das vierte von sechs Kindern eines fürstbischöflichen Ing. und Landvermessers. Den ersten Unterricht erhielt er in der Schule seines Heimatortes, wurde aber von seinem Vater in die Grundzüge der Naturwissenschaften eingeführt und auf den väterlichen Beruf vorbereitet. Der frühe Tod des Vaters (1798), der ihm kein Vermögen hinterlassen konnte, verhinderte diese Ausbildung. 1799 begann S. in der Hofapotheke in Paderborn bei F. A. Cramer eine Lehre mit dem Ziel, bald Geld zu verdienen und seine naturwissenschaftlichen Interessen weiter pflegen zu können. Nach dem Gehilfenexamen (1803) blieb er noch 2½ Jahre in Paderborn. Ostern 1806 trat S. die Gehilfenstelle in der Ratsapotheke Einbeck an. 1809 erhielt er von der franz.-westfäl. Regierung die Erlaubnis zum Betrieb einer weiteren Apotheke in Einbeck. Diese wurde jedoch von der nachfolgenden hannov. Regierung 1813 nicht bestätigt, und S. sah sich gezwungen, seine Apotheke 1817 aufzulösen und 1820 an seinen Schwager H. K. D. Bolstorff zu verkaufen. Im gleichen Jahr kaufte er die Ratsapotheke in Hameln, wo er bis zu seinem Tode lebte. 1817 hatte ihn die »Societät für die gesamte Mineralogie« (Jena), deren Vorsitzender J. W. v. Goethe war, zu ihrem Mitgl. ernannt, und noch im gleichen Jahr war ihm von der Philosophischen Fakultät der Univ. Jena die Ehrendoktorwürde verliehen worden.

Als Gehilfe in Paderborn wendete sich S. neben Untersuchungen über die Benzoesäure und salpetersaures Kali (Kaliumnitrat) in Runkelrüben dem Opium zu. Dosierungsschwierigkeiten dieser Droge veranlaßten ihn, nach dem »Träger der schmerzstillenden Wirkung« zu suchen. Bereits seit der Antike bemühten sich Forscher wie Galenus, Paracelsus und J. R. Glauber, Wirkstoffe aus Drogen zu isolieren. Aufgrund der Forschungsarbeiten von C. W. Scheele u. a. bestand die Ansicht, daß diese Wirkstoffe Säuren wären. In zwei Briefen an J. B. Trommsdorff, die dieser 1805 in seinem »Journal der Pharmazie« veröffentlichte, berichtete S. über eine freie Säure im Opium. Er wiederholte und verbesserte die Versuche in den Jahren 1804/05, bis er schließlich, wie pharmakologische Versuche bestätigten, das »principum somniferum« (»schlafmachendes Prinzip«) gefunden und zugleich den alkalischen Charakter des später als Morphium bezeichneten Stoffes erkannt hatte. Die Ergebnisse publizierte S. 1806 unter dem Titel »Darstellung der reinen Mohnsäure (Opiumsäure) nebst einer chemischen Untersuchung des Opiums mit vorzüglicher Hinsicht auf einen darin neu entdeckten Stoff und die dahin gehörigen Bemerkungen«. Der Herausgeber Trommsdorff schrieb im Nachtrag zu dieser Arbeit, daß die Versuche »manche sehr interessante Ansichten« enthalten, aber daß die »Akten noch keineswegs als abgeschlossen angesehen« werden können. S.s Entdeckung blieb zunächst fast völlig unbeachtet. Erst 1817 erschien im 55. Band von »Gilberts Annalen der Physik« seine weltberühmt gewordene Arbeit »Ueber das Morphium, eine neue salzfähige Grundlage, und die Mekonsäure, als Hauptbestandteil des Opiums«. Daraus ging hervor, daß S. fast völlige Übereinstimmung mit seinen früheren, nur mit geringen Mengen durchgeführten Versuchen erzielt hatte. Entsprechend dem ursprünglichen Verfahren hatte er trockenes Opium mit destilliertem Wasser heiß digeriert, bis dieses ungefärbt war, dann eingedampft, mit Wasser verdünnt und heiß mit Ammoniak übersättigt. Die ausfallenden Kristalle, das »principium somniferum« der Versuche von 1804/05, wurden jetzt Morphium (nach Morpheus, dem Gott des Schlafes) genannt. Wegen der ungenügenden Resultate von Tierversuchen führte S. mit drei jugendlichen Freunden heroische Selbstversuche durch. Er stellte fest, daß die medizinische Wirkung des Opiums auf der des Morphiums beruht, und es gelang ihm auch, starke Schmerzen mit Morphium zu bekämpfen.

S. hat mit seinen Arbeiten über das Morphium der Phytochemie, insbesondere der Alkaloidforschung, den Weg gebahnt. Er beschäftigte sich auch mit Galvanismus, Ätzkali (Kaliumhydroxid), tierischer Kohle, Bleiverbindungen und Ethern sowie mit Geschützen und Geschossen. Seine chemischen und physikalischen Ansichten legte er im »System der chemischen Physik« dar. Er gründete eine eigene Ztschr., steigerte sich dort jedoch, indem er die sonderbarsten Theorien zu Physik, Chemie und Medizin aufstellte, in immer unhaltbarere Spekulationen. – Als sich 1831 die Cholera in Europa ausbreitete, erkannte S. »ein giftiges, belebtes, also sich selbst fortpflanzendes oder erzeugendes Wesen« als deren Ursache. Die darüber veröffentlichte Arbeit, damals kaum beachtet, stellte einen bedeutenden Beitrag zur Ätiologie der Cholera dar, die damals als Folge einer gastritischen Krankheitskonstitution angesehen wurde. Fr

Literatur: Sertürner, F. W. A. F.: System der chemischen Physik (auch unter dem Titel Entdeckungen und Berichtigungen im Gebiet der Chemie und Physik, Göttingen 1820 u. 1822), Dringende Aufforderungen an das Vaterland in Beziehung der orientalischen Brechruhr (Göttingen 1831), Weitere Entwicklung der neuen zuversichtlichen Schutzmethode gegen die Cholera und der Ansicht über ihren höchstwahrscheinlichen Ursprung (Göttingen 1831), als Hrsg.: Annalen für das Universalsystem der Elemente, 3. Bd. (Göttingen 1826–1829).

Kromeke, F.: Friedrich Wilh. Sertürner, der Entdecker des Morphiums. Lebensbild und Neudruck der Original-Morphiumarbeiten (Jena 1925).

Setschenow (Sečenov), Iwan Michailowitsch, Physiologe, geb. 1. (13.) 8. 1829 Tjoply Stan (Setschenowo), gest. 2. (15.) 11. 1905 Moskau.

S. ist Begründer der russ.-sowjet. (Neuro-) Physiologenschule und Schöpfer der Reflextheorie der psychischen Tätigkeit, die in der von I. P. PAWLOW experimentell bewiesenen und weiterentwickelten Gestalt die physiologische Grundlage der heutigen materialistischen Psychologie bildet.

S. wurde in einer russ. Gutsbesitzerfamilie geboren. Seit 1843 besuchte er die Militär-Ingenieurschule in St. Petersburg (Leningrad); als Disziplinarmaßnahme wurde er 1848 zum aktiven Wehrdienst entlassen. 1850–1856 studierte S. Medizin an der Moskauer Univ.; 1856–1860 folgten Auslandspraktika in Berlin bei J. MÜLLER, E. DU BOIS-REYMOND, H. V. HELMHOLTZ, F. HOPPE-SEYLER u. a. in Leipzig sowie bei C. LUDWIG in Wien, später auch in Paris bei C. BERNARD. 1860 übernahm S. eine Dozentur für Physiologie an der Medizinisch-Chirurgischen Akademie in St. Petersburg. 1869 wurde S. zum korrespondierenden Mitgl. der Russ. Ak. d. Wiss. gewählt. 1870/71 erfolgte seine Berufung auf den Lehrstuhl für Physiologie an der Univ. Odessa und 1876 in gleicher Funktion an die Univ. St. Petersburg. Seit 1888 wirkte S. als Doz. an der Univ. Moskau und wurde dort 1891 zum o. Prof. für Physiologie berufen. 1901 trat S. in den Ruhestand, setzte aber die Laboratoriumsarbeit fort. S. wurde 1904 zum Ehrenmitgl. der Russ. Ak. d. Wiss. gewählt.

Das Werk S.s umfaßt in ungewöhnlicher Breite die gesamte Physiologie von der chemischen Physiologie bis zur Psychophysiologie und darüber hinaus bis tief in die Psychologie. In diesem Werk ragen zunächst seine fundamentalen Beiträge zur experimentellen Erforschung der tierischen Elektrizität hervor. Angeregt durch die richtungweisenden Arbeiten DU BOIS-REYMONDS und ausgerüstet mit dessen speziell zu diesem Zweck konstruierten Galvanometer, untersuchte S. die galvanischen Erscheinungen am verlängerten Rückenmark des Frosches und konnte damit einwandfreie Spontanschwankungen nachweisen. Die Reihe dieser 1881/82 überwiegend in deutscher Sprache publizierten Berichte S.s begründete eine originelle und erfolgreiche russ. Schule der Elektrophysiologie, in der die Namen seiner Schüler und Mitarbeiter B. F. VERIGO und N. J. WWEDENSKY sowie in späterer Zeit die von A. F. SAMOILOW und W. W. PRAWDITSCH-NEMINSKY u. a. herausragen. In konsequenter Fortführung der richtungweisenden Forschungen russ. Elektrophysiologen über die hirnelektrische Aktivität gelang schließlich H. BERGER 1924 die Entdeckung des menschlichen Elektroenzephalogramms. Als von noch maßgeblicherer Bedeutung für die weitere Wissenschaftsentwicklung erwies sich allerdings eine theoretische Arbeit S.s, die erstmalig 1863 veröffentlichten »Reflexe des Großhirns«. Angesichts der damals vorherrschenden »introspektiven«, d. h. auf Selbstbeobachtung sich gründenden idealistischen Psychologie war es eine revolutionäre Tat, die psychischen Lebensäußerungen des Organismus auf eine streng objektive physiologische Erklärungsgrundlage zu stellen. Ein ähnlicher von W. GRIESINGER unternommener Versuch war 20 Jahre vorher in Deutschland nahezu wirkungslos geblieben. Im vorrevolutionären Rußland waren dagegen im Zuge der erstarkenden Bewegung der russ. revolutionären Demokraten günstigere Bedingungen für die Verbreitung materialistischer Lehren gegeben. Der Versuch, die psychischen Erscheinungen generell durch ihre physiologischen Grundlagen zu erklären, erwuchs in logischer Konsequenz aus S.s Entdeckung der zentralen Hemmung als einer grundlegenden physiologischen Funktion des Gehirns. Da die Mannigfaltigkeit der Äußerungen der Hirntätigkeit sich in letzter Instanz auf eine einzige Erscheinung, die Muskelbewegung der effektorischen Organe, zurückführen läßt und sowohl willkürliche als auch unwillkürliche Bewegungen (infolge sensorischer Aufnahme von Außenreizen, zentraler Verarbeitung und Auslösung motorischer Reaktionen) durch psychische Faktoren hemmend oder verstärkend beeinflußt werden, folgt daraus, daß »alle Akte des bewußten und des unbewußten Lebens ihrer Herkunft nach Reflexe sind«. S. hat selbst in zahlreichen Schriften die Folgerungen seiner Lehre für die Begründung einer materialistischen Psychologie dargelegt. Erst PAWLOW jedoch gelang es, von der Reflextheorie S.s ausgehend, durch Einführung neuer grundlegender Begriffe (bedingter und unbedingter Reflex, 1. und 2. Signalsystem) mit der Theorie der höheren Nerventätigkeit eine hinreichende, theoretisch konsistente und experimentell bewiesene physiologische Grundlage für eine wissenschaftliche Psychologie zu schaffen.

I. M. Setschenow

H. Shapley

S.s Persönlichkeit kennzeichnet die Neigung zu leidenschaftlichem politischem Engagement. Sein Werk bildet selbst einen Teil des sich verschärfenden ideologischen Kampfes der revolutionären Demokraten mit der feudal-absolutistischen Reaktion in Rußland. S. mußte daher von der zaristischen Regierung zahlreiche Maßregelungen und kränkende Zurücksetzungen erdulden. Als »Vater der russ. Physiologie« wurde S. zum Begründer der weltweit anerkannten russ.-sowjet. Physiologenschule, die bis in die heutige Zeit immer wieder hervorragende Vertreter dieses Faches hervorgebracht hat. Ri

Literatur: Sečenov, I. M.: Refleksy golovnogo mozga, in: Med. Vestn. 47 (1863), 461–484, 48 (1863), 493–512, Über die elektrische und chemische Reizung der sensiblen Rückenmarksnerven des Frosches (Graz 1868), Sobranie sočinenij, Bd. 1–2 (Moskau 1907–1908), Avtobiografičeskije zapiski (Moskau 1907 u. 1952), engl. Autobiographical Notes (Washington 1965), Izbrannye trudy (Moskau 1935), Izbrannye proizvedeniâ, Bd. 1–2 (Moskau 1952–1956), Izbrannye proizvedeniâ (Moskau 1953).

Akademiâ Nauk SSSR: Ivan Mihailovič Sečenov k 150-letiû so dnâ roždeniâ (Moskau 1980); Âroševskij, M. G.: Ivan Mihailovič Sečenov 1829–1905 (Leningrad 1968); Fichtel, K.: Iwan Michailowitsch Setschenow – der Begründer der russischen Physiologie, in: Dtsch. Gesundh.-Wesen 9 (1954) H. 34, 1016–1019; Grigorân, N. A.: Pâtidesâtiletie so dnâ smerti velikogo fiziologa I. M. Sečenova, in: Voprosy istorii estestvoznaniâ i tehniki (Moskau 1956); Koštoânc, H. S.: I. M. Sečenov 1829–1905 (Moskau 1959).

Seysenegg, → Tschermak.

Shapley, Harlow, Astronom, geb. 2. 11. 1885 Nashville (Missouri, USA), gest. 20. 10. 1972 Boulder (Colorado, USA).

S. zählt zu den bedeutendsten Astronomen des 20. Jh. Durch thematisch breit angelegte Forschungen hat er wesentlich zum heutigen Weltbild der Astronomie beigetragen, namentlich auf dem Gebiet der Erforschung unserer Galaxis.

S. war der Sohn eines Farmers und Lehrers. Nach seiner Schulausbildung war er als Reporter tätig und beabsichtigte, Journalismus zu studieren. Da die Ausbildungsstätte jedoch noch nicht in Betrieb war, entschied er sich für

Astronomie. Danach war er in Princeton und am Mount-Wilson-Observatorium in Pasadena (Kalifornien) tätig und 1921–1952 als Dir. des Harvard-Observatoriums.

Ab 1911 untersuchte S. gemeinsam mit H. N. Russell bedeckungsveränderliche Sterne, wobei er fast 10000 Messungen ausführte und durch neuartige Berechnungsmethoden wesentliche Grundlagen zum Verständnis der physikalischen Charakteristik sehr enger Doppelsterne schuf. Bei dieser Arbeit, die zugleich seine Doktordissertation war, gewann er außerdem die Erkenntnis, daß die Delta-Cepheiden keine Bedeckungsveränderlichen sein können, wie man damals noch allgemein annahm. S. wies nach, daß sie dann ineinander stürzen müßten, und entwickelte die Hypothese des Pulsationslichtwechsels, die dann von A. S. Eddington theoretisch ausgearbeitet wurde. Auf Anregung von S. I. Bailey befaßte sich S. am Mount-Wilson-Observatorium mit den Veränderlichen in Kugelsternhaufen. Es gelang ihm, durch Anwendung einer ausgeklügelten statistischen Methode die Perioden-Helligkeits-Beziehung der Cepheiden zu eichen und zur Bestimmung der Distanzen von Kugelsternhaufen heranzuziehen. Systematische Fehler basierten auf der Unkenntnis des Einflusses der interstellaren Absorption und des Einflusses der galaktischen Rotation auf die Eigenbewegungen und Radialgeschwindigkeiten der Sterne. Dennoch ergab sich aus der Analyse der Verteilung der Kugelsternhaufen ein völlig neuartiges Bild der Dimensionen des Sternsystems. S. fand 1918, daß die Kugelsternhaufen über ein Raumgebiet von etwa 100000 pc Durchmesser verteilt sind, dessen Zentrum mit dem galaktischen Zentrum zusammenfällt. Er schloß daraus, daß damit auch die Dimensionen des Sternsystems übereinstimmen – ein Resultat, das mit den stellar-statistischen Untersuchungen von J. C. Kapteyn u. a. in Widerspruch stand. Nach einer jahrelang geführten wissenschaftlichen Debatte (bekannt als »The Great Debate«) setzte sich die Auffassung S.s schließlich als richtig durch und wurde als eine der bahnbrechenden Erkenntnisse in der Astronomie des 20. Jh. anerkannt.

Des weiteren gewann S. folgende wichtige Erkenntnis: Aus der Entdeckung von Novae in Spiralnebeln schloß er aufgrund der Annahme bekannter absoluter Helligkeiten der Novae auf die extragalaktische Natur der Spiralnebel. So gab er z. B. schon 1917 – vor der Entdeckung von Cepheiden in den Randpartien von M 31 durch E. P. Hubble – die Distanz dieses Objektes zu einigen Millionen Lichtjahren an (moderner Wert: 2,2 Mio LJ).

Am Harvard College Observatory setzte sich S. vor allem für die Vollendung und Erweiterung des Henry Draper Catalogue der Sternspektren ein. Auch untersuchte er die Verteilung von Sternen verschiedener Spektralklassen. In den Vordergrund seiner Forschungen rückten jetzt die Magellanschen Wolken, deren Beobachtung von einer südlichen Außenstation des Harvard Observatoriums erfolgte. 1924 verbesserte S. die früheren Distanzmessungen der Kleinen Magellanschen Wolke auf 100000 LJ (moderner Wert: 180000 LJ). Das war bis zur damaligen Zeit die größte gemessene Entfernung eines astronomischen Objektes überhaupt. 1937 befaßte sich S. mit dem Emissionsnebel in der Großen Magellanschen Wolke 30 Doradus (»Tarantel-Nebel«) und wies darin einige heiße Zentralsterne nach. Die Untersuchung zahlreicher Galaxien am nördlichen und südlichen Himmel führte schließlich zum »Shapley-Ames Catalogue« mit 1249 Galaxien. Das Harvard-Observatorium wurde unter S.s Leitung zu einer zentralen wissenschaftlichen Einrichtung mit internationaler Bedeutung. S. setzte sich persönlich stark für die internationale Zusammenarbeit und die Förderung junger Astronomen ein, wie er sich auch um die Arbeitsmöglichkeiten für Emigranten kümmerte, als viele Wissenschaftler nach 1933 wegen ihrer jüdischen Abstammung aus Europa fliehen mußten.

S. entfaltete auch große Aktivitäten als Popularisator der Astronomie und beschäftigte sich mit philosophischen Fragen seiner Wissenschaft. In den 40er Jahren war S. entscheidend beteiligt an der Entstehung der UNESCO. In diesem Zusammenhang setzte er sich nachdrücklich für die Verteidigung des Friedens ein. Nach einem offiziellen Besuch der UdSSR aus Anlaß des 220jährigen Bestehens der Ak. d. Wiss. der UdSSR in Moskau (1945) wurde S. zu einem überzeugten Vertreter einer engen Zusammenarbeit mit den sowjet. Wissenschaftlern. Vom Komitee zur Untersuchung unamerikanischen Verhaltens wurde er kommunistischer Aktivitäten bezichtigt. Nach Beendigung seiner Tätigkeit als Dir. des Harvard Observatoriums (1952) hat er noch zahlreiche Vortragsreisen unternommen. Her

Literatur: Die wichtigsten von S.s rund 600 Veröffentlichungen sind nachgewiesen im DSB, Bd. 12, S. 350–352 (New York 1975).

Shen Kua, Astronom, Mathematiker, Ingenieur und Politiker, geb. 1031, registriert in Chhienthang (Hangchow, Provinz Chekiang), gest. 1095 Ching-khou, Präfektur Jun (Chinkiang, Provinz Kiangsu).

S. war der wohl vielseitigste Gelehrte des chines. Mittelalters, der beeindruckend präzise Beschreibungen natürlicher und gesellschaftlicher Phänomene gab und sich, basierend auf traditionellen chines. kosmologischen Konzepten, um ihre wissenschaftliche Erklärung bemühte. Er beschritt in der Astronomie im Zusammenhang mit dem benutzten mathematischen Apparat neue Wege, vollbrachte große ingenieurtechnische Leistungen, erwies sich als bedeutender Militärstratege, analysierte ökonomische Vorgänge und nahm aktiven Anteil an politischen Entscheidungen.

S. entstammte einer Familie des Kleinadels. Sein Vater war Provinzbeamter, was nachhaltig den Gesichtskreis und den Lebensweg von S. prägte. Nach Absolvierung der notwendigen Prüfungen erhielt er 1063 eine Stelle in der Finanzadministration. Eine solche Anstellung bildete im 11. Jh. häufig die Grundlage für eine steile Karriere, die nicht selten bis in den engsten Beraterkreis des Kaisers führte. 1072 wurde S. zusätzlich zum Dir. des Kaiserlichen Astronomischen Büros ernannt. S. setzte die von seinem Vorgänger begonnenen Erneuerungsmaßnahmen fort und bereitete eine Kalenderreform vor. Er beteiligte sich aktiv an der »Neuen Politik« seines Freundes und Förderers Wang An-shih, der 1070–1076 Privatkanzler des Sung-Kaisers Shen-Tsung war. 1076 wurde S. Mitgl. der Han-lin Akademie und Leiter der kaiserlichen Finanzkommission. In dieser einflußreichen Stellung verfaßte er Abhandlungen über die Regulierungsmechanismen des Marktes und seine Steuerbarkeit, über Währungsangelegenheiten und Methoden zur Prognostizierung der Preisentwicklung. Als Folge des Sturzes von Wang An-shih wurde S. 1077 entlassen, 1078 durch seinen Feind, den kaiserlichen Finanzzensor und späteren Privatkanzler Tshai Chhue, endgültig aus dem Staatsdienst gedrängt und für sechs Jahre verbannt. In der Verbannung vollendete er die in den 70er Jahren begonnenen Arbeiten am großen Atlas aller chinesisch kontrollierten Gebiete, einer Art Auftragswerk der kaiserlichen Kommission. Das Entgelt dafür schloß die Aufhebung der Verbannung ein; ab 1088 lebte S. in Ching-khou.

S.s Beiträge zur Mathematik waren zum einen mit seinen Aufgaben als Beamter verbunden, zum zweiten mit historisch berühmten Problemen, zum dritten resultierten sie aus seinem allgemein wissenschaftlichen Interesse, und zum vierten ergaben sie sich beim Bau von Musikinstrumenten und der Beschäftigung mit der musikalischen Harmonielehre. Zur Berechnung des Volumens eines Pyramidenstumpfes mit rechtwinkliger Deck- und Basisfläche schuf S. eine Art geometrischer Exhaustionsmethode. Chines. Mathematiker benutzten die Methode von S. bis ins 16. Jh., ohne sie weiterzuentwickeln. Im Japan des 17. Jh. wurde sie zur Grundlage für Integrationsmethoden, z. B. in Arbeiten von Sawaguchi Kazuyuki und Takakazu Seki. Die Vorgehensweise von S. gab Sung-Mathematikern des 13. und 14. Jh., wie Yang Hui oder Chu Shih-Chieh, Anregungen für ihre Arbeiten über Reihen. S. war der erste, der über die spätestens seit der Han-Zeit bekannten einfachen Approximationen von Kreisflächensegmenten hinausging. Kuo Shou-Ching, der wohl bedeutendste chines. Astronom, knüpfte an seine Ergebnisse an und entwickelte sie weiter. S. war nach den bisherigen Kenntnissen der einzige chines. Mathematiker, der Permutationen behandelte. Der Legende nach geht die Aufgabenstellung auf den berühmten Thang-Astronomen und Buddhisten I-Hsing zurück, der gefordert haben soll, die Zahl der möglichen Situationen auf einem Go-Brett zu ermitteln, auf dem man eine beliebige Zahl von schwarzen oder weißen Steinchen auf 19×19 Schnittpunkte legen kann. S. schätzte für das gesamte Go-Brett die Größe der Lösung als $10^{4 \cdot 52}$. Für kleinere Go-Bretter gab er exakte Ergebnisse an, beschrieb drei Lösungsmethoden und erörterte die Begrenztheit der traditionellen Zahlenschreibweise für die Darstellung großer Zahlen. Der überlieferte Text ist allerdings sehr korrupt. Basis der chines. Harmonielehre waren standardisierte Pfeifen, wovon zwölf in bestimmter Form wachsend in etwa eine Oktave bilden. S. behandelte die hiermit verbundene Zahlenlehre, die auf den allgemeinen kosmologischen Prinzipien chines. Weltsicht beruhte, korrigierte Fehler in chines. Musikbüchern und studierte die Beziehungen der Tonintervalle zueinander an Saiteninstrumenten.

In der Astronomie waren S.s Leistungen noch bedeutender, da er empirische Beobachtungen zur Grundlage allen theoretischen Denkens erklärte. S. verließ dabei traditionelle Bahnen, wenn die Theorie die Praxis nicht mehr erklären konnte. Verbunden waren alle Arbeiten mit der von ihm beabsichtigten Kalenderreform. Kalender und die in ihnen enthaltenen Angaben über kommende astronomische Ereignisse wie Mond- und Sonnenfinsternis waren aufs engste mit dem Wohl und Wehe der jeweils herrschenden Dynastie verknüpft, deshalb gehörte die Astronomie zu den staatlich geförderten Wissenschaften. Charakteristisch waren die Orientierung des Gesamtsystems am Polarstern und die Dominanz numerischer Methoden zur Ermittlung von Planeten- und Sternpositionen. Geometrische Modelle fehlen fast völlig. Ein Interesse an den Erscheinungen der sichtbaren Planetenbewegungen war kaum vorhanden. So ist das Bemühen von S., diese Phänomene mittels kosmologischer Prinzipien und anschaulicher Vergleiche durchschaubar zu machen, von außerordentlicher Bedeutung. S. war sich bewußt, daß die Berechnung zentraler Parameter der scheinbaren Planetenbahnen für die Kalenderreform wichtig war. Da das Kaiserliche Astronomische Büro mit jahrhundertealten Daten operierte, plante er, mit dem Astronomen Wei Phu die exakten Koordinaten zu bestimmen; beide scheiterten aber am Widerstand der Beamten. Ein derartig umfangreiches Beobachtungsprogramm wurde erst fünf Jahrhunderte später in Europa von Tycho Brahe erneut vorgeschlagen und durchgeführt. S. verbesserte die Beobachtungsinstrumente und berücksichtigte die Abweichungen des Polarsterns vom Pol. Seine Nachfolger betrachteten fortan den Abstand des Polarsterns vom Himmelspol als eine variable Größe. An allen genannten Forderungen und Vorschlägen knüpfte zwei Jahrhunderte danach Kuo Shou-Ching mit seinen astronomischen Arbeiten an. Die Chinesen benutzten seit der Han-Zeit einen Mondkalender. Um den landwirtschaftlichen Gegebenheiten Rechnung tragen zu können, schlug S. einen Sonnenkalender vor. Dieser Vorschlag stieß auf die entschiedene Ablehnung der Zeitgenossen und späterer chines. Gelehrter. Erst im 19. Jh. wagten es die Thai-phing-Rebellen, einen Sonnenkalender in Kraft zu setzen.

In S.s erhaltenen Schriften sind auch zahlreiche Beschreibungen und Erläuterungen physikalischer, meteorologischer, biologischer, medizinischer, geologischer, geographischer u. a. Erscheinungen enthalten. S. beschrieb als erster die magnetische Deklination, ersetzte die Achtelteilung des Kompasses durch 24 Punkte und benutzte als erster einen Kompaß in der Kartographie. Er setzte die von Hsieh Chuang im 5. Jh. eingeführte Neuerung der Reliefkartographie fort und verbesserte die topographischen Vermessungsmethoden. In der Geologie eröffnete er neue Forschungslinien durch seine Erklärungen der Sedimentation und Erosion und ihrer Bedeutung für die Gestaltung der Erdoberfläche und der oberen Erdschichten. In der Paläontologie, einem in China schon seit Jahrhunderten anerkannten Gebiet der Naturwissenschaft, leitete S. von Fossilienfunden, ergänzt durch Beobachtungen des Klimas, Vorstellungen über die frühere Beschaffenheit dieser Gegend ab und schlußfolgerte daraus, daß das Klima eines Gebietes radikalen Schwankungen unterworfen sein kann, die eine nachhaltige Veränderung der Flora und Fauna nach sich ziehen können. Unter S.s anderen Berichten verdienen noch seine detaillierten Beschreibungen eines Tornados (ein für chines. Breiten sehr seltenes Naturereignis), eines Meteoritenfalls, optischer Phänomene, der Herstellung keramischer, beweglicher Drucklettern durch Pi Sheng in der Mitte des 11. Jh. und metallurgischer Verfahren sowie seine medizinischen Abhandlungen Beachtung. S. erprobte Medikamente und Behandlungsmethoden in der Regel selbst, was für seine Generation nicht üblich war. Wegen seiner exakten, detaillierten Beschreibung und Benennung der Pharmazeutika wurden diese in spätere medizinische Werke in großer Anzahl aufgenommen. S.s Arbeiten hierzu beeinflußten den bedeutenden chines. Pharmazeuten Khou Tsung-Shih nicht unerheblich. Nachdem 1045 (wenige Jahre nach dem Tode von S. nochmals) Autodidakten Leichensezierungen vorgenommen und die Ergebnisse gezeichnet hatten – die frühesten bekannten Zeichnungen der Anatomie des Menschen, die auf gezielten Sektionen basieren –, unterstützte S. die bei der ersten Sezierung erzielten Erkenntnisse über den Kehlkopf und die Speise- und Luftröhre durch theoretische Überlegungen.

S.s wissenschaftliche Leistungen insgesamt charakterisieren ihn als einen herausragenden Gelehrten nicht nur des 11. Jh. Dennoch war und blieb S. in seinem gesamten Denken seiner Zeit und der sie prägenden Weltanschauung, dem Neokonfuzianismus, verhaftet. Er war einerseits von großer Klarsichtigkeit, bewies ein hohes Maß an Verständnis für Prozesse in Natur und Gesellschaft und glaubte andererseits an das Schicksal, an Offenbarungen, Wahrsagerei und Erleuchtung. Vieles an seiner Persönlichkeit und an seinem Schaffen ist noch unverständlich, da große Lücken bei der Aufarbeitung seiner Schriften bestehen. Keine ist bisher vollständig in eine europ. Sprache übersetzt worden.

Br

Literatur: Holzman, D.: Shen kua and his Meng-ch'i pi-t'an, in: T'oung Pao 46 (1958), 260–292; Hu Tao-ching (Hrsg.): Meng chhi pi than chiao cheng, 2 Bde. (rev. Ausg. Peking 1960).

Liu, James T. C.: Reform in Sung China. Wang An-shih (1021–1086) and His New Policies (Cambridge, Mass. 1959); Nakayama, S. u. Sivin, N. (Hrsg.): Chinese Science: Explorations of an Ancient Tradition (Cambridge, Mass. 1973).

Sherrington, Sir Charles Scott, Neurophysiologe und Neuroanatom, geb. 27. 11. 1857 London, gest. 4. 3. 1952 Eastbourne.

S. gilt als Begründer der modernen Neurophysiologie; er erarbeitete die ersten umfassenden theoretischen Vorstellungen über die integrative Tätigkeit des Nervensystems auf der Grundlage systematischer Untersuchungen der Struktur-Funktions-Beziehungen elementarer Bausteine des Nervensystems, insbesondere der Synapsen.

S., Sohn eines Zahnarztes, besuchte 1870–1875 die Ipswich Grammar School, anschließend studierte er Medizin in London und Edinburgh. Ab 1879 betrieb er physiologische Studien an der Univ. Cambridge bei M. Foster. 1884 und 1886 folgten Expeditionsreisen zum Studium der Cholera nach Spanien und nach Italien. 1886/87 hielt sich S. zu Studien bei R. Koch, R. Virchow und F. Goltz in Deutschland auf. Er wurde 1887 Doz. für Physiologie am St. Thomas-Hospital in London und 1891 zum Prof. für Physiologie und Ärztlichen Dir. der Brown-Tierklinik, London, berufen. 1895–1912 wirkte S. als Prof. für Physiologie in Liverpool, ab 1913 bis zur Emeritierung 1935 war er Inhaber des Lehrstuhls für Physiologie an der Univ. Oxford. 1920–1925 hatte S. das Amt des Präsidenten der Royal Society inne. S. wurde Ehrendoktor von 22 Univ. und zum Mitgl. von 40 Akademien gewählt.

Die klassischen Studien S.s über die Reflexe des Rückenmarks und des Gehirns bildeten den Beginn einer Entwicklung, in deren Ergebnis sich Großbritannien zum führenden Land auf dem Gebiet der Neurophysiologie in der ersten Hälfte unseres Jh. profilierte. Noch um die Mitte des vorigen Jh. bestand gegenüber der Physiologie in Frankreich und Deutschland ein deutlicher Rückstand. In der Reflextheorie konnte jedoch gerade in England an Traditionen, z.B. an M. Halls Untersuchungen der spezifischen Reflexe des Rückenmarks, angeknüpft werden. Den Anstoß, sich der Untersuchung des Nervensystems zu widmen, erhielt S. von Goltz, der 1881 in London Hunde mit operativ entfernter Hirnrinde demonstrierte; diese zeigten eine eigenartige Starre, für die der Verlust der Hirnrinde verantwortlich zu machen war. S. hat daraufhin als Forschungsassistent von I. N. Langley und gemeinsam mit diesem die Untersuchungen an den Goltzschen Versuchstieren fortgeführt. Seine daran anschließende Beschäftigung mit der Cholera und Arbeiten in dem berühmten Laboratorium von Koch scheinen nicht dieselbe Anziehungskraft auf den jungen S. ausgeübt zu haben. Es folgte daher eine Serie von Arbeiten über das periphere Nervensystem, so über die periphere Verteilung der Nerven aus den hinteren Rückenmarkswurzeln, über die reziproke Innervation antagonistischer Muskeln und über die sensorischen Nervenendigungen in der Skelettmuskulatur mit der Entdeckung der propriozeptiven Funktion der Muskelspindeln. S. kam also der Klärung physiologischer Funktionen stets über die Anatomie näher, wovon auch seine subtilen Durchtrennungsversuche zum Studium der resultierenden physiologischen Ausfallserscheinungen zeugen. Von zentraler Bedeutung sind S.s Untersuchungen des Phänomens der Entrindungsstarre zur Aufklärung der Rolle der motorischen Rindengebiete. Im Ergebnis dieser vielfältigen Arbeiten veröffentlichte S. als erster ein Buch über »Die integrative Tätigkeit des Nervensystems« (1906). In diesem Hauptwerk S.s werden zahlreiche neue, grundlegende Begriffe in die Neurophysiologie eingeführt, nachdem er bereits 1900 den Begriff der Synapse für die von S. Ramón y Cajal entdeckten Kontaktelemente zwischen den Nervenzellen geprägt hatte. Die integrative Tätigkeit des Nervensystems wird nach S. über ein veränderliches Muster von Erregungen und Hemmungen im System der neuronalen Verbindungen realisiert. Damit weist er der Neuronentheorie eine Schlüsselfunktion für die Theoriebildung in der Neurophysiologie zu. Sein letzter großer Beitrag war die morphologische und physiologische Identifizierung der motorischen Einheit (von Nervenfaser und zugehörigen Muskelfasern), als deren entscheidendes Kettenglied die neuromuskulären Synapsen zwischen Nervenzellen und Muskelfasern zu erkennen sind. Diese Leistung wurde mit dem Nobelpreis gewürdigt, den er 1932 zusammen mit E. D. Adrian erhielt.

S. war gleichermaßen Forscher, Künstler und Philosoph. Er galt als großer Kenner der engl. Literatur und war selbst schriftstellerisch tätig. Besonderes Interesse verdienen seine philosophischen Arbeiten, in denen er vorzugsweise das Leib-Seele-Problem analysierte und in dualistischer Weise dem menschlichen Geist eine eigene Wesenheit ohne klar erkennbare Beziehung zu den physiologischen Vorgängen im Gehirn zuwies. Ri

Literatur: Sherrington, Ch. S.: The integrative action of the nervous system (Die integrative Tätigkeit des Nervensystems) (New Haven, London 1906), The brain and its mechanism (Das Gehirn und seine Mechanismen) (Cambridge 1933), Man on his nature (Die Natur des Menschen) (Edinburgh 1937/38); The selected writings of Sir Charles Sherrington (London 1939).

Sholes, Christopher Latham, Drucker, Journalist und Erfinder, geb. 14. 2. 1819 Mooresburg (Pennsylvanien, USA), gest. 17. 2. 1890 Milwaukee (Wisconsin, USA).

S. schuf die erste funktionstüchtige und industriell gefertigte Schreibmaschine und leitete damit eine wesentliche Veränderung aller Büro- und Schreibarbeiten ein.

S. stammte offensichtlich aus einem wenig begüterten Elternhaus. Bereits mit 18 Jahren ging er um 1837 nach Westen, um in Wisconsin, das erst 1848 Bundesstaat wurde, sein Glück zu versuchen. Unter den dort zunächst noch ungeordneten Verhältnissen engagierte sich S. in der Lokalpolitik und gab in dem erst 1835 gegründeten Milwaukee und in Southporth nach und nach verschiedene Zeitungen heraus. Daneben übernahm er zeitweilig noch andere Ämter, wie Postmeister (1845 Southporth) und Zolleinnehmer (um 1862 im Hafen von Milwaukee). S. wurde auch Parlamentsmitglied.

Schreibmaschine von Sholes

S., der bei der Herausgabe seiner Zeitungen selber als Drucker arbeitete, bemühte sich um technische Verbesserungen im graphischen Gewerbe. So erhielt er, z. T. zusammen mit seinen Mitarbeitern, verschiedene Patente, unter anderem 1864 für eine Paginiermaschine und 1867 für eine verbesserte Numeriermaschine. 1867 wandte sich S. dann ganz dem Problem einer funktionstüchtigen Schreibmaschine zu. 1868 konnte er dafür das Grundpatent erwerben, weitere Patente folgten für Verbesserungen. S. hatte aber nicht die Mittel für eine industrielle Verwertung seiner Erfindung, deshalb verkaufte er im März 1873 alle seine Rechte an die Remington Arms Co., unter deren Firmennamen die Maschine dann auch bekannt wurde. S. arbeitete noch bis 1878 daran und verkaufte auch alle Verbesserungen an Remington. Seine Schreibmaschine hatte eine gewisse Ähnlichkeit mit der 1864 von P. Mitterhofer gebauten hölzernen Maschine. Auch bei S. waren die Typenhebel einfache Hebel, die von unten gegen das horizontal liegende Papier schlugen, so daß die Schrift während des Schreibens unsichtbar blieb. Während aber bei Mitterhofers erster Maschine das Papier nur mit Nadelspitzen perforiert wurde, erzeugte S. durch Zwischenschalten von farbgetränktem Stoff ein farbiges Schriftbild. Vor allem aber bestand seine Mechanik aus Metall und war damit präziser und leistungsfähiger. Typenhebel in segmentartiger Anordnung mit sofort sichtbarer Schrift schuf 1888 F. X. Wagner.

Die

Shukowski (Žukovskij), Nikolai Jegorowitsch, Aerodynamiker, geb. 5. (17.) 1. 1847 Orechowo bei Wladimir, gest. 17. 3. 1921 Moskau.

S. lieferte wesentliche Beiträge zur Hydromechanik und schuf die wichtigsten theoretischen Grundlagen für den Flugzeugbau.

S. war der Sohn eines Verkehrsing. und erhielt dadurch schon zu Hause Anregungen für technische Probleme. 1858–1864 besuchte er ein Moskauer Gymnasium, 1864–1868 studierte er an der physikalisch-mathematischen Fakultät der Moskauer Univ., wobei er sich auf angewandte Mathematik spezialisierte. Ab 1870 lehrte er am 2. Moskauer Mädchengymnasium Physik, ab 1872 an der Moskauer TH (MWTU) Mathematik. An dieser Lehranstalt war er bis zu seinem Lebensende tätig, ab 1874 am Lehrstuhl für analytische Mechanik. Gleichzeitig (1872–1920) lehrte S. Mechanik an der Praktischen Akademie für Handelswissenschaften in Moskau. 1876 verteidigte er seine Magisterdissertation, 1882 erhielt er den Grad eines Doktors der angewandten Mathematik. 1886 wurde S. ao. Prof. am Lehrstuhl für Mechanik der Moskauer Univ. Von 1887 an leitete S. den Lehrstuhl für Mechanik an der MWTU. Durch seine Initiative entstanden verschiedene Laboratorien, in denen mechanische Grundlagenforschung betrieben wurde. Zunächst befaßte sich S. mit damals aktuellen Fragen der Hydrodynamik, z. B. mit Flüssigkeiten, die aus Gefäßen ausströmen, und ihrer Wirkung auf das Gefäß, was Bedeutung für die Entwicklung von Raketenantrieben hatte, und mit den Schwankungen schwimmender Körper. Er erklärte auch den beim schnellen Schließen oder Öffnen von Ventilen in Rohrleitungen entstehenden Druckstoß, der sich in Schlaggeräuschen äußert. Bald wandte sich S. auch der Aerodynamik zu, die schließlich Hauptgegenstand seiner Forschungen wurde. 1890 erschien seine Arbeit »Zur Flugtheorie«. S. befaßte sich unter anderem mit dem Gleitflug und besuchte im Zusammenhang damit auch O. Lilienthal in Berlin, der ihm ein Gleitflugzeug schenkte. S. untersuchte die am Tragflügel wirkenden Kräfte und entwickelte mehrere Tragflächenprofile. 1911 faßte er seine Erkenntnisse über den Auftrieb und die Bewegung des Flugzeuges in dem Werk »Die theoretischen Grundlagen der Luftfahrt« zusammen. S. erarbeitete auch eine Theorie der Schiffsschraube, die dann auf Luftschrauben angewendet werden konnte. Für experimentelle Untersuchungen hatte er 1902 einen Windkanal gebaut. 1904 gründete S. bei Moskau das erste Institut für Aerodynamik in Europa. S. schulte Flugzeugkonstrukteure und Piloten, auch die russische Armee nahm seine Dienste in Anspruch. An der

Ch. S. Sherrington

N. J. Shukowski

MWTU wurde während des 1. Weltkrieges ein Berechnungs- und Versuchsbüro für das Flugwesen gebildet, dessen Leitung S. übertragen wurde. Nach der Oktoberrevolution stellte sich S. mit seinem Forscherkollektiv für den Aufbau des sowjetischen Flugwesens zur Verfügung. Noch während des Bürgerkrieges im Dezember 1918 wurde durch Dekret der Sowjetregierung das Zentrale Aero- und Hydrodynamische Institut (ZAGI) in Moskau gegründet und S. zu seinem ersten Leiter ernannt. S. wirkte auch an der Gründung des Fliegertechnikums mit. Die aus diesem 1922 hervorgegangene Akademie der Luftstreitkräfte trägt seinen Namen. An dieser Akademie und besonders am ZAGI bildete sich, aufbauend auf den Grundlagenforschungen von S., die große und erfolgreiche Schule sowjetischer Flugzeug- und Raketenkonstrukteure heraus.

S. war aktives Mitgl. verschiedener wissenschaftlicher Gesellschaften und erfuhr viele Ehrungen. Anläßlich seines 50jährigen Berufsjubiläums 1920 und seines 100. Geburtstages 1947 stiftete die Sowjetregierung jährlich zu verleihende Preise für wissenschaftliche Spitzenleistungen auf dem Gebiet der Mathematik und Mechanik bzw. Luftfahrt.

Die

Literatur: Polnoe sobranie cočinenij, Bd. 1–7 (Moskau, Leningrad 1935–1937).

Siemens, Werner von, Physiker und Techniker, geb. 13. 12. 1816 Lenthe bei Hannover, gest. 6. 12. 1892 Berlin-Charlottenburg.

S. hat als technischer Physiker, Erfinder und Unternehmer wesentlich zur Entstehung des Industriezweiges Elektrotechnik beigetragen.

S. war der Erstgeborene von 14 Kindern eines Landwirts und Domänenpächters, von denen zehn die Kindheit überlebten. Ab 1832 besuchte S. ein Lübecker Gymnasium. Wegen finanzieller Schwierigkeiten der Familie trat er kurz danach als Offiziersbewerber in ein Magdeburger Artillerieregiment ein und konnte von 1835 bis 1838 an der preuß. Artillerie- und Ingenieurschule in Berlin studieren. Hier lehrten bekannte Professoren der Berliner Univ. Als Secondeleutnant wurde er an die Berliner Artilleriewerkstätten versetzt. Nach dem frühen Tod seiner Eltern (1840) unterstützte er seine jüngeren Geschwister und suchte durch Erfindungen (unter anderem Zinkdruckverfahren, Verbesserung der Schießbaumwolle) zusätzlich Geld zu verdienen. Er bildete sich im Berliner Polytechnischen Verein weiter und schloß sich einer Gruppe junger Physiker an, die 1845 die Berliner Physikalische Gesellschaft gründeten. Mit der Verbesserung des Zeigertelegraphen von Ch. Wheatstone (1846) konzentrierte sich S. auf die Telegrafie als neuen Zweig der Technik und gründete 1847 mit dem Feinmechaniker G. Halske die »Telegraphenbauanstalt Siemens und Halske«. 1849 nahm S. seinen Abschied vom Militärdienst und widmete sich wissenschaftlich-technischen Problemen der Elektrotechnik und dem Aufbau und der Erweiterung seines Betriebes.

Für seine wissenschaftlich-technischen Leistungen wurde ihm 1860 die Ehrendoktorwürde der Berliner Univ. verliehen. 1873 wurde er in die Preuß. Ak. d. Wiss. gewählt.

S.' erste patentierte Erfindung (1842) war eine neue Methode zur galvanischen Vergoldung und Versilberung, die er über seinen Bruder WILHELM S. nach England verkaufte. Ab 1847 konstruierte S. zahlreiche Geräte für sein System der Nachrichtentechnik, so z. B. Isolatoren, Blitzsicherungen, bestimmte Relaisformen und eine Guttaperchapresse zur Isolierung von Kabeldrähten. Mit diesen Apparaten gelang ihm 1848 der Bau einer unterirdischen Telegrafenlinie von Berlin nach Frankfurt (Main), dem Sitz der Nationalversammlung, die aber nur kurze Zeit betriebsfähig war. Auseinandersetzungen mit der preuß. Verwaltung hatten zur Folge, daß S. zwischen 1853 und 1855 in Rußland große Telegrafenlinien errichtete, unter anderem von St. Petersburg (Leningrad) zur Krim. Ab 1853 beteiligte sich S. auch an der Verlegung von Seekabeln, schuf eine Theorie der Seekabelverlegung, führte eine Kabelbremse ein und half beim Entwurf eines speziellen Kabellegeschiffes namens »Faraday«. Mit ihm wurden nach 1875 in zehn Jahren fünf Atlantikkabel verlegt.

Durch weitere Verbesserungen der Telegrafentechnik, vor allem durch die Konstruktion des Doppel-T-Ankers (1856), des ersten modernen Ankertyps mit hohem magnetischem Fluß für die Induktortelegrafie, sowie durch die Festlegung einer Widerstandseinheit (Quecksilbereinheit) wuchs sein Ansehen als Elektrotechniker. Eine technische Höchstleistung seines Betriebes stellte die Errichtung der Indo-Europäischen Telegrafenlinie über 11000 km von London bis Kalkutta dar (1870).

S.' elektrophysikalische Arbeiten entstanden aus der Erkenntnis, daß eine innige Wechselwirkung von Physik und Technik für die Weiterentwicklung der Elektrotechnik unabdingbar sei.

In Veröffentlichungen über Ladungserscheinungen bei isolierten Drähten, über die Geschwindigkeit der Elektrizität in Drähten sowie über magnetische Kreise hat S. schon früh die FARADAYsche Feldvorstellung vertreten und anzuwenden gesucht. Seine Untersuchungen über die Änderung der elektrischen Leitfähigkeit des Selens durch Licht und Wärme zählen zu den Ausgangspunkten der Halbleiterphysik.

S.' bedeutendster Beitrag zur Entwicklung der Starkstromtechnik war die Entdeckung des dynamoelektrischen Prinzips. Ausgehend von seinen Erfahrungen über den remanenten Magnetismus von Elektromagneten, konstruierte er 1866 einen Generator mit einem Elektromagneten als Feldmagnet und verband die Ankerwicklung mit der Feldwicklung und schuf damit den »Dynamo«, den ersten leistungsfähigen Elektrogenerator. Im Gegensatz zu den von ihm unabhängigen Mitentdeckern des Prinzips erkannte S. sofort die Bedeutung des Dynamos für die industrielle Verwendung von Starkstrom. 1879 zeigte die Firma Siemens und Halske auf der Berliner Gewerbeausstellung die erste Elektrolokomotive, 1880 den ersten elektrischen Aufzug; 1881 fuhr die erste elektrische Straßenbahn von S. in Berlin.

S.' Wirken als Unternehmer wurde geprägt von dem Aufstieg Deutschlands zum führenden Industriestaat, an dem er wesentlichen Anteil hat. Im Dienste der deutschen Bourgeoisie bekämpfte S. in seiner Jugend die die Industrialisierung hemmende Politik des Junkertums, trug aber dann als Großindustrieller zur Aussöhnung dieser beiden Stützen des preuß. Staates bei. Er propagierte die deutschen Industrieleistungen im Ausland, setzte sich 1877 für ein allgemeines deutsches Patentgesetz ein, das vor allem den die Erfindungen ausbeutenden Unternehmer schützte, und strebte durch die Errichtung von Tochterunternehmen in England und Rußland eine Vormachtstellung auf dem Gebiet der Elektrotechnik an. Durch die Einrichtung eines Unterstützungs- und Pensionsfonds suchte er die Arbeiter, deren Ansprüche bei Kündigung verfielen, an sein Unternehmen zu binden und davon abzuhalten, ihre Rechte bei Arbeitskämpfen wahrzunehmen. Als S. 1889 die Leitung seines Betriebes an seine Söhne und Verwandten übergab, war daraus ein mächtiges Monopolunternehmen mit über 5000 Beschäftigten und mit einem umfassenden Produktionsprogramm für alle Zweige der Elektrotechnik geworden. Kurz darauf wurde das Familienunternehmen in eine Aktiengesellschaft umgewandelt, die auch in andere Industriezweige eindrang und sich zu einem multinationalen Konzern entwickelte.

S.' über seine Zeit hinausreichendes Verdienst lag in dem Bestreben, die Wissenschaft umfassend für den technischen Fortschritt einzusetzen. Auf sein Betreiben und mit seiner finanziellen Unterstützung wurde 1887 die Physikalisch-Technische Reichsanstalt gegründet, deren Forschungen für Industrie und Wissenschaft gleichermaßen von großer Bedeutung wurden. Er bemühte sich um die Gründung eines Elektrotechnischen Vereins (1879) und setzte sich für die Errichtung von Lehrstühlen der Elektrotechnik (ab 1882) an den Technischen Hochschulen ein. Insbesondere durch sein Wirken gehörte Deutschland um die Jahrhundertwende zu den in der Elektrotechnik führenden Ländern. Schi

Literatur: Wissenschaftliche und technische Arbeiten von Werner Siemens, 2 Bde (Berlin 1889–1891).

Matschoß, C.: Werner Siemens. Ein kurzgefaßtes Lebensbild nebst einer Auswahl seiner Briefe, 2 Bde. (Berlin 1916); Weiher, S. v.: Werner von Siemens (Göttingen, Zürich, Frankfurt/Main 1970).

Sierpiński, Wacław Franciszek, Mathematiker, geb. 14.3.1882 Warschau, gest. 21.10.1969 Warschau.

S. gilt als Begründer der Poln. Mathematischen Schule. Seine bedeutendsten Leistungen liegen auf den Gebieten Mengentheorie und Topologie.

S. studierte an den Univ. in Warschau und Krakau (Kraków) Mathematik, Astronomie und Philosophie und promovierte 1906 in Krakau. Nach der Rückkehr nach Warschau unterrichtete er im Mittelschulwesen und hielt Vorlesungen über höhere Mathematik im Rahmen der Hochschulkurse, die einen Ersatz für die seit 1870 geschlossene nationale Univ. darstellten. 1908 wurde S. zum ordentlichen Mitgl. der in diesem Jahr wieder zugelassenen Warschauer Gesellschaft der Wissenschaften berufen und habilitierte sich an der Univ. Lemberg (Lwów). Seit 1909 hielt er eine systematische Vorlesung über die Mengentheorie als einen eigenständigen Wissenszweig. Dies war eine der ersten derartigen Vorlesungen im Weltmaßstab. 1910 wurde S. zum ao. Prof. der Univ. Lemberg ernannt. Während des ersten Weltkrieges wurde S. in Moskau interniert. Dort arbeitete er mit den hervorragenden russ. Mathematikern D. F. JEGOROW und N. N. LUSIN zusammen. 1918 kehrte er nach Polen zurück und nahm die Vorlesungen an der Univ. Lemberg wieder auf. Im Herbst des gleichen Jahres wurde er an die Univ. in Warschau berufen und 1919 zum o. Prof. ernannt. In dieser Zeit formierte sich unter S.s Leitung die berühmte Poln. Mathematische Schule. Er war auch Mitbegründer und Redakteur der Ztschr. »Fundamenta Mathematicae«, die vorwiegend der Mengentheorie und ihren Anwendungen gewidmet war. Im zweiten Weltkrieg, während der deutschen Okkupation, arbeitete S. als Beamter; er beteiligte sich am geheimen Unterricht und schrieb zahlreiche mathematische Arbeiten. 1948 wurde unter aktiver Mitwirkung von S. das Staatliche Mathematische Institut in Warschau gebildet. 1949 erhielt er den Wissenschaftspreis 1. Grades. S. war Ehrendoktor zahlreicher Univ. in aller Welt und Mitgl. mehrerer Akademien.

Das Schaffen von S. betrifft fünf Gebiete der Mathematik: Mengentheorie, Topologie, Theorie der reellen Funktionen, Analysis und Zahlentheorie. In der allgemeinen Mengentheorie beschäftigte sich S. mit dem Kontinuumproblem und mit dem Auswahlaxiom. Die durch S. vorgenommene Analyse der Rolle des Auswahlaxioms und der Kontinuumhypothese erlangte ihre besondere Bedeutung durch die Resultate von K. Gödel und P. Cohen. Gödel bewies 1942 die Widerspruchsfreiheit des um das Auswahlaxiom erweiterten Systems von allgemein angenommenen Axiomen der Mengenlehre und Cohen 1963 die Unabhängigkeit der Kontinuumhypothese vom übrigen Axiomensystem. Wichtige wissenschaftliche Entdeckungen von S. betreffen die Topologie. Das erste Beispiel einer stetigen Abbildung eines Intervalls in ein Quadrat gab 1890 G. Peano, indem er eine stetige Kurve angab, die das Quadrat ausfüllt. S. hat 1912 die Konstruktion von Peano bedeutend vereinfacht, indem er eine Kurve mit der geforderten Eigenschaft als Grenze einer gewissen Folge gebrochener Linien deutete. 1916 hat S. zwei andere Kurven konstruiert, die in der Literatur als »Dreieckkurve von Sierpiński« und »Sierpińskischer Teppich« (zweites Kontinuum von S.) bekannt sind. Er hat eine einfache, notwendige und hinreichende Bedingung angegeben, unter der eine ebene Menge das stetige Bild eines abgeschlossenen Intervalls ist. Gemeinsam mit Lusin untersuchte er analytische und projektive Mengen. Ein weiteres Gebiet, das ebenso wie die Topologie mit der Mengenlehre eng verbunden ist, ist die Theorie der reellen Funktionen. Die Ergebnisse S.s auf diesem Gebiet betreffen die Funktionenreihen, die Differenzierbarkeit von Funktionen und die Klassifizierung von R. Baire. S. bewies, daß für eine beliebige Funktion die Menge der Punkte, in denen die Funktion verschiedene Grenzen hat, höchstens abzählbar ist. Er hat auch das erste Beispiel einer stetigen Funktion angegeben, die in keinem Punkt weder eine endliche noch eine unendliche Ableitung hat. Die Hauptleistung von S. in der Zahlentheorie ist die Abschätzung der Anzahl der Gitterpunkte im Kreis. Späteren Forschern ist es gelungen, S.s Abschätzung zu verbessern; das Problem einer genauen Abschätzung ist jedoch bis zum heutigen Tage offen. S. erzielte auch viele Ergebnisse, die Verallgemeinerungen bekannter Sätze betreffen oder zeigte durch Gegenbeispiele, daß eine weitere Verallgemeinerung unmöglich ist. Er fand auch viele neue Beweise wichtiger Lehrsätze.

Die von der Poln. Ak. d. Wiss. herausgegebene Auswahl wichtiger Werke von S. umfaßt 277 Titel. Einige von ihnen, wie die Monographien zur Zahlentheorie und zur Mengenlehre, haben eine historische Rolle bei der Entwicklung der modernen Mathematik gespielt. Außer wissenschaftlichen Arbeiten schrieb S. auch Lehrb. für Studierende, z. B. 1912 einen »Abriß der Mengenlehre«. Dieses Buch war eine der ersten systematischen Darstellungen der Mengenlehre. Hu

Literatur: Sierpiński, W. F.: Hypothèse du continu (Warschau 1934), Cardinal and Ordinal Numbers (Warschau 1958), Elementary Theory of Numbers (Warschau 1964), Œuvres choisies, 2 Bde. (Warschau 1974/75).

Kuratowski, K.: Wacław Sierpiński (1882–1969), in: Acta arithmetica, 21 (1972), 1; Schinzel. A.: Wacław Sierpiński's Papers on the Theory of Numbers, in: Acta arithmetica, 21 (1972), 7, Wacław Sierpiński (Warschau 1976).

W. von Siemens

W. F. Sierpiński

Sinin (Zinin), Nikolai Nikolajewitsch, Chemiker und Physiker, geb. 25. 8. 1812 Schuscha (Aserbaidshanische SSR), gest. 16. 2. 1880 St. Petersburg (Leningrad).

S., ein vielseitiger Naturwissenschaftler, war Begründer der klassischen Schule der organischen Chemie in Rußland und trug durch seine Arbeiten über die Reduktion von organischen Nitroverbindungen zur wissenschaftlichen Begründung der Teerfarbenchemie bei.

Ab 1830 studierte S. in Kasan, war dort Doz. für analytische Mechanik, Hydrostatik und Hydraulik mit Lehrauftrag für Astronomie und Chemie. Ab 1837 arbeitete er längere Zeit in den Laboratorien von H. Rose und E. Mitscherlich in Berlin sowie im Laboratorium von J. v. Liebig in Gießen. Danach hielt er sich in westeurop. Ländern auf. 1841 wurde S. Prof. am Lehrstuhl für chemische Technologie in Kasan und Lehrer von A. Butlerow. 1847–1868 war er Inhaber des Lehrstuhls für Chemie an der Medizinisch-Chirurgischen Akademie in St. Petersburg.

Durch den Studienaufenthalt in Deutschland und Westeuropa lernte der vielseitig begabte russ. Chemiker die im Vergleich zu seiner Heimat fortgeschritteneren Verhältnisse kennen. Besonders nachhaltig beeinflußten ihn der Aufenthalt im Liebig-Laboratorium und die dort begründete Freundschaft mit dem deutschen Chemiker A. W. v. Hofmann. S. verbreitete die Methode des Laboratoriumsunterrichts von Liebig in Rußland.

In Gießen war S. vor allem mit dem alten Arbeitsgebiet Liebigs, den Benzenverbindungen und der Reduktion organischer Verbindungen, befaßt. Diese Untersuchungen setzte er in Kasan fort und beschäftigte sich mit der Reduktion von organischen Nitroverbindungen. Durch Reduktion von Nitrobenzen gelangte er zu »Benzidam«, das später durch Hofmann als Aminobenzen erkannt wurde. Die Methode von S. wurde dann auch auf analoge Verbindungen übertragen. Durch alkalische Reduktion gelangte S. zu neuen Erkenntnissen auf dem Azogebiet und stellte Azoxybenzen, Hydrazobenzen und Azobenzen dar und fand schließlich mit Benzidin einen wichtigen Ausgangsstoff für die substantiven Baumwollfarbstoffe. In ehrender Anerkennung meinte Hofmann: »... hätte Sinin nichts anderes als die Überführung des Nitrobenzols zu Anilin gelehrt, sein Name würde mit goldenen Lettern in der Geschichte der Chemie verzeichnet bleiben« (Ber. d. Dtsch. Chem. Ges., Bd. 13, 1880). Diese Entdeckung habe »einer mächtigen Industrie zur Grundlage gedient, welche ihrerseits wieder einen ganz unerwarteten fruchtbaren Impuls auf die Wissenschaft geübt hat« (ebenda).

Im Laboratorium von S. wurden bei Arbeiten über aliphatische und cycloaliphatische Verbindungen, einer späteren Domäne der Schule A. v. Baeyers, grundlegende Erkenntnisse gewonnen. S. war ein Gegner der spekulativen Naturphilosophie, Anhänger der Typentheorie und förderte das Interesse seiner Schüler an Fragen der Struktur.

S. gehört zu den Gründern der Russ. Chemischen Gesellschaft und war 10 Jahre lang deren Präsident. Auch in diesem Zusammenhang förderte er, wie HOFMANN in Deutschland, die Beziehungen zwischen chemischer Wissenschaft und Produktion. Ferner trat er für die Verstärkung der naturwissenschaftlichen Bildung im Medizinstudium ein.

We

Literatur: Zinin, N. N.: Zur Kenntnis der Körper der Stilbilreihe, in: Liebig Ann. Chem. 149 (1869), Einführung von Wasserstoff in organische Verbindungen, in: Ac. sc. Bull., St. Petersburg 3 (1861), Benzoin und Derivate, in: Ac. sc. Bull., St. Petersburg 10 (1866), 11 (1867).

Remane, H.: N. N. Zinin (1812–1880). Zu seinem 175. Geburtstag, in: Mitt.-Bl. Chem. Ges. DDR 34 (1987), Nr. 10.

Skłodowska, → Curie, Marie.

Skoda (Škoda), Joseph, Mediziner, geb. 5. 12. 1805 Pilsen (Plzeň), gest. 13. 6. 1881 Wien.

S. hat die Perkussion und Auskultation, deren physikalische Grundlagen er wissenschaftlich fundierte, zu zuverlässigen klinischen Untersuchungsmethoden systematisch ausgebaut. Er war der bedeutendste Kliniker und einer der Hauptvertreter der »jüngeren Wiener medizinischen Schule«.

S., Sohn eines Schlossers, studierte 1825–1831 in Wien Medizin und legte dort auch ein Physikexamen erfolgreich ab. 1831 wurde er zum Dr. med. promoviert. Unmittelbar danach ging S. als Choleraarzt nach Böhmen. 1832 kehrte er nach Wien zurück und nahm eine unbesoldete Stelle als Sekundararzt am Allgemeinen Krankenhaus an. Er bekam Kontakt zu dem hier als Prosektor wirkenden C. v. ROKITANSKY, dessen Schüler und Freund er wurde. Seine wissenschaftlichen Arbeiten und vor allem seine 1839 erschienene Monographie über die Perkussion und Auskultation machten S. bald im In- und Ausland bekannt. Nachdem er 1839 zeitweilig als Armenarzt in einer Wiener Vorstadt tätig war, richtete man ihm 1840 eine Abteilung für Brustkranke im Allgemeinen Krankenhaus ein, die aus zwei Krankensälen mit insgesamt 42 Betten bestand. 1841 wurde S. zum Primararzt befördert. Im gleichen Jahr unternahm er gemeinsam mit ROKITANSKY eine Studienreise nach Frankreich und England. 1846 wurde S. zum Prof. der Medizinischen Klinik in Wien ernannt. Als eine seiner ersten Amtshandlungen erwirkte er die Genehmigung, seinen Unterricht in deutscher anstatt in lateinischer Sprache halten zu dürfen. Seinem akademischen Lehramt, das er bis 1871 ausübte, hat er sich mit besonderer Intensität gewidmet. 1848 ernannte ihn die ein Jahr zuvor gegründete Kaiserliche Ak. d. Wiss. in Wien zu ihrem Mitgl. Auch als Emeritus nahm S. regen Anteil an der Tätigkeit in der Akademie wie auch in der Gesellschaft der Ärzte, deren zeitweiliger Vorsitzender und späterer Ehrenpräsident er war.

Voraussetzungen für S.s wissenschaftliche Hauptleistung, den Ausbau der auf akustischen Phänomenen beruhenden klinischen Untersuchungsmethoden, waren sein bereits frühzeitig erwachtes naturwissenschaftliches, insbesondere mathematisch-physikalisches Interesse, seine gediegenen pathologisch-anatomischen Kenntnisse sowie das eingehende Studium der zeitgenössischen Literatur über die Perkussion und Auskultation. Nahezu als Autodidakt, ohne praktische Anleitung, eignete sich S. die von L. AUENBRUGGER im Jahre 1761 inaugurierte und von J. N. CORVISART weiterentwickelte Methode an, Lunge und Herz durch Beklopfen zu untersuchen. Auch die auf den franz. Arzt R. Th. H. LAËNNEC zurückgehende Behorchung der Brustorgane (1819) beherrschte er bald. S. drang in das physikalische Wesen der beobachteten Schallphänomene ein, ging ihren Ursachen nach, erforschte ihre Veränderungen während des Krankheitsprozesses, verglich seine klinischen Befunde mit den pathologisch-anatomischen Sektionsergebnissen und versuchte den akustischen Erscheinungen experimentell auf den Grund zu gehen. Wesentlich für die Erlernbarkeit und den allgemeinen Gebrauch der perkutorischen und auskultatorischen Methoden war die von ihm vorgenommene Systematisierung der einzelnen Schallerscheinungen. S. unterschied als erster Herztöne, hervorgerufen durch die Myokardkontraktionen, von Herzgeräuschen, die durch Herzklappenfehler und andere kardiale Erkrankungen verursacht werden. Auf ihn geht auch die Unterscheidung des vesikulären und bronchialen Atemgeräusches zurück. Die durch Perkussion erhaltenen Schallerscheinungen teilte S. in die Qualitätenpaare hell – dumpf, voll – leer, hoch – tief und tympanitisch – nicht tympanitisch ein. So wurde die klinische Diagnostik für seine Demonstrationen am Krankenbett in ein faßliches, terminologisch verständliches Kategorien- und Nomenklatursystem gebracht. »Vor SKODA war diese Untersuchungsmethode eine Kunst, deren Virtuosen man anstaunte, seit SKODA kann man sie lehren und erlernen wie Lesen, Schreiben und Rechnen« (Sternberg). S.s neuartige diagnostische Methodologie trug auch zur Überwindung der noch bis zur Mitte des 19. Jh. weitgehend herrschenden ontologischen Auffassung vom Wesen der Krankheiten bei. Er vermochte mit seinen verfeinerten Untersuchungsmöglichkeiten den Symptomwechsel und damit den Prozeßcharakter einzelner Erkrankungen nachzuweisen. Anfänglich ließ S. der rationellen Diagnostik auch eine rationelle und aktive Therapie folgen. Aber durch zahlreiche Fehlschläge, besonders bei den Punktionsversuchen von Pleuraexsudaten und Perikardergüssen – als eine Folge der damals noch fehlenden Asepsis – wurde er den aktiven Behandlungsmaßnahmen gegenüber zunehmend skeptisch und gab konservativen, mehr exspektativ auf »kritische Ausscheidungen« zielenden Methoden den Vorzug. Dies wurde von einigen seiner Anhänger so weit übertrieben, daß nicht ganz zu Unrecht das Wort vom »therapeutischen Nihilismus« aufkam.

S.s Gerechtigkeits- und Wahrheitsliebe zeigten sich im energischen Eintreten für I. Ph. SEMMELWEIS, dessen Entdeckung der Ursache des Kindbettfiebers er in einem Referat vor der Wiener Ak. d. Wiss. bekannt machte. Schk

Literatur: Skoda, J.: Abhandlung über Percussion und Auscultation (Wien 1839, weitere Aufl. 1842, 1844, 1850, 1854, 1864).

Drasche, A.: Skoda (Wien 1881); Sternberg, M.: Josef Skoda (Wien 1924).

Smoluchowski, Marian, theoretischer Physiker, geb. 28. 5. 1872 Vorderbrühl bei Wien, gest. 5. 9. 1917 Krakau (Kraków).

Die Arbeiten von S. auf dem Gebiet der kinetischen Theorie der Materie haben ihn unter die Mitbegründer dieser Theorie eingereiht.

S. war der Sohn eines führenden Beamten des Kanzleramtes von Kaiser FRANZ JOSEPH I. Nach dem Studium an der Wiener Univ. und der Promotion 1894/95 ging S. 1895 zu weiteren Studien nach Paris, Glasgow und Berlin. 1898 habilitierte er sich in Wien und arbeitete ein halbes Jahr als Privatdoz. Dann siedelte er nach Lemberg (Lwów) um, wo man ihm an der Univ. die Vorlesungen in Mathematik und Physik anvertraute. Seit 1900 war er dort Prof. der theoretischen Physik. 1913 an die Jagiellonische Univ. in Krakau berufen, hatte er den Lehrstuhl für Experimentalphysik inne. 1917 wurde S. zum Rektor der Univ. ernannt, starb aber im gleichen Jahr. S. war Mitgl. der Poln. Ak. d. Wiss. und Künste in Krakau.

Seine erste wissenschaftliche Arbeit veröffentlichte S.

mit 21 Jahren. Sie bezog sich auf die innere Reibung in Flüssigkeiten. Seine Dissertation betraf »Akustische Untersuchungen über die Elasticität weicher Körper«. 1895 unternahm S. im Labor von G. Lippmann (Paris) Untersuchungen zum Gesetz von G. R. Kirchhoff und R. Clausius. Dieses Gesetz besagt, daß die Stärke der emittierten Strahlung von dem Medium abhängig ist, in dem sich der strahlende Körper befindet. Die von S. durchgeführten Experimente bestätigten das Gesetz. Gleichzeitig schlug S. eine eigene Begründung des Gesetzes vor. 1896/97 führte er im Labor von Kelvin in Glasgow eine ganze Reihe von Arbeiten über die Ionisation der Gase sowie über den Einfluß des Drucks auf ihre Leitfähigkeit aus. 1897 begannen grundlegende Untersuchungen, die für die weitere Tätigkeit von S. charakteristisch waren. Im Labor von E. G. Warburg in Berlin bewies S. experimentell, daß an der Grenze zwischen der Gefäßwand und dem durch das Gefäß strömenden Gas ein Temperatursprung auftritt. Es war die erste Erscheinung, die sich nicht mit einer kontinuierlichen Struktur eines Gases, sondern nur aus der Molekulartheorie ableiten ließ. Nach Wien zurückgekehrt begann S., auf der Grundlage dieser Vorstellungen eine Theorie für den Temperatursprung auszuarbeiten. Sie wurde 1898 veröffentlicht. Nach der Übersiedlung nach Lemberg begann S. 1899 Forschungen über die Erdatmosphäre: Versuche zur Bestimmung der Atmosphärengrenze sowie zur Beschreibung der Erscheinungen in den oberen Atmosphärenschichten. Danach kehrte S. zu den Arbeiten zurück, die die noch nicht von allen akzeptierte kinetische Theorie bestätigen sollten. Nach einer ganzen Reihe theoretischer Untersuchungen erklärte er 1906 die Natur der Brownschen Bewegung und gab eine Formel für das mittlere Verschiebungsquadrat der Teilchen an. Ein ähnliches Resultat veröffentlichte A. Einstein 1905. In Einsteins Arbeit ist jedoch kein konkreter Mechanismus für die Bewegung vorausgesetzt. S. nahm dafür Stoßvorgänge an. Arbeiten von Th. Svedberg und J. Perrin über die Kolloide lieferten die Bestätigung der Formel von Einstein und S. Ein anderer Zweig der kinetischen Theorie, dem sich S. widmete, betraf die Fluktuationstheorie. Seine Arbeiten hatten grundlegende Bedeutung für deren weitere Entwicklung. Aus diesen Arbeiten ergaben sich Schlußfolgerungen, die im Widerspruch zum zweiten Hauptsatz der Thermodynamik standen, und wie sich bald zeigte, durch Experimente bestätigt wurden, z. B. von Svedberg (Z. phys. Chem. 73 (1910), 547). Nach dem zweiten Hauptsatz der Thermodynamik müssen sich in miteinander verbundenen Systemen die Drücke ausgleichen. Wenn es dazu kommt, kann ein solcher Zustand nicht ohne Eingriff von außen geändert werden. Die kinetische Theorie bestätigt diese Schlußfolgerung nicht. Die von S. geschaffene Fluktuationstheorie untersuchte diese Frage am Beispiel der Schwankungen von Druck und Dichte und fand empirische Bestätigung. S. selbst verwies darauf, daß in Gasen Dichtefluktuationen auftreten. Auf diese Weise bestätigte er seine eigene Theorie und erklärte gleichzeitig die Opaleszenzerscheinungen, denn in Gestalt von Opaleszenz manifestieren sich dem Beobachter, der das durch ein Gas hindurchgehende Licht betrachtet, die Dichteinhomogenitäten. S. beschäftigte sich auch aktiv mit Fragen der Entstehung von Faltengebirgen. Er war ein erfahrener Bergsteiger und leidenschaftlicher Musikliebhaber. Ck, Fk

Literatur: Smoluchowski, M.: Pisma (Schriften) 3 Bde. (Hrsg. W. Natanson, Krakau 1924–1928), Über den Temperatursprung bei Wärmeleitung in Gasen, in: Sitzungsber. d. kaiserl. Ak. d. Wiss. in Wien. Math.-naturwiss. Klasse, Bd. CVII. Abt. Ia (1898), 304–329, Weitere Studien über den Temperatursprung bei Wärmeleitung in Gasen, in: ebenda Abt. IIa (1899), 5–23, Über die Atmosphäre der Erde und der Planeten, in: Phys. Z. 2 (1900), 307–313, Zur kinetischen Theorie der Brownschen Molekularbewegung und der Suspensionen, in: Ann. Phys. 21 (1906), 756–780, Molekular-kinetische Theorie der Opaleszenz von Gasen im kritischen Zustande, sowie einiger verwandter Erscheinungen, in: Ann. Phys. 25 (1908), 205.

Teske, A.: Marian Smoluchowski, Zycie i twórczość (Wrocław 1955), dtsch Marian Smoluchowski. Leben und Werk (Wrocław 1977).

N. N. Sinin

J. Skoda

Sobolew (Sobolev), Sergej Lwowitsch, Mathematiker, geb. 6. 10. 1908 St. Petersburg (Leningrad).

S. lieferte fundamentale Beiträge zur Anwendung funktionalanalytischer Methoden in der Theorie der partiellen Differentialgleichungen und der numerischen Mathematik; er leistete Vorarbeiten zur Theorie der Distributionen.

S., Sohn eines Juristen und einer Medizinerin, studierte nach dem Schulbesuch in Charkow ab 1925 an der Univ. Leningrad. Seit 1929 am dortigen Seismologischen Institut tätig, trat er 1932 in das Steklow-Institut der Akademie ein, mit dem er 1934 nach Moskau übersiedelte. 1933 wurde S. korrespondierendes, 1939 o. Mitgl. der Ak. d. Wiss. der UdSSR. 1944–1958 arbeitete S. am Akademie-Institut für Kernenergie, gleichzeitig leitete er den Lehrstuhl für numerische Mathematik an der Univ. Moskau. Seit 1958 ist S. Dir. am Mathematischen Institut der Sibirischen Abteilung der Akademie in Nowosibirsk.

Das Anfangswertproblem der Wellengleichung führte traditionell nur dann zu einer Lösung, wenn die Anfangsbedingungen gewisse starke Glattheitsvoraussetzungen erfüllten. S. erkannte, daß die Aufgabe auch bei Abschwächung der Voraussetzungen physikalisch sinnvoll ist und überdachte in einer Arbeit von 1934 den klassischen Lösungsbegriff für partielle Differentialgleichungen. Angeregt durch Arbeiten von N. M. Gjunter und gestützt auf den Integralsatz von C. F. Gauss erhielt er »eine Integralgleichung 2. Ordnung für die unbekannte Funktion u, die mit Hilfe der Methode der sukzessiven Approximation gelöst werden kann«. In einer Arbeit von 1935 deutete S. seine verallgemeinerten Lösungen als Funktionale. Eine Arbeit S.s von 1936 enthält die Anfänge für die Theorie der nach S. benannten Räume $W_p^l(G)$ und der nach ihm benannten Einbettungssätze. Diese Theorie, die S. in einem einflußreichen Buch von 1950 systematisch dargelegt hat, ist heute grundlegend bei der Anwendung funktionalanalytischer Methoden in der Theorie der partiellen Differentialgleichungen. Es zeigte sich, daß auf dieser Grundlage auch Randwertaufgaben für elliptische Differentialgleichungen auf die natürlichste Weise gestellt und im qualitativen Sinn gelöst werden können. Charakteristisch ist jedoch für S., daß er nicht nur stets vom konkreten Problem der mathematischen Physik ausgeht und abstrakte Räume und Operatoren in ihrer konkreten Realisierung betrachtet, sondern daß er besonders großen Wert auf die explizite, gegebenenfalls numerische Lösung des Problems legt, ein Gesichtspunkt, der gerade gegenwärtig sehr aktuell ist. (Dies zeigte sich schon Anfang der 30er Jahre, als S. gemeinsam mit W. I. Smirnow eine neue Methode der expliziten Lösung bestimmter Typen der Wellengleichung ausarbeitete.) In diesem Zusammenhang sind auch S.s Beiträge zur Anwendung funktionalanalytischer Methoden in der numerischen Mathematik seit den 40er Jahren einzuordnen. S. wird der Ausspruch zugeschrieben, daß »die numerische Mathematik ebenso unvorstellbar ist ohne Banach-Räume, wie ohne elektronische Rechenmaschinen«. Den Arbeiten über die Stabilität numerischer Algorithmen folgten in S.s Nowosibirsker Jahren Beiträge zur Berechnung von Mehrfachintegralen, in denen S. bei der Betrachtung von asymptotisch minimalen Fehlerfunktionalen der ökonomischen Verhältnismäßigkeit von Rechenaufwand und erforderlicher Rechengenauigkeit besondere Aufmerksamkeit widmete. Diese Resultate sind in S.s »Einführung in die Theorie der Kubaturformeln« (1974) zusammengefaßt.

S. ist Mitgl. zahlreicher internationaler wissenschaftlicher Gesellschaften und Träger hoher staatlicher Auszeichnungen. Seine Bücher wurden in viele Sprachen übersetzt. Si

Literatur: Sobolev, S. L.: Novyj metod rešeniâ zadači Koši dlâ uravnenij v častnyh proizvodnyh vtorogo porâdka, in: Dokl. AN, (1934), Bd. 1, Nr. 8, 433–435, Le problème de Chauchy dans l'espace des fonctionelles, in: Dokl. AN, (1935), Bd. 3, Nr. 7, 291–294, Sur quelques évaluations ..., in: Dokl. AN, (1936), Bd. 1, Nr. 7, 279–282, Nekotorye primeneniâ funkcional'nogo analiza v matematičeskoj fizike (Leningrad 1950).

Višik, M. I., u. L. A. Lûsternik: Sobolev (zum 50. Geburtstag), in: Uspehi mat. nauk, 14 (1959), Heft 3, 203–214.

Solvay, Ernest, Chemiker und Industrieller, geb. 16.4.1838 Rebecq-Rognon bei Brüssel, gest. 26.5.1922 Brüssel.

S. ist besonders wegen des von ihm entwickelten und nach ihm benannten Verfahrens der Sodagewinnung und dessen technologischer Durchbildung in die Wissenschaftsgeschichte eingegangen.

Als Sohn eines Salzsieders erlernte auch er diesen Beruf und kam hierbei sowie in der Gasfabrik seines Onkels, in der er seit seinem 21. Lebensjahr arbeitete, mit physikalisch-chemischen und chemischen Prozessen in Berührung. Zu einer Zeit, da sich die industrielle Revolution auch in den Niederlanden und in Deutschland ausweitete (Gasbeleuchtung in den Städten, Entwicklung der Schwefelsäure- und Bleichmittelindustrie, Sodagewinnung nach N. Leblanc), versuchte S., die Ammoniakwässer der Leuchtgasfabrikation nutzbringend zu verwerten. Er entdeckte 1861 (allerdings nicht als erster, in England gab es bereits ein entsprechendes Patent), daß sich Ammoniak, Kochsalzlösung und Kohlendioxid relativ leicht zu Natriumhydrogencarbonat und Ammoniumchlorid umsetzen. Aus ersterem kann man durch Calcinieren Soda (Natriumcarbonat) gewinnen ohne die lästigen Nebenprodukte Chlorwasserstoff und Calciumsulfid, wie sie beim Leblanc-Sodaverfahren entstehen. Da Ammoniak bei dieser Methode als Ammoniumchlorid verlorengeht, war in England z. B. J. Muspratt an einer technischen Realisierung des Verfahrens gescheitert. S. gründete mit seinem Bruder und mit finanzieller Unterstützung eines Bankiers 1861 eine kleine Versuchsfabrik bei Brüssel, 1863 eine Fabrik bei Charleroi. Da S. mittels Kalkmilch aus dem Ammoniumchlorid das Ammoniak zurückgewann und ständig die Apparaturen verbesserte (z. B. führte er einen Carbonatturm zum Mischen von Ammoniak und Kohlendioxid ein), gelang es ihm, bereits Ende der 60er Jahre preisgünstiger und umweltfreundlicher Soda zu produzieren. Da alle Schritte seines Verfahrens patentiert waren, vergab er Lizenzen, z. B. nach England, Rußland und den USA, und wurde seit den 90er Jahren des 19. Jh. zu einem der mächtigsten und reichsten Chemieunternehmer der Welt. Ferner wurde er Mitgl. des belgischen Senats und Staatsminister. In Brüssel gründete S. die Internationalen Solvay-Institute für Chemie, Physik und Soziologie. Sie halten periodisch internationale wissenschaftliche Kongresse (Solvay-Kongresse) ab. Der Solvay-Konzern mit seinem Hauptsitz in Brüssel hat seine Produktion inzwischen auch auf andere Zweige der chemischen Industrie ausgedehnt (Chlor, Kalisalze, Pharmaka).

S.s Verfahren der Sodaherstellung wurde Ende des 19. Jh. durch das der Chlor-Alkali-Elektrolyse ergänzt bzw. verdrängt. St

Literatur: Die einzigen wissenschaftlichen Abhandlungen Solvays sind seine Patente aus den Jahren 1863–1904.

Sommerfeld, Arnold, Physiker, geb. 5.12.1868 Königsberg (Kaliningrad), gest. 26.4.1951 München.

S. hat als theoretischer Physiker und akademischer Lehrer einen großen Einfluß auf die Herausbildung der modernen Physik ausgeübt. Die Sommerfeld-Schule wurde zu einem Weltzentrum der Physik, aus dem mehrere Nobelpreisträger hervorgegangen sind.

S., Sohn eines Arztes, studierte in seiner Vaterstadt Mathematik, wobei er Vorlesungen bei D. Hilbert, A. Hurwitz und F. Lindemann hörte. 1891 promovierte er mit einer Arbeit über spezielle Funktionen in der mathematischen Physik. 1892 legte S. die Lehramtsprüfung für Mathematik, Physik, Chemie und Mineralogie ab und ging, nach Ableistung seiner Militärpflicht, nach Göttingen, wo er zunächst Assistent am Mineralogischen Institut war. Erfahrungen seiner dortigen Beschäftigung mit Kristallen flossen später in die 1912 von M. v. Laue und seinen Mitarbeitern unternommenen Versuche zu Röntgenstrahlinterferenzen an Kristallen ein. Entscheidend für S.s weiteres wissenschaftliches Wirken war der in Göttingen 1894 vollzogene Wechsel zu F. Klein, den er stets als seinen »eigentlichen Lehrer« angesehen hat. Die von Klein geübte mathematische Behandlung physikalischer Probleme hat S.s weitere Arbeiten stark geprägt. 1896 habilitierte sich S. bei Klein mit einer Arbeit über die Lichtbeugung an der Kante eines Schirms; er legte damit die erste mathematisch strenge Behandlung eines Beugungsproblems vor. Frucht der Zusammenarbeit S./Klein war ein vierbändiges Werk über die Theorie des Kreisels, das, in jenen Jahren begonnen, allerdings erst 1910 vollendet wurde; darüber hinaus arbeitete S. an der Enzyklopädie der mathematischen Wissenschaften mit, deren Organisator Klein war. 1897 folgte S. einem Ruf als Prof. der Mathematik an die Bergakademie Clausthal-Zellerfeld, wo er vor allem Elementarmathematik lehrte. 1900 wurde S. auf energisches Betreiben von Klein Ordinarius für Technische Mechanik an der TH Aachen. Hier hatte er Kontakt mit zahlreichen Ingenieurwissenschaftlern, die er bei vielen Gelegenheiten, z. B. bei der Bearbeitung von Schwingungs- und Resonanzproblemen, auf die große Bedeutung der Mathematik in der Technik hinwies. Sehr intensiv beschäftigte sich S. mit der Ausarbeitung einer hydrodynamischen Theorie der Schmiermittelreibung.

Auch in dieser Zeit hatte S. seine physikalischen Forschungen nicht aufgegeben. Auf S.s Untersuchungen zur Theorie des bewegten Elektrons wurde H. A. Lorentz aufmerksam, der ihn daraufhin für den seit längerer Zeit freien Lehrstuhl für Theoretische Physik an der Univ. München empfahl. 1906 folgte S. diesem Ruf, seither widmete er sich ausschließlich der theoretischen Physik. Schon 1907 nahm er die zwei Jahre zuvor von A. Einstein begründete Spezielle Relativitätstheorie in seine Vorlesungen auf und wurde ein wichtiger Förderer dieser Theorie. Persönlich trafen sich S. und Einstein zum ersten Mal 1909 auf der Na-

S. L. Sobolew

E. Solvay

A. Sommerfeld

L. Spallanzani

turforscherversammlung in Salzburg. Es entwickelte sich zwischen den beiden Physikern eine fruchtbare wissenschaftliche Partnerschaft und andauernde feste Freundschaft. Im Mai 1918 wurde S. als Einsteins Nachfolger zum Vorsitzenden der Deutschen Physikalischen Gesellschaft gewählt. In der Zeit des Nationalsozialismus sorgten S. und sein stets sehr großer Schüler- und Freundeskreis für eine gewisse Kontinuität in der Pflege der theoretischen Physik in Deutschland. Wegen seiner aufrechten Haltung wurde S. 1935 emeritiert. Während des zweiten Weltkrieges begann er seine Vorlesungen in Buchform herauszugeben. Ab 1942 erschienen »Vorlesungen über theoretische Physik« (6 Bde.). Als S. 1951 an den Spätfolgen eines Verkehrsunfalls starb, war er mitten in der Arbeit an dem Bd. »Thermodynamik und Statistik«, der den Abschluß dieser Vorlesungsreihe bildete.

Im September 1910 hatte Einstein S. bei dessen Besuch in Zürich für das Quantenkonzept gewonnen. Ein Jahr später (Oktober 1911) trug S. auf dem 1. Solvay-Kongreß in Brüssel einen Quantenansatz vor, den er in ausgedehnten Rechnungen z. B. auf den lichtelektrischen Effekt, die Theorie der γ-Strahlung und die Röntgenbremsstrahlung anwandte. S. erkannte sofort die Bedeutung von N. Bohrs 1913 vorgelegtem Konzept eines quantentheoretischen Atommodells. Er erweiterte dieses Modell 1913, indem er von den Kreisbahnen der Elektronen zu Ellipsenbahnen und zu einer relativistischen Behandlung der Feinstruktur der Wasserstofflinien überging und weitere Quantenzahlen einführte. 1916 legten S. und sein Schüler P. J. W. Debye die Theorie des normalen Zeeman-Effektes und S.s Schüler P. S. Epstein die Theorie des Stark-Effektes auf Grundlage des Bohrschen Atommodells vor. 1919 faßte S. die Bohr-Sommerfeldsche Atomtheorie in dem berühmten Buch »Atombau und Spektrallinien« zusammen, das bald als »Bibel der Atomphysik« galt. Obwohl sich zunehmend Widersprüche zu experimentellen Ergebnissen ergaben, hielt S. auch Anfang der 20er Jahre an dem anschaulichen Atommodell fest. Einen Ausweg aus dieser Problematik erhoffte er von Einstein, dem er 1922 schrieb: »Ich kann nur die Technik der Quanten fördern, Sie müssen ihre Philosophie machen!« Als aber 1925/26 W. Heisenberg, der 1923 bei S. promoviert hatte, und E. Schrödinger mit ihrer unanschaulichen Matrizen- bzw. Wellenmechanik eine neue Quantentheorie vorlegten, griff S. sogleich wichtige Gedanken auf und berechnete mit der ihm eigenen mathematischen Meisterschaft einige physikalische Erscheinungen, z. B. zur Elektronentheorie der Metalle. Insbesondere mit Hilfe der Schrödingerschen Differentialgleichung konnten S. und seine Schüler wichtige Ergebnisse erzielen. Diese neueren Gedanken faßte er 1929 im »Wellenmechanischen Ergänzungsband« zusammen. In den Jahren danach beschäftigte sich S. mit mathematischen Untersuchungen über die statistische Behandlung der Atomhülle, mit der spezifischen Wärme der Metalle und ähnlichen Problemen.

Gl

Literatur: Sommerfeld, A.: Gesammelte Schriften, 4 Bde. (Braunschweig 1968), Atombau und Spektrallinien (Braunschweig 1919), Atombau und Spektrallinien, 2. Bd., Wellenmechanischer Ergänzungsband (Braunschweig 1929), Vorlesungen über theoretische Physik, 6 Bde. (Leipzig 1942–1962).

Benz, U.: Arnold Sommerfeld. Lehrer und Forscher an der Schwelle zum Atomzeitalter. 1868–1951 (Stuttgart 1975), Der akademische Lehrer Arnold Sommerfeld, in: Phys. Bl. 28 (1972), 292–299; Heisenberg, W.: Arnold Sommerfeld, in: Naturwiss. 38 (1951), 337–338, Ausstrahlung von Sommerfelds Werk in der Gegenwart, in: Phys. Bl. 24 (1968), 530–537; Laue, M. v.: Sommerfelds Lebenswerk, in: Naturwiss. 38 (1951), 513–518.

Spallanzani, Lazzaro, Naturforscher, geb. 12. 1. 1729 Scandiano bei Modena, gest. 11. 2. 1799 Pavia.

Durch eindrucksvolle Experimente über Befruchtung und Keimesentwicklung suchte S. die Urzeugungshypothesen von J. T. Needham und G. Buffon zu widerlegen; gleichzeitig beeinflußte er damit das zeitgenössische Urteil zugunsten der Präformationstheorie.

Nach dem Besuch des Jesuitenseminars in Reggio (Emilia) studierte S. ab 1749 Jura an der Univ. Bologna, wo er 1753 promoviert wurde. Danach wurde er in Reggio Priester (1760 Abbé) und lehrte ab 1756 Naturgeschichte an den Gymnasien in Reggio und in Modena. 1769–1799 wirkte er als Prof. für Naturgeschichte, ab 1781 auch als Dir. des Museums an der Univ. Pavia, wo er biologische Streitfragen auf experimentellem Wege zu lösen suchte.

Als der engl. Priester Needham, unterstützt von Buffon, die »Urzeugung« von Kleinlebewesen in faulenden Tier- und Pflanzenresten experimentell zu beweisen und damit die Präformationstheorie zu widerlegen suchte (1745–1750), schaltete sich S. in die Lösung der zeitgenössischen Streitfragen über Präformation oder Epigenese (Neubildung und fortschreitende Differenzierung), Animalkulismus (die künftige Generation ist im Spermatozoon präformiert) oder Ovulismus (der vorgebildete künftige Organismus ist im Ei enthalten) mit eigenen Experimentalreihen ein. Er wiederholte Needhams Versuche methodisch exakter, indem er organische Substanzen lange unter Luftabschluß in einem geschlossenen Kolben erhitzte. S. erreichte auf diese Weise – ebenso wie 100 Jahre später L. Pasteur – die Sterilisation des Inhaltes, in dem sich keinerlei Lebewesen (im Gegensatz zu Needhams Versuchsanordnung) entwickelten. Damit hatte er den Nachweis erbracht, daß sich Organismen weder aus »Atomen« noch »organischen Molekülen« im faulenden Substrat bilden können, sondern auch Infusorien aus »Eiern« oder »Samen« (die aus der Luft in das Substrat gelangen) entstehen; gleichzeitig glaubte er erwiesen zu haben, daß sie in Ei oder Samen fertig vorgebildet vorhanden sind und vertrat dabei die schon im 17. Jh. entstandene Auffassung der »Ovulisten«

(M. MALPIGHI, J. SWAMMERDAM). Speziell diese Richtung der Präformationstheorie suchte S. dann in weiteren Experimenten über Befruchtung bei Tieren zu stützen. Er unterzog sowohl befruchtete als auch unbefruchtete Froscheier der vergleichenden mikroskopischen Beobachtung und folgerte aus der optischen Übereinstimmung, daß die Kaulquappen schon in den unbefruchteten Eiern präformiert vorhanden sind und durch die Samenflüssigkeit nur zum Wachstum angeregt werden. Damit unterstützte S. die Ansichten von zahlreichen Autoritäten, z. B. A. v. HALLER, S. A. TISSOT und CH. BONNET, mit denen er im Briefwechsel stand, und erschwerte den Durchbruch epigenetischer Auffassungen von C. F. WOLFF und BUFFON. Weitere Experimente widmete S. der Samenflüssigkeit selbst, wobei er zwar die irrige Ansicht BUFFONS widerlegte, daß die Spermatozoen »Tiere« seien und erst außerhalb des Organismus in der Samenflüssigkeit entstehen, aber aus künstlichen Befruchtungsversuchen an Amphibieneiern (1771–1780) mit filtrierter und verdünnter Samenflüssigkeit den falschen Schluß zog, daß die Spermatozoen keinen direkten Anteil an der Entstehung des Embryos haben, sie also zugunsten des »Ovulismus« deutete. In zahlreichen tierphysiologischen Versuchen studierte S. weiterhin den Atmungs-, Blutzirkulations- und Verdauungsprozeß, erkannte z. B. – teilweise durch schwierige Selbstversuche – die Wirkung der Verdauungssäfte als chemischen Prozeß und untersuchte Regenerationserscheinungen am Nervensystem niederer Wirbeltiere. Auch über die Entwicklung und Vermehrung von Pilzen durch Sporen experimentierte S. und stellte ihre große Hitzeresistenz fest.

S. war neben ST. HALES und R. A. RÉAUMUR der erfolgreichste biologische Experimentator des 18. Jh. und übertraf RÉAUMUR noch an Sicherheit der Versuchsanordnung und des Urteils. Viele seiner Ergebnisse wurden erst um die Mitte des 19. Jh. wieder erreicht und mit Hilfe verbesserter optischer Instrumente zutreffender gedeutet. Ja

Literatur: Spallanzani, L.: Saggio di osservazione microscopiche concernenti il sistema della generazione dei Signori di Needham e Buffon (Modena 1765), Prodromo di un opera da imprimersi sopra riproduzioni animali (Modena 1768, franz. Genf 1768), Opuscoli di fisica animale e vegetabile, 2 Bde. (Modena 1776, franz. Paris 1787), Expériences pour servir à l'histoire de la génération des animaux et des plantes (Genf 1786), dtsch Herrn Abt Spallanzani's Versuche über die Erzeugung der Thiere und Pflanzen. Nebst Herrn John Senebier's Entwurf einer Geschichte der organisierten Körper vor ihrer Befruchtung (Hrsg. Ch. F. Michaelis, Leipzig 1786).

Biagi, B. (Hrsg.): L. Spallanzani: Epistolario, 5 Bde. (Florenz 1958–1964); Capparoni, P.: Lazzaro Spallanzani (Turin 1948); Prandi, D.: Bibliografia della opera di Lazzaro Spallanzani, delle traduzioni e degli scritti su di lui (Florenz 1951); Rostand, J.: Les origines de la biologie expérimentale et l'Abbé Spallanzani (Paris 1951).

Spemann, Hans, Biologe, geb. 27. 6. 1869 Stuttgart, gest. 12. 9. 1941 Freiburg im Breisgau.

S. war der Begründer einer bedeutenden Schule der experimentellen Entwicklungsforschung tierischer Keime, der Organisatorforschung.

S., Sohn eines Verlegers, studierte Medizin in Heidelberg und München und wurde 1894 bei TH. BOVERI in Würzburg mit einer Arbeit »Zur Entwicklung des Strongylos paradoxus« promoviert. Ab 1898 war er ao. Prof. in Würzburg, 1908 folgte er einem Ruf nach Rostock als Ordinarius für Zoologie. 1914 wurde S. 2. Dir. des Kaiser-Wilhelm-Instituts für Biologie in Berlin-Dahlem und ging nach dem ersten Weltkrieg nach Freiburg im Breisgau, wo er als Dir. des Zoologischen Instituts der Univ. bis zu seiner Emeritierung 1937 wirkte.

Anläßlich eines Kuraufenthaltes im Winter 1896/97 machte sich S. gründlich mit A. WEISMANNS Keimplasmatheorie vertraut, die ihm experimentell nachprüfbar erschien. Das Bekanntwerden mit dem Hauptwerk WEISMANNS bestimmte S.s wissenschaftlichen Lebensweg. Zugleich waren die 90er Jahre erfüllt vom Streit der Entwicklungsbiologen um Grundfragen der Determination der ontogenetischen Entwicklung. War ontogenetische Determination Mosaikarbeit (W. ROUX) oder Regulationsgeschehen (H. DRIESCH)? S.s Hauptverdienst lag auf experimentellem Feld. Durch völlig neue Methoden der experimentellen Keimbehandlung (Transplantation und Austausch verschiedener Keimbezirke in verschiedenen Entwicklungsstadien, unvollständige Blastomerentrennung durch die Haarschlingenmethode) gelang es ihm, die Entgegensetzung von Determination und Regulation zu überwinden: Das Regulationsvermögen des Keimes nimmt während seiner Entwicklung im gleichen Maße ab, wie die Determination seiner Teile fortschreitet! Diese dialektische Problemlösung war biotheoretisches Resultat eines mit Riesenaufwand meisterhaft durchgeführten mikrochirurgischen Austauschexperimentes an Amphibienkeimen. Die Austauschexperimente ermöglichten die Aufdeckung sowohl der »herkunftsspezifischen« Entwicklungsbesonderheiten (d. h., ein Keimteil entwickelt sich auch an dem neuen Platz im Keim so, wie er sich an seinem ursprünglichen Platz entwickelt hätte: Beinmaterial wird zu Bein, unabhängig davon, an welchem Keimplatz transplantiert) als auch der »ortsgemäßen« (d. h., ein Keimteil entwickelt sich so, wie er sich an dem neuen Ort, den ihm der Mikrochirurg zugewiesen hat, entwickeln muß: ursprüngliches Beinmaterial wird, an den Ort des späteren Gehirns verpflanzt, das Gehirn ausbilden), wobei die Experimente zu verschiedenen Zeitpunkten vor der Gastrulation durchgeführt wurden. Dabei zeigte sich die schrittweise Abnahme der »ortsgemäßen« Entwicklung zugunsten einer »herkunftsgemäßen«. Zum Zeitpunkt t waren die verpflanzten Teile noch nicht auf eine künftige Organbildung festgelegt, zum Zeitpunkt t_1 jedoch waren sie es. Dieser Zeitpunkt wird mit Einsetzen der Gastrulation erreicht, wobei der Determinationsvorgang »feldartig« erfolgt. Die Determination selbst geht aus von einem bestimmten Keimzentrum (obere Urmundlippe), das S. »Organisationszentrum« nannte. Aus diesem Zentrum entnommene Keimteile haben das Vermögen, noch nicht determiniertes Material in ihrem Sinne zu determinieren, also etwa in einem Wirtskeim eine sekundäre Medullarplatte zu induzieren. Solche Keimteile (später erkannte man den biochemischen Charakter dieser Organisatorwirkung, die durch entsprechende künstliche Stoffe simuliert werden konnten) nannte S. »Organisatoren«. Für die Entdeckung des Determinationszentrums und -zeitpunktes der Organbildung bei Amphibienkeimen erhielt S. 1935 den Nobelpreis für Medizin.

Die Auflösung der zunächst rätselhaft erscheinenden Organisatorleistung erforderte den Übergang zur Biochemie. Ein Teil der Schüler von S. (S. gehört zu den wenigen Experimentalbiologen des 20. Jh., die eine echte Schule begründet haben) ist diesen Weg gegangen, z. B. HOLTFRETER. Mit der biologischen Methode der Ausschaltung von qualitativen Entwicklungsfaktoren, die W. ROUX begründet hatte, war kein weiterer Fortschritt in der Entwicklungsphysiologie zu erzielen. Insofern markierte S.s Werk einen relativen Abschluß der älteren Entwicklungsphysiologie (W. ROUX, H. DRIESCH, E. B. WILSON u. a.) und den Übergang zur interdisziplinären Vereinigung der Entwicklungsphysiologie mit Biochemie, Genetik und Molekularbiologie. S. war sich dieser Umbruchsituation bewußt und hat seine theoretischen Schlußfolgerungen betont vorsichtig vorgetragen (»Experimentelle Beiträge zu einer Theorie der Entwicklung«,

1936). Im entwicklungsbiologischen Streit zwischen Mechanizismus und Vitalismus trugen S.s Forschungen objektiv zur Widerlegung des Vitalismus bei. Gelegentliche Reflexionen S.s zum Lebensproblem lassen allerdings auch psychovitalistische Anklänge erkennen.

S.s deutsch-nationale Gesinnung kommt in einer ganzen Anzahl von wissenschaftspolitischen Reden zum Ausdruck, zu denen er sich als Rektor der Freiburger Univ. (1923) sowie durch seine exponierte Stellung als Nobelpreisträger veranlaßt sah (»Die Wissenschaft im Dienste der Nation«, 1938). Dennoch war er kein Anhänger der Nationalsozialisten und hat sich z. B. mutig für K. v. Frisch eingesetzt, der wegen des »Arierparagraphen« aus dem Hochschullehramt vertrieben werden sollte. Mc

Literatur: Spemann, H.: Experimentelle Beiträge zu einer Theorie der Entwicklung (Berlin 1936), Forschung und Leben (Hrsg. F. W. Spemann, Stuttgart 1943).

Bandlow, E.: Philosophische Aspekte in der Entwicklungsphysiologie der Tiere (Jena 1970); Mangold, O.: Hans Spemann (Stuttgart 1953).

H. Spemann

G. E. Stahl

Stahl, Georg Ernst, Arzt und Chemiker, geb. 21. 10. 1659 Ansbach, gest. 14. 5. 1734 Berlin.

S. gilt in der Medizingeschichte als Begründer des Animismus (von lat. anima ›Seele‹) und in der Chemiehistoriographie als Begründer der Phlogistontheorie (von griech. phlox ›Flamme‹), die rund 75 Jahre lang zur herrschenden chemischen Theorie in Europa wurde.

Nach dem Studium der Medizin in Jena seit 1679 und der Promotion 1684 habilitierte sich S. zum Privatdoz. Er hielt neben medizinischen auch chemische Vorlesungen, insbesondere über das Hüttenwesen, weil er, als Anhänger von Frühaufklärung und Merkantilismus, die Gewinnung und Vermittlung chemischen Wissens als eine wichtige Voraussetzung zur Verbesserung der menschlichen Lebensbedingungen erkannte. Seit 1687 als Leibarzt des Herzogs von Sachsen-Weimar tätig, wurde er 1694 an die Univ. Halle als 2. Prof. für Medizin (neben F. Hoffmann) berufen. 1715 ging er als Leibarzt von Friedrich Wilhelm I. nach Berlin an den preuß. Hof, wo er als Hofrat 1715 auch zum Präsidenten des Collegium medicum, der obersten Gesundheitsbehörde Preußens, ernannt wurde.

Auf dem Gebiete der Medizin wandte sich S. gegen die Verabsolutierung iatrochemischer und iatrophysikalischer Auffassungen über die Lebensprozesse und forderte, auch die psychischen Vorgänge, die »Leidenschaften«, das synergische Prinzip des Zusammenwirkens von mechanischen, chemischen und seelischen Vorgängen im gesunden und kranken Körper zu begreifen und in Diagnostik und Therapie zu berücksichtigen.

In der Chemie knüpfte S. an die atomistischen Vorstellungen von R. Boyle sowie an die Lehre von J. J. Becher über die Existenz von drei Erden, der schmelzbaren, verglasbaren und brennbaren Erde an. 1697 behauptete er anhand seines Experiments, »Schwefel künstlich zu bereiten«, daß die meisten chemischen Veränderungen durch den Zutritt oder den Weggang der »feuerfähigen« Erde, die er Phlogiston nannte, verursacht würden. Aus Beobachtungen im Hüttenwesen sowie aus Experimenten hatte er gefolgert, daß Metalle beim Erhitzen deshalb »ausgebrannt«, »verkalkt« (in Oxide) verwandelt werden, weil aus ihnen das Phlogiston, das seiner Meinung nach ihre Härte, Schmiedbarkeit und den metallischen Charakter bedinge, ausgetrieben würde. Die Reduktion der Metallkalke (-oxide) mittels Kohle hielt S. umgekehrt für eine Wiedervereinigung der Metallkalke mit Phlogiston, das reichlich in der Kohle vorhanden sei. Metalle waren nach dieser Lehre Verbindungen von Metallkalk (-oxid) mit Phlogiston, Metalloxide dagegen die einfacheren Stoffe. Seine vermeintliche Erkenntnis übertrug S. auf alle Oxidations-Reduktions-Reaktionen, deren Zusammenhang er auf diese Weise erstmals deutlich machte, wenn er sie auch im einzelnen mit Hilfe des gar nicht existierenden Phlogistons falsch deutete. So erklärte er auch in dem o. g. Experiment der Schwefelbereitung die Umwandlung von Schwefel in Schwefeldi- und Schwefeltrioxid und dessen Rückgewinnung aus letzteren durch Reduktion ihrer Salze mit Kohle als Entweichen und Wiedervereinigen mit Phlogiston.

Auch die verschiedenen Färbungen der Stoffe sowie die unterschiedliche Löslichkeit von Metallen in Säuren führte S. auf ihren angeblich unterschiedlichen Gehalt an Phlogiston bzw. seine unterschiedlich feste Bindung in unedlen und edlen Metallen zurück. S. erklärte auch Gärung und Fäulnis als chemische Prozesse des Entweichens von Phlogistonpartikeln, die sich angeblich in der Luft fein zerteilten. Aus diesem »Dunstkreisreich« wird das Phlogiston angeblich von Pflanzen aufgenommen, in deren »ölige« Bestandteile es eingebaut, von Tieren und Menschen in der Nahrung genossen und bei Gärung und Fäulnis wieder freigesetzt wird und in die Luft und den Boden gelangt. So konstruierte S. einen Kreislauf des Phlogistons zwischen Mineral-, Tier-, Pflanzen- und Dunstkreisreich.

S.s Phlogistonlehre stellte die unmittelbare Vorstufe zur wirklichen Erkenntnis des Oxidations-Reduktions-Prozesses durch A. L. Lavoisier dar, weil sie erstmals in der Chemie Reaktionsteilnehmer und -produkte in zwei grundlegenden chemischen Prozessen theoretisch verknüpfte und deren Umkehrbarkeit aufzeigte. Das aber war die Voraussetzung, um mit quantitativen Methoden die wirklich sich abspielenden Vorgänge ermitteln zu können. In ihrer historisch beschränkten Form war sie dennoch zur Deutung vieler Vorgänge äußerst fruchtbar und fand viele Anhänger, z. B. in J. Priestley, H. Cavendish, T. Bergman und K. W. Scheele. St

Literatur: Stahl, G. E.: Theoria medica vera (Wahre medizinische Theorie, Halle 1708, 1737, Leipzig 1831/33), Propempticon inaugurale de Synergeia naturae in medendo (Halle 1695), dtsch Über die Bedeutung des synergischen Prinzips für die Heilkunde (Hrsg. B. J. Gottlieb), in: Sudhoffs Klassiker der Medizin, Bd. 36 (Leipzig 1961), Materia medica, d. i. Zubereitung, Kraft und Wirkung der ... durch chymische Kunst erfundenen Arzneien ... (Dresden 1728), Zymotechnia fundamentalis ... (Halle 1697), dtsch Allgemeine Grunderkenntnis der Gärungskunst (Frankfurt/Leipzig 1734), Zufällige Gedanken und nützliche Bedenken über den Streit von dem sogenannten Sulphure (Halle 1718), Ausführliche Betrachtungen und zulänglicher Beweis von den Salzen ... (Halle 1723), Billig Bedenken, Erinnerung und Erläuterungen über D. Bechers Naturkündigung der Metalle (Frankfurt/Leipzig 1723).

Gottlieb, B. J. (Hrsg.): Georg Ernst Stahl (Leipzig 1961); Strube, I.: Georg Ernst Stahl (Leipzig 1984).

Stanley, Wendell Meredith, Biochemiker und Virologe,

geb. 16. 8. 1904 Ridgeville (Indiana, USA), gest. 15. 6. 1971 Salamanca (Spanien).

S. studierte an der Univ. von Illinois, wo er später Dozent wurde. 1930 arbeitete er bei H. Wieland an der Univ. München. 1932–1948 war er am Rockefeller Institute for Medical Research in Princeton (New Jersey, USA) tätig. 1948–1971 war S. Prof. für Biochemie und Dir. des Laboratoriums für Virusforschung an der Univ. of California in Berkeley.

S. gelang es erstmals im Jahre 1935, das Tabakmosaik-Virus (TMV) in kristalliner und damit reiner Form zu erhalten. Damit wurden Viren, deren Existenz bisher nur indirekt erwiesen war, faßbare Naturobjekte, die unter dem Elektronenmikroskop sichtbar gemacht werden und die schließlich auch hinsichtlich ihrer chemischen Zusammensetzung untersucht werden konnten. Für seine Arbeiten auf dem Gebiet der Virusforschung erhielt S. 1946 zusammen mit den Biochemikern J. H. Northrop und J. B. Sumner den Nobelpreis für Chemie. S. arbeitete außerdem über Lepraheilmittel, die Chemie der Sterole, die Influenza-Viren. Zi

Literatur: Stanley, W. M.: Isolation of a crystalline protein possessing the properties of tobacco mosaic virus. Science, 81 (1935), 644 ff. Chemical studies on the virus of tobacco mosaic. 7. An improved method for the preparation of crystalline tobacco mosaic virus protein. Journal biol. Chemistry, 115 (1936), 673–678.

Staudinger, Hermann, Chemiker, geb. 23. 3. 1881 Worms, gest. 8. 9. 1965 Freiburg im Breisgau.

S. führte bahnbrechende Arbeiten auf dem Gebiet der Chemie hochmolekularer organischer Verbindungen durch. Er wies die Existenz hochmolekularer Verbindungen nach, deckte ihr Strukturprinzip auf und vollzog umfangreiche chemische Untersuchungen über diese Verbindungsklasse.

S., Sohn eines Gymnasialprofessors, studierte in Halle, Darmstadt und München, promovierte 1903 in Halle und habilitierte sich 1907 in Straßburg (Strasbourg). Noch im gleichen Jahr erhielt er eine ao. Professur für organische Chemie an der TH Karlsruhe. 1912 wurde er als Prof. für Chemie an die Eidgenössische TH Zürich und 1926 an die Univ. Freiburg i. Br. berufen. Nach der Emeritierung S.s 1951 wurde die von ihm geleitete Forschungsabteilung in ein Staatliches Forschungsinstitut für makromolekulare Chemie umgewandelt, dessen Leitung S. bis 1956 ehrenamtlich übernahm.

Bis 1920 befaßte sich S. im wesentlichen mit Arbeiten über niedermolekulare organische Verbindungen. Besondere Bedeutung kommt dabei seinen Untersuchungen über Ketene zu, einer Stoffklasse, die S. 1905 entdeckt hatte und mit deren Charakterisierung er sich einige Jahre befaßte.

Arbeiten zur Polymerisation ungesättigter Kohlenwasserstoffe führten S. seit 1910 an das Problem der Strukturaufklärung hochmolekularer organischer Verbindungen heran. Die meisten dieser Verbindungen verhalten sich ähnlich wie Assoziationskolloide. Sie dialysieren nicht und bilden unter Quellung hochviskose Lösungen aus, deren Viskosität sich in Abhängigkeit von Temperatur und Zeit stark verändert. Deshalb hatte sich zu Beginn des 20. Jh. die Vorstellung durchgesetzt, alle organischen Kolloide seien als Assoziate kleiner Moleküle aufzufassen. Im Gegensatz dazu postulierte S. 1917, in Anlehnung an S. Pickles, Kautschuk sei ein langkettiger Kohlenwasserstoff. Die kolloiden Eigenschaften dieser Verbindung führte er auf die besondere Molekülgröße zurück. S. nahm an, daß die Anzahl der durch Hauptvalenzen gebundenen Isoprenmoleküle im Kautschuk einige Hundert beträgt. 1920 übertrug er dieses Strukturmodell auf alle hochpolymeren organischen Verbindungen, und Anfang der 20er Jahre dehnte er es auf weitere hochmolekulare organische Verbindungen, z. B. Cellulose und Stärke, aus. 1922 führte S. den Begriff Makromolekül ein. Ausgehend von der Erkenntnis, daß die Moleküle einer hochmolekularen Verbindung unterschiedliche Molekülmassen aufweisen, forderte er zugleich eine Modifikation des Begriffs chemische Verbindung. Den ersten Beweis für seine Strukturvorstellung konnte S. 1922 durch Hydrierung des Kautschuks erbringen. Nach dem niedermolekularen Strukturkonzept müßte die Absättigung der Doppelbindungen einen Zerfall der aggregierten Grundbausteine bewirken. S. konnte jedoch nachweisen, daß hydrierter Kautschuk ebenfalls kolloide Eigenschaften aufweist.

S.s Strukturvorstellungen über hochmolekulare organische Verbindungen stießen zunächst auf heftige Ablehnung, da zur Zeit ihrer Entstehung verschiedene Arbeiten über Kautschuk, Cellulose und Stärke vorgelegt wurden, insbesondere röntgenstrukturanalytische Untersuchungen und Molekülmassebestimmungen, die für einen niedermolekularen Bau dieser Verbindungen zu sprechen schienen. Es bedurfte einer Vielzahl experimenteller Untersuchungen in den 20er und 30er Jahren, ehe die makromolekulare Strukturauffassung allgemein Anerkennung fand. Der wesentliche Teil dieser Arbeiten wurde von S. und seinen Schülern geleistet. Dabei standen Untersuchungen über synthetische Hochpolymere, wie Polystyren, Polyoxymethylen (Polyformaldehyd) und Polyethylenoxid im Mittelpunkt, da Untersuchungen an diesen Verbindungen übersichtlicher waren als an hochmolekularen Naturstoffen. Die synthetischen Polymere konnten z. T. als Modellsubstanzen für Naturstoffe herangezogen werden. Darüber hinaus führte S. aber auch zahlreiche Untersuchungen an makromolekularen Naturstoffen, insbesondere Kautschuk und Cellulose, durch. Durch Anwendung neuer Untersuchungsverfahren, die sich zum großen Teil an Methoden der klassischen organischen Chemie orientierten, gelang es S., zahlreiche Beweise für die Existenz von Makromolekülen zu erbringen. Er bewies, daß sich Polymere mittels bekannter Reaktionen der organischen Chemie in Derivate überführen lassen, ohne daß sich ihr Polymerisationsgrad ändert. Diese polymeranalogen Umsetzungen hatten große Bedeutung für die Durchsetzung der Strukturauffassung S.s, da angenommen werden kann, daß sich Nebenvalenzbindungskräfte bei chemischen Reaktionen verändern. Weiter gelang es S., polymerhomologe Reihen herzustellen, deren Eigenschaften sich mit steigender Molekülmasse gleichmäßig änderten. Da für die untersten Glieder dieser Reihe Kettenstrukturen nachgewiesen waren, glaubte S., eine entsprechende Konstitution auch für die höhermolekularen Verbindungen annehmen zu können. Ausgehend von der Erkenntnis, daß zwischen der Viskosität und der Molekülmasse hochmolekularer organischer Verbindungen eine gesetzmäßige Beziehung besteht, entwickelte er ein neues Verfahren zur Bestimmung der Molekülmasse. S. konnte zeigen, daß die Molekülmassen, die mit Hilfe physikalischer Methoden ermittelt wurden, mit den Werten übereinstimmten, die sich aus Endgruppenbestimmungen ergaben. Damit hatte er einen weiteren Beweis für das Vorliegen von Makromolekülen geliefert. Für S.s Strukturvorstellung sprach auch die Konstanz der Viskosität von Polymerlösungen sowie die Tatsache, daß hochmolekulare organische Verbindungen und ihre Derivate in verschiedenen Lösungsmitteln die gleiche Molekülmasse aufweisen.

Anfang der 30er Jahre begann sich die Makromolekularvorstellung allgemein durchzusetzen. Freiburg i. Br. bildete sich zu einem international anerkannten Zentrum für makromolekulare Chemie heraus.

S.s Arbeiten hatten großen Einfluß auf die rasche Entfal-

W. M. Stanley

H. Staudinger

J. Stefan

J. Steiner

tung der Industrie hochmolekularer organischer Werkstoffe. 1953 wurde ihm der Nobelpreis für Chemie verliehen. Ls

Literatur: Staudinger, H.: Das wissenschaftliche Werk, 7 Bde. (Basel, Heidelberg 1969–1976), Die Ketene (Stuttgart 1912), Anleitung zur organischen qualitativen Analyse (Berlin 1923, 6. Aufl. 1955), Tab. zu den Vorlesungen über allgemeine und anorganische Chemie (Karlsruhe 1927, 5. Aufl. 1947), Die hochmolekularen organischen Verbindungen, Kautschuk und Cellulose (Berlin 1932, Neudruck Berlin, Göttingen, Heidelberg 1960), Organische Kolloidchemie (Braunschweig 1940, 3. Aufl. 1950), Makromolekulare Chemie und Biologie (Basel 1947), Arbeitserinnerungen (Heidelberg 1961).

Hopff, H.: Hermann Staudingers Einfluß auf die Technik, in: Chemiker-Ztg. 75 (1951), 162–163, Hermann Staudinger 1881–1965, in: Chem. Ber. 102 (1969), XLI–XLVIII; Kern, W.: Zur Entwicklung der makromolekularen Chemie, in: Angew. Chem. 63 (1951), 229–231, Das Wissenschaftliche Werk Staudingers (mit E. Ott), in: Chemiker-Ztg. 75 (1951), 160–162; Mark, H.: Zur Entwicklung der Chemie der Makromoleküle, in: Naturwiss. 53 (1966), 93 ff.

Stefan, Josef, Physiker, geb. 24.3.1835 St. Peter bei Klagenfurt, gest. 7.1.1893 Wien.

S. gehört zu den bedeutendsten österreich. Physikern in der zweiten Hälfte des 19. Jh. Seine Hauptarbeitsgebiete bildeten die kinetische Gastheorie, die Elektrodynamik und die Wärmeleitung und -strahlung, wobei die Aufstellung des Stefan-Boltzmannschen Strahlungsgesetzes aufgrund experimenteller Befunde das herausragende Resultat seiner wissenschaftlichen Arbeit darstellte.

S. nahm 1853 das Studium der Mathematik und Physik an der Wiener Univ. auf. Seine Lehrer waren unter anderem J. Petzval und A. v. Ettinghausen. Von 1857 an unterrichtete er als Lehrer für Mathematik und Physik an der öffentlichen Oberrealschule in Wien. Ein Jahr später wirkte er als Privatdoz. für mathematische Physik. 1863 erfolgte die Berufung zum Prof. für Physik an das Physikalische Institut der Univ. Wien, dessen Dir. er drei Jahre später wurde. Unter seiner Leitung entwickelte sich das Institut zu einer international anerkannten physikalischen Forschungsstätte. Zu den berühmtesten Schülern von S. gehörten L. Boltzmann und F. Hasenöhrl. In die Ak. d. Wiss. zu Wien wurde S. mit 25 Jahren als korrespondierendes und mit 30 Jahren als ordentliches Mitgl. gewählt. Seit seinem 40. Lebensjahr wirkte S. als Sekretär dieser wissenschaftlichen Gesellschaft. Sehr wirksam waren seine Beiträge bei der Ausarbeitung von Plänen für den Physikunterricht an den österreich. Gymnasien. Außerdem war er Mitgl. der österreich. Kommission zur Erforschung des Adriatischen Meeres.

S. war ein universeller Physiker, der sowohl als Theoretiker als auch als Experimentator anerkannte Arbeiten über Probleme der Elastizitätstheorie, Hydro- und Aerodynamik, Akustik, Thermodynamik und Kristalloptik veröffentlichte. Auch technische Probleme bearbeitete er, z. B. 1879 die Tragfähigkeit von Elektromagneten. Großen Raum nahmen Fragestellungen ein, die sich aus der Behandlung von Phänomen in Gasen mit der kinetischen Gastheorie ergaben, neben der Schallausbreitung, Diffusion und Absorption besonders die Wärmeleitung in Gasen. R. E. Clausius und J. C. Maxwell hatten Formeln für relative Werte der Leitfähigkeit in Gasen aus der kinetischen Gastheorie abgeleitet. 1872 gelang es S., durch die Konstruktion eines speziellen Thermometers gesicherte experimentelle Werte zu gewinnen. Nach einem ähnlichen Verfahren gewannen 1875 A. Kundt und E. Warburg wenig abweichende Ergebnisse. Im gleichen Jahr knüpfte Boltzmann an die Arbeiten von S. seine Überlegungen zur Berücksichtigung intramolekularer Bewegungen an.

Für die Entwicklung der Physik gewann das 1879 von S. aus experimentellen Daten gefundene, 1884 von Boltzmann auf der Grundlage der Maxwellschen Elektrodynamik theoretisch begründete und nach beiden benannte Strahlungsgesetz besondere Bedeutung. Es ist in der von M. Planck 1900 aufgestellten Strahlungsformel enthalten, bei deren Herleitung Planck die Quantenhypothese formulierte. Das Stefan-Boltzmannsche Strahlungsgesetz sagt aus, daß die Gesamtstrahlung eines schwarzen Körpers der vierten Potenz der absoluten Temperatur proportional ist. O. Lummer und E. Pringsheim bestätigten dieses Gesetz 1897 erneut. S. veröffentlichte zahlreiche Arbeiten über Probleme der Elektrodynamik. Wie viele Physiker im deutschsprachigen Raum bemühte er sich dabei, die Wechselwirkung elektrisch geladener Teilchen aufeinander durch die Annahme von Fernwirkungen zu erfassen. Als er jedoch die Maxwellsche Elektrodynamik kennenlernte, die eine Nahwirkungstheorie der elektrischen und magnetischen Felder ist, wurde er zu einem der engagiertesten Verfechter dieser Theorie auf dem europ. Festland. Ji

Literatur: Stefan, J.: Über die Beziehung zwischen der Wärmestrahlung und der Temperatur, in: Sitzungsber. der mathematisch-naturwissenschaftlichen Klasse der Kaiserl. Ak. d. Wiss. (Wien. Ber.), 2. Abt., 81 (1879), 89–117. Eine Bibliographie von Stefans Arbeiten enthält der Artikel von G. Boncelj in: Österreich. Chem.-Z. 63 (1962), 217–221.

Boltzmann, L.: Nachruf auf Josef Stefan, in: L. Boltzmann: Populäre Schriften (Leipzig 1905); Thirring, H.: Zum 100jährigen Geburtstag von Josef Stefan, in: Forsch. Fortschr. 11 (1935), 119/120.

Steiner, Jacob, Mathematiker, geb. 18.3.1796 Utzenstorf (Kanton Bern, Schweiz), gest. 1.4.1863 Bern.

S. gilt als Hauptvertreter der synthetischen Betrachtungsweise in der Geometrie.

S. war der Sohn eines Kleinbauern und Kleinhändlers; erst im Alter von vierzehn Jahren lernte er in der Dorfschule schreiben, da er in der elterlichen Wirtschaft arbeiten mußte. Im Frühjahr 1814 verließ S. gegen den Willen seiner Eltern das Heimatdorf und wurde Schüler in der von

J. H. PESTALOZZI geleiteten Erziehungsanstalt in Yverdon; schon 1816 unterrichtete er selbst an dieser Schule Mathematik. 1818–1821 studierte er in Heidelberg und verdiente seinen Lebensunterhalt durch Unterrichtstätigkeit. Einen akademischen Grad erwarb S. nicht; 1821 ging er nach Berlin, unterrichtete kurzzeitig (bis 1822) am Werderschen Gymnasium als Aushilfslehrer, arbeitete als Privatlehrer und seit 1825 an der Gewerbeschule als Hilfslehrer. 1822–1824 hörte er zusätzlich an der Univ. Berlin. In der Staatsexamensprüfung wurde ihm nur die Lehrbefähigung bis zur Sekunda zugesprochen (1821), erst 1826 erhielt er nach einer neuen Prüfung die Möglichkeit, alle Klassen zu unterrichten. 1829 wurde S. an der Gewerbeschule als Oberlehrer angestellt, war jedoch 1831–1833 in unliebsame Auseinandersetzungen mit den Schulbehörden verwickelt, die ihm ungebührliches Verhalten gegenüber dem Dir. vorwarfen. Seit 1826 wurde S. durch Veröffentlichungen im »Journal für die reine und angewandte Mathematik« international bekannt, erhielt 1832 die Ehrendoktorwürde der Univ. Königsberg (Kaliningrad), 1833 den Professorentitel und wurde 1834 ordentliches Mitgl. der Preuß. Ak. d. Wiss. und ao. Prof. an der Univ. Berlin. Daß S. trotz seines wissenschaftlichen Weltrufs niemals Ordinarius geworden ist, war wohl hauptsächlich seinem schroffen Wesen und seiner selbstgewählten Isolierung zuzuschreiben.

S.s fast ausschließliche Beschränkung auf Probleme der synthetischen Geometrie war vorwiegend begründet in seiner unvergleichlich ausgebildeten Anschauungskraft, der außerordentlichen mathematischen Phantasie und seiner eigenartigen Arbeitsmethode, die er selbst 1826 wie folgt beschrieb: »Der Verfasser pflegt in der Regel nicht eher über eine Aufgabe oder über einen Gegenstand weiter nachzulesen, bevor er nicht selbst eine Auflösung oder Sätze darüber gefunden hat, um alsdann seine Resultate mit den schon vorhandenen zu vergleichen.« Die Beschränkung auf einen relativ engen Problemkreis, die eigenbrötlerische Arbeitsweise, sind aber auch erklärbar durch S.s weitgehende Unkenntnis der zeitgenössischen analytischen und algebraischen Arbeitsmethoden in der Mathematik; S. ließ sich bei analytischen oder algebraischen Überlegungen von anderen bedeutenden Mathematikern, wie C. G. J. JACOBI, K. WEIERSTRASS oder L. SCHLÄFLI, helfen.

Die ersten Untersuchungen von S. betrafen sehr spezielle Probleme (Aufgaben über das Schneiden und Berühren von Kreisen und Kugeln, 1826; Konstruktionen auf der Kugel, 1827, u. a.). 1832 erschien seine »Systematische Entwicklung der Abhängigkeit geometrischer Gestalten voneinander«, in der er die Grundlagen der projektiven Geometrie rein synthetisch entwickelte. 1833 folgten »Die geometrischen Constructionen ausgeführt mittelst der geraden Linie und Eines festen Kreises«, die die Entwicklung des Problemkreises von Konstruktionen mit beschränkten Konstruktionsmitteln wesentlich beeinflußte. S. veröffentlichte Arbeiten über das isoperimetrische Problem und verwandte Aufgaben (1836), über konvexe Körper (Einfluß auf H. MINKOWSKI und die Entwicklung der Differentialgeometrie), über Krümmungsschwerpunkte (1838), über parallele Flächen (1840, 1846), zur Theorie der Kurven dritten und vierten Grades und über »allgemeine Eigenschaften« algebraischer Kurven (Polarkurven), »STEINER-Kurven« u. a., 1848). In wenigen Ausnahmefällen untersuchte S. auch Fragen der Kombinatorik (1852) und der Zahlentheorie (1852). Es gehört zu den Eigentümlichkeiten des S.schen Werkes, besonders während seiner letzten Jahre, daß viele aufgestellte Behauptungen nicht bewiesen wurden. S. war dazu wohl kräftemäßig selbst nicht mehr in der Lage. Diese unbewiesenen Behauptungen haben aber bis in die jüngste Zeit anregend auf viele Geometer gewirkt. Il

Literatur: Steiner, J.: Gesammelte Werke, 2 Bde. (Berlin 1881–1882).
Kollros, L.: Jacob Steiner. Elemente der Mathematik, Beih. 2 (Basel 1947).

Steinitz, Ernst, Mathematiker, geb. 13. 6. 1871 Laurahütte (Huta Laura, Polen), gest. 29. 9. 1928 Kiel.

Die Arbeiten von S. waren richtungweisend für die Herausbildung der modernen strukturellen Algebra.

S. studierte in Breslau (Wrocław) und Berlin, promovierte 1894 in Breslau und habilitierte sich 1897 an der TH Berlin-Charlottenburg, wo er danach als Privatdoz. tätig war. 1910 wurde er ao. Prof. an der TH Breslau. Von 1920 bis zu seinem Tode wirkte er als o. Prof. an der Univ. Kiel.

Das Hauptwerk von S., die »Algebraische Theorie der Körper«, erschien 1910. Die Anregung dazu erhielt er durch die von K. HENSEL gegebene Konstruktion der *p*-adischen Zahlkörper. Die Arbeit hatte das Ziel, aus den Körperaxiomen heraus eine Übersicht über alle möglichen Körpertypen zu gewinnen und ihre Beziehungen untereinander zu untersuchen; ihre wesentlichen Resultate sind 1) die Einführung des Begriffs »Charakteristik« und die Angabe der genauen Gültigkeitsgrenze der GALOISschen Theorie durch die Einführung des Begriffs »separable Erweiterung«, 2) der Satz, daß es zu jedem Körper bis auf Äquivalenz eindeutig einen algebraischen algebraisch abgeschlossenen Erweiterungskörper gibt, 3) die Theorie des Transzendenzgrades, insbesondere der Satz, daß man jede Körpererweiterung in eine rein transzendente und eine anschließende algebraische Erweiterung zerlegen kann. Für die Beweise von 2) und 3) benutzte S. damals neue und stark umstrittene Resultate der Mengenlehre, den Wohlordnungssatz bzw. das dazu äquivalente Auswahlaxiom. Neben dem sachlichen Fortschritt war die Arbeit von S. ein entscheidender methodischer Fortschritt in der Algebra. Erstmalig wurde eine abstrakte algebraische Struktur auf der Grundlage ihres Axiomensystems zum Gegenstand der Forschung. Dieses formalalgebraische axiomatische Denken einerseits, die enge Verbindung mit der Mengenlehre andererseits sind charakteristische Züge der modernen strukturellen Algebra. Zahlreiche neuere Untersuchungen von E. ARTIN u. a. knüpfen an S. an. In einer großen Arbeit über »Rechteckige Systeme und Moduln in algebraischen Zahlkörpern« entwickelte S. erstmalig eine Elementarteilertheorie für Matrizen aus ganzen algebraischen Zahlen. Diese Untersuchungen sind außer für die Zahlentheorie auch für die Gruppentheorie von großer Bedeutung. Auf S. geht auch der Austauschsatz in der Theorie der linearen Vektorräume zurück. S. hat sich außer mit der Algebra viele Jahre mit der Theorie der Polyeder beschäftigt. Eine Einführung in diesen Gegenstand mit einem umfangreichen historischen Abriß erschien postum. Pu

Literatur: Steinitz, E.: Algebraische Theorie der Körper, in: J. reine angewandte Math. 137 (1910), 167–309 (neu hrsg. von R. Baer und H. Hasse, Berlin 1930 u. New York 1950), Rechteckige Systeme und Moduln in algebraischen Zahlkörpern, in: Math. Ann. 71 (1912), 328–354; 72 (1912), 297–345, Vorlesungen über die Theorie der Polyeder unter Einschluß der Elemente der Topologie (Hrsg. H. Rademacher, Berlin 1934).

Steinmetz, Karl August Rudolf (in den USA: Charles Proteus), Elektrotechniker, geb. 9. 4. 1865 Breslau (Wrocław), gest. 26. 10. 1923 Schenectady (New York, USA).

S., der die wissenschaftliche Elektrotechnik Amerikas verkörperte und dort als große Autorität gefeiert wurde, zählt zu den Pionieren der Elektrotechnik.

S., Sohn eines Lithographen, studierte an der Univ. in Breslau Mathematik, Physik, Astronomie, Chemie, Nationalökonomie und Elektrotechnik, wobei der stark Körperbehinderte durch hervorragende fachliche Leistungen auffiel. Da er sich innerhalb einer sozialdemokratischen Studentengruppe politisch betätigte, mußte er 1888 Deutschland verlassen. Nach einem einsemestrigen Studium an der ETH in Zürich wanderte S. 1889 in die USA aus. Studienfreunde hatten ihm die Reise finanziert; über weitere Mittel verfügte er nicht. Um sich den amerikan. Verhältnissen anzupassen, änderte er seinen Vornamen Karl August in Charles Proteus, seinen früheren Spitznamen. Zunächst nahm er eine Stelle in der Firma des deutsche Emigranten EICKEMEYER in Yonkers bei New York an. 1893 ging er bei Übernahme dieser Werke durch die General Electric Company, eine Gründung TH. A. EDISONS, als beratender Ing. zu dieser Gesellschaft, in der er zunächst in Lynn und später in Schenectady tätig war. Bereits im gleichen Jahr – erst 28jährig – zum »Chief Consulting Engineer« aufgerückt, zog er, Berichten zufolge, mit geradezu magischer Kraft hervorragende Fachleute zur General Electric Company. Die Leistungen sowohl des Gründers als auch S.' würdigend, unterscheidet man in den USA eine Edison-Ära (1876–1892) und eine Steinmetz-Ära (1893–1923) in der Elektrotechnik. Schon vor Aufnahme seiner Tätigkeit bei der General Electric Company (1892) hatte S. vor dem American Institute of Electrical Engineers (AIEE) Vorträge gehalten, z. B. über Untersuchungen zu den Hystereseverlusten im Eisen, wodurch er das allgemeine Interesse der Elektrotechniker auf sich lenkte. 1901/02 war er Präsident des American Institute of Electrical Engineers und wenig später Präsident der Illuminating Engineering Society. 1903 wurde S. zum Prof. an der Union University in New York berufen, wobei er das Lehramt nur neben seiner Tätigkeit bei der General Electric Company ausübte.

S. erkannte frühzeitig, daß die Zukunft dem Wechselstrom gehört, und studierte deshalb die Wechselstromtechnik. Die drei wichtigsten Ergebnisse seiner Forschungen sind das Gesetz der Hystereseverluste, die symbolische Methode der Wechselstromrechnung und die Theorie elektrischer Übergangsvorgänge. S.' praktische und wissenschaftliche Arbeiten bildeten die Grundlage für eine Reihe wertvoller Publikationen, die bald weltweit verbreitet waren. Das 1897 veröffentlichte Buch »Wechselstromphänomene«, in dem auch viele der noch heute benutzten Symbole eingeführt sind, gilt als Meisterwerk. Ferner beschäftigte sich S. mit Fragen der elektrischen Beleuchtung und der Elektroenergieübertragung. In all seinen Werken behandelte er außer den technischen Fragen stets auch ihre zukünftige praktische Bedeutung. Mit dem Begriff STEINMETZschaltung wird heute noch eine elektrische Schaltung mit Kondensator zur Symmetrierung des Drehstrommotors am Einphasennetz bezeichnet.

S. pflegte in seinem mit Sammlungen technischer Geräte (elektrische Maschinen, Schalter, Lichtbogenlampen, Widerstände u. a.) ausgerüsteten Hause zu arbeiten. Er hatte persönlichen Kontakt zu namhaften Gelehrten seiner Zeit, z. B. zu A. EINSTEIN, mit dessen Relativitätstheorie er sich beschäftigte. Neben seiner fachlichen Tätigkeit fand er noch Zeit, sich auch öffentlichen, sozialen und Unterrichtsaufgaben zu widmen. Unverheiratet und kinderlos geblieben, adoptierte S., der ein großer Menschenfreund war, seinen verheirateten Laborassistenten JOSEPH LE ROY HAYDEN.

S. wurde hoch geehrt. Die Union University New York verlieh ihm den Doktortitel, die Harvard University zeichnete ihn mit dem Titel Master of Arts ehrenhalber aus. Als S. starb, schrieb der Nobelpreisträger R. A. MILLIKAN: »America and the world lost irreparably by his death.« (»Mit seinem Tod trat für Amerika und die ganze Welt ein unermeßlicher Verlust ein.«) Schu

E. Steinitz

K. A. R. Steinmetz

Literatur: Steinmetz, K. A. R.: Das Transformatorproblem in elementar-geometrischer Behandlungsweise, in: ETZ 11 (1890), 185, 205, 225, 233, 345, Das Gesetz der Hysteresis, in: ETZ 13 (1892), 136, Die Anwendung komplexer Größen in der Elektrotechnik, in: ETZ 14 (1893), 597, 631, 641, 653, Theory and Calculation of Alternating Current Phenomena (Theorie und Berechnung von Wechselstromvorgängen) (New York u. a. 1897), Theoretische Grundlagen der Starkstromtechnik (Braunschweig 1903), Engineering Mathematics (New York u. a. 1910), Theory and Calculations of Electric Circuits (Theorie und Berechnung elektrischer Kreise) (New York u. a. 1917), Radiation, Light and Illumination (Strahlung, Licht und Beleuchtung) (New York u. a. 1918).

Leonard, J. N.: Das Leben des Karl Proteus Steinmetz (Stuttgart, Berlin, Leipzig 1930); The Steinmetz Era – 1892–1923. A Photo History, Bd. 2 (Schenectady, N. Y., 1977).

Steno (lat. Stenonis, dän. Stensen, auch Steensen), Nicolaus (Niels), Naturforscher auf den Gebieten Medizin und Geowissenschaften, geb. (1.1.) 10.1.1638 Kopenhagen, gest. 26.11.1686 Schwerin.

Die bedeutendste Leistung S.s liegt auf dem Gebiet der Geologie mit der Erkennung von Gesetzmäßigkeiten der Lagerung von Gesteinen und der Darstellung erdgeschichtlicher Prozesse sowie der Winkelkonstanz der Kristalle. Außerdem verfaßte er zahlreiche Werke theologischen und anatomischen Inhalts.

Als Sohn des Goldschmiedes STEEN PEDERSEN (daher nach dän. Sitte sein Name NIELS STENSEN) besuchte S. zunächst die Lateinschule, studierte später an der Univ. Kopenhagen und danach in Amsterdam Medizin (Anatomie). Erfolgreiche medizinische Tätigkeit in Amsterdam (bis 1660) und Leiden (bis 1664) verschaffte ihm unter anderem die Bekanntschaft mit J. SWAMMERDAM und B. SPINOZA. 1665 wurde S. zum Leibarzt des Großherzogs FERDINAND II. VON TOSCANA ernannt und fand dadurch ein neues Wirkungsfeld und für einen Anatomen der damaligen Zeit hervorragende Arbeitsbedingungen in Florenz. Unter dem Einfluß katholischer Geistlicher und Naturwissenschaftler konvertierte der zutiefst religiöse S. 1667 zum katholischen Glauben. 1669 veröffentlichte er eine Arbeit mit dem Titel »De solido intra solidum naturaliter contento« (deutsch: Über feste Körper, die innerhalb anderer fester Körper von Natur aus eingeschlossen sind), die als »Vorläufer einer Dissertation«, d. h. als eine Studie deklariert war, mit der er eine für seine Zeit richtungweisende geowissenschaftliche Analyse der Lagerungsverhältnisse und der erdgeschichtlichen Entwicklung der Toscana gab und damit einen Meilenstein in der Geschichte der geologischen Wissenschaften setzte. 1675 erhielt S. die Priesterweihe. 1677 wurde er vom Papst zum Bischof ernannt und ging, einem Rufe des Herzogs FRIEDRICH VON HANNOVER folgend, als päpstlicher Vikar für Norddeutschland und Skandinavien nach Deutschland. Kirchliche Dienste in Münster, Hamburg und Schwerin kennzeichnen die letzten Stationen seines Lebens. Auf

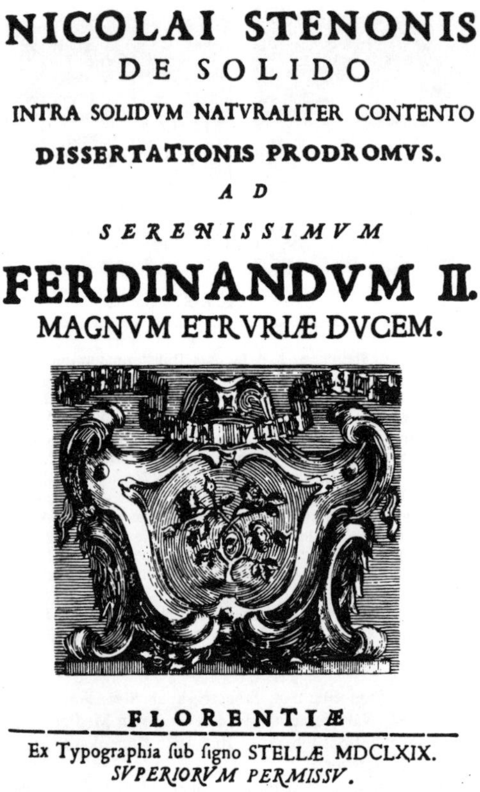

NICOLAI STENONIS
DE SOLIDO
INTRA SOLIDVM NATVRALITER CONTENTO
DISSERTATIONIS PRODROMVS.
AD
SERENISSIMVM
FERDINANDVM II.
MAGNVM ETRVRIÆ DVCEM.

FLORENTIÆ
Ex Typographia ſub ſigno STELLÆ MDCLXIX.
SVPERIORVM PERMISSV.

Titelblatt des 1669 in Florenz erschienenen Hauptwerkes von Nicolaus Steno

Ersuchen des Großherzogs Cosimo III. wurde der Leichnam S. nach Florenz übergeführt und in der Klosterkirche San Lorenzo beigesetzt.

In einer Zeit, da geologisches Denken zumeist durch religiös-mystische Interpretationen und Naturbeobachtungen an geologischen Aufschlüssen durch phantastische Spekulationen ersetzt wurde, kommt den Beschreibungen und Deutungen S.s besondere Bedeutung zu. Auf zahlreichen Reisen durch die Toscana beobachtete er die Schichtung der Sedimentgesteine, deren Absatz aus Wasser er klar erkannte. Daß die ursprüngliche Lagerung horizontal sein mußte, daß die unteren Schichten älter als die überlagernden und daß alle heute erkennbaren Abweichungen von der Horizontalen im Ergebnis von Lagerungsstörungen entstanden sein mußten, waren Erkenntnisse, die ihn dazu führten, die Erdoberflächenformen nicht als Schöpfungsprodukte, sondern als historisch entstandene Gebilde zu deuten. Für die dynamische Geologie gilt S. als Begründer des Gesetzes der sedimentären Lagerung. Bereits am Beginn seiner Tätigkeit in Florenz untersuchte S. den anatomischen Bau eines gestrandeten Haies. Dabei fiel ihm die Ähnlichkeit der Zähne mit den als Glossopetrae (Zungensteine) in der mittelalterlichen Literatur beschriebenen fossilen Reste ins Auge. Die Erkenntnis, daß es sich bei den Glossopetrae um Relikte mariner Lebewesen handelte, benutzte S. zu Schlußfolgerungen über die ehemalige Verbreitung von Meeresgebieten und über die Deutung anderer Fossilien als echt organische Bildungen. Damit wird der damals verbreiteten Theorie einer »vis plastica«, d. h. einer bildnerischen Kraft im Erdboden, die gewisse Naturspiele hervorbringen kann, entgegengetreten. Die Darstellungen S.s können als Anfänge paläontologischer Analysen angesehen werden.

In der Mineralogie gilt S. als Begründer des Gesetzes über die Winkelkonstanz der Kristalle, da er bei der Vermessung von Mineralen zu der Erkenntnis gelangte, daß zwar Achsenlängen und Flächengrößen einer bestimmten Klasse von Kristallen in weiten Grenzen schwanken können, die Winkel analoger Kristallflächen aber stets die gleichen sind.

S. muß für seine Zeit als einer der Pioniere exakter geowissenschaftlicher Arbeitsmethoden und historischer Betrachtungsweise angesehen werden. Seine Leistung wurde – von wenigen Ausnahmen (z. B. G. W. Leibniz) abgesehen – von seinen Zeitgenossen nicht erkannt. Die Methoden und Erkenntnisse S.s wurden erst hundert Jahre später durch Arbeiten von J. G. Lehmann und G. Ch. Füchsel weitergeführt.

Die überragende Bedeutung seines geologischen Werkes stellt die medizinischen Arbeiten (24 Titel) meist stark in den Schatten. Dabei gelang S. bereits 1660 mit der Entdeckung des Ausführungskanals der Ohrspeicheldrüse in die Mundhöhle (ductus stenonianus) eine bleibende anatomische Erkenntnis. Ma

Literatur: Steno, N.: De solido intra solidum naturaliter contento. Dissertationis prodromus (Florenz 1669), De glandulis oris et novis inde prodeuntibus salivae vasis (Lugd. Batav. (= Leiden) 1661).

Becksmann, E.: N. Steno (1638–1686) und seine Stellung in der Geschichte der Geologie, in: Z. dtsch. geol. Ges., 91 (1939) 4, 329–336; Plenkers, W.: Der Däne Niels Stensen. Ein Lebensbild nach Zeugnissen der Mit- und Nachwelt entworfen (Freiburg i. Br. 1884); Scherz, G.: Niels Stensen (Leipzig 1966); Winter, J. G.: The prodromus of Nicolaus Steno's dissertation concerning a solid body enclosed by process of nature within a solid (London 1916, New York u. London 1968).

Stephenson, George, Eisenbahningenieur, geb. 9. 7. 1781 Wylam bei Newcastle, gest. 12. 8. 1848 Tapton House bei Chesterfield.

S. baute den Schienentransport mit Dampflokomotiven zum leistungsfähigen und ökonomischen Verkehrssystem für Personen und Güter aus.

S. stammte aus einer Bergarbeiterfamilie. Sein Vater war Heizer auf der Zeche in Wylam. S. selbst hütete in seinen Jugendjahren Kühe, war dann Pferdetreiber am Göpelwerk auf der Zeche, mit 14 Jahren Hilfsheizer bei seinem Vater, mit 15 selbständiger Heizer; in der Folgezeit übte er verschiedene Tätigkeiten an mechanischen Bergbaueinrichtungen aus. In der Abendschule lernte er noch Lesen und Schreiben. Nebenbei verdiente sich S. Geld durch Schuhflicken und andere Arbeiten hinzu; auch als Uhrmacher versuchte er sich mit Erfolg. 1802 arbeitete er als Maschinenführer. Nach seiner Eheschließung wurde 1803 sein Sohn Robert geboren; 1806 starb seine Frau an Auszehrung. Wegen schlechter Berufsaussichten hatte S. die Auswanderung erwogen, verwarf aber diesen Plan wieder, da er seinen arbeitsunfähigen Vater und die Mutter unterstützen mußte. 1808 schloß er mit zwei anderen Interessenten einen Vertrag über den Betrieb der Maschinen im Killingworth-Bergwerk. Jeden Sonnabend nahm er die von ihm bedienten Maschinen auseinander, um die Konstruktion zu beherrschen. Nach der Instandsetzung einer ausgefallenen Newcomen-Maschine wurde er 1812 Maschinenwärter mit 100 £ Jahresgehalt. Wegen der häufigen Unfälle durch Grubengas befaßte sich S. damals auch mit der Entwicklung einer Sicherheitsgrubenlampe. Nach einer Reihe von Versuchen mit entzündbaren Gasen entwarf er eine Lampe, in der Verbrennungsluft und Verbrennungsprodukte kontrolliert durch kleine Röhren geführt wurden, und erprobte sie im Oktober/November 1815 selbst mit Erfolg in gasgefüllten Teilen der Grube. Mit dieser Lampe erzielte S. auf andere Weise dasselbe Ergebnis wie H. Davy, mit dem es für einige Jahre zum Prioritätsstreit kam. S. erhielt für diese Erfindung ein staatliches Attest und 1000 £ Prämie. Inzwischen hatte sich S. auch der Konstruktion einer Dampflokomotive zugewandt. Nach R. Trevithick hatten sich mit diesem Problem noch andere Erfinder befaßt; S. sah einen solchen Versuch mit einer Dampflokomotive in Wylam. 1813 baute er mit Unterstützung seiner Unternehmer seine erste Lokomotive, die am 25.7.1814 auf einer Steigung von 1 : 450 bei einer Geschwindigkeit von 6,5 km/h 30 t Ladung zog. Im Februar 1815 nahm S. ein Patent auf eine wesentlich verbesserte Maschine mit auf Dampffederung gelagertem Kessel und Dampfgebläse, dessen Bedeutung schon Trevithick erkannt hatte. S. stellte angesichts der noch immer ungenügenden Sachkenntnisse über die Möglichkeiten und Einsatzgrenzen von Lokomotiven und der daraus resultierenden Vorbehalte gegen sie systematische Versuche an, z. B. über das Verhältnis von Steigung und Zugkraft. Daraus folgerte S., daß Dampfwagen auf Straßen mit häufig wechselnder Steigung wertlos seien und daß man Eisenbahnstrecken mit möglichst geringen Neigungen anlegen sollte. Er stellte auch fest, daß die Reibung zwischen Rad und Schiene unabhängig ist von der Geschwindigkeit. Unter S.s Leitung baute man schließlich ab 1819 für die Hetton-Zeche eine 13 km lange Eisenbahnlinie, die aber teilweise noch mit ortsfesten Maschinen betrieben wurde; die Eröffnung fand am 18.11.1822 statt. In der Folgezeit wurde S. als Ing. für die vom Parlament 1821 beschlossene Bahnlinie Stockton – Darlington angestellt und erkundete die gesamte Strecke selbst. Am 23.5.1823 wurde die erste Schiene verlegt. S. legte dabei großen Wert auf Schienen aus Schmiedeeisen, da sie gegenüber gußeisernen Schienen bruchfester waren. S. konnte sich jedoch wegen der damit verbundenen höheren Kosten nur z. T. durchsetzen. Sein Hauptaugenmerk legte er auf die Maschinen. In Newcastle eröffnete S. gemeinsam mit einem Kompagnon im August 1823 die erste Lokomotivenfabrik, deren Leitung sein Sohn Robert S. übernahm. Für diese Fabrik wurden die besten Facharbeiter angeworben, was den Erfolg des Unternehmens gewährleistete. Die ersten drei Lokomotiven aus dieser Fabrik – vorher hatte S. schon ein Dutzend gebaut – dienten der am 27.9.1825 eröffneten ersten Eisenbahnlinie für den öffentlichen Personen- und Güterverkehr, unter ihnen war die »Locomotion«, bei der erstmals die Kuppelstange zur Verbindung der Treibräder angewendet wurde. Danach wurde S. für die nächste Linie engagiert, die schon seit 1821 für den ständig wachsenden Verkehr zwischen der Hafenstadt Liverpool und dem Textilindustriezentrum Manchester geplant war. 1824 entstand eine Gesellschaft für den Bau, der aber erst 1826 vom Parlament nach hartem Widerstand der Grundbesitzer genehmigt wurde. Die Linie mußte über ein Moor geführt werden, wofür eine schwierige Flächengründung nötig war. Ein weiteres Hindernis für S. ergab sich daraus, daß die Direktoren der Gesellschaft z. T. noch immer zu festen Maschinen mit Seilzug neigten. Schließlich wurden 500 £ ausgesetzt für eine Lokomotive, die mit höchstens 35 N/cm^2 Dampfdruck mindestens 16 km/h vorwärts und rückwärts fahren und auch noch andere Bedingungen erfüllen sollte. S. beteiligte sich an diesem Wettbewerb mit seiner Lokomotive »Rokket«. Er vergrößerte die Heizfläche, indem er wie schon andere einen Röhrenkessel anwandte, durch die 25 Kupferröhren aber nicht das Wasser, sondern die Heizgase führte. Die »Rocket« übertraf alle Forderungen und war den Maschinen der drei Mitbewerber überlegen. Am 6. 10. 1829

N. Steno

G. Stephenson

fuhr die »Rocket« auf der 3,2 km langen Teststrecke in Rainhill bei Liverpool und legte 19,2 km in 53 min zurück. Am Ende des Rennens erreichte die »Rocket« 45 km/h. Für die am 15.9.1830 eröffnete neue Linie entwickelte S. auch die notwendigen Nebenanlagen. Er verbesserte seine Lokomotiven weiter und baute noch andere Eisenbahnlinien. Im Zusammenhang mit solchen Arbeiten reiste er auch in andere Länder, bis er sich 1845 von der Arbeit zurückzog. Nebenbei betrieb S. noch Kohlengruben.

S. war 1820 eine zweite Ehe eingegangen; seine zweite Frau starb 1845. Kurz vor seinem Tode heiratete er ein drittes Mal. S. war bis zuletzt von großer Körperkraft und Ausdauer und ein guter Ringer. In seinen letzten Jahren befaßte er sich nur noch mit dem Garten auf seinem gepachteten Landsitz. Abgesehen von der Präsidentschaft der von ihm in Birmingham gegründeten Institution of Mechanical Engineers lehnte S. alle Ehrungen ab, selbst die Wahl ins Parlament. Die

Literatur: Preuß, E.: George Stephenson (Leipzig 1987).

Stevin, Simon, Mathematiker, Physiker und Ingenieur, geb. 1548 oder 1549 Brügge, gest. 1620 s'Gravenhage (Den Haag).

S. entwickelte die aus der Antike übernommenen Ansätze zur Mechanik und Hydromechanik weiter, beschäftigte sich mit Mathematik, Rechnungsführung und vielfältigen Problemen aus der Praxis des Ingenieurwesens, der Kriegskunst sowie des Baus von Deichen und Entwässerungsanlagen.

Die verbürgten Angaben über den Lebensweg von S. sind ziemlich dürftig. Er gilt als illegitimer Sohn wohlhabender Bürger Brügges. Das Geburtsjahr läßt sich nur aus einer Bildumschrift erschließen, das Todesdatum liegt zwischen dem 20. 2. und dem 18. 4. 1620. Über die ersten Stationen von S.s Wirken weiß man nur, daß er als Kassierer und Buchhalter in Antwerpen und ab 1577 in der Finanzverwaltung von Brügge tätig war. Reisen durch Polen, Preußen und Norwegen in den Jahren zwischen 1571 und 1577 sind zu vermuten, aber bisher nicht zu belegen. 1581 ließ sich S. in Leiden nieder, wo er 1583 an der Univ. immatrikuliert wurde. Bis zu seinem Tode blieb er als Ingenieur, Finanzfachmann und Mathematiker in den nördlichen Niederlanden, wo er aktiv am ökonomischen und kulturellen Aufschwung in den Städten der Generalstaaten teilnahm. 1604 wurde S. Aufseher über die Land- und Wasserbauwerke. Als Quartiermeister der Armee der Generalstaaten spielte er eine wichtige Rolle im Befreiungskampf gegen die span. Fremdherrschaft. Gleichzeitig wirkte er als Hauslehrer des Prinzen Moritz von Oranien, in dessen Diensten er mindestens seit 1593 stand. Für diesen Zweck verfaßte S. in rascher Folge eine Reihe von Lehrmaterialien, die zwischen 1605 und 1608 unter dem Titel »Wisconstighe Ghedachtenissen« publiziert wurden. Über eine Lehrtätigkeit S.s an der Univ. ist nichts bekannt, aber er veranlaßte die Stiftung einer Ingenieurschule, die der Univ. angeschlossen werden sollte.

Das Wirken S.s ist ein Teil des generellen Aufschwungs der Wissenschaft im Zuge des kommerziellen und industriellen Gedeihens der niederländ. und nordital. Städte im 16. Jh. S. war ähnlich wie G. GALILEI in Italien sowohl mit den praktischen Erfordernissen seiner Zeit als auch mit den grundlegenden Werken der Antike, insbesondere des EUKLID, APPOLONIOS, DIOPHANT und ARCHIMEDES, vertraut. Er unternahm große Anstrengungen, um entsprechend dem revolutionären Geist seiner Zeit die holländ. Sprache durch die Neuschöpfung einiger Begriffe und durch das eigene Beispiel zu einer internationalen Wissenschaftssprache zu formen. Allerdings sah er sich doch genötigt, einige seiner Werke ins Lateinische und Französische zu übersetzen. Die veröffentlichten Werke S.s tragen größtenteils Lehrbuchcharakter und stellen das Wissen seiner Zeit dar einschließlich seiner eigenen Erkenntnisse und Neuerungen im Bereich der Mathematik, der Mechanik, der Astronomie, der Navigation, der Militärtechnik, des Ingenieurwesens, der Musiktheorie, der Staatswissenschaften, der Buchhaltung, der Geographie und der Baukunst. Mit den Erfahrungen des Finanzfachmannes ausgestattet, führte S. die doppelte Buchführung ein und veröffentlichte 1582 bis dahin geheimgehaltene Tabellen zur Berechnung von Zinssätzen. Besonders bemerkenswert sind seine Bemühungen um die Einführung des Dezimalsystems für Münzen, Maße und Gewichte. Wie die 1585 veröffentlichte Schrift »De Thiende« zeigt, hatte er das Wesen der Dezimalbrüche und die damit verbundenen Rechenvorteile klar erkannt. Er erweiterte die Definition der Zahl auf den Bereich der reellen Zahlen und gab ein Verfahren zum schrittweisen Einschachteln der Lösung einer beliebigen Gleichung an, ein Gedanke, der Näherungslösungen ermöglichte und den Begriff des Grenzübergangs mit vorbereitete. Sein Hauptwerk auf dem Gebiet der Mechanik »De Beghinselen der Weeghconst« (1585) ist Problemen der Statik gewidmet und lehnt sich an die Arbeiten von ARCHIMEDES an. Neben der Theorie vom labilen und stabilen Gleichgewicht und der z. T. mit infinitesimalen Methoden vorgenommenen Schwerpunktsbestimmung enthält das Werk insbesondere das Gesetz der geneigten (schiefen) Ebene. Er leitete dieses mit dem sog. Kugelkranzbeweis unter Verwendung einer Kugelkette aus der Unmöglichkeit eines perpetuum mobile ab und führte das Kräfteparallelogramm ein. Ebenfalls in Anlehnung an ARCHIMEDES entstand »De Beghinselen des Waterwichts« als systematische Darstellung der Hydrostatik. In dieser Schrift erklärte S. unter anderem das hydrostatische Paradoxon, die Unabhängigkeit des Bodendrucks von der Gefäßform. Astronomische Fragen behandelte S. in »De Hemelloop« (1608), worin er das kopernikanische Weltbild vertrat und zeigte, daß die Planetenbewegung induktiv aus Beobachtungen abgeleitet werden kann. Als Angehöriger einer seefahrenden Nation gab S. auch eine empirische Erklärung der Gezeiten und beschäftigte sich mit dem Problem, die geographische Länge auf See aus der Abweichung der Magnetnadel von der Richtung des Meridians zu bestimmen. Allerdings setzt das die umfassende Kenntnis des Erdmagnetismus voraus. Probemessungen erwiesen die Variabilität des erdmagnetischen Feldes und damit die Unbrauchbarkeit der Methode. Breiten Raum nahmen in S.s Werken praktische Fragen der Kriegskunst und des Ingenieurwesens ein. So entwickelte er neue Ideen und Pläne für den Festungsbau und die Errichtung von Feldlagern und Feldbefestigungen und beschrieb anschaulich die Kriegführung zur damaligen Zeit. Im Zusammenhang mit dem für die Niederlande so wichtigen Problem der Entwässerung beschäftigte sich S. unter anderem mit der Konstruktion von Windmühlen zum Betreiben der Wasserpumpen. Verbesserungen an Deichen, Schleusen und Kanälen zählten ebenso zum Tätigkeitsfeld S.s wie die Erklärung für die Entstehung von Sandbänken und die Beschreibung der umgestaltenden Wirkung des Wassers auf die Oberflächengestalt der Erde. Zu seiner Zeit war S. aber auch durch die Konstruktion eines Segelwagens berühmt, mit dem er am Strand entlanggefahren sein soll. Fk

Literatur: The principal works of Simon Stevin, 5 Bde. (Hrsg. E. J. Dijksterhuis, Amsterdam 1955–1966).
Grabow, R.: Simon Stevin (Leipzig 1985).

Stokes, George Gabriel, Physiker, geb. 13. 8. 1819 Skroon (Irland), gest. 1. 2. 1903 Cambridge.

S. gehört zu den großen engl. Physikern des ausgehenden 19. Jh.; seine Forschungen überspannen das gesamte Gebiet der mathematischen und theoretischen Physik. Herausragend waren seine Arbeiten zur Hydrodynamik, Geodäsie und vor allem zur Optik.

S., Sohn eines Lehrers, studierte zunächst in Cambridge Mathematik. Im Jahre 1841 wurde er dort Fellow, und seit 1849 bekleidete er – wie I. NEWTON bis zu seinem Tode – die Lucasian Professur für Mathematik. Von 1854 bis 1885 wirkte S. als Sekretär und von 1885 bis 1890 als Präsident der Royal Society. S. war darüber hinaus Träger aller bedeutenden wissenschaftlichen Auszeichnungen seiner Zeit, der Rumford-Medaille (1852), Gauß-Medaille (1877), Copley-Medaille (1893), Helmholtz-Medaille (1901) und Mitgl. vieler Akademien, darunter auch der Berliner (1892).

Seine frühen wissenschaftlichen Forschungen betrafen das Gebiet der Hydrodynamik, für die er eine Theorie realer (zäher) Flüssigkeiten erarbeitete. Die NAVIER-STOKESschen Gleichungen bildeten fast ein Jh. später immer noch die Grundlage für theoretische Arbeiten, z. B. für die Grenzschichttheorie von L. PRANDTL. 1851 wies S. auf die prinzipielle Übereinstimmung zwischen der inneren Reibung in Flüssigkeiten und Gasen hin und formulierte das später nach ihm benannte STOKESsche Gesetz, das den Spezialfall der Sinkgeschwindigkeit einer Kugel in einem viskosen Medium wiedergibt (die Sinkgeschwindigkeit verhält sich dabei zur Viskosität umgekehrt proportional).

Seit den 50er Jahren des 19. Jh. rückten optische Untersuchungen in den Mittelpunkt seines wissenschaftlichen Interesses. Besondere Bedeutung erlangten dabei seine Arbeiten zur Fluoreszenz, da er für dieses schon lange bekannte Phänomen eine zutreffende Erklärung fand. Er wies nach, daß die Fluoreszenz durch die Umwandlung von kurzwelligem (ultraviolettem) Licht in langwelligeres (sichtbares) bewirkt wird. Ultraviolette Strahlen werden also, wie J. TYNDALL es anschaulich ausdrückte, sichtbar gemacht. Dabei erleiden die Photonen stets einen Energieverlust (STOKESsche Regel).

Weitere Forschungen von S. zur Optik betrafen unter anderem die Wellentheorie des Lichts, das Problem der Polarisation und die Spektralanalyse. S. war einer der ersten, der auf den Zusammenhang zwischen chemischer Konstitution und optischen Eigenschaften hinwies und dies z. B. für Blut- und Glasanalysen nutzte.

Auf dem Gebiete der Geodäsie trat S. mit bemerkenswerten Untersuchungen über die Veränderung der Gravitationskonstante auf der Erdoberfläche sowie über die Gestalt des Erdkörpers hervor.

S. steht in der Traditionslinie der franz. Schule der mathematischen Physik (J. L. LAGRANGE, J.-B.-J. FOURIER, P. S. LAPLACE), und so ist es nicht zufällig, daß er sich um die Entwicklung der mathematischen Methoden der Physik verdient gemacht hat. Hervorzuheben sind in diesem Zu-

S. Stevin

G. G. Stokes

E. A. Strasburger

F. G. W. Struve

sammenhang seine Arbeiten zur Differential- und Integralrechnung (STOKESscher Integralsatz) sowie über Reihenentwicklungen. Ho

Literatur: Stokes, G.: Mathematical and physical papers, 5 Bde. (Cambridge 1880–1905), Memoir and scientific correspondence of the late Sir George Gabriel Stokes, 2 Bde. (Cambridge 1907), Das Licht (Leipzig 1888).

Rayleigh, Lord, u. Kelvin, Lord: Nachruf in Bd. 5 der »Mathematical and Physical Papers«.

Strasburger, Eduard Adolf, Botaniker, geb. 1.2.1844 Warschau, gest. 19.5.1912 Bonn.

S. klärte den Befruchtungsprozeß und die mitotische Zellkernteilung bei Pflanzen auf und fand die artspezifische Zahlenkonstanz der Chromosomen; er gilt als Begründer der modernen Pflanzenzytologie.

S., Sohn eines Konditors, verlebte seine Kindheit in Warschau und Görlitz. Er besuchte das Gymnasium in Warschau und begann, da er als Erbe des väterlichen Unternehmens vorgesehen war, 1860 in Paris eine kaufmännische Lehre. Frühzeitig naturwissenschaftlich interessiert, widmete er sich während des zweijährigen Pariser Aufenthaltes aber überwiegend dem Studium an der Sorbonne. Hier lernte S. den Warschauer Botaniker G. ALEXANDROWICZ kennen, der ihn für die Botanik gewann. Nach der Rückkehr aus Paris arbeitete er zunächst im Warschauer Botanischen Garten, studierte ab 1862 an der Warschauer Univ. und ab 1864 in Bonn Botanik. Hier erwarb er bei H. SCHACHT ausgezeichnete Fertigkeiten in der Präpariertechnik und der Mikroskopie und hörte Vorlesungen bei J. SACHS. Nach SCHACHTS Tod setzte er sein Studium in Jena fort (18.10.1864), wo er durch N. PRINGSHEIM für entwicklungsgeschichtliche Untersuchungen interessiert und durch E. HAECKEL für die Evolutionstheorie CH. DARWINS begeistert und mit der vergleichend-morphologischen Methode der phylogenetischen Forschung vertraut gemacht wurde. 1866 wurde er hier mit einer Arbeit über »Asplenium bulbiferum. Ein Beitrag zur Entwicklungsgeschichte des Farnblattes mit besonderer Berücksichtigung der Spaltöffnungen und des Chlorophylls« (ungedruckt) promoviert. S. kehrte 1866 nach Warschau zurück und habilitierte sich hier 1867 mit der Arbeit »Ein Beitrag zur Entwicklungsgeschichte der Spaltöffnungen«. Durch Fürsprache HAECKELS wurde er 1869 zum ao. Prof. und 1871 zum o. Prof. für Botanik und Dir. des pflanzenphysiologischen Instituts, des Botanischen Gartens und der Botanischen Sammlungen der Univ. Jena berufen. 1881 folgte er einem Ruf als Nachfolger J. HANSTEINS an die Univ. Bonn, wo er bis zu seinem Tode wirkte. Berufungen nach Tübingen (1887) und München (1889) schlug er aus. S. war Ehrendoktor von fünf Univ. (Göttingen 1887, Oxford 1894, New Haven 1901, Chicago 1903, Brüssel 1909); 44 Akademien und gelehrte Gesellschaften ernannten ihn zum Mitgl.

In der Jenaer Zeit führte S. im Anschluß an die Arbeiten von W. HOFMEISTER über die Entwicklung der Moose, Farne und Samenpflanzen und unter dem Einfluß HAECKELS grundlegende Untersuchungen über den Befruchtungsprozeß bei Lebermoosen, Farnen und Koniferen durch, wobei er HOFMEISTERS Arbeiten ergänzen und unter Berücksichtigung phylogenetischer Aspekte berichtigen konnte. Über die entwicklungsgeschichtlichen Arbeiten an Gymnospermen kam S. zur Zytologie. Entgegen der damals von HOFMEISTER vertretenen Auffassung, daß sich bei der Zellteilung der Zellkern auflöst und die Tochterkerne aus Protoplasma neugebildet werden, fand S. 1874 bei Pinus-Archegonien, daß sich der Zellkern durch Teilung vermehrt. Dabei konnte er unabhängig von A. SCHNEIDER (1873) an mit Alkohol fixiertem Material verschiedene Kernteilungsstadien beobachten. Der theoretischen Tragweite seiner Entdeckung bewußt, untersuchte er weitere Kernteilungen bei zahlreichen Pflanzen und einigen Tieren und veröffentlichte 1875 sein Buch »Über Zellbildung und Zellteilung«, das 1880 bereits in dritter, unter Berücksichtigung der auf zoologischem Gebiet vor allem von W. FLEMMING erzielten Ergebnisse völlig umgearbeiteten Aufl. erschien. Die von FLEMMING eingeführten Methoden der Chromiumosmiumessigsäure- und Pikrinsäurefixierung und die Anilin- und Hämatoxilinfärbungen ermöglichten den Nachweis von färbbaren Kernstrukturen (Chromatin) und eine genaue Analyse der Zellteilungsvorgänge, für die FLEMMING die Bezeichnung Mitose prägte. S. führte für die verschiedenen Kernteilungsstadien die Bezeichnung Pro-, Meta-, Ana- und Telophase ein. Die von FLEMMING 1879 erstmals beobachtete Längsspaltung der »Kernfäden« (Chromosomen) konnten S. und sein Schüler E. HEUSER später für pflanzliche Zellteilungen bestätigen. Im gleichen Jahr gelangen S. und A. LUNDSTRÖM Beobachtungen von Kern- und Zellteilungen am lebenden Objekt (Staubfadenhaare von Tradescantia). Außerdem stellte S. für eine Reihe von Arten konstante Chromosomenzahlen sowie Individualität der Chromosomen fest. Nachdem O. HERTWIG 1875 den Befruchtungsprozeß bei Tieren am Seeigelei aufgeklärt hatte, konnte S. 1884 zeigen, daß die Befruchtung bei Blütenpflanzen ebenfalls auf einer Kopulation des Eikernes mit dem Spermakern beruht und das Zytoplasma am Befruchtungsvorgang nicht beteiligt ist. Weiterhin schlußfolgerte er, daß die Zellkerne die wichtigsten Träger der Erbanlagen sind. Die von A. WEISMANN zunächst theoretisch postulierte Reduktionsteilung konnte S. für pflanzliche Zellen erst in den Jahren 1900–1904 am Beispiel der Pollenkörner von Galtonia candicans endgültig aufklären. Mit seinen Arbeiten über Bau und Wachstum der Zellhäute, Bau und Funktion der Leitungsbahnen in den Pflanzen sowie über die Verdickungsweise der Stämme der Palmen zeigte er sich auch als »Meister der Histologie«.

Als akademischer Lehrer war S. außerordentlich erfolgreich. Unter seiner Leitung entwickelte sich das Bonner Institut zu einem weltbekannten Zentrum der zytologischen Forschung. Er schrieb grundlegende, heute noch bekannte Praktikumsanleitungen und begründete ein noch heute seinen Namen tragendes Botanik-Lehrb. Auch seine Reiseberichte sind sehr bekannt geworden. KB

Literatur (Auswahl): Strasburger, E. A.: Die Coniferen und die Gnetaceen (Jena 1872), Ueber Zellbildung und Zellteilung (Jena 1875, 3. Aufl. 1880), Die Angiospermen und die Gymospermen (Jena 1879), Über den Bau und das Wachstum der Zellhäute (Jena 1882), Neue Untersuchungen über den Befruchtungsvorgang bei Phanerogamen als Grundlage für eine Theorie der Zeugung (Jena 1889), Histologische Beiträge. Heft 1–7 (Jena 1888–1909), Die stofflichen Grundlagen der Vererbung im organischen Reich (Jena 1905), Das botanische Praktikum (Jena 1884, 7. Aufl. bearb. von M. Koernicke 1923), Das kleine botanische Praktikum (Jena 1884, 17. Aufl. bearb. von M. Koernicke 1976), (mit F. Noll, H. Schenck und W. Schimper) Lehrb. der Botanik für Hochschulen (Jena 1894, 32. Aufl. Hrsg. D. von Denffer W. Schumacher, K. Mägdefrau u. F. Ehrendorfer 1983).

Struve (Struwe), Friedrich Georg Wilhelm (Wassili Jakowlewitsch), Astronom und Geodät, geb. 15. 4. 1793 Altona, gest. 23. 11. 1864 Pulkowo bei St. Petersburg (Leningrad).

S. zählt zu den bedeutendsten Astronomen des 19. Jh. Seine grundlegenden Forschungsarbeiten, vor allem zur Doppelsternastronomie, stellten einen wesentlichen Beitrag zur Erweiterung der astronomischen Kenntnisse dar.

S., Sohn eines Lehrers, studierte an der Univ. in Dorpat (Tartu) Philologie, ohne sich aber für eine spätere Tätigkeit als Lehrer auf diesem Gebiet zu begeistern. Deshalb beschäftigte er sich anschließend mit Mathematik, Astronomie und Geodäsie und erwirkte die Erlaubnis, in der Dorpater Univ.-Sternwarte zu arbeiten. Für eine sorgfältige Bestimmung der geographischen Koordinaten der Sternwarte erwarb er sein Doktordiplom und wurde ao. Prof. für Mathematik und Astronomie. In Dorpat wurde S. als Dir. des Observatoriums durch seine Forschungen und öffentlichen Vorträge so bekannt, daß ihm die St. Petersburger Ak. d. Wiss. anbot, die Gründung eines neuen Observatoriums in Pulkowo bei St. Petersburg vorzubereiten. Das Observatorium, 1839 gegründet, entwickelte sich unter S.s Leitung zu einer international führenden Forschungsstätte.

S. war Vater von 18 Kindern. Berühmt wurden sein Sohn Otto S. (1819–1905), der das Werk seines Vaters fortsetzte, sowie einige von dessen Kindern und Enkeln, die gleichfalls bedeutende Astronomen wurden. Man spricht in diesem Zusammenhang von einer »Struve-Dynastie«, die für 150 Jahre die Entwicklung der astronomischen Forschung spürbar befruchtete.

Zu den bekanntesten Arbeiten von S. gehören seine Präzisions-Doppelsternbeobachtungen, mit denen er 1814, anknüpfend an die entsprechenden Arbeiten von F. W. Herschel, begann. Eine große Rolle spielte in diesem Zusammenhang die Ausstattung der Dorpater Sternwarte mit hervorragenden Instrumenten durch S. Besonders zu erwähnen ist der Große Refraktor von J. v. Fraunhofer (1824), damals das größte Teleskop der Welt. Mit diesem Refraktor führte S. seine Doppelsternbeobachtungen aus, wobei er ein spezielles Positionsfadenmikrometer benutzte. Die umfangreichen Kataloge mit rund 3000 Doppelsternsystemen, die er 1827 und 1837 veröffentlichte, rechtfertigen es, ihn als Begründer der modernen Doppelsternastronomie zu bezeichnen.

S. beschäftigte sich auch mit der meßtechnisch äußerst schwierigen Bestimmung von Fixsternparallaxen. Mit Hilfe des Dorpater Refraktors ermittelte er für den Stern Wega im Sternbild Leier (αLy) zum ersten Mal in der Geschichte eine auf Messungen beruhende Entfernungsangabe eines Fixsterns (1837). S. veröffentlichte seinen Wert jedoch später als F. W. Bessel sein Ergebnis für 61 Cygni, so daß Bessels Resultat in der Literatur gewöhnlich als historisch erste trigonometrische Fixsternparallaxe bezeichnet wird.

In Pulkowo sorgte S. ebenfalls durch Anschaffung erstklassiger Instrumente, darunter eines Refraktors mit 40 cm Objektivöffnung, und den Aufbau einer umfangreichen Bibliothek mit wertvoller Fachliteratur für ausgezeichnete Arbeitsmöglichkeiten. S. untersuchte die großräumige Verteilung der Sterne, wobei er von einer statistischen Beziehung zwischen den scheinbaren Helligkeiten der Sterne und ihren Entfernungen ausging. Von großer Bedeutung waren auch seine Forschungen über eine allgemein verbreitete interstellare Materie, deren Absorptionskoeffizienten er zu bestimmen versuchte.

Ein spezielles Arbeitsgebiet von S. war die Geodäsie. Schon 1816 beschäftigte sich S. mit einer Triangulation von Livland, wobei er gewöhnlich einen Bogen von 9°38′ übernahm. Die Russisch-Skandinavische Gradmessung war von großem Wert für die Geodäsie, aber auch für die praktische Astronomie. S. beteiligte sich später noch an mehreren Chronometerexpeditionen unter anderem zur Berichtigung der Karten des Ostseegebietes. 1843 und 1844 leitete S. die Expeditionen zur Feststellung der Längenunterschiede zwischen Pulkowo einerseits und Altona bzw. Greenwich andererseits.

S. genoß hohe internationale Wertschätzung. Mehr als 40 Jahre war er Mitgl. der St. Petersburger Ak. d. Wiss., Gründungsmitgl. der Russischen-Geographischen Gesellschaft und außerdem Mitgl. von mehr als 40 Akademien, Gesellschaften und Universitäten. Her

Literatur: Novokžanova, Z. K.: Vasilij Âkovlevič Struve, 249–273 (Moskau 1964).

Sueß, Eduard, Geologe, geb. 20. 8. 1831 London, gest. 26. 4. 1914 Wien.

Als eine der herausragenden Persönlichkeiten auf dem Gebiet der Geologie verstand es S., einerseits dem in der 2. Hälfte des 19. Jh. stark aufblühenden Wissenschaftszweig durch eine Reihe von Staatsprojekten in der österreich.-ungar. Monarchie Geltung zu verschaffen, andererseits war er maßgeblich an der Propagierung des geologischen Weltbildes beteiligt.

S. wurde als 2. Kind des aus dem Vogtlande stammenden Theologen und späteren Geschäftsmannes Adolf S. geboren. Nach Übersiedelung der Familie nach Prag besuchte er dort das deutsche Gymnasium und studierte ab 1847 technische Wissenschaften am Polytechnikum Wien. Bereits während seiner Studienzeit entdeckte er sein Interesse an geologisch-paläontologischen Problemen und verfaßte erste wissenschaftliche Arbeiten auf diesen Fachgebieten. Nach Abbruch seines Technikstudiums fand S. Anstellung als Assistent in der mineralogischen Abteilung des Wiener Hofmuseums. 1857 wurde er zum Prof. für Paläontologie ernannt.

Zahlreiche Reisen im Auftrag des Wiener Museums erweiterten S.' Blickfeld und sein Verständnis für geologische Probleme. Aktivitäten bei der Verbesserung der Wasserversorgung Wiens und sein geschicktes Auftreten und Ausnutzen persönlicher Beziehungen ebneten ihm den Weg in die Kommunalpolitik der Stadt Wien und später in die Landespolitik. 1867 wurde S. zum o. Prof. und Mitgl. der Ak. d. Wiss. ernannt. Im Auftrag der Regierung reiste er 1869 zur Eröffnung des Suez-Kanals, später zu Nationalitätenverhandlungen nach Budapest. Die Wahl zum Rektor der Wiener Univ. bzw. zum Generalsekretär der Akademie kennzeichnen den Ruf von S. als hervorragenden Politiker und Fachwissenschaftler. Nahezu 30 Jahre arbeitete S. an seinem großen Werk »Das Antlitz der Erde«, das in drei Bänden 1881–1909 erschien und eine Gesamtdarstellung des Aufbaues und der Entwicklungsgeschichte der Erde umfaßt. In seinen letzten Lebensjahren schrieb er eine ausführliche Autobiographie, die ein interessantes Bild der politischen und wissenschaftspolitischen Zustände der österreich. Monarchie in der 2. Hälfte des 19. Jh. gibt.

Im Gegensatz zu vielen seiner Fachkollegen, die die Geologie als »reine Wissenschaft« zum Zwecke der Naturerkenntnis betrieben, war S. stets bemüht, sie dem technischen Fortschritt, den Bedürfnissen der Zivilisation dienstbar zu machen. Bereits als junger Ordinarius gab er 1862 mit seiner Schrift »Der Boden der Stadt Wien, nach seiner Bildungsweise, seiner Beschaffenheit und seinen Beziehungen zum bürgerlichen Leben« ein so plausibles Bild von den Beziehungen zwischen geologischem Bau und Kommunalwirtschaft, daß er in den Gemeinderat und zum Leiter der Wasserversorgungskommission gewählt wurde. Sein Projekt einer 112 km langen Fernwasserleitung für die sich rasch vergrößernde Stadt Wien, das er nach langen Kämpfen durchsetzen konnte, und die nach seinen Plänen 1873 eingeweihte Wasserversorgungsstrasse machten seinen Namen und seine Fähigkeiten bei Regierungsstellen bekannt. So wurde er auch als Mitgl. einer Kommission für die Regulierung der Donau im Stadtgebiet berufen und zu Studienzwecken für dieses Projekt an den eben fertiggestellten Suez-Kanal beordert. 1876 war das neue Donaubett fertiggestellt, das unter Verwendung der in Ägypten gesammelten Erfahrungen und der dort benutzten Technik bis heute mit S.' Namen in Verbindung gebracht wird. Wenn S. mit seinen kommunalwirtschaftlichen und ingenieurgeologischen Leistungen für die staatliche Beachtung, Förderung und Entwicklung der Geologie in der k. u. k. Monarchie bedeutende Verdienste erworben hat, so resultiert seine internationale Bedeutung und Anerkennung neben seinem Wirken als Hochschullehrer aus seinen beiden Hauptwerken »Die Entstehung der Alpen« und »Das Antlitz der Erde«. Im ersten zeichnete S. ein neues Bild über Bau und Entstehung von Faltengebirgen, das im Gegensatz zu den bis dahin dominierenden Theorien einer einfachen vertikalen Hebung die horizontale Pressung als Ursache für die Auffaltung verantwortlich machte. In dem mehrbändigen Werk »Das Antlitz der Erde« gab S. einen Überblick über das bis dahin bekannte Faktenwissen und die gängigen Theorien von Bau und Formung der Erdoberfläche. Es galt für viele Jahrzehnte als Standardwerk der Geologie und wurde in zahlreiche Sprachen übersetzt. Als neue Erkenntnisse werden darin vor allem der Wechsel von Transgressionen und Regressionen in der Erdgeschichte, die Bedeutung des mesozoischen Tethys-Meeres, die Verbreitung kontinentaler Bruchzonen und der durch tangentialen Schub bewirkte Bau der großen Faltengebirge in das geologische Weltbild eingefügt.

S. verstand es, durch seine kommunalpolitischen Projekte Einfluß auf die Staats- und Bildungspolitik zu erlangen und konnte damit der Geologie eine hohe allgemeinbildende und staatlich sanktionierte Position verschaffen. Mit seinem Hauptwerk »Das Antlitz der Erde« gab er ein lange Zeit gültiges Bild von der geologischen Entwicklung unseres Planeten, das in seiner Wirksamkeit auf Fachwissenschaftler und Laien den analogen Werken von Ch. Lyell und B. v. Cotta gleichgesetzt werden kann.

Das Lebenswerk von S., insbesondere seine Theorien über den tektonischen Bau Mitteleuropas, wurde von seinem Sohn Franz Eduard S. in würdiger Weise fortgesetzt und vervollkommnet. Ma

Literatur: Sueß, E.: Der Boden der Stadt Wien ... (Wien 1862), Die Entstehung der Alpen (Wien 1875), Das Antlitz der Erde, 3 Bde. (Wien, Prag, Leipzig 1883–1909), Erinnerungen (Autobiographie, Hrsg. Erhard Sueß, Leipzig 1916), Über böhmische Graptolithen, in: Naturwiss. Abh. 4 (1851), 87–134.

Diener, K.: Eduard Sueß. Ein Bild seiner Tätigkeit als Naturforscher, in: Mitt. geol. Ges., Wien, 7 (1914), 1–23; Kühn, O.: Das Lebenswerk von Eduard Sueß, dargestellt aus der Sicht des späteren Fachkollegen, in: Mitt. österreich. geol. Ges., 74/75 (1981/1982), 7–16; Sueß, F. E.: Das Lebenswerk von Eduard Sueß (Manuskript von 1931), in: Mitt. österreich. geol. Ges., 74/75 (1981/1982), 1–6.

E. Sueß

J. B. Sumner

Sumner, James Batcheller, Biochemiker, geb. 19. 11. 1887 Canton (Massachusetts, USA), gest. 12. 8. 1955 Buffalo (New York, USA).

S. isolierte erstmals ein intrazellulares Enzym, die Urease.

S. war der Sohn einer wohlhabenden, aus Neuengland stammenden Familie. Nach einem Jagdunfall vor dem Studium verlor er, der bisher Linkshänder war, den linken Arm, studierte dennoch ab 1906 an der Harvard University Elektrotechnik, wechselte aber zur Chemie und studierte, ebenfalls an der Harvard University, noch Biochemie. 1914 wurde S. »assistant professor« für Biochemie an der Cornell University Ithaka und 1929 »full professor«. Ab 1938 war er an der Cornell School of Agriculture tätig und wurde 1947 dort Dir. eines Laboratoriums für Chemie der Enzyme.

1917 faßte S. erstmals den Plan, ein Enzym zu isolieren, was für die Erforschung der bisher nur aus ihren Wirkungen erschlossenen Enzyme einen wesentlichen Fortschritt bedeuten mußte. Aufgrund seiner vorangegangenen Untersuchungen über den Stoffwechsel des Harnstoffs entschied sich S. für die Isolierung der Urease, die Harnstoff in $NH_3 + CO_2$ spaltet. Er konnte sie nach fast 9jähriger Arbeit 1926 aus den Samen der südamerikanischen Pflanze Canavalia ensiformis (Jackbohne), die das Enzym reichlich enthält, isolieren. Damit wurde erstmals ein Enzym als chemisch einheitliche Substanz dargestellt, und zwar als ein Protein (Globulin). Das sprach gegen jene, die meinten, daß die Enzyme nicht faßbar seien und weder Lipide noch Kohlenhydrate oder Eiweiße sind (R. Willstätter), sondern Gemische darstellen oder daß die Stoffwechselvorgänge an elektrisch geladenen Gruppen kolloidaler Riesenmoleküle vor sich gehen.

Der Erfolg S.s war noch längere Zeit bezweifelt worden, und S. erforschte die Eigenschaften der Urease (z. B. Antikörperbildung u. a.). In den 30er Jahren gelang es anderen Forschern, vor allem J. H. Northrop, weitere Enzyme in kristalliner Form zu isolieren.

1946 erhielt S. die Hälfte des Nobelpreises für Chemie, während die andere Hälfte J. H. Northrop und W. M. Stanley zuerkannt wurde. Zi

Literatur: Sumner, J. B.: The Isolation and Crystallization of the Enzyme Urease. J. Biol. Chem., 69 (1926), 435–441, The Chemical Nature of Enzymes. Nobel Laureate Lecture. Le Prix Nobel (Stockholm 1946).

Sun Szu-miao (Sun Ssu-Mo), Naturwissenschaftler und Mediziner, geb. 581 (?) China, gest. 682 (?) China.

S. wurde vor allem durch seine medizinischen Schriften berühmt. Er war gleichzeitig der letzte chines. Alchemist des 1. Jt., der sich hauptsächlich auf Experimente orientierte und dessen Darstellungsweise weitgehend frei von Allegorien und dunklen Umschreibungen war.

Über das Leben des Gelehrten ist fast nichts bekannt. Er lebte in der Herrschaftszeit der Sui und der Thang. S. soll etwa ein Dutzend medizinischer Werke und mindestens ein alchemistisches Buch verfaßt haben. Letzteres ist nicht als selbständiger Text erhalten. Die überlieferten Passagen des »Tan Ching Yao Chüeh« genannten Traktates geben 32 Vorschriften für Elixiere wieder, die in ihrer Mehrzahl giftig sind und von denen S. behauptet, er habe sie selbst erprobt. Charakteristisch ist die Sorgfalt, mit der er die Ausgangsstoffe, die davon zu verwendenden Mengen und die Herstellungsweise beschreibt. Als Pharmazeutika empfiehlt S. die giftigen Substanzen, wie Quecksilber-, Blei- oder Arsenverbindungen, nur in gewissen Fällen und sehr viel geringerer Dosierung als bei den Elixieren. Der Einsatz giftiger Drogen in der Alchemie dürfte sowohl durch praktische Erfahrungen bei der Anwendung von Giften als auch durch mystische Vorstellungen über den Weg zur Unsterblichkeit zu erklären sein. Die bemerkenswertesten Ausführungen des »Tan Ching Yao Chüeh« betreffen die Herstellung von Quecksilber(II)-chlorid, die Sublimierung von Quecksilber(I)-chlorid sowie die Erzeugung von polymerem Schwefel und reinem metallischem Arsen. Nach der Zeit von S., der die von Ko Hung eingeleitete Periode chines. Alchemie abschloß, verflachten die alchemist. Schriften allmählich. Die engen Kontakte, die zwischen China und Indien unter der Thang-Dynastie bestanden, widerspiegeln sich in S.s medizinischem Schaffen. Seine Weltanschauung prägten taoistische und buddhistische Lehren, obgleich er einige davon, z. B. über den Ursprung von Krankheiten, in Frage stellte. S. lehrte, daß Krankheiten natürlichen Ursprungs und nicht durch Befolgung von Moralvorschriften vermeidbar sind. Daneben akzeptierte er Dämonen als Verursacher von Leiden. Er empfahl Arzneien, Akupunktur, Atemtechniken, rituelle Tänze und Beschwörungen als Behandlungsmethoden. In seinem naturalistischen Ansatz zur Erklärung von Krankheiten, zu ihrer Entstehung und ihrem Verlauf kombinierte er als einziger chines. Autor die ind. Vier-Elemente-Lehre über die Zusammensetzung des menschlichen Körpers aus erdartigen, feuerartigen, wasserartigen und ätherartigen Komponenten mit chines. Theorien über die Einflüsse der Elemente auf die Qualität des Körpers, über die Pulse und über die fünf Wandlungsphasen. Im Ergebnis dessen erklärte S. die Unausgeglichenheit in den Beziehungen der verschiedenen Einflüsse als wesentliche Ursache für Krankheiten.

Sun Szu-miao

S.s Schüler war Mêng Shen, ein Pharmazeut, Mediziner und Alchemist. Dessen Schüler Liu Tao-Ho erfreute sich der Gunst des Kaiserhauses, das für ihn einen Tempel errichten ließ. Br

Literatur: Sivin, N.: Chinese Alchemy. Preliminary Studies (Cambridge, Mass. 1968).

Swammerdam, Jan, Mediziner und Mikroskopiker, geb. 12. 2. 1637 Amsterdam, gest. 17. 2. 1680 Amsterdam.

S. vervollkommnete die subtile Präparations- und Injektionstechnik für die makro- und mikroskopische Anatomie, speziell für Insekten, deren Individualentwicklung und innere Organisation er mikroskopisch untersuchte.

Als Sohn eines Apothekers studierte S. ab 1661 Medizin in Leiden, wo er zusammen mit R. de Graaf, F. Ruysch und N. Stensen Schüler von Franciscus Sylvius (F. de la Boe) war und durch seine entomologischen Sammlungen und Kenntnisse bereits Aufsehen erregte. Nach Studienaufenthalten an der Univ. Saumur (1663) und in Paris (1664), wo er Mitgl. des Gelehrtenkreises des Cartesianers M. Thévenot wurde, kehrte er zunächst nach Amsterdam zurück. Dort führte er ab 1665 mit G. Blaes anatomische Sektionen durch, setzte 1666/67 in Leiden humananatomische Studien mit J. van Horne fort (Promotion 1667), besuchte Den Haag (Fischsammlung des Prinzen von Nassau) und Delft (R. de Graaf und A. van Leeuwenhoek) und ließ sich 1670 in Amsterdam nieder. Unter dem Einfluß häufiger Krankheit (Malaria) und der Mystikerin Antoinette Bourignon, die er um 1674 durch einen Freund kennenlernte und um 1675/76 in ihrem Exil in Schleswig-Holstein besuchte, gab S. seine vivisektorischen Experimente und Untersuchungen auf und revidierte seine Manuskripte. Er bereitete seine wissenschaftlichen Arbeiten für den Druck vor und hinterließ sie seinem Freund Thévenot. Von diesem erwarb sie H. Boerhaave und gab sie 1737 unter dem Titel »Biblia naturae« (lat. und niederländ.) heraus, so daß der gesamte Umfang von S.s Forschungen erst im 18. Jh. bekannt wurde und stimulierenden Einfluß – vor allem auf mikroskopische Untersuchungen – ausübte. Trotz der kurzen Schaffenszeit gilt S. als einer der bedeutendsten Zoologen und Mikroskopiker des 17. Jh.

S.s Leistungen liegen auf zwei nicht unmittelbar miteinander verbundenen Gebieten. Zum einen untersuchte er im Rahmen medizinischer Studien experimentell, makro- und mikroskopisch die Anatomie und Physiologie von Organsystemen des Menschen und der Wirbeltiere, indem er die

Präparationstechnik verfeinerte und farbige Lösungen, Wachs oder Quecksilber in Gefäße injizierte. Zum anderen führte er – angeregt durch das Naturalienkabinett seines Vaters und das postum veröffentlichte Insektenwerk von TH. MOUFET (1634) – kontinuierlich Studien über Morphologie, Anatomie und Individualentwicklung von Insekten durch und klassifizierte sie neu. Auf beiden Gebieten machte S. grundlegende Entdeckungen. So fand er die Lymphgefäßklappen (1664), beschrieb erstmals Blutkörperchen, erkannte noch vor R. DE GRAAF die Ovarien der Säugetiere (1666/67), veröffentlichte es aber erst 1672, beschrieb das Urogenitalsystem der Frösche und ihre Metamorphose aus Kaulquappen, deren Kiemen, Lungen und Herz. Blut- und Atembewegungen erklärte er nach R. DESCARTES mechanistisch, Muskelbewegungen durch »Nervenfluida« (was er an Froschexperimenten zu demonstrieren suchte) und den Verdauungsprozeß mittels Pankreassafts iatrochemisch nach FRANCISCUS SYLVIUS. Ein neues Niveau zeigen seine Insektenstudien, mit denen er traditionelle antike Anschauungen zurückwies. In seiner »Historia insectorum generalis ...« (Allgemeine Naturgeschichte der Insekten) (1669) beschrieb S. Tracheen- und Nervensystem, Verdauungstrakt und Fortpflanzungsorgane sowie die Larvenstadien verschiedener Insekten und widerlegte alte Ansichten, nach denen Insekten keine innere Anatomie besäßen, durch Urzeugung entstünden und sich durch »Metamorphose« entwickelten (damals im Sinne von Umwandlung einer Art in andere Arten verstanden). Am Beispiel von Libelle, Eintagsfliege und Seidenraupe identifizierte er die Entwicklungsstadien als Lebenszyklen *einer* Tierart, deren innere Organanlagen nur graduell unterschiedlich ausgebildet werden, im wesentlichen aber schon im Ei ausgebildet sind. Wie M. MALPIGHI war S. »Ovulist«, der von der Präformation der Organismen im Ei überzeugt war. Durch Ablehnung der Urzeugung entwickelte er auch erstmals zutreffende Ansichten über das Wesen und die Entstehung parasitischer Insekten, und er schuf das erste, auf die Individualentwicklung gegründete Insektensystem. Nach dem Zustand, in dem sie dem Ei entschlüpfen, teilte er die Gliedertiere in vier Gruppen ein. Auf S.s System fußte später J. RAY, der es als bestes Werk darüber bezeichnete.

Der größte Teil von S.s mikroskopischen Studien mit detaillierten Zeichnungen und Beschreibungen seiner Untersuchungsmethoden, z. B. auch die Injektionen von Insektenorganen mittels feinster Glaskanülen, erschienen erst in der in vielen Sprachen übersetzten »Biblia naturae ...«, die Vorbild für die Insektenstudien von R.-A. RÉAUMUR, A. J. ROESEL V. ROSENHOF, CH. BONNET und J. T. NEEDHAM wurde. Ja

Literatur: Swammerdam, S.: Tractatus physico-anatomico-medicus de respiratione ... (Leiden 1667), Historia insectorum generalis, ofte Algemeene Verhandeling von de Bloodelosen Dierkens (Utrecht 1669), Miracula naturae sive uteri muliebris fabrica (Leiden 1672), Biblia naturae sive historia insectorum, 3 Bde. (Leiden 1737/38), dtsch Bibel der Natur (Leipzig 1752).

Boerhaave, H.: Vorwort zu Biblia naturae (Leiden 1737, dtsch Leipzig 1752); Lindeboom, G. A.: The letters of Jan Swammerdam to Melchisedech Thévenot (Amsterdam 1975); Pöhlmann, O.: Jan Swammerdam, Naturforscher und Arzt (Zürich 1941); Schierbeck, A.: Jan Swammerdam. His Life and Works (Amsterdam 1967).

Sydenham, Thomas, Mediziner, geb. 10. 9. 1624 Windford-Eagle, gest. 29. 12. 1689 London.

S.s starker und langanhaltender Einfluß auf die Medizin bestand darin, in bewußter Abkehr von den medizinischen Theorien seiner Zeitgenossen (obgleich selbst nicht frei von ebenso unzulänglichen Theorien) die praktische ärztliche Tätigkeit auf die gezielte direkte Beobachtung und Be-

Th. Sydenham

A. Szent-Györgyi

schreibung der Krankheit, die er als einen von der Individualität des Patienten weitgehend unabhängigen Prozeß auffaßte, orientiert und so den nosologischen Gedanken zu scharfer Ausprägung gebracht zu haben (Nosologie = Lehre von der Krankheit).

S., Sohn eines reichen, puritanischen Grundbesitzers, absolvierte seine ersten Studien ab 1642 am Magdalen College in Oxford. Doch schon wenige Monate später, nach dem Ausbruch der Revolution, trat er gemeinsam mit drei seiner Brüder dem Parlamentsheer von Cromwell bei, wurde verwundet und in Exeter gefangengenommen. 1647 kehrte er nach Oxford zurück und widmete sich von jetzt an auf Rat des Arztes TH. COXE ausschließlich dem Studium der Medizin. Durch Protektion wurde er 1648 Baccalaureus der Medizin und in demselben Jahr Mitgl. des All-Souls College. Nachdem er 1651 nochmals im antiroyalistischen Heer gedient hatte, ließ er sich in Westminster nieder. Eng mit dem Invisible College verbunden, aus dem dann 1662 die Royal Society entstand, wurde er jedoch niemals Mitgl. dieser Gesellschaft, obgleich die Royalisten R. BOYLE und J. LOCKE, beide Mitgl., zu seinen Freunden gehörten. Zur Erweiterung seiner medizinischen Kenntnisse begab er sich 1659 nach Montpellier in die Schule des Hippokratismus und hörte dort den damals berühmten CH. BARBEYRAC. 1661 nach London zurückgekehrt, erhielt er 1663 vom Royal College of Physicians die Lizenz zur Ausübung seines Berufes und eröffnete in Westminster eine Praxis. Dort wirkte er von nun an mit steigendem Erfolg und unter großer Anerkennung seitens seiner Landsleute bis zu seinem Tode. Mit 52 Jahren erst wurde er in Cambridge zum Doktor der Medizin promoviert. Seit dem 30. Lebensjahr litt er an der Gicht.

S., der sich ganz bewußt als Schüler und Nachfolger des HIPPOKRATES verstand, berief sich auf die zentrale Rolle der direkten medizinischen Beobachtung mit dem Ziel, die Krankheiten in ein System von Spezies zu ordnen, vergleichbar der von den Naturforschern aufgestellten Klassifikation der Pflanzen in Arten und Familien. Dieses Vorgehen sollte den Arzt in die Lage versetzen, am Krankenbett die richtige Krankheitsart zu erkennen und daraus das therapeutische Vorgehen abzuleiten. Dabei betrachtete S. den Krankheitsfall nicht mehr als Ganzes, wie das für die Anschauungen des HIPPOKRATES typisch war, sondern abstrahierte vielmehr vom Erscheinungsbild des Patienten 1) die Symptome, die Ausdruck der dahinter stehenden, spezifischen Krankheit waren, und 2) die Symptome, die nur zufällig auftraten und durch die Reaktion des Organismus oder durch das Eingreifen des Arztes hervorgerufen wurden und die das Krankheitsbild verwischen konnten. Auf diese Weise gelangen ihm mustergültige Symptomatologien von z. B. Dysenterie, Rheumatismus, Pleuritis, Erysipel (Wundrose), Hysterie, Chorea minor, Gicht, Pocken und Masern. Stets trat der erkrankte Patient vor der Krankheit zurück, sie war das Wesentlichere. Der einzelne Kranke stellte nur einen Sonderfall dar, der die o. g. Abweichungen zeigen konnte, das eigentliche Krankheitsbild aber war durch die Krankheitsart bestimmt, die vom kranken Menschen abstrahiert als selbständige Entität (Wesen) begriffen wurde. In der daraus resultierenden Beschreibung der Krankheit als Prozeß, der Zusammenfassung des für eine bestimmte Erkrankung Typischen im Krankheitsbild, ging S. einen bedeutsamen Schritt über HIPPOKRATES hinaus. Dieser hatte Krankheitsgeschichten geschrieben, S. zeichnete die Geschichte von Krankheiten auf. Was in seinem Denken allerdings wirklich hippokratisch war, und nur hier hatten diejenigen recht, die ihn den »zweiten«, den »englischen HIPPOKRATES« nannten, war die humoralpathologische Basis seiner Anschauungen. Er leitete die Entstehung der Krankheiten noch aus Dyskrasien her und betonte die Bedeutung der Witterungsverhältnisse, der Jahreszeiten, des Alters und des Wohnortes. Für S. war stets der ganze Mensch krank, er diagnostizierte folglich keine Organerkrankungen und betrieb keine Organtherapie. Auch seine Vorstellung von der miasmatischen Constitutio epidemica war rein antik. Nur folgerichtig aus seinen Anschauungen entwickelte er die Therapie. Sie ging weniger auf die individuellen Erfordernisse des Patienten ein als auf die Individualisierung der Krankheit. Einer festen Spezies der Krankheiten ordnete er ein spezifisches Heilmittel zu. Da ihm als einziges Spezifikum seiner Zeit nur die Chinarinde bekannt war, forderte er die gezielte Suche nach weiteren derartigen Mitteln. Darüber hinaus gehörten zu seinen Heilmitteln der Aderlaß, Brech- und Abführmittel, seltener schweißtreibende Therapeutika. S.s großes Verdienst beruhte darauf, daß er eine der beiden für die Medizin der Neuzeit bedeutsamen Abstraktionen in den Krankheitsauffassungen vollzogen hatte. Die erste, auf dem Durchbruch des anatomischen Gedankens beruhende Abstraktion war seine Sache nicht. Um sie bemühten sich die Iatrochemiker und Iatrophysiker (F. HOFFMANN und H. BOERHAAVE), die mit Hilfe von Chemie und Physik eine Erklärung der Phänomene Krankheit und Gesundheit geben wollten. Davon kehrte sich S. bewußt ab; er vollzog die für die Entwicklung des Krankheitsbegriffes charakteristische zweite Abstraktion, indem er den Menschen von seiner Erkrankung loslöste und ihm die klassifizierbaren Krankheiten gegenüberstellte. Da er sich der zu seinen Lebzeiten bereits vollzogenen ersten Abstraktion nicht anschloß, erschien er den Zeitgenossen als wahrer HIPPOKRATES. Aber sie übersahen, daß er der zweiten Abstraktion zum Durchbruch verhalf, der scharfen Ausprägung des nosologischen Gedankens, und sich dabei mit Berufung auf HIPPOKRATES weit von diesem entfernte. La

Literatur: Sydenham, Th.: Opuscula omnia (Amsterdam 1683, Genf 1684), Opera universa medica (London 1685, 1705, 1846, dtsch Wien 1786, 1787, Ulm 1846).

Temkin, O.: Die Krankheitsauffassung von Hippokrates und Sydenham in ihren »Epidemien«, in: Arch. Gesch. Med. 20 (1928), 327–352.

Szent-Györgyi, Albert, Biochemiker, geb. 16.9.1893 Budapest, gest. 1986.

S. war in den dreißiger Jahren des 20. Jh. führend an der Erforschung der Oxidationsvorgänge in der lebenden Zelle beteiligt und entdeckte dabei die Ascorbinsäure, die als Vitamin C identifiziert wurde.

S. war der Sohn eines Großgrundbesitzers. Nach dem Schulbesuch in Budapest begann er 1911 das Studium an der Budapester medizinischen Fakultät. Bereits als Student begann er bei dem Budapester Anatomie-Prof. M. LENHOSSEK, dem Bruder seiner Mutter, mit eigenen Forschungen, zuerst über histologische Themen. Im ersten Weltkrieg war er im Militärdienst an der russischen und italienischen Front, wurde verwundet und konnte deshalb das Medizinstudium fortsetzen und 1917 beenden. Von der Anatomie unbefriedigt, ging er nach Kriegsende an die Univ. Bratislava und arbeitete in der Pharmazie, anschließend studierte er Elektrophysiologie bei A. v. TSCHERMAK an der damaligen deutschen Univ. in Prag. In den folgenden Jahren eines relativ unruhigen Wanderlebens arbeitete S. wissenschaftlich in Berlin, am Tropenhygienischen Institut in Hamburg, am pharmakologischen Institut in Leiden, am physiologischen Institut in Groningen, ging 1927 als Rokkefeller-Fellow zu F. G. HOPKINS an die Univ. Cambridge, 1928 nach den USA, 1929 kehrte er nach Cambridge zurück. 1930 erhielt er den Lehrstuhl für medizinische Chemie, 1935 auch den für organische Chemie an der ungarischen Univ. Szeged. Später mußte S. wegen seiner politischen Haltung fliehen. Nach Ende des zweiten Weltkrieges war er zunächst wieder in Ungarn, ging aber später in die USA und wurde dort Dir. des von ihm begründeten Instituts für Muskelforschung in Woods Hole (Biolog. Laboratorium der amerikan. Marine), 1962–1966 war er Prof. an der Dartmouth Medical School, danach an der Brandeis Univ. in Waltham (Mass.).

S. griff Ende der zwanziger Jahre in die Forschung über die zellinnere Oxidation der Nahrung ein und konnte dabei durch Untersuchungen von Tauben-Brustmuskel-Suspensionen einige wesentliche Erkenntnisse über die Rolle der Dicarboxyl-Säuren, insbesondere über die respirationssteigernde Wirkung der Fumarsäure gewinnen. Diese Ergebnisse waren eine Voraussetzung für die Auffindung des »Zitronensäure-Zyklus« durch H. A. KREBS.

Im Verlauf seiner Forschung gelang S. die Auffindung und Isolierung der Ascorbinsäure aus Ochsen-Nebennieren. Die Ascorbinsäure erwies sich als das Vitamin C. Als besonders reich an Ascorbinsäure erwies sich die Paprikafrucht.

1937 erhielt S. den Nobelpreis für Physiologie und Medizin.

S. wurde ein Gegner des Krieges und der für die Kriegführung notwendigen Unterdrückungsapparate. Er führte aber die Gefahren der modernen Welt einseitig auf die für die moderne Entwicklung unzulängliche biologische Ausstattung des Menschen zurück, kritisierte die Einrichtungen der Gesellschaft in vieler Weise, fand aber in der Schrift »Der fehlentwickelte Affe oder Die Unfähigkeit des Menschen, mit seinen Problemen fertig zu werden« auch scharfe Worte gegen den Krieg in Vietnam. Zi

Literatur: Szent-Györgyi, A.: Studies on biological oxidation and some of its catalysts (C_4 dicarboxylic acids, vitamin C and P etc.) (Budapest, Leipzig 1937), Nobel-Vortrag. Le Prix Nobel en 1937 (Stockholm 1938), Studies on muscle (Stockholm 1945), Bioelectronics, A study in cellular regulations, defense, and cancer (New York … 1968), Der fehlentwickelte Affe oder Die Unfähigkeit des Menschen, mit seinen Problemen fertig zu werden. (dtsch Gütersloh, Wien 1971).

●

Tamm, Igor Jewgenjewitsch, Physiker, geb. 26. 6. (8. 7.) 1895 Wladiwostok, gest. 12.4.1971 Moskau.

T. war einer der führenden sowjet. theoretischen Physiker; seine Arbeiten behandeln fast alle Bereiche der Physik von der klassischen Elektrodynamik über die Quantenmechanik, Festkörperphysik, Elementarteilchenphysik, Kernphysik bis zur angewandten Physik.

T. wuchs in Elisawetgrad (Kirowograd/Ukrainische SSR) auf, wo sein Vater Städtebauingenieur war. Nach Beendigung des Gymnasiums 1913 nahm er ein Studium in Edin-

T

I. J. Tamm

G. H. J. A. Tammann

A. Tarski

burgh (Schottland) auf, das er nach Ausbruch des ersten Weltkrieges an der physikalisch-mathematischen Fakultät der Moskauer Univ. fortsetzte. Nach Beendigung des Studiums 1918 ging T. als Assistent an die Krim-Univ. in Simferopol und 1921 an das Polytechnische Institut Odessa, wo er unter L. I. MANDELSCHTAM arbeitete. Diesem folgte er 1922 an die Moskauer Univ. Sein Wirken blieb nun mit Moskau verbunden: 1930–1941 war er Prof. für Theoretische Physik an der Moskauer Univ., ab 1934 zugleich Leiter der Theoretischen Abteilung des Physikalischen Institutes der Ak. d. Wiss. der UdSSR (bis 1971), 1945–1953 Prof. am Moskauer Ingenieurphysikalischen Institut, 1954–1957 wieder Prof. an der Univ. T. wurde 1933 korrespondierendes, 1953 ordentliches Mitgl. der Ak. d. Wiss. der UdSSR.

Auf Anregung MANDELSCHTAMS befaßte sich T. in seinen ersten Arbeiten mit der Elektrodynamik eines bewegten anisotropen Mediums und wandte dies auf die Lichtstreuung in Kristallen an. Ein diesbezüglicher Vortrag auf dem IV. Russ. Physikerkongreß 1924 in Leningrad fand großes Interesse, und der anwesende P. S. EHRENFEST aus Leiden vermittelte T. ein Stipendium. 1926 reiste T. nach Leiden, machte sich hier vor allem mit den neuesten Arbeiten zur Quantenmechanik vertraut und lernte unter anderem P. A. M. DIRAC kennen, mit dem er dann 1928 und 1931 bei seinen Aufenthalten in Cambridge/England eng zusammenarbeitete. – Die Ausarbeitung von Lehrb. war eine wichtige Aufgabe für den Aufbau der jungen sowjet. Physik in jener Zeit; T. beteiligte sich mit mehreren Beiträgen. 1929 erschien sein Buch »Grundlagen der Elektrizitätstheorie«. 1930 gab T. die vollständige Ableitung der KLEIN-NISHINA-Formel der Lichtstreuung an Elektronen an und veröffentlichte die Arbeit »Über die Quantentheorie der molekularen Lichtzerstreuung in festen Körpern«, worin er mit der Definition der »Phononen« die Quasiteilchen in die Festkörperphysik einführte. Bald darauf führte sein Freund J. I. FRENKEL das »Exiton« ein. 1931/32 befaßte T. sich sehr eingehend mit der quantenmechanischen Beschreibung der Metalle und diskutierte z. B. den Photoeffekt in Metallen sowie die Oberflächenzustände im Festkörper. Aus der Beschäftigung mit den Arbeiten von E. FERMI zum Betazerfall entstand 1934 eine erste Theorie der Kernwechselwirkungskräfte, die davon ausging, daß der Proton-Neutron-Wechselwirkung ein Elektron-Neutrino-Austausch zugrunde liegt. Darauf aufbauend konnte H. YUKAWA 1935 die Hypothese vom Meson als Träger dieser Kernkräfte formulieren. Gemeinsam mit S. A. ALTSCHULER postulierte T. 1934 das magnetische Moment des Neutrons.

Im Physikalischen Institut der Ak. d. Wiss. der UdSSR untersuchte auf Anregung des Institutsdirektors S. I. WAWILOW Anfang der 30er Jahre P. A. TSCHERENKOW die Lumineszenz von Uraniumsalzen. Dabei fand er 1934 neben der Lumineszenz ein zusätzliches schwaches Leuchten, das sich bei weiterer Analyse als elektromagnetische Strahlung geladener Teilchen herausstellte. 1937 konnte T. gemeinsam mit I. M. FRANK eine Theorie dieses Effektes aus der Sicht der klassischen elektromagnetischen Theorie aufstellen (eine quantentheoretische Deutung lieferte erst 1940 W. L. GINSBURG). Die TSCHERENKOW-Strahlung gewann in der Folgezeit außerordentliche Bedeutung für den Nachweis schnell bewegter geladener Teilchen.

Während des zweiten Weltkrieges befaßte sich T. mit kriegstechnisch-praktischen Arbeiten, z. B. Berechnungen zur Entmagnetisierung von Schiffen. Ende der 40er Jahre begann sich T. mit Fragen der thermonuklearen Synthese zu beschäftigen. Mit seinen Mitarbeitern konnte er 1950 theoretisch die magnetische Plasmaeinschließung erläutern. Daneben standen Probleme der Wechselwirkung relativistischer Teilchen im Mittelpunkt des Interesses. In den 60er Jahren beschäftigten T. Fragen der Elementarteilchenphysik und die Schaffung einer universellen Quantentheorie, die auch die konsistente Erklärung aller hochenergetischen Erscheinungen einschließt.

T. war nicht nur ein genialer theoretischer Physiker mit einer unerhörten fachlichen Breite, sondern verfügte auch über eine umfangreiche Allgemeinbildung. Strenge, zielstrebige Arbeit war mit einem freundlichen, warmherzigen Wesen gekoppelt, und als Lehrer wirkte er anregend, streng, aber wohlwollend kritisierend. Aus seiner Schule gingen unter anderem so bedeutende sowjet. Physiker hervor wie ALTSCHULER, D. I. BLOCHINZEW, A. S. DAWYDOW, E. L. FEJNBERG, GINSBURG, L. W. KELDYSCH. Zusammen mit FRANK und TSCHERENKOW erhielt T. 1946 den Staatspreis der UdSSR und 1958 den Nobelpreis für Physik. Sein Engagement für die friedliche Nutzung der Wissenschaften brachte T. unter anderem in die Pugwash-Bewegung ein. T. war begeisterter Bergsteiger. Eine Zwerchfellähmung fesselte ihn die letzten drei Lebensjahre an eine künstliche Lunge. Ka

Literatur: Tamm, I. E.: Sobranie naučnyh trudov v dvuh tomah (Moskau 1975), Teoretičeskaâ Fizika, in: Oktâbr' i naučnyj progress, Bd. 1 (Moskau 1967), 167–176.

Fainboim, J.: Igor Tamm – Lebensbild eines Physikers, in: exakt (1975) 2, 39–43; Ginzburg, V. L.: Ob Igore Evgen'eviče Tamme, in: Priroda 64 (1975) 3, 65–71; Igor' Evgen'evič Tamm – Materialy k biobibliografii učënyh SSR, Seriâ fiziki, vyp. 19 (Moskau 1959); Vospominaniâ ob I. E. Tamme (Moskau 1986).

Tammann, Gustav Heinrich Johann Apollon, Physikochemiker, geb. 16. (28.) 5. 1861 Jamburg (Kingissepp, RSFSR), gest. 17. 12. 1938 Göttingen.

T. gehörte jener Generation von Wissenschaftlern an, die die physikalische Chemie als eine selbständige Wissenschaftsdisziplin begründeten. Es gibt kaum ein Gebiet der physikalischen Chemie, das er in seinen Arbeiten nicht berührte. Sowohl für seine Universitätskollegen als auch für die Vertreter der chemischen Industrie war T. ein gesuchter Partner.

T., Sohn eines Arztes, absolvierte das Gymnasium in Dorpat (Tartu). 1897 begann er an der Dorpater Univ. bei C. SCHMIDT und J. LEMBERG Chemie zu studieren. 1883 wurde er als Nachfolger von W. OSTWALD zweiter Assistent seines Lehrers SCHMIDT. Molmassebestimmungen durch Dampfdruckerniedrigung, die er im Herbst 1883 auszuführen begann, waren seine ersten physikalisch-chemischen Arbeiten. Ihre Ergebnisse faßte er 1885 zu seiner Magister-Dissertation zusammen. 1887 verteidigte er seine Doktor-Dissertation und habilitierte sich. 1890 schlug er eine Berufung zum ao. Prof. an die Univ. Gießen aus und wurde Doz. in Dorpat. 1892 ernannte man ihn zum ao. Prof. und übertrug ihm die Leitung des Chemischen Instituts. 1894 wurde T. zum o. Prof. für Chemie berufen. Zahlreiche Studienreisen führten ihn nach Deutschland, wo er bei H. HELMHOLTZ (1889), OSTWALD (1889) und W. NERNST (1889/90) arbeitete, wo er J. H. VAN'T HOFF, H. KAMERLINGH ONNES, H. W. B. ROOZEBOOM u. a. kennenlernte, nach Schweden (1897) und nach Frankreich (1900), wo er in Paris die Weltausstellung besuchte und mit H. L. LE CHATELIER bekannt wurde. Bei OSTWALD in Leipzig lernte er 1889 NERNST und S. ARRHENIUS kennen, mit denen ihn eine lebenslange Freundschaft verband. 1903 folgte T. einer Berufung als Ordinarius und Dir. an das neu gegründete Institut für anorganische Chemie der Univ. Göttingen. Als NERNST 1905 nach Berlin ging, wurde T. 1907 dessen Nachfolger auf dem Göttinger Lehrstuhl für physikalische Chemie und Dir. des Instituts für physikalische Chemie und Elektrochemie, das er bis zu seiner Emeritierung 1929 leitete.

Es ist für die Arbeitsweise von T. typisch, daß er sich nacheinander immer neuen Arbeitsgebieten zuwandte, damit oft wissenschaftliches Neuland betrat, sie dann aber gleichzeitig bearbeitete und fast nie ein einmal betretenes Gebiet wieder verließ. Der Kristallisationsprozeß erscheint dabei als der Kern, um den sich fast alle anderen untersuchten Phänomene lagern. So begann er 1893 seine Untersuchungen chemischer Erscheinungen bei extrem hohen Drücken (mehr als 300 MPa), die ihn zur Analyse der Zustandsänderungen von Einstoffsystemen, insbesondere bei Kristallisationsvorgängen, führten. 1895 wandte er sich der Erforschung heterogener Gleichgewichte zu. T. konnte zeigen, daß jeglicher Phasenübergang vom kristallinen Zustand in einen anderen, im Gegensatz zur weitverbreiteten Annahme, diskontinuierlich erfolgen muß. Ab 1897 untersuchte er isotrop-anisotrope Phasenübergänge. Die Forschungsergebnisse publizierte er in seinen Monographien »Kristallisieren und Schmelzen« (1903) und »Aggregatzustände« (1922). In Göttingen begann T. mit seinen umfangreichen Untersuchungen der Metalle und ihrer Legierungen. Dazu entwickelte er 1903 die thermische Analyse als schnell und zuverlässig arbeitendes Verfahren zum Aufstellen von Zustandsdiagrammen und zum Bestimmen der Zusammensetzung intermetallischer Verbindungen. T. kombinierte die thermische mit der mikroskopischen Analyse, und anhand der erhaltenen experimentellen Ergebnisse konnte er beweisen, daß im allgemeinen die stöchiometrischen Gesetze der Salze für die Mischkristallverbindungen der Metalle nicht gelten. Der von ihm und seinen Schülern erarbeitete Überblick über das Verhalten der Metalle zueinander, insbesondere in binären Mischungen, bildete den Grundstock für die moderne systematische Legierungskunde. Sein 1914 erstmals erschienenes »Lehrbuch der Metallographie« wurde für viele Jahre zum internationalen Standardwerk dieses Gebietes. 1925 begann er umfangreiche Untersuchungen zur Erforschung der physikalisch-chemischen Eigenschaften von Glas.

Als Lehrer hat es T. wirkungsvoll verstanden, seine Schüler zu eigenständigem wissenschaftlichem Arbeiten zu befähigen und dafür entscheidende Anregungen zu vermitteln. Mit mehr als 100 Doktoranden und Assistenten bildete er eine Generation von Physikochemikern und Metallurgen heran, in deren Wirken sich sein Werk dauerhaft fortsetzte. Gi

Literatur: Tammann, G. H. J. A.: Kristallisieren und Schmelzen. Ein Beitrag zur Lehre der Änderungen des Aggregatzustandes (Leipzig 1903), Lehrb. der Metallographie. Chemie und Physik der Metalle und ihrer Legierungen (Leipzig, Hamburg 1914, 2. Aufl. 1921, 3. Aufl. Leipzig 1923, 4. Aufl. »Lehrb. der Metallkunde«, Leipzig 1932), Der Glaszustand (Leipzig 1933).

Biltz, W.: Gustav Tammann zum siebzigsten Geburtstag, in: Z. anorg. u. allg. Chem. 198 (1931), 1–31; Masing, G.: Gustav Tammann, in: Z. Elektrochem. u. angew. phys. Chem. 45 (1939), 121–124, Gustav Tammann, 1861–1938, in: Ber. Dtsch. Chem. Ges., 73 A (1940), 25–28.

Tarski, Alfred, Mathematiker und Philosoph, geb. 14. 1. 1901 Warschau, gest. 26. 10. 1983 Berkeley (USA).

Die thematische Breite seiner Forschungen zur Mengenlehre, Arithmetik, Geometrie, seine bahnbrechenden Arbeiten zur Metamathematik, universellen Algebra und Modelltheorie sowie die Tragweite der von ihm erzielten Ergebnisse stellen T. in die erste Reihe der Logiker des 20. Jh.

T. studierte bei J. ŁUKASIEWICZ und S. LEŚNIEWSKI und promovierte 1924 zum Doktor der mathematischen Wissenschaften über Protothetik (ein von LEŚNIEWSKI entwickeltes System). Von 1926–1939 war T. Doz. an der Univ. Warschau und galt als der bedeutendste Vertreter der poln. Logikschule. 1939 emigrierte er in die USA und hielt seit 1942 Vorlesungen über Mathematik an der California University Berkeley, wo er 1946 eine Professur für Mathematik erhielt. Er war Mithrsg. des »Journal of Symbolic Logic«. Die Bibliographie seiner Arbeiten umfaßt mehr als 100 Positionen.

Ausgehend von dem durch ihn gefaßten Begriff der Konsequenz, entwickelte T. die Konsequenztheorie und darauf aufbauend die Theorie der deduktiven Systeme. Diese Theorie erlaubte das Studium solcher Eigenschaften eines deduktiven Systems, wie Axiomatisierbarkeit und Vollständigkeit, Unabhängigkeit und Widerspruchsfreiheit seiner Axiome. Zusammen mit A. LINDENBAUM behandelte T. erstmals die Sprache formaler Systeme als Matrix, d. h. als abstrakte Algebra. Von weitreichender Bedeutung erwies sich die von ihm entwickelte Methode, semantische Begriffe, insbesondere den Wahrheitsbegriff, widerspruchsfrei in logische Kalküle einzuführen; diese Methode beruht auf einer konsequenten Unterscheidung von Objekt- und Metasprache und setzt eine präzise Bestimmung der verschiedenen Ausdrucksmittel einer formalen Sprache voraus. T. zeigte, daß die Definition der Wahrheit einer Theorie S innerhalb S unmöglich ist. Diese vor allem philosophisch bedeutsamen Arbeiten hatten deutlichen Einfluß auf Vertreter des Neopositivismus und die Semantische Philosophie.

T. gehörte zu den Begründern der Modelltheorie: er entwickelte die »Western Model Theory« (so genannt nach der geographischen Lage von T.s Aufenthaltsort), die ihre Motivation zum großen Teil aus der Zahlentheorie, Mengenlehre und Analysis ableitet und deren Interesse der Menge aller Formeln erster Stufe gilt. Er führte grundlegende Begriffe ein, z. B. den der ω-Vollständigkeit, und erzielte fundamentale Ergebnisse, wie das Theorem über elementare Reihen, das Primidealtheorem für BOOLEsche Algebren, verschärfte Formulierungen des LÖWENHEIM-SKOLEMschen Satzes, Entscheidbarkeitsresultate für die Theorie der reell abgeschlossenen Körper BOOLEscher Algebren, des Körpers der reellen Zahlen, der elementaren Geometrie und weitere

Sätze zur Axiomatisierbarkeit, Quantorenelimination und Modellvollständigkeit. Sein gemeinsam mit W. Hanf erzieltes Ergebnis der Nicht-Kompaktheit der unendlichen Logik war der Beginn der Untersuchung verallgemeinerter Sprachen erster Ordnung.

Außerordentlich wichtig waren T.s Arbeiten für die Entwicklung der universellen Algebra, wo er sich unter anderem mit Gleichungsklassen beschäftigte. Große Bedeutung hatten seine Definition der elementaren Erweiterung und grundlegende Sätze zu diesem Begriff. Weitere Ergebnisse betreffen Prim- und direkte Produkte und eine Version des Interpolationssatzes.

Von T.s Resultaten zur Mengenlehre sind seine Beiträge zur Kardinalzahlarithmetik, die Einführung stark unerreichbarer Kardinalzahlen und Sätze über unerreichbare und meßbare Kardinalzahlen erwähnenswert. Gemeinsam mit St. Banach fand T. das nach ihnen benannte Paradoxon der Kugelzerlegung.

Seine gemeinsam mit J. C. C. McKinsey durchgeführten Untersuchungen des modallogischen Systems *S* 4 waren durch die verwendeten semantischen Mittel ihrer Zeit um mehr als ein Jahrzehnt voraus und blieben bis zur Einführung der Kripke-Semantik die einzige Arbeit dieser Art. Auf ähnliche Weise gelang über offene Teilräume eines topologischen Raumes die Konstruktion einer Matrix für die intuitionistische Aussagenlogik. T. war maßgeblich an der Entwicklung zylindrischer Algebren als Semantik für den Prädikatenkalkül beteiligt. Weiterhin beschäftigte er sich mit dem Aufbau einer syntaktischen Theorie der Definierbarkeit, wobei es ihm vor allem um den Zusammenhang zwischen Definierbarkeit und Ableitbarkeit ging. Dieser syntaktischen Theorie, die auch Aussagen über Unabhängigkeit von Begriffen einer beliebigen Theorie enthält, folgte dann eine semantische Theorie der Definierbarkeit. Ks

Literatur: Tarski, A.: Der Wahrheitsbegriff in den formalisierten Sprachen, in: Stud. phil. (Leopoldi) 1 (1935), 261–405, Über den Begriff der logischen Folgerung, in: Act. Congr. Phil. Sci. (Paris) Bd. VII, ASI 394 (1936), 1–11, (mit J. C. C. McKinsey): The Algebra of Topology, in: Ann. Math. (2) 45 (1944), 141–191, (mit R. M. Robinson u. A. Mostowski): Undecidable Theories (Amsterdam 1953), (mit L. Henkin u. J. D. Monk): Cylindric Algebras Part I. Studies in Logic and the Foundation of Mathematics (Amsterdam 1971).

Tartaglia (eigentlich Fontana?), Niccolò, Mathematiker, Topograph und Physiker, geb. 1499 oder 1500 Brescia, gest. 13. 12. 1557 Venedig.

T. lieferte grundlegende Beiträge zur Algebra und zur Geometrie sowie zur Militärtechnik und Ballistik.

T. stammte aus sehr einfachen Verhältnissen. Sein Vater, ein Postkurier, starb früh und ließ die Familie in Armut zurück. 1512 eroberten die Franzosen Brescia; dabei wurde T. durch einen Schwerthieb über das Gesicht schwer verwundet; die Wunden heilten mangelhaft, deshalb konnte T. fortan nur noch stammelnd sprechen (»Tartaglia« bedeutet »der Stotterer«). T. erhielt nur eine spärliche Schulbildung und besuchte keine höhere Bildungseinrichtung. 1516–1518 war T. nach Verona gezogen und arbeitete dort als Rechenlehrer; seit 1534 wirkte er als Rechenmeister in Venedig und hielt dort auch populäre Vorträge für ein größeres Publikum; nur kurzzeitig hielt er sich noch einmal in seiner Heimatstadt auf (1548/49). Während seiner letzten Lebensjahre lebte T. verarmt und vereinsamt in Venedig.

Die bekannteste Leistung T.s ist sein Anteil am Auffinden der Lösungsformel für die kubische Gleichung. Die erste Lösung der kubischen Gleichung von S. del Ferro scheint T. nicht gekannt zu haben. Durch einen mathematischen Wettkampf, der in der Renaissance nichts Ungewöhnliches war, wurde T. gezwungen, sich auch mit kubischen Gleichungen zu beschäftigen. Nach eigenen Angaben fand er sein Lösungsverfahren 1535, aber erst durch die Veröffentlichung von G. Cardanos »Ars magna« 1545 wurde die Lösung der kubischen Gleichung allgemein bekannt. An diese Publikation Cardanos schloß sich ein äußerst heftiger Prioritätsstreit an, an dem neben Cardano und T. vor allem auch L. Ferrari beteiligt war.

Weitere mathematische Untersuchungen T.s behandelten das Pascalsche Dreieck der Binomialkoeffizienten (1556), die Lösung eines zahlentheoretischen Extremwertproblems, die Bestimmung des Volumens eines Tetraeders aus der Länge der Kanten und die Bearbeitung von G. F. Malfattis Dreiecksproblem.

Titelblatt des 1537 in Venedig erschienenen Werkes »Nova scientia« von N. Tartaglia

Die Hauptergebnisse T.s zur Ballistik und Militärtechnik sind in der »Nova scientia« (1537) und in den »Quesiti et inventioni diverse« (1546) enthalten. Nach seinen Angaben in der »Nova scientia« hatte er bereits 1532 gefunden, daß bei einem Schußwinkel von 45° die größte Schußweite erreicht wird. In beiden Werken wurde die Kurve diskutiert, auf der sich das Geschoß bewegt. Nach T. bestand sie aus zwei Geradenstücken und einem Kreisbogen. Erst G. Galilei fand heraus, daß die Schußlinie eine Parabel ist. Daneben behandelte T. viele Probleme der praktischen Ballistik, des Geschützwesens und des Festungsbaus, wie Aufstellung und Schußrichtung der Artillerie, Aufbau von Granaten, 23 Arten Schießpulver zu bereiten, topographische Fragen, Beschreibung des Artilleriequadranten und zweier Vermessungsinstrumente zur Bestimmung unzugänglicher Strecken sowie Aufgaben der Statik. Bis zum Ende des 17. Jh. galten die ballistischen Ansichten T.s als grundlegend, seine diesbezüglichen Abhandlungen sind sehr schnell in die wichtigsten europ. Sprachen übersetzt worden. T. war sich der gesellschaftlichen Bedeutung seiner ballistischen Arbeiten bewußt und sah in ihnen einen Beitrag zur Verteidigung Venedigs gegen die Türken.

Erhebliche Bedeutung hatten auch die »Klassikerausgaben« T.s, obwohl seine Übersetzungen kaum mustergültig gewesen sind; er brachte 1543 Ausgaben der Werke des ARCHIMEDES (nach W. v. MOERBEKES lat. Übersetzung) und der »Elemente« des EUKLID (nach J. CAMPANUS und B. ZAMBERTIS lat. Ausgabe) heraus. Die außerordentlich erfolgreiche EUKLID-Ausgabe war die erste Übersetzung dieses Standardwerkes in eine moderne Sprache. Il

Literatur: Tartaglia, N.: Nova scientia (Venedig 1537), Quesiti et inventioni diverse (Probleme und verschiedene Erfindungen) (Venedig 1546), General trattato di numeri et misure (Hauptabhandlung von Zahlen und Maßen), 6 Bde. (Venedig 1556–1560).

Taylor, Brook, Mathematiker, geb. 18. 8. 1685 Edmonton, gest. 29. 12. 1731 London.

T. ist durch Arbeiten zur frühen Infinitesimalrechnung bekannt geworden.

T. entstammte einer Familie der engl. Oberschicht. Nach Privatunterricht besuchte er ab 1701 das St. John's College in Cambridge. Er studierte anfänglich Rechtswissenschaft (1709 Bachelor of Laws, 1714 Doctor of Laws), wandte sein Interesse jedoch zunehmend der Naturwissenschaft und der Mathematik zu. Bereits im April 1712 wurde er zum Mitgl. der Royal Society gewählt, deren Sekretär er 1714–1718 war; in dieser Funktion wurde er in den Prioritätsstreit zwischen I. NEWTON und G. W. LEIBNIZ verwickelt und mußte sich z. T. heftige Vorwürfe von LEIBNIZ und den BERNOULLIS gefallen lassen. 1718 schied T., wohl aus Gesundheitsgründen, aus seiner offiziellen Stellung aus und lebte als Privatmann seinen Studien.

1708 verfaßte T. seine erste mathematische Arbeit über Schwingungsmittelpunkte. Seit 1712 war ihm die nach ihm benannte Entwicklung von $f(x+h)$ als Potenzreihe (TAYLORreihe) bekannt; er veröffentlichte sie jedoch erst 1715 in seinem Hauptwerk »Methodus incrementorum ...«, in dem sich auch Untersuchungen über singuläre Lösungen von Differentialgleichungen, zur Lehre höherer Kurven und erstmals in der Geschichte der Mathematik zum Problem der schwingenden Saite finden. Der »Methodus ...« zeigte T. als einen Meister in der Beherrschung des Kalküls endlicher Differenzen und ihrer Anwendung. Ebenfalls 1715 erschien T.s »Linear Perspective«, eine Schrift über darstellende Geometrie. Da T. sehr abstrakt vorging, war die Arbeit für Künstler praktisch unbrauchbar, sie enthielt aber viele weiterführende Ideen über Fluchtpunkte, Fluchtgeraden und das Umkehrproblem der Perspektive. T. bearbeitete auch Fragen des Magnetismus (1719), des atmosphärischen Drucks, über Thermometer (1723), Ballistik (1721) und über Logarithmen (1730).

In seinen letzten Lebensjahren wandte sich T. verstärkt philosophischen und religiösen Fragen zu; 1793 wurde sein Werk »Contemplatio philosophica« erstmals veröffentlicht. Il

Literatur: Taylor, B.: Methodus incrementorum directa et inversa (London 1715, Nachdruck Berlin 1862), Linear Perspective (Lineare Perspektive) (London 1715), Contemplatio philosophica (London 1793, Nachdruck in: Auchter, H.: Brook Taylor der Mathematiker und Philosoph ... Inaug.-Diss. Marburg 1937, S. 98–110).

Teller, Edward, Physiker, geb. 15. 1. 1908 Budapest.

T. ist vornehmlich auf dem Gebiet der Kernphysik und der thermonuklearen Reaktion tätig; er gilt als »Vater« der amerik. Wasserstoffbombe.

T., Sohn eines jüdischen Rechtsanwaltes, verließ unter dem Eindruck des Horthy-Regimes Ungarn und studierte Chemie und Physik in Karlsruhe (1926–1928), München (1928/29) und Leipzig. In Leipzig promovierte er 1930 unter W. HEISENBERG und F. HUND mit einer Arbeit über das Wasserstoffmolekülion. 1931–1933 war T. Assistent in Göttingen bei A. T. EUCKEN. 1933 emigrierte er nach England und war dann 1934 als Rockefeller-Stipendiat bei N. BOHR in Kopenhagen. 1935 ging T. in die USA: 1935–1945 war er Prof. für Molekular- und Atomphysik an der George-Washington-Univ., 1941/42 Prof. an der Columbia-Univ., 1942–1946 Mitarbeiter am »Manhattan-Projekt«, 1946–1952 Prof. an der Univ. Chicago, 1953–1975 Prof. an der California-Univ. Berkeley sowie gleichzeitig Dir. bzw. Assistenz-Dir. des Lawrence Radiation Laboratory in Kalifornien. T. hatte und hat Beraterfunktionen in vielen privaten und staatlichen Gesellschaften inne. Seit 1941 ist er Staatsbürger der USA.

T.s frühe Arbeiten waren theoretischen Problemen der physikalischen Chemie gewidmet. Mitte der 30er Jahre wandte sich sein Interesse stärker der Kernphysik zu. 1936 fand er gemeinsam mit G. GAMOW neue Auswahlregeln für den Betazerfall. In einer Arbeit über Neutronenstreuung an Ortho- und Parawasserstoff regte er 1937 Experimente zur Überprüfung der Spin-Abhängigkeit der Proton-Neutron-Wechselwirkung an. Gemeinsam mit E. FERMI und V. F. WEISSKOPF publizierte T. 1947 eine wichtige Arbeit über den Zerfall negativer Mesonen und erklärte zuammen mit M. GOLDHABER 1948 die Resonanz-Streuung am Kern.

1941 trat T. der Arbeitsgruppe um FERMI bei, um den ersten Atomreaktor zu realisieren. Danach ging er zu J. R. OPPENHEIMER, um an der Konstruktion der ersten Atombombe (Spaltungsbombe) mitzuwirken, widmete sich jedoch bald schon ganz seiner Idee einer Fusionsbombe (Wasserstoffbombe), die eine wesentlich stärkere Wirkung als die Spaltungsbombe erwarten ließ. Während sich die meisten der am Atombombenprojekt beteiligten Wissenschaftler nach den Bombenabwürfen über Hiroshima und Nagasaki gegen die militärische Nutzung der Atomenergie aussprachen, vertrat T. die Ansicht, daß die Entwicklung der Wasserstoffbombe Priorität haben müsse, damit die USA ihre strategischen Ziele durchsetzen können. Wissenschaftler, die sich seiner Vorstellung nicht anschlossen, beschuldigte er unamerik. Verhaltens; in dem Verfahren gegen OPPENHEIMER 1954 vor der Amerikanischen Atomenergie-Kommission (AEC) spielte er eine sehr unrühmliche Rolle.

Zwischen 1949 und 1951 entwickelte T. mit einer Gruppe von Physikern die wesentlichen theoretischen Grundlagen der Wasserstoffbombe und war anschließend führend an ihrer Konstruktion beteiligt. Auch in den 50er und 60er Jahren beschäftigte er sich mit Problemen der thermonuklearen Reaktion und der atomaren Energiegewinnung, unter anderem lieferte er wichtige Beiträge zur Problematik der Reaktorsicherheit.

Als Berater in waffentechnischen Fragen wirkte er weiterhin für die atomare Aufrüstung der USA, trat als entschiedener Gegner der Atomwaffensperrverträge auf. Er ist Verfechter der These von der Möglichkeit begrenzter Atomkriege und forderte in den späten 70er Jahren die Einführung von Neutronen- und Laser-Waffen. Anfang der 80er Jahre trat T. als Initiator forcierter Rüstungen im SDI-Programm in Erscheinung. Ka

Literatur: Teller, E.: The Work of Many People, in: Science 121 (1955), 267–275, (mit A. Latter): Ausblick in das Kernzeital-

N. Tartaglia

B. Taylor

E. Teller

N. Tesla

ter, Fischer-Bücherei 232 (Frankfurt/M. 1959), (mit A. Brown): Das Vermächtnis von Hiroshima (Düsseldorf, Wien 1963), (mit W. K. Talley, G. H. Higgins, G. W. Johnson): The constructive uses of nuclear explosives (New York, San Francisco 1968), Energy from heaven and earth (San Francisco 1979).

Blumberg, St. A., u. G. Owens: Energy and Conflict: The life and Times of E. Teller (New York 1976); Prof. Haber stellt vor: Edward Teller, in: Bild der Wissenschaft 12 (1975) 10, 94–115; Kant, H.: J. Robert Oppenheimer (Leipzig 1985; enthält Kapitel über Teller); York, H.: The advisors: Oppenheimer, Teller and the superbomb (San Francisco 1976).

Tesla, Nicola, Elektrotechniker, geb. 10. 7. 1856 Smiljan (Kroatien), gest. 7. 1. 1943 New York.

T. war einer der bedeutendsten Elektrotechniker an der Wende vom 19. zum 20. Jh. Er begründete mit seinen Erfindungen die Drehstromtechnik und wurde dadurch zu einem der Pioniere moderner elektrischer Kraftübertragung. Daneben verdankt ihm auch die Hochfrequenztechnik interessante Entwicklungen und Ideen.

T.s Lebensgeschichte war sehr bewegt: sie vermerkt mehrere Firmengründungen und Bankrotte, kannte große Erfolge und bittere Niederlagen, und sie war nicht frei von skurrilen Situationen. Durchdrungen von einem unerschütterlichen Vertrauen in die eigene Leistungskraft, hatte der junge T. gegen den Willen der Eltern ein technisches und naturwissenschaftliches Studium aufgenommen, das er 1875–1879 an der TH Graz und 1880 an der Prager Univ. betrieb. Der plötzliche Tod seines Vaters, eines Geistlichen der serb. orthodoxen Kirche, zwang ihn, sein Studium vorzeitig und ohne Diplom zu beenden. In den folgenden Jahren war er Assistent in einem Budapester Telegrafenbüro, Ing. der Edison-Gesellschaft in Paris, und 1884 entschloß er sich, in die USA auszuwandern. Dort war er ein Jahr Mitarbeiter Th. A. Edisons, ab 1885 versuchte er mit wechselndem Erfolg sein Glück als eigener Unternehmer. Die Grundlage hierfür bildeten über 100 Patente, deren wichtigste aus seiner ersten Lebenshälfte stammen.

Schon seit seinem Studium beschäftigte T. das Problem, wie im damals üblichen Gleichstromsystem die zweimalige Gleichrichtung durch die Kommutatoren des Generators und des Motors vermieden werden kann. T. erkannte, daß vom Prinzip her alle Maschinen Wechselstrommaschinen sind. In langjährigen Überlegungen und Versuchen führte er diese Idee zur Konstruktion eines kommutatorlosen Drehstrommotors, doch beließ er es nicht dabei, sondern entwickelte ein ganzes System der Drehstrom-Kraftübertragung – vom Generator über den Transformator bis zum Motor –, das alle Grundelemente der modernen Drehstromtechnik bereits enthielt und von ihm 1888 zum Patent angemeldet wurde. Die folgenden Jahre standen im Zeichen des Kampfes für die Durchsetzung des neues Systems, das unter anderem in Edison einen prominenten und mächtigen Kritiker besaß. Der Erfolg entsprechender Bemühungen in Europa (Kraftübertragung Frankfurt–Lauffen 1891) sowie die Ausstattung des Kraftwerks der Niagara-Fälle mit dem Teslaschen Mehrphasensystem brachten dann zu Beginn der 90er Jahre den Durchbruch und leiteten eine stürmische Entwicklung auf dem Gebiet der Drehstromtechnik ein.

In der Folgezeit dehnte T. seine Experimente auch auf den Bereich hochfrequenter Wechselströme aus, den er zu einem Gebiet der modernen Technik ausbildete. 1891 entwickelte er den Tesla-Transformator, mit dem er die Spannung hochfrequenter Ströme auf mehrere Mill. Volt steigern konnte. T. ging es bei seinen Versuchen nicht nur um die drahtlose Nachrichtenübertragung, sondern er versuchte auf diese Weise, seine Vision einer Weltenergieversorgung mittels hochfrequenter Energieübertragung zu realisieren. Weltberühmt wurden seine Versuche, die er 1895 in seiner Großstation in Colorado mit 200 kW Leistung und Reichweiten von mehreren hundert Kilometern ausführte. Ihr wissenschaftlicher und ökonomischer Erfolg erwies sich indes nicht als so bedeutend, daß sie die traditionellen Energieübertragungssysteme hätten verdrängen können. Eingehend studierte T. die Wirkung der hochfrequenten Ströme, z. B. die Hochfrequenzwärme in Leitern sowie ihre physiologische Wirkung. 1917 entwickelte er Vorstellungen, die das Radarprinzip antizipieren. Ho

Literatur: Tesla, N.: Lectures, Patents, Articles (Belgrad 1956).

Centenary of the birth of Nikola Tesla 1856–1943 (Beograd 1956); Beckhard, A.: Nicola Tesla (London 1959); Zverava, G. K.: Nicola Tesla, russ. (Moskau 1974).

Thabit ibn Qurra, Abu'l-Hasan, ibn Marwan ibn Thabit, as-Sabi al-Harrani (Abū'l-Ḥasan Ṯābit ibn Qurra ibn Marwān ibn Ṯābit aṣ-Ṣābi' al-Ḥarrānī), Mediziner, Astronom, Mathematiker, Naturwissenschaftler und Übersetzer, geb. um 834/35 (219 Hedschra) Harran, Mesopotamien (heute Türkei), gest. 18. 2. 901 (26. Safar 288 Hedschra) Bagdad, Hauptstadt des Abbasidenkalifats (heute Irak).

T. war ein glänzender Mathematiker, der über fast alle damals interessierenden mathematischen Themen schrieb, und ein hervorragender Übersetzer, der griech. Texte ins Syrische und Arabische sowie syr. Arbeiten ins Arabische übertrug. Er entwickelte Ansätze für eine theoretische Mechanik und war als Mediziner und Astronom berühmt.

T. entstammte wahrscheinlich einer vornehmen Familie aus Harran, dem Zentrum der Sabier, einer religiösen Richtung, die einen Sternenkult sowie viele altorientalische und hellenistische wissenschaftliche und religiöse Traditionen vereinte. Er war in seiner Jugend Geldwechsler. Wegen mehrfacher Ausschlüsse aus der Religionsgemeinschaft aufgrund von Meinungsverschiedenheiten zog er nach Kafartutha, östlich von Harran. Dort soll ihn Muhammad, einer der Banu Musa, getroffen und, beeindruckt von T.s sprachlichen Fähigkeiten, auf der Rückreise von Byzanz nach Bagdad mitgenommen haben. Im Haus der drei MUSA-Brüder studierte T. Mathematik, Astronomie und Medizin, übertrug Werke griech. Gelehrter, unter ihnen EUKLID, ARCHIMEDES, PTOLEMAIOS und GALEN ins Arabische und lernte führende Persönlichkeiten kennen. T. war als Wissenschaftler überaus berühmt, wie zahlreiche Anekdoten über ihn und seine Stellung am Hofe der Abbasidenkalifen belegen. Er war eng mit MU'TADID befreundet, der Ende des 9. Jh. regierte, und genoß als einziger das Recht, in Gegenwart des Kalifen sitzen zu bleiben. Eine tiefe Freundschaft verband ihn auch mit zwei der Brüder MUSA, mit MUHAMMAD und ACHMAD.

T. soll mehr als 130 Arbeiten verfaßt haben. Es dominierten mathematische und astronomische Werke. In beiden Gebieten sowie in der Mechanik hat er wohl die bedeutendsten wissenschaftlichen Leistungen vollbracht. Sie betreffen in der Mathematik den Ausbau, die Erweiterung und Bereicherung der Methoden des ARCHIMEDES zur Inhaltsbestimmung von Parabelsegmenten und Rotationsparaboloiden, die theoretische Herleitung eines Bildungsgesetzes für befreundete Zahlen, die Diskussion des Parallelenpostulats von EUKLID, wobei in einer seiner Arbeiten erstmalig das SACCHERI-Viereck auftritt, die Erweiterung des antiken Zahlbegriffs auf positive reelle Zahlen und Sätze zur sphärischen Trigonometrie, die in den Arbeiten vieler späterer Gelehrter der islamischen Welt fortgesetzt worden sind und in denen des NASIR AD-DIN AT-TUSI ihren Höhepunkt erfahren haben. In der Astronomie war T. einer der ersten Gelehrten der islamischen Welt, die das System des PTOLEMAIOS zu reformieren suchten; die Schrift »Planetenhypothesen« von PTOLEMAIOS wurde durch ihn ins Arabische übersetzt. Die bedeutendsten Nachfolger T.s auf diesem Gebiet waren NASIR AD-DIN AT-TUSI, QUTB AD-DIN ASCH-SCHIRAZI und IBN ASCH-SCHATIR. T. fand einen anderen als den archimedischen Weg zur theoretischen Begründung der Statik, indem er Elemente einer in der Tradition des ARISTOTELES stehenden Bewegungslehre verwandte, und bereitete den Satz über die virtuellen Verschiebungen vor. Von dieser andersartigen Position aus gab er in korrekter allgemeiner Form die Bestimmung des statischen Moments, obwohl er damit noch begriffliche Schwierigkeiten hatte. T.s Schriften sind im 12. Jh. ins Latein übersetzt worden und haben die Entfaltung der Mathematik, Astronomie und Statik in West- und Mitteleuropa stimuliert. Daneben schrieb T. Abhandlungen zur Geographie, Musik, Medizin, Landwirtschaft, Veterinärmedizin, Philosophie, Geschichte, Grammatik und Theologie. Seinen Lebensunterhalt verdiente er sich als Arzt und Astronom der Kalifen und als Übersetzer bei den Brüdern MUSA.

T. soll einen großen Schülerkreis gehabt haben, der, von Ausnahmen abgesehen, jedoch nicht namentlich bekannt ist. Er hatte zwei Söhne, vier Enkel und zwei Urenkel, die ebenfalls bekannte Wissenschaftler geworden sind. An seine mathematischen, astronomischen und medizinischen Schriften knüpften von diesen vor allem sein Sohn SINAN IBN THABIT IBN QURRA und seine Enkel IBRAHIM IBN SINAN IBN THABIT IBN QURRA an. Br

Literatur: Maqāla fi'stiḫrāğ al-acdād al-mutaḥābba bi-suhūlat al-maslak ilā ḏālikā, nur in russ. Übers., z. B. bei Matvievskaâ, G. P.: Materialy k istorii učeniâ o čisle na srednevekovom Bližnem i Srednem Vostoke, in: Iz istorii točnyh nauk na srednevekovom Bližnem i Srednem Vostoke (Taschkent 1972), 90–116; Lukkey, P.: Ṯābit b. Qurra über den geometrischen Richtigkeitsnachweis der Auflösung der quadratischen Gleichungen, in: Ber. Sächs. Ak. d. Wiss., Math. nat. Kl. 13 (1941), 93–114; Neugebauer, O.: Thābit ben Qurra. On the Solar Year and on the Motion of the Eighth Sphere, in: Proc. Am. Philos. Soc. 106 (1962), 267–299; Nix, L.: Das fünfte Buch der Conica des Appolonius von Perga in der arab. Übersetzung des Thabit ibn Corrah (Leipzig 1889).

Juškevič, A. P.: Note sur les déterminations infinitésimales chez Thabit ibn Qurra, in: Arch. int. hist. sci. 66 (1964), 37–45; Sabra, A. I.: Thābit ibn Qurra on Euclid's Parallels Postulate, in: J. Warburg Courtauld Inst. 31 (1968), 12–32; Suter, H.: Über die Ausmessung der Parabel von Thābit ben Kurra al-Harrani, in: Sitzungsber. Phys.-med. Sozietät Erlangen 48/49 (1918), 65–86, Die Abhandlungen Thābit ben Kurras und Abū Sahl al-Kūhis über die Ausmessung der Paraboloide, in: ebenda, 186–227; Wiedemann, E.: Über Ṯābit ben Qurra, sein Leben und Wirken. Beiträge zur Geschichte der Naturwissenschaften. LXIV, in: Sitzungsber. Phys.-med. Sozietät Erlangen 52/53 (1920/21), 189–219.

Thales, Naturphilosoph, Mathematiker, Astronom, Ingenieur und Politiker, geb. etwa 625 v. u. Z. Milet, gest. etwa 547 v. u. Z. Milet (?).

Von T. wird angenommen, daß er einer der ersten ionischen Naturphilosophen war, der sich mit mathematischen und astronomischen Problemen beschäftigte sowie verschiedene Geräte hergestellt hat.

T., wahrscheinlich Sohn einer wohlsituierten, in Milet ansässigen Familie, deren Herkunft in den griech. Quellen etwas umstritten ist, war als Kaufmann tätig. Nach griech. Quellen reiste er nach Ägypten, übernahm von dort die Geometrie und entwickelte sie weiter. HERODOTOS berichtet, T. habe eine Sonnenfinsternis im Jahre 585 v. u. Z. vorhergesagt und auf dieser Grundlage einige neue geometrische Erkenntnisse erzielt sowie einen größeren Abstraktionsgrad in der Formulierung, Lösung und Verifizierung geometrischer Probleme erreicht. PROKLOS berichtet im 4. Jh. u. Z., T. habe gezeigt, daß ein Kreis von seinem Durchmessser halbiert wird, daß die Basiswinkel im gleichschenkligen Dreieck gleich groß sind und daß gegenüberliegende Scheitelwinkel die gleiche Größe haben. Andere Quellen schreiben ihm den Satz des T. zu, dessen Ursprung aber bereits in der Antike unklar war und der auch mit PYTHAGORAS in Verbindung gebracht worden ist. Nach ARISTOTELES stellte T. die Behauptung auf, daß das Wasser Grundprinzip und Anfang aller natürlichen Dinge ist, die Erde wie ein Schiff auf dem Wasser schwimmt und dieses Schwimmen auf dem Wasser der Grund für Erdbeben ist. Viele dieser Berichte gehören in den Bereich der Legende, vieles davon ist in der heutigen Forschung umstritten, einiges konnte als falsch erwiesen werden, und nur sehr wenig gilt als die sichere Leistung von T. Bei allen Bewertungen des T. muß jedoch berücksichtigt werden, daß er nach dem Zeugnis antiker Schriftsteller keine oder nur wenige Werke der Nachwelt hinterlassen hat. So ist heute fast sicher, daß ARISTOTELES nie eine philosophische Schrift des T. in den Händen gehalten hat. Auch der Verfasser des Mathematikerkataloges und mögliche ARISTOTELES-Schüler EUDEMOS dürfte kein mathematisches Originalwerk des Milesiers gekannt haben, noch weniger kannten die späteren griech. Schriftsteller, wie PROKLOS, dessen originale Werke. Gewiß falsch sind die Zuschreibung der abstrakten Formulierung und Verifizierung geometrischer Sachverhalte an T. und die Behauptung, T. hätte eine Sonnenfinsternis wissenschaftlich vorausgesagt. Umstritten ist, ob T. Wasser als Urstoff bestimmt hat. Aus heutiger Sicht besteht die Bedeutung von T. für die Philosophiegeschichte darin, daß er die Welt aus natürlichen Ursachen zu erklären suchte, und für die Mathematikgeschichte, daß er überhaupt versuchte, mathematische Sachverhalte zu verifizieren, auch wenn er über anschauliche Beweisführungen nicht hinausgekommen sein dürfte. Br

Literatur: Diels, H. u. Kranz, W.: Die Fragmente der Vorsokratiker (14. Aufl. Dublin u. Zürich 1969).

Seidel, H.: Von Thales bis Platon: Vorlesungen zur Geschichte der Philosophie (Berlin 1980).

Thao Hung-Ching, Alchemist, Mediziner, Pharmazeut und Botaniker, geb. 456 (?) China, gest. 536 bei Nanking.

T. war ein führender Alchemist und Mediziner, der sich den Unsterblichkeitsideen gegenüber kritisch und rational verhielt und vornehmlich Wissen durch Experimente anstrebte.

Thao Hung-Ching

T. lebte in der Nähe von Nanking in Südchina am Hof der Liang-Dynastie und fertigte Elixiere für den von 502 bis 549 regierenden Kaiser Wu Ti. Dessen große Neigung zur Alchemie ist bemerkenswert, da er Buddhist war und der Buddhismus im allg. keine besonders engen Beziehungen zur Alchemie gehabt haben soll. Nach 492 verband sich T. mit einer Gruppe bekannter Taoisten, nahm durch sie Anregungen aus der Magie, Alchemie und Naturphilosophie auf und lernte bei ihnen mehrere Verfahrensweisen kennen. Er setzte sich auch in der Organisierung der taoistischen Kirche ein. T. hatte sehr viele Schüler, von denen mehrere ebenfalls mit chines. Kaisern verbunden waren und von diesen in ihren alchemistischen Studien gefördert worden sind.

T. steht in der Tradition des Ko Hung und ist mit diesem über eine Lehrer-Schüler-Kette verbunden. Seine alchemistischen Schriften sind nur teilweise, durch Zitate anderer Autoren überliefert, z. B. in pharmazeutischen Naturgeschichten. Sie enthalten die älteste bekannte Beschreibung der Herstellung von Quecksilberchloriden, die lange Zeit als Frucht der christlich-latein. Alchemie galten. Eines davon, das Quecksilber(I)-chlorid, war so verbreitet in der chines. Alchemie, daß es zur Ausbildung von Legenden kam, die seine Entdeckung z. B. ins 7. Jh. v. u. Z. an den Hof der Chhin-Fürsten zurückversetzten. Diese Legenden könnten andeuten, daß die Verbindung schon vor T. erzeugt worden ist. Folgende Werke werden ihm zugeschrieben: »San-shih-liu Shui Fa« (36 Methoden für die Überführung von festen Stoffen in wäßrige Lösungen), »Shêng Yen Ming Lu« (Anmerkungen über die Pflege und Verlängerung des Lebens) und »Chen Kao« (Erklärungen der Vollkommenen Unsterblichen). Br

Literatur: Tshao Thien-Chhin, Ho Ping-Yü u. Needham, J.: An Early Mediaeval Chinese Alchemical Text on Aqueous Solutions (The San-shih-liu Shui Fa, early + 6th century), in: AX 7 (1959) 122.

Barnes, W. H. u. Yuan, H. B.: Thao the Recluse (+452 to +536); Chinese Alchemist, in: AX 2 (1946) 128; Davis T. L. u. Wu Lu-Chhiang: Thao Hung-Chhing, in: JCE 9 (1932) 859.

Theophrastus Bombastus von Hohenheim, → Paracelsus.

Theorell, Axel Hugo Teodor, Biochemiker, geb. 6. 7. 1903 Linköping, gest. 15. 8. 1982 Stockholm.

T. war einer der Pioniere der Enzymforschung; ihm gelang die Reindarstellung des gelben Atmungsfermentes.

T. entstammte einer alten Beamtenfamilie; der Vater war Militärarzt. Nach dem Schulbesuch in seiner Heimatstadt begann T. 1921 das Medizinstudium am Karolinska Institut in Stockholm und graduierte 1924 zum Bachelor der Medizin. Danach studierte er noch drei Monate bei A. L. Ch. Calmette am Pasteur-Institut in Paris. 1930 promovierte er und legte die medizinischen Abschlußprüfungen ab. Seit 1924 beschäftigte sich T. am medizinischen Institut mit biochemischen Forschungen. Ab 1931 arbeitete er am Karolinska Institut, 1932 wurde T. associate Prof. für medizinische und physiologische Chemie an der Univ. Uppsala. Von Oktober 1933 bis Januar 1935 arbeitete T. als Rockefeller-Stipendiat bei O. Warburg am Kaiser-Wilhelm-Institut für Zellphysiologie in Berlin-Dahlem. Ab Februar 1935 forschte er am chemischen Institut des Karolinska Instituts und wurde Ende 1936 Dir. der biochemischen Abteilung des Nobelinstitutes für Medizin. Etliche Studienreisen führten ihn nach den USA, Kanada und in andere Länder. T. begann mit einer Arbeit über den Einfluß der Lipoide auf die Sedimentierung der Blutkörperchen. 1931 untersuchte er mit der von T. Svedberg erfundenen Ultrazentrifuge (ab 1923) die Molekularmasse des Muskeleiweißes Myoglobin. Bei O. Warburg in Berlin-Dahlem wurde T.s Interesse auf die Oxidationsenzyme gelenkt. Es gelang ihm die Reindarstellung des neu gefundenen »Gelben Atmungsfermentes« und dessen Zerlegung in ein Coenzym und einen Proteinanteil. Während R. Kuhn, Warburg, P. Karrer das Coenzym als Vitamin B_2, als phosphoryliertes Riboflavin, erkannten, gelang T. die Gewinnung der Proteinkomponente. Das »Gelbe Atmungsferment« war das damals in bezug auf den chemischen Aufbau am besten aufgeklärte Enzym. Weitere Erfolge bei der Aufklärung der chemischen Struktur gelangen T. bei den Häminproteiden, dem Cytochrom c, der Peroxidase (1941).

1955 erhielt T. den Nobelpreis für Physiologie und Medizin. Zi

Literatur: Theorell, A.: Das gelbe Oxydationsferment. Biochem. Z., 278 (1935), 3/4, 263–290, The Nature and Mode of Action of Oxidation Enzymes. Nobel Lectures, December 12, 1955. Le Prix Nobel en 1955 (Stockholm 1956).

Thiele, Friedrich Karl Johannes, Chemiker, geb. 13. 5. 1865 Ratibor (Racibôrz), gest. 17. 4. 1918 Straßburg (Strasbourg).

T. entwickelte zur bindungstheoretischen Erklärung von Additionsreaktionen konjugierter chemischer Systeme 1899 die Partialvalenzhypothese.

T., der Sohn eines Buchhändlers, wurde nach dem Chemiestudium an den Univ. Breslau (Wrocław) und Halle 1886 Assistent bei J. Volhard. In Halle wurde er 1890 mit der Arbeit »Analytische Beiträge zur Kenntnis von Antimon und Arsen« promoviert; 1892 erfolgte die Habilitation mit einer Arbeit über Nitro- und Aminoguanidin. Nach kurzer Tätigkeit als Privatdoz. wurde T. 1893 als ao. Prof. für organische Chemie zu A. v. Baeyer nach München berufen. 1902 übernahm T. als Nachfolger von R. Fittig den Lehrstuhl für allgemeine und experimentelle Chemie an der Univ. Straßburg und wurde dort 1910 zum Rektor gewählt. T. war Mitgl. mehrerer wissenschaftlicher Akademien und Gesellschaften.

Mit der Vollendung des Theoriegebäudes der klassischen Chemie wurden an der Schwelle des 20. Jh. im Übergangsfeld zur Elektronentheorie der Valenz eine Reihe von bindungstheoretischen Vorstellungen erarbeitet, die das Verhalten bestimmter chemischer Stoffgruppen widerspiegeln und erklären sollten. Dazu gehörte neben der von A. Werner entwickelten Koordinationslehre (1893) und der von G. Oddo formulierten Mesohydrietheorie (1906) auch die von T. ausgearbeitete Partialvalenzhypothese. Aus Ergebnissen der Untersuchung von Additionsreaktionen ungesättigter organischer Verbindungen postulierte T. 1899, daß doppelt gebundene Kohlenstoffatome noch über freie Restvalenzen verfügen; an diesen können unter Lockerung der Doppelbindung bevorzugt 1,4-Additionen erfolgen. Dieses Theorem überprüfte T. an zahlreichen aromatischen Verbindungen und gelangte auf diese Weise zu einer befriedigenden Erklärung der Reaktivität konjugierter, gekreuzter und gekreuzt-konjugierter Systeme. Obgleich die Partialvalenzhypothese noch auf klassischer chemischer Grundlage erarbeitet worden war, sah L. Pauling darin »einen ersten Schritt auf dem Wege zur Resonanztheorie« (1962). Daneben leistete T. wertvolle Beiträge zur Synthese organischer Stickstoffverbindungen, von Nitroharnstoff, Semicarbazid, Nitramid, Hydrazin, Aziden, Tetrazol sowie von Hydrazo- und Azoverbindungen; T. entdeckte die benzenisomeren Fulvene (1900), die Indene (1906) sowie neuartige organische Iodverbindungen (1905–1910). Sz

Literatur: Thiele, F.: Theorie der ungesättigten und aromatischen Verbindungen, in: Liebigs Ann. Chem. 306 (1899), 87–142, Zur Konstitution des Benzols, in: Liebigs Ann. Chem. 308 (1899), 213–217, Über die räumliche Deutung der Partialvalenzen, in: Liebigs Ann. Chem. 311 (1900), 214–255.

Thomas, Sidney Gilchrist, Metallurg, geb. 16. 4. 1850 Canonbury bei London, gest. 1. 2. 1885 Paris.

T. entwickelte das Bessemerverfahren so weiter, daß damit auch phosphorhaltiger Rohstahl von allen schädlichen Beimengungen befreit werden und das Verfahren universell für jedes Roheisen eingesetzt werden konnte, wodurch das letzte Hindernis für eine billige Massenproduktion von homogenem Stahl beliebiger Qualität aus Eisenerz jeder Art beseitigt war.

T. stammte aus der Familie eines Justizbeamten, und auch er schlug schließlich diese Laufbahn ein. Als er 17 Jahre alt war, starb plötzlich der Vater, und die Familie war nicht mehr in der Lage, ihm wie schon dem älteren Bruder das gewünschte Medizinstudium zu finanzieren. Zunächst arbeitete T. einige Monate als Lehrer, hatte auch Erfolg und günstige Aussichten, fand aber in dieser Tätigkeit keine Befriedigung. So wurde er gegen Ende 1867 Sekretär an Londoner Polizeigerichten. In diesem Amt hatte T. Prozeßgelder zu verrechnen und zu kassieren, Zeugen zu vernehmen und Leute, die keinen Rechtsanwalt bezahlen konnten, vor Gericht zu vertreten. Dabei lernte T. die Lebensverhältnisse der armen Volksschichten kennen, was ihn, als er selbst zu Wohlstand gekommen war, zu sozialen, aber utopischen Vorstellungen anregte. T. erwarb sich in dieser zwölfjährigen Tätigkeit auch umfassende Gesetzeskenntnisse, die ihm später bei der Sicherung seiner Patentrechte gut zustatten kamen. Ab 1868 studierte T. nebenbei Chemie und begann zu Hause zu experimentieren. 1870 besuchte er Vorlesungen am Birkbeck Institute, wo er mit dem Konverterproblem konfrontiert wurde. Dieses bestand darin, daß mit dem von H. Bessemer gefundenen Prozeß zum Frischen des Roheisens gegenüber dem Puddelverfahren von H. Cort die Kosten fast auf ein Zehntel gesenkt werden konnten, dieses Verfahren aber nur für phosphorarmes Eisen anwendbar war, während die meisten Eisenerze phosphorhaltig waren. T. durchdachte den Prozeß von der chemischen Seite her, und Ende 1875 fand er theoretisch die Lösung des Problems, die sich dann auch in der Praxis bewähren sollte. Die häuslichen Experimentiermittel von T. reichten jedoch nicht aus, um die Theorie zu überprüfen. Er wandte sich deshalb an seinen Vetter P. J. Gilchrist, der als Chemiker in einem Eisenwerk arbeitete. Dieser betrachtete die Vorschläge von T. zunächst als unsinnig, machte aber dann, wenn auch zögernd, einige Versuche. T. unternahm inzwischen eine Studienreise durch deutsche Metallhütten und berichtete darüber in der englischen Fachzeitschrift »Iron«. Nachdem der Vetter zu den Blaenavon-Eisenwerken gegangen war, begannen beide dort im Sommer 1877 mit größeren Versuchen. Anfang 1878 wurde der Dir. der Werke darauf aufmerksam und ermöglichte praktische Versuche großen Stils, sicherte sich aber dafür auch einen Anteil am Patent. Im März 1878 erschien die erste Mitteilung über das Entphosphorungsverfahren, im Sommer desselben Jahres dann eine ausführliche Beschreibung. In dieser Zeit sicherte T. auch seine Patente. Der Thomasprozeß oder basische Prozeß beruht darauf, daß im Konverter die beim Bessemerverfahren hauptsächlich aus Siliziumoxid (Quarz und Sand) bestehende Ausfütterung, die wegen ihres sauren Charakters nicht mit dem ebenfalls sauren Phosphor reagiert, ersetzt wird durch ein basisches Futter aus kalk- und magnesiumhaltigen Mineralien (heute meist gesinterter Dolomit); solche Stoffe können der Schmelze nach Bedarf auch beigemischt werden. Der Prozeß verläuft zunächst wie beim Bessemerverfahren; nach dem Verbrennen des Kohlenstoffs und dem Niedersinken der Flamme wird aber noch eine Weile weitergeblasen, wobei der Phosphor verbrennt und das Phosphoroxid, soweit es nicht gasförmig entweicht, mit dem Kalk eine wertvolle Schlacke (Thomasschlacke) bildet, die als Düngemittel verwendet wird. Ein Nachteil gegenüber dem Bessemerprozeß besteht darin, daß vor der Entphosphorung der Kohlenstoff weitgehend entfernt sein muß und die Schmelze nicht bei einem bestimmten Kohlenstoffgehalt abgefangen werden kann; der für die gewünschte Qualität erforderliche Kohlenstoffgehalt muß nachträglich wieder zugemischt werden. Der Thomasprozeß eignet sich aber zum Frischen praktisch jeden Roheisens und ist deshalb weitaus stärker verbreitet. Die theoretischen Überlegungen von T. erwiesen sich sehr schnell als richtig. Das Hauptproblem für die Praxis bestand darin, ein feuerfestes basisches Futtermaterial zu finden; doch auch diese Frage wurde gelöst, und das Verfahren setzte sich nach einem aufsehenerregenden Großversuch im April 1879 in kürzester Zeit allgemein durch.

Im Mai 1879 gab T. seine Tätigkeit am Gericht auf. Das jahrelange Nebeneinander von Berufsarbeit, Studium und Versuchen in oft weit entfernten Stahlwerken und die nach seinem Erfolg einsetzende hektische Geschäfts- und Reise-

A. H. T. Theorell

F. K. J. Thiele

S. G. Thomas

B. Thompson

tätigkeit untergruben jedoch seine ohnehin nicht kräftige Gesundheit. Offenbar aus den Nachwirkungen einer schweren Lungenentzündung in jungen Jahren entwickelte sich ein Lungenemphysem, dem er trotz intensiver Pflege durch Mutter und Schwester und trotz ausgedehnter Erholungsreisen (zuletzt nach Algerien) im 35. Lebensjahr erlag. Die

Literatur: Richter-Meinhold, H.: Henry Bessemer – Sidney Gilchrist Thomas (Leipzig 1981).

Thompson, Sir Benjamin, Graf von Rumford, Physiker und Techniker, geb. 26. 3. 1753 North Woburn (Massachusetts, USA), gest. 21. 8. 1814 Auteuil bei Paris.

T. war der bedeutendste Vorkämpfer für die Bewegungstheorie der Wärme. Er bearbeitete vor allem physikalisch-technische Probleme der Wärme und des Lichts, die aus seiner militärischen und sozialen Tätigkeit erwuchsen.

T., Sohn eines Kleinbauern, besuchte nur kurze Zeit eine Schule; er bildete sich überwiegend im Selbststudium. Nach einigen Versuchen in verschiedenen Berufen wurde er Lehrer in Bradford, dann in Concord, dem früheren Rumford (New Hampshire). Einer kurzzeitigen Ehe (ab 1772) mit einer reichen Witwe entstammte seine Tochter, die später erste biographische Notizen über ihren Vater aufzeichnete. Im nordamerik. Unabhängigkeitskrieg stand T. als Major auf der Seite Englands. 1776 floh er nach London. In der brit. Armee setzte er seine militärische Karriere fort, trat 1784 im Rang eines Obersten zurück und wurde vom engl. König geadelt. Noch im selben Jahr kam er an den Hof des bayr. Kurfürsten, wo er als Kommandeur der bayr. Armee bis zum Generalleutnant aufstieg. Für seine erfolgreichen sozialen und ökonomischen Bemühungen in Bayern sowie für die Reorganisation der Armee wurde er 1793 vom Kurfürsten zum Grafen Rumford ernannt.

1798 kehrte T. nach London zurück und widmete sich der Verbreitung technischer und wissenschaftlicher Kenntnisse im Volk. Zu diesem Zweck gründete er 1799 die Royal Institution als ein technisches Museum, um Handwerker und Gewerbetreibende zu Erfindungen anzuregen. Um die Institution finanziell zu unterstützen, führte er wissenschaftliche Vorlesungen und Konstruktionskurse für wohlhabende Londoner gegen Bezahlung ein. Auf diese Weise entwickelte sich die Royal Institution zu einer führenden brit. Forschungseinrichtung. Danach übersiedelte T. nach Paris, arbeitete am Institut de France und heiratete 1802 die Witwe A. L. Lavoisiers, von der er sich aber bald wieder scheiden ließ. Seine letzten Jahre verbrachte er in Auteuil bei Paris mit wissenschaftlich-technischer Arbeit. Er war Mitgl. vieler wissenschaftlicher Gesellschaften, regte die Preisvergabe für Arbeiten über Wärme und Licht in englisch-amerik. Institutionen an und hinterließ der Harvard Univ. den Rest seines Vermögens zur Stiftung einer Rumford-Professur, die bis heute existiert.

T. begann seine wissenschaftliche Arbeit 1781 mit Untersuchungen über die Geschwindigkeit von Kanonengeschossen in Abhängigkeit von der Zusammensetzung des Schießpulvers. Studien über die »Kraft des Schießpulvers« setzte er lebenslang fort; er publizierte unter anderem eine Anleitung zur Prüfung der Qualität des Schießpulvers und konstruierte ein Gerät zur Messung von dessen Explosivkraft. Die dabei auftretende große Wärmeentwicklung regte ihn zu Wärmeuntersuchungen an. In München führte er seinen berühmt gewordenen Versuch zur Deutung des Wesens der Wärme aus: Er bohrte mit einem stumpfen Bohrer ein Kanonenrohr, maß die dabei entstandene Wärme in einem Wasserkalorimeter und folgerte, daß sich durch Reibung unbeschränkt Wärme erzeugen läßt. Er versuchte, freilich vergeblich, bei gleichen Flüssigkeitsmengen Unterschiede im Gewicht festzustellen, wenn sie verschiedene Temperatur hatten. Aus diesen Resultaten entsprang seine immer wieder bekräftigte Überzeugung, daß kein besonderer Wärmestoff – wie in der kalorischen Theorie angenommen – existiere und Wärme auf Vibrationsbewegung der Körperteilchen beruhe. In Flüssigkeiten seien die Teilchen in ungeordneter Bewegung. Jedoch entwickelte T. noch keine Vorstellungen über die Umwandlung von Wärme in andere »Naturkräfte« (Energieformen).

Als Militärbefehlshaber in Bayern untersuchte er die Wärmedämmung der Kleidung und zeigte, daß der größte Wärmeverlust durch Konvektion entsteht. Er wies nach, daß das Vakuum ein vollkommener Wärmeisolator ist.

Bedeutsam war T.s soziales Engagement im Zusammenhang mit seinen praktischen Untersuchungen. Er richtete militärische Arbeitshäuser für die Armen Münchens ein und beschäftigte sie mit der Herstellung von Uniformen. Um die Ernährung der Armen und der Armee zu verbessern, führte er öffentliche Suppenküchen ein (Rumford-Suppe), regte den Anbau von Kartoffeln an, suchte nach einem wohlschmeckenden Ersatz für alkoholische Getränke und propagierte bessere Methoden der Kaffeebereitung. Der von ihm angelegte »Englische Garten« in München sollte als Demonstrationsobjekt zur Eigenversorgung mit Lebensmitteln dienen.

Zur besseren Nutzung der Brennstoffe entwarf er eine »Küchenmaschine« mit isolierter Feuereinrichtung und Spezialtöpfe sowie Roster für Fleisch. Zur Bestimmung der Heizwerte verschiedener Brennstoffe konstruierte er ein Kalorimeter. Er prüfte ferner die Effektivität von Öfen und entwarf neue Ofenformen. Studien über den Fluß erhitzter Flüssigkeiten führten ihn zur Konstruktion von Dampfheizungen. In seinen Arbeitshäusern untersuchte T. die Effektivität der Beleuchtung. Er erfand dafür ein Schattenphotometer, definierte eine »Standardkerze« als Lichteinheit und entwickelte eine neue Öllampe. Auch widmete sich T. dem Lichtdurchgang durch verschiedene Stoffe, der Erscheinung farbiger Schatten und den Komplementärfarben. Schi

Literatur: The complete Works of Count Rumford, 4 Bde. (Hrsg. S. C. Brown, Boston 1870–1875). Thompson, B.: The Nature of Heat (Cambridge, Mass. 1968), Practical Applications of Heat (Cambridge, Mass. 1969), Devices and Techniques (Cambridge, Mass. 1969), Light and Armament (Cambridge, Mass. 1970), Public Institutions (Cambridge, Mass. 1970).

Brown, S. C.: Benjamin Thompson, Count Rumford (Oxford 1967); Ellis, G. E.: Memoir of Sir Benjamin Thompson, Count Rumford, with Notices of his Daughter (Boston 1871); Larsen, E.: Ein Amerikaner in München (München 1961).

Thomson, Sir Joseph John, Physiker, geb. 18. 12. 1856 Cheetham Hill bei Manchester, gest. 30.8.1940 Cambridge.

T. erarbeitete verschiedene Meßverfahren in der Gasentladungsphysik, entdeckte die freien Elektronen und gab als langjähriger Leiter des Cavendish-Laboratoriums in Cambridge zahlreiche Anregungen für die Entwicklung der Atomphysik.

T. war Sohn eines Buchhändlers. Er begann seine Ausbildung als Ing. am Owens College in Manchester. Nach zwei Jahren wechselte er zu Mathematik und Physik über. 1876 gelang es ihm, ein Stipendium am Trinity College der Univ. Cambridge zu bekommen, an jener Univ., an der er zeitlebens bleiben sollte. Das Studium war damals vorwiegend auf die mathematische Behandlung physikalischer Modellvorstellungen und Analogien ausgerichtet, wie sie von Lord Kelvin, G. G. Stokes oder J. C. Maxwell angewendet wurden. T. schloß diese Ausbildungsetappe mit glänzenden Leistungen ab. 1881 wurde er Mitgl. des Trinity College und 1918 dessen Dir. Bis kurz vor seinem Tode bekleidete er dieses ehrenvolle Amt. 1884 trat T. die Nachfolge J. W. St. Rayleighs als Cavendish Prof. für Experimentalphysik an. 35 Jahre später verzichtete er zugunsten von E. Rutherford auf diesen Lehrstuhl.

Zu Beginn seiner wissenschaftlichen Laufbahn war T. stark von Kelvin und Maxwell beeinflußt. Besonders machte er sich deren Methode zu eigen, auch komplizierte Erscheinungen mit einem mechanischen Analogon zu erfassen und dann mit oft erheblichem mathematischem Aufwand daraus Schlußfolgerungen für das Experiment abzuleiten. Die erste wichtige Arbeit von T. betraf die Anwendung der Maxwellschen Theorie des Elektromagnetismus auf die Dynamik bewegter Ladungen. Die mit dem Ladungszustand verknüpfte elektrische Energie wird dabei formal durch eine zusätzliche Masse repräsentiert und die Ablenkung eines bewegten geladenen Körpers im Magnetfeld bestimmt. Dieses Verfahren greift damit einerseits wieder auf Begriffe der klassischen Mechanik zurück, andererseits ergaben sich in diesem Falle wichtige Anknüpfungspunkte für die Klärung der Äquivalenz von Masse und Energie sowie für die Berechnung der Lorentzkraft. Unmittelbar mit diesem Problemkreis verknüpft ist auch die Diskussion um die Natur der Katodenstrahlen. W. Crookes hatte ihre Ablenkung im Magnetfeld und J. B. Perrin ihre negative elektrische Ladung nachgewiesen, also handelte es sich um eine Teilchenstrahlung. Ph. Lenard dagegen hatte gezeigt, daß Katodenstrahlen dünne Metallfolien zu durchdringen vermögen und nach H. Hertz nicht durch elektrische Felder abgelenkt werden konnten, was auf Wellencharakter schließen läßt. T. verfolgte als Anhänger der Korpuskularhypothese den Gedanken, die kinetische Energie des Strahles über dessen Wärmewirkung zu bestimmen und gleichzeitig die transportierte Ladung zu messen. Aus der magnetischen Ablenkung erhält man das Verhältnis von Ladung zu Impuls, so daß sich für die Teilchen der Katodenstrahlung das Verhältnis von Ladung und Masse ermitteln ließ. Der Versuch ergab für diese Korpuskeln eine Masse, die mehr als tausendmal kleiner als diejenige der Wasserstoffatome sein mußte. Nachdem T. erkannt hatte, daß das Fehlen einer elektrostatischen Ablenkung auf die Abschirmung des elektrischen Feldes durch die Ionen des Restgases in der Katodenstrahlröhre bedingt war, gelang es ihm, in einem verbesserten Vakuum die gesuchte Ablenkung nachzuweisen. Damit erhielt er auf eine andere Art einen Zahlenwert für das Verhältnis von Ladung und Masse, der gut mit den bekannten Ergebnissen übereinstimmte. Die elektrostatische und magnetische Ablenkung eines Katodenstrahls wird heute unter anderem in Oszillografen und Fernsehbildröhren ausgenutzt. Bei der Untersuchung der Ablenkung von Kanalstrahlen im elektrischen Feld erhielt T. 1907 für jede vorhandene Atom- oder Molekülsorte eine gesonderte Spur auf der zum Nachweis verwendeten fotografischen Platte. Genauere Experimente ergaben, daß die Atome eines Elements alle eine definierte Atommasse haben, während die mit klassischen Methoden bestimmten Atommassen sich als Durchschnittswerte deuten lassen. Insbesondere wurde für Neon die Atommasse 20 bzw. 22 festgestellt. Nach dem ersten Weltkrieg führte T.s Assistent F. W. Aston diese Versuche weiter, bestätigte für zahlreiche Elemente die Isotopie und entwickelte den Massenspektrographen.

T. wurde 1906 mit dem Nobelpreis geehrt. Mit seinen Arbeiten und seinem Wirken am Cavendish-Laboratorium leistete T. einen wesentlichen Beitrag zur Herausbildung der modernen Atomphysik. Fk

Literatur: Thomson, J. J.: Applications of dynamics to physics and chemistry (London 1888), Notes on recent researches in electricity and magnetism (Oxford 1893), Conduction of electricity through gases (Cambridge 1903), Electricity and matter (Edinburgh/New York 1904), The corpuscular theory of matter (London/Edinburgh 1907), Rays of positive electricity and their application to chemical analysis (London 1913), The atomic theory (Oxford 1914), The electron in chemistry (Philadelphia 1923), Recollections and reflections (Autobiographie, London 1936).

Mc Cormmach, R.: J. J. Thomson on the structure of light, in: Brit. J. Hist. Sci. 3 (1967), 362–487.

Thomson, Sir William, Lord Kelvin of Largs, Physiker, geb. 26. 6. 1824 Belfast, gest. 17. 12. 1907 Netherhall bei Largs (Schottland).

T., ein hervorragender Theoretiker und Experimentator, hat großen Anteil an der Vollendung der klassischen Physik im 19. Jh. Hauptforschungsgebiete waren Elektrophysik und Thermodynamik. Daneben leistete er bedeutsame Beiträge zur Elastizitätslehre, Hydrodynamik und Geophysik und förderte die beginnende Elektrotechnik, insbesondere die Unterwassertelegrafie.

T., Sohn eines Lehrers und späteren Prof. für Mathematik an der Univ. Glasgow, wurde zunächst vom Vater unterrichtet und schon als Zehnjähriger an der Univ. Glasgow immatrikuliert. 1841–1845 absolvierte er das Petershouse College in Cambridge (England), errang den begehrten Smith-Preis und promovierte mit einer Arbeit über mathematische Physik. Angeregt durch J. B. J. Fouriers Abhandlung über die Wärmeleitung und P. S. Laplaces Werk über die Himmelsmechanik, veröffentlichte er bereits in diesen Jahren wesentliche Beiträge zur Elektro- und Geophysik. 1845 ging er nach Paris, um sich vor allem in experimenteller Technik zu vervollkommnen. Im Austausch mit franz. Wissenschaftlern erweiterte er seine theoretischen Anschauungen, vor allem über die Elektrophysik und die Wärmelehre. Nach seiner Rückkehr war T. ein halbes Jahr wissenschaftlicher Mitarbeiter in Cambridge. 1846 wurde er Prof. für theoretische Physik in Glasgow, wo er trotz ehrenvoller Berufungen bis an sein Lebensende blieb. Hier richtete T. ein physikalisches Labor ein, das zeitweilig auch als Konstruktionsabteilung einer Fabrik für elektrische Instrumente und Apparate diente, an der er beteiligt war. Erstmalig in Großbritannien führte T. ein physikalisches Praktikum für Studenten ein. Sein physikalisches Institut in Glasgow war Vorbild für die Einrichtung des weltberühmten Cavendish-Laboratoriums in Cambridge (1874). Zwischen 1850 und 1870 hatte T. wesentlichen Anteil an der Einführung der submarinen Telegrafie über große Entfernungen. Er wurde einer der Dir. eines Atlantikkabelunternehmens. Unter seiner Leitung und Aufsicht standen die Kabellegungen durch den Atlantik in den Jahren 1857/58 und 1866. Für sein Gesamtwerk wurde T. 1892 in den Adelsstand erhoben. Den Namen LORD KELVIN OF LARGS wählte er nach dem Flüßchen Kelvin, das seinen Wohnort Largs durchfließt und bei Glasgow in den Clyde mündet.

T.s frühe theoretische Forschungen beschäftigten sich mit mathematischen Zusammenhängen zwischen der mit Fernkräften ausgestatteten Punktmechanik und Leitungs- bzw. Verteilungsvorgängen. Insbesondere suchte er ab 1845 die Theorien der elektrischen und magnetischen Fernwirkung mit der Kraftlinienvorstellung von M. FARADAY in Beziehung zu setzen. Dabei war es sein Ziel, die Theorie von Hypothesen (z. B. elektrische und magnetische Fluida) freizuhalten. Ein Ergebnis dieser Arbeit war seine »Methode der elektrischen Bilder« für die Elektrostatik.

Nach der Entdeckung des FARADAY-Effektes (1845) befaßte sich T. 1847 mit dem Elektromagnetismus. Er führte neue, das magnetische Verhalten charakterisierende Begriffe (z. B. Suszeptibilität) ein und arbeitete unter Verwendung des Integralsatzes von G. G. STOKES die Beziehung zwischen dem Vektorpotential und der magnetischen Induktion (rot **A** = **B**) heraus. Diese Arbeiten T.s zur Elektrophysik haben J. C. MAXWELL beim Aufbau seiner elektromagnetischen Feldtheorie nachhaltig beeinflußt, die T. aber bis zu seinem Lebensende niemals anerkannt hat. In Auseinandersetzung mit der MAXWELLschen Theorie entwikkelte T., ausgehend von der Wirbeltheorie von H. v. HELMHOLTZ, Vorstellungen, wonach Wirbelbewegungen und -atome den universellen Zusammenhang zwischen Lichtäther und Stoff bilden.

1853 erarbeitete T. die Theorie der elektrischen Schwingungen und leitete die nach ihm benannte Schwingungsformel sowie die Bedingungen für das Einsetzen von Schwingungen ab. Für die submarine Telegrafie stellte T. 1855, von FOURIERS Differentialgleichung ausgehend, eine Vorform der Telegrafengleichung auf, die für die Elektrizitätstheorie instationärer Leitungsvorgänge und für die Telegrafentechnik Bedeutung erlangte.

Um 1850 erschloß sich T. die Wärmelehre als neues Arbeitsgebiet. Während seines Pariser Aufenthaltes hatte er das auf N. L. S. CARNOTS Abhandlung fußende Werk B. P. E. CLAPEYRONS über Kreisprozesse kennengelernt. 1848 definierte T. die Temperatur, unabhängig von der thermometrischen Substanz, mittels der CARNOTschen Funktion. Die SI-Einheit Kelvin wurde später mittels des Energieerhaltungssatzes definiert. In dieser Zeit beeindruckten T. die Versuche seines späteren Freundes J. P. JOULE zur Bestimmung des mechanischen Wärmeäquivalents. T. blieb trotzdem vorerst auf dem Standpunkt, daß nur durch die Überführung eines »Wärmemittels« zu einem kälteren Körper mechanische Arbeit entsteht. Nachdem aber 1850 R. J. E. CLAUSIUS die dynamische Theorie der Wärme entwickelt hatte, kam T. zu eigenen Formulierungen der beiden Hauptsätze der Thermodynamik und erkannte die Bewegungstheorie der Wärme an. Insbesondere folgerte er, daß es unmöglich sei, mechanische Arbeit zu leisten, indem ein Körper unter die tiefste Temperatur der umgebenden Objekte abgekühlt wird. Wie CLAUSIUS dehnte T. auch – retrospektiv betrachtet – ungerechtfertigt die

J. J. Thomson

W. Thomson

Hauptsätze auf das gesamte Universum aus, nahm also an, daß eine Dissipation (Zerstreuung) der Energie stattfände und ein allgemeiner Temperaturausgleich auf der Erde und auch im ganzen Universum unvermeidlich sei (Wärmetod des Weltalls). 1862 zog er die Folgerung, daß die Sonne keine Wärme von außen erhält und sich abkühlt, so daß nach T.s Abschätzung ihrer spezifischen Wärme und ihres jetzigen Strahlungsvermögens die Sonne seit etwa 100 Millionen und noch für weitere etwa 500 Millionen Jahre leuchte. Für das Alter der Erde nahm T. nach FOURIERS Gesetz der Wärmeleitung an, daß ihr flüssiger Zustand nicht weniger als 20 Millionen und nicht mehr als 400 Millionen Jahre zurückliege. Mit diesen geophysikalischen Schätzungen geriet er in Widerspruch zu geologischen Untersuchungen, insbesondere von CH. LYELL.

Nach 1850 widmeten sich T. und JOULE praktischen Problemen der Thermodynamik. Der 1852 von ihnen bei der Expansion von Gasen gefundene Drosseleffekt (JOULE-THOMSON-Effekt) wurde von C. P. v. LINDE bei der Verflüssigung von Gasen angewandt.

Die Betriebsfähigkeit der submarinen Telegrafie durch den Atlantik ist eng verknüpft mit T.s Erfindungen. So konstruierte er empfindliche Galvanometer mit Spiegelablesung, verbesserte die Qualität der Kabel und schuf einen neuartigen Schreibtelegrafen mit einer Drehspule als Kernstück (1867), der den Atlantikkabelverkehr erst ermöglichte. Zu T.s Erfindungen gehören überdies Elektrometer mit Schutzring (1867), das Quadrantenelektrometer (1860), eine Waage für die genaue Messung der Stromstärke und das nach ihm benannte Brückeninstrument. T.s Einsatz für die Elektro- und Meßtechnik unterstreicht seine in die Zukunft weisende Einstellung, daß »das Leben und die Seele der Wissenschaft ihre praktische Anwendung« sei. Mit seinem Freund P. G. TAIT gab er den »Treatise on Natural Philosophy« heraus, in dem die theoretische Physik für Ing. verständlich dargelegt wurde und der in England und Amerika weite Verbreitung fand.

T. hat sehr unterschiedliche praktische und theoretische Arbeitsgebiete bereichert, ohne alle Probleme bis zum Ende zu verfolgen. J. LARMOR hat im Vergleich von T. mit dessen kongenialem Landsmann MAXWELL die Arbeitsweise beider folgendermaßen beurteilt: »Maxwells Genie war ebenso systematisch, wie Thomsons planlos war«. Schi

Literatur: Kelvin's collected mathematical and physical papers, 6 Bde. (Cambridge 1882–1911).

Thompson, S. P.: The Life of William Thomson, Baron Kelvin of Largs (London 1910); Young, A. P.: Lord Kelvin (London 1948).

Timofejew-Ressowski (Timofeev-Resovskij), Nikolai Wladimirowitsch, Genetiker und Biophysiker, geb. 7. (20.) 9. 1900 Moskau, gest. 28. 3. 1981 Obninsk (bei Moskau).

T. gehört mit N. P. DUBININ, B. L. ASTAUROW und D. D. ROMASOW zu den bedeutendsten Schülern von S. S. TSCHETWE-

RIKOW, die die experimentelle Genetik in der Sowjetunion einführten und durch Mutationsforschung und Populationsgenetik die Synthetische Theorie der Evolution mitbegründeten.

T., Sohn eines Gutsbesitzers, Ingenieurs und Astronomen, studierte 1917–1923 Zoologie an der Univ. Moskau, speziell bei M. A. MENZBIR, A. N. SEWERZOW und S. S. TSCHETWERIKOW, und wirkte 1921–1925 als Biologielehrer an der Moskauer Arbeiterfakultät. Gleichzeitig arbeitete er als Assistent für Zoologie bei dem Entwicklungsphysiologen N. K. KOLZOW im Moskauer Institut für experimentelle Biologie und war zeitweilig wissenschaftlicher Mitarbeiter an der hydrobiologischen Station Swenigorod. Während er zunächst vorwiegend zoogeographisch und hydrobiologisch arbeitete, widmete er sich ab 1923 der experimentellen Genetik, Mutations- und Populationsforschung. Im Rahmen der sowjet.-deutschen Wissenschaftsbeziehungen zwischen dem Hirnforschungsinstitut von O. VOGT in Berlin und in Moskau und der Kooperation mit sowjet. Biologen in der populationsgenetischen Erforschung des Kaukasus kam T. – zusammen mit seiner Frau, der Biologin JELENA T., und S. ZARAPKIN – 1925 an das Kaiser-Wilhelm-Institut für Hirnforschung in Berlin (Einweihung des neuen Instituts in Berlin-Buch 1931 in Anwesenheit des sowjet. Botschafters), wo er bis 1928 als Assistent, 1929–1936 (ab 1931 vertraglich gebunden) als Leiter der Genetischen Abteilung tätig war. Seit 1927 arbeitete er auf den Gebieten der Strahlengenetik und Biophysik. 1937 entstand aus der Genetischen Abteilung ein selbständiges Institut für Genetik und Biophysik des KWI für Hirnforschung, als dessen Dir. T. bis 1945 fungierte. Zahlreiche Auslandsreisen führten ihn 1931–1940 nach England und Schottland (Edinburgh), Frankreich (Paris), Italien und in die USA. Mitte Oktober 1945 nach Moskau zurückgeholt und zunächst inhaftiert, konnte T. ab 1947 in einem Geheimlabor bei Miassowo zusammen mit seiner Frau und deutschen Mitarbeitern strahlenbiologisch weiterforschen. Ab 1958 leitete er die Abteilung Biophysik und Radiobiologie der Ural-Filiale der Ak. d. Wiss. der UdSSR in Swerdlowsk, 1970 kam er in die Abteilung für medizinische Radiobiologie in Obninsk bei Moskau, wo er bis zu seinem Tode lehrte und forschte.

Entscheidend für die Arbeitsrichtung von T. wurde der Einfluß des Moskauer Zoologen TSCHETWERIKOW, der an KOLZOWS Institut eine genetische Abteilung begründet hatte und die Populationsforschung an natürlichen Insektenpopulationen mit experimenteller Genetik und Evolutionstheorie verband. T. führte in Berlin diese Forschungen mit neuer Fragestellung weiter, untersuchte Probleme der Genmutation und Genwirkung mit Hilfe strahleninduzierter Mutationen im Vergleich zu natürlichen Mutationen in Drosophila-Populationen des Berliner Raumes und suchte durch Analyse der elementaren physikalischen Faktoren die Mechanismen von Evolutionsprozessen aufzuklären. Mit einer damals neuartigen interdisziplinären Arbeitsgruppe prüfte er 1935 zusammen mit dem theoretischen Physiker M. DELBRÜCK und dem Strahlenphysiker K. G. ZIMMER die bis dahin vorliegenden Hypothesen über die »Gene« experimentell. Sie bildeten die Grundlage für T.s theoretische Arbeiten über die Genstruktur aus identischen Atomgruppen sowie über die Verbindung von Gen- und Evolutionstheorie, wie sie in Publikationen der von T. begründeten Reihe »Probleme der theoretischen und angewandten Genetik« ab 1937 zum Ausdruck kamen (6 Bde.). Ab Ende der 30er Jahre standen analytische Arbeiten über die Verteilung von Radionukliden in Organen und Geweben sowie (beeinflußt von W. I. WERNADSKI und W. N. SUKATSCHOW) in natürlichen und experimentell erzeugten Biozönosen im Vordergrund, woran sich in den letzten Lebensjahren wieder theoretische Studien über die Reduplikation von Genen und Chromosomen (im Anschluß an die Arbeiten von J. D. WATSON und F. H. C. CRICK) anschlossen. Die experimentellen und die theoretischen Arbeiten von T. waren entscheidende Schritte sowohl auf dem Wege zur Molekulargenetik als auch zum Durchbruch der Synthetischen Theorie der Evolution, die in dem kollektiven Lehrb. »Kurzer Grundriß der Evolutionstheorie« (russ. 1969) ihren Niederschlag fand.

T.s Verdienste wurden zuerst von der Deutschen Akademie der Naturforscher Leopoldina anerkannt, die ihn 1940 zum Mitgl. wählte, 1959 mit der Darwin-Plakette und 1970 mit der Gregor-Mendel-Medaille ehrte. Ja

Literatur: Timofeev-Resovskij, N. V.: Genetische Analyse einer freilebenden Drosophila-melanogaster-Population, in: Roux' Arch. Entw.mech. 109 (1927), 70–109, (mit K. G. Zimmer u. M. Delbrück): Über die Natur der Genmutation und der Genstruktur, in: Nachr. Ges. Wiss. Göttingen, Math.-phys. Kl., Fachgr. Biol., N. F. 1 (1935), 190–245, Experimentelle Mutationsforschung in der Vererbungslehre ... (Jena 1937), Genetik und Evolution, in: Z. indukt. Abst.- u. Vererb.lehre 76 (1939), 158–219, (mit H. Bauer): Genetik und Evolutionsforschung bei Tieren, in: Heberer, G. (Hrsg.): Die Evolution der Organismen (Jena 1943), Autobiographie, in: Nova Acta Leopoldina, N. F. 21, Nr. 143 (1959), 301/302, (mit N. N. Voroncov u. A. V. Âblokov): Kurzer Grundriß der Evolutionstheorie (Jena 1975), (mit A. V. Âblokov u. Glotov): Grundriß der Populationslehre (Jena 1977).

Eichler, W.-D.: Zum Gedenken an N. W. Timoféeff-Ressovsky (1900–1981), in: Dt. Entom. Z., N. F. 29 (1982), 287–291; Granin, D.: Der Genetiker. Das Leben des Nikolai Timofejew-Ressowski, genannt Ur (Köln 1988) bzw. Sie nannten ihn Ur (Berlin 1988); Stubbe, H.: Laudatio anläßlich der Verleihung der Mendel-Medaille, in: Nova Acta Leopoldina, N. F. Nr. 206, Bd. 37/1 (Leipzig 1972), 62–64; Voroncov, N. N. u. Âblokov, A. V.: K 70-letiû N. V. Timofeeva-Resovskogo/On the 70th birthday of N. W. Timofeeff-Ressowsky (russ.), in: Bûll. Mosk. Obŝestva Ispytatelej Prirody, Bd. 75, Heft 5 (Moskau 1970), 144–158 (mit Schriftenverz.).

Torricelli, Evangelista, Mathematiker und Physiker, geb. 15. 10. 1608 Faenza (Italien), gest. 25. 10. 1647 Florenz.

T. war einer der erfolgreichsten Naturforscher in der Nachfolge von G. GALILEI. Er gehört zu den Wegbereitern der Integralrechnung und zu den Begründern der Hydrodynamik (Ausflußformel) und Aerostatik (Erfindung des Barometers).

Ein Onkel – ein gelehrter Mönch – übernahm die Erziehung des verwaisten Knaben. Nach dem Besuch einer Jesuitenschule wurde T. 1626 Student an der Univ. Rom; sein Lehrer war B. CASTELLI, ein Schüler GALILEIS. 1632–1640 ist nichts über die Aufenthalte T.s bekannt. 1641 wieder in Rom, fuhr er im Oktober 1641 auf Empfehlung CASTELLIS nach Arcetri bei Florenz und half GALILEI, dessen »Discorsi« zu beenden. 1642 wurde T. GALILEIS Nachfolger als Hofmathematiker des Großherzogs von Florenz und Prof. für Mathematik und Physik an der Univ. B. CAVALIERI, ein Schüler CASTELLIS, veröffentlichte 1635 eine erste systematische Darstellung der Vorstufen der heutigen Infinitesimalrechnung; mit T.s geometrischer Methode der »Indivisiblen« ließen sich bestimmte Integrale berechnen. T. formulierte eine wesentliche Verallgemeinerung dieser Methode, wodurch ihm die Quadratur der Parabel und der Zykloide gelang. Mit der Kubatur des Rotationshyperboloids berechnete er erstmals ein uneigentliches Integral. T. entdeckte außerdem, daß die Einhüllende einer Schar von Wurfparabeln wieder eine Parabel ist. Auch gelang ihm bereits die Rektifikation der logarithmischen Spirale, und er fand die Summe einer unendlichen konvergenten geometrischen Reihe.

Die mathematischen Arbeiten hatten für T. vorwiegend den Zweck, zur Lösung physikalischer Probleme beizutra-

N. W. Timofejew-Ressowski

E. Torricelli

J. S. E. Townsend

L. Traube

gen. Um 1640 schrieb er seine Abhandlung »De motu gravium«, eine Weiterentwicklung der GALILEIschen Gedanken aus dem »3. Tag« der »Discorsi«. Unter anderem behandelte T. darin die Flugbahn von Geschossen und wandte GALILEIS Fallgesetze auf ausströmende Flüssigkeiten an. Er berechnete die Ausflußgeschwindigkeit durch eine Öffnung, wobei er praktisch vom Energieerhaltungssatz ausging, was D. BERNOULLI explizite erst 100 Jahre später formulierte. Den Schwerpunkt eines Körpers bestimmte T. als Quotienten zweier Integrale, und er berechnete die Bewegung des gemeinsamen Schwerpunktes eines Zwei-Körper-Systems.

Am bekanntesten wurde T. durch seine Erfindung des Quecksilberbarometers. Im Zusammenhang mit dem Problem, das Wasser aus einem Brunnen mit Pumpen zu heben, hatte sich GALILEI mit der alten Frage nach der Natur des Vakuums befaßt, denn man hatte festgestellt, daß sich die Wassersäule nur auf eine Höhe von etwa 10 m heben ließ; GALILEI konnte aber keine befriedigende Erklärung geben. T. und V. VIVIANI griffen 1643 GALILEIS Versuche auf, benutzten nun aber statt Wasser Quecksilber und konnten nunmehr mit 1 m langen Röhren experimentieren. 1644 beschreibt T. das erste Barometer: ein mit Quecksilber gefülltes, etwa 1 m langes, einseitig geschlossenes Glasrohr, das mit der Öffnung nach unten in einer Schale mit Quecksilber steht. Der leere Raum, der sich dabei über dem Quecksilberspiegel im Rohr bei etwa 760 mm bildet, wurde später »TORRICELLIsche Leere« genannt. Damit war gezeigt, daß der äußere Luftdruck der Masse dieser Quecksilbersäule das Gleichgewicht hält, daß also ein solcher Druck tatsächlich vorhanden sein muß, und damit war die Lehre vom »horror vacui« widerlegt. T.s Versuche wurden bald von anderen weitergeführt, insbesondere von B. PASCAL in Paris.

T. war auch ein hervorragender Linsenschleifer. Neuere Untersuchungen lassen vermuten, daß T., der nach eigenen Aussagen die besten Linsen schliff und die Theorie der Kegelschnitte und der Refraktion ausgezeichnet beherrschte, die Interferenzmethode vermittels der NEWTONschen Ringe zur Qualitätsprüfung optischer Oberflächen entdeckt haben muß. Schriftliche Aufzeichnungen gibt es darüber nicht. Erst im 19. Jh. wurde die Theorie dazu erarbeitet, Anfang des 20. Jh. wurde diese Methode in die Technik eingeführt.

T. war literarisch sehr gebildet, er schrieb seine Abhandlungen nicht nur in lat., sondern auch in ital. Sprache, um sie weiteren Kreisen zugänglich zu machen. Ka

Literatur: Opere di Evangelista Torricelli, 4 Bde. (Hrsg. G. Loria u. G. Vassura, Faenza 1919 und 1944), Esperienza dell'argento vivo (Neudrucke von Schriften und Karten über Meteorologie und Erdmagnetismus; Hrsg. G. Hellmann, Berlin 1897).

Dorfman, J. G.: Zizn' i fizičeskie otkrytiâ Torricelli, in: Uspehi fizičeskih nauk 66 (1958) 4, 653–669; Knowles-Middleton, W. E.: The place of Torricelli in the history of the barometer, in: ISIS 54 (1963) 1 (Nr. 175), 11–28; Mischok, W.: Torricellis Beitrag zur Entwicklung der Aerostatik, in: Physik in der Schule 6 (1968) 525–528.

Townsend, Sir John Sealy Edward, Physiker, geb. 7. 6. 1868 Galway (Irland), gest. 16. 2. 1957 Oxford.

T.s Hauptarbeitsgebiet war das Studium der elektrischen Entladungsvorgänge in Gasen, wobei ihm die Klärung des Phänomens der Stoßionisation gelang und er Grundsätzliches zum Verständnis der Bewegungsvorgänge von Elektronen und Ionen in elektrischen Gasen beitrug.

T., Sohn eines Professors, wirkte nach dem Studium am Trinity College in Dublin (1885–1890) dort zunächst als Doz. für Mathematik. 1895 ging er nach Cambridge und wurde einer der ersten Assistenten von J. J. THOMSON am Cavendish-Laboratorium. Hier traf er unter anderem mit E. RUTHERFORD und P. LANGEVIN zusammen, mit denen er eine lebenslange Freundschaft begründete. Seit 1900 wirkte er auf dem neugegründeten Lehrstuhl für Experimentalphysik der Univ. Oxford. Dieses Amt, die Wykeham-Professur, bekleidete er bis zu seiner Emeritierung 1941. Im selben Jahr wurde er auch geadelt. Der Royal Society gehörte er seit 1903 an.

Am Cavendish-Laboratorium begann T. mit dem Studium der elektrischen Eigenschaften von Gasen. 1898 gelang ihm erstmals die Bestimmung der Größe der Elementarladung mittels der Tröpfchenmethode, wobei er darauf hinwies, daß der ermittelte Wert mit jenem aus der Theorie der Elektrolyse bekannten elektrischen Ladungsquantum übereinstimmt. Im gleichen Jahr entwickelte er auch eine Methode für Diffusionsmessungen in ionisierten Gasen. Außerdem führte T. den Begriff des Elektronengases in die Physik ein und wies nach, daß die Teilchen eines solchen Gases beträchtlich höhere Energie aufweisen als die sie umgebenden Gasmoleküle.

Seit Übernahme seines Oxforder Amtes standen Forschungen zum Problem der Stoßionisation im Zentrum seines Wirkens. T. erkannte den lawinenartigen Charakter des Phänomens und formulierte die grundlegenden physikalischen Gesetzmäßigkeiten. Der Zusammenhang zwischen der Größe des elektrischen Feldes und dem TOWNSENDschen Ionisierungskoeffizienten, der die Anzahl der Ionenpaare angibt, die von einem Elektron auf 1 cm Wegstrecke erzeugt werden, wurde in Form eines halbempirischen Ausdrucks beschrieben.

Auf der Grundlage der TOWNSENDschen Theorie der Stoßionisation konnten RUTHERFORD und H. GEIGER 1908 den ersten Teilchendetektor entwickeln. T. hat sich in diesem Zusammenhang auch mit elektrochemischen Fragen der Gasionisation beschäftigt. Nach kriegsbedingten Arbeiten zur drahtlosen Telegrafie wandte er sich in den 20er Jahren erneut dem Studium der elektrischen Erscheinungen in Gasen zu. Unabhängig von C. RAMSAUER gelang ihm dabei die Entdeckung, daß die mittlere freie Weglänge der Elektronen von ihrer Energie abhängt und daß langsame Elektronen Argonatome ohne Störung zu durchqueren vermögen.

Ho

Literatur: Townsend, J.: The theory of ionisation of gases by collision (Oxford 1910), Electricity in gases (Oxford 1916), Electricity and radio transmission (Winchester 1943), Electrons in gases (London 1947).

Engel, A. v.: John Sealy Edward Townsend. Biographical Memoirs of Fellows of the Royal Society, 3 (1957), 271f.

Traube, Ludwig, Internist und Pathologe, geb. 12. 1. 1816 Ratibor (Racibórz), gest. 11. 4. 1876 Berlin.

T. war ein hervorragender Kliniker, der wesentlich zur Verbreitung physikalischer Untersuchungsmethoden, wie Perkussion, Auskultation und Thermometrie, beitrug und der als Begründer der experimentellen Pathologie in Deutschland gilt.

T., Sohn eines Weinhändlers, studierte ab 1836 in Breslau (Wrocław), nach 1837 in Berlin Medizin und promovierte 1840, ging vor dem Staatsexamen 9 Monate nach Wien zu J. Skoda und K. v. Rokitansky, erlangte 1841 die Approbation als Arzt in Berlin und reiste 1843 erneut nach Wien. Als Assistent des Armenarztes einer Berliner Vorstadt begann er im gleichen Jahr, Ärztekurse in Auskultation und Perkussion abzuhalten, bis sie wegen Belästigung der Patienten verboten wurden. T. widmete sich danach Tierversuchen, um die Medizin pathophysiologisch begründen zu können. Er trat in Beziehung zu R. Virchow und B. Reinhardt, die gleiche Ziele verfolgten. T. gründete 1846 die Ztschr. »Beiträge zur experimentellen Pathologie«, von denen aber nur zwei Hefte erschienen, so daß Virchow und Reinhardt 1847 ihr eigenes, noch heute bestehendes Archiv herausgaben. T. publizierte auch in Virchows »Medicinischer Reform« und sympathisierte mit der revolutionären Bewegung. Die bürgerliche Revolution ermöglichte ihm 1848 die Habilitation als Privatdoz. und 1849 die Anstellung als erster Zivilassistent der Charité (bis 1851 ohne Gehalt!). Die spezielle Aufgabe von T. war der Unterricht in den physikalischen Untersuchungsmethoden. 1853 wurde er leitender Arzt seiner auskultatorischen Krankenabteilung. 1857 erfolgte die Ernennung zum ao. Prof., nachdem er einen Ruf nach Heidelberg abgelehnt hatte, und zum Leiter der »Propädeutischen Klinik«, die an die Stelle der 2. Inneren Klinik (unter E. Wolff) trat. 1862 wurde T. o. Prof. des medizinisch-chirurgischen Institutes zur Ausbildung von Militärärzten. Kämpfe und Herabsetzungen belasteten die folgenden Jahre. 1865 wurde er zum Geheimen Medizinalrat ernannt, nachdem er einen Ruf nach Zürich abgelehnt hatte, aber erst 1872 wurde er zum o. Prof. der medizinischen Fakultät berufen. 1876 starb der früh Gealterte nach langer Krankheit. T. war Ehrendoktor der Univ. Leyden (1875).

Nach seiner Rückkehr aus Wien war T. der beste Kenner und Lehrer der neuen klinischen Untersuchungsmethoden in Berlin und hat sie in den folgenden 30 Jahren zahllosen Studenten und Ärzten weitervermittelt. Aus Wien brachte er auch ein bis zum therapeutischen Nihilismus gehendes Mißtrauen gegenüber den Behandlungsmethoden seiner Zeit mit und eine Vorliebe, die Medizin rein wissenschaftlich und nicht praktisch zu betreiben. Als ihm die Möglichkeit zur Fortführung seiner Kurse zunächst entzogen wurde, wandte er sich folgerichtig dem Experiment zu. Vorbilder waren ihm dabei seine Lehrer J. E. Purkyně und J. Müller sowie der franz. Vivisektor F. Magendie bei kritischer Distanz zu dessen wenig theoretischer Versuchsmotivierung. Als Ziel setzte sich T. nicht die Beschreibung, sondern die Begründung von Tatsachen. »Aus einer gründlichen Kenntnis der bereits gewonnenen Thatsachen hervorgegangene, scharf gestellte Fragen nach den Bedingungen der wahrgenommenen Erscheinungen und ebenso bestimmte Antworten, welche das Resultat einer systematischen Reihe genauer Versuche und zwar unmittelbare Folgerungen aus diesen Versuchen sind« (Virchow), kennzeichneten seine Arbeitsweise. Dennoch mußten bei den fehlenden Voraussetzungen die so erzielten Ergebnisse weit hinter den Erwartungen der jungen Medizinergeneration zurückbleiben. Ähnliche Gründe bewogen Virchow, von der experimentellen Pathophysiologie zur erfolgverheißenden und grundlegenden pathologischen Anatomie überzugehen. An experimentellen Beiträgen, die vor der klinischen Anstellung zuerst in T.s Wohnung, dann in der Tierarzneischule entstanden, sind Untersuchungen über die Flüssigkeitsansammlung in der Lunge nach Durchschneidung des Nervus vagus und Versuche über Erstickungserscheinungen zu nennen. Für seine Versuche verbesserte er das Kymographion von C. Ludwig. Nach 1849 standen klinische Arbeiten im Vordergrund, darunter Untersuchungen über die Therapiewirkungen von Digitalis. Bevorzugte Arbeitsgebiete waren die Lungen-, Herz- und Nierenkrankheiten. 1850 begann T. mit regelmäßigen Temperaturmessungen und veröffentlichte die ersten Fieberkurven. Auf seine Anregung begann C. A. R. Wunderlich 1851 mit systematischen Temperaturstudien. 1862 folgten weitere experimentelle Untersuchungen, darunter der Nachweis, daß Kohlensäure der führende Atemreiz sei. Trotz der angestrebten Exaktheit und der Ablehnung unbegründeter Spekulation war T. in seinen Schlußfolgerungen vielfach nicht glücklich, regte aber dadurch weiterführende Diskussionen und Experimente an.

Ru

Literatur: Traube, L.: Die Symptome der Krankheiten des Respirations- und Circulationsapparates (1. Lieferung, Berlin 1876), Gesammelte Beiträge zur Pathologie und Physiologie (2 Bde., Berlin 1871, Bd. 3 hrsg. von A. Fraenkel, Berlin 1878).

Leyden, E.: Gedächtnisrede auf Ludwig Traube, in: Charité-Ann. 2 (1875), 767–800; Virchow, R.: Zur Erinnerung an L. Traube, in: Berliner klin. Wochenschr. 13 (1876), 209–210.

Trembley, Abraham, Naturforscher, geb. 3. 9. 1710 Genf, gest. 12. 5. 1784 Petit Sacconex bei Genf.

T. war einer der ersten Erforscher der Süßwasserorganismen und einer der ersten Experimentalbiologen; er entdeckte, und zwar beim Süßwasserpolypen (Hydra), die Regeneration, eine Lebenserscheinung, die bei Theorien über die Individualentwicklung (z. B. Präformationstheorie) unbedingt zu berücksichtigen war.

T. war der Sohn des Syndikus der Genfer Stadtwache, der später verbannt wurde. T. erhielt seine Bildung an der Akademie von Genf. Ab 1733 wirkte er als Privatlehrer in den Niederlanden, zuerst in Leiden, wo er mit bedeutenden Wissenschaftlern der Univ. bekannt wurde. Ab 1736 wurde er mit Unterbrechungen für viele Jahre Hauslehrer der 2 Kinder des Grafen William Bentinck auf dessen Schloß in Sorgvliet bei Haag. Der Herzog von Richmond, der T. kennen und schätzen lernte, vertraute ihm vor seinem Tode 1750 die Erziehung seines damals 15jährigen Sohnes an. 1752–1756 begleitete T. diesen Sohn auf einer Europareise und erhielt anschließend von diesem einen angemessenen Lebensunterhalt. 1757 ging T. wieder nach Genf, heiratete dort und schrieb Bücher über verschiedene Gegenstände. Zur biologischen Forschung kam T. während seiner Hauslehrerzeit beim Prinzen von Hessen-Homburg und dann besonders in Sorgvliet.

Abgesehen von A. v. Leeuwenhoeks (1702) kurzer Beschreibung ist T. der eigentliche Entdecker der Süßwasserpolypen. Er hielt die Süßwassertiere für seine Beobachtungen und Experimente in wassergefüllten Pudergefäßen, die auf dem Fensterbrett standen. 1741 sah er ihre Nahrungsaufnahme und die Vermehrung durch Sprossung. Er zerschnitt Süßwasserpolypen und entdeckte ihre Fähigkeit, sich zu regenerieren, das erste bekannt gewordene Beispiel für eine derartige Regeneration überhaupt. Der davon informierte R.-A.F. de Réaumur konnte die Entdeckung des unbekannten Amateurforschers T. bestätigen. Das Phänomen der Regeneration bei Tieren erregte damals großes Aufsehen; es war nicht ohne spekulative Hilfshypothesen mit der damals zur Erklärung der Embryonalentwicklung vorherrschenden Präformationstheorie zu vereinbaren. T. gelang auch der »Umstülpungsversuch«, d.h. die Vertauschung der Außen- und Innenhaut der Polypen. Er konnte zwei Polypen miteinander verschmelzen (»Pfropfung«) und untersuchte die Reaktionen der Hydra auf Licht- und Temperaturänderungen. Weitere Süßwasserorganismen, die T. erforschte, waren unter anderem das Trompetentierchen (Stentor), verschiedene Würmer und die Moostierchen (Bryozoa). T. beobachtete auch als erster die Teilung von Kieselalgen, die im 19. Jh. als »Einzeller« erkannt wurden. Er veröffentlichte (1775) auch über Erziehungsfragen. Zi

Literatur: Trembley, A.: Mémoires pour servir à l'histoire d'un genre de polypes d'eau douce (Leiden 1744).

A. Trembley

R. Trevithick

Trevithick, Richard, Dampfmaschinen- und Lokomotivbauer, geb. 13. 4. 1771 Illogan (Cornwall), gest. 22. 4. 1833 Dartford (Kent).

T. entwickelte die Niederdruckdampfmaschine von J. Watt zur Hochdruckmaschine weiter und nutzte sie zur Konstruktion der ersten leistungsfähigen Lokomotive für den Zugbetrieb auf Schienen.

T. wuchs in einer technisch interessierten Umwelt auf. Sein Vater, der ein Bergwerk leitete, hatte sich durch die Anlage eines besonders tiefen Stollens einen Namen gemacht und auch eine Newcomen-Dampfmaschine aufgestellt. Durch ihn lernte T. in jungen Jahren Ing. unterschiedlicher Schulen kennen, unter anderem W. Murdock, den berühmten Assistenten von Watt. Dies regte ohne Zweifel seinen erfinderischen Geist an. Seine Ingenieurlaufbahn in verschiedenen Bergwerken begann T. mit Verbesserungen an Dampfmaschinen. So wurde ihm z.B. 1795 eine durch eine solche Verbesserung erreichte Brennstoffeinsparung honoriert. Später verbesserte T. die Kolbenwasserpumpe, die für die immer größere Tiefe erreichenden Gruben von Bedeutung war, und wandelte sie schließlich in eine doppeltwirkende Wasserdruckmaschine um; damit verwirklichte er ein schon vor 100 Jahren entwickeltes Projekt. Nachdem 1800 Watts Patente ausgelaufen waren, baute T., die inzwischen fortgeschrittene Material- und Fertigungstechnik nutzend, eine doppeltwirkende Hochdruckdampfmaschine mit Kurbeltrieb. Diese Dampfmaschine, wegen ihres charakteristischen Geräuschs bald als »Puffer« bekannt, wurde dank ihres ökonomischen Betriebs in großem Umfang auch zum Heben von Erz und totem Gestein in den Bergwerken eingesetzt. Bereits 1796 fertigte T. auch Modelle von Dampfwagen an. In einen kleinen Kessel wurde dabei heißes Wasser gegossen, das durch ein Stück rotglühendes Eisen in einem untenliegenden Rohr zum Verdampfen gebracht wurde. Weihnachten 1801 hatte T. einen großen Dampfwagen fertiggestellt, mit dem er als erster in der Welt auf einer kurzen Probefahrt auch Passagiere mit beträchtlicher Geschwindigkeit transportierte. In dem Patent, das er darauf erhielt, war auch das Hochdruckprinzip verankert, das im Vergleich zu früheren ähnlichen Versuchen, z. B. von Murdock, dem Wagen erst die nötige Kraft verlieh. Die Straßen waren jedoch zu schlecht und der nötige Dampf nicht hinreichend lange zu halten, um diese Erfindung wirklich zu nutzen. T. zeigte zwar 1803 in London einen zweiten Dampfwagen und fuhr mit ihm durch die Vorstädte, aber nachdem der Dampfwagen durch Verziehen des Rahmens unbrauchbar geworden war, beteiligten sich die Geschäftspartner nicht mehr an dem Unternehmen. T., inzwischen Ing. in einem Eisenwerk, baute daraufhin eine Lokomotive für den bereits seit langem bekannten Gleisbetrieb. Diese Lokomotive hatte einen liegenden Zylinder, und über eine Kurbel mit Schwungrad und große Zahnräder wurden sämtliche 4 Räder der 6 t schweren Maschine angetrieben. Der Abdampf wurde zur Verstärkung des Zuges in der Feuerung in den Schornstein geleitet. Am 22. 2. 1804 zog T. damit über eine Strecke von 9,5 Meilen (15 km) mit einer Geschwindigkeit von etwa 5 Meilen je Stunde (8 km/h) 5 Waggons mit 10 t Walzeisen und 70 Menschen. Der Versuch, diese auf Schienen erfolgreiche Maschine auch auf der Straße einzusetzen, scheiterte. Mit einer etwas einfacheren Maschine von 8 t Masse eröffnete T. zur Popularisierung seiner Erfindung dann in London einen kleinen Rundkurs (»Dampf-Zirkus«), wo sich jedermann für 1 Schilling mit einer Geschwindigkeit von 24 bis 32 km/h wie in einem großen Karussell im Kreis fahren lassen konnte. Die gußeisernen Schienen brachen aber leicht, und nachdem bei einem solchen Bruch die Dampfmaschine umgestürzt war, besaß T. keine Mittel mehr für die Fortführung dieser Versuche. Er befaßte sich weiterhin mit Verbesserungen an Dampfmaschinen, auch mit der Umrüstung von Wattschen Dampfmaschinen auf Hochdruck. 1809 baute er einen Versuchsstollen für einen Tunnel unter der Themse, der jedoch durch Wassereinbruch zerstört wurde, und erhielt ein Patent für die Herstellung eiserner Wassertanks; die Konstruktion einer Dampfmaschine mißglückte dagegen. Schließlich mechanisierte T. mit seinen kleinen Hochdruckmaschinen die hochgelegenen peruanischen Silbergruben, wo wegen der dünnen Luft und des schwierigen Transports die großen Wattschen Niederdruckmaschinen nicht eingesetzt werden konnten. 1814 ging T. selbst nach Peru und arbeitete dort 10 Jahre lang mit großem Erfolg. Im Unabhängigkeitskrieg verlor er jedoch alles und mußte das Land verlassen. In Kostarika versuchte er dann zwei Jahre lang zu schürfen und befaßte sich mit Eisenbahnprojekten. Ohne Geld und halb verhungert gelangte er schließlich nach Cartagena. Dort traf er R. Stephenson, den Sohn von G. Stephenson, der ihm das Geld für die Heimfahrt gab. In seinen letzten fünf Lebensjahren befaßte sich T. mit verschiedenen Projekten, unter anderem mit einer Raumheizung, hatte aber keinen Erfolg mehr. Bei seinem Tod, der ihn während einer Geschäftsreise ereilte, hinterließ er beträchtliche Schulden; die Kosten für die Beerdigung mußten durch eine Sammlung unter Arbeitern aufgebracht werden.

T. gilt als »Vater der Lokomotive«. Er beseitigte alle Zweifel, daß auch bei normaler Steigung glatte Räder auf glatten Schienen den nötigen Halt finden, entwickelte wesentliche Merkmale des später üblichen Lokomotivdampfkessels (Hochdruckkessel, Gegenstromflammrohr, Nutzung des Dampfstrahls zum Erhöhen des Zuges) und verband als erster alle Räder der Lokomotive untereinander. Die

Literatur: Preuß, E.: George Stephenson (Leipzig 1987).

Trommsdorff, Johann Bartholomäus, Apotheker und Chemiker, geb. 8. 5. 1770 Erfurt, gest. 8. 3. 1837 Erfurt.

T. gilt als Wegbereiter der modernen wissenschaftlichen Pharmazie.

T., Sohn eines Apothekers und Hochschullehrers, war 1784–1787 Apothekerlehrling in der Hofapotheke Weimar bei W. H. S. Buchholz. 1788 ging er als Apothekergehilfe nach Stettin (Szczecin) und 1789 nach Stargard (Stargard Szczeciński), 1790 übernahm er die Leitung der väterlichen Apotheke in Erfurt. 1793 gründete er das »Journal der Pharmacie für Ärzte, Apotheker und Chemisten« und 1795 die »Trommsdorffsche Chemisch-Physikalisch-Pharmazeutische Pensionsanstalt«, die bis 1828 bestand. 1805 wurde T. in Erfurt zum Dr. med. promoviert. Er war einer der Mitbegründer des 1809 entstandenen »Erfurter Apothekerkränzchens«. 1811–1816 war er Ordinarius für Chemie an der Univ. Erfurt und ab 1823 bis zu seinem Tode Dir. der Erfurter Akademie für gemeinnützige Wissenschaften. 1827 war T. an der Gründung des Erfurter Gewerbevereins mitbeteiligt, und 1830 erfolgte seine Wahl zum Vorsitzenden einer erstmals eigenständigen pharmazeutischen Sektion der Versammlung der Gesellschaft deutscher Naturforscher und Ärzte.

Die mit dem Übergang vom Feudalismus zum Kapitalismus, mit der industriellen Revolution und dem Gedankengut der bürgerlichen Emanzipationsbewegung, der Aufklärung, qualitativ und quantitativ gewachsenen Bedürfnisse an ein entwickeltes Medizinalwesen forderten eine rasche Entwicklung des im Stande eines mittelalterlichen Zunfthandwerkes zurückgebliebenen Apothekenwesens. Das erklärte Ziel und das Verdienst von T. als Vertreter des fortschrittlichen Bürgertums, als Wissenschaftler und Wissenschaftsorganisator sowie als Reformtheoretiker war es, Aufklärung im pharmazeutischen Fache zu verbreiten, die Pharmazie aus dem Stande eines empirischen Handwerks zu einer wissenschaftlichen Kunst auf der Basis der Chemie zu erheben, die Pharmazie zu einer selbständigen Wissenschaft zu entwickeln, die Pharmazie und den Bildungsstand des Apothekers entsprechend der Entwicklung der Wissenschaften und den gesellschaftlichen Erfordernissen auf ein notwendiges höheres wissenschaftliches Niveau zu heben und eine geistige Erneuerung und Reorganisation des Apothekenwesens zu erreichen. Mit einer beeindruckend großen Anzahl von über 500 Artikeln und Monographien, insbesondere auf dem Gebiet der pharmazeutischen Chemie, der Chemie, Technologie, Botanik, Chemiegeschichte und Physik sowie zu Fragen der Organisation und Struktur des Apothekenwesens und zur Ausbildung und Altersversorgung des Apothekerstandes, als Verfasser zahlreicher bedeutender Lehrb. und Handb. und als Herausgeber mehrerer bedeutender Ztschr. hat T. Wesentliches für den Fortschritt der Chemie und Pharmazie geleistet. Er gilt durch die Herausgabe des »Journals der Pharmacie« (1793–1816), der ersten modernen wissenschaftlichen pharmazeutischen Fachztschr. Deutschlands, als Begründer der pharmazeutischen Fachpresse. Mit der Gründung seines 1795–1828 bestehenden Privatinstituts, der ersten modernen wissenschaftlichen Ausbildungsstätte für Pharmazeuten in Deutschland, war er Initiator einer modernen wissenschaftlich-pharmazeutischen Berufsausbildung in Deutschland. Bereits lange vor J. v. Liebig wurde hier ein neuartiges, breites naturwissenschaftliches Ausbildungsprogramm, die enge Verknüpfung von Theorie und Praxis und die Einführung des praktischen Laborunterrichts realisiert und dadurch die bislang bestehende rein handwerkliche Ausübung der Apothekerkunst überwunden. T. war Mitinitiator der industriellen Entwicklung auf chemisch-pharmazeutischem Gebiet durch die Gründung von Fabrikationsstätten in Erfurt 1797, in Teuditz (Tollwitz, Bez. Halle) 1811 und in Bad Kösen 1821. T. entwickelte technische Verfahren zur Extraktion mit Wasserdampf. Seine wohl weitreichendste soziale Reformvorstellung galt einer allgemeinen Apothekenverstaatlichung und einer kostenlosen medikamentösen Versorgung der Bevölkerung. Mit Erfolg bemühte sich T. um die soziale Sicherheit für Apothekergehilfen (1811) und um die Verbreitung wissenschaftlicher Kenntnisse bei Handwerkern und Bauern, z. B. in der »Monatsschrift zur Aufklärung für den Bürger und Landmann« (1796). T. ist zu den Pionieren der Rübenzuckerproduktion (vor 1800), der chemischen Kosmetik (1805), der Agrikulturchemie (1816) und der einheimischen Opiumherstellung (1827) zu zählen und hat bedeutende Verdienste bei der Schaffung wissenschaftlicher Vereinigungen der Pharmazeuten. Er bemühte sich um die Aufklärung von Drogeninhaltsstoffen und arbeitete auf dem Gebiet der Mineralwasseranalyse sowie der Verbesserung bei der Gewinnung und Zubereitung von Arzneimitteln. Ferner arbeitete er über Metalle und sauerstofffreie Säuren. Der international anerkannte Apotheker und Chemiker war Mitgl. von 46 Akademien bzw. wissenschaftlichen Gesellschaften in Europa. Schw

Literatur: Trommsdorff, J. B.: Systematisches Handb. der Pharmazie für angehende Ärzte und Apotheker (Erfurt 1792, 4. Aufl. 1831), Lehrb. der pharmaceutischen Experimental Chemie, nach dem neuen System, dem Gebrauch für Ärzte, praktische Apotheker und als Leitfaden zu Vorlesungen (Altona 1796, 3. Aufl. Hamburg u. Altona 1811), Chemische Receptierkunst oder Taschenb. für praktische Ärzte ... (Erfurt 1792, 5. Aufl. 1826), Handb. der pharmaceutischen Waarenkunde, zum Gebrauch für Ärzte, Apotheker und Droguisten (Erfurt 1799, 3. Aufl. Gotha 1822), Systematisches Handb. der gesammten Chemie, zur Erleichterung des Selbststudiums dieser Wissenschaft, 8 Bde. (Erfurt 1800–1807, 2. Aufl. 1805–1820), Die Apothekerschule, oder Versuch einer tabellarischen Darstellung der gesammten Pharmacie ... (Erfurt u. Gotha 1803, 2. Aufl. 1810), Allgemeines pharmaceutisch-chemisches Wörterb. ..., auch unter dem Titel: Die Apothekerkunst in ihrem ganzen Umfange, in alphabetischer Ordnung, 4 Bde. (Erfurt 1805–1813) u. 2 Suppl.-Bde. (Gotha 1821/22), Allgemeines theoretisches und praktisches Handb. der Färbekunst ..., 5 Bde. (Erfurt u. Gotha 1805–1820), Neue Pharmacopoe, dem gegenwärtigen Zustand der Arzneikunde und Pharmacie angemessen ... (Erfurt u. Gotha 1808, 2. Aufl. 1811), Anfangsgründe der Agriculturchemie (Gotha 1816), Die Grundsätze der Chemie, mit Berücksichtigung ihrer technischen Anwendung ... (Erfurt 1829), als Hrsg.: Journal der Pharmacie, für Ärzte, Apotheker und Chemisten, 27 Bde. (Leipzig 1793–1816), Neues Journal der Pharmacie ..., 27 Bde. (Leipzig 1817–1834).

Götz, W.: Zu Leben und Werk von J. B. Trommsdorff (1770–1837) (Würzburg 1977); Sonderh. aus Anlaß des 150. Todestags von J. B. Trommsdorff. Veröff. Mus. Thür. Volkskd. Erfurt (Erfurt 1987).

Tropsch, Hans, Chemiker, geb. 7. 10. 1889 Plan (Planá, ČSFR), gest. 8. 10. 1935 bei Essen.

T. arbeitete erfolgreich über Probleme der Kohleveredlung, besonders der Kohlenmonoxidhydrierung, und über Erdöl-Crackprozesse.

T. studierte 1907–1913 Chemie an der Deutschen TH und der Deutschen Univ. Prag. Nach seiner Promotion (1913 Dr.-Ing.) und einer Assistenzzeit an der Prager Univ. bekleidete er in Deutschland verschiedene Instituts- und Industriestellungen, darunter am Kaiser-Wilhelm-Institut für Kohleforschung Mülheim/Ruhr als Mitarbeiter von F. Fischer (1916/17 Assistent, 1921–1928 Abteilungsvorsteher). 1928–1931 leitete T. das von ihm gegründete Kohleforschungsinstitut an der Deutschen Univ. Prag. Ab 1931 war er wissenschaftlicher Mitarbeiter der Universal Oil Products Comp. in Chicago und gleichzeitig Prof. am Armour Institute of Technology, später an der Univ. Chicago. Zur ärztlichen Behandlung nach Deutschland zurückgekehrt, verstarb er in einem Krankenhaus bei Essen.

T. untersuchte in Prag Eigenschaften und Verwendung der böhm. Kohle, in Chicago Crackprozesse von Kohlenwasserstoffen. In Mülheim/Ruhr entwickelte er gemeinsam mit FISCHER u. a. den Hochdruck-Synthol-Prozeß sowie die drucklose katalytische Kohlenwasserstoffsynthese aus Kohlenmonoxid und Wasserstoff (FISCHER-TROPSCH-Synthese), die große technische Bedeutung erlangte. Ge

Literatur: Tropsch, H.: Die Erdöl-Synthese, in: Gesammelte Abh. Kenntnis Kohle (Berlin) 10 (1931), 313–501.

Fischer, F.: Hans Tropsch, in: Ber. Dtsch. Chem. Ges. 68 A (1935), 169/170; Roelen, O.: Die Entdeckung der Fischer-Tropsch-Synthese, in: Erdöl u. Kohle, Petrochem. verein. Brennstoff-Chem. 31 (1978), (11), 524–529.

Tschebyschow (Čebyšëv), Pafnuti Lwowitsch, Mathematiker, geb. 4. (16.) 5. 1821 Okatowo (Gebiet Kaluga), gest. 26. 11. (8. 12.) 1894 St. Petersburg.

T. leistete bedeutende Beiträge zur Zahlentheorie und Wahrscheinlichkeitsrechnung sowie zur Theorie der Näherungen, der Integrationstheorie und zu Problemen der angewandten Mathematik.

Als Sohn aus adliger Familie erhielt T. den ersten Unterricht von seiner Mutter und einer Cousine. 1832 zog die Familie nach Moskau, wo sich T. 1837 an der mathematisch-physikalischen Fakultät der Univ. einschrieb und 1841 das Studium mit einer Arbeit über die numerische Auflösung algebraischer Gleichungen höheren Grades abschloß. Nach Verteidigung seiner Magisterdissertation »Versuch einer elementaren Darstellung der Wahrscheinlichkeitstheorie« und dem Erwerb der Lehrbefähigung mit einer Arbeit über die Integration mit Hilfe von Logarithmen habilitierte er sich 1849 mit einer Dissertation über die Theorie der Kongruenzen an der Univ. St. Petersburg, die fortan für viele Jahre seine Wirkungsstätte wurde. 1859 wurde T. zum ordentlichen Mitgl. der Petersburger Akademie gewählt, an der er nach Verlassen der Univ. 1882 ein ganz der Wissenschaft gewidmetes Leben führte.

Zahlreiche Reisen ins Ausland und zu Kongressen brachten ihm die Bekanntschaft namhafter westeurop. Fachkollegen. Ausdruck der Anerkennung seiner wissenschaftlichen Leistungen war die Wahl in die großen Akademien Europas. T. übte nicht nur als Forscher, sondern auch als Hochschullehrer bedeutenden Einfluß auf die Entwicklung der Mathematik in Rußland aus. In Petersburg hatten bereits M. W. OSTROGRADSKI und W. I. BUNJAKOWSKI günstige Voraussetzungen für die Entstehung einer mathematischen Schule geschaffen, doch geistiger Vater jener Gelehrten, die in der zweiten Hälfte des 19. Jh. die Petersburger Univ. verließen, war T. Er besaß die Fähigkeit, jungen Menschen verlockende und variantenreiche Aufgaben zu stellen. Seine Lehrtätigkeit war mit umfangreichen wissenschaftsorganisatorischen Aufgaben verbunden. So war T. Mitgl. der wissenschaftlichen Kommission des Ministeriums für Volksbildung, in der er Einfluß auf die Mathematikausbildung in den Grund- und Mittelschulen Rußlands nahm; er gehörte der technischen Kommission der Hauptverwaltung für Artillerie und mehreren anderen Institutionen ähnlicher Art an und nahm lebhaft an der Arbeit der Kongresse der Moskauer Mathematischen Gesellschaft teil, auf denen er nicht nur Vorträge hielt, sondern auch selbst erfundene Mechanismen, z. B. das Modell einer Rechenmaschine, vorführte.

T.s produktive wissenschaftliche Tätigkeit begann Ende

J. B. Trommsdorff

H. Tropsch

der 40er Jahre. Charakteristisch für ihn war, aus praktischen, häufig technischen Problemstellungen weitreichende mathematische Theorien zu entwickeln, wobei er sich stets um Einfachheit des benutzten mathematischen Apparates und um Lösungen bemühte, die für die Praxis möglichst effektiv und zweckmäßig sind.

Seine frühen Arbeiten waren der Zahlentheorie gewidmet, für die er durch Mitarbeit an der Herausgabe der EULERschen zahlentheoretischen Manuskripte Interesse gewann, und enthalten Untersuchungen zu dem sehr alten Problem der Primzahlverteilung, über die Konvergenz von Reihen, deren Glieder Funktionen von Primzahlen sind, sowie Sätze und Beweise aus der Theorie der quadratischen Formen.

An Arbeiten von L. EULER, A.-M. LEGENDRE und C. F. GAUSS anknüpfend, zeigte T. durch das Studium der Eigenschaften der später von B. RIEMANN weiter untersuchten und nach diesem benannten Funktion

$$\xi(s) = \sum_{n=1}^{\infty} \frac{1}{n^s}$$

für reelles s, daß sich die Funktion $\pi(x)$ näherungsweise verhält wie

$$\int_2^{\infty} \frac{dx}{\log x},$$

wenn $\pi(x)$ die Zahl der Primzahlen $< x$ (x ganz) angibt. Ferner gelang T. der Beweis eines Satzes von J. BERTRAND, nach dem für $n > 3$ stets eine Primzahl existiert, die größer als n und kleiner als $2n - 2$ ist. Mit Hilfe der dazu benötigten Ungleichungen ergaben sich weitere Resultate, die zeigen, wie $\pi(x)$ mit wachsendem x wächst.

In einer weiteren Gruppe von Arbeiten beschäftigte sich T. mit der Approximationstheorie. T. gilt als Mitbegründer des von S. N. BERNSCHTEIN »konstruktive Funktionentheorie« genannten Zweiges der Analysis, die sich mit der angenäherten Darstellung beliebiger Funktionen durch einfache analytische Mittel, wie algebraische oder trigonometrische Polynome, beschäftigt. Die Bestimmung des Näherungswertes einer Funktion war gleichzeitig der Ausgangspunkt für T.s Untersuchungen auf dem Gebiet der Integralrechnung, zu denen Fragen nach der Integrierbarkeit, im Anschluß an N. H. ABEL insbesondere auch von elliptischen Integralen, zählten.

Auf wahrscheinlichkeitstheoretischem Gebiet konzentrierte sich T. auf die Untersuchung der Gesetzmäßigkeiten von Summen unabhängiger Summanden, die für die wahrscheinlichkeitstheoretische Begründung statistischer Forschungsmethoden und der Theorie der Beobachtungsfehler grundlegend sind. Er nutzte Begriffe wie den einer Zufallsgröße und ihrer mathematischen Erwartung voll aus. In seiner Dissertation bewies er den Satz von BERNOULLI, schätzte die Genauigkeit der erzielten Resultate mit elementaren analytischen Methoden ab und fand wenig später eine weitgehende Verallgemeinerung des Gesetzes der großen Zahlen, wobei seine Beweismethode wegen ihrer Einfachheit und Strenge in der Folgezeit wiederholt aufgegriffen wurde. Die sowjet. Mathematiker A. A. Markow und A. N. Kolmogorow knüpften an T.s Arbeiten mit Untersuchungen über Bedingungen für die Anwendbarkeit des Gesetzes der großen Zahlen an. Der von T. erstmals formulierte Satz über die Annäherung von Verteilungsfunktionen von Summen unabhängiger Zufallsgrößen an die Normalverteilung wurde von Markow unter Verwendung der Momentenmethode T.s präzisiert und später von A. M. Ljapunow für weniger einschränkende Bedingungen unter Benutzung der Methode der charakteristischen Funktionen neu bewiesen.

Für die geographisch-kartographische Erfassung Rußlands erarbeitete T. im Anschluß an L. Euler Methoden zur Konstruktion geographischer Karten; er widmete sich darüber hinaus auch anderen technischen Problemen (z. B. Getriebelehre), stets im ausgewogenen Wechselverhältnis von Grundlagenforschung und deren Anwendungen. Be

Literatur: Čebyšev, P. L.: Polnoe Sobranie Sočinenij, 5 Bde. (russ., Moskau, Leningrad 1944–1951), Œuvres de P. L. Tschebyschef, 2 Bde. (ed. A. Markoff et N. Sonin, franz., St. Petersburg 1899–1907, Nachdruck Bronx/New York 1962).

Prudniko, V. E.: Pafnuti Lvovič Čebyšev (russ., Leningrad 1976); Wassilief, A. u. N. Delaunay: P. L. Tschebyschef (Leipzig 1900).

Tscherenkow (Čerenkov), Pawel Aleksejewitsch, Physiker, geb. 15. (28.) 7. 1904 Nowa Tschigla (Woronesh).

T. entdeckte und erforschte eine spezifische, von sehr schnell bewegten, geladenen Teilchen ausgehende elektromagnetische Strahlung eines geladenen Teilchens und schuf wesentliche Voraussetzungen für die Nutzung dieses nach ihm benannten Effekts zum Nachweis derartiger Teilchen in der Kern- und Elementarteilchenphysik.

T. studierte nach dem Schulbesuch bis 1928 an der Staatlichen Univ. Woronesh. Seit 1930 arbeitete er am Physikalischen Institut der Ak. d. Wiss. der UdSSR (FIAN), zunächst unter S. I. Wawilow, später selbst als Leiter dieser Einrichtung. Daneben ist T. Prof. am Moskauer Ingenieur-Physikalischen Institut und Dir. des Laboratoriums für Neutronenphysik am Vereinigten Institut für Kernforschung in Dubna. Er war führend am Aufbau einiger großer Beschleuniger in der UdSSR beteiligt. 1964 wurde T. zum korrespondierenden und 1970 zum o. Mitgl. der Ak. d. Wiss. der UdSSR gewählt.

Angeregt von Wawilow untersuchte T. ab 1932 mit großem experimentellem Geschick die Lumineszenz von Uranilsalzlösungen unter dem Einfluß von γ-Strahlung. Dabei entdeckte er ein schwachblaues Leuchten und begann nach einem Hinweis von Wawilow, der sofort erkannt hatte, daß es sich hier nicht um eine Lumineszenzerscheinung handelte, diesen Effekt näher zu erforschen. Die neue Strahlung erwies sich als temperaturunabhängig und schien auch nicht mit der chemischen Beschaffenheit des Mediums im Zusammenhang zu stehen. Wawilow äußerte 1934 die Vermutung, daß die Strahlung von schnell durch die Flüssigkeit hindurchbewegten Elektronen herrührt, die infolge des Comptoneffekts aus den γ-Quanten entstehen. Er meinte zunächst, daß es sich um die Bremsstrahlung jener Elektronen handelte. Bereits früher waren verschiedene Strahlungsarten untersucht worden, die durch γ-Quanten ausgelöst werden, und der Franzose M. L. Mallet hatte schon 1926 ebenso wie T. das Leuchten photographiert und spektroskopisch untersucht. Aber erst T. entdeckte die entscheidenden Eigenschaften der nach ihm benannten Strahlung, so daß 1936 durch I. J. Tamm und I. M. Frank eine theoretische Erklärung dieser Erscheinung auf der Grundlage der klassischen Elektrodynamik gegeben werden konnte. Danach ist die Tscherenkowstrahlung das elektromagnetische Analogon zur Kopfwelle in der Akustik und tritt immer dann auf, wenn die Teilchengeschwindigkeit die Phasengeschwindigkeit des Lichts im betreffenden Medium übersteigt. Diese Theorie wurde 1936/37 durch Experimente T.s auch quantitativ bestätigt. Die quantenmechanische Beschreibung des Tscherenkoweffekts stammt von W. L. Ginsburg aus dem Jahre 1940. Beanspruchte der Tscherenkoweffekt zunächst vor allem theoretisches Interesse, so schlug Ginsburg 1947 die Ausnutzung dieser Erscheinung zur Erzeugung elektromagnetischer Wellen mit Wellenlängen im Millimeterbereich vor. I. A. Getting hatte im gleichen Jahr die Idee, den Tscherenkoweffekt zur Registrierung schneller geladener Teilchen auszunutzen, was 1951 J. V. Jelley gelang. Von nun an fand der Tscherenkowzähler, mit dem man die Geschwindigkeit der geladenen Teilchen unabhängig von ihrer Masse registrieren kann, rasch Eingang in die Meßtechnik der Hochenergiephysik. 1955 spielten Tscherenkowzähler eine wichtige Rolle bei der Entdeckung des Antiprotons. T. beschäftigte sich auch weiterhin mit dem Tscherenkoweffekt verwandten Fragen. Während des zweiten Weltkrieges arbeitete er im Zusammenhang mit Verteidigungsaufgaben auf dem Gebiet der Kernphysik, wandte sich dann der Erforschung der kosmischen Strahlung zu und untersuchte auf dem Gebiet der Hochenergiephysik vor allem die elektromagnetische Wechselwirkung zwischen Elementarteilchen. Hatte man hochenergetische Teilchen zunächst nur in der kosmischen Strahlung zur Verfügung, so gelang es mit dem Bau großer Beschleunigeranlagen, an deren Schaffung T. wesentlich mit beteiligt war, ganz bestimmte Teilchen auf definierte Energien zu beschleunigen und zu untersuchen.

T. wurde zusammen mit Tamm und Frank 1958 für die Entdeckung und Erklärung des nach ihm benannten Effekts mit dem Nobelpreis für Physik gewürdigt. T. ist aktiv an der Friedensbewegung der UdSSR und in der Welt beteiligt und gehört unter anderem der Pugwash-Bewegung der Wissenschaftler an. Fk

Literatur: Čerenkov, P. A.: Vidimoe svečenie čistyh židkostej pod destviem γ-radiâcii, Dokl. Akad. Nauk SSSR 2 (1934), No. 8, 451.

Tamm, I. E. u. B. B. Govorkov: Pavel Alekseevič Čerenkov, Uspehi fizičeskih nauk, tom 113 (1974), 553 f.

Tschermak, Erich, Edler von Seysenegg, Genetiker, geb. 15. 11. 1871 Wien, gest. 11. 10. 1962 Wien.

T. gilt als einer der Wiederentdecker der Mendelschen Gesetze, der die Erkenntnisse der klassischen Genetik als einer der ersten konsequent auf die Pflanzenzüchtung anwandte und einige Phänomene im Zusammenhang von Kreuzung und Vererbung entdeckte.

T. war der Sohn des Prof. für Mineralogie und Petrographie an der Univ. Wien, Gustav T. Zusammen mit seinem Bruder, dem Physiologen Armin T., besuchte T. das humanistische Gymnasium des Stiftes Kremsmünster (Österreich). 1891 begann er mit dem Studium naturwissenschaftlicher und landwirtschaftlicher Fächer an der Univ. Wien sowie an der Hochschule für Bodenkultur in Wien. Er unterbrach sein Studium 1892, um auf dem sächsischen Gut Rotvorwerk bei Freiberg als Volontär die Landwirtschaft kennenzulernen. 1893–1895 studierte T. an der Univ. Halle/S., legte hier das Diplomexamen für Landwirte ab und erwarb den Dr. phil. Danach war er in verschiedenen privaten Pflanzenzuchtanstalten in Stendal und Quedlinburg tätig.

P. L. Tschebyschow

P. A. Tscherenkow

E. Tschermak

S. S. Tschetwerikow

1898 arbeitete er im Botanischen Garten in Gent. Im Jahre 1900 habilitierte sich T. an der Hochschule für Bodenkultur in Wien mit einer Arbeit über Erbsenkreuzungen, wurde hier 1902 Assistent, 1906 ao. Prof. und 1909 o. Prof., womit er den ersten europäischen Lehrstuhl für Pflanzenzüchtung innehatte. Seine äußeren Arbeitsverhältnisse blieben aber sehr bescheiden.

T. gab Anleitungen für die Pflanzenzüchtung heraus, z. B. zur Züchtung der Hanna-Gerste.

Aufgrund des Berichtes über seine mit K. v. Rümker unternommene Nordamerikareise wurde T. auf dem Liechtensteinischen Schloß Eisgrub (Lednice, heute ČSFR) 1912 ein Pflanzenzüchtungsinstitut (»Fürst Liechtenstein-Pflanzenzüchtungsinstitut in Eisgrub«) zur Verfügung gestellt. Er hielt Kontakte zu bedeutenden Pflanzenzüchtern der Welt und reiste nach Schweden, besonders an die Saatzuchtanstalt Svalöf, und in die USA.

T. begann während seiner Tätigkeit am botanischen Garten in Gent 1898 mit Kreuzungsexperimenten an Erbsen, um Ch. Darwins Theorie von der günstigen Wirkung der Fremdbefruchtung und den Nachteilen der Selbstbefruchtung (1876) zu überprüfen. Er beobachtete nur einen geringen Vorteil der Fremdbestäubung, fand aber, unabhängig von H. de Vries und C. Correns, auch die von J. G. Mendel gefundenen Spaltungsverhältnisse der Merkmale von Hybridnachkommen. 1899 stieß T. auf die Originalveröffentlichungen von Mendel und veröffentlichte seine Erkenntnis noch 1900 in der »Zeitschrift für das landwirtschaftliche Versuchswesen in Österreich« und in den »Berichten der Deutschen Botanischen Gesellschaft«.

Auf der Grundlage der Mendelschen Gesetze brachte T. die Kreuzungszüchtung bei verschiedenen Kulturpflanzenarten voran, wobei er zunächst von stark vereinfachten Vorstellungen ausging, bald aber auch auf Erscheinungen stieß, die zusätzliche Annahmen zu den Mendelschen Gesetzen verlangten. So fand er (1901) miteinander gekoppelt »erscheinende« Merkmale (W. Bateson) und Verstärkung eines elterlichen Merkmales bei den Hybriden. Er stellte fest (1902), daß auch physiologische Merkmale (wie »Blütezeit«, »Dauer der Vegetationsperiode«) gemäß den Mendelschen Gesetzen weitergegeben werden. Als neues Phänomen entdeckte T. 1904 die »Kryptomerie« (Verborgensein von Erbfaktoren), als bei der Kreuzung zweier weißblühender Rassen von Levkoje ein violettblühender Bastard erschien. Bei keinem der Eltern in Erscheinung getretene, also nur latent vorhandene Erbfaktoren können bei den Nachkommen eines Bastards, bei Neukombination der Erbanlagen, »manifest« werden und erscheinen dann scheinbar als Neuheit.

Ab 1904 kreuzte T. auch Gräser verschiedener Gattungen und fand, durch zytologische Untersuchung bestätigt, daß sich beide Chromosomensätze addieren können, wodurch sich konstante neuartige Bastarde (additive Bastarde) ergaben. Beispiel: Gras Aegilops mit 28 Chromosomen ($2n = 28$) × Weizen, Triticum dicoccoides, mit 28 Chromosomen ($2n = 28$) ergab Aegilotriticum mit 56 Chromosomen ($2n = 56$). Zi

Literatur: Tschermak, E.: Leben und Wirken eines österreichischen Pflanzenzüchters; Autobiographie (Berlin und Hamburg 1958). – Seine Forschungsergebnisse veröffentlichte T. in zahlreichen (über 100) Artikeln in verschiedenen Ztschr., z. B. in der Z. für das Landw. Versuchswesen in Oesterr., im Jahrb. der Dtsch. Landw. Ges., im Bot. Zentralbl.

Tschetwerikow (Četverikov), Sergej Sergejewitsch, Zoologe, geb. 6. 5. 1880 Moskau, gest. 2. 6. 1959 Gorki.

T. lieferte Beiträge insbesondere zur Fauna und Systematik der Schmetterlinge (Lepidopteren), schuf die Grundlagen einer experimentellen Populationsgenetik und begründete eine prominente Schule der Evolutionsgenetik.

T., Sohn eines Fabrikanten, studierte 1900–1906 an der Univ. Moskau Naturwissenschaften und blieb danach zur postgradualen Ausbildung in vergleichender Anatomie bei M. A. Mensbir. Er promovierte 1909 und wurde Doz. für Entomologie, später für Biometrie und Genetik an der Höheren Frauenschule in Moskau, die 1919 der Moskauer Univ. eingegliedert wurde. Seit 1921 war T. Leiter der genetischen Abteilung des Instituts für experimentelle Biologie (Dir. N. K. Kolzow) und Mitglied, zeitweilig auch Leiter der Sektion Genetik in der Kommission zur Erforschung der natürlichen Produktivkräfte Rußlands (KEPS) bei der Ak. d. Wiss. der UdSSR. Nach der 1929 erfolgten Ausweisung aus Moskau war T. zunächst als Berater am Tierpark von Swerdlowsk tätig, danach (1932–1935) Lehrer für Mathematik in Wladimir und Lektor für Entomologie und Biometrie am Landwirtschaftlichen Technikum. 1935 wurde T. Leiter der Abteilung Genetik der Univ. Gorki, erhielt 1938 die Berufung zum Prof. und war seit 1940 Dekan der Biologischen Fakultät dieser Univ. bis zu seiner Emeritierung 1948.

T. war einer der führenden Schmetterlingskundler seiner Zeit. In seiner 1926 veröffentlichten klassischen Arbeit »Über einige Momente der Evolution vom Standpunkt der heutigen Genetik« stellte T. als das zentrale Problem der Evolutionsgenetik die Natur und Aufrechterhaltung der Variabilität in Populationen in den Vordergrund; zusammen mit den Arbeiten von R. Fisher, S. Wright und J. B. S. Haldane lieferte diese Arbeit die Grundlage dafür, die Prinzipien der natürlichen Auslese Ch. Darwins mit der Vererbungslehre J. G. Mendels in Einklang zu bringen. T. vermutete, daß Mutationen in Wildpopulationen gesetzmäßig auftreten und die Variabilität der Gene Quelle der Evolution durch die natürliche Auslese wird. Damit setzte er den bis dahin unvereinbar nebeneinanderstehenden Prinzipien der Evolution und der Genetik ein neues Modell entgegen, das seinen Schülern und Nachfolgern ermöglichte, die Grundprinzipien einer Evolutionsgenetik zu schaffen. 1925/26 führten T. und Mitarbeiter dazu erste experimentelle Untersuchungen durch und konnten zum ersten Mal zahlreiche Mutationen (»genetische Ladung«) in Wildpopulationen nachweisen, wodurch weitere evolutionsgenetische Forschungen in der UdSSR, in Westeuropa und in den USA initiiert wurden. Im Verlauf dieser Untersuchungen haben sich die Probleme der Evolutionsgenetik gewandelt, und T.s primäres Modell der Mikroevolution ist modifiziert worden; das von ihm formulierte zentrale Problem aber ist unverändert geblieben und hat seinen heuristischen Wert bis heute behalten. T. vermied eine zu frühe Formalisierung seiner theoretischen Ansichten z. B. durch deren Mathematisierung, wie es für Arbeiten seiner westlichen Kollegen charakteristisch ist. Einer der Schüler T.s war N. W. Timofejew-Ressowski, der 1939 das von T. 1926 eingeführte Basiskonzept der Mikroevolution systematisierte. Betont biologisches und ganzheitliches Herangehen an die genetische Erklärung der Evolution kennzeichnen den im Gegensatz zu anderen Ansätzen von T. und seinen Nachfolgern beschrittenen Weg und wurden für die gegenwärtige Evolutionsgenetik bestimmend.

1959 erhielt T. die Darwin-Plakette der Deutschen Akademie der Naturforscher »Leopoldina« verliehen. Bb

Literatur: Četverikov, S. S.: O nekotoryh momentah èvolucionnogo processa s točki zreniâ sovremennoj genetiki, in: Žurnal èksperimental'noj biologii. Serie A, Bd. 2, Heft 1 (1926), 3–54, Heft 4, 263–265, Autobiographie. Nova Acta Leopoldina (N. F.), B. 21, Nr. 143 (1960), 308–310, Problemy obŝej biologii i genetiki (Nowosibirsk 1983), Fauna i sistematika češuekrylyh (Nowosibirsk 1984).

Babkov, V. V.: Moskovskaâ škola èvolûcionnoj genetiki (Moskau 1985); Kaupen-Haas, H.: Der Griff nach der Bevölkerung (Nördlingen 1986).

Tschitschibabin (Čičibabin), Aleksej Jewgenjewitsch, Chemiker, geb. 17. (29.) 3. 1871 Kusemin (Gouv. Poltawa), gest. 15. 8. 1945 Paris.

T. leistete sowohl in wissenschaftlicher als auch in praktischer Hinsicht außerordentlich bedeutsame Beiträge zur Chemie der Pyridinderivate.

T., Sohn eines Beamten, studierte 1888–1892 unter schwierigen materiellen Lebensbedingungen an der Moskauer Univ. bei W. W. Markownikow Chemie und begann dort anschließend als freier Mitarbeiter seine Pyridinforschungen. 1899–1909 arbeitete er mit Unterbrechung als Assistent am Moskauer Landwirtschaftlichen Institut, und ab 1901 war er auch als Privatdoz. an der Univ. tätig. 1909–1930 wirkte T. als Prof. für organische Chemie sowie längere Zeit als Dekan der chemischen Fakultät. Er war Mitgl. mehrerer chemischer Gesellschaften sowie der Ak. d. Wiss. der UdSSR (1926 korrespondierendes, 1928 ordentliches Mitgl.) und erhielt neben anderen Ehrungen als einer von fünf Wissenschaftlern der UdSSR 1926 den erstmals vergebenen Leninpreis. – Als T.s Tochter 1930 in einer Schwefelsäurefabrik tödlich verunglückte, konnte er diesen Verlust nicht überwinden und seine volle Arbeitsenergie nicht wiedererlangen. T. verließ die UdSSR und ging nach Paris, wo er am Collège de France sowie als Berater in pharmazeutischen Konzernen arbeitete.

Das Gebiet der Pyridinchemie gewann nach 1880 besonders durch A. Ladenburg an Bedeutung (Alkaloide). 1903 bewies T. die Existenz von β-Substitutionsprodukten des Pyridins. Danach gelang ihm die Synthese von Pyridin und Alkylpyridinen durch Kondensation von Aldehyden, Ketonen und Ethin mit Ammoniak, 1913 die Darstellung von Aminopyridinen durch direkte Umsetzung von Pyridin mit Natriumamid in Toluen (Tschitschibabin-Reaktion). Beide Synthesemethoden erweiterten das Gebiet der Pyridinderivate in starkem Maße (unter anderem Ausdehnung auf Chinoline und Isochinoline). Viele der erhaltenen Produkte erlangten technische Bedeutung insbesondere für die pharmazeutische Industrie. Von theoretischem Interesse war die Aufklärung der Tautomerie bei den α- und γ-Pyridinen. Weitere chemische Arbeiten betrafen die Dreiwertigkeit des Kohlenstoffs in Triphenylmethylverbindungen (Tschitschibabinscher Kohlenwasserstoff), Synthesen von Naturstoffen, metallorganischen Verbindungen u. a. Darüber hinaus war T. während des ersten Weltkrieges besonders an der Organisation der Produktion pharmazeutischer Präparate beteiligt. Nach der Oktoberrevolution widmete er seine Kraft als Vorsitzender vieler wissenschaftlicher Gremien beim Obersten Volkswirtschaftsrat der Entwicklung insbesondere der chemisch-pharmazeutischen Industrie.

T. begründete in der organischen Chemie eine große wissenschaftliche Schule in der UdSSR und gab 1925 eines der damals besten Lehrb. über organische Chemie heraus, das in sechs Auflagen und mehreren Übersetzungen erschien. Schz

Literatur: Čičibabin, A. E.: O sintese piridinovyh osnovanii is aldegidov ... i ammiaka (Über die Synthese von Pyridinbasen aus Aldehyden ... und Ammoniak), in: Ž. Russk. fisiko-himičeskogo obŝestva 37 (1905), 1229–1253, Nowaâ reakciâ soedinenii, soderžaŝih piridinovoe âdro (Eine neue Reaktion für Verbindungen, die einen Pyridinkern enthalten), in: ebenda 46 (1914), 1216–1236, Issledovaniâ po voprosu o trëhatomnom uglerode i o stroenii prosteiših okrašennyh proizvodnyh trifenilmetana (Untersuchungen über den dreiwertigen Kohlenstoff und die Struktur der einfachsten gefärbten Derivate des Triphenylmethans) (Moskau 1912), Osnownye načala organičeskoi himii (Grundlagen der organischen Chemie) (1. Aufl. Moskau 1925, 6. Aufl. Bd. 1 Moskau 1954, Bd. 2 1958, franz. Paris 1933).

Cerkovnikov, E.: Aleksej Evgen'evič Čičibabin, in: J. Chem. Education 38 (1961), 622; Evteeva, P. M.: A. E. Čičibabin, in: Trudy instituta istorii estestvoznaniâ i tehniki, Bd. 18 (Moskau 1958, mit vollständiger Bibliographie); Marszak, I.: Nekrolog, in: Chem. Education 23 (1946), 760; Renault, J. u. J. A. Gautier: L'influence des travaux de Tchitchibabine sur le développement de la chimie des dérivés de la pyridine, in: J. Bull. soc. chim. France (1955), 558–592.

Tschugajew (Čugaev), Lew Aleksandrowitsch, Chemiker, geb. 4. (16.) 10. 1873 Moskau, gest. 23. 9. 1922 Grjasowez (Wologdaer Gebiet).

T. leistete wesentliche Beiträge zur Chemie der Platinmetalle und der Komplexverbindungen sowie zur Terpenchemie.

T., Sohn eines Lehrers, studierte 1891–1894 unter schwierigen materiellen Bedingungen an der Moskauer Univ. bei N. D. Selinski Chemie, graduierte sich 1895 und übernahm auf Empfehlung Selinskis die Leitung der chemischen Abteilung am Bakteriologischen Institut der Moskauer Univ. 1900 wurde er Privatdoz., verteidigte 1903 seine Magister- und drei Jahre später seine Doktordissertation. 1904 wurde T. zum Prof. für Chemie an die TH in Moskau berufen. 1908–1922 war er an der Univ. St. Petersburg bzw. Petrograd (Leningrad) als Prof. für anorganische Chemie und ab 1909 auch am Technologischen Institut in St. Petersburg als Prof. für organische Chemie tätig. 1918 wurde T. als erster Dir. des auf seine Initiative gegründeten Instituts zum Studium des Platins und anderer Edelmetalle. Weiterhin war er entscheidend an der Gründung des Wissenschaftlich-technischen Instituts für Ernährung (1918) sowie des Instituts für angewandte Chemie (1919) beteiligt.

Beeindruckend an T.s Lebenswerk ist dessen außerordentliche Vielseitigkeit, die sowohl die Bearbeitung von Problemen aus fast allen Bereichen der Chemie umfaßt als auch die praktische Nutzung wissenschaftlicher Ergebnisse

A. J. Tschitschibabin

L. A. Tschugajew

A. M. Turing

J. Tyndall

einschließt. Nach ersten Untersuchungen über die Wirkung von Giften auf Mikroorganismen, über phosphoreszierende Bakterien sowie über Tribolumineszenz führte T. 1899 die Xanthogenmethode in das von O. WALLACH und A. v. BAEYER stark geförderte Gebiet der Terpenchemie ein. Diese Methode ermöglichte die Umwandlung ungesättigter Alkohole in die korrespondierenden ungesättigten Kohlenwasserstoffe unter Ausschluß einer Isomerisierung; nach ihr stellte T. eine Anzahl neuer Terpenkohlenwasserstoffe her und konnte insbesondere erstmals optisch und strukturell einheitliche Menthene gewinnen. Die Xanthogenmethode fand in den folgenden Jahrzehnten breite Anwendung in der organischen Chemie. Weitere Forschungen betrafen die optischen Eigenschaften organischer Verbindungen. 1911 entdeckte T. einen neuen Typ der Rotationsdispersion. Seine umfangreichsten und bekanntesten Untersuchungen waren den Innerkomplexmetallsalzen sowie der Chemie der Platingruppe gewidmet. In der anorganischen Chemie hatten die Komplexverbindungen durch die Arbeiten S. M. JÖRGENSENS und insbesondere durch die Koordinationstheorie A. WERNERS um die Jahrhundertwende große Bedeutung erlangt. T. begann seine Studien auf diesem Feld mit organischen Imid- und Dioximkomplexen des Kupfers, Nickels, Silbers, Cobalts und Platins. Unter Nutzung der Spannungstheorie, die BAEYER für die Ringbildung bei organischen Verbindungen aufgestellt hatte, konnte T. 1906 zeigen, daß auch bei Komplexverbindungen mit Chelatbildnern sehr stabile 5- oder 6-Ringsysteme gebildet werden (TSCHUGAJEW-Ringregel). Seine zahlreich dargestellten Cobaltdioximkomplexe trugen wesentlich zur vollen Durchsetzung der Koordinationstheorie bei. T. führte systematische Studien der Komplexverbindungen des Platins mit verschiedenen organischen Liganden durch und ermittelte deren Struktur. Das von WERNER vorhergesagte $[Pt(NH_3)_5Cl]Cl_3$ konnte er 1920 darstellen. Seine Untersuchungen über Komplexverbindungen mit organischen Liganden brachten auch Fortschritte in der analytischen Chemie. Das Dimethylglyoxim erwies sich als hochspezifisches Reagens auf Nickel. Die umfangreichen Arbeiten zur Charakteristik der Platinmetalle lieferten noch weitere Reagenzien.

T. war durch seine Studien über Platin, die Tätigkeit als Dir. des Platininstituts sowie die Arbeit in vielen staatlichen Gremien entscheidend am Aufbau insbesondere der Platinindustrie in der UdSSR beteiligt. Er begründete eine große wissenschaftliche Schule der anorganischen Chemie, verfaßte Bücher über die Chemie der Komplexverbindungen und zur Geschichte der Chemie. Außerdem engagierte sich T. für die Popularisierung der Wissenschaft. Schz

Literatur: Čugaev, L. A.: Izbrannye trudy (Ausgewählte Werke), 3 Bde. (Moskau 1954–1962, Bd. 2 mit vollständiger Bibliographie).

Černâev, I. I.: Lev Aleksandrovič Čugaev, in: Lûdi russkoi nauki (Hrsg. I. V. Kusnecov, Moskau 1961); Kauffman, G. B.: Terpenes to Platinium: The chemical career of Lev Aleksandrovich Chugaev, in: J. Chem. Educ. 40 (1963), 656–665; Salkind, J.: Leo Alexandrowitsch Tschugaeff, in: Ber. Dtsch. Chem. Ges. 55 (1922) I, 141/142; Svâgincev, E. E., J. I. Solovev, P. I. Starosel'ski: Lev Aleksandrovič Čugaev (Moskau 1965).

Turing, Alan Mathison, Mathematiker und Logiker, geb. 23. 6. 1912, London, gest. 7. 6. 1954 Wilmslow (England).

Hauptarbeitsgebiet T.s waren die Theorie der Berechenbarkeit sowie deren Anwendungen auf Entwurf und Betrieb von Großrechenanlagen der ersten und zweiten Generation; daneben beschäftigte er sich mit philosophischen Fragen der Kybernetik.

Nach Absolvierung der Schule, auf der sich bereits seine mathematischen Interessen herausbildeten, studierte T. 1931–1935 Mathematik am King's College in Cambridge. Er schloß sein Studium mit einer Arbeit zu den Grenzwertsätzen der Wahrscheinlichkeitsrechnung ab und wurde 1935 zum Mitgl. des College gewählt. 1936–1938 arbeitete er in den USA am Princeton College und erwarb hier mit der Dissertation »Systems of logic based on ordinals« den Grad eines Doktors der Philosophie. 1938/39 war er wieder am King's College tätig. Während des zweiten Weltkrieges leistete er seinen Dienst in der Informationsabteilung des britischen Außenministeriums. Ende 1945 ging er an das National Laboratory of Physics und arbeitete hier in einer Gruppe, die sich mit dem Bau und dem Einsatz einer Großrechenanlage (ACE) befaßte. Als 1948 an der Univ. Manchester mit dem Bau einer Rechenmaschine begonnen wurde, wechselte T. nach dort über und übernahm die Leitung der damit zusammenhängenden mathematischen Arbeiten. Nach 1950 konzentrierten sich seine Interessen auf mathematische Aspekte der theoretischen Biologie. In seiner wohl bekanntesten Arbeit »On computable numbers, with an application to the Entscheidungsproblem« (1937) analysiert T. die Tätigkeit eines menschlichen Rechners und entwickelt auf dieser Basis das Konzept der heute nach ihm benannten abstrakten Rechenmaschine. Er zeigte, daß auf der universellen TURINGmaschine genau die partiell-rekursiven arithmetischen Funktionen berechenbar sind, die nach der 1936 von A. CHURCH ausgesprochenen These eine adäquate Formalisierung des intuitiven Berechenbarkeitsbegriffs darstellen. Unter Verwendung seiner TURINGmaschinen konstruierte er Beispiele für arithmetische Funktionen, die nicht berechenbar sind, und bewies den Satz von CHURCH über die Nicht-Entscheidbarkeit der Allgemeingültigkeit im Prädikatenkalkül der ersten Stufe. Fast gleichzeitig, aber unabhängig von T., entwickelte E. L. POST das Konzept einer universellen abstrakten Rechenmaschine.

T. gehörte zu den ersten Mathematikern, die in den 40er Jahren umfangreiche Programme für Großrechenanlagen aufstellten; insbesondere bemühte er sich dabei um die Zusammensetzung großer Programme aus Unterprogrammen.

Er beschäftigte sich ferner mit dem Problem, ob und wie Rechenautomaten »lernen« können, sowie anderen Fragen des »intelligenten Verhaltens« von Maschinen. As

Literatur: Turing, A. M.: On computable numbers, with an application to the Entscheidungsproblem, in: Proc. London Math. Soc. 42 (1936/37), 230–265 u. 43 (1937), 544–546, Systems of logic based on ordinals, in: Proc. London Math. Soc. 45 (1939), 161–228, Computing machinery and intelligence, in: Mind 59 (1950), 433–460, Can a machine think?, in: The World of Mathematics, Bd. 4, 2099–2123 (New York 1956).

Hodges, A.: Alan Turing – the enigma (New York 1984); Turing, S.: Alan M. Turing (Cambridge 1959).

Tusi, AT-TUSI, NASIR AD-DIN, Abu Dscha'far, Muhammad ibn Muhammad ibn Hasan (aṭ-Ṭūsī, Naṣīr ad-Dīn, Abu Ǧa'far, Muḥammad ibn Muḥammad ibn al-Ḥasan), Mathematiker, Astronom, Mineraloge, Philosoph, Logiker, Theologe und Staatsmann, geb. 18. 2. 1201 (597 Hedschra) Tus, pers. Provinz Chorasan (heute Iran), gest. 26. 6. 1274 (672 Hedschra) Kadhimain bei Bagdad, Ilkhanidenreich (heute Irak).

T. begründete die Trigonometrie als selbständige mathematische Disziplin, leistete einen wichtigen Beitrag zur Diskussion der ptolemäischen Astronomie und verfaßte berühmte Werke zur Ethik, Logik und Theologie der Zwölferschia.

T.s Vater, ein schiitischer Jurist, und ein Bruder seiner Mutter unterrichteten ihn in Theologie, Jurisprudenz, Logik und Naturphilosophie. In Tus studierte T. außerdem Algebra und Geometrie. Zur Fortsetzung seiner Ausbildung zog die Familie nach Nischapur, einem führenden Geisteszentrum jener Zeit. Seine dortigen Lehrer, zu denen z. B. der berühmte Enzyklopädist KAMAL AD-DIN MUSA IBN YUNUS gehörte, unterwiesen ihn in den philosophischen Lehren AVICENNAS und FACHR AD-DIN AR RAZIS, in der Medizin nach dem »Kanon« AVICENNAS sowie in Mathematik und Naturwissenschaften. Der ismailitische Vasallenfürst von Kuhistan, NASIR AD-DIN MUHTASCHIM, lud T. als berühmten Gelehrten an seinen Hof ein. Der Konspiration mit dem Abbasidenkalif verdächtigt, wurde er mit Festungshaft bestraft. 1256 befreiten ihn die Mongolenheere unter HULAGU-KHAN, der T. zum Hofastrologen und -astronomen ernannte. Wegen der Bindung HULAGUS an die Astrologie gewann T. großen Einfluß auf den Khan. Er wurde Beamter für religiöse Stiftungen und Angelegenheiten und begleitete HULAGU auf dessen Kriegszug nach Bagdad, der 1258 mit dem Sturz des Abbasidenkalifats endete. Anschließend wurde in Maragha ein großes Observatorium errichtet, man konzentrierte dort islamische und auch chines. Wissenschaftler, und es entstand eine bedeutende mathematisch-astronomische Schule, die T. bis zu seinem Tode führte.

T. soll etwa 150 Arbeiten geschrieben haben, 25 davon in pers., den Rest in arab. Sprache. Daneben beherrschte er die türk. und möglicherweise auch die griech. Sprache. Anknüpfend an ABU'L-BARAKAT AL-BAGHDADI, befaßte sich T. mit der Übertragung logischer Begriffe in mathematische Symbole. Er behandelte, THABIT IBN QURRA und AL-CHAYYAMI folgend, Verhältnisse als positive reelle Zahlen und versuchte, das Parallelenpostulat zu beweisen. T.s wichtigste mathematische Leistung ist der Aufbau der Trigonometrie ohne den Satz des MENELAOS und ohne Bindung an die Astronomie. In einer astronomischen Arbeit bewies T., daß »falls ein Kreis innerhalb der Peripherie eines ruhenden Kreises rollt und der Radius des ersten halb so groß ist wie der zweite, dann beschreibt jeder Punkt des ersten eine große Linie, einen Durchmesser des zweiten«. Diese beiden Kreise, das nach T. benannte TUSI-Pärchen, machen den Exzenter aus dem PTOLEMAIOS-Modell überflüssig und gewährleisten, daß die scheinbaren Planetenbahnen nur mittels gleichmäßiger, kreisförmiger Bewegungen gemäß der Bewegungslehre des ARISTOTELES erzeugt werden. An diese Überlegungen schlossen der TUSI-Schüler QUTB AD-DIN ASCH-SCHIRAZI und der Damaszener IBN ASCH-SCHATIR an. T.s Buch zur Mineralogie folgt den Theorien AVICENNAS und AL-BIRUNIS über die Entstehung der Edelsteine durch die Mischung der vier Elemente und die Rolle von Dämpfen und Sonnenstrahlen in diesem Prozeß. Die Metallbildung erklärte T. durch die Quecksilber-Schwefel-Theorie, ohne die in der gräko-islamischen Alchemie wesentliche Frage der Transformation von Metallen in Gold zu betrachten. In der Philosophie verschmolz T. die aristotelischen Konzeptionen AVICENNAS mit mystischen Lehren islamischer Theologen wie SCHIHAB AD-DIN AS-SUHRAWARDI, wobei er bereits bei AVICENNA vorhandene Ansätze ausbaute. Diese Richtung profilierte sich weiter in den Schriften QUTB AD-DIN ASCH-SCHIRAZIS. T. faßte als erster die theologischen Prinzipien und Argumente der Zwölferschia, der Hauptrichtung des Islam im Iran, zusammen und systematisierte sie. Diese Abhandlung ist noch heute ein Standardwerk der theologischen Ausbildung der Schiiten im Iran. Br

Literatur: Tusi, Muchammed Nasireddin. Traktat o polnom četyrehstoronnike (Schaklul gita) (Übersetz. unter Redakt. v. G. D. Mamedbejâ u. B. A. Rozenfel'd, Baku 1952); At-Tusi, Nasir ad-Din. Traktat, izželaûŝij somnenie po povodu parallel'nyh linij (Übersetz. v. B. A. Rozenfel'd, mit Anm. v. B. A. Rozenfel'd u. A. P. Juškevič), in: Istoriko-matematiceskie issledovaniâ, Ausg. XIII (Moskau 1960), 483–524; At-Tusi, Nasir ad-Din. Sbornik po arifmetike s pomoŝ'û doski i pyli (Übersetz. v. S. A. Ahmedov u. B. A. Rozenfel'd, mit Anm. v. S. A. Ahmedov), in: Istoriko-matematičeskie issledovaniâ, Ausg. XV (Moskau 1963), 431–472; Carra de Vaux, B.: Les sphères céleste selon Nasir-Eddin Attûsi, in: P. Tannery (Hrsg.): Recherches sur l'histoire de l'astronomie ancienne (Paris 1893).

Hartner, W.: Nasir al'din al-Tusi's lunar theory, in: Physis 11 (1970), 287–304; Wiedemann, E.: Zum Leben von Nasîr al Dîn als Tûsî, in: Sitzungsber. Phys.-med. Sozietät Erlangen 58/59 (1926/27), 363–379.

Tyndall, John, Physiker, geb. 2. 8. 1820 Leighlinbridge (Irland), gest. 4. 12. 1893 Hindhead (England).

T. beschäftigte sich mit der Wirkung von Druck und Magnetfeldern auf kristalline Körper, untersuchte Gletscher und meteorologische Vorgänge sowie die Streuung von Licht- und Wärmestrahlung. Er wirkte im Rahmen der Royal Institution und in verschiedenen Zeitschriften unermüdlich für die Popularisierung naturwissenschaftlicher Erkenntnisse, wobei er unter anderem J. R. MAYER der Vergessenheit entriß.

Der Vater T.s verdiente seinen Lebensunterhalt als kleiner Landwirt, Schuhmacher und Angehöriger der Polizei. T. besuchte bis zu seinem 19. Lebensjahr die Schule, konnte aber keine eigentliche Hochschulausbildung absolvieren. Nach der Schulzeit begann er als Zeichner und Zivilingenieur im Vermessungswesen zu arbeiten, verlor aber seine Stelle 1843, als er sich gegen Unterdrückungspraktiken und Unfähigkeit der Leitung der Landesaufnahme auflehnte. 1844/45 war er als Vermessungsingenieur an der Trassierung der Eisenbahn in Lancashire und Yorkshire beteiligt. Danach ohne Beschäftigung, erhielt er durch die Vermittlung eines Freundes am Queenwood College in Hampshire eine Stelle als Mathematik- und Zeichenlehrer. 1848 ging T. für zwei Jahre nach Marburg und Berlin. Hier studierte er bei R. W. BUNSEN und G. H. MAGNUS Physik und promovierte über ein mathematisches Thema. 1851 wurde T.s erste wissenschaftliche Arbeit über das Verhalten von Kristallen im Magnetfeld publiziert, und T. beabsichtigte, eine wissenschaftliche Laufbahn einzuschlagen. Jedoch gelang es ihm weder in Irland noch in Sydney oder Toronto, eine Anstellung zu erhalten. Erst als er 1853 bei einem Vortrag in der Royal Institution sein großes Talent als Lehrer und Experimentator unter Beweis stellte, wurde er noch im gleichen Jahr auf Betreiben von M. FARADAY als Prof. für Naturphilosophie an diese Einrichtung berufen. 1867 wurde T. als Nachfolger FARADAYS Präsident der Royal Institution und hatte zwanzig Jahre dieses Amt inne. 1887 legte er aus gesundheitlichen Gründen alle seine Ämter nieder.

T.s wissenschaftliche Tätigkeit konzentrierte sich bis etwa 1875 überwiegend auf die Physik, danach verstärkte sich sein Interesse für verwandte Gebiete. Anknüpfend an seine erste Arbeit zum Diamagnetismus kristalliner Stoffe untersuchte T. weitere Kristalle auf ihr magnetisches Verhalten. In zahlreichen Experimenten zur Einwirkung von Druck auf Kristalle versuchte T. eine Erklärung für die unterschiedliche Spaltbarkeit zu finden. Die eingehende Untersuchung von Eis sowie dessen Schmelzen und Wiedergefrieren unter wechselnder Druckeinwirkung führte T. zu einer Hypothese für die Gletscherbewegung. Die Beschäftigung mit meteorologischen Erscheinungen brachte T. auf die Untersuchung der Absorption von Licht- und Wärmestrahlung in trüben Medien. 1866 beschrieb er das nach ihm benannte Phänomen, daß ein Lichtstrahl, der durch ein kolloidales Medium geht, infolge Streuung von der Seite aus sichtbar ist. Die theoretische Durchdringung dieser Experimente durch J. W. RAYLEIGH gipfelte 1871 in der Aufstellung des RAYLEIGHschen Gesetzes für die Abhängigkeit der Intensität des gestreuten Lichtes von der Wellenlänge. Die wissenschaftlichen Leistungen T.s wurden seinerzeit stark beachtet und waren z. T. heftig umstritten. Neben den Untersuchungen zur Lichtstreuung sind vor allem seine Experimente zum Verhalten kristalliner Stoffe später in der Festkörperphysik aufgegriffen worden, als durch den erreichten Entwicklungsstand der Atomtheorie die beobachteten Effekte besser gedeutet werden konnten. Als Praktiker hat T. auch stets die Anwendung gewonnener Erkenntnisse im Auge gehabt. So geht z. B. die fraktionierte Sterilisation durch Wärmestrahlung, das Tyndallisieren, auf seine Anregung zurück. Außerordentliche Bedeutung hatte das Wirken T.s für die Verbreitung naturwissenschaftlicher Erkenntnisse. Da er eine große Begabung zur Lehre und zum Experimentieren besaß, war er ein geschätzter und unermüdlicher Redner in den Veranstaltungen der Royal Institution. Seine Vorlesungen über Wärme, Licht und Schall erschienen in Buchform und erlangten in verschiedenen Auflagen und Übersetzungen weite Verbreitung. In einem Vortrag über die Energieerhaltung und die Umwandlung der Energieformen untereinander bezeichnete er 1862 MAYER als den Entdecker des Energiesatzes und verteidigte energisch dessen Prioritätsansprüche vor allem gegen die Anhänger von J. P. JOULE. T. ist es vor allem zu danken, daß MAYER noch zu der verdienten Anerkennung gelangte. Fk

Literatur: Tyndall, J.: The Glaciers of the Alps (London 1860), Heat considered as a Mode of Motion (London 1863), dtsch Die Wärme, betrachtet als eine Art der Bewegung (Braunschweig 1867), On Sound (London 1867), dtsch Der Schall (Braunschweig 1897), Fragments of Science for unscientific people (London 1872), dtsch Fragmente aus den Naturwissenschaften (Braunschweig 1874), Six lectures on light, delivered in America 1872–1873 (London 1873), dtsch Das Licht. Sechs Vorlesungen gehalten in Amerika im Winter 1872 (Braunschweig 1876).

U

Ulugh Beg (Rekonstruktion nach dem Schädelskelett durch Professor Gerassimow)

Ulugh Beg (Uluġ Beg Gürgān, eigentlich Muḥammad Ṭaraġay), mittelasiat. muslimischer Herrscher und Astronom, geb. 22. 3. 1394 (796 Hedschra) Sultaniya (Persien), ermordet 25. oder 27. 10. 1449 (853 Hedschra) bei Samarkand.

U. B. schuf mit seinem »Zidj djadid Gurgani« (Neue astronomische Tafeln des Gurgan) ein Handb., das wegen seiner Genauigkeit bis zu T. BRAHE unübertroffen blieb. In einmaliger Weise vereinigte er in seiner Person oberste Regierungsgewalt und die Beschäftigung mit der Astronomie.

Als Enkel TIMUR LENGS (1336–1405), der durch verheerende Kriegszüge bis nach China und Syrien in die Geschichte einging, sah sich U. B. in den Zerfallsprozeß des so geschaffenen Reiches hineingestellt, den er nicht aufzuhalten vermochte, obwohl es ihm an politischer und militärischer Tatkraft nicht mangelte. Im Auftrag seines Vaters SCHAH-RUCH, der im afghan. Herat residierte, verwaltete er 1411–1447 Westturkestan mit der Hauptstadt Samarkand faktisch selbständig. Gegen andrängende feindliche Stämme von Mongolen und Usbeken war er nur teilweise erfolgreich, was ihn Popularität kostete. Zudem war er im Gegensatz zu seinem Vater weniger darauf bedacht, vor dem Volk als frommer Muslim zu erscheinen. U. B. war ein leidenschaftlicher Jäger, liebte Gastmähler mit Wein und Musik und pflegte bewußt die mongol. Traditionen der von DSCHINGIS-KHAN (um 1162–1227) begründeten Herrschaft. Mit dessen Sippe durch Heirat verbunden, nannte er sich Gurgan (»Schwiegersohn«); der Name U. B. bedeutet »Großfürst«. Das Leben U. B.s nahm eine dramatische Wendung, als er nach dem Tode seines Vaters SCHAH-RUCH (1447) die Herrschaft über das Gesamtreich übernahm, das immer mehr von dynastischen Zwistigkeiten zerrissen wurde. Zuletzt verfeindete er sich mit seinem Sohn ABD AL-LATIF, den er vielfach ungerecht behandelt hatte. Nach militärischer Niederlage und mißlungener Flucht mußte sich U. B. dem Sohn unterwerfen. Zum Schein gestattete ihm dieser, sich auf die Wallfahrt nach Mekka zu begeben, zugleich wurde in einem geheimen Gerichtsverfahren einem gewissen ABBAS erlaubt, seinen auf U. B.s Befehl hingerichteten Vater zu rächen. Schon auf der ersten Rast wurde U. B. von seinem Mörder eingeholt. Die 1941 erfolgte Öffnung des Sarkophages bestätigte den zeitgenössischen Bericht von seiner Enthauptung.

Die exakten Wissenschaften, besonders die kostenaufwendige Astronomie, wurden im islamischen Mittelalter meist im Umkreis der regierenden Höfe betrieben. U. B. war als Herrscher nicht nur Mäzen, sondern selbst aktiver Wissenschaftler. Er berief bedeutende Astronomen zu sich, z. B. QADI-ZADE RUMI, dessen großes Mausoleum an der Gräberstraße Schah-i-Zinda bei Samarkand von der Hochschätzung zeugt, die ihm U. B. entgegenbrachte. Von einem anderen Astronomen, GHIYATH AD-DIN DJAMSCHID AL-KASCHI, ist ein Brief an seinen Vater erhalten, in dem er begeistert von den intellektuellen Fähigkeiten des Fürsten und vom

V

Bau seines Observatoriums samt zugehörigen Geräten berichtet. Dessen Dimensionen übertrafen die aller bisherigen Sternwarten, wodurch die Meßgenauigkeit gesteigert werden konnte. Erhalten hat sich davon ein 10 m in den Felsen eingehauener Teil eines Sextanten, der erst 1908 von dem russ. Archäologen W. L. Wjatkin wiederentdeckt und ausgegraben wurde. Er besteht aus zwei parallel in Nord-Süd-Richtung ausgelegten und mit einer Gradeinteilung versehenen Kreissegmenten, deren Radius 40,21 m beträgt. Im Zentrum befand sich seinerzeit, den Feststellungen P. G. Bulgakows zufolge, eine Lochblende, durch die mittags das Sonnenlicht einfiel. Mit Hilfe dieses Gerätes ließen sich unter anderem die geographische Breite des Ortes und die Schiefe der Ekliptik bestimmen. Die hier gewonnenen Ergebnisse gingen in den »Zidj djadid Gurgani« ein, dessen erster Teil von Kalendersystemen handelt, der zweite von der Zeitbestimmung, der dritte von den Planetenbewegungen, der vierte von astrologischen Fragen. Das Werk entstand zu einer Zeit, als in Europa die Periode der systematischen Rezeption der arab. Wissenschaft längst abgeschlossen war. Erst 1665 machte Th. Hyde in Oxford den darin enthaltenen Fixsternkatalog in lat. Übersetzung zugänglich. Noch heute gibt es keine Gesamtausgabe dieses bedeutenden Werkes. Sm

Literatur: Sédillot, L. P. E. A.: Prolégomènes des tables astronomiques d'Ouloug-Beg, 2 Bde. (Paris 1847 u. 1853); Ulugh Beg's catalogue of stars (Übersetz. v. E. B. Knobel, Washington 1917).

Bulgakov, P. G.: K biografii Ulugbeka, in: Obščestvennye nauki v Uzbekistane 13, Nr. 8–9 (1969), 99f.; Džalalov, G. D.: Otličie »Zidž Guragoni« ot drugih podobnyh zidžej, in: Istoriko-astronomičeskie issledovaniâ 1 (1955), 85–100, K voprosu o sostavlenii planetnyh tablic Samarkandskoj observatorii, in ebenda 1 (1955), 101–118, Nekotorye zamečatel'nye vyskazyvaniâ astronomov Samarkandskoj observatorii, in: ebenda 4 (1958), 381–385; Kennedy, E. S.: A Letter of Jamshid al-Kāshi to His Father: Scientific Research and Personalities at a Fifteenth Century Court, in: Orientalia 29 (1960), 191–213; Urunbaev, A.: O vremeni vyezda Ali Kušì iz Srednej Azii, in: Obščestvennye nauki v Uzbekistane 15, Nr. 9 (1971), 51–56.

●

van't Hoff, → Hoff.

Varenius (Varen), Bernhard, Mediziner und Geograph, geb. 1622 Hitzacker, gest. Ende 1650 Amsterdam.

V. kann als einer der bedeutendsten frühen Vorläufer der mit A. v. Humboldt und C. Ritter beginnenden klassischen wissenschaftlichen Geographie betrachtet werden.

V., Sohn eines Hofpredigers, studierte 1643–1647 in Königsberg (Kaliningrad) und Leyden Medizin, Naturwissenschaften und Mathematik. Ab 1646 war er Hauslehrer in Amsterdam, 1649 wurde er zum Dr. med. promoviert, ohne je als Arzt zu arbeiten.

Die geistige Bewegung des Renaissance-Humanismus hatte auch die Geographie, im damaligen Sprachgebrauch meist als Cosmographie und Topographie bezeichnet, aus der geistigen Enge der Scholastik herausgeführt. Die Geographie hatte begonnen, sich zu einer Disziplin zu entwikkeln, in der Naturbeobachtung und -beschreibung sowie die Darstellung sozialökonomischer Verhältnisse eine wesentliche Rolle spielen. Hierfür stehen Namen solcher geographisch interessierter Humanisten wie J. Regiomontanus, C. Celtis, H. L. Glareanus, S. Münster, B. Stein, P. Apianus und G. J. Rheticus. Die neuere Forschung hat das geographische Werk von B. Keckermann erschlossen, der als unmittelbarer Vorläufer von V. anzusehen ist und aus dessen »Systema geographicum« V. sicher einigen Gewinn gezogen hat. 1650 erschien, vermutlich schon postum, V.' berühmtes Werk »Geographia generalis ...«, das mit Ergänzungen für etwa 100 Jahre wesentliches Lehrb. der allgemeinen Geographie blieb. Dafür sprechen weitere Ausgaben in Amsterdam (1664, 1671) und zwei in Cambridge von I. Newton besorgte Ausgaben (1672, 1681). Danach wurde das Werk in Latein 1693 in Jena und 1711 erneut in Cambridge gedruckt. Letztere Ausgabe war Vorlage für die in Genua 1715. Auf Geheiß Peters I. erschien 1718 eine russ. Ausgabe. Eine engl. (1733), eine niederländ. (1750) und eine franz. Ausgabe (1755) folgten. In deutscher Sprache wurden nur Bruchstücke veröffentlicht. Demgegenüber

Titelblatt der 1664 in Amsterdam erschienenen »Geographia generalis, ...« von B. Varenius

geriet KECKERMANN, den V. nicht erwähnt, in Vergessenheit.

Die »Geographia generalis ...« ist wie KECKERMANNS Werk in eine Geographia generalis, die heutige allgemeine Geographie, und eine Geographia specialis, die heutige Länderkunde, gegliedert. Nach V. existiert damit eine Zweiteilung der Geographie als Einheit von allgemeiner und regionaler Geographie. Damit ging V. von der Ganzheit der geographischen Wissenschaft aus. Allerdings lieferte er für seine Länderkunde nur den Gedanken des grundsätzlichen Herangehens; die Beschreibung einzelner Länder, die Landesnatur und Wirtschaft umfassen soll, fehlt dagegen. Den eigentlichen Inhalt seines Buches bildet die allgemeine Geographie, die er in einen absoluten Teil, die physikalische Geographie umfassend, in einen respektiven Teil, der die mathematische Geographie enthält, und in einen komparativen Teil, der sich hauptsächlich mit der Anwendung der Geographie in der Schiffahrt beschäftigt, unterteilt hat. In dieser allgemeinen Geographie sind viele Züge einer vergleichenden und damit regional orientierten Geographie enthalten. Sie vermittelt wesentlich neue Anschauungen zur physischen Geographie, die in ihrer gesamten Breite dargestellt wird, und geht davon aus, daß die Erdoberfläche ständigen Veränderungen unterliegt, die zu neuen Formen führen.

1649 hatte V. im Rahmen einer vom Verlag ELSEVIER angeregten länderkundlichen Reihe eine kompilatorische Beschreibung Japans mit einem Anhang über Siam und eine Arbeit über die japanische Religion veröffentlicht. In V.' Vorstellung bildet die Geographie einen für sich bestehenden Teil der Mathematik, und er betont, daß es, ohne die »Description« zu vernachlässigen, Aufgabe der Mathematiker sei, über Geographie zu schreiben; ohne Zweifel ist V. dabei von R. DESCARTES' Physik wesentlich angeregt worden. V.' Werk ist ein typisches Beispiel für die empirische Naturforschung und den mechanischen Materialismus des 17. Jh. Li

Literatur: Varenius, B.: Geographia generalis, in qua affectiones generales Telluris explicantur (Allgemeine Geographie, in der die allgemeinen Grundlagen des Erdkörpers erklärt werden) (Amsterdam 1650), Descriptio Regni Japoniae cum quibusdam affinis materiae, ex variis auctoribus collecta et in ordinem redacta per B. V. (Beschreibung des Japanischen Reiches mit dazugehörigen Materialien, aus verschiedenen Verfassern zusammengestellt und in geordneter Reihenfolge hrsg. von B. V.) (Amsterdam 1649), Tractatus, in quo agitur: De Japoniorum. De Christianae religionis introductione in ea loca. De ejusdem extirpatione. Adjuncta est de diversa diversarum gentium totius telluris Religione brevis informatio (Eine Abhandlung, in der berichtet wird: Über die Religion der Japaner. Über die Einführung der christlichen Religion in jener Gegend. Über die Ausrottung derselben. Beigefügt ist eine kurze Information über die verschiedenen Religionen der verschiedenen Völker der gesamten Erde) (Amsterdam 1649).

Günther, S.: Varenius, in: Klassiker der Naturwissenschaften, IV. Bd. (Leipzig 1905); Lange, G.: Das Werk des Varenius. Eine kritische Gesamtbibliographie, in: Erdkunde 15 (1961), 1–19; Offe, H.: Bernhard Varenius (1622–1650), in: Geogr. Taschenb. 1960/61, 435–438 (Wiesbaden 1960).

Vavilov, → Wawilow.

Vernadskij, → Wernadski.

Verworn, Max Richard Konstantin, Zoologe und Physiologe, geb. 4. 11. 1863 Berlin, gest. 23. 11. 1921 Bonn.

Ausgehend von Studien an Einzellern wurde V. zum Begründer der allgemeinen Zellphysiologie und beschäftigte sich speziell mit der vergleichenden Physiologie des Nervensystems.

V. studierte ab 1883 Medizin und Naturwissenschaften in Berlin, wo er 1887 bei dem Zoologen F. E. SCHULZE zum Dr. phil. promoviert wurde, nachdem er 1885 bei E. HAECKEL in Jena zum Studium einzelliger Organismen angeregt worden war. 1887 ging er nach Jena zurück und legte bei W. BIEDERMANN 1889 das medizinische Doktorexamen, 1890 das medizinische Staatsexamen ab, habilitierte sich 1891 für Physiologie und wurde 1895 zum ao. Prof. für Physiologie ernannt. Dem Kreis von Biologen um BIEDERMANN und HAECKEL in Jena, zu dem die Botaniker E. STAHL und W. DETMAR, die Zoologen M. FÜRBRINGER, A. LANG, J. WALTHER, R. SEMON und W. KÜKENTHAL gehörten, verdankte V. entscheidende Anregungen. 1901 wurde er als o. Prof. und Dir. des Physiologischen Instituts nach Göttingen und 1910 als Nachfolger E. PFLÜGERS nach Bonn berufen, wo nochmals bedeutende Physiologen wie F. W. FRÖHLICH, L. LÖHNER, R. MATTHAEI, A. PÜTTER, K. WACHOLDER und H. WINTERSTEIN seine Schüler waren und ausländische Gastforscher wie S. BAGLIONI, K. ISHIKAWA oder J. VÉSZI in seinem Institut arbeiteten.

In den 60er Jahren des 19. Jh. war die Zellforschung, die durch die Zellentheorie von M. J. SCHLEIDEN und TH. SCHWANN im Mittelpunkt der morphogenetischen Forschung gestanden hatte, in ein neues Stadium getreten. R. VIRCHOW hatte die Pathologie der Zellfunktionen zum Schlüssel der Krankheitserscheinungen des Gesamtorganismus erklärt (1855, 1858), und M. SCHULTZE in Bonn hatte durch seine Protoplasmatheorie zunächst die mikroskopische Untersuchung des Zellplasmas (1861) initiiert, dann durch Identifizierung der Rhizopoden (Wurzelfüßer) mit einer Einzelzelle die Verbindung zwischen Protozoen- und Zellforschung hergestellt (1863), die 20 Jahre lang mikroskopisch-anatomische Ergebnisse über Strukturen des Protoplasmas zeitigte; woran auch HAECKEL und R. HERTWIG durch ihre Radiolarienstudien wesentlichen Anteil hatten.

V. führte die durch HAECKEL in Jena und SCHULZE in Berlin erhaltenen Anregungen zu seinen Protozoenforschungen weiter und verband sie auf experimenteller Grundlage mit physiologischen Fragestellungen. Indem er die Lebensprozesse der »Elementarorganismen« und der Zellen als Elementarorgane als grundlegend für die Erkenntnis über die Lebensprozesse der Tiere und Pflanzen ansah, begründete er die experimentelle Zellularphysiologie, deren Ergebnisse er verallgemeinerte. Ein Schwerpunkt seiner Studien war die Reiz- und Sinnesphysiologie, wobei er Fragen der Erregbarkeit und Ermüdung, Ursachen der Flimmerbewegung bei Protozoen (und Körperzellen) sowie die Wirkung von Narkose und Hypnose untersuchte und vergleichende Studien bei Pflanzen und Tieren anstellte. Neben J. LOEB wurde er so zum Begründer der allgemeinen Physiologie (1895). V. suchte die physiologischen und psychologischen Prozesse konsequent auf chemische Reaktionen zurückzuführen und betrachtete den Zellenstoffwechsel als »Stoffwechsel einer chemischen Verbindung« bzw. deren »fortwährenden Zerfall und der fortwährenden Neubildung« (1903). Diese von zeitgenössischen Entdeckungen und Kontroversen über »Fermente« und »Enzyme« abgeleiteten Vorstellungen über chemische Ursachen der Wachstumsvorgänge faßte er in seiner Biogenhypothese zusammen. Demgegenüber gab es um 1900 auch andere Auffassungen von den physiologischen Prozessen der Zelle, z. B. diejenigen von F. SCHENCK. V.s Interesse für Theorienbildung auf kausalmechanischer Grundlage ließ ihn gegen den auf entwicklungsphysiologischem Gebiet um 1900 entstandenen Neovitalismus auch philosophisch eintreten.

Ja

Literatur: Verworn, M. R. K.: Psycho-physiologisches Protistenstudium (Jena 1889), Allgemeine Physiologie (Jena 1895), Die Biogenhypothese (Jena 1903).

Fröhlich, F. W.: Max Verworn, in: Z. allg. Physiol. 20 (1923), 185ff.; Uschmann, G.: Geschichte der Zoologie und der zoologischen Anstalten in Jena 1779–1919 (Jena 1959), 181/182.

Vesalius, Andreas, Arzt und Anatom, geb. 1514 oder 1515 Brüssel, gest. 1564 (?) auf der Insel Zante (griech. Zakynthos).

V. legte mit seinem 1543 in Basel herausgegebenen Werk »De humani corporis fabrica libri septem« (Sieben Bücher über den Bau des menschlichen Körpers), kurz »Fabrica« genannt, die erste vollständige und systematische Beschreibung des menschlichen Körpers vor und leitete damit den Beginn der modernen Anatomie ein.

A. Vesalius

V., Sohn eines Hofapothekers, zeigte bereits früh besonderes Interesse für Anatomie. Schon als Schüler soll er verschiedene Tiere selbst zergliedert haben. Wie viele seiner Vorfahren beabsichtigte auch V., den Arztberuf zu ergreifen, und begab sich zum Studium nach Paris an die Univ., die im 16. Jh. durch die humanistische Bewegung einen neuen Aufschwung erlebte und Anziehungspunkt vieler Wissensdurstiger aus allen Teilen Europas wurde. Um die Anatomie war es allerdings nicht so gut bestellt. Die Fakultät besaß bis ins 17. Jh. hinein kein eigenes Theatrum anatomicum, und die anatomischen Lehrer, J. Sylvius und J. Winther von Andernach, repräsentierten die alten scholastischen Lehrmethoden. Da V. die auf den anatomischen Schriften des Galen fußende Lehre nicht befriedigte, nutzte er jede Gelegenheit, um an geeigneten Objekten selbst zu sezieren. Seinem guten Wissen und seiner Geschicklichkeit ist es zuzuschreiben, daß er schon als Student die Rolle des Sekanten übernehmen durfte. Die Ereignisse des 3. deutsch-franz. Krieges veranlaßten V., Paris zu verlassen. Seine Studien setzte er in Löwen fort, wo er erneut Gelegenheit hatte, öffentliche anatomische Demonstrationen vorzunehmen. Daß V.' Interessen der gesamten Medizin galten, zeigt deutlich seine Bearbeitung des »Liber Nonus« von Rhazes, die 1537 als sein Erstlingswerk erschien. Nach Studien in Venedig zog es ihn schließlich nach Padua, einem der Zentren der wissenschaftlichen Renaissance, das die Möglichkeit einer freien Forschung und Lehre versprach. Hier wurde er am 5. 12. 1537 zum Doctor medicinae promoviert und – erst 23jährig – sofort zum Prof. berufen. Obwohl man ihn in erster Linie für die anatomischen Lehrveranstaltungen verpflichtet hatte, erhielt er den Lehrstuhl für Chirurgie, der traditionsgemäß die Anatomie einschloß. Seine Vorlesung erregte höchstes Interesse und zog zuweilen mehr als 500 Hörer und Schaulustige an. Aus Demonstrationsskizzen für die Vorlesungen gingen seine »Tabulae anatomicae sex« (Sechs anatomische Tafeln) hervor (1. Aufl. Venedig 1538). Zeichnungen, die noch zahlreiche Fehler der Galenischen Anatomie aufwiesen, ließ V. z. T. von dem Tizianschüler St. v. Calcar anfertigen.

Da seine Beobachtungen an der menschlichen Leiche oftmals in krassem Widerspruch zu den Angaben von Galen standen, beschloß V., eine eigene Darstellung der Anatomie herauszugeben. 1543 erschien in Basel seine »Fabrica«. Jedoch rief sein Werk bei den vorwiegend scholastisch ausgerichteten Gelehrten einen derartigen Widerspruch hervor, daß V. resigniert seine Lehrtätigkeit aufgab und eine Stellung als Leibarzt von Karl V. antrat. Neigung zur praktischen Ausübung der Heilkunde war stets bei V. vorhanden, was auch literarisch in einigen Abhandlungen sowie in der Neuaufl. seines Anatomiewerkes seinen Niederschlag fand. Von Madrid aus unternahm V. 1564 eine Pilgerfahrt nach Jerusalem, auf deren Rückreise er verstarb.

Die Größe und Bedeutung des V. für die Entwicklung der modernen Medizin liegt ohne Zweifel darin, daß er aufgrund vergleichender Studien an der menschlichen Leiche und am Tierkadaver sowie gleichzeitiger intensiver Beschäftigung mit den anatomischen Kapiteln des Corpus Galenianum, die er für die lateinische Gesamtausgabe (Venedig 1541) bearbeitet hatte, zu der epochalen Einsicht kam, daß Galen Säugetieranatomie betrieben haben muß und diese nicht ohne weiteres mit den Verhältnissen beim Menschen gleichgesetzt werden darf. Im Vorwort seines Hauptwerkes, der »Fabrica«, resümiert V. kritisch die alte Art der Sektion, bei der ein Wundarzt oder Barbier die Zergliederung des Leichnams besorgte, während der Lehrer der Anatomie das reine Buchwissen vortrug. Im äußeren Aufbau folgt das Werk der auf Galen zurückgehenden Gliederung, inhaltlich jedoch basiert es weitestgehend auf den von V. selbst gewonnenen Erkenntnissen der Anatomie des menschlichen Körpers, so daß Galens Ausführungen an mehr als 200 Stellen berichtigt wurden. In mancher Beziehung blieb V. freilich noch Galenischen Anschauungen verpflichtet, z. B. bei der Physiologie. Obgleich er die von Galen postulierte Existenz von Poren in der Herzkammerscheidewand nicht bestätigen konnte, zweifelte er dennoch nicht an dessen Blutbewegungsschema. Trotz dieser Einschränkungen gebührt V. das Verdienst, der Begründer moderner anatomischer Methoden zu sein, wenngleich auch andere Anatomen, z. B. Berengario de Carpi oder G. B. Canano, gleichzeitig mit ihm oder kurz vorher die Schwächen der traditionellen Anatomie erkannt hatten. Besondere Erwähnung verdienen die Abbildungen in der »Fabrica«, die die textlichen Ausführungen dort sinnvoll ergänzten, wo die sprachlichen Mittel nicht auszureichen schienen. Ob diese Abbildungen ebenfalls von St. von Calcar stammen, ist ungewiß. V.' Hauptwerk, von dem auch ein Auszug unter dem Titel »Epitome« jeweils in lat. und deutscher Sprache erschien, hat nicht nur Zustimmung, sondern auch Ablehnung hervorgerufen. So reagierte V.' ehemaliger Lehrer J. Sylvius ausgesprochen feindselig und verfaßte 1551 eine Schmähschrift, in der er V. als Wahnsinnigen bezeichnete. Da sich der eingefleischte Galenist aber nicht allen Beweisen widersetzen konnte, argumentierte er damit, daß sich der menschliche Körper seit Galens Zeiten eben verändert hätte. Na

Literatur: Vesalius, A.: Tabulae anatomicae sex (Venedig 1538, 2. Aufl. 1555), De humani corporis fabrica libri septem (Basel 1543, 2. Aufl. 1555), Suorum de fabrica corporis humani librorum epitome (Basel 1543).

Kupriânov, V. V.: Andrej Vezalij (1514–1564) v istorii anatomii i mediciny (Moskau 1964); Lindeboom, G. A.: Andreas Vesalius 1514–1564 (Haarlem 1964); Rath, G.: Andreas Vesal im Lichte neuer Forschungen (Wiesbaden 1963); Roth, M.: Andreas Vesalius Bruxellensis (Berlin 1892).

Viète (Vieta), François, Mathematiker, geb. 1540 Fontenay-le-Comte, gest. 23. 2. 1603 Paris.

V. gilt als Begründer der Buchstabenalgebra und leistete bedeutende Beiträge zur Geometrie und Trigonometrie.

V. war der Sohn eines Juristen und erhielt seine erste Ausbildung in seinem Heimatort; er studierte Jura in Poitiers und hatte wohl die Absicht, eine Universitätslaufbahn einzuschlagen; er trat jedoch 1564 in die Dienste der Familie d'Aubeterre und unterrichtete die hochbegabte Tochter C. de Parthenay; ab 1566 lebte V. im Gefolge dieser Familie in La Rochelle und seit 1570 in Paris als Rechtsanwalt. 1573 wurde er zum Mitgl. des Parlaments in Rennes ernannt. Seit 1580 wieder in Paris, wirkte er auch dort am Parlament sowie als Berater des Königs. 1584–1589 war V. aus unbekannten politischen Gründen der Aufenthalt am königlichen Hof und in Paris untersagt. Durch Heinrich III. zurückgerufen, wirkte V. am Parlament in Tours; er entzifferte die span. Geheimkorrespondenz (1589/90) für König Heinrich IV. 1594 kehrte V. wieder nach Paris zurück, lebte später auch in Fontenay und schied 1599 aus Gesundheitsgründen aus dem Staatsdienst aus.

V.s erste wissenschaftliche Schrift waren die »Principes de cosmographie ...«; darin behandelte er Probleme der Geographie, Astronomie und Erdmessung. Der berühmte »Canon mathematicus ...« (seit 1571) enthielt trigonometrische Untersuchungen mit Tabellen für die sechs trigonometrischen Funktionen und die Lösung aller trigonometrischen Grundaufgaben für die Ebene und die Kugeloberfläche. Größten Einfluß auf die Entwicklung der Mathematik übte V. mit dem Werk »In artem analyticem isagoge« (etwa »Einführung in die algebraische Kunst«, 1591) aus. Darin führte er Bezeichnungen für die bekannten Größen (*B, C, D, ...*), die unbekannten (*A, E, I, O, U*) und für Potenzen ein (x^2: A quadratus, x^3: A cubus ...) (»Logistica speciosa«). Außerdem verwendete er feste Zeichen für die Operationssymbole. V. war sich der Bedeutung seines Kalküls bewußt und behauptete überschwenglich, daß »es meine Kunst erlaubt, die Lösungen aller mathematischen Probleme mit größter Sicherheit zu finden«. Nach antiken Vorbildern stellte er seine neue symbolische Methode in Anwendung auf Gleichungen und einzelne geometrische Probleme dar; ebenfalls aus dem Jahre 1591 stammt seine Erkenntnis über den Zusammenhang zwischen den Koeffizienten und Wurzeln einer algebraischen Gleichung, der Satz von Vieta, den er selbst nur für positive Wurzeln aussprach; den allgemeinen Zusammenhang fand erst A. Girard (1629). In Arbeiten, die 1613 und 1615 postum erschienen, wurde offenbar, daß V. algebraische Ausdrücke sehr geschickt umzuformen verstand, die Lösung der Gleichungen 4. Grades kannte und auch spezielle Gleichungen 5. Grades erfolgreich behandeln konnte. Die von V. verwendete große Anzahl neuer Kunstworte machte es seinen Zeitgenossen jedoch sehr schwer, seinen Darlegungen zu folgen.

M. R. K. Verworn

F. Viète

An mathematischen Einzelergebnissen V.s sind noch zu nennen: die geometrische Deutung der algebraischen Grundoperationen (1591), Einschiebungskonstruktionen und die näherungsweise Konstruktion des regelmäßigen Siebenecks (1591), Untersuchung unendlicher geometrischer Reihen, die Gewinnung von $2/\pi$ als unendliches Produkt, die Untersuchung von Summen trigonometrischer Terme. V. hatte tiefe Einsichten in das Problem der Kreisquadratur, widerlegte die angeblichen Kreisquadraturen von J. C. Scalinger und N. Cusanus und untersuchte Sehnenvierecke. 1593 gab V. die Lösung einer Gleichung 45. Grades, die in einem Preisausschreiben A. van Roomens gefordert worden war. V. besaß wohl auch erhebliche Kenntnisse über das Wesen komplexer Zahlen und war in der Lage, mit ihnen in geometrischer Form die arithmetischen Grundoperationen auszuführen. Sogar der Satz von A. de Moivre scheint V. in einer Vorform bekannt gewesen zu sein.

Als Kuriosum kann angesehen werden, daß V. einer der schärfsten Kritiker der von Gregor XIII. angeregten Kalenderreform gewesen ist. Il

Literatur: Viète, F.: Opera mathematica (Hrsg. F. van Schooten, Leiden 1646, Nachdruck Hildesheim 1970), Einführung in die Neue Algebra (Hrsg. K. Reich und H. Gericke, München 1973).

Busard, H. L. L.: Über einige Papiere aus Viètes Nachlaß in der Pariser Bibliothèque Nationale, in: Centaurus 10/11 (1964–1966), 65–126.

Villermé, Louis-René, Arzt, Hygieniker, Soziologe und Medizinalstatistiker, geb. 10. 5. 1782 Paris, gest. 16. 11. 1863 Paris.

V. wurde durch seine medizinisch-demographischen Erhebungen unter umfassender Anwendung der Statistik und darauf aufgebauten Vorschlägen zur Verbesserung der Arbeits- und Lebensbedingungen, vor allem der unteren Bevölkerungsklassen, zu einem Wegbereiter der neuzeitlichen Sozial- und Arbeitshygiene.

Zur Zeit der franz. Revolution besuchte V. die Schule in Lardy (Dep. Seine et Oise), wo sein Vater Schloßverwalter war. 1801 wandte sich V. in Paris der Medizin und Chirurgie zu, trat in die Armee ein, wurde 1804 Armeechirurg und nahm in dieser Eigenschaft unter Napoleon an den Feldzügen in Spanien, Deutschland, Österreich und Frankreich teil. Nach der Entlassung aus dem Militärdienst 1814 unterzog sich V. erneut einem medizinischen Examen und promovierte noch im gleichen Jahr mit einer anatomischen Arbeit. Eine danach begonnene Arztpraxis gab er bald wieder auf, um sich ausschließlich seinen wissenschaftlichen Untersuchungen widmen zu können. V. war Mitgl. mehrerer medizinischer Gesellschaften und des Gesundheitsrates (conseil de salubrité) und seit 1829 Redakteur der von ihm mitgegründeten Annales d'hygiène publique et de médecine légale, der führenden hygienischen Ztschr. dieser Zeit. Während der Choleraepidemie 1832 war V. im Dienst der öffentlichen Seuchenbekämpfung wieder als Arzt tätig. Zahlreiche Ehrungen (z. B. Ernennung zum Ritter der Ehrenlegion 1833 und zum Offizier der Ehrenlegion 1856) zeugen von der hohen Wertschätzung, die V. genoß.

Unter den Bedingungen sich verschärfender Widersprüche im kapitalistischen Produktionsprozeß wurde in Frankreich, neben England das am meisten entwickelte Industrieland, der Begriff Soziologie geprägt. In Fortführung spätaufklärerischer Gedanken entstand eine medizinische Soziologie mit dem Ziel, die Zustände der Bevölkerung unter medizinischen Aspekten statistisch zu untersuchen. 1822 wurde in Frankreich der Conseil supérieur de santé publique errichtet, als dessen Sprachorgan V. 1829 seine Zeitschrift gründete. Nach ersten größeren Untersuchungen über die schlechten Zustände auf Galeeren, in Zuchthäusern und Gefängnissen veröffentlichte V. ein 2bändiges Werk über die Lebens- und Arbeitsbedingungen der Arbeiter in Textilfabriken. Darin bewies er unter anderem die Schädlichkeit der Kinderarbeit und bezog den gesamten Tagesablauf und Lebensbedingungen des Arbeiters in seine Recherchen ein (z. B. Wohnungsverhältnisse, Ernährung, Promiskuität, Alkoholkonsum). In seinen demographischen Erhebungen berechnete V. das Verhältnis zwischen Geburts- und Sterbezahlen, nach Geschlecht und Lebensstandard aufgeschlüsselt. Dabei bewies er statistisch den in der Medizin seit langem bekannten Unterschied zwischen arm und reich im Sterblichkeitsverhältnis. Ferner untersuchte V. die Dauer von Krankheiten bei bestimmten Lebensaltern, die saisonbedingte Säuglingssterblichkeit, das Wohnungs- und Versicherungswesen, die Arbeitszeit und die Schichtarbeit, Probleme der Frauenarbeit u. a. Bei allen diesen Arbeiten konzentrierte sich V. in erster Linie auf die arbeitende Bevölkerung (les classes ouvrières) und schlug im Anschluß an seine statistischen Nachweise Verbesserungen im Sinne von Reformvorschlägen vor. Sorgfältige Sammlungen von Daten, ihre scharfsinnige Interpretation und vorsichtigen Schlußfolgerungen begründeten seinerzeit den Modellwert von V.s Arbeiten.

Eine auf Quantifizierung und Statistik aufgebaute Soziologie mit einer auf diesem Wege erstrebten Erhellung des »Milieus« gehörte zur Gesellschaftslehre des zu V.s Zeit in Frankreich entstandenen Positivismus, einer Philosophie, mit der V. offenbar vertraut war.

V. war befreundet mit dem bekannten belg. Statistiker L. A. J. Quetelet. Seinen Lebensweg kennzeichnen neben Hingabe an die Wissenschaft Bescheidenheit und menschliches Mitgefühl. Er galt bei seinen Zeitgenossen als edler Charakter und echter Repräsentant der franz. Humanité.

Wa

Literatur: Villermé, L.-R.: Des prisons telles qu'elles sont et telles qu'elles devraient être, par rapport à l'hygiène, à la morale et à l'économie (Über Gefängnisse, wie sie sind und wie sie sein sollten, in Hinblick auf Hygiene, Sittlichkeit und Ökonomie) (Paris 1820), Sur la mortalité comparative dans la classe indigente et dans la classe aisée (Über den Vergleich des Sterblichkeitsverhältnisses zwischen der bedürftigen und der wohlhabenden Bevölkerungsklasse), in: Arch. gén. de médecine, 1. série (1824) VI, Sur la durée moyenne des maladies aux différents âges etc. (Über die mittlere Dauer von Krankheiten bei verschiedenen Lebensaltern u. a.), in: Ann. d'hyg. etc (1829) II, Recherches sur des causes de la richesse et de la misère des peuples civilisés (Untersuchung über die Ursachen von Reichtum und Armut bei den zivilisierten Völkern), in: Revue mens. d'économie politique (1834), Tableau de l'état physique et moral des ouvriers employés dans les manufactures de coton, de laine et de soie etc. (Bericht über den körperlichen und psychischen Zustand von Arbeitern, die in den Baumwolle-, Wolle- und Seidenmanufakturen beschäftigt sind), 2 Bde. (Paris 1840).

Vinogradov, → Winogradow.

Virchow, Rudolf Ludwig Carl, Arzt, Pathologe, Anthropologe und Gesundheitspolitiker, geb. 13.10.1821 Schivelbein (Pommern), gest. 5. 9. 1902 Berlin.

V. lieferte mit der Begründung der Zellularpathologie ein entscheidendes Fundament für den Aufbau der wissenschaftlichen Medizin; er gehört zu den Vorläufern der wissenschaftlichen Sozialhygiene.

V., Sohn eines Stadtkämmerers, studierte nach dem Schulabschluß in Köslin (Koszalin) 1839–1843 Medizin an der Pépinière (Militärärztliche Akademie in Berlin). 1844 wurde V. Assistent des Prosektors und 1846 selbst Prosektor der Berliner Charité. Im Auftrag des Kultusministeriums untersuchte er 1848 den Verlauf einer Typhusepidemie im damaligen Oberschlesien. Aktiv nahm er an der Märzrevolution 1848 in Berlin teil. 1849–1856 war V. Ordinarius der Pathologie in Würzburg, wo er seine Zellularpathologie ausarbeitete. Anläßlich einer Untersuchung der Krankheitsverhältnisse im Spessart kam er zu der Überzeugung, daß zwischen Krankheit und sozialem Verhältnis ein Zusammenhang besteht. 1856 wurde V. als Ordinarius der Pathologie nach Berlin zurückberufen und gründete dort das Pathologische Institut der Charité. In der Folgezeit war er neben seinem eigentlichen Fach Pathologie auch tätig auf den Gebieten der Anthropologie, Kommunalhygiene (z. B. als Mitgl. des Stadtrates) und Politik. V. war Mitbegründer der bürgerlich-liberalen »Fortschrittspartei« und seit 1880 Reichstagsabgeordneter. 1893 war er Rektor der Univ. Berlin.

Mit seiner Zellularpathologie gehört V. zu den Hauptrepräsentanten der Grundlagenforschung der Medizin in der 2. Hälfte des 19. Jh. V. begann als Experimentator (auf diesem Wege prägte er die Begriffe Thrombose und Embolie in heutiger Anwendung), wandte sich aber bald hauptamtlich der mikroskopischen Pathologie zu, deren Ausbau in Forschung und Lehre seine eigentliche Lebensarbeit auf dem Gebiet der Pathologie bildete. Von grundlegender Bedeutung ist hierbei seine Fundierung der Pathologie auf die biologischen Gesetzmäßigkeiten der Zellenlehre. Seine anfängliche Ansicht einer freien Zellbildung aus einem »Blastem« widerlegte er und stellte den noch heute gültigen Satz auf: »omnis cellula e cellula« (jede Zelle entstammt einer Zelle, d. h. nicht aus einem Substrat im Sinne einer Urzeugung).

Nach V.s Vorstellung stehen sich Gesundheit und Krankheit nicht wesensverschieden gegenüber, beide sind Äußerungen der gleichen sich in den Zellen manifestierenden Lebenserscheinungen, im Krankheitsfall aber unter veränderten Bedingungen, die mittels Reizen des äußeren oder des somatischen Bereichs das Zelleben in bestimmter Richtung dirigieren. Rückbildungen, Umbildungen und Neubildungen von Zellen liegen letzthin dem Krankheitsprozeß zugrunde. Krankheit sei demnach »Leben unter veränderten Bedingungen«.

Bei seinen Untersuchungen über die Grundlagen pathologischer Erscheinungen erkannte er das eigentliche morphologische Substrat vieler Krankheiten, von denen er nicht wenige neu definierte, z. B. Leukämie, Rachitis, Gicht, onkologische Krankheitsformen, Mykosen. Hervorzuheben sind in diesem Zusammenhang seine Untersuchungen über den Bau des Bindegewebes. Die Konsequenzen seiner Zellularpathologie führten V. zu einer starken lokalistischen Betonung der Pathologie, was nicht ohne Widerspruch bleiben konnte, da sich bezüglich mancher

Aspekte in der Weiterforschung andere Erkenntnisse durchsetzten, vor allem in der Entzündungslehre, der Tuberkuloseforschung, der Onkologie hinsichtlich der »Metaplasie« des Bindegewebes. Trotzdem bleibt V.s epochale Leistung auf dem Gebiet der Pathologie in der Geschichte der Medizin unbestritten.

Einen anderen wichtigen Teil in V.s Lebensarbeit bildete die Propagierung des soziologischen Standpunktes in der Medizin. Schon in seinem Bericht an die Regierung über die oberschlesische Typhusepidemie 1848 brachte er die historische, politische und ökonomische Stituation mit der vorliegenden Krankheitslage in Verbindung. Er war der Auffassung, daß die betreffende Epidemie mehrere Ursachen habe, von denen der soziale Faktor jedoch der entscheidende sei. V. verstand die Medizin somit auch als soziale Wissenschaft und war bestrebt, seine Ansicht theoretisch und praktisch auszubauen. Vom Standpunkt der liberalen bürgerlichen Mittelklasse her wirkte er im Parlament innenpolitisch mit dem Ziel von Reformen, außenpolitisch z.T. als Kontrahent O.v. BISMARCKS. Viele Verbesserungen der medizinischen Dienste in Berlin gingen auf V.s Initiative zurück, z.B. der Bau neuer Krankenhäuser, die Organisation der Krankenpflege, Einrichtungen der Kommunalhygiene (Wasserleitungen, Kanalisation, Rieselfelder), aber auch die Fleischbeschau wegen Trichinen. Er forderte auch die Einrichtung eines Gesundheitsministeriums.

Als Anthropologe, Mitbegründer der Deutschen Gesellschaft für Anthropologie und des Berliner Völkerkundemuseums trat V. für die Gleichberechtigung aller Menschenrassen und gegen einen Mißbrauch der Anthropologie für politische Zwecke ein und lehnte die Kolonialpolitik ab. Erfolgreich und maßgebend wirkte V. vor allem in methodischer und organisatorischer Hinsicht auf dem Gebiet der historischen Anthropologie, worunter man damals Vorgeschichte, Archäologie, Volkskunde und Ethnologie verstand. Hierbei förderte er auch H. SCHLIEMANN.

Im Zusammenhang mit seinem Bestreben, seine Ansichten über Medizin und ihre Bindung an die Gesellschaft historisch zu untermauern, war V. auch medizinhistorisch tätig. Er bemühte sich um Popularisierung der Wissenschaft im Sinne seiner Devise, daß Bildung die Voraussetzung für Freiheit und Wohlstand aller Klassen der Bevölkerung sei. V. vertrat in jüngeren Jahren einen mechanistischen Standpunkt der Lebensauffassung. Später reflektierte er unter Ablehnung des philosophischen Materialismus über eine »mitgeteilte Kraft« (die er selbst auch Lebenskraft nannte) neben den Molekularkräften als wesentlichen Grund des Lebens.

Von großem Einfluß war V. auch als Herausgeber (allein oder mit Mitarbeitern) von Ztschr. und Sammelwerken. Wa

Literatur: Virchow, R.: Archiv für pathologische Anatomie und Physiologie und klinische Medizin (später »Virchows Archiv«) Bde. 1-169 (1847-1902), Mittheilungen über die in Oberschlesien herrschende Typhusepidemie (Berlin 1848), Die Einheitsbestrebungen in der wissenschaftlichen Medizin (Berlin 1849), Die Noth im Spessart (Würzburg 1852), Handb. der speziellen Pathologie und Therapie, 6 Bde. (Erlangen 1854-1876), Die Cellularpathologie (Berlin 1858), Onkologie, 3 Bde. (Berlin 1863), Die Cellularpathologie in ihrer Begründung auf physiologische und pathologische Gewebelehre (Berlin 1871), Gesammelte Abhandlungen aus dem Gebiet der öffentlichen Medicin und der Seuchenlehre, 2 Bde. (Berlin 1879), Morgagni und der anatomische Gedanke (Berlin 1894); außerdem Die Medizinische Reform. Eine Wochenschrift (1848/49), Jahresber. über die Leistungen und Fortschritte der gesamten Medizin (»Virchows Jahresber.« 1867-1902), Sammlung gemeinverständlicher wissenschaftlicher Vorträge (1868-1901), Z. für Ethnologie (1869-1902).

Ackerknecht, E.: Rudolf Virchow. Arzt, Politiker und Anthropologe (Stuttgart 1957); Aschoff, L.: Rudolf Virchow. Wissenschaft und Weltgeltung (Hamburg 1940); Becher, W.: Rudolf Virchow. Eine biographische Studie (Berlin 1890); Beneke, R.: Rudolf Virchow usw. (Jena 1921); Ebstein, W.: Rudolf Virchow als Arzt (Stuttgart 1903); Marchand, F.: Rudolf Virchow als Pathologe (München 1902); Posner, C.: Rudolf Virchow (Wien 1921); Rabl, M.: Rudolf Virchow. Briefe an seine Eltern (Leipzig 1906); Sudhoff, K.: Rudolf Virchow und die deutschen Naturforscherversammlungen (Leipzig 1922); Winter, K.: Rudolf Virchow (Leipzig u. Jena 1956).

R. L. C. Virchow

H. C. Vogel

Vitello, → Witelo.

Vogel, Hermann Carl, Astrophysiker, geb. 3.4.1841 Leipzig, gest. 13.8.1907 Potsdam.

V. trug durch seine wissenschaftliche Leistung wesentlich zur Entwicklung der Astrophysik in ihrer ersten experimentellen Phase bei und hatte einen bedeutenden Anteil an der Institutionalisierung der Astrophysik.

V. war Sohn des angesehenen Leipziger Schulleiters JOHANN CARL CHRISTOPH V., der unter anderem mit A. VON HUMBOLDT, R. BUNSEN und C. RITTER in persönlichem Kontakt stand. Durch seinen Bruder EDUARD V., später Astronom und Afrikareisender, der mit dem Leiter der Leipziger Sternwarte Pleißenburg befreundet war, bekam V. schon als Knabe Berührung mit der Astronomie. Nach dem Besuch der Schule seines Vaters kam V. an das Polytechnikum in Dresden. Ab 1863 studierte er an der Leipziger Univ. Naturwissenschaften und wurde gleichzeitig Assistent an der von C. CH. BRUHNS geleiteten Univ.-Sternwarte. Aus der Mitwirkung am Zonenunternehmen der Astronomischen Gesellschaft entwickelte V. seine Dissertation über die Beobachtung von Nebeln (Jena 1870). Auf Vorschlag von J. K. F. ZÖLLNER und BRUHNS wurde er ab 1870 Leiter der Privatsternwarte des Kammerherrn K. v. BÜLOW in Bothkamp, die sich rasch als astrophysikalische Forschungsstätte profilierte. Mit der Gründung des Astrophysikalischen Observatoriums wurde V. als Observator berufen. 1879 wurde er zum Prof. ernannt und 1882 zum Dir. des Potsdamer Observatoriums. Diese Stellung bekleidete er bis zu seinem Tode.

V. wendete sich unter dem Einfluß seines Freundes ZÖLLNER schon früh astrophysikalischen Untersuchungsmethoden und Fragestellungen zu. Dementsprechend rüstete er die Observatorien Bothkamp und Potsdam instrumentell zweckmäßig aus. Die auf ZÖLLNERS Anregung entstandenen Arbeiten in Bothkamp bildeten die Grundlage des späteren Potsdamer Forschungsprogramms. Schwerpunkt seiner eigenen Forschungen war in Potsdam die Untersuchung von Fixsternspektren. A. SECCHIS Vorschlag zur Einteilung der Sternspektren baute V. zu einer Klassifikation aus, die zugleich die Entwicklung der Sterne widerspiegeln sollte. Daraus ging der Plan einer spektralen Durchmusterung des Himmels hervor, mit der sich V. jahrelang beschäftigte. Wegen der noch recht groben Unterteilung der Spektren und einer verhältnismäßig kleinen Anzahl von Objekten waren die Ergebnisse noch nicht aussagekräftig genug. Ähnliche Unternehmen wurden aber später erfolgreich international praktiziert.

Große Erfolge erzielte V. auf dem Gebiet der Messung von Radialgeschwindigkeiten der Sterne durch Messung spektraler DOPPLER-Verschiebungen. Nach aufsehenerregenden Messungen an den Sternen Sirius, Prokyon, Rigel und Arktur (1888) erschien 1892 seine klassische Arbeit »Untersuchung über die Eigenbewegung der Sterne im Visionsradius auf spektrographischem Wege«. Der Anwendung der Spektrographie verdankt V. auch die Entdeckung der spektroskopischen Doppelsterne. Aufgrund periodischer Linienverschiebungen in den Spektren von Algol und Spika konnte V. nachweisen, daß es sich hierbei um Doppelsterne handelt, deren Komponenten mit den zur Verfügung stehenden optischen Hilfsmitteln nicht zu trennen waren, aber sich gegenseitig regelmäßig verfinsterten, woraus die periodischen Helligkeitsschwankungen folgen. Unter Ausschöpfung aller Informationen dieser Sternpaare gelang es V. gemeinsam mit seinem Mitarbeiter J. SCHEINER, die Dimensionen des Systems, die Durchmesser der beiden Komponenten, die Gesamtmasse des Systems und die Entfernung der Komponenten voneinander zu bestimmen (1889). Die spektroskopischen Doppelsterne spielten fortan eine bedeutende Rolle in der astronomischen Forschung, was unter anderem aus der Häufigkeit des Vorkommens solcher Objekte resultiert.

Neben seinen eigenen wissenschaftlichen Forschungen sind V.s Aktivitäten beim Aufbau und bei der Ausgestaltung des Astrophysikalischen Observatoriums hervorzuheben. Schon vor Beginn der praktischen Arbeiten war er maßgeblich an der instrumentellen Ausstattung des Observatoriums beteiligt, die dem in Aussicht genommenen Forschungsprogramm adäquat angepaßt wurde. In diesem Zusammenhang ist vor allem der photographische Doppelrefraktor zu nennen, der zur Bestimmung der Radialgeschwindigkeiten schwächerer Sterne gedacht war und 1899 vollendet wurde. Mit seiner freien Öffnung von 800 mm enthält das Teleskop die größte jemals hergestellte Linse für die Zwecke der Astrophotographie.

V. verstand es, eine Gruppe junger begabter Forscher für die astrophysikalischen Untersuchungen zu begeistern, und sicherte so dem von ihm geleiteten Astrophysikalischen Observatorium einen der führenden Plätze unter den Spezialeinrichtungen für Astrophysik jener Zeit. Her

Literatur: Hassenstein, W.: Das Astrophysikalische Observatorium Potsdam in den Jahren 1875–1939, in: Mitt. Astrophys. Observatorium Potsdam Nr. 1 (Potsdam 1941).

Vogt (DIECKMANN-VOGT), Oskar Georg, Neuroanatom und Psychiater, geb. 6. 4. 1870 Husum, gest. 31. 7. 1959 Freiburg im Breisgau.

V.s Arbeiten zur Morphophysiologie und Pathomorphologie der Großhirnrinde begründeten die architektonische Hirnforschung als spezielle Richtung der Neurobiologie und erbrachten wesentliche Erkenntnisse über die Struktur-Funktions-Beziehungen des Zentralnervensystems.

V., ältester Sohn eines protestantischen Geistlichen, besuchte das Gymnasium zu Husum und studierte 1888–1892 in Kiel und Jena Naturwissenschaften und Medizin. Nach seiner Ausbildung zum Neurologen und Psychiater bei O. BINSWANGER in Jena vervollständigte V. seine Fachkenntnisse mit neuroanatomischen und psychologischen Studien bei A. FOREL in Zürich, P. FLECHSIG und W. WUNDT in Leipzig sowie bei J. DÉJERINE in Paris. 1898 gründete V. in Berlin eine Neurobiologische Zentralstation, die 1902 als Neurobiologisches Laboratorium (bzw. Neurobiologisches Institut) der Univ. angegliedert wurde. 1914 wurde V. zum Dir. des von ihm gegründeten Kaiser-Wilhelm-Instituts für Hirnforschung berufen. Die Ak. d. Wiss. der UdSSR wählte V. 1925 zu ihrem korrespondierenden Mitgl.; im selben Jahr beauftragte die sowjet. Regierung V. mit der Einrichtung eines Hirnforschungsinstituts in Moskau, zu dessen Dir. (in nebenamtlicher Funktion) er 1928 berufen wurde. 1931 eröffnete V. in Berlin-Buch den nach seinen Plänen errichteten großzügigen Neubau des Kaiser-Wilhelm-Instituts für Hirnforschung. Nach seiner aus politischen Gründen betriebenen Zwangsemeritierung gründete V. 1936 das (private) Institut für Hirnforschung und allgemeine Biologie in Neustadt im Schwarzwald, in dem er bis zu seinem Tode forschend und lehrend tätig blieb.

V. begann seine wissenschaftliche Laufbahn als rasch erfolgreicher und gefragter Psychiater, der insbesondere die noch in den Anfängen stehende Hypnose für die Psychotherapie nutzbar zu machen wußte; seine ersten methodenkritischen Arbeiten dazu ließen ihn nach dem Urteil späterer führender Vertreter dieser Richtung zum Begründer des wissenschaftlichen Hypnotismus werden. Zu den großen Themenkomplexen seines Werkes gehörte jedoch von Anfang an die Lokalisation der Funktionen des Gehirns und die Suche nach dem körperlichen Substrat der Geistes-

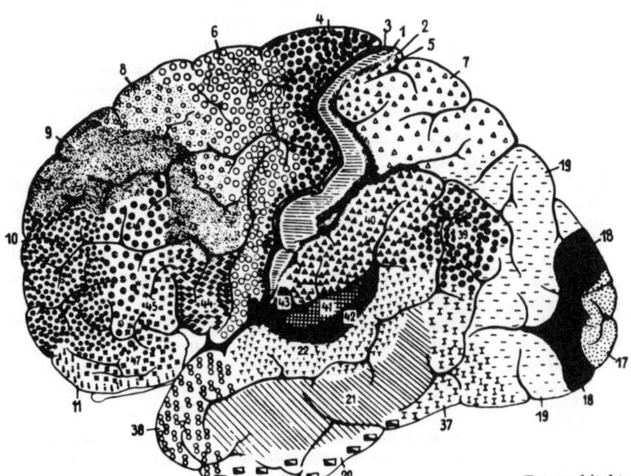

Zytoarchitektonische Hirnkarte der Vogt-Schule

krankheiten, eine Aufgabe, die W. GRIESINGER der Neuroanatomie hinterlassen hatte. Die Erwartung, sensorische, motorische und andere psychische Funktionen im Gehirn streng lokalisieren zu können, war seit der Entdeckung des motorischen Sprachzentrums in der Stirnhirnrinde durch den franz. Neuroanatomen P. BROCA stark gestiegen. Zur Lösung seiner Aufgabe bediente sich V. einer originellen Kombination histoanatomischer Methoden – Zytoarchitektonik, Myeloarchitektonik und faseranatomische Gliederung –, mit denen es ihm gelang, auf der Großhirnrinde über 200 morphologische Einheiten zu identifizieren. 1903 begannen V. und Mitarbeiter in Versuchen an Säugetieren mit elektrischen Hirnrindenreizungen zur physiologischen Identifizierung der histoanatomisch ermittelten Rindenfelder. Diese Arbeit wurde später in Kooperation mit dem Neurochirurgen O. FOERSTER fortgesetzt und erfolgreich abgeschlossen. Von seinen lokalisatorischen Untersuchungen spannte V. den Bogen zu seiner zweiten Aufgabe, der Suche nach dem materiellen Substrat der Geisteskrankheiten, mit Hilfe einer heuristisch interessanten Theorie, dem Pathoklisenkonzept. Pathoklise ist die Neigung einzelner morphologisch bestimmter Teile des Gehirns (topistische Einheiten), auf spezifische pathogene Reize mit bestimmten pathologischen Veränderungen zu antworten oder überhaupt leichter als andere Teile des Nervensystems zu erkranken. Zur Stützung seiner Theorie ließ V. in seinem Institut von dem sowjet. Genetiker N. TIMOFEJEW-RESSOWSKI genetische Studien an Drosophila durchführen, da er in den Genvariationen (Mutationen) einen prinzipiell vergleichbaren Vorgang erblickte. Im Ergebnis der in solcher Breite betriebenen topistischen Hirnforschung konnte von V. und seiner Frau CÉCILE z. B. das materielle Substrat der Huntingtonschen Chorea (Veitstanz) in Gestalt anatomischer Veränderungen des Streifenkörpers (striatum) im Endhirn ermittelt werden. Zum Ende seines Schaffens dehnte V. seine Forschungen auf den Alterungsprozeß aus und empfahl Tätigsein als beste Prophylaxe für vorzeitiges Altern. V. hinterließ eine prominente Schule der architektonischen Hirnforschung, unter deren zahlreichen Vertretern in der UdSSR S. A. SARKISSOW und I. N. FILIMONOW, in Polen M. ROSE, in Deutschland W. KIRSCHE, H. A. F. SCHULZE, R. HASSLER und A. HOPF hervorragen. Schüler und Gegner V.s haben sein Werk einer kritischen Revision unterzogen; danach gilt als wahrscheinlich, daß eine Differenzierung in 200 Rindenfelder überzogen ist und nur einer sehr viel kleineren Anzahl eigene physiologische Bedeutung zukommt. Insbesondere von elektronenmikroskopischen Untersuchungen wird hier eine Klärung erwartet.

Die Persönlichkeit V.s war tief von den Widersprüchen seiner Zeit geprägt. In seiner Jugend durch den Nationalökonomen F. TOENNIES, ein dem Marxismus nahestehender bürgerlicher Nationalökonom, und E. HAECKEL beeinflußt, stand V. auf zutiefst materialistischen Positionen und war ausgesprochen linksintellektuell eingestellt. Davon zeugen seine z. T. intensiven Beziehungen zu prominenten Vertretern der deutschen und russ. revolutionären Arbeiterbewegung. Andererseits wußte V. unter den Bedingungen damaliger Wissenschaftspolitik sehr genau seinen Vorteil zu wahren und sich der Familie KRUPP als ständigen Mäzens seiner wissenschaftlichen Arbeit zu versichern. Der ehrenvolle Auftrag der sowjet. Regierung, die zytoarchitektonische Untersuchung des Gehirns von W. I. LENIN zu übernehmen, ließen ihn zum Promotor der sowjet.-deutschen Wissenschaftsbeziehungen in der Weimarer Republik werden. Den Nationalsozialisten war er dadurch verhaßt und wegen seines mutigen Eintretens für jüdische Mitarbeiter und politisch angefeindete Personen suspekt. Wegen seiner Beziehungen zum Hause KRUPP konnten sie ihm jedoch

O. G. Vogt

J. Volhard

nur bedingt Schaden zufügen. Seine über 60 Jahre währende Ehe mit der franz. Neurologin C. MUGNIER bescherte V. eine kongeniale Mitarbeiterin. Beide erhielten in der DDR 1950 den Nationalpreis I. Klasse, und die DAdW wählte beide im selben Jahr zu ihren Ehrenmitgliedern. Ri

Literatur: Vogt, Cécile, u. O. Vogt: Neurobiologische Arbeiten, Tl I und II, in: Denkschrift med.-nat.-wiss. Ges. Bd. 9 (Jena 1902 u. 1904), Zur Kenntnis der elektrisch erregbaren Hirnrindengebiete bei den Säugetieren, in: J. f. Psychologie u. Neurologie 8 (1907), 277, Allgemeinere Ergebnisse unserer Hirnforschung, in: ebenda 25 (1920), Erg.-H. 3, 627, Erkrankungen der Großhirnrinde im Lichte der Topistik, Pathoklise und Pathoarchitektonik, in: ebenda 28 (1922), 1, Sitz und Wesen der Krankheiten im Lichte der topistischen Hirnforschung und des Variierens der Tiere, Tl I u. II, in: ebenda 47 (1937), 237 u. 48 (1938), 169, Thalamusstudien I–III, in: ebenda 50 (1941), 32, Gestaltung der topistischen Hirnforschung und ihre Förderung durch den Hirnbau und seine Anomalien, in: J. f. Hirnforschung 1 (1954) 1.

Haymaker, W.: Cécile and Oskar Vogt on the occasion of their 75th and 80th birthdays, in: Neurology 1 (1951), 179–204; Hopf, A.: Oskar Vogt. 100th anniversary of his birthday, in: J. Hirnforschung 12 (1970) H. 1/2, 1–10; Kirsche, W.: Oskar Vogt 1870–1959, in: Sitzungsber. Ak. d. Wiss. d. DDR Mathematik, Naturwiss., Technik 13 N 1985 (Berlin 1986); Rabl, R.: Oskar Vogt, der Gründer der Staatsinstituts für Hirnforschung in Moskau, in: Die Waage, 2 (1970), 65–73; Richter, J.: Oskar Vogt, der Begründer des Moskauer Staatsinstituts für Hirnforschung, in: Psychiatrie, Neurologie u. med. Psychologie 28 (1976) H. 7, 387–395; Oskar Vogt und die Gründung des Berliner Kaiser-Wilhelm-Instituts für Hirnforschung unter den Bedingungen imperialistischer Wissenschaftspolitik, in: ebenda 28 (1976) H. 8, 449–457; Schultz, J. H.: Oskar Vogt in der Geschichte der medizinischen Psychologie Deutschlands, in: Nervenarzt 22 (1951) H. 2, 41–42; Schulze, H. A. F.: Von der topistischen Hirnforschung zur dynamischen Lokalisationslehre, in: Psychiatrie, Neurologie u. med. Psychologie 23 (1971) H. 1, 4–7.

Volhard, Jacob, Chemiker, geb. 4. 6. 1834 Darmstadt, gest. 14. 1. 1910 Halle.

V. leistete auf analytischem, anorganischem und organischem Gebiet wertvolle Beiträge zur Entwicklung der klassischen Chemie des 19. Jh.

V. war der Sohn eines Rechtsanwaltes und studierte ab 1852 bei J. v. LIEBIG; nach seiner Promotion (1855) und kurzem Aufenthalt bei R. BUNSEN wirkte V. 1856–1860 als Vorlesungsassistent bei LIEBIG in München. Während eines einjährigen Studienaufenthaltes in London bei A. W. v. HOFMANN entstand V.s erste selbständige wissenschaftliche Arbeit »Über mehratomige Harnstoffe« (1861), danach (1861/62) arbeitete V. bei H. KOLBE in Marburg. 1863 habilitierte sich V. zum Privatdoz. bei LIEBIG in München und wurde 1869 in München zum ao. Prof. berufen; 1873 übernahm er die Leitung der dortigen anorganischen Abteilung; 1879–1882 wirkte V. als o. Prof. in Erlangen, von 1882–1908 an der Univ. Halle, wo er 1897 zum Rektor gewählt wurde. Ab 1871 redigierte V. »Liebigs Annalen der

Chemie« und war seit 1900 Präsident der Deutschen Chemischen Gesellschaft. Zu seinen bekanntesten Schülern zählt J. THIELE.

Die im Gefolge der industriellen Revolution an die Chemie herangetragenen neuen Anforderungen und Bedürfnisse erwiesen sich für die chemische Wissenschaft wie für die chemische Produktion als außerordentlich fruchtbar; so formierten sich zu Beginn des 19. Jh. das methodologische und theoretische Gebäude der klassischen chemischen Wissenschaft sowie deren Institutions- und Kommunikationsformen, und es bildete sich eine zunehmend leistungsfähigere chemische Grundstoffindustrie heraus. Die neue kognitive Zielstellung der Chemie, die Zusammensetzung der Stoffe und die Ursachen für ihre Umwandlung aufzudecken, um diese Erkenntnisse produktiv nutzbar machen, ging vor allem von LIEBIGS schulenbildendem Laboratorium in Gießen aus; insbesondere war V. im Sinne traditionsbewußter Kreativität von der Denkhaltung dieser Schule geprägt und gehörte auf Grund seiner Ganzheitsbetrachtung der Chemie zu den letzten Chemikern, die auf den drei chemischen Hauptgebieten, der organischen, der anorganischen und der analytischen Chemie, gleichermaßen Bedeutendes geleistet haben. 1862 gelang V. die Synthese von Sarkosin, 1868 von Kreatin, 1887 von verschiedenen Bromcarbonsäuren sowie 1885–1892 von neuen Thiophenverbindungen. 1875 verfaßte V. eine Anleitung zur qualitativen Analyse (»Der kleine Volhard«) und entwickelte neuartige Methoden zur Iodometrie der schwefligen Säure (1887), zur Bestimmung von Quecksilber, Kupfer und der Halogene (1878) sowie zur Titration von Silber mit Ammoniumrhodanid (1874). Daneben konstruierte V. eine Reihe von Laborgeräten (z. B. Verbrennungs-, Schieß- und Gasöfen); er beschäftigte sich auch erfolgreich mit chemiehistorischen Problemen und veröffentlichte 1870 »Die Begründung der Chemie durch LAVOISIER«, 1897 eine Geschichte der Metalle, 1902 ein Lebensbild des Chemikers v. HOFMANN, 1909 eine LIEBIG-Biographie. V. war maßgeblich am Neubau der chemischen Institute in Halle (1891–1893) beteiligt. Sz

Literatur: Volhard, J.: Anleitung zur qualitativen Analyse (München 1875), Justus von Liebig, 2 Bde. (Leipzig 1909), Experiments in general chemistry and introduction to chemical analysis (Baltimore 1887).

Volmer, Max, Physikochemiker, geb. 3. 5. 1885 Hilden (Rheinland), gest. 3. 6. 1965 Potsdam-Babelsberg.

V. lieferte wesentliche Beiträge zur experimentellen Forschung und theoretischen Deutung der Kinetik der Phasenbildung sowie der Elektrodenreaktionen.

V., Sohn eines Rentiers, studierte 1905–1908 in Marburg (bei K. SCHAUM, TH. ZINCKE) und 1908–1910 in Leipzig (bei SCHAUM), wo er mit seiner Arbeit über »Photographische Umkehrerscheinungen« promovierte und sich 1913 habilitierte. Nach dem Militärdienst 1914 arbeitete V. ab 1916 im Institut für physikalische Chemie der Univ. Berlin, wo er auch zusammen mit O. STERN über Fluoreszenz arbeitete. Nach einer zweijährigen Tätigkeit in der Industrie war V. von 1920–1922 Extraordinarius für physikalische Chemie an der Univ. Hamburg, ehe er 1922 das Ordinariat für physikalische Chemie der TH Berlin-Charlottenburg einnahm. Bereits in Hamburg begann er sich Problemen der Oberflächendiffusion, die er mit I. ESTERMANN erstmals nachwies, sowie der Kristallisation zuzuwenden, nachdem er bereits vorher mit der nach ihm benannten Quecksilberdiffusionspumpe eine wichtige experimentelle Grundlage geschaffen hatte. Im Institut für physikalische Chemie und Elektrochemie der TH Berlin-Charlottenburg wurden unter seiner Direktion und wissenschaftlichen Anleitung zahlreiche Arbeiten zur Phasenbildung ausgeführt, die in der Monographie »Kinetik der Phasenbildung« (1939) ihren krönenden Abschluß fanden. Durch diese Untersuchungen wurde V. zur Elektrokristallisation und somit zur theoretischen Elektrochemie hingeführt und trug gemeinsam mit T. ERDEY-GRUZ zur Ausbildung der elektrochemischen Kinetik bei, indem er die Durchtrittsreaktion kinetisch betrachtete und den Durchtrittsfaktor α einführte. Er dehnte diese Überlegungen auf die Elektrokristallisation aus und unterschied die zwei- und dreidimensionale Keimbildung bei diesem Reaktionstyp. Wegen seiner gegen den Nationalsozialismus gerichteten Handlungen wurde V. 1943 gemaßregelt und verlor sein Amt als Institutsdirektor. Nach dem Ende des zweiten Weltkrieges wirkte V. bis 1955 in der Sowjetunion und arbeitete über Isotopengewinnung.

Nach seiner Rückkehr in die DDR hatte er eine Professur für physikalische Chemie an der Humboldt-Univ. Berlin inne und wirkte 1956–1958 als Präsident der DAdW in Berlin. Zunehmende Krankheit fesselte ihn bis zu seinem Tode an sein Haus in Potsdam-Babelsberg. Du

Literatur: Volmer, M.: Kinetik der Phasenbildung, in: Die chemische Reaktion, Bd. 4 (Hrsg. K. F. Bonhoeffer, Dresden, Leipzig 1939), Zur Kinetik der Phasenbildung und der Elektrodenreaktionen, in: Ostwalds Klassiker ... Bd. 262 (Leipzig 1983).

Volta, Alessandro, Comte (Graf), Physiker, geb. 18. 2. 1745 Como, gest. 5. 3. 1827 Como.

V.s Hauptleistungen liegen auf dem Gebiet der Elektrophysik. Im Anschluß an L. GALVANI schuf er das elektrochemische Element und entsprechende Reihenschaltungen von Elementen.

V. war das jüngste von sieben Kindern eines Geistlichen. Nach vierjähriger Erziehung an einem Jesuitenkolleg (1757–1761) setzte er seine Ausbildung an einem Seminar fort. Seit 1765 arbeitete er experimentell über Elektrizität in einem »Kabinett« eines älteren reichen Freundes. Nach ersten wissenschaftlichen Erfolgen (Elektrophor) wurde er 1775 zum Physikprof. am Gymnasium in Como ernannt und 1778 zum Prof. für Experimentalphysik an die Univ. Pavia berufen. Hier errichteten die Behörden zu Beginn seiner fast 40jährigen Amtszeit eigens für seine stets überlaufenen Vorlesungen einen neuen Hörsaal.

Während seiner Reisen nach Frankreich, England und Deutschland pflegte V. einen regen wissenschaftlichen Gedankenaustausch (z. B. mit G. C. LICHTENBERG) und kaufte viele wissenschaftliche Instrumente, um die Universitätssammlung zu vervollständigen. Nach der Einnahme großer Teile Italiens durch napoleonische Truppen (1796) war er kurze Zeit Beamter in der neuen Regierung, obwohl er den franz. Machtansprüchen kritisch gegenüberstand. Nach Rückkehr der Österreicher 1799 wurde er seines Professorenamtes enthoben, jedoch nach der Wiedereroberung durch die Franzosen wieder eingesetzt. 1800 reiste V. nach Paris, um NAPOLEON die Dankbarkeit der Univ. auszudrükken. In Anwesenheit NAPOLEONS führte er im Akademieinstitut die »VOLTASCHE Säule« vor. Daraufhin verlieh ihm NAPOLEON eine goldene Medaille und stiftete einen mit 60 000 Francs dotierten Preis für erfolgreiche Forschungen auf dem Gebiet des »Galvanismus«. V. wurde Mitgl. der bedeutendsten europäischen Akademien und verbrachte seine letzten Jahre als wohlhabender Mann in Como.

In der Elektrostatik war V. Anhänger von B. FRANKLINS unitarischer Theorie. 1775 erfand V. den »Elektrophor«, bei dem mittels eines geladenen »Harzkuchens« in einer leitenden Platte eine Influenzladung erzeugt und durch Ableitung verstärkt werden konnte.

Zur Messung der atmosphärischen Elektrizität entwik-

M. Volmer

A. Volta

V. Volterra

H. de Vries

kelte V. aus dem Elektrophor einen »Kondensator«. Er zeigte, daß die Zunahme der Ladung auf einem Leiter durch die Vergrößerung des Produkts von dessen Kapazität und Spannung angegeben werden könne. Letzteres maß er mit dem von ihm empfindlicher gestalteten Elektrometer, dem Strohhalmelektrometer.

Nachdem V. mit Galvanis Versuchen über galvanische Elektrizität bekannt geworden war, zeigte er durch Versuche, daß die Elektrizität durch den Kontakt unterschiedlicher Metalle hervorgerufen wurde. Er ordnete die Metalle in einer Spannungsreihe und wies Galvanis Anschauungen über die animalische Herkunft der galvanischen Elektrizität zurück. Für V. war die Ursache der elektrischen Spannung, die er mit empfindlichen Elektrometern maß, der Kontakt unterschiedlicher Metalle, der Elektrolyt nur ein Vermittler. Er begründete damit die im 19. Jh. verfochtene »Kontakttheorie« der galvanischen Stromerzeugung. Erst in der zweiten Hälfte des 19. Jh. wurde zwischen der Berührungsspannung und der elektrochemischen Stromerzeugung genau unterschieden. Zwischen 1798 und 1800 erfand V. die »Tassenkrone« und die »Voltasche Säule«, beides Reihenschaltungen von galvanischen Elementen zur Erhöhung der Spannung. Die Voltasche Säule bestand aus Silber- und Zinkplatten mit dazwischenliegenden Pappe- oder Lederstücken, die mit einem Elektrolyt getränkt waren. So wurden Spannungen über 100 Volt erzielt. Mit diesen Schlüsselentdeckungen wurde es erstmals möglich, einen stationären Strom zu erzeugen und zu untersuchen.

V.s Forschungen über Gase gingen um 1776 von der Entdeckung des Sumpfgases (Methan) und dessen Unterscheidung vom Wasserstoff aus. Er entwickelte zur Prüfung der Zusammensetzung der Gase eine »elektrische Pistole« und das Funkeneudiometer. Mit letzterem wurde die Verringerung genau bestimmter Gasmengen ermittelt, die durch einen Funken gezündet worden waren. Auf diese Weise gelang ihm 1777 vor A.-L. Lavoisier die Synthese von Wasser aus Wasser- und Sauerstoff; er deutete dieses Ergebnis jedoch noch im Rahmen der Phlogistontheorie. Darüber hinaus maß V. sorgfältig die Wärmeausdehnung von Gasen und bestimmte ein Jahrzehnt vor L. J. Gay-Lussac einen relativ genauen Wert des Ausdehnungskoeffizienten. Er wies nach, daß dieser im untersuchten Temperaturbereich konstant war.

V. war ein gewissenhafter und variantenreicher Experimentator, der auch wegen seiner präzisen Messungen berühmt wurde. Aber er war kein Mathematiker, der die Resultate theoretisch verarbeitete. Schb

Literatur: Volta, A.: Le opera, 7 Bde. (Mailand 1918–1929), Untersuchungen über den Galvanismus 1796 bis 1800, in: Ostwalds Klassiker der exakten Wissenschaften Nr. 114 und 118 (Leipzig 1900).

Arago, F.: Volta, in: Franz Aragos sämtliche Werke Bd. 1 (Leipzig 1854).

Volterra, Vito, Mathematiker, geb. 3. 5. 1860 Ancona (Italien), gest. 11. 10. 1940 Rom.

V. leistete fundamentale Beiträge zur Funktionalanalysis, zur Integral- und Differentialgleichungstheorie sowie zur mathematischen Theorie der Entwicklung biologischer Systeme.

V., Sohn eines früh verstorbenen Textilkaufmanns, besuchte in Florenz technische Schulen. Er studierte 1878 an der Univ. Florenz, dann in Pisa. 1882 promovierte er mit einem physikalischen Thema, wurde Assistent bei E. Betti und dessen Nachfolger in Pisa. Ab 1892 wirkte V. als Prof. der Mechanik in Turin, ab 1900 in Rom. Wegen seiner wissenschaftlichen Verdienste wurde V. 1899 in die Accademia Lincei (Rom) gewählt und 1905 zum Senator Italiens ernannt. Während des ersten Weltkrieges war er in der militärischen Forschung beschäftigt und danach um die Organisation der internationalen mathematischen Zusammenarbeit bemüht. Nachdem V. der faschistischen Regierung 1931 den Loyalitätseid verweigert hatte, legte er seine Professur in Rom nieder.

V.s frühe Arbeiten galten unter dem Einfluß von U. Dini der Verallgemeinerung des Funktionsbegriffs. Er gab 1881 ein für H. L. Lebesgue später wichtiges erstes Beispiel einer nach B. Riemann nicht integrierbaren, beschränkten Ableitung. Die 1887 eingeführte »Linienfunktion« war ein erstmals nicht mehr als konkret repräsentiert gedachtes Funktional, dessen Diskussion für J. S. Hadamards und M. Fréchets Beiträge zur Funktionalanalysis wichtig wurde. Für V. gewannen dieser Begriff und der ihm verbundene spezielle (noch nicht der axiomatischen Analysis verwandte) Grenzübergang vom Endlichen zum Unendlichen in zweifacher Hinsicht Bedeutung: Zum einen in V.s Diskussion des nach ihm benannten Typs linearer Integralgleichungen (besonders 1896/97), wovon E. I. Fredholm und D. Hilbert Anregungen erhielten. Zum anderen untersuchte der stark auf die mathematischen Anwendungsgebiete orientierte V. mit jenen Methoden Integro-Differentialgleichungen, die sich ihm beim Studium »erblicher Phänomene« (fenomeni ereditari) in der Mechanik (besonders Theorie elastischer Nachwirkungen) und der Biologie (besonders Ökologie, vor allem nach 1925) darboten. Besonders seine Beiträge zur mathematischen Modellierung biologischer Systeme sind von großer aktueller Bedeutung.

Insbesondere in seiner Eigenschaft als Senator leistete V. dem ital. Faschismus frühzeitig Widerstand. Wegen der Breite seiner wissenschaftlichen und künstlerischen Interessen wurde V. oftmals mit den Universalgelehrten der Renaissance verglichen. Si

Literatur: Volterra, V.: Sopra le funzioni che dipendono da altre funzioni, in: Rend. Accad. Lincei (4), 3 (1887), 2. Sem., 97–105, 141–146, 153–160, Leçons sur les équations intégrales et les équations intégro-differentielles (Paris 1913), Leçons sur la théorie mathématique de la lutte pour la vie (Paris 1931).

Brelot, M.: Überblick über die biologisch-mathematischen Untersuchungen von Volterra, in: Jahresber. DMV 42 (1933), 1–14; Polišuk, E. M.: Vito Volterra (Biographie) (Leningrad 1977).

Vries, Hugo de, Biologe, geb. 16. 2. 1848 Haarlem, gest. 21. 5. 1935 Lunteren (Niederlande).

V. war ein vielseitiger Botaniker, einer der ersten bedeutenden Vererbungsforscher und der Begründer der Mutationstheorie, die der Abstammungslehre eine neue Grundlage gab.

V. entstammte einer niederländischen Baptistenfamilie, aus der eine Reihe bedeutender Persönlichkeiten hervorgegangen sind.

V. wurde zuerst in einer privaten baptistischen Schule seiner Heimatstadt Haarlem ausgebildet und besuchte anschließend das dortige Gymnasium. 1862 zog die Familie nach Den Haag, und V. setzte seine Gymnasialausbildung in der niederländischen Hauptstadt fort. Bereits zu dieser Zeit entwickelte er großes Interesse für die Pflanzenwelt seiner Heimat und legte ein Herbarium an. Zum baptistischen Religionsunterricht ging V. nach Leiden und lernte hier einen Botanik-Prof. kennen, der ihn förderte. 1866–1870 studierte V. an der Univ. Leiden. Namhaften Einfluß auf V. übten Darwins Evolutionstheorie und die Lektüre des Botaniklehrb. (1868) von J. Sachs aus. Da V. für seine speziellen Interessen in Leiden keine Förderung fand, wandte er sich nach der Promotion 1870 nach Deutschland, um mit den neueren Richtungen der Botanik bekanntzuwerden. Er studierte im Wintersemester 1870 bei W. Hofmeister an der Univ. Heidelberg und ging im Frühjahr 1871 zu Sachs nach Würzburg. Im September 1871 trat V. eine Stelle als Oberlehrer in Amsterdam an. Die relativ langen Sommerferien verbrachte er weiterhin in Würzburg bei Sachs und führte hier eigene botanische Versuche durch. 1875 siedelte V. nach Würzburg über und verfaßte im Auftrage des Königlich-preußischen Ministeriums für Landwirtschaft, vertreten durch Staatssekretär H. Thiel (auch Schüler von Sachs), Monographien über verschiedene landwirtschaftliche Kulturpflanzen, die in den »Landwirtschaftlichen Jahrbüchern« veröffentlicht wurden. 1877 erlangte er gleichzeitig den deutschen Doktorgrad und die Habilitation an der Univ. Halle/S., wo er danach Privatdoz. für Physiologie der Kulturpflanzen wurde. Noch im gleichen Jahr erhielt er an der 1877 durch Änderung des Athenaeum illustre gegründeten Univ. Amsterdam eine Anstellung als Lektor für Pflanzenphysiologie, die erste derartige Stellung für dieses Fach in den Niederlanden. 1878 wurde V. an der Univ. Amsterdam ao. Prof., 1881 o. Prof. Als Gastdoz. und zu Studienzwecken unternahm er auch größere Reisen, so 1904, 1906 und 1912 in die USA.

Nach der Emeritierung 1918 zog V. in ein eigenes Haus in dem Villendorf Lunteren zwischen Utrecht und Arnhem, wo er ein eigenes Laboratorium hatte und wissenschaftlich arbeiten konnte.

In seinen ersten pflanzenphysiologischen Forschungen untersuchte V. den Einfluß der Temperatur auf die Lebensprozesse der Pflanze, das unterschiedliche Wachstum der Ober- und Unterseite der Blattstiele (»Epinastie«, »Hyponastie«), die Lebens- und Wachstumserscheinungen bei Kletterpflanzen.

V.' bevorzugte Forschungsgegenstände wurden für längere Zeit der Turgor und die Plasmolyse in der Pflanzenzelle, Begriffe, die erst durch ihn geprägt wurden. Über diese Erscheinungen des Pflanzenlebens hatte er auch seine Habilitationsschrift verfaßt. Bei Untersuchungen über den Zusammenhang des Salzgehaltes innerhalb und außerhalb der Zelle mit dem Turgor (Druck) in der Zelle fand V., daß sich bei Zellen, die von einer hypertonischen Lösung umgeben sind, der Protoplast von der Zellwand zurückzieht – infolge Wasserabgabe durch Osmose. V. nannte diese Erscheinung »Plasmolyse«. Sie war eine Erscheinung, die zur Erforschung des Stoffaustausches der Zelle diente.

V. definierte unter anderem auch die Begriffe »isotonisch« und »isotonischer Koeffizient«. Die Forschungen von V. dienten J. H. van't Hoff zur Erarbeitung seiner Theorie des osmotischen Druckes.

V. entdeckte auch den Tonoplast. Von V.' Vielseitigkeit zeugt seine Arbeit über »Die Pflanzen und Thiere in den dunklen Räumen der Rotterdamer Wasserleitung« (1890), die im Interesse der Trinkwasserhygiene verfaßt worden war.

In den 80er Jahren des 19. Jh. beschäftigte sich V. in zunehmendem Maße mit Fragen von Variabilität und Vererbung, wobei ihn zunächst die Verbesserung der Kulturpflanzenrassen stark interessierte. Er untersuchte die Erblichkeit von Monstrositäten, zuerst die »Zwangsdrehung« (spiralig gedrehter Stengel) bei der Kardendistel (Dipsacus silvestris). Im Jahre 1889 legte V. eine Theorie der Vererbung, die Theorie der »Intracellularen Pangenesis«, vor. Wie andere Forscher, z. B. C. W. v. Nägeli, A. Weismann, suchte V. aus der Veränderung von Ch. Darwins Pangenesis-Hypothese (1868) ein materielles Substrat der Vererbungserscheinungen (einschließlich der Variabilität) zu erschließen und den Zusammenhang zwischen den Eigenschaften einer Art (Sippe) und der Vererbungssubstanz aufzuklären. V. gelangte zu der Vorstellung, daß der Organismus als »Mosaik« einzelner, getrennter Eigenschaften zu betrachten sei. Jede dieser unabhängigen Eigenschaften soll durch eine eigene Art von »Pangenen« (Vererbungseinheiten) repräsentiert sein. Die Pangene sollten aber im Unterschied zu Weismanns Auffassung vom »Keimplasma« nicht in einem geordneten Verband liegen, sondern sich frei in allen Zellkernen befinden und zur Entfaltung ihrer Wirksamkeit in das Protoplasma treten. In jeder Zellart würden nur bestimmte Pangene aktiv. Der spätere von W. Johannsen geprägte Begriff »Gen« wurde von »Pangen« hergeleitet.

Nach V.' Meinung können sich die einzelnen Pangene und damit auch die einzelnen Merkmale unabhängig voneinander verändern. Bei der Suche nach geeigneten Organismen für die Feststellung dieser unabhängigen Variabilität der Einzelmerkmale stieß V. 1887 auf einen Bestand der amerikanischen Nachtkerze Oenothera lamarckiana, die auf einem Acker bei Hilversum nach Meinung von V. verschiedene neue Formen gebildet hatte. V. nahm Exemplare dieser Nachtkerzen in Kultur und konnte in 7 Jahren unter etwa 50 000 Individuen 800 sprunghaft abweichende Individuen auffinden. Diese sprunghaft aufgetretenen Abänderungen nannte er Mutation (der Begriff wurde in anderem Zusammenhang bereits von W. Waagen benutzt) und sah in ihnen die für die Evolution wichtigen Abänderungen. Nach V.s damaliger Auffassung sollten diese Mutationen bei entsprechender Auslese konstant werden. Etwa zur gleichen Zeit entwickelte W. Bateson die Auffassung, daß diskontinuierliche Abänderungen für die Evolution entscheidend sind.

Die Mutationstheorie von V., veröffentlicht in zwei umfangreichen Bänden (1901, 1903), schien manche bisher problematischen Erscheinungen der Evolution besser zu erklären, als es die klassische Auffassung Darwins vermochte, die mit kleinen Abänderungen rechnete: Der Mangel an fossilen Zwischenformen erschien verständlich, die Evolution konnte augenscheinlich mit kürzeren Zeiträumen auskommen als bisher angenommen, die Herausbildung nicht umweltbezogener, indifferenter Merkmale war verständlich.

W

P. Waage

P. Walden

A. R. Wallace

Die Mutationstheorie fand daher zahlreiche Anhänger. Der Gedanke der »stoßweisen«, plötzlichen Entstehung von erblichen Abänderungen beherrschte die Evolutionstheorie nach 1900 sehr stark. V. suchte seine Erkenntnisse auch für die Pflanzenzüchtung anwendbar zu machen.

Für die von V. untersuchten Abänderungen bei Oenothera lamarckiana ist später eine andere Deutung notwendig geworden, aber die Mutationen erwiesen sich als reale Lebenserscheinung. Nach 1915 wurde deutlich, daß es auch, worauf E. Baur hinweist, zahlreiche »Klein-Mutationen« gibt, d. h. erbliche Abänderungen, die weniger umfassend als die Mutationen bei Oenothera lamarckiana sind und häufiger als zunächst angenommen auftreten.

Aufgrund von zahlreichen nach 1896 von ihm durchgeführten Kreuzungsexperimenten kam V. neben C. E. Correns und E. v. Tschermak 1900 zur Wiederentdeckung der Mendelschen Gesetze, wobei V. deren umfassende Gültigkeit noch verkannte. Die unter Anwendung dieser Gesetze auf ihr Erbverhalten untersuchten Einzelmerkmale und die Mutationen ließen sich unter gemeinsamem Gesichtspunkt betrachten; das führte mit zur Entstehung der klassischen Genetik.

V. suchte in seinen späteren Jahren seine Mutationsauffassung zu verteidigen, obwohl von zahlreichen Forschern berechtigte Einwände gegen diese an Oenothera lamarckiana gewonnenen Ergebnisse erhoben wurden. Zi

Literatur: Vries, H. de: Die Mutationstheorie, 2 Bde. (Leipzig 1900–1903), Opera e periodicis collecta, 7 Bde. (Utrecht 1918–1927).

●

Waage, Peter, Chemiker, geb. 29. 6. 1833 Flekkefjord, gest. 13. 1. 1900 Kristiania (Oslo).

W. entwickelte zusammen mit C. M. Guldberg aus thermodynamischen Untersuchungen ein klassisches Prinzip der Chemie, das Massenwirkungsgesetz (MWG).

W., Sohn eines norwegischen Kapitäns, studierte zunächst in Kristiania Medizin, bevor er 1858 ein Studium der Chemie und der Naturwissenschaften aufnahm. 1859 erhielt W. für seine Abhandlung »Die Theorie der Radicale der Sauerstoffsäuren« eine Goldmedaille und wurde Universitätsstipendiat. Nach Aufenthalt bei R. Bunsen in Heidelberg wurde er 1862 Nachfolger von A. F. L. Strecker auf dem Lehrstuhl für Chemie der Univ. Kristiania. Hier begann er zusammen mit seinem Schwager Guldberg seine klassischen Arbeiten zur Entwicklung des Massenwirkungsgesetzes (1864–1867). W. war Mitgl. der norweg. Ak. d. Wiss., der mineralogischen und der chemischen Gesellschaft zu London sowie der literarisch-philosophischen Gesellschaft in Manchester. Ähnlich wie Guldberg war er als Redakteur der »Polyteknisk Tidskrift« tätig.

Neben seinen zusammen mit Guldberg durchgeführten klassischen Untersuchungen zur Gleichgewichtslage chemischer Reaktionen veröffentlichte W. eine Reihe von Arbeiten zur anorganischen, organischen und zur Mineralchemie. W. entwickelte ein »Ebulliometer« zur Bestimmung des Alkoholgehaltes im Bier. Sz

Literatur: Waage, P.: Studien über die Affinität I (norweg.), in: Forhandlinger i Videnskabs-Selskabet i Christiania, (1864), 35–40, Untersuchungen über die chemischen Affinitäten (franz.), in: Forhandlinger i Videnskabs-Selskabet i Christiania, (1867), 74–90.

Walden, Paul, Chemiker, geb. 14. (26.) 7. 1863 Cesis bei Riga, gest. 22. 1. 1957 Gammertingen (Württemberg).

W. wirkte sowohl auf dem Gebiet der physikalischen als auch der organischen Chemie. Er fand eine Regel zur Ermittlung der Basizität von Säuren sowie das Phänomen der später nach ihm benannten Umkehrung, als er das optische Drehungsvermögen chemischer Substituenten des asymmetrischen Kohlenstoffatoms untersuchte. Verdienstvoll waren auch seine Arbeiten als Chemiehistoriker.

W. entstammte einer Gutsbesitzerfamilie, verlor die Eltern jedoch frühzeitig. Ab 1882 studierte er technische Chemie am Polytechnikum in Riga und wurde hier Schüler von W. Ostwald. Er promovierte im Jahre 1891, den für eine Chemikerlaufbahn in Rußland erforderlichen Magistergrad erwarb er 1892 in Odessa. Ab 1893 wirkte er als Prof. für physikalische und analytische Chemie und übernahm 1901–1906 das Rektorat des Polytechnikums. Die Mitarbeit in wissenschaftlichen Gremien führte zu Begegnungen mit N. Menschutkin und D. Mendelejew, Reisen nach Deutschland zu Kontakten mit A. v. Baeyer, J. Volhard u. a. bedeutenden Forschern. 1915 leitete W. die Evakuierung des Polytechnikums nach Moskau und 1918 dessen Rückführung. Ab 1918 übernahm er die Leitung des Chemischen Institutes der Univ. Rostock und wirkte hier bis zu seiner Emeritierung. Ab 1944 hielt er an der Univ. Tübingen Vorlesungen über Geschichte der Chemie.

Im Ergebnis der Bearbeitung eines von Ostwald angeregten Themas fand W. die »Ostwald-Waldensche Regel zur Ermittelung der Basizität n_s von Säuren bzw. der Azidität n_B von Basen«. Bei der stereochemischen Untersuchung von Weinsäuren beschäftigte er sich mit experimentellen Problemen und Methoden zur Untersuchung des optischen Drehungsvermögens und entdeckte 1896 die später so bezeichnete Waldensche Umkehrung bei der Konfigurationsbestimmung: Mittels anorganischer Reagenzien läßt sich eine optisch aktive Substanz sowohl in ihr Spiegelbild verwandeln als auch erhalten. Weitere Forschungen waren auf den Zusammenhang zwischen der elektrochemischen Leitfähigkeit (Dissoziation in Ionen) der Salze und organischen Stoffen als Ionisierungsmittel gerichtet. Diese Arbeiten führten unter anderem zur Ermittlung der Viskositätsregel und zur Prägung der Begriffe Solvatation und Solvolyse.

Die historischen Studien W.s umfaßten Probleme ideengeschichtlicher Zusammenhänge sowie des wissenschaftlichen Schöpfertums. Zo

Literatur: Walden, P.: Die Lösungstheorien in ihrer geschichtlichen Aufeinanderfolge, in: Sammlung chemischer und chemisch-technischer Vorträge, begr. v. F. B. Ahrens, XV. Bd., S. 277–454 (Stuttgart 1910), Optische Umkehrerscheinungen (Braunschweig 1919), Maß, Zahl und Gewicht in der Chemie der Vergangenheit (Stuttgart 1931), Geschichte der Chemie (Bonn 1947), Chronologische Übersichtstabellen zur Geschichte der Chemie von den ältesten Zeiten bis zur Gegenwart (Berlin, Göttingen, Heidelberg 1952), Wege und Herbergen. Mein Leben (Wiesbaden 1974).

Andersone, I. M.: Akademik P. Walden, in: Bibliografičeskij ukazatel' (Riga 1983).

Wallace, Alfred Russel, Biologe und wissenschaftlicher Schriftsteller, geb. 8.1.1823 im Dorf Usk (Monmouthshire, Wales, England), gest. 7.11.1913 Broadstone (Dorset, England).

W. wurde vor allem dadurch bekannt, daß er unabhängig von Ch. Darwin nicht nur zur Theorie der Evolution, sondern auch zur Selektionstheorie gelangte.

W. arbeitete nach Verlassen der Schule zunächst als Uhrmacher, später bei einem seiner Brüder als Landvermesser und 1844/45 als Lehrer an einer Privatschule in Leicester.

In seiner Freizeit, besonders als Lehrer in Leicester, las W. viel, so F.-M. Voltaire, D. F. Strauss, und vor allem naturwissenschaftliche Werke von A. v. Humboldt, Ch. Lyell, W. Swainson, Th. R. Malthus, den Reisebericht von Ch. Darwin. Entscheidend für die wissenschaftliche Laufbahn des im wesentlichen als Autodidakten zu betrachtenden W. war die Bekanntschaft mit dem Entomologen H. W. Bates. Auch W. arbeitete sich in die Entomologie ein. Mit Bates ging W. 1848 auf eine Forschungsreise in das Amazonasgebiet. Während Bates bis 1859 in Brasilien blieb, kehrte W. 1852 zurück. Auf der Rückreise verlor er durch ein Schiffsunglück vor der südamerikanischen Küste seine wertvollen Sammlungen.

1854–1862 unternahm W. eine weitere Forschungsreise zum Malayischen Archipel. Dort lebte er längere Zeit bei Eingeborenen auf den Aru-Inseln.

Für W.s wissenschaftliche Leistungen waren die Forschungsreisen wichtig. Seine Reisewerke zählen zu den besten Büchern dieser Art.

Die Lektüre des von R. Chambers 1844 anonym veröffentlichten Buches »Vestiges of the Natural History of Creation« (dtsch: »Natürliche Geschichte der Schöpfung ...«) hatte ihn schon vor Antritt der Südamerika-Reise mit dem Gedanken einer Evolution der Organismen vertraut gemacht. Und aus diesem Grunde beachtete er auf der Amazonas-Reise von vornherein die Phänomene der geographischen Verbreitung der Tiere unter dem Gesichtspunkt der Artbildung, so wenn er feststellte, daß Ströme Grenzen für verwandte Arten sind und jeder Fluß eigene Lokalformen derselben Fischart aufweist.

Wichtig war für W. ebenso wie für Darwin die Lektüre der Werke von Lyell und Malthus. 1855 verfaßte W. die den Evolutionsgedanken stützende Arbeit »On the Law Which Has Regulated the Introduction of New Species« (dtsch: »Über das Gesetz, das das Entstehen neuer Arten reguliert hat«). Für die Evolution sprachen nach W., daß nahe verwandte Arten meist nur im benachbarten Territorium und in der Erdgeschichte nur in aufeinanderfolgenden Schichten auftreten. Über den Radschah von Sarawak, den Engländer Sir J. Brooke, erfuhr W. auch von Darwin, der wohl mit Brooke Verbindung aufgenommen hatte. W. trat mit einem Brief vom 10.12.1856 mit Darwin erstmals in Korrespondenz.

Im Jahre 1858 sandte W. seine kurze Abhandlung »On the Tendency of Varieties to Depart Indefinitely From the Original Type« (»Über die Tendenz der Varietäten, unbegrenzt von dem Originaltypus abzuweichen«), in welcher er klar den Gedanken der Evolution durch Selektion aussprach, an Darwin.

Darwin hatte damals eine sehr viel umfangreichere Publikation mit sehr viel mehr Beispielen über die Evolution der Organismen und die Rolle der Selektion in Vorbereitung. Ihm bereitete nun die Arbeit von W. Sorgen wegen der Priorität. Mit einigen Manuskripten Darwins wurde 1858 die Arbeit von W. vor der Linnean Society in London vorgestellt, und Darwin wurde zur raschen Abfassung des Werkes »On the Origin ...« (1859) stimuliert.

W. schätzte richtigerweise die Verdienste Darwins als weitaus bedeutungsvoller für die Begründung der Abstammungslehre ein und prägte später auch den Ausdruck »Darwinismus«. W. lieferte aber noch zahlreiche wertvolle eigenständige Beiträge zur Evolutionstheorie, in denen er auch in etlichen Punkten von Darwins Ansichten, mit dem er in Korrespondenz und Kontakt blieb, abwich.

W. bezweifelte an Darwins Theorie von der sexuellen Zuchtwahl, daß die Weibchen ihre Geschlechtspartner nach Schönheitsempfinden auswählen. Er entwickelte das Konzept von der Rolle der »Warnfarben« (z. B. Feuersalamander), mit Bates die Theorie von der Mimikry. Für die Menschwerdung bezweifelte W. zumindest zeitweilig (1864) die Rolle der natürlichen Auslese. War er in der Jugend Materialist geworden, so neigte er ab der 60er Jahre des 19. Jh. zu Spiritismus und sogar Theismus.

W. wurde einer der bedeutendsten Forscher auf dem Gebiete der Tiergeographie. Nach W. benannt wurde die auffallende tiergeographische Nord-Süd-Scheidelinie im Malayischen Archipel, welche die asiatische von der australischen Tierwelt trennt.

In seinen letzten Lebensjahrzehnten äußerte sich W. auch zu den verschiedensten Problemen der Gesellschaft und vertrat teilweise utopische Vorstellungen, etwa im Sinne von E. Bellamy. Die Zahl der von ihm veröffentlichten Schriften und der darin behandelten Themen ist groß. W. forderte Verstaatlichung des Bodens und Wiederherstellung des englischen Bauernstandes, schrieb gegen den Krieg und den durch Kriege bewirkten Machtzuwachs der herrschenden Schichten, prangerte die Unmoral des Waffenhandels an, trat für die Rechte der Eingeborenen in kolonialisierten Ländern ein u. a.

Zuletzt beschäftigte sich W. auch mit Astronomie und schrieb das gedankenreiche Buch »Des Menschen Stellung im Weltall«. Zi

Literatur: Wallace, A. R.: A Narrative of Travels on the Amazon and Rio Negro (London 1853, 1889), The Malay Archipelago: The Land Orang-Utan ... (London, New York), dtsch Der Malayische Archipel ... Reiseerlebnisse. Autorisierte Ausgabe von A. B. Meyer. Bd. 1, 2 (Braunschweig 1869), Contributions to the Theorie of Natural Selection. A Series of Essays (London 1870, 1871), dtsch Beiträge zur Theorie der natürlichen Zuchtwahl (Erlangen 1870), The Geographical Distribution of Animals ... Vol. 1 and 2 (London 1876), dtsch Die geographische Verbreitung der Thiere ... (Dresden 1876), Darwinism. An Exposition of the Theory of Natural Selection With Some of Its Applications (London, New York 1889, 1912), dtsch Der Darwinismus. Eine Darlegung der Lehre von der natürlichen Zuchtwahl und einiger ihrer Anwendungen (Braunschweig 1891), Tropical Nature, and Other Essays (London 1878), dtsch Die Tropenwelt nebst Abhandlungen verwandten Inhaltes (Braunschweig 1879), Studies scientific and social. Vol. I u. II (London 1900), My Life A Record of Events an Opinions. 2 vols (London, New York 1905, 1908).

Marchant, J.: Alfred Russel Wallace, Letters and Reminiscences. 2 vols (London 1916); Heberer, G.: Darwin – Wallace. Dokumente zur Begründung der Abstammungslehre vor 100 Jahren

1858/59–1958/59 (Stuttgart 1959); George, W.: Biologist Philosopher. A Study of the Life and Writings of Alfred Russel Wallace (London, Toronto, New York 1964); Mc Kinney, H. L.: Wallace and Natural Selection (New Haven, London 1972).

Wallach, Otto Hermann Theodor Gustav, Chemiker, geb. 27. 3. 1847 Königsberg (Kaliningrad), gest. 26. 2. 1931 Göttingen.

W. hat als erster Terpene (Inhaltsstoffe ätherischer Öle) systematisch chemisch untersucht und die Chemie dieser Verbindungen zu einem wichtigen Gebiet der organischen Chemie entwickelt.

W. entstammte einer Beamtenfamilie. 1853 zogen seine Eltern nach Potsdam. Hier besuchte W. 1856–1867 das Gymnasium. Danach ging er nach Göttingen, um bei F. WÖHLER Chemie zu studieren. Das zweite Semester absolvierte er in Berlin bei A. W. HOFMANN. Zum Sommersemester 1868 kehrte er nach Göttingen zurück, wo er im Juli 1869 das Studium mit der Promotion abschloß. Danach suchte er in Berlin bei H. WICHELHAUS seine Kenntnisse zu vervollständigen. Im Mai 1870 wurde W. Assistent bei A. KEKULÉ V. STRADONITZ in Bonn. Ein Jahr später ging er wiederum nach Berlin, um in einer neu gegründeten Anilinfabrik zu arbeiten, mußte aber nach halbjähriger Tätigkeit aufgrund eines chronischen Katarrhs kündigen. Er ging Ende 1872 wieder nach Bonn zurück und blieb dort insgesamt 17 Jahre, zunächst als Assistent und ab 1876 als planmäßiger ao. Prof. und Leiter für den anorganischen Unterricht. Als 1889 in Göttingen durch die Berufung von V. MEYER nach Heidelberg das Ordinariat vakant wurde, trat W. die Nachfolge MEYERS an. Auf diesem einst von WÖHLER besetzten Lehrstuhl blieb er bis zu seiner Emeritierung im Jahre 1915. Sein Nachfolger wurde A. WINDAUS. W. behielt im Institut ein gut ausgestattetes kleines Labor, in dem er weiter experimentierte. Daneben betrieb er umfassende literarische Studien, hielt Vorträge und schrieb Publikationen.

W. hatte zu Beginn seiner wissenschaftlichen Tätigkeit auf den verschiedensten Gebieten der organischen Chemie gearbeitet. Seine Untersuchungen hatten z. B. verschiedene Reaktionen des Chlorals, die Amid- und Imidchloride und Amidine sowie Azo- und Diazoverbindungen zum Inhalt. 1884 begann W. nach einem klar formulierten Programm mit systematischen Untersuchungen von Terpenen. Dabei orientierte er sich zunächst auf die Abtrennung der einzelnen Terpenkomponenten aus den ätherischen Ölen und die exakte Charakterisierung der isolierten Verbindungen. W. suchte dabei Reaktionen anzuwenden, die möglichst zu kristallinen Derivaten führen. Nicht kristallisierende Stoffe wurden durch Destillation unter vermindertem Druck isoliert und gereinigt. Des weiteren versuchte er durch »gegenseitige Umwandlung« einzelner Terpene die strukturellen Beziehungen zwischen diesen zu erfassen. Schließlich ging er daran, Strukturformeln (»Reaktionsformeln«, wie er sie nannte) aufzustellen. Nach sechsjähriger Tätigkeit konnte W. auf die Isolierung und Charakterisierung von insgesamt acht Terpenen verweisen: Pinen, Camphen, Limonen, Dipenten, Sylvestren, Terpinolen, Terpinen und Phellandren. Dabei hatte er zur Charakterisierung von Flüssigkeiten die optische Drehung, den Siedepunkt, die Dichte, den Brechungsindex und die Molrefraktion herangezogen. Die systematische Weiterführung der Terpenarbeiten bis ins hohe Alter hinein fand ihren Niederschlag in 129 Abhandlungen »Zur Kenntnis der Terpene und der ätherischen Öle«, die alle in »Liebigs Annalen der Chemie« publiziert worden sind. 1909 erschien die erste Auflage der Monographie »Terpene und Campher«, auch hier sind viele neue Ergebnisse eingeflossen. W.s Ergebnisse beeinflußten nachhaltig

O. H. T. G. Wallach

J. Walther

auch die Entwicklung der Industrie der ätherischen Öle und der Riechstoffe. Seine Schüler galten als gesuchte Mitarbeiter in diesem Industriezweig.

1910 wurde W. »für das Verdienst, das er sich um die Entwicklung der Chemie und der chemischen Industrie durch seine bahnbrechenden Arbeiten auf dem Gebiet der alicyclischen Verbindungen erworben hat«, mit dem Nobelpreis für Chemie geehrt. Re

Literatur: Wallach, O.: 322 Originalarbeiten, zusammengestellt von W. Hückel, in: Chem. Ber. 94 (1961), XCIII–CVIII, Tabellen zur chemischen Analyse (Bonn 1879), Terpene und Campher (Leipzig 1909), als Hrsg.: Briefwechsel zwischen Berzelius und Wöhler (Leipzig 1901).

Ellmer, A.: Otto Wallach und seine Bedeutung für die Industrie der ätherischen Öle, in: Z. angew. Chem. 44 (1931), 929–932; Gildemeister, E.: Zum 80. Geburtstage Otto Wallachs, in: Z. angew. Chem. 40 (1927), 365/366; Hückel, W.: Otto Wallach (1847–1931), in: Chem. Ber. 94 (1961), VII–CVIII; Ružička, L.: The Life and Work of Otto Wallach, in: J. chem. Soc. (1932), 1582–1597.

Walther, Johannes, Biologe, Geologe und Paläontologe, geb. 20. 7. 1860 Neustadt/Orla, gest. 4. 5. 1937 Hofgastein (in Eisenach beigesetzt).

Am bekanntesten wurde W., einer der hervorragendsten Geologen und Paläontologen im Weltmaßstab, durch seine Beiträge zur Erklärung des Wüstenphänomens und zur ontologischen Betrachtungsweise, die im geologischen Sprachgebrauch zumeist als Aktualismus bezeichnet wird.

W., Sohn eines Superintendenten, studierte nach dem Besuch des Gymnasiums in Eisenach an der Univ. Jena bei E. HAECKEL, O. u. R. HERTWIG, E. STRASSBURGER und E. STAHL die biologischen Disziplinen. Mit der Promotion in den Fächern Zoologie, Botanik und Philosophie zum Dr. phil. schloß W. 1882 dieses Studium ab. An den Univ. Leipzig und München absolvierte W. 1882/83 ein Studium der geologisch-paläontologischen Disziplinen bei H. CREDNER, F. ZIRKEL, W. GÜMBEL und K. ZITTEL. Seine praktische Tätigkeit nach den Studien nahm W. 1883/84 an der Zoologischen Station in Neapel auf. Schon 1884 reiste er nach Sizilien und Tunis. Mit E. v. MOISSISOVICS betrieb W. im Sommer 1884 in den Ostalpen tektonische Studien, denen 1885 die Rückkehr an die Zoologische Station in Neapel folgte. Er habilitierte sich 1886 für Geologie und Paläontologie an der Univ. Jena. Anschließend reiste er zu geologischen Studienzwecken nach Ägypten und Griechenland. Nach dieser Reise arbeitete W. bis 1888 am Goethe-Archiv zu Weimar. Im gleichen Jahr reiste er nach England, Schottland und Irland sowie nach Ostindien und Ceylon (Sri Lanka). 1890 kehrte W. aus Asien zurück; er wurde zum ao. Prof. an die Univ. Jena berufen. Die Reise W.s 1891 nach Nordamerika und Südkalifornien verfolgte vorrangig geologische Zielstellungen. Von der Univ. Jena erging 1894 eine Berufung zum o. Prof. für Geologie und Paläontologie an W. Seine geologischen Studien setzte er 1897 mit der Reise in den Ural, in den Kaukasus und in die turkmenische Wüste fort. Mit seiner Umberufung zum o. Prof. für Geologie und Paläontologie an die Univ. Halle trat W. die Nachfolge von K. W. FREIHERR V. FRITSCH an. Bis 1929 hatte er sein Lehramt in Halle inne. Seine Tätigkeit war auch in dieser Zeit durch zahlreiche Reisen zur Kongreßteilnahme (1907 nach Jötunheim in Norwegen, 1909 nach Cambridge), zu Forschungszwecken (z. B. 1911 nach Nordafrika und 1926 nach Portugal und Spanien) sowie zu Gastvorlesungen (1913 an der Univ. London, 1914 in Australien, 1929 in Baltimore und New York) gekennzeichnet.

Als Emeritus befaßte sich W. noch mit zahlreichen geologischen Fragestellungen, z. B. mit paläozoologischen Untersuchungen im Eozän des Geiseltals, mit der Geologie von Deutschland, mit bodenkundlichen Aspekten sowie mit den Heilquellen im geologischen Wasserhaushalt. Hervorzuheben sind hierbei seine Schriften über J. W. v. GOETHE und dessen Stellung zur Geologie, über das Wünschelrutenphänomen sowie seine Abhandlung »Mediterranische Geobiologische Untersuchungen über Gestaltung und Besiedlung des mediterranen Lebensraumes«, die sein Lebenswerk abschloß.

W. war ein großer Forscher und Pädagoge. Er hat die geologische Wissenschaft in weitem Maße popularisiert, wobei er der Geologie für die Herausbildung der Weltanschauung bedeutenden Einfluß beimaß. Wie kein anderer erkannte er, daß die Geologie eine historische Wissenschaft ist. Seine wichtigsten geologischen Leistungen sind: Die Anwendung der Evolution und damit des Darwinismus in der Geologie, die bewußte Nutzung des Aktualismus (»ontologische Methode«) als hauptsächliche geologische Untersuchungsmethode und das Bemühen um das Verhältnis von Aktualismus und Experiment, bedeutende paläontologische Arbeiten zur Ökologie, die Einführung der lithologischen Vergleichsmethode und der genetischen Klassifikation von Sedimentgesteinen, die grundlegenden Beiträge zur fossilen und rezenten Wüstenbildung sowie zur Lateritgenese, der Zusammenhang zwischen der Fließrichtung der Flüsse und den tektonischen Störungen, der Beitrag zur Vereisungstheorie sowie Vorschläge für neue Begriffe zur Kennzeichnung bedeutender geologischer Prozesse. W. erkannte als erster die unlösbare Verflechtung der organischen mit der anorganischen Entwicklung. Er übertrug die biologische Selektion auf lithologische Vorgänge und stellte fest, daß die Entwicklung der organischen und anorganischen Welt nicht reversibel ist.

Die Leistungen W.s erfuhren durch nationale und internationale Institutionen hohe Anerkennung: 1892 Mitgl. der Kaiserlich Deutschen Akademie der Naturforscher zu Halle (Leopoldina), 1896 Korrespondierendes Mitgl. der Geological Society of London, 1897 Mitgl. der Societé Imperial des Naturalists zu Moskau, 1911 Mitgl. der Akademie gemeinnütziges Wissen zu Erfurt, 1914 Ernennung zum Dr. of Science der Univ. Melbourne, 1922 Ehrenmitgl. der ungar. geographischen Gesellschaft zu Budapest, 1923 Ehrenmitgl. der geologischen Gesellschaft zu Wien, 1924 Präsident der Deutschen Akademie der Naturforscher »Leopoldina« in Halle, 1925 Dr. med. h. c. an der Medizinischen Fakultät in Halle. Ptz

Literatur: Walther, J.: Die Denudation in der Wüste und ihre geologische Bedeutung, in: Abh. math.-phys. Kl. Sächs. Ges. Wiss. XVI (Leipzig 1891), Das Gesetz der Wüstenbildung in Gegenwart und Vorzeit (Neubearbeitung von »Die Denudation ...« von E. Vohsen, Berlin 1900), Einleitung in die Geologie als historische Wissenschaft. Beobachtungen über die Bildung der Gesteine und ihrer organischen Einschlüsse (Jena 1893/94), Geschichte der Erde und des Lebens (Leipzig 1908, russ. 1911, ung. 1911), Allgemeine Paläontologie. Geologische Fragen in biologischer Betrachtung (Berlin 1919–1929), Laterit aus Westaustralien, in: Z. dtsch. geol. Ges. 67 (Berlin 1915), Goethe als Seher und Erforscher der Natur, in: Leopoldina 6 (Halle/Saale 1930), Mediterranistische Geobiologische Untersuchungen über Gestaltung und Besiedlung des mediterranen Lebensraumes, in: Petermanns geograph. Mitt., Erg.-H. 225 (Gotha 1936).

Bülow, K. v.: Johannes Walther, der Begründer der Biologie, Gedenkworte zu seinem 25. Todestag, in: Ber. dtsch. Ges. geol. Wiss. A Geol. Paläont. 6 (1961) 4, 373–382; Pätz, H.: Buchbesprechung über »Johannes Walther und seine Bedeutung für die Entwicklung der Geologie« (russ.) von B. P. Vysockij, in: Ber. dtsch. Ges. geol. Wiss., A., Geol. Paläont. 13 (1968) 1, 147–149; Weigelt, J.: Johannes Walther († 4. Mai 1937), in: Sd. Z. dtsch. geol. Ges., 89 (1937) 10, 647–656.

Warburg, Otto Heinrich, Mediziner, Zellphysiologe und Biochemiker, geb. 8. 10. 1883 Freiburg i. Br., gest. 1. 8. 1970 Berlin.

W. beschäftigte sich über sechs Jahrzehnte lang mit Grundfragen des Zell- und Gewebestoffwechsels, insbesondere der Energetik des Wachstums, und förderte damit wesentlich die Herausbildung einer eigenständigen Biochemie als organische Chemie und Physiologie vereinende Disziplin. Auf der Grundlage bedeutender methodischer Neuentwicklungen trug er maßgeblich zum Verständnis von Zellatmung und Gärungsprozessen, vor allem zur Charakterisierung ihrer Katalysatoren bei und bewirkte einen sprunghaften Erkenntnisfortschritt sowohl in der Krebs- als auch der modernen Photosyntheseforschung.

W., Sohn des Physikers EMIL W., besuchte in Freiburg i. Br. (Baden) eine Privatschule und das humanistische Berthold-Gymnasium und ab 1895 das Friedrichs-Werdersche Gymnasium in Berlin; 1901–1905 studierte er Chemie an den Univ. Freiburg (bis 1903) und Berlin; 1906 promovierte er bei E. FISCHER über die Derivate des Glycins (Glycocoll), Alanins und Leucins zum Dr. phil.; 1905–1911 studierte er Medizin in Berlin (bis 1906), München (bis 1907) und Heidelberg, promovierte 1911 bei R. GOTTLIEB zum Dr. med. (»Über die Oxydationen in lebenden Zellen nach Versuchen am Seeigelei«) und habilitierte sich 1912 (»Über die energieliefernden Reaktionen in lebenden Zellen«). 1909–1913 war W. Assistent von L. KREHL an der Medizinischen Klinik der Univ. Heidelberg und arbeitete 1908–1910 sowie 1913/14 zeitweilig in der Physiologisch-chemischen Abteilung der Zoologischen Station Neapel. 1912–1914 war er Privatdoz. für Physiologie in Heidelberg, ab 1914 Privatdoz. für physikalische Chemie und Biologie und 1921–1923 ao. Prof. für Physiologie an der Medizinischen Fakultät der Univ. Berlin. Auf Vorschlag von FISCHER, T. BOVERI und P. EHRLICH wurde W. 1914 zum Mitgl. der neu gegründeten Kaiser-Wilhelm-Gesellschaft zur Förderung der Wissenschaften ernannt. 1914–1930 leitete er die Abteilung Physiologie am Kaiser-Wilhelm-Institut für Biologie, ab 1916 als Titularprof.; infolge des ersten Weltkrieges, den er als Reserveoffizier miterlebte, nahm er diese Tätigkeit erst 1918 auf. 1924 reiste er erstmals zu Vorträgen in die USA, worauf vor allem bis 1933 und 1948/49 weitere Reisen und Arbeitsaufenthalte folgten. 1931 wurde das neue Kaiser-Wilhelm-Institut für Zellphysiologie in Berlin-Dahlem eröffnet, dessen erster und einziger Dir. W. auch nach der Wiedereröffnung 1950 und der Eingliederung in die Max-Planck-Gesellschaft 1952 gewesen ist. 1931 erhielt er den Nobelpreis für Physiologie und Medizin. W. war Mitgl. der Royal Society London, ferner der Ak. d. Wiss. in Berlin, Kopenhagen und Rom sowie mehrfacher Ehrendoktor; 1956 wurde er Ehrenmitgl. der Leopoldina.

Mit ausgezeichneter physikalischer Vorbildung und dem Doppelstudium der Chemie und Medizin wandte sich W. den Fragen der Zellenergetik in einer Zeit zu, als weitere Fortschritte gerade durch interdisziplinäres Herangehen zu erwarten waren. Um die Jahrhundertwende vertraten viele Biologen die Auffassung, daß die organische Natur zu sehr dem Zufall unterworfen und zu unberechenbar sei, als daß man sie in kontrollier- und reproduzierbaren Experimenten quantitativ beschreiben und beeinflussen könne. Dem setzte W. die These J. Maxwells (1877) entgegen, daß der wichtigste Schritt im Fortschreiten einer jeden Wissenschaft das Messen von Größen sei. Dank seines tiefen Verstehens der Natur biologischer Systeme wußte er richtige Fragen zu formulieren, Fragen, die echte und lösbare Probleme betrafen und für deren Lösung er die erforderliche Methodik selbst schaffen konnte, schrieb später H. Krebs (1978) über seinen Lehrer W. Dieses methodische Geschick war ihm durch die Vereinigung physikalischer und chemischer Methodenkenntnisse, insbesondere durch die Zusammenführung von Strahlenphysik und organischer Chemie, gegeben. Während z. B. mit optischen Methoden Enzyme der Zellatmung und Gärung entdeckt wurden, gelang mit klassischen Methoden der organischen Chemie ihre Isolierung und Kristallisation sowie die Identifizierung der Wirkgruppen. »Die besten physikalischen und chemischen Methoden aber wären nicht imstande gewesen, die Zellphysiologie zu fördern, wenn sie nicht verbunden worden wären mit einer Vereinfachung der physiologischen Versuchsanordnungen ... Mit keiner komplizierten Versuchsanordnung haben wir jemals etwas Wesentliches entdeckt«, sagte W. 1962 über seine Arbeitsweise. In der Wahl seiner Versuchsobjekte ging W. konsequent den Weg vom Organismus über Organ und Gewebe bis zur einzelnen Zelle und zum Zellfragment. Daß heute die Grünalge Chlorella als biologisches Standardobjekt gilt, ist diesem Bemühen zu danken.

Grundgedanke der ersten Versuche W.s war die Überlegung, daß während des Zellwachstums chemische Arbeit geleistet werden müsse, die sich in einem Anstieg der Geschwindigkeit der energieliefernden Prozesse widerspiegeln würde. Für Messungen eines derartigen Anstiegs veränderte W. bereits vorliegende manometrische Methoden von E. Warburg (1900) und J. Barcroft (1902 und 1908) dahingehend, daß die Geschwindigkeit des Gasaustausches bestimmt und der Umsatz direkt gemessen werden konnte (1919). Auf der Grundlage dieser »Warburg«-Manometer

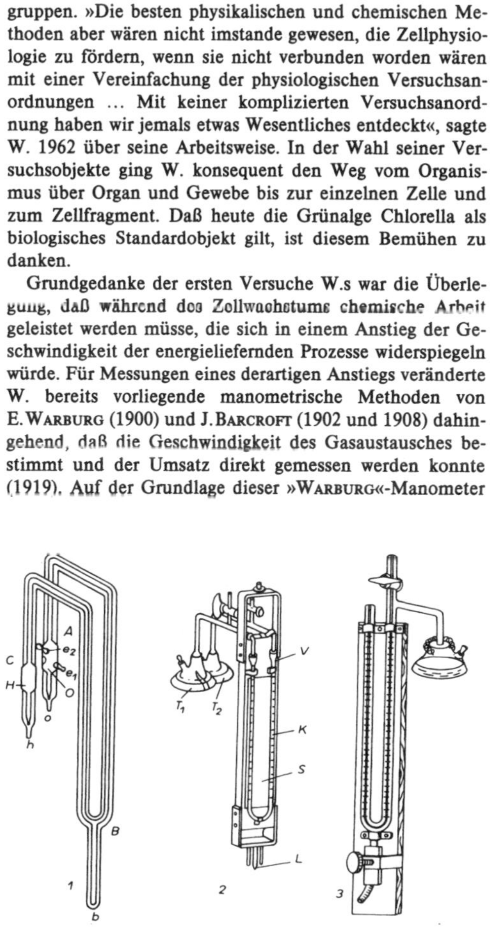

Historische Differentialmanometer: *1* Differentialmanometer von Emil Warburg aus dem Jahre 1900, das nach Konstruktion und Dimension in der Physiologie eingesetzt werden konnte.
2 Differentialmanometer mit Barcroftschen Hähnen, wie es Otto Warburg 1919 bei der Messung der Photosynthese verwendet hat.
3 »Blutgasmanometer« der Engländer J. S. Haldane und J. Barcroft aus dem Jahre 1902

O. H. Warburg

J. D. Watson

wurden in der Folgezeit weit über 100 biochemische Analysemethoden begründet.

Um Gaswechseluntersuchungen direkt mit energetischen Betrachtungen koppeln zu können, entwickelte W. spektrophotometrische Verfahren, die die Bestimmung des Quantenbedarfs der primären Lichtreaktionen der Photosynthese (1920 und 1922) und die Aufnahme fermentativer Wirkungsspektren (1928) gestatteten. Bei spektrophotometrischen Untersuchungen entdeckte er 1935 die Absorptionsänderung der Pyridinnucleotide bei 340 nm durch Reduktion und 1941 eine analoge Änderung der Enolbande von Phosphorpyruvat bei 240 nm. Seine aus diesen Befunden abgeleiteten optischen Tests verkürzten den Zeitaufwand für die Messung von Stoffwechselreaktionen im Durchschnitt auf den hundertsten Teil! Durch die Begründung der Differentialzentrifugation (1913) zur Trennung von Zellkomponenten, einer leistungsfähigen Gewebeschnitt-Technik (1923) sowie die Einführung der Mikroanalyse (1927) und des Enzymtests (1942/43) in die klinische Diagnostik legte W. den Grundstein für weitere Erkenntnisfortschritte.

Mit seinen neuartigen und originellen methodischen Entwicklungen gelangen W. fundamentale wissenschaftliche Entdeckungen. Er wies Eisen als biologisch wirksames Schwermetall (1914) und die Eisenkatalyse der Zellatmung (1933) nach, entdeckte und identifizierte die Cytochrom-Oxidase (1928/29), die Pyridinnucleotide (1935 und 1936), die Flavo- (1932 und 1938) und Kupferproteine (1937/38); er entdeckte die aerobe Glycolyse der Krebszellen (1923) und isolierte bzw. kristallisierte erstmals allein 8 (!) glykolytische bzw. 7 Gärungsenzyme (1939–1944). W. begründete die Untersuchungen des Quantenbedarfs der Photosynthese (1919 und 1922/23), entdeckte die Nitratreduktion in grünen Pflanzen (1920) und entwickelte stark diskutierte Hypothesen der photosynthetischen Primärreaktionen (1922 und 1950). Weitere Entdeckungen fanden in den über 500 wissenschaftlichen Publikationen W.s ihren Niederschlag. Nur einem geringen Teil seiner Hypothesen und Interpretationen blieb die Anerkennung der Fachwelt versagt. Kritik wurde insbesondere der »Ein-Quanten-Reaktion« und dem »Energie-Kreisprozeß« der Photosynthese (1950) sowie W.s Vorstellung über die »allgemeine und letzte Ursache« des Krebses (1966) entgegengebracht; diese Hypothesen gelten heute als widerlegt.

S. M. Rapoport charakterisierte W. 1983 als »den bedeutendsten Naturwissenschaftler auf dem Gebiet der experimentellen Biologie des 20. Jh.s«. Wie Th. Bücher 1983 über seinen Lehrer schrieb, führte W., »der Spekulation abhold, den theoretischen Ansatz nur so weit, daß sich ein experimenteller Einstieg öffnet. Weiterführendes wird der experimentellen Befragung überlassen.« Dem allgemein humanistischen Grundanliegen der Wissenschaft verpflichtet war er überzeugt, dem Wohle aller Menschen zu dienen, auch wenn er grundlegenden politischen Fragen seiner Zeit offensichtlich auswich. W. stand im Rufe eines »Nur-Forschers« und galt als »unnachgiebiger Polemiker« im wissenschaftlichen Meinungsstreit. Den Neigungen W.s, losgelöst von Lehraufgaben Grundlagenforschung zu betreiben, kamen Anliegen und Organisation der Kaiser-Wilhelm-Gesellschaft sehr entgegen. Hx

Literatur (Auswahl): Warburg, O.: Über Derivate des Glycocolls, Alanins und Leucins. Über die 1-Brompropionsäure und das 1-Alanylglycin (Berlin 1906), Über die Oxydationen in lebenden Zellen nach Versuchen am Seeigelei (Heidelberg 1911), Über die energieliefernden Reaktionen in lebenden Zellen (München 1912), Über den Stoffwechsel der Tumoren (Berlin 1926, engl. Aufl. 1930), Über die katalytischen Wirkungen der lebendigen Substanz (Berlin 1928), Schwermetalle als Wirkungsgruppen von Fermenten (Berlin 1946 u. 1948, engl. Aufl. 1949), Ideen zur Fermentchemie der Tumoren (Berlin 1947), Wasserstoffübertragende Fermente (Berlin 1948), Weiterentwicklung der zellphysiologischen Methoden, angewandt auf Krebs, Photosynthese und Wirkungsweise der Röntgenstrahlen (Stuttgart u. New York 1962), Über die letzte Ursache und die entfernten Ursachen des Krebses (Würzburg 1966).

Bücher, Th.: Otto Warburg - A personal recollection, in: Biol. Oxidations (Hrsg. Sund, H., u. V. Ullrich, Berlin, Heidelberg, New York, Tokyo 1983, S. 1–29); Höxtermann, E.: Otto Heinrich Warburg (Leipzig 1989); Rapoport, S. M.: Leben und Werk Otto Warburgs, in: Sb. d. AdW d. DDR 3N (1985), 5–14.

Watson, James Dewey, Molekularbiologe, geb. 6. 4. 1928 Chicago (USA).

W. klärte zusammen mit F. H. C. Crick die Raumstruktur der Desoxyribonukleinsäure (DNS), der Vererbungssubstanz, und wurde damit zu einem Begründer der Molekulargenetik.

W., Sohn eines Geschäftsmannes, studierte zuerst an der Univ. Chicago und erhielt hier 1947 den Grad eines B. S. in Zoologie. Danach studierte er an der Univ. Bloomington (Indiana, USA), wo unter anderem so bedeutende Vererbungsforscher wie H. J. Muller, S. Luria und T. M. Sonneborn seine Lehrer waren. 1950/51 arbeitete W. in einem bedeutenden mikrobiologischen Laboratorium in Kopenhagen und ging im Herbst 1951 an das Cavendish Laboratory in Cambridge (England), wo er mit F. H. C. Crick zusammenarbeitete. 1953–1955 war er Senior Research Fellow für Biologie am California Institute of Technology. Er kehrte dann noch einmal an das Cavendish Laboratory in Cambridge (England) zurück. 1956 wurde W. Assistant Prof. für Biologie an der Harvard-Univ. in Cambridge (Massachussets, USA), 1958 Associate Prof. und 1961 o. Prof. 1968 ging W. als Dir. in das Gold Spring Harbour Laboratory auf Long Island (New York, USA), wo man sich besonders mit der Krebsforschung befaßt.

W.s Forschungsinteressen wandten sich von der Biochemie der Phagen und Viren der Röntgenstrukturanalyse lebenswichtiger organischer Verbindungen, namentlich der DNS, zu. Die Teilnahme an einem Symposium 1951 bei M. Wilkins, der über die Röntgenstrukturanalyse von kristalliner DNS vortrug, war von nachhaltigem Eindruck auf W. Im Jahre 1953 erarbeitete W. zusammen mit Crick das Raummodell der Vererbungssubstanz DNS, wobei die Anregungen verschiedenster Wissenschaftler eingingen. Später untersuchte W. besonders die Rolle der Ribonukleinsäure (RNS) bei der Proteinsynthese.

W. erhielt 1962 zusammen mit Crick und Wilkins den Nobelpreis für Physiologie und Medizin. Zi

Literatur: Watson, J. D.: Molecular Biology of the gene (New York 1965), The Double Helix... (New York 1968), dtsch: Die Doppel-Helix. Ein persönlicher Bericht über die Entdeckung der DNS-Struktur (Reinbek bei Hamburg 1969).

Watson-Watt, Sir Robert Alexander, Physiker und Radartechniker, geb. 13. 4. 1892 Brechin (Schottland), gest. 5. 12. 1973 Inverness (Schottland).

W. arbeitete auf dem Gebiet der Meteorologie, beschäftigte sich mit Problemen des Funkverkehrs und war maßgebend an der Entwicklung der Radartechnik beteiligt.

W. ist als jüngster von fünf Söhnen in einer schottischen Handwerkerfamilie aufgewachsen. Er absolvierte die Brechin High School und das University College in Dundee, studierte an der Univ. St. Andrews Physik und Elektroingenieurwesen und war anschließend Assistent am Institut für Naturphilosophie des University College in Dundee.

Im ersten Weltkrieg wurde W. Offizier und arbeitete als Chefmeteorologe der Royal Aircraft in Farnborough. Nach Untersuchungen über das Auftreten von Gewittern beschäftigte er sich vornehmlich mit Fragen der Aeronautik. 1919 erhielt W. sein erstes Patent für ein Radarinstrument, das zu atmosphärischen Studien genutzt wurde. 1921–1933 war W. Abteilungsleiter im britischen Department für wissenschaftliche und industrielle Forschung. Sein Hauptarbeitsgebiet lag hier in der systematischen Erkundung der Erdatmosphäre. 1933–1936 war er Leiter einer Fachabteilung des Nationalen Physikalischen Laboratoriums Großbritanniens. Anschließend befaßte sich W. als Dir. im Luftfahrtministerium mit Fragen der Weiterentwicklung der Funktechnik. Ab 1940 war er in demselben Ministerium als wissenschaftlicher Berater eingesetzt.

Seine bedeutendsten wissenschaftlichen Leistungen erbrachte W. auf dem Gebiet der Radartechnik. Der von ihm entwickelte Sicht- oder Kurzzeitpeiler (häufig auch Watson-Watt-Peiler genannt) ist ein Radarmeßsystem, bei dem das Empfangsgeld mit Hilfe eines Kreuzrahmens, einer vorgespannten Schleifenantenne oder eines Adcock-Systems in zwei zueinander senkrechte Komponenten zerlegt wird;

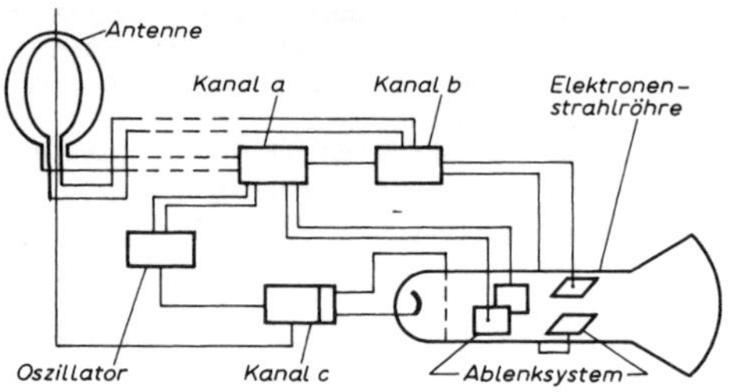

Prinzip des Watson-Watt-Peilers

diese werden zur Auswertung über entsprechende Verstärkerschaltungen an zwei gekreuzte Ablenksysteme einer Elektronenstrahlröhre gelegt (Abb.). Das physikalische Prinzip des Watson-Watt-Peilers besteht darin, daß sich beide Antennenspannungen in der Elektronenstrahlröhre

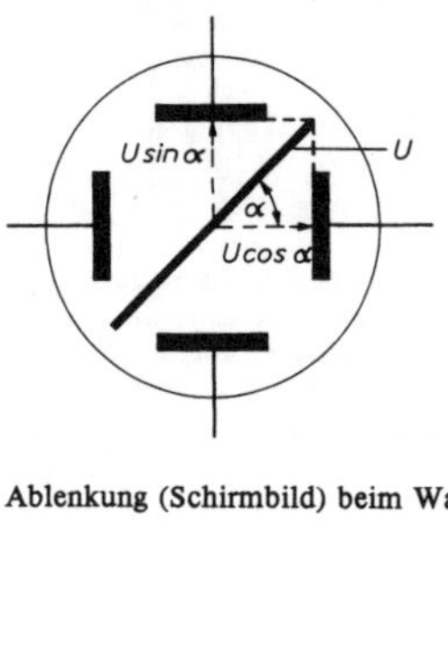

Ablenkung (Schirmbild) beim Watson-Watt-Peiler

räumlich zu einem resultierenden Feld zusammensetzen, dessen Winkel

$$\tan\gamma = \frac{U\sin\alpha}{U\cos\alpha} = \tan\alpha$$

(Abb.) ist. Die Richtung des angezeigten Feldes stimmt damit mit der Richtung des einfallenden Feldes überein. Der große Vorteil dieses Verfahrens besteht in der direkten Peilanzeige und der sich daraus ergebenden Möglichkeit, die Qualität der Peilung anhand des Schirmbildes der Elektronenstrahlröhre zu beurteilen.

Für seine Arbeiten auf radartechnischem Gebiet wurden W. zahlreiche Auszeichnungen und wissenschaftliche Ehrungen zuteil; 1942 erhielt er den Adelstitel.

Seit Anfang der 50er Jahre hatte W. in mehreren Städten Europas und Amerikas Büros eingerichtet, die sowohl den Ministerien als auch der Industrie als Beratungsstellen für die Anwendung der Radartechnik dienten.

W. wohnte einige Jahre in Kanada und in den USA, verbrachte aber den Lebensabend wieder in seiner Heimat.

Ke

Literatur: Watson-Watt, R. A.: Applications of the Cathode Ray Oscillograph in Radio Research (London 1933), Through the Weather House (London 1935), Three Steps to Victory (London 1957), The Pulse of Radar (New York 1959), Man's Means to his End (Toronto 1961).

R. A. Watson-Watt

J. Watt

Watt, James, Maschinenbauer, geb. 19. 1. 1736 Greenock bei Glasgow, gest. 19. 8. 1819 Heathfield.

W. konstruierte die erste universell einsetzbare Dampfmaschine mit kontinuierlicher Drehbewegung und ökonomisch tragbarem Wirkungsgrad.

W. entstammte dem wirtschaftlich und politisch-religiös aktiven schottischen Bürgertum. Sein Vater betätigte sich als Schiffbauer, Reeder und Kaufmann und war vor allem als Hersteller guter nautischer Geräte bekannt. Seine Mutter kam aus einer sehr alten schottischen Familie und brachte eine gute Allgemeinbildung mit, die sie dem Sohn vermittelte. Sie lehrte ihn auch Lesen und Schreiben, da W. wegen seiner schwächlichen Konstitution und der häufigen Kopfschmerzen, an denen er fast sein ganzes Leben litt, zunächst keine Schule besuchen konnte. Der Vater unterrichtete ihn im Rechnen, Fachzeichnen und Konstruieren. Beim späteren Schulbesuch zeigte W. auch in Mathematik beste Leistungen. Naturwissenschaftlich bildete er sich vor allem durch Literaturstudium, daneben erwarb er in der väterlichen Werkstatt solide handwerkliche Fähigkeiten. Deshalb hatte W. auch keinen Erfolg, als er 1754 in Glasgow eine solche Lehrstelle suchte, in der er noch etwas hinzulernen konnte. Da inzwischen die Mutter gestorben war und der Vater unter anderem durch eine Schiffskatastrophe große Verluste erlitten hatte, war an ein Studium, wie es seinen geistigen Fähigkeiten entsprochen hätte, nicht zu denken. Auf Empfehlung eines Physikprof., den er durch Verwandte seiner Mutter kannte, ging er nach London, wo er schließlich bei einem Instrumentenbauer ein Jahr lang volontierte, um die nach der Handwerkerordnung vorgeschriebene siebenjährige Lehrzeit zu umgehen. Wegen der fehlenden Lehre und aus anderen formalen Gründen verwehrte ihm aber die Gilde der Hammerschmiede in Glasgow nach der Rückkehr 1756 die Einrichtung einer Werkstatt für Präzisionsinstrumente. Durch Vermittlung ihm bekannter Prof. der Univ. Glasgow erhielt aber W. die Erlaubnis, auf dem nicht den Zunftbestimmungen unterliegenden Universitätsgelände eine Werkstatt einzurichten. Dort baute er die von der Univ. benötigten Instrumente und für private Kunden unter anderem nautische Geräte, Brillen und Musikinstrumente, darunter zwei Orgeln.

Aus dem Umgang mit Wissenschaftlern und Studenten erhielt W. den Anstoß, sich mit der Dampfkraft zu beschäftigen. Ihm war aus der Literatur bekannt, was bis dahin zur Nutzung der Dampfkraft unternommen worden war. Ab 1762 stellte er selbst Versuche über die Arbeitsfähigkeit des Wasserdampfes an. Er benutzte dabei einen PAPINschen Topf, auf dessen Deckel ein Rohrstück mit beweglichem Kolben, den er belastete, als Arbeitszylinder angebracht wurde. Diese Vorrichtung hielt jedoch dem Dampfdruck nicht stand. Im Winter 1763/64 erhielt er von der Univ. das Modell einer Dampfmaschine von TH. NEWCOMEN zur Instandsetzung. Nachdem W. dieses Modell in Ordnung gebracht hatte und damit experimentierte, erkannte er nach und nach die grundsätzlichen Mängel dieser Maschine. Das veranlaßte ihn zu systematischen Untersuchungen, wobei er eingehende Literaturstudien betrieb. Zu diesem Zweck befaßte sich W. auch mit Französisch, Italienisch und Deutsch und setzte sich mit Wissenschaftlern der Univ. über Fragen der Wärmelehre auseinander, die bis dahin kaum entwickelt war. So untersuchte W. das ungünstige Verhältnis von Zylinderoberfläche zu Zylinderinhalt bei der NEWCOMENschen Dampfmaschine und den Einfluß anderer Teilabmessungen, vor allem aber im Rahmen wissenschaftlich einwandfreier Versuche das Verhältnis von Druck zu Temperatur des Wasserdampfes. Er bestimmte das spezifische Dampfvolumen, wobei er annähernd schon die heute dafür gültigen Daten erhielt. W. bestimmte auch, welche Dampf- und Kühlwassermengen für einen bestimmten Prozeß benötigt wurden. Dabei ergab sich immer deutlicher die Ursache für die Unwirtschaftlichkeit der Maschine von NEWCOMEN, die für jeden Kolbenhub das vier- bis fünffache des Zylindervolumens an Dampf benötigte. Am Ende kam W. 1765 auf die entscheidende Idee, die Dampfkondensation vom Arbeitszylinder zu trennen, so daß dieser nicht ständig abkühlt und wieder erwärmt werden mußte. Nachdem der Dampf den Kolben bewegt hatte, ließ W. ihn in ein ständig wassergekühltes Röhrensystem, den Kondensator, entweichen, wo er sich niederschlug. Allein diese Erfindung verbesserte den Wirkungsgrad der Maschine von 0,5 auf 2 %. Da auch die Luft, die den Kolben bei der atmosphärischen Maschine nach unten drückte, kühlte, ging W. von diesem Arbeitsprinzip ganz ab und ließ den Dampf direkt wirken. Der Zylinder wurde oben geschlossen und die Kolbenstange durch eine Stopfbuchse – ebenfalls eine neue Erfindung – geführt, so daß nunmehr der Dampf anstelle der atmosphärischen Luft beim Arbeitshub den Kolben von oben nach unten drückte. W. benutzte dabei nur Dampfdrücke bis zum $1\frac{1}{2}$fachen des Luftdrucks, da das damals zur Verfügung stehende Material nicht mehr zuließ. Ein Gegengewicht auf der anderen Seite des Balanciers bewirkte, daß der Kolben wieder nach oben ging. W. beabsichtigte, den Zylinder durch einen Dampfmantel zu isolieren, konnte aber diese Erfindung nur im Modell darstellen, um

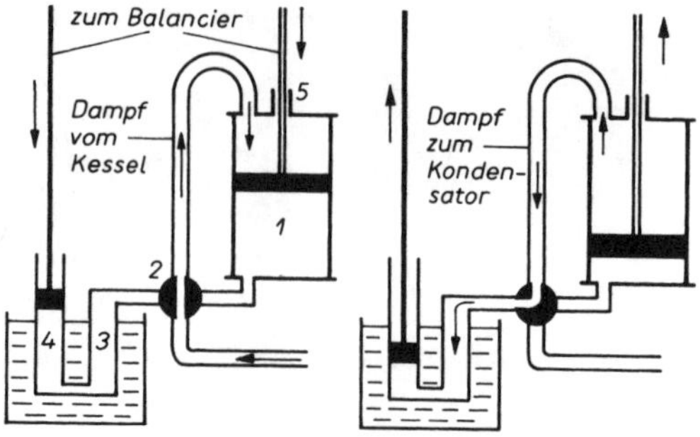

1 Zylinder
2 Ventilsystem
3 Röhrensystem des Kondensators
4 Pumpe für Ableitung des Kondensats
5 Stopfbuchse

Schema des Wattschen Kondensators an der einfach wirkenden Maschine

seine Ideen zu sichern. Für den Bau einer großen Maschine fehlten ihm die finanziellen und technischen Mittel. So kam es zur Zusammenarbeit mit dem Arzt, Chemiker und Unternehmer Dr. J. Roebuck, der einige metallurgische und chemische Verfahren entwickelt und das Carron-Eisenwerk gegründet hatte. Die Mängel der damaligen Material- und Fertigungstechnik verhinderten aber eine schnelle Verwirklichung von W.s Ideen, da z. B. bei der Zylinderbohrung nicht die nötige Präzision erreicht wurde. W. führte deshalb zwischendurch andere Arbeiten aus, so zum Beispiel Vermessungen für den Kanal- und Straßenbau. Auf Drängen von Roebuck bemühte sich W. um ein Patent, das er am 5.1.1769 erhielt. Als Roebuck wenig später Konkurs anmelden mußte, trat 1772 der Gläubiger M. Boulton, der Inhaber großer Eisen- und Metallwarenwerke in Soho, in den Vertrag ein und sicherte W. ein Drittel des erhofften Gewinns zu. Außerdem wurde W. als Hauptmechaniker angestellt. 1776 konnte die erste Maschine an den Besteller übergeben werden. Diese einfach wirkende Maschine mit auf und ab gehender Bewegung setzte sich wegen ihres wirtschaftlichen Betriebs sehr schnell für Pumpen im Bergbau durch. Die Bedürfnisse der Textilindustrie, der metallverarbeitenden Industrie und anderer Industriezweige, die für ihre Arbeitsmaschinen drehenden Antrieb brauchten, konnte sie jedoch noch nicht befriedigen.

1778 begann W. mit der Vervollkommnung der Maschine. Mit einem von ihm erfundenen Gerät, dem Indikator, untersuchte er den Dampfdruck im Zylinder und kam auf die Idee, den vollen Kesseldruck nur während eines Teiles des Kolbenweges wirken zu lassen und im weiteren die Expansivkraft des Dampfes zu nutzen. Der nächste Schritt war die doppelt wirkende Maschine, bei der der Dampf abwechselnd auf beide Seiten des Kolbens drückt. Damit stellte sich die Frage nach der Verbindung mit dem Balancier. Solange der Kolben nur nach unten zog, genügte dafür eine Kette. Um den Balancier nach oben zu drücken, benutzte W. zunächst eine Zahnstange; später entwickelte er dann ein besonderes Gestänge, das Parallelogramm, das eine kraftschlüssige Übertragung der geradlinigen Kolbenstangenbewegung auf das im Kreisbogen schwingende Ende des Balanciers zuließ. Beim Balancier mußte W. bei der Erzeugung einer Drehbewegung bleiben, da auf Pleuelstange und Kurbel 1779/80 bereits andere ein Patent erhalten hatten, ohne es richtig nutzen zu können. Deshalb übertrug W. nach verschiedenen Versuchen die Bewegung des zweiten Balancierendes über eine Stange und ein Planetengetriebe auf ein massereiches Schwungrad, das eine gleichmäßige Drehung sichern sollte. Nachdem W. auch noch den Fliehkraftregler für die Dampfzufuhr erfunden hatte, wurde 1782 die erste Universalmaschine fertiggestellt. Dieser Maschinentyp wurde in Verbindung mit Transmissionen und Arbeitsmaschinen in der Folge zur Grundlage des Fabrikbetriebes (dreigeteiltes Maschinensystem). W. pries zu Recht seine Maschine als »allgemeinen Agenten der großen Industrie«. Tatsächlich gab diese an jedem Ort und zu jeder Zeit mit praktisch beliebiger Leistung einsetzbare Antriebsmaschine neben den ebenfalls neu entwickelten Arbeitsmaschinen den Anstoß zur industriellen Revolution. Bis 1800 waren in Großbritannien und Irland bereits 321 Wattsche Dampfmaschinen mit über 5 000 PS in Betrieb.

W. befaßte sich auch mit vielen anderen Erfindungen, z. B. mit einem Dezimalsystem der Maße und Gewichte und dem Schiffsantrieb mit Dampfkraft und Schiffsschraube. Nach dem Auslaufen seines Hauptpatentes und des Gesellschaftsvertrages mit Boulton überließ W. die verbleibenden Rechte und Pflichten im Werk von Soho seinen beiden Söhnen und zog sich mit seiner zweiten Frau auf das Landgut Heathfield bei Birmingham zurück, das er von seinen Gewinnen erworben hatte. Dort verfolgte W. aufmerksam die weitere Entwicklung seiner Maschine zur Hochdruckdampfmaschine und ihren Einsatz auf Lokomotiven und Schiffen, aber auch deren soziale Auswirkungen, die sich in seinem letzten Lebensjahrzehnt mehrfach bis zur Maschinenstürmerei zuspitzten. Die

Literatur: Partners in science. Letters of James Watt and Joseph Black (Hrsg. E. Robinson u. D. McKie, London 1970); Dikkinson, W., u. R. Jenkins: James Watt and the steam engine (Oxford 1927); Rolt, L. T. C.: James Watt (New York 1963); Sittauer, H. L.: James Watt (3. Aufl. Leipzig 1989).

Wawilow (Vavilov), Nikolai Iwanowitsch, Pflanzenzüchter und Genetiker, geb. 13. (25.) 11. 1887 Moskau, gest. 26. 1. 1943 Saratow.

Als Pflanzensystematiker und -geograph, Züchter und Genetiker erkannte W. das Gesetz der »homologen Serien« der erblichen Variabilität und entwickelte – auf Ch. Darwins Theorie fußend – die Theorie der Genzentren, die zur Grundlage der Kulturpflanzenforschung und -züchtung in der Sowjetunion wurde.

W. studierte 1906–1910 Botanik am Institut für Landwirtschaft (heute Timirjasew-Akademie für Landwirtschaft) in Moskau, war dann Assistent am Moskauer Lehrstuhl für Ackerbau bei D. N. Prjanishnikow und arbeitete anschließend unter Leitung von D. L. Rudsinski in der Station für Pflanzenzucht der Ak. d. Wiss. der UdSSR über Nutzpflanzen. 1913/14 besuchte er auf einer Studienreise England, wo ihn W. Bateson beeinflußte, Frankreich und Deutschland, wo er in Jena E. Haeckel und andere Darwinisten traf. 1917–1921 wirkte W. als Prof. für Ackerbau und Genetik an der Landwirtschaftlichen Fakultät der Univ. Saratow, wo er 1920 erstmals das von ihm entdeckte »Gesetz der homologen Serien« in den erblichen Veränderungen der Pflanzen bekanntmachte. 1921 wurde er als Prof. für Genetik und Selektion an das Institut für Landwirtschaft nach Leningrad berufen (bis 1929), war 1924–1940 Dir. des Unionsinstituts für angewandte Botanik und neue Kulturen (seit 1967 Wawilow-Institut) und 1930–1940 auch Dir. des Instituts für Genetik der Ak. d. Wiss. der UdSSR, deren ordentliches Mitgl. er seit 1929 war. 1929–1935 fungierte W. gleichzeitig als Präsident, 1935–1940 als Vizepräsident der Lenin-Akademie für Landwirtschaftswissenschaften der UdSSR und 1931–1940 als Präsident der Geographischen Gesellschaft der UdSSR. Auf zahlreichen Expeditionen, unter anderem durch Vorderasien und Äthiopien, entdeckte er neue Getreideformen; aus allen Erdteilen – etwa 70 Ländern – wurden Kulturpflanzen eingeführt, und in Leningrad wurde eine einzigartige Samensammlung als Genreservoir für neue Pflanzenzüchtungen angelegt. Für seine theoretisch und wirtschaftlich bedeutende Arbeit über die Entstehungszentren der Kulturpflanzen erhielt W. 1926 den Lenin-Orden sowie zahlreiche internationale Ehrungen; so wurde er unter anderem 1932 zum Vizepräsidenten des VI. Internationalen Genetikerkongresses in Ithaka (USA) und 1939 zum Präsidenten des VII. Genetikerkongresses in Edinburgh gewählt. Im Zuge der Auswirkungen des Lyssenkoismus wurde W. 1940 seiner Ämter enthoben, inhaftiert und nach Saratow verbannt. Nach Überwindung der Krise in der sowjet. Genetik (nach 1960) wurde er vollständig rehabilitiert, 1967 sein Leningrader Institut nach ihm benannt.

Der Ausgangspunkt für W.s Entdeckungen war die Verknüpfung darwinistischer Aspekte über den Ursprung der Arten in einem geographischen Entstehungszentrum, wo sie stark variieren, mit Erkenntnissen der Genetik über die Ursachen der Variabilität. Die Kenntnis der Gesetzmäßigkeiten der Variabilität war für Landwirtschaft und Pflanzenzucht von besonderer Bedeutung und hatte bereits G. Mendel zu seinen Erbsenkreuzungen und der Entdeckung der Vererbungsregeln geführt. Bei Untersuchungen über erbkonstante Variationen von Kulturrassen entdeckte W. Gesetzmäßigkeiten in der Variabilität verwandter Arten, die durch parallele Formveränderungen gekennzeichnet sind. Diese Parallelität betraf die morphologischen und physiologischen sowie andere Eigenschaften verwandter Arten und Gattungen innerhalb der gleichen Verwandtschaftsgruppe, die W. deszendenztheoretisch erklären konnte. Er nannte seine Entdeckung »Gesetz der homologen Serien«, das gestattet, bestimmte mögliche Mutationen für verwandte Arten vorauszusagen und künstlich zu erzielen, was für die gezielte Pflanzenzüchtung große Bedeutung erhielt. Auf gleicher theoretischer Voraussetzung beruhte auch W.s Entdeckung von Gesetzmäßigkeiten in der geographischen Verbreitung dominanter und rezessiver Gene, als er feststellte, daß Pflanzen mit dominanten Genen im Zentrum, mit rezessiven Genen am Rand des Verbreitungsgebietes konzentriert sind; als »Theorie der Genzentren« oder »Wawilow-Effekt« erhielt sie weltweite Bedeutung für die Einfuhr neuer Kulturpflanzen. W. ermittelte 11 Entstehungszentren in allen Erdteilen und ließ auf etwa 180 Expeditionen (er selbst bereiste 63 Länder) Saatgut als Genreserve und Ausgangsmaterial für neue Züchtungen sammeln. Diese bilden die Grundlage für die Auswahl neuer Pflanzensorten für verschiedene Anbaugebiete mit unterschiedlichen Klimabedingungen in der Sowjetunion und sind zu einer Weltkollektion von etwa 200 000 Kultursorten im heutigen Wawilow-Institut in Leningrad geworden. Aufgrund komplexer morphologischer, genetischer und biochemischer Untersuchungen definierte W. die polymorphen Arten als »morpho-physiologisches System«, das er als »Linneon« bezeichnete. Die Einführung von Kulturpflanzen in der UdSSR stützt sich heute auf die Theorie W.s. Ja

Literatur: Vavilov, N. I.: Zakon gomologičeskih râdov v nasledstvennoj izmenčivosti, in: Sel'skoe i lesnoe hozâjstvo 1921 (1/3), 81–99, Centry proishozdeniâ kul'turnyh rastenij (Leningrad 1926), Geographische Genzentren unserer Kulturpflanzen. Verh. V. Int. Kongr. für Vererbungswissenschaft, in: Z. indukt. Abst.- u. Vererb.lehre, Suppl. 1 (Leipzig 1928), Das Problem der Entstehung der Kulturpflanzen, in: Nova Acta Leopoldina, N. F. 1 (1933), Heft 2/3, Izbrannye sočineniâ I–V (Moskau 1958–1965).

Bahteev, F. H.: Die geographischen Ursprungszentren der Kulturpflanzen, in: Bios 15 (1966), Heft 11; Bazilevskaâ, N. A.: Vavilov's theories of plant introduction, in: Evolution and Environment (Hrsg. V. J. A. Novák u. J. Mlikovsky, ČSAV, Prag 1982); Iljin, A. Â.: O teoretičeskom značenii zakona gomologičeskih râdov N. I. Vavilova, in: Vopr. Filos. 5 (1966), 85–92; Kirschke, S. (Hrsg.): Nikolaj Ivanovič Vavilov (1887–1943). Beiträge zu Leben und Werk (Halle/S. 1990); Resnik, S. E.: Nikolai Vavilov (Moskau 1973); Revenkova, A. I.: Nikolai Ivanovič Vavilov (Moskau 1962).

Wawilow (Vavilov), Sergej Iwanowitsch, Physiker, geb. 24.(12.) 3. 1891 Moskau, gest. 25. 1. 1951 Moskau.

Hauptarbeitsgebiet von W. war die physikalische Optik. Insbesondere lieferte er wesentliche Beiträge zur Herausbildung der nichtlinearen Optik und widmete sich Untersuchungen von Lumineszenzerscheinungen, die zur Entwicklung von Leuchtstofflampen führten.

Als zweiter Sohn eines Textilhändlers geboren, wurde W. mit 10 Jahren in die Moskauer Handelsschule aufgenommen und entwickelte besonderes Interesse für Mathematik und Physik. 1909 bezog er die physikalisch-mathematische Fakultät der Univ. in Moskau, um Physiker zu werden. Noch als Student arbeitete er im Laboratorium von P. N. Lebedew und P. P. Lasarew, doch schon 1911 verließen diese aus Protest gegen Willkürmaßnahmen des zaristischen Bildungsministers die Univ. 1914 schloß W. mit glänzendem Erfolg sein Studium ab, wollte aber trotz eines entsprechenden Angebots nicht weiter an der Univ. arbeiten. Nach dem ersten Weltkrieg und der Oktoberrevolution begann W. an Lasarews Institut für Physik und Biophysik als Leiter der Abteilung für physikalische Optik zu arbeiten und führte elf Jahre lang zahlreiche grundlegende Untersuchungen insbesondere zur Lumineszenz aus. 1918 begann W.s Lehrtätigkeit als Privatdoz. an der Moskauer TH, wo er 1920 zum Prof. berufen wurde. 1929 übernahm er den Lehrstuhl für allgemeine Physik an der Moskauer Univ. und war hier maßgeblich an der Ausarbeitung einheitlicher Lehrprogramme und am Ausbau des Praktikums beteiligt. 1932 wurde W. Dir. des Staatlichen optischen Instituts, das heute seinen Namen trägt, und Dir. des Physikalisch-mathematischen Instituts, das unter W.s Leitung zum Physikalischen Institut der Ak. d. Wiss. der UdSSR, dem heutigen Lebedew-Institut, ausgebaut wurde. Während des zweiten Weltkrieges war W. Bevollmächtigter des Staatlichen Verteidigungskomitees und leitete die Evakuierung der beiden Institute und deren Umstellung auf Verteidigungsaufgaben. Entsprechend den Bedürfnissen der Landesverteidigung unterstützte W. den Aufbau einer sowjet. feinmechanisch-optischen Industrie. 1945 wurde W. zum Präsidenten der Ak. d. Wiss. der UdSSR gewählt und leistete bis zu seinem Tode umfangreiche wissenschaftsorganisatorische Arbeit.

W.s wissenschaftliche Tätigkeit läßt sich vier Gebieten zuordnen: Untersuchungen zur Lumineszenz, Erfassung nichtlinearer Effekte in der Optik, Arbeiten zu philosophischen Problemen der Physik und Beiträge zur Geschichte der Physik. Anknüpfungspunkte für die Untersuchungen zur nichtlinearen Optik boten Versuche zur Überprüfung der Proportionalität von Intensität des einfallenden zu jener des gestreuten und ausfallenden Lichtes bei Lumineszenzerscheinungen über einen weiten Intensitätsbereich. W. hoffte hierbei, durch die Quantennatur des Lichtes hervorgerufene Fluktuationen zu entdecken, aber erst ab 1932 zeichneten sich nach der Überwindung erheblicher experimenteller Schwierigkeiten erste Erfolge bei der Bestimmung der inneren Struktur des Lichtes ab.

Gemäß den Überlegungen W.s mußte sich auch in der Verletzung des Superpositionsprinzips für zwei Lichtstrahlen die Quantennatur nachweisen lassen. Allerdings waren die dazu 1928 verfügbaren Lichtintensitäten wesentlich zu schwach, während sich dieser Effekt heute mit Hilfe von Laserstrahlen relativ leicht bestätigen läßt. An diese Arbeiten W.s knüpfen seine Untersuchungen zur Wechselwirkung von Licht und Stoff sowie die Beiträge zur Klärung des Wesens der Anregungszentren in verschiedenen Materialien an. Diese Forschungen stehen in engem Zusammenhang mit der Aufklärung des Mechanismus der Lumineszenz. Bei der Untersuchung der Stärke der Lumineszenz stellte W. fest, daß unter geeigneten Bedingungen fast die gesamte zugestrahlte Energie als Lumineszenzlicht abgegeben werden kann. Genauere Untersuchungen ergaben 1929 auch eine gesetzmäßige Abhängigkeit des Polarisationsgrades des Streulichts von der Wellenlänge des anregenden Lichtes. Auf der Basis tiefgründigen Verständnisses der Lumineszenz erarbeitete W. grundlegende Vorstellungen zu dieser Erscheinung und erklärte wichtige experimentelle Ergebnisse. Andererseits bemerkte er, daß die beim Durchgang energiereicher geladener Teilchen durch ein durchsichtiges Medium auftretende Strahlung nicht mit Lumineszenz gleichzusetzen ist, und führte daraufhin P. A. Tscherenkow 1934 zur Entdeckung des nach diesem benannten Effekts, der 1936 von I. J. Tamm und I. M. Frank theoretisch erklärt wurde. Eine wichtige Anwendung fand die Erforschung der Lumineszenzerscheinungen in der Entwicklung der Leuchtstofflampen, an der W. führend beteiligt war.

Besonderes Interesse zeigte W. für die Geschichte der Physik, vor allem der Optik. Er übersetzte und kommentierte unter anderem I. Newtons »Opticks« und »De rerum natura« (Von der Natur der Dinge) von Titus Lucretius Carus. W. verfaßte auch eine populäre Biographie Newtons sowie verschiedene Arbeiten über das Wirken von G. Galilei, L. Euler, M. W. Lomonossow u. a. Fk

Literatur: Vavilov, S. I.: Sobranie Sočinenij, 4 Bde. (Moskau 1952–1956).

Keler, V.: Sergej Vavilov (Moskau 1961); Lešin, L. V.: Sergej Ivanovič Vavilov (Moskau 1970).

Weber, Wilhelm Eduard, Physiker, geb. 24. 10. 1804 Wittenberg, gest. 23. 2. 1891 Göttingen.

W. hatte großen Anteil an den erdmagnetischen Untersuchungen von C. F. Gauss und war mit der Aufstellung des elektrodynamischen Grundgesetzes und der Schaffung des absoluten elektrischen Maßsystems wesentlich an der Entwicklung der Elektrodynamik beteiligt.

Erste wissenschaftliche Anregungen erhielt W., Sohn eines Theologieprof., von dem Mediziner C. A. Langguth und dem Physiker E. Chladni, die mit W.s Eltern befreundet waren. 1814 zog die Familie nach Halle. Hier besuchte W. die Schule der Franckeschen Stiftungen, ehe er 1822 in Halle das Studium bei J. S. C. Schweigger und J. F. Pfaff aufnahm. 1826 promovierte W., und 1827 habilitierte er sich zum Privatdoz. Wenige Monate später erhielt er eine ao. Professur an der Univ. Halle. Ausschlaggebend für das weitere Leben W.s wurde das Zusammentreffen mit Gauss auf der 7. Versammlung der Naturforscher und Ärzte in Berlin. Auf Betreiben von Gauss wurde W. 1831 nach Göttingen berufen und arbeitete nun eng mit Gauss im Rahmen des Magnetischen Vereins und bei der Herausgabe der »Resultate aus den Beobachtungen des Magnetischen Vereins« zusammen. 1843 trat W. in Leipzig, wo seine Brüder Ernst Heinrich und Eduard Friedrich wirkten, die Nachfolge G. T. Fechners an. Bereits 1837 war W. als einer der »Göttinger Sieben« wegen seines Protests gegen den Staatsstreich des Hannoverschen Königs seines Amtes enthoben worden, kehrte aber nach der Revolution und den durch sie bewirkten Veränderungen 1849, angezogen von der Persönlichkeit Gauss', in seine alte Stellung zurück. Zu einer engen Zusammenarbeit mit Gauss kam es aber nicht mehr. Statt dessen fand W. in R. Kohlrausch einen Partner bei Untersuchungen zur Verknüpfung des elektrostatischen mit dem elektromagnetischen Maßsystem. 1855 bis 1868 leitete W. als Nachfolger von Gauss die Göttinger Sternwarte. Die Leitung des Physikalischen Kabinetts, die er als Prof. für Physik innehatte, übergab er Mitte der 70er Jahre seinem langjährigen Assistenten E. Riecke. Dann ging W. für mehrere Jahre nach Leipzig, ehe er sich, nach Göttingen zurückgekehrt, endgültig zur Ruhe setzte.

W. begann seinen Weg als Wissenschaftler, angeleitet von seinem 9 Jahre älteren Bruder Ernst Heinrich, bereits vor der Aufnahme des Studiums in Halle. In der damals viel beachteten »Wellenlehre auf Experimente gegründet ...«, die 1825 erschien, stellten die Brüder höchst scharfsinnige, meist eigene Experimente zur Wellenlehre zusammen und wiesen unter anderem nach, daß stehende Wellen durch die Überlagerung von hin- und rücklaufender Welle zustande kommen. Daran knüpfte W. in seiner Dissertation an; auch die Habilitationsschrift über gekoppelte Schwingungen baut auf diesen Untersuchungen auf. Hierbei fixierte W. erstmals Schallschwingungen, indem er sie mit einem vibrierenden Schaber in einen Metallkörper einritzte. Ebenso wie Ernst Heinrich ihm geholfen hatte, unterstützte W. elf Jahre später seinen Bruder Eduard Friedrich durch die Mitarbeit an dem Buch »Mechanik der menschlichen Gehwerkzeuge«, in dem in mustergültiger Weise mit physikalischen Mitteln ein physiologischer Vorgang bearbeitet wird. Das Hauptarbeitsgebiet von W. war hingegen seit dem Beginn der Zusammenarbeit mit Gauss die Elektrodynamik. W. konzentrierte sich dabei zunächst auf die Verfeinerung elektrischer und magnetischer Meßmethoden und -geräte für die Experimente zu den Gaussschen Untersuchungen des Erdmagnetismus. Nebenher ersannen Gauss und W. zur Koordinierung der Messungen in der Sternwarte und dem Physikalischen Kabinett einen elektromagnetischen Telegrafen, und 1833 wurde die erste Nachricht durch die von W. über die Dächer Göttingens gespannte, etwa 1,5 km lange Doppeldrahtleitung übermittelt. 1832 hatte Gauss die Intensität der erdmagnetischen Kraft auf ein absolutes Maß zurückgeführt, um die Bestimmung von Deklination, Inklination und Horizontalintensität von der jeweils verwendeten Apparatur unabhängig zu machen. W. hatte die Experimente zu dieser wichtigen Arbeit ausgeführt. Später übertrug er die Idee auf elektrische Messungen und schuf die entsprechenden Einheiten. 1841 präzisierte er mit Hilfe der Tangentenbussole die absolute elektromagnetische Stromstärkeeinheit und entwickelte in der Folgezeit eine Reihe empfindlicher elektrischer Meßgeräte. 1881 wurde auf dem internationalen Kongreß der Elektriker in Paris vorgeschlagen, das absolute Maßsystem allgemein in die Elektrotechnik einzuführen. Die Bestimmung des Verhältnisses von elektromagnetisch zu elektrostatisch gemessener Elektrizitätsmenge führte auf die Lichtgeschwindigkeit und bildete eine empirische Grundlage für die elektromagnetische Lichttheorie J. C. Maxwells. Im Streben nach einer einheitlichen Grundlage für die Beschreibung elektrischer Erscheinungen gelang es W. 1848, das »Grundgesetz der elektrischen Wirkung« auf der Basis der Fernwirkungsvorstellungen nach dem Vorbild der Gravitation als übergreifendes Gesetz zu formulieren. Eine

S. I. Wawilow

W. E. Weber

A. L. Wegener

K. Th. W. Weierstraß

Kontroverse mit H. v. Helmholtz über eine eventuelle Verletzung des Energieprinzips durch dieses Gesetz führte dazu, daß Helmholtz der Maxwellschen Theorie zum Durchbruch verhalf. W. hingegen versuchte, die universelle Gültigkeit seines Grundgesetzes zu verifizieren, und fand dabei eine Reihe von Ansatzpunkten für ein Atommodell und die Elektronentheorie der Metalle.

1935 wurde für die Einheit des magnetischen Flusses die Bezeichnung Weber (Wb) festgelegt. Fk

Literatur: Wilhelm Webers Werke, 6. Bde. (Hrsg. Kgl. Ges. d. Wiss. zu Göttingen, Berlin 1892–1894).

Feyerabend, E.: Der Telegraph von Gauß und Weber im Werden der elektrischen Telegraphie (Berlin 1933).

Wegener, Alfred Lothar, Geophysiker, Meteorologe und Grönlandforscher, geb. 1. 11. 1880 Berlin, gest. November 1930 Grönland.

W. hat sich als äußerst vielseitiger Naturwissenschaftler und Forscher vor allem Verdienste um die Entwicklung mobilistischer Vorstellungen der Erdentwicklung (Kontinentaldrift), die Meteorologie (Physik der Atmosphäre) und die Erforschung Grönlands erworben.

W., Sohn eines Theologen und Lehrers, verlebte seine Kindheit und Jugend in Berlin (Besuch des Gymnasiums) und dem Feriensitz der Familie in Zechlinerhütte (heute Wegener-Gedenkstätte). 1900–1904 studierte er Astronomie, Meteorologie und Geophysik an den Univ. Heidelberg, Innsbruck und Berlin; 1904 wurde er an der Berliner Univ. zum Dr. phil. promoviert. Anschließend war W. als technischer Assistent am Aeronautischen Observatorium Lindenberg (heute Aerologisches Observatorium Lindenberg des Meteorologischen Dienstes der DDR) tätig und widmete sich vor allem der Untersuchung der Atmosphäre unter Einsatz von Ballonen. Mit seinem Bruder Kurt W. stellte er 1906 einen Weltrekord im Freiballonflug (52 Stunden) auf. 1906–1908 nahm er als Meteorologe an der dän. Grönlandexpedition unter Leitung von L. Mylius-Erichsen teil; 1909 wurde er Privatdoz. für Meteorologie und praktische Astronomie an der Univ. Marburg. 1912 trat W. erstmalig mit seiner Kontinentalverschiebungshypothese an die Öffentlichkeit. 1912/13 erfolgte eine zweite Grönlandexpedition (Grönlanddurchquerung). Nach einer Tätigkeit im Feldwetterdienst während des ersten Weltkrieges und als Privatdoz. in Marburg wurde W. 1919 als Nachfolger seines Schwiegervaters W. Köppen Abteilungsvorstand in der Deutschen Seewarte in Hamburg. 1924 übernahm er die ordentliche Professur für Meteorologie und Geophysik an der Univ. in Graz und wurde zugleich österreich. Staatsbürger. Anfang 1930 brach W. zur Hauptexpedition (zweite Grönlandexpedition, 1930/31) auf, der intensive Vorbereitungsarbeiten im Rahmen einer Vorexpedition zur Westküste vorangegangen waren. Am 1. 11. 1930 (seinem 50. Geburtstag) reiste er von der Station »Eismitte« gemeinsam mit seinem Begleiter, dem Grönländer Rasmus Villumsen, in Richtung Weststation, die beide nicht erreichten. W. wurde am 12. 5. 1931 tot aufgefunden; vermutlich war er um den 15. 11. 1930 infolge der Anstrengungen an Herzschwäche verstorben. Von Villumsen wurde trotz intensiven Suchens keine Spur gefunden. Die Grönlandexpedition wurde von W.s Bruder zu Ende geführt.

W. hat mit seinem Lebenswerk entscheidend zur Entwicklung moderner geowissenschaftlicher Vorstellungen und Forschungen beigetragen. Die mehr als 170 wissenschaftlichen Arbeiten spiegeln eine erstaunliche Vielseitigkeit wider und umfassen neben seinen Hauptarbeitsgebieten Meteorologie, Kontinentalverschiebung, Paläoklimatologie und Polar- bzw. Grönlandforschung z. B. auch Probleme der Astronomie und der Meteoritenforschung. Originalität der Gedankengänge und Hypothesen, Sorgfalt bei der wissenschaftlichen Beobachtung und Logik in der Beweisführung seiner Arbeit waren gepaart mit herausragenden Persönlichkeitsmerkmalen. W. verstand es, mit höchsten Anforderungen an sich selbst bei Studenten und Expeditionsteilnehmern Begeisterung und Leistungsbereitschaft zu wecken.

Nach seiner Promotion zu einem astronomischen Thema (»Die Alfonsinischen Tafeln für den Gebrauch des Rechners«) widmete sich W. zunächst meteorologischen Untersuchungen, die dann ständig und später insbesondere bei seinen Expeditionen einen wesentlichen Teil seiner wissenschaftlichen Arbeit ausgemacht haben. Im Zusammenhang mit seinen aerologischen Untersuchungen entwickelte W. gemeinsam mit seinem Bruder den Einsatz von Drachen und Ballons für atmosphärische Untersuchungen weiter und führte bereits während der ersten Grönlandexpedition (1906–1908) erstmalig aerologische Experimente einschließlich Drachen- und Fesselballonaufstiegen in polarem Klima durch. Seinen wissenschaftlichen Ruf als Meteorologe begründete W. darüber hinaus vor allem mit den Ergebnissen seiner Untersuchungen zur Physik der Atmosphäre, veröffentlicht unter den Titeln »Thermodynamik der Atmosphäre« (1911) und »Wind- und Wasserhosen in Europa« (1917). Eng verbunden mit den meteorologischen Arbeiten waren W.s Untersuchungen zur Glaziologie und Klimatologie.

Während der Marburger Tätigkeit entwickelte W. eine Hypothese, die ihn fortan in ihrer Ausgestaltung fesselte und mit der er in die Geowissenschaften völlig neue Anschauungen einbrachte: die Hypothese von einer Drift der Kontinente. Die Ähnlichkeit bzw. Kongruenz im Verlauf der atlantischen Küstenlinien Südamerikas und Afrikas hatte W. zu der Annahme geführt, daß beide Kontinente ursprünglich eine Einheit waren und ihre jetzige Position das Ergebnis eines Auseinanderdriftens sei. Die Einbeziehung paläontologischer Erkenntnisse über eine einstige Landverbindung beider Kontinente bestärkte ihn in seiner

Hypothese, die er erstmals am 6. 1. 1912 vor der Geologischen Vereinigung in Frankfurt am Main vortrug und im gleichen Jahr in der Fachpresse publizierte (»Die Entstehung der Kontinente«). W.s Hypothese erregte großes Aufsehen und stieß vor allem von geologischer Seite größtenteils auf scharfe Ablehnung; zu den wenigen Verfechtern zählte H. CLOOS. W. hatte sich mit seiner mobilistischen Hypothese der zu seiner Zeit allgemein anerkannten fixistischen Theorie (unveränderliche Lage der Kontinente und Ozeane, Schrumpfung als Folge einer Abkühlung, einstige Landverbindung aufgrund ehemals vorhandener und später abgesunkener Landbrücken) direkt entgegengestellt. In der Folgezeit baute W. seine mobilistische Hypothese aus, um »die Großformen der Erdrinde, d. h. die Kontinentaltafeln und die ozeanischen Becken, durch ein einziges umfassendes Prinzip genetisch zu deuten, nämlich aus der horizontalen Beweglichkeit der Kontinentalschollen«, wie er in »Die Entstehung der Kontinente« darlegt. In dem Buch »Die Entstehung der Kontinente und Ozeane« (1915) stellte W. die Entwicklung der Erdkruste aus einem Urkontinent (Pangäa) dar: Der Urkontinent zerbrach, und seine Bruchstücke veränderten ihre Lage durch Driftbewegung. Neben geographischen, geologischen und paläontologischen Fakten wurden dabei vor allem auch Ergebnisse geophysikalischer Forschungen (Schweremessungen, Isostasie) und der von W. teilweise in Zusammenarbeit mit W. KÖPPEN vorgenommenen paläoklimatologischen Untersuchungen einbezogen; die gemeinsamen Forschungen fanden 1924 ihren Niederschlag in dem Buch »Die Klimate der geologischen Vorzeit«. W.s mobilistische Hypothese erreichte in den letzten Jahrzehnten im Zusammenhang mit modernen geotektonischen Forschungen erneut eine große Aktualität. Vor allem die aus dem Ozeanbereich vorliegenden Untersuchungsergebnisse (Altersbestimmungen an Gesteinen, magnetische Untersuchungen) führten zur Theorie des »sea floor spreading« (Spreizung der Böden der Ozeane, zur horizontalen Verlagerung der Kontinentalschollen führend), die mit Resultaten seismologischer Beobachtungen und deren Interpretation einen wesentlichen Bestandteil des Konzeptes der neuen Globaltektonik bzw. Plattentektonik darstellt.

Mit seinen Grönlandexpeditionen hat W. wesentliche Beiträge zur Erforschung Grönlands und zur Entwicklung der modernen Polarforschung geleistet. Geleitet von der wissenschaftlichen Aufgabenstellung setzte er insbesondere bei seiner letzten Grönlandexpedition Vertreter verschiedener Disziplinen für ein komplexes Forschungsprogramm ein; die Einrichtung von Beobachtungs- und Forschungsstationen (z. B. »Eismitte«) und der Einsatz moderner technischer Mittel stellt den Beginn einer neuen Phase der polaren Forschung dar. So wurden z. B. Propellerschlitten erstmalig eingesetzt und vielfältige spezielle Beobachtungsmethoden der Aerologie und Geophysik (z. B. seismische Eisdickenmessung) in das Arbeitsprogramm aufgenommen. Die Ergebnisse seiner Expedition waren Ansatzpunkt für nachfolgende Unternehmungen, z. B. die franz. Expedition 1948–1951. Schö

Literatur: Wegener, A.: Thermodynamik der Atmosphäre (Leipzig 1911), Die Entstehung der Kontinente, in: Petermanns Geogr. Mitt. 58 (1912), 185–195 u. Geol. Rundsch. 3 (1912), 276–292, Die Entstehung der Kontinente und Ozeane (Braunschweig 1915), Wind- und Wasserhosen in Europa (Braunschweig 1917), (mit W. Köppen): Die Klimate der geologischen Vorzeit (Berlin 1924).

Körber, H.-G.: Alfred Wegener (2., erweit. Aufl. Leipzig 1982); Körber, H.-G., Gellert, J. F., Kühn, P., Ehmke, G.: Leben und Werk Alfred Wegeners 1880–1930, in: URANIA-Schriftenreihe für den Referenten, Heft 6/1980; Kühn, P., Schön, J., Hubbe, J.: Alfred Wegener und sein neues Bild der Erde: die Kontinentalverschiebungstheorie, in: URANIA 19 (1980); Olszak, G.: Von der Kontinentaldrift zur Plattentektonik, in: Z. Geol. Wissensch. 11 (1978), 1293–1300.

Weierstraß, Karl Theodor Wilhelm, Mathematiker, geb. 31. 10. 1815 Ostenfelde (Westfalen), gest. 19. 2. 1897 Berlin.

Die von W. in Berlin begründete wissenschaftliche Schule beeinflußte für Jahrzehnte die Mathematiker aus allen Teilen der Welt; besondere Verdienste erwarb sich W. um die strenge Begründung der modernen Analysis, die Schaffung der Theorie der Funktionen komplexer Variabler, den Aufbau der Theorie der elliptischen und der ABELschen Funktionen sowie um die Variationsrechnung.

W. wurde als erstes Kind in einer Beamtenfamilie geboren. Nach dem Besuch verschiedener Gymnasien begann er 1834 auf Wunsch seines Vaters ein Studium der Kameralistik (die Voraussetzung für eine Beamtenlaufbahn in Preußen), obwohl er eigentlich Mathematik studieren wollte. Nach 8 Semestern brach er dieses Studium in Bonn ohne Examen ab, um sich ganz der Mathematik zu widmen. Da seine Eltern keine weitere langdauernde Ausbildung finanzieren konnten, besuchte W. 1839 die Theologische und Philosophische Akademie in Münster, wo er bereits nach einem Jahr das Lehrerexamen ablegen konnte. Hier studierte er bei CH. GUDERMANN die Theorie der elliptischen Funktionen, deren Weiterentwicklung er viele Jahre seines Lebens widmete. GUDERMANN war damals neben C. G. J. JACOBI in Deutschland der einzige, der Vorlesungen auf diesem Gebiet hielt. Nachdem W. im Frühjahr 1841 die Prüfungen ausgezeichnet bestanden hatte, absolvierte er sein Probejahr als Lehramtskandidat an einem Gymnasium in Münster. 1842–1848 war er Lehrer am katholischen Progymnasium in Deutsch-Krone (Westpreußen), 1848–1855 am katholischen Gymnasium in Braunsberg (Ostpreußen). Neben der Tätigkeit als Lehrer widmete er sich der mathematischen Forschung und veröffentlichte 1854 eine Abhandlung »Zur Theorie der Abelschen Funktionen«, die ihn sofort berühmt machte. Er erhielt 1854 die Ehrendoktorwürde der Univ. Königsberg (Kaliningrad), bekam nach seiner Beförderung zum Oberlehrer ein Jahr Forschungsurlaub und wirkte ab 1856 in Berlin; zunächst (1856–1864) war er Prof. am Gewerbeinstitut (einem Vorläufer der TH), ab 1864 o. Prof. an der Univ. Berlin. Bereits seit 1856 war W. ordentliches Mitgl. der Berliner Ak. d. Wiss. Zusammen mit E. E. KUMMER gründete er 1861 (offiziell 1864) das erste Forschungsseminar für Mathematik an einer deutschen Univ.; dieses Seminar spielte eine besondere Rolle für die Entdeckung und Förderung mathematischer Begabungen. Mit seiner Tätigkeit im Seminar, an der Univ. und in der Akademie beeinflußte W. die Entwicklung der Mathematik in- und außerhalb Deutschlands in bedeutendem Maße. Berlin wurde zum Anziehungspunkt für Studenten aus aller Welt, nicht zuletzt durch die W.schen Vorlesungen. In diesen Vorlesungen begründete W. systematisch die Funktionentheorie und schuf damit gleichzeitig die exakten Grundlagen der klassischen Analysis. Am Anfang stand eine strenge Theorie der reellen Zahlen. W. definierte grundlegende Begriffe, z. B. Häufungspunkt, obere und untere Grenze, Stetigkeit und Differenzierbarkeit; er formulierte und bewies wichtige Theoreme, z. B. den Satz von BOLZANO-WEIERSTRASS und den Satz von der Existenz der oberen Grenze einer nach oben beschränkten Menge reeller Zahlen. Er führte den Begriff der gleichmäßigen Konvergenz ein und benutzte ihn zum Beweis grundlegender Sätze über die Vertauschung von Summation und Integration bzw. Summation und Differentiation. Durch W. wurde die Epsilontik Gemeingut der Mathematiker; die W.sche Strenge war sprichwörtlich. Von diesem Standpunkt aus lehnte W. z. B. Schlußweisen wie das DIRICHLETprinzip als unstreng ab.

Die Theorie der analytischen Funktionen gründete W. auf den Begriff der Potenzreihe. Eine konvergente Potenzreihe in einer komplexen Variablen z heißt nach W. ein Funktionselement; das System aller Funktionselemente, die durch analytische Fortsetzung aus einem festen Funktionselement hervorgehen, repräsentiert eine analytische Funktion. Für die elliptischen Funktionen strebte W. einen Aufbau an, der es erlaubte, die elliptischen Funktionen eines vorgegebenen Periodengitters durch möglichst wenige und möglichst einfache Grundfunktionen auszudrücken. So führte er die nach ihm benannte $\wp$-Funktion ein; für jede elliptische Funktion des zu $\wp$ gehörigen Gitters gilt

$$f(u) = R(\wp(u)) + \wp'(u)\,R_1(\wp(u)),$$

wobei R und R_1 rationale Funktionen sind. Mit Hilfe der Weierstraßschen σ-Funktion kann jede elliptische Funktion durch ihre in einem Periodenparallelogramm liegenden Nullstellen und Pole explizit dargestellt werden. Die bedeutendste mathematische Leistung von W. war der Aufbau der Theorie der ABELschen Funktionen und in Verbindung damit die Lösung des JACOBIschen Umkehrproblems (unabhängig von B. RIEMANN). Erste Ansätze zur Lösung fanden 1847 A. GÖPEL und J. G. ROSENHAIN. 1853 konnte W. das JACOBIsche Umkehrproblem lösen. Der Aufbau der Theorie der ABELschen Funktionen und immer weitergehende Vereinfachungen und Verbesserungen dieser Theorie haben ihn bis zu seinem Tode beschäftigt.

Die bedeutenden Beiträge von W. zur Variationsrechnung gruppieren sich um den 1879 von ihm entdeckten und heute nach ihm benannten Fundamentalsatz, der die Grundlage der modernen Variationsrechnung bildet. Mit Hilfe des WEIERSTRASSschen Fundamentalsatzes, in dem die ebenfalls nach W. benannte E-Funktion eine Rolle spielt, konnten weitgehende hinreichende Bedingungen für die Existenz von Extremalen hergeleitet werden.

Aus der WEIERSTRASSschen Schule kamen neben S. W. KOWALEWSKAJA, die aufgrund des Verbots des Frauenstudiums an der Berliner Univ. von W. privat unterrichtet wurde, G. MITTAG-LEFFLER, G. CANTOR, H. A. SCHWARZ sowie viele weitere Mathematikprof. des ausgehenden 19. Jh.

W., der bereits die Herausgabe der Werke von J. STEINER und JACOBI geleitet hatte, kümmerte sich in seinen letzten Lebensjahren auch um die Herausgabe der eigenen mathematischen Arbeiten, einschließlich der Ausarbeitung der Mitschriften seiner Vorlesungen. Noch zu seinen Lebzeiten erschienen die ersten zwei Bände.

Nach seinem 1861 infolge Überanstrengung erlittenen Zusammenbruch lebte W. noch viele Jahre, häufig kränkelnd, in Berlin mit seinen Schwestern zusammen, die wie er unverheiratet geblieben waren. In den letzten Lebensjahren war er an den Rollstuhl gefesselt. Er war Mitgl. zahlreicher wissenschaftlicher Gesellschaften und Akademien. Vo

Literatur: Weierstraß, K.: Mathematische Werke, 7 Bde. (Berlin 1894–1927).

Biermann, K.-R.: Karl Weierstraß, in: J. reine angew. Math. 223 (1966), 191–220; Kočina, P. Â.: Karl Vejerštrass (Moskau 1985); Mittag-Leffler, G.: Zur Biographie von Karl Weierstraß, in: Acta math. 35 (1912) 29–65; Die ersten 40 Jahre des Lebens von Karl Weierstraß, in: Acta math. 39 (1923), 1–57.

Weisbach, Julius, Mathematiker und Ingenieur, geb. 10. 4. 1806 Mittelschmiedeberg bei Annaberg (Erzgebirge), gest. 24. 2. 1871 Freiberg (Sachsen).

W. war einer der Begründer des wissenschaftlichen Maschinenwesens im 19. Jh., der technischen Strömungslehre und der neuzeitlichen geodätischen Vermessungstechnik.

J. Weisbach

A. F. L. Weismann

W., Sohn eines Beamten in einem erzgebirgischen Hammerwerk bei Annaberg, besuchte die Bergschule Freiberg, studierte 1822–1826 an der Bergakademie Freiberg, 1827–1829 in Göttingen bei K. F. GAUSS und in Wien. 1833 wurde er als Lehrer der angewandten Mathematik und Bergmaschinenlehre an die Bergakademie Freiberg berufen; 1836 erhielt er dort eine Professur. 1860 ernannte ihn der damals progressive Verein Deutscher Ingenieure zu seinem ersten Ehrenmitgl. Bis zu seinem Tod hielt W. an der Bergakademie Vorlesungen über angewandte Mathematik, Bergmaschinenlehre, Markscheidekunde (Grubenvermessung) und darstellende Geometrie. Seine Forschungen und Veröffentlichungen waren Problemen aus den gleichen Gebieten gewidmet. In Freiberg wirkte auch sein Sohn, ALBIN W., 1866–1900 als Prof. für Mineralogie.

In der darstellenden Geometrie entwickelte W. das axonometrische Zeichnen. Sein »Lehrb. der Ingenieur- und Maschinenmechanik« galt jahrzehntelang als Standardwerk und wurde in die wichtigsten europ. Sprachen übersetzt. Das Buch enthält mathematische Ableitungen der Mechanik und der einzelnen Maschinen. Mit der Darstellung vorbildlich konstruierter Maschinen und ihrer mathematischen Behandlung förderte es unter den Praktikern das theoretisch fundierte Konstruieren. Experimentelle Forschungsarbeiten widmete W. Problemen der Festigkeitslehre und der Hydraulik. Mit einer Apparatur für die verschiedenen Strömungsverhältnisse bestimmte er den Strömungswiderstand bzw. Druckverlust von Kniestücken, Krümmern, Ventilen und Klappen und fand dabei die Zusammenhänge zwischen dem Querschnitt, der Zuströmgeschwindigkeit, den Durchflußmengen und der Beschaffenheit der betrachteten technischen Einrichtungen. Als Kenngröße ausfließender Strahlen stellte er die »Kontraktionszahl« auf und bestimmte sie für verschiedene Bedingungen. Weiter ermittelte er mit einem Geschwindigkeitsbeiwert den bei der Strömung auftretenden Energieverlust und entwickelte dazu die heute noch gebräuchliche Kenngröße »Widerstandszahl«. W.s Arbeitsweise bei den Experimenten zur Hydraulik – die Durchführung gezielter und auf die Praxis abgestimmter Versuchsreihen und Auswertung der Daten zur Gewinnung von Formeln, Kenngrößen und Kennlinien – entspricht der auch heute noch weithin üblichen und aktuellen Forschungsmethodik in den Technikwissenschaften. Als 1838–1844 im Freiberger Erzbergbau der 14 km lange Rothschönberger Stollen projektiert wurde, waren komplizierte Vermessungsarbeiten erforderlich. Bei diesen wies W. nach, daß gegenüber den bis dahin üblichen Kompaßmessungen die Anwendung des Theodoliten und für die Richtungsübertragung nach untertage das Einhängen zweier Lote in den Schacht wesentlich genauer war. Damit schuf er die Grundlagen des modernen bergmännischen Vermessungswesens. 1865 wurde er mit der Leitung des sächs. Anteils der damals beschlossenen Arbeiten zur Mitteleurop. Gradmessung beauftragt, die nach seinem Tode der Geodät C.A. NAGEL fortführte. Wb

Literatur: Weisbach, J.: Handb. der Bergbaumaschinenmechanik, 2 Bde. (Leipzig 1835–1836), Untersuchungen in dem Gebiete der Mechanik und Hydraulik, auf eigene Beobachtungen und Versuche gegründet (Leipzig 1842–1843), Lehrb. der Ingenieur- und Maschinenmechanik (Braunschweig 1845–1846, 4. Aufl. 1863–1865), Die neue Markscheidekunst und ihre Anwendung auf die Anlage des Rothschönberger Stollens (Braunschweig 1851–1859), Die Experimental-Hydraulik (Freiberg 1855).

Zöllner, G., Beck, W. u. a.: Julius Weisbach, Gedenkschrift zu seinem 150. Geburtstag. Freib. Forsch. D 16 (Berlin 1956).

Weismann, August Friedrich Leopold, Zoologe, geb. 17. 1. 1834 Frankfurt am Main, gest. 5. 11. 1914 Freiburg im Breisgau.

W. gehörte zu den führenden Biologen am Ausgang des 19. Jh. Durch seine Ansichten über Evolution und Vererbung, insbesondere durch die Hervorhebung der großen Rolle der Selektion sowie durch die begründete Ablehnung einer »Vererbung erworbener Eigenschaften«, wurde er weit bekannt.

W. war der Sohn eines Gymnasialprofessors, besuchte zuerst die Frankfurter »Musterschule«, von Ostern 1844 bis Sommer 1852 das Frankfurter Gymnasium. Daneben wurde in privaten Unterrichtsstunden sein Sinn für Musik und Zeichnen geweckt. Durch den Umgang mit naturwissenschaftlich interessierten Frankfurter Bürgern gewann auch W. selbst Interesse für die Naturwissenschaften. Von Oktober 1852 bis Sommer-Semester 1856 studierte er an der Univ. Göttingen Medizin, wo unter anderem J. HENLE, W. E. WEBER, R. WAGNER, E. K. J. VON SIEBOLD, F. WÖHLER seine Lehrer waren. Am 13.6.1857 promovierte er mit einer Arbeit über die Bildung der Hippursäure. Anschließend war W. an der Univ. Rostock ein Jahr lang Assistenzarzt bei dem Kliniker H. THIERFELDER und ein weiteres Jahr Assistent des Chemikers F. SCHULZE.

1858 reiste W. nach Wien, um dort die medizinischen Einrichtungen kennenzulernen. Er nahm danach in Frankfurt a. M. eine wenig befriedigende Tätigkeit als praktischer Arzt auf. 1859 war er als Oberarzt des badischen Heeres nach dem Kriege zwischen Piemont und Österreich in oberitalienischen Lazaretten tätig. Durch Empfehlung erhielt W. die Stellung als Leibarzt des habsburgischen Erzherzogs Stephan in dessen kleinem Herrschaftsgebiet um das Schloß Schaumburg an der Lahn. Bevor W. diesen Dienst antrat, vertiefte er seine Kenntnisse in Zoologie in Paris und anschließend bei R. LEUCKART an der Univ. Gießen. Während der Zeit auf Schloß Schaumburg erforschte W. die Keimesgeschichte von Zweiflüglern, was ihm 1863 die Habilitation an der Univ. Freiburg im Breisgau ermöglichte. 1867 wurde W. an dieser Univ. planmäßiger ao. Prof. für Zoologie. Ein Augenleiden unterbrach aber für etliche Jahre seine Forschung mit dem Mikroskop. Das trug wohl dazu bei, daß er sich zunehmend mit theoretischen Fragen beschäftigte. Nach Besserung des Augenleidens wurde W. 1873 Ordinarius an der Univ. Freiburg. In dieser Stellung blieb er bis zu seiner Emeritierung 1912.

W. führte im Laufe seines Lebens erfolgreiche Forschungen auf verschiedenen Gebieten der Zoologie durch. Seine Dissertation über die Bildung der Hippursäure im Tierkörper behandelte ein Thema aus der Biochemie; andere Forschungsarbeiten gehörten zur Histologie und behandelten vor allem den Feinbau der Muskeln. Neben R. A. v. KÖLLIKER erkannte W. die Besonderheiten der Herzmuskulatur, nämlich ihre Verästelung und Anastomosenbildung. Eine Pionierleistung in der Embryologie war W.s Erforschung der Keimesentwicklung der Zweiflügler (Diptera). W. fand, daß sich bei einem Teil der Zweiflügler während der Metamorphose die Organe der Larve auflösen und sich aus Keimscheiben die Organe des fertigen Insekts (des Imago) neu bilden. Im Jahre 1861 las W. CH. DARWINS berühmtes Buch »On the Origin of Species ...« und war sofort davon beeindruckt. Seine weiteren Forschungen galten nun im wesentlichen den Problemen der Evolution, namentlich der Wirkung verschiedener Evolutionsfaktoren, und den Problemen der Vererbung.

Am Anfang der 70er Jahre begann W. Experimente mit der Zielstellung, durch anormale Umwelteinwirkung (z. B. Wärme und Kälte) Schmetterlinge so zu beeinflussen, daß sie abgeänderte Nachkommen hervorbringen, und stellte unter anderem fest, daß nur bestimmte, nicht aber beliebige Abänderungen erzielt werden können, folglich die Variabilität der Tiere endogen begrenzt ist. In einer Reihe von Arbeiten zwischen 1880 und 1885 zur »Merkmalsphylogenie« suchte W. nachzuweisen, daß allgemeine Lebenseigenschaften, wie Lebensdauer (1883), Regeneration, Sexualität (1885), nicht als Primäreigenschaften schon den frühesten Lebensformen eigen waren, sondern daß diese Eigenschaften im Verlaufe der Evolution entstanden sind und bei den verschiedenen Tiergruppen je nach Anforderung unter dem Einfluß der Selektion verschiedene Ausbildungsgrade erreichten.

Viel diskutiert wurde W.s Auffassung, daß die lebende Substanz prinzipiell unsterblich wäre und der Tod erst sekundär mit der Entstehung der Vielzeller auftrat. W. zeigte, daß verschiedene Tierarten und -gruppen sehr verschiedene Lebensdauer haben, die Lebensdauer der verschiedenen Individuen einer Art aber recht gleichartig und konstant ist. Die durchschnittliche Lebensdauer der Arten wäre so bemessen, daß immer ausreichend Nachkommenschaft aufwachsen kann. Die verschiedene Lebensdauer der Arten wäre somit ein durch Auslese hervorgebrachtes erbliches Merkmal, so daß verschiedenartige Umweltbedingungen, sofern ein Lebewesen nicht durch Unfall stirbt, die Lebensdauer der Art nur wenig beeinflussen können.

Von solchen Überlegungen gelangte W. zur »Keimplasmatheorie«, einer der einflußreichsten Vererbungshypothesen bis zur Jahrhundertwende und darüber hinaus. Grundlage für die Merkmalsausbildung jedes Lebewesens wäre die mit den Keimzellen übertragene Vererbungssubstanz, das »Keimplasma«, welches eine Vielzahl von Erbfaktoren (»Determinanten«) enthält, die in verschiedenen Alternativen vorhanden seien. Unterschiedlicher Bestand an Erbfaktoren bedinge die Differenzen von Individuum zu Individuum. Sitz des Keimplasmas sollte der Zellkern sein. Auch das Chromatin betrachtet W. als Vererbungssubstanz. Im Zusammenhang mit der »Keimplasmatheorie« gelangte W. zum begründeten Zweifel (1883) an der damals allgemein nicht bezweifelten »Vererbung erworbener Eigenschaften«, der z. B. weiterhin E. HAECKEL anhing. Nach dieser Auffassung sollten während des Individuallebens erworbene körperliche Abänderungen, auch Verletzungen (z. B. abgeschlagener Schwanz), die Keimzellen so beeinflussen, daß die Nachkommen dieselben Abänderungen aufweisen. Ohne diese Auffassung von der »Vererbung erworbener Eigenschaften« wären alle erblichen und damit die Evolution bedingenden Abänderungen durch unmittelbare Keimplasma-Veränderungen verursacht, die richtungslos auftreten. Die Selektion bewirke, daß nur vorteilhafte erbliche Abänderungen erhalten bleiben und rufe dadurch die Anpassung der Arten hervor; Nachlassen oder gar Aufhören der Selektion lasse bald zahlreiche ungünstige Abänderungen, die ständig spotan entstehen, am Leben und führe zur Degeneration. Die viel diskutierte Evolutionstheorie W.s, die dem Evolutionsfaktor »Selektion« große Wirksamkeit zuschrieb, wurde auch als »Neodarwinismus« und »Ultradarwinismus« bezeichnet. Sie deckt sich in vielem mit der »Synthetischen Theorie der Evolution« von J. Huxley, T. Dobzhansky, B. Rensch u.a., die im 20. Jh. zur führenden Evolutionstheorie wurde. Zi

Literatur: Weismann, A.: Aufsätze über Vererbung ... (Jena 1892), Das Keimplasma. Eine Theorie der Vererbung (Jena 1892), Vorträge über Deszendenztheorie, 2 Bde. (Jena 1902).

Weiss, Christian Samuel, Mineraloge und Kristallograph, geb. 26. 2. 1780 Leipzig, gest. 1. 10. 1856 Eger (Cheb).

W. ist neben R.-J. Hauy Begründer der wissenschaftlichen Kristallographie.

W. entstammte einer Leipziger Pastorenfamilie, studierte in Leipzig Medizin und Physik und habilitierte sich 1801. Bis 1802 arbeitete er bei M. H. Klaproth in Berlin, um sich in Chemie auszubilden. Dort schloß er Bekanntschaft mit D. L. G. Karsten und L. v. Buch. Karsten übertrug W., gemeinsam mit seinem Neffen C. J. B. Karsten, die Übersetzung des vierbändigen »Traité de Minéralogie« von Hauy in die deutsche Sprache. Auf Empfehlung Buchs studierte W. 1802/03 Mineralogie und Geologie bei A. G. Werner in Freiberg. 1803–1805 hielt er als Privatdoz. Vorlesungen über Mineralogie, Geologie, Chemie und Physik an der Univ. Leipzig. 1806–1808 unternahm W. eine längere Reise zum Studium der Geologie der Alpen, Oberitaliens und Frankreichs sowie der Mineralsammlungen in Wien und in Paris, wo er auch persönlich mit Hauy bekannt wurde. 1808 zum Prof. für Physik an der Univ. Leipzig ernannt, wurde W. 1810 zum Prof. für Mineralogie an die neugegründete Berliner Univ. unter gleichzeitiger Ernennung zum Vorstand des Mineralogischen Museums berufen. 1815 wurde er zum Mitgl. der Kgl. Ak. d. Wiss. in Berlin gewählt. Hier wirkte er bis zu seinem Tode. Um W. bildete sich eine international weitverzweigte wissenschaftliche Schule, aus der so bedeutende Wissenschaftler wie G. Rose, F. E. Neumann, C. F. Naumann, N. I. Koksarow, A. J. Kupfer, W. H. Miller u. a. hervorgegangen sind.

Im Gegensatz zu Hauy, der die Kristallform aus dem inneren Bau der Kristalle abzuleiten trachtete, ging es W. darum, sie aus der Vektorialität von Grundeigenschaften der Kristalle zu erklären. In Anlehnung an den Dynamismus I. Kants führte W. die Kristallform auf eine in verschiedenen Richtungen verschieden starke Hemmung der der Attraktionskraft entgegenwirkenden Repulsionskraft zurück. Die Beobachtung, daß an vielen Kristallen parallelkantige Flächen die ganze Form als Zone umgeben und daß sich häufig ein Verband solcher Zonen feststellen läßt, veranlaßte W., die Grundformen der Kristalle auf dreidimensionale Achsenkreuze zu beziehen und die Raumlage der Flächen durch das Verhältnis der Strecken, die sie auf den Achsen abschneiden, zu beschreiben. Im allgemeinen Fall ergibt sich aus der Verbindung der Achsenabschnitte eine Pyramidenfläche bzw. – bezogen auf alle Richtungen – eine Pyramide, die W. als Grundpyramide bezeichnete. Aus dem Achsenabschnitts- oder Parameterverhältnis folgt das Rationalitätsgesetz, welches besagt, daß an Kristallen nur solche Flächenlagen auftreten können, die sich durch ihre Achsenabschnitte auf der Grundpyramide durch rationale Vielfache der Bezugsabschnitte ableiten lassen. Dabei ist das Grundparameterverhältnis eine Materialkonstante, so daß auf einfache Weise die Beziehung zwischen Kristallform und chemischer Substanz herzustellen ist. Durch Anpassung der Lage der Achsen an die Grundformen der Kristalle stellte W. zunächst fünf durch unterschiedliche rechtwinklige Achsenkreuze ausgezeichnete Kristallsysteme auf, die später von Naumann durch zwei schiefwinklige zu der vollen Zahl von sieben Kristallsystemen ergänzt wurden. Auf dieser Basis entwickelte W. eine

Chr. S. Weiss

W. I. Wernadski

mathematisch begründete Theorie der Kristallmorphologie, die es gestattete, alle an einem Kristall möglichen Flächenlagen zu berechnen, jede Formenvarietät einem Kristallsystem zuzuordnen und jede feste chemische Verbindung anhand der Kristallform eindeutig zu identifizieren.

Die Theorie der Kristallmorphologie hat die Entwicklung der Kristallographie im 19. Jh. bedeutend vorangebracht, z. B. zur Entdeckung der Kristallsymmetrie und zur Ableitung der Kristallklassen geführt, aber auch die Entwicklung der Kristallphysik maßgeblich beeinflußt. Fa

Literatur: Weiss, Ch. S.: Dynamische Ansicht der Krystallisation, in: Hauy, R.-J.: Lehrb. der Mineralogie, Bd. I (Paris u. Leipzig 1804), Übersichtliche Darstellung der verschiedenen natürlichen Abteilungen der Krystallisationssysteme, in: Abh. K. Ak. d. Wiss., Berlin 1814–1815 (Berlin 1818).

Fabian, E.: Die Entdeckung der Kristalle. Der historische Weg der Kristallforschung zur Wissenschaft (Leipzig 1986); Fischer, E.: Weiss und seine Bedeutung für die Entwicklung der Kristallographie, in: Wiss. Z. Humboldt-Univ. Berlin, Math.-Nat. R., XI (1962), 249–255, Hoppe, G.: Christian Samuel Weiss und das Berliner Mineralogische Museum, in: Wiss. Z. Humboldt-Univ. Berlin, Math.-Nat. R., XXXI (1982), 245–254.

Wernadski (Vernadskij), Wladimir Iwanowitsch, Mineraloge und Geochemiker, geb. 28. 2. (12. 3.) 1863 St. Petersburg (Leningrad), gest. 6. 1. 1945 Moskau.

W. war einer der Begründer und Theoretiker der Geochemie und Biogeochemie sowie der Lehre von der Biosphäre und Noosphäre. Er prägte um die Jahrhundertwende maßgeblich das Profil der Moskauer Univ. und nahm als hervorragender Wissenschaftsorganisator eine führende Rolle in der Ak. d. Wiss. Rußlands bzw. der UdSSR ein.

Als Sohn eines liberalen Ökonomie-Professors geboren, studierte W. 1881–1885 Naturwissenschaften an der St. Petersburger Univ. mit Spezialisierung auf Geologie und Mineralogie bei W. W. Dokutschajew. Nach einem zweijährigen Auslandsaufenthalt in Italien, Deutschland und Frankreich war er ab 1890 Privatdoz. für Mineralogie, 1898–1911 Prof. für Mineralogie an der Moskauer Univ. W. sammelte einen wissenschaftlich produktiven Kreis von Schülern, z. B. A. E. Fersman, W. G. Chlopin und J. M. Winogradow um sich, der wesentlich an der Popularisierung und Weiterentwicklung seiner Forschungen beteiligt war. 1909 wurde W. zum außerordentlichen Mitgl. der St. Petersburger Ak. d. Wiss. gewählt. Als Hochschullehrer trat er für den gesellschaftlichen Fortschritt ein und nahm in der Presse kritisch zu politischen Problemen des öffentlichen Lebens Rußlands Stellung. Er war Mitgl. der Konstitutionell-Demokratischen Partei (»Kadetten«), deren Zentralkomitee er 1905–1922 angehörte. 1911 übersiedelte W. nach St. Petersburg, um an der Ak. d. Wiss. tätig zu sein, zu deren o. Mitgl. er 1912 gewählt wurde.

Durch den Ausbruch des ersten Weltkrieges wurde W. mit Rohstoffproblemen konfrontiert; 1915 wurde auf seine

Initiative die Kommission zur Erforschung der natürlichen Produktivkräfte Rußlands der Ak. d. Wiss. (KEPS) gegründet, die bis 1930 bestand und vor allem die mineralogischen Rohstoffressourcen Rußlands erforschte. Nach der Februarrevolution 1917 war W. zeitweilig Abteilungsleiter im Volksbildungsministerium der Provisorischen Regierung; Ende 1917 übersiedelte er nach Kiew und auf die Krim. 1921 kehrte er nach Petrograd (Leningrad) zurück, begründete das Laboratorium zur Erforschung der lebenden Substanz bei der KEPS sowie das Staatliche Radiuminstitut, dessen Dir. er von 1922–1939 war.

1922–1926 weilte W. mit seiner Frau in Paris, wo er an der Sorbonne Vorlesungen zur Geochemie hielt, die 1924 als Buch (»La geochimie«) in franz. Sprache und 1930 ergänzt in deutscher Übersetzung erschienen. 1926 kehrte er in die Sowjetunion zurück und war ab 1929 bis zu seinem Tode Dir. des Biogeochemischen Laboratoriums der Ak. d. Wiss. Außerdem war W. in den 20er Jahren in der Kommission für die Geschichte des Wissens tätig. 1927 war er Mitgl. der sowjet. Delegation zur »Russ. Naturforscherwoche« in Berlin, wo er stark beachtete Vorträge hielt. Auf dem Internationalen Geologenkongreß 1937 in Moskau sprach W. (bereits 74jährig) im Plenum zur Rolle der Radioaktivität in der Geologie.

W. widmete sich bei seinen naturwissenschaftlichen Forschungen unter anderem dem Bau der Silicate, der Geochemie seltener und disperser Elemente, der Rolle der Organismen in geochemischen Prozessen, der Erkundung radioaktiver Minerale, der Klärung geologischer Erscheinungen und Prozesse (z. B. der Erdwärme) mit Hilfe der Radioaktivität, der Bestimmung des absoluten Alters von Gesteinen. Aus der dynamischen Mineralogie entwickelten W. und sein Schüler Fersman die Geochemie als eigenen Wissenschaftszweig. Ab 1922 befaßte sich W. mit der chemischen Zusammensetzung organischer Substanzen, dem Ablauf und den Auswirkungen geochemischer Prozesse, an denen Organismen beteiligt sind und begründete die Biogeochemie. 1942 veröffentlichte er als Synthese seiner Vorstellungen über den Planeten Erde und die Grundlagen seines geochemischen und biologischen Baues die aus dem System der geochemischen Zyklen entwickelte Theorie der geologischen Hüllen (Geosphären). Logisch entwickelte er diese weiter durch Untersuchungen zur Geoökologie und durch die Einführung der »Noosphäre«, der Sphäre des Wirkens des menschlichen Verstandes. Sehr aktiv widmete sich W. der Erforschung der Geschichte der Wissenschaften. Seine weltanschauliche Entwicklung vollzog sich in ernstem Ringen um Erkenntnis der Zusammenhänge von Natur und Gesellschaft.

Von ausländischen wissenschaftlichen Akademien und Gesellschaften wurde W. mehrfach geehrt. Kr

Literatur: Vernadskij, V. I.: Kratkij Kurs mineralogii, čitannyj studentam-medikam 1891–1892 (Moskau 1891), Ob izučenii estestvennyh proizvoditel'nyh sil Rossii, in: Izvestiâ Akad. Nauk, 6 ser., 9 (1915) 8, 679–700, La geochimie (Paris 1924), Geochemie in ausgewählten Kapiteln. Autorisierte Übersetzung aus dem Russischen von Dr. E. Kordes (Leipzig 1930), O nekotoryh osnovnyh problemah biogeohimii, in: Izvestiâ Akad. Nauk SSSR, ser. geol., 18 (1938) 1, 19–34, O značenii radiogeologii dlâ sovremennoj geologii, in: Trudy 17 sessii Meždunarodnogo geolog. Kongressa SSSR 1937 (Moskau 1939), O geologičeskih oboločkah zemli kak planety, in: Izvestiâ Akad. Nauk SSSR ser. geogr., geofiz., (1942) 6, 251–262, Neskol'ko slov o noosfere, in: Uspehi biologii 18 (1944) 2, 113–120, Živoe veŝestvo (Moskau 1978); Razmyšleniâ naturalista (Naučnaâ mysl' kak planetnoe âvlenie) (Moskau 1977), Filosovkie mysli naturalista (Moskau 1988), Trudy po vseobŝej istorii nauki (Moskau 1988), Trudy po istorii nauki v Rossii (Moskau 1988), Izbrannye trudy – Kristallografiâ (Moskau 1988).

Vladimir Ivanovič Vernadskij (1863–1945). – Materialy k biobibliografii učenyh SSSR, ser. himič. nauk vyp. 6 Izd. Akad. Nauk SSSR (Moskau, Leningrad 1947); Fersman, A. E.: Žiznennyj put' akademika Vladimira Ivanoviča Vernadskogo (1863 do 1945), in: Zap. Vseross. mineral. obŝ., 2 ser., Moskau, 75 (1946) 1, 5–24; V. I. Vernadskij – pis'ma N. E. Vernadskoj (Moskau 1988); Krüger, P.: Wladimir Iwanowitsch Wernadskij (Leipzig 1981); Šerbak, N. P.: Vladimir Ivanovič Vernadskij (Kiew 1988).

Werner, Abraham Gottlob, Mineraloge und Geologe, geb. 25. 9. 1749 Wehrau bei Bunzlau (Osiecznica bei Bolesławiec), gest. 30. 6. 1817 Dresden.

W. trug durch seine wissenschaftlichen Arbeiten maßgeblich zur Entwicklung der Mineralogie und Geologie am Ende des 18. Jh. bei und gehört zu den Mitbegründern dieser Disziplinen.

Nach dem Schulbesuch und einer Tätigkeit als Hüttenschreiber begann W., Sohn eines Inspektors in einem Eisenwerk, 1769 das Studium der Bergbaukunde an der Bergakademie Freiberg (Sachsen). 1771–1774 studierte er an der Univ. Leipzig Naturgeschichte, Sprachen, Philosophie und Jura. 1775 wurde er als Lehrer für Bergbau und Mineralogie an die Bergakademie Freiberg berufen und wirkte dort bis zum Ende seines Lebens.

Sein wissenschaftliches Wirken begann W. 1774 mit seinem in Leipzig erschienenen Buch »Von den äußerlichen Kennzeichen der Fossilien«. Darin entwickelte er ein theoretisch begründetes System der wissenschaftlichen Methode, Minerale – die er als »Fossilien« bezeichnete – mit Hilfe der Sinne ohne besondere Hilfsmittel zu bestimmen. In Erkenntnis der Tatsache, daß zu seiner Zeit weder die analytische Chemie noch einzelne physikalisch-kristallographische Verfahren eine sichere Diagnose der Minerale gestatteten, arbeitete er ein System der komplexen Merkmale aus und führte es zu hoher Vollkommenheit. W. beschrieb folgende Kennzeichen ausführlich: äußere Gestalt, äußere Oberfläche, äußerer Glanz, innerer Glanz, Bruch, Gestalt der Bruchstücke, Durchsichtigkeit und Doppelbrechung, Strich, Anfärben, Härte, Festigkeit. Biegsamkeit, Anhängen an der Zunge und Klang. Ein solches Bestimmungsverfahren entsprach am Ende des 18. Jh. praktischen Bedürfnissen im allg. und den Notwendigkeiten des Bergbaus im besonderen, da keinerlei Hilfsmittel für die Mineraldiagnose notwendig waren und man auf diese Weise sogar Minerale erkennen konnte, die dem Betrachter persönlich noch nicht geläufig waren, deren Beschreibung aber in genügend klarer und systematischer Form vorlag. Damit wurde W. zum Wegbereiter exakter Methoden in der Mineralogie. – Mit wesentlichen Arbeiten bereicherte W. den Wissenschaftsinhalt der Mineralogie. Er umriß mit dem Begriff »Oryktognosie« das Wissenschaftsgebiet der heutigen Mineralogie und grenzte es gegen andere naturwissenschaftliche Disziplinen, wie z. B. die Geologie, ab. Seine Definition vom Mineral (Fossil) war für viele Jahrzehnte von fundamentalem Wert und hatte auch Einfluß auf die moderne Bestimmung dieses Begriffs. W.s konkrete Mineralklassifikation stellte neben den Systematisierungsversuchen anderer Wissenschaftler den Höhepunkt in der beschreibenden Phase der Mineralogie dar. In seiner Klassifikationstheorie (1816) verallgemeinerte er die mineralogischen Ordnungsversuche des 18. Jh. und versuchte die natürlichen Zusammenhänge zwischen den einzelnen Mineralarten herauszuarbeiten. Orientiert am Vorbild der Mathematik bemühte sich W. um die Präzisierung der Begriffe in der Mineralogie und die Bereinigung der Mineralnamen. Zahlreiche der Mineralbenennungen W.s haben sich durchgesetzt und werden noch heute benutzt.

W. erarbeitete wesentliche Grunderkenntnisse der Geologie, die er »Geognosie« nannte. Er war der profilierteste Vertreter des Neptunismus, der im Gegensatz zum Plutonismus (Vulkanismus) J. Huttons von der überragenden

Rolle des Wassers im geologischen Geschehen ausging. Danach waren die drei geologischen Stockwerke (»uranfängliche Gebirge«, »Flözgebirge« und »aufgeschwemmte Gebirgsarten«) im Profil der Erdkruste in bestimmten aufeinanderfolgenden Zeitabschnitten aus dem Wasser abgesetzt worden. Das quantitative unterschiedliche Auftreten verschiedener Gesteine in den einzelnen geologischen Epochen, die Entstehung von Lagerstätten, die Entwicklung der Lebewesen und andere geologische Erscheinungen fanden aus dieser Sicht ebenfalls eine Erklärung, so daß der Neptunismus als eine in sich nahezu geschlossene Theorie angesehen werden kann. Trotz verschiedener falscher Auffassungen (so sollte der Mineralgehalt in Ganglagerstätten von oben abgesetzt worden sein) und dogmatischer Überspitzungen unrichtiger Deutungen (Basalt, Granit und Gneis wurden als Bildungen aus dem Wasser angesehen) gab der Neptunismus W.s wesentliche Impulse für die Entwicklung des geologischen Denkens. Das Alter der Erde schätzte W. auf eine Million Jahre und verließ damit die auch noch zu seiner Zeit vertretene biblische Vorstellung über die Dauer der Erdgeschichte. Nach seinen Auffassungen unterschieden sich die einzelnen Phasen der Erdgeschichte durch spezifische Eigenheiten voneinander, wobei immer wieder Neues entstand, die nachfolgende Stufe aber auf der vorangegangenen aufbaute. So stimmt in gewisser Weise W.s Bild von der Erdgeschichte mit den Auffassungen von G. Cuvier überein, der sich konsequent gegen eine völlige Gleichartigkeit des geologischen Geschehens in erdgeschichtlichen Zeiten wandte. W. und Cuvier verstanden beide die Erdgeschichte als Prozeß mit qualitativ unterschiedlichen Abschnitten. Im Gegensatz zu Cuvier sprach W. aber nicht von revolutionären Umwälzungen zwischen den einzelnen Phasen, sondern versuchte, den allmählichen Übergang von Abschnitt zu Abschnitt zu erkennen. So vereinigte er in seiner Auffassung von der Erdgeschichte das diskontinuierliche Bewegungsbild Cuviers (Katastrophentheorie) mit der Vorstellung einer kontinuierlichen Veränderung im irdischen Geschehen, wie sie später von Ch. Lyell im geologischen Denken bewußt gemacht wurde. Damit finden sich bei W. echtes historisches Verständnis und Voraussetzungen für die moderne Entwicklungsvorstellung von der Erdgeschichte.

W. vertrat für seine Zeit progressive weltanschauliche Auffassungen und bemühte sich um die Entwicklung exakter wissenschaftlicher Methoden in den geologischen Wissenschaften. Er war ein konsequenter Verfechter der Aufklärung, lehnte jedes Wunder in der Natur ab und zeigte sich vom objektiven Charakter der Naturgesetze überzeugt. Die auch in diesem Sinne zu deutenden Grundsätze des Neptunismus W.s entsprachen in ihrem Wesen dem Deismus, einer progressiven Strömung im Denken des 18. Jh. W. ging konsequent von der Beobachtung der natürlichen Verhältnisse aus. Die geologischen Erscheinungen der Erdgeschichte deutete er von der Position eines bewußten Aktualismus und wurde zu einem Vorläufer dieser fundamentellen erdgeschichtlichen Forschungsmethode im 18. Jh. Mit Exkursionen, Praktika und Kartierungsarbeiten förderte W. die praktische Ausbildung seiner Schüler im Gelände und setzte so die enge Verbindung von Theorie und Praxis für die geologisch gebildeten Naturwissenschaftler durch. Mit seiner Schülern führte er, ausgehend von ökonomischen und wissenschaftlichen Zielsetzungen, von 1791 bis 1811 eine geologische Spezialkartierung Sachsens durch, die die erste ihre Art in der Welt war. Gu

Literatur: Werner, A. G.: Von den äußerlichen Kennzeichen der Fossilien (Leipzig 1774, Wien 1785), Kurze Klassifikation der verschiedenen Gebirgsarten (Dresden 1781, Freiberg 1967), Neue Theorie von der Entstehung der Gänge mit Anwendung auf den Bergbau besonders des freibergischen (Freiberg 1791), Kleine Sammlung Berg- und Hüttenmännischer Schriften (Leipzig 1811), Werners oryctognostische Klassifikationslehre, in: Hesperus 16 (Prag 1816), Letztes Mineralsystem (Freyberg u. Wien 1817).

Abraham Gottlob Werner. Gedenkschr. aus Anlaß der Wiederkehr seines Todestages nach 150 Jahren am 30. Juni 1967 (Freib. Forsch. C 223, Leipzig 1967); Guntau, M.: Abraham Gottlob Werner (Leipzig 1984).

A. Werner

H. Weyl

Werner, Alfred, Chemiker, geb. 12. 12. 1866 Mühlhausen (Mulhouse, Elsaß), gest. 15. 11. 1919 Zürich.

W. schuf die Grundlagen der Koordinationschemie und begründete die Stereochemie anorganischer Verbindungen; für diese Leistungen erhielt er 1913 den Nobelpreis für Chemie.

W., Sohn eines Fabrikinspektors und Besitzers einer kleinen Bauernwirtschaft, zeigte sehr früh ein besonderes Interesse für die Chemie. 1885 nahm er ein Chemiestudium an der TH Karlsruhe auf, das er ab 1886 am Eidgenössischen Polytechnikum in Zürich bei G. Lunge, A. R. Hantzsch, F. P. Traedwell u. a. fortsetzte. 1889 erhielt W. das Diplom als technischer Chemiker und wurde Assistent bei Lunge. Unter Anleitung von Hantzsch fertigte W. 1890 seine Dissertationsschrift »Über die räumliche Anordnung der Atome in stickstoffhaltigen Verbindungen« an. Nach kurzem Studienaufenthalt in Paris bei P. E. M. Berthelot (1891) erfolgte die Habilitation zum Privatdoz. am Eidgenössischen Polytechnikum Zürich (1892) mit der Arbeit »Beiträge zur Theorie der Affinität und Valenz«; sie enthielt bereits die Grundlinien der neuen Koordinationslehre von W.; es folgte die bahnbrechende Arbeit »Beitrag zur Konstitution anorganischer Verbindungen« (1893), wofür W. noch im gleichen Jahr zum ao. Prof. und zwei Jahre später (1895) zum o. Prof. für Chemie in Zürich berufen wurde. In Zürich baute W. eine leistungsfähige wissenschaftliche Schule auf dem Gebiet der Koordinationschemie auf. 1915 erkrankte W. an Arteriosklerose und mußte sein Lehramt vorzeitig niederlegen (1919). Er war Mitgl. in- und ausländischer wissenschaftlicher Gesellschaften und Ehrendoktor der Univ. Genf sowie der Eidgenössischen TH Zürich.

Die Arbeiten von W. prägten in grundlegender Weise das Übergangsfeld von der klassischen Chemie des 19. Jh. zur modernen Chemie des 20. Jh. und waren ein wesentlicher Beitrag zur Entwicklung moderner valenztheoretischer und stereochemischer Anschauungen auf dem Gebiet komplex aufgebauter anorganischer Verbindungen; sie erwiesen sich als weiterführend, da die in den 60er Jahren des 19. Jh. insbesondere von A. Kekulé entwickelten klassischen Bindungsvorstellungen den Verhältnissen komplexer Verbindungen nur ungenügend entsprachen. Zum besseren Verständnis der Molekülverbindungen leitete W. bereits 1893 aus Versuchen mit Stoffen, die zentrale Kohlenstoff- und Stickstoff-Atome enthielten, die wichtige Aussage ab, daß bestimmte Elemente nach Absättigung ihrer gewöhnlichen Valenzen (Hauptvalenzen) noch weitere Nebenvalenzen betätigen können. Seit 1893 übertrug W. diese Vorstellungen systematisch auf anorganische Komplexverbindungen und ersetzte schrittweise das traditionelle Kettenmodell durch eine neue Koordinationslehre. W. entwickelte dabei auch neue Auffassungen über die Bildung von »Einlagerungs- und Anlagerungsverbindungen«, führte eine Reihe grundlegender komplexchemischer Begriffe, wie Koordinationszahl, Ligand und Zentralatom, ein und gelangte zu neuartigen Erkenntnissen über den Aufbau mehrkerniger Komplexe. Des weiteren erkannte er, daß die Liganden in Koordinationsverbindungen in einer bestimmten charakteristischen Anordnung um das Zentralatom gruppiert sind; W. leitete dies aus der Untersuchung von Verbindungen mit der Koordinationszahl 6 ab und postulierte, daß die Liganden räumlich an den Ecken eines Oktaeders angeordnet sein müßten. In seinen 1911 beginnenden bahnbrechenden Untersuchungen über die Bindungsverhältnisse des asymmetrischen Kobaltatoms formulierte W. eine Reihe neuer Erkenntnisse über die bei Komplexverbindungen beobachteten Isomerieerscheinungen, z.B. über Stereoisomerie (cis-trans-Isomerie) und optische Isomerie (Spiegelbildisomerie). W. konnte diese Phänomene mit Hilfe seiner »Oktaedertheorie« befriedigend erklären; sie bildete eine glänzende Bestätigung der neuen Koordinationslehre und erschloß der Stereochemie ein neues und breites Anwendungsfeld. Neben den koordinationschemischen Untersuchungen waren die Arbeiten von W. über die Isomerie der Oxime (1890), über Phenanthrenderivate (1904), zum Verhalten von Dimethylsulfat (1903) sowie zur Chemie der natürlichen und synthetischen Farbstoffe (um 1907) von weitreichender Bedeutung.

Im Jahre seiner Eheschließung in Zürich (1895) wechselte W. von der franz. in die schweizer. Staatsbürgerschaft über. Sz

Literatur: Werner, A.: Lehrbuch der Stereochemie (Jena 1904), Neue Anschauungen auf dem Gebiet der anorganischen Chemie (Braunschweig 1905).

Weyl, Hermann, Mathematiker und Physiker, geb. 9.11.1885 Elmshorn bei Hamburg, gest. 8.12.1955 Zürich.

W. war einer der vielseitigsten und anregendsten Mathematiker des 20. Jh. Er leistete grundlegende Beiträge zur Theorie der Lie-Gruppen, zur Differentialgeometrie und zur Invariantentheorie. Von großer Bedeutung für die mathematische Fundierung der modernen Physik waren seine Arbeiten zur Relativitäts- und Quantentheorie. Darüber hinaus leistete er hervorragende Beiträge zur Funktionalanalysis, Theorie der partiellen Differentialgleichungen, Topologie, Algebra, Zahlentheorie, Theorie der fastperiodischen Funktionen und mathematischen Logik. W. publizierte auch eine Reihe von philosophisch orientierten Arbeiten.

W. erhielt seine schulische Ausbildung am Gymnasium von Hamburg-Altona; dessen Dir., ein Cousin von D. Hilbert, empfahl ihm, in Göttingen Mathematik zu studieren. W. war 1903–1908 Student in Göttingen, unterbrochen durch zwei Semester Studium in München. Er hörte bei so bedeutenden Mathematikern wie Hilbert, F. Klein, C. Carathéodory, H. Minkowski, P. Koebe und E. Zermelo. 1908 promovierte W. mit einer Arbeit über singuläre Integralgleichungen; er war ohne Zweifel Hilberts begabtester und bedeutendster Schüler. Nach der 1910 erfolgten Habilitation lehrte er als Privatdoz. an der Univ. Göttingen; 1913 wurde er als Prof. an die Univ. Zürich berufen. Nach Hilberts Emeritierung 1930 trat W. dessen Nachfolge in Göttingen an. Bereits 1933 emigrierte er in die USA. »Ich ertrug es nicht, unter der Herrschaft dieses Dämonen und Schänders des deutschen Namens zu leben« hat er später geäußert. In den USA fand er am Institute for Advanced Study in Princeton eine adäquate Stellung und hervorragende Arbeitsbedingungen. Gemeinsam mit G. H. Hardy und den Brüdern Bohr hat W. viel für aus Deutschland geflohene Mathematiker getan. Nach seiner Emeritierung 1951 kehrte W. nach Zürich zurück, weilte aber noch oft zu Gastaufenthalten in Princeton. Seine Frau Hella W. war Philosophin und Schülerin von E. Husserl.

In seiner Habilitationsschrift untersuchte W. das klassische Sturm-Liouville-Problem für den Fall, daß der rechte Randpunkt l gegen ∞ geht. Seine Resultate lieferten das erste Beispiel für die später von J. v. Neumann ausgearbeitete Theorie des Defekts eines unbeschränkten Hermiteschen Operators. W. zeigte auch, daß die klassische Entwicklung nach Eigenfunktionen im Falle $l \to \infty$ durch einen Integralausdruck ähnlich dem Fourierintegral ersetzt werden muß. Er antizipierte damit die späteren Entwicklungen der Carlemanschen Integraloperatoren und ihrer Anwendungen auf gewöhnliche lineare Differentialgleichungen beliebiger Ordnung sowie auf elliptische Differentialgleichungen. 1911 eröffnete W. ein weiteres wichtiges Kapitel der Spektraltheorie, das Studium der asymptotischen Verteilung der Eigenwerte eines selbstadjungierten vollstetigen Operators U im Hilbert-Raum. Er benutzte diese Theorie zur Begründung der Gesetze der Hohlraumstrahlung und zu Untersuchungen über Membranschwingungen. Die Weylsche Spektralverteilung spielt heute auch eine wichtige Rolle in der stochastischen Spektraltheorie (Wignersches Halbkreisgesetz und dessen Verallgemeinerungen). Auf W. geht ferner das Mini-Max-Prinzip zur direkten Berechnung des n-ten Eigenwerts eines Operators U des genannten Typs zurück. W. selbst und R. Courant wandten dieses Prinzip erfolgreich auf viele Probleme der Funktionalanalysis an; es wird heute als Courantsches Prinzip bezeichnet. Die topologischen Arbeiten von L. E. J. Brouwer, die Uniformierungstheorie von Koebe und Hilberts Arbeiten zur Rettung des Dirichlet-Prinzips waren die entscheidenden Anregungen für das erste bedeutende Buch von W. »Die Idee der Riemannschen Fläche« (1913). Mit diesem Werk gelang W. die exakte arithmetisch-topologische Grundlegung der Riemann-Kleinschen Funktionentheorie. Das Buch wurde sofort ein klassisches Werk und inspirierte die gesamte spätere Entwicklung der differenzierbaren und komplexen Mannigfaltigkeiten. Ausgehend von Arbeiten zum Gibbsschen Phänomen schrieb W. seine berühmte Abhandlung über die Gleichverteilung von Zahlen modulo Eins (1916). Eine Folge $\{x_u\}$ reeller Zahlen heißt gleichverteilt modulo 1, wenn für beliebiges $[a, b] \subseteq [0, 1]$ die Anzahl $\nu(a, b; n)$ derjenigen x_k, $k \leqq n$, deren nichtganzer Anteil zwischen a und b liegt, der Bedingung

$$\lim_{n \to \infty} \frac{\nu(a, b; n)}{n} = b - a$$

genügt. W. fand ein einfaches Kriterium für Gleichverteilung modulo 1, aus dem er unter anderem das Kroneckersche Theorem über simultane Diophantische Approximationen herleiten konnte. Sein tiefliegendstes Resultat war der Beweis der Gleichverteilung der Folge $\{P(n)\}$, wo P ein Polynom beliebigen Grades mit irrationalem höchsten Koeffizienten ist. Die Ergebnisse von W. zur Gleichverteilung wurden, durch I. M. Winogradow und seine Schule verbessert, grundlegend für die Entwicklung der additiven Zahlentheorie. 1913 hatte W. in Zürich mit A. Einstein zusammengearbeitet. Die Beschäftigung mit der Relativitätstheorie regte ihn zu bedeutenden Leistungen auf dem Gebiet der Differentialgeometrie an. W. erweiterte die Riemannsche Geometrie durch Einführung des Begriffs des linearen

Zusammenhangs. In dieser erweiterten Theorie tritt zur quadratischen Fundamentalform, die das Riemannsche Linienelement *ds* definiert, noch eine lineare Differentialform, die die Veränderung der Länge eines Vektors bei unendlich kleiner Parallelverschiebung beschreibt. W. glaubte, damit eine einheitliche Feldtheorie aufbauen zu können, die Gravitation und elektromagnetisches Feld unter einheitlichem Gesichtspunkt zusammenfaßt. Wenn sich diese Hoffnung auf eine einheitliche geometrische Feldtheorie auch nicht erfüllt hat, so waren die Untersuchungen von W. doch Ausgangspunkt für die fundamentalen Veränderungen, die die Quantenfeldtheorie und die Theorie der Elementarteilchen später erfahren haben. Mit seinem Buch »Raum, Zeit, Materie« (1918), das 1923 bereits in fünfter Auflage erschien, trug W. außerordentlich viel zur Popularisierung der Relativitätstheorie bei. Weitere Ergebnisse von W. zur Differentialgeometrie betreffen Deformationen konvexer Körper, den Satz von der Einzigkeit der pythagoräischen Maßbestimmung, die Bestimmung konvexer Flächen durch ihr Linienelement und die sog. reine Infinitesimalgeometrie von Weyl. Die Analyse des Riemann-Helmholtz-Lieschen Raumproblems und die Beschäftigung mit der klassischen Invariantentheorie führten W. zur Theorie der linearen Darstellungen von Lie-Gruppen. Seine diesbezüglichen Arbeiten aus den Jahren 1925–1927 zählen nach J. A. E. Dieudonné zu den einflußreichsten mathematischen Abhandlungen des 20. Jh. Auf den Vorarbeiten von A. Hurwitz, I. Schur, G. F. Frobenius und E. Cartan fußend, konzentrierte W. seine Aufmerksamkeit auf die globale Theorie der halbeinfachen komplexen Gruppen. Durch Heranziehung tiefliegender algebraischer und analytischer Methoden gelang es ihm, alle irreduziblen Darstellungen einer halbeinfachen Gruppe zu erhalten. Auch im Hinblick auf die Quantentheorie spielte W. nach seinen eigenen Worten »die Rolle des Boten« zwischen Mathematik und Physik, einerseits durch eigene Beiträge wie die relativistische invariante Formulierung der Quantengesetze, vor allem aber durch sein einflußreiches Buch »Gruppentheorie und Quantenmechanik« (1923).

W. hat sich für philosophische Fragen stets lebhaft interessiert. In seiner Jugend stark von I. Kant beeindruckt, stand er später unter dem Einfluß von J. G. Fichte und Husserl. Fichtes Konstruktivismus, sein »ich bin, da ich handle«, mag eine der Ursachen dafür gewesen sein, daß W. in der Kontroverse um die Grundlagen der Mathematik intuitionistische Positionen vertrat. Mathematik war für ihn wie auch für Brouwer mehr ein Tun denn eine Lehre. In seiner Schrift »Das Kontinuum« (1918) lehnte W. die Vorstellung des Kontinuums als einer fertigen unendlichen Punktmenge ab. Man könne zwar einzelne Punkte durch ein Gesetz fixieren, das gesamte Kontinuum jedoch könne nur mittels einer durch keinerlei Beschränkungen eingeengte Wahlfolge, eine freie Wahlfolge, repräsentiert werden. »Hier ersteht uns«, schreibt W., »ein Kontinuum, in welches wohl die einzelnen reellen Zahlen hineinfallen, das sich aber selbst keineswegs in eine Menge fertig seiender reeller Zahlen auflöst; vielmehr ein Medium freien Werdens«. In seiner mathematischen Arbeit hat W. die Tabus der Intuitionisten allerdings nicht allzu ernst genommen und sich später in den Grundlagenfragen wieder dem Hilbertschen Standpunkt genähert. Er war jedoch stets darauf bedacht, nie das Auswahlaxiom zu verwenden.

Andere Ergebnisse von W. betreffen z. B. die Geometrie der Zahlen und die Abschätzung der φ-Funktion, den Beweis des Hauptsatzes der Theorie der fastperiodischen Funktionen sowie topologische Untersuchungen. Der weitreichende Einfluß von W. auf die Entwicklung der Mathematik des 20. Jh. beruht auf seiner Vielseitigkeit, auf der Tiefgründigkeit und Originalität seines Denkens und nicht zuletzt auf der faszinierenden Darstellungskunst in seinen zahlreichen Büchern. Pu

Literatur: Weyl, H.: Gesammelte Abhandlungen, 4 Bde. (Hrsg. K. Chandrasekharan, Berlin-Heidelberg-New York 1968), Die Idee der Riemannschen Fläche (Leipzig, Berlin 1913), Das Kontinuum (Leipzig 1918), Raum, Zeit, Materie (Berlin 1918), Mathematische Analyse des Raumproblems (Berlin 1923), Philosophie der Mathematik und Naturwissenschaften (München 1926), Gruppentheorie und Quantenmechanik (Leipzig 1929), The Classical Groups. Their Invariants and Representations (Princeton 1940), Symmetrie (Princeton 1952).

Beisswanger, P.: Die Anfechtbarkeit der klassischen Mathematik. Studien über Hermann Weyl (Dissertation Stuttgart 1965); Koenig, R.: Hermann Weyl, in: Jahrb. bayr. Ak. d. Wiss. (1956), 236–248.

Wheatstone, Sir Charles, Physiker und Techniker, ursprünglich Musikinstrumentenbauer, geb. 5.(?) 2. 1802 Gloucester (Südwestengland), gest. 19. 10. 1875 Paris.

W. arbeitete sowohl in der physikalischen Grundlagenforschung als auch in der technischen Praxis sehr erfolgreich. Mit seinen zahlreichen Arbeiten auf den Gebieten Akustik, Optik, Elektrotechnik, Telegrafie und Meßtechnik zählt er zu den bedeutenden Gelehrten des 19. Jh.

W. besuchte zunächst eine Privatschule in seiner Heimatstadt. Sein Vater war Musikinstrumentenbauer, und auch W. wurde bereits frühzeitig mit diesem Handwerk vertraut. Angeregt durch seine praktischen Arbeiten auf diesem Gebiet führte er bald verschiedene akustische Experimente durch, deren Ergebnisse er wenige Monate nach seiner 1823 in London begonnenen Tätigkeit als Musikinstrumentenbauer veröffentlichte. Den bedeutendsten Beitrag zur Akustik lieferte W. durch seine Untersuchungen über die Chladnischen Klangfiguren. In einer 1833 der Royal Society vorgelegten Arbeit konnte W. zeigen, daß auf quadratischen oder rechteckigen Platten jede Figur unabhängig von ihrer Kompliziertheit im Ergebnis von zwei oder mehreren Sätzen isochroner, paralleler Schwingungen entsteht. Durch die Ableitung einfacher geometrischer Beziehungen und Zusammenhänge formulierte W. das Prinzip der »Überlagerung kleiner Bewegungen«, auf dessen Grundlage es ihm gelang, für unterschiedliche Schwingungsarten die entsprechenden Kurven vorauszusagen. W. arbeitete außerdem auf dem Gebiet der Optik. So geht die Erfindung des Stereoskops in entscheidendem Maße auf W. zurück. Auch beschäftigte er sich mit Fragen der Spektralanalyse. Auf der Grundlage der Erkenntnis, daß die Polarisationsebene des Lichtes vom Tageshimmel nahezu 90° zur Sonne liegt, entwarf W. eine »Poluhr«, mit der es möglich wurde, unabhängig von der Sichtbarkeit der Sonne die Zeit mit Hilfe des Tageslichtes zu bestimmen.

1834 begann W. mit Experimenten zur Messung der Übertragungsgeschwindigkeit der Elektrizität in Leitern. Diese Untersuchungen regten ihn zu weiterführenden Gedanken in bezug auf die Übertragung von Nachrichten mit Hilfe des elektrischen Stromes an. Zusammen mit seinem Assistenten W. F. Cooke entwickelte W. 1836/37 einen Fünfnadeltelegrafen (1845 folgten Ein- und Zweinadeltelegrafen). Gleichzeitig mit dieser Entwicklung hatten sich beide auch mit dem Bau eines Zeigertelegrafen beschäftigt, der W. am 21. 1. 1840 patentiert wurde. Über eine Art Schrittschaltwerk (Elektromagnet, Zahnradkombination) wurde gewährleistet, daß durch eine jeweils unterschiedliche Anzahl von empfangenen Stromstößen ein radial angeordneter Zeiger auf ein bestimmtes, der Anzahl der Stromstöße entsprechendes Zeichen (Buchstabe/Ziffer) einer Skale des Telegrafen eingestellt wurde (Abb.). Beim Sendevorgang mußte eine Geberscheibe langsam und gleichmä-

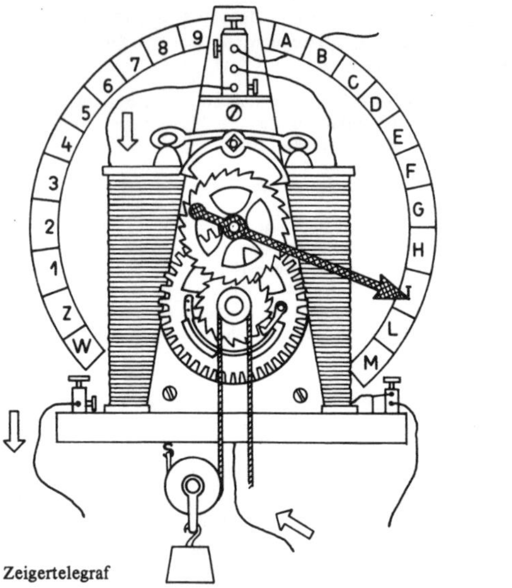
Zeigertelegraf

ßig von Zeichen zu Zeichen bewegt werden, so daß bei jedem Drehschritt durch Kontaktgabe ein Stromstoß ausgelöst wurde. Die Anzahl der Stromstöße war adäquat der Anzahl der zurückgelegten Drehschritte. Später gelang es W., dieses Prinzip noch zu verbessern. Die Telegrafenapparate von Cooke und W. erreichten bis zur endgültigen Durchsetzung der von S. Morse konzipierten Technik eine weite Verbreitung, vor allem bei den Eisenbahngesellschaften Großbritanniens.

W. besaß die ausgesprochene Fähigkeit, erworbenes Wissen direkt in die Praxis umzusetzen und war somit sehr rasch in der Lage, auf technische Bedürfnisse der Praxis zu reagieren. So leistete er wichtige Vorarbeiten zur Realisierung der dynamoelektrischen Maschine, arbeitete auf dem Gebiet der Unterwassertelegrafie und entwickelte ein System von elektromagnetischen Uhren, die, in einem Stromkreis zusammengefaßt, an verschiedenen Orten dieselbe Zeit anzeigten. W. entwarf und baute ferner unterschiedlichste elektrische Meßinstrumente. Die heute nach ihm benannte Wheatstonesche Meßbrücke geht auf H. Christie zurück, es ist aber W.s Verdienst, ihre Bedeutung für die Meßtechnik erkannte zu haben (1833). W. besaß außerdem eine außerordentliche Begabung, Geheimschriften zu entschlüsseln bzw. Informationen zu verschlüsseln.

Obwohl W. 1834 Prof. für Naturwissenschaften (Experimentalphysik) am Kings College in London wurde, hielt er nach 1840 nur noch selten Vorlesungen. Von seinem Charakter her war W. ausgesprochen schüchtern und zurückhaltend, so daß ihm die Vortragstätigkeit offensichtlich nicht lag.

1836 wurde W. Mitgl. der Royal Society. Er erhielt zahlreiche nationale und internationale Auszeichnungen und wurde in Anerkennung seiner wissenschaftlichen Verdienste 1868 geadelt. Ke

Literatur: The scientific papers of Sir Charles Wheatstone, published by the Physical Society of London (1879).

Whitworth, Sir Joseph, Maschinenbauer, geb. 21. 12. 1803 Stockport, gest. 22. 1. 1887 Monte Carlo.

W. führte den Maschinenbau auf die für eine industrielle Massenproduktion notwendige Stufe der Präzision und der Austauschbarkeit von Maschinenteilen und entwickelte die dazu notwendige Meßtechnik sowie erste Grundlagen einer Standardisierung.

W. war der Sohn eines Lehrers; er besuchte zunächst die väterliche Schule und 1815–1817 eine Internatsschule bei Leeds. Als 14jähriger kam er zu einem Onkel, der in Derbyshire eine Baumwollspinnerei betrieb. Die dort eingesetzten Maschinen fanden bei ihm größeres Interesse als das Spinnen selbst; er erfaßte schnell ihre Konstruktion und auch deren Mängel. Obwohl ihm beim Onkel eine Geschäftspartnerschaft in Aussicht stand, fühlte er mehr Berufung zum Maschinenbauer und lief schließlich heimlich davon, da er keine andere Möglichkeit sah, die Bindung zu lösen. 1821 fand W. Arbeit als Mechaniker in Manchester, kurz nach seiner Heirat mit einer Bauerntochter 1825 dann bei H. Maudslay in Lambeth. Dieser erkannte die Fähigkeiten von W. und förderte ihn. Die erste große Leistung von W. war eine zuverlässige Technologie zum Herstellen wirklich ebener Flächen. W. hatte erkannt, daß nur damit die Reibung in Vorrichtungen mit aufeinander gleitenden Teilen auf ein Minimum gesenkt werden kann. Ebene Flächen wurden bis dahin gehobelt und geschliffen. W. ersetzte nun das relativ großflächig wirkende Schleifen durch das Schaben, womit auch kleinste Unebenheiten beseitigt werden konnten. Zur Prüfung rieb er zwei ebene Flächen aufeinander. Waren sie wirklich eben, mußte sich dazwischen gebrachte Farbe völlig gleichmäßig verteilen, bei Unebenheiten sammelte sie sich in den Vertiefungen. Da zwei Flächen aber auch ineinanderpassend gewölbt sein können, prüfte W. noch mit einer gleichen dritten Fläche. Dieses Verfahren setzte völlig neue Maßstäbe für mechanische Genauigkeit, es wird noch heute angewandt. Nach Arbeit auch in anderen Firmen machte sich W. 1833 in Manchester selbständig. Die in seinem Betrieb hergestellten und ständig weiterentwickelten Drehbänke, Bohr-, Hobel-, Schlitz- und Fräsmaschinen fanden höchste Anerkennung, unter anderem auf der Pariser Weltausstellung von 1851. Voraussetzung dafür war die hohe Genauigkeit der Teile; W. arbeitete deshalb in den 40er Jahren intensiv an der in den Grundzügen von Maudslay entworfenen Mikrometerschraube weiter. Versuche hatten ihm gezeigt, daß ein zwischen parallelen ebenen Flächen gehaltenes Stahlstück schon bei der geringsten Vergrößerung des Abstandes zwischen beiden Flächen herabfällt. Damit überprüfte er auch die Empfindlichkeit seiner Meßschraube. Diese hatte ursprünglich 20 Gänge je Zoll. Sie wurde mit einem großen Rad gedreht, dessen Umfang 500 Teilstriche trug. Die Drehung um einen Teilstrich entsprach also einer linearen Bewegung der Meßschraube um 1/10 000 Zoll ≈ 0,002 5 mm. Bis 1859 wurde es durch ihre weitere Vervollkommnung möglich, 1/200 000 Zoll ≈ 0,000 012 mm zu messen. Bei dieser Arbeit entstand ein System von Standardmaßen einschließlich ihrer Eichung. Mit diesen Voraussetzungen ging M. daran, nach einem Kompromiß zur Vereinheitlichung der Schraubengewinde zu suchen, die bis dahin von jeder Maschinenfabrik nach eigenen Regeln gefertigt wurden. 1841 schlug er erstmals das später nach ihm benannte Gewindesystem mit einem Schnittwinkel von 55° und mittlerer Steigung vor. Trotz aller Konkurrenz sahen die Maschinenproduzenten bald die Vorteile der Verwendung einheitlicher und damit austauschbarer Normteile. Für die Nutzer war es ohnehin ein klarer Vorteil, bei Reparatur- und Wartungsarbeiten Schrauben und Muttern jeden Fabrikats verwenden zu können. Bis 1860 setzte sich deshalb das Whitworth-Gewinde allgemein durch. Während des Krimkrieges erhielt W. 1854 auch einen Auftrag für ein Maschinensystem zur Gewehrproduktion. 1857 stellte W. ein Gewehr vor, das allen anderen an Zuverlässigkeit und Genauigkeit überlegen war und 1860 einen Wettbewerb gewann. Den englischen Militärs war aber das Kaliber dieses Gewehres zu klein, obwohl es größer war als bei heutigen Handfeuerwaffen. Die französische Regierung kaufte dieses Gewehr als Scharfschützengewehr. In diesem Zusammenhang lief bei W. auch eine Geschützproduktion an, und er entwickelte ein Produktionsverfahren für besonders zähen Stahl. Sein Betrieb, 1874 in eine GmbH umgewandelt, wurde deshalb 1897, zehn Jahre nach seinem Tod, folgerichtig mit den Armstrong-Werken, einem maßgeblichen Waffenproduzenten, vereinigt. W. war bei alledem kein Theoretiker. Sein Grundsatz lautete »Let us try« (Laßt uns probieren), dennoch verstand er es, sehr zielgerichtet und überlegt zu experimentieren. Für seine Ergebnisse empfing W. vielfache Ehrungen. 1856 wurde er Präsident der Institution of Mechanical Engineers. In dieser Eigenschaft wandte er sich unter anderem gegen die wegen fehlender Berechnungen noch übliche Überdimensionierung von Maschinenteilen. 1869 wurde W. als Baronet geadelt. Aus seinen Gewinnen stiftete er 1868 30 Stipendien von jährlich 100 Pfund zur Förderung von Theorie und Praxis der Mechanik. Nach dem Tod der ersten Frau im Jahre 1870 heiratete er 1871 erneut und kaufte sich einen großen Landsitz bei Matlock, wo er einen schönen Park anlegen ließ. Berühmt war sein eiserner Billardtisch, nach seiner Methode als garantiert ebene Fläche hergestellt. W. starb auf einer Reise in Monte Carlo. In seinem Testament hinterließ er reiche Schenkungen an Freunde, wissenschaftliche Einrichtungen und Krankenhäuser. Die

Ch. Wheatstone

J. Whitworth

Wiechert, Johann Emil, Physiker und Geophysiker, geb. 26. 12. 1861 Tilsit (Sowjetsk), gest. 19. 3. 1928 Göttingen.

W. trug maßgeblich zur Entwicklung der Geophysik bei und wirkte bahnbrechend auf den Gebieten der Seismologie und Seismik.

W., Sohn eines Kaufmanns, studierte nach dem Besuch der Schule in Tilsit und des Realgymnasiums in Königsberg (Kaliningrad) Mathematik und Naturwissenschaften, vor allem Physik, an der Univ. Königsberg. Dem Studium folgten in Königsberg: Assistenz bei P. Volkmann, Promotion zum Dr. phil. (1889), Habilitation und Privatdozentur (1890), Berufung zum Prof. (1896). 1897 übersiedelte W. nach Göttingen und wurde dort 1898 ao. Prof. für Geophysik. 1899 unternahm er eine Studienreise nach Italien und besichtigte Erdbebenstationen. Im selben Jahr wurde er Mitgl. der Göttinger Vereinigung zur Förderung der angewandten Physik, 1903 Mitgl. der Kgl. Gesellschaft der Wissenschaften zu Göttingen, 1904 o. Prof. für Geophysik, 1912 korrespondierendes Mitgl. der Preuß. Ak. d. Wiss., 1922 Mitbegründer und 1925 Ehrenvorsitzender der Deutschen Geophysikalischen Gesellschaft.

In Königsberg beschäftigte sich W. vor allem mit Untersuchungen über die Massenverteilung im Erdinneren, der Erdfigur, dem Wesen der Elektrizität, der Theorie der Elektrodynamik und mit den Katodenstrahlen. In Göttingen, wo W. den geophysikalischen Arbeiten eines C. F. Gauss, W. Weber und E. Schering verpflichtet war, schuf der Neubau des Institutes für Geophysik auf dem Hainberg günstige Voraussetzungen für geophysikalische Untersuchungen. Seismologie und Seismik waren hier seine Hauptarbeitsgebiete. W. entwickelte Seismographen einschließlich deren Theorie, erwarb sich hohe Verdienste bei der Organisation des Erdbebenbeobachtungsdienstes innerhalb und außerhalb Deutschlands, hatte mitentscheidenden Anteil an der Gründung der Internationalen Seismologischen Assoziation und formulierte wichtige Erkenntnisse zur Physik des Erdinneren. Er bewies die Richtigkeit der These, wonach aus Laufzeitkurven künstlicher Erdbeben in Analogie zu den Nahbeben Rückschlüsse auf den geologischen Bau des Erdinneren gezogen werden können. Wertvolles Material lieferte ihm das Geophysikalische Observatorium in Apia auf Samoa, dessen Errichtung A. Schmidt und H. Wagner vorgeschlagen hatten. 1898 führte W. die Luftdämpfung in die Seismometrie ein. Besonders bekannt wurden das Wiechertsche astatische Pendel mit einer Masse von etwa 1 000 kg und 200facher Vergrößerung, der Wiechertsche 17-Tonnen-Seismograph mit 70 000facher Vergrößerung, das für die Registrierung von künstlichen Erschütterungen entwickelte feststehende Seismometer mit 2millionenfacher Vergrößerung und das tragbare Feldseismometer mit 800 000facher Vergrößerung. Wiechert-Seismographen arbeiteten erfolgreich und waren weltweit verbreitet. Nachdem sich W. mit der Untersuchung künstlicher Erdbeben schon 1905 beschäftigt hatte, griff er nach dem ersten Weltkrieg aufgrund eigener Überlegungen und unter dem Eindruck der Erfolge von L. Mintrop erneut auf die »kleine Seismik« (auch »experimentelle Seismik« genannt) zurück. Er zählte es zu den erstrebenswerten und wohl auch erreichbaren Zielen der experimentellen Seismik, »jede Zacke, jede Welle der Seismogramme zu erklären und für die Entwirrung der Beschaffenheit der Erdrinde dienstbar zu machen« (1926). Die apparative und methodische Erforschung elastischer Wellen richtete W. von Anfang an auf praktische Belange aus und verband auf diese Art und Weise Grundlagenforschung mit angewandter Forschung. Während der letzten Lebensjahre untersuchte er insbesondere die Schallausbreitung in der Atmosphäre im Gefolge von Sprengungen (Luftseismik). Zu den erfolgreichsten Wiechert-Schülern gehörten unter anderem G. Angenheister, F. Linke, L. Mintrop und B. Gutenberg.

W. blieb der Univ. Göttingen bis an sein Lebensende verbunden; Berufungen nach Rostock, Königsberg, München und Potsdam lehnte er ab. In seinem Hause war er Schülern, Freunden und Kollegen ein guter Gastgeber. Dort wurde sowohl über geophysikalische Fragen als auch über die Ethik des Wissenschaftlers gesprochen. So bildete sich auch im Hause W.s heraus, was später als »Göttinger geophysikalische Schule« bezeichnet wurde. Zu Ehren W.s verleiht die Deutsche Geographische Gesellschaft die Wiechert-Medaille. Die Wiechert-Gutenberg-Diskontinuität trennt in einer Teufe von 2 900 km Erdmantel und Erdkern. Schm

Literatur: Wiechert, E.: Ueber elastische Nachwirkungen (Phil. Diss. Königsberg 1889), Ueber die Massenvertheilung im Inneren der Erde, in: Nachr. Kgl. Ges. Wiss. Göttingen, math.-phys. Kl. (1897), 221–243, Theorie der automatischen Seismographen (Berlin 1903), Ein astatisches Pendel hoher Empfindlichkeit zur mechanischen Registrierung von Erdbeben, in: Phys. Z. 4 (1903), 821–829, (mit K. Zoeppritz): Über Erdbebenwellen, in: Nachr. Kgl. Ges. Wiss. Göttingen, math.-phys. Kl. (1907), 415–549, Die Erdbebenforschung, ihre Hilfsmittel und ihre Resultate für die Geophysik, in: Phys. Z. 9 (1908), 36–47, Untersuchungen der Erdrinde mit dem Seismometer durch Benutzung künstlicher Erdbeben, in: Nachr. Ges. Wiss. Göttingen, math.-phys. Kl. (1923), 57–70, Über die Beschaffenheit des Erdinneren, in: Nachr. Ges. Wiss. Göttingen, math.-phys. Kl. (1924), 251–256, Beobachtungen von Lufterschütterungen in Göttingen bei Sprengungen in Jüterbog, in: Z. Geophysik 1 (1924/25), 14–20, Untersuchung der Erdrinde mit Hilfe von Sprengungen, in: Geol. Rdsch. 17 (1926), 339–346, Seismische Beobachtungen von Steinbruchsprengungen, in: Z. Geophysik 5 (1929), 159–162.

Wiedemann, Gustav Heinrich, Physiker, geb. 2. 10. 1826 Berlin, gest. 23. 3. 1899 Leipzig.

W. war einer der führenden deutschen Physiker der 2. Hälfte des 19. Jh. Seine »Lehre vom Galvanismus und Elektromagnetismus« ist die erste zusammenfassende Darstellung dieses Gebietes und galt in verschiedenen Überarbeitungen bis zum Ende des Jh. als das beste, verständlichste und umfassendste Handb. der Elektrizitätslehre.

Der Kaufmannssohn W. besuchte in Berlin das Köllnische Realgymnasium und anschließend die Univ. Zu seinen Lehrern zählten unter anderem H. Rose, E. Mitscherlich, P. G. L. Dirichlet, G. H. Magnus, H. Dove. Besonders anregend wirkten auf ihn die Magnusschen Kolloquien, hier wurde er auch mit H. v. Helmholtz bekannt. 1847 promovierte er mit einer chemischen, 1851 habilitierte er sich mit einer physikalischen Arbeit. 1851 heiratete er Mitscherlichs Tochter Clara. Bis 1854 wirkte er als Privatdoz. in Berlin, dann war er o. Prof. in Basel, Braunschweig (1863), Karlsruhe (1865) und Leipzig (1871 – zunächst für physikalische Chemie, ab 1887 für Physik). Nach dem Tode von J. Chr. Poggendorff übernahm W. 1877 die Herausgabe der »Annalen der Physik und Chemie«.

In Berlin beschäftigte sich W. vor allem mit der Elektrizität und dem Magnetismus. Bei gemeinsamen Experimenten mit dem Gymnasiallehrer R. Franz im Magnusschen Privatlabor fand W. 1853 den als Wiedemann-Franzsches Gesetz bekannten Zusammenhang zwischen elektrischer und Wärmeleitfähigkeit von Metallen: je besser ein Metall die Elektrizität leitet, um so besser leitet es auch die Wärme; das Verhältnis der Leitfähigkeiten ist bei gegebener Temperatur nahezu konstant. In Basel entdeckte W. die Torsion eines stromdurchflossenen magnetischen Stabes (Wiedemann-Effekt). Mit seinem Chemiker-Kollegen Chr. F. Schönbein führte er dort mehrere Arbeiten zur Elektrochemie durch. Eine der wichtigsten Arbeiten der Leipziger Zeit war die Bestimmung der Widerstandseinheit »Ohm« entsprechend den Festlegungen von 1881 über das cgs-System als Grundmaß elektrischer Einheiten. Mit großer Sorgfalt bestimmte W. den absoluten elektrischen Widerstand des Quecksilbers, d. h. die Länge einer Quecksilbersäule von 1 mm^2 Querschnitt, die den Widerstand 1 Ohm darstellt. W. ermittelte 1,062 6 m Quecksilbersäule. (1893 wurde danach das internationale Ohm festgelegt.)

W. war Mitgl. verschiedener Akademien, unter anderem von Berlin, München, St. Petersburg (Leningrad), London, und Gesellschaften sowie des Kuratoriums der Physikalisch-Technischen Reichsanstalt. Ka

Literatur: Wiedemann, G.: Über die Bestimmung des Ohm, in: Sitzungsber. Kgl. Preuß. Ak. d. Wiss. (Jg. 1881), Abh. III, 75 S., Die Lehre vom Galvanismus und Elektromagnetismus, 3 Bde. (2. Aufl. Braunschweig 1872–1874), Die Lehre von der Elektrizität, 4 Bde. (Braunschweig 1893–1898), Selbstbiographie, in: Ein Erinnerungsblatt (überreicht von Clara Wiedemann, Leipzig 1899), (mit R. Franz): Über die Wärmeleitungsfähigkeit der Metalle, in: Poggendorffs Ann. Phys. Chem. 89 (1853) 8 (Ostwalds Klassiker der exakten Wissenschaften Nr. 222, Hrsg. A. Wehnelt, Leipzig 1927).

Kant, H.: Er schrieb das erste Handbuch der Elektrizitätslehre – Gustav Wiedemann zum 150. Geburtstag, in: Physik in der Schule 14 (1976) 11, 456–460; Kohlrausch, F.: Gustav Wiedemann – Nachruf, in: Verh. Dtsch. Phys. Ges. 1 (1899) 10, 155–167.

Wiener, Norbert, Mathematiker, geb. 26. 11. 1894 Columbia (Missouri, USA), gest. 18. 3. 1964 Stockholm.

W. leistete bedeutende Beiträge zur Theorie der Fourierentwicklung, zur Maßtheorie, zur Theorie der stochastischen Prozesse und zur Theorie der Integralgleichungen; er gilt als Begründer der wissenschaftlichen Kybernetik.

W., Sohn des bedeutenden Slawisten Leo W., erhielt wegen seiner intellektuellen Frühreife eine völlig unkonventionelle Ausbildung; nur kurze Zeit besuchte er eine allgemeinbildende Schule und ab 1903 die High School in Ayer; es folgte der Besuch eines Colleges mit Abschlußexamen 1909. Danach studierte er an der Harvard-Univ. kurzzeitig Biologie, dann Philosophie. 1912 promovierte W. an der Harvard-Univ. mit einer Arbeit zur formalen Logik. 1913 ging er zu Studienzwecken nach Cambridge (England) und befaßte sich bei B. Russell mit Problemen der Logik und der mathematischen Physik; ein Studienaufenthalt in Göttingen schloß sich an. Ab 1915 lehrte W. an der Harvard-Univ. als Privatdoz. Philosophie und Logik, ging 1916 an die Univ. Maine, arbeitete bei der »General Electric«, bei der Armee und als Reporter. Seit 1920 bis zu seinem Lebensende war W. am berühmten Massachusetts Institute of Technology (MIT) in Cambridge (Massachusetts) fest angestellt (1920 Instructor, 1924 Assistant Prof., 1929 Associate Prof., 1932 o. Prof.). Als Lehrer war W. nur bei schwierigen Problemen anregend, sonst von grandioser Unbeholfenheit; von seinen Schülern haben besonders C. E. Shannon, der Begründer der mathematischen Informationstheorie, und N. Levinson internationale Bedeutung erlangt. Durch Studienaufenthalte und Gastprofessuren (1920 Paris; 1922, 1924, 1925 Frankreich, England, Deutschland, Dänemark; 1931/32 England, Deutschland, Schweiz; 1934/35 China, 1945 Mexiko, 1953 Indien, 1960 Sowjetunion, 1964 Niederlande, Skandinavien) war die Tätigkeit W.s am MIT oft unterbrochen. Seine ersten mathematischen Arbeiten waren Beiträge zur formalen Logik, insbesondere zum Relationskalkül (1912), zur synthetischen Logik (1915) und zur Theorie des Messens (1919).

Am MIT befaßte sich W. zunächst mit solchen mathematischen Fragen, die Anwendungen auf praktische, besonders technische Probleme erlaubten. Hauptergebnis seiner Arbeiten über harmonische Analyse waren zwei grundlegende Sätze über die absolute Konvergenz von Fourierreihen, das Theorem von Wiener und das Theorem von Wiener-Levy. Das Theorem von W. gab anderen Mathematikern später die Möglichkeit, die Grundlagen der harmonischen Analyse auf algebraischer Basis neu zu fassen. Auch die Verbindung der Theorie der Zufallsprozesse mit bestimmten trigonometrischen Reihen, später Fourier-Wiener-Reihen genannt, geht auf ihn zurück. Durch Fragen der Elektrotechnik angeregt, begann sich W. mit der Operatorenrechnung zu befassen; es gelang ihm, das hier übliche heuristische Verfahren durch eine weitgehend einwandfreie Methode zu ersetzen (1925), gewisse logische Schwierigkeiten der Operatorenrechnung blieben jedoch bestehen. In den Jahren 1923/24 befaßte sich W. mit der Potentialtheorie. Die Hauptergebnisse dieser Untersuchungen waren der »Grenzwertsatz von Wiener« und Beiträge zur »Methode von Perron-Wiener-Brelot«.

Anfang der 20er Jahre entwickelte W. das Konzept des linearen normierten Raumes, verfolgte diese Idee jedoch nicht weiter, da er sie für wenig bedeutend hielt. In den 20er Jahren begann W. auch grundlegende Untersuchungen zur Fouriertransformation im Komplexen sowie zur Verallgemeinerung der Fourierentwicklung, deren Resultate er in zwei monographischen Darstellungen (Generalized Harmonic Analysis, 1930; Fourier Transforms in the Complex Domain, 1934) niederlegte. Etwa zur gleichen Zeit

J. E. Wiechert

G. H. Wiedemann

N. Wiener

E. P. Wigner

setzte sich W. mit Problemen der Theorie der Tauber-Theoreme auseinander; das wichtigste Resultat dieser Beschäftigung ist als »Wieners allgemeines Tauber-Theorem« bekannt geworden; sein Versuch, mit Hilfe von Tauber-Theoremen durchgreifende Ergebnisse in der analytischen Zahlentheorie zu erreichen, mißlang jedoch.

In den späten 20er Jahren beschäftigten W. Fragen der Quantenmechanik, die er mit Methoden der Operatorenrechnung anging. Einen bedeutenden Platz im Gesamtschaffen von W. nahm die Auseinandersetzung mit der mathematischen Theorie der Brownschen Bewegung ein. Anknüpfend an eine Arbeit A. Einsteins aus dem Jahre 1905 berechnete W. für einen homogenen Gauss-Prozeß mit unabhängigen Zuwächsen die n-dimensionalen Verteilungen und führte in einem geeigneten Funktionenraum das dieser Schar von Verteilungen entsprechende Maß, das Wiener-Maß, ein. Diese Idee wurde 1933 im Hauptsatz von A. N. Kolmogorow verallgemeinert und ist grundlegend für die Einordnung der Theorie der stochastischen Prozesse in die maßtheoretisch fundierte Wahrscheinlichkeitsrechnung. Homogene Gauss-Prozesse mit unabhängigen Zuwächsen werden heute als Wiener-Prozesse bezeichnet. Die Theorie dieser Prozesse nimmt in der Theorie der stochastischen Prozesse eine zentrale Stellung ein. Sie hat außerordentlich weitreichende und vielfältige technische Anwendungen gefunden. Integrale nach Wiener-Maßen sind die Grundlage für die moderne Theorie der stochastischen Differentialgleichungen (Ito-Theorie). Während der 30er Jahre leistete W. auch Beiträge zur Ergodentheorie und zur Theorie der Integralgleichungen (z. B. Wiener-Hopf-Gleichung).

Während des zweiten Weltkrieges war W. mit Aufgaben beschäftigt, denen erhebliche Bedeutung für die Kriegsführung der Alliierten zukam. Er entwickelte (1940–1943) unabhängig von Kolmogorow eine Theorie der optimalen Vorhersage und der optimalen Filtration stationärer Zufallsprozesse, die 1949/50 veröffentlicht wurde. Diese Arbeiten führten ihn zu Untersuchungen über den Bau spezieller Rechenanlagen (z. B. automatische Ermittlung von Spektraldichten). Die Theorie der optimalen Filter hat vor allem grundlegende Bedeutung für die Nachrichtentechnik gewonnen.

Im Jahre 1948 erschien W.s wissenschaftlicher Bestseller »CYBERNETICS …«, der eine neue Wissenschaft, die Kybernetik, begründete und viele klassische Resultate aus Technik, Biologie, Physiologie, Psychologie, Philosophie und Mathematik unter einheitlichem Gesichtspunkt betrachtete; es war das Ergebnis der intensiven Arbeit einer Gruppe von Gelehrten (unter anderem gehörten J. v. Neumann und A. Rosenblueth dazu), die etwa 1942 eingesetzt hatte.

Durch den außerordentlichen Erfolg der »Kybernetik« sah sich W. in der Folgezeit genötigt, den Problemen der Anwendung der neuen Wissenschaft ebenso wie der Darstellung ihrer grundlegenden gesellschaftlichen Bedeutung eine Reihe von Arbeiten zu widmen. W. ging dabei erkenntnistheoretisch von einem realistischen Standpunkt an diese schwierigen Fragen heran, vertrat jedoch eine insgesamt pessimistische Weltsicht. In seinen letzten Lebensjahren verweigerte er die Mitarbeit an der Atombombenforschung. Il

ACTUALITÉS SCIENTIFIQUES ET INDUSTRIELLES

1053

CYBERNETICS

OR

CONTROL AND COMMUNICATION

IN THE ANIMAL AND THE MACHINE

BY

NORBERT WIENER

Professor of Mathematics at the Massachusetts Institute of Technology
Guest Investigator at the Instituto Nacional de Cardiología de México.

PARIS

HERMANN & Cie. ÉDITEURS

6, Rue de la Sorbonne, 6

THE TECHNOLOGY PRESS — Cambridge, Mass.

JOHN WILEY & Sons. Inc. — 440 Fourth Av., New York

1948

Titelblatt des 1948 erschienenen Werkes »Cybernetics or Control and Communication in the Animal and the Machine« von N. Wiener

Literatur: Collected works (Cambridge/Mass., seit 1976), Selected papers (Cambridge/Mass. 1964), CYBERNETICS of Control and Communication in the animal and the machine (Paris, Cambridge/Mass., New York 1948), dtsch Kybernetik, Regelung und Nachrichtenübertragung im Lebewesen und in der Maschine

(Düsseldorf–Wien 1963), Mathematik mein Leben (Düsseldorf–Wien 1962).

Ilgauds, H.J.: Norbert Wiener (2. Aufl. Leipzig 1984).

Wigner, Eugene Paul, Physiker, geb. 17.11.1902 Budapest.

W. gehört zu jenen Physikern, die in den 20er und 30er Jahren die Grundlagen der Quantenmechanik formulierten und die neue Theorie erfolgreich auf die Lösung aktueller Probleme der Atom- und Kernphysik anwandten. Insbesondere W.s Arbeiten zur Rolle der Symmetrieprinzipien in der Physik haben sich dabei als fundamental erwiesen. Andere wichtige Richtungen seines wissenschaftlichen Schaffens betrafen Fragen der Anwendung gruppentheoretischer Methoden in der Physik sowie Probleme der Kern- und Reaktorphysik.

W. entstammte einer deutschsprachigen Budapester Familie. 1925 schloß er an der TH Berlin-Charlottenburg ein Chemiestudium erfolgreich mit der Promotion ab. Nach kurzer Industrietätigkeit kehrte er an die Berliner Hochschule zurück und widmete sich nun ausschließlich der theoretischen Physik (Quantentheorie). 1933 emigrierte er in die USA, wo er an der Univ. Princeton, an der er bis heute tätig ist, eine neue Wirkungsstätte fand. Als einer der Initiatoren des amerikan. Atombombenprogramms war er zwischen 1942 und 1945 selbst an diesem beteiligt und gehörte zu jener Forschungsgruppe um E. Fermi, der 1942 in Chicago der Aufbau des ersten Atommeilers gelang.

W. war einer der ersten Physiker, der in der zweiten Hälfte der 20er Jahre die Methoden der Gruppentheorie auf die Lösung quantenphysikalischer Probleme erfolgreich anwandte: die Klassifizierung der Atomspektren, die Analyse des Zusammenhangs zwischen den Erhaltungssätzen und den Symmetrieeigenschaften der quantenmechanischen Systeme (quantentheoretisches Analogon zum Noether-Theorem) und die Quantentheorie des festen Körpers waren dabei die wichtigsten Themen. Eine erste zusammenfassende Darstellung fanden diese Forschungen in einer bedeutungsvollen Buchpublikation (1931). Die anderen Arbeiten der frühen Schaffensperiode gruppierten sich vornehmlich um die Problematik der Quantentheorie der Strahlung und der Wellenfelder.

Die Entdeckung des Neutrons, die Schaffung des Proton-Neutron-Modells des Atomkerns und die frühen Untersuchungen über die Kernkräfte führten auch W. in der Mitte der 30er Jahre auf das Gebiet der Kernphysik. 1933 gehörte er zu den ersten, denen eine näherungsweise Berechnung der Kernkräfte gelang und die auf deren kurze Reichweite aufmerksam machten. 1936 entwickelte er gemeinsam mit G. Breit (unabhängig von N. Bohr) das Konzept des »Zwischenkerns«, das bei der Deutung vieler Kernreaktionen eine wichtige Rolle spielt und dessen mathematische Ausgestaltung zur Aufstellung der bekannten Wigner-Breitschen Resonanzformel führte.

Als nach dem zweiten Weltkrieg Symmetrieprinzipien verstärkt bei der Erforschung der Elementarteilchen und ihrer Wechselwirkungen eine Rolle spielten, beteiligte sich auch W. intensiv an diesen Untersuchungen. Auf ihn geht beispielsweise die Formulierung des Erhaltungssatzes der Baryonenzahl zurück (1949, 1952), und seine Arbeiten bildeten auch eine wichtige Quelle für das Konzept der Eichfelder in der modernen Quantentheorie.

Aufmerksamkeit verdienen auch W.s Arbeiten zu philosophischen und methodologischen Problemen der Physik. Sie betreffen die Meßproblematik in der Quantentheorie, das Verhältnis von Mathematik und Physik sowie insbesondere die Symmetrieprinzipien. Bezüglich letzterer geht W. davon aus, daß diese die eigentlichen Grundprinzipien der Natur sind: ähnlich wie aus den allgemeinen Naturgesetzen die konkreten Erscheinungen und Ereignisse folgen, ergeben sich aus den Symmetrieprinzipien die Gesetzmäßigkeiten und bestimmen ihre Struktur.

»Für die Grundlegung der Theorie der Symmetrie in der Quantenmechanik und die Einführung neuer Methoden und Ideen« wurde W. der Physiknobelpreis des Jahres 1963 verliehen. Ho

Literatur: Wigner, E.: Gruppentheorie und ihre Anwendungen auf die Quantenmechanik der Atomspektren (Braunschweig 1931), (mit L. Eisenbull): Nuclear structure (Princeton 1958), (mit A. Weinberg): The physical theory of neutron chain reactors (Chicago 1958), Wigner, E.: Symmetries and reflections (Bloomington, London 1970).

Wilcke (Wilke), Johann Carl, Naturforscher, geb. 6.9.1732 Wismar, gest. 18.4.1796 Stockholm.

W. war ein herausragender Naturforscher in der zweiten Hälfte des 18. Jh., der, gestützt auf umfangreiche experimentelle Arbeiten, bleibende Erkenntnisse in der Erforschung von Phänomenen der Wärme, der Elektrizität und des Magnetismus auf wissenschaftlicher Grundlage gewonnen hat.

W., Sohn eines protestantischen Geistlichen, studierte ab 1750 in Uppsala, Rostock und Göttingen. Zunächst sollte er sich auf eine theologische Laufbahn vorbereiten, aber bald überwogen die mathematischen und naturwissenschaftlichen Studien. 1755/56 war W. in Berlin und arbeitete mit F. U. Th. Aepinus zusammen. Nachdem er 1757 in Rostock promoviert hatte, ging er als gebürtiger schwed. Untertan zu seinen Eltern nach Stockholm. Obwohl er als ein geachteter Naturforscher nach Schweden kam, konnte ihm nur eine Dozentur in Uppsala angeboten werden. 1759 wurde für W. dann jedoch aus der Stiftung von S. Tham für die Stockholmer Akademie die spätere »Thamanische Professur für Physik« eingerichtet. Gleichzeitig erfolgte seine Wahl zum Mitgl. und Vizesekretär der Akademie. Von 1784 bis zu seinem Tode wirkte W. dann als deren Sekretär und trug dazu bei, daß die Leistungen der Naturforscher aus Schweden in ganz Europa Geltung erlangten.

In der wissenschaftlichen Bearbeitung elektrischer Phänomene vollzog sich im Verlaufe des 18. Jh. ein gravierender Wandel; um 1780 brach mit der Schaffung der Elektrostatik die wissenschaftliche Periode an. Als unmittelbarer Vorläufer und Wegbereiter ragte unter den aus dem deutschen Sprachraum stammenden Naturforschern neben Aepinus besonders W. hervor. 1757 lieferte er den Nachweis, daß bei der Erzeugung der Elektrizität durch Reibung stets zwei entgegengesetzte Elektrizitätsarten entstehen, wobei die Ladung des geriebenen Körpers von den Eigenschaften des Reibkörpers abhängt. Diese Erkenntnis führte ihn zur Aufstellung einer Vorform der Spannungsreihe. Außerdem zeigte er im gleichen Jahr, daß auch ohne Reibung beim Erstarren bestimmter geschmolzener Substanzen Elektrizität auftritt. Daneben beschäftigte sich W. mit der Pyroelektrizität und der Elektrizitätsübertragung, was außer der Erforschung von Leitern und Isolatoren zum intensiven Studium der elektrischen Influenz führte. Besonderen Anteil hatte W. an der konsequenten Anwendung der unitaristischen Theorie von B. Franklin auf elektrische Erscheinungen, wobei er in den 60er Jahren dann mehr der dualistischen Theorie von R. Symmer, die von der Vorstellung zweier elektrischer Fluida ausging, zuneigte. 1761 und 1763 legte W. Gedanken dar, die dem 1775 von A. Volta konstruierten Elektrophor, der neben der Elektrisiermaschine wichtigsten Spannungsquelle im 18. Jh., zugrunde lagen. Unter seinen Arbeiten über den Magnetismus ist die 1768 veröffentlichte Inklinationskarte hervorzuheben, wobei er auch Inklinatorien konstruierte.

Das zweite wichtige Hauptarbeitsgebiet bildete das Studium der Wärme. Unabhängig von J. Black untersuchte W. dabei in den 70er und zu Beginn der 80er Jahre des 18. Jh. die latente und spezifische Wärme. Gestützt auf Erwärmungs- und Mischungsversuche traf er eine klare Unterscheidung zwischen Wärme und Temperatur, was den weiteren Entwicklungsgang in der Wärmelehre entscheidend förderte. Daneben beschäftigte sich W. mit chemischen, meteorologischen und mineralogischen Fragestellungen und konstruierte unterschiedliche Instrumente und Apparate, z. B. Windmesser und Siphon. Ji

Literatur: Wilcke, J. C.: De electricitatibus contraris. Disputation (Rostock 1757), Fernere Untersuchungen von den entgegengesetzten Electricitäten bey der Ladung und den dazu gehörenden Theilen, in: Der Kgl.-Schwed. Akademie Abh. aus der Naturlehre 24 (1762), 213–236 und 253–274, Von des Schnees Kälte beim Schmelzen, ebenda 34 (1776), Untersuchungen über das Elektrophor, ebenda 39 (1782), 54–78.

Hoffmann, D., u. H. Kant: Johann Carl Wilcke und seine Bedeutung für die Entwicklung der Physik im 18. Jh., in: Schriftenr. Gesch. Naturwiss. Techn. Med. (NTM) 21 (1984), 89–93; Home, R. W.: Essay on the Theory of Electricity an Magnetism (Princeton 1979); Oseen, C. W.: Johann Carl Wilcke – Experimental-Fysiker (Uppsala 1939).

Williamson, Alexander William, Chemiker, geb. 1. 5. 1824 Wandsworth bei London, gest. 6. 5. 1904 Hindhead (Surrey).

W. klärte durch seine Ethersynthese den Mechanismus der Etherbildung auf.

W., Sohn eines Beamten, studierte 1840–1844 bei L. Gmelin in Heidelberg Chemie, arbeitete dann zwei Jahre bei J. v. Liebig in Gießen und promovierte in dieser Zeit. 1846 richtete er sich in Paris ein Privatlaboratorium ein, studierte Mathematik und besuchte die Vorlesungen von A. Comte. Am University College in London wurde W. 1849 Prof. für analytische Chemie und 1855 Nachfolger Th. Grahams. Ab Mitte der 50er Jahre bis zu seinem Rücktritt 1887 widmete er sich besonders administrativen Aufgaben in wissenschaftlichen Gesellschaften und in der Univ., vor allem dadurch bedingt, daß seit seiner Kindheit ein Auge nahezu blind und ein Arm fast gelähmt war. W. war Mitgl. mehrerer Akademien und anderer wissenschaftlicher Gesellschaften.

Nach ersten Abhandlungen in den 40er Jahren erschien 1850 W.s grundlegende Arbeit über die Theorie der Etherbildung. Die Konstitution des Ethers und des Alkohols war ein zentrales, vieldiskutiertes Problem, dessen Lösung direkt mit der Auseinandersetzung zwischen dualistischer und unitarischer Anschauung über die Zusammensetzung organischer Verbindungen zusammenhing. Als W. bei dem Versuch, höhere Homologe des Alkohols durch Einwirkung von Alkyliodiden auf Kaliumalkoholat zu gewinnen, überraschend Ether erhielt, erklärte er dessen Bildung entgegen den bisherigen Vorstellungen richtig als Ersatz eines Wasserstoffs durch eine Ethylgruppe. W. legte dabei die noch nicht anerkannten Molekulargewichte (jetzt relative Molekülmassen) Ch. Gerhardts ($H = 1$, $C = 12$, $N = 14$, $O = 16$) zugrunde und führte den chemischen Beweis durch die Darstellung der gemischten Ether, womit er zugleich eine wichtige Methode zur chemischen Bestimmung der Molekulargröße begründete. Durch Einführung des »Wassertypus« zeigte W., daß sich eine Vielzahl von Verbindungen nach diesem Prinzip klassifizieren ließ.

W.s Arbeiten wurden eine bedeutende Stütze der unitaristischen Ansichten. Sein »Wassertypus« bildete zusammen mit dem »Ammoniaktypus« A. W. v. Hofmanns eine wesentliche Grundlage der neueren Typentheorie Gerhardts, deren Weiterentwicklung zur Aufstellung der für die organische Chemie grundlegenden chemischen Strukturtheorie

A. W. Williamson

R. Willstätter

durch A. Kekulé v. Stradonitz und A. M. Butlerow führte. Weiterhin erklärte W. die katalytische Wirkung der Schwefelsäure bei der Ethersynthese auf und sprach erstmals klar die Ansicht eines dynamischen Gleichgewichts in chemischen Systemen aus. Schz

Literatur: Williamson, A. W.: Theory of aetherification, in: Phil. Mag. 37 (1850), 350–356, Chemistry for Students (Oxford 1865).

Foster, G. C.: Alexander William Williamson, in: Ber. Dtsch. Chem. Ges. 44 (1911), 2253 ff.; Thorpe, T. E.: Nekrolog, in: Nature 70 (1904), 32.

Willstätter, Richard, Chemiker, geb. 13. 8. 1872 Karlsruhe, gest. 3. 8. 1942 Eremitaggio bei Muralto (Locarno).

W. gehört zu den Pionieren der modernen Biochemie. Insbesondere seine Forschungen auf dem Gebiet pflanzlicher Alkaloide, die zur Strukturaufklärung bzw. Synthese von Cocain und Atropin führten, sowie die Forschungen zur Konstitution des Chlorophylls und seiner Wirkungsweise im pflanzlichen Nahrungs- und Atmungskreislauf waren Themen seiner Münchener Schule. Wegweisend wurden die Arbeiten über Assimilation der Kohlensäure und zur Entwicklung der Methodologie der Enzymforschung.

W., Sohn eines Textilkaufmannes, studierte ab 1890 in München Chemie, unter anderem als Schüler von A. v. Baeyer. Nach der Promotion zum Dr. phil. habilitierte er sich 1896 mit Untersuchungen der Tropingruppe. Einige Jahre wirkte er als Privatdoz. und übernahm 1901/02 als Extraordinarius die Leitung der Organischen Abteilung an der Univ. München. 1905 trat W. eine Professur für Organische und Anorganische Chemie an der Eidgenössischen TH in Zürich an. Die Berufung an das erst 1912 eröffnete Kaiser-Wilhelm-Institut für Chemie in Berlin-Dahlem erfolgte bereits 1911. 1915 kehrte W. nach München zurück und wurde hier als Nachfolger von Baeyer Ordinarius und Dir. des Chemischen Laboratoriums der Bayer. Ak. d. Wiss. Zunehmender Antisemitismus behinderten sein Wirken und veranlaßten 1924 das Rücktrittsgesuch, dem 1925 stattgegeben wurde. Eine Reihe ehrenvoller Berufungen im In- und Ausland lehnte er ab und setzte seine Forschungen über Enzyme als Privatgelehrter fort. Der 1938 drohenden Verhaftung konnte er durch Emigration in die Schweiz entgehen. Judentum war für ihn Geschichte, keine Glaubensangelegenheit; seine Ablehnung des Naziregimes entsprach seiner liberal-humanistischen Grundgesinnung. In der Schweiz führte er seine biochemischen, jedoch auch die seit langem betriebenen kunstwissenschaftlichen Studien fort und schrieb seine Autobiographie.

Bereits in seiner ersten Münchener Zeit gelang W. die Konstitutionsaufklärung von Tropin und in diesem Zusammenhang die erste Synthese von Atropin. 1898 konnte er durch die Synthese des Cocains die Konstitution dieses Alkaloids beweisen. Seine Untersuchungen über die Struktur des Chlorophylls veröffentlichte er 1913 zusammen mit A. STOLL. Er entwickelte Methoden, mit denen durch Alkaliverseifung des Chlorophylls etherlösliche Chlorophyllderivate erzielt werden können. Weiterhin ist der Name W. mit der erfolgreichen chemischen und biochemischen Bearbeitung des Carotinoidgebietes verbunden.

Einen wichtigen Beitrag leistete er bei der Reindarstellung von Enzymen und damit für die Weiterentwicklung der Biokatalyseforschung: Die Spezifik von Lebenserscheinungen bestehe im geregelten Zusammenwirken von enzymatischen, also katalytischen Vorgängen. Mittels der Adsorption durch Tonerdehydrat gelang die Isolierung von Enzymen und deren chromatographische Analyse. Seine Ergebnisse faßte W. in einer »Enzym-Träger-Theorie« (1922) zusammen, wonach ein Enzym-Molekül aus einem kolloiden Träger und einer rein chemisch wirkenden Gruppe bestehe.

Ebenfalls außerordentlich verdienstvoll wirkte W. als Hochschullehrer. Er fand neue Formen der Zusammenarbeit zwischen Wissenschaftlern sowie zwischen Lehrern und Studenten; aus seiner Schule gingen eine Reihe bedeutender Forscher hervor, unter anderem R. KUHN. Die Autobiographie von W. zeigt, daß er sich auch mit Problemen der Hochschulausbildung sowie der Arbeitsatmosphäre beschäftigte; sie enthält außerdem eine Reihe von Hinweisen auf den Denk- und Arbeitsstil bedeutender wissenschaftlicher Zeitgenossen.

Für die erzielten Resultate bei der Erforschung von Pflanzenfarbstoffen, insbesondere des Chlorophylls, wurde W. 1915 der Nobelpreis zuerkannt. Zo

Literatur: Willstätter, R.: Untersuchungen über Chlorophyll (Berlin 1913), Untersuchungen über die Assimilation der Kohlensäure (Berlin 1918), Synthese des natürlichen Cocains, in: Ann. Chem. 422 (1918–1921), 15 und 434 (1918–1921), 111, Untersuchungen über Enzyme (Berlin 1928), Über Aufbau und Abbau des Glykogens durch Leukozyten, in: Z. physiolog. Chem. 247 (1937), 115, Über die erste Phase der Gärung durch Hefe, in: Z. physiolog. Chem. 247 (1937), 269, Über enzymatische Systeme der Zukker-Umwandlung im Muskel, in: Enzymologia VIII (1939/40), 1–63; Autobiografie: Aus meinem Leben. Von Arbeit, Muße und Freunden (Hrsg. und mit einem Nachwort versehen von A. Stoll, Weinheim 1949).

Winkler, Clemens Alexander, Chemiker, geb. 26. 12. 1838 Freiberg, gest. 8. 10. 1904 Dresden.

W. war einer der bedeutendsten anorganischen Chemiker in Deutschland des 19. Jh. Er entdeckte das chemische Element Germanium.

W., Sohn eines kgl.-sächs. Oberhüttenamtsassessors, besuchte 1851–1856 das Gymnasium in Freiberg, die Realschule in Dresden und die Gewerbeschule in Chemnitz; nach einem Praktikum im Blaufarbenwerk Oberschlema studierte er 1857–1859 an der Bergakademie Freiberg. Zunächst war er als Akzenist und dann als Hüttenmeister 1859–1873 in Blaufarbenwerken des Erzgebirges tätig. 1864 promovierte W. an der Univ. Leipzig mit einer Arbeit über die Verbindungen des Siliciums. Ab 1873 war er Prof. für anorganische Chemie an der Bergakademie Freiberg, wo er bis zu seinem Eintritt in den Ruhestand 1902 wirkte.

W.s hauptsächliche Leistungen lagen auf den Gebieten der analytischen und anorganischen Chemie sowie der chemischen Technologie. W. gehörte zu den erfahrensten Analytikern seiner Zeit und machte sich besonders um die Entwicklung der Gasanalyse verdient. So arbeitete er analytische Verfahren zur chemischen Untersuchung von Industriegasen aus. Große Erfahrungen besaß er bei der chemischen Analyse von Mineralen, Erzen und Hüttenprodukten, insbesondere bei der Trennung von Cobalt- und Nickelverbindungen und der Bestimmung der chemischen Zusammensetzung von Silicaten, Uraniummineralen und Meteoriten. W. entwickelte für die chemische Analytik verschiedene Apparate (Aspirator) und Verfahren (Acetatverfahren, Freiberger Aufschluß).

Innerhalb seiner Arbeiten über die verschiedenen chemischen Elemente hat sich W. mit der Entdeckung des Germaniums 1886 die größte Anerkennung erworben. Seine Meisterschaft bei der Handhabung der klassischen chemischen Analyse führten ihn zu der Vermutung, daß in dem in Freiberg entdeckten Mineral Argyrodit ($4\,Ag_2S \cdot GeS_2$) ein neues Element enthalten sei. Er fand ein nichtmetallisches Element, das seinen Eigenschaften nach voll mit dem von D. I. MENDELEJEW 1871 vorhergesagten Eka-Silicium übereinstimmte. Dieses Ergebnis war von größter Tragweite, da auf diese Weise die Leistungsfähigkeit des Gesetzes der Periodizität der Elemente im Sinne von MENDELEJEW eine sichere Bestätigung fand. Mit weiteren Arbeiten leistete W. Beiträge zur Bestimmung der Atommassen von Cobalt und Nickel sowie der reduzierenden Wirkung des Magnesiums. 1904 beschäftigte er sich noch in seiner letzten Publikation mit Fragen der Radioaktivität.

W.s chemisch-technologische Arbeiten behandelten zunächst Probleme von Metallen und Legierungen. Besondere Aufmerksamkeit schenkte W. dem Aluminium, das er 1873 als Münzmetall vorschlug. Weiterhin verwies er auf die stärkere Verwendung von Heizgasen in der Technologie, insbesondere von Wassergas. Auch empfahl er die Gewinnung von Ammoniak aus Koksofengas. Ausgehend von seinen Arbeiten zur Gasanalyse, entwickelte er Methoden zur Anwendung dieser Verfahren in der Industrie. Damit wurden Voraussetzungen für eine kontinuierliche Prozeßüberwachung geschaffen, die eine effektivere Fahrweise chemischer Prozesse in der Industrie ermöglichten. W.s bedeutendste Leistung auf dem Gebiet der technischen Chemie war der Beitrag zur Entwicklung des Schwefelsäurekontaktverfahrens. Dazu erarbeitete er ein technisches Verfahren und löste auch seine technische Realisierung in der Praxis. Es gelang ihm, schweflige Säure in Schwefelsäureanhydrid durch Kontaktwirkung zu überführen und rauchende Schwefelsäure auf eine verbesserte Weise herzustellen. Ausgehend von der Zerlegung niederkonzentrierter Schwefelsäure in Wasserdampf, Schwefeldioxid und Sauerstoff, entfernte W. das Wasser und vereinigte die beiden Gase an einem Platinkontakt (Platinasbest), den er selbst entwickelt hatte. Auch hatte er gefunden, daß bei der Verwendung von Röstgasen in diesem Verfahren Arsentrioxid und andere Verunreinigungen vollständig beseitigt werden müssen, da sie die Platinkontakte vergifteten, und ein Sauerstoffüberschuß gewährleistet sein muß. Mit dem Kontaktverfahren, das vor allem auf der Möglichkeit der Oxidation von Schwefeldioxid durch Katalysation beruhte, wurde das Bleikammerverfahren in seiner Bedeutung zurückgedrängt. Darüber hinaus gelang es, durch die Verwendung von Röstgasen zur Schwefelsäureproduktion die durch Hüttenrauch verursachten Vegetationsschäden zu mindern. Gu

Literatur: Winkler, C. A.: Lehrb. der technischen Gasanalyse (Freiberg 1885, 6. Aufl. 1927), Praktische Übungen in der Maßanalyse (Freiberg 1888, 5. Aufl. 1920).

Sorms, B.: Das Verhältnis von Wissenschaft und Praxis für den Erkenntnisfortschritt in der Chemie, dargestellt am Leben und Wirken Clemens Winklers (Diss. A, Bergakad. Freiberg 1974); Winkler, H. C. A., A. Lissner, A. Lange, R. Prokop: Clemens Winkler. Gedenkschr. zur 50. Wiederkehr seines Todestages (Freib. Forsch. D 8, Berlin 1954).

Winkler, Johann Heinrich, Physiker und Philosoph, geb. 12. 3. 1703 Wingendorf (Oberlausitz), gest. 18. 5. 1770 Leipzig.

W. gehört zu den bedeutenden Erforschern der Reibungselektrizität, er verbesserte die Elektrisiermaschine und wurde durch seine Schauversuche mit Leidener Flaschen bekannt.

W., Sohn eines Müllers, wurde durch die Mutter im Lesen und Schreiben unterrichtet, absolvierte das Lyzeum in Lauban (Luban) und studierte in Leipzig Theologie. Ab 1731 war er als Lehrer an der Leipziger Thomasschule tätig. 1739 wurde er zum ao. Prof. der Philosophie an die Univ. Leipzig berufen. 1741 übernahm er dort eine ordentliche Professur für lat. und griech. Sprache; 1750 erhielt er die Professur für Physik. 1747 und weitere siebenmal wählte man ihn zum Rektor der Univ. Leipzig. 1747 ernannte ihn die Royal Society zu ihrem Mitgl.

W. zählte mit dem Mathematiker C. A. HAUSEN und dem Mathematiker und Physiker G. M. BOSE zu den Wegbereitern der Elektrizitätsforschung in Deutschland. Ihr Wirkungskreis war im wesentlichen die Univ. Leipzig. Nachdem schon HAUSEN und BOSE die Elektrisiermaschine von F. HAUKSBEE verbessert hatten, vervollkommnete W. diese zusammen mit einem Drechsler durch einen Tretmechanismus und ein Roßhaarkissen als Reibzeug. Er benutzte als elektrische Ladungsträger statt einer Kugel einen Glaszylinder. Nach der Erfindung der Leidener Flasche, Vorform des elektrischen Kondensators, durch P. MUSSCHENBROEK erfand er dann einen Entlader, der die Funkenentladung ohne die schmerzhafte Wirkung auf den menschlichen Körper ermöglichte. Mit von ihm zusammengeschalteten Batterien Leidener Flaschen führte er Schauversuche durch, bei denen Funken erzeugt wurden, die über 200 m sichtbar waren. Er versuchte auch die Ausbreitungsgeschwindigkeit der Elektrizität in einer kreisförmigen Leitung zu messen, mit dem Resultat, daß sie offenbar unmeßbar groß sei. Unabhängig von B. FRANKLIN erklärte er, daß der Unterschied zwischen dem Blitz und dem elektrischen Funken lediglich in der Stärke der Elektrizität bestehe. Viele berühmte Personen, darunter J. W. v. GOETHE, nahmen an seinen elektrischen Versuchen teil, die zu jener Zeit auch als attraktive Belustigung angesehen wurden. Mit seinen Veröffentlichungen trug er zum Aufschwung der Elektrizitätsforschung im 18. Jh. bei.

W. war ein sehr vielseitiger Mann, der auch eine Zeit lang Bürgermeister von Leipzig war. Er verfaßte unter anderem für J. S. BACH Texte für Kantaten und war ein Anhänger der rationalistischen Philosophie der Aufklärung von C. WOLFF. Sohi

Literatur: Winkler, J. H.: Über die Stärke der elektrischen Kraft in gläsernen Gefäßen, welche durch den Musschenbroekschen Versuch bekannt geworden (Leipzig 1746).
Fraunberger, F.: Vom Kompaß zum Elektron (Köln 1970).

Winogradow (Vinogradov), Iwan Matwejewitsch, Mathematiker, geb. 2. (14.) 9. 1891 Miloljub bei Welikije Luki, gest. 20. 3. 1983 Moskau.

W. war einer der hervorragendsten Vertreter der analytischen Zahlentheorie im 20. Jh., der eine einflußreiche Schule begründete.

W., Sohn eines Dorfgeistlichen und einer Lehrerin, absolvierte 1914 die Physikalisch-mathematische Fakultät der Univ. St. Petersburg (Leningrad); bis 1918 folgten weitere Jahre der Vorbereitung auf eine Laufbahn als Hochschullehrer. 1918–1920 war W. Doz. und Prof. an der Univ. Perm; seit 1920 wirkte er in Petrograd (Leningrad) als Prof. am Polytechnischen Institut und an der Univ. 1929 wurde W. zum ordentlichen Mitgl. der Ak. d. Wiss. der UdSSR gewählt. Zusammen mit S. I. WAWILOW arbeitete er die Pläne zur Reorganisation des Physikalisch-mathematischen Instituts der Akademie aus. 1934–1983 stand W. dem Mathematischen Institut »W. A. Steklow« der Akademie als Dir.

C. A. Winkler

I. M. Winogradow

vor. Seit 1950 bis zum Lebensende war er Chefredakteur der Ztschr. »Iswestija Akademii nauk SSSR. Serija matematitscheskaja«.

Als Mathematiker formte sich W. unter dem Einfluß von J. W. USPENSKIJ und A. A. MARKOW, die durch zahlen- und wahrscheinlichkeitstheoretische Arbeiten bekannt waren. W. beschäftigte sich anfangs mit der Verteilung der quadratischen Reste und Nichtreste, im weiteren mit Gitterpunkt-Problemen, Problemen der additiven Zahlentheorie und Primzahlproblemen. Er verfeinerte entscheidend die Abschätzung der trigonometrischen oder Exponentialsummen. Seine hervorragenden Ergebnisse machten ihn schon Mitte der 20er Jahre weltweit bekannt; 1937 bewies W., daß jede hinreichend große natürliche Zahl Summe von drei Primzahlen ist (Beweis einer Vermutung von CH. GOLDBACH). W. verfaßte über 150 Originalarbeiten und war Mitgl. von mehr als 20 Akademien und wissenschaftlichen Gesellschaften.

Neu

Literatur: Vinogradov, I. M.: Izbrannye trudy (Moskau 1952), Osnowy teorii čisel (Moskau–Leningrad 1936, 9. Aufl. Moskau 1981), dtsch Elemente der Zahlentheorie (Berlin–München 1955), Metod trigonometričeskih summ v teorii čisel (Moskau 1971, 2. Aufl. 1980).

Wislicenus, Johannes, Chemiker, geb. 24. 6. 1835 Kleineichstädt bei Querfurt, gest. 5. 12. 1902 Leipzig.

W. hat vor allem die Lehre vom räumlichen Bau organisch-chemischer Moleküle mitbegründet und ausgebaut, insbesondere durch Untersuchungen ungesättigter Verbindungen sowie solcher mit asymmetrischen C-Atomen. In der Camphergruppe gelangen ihm Synthesen von 5-Ringverbindungen, deren Isomerieverhältnisse er ebenfalls aufklärte.

Als Sohn des Pfarrers GUSTAV ADOLF W., der, 1846 wegen Freigeistigkeit in Halle seines Amtes enthoben, 1853 nach Nordamerika fliehen mußte, hat W. die Realschule der Franckeschen Stiftungen besucht und 1852 ein Studium der Naturwissenschaften/Chemie an der Halleschen Univ. begonnen. Er setzte es – nachdem 1853 die ganze Familie nach Amerika übersiedelt war – in Boston fort. 1856 nach Europa zurückgekehrt, vollendete er seine Studien in Zürich und Halle, wo er Assistent von W. HEINTZ wurde. Da seine Habilitation in Halle mit der Auflage verbunden war, sich jeder öffentlichen politischen Tätigkeit zu enthalten, habilitierte er sich 1860 an der Univ. Zürich. 1861 wurde er Prof. an der dortigen Kantonsschule, 1864 ao., 1867 o. Prof. an der Univ. Zürich sowie Dir. des chemischen Laboratoriums. 1870 wurde er außerdem als Prof. für Chemie ans Eidgenössische Polytechnikum berufen, als dessen Dir. er 1871 ernannt wurde. 1872 folgte er einer Berufung an die Univ. Würzburg, wo durch den Tod von A. STRECKER der Lehrstuhl für Chemie freigeworden war. Hier wirkte W. bis zur Berufung nach Leipzig 1885 als Nachfolger von

H. KOLBE. Sowohl in Würzburg als in Leipzig bekleidete er mehrmals das Amt des »rector magnificus«.

W. war ein brillanter Redner, und sein Umgang mit den Studenten in Hörsaal und Labor wird als beispielhaft geschildert.

Nach einer Gemeinschaftsarbeit mit dem Physiologen A. FRICK 1856 über die Entstehung der Muskelkraft, in der sie nachwiesen, daß Kohlenhydrate und Fette, nicht aber Eiweiße die notwendige Energie für körperliche Leistung liefern, untersuchte W. die Milchsäure (1873). Er bewies, daß Gärungs- und Fleischmilchsäure trotz unterschiedlicher Eigenschaften strukturidentisch sind und gab als Grund eine verschiedenartige räumliche Lagerung ihrer Elementaratome an. Ein Jahr vor J. H. VAN'T HOFF und A. LE BEL vermutete er damit eine räumliche Gerichtetheit der Valenzen des C-Atoms, wie sie VAN'T HOFF dann 1874 mit seinem Tetraedermodell zum Ausdruck brachte. Gegen den Widerstand einiger Chemiker, insbesondere von KOLBE, half W. den neuen strukturchemischen Vorstellungen zum Durchbruch, nicht zuletzt durch die 1888 geglückte Strukturaufklärung von Malein- und Fumarsäure, deren Isomerie von A. v. BAEYER als cis-trans-Isomerie bezeichnet wurde. Bei seinen Untersuchungen auf dem Gebiet der Campher entdeckte W. unter anderem eine Synthesemethode für 5-Ringe, die (Pinacon)-Reduktion von 1,5-Diketonen.

W. gab mehrere neubearbeitete Auflagen des Lehrb. von REGNAULT-STRECKER heraus, das durch erstmalige zusammenhängende Begründung der neuen Erkenntnisse der Chemie des 19. Jh. (verschärfter Atom-Molekül-Begriff S. CANNIZZAROS, Strukturtheorie, Raumchemie u. a.) eigentlich ein neues Werk darstellte. St

Literatur: Wislicenus, J.: Theorie der gemischten Typen (Berlin 1859), Die räumliche Anordnung der Atome in organischen Molekülen und ihre Bestimmung in geometrisch-isomeren ungesättigten Verbindungen (Leipzig 1889), Die Umsetzung stereoisomerer ungesättigter organischer Verbindungen bei höherer Temperatur (Leipzig 1890), Neubearb. von Regnault-Streckers Lehrb. der Chemie, 2 Bde. (Braunschweig 1874/79).

Beckmann, E.: Johannes Wislicenus, in: Ber. Dtsch. Chem. Ges. 37 (1904), 4861–4946; Strube, I.: Johannes Wislicenus, in: Bedeutende Gelehrte in Leipzig, Bd. II, S. 37–49 (Leipzig 1965).

Witelo (Vitello, Vitellio), Physiker und Philosoph, geb. um 1230 Polen, gest. nach 1275.

W. ist der Verfasser eines der ersten zusammenfassenden Werke über Naturwissenschaft im europ. Mittelalter.

Zur Lebensgeschichte von W. finden sich nur vereinzelte Angaben, meist in seinen Werken. Demnach nennt er Polen sein Heimatland, kannte Breslau (Wrocław) und Umgebung näher und bezeichnete sich als Sohn Thüringens und Polens. Aus der Beschreibung eines nächtlichen Streites läßt sich schließen, daß er sich 1253 in Paris aufhielt und dort studierte. Das Titelblatt eines seiner Werke nennt ihn Student des Kirchenrechts in Padua. Vor 1270 weilte er am päpstlichen Hof in Viterbo, wo er in Kontakt mit W. v. MOERBEKE kam, auf dessen 1269 fertiggestellte Übersetzung von HERONS »Optics« sich W. in seiner »Perspectiva« bezieht.

W.s Hauptwerk »Perspectiva« umfaßt die Kenntnisse über Optik im damaligen Sinne, d. h. sowohl über geometrische Optik als auch über physiologische, psychologische und naturphilosophische Probleme des Lichtes und des Sehens. Unter dem Einfluß der islamischen Wissenschaft folgte W. in seiner Darstellung dem Werk von IBN AL-HAITHAM. Auch die klassischen Quellen, z. B. EUKLID, PTOLEMAIOS, HERON, wurden benutzt. W. gab wie IBN AL HAITHAM ein Gerät zur Messung der Lichtbrechung an und beschrieb das Phänomen bis auf die Totalreflexion qualitativ richtig, die tabellierten Ergebnisse sind jedoch von PTOLEMAIOS übernommen und mit Hilfe einer geometrischen Reihe für weitere Winkelbereiche unzulässig extrapoliert. Mit IBN AL HAITHAM, aber im Gegensatz zu anderen lateinischen Autoren, bestritt W. die Auffassung von den Sehstrahlen, die vom Auge zum betrachteten Objekt ausgehen sollten, und meinte, die Körper strahlten nicht nur das Licht, sondern alle ihre Wirkungen auf die Umgebung aus. Teile davon gelangten ins Auge, dessen Linse er für das eigentliche Sehorgan hielt. Die Untersuchungen zur Physiologie und Psychologie des Sehens schließen sich an W.s philosophische Schriften an, in denen Probleme der optischen Perzeption und optischer Täuschungen in Erörterungen theologischer Fragen einbezogen sind. Mit ihrer umfassenden, auch mathematisch angelegten Behandlung der geometrischen Optik wurde die »Perspectiva« zu einem grundlegenden Werk der europ. naturwissenschaftlichen Literatur, das erst im 17. Jh. überholt wurde und an das z. B. noch J. KEPLER anknüpfte. Do

Literatur: Witelo: Perspectiva (Nürnberg 1535), zusammen mit Ibn al-Haithams Optics hrsg. von F. Rissner unter dem Titel Opticae thesaurus (Basel 1572), facs. Nachdruck (New York 1972), engl. Übersetzung des 1. Buches: Book I of Witelo's Perspectiva, in: Studia Copernicana Bd. XV (Wrocław, Warschau 1977), De primaria causa paenitentia et de natura demonum (Über die Grundursache der Sühne und über die Natur der Dämonen), in: E. Paschetto, Demoni e prodigi (Torino 1978), J. Burchardt: List Witelona do Ludwika we Lwówku Slaskim, in: Studia Copernicane Bd. XIX (Wrocław, Warschau 1979).

Baeumker, C.: Witelo, ein Philosoph und Naturforscher des XIII. Jh. (Münster 1908); Birkenmajer, A.: Études sur Witelo, Sammelausg. in: Études d'histoire des sciences en Pologne, in: Studia Copernicana Bd. IV (Wrocław, Warschau 1972), Crombie, A. C.: From Augustin to Galilei (London 1952), dtsch Von Augustin bis Galilei (Köln 1964).

Witt, Otto Nikolaus, Chemiker und Chemietechnologe, geb. 31. 3. 1853 St. Petersburg (Leningrad), gest. 22. 3. 1915 Berlin.

W. schuf als Farbstoffchemiker die erste fruchtbare Farbstofftheorie der organischen Chemie.

W. war Sohn eines Petersburger Hochschulprof., Ministerialbeamten und Fabrikanten deutscher Abstammung. Die Familie übersiedelte bereits 1864 nach München. Nach dem Besuch deutscher und Schweizer Gymnasien und einer Industrieschule studierte W. 1871–1873 an der chemischen Abteilung des Polytechnikums Zürich, unter anderem Technologie bei E. KOPP. 1875 promovierte er über ein organisch-chemisches Thema, inzwischen bereits in der Industrie tätig. 1875–1885 bekleidete er nacheinander Stellungen in Farbenfabriken in Brentford bei London, Frankfurt/Main und Mannheim und übte zwischenzeitlich eine Lehrtätigkeit an der Chemieschule Mülhausen (Elsaß) aus. Ab 1885 verlief W.s weitere berufliche Entwicklung an der TH Berlin, wo er sich 1886 habilitierte, 1888 einen Lehrauftrag für Textilchemie und Färberei erhielt und 1891 zum o. Prof. und Dir. des Technisch-chemischen Instituts ernannt wurde.

Besondere Verdienste erwarb sich W. als Farbstoffchemiker und -technologe; von seinen etwa 165 Publikationen und Patenten befassen sich allein etwa 105 mit diesen Gebieten. Er entwickelte eine Reihe verbesserter Azofarbstoffe (z. B. Chrysoidin, Toluylenblau, die Tropäoline und Eurhodine) bzw. Farbstoffzwischenprodukte (Naphtholsulfonsäure, Indophenol u. a.) und überführte sie in industrielle Nutzung. Seine 1876 (im Alter von 23 Jahren) veröffentlichte Chromophor-Auxochrom-Konzeption war die erste Farbstofftheorie der organischen Chemie; ungeachtet ihres qualitativen Charakters hatte sie großen heuristischen Wert für die Entwicklung der deutschen Teerfarbenindustrie. Das unter W.s Leitung neuerbaute Technisch-chemische

Laboratorium der Kgl. TH Berlin-Charlottenburg war eines der ersten seiner Art in Deutschland und für die damalige Zeit sehr zweckmäßig und modern eingerichtet. Auch als Patentsachverständiger sowie als Herausgeber, z. B. der Fachzeitschrift »Die Chemische Industrie« und der populärwissenschaftlichen Zeitschrift »Prometheus«, hat W. sich einen Namen gemacht. Im »Handb. der chemischen Technologie« bearbeitete er den Abschnitt »Chemische Technologie der Gespinstfasern«.

W. galt als kenntnisreicher, sprach- und weltgewandter Fachmann; in dieser Eigenschaft war er wiederholt als offizieller Vertreter des Deutschen Reiches sowie als Jurymitgl. auf Weltausstellungen tätig. Ge

Literatur: Witt, O. N.: Zur Kenntnis des Baus und der Bildung färbender Kohlenstoffverbindungen, in: Ber. Dtsch. Chem. Ges. 9 (1876), 522–527, Die deutsche chemische Industrie und ihre Beziehungen zum Patentwesen (Berlin 1893), Über die Ausbildung der Chemiker für die Technik, in: Chem.-Ztg. (1914), 509/510 u. 538–540.

d'Ans, J.: Zum 100. Geburtstag von Otto Nikolaus Witt, *31.3.1853, †22.3.1915, in: Chem.-Ztg. (1953), 279–281; Noelting, E.: Otto Nikolaus Witt 1853–1915, in: Ber. Dtsch. Chem. Ges. 49 (1916), 1751–1832.

O. N. Witt

F. Wöhler

Wittig, Georg, Chemiker, geb. 16. 6. 1897 Berlin, gest. 26. 8. 1987 Heidelberg.

W. hat mit seinen Arbeiten zur Chemie der metallorganischen Verbindungen maßgeblich zur Weiterentwicklung dieses Gebietes der organischen Chemie beigetragen. Durch die 1954 von ihm aufgefundene und später nach ihm benannte Umsetzung von Triphenylphosphinalkylenen mit Aldehyden oder Ketonen (WITTIG-Reaktion) wurden unter milden Reaktionsbedingungen substituierte Olefine mit genau definierter Lage der Doppelbindung zugänglich, was für die Laborsynthese von Naturstoffen neue Möglichkeiten eröffnete.

W., Sohn eines Prof. der Kasseler Kunstgewerbeschule, begann nach dem Abitur 1916 in Tübingen Chemie zu studieren. Nach dem ersten Semester mußte er das Studium wegen der Einberufung zum Kriegsdienst unterbrechen und konnte es erst nach der Rückkehr aus der Kriegsgefangenschaft bei K. F. v. AUWERS in Marburg fortsetzen. Dort wurde er nach der Promotion (1923) Unterrichtsassistent im anorganisch-chemischen Praktikum. 1926 habilitierte sich W., 1932 erhielt er eine außerplanmäßige Professur an der TH Braunschweig, 1937 wurde er Extraordinarius bei H. STAUDINGER in Freiburg. Von 1944 bis 1956 hatte W. das Ordinariat für Chemie in Tübingen inne, und von 1956 bis zur Emeritierung 1967 war er Ordinarius und Institutsdir. in Heidelberg. Auch nach der Emeritierung widmete er sich aktiv der Forschung und publizierte zahlreiche Arbeiten.

W. begann seine erfolgreiche Laufbahn als Chemiker mit Untersuchungen über freie Radikale. 1930 fand er eine einfache Darstellungsmethode für Phenyllithium und ermöglichte dadurch den breiten Einsatz dieser Verbindung als Phenylierungsreagens. 1942 entdeckte W. die Umlagerung von Benzylalkylethern zu α-Alkylbenzylalkoholen bei Anwesenheit von lithiumorganischen Verbindungen, 1954 die o. a. WITTIG-Reaktion, die nach folgendem allgemeinem Schema abläuft:

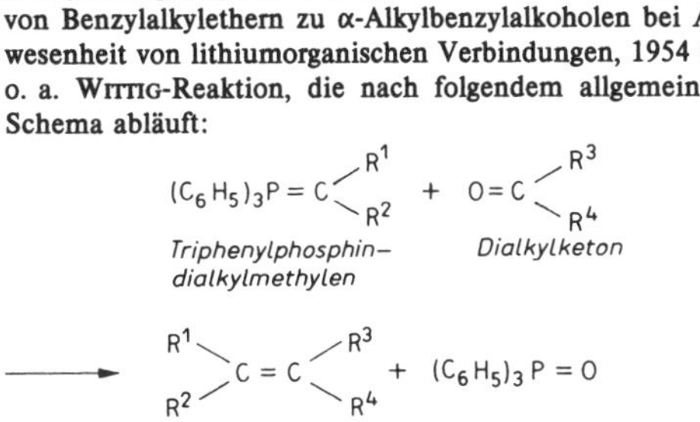

Mittels der WITTIG-Reaktion konnten zahlreiche Naturstoffe, z. B. Vitamin A und andere Carotinoide, Vitamin D, verschiedene Steroide und Squalen, synthetisiert werden. Von W. selbst sind zahlreiche Untersuchungen zum Mechanismus dieser Reaktion durchgeführt und die Bezeichnungen Ylid und Ylen eingeführt worden. Ylide sind Verbindungen, die eine negativ geladene CH_2-Gruppe enthalten, Ylene haben als Charakteristikum eine doppelt gebundene Alkylengruppierung. W. gelang erstmalig die Darstellung von sechsfach koordinierten organischen Metallkomplexen, die von ihm selbst als at-Komplexe bezeichnet worden sind. Ein solcher Komplex, das Natriumtetraphenylborat (Kalignost), hat als Reagens zur quantitativen Kaliumbestimmung praktische Bedeutung erlangt. Von den weiteren Arbeiten sollen noch die Entdeckung des Dehydrobenzens und die Untersuchungen zum Mechanismus der Aldolkondensation genannt werden.

Für seine »Beiträge zur präparativen Chemie« erhielt W. 1979 gemeinsam mit H. C. BROWN den Nobelpreis für Chemie. Re

Literatur: Wittig, G.: Stereochemie (Leipzig 1930), (mit U. Schöllkopf): Über Triphenyl-phosphinmethylene als olefinbildende Reagenzien (I. Mitt.), in: Chem. Ber. 87 (1954), 1318–1330, (mit W. Haag): Über Triphenyl-phosphinmethylene als olefinbildende Reagenzien (II. Mitt.), in: Chem. Ber. 88 (1955), 1654–1666, Ursprung und Entwicklung in der Chemie der Phosphin-alkylene, in: Angew. Chem. 68 (1956), 505–508.

Schöllkopf, U.: Georg Wittig *1897, in: Chem. i. u. Zeit 1 (1967), 158–161; Vedejs, E.: Fortune Favors the Prepared Mind, in: Science 207 (1980), 42–44.

Wöhler, Friedrich, Chemiker, geb. 31. 7. 1800 Eschersheim bei Frankfurt am Main, gest. 23. 9. 1882 Göttingen.

W. gehört zu den Begründern der klassischen Chemie, deren Entwicklung er durch zahlreiche praktische Ergebnisse auf anorganisch- und organisch-chemischem Gebiete und grundlegende theoretische Arbeiten tiefgreifend beeinflußte. Viele seiner Arbeitsergebnisse erlangten Bedeutung für die chemische Industrie.

W., Sohn eines wohlhabenden Landwirtes, studierte in Marburg und Heidelberg Humanmedizin. Nach der Promotion erhielt er bei J. J. BERZELIUS in Stockholm 1823/24 noch eine Ausbildung als Chemiker. Mit BERZELIUS verband ihn seitdem eine lebenslange Freundschaft. Von 1825 bis 1831 unterrichtete W. an der neu gegründeten Gewerbeschule (Vorläufer der TH) in Berlin Chemie und wurde dort 1828 zum Prof. ernannt. Aus dem Berliner Laboratorium W.s gingen bereits einige bekannte wissenschaftliche Leistungen hervor. 1831 siedelte er nach Kassel über und war an der staatlichen Gewerbeschule dieser Stadt tätig, bis er 1836 als Nachfolger von F. STROMEYER nach Göttingen berufen wurde. Damit erfüllte sich sein Wunsch, an einer Univ. arbeiten und forschen zu können, zumal ihm hier ein bereits gut ausgestattetes Laboratorium zur Verfügung stand. In der Göttinger Zeit begründete W. seinen Ruhm als Hochschullehrer und hatte zahlreiche Schüler, darunter H. Kolbe, R. Fittig und F. Beilstein. Zugleich leistete er eine umfangreiche und verdienstvolle literarische Arbeit, z. B. seine Grundrisse der organischen und anorganischen Chemie, die Beteiligung an J. v. Liebigs Jahresbericht sowie die Übersetzung und Herausgabe der Jahresberichte von Berzelius.

An den gesellschaftlichen und geistigen Bewegungen seiner Zeit nahm W. regen Anteil. Er begrüßte die Wirkungen der 48er Revolution und wandte sich gegen Bismarcksche Annexionspolitik. Wie die meisten deutschen Chemiker war W. Gegner der idealistischen deutschen Naturphilosophie, die er einseitig vom Standpunkt der empirischen Naturforschung aus negierte.

Sein erstes großes Arbeitsgebiet aus der Zeit bei Berzelius waren die Cyansäure, ihre Verbindungen und Isomere. Damit gelangte W. bereits zu Erkenntnissen, die gegen die dualistische Auffassung der chemischen Konstitution (Struktur) gerichtet waren, ohne jene zu diesem Zeitpunkt theoretisch auszuarbeiten. In dieser Hinsicht waren seine Neigungen ohnehin geringer als die seines großen Freundes Liebig. Da Liebig zur gleichen Zeit ähnliche Arbeiten durchführte, entstand mit diesem aber ein Gedankenaustausch, der sich zu einem lebenslangen wissenschaftlichen Briefwechsel entwickelte. Ein praktisches Ergebnis jener Arbeiten war 1824 die Synthese der Oxalsäure (Ethandisäure) aus anorganischen Ausgangsstoffen im Gegensatz zum Vorgehen von C. W. Scheele, der das gleiche Produkt aus Zucker erhalten hatte. Die Gewinnung organischer Substanzen aus anorganischen Materialien hatte erkenntnistheoretisch besondere Bedeutung. Dies galt für die berühmte Harnstoffsynthese, zu der W. 1828 durch Umlagerung von Ammoniumcyanat gelangte. Für die Entwicklung der Chemie lag die Bedeutung dieser Arbeiten weniger in der Überwindung vitalistischer Ansichten, obwohl sie dazu beitrug. Vielmehr unterstützten sie die Auffassungen Berzelius' über die Isomerie und bereicherten damit die theoretischen Vorstellungen über die chemische Konstitution (Struktur). Nach Liebigs Ansicht war die Entdeckung der Traubensäure (2,3-Dihydroxy-butandisäure) durch Berzelius und die künstliche Herstellung des Harnstoffs (Kohlensäurediamid) der Beginn der wissenschaftlichen organischen Chemie. Aus W.s Berliner Zeit ist noch die Gewinnung von Aluminium (Metallflitter, 1827) und Phosphor aus Phosphaten (1829) zu nennen. W. isolierte außerdem Beryllium sowie Silicium und Bor als kristalline Modifikation.

Theoretisch bedeutsam war W.s gemeinsame Arbeit mit Liebig (»Untersuchungen über das Radikal der Benzoesäure«, 1832), durch die besonders die Radikaltheorie fundiert wurde. Damit griffen die beiden Chemiker in den wissenschaftlichen Streit um die dualistische bzw. unitarische Auffassung der chemischen Konstitution (Struktur) ein. Sie neigten aufgrund langjähriger Beobachtungen unitarischen Auffassungen zu, bewahrten aber als Freunde und Schüler von Berzelius auch Elemente der dualistischen Vorstellung, bis sie sich endgültig von diesen lösten und mit Berzelius überwarfen. Gemeinsam mit der Substitutionstheorie gehörte die Radikaltheorie zu den Vorläufern der Typen- und Strukturtheorie. Die von Liebig und W. unter anderem angeregte Untersuchung chemischer Radikale war für längere Zeit ein bedeutsamer, den Fortschritt der Chemie fördernder Arbeitsgegenstand.

In bezug auf Arbeitsergebnisse, die z. T. erst viel später praktische Bedeutung erlangten, ist auf Siliciumverbindungen (Siliciumcarbid, Silane) und auf die Gewinnung von Ethin aus Calciumcarbid (1863) zu verweisen. We

Literatur: Wöhler, F.: Grundriß der anorganischen Chemie (15. Aufl. Leipzig 1873), Grundriß der organischen Chemie (10. Aufl. Leipzig 1877), Untersuchungen über das Aluminium, in: Pogg. Ann. XI (1827), (mit J. v. Liebig): Zur Kenntnis des Aluminiums in: Ann. Chem. Phys. 53 (1845), Untersuchungen über Radical der Benzoesäure, in: Ann. Pharm. III (1832), Bildung von Acetylen durch Kohlenstoffcalcium, in: Liebigs Ann. Chem. 124 (1862).

Heinig, K.: F. Wöhler, sein Leben und Werk, in: Mitt.-Bl. Chem. Ges. DDR, 9 (1962); Hofmann, A. W. v.: Aus J. Liebigs und F. Wöhlers Briefwechsel in den Jahren 1829–1873 (Braunschweig 1888, gekürzte Ausg. von R. Schwarz, Weinheim 1958), Zur Erinnerung an Friedrich Wöhler (Berlin 1883), in: Ber. Dtsch. Chem. Ges. 15 (1882); Wallach, O.: Briefwechsel zwischen J. Berzelius und F. Wöhler, 2 Bde. (Leipzig 1901).

Wolff, Caspar Friedrich, Mediziner und Naturforscher, geb. 18. 1. 1734 Berlin, gest. 22. 2. 1794 St. Petersburg (Leningrad).

Aufgrund mikroskopischer Untersuchungen der tierischen und pflanzlichen Keimesentwicklung kam W. zur Ablehnung der Präformationstheorie, der er seine »Theorie von der Epigenesis« entgegenstellte, wonach die Individualentwicklung eine Folge von Neubildungen darstellt.

W., Sohn eines Schneidermeisters, besuchte ab 1753 einen anatomischen Kurs bei J. F. Meckel d. Ä. am Berliner Collegium medico-chirurgicum und studierte ab 1755 an der Univ. Halle Medizin, wo noch die antimechanistischen Lehrinhalte von G. E. Stahl lebendig waren. Mit seiner Dissertation »Theoria generationis«, in der er die herrschende Präformationstheorie scharfer Kritik unterzog, wurde W. 1795 zum Dr. med. promoviert; entgegen den damaligen akademischen Gepflogenheiten blieb ein »Doktorvater« unbekannt, so daß die revolutionierende Schrift W. allein zuzuschreiben ist. 1761 wurde W. als Arzt an das Feldlazarett nach Breslau (Wrocław) berufen und von Ch. A. Cothenius, dem obersten Feldarzt, mit der Ausbildung junger Ärzte betraut. Erfolgreich hielt er Vorlesungen über Anatomie, wobei C. L. Mursinna sein Assistent und Freund wurde. Nach Beendigung des Siebenjährigen Krieges (1763) und Auflösung der Lazarette bemühte sich W. vergeblich um eine Stellung am Collegium medico-chirurgicum in Berlin. Durch Vermittlung von Cothenius erhielt er die Erlaubnis zur Ankündigung privater Vorlesungen, zu deren Unterstützung er 1764 die »Theorie von der Generation« in deutscher Sprache und erweiterter Form drucken ließ. Die Vorlesungen waren durch den lebhaften Vortrag W.s und die neuen Ideen gut besucht, was die Intrigen der Fachkollegen verstärkte und seine Forschungsarbeiten, die in der väterlichen Wohnung durchgeführt werden mußten, zunehmend erschwerte. So folgte W. 1767 einem Ruf an die St. Petersburger Ak. d. Wiss. und wirkte dort als Prof. für Anatomie und Physiologie in vielseitiger Weise, veröffentlichte weitere Beweise für seine Theorie der Epigenesis, untersuchte die Sammlung von Mißbildungen im Anatomischen Kabinett der Akademie und entwickelte in den letzten Lebensjahren der Zeit weit vorausgreifende Gedanken über Variabilität und Vererbung, die das Dogma von der Konstanz der Arten und ihrer Erschaffung in Frage stellten, jedoch erst aus den nachgelassenen Manuskripten bekannt wurden.

W. ging in seinen ersten Arbeiten (1759–1764) von vergleichend-mikroskopischen Beobachtungen an jungen Pflanzensprossen aus, verfolgte die Entwicklung von Blatt- und Blütenknospen und stellte fest, daß sie zunächst nur aus einer »klaren, homogenen, glasigen Substanz« oder aus einfachen »Bläschen« (Zellen) bestehen und alle späteren Gewebestrukturen oder Gefäße sich erst nach und nach ausbilden. Er beobachtete an Kohl- und Kastaniensprossen den Vegetationspunkt und untersuchte die Blütenbildung an Sonnenblumen und Schmetterlingsblütlern. Daraus entstand seine Ansicht, daß die Entwicklung der Blüte und der Blütenorgane aus der Umwandlung von Blattanlagen durch geringere Nahrungszufuhr zu erklären sei, was er später (1768) in dem Sinne formulierte, daß alle Teile der Pflanzen nichts als Modifikationen des Blattes seien, also ähnliche Vorstellungen entwickelte, wie sie J.W.v.GOETHE in seiner Metamorphosenlehre konzipierte. Den Wachstumsprozeß erklärte W. durch die den Ernährungsprozeß regelnden Faktoren: die Aufnahme und Verteilung von Flüssigkeiten und deren Speicherung und Erstarrung durch Verdunsten des Wasseranteils. Diese Prozesse werden durch »Kräfte« gewährleistet, die W. als »wesentliche Kraft« (vis essentialis) bezeichnete und die er später (1789) den physikalischen »Kräften« der Anziehung und Abstoßung gleichsetzte. Aus den gleichen Faktoren erklärte er dann auch die Embryobildung bei Tieren, die er im Anschluß an die Pflanzen untersuchte. W. untersuchte bebrütete Hühnereier, das klassische Objekt für embryologische Studien, begann aber früher als seine Vorgänger (ARISTOTELES, W. HARVEY, M. MALPIGHI), beobachtete den Keimfleck schon vor der Bebrütung. Da er weder Herz noch Gefäße oder andere Organe, sondern nur einfache »Kügelchen« sah, aus denen sich erst in späterem Stadium das Herz und die Anlage der Extremitäten und inneren Organe bildeten, war er von der Falschheit der Präformationstheorie fest überzeugt. Er entwickelte analog zum Pflanzenwachstum auch für die Embryobildung der Tiere eine neue »Theorie der Generation«, die besagte, daß sich aus homogenen Anfängen erst allmählich die Organe herausbilden, indem mit Hilfe der »wesentlichen Kraft« die Nährsubstanz aus dem Ei in die Keimscheibe übergeht und durch die »Erstarrungsfähigkeit« die Organe bildet. Dabei entdeckte er die »Urniere« (corpora Wolffii) und den Urnierengang (ductus Wolffii), allerdings ohne ihre nur auf das Embryonalstadium beschränkte Funktion zu erkennen. Letztlich interpretierte W. die Organbildung als »Ausscheidungsvorgang« im Zuge eines Ernährungsprozesses. Wenn auch die Erklärung der Entwicklungsvorgänge nicht stichhaltig war, so lag doch der Idee der »Epigenese« eine dynamische Auffassung vom Organismus zugrunde, die fruchtbare Ansätze für neue biologische Erkenntnisse bot, wie sie dann durch J. F. BLUMENBACH, CH. H. PANDER oder K. E. v. BAER gewonnen wurden. In seiner späteren sehr exakten und weniger durch Hypothesen belasteten Arbeit über die »Bildung des Darmkanals« (1768/69) verglich W. die embryonalen Gewebeschichten in Analogie zu den Pflanzen mit »Blättern«, woraus PANDER den Begriff des »Keimblattes« und BAER seine Keimblättertheorie ableitete, die noch am Ende des 19. Jh. Zoologen wie R. und O. HERTWIG beschäftigte. Zunächst fand W.s Theorie der Epigenese im 18. Jh. auch ernste Gegner, wie A. v. HALLER oder L. SPALLANZANI, die an der Präformationstheorie festhielten.

In St. Petersburg (Leningrad) ergab sich für W. bald ein neuer Schwerpunkt anatomischer Studien in der reichhaltigen Sammlung von Mißbildungen, die ihn zum Zweifel an dem Schöpfungsmythos und an der Konstanz der Arten führten, z. B. die erbliche Sechsfingrigkeit bei Menschen. W. entwickelte Gedanken über die Ursachen von Vererbung und Veränderungen, unterschied erbliche und nichterbliche Varietäten und vermutete eine bestimmte materielle Erbsubstanz, die er »Materia qualificata« nannte. Diese Ideen im Manuskript »Objecta meditationum pro theoria monstrorum« kamen nicht mehr zum Druck. Ja

Literatur: Wolff, C. F.: Theoria generationis (Halle/S. 1759), dtsch in: Ostwalds Klassiker ... (Leipzig 1896), Theorie von der Generation (Berlin 1764), De formatione intestinorum ..., in: Novi Comment. Acad. Imp. Sci. Petrop. 12 (1768), 403–507, und 13 (1769), 478–530, dtsch Über die Bildung des Darmkanals im bebrüteten Hühnchen (Halle 1812), Von der eigenthümlichen und wesentlichen Kraft der vegetabilischen sowohl als auch der animalischen Substanz (St. Petersburg 1789).

Gaissinovič, A. E.: K. F. Wol'ffi učenie o razvitii organizmov (Moskau 1961); Rajkov, B. E.: Caspar Friedrich Wolff, in: Zool. Jahrb. Syst. 91 (1965), 555–562; Uschmann, G.: Caspar Friedrich Wolff. Ein Pionier der modernen Embryologie (Jena 1955).

M. Wolfke

R. B. Woodward

Wolfke, Mieczysław, Physiker, geb. 29. 5. 1883 Łask bei Łódź, gest. 4. 5. 1947 Zürich.

W. ist Schöpfer der zweistufigen Methode der optischen Abbildung und Mitentdecker von Helium II.

W. studierte in Liège (1902–1904), Paris (1904–1907) und Breslau (Wrocław), wo er 1910 bei O. LUMMER für die Arbeit »Über die Abbildung eines Gitters bei künstlicher Begrenzung« den Doktortitel erhielt. In Breslau führte W. Forschungen an Katodenstrahlen durch und konstruierte eine Cadmium-Quecksilber-Lampe (1911). 1911/12 arbeitete er bei der Firma Carl Zeiss in Jena, später als Assistent von O. LEHMANN in Karlsruhe. 1913 siedelte er nach Zürich über, wo er sich habilitierte und als Privatdoz. wirkte. 1922 wurde er Prof. an der Warschauer TH. Er leitete die Physikanstalt und organisierte das Institut für tiefe Temperaturen (1937). 1928–1936 hat W. mehrmals Leiden besucht und mit W. H. KEESOM gemeinsam Versuche mit flüssigem Helium durchgeführt. Aus dieser Zeit stammen die Arbeiten über den elektrischen Widerstand des flüssigen Heliums in der Nähe des kritischen Punktes.

Das wissenschaftliche Werk von W. umfaßt etwa 120 Veröffentlichungen. In seiner ersten bedeutenden Arbeit beschrieb er 1920 die Methode der zweistufigen optischen Abbildung. Bei dieser Methode wird die Interferenz zweier Bündel von Röntgenstrahlen, die aus einer Punktquelle stammen, auf einer photographischen Platte registriert, wobei ein Bündel direkt, das andere nach Reflexion vom Gegenstand auf die Platte fällt. Die Platte wird dann mit monochromatischem Licht durchleuchtet. W. hat gezeigt, daß die auf diese Weise gewonnene Abbildung im Verhältnis der Wellenlänge des monochromatischen Lichtes und der Röntgenstrahlen vergrößert wird. Die zweistufige Abbildung wurde später zu einer Grundlage der Holographie. 1927 hat W. gemeinsam mit KEESOM während der Messung der Dielektrizitätskonstanten von Helium bei niedrigen Temperaturen beobachten können, daß bei etwa 2,3 K ein Sprung auftritt. Bei der Wiederholung des Versuchs entdeckten sie die Existenz von zwei Phasen des flüssigen Heliums: Helium I oberhalb dieser Temperatur und Helium II darunter. Durch die Entdeckung von Helium II wurde die Untersuchung der Quantenflüssigkeiten eingeleitet. Ck, Fk

Literatur: Wolfke, M.: Über die Möglichkeit der optischen Abbildung von Molekulargittern, in: Phys. Z. 21 (1920), 495, (mit Keesom, W.H.): On the change of the dielectric constant of liquid helium with the temperature, in: Leiden Comm. (1927), 190a, b.

Woodward, Robert Burns, Chemiker, geb. 10. 4. 1917 Boston (Massachusetts, USA), gest. 8.7.1979 Cambridge (Massachusetts, USA).

W. hat seit Anfang der 40er Jahre die Strukturaufklärung und die Totalsynthese zahlreicher meist kompliziert aufgebauter Naturstoffe mit außerordentlichem Engagement und herausragenden Ergebnissen vorgenommen. Durch die 1970 gemeinsam mit dem Theoretiker R. Hoffmann formulierten Regeln zur Erhaltung der Orbitalsymmetrie bei Synchronreaktionen (Woodward-Hoffmann-Regeln) hat er das theoretische Verständnis über den Ablauf derartiger Reaktionen an organischen Verbindungen in neue Bahnen gelenkt.

W. hatte bereits als neunjähriger Junge erste chemische Versuche durchgeführt. Nach dem vorzeitigen Abschluß der Schule (drei Jahre früher als allgemein üblich) begann er im Alter von 16 Jahren am Massachusetts Institute of Technology in Cambridge Chemie zu studieren. Bereits vier Jahre später schloß er das Studium mit der Promotion ab und wurde an der Harvard-Univ. (Cambridge) wissenschaftlicher Assistent. Mit 27 Jahren erhielt W. an der Harvard-Univ. eine Professur, die er bis zu seinem Tode innehatte. Von 1963 an leitete er darüber hinaus noch ein Naturstoff-Forschungsinstitut in Basel.

W.s wissenschaftliches Werk umfaßt vor allem Arbeiten zur Strukturaufklärung und zur Totalsynthese von Naturstoffen. So konnte W. 1945 die Struktur des Antibiotikums Penicillin als β-Lactamstruktur erkennen. Es folgten die Strukturaufklärung für Strychnin (1947), für die Tetracycline (1952), für die Ferrocene (1952), für die Cevine (1954), für die Macrolide (1956, 1960), für Streptonigrin (1963) und für Tetrodotoxin (1964). Bei diesen Untersuchungen verstand es W., sich der zu jener Zeit zunehmend angewandten physikalisch-chemischen Methoden zur Strukturaufklärung mit Erfolg zu bedienen und darüber hinaus deren Anwendungsmöglichkeiten auszubauen. Besonders erfolgreich bearbeitete er das Gebiet der Totalsynthese von Naturstoffen. Bereits 1944 gelang ihm gemeinsam mit W. v. Eggers-Doering die Synthese des Alkaloids Chinin. Es folgten 1951 die Totalsynthesen der Steroide Cholesterol und Cortison sowie der Alkaloide Lysergsäure (1954), Strychnin (1954), Reserpin (1956) und Colchicin (1963). 1960 wurde durch W. mit der 55 Stufen umfassenden Totalsynthese des Chlorophylls a, an der insgesamt 17 Wissenschaftler mitgearbeitet hatten, ein Höhepunkt in der Geschichte der Naturstoffsynthese erreicht.

1972 konnte nach elfjähriger gemeinsamer Arbeit mit A. Eschenmoser in Zürich unter Einbeziehung von insgesamt 99 Wissenschaftlern aus 19 Ländern die Totalsynthese des Vitamins B_{12} erfolgreich abgeschlossen werden. Bei diesen Arbeiten gewann W. neuartige Einblicke in den stereochemischen Ablauf von Synchronreaktionen. Durch die Anwendung der Molekülorbitaltheorie auf reagierende Systeme wurde erkannt, daß Synchronreaktionen nur dann glatt verlaufen, wenn zwischen den Orbitalsymmetrie-Eigenschaften der Reaktanden und der Produkte Übereinstimmung herrscht. Mittels dieses von W. gemeinsam mit Hoffmann formulierten Prinzips der Erhaltung der Orbitalsymmetrie konnte eine Vielzahl von bis dahin nicht verständlichen Reaktionsabläufen erklärt werden. Zugleich erwiesen sich die Woodward-Hoffmann-Regeln als äußerst brauchbar für Voraussagen über den Ablauf geplanter Reaktionen.

W. galt als faszinierende Hochschullehrerpersönlichkeit. Seine Vorträge wurden ungewöhnlich fesselnd dargeboten. In seinem Labor haben mehr als 400 Organiker aus zahlreichen Ländern zeitweilig gearbeitet.

W. erhielt für seine Arbeiten viele Ehrungen, so z. B. 24 Ehrendoktorate in sieben Ländern. 1965 wurde er für seine »verdienstvollen Beiträge zur Kunst der organischen Synthese« mit dem Nobelpreis für Chemie geehrt. Re

Literatur: Woodward, R. B. (mit R. Hoffmann): The conservation of orbital symmetry / Die Erhaltung der Orbitalsymmetrie (Weinheim 1970), Die Erhaltung der Orbitalsymmetrie (Leipzig 1970).

Gosteli, J.: Robert Burns Woodward zum Gedenken, in: Chimia 33 (1979), 348/349; Ollis, W. D.: Robert Burns Woodward – an appreciation, in: Chem. Britain 16 (1980), 210–216.

Wright, Orville und Wilbur, Flugtechniker; Orville W., geb. 19. 8. 1871 Dayton (Ohio, USA), gest. 30. 1. 1948 Dayton; Wilbur W., geb. 16.4.1867 Dayton, gest. 30.5.1912 Dayton.

Die Brüder W. entwarfen, bauten und erprobten das erste flugtüchtige Motorflugzeug, das aus eigener Kraft auf ebenem Boden starten konnte.

Die Brüder W. waren die Söhne eines Bischofs, der auch eine religiöse Zeitschrift herausgab. Wilbur W., der ein guter Oberschüler war und dem das Schreiben leicht fiel, half ihm oft dabei. Er schrieb auch die Artikel für ein Wochenblatt, das er noch in jungen Jahren gemeinsam mit seinem jüngeren, verträumteren, aber auch ungestümeren Bruder herausgab, der selbst die Druckpresse baute. Schon frühzeitig hatten sich die Brüder ihr Taschengeld durch den Verkauf von selbstgefertigtem mechanischem Spielzeug verdient; sie bauten auch vorzügliche Drachen und Hubschraubermodelle. Als Orville W. volljährig war, gründeten sie eine Fahrradwerkstatt, aus der trotz spärlicher Einrichtung gute Erzeugnisse hervorgingen. Durch die Nachricht vom Tode O. Lilienthals wurde ihr Interesse für die Flugtechnik geweckt. Sie gingen daran, Fachliteratur sowie Lilienthals Arbeiten zu studieren und machten zunächst brieflich, später auch persönlich die Bekanntschaft von O. Chanute, der in den USA den Fluggedanken theoretisch und praktisch förderte. Er beriet auch die Brüder W. Diese entschieden sich als erfahrene Praktiker von Anfang an für den Weg von Lilienthal, Schritt für Schritt vorzugehen, betrachteten das Ganze aber zunächst nur als Sport. Typisch für sie war, daß sie sich nach meteorologischen Unterlagen einen Ort mit möglichst beständigen Winden suchten. Im Sommer 1900 begannen sie in Kitty Hawk (North Carolina) an der Atlantikküste mit Gleitflügen. Ihr erstes Flugzeug konnte noch keinen Piloten tragen und wurde im Fesselflug durch Schnüre von der Erde aus gesteuert. Die Brüder W. hatten erkannt, daß die Flugstabilität eine wesentliche Voraussetzung für den Erfolg war und viele ihrer Vorgänger gerade daran gescheitert waren. Diese Stabilität mußte durch Konstruktion und Steuermechanismen erreicht werden. Aus bestimmten Überlegungen heraus ordneten sie das Höhenleitwerk vor den Tragflügeln an; diese sogenannte Entenbauart galt lange Zeit als besonders sicher gegen das »Überziehen« des Flugzeugs, d. h. gegen eine zu steile Stellung, war aber fliegerisch schwerfälliger. Die Seitenstabilität, die heute durch Querruder erzielt wird, erreichten die Brüder W. durch Verwinden der Tragflächen nach dem Vorbild der Vögel. Ihr zweites Flugzeug, einen Doppeldecker, lernten sie nach einigen Umbauten im folgenden Sommer in allen drei Achsen zu beherrschen. Der Pilot konnte in diesem Flugzeug liegen, zum Start mußten zwei Leute mit dem Gerät gegen den Wind laufen, bis es genügend Geschwindigkeit gewonnen hatte. Die Kopplung von Seitenruder und Verwindung für der Kurvenflug ließen sich die Brüder W. 1904 patentieren. So sammelten sie Erfahrungen und vertieften sich weiter in die Theorie, bauten auch einen Windkanal zur Untersuchung verschiedener Flügelformen. Zum Messen des Auftriebs und des Widerstandes entwickelten die Brüder W. eine eigene Zweikomponentenwaage. Ende 1903 waren sie in der Lage, sich näher mit dem Motorflug zu befassen. Das Hauptproblem war auch jetzt wie schon bei allen früheren Motorflugprojekten ein leistungsstarker, aber leichter Motor. Es gab bereits gute Kraftfahrzeugmotoren, diese waren aber für ihre Zwecke zu schwer. So bauten die Brüder W. selbst einen Vierzylinder-Viertaktmotor von etwa 12 PS und 110 kg Masse und konstruierten auch selber die Luftschrauben, die einen hohen Wirkungsgrad von 66 % erreichten. Dieses Flugzeug war wieder ein Doppeldecker in Entenbauart mit 48 m² Tragfläche und doppelten Höhen- und Seitenleitwerken. Die Motorkraft wurde durch in Röhren geführte Ketten auf zwei gegenläufige Druckpropeller übertragen. Der Bespannstoff der Flügel war nicht geklebt, sondern einfach auf die Rippen genagelt. Beim Start wurde den Gleitkufen zur Erleichterung ein kleines Fahrgestell auf Holzschienen untergelegt. Den ersten Versuch unternahm durch Losentscheid Wilbur W. am 14.12.1903 in Kitty Hawk. Er flog aber nur 30 m hangabwärts. Am 17. 12. flog dann Orville W. 12 s lang über völlig ebenes Gelände. Es folgten Flüge von 13 und 15 s Dauer. Schließlich flog Wilbur in 59 s 255 m weit. Die Maschine wurde dann durch eine Windbö zerstört. Die Brüder arbeiteten weiter und unternahmen ihre Versuche jetzt in der Nähe ihrer Heimatstadt. Sie bauten sich auch eine einfache Katapulteinrichtung, bei der ein von einem Gerüst herabfallendes Gewicht mit einem Seil über mehrere Umlenkrollen die Maschine beschleunigte. Im September 1904 flogen die Brüder den ersten Kreis zum Startplatz zurück, im November zweimal 5 min lang. Im September/Oktober 1905 vollführten sie mit einer neuen Maschine längere Flüge; der letzte endete nach 45 km und knapp 39 min wegen Brennstoffmangels. Damit war die Möglichkeit des Motorfluges endgültig erwiesen. Die weitere Entwicklung lag dann in vielen Händen. Es bestätigte sich, daß diese Erfindung durch die gesellschaftlichen Bedürfnisse und die technische Entwicklung längst auf der Tagesordnung stand.

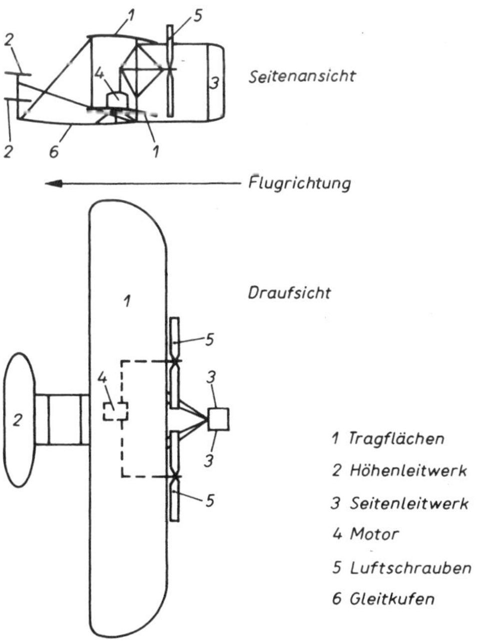

Konstruktionsschema des ersten Motorflugzeuges (ohne Verspannungen)

Die Brüder kümmerten sich zunächst einmal um ihre Rechte und erhielten 1906 auch ein Patent auf ihren Flugapparat. In ihren Verhandlungen mit Kriegsministerien in den USA und in Europa, denen sie ihre Erfindungen für 100 000 $ anboten, stellten sie aber eine für damalige Zeiten zu hohe Forderung. 1908 kam es zu einem ersten Vertrag mit dem Kriegsministerium der USA über 25 000 $ für ein Flugzeug. Die Brüder W. machten nun auch wieder Schau- und Abnahmeflüge in verschiedenen Ländern. Bei einem solchen Flug verunglückte Orville W. am 17.9.1908 in den USA wegen eines zersprungenen Propellers, kam aber mit einigen Knochenbrüchen davon; der mitfliegende Offizier starb. 1910 gingen die Brüder W. von der Entenbauart ab. 1911 versuchten sie sich noch einmal mit Gleitflügen. Nachdem Wilbur W., der im wesentlichen die Geschäfte führte und auch die Artikel über die Erfindungen schrieb, 1912 an Typhus gestorben war, taucht Orville W.s Name nur noch einmal 1920 als Berater beim Bau eines Rennflugzeuges auf. Die

Literatur: The papers of Wilbur and Orville Wright, 2 Bde. (Hrsg. M. W. McFarland, New York 1953).
Gibbs-Smith, Ch. G.: The Wright brothers (London 1963); Kelly, F. C.: Die Gebrüder Wright (Übers. aus dem Engl., Stuttgart 1947); McClarren, R. H.: The Wright brothers' aeronautical engineering collection at the Franklin Institute, Philadelphia, Pa., in: J. of the Franklin Institute, 252 (Philadelphia 1951).

Wróblewski, Zygmunt, Physiker, geb. 28.10.1845 Grodno, gest. 16.4.1888 Krakau (Kraków).

W. verflüssigte zusammen mit K. Olszewski erstmalig Sauerstoff, Stickstoff und Kohlenmonoxid.

W., Sohn eines Rechtsanwalts, begann 1862 an der Univ. Kiew sein Studium. Wegen einer Teilnahme am Aufstand von 1863 wurde er zur Deportation nach Sibirien verurteilt und mußte das Studium unterbrechen. 1869 begnadigt, studierte er in Berlin, Heidelberg und ab 1870 in München, wo er im Labor von P. v. Jolly arbeitete. 1875 legte er die Doktorprüfung ab und übersiedelte als Doz. nach Straßburg (Strasbourg). 1880 reiste er nach Paris, London, Oxford und Cambridge. 1882 erhielt W. den Lehrstuhl für Physik an der Jagiellonischen Univ. Krakau, wo er bis zu seinem tödlichen Unfall 1888 arbeitete.

Die erste Arbeit von W. trug den Titel »Die Untersuchungen über die Elektrizitätserregung mit mechanischen Mitteln«. 1881 entdeckte W. im ehemaligen Labor von H. Sainte-Claire Deville in Paris das Hydrat von Kohlendioxid. Aus Paris brachte W. den Cailletet-Apparat nach Krakau und begann damit zusammen mit Olszewski Versuche zur Verflüssigung von Sauerstoff, die 1883 erfolgreich abgeschlossen werden konnten. Nach diesem Erfolg wurde die Zusammenarbeit der beiden Wissenschaftler im September 1883 beendet. W. arbeitete dann an der Bestimmung der Bedingungen zur Verflüssigung des Wasserstoffs. Es gelang W. jedoch nur, verflüssigten Wasserstoff im dynamischen Zustand zu erhalten, nicht dagegen im statischen. Ck

Literatur: Wróblewski, Z. (mit K. Olszewski): Über die Verflüssigung des Sauerstoffs, Stickstoffs und Kohlenoxyds, in: Ann. Phys. Chem. 20 (1883), 243–257, Wróblewski, Z.: Über den Gebrauch des siedenden Sauerstoffs, Stickstoffs, Kohlenoxyds, sowie der atmosphärischen Luft als Kältemittel, in: Ann. Phys. Chem. 25 (1885), 371–407, Über das Verhalten der flüssigen atmosphärischen Luft, in: Ann. Phys. Chem. 26 (1885), 134–144, Über die Condensation der schwer coerciblen Gase, in: Sitzungsber. der Ak. d. Wiss. in Wien, Math.-phys. Kl., 91 (1885) Tl 2, 667–711.

Wunderlich, Carl Reinhold August, Arzt, geb. 4. 8. 1815 Sulz/Neckar, gest. 25. 9. 1877 Leipzig.

W. war einer der führenden Vorkämpfer und Realisatoren der neueren naturwissenschaftlichen Medizin in der Inneren Klinik.

Nach dem Tode seines Vaters, eines Oberamtsarztes, wuchs W. mit den späteren Kollegen und Freunden W. Griesinger und W. Roser in Stuttgart auf und studierte mit ihnen in Tübingen seit 1833 Medizin. Durch den in England und Frankreich ausgebildeten Privatdoz. A. F. Schill wurden sie für die naturwissenschaftliche Erneuerung der Medizin begeistert. W. hospitierte 1837 und 1839 in Paris und 1840 in Wien, war zwischenzeitlich Assistent am Katherinen-Hospital in Stuttgart, 1838 wurde er promoviert, 1840 habilitierte er sich und wurde Assistent an der medizinischen Klinik, wo er seit 1843 den kränklichen Chef vertrat. Nach dessen Tod übernahm er 1846 Klinikleitung und Ordinariat. 1850 wurde er als Nachfolger J. Oppolzers an die Univ. Leipzig berufen und verblieb dort bis zu seinem Tode. W. war auch im sächs. Medizinalwesen tätig.

In einem vielbeachteten Buch berichtete W. über seine Auslandserfahrungen und zeigte programmatisch den Weg zur Neugestaltung der Medizin in Deutschland auf. Seine Kritik an der führenden franz. Medizin wies auf die Notwendigkeit einer neuen Entwicklungsphase hin. Dem sollte das von ihm und Roser begründete »Archiv für physiologische Heilkunde« (1842–1859) dienen, das 1847–1856 von Griesinger und K. Vierordt, ab 1857 wieder von W. herausgegeben wurde. Die schwäb. Freunde bildeten neben J. Henle und K. v. Pfeufer, den Herausgebern der »Ztschr. für rationelle Medizin« (seit 1844), neben R. Virchow und B. Reinhardt, die seit 1847 das »Archiv für pathologische Anatomie und Physiologie und für klinische Medizin« herausgaben, eines der drei Zentren für eine Erneuerung der Medizin in den 40er Jahren. Leider waren sie untereinander zerstritten, zu Henle und Virchow bestanden Spannungen ebenso wie zu J. v. Liebig. Noch betonter als Virchow war W. ein Gegner der Ontologie (Lehre von der besonderen Wesenheit der Krankheit, der Krankheitseinheiten). Die Hoffnung auf die Möglichkeit einer durchgehenden physiologischen Fundierung der Krankheiten erwies sich als verfrüht; deshalb wurde die Ztschr. ab 1860 in »Archiv für Heilkunde« umbenannt. W. wirkte durch Forschung, durch sein methodisches Herangehen, durch die Lehre und seine klinische Tätigkeit maßgeblich an der Herausbildung der modernen Inneren Medizin mit. Eine Beschränkung auf eine vorwiegend phänomenologische Betrachtungsweise war allerdings noch unumgänglich. Das Hauptverdienst W.s ist die Einführung der regelmäßigen Thermometrie, angeregt durch L. Traube, und die Charakterisierung innerer Krankheiten nach dem Temperaturverlauf, wobei eine gewisse Rückkehr zur ontologischen Spezifizierung erfolgte. W. verfaßte auch eine Geschichte der Medizin; sie ist von seiner Auffassung notwendiger naturwissenschaftlicher Fundierung und Progression der Medizin durchdrungen, was ihm besonders fortschrittsnegierende Historiker zum Vorwurf machten; tatsächlich wird sie manchen Epochen und bedeutenden Ärzten der Vergangenheit nicht gerecht. Ru

Literatur: Wunderlich, C. A. R.: Wien und Paris (Stuttgart 1841), (mit W. Roser): Über die Mängel der heutigen deutschen Medizin und über die Nothwendigkeit einer entschieden wissenschaftlichen Richtung in derselben, in: Arch. f. physiol. Heilkunde 1 (1842), I-XXX, Handb. der Pathologie und Therapie (1. Aufl., 3 Bde., Stuttgart 1846–1854, 2. Aufl., 4 Bde., Stuttgart 1852–1856), Ein Plan zur festeren Begründung der therapeutischen Erfahrungen, in: Schmidts Jahrb. der in- u. ausländischen Medizin 70 (1851), 106–111, Grundrisse der speziellen Pathologie und Therapie (Stuttgart 1858), Geschichte der Medizin (Vorlesungen) (Stuttgart 1859), Das Verhalten der Eigenwärme in Krankheiten (Leipzig 1868).

Heubner, O.: C. A. Wunderlich, in: Arch. f. Heilkunde 19 (1878), 269–320; Stieker, G.: Wunderlich, Roser, Griesinger, die drei schwäbischen Reformatoren der Medizin, in: Sudhoffs Arch. f. Gesch. d. Medizin 32 (1940/41), 1–54.

Wundt, Wilhelm, Physiologe, Psychologe und Philosoph, geb. 16. 8. 1832 Neckarau bei Mannheim, gest. 31. 8. 1920 Großbothen bei Leipzig.

W. ist der Begründer der Experimentalpsychologie als Wissenschaft; das von ihm 1879 an der Univ. Leipzig gegründete Institut für experimentelle Psychologie war das erste seiner Art und entwickelte sich zum Weltzentrum experimentalpsychologischer Forschung und Lehre. Mit seinem Lebenswerk trug W. wesentlich dazu bei, die Psychologie als einzelwissenschaftliche Disziplin zu emanzipieren, sie zur exakten Wissenschaft zu formieren und zu institutionalisieren.

W. studierte Medizin in Tübingen (1851/52) und Heidelberg (1852–1855); seine Doktordissertation »Untersuchungen über das Verhalten der Nerven in entzündeten und degenerierten Organen« wurde gleichzeitig als Habilitationsschrift anerkannt. Mit dem Ziel, sich der Physiologie als Lebensaufgabe zuzuwenden, wurde W. (nach jeweils kurzfristiger Tätigkeit an der Frauenklinik der Univ. Heidelberg sowie zu Forschungszwecken bei J. Müller und E. du Bois-Reymond in Berlin) Assistent bei H. v. Helmholtz am neugegründeten Institut für Physiologie der Univ. Heidelberg. 1864 erhielt W. die Berufung zum ao. Prof. für Anthropologie und medizinische Psychologie an dieser Univ., 1874 die zum o. Prof. für induktive Philosophie an die Univ. Zürich; 1875 schließlich folgte er dem Ruf zum o. Prof. für Philosophie an die Univ. Leipzig. Nach 42 Jahren fruchtbarem, international anerkannten wissenschaftlichen Wirkens trat W. 1917 auf eigenen Antrag in den Ruhestand.

W. ist eine der bedeutendsten Gelehrtenpersönlichkeiten des 19. Jh. Sein Lebenswerk und seine wissenschaftsgeschichtliche Bedeutung fand vor allem auf dem XXII. Internationalen Kongreß für Psychologie 1980 in Leipzig Wertung und Würdigung. Schon sein »Lehrb. der Physiologie des Menschen« fand allgemeine Anerkennung. Dem anfangs vornehmlich naturwissenschaftlich orientierten Konzept zur Grundlegung einer wissenschaftlichen Psychologie folgend, bezog W. in umfassender Weise Forschungsergebnisse der Anatomie, Physiologie, Pathologie und Entwicklungsgeschichte des Zentralnervensystems in seine experimental-psychologischen Untersuchungen mit dem erklärten Ziel ein, »Beziehungen der physiologischen Struktur- und Funktionsverhältnisse zu den psychischen Vorgängen zu erörtern«. Sein erstes großes Werk der individualpsychologischen Experimentalpsychologie, die »Grundzüge der physiologischen Psychologie« (1873/74), ist dafür bis heute beispielgebend. Schon in seinen psychologischen Frühschriften entwickelte W., von dem Grundgedanken einer naturwissenschaftlichen Psychologie ausgehend, die in einer kulturgeschichtlichen Entwicklungspsychologie und Völkerpsychologie ihre Krönung findet, das psychologiehistorisch bedeutsame methodologische Konzept der Psychologie als Gesetzeswissenschaft, deren Fortschritt wesentlich von der Entwicklung ihrer Methodik abhängt. Grundmethoden der Psychologie sind für ihn die Beobachtung und Selbstbeobachtung, das Experiment, die Statistik und die Geschichte. Die Frage, wie aus dem äußeren psychischen Eindruck die Empfindung entsteht, ist nach W. die Grundfrage der Psychologie. Das Psychische, als Naturerscheinung gefaßt, ist die Gesamtheit der inneren (später: der unmittelbaren) Erfahrungen, einschließlich der ihnen zugrundeliegenden unbewußten psychischen Vorgänge; es ist nur in seiner aktuellen Prozeßhaftigkeit und Gesetzmäßigkeit,

C. R. A. Wunderlich

W. Wundt

Ch. A. Wurtz

vor allem Entwicklungsgesetzlichkeit, begreifbar. Die Evolution des Psychischen im Tierreich umfaßt die graduellen Vorstufen des Bewußtseins des Menschen. Schlüssel für die Psychologie des Menschen und seiner geistigen Entwicklung ist die gesellschaftlich-geschichtliche Entwicklung der Menschheit, vor allem die praktische Psychologie des gesellschaftlichen Lebens, das Völkerpsychologische. Das Handeln des Menschen wird durch soziale und geistige Faktoren bestimmt, vermittelt durch jenen persönlichen Faktor, den W. Charakter nennt. Mit der Anerkennung des Primats äußerer Einwirkungen, der Tätigkeit des Nervensystems als Basis psychischer Vorgänge, der Vermittlungs- und Steuerungsfunktion des Psychischen und der gesellschaftlichen Bedingtheit der geistigen Entwicklung des Menschen (Primat des Gesellschaftlichen) entwickelte W. ein psychologisches Paradigma (Modell), welches die bisherige Psychologie an eine materialistisch begründete Psychologie heranführte. Seine Beschränkung fand dieses Paradigma in der Verbindung naturwissenschaftlich-materialistischer Positionen mit einem idealistisch-psychologischen Gesellschaftskonzept, das von einem Primat des Geistigen und des Völkerpsychologischen (Sprache, Mythos, Sitte, Kunst, Kultur) ausging. Das Verhältnis von Physischem und Psychischem faßte W. heuristisch im Sinne des psychologischen Parallelismus. Damit im Zusammenhang steht, daß W. das Bewußtsein annähernd richtig als Wissen von etwas außer seiner selbst definiert, zugleich aber dessen Zeichencharakter hervorhebt. Damit verkannte er die Widerspiegelungsfunktion des Psychischen und des Bewußtseins, wodurch eine Trennung und Isolierung von ihren Voraussetzungen und materiellen Grundlagen herbeigeführt wird.

Die innere Widersprüchlichkeit des Lebenswerkes von W., die vor allem in dem Widerstreit psychologischer und philosophischer Positionen kulminierte, steht auch für seine wissenschaftsgeschichtliche Wirkung. W.s Konzept einer naturwissenschaftlich und methodisch exakt fundierten Experimentalpsychologie war paradigmatisch und heuristisch zugleich für die Entwicklung der einzelwissenschaftlichen Psychologie und damit ebenso progressiv wie seine Auffassung vom Primat des Gesellschaftlichen gegenüber dem Individuellen. Die Völkerpsychologie hingegen, die in ihrer Art mehr eine Kulturpsychologie, aber keine Sozialpsychologie ist, wie häufig fehlverstanden, blieb infolge ihres psychologistischen Grundkonzepts wissenschaftsgeschichtlich ergebnislos, wenngleich auch von ihr zahlreiche Anregungen ausgingen. Der sich in den philosophischen Arbeiten W.s immer schärfer ausprägende philosophische Positionswechsel zu subjektiv- wie objektiv-idealistischen Auffassungen, den E. Haeckel als »totalen philosophischen Prinzipienwechsel« bedauerte und kritisierte, vertiefte die Widersprüchlichkeit seines Werkes.

Mei

Literatur: Wundt, W.: Beiträge zur Theorie der Sinneswahrnehmung (Leipzig, Heidelberg 1862), Vorlesungen über die Menschen- und Tierseele (Leipzig 1863, 1922), Lehrb. der Physiologie des Menschen (Erlangen 1864/65, 1878), Grundzüge der physiologischen Psychologie (Leipzig 1873/74, 1923), Logik (Stuttgart 1880/83, 1924), Ethik (Stuttgart 1886, 1923/24), System der Philosophie (Leipzig 1889, 1919), Grundriß der Psychologie (Leipzig 1896, 1922), Völkerpsychologie (Leipzig 1900/26), Elemente der Völkerpsychologie (Leipzig, 1912), Erlebtes und Erkanntes (Stuttgart 1920, 1921), Ausgewählte psychologische Schriften – Abhandlungen, Aufsätze, Reden (Hrsg. v. W. Meischner, Leipzig 1983).

Arnold, A.: Wilhelm Wundt – Sein philosophisches System (Berlin 1980); Meischner, W., u. E. Eschler: Wilhelm Wundt (Leipzig – Jena – Berlin 1979).

Wurtz, Charles Adolphe, Chemiker, geb. 26. 11. 1817 Wolfisheim bei Strasbourg, gest. 12. 5. 1884 Paris.

W. hat mit seinen Arbeiten insbesondere zur Synthese von Alkylaminen, Glycolen, Glycerol, Ethylenoxid, Milchsäure und Isocyanaten wesentlich zur Entwicklung der präparativen organischen Chemie in seiner Zeit beigetragen. Er entdeckte die Aldolreaktion und die nach ihm benannte Wurtz-Reaktion.

W. entstammte einer Pfarrersfamilie. Nach Abschluß des Gymnasiums begann er in Strasbourg Medizin zu studieren. 1843 wurde er mit einer Arbeit über Albumin und Fibrin zum Dr. med. promoviert. Während des Sommersemesters 1842 hatte W. in Gießen bei J. v. Liebig seine chemischen Kenntnisse vervollständigt. Im Wintersemester 1843/44 führte er – wiederum in Strasbourg – ebenfalls chemische Arbeiten aus. 1844 ging er nach Paris, wo er zunächst im Laboratorium der Faculté des sciences der Sorbonne arbeitete und ab Frühjahr 1845 Assistent bei J. B. Dumas an der École de Médicine wurde. Als 1849 Dumas Minister wurde, erhielt W. den Auftrag, dessen Vorlesungen über organische Chemie zu halten. Nach einigen Unterbrechungen in seiner Tätigkeit an der École de Médicine, so durch die Gründung eines eigenen Laboratoriums für den praktischen Unterricht (1850/51) und die Übernahme des Direktorats eines agrochemischen Instituts, bekam W. 1853 den dortigen Lehrstuhl für Chemie. Aus W.' Laboratorium gingen zahlreiche namhafte Chemiker seiner Zeit hervor, z. B. Ch. Friedel, A. Gautier, Ch. Girard und J. A. Le Bel. 1869 unternahm W. eine ausgedehnte Ägyptenreise, um an den Einweihungsfeierlichkeiten des Suezkanals teilzunehmen. 1875 wurde er auf den neu gegründeten Lehrstuhl für organische Chemie an der Pariser Univ. berufen, den er bis zu seinem Tode innehatte.

1849 hat W. erstmals Methyl- und Ethylamin durch Einwirkung von Kaliumhydroxid auf die entsprechenden Ester der Cyansäure dargestellt. Von dieser Zeit an wurden alle analogen Basen mit der funktionellen Gruppe $-NH_2$ als Amine bezeichnet. Ende der 50er Jahre des 19. Jh. gelangen ihm die Darstellung des einfachsten Diols, des Ethylengly-

Y

Th. Young

H. Yukawa

cols, und die Synthese von Propan-, Butan- und Pentandiol. 1859 konnte er durch Umsetzung von Ethylenchlorhydrin mit Kaliumhydroxid Ethylenoxid gewinnen. Durch Oxidation von Ethylen- bzw. Propylenglycol wurden Glycolsäure und Milchsäure zugänglich. 1872 erhielt W. beim Erwärmen von Acetaldehyd in Gegenwart von Salzsäure das Acetaldol und wurde damit zum Entdecker der Aldolreaktion. Als universelle Darstellungsmethode von Kohlenwasserstoffen erwies sich die 1855 gefundene und nach ihm benannte WURTZ-Reaktion, als Dehalogenierung von Alkylhalogeniden (-bromiden oder -iodiden) mittels metallischen Natriums: $RX + R'X \xrightarrow[-2NaX]{+2Na} R - R'$. W. selbst konnte durch den Einsatz sogenannter gemischter Radikale ($R \neq R'$) die Alkane C_5, C_7, C_9 und C_{11} aufbauen. Die WURTZ-Reaktion wurde 1864 von R. FITTIG zur Darstellung von Aryl-alkylkohlenwasserstoffen aufbereitet. Die Umsetzung von Arylhalogeniden und Alkylhalogeniden mit Natrium hat als WURTZ-FITTIG-Synthese heute ihren festen Platz in der Synthesechemie. Re

Literatur: Wurtz, Ch. A.: Répertoire de chimie pure en France et à l'étranger, 4 Bde. (Paris 1858–1862); Dictionnaire de chimie pure et appliquée, 5 Bde. (Paris 1868–1878), Suppl. 2 Bde. (Paris 1880–1886), Traité élémentaire de chimie médicale (Paris 1864), Leçons de philosophie chimique (Paris 1864), Leçons élémentaires de chimie moderne (Paris 1868), La Théorie atomique (Paris 1879).

Hofmann, A.W.: Adolph Wurtz, in: Ber. Dtsch. Chem. Ges. 20 (1887), 814–996.

●

Young, Thomas, Mediziner, Physiker und Ägyptologe, geb. 13. 6. 1773 Milverton (Somerset), gest. 10. 5. 1829 London.

Neben einigen Beiträgen zur Physiologie und klinischen Medizin sowie zur Entzifferung von Hieroglyphen hat Y. bedeutende Beiträge zur Physik geliefert, insbesondere zur Optik.

Y., Sohn eines wohlhabenden Seidenhändlers und Bankiers, war sehr sprachbegabt; er konnte bereits mit 2 Jahren lesen und beschäftigte sich während seiner Schulzeit und später leidenschaftlich mit klassischen und orientalischen Sprachen sowie mit Naturwissenschaften. Ab 1792 studierte Y. Medizin in London, Edinburgh und Göttingen, wo er 1796 promovierte, setzte sein Studium 1797–1799 in Cambridge fort und ließ sich danach in London nieder. 1801–1803 war er Physikprof. an der Royal Institution, ab 1811 Arzt bzw. ab 1815 Chefarzt am St. Georges Hospital in London. Daneben war er ab 1818 Sekretär des Board of Longitude und Hrsg. des Nautical almanac.

Als vielseitig interessierter und auf zahlreichen Gebieten schöpferisch arbeitender Wissenschaftler brachte Y. in seinem eigentlichen Beruf nicht die erforderliche stetige und geduldige Aufmerksamkeit auf, so daß er bei Patienten wenig beliebt war. Auch mit seinen populärwissenschaftlichen Vorlesungen an der Royal Institution, die zu anspruchsvoll und konzis waren, konnte er kaum Ruhm ernten, so daß er diese Tätigkeit bald wieder aufgab. Seine erste wissenschaftliche Arbeit (1793), in der er die Akkommodation des menschlichen Auges auf die Veränderung der Krümmung der Augenlinse zurückführte, betraf die physiologische Optik. Sie brachte ihm ein Jahr später die Mitgliedschaft der Royal Society, aber auch heftige Kritik ein, die ihn veranlaßte, seine Auffassung vorübergehend zurückzunehmen. 1801 schuf er eine Dreifarbentheorie der Farbenempfindung, die später von J. C. MAXWELL und H. v. HELMHOLTZ weiter ausgebaut wurde. Mit einigen Abhandlungen zur physikalischen Optik zwischen 1800 und 1804 leitete Y. eine neue Entwicklungsetappe der Optik ein. Es begann nach M. v. LAUE das »heroische« Zeitalter der Wellentheorie, die schon 1678 von CH. HUYGENS geschaffen wurde, sich aber gegenüber der Korpuskulartheorie von I. NEWTON (1675) nicht behaupten konnte. Y. entdeckte das Interferenzprinzip der Wellenbewegung zunächst bei den akustischen Wellen, das er 1801/02 auf das Licht übertrug, wonach zwei kohärente Wellenzüge sich je nach Phasenlage verstärken, schwächen oder auslöschen können. Mit diesem Prinzip konnte er verschiedene optische Erscheinungen erklären. Beispielsweise ermittelte er erstmalig – wenn auch nur grob – die Wellenlänge des Lichts für die einzelnen Farben bei den NEWTONschen Ringen. Er stellte fest, daß das Licht bei Reflexion an optisch dichteren Medien einen Phasensprung von einer halben Wellenlänge erfährt. Auch die auftretenden farbigen Streifen bei den durchgeführten Beugungsversuchen an schmalen Gegenständen, am einfachen und am Doppelspalt (YOUNGsches Interferometer) ließen sich deuten. Doch alle diese Ergebnisse fanden keine günstige Aufnahme, im Gegenteil, die Vertreter der Korpuskulartheorie wurden vor allem durch die 1808 von E. L. MALUS erfolgte Entdeckung der Polarisation des Lichts bei Reflexion weiter bestärkt. Erst durch die Arbeiten von A.-J. FRESNEL sollte sich das ändern, der an Y., insbesondere an dessen Vermutung von 1817 über die Transversalität der Lichtwellen, anknüpfte und über ihn hinausging.

Aus der Vielzahl von Y.s Leistungen auf den verschiedensten Gebieten ist besonders erwähnenswert, daß er zwischen 1815 und 1818 versuchte, aus der dreisprachigen Inschrift des Steins von Rosette den Hieroglyphen von nichtägypt. Eigennamen phonetische Werte beizulegen, die allerdings nur z. T. zutrafen. Eine richtige Entzifferung gelang erst J. F. CHAMPOLLION 1822, der allerdings die Vorarbeiten Y.s nicht anerkannte. Überhaupt war es eine Tragik, die das gesamte Leben von Y. überschattete, daß es ihm nicht vergönnt war, »die verdiente Anerkennung seitens seiner Mitmenschen zu erlangen. Die von ihm bereits eroberten wissenschaftlichen Positionen mußten von seinen Nachfolgern nicht nur einmal mit großem Aufwand an geistiger Energie aufs neue erkämpft werden« (J. Rayleigh, 1898). Wi

Literatur: Young, T.: A course of lectures on Natural Philosophy and the Mechanical Arts, 2 Bde. (London 1807).
Arago, F.: Thomas Young. Gedächtnißrede, gelesen in der öffentlichen Sitzung der Ak. d. Wiss. am 26. 11. 1832, in: Franz Arago's sämmtliche Werke (Hrsg. W. G. Hankel), 1. Bd. (Leipzig 1854); Herivel, H.: Thomas Young (1773–1829), in: Endeavour 32 (1973), 115, 15–18.

Yukawa, Hideki, Physiker, geb. 23. 1. 1907 Tokio, gest. 8. 9. 1981 Kioto.

Y. beschäftigte sich mit dem Bau des Atomkerns, entwickelte eine Theorie der Kernkräfte und sagte die Existenz eines Mesons voraus.

Y. schloß 1929 seine Ausbildung an der Univ. Kioto ab, wo er bis 1932 unterrichtete. 1933–1936 lehrte er an der Univ. Osaka und war ab 1939 Prof. an der Univ. Kioto. 1948 folgte er einer Einladung an das Institute for Advanced Studies in Princeton, USA. Danach war Y. von 1949–1952 an der Columbia-Universität von New York tätig. Von 1953–1970 leitete er das neugeschaffene Institut für physikalische Grundlagenforschung an der Univ. Kioto. Auch mit der Begründung der Zeitschrift »Progress of Theoretical Physics« trug er dazu bei, den theoretischen Physikern Japans Weltgeltung zu verschaffen. Neben Arbeiten über den Atombau wandte sich Y., angeregt durch Vorträge von A. Sommerfeld, W. Heisenberg und P. A. M. Dirac in Japan, der Erforschung der Struktur des Atomkerns zu. Nach einer Theorie der Kernelektronen veröffentlichte er 1935 seine Theorie der Kernkräfte, die den Zusammenhalt der Protonen und Neutronen im Kern durch die Annahme eines besonderen Kraftfeldes und dazugehöriger Teilchen mit einer Masse zwischen der des Elektrons und der des Protons erklärte. Als 1937 C. D. Anderson in der kosmischen Strahlung das Müon mit einer solchen Masse entdeckte, fand die Yukawasche Theorie allgemeine Beachtung, doch erst als 1947 C. F. Powell das Pion (π-Meson) und dessen Zerfall in ein Müon und ein Müon-Neutrino beobachten konnte, war das von Y. vorausgesagte Teilchen gefunden. Damit war die Grundlage der Yukawaschen Theorie der Kernkräfte zwar bestätigt, aber zugleich zeichneten sich neue Komplikationen in der Theorie des Atomkerns ab.

1949 wurde Y. mit dem Nobelpreis ausgezeichnet. Fk

Literatur: Yukawa, H.: On the theory of elementary particles, in: Progress of theoret. phys. (Japan), 2 (1947), 209–215.

Z

F. X. von Zach

P. Zeeman

Zach, Franz Xaver, Freiherr von, Astronom, geb. 4. 6. 1754 Pest (Budapest), gest. 2. 9. 1832 Paris.

Z. gilt als Initiator und Autor bedeutender astronomisch-geodätischer Arbeiten im 18. und 19. Jh. sowie als hervorragender Wissenschaftsorganisator.

Z. war Sohn einer aus Preßburg (Bratislava) stammenden Arztfamilie, die 1765 den Adelstitel erhalten hatte. Er wuchs dennoch in einfachen Verhältnissen auf und erhielt einen Teil seiner Erziehung und Bildung in einem Jesuitenkonvent. Nach Bruch mit dem Orden trat er als Ing. und Offizier dem k. u. k. Heer bei und beteiligte sich an der österreich. Gradmessung. In dieser Tätigkeit erwarb er an der Sternwarte Lemberg (Lwow) praktische astronomische Kenntnisse. Nach Quittierung des Dienstes nahm er im gleichen Ort für kurze Zeit eine Professur für Mechanik wahr (um 1782).

Nach einer Italienreise ergänzte er 1783 bei J. J. Lalande und P. S. Laplace seine theoretische Ausbildung, übersiedelte aber noch im gleichen Jahr nach London. Dort wurde Z. Hofmeister und Erzieher beim sächs. Gesandten H. M. Graf von Brühl sowie Mitarbeiter an dessen Sternwarten in London und Harefield. 1784 entdeckte und veröffentlichte er den bedeutenden Nachlaß des Astronomen T. Harriot. In die Zeit, die Z. in London verbrachte, fällt die Verleihung der Doktorwürde durch die Univ. Oxford.

1786 auf Reisen mit Herzog Ernst II. von Sachsen-Gotha bekanntgeworden, siedelte Z. noch im selben Jahr zur Planung und Bauaufsicht von dessen Sternwarte nach Gotha über. Dem nach modernen engl. Baugrundsätzen errichteten Observatorium auf dem Seeberg bei Gotha (1787–1791) stand Z. von 1789 an als Dir. vor. In den folgenden Jahren entfaltete Z. eine rastlose Beobachtungs-, Korrespondenz- und Lehrtätigkeit. Mit der Herausgabe mehrerer Einzelpublikationen und geographisch-astronomischer Fachzeitschriften rückte er die Gothaer Sternwarte neben Greenwich und Paris in den Blickpunkt der europäischen Astronomie. Zum Gebrauch auf geographischen Reisen für Ortsbestimmungen erschienen 1792 seine Sonnentafeln und ein Sternkatalog. Diese Arbeiten führten 1793 zur Ernennung zum auswärtigen Mitgl. der Kgl.-Böhmischen Gesellschaft der Wissenschaften zu Prag. 1798 initiierte er in Gotha den ersten Astronomenkongreß, der sich aktuellen Problemen widmete (Sternkarten, Definition von Sternbildern, Maßsysteme, Instrumentenpraxis). Im selben Jahr erschien die von Z. edierte Ztschr. »Allgemeine Geographische Ephemeriden« (AGE), 1800–1813 fortgesetzt mit der »Monatlichen Correspondenz zur Beförderung der Erd- und Himmelskunde« (MC). In der ersten Ausg. der AGE kritisierte Z. eindringlich die Unzuverlässigkeit vieler Ortsbestimmungen, den Zustand des Kartenwesens und die Kommunikation in der Astronomie. Für die Entschiedenheit dieser Kritik, zugleich Programm seines Schaffens, stand Z. später stets ein und polemisierte selbst im fortgeschrittenen Alter, auch um den Preis des Verlustes von Freundschaften. In der AGE regte er den Austausch »korrespondierender« Beobachtungen an und erhob »die Sternenkunde zur wahren Mutter der Geographie«.

Ab 1800 widmete sich Z. der Suche nach einem zwischen der Mars- und Jupiterbahn vermuteten Großplaneten. 1803 ernannte ihn die Ak. d. Wiss. zu Berlin zum auswärtigen Mitgl.

Nach dem Tod des Herzogs (1804) lebte Z. 1805–1807 in Eisenberg. Dort entstanden weitere Sonnentafeln sowie 1806 ein Sternverzeichnis mit Aberrations- und Nutationstafeln. 1806 hatte Z. das Direktorat der Gothaer Sternwarte sowie die Herausgabe der MC B. A. VON LINDENAU übertragen. Nach Reisen wählte er 1809–1813 als Wohnsitz Marseille, anschließend Genua. In Genua erschien 1818–1826 als dritte von ihm edierte Ztschr. die »Correspondance astronomique, géographique, hydrographique et statistique« (CA). 1827/28 lebte er bei B. A. VON LINDENAU in Frankfurt a. M. und verbrachte die anschließenden Jahre bis zu seinem Tod in Paris.

Z. wirkte in einer Epoche, in der die Zersplitterung deutscher Kleinstaaten der Institutionalisierung der Astronomie entgegenstand. Begünstigt durch die Bedingungen am gothaischen Hof, stellte er sein Können, Urteilsvermögen und Ansehen in den Dienst der Überwindung von nationalen, wissenschaftlichen und subjektiven Vorurteilen. Mit der Begründung der ersten Fachzeitschriften und Kongresse, der Einflußnahme auf Intensität, Effektivität und Qualität astronomisch-geographischer Bestimmungen und das Kartenwesen gilt er als ein Motor des internationalen Aufschwungs der Astronomie zu Beginn des 19. Jh. Mehrere seiner Schüler und Assistenten leiteten später Sternwarten oder bekleideten Professuren. Fd

Literatur: Zach, F. X.: Tabulae motum solis etc. / Fixarum praecipuarum catalogus novus etc. (Gotha 1792), Supplementum ad tabulas mot. solis etc. (Gotha 1804), Tabulae speciales aberrationis et nutationis etc., 2 Bde. (Gotha 1806/07), Des Freiherrn von Zach abgekürzte Sonnen-Tafel ... (Eisenberg 1809, franz. Florenz 1809), Nouvelles tables d'aberration et de nutation ... (Marseille 1813). Alle von Zach edierten Ztschr. enthalten Aufsätze von ihm: AGE, 4 Bde. (Weimar 1788–1799), MC, 28 Bde. (Gotha 1800–1813), CA, 13 Bde. (Genua 1818–1826), sowie zahlreiche zeitgenössische mathematische und astronomische Ztschr., insbesondere das Berliner Astronom. Jahrb.

Zeeman, Pieter, Physiker, geb. 25. 5. 1865 Zonnemaire (Niederlande), gest. 9. 10. 1943 Amsterdam.

Z. war ein exzellenter Experimentator; von besonderer Bedeutung war seine Entdeckung der magnetischen Aufspaltung von Spektrallinien einer Lichtquelle (ZEEMAN-Effekt).

Z. studierte bei H. A. LORENTZ und H. KAMERLINGH ONNES in Leiden, war dort 1890–1896 als Assistent und Privatdoz., ab 1897 in Amsterdam als Lektor und ab 1900 als Prof. tätig. Seit 1908 war er Dir. des dortigen Physikalischen Instituts.

Beim normalen ZEEMAN-Effekt handelt es sich um die Aufspaltung einer Spektrallinie von Singulettatomen im starken Magnetfeld. Bei Beobachtung in longitudinaler Feldrichtung werden 2 zirkular polarisierte, bei der in transversaler Feldrichtung 3 linear polarisierte Linien erhalten. Im letzten Fall ist die Frequenz ν der mittleren Linie gleich der Linie ohne Magnetfeld, während die beiden anderen Linien (wie auch im ersten Fall) symmetrisch zu ihr um den Betrag $\Delta\nu = \pm \frac{e}{m} \frac{\mu_0 H}{4\pi}$ (wobei e die Ladung und m die Masse des Elektrons, μ_0 die Permeabilität des Vakuums und H die Stärke des Magnetfeldes bedeuten) verschoben werden. Die Entdeckung dieses Effektes (1896) war sowohl experimentell wie theoretisch vorbereitet. Bereits M. FARADAY hatte 1862 versucht, einen Einfluß des Magnetfeldes auf die Spektrallinien einer Flamme (das Gegenstück zum FARADAY-Effekt) zu finden, scheiterte jedoch am damaligen Stand der Experimentiermittel. 1892 hatte LORENTZ als erster eine Theorie der Elektronen im Atom auf der Grundlage der MAXWELLschen Lichttheorie aufgestellt, mit der er den normalen ZEEMAN-Effekt voraussagen und erklären konnte. Z. beobachtete zunächst nur eine Verbreiterung der Na-D-Linie, deren Ränder je nach Beobachtungsrichtung entsprechend polarisiert waren, womit ein wichtiger Hinweis auf den gesuchten Effekt gegeben war. Weitere Experimente erbrachten dann die Dublett- bzw. Triplettaufspaltung einiger Cadmium- und Zinklinien.

Die Entdeckung des normalen ZEEMAN-Effektes rief in der Fachwelt ein ähnliches Aufsehen hervor wie kurz zuvor die der RÖNTGENstrahlen. Sie erschloß »eine neue Welt von Tatsachen, welche den Physiker, den Astronomen und selbst den Chemiker interessieren« (1898 H. BECQUEREL und H. DESLANDRES). Der sich aus der gemessenen Frequenzverschiebung $\Delta\nu$ ergebende e/m-Wert (spezifische Elektronenladung) stimmte mit dem der Katodenstrahlteilchen (1897 J. J. THOMSON) überein. Damit war nachgewiesen, daß inneratomare elektrische Ladungen existieren, die für die Lichtemission des Atoms verantwortlich sind.

Viele Untersuchungen durch Z. u. a. führten zur Entdekkung weiterer Aufspaltungsarten, 1897 zum anomalen ZEEMAN-Effekt, d. i. die Aufspaltung einer Linie von Nichtsingulettatomen in mehr als 3 Komponenten, und 1912 zum PASCHEN-BACK-Effekt, d. i. der Übergang vom anomalen zum normalen ZEEMAN-Effekt bei sehr starken Magnetfeldern. 1913 entdeckte J. STARK das Analogon der elektrischen Aufspaltung bei Wasserstofflinien mittels Kanalstrahlen. Diese Entdeckungen beeinflußten wesentlich die Weiterentwicklung der Physik, insbesondere die Quantenphysik, und konnten dann mit der Quantentheorie vollständig erklärt werden.

Außer mit der Aufspaltung von Spektrallinien befaßte sich Z. mit Präzisionsmessungen unter anderem zum FRESNELschen Mitführungskoeffizienten (durch Vervollkommnung des FIZEAUschen Interferenzversuches) und zur Prüfung der Gleichheit von schwerer und träger Masse (mittels einer höchstempfindlichen Drehwaage). Des weiteren untersuchte er experimentell die Hyperfeinstruktur von Spektrallinien infolge der Kernmomente.

Gemeinsam mit LORENTZ erhielt Z. 1902 den Nobelpreis für Physik. Wi

Literatur: Zeeman, P.: Researches in Magneto-Optics, with special Reference to the Magnetic Resolution of Spectrums Lines (London 1913), dtsch Magneto-optische Untersuchungen mit besonderer Berücksichtigung der magnetischen Zerlegung der Spektrallinien (Leipzig 1914).

Paschen, F.: Pieter Zeeman zum siebenzigsten Geburtstag, in: Naturwiss. 23 (1935), 21, 329f.

Zeppelin, Ferdinand Graf von, Luftschiffbauer, geb. 8. 7. 1838 Konstanz, gest. 8. 3. 1917 Berlin.

Z. baute das erste voll manövrierfähige starre Luftschiff. Damit wurde es möglich, unabhängig vom Wind beliebige Ziele auf dem Luftwege zu erreichen.

Z. entstammte dem württembergischen Adel und schlug die militärische Laufbahn (Kavallerieoffizier) ein, obwohl er von Jugend an technisch interessiert war und auch ein kurzes polytechnisches Studium absolvierte. Seine militärischen Erfahrungen lenkten seine Interessen auf die Luftfahrttechnik. Während des Bürgerkrieges in den USA (1861–1865) war er Militärbeobachter bei den Truppen der Nordstaaten und erlebte den Einsatz von Ballons zu Aufklärungszwecken; er nahm auch selbst an einem solchen Aufstieg teil. Bei der Belagerung von Paris im deutsch-französischen Krieg, als 66 Ballons aus der eingeschlossenen Stadt flogen, erkannte er erneut die Möglichkeiten der Luftfahrt, allerdings auch die Notwendigkeit der Lenkung eines Luftfahrzeuges, um ein bestimmtes Ziel sicher zu erreichen; mit den völlig vom Wind abhängigen Ballons war das nicht möglich. Schon bei der Erfindung des Ballons war dieser Mangel erkannt und nach Abhilfe gesucht worden. J. MONTGOLFIER schlug z. B. vor, den Ballon schräg zu halten, um beim Aufstieg eine horizontale Bewegungskomponente zu erhalten. Seitdem hatte es viele Lösungsvorschläge gegeben. Sie scheiterten, soweit sie theoretisch überhaupt möglich waren, vor allem durch das Fehlen eines leichten Motors, der stark genug war, einen großen Ballonkörper gegen den Wind voranzubringen. Weiterhin mußte gegen den hierbei auftretenden Luftwiderstand der gasgefüllte Körper formstabil gehalten werden. Manche in diese Richtung zielende gute Idee konnte allein aus Geldmangel nicht erprobt werden.

Als Z. 1890 seinen Abschied als Generalmajor nahm, konnte er endlich seine Luftschiffpläne in Angriff nehmen. Solange er im aktiven Dienst stand, hatte er gefürchtet, für geistesgestört gehalten zu werden, wenn er sich mit solchen Plänen befaßte. Auch jetzt stieß er bei Generalstab und Kaiser auf beleidigende Ablehnung, als er unter Hinweis auf die militärischen Einsatzmöglichkeiten von Luftfahrzeugen um Unterstützung ersuchte. Z. verfügte jedoch über ein ansehnliches Vermögen, so daß er dennoch seine Pläne vorantreiben konnte; auch gab es inzwischen leistungsstarke und dabei leichte Ottomotoren, und Aluminium war so billig geworden, daß es als idealer Baustoff genutzt werden konnte. Z. entwarf einen »Schleppzug der Lüfte«, bestehend aus drei beweglich gekoppelten Teilen aus einem stoffbespannten starren Aluminiumgerüst mit Gasballons im Inneren. Der vordere und der hintere Teil waren zugespitzt und trugen die Motoren, der zylindrische Mittelteil trug die Nutzlast. Auf dieses Luftfahrzeug nahm Z. 1895 ein Patent, das übrigens in die Klasse »Sport und Spiele« eingeordnet wurde. Im gleichen Jahr versuchte in Berlin der von einem Aluminiumfabrikanten unterstützte ungarische Holzhändler D. SCHWARZ einen Aufstieg des von ihm entwickelten Ganzmetallluftschiffes, der aber mißlang. Wirklich in die Luft erhob sich das Luftschiff erst 1897 nach dem Tode des Erfinders in Anwesenheit von Z., der dann auch auf vertraglicher Grundlage die Erfahrungen von SCHWARZ nutzte. Z. gründete zur Verwirklichung seiner Pläne eine »Aktiengesellschaft zur Förderung der Luftfahrt«, zu deren Kapital von 800 000 M er über die Hälfte selbst beisteuerte. Im Juli 1900 war das erste gegenüber dem Patententwurf konstruktiv abgeänderte Luftschiff von 128 m Länge und 11,7 m Durchmesser fertiggestellt. Mit zwei 16-PS-Motoren erreichte es bei der Probefahrt über dem Bodensee 31 km/h, die höchste bis dahin von Luftschiffen erreichte Geschwindigkeit, die nun auch einen erfolgreichen Einsatz bei normalen Windstärken versprach. Das Kapital der Gesellschaft war aber aufgezehrt, und da bis zum gewinnbringenden Einsatz des grundsätzlich als brauchbar erwiesenen Konstruktionssystems noch einige Arbeit zu leisten war, fand sich kein weiterer Geldgeber. Öffentliche Aufrufe und tausende Briefe von Z. an seine Standesgenossen kosteten mehr, als sie einbrachten. Erst eine Geldlotterie in Württemberg schuf neue Möglichkeiten. Z.s zweites Luftschiff wurde durch einen Sturm zerstört. Erst das dritte brachte mit verbesserter Stabilisierung und Steuerung durch die in der Folge charakteristisch gewordenen Flossen einen vollen Erfolg, der mit dem vierten Luftschiff noch ausgebaut wurde. Z. wurde berühmt, und als das Luftschiff LZ IV bei einem Gewitter am Boden verbrannte, kam es spontan zu einer Spendenaktion. Auch die deutschen

F. von Zeppelin

G. A. Zeuner

Militärs begannen sich für die »Zeppeline« zu interessieren. Von den bis zum Beginn des 1. Weltkrieges gebauten 25 Luftschiffen gingen dann auch 15 an Heer und Marine. Das Schicksal dieser 25 Schiffe zeigt aber ihre Schwachstellen: die große Angriffsfläche, die der mächtige Körper dem Sturm bietet, was vor allem bei Verankerung am Boden gefährlich wird, und die explosive Wasserstoffüllung. 8 dieser Luftschiffe gingen durch Unwetter verloren, 3 durch Explosionen. Auch als im Krieg nahezu 100 Luftschiffe zur Aufklärung und für Bombenangriffe – vor allem auf entfernte Ziele wie England – eingesetzt wurden, gingen fast alle durch Katastrophen und Beschuß, für den sie ein gutes Ziel waren, zugrunde.

Nach dem Tode Z.s erlebten die Luftschiffe in den 20er Jahren noch eine kurze Blüte als Verkehrsmittel, bevor sie durch das sicherere Flugzeug abgelöst wurden. Am erfolgreichsten war LZ 127, das 1929 in 20 Tagen bei rund 300 Stunden reiner Fahrzeit mit 124 km/h Durchschnittsgeschwindigkeit als erstes Luftfahrzeug die Erde umrundete.

Die

Literatur: Bélafi, M.: Graf Ferdinand von Zeppelin (3. Aufl. Leipzig 1990).

Zeuner, Gustav Anton, Ingenieur und Technikwissenschaftler, geb. 30.11.1828 Chemnitz, gest. 17.10.1907 Dresden.

Z. wurde zum Begründer der Technischen Thermodynamik durch eine umfassende Analyse grundlegender Erkenntnisse der Physik im Rahmen der mechanischen Wärmetheorie und ihre Anwendung auf die Dampfmaschine ab 1860.

Nach dem Schulbesuch und einer Tischlerlehre erhielt Z. eine erste erweiterte Ausbildung an der Gewerbeschule in Chemnitz. 1848–1851 widmete er sich an der Bergakademie Freiberg unter dem Einfluß seines Lehrers J. WEISBACH vor allem dem Studium der Mechanik, der Maschinenlehre und der Hydraulik. Es folgten eine kurze Lehrertätigkeit an der Gewerbeschule seiner Heimatstadt (1851) und an der Univ. Leipzig die Promotion über das Foucaultsche Pendel (1853). 1855 wurde Z. an das neu errichtete Eidgenössische Polytechnikum Zürich berufen und war dort Vorstand der mechanischen Abteilung. 1865–1868 wirkte er als Dir. des Polytechnikums und schuf in dieser Zeit jene Werke, die seinen wissenschaftlichen Ruf begründeten. Z.s Berufungen zum Dir. der Bergakademie Freiberg (1871–1875) und des Polytechnikums Dresden (bereits ab 1873 bis 1890) brachten ihm den Höhepunkt seiner Laufbahn. Die Vielzahl von Maßnahmen zur Reorganisation dieser Einrichtungen unter seiner Leitung fanden mit der Verleihung des Status einer Technischen Hochschule an die Dresdener Bildungsstätte (1890) ihren Abschluß. Z. wurde zum Begründer einer wissenschaftlichen Schule der Technischen Thermodynamik, ehe er sich 1897 als Hochschullehrer zurückzog.

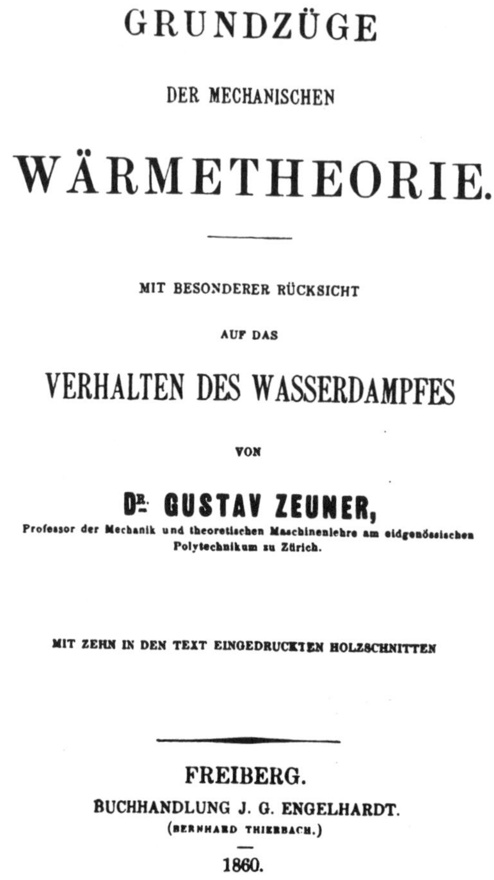

GRUNDZÜGE

DER MECHANISCHEN

WÄRMETHEORIE.

MIT BESONDERER RÜCKSICHT

AUF DAS

VERHALTEN DES WASSERDAMPFES

VON

DR. GUSTAV ZEUNER,

Professor der Mechanik und theoretischen Maschinenlehre am eidgenössischen Polytechnikum zu Zürich.

MIT ZEHN IN DEN TEXT EINGEDRUCKTEN HOLZSCHNITTEN

FREIBERG.

BUCHHANDLUNG J. G. ENGELHARDT.

(BERNHARD THIERBACH.)

1860.

Titelblatt zu dem von G. A. Zeuner geschaffenen, 1860 erschienenen ersten Lehrbuch der technischen Wärmelehre

Bevor sich Z. seinem Hauptarbeitsgebiet, der mechanischen Wärmetheorie, zuwandte, beschäftigte er sich mit einer Reihe unmittelbarer praktischer Fragen, wie der Leistungsfähigkeit von Wasserturbinen und der Steuerung von Dampfmaschinen. Das von ihm vorgeschlagene, leicht überschaubare Verfahren zur Bestimmung der Dampfverteilung mittels Schiebers (mit Hilfe des Zeunerschen Schieberdiagramms) fand aufgrund der einfachen Handhabbarkeit durch den praktisch tätigen Ingenieur rasche Verbreitung.

Ab 1859 erschien eine ganze Kette von Lehrb. und Zeitschriftenbeiträgen, die eine immer bessere theoretische Beherrschung der thermischen Vorgänge in einer »Wärmekraftmaschine« ermöglichten und schließlich unter dem Namen »Technische Thermodynamik« eine neue technikwissenschaftliche Disziplin begründeten. Die meisten seiner Überlegungen dienten Z. der Beantwortung einer grundlegenden Frage: »Wie verhält sich der Dampf in unseren Dampfmaschinen und wie läßt sich möglicherweise bei denselben alle oder der größte Teil der im Dampfe enthaltenen Wärme nützlich verwerten, d.h. in mechanische Arbeit verwandeln?« Die von ihm gefundenen Lösungen hatte er durch Auswertung wärmetheoretischer Erkenntnisse der physikalischen Forschung gewonnen und in einer »für die praktische Anwendung bequemeren Form« dargestellt, worin die größte Bedeutung seines eigenen schöpferischen Beitrages liegt. Gleichberechtigt neben dem Experiment stand für Z. der theoretische Weg zum Erkenntnisgewinn. Als in den 60er Jahren des 19. Jh. die Anwendung überhitzter Dämpfe in den Dampfmaschinen noch weitgehend umstritten war, formulierte Z., »daß Versuche allein die Frage keineswegs aufklären werden, solange man ... sich bei der Diskussion der Versuchsresultate nicht auf vorausgegangene theoretische Untersuchungen zu stützen vermag.« In diesem Sinne nutzte er die Ergebnisse des Theoretikers R. Clausius ebenso wie die experimentellen Daten von H. V. Regnault und G. A. Hirn für das von ihm verfolgte Anliegen. Anders als durch Hirn wurden allerdings die Wärmeverluste über die Wandungen von Dampfzylindern durch Z. jahrzehntelang unterschätzt.

Schüler von Z. waren unter anderem W. C. Röntgen und C. v. Linde, Nachfolger auf seinem Dresdener Lehrstuhl R. Mollier und F. Merkel. Bemerkenswert ist Z.s wissenschaftsorganisatorischer Beitrag als Hauptredakteur (1853–1855) des »Civilingenieur«, der ersten wissenschaftlichen deutschen Fachztschr. auf dem Gebiet der Technik. Im Gegensatz zu seinem revolutionären Engagement als Mitgl. der Freiberger Kommunalgarde bei den Dresdener Maikämpfen 1849 (nachfolgend Verbot der sächs. Staatsregierung, an einer Bildungsanstalt des Landes unterrichten zu dürfen) stand seine spätere eher konservative Haltung.

Lo

Literatur: Zeuner, G.A.: Die Schiebersteuerungen mit besonderer Berücksichtigung der Lokomotivsteuerung (6. Aufl. Leipzig 1904), Grundzüge der mechanischen Wärmetheorie (2. Aufl. Leipzig 1877), Das Lokomotiv-Blasrohr (Zürich und Leipzig 1863), Theorie der überhitzten Wasserdämpfe, in: VDI-Z. 11 (1867), Spalte 41–66, Abhandlungen aus der mathematischen Statistik (Leipzig 1869), Technische Thermodynamik (3. Aufl. Leipzig 1905/06), Vorlesungen über Theorie der Turbinen (Leipzig 1899).

Ziegler, Karl, Chemiker, geb. 26. 11. 1898 Helsa bei Kassel, gest. 11. 8. 1973 Mülheim/Ruhr.

Z. fand mit der Entdeckung der metallorganischen Mischkatalysatoren, Gemische aus aluminiumorganischen Verbindungen und Titanium-, Vanadium- oder Cobalthalogeniden (nach ihm Ziegler-Katalysatoren genannt), den Schlüssel zur Darstellung zahlreicher synthetischer Polymerer, z. B. von Niederdruckpolyethylen, Polypropylen, Poly-1-buten, Poly-4-methyl-1-penten, Ethylen-Propylen-Kautschuk, cis-1,4-Polybutadien und cis-1,4-Polyisopren, deren Großproduktion eine neue Stufe in der Produktion von Plasten und Elasten einleitete.

Z. entstammte einer Pfarrersfamilie. 1910 zogen die Eltern von Helsa nach Marburg. Dort begann Z. als Gymnasiast, sich in seiner Freizeit mit chemischen Experimenten zu beschäftigen. 1916 nahm er an der Univ. Marburg das Studium der Chemie auf. Infolge seiner ausgezeichneten Kenntnisse kam er wenige Wochen später gleich ins 3. Semester. Bereits nach 3½ Jahren (1920) schloß Z. das Studium mit der Promotion ab; 1923 habilitierte er sich, inzwischen Assistent bei seinem Lehrer K. v. Auwers geworden, mit einer Arbeit über stabile Radikale. Ab 1925 lehrte er für kurze Zeit in Frankfurt/Main. 1926 wurde Z. nach Heidelberg berufen, 1936 nach Halle, wo er als Dir. des Chemischen Instituts der Univ. bis 1945 tätig war. 1943 wurde ihm zusätzlich die Leitung des damaligen Kaiser-Wilhelm-Instituts für Kohlenforschung (später Max-Planck-Institut) übertragen, die er bis zu seiner Emeritierung 1969 innehatte.

Z.s wissenschaftliches Werk ist außerordentlich vielfältig. Seine systematischen Untersuchungen zur Chemie der Aluminiumalkyle führten zum Auffinden der metallorganischen Mischkatalysatoren (Ziegler-Katalysatoren), die sich als äußerst brauchbar zur Darstellung von Niederdruckpolyethylen und zahlreichen weiteren Plasten und Elasten erwiesen. Die Anwendung der ZIEGLER-Katalysatoren erfolgte in kürzester Zeit in großtechnischem Maßstab, als gleich nach deren Entdeckung G. NATTA festgestellt hatte, daß durch Polymerisation mittels dieser Katalysatoren isotaktische Polymere (»geordnete« Polymere, alle Stubstituenten sind auf der gleichen Seite der Polymerenkette angeordnet) zugänglich wurden. Weiterhin hat Z. sich von 1923 (Habilitation) bis 1950 mit der Darstellung und Untersuchung stabiler Radikale beschäftigt. Hieraus resultierten 24 Publikationen. Mit seinen Arbeiten zur Polymerisation von Butadien in Gegenwart von Natrium konnte er den Beweis erbringen, daß das Natrium die Polymerisation auslöst. Durch die schöpferische Anwendung eines bereits 1912 von P. RUGGLI publizierten, jedoch wenig beachteten Verdünnungsprinzips zur Synthese vielgliedriger alicyclischer Ringe konnte Z. eine allgemeine anwendbare Methode (später RUGGLI-ZIEGLERsches Verdünnungsprinzip genannt) zugänglich machen, nach der sich solche Ringe in Ausbeuten zwischen 60 % und 80 % synthetisieren ließen. Die bis dahin bekannten Syntheseverfahren hatten im Bereich der neun- bis elfgliedrigen Ringe nur Spuren der gewünschten Verbindung ergeben. 1942 fand Z. im N-Bromsuccinimid ein Reagens zur selektiven Bromierung von Alkenen in Allylstellung zur Doppelbindung.

Z.s wissenschaftliches Werk fand seinen Niederschlag in mehr als 200 Veröffentlichungen. Er erhielt zahlreiche Ehrungen, vier Ehrendoktorate, fünf Ehrenmitgliedschaften in chemischen Gesellschaften und vier Mitgliedschaften in wissenschaftlichen Akademien. 1963 wurde Z. zusammen mit NATTA für die Arbeiten zur Chemie und Technologie der ZIEGLER-Katalysatoren und der Alkenpolymerisation der Nobelpreis für Chemie verliehen. Re

Literatur: Ziegler, K.: Über 200 Originalarbeiten, zusammengestellt von G. Wilke, in: Liebigs Ann. Chem. 1975, 822–833.
Wilke, G.: Nachruf auf Karl Ziegler, in: Liebigs Ann. Chem. 1975, 804–833.

Zinin, → Sinin.

Ziolkowski (Ciolkovskij), Konstantin Eduardowitsch, Aero- und Raketendynamiker, geb. 5. (17.) 9. 1857 Ishewskoje (Gouv. Rjasan), gest. 19. 9. 1935 Kaluga.

Z. gilt als einer der Begründer und »Väter« der Kosmonautik. Seine Hauptleistungen liegen auf den Gebieten Aero- und Raketendynamik sowie den Grundlagen der Weltraumfahrt in ihrer Gesamtheit.

Z. entstammte der Familie eines Försters. Infolge einer schweren Krankheit im 10. Lebensjahr wurde er fast taub, konnte die Schule nicht mehr besuchen und wurde dadurch zum Autodidakten, was den Stil seiner Arbeit wesentlich prägte. Hinzu kam, daß in den kleinen Orten, in denen Z. lebte, die neuere Fachliteratur kaum zugänglich war, so daß er sich für seine Forschungsarbeiten notwendiges Wissen z. T. selbst neu erarbeitete: »Anfangs machte ich längst bekannte Entdeckungen, dann neuere und danach auch völlig neue«, äußerte er selbst dazu. Ab 1873 ermöglichte ihm der Vater einen dreijährigen Studienaufenthalt in Moskau. 1879 legte Z. extern ein Examen als Volksschullehrer ab und wurde Lehrer für Arithmetik und Geometrie an der Zweiklassenschule von Borowsk (Gouv. Kaluga). Ab 1892 wurde er Lehrer in Kaluga.

1881 verfaßte Z. die erste umfangreiche Arbeit über die kinetische Gastheorie, ohne daß er Kenntnis von den Arbeiten J. C. MAXWELLS und L. BOLTZMANNS hatte. Obwohl der Arbeit der Neuheitswert fehlte, erkannte die St. Petersburger Physikalisch-Chemische Gesellschaft doch die Originalität Z.s und wählte ihn zu ihrem Mitgl. Um 1885 begann sich Z. zielgerichtet mit den Problemen der Luftfahrt zu befassen. Erstes Ergebnis war der Entwurf eines steuerbaren Luftschiffes aus Metall mit veränderbarem Volumen, um eine konstante Auftriebskraft zu ermöglichen. Das Projekt fand im damaligen Rußland jedoch ebensowenig Anerkennung wie die 1892 gedruckte Arbeit »Ein lenkbarer Metallballon«. Kurz danach entwickelte Z. die Idee eines Ganzmetallflugzeuges und veröffentlichte dazu 1894 einen grundlegenden Artikel »Der Aeroplan oder die vogelähnliche Flugmaschine« mit Berechnungen und Zeichnungen. Er wies darauf hin, daß es technisch nicht sinnvoll ist, die Flügelbewegungen eines Vogels nachzuahmen. Z. schlug starre Flügel mit dicken Profilen vor. Er berücksichtigte erstmals in der Literatur die Flügelstreckung, den Wirkungsgrad der Luftschraube; den Rumpf stellte er stromlinienförmig dar. Um den Koeffizienten des Luftwiderstandes bei verschiedenen Flugkörperformen genauer bestimmen zu können, baute Z. mit seinen wenigen Mitteln 1897 in Kaluga den ersten Windkanal mit offener Meßstrecke in Rußland. Bei dem bedeutenden Moskauer Aeromechaniker N. J. SHUKOWSKI fanden die ein Jahr später veröffentlichten Ergebnisse wohlwollendes Interesse; trotzdem blieben Z.s weitere Arbeiten zur experimentellen Aerodynamik im wesentlichen unbeachtet.

K. Ziegler

K. E. Ziolkowski

1893 hatte Z. eine phantastische Erzählung »Auf dem Monde« veröffentlicht. Zwei Jahre später begann er sich intensiv mit den theoretischen Grundlagen der Raketenbewegung zu befassen. Grundproblem der Mechanik der Raketenbewegung war, daß man es hierbei mit einem Körper zu tun hatte, der seine Masse kontinuierlich ändert. Die Theorie dieser Bewegung auf der Grundlage der NEWTONschen Mechanik wurde erst 1897 in Rußland geschaffen, und zwar unabhängig voneinander von I. W. MESTSCHERSKI und von Z. Während MESTSCHERSKI das Problem jedoch als rein theoretisch-mechanisches behandelte, leitete es Z. direkt zur Berechnung der geradlinigen Bewegung einer Rakete ab. 1903 konnte er seine Ergebnisse unter dem Titel »Erforschung des Weltraums mittels Reaktionsapparaten« in der russ. Ztschr. »Wissenschaftliche Rundschau« veröffentlichen. Sie enthält die heute als ZIOLKOWSKI-Formel oder Raketengrundgleichung bekannte Beziehung zur Berechnung der Endgeschwindigkeit einer Rakete. Neben der theoretischen Behandlung des Raketenfluges ist in dieser Arbeit auch der Entwurf einer Rakete großer Reichweite wiedergegeben, die sogar einen Raum für Kosmonauten mit Versorgungssystem enthält. Aber erst als 1923 in Deutschland das Buch von H. OBERTH »Die Rakete zu den Planetenräumen« erschien, und man daraufhin Z.s Arbeit neu herausgab, wurde sie allmählich zur Kenntnis genommen.

Aufgrund seiner Untersuchungen empfahl Z. den Einsatz von Flüssigkeitstriebwerken. Er bearbeitete Probleme der Steuerungs- und Lenktechnik von Raketen, entwickelte das

Prinzip der Kreiselsteuerung sowie Grundlagen eines Lageorientierungsverfahrens von Raumflugkörpern mittels Photozellen. Hervorzuheben sind seine Gedanken über interplanetare Reisen und in diesem Zusammenhang Vorstellungen über mehrstufige Raketen als grundlegende Voraussetzung der Trägerraketentechnik. Der Begriff »Sputnik« wurde von ihm erstmals in seiner heutigen Bedeutung gebraucht. Er beschrieb den Aufbau und die Versorgung von Raumstationen. 1926 erschienen seine Betrachtungen zum Raketenflug in Buchform. In den letzten Lebensjahren arbeitete Z. auch an der Theorie eines rückstoßgetriebenen Flugzeuges, entwarf ein Luftkissenfahrzeug u. a.

In der Sowjetunion wurde Z. endlich die verdiente Anerkennung zuteil. Durch einen Erlaß des Rates der Volkskommissare der RSFSR wurde ihm 1921 eine erhöhte lebenslange Rente zuerkannt; seine Artikel und Bücher wurden veröffentlicht, seine Ideen wurden popularisiert. Rund 80 % seiner über 600 Abhandlungen entstanden erst in dieser Zeit. Eng arbeitete Z. mit den in Moskau und Leningrad Ende der 20er Jahre gebildeten »Gruppen zum Studium der Rückstoßbewegung« (GIRD) zusammen, aus denen die Pioniere der sowjet. Weltraumfahrt hervorgingen.

Z. hatte auch viele originelle Ideen zur Geophysik, Biologie, Philosophie und Sprachwissenschaft, die allerdings zum Teil umstritten sind. Über seine Vielseitigkeit äußerte er sich in seiner Autobiographie: »Durch meine außergewöhnliche Wißbegierde bin ich Enzyklopädist ... Meine Naturphilosophie ... erforderte ebenfalls Kenntnisse in allen Wissenszweigen.« Ka

Literatur: Ciolkovskij, K. E.: Sobranie sočinenij, Bd. 1–5 (Moskau 1951–1964), Die Erforschung des Weltraumes mit Rückstoßgeräten (erste deutsche Veröffentlichung), in: Die Schul- und Volkssternwarte Suhl pflegt das wissenschaftliche Erbe von Konstantin Eduardowitsch Ziolkowski (Suhl 1983).

Arlazorov, M. S.: Ciolkovskij (Moskau 1962); Herrmann, D. B.: K. E. Ciolkovskij im Spiegel westeuropäischer Raumfahrtliteratur, in: NTM-Schriftenr. 18 (1981) 2, 8–16; K. E. Ciolkovskij v vospominaniâh sovremennikov (Tula 1983); Kosmodemjanski, A. A.: Konstantin Eduardowitsch Ziolkowski (Leipzig 1979).

Zöllner, Johann Karl Friedrich, Physiker und Astrophysiker, geb. 8. 11. 1834 Berlin, gest. 25. 4. 1882 Leipzig.

Z. war einer der Bahnbrecher bei der Herausbildung der neuen Wissenschaftsdisziplin Astrophysik und leistete Grundlegendes bei der Ausarbeitung astrophysikalischer Forschungsziele und -methoden.

Z.s Vater besaß eine Textildruckerei in Berlin. Die Familie hatte 11 Kinder. Den ersten Unterricht erhielt Z. von seiner Mutter. Erst mit 13 Jahren wurde er in das Gymnasium aufgenommen. Schon damals machte sich eine besondere Vorliebe für physikalische Versuche und Konstruktionen bemerkbar, die von seinen Lehrern gefördert wurde. Im Herbst 1855 ließ sich Z. an der Berliner Univ. immatrikulieren, wo er neben Physik und Mathematik auch die Fächer Meteorologie, Chemie u. a. belegte. Durch G. Wiedemann wurde Z. bewogen, seine Studien an der Univ. Basel fortzusetzen. Er promovierte 1858 in Basel mit einer Arbeit über technische Photometrie und kehrte vorübergehend nach Berlin zurück. Z. folgte dann einem Angebot von C. Bruhns und setzte seine photometrischen Studien an der Leipziger Univ.-Sternwarte fort (1862). 1865 habilitierte er sich an der Univ. Leipzig mit seinen umfangreichen »Photometrischen Untersuchungen«. Im darauffolgenden Jahr wurde er ao. Prof. für physikalische Astronomie und 1872 o. Prof. Umfangreiche Vorlesungstätigkeit, intensive Forschungsarbeit sowie die Konstruktion mehrerer astrophysikalischer Forschungsinstrumente bestimmten die ersten Jahre seines Wirkens in Leipzig. 1869 wurde Z. zum Mitgl. der Sächsischen Gesellschaft der Wissenschaften gewählt.

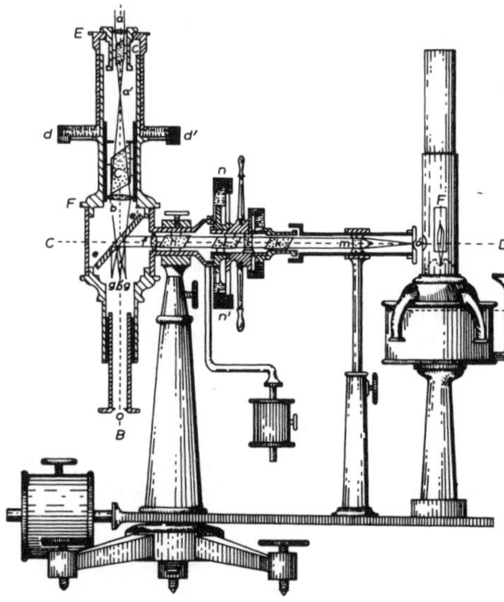

Zöllner-Photometer (aus »Photometrische Untersuchungen ...«, Leipzig 1865, Tafel III, *e-e'* halbdurchlässiger Spiegel, *o* Fernrohrobjektiv, *i-k* Nicolprismen, *F* Vergleichslichtquelle

Mit dem Erscheinen seines Buches »Über die Natur der Cometen« (1. Aufl. 1870) begann eine polemische Epoche in Z.s Leben. Unsachliche und wenig fruchtbare Auseinandersetzungen mit Fachkollegen hinderten ihn zunehmend an produktiver wissenschaftlicher Arbeit.

Nach einer Begegnung mit dem engl. Physiker W. Crookes anläßlich seiner Englandreise (1875) begann sich Z. mit spiritistischen Phänomenen zu beschäftigen, wodurch seine Stellung in der Fachwelt weiter erschüttert wurde. Trotz dieser Situation ließ Z. damals in rascher Folge die 4 umfangreichen Bde. seiner »Wissenschaftlichen Abhandlungen« erscheinen (1878–1881). Sein Tod erfolgte plötzlich und unerwartet.

Als Z. seine wissenschaftliche Laufbahn begann, hatten G. R. Kirchhoff und R. W. Bunsen durch die Entdeckung der Spektralanalyse (1860) gerade die entscheidende Basis für die über himmelsmechanische Fragestellungen hinausreichende Untersuchung kosmischer Objekte geschaffen. Bereits in seiner Habilitationsschrift erkannte Z. deutlich die weitreichenden Konsequenzen dieser Entwicklung als einen fortschreitenden Prozeß der Physikalisierung der Astronomie und sah die Entstehung einer neuen Wissenschaftsdisziplin voraus. Er schlug dafür die heute international übliche Bezeichnung Astrophysik vor. Z. entwickelte unter anderem das nach ihm benannte und für wichtige Forschungsprojekte vielbenutzte Astrophotometer, ein Reversionsspektroskop, ein Protuberanzenspektroskop u. a. Er stellte die Aussagekraft photometrischer Studien für die Erkundung wichtiger Eigenschaften der Planeten durch umfangreiche eigene Untersuchungen heraus, erkannte die ungleichen absoluten Helligkeiten der Fixsterne und rückte die Erforschung der Evolution von Fixsternen in den Bereich beobachtungsmäßiger Untersuchungen. Seine Theorie der veränderlichen Sterne beherrschte Jahrzehnte hindurch das Denken der Astrophysiker.

Bedeutend waren Z.s Hinweise zur Fixsternkosmogonie. In direkter Anknüpfung an die weitgehend in Vergessenheit geratenen kosmogonischen Ideen von I. Kant (1755) vertrat Z. eine Evolutionstheorie der Sterne und arbeitete astrophysikalische Untersuchungsverfahren dafür aus. Außer den Arbeiten von F. ENGELS und H. v. HELMHOLTZ gab es in der zeitgenössischen Literatur keine vergleichbaren Ansätze zur Würdigung der Verdienste KANTS um die Naturwissenschaften.

Z. trug auch wesentlich zur Institutionalisierung der Astrophysik bei. Auf seine Initiative entstand die astrophysikalisch orientierte Privatsternwarte des Herrn v. BÜLOW in Bothkamp bei Kiel, die als Keimzelle des 1874 gegründeten Astrophysikalischen Observatoriums Potsdam (AOP) anzusehen ist. Für die Leitung der Bothkamper Sternwarte schlug Z. seinen Freund und Schüler H. C. VOGEL vor, der später als Dir. des AOP zahlreiche Ideen Z.s in der Forschung realisierte.

Die Hinwendung Z.s zum Spiritismus basierte zunächst auf wissenschaftlichen Motiven im Zusammenhang mit der experimentellen Untersuchung der nichteuklidischen Geometrie, führte aber letztlich in mystizistische Vorstellungen hinein. Hervorragende Gelehrte, z. B. HELMHOLTZ, R. VIRCHOW und E. HAECKEL, distanzierten sich in scharfer Form von Z. So geriet dieser immer tiefer in die Isolation, verstärkt durch seine eigenen, sachlich oft völlig unangemessenen Polemiken. Während seiner fruchtbarsten Jahre aber hatte Z. einen herausragenden Anteil an der Entstehung der Astrophysik, zu deren Pionieren er gehört. Her

Literatur: Zöllner, J. K. F.: Wissenschaftliche Abhandlungen, 4 Bde. (Leipzig 1878–1881), Grundzüge einer allgemeinen Photometrie des Himmels (Berlin 1861), Über die Natur der Cometen (Leipzig 1870).

Hamel, J.: Bibliographie, in: Veröff. Archenhold-Sternwarte 10 (Berlin-Treptow 1982); Herrmann, D. B.: Karl Friedrich Zöllner (Leipzig 1982).

Zosimos von Panopolis, Alchemist, wahrscheinlich Ende 3./Anfang 4. Jh., geb. in Panopolis (Akhmim), Oberägypten, gest. in Alexandria.

Z. ist für die hellenistische Welt der erste, als historische Persönlichkeit sicher verbürgte alchemistische Schriftsteller.

Einzelheiten aus Z.' Leben sind kaum bekannt. Charakteristikum seiner Werke scheint der Übergang von der gnostisch-hermetischen Alchemie, die die Verfahren und verwendeten Stoffe mittels symbolhafter Umschreibung verschleierte und mystifizierte, zur neoplatonischen Alchemie, die die überlieferten Texte mit Hilfe von Allegorien zu interpretieren suchte und die das alchemistische Weltbild auf der Basis des Neoplatonismus philosophisch durchdrang und ausformte, zu sein. Zur Entwicklung praktischer chemischer Verfahren oder zur Erweiterung des Bereiches der verwendeten Stoffe scheint Z. wenig beigetragen zu haben. Z.' wichtigstes Werk ist die 28 Bücher umfassende Enzyklopädie mit dem Titel »Cheirokmeta« (Handfertigkeiten), gewidmet seiner »mystischen Schwester« THEOSEBEIA. Teile davon sind in Griechisch, Syrisch und Arabisch erhalten. Z. betrachtet alchemistische Operationen als ein Opfer, weshalb der sie Ausführende sich in ekstatische Zustände versetzen und mystische Zielvorstellungen zugrunde legen sollte. Allerdings ist wegen der bisher nur unvollkommenen Aufarbeitung der Schriften des Z. unklar, welche Ideen von ihm sind und welche auf frühere Autoren zurückgehen oder Ergebnis späterer Bearbeitungen sind. Daß Z. aus älteren Quellen geschöpft hat, belegt neben seiner deutlichen Verbindung zu Gnosis und Hermeneutik die von ihm gegebene Beschreibung des Destillationsapparates und seine Zitate aus den Schriften des PORPHYRIOS. Berichte über Z. und seine Anschauungen finden sich in der griech. Literatur bei SYNESIOS VON KYRENE, der ebenfalls Kontakte zur alexandrinischen Schule unterhielt, bei OLYMPIODOROS, der das Werk des Z. kommentiert hat, und weiteren spätantiken

J. K. F. Zöllner

K. Zuse

Schriftstellern. Spätere in griech. Sprache schreibende Alchemisten wie PSEUDO-STEPHANOS und ARCHELAOS setzten die bei Z. zum erstenmal sichtbar werdende Einbeziehung spezifischer philosophischer Erörterungen und Erklärungen alchemistischer Prozesse in die alchemistische Theorie fort, vertieften und erweiterten diese neue Denkweise in der hellenistischen Alchemie. Br

Literatur: Gruner, Ch. G. (Hrsg.): Zosimi de rythorum confectione fragmentum, nunc primum graece ac latine editum ... (Sulzbach 1814); Berthelot, M. u. Ruelle, Ch.-E. (Hrsg.): Collections des anciens alchimistes grecs, Bd. I–III (Paris 1887/88, Reprint London 1963).

Festugière, A. J.: La révélation d'Hermès Trismégiste, Bd. I (Paris 1944, 2. Aufl. 1950); Nock, A. D. u. Festugière, A. J. (Hrsg.): Corpus Hermeticum, Bd. IV (Paris 1954); Ullmann, M.: Die Natur- und Geheimwissenschaften im Islam (Leiden 1972).

Žukovskij, → Shukowski.

Zuse, Konrad, Ingenieur und Rechentechniker, geb. 22. 6. 1910 Berlin.

Z. gilt als Pionier der modernen Rechentechnik. Er widmete sich vornehmlich der Entwicklung und dem Bau von Rechenautomaten; 1941 gelang es ihm, den ersten voll arbeitsfähigen Computer (elektromechanischen Digitalrechner) der Welt in Betrieb zu nehmen.

Z. wuchs in einer preuß. Postbeamtenfamilie auf. Nach dem 1929 abgeschlossenen Abitur studierte er an der TH Berlin-Charlottenburg zunächst Maschinenbau, wechselte aber bald die Fakultät, zeigte Interesse für Architektur und nahm schließlich das Studium des konstruktiven Ingenieurbaues auf. Die Diplomprüfung erfolgte im Jahre 1935. In der Folgezeit (bis 1945) arbeitete Z. mit Unterbrechungen (1936–1939 selbständig; 1939/40 Wehrdienst) als Statiker in der Flugzeugindustrie. Gleichzeitig beschäftigte er sich als Autodidakt mit der Entwicklung und dem Bau von Rechenautomaten. Ab 1940 wurden diese Arbeiten besonders in der von ihm gegründeten Firma »Z.-Apparatebau« forciert. 1946 folgte die Gründung eines »Zuse-Ingenieurbüros« in Hopferau (Allgäu) und 1949 die der Zuse-KG in Neukirchen (Krs. Hünfeld/BRD), die später nach Bad Hersfeld verlegt wurde. Das Unternehmen ist seit 1977 schrittweise von der Siemens AG übernommen worden. Z. arbeitet seither vornehmlich auf wissenschaftlicher Ebene, ohne direkten Einfluß auf die industrielle Praxis.

Angeregt von der praktischen Forderung nach einer Vereinfachung und Systematisierung sich ständig wiederholender Rechenvorgänge bei statischen Berechnungen, begann Z. 1934 im wesentlichen auf eigene Kosten in der Wohnung der Eltern mit der Entwicklung und dem Bau von Rechenmaschinen. 1936 entstand die erste programmgesteuerte Rechenmaschine Z 1. Die Weiterentwicklung der »Prototypen« (Z 1 und Z 2) führte 1941 (drei Jahre vor dem unabhängig von ihm forschenden amerikanischen Mathematiker H. H. AIKEN) zu dem mit 2000 Relais arbeitenden ersten voll funktionsfähigen Rechenautomaten der Welt Z 3. Bei diesem Automaten kam es erstmals zur konsequenten Anwendung des Dualsystems; eine »halblogarithmische« Zahlenbildung mit Exponent und Mantisse wurde realisiert, die als Gleitkommadarstellung ein arithmetisches Grundprinzip der modernen Rechentechnik bildet.

Die für den Schaltungsentwurf von Z. entwickelte Logik erwies sich ebenfalls im nachhinein als ein Teil der modernen Aussagenlogik. Der Schaltungsaufbau wurde z. T. auch mit einer einfachen mechanischen Schaltgliedtechnik verwirklicht, die vor allem im universellen Automaten Z 4 für den Aufbau eines matrixförmigen Speichers benutzt worden ist.

Mit dem 1943 entwickelten Prinzip eines assoziativ arbeitenden Speichers gab Z. richtungsbestimmende Hinweise für die Entwicklung der modernen Computertechnik.

1944 entstand eine Anlage zur automatischen Meßwerterfassung- und -verarbeitung, eine Pionierleistung, die als Anstoß für die Herausbildung der automatischen Prozeßsteuerungstechnik gewertet werden kann.

Mit seinem »Plankalkül« entwickelte Z. ab 1945 auch eine Programmiersprache für Rechenautomaten (etwa 10 Jahre vor der Veröffentlichung der ersten problemorientierten Programmiersprache FORTRAN).

1955 entstanden die ersten elektronischen Rechner, die ab 1956 unter der Typenbezeichnung Z 11 vertrieben wurden. Später leistungsfähigere Anlagen sind insbesondere unter der Bezeichnung Z 22, Z 23 und Z 25 international bekannt geworden. Z. entwickelte auch automatische Zeichentische (Z 46).

Für seine Pionierleistungen auf dem Gebiet der Computertechnik erhielt Z. Auszeichnungen und Ehrungen zahlreicher wissenschaftlicher Gesellschaften. Er ist Honorarprof. der Univ. Göttingen, mehrfacher Ehrendoktor, unter anderem der TU Dresden, und seit 1972 Mitgl. der Leopoldina.

Zu Z.s Hobbys gehören Malerei und Grafik. Als Freizeit-Maler ist er unter dem Namen KUNO SEE bekannt geworden.

Ke

Literatur: Zuse, K.: Der Computer – Mein Lebenswerk (München 1970), Gesichtspunkte zur Beurteilung algorithmischer Sprachen (Bonn 1975), Ansätze einer Theorie des Netzautomaten (Leipzig 1975), Beschreibung des Plankalküls (München 1977).

Nobelpreisträger 1901–1990 der Physik (Ph), der Chemie (Ch) sowie der Physiologie und Medizin (M)

Jahr	Gebiet	Name und Lebensdaten	Verdienste
1901	Ph	Röntgen, Wilhelm Conrad 1845–1923	Entdeckung der später nach ihm benannten Strahlen
	Ch	van't Hoff, Jacobus Henricus 1852–1911	Entdeckung der Gesetze der chemischen Dynamik und des osmotischen Druckes in verdünnten Lösungen
	M	Behring, Emil von 1854–1917	Arbeiten über Serumtherapie und deren Anwendung gegen Diphtherie
1902	Ph	Lorentz, Hendrik Antoon 1853–1928	Untersuchungen über den Einfluß des Magnetismus auf Strahlungserscheinungen
		Zeeman, Pieter 1865–1943	
	Ch	Fischer, Emil Hermann 1852–1919	Arbeiten auf dem Gebiet der Zucker- und Purinsynthesen
	M	Ross, Sir Ronald 1857–1932	Entdeckung des Mechanismus der Malariaübertragung
1903	Ph	Becquerel, Henri Antoine 1852–1908	Entdeckung der natürlichen Radioaktivität
		Curie, Pierre 1859–1906	Gemeinsame Forschungen über die von Becquerel entdeckten Strahlen
		Curie geb. Skłodowska, Marie 1867–1934	
	Ch	Arrhenius, Svante August 1859–1927	Theorie der elektrolytischen Dissoziation
	M	Finsen, Niels Ryberg 1860–1904	Methode zur Behandlung von Hautkrankheiten mit konzentrierten Lichtstrahlen (Finsenlicht)
1904	Ph	Lord Rayleigh (John William Strutt) 1842–1919	Untersuchungen über die Dichte der wichtigsten Gase und Entdeckung des Edelgases Argon
	Ch	Ramsay, Sir William 1852–1916	Entdeckung der Edelgase und ihre Einordnung in das Periodensystem
	M	Pawlow, Iwan Petrowitsch 1849–1936	Arbeiten über die Physiologie der Verdauung
1905	Ph	Lenard, Philipp von 1862–1947	Arbeiten über Katodenstrahlen
	Ch	Baeyer, Adolf von 1835–1917	Forschungen über organische Farbstoffe und hydroaromatische Verbindungen
	M	Koch, Robert 1843–1910	Entdeckung der Tuberkelbakterien
1906	Ph	Thomson, Sir Joseph John 1856–1940	Arbeiten über den Durchgang der Elektrizität durch Gase
	Ch	Moissan, Henri 1852–1907	Arbeiten zur Isolierung des Elementes Fluor und Einführung des nach ihm benannten Ofens
	M	Golgi, Camillo 1843–1926	Arbeiten über den Bau des Nervensystems
		Ramón y Cajal, Santiago 1852–1934	
1907	Ph	Michelson, Albert Abraham 1852–1931	Entwicklung optischer Präzisionsinstrumente und damit durchgeführter spektroskopischer und meteorologischer Untersuchungen
	Ch	Buchner, Eduard 1860–1917	Entdeckung und Untersuchung der zellfreien Gärung

Jahr	Gebiet	Name und Lebensdaten	Verdienste
	M	Laveran, Charles Louis Alphonse 1845–1922	Arbeiten über die Bedeutung der Protozoen als Krankheitserreger
1908	Ph	Lippmann, Gabriel 1845–1921	Farbphotographisches Aufnahmeverfahren auf der Grundlage von Interferenzerscheinungen
	Ch	Rutherford, Sir Ernest 1871–1937	Untersuchungen über den radioaktiven Zerfall der Elemente und die Chemie radioaktiver Substanzen
	M	Ehrlich, Paul 1854–1915	
		Metschnikow, Ilja Iljitsch 1845–1916	Arbeiten über die Immunität
1909	Ph	Braun, Karl Ferdinand 1850–1918	
		Marconi, Guglielmo 1874–1937	Beiträge zur Entwicklung der drahtlosen Telegrafie
	Ch	Ostwald, Wilhelm 1853–1932	Arbeiten über Katalyse, chemische Gleichgewichte und chemische Reaktionsgeschwindigkeiten
	M	Kocher, Emil Theodor 1841–1917	Arbeiten über Physiologie, Pathologie und Chirurgie der Schilddrüse
1910	Ph	van der Waals, Johannes Diderik 1837–1923	Zustandsgleichung von Gasen und Flüssigkeiten
	Ch	Wallach, Otto 1847–1931	Forschungen über Riechstoffe und ätherische Öle
	M	Kossel, Albrecht 1853–1927	Arbeiten über Eiweißstoffe und die Chemie der Zelle
1911	Ph	Wien, Wilhelm 1864–1928	Entdeckung der Gesetze der Wärmestrahlung
	Ch	Curie geb. Skłodowska, Marie 1867–1934	Entdeckung der Elemente Radium und Polonium, Isolierung und Charakterisierung des Radiums und seiner Verbindungen
	M	Gullstrand, Allvar 1862–1930	Arbeiten über die Dioptrik des Auges
1912	Ph	Dalén, Nils Gustaf 1869–1937	Erfindung selbstwirkender Regulatoren für die Gasbehälter von Leuchttürmen und Leuchtbojen
	Ch	Grignard, Victor 1871–1935	Entdeckung der nach ihm benannten Reaktionen für organische Synthesen
		Sabatier, Paul 1854–1941	Hydrierung organischer Substanzen in Gegenwart fein verteilter Metalle
	M	Carrel, Alexis 1873–1944	Arbeiten über die Gefäßnaht sowie über Gefäß- und Organtransplantationen
1913	Ph	Kamerlingh Onnes, Heike 1853–1926	Untersuchungen der Materie bei tiefen Temperaturen, die u. a. zur Herstellung von flüssigem Helium führten
	Ch	Werner, Alfred 1866–1919	Arbeiten über die Bindungsverhältnisse der Atome in Molekülen
	M	Richet, Charles Robert 1850–1935	Arbeiten über Anaphylaxie
1914	Ph	Laue, Max von 1879–1960	Entdeckung der Röntgenstrahl-Interferenzen in Kristallen
	Ch	Richards, Theodore William 1868–1928	Exakte Bestimmung der Atommasse zahlreicher chemischer Elemente
	M	Bárány, Robert 1876–1936	Arbeiten über Physiologie und Pathologie des Vestibularapparates (Gleichgewichtsorgan im Ohr)
1915	Ph	Bragg, Sir William Henry 1862–1942	Erforschung der Kristallstrukturen mit Hilfe der Röntgenstrahlen
		Bragg, Sir William Lawrence 1890–1971	
	Ch	Willstätter, Richard Martin 1872–1942	Untersuchungen über Farbstoffe im Pflanzenreich, besonders über Chlorophyll
	M	kein Preis verliehen	
1916	Ph	kein Preis verliehen	
	Ch	kein Preis verliehen	
	M	kein Preis verliehen	
1917	Ph	Barkla, Charles Glover 1877–1944	Entdeckung der charakteristischen Röntgenstrahlung der Elemente
	Ch	kein Preis verliehen	
	M	kein Preis verliehen	

Jahr	Gebiet	Name und Lebensdaten	Verdienste
1918	Ph	Planck, Max 1858–1947	Entdeckung des Wirkungsquantums
	Ch	Haber, Fritz 1868–1934	Synthese des Ammoniaks aus Stickstoff und Wasserstoff
	M	kein Preis verliehen	
1919	Ph	Stark, Johannes 1874–1957	Entdeckung des Dopplereffekts bei Kanalstrahlen und Aufspaltung von Spektrallinien im elektrischen Feld
	Ch	kein Preis verliehen	
	M	Bordet, Jules 1870–1961	Entdeckungen auf dem Gebiet der Immunität
1920	Ph	Guillaume, Charles Edouard 1861–1938	Entdeckung von Nickel-Stahl-Legierungen mit minimalem Ausdehnungskoeffizienten (Invarstahl) für Präzisionsphysik
	Ch	Nernst, Walther Hermann 1864–1941	Arbeiten über Thermochemie
	M	Krogh, August 1874–1949	Entdeckung des kapillarmotorischen Regulationsmechanismus
1921	Ph	Einstein, Albert 1879–1955	Entdeckung des Gesetzes des photoelektrischen Effektes (Lichtquantenhypothese)
	Ch	Soddy, Frederick 1877–1956	Arbeiten über Ursprung und Natur der Isotope und Untersuchungen radioaktiver Stoffe
	M	kein Preis verliehen	
1922	Ph	Bohr, Niels 1885–1962	Erforschung des Aufbaus der Atome und der von ihnen ausgehenden Strahlung
	Ch	Aston, Francis William 1877–1945	Entdeckung der Isotope in zahlreichen nicht radioaktiven Elementen durch seinen Massenspektrographen und der Regel der Ganzzähligkeit
	M	Hill, Archibald Vivian 1886–1977	Entdeckungen auf dem Gebiet der Wärmeerzeugung der Muskeln
		Meyerhof, Otto Fritz 1884–1951	Entdeckung des Verhältnisses zwischen Sauerstoffverbrauch und Milchsäureproduktion in Muskeln
1923	Ph	Millikan, Robert Andrews 1868–1953	Arbeiten über die elektrische Elementarladung und über den photoelektrischen Effekt
	Ch	Pregl, Fritz 1869–1930	Entwicklung der quantitativen Mikroanalyse organischer Substanzen
	M	Banting, Sir Frederick Grant 1891–1941	Entdeckung des Insulins
		Macleod, John James Richard 1876–1935	
1924	Ph	Siegbahn, Karl Manne Georg 1886–1978	Entdeckungen und Untersuchungen auf dem Gebiet der Röntgenstrahlspektroskopie
	Ch	kein Preis verliehen	
	M	Einthoven, Willem 1860–1927	Entdeckung des Mechanismus des Elektrokardiogramms
1925	Ph	Franck, James 1882–1964	Entdeckung der Stoßgesetze zwischen Elektronen und Atomen
		Hertz, Gustav 1887–1975	
	Ch	Zsigmondy, Richard Adolf 1865–1929	Aufklärung der heterogenen Natur kolloidaler Lösungen
	M	kein Preis verliehen	
1926	Ph	Perrin, Jean Baptiste 1870–1942	Arbeiten über die unstetige Struktur der Materie und Entdeckung des Sedimentationsgleichgewichts
	Ch	Svedberg, Theodor 1884–1971	Arbeiten über disperse Systeme
	M	Fibiger, Johannes Andreas Grib 1867–1928	Entdeckung des Spiropterakarzinoms
1927	Ph	Compton, Arthur Holly 1892–1962	Entdeckung der nach ihm benannten Erscheinung (Comptoneffekt)
		Wilson, Charles Thomson Rees 1869–1959	Entwicklung des Verfahrens, die Bahnen elektrisch geladener Teilchen durch Dampfkondensation sichtbar zu machen (Wilsonsche Nebelkammer)
	Ch	Wieland, Heinrich Otto 1877–1957	Forschungen über die Zusammensetzung der Gallensäure und verwandter Substanzen
	M	Wagner-Jauregg, Julius 1857–1940	Einführung der Fiebertherapie durch Malariaimpfung bei der Behandlung von progressiver Paralyse

Jahr	Gebiet	Name und Lebensdaten	Verdienste
1928	Ph	Richardson, Sir Owen Williams 1879–1959	Arbeiten über die Phänomene an Thermo-Ionen und Entdeckung des nach ihm benannten Gesetzes
	Ch	Windaus, Adolf Otto Reinhold 1876–1959	Forschungen zur Konstitution der Sterine und ihrer Beziehungen zu den Vitaminen
	M	Nicolle, Charles Jules Henri 1866–1936	Arbeiten über Flecktyphus
1929	Ph	de Broglie, Prince Louis-Victor 1892–1987	Entdeckung der Wellennatur der Elektronen
	Ch	Euler-Chelpin, Karl August Simon Hans von 1873–1964 Harden, Sir Arthur 1865–1940	Erforschung der Gärung von Zuckern und der Gärungsenzyme
	M	Eijkman, Christiaan 1858–1930	Entdeckung des antineuritischen Vitamins (B_1)
		Hopkins, Sir Frederick Gowland 1861–1947	Entdeckung der wachstumsfördernden Vitamine
1930	Ph	Raman, Sir Chandrasekhara Venkata 1888–1970	Arbeiten über die Diffusion des Lichtes und Entdeckung des nach ihm benannten Effektes
	Ch	Fischer, Hans Eugen 1881–1945	Forschungen über die Struktur von Hämin und Chlorophyll und die Häminsynthese
	M	Landsteiner, Karl 1868–1943	Entdeckung der Blutgruppen des Menschen
1931	Ph	kein Preis verliehen	
	Ch	Bergius, Friedrich Gustav 1884–1949 Bosch, Carl 1874–1940	Entwicklung der chemischen Hochdrucktechnik
	M	Warburg, Otto Heinrich 1883–1970	Entdeckung der Natur und der Funktion des Atmungsferments
1932	Ph	Heisenberg, Werner 1901–1976	Begründung der Quantenmechanik, deren Anwendung unter anderem zur Entdeckung der allotropen Formen des Wasserstoffes führte
	Ch	Langmuir, Irving 1881–1957	Forschungen und Entdeckungen auf dem Gebiet der Oberflächenchemie
	M	Adrian, Edgar Douglas 1889–1977 Sherrington, Sir Charles Scott 1857–1952	Entdeckungen auf dem Gebiet der Funktion der Neuronen
1933	Ph	Dirac, Paul Adrien Maurice 1902–1984 Schrödinger, Erwin 1887–1961	Entwicklung neuer Formen der Atomtheorie (Wellenmechanik)
	Ch	kein Preis verliehen	
	M	Morgan, Thomas Hunt 1866–1945	Entdeckung der Chromosomen als Träger der Vererbung
1934	Ph	kein Preis verliehen	
	Ch	Urey, Harold Clayton 1893–1981	Entdeckung des schweren Wasserstoffes
	M	Minot, George Richards 1885–1950 Murphy, William Parry 1892–1987 Whipple, George Hoyr 1878–1976	Entdeckung der Lebertherapie gegen Anämie
1935	Ph	Chadwick, Sir James 1891–1974	Entdeckung des Neutrons
	Ch	Joliot, Frédéric 1900–1958 Joliot-Curie, Irène 1897–1956	Entdeckung der künstlichen Radioaktivität
	M	Spemann, Hans 1869–1941	Entdeckung des Organisatoreffekts in der Embryonalentwicklung
1936	Ph	Anderson, Carl David geb. 1905	Entdeckung des Positrons

Jahr	Gebiet	Name und Lebensdaten	Verdienste
		Hess, Victor Franz 1883–1964	Entdeckung der kosmischen Strahlung
	Ch	Debye, Peter Joseph Wilhelm 1884–1966	Beiträge zur Molekülstruktur durch Erforschung der Dipolmomente und der Beugung von Röntgenstrahlen und Elektronen in Gasen
	M	Dale, Sir Henry Hallett 1875–1968; Loewi, Otto 1873–1961	Entdeckung der chemischen Übertragung von Nervenimpulsen
1937	Ph	Davisson, Clinton Joseph 1881–1958; Thomson, Sir George Paget 1892–1975	Entdeckung der Beugung von Elektronen an Kristallen
	Ch	Haworth, Sir Walter Norman 1883–1950	Forschungen über Kohlenhydrate und Vitamin C
		Karrer, Paul 1889–1971	Forschungen über Carotinoide, Flavine und die Vitamine A und B_2
	M	Szent-Györgyi, Albert von 1893–1986	Arbeiten auf dem Gebiet der biologischen Verbrennungsprozesse, insbesondere über Vitamin C und die Katalyse der Fumarsäure
1938	Ph	Fermi, Enrico 1901–1954	Beweis der Existenz neuer radioaktiver Elemente und Entdeckung der durch langsame Neutronen ausgelösten Kernreaktion
	Ch	Kuhn, Richard 1900–1967	Arbeiten über Carotinoide und Vitamine
	M	Heymans, Corneille Jean François 1892–1968	Entdeckung der Bedeutung des Sinus- und Aorten-Mechanismus zur Regelung der Atmung
1939	Ph	Lawrence, Ernest Orlando 1901–1958	Erfindung und Entwicklung des Zyklotrons und die damit erzielten Ergebnisse
	Ch	Butenandt, Adolf Friedrich Johann geb. 1903	Isolierung und Konstitutionsermittlung der Sexualhormone
		Ružička, Leopold Stephen 1887–1976	Arbeiten über Polymethylene und höhere Terpene
	M	Domagk, Gerhard 1895–1964	Entdeckung der antibakteriellen Wirkung des Prontosils
1940 bis 1942		keine Preise verliehen	
1943	Ph	Stern, Otto 1888–1969	Beiträge zur Entwicklung der Molekularstrahlmethode und Entdeckung des magnetischen Moments des Protons
	Ch	Hevesy, Georg von 1885–1966	Arbeiten über die Anwendung von Isotopen als Indikatoren bei der Erforschung chemischer Prozesse
	M	Dam, Henrik Carl Peter 1895–1976; Doisy, Edward Adelbert 1893–1986	Entdeckung der chemischen Struktur des Vitamins K
1944	Ph	Rabi, Isidor Isaac 1898–1988	Anwendung der Resonanzmethode zur Messung magnetischer Eigenschaften von Atomkernen
	Ch	Hahn, Otto 1879–1968	Entdeckung der Kernspaltung schwerer Atome
	M	Erlanger, Joseph 1874–1965; Gasser, Herbert Spencer 1888–1963	Entdeckung der hochdifferenzierten Funktionen der einzelnen Nervenfasern
1945	Ph	Pauli, Wolfgang 1900–1958	Entdeckung des Ausschließungsprinzips (Pauliprinzip)
	Ch	Virtanen, Artturi Ilmari 1895–1973	Forschungen und Entdeckungen auf dem Gebiet der Agrikultur- und Nahrungsmittelchemie, besonders für die Methode der Futtermittelkonservierung
	M	Chain, Ernst Boris 1906–1979; Fleming, Sir Alexander 1881–1955; Florey, Sir Howard Walter 1898–1968	Entdeckung des Penicillins und dessen Heilwirkung bei Infektionskrankheiten

Jahr	Gebiet	Name und Lebensdaten	Verdienste
1946	Ph	Bridgman, Percy Williams 1882–1961	Entwicklung eines Apparates zur Erzeugung extrem hoher Drücke und Entdeckungen auf dem Gebiet der Hochdruckphysik
	Ch	Northrop, John Howard 1891–1987 Sumner, James Batchellor 1887–1955	Entdeckung der Kristallisierbarkeit von Enzymen
		Stanley, Wendell Meredith 1904–1971	Herstellung von Enzymen und Virusproteinen in reiner Form
	M	Muller, Herman Joseph 1890–1967	Entdeckung der mutagenen Wirkung der Röntgenstrahlen
1947	Ph	Appleton, Sir Edward Victor 1892–1965	Arbeiten über die Eigenschaften der Hochatmosphäre, insbesondere die Entdeckung der nach ihm benannten Ionosphärenschicht (Appletonschicht)
	Ch	Robinson, Sir Robert 1886–1975	Erforschung biologisch wichtiger Pflanzenprodukte, speziell der Alkaloide
	M	Cori, Carl Ferdinand 1896–1984 Cori, Gerty Theresa 1896–1957	Aufklärung des Ablaufs des katalytischen Glycogenstoffwechsels
		Houssay, Bernardo Alberto 1887–1971	Entdeckung der Bedeutung des Hypophysenvorderlappenhormons für den Zuckerstoffwechsel
1948	Ph	Blackett, Patrick Maynard Stuart 1897–1974	Vervollkommnung der Wilsonschen Nebelkammer und Entdeckungen auf den Gebieten der Kernphysik und der kosmischen Strahlung
	Ch	Tiselius, Arne Wilhelm Kaurin 1902–1971	Forschungen über Elektrophorese und Adsorptionsanalyse, insbesondere Entdeckungen über die komplexe Natur von Serumproteinen
	M	Müller, Paul Hermann 1899–1965	Entdeckung der starken Wirkung von DDT als Kontaktgift gegen Arthropoden
1949	Ph	Yukawa, Hideki 1907–1981	Voraussage der Existenz von Mesonen auf der Grundlage theoretischer Untersuchungen über Kernkräfte
	Ch	Giauque, William Francis 1895–1982	Arbeiten auf dem Gebiet der chemischen Thermodynamik, besonders über das Verhalten von Substanzen bei extrem tiefen Temperaturen
	M	Hess, Walter Rudolf 1881–1973	Entdeckung der Bedeutung des Zwischenhirns für die Koordination der Tätigkeit innerer Organe
		Moniz de Abreu Freive Egas, Antonio Caetano 1874–1955	Entdeckung des Wertes der präfrontalen Leukotomie bei Psychosen
1950	Ph	Powell, Cecil Frank 1903–1969	Entwicklung photographischer Methoden zur Erforschung von Kernreaktionen und die Entdeckung eines Mesons und dessen Eigenschaften
	Ch	Alder, Kurt 1902–1958 Diels, Otto 1876–1954	Entdeckung und Entwicklung der Diensynthese (Diels-Alder-Synthese)
	M	Hench, Philip Showalter 1896–1965 Kendall, Edward Calwin 1886–1972 Reichstein, Tadeusz geb. 1897	Aufklärung von Struktur und biologischen Wirkungen der Nebennierenrindenhormone
1951	Ph	Cockcroft, Sir John Douglas 1897–1967 Walton, Ernest Thomas Sinton geb. 1903	Umwandlung von Atomkernen durch künstlich beschleunigte Elementarteilchen
	Ch	McMillan, Edwin Mattison geb. 1907 Seaborg, Glenn Theodore geb. 1912	Entdeckung der Transurane Neptunium und Plutonium
	M	Theiler, Max 1899–1972	Erforschung des Gelbfiebers, Entdeckung des Gelbfiebervirus und Entwicklung eines Serums zu seiner Bekämpfung

Jahr	Gebiet	Name und Lebensdaten	Verdienste
1952	Ph	Bloch, Felix 1905–1983 Purcell, Edward Mills geb. 1912	Entwicklung verfeinerter Methoden zur Messung magnetischer Kraftfelder in Atomkernen
	Ch	Martin, Archer John Porter geb. 1910 Synge, Richard Laurence Millington geb. 1914	Entwicklung der Verteilungs- und Papierchromatographie
	M	Waksman, Selman Abraham 1888–1973	Entdeckung des Streptomycins, des ersten Antibiotikums gegen Tuberkulose
1953	Ph	Zernike, Frits 1888–1966	Entwicklung der Phasenkontrastmethode und des Phasenkontrastmikroskops
	Ch	Staudinger, Hermann 1881–1965	Entdeckungen auf dem Gebiet der makromolekularen Chemie
	M	Krebs, Hans Adolf 1900–1981	Entdeckung des Citronensäurecyclus
		Lipmann, Fritz Albert 1899–1986	Entdeckung des Coenzyms A und dessen Bedeutung für den Zwischenstoffwechsel
1954	Ph	Born, Max 1882–1970	Grundlegende Untersuchungen über die Quantenmechanik, besonders über die statistische Auslegung der Wellenfunktion
		Bothe, Walter 1891–1957	Entwicklung der Koinzidenzmethode und damit erzielte Entdeckungen
	Ch	Pauling, Linus Carl geb. 1901	Forschungen über quantenmechanische Arbeiten auf dem Gebiet der chemischen Bindung und Klärung der Struktur komplexer Substanzen
	M	Enders, John Franklin 1897–1985 Robbins, Frederick Chapman geb. 1916 Weller, Thomas Huckle geb. 1915	Entdeckung der Fähigkeit des Poliomyelitisvirus, in Kulturen verschiedener Gewebstypen zu wachsen
1955	Ph	Lamb, Willis Eugene geb. 1913	Arbeiten über die Feinstruktur des Wasserstoffspektrums
		Kusch, Polykarp geb. 1911	Präzisionsbestimmung des magnetischen Moments des Elektrons
	Ch	du Vigneaud, Vincent 1901–1978	Arbeiten über biochemisch wichtige Schwefelverbindungen und erste Polypeptidhormonsynthesen (Oxytocin, Vasopressin)
	M	Theorell, Axel Hugo Theodor 1903–1982	Entdeckungen über Natur und Wirkungsweise der Oxidationsenzyme
1956	Ph	Bardeen, John geb. 1908 Brattain, Walter Houser 1902–1987 Shockley, William Bradford 1910–1989	Untersuchungen an Halbleitern und Entdeckung des Transistoreffekts
	Ch	Hinshelwood, Sir Cyril Norman 1897–1967 Semjonow, Nikolai Nikolajewitsch 1896–1986	Erforschung und Aufklärung von Kettenreaktionen
	M	Cournand, André Frédéric 1895–1988 Forssmann, Werner 1904–1979 Richards, Dickinson William 1895–1973	Einführung des Herzkatheters und Arbeiten über die pathologischen Veränderungen im Kreislaufsystem
1957	Ph	Lee, Tsung Dao geb. 1926 Yang, Chen Ning geb. 1922	Entdeckung der Nichterhaltung der Parität bei der schwachen Wechselwirkung
	Ch	Todd, Sir Alexander Robertus geb. 1907	Konstitutionsaufklärung der Nucleinsäuren, chemische Strukturaufklärung des Vitamins B_{12} und Darstellung eines Dinucleotids

Jahr	Gebiet	Name und Lebensdaten	Verdienste
	M	Bovet, Daniel geb. 1907	Entdeckung synthetischer Produkte, die körpereigene Wirkstoffe blockieren
1958	Ph	Frank, Ilja Michailowitsch 1908–1990	Entdeckung und Deutung des Tscherenkoweffekts
		Tamm, Igor Jewgenjewitsch 1895–1971	
		Tscherenkow, Pawel Alexejewitsch geb. 1904	
	Ch	Sanger, Frederick geb. 1918	Arbeiten über die Struktur von Proteinen, besonders des Insulins
	M	Beadle, George Wells 1903–1989	Untersuchungen über die Steuerung des chemischen Aufbaus in den Organismen durch Gene
		Tatum, Edward Lawrie 1909–1975	
		Lederberg, Joshua geb. 1925	Entdeckung, daß Gene durch die Regulation von chemischen Ereignissen wirken
1959	Ph	Chamberlain, Owen geb. 1920	Entdeckung des Antiprotons
		Segrè, Emilio Gino 1905–1989	
	Ch	Heyrovský, Jaroslaw 1890–1967	Entdeckung und Entwicklung der Polarographie
	M	Kornberg, Arthur geb. 1918	Entdeckung der Biosynthese von Ribonucleinsäure und Desoxyribonucleinsäure
		Ochoa, Severo geb. 1905	
1960	Ph	Glaser, Donald Arthur geb. 1926	Erfindung der Wasserstoff-Blasenkammer
	Ch	Libby, Willard Frank 1908–1980	Entwicklung der Methode zur Anwendung von ^{14}C zur physikalischen Altersbestimmung in der Archäologie, Geologie und Geophysik (Radiokohlenstoff-Datierung)
	M	Burnet, Sir Frank Macfarlane 1899–1985	Entdeckung der erworbenen immunologischen Toleranz
		Medawar, Peter Brian 1915–1987	
1961	Ph	Hofstadter, Robert 1915–1990	Entdeckung der Struktur der Nukleonen durch Elektronenstreuung am Atomkern
		Mößbauer, Rudolf Ludwig geb. 1929	Erforschung der Resonanz von Gammastrahlen und Entdeckung des Mößbauereffekts
	Ch	Calvin, Melvin geb. 1911	Erforschung der Kohlendioxidassimilation in Pflanzen
	M	Békésy, Georg von 1899–1972	Entdeckung des Reizmechanismus in der Schnecke des Ohres
1962	Ph	Landau, Lew Dawidowitsch 1908–1968	Pionierarbeiten zur Theorie der kondensierten Zustände, insbesondere des flüssigen Heliums
	Ch	Kendrew, John Cowdery geb. 1917	Röntgenographische Strukturbestimmung von Hämoglobin und Myoglobin
		Perutz, Max Ferdinand geb. 1914	
	M	Crick, Francis Harry Compton geb. 1916	Entdeckung der molekularen Struktur der Nucleinsäuren und deren Bedeutung für den genetischen Code
		Watson, James Dewey geb. 1928	
		Wilkins, Maurice Hugh Frederick geb. 1916	
1963	Ph	Goeppert-Mayer, Maria 1906–1972	Arbeiten über die Schalentheorie der Atomkerne
		Jensen, Johannes Hans Daniel 1907–1973	
		Wigner, Eugene Paul geb. 1902	Entdeckung und Anwendung grundlegender Symmetrieprinzipien in der Theorie der Atomkerne und Elementarteilchen

Jahr	Gebiet	Name und Lebensdaten	Verdienste
	Ch	Natta, Giulio 1903–1979	Arbeiten über Polypropylen und die Erscheinungen der Isotaxie
		Ziegler, Karl Waldemar 1898–1973	Einsatz von Mischkatalysatoren für die Polymerisation von Ethen bei Normaldruck
	M	Eccles, Sir John Carew geb. 1903 Hodgkin, Allan Lloyd geb. 1914 Huxley, Andrew Fielding geb. 1917	Entdeckungen zu Ionenmechanismen bei Erregung und Hemmung in den peripheren und zentralen Bereichen der Nervenzellmembran
1964	Ph	Basow, Nikolai Gennadijewitsch geb. 1922 Prochorow, Alexander Michailowitsch geb. 1916 Townes, Charles Hard geb. 1915	Arbeiten über Quantenelektronik, die zum Bau von Maser und Laser führten
	Ch	Crowfoot-Hodgkin, Dorothy Mary geb. 1910	Strukturaufklärung des Vitamins B_{12} und des Penicillins durch Röntgenstrukturanalyse
	M	Bloch, Konrad geb. 1912 Lynen, Feodor 1911–1979	Entdeckungen über Mechanismus und Regulation bei den Umsätzen von Cholesterol und Fettsäuren
1965	Ph	Feynman, Richard Philips 1918–1988 Schwinger, Julian geb. 1918 Tomonaga, Sin-Itiro 1906–1979	Arbeiten über die relativistische Quantenelektrodynamik und deren Anwendung auf die Physik der Elementarteilchen
	Ch	Woodward, Robert Burns 1917–1979	Synthese und Strukturaufklärung von Naturstoffen
	M	Jacob, François geb. 1920 Lwoff, André geb. 1902 Monod, Jacques 1910–1976	Entdeckung eines die anderen Gene steuernden Gens (mit Erbträger)
1966	Ph	Kastler, Alfred 1902–1984	Entwicklung optischer Methoden zur Untersuchung der Hertz-Schwingungen in Atomen
	Ch	Mulliken, Robert Sanderson 1896–1986	Arbeiten über die chemischen Bindungen und die Elektronenstruktur der Moleküle mit Hilfe der molekularen Orbitalmethode
	M	Rous, Francis Peyton 1879–1970	Entdeckungen auf dem Gebiet der tumorerzeugenden Viren
		Huggins, Charles Brenton geb. 1901	Entdeckungen zur Hormonbehandlung von Prostatakrebs
1967	Ph	Bethe, Hans Albrecht geb. 1906	Beiträge zur Theorie der nuklearen Reaktionen, insbesondere die Entdeckungen zur Energieproduktion im Sterninneren
	Ch	Eigen, Manfred geb. 1927 Norrish, Ronald George Wreyford 1897–1978 Porter, George geb. 1920	Erforschung sehr schnell verlaufender chemischer Reaktionen durch Störung des Gleichgewichts mit sehr kurzen Energieimpulsen
	M	Granit, Ragnar Arthur geb. 1900 Hartline, Haldan Keffer geb. 1903 Wald, George geb. 1906	Arbeiten über die physiologischen und chemischen Prozesse im Auge
1968	Ph	Alvarez, Luis Walter 1911–1988	Arbeiten über Elementarteilchen sowie die Entdeckung zahlreicher Resonanzzustände mit Hilfe der Wasserstoff-Blasenkammer-Technik
	Ch	Onsager, Lars 1903–1976	Grundlegende Arbeiten zur Thermodynamik irreversibler Prozesse

Jahr	Gebiet	Name und Lebensdaten	Verdienste
	M	Holley, Robert William geb. 1922 Khorana, Har Gobind geb. 1922 Nirenberg, Marshall Warren geb. 1927	Interpretation des genetischen Codes und dessen Funktion bei der Proteinsynthese
1969	Ph	Gell-Mann, Murray geb. 1929	Beiträge zur Klassifizierung von Elementarteilchen und ihrer Wechselwirkung (Quarkhypothese)
	Ch	Hassel, Odd 1897–1981 Barton, Derek Harold Richard geb. 1918	Untersuchungen zur Konformation von Cyclohexanderivaten und die Anwendung der Elektronenbeugung zur Konformationsanalyse
	M	Delbrück, Max 1906–1981 Hershey, Alfred D. geb. 1908 Luria, Salvador E. geb. 1912	Entdeckungen auf dem Gebiet der Vermehrungsmechanismen und der genetischen Struktur der Viren
1970	Ph	Alfvén, Hannes Olof Gösta geb. 1908	Arbeiten und Entdeckungen auf dem Gebiet der Magnetohydrodynamik mit Anwendungen in der Plasmaphysik
		Néel, Louis Eugène Felix geb. 1904	Entdeckungen auf dem Gebiet des Antiferromagnetismus und des Ferromagnetismus, die zu wichtigen Anwendungen in der Festkörperphysik führten
	Ch	Leloir, Luis Federico 1906–1987	Entdeckung der Zuckernucleotide und deren Schlüsselstellung bei der Biosynthese der Kohlenhydrate
	M	Axelrod, Julius geb. 1912 Euler, Ulf Svante von 1905–1983 Katz, Sir Bernhard geb. 1911	Arbeiten über die Informationsträger an den Nervenenden und über den Mechanismus ihrer Speicherung, Freisetzung und Inaktivierung
1971	Ph	Gàbor, Dennis 1900–1979	Erfindung und Entwicklung der Holographie
	Ch	Herzberg, Gerhard geb. 1904	Beiträge zur Kenntnis der Elektronenstruktur und Geometrie der Moleküle, insbesondere der freien Radikale
	M	Sutherland, Wilbur Earl of 1915–1974	Entdeckungen im Zusammenhang mit dem Mechanismus der Hormonaktivierung
1972	Ph	Bardeen, John geb. 1908 Cooper, Leon N. geb. 1930 Schrieffer, John Robert geb. 1931	Entwicklung einer Theorie der Supraleitung (BCS-Theorie)
	Ch	Anfinsen, Christian Boehmer geb. 1916	Arbeiten über Ribonuclease, insbesondere über den Zusammenhang zwischen Aminosäuresequenz und biologisch aktiver Konformation
		Moore, Stanford 1913–1982 Stein, William Howard 1911–1980	Beiträge zum Verständnis des Zusammenhangs zwischen chemischer Struktur und katalytischer Wirkung der Aktivitätszentren im Ribonuclease-Molekül
	M	Edelman, Gerald Maurice geb. 1929 Porter, Rodney R. 1917–1985	Arbeiten über die chemische Struktur von Antikörpern
1973	Ph	Esaki, Leo geb. 1925 Giaever, Ivar geb. 1929	Experimentelle Entdeckungen von Tunnelphänomenen in Halb- bzw. Supraleitern
		Josephson, Brian David geb. 1940	Theoretische Voraussagen der Supraleitung durch eine Tunnelbarriere (Josephsoneffekt)
	Ch	Fischer, Ernst Otto geb. 1918 Wilkinson, Geoffrey geb. 1921	Arbeiten über die Chemie der organometallischen Sandwich-Verbindungen

Jahr	Gebiet	Name und Lebensdaten	Verdienste
	M	Frisch, Karl (Ritter) von 1886–1982	Arbeiten über die Organisation und Auslösung individueller und sozialer Verhaltensmuster (Insekten, Vögel, Fische)
		Lorenz, Konrad 1903–1989	
		Tinbergen, Nikolaas 1907–1988	
1974	Ph	Hewish, Antony geb. 1924	Entdeckung der Pulsare
		Ryle, Martin 1918–1984	Arbeiten auf dem Gebiet der Radioastrophysik
	Ch	Flory, Paul John 1910–1985	Grundlegende theoretische und experimentelle Leistungen auf dem Gebiet der Polymeren
	M	Claude, Albert 1900–1983	Entdeckungen auf dem Gebiet der strukturellen und funktionellen Organisation der Zelle
		de Duve, Christian René geb. 1917	
		Palade, George Emil geb. 1912	
1975	Ph	Bohr, Aage geb. 1922	Entdeckung des Zusammenhangs zwischen kollektiven Bewegungen und Partikelbewegungen in Atomkernen sowie darauf basierende Entwicklungen der Theorie über die Struktur des Atomkerns
		Mottelson, Benjamin Ray geb. 1926	
		Rainwater, James geb. 1917	
	Ch	Cornforth, John Warcup geb. 1917	Arbeiten über die Stereochemie von Enzym-Katalyse-Reaktionen
		Prelog, Vladimir geb. 1906	Arbeiten über die Stereochemie organischer Moleküle und Reaktionen
	M	Baltimore, David geb. 1938	Entdeckungen über die Wechselwirkung zwischen Tumorviren und der Erbmasse der Zellen
		Dulbecco, Renato geb. 1914	
		Temin, Howard Martin geb. 1934	
1976	Ph	Richter, Burton geb. 1931	Entdeckung und experimentelle Beobachtung eines neuartigen, sehr schweren Elementarteilchens Psi
		Ting, Samuel Chao Chung geb. 1936	
	Ch	Lipscomb, William Nunn geb. 1919	Aufklärung der Struktur der Borane und Beiträge zum Studium der chemischen Bindungen
	M	Blumberg, Baruch Samuel geb. 1925	Untersuchungen auf dem Gebiet der Hepatitisviren einschließlich der Impfstoffentwicklung
		Gajdusek, Carleton Daniel geb. 1923	Forschungen auf dem Gebiet der Slow-Virus-Infektion beim Menschen
1977	Ph	Anderson, Philip Warren geb. 1923	Grundlegende Beiträge zur Theorie der Elektronenstruktur magnetischer und ungeordneter Festkörpersysteme
		Mott, Nevill Francis geb. 1905	
		van Vleck, John Hasbrouck 1899–1980	
	Ch	Prigogine, Ilja Romanowitsch geb. 1917	Beiträge zur Thermodynamik irreversibler Prozesse und insbesondere zur Theorie der »dissipativen Strukturen«
	M	Guillemin, Roger geb. 1924	Entdeckungen über die Peptidhormone im Gehirn und die synthetische Darstellung dieser Substanzen
		Schally, Andrew V. geb. 1926	
		Yalow, Rosalyn S. geb. 1921	Entwicklung der radioimmunologischen Methoden zum Bestimmen von Peptidhormonen
1978	Ph	Kapiza, Pjotr Leonidowitsch 1894–1984	Entdeckungen auf dem Gebiet der Tieftemperaturphysik
		Penzias, Arno Allan geb. 1933	Entdeckung der kosmischen Mikrowellen-Hintergrundstrahlung
		Wilson, Robert Woodrow geb. 1936	

Jahr	Gebiet	Name und Lebensdaten	Verdienste
	Ch	Mitchel, Peter Dennis geb. 1920	Untersuchungen bioenergetischer Prozesse in der Zelle
	M	Arber, Werner geb. 1929 Nathans, Daniel geb. 1928 Smith, Hamilton Othanel geb. 1931	Entdeckung der Restriktionsenzyme und ihre Anwendung in der Molekulargenetik
1979	Ph	Glashow, Sheldon Lee geb. 1932 Salam, Abdus geb. 1926 Weinberg, Steven geb. 1933	Entwicklung einer Eichfeldtheorie zur Vereinheitlichung der schwachen und der elektromagnetischen Wechselwirkung
	Ch	Brown, Herbert Charles geb. 1912 Wittig, Georg 1897–1987	Entwicklung von Bor- und Phorsphorverbindungen in wichtigen Reagenzien innerhalb organischer Synthesen
	M	Cormack, Allan McLeod geb. 1924 Hounsfield, Godfrey Newbold geb. 1919	Entwicklung der Computertomographie
1980	Ph	Cronin, James Watson geb. 1931 Fitch, Val Longsdon geb. 1923	Entdeckung der Nichterhaltung der kombinierten Parität bei Zerfallsprozessen neutraler K-Mesonen
	Ch	Berg, Paul geb. 1926	Arbeiten über die Biochemie von Nucleinsäuren unter besonderer Berücksichtigung von Hybrid-DNS
		Gilbert, Walter geb. 1932 Sanger, Frederick geb. 1918	Beiträge zur Bestimmung von Basissequenzen in Nucleinsäuren
	M	Benacerraf, Baruj geb. 1920 Dausset, Jean geb. 1916 Snell, George D. geb. 1903	Erforschung der Transplantationsimmunologie
1981	Ph	Bloembergen, Nicolaas geb. 1920 Schawlow, Arthur Leonard geb. 1921	Beiträge zur Entwicklung der Laserspektroskopie
		Siegbahn, Kai Manne geb. 1918	Beitrag zur Entwicklung der hochauflösenden Elektronenspektroskopie (ESCA)
	Ch	Fukui, Kenichi geb. 1918 Hoffmann, Roald geb. 1937	Unabhängig voneinander entwickelte Theorien über den Verlauf chemischer Reaktionen
	M	Sperry, Roger Wolcott geb. 1913	Entdeckung der funktionellen Spezialisierung der Gehirnhälften
		Hubel, David H. geb. 1926 Wiesel, Torsten N. geb. 1924	Entdeckungen auf dem Gebiet der Informationsverarbeitung des visuellen Systems
1982	Ph	Wilson, Kenneth Geddes geb. 1936	Entwicklung einer Theorie über kritische Phänomene bei Phasenumwandlungen
	Ch	Klug, Aaron geb. 1926	Dreidimensionale Rekonstruktion elektronenmikroskopischer Aufnahmen, die Erkenntnisse bei der Strukturanalyse von Biomakromolekülen ermöglichen
	M	Bergström, Sune Karl geb. 1916 Samuelson, Bengt Ingemar geb. 1934 Vane, John Robert geb. 1927	Erforschung der Chemie und Physiologie der Prostaglandine

Jahr	Gebiet	Name und Lebensdaten	Verdienste
1983	Ph	Chandrasekhar, Subrahmanyan geb. 1910	Theoretische Arbeiten über Struktur und Entwicklung der Sterne
		Fowler, William Alfred geb. 1911	Aufklärung der Kernreaktionen bei der Entstehung der Elemente
	Ch	Taube, Henry geb. 1915	Aufklärung von Reaktionsmechanismen der Elektronenübertragung in Metallkomplexen
	M	McClintock, Barbara geb. 1902	Entdeckung der ersten »springenden Gene« bei höheren Organismen
1984	Ph	van der Meer, Simon geb. 1925	Experimenteller Nachweis der intermediären Bosonen der schwachen Wechselwirkung
		Rubbia, Carlo geb. 1934	
	Ch	Merrifield, Robert Bruce geb. 1921	Entwicklung eines automatisierbaren Verfahrens zur Synthese von Eiweißkörpern (Festphasen-Peptidsynthese)
	M	Jerne, Niels K. geb. 1911	Schaffung von Grundlagen zur Herstellung monoklonaler Antikörper
		Köhler, Georges J. S. geb. 1946	
		Milstein, César geb. 1927	
1985	Ph	Klitzing, Klaus von geb. 1943	Entdeckung des Quanten-Hall-Effektes (Klitzing-Effekt)
	Ch	Hauptmann, Herbert A. geb. 1917	Entwicklung von Methoden zur Kristallstrukturbestimmung in Molekülen
		Karle, Jerome geb. 1918	
	M	Brown, Michael F. geb. 1941	Entdeckungen auf dem Gebiet des Cholesterolstoffwechsels und der vom Cholesterol verursachten Krankheiten
		Goldstein, Joseph L. geb. 1940	
1986	Ph	Binnig, Gerd geb. 1947	Entwicklung eines hochauflösenden Verfahrens zur Charakterisierung von Oberflächen durch Messung des Tunnelstromes zu einer Metallspitze (Raster-Tunnelmikroskopie)
		Rohrer, Heinrich geb. 1933	
		Ruska, Ernst 1906–1988	Entwicklung moderner Elektronenmikroskope
	Ch	Herschbach, Dudley Robert geb. 1932	Erforschung der Dynamik chemischer Elementarprozesse
		Lee, Yuan Tseh geb. 1936	
		Polanyi, John Charles geb. 1929	
	M	Cohen, Stanley geb. 1922	Entdeckung des Nervenwachstumsfaktors
		Levi-Montalcini, Rita geb. 1909	
1987	Ph	Bednorz, Johannes Georg geb. 1950	Entdeckung von Hochtemperatur-Supraleitern (ternäre Metalloxide)
		Müller, Karl Alexander geb. 1927	
	Ch	Cram, Donald James geb. 1919	Entdeckung der Wirt-Gast-Komplexe
		Lehn, Jean Marie geb. 1939	
		Federsen, Charles J. geb. 1904	
	M	Tonegawa, Susumu geb. 1939	Entdeckung der genetischen Grundlagen für den Variationsreichtum der Antikörper
1988	Ph	Lederman, Leon geb. 1922	Entdeckung des Myon-Neutrinos
		Schwartz, Melvin geb. 1932	
		Steinberger, Jack geb. 1921	

Jahr	Gebiet	Name und Lebensdaten	Verdienste
	Ch	Deisenhofer, Johann geb. 1943 Huber, Robert geb. 1937 Michel, Hartmut geb. 1948	Aufklärung der dreidimensionalen Struktur eines Photosynthesezentrums
	M	Elion, Gertrude B. geb. 1918 Hitchings, George H. geb. 1905 Black, Sir James W. geb. 1924	Entwicklung von Medikamenten gegen Krebs, Malaria, Virusinfektionen und Gicht
1989	Ph	Dehmelt, Hans-Georg geb. 1922 Paul, Wolfgang geb. 1913	Beiträge zur Entwicklung der Ionenfallentechnik
		Ramsey, Norman F. geb. 1915	Erfindung der Methode voneinander getrennter oszillierender Felder und ihrer Anwendung auf Atomuhren
	Ch	Altmann, Sidney geb. 1939 Cech, Thomas Robert geb. 1947	Beiträge über katalytische Eigenschaften der Ribonucleinsäuren
	M	Bishop, J. Michael geb. 1936 Varmus, Harold E. geb. 1939	Entdeckung des zellulären Ursprungs der retroviralen Onkogene
1990	Ph	Friedman, Jerome I. geb. 1930 Kendall, Henry W. geb. 1926 Taylor, Richard I. geb. 1929	Forschungen über extrem inelastische Streuung von Elektronen an Protonen und Neutronen zur Erarbeitung des Quark-Modells in der Teilchenphysik
	Ch	Corey, Elias James geb. 1928	Meisterleistung bei der Entwicklung der organischen Synthese
	M	Murray, Joseph E. geb. 1919 Thomas, E. Donnall geb. 1920	Entwicklung von Organ- und Zelltransplantationen als Behandlungsmethode bei Menschen Mo
1991	Ph	de Gennes, Pierre-Gilles geb. 1932	Verallgemeinerung der Methoden, die zur Beschreibung der Ordnung in einfachen Systemen dienen
	Ch	Ernst, Richard R. geb. 1933	Beiträge zur Entwicklung der hochauflösenden magnetischen Kernresonanz-Spektroskopie
	M	Neher, Erwin geb. 1944 Sakmann, Bert geb. 1942	Entwicklung der patch-clamp-Technik und Entdeckungen zur Funktion einzelner zellulärer Ionenkanäle

M Neher, Erwin
geb. 1944
Sakmann, Bert
geb. 1942
Entwicklung der patch-clamp-Technik und Entdeckungen zur Funktion einzelner zellulärer Ionenkanäle

Weiterführende Literatur

(Auswahl)

Bücher

Adlung, A., Urdang, G.: Grundriß der Geschichte der Pharmazie (Berlin 1935)

Allgemeine deutsche Biographie. 56 Bde. (Leipzig 1875–1912, Nachtr. Berlin, München 1981)

Almquist, E.: Große Biologen (München 1931)

Anker, J., Dahl, S.: Werdegang der Biologie (Leipzig 1938)

Arnim, M.: Internationale Personalbibliographie (Leipzig 1936, 1944, Stuttgart ab 1952)

Asimov, J.: Biographische Enzyklopädie der Naturwissenschaften und der Technik (Freiburg, Basel, Wien 1973)

Bagge, E.: Die Nobelpreisträger der Physik (München 1964)

Bales, H.: Antike Astronomie (München 1949)

Ballauf, Th.: Die Wissenschaft vom Leben. Bd. 1 (Freiburg, München 1954)

Banse, G., Wollgast, S. (Hrsg.): Biographien bedeutender Techniker, Ingenieure und Technikwissenschaftler (Berlin 1983)

Batûškova, J.: Istoriâ geologii (Moskau 1973)

Beauclair, W. de: Rechnen mit Maschinen. Eine Bildgeschichte der Rechentechnik (Braunschweig 1968)

Becker, O.: Grundlagen der Mathematik in geschichtlicher Entwicklung (Freiburg, München 1954)

Beringer, C. C.: Geschichte der Geologie und des Geologischen Weltbildes (Stuttgart 1954)

Bernal, J. D.: Die Wissenschaft in der Geschichte (3. Aufl. Berlin 1967)

Bettelheim, A. (Hrsg.): Biographisches Jahrbuch und deutscher Nekrolog Bd. 1–18 (Berlin 1897–1917)

Biographical Memoirs of Fellows of the Royal Society (London ab 1955)

Biographien hervorragender Naturwissenschaftler, Techniker und Mediziner (Leipzig ab 1962)

Bonin, W. v.: Die Nobelpreisträger der Chemie (München 1963)

Bose, D. M., Sen, S. N., Subbarayappa, B. V. (Hrsg.): A Concise History of Science in India (New Delhi 1971)

Bourbaki, N.: Elemente der Mathematikgeschichte (Göttingen 1971)

Brentjes, B., Richter, S., Sonnemann, R.: Geschichte der Technik (Leipzig 1978)

Bugge, G. (Hrsg.): Das Buch der großen Chemiker. 2 Bde. (Berlin 1929)

Bykov, G. V.: Istoriâ organičeskoj himii. T. 1–2 (Moskau 1976–1978)

Bynum, F., Browne, E. J., Porter, R. (Hrsg.): Dictionary of the History of Science (London 1981)

Callisen, A. C. P.: Medicinisches Schriftsteller-Lexicon (Copenhagen 1830)

Cantor, M.: Vorlesungen über Geschichte der Mathematik. 4 Bde. (Leipzig 1899–1908)

Cardwell, D. S. L.: Technology and History (London 1973)

Chattopadhyaya, D.: Science and Society in Ancient India (Amsterdam 1978)

Concise Dictionary of American Biography (3. Aufl. New York 1960)

Concise Dictionary of National Biography 1901–1970 (London u. a. 1982)

Conrad, W., u. a.: Wer – Was – Wann? Entdeckungen und Erfindungen in Naturwissenschaft und Technik (Leipzig 1977)

Crowther, J. G.: Große englische Forscher (Berlin 1948)

Current work in the history of medicine. An international bibliography (London ab 1954)

Dannemann, F.: Die Naturwissenschaften in ihrer Entwicklung und in ihrem Zusammenhange. 4 Bde. (2. Aufl. Leipzig 1920–1923)

Darmstaedter, L.: Handbuch der Geschichte der Naturwissenschaften und Technik (2. Aufl. Berlin 1908, Nachdruck 1961); Naturforscher und Erfinder. Biographische Miniaturen (Bielefeld, Leipzig 1926, Nachdr. New York 1966)

Dauen, J. W.: The History of Mathematics from Antiquity to the Present. A Selective Bibliography (New York, London 1985)

Daumas, M. (Red.): Histoire de la science (Paris 1957)

Dawes, E.: A hundred years of biology (London 1952)

Debus, A. G. (Hrsg.): World who's who in science, a biographical dictionary of notable scientists from antiquity to the present (Chicago, Ill. 1968)

Dictionary of American Biography. 20 Bde. (New York 1928–1936, Suppl.-Bd. 7/1981)

Dictionary of Canadian Biography. 11. Bde. (Toronto 1966–1982)

Dictionary of National Biography (London ab 1882)

Dictionnaire de Biographie Française (Paris ab 1932)

Diels, H.: Antike Technik (2. Aufl. Leipzig, Berlin 1920)

Diels, H., Kranz, W.: Die Fragmente der Vorsokratiker, 3 Bde. (Zürich, Berlin Bd. I 17. Aufl. 1974, Bd. II 16. Aufl. 1972, Bd. III 15. Aufl. 1975)

Diepgen, P.: Geschichte der Medizin (2. Aufl. Berlin 1959–1965)

Dieudonné, J.: Geschichte der Mathematik: 1700–1900; ein Abriß (Berlin 1985)

Dobrzycki, J.: Astronomia Przed-Kopernikowska (Torun 1971)

Dürfler, J.: Botaniker-Porträts (Wien 1906)

Dunn, L. C.: A short history of genetics (New York 1965)

Erdmann, G. A.: Geschichte der Entwicklung und Methodik der biologischen Naturwissenschaften (Zoologie und Botanik) (Cassel, Berlin 1887)

Falkenhagen, H.: Die Naturwissenschaft in Lebensbildern großer Forscher (Stuttgart 1948)

Fang, J.: A Guide to the Literature of Mathematics Today (Hauppauge, New York 1972)

Farber, E. (Hrsg.): Great Chemists (New York, London 1961)

Ferguson, E. S.: Bibliography in the History of Technology (Cambridge, Mass. 1968)

Fester, G.: Die Entwicklung der chemischen Technik bis zu den Anfängen der Großindustrie: Ein technologisch-historischer Versuch (Berlin 1923)

Figurovskij, N. A.: Očerk obščej istorii himii. Ot drevnejših vremen to načala XIX v. (Moskau 1969)

Fischer, I. (Hrsg.): Biographisches Lexikon der hervorragenden Ärzte der letzten fünfzig Jahre [1880–1930]. 2 Bde. (Berlin, Wien 1932/33, 3. Aufl. München 1962)

Fischer, J. C.: Geschichte der Physik. 8 Bde. (Göttingen 1801–1808)

Fraunberger, F.: Vom Kompaß bis zum Elektron (Köln o. J.)

Freund, H., Berg, A.: Geschichte der Mikroskopie (Frankfurt/M. 1964)

Gerland, E.: Geschichte der Physik (München, Berlin 1913)

Gerland, E., Traumüller, F.: Geschichte der physikalischen Experimentierkunst (Leipzig 1889)

Gille, B.: Ingenieure der Renaissance (Wien, Düsseldorf 1968)

Gillispie, C. C. (Hrsg.): Dictionary of Scientific Biography. Bde. 1–16 (New York 1970–1980)

Glaser, H.: Die Entdecker des Menschen. Von Hippokrates bis Pawlow (Wien 1954)

Gmelin, J. F.: Geschichte der Chemie seit dem Wiederaufleben der Wissenschaften bis an das Ende des 18. Jahrhunderts. 2 Bde. (Göttingen 1797–1799)

Graebe, C.: Geschichte der organischen Chemie. Bd. I (Berlin 1920)

Green, J. R.: A history of botany 1860–1900 ... (Oxford 1909)

Große Naturforscher (Stuttgart ab 1947)

Groth, P.: Entwicklungsgeschichte der mineralogischen Wissenschaften (Berlin 1926)

Guntau, M. (Hrsg.): Biographien bedeutender Geowissenschaftler der Sowjetunion (Berlin 1979)

Günther, S.: Geschichte der anorganischen Naturwissenschaften im 19. Jahrhundert (Berlin 1901)

Haberling, W., Hübotter, F., Vierordt, H.: Biographisches Lexikon der hervorragenden Ärzte aller Zeiten und Völker (2. Aufl. Berlin, Wien ab 1929)

Haeser, H.: Lehrbuch der Geschichte der Medizin und der epidemischen Krankheiten (3. Bearb. Jena 1875–1882); Grundriss der Geschichte der Medizin (Jena 1884)
Harig, G. (Hrsg.): Deutsche Forscher aus sechs Jahrhunderten. Lebensbilder von Ärzten, Naturwissenschaftlern und Technikern (Leipzig 1965)
Hausen, K., Rürup, R. (Hrsg.): Moderne Technikgeschichte (Köln 1975)
Heilbron, J. L., Wheaton, B. R.: Literature on the history of physics in the 20th century (Berkeley 1981)
Heinig, K. (Hrsg.): Biographien bedeutender Chemiker (6. Aufl. Berlin 1988)
Hermann, A. (Hrsg.): Lexikon Geschichte der Physik A–Z (Köln 1972)
Herneck, F.: Bahnbrecher des Atomzeitalters. Große Naturforscher von Maxwell bis Heisenberg (Berlin 1966)
Herrlinger, R.: Die Nobelpreisträger der Medizin (München 1963)
Herrmann, D. B.: Geschichte der Astronomie von Herschel bis Hertzsprung (3. Aufl. Berlin 1980); Entdecker des Himmels (3. Aufl. Leipzig 1982); Geschichte der modernen Astronomie (Berlin 1984)
Herrmann, J., Quitte, H., Klengel, H. (Hrsg.): Lexikon früher Kulturen (Leipzig 1984)
Hertwig, O.: Die Entwicklung der Biologie im neunzehnten Jahrhundert (2. Aufl. Jena 1908)
Herz, W.: Grundzüge der Geschichte der Chemie. Richtlinien einer Entwicklungsgeschichte der allgemeinen Ansichten in der Chemie (Stuttgart 1916)
Hirsch, A. (Hrsg.): Biographisches Lexikon der hervorragenden Aerzte aller Zeiten und Völker. 5 Bde. u. Suppl.-Bd. (Wien, Berlin 1884–1888, 3. Aufl. (Nachdr.) München, Berlin u. New York 1962)
Hjelt, E.: Geschichte der Organischen Chemie von ältester Zeit bis zur Gegenwart (Braunschweig 1916)
Hölder, H.: Geologie und Paläontologie in Texten und ihre Geschichte (Freiburg, München 1960)
Hoppe, E.: Geschichte der Physik (Braunschweig 1926)
Hramov, Û. A.: Fisiki. Biografičeski spravočnik (Moskau 1983)
Hund, F.: Geschichte der physikalischen Begriffe (Mannheim, Wien, Zürich 1972)
Ihde, A. J.: The Development of Modern Chemistry (New York 1964)
Illustrierte Geschichte der Medizin. 9 Bde. (Salzburg 1980–1984)
Ivanov, I. (Hrsg.): Schicksale großer Erfinder (2. Aufl. Berlin 1970)
Iwanow, B. I., Tscheschew, W. W.: Entstehung und Entwicklung der technischen Wissenschaften (dtsch., Leipzig 1982)
Jahn, J., Löther, R., Senglaub, K.: Geschichte der Biologie (Jena 1982)
Jaywardere, S. A.: Reference Books for the History of Science: A Handlist (London 1982)
Juškevič, A. P.: Istoriâ matematiki. T. 1–3 (Moskau 1970–1972)
Jürß, F. u. a.: Geschichte des wissenschaftlichen Denkens im Altertum (Berlin 1982)
Juschkewitsch, A. P.: Geschichte der Mathematik im Mittelalter (Leipzig 1964)
Karmarsch, K.: Geschichte der Technologie seit der Mitte des 18. Jahrhunderts (München 1872)
Kästner, A. G.: Geschichte der Mathematik. 4 Bde. (Göttingen 1796–1800)
Kauffeldt, A. (Hrsg.): Deutsche Techniker aus sechs Jahrhunderten (Leipzig 1963)
Kaufmann, J. M. (Hrsg.): Russkie biografičeskie i biobibliografičeskie slovari (Moskau 1955)
Kedrov, B. M.: Klassifizierung der Wissenschaften. 2 Bde. (Berlin, Moskau 1975/76)
Kestner, D. C. W.: Medicinisches Gelehrten-Lexicon (Jena 1740)
Kirsten, Ch., Körber, H.-G. (Hrsg.): Physiker über Physiker, Bd. I. u. II (Berlin 1975 u. 1979)
Klare, H.: Geschichte der Chemieforschung (Berlin 1985)
Klein, F.: Vorlesungen über die Entwicklung der Mathematik im 19. Jahrhundert. 2 Bde. (Berlin 1926/27)
Klemm, F.: Kurze Geschichte der Technik (Freiburg 1961)
Kline, M.: Mathematicae Thought from Ancient to Modern Times (New York 1972)
Knobloch, E.: Der Beginn der Determinantentheorie. Leibnizens nachgelassene Studien zum Determinantenkalkül (Hildesheim 1980)
Knoll, F. (Hrsg.): Oesterreichische Naturforscher, Aerzte und Techniker (Wien 1957)
Kolle, K. (Hrsg.): Große Nervenärzte (Stuttgart 1956)
Kopp, H.: Geschichte der Chemie. 4 Bde. (Braunschweig 1843–1847); Die Entwicklung der Chemie in der neueren Zeit (München 1873); Die Alchemie in älterer und neuerer Zeit. Ein Beitrag zur Kulturgeschichte. 2 Bde. (Heidelberg 1886, Nachtr. Hildesheim, New York 1962 u. 1971)
Krafft, F. (Hrsg.): Große Naturwissenschaftler. Biographisches Lexikon (2. Aufl. Düsseldorf 1986)
Kudrâvcev, P. S.: Istoriâ fisiki (Moskau 1956)
Kürschners Deutscher Gelehrten-Kalender (Berlin, Leipzig, ab 1925)
Kuznecov, B. G.: Von Galilei bis Einstein. Entwicklung der physikalischen Ideen (Berlin 1978)
Kuznecov, I. V. (Hrsg.): Lûdi russkoj nauki ... 2 Bde. (Moskau, Leningrad 1948, 3. Bd. Moskau 1963)
Laignel-Lavastine, M.: Histoire générale de la médicine, de la pharmacie, de l'art dentaire et de l'art vétérinaire. 3 Bde. (Paris o. J.)
Laitko, H.: Wissenschaft als allgemeine Arbeit (Berlin 1979); Wissenschaft in Berlin (Berlin 1987)
Lanham, U.: Epochen der Biologie. Geschichte einer modernen Wissenschaft (München 1972)
Laue, M. v.: Geschichte der Physik (4. Aufl. Berlin 1959)
Lee, A.: A Biographical Dictionary of American Civil Engineers (New York 1972)
Leicester, H. M., Klickstein, H. S.: A source book in chemistry (1400–1900) (New York, Toronto, London 1952)
Lepronce-Ringuet, L. (Hrsg.): Die berühmten Erfinder, Physiker und Ingenieure (Köln o. J.)
Les Prix Nobel (Stockholm ab 1901)
Lexikon des Mittelalters, Bd. 1ff. (Zürich, München ab 1980)
Lippmann, E. O. v.: Entstehung und Ausbreitung der Alchemie (Berlin 1919–1931, Weinheim 1954)
Locy, W. A.: Die Biologie und ihre Schöpfer (Jena 1915)
Mann, G. (Hrsg.): Internationale Bibliographie zur Geschichte der Medizin. 1875–1901 (Hildesheim, New York 1970)
Mason, S. F.: Geschichte der Naturwissenschaften in der Entwicklung ihrer Denkweisen (2. Aufl. Stuttgart 1974)
Matschoß, C.: Große Ingenieure (4. Aufl. München 1954); Männer der Technik (Berlin 1959)
Maurer, J. F. u. a. (Hrsg.): Concise Dictionary of Scientific Biography (New York 1981)
May, K. O.: Bibliography and Research Manual of the History of Mathematics (Toronto 1973)
Mayerhöfer, J. (Begründer): Lexikon der Geschichte der Naturwissenschaften (Wien ab 1959)
Mette, A.: Lebensbilder deutscher Ärzte (Leipzig 1966)
Mette, A., Winter, K. (Hrsg.): Geschichte der Medizin (Berlin 1968)
Meyer, E. H. F.: Geschichte der Botanik. Studien. 4 Bde. (Königsberg 1854–1857)
Mikulinskiy, S. R. (Hrsg.): Wissenschaftliche Schulen (Berlin 1977)
Minerva. Jahrbuch der gelehrten Welt (Berlin ab 1891)
Mitteldeutsche Lebensbilder. Bd. 1–5 (Magdeburg 1926–1930)
Möbius, M.: Geschichte der Botanik von den ersten Anfängen bis zur Gegenwart (2. Aufl. Jena 1968)
Montucla, J. E.: Histoire des mathématiques. 4 Bde. (Paris 1799–1802, Nachdr. Paris 1960)
Müller, F. C.: Geschichte der organischen Wissenschaften im 19. Jahrhundert (Berlin 1902)
Nakayama, Sh., Swain, D. L., Eri, Y. (Hrsg.): Science and Society in Modern Japan (Cambridge, Mass. 1974)
Needham, J.: Science and Civilization in China, Bd. 1ff. (Cambridge ab 1954)
Nesselmann, G. H. F.: Die Algebra der Griechen (Berlin 1842)
Neuburger, A.: Die Technik des Altertums (Leipzig 1919)
Neuburger, M.: Geschichte der Medizin. 2 Bde. (Stuttgart 1906–1911)
Neue deutsche Biographie (Berlin ab 1953)
Neue Österreichische Biographie, Bd. 1ff. (Zürich, Leipzig, Wien ab 1923; Bd. 21 1982)
Neuer Nekrolog der Deutschen. Bd. 1–30 (Ilmenau 1823–1852)

Neugebauer, O.: The Exact Sciences in Antiquity (Providence 1957)
Newcomb, S., Engelmann, R.: Populäre Astronomie (8., völlig umgearb. Aufl. Leipzig 1948)
Nový, L.: Origins of Modern Algebra (Prag 1973)
Obituary notices of fellows of the Royal Society (London 1932–1954)
Oettinger, E.-M.: Moniteur des Dates (Dresden, Leipzig 1866–1873)
Österreichisches Biographisches Lexikon, 1815–1950. Bd. 1–5 (Graz, Köln (1934–)1957–1972), Bd. 6ff (Wien ab 1975)
Ostwald, W.: Große Männer (6. Aufl. Leipzig 1927)
Ostwalds Klassiker der exakten Wissenschaften (Leipzig ab 1889)
Pagel, J. L.: Biographisches Lexikon hervorragender Ärzte des neunzehnten Jahrhunderts (Berlin, Wien 1901)
Pannekoek, A.: A History of Astronomy (London 1961)
Partington, J. R.: A History of Chemistry. 4 Bde. (London 1961–1970)
Pauly's Real-Encyclopädie der classischen Alterthumswissenschaft in alphabetischer Ordnung (Stuttgart ab 1893)
Plesse, W., Rux, D. (Hrsg.): Biographien bedeutender Biologen (2. Aufl. Berlin 1982)
Poggendorff, J. C.: Biographisch-literarisches Handwörterbuch zur Geschichte der exakten Wissenschaften (Leipzig 1863–1904, Leipzig, Berlin 1926, Berlin ab 1936)
Prescher, H. (Hrsg.): Leben und Wirken deutscher Geologen im 18. und 19. Jahrhundert (Leipzig 1985)
Puschmann, T., Neuburger, M., Pagel, J. L. (Hrsg.): Handbuch der Geschichte der Medizin. 3 Bde. (Jena 1902–1905)
Ramsauer, C.: Grundversuche der Physik in historischer Darstellung. 1. Bd. (Berlin, Göttingen, Heidelberg 1953)
Rohlfs, H.: Die medicinischen Classiker Deutschlands (Stuttgart 1880)
Rompe, R., Treder, H.-J.: Grundfragen der Physik (Berlin 1980)
Rosenberger, F.: Geschichte der Physik in Grundzügen. 3 Theile (Braunschweig 1882–1890)
Roshanski, J. D.: Die Wissenschaft in der Antike (Moskau, Leipzig, Jena, Berlin 1986)
Rothschuh, K. E.: Geschichte der Physiologie (Berlin, Göttingen, Heidelberg 1953)
Russkij biografičeskij slovar', 25 Bde. (Moskau, St. Petersburg 1896–1918, Nachdr. Moskau 1962/63)
Russo, F.: Histoire des sciences et des techniques. Bibliographie (Paris 1954, Suppl.-Bd. 1955)
Sachs, J.: Geschichte der Botanik (München 1875)
Sachtleben, R., Hermann, A.: Große Chemiker. Von der Alchemie zur Großsynthese (Stuttgart 1960)
Šafranovskij, I. I.: Istoriâ kristallografii (Moskau 1980)
Sarton, G.: A History of Science, 2 Bde. (Cambridge 1952–1959); Introduction to the History of Science. Bd. 1–3, Tl. II (Baltimore 1927–1948)
Schmucker, W.: Geschichte der geographischen Wissenschaften (Mannheim 1970)
Schorlemmer, C.: The Rise and Development of Organic Chemistry (Manchester 1879; Ostwalds Klassiker der exakten Wissenschaften, Bd. 259, Leipzig 1979)
Schreier, W. (Hrsg.): Biographien bedeutender Physiker (Berlin 1984); Geschichte der Physik – ein Abriß (Berlin, im Druck)
Schuchardin u. a.: Allgemeine Geschichte der Technik von den Anfängen bis 1870 (Leipzig 1981)
Segrè, E.: Die großen Physiker und ihre Entdeckungen. Von den Röntgenstrahlen zu den Quarks (München 1981)
Sezgin, F.: Geschichte des arabischen Schrifttums (GAS). Bd. 1ff. (Leiden ab 1967)
Sheehy, E. P. (Hrsg.): Guide to Reference Books. 9th ed. (Chicago 1976, Suppl.-Bd. 1980)
Sigerist, H. E.: Große Ärzte. Eine Geschichte der Heilkunde in Lebensbildern (6. Aufl. München 1970)
Singer, Ch.: A short history of medicine (Oxford 1928); A History of Biology to about the Year 1900 (London, New York 1959)
Slocum, R. B.: Biographical Dictionaries and Related Works: An International Bibliography of Collective Biographies, Biobibliographies, Collections of Epitaphs, Selected Genealogical Works ... 3 Bde. (Detroit, Mich. 1967–1978)
Smit, P.: History of the life sciences. An annotated bibliography (Amsterdam 1974)
Solovev, I. I.: Istoriâ himii (Moskau 1976)
Sonnemann, R. (Hrsg.): Geschichte der Technik (Leipzig 1978)
Steck, M.: Bibliographia Euclideana (Hrsg. M. Folkerts, Hildesheim 1981)
Stevenson, L. G.: Nobel Prize winners in medicine and physiology 1901–1950 (New York, London 1968)
Strohmaier, G.: Denker im Reich der Kalifen (Leipzig, Jena, Berlin 1979)
Ströker, E.: Theorienwandel in der Wissenschaftsgeschichte. Chemie im 18. Jahrhundert (Frankfurt/M. 1982)
Strube, I., Stolz, R., Remane, H.: Geschichte der Chemie. Ein Überblick von den Anfängen bis zur Gegenwart (Berlin 1986)
Strube, W.: Der historische Weg der Chemie (Leipzig 1976)
Struik, D. J.: Abriß der Geschichte der Mathematik (6. Aufl. Berlin 1976)
Struve, O., Zebergs, V.: Astronomy of the 20th Century (New York, London 1962)
Stubbe, H.: Kurze Geschichte der Genetik bis zur Wiederentdeckung der Vererbungsregeln Gregor Mendels (2. Aufl. Jena 1965)
Sudhoffs Klassiker der Medizin (Leipzig ab 1910; Neue Folge Leipzig ab 1981)
Sugimoto, M., Swain, D. L.: Science and Culture in Traditional Japan (Cambridge, Mass. 1978)
Sworykin, A., u. a.: Geschichte der Technik (Leipzig 1964)
Szabadváry, F.: Geschichte der analytischen Chemie (Budapest 1960, dtsch. 1966)
Szabó, A.: Anfänge der griechischen Mathematik (München, Wien 1969)
Taton, R.: Histoire générale des sciences. Bd. I, Tl. I–III, Bd. II (Paris 1957–1964)
Thomson, Th.: The History of Chemistry. 2 Bde. (London 1830/31)
Treder, H.-J.: Große Physiker und ihre Probleme. Studien zur Geschichte der Physik (Berlin 1983)
Trommsdorff, J. B.: Versuch einer allgemeinen Geschichte der Chemie (Erfurt 1803–1806)
Tropfke, J.: Geschichte der Elementarmathematik. 7 Bde. (Bd. 1–4, 3. Aufl. Berlin 1930–1940, Bd. 5–7 Berlin 1921–1924)
Tutzke, D.: Lebensbilder deutscher Ärzte (3. Aufl. Leipzig 1966); (Hrsg.): Geschichte der Medizin (Berlin 1980)
Ullmann, M.: Die Medizin im Islam, in: Handb. der Orientalistik, Abt. 1 Ergänz. – Bd. 6.1 (Leiden, Köln 1970); Die Natur- und Geheimwissenschaften im Islam, in: Handb. der Orientalistik, Abt. 1 Ergänz.-Bd. 6.2 (Leiden, Köln 1972)
Vorkin, D. H. de: The History of Modern Astronomy and Astrophysics (New York, London 1982)
Waerden, B. L. van der: Erwachende Wissenschaft (2. Aufl. Basel, Stuttgart 1966)
Walden, P.: Geschichte der organischen Chemie seit 1880 (Berlin 1941)
Weiner, C. (Hrsg.): History of Twenteeth Century Physics (New York, London 1977)
Welsch, F.: Geschichte der Chemischen Industrie (Berlin 1981)
Wendel, G. (Hrsg.): Beiträge zur Wissenschaftsgeschichte (Berlin ab 1982)
Weyer, J.: Chemiegeschichtsschreibung von Wiegleb (1790) bis Partington (1970) (Hildesheim 1974)
Whitrow, M.: Isis cumulative bibliography: a bibliography of the history of science formed Isis critical bibliographies 1–90 (1913–1965), Bd. 1–3 (London 1971–1976)
Who's Who (London 1964)
Who Was Who. A Cumulated Index 1897–1980 (London 1981)
Who was who in America. Historical Volume 1607–1896 (Chicago, Ill. 1963)
Who Was Who in American History-Science and Technology (Chicago, Ill. 1976)
Wiedemann, E.: Aufsätze zur arabischen Wissenschaftsgeschichte. 2 Bde. (Hildesheim, New York 1970)
Windelband, G.: Geschichte der Naturwissenschaften (Straßburg 1894)
Wissmann, G.: Geschichte der Luftfahrt von Ikarus bis zur Gegenwart. Eine Darstellung der Entwicklung des Luftfahrtgedankens und der Luftfahrttechnik (Berlin 1960)
Wolf, R.: Geschichte der Astronomie (München 1877); Handbuch der Astronomie, ihrer Geschichte und Literatur, 2 Bde. (Zürich 1890)

Wußing, H.: Vorlesungen zur Geschichte der Mathematik (Berlin 1979); (Hrsg.): Geschichte der Naturwissenschaften (Leipzig 1983)
Wußing, H., Arnold, K. (Hrsg.): Biographien bedeutender Mathematiker (3. Aufl. Berlin 1983)
Zeuthen, H. G.: Geschichte der Mathematik im Altertum und im Mittelalter (Kopenhagen 1895)
Zinner, E.: Astronomie. Geschichte ihrer Probleme (Freiburg, München 1951)
Zittel, K. A.: Geschichte der Geologie und Paläontologie (Leipzig, München 1899; Nachdruck 1964)
Zvorykin, A. A. (Hrsg.): Biografičeskij slovar' deâtelej estestvoznaniâ i tehniki. 2 Bde. (Moskau 1958/59)

Periodika

Acta historiae rerum naturalium nec non technicarum (Prag ab 1965)
Annals of medical history (New York 1917–1941)
Archive for History of Exact Sciences (Berlin, Heidelberg, New York ab 1960)
Archives Internationales d'Histoire des Sciences (Paris ab 1947, Wiesbaden ab 1974, Rom ab 1982 – Bd. 1–9 auch als Nouvelle série d'Archeion; unter dem Titel »Archivio di storia della scienza«, Rom ab 1919/20 und unter dem Titel »Archeion Archivio di storia della scienza«, Rom ab 1927)
Archiv für Geschichte [ab Bd. 10/1927: der Mathematik], der Naturwissenschaften und der Technik (Bd. 1–13 Leipzig 1910–1931; Bd. 10–13 auch als Neue Folge Bd.1–4); fortgesetzt durch: Quellen und Studien zur Geschichte der Naturwissenschaften und der Medizin (Bd.1–8 Berlin 1931–1942; Nachdr. Vaduz 1980)
Archiwum historij i filozofij medycyny (Poznan ab 1924)
Archiwum historii medycyny (Warschau ab 1957)
Berichte zur Wissenschaftsgeschichte (Wiesbaden ab 1978, ab Bd. 6 Weinheim ab 1983)
Bibliographie Geschichte der Technik (Dresden ab 1976; unter dem Titel »Informationsdienst Geschichte der Technik«, Dresden 1961–1975)
Bibliotheca mathematica (Stockholm 1884–1899, Leipzig 1900–1914/15)
Blätter für Technikgeschichte (Wien ab 1932 mit Unterbrechungen)
British Journal for the History of Science (London ab 1962)
British Journal for the Philosophy of Science (Edinburgh, London ab 1957/58)
Bulletin of the History of Medicine (Baltimore ab 1939; unter dem Titel »Bulletin of the Institute of the History of Medicine«, Baltimore ab 1933)
Bulletin signalétique. Histoire des sciences et des techniques (Paris ab 1962)
Centaurus. International Magazine of the History of Science and Medicine (Kopenhagen ab 1950)
Communicationes de historia artis medicinae ... (Budapest ab 1968)
Current Work in the History of Medicine. An International Bibliographie (London ab 1954)
Dějiny věd a techniky (Prag ab 1968)
Earth Science History (Washington, D. C. ab 1982)
Finlay. Revista medico-historica Cubana (La Habana ab 1963)
Gesnerus (Aarau ab 1943)
Histoire de la médecine (Paris ab 1951)
Histoire des sciences medicales (Paris ab 1967)
Historia Mathematica (Toronto, New York, London ... ab 1974)
Historical Studies in the Physical Sciences (ab Bd. 11 Berkeley, London ab 1980)
History and Philosophy of Logic (London ab 1980)
History and Technology (London ab 1983)
Isis (Bruges, Cambridge, Mass., Baltimore ... ab 1913/14)
Janus ... (Amsterdam, Harlem, Leiden ab 1896/97)
Japanese Studies in the History of Science (Tokio 1962–1979; unter dem Titel »Historia scientiarum. International Journal of the History of Science Society of Japan«, Tokio ab 1980)
Journal for History of Arabic Science (Aleppo ab 1976)
Journal for the History of Astronomy (London ab 1970)
Journal of the History of Biology (Dordrecht, Boston ab 1968)
Journal of the History of Medicine and Allied Sciences (New Haven ab 1946)
Kwartalnik historii nauki i techniki (Warschau ab 1956)
Medical History. A quarterley journal (London ab 1957)
Medizinhistorisches Journal (Hildesheim, Stuttgart, New York ab 1966)
Mitteilungen zur Geschichte der Medizin, der Naturwissenschaften und der Technik (Hamburg, Leipzig 1932–1961; 1902–1931 unter dem Titel »Mitteilungen zur Geschichte der Medizin und der Naturwissenschaften«)
NTM. Schriftenreihe für Geschichte der Naturwissenschaften, Technik und Medizin (Leipzig ab 1965; der 1. Jahrgang erschien unter dem Titel »NTM. Zeitschrift für Geschichte ...«, Berlin 1960–1964)
Nuncius. Annali ... di storia della scienza (Florenz ab 1976)
Organon (Warschau ab 1964)
Osiris, Studies on the History of Science. Bd. 1–15 (Bruges 1936–1968)
Pagine di storia della medicina (Rom 1956–1973)
Pharmacy in History. Bd. 4ff. (Madison ab 1959)
Quipu (Mexico ab 1984)
Revue d'Histoire de la Pharmacie (Paris ab 1913)
Revue d'Histoire des Sciences et de leurs Applications (Paris ab 1947/48)
Rivista di Storia della Scienza (Rom, Neapel ab 1984)
Scripta mathematica (New York ab 1932)
Studies in the History of Biology (Baltimore, London ab 1977)
Studies in the History of Medicine (Neu Delhi 1977)
Studies in the History and Philosophy of Science (London ab 1970)
Sudhoffs Archiv für Geschichte der Medizin und Naturwissenschaften (Leipzig, Wiesbaden ab 1934; unter dem Titel »Archiv für Geschichte der Medizin«, Leipzig 1908–1928; unter dem Titel »Sudhoffs Archiv für Geschichte der Medizin«, Leipzig 1929–1933)
Technikgeschichte (Düsseldorf ab 1942; unter dem Titel »Beiträge zur Geschichte der Technik und Industrie. Jahrbuch des Vereins Deutscher Ingenieure«, Berlin 1909–1932; unter dem Titel »Technik-Geschichte. Beiträge zur Geschichte der Technik und Industrie«, Berlin 1933–1941)
Tijdschrift voor de geschiedenis der geneeskunde, natuur wetenschappen, wiskunde en techniek (Amsterdam ab 1978)
Voprosy istorii estestvoznaniâ i tehniki (Moskau ab 1980)
Wissenschaft und Fortschritt (Berlin ab 1951)
Zeitschrift für allgemeine Wissenschaftstheorie (Wiesbaden ab 1970)
Zeitschrift für Mathematik und Physik. Histor.-lit. Abteilung (Leipzig 1865–1900)

Il

Quellennachweis für Abbildungen

ADN-ZB; Bergakademie Freiberg – Hochschulbildstelle; Bildarchiv D. B. Herrmann, Berlin; Deutsche Fotothek Dresden; International Portrait Catalogue, Archenhold-Sternwarte Berlin; Karl-Sudhoff-Institut für Geschichte der Medizin und Naturwissenschaften der Karl-Marx-Universität Leipzig; Porzellan-Manufaktur Meißen; Schloßmuseum Gotha, Schloß Friedenstein, Gotha

Register